AF609010

Handbuch der Gießerei-Technik

Unter Mitarbeit zahlreicher Fachleute

herausgegeben von

Oberbaurat Dr. **F. Roll**

Abteilungsleiter für Hüttenwesen
an der Staatlichen Ingenieurschule für Maschinenbau Duisburg

Erster Band / 1. Teil

Werkstoffe I · Rohstoffe · Prüfung
Oberflächenbehandlung · Schweißen

Mit 789 Abbildungen

Springer-Verlag
Berlin Heidelberg GmbH
1959

ISBN 978-3-642-86950-1 ISBN 978-3-642-86949-5 (eBook)
DOI 10.1007/978-3-642-86949-5

Ursprünglich erschienen bei Springer-Verlag OHG., Berlin/Gottingen/Heidelberg 1959
Softcover reprint of the hardcover 1st edition 1959

Vorwort

Auf dem Gebiete der in Formen vergossenen Eisenkohlenstoff-Legierungen ist in den letzten 20—30 Jahren eine überaus stürmische Entwicklung vor sich gegangen. Ihr Ergebnis zeigt sich sinnfällig in vielen neuen Verfahren der Formtechnik, es ist aber auch in der Anwendung moderner metallurgischer Erkenntnisse zu suchen. Die außerdem immer mehr in den Vordergrund rückende Mechanisierung, bei der neuzeitliche Formmaschinen verwendet werden und denen sich im Betriebsablauf geeignete Putzanlagen anschließen, ist für den heutigen Stand kennzeichnend. Auch das Transportwesen hat sich immer wirtschaftlicher in diesen Arbeitskreis einbauen lassen. Ein Charakteristikum dieser Entwicklung ist das für den Einzelnen fast nicht mehr zu übersehende Schrifttum des In- und Auslandes, das zu sammeln, zu sichten und im Grundsätzlichen auszuwerten Aufgabe dieses neuen Handbuches ist.

Dieses Handbuch wurde nach dem Erscheinen des letzten Bandes von C. Geiger: „Handbuch der Eisen- und Stahlgießerei" im Jahre 1931 immer dringlicher, um all das Neue wie in einem Brennpunkt einzufangen.

Es ist gelungen, eine Reihe von hervorragenden Praktikern und Wissenschaftlern für dieses Vorhaben zu gewinnen. An dieser Stelle ist es eine angenehme Pflicht, den Herren Mitarbeitern für ihre Bereitschaft und ihre Arbeit ganz besonderen Dank zu sagen. Mit den Gefühlen tiefer Trauer gedenken wir der Herren Dr. Schiffers, Bergrat Pinsl und Direktor Dr. Pölzguter, die während der Arbeit am Handbuch verstorben sind.

Das „*Handbuch der Gießerei-Technik*" soll in vier Bänden erscheinen. Leider mußte der I. Band in zwei Teilen herausgegeben werden. Der Teil 1 umfaßt zunächst die metallkundlichen Grundlagen des Gießereiwesens, um dann Raum für die Werkstoffe Stahlguß, Temperguß und Kunstguß frei zu machen. Es folgt ein Kapitel über Sondereigenschaften der Korrosion und des Verschleißes. Sodann schließt sich das Wesentliche über die in der Gießerei verwendeten Rohstoffe an. Dieser Teil 1 umfaßt dann die Kenntnisse der gesamten Prüfung. Die Verfahrenstechniken der Oberflächenbehandlung und des Schweißens bilden den Schluß dieses Bandes.

Im Teil 2 des gleichen Bandes, der sich in Vorbereitung befindet, folgt zuerst eine Übersicht über die Einordnung der gegossenen Eisenkohlenstoff-Legierungen unter sich und zu anderen Baustoffen. Die heutigen Erkenntnisse im Aufbau und in den Eigenschaften der Werkstoffe Gußeisen und Hartguß reihen sich neben einem Überblick über die Normung an.

Der II. Band umfaßt neben dem Grundsätzlichen der Konstruktion mit diesen Werkstoffen, die Anschnitt- und die vielseitige Formmethodik, die Kerntechnik einschließlich der Trocknung sowie die Entstehung und Erkennung von Ausschuß einschließlich der Kontrolle.

Im III. Band geht die Metallurgie dieser Werkstoffe voran. Es folgen dann die unter modernen Gesichtswinkeln kritisch betrachteten Schmelzapparate, ihre Hilfseinrichtungen und das Gattierungswesen. Mit den Apparaten zur Wärmebehandlung, den Überwachungsmaßnahmen der Schmelzprozesse und der Temperaturkontrolle schließt dieser Band.

Der IV. Band behandelt zunächst die Formmaschinen und den Fertigungsablauf, um dann das Wesentliche auf dem Gebiete der Transport-, Lüftungs-, Heizungs-Preßluft-

und Beleuchtungstechnik zu erfassen. Dem Unfall- und Gesundheitsschutz ist ein entsprechender Raum zugewiesen worden. An diese technischen Belange reihen sich die wirtschaftlichen Faktoren wie die Kostenrechnung, die Organisation, das Lohnwesen, die Rationalisierung, die Zeitstudien und die Statistik an. Das Patent- und das Ausbildungswesen beenden die Arbeit am Handbuch.

So umfaßt das Handbuch das Wesentliche der Arbeit des Gießers. Es ist mit Bedacht darauf gesehen worden, das Schrifttum so weit zu benennen, daß es weitere Vertiefung in Einzelfragen gestattet.

Das Handbuch soll eine Quelle der Orientierung sein, die dem modernen Stande der Erkenntnis gerecht wird. Eine Fülle von Diagrammen und Bildern unterstützt das geschriebene Wort.

Nochmals sei den Mitarbeitern für die oft mühevolle Arbeit besonderer Dank gesagt.

Es ist dem Herausgeber auch eine angenehme Pflicht, dem Springer-Verlag für die Anregung und das Verständnis bei dieser weitgespannten Arbeit herzlich zu danken. Nicht zuletzt ist die große Mühewaltung bei der Drucklegung und Ausstattung des Handbuches hervorzuheben.

Duisburg, im November 1958 **F. Roll**

Inhaltsverzeichnis

Seite

Metallkundliche Probleme des Gießereiwesens. Von Professor Dr. E. SCHEIL, Stuttgart. (Mit 43 Abbildungen) . . . 1

Allgemeines . . . 1

I. Zustand und Eigenschaften metallischer Schmelzen . . . 1

A. Der Zustand metallischer Schmelzen . . . 1
B. Theorie des flüssigen Zustandes . . . 2
C. Eigenschaften flüssiger Metalle und Legierungen . . . 7

1. Wärmeinhalt und Volumen . . . 7
2. Viskosität und Oberflächenspannung . . . 9

Literatur . . . 13

II. Begleiterscheinungen beim Gießen und Erstarren . . . 14

A. Das Formfüllungsvermögen . . . 14
B. Lunkern und Schrumpfen . . . 17
C. Entwicklung von Gasen während der Erstarrung . . . 20
D. Seigerungen . . . 23

Literatur . . . 26

III. Gefügeentstehung . . . 26

A. Die Kristallisation von Metallschmelzen (Einstoffsysteme) . . . 26

1. Kristallisationsgeschwindigkeit . . . 26
2. Keimbildung . . . 29
3. Impfwirkungen . . . 32

B. Entstehung des Gußgefüges . . . 32

1. Das Gußgefüge technisch reiner Metalle . . . 33
2. Dendriten . . . 34
3. Eutektische Kristallisation . . . 36

Literatur . . . 38

Werkstoff[1]

Der Werkstoff Stahlguß. Von Dr. W. TROMMER, Eschweiler. (Mit 108 Abbildungen) . . . 39

I. Einleitung . . . 39

II. Der Stahlguß technologisch gesehen . . . 40

A. Stabile Gefügebestandteile . . . 41
B. Nichtstabile Gefügebestandteile . . . 43

1. Umwandlungshärtung . . . 43
2. Ausscheidungshärtung . . . 43
3. Gefüge bei stark verlangsamtem Abkühlen . . . 44

C. Einfluß der Legierungsbestandteile . . . 45
D. Einfluß der Stahlbegleiter . . . 46

1. Unerwünschte Elemente . . . 46
2. Mögliche Eisenbegleiter . . . 52
3. Notwendige Eisenbegleiter . . . 55
4. Vorteilhafte Eisenbegleiter . . . 58

[1] Die Kapitel „Einteilung der Gußwerkstoffe“, „Gußeisen“ und „Hartguß“ erscheinen im Band I/2.

Seite

III. Die Warmbehandlung des Stahlgusses . . . 81
A. Glühen . . . 82
1. Spannungsfreiglühen . . . 83
2. Weichglühen . . . 83
3. Normalglühen . . . 86
4. Diffusionsglühen . . . 92
B. Vergüten . . . 93
C. Besonderheiten beim Warmbehandeln . . . 102
1. Die Anlaßsprödigkeit . . . 102
2. Anlaßbeständigkeit . . . 105
3. Durchvergütung . . . 105
D. Die Oberflächenbehandlung . . . 108
1. Verfahren zum Oberflächenbehandeln ohne Änderung der chemischen Zusammensetzung . . . 108
2. Verfahren zum Oberflächenbehandeln mit Änderung der chemischen Zusammensetzung . . . 112

IV. Sonderverfahren zum Verbessern der Oberflächeneigenschaften . . . 115
1. Elektrolytische Verfahren . . . 115
2. Spritzverfahren . . . 116
3. Phosphatverfahren . . . 116
4. Plattieren . . . 116
5. Verbundguß . . . 116

V. Die Verwendungsgebiete von Stahlguß . . . 117
A. Baustahlguß . . . 117
B. Verschleißfester Stahlguß . . . 122
1. Verschleißfestigkeit des ganzen Bauelementes . . . 122
2. Verschleißfestigkeit durch Oberflächenschutz . . . 130
C. Kaltzäher Stahlguß . . . 131
D. Warmfester Stahlguß . . . 135
E. Korrosionsfester Stahlguß . . . 141
1. Chemisch beständiger Stahlguß . . . 142
2. Korrosions- und verschleißfester Stahlguß . . . 145
3. Zunderbeständiger Stahlguß . . . 146
4. Kavatationsbeständiger Stahlguß . . . 149
F. Gegossene Werkzeuge . . . 150
G. Magnetstahlguß . . . 152
1. Magnetisch weiche Werkstoffe . . . 153
2. Magnetisch harte Werkstoffe . . . 154
3. Unmagnetische Werkstoffe . . . 154

Literatur . . . 156

Der Werkstoff Temperguß. Von Professor Dr. K. ROESCH u. Dipl.-Ing. U. KLEIN, Remscheid. (Mit 52 Abbildungen) . . . 162

I. Begriffsbestimmung . . . 162

II. Zusammensetzung des Temperrohgusses . . . 162

III. Erschmelzung des Temperrohgusses . . . 165
1. Weißer Temperguß . . . 165
2. Schwarzer Temperguß . . . 169

IV. Der Temperprozeß . . . 172
1. Graphitisierungsstufen . . . 172
2. Temperaturverlauf . . . 173
3. Einfluß der verschiedenen Elemente auf den Temperprozeß . . . 173
4. Das Tempern von schwarzem Temperguß . . . 176
5. Das Tempern von weißem Temperguß . . . 180
6. Das Glühfrischen in Gasatmosphäre . . . 182

V. Sonstige Tempergußarten . . . 187

Seite

VI. Sonderbehandlungen für spezielle Verwendungszwecke . . . 188
1. Wärmebehandlung und Vergütung . . . 188
2. Schweißen . . . 188
3. Korrosionsschutz . . . 189

VII. Fehlerscheinungen an Tempergußstücken . . . 189

VIII. Festigkeitseigenschaften . . . 191
1. Statische Festigkeitseigenschaften . . . 191
2. Dynamische Festigkeitseigenschaften . . . 193

IX. Bearbeitbarkeit . . . 194

X. Anwendungsgebiete für Temperguß . . . 194

XI. Bohrguß . . . 196

Literatur . . . 196

Der Kunstguß. Von PETER LIPP, Leiter der Kunstgießerei der Buderus'schen Eisenwerke, Wetzlar. (Mit 23 Abbildungen) . . . 197

I. Vom Wesen des Kunstgusses . . . 197
A. Die Werkstoffe des Kunstgusses . . . 199
B. Der Beruf des Kunstformers und Kunstgießers . . . 199

II. Die Herstellungsverfahren des Kunstgusses . . . 201
A. Das Herdgußverfahren . . . 201
B. Formverfahren in geschlossenem Kasten . . . 201
1. Der Formkasten . . . 201
2. Das Abformen eines Reliefs . . . 202
3. Das Abformen von Figuren . . . 202

C. Das Wachsausschmelzverfahren . . . 204
1. Das Prinzip der Herstellung . . . 204
2. Das Wachsausschmelzverfahren des italienischen Bildhauers und Gießers Benvenuto Cellini (1500—1570) . . . 205
3. Das Gießen eines überlebensgroßen Reiterstandbildes in einem Guß in ungeteilter Form nach dem Wachsausschmelzverfahren . . . 205

D. Treibarbeit als Ausweichverfahren an Stelle von Großgüssen . . . 209
1. Gerüst eine Reiterstandbildes für Treibarbeit (Abb. 19) . . . 209
2. Das Hermannsdenkmal. Beispiel für Kupfertreibarbeit . . . 210

E. Herstellung von Sandformen für Eisenkunstguß auf Formmaschinen . . . 210
F. Bearbeitung von Eisen- und Bronzekunstgüssen . . . 210
1. Das Abblasen mit dem Sandstrahl . . . 210
2. Schleifarbeit . . . 210
3. Überarbeiten der Kernstücknähte und Flächenbearbeitung . . . 210
4. Die Kittkugel (Abb. 20. Ziselierhammer und Punzenführung) . . . 211
5. Montage von einzeln gegossenen Teilen . . . 211
6. Nachbehandlung von Kunstgüssen, Färbeverfahren . . . 212

III. Der Kleinguß . . . 213
A. Medaillen und Plaketten . . . 213
B. Der Guß von eisernen Schmucksachen . . . 213
1. Die Technik des Gusses von eisernen Schmucksachen . . . 213
2. Zur Geschichte des Gusses von eisernen Schmucksachen . . . 214

IV. Der Großguß . . . 214

V. Industrie und Kunstguß . . . 215

Literatur . . . 215

Chemische Beanspruchung und Verschleiß der gegossenen Eisenwerkstoffe. Von Dr. H. SCHIFFERS †, Düsseldorf. (Mit 17 Abbildungen) . . . 216

I. Die chemische Beanspruchung der gegossenen Eisenwerkstoffe . . . 216
1. Die langsam verlaufenden chemischen Abtragungen an einer Metallfläche . . . 216
2. Charakteristische Grundlagen der Korrosionsvorgänge . . . 216
3. Die elektrochemischen Gesetze für Halbelemente übertragen auf Korrosionsvorgänge 217

Seite
4. Die Bedeutung der Hydrolyse für die Bildung von Schutzschichten 220
5. Die Dachschichtenbildung bei nicht homogenen Metallen oder Legierungen u. d. Lokalelemente 221
6. Der Einfluß der Belüftung 221
7. Allgemeine Bemerkungen zur Durchführung von Korrosionsversuchen im Laboratorium 222
8. Anodische und kathodische Stellen an der Oberfläche des technischen Eisens . . . 222
9. Das Rosten des Eisens 223
10. Die örtlich begrenzte Korrosion und der Lochfraß 223
11. Korrosionsschäden durch vagabundierende Ströme 224
12. Korrosionsschäden durch Entstehung galvanischer Ströme 225
13. Beispiele für Bodenkorrosion 225
14. Weitere Beispiele für Korrosionsschäden durch galvanische Ströme 226
15. Der Einfluß des Kupfers 227
16. Der Einfluß des Nickels 228
17. Der Einfluß des Chroms 229
18. Der Einfluß des Siliziums 230
19. Die Gußhaut 232
20. Der Einfluß anderer Elemente 232
21. Das Zundern der Eisenwerkstoffe 232

II. Die für Verschleiß vorgesehenen gegossenen Eisenwerkstoffe 234
1. Allgemeines über den Verschleiß durch Reibung 234
2. Die trockene Reibung und der Verschleiß durch Reiboxydation 235
3. Die Bedeutung der Werkstoffpaarung und die Verschleiß-Prüfmethoden 236
4. Die Eigenschaften des Werkstoffpaares und die Bedeutung des Eisens als Werkstoffpartner 237
5. Die wichtigsten Stoffpaare in Reibsystemen 241
6. Die trockene Reibung in Gleit- und Wälzsystemen 242
7. Schmier-Wälzsysteme und Schmier-Gleitsysteme bei normalen Temperaturen . . . 245
8. Die Schmiergleitsysteme bei höheren Temperaturen 250

Literatur 257

Rohstoffe

Die Roh- und Hilfsstoffe (außer Formsanden und Bindemitteln). Von Oberbaurat Dr. F. Roll, Duisburg. (Mit 111 Abbildungen) 259

Allgemeines 259

I. Schmelzrohstoffe 261
1. Roheisen 261
2. Gußbruch 284
3. Stahlschrott 285
4. Schmelzzusatzstoffe 287
5. Besondere Schmelz-, Pfannen- und Trichterzusätze 301
6. Kalkstein 304
7. Branntkalk 306
8. Flußspat 306
9. Erz für Frischvorgänge 307

II. Formstoffe 308

III. Energieträger 308
1. Brennstoffe 308
2. Holz 312
3. Holzkohle 313
4. Torfkoks 314
5. Braunkohle 314
6. Braunkohlenbriketts 315
7. Braunkohlenstaub 315
8. Steinkohlen 316
9. Koks 322
10. Über weitere Energieträger soll hier nur kurz berichtet werden 332
11. Elektroden 334

Seite

IV. Feuerfeste Baustoffe . . . 336
1. u. 2. Schamottesteine . . . 337
3. Silikasteine . . . 341
4. Massen und Mörtel . . . 351
5. Magnesitsteine . . . 355
6. Dolomit . . . 357
7. Chrommagnesitsteine . . . 358
8. Kohlenstoffsteine und graphithaltige Steine . . . 360
9. Korundsteine und Massen . . . 360
10. Siliziumkarbid, Steine und Massen . . . 360
11. Schmelzflüssig gegossene Baustoffe . . . 361
12. Verschiedene hochfeuerfeste Baustoffe . . . 361
13. Isoliersteine und Massen . . . 361
14. Pfannenfutter . . . 361

V. Verschiedene Rohstoffe . . . 362
1. Schleifscheiben . . . 362
2. Tempermittel . . . 365
3. Gips . . . 365
4. Schutzanstriche . . . 367
5. Kunststoffe für Modelle . . . 367
6. Steinmodellmassen . . . 367
7. Schwefelmodellmassen . . . 368
8. Dichtungsmittel und Kitte . . . 368
9. Strahlmittel . . . 368

VI. Verbrauchswerte von Rohstoffen . . . 371

Literatur . . . 373

Die Formstoffe. Von Oberbaurat Dr. F. Roll, Duisburg. (Mit 145 Abbildungen) . . . 376

I. Entstehung der Form- und Kernsande . . . 376

II. Formsand- und Kernsandgruben . . . 381
A. Formsande und magere Kernsande . . . 381
B. Quarz- Kernsande . . . 383
C. Lagerung der Sande . . . 384
D. Bilder von Form- und Quarzsandgruben . . . 384

III. Körnige Bestandteile der Sande . . . 395
1. Mineralogie . . . 395
2. Modifikationen . . . 395
3. Quarzkornarten . . . 396
4. Erkennung . . . 397
5. Wachsen . . . 400
6. Zerspringungsneigung . . . 401
7. Weitere körnige Beimengungen unterschiedlichen Aufbaues . . . 404
8. Morphologie . . . 409

IV. Tonmineralien und Schlämmstoffe . . . 409
A. Tonmineralien . . . 409
1. Lagerstätten von Kaolintonen . . . 414
2. Lagerstätten von Bentoniten . . . 414
B. Schlämmsubstanz . . . 417
C. Prüfung von Tonmineralien und Schlämmstoffen . . . 418
1. Probenahme . . . 419
2. Chemische Prüfung . . . 419
3. Physikalische Untersuchungen . . . 424
4. Technologische Prüfung . . . 432
5. Schüttgewichte . . . 433

V. Folgerungen für die Gießereitechnik . . . 435

VI. Lehm . . . 443

VII. Zement als Bindemittel . . . 444

VIII. Dauerformen aus verschiedenen Formstoffen . . . 450

IX. Stahlformmassen . . . 451

Seite

X. Kernbindemittel . . . 454
1. Probenahme . . . 456
2. Chemische Prüfung . . . 456
3. Physikalische Prüfung . . . 458
4. Mikroskopische Untersuchung . . . 459
5. Technologische Prüfung der Kerne . . . 460

XI. Verschiedene Hilfsstoffe . . . 468
Einige Hinweise zur Formstoffwirtschaft . . . 485

Literatur . . . 488

Die Prüfung der Formsande und der Formsandbindemittel. Von Dr. F. HOFMANN, Schaffhausen (Schweiz) unter Mitarbeit von Ing. W. GÖTZ, Schaffhausen (Schweiz). (Mit 32 Abbildungen) . . . 493

I. Einleitung . . . 493

II. Charakteristische Eigenschaften der Formstoffe, die die Prüfmethoden bestimmen . . . 493

III. Normen und Prüfvorschriften für die Formstoffprüfung . . . 495

IV. Probenahme und Probenvorbereitung . . . 495
1. Probenahme von Rohmaterialien . . . 496
2. Probenahme bei Betriebssanden . . . 496
3. Hilfsmittel für die Probenahme . . . 496

V. Prüfplan für die Betriebsüberwachung . . . 496

VI. Die Prüfung der Formstoffe bei Raumtemperatur . . . 497
A. Prüfung des Aufbaus von Formstoffen . . . 497
1. Schlämmstoffuntersuchungen . . . 497
2. Siebanalyse . . . 501
3. Die Bestimmung des Wassergehaltes von Formsanden . . . 506
4. Die chemische Prüfung von Formstoffen . . . 507
B. Prüfung der Formsandeigenschaften am verdichteten Prüfkörper im grünen Zustand . 508
1. Die Bedeutung des formgerechten Wassergehaltes . . . 508
2. Vorbereitungen zur Prüfung, Herstellung der Mischungen . . . 508
3. Der zylindrische Prüfkörper und seine Herstellung . . . 510
4. Die einzelnen Prüfungen im feuchtverdichteten Zustand . . . 511
5. Die Darstellung der Abhängigkeit der Formsandeigenschaften von Verdichtungsgrad und Wassergehalt im Dreiecksdiagramm . . . 517
6. Vergleich der Meßergebnisse von Formsandprüfungen nach DIN und nach AFS . . 520
C. Prüfung verdichteter, vorwiegend tongebundener Sande im getrockneten Zustand . . 521
1. Vorbehandlung der Proben . . . 521
2. Einzelprüfungen . . . 522
3. Vergleich der Meßergebnisse von Formsandprüfungen (Eigenschaften im getrockneten Zustand) an Prüfkörpern nach DIN und nach AFS . . . 522
D. Prüfung von Sanden mit vorwiegend organischen Bindemitteln im verdichteten und getrockneten Zustand (Kernsandprüfung) . . . 523
1. Vorbereitungen zur Prüfung . . . 523
2. Das Trocknen, Abkühlen und Lagern der Prüfkörper . . . 523
3. Einzelprüfungen . . . 524
4. Versuchsmethodik zur Untersuchung von Kernsanden und Kernbindern . . . 525
5. Vergleich der Meßergebnisse bei Prüfungen nach amerikanischen und europäischen Prüfanweisungen . . . 526

VII. Die Prüfung der Gießereiformstoffe bei hohen Temperaturen . . . 526
A. Hochtemperaturprüfungen an losen Sanden und Bindern . . . 526
1. Die Bestimmung der Feuerfestigkeit . . . 526
2. Die Bestimmung der Gasentwicklung aus Kernsanden und anderen Formstoffen . . 527
B. Hochtemperaturprüfung der Formsandeigenschaften im verdichteten Zustand . . . 527
1. Hochtemperaturfestigkeit (Warmfestigkeit) . . . 528
2. Deformationsfähigkeit . . . 529
3. Die Festigkeit erhitzter Prüfkörper nach dem Wiederabkühlen auf Raumtemperatur 529
4. Gasdurchlässigkeit . . . 529

Seite

5. Schocktests . . . 529
6. Die Tauchprobe . . . 530
7. Versuche über Reaktionen zwischen Gießmetall und Formstoff . . . 530
8. Penetrationsversuche . . . 530
9. Expansion . . . 530
10. Kernzerfallsfähigkeit . . . 531
11. Gasdruckmessung . . . 531
12. Dauerhaftigkeitsversuche . . . 531

Literatur . . . 532

Die Prüfung

Die chemische Untersuchung in der Eisen- und Stahlgießerei. Von Bergrat H. PINSL †, Amberg, unter Mitarbeit von L. PINSL, Peißenberg, Obb. (Mit 17 Abbildungen) . . . 533

I. Aufgaben und Gestaltung von Gießereilaboratorien . . . 533
Literatur . . . 536

II. Stoffbehandlung . . . 536
III. Kontrolle und Genauigkeit . . . 537
IV. Probenahme . . . 538
1. Probenahme von Eisen (3) . . . 538
2. Nichteisenmetalle . . . 541
3. Nichtmetallische Werkstoffe . . . 541
4. Einiges über Werkzeuge und Einrichtungen für Probenahme . . . 543
Literatur . . . 544

V. Kohlenstoff . . . 544
Literatur . . . 548

VI. Graphit . . . 549
Literatur . . . 550

VII. Gebundener Kohlenstoff . . . 550
1. Differenzmethode . . . 550
2. Bestimmung durch Farbvergleich oder Farbmessung . . . 550
Literatur . . . 552

VIII. Silizium . . . 552
1. Gewichtsanalytische Verfahren . . . 552
2. Photometrische Verfahren mit der Molybdatreaktion auf Si . . . 554
Literatur . . . 554

IX. Mangan . . . 554
1. Qualitative Prüfung . . . 555
2. Quantitative Prüfung . . . 555
Literatur . . . 558

X. Phosphor . . . 558
1. Die Molybdatfällung . . . 558
2. Die Weiterbehandlung der Molybdatniederschläge . . . 560
3. Photometrische Bestimmung . . . 561
Literatur . . . 561

XI. Schwefel . . . 561
1. Entwicklungsverfahren . . . 562
2. Verbrennungsverfahren . . . 563
3. Gewichtsanalytische Bestimmung . . . 565
Literatur . . . 565

XII. Eisen . . . 565
Literatur . . . 568

XIII. Kupfer . . . 568
1. Qualitative Prüfung . . . 568
2. Quantitative Untersuchung . . . 569
Literatur . . . 570

Seite

XIV. Titan . . . 570
1. Photometrische Verfahren . . . 571
2. Maßanalytische Verfahren . . . 573
3. Potentiometrische Verfahren . . . 574
4. Gewichtsanalytische Bestimmung . . . 574
Literatur . . . 574

XV. Vanadin . . . 575
1. Qualitative Prüfung . . . 575
2. Quantitative Prüfung . . . 575
Literatur . . . 578

XVI. Chrom . . . 578
1. Qualitative Prüfung . . . 578
2. Quantitative Untersuchung . . . 578
Literatur . . . 581

XVII. Nickel . . . 581
1. Qualitative Prüfung . . . 582
2. Quantitative Untersuchung . . . 582
Literatur . . . 583

XVIII. Kobalt . . . 583
1. Qualitative Prüfung . . . 584
2. Quantitative Untersuchung . . . 584
Literatur . . . 585

XIX. Molybdän . . . 585
1. Qualitative Prüfung . . . 585
2. Quantitative Untersuchung . . . 586
Literatur . . . 588

XX. Aluminium . . . 588
1. Qualitative Prüfung . . . 588
2. Quantitative Untersuchung . . . 588
3. Bestimmung der Tonerde . . . 591
Literatur . . . 591

XXI. Arsen . . . 591
1. Qualitative Prüfung . . . 591
2. Quantitative Untersuchung . . . 592
Literatur . . . 594

XXII. Antimon . . . 594
1. Qualitative Prüfung . . . 594
2. Quantitative Untersuchung . . . 594
3. Photometrische Untersuchung . . . 595
Literatur . . . 595

XXIII. Zinn . . . 595
1. Qualitative Untersuchung . . . 595
2. Quantitative Untersuchung . . . 595
Literatur . . . 596

XXIV. Verbundanalyse von Roh- und Gußeisen . . . 596
1. Herstellung der Lösungen für sämtliche Verfahren . . . 596
2. Siliziumbestimmung und Herstellung der Stammlösung . . . 596
3. Manganbestimmung . . . 597
4. Titanbestimmung (photometrisch) . . . 597
5. Phosphorbestimmung (photometrisch) . . . 597
Literatur . . . 598

XXV. Magnesium und Kalzium . . . 598
Literatur . . . 600

XXVI. Spurenanalyse . . . 600
Literatur . . . 601

Seite

XXVII. Lösungsprobe und Tüpfelanalyse . . . 601
Literatur . . . 602
XXVIII. Funkenanalyse . . . 602
Literatur . . . 604
XXIX. Nichtmetallische Einschlüsse und Gase im Eisen und Stahl . . . 605
Literatur . . . 606
XXX. Kalkstein und Dolomit . . . 606
Literatur . . . 607
XXXI. Nichteisenmetalle . . . 607
Literatur . . . 609
XXXII. Ferrolegierungen, hochlegierter Guß, Legierungsmetalle . . . 609
1. Ferrosilizium und andere Siliziumlegierungen . . . 609
2. Spiegeleisen und Ferromangan . . . 611
3. Ferrochrom . . . 611
4. Ferromolybdän . . . 613
5. Ferrovanadin . . . 613
6. Eisenbestimmung in Ferrolegierungen . . . 614
Literatur . . . 614
XXXIII. Feste Brennstoffe . . . 614
1. Wassergehalt . . . 615
2. Aschegehalt . . . 616
3. Schwefelgehalt . . . 616
4. Flüchtige Bestandteile . . . 617
5. Heizwert . . . 617
6. Reaktionsfähigkeit von Koks . . . 617
Literatur . . . 618
XXXIV. Kupolofenschlacken . . . 618
1. Vollanalyse bei Abwesenheit von Fluor und Schwerspat . . . 618
2. Untersuchung bei Gegenwart von Fluor . . . 621
Literatur . . . 621
XXXV. Feuerfeste Stoffe . . . 621
1. Bestimmung der Hauptbestandteile . . . 621
2. Alkalien . . . 622
Literatur . . . 623
XXXVI. Kleb- und Formsande . . . 623
1. Rationelle Analyse . . . 623
2. Schnellbestimmung des Kalkgehaltes . . . 624
Literatur . . . 624
XXXVII. Flußspat . . . 625
1. Betriebsverfahren . . . 625
2. Die genaue Bestimmung des Fluor- und Kieselsäuregehaltes . . . 625
3. Schwefelbestimmung nach dem Verbrennungsverfahren . . . 626
5. Bestimmung der übrigen Bestandteile . . . 626
Literatur . . . 627
XXXVIII. Graphit für feuerfeste Erzeugnisse . . . 627
XXXIX. Untersuchung der Teere . . . 629
Literatur . . . 630
XL. Wasser . . . 631
Literatur . . . 632
XLI. Gasuntersuchung . . . 632
Literatur . . . 635
XLII. Schmierstoffe . . . 635

Spektralanalytische Untersuchung von Gußeisen und Stahlguß. Von Ober-Regierungsrat Dr. O. Werner, Berlin. (Mit 23 Abbildungen) . . . 636
I. Einleitung . . . 636
II. Grundlagen des Verfahrens . . . 637

Seite

III. Die apparativen Einrichtungen . . . 638

1. Der Spektralapparat . . . 638
2. Die Lichtanregung . . . 644
3. Die Empfänger . . . 646

IV. Anwendung und Arbeitsweise des Spektrographen im Gießereibetrieb . . . 650

1. Die Probenahme . . . 651
2. Die Spektrenanregung . . . 653
3. Die photographische Platte . . . 653
4. Die Frage der Eichproben . . . 655
5. Auswahl geeigneter Linienpaare . . . 655
6. Die Spektrenauswertung . . . 656
7. Genauigkeit der Messungen . . . 659
8. Analyse höher legierter Gußeisensorten . . . 661

V. Sonderfälle . . . 664

1. Spektrochemische Bestimmung des Kohlenstoffs . . . 664
2. Die spektrochemische Phosphorbestimmung . . . 665
3. Die spektrochemische Magnesiumbestimmung . . . 667
4. Die spektrochemische Borbestimmung . . . 670

VI. Spektrochemische Untersuchung von Erzen, feuerfesten Steinen und metallurgischen Schlacken . . . 672

1. Die Probenvorbereitung . . . 672
2. Die Anregungsbedingungen . . . 674
3. Linienauswahl . . . 675

Literatur . . . 676

Die mechanische Prüfung der gegossenen Werkstoffe. Von Professor Dr.-Ing. habil. W. BISCHOF, Dortmund. (Mit 104 Abbildungen) . . . 678

I. Allgemeines über die Prüfung von Gußstücken und über die Probenahme . 678

II. Mechanische und technologische Prüfungen . . . 681

A. Zugversuch . . . 682

1. Zugversuch bei Raumtemperatur . . . 682
2. Zugversuch bei höheren Temperaturen . . . 692
3. Zugversuch bei Kälte . . . 697

B. Bestimmung der Härte . . . 697

1. Härteprüfung nach Brinell . . . 698
2. Bestimmung der Vickershärte . . . 700
3. Eindringhärte-Prüfverfahren nach Rockwell . . . 701
4. Bestimmung der Rücksprunghärte . . . 703

C. Druckfestigkeit . . . 705

D. Biegeversuch . . . 707

1. Biegeversuch an Grauguß . . . 707
2. Faltbiegeversuch . . . 715

E. Schlagversuche . . . 716

1. Kerbschlagbiegeversuch . . . 717
2. Schlagbiegeversuche mit Proben ohne Kerb . . . 720
3. Sonstige Schlagversuche . . . 721

F. Dauerversuch . . . 722

1. Dauerschwingversuch . . . 722
2. Werkstoffdämpfung . . . 727
3. Dauerschlagversuche . . . 730

G. Sonderprüfungen . . . 730

1. Lochstanz- und Scherversuch . . . 730
2. Verdrehungsversuch . . . 733
3. Prüfung von Rohren . . . 734
4. Prüfung von Kolbenringen . . . 737
5. Prüfung von Bremsklötzen . . . 738
6. Kanalisationsguß . . . 738

Seite

7. Fallversuch 738
8. Verschleißprüfung 738
9. Bearbeitbarkeit mit spanabhebenden Werkzeugen 739

H. Zerstörungsfreie Prüfung 740

1. Magnetpulververfahren 741
2. Untersuchung mit Strahlengebern 742
3. Untersuchung mit Ultraschall 747

Literatur 747

Die mikroskopische Prüfung von Eisen-, Stahl- und Temperguß. Von Dipl.-Ing. D. AMMANN und Ing. M. KRICHEL, Aachen. (Mit 35 Abbildungen) 750

A. Technik der Metallographie 750

1. Probenahme 750
2. Einbettverfahren 750
3. Schlichten und Schleifen 752
4. Polieren 753
5. Gefügeentwicklung durch Ätzverfahren 757

B. Die Gefügebestandteile 759

Literatur 775

Die Oberflächenbehandlung

Oberflächenbehandlung. Von Dr. A. HOCH, Düsseldorf. (Mit 16 Abbildungen) 782

Einleitung 782

I. Metallische Überzüge 782

A. Thermische Verfahren. Feuermetallisierung (Tauchschmelzverfahren) 782

1. Feuerveraluminierung (Feueralumetierung, Tauchaluminierung) 783
2. Feuerverbleiung (Heißverbleiung) 783
3. Feuerverzinkung (Heißverzinkung) 784
4. Feuerverzinnung (Heißverzinnung) 785

Diffusionsverfahren (Zementation) 788

1. Aluminierung (Alumetierung) 788
2. Inchromierung 789
3. Sherardisieren 790

Auftragsschweißen (Spritzschweißen) 791
Hochvakuumaufdampfung 793

B. Mechanische Verfahren 795

Metallspritzen 795

C. Elektrochemische Verfahren 796

Galvanische Verfahren mit Stromquelle 797

1. Reinigung 797
2. Bleiüberzüge (Verbleiung) 799
3. Chromüberzüge (Verchromung) 800
4. Kadmiumüberzüge (Verkadmung) 801
5. Kupferüberzüge (Verkupferung) 802
6. Überzüge aus Kupferlegierungen 803
7. Nickelüberzüge (Vernickelung) 804
8. Zinküberzüge (Verzinkung) 805
9. Zinnüberzüge (Verzinnung) 806
10. Überzüge aus Zinnlegierungen 807
11. Anlagen, Apparate und Hilfsmittel 808
12. Tampongalvanisierung (Pinselgalvanisierung) 812

Galvanische Verfahren ohne Stromquelle 812

1. Tauchverfahren 813
2. Sudverfahren 813
3. Kontaktverfahren 813
4. Katalytische Reduktionsverfahren (Stromlose Vernickelung) 813

Prüfung galvanischer Überzüge 815

1. Schichtdicke 815
2. Porosität 816
3. Haftung 816

Seite

II. Nichtmetallische Überzüge 817
A. Anorganische Überzüge 817
Konversionsüberzüge 817
1. Oxydüberzüge (Oxydation, Brünierung) 817
2. Phosphatüberzüge (Phosphatierung) 820
3. Metallfärbungen 821
Chemische Überzüge 821
Emailüberzüge 822
B. Organische Überzüge 822
Anstriche und Lacküberzüge 822
1. Öllacke 823
2. Kunstharzlacke 823
3. Nitrozelluloselacke (Nitrolacke) 823
4. Chlorkautschuklacke 823
5. Spirituslacke 823
6. Asphaltlacke 824
7. Kombinationslacke (Zellulosekombinationslacke) 824
8. Silikonlacke 824
9. Rostschutzanstriche 824
10. Metallstaubanstriche 824
11. Lackierverfahren und Anwendungen 825
Literatur 827

Über Email und Emaillieren, insbesondere auf Gußeisen. Von Dipl.-Ing. A. Kräutle, Riegelsberg/Saar. (Mit 6 Abbildungen) 829
Literatur 840

Schweißen

Gußeisenschweißen. Von Professor Dr. C. Stieler, Hannover. (Mit 45 Abbildungen) 841
I. Werkstoffkunde 841
II. Die Schweißverfahren 842
III. Gießschmelzschweißen 842
IV. Thermitschmelzschweißen 843
V. Warmschweißung 844
A. Azetylen-Sauerstoff-Schweißung 844
1. Die Werkstückvorbereitung 846
2. Schweißen 846
3. Güte und Eigenschaften einer Gasschmelzwarmschweißung 848
B. Lichtbogenschweißung 848
1. Werkstückvorbereitung 851
2. Schweißen 852
VI. Halbwarmschweißung 855
VII. Beurteilung der Güte von Warmschweißungen und Halbwarmschweißungen 856
VIII. Kaltschweißung 856
A. Elektrische Kaltschweißung mit Stahlelektroden 858
B. Elektrische Kaltschweißung mit legierten Elektroden 861

Das Schweißen von Stahlguß. Von Dr. W. Trommer, Eschweiler. (Mit 8 Abbildungen) 862
I. Einleitung 862
II. Schweißfehler 863
A. Werkstoffbedingte Schweißfehler 863
B. Durch die Schweißtechnik bedingte Fehler 863
III. Durchführung des Schweißens, Vorbereitungen und Schweißzusatzwerkstoffe 864
IV. Metallurgie des Schweißens 868
V. Schweißvorschriften 871
Literatur 873

Schweißen von Temperguß. Von Oberbaurat Dr. F. Roll, Duisburg. (Mit 4 Abbildungen) 874

Sachverzeichnis 878

Metallkundliche Probleme des Gießereiwesens

Von E. Scheil, Stuttgart

Mit 43 Abbildungen

Allgemeines

Untersuchungen über das Schmelzen und Erstarren von Metallen und Legierungen gehören nicht nur zum Aufgabenkreis des Gießers — das ist ja selbstverständlich —, sondern auch zu dem des Metallkundlers. Hier überschneiden sich also die Interessensphären. Das bedeutet aber keine Doppelarbeit, denn die Probleme werden von verschiedenen Seiten beleuchtet. Man kann vielleicht — allerdings wohl etwas überspitzt — sagen, daß der Gießer die Fragen von der Form her und der Metallkundler von der Schmelze her betrachtet.

Bei dieser Sachlage ist es notwendig, daß die Vertreter beider Fachrichtungen miteinander Fühlung nehmen. Es will mir scheinen, daß dies nicht in ausreichendem Maße erfolgt. Die nachfolgenden Ausführungen sind mit der Nebenabsicht geschrieben, das Zustandekommen eines solchen engeren Kontaktes zu fördern. Der nachfolgende Beitrag nimmt nicht für sich in Anspruch, vollständig zu sein. Das gilt auch hinsichtlich der Literatur. Andererseits wird nach Möglichkeit auf offene Probleme aufmerksam gemacht. In einigen Fällen, insbesondere bei der Konstitution der Schmelzen sind die Darlegungen ausführlicher, weil hierüber im gießereitechnischen Schrifttum anscheinend noch nichts zu finden ist. In einem Falle, bei dem Problem der Formfüllung, gehen die Betrachtungen über den legitimen Aufgabenkreis der Metallkunde hinaus. Es ist aber vielleicht doch für den Gießer von Vorteil, wenn er einmal von ganz anderer Seite her etwas über das Formfüllungsvermögen liest.

I. Zustand und Eigenschaften metallischer Schmelzen

A. Der Zustand metallischer Schmelzen

Die Metalle und ihre Legierungen zeichnen sich durch besondere physikalische Eigenschaften aus. Sie besitzen eine hohe elektrische und Wärmeleitfähigkeit, ein gutes optisches Reflexionsvermögen und eine geringe Durchsichtigkeit bis zu sehr dünnen Schichten herab. Es kommt noch eine gute plastische Verformbarkeit der wichtigsten metallischen Grundstoffe hinzu. Man spricht von einem metallischen Zustand.

Dieser Zustand hat den Physikern bis vor etwa 20 Jahren viel Kopfzerbrechen verursacht. Man hat zwar seit langem schon als Ursache der Besonderheiten des metallischen Zustandes freie Elektronen angenommen, stieß dabei aber insbesondere bei der Erklärung der spezifischen Wärme der Metalle auf schwerwiegende Widersprüche, weil diese freien Elektronen keinen meßbaren Beitrag zur spezifischen Wärme der Metalle liefern. Dieser Widerspruch ist erst durch die Theorie von A. Sommerfeld [*1*] beseitigt worden, welche die freien Elektronen als entartetes Gas behandelt. In diesem Zustand liefern die Elektronen keinen merklichen Beitrag zur spezifischen Wärme in dem hier interessierenden Temperaturbereich.

Diese freien Elektronen lassen sich nicht bestimmten Atomen zuordnen, sie gehören allen Metallatomen der Probe an. Durch sie entsteht die metallische Bindung, die ein Quanteneffekt ist und ebenso wie die homöopolaren Bindungen ohne die Quantenmechanik nicht verständlich ist. Auf eine nähere Behandlung des metallischen Zustandes wollen wir verzichten, weil eine solche viel Platz beanspruchen würde und anderseits gute allgemeinverständliche Darstellungen bereits vorhanden sind [*2*—*5*]. Auf einige Punkte müssen wir aber doch hinweisen. Während die durch die Valenz gegebene Zahl der homöopolaren Bindungen zugleich die Zahl der nächsten Nachbarn im Kristall und auch in der Schmelze bestimmt, so ist dies bei der metallischen Bindung nicht der Fall. Das gleiche gilt übrigens auch für die heteropolare und die VAN DER WAALSsche Bindung. Die Metalle zeigen eine ausgesprochene Neigung zur Bildung dichter Kugelpackungen. Der größte Teil der Metalle kristallisiert in einer Anordnung dichtester Kugelpackung mit zwölf nächsten Nachbarn, ein weiterer Teil im kubisch raumzentrierten Gitter mit acht nächsten Nachbarn und erst der Rest in komplizierten Strukturen mit geringerer Packungsdichte. Auch in Legierungen tritt die Tendenz zu einer möglichst dichten Packung der Atome deutlich hervor [*6*].

Die Kristallgitter der Metalle und ihrer Legierungen zeigen, daß man die Metalle nicht als molekular aufgebaute Stoffe ansehen kann. Das gilt nicht nur für den kristallisierten Zustand, sondern auch für die Schmelze und den Gaszustand. In Metallschmelzen fehlen die typischen Erscheinungen molekularer, insbesondere hochmolekularer Lösungen [*7*]. Man hat z. B. bisher noch keine hochviskose Schmelze und erst recht keine glasartigen Zustände gefunden. Ferner sind keine Orientierungseffekte beobachtet worden, die bei faden- oder netzartigen Molekülen auftreten können (flüssige Kristalle).

In Legierungen mit zwei Partnern, die zueinander eine hohe Affinität haben, können dadurch Besonderheiten auftreten, daß in der Umgebung eines A-Atoms sich mehr B-Atome aufhalten, als der statistischen Verteilung entspricht, und umgekehrt. Das kann zu molekülähnlichen Bildungen führen, die sich in gewissen Eigenschaften z. B. in der Viskosität bemerkbar machen können. Es wäre aber verfehlt, hier von molekularen Lösungen zu sprechen, vielmehr ist es zweckmäßig, auch diese Schmelzen als atomare Lösungen mit merklichen Abweichungen von der statistischen Verteilung der Atome anzusehen.

Man hat häufig insbesondere bei Eisen-Kohlenstoff-Legierungen darauf hingewiesen, daß sich die Schmelzgleichgewichte thermodynamisch nur unter der Annahme von Karbidmolekülen berechnen ließen. Das ist nicht richtig. Soweit nämlich die Formeln Angaben über Moleküle enthalten, sind sie der statistischen Theorie entnommen und in der Regel mehrdeutig, wie folgendes Beispiel zeigt. Man erhält die gleichen Formeln bei der Berechnung der Gleichgewichte zwischen der Schmelze und den γ-Mischkristallen der Eisen — Kohlenstofflegierungen [*8*], wenn man einmal beide Phasen als ein Gemisch aus Fe_n und Fe_nC-Molekülen betrachtet, und zum andern, wenn man annimmt, daß der Kohlenstoff in Lücken zwischen den Eisenatomen eingebaut ist, wobei auf n Eisenatome eine besetzbare Lücke kommt. Es kann kein Zweifel bestehen, daß die zweite Annahme den Verhältnissen besser gerecht wird.

B. Theorie des flüssigen Zustandes [*9*]

Für den gasförmigen und für den kristallisierten Zustand lassen sich leicht ideale Grenzzustände angeben, aus denen man eine Theorie des betreffenden Aggregatzustandes ableiten kann. Für den flüssigen Zustand hat man dagegen noch keinen idealen Grenzzustand finden können und wird ihn auch in Zukunft wohl kaum finden. Das hängt damit zusammen, daß der Idealkristall einen Zustand maximaler und das ideale Gas einen

Zustand minimaler Ordnung darstellt, während die Schmelze ein Zustand mittlerer Ordnung ist, den man wahrscheinlich nicht idealisieren kann.

Man kann auf zweierlei Weise zu einer Theorie des flüssigen Zustandes gelangen. Man geht das eine Mal vom idealen Gas aus und fügt geeignete Zusatzglieder in die Theorie ein. Man betrachtet die Schmelze also als ein stark verdichtetes Gas. Diesen Weg, den wir gleich beschreiben wollen, hat J. D. VAN DER WAALS [*10*] beschritten. Zum zweiten kann man vom idealen Kristall ausgehen und Glieder hinzufügen, welche die Unordnung berücksichtigen. Man betrachtet also die Schmelze als einen stark verwackelten Kristall, in dem zwar die Fernordnung zerstört, die Nahordnung aber im wesentlichen erhalten geblieben ist. Eine derartige Theorie haben J. E. LENNARD-JONES und A. F. DEVONSHIRE [*11*] entwickelt. Wir wollen beide Theorien behandeln, wobei wir uns aber auf reine monomolekulare Stoffe beschränken. Die Theorie von VAN DER WAALS ist auch für Mehrstoffsysteme entwickelt worden, die Theorie von LENNARD-JONES meines Wissens bis jetzt noch nicht.

Die Betrachtung der Theorie von VAN DER WAALS soll als Vorbereitung für die von LENNARD-JONES dienen, weil gewisse Züge der ersten Theorie abgewandelt in der zweiten wieder kehren und weil die erste Theorie den meisten Lesern bereits mehr oder weniger vertraut sein dürfte. Die Zustandsgleichung für ein Mol eines idealen Gases lautet

$$p\,v = R\,T,$$

darin ist p der Druck, v das Volumen eines Mols, R die Gaskonstante und T die absolute Temperatur. Die Isothermen sind Hyperbeln. Reale Gase nähern sich um so besser dem idealen Gesetz, je kleiner der Druck, je höher die Temperatur und je größer das Volumen ist. Um die Abweichungen bei höheren Drucken und kleineren Volumen zu berücksichtigen, führte VAN DER WAALS zwei Zusatzglieder ein. Er berücksichtigte die Anziehungskräfte der Moleküle aufeinander durch Hinzufügen eines *Binnendruckgliedes* $\frac{a}{v^2}$ zum äußeren Druck p. Das Glied wird bei größeren Volumen sehr klein und darf vernachlässigt werden, es fällt aber bei kleinen Volumen sehr stark ins Gewicht. Außerdem berücksichtigt VAN DER WAALS das Eigenvolumen b der Moleküle, das er vom Volumen v des Gases abzog. Das ergibt die VAN DER WAALSsche Zustandsgleichung

$$\left(p + \frac{a}{v^2}\right)(v - b) = R\,T$$

mit a und b als individuelle Konstanten. Diese Gleichung umfaßt sowohl den flüssigen wie den gasförmigen Zustand und verknüpft beide miteinander.

Bezeichnet man die Zustandsgrößen des kritischen Punktes zwischen Gas und Schmelze mit p_K, v_K und T_K und führt man in die VAN DER WAALSsche Gleichung die reduzierten Koordinaten $\pi = \frac{p}{p_K}$, $\varphi = \frac{v}{v_K}$ und $\vartheta = \frac{T}{T_K}$ ein, so erhält man die von individuellen Konstanten freie reduzierte Gleichung

$$\left(\pi + \frac{3}{\varphi^2}\right)(3\varphi - 1) = 8\,\vartheta.$$

Abb. 1 zeigt einige dieser Isothermen der reduzierten Zustandsgleichung. Auf den Isothermen mit $\vartheta > 1$, fällt der Druck mit wachsendem Volumen monoton ab. Auf den Isothermen mit $\vartheta < 1$, erhält man dagegen zunächst ein Minimum und dann ein Maximum des Druckes. Zwischen den beiden Extremwerten nimmt der Druck mit steigendem Volumen zu. Ein solcher abnormaler Zustand ist zweifellos instabil, der stabile Zustand ist zweiphasig, es tritt ein Gleichgewicht zwischen Gas und Schmelze auf. Die Lage dieses Gleichgewichtes ist gegeben durch die für die Isothermen $\vartheta = 0{,}8$ in Abb. 1 dargestellte Bedingung der Flächengleichheit der beiden schraffierten Abschnitte. Die instabilen Bereiche gehen über die Extremwerte des Druckes noch hinaus. Man unterscheidet im instabilen Bereich die metastabilen Zustände, in denen $\left(\frac{\partial p}{\partial v}\right)_T < 0$ ist, von den labilen, in denen $\left(\frac{\partial p}{\partial v}\right)_T > 0$ ist. Die metastabilen Zustände lassen sich wenigstens teilweise noch realisieren. Man hat z. B.

in Schmelzen negative Drucke von über 100 kg/cm^2 herstellen können [*12*], allerdings bisher noch nicht in metallischen Schmelzen.

Es stellte sich sehr bald heraus, daß die VAN DER WAALSsche Gleichung zwar das Verhalten der Gase und Schmelzen in der Nähe des kritischen Punktes qualitativ richtig wiedergibt, daß aber quantitativ beträchtliche Unterschiede insbesondere bei den Schmelzen vorhanden sind. Zum Beweis, daß in der VAN DER WAALSschen Gleichung ein richtiger Kern steckt, zeigen in Abb. 2 die Viskositätsmessungen von P. PHILLIPS [*13*] an Kohlensäure In der Viskosität ähnelt der Eigenschaftswert der Schmelze viel mehr dem des Gases als dem des Kristalls, wobei wir allerdings den Glaszustand ausschalten müssen, der aber bei Metallen nicht auftritt. Man hat versucht, die VAN DER WAALSsche Gleichung durch eine mit mehr Konstanten zu ersetzen [*14*]. J. J. VAN LAAR [*15*] hat an Stelle dessen die Größe a und b der VAN DER WAALSschen Gleichung als Funktionen der Temperatur und des Volumens angesetzt und gelangt so zu einer guten Übereinstimmung zwischen Rechnung und Experiment.

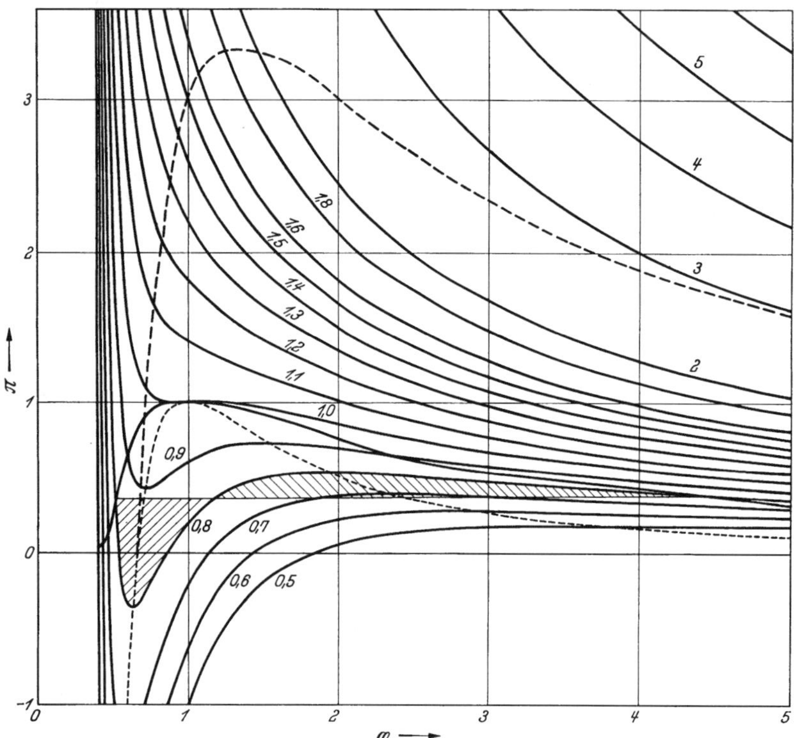

Abb. 1. Isothermen der reduzierten VAN DER WAALSschen Gleichung

Es bleibt aber unbefriedigend, daß die Theorie keine Notiz davon nimmt, daß in der Schmelze eine Nahordnung existiert. Abb. 3 zeigt die Auswertung einer Röntgenaufnahme an Gold [*16*]. Ein Atomabstand ist besonders häufig, die daraus berechnete Zahl der nächsten Nachbarn, die sogenannte Koordinationszahl, ist 12 wie beim Kristall. Die meisten Goldatome haben in der Schmelze ähnliche Nachbarschaftsverhältnisse wie im Kristall, oder wie man auch sagt eine ähnliche Nahordnung. Tab. 1 gibt die Ergebnisse derartiger Messungen für einige Metalle wieder. Die Tafel zeigt, daß in der Schmelze noch eine gewisse Nahordnung besteht, die von der eines Kristalls nicht allzusehr verschieden ist. Es fehlt aber die sogenannte Fernordnung der Kristalle, in der durch die Angabe des Raumgitters und der Koordinaten von drei Atomen die Orte der übrigen Atome gegeben ist. Da das Volumen in erster Linie durch die Nahordnung bestimmt wird, so sind die Volumenänderungen der Metalle beim Schmelzen relativ klein, sie bleiben unter 10%. Dagegen betragen die Volumenänderungen beim Verdampfen mehrere Zehnerpotenzen, wenn man nicht gerade in die Nähe des kritischen Punktes kommt. Ähnliches gilt für die Kompressibilität, die elektrische und die Wärmeleitfähigkeit.

Diese Verhältnisse legen es nahe, einer Theorie des flüssigen Zustandes den Vorzug zu geben, die vom idealen Kristallgitter ausgeht, die Fernordnung beseitigt, aber eine Nahordnung bestehen läßt. Die Theorie von J. E. LENNARD-JONES und A. F. DEVONSHIRE [*11*] stellt eine Lösung dieser Aufgabe dar [*9*].

Zunächst wird die Druckabhängigkeit des Idealkristalls vom Volumen unter Verwendung der MIEschen Theorie der Gleichgewichtsabstände der Atome im Kristallgitter und der DEBYEschen Theorie die spezifische Wärme der Kristalle berechnet. Das ergibt die in Abb. 4 dargestellten Isothermen. Auch hier fällt wie bei den Isothermen des idealen Gases der Druck mit zunehmendem Volumen ab. Der Abfall ist aber beim Kristall um Zehnerpotenzen steiler als beim Gas. Außerdem fällt hier der Druck mit wachsendem Volumen nicht asymptotisch auf Null ab, die isotherme Druckkurve schneidet vielmehr die Volumenachse und läuft zu negativen Drucken weiter. Das bedeutet, daß Volumen, die größer sind als das Volumen des Schnittpunktes der Druckkurve mit der Volumenachse, nur bei allseitigem Zuge erreicht werden können. Mit der Temperatur ändert sich natürlich quantitativ der Verlauf der Iso-

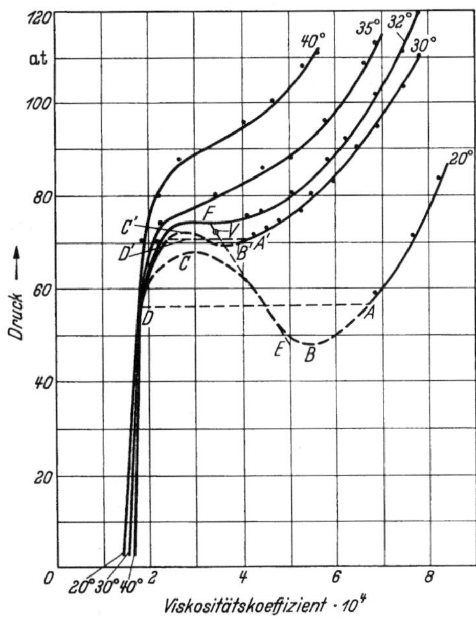

Abb. 2. Viskosität des CO_2 in Abhängigkeit vom Druck in der Umgebung des kritischen Punktes

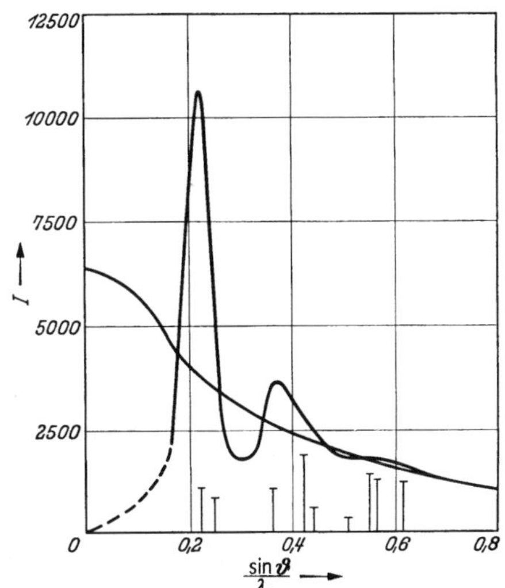

Abb. 3. Röntgenintensitätskurve von flüssigem Gold

Tabelle 1. *Röntgenuntersuchungen an flüssigen Metallen*
[zusammengestellt von F. SAUERWALD: Z. Metallk. Bd. 41 (1950) S. 97]

Metall	kristallisiert Koordination	kristallisiert Atomabstand	flüssig Temperatur °C	flüssig Koordination	flüssig Atomabstand
Hg	6 + 6	3,0 + 3,47	20	3,30	12
Cd	6 + 6	2,97 + 3,29	350	8 + 4	3,06 + 4
Zn	6 + 6	2,66 + 2,90	460	11	2,94
Au	12	2,88	~1100	11	2,86
Pb	12	3,49	375	11	3,40 + 4,37
Al	12	2,86	700	8 + 4	2,96
Tl	6 + 6	3,40 + 3,45	375	10,6	3,30 + 4,22
In	4 + 8	3,24 + 3,37	165	8 + 4	3,17 + 3,88
			160	8 + 4	3,30 + 4,00
			390	8 + 4	3,36
Na	8	372	100	8	4,385
			400	8	3,900
			100	8	3,79
			400	9,28	3,79
K	8	4,62	70	8,95	464 : 9,0
			395	8	485 : 9,2
Sn	4 + 2 + 4	3,15 + 3,76	280	10	3,20
			480	10	3,38
Ga	1 + 6	2,71 + 2,79	20	11	2,77
Bi	3 + 3	3,09 + 3,46	340	7 → 8	3,32
Ge	4	2,43	1000	8	270

thermen, die Druckkurve wird mit steigender Temperatur nach rechts in Abb. 4 verschoben, qualitativ bleibt aber der Kurvencharakter erhalten. Der Schmelzvorgang ist also in der Theorie des Idealkristalls ebensowenig enthalten wie die Kondensation in der Theorie der idealen Gase. Um zu einer Theorie des flüssigen Zustandes zu gelangen, müssen wir zur Theorie des Idealkristalls Glieder hinzufügen, die der Abnahme der Ordnung beim Schmelzen Rechnung tragen.

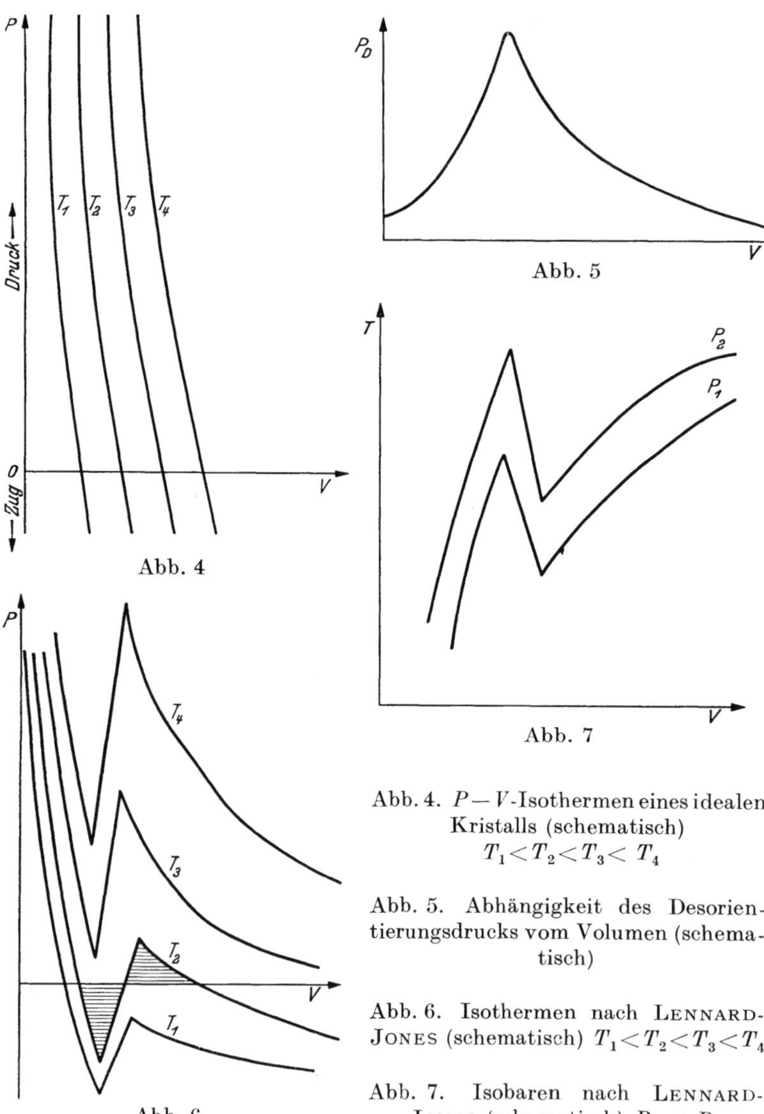

Abb. 4. $P - V$-Isothermen eines idealen Kristalls (schematisch) $T_1 < T_2 < T_3 < T_4$

Abb. 5. Abhängigkeit des Desorientierungsdrucks vom Volumen (schematisch)

Abb. 6. Isothermen nach LENNARD-JONES (schematisch) $T_1 < T_2 < T_3 < T_4$

Abb. 7. Isobaren nach LENNARD-JONES (schematisch) $P_1 < P_2$

Im Idealkristall schwingen zwar die meisten Atome um ihre Gitterplätze, ein Teil von ihnen befindet sich aber auf Zwischengitterplätzen, andererseits gibt es im Gitter unbesetzte Plätze. Auf andere Arten von Fehlordnungen, insbesondere auf Versetzungen aller Art, brauchen wir hier nicht einzugehen, da diese Fehlordnungen nicht einem thermischen Gleichgewicht entsprechen. Dagegen besteht zwischen den in Fehlstellen und den ordentlich eingebauten Atomen ein mit der Temperatur veränderliches Gleichgewicht.

Durch den Einbau von Atomen auf Zwischengitterplätzen wird im Gitter ein zusätzlicher Druck erzeugt. Dieser Desorientierungsdruck p_D spielt hier eine ähnliche Rolle wie der Binnendruck in der VAN DER WAALSschen Theorie. Bei einer gegebenen Temperatur nimmt die Zahl der thermischen Fehlstellen mit dem Volumen ständig zu. Bei kleinem Anfangsvolumen mit wenig Fehlstellen steigt der Desortierungsdruck p_D entsprechend der Zunahme der Fehlstellen mit dem Volumen an. Bei einem großen Anfangsvolumen mit vielen Fehlstellen kann man kaum noch zwischen regulären Gitterplätzen und Fehlstellen unterscheiden. Die Bildung einer weiteren Fehlstelle liefert somit keinen merklichen Beitrag zum Desortierungsdruck. Die p_D-Kurve durchschreitet also ein Maximum. Abb. 5 zeigt die Form einer solchen p_D-Kurve. Auf die Wiedergabe der schwierigen Durchrechnung soll verzichtet werden.

Die Addition der beiden Drucke $p_s = p + p_D$ liefert die in Abb. 6 wiedergegebene Isotherme, die der VAN DER WAALSschen Isotherme völlig analog sind. Insbesondere findet man den Gleichgewichtsdruck zwischen Kristall und Schmelze auf die gleiche Weise, wie an einer Isotherme gezeigt wird. Für unsere Zwecke ist die Darstellung von Isobaren in Abb. 7 besser. Man sieht, daß eine Unterkühlung einer Schmelze nicht bis zu beliebig tiefen Temperaturen herab möglich ist.

Die Theorie von LENNARD-JONES liefert zunächst ein qualitativ befriedigendes Bild der Schmelzvorgänge (scharfer Schmelzpunkt, Volumensprung und Sprung des Wärmeinhalts beim Schmelzen). Darüber hinaus erlaubt sie, allerdings erst nach Wahl des Wertes für die Energie der Zwischengitteratome, die Schmelztemperatur, die Schmelzwärme und die Volumenänderung beim Schmelzen mit guter Annäherung quantitativ zu berechnen. Wir vermerken noch, daß in dieser Form die Theorie nur für atomare Schmelzen gültig ist. Bei molekularen Schmelzen insbesondere mit faden- oder flächenartigen Molekülen treten Sondererscheinungen, z. B. Glasbildung, auf, die uns hier nicht interessieren.

C. Eigenschaften flüssiger Metalle und Legierungen

1. Wärmeinhalt und Volumen

Man kann den Wärmeinhalt reiner Metalle mit Hilfe eines Einwurfkalorimeters bestimmen. Die Metallprobe wird in einem Ofen auf die Versuchstemperatur erwärmt und fällt dann in ein auf Raumtemperatur befindliches Kalorimeter. Durch Messung bei mehreren Temperaturen unter und über dem Schmelzpunkt erhält man die Schmelzwärme, die in Tab. 2 für einige Metalle zusammengestellt ist [*17*, *18*]. Außerdem enthält die Tabelle noch die Schmelzentropien, die nach der Gleichung $\Delta s = \frac{\Delta w}{T_s}$ berechnet werden.

Tabelle 2. *Eigenschaften einiger reiner Metalle*

	Schmelzpunkt	Schmelzwärme	$\Delta v = \frac{v_S - v_K}{v_K}$ in %	ΔS	$\Delta v/\Delta S$
Al	660	2540	6,383	2,722	2,345
Zn	419,5	1730	4,384	2,479	1,773
Cd	321	1500	4,987	2,525	1,975
Hg	−38,9	570	3,660	2,433	1,504
Fe	1535	3650	3,093	2,019	1,534
Cu	1083	3180	4,330	2,345	1,846
Ag	960	2700	4,6	2,190	2,100
Au	1063	3100	5,374	2,320	2,316
Mg	650	1750	4,275	1,900	2,25
Pb	327	1200	3,627	2,000	1,813
Sn	232	1670	2,880	3,307	0,871
Mn	1250	3560	1,73	2,3375	0,740
Tl	303	1030	3,10	1,788	1,734
Na	97,8	630	2,70	1,700	1,588
K	63,6	570	2,36	1,690	1,397
Rb	38,8	530	2,46	1,70	1,553
Sb	630,5	4750	−0,959	5,254	−0,182
Bi	271	2640	−3,466	4,85	−0,715

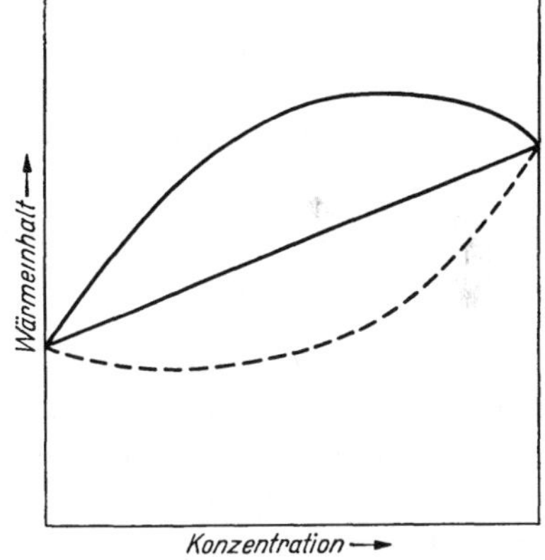

Abb. 8. Wärmeinhalt und Mischungswärme (schematisch)
——— positive, - - - - negative } Mischungswärme

Die Wärmeinhalte der flüssigen Legierungen liegen im allgemeinen nicht auf der Verbindungsgeraden der Wärmeinhalte der beiden reinen Metalle, sondern, wie in Abb. 8 die ausgezogene Kurve zeigt, darüber oder, wie die gestrichelte zeigt, darunter. Man bezeichnet die Abweichung von der Verbindungsgeraden als die *Mischungswärme*, die sowohl positiv (ausgezogene Kurve in Abb. 8) oder negativ (gestrichelte Kurve) sein kann. Bei positiver Mischungswärme kühlt sich die Schmelze beim Vermischen der beiden reinen flüssigen Metalle ab, bei negativer Mischungswärme wird sie dagegen wärmer.

Die Mischungswärme kann in einzelnen Fällen im Einwurfkalorimeter bestimmt werden, nämlich dann, wenn im festen Zustand praktisch nur die reinen Metalle, im flüssigen aber homogene Schmelzen vorhanden sind. In den anderen Fällen wäre es sehr erwünscht, wenn ein Hochtemperaturkalorimeter gebaut würde, das die Änderung des Wärmeinhaltes durch Vermischen unmittelbar zu messen gestattet. M. KAWAKAMI [*19*] hat zwar einen Anfang gemacht, seine Messungen sind jedoch noch nicht befriedigend.

Die Kenntnis der Wärmegrößen ist zwar auch für den Gießer unmittelbar wichtig, weil die mit der flüssigen Legierung in die Form gebrachte Wärme abgeführt werden muß, aber hierfür genügen Messungen mit relativ geringer Genauigkeit. Für theoretische Untersuchungen über den flüssigen Zustand ist eine wesentlich höhere Genauigkeit erforderlich. Auf Einzelheiten soll nicht eingegangen werden. Es sei erwähnt, daß auf Veranlassung des Verfassers von E. WITTIG und G. BÖHM [*20*] mehrere Messungen von M. KAWAKAMI [*19*] nachgeprüft und dabei zum Teil erhebliche Abweichungen gefunden worden sind.

Das Volumen mißt man zweckmäßig nach der Auftriebmethode, indem man den mit der flüssigen Legierung gefüllten Tiegel in eine Salzschmelze hängt und den Auftrieb mißt [*21*]. Liegt der Schmelzpunkt der Legierung über dem der Salzschmelze, so kann man auch die Volumenänderung bei der Erstarrung bestimmen. Im anderen Falle muß man das Volumen der festen Legierung aus anderen Messungen z. B. aus röntgenographischen entnehmen. Bei sehr hohen Temperaturen haben C. BENEDICKS und N. u. G. ERICSON [*22*] ein besonderes Verfahren mit kommunizierenden Röhren entwickelt. Auch hier liegt das Volumen des Gemisches nicht genau auf der Verbindungsgeraden der beiden reinen Metalle, es gibt ein Mischungsvolumen, über das aber noch keine Messungen vorliegen dürften. Hat man aber erst einmal eine Apparatur zur Messung des Auftriebes, so bereitet die Messung des Mischungsvolumens keine wesentlichen Schwierigkeiten. Da die zu erwartenden Effekte in der Regel relativ klein sein dürften, haben sie auch wohl noch kein Interesse gefunden. Auch hier wären Untersuchungen durchaus erwünscht.

In Tab. 2 sind die relativen Volumenänderungen $\Delta v = \frac{v_s - v_K}{v_K}$, soweit sie bisher bekannt sind, zusammengestellt [*18*]. Bei den echten Metallen ist Δv positiv. Bei weniger dicht gepackten Metallen, die am Schluß der Tab. 2 stehen, ist die Volumenänderung negativ. In diesen Fällen ist der metallische Zustand in den Schmelzen besser ausgeprägt als im festen Zustand. Sieht man von diesen Fällen ab, so besteht nach A. EUCKEN [*23*] zwischen der Entropieänderung Δs beim Schmelzen und Δv angenähert Proportionalität.

Die Volumenänderung bei und nach der Erstarrung ist für das Lunkern, das Schwinden und die Seigerung unmittelbar von Bedeutung. Hier sind einige Besonderheiten zu erwähnen, wenn man ein leichtes mit einem wesentlich schwereren Metall legiert. F. SAUERWALD [*24*] fand bei den aluminiumreichen Aluminium-Kupferlegierungen, daß bis zu etwa 5% Cu sich aus der Schmelze primäre Aluminiumkristalle ausscheiden, die schwerer sind als die Schmelze, während die aus Schmelzen mit höheren Kupfergehalten sich ausscheidenden Aluminiummischkristalle leichter sind als die Schmelze.

Auch aus Lagerweißmetallen scheiden sich nach oben steigende Zinn--Antimonkristalle aus. Schließlich sei noch erwähnt, daß das weiße Gußeisen ganz normal unter Volumenverminderung, das graue dagegen unter Volumenvermehrung erstarrt. E. SCHEIL und H. MÜHLBERGER [*25*] haben diese Erscheinung dazu benützt, um die Art der Erstarrung des Gußeisens zu untersuchen.

F. SAUERWALD [*26*] hat die Legierungsschmelzen in drei Gruppen eingeteilt. In der ersten Gruppe besteht eine Tendenz zur Entmischung. In diesen Fällen ist die Mischungswärme positiv. Die Entmischung kann bereits im flüssigen Zustand eintreten, wie z. B. im System Blei-Zink, sie kann aber auch latent bleiben wie im System Kupfer-Wismut, wo zum Eintreten der Entmischung die Kupferkristallisation stark unterkühlt werden müßte. Die Mischungswärme ist in allen diesen Fällen stark positiv. Im zweiten Falle geringerer Mischungswärme werden die Atomarten in der Schmelze praktisch statistisch verteilt sein. Dementsprechend wird in diesem Falle in der Schmelze lückenlose Mischbarkeit gefunden, während im festen Zustand verschiedene Zustandsformen auftreten können.

Umstritten ist der Zustand der Schmelzen bei der dritten Gruppe mit starker negativer Mischungswärme. Im festen Zustand treten intermediäre Kristallarten auf, deren Schmelzpunkte zuweilen wesentlich über denen der beiden reinen Komponenten liegen. Sicher wird die Zahl der Bindungen ungleichartiger Atome größer sein, als es der statistischen Verteilung entspricht. Ob man hier aber bereits von Molekülen sprechen darf, ist zum mindesten zweifelhaft. Wie C. WAGNER [27] gezeigt hat, entspricht bei einer Reihe von intermetallischen Kristallarten die Entropieänderung recht gut dem zu erwartenden Wert, wenn man die Schmelzentropie der beiden reinen Metalle in den richtigen Molmengen um den Anteil der Mischungsentropie vermehrt, der beim Übergang von völliger Ordnung zur statistischen Verteilung entsteht. Soweit man es also bisher übersehen kann, ist die Bevorzugung der Bindungen ungleichartiger Atome in Metallschmelzen mit starker negativer Mischungswärme relativ gering. Es ist also zum mindesten vorläufig zweckmäßig, die Metallschmelzen als monomolekular zu betrachten.

2. Viskosität und Oberflächenspannung

Beide Eigenschaften bestimmen in erster Linie die Gießbarkeit der Legierungen. Diesen Zusammenhang wollen wir aber erst später behandeln und uns hier auf die Darstellung der beiden Eigenschaften beschränken. Dabei verdienen die Arbeiten von F. SAUERWALD [28] hervorgehoben zu werden, der sich seit Jahrzehnten mit der schwierigen Messung dieser Eigenschaften beschäftigt, aber in Gießereikreisen fast unbekannt geblieben ist.

Wir besprechen als erstes die Viskosität. Gleiten zwei Schichten einer Schmelze übereinander, so üben sie tangentiale Kräfte aufeinander aus. Diese sind bei den NEWTONschen Flüssigkeiten, zu denen auch Metallschmelzen gehören, der Abgleitgeschwindigkeit proportional. Man bezeichnet den kinetischen Widerstand der Schmelzen gegen Verformung als Viskosität oder innere Reibung. Die Kraft K ist proportional der Fläche F, längs der sich die beiden Schichten berühren, und dem Geschwindigkeitsgefälle $\frac{dv}{dz}$ senkrecht zur Strömungsrichtung. Es ist also

$$K = \eta F \frac{dv}{dz}.$$

Darin ist η der Viskositätskoeffizient.

Mit Hilfe dieser Gleichung läßt sich bei linearer Strömung für die Durchflußgeschwindigkeit einer Schmelze durch ein kreiszylindrisches Rohr vom Radius r und der Länge l die Beziehung ableiten

$$v = \frac{(r^2 - \varrho^2)\,\Delta p}{4\,\eta\,l}.$$

In der Gleichung ist ϱ der Abstand der betrachteten Stelle von der Rohrachse, Δp ist die Druckdifferenz zwischen Anfang und Ende des Rohres. Trägt man die Geschwindigkeit v in Abhängigkeit von ϱ auf, so erhält man einen Parabelbogen.

Das in der Zeiteinheit durchgeflossene Volumen ist

$$V = \frac{\Delta p}{4\,\eta\,l}\int_0^r (r^2 - \varrho^2)\,2\pi\varrho\,d\varrho = \frac{\pi r^4 \Delta p}{8\,\eta\,l}.$$

Das durchfließende Volumen V nimmt also nach diesem Gesetz von HAGEN und POISEUILLE mit der vierten Potenz des Rohrradius zu.

Dieses Gesetz bildet die Grundlage der Viskositätsmessungen. Alle anderen Meßverfahren werden an dieses durch Eichung angeschlossen. Drückt man η wie üblich in C. G. S.-Einheiten aus, so hat man es noch mit 981 zu multiplizieren. Außerdem ist zu beachten, daß das Gesetz unter der Bedingung abgeleitet worden ist, daß die von den Druckkräften geleistete Arbeit ganz zur Überwindung der inneren Reibung verbraucht wird. Fließt die Schmelze in einem Strahl aus, so ist die HAGENBACHsche Korrektur anzubringen. Man erhält bei Verwendung des C. G. S.-Maßsystems

$$\eta = \frac{981\,\pi\,\Delta p}{8\,l\,V}\,r^4 - \frac{\sigma V}{8\pi l}.$$

Darin ist σ das spezifische Gewicht der Schmelze.

Dieses Meßverfahren ist von SAUERWALD [28] und Mitarbeitern bis zu etwa 1000 °C verwendet worden. Daneben hat man auch weitere Verfahren verwendet. Man maß z. B. die innere Reibung der zwischen zwei koaxialen Zylindern befindliche Schmelze. E. GEBHARDT und M. BECKER [29] maßen die Dämpfung eines mit Schmelze gefüllten schwingenden Tiegels und berechneten daraus die *Viskosität* nach einem bereits von H. HELMHOLTZ [30] angegebenen Verfahren. Bei durchsichtigen Stoffen kann man die Fallgeschwindigkeit einer Kugel in der viskosen Schmelze messen und mit Hilfe des STOKESschen Gesetzes daraus die Viskosität berechnen. Mit Hilfe von Röntgenstrahlen läßt sich auch eine in einer Metallschmelze sich bewegende Kugel messend verfolgen. Erprobt ist das Verfahren bei Metallen allerdings noch nicht.

F. N. DA C. ANDRADE [31] wies in einer kritischen Besprechung der kinetischen Theorien des flüssigen Zustandes darauf hin, daß es bisher nicht gelungen ist, eine einfache quantitative Beziehung zwischen der Viskosität und anderen Konstanten herzustellen. Die z. T. recht verschiedenen Annahmen führen auf ein exponentielles Gesetz für die Viskosität in Abhängigkeit von der Temperatur.

$$\log \eta = A + \log T + \frac{B}{T}.$$

In allen Theorien kommt die Aktivierungsenergie Q der Diffusion vor

$$Q = \frac{B\,R}{\log e}.$$

Unter den verschiedenen Theorien befriedigt den Verfasser am meisten die von A. KOCHENDÖRFER [32], weil sie die Viskosität als eine plastische Erscheinung betrachtet. Es wäre wünschenswert, wenn die Theorie einmal in größerem Umfang, als das bisher geschehen ist, mit den experimentellen Daten verglichen würde.

Für die Viskosität am Schmelzpunkt hat E. N. DA ANDRADE [31] für Metalle eine einfache Beziehung gefunden.

$$\eta_s = 5{,}7 \cdot 10^{-4}\,(M\,T_s)^{1/2}\,V_m^{-2/3}.$$

Im Zahlenfaktor 5,7 steckt als wichtigste Größe die Grenzfrequenz ν der Wärmeschwingungen am Schmelzpunkt, M ist das Atomgewicht, V_m das Atomvolumen und T_s die absolute Schmelztemperatur. Abb. 9 zeigt die Meßergebnisse für eine Reihe von Metallen. Es weichen vor allem Antimon, Wismut und Gallium von der Geraden ab. Bei diesen treten auch sonst Besonderheiten auf, so daß es nicht weiter verwunderlich ist, daß diese drei nicht so gut der Gesetzmäßigkeit gehorchen. Das Gesetz erlaubt soweit recht gute Vorhersagen für die Viskosität noch nicht bekannter Metalle mit normalen metallischen Eigenschaften. ANDRADE verbesserte seine Formel für die Temperaturabhängigkeit in

$$\eta = \frac{A}{v^{1/3}}\,e^{\frac{B}{v\,T}}.$$

Diese Gleichung gibt die Viskositätswerte bei Alkalimetallen sehr gut wieder, und zwar nicht nur ihre Temperatur-, sondern auch ihre Druckabhängigkeit.

V. KONDIC [33] fand bei der Messung der Viskosität nach der Methode der konzentrischen Zylinder in mehreren Fällen, daß in unmittelbarer Nähe der Erstarrungstemperatur die Viskosität mit sinkender Temperatur stark ansteigt, während E. GEBHARDT [34] es mit seiner Apparatur (schwingender Tiegel) nicht bestätigen konnte. Das ist eine prinzipielle Frage. Ein Viskositätsanstieg würde bedeuten, daß sich in der unterkühlten Schmelze Vorbereitungserscheinungen der Kristallisation, also die Bildung von Subkeimen bemerkbar machen würden. Zunächst ist, wenigstens soweit es dem Verfasser bekannt ist, bei leicht unterkühlbaren Stoffen, z. B. organischen Schmelzen und Gläsern, keine Unstetigkeit beim Schmelzpunkt beobachtet worden [35]. Mit Ausnahme von polaren Verbindungen gehorcht die Viskosität der unterkühlten Schmelze dem gleichen Gesetz mit den gleichen Konstanten wie die der stabilen. Von den Metallen ist bisher nur Gallium und Zinn bis ins unterkühlte Gebiet hinein untersucht worden. Auch hier treten keine Besonderheiten am Schmelzpunkt auf.

Unter diesem Gesichtspunkt ist zu fragen, ob der anomale Anstieg der Viskosität in der Nähe des Schmelzpunktes nicht durch Versuchsfehler bedingt ist. GEBHARDT und BECKER haben anfangs auch die Methode der koaxialen Zylinder verwendet, dabei aber festgestellt, daß sich an dem den inneren Zylinder tragenden Stab eine Haut entwickelte, so daß keine reproduzierbaren Werte zu erhalten waren. Möglicherweise hat KONDIC die Bildung der Haut bei höheren Temperaturen verhindern können.

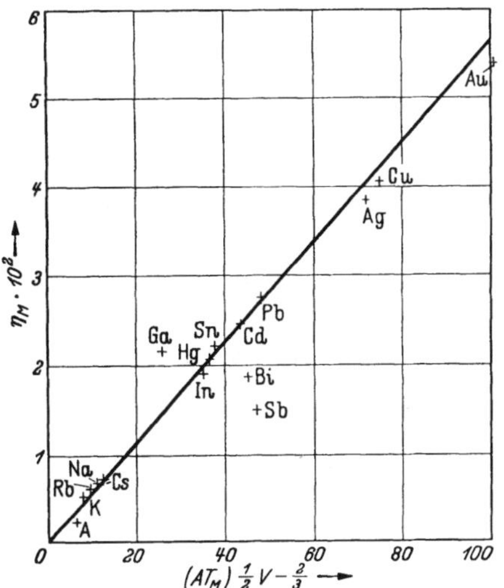

Abb. 9. Die Viskosität flüssiger Metalle beim Schmelzpunkt in Abhängigkeit von $(AT_M)^{1/2}\, V^{-2/3}$ (ANDRADE)
A Atomgewicht T_M Schmelzpunkt V Atomvolumen

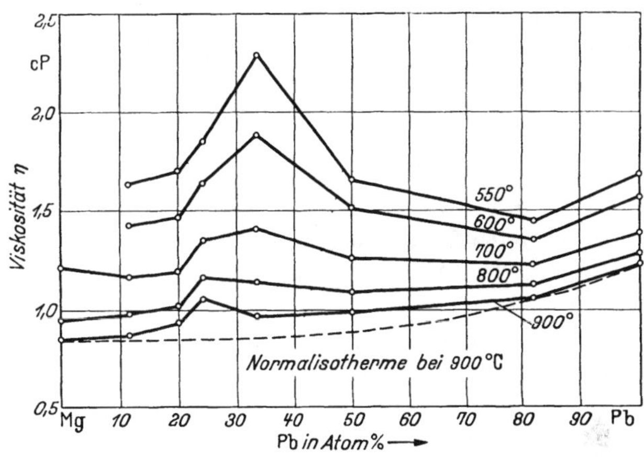

Abb. 10
Viskositätsisothermen im System Mg—Pb (GEBHARDT)

Es ist aber darum noch nicht ausgeschlossen, daß die Hautbildung seine Messungen in der Nähe des Schmelzpunktes verfälschte.

ANDRADE [31] hat gezeigt, daß der Wert $\beta = \frac{\eta_s V_m^{2/3}}{(M T_s)^{1/2}}$ eine charakteristische Eigenschaft des Moleküls ist. Für uns ist wesentlich, daß auch nach dieser Formel die metallischen Schmelzen als monomolekular angesehen werden müssen.

Wir untersuchen nun den Einfluß von Zusätzen. Bleibt durch den Zusatz die Schmelze homogen, so ist im allgemeinen zu erwarten, daß die Viskosität der Legierungen zweier Metalle nicht allzu sehr von der Verbindungsgeraden der Viskosität der beiden reinen Metalle abweicht. Das scheint in allen Fällen mit positiver Mischungswärme zuzutreffen. Bei negativen Mischungswärmen treten dagegen mehrfach Erhöhungen der Viskosität auf, für die Abb. 10 ein Beispiel zeigt. Diese Erhöhung läßt sich in den bisher untersuchten Fällen mit einer intermetallischen Kristallart in Beziehung bringen. Man kann also die Viskositätserhöhung als den Anfang einer Molekülbildung in der Schmelze ansehen. Zum mindesten dürfte sich die Nahordnung in der Schmelze schon wesentlich von der statistischen Verteilung unterscheiden.

Sehr merkwürdig sind die Meßergebnisse an flüssigem Gußeisen. Man erhielt für graues und für weißes Gußeisen ganz verschiedene Werte, insbesondere eine sehr unterschiedliche Temperaturabhängigkeit. Nun hängt die Art der Erstarrung in sehr hohem Maße von den Erstarrungsbedingungen ab. Es gibt sogar meliertes Gußeisen. Eine Einteilung der Schmelzen in weiße und graue stößt also auf Widersprüche. Außerdem ist ganz unverständlich, wie zwei Legierungsgruppen, die sich in der chemischen Zusammensetzung nur wenig unterscheiden, so wesentlich verschiedene Viskositätswerte ergeben. Bevor man aus den Messungen, die zudem von verschiedenen Beobachtern stammen, Schlüsse ziehen kann, wird man eine experimentelle Nachprüfung abwarten müssen.

Die Viskosität ist für das Ausfließen einer Schmelze von entscheidender Bedeutung. Für das Ausfließen in dünne Querschnitte, für die scharfe Wiedergabe aller Einzelheiten einer Form ist vor allem die Höhe der Oberflächenspannung wichtig. Auch hier wollen wir zunächst die Erscheinung besprechen und erst später auf die gießtechnische Bedeutung eingehen.

Ein Atom hat an der Oberfläche einer Schmelze eine andere Umgebung als in ihrem Inneren. Infolge der im Vergleich zum Inneren fehlenden Bindungen der Oberflächenatome besteht eine in das Innere gerichtete Kraft. Da also der Energiegehalt der Schmelze um die Oberflächenenergie größer ist, so strebt die Schmelze stets die Form mit der kleinsten Oberfläche an. Aus der Zahl der fehlenden Bindungen gelangt man zu einer Abschätzung der Oberflächenenergie, sie sollte bei normalen Schmelzen wie z. B. den Metallen etwa gleich $^1/_3$ der Verdampfungswärme sein. Wie weit dies bei Metallen zutrifft, ist noch nicht untersucht worden.

Entsprechend der Theorie nimmt die Oberflächenspannung mit steigender Temperatur in der Regel schwach ab, z. B. beim Zinn von 550 beim Schmelzpunkt auf 510 bei 800 °C. In einigen Fällen, z. B. beim Kadmium, beobachtet man einen anfänglichen Anstieg und erst dann einen Abfall. Ob dies eine Eigentümlichkeit dieser Metalle ist oder ob dies durch die Beimengungen des Kadmiums hervorgerufen wird, bedarf noch einer näheren Untersuchung.

Da die zur Erniedrigung der Oberflächenspannung erforderlichen Konzentrationsänderungen eine gewisse Zeit zum Ablauf gebrauchen, so hat man zwischen einer statischen und einer dynamischen Oberflächenspannung zu unterscheiden. Bei der statischen befindet sich die Oberfläche im Gleichgewicht, bei der dynamischen mißt man dagegen eine sich ständig erneuernde Oberfläche. Nur die statische Oberflächenspannung ist ein wohldefinierter Wert, während bei der dynamischen noch eine Angabe der Erneuerungsgeschwindigkeit der Oberfläche erforderlich ist. Erst der Grenzwert, bei dem sich noch nicht das Gleichgewicht eingestellt hat, ist wieder gut definiert. Für den Gießvorgang wird ein mittlerer zwischen diesen beiden Grenzen liegender Wert wichtig sein.

Es sind eine Reihe von Verfahren zur Messung der Oberflächenspannung ausgearbeitet worden. Wir wollen nur die erwähnen, welche bereits bei Metallen verwendet worden sind. F. SAUERWALD und D. DRAHT [*36*] verwendeten bei ihren Messungen die Blasendruckmethode. Bei dieser wird aus einer in die Flüssigkeit tauchenden senkrechten Kapillare mit kreisförmigem, aus einer scharfen Schneide bestehendem Rande eine Luftblase in die Schmelze langsam ausgetrieben. Der dabei zur Überwindung nötige Blasendruck wird gemessen. L. L. BIRCUMSHAW [*37*] hat die Blasendruckmethode verbessert und in ausgedehnten Messungen verwendet. Bei diesem Meßverfahren wird die Oberfläche ständig aber langsam erneuert.

H. KORNFELD und HARDERS [*38*] messen den Randwinkel, den ein auf seiner Unterlage ruhender Tropfen mit der Unterlage bildet. Es gelang ihnen, mit dieser Methode die Oberflächenspannung von Stählen zu messen. Bei diesem Verfahren stellt sich an der Oberfläche ein Gleichgewicht ein.

B. MARINČEK [*39*] verwendete die Steighöhenmethode zur Messung der Oberflächenspannung von Gußeisen. Auch bei dieser Methode dürfte sich das Gleichgewicht im wesentlichen eingestellt haben.

Bei der vierten Meßmethode fließt die Schmelze aus einem elliptischen Rohr aus. Die Oberflächenspannung verformt den elliptischen Strahl zu einem kreisförmigen. Die Änderung geht aber weiter, so daß der Strahl bei seitlicher Ansicht Knoten und Bäuche erhält. Aus den Abständen dieser Knoten und der Ausflußgeschwindigkeit kann man die Oberflächenspannung berechnen. Das Meßverfahren ist bei Kadmium angewendet worden, anscheinend aber dann in Vergessenheit geraten [*40*]. Wir sind damit beschäftigt, mit Hilfe dieser Methode die Oberflächenspannung des Gußeisens zu messen [*41*]. Man kann hier den leuchtenden Gießstrahl selbst photographieren, braucht also keine Beleuchtungsanordnung. Da sich die Oberfläche etwa mit der gleichen Geschwindigkeit erneuert wie beim Gießen, so dürften die in dieser Weise gemessenen Werte am besten dem Gußvorgang entsprechen.

Setzt man einer reinen Metallschmelze einen Stoff zu, der die Oberflächenspannung erniedrigt, so erfordert die Minimumsbedingung der Oberflächenenergie, daß dieser Stoff sich an der Oberfläche anreichert, während umgekehrt ein Stoff, der die Oberflächenspannung erhöht, in das Innere der Schmelze abwandert. Da die thermische Bewegung der Atome dieser Konzentrationsänderung entgegen wirkt, so stellt sich ein Gleichgewichtszustand ein, den man an Schäumen quantitativ messen könnte. Metalle schäumen wegen ihrer großen Oberflächenspannung nicht. Die Oberflächenspannung gutschäumender Stoffe ist $\sigma \sim 10$, für Wasser ist $\sigma = 72{,}8$ und bei Metallen liegt σ etwa zwischen 300 und 1500 dyn/cm.

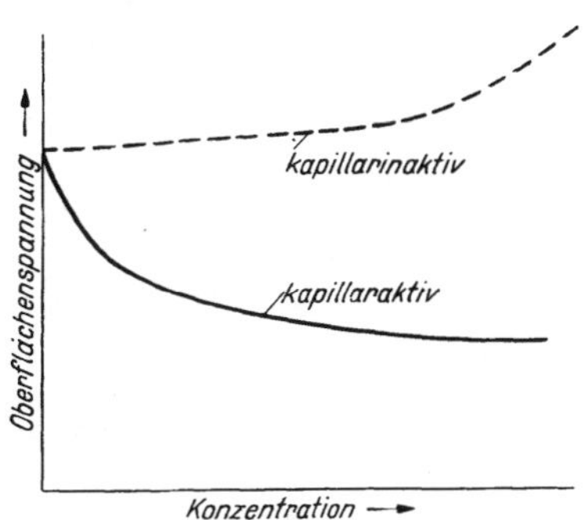

Abb. 11. Einfluß von Zusätzen auf die Oberflächenspannung

Infolge der Konzentrationsänderung ergeben bereits sehr kleine Zusätze eines kapillaraktiven, d. h. die Oberflächenspannung erniedrigenden Stoffes eine beträchtliche Erniedrigung der Oberflächenspannung, während ein kapillar inaktiver Stoff erst bei ziemlich großen Zusätzen eine merkliche Erhöhung der Oberflächenspannung ergibt. Abb. 11 zeigt schematisch dieses von W. GIBBS angegebene Gesetz.

Dies scheint im Widerspruch zu neueren Messungen von B. MARINČEK [*39*] zu sein. Dieser stellt fest, daß die Oberflächenspannung des Gußeisens bereits durch kleine Magnesiumzusätze in der Höhe von 0,02 bis 0,05 Gew.-% stark heraufgesetzt wird. Das kann offenbar nur so gedeutet werden, daß das Magnesium eine Komponente des Gußeisens bindet, welche die Oberflächenspannung des nicht mit Magnesium legierten Gußeisens stark herabgesetzt. Es ist natürlich von Interesse, welcher bzw. welche Stoffe die Oberflächenspannung in dem nicht mit Magnesium legierten Gußeisen so stark herabsetzen.

Literatur

[*1*] SOMMERFELD, A.: Handbuch der Physik 2. Aufl., Bd. 24, Berlin: Springer 1933.

[*2*] MASING, G.: Lehrbuch der allgemeinen Metallkunde, Berlin/Göttingen/Heidelberg: Springer 1951.

[*3*] DEHLINGER, U.: Theoretische Metallkunde, Berlin/Göttingen/Heidelberg: Springer 1955.

[*4*] HUME, W.: Rothery Atomics Theorie of Metals and Alloys.

[*5*] RAYNOR, Z. V.: An Introduktion to the Elektron Theorie of Metals.

[*6*] LAVES, F.: Naturwiss. Bd. 29 (1941) S. 244.

[*7*] STUART, H. A.: Die Physik der Hochpolymeren Berlin 1953.

[*8*] SCHEIL, E.: Arch. Eisenhüttenwes. Bd. 22 (1951) S. 37.

[*9*] vgl. hierzu SCHÄFER, K.: Z. Elektrochem. Bd. 52 (1948) S. 245.

[*10*] VAN DER WAALS, J. D.: Die Kontinuität des gasförmigen und flüssigen Zustandes. Deutsch: A. E. ROTH, Leipzig: J. Barth 1899.

[*11*] LENNARD-JONES, J. E., u. A. F. DEVONSHIRE: Proc. Royal Soc. Bd. A 169 (1939) S. 317 und Bd. 170 (1939) S. 464.

[*12*] VOLMER, M.: Kinetik der Phasenbildung, Berlin: Steinkopf 1939.

[*13*] PHILLIPS, P.: Entnommen aus A. EUCKEN, Lehrbuch der chemischen Physik Bd. II 2, Leipzig: Akademische Verlagsges. 1944.

[*14*] OTTO, J.: Im Handbuch der Experimentalphysik VIII, Teil 2, Beitrag Otto, Leipzig: Akademische Verlagsges. 1929.

[*15*] VAN LAAR, J. J.: Die Thermodynamik einheitlicher Stoffe und binärer Gemische, Groningen: P. Noordhoff 1935.

[*16*] HENDUS, H.: Natürforschung Bd. 2a (1947) S. 505.

[*17*] WEIBKE, F., u. A. KUBASCHEWSKI: Thermochemie der Legierungen, Berlin: Springer 1943.

[*18*] MURPHY, A. J.: Non Ferrous Foundry Metallurgie, London: Pergamon Press 1954.

[*19*] KAWAKAMI, M.: Sc. Rep. Tokoku Univ. Bd. 19 (1930) S. 521.

[*20*] WITTIG, E., u. G. BÖHM: Z. Metallkde. demnächst.

[*21*] SAUERWALD, F.: Z. anorg. allg. Chem. Bd. 149 (1925) S. 273.

[*22*] BENEDICKS, C., u. N. u. G. ERICSON: Arch. Eisenhüttenwes. Bd. 3 (1929/30) S. 473.

[*23*] A. EUCKEN: Z. ang. Chem. (1942) S. 163.

[*24*] SAUERWALD, F.: Metallwirtschaft Bd. 20 (1941) S. 405 u. 1211.

[*25*] SCHEIL, E., u. H. MÜHLBERGER: Arch. Eisenhüttenwes. demnächst.

[*26*] SAUERWALD, F.: Z. Metallkde. Bd. 35 (1943) S. 105; Bd. 41 (195) S. 97 u. 214.

[*27*] WAGNER, C.: Z. Metallkde. Bd. 31 (1939) S. 18.

[*28*] SAUERWALD, F.: Z. anorg. u. allg. Chem. Bd. 135 (1924) S. 255; Bd. 161 (1927) S. 51; Bd. 203 (1931) S. 156; Bd. 223 (1935) S. 204.

[29] GEBHARDT, E., u. M. BECKER: Z. Metallkde. Bd. 42 (1951) S. 111.
[30] HELMHOLTZ, H. v., u. G. PIOTROWSKI: Wien. Ber. Bd. 40 (1860) S. 607.
[31] DA C. ANDRADE, F. N.: Phil. Mag. Bd. 17 (1934) S. 497 und Endeavour Bd. 13 (1954) S. 117.
[32] KOCHENDÖRFER, A.: Z. Naturforschg. Bd. 3a (1948) S. 329.
[33] YAO, T. P., u. V. KONDIC: J. Inst. Met. Bd. 81 (1952/53) S. 17.
[34] GEBHARDT, E.: Z. Metallkde. demnächst.
[35] TAMMANN, G.: Aggregatzustände L. Voss 1922.
[36] SAUERWALD, F., u. D. DRAHT: Z. anorg. allg. Chem. Bd. 154 (1926) S. 79.
[37] BIRCUMSHAW, L. L.: The Surface Tension of Liquid Metals Nat. Phys. Lab. Bd. 25 (1935) paper S. 18.
[38] BECKER, G., F. HARDERS u. H. KORNFELD: Arch. Eisenhüttenwes. Bd. 20 (1949) S. 363.
[39] MARINČEK, B.: Gießerei techn. wiss. Bauhefte Bd. 1 (1949/53) S. 587.
[40] HAGEMANN, W.: Dissert. Freiburg 1944.
[41] POHL, D., u. E. SCHEIL: Gießerei Bd. 43 (1956) S. 833.

II. Begleiterscheinungen beim Gießen und Erstarren

A. Das Formfüllungsvermögen

Zur Erzeugung eines Gußstückes wird die Schmelze in eine Form gegossen und erstarrt in ihr. Die Temperatur der Form liegt unter der Gieß- und auch noch unter der Erstarrungstemperatur, und zwar häufig sehr weit darunter. Die Form kühlt also die Schmelze nicht nur erst nach beendeter Füllung, sondern bereits während des Einfließens ab. Man muß die Form in einer gewissen Mindestzeit füllen, sonst erstarrt die einströmende Schmelze vorzeitig und füllt nicht mehr die ganze Form aus. Über die in der Praxis auftretenden Gießgeschwindigkeiten findet man in diesem Handbuch [1] und in dem Buch von J. CZIKEL und E. DIEPSCHLAG [2] Angaben.

Um die zum vollständigen Ausfüllen der Form notwendige Fließgeschwindigkeit zu erreichen, hat man den hydraulischen Druck genügend hoch zu halten, dadurch wird die Höhe des Eingusses bestimmt. Trotzdem die Füllgeschwindigkeit der Form für den Gießer recht wesentlich ist, sind dem Verfasser keine Messungen des zeitlichen Verlaufes der Formfüllung bekannt, obwohl die Messungen keine grundsätzlichen Schwierigkeiten bereiten. Man kann den Füllvorgang z. B. mit Hilfe elektrischer Kontakte oder mit Röntgenblitzanlagen oder noch anderen Verfahren verfolgen.

Bei der Füllung der Form treten eine Reihe von hydrodynamischen Problemen auf. W. RUFF [3] hat dies wohl als erster erkannt und hat versucht, hierüber auf Grund von Messungen Auskunft zu erhalten. Das wichtigste Ergebnis war, daß die Schmelze nicht lamellar einfließt, dazu ist die Geschwindigkeit zu hoch, sondern turbulent. Wir müssen uns daher etwas mit den hydrodynamischen Fragen des Gießvorganges beschäftigen.

Für die Art der Strömung ist der Wert der REYNOLDschen Zahl Re von Bedeutung. Sie bestimmt das Verhältnis zweier in der strömenden Schmelze geleisteten Arbeiten, nämlich einmal die Beschleunigungsarbeit

$$A_b = \frac{1}{2} m v^2 = a^3 \varrho \bar{v}^2$$

und zum zweiten die Reibungsarbeit

$$A_R = \eta a^2 \bar{v}$$

der Quotient

$$Re = \frac{A_b}{A_R} = \frac{a \bar{v} \varrho}{\eta}$$

ist die dimensionale REYNOLDsche Zahl. In der Gleichung ist v die mittlere Strömungsgeschwindigkeit, ϱ die Dichte der Schmelze und a eine von den Körperdimensionen abhängige Länge, z. B. der Durchmesser $2r$, wenn ein kreiszylindrisches Rohr durchflossen wird. In diesem Falle ist also

$$Re = \frac{2 r \bar{v} \varrho}{\eta}.$$

In der Hydrodynamik hat man als zweite dimensionale Zahl den Strömungswiderstand

$$\lambda = \frac{r\,\Delta p}{\varrho\,\bar{v}^2\,l}$$

eingeführt. Im Falle einer laminaren Strömung wird

$$\lambda = \frac{16}{Re}.$$

Der Zusammenhang zwischen dem Widerstand und der REYNOLDschen Zahl wird also durch eine Hyperbel wiedergegeben. Er ergibt in doppelt logarithmischer Darstellung eine Gerade.

Dieses Gesetz ist aber nur bis zu $Re = 1160$ gültig. Wird Re größer, so ist die laminare Strömung nicht mehr stabil und kann bereits durch kleine Hindernisse in die turbulente übergehen. Bei der turbulenten Strömung treten wirr verknäuelte Stromfäden auf, deren

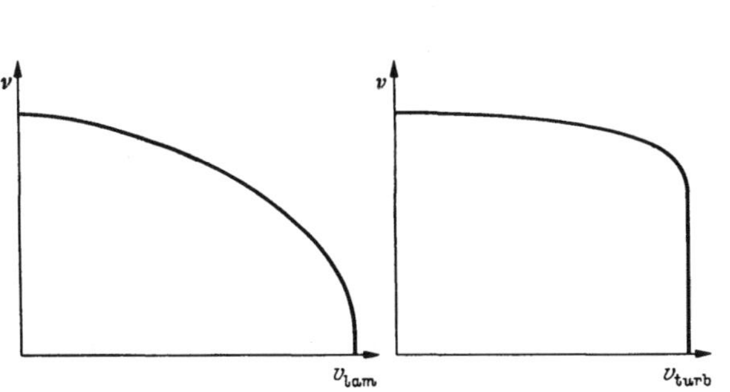

Abb. 12. Strömungsgeschwindigkeit v in verschiedenen Stellen des Querschnitts bei luminarer und bei turbulenter Strömung

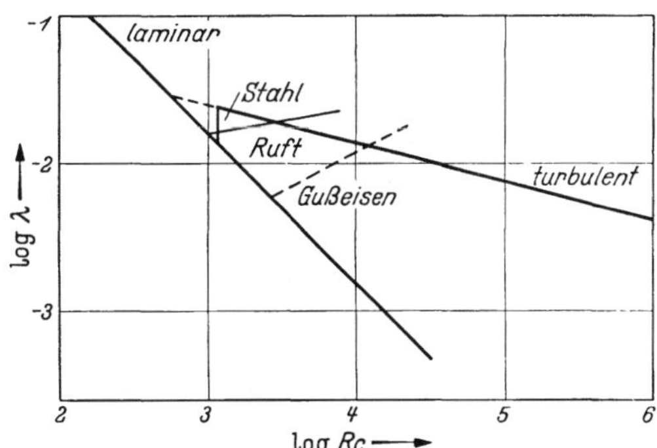

Abb. 13. Widerstandsgesetz bei laminarer und turbulenter Strömung

Gestalt dauernd wechselt. Dadurch wird die Fließgeschwindigkeit fast über den ganzen Querschnitt ausgeglichen, nur am Rand ist die Geschwindigkeit gleich Null. Abb. 12 zeigt die Geschwindigkeitsverteilung bei den beiden Strömungsarten. Der Unterschied ist natürlich bedeutungsvoll für den Wärmeaustausch. Bei laminarer Strömung kann die Schmelze an der Rohrwandung viel leichter kristallisieren als bei turbulenter.

Für die Aufrechterhaltung der turbulenten Strömung wird zusätzliche Energie verbraucht, die sich in einer Erhöhung des Strömungswiderstandes ausdrückt. Für das Widerstandsgesetz im turbulenten Gebiet fand H. BLASIUS [*4*] den empirischen Ausdruck

$$\lambda = \frac{0{,}1582}{\sqrt[4]{2\,Re}}.$$

In Abb. 13 sind die Widerstandsgesetze für lineare und turbulente Strömung in doppeltlogarithmischer Darstellung wiedergegeben. Der Übergang von dem einen zum anderen Gesetz erfolgt nicht bei dem Schnittpunkt $Re = 595$, sondern erst bei $Re = 1160$. L. BERGMANN und C. SCHÄFER [*5*] haben einen einfachen Versuch angegeben, der dies anschaulich zeigt. Sie ließen Quecksilber ausströmen, zunächst in turbulenter Strömung. Mit der Abnahme des Druckes unterschreitet die REYNOLDsche Zahl den kritischen Wert, die Strömung wird laminar und die Ausflußgeschwindigkeit steigt an. Dadurch wird eine höhere REYMOLDsche Zahl erreicht, und die Strömung wird wieder turbulent. Dieser Überschlag von der einen in die andere Strömungsart kann sich mehrfach wiederholen.

Vermeidet man sorgfältig jede Einlaufstörung, so kann die laminare Strömung weit über den kritischen Wert erhalten bleiben. Der Übergang in die Turbulenz erfolgt dann aber sehr rasch. In dem Bereich zwischen den beiden Kurven ändert sich also der Strömungsart sehr rasch nach der Turbulenz hin.

Merkwürdigerweise liegen die Meßwerte von RUFF auf den in das Bild eingezeichneten Kurven. Sie liegen gerade in dem verbotenen Gebiet und sind deshalb unwahrscheinlich, worauf bereits CZIKEL und DIEPSCHLAG hingewiesen haben. Der Verfasser hat zusammen mit D. POHL [6] Versuche zur Bestimmung des Widerstandsgesetzes von Gußeisen begonnen, welche die Versuche von RUFF nicht bestätigen.

Nun ist noch folgendes zu beachten. Das stationäre Geschwindigkeitsprofil bildet sich sowohl bei laminarer als auch bei turbulenter Strömung nicht sofort, sondern erst nach einer gewissen Anlaufstrecke aus. In dem Anlauf ist die Geschwindigkeit geringer. Bei laminarer Strömung ist die Anlaufstrecke etwa gleich 134 r, dem Rohrradius. Bei laminarer Strömung wird also der stationäre Vorgang kaum erreicht. Bei turbulenter Strömung wird die stationäre Verteilung zwar früher erreicht, aber für das Gießen in der Praxis dürfte das fließende Metall sich noch im Anlauf befinden.

Als zweites ist zu berücksichtigen, daß die in Abb. 13 dargestellten Widerstandsgesetze nur für glatte Rohre gelten. Ein in Sand geformter Eingußkanal ist aber keineswegs als glatt anzusehen. Wie weit aber die für rauhe Rohre gefundenen Gesetze sich auf Metalle übertragen lassen, bedarf noch einer sorgfältigen Prüfung. Es ist nämlich zu beachten, daß die Metalle eine um etwa eine Zehnerpotenz größere Oberflächenspannung haben als Wasser. Der Sand würde von Wasser völlig durchfeuchtet werden, die Metallschmelze berührt aber nur die äußeren Sandkörner. Das ist ein hydrodynamischer Sonderfall, der meines Wissens bisher noch nicht bearbeitet worden ist. Hier fehlen noch ganz dringend Versuche.

Von einer Hydrodynamik des Gießvorganges, aus der die Gießer Regeln für ihr Handwerk entnehmen können, sind wir ganz offensichtlich noch weit entfernt. Von uns noch nicht behandelt ist das Problem des Wärmeüberganges, das aber nur im Zusammenhang mit den hydrodynamischen Fragen betrachtet werden kann.

Der Gießer kann natürlich nicht warten, bis die angeschnittenen Probleme befriedigend gelöst sind. Er braucht ein einfaches, leicht auszuführendes und gut reproduzierbares Verfahren zur Prüfung des Formfüllvermögens seiner Legierung. Diese Bedingung erfüllt die Spiralkokille in ihren verschiedenen Abarten [7]. Die Auslauflänge dient dabei als Maß für das Formfüllvermögen. Wir werden im folgenden den Begriff des Formfüllvermögens in diesem Sinne verwenden.

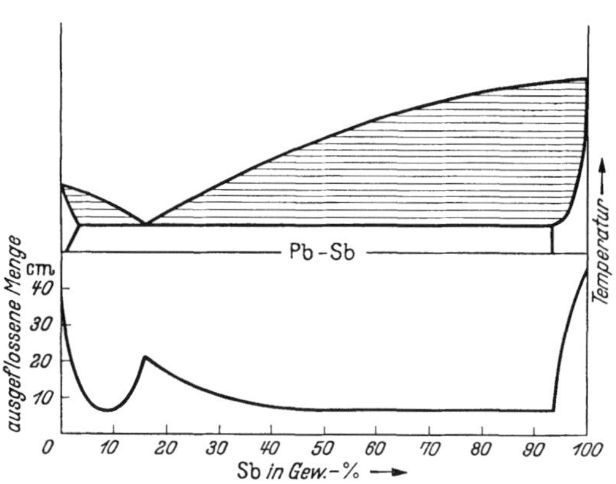

Abb. 14. Formfüllungsvermögen von Blei-Antimon-Legierungen (PORTEVIN und BASTIEN)

A. PORTEVIN [8] hat den Zusammenhang zwischen Zustandsdiagramm und Formfüllvermögen mit Hilfe der Spiralkokille untersucht. Als Beispiel ist in Abb. 14 die Gießbarkeit der Blei-Antimon-Legierungen wiedergegeben. Die jeweilige Gießtemperatur wurde so gewählt, daß der Abstand von der Erstarrungstemperatur der gleiche war. Das Formfüllvermögen ist bei den reinen Stoffen und beim reinen Eutektikum am größten.

Aus diesem und ähnlichen Verfahren leitete PORTEVIN das Gesetz ab, daß die Gießbarkeit in erster Linie von der Größe des Erstarrungsintervalls abhängig ist. Das kann aber nur eine Regel sein. Setzt man z. B. dem Gußeisen Phosphor zu, so wird dadurch das Erstarrungintervall ganz wesentlich vergrößert. Trotzdem läuft bekanntlich eine solche Schmelze viel besser aus als phosphorarmes Gußeisen mit dem kleineren Erstarrungsintervall.

Bei den Versuchen mit der Spiralkokille mißt man die Beendigung der Formfüllung durch Erstarrung der Schmelze. Beginnt an der Außenwand die Erstarrung der Schmelze, so kommt es sehr wesentlich darauf an, ob die Kristallisationsfront glatt ist, wie es z. B. bei einer eutektischen Schmelze in der Regel anzunehmen ist, oder ob eine stark zerklüftete

Front infolge der Bildung von stark verzweigten Dendriten entstanden ist. Im ersten Falle kann die Schmelze noch weiter hindurchströmen, im zweiten wird die Strömungsgeschwindigkeit so stark herabgesetzt, daß die Schmelze in kurzer Zeit völlig erstarrt. Das gibt PORTEVIN als Erklärung für seine Regel an.

A. PORTEVIN und P. BASTIEN [*9*] haben für verschiedene reine Metalle festgestellt, daß mit zunehmender Überhitzung der Schmelze die Spirallänge zunimmt, und zwar annähernd linear. Das scheint nach den Untersuchungen von J. H. ANDREW, R. T. PERCIVAL und G. T. BOTTOMLEY [*10*] an Eisen-Kohlenstoff-Legierungen auch noch für Legierungen zu gelten. Andererseits fanden V. KONDIC und H. J. KOZLOWSKI [*11*] bei Versuchen an technischen reinem Aluminium, daß die Kokillentemperatur bis zu etwa 400 °C die Gießbarkeit nicht wesentlich steigert, ein Anstieg wurde erst bei einer höheren Temperatur deutlich.

Auf Grund dieser Versuche ist zu erwarten, daß die Viskosität der Schmelze einen wesentlichen Einfluß auf die Gießbarkeit hat, was ja auch die Hydrodynamik erwarten läßt, und daß demgegenüber der Wärmeübergang an die Formwand zurücktritt. Auf den Wärmeübergang wollen wir hier nicht eingehen und verweisen auf das Buch von RUDDLE [*12*].

Die Oberflächenspannung wird eine um so größere Rolle spielen, je dünner das Gußstück ist. Im einzelnen ist hierüber noch nicht viel bekannt.

Insgesamt kann man sagen, daß beim Formfüllungsvermögen grundsätzliche Versuche fehlen. So wichtig hier die handwerkliche Erfahrung ist, man wird auf die Dauer nicht auf eine Feststellung der Gesetze verzichten können.

B. Lunkern und Schrumpfen

Das auf Raumtemperatur abgekühlte Gußstück hat ein anderes, und zwar in der Regel ein kleineres Volumen als die in die Form gebrachte Schmelze. Diese Volumenabnahme setzt sich aus folgenden Teilbeträgen zusammen: 1. Volumenabnahme durch Abkühlung der Schmelze bis zum Eintritt der Erstarrung, 2. Volumenabnahme bei der Erstarrung, in Sonderfällen beobachtet man auch eine Volumenzunahme, 3. Volumenänderungen beim Abkühlen der erstarrten Legierung bis auf Raumtemperatur. Auch hier können durch Umwandlungen im festen Zustand noch weitere Volumenänderungen hinzukommen.

Der erste Betrag hat in der Regel keine große Bedeutung. Infolge der Wärmekonvektion durch Strömungen in der Schmelze wird die Temperatur im Innern der Schmelze ziemlich rasch bis auf fast die Erstarrungstemperatur erniedrigt, wie die Untersuchungen von W. CLAUS und R. HENSEL [*13*] sowie vor allem von O. SCHAABER [*14*] gezeigt haben. Allerdings ist dieser Teil der Volumenänderung bei quantitativen Untersuchungen des Lunkers zu berücksichtigen.

Die Volumenabnahme der Legierung während der Erstarrung verursacht die Ausbildung des Lunkers, wir müssen uns daher mit ihr etwas näher befassen [*15, 16*].

Bezeichnet man die Grenzflächen zwischen dem Schmelzkörper, d. h. dem zum betrachteten Zeitpunkt noch flüssigen Teil des Gußstückes, mit $F_1, F_2, \ldots F_m$ und ist die Verdickung der erstarrten Schicht zwischen den Zeiten z und $z + dz$ an der Fläche F_1 gleich $n_1 d\xi$ usw., so ist die Volumenänderung

$$-dV = \frac{a}{1-a}(n_1F_1 + n_2F_2 + \cdots + n_mF_m)\,d\xi.$$

Darin ist $a' = \frac{a}{1-a}$ die auf das erstarrte Gußstück bezogene spezifische Volumenänderung beim Erstarren. Andererseits ist aber $-dV$ gleich dem Absinken — d. h. des Schmelzspiegels multipliziert mit der Fläche O des Spiegels, also

$$-dV = -O\,dh.$$

Somit lautet die Lunkergleichung

$$-O\,dh = \frac{a}{1-a}\,(n_1 F_1 + n_2 F_2 + \cdots + n_m F_m)\,dr.$$

Wir wenden diese Gleichung auf einen kreiszylindrischen Körper an (Abb. 15). Ist der Radius des zu einem bestimmten Zeitpunkt noch flüssigen Zylinders gleich r und erfolgt die Erstarrung an der Zylinderwand und vom Boden mit gleicher Geschwindigkeit, so ist

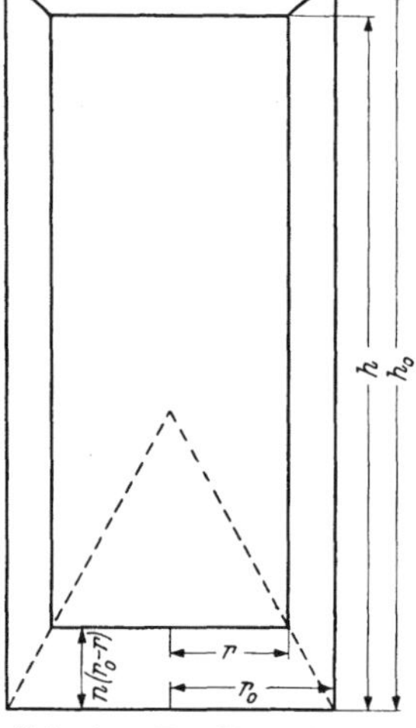

Abb. 15. Zur Berechnung des Lunkers

$$-dV = -O\,dh = -\pi r^2\,dh.$$

Ferner ist

$$-dV = -\frac{a}{1-a}\,dr\,[2\pi r < h - (r_0 - r) > + \pi r^2].$$

Aus den beiden Gleichungen erhält man

$$\frac{dh}{dr} = \frac{a}{1-a}\cdot\frac{2h + 3r - 2r_0}{r}.$$

Die Lösung lautet

$$h = r_0 + \frac{3a}{1-3a}\,r + \left(h_0 - \frac{r_0}{1-3a}\right)\left(\frac{r}{r_0}\right)^{\frac{2a}{1-a}}.$$

Ist $\frac{h_0}{r_0} > \frac{1}{1-3a}$, so erhält man einen tiefen Fadenlunker, der bis auf den durch die Abkühlung von unten her erstarrten Bodenkegel herabreicht, dort allerdings den Lunker radius O asymptotisch erreicht (Abb. 16). Ist dagegen $\frac{h_0}{r_0} < \frac{1}{1-3a}$, entsteht kein Fadenlunker (Abb. 17).

In ähnlicher Weise wurden vom Verfasser [*16*] die Lunker für verschiedene Formen berechnet; es sei auf die betreffende Arbeit verwiesen. In ihr dürften die wichtigsten praktisch vorkommenden Fälle behandelt worden sein.

Wir haben nun den Einfluß der Vernachlässigungen zu untersuchen. Hat die Schmelze beim Füllen der Form eine beträchtlich über dem Schmelzpunkt liegende Temperatur, so fällt der Schmelzspiegel anfangs ohne eine wesentliche Erstarrung vom Rande her. Die dadurch bedingte Änderung der Lunkerkurve ist in Abb. 16 gestrichelt schematisch eingezeichnet. Er fällt also bei einer quantitativen Betrachtung des Lunkers merklich ins Gewicht. Man kann also nicht aus dem Lunkervolumen die Größe der Volumenänderung beim Erstarren berechnen, wenn nicht die Gießtemperatur genau bekannt ist. Ist dies aber der Fall, so können solche Vergleiche schon wertvoll sein.

Es wurde weiter vernachlässigt, daß auch der Schmelzspiegel abkühlt und in vielen Fällen auch eine Erstarrungskruste bildet. Zuweilen entstehen mehrere derartige Deckel. Das findet man z. B. häufig bei Stahlblöcken. Eine exakte rechnerische Berücksichtigung dieser Erscheinung ist recht schwierig. Dagegen erscheint eine Abschätzung durchaus möglich. Wir erwähnen nur, daß durch diese sogenannte Deckelbildung der Lunker natürlich in seinem besonders schädlichen fadenförmigen Teil wesentlich verstärkt wird.

Eine weitere wesentliche Vereinfachung besteht darin, daß die Kristallisationsfront glatt angenommen worden ist. Das ist allenfalls bei reinen Metallen und bei rein eutektischen Legierungen noch eine zulässige Annahme. Bei den meisten Legierungen hat man aber mit einer durch die Dendritenbildung stark zerklüfteten Grenzfläche zwischen der erstarrten Kruste und der Schmelze zu rechnen. Wir wollen hier nur die Bedeutung dieser Erscheinung für das Nachfließen der Schmelze betrachten. Die von Dendriten durchsetzte Schmelze hemmt das Nachfließen, die Schmelze wird von ihr in ähnlicher Weise zurückgehalten wie das Wasser in einem Schwamm. Es scheint möglich zu sein, diesen Einfluß unter vereinfachenden Annahmen rechnerisch zu erfassen, was aber bisher noch nicht geschehen ist. Zur Zeit läßt sich nur voraussagen, daß durch diese Erscheinung der Fadenlunker wesentlich verstärkt wird oder, wie man besser sagt, sich in Mikrolunkern auflöst.

Hierzu sei ein besonders krasses Beispiel erwähnt. Der Verfasser hat in durch Kriegseinwirkung verlorengegangenen Versuchen über die Lunkerbildung in Aluminium-Zink-Legierungen in den mittleren Legierungsbereichen gar keine von außen sichtbaren Lunker gefunden. Durch Einstechen eines Stabes konnte festgestellt werden, daß bald nach dem Guß in eine Kokille bis in den Kern hinein Primärkristalle gewachsen waren. Der gesamte Lunker war hier in Mikrolunker aufgelöst. Eine Erklärung für diese merkwürdige Erscheinung steht noch aus.

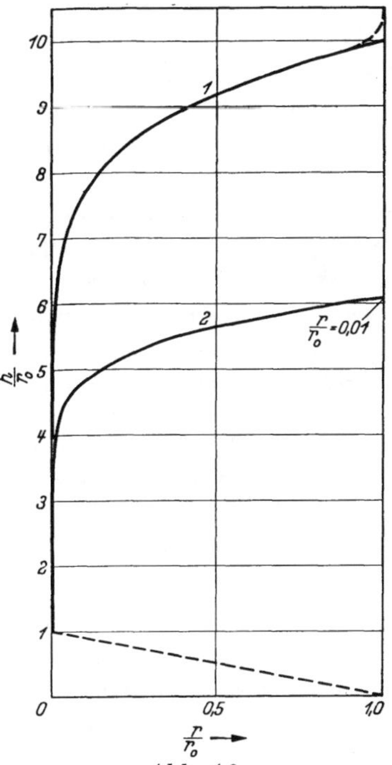

Abb. 16

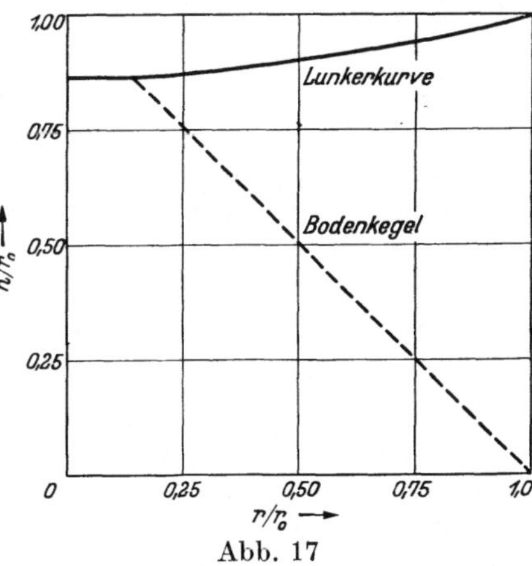

Abb. 17

Abb. 16. Lunkerkurve eines Kreiszylinders mit $\frac{h_0}{r_0} = 10$ und $\frac{a}{1-a} = 0{,}06$

1. $\frac{r}{r_0}$ 10facher Maßstab von $\frac{h_0}{r_0}$

2. $\frac{r}{r_0}$ 1000facher Maßstab von $\frac{h_0}{r_0}$

Abb. 17. Lunkerkurve eines zylindrischen Gußstückes mit $h_0/r_0 = 1$ u. $a = 0{,}06$

Die Bildung von Mikrolunkern ist technisch von ganz überragender Bedeutung. Sie ist zweifellos der Hauptgrund der relativ geringen Dehnung von Gußwerkstoffen, die in der Regel wesentlich niedriger liegt als in den gründlich durchgekneteten und darauf rekristallisierten Werkstoffen. Es ist durchaus denkbar, daß sich dieser Unterschied verringern läßt. Dazu bedarf es einer Zusammenarbeit zwischen Gießern und Metallkundlern.

Die Maßnahmen zur Herabsetzung der Lunkerbildung sind allgemein bekannt und werden auch technisch in großem Umfange angewendet. Man hat den Kopf (oder Einguß oder Steiger) möglichst warm zu halten. Das erreicht man z. B. durch eine Blockkopfheizung, die auch durch eine Thermitmischung erfolgen kann. Bei Aluminiumlegierungen mit ihrer besonders starken Neigung zur Lunkerbildung bevorzugt man ein Nachgießen nach Maßgabe der Bildung des Saugtrichters.

Schwieriger ist schon, die Bildung von Lunkern im Inneren von komplizierten Gußstücken mit schroffen Querschnittsübergängen zu vermeiden. Diese Frage erfordert eine Zusammenarbeit zwischen Gießer und Konstrukteur. In gewissem Umfang kann der Gießer die Erstarrungszeiten durch Einlegen von Schreckplatten regeln. Auf diese Einzelheiten braucht hier nicht eingegangen zu werden.

Die weitaus schwierigste und heute noch keineswegs befriedigend gelöste Frage ist die Vermeidung der Bildung von Mikrolunkern. Es muß nicht nur dafür gesorgt werden, daß immer genügend Schmelze nachgesaugt wird, wegen der schwammartigen Ausbildung der teilweise erstarrten Teile muß auch ein ausreichender hydrostatischer Druck vorhanden sein, um das Fließen unter den erschwerten Umständen zu ermöglichen. Es fehlen aber noch Unterlagen, wie hoch hierfür der hydrostatische Druck sein muß. Vor allem fehlen aber Untersuchungsmethoden zur Feststellung der Größe und Verteilung der Mikrolunker.

Mit der Bildung von Mikrolunkern hängt eng eine weitere Erscheinung zusammen, die Bildung von Warmrissen. W. Patterson [*17*] hat eine zusammenfassende Übersicht über unsere Kenntnisse auf diesem Gebiet veröffentlicht. Die Warmrißbildung bei den relativ kleinen Spannungen ist wegen der mit der Temperatur zunehmenden Fähigkeit der Kristalle zur plastischen Verformung nur verständlich, wenn die Warmrisse in einem Zeitpunkt entstehen, in dem noch etwas Restschmelze vorhanden ist. Wie empfindlich ein solcher Zustand gegen Spannungen ist, erkennt man daran, daß das Abreißen eines Stabes unter einer geringen Belastung zur Bestimmung der Soliduskurve verwendet werden kann.

Das erstarrende Gußstück vermag also erst Spannungen aufzunehmen, wenn es völlig erstarrt ist. Ist noch genügend Schmelze vorhanden, so wird diese in den Riß einfließen. Solche Risse wird man also höchstens an örtlichen Seigerungserscheinungen erkennen können. Ein bleibender Riß entsteht, wenn nicht mehr genügend Schmelze zum Nachfließen zur Verfügung steht. Dementsprechend werden Risse erst in der Nähe der effektiven Solidustemperatur beobachtet, ein Begriff, den wir später erläutern werden. Da nach den Untersuchungen von C. S. SMITH [*18*] die Restschmelze zuweilen erst nach starken Unterkühlungen erstarrt und außerdem in den technischen Vielstofflegierungen Polyeutektika auftreten, die wesentlich tiefer schmelzen, so ist es nicht verwunderlich, wenn mehrere Forscher die Entstehung von Warmrissen unterhalb der von ihnen angegebenen Soliduskurve fanden.

Die Warmrißbildung wird begünstigt durch die Gefügeausbildung, die in diesem Falle wesentlich von der Grenzflächenenergie zwischen Schmelze und Kristall abhängt. Ist diese Grenzflächenenergie sehr niedrig, so werden die Kristallgrenzen von sehr dünnen Schmelzfilmen bedeckt. Das ist z. B. im System Kupfer-Wismut der Fall [*19, 20*]. Ist diese Energie dagegen groß, wie z. B. im System Kupfer-Blei, so zieht sich die Restschmelze zu einzelnen Tropfen zusammen [*19*]. Im ersten Falle ist eine hohe Neigung zur Warmrißbildung zu erwarten, im zweiten Falle dagegen nicht.

Schließlich ist noch zu beachten, daß bei ungenügendem Nachfließen der Schmelze sich Mikrolunker bilden, die man auch als Mikrorisse bezeichnen kann. Unter dem Einfluß von Spannungen können aus diesen Mikrorissen Makrorisse werden. Es leuchtet ohne weiteres ein, daß die Neigung zu Mikrolunkern und Warmrissen durch Gase, die während der Erstarrung frei werden, beträchtlich verstärkt werden kann.

Die Verminderung der Spannungen, die am Ende der Erstarrung auftreten, ist ein formtechnisches Problem, auf das an anderer Stelle dieses Handbuches eingegangen wird. Ebenso wollen wir die Volumenänderungen nach beendeter Erstarrungen hier nicht besprechen.

C. Entwicklung von Gasen während der Erstarrung

Gewisse in der Schmelze gelöste Stoffe, z. B. Wasserstoffe entweichen während der Erstarrung gasförmig aus der Schmelze. Man bezeichnet diese Stoffe als *Gase in Metallen.* Dieser Ausdruck ist logisch und sachlich unrichtig. Gas ist ein Aggregatzustand einer gewissen Anzahl von Molekülen. In der flüssigen Phase sind die Moleküle aufgespalten in Atome. Diese Atome sind Legierungsbestandteile der Schmelze und keine Gase in Metallen.

Im allgemeinen kann man die Dampfdrucke der Metalle bei den üblichen Temperaturen der Gießerei vernachlässigen. Eine Ausnahme machen vor allem Zink (z. B. im Messing), Kadmium und im Gußeisen Magnesium. Hierauf wollen wir hier nicht eingehen, sondern uns mit Stoffen beschäftigen, für die der Ausdruck *Gase in Metallen* geprägt worden ist. Dies sind Wasserstoff, Stickstoff und Sauerstoff. Hinzu kommen in Gegenwart von Wasserstoff oder Sauerstoff noch Kohlenstoff und Schwefel.

Die Frage, wann diese Stoffe aus der Schmelze als Gase austreten, kann weitgehend durch chemische Betrachtungen entschieden werden. Sauerstoff bildet mit den meisten Metallen Oxyde, die nicht flüchtig sind, so daß sich keine Gase bilden. Das ist z. B. beim Eisen und Kupfer in Abwesenheit von Wasserstoff, Kohlenstoff und Schwefel der Fall. Der gelöste Sauerstoff wird fast quantitativ als Eisen- bzw. Kupferoxydul abgeschieden. Das chemisch dem Kupfer sehr ähnliche Silber vermag bei Atmosphärendruck kein stabiles Silberoxyd zu bilden. Der Sauerstoff entweicht beim Silber gasförmig; das Silber spratzt. Enthält das Kupfer noch Wasserstoff neben Sauerstoff, so entweicht bei der Erstarrung fast der gesamte Wasserstoff zusammen mit einem äquivalenten Teil Sauerstoff als Wasserdampf.

Wasserstoff entweicht beim Erstarren der meisten Legierungen gasförmig, er ist deshalb auch besonders gefürchtet. Mit diesen kurzen Bemerkungen wollen wir uns hier begnügen, zumal diese chemischen Fragen in den metallurgischen Büchern ausgiebig behandelt werden.

Wir betrachten nun die Entstehung von Gasen im erstarrenden Metall und untersuchen dazu zunächst die Gleichgewichte. Ist das Gas zweiatomig, so besteht nach den Untersuchungen von A. SIEVERTS [*21*] und anderen auf einer Isothermen zwischen dem Partialdruck π' des Stoffes im Gase und der atomaren Konzentration c in der Metallphase die Beziehung

$$c = a\sqrt{\pi'}.$$

Darin ist a eine Konstante. Dieses Gesetz läßt sich auch theoretisch ableiten. Es besagt, daß der gelöste Stoff, der im Gas als zweiatomiges Molekül vorhanden ist, im Metall atomar gelöst ist. Der Lösungsvorgang ist also mit einer gewissen chemischen Reaktion, der Aufspaltung des Moleküls verbunden. In den meisten Fällen wirkt die Metalloberfläche als Katalysator dieser Reaktion.

Das Gesetz gilt natürlich nur, wenn das Gleichgewicht erreicht wurde, ferner das Gas noch annähernd als ideal betrachtet werden kann, wenn ferner die Löslichkeit klein ist (verdünnte Lösung), wenn der Dampfdruck des Grundmetalls vernachlässigt werden darf und wenn die Dissoziation des Stoffes im Gas gering ist. Diese Bedingungen sind in den für die Gießerei wichtigen Fällen wohl stets hinreichend erfüllt.

Wird der Druck konstant gehalten und die Temperatur verändert, so gilt das Gesetz von ARRHENIUS

$$\ln c = A - \frac{B}{T}.$$

Darin sind A und B Konstanten und T die absolute Temperatur. Als Beispiel zeigt Abb. 18 die Löslichkeit von Wasserstoff in Aluminium in Abhängigkeit von der reziproken absoluten Temperatur nach Messungen von C.E. RANSLEY und H. NEUFELD [*22*]. Die Löslichkeit nimmt mit der Temperatur sehr rasch zu. Das dürfte der wichtigste Grund dafür sein, daß der Gießer eine Überhitzung der Schmelze sorgfältig vermeidet. Beim Gußeisen liegen besondere Verhältnisse vor, da man hier durch die Überhitzung einen besonderen Effekt, nämlich die Veredelung erreichen will.

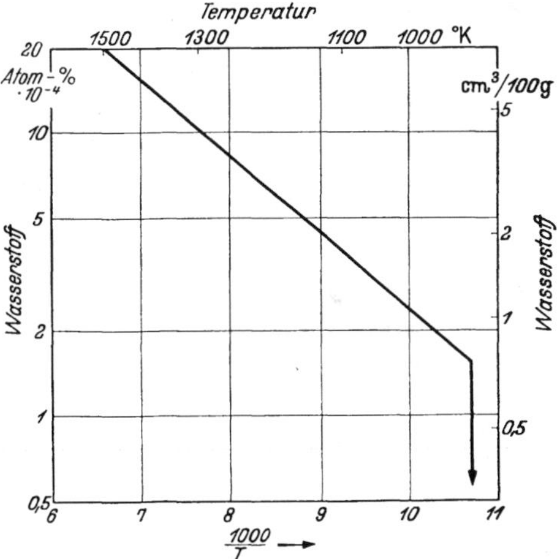

Abb. 18. In flüssigem Aluminium gelöste Wasserstoffmenge in Gleichgewicht mit gasförmigem Wasserstoff von 760 mm Hg

Das ARRHENIUSsche Gesetz gilt wiederum nur unter den gleichen Bedingungen wie das Gesetz der Isotherme. Beide sind Grenzgesetze eines allgemeineren, das wir hier aber nicht erörtern wollen, weil man praktisch bei den besonders wichtigen Fällen der *Gase in Metallen* mit den idealen Grenzgesetzen auskommt.

In gewissen Fällen gelingt es, die Stoffe, welche beim Erstarren Gase bilden, chemisch zu binden. So wird z. B. beim beruhigten Stahl der in der Schmelze vorhandene Sauerstoff, der beim Erstarren zusammen mit äquivalenten Mengen Kohlenstoff als Kohlenoxyd entweichen würde und es beim unberuhigten Stahl auch tut, durch einen Silizium- und gegebenenfalls auch noch einen Aluminiumzusatz gebunden. Der richtig beruhigte Stahl entwickelt nur noch unbedeutende Gasmengen.

In anderen Fällen versucht man, die beim Erstarren als Gase entweichenden Stoffe aus der Schmelze zu entfernen. Dabei ist zu beachten, daß das Metallbad in fast allen wichtigen Fällen eine beträchtliche Tiefe hat.

Durch den höheren Druck am Boden des Schmelzbades wird die Bildung von Gasblasen sehr erschwert. Die Gleichgewichtseinstellung hängt dann praktisch ausschließlich von der Diffusion in der Schmelze ab. W. ROHN [*23*] gibt an, daß man zur wirkungsvollen Entgasung einer Schmelze im Vakuum stundenlang warten muß.

Um eine schnelle Entgasung zu erreichen, kann man ein indifferentes Gas durch die Schmelze drücken. Die Gasblasen nehmen aus der Schmelze die leicht vergasbaren Stoffe auf. W. GELLER [*24*] hat die Wirkung einer solchen Entgasung theoretisch und praktisch untersucht. Man wendet das Verfahren beim Aluminium an und benutzt als Spülgas Chlor. Ein anderes Verfahren ist das Gießen im Vakuum. Das wird zwar von der Vakuumschmelze Hanau bereits seit etwa 30 Jahren ausgeführt. Die neuere Entwicklung benutzt die Tatsache, daß während des Gießens die Bedingungen für die Gleichgewichtseinstellung besonders günstig sind. Um das auszunutzen, ist allerdings erforderlich, daß durch Vakuumpumpen mit hoher Saugleistung der Dampfdruck ständig niedrig gehalten wird, und zwar auch unmittelbar am Gießstrahl. Das war bei dem Verfahren der Vakuumschmelze offenbar noch nicht ausreichend der Fall. Es scheint aber jetzt bei der Vakuumgießanlage des Bochumer Vereins verwirklicht zu sein. Der in das Vakuum eintretende Gießstrahl zerreißt durch die im Stahl gelösten Gase in Tropfen, die dadurch bis zum Auftreffen auf die Schmelzoberfläche recht wirksam entgast werden [*24a*].

Als drittes Verfahren wäre schließlich das Erstarrenlassen, erneutes Aufschmelzen und Wiedererstarrenlassen, alles im Vakuum, zu erwähnen. Die Entgasung im Hochvakuum wird aber auf lange Zeit noch nur für Sonderzwecke angewendet werden.

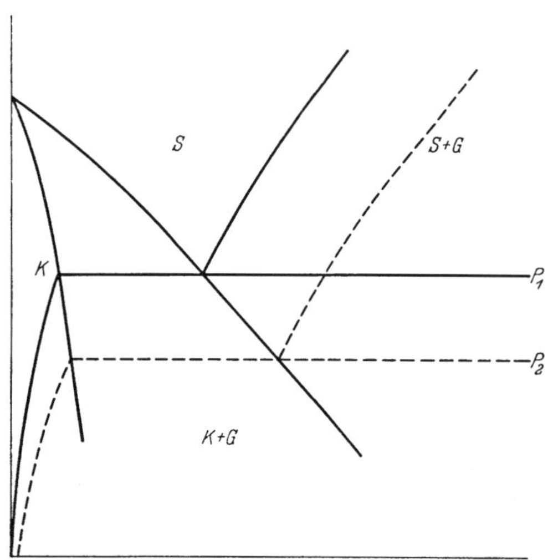

Abb. 19. Dreiphasengleichgewichte zwischen Gas, Schmelze und Kristall bei zwei verschiedenen Drucken (schematisch)

Wir betrachten nun an Hand der Abb. 19 die Gasentwicklung eines erstarrenden Metalls. Das Bild zeigt die Gleichgewichte des Gases G mit der Schmelze S und dem Kristall K für zwei verschiedene Drucke. Die Gleichgewichte zwischen Schmelze und Kristall werden in dem hier interessierenden Druckbereich durch den Druck nicht meßbar geändert, wohl aber die Gleichgewichte der beiden kondensierten Phasen mit Gas. Hält man den Druck konstant, so entwickelt eine Schmelze beim Abkühlen Gas, wenn die Sättigungskurve der Schmelze für Gas überschritten wird. Diese Gasabgabe erfolgt stetig, bis das Dreiphasengleichgewicht erreicht wird. Jetzt wird plötzlich eine große Gasmenge frei, die Schmelze kann aus der Form herauskochen oder spratzen. Diese Gasabgabe ließe sich durch eine Drucksteigerung herabsetzen und gegebenenfalls ganz vermeiden. Das ist z. B. bei der sogenannten Flaschenhalskokille der Fall. Man gießt in diesem Falle den unberuhigten Stahl steigend in eine Kokille mit einer stark verjüngten Öffnung im Kopf. Sobald in dieser Verjüngung und in dem unter der Kokille befindlichen Einguß die Erstarrung beendet ist, vermag sich in dem Block nur noch so viel Gas zu entwickeln, wie die Erstarrungsschrumpfung des Blockes zuläßt, die Gasentwicklung ist also beschränkt.

In diesem und auch noch in anderen Fällen ist die erstarrte Legierung an Gas übersättigt. Im allgemeinen scheint das ohne Bedeutung zu sein. Insbesondere ist bei Gußstücken dem Verfasser kein Fall bekannt, in dem diese Gase mit Sicherheit Risse hervorrufen. Wird jedoch der Gußblock noch weiter verformt, so können Fehler auftreten. Am bekanntesten sind die Flocken in gewissen legierten Stählen, die nach E. HOUDREMONT [*25*] durch Austreten von Wasserstoff bzw. von Kohlenwasserstoffen hervorgerufen werden.

D. Seigerungen

Damit ein als Seigern bezeichneter Konzentrationsunterschied zwischen der Zusammensetzung c an einer Stelle und der Zusammensetzung c_0 des ganzen Gußstückes während der Erstarrung entstehen kann, muß die sich zuerst ausscheidende Kristallart eine andere Zusammensetzung haben als die Restschmelze.

Treten diese Konzentrationsunterschiede in Bereichen von mikroskopischer Größe auf, so bezeichnet man sie als Mikro- oder häufiger als Kristallseigerungen zum Unterschied von Makroseigerungen, bei denen die mittlere Konzentration an einer bestimmten Stelle mit der Konzentration des ganzen Gußstückes verglichen wird. Dabei ist es gleichgültig, ob das Gefüge homogen oder heterogen ist, während sich die Mikroseigerung nur auf einen homogenen Mischkristall bezieht.

Wir behandeln als erstes die Mikroseigerungen und berechnen dazu die Mengenänderung der Schmelze während der Erstarrung unter der Annahme, daß sich an der Grenze Schmelze/Kristall ständig die Gleichgewichtskonzentration einstellt, daß aber zwischen den nacheinander kristallisierenden Schichten kein Konzentrationsausgleich erfolgt [*26, 27, 28*].

Bei einer Temperaturerniedrigung um dT möge sich die Konzentration c_S der Schmelze um dc_S und ihre Menge um dm_S ändern. Dann ist nach dem Hebelgesetz (Abb. 20)

$$\frac{dm_K}{m_S - dm_S} = -\frac{dc_S}{\Delta c + dc_S - dc_K}.$$

In der Gleichung kann man dm_S neben m_S und $dc_S - dc_K$ neben $\Delta c = c_S - c_K$ vernachlässigen. Beachtet man ferner, daß $dm_S = -dm_K$ ist, so erhält man schließlich

$$\frac{dm_S}{m_S} = -\frac{dc_S}{\Delta c}$$

mit der allgemeinen Lösung der Seigerungsgleichung:

$$\ln\frac{m_S}{m_{S_0}} = \int_{c_S}^{c_{S_0}} \frac{dc_S}{\Delta c}.$$

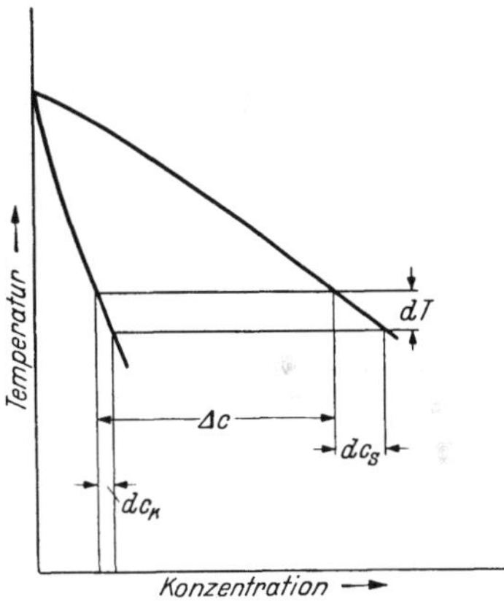

Abb. 20. Zur Ableitung des Gesetzes der Schichtkristallbildung

Die gleiche Gleichung tritt auch bei der Destillation auf, wenn der Dampf ohne Rückflußkühlung entfernt wird.

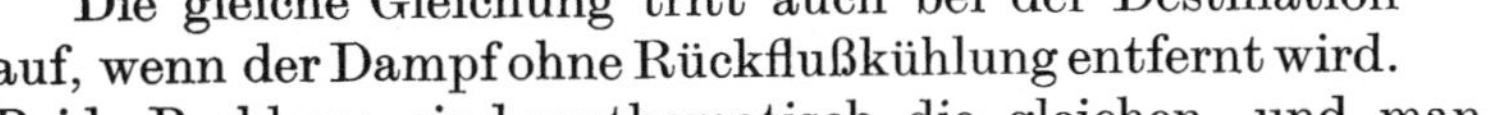

Beide Probleme sind mathematisch die gleichen, und man kann Lösungen des einen Problems auf das andere übertragen.

Da in der Gleichung Δc im allgemeinen nur graphisch gegeben ist, so ist die Gleichung entweder graphisch oder z. B. nach der SIMPSONschen Formel zu integrieren. Gelegentlich lassen sich auch Teile oder die ganze Δc-Kurve durch einfache Funktionen gut angenähert wiedergeben. Ist z. B. $\Delta c = a_0 + a_1 c_S$, so erhält man

$$\frac{m_S}{m_{S_0}} = \left(\frac{\Delta c_0}{\Delta c}\right)^{1/a_1}$$

und für $\Delta c = ac\,(1 - c)$

$$\frac{m_S}{m_{S_0}} = \left(\frac{c_0\,(1-c)}{c\,(1-c_0)}\right)^{1/a}.$$

Abb. 21 zeigt als Beispiel für diese Gleichung die Konzentrations-Mengen-Kurven der Gold-Silber-Legierungen.

Nach unserer Gleichung würde im Falle lückenloser Mischkristalle ohne Schmelzpunktsminimum die Restschmelze die Konzentration der reinen, tiefer schmelzenden

Komponente annehmen. Infolge der in der Rechnung vernachlässigten Diffusion wird im allgemeinen die Restschmelze schon früher verschwinden. Unsere Gleichung ist nur für den Anfangsteil brauchbar. Es gibt allerdings Fälle, in denen auch das Ende zum mindesten qualitativ die Verhältnisse richtig wiedergegeben wird. Das ist dann der Fall, wenn die Temperatur der Kurven im Endpunkt bei $\frac{m_S}{m_{S_0}} = O$ nicht mit der Tangente O wie in Abb. 21, sondern wie in Abb. 22 mit senkrechter Tangente einmünden.

Wir untersuchen diese Bedingung und setzen für $c_S \sim 1$

$$\Delta c = b\,(1 - c_S).$$

Das ergibt

$$\frac{m_S}{m_{S_0}} = \left(\frac{1 - c_S}{1 - c_0}\right)^{1/b}.$$

Für $b \neq 1$ ist mit $k = \frac{m_{S_0}}{(1 - c_0)^{1/b}}$

$$\frac{d m_S}{d c_S} = -\,k\,(1 - c_S)^{1/b - 1}.$$

Ist $b < 1$, so ist $\left(\frac{d m_S}{d c_S}\right)_{c_S = 1} = 0$, ist $b > 1$, so ist der Grenzwert unendlich. Dieser zweite Fall tritt bei den Antimon-Wismut- und sehr wahrscheinlich auch bei den neuerdings so wichtig gewordenen Silizium-Germanium-Legierungen auf. Hier hat man auch Gleichungen entwickelt, in denen die Diffusion in den Kristallen mehr oder weniger pauschal berücksichtigt wird.

Die Hauptbedeutung der Gleichung liegt in der Berechnung der Menge des Eutektikums in entsprechenden Systemen. Hier wird nur der Anfangsteil der Kurven gebraucht, und dafür ist zumeist die Seigerungsgleichung verwendbar. E. SCHEUER [27] hat für mehrere Fälle die Rechnung mit dem Experiment verglichen und gute Übereinstimmung gefunden.

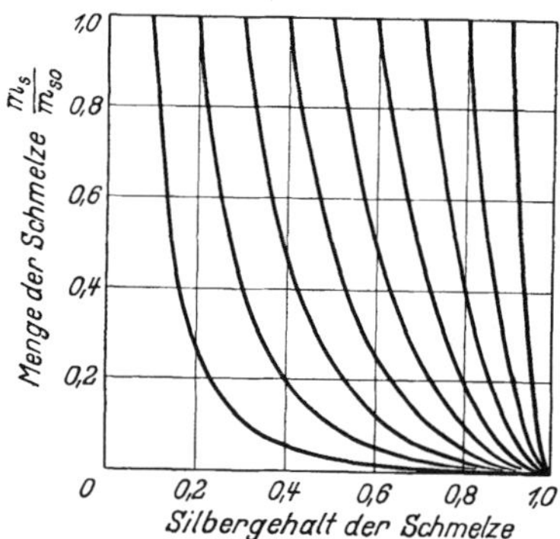

Abb. 21. Konzentration-Mengen-Kurven bei der Erstarrung von Gold-Silber-Legierungen

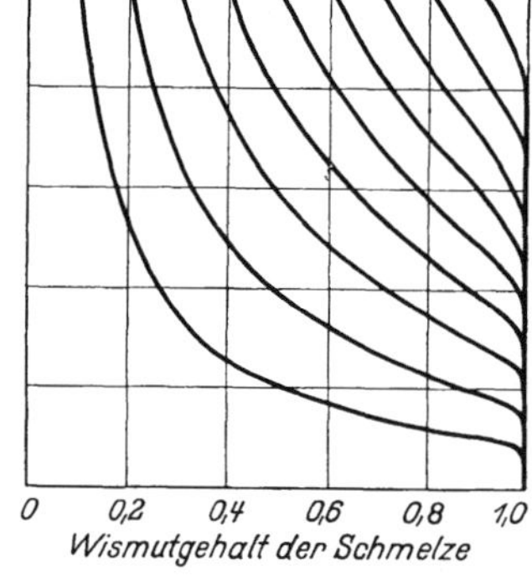

Abb. 22. Konzentration-Mengen-Kurven bei der Erstarrung von Antimon-Wismut-Legierungen

Makroseigerungen treten dann und nur dann auf, wenn sich die Restschmelze relativ zu den Kristallen verschiebt, und zwar erhöht sich die Konzentration in einem binären System nach unserer Festsetzung der Konzentrationsgrößen an der Stelle, zu der die Schmelze hingeströmt ist, der Seigerungsbetrag ist also positiv. Die Ursachen solcher Relativbewegungen können mannigfaltig sein.

Wir behandeln zunächst den Fall, daß beide Phasen Schmelze und Kristall beweglich sind. Sind ihre spezifischen Gewichte verschieden, so sinken die Kristalle ab, wenn sie schwerer sind als die Schmelze: sind sie dagegen leichter, so steigen sie auf, wie z. B. die Zinn-Antimon-Kristalle in einer zinnreichen Schmelze. Sind die Kristalle kugelförmig oder einfache Polyeder, so kann man die Geschwindigkeit angenähert mit Hilfe des STOKESschen Gesetzes berechnen.

Wenn in der neueren Literatur so wenig über Schwereseigerungen zu finden ist, so besagt das nicht, daß sie keine Rolle spielen. Legierungen mit starker Neigung zu Schwereseigerungen kann man im allgemeinen nicht auf gießtechnischem Wege herstellen, man benutzt in der Regel an Stelle dessen pulvermetallurgische Herstellungsverfahren. Durch das Auftreten von Schwereseigerungen wird also der Kreis der möglichen Gußlegierungen stark eingeschränkt.

In einigen Fällen hat man Mittel gefunden, um die Schwereseigerung zu vermeiden bzw. auf ein erträgliches Maß herabzusetzen. Man legiert den Lagerweißmetallen einige Prozent Kupfer zu, dann scheiden sich primär lange Platten einer ternären Verbindung aus, die das Aufsteigen der Zinn-Antimon-Verbindungskristalle hemmen.

Das wichtigste Hilfsmittel gegen Schwereseigerungen ist die Dendritenbildung. Die weiträumigen, stark verästelten Gebilde bewegen sich im Schwerefeld nur sehr langsam. Außerdem können sich die Dendriten leicht ineinander verhaken. Sie legen daher im Schwerefeld nur relativ kurze Strecken zurück, die keine wesentlichen Schwereseigerungen ergeben.

Dafür verursacht die Dendritenbildung eine andere Art von Seigerung, die man früher ohne nähere Kenntnis der Ursachen als umgekehrte Blockseigerung bezeichnet hat. Wie wir heute wissen, ist diese Seigerungsart jedoch der Normalfall, den wir deshalb im folgenden kurz als *Blockseigerung* bezeichnen wollen, wobei wir aber gleich betonen wollen, daß diese Art von Seigerungen auch in Fertiggußstücken auftritt. Sieht man von Feinheiten ab, so verursachen die Schwereseigerungen im wesentlichen nur Konzentrationsunterschiede in senkrechter Richtung, die Blockseigerungen aber auch noch Konzentrationsunterschiede in waagerechter Richtung. Eine Trennung der beiden Effekte ist bisher noch nicht versucht worden.

Wir wollen nun von den eigentlichen Schwereseigerungen absehen und untersuchen, wieweit die Volumenabnahme beim Erstarren und das dadurch bedingte Nachsaugen von Schmelzen aus dem Innern eine mögliche Ursache der Blockseigerung ist. G. MASING [*29*] hat diesen Betrag überschlagsmäßig berechnet. Der Verfasser [*30*] hat nach einer genaueren, auch quantitativen Lösung dieser Aufgabe gesucht, aber auch diese befriedigt noch nicht. Es wäre zu wünschen, daß dieses Problem nochmals behandelt wird.

Neben dem Nachsaugen gibt es noch andere Ursachen für die Blockseigerung. W. CLAUS [*31*] glaubte sogar, die Gasentwicklung als einzige Ursache der Blockseigerung annehmen zu müssen. Das ist von A. VERÖ [*32*] widerlegt worden. Schmelzen, die über Vakuum erschmolzen werden, dann aber unter Atmosphärendruck erstarrten, sind stärker geseigert als Schmelzen, die auch unter Vakuum erstarrt sind, obwohl im zweiten Falle die Bedingungen für eine Gasentwicklung günstiger sind. Die Gasentwicklung ist also eine mögliche, aber keineswegs notwendige Ursache der Blockseigerung. Bei der Erstarrung des überhitzten Stahles hat man sogar am Rande eine an den Eisenbegleitern stark verarmte äußere Schicht.

Als weitere mögliche Ursache der Blockseigerung geben G. MASING und C. HAASE [*29*] die sogenannte Kristallisationskraft an. Sind die Kapillarkräfte auf der wachsenden Kristalloberfläche genügend groß, so vermögen zwei gegeneinander wachsende Kristalle die zwischen ihnen befindliche Flüssigkeitsschicht nicht beiseite zu schieben, solange der Druck nicht zu groß wird. Die zum Weiterwachsen benötigte Schmelze wird kapillar nachgesaugt. Dadurch schieben sich die Kristalle auseinander. Die dabei auftretende Kristallisationskraft kann beträchtliche Werte annehmen, sie kann z. B. bei gewissen Zinklegierungen den Tiegel sprengen [*33*].

Auf die Wirkung der Kristallisationskraft ist folgende Beobachtung von N. P. WATSON [*34*] zurückzuführen. Eine Silber-Kupfer-Legierung mit 50% Ag wurde auf 810 °C, also 60 °C unter der Liquidus und 30 °C über der Solidustemperatur abgekühlt und bei dieser Temperatur 4 Stunden gehalten. Dabei waren die primären Kupferkristalle in der Schmelze aufgestiegen und hatten sich im oberen Drittel bis etwa zur Hälfte der Gesamtmenge angesammelt. Darauf wurde die Schmelze durch Auflegen eines kalten Metallkörpers rasch von oben her abgekühlt. Die nun noch entstehenden dünnen Kupferkristalle hatten noch die Kraft, den schon vorhandenen Kristallschwamm um etwa 2,5 mm nach unten zu schieben.

Bei rascher Abkühlung in einer Kokille vom Rande her hebt sich nach Entstehung einer dünnen Kruste diese von der Wand ab. Dadurch kann die heiße Schmelze im Innern der erstarrten Kruste zum Teil wieder aufschmelzen, wie die Beobachtungen von H. KÄST-

NER [35] gezeigt haben. Die Schmelze kann dabei sogar durch die Oberfläche durchtreten und die sogenannten Warzen beim Duraluminium, das im Stranggußverfahren hergestellt wird, erzeugen. Durch die nachfolgende Erstarrung im Innern können die ausgetretenen Schmelztropfen ganz oder teilweise wieder in die Schmelze zurücktreten.

Obwohl schon sehr viel über Blockseigerungen gearbeitet worden ist, kann man noch nicht von einer befriedigenden Lösung des Problems sprechen.

Literatur

[1] Handbuch der Gießerei-Technik, Bd. I, Berlin/Göttingen/Heidelberg: Springer 1959.

[2] CZIKEL, J., u. E. DIEPSCHLAG: Die Gießtechnik von Halbzeug und Formguß, 2. Aufl. Halle: Knapp 1954.

[3] RUFF, W.: Z. Metallkde. Bd. 29 (1937) S. 238.

[4] BLASIUS, H.: vgl. hierzu L. SCHILLER: Handbuch d. Experimentalphysik Bd. 4, Leipzig 1932.

[5] BERGMANN, L., u. C. SCHÄFER: Lehrbuch der Physik.

[6] SCHEIL, E., u. D. POHL: Gießerei Bd. 43 (1956) S. 805.

[7] Siehe Vergießspiralprobe Bd. III dieses Handbuches.

[8] PORTEVIN, A.: Bull. Ass. techn. Fond. Liege Bd. 6 (1932) S. 422.

[9] PORTEVIN, A., u. P. BASTIEN: Vortrag Gießereikongreß, Prag 1933.

[10] ANDREW, J. H., R. T. PERCIVAL u. G. T. BOTTOMLEY: Bull. Ass. techn. Fond Liege Bd. 11 (1937) S. 416.

[11] KONDIC, V., u. H. J. KOZLOWSKI: J. Inst. Met. Bd. 75 (1949) S. 665.

[12] RUDDLE, M. A.: The solidification of Castings London Inst. Metals 1954.

[13] CLAUS, W., u. R. HENSEL: Gießerei Bd. 18 (1931) S. 399, 437, 476 u. 499.

[14] SCHAABER, O.: Z. Metallkde. Bd. 43 (1952) S. 251.

[15] SCHEIL, E.: Z. Metallkde. Bd. 32 (1940) S. 265.

[16] SCHEIL, E.: Z. Metallkde. Bd. 34 (1942) S. 2.

[17] PATTERSON, W.: Gießerei techn. wissensch. Beihefte Bd. 1 (1949/53) S. 597.

[18] SMITH, C. S., u. C. L. WANG: Trans AIME Bd. 186 (1950) S. 136.

[19] SMITH, C. S.: Trans AIME Bd. 175 (1948) S. 15.

[20] SCHEIL, E., u. K. SCHIESSL: Z. Naturforschg. Bd. 4a (1949) S. 524.

[21] SIEVERTS, A.: Z. Metallkde. Bd. 21 (1929) S. 37.

[22] RANSLEY, C. E., u. H. NEUFELD: J. Inst. Met. Bd. 74 (1948) S. 599.

[23] ROHN, W.: Bd. 21 (1929) S. 12.

[24] GELLER, W.: Gießerei techn. wiss. Bauhefte Bd. 1 (1949/53) S. 52.

[24a] TIX, A.: Stahl u. Eisen Bd. 76 (1956) S. 61.

[25] HOUDREMONT, E., u. H. KORSCHAN: Stahl u. Eisen Bd. 55 (1935) S. 297.

[26] GULLIVER, J. M.: J. Inst. Met. Bd. 9 (1913) S. 120.

[27] SCHEURER, E.: Z. Metallkde. Bd. 23 (1941) S. 237.

[28] SCHEIL, E.: Z. Metallkde. Bd. 34 (1942) S. 70.

[29] MASING, G., u. C. HAASE: Wiss. Veröff. Siemens Konz. Bd. 6 (1927) S. 211.

[30] SCHEIL, E.: Z. Metallkde. Bd. 37 (1947) S. 69.

[31] CLAUS, W.: Z. Metallkde. Bd. 28 (1936) S. 391.

[32] VERÖ, A.: Mitt. Berg- und Hüttenabt. Sopron Bd. 14 (1942) S. 347.

[33] SCHEIL, E., u. H. WURST: Z. Metallkde. Bd. 30 (1938) S. 4.

[34] WATSON, N. P.: J. Inst. Met. Bd. 44 (1932) S. 347.

[35] KÄSTNER, H.: Z. Metallkde. Bd. 41 (1950) S. 193 u. 247.

III. Gefügeentstehung

A. Die Kristallisation von Metallschmelzen [1]

(Einstoffsysteme)

1. *Kristallisationsgeschwindigkeit*

Die grundsätzlichen Erscheinungen der Kristallisation sind an durchsichtigen organischen Stoffen untersucht worden. Die Kristallisation der Metalle ist für solche Untersuchungen wenig geeignet, weil einmal die Beobachtung der Kristallisationsgrenzen wegen der Undurchsichtigkeit der Metalle viel schwieriger ist und weil die große Kristallisationsgeschwindigkeit die Meßtechnik vor sehr schwierige Aufgaben stellt, die bis heute noch nicht gemeistert werden konnten.

Wie bereits G. TAMMANN [2], dem wir die ersten, ein genügend weites Unterkühlungsgebiet umfassenden Messungen verdanken, erkannt hat, wird die Zuordnung der gemessenen Kristallisationsgeschwindigkeit (abgekürzt KG) zur Kristallisationstemperatur dadurch erschwert, daß an der Kristallisationsgrenze nicht die leicht zu messende Temperatur im Thermostaten, sondern wegen der freiwerdenden Kristallisationswärme eine höhere Temperatur herrscht, so daß man unmittelbar nur verzerrte Kurven (gestrichelte Kurven in Abb. 23) messen kann. Im gießereikundlichen Schrifttum waren bis vor kurzem nur solche Kurven anzutreffen, die einen breiten Bereich konstanter maximaler KG aufwiesen.

Den wahren Verlauf der KG haben M. VOLMER und M. MARDER [3] an Glyzerin gemessen. Dieser Stoff hat eine sehr geringe maximale KG und eine kleine Kristallisationswärme, so daß hier die Erwärmung an der Kristallisationsgrenze genügend klein gehalten

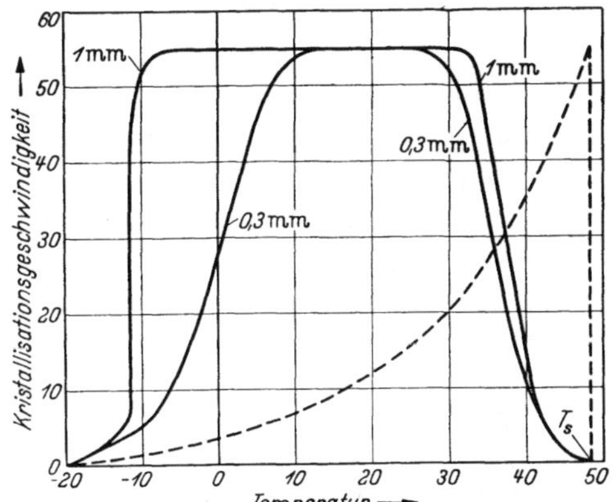

Abb. 23. Kristallisationsgeschwindigkeit des Benzophenons in 1 mm- und 0,3 mm-Röhrchen (TAMMANN)

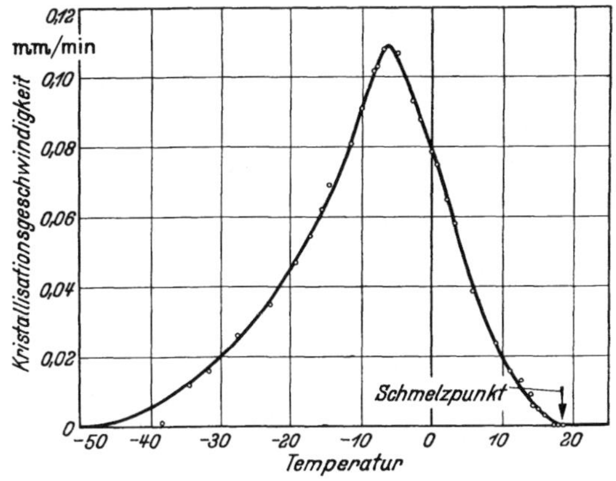

Abb. 24. Kristallisationsgeschwindigkeit des Glyzerins (VOLMER u. MARDER)

werden konnte, wovon man sich außerdem durch Messungen an Röhrchen mit verschiedenen Durchmessern überzeugt hatte. Abb. 24 zeigt die Abhängigkeit der KG des Glyzerins von der Unterkühlungstemperatur. Man nimmt heute an, daß dies die Normalkurve der KG ist. TH. FÖRSTER [4] hat die Entstehung der gestrichelt verzerrten Kurve aus der unverzerrten durch Betrachtung des Wärmeleitungsproblems ableiten können. Neuerdings hat G. MICUS [4a] den Einfluß von Gasentwicklungen an der Kristallisationsform L untersucht. Bei Vermeidung dieser Störung kam er beim schnell kristallisierenden Salol der VOLMER-Kurve bereits recht nahe.

Bei der Übertragung dieser an molekular aufgebauten organischen Stoffen gewonnenen Ergebnisse auf die Kristallisation atomar aufgebauter Metallschmelzen ist zu beachten, daß nach der Theorie von LENNARD-JONES die Metallschmelzen nicht beliebig weit unterkühlt werden können. In der Tat ist es bisher nicht gelungen, kompakte amorphe Metalle bei tiefen Temperaturen herzustellen, man hat sie nur in dünnen Schichten erzeugen können [5]. Aus der Theorie von LENNARD-JONES folgt, daß die KG-Kurve der Metalle bei abnehmender Temperatur einen Endpunkt hat [6]. Diese KG-Kurve der Metalle bricht möglicherweise ab, bevor sie ein Maximum erreicht hat.

Wir wollen uns ein möglichst einfaches, von M. VOLMER stammendes Bild von der Kristallisationsgeschwindigkeit machen. In der Zeiteinheit möge durch die Einheit der Grenzfläche zwischen einem Kristall und seiner Schmelze $N_{S\to K}$ Atome von der Schmelze zum Kristall und $N_{K\to S}$ Atome vom Kristall zur Schmelze übertreten (Abb. 25). Der Unterschied zwischen beiden Größen multipliziert mit einem durch die verwendeten Einheiten bedingten Faktor a liefert die Umwandlungsgeschwindigkeit

$$u = a\,(N_{S\to K} - N_{K\to S}).$$

Ist u positiv, so ist $+u$ die Kristallisationsgeschwindigkeit, ist u negativ, so ist $-u$ die Schmelzgeschwindigkeit. Bei $u = 0$ verändert sich der Zustand trotz ständigen Stoffaustausches nicht, weil die beiden entgegengesetzten Vorgänge gleich schnell ablaufen und sich somit kompensieren. Diesen Zustand nennt man den *Gleichgewichtszustand*.

VOLMER und MARDER untersuchten die naheliegenden Annahmen, daß die beiden Größen N dem gleichen Temperaturgesetz gehorchen wie die Diffusionsgeschwindigkeit. Dies ergibt

$$u = a_2 e^{-G_2/T} - a_1 e^{-G_1/T}.$$

Diese Gleichung, in der die geordnete Kristallphase in gleicher Weise wie die weniger geordnete flüssige Phase behandelt wird, kann natürlich nicht den Verlauf der KG-Kurve quantitativ wiedergeben, sie gibt aber qualitativ ungefähr den richtigen Verlauf, sie steigt vom Gleichgewichtspunkt, der praktisch gleich dem Schmelzpunkt ist, mit sinkender Temperatur an, durchschreitet ein Maximum und fällt dann wieder auf sehr niedrige Werte ab. Quantitativ bestehen jedoch beträchtliche Unterschiede, was auch bei der Einfachheit des Ansatzes nicht anders zu erwarten war.

Durch Betrachtung der atomaren Einzelschritte des Kristallwachstums gelangten W. KOSSEL [7] und I. N. STRANSKI [8] zu einem tieferen Einblick in den Wachstumsvorgang [9]. In dieser Theorie werden die Kräfte berechnet, mit denen ein neuer Baustein an den einzelnen Stellen des wachsenden Kristalls angelagert wird. In Abb. 26 sind drei verschiedene Anlagerungsstellen mit einem Atom besetzt worden. An der Stelle 1 (Wachsen einer Kette) sind bei Metallen die Bindungskräfte am stärksten, bei der Bildung einer neuen Kette an der Stelle 2 sind sie schon schwächer, noch schwächer sind sie bei der Anlage einer neuen Netzebene an der Stelle 3. Dieser letzte Schritt ist als eine Art Keimbildung anzusehen, die wir noch besprechen müssen.

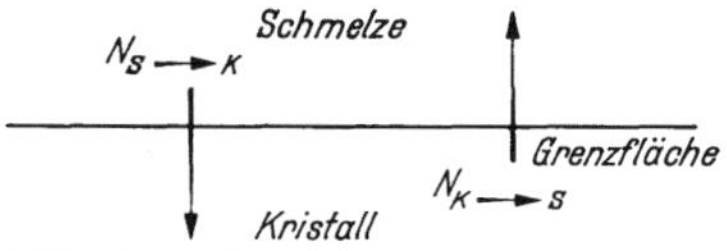

Abb. 25. Austausch von Atomen durch die Grenzfläche Schmelze—Kristall

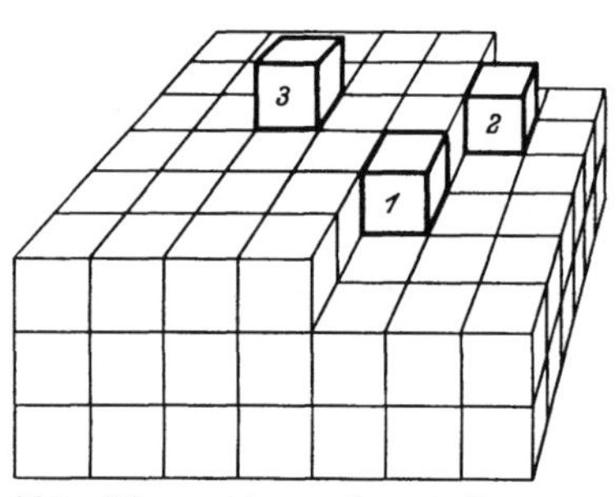

Abb. 26. Atomanbaustellen am wachsenden Kristall (nach KOSSEL u. STRANSKI)

Damit die Bevorzugung der verschiedenen Einbaustellen wirksam werden kann, dürfen die auf die Kristallfläche auftreffenden Atome oder Moleküle nicht sofort an der Auftreffstelle eingebaut werden, sondern zunächst müssen sie auf der Grenzfläche leicht beweglich sein, bis sie entweder an einer geeigneten Stelle leicht eingebaut werden oder die Kristalloberfläche wieder verlassen. Den experimentellen Nachweis dieser als Oberflächendiffusion bezeichneten Erscheinung verdankt man M. VOLMER [9]. H. MAYER [10] gibt eine gute Zusammenstellung unserer heutigen Kenntnis der Oberflächendiffusion bei der Kristallisation.

M. VOLMER leitete unter der Annahme, daß das Kristallwachstum in der Anlagerung von Flächenkeimen und Wachsen der Keime zu Netzebenen fortschreitet, die folgende Formel ab

$$u = a\, e^{-\frac{A_1 + A_2}{\Delta T \cdot RT}}$$

Darin ist A_1 die zur Bildung eines stabilen Flächenkeimes erforderliche Keimbildungsarbeit, die natürlich noch eine Funktion der Temperatur ist. A_2 ist im wesentlichen die Aktivierungsenergie des Platzwechsels. Mit dieser Kurve läßt sich eine bessere Annäherung an die gemessenen Kurven erreichen als mit der einfachen zuvor diskutierten Annahme, sie liefert aber für den Beginn der Kurve in der Nähe der Gleichgewichtstemperatur zu kleine Werte. Um diese Diskrepanz zu beseitigen, suchte F. C. FRANK [11] nach einem Mechanismus, der die Hemmung durch die Schwierigkeit der Flächenkeimbildung beseitigte. Abb. 27 zeigt nach seiner Theorie das Wachstumsbild an einer sogenannten Schraubenversetzung [12]. Die Kristallisation kann an einer solchen Stelle ohne Bildung von Flächenkeimen weiterschreiten. Das daraus resultierende Wachstum konnte an Kristalloberflächen in der Tat gefunden werden. Es darf aber nicht unerwähnt bleiben, daß die Annahme von FRANK nicht unwidersprochen geblieben ist [13].

L. GRAF [14] machte darauf aufmerksam, daß bei großen Kristallisationsgeschwindigkeiten nicht einatomare Schichten wachsen, sondern sehr viel dickere von 10^{-4}—10^{-13} mm Dicke. Es ist notwendig, daß die Entwicklung dieses für die Gießereikunde so außerordentlich wichtigen Forschungsgebietes sorgfältiger beachtet wird, als dies bisher geschehen ist.

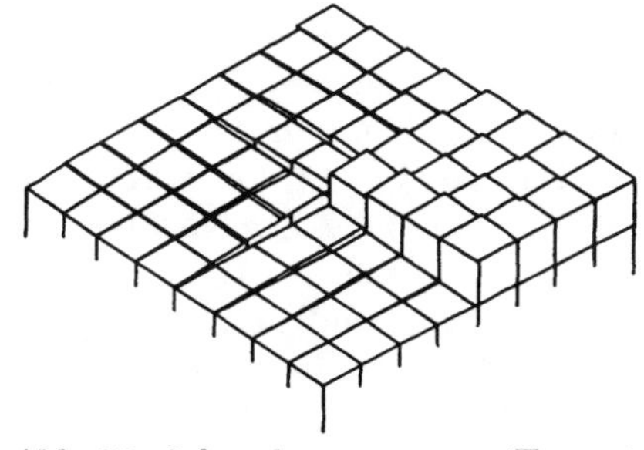

Abb. 27. Schraubenversetzung (FRANK)

2. *Keimbildung*

Im Vorhergehenden war immer vorausgesetzt worden, daß bereits ein Kristall vorhanden ist. Die Entstehung eines Kristalls aus der Schmelze, die man als Keimbildung abgekürzt KZ bezeichnet, ist ein gesondertes Problem, das wir nun zu betrachten haben. Die Grunderscheinungen wurden auch hier von G. TAMMANN [2] an durchsichtigen organischen Stoffen untersucht. In der unterkühlten Schmelze beobachtet man nach einiger Zeit die Entstehung eines kleines Kristalls, des Keimes, der sich dann je nach der Kristallisationsgeschwindigkeit vergrößert.

Ist die Zeit, die bis zur Entstehung eines Kristalles verstreicht, groß gegenüber der Zeit, die bis zur vollständigen Kristallisation der Probe verstreicht, so kann man auch die Keimbildung in Metallen untersuchen. Zur Anzeige des Eintretens der Kristallisation muß man dann eine Eigenschaft messen. In Abb. 28 ist die Änderung der Temperatur infolge der Kristallisation der in einem Thermostaten befindlichen Probe mit einer Thermosäule gemessen worden [15]. Der Temperaturanstieg beim Eintritt der Kristallisation erfolgt sehr rasch, so daß dieser Zeitpunkt gleich der Zeit der Keimbildung gesetzt werden kann. Eine Korrektur ist nur zu Beginn des Versuchs erforderlich.

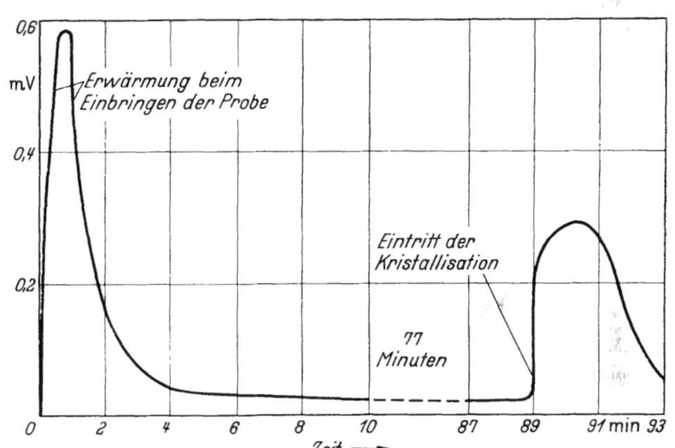

Abb. 28. Temperaturverlauf bei Eintritt der Kristallisation einer auf 6 °C unterkühlten Zinnprobe

Wiederholt man den Versuch mehrmals unter den gleichen Bedingungen, so beobachtet man starke Streuungen, die nicht durch Meßfehler erklärt werden können sondern auf statistische Schwankungen zurückgeführt werden müssen, was bereits G. TAMMANN [2] und G. KORNFELD [16] erkannten.

Wegen des statistischen Charakters haben wir die Wahrscheinlichkeit der Keimbildung an einer genügend großen Zahl gleicher und unter den gleichen Bedingungen gehaltener Proben zu untersuchen. Die Zahl $\frac{dn}{dt}$ der in der Zeiteinheit zur Zeit t kristallisierenden Proben ist proportional der Keimbildungswahrscheinlichkeit a und der Zahl n der bis zu dieser Zeit noch nicht kristallisierten Proben

$$\frac{dn}{dt} = -n\,a.$$

Im einfachsten Falle ist die Keimbildungswahrscheinlichkeit unabhängig von der Zeit gleich a [17]. Dann ergibt die Integration der Gleichung das von R. GROSS [17] aufgestellte Gesetz

$$\ln\frac{n}{n_0} = -a\,(t - t_0).$$

Wäre $t_0 = 0$, so würde das Gesetz das gleiche sein wie das des radioaktiven Zerfalls.

Das Gesetz von GROSS ist folgendermaßen zu deuten: Ist die Zeit t_0 überschritten, so hat sich in bezug auf die Keimbildung ein stationärer Zustand eingestellt, so daß die bis zu dem betrachteten Augenblick bereits verstrichene Zeit keinen Einfluß auf die Keimbildungswahrscheinlichkeit hat. Die Zeit t_0 ist dann die Zeit, die bis zur Einstellung des stationären Zustandes verstreichen muß. Man bezeichnet sie als *Anlaufzeit*. Ihre Existenz ist durch Versuche des Verfassers nachgewiesen [*15*]. D. TURNBULL [*18*] hat die Anlaufzeit theoretisch berechnet.

Das Zeitgesetz von GROSS kann man noch nicht als experimentell gesichert ansehen. Bereits Versuche des Verfassers an Zinn [*15*] und von W. RIX [*19*] an organischen Stoffen zeigten deutliche Abweichungen. Besonders starke Abweichungen treten in Versuchen von G. M. POUND und V. K. LA MER [*20*] auf, auf die wir noch eingehen werden.

Das Versuchsverfahren des Verfassers wäre zu zeitraubend, um eine für eine statistische Betrachtung ausreichende Zahl von Versuchen zu machen. Um diese Schwierigkeit zu beseitigen und um auch Versuche bei größeren Unterkühlungen ausführen zu können, stellte sich D. TURNBULL [*21*] kleine Schmelztröpfchen her. In der GROSSschen Gleichung ist die Keimbildungswahrscheinlichkeit a noch von der Probemenge abhängig, und zwar ist a mindestens proportional der Probenmenge. Bei kleinen Tröpfchen wird also auch a klein. TURNBULL überzog die Tröpfchen mit einer Haut, um ihre gegenseitige Berührung zu verhindern, füllte sie in ein Flüssigkeitsdilatometer und untersuchte den zeitlichen Verlauf der Kristallisation, die durch die Keimbildung in den einzelnen Tröpfchen zustande kam. Abb. 29 zeigt eine Reihe solcher Isothermen von G. M. POUND und V. K. LA MER [*20*].

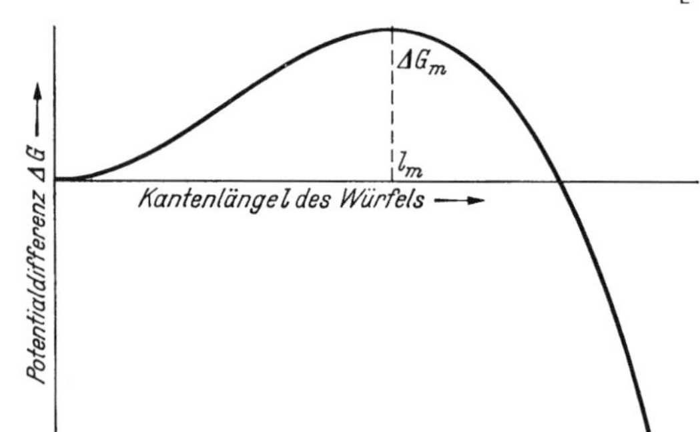

Abb. 29. Abnahme der nicht kristallisierten Zinntropfen mit der Zeit (POUND u. LA MER)

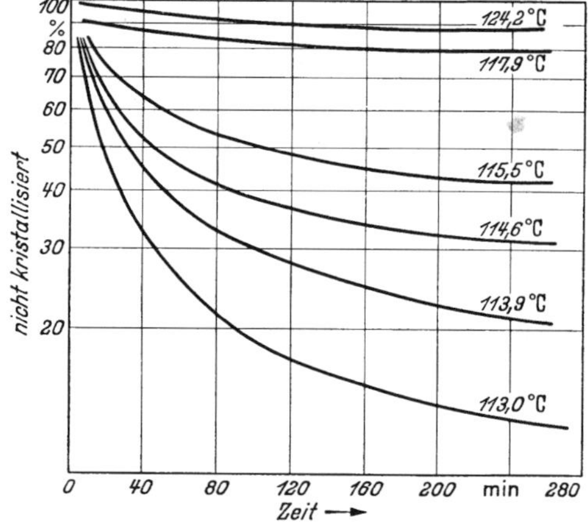

Abb. 30. Die Potentialänderung beim Wachsen eines würfelförmigen Kristalls (schematisch)

Die Abweichung der Kurven von dem Gesetz von GROSS sind als Verringerung der Keimbildungswahrscheinlichkeit mit der Zeitdauer anzusehen. Es ist also auch hier noch nicht die spontane Keimbildung erreicht worden.

M. VOLMER [*9*] gelangte zu einer brauchbaren theoretischen Beschreibung des Keimbildungsvorganges durch Beachtung der Änderung der Grenzflächenenergie bei der Keimbildung. R. BECKER und W. DÖRING [*22*] haben diese Betrachtung durch Berücksichtigung der atomaren Einzelschritte beim Wachstum zu einer geschlossenen Theorie entwickelt, die von D. TURNBULL [*18*] noch durch eine Berechnung der Anlaufzeit vervollständigt worden ist.

Wir berechnen zunächst etwas vereinfacht das thermodynamische Potential eines kleinen kugelförmigen Kristalls in Abhängigkeit von seinem Radius. Ist der kleinere Kristall vom Radius r ein Teil aus der Mitte eines sehr großen Kristalls, so ist der auf ihn entfallende Anteil der Potentialänderung beim Erstarren:

$$a r^3 (g_K - g_S)_\infty = - a r^3 \Delta g_\infty .$$

Darin ist $(g_K - g_S)_\infty$ die Potentialänderung der Mengeneinheit beim Erstarren, a ist eine Konstante. Lassen wir nun einen kleinen Kristall aus der Schmelze entstehen, so haben wir noch das Glied $b\,r^2 \Delta\,g_0$ hinzuzufügen, das die Energiezunahme durch die Bildung der Grenzfläche Kristall—Schmelze berücksichtigt. Das ergibt die Potentialänderung

$$\Delta G = -\,a r^3 \Delta\,g_\infty + b r^2 \Delta\,g_0.$$

Abb. 30 zeigt die isotherme Änderung von ΔG mit dem wachsenden Kristall. ΔG nimmt zunächst bis zu einem Höchstwert:

$$\Delta G_\varrho = \frac{4\,b^3 \Delta g_0^3}{27\,a^2 \Delta g_\infty} \quad \text{der bei} \quad \varrho = \frac{2\,b\,\Delta\,g_0}{3\,a\,\Delta g_\infty}$$

erreicht wird. Darauf fällt ΔG ab, erreicht den Wert 0 bei $r_1 = \frac{b\,\Delta\,g_0}{a\,\Delta\,g_\infty}$ und wird schließlich negativ. Δg_∞ ist nur unterhalb des Schmelzpunktes positiv, oberhalb desselben negativ. Oberhalb des Schmelzpunktes erreicht ΔG keinen Höchstwert, sondern steigt mit dem Radius des wachsenden Kristalles monoton an.

Einen Kristall mit einem Radius kleiner als ϱ wollen wir als Subkeim bezeichnen. Das Wachsen eines Subkeimes ist mit einem Potentialanstieg verknüpft. Nun bedeutet ein Potentialanstieg, daß der Zustand des Subkeimes unwahrscheinlicher wird. Das Wiederaufschmelzen eines Subkeimes ist viel wahrscheinlicher als sein Weiterwachsen. Es kommen also auf einen weiterwachsenden Subkeim eine sehr große Zahl von wiederaufschmelzenden. Daß die Kristallkeimbildung als äußerst unwahrscheinlicher Vorgang überhaupt beobachtbar ist, hängt damit zusammen, daß die Zahl der Atome in einem Grammatom so ungeheuer groß ist ($6{,}022 \cdot 10^{23}$).

Entgeht ein Subkeim dem Vernichtungsprozeß des Aufschmelzens und erreicht die Größe $r = \varrho$, bei der die Potentialkurve eine waagerechte Tangente hat, so ist die Wahrscheinlichkeit des Weiterwachsens gerade so groß wie die des Aufschmelzens. Einen Kristall dieser Größe $r = \varrho$ bezeichnen wir als *Gleichgewichtskeim*. Überschreitet schließlich der Kristall diese Gleichgewichtsgröße, so wird die Wahrscheinlichkeit des Weiterwachsens rasch größer und nähert sich bald der 1. Einen solchen Kristall mit $r > \varrho$ bezeichnen wir als wachstumsfähigen Keim oder auch, wenn er größer geworden ist, als Kristall, eine Grenze läßt sich da nicht angeben.

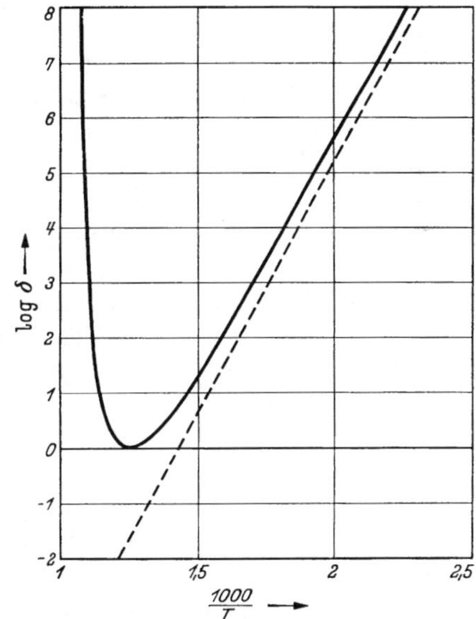

Abb. 31. Temperaturabhängigkeit der reziproken Keimbildungskonstanten a (schematisch)

Man muß annehmen, daß die Subkeime nicht nur in unterkühlten, sondern auch in stabilen Schmelzen oberhalb des Schmelzpunktes vorhanden sind und dort einen Gleichgewichtszustand bilden. Die im Gleichgewicht vorhandene Zahl von Subkeimen vom Radius r nimmt mit steigender Temperatur rasch ab. Wachstumsfähige Keime gibt es in stabilen Schmelzen natürlich nicht.

Greifen wir alle zu einer bestimmten Zeit vorhandenen N-Subkeime mit A-Atomen heraus, so werden zur Zeit $t + \Delta t$ von ihnen αN sich um ein Atom vergrößert und $(1 - \alpha) \cdot N$ sich um ein Atom verkleinert haben. Im Gleichgewicht oberhalb des Schmelzpunktes werden diese Änderungen durch die gleichzeitigen Änderungen der Nachbargrößen gerade ausgeglichen.

Bei Temperaturen unterhalb des Schmelzpunktes stellt sich kein Gleichgewichtszustand ein, denn sobald ein Keim die kritische Größe überschritten hat, wächst er weiter. Könnte man diese wachstumsfähigen Keime aus der Schmelze entfernen, so würde sich nach einiger Zeit ein quasistationärer Zustand einstellen. Greifen wir auch hier wieder alle Keime heraus, die gerade A-Atome enthalten, so werden sich wieder αN Subkeime vergrößern. Von den Subkeimen mit $(A + 1)$ Atomen werden aber weniger als $(1 - \alpha)\,N$, und zwar nur $(1 - \alpha)\, N - \delta$ zur Größe A zurückkehren, wobei δ eine im Vergleich zu N sehr kleine Zahl ist. Die Größe δ ist im quasistationären Zustand für alle Kristallgrößen gleich groß, so daß schließlich auch δ Kristalle die kritische Größe überschreiten.

Diese Größe haben R. BECKER und W. DÖRING [22] berechnet. Sie ist im wesentlichen gegeben durch

$$\delta = \lambda e^{-\frac{Q + \Delta G_\varrho}{R T}}$$

Darin ist λ eine Konstante, Q die Aktivierungsenergie des Platzwechsels bei der Diffusion und ΔG_ϱ die im Vorhergehenden berechnete Keimbildungsarbeit. Die Größe δ ist der Keimbildungskonstanten a umgekehrt proportional. In Abb. 31 ist log δ in Abhängigkeit von der reziproken absoluten Temperatur schematisch wiedergegeben. Bei tiefen Temperaturen $\left(\text{großes } \frac{1}{T}\right)$ nähert sich die Kurve asymptotisch der Diffusionsgeraden (gestrichelt). Allerdings ist in diesem Bild nicht berücksichtigt, daß die Existenzkurve der Schmelze nach tiefen Temperaturen begrenzt ist.

Wir haben uns bisher nur mit dem quasistationären Zustand beschäftigt, bei dem die Keimbildungshäufigkeit nur noch von der nicht kristallisierten Probenmenge, aber nicht von der bereits verstrichenen Zeit abhängt. Hat man die Probe gerade auf Versuchstemperatur abgekühlt, so kann sich dieser quasistationäre Zustand noch nicht eingestellt haben. Erst nach der Anlaufzeit kann dies der Fall sein. Im Bereich der Anlaufzeit sind die Zahlen N der größeren Subkeime äußerst selten. δ ist jetzt eine Funktion der Kristallgröße und der Zeit. D. TURNBULL [18] hat die zeitliche Änderung von δ unter vereinfachenden Annahmen berechnet.

3. *Impfwirkungen*

Die Versuche über die Keimbildung haben ergeben, daß die Wahrscheinlichkeit der Bildung von Kristallkeimen sehr stark vom Zustand der Schmelze abhängt. Im allgemeinen ist die Fähigkeit zur Keimbildung um so geringer, je reiner das Metall ist. Das kann man daraus schließen, daß reine Metalle sehr grobkörnig zu erstarren pflegen. Es läßt sich leicht einsehen, daß die bisher betrachtete Keimbildung eine Mindestgröße ist, die man als spontane Keimbildung bezeichnet. Sind in der Schmelze Fremdpartikeln irgendwelcher Art vorhanden, so kann von ihnen die Keimbildungsarbeit herabgesetzt werden. Wir wollen einen solchen die Keimbildungsarbeit herabsetzenden Vorgang als Impfwirkung bezeichnen. Es scheint so, daß man bisher überhaupt noch nicht die spontane Keimbildung hat messen können, sondern immer nur einen durch irgendwelche Impfwirkungen stark erhöhte. Was bereits für die Versuche gilt, gilt in noch höherem Maße für die Erstarrung technischer Gußstücke.

Man hat schon recht frühzeitig angenommen, daß die Erleichterung der Keimbildung durch heterogen beigemengte Fremdstoffe bewirkt wird. Hierfür sprechen insbesondere Versuche von W. RIX [19] an Salol, einem organischen Stoff. RIX entfernte die entstandenen Keime und konnte dadurch die Keimbildungsfähigkeit der Restschmelze ständig verringern. Das konnte er so weit treiben, daß schließlich die Probe mehrere Jahre im unterkühlten Zustand verblieb. Durch eine Ultrafiltration konnte schließlich die Keimbildung innerhalb der Versuchszeiten ganz beseitigt werden. Damit ist gezeigt, daß es Impfstoffe gibt, die heterogen der Schmelze beigemengt sind. Es liegt nahe, auch in anderen Fällen solche Impfstoffe anzunehmen, wo ein derartiger Nachweis noch nicht gelungen ist. Insbesondere wird man erwarten, daß hochschmelzende Kristallarten solche Impfstoffe sein können.

B. Entstehung des Gußgefüges [23]

In Gußgefügen beobachtet man sehr häufig eine oder mehrere der drei Gefügeformen, die man als Stengelkristallisation, Dendritenbildung und eutektisches Gefüge bezeichnet. Ein solches häufiges Auftreten kann nur dadurch erklärt werden, daß die Entstehungsbedingungen dieser Gefüge unter den verschiedenen an sich möglichen Formen die günstigsten sind. Wir geben diesem natürlich nicht auf Gußgefüge beschränkten Gesetz die allgemeine Form:

Es entsteht bevorzugt das Gefüge, das sich unter den gegebenen Versuchsbedingungen am schnellsten zu bilden vermag.

Es entsteht die Aufgabe, die Bedingungen für die maximale Bildungsgeschwindigkeit dieser Gefüge zu untersuchen. Dabei haben wir zu beachten, daß die Bildungsgeschwindigkeit nicht nur von der Kristallisationsgeschwindigkeit, sondern auch von der Keimbildung abhängt. Während die Kristallisationsgeschwindigkeit nur wenig beeinflußt werden kann, läßt sich die Keimbildungsgeschwindigkeit durch Impfstoffe um Größenordnungen verstärken oder durch Giftstoffe, welche die aktiven Stellen der Impfstoffe bedecken und dadurch unwirksam machen, verringern.

1. Das Gußgefüge technisch reiner Metalle

Es ist eine allgemeine Erfahrung, daß das Gußgefüge reiner Metalle sehr grob ist. Das als Zonenschmelzen bekannt gewordene Reinigungsverfahren, das ganz extreme, bisher noch nicht bekannte Reinheitsgrade ergibt, hat diese Neigung zur grobkörnigen Kristallisation neuerdings in aller Deutlichkeit hervortreten lassen. Die geringere Korngröße in technischen Metallen ist also als Einfluß der Beimengungen zu betrachten.

Abb. 32 zeigt das Gefüge im Querschnitt durch ein zylindrisches Gußstück. Am Rande sind in einer schmalen Zone kleine Kristalle entstanden. Darauf folgt eine Stengelkristallzone. In ihr sind die Stengel parallel zum Wärmefluß gewachsen. Schließlich treten im Inneren des Gußstückes globulare Kristalle auf, in denen keine Richtung bevorzugt ist.

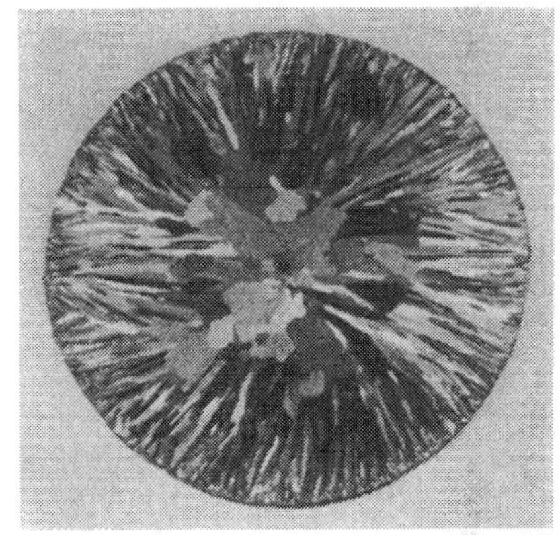
×0,5

Abb. 32.
Gußgefüge mit Stengelkristallen

F. C. Nix und E. Schmid [*24*] haben gezeigt, daß die Stengelkristallzone eine Fasertextur besitzt. Man erklärt dies durch einen Ausleseprozeß. Die günstig orientierten Kristalle überwuchern die weniger günstig orientierten. Dabei steht bei den Betrachtungen immer die Faserachse im Vordergrund. Dem Verfasser scheint es für den Ausleseprozeß ebenso wichtig zu sein, wie schnell der Kristall parallel zur Kristallisationsfront wachsen kann, damit er seine Nachbarn überwuchern kann. Vielleicht ist die Kristallisationsgeschwindigkeit in diesen Richtungen sogar wichtiger als die in der Faserrichtung.

Man sollte folgendes Gefüge erwarten. Am Rande sollten viele willkürlich orientierte Kristalle entstanden sein. Von diesen bleiben mit fortschreitendem Wachsen nur die günstig orientierten übrig, die bis zum Kern hinein zu langen Stengeln auswachsen. Die wirklich gefundenen Gefüge weichen aber davon ab. Zunächst scheinen in der äußersten feinen Randschicht mit fortschreitender Kristallisation nicht nur Kristalle zu verschwinden, sondern auch neue zu entstehen. Man hat zur Erklärung angenommen, daß die Abkühlungsgeschwindigkeit voreilt vor der Wachstumsfront. Das erscheint wenig glaubhaft, denn die Temperatur der unterkühlten Schmelze steigt mit dem Eintritt der Kristallisation sehr rasch auf nahezu den Schmelzpunkt an. Es ist also wahrscheinlicher daß die neuen Kristalle von Dendritenästen stammen, die durch die starken Konvektionsströme abgerissen worden sind.

In den Abb. 33a und b und 34a und b sind Versuche des Verfassers [*25*] mitgeteilt, in denen die Kristallisation des Aluminiums nach dem Gießen in auf verschiedene Temperaturen vorgewärmten Kokillen untersucht wurde. In der ersten Versuchsreihe war das Aluminium bei 700 °C, in der zweiten bei 900 °C vergossen worden. Man erkennt zunächst, daß die Korngröße sehr wesentlich von der Überhitzung der Schmelze abhängt. Bei der 900 °C-Reihe (Abb. 34a und b) fehlt die feinkörnige Randzone fast ganz. Dafür ist in der 700 °C-Reihe die Stengelkristallzone nur schmal und fehlt bei höheren Kokillentemperaturen. Das Vorhandensein von Impfstoffen spielt also eine große Rolle auch schon bei der feinkörnigen Randschicht. Hier ist die Theorie noch lückenhaft.

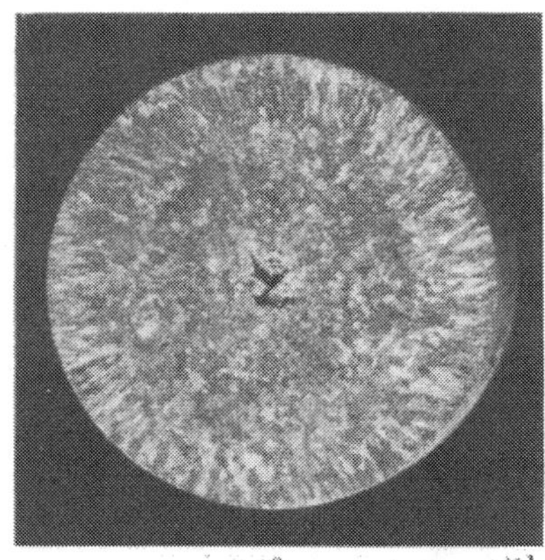

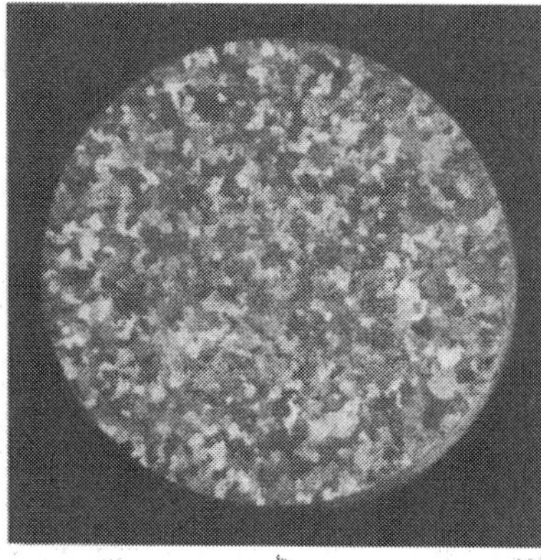

a ×1 b ×1

Abb. 33a u. b. Gußgefüge von Aluminium, bei 700 °C vergossen
a) Kokille 100 °C; b) Kokille 600 °C

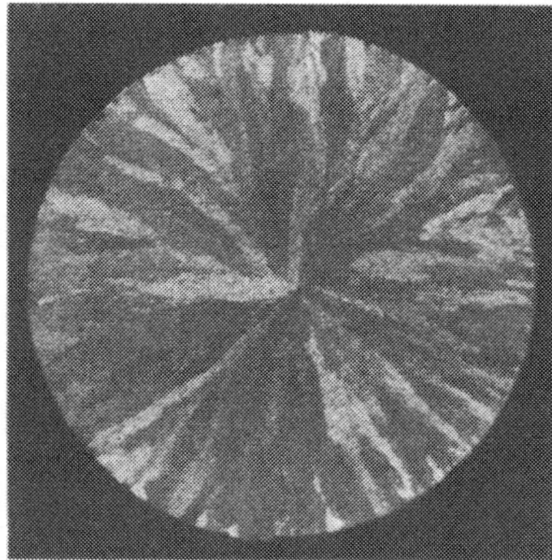

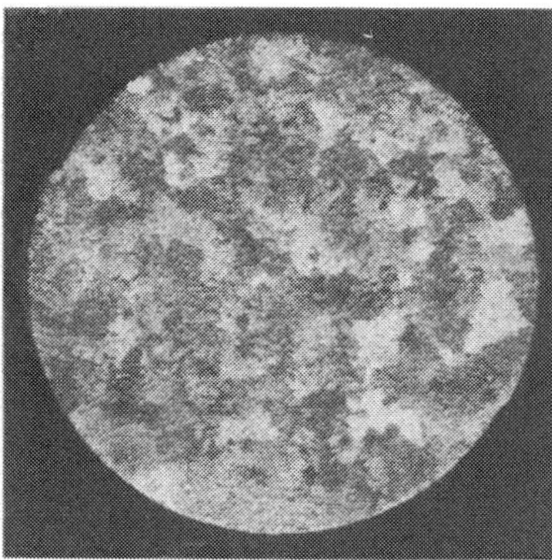

a ×1 b ×1

Abb. 34a u. b. Wie Abb. 33, jedoch bei 900 °C vergossen
a) Kokille 300 °C; b) Kokille 600 °C

Noch größere Schwierigkeiten bereitet das Verständnis der globularen Kristallisation im Inneren des Gußstükkes. Bei der höchsten Kokillentemperatur sind in beiden Fällen lediglich globulare Kristalle entstanden. Man erhält den Eindruck, daß die ganze Schmelze unterkühlt ist und daß im Inneren freischwebend Kristalle entstanden sind. Eine solche Unterkühlung ist nur vorstellbar, wenn das Wachsen des Kristalls durch eine Konzentrationshemmung an seiner Front unterbunden wird und somit durch den Kristall die zur Unterkühlung des Schmelzinnern notwendige Wärmeabfuhr erfolgen kann. Das erfordert aber ein gewisses Mindestmaß von Beimengungen. Sicher ist jedenfalls, daß die Bildung von Stengelkristallen an ein Mindesttemperaturgefälle gebunden ist.

Daß in der Schmelze freischwebende Kristalle entstehen können, haben P. Siebe und L. Katterbach [*26*] gezeigt. In Abb. 35 kann die grobkörnige Zone im Blockkopf nur durch Absinken der in diesem Bereich freischwebend entstandenen Kristalle entstanden sein.

Man kann das Kristallgefüge des Gußblockes durch Maßnahmen beeinflussen, z. B. durch Aufschmelzenlassen von dünnen Teilen der Legierung im Gußkörper oder im Gießstrahl [*27*] oder durch Schwingungen [*23*]. Auf Einzelheiten wollen wir hier nicht eingehen, zumal diese Verfahren noch keinen Eingang in die Praxis gefunden haben.

2. Dendriten

Bei der Ausscheidung einer Kristallart entstehen in der Regel Dendriten.

Abb. 36 zeigt einen Eisendendriten, die in einem Hohlraum eines großen Eisenblockes entstanden sind. Alle Teile des komplizierten Gebildes sind einheitlich orientiert, das ganze ist also ein einheitlicher Kristall. Abb. 37 zeigt in einem Schliff den Schnitt durch einen in die Schmelze gewachsenen Dendriten. Neben dem gesetzmäßigen Aufbau des Dendriten mit seinen Seitenästen zeigt das Bild auch noch die Schichtkristallbildung.

Ein solcher Kristall genügt nicht der Gleichgewichtsbedingung, die eine Form mit minimaler Oberfläche verlangt. Es ist also eine kinetische Zwischenerscheinung, die sich gemäß unserem Satz durch günstige Bildungsbedingungen auszeichnen, aber bei längerem

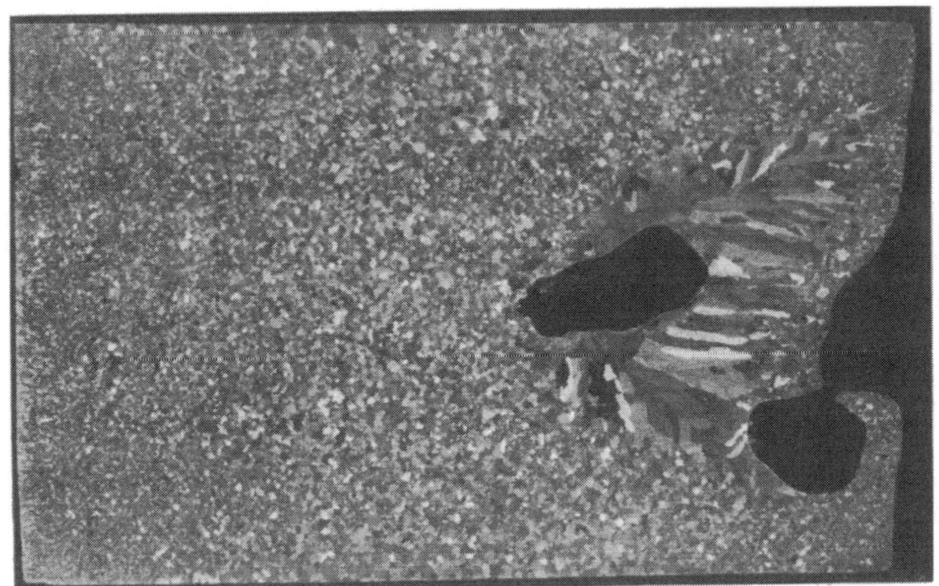

Abb. 35. Grobkörnige Zone im Blockkopf durch Absinken von Keimen

isothermen Halten seine Form ändern muß. Dies hat A. PAPAPETROU [*28*] durch Untersuchungen der Kristallisation von Salzen aus wäßrigen Lösungen bewiesen. Danach verlieren die Dendriten beim isothermen Halten allmählich ihre Seitenäste. Sie schmelzen größtenteils wieder auf.

Bereits O. LEHMANN [*29*] führte die Dendritenbildung auf die sogenannte Spitzenwirkung bei der Diffusion zurück. Zur Erläuterung dieser Erscheinung betrachten wir in

Abb. 36. Eisendendrit

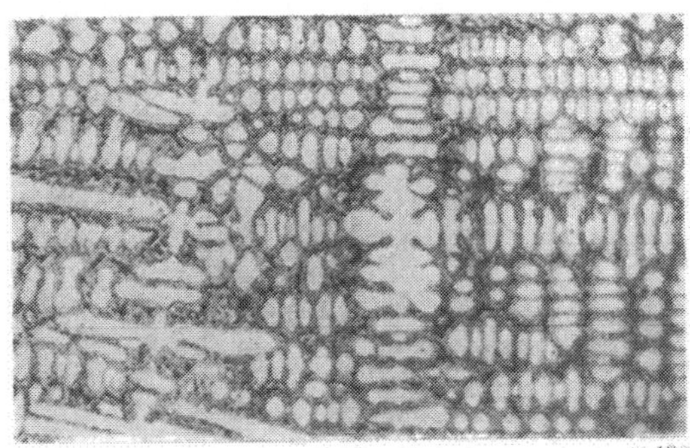

Abb. 37. Dendriten im Schliff (65% Ag, 15% Cu u. 20% Zn)

Abb. 38 die isotherme Kristallisation eines Mischkristalls, von dem sich zunächst eine ebene Kristallisationsfront gebildet haben möge. Die Konzentration c_K des Mischkristalls interessiert hier nicht weiter. Die Schmelze ist an der Kristallisationsfront etwas übersättigt, hat an ihr also eine etwas kleinere Konzentration als c_{SK}. Mit dem Abstand von der Kristallisationsfront nimmt die Konzentration auf der Kurve c_S ab. Die Kristallisation kann an der ebenen Front nur entsprechend der Verringerung von c_S durch Diffusion in das Schmelzinnere weiterschreiten.

Diese ebene Kristallisationsfront ist von einem bestimmten Konzentrationsgefälle ab keine stabile Wachstumsform mehr. Ist an einer Stelle die Konzentration relativ niedriger, was durch die Schwankungen immer wieder vorkommen wird, so ist hier die Schmelze stärker übersättigt als die Umgebung, und die Kristallisation kann voreilen. Vor dieser aus der Front heraustretenden Stelle sind die Diffusionsbedingungen günstiger als vor der ebenen Front (Spitzenwirkung). Die Spitze wächst also immer schneller vor.

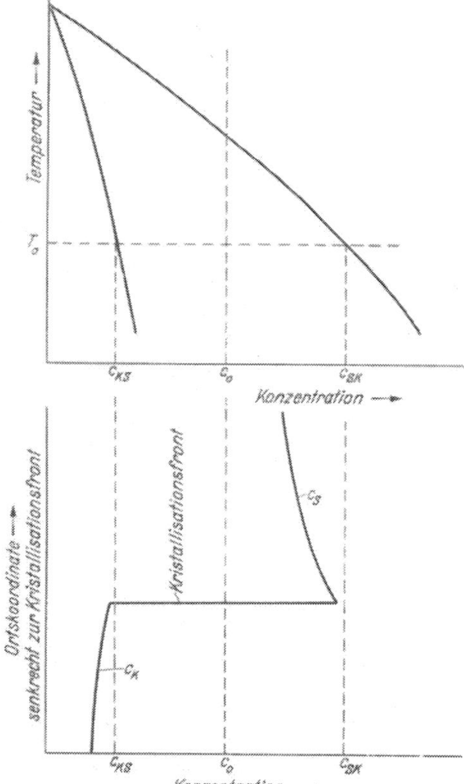

Abb. 38. Konzentrationsverteilung in der Schmelze an der Kristallisationsfront eines Mischkristalls

Der Abstand der Seitenäste wird nach PAPAPETROU durch die Diffusionsverhältnisse bedingt. Je stärker die Unterkühlung ist, um so kleiner ist der Abstand der Seitenäste.

Dieses Bild ist aber noch unvollständig. Es läßt noch nicht verstehen, daß der Dendrit ein kristallographisch bedingtes Gebilde ist. Die fehlende Größe ist nach W. KLEBER [*30*] die Grenzflächendiffusion an den aktiven Wachstumsstellen. Dadurch wachsen diese kristallographisch bedingten Stellen bevorzugt.

Wenn es auch noch nicht gelungen ist, das dendritische Wachstum völlig als einen Vorgang maximaler Wachstumsgeschwindigkeit zu beschreiben, so läßt es sich doch wenigstens qualitativ als einen solchen verstehen.

3. *Eutektische Kristallisation*

In eutektischen Legierungen bildet sich in der Regel ein Gefüge, das man als eutektisches bezeichnet. Hier hat man die größte Bildungsgeschwindigkeit dieses Gefüges gegenüber der Einzelkristallisation der beiden Kristallarten unmittelbar messen können [*31, 32*], allerdings nicht an Metallen, sondern an durchsichtigen organischen Stoffen. Die Bevorzugung der gekoppelten Kristallisation besteht darin, daß die Diffusionswege bei der gemeinsamen Kristallisation der beiden Kristallarten besonders klein werden. Es stellt sich ein kinetischer Gleichgewichtsabstand ein [*33, 34*]. Die Grenzflächenspannung sucht ihn zu vergrößern, die Diffusionsschwierigkeiten zu verkleinern.

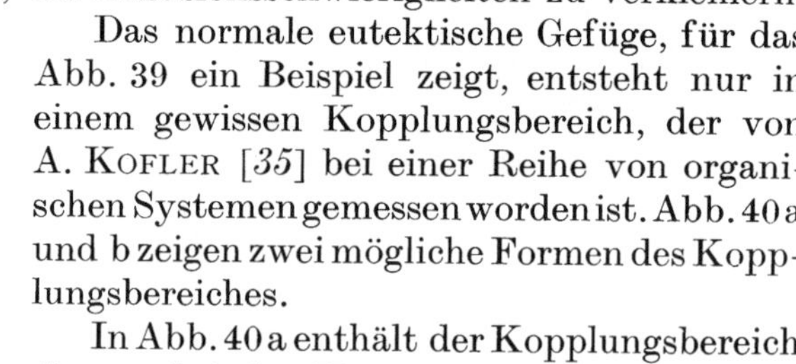

Das normale eutektische Gefüge, für das Abb. 39 ein Beispiel zeigt, entsteht nur in einem gewissen Kopplungsbereich, der von A. KOFLER [*35*] bei einer Reihe von organischen Systemen gemessen worden ist. Abb. 40a und b zeigen zwei mögliche Formen des Kopplungsbereiches.

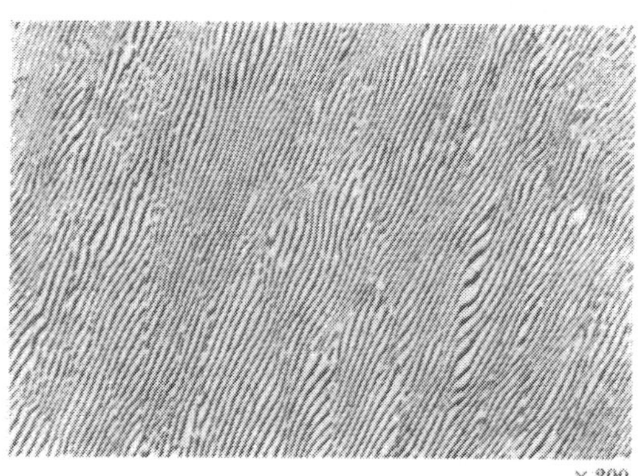

Abb. 39. Normales eutektisches Gefüge (Cd—Zn)

In Abb. 40a enthält der Kopplungsbereich die eutektische Konzentration. Das ist der Normalfall, wir sprechen von einem normalen eutektischen Gefüge.

In Abb. 40b liegt dagegen die eutektische Konzentration ganz außerhalb des Kopplungsbereiches. Sorgt man durch eine rasche

Abkühlung dafür, daß bei einer übereutektischen Aluminium-Eisen-Legierung die primäre Kristallisation der Al_3Fe-Kristallart unterdrückt wird [*36*], so kann ein normales eutektisches Gefüge entstehen (Abb. 41), während bei langsamer Abkühlung sich kein eigentlich eutektisches Gefüge mehr ausbildet.

Diese besondere Ausbildung, die Abb. 42 für eine Aluminium-Silizium-Legierung zeigt, hat der Verfasser als *anormales* eutektisches Gefüge bezeichnet. Dem Unterschied der beiden Gefügearten entsprechen sehr verschiedene Bildungsbedingungen, die man durch Abschrecken zur Unterbrechung der langsamen Kristallisation kenntlich machen kann. Abb. 43a zeigt die einheitliche Kristallisationsfront eines normalen und Abb. 43b die uneinheitliche eines anormalen eutektischen Gefüges. Bei der anomalen Kristallisation bildet sich die in geringerer Menge vorhandene Kristallart zuerst, sie wird dann von der ersten umhüllt.

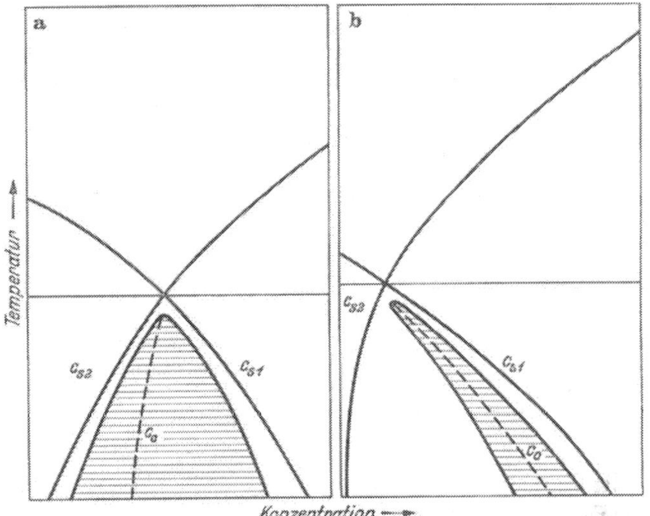

Abb. 40. Verschiedene Möglichkeiten der Lage des Kopplungsbereiches der eutektischen Kristallisation (KOFFLER)

a) Die Konzentration des eutektischen Punktes liegt innerhalb des Kopplungsbereiches; b) Die Konzentration liegt außerhalb des Kopplungsbereiches

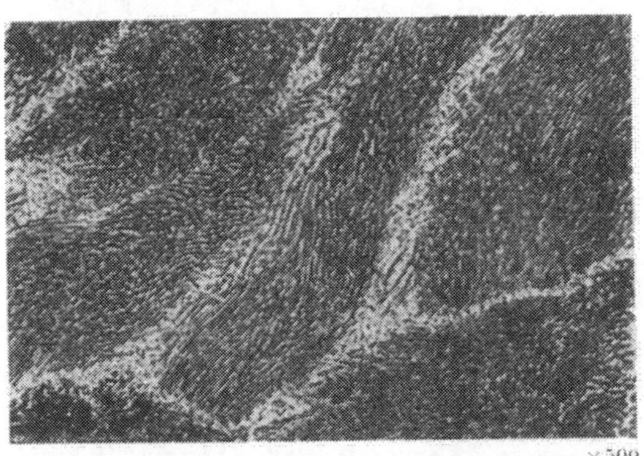

Abb. 41. Durch Unterkühlung erzeugtes normales eutektisches Gefüge ($Al-Al_3Fe$) 6% Fe

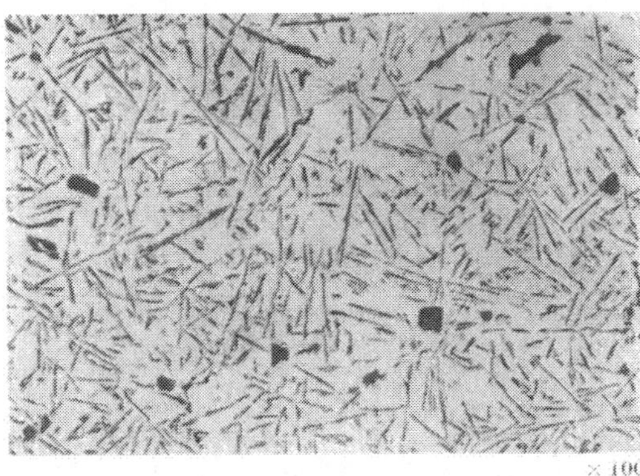

Abb. 42. Anomales eutektisches Gefüge (Al—Si)

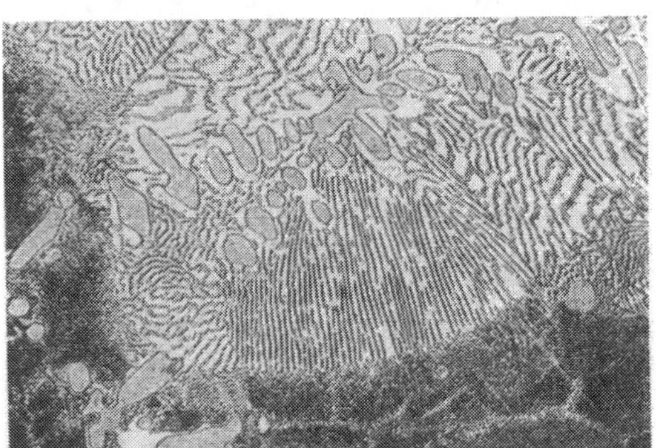

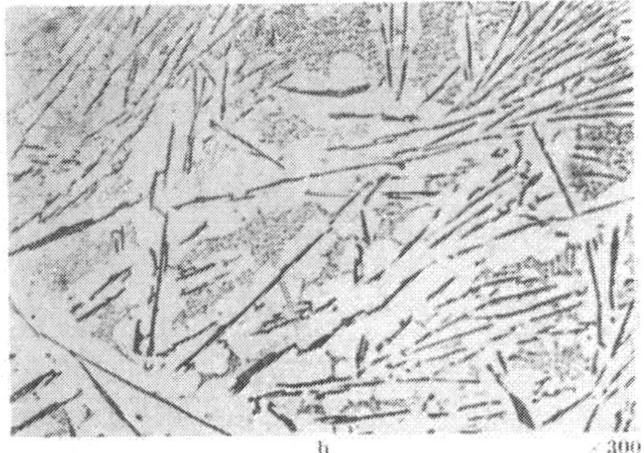

Abb. 43a u. b. Kristallisationsfront eines wachsenden eutektischen Gefüges

a) normal (Zn—Al); b) anomal (Al—Si)

In einigen Fällen, insbesondere bei den beiden technisch besonders wichtigen Gußlegierungen Gußeisen (grau) und Silumin, kann man durch besondere Maßnahmen, die man als Veredelung bezeichnet, ein normales eutektisches Gefüge erreichen. Diese Maßnahmen bewirken eine Unterkühlung der Graphitkristallisation im Gußeisen bzw. der Siliziumkristallisation im Silumin. Die Veredelung besteht in einer Beseitigung der Graphitkeime durch Überhitzen der Gußeisenschmelze oder in einer Vergiftung der Siliziumkeime durch einen Natriumzusatz im Silumin.

Bei der Kristallisation des Gußeisens mit Kugelgraphit bewirken die Kugelbildner darüber hinaus noch eine Änderung der Kristalltracht, die im wesentlichen noch nicht geklärt ist.

Literatur

[1] Scheil, E.: Gießerei techn. wiss. Beihefte Bd. 1 (1949/53) S. 201.

[2] Tammann, G.: Aggregatzustände L. Voss 1922.

[3] Volmer, M., u. M. Marder: Z. phys. Chem. A Bd. 154 (1931) S. 97.

[4] Förster, Th.: Z. phys. Chem. A Bd. 175 (1935) S. 177.

[4a] Micus, G., u. U. Troltenier: Z. phys. Chem. N. F. Bd. 2 (1954/55) S. 229.

[5] Kramer, J.: Der metallische Zustand Göttingen 1950.

[6] Scheil, E.: Gießerei technisch-wissenschaftliche Beihefte demnächst.

[7] Kossel, W.: Z. angew. Chem. Bd 56 (1942) S. 33.

[8] Stranski, J. N.: Z. phys. Chem. Bd. 136 (1928) S. 259.

[9] Volmer, M., u. J. Estermann: Z. Phys. Bd. 7 (1921) S. 13.

[10] Mayer, H.: Aktuelle Forschungsprobleme dünner Schichten München 1950.

[11] Frank, F. C.: Nature Bd. 163 (1949) S. 33 u. 40.

[12] Frank, F. C.: Advances in Physics Bd. 1 (1952) S. 91.

[13] Buerger, M. J.: Diskussionstagung der Bunsengesellschaft über Keimbildung und Kristallwachstum Berlin 1952.

[14] Graf, L.: Z. Metallk. Bd. 45 (1954) S. 36.

[15] Scheil, E.: Z. Metallk. Bd. 32 (1940) S. 271.

[16] Kornfeld, G.: Wiener Monatshefte Bd. 37 (1916) S. 609.

[17] Gross, R., nach A. Lange: Z. Metallk. Bd. 23 (1931) S. 165.

[18] Turnbull, D.: Trans AIME Bd. 175 (1948) S. 774.

[19] Rix, W.: Z. Kristallogr. Bd. 96 (1937) S. 155.

[20] La Mer, V. K., G. M. Pound u. H. Reiss: Ind. Eng. Chem. Bd. 44 (1952) S. 1250.

[21] Turnbull, D., u. R. E. Cech: J. appl. Phys. Bd. 21 (1950) S. 804.

[22] Becker, R. u. W. Döring: Ann. Phys. Bd. 24 (1935) S. 719.

[23] Scheil, E.: Gießerei technisch-wissenschaftliche Beihefte Bd. 1 (1949/53) S. 201.

[24] Nix, F. C., u. E. Schmid: Z. Metallk. Bd. 21 (1929) S. 286.

[25] Scheil, E.: Z. Metallk. Bd. 21 (1929) S. 404.

[26] Siebe, P., u. L. Katterbach: Z. Metallk. Bd. 19 (1927) S. 177.

[27] Scheil, E.: Z. Metallk. Bd. 28 (1936) S. 228.

[28] Papapetrou, A.: Z. Kristallogr. Bd. 92 (1935) S. 89.

[29] Lehmann, O.: Molekularphysik Leipzig 1888 bis 89.

[30] Kleber, W., u. B. Winkhaus: Fortschr. Min. Bd. 28 (1957) S. 175.

[31] Tammann, G., u. A. A. Botschwar: Z. anorg. u. allg. Chem. Bd. 178 (1929) S. 325.

[32] Kofler, A.: Mikrochem. Bd. 40 (1953) S. 311.

[33] Scheil, E.: Z. Metallk. Bd. 37 (1946) S. 1.

[34] Scheil, E.: Z. Metallk. Bd. 45 (1954) S. 298.

[35] Kofler, A.: Z. Metallk. Bd. 41 (1950) S. 221.

[36] Scheil, E., u. Y. Masuda: Aluminium Bd. 31 (1955) S. 51.

Der Werkstoff Stahlguß

Von **W. Trommer**, Eschweiler

Mit 108 Abbildungen

I. Einleitung

Der Begriff *Stahl* machte im deutschen Sprachgebrauch eine Wandlung durch. Bis vor wenigen Jahrzehnten nannte man nur den Werkstoff Stahl, der härtbar war. Die heutigen Erkenntnisse berechtigen jedoch dazu, alle Eisenwerkstoffe Stahl zu nennen, welche nicht Roheisen, Grau- oder Hartguß sind. Man folgt damit dem englischen und französischen Sprachgebrauch und zählt somit nach RAPATZ [*1*] auch nicht härtbare Erzeugnisse zum Stahl.

Als *Stahlguß* bezeichnet man hiernach sinngemäß alle die Stähle, deren Formgebung nur durch Gießen erfolgt. Dabei sind zum Erzielen des gewünschten Zustandes ausschließlich zwei Einflußgrößen verfügbar, nämlich

1. die chemische Zusammensetzung, 2. die Warmbehandlung.

Durch den Fortfall der Warm- und Kaltverformung können sich durchaus Abweichungen in dem Einfluß der Legierungsbestandteile gegenüber dem geschmiedeten oder verwalzten Stahl ergeben. Jedenfalls kommen amerikanische Untersuchungen [*2*] zu dem Hinweis, daß beim Stahlguß im Gegensatz zum verformten Stahl der Einfluß einer Legierung deutlicher hervortritt. Leider ist die Zahl der verfügbaren Meßpunkte noch nicht so groß, daß eine bündige Schlußfolgerung in dieser Richtung gerechtfertigt wäre.

Zu dem Begriff *Edelstahlguß* gehören demnach abweichend von älteren Bestimmungen alle die Eisen- und Stahllegierungen, für welche der Erzeuger besondere Eigenschaften garantiert. Sie können sich gründen auf

1. chemische Zusammensetzung, 2. Herstellungsart, 3. Art der Behandlung.

Falls eine der drei genannten Voraussetzungen erfüllt ist, so genügt das bereits zum Kennzeichen eines solchen Werkstoffes als Edelstahlguß.

Der Stahlguß ist die Erfindung des Deutschen JACOB MAYER (1813–1875), der nach HEUVERS [*3*] wahrscheinlich schon 1836 den ersten Stahlformguß fertigte. Die Festschrift des Bochumer Verein A. G. [*4*] legt in anschaulicher Weise dar, wie MAYER am 26. Dez. 1841 auf der Versammlung des Gewerb-Vereins zu Köln seine ersten in Sand gegossenen Formstücke aus Stahl vorweist. 1845/46 begann der Schweizer J. C. FISCHER [*5*] mit dem Herstellen von Stahlformguß.

Dabei handelte es sich anfangs ausschließlich um Tiegelstahl, dem 1867 der Martinofen, 1886 der Kleinkonverter und 1905 der Elektro-Ofen folgten. Eingehender als es der vorliegende Rahmen erlaubt, beschreibt das Gießereiwesen [*6*] die geschichtlichen Zusammenhänge.

II. Der Stahlguß technologisch gesehen

Mit verschwindenden Ausnahmen wird chemisch reines Eisen in der Technik nicht benutzt. Die praktisch wertvollen Eigenschaften bekommt das Eisen durch seine Begleiter, das sind Legierungselemente. Als weitaus wichtigstes ist hier der Kohlenstoff zu nennen. Stahl und damit Stahlguß stellen somit Legierungen dar, also Lösungen durch das Zusammenschmelzen von Metallen. Sie sind die in der Technik gebräuchlichsten metallischen Werkstoffe. Ihr Unterschied von einer chemischen Verbindung beruht darin, daß die Gewichtsverhältnisse der einzelnen Komponenten von den Atomgewichten unabhängig sind [7]. Dies gilt, sofern nicht intermediäre Kristalle entstehen. Von einer Mischung, d. h. einem mechanischen Gemenge ist eine Legierung dadurch abgegrenzt, daß bei ihr das Trennen der Komponenten nur mit chemischen Mitteln möglich ist.

Die Eigenschaften einer Legierung brauchen nicht direkt von den Eigenschaften der einzelnen Bestandteile abhängig zu sein. Durch Legieren entstehen nämlich meist Werk-

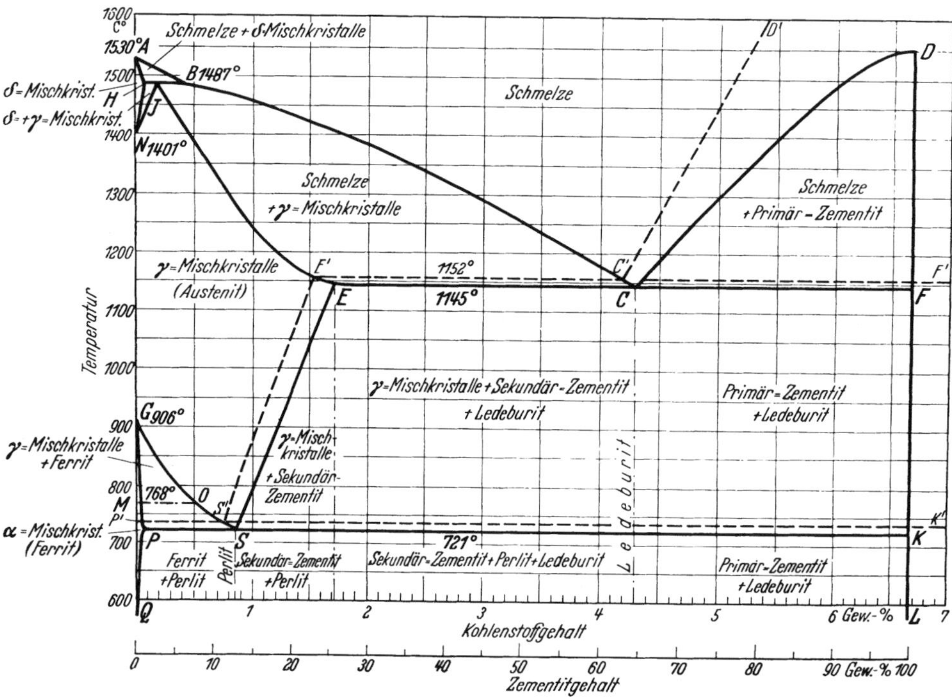

Abb. 1. Das Eisen-Kohlenstoff-Diagramm

Die gestrichelten Linien beziehen sich auf das stabile, die Gefügebezeichnungen auf das metastabile System (aus „Das Zustandsschaubild Eisen — Kohlenstoff und die Grundlagen der Wärmebehandlung des Stahles" [Bericht Nr. 180 des Werkstoffausschusses des Vereins Deutscher Eisenhüttenleute] 3. Aufl., Düsseldorf: Stahleisen 1949.)

stoffe mit völlig anderen Eigenschaften. Dabei ist die vollständige Lösungsfähigkeit im flüssigen Zustand als Voraussetzung für die Legierungsbildung anzusehen. Metalle, denen diese Eigenschaft fehlt, lassen sich auch nicht legieren.

Die Vorgänge, die in einer Legierungsreihe beim Verändern der Zusammensetzung und beim Abkühlen entstehen, läßt das Zustands- oder Erstarrungsdiagramm als zeichnerische Wiedergabe erkennen. Es ist das wichtigste Hilfsmittel zum Beurteilen, Behandeln und Entwickeln von Legierungen. Auf das Zustandekommen eines solchen Diagramms kann hier nicht eingegangen werden, dazu sei auf das einschlägige Schrifttum [8] verwiesen.

Als Beispiel ist nachstehend in Abb. 1 das für die Behandlung des Stahles wichtige Eisenkohlenstoffdiagramm nach KÖRBER u. Mitarb. [9] wiedergegeben. Kaum ein anderes Element des periodischen Systems beeinflußt bereits in kleinsten Mengen die Eigenschaften und das Gefügebild des Eisens so umfassend wie der Kohlenstoff. Daher findet das Eisenkohlenstoffdiagramm auch dann Anwendung, wenn die Elemente innerhalb der üblichen Grenzen bleiben, die auf Grund der Stahlerzeugungsverfahren immer als Eisenbegleiter vorkommen. Hierzu zählen hauptsächlich Mangan, Silizium, Phosphor und Schwefel. Das Eisen-Kohlenstoff-Diagramm gehört zu der Gruppe, bei welcher der eine Legierungsbestandteil im festen Zustand eine bestimmte Menge des anderen in Lösung halten kann.

Der Kohlenstoff tritt in Stählen normalerweise in Form eines Karbids Fe_3C mit eigenem Gittertyp auf und heißt metallographisch Zementit. Hierdurch ergibt sich eine Zweistofflegierung Eisen/Eisenkarbid. Die Schmelz- und Haltepunkte des reinen Eisens werden herabgesetzt. Beim Erstarren ergibt sich nur für die Legierung mit 4,29% C, die man Ledeburit[1] nennt, ein Haltepunkt. Alle anderen Legierungen besitzen dagegen ein Erstarrungsintervall. Neben dem Eisenkarbid kann auch Graphit auftreten. Das ist bei hohen Temperaturen der Fall, wo das Eisenkarbid nicht beständig ist. Es zerfällt dann leicht in seine Bestandteile Eisen und Kohlenstoff, der elementar als Graphit an die Stelle des Karbides tritt und das stabile System Eisen-Graphit bildet. Das System Eisen-Zementit heißt somit das metastabile. Bei Abb. 1 sind beide Systeme ineinander gezeichnet, das stabile gestrichelt und das metastabile ausgezogen. Die eingetragenen Gefügebezeichnungen beziehen sich auf das technisch bedeutsamere metastabile oder Eisen-Karbidsystem. Stabiles Gleichgewicht, also das Abscheiden des Kohlenstoffs als Graphit, ist bei höherem C-Gehalt zu beobachten. Durch Erhöhen des Si-Gehaltes beispielsweise im Roheisen kann man das bei normaler Abkühlungsgeschwindigkeit erzielen. Hierüber berichten andere Abschnitte des vorliegenden Buches. Bei hochgekohlten Stählen läßt sich unter besonderen Voraussetzungen zusammen mit sehr verzögertem Abkühlen eine Graphitausscheidung erreichen. Das ist aber bei weichem Stahl nicht mehr der Fall. Will man hier die Graphitausscheidung erzwingen, muß man genügend Graphitbildner zugeben und eine Langzeitglühung anwenden.

A. Stabile Gefügebestandteile

Die in Stählen auftretenden Gefüge:

1. *Eisenkarbide* kommen bei Eisenkohlenstofflegierungen in der Zusammensetzung Fe_3C sowie unter bestimmten Bedingungen als Fe_2C vor. Das normale Eisenkarbid Fe_3C ist in Abb. 2 wiedergegeben. Das Karbid Fe_2C tritt nach RAPATZ [1] infolge Anlassens

Abb. 2. Eisenkarbid Fe_3C als Zementitnadeln und Ledeburit L im übereutektischen Roheisen mit 4,7% C

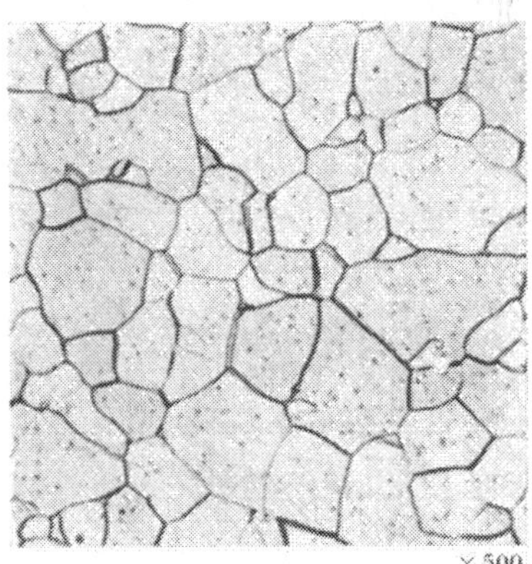

Abb. 3. Ferrit nach [1]

bei tiefen Temperaturen auf. Der Zementit ist ungewöhnlich hart und bei Raumtemperatur magnetisch. Diese Eigenschaft geht durch eine Umwandlung bei 215 °C verloren. Der Zementit kann sowohl primär aus der Schmelze ausscheiden wie auch sekundär durch Ausscheidung aus dem Austenit gebildet werden.

[1] Genannt zu Ehren des deutschen Forschers A. LEDEBUR (1837—1906).

2. *Ferrit* werden die kubisch-raumzentrierten Gefügebestandteile genannt, wie sie in Abb. 3 enthalten sind. Es handelt sich dabei um α- und δ-Eisen. Ihr hervorragendes Kennzeichen ist die geringe Kohlenstofflöslichkeit, die bei 700 °C nur 0,043% und bei Raumtemperatur sogar nur 0,006% C beträgt, wie KÖSTER [*10*] fand.

3. *Perlit*, dessen Gefüge aus Abb. 4 ersichtlich wird, entspricht dem Punkt S des Eisenkohlenstoffdiagramms. In Anlehnung an das Eutektikum bei C nennt man ihn auch Eutektoid bzw. einen Stahl entsprechender Zusammensetzung eutektoiden Stahl. Er besteht aus dicht nebeneinanderliegenden Ferrit- und Zementitstreifen. Das Betrachten geätzter Schleifbilder bei kleiner Vergrößerung vermittelt Erscheinungen ähnlich wie Perlmutter, wovon die Bezeichnung entlehnt ist. Dabei besteht das Eutektoid gemäß der Konzentration 0,9% C im Punkt S aus etwa 13% Zementit und 87% Ferrit. Stähle mit weniger bzw. mehr als 0,9% C heißen demzufolge unter- bzw. übereutektoide Stähle.

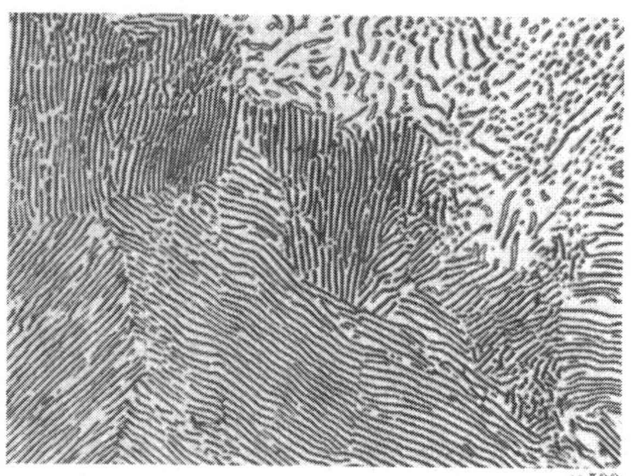

Abb. 4. Lamellarer Perlit bei 750 °C normalisiert

4. *Austenit*[1] besteht aus kubisch-flächenzentriertem γ-Eisen mit der Fähigkeit, sowohl Eisenkarbid wie auch Legierungselemente zu lösen. Sein Gefüge geht aus Abb. 5 hervor. Da das Kohlenstoffatom größer als die verfügbare Gitterlücke ist, wird das Austenitgitter hierdurch aufgeweitet. Alle Kohlenstoffplätze können daher nicht besetzt werden. Für Kohlenstoff beträgt die größte Löslichkeit im γ-Eisen 1,7%. Die Atome der Legierungsmetalle können im Gegensatz dazu nicht in die Gitterlücken eintreten, sondern an die Stelle der Eisenatome. Sie bilden also keine Einlagerungsmischkristalle, sondern Ersatzmischkristalle. γ-Eisen ist unmagnetisch, auch leitet es die Wärme und den elektrischen Strom schlechter als α-Eisen. Nach Abb. 1 reicht das Austenitgebiet bei Kohlenstoffstahl nicht bis zur Raumtemperatur hinab. Das kann bei hochlegierten Nickel- und Manganstählen aber eintreten.

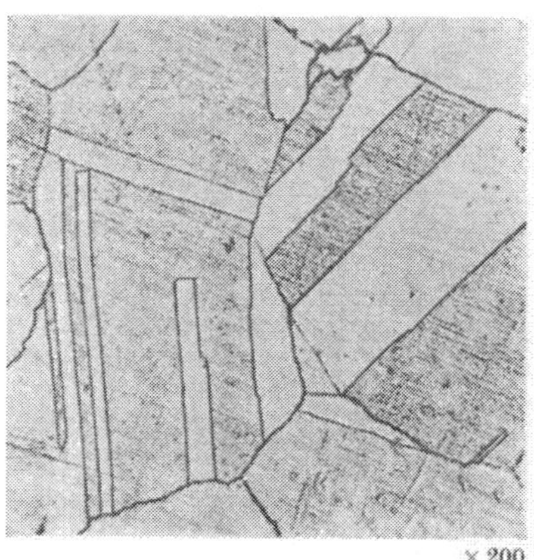

Abb. 5. Austenit nach [*1*]

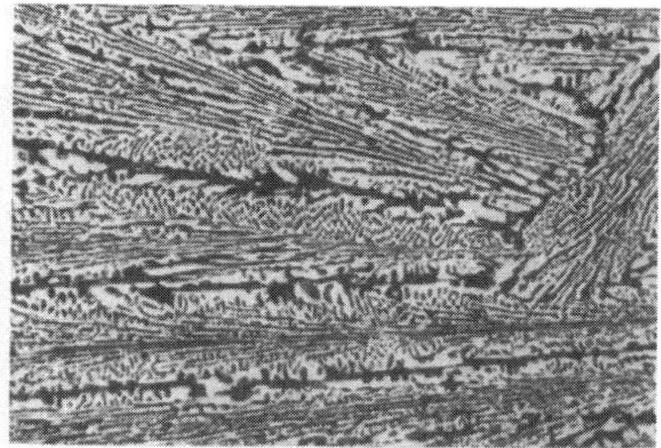

Abb. 6. Ledeburit

5. *Ledeburit*[2] stellt die eutektische Eisen-Kohlenstoff-Legierung dar, die dem Punkt C des Diagramms entspricht. In Abb. 6 ist das Gefüge wiedergegeben. Es handelt sich dabei um langsam erstarrtes Roheisen mit 4,3% C. Darin sind die hellen Zementitkristalle erhaben zu erkennen, wogegen die dunklen Mischkristalle durch die Säure angegriffen wurden.

[1] Nach dem englischen Forscher W. Ch. AUSTEN, geb. 1843. [2] Siehe Fußnote 1, S. 41.

B. Nichtstabile Gefügebestandteile

Die vorstehend beschriebenen stabilen Gefüge treten ausschließlich bei normaler Abkühlungsgeschwindigkeit auf. Erhöht oder verlangsamt man sie, dann lassen sich nichtstabile Gefüge beobachten, die im Eisenkohlenstoffdiagramm nicht enthalten sind, weil sie keinem Gleichgewichtszustand entsprechen. Sie stellen meist Zwangszustände dar. Man bezeichnet sie auch als Zwischenstufengefüge, sofern es sich um ein rascheres Abkühlen als normal handelt. Dies sei zunächst beschrieben.

1. *Umwandlungshärtung*

a) *Der Martensit*[1] tritt auf in abgeschreckten Stählen. Er bildet sich ohne Diffusion dadurch, daß man der α/γ-Umwandlung durch rasche Abkühlung nicht genügend Zeit läßt. So entsteht ein Zwischengefüge, das den gesamten Kohlenstoff unter sehr hoher Spannung festhält. Demzufolge handelt es sich um den härtesten Gefügebestandteil mit einer charakteristischen Nadelstruktur, der als Umwandlungsprodukt des Austenit entstehen kann. Abb. 7 läßt das an einem Stahlguß mit 0,23% C und 0,55% Mn deutlich erkennen. Außer diesem nadeligen Martensit ist ein Martensit ohne besonders kennzeichnende Struktur unter dem Namen Hardenit bekannt. Er tritt verhältnismäßig selten auf; meist in Stählen, die knapp unterhalb der kritischen Geschwindigkeit oder von Temperaturen abgelöscht werden, die zu wenig oberhalb Ac_1 liegen.

Abb. 7. Martensit

b) Der *Troostit* ist vom Hardenit oft schlecht zu unterscheiden. Er stellt ebenfalls einen Gefügebestandteil ohne ausgeprägte Struktur dar und entsteht durch Abschrecken von Stählen mit merklich geringerer als der kritischen Geschwindigkeit. Daneben ist der Anlaß-Troostit bekannt, der durch Anlassen von Martensit auf Temperaturen bis etwa 400 oder 500 °C gebildet werden kann.

c) Als *Sorbit* bezeichnet man ein sehr viel feineres Gemisch von Ferrit und Zementit, als es der Perlit aufweist. Auch für ihn gibt es zwei Möglichkeiten des Entstehens. Das ist einmal eine noch viel geringere Abkühlungsgeschwindigkeit als die für Troostit erforderliche, zum anderen ein Anlassen des Martensit auf Temperaturen über 400—500 °C.

Zu den erwähnten Zwischenstufengefügen, die durch Anlassen von Martensit entstehen, darf eine wesentliche Ergänzung nicht außer acht gelassen werden. Die Anlaßtemperatur von 400—500 °C als Grenze für das Bilden von Troostit bzw. Sorbit kann sich je nach dem Legierungsgehalt der Stähle verschieben. Sie darf also keinesfalls als eine feste Temperaturgrenze angesehen werden.

2. *Ausscheidungshärtung*

Die für den Ferrit kennzeichnende, mit der Temperatur veränderliche Löslichkeit des Kohlenstoffs im α-Eisen ist der Grund für die Ausscheidungshärtefähigkeit. Darunter versteht man bei Stahllegierungen nach DAEVES [*11*] ein Steigern der mechanischen bzw. magnetischen Härte durch Altern. Auch hierbei wird eine Warmbehandlung entsprechend

[1] Nach dem deutschen Forscher A. MARTENS (1850—1914).

der beim Umwandlungshärten benutzt. Sie besteht also aus einem Glühen, anschließend Erhitzen mit Ablöschen und nachfolgendem Anlassen. Der wesentliche Unterschied zwischen Umwandlungs- und Ausscheidungshärtung beruht darin, daß die Martensitbildung aus dem Austenit einen Umwandlungsvorgang des Atomgitters darstellt. Dagegen verläuft die Ausscheidungshärtung ohne Umwandlung. Sie ist begründet durch eine mit der Temperatur veränderliche Löslichkeit eines oder mehrerer Legierungselemente im Grundmetall. Bei höherer Temperatur löst sich ein mehr oder weniger größerer Teil dieser Legierungselemente als bei Raumtemperatur.

Der in der praktischen Durchführung dem bei umwandlungshärtenden Stählen völlig gleiche Vorgang der Warmbehandlung verfolgt also einen ganz anderen Zweck. Beim normalisierenden Glühen sollen möglichst viele Mischkristalle gebildet werden, deren Zerfall durch das Ablöschen verhindert werden muß. So wird eine übersättigte Lösung hergestellt, deren Härte man mittels Anlassen bedeutend erhöhen kann. Dabei müssen natürlich die Anlaßtemperaturen unter der Lösungstemperatur liegen. Dann treten nach DEHLINGER [*12*] die gelösten Fremdatome aus dem Gitter des Grundmetalles aus und bilden zunächst Komplexe, die sich bis zur Größe mikroskopisch sichtbarer Teilchen vereinigen. Bei einer bestimmten Teilchengröße, der sog. kritischen, wird die Härte am größten. Sind die ausgeschiedenen Teilchen kleiner oder größer, fällt die Härte wieder ab. An Stelle eines Anlassens bei erhöhter Temperatur kann man auch die Raumtemperatur wählen. Hier laufen nämlich die gleichen Vorgänge ab, nur ist die Zeitdauer wesentlich länger.

Eine Voraussetzung für das Aushärten ist, daß sich die ganze Behandlung im Gebiet des α-Eisens abspielt. Für Kohlenstoffstähle hat das Aushärten daher nur geringe Bedeutung. Statt dessen nimmt eine große Menge anderer Elemente an diesem Vorgang teil, worauf noch im einzelnen zurückzukommen sein wird. Mit dem Studium der Ausscheidungshärtung bei Stahllegierungen beschäftigten sich zuerst MASING [*13*] und KÖSTER [*10*] eingehend. Letzterer teilt beispielsweise mit, daß die Zugfestigkeit um 55%, die Streckgrenze um 60%, die Härte um 65% zunehmen, wogegen die Dehnung um 50% und die Einschnürung um 10% abnehmen. Das ist ein weiteres grundsätzliches Unterscheidungsmerkmal zwischen ausscheidungs- und umwandlungshärtenden Stahllegierungen.

Die technisch größere Bedeutung haben Umwandlungsvorgänge für die Leichtmetall-Legierungen erlangt, was der Vollständigkeit halber erwähnt sei. Näheres hierzu geht über den Rahmen dieses Beitrages hinaus.

Trotz eingehendster Beschäftigung mit diesen Fragen ist es bis heute wegen verschiedener Untersuchungsschwierigkeiten noch nicht gelungen, alle Fragen der Aushärtung restlos zu klären [*14*]. Nach dem augenblicklichen Stand unserer Kenntnisse nimmt man in Anlehnung an SCHMID [*15*] an, daß es sich beim Aushärten um zwei Vorgänge handelt. Sie sind gleichermaßen für die gefundenen Eigenschaftsänderungen verantwortlich. Man muß aber vermuten, daß sie sich je nach Temperatur in unterschiedlichem Maße überlagern. Der erste Vorgang ist eine Diffusion, die zum Anreichern der gelösten Atome auf bestimmten Gitterebenen führt. Hiermit ist wiederum ein wesentlicher Unterschied gegenüber der Martensitbildung beim Umwandlungshärten herausgestellt, die ja ohne Diffusion verläuft. Dieser Vorgang der Diffusion leitet den zweiten Vorgang ein, nämlich das dem Zustandsdiagramm entsprechende Entmischen sowie Ausscheiden. Beide Vorgänge sind jeweils mit kennzeichnenden Eigenschaftsänderungen verknüpft, die zu den vorher beschriebenen Ergebnissen führen.

3. Gefüge bei stark verlangsamtem Abkühlen

Das Gegenstück zu den Zwischenstufengefügen beim Umwandlungshärten, die durch ein beschleunigtes Abkühlen entstehen, bildet der kugelige Zementit oder körnige Perlit. Er erscheint bei verlangsamter Abkühlung im Ofen, vorzugsweise bei langsamem Durchlaufen des Gebietes um A_1. Körnigen Perlit reinster Form erhält man insbesondere nach einem Pendeln um den unteren Haltepunkt, wie aus Abb. 8 im Unterschied zu Abb. 4 hervorgeht.

Für die Praxis des Stahlgusses ist dieser Zustand dadurch bedeutsam, daß der Stahl leichter bearbeitbar ist. Außerdem wird die Zähigkeit günstig beeinflußt. Denn statt der Streifen des lamellaren Perlit liegt der Zementit in Kugelform vor. Dabei ist natürlich auch die Größe der Kugeln von Wichtigkeit. Der Kraftlinienfluß wird durch kleine Kugeln weniger umgelenkt als durch große. Liegt also bereits vor dem Härten das gesamte Karbid in Form von feinkugeligem Zementit vor, so werden die Festigkeits-Zähigkeitseigenschaften des vergüteten Stahlgusses in bester Abstimmung miteinander sein.

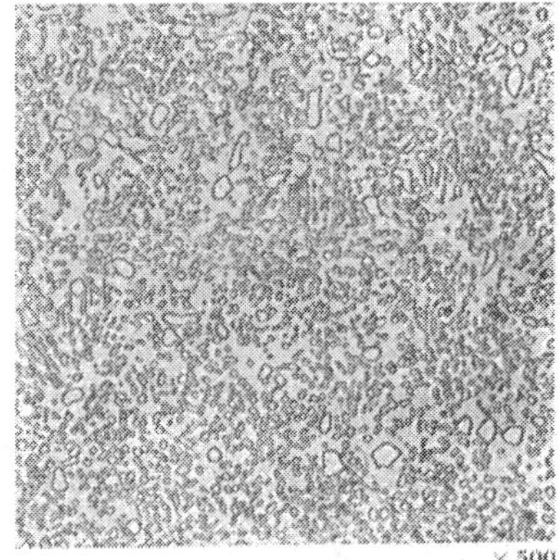

Abb. 8. Körniger Perlit

C. Einfluß der Legierungsbestandteile

Klarheit in dieser Frage sowie eine übersichtliche Ordnung der einander überschneidenden Einflußgrößen vermittelt am besten das Betrachten an Hand des Atomaufbaues. WEVER [*16*] führte dies erstmalig durch und bekam je nach der Stellung des Legierungselementes im periodischen System ausgeprägte Gruppen. Das Ergebnis seiner Untersuchungen ist in Abb. 9 enthalten. Danach lassen sich als für die Praxis der Stahllegierungen wertvoll zwei Hauptgruppen mit je zwei Untergruppen herausstellen.

1. Legierungselemente, welche die A_4-Umwandlung erhöhen und den A_3-Punkt senken. Sie sind auf Grund dieses gemeinsamen Kennzeichens in Abb. 9 durch ein Quadrat verdeutlicht. Innerhalb der Gruppe besteht aber folgender Unterschied:

a) Elemente mit geschlossenem Quadrat erweitern das γ-Feld und bilden mit steigendem Legierungsgehalt homogene Legierungen. Als kennzeichnende Vertreter dieser Gruppe sind die Austenitbildner Mangan und Nickel bekannt.

b) Elemente mit offenem Quadrat erweitern zwar das γ-Feld zunächst auch. Erhöht man aber den Legierungsgehalt über eine bestimmte Grenze, so entstehen heterogene Systeme. Neben dem Kohlenstoff als Hauptvertreter dieser Gruppe ist besonders das Kupfer bedeutsam.

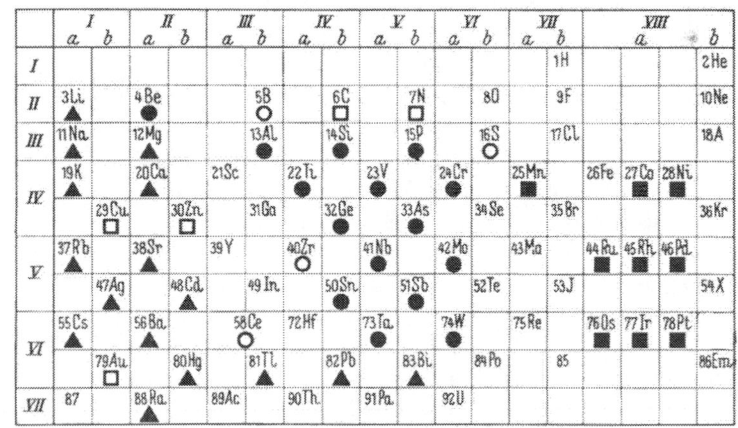

Abb. 9. Die Elemente des periodischen Systems und ihre Wirkung auf den Stahl

2. Legierungselemente, welche die A_4-Umwandlung senken und den A_3-Punkt heben. Ihr gemeinsames Kennzeichen ist der Kreis. Das Unterscheidungsmerkmal dabei ist:

a) Elemente mit geschlossenem Kreis schnüren das γ-Gebiet ab. Von einem bestimmten Legierungsgehalt aufwärts bleiben die entsprechenden Stähle also ferritisch. Sie verlieren daher die Umwandlungshärtefähigkeit und können vorzugsweise das Feld für ausscheidungshärtbare heterogene Legierungen sein. Leider ist dies Gebiet noch längst nicht erschöpfend durchleuchtet.

b) Elemente mit offenem Kreis sind von den unter a) genannten nur graduell dadurch verschieden, daß das γ-Gebiet sehr stark eingeschnürt wird. Sie bilden also ausgeprägt heterogene Verbindungen. Beim Betrachten legierter Stähle muß man sich immer vor Augen halten, daß gleichzeitig meist der Kohlenstoff als drittes Legierungselement anwesend ist. Bei derartigen Mehrstoffsystemen werden die Verhältnisse oft sehr verwickelt und Voraussagen stark erschwert. So verstärkt der Kohlenstoff bei den homogenen Systemen der Austenitbildner deren Wirkung. Dagegen müssen die ferritischen Stähle zum Erhalten ihres Zustandes mit möglichst geringem Kohlenstoffgehalt erschmolzen werden. Weiterhin wird die Löslichkeit des Kohlenstoffs im Austenit durch das Legieren verringert. Es handelt sich dabei um ein gemeinsames Kennzeichen aller Legierungselemente. Für das Eisenkohlenstoffdiagramm in Abb. 1 bedeutet dies, daß der S-Punkt des eutektoiden Zustandes nach links verschoben wird. Außerdem gilt — abgesehen von besonderen Umständen — für alle Legierungselemente gleichermaßen, daß die kritische Abkühlungsgeschwindigkeit gegenüber unlegierten Stählen erniedrigt wird. Die eben erwähnten besonderen Umstände sind gegeben, wenn die Karbide ungelöst bleiben, wie bei Wolfram und Vanadin. Dann wird nämlich die kritische Abkühlungsgeschwindigkeit erhöht.

Als einzige Ausnahme davon ist das Element Kobalt anzusehen. Es kann die kritische Abkühlungsgeschwindigkeit unmittelbar erhöhen, ohne daß die Bedingung der ungelöst gebliebenen Karbide erfüllt ist.

Allen Legierungsgruppen ist dann die Umwandlungshärtefähigkeit gemeinsam, wenn der Legierungsgehalt ein Ablöschen aus dem γ-Gebiet zuläßt. Wird er so gewählt, daß dies unmöglich ist, dann kann man für den Fall der temperaturabhängigen Löslichkeit eines Legierungselementes im α-Eisen die Ausscheidungshärtung anwenden.

D. Einfluß der Stahlbegleiter

Hierbei handelt es sich um die Elemente des periodischen Systems, die immer im Stahl enthalten sind.

1. Unerwünschte Elemente

a) Phosphor ist eines der Elemente, die zu den wichtigsten nichterwünschten gehören. Seine Anwesenheit ist durch die handelsüblichen Herstellungsverfahren unserer Stähle begründet. Der Einfluß des Phosphors ist sehr schädlich, in den meisten Fällen schlimmer als der irgendeines anderen Elementes. Bei der Stahlerzeugung hält man daher den Phosphorgehalt so niedrig wie möglich. Der Grund beruht darin, daß man den nachteiligen Wirkungen praktisch nicht begegnen kann [*17*].

Der Hauptnachteil des Phosphors ist bedingt durch seine große Neigung zum Seigern, d. h. seine ungleichmäßige Verteilung. Dies gilt insbesondere für die zuletzt erstarrenden Teile eines Stahlgußstückes. Bei einem mittleren Gehalt von 0,04% P in der Chargenanalyse lassen sich in den Seigerungszonen Phosphorgehalte von über 0,1% feststellen. Das Eisenphosphid bleibt von allen Phasen des Stahles am längsten flüssig und kann daher nicht in die Trichter steigen. Es lagert sich demnach um die Kristalle. Diese ungleiche Verteilung des Phosphors bleibt erhalten, weil einerseits der Phosphor nur langsam diffundiert und andererseits der Kohlenstoff aus phosphorreichen Zonen leicht verdrängt wird.

In Gehalten über 0,05% wirkt der im Ferrit gelöste Phosphor erhöhend auf die Festigkeit und vor allem die Streckgrenze. So findet man bei windgefrischtem Stahlguß für je 0,01% P eine Steigerung der Zugfestigkeit um bis zu 0,8 kg/mm^2. Damit läuft aber ein Verschlechtern der Zähigkeitseigenschaften einher, insbesondere der Kerbschlagwerte. Die wird durch das Seigern gerade bei mittelhartem Stahlguß noch verstärkt und führt zu einer allgemeinen Empfindlichkeit bei Schlagbeanspruchungen sowie zur Kaltbrüchigkeit. Die Gründe liegen neben der Härtesteigerung in der Kornvergröberung.

Bei Edelstählen wirken die für Massenstähle zugelassenen Phosphorgehalte nachteilig auf die Anlaßsprödigkeit. Das gilt in ausgeprägtem Maße bei höheren Mangangehalten, wie BENNEK [*18*] und JAFFE [*19*] ausführten. In niedriggekohltem Stahlguß übt Phosphor gemäß HEINRICH [*20*] je nach der Abkühlung einen merklichen Einfluß auf die Festigkeits-Zähigkeitseigenschaften aus.

Ein Gehalt von höchstens 0,05% P ist in Baustählen meist dann tragbar, wenn übermäßige Seigerungen fehlen; trotzdem ist die Wirkung deutlich bemerkbar. Höhere Phosphorgehalte verraten eine fragwürdige Arbeitsweise bei der Stahlerzeugung.

Natürlich hat der Phosphor nicht nur schädliche Wirkungen. Sind nämlich Kohlenstoffgehalt und Warmbehandlung in richtiger Weise aufeinander abgestimmt, dann können gewisse Phosphorgehalte nützlich sein. Das gilt dort, wo man die Streckgrenze von weichem Stahlguß erhöhen oder die Bearbeitbarkeit bzw. Korrosionsbeständigkeit bessern will. So steigt die Witterungsbeständigkeit schwachlegierter gekupferter Stähle mit zunehmendem Phosphorgehalt. Stähle mit 0,07% P und 0,3% Cu finden dafür steigende Beachtung [*21*].

Gemäß der Einteilung nach II, C gehört der Phosphor zu den Elementen, die das γ-Gebiet abschnüren [*8*]. Das ist bei 1,7% P der Fall. Mit steigender Temperatur zeigt das Eisenphosphid Fe_3P eine zunehmende Löslichkeit im Ferrit. Demnach ist mit Ausscheidungsvorgängen zu rechnen.

b) Schwefel spielt beim Stahlguß bezüglich seiner schädlichen Wirkung eine ähnliche Rolle wie Phosphor, wenn auch nicht die gleiche. Beispielsweise ist seine Seigerungsneigung stärker als die von Phosphor. Dagegen ist seine Bedeutung zum Verbessern der Zerspanbarkeit größer (Automatenstähle!).

Der Schwefel zählt zu den Elementen des periodischen Systems, die mit dem Eisen ausgeprägt heterogene Verbindungen bilden und das γ-Gebiet sehr stark einschnüren. Die Löslichkeit des Schwefels beträgt bei der eutektischen Temperatur nur 0,035%. Dabei bilden Eisen und Eisensulfid nach dem Zustandsschaubild [*8*] ein niedrigschmelzendes Eutektikum. Es wird in Gegenwart von Eisenoxydul zu so niedrigen Temperaturen verschoben, daß es im Bereich der Warmbehandlungstemperaturen liegt. Verhindert man also das letztgenannte Eutektikum nicht, so würde es z. B. beim normalisierenden Glühen des Stahlgusses schmelzen. Dies Eutektikum neigt dazu, die Kristalle zu umhüllen, es ist außerdem in der Kälte sehr spröde und wenig fest. Daher wird der Stahlguß durch diese Sulfide sowohl kalt- wie warmbrüchig.

Bekannt sind die Begriffe *Rotbruch* und *Heißbruch*, womit zwei Brüchigkeitsbereiche benannt werden. Das Rotbruchgebiet liegt bei Temperaturen zwischen 800—1000 °C. Es ist bedingt durch die schlechte Plastizität der schwefelhaltigen netzartigen Umhüllung der Kristalle. Hierzu kommt das Heißbruchgebiet bei Temperaturen über 1200 °C, das für den Stahlguß wegen der Warmrissigkeit im teigigen Zustand besonders bedeutsam ist. Die Begründung für sein Auftreten beruht auf der Schmelzpunktherabsetzung durch das Eisensulfid.

Durch die verschiedenen Legierungselemente wird die Ausbildungsform der Sulfide stark beeinflußt. So besitzt der Schwefel glücklicherweise eine große Affinität zu Mangan. Das Mangansulfid ist von den üblichen Einschlüssen am wenigsten gefährlich. Es ist nämlich im flüssigen Stahl weniger löslich als Eisensulfid. Seine Löslichkeit beträgt fast Null. Gleichzeitig besitzt es einen hohen Schmelzpunkt und scheidet daher aus der Lösung aus, ehe das Erstarren des Stahles beginnt. Da diese Einschlüsse kugelförmig sind, haben sie auch dann auf die Eigenschaften des Stahles einen kleineren Einfluß als das Eisensulfid, wenn sie von dem zu schnell erstarrenden Stahl umhüllt werden. Die Schmelztechnik des Stahlgusses, die in Bd. III des vorliegenden Werkes erörtert wird, nimmt auf diese Verhältnisse besondere Rücksicht. Denn wenn auch der Schwefel zu Mangan die stärkste Affinität besitzt, so besteht doch auch eine solche zu Eisen und beispielsweise Aluminium. Liegt nickel-, molybdän- oder kupferlegierter Stahlguß vor, so neigt der Schwefel zu einer netzartigen Sulfidausbildung und daher zum Rotbruch sowie zur Warmrissigkeit. Dagegen bilden Legierungselemente wie Chrom und Zirkon mit dem Schwefel ähnlich hochschmelzende Sulfide wie Mangan.

c) Sauerstoff zählt ebenfalls zu den nicht erwünschten Verunreinigungen. Er ist in den technisch gebräuchlichsten Stählen immer vorhanden. Die bei der Stahlherstellung wesentlichen Reaktionen sowohl in der Frisch- wie Feinungsperiode sind mit Wirkungen des Sauerstoffs verknüpft. So gelangt er beispielsweise aus den Oxyden des Einsatzes, aus Ofen- und Pfannenzusätzen, sogar schon aus feuchter Atmosphäre in den Stahl. Daher ist eine der Hauptaufgaben bei der Stahlerzeugung die Entfernung dieser Verunreinigungen durch ihr Überführen in die Schlacke. Die Eigenschaften des fertigen Stahles werden demzufolge durch die Oxydationsprodukte wesentlich mitbestimmt, die vor dem Abgießen nicht in die Schlacke gelangen und somit im Stahl verbleiben. Die Form, in welcher der Sauerstoff im Stahl vorliegt, richtet sich nach dem verwendeten Desoxydationsmittel und seiner ordnungsgemäßen Anwendung. Geschieht diese nicht sachgerecht, dann findet man FeO im Stahl, andernfalls MnO, SiO_2, Al_2O_3 usw.

Es ist natürlich anzustreben, diesen Gehalt an nichtmetallischen Einschlüssen in hochwertigem Stahlguß so gering wie möglich zu halten. Denn neben ihrer unmittelbaren Wirkung üben solche feinverteilten Einschlüsse auf die Umwandlungsvorgänge Keimwirkungen aus. Dadurch kann beispielsweise die Neigung zum Kornwachstum bei erhöhter Temperatur stark beeinflußt werden. Gleiches gilt selbstverständlich für das Härteverhalten, das ja hiervon abhängt.

Richtig desoxydierter Stahl enthält Sauerstoffgehalte, die kaum über 0,02% hinausgehen. Dabei arbeitet der Stahlwerker immer darauf hin, möglichst wenige und kleine Einschlüsse zu bekommen. Außerdem bemüht er sich, ihnen eine rundliche Form zu vermitteln, damit die Festigkeits-Zähigkeitseigenschaften nicht abträglich beeinflußt werden. Mit der Einflußnahme auf die Bildung derartiger Einschlüsse beschäftigten sich CRAFTS u. Mitarb. [*22*] sowie GOOD [*23*] eingehend. Das ist beim Formguß von größerer Bedeutung als beim Blockguß. Zugesetzt wurden verschiedene Desoxydationsmittel in unterschiedlicher Menge, wie Aluminium, Kalzium, Zirkon, Titan, Vanadin. Die gefundenen Einschlüsse sind in fünf Hauptarten unterteilt, nämlich silikatische, aluminische, peritektische, eutektische und galaktische. Davon stellen die eutektischen und galaktischen Einschlüsse unerwünschte Zwischenstufen dar. Durch sie wird die Zähigkeit des Stahlgusses stark verringert. Liegen silikatische Einschlüsse vor, ergibt sich eine gute Zähigkeit. Man braucht also silikatische Einschlüsse beim Formguß nicht so zu fürchten wie beim Blockguß, wo sie sich in der Verformungsrichtung gerne strecken. Bei peritektischen Einschlüssen ergibt sich eine gute und bei aluminischen eine brauchbare Zähigkeit des Stahlgusses. Dabei sei betont, daß die maßgebenden Einflüsse zum Erzielen guter Abgüsse noch nicht restlos erkannt sind. Die Untersuchungen beschränkten sich nämlich bisher auf das Bestimmen der hauptsächlichen Einflußgrößen. So ist für den Stahlgießer der Versuch interessant, eine Beziehung zwischen den Einschlüssen und der Warmrißbeständigkeit abzuleiten.

Beim Kennzeichnen der Zähigkeit durch die Einschnürung ergibt sich nach GOOD für die Wirkung der Einschlüsse im Stahlguß: Desoxydiert man nur mit Silizium, dann steigt die Zähigkeit stark mit zunehmendem Anteil glasiger Silikate bei gleichzeitigem Absinken intergranularer Sulfide. Der Widerstand gegen die Warmrissigkeit erhöht sich zwar gleichzeitig, jedoch weniger als die Zähigkeit. Verwendet man außer Silizium noch Aluminium- oder Zirkonzusätze, dann kommt es bei einem bestimmten Verhältnis dieser Desoxydationsmittel zur Ausbildung eines intergranularen Eutektikums. Hierdurch fallen sowohl Zähigkeit wie Warmrißbeständigkeit stark. Das läßt sich durch Kalziumgaben schrittweise verbessern.

Die Löslichkeit des Sauerstoffs beträgt in reinem Eisen bei 1700 °C rund 0,45% und bei 1515 °C etwa 0,21%. Sie liegt im festen Eisen bei Raumtemperatur schätzungsweise um 0,08%, ist jedoch nicht genau bekannt. Nach DÜNWALD-WAGNER [*24*] sowie ESSER-CORNELIUS [*25*] ist Sauerstoff nämlich im festen Eisen praktisch unlöslich. In Gegenwart von Kohlenstoff ist die Sauerstoff-Löslichkeit geringer als oben genannt. So kann beispielsweise unlegierter Stahl im Erstarrungspunkt max. 0,05% Sauerstoff enthalten. Umgekehrt setzt der Sauerstoff auch die Löslichkeit des Kohlenstoffs herab.

d) Wasserstoff kommt vielfach gemeinsam mit anderen Gasen im Stahlguß vor. Die Gründe dafür sind ähnliche wie beim Sauerstoff geschildert, also meist nicht beabsichtigt.

Damit sind aber nicht alle Quellen für die Herkunft des Wasserstoffs genannt. Bei SM-Öfen ist es außerdem das Feuerungsgas sowie der Wasserdampf der Verbrennungsluft. Sehr wesentlich für das Einbringen von Wasserstoff ist der Zustand der üblicherweise kurz vor dem Gießen zugefügten Ferrolegierungen. Falls man keine besonderen Vorkehrungen trifft, sind sie meist feucht sowie an sich stark wasserstoffhaltig. Daher empfehlen die Hersteller von Ferrolegierungen für deren Verwenden in Edelstählen grundsätzlich das Entfernen des Wasserstoffes durch Glühen vor dem Zusetzen. Je nach Menge und Dichte des Glühgutes werden hierfür 8—10 Stunden bei 600 bis 800°C genannt[1].

Das ist deshalb von besonderer Wichtigkeit, weil die Aufnahmefähigkeit des flüssigen Stahles für Wasserstoff desto größer ist, je höher sein Partialdruck über der Schmelze wird. Der Wasserstoff wird also vornehmlich während der Feinungsperiode gegen Ende der Schmelze vom flüssigen Stahl aufgenommen. Im Gegensatz hierzu herrscht zu Beginn der Schmelze beim Frischen ein hoher Partialdruck des Kohlenoxydes, und es ist keine Wasserstoffaufnahme im Bad zu befürchten. Dies ist auch der Grund dafür, warum der größte Teil des Wasserstoffs, der aus feuchtem und rostigem Schrott stammt und so in die Schmelze gelangt, bereits in der Frischperiode ausgeschieden wird und nicht mehr schaden kann.

Eine sehr gefürchtete Wirkung des Wasserstoffs auf die mechanischen Eigenschaften des Stahles ist das Verspröden ohne ein entsprechendes Steigern von Zugfestigkeit und Streckgrenze. So wird beispielsweise niedriggekohlter Nickelstahlguß, der bei tiefen Temperaturen Verwendung findet, durch steigende Wasserstoffgehalte stark spröde. Dagegen ist der schädliche Einfluß des Wasserstoffs bei mittelhartem sowie Cr-Ni-Stahlguß nicht so stark wie oben geschildert, wenn auch merkbar.

Von den Legierungselementen des Stahles wird die Lösungsfähigkeit für Wasserstoff durch Mangan, Nickel und Kobalt erhöht, jedoch durch Kohlenstoff, Aluminium und Chrom vermindert. Der Wasserstoff entweicht sowohl mit der Zeit von selbst, man kann das aber auch durch ein Glühen etwa bei der Anlaßtemperatur perlitischere Stähle beschleunigen. Dabei ist die Diffusionsgeschwindigkeit des Wasserstoffs für ein vielkristallines Gemenge ungefähr gleich der eines Einkristalles anzusetzen.

Die weitaus gefährlichste Schädigung für den Stahlguß durch den Wasserstoff ergibt sich jedoch aus folgender Tatsache: Die Löslichkeit des Wasserstoffs im Eisen ist bei Raumtemperatur gering. Sie nimmt mit steigender Temperatur etwa geradlinig zu. Dabei verläuft diese Zunahme im Gebiet des α-Eisens flach, wird im γ-Eisen steiler und schnellt im Augenblick der Verflüssigung fast senkrecht nach oben. Der Übergang einerseits vom Ferrit zum Austenit und andererseits vom Austenit zur Schmelze geht also sprunghaft. Beim Erstarren nimmt die Löslichkeit des Wasserstoffs naturgemäß ebenso plötzlich bis auf Raumtemperatur ab. Der Wasserstoff also, der bis zum völligen Erstarren nicht entweichen konnte, wird aus der festen Lösung örtlich verdrängt. Das findet wegen der großen Löslichkeitsunterschiede auch dann statt, wenn der Stahl nicht mehr plastisch ist. Demzufolge wird ein Teil des Wasserstoffs entweichen, ein Teil bleibt in Lösung, und ein weiterer Teil sammelt sich in Lunkern und Gefügeauflockerungen.

Dieser letztgenannte Teil ist für den Stahlguß deshalb eine besondere Gefahr, weil durch die laufend abnehmende Löslichkeit des Wasserstoffs ein beachtlicher Innendruck entsteht. Seine Wirkung wird durch Spannungen infolge ungleichmäßiger Abkühlung auf Grund der Gestalt des Abgusses verstärkt. Sie wird weiter unterstützt durch Spannungen, die aus den Gefügeumwandlungen im nichtplastischen Gebiet herrühren, beispielsweise vom Vergüten. Kühlt dann das Gußstück auf Temperaturen unterhalb der niedrigsten Anlaßtemperatur von etwa 400°C ab, so können nicht nur mikroskopisch feine Risse entstehen, sondern es sind dann sogar Haarrisse usw. bis zu den Erscheinungen der Schneeflocken und Nierenbrüche des Blockstahles zu beobachten.

Eine vielfach übersehene Gefahr durch Wasserstoff kann bei der Beizprüfung von Stahlgußstücken auf Risse eintreten. BARDENHEUER-THANHEISER [*26*] wiesen nach, daß

[1] Angaben der Ges. f. Elektrometallurgie, Düsseldorf.

Wasserstoff *in statu nascendi*, also im Augenblick des Entstehens, ein großes Diffusionsvermögen besitzt. Die genannten Voraussetzungen sind beim Beizen gegeben. Dabei scheidet sich der Wasserstoff in molekularer Form unter starker Druckentwicklung in Hohlräumen aus, er wird absorbiert. Dieser Vorgang ist leider nicht reversibel, es findet demnach kein Rückdiffundieren statt. Reines Eisen in reiner Säure zeigt diese Erscheinung nicht. Sie muß daher an das Mitwirken von Elementen gebunden sein, die gasförmige Hydride bilden. Hierzu zählen Phosphor, Schwefel und Silizium als ständige Stahlbegleiter.

Auch der beim Beizen absorbierte Wasserstoff ist die Ursache des Versprödens und Reißens von Stahlguß. Die Wasserstoffentwicklung muß daher laufend durch organische Sparbeizzusätze unter Kontrolle gehalten werden. Geschieht das nicht, so kann die Wasserstoffabsorption zu so großer Sprödigkeit führen, daß beim Beanspruchen der Teile Schwierigkeiten zu befürchten sind. Das läßt sich natürlich dadurch vermeiden, daß man nach dem Beizen bei Anlaßtemperaturen glüht. Leider wird das meist aus Kostengründen gern vergessen.

Metallographisch ist noch interessant, daß der Wasserstoff nach HOUDREMONT-HELLER [*27*] die Beständigkeit der Karbidphase erhöht sowie das Durchhärten verbessert.

e) **Stickstoff** ist in sämtlichen Stählen enthalten. Er gelangt in die Schmelze durch Absorption aus der Luft. Hiermit wird klar, daß der Stickstoffgehalt unserer Stähle je nach dem Erzeugungsverfahren unterschiedlich ist. SIEMENS-MARTIN- und Elektrostähle enthalten gewöhnlich Stickstoff in der Größenordnung von 0,004%, windgefrischte Stähle dagegen 0,01–0,025%. Stickstoff gehört zu den Elementen des periodischen Systems, die zwar anfangs das γ-Feld erweitern, es aber bei etwas höheren Gehalten stark einschnüren. Dabei ändert sich die Löslichkeit stark mit der Temperatur, und der entsprechende Stahl wird ausscheidungshärtefähig. Die durch Stickstoff hervorgerufene unerwünschte Versprödung ist zu einem großen Teil hierauf zurückzuführen. Ihr Nachweis gelingt besonders gut an Hand der großen Änderung der magnetischen Eigenschaften.

Die Wirkung sogar kleinster Mengen von Stickstoff auf die mechanischen Eigenschaften von Stahlguß ist schlimmer als die von Phosphor. Man läßt daher in Edelstählen nur höchstens 0,006% N_2 zu. Steigt der Stickstoffgehalt bis etwa 0,03–0,04%, werden sämtliche Eigenschaften des Stahles merklich verschlechtert. Das erklärt sich daher, daß Stickstoff auf das Erhöhen der Festigkeit des Stahles etwa zehnmal so stark wirkt wie Phosphor. Die Abhängigkeit ist bis etwa 0,3% N_2 diesem proportional. Die Bruchdehnung nimmt aber dabei wesentlich rascher ab. Beispielsweise sind Proben aus weichem Stahlguß mit 0,5% N_2 so spröde, daß sie beim Fallen aus etwa 2 m Höhe brechen. Der bekannte 18/8 CrNi-Stahlguß wird durch Stickstoff anfällig für interkristalline Korrosion. Der Grund ist das Ausscheiden von Chromnitrid, was zu einem Verarmen der Korngrenzen an Chrom führt. Chromstähle nehmen überhaupt begierig Stickstoff auf. Beim Erschmelzen von Stahlgußgüten mit 30% Cr ist darauf zu achten, wenn der anfallende wertvolle Schrott aus Läufen, Trichtern usw. wiederholt eingesetzt wird. Sein Stickstoffgehalt kann durch dies Umschmelzen beispielsweise im Hochfrequenzofen bis auf 0,1% steigen.

In niedriger gechromten Stählen wirkt Stickstoff nach KRAINER-MIRT [*28*] ähnlich wie Kohlenstoff erweiternd auf das γ-Gebiet ein. Derartige Chromstähle kommen durch Stickstoffzusätze wieder in das Gebiet der Stähle, die eine teilweise Umwandlung durchmachen. Bei CrNi- [*29*] sowie CrMn-Stählen [*28*] kann man durch Stickstoffzusätze schon bei niedrigerem Nickel- bzw. Mangangehalt als sonst nach dem Ablöschen eine Austenitbildung erzielen. Weiterhin werden in austenitischen Stählen Warmfestigkeit und Dauerstandfestigkeit durch Stickstoffzusätze verbessert. Der Grund liegt darin, daß Stickstoff den Austenit stabilisiert. Außerdem hemmen die aus der festen Lösung ausgeschiedenen Nitride das Gleiten. Sofern es gelingt, mit ausreichender Betriebssicherheit die nützliche Wirkung gewisser Sondernitride auszuwerten, könnten durch deren Mitwirkung sehr dauerstandfeste Stähle erzeugt werden. RAPATZ u. Mitarb. [*30*] machten hierzu überraschende Vorschläge und konnten zeigen, daß der Einfluß der verschiedenen Nitride stark voneinander abweicht. Das wäre eine Möglichkeit, den im übrigen so schädlichen Stickstoff in nützlicher Form zu verwerten.

Die Thomasgüte HPN sei der Vollständigkeit halber an dieser Stelle erwähnt. Es handelt sich um einen mit geringem Phosphor- und Stickstoffgehalt erschmolzenen Stahl zum Erzeugen nahtloser Rohre. Die beruhigten Sorten enthalten etwa 0,05% C, 0,3% Mn, 0,04% P, 0,02% S und 0,006% N_2.

Eine besondere Bedeutung kommt dem Stickstoff beim Nitrieren [*1*] nach FRY [*31*] zu. Dabei ist es wichtig, daß der Stahl unter der eutektoiden Temperatur, also unterhalb 590 °C verstickt wird. Oberhalb dieser Grenze bilden sich nämlich sehr spröde Schichten. Außerdem ist das Verwenden entsprechend geeigneter Legierungen notwendig. Diese müssen eine hohe Anreicherung von Stickstoff an der Oberfläche gestatten. Am besten geeignet sind Stähle, die mit Al, Cr, Mo, V bzw. Ti legiert sind.

Vor dem Nitrieren werden die Stähle vergütet und nachher bearbeitet. Dabei dauert das Nitrieren im Ammoniakstrom 48—96 Stunden bei langsamer Aufheizung und Abkühlung. Die Vorteile des Nitrierens sind hohe Oberflächenhärte und damit Verschleißfestigkeit, die bis zu etwa 500 °C erhalten bleiben. Das Nitrierhärten ist außerdem praktisch verzugsfrei, wenn auch in der Nitrierschicht Druckspannungen zurückbleiben. Gleichzeitig wird die Schwingungsfestigkeit durch das Nitrieren erhöht und die Kerbempfindlichkeit herabgesetzt. Gegenüber den Grundwerkstoffen weisen die Nitrierschichten eine wesentlich verbesserte Korrosionsbeständigkeit auf, so daß man das Nitrieren auch als Rostschutzverfahren anwendet, wie HIEBER [*32*] mitteilt.

f) Arsen wird als Stahlschädling ebenfalls sehr gefürchtet. Es seigert ähnlich wie Phosphor, außerdem erhöht es Zugfestigkeit und Streckgrenze, verringert jedoch Dehnung und Kerbschlagzähigkeit stark. Der letztgenannte Nachteil tritt in CrMo- und besonders ausgeprägt in CrNi-Stählen zutage. So fanden HOUDREMONT u. Mitarb. [*33*] den Beginn des Absinkens der Kerbschlagzähigkeit für derartige Stähle ab etwa 0,2% As. Wegen der großen Bedeutung von MnV-, CrV- und CrNiV-legierten Baustahlgußgüten sind die Untersuchungsergebnisse von KRAINER-DAUM [*34*] auf diesem Gebiet beachtenswert. Sie prüften Arsengehalte bis 0,5% in solchen Vergütungs-Baustählen. Dabei wurde nach dem Anlassen sowohl eine Wasserabschreckung wie auch Luftabkühlung gewählt. Als die durch Arsen stärkstens beeinflußte Meßgröße hat danach die Kerbschlagzähigkeit zu gelten. Das entspricht durchaus den neuesten Erkenntnissen beim Beurteilen hochfester Stahlgußqualitäten, wie JURETZEK u. Mitarb. [*35*] herausstellten. Hiernach ist ein Vergleich einzelner Schmelzungen auf Grund von Dehnung oder Einschnürung wenig zweckmäßig. Beide werden nämlich von der zufällig schwächsten Stelle der gesamten Versuchslänge des Prüfstabes beeinflußt. Hiergegen wird beim Kerbschlagversuch eine bestimmte und verhältnismäßig kleine Stelle untersucht, so daß dabei die Wahrscheinlichkeit viel geringer ist, eine Fehlstelle zu treffen.

Nach KRAINER-DAUM [*34*] wirkt Arsen auf die Kerbschlagzähigkeit verschlechternd, insbesondere bei höherer Vergütefestigkeit, also niedriger Anlaßtemperatur. Kühlt man nach dem Anlassen an Luft langsam ab, tritt das deutlicher zutage als nach einem Ablöschen im Anschluß an das Anlassen. In Baustählen, die mit Mangan legiert sind, sollte man hiernach keine höheren As-Gehalte als 0,1% zulassen, bei Cr-legierten Baustählen jedoch höchstens 0,05% As.

Die Löslichkeit des Arsens im Eisen beträgt bei 830 °C etwa 7% und bei Raumtemperatur ungefähr 5%, während Arsen im Zementit unlöslich sein soll. Das Auftreten des Arsens in Roheisen und Stahl ist dadurch bedingt, daß es in den Eisenerzen vorkommt und durch die üblichen Stahlherstellungsverfahren nicht entfernt werden kann. Infolge wiederholten Umschmelzens des arsenhaltigen Schrottes ist mit einer laufenden Anreicherung unserer Eisenwerkstoffe an Arsen zu rechnen. Die Kenntnis der Tatsache, in welchem Ausmaß Arsen unsere Stähle nachteilig beeinflußt, ist also wichtig.

g) Zinn macht dasEisen ebenfalls spröde [*8*]. Zusätze zu unlegierten Stählen erhöhen für je 0,05% Sn die Zugfestigkeit um etwa 0,8 kg/mm², für die Streckgrenze gilt gleiches.

Die Dehnung und Kerbschlagzähigkeit werden dagegen verringert. Das ist in unlegierten Stählen weniger der Fall, in legierten aber stark, wie ANDREW-PEILE [*36*] besonders für die Kerbschlagzähigkeit nachwiesen. Außerdem neigt Zinn nach KIMM [*37*] sehr zum Seigern. Die große Beeinträchtigung der Kerbschlagzähigkeit durch Zinn in legierten Baustählen untersuchten neuerdings BOLSOVER-BARRACLOUGH [*38*] und KRAINER-DAUM [*34*] eingehend. Ihre Ergebnisse stimmen gut miteinander überein. Danach wirkt Zinn im gleichen Sinne wie Arsen nach langsamem Abkühlen an Luft im Anschluß an das Anlassen stärker versprödend als nach einem Ablöschen nach dem Anlassen. Als höchstzulässiger Zinngehalt gilt in legierten Baustählen 0,05%.

Zinn im Stahl stammt meist von sogenanntem *entzinntem Schrott* oder Kriegsschrott. Da es sich durch Oxydieren nicht aus der Schmelze entfernen läßt, muß man auch auf kleine Zinnmengen achten. Der Vollständigkeit halber sei erwähnt, daß Zinn leider durch Ferrolegierungen ebenfalls in den Stahl eingebracht werden kann.

Die Löslichkeit des Zinn beträgt in reinem Eisen bei 1100 °C etwa 16% und bei Raumtemperatur 8%. Da sich die Angaben verschiedener Forscher in dieser Hinsicht teilweise widersprechen, sind die mitgeteilten Werte noch nicht als gesichert anzusehen. Wegen der mit fallender Temperatur abnehmenden Löslichkeit des Zinn muß also eine Ausscheidungshärtung möglich sein. Dahingehende Versuche, diese Eigenschaft in ternären Legierungen auszunutzen, ergaben jedoch nach KÖSTER-GELLER [*39*] sowie LEGAT [*40*] bisher keine praktische Verwertbarkeit.

2. Mögliche Eisenbegleiter

Hierbei handelt es sich um Elemente des periodischen Systems, denen bisher keine unmittelbar schädliche Wirkung auf den Stahl nachgewiesen werden konnte. Sie wurden aber andererseits nicht als ausgesprochen günstig wirkende Stahlbegleiter bekannt, sondern fanden höchst in Ausnahmefällen Anwendung.

a) Blei kommt in den Eisenerzen seltener vor. Eine Ausnahme ist bisher lediglich im Porman-Erz bekannt geworden, das Bleigehalte bis zu 1% aufweist. Im Schmelzfluß sind Eisen und Blei ineinander unlöslich. Auch mit den anderen bekannten Legierungselementen des Stahles legiert sich Blei nicht. Es zeigt gewöhnlich eine völlig gleichmäßige Verteilung, neigt jedoch infolge des großen Unterschiedes der Wichte dazu, zu Boden zu sinken. Der einzige unmittelbare Nachteil, den man dem Blei bei seiner Verwendung in Stählen nachsagen kann, ist der starke Angriff des Ofenfutters und die Schwierigkeit, die für den menschlichen Organismus schädlichen Bleidämpfe abzuführen.

Beim Verwenden des Bleis im Stahl macht man sich nach MASING-RITZAU [*41*] seine geschilderte Unlöslichkeit zunutze und versucht, das Blei in feinverteilter Suspension zu halten. Dadurch läßt sich die Zerspanbarkeit günstig beeinflussen. Die Späne brechen in kurze Teile, und es entstehen keine langen Locken. Die für Automatenstähle erzielbaren Vorteile liegen auf der Hand. Die beim Verwenden des Schwefels für diesen Zweck aufgezählten nachteiligen Wirkungen stellen sich beim Blei nicht ein. Das ist ein merklicher Vorteil, weil somit bleilegierte Automatenstähle nicht spröde werden. Die mechanischen Eigenschaften sowie Zähigkeit und Verformbarkeit erfahren keine Beeinträchtigung. Lediglich die Härtbarkeit wird etwas herabgesetzt. Wahrscheinlich sind für den genannten Verwendungszweck die Schmierwirkung des Blei sowie seine wesentlich geringere Härte im Vergleich zum Grundwerkstoff maßgebend. Den Einfluß von Bleizusätzen auf handelsübliche Stähle untersuchten neuerdings SCHRADER u. Mitarb. [*42*, *43*] ausführlich.

Aus der Tatsache der Unlöslichkeit des Blei im Eisen ergeben sich aber auch die hauptsächlichen Herstellungsschwierigkeiten für solche Stähle, die man in den Ver. St. nach ROBBINS [*44*] sowie NEAD u. Mitarb. [*45*] durch das sogenannte LEDLOY-Verfahren zu beherrschen scheint.

b) Silber ist in reinem Eisen bei Raumtemperatur praktisch unlöslich. Über die einzige bisher bekannt gewordene Verwendung berichtet LANDGRAF [*46*]. Danach bewirkt ein

Silberzusatz von 0,3 bis 1,0% zu dem 18/8 CrNi-Stahl eine merkliche Verbesserung der Beständigkeit gegen Salzsäure und Chlorionen (Lochfraß).

c) Niob und Tantal [*47*] sind sich sehr ähnlich und kommen auch fast immer miteinander vergesellschaftet vor. Durch beide wird die A_4-Umwandlung gesenkt und der A_3-Punkt gehoben. Die Umwandlungslinien laufen jedoch nicht zusammen. Da die Löslichkeit des Niob im α-Eisen mit fallender Temperatur sinkt, werden Eisen-Niob-Legierungen ausscheidungshärtbar. Eisen bildet mit Niob eine intermetallische Verbindung Fe_3Nb_2, die der wahrscheinliche Grund für die ungewöhnlich gute Dauerstandfestigkeit nioblegierter perlitischer Stähle ist, die WEVER-PETER [*48, 49*] maßen. Es handelt sich dabei um Werte zwischen 40 und 50 kg/mm² bei 500 °C. Ob das mit der Bildung von Sondernitriden in Verbindung zu bringen ist, sei so lange dahingestellt, bis weitere Untersuchungen diese Frage umfassend geklärt haben. Jedenfalls ist das Ergebnis überraschend. Niedriggekohlte Chromstähle mit 4—6% Cr, die nach Climax Mo-Corp. [*50*] im gegossenen Zustand für die amerik. Erdölindustrie große Bedeutung erlangt haben, lassen sich nach FRANKS [*51*] in ihrer Zähigkeit durch Niobzusätze stark verbessern.

Für die Verwendung sowohl von Niob wie Tantal ist ihre ausgesprochen starke Affinität zum Kohlenstoff nach RAPATZ [*1*] sehr wichtig geworden. Sie ist für Niob und Tantal größer als für Eisen. Da Mischkristalle von Niob/Tantalkarbid und Zementit bislang nicht beobachtet wurden, nimmt man an, daß sich erst dann Zementit bilden kann, wenn das gesamte Niob-Tantal zu Karbid abgebunden ist. Diesem Karbid kommt die Formel Nb_4C_3 bzw. Ta_4C_3 zu. Dabei ist Niob in der Praxis leichter zu verwenden als Tantal, welches schneller oxydiert und mit Kieselsäure gern verschlackt, also höhere Abbrandverluste aufweist. Die starke Abbindung des Kohlenstoffs durch Niob und Tantal nutzt man in austenitischen CrNi-Stählen aus, um den Kornzerfall zu verhüten. Das gilt besonders für den bekannten 18/8 CrNi-Stahl. Er neigt im Temperaturgebiet zwischen 500 und 800 °C zum Ausscheiden eines komplexen Chromkarbides ($Cr_4C + Fe_3C$) an den Korngrenzen. Dadurch tritt eine örtliche Verarmung an Chrom und somit Verschlechterung der Korrosionsbeständigkeit ein. Die gleiche Ursache liegt der beim Schweißen beobachteten *Schweißrißanfälligkeit* zugrunde. Denn beim Schweißen werden immer die genannten kritischen Temperaturen durchlaufen. Es gibt zwar mehrere Wege zum Vermeiden dieses Nachteils. Der des geringsten Widerstandes ist die Zugabe von Niob. Es verflüchtigt wenig und erhöht außerdem den Ferritanteil im Gefüge. Da durch das Stabilisieren des Ferrit die Härtbarkeit herabgesetzt würde, begegnet man dem durch ein Erhöhen des Nickelgehaltes.

d) Antimon, Selen, Tellur und Wismut. Hierbei handelt es sich um die ausgesprochen seltenen Legierungselemente des Stahles, Antimon macht nach JONES-MORGAN [*52*] bei höheren Gehalten als 0,7% Sb weiche Stähle rotbrüchig, während es die Korrosionsbeständigkeit gegenüber verdünnter Schwefelsäure zu verbessern scheint, aber nicht die gegen Salzsäure. Selen wird empfohlen als Zusatz in rostfreien Stählen zwecks Verbesserung der Zerspanbarkeit, weil so das Kleben auf dem Werkzeug vermieden werden kann. Selen ist im α-Eisen unlöslich und tritt im Stahl in Form von Selenideinschlüssen auf [*17*]. Will man die Kaltverfestigung austenitischer Stähle durch Selen beseitigen, so benötigt man hierzu etwa 0,25% Se. Dabei ist Selen wirksamer als Schwefel und trotzdem für die Korrosionsbeständigkeit sowie die mechanischen Eigenschaften weniger schädlich. Für Stahlguß liegt eine besondere Untersuchung von GAGNEBIN [*53*] vor. Er prüfte den Einfluß von Selen auf die Sulfideinschlüsse sowie die Verformbarkeit des Stahlgusses. Unter bestimmten Bedingungen läßt sich Selen hierzu vorteilhaft verwenden. Ähnlich wie Selen beeinflußt Wismut nach PRAY u. Mitarb. [*54*] die Bearbeitbarkeit rostfreier Stähle günstig. Es weist jedoch den Nachteil auf, daß die Warmfestigkeit herabgesetzt wird. In dieser Beziehung verhält sich Tellur [*17*] besser, das im übrigen auf die Zerspanbarkeit etwa gleich günstig wirkt wie Selen. Tellur ist bei Raumtemperatur im Eisen unlöslich. Seine Affinität zum Sauerstoff scheint verhältnismäßig groß zu sein, da nur etwa 40% der in die Pfanne gegebenen Menge im Stahl nachgewiesen werden kann.

e) Seltene Erden. Das systematische Untersuchen der Wirkung seltener Erden auf Stahl und Stahlguß setzte recht spät ein, in größerem Umfang erst mit dem Jahre 1950. Man darf wohl vermuten, daß dies durch die Forschungsergebnisse bei der Cerbehandlung des Graugusses zum Erzielen von Sphäroguß angeregt wurde. Hier handelt es sich demnach um Neuland, weshalb eine etwas eingehendere Darlegung zweckmäßig erscheint.

KNAPP-BOLKCOM [*55*] beschreiben die Verwendung eines Mischmetalls *Lan-cer-amp*, das in den Ver. St. von der American Metallurgical Products Co. vertrieben wird. Es enthält mind. 30% La, 45—50% Ce und 20—24% Didym (Gemisch aus Praseodym Pr sowie Neodym Nd) mit einem Eisengehalt von weniger als 1% und Resten unreduzierter Salze. Dies Mischmetall wirkt auf den Stahl schwach entschwefelnd. Es erhöht weiterhin die Zähigkeitseigenschaften sowohl bei tiefer Temperatur wie auch bei den Temperaturen, die sonst zu einer Kornvergröberung führen. Die so behandelten Stähle weisen eine bessere Zunder- und Korrosionsbeständigkeit auf. Die chemisch beständigen Stähle lassen sich leichter kaltverformen, Werkzeugstähle sind besser zu bearbeiten, und der bekannte Silizium-Transformatorenstahl zeigt günstigere elektrische Eigenschaften.

Der Einfluß des gleichen Mischmetalls auf Stahlguß wird von LILLIEQVIST-MICKELSON [*56*] eingehend erörtert. Danach ist die Legierungstechnik dieses Mischmetalls durch seine große Affinität zum Sauerstoff bestimmt. Die Schmelze muß vor der Zugabe sehr gut desoxydiert sein. Die Höhe der geprüften Zugabe betrug 0,9 kg/t Mischmetall, die an einem Stahlstück angebunden auf den Pfannenboden gegeben wurden. Die Untersuchung erstreckte sich auf die drei Stahlgußgüten GS 45, GS 60 und G 30 Mn 6 unter Prüfung der Festigkeits-Zähigkeitseigenschaften, Anlaßsprödigkeit, des Fließvermögens sowie der Schweißbarkeit.

Tabelle 1. *Stahlguß mit Zusatz seltener Erden*

Chemische Zusammensetzung in %					Nr.
C	Si	Mn	P	S	
0,26	0,45	0,70	0,015	0,032	1
0,43	0,45	0,70	0,015	0,032	2
0,30	0,45	1,60	0,015	0,032	3

Die genaue Zusammensetzung der Stähle und das Ergebnis der mechanischen Untersuchung gehen aus den Tabellen 1 und 2 hervor. Die *normalisierten* Proben wurden 20 Min. bei 900 °C gehalten und dann 2 Stunden bei 510 °C angelassen, anschließend Luftabkühlung. Die *vergüteten* Proben wurden sinngemäß 20 Min. bei 860 °C gehalten, in Wasser abgelöscht und auf die angegebene Festigkeit angelassen. Aus den Tabellen ergibt sich, daß die Festigkeitseigenschaften durch das Mischmetall unbeeinflußt blieben. Die Zähigkeit nahm dagegen merklich zu, insbesondere bei den vergüteten Proben. Dabei ist der gleichbleibend gute Anstieg der Kerbschlagzähigkeit auch bei tiefen Temperaturen bemerkenswert. Irgendeinen Einfluß der seltenen Erden auf die Anlaßsprödigkeit konnten die Ver-

Tabelle 2. *Mechanische Eigenschaften von Stahlguß mit Zusatz seltener Erden*

Nr.	Zusatz	Zugfestigkeit kg/mm²	Streckgrenze kg/mm²	Dehnung %	Einschnürung %	Kerbschlagzähigkeit Raumt.	Kerbschlagzähigkeit −40°
			a) Eigenschaften normalgeglüht				
1	nein	53,0	31,7	30,4	52,7	4,9	1,6
	ja	53,4	32,3	30,6	56,3	6,6	2,2
2	nein	65,7	39,2	24,1	37,8	2,6	1,0
	ja	66,1	40,8	25,4	45,4	3,1	1,3
3	nein	65,6	44,8	27,9	55,3	6,4	2,5
	ja	67,0	45,0	28,9	60,6	7,2	3,2
			b) Eigenschaften vergütet				
1	nein	73,8	57,0	18,3	46,5	4,6	3,5
	ja	73,1	57,0	20,2	50,8	5,9	4,8
2	nein	108,0	96,0	11,5	30,5	2,4	2,2
	ja	111,0	99,0	15,2	44,6	3,8	3,3
3	nein	88,9	83,0	16,2	38,2	3,8	3,3
	ja	88,6	82,3	18,2	47,1	5,9	4,8

fasser dagegen nicht feststellen. Schliffbilder ergaben für die nichtmetallischen Einschlüsse eine feinkörnige Kugelform.

An einem Stahlguß praktisch gleicher Zusammensetzung wie Nr. 3 der Tabellen wurde das Fließvermögen mit einer Doppelspiralprobe untersucht. Der mit seltenen Erden behandelte Stahl zeigte bei hohen Gießtemperaturen keinen wesentlichen Unterschied gegenüber dem unbehandelten. Dagegen war das Fließvermögen des behandelten Stahles im Temperaturbereich um 1500 °C beachtlich besser. Aus der thermischen Analyse wurde ersichtlich, daß die Temperatur der Primärkristallisation durch den Zusatz seltener Erden um etwa 20 °C sank. Daraus erklärt sich das bessere Fließvermögen. Der mit seltenen Erden behandelte Stahl besaß darüber hinaus eine geringere Neigung zu Warmrissen als der unbehandelte, während sich bei der Stirnabschreckprobe keinerlei Unterschied feststellen ließ. Laboratoriumsversuche im basischen Induktionsofen mit dem Ziel, den Schwefelgehalt des Stahles unter Verwendung seltener Erden zu senken, verliefen zwar nicht ganz negativ, jedoch war die Entschwefelung gering.

Bei der Schweißbarkeitsprüfung ließ sich eine verminderte Rißanfälligkeit bemerken, da die nicht behandelten Schmelzen vereinzelt Risse zeigten. Die mit seltenen Erden behandelten Stähle werden also in ihrer Festigkeit, Härte und Härtbarkeit nicht beeinflußt. Das ergibt sich nicht zuletzt daraus, daß die Härte von Schweißnaht und Grundwerkstoff bei diesen Versuchen völlig gleich war.

Abschließend kann man feststellen, daß auch die seltenen Erden kein Allheilmittel sein können und werden. Es ist jedoch zu erwarten, daß Verwendungsmöglichkeiten gefunden werden, wo sich die seltenen Erden als wertvolle Hilfsmittel erweisen.

3. Notwendige Eisenbegleiter

Hierbei handelt es sich um die Elemente des periodischen Systems, die zum Desoxydieren, Entgasen sowie Kornverfeinern usw. entweder immer im Stahl vorhanden sind oder anwesend sein können. Für ihre Auswahl ist die technische Brauchbarkeit nicht ausschließlich maßgebend. Oft kommen hierzu wirtschaftliche Gründe, die es in dem einen Land oder zu einer anderen Zeit angeraten erscheinen lassen, dies oder jenes Element zu benutzen.

a) Zu den immer vorhandenen Desoxydations- bzw. Entgasungsmitteln für den Stahlguß gehören Mangan und Silizium. Da sie gleichzeitig zu den gebräuchlichsten, weil billigsten Legierungselementen zählen, hat schon manche Diskussion darüber stattgefunden, bis zu welcher Menge man sie beispielsweise in unlegierten Stählen zulassen kann bzw. von welchem Gehalt ab man einen Stahl als Mangan- oder Siliziumstahl zu bezeichnen hat. Da jede Grenze in gewisser Weise willkürlich ist, eine aber schließlich gezogen werden muß, erscheint es dem Verfasser vernünftig, dem von Rapatz [*1*] gemachten Vorschlag zu folgen. Er bezeichnet Stähle mit über 0,5% Si oder über 0,8% Mn nicht mehr als Kohlenstoffstähle.

In jeder Schmelze ist stets ein gewisser Mangangehalt vorhanden [*57*]. Dabei ist man immer bestrebt, die Schmelzführung so zu gestalten, daß auch bei geringen Kohlenstoffgehalten genügend Mangan im Bad erhalten bleibt. Da Einzelheiten hierzu in Bd. III des vorliegenden Werkes gehören, sei hier nicht mehr darüber gesagt. Mangan schützt das Bad vor einem zu hohen Sauerstoffangebot aus der Schlacke und macht es so leichtflüssig, daß ein Abscheiden der nichtmetallischen Suspensionen begünstigt wird. Die in diesem Zusammenhang erwähnten Manganmengen im Stahl liegen als Restgehalte vor. Im fertigen Stahl bleibt nämlich nur ein Teil des zugeschlagenen Mangans, der übrige Teil liegt in Form von Desoxydationserzeugnissen vor. Bereits erwähnt wurde, daß Mangan und Schwefel eine größere Affinität zueinander besitzen als Eisen und Schwefel. Daher benutzt man das Mangan, um dem schädlichen Einfluß des FeS entgegenzuwirken. Im Gegensatz zu diesem ist Mangansulfid vergleichsweise harmlos. Mangan ist somit als eines unserer wirkungsvollsten Desoxydationsmittel bekannt.

Im unlegierten Stahlguß liegen die nicht zum Abbinden von Sauerstoff und Schwefel benutzten Manganmengen überwiegend als feste Lösung im Ferrit vor. Außerdem bildet das Mangan Karbide und kommt daher bei höheren Kohlenstoffgehalten teilweise als Mn_3C vergesellschaftet mit Fe_3C vor. Beide Karbide sind einander sehr ähnlich, und das Eisenkarbid wird durch das Mangankarbid stabilisiert. Der Hauptgrund ist wohl der, daß sie sich in ihren Wirkungen gegenseitig gut unterstützen, wie BRIGGS [*58*] besonders für den Stahlguß herausstellt.

Ähnliches gilt für das Silizium, welches neben dem Mangan gleichzeitig als Desoxydationsmittel benutzt wird. Das Silizium beseitigt Gase und Oxyde sehr kräftig. Für den Stahlguß ist es deshalb besonders wichtig, weil es die Gasentwicklung in der Gußform vermeidet. So wird der Abguß in allen Querschnitten dicht und blasenfrei. Dadurch bleiben üblicherweise im Stahlguß 0,15 bis 0,25% Si zurück. Würde man aber mit Silizium allein desoxydieren, dann entständen zahlreiche hochschmelzende Teilchen reiner Kieselsäure. Ihr Nachteil ist die geringe Teilchengröße. Dadurch kann es passieren, daß sie zu wenig Auftrieb erhalten und teilweise — in ungünstig gelagerten Fällen sogar restlos — im flüssig-teigigen Stahl zurückgehalten werden. Das führt in Baustahlgußgüten zu einem Herabsetzen der Festigkeits-Zähigkeitseigenschaften, das durch keine noch so geschickt geführte Warmbehandlung verbessert werden kann.

Daher wird die Desoxydation üblicherweise mit Silizium und Mangan kombiniert ausgeführt. Als Ziel will man einheitlich flüssige FeO-MnO-SiO_2-Verbindungen erreichen. Die Wege dorthin und damit die Vorschriften der verschiedenen Stahlwerke sind manchmal stark unterschiedlich. Vom Verhältnis Mn : Si = 1,5 bis 5,0 tauchen sämtliche Zahlen auf, worauf hier jedoch nicht eingegangen zu werden braucht.

b) Desoxydationslegierungen enthalten gewöhnlich außer den Elementen Mangan und / oder Silizium noch Aluminium und / oder Kalzium. Diese Aufzählung ist nicht erschöpfend, weil grundsätzlich alle die Elementen des periodischen Systems brauchbar sind, welche eine ausgesprochen gute Affinität zu den Stahlschädlingen besitzen. Das gilt neben dem Schwefel auch für Sauerstoff, weshalb hierfür theoretisch Beryllium sowie Magnesium infolge ihrer stark exothermen Reaktion mit Sauerstoff geeignet wären, jedoch kaum gebräuchlich sind. Die höchste Verbindungswärme aller Metalle mit Stickstoff besitzt beispielsweise das Zirkon, welches deshalb als kräftigstes Denitrierungsmittel bei der Stahlherstellung verfügbar ist. Wegen seiner ungewöhnlich heftigen Reaktion mit der Schmelze schlugen ZAPFFE-SIMS [*59*] statt dessen die Verwendung von Titan vor. Es hat sich nach ihren Ausführungen besonders für Stahlguß gut bewährt.

Tabelle 3. *Desoxydationslegierungen*

Handelsname	Ungefährer Anteil in %					
	Mn	Si	Al	Ca	Fe	C
Silicomangan	60—75	15—25			Rest	
Simanal	18—22	18—22	18—22		,,	
Silical		80—90	8—10		,,	
Feralsit		40—50	18—22		,,	
Alsimin		30—40	40—50		,,	
Sialcal		etwa 70	etwa 7	etwa 12	,,	
CaSi		60—65	1—3	30—33	,,	
Alcasid		50—55	17—20	19—20	,,	max. 0,8

Eine Übersicht über die gebräuchlichsten Desoxydationslegierungen vermittelt Tab. 3. Vorzüge und Nachteile der genannten Legierungen sowie ihre zweckmäßige Anwendung werden an anderer Stelle zu beleuchten sein. Da der Stahlguß nicht warmverformt wird, ist seine Zähigkeit weitgehend von Menge, Art und Verteilung der durch die Desoxydationsmittel hervorgebrachten nichtmetallischen Einschlüsse bedingt. Ein erster Hinweis hierauf wurde in Abschn. II, D, 1 gegeben. Wie stark Einschnürung und Kerbschlagzähigkeit des Stahlgusses durch das Auftreten dieser schädlichen Einschlüsse verringert werden können, untersuchte PROTHEROE [60] eingehend. Dabei bestimmte er den Einfluß der Schmelzbedingungen auf die physikalischen Eigenschaften von Stahlguß. Da es oft ratsam oder sogar notwendig ist, die in Tab. 3 zusammengestellten stärkeren Desoxydationsmittel anzuwenden, interessieren den Stahlgießer die entstehenden Oxydationsprodukte, soweit sie im Stahl verbleiben.

So untersuchten SIMS-DAHLE [61] den Einfluß von Aluminium auf Stahlguß mit bestimmten Schwefelgehalten, gemessen an Hand der Bruchdehnung, Einschnürung und Kerbschlagzähigkeit. Bei diesen Laboratoriumsuntersuchungen zeigten sich die ausgeprägtesten sulfidischen Korngrenzenablagerungen für S-Gehalte von 0,02 bis 0,06% nach einem Zusatz von 0,015 bis 0,025% Al. Die Ergebnisse sind in Abb. 10 wiedergegeben und deshalb von besonderer Bedeutung, weil nach Zugabe von 0,05% Al oder mehr die ursprüngliche Zähigkeit fast restlos wiederhergestellt war. Außerdem erkennt man klar, daß die gefundene Erscheinung bei dem niedrigsten geprüften Schwefelgehalt nur angedeutet ist, dagegen bei 0,06% S klar zutage tritt. Die untersuchten Stahlgußschmelzen enthielten 0,28% C, 0,70% Mn und 0,30% Si. Die Proben wurden von 900 °C an Luft abgeschreckt und 2 Stunden bei 400 °C angelassen. Da beim Schmelzen im laufenden Betrieb die Wirksamkeit der zugesetzten Desoxydationsmittel geringer anzusetzen ist als bei Laboratoriumsversuchen, kann man für die Praxis mit einem Zusatz von 0,1 bis 0,2% Al rechnen. Hierdurch dürften schädliche Ablagerungen an den Korngrenzen so weit eingeschränkt sein, daß eine gute Zähigkeit gesichert ist.

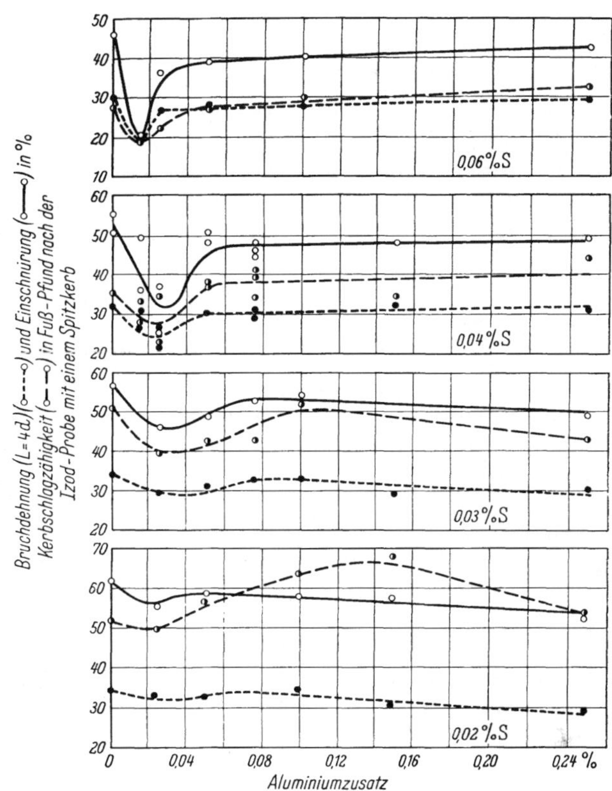

Abb. 10. Einfluß von Aluminium auf die Zähigkeit von Stahlguß mit verschiedenem Schwefelgehalt

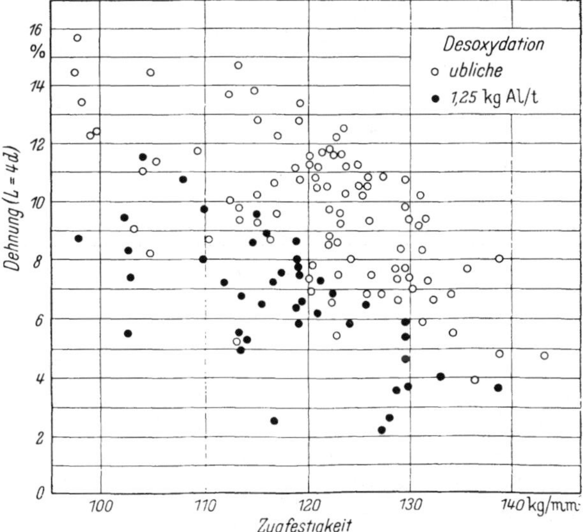

Abb. 11. Einfluß einer unterschiedlichen Aluminiumdesoxydation auf Stahlguß hoher Festigkeit

Solche Aussagen werden naturgemäß durch das betriebsübliche Schmelzverfahren wesentlich beeinflußt. Es sei daher ausdrücklich davor gewarnt, sie ohne genaue Kenntnis aller Bedingungen und Umstände auf einen gegebenen Fall zu übertragen. Dabei kann es nämlich vorkommen, daß mit Aluminium richtig desoxydierter Stahlguß trotzdem geringere Bruchdehnung aufweist als die entsprechenden aluminiumfreien Stähle. Hierauf wiesen CARTER-DONOHO [62] hin. Sie prüften den Einfluß einer Aluminium-Desoxydation auf Dehnung und Zugfestigkeit bei vergütetem Stahlguß mit der ungefähren Zusammensetzung 0,4% C, 0,9% Mn, 1,0% Cr und 0,2% Mo. Dabei handelte es sich um Schleuderguß in Metallformen, der im sauren Lichtbogenofen erschmolzen wurde. Das Ergebnis ist in Abb. 11 wiedergegeben. Darin entspricht jeder Punkt einer Schmelze. Man erkennt deutlich, daß die Dehnung der mit 1,25 kg/t Al desoxydierten Schmelzen im Mittel um etwa 30% hinter den Al-freien Chargen zurückbleibt.

Für Kleinkonverterstahlguß fand ROLL [*63*] beim Prüfen des Einflusses einer Aluminium-Desoxydation, daß verschieden große Zugaben einen deutlichen Einfluß auf die mittlere Größe des Rohgußkornes besitzen. Die Schwerpunktkurve zeigt einen merklichen Abfall der Korngröße bei steigenden Zugaben bis 1,5 kg/t Al. Wird mehr Aluminium zugesetzt, vergröbert sich das Korn ab etwa 2 bis 2,5 kg/t wieder. Es kann sogar bis zu einer groben Spiegelbildung wachsen, was insbesondere bei weichem Stahlguß der Fall ist. Untersucht wurden dabei 132 Schmelzen mit 0,20/0,27% C, etwa 0,70% Mn, 0,27/0,38% Si, 0,070/0,078% P und 0,084/0,094% S. Die mittlere Abstichtemperatur lag bei 1550 °C und die Gießtemperatur bei 1480 °C.

4. Vorteilhafte Eisenbegleiter

Sie werden gemäß der unter II, C erläuterten Einteilung in zwei Gruppen behandelt, je nachdem sie das γ-Gebiet erweitern oder einschnüren. Daneben steht der unlegierte oder Kohlenstoffstahlguß als das mengenmäßig bedeutsamste Erzeugnis.

a) Der Einfluß des Kohlenstoffs auf den Stahlguß wurde größtenteils durch die in früheren Abschnitten gemachten Mitteilungen grundsätzlicher Natur vorweggenommen. Die im unlegierten Stahlguß beabsichtigt oder unbeabsichtigt auftretenden übrigen Elemente fanden ebenfalls bereits Erörterung. Als für die Praxis wichtigste Eigenschaft des Kohlenstoffes im Stahl wird sein Erhöhen der Festigkeit ausgenutzt sowie die Tatsache, daß er den Stahl härtbar macht. Abb. 12 enthält in übersichtlicher Ordnung einen Vergleich verschieden warmbehandelter Proben aus mittelgekohltem Stahlguß nach Steel Castings Handbook [*64*]. Die untere Grenze der Härtbarkeit beginnt für den praktischen Gebrauch je nach den Gehalten an Mangan und Silizium bei etwa 0,3% C.

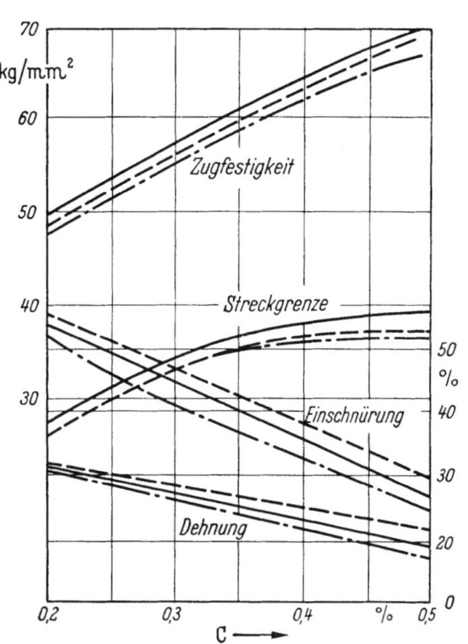

Abb. 12. Vergleich normalisierter, geglühter sowie angelassener Proben aus mittelgekohltem Stahlguß nach [*64*]
—·—·— Ausgeglüht ——— Normalisiert
– – – – – Normalisiert und bei 650 °C entspannt

b) Legierungselemente, die das γ-Gebiet unbeschränkt erweitern.

α) Mangan gehört nach Abb. 9 zu den Legierungselementen des Stahles, die den A_3-Punkt senken und die A_4-Umwandlung erhöhen. Nach RAPATZ [*1*] zeigt die γ/α-Umwandlung eine große Hysterese. Mangan verlangsamt also Umwandlungen im festen Zustand bedeutend. Dadurch nimmt das Einstellen der Gleichgewichte bei höheren Mangangehalten sehr lange Zeit in Anspruch. Dieser Einfluß des Mangans bewirkt ein merkliches Vermindern der kritischen Abkühlungsgeschwindigkeit, was für die Praxis bedeutsam ist. Manganstähle mit ausreichendem Mn-Gehalt lassen sich daher in einen bei Raumtemperatur beständigen Austenit, den Abschreck-Austenit, überführen. Das wird möglich, obwohl die γ/α-Umwandlung über der Raumtemperatur liegt.

Nach WEVER-MATHIEU [*65*] ist das Vermindern der Umwandlungsgeschwindigkeit durch Mangan in der Perlitstufe sehr ausgeprägt. Bei geringen und mäßigen Kohlenstoffgehalten tritt besonders die Zwischenstufenumwandlung hervor. Höhere Kohlenstoffgehalte begünstigen dagegen die Perlitumwandlung und drängen die Zwischenstufenumwandlung weit zurück. Beide Gebiete überschneiden sich in reinen Manganstählen meist. Ihre Trennung durch ein Gebiet großer Umwandlungsträgheit tritt erst dann auf, wenn Karbidbildner wie Chrom oder Vanadin zulegiert werden. Beispielsweise genügt bei einem Stahl mit 0,4% C und 1,6% Mn ein Gehalt von 0,1% V, um die Umwandlungsgebiete völlig zu trennen.

Bei der üblichen Luftabkühlung sind Stähle mit geringem Mangangehalt perlitisch, bei mittlerem martensitisch und mit hohem Mangangehalt austenitisch. Aus der für die praktische Verwendung der Manganstähle noch heute gültigen Abb. 13 von GUILLET [*66*] geht ihre Einteilung in diese Gruppen hervor. Das Mangan begünstigt zwar die Martensitbildung, es erhöht aber bis zu einem Gehalt von 2% kaum die Anlaßbeständigkeit des Martensit. Praktisch verwendet man zwei Gruppen von Manganstählen. Die eine enthält bis zu 3% Mn und die andere Gruppe 12 bis 15%. Die martensitischen Manganstähle sind kaum gebräuchlich. Sie lassen sich nämlich nur durch eine besonders umfangreiche Warmbehandlung in einen weicheren und damit gut bearbeitbaren Zustand bringen.

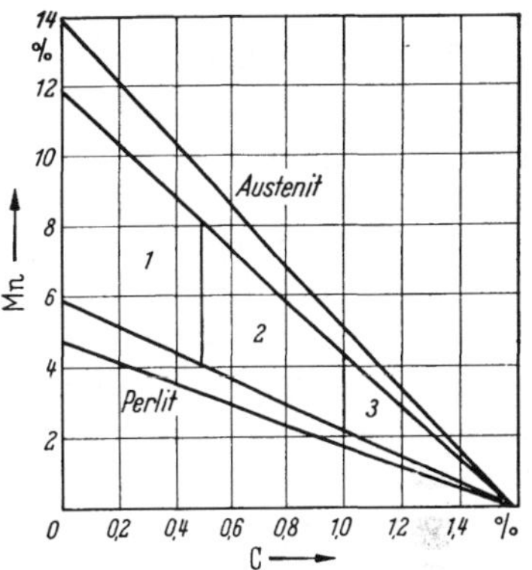

Abb. 13. Einteilung der Manganstähle nach GUILLET [*66*]
Gebiet *1* Martensit
2 Martensit + Troostit
3 Troostit + Zementit

Perlitische Manganstähle besitzen in ihrer Überhitzungsempfindlichkeit eine unangenehme Eigenschaft aller Manganstähle. Die Härtegrenzen lassen sich aber durch Karbidbildner wie Chrom, Vanadin und Molybdän erweitern. Die Schweißeigenschaften der Mn-Stähle sind dagegen günstig. Manganlegierte Stähle sind nämlich gegen ein Abkühlen von verschiedenen Temperaturen, wie es beim Schweißen immer vorkommt, vergleichsweise unempfindlich. Infolge der durch erhöhte Aluminiumzugaben beim Desoxydieren bedingten Kornverfeinerung wird diese gute Eigenschaft noch ausgeprägter. Leider sind aber Stähle mit Mangangehalten von etwa 2% anlaßspröde. Das wird in den höheren Festigkeitsstufen besonders merkbar wegen der geringen Anlaßtemperaturen. Zum Vermeiden dieses Nachteils legiert man derartige Mn-Stähle mit Molybdän. Der gewählte Zusatz muß aber höher sein als beispielsweise bei Cr-Ni-Stählen.

Die Verminderung der kritischen Abkühlungsgeschwindigkeit durch Mangan bedingt in Vergütestählen, daß die Durchvergütung etwas größerer Querschnitte möglich ist als bei Kohlenstoffstählen. Dagegen ist der Einfluß des Mangans auf die Festigkeit im geglühten Zustand gering. Sie steigt gegenüber unlegierten Stählen nach KALLEN-MEYER [*67*] nur um etwa 5 kg/mm². Diese Wirkung wird bei Zusätzen von über 0,3% Mangan bereits meßbar. Gleichzeitg vermindern sich aber Dehnung und Einschnürung. Die dem Mangan zuzuschreibende Festigkeitsverbesserung ist abhängig vom Kohlenstoffgehalt. So erhöht ein Mangangehalt von 1% beispielsweise die Festigkeit eines Stahles mit 0,1% C um 25%. Bei einem Stahl mit 0,5% C beträgt diese Erhöhung jedoch 50%. Bei höheren Mangangehalten ist der Einfluß des Kohlenstoffs noch größer. Die durch das Mangan bedingte Zunahme von Festigkeit und Härte ist nur teilweise dem in fester Lösung vorliegenden Mn zuzuschreiben. Bedeutsamer ist hierfür das Mangankarbid, das auch hauptsächlich die Abnahme der Verformbarkeit verursacht.

Wie wir später im Abschnitt über die Verwendungsgebiete des Stahlgusses sehen werden, erfreut sich das Mangan aus den genannten Gründen großer Beliebtheit als Legierungselement. Für Baustahlzwecke werden hauptsächlich Gehalte von 1,2 bis 1,6% Mn verwendet bei 0,25 bis 0,35 C, auf die mehrfach im jüngeren Schrifttum [*68*] hingewiesen wurde. Zusätze von Nickel, Molybdän und Vanadin haben sich dabei für Sonderzwecke als günstig erwiesen. Derartigen Stahlgußgüten wird ein gutes Abstimmen der Festigkeits- und Zähigkeitseigenschaften aufeinander zugeschrieben, wodurch eine ausgezeichnete Verformbarkeit zu erzielen ist. Erhöht man den Mn-Zusatz auf über 1,7%, dann ergeben sich ab etwa 0,3% C lufthärtende Stähle. Sie weisen bereits nach dem Abkühlen an Luft ein martensitisches Gefüge auf. Ihr Nachteil ist die geringere Verformbarkeit. So ist die Lufthärtefähigkeit eines Stahlgusses mit 2% Mn schon derart ausgeprägt, daß seine Kerbschlagzähigkeit auf 20% derjenigen eines Stahles mit 1,4% Mn bei gleichem Kohlenstoffgehalt sinkt. Deshalb sollte man bei C-Gehalten ab etwa 0,4% mit dem Mangangehalt nicht wesentlich über 1,5% hinausgehen. Als besonderer Vorteil der über 1% liegenden Mangangehalte wird von vielen Betriebspraktikern herausgestellt, daß sie bei gegebener Zugfestigkeit ein Herabsetzen des Kohlenstoffgehaltes zulassen. Hierdurch erhöht man mittelbar die Verformbarkeit. In manchen Stahlgießereien nutzt man diesen Vorteil heute laufend aus.

Ein mitbestimmender Grund hierfür ist die Möglichkeit, das teure Nickel teilweise durch Mangan zu ersetzen. So verwendet man recht oft zweifach legierten Mangan-Nickel-Stahlguß. Übrigens läßt sich bei dem oben erwähnten Stahlguß mit mittlerem Mangangehalt für viele Zwecke ein Zusatz von 0,2 bis 0,3% Mo mit dem gleichen Nutzen vorsehen wie ein solcher von 3% Ni.

Löscht man Stähle mit mittlerem Mangangehalt in Wasser ab, dann darf der C-Gehalt nicht zu hoch liegen. Dadurch können nämlich Sprödigkeit und Risse auftreten. Allerdings läßt sich bei steigendem Kohlenstoffgehalt der Mn-Gehalt herabsetzen. Meist ist jedoch der umgekehrte Weg besser, wie vorstehend dargelegt. Bei diesen Manganstählen ist vielfach ein Ablöschen in Öl ausreichend. Man muß dabei aber auf die zu vergütenden Querschnitte genau so achten wie auf die gewünschte Festigkeit. Als Richtwert läßt sich etwa angeben, daß reiner Mangan-Stahlguß bei Festigkeiten unter 80 kg/mm² bis ungefähr 60 mm ⌀ einwandfrei durchhärtet. Bei Festigkeiten zwischen 80 und 100 kg/mm² sollte man jedoch höchstens einen Querschnitt von 40 mm als noch einwandfrei durchhärtbar voraussetzen. Für Festigkeiten wesentlich über 100 kg/mm² erscheint der nur mit Mangan legierte Stahlguß nach unseren bisherigen Kenntnissen wegen der niedrigen Anlaßtemperaturen nicht so gut geeignet wie andere legierte Stahlgußgüten.

Austenitischer Manganstahl enthält gewöhnlich 1,0 bis 1,4% C und 12,0 bis 15,0% Mn. Er wird meist in die Endform gegossen oder geschmiedet. Dabei ist zu beachten, daß eine Warmformgebung oberhalb 16% Mn sehr schwierig wird.

Beim Ablöschen von Temperaturen über 1000 °C besteht das Gefüge dieses Manganhartstahles nach RESOW [*69*] gemäß Abb. 14 aus Austenit. Oben im unbehandelten Zustand umgeben harte Eisenkarbide die Grenzen der Austenitkristalle. Sie stören den Zusammenhang des Austenit und machen so den Werkstoff spröde. Die Warmbehandlung bei 1000 °C mit anschließendem Ablöschen in Wasser bringt nach Teilbild b die Eisenkarbide zum Verschwinden. Sie werden vom Austenit gelöst, und der Stahl ist zähe. Rechts im Bild ist die gleiche Probe zu sehen wie in Teilbild b. Der Unterschied zwischen beiden beruht nur in einer Kaltverformung. Sie bewirkt das Auftreten paralleler Gleitlinien auf den Austenitflächen. Diese rühren her von Ausscheidungen des zersetzten Austenit und lassen sich nur durch Kaltverformen erzeugen, aber nicht durch eine Warmbehandlung. Der Nachweis dafür, daß diese Ausscheidungen Eisenkarbide sind, wird durch den höheren Magnetismus und die größere Härte erbracht. Würde man die Proben der Teilbilder a und b von Temperaturen unter 1000 °C, aber über A_1 ablöschen, so könnte man ähnlich wie oben in der Abbildung Karbide erkennen. Man erhält daher durch Ändern der Abkühlungsgeschwindigkeit alle Stufen vom reinen Austenit bis zum völlig mit Nadeln durchsetzten martensitähnlichen Gefüge. Nach ROLL [*70*] läßt sich das gleiche Ziel auch durch Anlassen erreichen. Dann scheiden sich Eisenkarbide aus, und zwar bei der kaltverformten Probe in wesentlich größerer Menge als bei der nicht verformten. Das Kaltbearbeiten beschleunigt somit die Karbidausscheidung, es erhöht also die Reaktionsgeschwindigkeit. Härtetemperaturen wesentlich über 1100 °C führen zu einer Kornvergröberung und setzen die Zähigkeit herab. In diesem Fall liegen ähnliche Eigenschaften vor, wie sie GUZZONI [*71*] beim Anlassen austenitischer Manganstähle fand. Festigkeit und Bruchdehnung wurden danach bei Anlaßtemperaturen um 600 °C sehr stark verringert. Dabei lassen sich je nach der Anlaßtemperatur Brinellhärten von über 500 erreichen.

Die bemerkenswerteste Eigenschaft austenitischen Manganstahles ist eine derart starke Kaltverfestigung, daß beispielsweise der verformte Probestab trotz kleineren Querschnittes mehr Belastung aushält als der unverformte. Dadurch kommt es zu einer hohen Gleichmaßdehnung ohne die bei perlitischen Stählen kennzeichnende örtliche Einschnürung. Als weitere Folge der hohen Verfestigung sowie der verhältnismäßig geringen Streckgrenze ist einerseits die niedrige Brinellhärte dieser Stähle anzusprechen und andererseits ihre schlechte Zerspanbarkeit. Diese ist wirtschaftlich nur durch Schleifen bzw. mittels Hartmetallwerkzeugen möglich. Vor der Kenntnis der Hartmetalle versuchte man — wenn auch nur mit geringem Erfolg — die Bearbeitbarkeit des Manganhartstahles durch Erhitzen zu verbessern. Das gelang in etwa beim Bohren, dagegen bei den anderen Bearbeitungsverfahren kaum. Legierungstechnisch kann man diesem Ziel schon eher nahe kommen. Denn kupfer- oder nickellegierter Manganhartstahlguß ist etwas leichter spanabhebend bearbeitbar als der gewöhnliche austenitische Mn-Stahl. Dies ist dadurch begründet, daß Kupfer sowie Nickel bis etwa 4% die Zugfestigkeit, Brinellhärte und spezifische Verfestigung solcher Stähle erniedrigen. Auf die Streckgrenze wirkt Nickel ähnlich, Kupfer dagegen kaum ein. Dafür steigert Nickel die Bruchdehnung gering, wogegen hier für Kupfer praktisch kein Einfluß erkennbar ist. Bei manchen Verschleißfällen nutzt man auch die Erhöhung von Brinellhärte und Streckgrenze durch Chrom aus, die sich als günstig erweisen kann. Dabei ist aber zu beachten, daß die Dehnung gleichzeitig merklich abfällt, während die Festigkeit nur wenig geändert wird. Die von KRAINER [72] durchgeführten Untersuchungen über die Wirkung des Kohlenstoffes auf austenitische Manganstähle ergaben, daß Brinellhärte, Zugfestigkeit und Streckgrenze mit steigendem C-Gehalt zunehmen. Dagegen erreicht die Dehnung bei etwa 1,1% C Bestwerte. Daher haben sich Legierungen mit 1,1 bis 1,3% C und etwa 13,0% Mn als die gebräuchlichsten eingebürgert.

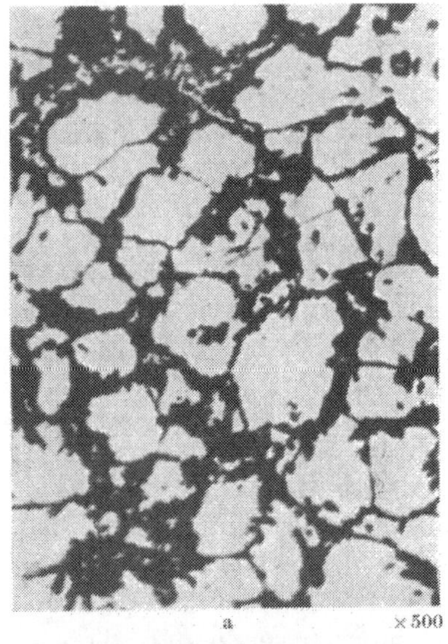

a ×500

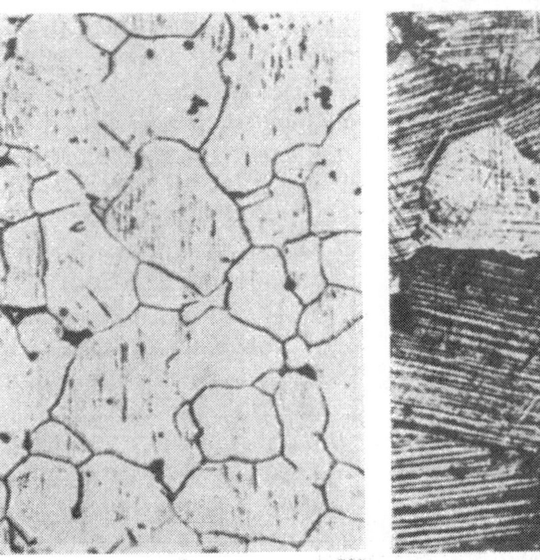

b ×500

c ×500

Abb. 14a—c. Gefüge von 12%-Manganstahlguß

a) Rohguß; b) von 1000 °C in Wasser abgelöscht; c) wie b, aber nach dem Ablöschen kaltverformt

Man nutzt dabei in erster Linie die hohe Kaltverfestigung solcher Manganstähle aus. Auf Grund der dargelegten Zusammenhänge wird aber klar, daß ein solcher Stahl nur dort verschleißfest sein kann, wo auch eine entsprechende Verformung durch ausreichenden

Druck oder Schlag gewährleistet ist. Trifft dies zu, dann steigt die Härte auf 500 HB und darüber. Die praktische Bewährung wird dann ausgezeichnet sein. Ohne bzw. ohne ausreichende Kaltverformung wird dagegen der Manganhartstahl stark angegriffen. Das ist beispielsweise der Fall bei gepanzerten Kugelmühlen und weichem Mahlgut, worauf im Abschnitt über verschleißfesten Stahlguß noch zurückzukommen sein wird.

β) *Nickel* erweitert ähnlich dem Mangan den Beständigkeitsbereich der γ-Phase. Als wesentliches Merkmal kommt hinzu, daß sich die physikalischen Eigenschaften der Stähle sehr stark mit dem Nickelgehalt ändern. Das gilt vor allem bei höheren Nickelzusätzen. So hat Nickel eine große Bedeutung erlangt für alle die Werkstoffe, welche besondere physikalische Eigenschaften aufweisen müssen.

Nickel selbst kristallisiert kubisch-flächenzentriert und bildet mit dem γ-Eisen nach dem Erstarren eine lückenlose Reihe von Mischkristallen. Im Gegensatz zu Mangan begünstigt Nickel im System Fe-Ni-C die Graphitbildung. Nickelkarbide wurden dagegen bis jetzt nicht im Stahl ermittelt. Der Austenitzerfall wird durch Nickel stark verzögert, also die kritische Abkühlungsgeschwindigkeit verringert und die Durchhärtung erhöht, wie BAIN [*73*] feststellte. Die ausführlichen Untersuchungen über den Ablauf der Austenitumwandlung in Fe-Ni-C-Legierungen von LANGE-MATHIEU [*74*] ergänzt ein Bericht über das Umwandlungsverhalten von Nickel [*75*]. Hierin sind die jüngsten Forschungsergebnisse zusammengestellt, erweitert durch die Legierungselemente Mangan, Chrom und Molybdän. Nickel erhöht die Zähigkeit deutlich, es wirkt kornverfeinernd und vermindert die Überhitzungsempfindlichkeit des Stahles sehr beachtlich. Außerdem wird die Alterungsempfindlichkeit durch Nickel herabgesetzt. Diese günstigen Eigenschaften bleiben auch in mehrfach legierten Stählen erhalten, was vor allem für den Cr-Ni-Stahl bedeutsam ist. Daher wird Nickel häufig in Kombination mit anderen Legierungselementen verwendet, allein jedoch weniger.

Da Nickel überdies seit etwa 60 Jahren als erstes aller Legierungselemente im Stahl praktische Verwendung fand, ist seine lange Zeit überragende Rolle verständlich. Deshalb kann man auch heute noch für die Betriebspraxis die schematische Einteilung der Nickelstähle nach GUILLET [*66*] als ausreichend ansehen. Sie ist in Abb. 15 wiedergegeben und gilt für verhältnismäßig rasche Abkühlung, beispielsweise bei kleineren Querschnitten an Luft.

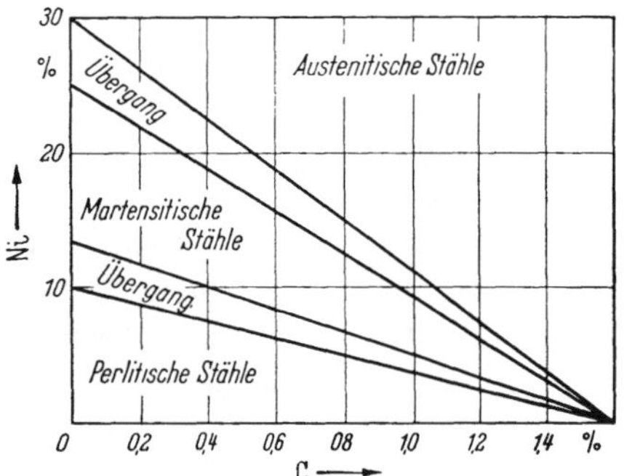

Abb. 15. Einteilung der Nickelstähle nach L. GUILLET

Nickel bleibt auch im Ferrit vollständig gelöst. Durch je 1% Ni werden die Ac_1- und Ac_3-Punkte um etwa 10 °C herabgesetzt. Die Hysteresis erhöht sich stark, weshalb das Erniedrigen der Umwandlungspunkte beim Abkühlen größer ist als beim Erhitzen. Hierdurch werden das Ausscheiden von Ferrit und das Bilden von Perlit verzögert. Die beschriebene Auswirkung auf das Gefüge gleicht also einem beschleunigten Abkühlen unlegierter Stähle. Da auch der Ar-Punkt herabgesetzt wird, bewirkt eine je nach dem Kohlenstoffgehalt mit 20 bis 30% ausreichende Menge Ni, daß der Austenit bis zu Raumtemperatur erhalten bleibt. Die bekannten schädlichen Wirkungen des Überhitzens werden mit Nickel dadurch abgeschwächt, daß es infolge seiner langsamen Diffusion ein Kornwachstum bei hoher Temperatur verzögert. Der Perlit wird verfeinert und sein C-Gehalt bei 3% Ni beispielsweise auf 0,75% herabgesetzt. Obwohl der Kohlenstoff die Wirksamkeit des Nickels verstärkt, lassen sich in Baustählen die besten mechanischen Eigenschaften nur dann erzielen, wenn man den C-Gehalt entsprechend niedrig hält.

Ausschließlich mit Nickel legierter Stahlguß wird nach ARMSTRONG-GAGNEBIN [*76*] und JURETZEK-TROMMER [*77*] nur als Baustahl zur Verwendung bei tiefen Temperaturen eingesetzt. Dabei ist Voraussetzung, daß der Mangangehalt unter 1% liegt. Die gebräuchlichsten Nickelgehalte sind dabei 3 und 5%. Die bekannte Versprödung des unlegierten

Stahlgusses zwischen —40 und —80 °C [*78*] wird durch einen Ni-Gehalt von 3% fast und durch einen solchen von 5% völlig aufgehoben. Austenitische Ni-Cr-Stahlgußgüten behalten nach Hinweisen der Lebanon-Steel [*79*] sowie von JUPPENLATZ [*80*] ihre sehr hohen Kerbschlagzähigkeitswerte bis zu Temperaturen von —180 °C bei. Diese Angaben gelten für geringere und mittlere Festigkeiten. Sind höchste Festigkeiten und beste Schlagzähigkeiten bei tiefen Temperaturen gefordert, so finden perlitische Ni-Stähle mit Cr- und Mo-Zusätzen Anwendung.

Mehrfach legierter Nickelstahlguß mit Gehalten bis zu 5% Ni fand früher als Baustahlguß in großem Umfang Verwendung. Solche Stähle sind wegen der Bildung von feinkörnigem Perlit härter als unlegierter Stahlguß, dabei jedoch wesentlich zäher. Hierzu tritt der Vorteil, daß Nickel die Streckgrenze heraufsetzt, also ein günstigeres Streckgrenzenverhältnis als bei unlegierten Stählen erzielen läßt. Damit ist eine Gewichtsverminderung erzielbar. Beispielsweise kann man in einem geglühten Stahl mit 0,3% C und 3,5% Ni die Zugfestigkeit um 30%, die Streckgrenze aber gleichzeitig um 50% heraufsetzen. Außerdem nutzt man die Tatsache aus, daß Nickel die Durchhärtung kräftig steigert.

Da jedoch abbauwürdige Nickelvorkommen nur auf wenige Länder unseres Erdballes beschränkt sind, hat man sich auf dem Gebiet des Baustahlgusses mit Erfolg darum bemüht, das Nickel durch andere Legierungselemente zu ersetzen. Der Nickelpreis ist verhältnismäßig hoch, und so wertvoll die Nickelstähle für Baustahlzwecke auch sind, so wurden sie dort, wo es auf Festigkeit und Zähigkeit in Verbindung mit geringem Gewicht ankommt, weitgehend von anderen mehrfach legierten Stählen verdrängt. Deshalb findet Nickelstahlguß heute nur noch für Sonderzwecke Verwendung, wo er kaum zu ersetzen ist. Hierzu zählen neben der Verwendung bei tiefen Temperaturen die korrosions- und hitzebeständigen Sorten. Sie enthalten jedoch als wesentlichsten Bestandteil sehr viel Chrom. Das zusätzliche Legieren mit Nickel erbringt eine Verbreiterung des Gebietes der Korrosionsbeständigkeit und verbessert die mechanischen Eigenschaften. So ist die Schutzhaut auf Stählen mit nur 12% Cr gegen nicht oxydierende Mineralsäuren auf die Dauer keineswegs ausreichend. Infolge seiner geringen Löslichkeit in diesen Säuren kann Nickel die Beständigkeit hiergegen wesentlich erhöhen. So erhält man nach RICHARDSON [*81*] duktilen, d. h. zähen Stahlguß mit guter Beständigkeit gegen die eben genannten Säuren sowie Salzlösungen mit den möglichst kohlenstoffarmen LANGALLOY-Legierungen. Sie weisen Gehalte von 50 bis 60% Ni und 15 bis 30% Mo auf, teilweise mit Zusätzen von Chrom und Wolfram.

Bereits oben wurde erwähnt, daß Nickel auf die physikalischen Eigenschaften unserer Eisenwerkstoffe am stärksten von allen Legierungselementen einwirkt. Das gilt sowohl für die magnetischen Eigenschaften wie auch für den elektrischen Widerstand und die Thermokraft. Ni versetzt uns in die Lage, magnetische weiche, harte und auch unmagnetische Stähle zu erzeugen. Sie finden im gegossenen und verformten Zustand weitestgehend Anwendung.

Ein Stahl mit 0,2 bis 0,6% C und 25,0 bis 27,0% Ni ist beispielsweise unmagnetisch. Ihm werden für Sonderfälle bis zu 5% Cr zulegiert, und er wird u. a. für gegossene Kompaßgehäuse benutzt. Hier kann man zur Nickelersparnis bis zu 10% Mn bei 8,0 bis 15,0% Ni zulegieren. Wesentliche Kennzeichen des letztgenannten Stahles sind seine höhere Festigkeit und Streckgrenze im Vergleich zum manganfreien Stahl. Gegenüber den austenitischen Manganstählen ist die Bearbeitbarkeit besser, was auf die geringere Verfestigungsfähigkeit zurückgeführt werden kann. Magnetisch weich mit hoher Anfangspermeabilität in schwachen Magnetfeldern ist Permalloy, eine möglichst kohlenstoffarme Legierung aus 78,5% Ni und 21,5% Fe. Sie ist wegen ihrer Anwendung im Rundfunk- und Fernsprechwesen von großer Wichtigkeit. Die Honda- und Mishima-Legierungen zählen zu den magnetisch harten Werkstoffen mit hoher Koerzitivkraft bei geringster Remanenz. Als leistungsfähigster Werkstoff sei der Alnico-Dreierstahlguß mit 20% Ni, 10% Al und 10% Co genannt.

Einen sehr kleinen thermischen Ausdehnungsbeiwert besitzt der Invar-Stahl mit etwa 36% Ni. Er wird benutzt für Uhren mit besonderen Anforderungen sowie für geodätische Instrumente. Für Einschmelzdrähte findet Platinit mit 46% Ni Verwendung. Dieser Stahl besitzt den gleichen Ausdehnungsbeiwert wie Platin und Glas. Stähle mit einem temperaturunabhängigen Elastizitätsmodul enthalten 36% Ni, 12% Cr und manchmal bis zu 4% W. Die zuletzt erwähnte Legierung ist unter dem Namen Elinvar bekannt.

γ) *Kobalt* gehört ähnlich wie Nickel zu den kostspieligen Legierungselementen des Stahles. Es findet daher heute nur dort Anwendung, wo man seine vorteilhaften Eigenschaften nicht durch andere, billigere Elemente ersetzen kann. In Massenstählen ist es somit weniger üblich. Kobalt ist sowohl flüssig wie fest in allen Verhältnissen im Eisen löslich, wobei der A_4-Punkt zu höheren Temperaturen verschoben wird. Für Kobaltgehalte über 20% bildet sich beim Erstarren die kubisch-flächenzentrierte Phase unmittelbar aus der Schmelze. Von allen bekannten Legierungselementen ist Kobalt nach RAPATZ [*1*] das einzige, welches bei Gehalten über 20% die Wärmeleitfähigkeit des Eisens erhöht. Damit in Zusammenhang steht eine ähnliche Beeinflussung der elektrischen Leitfähigkeit, die bereits vorstehend beim Besprechen der Wirkung von Nickelzusätzen angedeutet wurde. Kobalt ist weiterhin das einzige Element, das im Eisen die magnetische Sättigung erhöht. Das nutzt man nicht nur unmittelbar aus, sondern auch durch Legieren von Kobalt mit anderen Elementen zum Erzielen umwandlungs- und ausscheidungshärtbarer Magnetstähle. Das Verbessern der Beständigkeit unter wechselnden magnetischen Bedingungen (Koerzitivkraft) sowie das Verstärken der Dichte des zurückbleibenden magnetischen Kraftfeldes (Remanenz) werden bei Verwendung von Co vorteilhaft dadurch unterstützt, daß Kobalt auf nicht angelassenen Martensit stabilisierend wirkt. Hierdurch ist es in einzigartiger Weise für Dauermagnetstähle geeignet.

Das System Fe-Co-C untersuchten VOGEL-SUNDERMANN [*82*]. Sie fanden mit steigendem Co-Gehalt ein Heben des Perlitpunktes. Weiterhin stellten sie fest, daß Kobalt die Einstellung der Gleichgewichte nach dem stabilen System begünstigt und somit die Graphitbildung fördert. Selbst bei großer Abkühlungsgeschwindigkeit ließ sich bis etwa 80% Co kein bei Raumtemperatur beständiger Austenit beobachten.

In eutektoiden Kohlenstoffstählen vermindert Kobalt nach HOUDREMONT-SCHRADER [*83*] die Einhärtetiefe, es erhöht also die kritische Abkühlgeschwindigkeit. Die Anlaßbeständigkeit solcher Stähle wird durch Co verbessert, trotzdem es nicht als Karbidbildner anzusprechen ist. Ein Teil des Kobalt kann zwar unter bestimmten Bedingungen als Karbid Co_3C vorliegen, seine Beständigkeit ist aber gering. Das führt bei der Warmverformung leicht zum Entkohlen. Der nicht an den Kohlenstoff gebundene Teil des Kobalt geht wahrscheinlich eine intermetallische Verbindung Fe_2Co ein, die eine kontinuierliche Reihe fester Lösungen bildet. Mit dem Verbessern der Anlaßbeständigkeit von Kohlenstoffstählen steht die Steigerung der Schnitthaltigkeit durch Kobalt in Zusammenhang.

Von den Gußlegierungen haben sich in der Praxis die Stähle mit 0,3% C, 2 bis 10% Co, 2 bis 4% Cr und 8 bis 10% W bewährt, die teilweise auch mit Vanadin legiert sind. Sie finden Verwendung für Strangpreßmatrizen bei höchster Beanspruchung. Als besonders verschleißfester Halbstahlguß sei ein Werkstoff für Walzstopfen, Brikettschwalbungen u. a. genannt, der 1,5 bis 3% C, 2 bis 5% Co, 15 bis 25% Cr und manchmal auch W, Mo sowie Ni enthält. In den mit *Kanthal* bezeichneten Heizleiterlegierungen wird neben 3% Co noch 5% Al und 25% Cr, Rest Fe verwendet.

Ausscheidungshärtbare Co-Legierungen erhält man unter Benutzung von Molybdän sowie Wolfram. KÖSTER [*84*] fand für Legierungen mit 10 bis 20% Mo und 30% Co nach dem Ablöschen und Anlassen bei etwa 600 °C Härten von 70 bis 72 Rc. Die größte Härtesteigerung beim Ausscheiden erfolgt im Temperaturbereich zwischen 600 und 800 °C. Findet das Ausscheiden aus austenitischer Grundmasse statt, muß man die höheren Anlaßtemperaturen wählen, beim Ausscheiden aus ferritischer Grundmasse dagegen die niedrigen. Dabei können Stähle mit γ-α-Umwandlung neben der Ausscheidungs- noch Umwandlungshärtung zeigen. Bei einer wolframhaltigen Legierung mit 20% W und 30% Co erreichte SYKES [*85*] nach dem Abschrecken von 1300° C und nachfolgendem Anlassen bei 600° eine Härte von 69 Rc.

Man kann somit bei kobaltlegierten Schnellarbeitsstählen sehr hohe Schneidleistungen erwarten. Nachteilig ist aber ihre große Sprödigkeit, wodurch der Verwendungsbereich eingeschränkt wird. In diesem Zusammenhang sei auf die neuerdings in den Vordergrund gerückten Sinterhartmetalle für den gleichen Verwendungszweck hingewiesen.

c) Legierungselemente, die das γ-Gebiet anfangs erweitern, bei höheren Gehalten jedoch heterogene Systeme bilden. Es handelt sich hierbei um Legierungselemente, deren Zustandsschaubild eine große Ähnlichkeit mit dem des Eisen-Kohlenstoffs aufweist. Hierzu zählen außer dem unter II, D, 1 bereits erörterten Stickstoff nach Abb. 9 die Elemente Zink, Gold und Kupfer. Von ihnen ist das Kupfer für die Legierungstechnik nicht nur das interessanteste, sondern auch weitaus bedeutsamste.

α) *Kupfer* wurde dem Stahlguß früher grundsätzlich nicht zulegiert. Erst NEHL [*86*] erläuterte die Eigenschaften kupferlegierten Baustahlgusses eingehender. Er stellte fest, daß die niedriggekohlten Stähle mit einem Gehalt über 0,6% Cu im Gußzustand durch das Ausscheidungshärten gute Eigenschaften bekommen. Die Stähle zeichnen sich aus durch hohe Festigkeit, ein hochliegendes Streckgrenzverhältnis sowie gute Warmfestigkeit und Zähigkeit. Daher eignen sie sich für den Leichtbau. Man macht sich dabei nach SÖHNCHEN-PIWOWARSKY [*87*] und ALEXANDER [*88*] die Tatsache zunutze, daß die Ausscheidungshärten durch eine Anlaßbehandlung nach dem normalisierenden Glühen mit vergleichsweise günstiger Zähigkeit erreichbar ist. Das hat für Gußstücke den Vorteil, daß durch den Fortfall des Härtens ein Verziehen oder Reißen nicht zu befürchten ist. Die geringere Pflege des Cu-legierten Baustahlgusses in Deutschland ist wohl trotz der einfachen Handhabung des Kupfers im Schmelzbetrieb auf die im Laufe der Jahre verbesserte Legierungs- und Warmbehandlungstechnik sowie die dadurch mit anderen Elementen günstiger zu erreichenden Zähigkeitseigenschaften zurückzuführen. Das gilt insbesondere wegen der durch Kupfer bedingten Anlaßsprödigkeit. Dabei wird aber in den Stahlgießereien vielfach übersehen, daß das Kupfer die Dünnflüssigkeit des weichen Stahlgusses merklich erhöht. Abweichend von der deutschen Praxis hat sich kupferlegierter Stahlguß in den Ver. St. und England ein breites Verwendungsgebiet erobert, wie SALLITT [*89*] und GREENIDGE-LORIG [*90*] berichten. Als Beispiel seien Stahl -und Halbstahllegierungen mit Kupferzusatz für Zahnräder und verschleißbeanspruchte Teile gemäß CARROLL-JETER [*91*] genannt. Eine Zusammenstellung der danach für einen Traktor benutzten Werkstoffe nebst ihrer Warmbehandlung enthält Tab. 4. Die meiste Verwendung findet Stahl Nr. 5, ihm folgen Nr. 7 sowie ein Stahl für gegossene Kurbelwellen (Nr. 8) und der Kolbenwerkstoff Nr. 9. Von ihnen sind die drei letztgenannten Halbstahlgußgüten. Weiterhin versuchte man zu Beginn des letzten Krieges nach einer amer. Mitteilung [*92*] ganz allgemein, Nickel legierungsseitig durch Kupfer zu ersetzen. In der begonnenen Weise mußte das aber zu den beschriebenen nachteiligen Wirkungen auf die Kerbschlagzähigkeit der Stahlgußteile führen.

Außerdem erhöht Kupfer nach DAEVES-TRAPP [*93*] schon bei Gehalten von 0,2% an die Beständigkeit des Stahles gegen Rosten an Luft. In Seewasser ist dagegen kein Vorteil zu bemerken. Dabei muß man sich die Wirkung des Cu-Zusatzes so vorstellen, daß das Rosten zwar nicht verhindert, aber stark verzögert wird. In diesem Sinne sind auch Cu-Mo-Stähle nach CONE [*94*] als rostträge anzusehen.

Den bekannten säurefesten Cr-Ni-Stählen setzt man ebenfalls häufig Kupfer zu. Seine besondere Wirkung beruht bei diesen Stählen in einem Erhöhen der Beständigkeit gegen Spannungskorrosion.

Schließlich finden Cu-haltige ausscheidungshärtbare Legierungen mit möglichst geringem Kohlenstoffgehalt nach MISHIMA [*95*] als Werkstoffe mit höchster Koerzitivkraft für Dauermagnetlegierungen Verwendung. Sie enthalten beispielsweise 0,1% C, 6 bis 10% Co, 25 bis 30% Ni, 9 bis 14% Al und etwa 6% Cu.

Tabelle 4. *Kupferlegierte Stähle* (nach CARROL u. JETER: Foundry 68 [1940] S. 30/33 u. 86)

Nr.	C	Si	Mn	Mo	Cr	Cu	Warmbehandlung
1	0,25 0,35	0,60 0,80	0,40 0,60	—	—	1,50 2,00	Normalisieren auf 137 bis 197 Br. Einsatzhärtung
	P: max 0,05; S: max 0,08 Lenkräder, Lenksegmente, Joche						
2	0,18 0,25	0,20 0,40	0,40 0,60	max 0,25 0,35	0,10	0,50 1,50	Normalisieren Zementieren, Härten, Anlassen oder Ölhärtung auf 58 bis 62 Rc
	P + S: max 0,05; Ni: 1,65 bis 2,00 Radkränze und Teile dazu						
3	0,30 0,38	0,20 0,40	0,55 0,75	0,10 0,20	0,80 1,00	0,50 1,50	Normalisieren auf 170 bis 196 Br. Härten.
	P + S: max 0,05 Zentrifugalguß, Vorgelegewellen, Diff.-Räder						
4	0,38 0,45	0,20 0,40	0,55 0,75	0,10 0,20	0,80 1,00	0,50 1,50	Normalisieren auf 170 bis 196 Br. Härten
	P + S: max 0,05 Traktor- u. Zugmaschinen-Getrieberäder						
5	0,35 0,45	0,20 0,40	0,70 0,90	—	—	0,50 1,50	Anlassen auf 163 bis 207 Br. oder Wasserhärtung zu spez. Zwecken
	P + S: max 0,05 Traktorräder, -vorderachsen, -achsen, Pflugkupplungen usw.						
6	0,90 1,10	0,20 0,40	0,20 0,35	—	1,10 1,30	—	Normalisieren, Schleifen Härten. 62 bis 65 Rc.
	P + S: max 0,05 Kugeln und Laufringe						
7	1,35 1,55	0,90 1,10	0,40 0,60	—	max 0,08	—	Normalisieren auf 170 bis 228 Br.
	P: max 0,10; S: max 0,08 Hinterachsgehäuse, Furchenräder						
8	1,35 1,60	0,85 1,10	0,70 0,90	—	0,40 0,50	1,50 2,00	900 °C/20 min; Luft — 650°; wieder auf 760 °C/1 h Ofenabk. 540 °C; 255 bis 321 Br.
	P: max 0,10; S: max 0,08 Kurbelwellen						
9	1,40 1,60	0,90 1,10	0,80 1,00	—	0,15 0,20	2,00 2,50	Wie Nr. 8 190 bis 228 Br.
	P: max 0,10; S: max 0,08 Kolben						
10	1,20 1,40	0,30 0,60	0,30 0,50	—	2,50 3,50	1,50 2,00	790 °C/30 min; in 3 Stunden auf 540 °C; 38 bis 46 Rc.
	W: 14,0 bis 17,0 Ventilteller						
11	0,95 1,20	2,00 3,50	0,20 0,30	—	15,00 16,00	—	
	Ni: 14,0 bis 15,0 Ventile						

In der Schwachstromtechnik sind häufig Legierungen mit hoher Anfangspermeabilität (Mumetalle) erwünscht. Sie weisen neben 76% Ni noch 5% Cu sowie 2% Cr auf. Ebenfalls kupferlegiert sind Werkstoffe mit einer gleichbleibenden Permeabilität (Isoperme). Sie enthalten außer 35 bis 50% Ni noch 9 bis 13% Cu.

Werkstoffe mit hoher Anfangspermeabilität finden Verwendung für die Kerne von Meßwandlern und für die magnetisch wirksamen Teile von Weicheiseninstrumenten. Legierungen mit gleichbleibender Permeabilität im Bereich kleiner Felder sind notwendig, um in der Verstärkertechnik Amplitudenverzerrungen zu verhüten. Das läßt sich nur bei kleiner Hysteresis erfüllen. In Sonderfällen kommt hierzu noch die Bedingung, daß die Permeabilität von vorübergehenden Magnetisierungen durch starke Störfelder bis zur Sättigung unabhängig sein soll. Da die Eigenschaften der beiden zuletzt genannten Werkstoffe wesentlich von der Warmbehandlung abhängen, ist diese außerordentlich wichtig. Das gilt besonders für die Abkühlungsgeschwindigkeit nach dem Glühen.

Die Löslichkeit des Kupfers im α-Eisen nimmt von etwa 3,4% bei 800 °C auf 0,2% bei Raumtemperatur ab. Demzufolge lassen sich in kupferlegierten Stählen die unter II, B, 1 und 2 erwähnten Härtungseffekte beobachten. Hierbei scheidet sich Kupfer aus der übersättigten Lösung aus dem α-Eisen aus. Wie bereits vorstehend erörtert, genügt es zu diesem Zweck, wenn man die Legierung auf Temperaturen über 600 °C erwärmt und nicht zu langsam abkühlt. Das ist bei Luftabkühlung der Fall, wodurch der Gleichgewichtszustand nicht erreicht wird. Bei Raumtemperatur bleibt daher mehr Kupfer gelöst, als dem Gleichgewicht entspricht. Die nachfolgende Anlaßbehandlung bringt dann das Kupfer zum Ausscheiden. Temperaturen von 400 bis 500 °C erbringen hierbei die größten Festigkeitssteigerungen.

Von den übrigen zu dieser Gruppe zählenden Elementen wurden Kohlenstoff und Stickstoff bereits an anderer Stelle besprochen. Außerdem gehören Gold und Zink dazu. Von ihnen kommt Gold als Legierungselement des Stahles praktisch nicht in Betracht. Zink wird den handelsüblichen Stählen bisher ebenfalls nicht absichtlich zugesetzt. Manchmal findet man zwar geringe Gehalte. Sie stammen aber meist aus unvollständig entzinktem Schrott, werden allerdings in besonderen Fällen auch mit Ferrolegierungen eingebracht. In den Eisenerzen ist selten elementares Zink enthalten, jedoch Zinkoxyd ZnO in geringer Menge, d. h. kaum über 0,3%. Über die Löslichkeit des Zink in reinem Eisen läßt sich so viel sagen, daß sie bei Raumtemperatur 6% beträgt. Das in fester Lösung vorhandene Zink erweitert zunächst die γ-Phase des Zustandsschaubildes. Bei höheren Gehalten bildet es eine Reihe heterogener Systeme in Form intermetallischer Verbindungen.

d) Legierungselemente, die das γ-Gebiet abschnüren. Verschiedene der hierunter fallenden Elemente besitzen eine große Bedeutung für die Eigenschaftsänderungen des Stahles. Dabei ist eine klare Scheidung der Wirksamkeit nicht immer eindeutig zu treffen. Zwar weichen manche Elemente grundsätzlich voneinander ab. Andere beeinflussen jedoch bestimmte Eigenschaften mehr oder weniger bzw. verstärken oder schwächen die Wirkung eines oder mehrerer anderer Legierungselemente nachhaltiger.

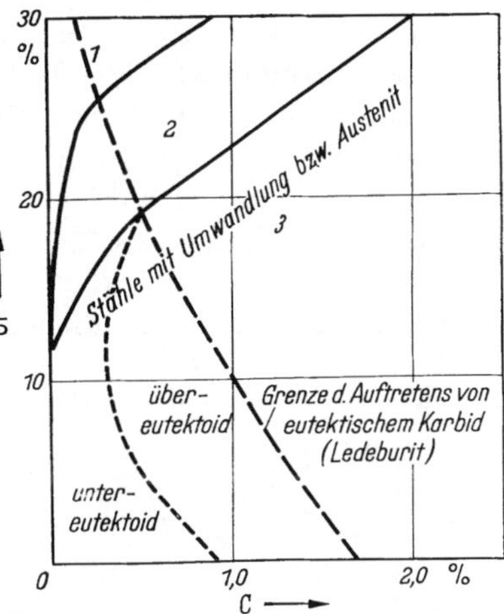

Abb. 16. Einteilung der Chromstähle nach TOFAUTE, KÜTTNER und BÜTTINGHAUS

1 ferritische Stähle, *2* halbferritische Stähle, *3* Cr-Stähle mit vollständiger Umwandlung

α) *Chrom* hat sich als eines der Hauptlegierungselemente des Stahles umfangreicher Forschungen erfreut. Bis zu Gehalten von 8% Cr wird der A_3-Punkt gesenkt, aber durch weitere Zusätze zu höheren Temperaturen verschoben. Mit steigendem Chromgehalt wird der A_4-Punkt derart erniedrigt, daß das γ-Gebiet bei 13% Cr völlig abgeschnürt ist. Bei der γ-α-Umwandlung tritt eine Mischungslücke auf, wodurch sich drei Gruppen von

Chromstählen ergeben. Sie sind in Abb. 16 nach TOFAUTE und Mitarb. [*96*] dargestellt. Die erste Gruppe von Stählen mit mehr als 13% Cr ist umwandlungsfrei, man bezeichnet sie als ferritisch. Die Gruppe der halbferritischen Stähle mit einer teilweisen Umwandlung ergibt sich je nach der Abstimmung der Chrom- und Kohlenstoffgehalte aufeinander. Zur dritten Gruppe gehören schließlich die Chromstähle mit vollständiger Umwandlung.

Chrom zählt zu den Elementen, die mit dem Kohlenstoff stabile Karbide bilden. Infolge der nahen Verwandtschaft der Elemente Cr und Fe sind die gefundenen Karbide einerseits Chromkarbide, in denen das Chrom teilweise durch Eisen ersetzt ist. Andererseits handelt es sich um Zementit, in dem an Stelle von Eisenatomen Chromatome stehen. Nach unserer derzeitigen Kenntnis treten drei verschiedenen Chromkarbide auf, das kubische $(CrFe)_{23}C_6$, das trigonale $(CrFe)_7C_3$ und in kohlenstoffreichen Legierungen das orthorhombische Cr_3C_2. Im Zementit läßt sich das Eisen bis zu 15% durch Chrom ersetzen. Ein Ersatz von Chrom durch Eisen ist im kubischen Chromkarbid bis 25% und im trigonalen Chromkarbid bis 55% möglich. Im orthorhombischen Chromkarbid ist dagegen ein derartiger Austausch nur in geringem Umfang erreichbar.

Niedriglegierte Cr-Stähle enthalten praktisch nur Zementit, in dem ein Teil des Eisens durch Chrom ersetzt ist. Daher herrschen in derartigen Stählen die Eigenschaften des Eisenkarbides vor. Chromreiche Stähle sind entsprechend durch die Eigenschaften der schwerlöslichen Chromkarbide gekennzeichnet. Sowohl das kubische wie das trigonale Cr-Karbid entziehen der Grundmasse einen großen Teil des vorhandenen Chroms. Mit steigendem Kohlenstoffgehalt sind daher immer größere Chrommengen zum völligen Abschnüren des γ-Gebietes nötig. Das ist aus Abb. 16 gut ersichtlich. Danach kann beispielsweise eine Legierung mit 15% Cr nur bei einem sehr geringen Kohlenstoffgehalt ferritisch sein.

Das gelöste Chrom verzögert die Umwandlung des Austenits, es vermindert die kritische Abkühlungsgeschwindigkeit. Somit verbessert es die Durchhärtung und ruft Lufthärtung hervor. Außerdem wird die Diffusionsgeschwindigkeit des Karbides durch das im Eisenkarbid gelöste Cr verkleinert. Daraus ergibt sich ein Verringern der Ausscheidungsgeschwindigkeit im Umwandlungsgebiet. Auch aus diesem Grund wirkt Chrom verbessernd auf die Härtefähigkeit. Daneben ist allen Karbidbildern die Eigenschaft gemeinsam, die Härtefähigkeit zu vergrößern. Man muß dabei die Härtetemperatur aber so hoch wählen, daß sich auch die Sonderkarbide im Austenit auflösen können. Hierfür ist die Temperatur jedoch nicht allein ausschlaggebend. Beispielsweise nimmt zwar die Löslichkeit der Doppelkarbide mit steigender Temperatur zu, sie lösen sich aber grundsätzlich nicht besonders gut im Austenit. Derartige im Austenit ungelösten Karbide wirken im Umwandlungsgebiet als Keime und verringern die Härtefähigkeit. Andererseits verhüten die ungelösten Karbide das Kornwachstum und setzen so die Überhitzungsempfindlichkeit herab. Beim Abkühlen aus dem Umwandlungsgebiet sind diese Eigenschaften sehr wesentlich für die Verwendung von Chromstählen.

So untersuchte CORNELIUS [*97*] den Einfluß verschiedener Cr-Gehalte auf Baustähle. Er fand, daß die Festigkeitseigenschaften vergüteter Proben bei gleicher Durchhärtung nur wenig vom Chromgehalt abhängen. Das gilt jeweils für querschnittabhängige Schwellwerte. Das Anwenden höherer Cr-Gehalte ist also beispielsweise nur dort vorteilhaft, wo bei dem nächst geringeren Cr-Gehalt keine Durchhärtung mehr erzielbar ist. Die getroffene Feststellung gilt übrigens auch für anders legierte Stähle. Sofern daher Durchhärtung vorliegt, können die durch das Anlassen erreichbaren Festigkeitswerte mit einem höheren Legierungsgehalt kaum nennenswert verbessert werden.

Zum Erläutern der in Abb. 16 enthaltenen Einteilung der Chromstähle seien nachstehend einige Gefügeaufnahmen wiedergegeben, um so besser den Unterschied zwischen umwandlungshärtenden, halbferritischen und ferritischen Chromstählen zu zeigen. Es handelt sich um Gefüge von Gußlegierungen.

Abb. 17 zeigt das Gefüge eines angelassenen Martensit. Links kann man von einem Anlaßtroostit sprechen, während das Gefüge rechts daneben mehr sorbitisch ist. Der geprüfte Stahlguß enthielt etwa 0,25% C und 1% Cr. Die Zeiten und Temperaturen für Normalisieren und Härten waren in beiden Fällen gleich. Lediglich die Anlaßtemperatur wurde unterschiedlich gewählt.

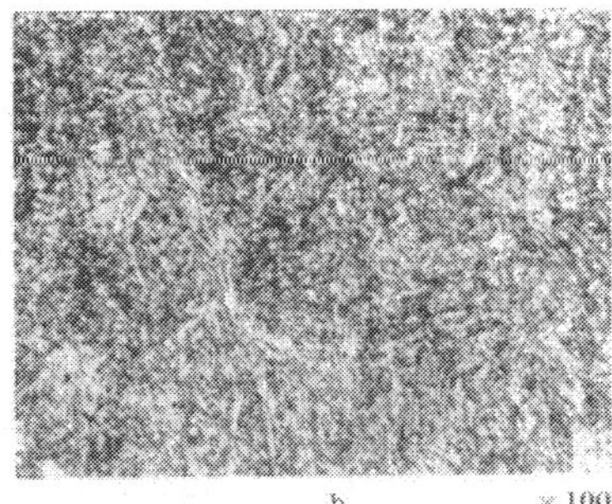

Abb. 17 a u. b. Angelassener Martensit

a) Anlaßtemperatur 500 °C troostitisch; b) Anlaßtemperatur 600 °C sorbitisch

Den Übergang zu den halbferritischen Gefügeformen vermittelt Abb. 18. Der wiedergegebene Stahlguß enthält etwa 0,5% C und 14% Cr. Er wurde bei 700 °C weichgeglüht, von 1000 °C an Luft gestürzt und bei 680 °C angelassen. Das Gefüge ist martensitisch-sorbitisch.

Im Gegensatz dazu zeigt Abb. 19 das Gefüge eines halbferritischen Chromstahlgusses mit 0,2% C und 15% Cr nach dem Weichglühen bei 700 °C. Derartige Legierungen besitzen eine gute Widerstandsfähigkeit gegen den Rostangriff durch Wasser, Dampf und die Atmosphäre. Das gilt auch für Seewasser. Die auf Grund ihrer Zusammensetzung vorhandenen guten Festigkeits-Zähigkeitseigenschaften sind bemerkenswert. Daher sind sie auch geeignet für schlagbeanspruchte Bauteile.

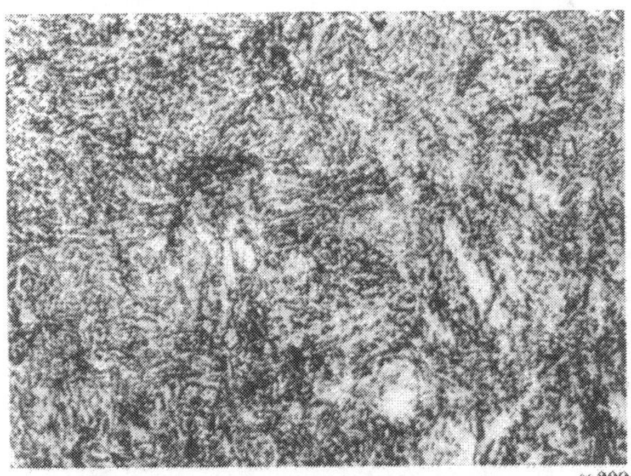

Abb. 18. Martensitisch-sorbitisches Gefüge

Bei allen oxydierenden Säuren bewährt sich der in Abb. 20 gezeigte Chromguß mit etwa 32% Cr und 1% C. Das Gefüge ist rein ferritisch mit an den Korngrenzen eingelagerten Karbiden. Da es sich nach Zusammensetzung und Gefügebau um einen Werkstoff ähnlich dem Gußeisen handelt, fehlen Dehnung und Zähigkeit. Die Beurteilung erfolgt nach Zug- und Biegefestigkeit sowie Durchbiegung. Die Warmbehandlung besteht nur aus einem kurzzeitigen Glühen bei 850 °C mit anschließender Ofenabkühlung.

Erhöht man den Kohlenstoffgehalt derartiger Legierungen auf etwa 1,5%, so ergibt sich bei rund 23% Cr ein nichtrostender Gußwerkstoff mit hoher Verschleißfestigkeit. Sein Gefüge ist nach Abb. 21 gekennzeichnet durch eine eutektoide Grundmasse mit Einlagerungen harter Chromkarbide.

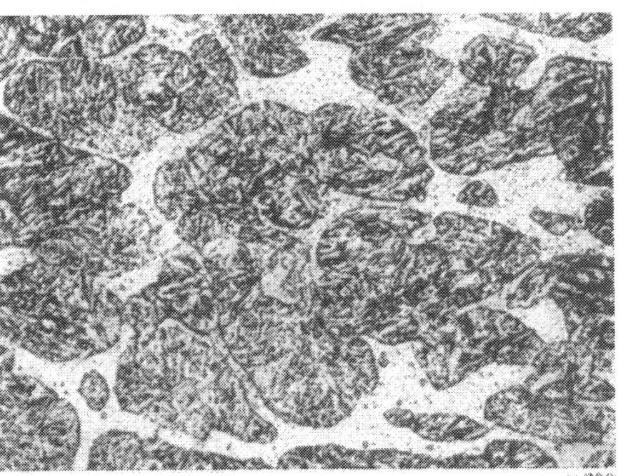

Abb. 19. Halbferritischer Chromstahlguß

Der Einfluß von Mangan auf Chromstähle sollte bei der Ähnlichkeit der Legierungselemente Mangan und Nickel entsprechend sein. Das gilt aber nur in gewissem Umfang. Der wesentliche Unterschied beruht nämlich darin, daß ein Ni-Zusatz zu Chromstählen die ferritische Phase stark einengt. Das ist bei einem Mn-Zusatz weitaus weniger der Fall. Ein Cr-Stahl mit teilweisem Umwandlungsgefüge wird also durch einen gleich hohen Mn-Gehalt als Ersatz für Nickel nicht rein austenitisch. Man erhält vielmehr nach Abb. 22 ein ferritisch-austenitisches Mischgefüge. Im gezeigten Bild handelt es sich um einen Stahlguß mit 0,25% C, 8,5% Mn und 18,5% Cr. Durch ein vorgeschaltetes langzeitiges Weichglühen kann man ihm nach dem Ablöschen von Temperaturen über 1200 °C eine gute Festigkeit sowie Dehnung verleihen. Diese Gußlegierung zeichnet sich insbesondere durch eine hervorragende Kavitationsbeständigkeit aus, worauf noch zurückzukommen sein wird. Ähnlich ist es mit den rein austenitischen Cr-Mn-Stahlgußgüten. Sie finden infolge ihrer guten Kerbschlagzähigkeit als Werkstoffe für tiefe Temperaturen Verwendung und lassen sich auch als warmfester Stahlguß mit guter Dauerstandfestigkeit bei höchsten Temperaturen einsetzen.

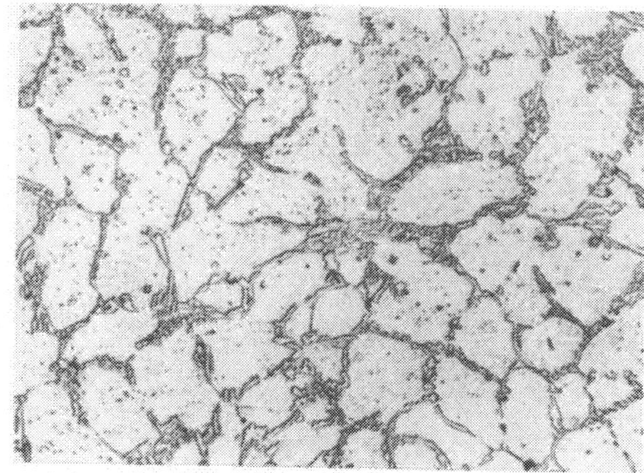

× 200

Abb. 20. Ferritischer Cr-Stahlguß

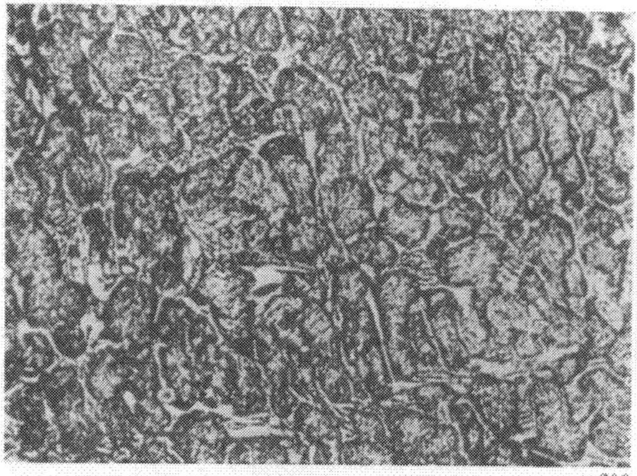

× 200

Abb. 21. Eutektoide Grundmasse mit eingelagerten Karbiden

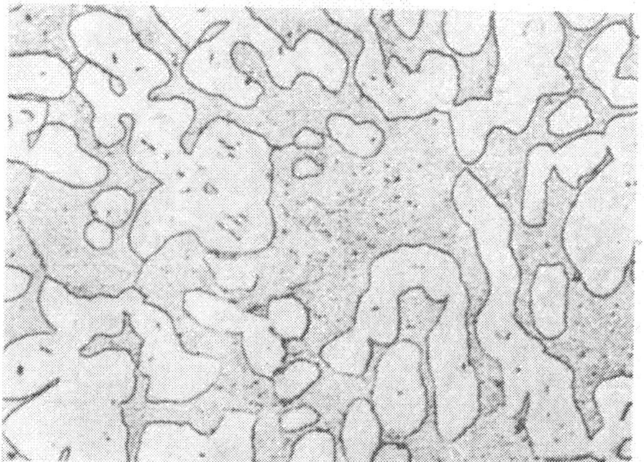

× 200

Abb. 22. Ferritisch-austenitisches Mischgefüge

Der Einfluß eines Nickelzusatzes auf Chromstähle mit einem Kohlenstoffgehalt von 0,2% ergibt sich nach SCHERER u. Mitarb. [*98*] aus Abb. 23. Diese Abbildung gilt für Stähle, die von 1100 °C abgeschreckt wurden. Ist die Abkühlung langsamer oder findet ein Langzeitglühen bei tiefen Temperaturen statt, dann verschieben sich die eingezeichneten Linien zu höheren Ni-Gehalten. Legiert man perlitisch-martensitische Chromstähle mit Nickel, werden die Umwandlungspunkte erniedrigt und die kritische Abkühlungsgeschwindigkeit vermindert. Dadurch steigt die Härtbarkeit bei gleichzeitigem Erhöhen der Durchhärtung. So ist beispielsweise ein Stahl mit 0,4% C, 1% Cr und 3% Ni nach RAPATZ [*1*] bis zu Durchmessern von 300 mm martensitisch. Mit dem gleichen Kohlenstoffgehalt, aber ohne Zusätze von Nickel und Chrom, würde der Stahl dagegen nur bis 60 mm Querschnitt reinen Martensit bilden. Ein großer Vorteil Cr-Ni-legierter Baustahlgußgüten ist neben ihrer guten Durchvergütbarkeit das geringe Kornwachstum beim Warmbehandeln und die damit verknüpfte günstige Zähigkeit.

Wählt man den Nickelgehalt entsprechend hoch, so werden die Cr-Ni-Stähle bei Raumtemperatur stabil austenitisch.

β) *Molybdän* senkt ebenso wie Chrom die A_4-Umwandlung und verschiebt den A_3-Punkt zu höheren Temperaturen. Der Scheitel des abgeschlossenen γ-Feldes liegt im Zweistoffsystem Fe-Mo bereits bei 2,75% Mo. Vom Dreistoffsystem Fe-Mo-C liegt noch kein vollständiges Zustandsschaubild vor. Nach den bisherigen Untersuchungen tritt der Karbidbildner Molybdän meist in Mischkarbiden auf. Das sind Doppelkarbide von Mo u. Fe, die weit beständiger als Zementit sind. Im Zementit selbst ist nach KRAINER [99] eine geringe Menge Molybdän löslich. Hier besteht also eine gewisse Ähnlichkeit mit dem Chrom, wenn auch keine Parallele. Weiterhin kommt ein kubisches Karbid $Fe_{21}Mo_2C_6$ sowie bei höheren Mo-Gehalten ein zweites kubisches Karbid $(FeMo)_6C$ vor. Die Zusammensetzung des zuletzt genannten Doppelkarbides ist nicht einheitlich. Sie liegt vielmehr zwischen Fe_3Mo_3C und Fe_4Mo_2C. Die gute Warmfestigkeit und Anlaßbeständigkeit molybdänhaltiger Stähle ist durch das erwähnte Doppelkarbid bedingt. Nach HOUDREMONT-SCHRADER [100] wird die Hysterese zwischen Ac_1 und Ar_1 sowie Ac_3 und Ar_3 durch Molybdän merklich vergrößert. Die Ausscheidung von Ferrit wird somit selbst bei langsamer Abkühlung unterdrückt. Damit in Zusammenhang steht die starke Steigerung der Durchhärtung durch Molybdän. In dieser Beziehung wirkt Molybdän doppelt so stark wie Chrom. Eine weitere Ursache für das günstige Verhalten des Molybdäns insbesondere auf die Kerbschlagzähigkeit ist das Begünstigen eines feinkörnigen Gefüges. Das bleibt auch beim Erhitzen auf Temperaturen weit über der α-γ-Umwandlung bestehen.

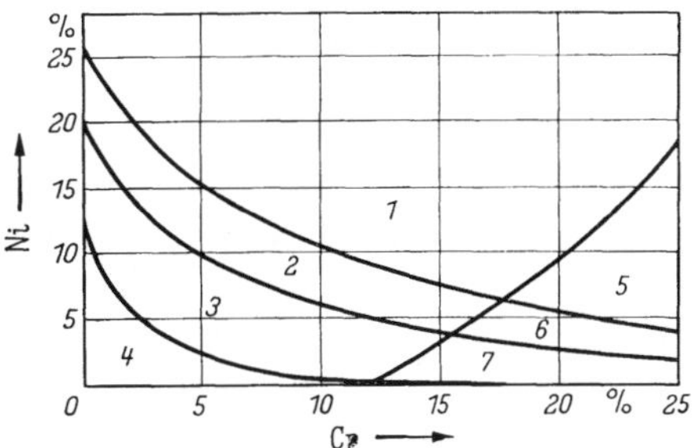

Abb. 23. Gefügeschaubild von Chrom-Nickelstählen mit 0,2% C

1 Austenit, *2* Austenit/Martensit, *3* Martensit/Troostosorbit, *4* Ferrit/Perlit, *5* Austenit/Ferrit, *6* Austenit/Martensit/Ferrit, *7* Martensit/Ferrit

Die Verzögerung der Umwandlungserscheinungen durch Molybdän ist gleichzeitig der Grund für eine Eigenheit aller molybdänlegierten Stähle. Gemeint ist hiermit das Auftreten Widmannstättenscher Strukturen, auf das BLANCHARD u. Mitarb. [101] hinwiesen. Es ist als Zwischenstufengefüge aufzufassen. Seine Entstehung ist durch Glühtemperatur und Abkühlungsgeschwindigkeit gegeben. In Abb. 24 sind links die Gefügearten enthalten, die in Mo-Stählen nach Luftabkühlung von 900 °C gefunden wurden. Rechts daneben erkennt man die Gefügeverteilung nach dem Ablöschen in Wasser von 900 °C. Für das Verhalten von Mo-Stählen sind die Eigenschaften der bereits genannten Molybdänkarbide maßgebend. Sie sind teilweise leicht löslich und bedürfen keiner höheren Härtetemperatur. Ein anderer Teil der Molybdänkarbide löst sich jedoch nicht vollständig. Diese Restkarbide wirken wie Sonderkarbide und erhöhen die Temperatur der beginnenden Kornvergröberung.

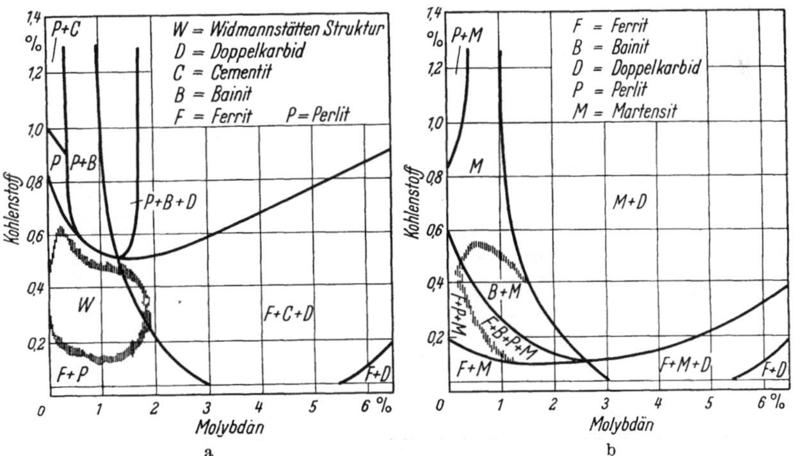

Abb. 24a u. b. Gefüge von Molybdänstählen nach [101]

a) 900°C – Luft; b) 900°C – Wasser

Da Molybdän schwerer oxydierbar ist als Eisen, wird es durch das Eisen aus seinen Oxyden reduziert. Die üblichen Stahlherstellungsverfahren ermöglichen daher seine Entfernung aus dem Stahl nicht. Ähnlich wie aus dem Oxyd wird Molybdän auch aus dem Sulfid in die Schmelze reduziert. Daher kann Molybdän selbstverständlich nicht als Desoxydationsmittel dienen. Ob es nämlich als Ferrolegierung, in Form von Kalziummolybdat oder als Molybdänoxyd zulegiert wird, ist nach dem Gesagten gleichgültig. Dabei ist weiterhin vorteilhaft, daß Molybdän zu den Elementen mit der geringsten Seigerungsneigung gehört.

Von besonderer Wichtigkeit ist die Wirkung des Molybdäns auf das Verhüten der Anlaßsprödigkeit legierter Vergütungsstähle. Die hierfür benötigten Zusätze sind verhältnismäßig gering, wenige Zehntel Prozent genügen bereits. Molybdän ist in dieser Hinsicht wesentlich wirkungsvoller als das früher viel benutzte Wolfram, dessen Gebrauch zu dem erwähnten Zweck durch Molybdän fast ganz zurückgedrängt wurde. Das gilt übrigens auch für gegossene Warmarbeitswerkzeuge. Bei gleicher Warmhärte besitzt Molybdän den Vorteil der besseren Wärmeleitfähigkeit. In der Regel genügt 1% Mo für je 2% W.

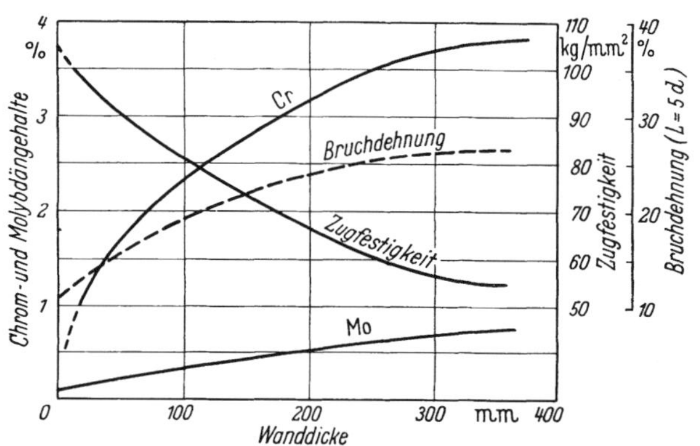

Abb. 25. Einfluß der Wanddicke auf die für günstigste Zugfestigkeit und Bruchdehnung notwendigen Gehalte an Chrom und Molybdän in wasservergütetem Stahlguß nach [*102*]

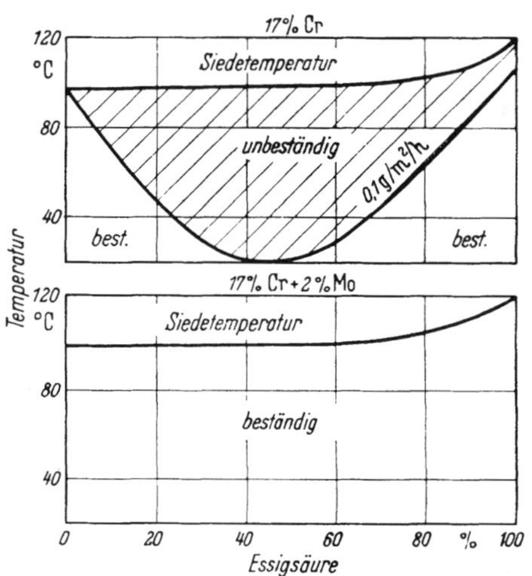

Abb. 26. Einfluß eines Molybdänzusatzes auf die Korrosionsbeständigkeit

Molybdän ist also ein Legierungselement mit wertvollen Eigenschaften sowie günstigem Verhalten in der Stahl-Legierungstechnik. Seine Anwendung wurde von ARCHER u. Mitarb. [*102*] eingehend beschrieben. Danach und in Ergänzung der Untersuchungen von CORNELIUS [*97*] über wasservergütete Mo-haltige Chromstähle wurde ein Schaubild zusammengestellt. Hiermit ist für derartigen Stahlguß die Frage beantwortet, wie man die gewünschten Eigenschaften bei gegebener Abmessung eines Gußstückes mit betriebsmäßiger Warmbehandlung durch richtige Wahl der chemischen Zusammensetzung erreicht. Aus Abb. 25 lassen sich die querschnittgemäßen Cr- und Mo-Gehalte abgreifen, um die günstigste Vereinigung von Zugfestigkeit und Dehnung zu erhalten. Man erkennt aus der Abbildung, daß bei der Wahl einer zweckentsprechend abgestimmten Zusammensetzung für ein Bauteil, welches bei Raumtemperatur benutzt werden soll, selten höhere Mo-Gehalte als etwa 0,6% benötigt werden.

Das ist nur bei Werkzeugstählen erforderlich oder bei bestimmten Vorschriften hinsichtlich der Warmfestigkeit, auf die vorstehend bereits ebenso hingewiesen wurde wie auf die chem. beständigen Stähle, die im Abschnitt *Nickel* erwähnt wurden. Außerdem kann Molybdän den Widerstand korrosionsbeständiger Chromstähle wesentlich verbessern, wie Untersuchungen von ROCHA [*103*] zeigen. Nach Abb. 26 beeinflußt ein Zusatz von 2% Mo in einem 17%igen Cr-Stahl die Beständigkeit gegen chemisch reine Essigsäure so günstig, daß der Angriff bei mittlerer Konzentration völlig unterbunden wird.

γ) *Vanadin* stammt in geringer Menge aus dem Roheisen, wohin es aus den Eisenerzen gelangt. Beispielsweise beträgt der V-Gehalt badischer und württembergischer Doggererze 0,10 bis 0,16%. Beim Herstellen von Thomasstahl reichert sich das Vanadin in der Thomasschlacke an, aus der es während des letzten Krieges in Deutschland in großem Umfang gewonnen wurde. Vanadin wird als Legierungselement zwar manchmal allein angewendet. Das gilt vor allem beim Guß großer Stahlgußstücke. Viel häufiger ist aber sein Einsatz zusammen mit anderen Legierungselementen. Ein großer Teil seines Einflusses beruht nämlich auf dem Verstärken der günstigen Eigenschaften dieser Elemente.

Das Zustandsschaubild Fe-V gleicht den Schaubildern Fe-Cr und Fe-Mo weitgehend. Die Abschnürung der γ-Phase erfolgt aber bereits bei 1,1% V. HOUDREMONT [*104*] untersuchte das Dreistoffsystem Fe-V-C und fand, daß die Löslichkeit des V-Karbides im α-Eisen temperaturabhängig ist. In vanadinlegierten Stählen muß man daher Ausscheidungshärtung erwarten. In Austenit ist das V-Karbid schwerer löslich als Zementit, wenn auch die Löslichkeit mit steigender Temperatur zunimmt. Bei Raumtemperatur löst sich nur eine solche Menge von V-Karbid im Stahl, die einem Gehalt von 0,1% V entspricht. Dabei bindet 1% V etwa 0,16% C ab. Mit dem Kohlenstoff bildet Vanadin das bereits erwähnte Vanadinkarbid VC. Es kristallisiert im Steinsalztyp und neigt stark zur Defektgitterbildung. Mit dem isotopen Vanadinoxyd VO und Vanadinnitrid VN bildet es Mischkristalle. Diesen Vorgang hat man zum Erklären mancher Erscheinungen in unseren Stählen herangezogen. Da die im Stahl gefundene chemische Zusammensetzung nach BISCHOF [*105*] meist bei V_4C_3 liegt, findet man in Zustandsschaubildern gewöhnlich dies Karbid eingetragen. Nach RAPATZ [*1*] wäre es aber richtiger, $VC_{(1-x)}$ anzugeben. Dabei ist x der Kohlenstoffdefekt. Beim Abkühlen aus dem Austenit scheiden die Vanadinstähle mit Ausnahme der sehr niedriggekohlten Legierungen zunächst V-Karbid aus. Der weitere Umwandlungsverlauf ähnelt dem eines Kohlenstoffstahles, dessen Kohlenstoffgehalt so viel geringer ist, wie dem an Vanadin gebundenen Teil entspricht.

Für das Verhalten der Vanadinstähle sind somit die Eigenschaften des V-Karbides kennzeichnend. Es löst sich im Austenit erst bei verhältnismäßig hoher Temperatur und dann auch nur langsam. Ungelöstes V-Karbid hemmt das Kornwachstum des Austenits stark. Dadurch wird der Stahl bereits bei geringem V-Gehalt unempfindlich gegen eine Überhitzung. Sind aber Temperatur und Zeit der Überhitzung hoch und lang genug, dann löst sich das V-Karbid restlos. Somit wirkt es wie alle im Austenit löslichen Legierungszusätze auf die Austenitumwandlung verlangsamend und verbessert Härtbarkeit sowie Einhärtungstiefe.

Nach WEVER-LANGE [*106*] wirkt das Vanadin bei niedrigen Härtetemperaturen, wo das V-Karbid ungelöst bleibt, kornverfeinernd und beschleunigend auf die Umwandlung ein. Hohe Härtetemperaturen, die das V-Karbid ganz oder zum größten Teil in Lösung bringen, vergrößern die Einhärtungstiefe und hemmen die Umwandlung.

Auf die Anlaßbeständigkeit wirkt Vanadin günstig ein. Dabei ist die Erhöhung der Anlaßbeständigkeit desto größer, je höher die Härtetemperatur gewählt wurde. Im Temperaturbereich zwischen 500 und 600 °C kann beim Anlassen sogar eine Härtesteigerung an Stelle eines Härteabfalles treten. Das ist auf Ausscheidungen von V-Karbid zurückzuführen, jedoch nicht auf eine Zersetzung des Restaustenits. Hiermit ist wie bei jeder Ausscheidung ein Zähigkeitsabfall verbunden, der in Baustählen mit mehr als 0,1% V beobachtet werden kann. Vanadinlegierte Stähle sind demzufolge anlaßspröde, da V im Vergleich zu Mo wesentlich weniger wirksam ist. Die dem Vanadin vielfach so sehr nachgerühmte günstige Beeinflussung der Dauerstandfestigkeit ist nach RAPATZ u. Mitarb. [*107*] nicht so groß wie die von Molybdän. Das Vanadin erhöht zwar die Dauerstandfestigkeit bis zu Temperaturen von 500 °C, man findet aber darüber oft zu hohe Werte. Hierbei handelt es sich um ein Kennzeichen ausscheidungshärtender Stähle. Ist die Ausscheidung abgeklungen, dann nimmt die zunächst abgefallene Dehngeschwindigkeit wieder zu. Darum täuscht bei ausscheidungshärtbaren Stählen der Kurzversuch zum Bestimmen der Dauerstandfestigkeit manchmal zu hohe Werte vor. Die Begründung hierfür ist dadurch gegeben, daß die Ausscheidungsvorgänge in Vanadinstählen bei Temperaturen um 500 °C sehr träge verlaufen und oft mehrere hundert Stunden benötigen.

Eine für den Baustahlguß sehr vorteilhafte Eigenschaft des Vanadins ist die bei normaler Härtetemperatur geringere Einhärtung im Vergleich zu Molybdän. Das wirkt sich beim fortlaufenden Vergüten unterschiedlicher Gußteile bei gleichbleibender Warmbehandlung günstig aus. Weiterhin vermindert Vanadin die Überhitzungsempfindlichkeit nicht sorgfältig erschmolzener Vergütungsstähle. Es wirkt wie ein kräftiges Desoxydationsmittel, ist jedoch viel zu kostbar, um als solches verwendet zu werden. Hier liegt einer der Fälle vor, wo das Ziehen einer Grenze nach der Wirksamkeit des Legierungselementes schwierig ist.

In Kalt- und Warmarbeitswerkzeugen benutzt man üblicherweise V-Gehalte bis etwa 2,5%. Die große Menge unlöslicher Karbide und das Erhöhen der Warmbeständigkeit des Härtegefüges ist beispielsweise für Schneid- u. Prägewerkzeuge von Bedeutung. Von einfach legierten Vanadinstählen ermittelten HOUDREMONT u. Mitarb. [*108*] die Standzeit beim Drehen in Abhängigkeit vom V-Gehalt. Aus Abb. 27 erkennt man, wie sie durch das Erhöhen der Härtetemperatur mit dem V-Gehalt zunimmt.

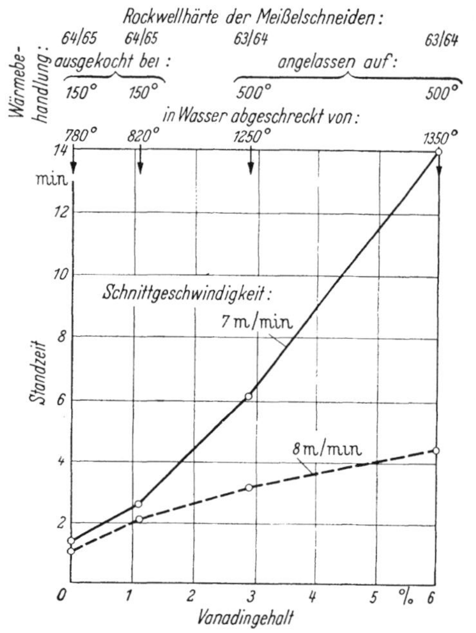

Abb. 27. Steigerung der Standzeit von Drehstählen mit dem Vanadingehalt nach [*108*]

Für Stahlgußstücke, die nitriert werden sollen, besitzt Vanadin eine gewisse Bedeutung. Über das Nitrieren selbst wurde bereits unter D, 1e berichtet. Man verwendet dazu meist aluminiumhaltige Stähle. Beim Formgeben durch Gießen ist aber deren Neigung zu Kaltschweißen ein großer Nachteil. Der Guß kleiner Querschnitte gelang deshalb vielfach nicht, und es erwies sich als vorteilhaft, als es gelang, aluminiumfreien Nitrierstahlguß mit Vanadinzusätzen zu verwenden. Seine Zusammensetzung beträgt etwa 0,15% C, 2,75% Cr, 0,4% Mo und 0,25% V. Solche Stähle sind gut gießfähig, besitzen ausgezeichnete Festigkeits-Zähigkeitseigenschaften und weisen bis etwa 550 °C eine gute Anlaßbeständigkeit auf. Die nitrierten Schichten bleiben zähe und neigen wenig zum Abblättern oder Reißen.

δ) *Wolfram* fand als ausgesprochener Sonderkarbidbildner schon früh Eingang in die Technik der Edelstähle. Seine Neigung zur Karbidbildung ist so stark, daß es nur in dieser Form auftreten würde, wenn genügend Kohlenstoff vorhanden wäre. Die Bedeutung des Wolframs als Legierungselement sank, nachdem es möglich wurde, andere Legierungselemente, teilweise in Kombination miteinander, hierfür einzusetzen.

In Fe-W-Legierungen schnürt Wolfram das γ-Gebiet bei 6,6% W völlig ab. Seine Wirkung in dieser Richtung liegt also zwischen der von Chrom und Molybdän. Die Verhältnisse im System Fe-W-C sind sehr verwickelt. Sie scheinen noch nicht restlos geklärt zu sein. Fest steht wohl, daß Wolfram sehr harte Karbide der Zusammensetzung W_2C und WC bildet. Außerdem tritt ein schwerlösliches und sehr beständiges Doppelkarbid Fe_4W_2C auf. Schon aus diesen Angaben erkennt man die große Ähnlichkeit mit dem Molybdän. WESTGREN-PHRAGMEN [*109*] betonen zwar, daß dieses kubische Karbid $(FeW)_6C$ selten auftritt. Gleichzeitig teilen sie aber mit, daß seine Zusammensetzung wie beim Molybdän zwischen Fe_3W_3C und Fe_4W_2C schwankt. Die genannten Karbide werden an Stelle des Zementit gefunden. Sowohl Eisen wie Wolfram können teilweise durch eines der Elemente Cr, V, Mo oder Co ersetzt sein. Die am häufigsten auftretenden Karbide W_2C und WC bilden nach RAPATZ [*1*] ein bei 2525 °C schmelzendes Eutektikum. Sein Kohlenstoffgehalt wird auf 4,1% beziffert. Dieser Zusammensetzung entsprechen die gegossenen Karbid-Hartmetalle. Etwas abweichend davon sind die gesinterten Hartmetalle zusammengesetzt. In ihnen soll nämlich nur das Karbid WC mit 6,12% C enthalten sein.

Die Wirksamkeit des Wolframs auf den Stahl ist ebenfalls durch die Sonderkarbide bedingt. Demnach beeinflußt Wolfram Lufthärtbarkeit und Anlaßbeständigkeit günstig. Durch die Martensitbildung und das Ausscheiden von feinverteiltem Fe_2W_2 beim Anlassen läßt sich eine Sekundärhärtung erzielen. Infolge der verringerten Beweglichkeit der ungelöst gebliebenen Karbide wird das Kornwachstum durch Wolfram ausgesprochen verhindert.

Beim Warmbehandeln muß man aber genau die Bedingungen kennen, unter denen das Zersetzen des Doppelkarbides erfolgt. Andernfalls kommt es zu einem *Verglühen* der Wolframstähle und somit zu einer geringeren Härteannahme. Bedingt ist dies durch das schwerlösliche Karbid WC. Die Entstehungsbedingungen des stabilen Wolframkarbides sind ungefähr die gleichen wie die des Graphit in unlegierten Stählen. Begünstigend ist beispielsweise ein zu langes Glühen. Diese Neigung der Wolframstähle läßt sich durch Cr-Zusätze von 0,5 bis 1% beseitigen. Dabei stellt das Ablöschen von hoher Temperatur eine Möglichkeit des Regenerierens dar.

Die Schnellstähle sind trotz ihres hohen Gehaltes an Wolfram und Chrom nicht ferritisch. Sie erstarren mit einem Gefüge aus Austenit und einem Eutektikum von Austenit mit dem Doppelkarbid. Nach dem Weichglühen besteht der Stahl aus kleinen Karbidkugeln in einer Grundmasse von sorbitischem Perlit.

Die Koerzitivkraft wird durch das schwere Wolframatom beträchtlich erhöht. Bedingt ist das durch die Verringerung der Beweglichkeit der festen Lösung. Daher lassen sich Wolframstähle im gehärteten Zustand gut für hochwertige Dauermagnete auch in gegossener Form verwenden. Eine bekannte Legierung enthält beispielsweise 0,7% C 6% W und 0,6% Cr. Sie erreicht eine Remanenz von 11000 Gauß und eine Koerzitivkraft von 60 Oerstedt.

Die Erklärung der genannten Eigenschaften an Hand eines Überblickes über die in Wolframstählen bei Raumtemperatur vorliegenden Phasen gab Krainer [*99*]. Danach vermag der Zementit nur geringe Mengen Wolfram zu lösen. Mit steigendem W-Gehalt bilden sich somit die Karbide $(FeW)_6C$ und $(FeW)_{23}C_6$. Als besonders verschleißfest und schneidhaltig sowie als Magnetstähle sind Legierungen brauchbar, die das Karbid $(FeW)_{21}C_6$ enthalten. Für Warm- und Schnellarbeitsstähle verwendet man solche, die im Feld $\alpha + (FeW)_6C$ liegen. Dabei ist das Karbid $(FeW)_6C$ offenbar der Träger der hohen Anlaßbeständigkeit und Rotgluthärte dieser Stähle.

In neuerer Zeit wurde von Trommer [*110*] auf eine bisher nur wenig beachtete Verwendungsmöglichkeit des Wolframs hingewiesen. Die zulässigen Beanspruchungen unserer Eisenwerkstoffe sind meist durch den E-Modul bedingt. Daraus ergeben sich für einen Vergleich von Werkstoffen verschiedener Wichte nach Schwerber [*111*] bestimmte Schlußfolgerungen. Eine davon besagt, daß die erfreulich hohe Festigkeitssteigerung unserer Baustähle in manchem Fall einen unnötigen Festigkeitsüberschuß mit sich bringt. An Stelle einer Festigkeitssteigerung wäre also das Erhöhen des Elastizitätsmoduls wirksamer. Hier läßt sich Wolfram mit dem sehr hohen E-Modul von 37000 kg/mm^2 nach Houdremont [*112*] vielleicht vorteilhaft einsetzen. In diesem Zusammenhang ist es günstig, daß die Elemente mit einem hohen Eigen-Elastizitätsmodul Schwermetalle sind und so hauptsächlich für die Metallurgie der Eisenwerkstoffe Bedeutung besitzen.

ε) *Silizium* als ständiger Begleiter des Stahles wurde wegen seiner günstigen Desoxydationswirkung bereits unter D, 3a erwähnt. Daneben findet Silizium auch als Legierungselement Verwendung, wenn auch mengenmäßig der Verbrauch zum Desoxydieren größer ist.

Das γ-Gebiet wird in Fe-Si-Legierungen bei einem Gehalt von 1,85% Si abgeschnürt. Ähnlich dem Chrom tritt bei der γ-α-Umwandlung eine Mischungslücke auf, die allerdings nicht so breit ist. Hier sind γ- und α-Eisen nebeneinander beständig. Über das ternäre System Fe-Si-C liegt eine Vielzahl von Untersuchungen vor, auf die aber nicht näher eingegangen werden kann. Ar_1 und Ac_1 werden durch Silizium erhöht, und der Bereich der γ-Phase wird durch Kohlenstoff erweitert. Die Umsetzung des Zementits in Graphit wird von Silizium begünstigt. Graphitische Stähle stattet man daher mit höheren Si-Gehalten aus. Dadurch wird aber die Neigung zum Schwarzbruch unterstützt.

Silizium vermindert die kritische Abkühlungsgeschwindigkeit und erhöht somit die Einhärtungstiefe. Es wirkt in dieser Richtung schwächer als Cr, Mo sowie Mn, jedoch stärker als Ni. Anlaß- und Weichglühvorgänge werden durch Silizium verzögert und Zunder- sowie Korrosionsbeständigkeit verbessert.

In Baustählen verwendet man Silizium meist gemeinsam mit anderen Elementen. Besondere Bedeutung hat hierbei das Mangan erlangt, weil es der Graphitisierung entgegenzuwirken vermag und außerdem die Härtbarkeit verbessert. Bei schmirgelnder Verschleiß- sowie Reibungsbeanspruchung rühmt man dem Mn-Si-Stahlguß mit etwa 0,35 bis 0,50% C, 0,8 bis 1,5% Mn und 0,8 bis 2,2% Si insbesondere in den Ver. St. und England ein gutes Betriebsverhalten nach. Dabei ist nicht zuletzt das hohe Streckgrenzenverhältnis im vergüteten Zustand von Bedeutung. Derartiger Stahlguß wird auch für Exzenter, Daumen und Kammwalzen eingesetzt. Über niedriggekohlte Qualitäten sonst ähnlicher Zusammensetzung berichten SCHULZ-BONSMANN [*113*].

Siliziumstähle mit geringsten Gehalten an Kohlenstoff und Verunreinigungen besitzen ein einheitliches Gefüge aus Si-Ferrit. Da der Si-Gehalt außerhalb der γ-Schleife liegt, erleidet ein derartiger Stahl keine Umwandlung und bleibt dauernd ferritisch. Sein elektrischer Widerstand ist hoch, weil der Ferrit praktisch das ganze Silizium in fester Lösung erhält. Der Hysteresisverlust und damit der Energieverlust beim Magnetisieren und Entmagnetisieren ist äußerst klein. Ein solcher Stahl wird daher in der Starkstromtechnik für Wechselstrommaschinen benutzt, beispielsweise für Transformatorenbleche. Ein großer Nachteil ist seine Neigung zur Kornvergröberung, wenn die Warmbehandlung nicht sorgfältig durchgeführt wurde. Nach KOTHNY [*114*] wurde versucht, die Verwendung solcher Stähle mit 2 bis 4% Si zum Erzeugen von Stahlguß für die Elektroindustrie vorzuschlagen. Dem hat sich aber wohl die Eigenschaft entgegengestellt, daß solche Stähle im Gußzustand grobkristallin sind und ein dementsprechend geringes Fließvermögen besitzen. Außerdem ist eine Veränderung ihrer Gußstruktur durch Glühen nicht möglich.

Für den Stahlgießer ist dabei von großer Bedeutung, daß Si-legierte Stähle eine höhere Schwindung besitzen als normalsilizierte. Sie neigen daher ausgeprägt zu Schwindungsrissen. Außerdem lunkert Si-Stahlguß stärker als andere Stahlgußgüten. Beim Konstruieren und Einformen solcher Teile ist auf diese beiden Punkte besondere Rücksicht zu nehmen.

In den höher gekohlten Werkzeugstählen soll der Si-Gehalt die Grenze von 0,2% gewöhnlich dann nicht überschreiten, wenn keine Zugabe solcher Legierungselemente vorgesehen ist, welche die Graphitisierung unterdrücken, die sonst leicht eintritt.

Die Zunderbeständigkeit läßt sich durch Silizium verbessern. Das beruht auf seiner Wirkung, die zuerst entstehende Zunderschicht sehr fest haftend und reaktionsträge zu machen. Hierdurch wird die weitere Oxydation bald unterdrückt. So stattet man Cr-haltige hitzebeständige Stähle mit Si-Gehalten von 1 bis 4% aus, um hiermit bei dem großen Preisunterschied zwischen Silizium und Chrom mit geringeren Cr-Gehalten auszukommen. RIEDRICH [*115*] ermittelte nach Abb. 28, wie hoch bei niedrigem Si-Gehalt der Cr-Gehalt sein muß, um für bestimmte Temperaturen Zunderbeständigkeit zu erzielen. Dem stellte er gegenüber die bei höherem Si-Gehalt von etwa 2,75% erreichbaren beachtlichen Cr-Einsparungen. Dabei ist natürlich zu bedenken, daß die Stähle ferritisch oder austenitisch sein müssen, also keine Umwandlung haben dürfen. Sonst sind Volumenänderungen und damit Werfen sowie Verziehen nicht vermeidbar. Derartig legierte Stähle lassen sich zweckmäßig also nur unterhalb der Umwandlungstemperatur einsetzen.

Höhere Si-Gehalte von 15 bis 18% machen den Stahl säurebeständig, der so in großem Umfang in chemischen Betrieben Verwendung findet. Er eignet sich für Apparate, die mit Schwefel- oder Salpetersäure bzw. einem Gemisch beider in Berührung kommen. Sogar gegen kalte Salzsäure ist eine ausreichende Beständigkeit vorhanden, wogegen heiße HCl angreift. Auf Grund der chemischen Zusammensetzung liegt nach Abb. 29 ein ferritisches Gefüge mit Graphiteinlagerungen vor. Hierauf muß der Konstrukteur Rücksicht nehmen. Derartige Werkstoffe sind nämlich sehr spröde und schlagempfindlich. Auch die Biegefestigkeit ist stark verringert.

ζ) *Titan* schnürt das γ-Gebiet stärker ab als die vorstehend genannten Legierungselemente. Oberhalb 0,8% Ti findet keine Umwandlung mehr statt. Bei 1350 °C beträgt die Löslichkeit des Titans im Eisen 6%, bei Raumtemperatur jedoch nur knapp 3%. Daher sind Fe-Ti-Legierungen mit mehr als 4% Ti ausscheidungshärtbar, wie WASMUTH [*116*] feststellte. Eine Legierung mit 7% Ti erreicht nach dem Ablöschen von etwa 1225 °C und 24stündigem Anlassen bei 550 °C eine Härte von 550 HB. Durch Legierungselemente, welche die Löslichkeit des Titans herabsetzen, tritt die Ausscheidungshärtung schon bei geringeren Ti-Gehalten auf. So ergibt eine Legierung mit 1,5% Ti und 3,6% Si Härten

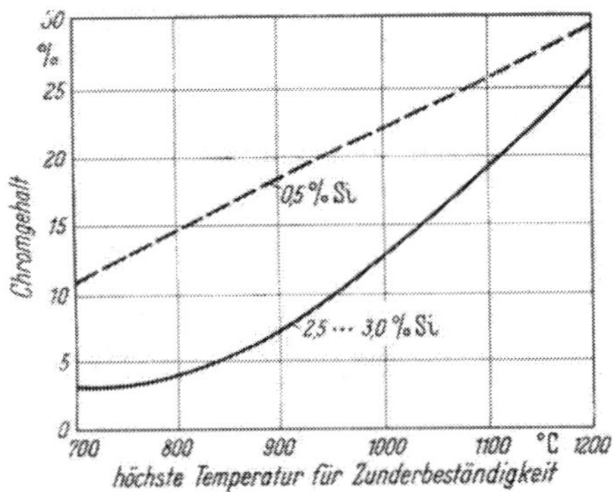

Abb. 28. Ersatz von Chrom durch Silizium in hitzebeständigen Stählen mit ferritischem Gefüge nach [*115*]

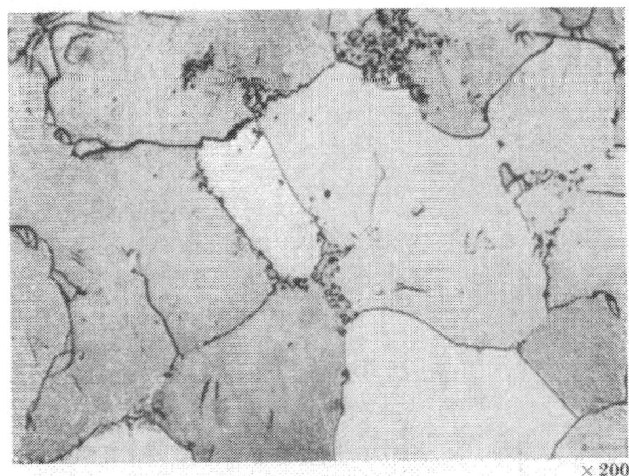

Abb. 29. Gefüge von Siliziumguß mit etwa 15% Si

von 500 HB. Sehr hohe Koerzitivkräfte lassen sich durch ausscheidungshärtbare C-freie Legierungen mit 15% Ti, 25 bis 35% Co und 16% Ni erzielen. In Dauermagnetstählen wird Titan daher viel verwendet.

Im Dreistoffsystem Fe-Ti-C bildet das Titan nach TOFAUTE-BÜTTINGHAUS [*117*] mit dem Kohlenstoff das Karbid TiC. Die Affinität des Titans zum Kohlenstoff ist stark. Das Ti-Karbid ist nur bei Temperaturen knapp unter dem Schmelzpunkt in geringem Umfang im Eisen löslich. Somit wird die Abschreckhärtbarkeit von Stählen durch Titan verringert. Das Ausscheiden der Verbindung Fe_3Ti wurde in Fe-Ti-C-Legierungen ebenfalls beobachtet. Gemäß einer Mitteilung von NEUMEISTER-WIESTER [*118*] ergeben schon Zusätze von 0,2% Ti eine Streckgrenzenerhöhung. Dem gleichen Zusatz rühmen CRAFTS-LAMONT [*119*] ein Verbessern der Durchvergütung nach, während sich bei höheren Ti-Gehalten der Grenzdurchmesser für die Durchvergütung rasch verkleinert.

Mit Ti-Zusätzen läßt sich nach GRÜN [*120*] eine starke Steigerung der Dauerstandfestigkeit bei 500 °C erzielen. Sie ist wohl zurückzuführen auf eine Ausscheidungshärtung durch Ti-Karbid und Eisentitanid, worauf BARDENHEUER-FISCHER [*121*] hinweisen. Nach HOUDREMONT-BANDEL [*122*] ergeben sich gemäß Tab. 5 für die Dauerstandfestigkeit von Mn-Ti-Stählen bei 500 °C sehr gute Werte, wenn das Verhältnis Ti : C bei 6 bis 9 liegt. Kohlenstoffgehalte über 0,08% sind hierbei günstiger als geringste C-Gehalte.

Eigene Untersuchungen an Ti-legiertem Stahlguß bestätigen nach Tab. 6 die Ergebnisse von NEUMEISTER-WIESTER. Das Streckgrenzverhältnis liegt sehr hoch. Es sei aber betont, daß das Ziel der eigenen Versuche eine Prüfung Ti-legierten Stahlgusses bezüglich seiner Verwendbarkeit als Baustahl höchster Zugfestigkeit war. Nur bei Ti-Gehalten unter 0,2%

ergaben sich brauchbare Zähigkeitseigenschaften, gleich ob außer Titan noch die Elemente Chrom bzw. Molybdän zulegiert waren.

Tabelle 5. *Festigkeitseigenschaften von Mangan-Titan-Stählen*

Stahlzusammensetzung	0,17% C 0,31% Si 1,44% Mn 0,84% Ti		0,13% C, 0,36% Si, 1,76% Mn, 1,0% Ti						0,06% C 0,36% Si 1,47% Mn 0,58% Ti
Kohlenstoff : Titan	1 : 5		1 : 8						1 : 10
Abschrecktemperatur °C	1000	1050	1000	1000	1050	1050	1050	1050	1050
Abschreckmittel	Wasser	Oel	Wasser	Wasser	Oel	Luft	Luft	Luft	Oel
Anlaßtemperatur[1] °C	600	600	600	650	600	600	625	650	600
Streckgrenze kg/mm²	49	44	65	41	59	46	—	—	48
Zugfestigkeit kg/mm²	57	54	72	54	70	59	—	—	57
Bruchdehnung ($L=5d$) %	20	23	14	26	17	20	—	—	24
Einschnürung %	76	78	66	72	65	71	—	—	79
Kerbschlagzähigkeit[2] mkg/cm²	9 bis 6	16	3 bis 1	11	2,5	2 bis 1	4	12,5	4 bis 3
Dauerstandfestigkeit n. DVM:									
bei 500 °C kg/mm²	25	27	33	11	43	29	27	13	32
bei 550 °C kg/mm²	—	10 bis 14	—	—	—	—	—	—	18

Tabelle 6. *Titanlegierter Stahlguß*

a) Chemische Zusammensetzung in %, Umwandlungstemperatur in °C

Nr.	C	Mn	Si	P	S	Ti	Cr	Mo	Ac_3
1	0,24	0,52	0,24	0,024	0,008	0,17	—	—	830
2	0,24	0,79	0,47	0,027	0,008	0,43	—	—	857
3	0,24	0,56	0,29	0,023	0,008	0,11	0,98	—	844
4	0,25	0,50	0,33	0,015	0,009	0,34	1,11	—	842
5	0,28	0,55	0,21	0,026	0,008	0,07	—	0,54	818
6	0,25	0,73	0,24	0,019	0,010	0,46	—	0,63	860

b) Festigkeitseigenschaften und Vergütetemperaturen

Nr.	Streckgrenze kg/mm²	Zugfestigkeit kg/mm²	Dehnung %	Kerbschlagzähigkeit mkg/cm²	Härten °C	Anlassen °C
1	73,4	79,4	10,4	4,7	1200/Wasser/	650
	85,2	93,3	11,0	3,9	1200 ,,	560
2	82,8	85,3	4,0	0,6	1200 ,,	680
3	68,1	74,4	17,8	12,1	900 ,,	650
	86,3	91,3	14,6	8,0	900 ,,	560
4	68,1	74,5	5,0	1,9	880 ,,	600
5	80,1	82,6	14,8	8,2	860 ,,	630
	102,9	106,6	11,4	5,4	860 ,,	560
6	83,6	91,5	4,6	1,1	1250 ,,	730

Die Verbindungswärme des Titans mit Sauerstoff ist auf Sauerstoff bezogen sehr hoch. Sie liegt zwischen der von Silizium und Aluminium. Daher ist Titan ein wirksames Desoxydationsmittel zum Entfernen von Gasen und Einschlüssen aus der Schmelze sowie zum Verringern von Gasblasen und Lunkern. Derartige Stähle sind frei von Innenfehlern und sehr dicht. Das ergibt sich übrigens ebenfalls aus Tab. 6, worin die geringen Gehalte an Phosphor und Schwefel auffallen. Darüber hinaus weist Titan nach dem Zirkon die

[1] Anlaßzeit 2 h, Abkühlung in Luft.

[2] Probe von $10 \times 10 \times 50$ mm³ mit 3 mm tiefem Rundkerb von 2 mm Dmr.

höchste Verbindungswärme mit dem Stickstoff auf, wie WENTRUP-HIEBER [*123*] feststellen. Titannitrid, Titankarbid und Titanoxyd kristallisieren sämtlich im Steinsalztyp und bilden miteinander Mischkristalle. Diese Eigenschaft des Titans bringt es aber mit sich, daß die Abbrandverluste hoch sind. Das Einhalten enger Analysenvorschriften ist daher bei höheren Ti-Gehalten schwierig. An Stelle von Ferrotitan verwendet man gern Titanmetall, das aber leider wesentlich teurer ist. Obwohl Titan nach Aluminium und Eisen in unserer Erdrinde reichlicher vorkommt als alle anderen gebräuchlichen Legierungsmetalle, ist sein Preis noch so hoch, daß sich seine Verwendung als Legierungselement in Stählen nur auf wenige Sonderfälle beschränkt. In einer neueren Mitteilung von BROWN [*124*] heißt es allerdings hoffnungerweckend, daß der Preis je kg Titanmetall in absehbarer Zeit auf etwa 35 bis 40 DM absinken werde. Dabei wird die Erzeugung von Titantetrachlorid aus Rutil, Ilmenit oder titanreichen Schlacken und seine Reduktion zu Titanschwamm mittels Magnesium beschrieben.

η) *Aluminium* schnürt das γ-Gebiet bei einem Gehalt von etwa 1% völlig ab. Die auftretenden Verbindungen haben die Zusammensetzung FeAl und Fe_3Al. Im ternären System Fe-Al-C kann man Aluminium als karbidbildendes Element betrachten. Mit steigendem Kohlenstoffgehalt wird das γ-Feld wesentlich erweitert.

Die ausgesprochen große Affinität zu Sauerstoff, Stickstoff und Schwefel macht Aluminium hervorragend geeignet zum Desoxydieren und Denitrieren. Da jedoch gleichzeitig eine Neigung zum Bilden von Doppelsulfiden besteht, liegt hierin auch eine gewisse Gefährlichkeit. Das Doppelsulfid weist nämlich einen niedrigen Schmelzpunkt auf. Verwendet man also nur so viel Aluminium, daß der Zusatz gerade zum Desoxydieren ausreicht, kann das zum Ausscheiden von Al-Sulfid Al_2S_3 in Form von Einschlüssen an den Korngrenzen führen. Es besteht die Möglichkeit, daß u. a. hierdurch die unter D, 3 beschriebenen Zähigkeitseinbußen bei unrichtig durchgeführter Al-Desoxydation bedingt sind. Sie machen sich insbesondere auf die Schlagzähigkeit bemerkbar. Mit einem Überschuß von 50% Al oder mehr kann man die genannten Ausscheidungen vermeiden und wieder brauchbare Zähigkeiten herstellen.

Als Legierungselement wird Aluminium allerdings selten benutzt, auch ist seine Verwendung in Baustählen kaum bekannt. Dafür findet man es häufig in Nitrierstählen, meist in Gehalten von 0,4 bis 1,5% zusammen mit anderen Elementen. Aluminium ist zwar kein unbedingt notwendiger Bestandteil der Nitrierstähle, hat aber die stärkste Fähigkeit aller Legierungselemente zur Nitridbildung. Nitrierschichten mit AlN sind sehr beständig und hart.

Viele Dauermagnetwerkstoffe sind dadurch gekennzeichnet, daß man den an sich unmagnetischen FeNi-Legierungen beachtliche Al-Gehalte bis zu 16% zulegiert. Nach einer zweckmäßig abgestimmten Warmbehandlung wird die Koerzitivkraft viel größer als die der länger bekannten Kobaltstähle. Man muß dabei aber in Kauf nehmen, daß die Remanenz absinkt. Die Zunderbeständigkeit unserer Stähle läßt sich durch Zusätze bis zu 12% Al merklich verbessern. Das gilt nicht nur für Chromstähle, sondern auch bei anderen Legierungselementen. Die schützende Oxydhaut bildet sich immer dann, wenn der Al-Gehalt genügend hoch ist. Als bekannteste Vertreter seien die Sicromale genannt mit 6 bis 25% Cr, 1 bis 5% Al und 0,1 bis 3% Si. Mit Aluminium allein bildet sich erst oberhalb 10% Al ausschließlich Al-Oxyd und kein Eisenoxyd mehr. Solche Legierungen sind aber äußerst spröde, und man umgeht diese Schwierigkeit durch das Alitieren oder Kalorisieren. Hierbei handelt es sich um einen Einsatzvorgang beispielsweise in einem Pulver aus Ferroaluminium bei 600 bis 700 °C unter Luftabschluß. Die in die Oberflächenschicht eingebrachte Aluminiummenge muß mind. 10% betragen, wobei man im allgemeinen 25% anstrebt. Trotzdem ist die Zunderbeständigkeit alitierter Gegenstände nicht so gut wie die der mit Al legierten Stähle.

e) Legierungselemente, die das γ-Gebiet stark abschnüren. Hierbei handelt es sich um solche Elemente des periodischen Systems, von denen bereits etwa 0,5% ausreichen, um das γ-Gebiet restlos abzuschnüren.

α) *Bor* löst sich in Eisen bei 1200 °C zu 0,15% und bei Raumtemperatur nur zu 0,06%. Im Dreistoffsystem Fe-B-C lassen sich die Karbide B_6C und B_4C nachweisen. In jüngster Zeit erfreut sich das Bor steigender Beliebtheit als Legierungselement. Allgemein werden seine Wirkungen auf die physikalischen Eigenschaften der Stähle als günstig beurteilt. Es kann daher nach TISDALE [*125*] als Austauschelement für Chrom angesehen werden. Man muß jedoch dabei beachten, daß Gehalte von 0,03% B und darüber zu Rotbrüchigkeit führen. Nach DUMONT [*126*] wurde in den Ver. St. die Verwendung hochlegierter Stähle zugunsten der Borstähle eingeschränkt, beispielsweise für Kurbelwellen von Dieselloks. DUMONT berichtet, daß Bor die Härtbarkeit niedriggekohlter Stähle wirksam steigert. Daher ist es geeignet, legierte Einsatzstähle zu ersetzen. Bleibt man innerhalb bestimmter Gehalte, dann ist das Verhalten der Borstähle beim Schmieden, Glühen und Nachbehandeln besser als das der Stähle, welche sie ersetzen. Niedriglegierte Stähle mit Borzusätzen erreichen im allgemeinen bei gleicher Härtbarkeit die Kernfestigkeiten hochlegierter Stähle.

Anläßlich des internationalen Gießereikongresses in Atlantic-City 1952 berichteten DYKE jr.-DONOHO [*127*] über die Wirkung von Bor auf unlegierten und legierten Stahlguß. Danach wirkt Bor günstig auf die Härteeigenschaften, was man sich beim Herstellen von auf Verschleiß beanspruchten Laufrädern zunutze macht. Wird beim Schmelzprozeß genügend Sorgfalt aufgewendet, bleiben die Borverluste gering. Dabei lagen die benutzten Borgehalte zwischen 0,0035 und 0,0045%.

Höhere Borzusätze als etwa 0,01% erbringen in Vergütungsstählen keine weiteren Verbesserungen. Beim Vergleich [*128*] eines borhaltigen mit einem borfreien Stahl gleicher Zusammensetzung ergab sich an Hand der Dauerfestigkeit, Kerbschlagzähigkeit, Endhärteprobe und der mechanischen Eigenschaften: Der borhaltige Stahl ist einem borfreien gleicher Härteaufnahme nach dem Vergüten sehr ähnlich. Im normalisierten Zustand ist dagegen der borhaltige Stahl nicht so gut wie ein vergleichbarer niedriglegierter borfreier Stahl. Weiterhin deuten die Ergebnisse an, daß der borhaltige Stahl eine gewisse Anlaßsprödigkeit besitzt.

β) *Beryllium* schnürt in Fe-Be-Legierungen das γ-Feld bei 0,45% Be ab. Da die Löslichkeit des Berylliums im Eisen mit der Temperatur abnimmt, scheidet sich die Verbindung $FeBe_2$ aus. So erreicht eine Legierung mit 2,8% Be nach dem Abschrecken von 1120 °C und Anlassen bei 550 °C eine Härte von 63 Rc. Derartige Legierungen sind ferritisch und daher grobkörnig sowie im ausgehärteten Zustand sehr spröde, worauf SELJESATER-ROGERS [*129*] hinweisen.

In Stählen kann auch das Karbid Be_2C auftreten. Der Versuch, Be-Zusätze in 18/8 CrNi-Stählen anzuwenden, ergab zwar eine steigende Festigkeit, jedoch nach BENNEK-SCHAFMEISTER [*130*] gleichzeitig ein Absinken der Korrosionsbeständigkeit.

Ähnlich wie bei anderen aushärtbaren Legierungen findet man bei kurzzeitiger Beanspruchung unterhalb der Aushärtungstemperatur eine hohe Warmfestigkeit. Bei langzeitigen Beanspruchungen trifft das aber nach RAPATZ [*1*] häufig nicht mehr zu. Einerseits beschleunigen nämlich die mechanischen Spannungen die Ausscheidungsvorgänge und verschieben sie zu tieferen Temperaturen. Andererseits wird bei gleichzeitig ablaufendem Ausscheiden die Dehngeschwindigkeit erhöht und so die Dauerstandfestigkeit erniedrigt.

Auf Grund der bisherigen Darlegungen ist es verständlich, daß beispielsweise DICKENSON-HATFIELD [*131*] Berylliumzusätze zum Stahl völlig ablehnen. Sie untersuchten ähnlich wie BENNEK-SCHAFMEISTER Be-legierte nichtrostende Stähle. Der geringste angewandte Legierungsgehalt betrug 0,45% Be, wodurch nicht nur die Korrosionsbeständigkeit abnahm, sondern auch die mechanischen Eigenschaften ungünstig beeinflußt wurden. Wählt man aber den Be-Gehalt so, daß die Stähle mit Sicherheit umwandlungshärtefähig bleiben, dann kommt man sowohl im gegossenen wie im verformten Zustand zu Legierungen mit guten Festigkeits-Zähigkeitseigenschaften, wie STOCK u. Mitarb. [*132*] nachwiesen.

Tabelle 7. *Eigenschaften von berylliumlegiertem Stahlguß, vergütet 870 °C/Wasser/450 °C angelassen*

Nr.	C %	Mn %	Be %	Streckgrenze kg/mm²	Zugfestigkeit kg/mm²	Dehnung %	Einschnürung %	Kerbschlagzähigkeit mkg/cm²
1	0,23	0,51	—	43,8	66,5	22,0	64	15,0
2	0,28	0,47	0,03	66,3	78,0	16,0	61	12,9
3	0,28	0,62	0,06	72,5	84,0	13,0	48	11,1
4	0,27	0,57	0,09	78,4	89,3	12,0	36	10,4
5	0,25	0,65	0,12	96,3	106,6	14,4	39	10,0
6	0,28	0,71	0,16	91,8	100,8	14,0	41	8,0
7	0,24	0,74	0,38	96,0	109,8	14,0	31	5,1
8	0,26	0,73	0,61	131,0	146,5	11,0	19	1,7

Die mechanischen Eigenschaften von Be-haltigem Stahlguß nach einer zweckentsprechenden Vergütung sind in Tab. 7 durch Beispiele erläutert. Man erkennt, daß die Festigkeit bei ausgezeichneter Zähigkeit mit steigendem Be-Gehalt bis etwa 0,15% zunimmt. Mit höheren Gehalten beginnen Einschnürung und insbesondere die Kerbschlagzähigkeit stark abzufallen. Derartige Stähle sind nicht anlaßspröde. Selbst in CrMn-Stählen wird das Auftreten der Anlaßsprödigkeit durch Beryllium unterbunden. Beryllium wirkt aber nicht durchhärtend. Die Durchhärtung läßt sich unter Verwendung von Chrom und Mangan in gewissen Grenzen verbessern. Im Vergleich zum unlegierten Stahlguß wird die Dauerstandfestigkeit durch Beryllium nicht erhöht. Dagegen liegt die Biegewechselfestigkeit gleich gut wie bei legierten Stählen auf CrNi- oder CrMo-Basis. Kennzeichnend für die Wirkung des Berylliums ist die Verbesserung der Zähigkeit bei tiefen Temperaturen. Be-haltige Stähle lassen sich ohne besondere Vorsichtsmaßnahmen schmieden, walzen und kaltverformen. Ihre Verwendung wäre ohne nachgeschaltete Warmbehandlung nach Abb. 30 mit Festigkeiten bis zu 70 kg/mm² beispielsweise im Stahlhochbau denkbar. Jedenfalls sind Festigkeit und Zähigkeit in ausgezeichneter Weise aufeinander abgestimmt.

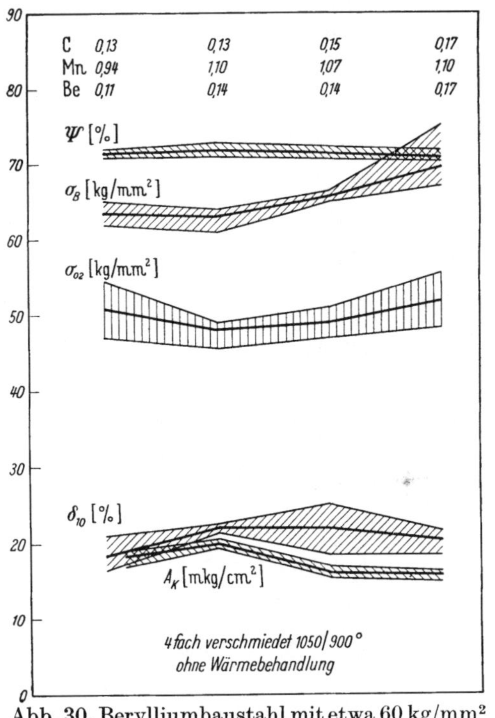

Abb. 30. Berylliumbaustahl mit etwa 60 kg/mm² Festigkeit

Da Beryllium ähnlich wie Wolfram einen erstaunlich hohen Eigen-Elastizitätsmodul von 30—36000 kg/mm² besitzt, könnte es für die Metallurgie unserer Eisenwerkstoffe überall da wertvoll werden, wo die Beanspruchung der Bauteile wie beim Verbeulen, Falten, Knicken, Verwinden usw. einen hohen Elastizitätsmodul bedingt.

III. Die Warmbehandlung des Stahlgusses

Die Warmbehandlung ist beim Herstellen von Stahlguß nach Juretzek-Trommer [*133*] einer der wichtigsten Arbeitsgänge und für die Eigenschaften der Stücke von ausschlaggebender Bedeutung. Bei gewalztem und verschmiedetem Stahl ist mit der Warmverformung zwangsläufig ein Umwandeln der Gußstruktur des Rohblockes verbunden. Im Gegensatz dazu steht für den Stahlguß nur die Warmbehandlung zur Verfügung, um das grobe und ungleichmäßige Gußgefüge zu verfeinern sowie die immer vorhandenen und teilweise beträchtlichen Gußspannungen abzubauen. Im nichtbehandelten Zustand streuen die Festigkeitseigenschaften der Gußstücke stark. Dehnung und Zähigkeit sind infolge der besonderen Gefügeausbildung beim Abkühlen nach dem Erstarren sehr gering. Demzufolge kommen heute wohl kaum noch Gußteile zur Ablieferung und Verwendung, die keine Warmbehandlung erfahren haben. Zum sicheren Beherrschen der Warmbehandlungsverfahren und ihrer richtigen Anwendung ist die Kenntnis der physikalisch-chemischen Zusammenhänge und ihrer praktischen Auswirkungen daher besonders für den Stahlgießereifachmann unentbehrlich.

Für die Brauchbarkeit des handelsüblichen Stahlgusses hat die Primärkristallisation wenig Bedeutung. Auf sie muß aber die Warmbehandlung richtig abgestimmt sein, um beste Wirkung zu erzielen. Die Korngröße wächst bei der Primärkristallisation nach SIMS [*134*] mit der Abmessung des Abgusses und verringerter Abkühlungsgeschwindigkeit. Diese Abhängigkeit ist zunächst proportional. Bei Querschnitten zwischen 150 und 250 mm steigt aber die Primärkorngröße weniger an, als der Querschnittsteigerung entspricht, und scheint oberhalb 250 mm Querschnitt ihren Höchstwert erreicht zu haben. Bei wesentlich größeren Querschnitten als 250 mm fällt die Korngröße wieder. Dies wird durch die Tatsache bedingt, daß die Primärkristallisation eine Funktion der Erstarrungsgeschwindigkeit ist. Allgemein lassen sich im Gußzustand an einem Stahlgußstück folgende Gefügebestandteile beobachten [*58*]:

1. Dendriten, 2. Primärkristallisierter Austenit mit einem Ferritnetz, 3. Widmannstättensche Struktur

Nach JURETZEK [*135*] entsteht bei grobem Primärkorn und bestimmter Abkühlungsgeschwindigkeit eine Anordnung, bei welcher sich der Ferrit nicht an den Korngrenzen, sondern im Korninneren ausscheidet. Im Schliffbild erkennt man den Ferrit je nach Schnittrichtung als Nadel oder Fläche. Dabei erfolgt dies Ausscheiden in Schichten parallel zu den Oktaeder- oder Würfelflächen. Eine solche kennzeichnende Anordnung bezeichnet man als WIDMANNSTÄTTENsches Gefüge. Es ist für den GS 45 nach RAPATZ [*1*] in Abb. 31 dargestellt.

× 150

Abb. 31. Stahlguß — Rohguß WIDMANNSTÄTTENsches Gefüge

Die Sekundärkristallisation stellt ein Umwandeln der Dendriten dar, bedingt durch die Warmbehandlung. Der Ausgangspunkt der Sekundärkristallisation ist nach VER([*136*] nicht der ganze Dendrit, sondern es sind seine Zweige. Dabei erfolgt die Sekundärkristallisation beim Durchlaufen des kritischen Temperaturbereiches. Geschieht das zu schnell, so bekommt man keine vollständige Umwandlung, sondern eine netzförmige Struktur. Dem Phosphor schrieben SAUVEUR-KRIVOBOK [*137*] bei der Sekundärkristallisation von Stahlguß eine bedeutsame Rolle zu, die durch neuere Untersuchungen bestätigt wird [*136*]. Die ursprünglich gleichmäßige Verteilung des Kohlenstoffs wird danach durch eine Seigerung von den phosphorreichen Teilen der Körner zur Mitte hin ungleichförmig. Die anzuwendende Warmbehandlung soll also in einer vernünftigen Zeit ein möglichst homogenes Gefüge erbringen. Vielfach genügt hierzu eine einzelne Behandlung. Sind aber besondere Anforderungen zu erfüllen, muß man ein zweites und notfalls ein drittes Warmbehandlungsverfahren nachschalten.

A. Glühen

Unter diesem Sammelbegriff werden mehrere der verfügbaren Verfahren zusammengefaßt. Sie verfolgen z. T. sehr unterschiedliche Zwecke. Dabei handelt es sich übereinstimmend um das Erhitzen der Gußstücke im festen Zustand auf eine bestimmte Temperatur mit anschließendem Abkühlen, das in der Regel langsam erfolgt.

1. Spannungsfreiglühen

Es besteht nach der in Abb. 32 wiedergegebenen Arbeitsregel aus einem Halten auf einer Temperatur unter Ac_1, also unter 721 °C, und wird meist bei 650 °C durchgeführt. Die anschließende Abkühlung soll langsam erfolgen. Damit ist nicht eine Änderung der im Gußstück vorliegenden Eigenschaften grundsätzlicher Natur beabsichtigt. Der Zweck ist vielmehr ein Spannungsausgleich. Er kann sich beziehen auf das Beseitigen von Gußspannungen, Schweißspannungen, Abkühlungsspannungen und auf den Ausgleich von Restspannungen z. B. nach dem Vergüten.

Aus diesen Darlegungen ist ersichtlich, daß ein Spannungsfreiglühen selten allein benutzt wird. Dies kann und muß nur auf Sonderfälle beschränkt bleiben. Bei dieser Art der Warmbehandlung ist übrigens das Einhalten der richtigen Temperatur von größerer Bedeutung als die Zeit. Über die Natur der verbleibenden inneren Spannungen in Abhängigkeit von der Art des Abkühlens ist nichts Sicheres bekannt. Erwiesen ist lediglich, daß nach einem langsamen Abkühlen im Anschluß an das Spannungsfreiglühen auf Temperaturen zwischen 400 und 450 °C mit anschließendem Luftsturz keine Schwierigkeiten für Stahlgußstücke zu befürchten sind.

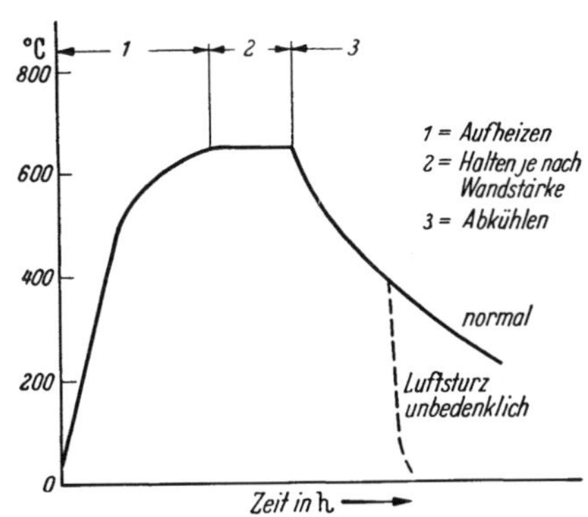

Abb. 32. Arbeitsregel für das Spannungsfreiglühen von Stahlguß
1 Aufheizen, *2* Halten je nach Wandstärke, *3* Abkühlen

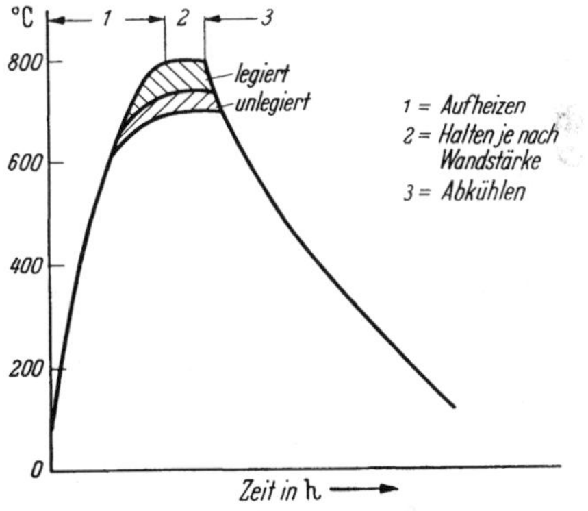

Abb. 33. Arbeitsregel für das normale Weichglühen von Stahlguß
1 Aufheizen, *2* Halten je nach Wandstärke, *3* Abkühlen

2. Weichglühen

Darunter versteht man ein Erhitzen und längeres Halten, gegebenenfalls mit Pendeln bei Temperaturen um 721 °C, also bei Ac_1. Das anschließende Abkühlen soll in jedem Fall langsam erfolgen. Man beabsichtigt das Erzielen eines möglichst weichen Zustandes, beispielsweise zum Erleichtern der Bearbeitbarkeit. Das Weichglühen wird angewendet bei harter Gußhaut oder zu hartem Gußgefüge, auch bei zufällig gehärtetem Gefüge. Sodann findet es Einsatz bei schwer bearbeitbarem Gefüge. Man nennt es auch oft ein Glühen auf kugeligen Zementit oder körnigen Perlit. In Abb. 8 ist dies Gefüge für GS 60 wiedergegeben. Oft wendet man es auch als Rekristallisationsglühen bei kaltverfestigtem Gefüge an. Hierbei ist besonders wichtig, daß man unter der Umwandlungstemperatur bleibt. Denn nur die durch Verformen verzerrten Kristalle sollen einer Neubildung unterworfen werden.

Vielfach ist ein solches Weichglühen die beste Vorbedingung für den nachgeschalteten Vergüteprozeß. Dabei ist durch richtige Führung des Weichglühens ein möglichst feinkugeliger Zementit anzustreben, weil dann die Abstimmung der Festigkeits-Zähigkeitseigenschaften aufeinander am günstigsten wird.

Beim Weichglühen unterscheidet man mehrere Verfahren. Ihr Ziel ist zwar jeweils gleich, jedoch sind in Abhängigkeit von der chemischen Zusammensetzung oder aus wirtschaftlichen Gründen diese Abwandlungen bedeutsam geworden.

a) Das normale Weichglühen bei unlegiertem und schwachlegiertem Baustahlguß entspricht gemäß Abb. 33 der vorstehenden Beschreibung. Für niedriglegierten Stahlguß wählt man die Glühtemperatur um 40—60 °C höher als für Stahlguß mit größerem C-Gehalt. Die Haltezeit beträgt 2 bis 4 Stunden.

b) Weichglühen mit unterbrochener Abkühlung besteht in Anlehnung an Abb. 34 darin, daß man von der Haltetemperatur bis auf 650 °C nach AMMARELLER [*138*] mit höchstens 15 °C/h abkühlt, bei legiertem Stahlguß noch langsamer. Von etwa 650 °C ab kann die Abkühlung mit beliebiger Geschwindigkeit erfolgen. Da hierdurch das Verfahren zu kürzeren Gesamtglühzeiten führt, hat es sich aus wirtschaftlichen Gründen der Ofenausnutzung bald durchsetzen können.

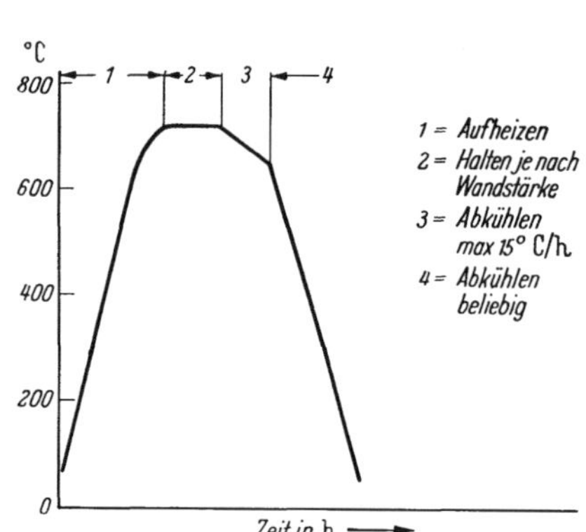

Abb. 34. Arbeitsregel für das Weichglühen von Stahlguß mit unterbrochenem Abkühlen

1 Aufheizen, *2* Halten je nach Wandstärke, *3* Abkühlen max 15 °C/h, *4* Abkühlen beliebig

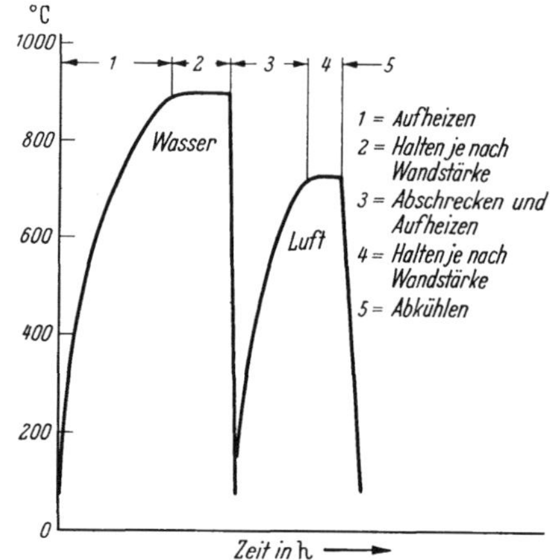

Abb. 35. Arbeitsregel für das Weichglühen von Stahlguß mit vorangehendem Härten

1 Aufheizen, *2* Halten je nach Wandstärke, *3* Abschrecken und Aufheizen, *4* Halten je nach Wandstärke, *5* Abkühlen

c) Das Weichglühen mit vorangehendem Härten, auch isothermische Rückumwandlung genannt, wird in Anlehnung an die in Abb. 35 wiedergegebene Arbeitsregel auf Grund folgender Überlegung ausgeführt: In gehärteten Stählen liegt der Kohlenstoff im feinverteilten Zustand des Härtegefüges vor. Hieraus geht er am leichtesten in die Kugelform über, weshalb sich gehärtete Stähle am besten von allen weichglühen lassen. Diese Arbeitsweise lehnt sich an den Vorschlag von WALZEL u. Mitarb. [139] an, Walzstähle vor dem Glühen aus der Walzhitze zu härten. Dabei genügt es zum Weichglühen von gehärtetem Stahlguß vielfach, ihn auf etwa 720 °C zu erwärmen und an Luft zu legen. Die Haltezeit kann dabei verhältnismäßig kurz sein.

d) Weichglühen mit besonderer Abstimmung auf die Zusammensetzung des Stahlgusses. Hierbei handelt es sich um die Weichglühverfahren, welche insbesondere bei hochlegiertem Stahlguß Anwendung finden. Sie sind beispielsweise auf die Zusammensetzung gegossener Werkzeuge sowie rost-, verschleiß- und hitzebeständiger Güten abgestimmt. Demzufolge gibt es eine große Zahl verschiedener Spielarten, wovon hier jedoch nur die wichtigsten erwähnt werden können.

α) *Das Weichglühen von Stahlguß* ohne Umwandlung. Hierzu zählen beispielsweise ferritische Legierungen, hauptsächlich Cr-, CrSi- und CrAl-Stähle, die umwandlungsfrei sind. Bei höherer Temperatur neigen sie allgemein zu einer Kornvergröberung und werden daher entsprechend Abb. 36 nur kurzzeitig auf Temperaturen zwischen 720 und 850 °C erhitzt. Ein anschließendes Ablöschen, vorzugsweise in Öl, verbessert die Zähigkeitseigenschaften, was vor allem für die Bruchdehnung zutrifft.

β) *Nickelhaltigen perlitischen Stahlguß,* auch mit Zusätzen an Chrom, glüht man ebenfalls unter dem Haltepunkt weich. Da der Haltepunkt Ni-haltiger Stähle aber merklich tiefer liegt als der von Ni-freien, geht man in reinen Ni-Stählen zweckmäßig nicht über 620 °C hinaus. Ist der Stahlguß außer mit Nickel noch chromlegiert, darf die Glühtemperatur auf 650 °C erhöht werden, wie Abb. 37 erkennen läßt. Die Art der Abkühlung ist hierbei gleichgültig. Manchmal läßt sich die Zugfestigkeit um einige kg/mm² erniedrigen, wenn man statt der langsamen Abkühlung ein Ablöschen in Öl anwendet.

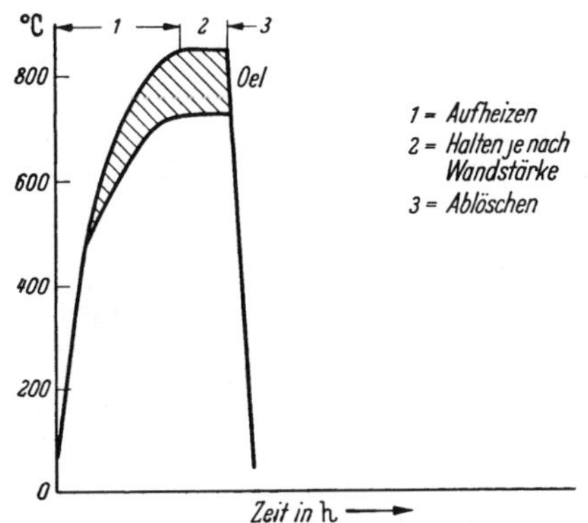

Abb. 36. Arbeitsregel für das Weichglühen von ferritischem Stahlguß
1 Aufheizen, *2* Halten je nach Wandstärke, *3* Ablöschen

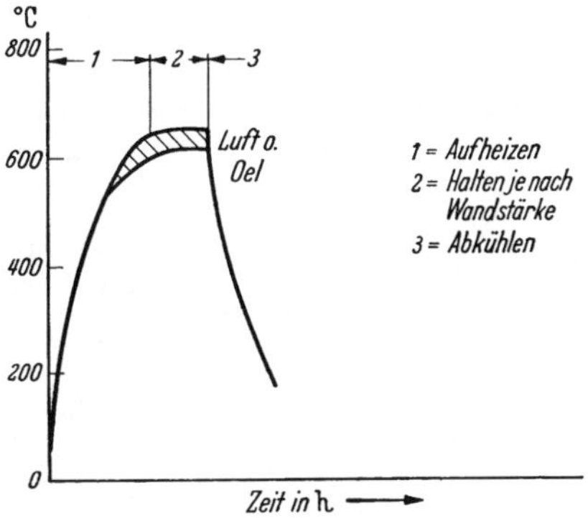

Abb. 37. Arbeitsregel für das Weichglühen von perlitischem Nickelstahlguß
1 Aufheizen, *2* Halten je nach Wandstärke, *3* Abkühlen

γ) *Hochlegierten rostfreien Stahlguß* sowie gegossene Werkzeuge glüht man dadurch weich, daß man sie auf Temperaturen von 800 bis 850 °C erwärmt und dann bis auf 680 °C sehr langsam abkühlt. Dabei soll die Abkühlungsgeschwindigkeit nicht über 10 °C/h liegen. Dagegen ist die Abkühlungsgeschwindigkeit unterhalb 680 °C im allgemeinen nicht mehr von Belang, wie Abb. 38 erkennen läßt. Dieser Tatsache wird oft zu wenig Beachtung geschenkt. Bei noch so langem Halten auf 800 bis 850 °C wird nämlich nach RAPATZ [*1*] ein hochlegierter Stahl immer dann hart, wenn das Abkühlen zu rasch erfolgt. Die γ/α-Umwandlung findet im Temperaturbereich zwischen 720 und 770 °C statt. Es ist daher

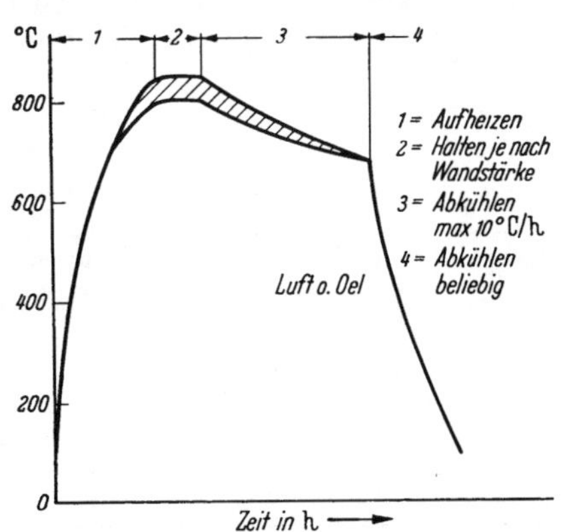

Abb. 38. Arbeitsregel für das Weichglühen von rostfreiem Stahlguß und gegossenen Werkzeugen
1 Aufheizen' *2* Halten je nach Wandstärke, *3* Abkühlen max 10 °C/h, *4* Abkühlen beliebig

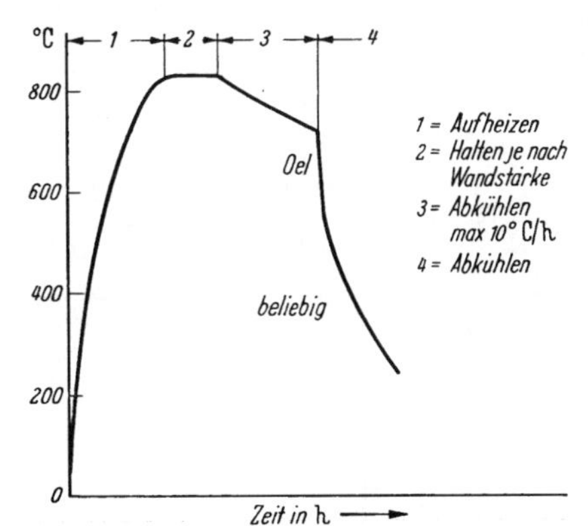

Abb. 39. Arbeitsregel für das Weichglühen gegossener Schnellstähle mit Zwischenablöschung
1 Aufheizen, *2* Halten je nach Wandstärke, *3* Abkühlen max 10 °C/h, *4* Abkühlen

wichtig, daß dieser Bereich äußerst langsam durchlaufen wird. Somit macht nicht das Halten auf Temperatur, sondern das langsame Abkühlen im kritischen Gebiet solche Stähle weich.

Für Schnellstähle hat sich nach HOHAGE-ROLLETT [*140*] eine Abwandlung dieses Weichglühverfahrens als zweckvoll erwiesen. Hierbei wird ein Ablöschen von 750/550 °C zwischengeschaltet. Die Härte erniedrigt sich dadurch weiter, vor allem wird die Zähigkeit erhöht. In die gleiche Richtung zielt der Vorschlag von GAU-KÜNTSCHER [*141*]. Hiernach werden die Zähigkeitseigenschaften von Stahlguß gegenüber dem Normalisieren durch *Sturzglühen* verbessert. Das Verfahren arbeitet mit erhöhter Glühtemperatur und anschließender beschleunigter Abkühlung in einen Bereich unterhalb A_1. In bestimmter Abwandlung der Abb. 39 wendet man dies Ablöschen auch auf andere Stähle an, um Ausscheidungen zu unterdrücken bzw. eine Anlaßsprödigkeit zu verhüten.

δ) *Für den Manganhartstahlguß* sind ähnlich wie für die hochlegierten Qualitäten grundsätzlich andere Glühbedingungen einzuhalten. Sie beruhen nach JURETZEK-TROMMER [*133*] darauf, daß der infolge seiner Zusammensetzung bei Raumtemperatur stabile Austenit keine Umwandlung erfährt. Er läßt sich daher durch das Warmbehandeln nicht verändern. Bei der langsamen Abkühlung der Gußstücke in der Form treten Ausscheidungen im Gefüge auf, die eine Inhomogenität hervorrufen und ein Verschlechtern der Zähigkeitseigenschaften im Gefolge haben. Die Ausscheidungen bestehen vorwiegend aus Karbiden, die bei hoher Temperatur im Stahl gelöst und nur durch rasches Abkühlen in Lösung zu halten sind. Aus diesem Grund wird auch hier eine Warmbehandlung erforderlich. Sie muß von möglichst hoher Temperatur erfolgen, wie Abb. 40 zeigt. Sie beträgt mindestens 1050 °C, da erst hierbei die Karbide in Lösung gehen. In Tab. 8 ist nach JURETZEK [*135*] der Einfluß einer ungenügenden Ablöschbehandlung von 950 °C dem richtigen Ablöschen von 1100 °C an Hand der ermittelten Festigkeits- und Zähigkeitseigenschaften gegenübergestellt. Die Zusammensetzung lag zwischen 1,0 und 1,2% C sowie 11,0 und 14,0% Mn. Danach ist ein Ablöschen von 950 °C mit wesentlich niedrigeren Werten für Dehnung, Einschnürung und Kerbschlagzähigkeit unzureichend. Richtig ist das Abschrecken von der angegebenen höheren Temperatur in Wasser. Jegliche Anlaßbehandlung oder Zweitglühung ist schädlich und darf auf keinen Fall angewendet werden. Ein entsprechender Hinweis hierzu befindet sich bereits in Abschnitt II, D, 4b.

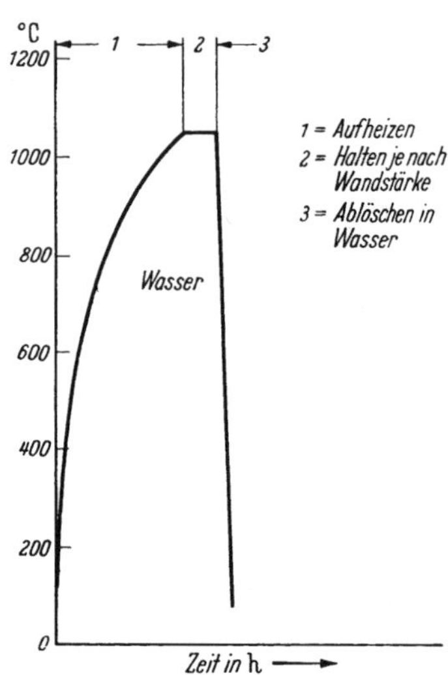

Abb. 40. Arbeitsregel für das Weichglühen von austenitischem Manganhartstahl

1 Aufheizen, *2* Halten je nach Wandstärke, *3* Ablöschen in Wasser

Tabelle 8. *Mechanische Eigenschaften von Manganhartstahl-Guß nach* [*269*]

	Streckgrenze kg/mm²		Zugfestigkeit kg/mm²		Dehnung ($l = 5d$) %		Einschnürung %		Kerbschlagwert mkg/cm²	
Abschrecktemperatur	950°	1100°	950°	1100°	950°	1100°	950°	1100°	950°	1100°
Schmelze 1	48,4	42,1	62,0	73,4	14,2	37,0	19	39	7,6	15,9
									10,4	17,7
Schmelze 2	48,6	45,8	66,8	70,8	19,0	24,0	17	31	6,6	17,0
									7,2	18,0
Schmelze 3	52,4	49,6	57,3	67,5	9,6	24,0	15	28	6,7	18,7
									7,3	19,6
Schmelze 4	48,6	53,0	65,0	67,5	19,6	21,0	15	31	7,6	19,0
									9,9	20,1
Schmelze 5	43,4	46,1	58,1	76,5	14,4	39,0	17	34	4,0	14,7
									4,7	17,1

3. *Normalglühen*

Das *Normalglühen* oder Umkörnen hat eine Umkristallisation zum Ziel und wird hauptsächlich bei untereutektoidem Stahlguß angewendet. Man nennt es auch Normalisieren oder Homogenisieren und bezweckt damit vorwiegend die Beseitigung des groben Gußgefüges. Dabei kann eine solche Grobkornbildung auch von einem Glühen bei zu hoher Temperatur herrühren. Außerdem läßt sich die durch eine Kaltverformung hervorgerufene Grobkristallisation hiermit beseitigen. Dieses Glühverfahren bezeichnet also ein Erwärmen des Gußstückes auf Temperaturen kurz über dem oberen Umwandlungspunkt Ac_3 mit anschließendem Abkühlen an ruhender Luft oder unter Schutzgas auf Raumtemperatur. Der übliche Temperaturbereich liegt für unlegierten Stahlguß bis zu etwa 50 °C über Ac_3, d. h. über der Linie *GOSE* in Abb. 1. Hieraus ergibt sich nach Metals Handbook [*142*] als praktische Arbeitsregel der in Abb. 41 wiedergegebene Temperaturbereich für das Warmbehandeln von unlegiertem Stahlguß in Abhängigkeit vom Kohlenstoffgehalt. Wird beim Erwärmen der Ac_3-Punkt überschritten, geht der gesamte Kohlenstoff in Lösung. Das Gefüge wird hierdurch in homogene Kristalle der γ-Phase umgewandelt. Das anschließende Abkühlen aus diesem Temperaturbereich bedingt dann eine feinkörnige Ausbildung von Ferrit und Perlit, wenn der Ac_3-Punkt mit verhältnismäßig hoher Abkühlungsgeschwindigkeit durchlaufen wird. Für die Ausbildung des Sekundärgefüges sind daher drei Einflußgrößen maßgebend:

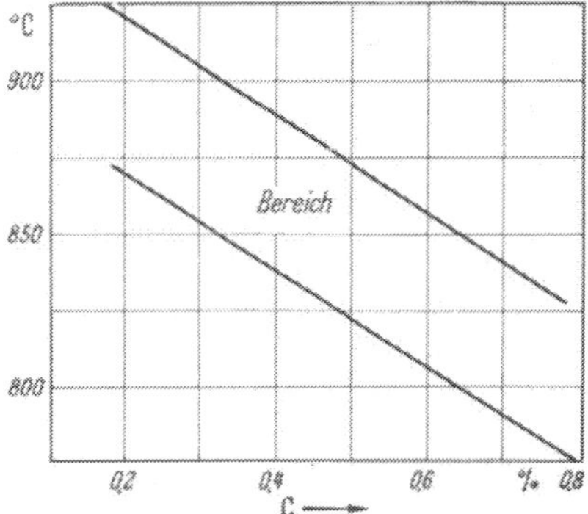

Abb. 41. Wichtiger Temperaturbereich für das Warmbehandeln von unlegiertem Stahlguß nach [*142*]

1. Die Temperatur über Ac_3, 2. Die Glühdauer, 3. Die Abkühlungsgeschwindigkeit.

Erhitzt man beispielsweise bei richtiger Temperatur zu kurz, so ergibt sich eine Kornausbildung ähnlich der nach einem Glühen bei niedrigerer Temperatur. Ist die Temperatur zu hoch gewählt, dann tritt eine Kornvergröberung ein, die schädlich auf die Festigkeits-Zähigkeitseigenschaften wirkt. In diesem Fall steigen nämlich Kornwachstum sowie Diffusionsgeschwindigkeit und ergeben ein grobes Sekundärgefüge, das dem WIDMANNSTÄTTENschen Rohgußgefüge stark ähnelt. In gleicher Richtung macht sich eine zu lange Glühdauer bemerkbar.

Tabelle 9. *Mechanische Eigenschaften von GS 45 im rohen Zustand sowie normalgeglüht nach* [*269*]

Kennwert		Rohguß	normalgeglüht 880°/Luft
Fließgrenze	kg/mm²	23,4	28,5
Zugfestigkeit	kg/mm²	43,7	48,0
Bruchdehnung	%	13,1	24,4
Einschnürung	%	14,2	40,5
Kerbschlagzähigkeit	mkg/cm²	2,9	9,4

Über die Auswirkungen des Normalglühens auf die Eigenschaften des Stahlgusses unterrichten für den GS 45 Abb. 42 sowie Tab. 9. In Abb. 42 ist nach RAPATZ [*1*] das WIDMANNSTÄTTENsche Gußgefüge aus Abb. 31 dem nach Normalglühung bei 880 °C ermittelten Gefüge gegenübergestellt. Man erkennt deutlich die wesentlich feinkörnigere Ausbildung des Ferrit-Perlitnetzes. Die mechanische Prüfung macht dies nach der Tabelle noch klarer. Die Festigkeitseigenschaften sind zwar leicht herabgesetzt, die Zähigkeitseigenschaften aber desto stärker verbessert. Diese Beobachtung macht man gewöhnlich

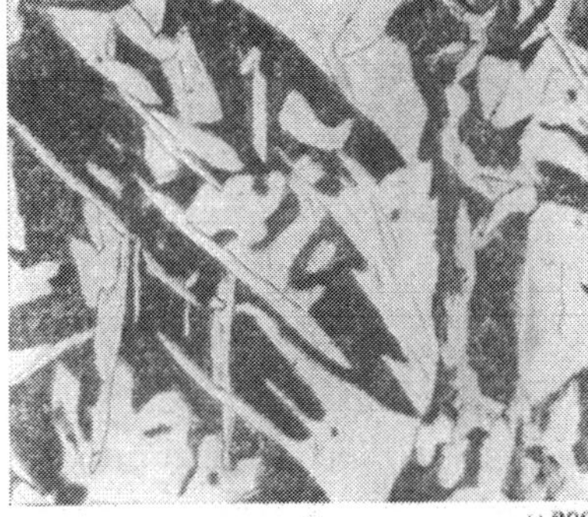
a × 200

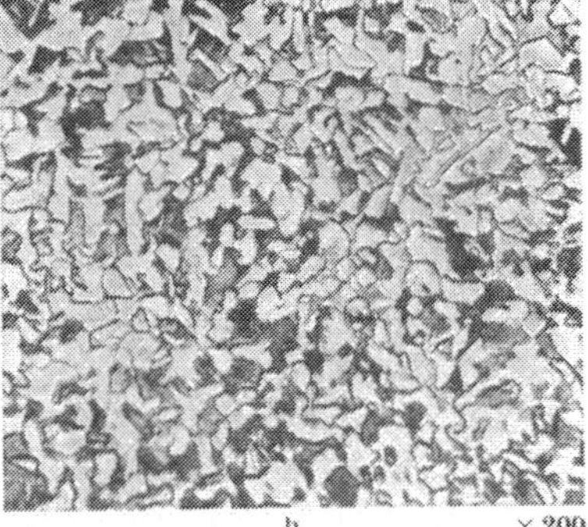
b × 200

Abb. 42a u. b. Wirkung des Normalglühens auf GS 45 nach [*1*]
a) Rohguß; b) 880 °C – normalisiert

bei kleineren Stahlguß-Stücken, die in der Form nach dem Guß schnell abkühlen. Infolgedessen ist ihre Korngröße gering, und sie erreichen im ungeglühten Zustand größere Festigkeiten. Der Querschnitt, bei welchem durch das Normalglühen keine Veränderung der Festigkeitswerte feststellbar ist, wird die *kritische Wandstärke* genannt. Bei größeren Durchmessern erhöht das Normalglühen die Festigkeit der Stahlgußstücke, weil hierbei die Abkühlung in der Form nach dem Gießen langsamer vonstatten geht als nach dem Normalglühen.

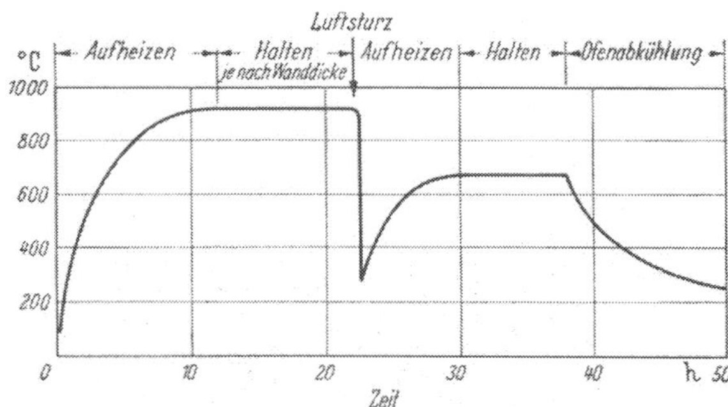

Abb. 43. Arbeitsregel für das Normalglühen mit Entspannen nach [*135*]

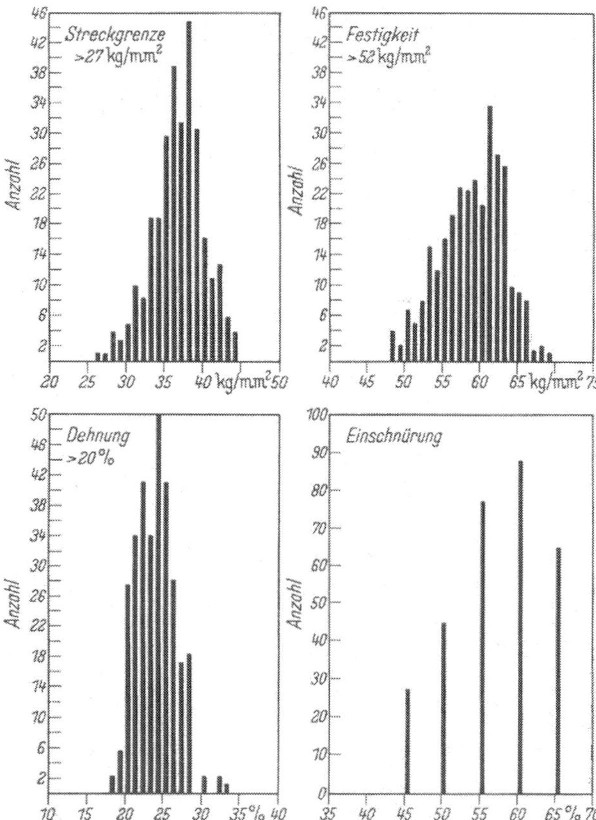

Abb. 44. Mechanische Eigenschaften von GS 52 nach richtiger Warmbehandlung. Häufigkeitsschaubild nach [*133*]

Da das Normalglühen ein verhältnismäßig rasches Abkühlen erfordert, beseitigt es die im Abguß vorhandenen Spannungen nicht. Muß das aber geschehen, so schaltet man dem Normalglühen ein entspannendes Glühen bei Temperaturen von 500 bis 650 °C nach. Diese Arbeitsoperation versucht man nach BRIGGS [*58*] vielfach dadurch einzusparen, daß man das Normalglühen oder Homogenisieren mit einer Ofenabkühlung beendet. Man bezeichnet danach sinngemäß das Homogenisieren mit Luftabkühlung als *Normalisieren* und das Homogenisieren mit Ofenabkühlung als *Glühen*. Gemäß dem Vorhergesagten über das Wesen des Normalglühens erscheint für die Warmbehandlung unlegierten Stahlgusses trotz aller Vereinfachungsversuche die in Abb. 43 nach JURETZEK [*135*] wiedergegebene Arbeitsregel vorteilhaft. Dabei wird die Haltetemperatur entsprechend dem Kohlenstoffgehalt aus Abb. 41 entnommen. Das Aufheizen muß um so langsamer erfolgen, je höher der C-Gehalt der Analyse, je stärker der Querschnitt und verwickelter der Abguß ist. Hat das Gußstück die richtige Temperatur erreicht, muß es sie so lange behalten, bis mit Sicherheit jeder Querschnitt gleichmäßig durchwärmt ist. Praktisch rechnet man für 25 mm Dicke des stärksten Querschnittes mit einer Haltezeit von etwa 1 Stunde. Bei mittleren, kleinen und dünnwandigen Abgüssen kann diese Zeit geringer sein. Haltezeiten über 12 h sollte man mit Ausnahme von Großguß über 50 t und bestimmter Gestalt nach SIMS [*134*] tunlichst vermeiden. Das Abkühlen erfolgt an ruhender Luft. Hierzu genügt es, wenn nach dem Abstellen der Heizung entweder der Herd ausgefahren oder bei Tieföfen der Deckel abgenommen wird. Ist nach diesem Luftsturz eine Temperatur von etwa 300 °C erreicht, fährt man den Herd wieder ein und erhitzt erneut bis auf etwa 650 °C. Hier wird längere Zeit gehalten und anschließend langsam im Ofen abgekühlt.

Natürlich kann man bei Stahlgußteilen untergeordneter Bedeutung auf das Entspannen im Anschluß an das Normalglühen verzichten. Es ist aber zweckmäßig bei allen Sondergüten nach DIN, insbesondere bei der Forderung nach bester Dehnung sowie bei warmfestem Stahlguß, wo übrigens eine derartige Behandlung meist als Totglühen vorgeschrieben ist.

Mit welcher Regelmäßigkeit bei richtig durchgeführter Warmbehandlung im laufenden Betrieb die geforderten mechanischen Eigenschaften erzielbar sind, mag Abb. 44 nach JURETZEK-TROMMER [*133*] erläutern. Sie gilt selbstverständlich unter der Voraussetzung, daß die chemische Zusammensetzung eingehalten und der Stahl metallurgisch einwandfrei erschmolzen sowie gut vergossen wurde. Hierbei handelt es sich um etwa 300 Chargen-

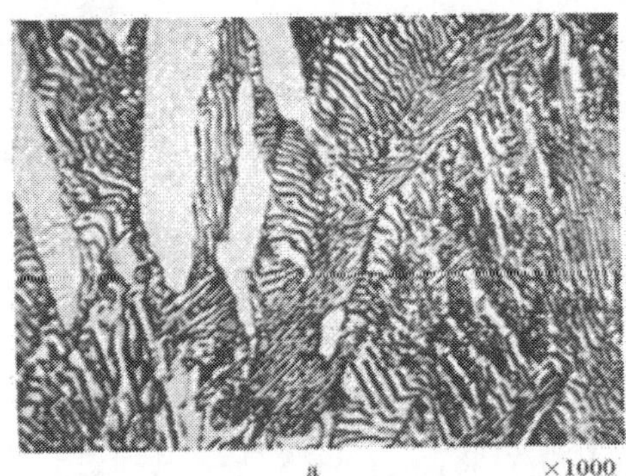
a ×1000

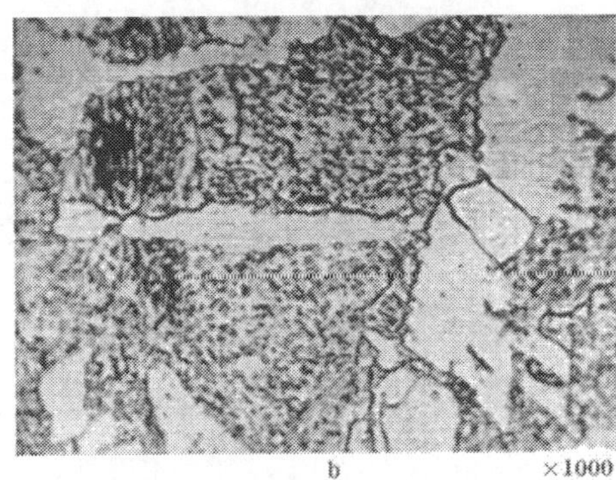
b ×1000

Abb. 45a u. b. Einfluß eines Entspannungsglühens auf das Koagulieren des Perlit nach [*135*]
a) 920 °C 3 h Luft; b) *b* 920 °C 3 h Luft, 650 °C 4 h Luft

vorproben der laufenden Erzeugung an GS 52.1, 2. Die geforderten unteren Grenzen sind bei den einzelnen Kennwerten jeweils vermerkt.

Das Normalglühen mit anschließendem Entspannen beeinflußt neben den Festigkeits-Zähigkeitseigenschaften vor allem die Ausbildungsform des Perlit. Kühlt man nach dem Normalglühen aus fester Lösung an Luft ab, so tritt der Perlit in Lamellenform auf. Diese Eisenkarbidlamellen sind im Ferrit eingelagert. Durch das Wiedererhitzen unterhalb Ac_1 geht die lamellare Ausbildung in eine kugelige über, wie Abb. 45 nach JURETZEK [*135*] erkennen läßt. Damit werden die Festigkeitseigenschaften geringfügig herabgesetzt, aber die Zähigkeitseigenschaften fast doppelt so gut. Aus der zugehörigen Tab. 10 werden die durch das Koagulieren des Perlit erreichten Kennwerte ersichtlich. Ähnliches besagen die Ergebnisse von MEUNIER [*143*].

Tabelle 10. *Einfluß des Entspannens auf die mechanischen Eigenschaften von Stahlguß nach* [*269*]

Chemische Zusammensetzung: 0,31% C, 0,91% Mn, 0,57% Si

Festigkeitseigenschaften		a		b	
Fließgrenze	kg/mm²	40,6	40,8	33,1	34,1
Zugfestigkeit	kg/mm²	68,7	68,7	60,2	61,2
Dehnung ($l = 5d$)	%	16,0	15,2	25,2	26,0
Einschnürung	%	33	33	66	69

Vorstehend wurde erläutert, wie sich das grobe Rohgußgefüge durch Normalglühen bei richtiger Temperatur, Zeit und Abkühlung in ein feinkörniges Ferrit-Perlit-Gefüge umwandelt. Der Einfluß von Temperatur und Haltezeit auf das ferritisch-perlitische Korn wird aus Abb. 46 deutlich. Sie enthält die Gefügeausbildungsformen eines GS 52 sowohl im Rohguß wie nach richtiger Normalglühung mit anschließendem Entspannen. Dem ist gegenübergestellt ein Langzeitglühen bei wenig überhöhter sowie ein Glühen bei sehr hoher Temperatur. Danach wird das Korn mit steigender Glühtemperatur und -zeit gröber. Aus Tab. 11 wird der Zusammenhang zwischen der Gefügebeschaffenheit und den mechanischen Eigenschaften deutlich. Das gilt vornehmlich für Dehnung, Einschnürung und Kerbschlagzähigkeit, also für die Zähigkeitseigenschaften. Das feinkörnige Gefüge nach halbstündigem Normalglühen erbringt die beste Abstimmung von Festigkeit und Zähigkeit aufeinander. Ein dreistündiges Glühen läßt trotz gleichem Entspannen klar erkennen, daß Dehnung und Kerbschlagzähigkeit abnehmen. Noch eindeutiger ist das für den stark überhitzten Zustand nach einstündigem Glühen bei 1200 °C.

Für legierten Stahlguß hängen Glühtemperatur, Haltezeit und Abkühlgeschwindigkeit weitgehend von den Legierungselementen ab. Für einfach oder niedriglegierten Stahl-

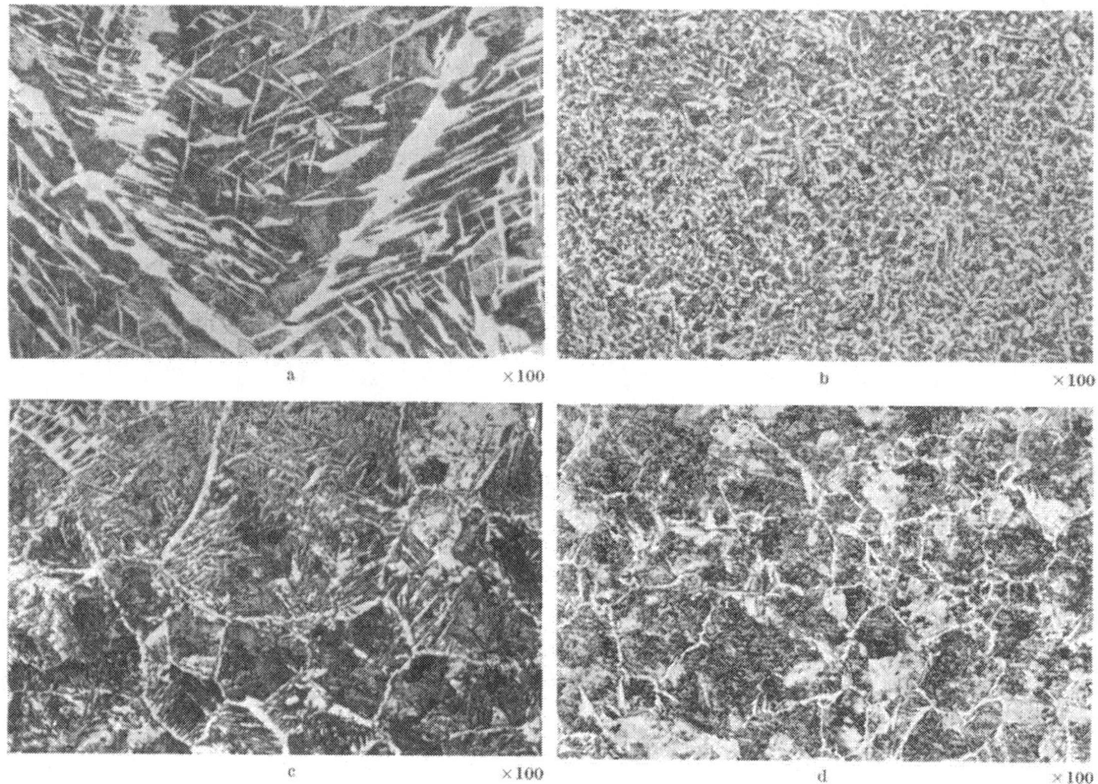

Abb. 46a—d. Einfluß richtiger und falscher Glühbehandlung auf GS 52 nach [*135*]
a) Gußzustand; b) 880 °C 1/2 h Luft, 650 °C 4 h Luft; c) 920 °C 3 h Luft, 650 °C 4 h Luft; d) 1200 °C 1 h Luft

Tabelle 11. *Einfluß richtiger sowie überhöhter Glühtemperatur auf die mechanischen Eigenschaften von Stahlguß* (nach [*269*])

Chemische Zusammensetzung: 0 30% C, 0,83% Mn, 0,43% Si

Festigkeitseigenschaften		a	b	c	d
Fließgrenze	kg/mm²	30,6	31,5	32,1	36,9
Zugfestigkeit	kg/mm²	59,9	59,0	59,2	66,8
Dehnung ($l = 5d$)	%	19,0	27,0	25,0	8,4
Einschnürung	%	31,0	59,0	58,0	11,0
Kerbschlagzähigkeit	mkg/cm²	2,8 bis 3,4	8,5 bis 9,0	7,1 bis 7,6	5,0 bis 5,9

guß kann man die Temperaturen beim Normalglühen entsprechend dem Kohlenstoffgehalt nach den Abb. 41 u. 43 wählen. Mittel- und höherlegierter Stahlguß erfordert nicht nur höhere Glühtemperaturen, sondern auch längere Zeiten. Die eben angegebene Faustregel für das Normalglühen von unlegiertem Stahlguß ist dann nicht mehr anwendbar. Beim Normalglühen von Großguß fand TIMMONS [*144*] z. B., daß die Abkühlungsgeschwindigkeit nach dem Glühen wesentlich ist. Sie muß danach mit steigendem Querschnitt steigen. An ähnlichen Teilen stellten CLARK u. Mitarb. [*145*] fest, daß dem Querschnitt entsprechend große Haltezeiten vor allem in niedriggekohltem Stahlguß nicht immer zu den besten mechanischen Werten führen. Das unterstreicht durchaus die bisher bekannte Tatsache, daß Hochtemperatur- und Langzeitglühung keineswegs die Festigkeits-Zähigkeitseigenschaften des Stahlgusses verbessern. Diesen Punkt untersuchten EVERS- PIWOWARSKY [*146*] systematisch und klärten die Frage, ob zum Erzielen guter mechanischer Eigenschaften eine vollständige Umkristallisation Voraussetzung ist, d. h. ob beim Normalglühen der Ac_3-Punkt unbedingt überschritten werden muß. Danach liegt der Ac_3-Punkt eines Stahles mit 0,3% C bei etwa 840 °C. Bereits bei 810 °C gehen 50% und bei 830 °C rund 80% des voreutektoiden Ferrits in Lösung. So gelang der Nachweis, daß tatsächlich auch durch Glühen bei oder kurz unterhalb Ac_3 sowie richtiger Wahl der Glühdauer gleich gute Festigkeitseigenschaften erzielbar sind wie durch das übliche Normalglühen. Auf Grund des Zusammenhanges zwischen Glühdauer und -temperatur muß eine entsprechend lange Glühzeit eingehalten werden. Das hat nicht nur für die Umkristallisation praktische Bedeutung, sondern auch für die Ofenhaltbarkeit.

Die langen Behandlungszeiten beim Normalglühen mit anschließendem Entspannen haben zu Versuchen zwecks Verkürzung geführt, worüber SMOLIANITZKI [*147*] berichtet. Sein Verfahren soll ein Normalisieren mit gleichzeitigem Entspannen gewährleisten. Es bezieht sich auf Versuche an Gußteilen aus unlegiertem Stahlguß mit 0,42% C, 0,55% Mn, 0,29% Si, 0,035% P und 0,034% S bei Wandstärken von 12 bis 60 mm sowie Einzelgewichten zwischen 10 und 1000 kg. Die Zeitdauer der Methode bis zum Abkühlen an Luft wurde auf 7 h heruntergedrückt gegenüber bisher 14 bis 18 h, wie aus Abb. 47 hervorgeht. Als kennzeichnende Meßgröße für die im Gußstück ablaufenden Vorgänge dienen die im Abguß verbleibenden Spannungen. Zu ihrer Bestimmung findet ein Gitter Verwendung, an dem die Verformung *2e* als Längenveränderung gemessen wird. Sie sind zusammen mit den mechanischen Eigenschaften in Tab. 12 angeführt.

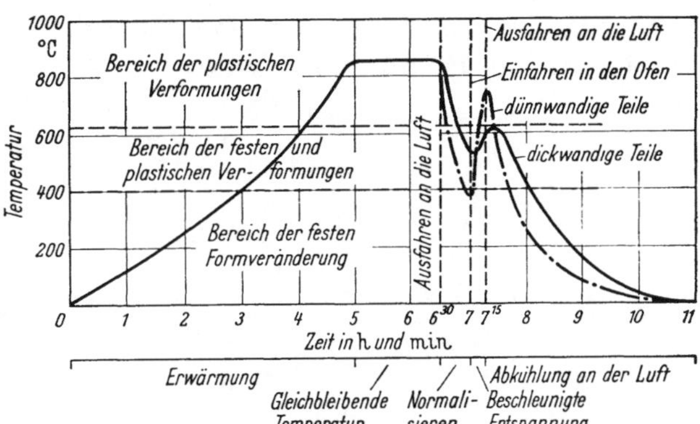

Abb. 47. Verlauf des Normalglühens mit beschleunigtem Entspannen nach [*147*]

Tabelle 12. *Ergebnis eines Normalisier-Kurzverfahrens* (nach [*147*])

Versuch	σ_B bei Zugbeanspruchung in kg/mm²	Dehnung δ in %	Größe der Verformung *2e* in mm	Verminderung der Spannungen in % im Vergleich zu den Ausgangsspannungen
1	53,0	16,0	bis 0,09	78,4
2	53,1	17,0	bis 0,05	88,0
mittel	53,1	16,5	bis 0,07	83,2

Der Einfluß von Erhitzungsgeschwindigkeit, Glühdauer, Temperatur und Ausgangskorngröße auf die beim Austenitisieren von Stählen erzielbare Korngröße stellte HÜLSBRUCH [*148*] zusammenfassend dar. Danach hat man bisher zu sehr Zustandsschaubilder und zu wenig den Ablauf der Vorgänge betrachtet. Diese Kinetik der Vorgänge ist oft von größerer Bedeutung als die Temperatur. Beispielsweise erweist sich die Erhitzungsgeschwindigkeit im Zusammenhang mit der Keimzahl als mindestens so wichtig wie die Temperatur, meist sogar als ausschlaggebend. Über den Einfluß von Erhitzungsgeschwindigkeit, Glühtemperatur und Glühdauer unterrichten die Arbeiten von HANEMANN-SCHRADER [*8*]. Daraus ist bemerkenswert, daß langsames Erhitzen an einem Stahl mit 0,45% C und 0,8% Mn zu grobem und schnelles Erhitzen zu feinem Korn führt. Bei einer Erhitzungsgeschwindigkeit von weniger als 4 °C/min steigt die Korngröße steil an. Das ist wesentlich deutlicher als bei erhöhter Glühtemperatur oder Überzeitung. Diese Feststellungen decken sich nach HÜLSBRUCH mit langjährigen Betriebserfahrungen.

Hiernach ist die Anheizgeschwindigkeit von größter Bedeutung, und man muß sie für wichtiger ansehen, als es bisher geschah. So erklärt sich manche Erscheinung des unterschiedlichen Verhaltens beim Austenitisieren unter sonst gleichbleibenden Bedingungen. Die Empfindlichkeit der einzelnen Schmelzen und Stahlsorten gegen eine Kornvergröberung durch zu langsames Erwärmen ist unterschiedlich. Der genannte Schwellwert von 4 °C/min unterliegt daher starken Schwankungen. Besonders empfindlich scheinen Cr-, Ni-, Mo- und V-legierte Stähle zu sein.

4. Diffusionsglühen

Das *Diffusionsglühen*, auch Vorglühen genannt, bezweckt ähnlich wie das Normalisieren eine Beseitigung des Gußgefüges und das Bilden eines für die nachfolgende Vergütung günstigen Ausgangskornes. Außerdem ist durch die Diffusion ein Ausgleich bestehender Konzentrationsunterschiede (Seigerungen) zu erreichen. Schließlich werden die nur bei höherer Temperatur löslichen nichtmetallischen Verbindungen in Lösung gebracht. Sie wirken sich dann nicht mehr nachteilig auf die mechanischen Eigenschaften aus.

Demzufolge besteht das Diffusionsglühen aus einem Erhitzen auf Temperaturen erheblich über Ac_3 mit langzeitigem Halten und nachfolgend beliebiger Abkühlung. Der Arbeitsbereich liegt gemäß Abb. 48 praktisch zwischen 950 und 1150 °C. Die Ursachen für den tatsächlich vorhandenen günstigen Einfluß des Vorglühens auf den Stahlguß sind wissenschaftlich noch nicht eindeutig geklärt. Erfahrungen und Beobachtungen [*149*] lassen jedoch die geschilderten Wirkungen als sicher vermuten, worauf besonders MEHMET-ROSENTHAL [*150*] und MIKASHIMA [*151*] hinweisen. Nach dem Diffusionsglühen besitzen die so behandelten Abgüsse ein gleichmäßiges Gefüge. Es entspricht bis auf die gröbere Kornausbildung infolge der höheren Behandlungstemperatur ungefähr dem des normalisierten Zustandes. Aus dem Gesagten ergibt sich, daß man das Vorglühen insbesondere für legierten Stahlguß anwendet, worauf ROESCH [*152*] hinweist. Die Gußstücke besitzen in diesem Zustand durch die Wirkung der Legierungsbestandteile eine erhöhte Härte. Sie ist für eine vor dem Vergüten durchzuführende spanabhebende Bearbeitung ungünstig. Man schließt daher zweckmäßig an das Vorglühen ein weiteres Glühen zum Koagulieren des Perlit an. Dies erfolgt wie bereits erwähnt bei Temperaturen dicht unter Ac_1 und ist in Abb. 48 eingezeichnet. Wird unmittelbar anschließend das Weichglühen durchgeführt, dann läßt man die Gußteile nach dem Vorglühen nur bis kurz unterhalb des Perlitpunktes abkühlen. Nach einem Halten bei dieser Temperatur erfolgt langsame Ofenabkühlung. Hierdurch besitzen die Abgüsse die überhaupt niedrigste erzielbare Festigkeit und damit den für die spanabhebende Bearbeitung günstigsten Zustand. Darin nimmt man daher zweckmäßig Ausbesserungen sowie Putzarbeiten vor.

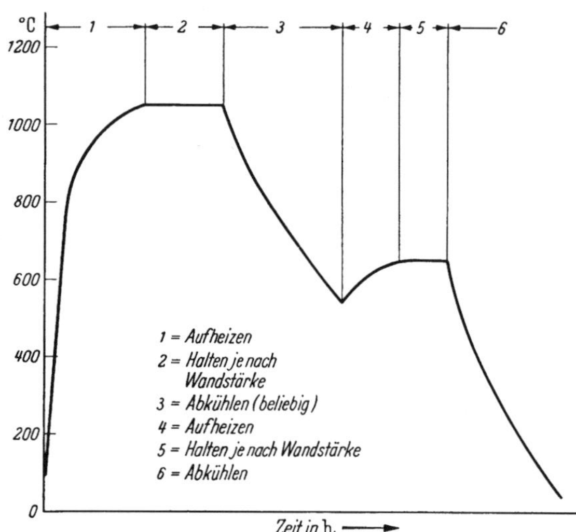

Abb. 48. Arbeitsregel für das Diffusionsglühen mit anschließendem Koagulieren des Perlit

1 Aufheizen, *2* Halten je nach Wandstärke, *3* Abkühlen (beliebig), *4* Aufheizen, *5* Halten je nach Wandstärke, *6* Abkühlen

Das hier beschriebene Diffusions- oder Vorglühen ist nicht mit dem Vorwärmen zu verwechseln. Ein Vorwärmen wendet man hauptsächlich bei legiertem Stahlguß und insbesondere bei gegossenen Werkzeugen an. Der Grund beruht darin, daß solche Gußlegierungen eine geringe Wärmeleitfähigkeit besitzen. Deshalb ist in diesen Fällen ein Vorwärmen sehr ratsam. Es schließt nämlich einen weiteren Vorteil dadurch ein, daß die Haltezeit auf Härtetemperatur geringer bemessen und so ein übermäßiges Verzundern oder Entkohlen vermieden werden kann. Die Vorwärmtemperatur derartigen Stahlgusses liegt zweckmäßig 200 bis 250 °C unter der Härtetemperatur. Man nimmt es je nach Art und Form der gegossenen Werkzeuge auch mehrstufig vor.

In Anlehnung an eine von RIEBENSAHM [*153*] gegebene Darstellung sind in Tab. 13 die Arbeitsgänge des *Glühens* für Stahlguß zusammenfassend dargestellt. Hierdurch soll ein anschauliches Bild geschaffen werden, um so besser als durch Verfahrensbezeichnungen allein den Weg zum richtigen Verfahren zu finden. Danach handelt es sich beim Glühen um alle die Arbeitsgänge, welche unerwünschte Gefügeausbildungen und Spannungszustände beim Herstellen der Gußstücke beseitigen.

Tabelle 13. *Das Glühen von Stahlguß zum Beseitigen unerwünschter Gefügezustände*

Verfahren und Durchführung	Zweck
1. Spannungsfreiglühen unter Ac_1 — 721 °C	Beseitigen sowie Ausgleich von Guß-, Schweiß- und Abkühlungsspannungen.
2. Weichglühen um Ac_1 — unter und über 721 °C	Erzielen leichter Bearbeitbarkeit. Beseitigen von zu hartem oder zufällig gehärtetem Gefüge, auch bei Kaltverfestigung
a) Perlitisieren	Glühen auf kugeligen Zementit
b) mit unterbrochener Abkühlung	wie vor mit kürzerer Gesamtglühzeit
c) mit vorangehendem Härten	wie vor mit feinster Kugelform
d) abgestimmt auf die Zusammensetzung	Weichglühen von Stählen ohne Umwandlung bzw. von hochlegierten Stählen
3. Normalglühen, Umkörnen, Homogenisieren über Ac_3	Verbessern, Regenerieren, Rückfeinen des Gefüges, Umwandeln der Gußstruktur sowie der Struktur von überhitztem bzw. grob rekristallisiertem Gefüge
4. Diffusionsglühen, Vorglühen weit über Ac_3	Ausgleich ungleichmäßiger Primärkristallisation sowie Legierungsgehalte

B. Vergüten

Als zweiter wichtiger Arbeitsgang für das Warmbehandeln von Stahlguß ist die Vergütung zu bezeichnen. Hiermit kann der Stahlgießer planmäßig gewünschte Gefügezustände erzielen. Sie verleihen dem gegossenen Konstruktionselement nützliche Eigenschaften, die zunächst nicht vorhanden sind. Zwar kann die Zusammensetzung des Stahles auf die später durchzuführende Vergütung abgestimmt sein, jedoch läßt sich das Ergebnis des Vergütens nicht auf andere Weise erzielen. Hierdurch werden dem Abguß die geforderten mechanischen Eigenschaften der Streckgrenze, Zugfestigkeit, Dehnung, Einschnürung, Kerbschlagzähigkeit u. a. verliehen. Außerdem verbessert das Vergüten das Streckgrenzenverhältnis sowie die querschnittabhängigen Eigenschaften, es vermindert die Kerbempfindlichkeit, steigert die Härte und erhöht die Wirksamkeit der Legierungselemente. Werden daher bei legiertem Stahlguß Bestwerte angestrebt, so ist ein Vergüten erforderlich. Es besteht aus folgenden beiden wesentlichen Vorgängen:

1. Ablöschen aus dem Gebiet der festen Lösung von einer Temperatur kurz über dem Ac_3-Punkt in Flüssigkeitsbädern oder manchmal an Luft zum Erzielen von Härtesteigerungen.

2. Anlassen als längeres Glühen bei Temperaturen unter Ac_1.

Das Vergüten führt man zweckmäßig nach dem eben beschriebenen Vorglühen aus, um die dabei geschilderten Vorteile auszunutzen. Hierdurch erklärt sich die Namensgebung dieses Vorganges. Die dem Härten und Anlassen zugrunde liegenden physikalischen Vorgänge fanden bereits Erläuterung. Das martensitische Gefüge des gehärteten Zustandes geht bekanntlich beim Anlassen in das sorbitische über. Die zu wählende Anlaßtemperatur ergibt sich nach JURETZEK [*135*] aus dem Vergütungsschaubild, wozu als Beispiel Abb. 49 gezeigt sei. In diesem Rahmen sind die vorgeschriebenen mechanischen Eigenschaften zu erreichen. Das Abkühlen von der Anlaßtemperatur kann je nach Legierung langsam im Ofen oder an Luft erfolgen, manchmal muß man es sogar rasch in einer Flüssigkeit vornehmen. Dies gilt für in bestimmter Weise legierte Stahlgußstücke, die sonst spröde würden (Anlaßsprödigkeit). Auf diesen Punkt wird noch ausführlich eingegangen. Das Ablöschen geschieht am einfachsten in Wasser, ist aber nicht immer durchführbar.

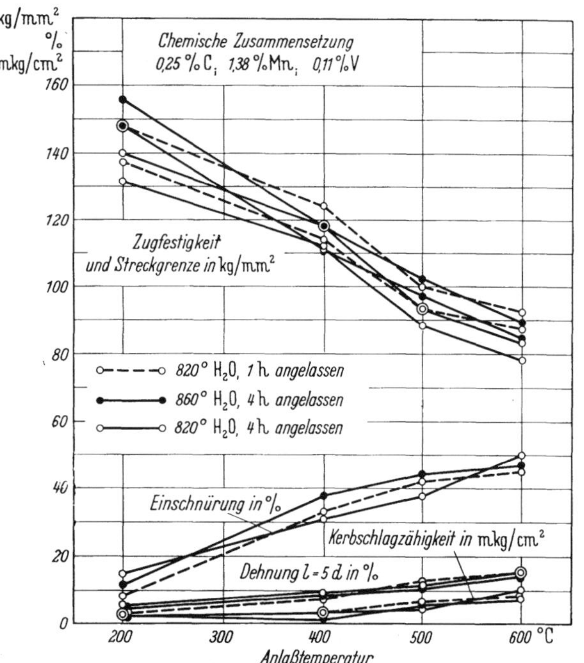

Abb. 49. Vergütungsschaubild eines Mn-V-legierten Stahlgusses nach [*135*]

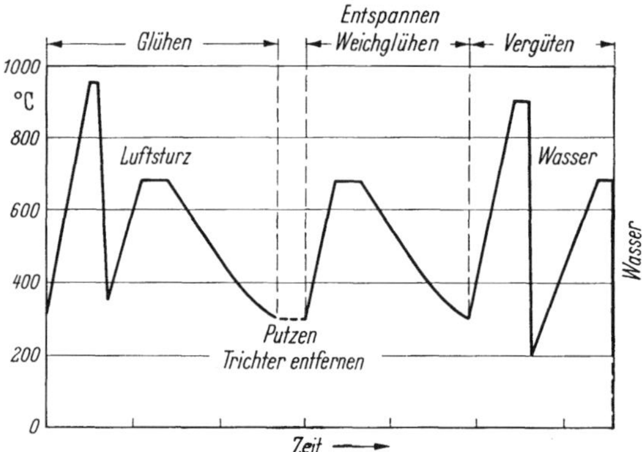

Abb. 50. Vorschrift für den Arbeitsgang der gesamten Behandlung bei der Vergütung legierter Stahlgußstücke nach [*133*]

Maßgebend hierfür ist die Frage, ob der Abguß dies infolge seiner vielleicht verwickelten Gestalt oder bei großen Querschnittunterschieden wegen der Gefahr des Reißens oder Verwerfens auch gestattet. So läßt sich unlegierter Stahlguß bis 1 % C je nach Stückgröße und Querschnittverhältnissen wasser- bzw. ölhärten. Hochgekohlter Kleinguß wird wegen der Gefahr des Verzuges am besten in Öl abgelöscht. Bei legiertem Stahlguß setzt bereits mit 0,35 bis 0,45% C eine beachtliche Gestaltempfindlichkeit ein, und die Gußstücke neigen zum Reißen. Daher härtet man solche Teile nach SCOTT [*142*] bis 25 mm Durchmesser sowie über 0,4% C in Öl, über 50 mm Durchmesser in Wasser. Für den Zwischenbereich ist die Verwendung von angewärmtem Wasser oder Salzbädern zweckmäßig.

Daraus ergibt sich als Arbeitsregel für den Ablauf der gesamten Warmbehandlung eines legierten Stahlgußstückes mit Wandstärken von 35 bis 40 mm die nach JURETZEK-TROMMER [*133*] wiedergegebene Abb. 50. Der frühzeitig aus der Form entleerte und noch nicht restlos erkaltete Abguß wird mit einer Temperatur von 300 bis 400 °C in den Ofen gebracht und zum Vorglühen auf 950 °C erwärmt. Nachdem eine gewisse Zeit gehalten wurde, erfolgt das Abkühlen auf etwa 400 °C durch Herausfahren des Herdes. Im Anschluß daran wird der Abguß zum Erzielen eines weichen und spannungsfreien Zustandes auf 680 °C hochgefahren und hernach langsam im Ofen bis etwa 300 °C abgekühlt, sofern die Steiger autogen abgebrannt werden sollen. Nach dem Abkühlen auf Raumtemperatur findet übrigens auch das Vorputzen statt. Zum Beseitigen der nach dem Entfernen von Trichtern und Eingüssen vorhandenen Spannungen sowie der Glashärte an den Brennstellen wird bei 680 °C weichgeglüht und entspannt. Nach dem langsamen Abkühlen werden Ausbesserungs- sowie die wesentlichen Putzarbeiten durchgeführt. Dann erfolgt das Vergüten durch Erwärmen des Abgusses auf 900 °C, Ablöschen in Wasser und Anlassen bei 670 °C, ebenfalls mit nachfolgendem Abschrecken in Wasser. Das ist deshalb notwendig, weil es sich im vorliegenden Fall nach Tab. 14 um eine molybdänfreie CrMnV-Legierung handelt, die zur Anlaßsprödigkeit neigt. Zwecks Vermeidung von Spannungen kann das Ablöschen bei etwa 200 °C abgebrochen oder ein Spannungsfreiglühen bei etwa 450 °C angeschlossen werden. Es sei erwähnt, daß die in Tab. 14 enthaltenen Eigenschaften an zwei Proben ermittelt wurden, die aus Verlängerungen am Rand des Gußstückes stammen. Dabei wurde die VGB-Probe 15 × 30 × 160 mm nicht durchgeschlagen. Hieraus ergibt sich die Wirksamkeit der beschriebenen Warmbehandlung, die besonders auf das Erzielen eines guten Verformungsvermögens abgestimmt war.

Tabelle 14. *Mechanische Eigenschaften legierten Stahlgusses*
Chemische Zusammensetzung: 0,17% C, 1,30% Mn, 2,73% Cr, 0,15% V.

	Probe 1	Probe 2
Fließgrenze . . . . kg/mm²	53,0	53,9
Zugfestigkeit . . . . kg/mm²	64,5	64,5
Dehnung . . . . %	23,0	22,5
Einschnürung . . . . %	69	73
Kerbschlagzähigkeit mkg/cm² (VGB-Probe)	über 34	über 34

Das Vergüten eines Stahles wird ermöglicht durch die Unterkühlbarkeit des Austenits. Die über die γ/α-Umwandlung erzielten Forschungsergebnisse haben in ihrer praktischen Anwendung wesentlich dazu beigetragen, die Warmbehandlung des Stahles in den letzten Jahren auf eine gesunde wissenschaftliche Grundlage zu stellen. Dabei ließen sich neben den Gefügeänderungen beim Glühen und Vergüten auch die durch Zusammensetzung und Korngröße bedingten Beeinflussungen deuten. So unterscheidet man für die Umwandlung des Austenits nach JURETZEK [*135*] drei kennzeichnende Temperaturbereiche. Dabei handelt es sich um die Perlitstufe zwischen 700 und 500 °C und die Martensitstufe im Bereich von etwa 350 °C bis Raumtemperatur bzw. darunter. Als Zwischenstufe bezeichnet man den Bereich zwischen diesen beiden Temperaturintervallen. Für legierte Stähle treten besonders die Umwandlungsvorgänge der Zwischenstufe in Erscheinung, die deshalb von größter Bedeutung sind.

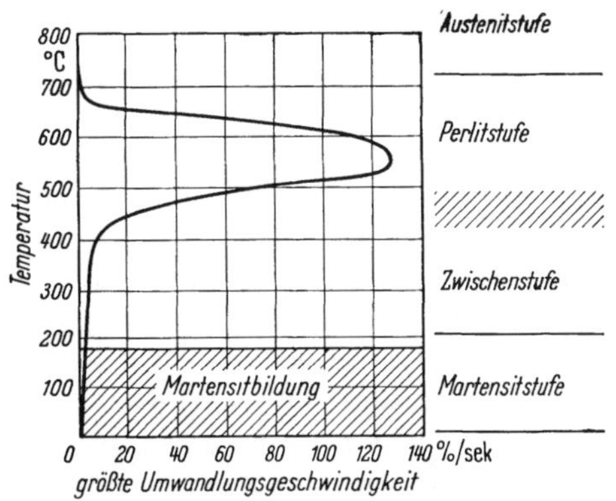

Abb. 51. Größte Umwandlungsgeschwindigkeit des Austenit in Abhängigkeit von der Temperatur bei unlegiertem Stahl mit 0,9% C nach [*9*]

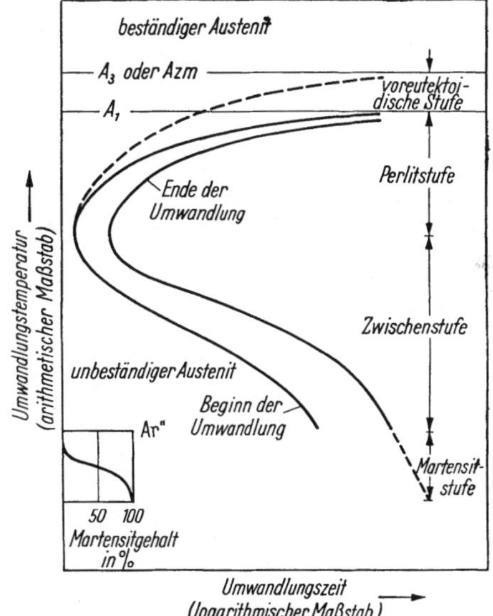

Abb. 52. Zeitdauer der Austenitumwandlung in Abhängigkeit von der Temperatur nach [*102*] bei unlegiertem Stahl

Die Beziehung zwischen Temperatur und Umwandlung eines Stahles läßt sich gemäß Abb. 51 nach KÖRBER u. Mitarb. [*9*] sehr gut schaubildlich dadurch wiedergeben, daß man den Verlauf der größten Umwandlungsgeschwindigkeit in Abhängigkeit von der Umwandlungstemperatur aufträgt. Man kann aber auch die Zeitdauer des Anlaufens und Abklingens der Umwandlung in Beziehung zur Umwandlungstemperatur setzen, wie es an Hand von Abb. 52 im angelsächsischen Schrifttum [*102*] überwiegend gebräuchlich ist.

Man rühmt dieser Darstellung den praktischen Vorteil nach, daß sie die für das Umwandeln erforderliche Zeit unmittelbar ablesen läßt. Um bei den folgenden Erläuterungen die Zahl der Einflußgrößen einzuschränken, ist immer vorausgesetzt, daß sich diese Schaubilder auf Umwandlungen bei gleichbleibender Temperatur beziehen, also isotherme Umwandlungsvorgänge betreffen.

Abb. 52 stellt den Idealfall der Umwandlung eines unlegierten Stahles dar. Er wurde so hoch erhitzt, daß sich homogener Austenit bildete. Aus dieser γ-Phase entsteht zunächst ein an Kohlenstoff übersättigtes α-Eisen als Zwischenprodukt. Unmittelbar anschließend scheidet sich daraus der Kohlenstoff je nach Umwandlungstemperatur als mehr oder weniger fein verteiltes Karbid aus. In der voreutektoidischen Stufe bildet sich bei untereutektoiden Stählen voreutektoider Ferrit und bei übereutektoiden Stählen voreutektoider Zementit. Durch die gestrichelte Linie wird angedeutet, daß die für das Einsetzen der Abscheidung des voreutektoiden Bestandteils notwendige Zeit mit sinkender Umwandlungstemperatur abnimmt. Sobald die Abscheidung eines voreutektoiden Bestandteiles den Kohlenstoffgehalt des Restaustenits zur eutektoiden Zusammensetzung verschoben hat, hört die Umwandlung in dieser Stufe auf.

Nach Ablauf der durch die gestrichelte Linie gekennzeichneten Zeit geht daher das Abscheiden dieses voreutektoiden Bestandteiles zunächst weiter. Es hält bis zum Erreichen der ersten ausgezogenen Linie an, die das Anlaufen der Perlitbildung darstellt. Danach kann sich also die Abscheidung des voreutektoiden Bestandteiles bis in die Perlitstufe fortsetzen, sofern sie überhaupt stattfindet. Die ausgezogenen Kurven lassen erkennen, daß sich der Zeitpunkt des Anlaufens und Abklingens der Perlitbildung mit fallender Umwandlungstemperatur rasch zu kürzeren Zeiten verschiebt. Das wird besonders deutlich nach einem Vergleich mit Abb. 51. Die Höchstwerte für die Umwandlungsgeschwindigkeit liegen bei unlegierten Stählen zwischen 550 und 600 °C. Dabei ändert sich das Perlitgefüge mit der Umwandlungstemperatur. Dicht unterhalb A_1 entstandener Perlit besteht aus groben Lamellen. Wird die Umwandlungstemperatur niedriger, lagern sich die Perlitstreifen dichter, und die Härte steigt.

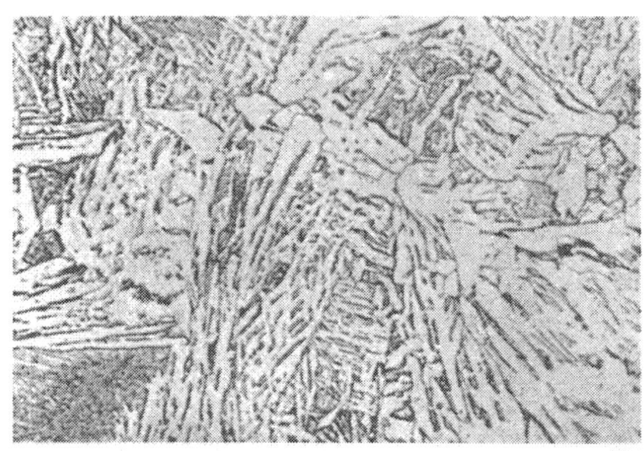

Abb. 53. Zwischenstufengefüge von Stahl mit 0,14% C nach Abschrecken bei 1100 °C in Öl nach [*135*]

In der Zwischenstufe steigen gewöhnlich mit fallender Temperatur die für Umwandlungsbeginn und -ende erforderlichen Zeiten an. Somit ist das Zwischenstufengefüge nach WIESTER [*154*] in ausgeprägter Weise von der Umwandlungstemperatur abhängig. Es ist wegen der Gitterumklappung zum Bilden des übersättigten α-Eisens nadelig-faserig ausgebildet, wie Abb. 53 nach JURETZEK [*135*] erkennen läßt. Da diese Form kennzeichnend für das Zwischenstufengefüge ist, erhielt sie im amerikanischen Schrifttum nach BAIN [*155*] den Namen *Bainit*. Auch hier besteht eine Abhängigkeit von der Temperatur. Dicht unter der Perlitstufe gebildetes Zwischenstufengefüge ist grob gefiedert oder nadelig. Zwischenstufengefüge aus den unteren Temperaturbereichen, also kurz über Ar'', ist aber mikroskopisch kaum vom Martensit zu unterscheiden. Demzufolge nimmt die Härte des Zwischenstufengefüges mit fallender Umwandlungstemperatur zu. Dadurch kann es vorkommen, daß die Härte eines bei hoher Temperatur dicht unterhalb der Perlitstufe entstandenen Zwischenstufengefüges geringer ist als die Härte des bei einer kurz darunterliegenden Temperatur gebildeten feinstreifigen Perlits.

Die Martensitstufe beginnt mit der durch Ar'' bezeichneten Temperatur. Auf ihre Lage hat die Zusammensetzung des γ-Mischkristalls einen deutlichen Einfluß. Dagegen ist die

Haltezeit bei Temperaturen unter A_1 nach TROJANO-GRENINGER [*156*] und COHEN [*157*] ebensowenig von Belang wie die Abkühlungsgeschwindigkeit oder die Anwesenheit ungelöster Karbide. Gering ist nach BARNETT-TROJANO [*158*] und BAILEY-HARRIS jr. [*159*] die Wirkung der Austenitkorngröße vor der Umwandlung. Spannungen können nach MCREYNOLDS [*160*] sogar bei Temperaturen kurz über Ar'' zu einer Martensitbildung führen. In reinen Fe-C-Legierungen übt der Kohlenstoffgehalt nach WEVER-ROSE [*161*] den hauptsächlichen Einfluß auf die Lage der Ar''-Temperatur aus. Von 400 °C bei 0,2% C verschiebt sie sich demzufolge auf 150 °C bei 1,0% C. Obwohl von AVERBACH-COHEN [*162*] beobachtet wurde, daß sich geringe Mengen Martensit isotherm in der Mitte der Martensitstufe bilden können, ist die Martensitbildung nicht als isothermer Vorgang anzusprechen. Es handelt sich hierbei nämlich um Ausnahmen.

In der praktischen Ausführung werden die Stähle durch Ablöschen in Metall- oder Salzbädern bzw. in strömenden Gasen rasch auf die Umwandlungstemperatur abgekühlt

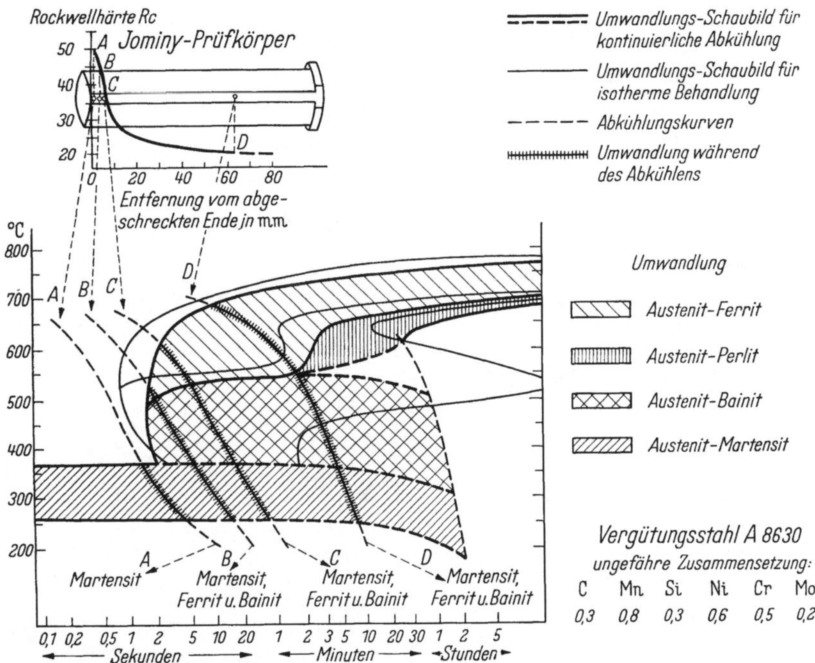

Abb. 54. Stirnabschreckversuch (end quench test) und Zeit-Temperatur-Umwandlungs-(TTT-)Diagramm eines legierten Stahles nach [*163*]

und hier bis zum Ablauf der Umwandlung gehalten. Dabei wandelt sich der Austenit isotherm um. Man muß jedoch beachten, daß die Umwandlung bei jeder Temperatur erst nach dem Verstreichen der Anlauf- oder Inkubationszeit einsetzt. Im Verlauf der Umwandlung steigt dann deren Geschwindigkeit bis zu einem Höchstwert, von dem sie asymptotisch abklingt. Dadurch erhalten die ermittelten Kurven S-Form, wonach man sie auch anfangs benannte. Zwischenzeitlich hat sich die Bezeichnung ZTU- (Zeit-Temperatur-Umwandlungs-) Kurven in Anlehnung an den amerikanischen Sprachgebrauch durchgesetzt (Time-Temperature-Transformation, TTT-curves). Läßt man dem Gefüge beim kontinuierlichen Abkühlen nicht die zum vollständigen Umwandeln nötige Zeit, dann treten nach WRAY [*163*] bei geringeren Abkühlungsgeschwindigkeiten als den kritischen Martensit- und Zwischenstufengefüge nebeneinander auf. Das geht aus Abb. 54 deutlich hervor. Darin sind mit Hilfe der JOMINY-Probe [*164*] Härtbarkeitsschaulinien für die Durchhärtung von Stählen wiedergegeben. Bei A, also an der abgeschreckten Stelle des Prüfkörpers, ist die Abkühlungsgeschwindigkeit größer als die kritische. Der Austenit wandelt sich daher vollständig in Martensit um. An den Stellen *B*, *C* und *D* erhält man Gemische von Martensit, Ferrit und Zwischenstufengefüge. Für ein rein perlitisches Gefüge wäre bei diesem Stahl eine noch geringere Abkühlungsgeschwindigkeit als bei *D* notwendig.

Aus Abb. 54 ergibt sich nach JURETZEK [*135*] für niedriggekohlte legierte Stähle, wie sie auch als Stahlguß benutzt werden, daß die Umwandlung in der Zwischenstufe

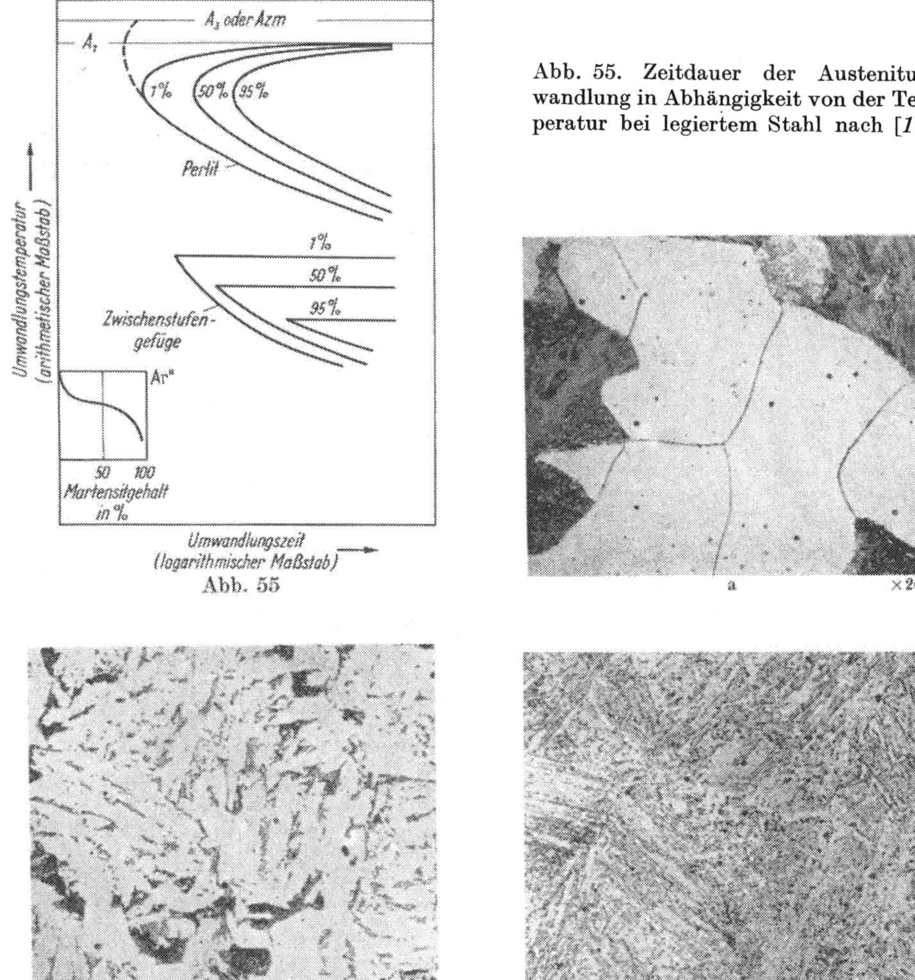

Abb. 55

Abb. 55. Zeitdauer der Austenitumwandlung in Abhängigkeit von der Temperatur bei legiertem Stahl nach [*171*]

a ×200

b ×200

c ×200

Abb. 56a—c. Gefügeformen der Perlit-, Zwischen- und Martensitstufe nach [*173*]

Stahl mit 0,18% C und 1% Cr nach Umwandlung in der
Perlitstufe: a) 1100 °C Ofen, 2 h 580 °C Luft
Zwischenstufe: b) 1100 °C Bleibad von 400 °C 2 h, 2 h 600 °C Luft
Martensitstufe: c) 1100 °C Eiswasser 2 h 650 °C Luft

leichter und rascher abläuft als in der Perlitstufe. Man findet daher oft auch bei geringer Abkühlungsgeschwindigkeit Zwischenstufengefüge neben voreutektoid ausgeschiedenem Ferrit. Das Zwischenstufengefüge tritt an die Stelle des Perlit. Daraus ergibt sich beim Vorhandensein von Legierungselementen die Neigung zu einer mehr oder weniger ausgeprägten Unstetigkeit in dem Temperaturbereich, wo sich die Umwandlung von Perlit zu Zwischenstufengefüge ändert. Hierauf wiesen vor allem WEVER u. Mitarb. [*165* bis *167*, *65*, *106*] sowie DÖPFER-WIESTER [*168*] hin. Meist bilden sich in einem Überlagerungsgebiet nach TROJANO [*169*] sowie SHEEHAN u. Mitarb. [*170*] sowohl Perlit als auch Zwischenstufengefüge. Demzufolge erhält man das theoretische isotherme Umwandlungsschaubild legierter Stähle nach ZENER [*171*], das in Abb. 55 wiedergegeben ist. Es gilt nicht für unlegierte Stähle, die meisten Ni- und verschiedene Mn-Stähle. Hierfür ist nämlich die Überlagerung dieser C-förmigen Kurven nach KLIER-LYMAN [*172*] so, daß an den Umwandlungskurven keine meßbare Unstetigkeit erkennbar ist. Die kann aber bei Stählen mit anderen Legierungselelementen so groß werden, daß je nach Lage und Form der C-Kurven die gezeigte völlige Trennung der beiden Vorgänge eintritt. Hieraus ergibt sich die Unstetigkeit in den Umwandlungsschaubildern der meisten legierten Stähle.

Die Gefügeformen der Perlit-, Zwischen- und Martensitstufe eines niedriggekohlten chromlegierten Stahles sind aus Abb. 56 nach BENNEK-BANDEL [*173*] ersichtlich. Man erkennt hier im Unterschied zu der nadeligen Ausbildung des Zwischenstufengefüges bei einem unlegierten Stahl (Abb. 53) ein mehr faseriges Aussehen. BENNEK-BANDEL stellen die Verbesserung der Dauerstandfestigkeit durch dieses Zwischenstufengefüge gegenüber dem Anlaßgefüge als besonders wertvoll heraus. Das gilt übrigens nicht nur für die Dauerstandfestigkeit, man kann nämlich die Erhöhung der Zähigkeit, insbesondere bei hoher Festigkeit, als ein kennzeichnendes Merkmal der Zwischenstufengefüge ansehen.

Die wesentliche Einflußgröße für Gestalt und Lage der Umwandlungskurven ist die chemische Zusammensetzung des γ-Mischkristalls. Für niedriglegierte und weiche Stähle entspricht die Beeinflussung der Stahlanalyse. Bei höheren Legierungsgehalten und größerem Kohlenstoffgehalt braucht das aber nicht mehr zuzutreffen. Es besteht die Möglichkeit, daß beachtliche Mengen der Legierungselemente und des Kohlenstoffs vor dem Eintreten der Umwandlung nicht in den γ-Mischkristallen gelöst sind. Zusammenfassend läßt sich der Einfluß der üblichen Stahlbegleiter auf die isotherme Umwandlung folgendermaßen darstellen: Cr, Mo und V verzögern die Umwandlung zwischen 500 und 600 °C deutlich. Bei höheren Temperaturen trifft das in etwas geringerem Maße zu und bei tieferen Temperaturen noch weniger. Mäßige Gehalte an C, Mn, Ni und wahrscheinlich Cu, P sowie Si neigen dazu, die Kurven zu längeren Zeiten zu verschieben. Hohe Gehalte an Mangan und Nickel ändern die Kurvenform und bringen eine Annäherung an den unstetigen Verlauf wie bei Chrom, Molybdän und Vanadin [*65*, *170*]. Maßgebend für die niedrigsten Mn- bzw. Ni-Gehalte, bei denen die genannte Änderung eintritt, ist der Kohlenstoffgehalt. Außer der chemischen Zusammensetzung wirken Austenitkorngröße, Homogenität, ungelöste Karbide sowie nichtmetallische Einschlüsse auf die Umwandlungskurven ein. Dabei scheinen ungelöste Karbide und nichtmetallische Einschlüsse nach LIBSCH u. Mitarb. [*174*] wie Keime zu wirken und die Perlitbildung zu fördern. Beispielsweise wiesen durch Induktionserwärmung nur kurzzeitig über Ac_1 erhitzte Stähle in den Umwandlungseigenschaften deutliche Unterschiede gegenüber solchen Stählen auf, die längere Zeit in diesem Bereich gehalten wurden. Solche Keime können auch die Ursache für das Auftreten eines körnigen statt streifigen Perlit sein, wie MEHL [*175*] feststellte. In untereutektoiden mit Aluminium beruhigten und daher feinkörnigen Stählen besteht die Möglichkeit, daß die Hauptmenge des Karbides kugelig ausfällt. Durch Glühen auf Kornvergröberung kann man natürlich auch hier nach GRANGE [*176*] lamellaren Perlit erzielen.

Beim Vergüten des Stahlgusses läßt sich die Austenitumwandlung somit je nach Wunsch in verschiedener Weise lenken, um Eigenschaftsänderungen zu erzielen. Bei der gebrochenen oder Stufenhärtung löscht man auf eine Temperatur oberhalb der Martensitstufe bis zum vollständigen Temperaturausgleich ab. Dabei erfolgt das weitere Abkühlen an Luft mit langsamem Durchschreiten der Martensitstufe und ebensolcher Martensitbildung. Ein derartiges Verfahren wendet man überall dort an, wo es auf geringsten Verzug und Vermeiden von Spannungen ankommt. Dabei erfolgt das Anwärmen häufig in mehreren Stufen und das Ablöschen in einem auf der Temperatur der Zwischenstufe gehaltenen Warmbad. Darin verbleibt das Stück nach Abb. 57 bis zum vollständigen Ablauf der Umwandlung. Mit dieser Zwischenstufenvergütung erzielt man z. B. bei gegossenen Werkzeugen eine sehr gute Kerbschlagzähigkeit bei hoher Festigkeit unter gleichzeitigem Ausschalten von Verzug und Spannungen.

Der mit höchster Härte und entsprechender Sprödigkeit verknüpfte martensitische Zustand findet in Baustahlgußgüten naturgemäß keine Verwendung. Neben hoher Festigkeit wird hier eine gute Zähigkeit verlangt. Das Anlassen als Wiedererwärmen beseitigt die aufgetretenen Gitterstörungen und Spannungen des Martensit. Dabei scheidet sich der karbidische Bestandteil des Zerfallsproduktes in feinster Verteilung aus und ballt sich bei steigender Temperatur immer mehr zusammen. Parallel hiermit sinkt die Härte ab unter gleichzeitiger Verbesserung der Zähigkeitseigenschaften. Ist die untere Umwandlung erreicht, so liegt kugeliger Zementit vor und damit der Zustand geringster Härte sowie höchster Zähigkeit.

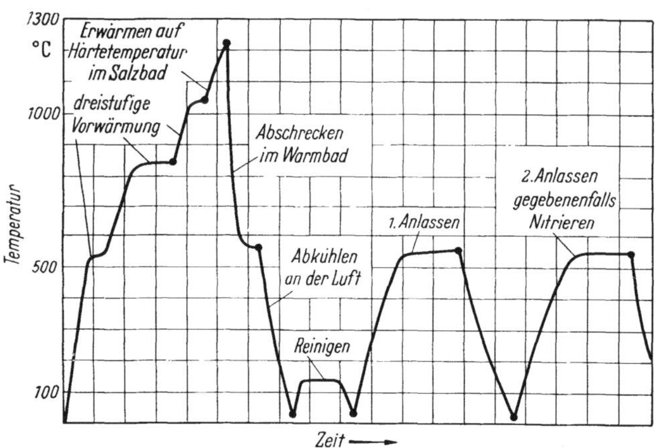

Abb. 57. Arbeitsregel für das Zwischenstufenvergüten von Werkzeugstahl

Über die Wirkung einer richtig geführten Warmbehandlung unterrichtet Abb. 58 nach SMIRNOW [*177*] für Abgüsse von Turbinenschaufeln im Gewicht von 5 bis 20 t aus 13%igem Chromstahl mit geringen Nickelzusätzen. Hier ergaben sich bei der üblichen Warmbehandlung Kerbschlagwerte unter 1 mkg/cm². Die nach richtiger Vergütung gefundenen Kennwerte sind gemäß Abb. 58 erstaunlich hoch. Dabei fand als Kühlmittel gleichzeitig Wasser und Luft Anwendung. Mit Luft wurden nur die Spitzen der Schaufelblätter abgeschreckt.

Beim Durchführen jeder Warmbehandlung sollte sich der Gießereimann immer vor Augen halten, daß die Gebrauchsfestigkeit seiner Gußstücke gleich der Zugfestigkeit vermindert um die inneren Spannungen ist, worauf BRIGGS [*58*] mit Nachdruck hinweist. Für die Höhe der abzubauenden Spannungen ist die Anlaßtemperatur von Wichtigkeit, wie Abb. 59 nach BÜHLER u. Mitarb. [*178*] erkennen läßt. Danach wurde ein Stahl mit 0,3% C von 850 °C in Wasser gehärtet und bei steigenden Temperaturen wie dargestellt angelassen. Man kann erst bei etwa 600 °C Anlaßtemperatur von einem praktisch spannungsfreien Werkstoff sprechen. Dabei ist auch die Zeit von Wichtigkeit, beim Anlassen jedenfalls mehr als beim Glühen. Denn sie ist gegeben durch die Menge der abzubauenden Spannungen. Der Abbau der Spannungsspitzen benötigt nämlich sehr viel mehr Zeit, als zum Erzielen des gewünschten Anlaßgefüges notwendig ist.

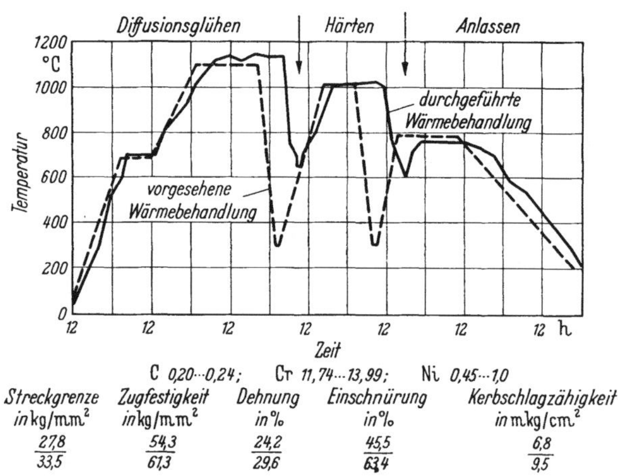

Abb. 58. Durchführung und Wirkung richtig geführter Warmbehandlung bei legiertem Stahlguß nach [*177*]

Wie schon weiter oben angedeutet, wirkt die Austenitkorngröße auf Form und Gestalt der Umwandlungskurven ein. Das spiegelt sich in den erreichbaren mechanischen Eigenschaften nach SIMS [*134*] deutlich wieder. Seinen Untersuchungen ist Tab. 15 entnommen. Danach besitzt ein gleichmäßig feinkörniger Stahlguß mit etwa 1,5% Mn sowie 0,1% V einen wesentlich besseren Schlagwiderstand als ein grobkörniger Stahlguß sonst gleicher Zusammensetzung. Außerdem ist das Streckgrenzen-Zugfestigkeitsverhältnis günstiger für den feinkörnigen Stahl. In Ergänzung hierzu zeigen eigene Messungen für einen

Stahlguß ähnlicher Zusammensetzung, jedoch auf eine höhere Festigkeitsstufe vergütet, folgende mechanischen Eigenschaften:

Streckgrenze	81,5 kg/mm²	Einschnürung	45%
Zugfestigkeit	91,4 kg/mm²	Kerbschlagzähigkeit	8,4 mkg/cm²
Dehnung $l = 5d$	12,2%		

In diesem Zusammenhang sei auf die beim Vergüten des Stahlgusses wichtige Frage des Ablöschmittels hingewiesen. Man stellt hier vielfach eine unbegründete Ängstlichkeit fest. Andere Ablöschmittel als Luft werden wegen der Rißgefahr abgelehnt. Diese Auffassung ist nicht richtig. Heute werden auch große Gußstücke verwickelter Form ohne Reißen sogar in Wasser abgelöscht. Dabei muß die Zusammensetzung naturgemäß so beschaffen sein, daß sie auch ein Wasserabschrekken verträgt. Dafür ist in erster Linie der Kohlenstoffgehalt maßgebend. Seine obere Grenze soll bei etwa 0,3% liegen und für höhere Legierungsanteile entsprechend niedriger sein. Sind einfache Gußteile zu vergüten, kann der Kohlenstoffgehalt bis etwa 0,4% betragen, ohne daß beim Wasserhärten eine Rißgefahr besteht. Ist aber in dieser Beziehung keine Sicherheit vorhanden, dann hat man immer die Möglichkeit des Ölabschreckens. Über das Abschreckvermögen verschiedener Härtemittel berichten MACCONOCHIE [*179*] sowie SCHALLBROCH u. Mitarb. [*180*], MEINGAST [*181*], ROSE [*182*] und PETER [*183*] in Sonderuntersuchungen. Danach können zwischen den Mineralölen sehr große Unterschiede bestehen. Diese Härtemittel gelten im allgemeinen als milde. Der Einfluß unterschiedlicher Badtemperaturen macht sich hierbei kaum bemerkbar. Rüböl zeigt in dieser Beziehung ein unterschiedliches Verhalten, weil es durch die Badtemperatur stärker in seiner Abkühlungsgeschwindigkeit beeinflußt wird. Im Gegensatz dazu ist das Abkühlungsverhalten des Wassers sehr stark von Badtemperatur und -bewegung abhängig. Wasser schreckt bei etwa 20 °C wesentlich schroffer ab als irgendein Öl. Dagegen kühlt es bei 80 °C erheblich geringer als Öle und Salzschmelzen. Nicht zuletzt auf das Außerachtlassen dieser Tatsache sind manche Überraschungen beim

Tabelle 15. *Einfluß der Austenitkorngröße auf die mechanischen Eigenschaften eines* Mn-V-*Stahlgusses*

		grobkörnig	feinkörnig
Streckgrenze	kg/mm²	44,3	46,6
Zugfestigkeit	kg/mm²	69,0	71,5
Dehnung	%	27,0	27,5
Einschnürung	%	55,7	57,5
Kerbschlagzähigkeit	mkg/(Jzod)	2,6	6,7

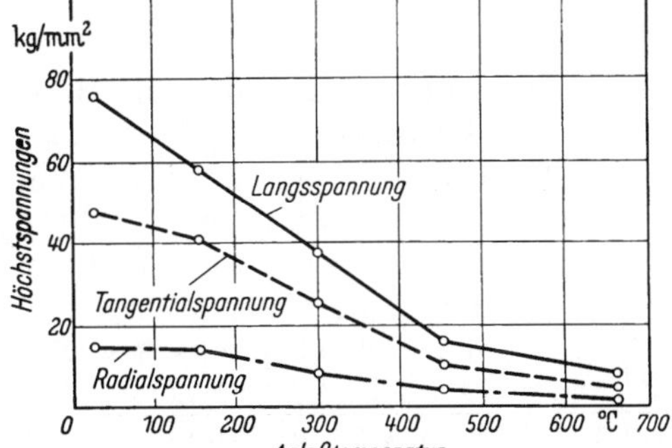

Abb. 59. Wirkung der Anlaßtemperatur auf den Abbau innerer Spannungen nach [*178*]

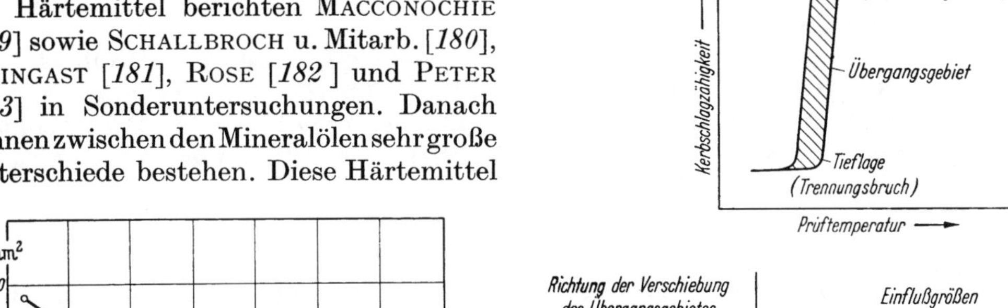

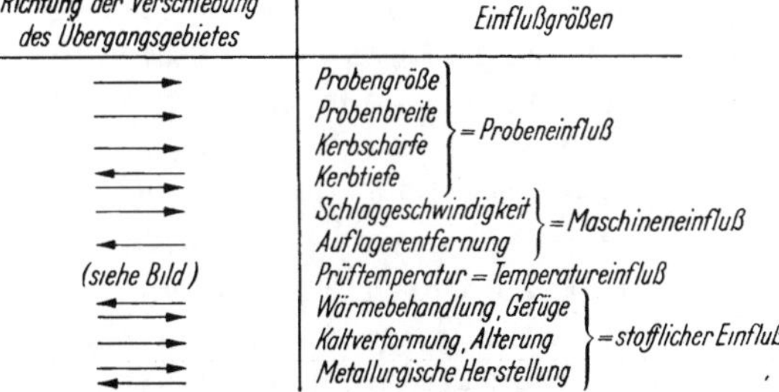

Abb. 60. Einflußgrößen auf die Kerbschlagzähigkeit perlitischer Stähle nach [*102*] Trennungsbruch/Verformungsbruch

Wasservergüten durch nicht genügend erfahrenes Personal zurückzuführen. Naturgemäß wird das Abschreckvermögen von Salzschmelzen stark durch ihren Wassergehalt beeinflußt. Im Gegensatz zu Wasser ist aber die Abhängigkeit dieser Eigenschaft von der Badtemperatur nur gering. Salzschmelzen weisen zu Beginn des Ablöschens eine größere Schreckwirkung auf als Rüböl. Ähnlich wie Wasser ist gesättigte Kochsalzlösung sehr stark von Badtemperatur und -bewegung abhängig. Sie kühlt dagegen bei höheren Badtemperaturen schneller als Wasser.

C. Besonderheiten beim Warmbehandeln

Mit guter Zähigkeit eines Stahlgußstückes umschreibt man die Eigenschaften, die das Eintreten eines Bruches erschweren. Der Werkstoff wird also dazu gebracht, sich vor dem Bruch bildsam zu verformen. Demzufolge ist ein Werkstoff spröde, der ohne oder mit nur geringer plastischer Verformung zu Bruch geht. Welcher Bruch vorliegt, hängt nach PFENDER [*184*] von der Belastungsart und den sonstigen Bedingungen ab. Ein Stahl, der unter der einachsigen Beanspruchung des üblichen Zugversuches eine beachtliche Bildsamkeit besitzt, kann bei den meist mehrachsigen Spannungszuständen des eingebauten gegossenen Konstruktionselements doch einen Trennungsbruch zeigen.

Als gebräuchlichstes und sicherstes Prüfverfahren zum zahlenmäßigen Erfassen der Zähigkeit hat sich der Kerbschlagversuch durchgesetzt [*35*]. Man kann jedoch die Ergebnisse der einen Probenform nicht zahlenmäßig auf eine andere umrechnen. Sogar bei gleicher Kerbform, aber unterschiedlicher Probengröße, sind allgemeingültige Umrechnungen nach BIHLMAIER [*185*] unmöglich. Grundsätzlich fördern folgende Einflußgrößen einen Trennungsbruch:

1. Ungünstiger Spannungszustand (mehrachsige Spannungen, Spannungshäufungen).
2. Tiefe Temperatur.
3. Hohe Belastungsgeschwindigkeit.

Die Auswirkung dieser Einflußgrößen auf den Kerbschlagversuch enthält Abb. 60 nach Angaben von KUNTZE [*186*] mit Änderungen nach WIESTER [*187*]. Man erkennt aus dieser Abbildung die Wirkung der genannten Faktoren auf einen perlitischen Stahl. Dabei kann sich das Übergangsgebiet dieser Abbildung je nach Legierung und Warmbehandlung in waagerechter Richtung ausdehnen.

1. Die Anlaßsprödigkeit

Es handelt sich hierbei um die vielen legierten Stählen anhaftende unangenehme Eigenschaft, nach langsamer Abkühlung von der Anlaßtemperatur zu verspröden. Das wirkt sich auf die mechanischen Kennwerte so aus, daß die Kerbschlagzähigkeit bei gleicher Festigkeit auf etwa $^1/_3$ des Wertes absinkt, den sie nach Wasserabkühlung im Anschluß an das Anlassen erreicht. Man kann daher die Anlaßsprödigkeit verhindern, wenn man von der Anlaßtemperatur rasch, d. h. in Wasser oder Öl abkühlt. Insbesondere bei Gußstücken treten jedoch hierdurch Spannungen auf. Deshalb wird in der Betriebspraxis vielfach empfohlen, solche Abgüsse durch ein zusätzliches Glühen bei niedriger Temperatur zu entspannen. In Frage kommen sollen hierfür Temperaturen um etwa 400 °C, wo noch keine Anlaßsprödigkeit auftritt.

Eine solche Praxis weist aber nach CORNELIUS [*188*] sowie SCHRADER u. Mitarb. [*189*] eine meist übersehene Gefahr auf. Gehärtete oder kaltverformte und alterungsanfällige Stähle besitzen nämlich im Temperaturbereich der Blauhitze zwischen 250 und 400 °C einen zweiten Versprödungsbereich, der leicht mit der Anlaßsprödigkeit im Temperaturgebiet von 450 bis 600 °C verwechselt werden kann. Aus Abb. 61 wird deutlich, was hiermit gemeint ist. Darin sind ein CrMn- sowie ein CrMnMo-Stahl folgender Zusammensetzung miteinander verglichen:

	C	Si	Mn	P	S	Cr	Mo	Ni
Cr-Mn	0,25	0,03	1,36	0,013	0,019	1,35	—	0,12
Cr-Mn-Mo	0,20	0,07	1,49	0,012	0,017	1,22	0,49	0,13

In beiden Fällen wurden die Stähle von 830 °C in Wasser gehärtet. Die linke Bildhälfte läßt nach einer zweistündigen Anlaßdauer mit Abkühlen in Wasser nur die Versprödung im Bereich der Blauhitze erkennen. Sie ist für den molybdänfreien Stahl deutlicher als für den molybdänhaltigen. Eine Anlaßsprödigkeit läßt sich für beide Stähle nicht bemerken. Dagegen zeigt die rechte Bildhälfte klar beide Versprödungsarten. Die Stähle sind hier nach dem Anlassen zunächst von 500 °C in Wasser abgekühlt und dann bei den genannten Temperaturen an Luft wie üblich angelassen worden. Man erkennt den zweiten Zähigkeitsabfall im Temperaturbereich zwischen 400 und 500 °C, den man als Anlaßsprödigkeit bezeichnet.

Verschiedene Erklärungsversuche der Versprödung im Bereich der Blauhitze ergaben nach GROSSMANN [*190*], GRJASNOW [*191*] und RIPLING [*192*] noch keine völlige Klarheit

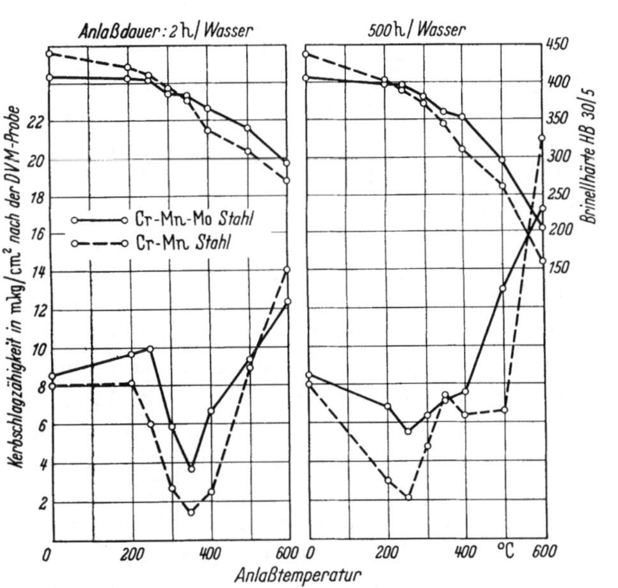

Abb. 61. Versprödungsarten beim Anlassen nach [*189*]

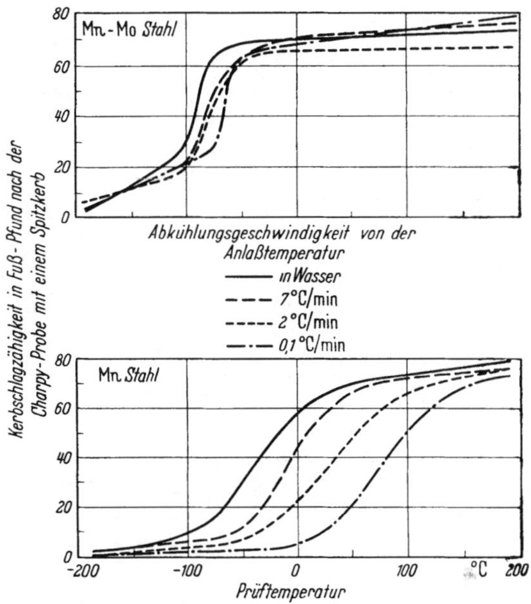

Abb. 62. Kerbschlagzähigkeits-Temperaturkurven zum Darstellen der Anlaßsprödigkeit nach [*195*]

über die Grundursache. Früher wurde eine Verbindung mit dem Austenitzerfall vermutet, der bei annähernd gleicher Temperatur abläuft. Heute scheint es nach den genannten Untersuchungen jedoch klar, daß es sich hierbei höchstens um einen Nebenvorgang handelt.

Vermeidet man also ein Glühen oder Entspannen im Versprödungsbereich der Blauhitze, dann bleibt als praktisch bedeutsam die Anlaßsprödigkeit. Hierzu wies VIDAL [*193*] darauf hin, daß ein empfindlicher niedriglegierter Stahl, der oberhalb der Versprödungstemperatur angelassen wurde, auch bei einem Wiedererhitzen in den Versprödungsbereich deutlich eine Anlaßsprödigkeit erkennen läßt. Das kann beispielsweise beim Entspannen nach dem Richten oder Schweißen vorkommen. Eine Bestätigung dessen gibt die rechte Hälfte von Abb. 61.

Kerbschlagzähigkeits-Temperaturkurven vermitteln nach BAEYERTZ u. Mitarb. [*194*, *195*] einen guten Überblick der Anlaßsprödigkeit. Man vergleicht dabei versprödete mit unversprödeten Proben. Sie werden nach Abb. 62 gewonnen, indem die Proben von 854 °C in Öl gehärtet, 1 h bei 620 °C angelassen und dann von der Anlaßtemperatur mit der genannten Geschwindigkeit auf 370 °C abgekühlt werden. Das Abkühlen von 370 °C auf Raumtemperatur kann an Luft erfolgen. Im vorliegenden Fall sind nachstehende Stähle miteinander verglichen:

	C	Si	Mn	P	S	Mo
Mn	0,40	0,34	1,90	0,028	0,019	0,003
Mn-Mo	0,38	0,24	1,29	0,025	0,019	0,180

Die Kurve mit der niedrigsten Übergangstemperatur vom Verformungs- zum Trennungsbruch gilt für die in Wasser abgelöschten Proben im Anschluß an das Anlassen. Die anderen Kurven beziehen sich auf die in Abb. 62 angeführten geringeren Abkühlungsgeschwindigkeiten.

Diese schädliche Wirkung der Anlaßsprödigkeit tritt im allgemeinen bei unlegierten Stählen nicht auf. Das beinhaltet natürlich, daß der Mn-Gehalt niedrig ist. Sonst wird der nachteilige Einfluß des Mangans in dieser Richtung gemäß Abb. 62 sowie nach BISCHOF-BÖTTGER [*196*] und HERRES-ELSEA [*197*] sehr deutlich. Phosphor begünstigt nach MAURER u. Mitarb. [*198*] sowie HOUDREMONT-SCHRADER [*199*] die Anlaßsprödigkeit selbst innerhalb der üblichen Analysengrenzen. Seine bekannte Seigerungsneigung macht das noch deutlicher, da die mittlere Analyse nicht die möglicherweise vorliegenden örtlichen Konzentrationsunterschiede dartut. Chrom und in bestimmtem Ausmaß Nickel sowie Vanadin lassen die Stähle ebenfalls der Anlaßsprödigkeit gegenüber stärker anfällig werden, worauf STIEDA-TÖDTER [*200*], HOLLOMON [*201*], PELLINI-QUENEAU [*202*] sowie TABER u. Mitarb. [*203*] hinweisen. Dabei gilt als Regel, daß mit dem Erhöhen des Legierungsgehaltes im gleichen Umfang wie die Härtbarkeit zunimmt, die Neigung zur Anlaßsprödigkeit steigt.

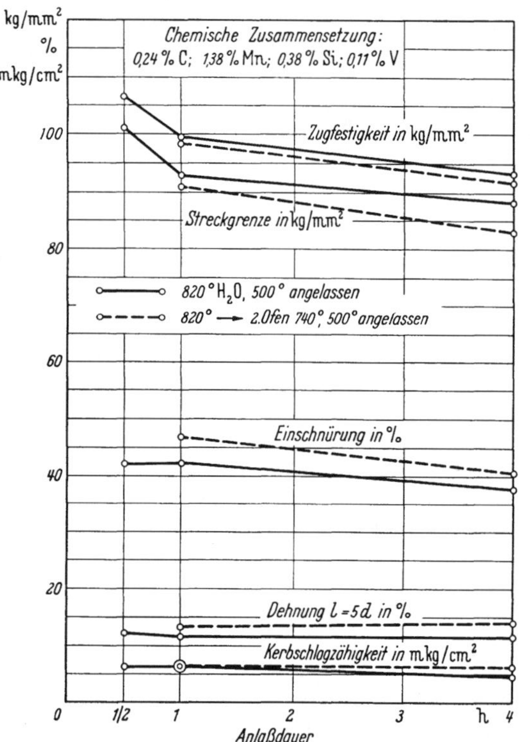

Abb. 63. Einfluß des Stoßanlassens und der unterbrochenen Härtung auf MnV-Stahlguß nach [*135*]

Zum Beheben der Anlaßsprödigkeit wurde eine Reihe von Maßnahmen in Vorschlag gebracht. Das Abschrecken nach dem Anlassen ist bereits genannt, einschließlich der damit verknüpften Vor- und Nachteile. Ein weiteres Hilfsmittel ist das Legieren mit Molybdän, das ebenso wie die Verwendung von Wolfram seit langem zum Verringern der Anlaßsprödigkeit und in gleicher Weise zum Erhöhen der Härtbarkeit bekannt ist. Im allgemeinen reichen Molybdängehalte von 0,2 bis 0,3% hierfür aus. Dagegen benötigt man für den gleichen Zweck 0,5 bis 1% W. Daher hat sich die Verwendung von Molybdän durchgesetzt. Außerdem wurden von KÜNTSCHER [*204*] sowie BLEILÖB [*205*] Warmbehandlungsverfahren in Vorschlag gebracht, die besonders auf das Beseitigen der Anlaßsprödigkeit abgestimmt sind. Sie fußen auf dem von EVERS-PIWOWARSKY [*146*] geführten Nachweis, daß die Haltezeit von der Temperaturhöhe abhängig ist. Die Haltezeit kann danach kürzer sein, je höher die Härtetemperatur über dem Ac_3-Punkt liegt. Da man allgemein die Anlaßdauer nicht zu knapp bemißt und je 25 mm Querschnitt eine Haltezeit von 2 h ansetzt, bemühte man sich, durch das *Stoßanlassen* von 20 bis 30 min eine Verkürzung der Anlaßdauer zu erreichen. Nach ROESCH [*152*] wird dabei die Anlaßtemperatur um 50 bis 100 °C höhergewählt, als für die gewünschte Festigkeitsstufe nach dem Vergütungsschaubild erforderlich. Man erzielt so bessere Zähigkeitseigenschaften als nach dem üblichen Anlassen. Dies Ergebnis ist nach Abb. 63 gemäß JURETZEK [*135*] für die Fließfertigung wichtig. Man darf es aber nicht ohne weiteres verallgemeinern. Denn die für kleine und dünnwandige Gußstücke wegen der Gefahr des Überzeitens nicht erforderliche lange Anlaßdauer setzt ein Abstimmen der chem. Zusammensetzung auf die Gestalt der Abgüsse voraus. Aus Abb. 63 erkennt man, daß die längere Anlaßdauer von 4 h gegenüber dem 1stündigen Anlassen keine Verbesserung der Zähigkeitseigenschaften erbringt, wohl aber ein Vermindern der

Festigkeit. In der gleichen Abbildung ist gezeigt, daß man unter Ausnutzung der Hysteresis zwischen Ac_3 und Ar_3 die Zähigkeitseigenschaften im Vergleich zum üblichen Ablöschen verbessern kann. Dabei wurden die Abgüsse von der Härtetemperatur in einen auf 740 °C gehaltenen zweiten Ofen gebracht und von da in Wasser abgeschreckt.

Über das Wesen der Anlaßsprödigkeit besteht nach RAPATZ [*1*] noch keine Klarheit. Man kann wohl annehmen, daß es sich um Ausscheidungen einer oder mehrerer noch unbekannter Phasen handelt. Sie bleiben beim Ablöschen zunächst gelöst und sind wohl nur dann schädlich, wenn sie in einer bestimmten kritischen Größe auftreten, worauf auch VIALLE [*206*] in seinem Erklärungsversuch hinweist. Gefügeuntersuchungen [*207—210*] lassen die Möglichkeit offen, daß Fe- und Mn-haltige Oxyde sowie Nitride eine Rolle spielen. Karbidänderungen sowie Phosphidausscheidungen wurden ebenfalls zum Erklären herangezogen. Dabei scheint die für das Verspröden benötigte Zeit im Temperaturbereich zwischen 500 und 550 °C am kleinsten zu sein. Reicht die Haltezeit im kritischen Temperaturgebiet für das Ausscheiden und damit Verspröden aus, so kann man dies nicht nachträglich durch rasches Abkühlen vermeiden oder beseitigen. Insofern kommt dem oben geschilderten Stoßanlassen zum Verhüten der Anlaßsprödigkeit besondere Bedeutung zu.

2. Anlaßbeständigkeit

Man nennt einen Stahl dann anlaßbeständig, wenn sein Härteabfall mit steigender Anlaßtemperatur möglichst gering ist. Diese Verzögerung des Härteabfalles ist allen karbidbildenden Elementen gemeinsam. Sie steht nach HOUDREMONT u. Mitarb. [108] sowie KOCH-WIESTER [*211*] mit dem Auftreten von Sonderkarbiden in Verbindung. Die Größe dieser Verzögerung hängt nach CRAFTS-LAMONT [*212*] ab vom gewählten Legierungselement sowie dem vorhandenen Gesamtgehalt an Kohlenstoff + Legierungselementen. Dabei ist das Auftreten der sogenannten *Sekundärhärte* von Bedeutung. Sie liegt vor, wenn die Härteabnahme nicht wie üblich mit steigender Erwärmung gleichmäßig verläuft. Vielmehr erfolgt die Zähigkeitssteigerung stetig mit zunehmender Anlaßtemperatur, aber bei einer merklich geringeren Härteabnahme als gewöhnlich. Solche Stähle benötigen für gleiche Härte und Festigkeit wie andere demnach höhere Anlaßtemperaturen und sind daher vielfach zäher.

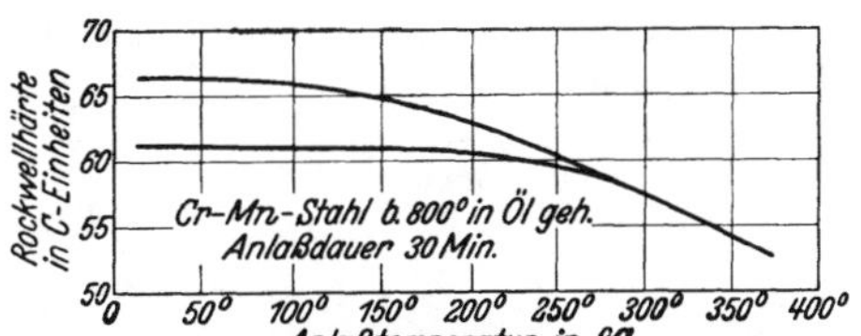

Abb. 64. Härteabnahme beim Anlassen zweier Stähle mit verschiedener Ausgangshärte nach [*1*]

In diesem Zusammenhang sei auf den Härteabfall zweier Stähle gleicher Richtanalyse, aber verschiedener Ausgangshärte hingewiesen. Hierüber bestehen nach RAPATZ [*1*] vielfach unklare Ansichten. Gemäß Abb. 64 lag ein CrMn-Stahl vor, der beim Härten einmal mit 66, das andere Mal mit 61 *Rc* anfiel. Die Überprüfung ergab, daß die Härte des härteren Stahles zunächst rascher abfällt. Dagegen bleibt der weichere Stahl so lange unverändert, bis sich die beiden Anlaßkurven getroffen haben. Die Härte weicher anfallender Stähle gibt also durch das Anlassen nicht gleich viel nach wie die der härter anfallenden.

3. Durchvergütung

Beim Darstellen der während des Vergütens auftretenden Erscheinungen ergab sich u. a. bereits an Hand von Abb. 54, daß die Abschreckwirkung der Stähle von der Oberfläche zum Inneren hin abnimmt. Diese Eigenschaft ist sowohl durch bewußt zugegebene Legierungselemente bedingt wie durch die unbeabsichtigt vorhandenen Verunreinigungen. Ihr wesentlicher Einfluß hängt mit Keimwirkungen zusammen, ist aber größtenteils noch nicht klar erkannt. Werden also für eine bestimmte Legierung Festigkeitswerte angeführt, ist immer die Frage zu stellen, bis zu welchem Querschnitt diese Zahlen erreicht werden. In diesem Sinne ist die Durchhärtung bzw. Durchvergütung für die Verwendbarkeit solcher legierter Stähle von ausschlaggebender Bedeutung. Dabei sind Härteschwankungen um 5 *Rc*-Einheiten nach allgemein üblichem Brauch zulässig. Die Geschwindigkeit, die beim Abkühlen gerade noch zum Umwandeln von Austenit in Martensit ausreicht, nennt man die *kritische Abkühlungsgeschwindigkeit*. Sie wird durch Schmelzführung, Legierung, Gestalt des Abgusses sowie Härtetemperatur und Kühlmittel beeinflußt. Für unlegierten Stahl beträgt sie etwa 6 sec. In dieser Zeit muß also der Temperaturbereich von 720 bis 200 °C durchschritten sein. Die weitere Abkühlungsgeschwindigkeit bis auf Raumtemperatur ist grundsätzlich belanglos, aber nicht ohne Einfluß. Von ihr hängt nämlich die Martensit-Ausbildung ab.

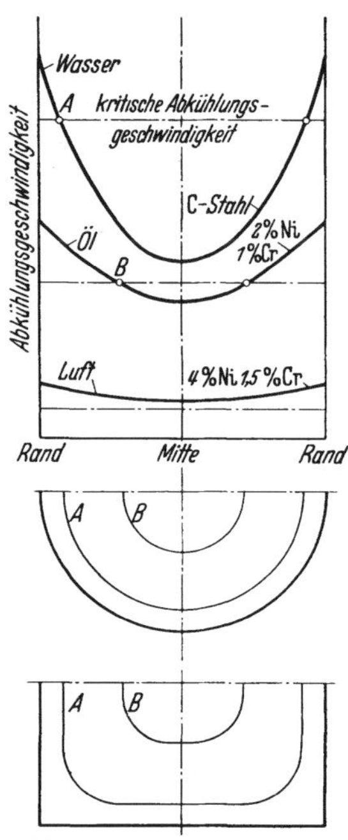

Abb. 65. Die Durchhärtung verschieden legierter Stähle, schematisch nach [*104*]

Unlegierter Stahl härtet nach HOUDREMONT [*104*] wegen seiner großen Umwandlungsgeschwindigkeit bei Querschnitten über 15 mm nur an den Außenseiten, wie Abb. 65 erkennen läßt. Der Kern bleibt dagegen ungehärtet, und man benötigt Legierungselemente zum Erniedrigen der kritischen Geschwindigkeit, also Erhöhen der Durchhärtung. Im gezeigten Beispiel handelt es sich um CrNi-Stähle verschiedener Zusammensetzung.

Von besonderem Interesse ist im vorliegenden Zusammenhang, daß Stahlguß grundsätzlich die gleiche Härtbarkeit und damit Vergütbarkeit aufweist wie Walz- und Schmiedestähle vergleichbarer Zusammensetzung und Korngröße. Dies ist das Ergebnis amerikanischer Untersuchungen [*213*] und geht aus Abb. 66 nach BRIGGS [*214*] deutlich hervor. Dabei kann der Stahlguß nach einem Bericht [*2*] der Steel Founders Society of America wegen seines im Normalfall etwas höheren Si- und manchmal auch Mn-Gehaltes sogar eine geringfügig bessere Härtbarkeit besitzen als Walz- oder Schmiedestähle sonst gleicher chem. Zusammensetzung. Aus den genannten Untersuchungen ergibt sich Abb. 67. Sie vermittelt einen Vergleich der Härtbarkeit verschieden legierter Stahlgußgüten jeweils gleichen Kohlenstoffgehaltes von etwa 0,3%. Die gezeigten Stirnabschreckkurven sind Mittelwerte aus normalen Wahrscheinlichkeitsbändern. Tab. 16 enthält die vorgeschriebenen Analysengrenzen der dargestellten Stahlgußsorten. Man erkennt, daß praktisch jede beliebige Härtbarkeit durch zweckmäßiges Abstimmen von Legierungs- und Kohlenstoffgehalt aufeinander zu erreichen ist. Hiermit finden für ge-

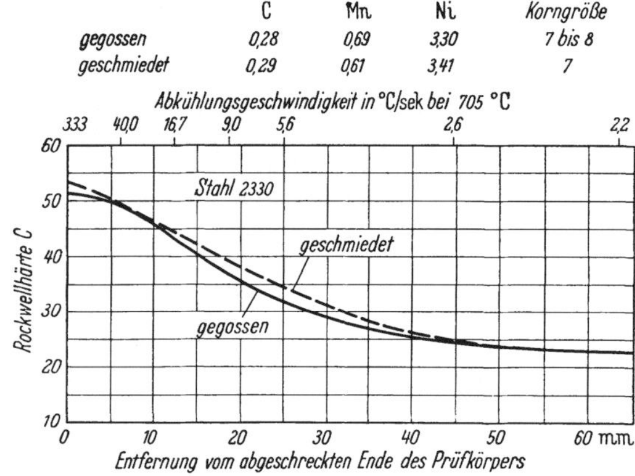

Abb. 66. Härtbarkeitskurven eines gegossenen Stahles im Vergleich zum geschmiedeten Werkstoff nach [*214*]

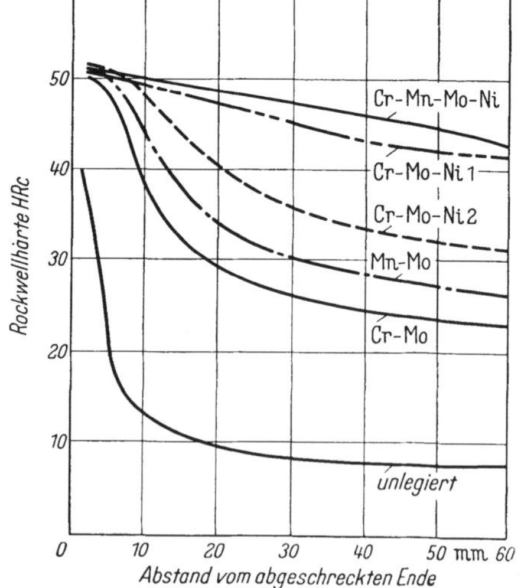

Abb. 67. Härtbarkeit verschieden legierter Stahlgußgüten mit gleichem C-Gehalt von etwa 0,3% nach [*2*, *214*]

gossene Stähle die von POMP-KRISCH [*215*] für den verformten Werkstoff getroffenen Feststellungen ihre Bestätigung. Sie besagen, daß sich die Durchhärtungseigenschaften vom CrNiMo- zum CrMo- und weiter zum CrMn- sowie Mn-Stahl verschlechtern. Die Schwankung der Durchhärtungseigenschaften ist wohl hauptsächlich auf die eingangs genannte Keimwirkung der Stahlverunreinigungen zurückzuführen.

Will man durch das Vergüten beste mechanische Eigenschaften erzielen, so muß man nach ROESCH [*152*] sowie HAWKENS-BROWN [*216*] die vollständige Durchhärtung sicherstellen. Sie garantiert gleiche Festigkeitswerte am Rand wie auch im Kern des vergüteten

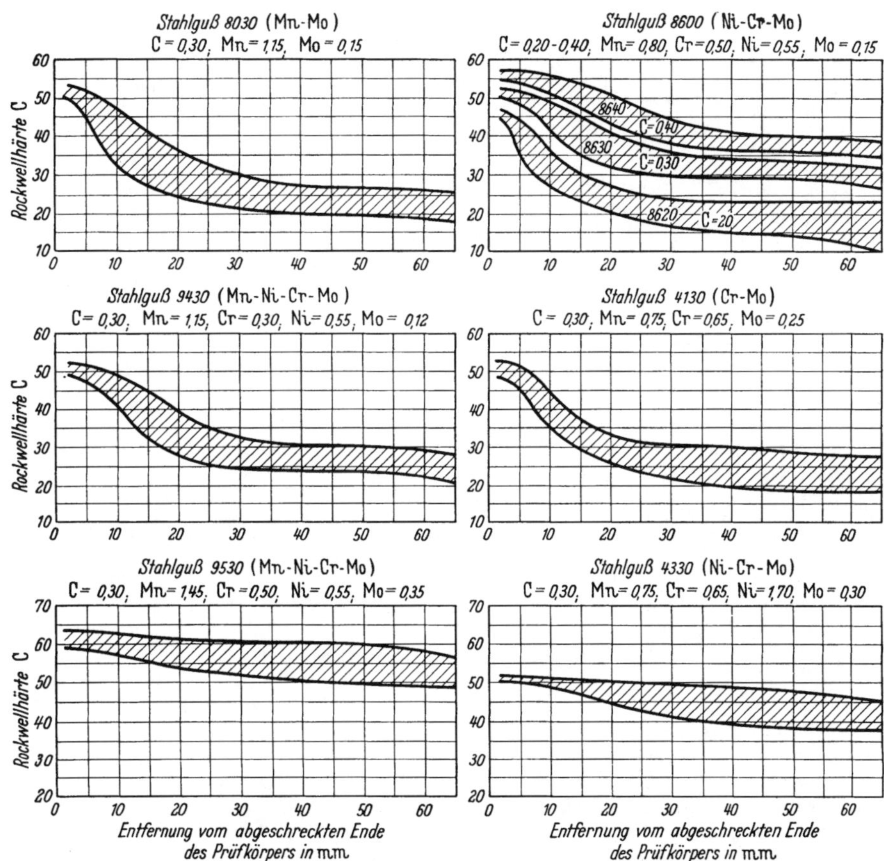

Abb. 68. Härtbarkeitsbänder legierter Stahlgußgüten nach [*214*]

Abgusses. Dafür wird ein Mindestgehalt von 80% Martensit nach dem Abschrecken gefordert. Diese Menge bedeutet die günstigste Abstimmung von Festigkeits- und Zähigkeitseigenschaften aufeinander. In Tab. 17 sind einige Legierungsgehalte mit den durchhärtbaren Querschnitten zusammengestellt. Da die Durchhärtungseigenschaften wie eben erwähnt manchmal stark schwanken, hat sich in den Ver. St. nach BRIGGS [*214*] die Praxis der Härtbarkeitsbänder eingebürgert. Als Beispiel hierfür sei Abb. 68 wiedergegeben. Es handelt sich um verschiedene legierte Stahlgußgüten, für die man aus Lage und Verlauf des Bandes bereits quantitative Schlüsse auf das Härteverhalten machen kann. Danach erleidet die Härtbarkeit die geringste Querschnittsbeeinflussung für die Stähle 4330 und 9530. Von diesen beiden weist 9530 die höhere Härte auf. In der jüngsten Zeit erläuterten WEVER-ROSE [*217*] die Zusammenhänge zwischen den Umwandlungsschaubildern und der praktischen Warmbehandlung in sehr umfassender Weise. Die entwickelten Umwandlungsschaubilder für kontinuierliche Abkühlung werden wohl dazu führen, daß man die zu erwartenden Umwandlungen vollkommen voraussehen kann. Hiermit sind dann vorherige Angaben über die Einhärtung der Stähle möglich. Die in vielen Betrieben noch bestehenden

Unklarheiten über das Handhaben der Umwandlungsschaubilder dürfte hiermit zu beseitigen sein.

Tabelle 16. *Chemische Zusammensetzung der in Abb. 67 dargestellten Stahlgußgüten*

	Chemische Zusammensetzung in %					
	C	Si	Mn	Cr	Mo	Ni
Unlegiert . . .	0,27 0,33	0,40 0,60	0,55 0,80	—	—	—
Cr-Mn-Mo-Ni .	0,27 0,33	0,40 0,60	1,30 1,60	0,40 0,60	0,30 0,40	0,40 0,70
Cr-Mo	0,27 0,33	0,40 0,60	0,55 0,90	0,50 0,80	0,20 0,30	— —
Cr-Mo-Ni 1 . .	0,27 0,33	0,40 0,60	0,55 0,90	0,50 0,80	0,25 0,35	1,40 2,00
Cr-Mo-Ni 2 . .	0,27 0,33	0,40 0,60	0,70 0,90	0,40 0,60	0,25 0,35	0,40 0,70
Mn-Mo	0,27 0,33	0,40 0,60	1,30 1,60	—	0,30 0,40	—

Tabelle 17. *Legierungsgehalte und damit zu erzielende völlige Durchhärtbarkeit für Stahlguß* (nach [*152*])

Chemische Zusammensetzung in %									Günst. Bereich Zugf. kg/mm²	Durchvergütbarkeit Wanddicke mm
C	Si	Mn	P	S	Cr	Mo	Ni	V		
0,32 0,42	0,20 0,50	0,60 0,90	max 0,030	max 0,030	2,00 2,60			bis 0,15	75 90	bis 80
0,32 0,42	0,20 0,50	0,60 0,90	max 0,030	max 0,030	2,00 2,60	0,20 0,30		bis 0,15	80 95	bis 100
0,32 0,42	0,20 0,50	0,60 0,90	max 0,030	max 0,030	2,00 2,60		0,70 1,20	bis 0,15	80 95	bis 100

D. Die Oberflächenbehandlung

Das Verändern der Oberflächeneigenschaften von Stahlgußteilen verfolgt allgemein drei Ziele. Hierzu gehört das Erhöhen des Verschleiß- bzw. Korrosionswiderstandes, die Verbesserung der Dauerfestigkeit sowie das Vermindern der Kerbempfindlichkeit. Nach SAWERT [*218*] sind die genannten Eigenschaftsverbesserungen zumindest teilweise auf Oberflächendruckspannungen zurückzuführen. Ihre Größe ist abhängig von dem gewählten Verfahren. Hier kennt man solche, die ohne Änderung der chemischen Zusammensetzung in der Oberflächenschicht arbeiten. Für ihre Verwendung ist die Analyse des erschmolzenen Stahles oder die Schmelzführung maßgebend. Dazu zählen Flammen-, Induktions- und Tauchhärten sowie das OCe-Verfahren. Die bei derartigen Verfahren festgestellten Oberflächendruckspannungen sind nach ALMEN [*219*] geringer als bei Verfahren mit Änderungen der chem. Zusammensetzung der Oberflächenschicht. Es ist jedoch erforderlich, den Härtevorgang sehr sorgfältig zu steuern. An die Oberflächenschicht, welche unter Druckspannung steht, schließt sich nämlich eine Zone an, die nicht gehärtet wird. Bei ihr findet aber durch das Erwärmen eine Beeinflussung statt, und es treten innere Zugspannungen auf. Nach JOHNSON [*220*] kommt zu dieser inneren Zugspannung die äußere durch Zugbelastungen. Beide gemeinsam machen die fragliche Zone empfindlich gegen Schwingungsbeanspruchungen. Bei gleicher Härtetiefe ergeben die Verfahren mit einer Änderung der chemischen Zusammensetzung nach GREAVES u. Mitarb. [*221*] höhere Oberflächendruckspannungen. Das gilt für die Einsatzhärtung und in noch stärkerem Maß für die Nitrierhärtung. Beim Einsatzhärten benutzt man Kohlenstoff und beim Nitrieren Stickstoff zum Härten des Stahles. Das Einbringen dieser Elemente erfolgt hierbei durch Diffusion. Für die praktische Durchführung der Anreicherung von Oberflächenschichten an diesen Elementen sind verschiedene Verfahren in Benutzung. Die grundsätzliche Klarstellung aller Fragen vermittelt gleichzeitig mit dem Forschungsstand ein Werk von SEITH [*222*] über Platzwechselreaktionen. Hierher gehört auch die Diffusion von Chrom und Silizium zum Erhöhen des Korrosions- oder Verschleißwiderstandes.

1. Verfahren zum Oberflächenbehandeln ohne Änderung der chemischen Zusammensetzung

Hierzu stellt FISCHER [*223*] fest, daß Stahlguß sich einwandfrei und gleichmäßig oberflächenhärten läßt. Voraussetzung dafür ist, daß der Guß nach einer vorgeschriebenen Analyse bestellt und geliefert wird. Am besten eignet sich ein Stahlguß entsprechend dem C 45 mit 0,42 bis 0,50% C und etwas erhöhtem Mn-

Gehalt von 1,0 bis 1,2%. Dabei muß der Guß einwandfrei normalisiert sein. Diese Bedingung ist unbedingt einzuhalten, um ein möglichst gleichmäßiges und feinkörniges Ausgangsgefüge zu bekommen. Eine weitere Voraussetzung ist die Angabe des Bestellers, daß die Teile oberflächengehärtet werden sollen. Bei allen diesen Verfahren wird nur die Oberfläche der Gußstücke erwärmt, wogegen der Kern seine Eigenschaften praktisch nicht ändert.

a) Das Flammenhärten. Es stellt wohl das gebräuchlichste Härteverfahren dar. Die harte Randschicht bei zähem Kern wird dadurch erzeugt, daß man die Teile mittels Leuchtgas-Sauerstoff- oder Azetylen-Sauerstoffbrennern örtlich erhitzt. Anschließend werden die Teile von Temperaturen über Ac_3 abgeschreckt. Das Verfahren ist sehr vielseitig und kann in seiner Durchführung gut auf die Form der zu härtenden Teile abgestimmt werden, wie aus Abb. 69 ersichtlich ist. Sie zeigt eine Radkörperhärtemaschine nach GRÖNEGRESS [*224*]. Sie arbeitet vollautomatisch mit Drehrichtung entgegen dem Uhrzeiger. Dabei wird zunächst der rechts erkennbare Vorwärmbrenner sowie der Vorschub eingeschaltet. Hat die vorgewärmte Stelle den links daneben angeordneten Härtebrenner erreicht, zündet dieser ebenfalls, und das Härten beginnt. Zwischen dem Brenner und der unmittelbar dahinter liegenden Brause zum Ablöschen läßt sich eine Meßstelle zum Bestimmen der Härtetemperatur vorsehen.

Abb. 69. Flammenhärten von Stahlguß-Radkörpern nach [*224*]

Einen umfassenden Überblick über dies Härteverfahren gibt GRÖNEGRESS [*225*]. Dabei muß aber betont werden, daß die Zusammensetzung des Stahlgusses sorgfältig einzuhalten ist. Abb. 70 läßt den Einfluß des Mn-Gehaltes auf die JOMINY-Kurven von Stahlguß erkennen. Beide Schmelzen fielen mit fast gleichem Kohlenstoffgehalt an, jedoch lag der Mangangehalt bei der einen an der oberen bei der anderen an der unteren Grenze der Analysenvorschrift. Einwandfrei ist ersichtlich, daß die Oberflächenhärte zwar gleich ist, wogegen die Einhärtetiefe wesentlich vom Mn-Gehalt beeinflußt wurde. Über die Ergebnisse beim Härten und Vergüten von unlegierten sowie legierten Stählen mit Flammen berichten BÜHLER-GRÖNEGRESS [*226*]. Danach ist eine Durchhärtung beim Anwenden einer zweckentsprechenden Arbeitsweise bis zu Durchmessern von etwa 80 mm erzielbar. Auch das Anlassen ist mit Leuchtgas-Sauerstoff-Flammen möglich. Somit kann die ganze Vergütungsbehandlung ohne Öfen durchgeführt werden. Bei großen Durchmessern ist ein Vorwärmen des zu vergütenden Werkstückes zweckvoll. Das läßt sich gleichfalls mit Brennern oder Brennersystemen ausführen.

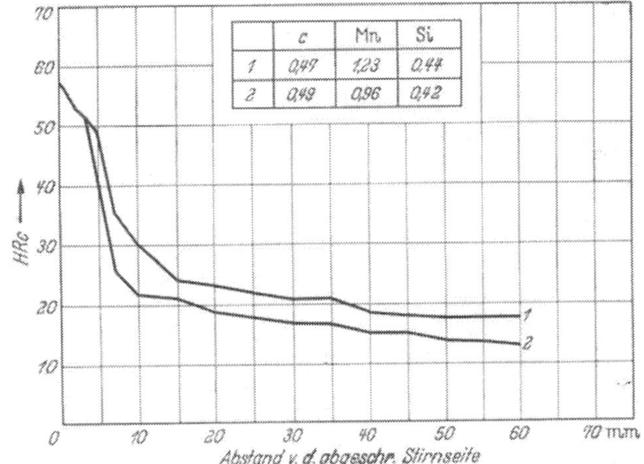

Abb. 70. Einfluß des Mangangehaltes auf die Härtekurven von Stahlguß nach [*223*]

Die Festigkeitseigenschaften sind im Vergleich zu im Ofen vergüteten Stücken befriedigend. Bei großen Querschnitten muß man aber beachten, daß der Härteabfall zwischen Rand und Kern nach dem Flammvergüten größer ist als nach Ofenvergütung.

Über die durch das Oberflächenhärten mit Flammen hervorgerufenen Eigenspannungen berichtet BÜHLER [*227*] eingehend an Hand eines Prüfverfahrens zum lückenlosen Ermitteln von Eigenspannungszuständen [*228*]. Das Ergebnis ist in Abb. 71 wiedergegeben. Dabei wurde das Abtragen der gehärteten Schichten durch Abschleifen vorgenommen. Hierbei ist es möglich, die wahren Werte der Eigenspannungen in der äußeren Oberflächenzone zu messen. Es handelt sich um einen Stahl mit 0,50% C, 0,26% Si, 0,64% Mn, 0,029% P, 0,021% S, 0,07% Cu sowie 0,01% Cr. Der geprüfte Durchmesser betrug 58 mm bei 150 mm Länge und einer Vorschubgeschwindigkeit von 130 mm/min. In einer weiteren Abb. 72 ist die für das Oberflächenhärten dieses und eines ähnlichen Stahles mit 0,31% C gefundene Abhängigkeit der Höchstspannung von der Einhärtetiefe aufgetragen. Bei kleiner Einhärtungstiefe treten demzufolge geringere Eigenspannungen auf. Sie erreichen beim Vergrößern der Einhärtungstiefe bei 4 mm einen Höchstwert. Danach nehmen die

Höchstspannungen bei weiter steigender Einhärtetiefe ab. Diese Regel ist nach dem gezeigten Bild von der Flammenart unabhängig.

Die Tiefe der gehärteten Randschicht ist beim Flammenhärten unter sonst gleichbleibenden Härtebedingungen durch die Härtbarkeit des Stahles an sich gegeben. Das läßt Abb. 73 nach GRÖNEGRESS [229] deutlich erkennen. Hier ist der Einfluß des kritischen Durchmessers sowie des Probendurchmessers auf die Härtetiefe beim Flammenhärten dargestellt. Unter dem kritischen Durchmesser nach KUBASTA ist der größte Durchmesser zu verstehen, bei welchem im gehärteten Zustand zwischen Oberfläche und Kern

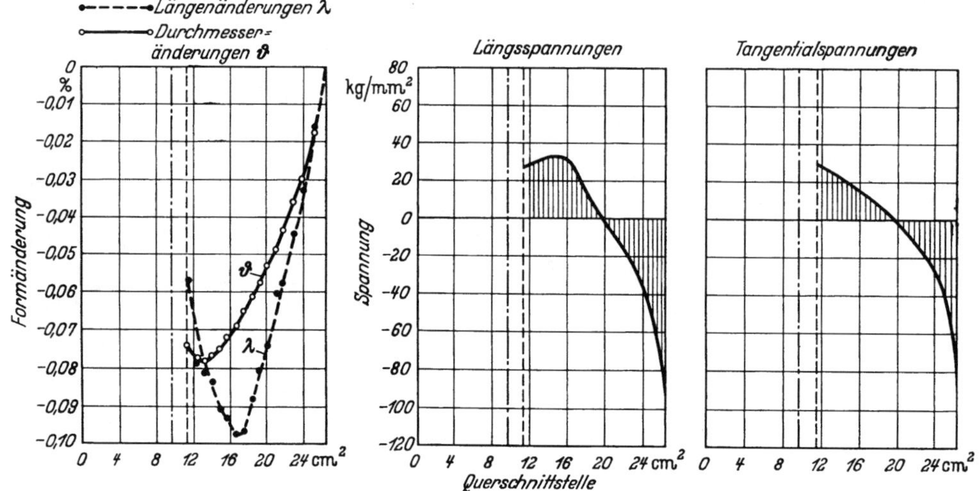

Abb. 71. Formänderungen beim Abschleifen und daraus errechnete Verteilung der Eigenspannungen nach dem Flammenhärten gemäß [227]

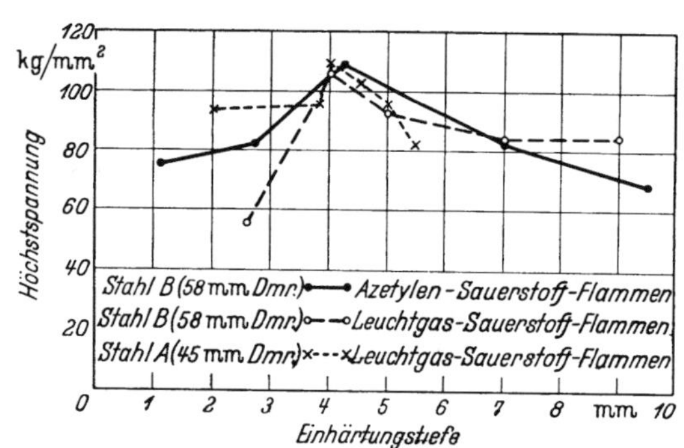

Abb. 72. Eigenspannungen nach dem Oberflächenhärten gemäß [227]

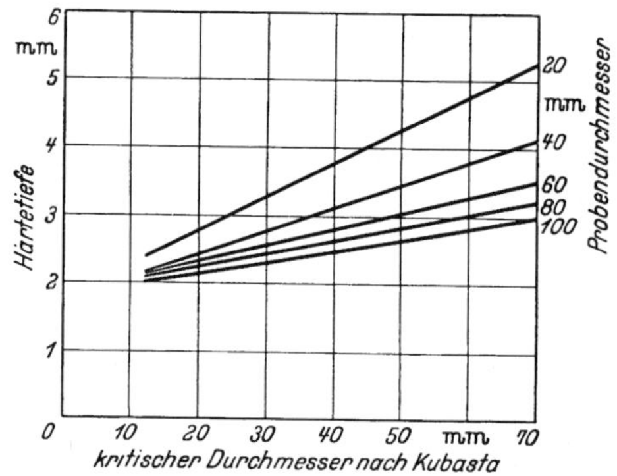

Abb. 73. Einfluß des kritischen Durchmessers und des Probendurchmessers auf die Härtetiefe beim Flammenhärten nach [229]

ein Unterschied der Rc-Härte von weniger als 5% besteht. Bei Härtetiefen über 4 mm oder bei erhöhten Forderungen an die Kerneigenschaften verwendet man deshalb nach RIEBENSAHM [230] allgemein legierte Stähle.

In der amerikan. Massenfertigung hat das Flammenhärten einen hohen Gütegrad erreicht. Als lehrreiches Beispiel beschreibt CHASE [231] das Härten von Motorteilen aus Stahl- und Temperguß. Dabei werden ganz oder teilweise selbsttätig arbeitende Härteeinrichtungen in die Fließbänder für die Motorenfertigung eingeschaltet. Die Vergüteeinrichtungen liegen unmittelbar neben dem Band, getrennt angelegte Räume und damit unnütze Transportkosten entfallen also.

b) Das Induktionshärten. Hier finden als Wärmequelle Wirbelströme Benutzung, die nach BENNIGHOFF-OSBORN [232] in die Randschicht induziert werden. Als TOCCO-Verfahren in den Ver. St. bekannt, findet es auch in Deutschland besonders zum Herstellen oberflächengehärteter Kurbelwellen Verwendung. PETERS-CONE [233] berichten, daß die Induktionshärtung für das Innenhärten von Zylinderbohrungen ebenfalls anwendbar ist.

Unter dem Induktionshärten mit mittleren Frequenzen versteht man nach SEULEN-VOSS [234] die Benutzung von Wechselstrom von 500 bis 20000 Perioden. Danach ist das Verfahren besonders geeignet zum

Erzeugen mittelstarker Härteschichten. Ihre Tiefe ist nach RAPATZ [1] frequenzabhängig, wobei folgende Mindesthärtetiefen erreicht werden:

3000 Hertz	1,50 mm	500000 Hertz	0,50 mm
9600 Hertz	1,00 mm	1000000 Hertz	0,25 mm
120000 Hertz	0,75 mm		

Ein großer Vorteil sind die kurzen Erwärmungszeiten und die dadurch bedingte geringe Verzunderung. Andererseits ist der Ausgangszustand des Stahles gerade im Hinblick auf die große Aufheizgeschwindigkeit sowie die kurze Haltezeit nach SEULEN-VOSS [234] sowie EILENDER-MINTROP [235] von großer Bedeutung. Man hat zwar in jüngster Zeit versucht, den Einfluß des Ausgangsgefüges verfahrensmäßig dadurch abzuschwächen, daß man nach SEGSWORTH [236] mit zwei Frequenzen erhitzt. Dabei verwendet man zweckmäßig zunächst Nieder- und dann Hochfrequenz zur Induktionserwärmung. Der beste Weg scheint jedoch bisher immer noch die Verwendung legierter Stähle zu sein. Auf Grund ihrer gleichförmigeren Karbidverteilung sind sie bei sonst gleicher Vorbehandlung weniger durch das Ausgangsgefüge beeinflußt als unlegierte Stähle mit demselben Kohlenstoffgehalt.

Hierzu bringt Abb. 74 nach BROWN [237] eine Übersicht über den Einfluß verschiedener Ausgangsgefüge auf das Härtegefälle von induktionsgehärteten Stählen. Die gefundenen Kurven wurden nach vorherigem Glühen bzw. Vergüten an einem unlegierten sowie MnMo-legierten Stahl nachfolgender Zusammensetzung ermittelt:

	C	Mn	Si	Cr	Ni	Mo
Unlegiert	0,38	0,75	0,19	0,07	0,03	—
Mn-Mo	0,37	1,47	0,20	0,10	0,15	0,32

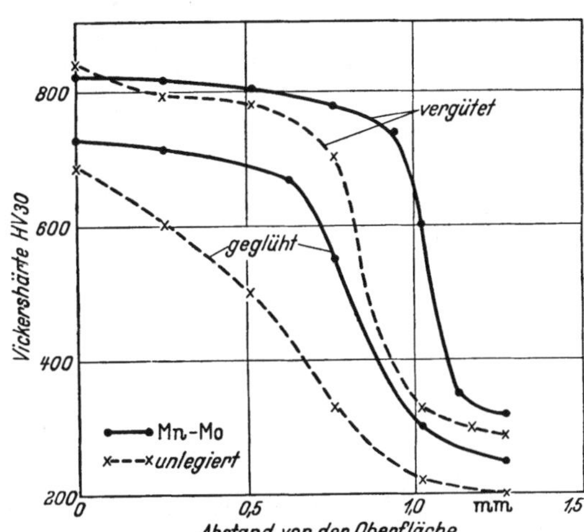

Abb. 74. Einfluß des Ausgangszustandes auf das Härtegefälle beim Induktionshärten nach [237]

Die Ausgangsbehandlung war 860°C/Ofen oder Öl, Anlassen $2^1/_2$ h bei 650°C. Dann wurde mit 400 kHz nach dem Erwärmen in 0,25 sec auf 850°C und Wasserabbrausen induktionsgehärtet. Das Ergebnis bestätigt eine Untersuchung von MARTIN-GEHR [238]. Sie bestimmten die Haltezeit, die nach dem Wasserablöschen zur vollen Härteannahme benötigt wird. Für einen CrMo-Stahl genügten hierzu 9 sec bei 780°C, wogegen ein unlegierter Stahl mit praktisch gleichem Kohlenstoffgehalt bei derselben Temperatur fast 40 sec brauchte.

Die Induktionshärtung mit Hochfrequenz hat sich nach KEGEL [239] im Werkzeugmaschinenbau als gut geeignet erwiesen. Man behandelt damit Spindeln, Führungsstangen, Keilwellen, Lager, Zahnräder und Führungsbahnen aus Stahl oder Grauguß. Die Entwicklung auf diesem Gebiet ist noch in vollem Fluß, und man darf wohl annehmen, daß sich das induktive Erwärmen im Lauf der Zeit weiter verbreiten wird.

c) Das Tauchhärten. Hierbei erfolgt das örtliche Erwärmen der Randzone durch kurzzeitiges Eintauchen in hocherhitzte Metall- oder Salzbäder. Das angestrebte Ziel ist im übrigen gleich dem beim Flammen- oder Induktionshärten. Aus Abb. 75 ergibt sich nach RUHFUSS-KLÄRDING [240] die erforderliche Tauchzeit in Abhängigkeit vom Werkstückdurchmesser bei verschiedenen Bädern:

a — $BaCl_2$/KCl, 1100°C,
b — Grauguß, 1250°C,
c — Zinnbronze, 1100°C.

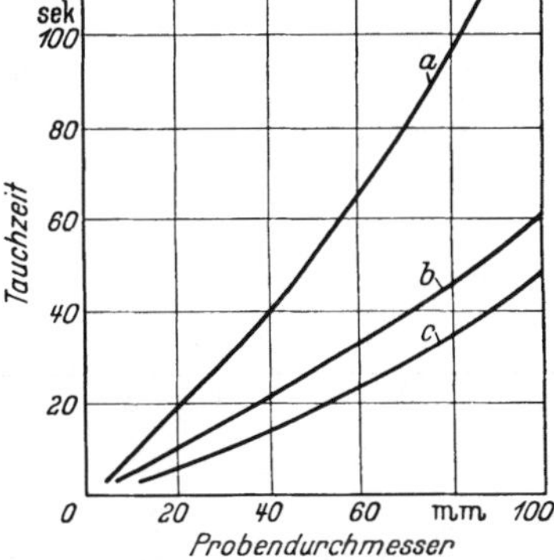

Abb. 75. Abhängigkeit der Tauchzeit vom Werkstückdurchmesser beim Tauchhärten in verschiedenen Bädern nach [240]

Nach DUMONT [241] härtet man in den Ver. St. beispielsweise Zahnräder im Gewicht von 18 kg mit 44 Zähnen mit diesem *flüssige Flammenhärtung* genannten Verfahren selektiv. Gefordert wird eine Zahnhärte von 500 bei einem zähen Kern von 330 HBr. Verwendet wird das übliche Zyan- oder neutrale Salzbad. Die zu härtenden Räder sind auf einer sich mit 40 bis 45 Upm über dem Bad drehenden Welle angeordnet und tauchen nur mit den Zähnen sowie dem Außenring in das Bad. Die genannte Umdrehungsgeschwindigkeit reicht aus, die Teile zugleich auf Temperatur und von der Luft abgeschirmt zu halten. Sie ist aber nicht so hoch, daß bei einem Raddurchmesser von 290 mm geschmolzenes Salz aus dem Bad geschleudert wird. Die Behandlungsdauer beträgt je Rad 4 min. Dabei ist der Hinweis beachtenswert, daß dem Verfahren geringstes Verzundern und Maßabweichen nachgerühmt wird, für die Bohrungspassung sind weniger als 0,025 mm angegeben.

Durch gleichzeitiges Anordnen mehrerer Räder auf einer Welle läßt sich naturgemäß je Rad ein entsprechendes Abkürzen der Behandlungsdauer erzielen.

d) O-Ce-Verfahren. Zum Herstellen bestimmter Zahnradtypen hat sich dies Verfahren nach RIEBENSAHM [*242*] bewährt. Es bezweckt die Herstellung von an der Oberfläche gehärteten und im Kern zähen Teilen. Das Verfahren besteht darin, Stähle mit etwa 0,85% C und einem auf die Stückgröße abgestimmten Mn- oder Ni-Gehalt in einem Warmbad bei etwa 200°C zu härten. Bei Zahnrädern ist der Legierungsgehalt in Abhängigkeit vom Modul zu wählen und danach die Einhärtetiefe genau einzuhalten. Das bedingt eine äußerst sorgfältige Erschmelzung, wodurch die Anwendbarkeit sehr eingeengt wird.

2. Verfahren zum Oberflächenbehandeln mit Änderung der chemischen Zusammensetzung

Den zu dieser Gruppe zählenden Verfahren ist gemeinsam, daß die Oberflächenschicht auf eine Tiefe von einigen mm an einem Legierungselement angereichert wird. Meist benennt man das Einzelverfahren nach dem einzubringenden Element. Da solche Gußstücke keine einheitliche Zusammensetzung besitzen, sondern aus einer ganzen Reihe von Legierungen bestehen, ergibt sich hieraus ihr wesentlicher Nachteil. Denn der Legierungsgehalt nimmt von außen nach innen ab. Dadurch erfordern Warmbehandlung und spanabhebende Bearbeitung große Sorgfalt sowie Erfahrung und sind vergleichweise teuer. Demgegenüber sind aber die Vorzüge derartiger Verfahren so vielfältig, daß laufend eine große Menge von gegossenen Bauteilen so behandelt wird.

a) Beim Einsatzhärten werden fast bzw. völlig bearbeitete Teile aus einem niedriggekohlten Stahl so lange in kohlenstoffabgebenden Mitteln geglüht oder zementiert, bis die Außenschicht beim anschließenden Ablöschen glashart wird. Hier bringt man also Kohlenstoff durch Diffusion in die Werkstücke. Sie sind daher gekennzeichnet durch harte Oberfläche und zähen Kern, womit sie auch Schlagbeanspruchungen bis zu einem gewissen Grade ertragen können.

Da reiner Kohlenstoff erst bei sehr hohen Temperaturen in wirtschaftlich vertretbaren Zeiträumen diffundiert, benutzt man Bariumkarbonat oder andere geeignete Stoffe als Zusätze. Sie müssen so beschaffen sein, daß sich unter ihrer Mitwirkung oder Anwesenheit Kohlenstoff in statu nascendi bildet, der rasch und leicht in den Stahl diffundiert. Hier ist nicht der Ort, zu untersuchen, welche Reaktionen im einzelnen ablaufen. Als wesentlich sei nur festgehalten, daß der Kohlenstoff nicht unmittelbar, sondern mittelbar unter Einschaltung einer gasförmigen Phase diffundiert.

Die Menge des in den Stahl eintretenden Kohlenstoffs sowie die erreichbare Schichtdicke hängt nach RAPATZ [*1*] ab von der Natur des Einsatzmittels. Weiterhin steigt sie mit der Temperatur und der Einsatzdauer. Als Anhalt möge dienen, daß bei festem Einsatzmittel und einer Temperatur von 880°C eine Schichtdicke von 1 mm erreichbar ist. Darüber hinaus ist es durchaus möglich, bei 1000°C in etwa 20 h Schichten von etwa 5 mm Tiefe zu erzielen. Hierbei muß man sich vergegenwärtigen, daß der Stahl durch lange Einsatzzeiten überhitzt und das Korn somit vergröbert wird. Das gilt insbesondere für die unlegierten Einsatzstähle. Vermeidbar ist die Kornvergröberung hauptsächlich durch Nickelzusätze, die früher in Einsatzstählen fast ausschließlich benutzt wurden. Inzwischen hat man gelernt, durch richtige Wahl von Einsatzmittel und -temperatur auch nickelfreie Einsatzstähle ohne Gefahr einer Kornvergröberung zu behandeln.

Außer von den genannten Einflußgrößen ist die Einsatzgeschwindigkeit von der Stahlzusammensetzung abhängig. Nach WIDAWSKI [*243*] und WEIHRICH [*244*] ist die Einsatzgeschwindigkeit bei einem Gehalt von 3% Ni gegenüber einem unlegierten Stahl um 30% kleiner. Für die bei Baustählen üblichen Chromgehalte kann man ein Beschleunigen der Einsatzgeschwindigkeit feststellen. Dagegen ist das Einsetzen bei den hohen Chromgehalten, die eine Korrosionsbeständigkeit sicherstellen, sehr viel schwieriger und zeitraubender.

Freies Karbid in der Randschicht wird allgemein als nachteilig angesehen, weil es die Schicht spröde und härterißempfindlich macht. Daher hält man den Kohlenstoffgehalt der Randschicht nach HERBERS [*245*] unter 1%. Um dabei sowohl für den Kern wie für den Rand das beste Gefüge zu erzielen, wendet man die doppelte Härtung an. Gleichzeitig läßt sich damit das Auftreten von freiem Karbid weitgehend unterdrücken. Dazu löscht man zunächst von einer Temperatur über der Umwandlungstemperatur des weichen Kernes ab. Sie liegt für unlegierte Stähle bei etwa 900°C. Beim zweiten Härten wählt man die Temperatur entsprechend einem Stahl mit 1% C. Ist geringster Verzug gefordert, schaltet man zwischen die beiden Härtungen ein Zwischenglühen bei etwa 600 °C ein.

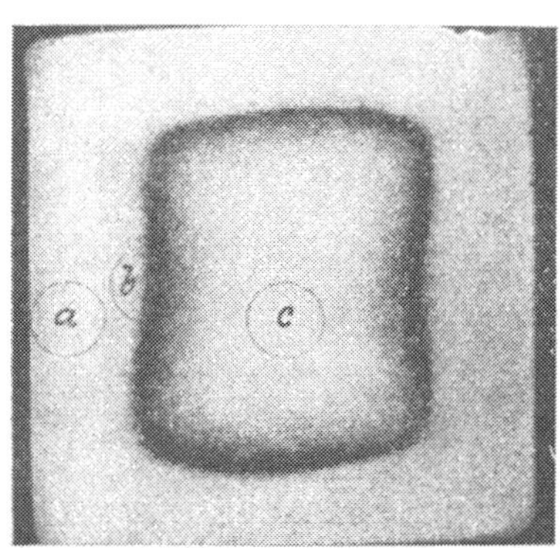

Abb. 76. Zementierter Querschnitt nach [*245*]

Die zementierte Schicht geht aus Abb. 76 hervor. Man erkennt an dem noch ungehärteten, jedoch polierten sowie geätzten Schliffbild die aus Zementit und Perlit bestehende aufgekohlte Schicht *a*. Sie entstand als Folge einer schnellen und reichlichen Kohlenstoffaufnahme. Die Schicht *b* bildet den Übergang zwischen Rand und Kern, sie besteht aus Perlit. Der Kern *c* ist zusammengesetzt aus Perlit und Ferrit, so wie der gesamte Querschnitt vor dem Einsetzen war.

Außer festen Einsatzmitteln sind gasförmige (Leuchtgas) und flüssige (Zyanbäder) gebräuchlich. Welches Verfahren zweckmäßig ist, läßt sich nur im besonderen Fall entscheiden, aber nicht allgemein. Bei größeren Einsatztiefen von 1 bis 4 mm finden überwiegend Einsatzpulver Verwendung. Die Zyanbadhärtung wird hauptsächlich bei Einsatztiefen von 0,3 bis 1,2 mm benutzt. Die Gaszementierung hat sich bei Großserien weniger hochbeanspruchter Teile mit dünnsten Einsatzschichten durchgesetzt.

Für die Zementation mit Leuchtgas zeigt Abb. 77 ein Beispiel. Man erkennt, daß der Kohlenstoffgehalt dieser gut eingesetzten Schicht in gewünschter Weise zum Kern hin so allmählich abnimmt, daß kein schroffer Übergang entsteht. Damit bleibt die feste Bindung zwischen den beiden Zonen erhalten. Trotz erheblicher Schichtdicke von etwa 4 mm wird der Grenzgehalt von 0,9% C nicht überschritten. Daher ist kein freier Zementit vorhanden.

Das Einsetzen in Salzbädern bzw. im Gasstrom bedeutet für die Betriebspraxis den Vorteil der besseren Einhaltbarkeit der vorgeschriebenen Temperaturen sowie ein gleichmäßigeres Erwärmen. Hierdurch läßt sich die Einsatztiefe leicht regeln. Den Durferrit-Angaben [246] ist Abb. 78 entnommen, das die Ergebnisse einer Salzbadzementierung zusammenfaßt. Die Aufnahme an Kohlenstoff und Stickstoff bei verschiedenen Einsatzzeiten und Entfernungen von der Oberfläche wird hierdurch deutlich.

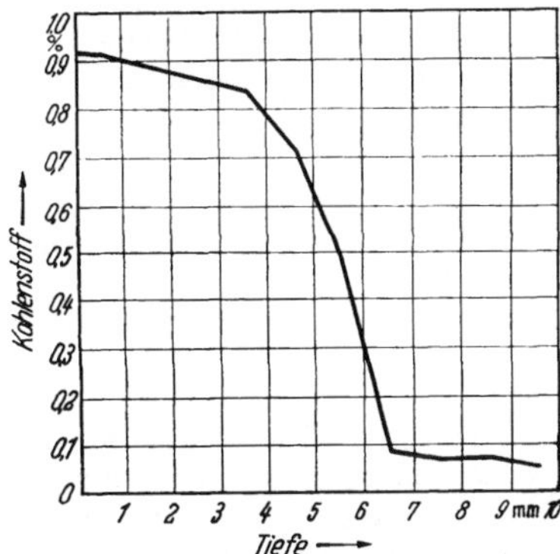

Abb. 77. Verteilung des Kohlenstoffs beim Leuchtgas-Zementieren nach [245]

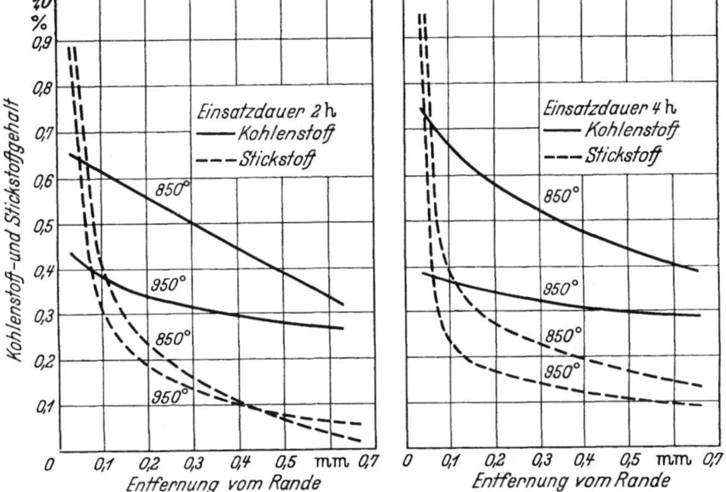

Abb. 78. Aufnahme an Kohlenstoff und Stickstoff in einem Zyansalzbad nach [246]

Im Zyanbad gehärtete Gegenstände wie Getrieberäder besitzen nach Aengeneyndt [247] fast den gleichen Widerstand gegen Verschleiß und Pittingsbildung wie einsatzgehärtete. In manchen Fällen hat sich aber nach Brugger [248] gezeigt, daß einsatzgehärtete Zahnräder sogar eine größere Zeitfestigkeit aufweisen als im Zyanbad gehärtete.

Die große Verbreitung des Einsatzhärtens in der Betriebspraxis ist wohl hauptsächlich auf folgende Vorzüge zurückzuführen:

1. Kern- und Innenpartien bleiben leicht bearbeitbar.
2. Teile der Oberfläche lassen sich abdecken, härten also nicht.
3. Verzug und Reißen sind geringer als bei durchgehärteten Teilen.
4. Das spanabhebende Bearbeiten ist mit Ausnahme des Schleifens billiger, da es an weichem Stahl durchgeführt werden kann.

b) Beim Nitrieren wird in den Stahl Stickstoff eingebracht. Auf die Möglichkeit einer derartigen Verwendung des Stickstoffs wurde bereits in Abschnitt II, D, 1e hingewiesen. Gegenüber dem Einsatzhärten bietet das Nitrieren zwei beachtliche Vorzüge:

1. Die Diffusionstemperatur des Stickstoffs liegt unter Ac_1. Hierdurch entfällt das Überhitzen, die Gefahr der Kornvergröberung und der Zwang des Rückfeinens.

2. Die harten Nitride bilden sich bei Temperaturen zwischen 500 und 550°C ohne Ablöschen, also bereits bei langsamer Abkühlung. Das ist nicht nur einfacher, sondern bedeutet außerdem, daß keine Spannungen entstehen.

An Nitrierstählen gibt es nach Rapatz [1] gemäß Tab. 18 zwei Grundtypen. Die eine Sorte enthält Chrom als Hauptlegierungselement, die andere Aluminium. Während bei den bisher geschilderten Verfahren der Oberflächenbehandlung die gleichen Stahlzusammensetzungen für Stahlguß wie auch für Walz- und Schmiedestähle verwendet werden können, ist das beim Nitrieren nicht der Fall. Als Stahlguß zieht man im allgemeinen nach Steel Castings Handbook [249] die aluminiumfreien Stähle Nr. 4 und 5 aus Tab. 18 vor. Beim Vergießen von aluminiumreichen Stählen treten nämlich verschiedene Schwierigkeiten auf.

Tabelle 18. *Zusammensetzung gebräuchlicher Nitrierstähle*

Nr.	C	Cr	Ni	Mo	V	Al	Arbeits-festigkeit kg/mm²	Verwendungsgebiet
1	0,35	1,5				1,0	80 100	Für Teile mit höchster Oberflächenhärte, bei geringer mechanischer Beanspruchung und Querschnitten unter ∅ 60 mm
2	0,35	1,0		0,20		1,0	80 100	Wie oben, jedoch bis zu Querschnitten von ∅ 80 mm.
3	0,36	1,8	1,0	0,20		1,0	85 100 100 115	Für Teile mit großen Querschnitten.
4	0,28	2,5			0,20		90 110	Mechanisch hochbeanspruchte Bauteile bei geringeren Anforderungen an die Oberflächenhärte.
5	0,30	2,5		0,20	0,25		90 110 110 135	Wie oben, jedoch für höchstbeanspruchte Teile, insbes. Kurbelwellen.

Zum Vermeiden der Anlaßsprödigkeit legiert man Nitrierstähle gern mit Molybdän. So enthalten drei der fünf in Tab. 18 erwähnten Stähle dieses Legierungselement. Das ist deshalb von Bedeutung, weil die üblichen Nitriertemperaturen von 500° C gerade in dem Bereich liegen, der bei anlaßspröden Stählen zu einem starken Herabsetzen der Kerschlagzähigkeit führen kann. So untersuchten CORNELIUS-TROSSEN *[250]* den Einfluß eines 100stündigen Anlassens auf einen Mo-haltigen sowie Mo-freien Nitrierstahl mit dem in Abb. 79 enthaltenen Ergebnis. Man erkennt deutlich, daß die Zähigkeit des Mo-freien Nitrierstahles nach der geschilderten Anlaßbehandlung stark absinkt. Das ist wichtig für die Verwendbarkeit nitrierter Baustähle bei erhöhter Temperatur.

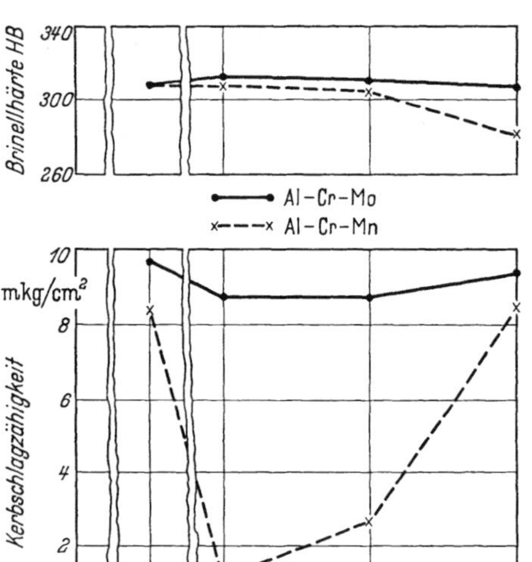

Abb. 79. Einfluß eines langzeitigen Anlassens auf Härte und Zähigkeit zweier Nitrierstähle nach *[250]*

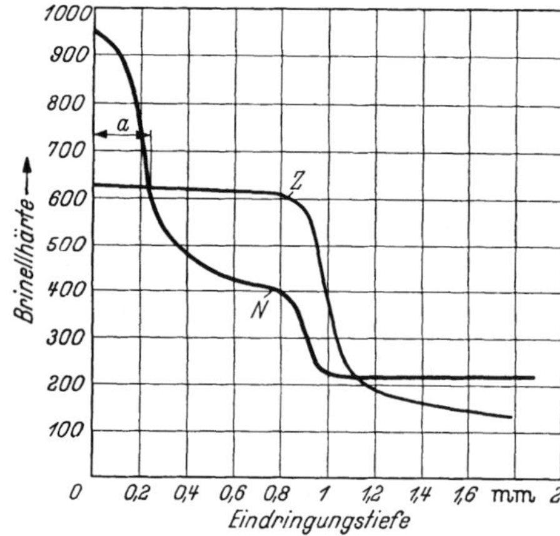

Abb. 80. Vergleich zwischen Nitrierhärte *N* und Zementierhärte *Z* nach *[250]*

Leider weist auch das Nitrieren einen Nachteil auf, weshalb man es nicht für alle Zwecke als ideal bezeichnen kann. Es handelt sich weniger um die erforderliche besondere Ofenanlage, sondern hauptsächlich um die geringe Schichtdicke. Sie erreicht nach Abb. 80 höchstens 0,8 bis 0,9 mm bei wesentlich längeren Glühzeiten, als zum Zementieren erforderlich sind, wie ein Vergleich mit Abb. 81 ergibt. Starken örtlichen Flächendrücken sind nitrierte Oberflächen daher nicht gewachsen, wenn auch die Oberflächenhärte nach Abb. 80 höher als die der einsatzgehärteten Schichten ist. Dabei zeigt die Linie *N* dieses Bildes die Dicke der nitrierten Schicht im Vergleich zur zementierten *Z*. Die anfänglich sehr hohe Oberflächenhärte beim

Nitrieren nimmt mit der Tiefe rasch ab und wird bei $a = 0{,}2$ mm gleich der Härte der zementierten Schicht. Bei größerem Oberflächenabstand sinkt sie dann rascher als die Härte der Einsatzschicht.

Infolge der hohen Härte ist die Verschleißfestigkeit von Nitrierschichten sehr groß; gleichzeitig wird die Dauerfestigkeit nach WIEGAND [*251*] und HAYTHORNE [*252*] merklich verbessert. Kennzeichnende Verwendungszwecke von Nitrierstählen sind Kurbelwellen, Zylinder und Zylinderbüchsen sowie Pumpenwellen. Einen zahlenmäßigen Überblick über den Einfluß des Nitrierens auf die Biege- und Verdrehwechselfestigkeit vermittelt Abb. 81 nach FRITH [*253*]. Bei den glatten Proben handelt es sich um Vollproben, während die quergebohrten Proben hohl waren. Da der Stahl Al-frei ist, beansprucht er als Stahlguß besonderes Interesse. Seine Zusammensetzung lautet 0,25% C, 0,60% Mn, 0,30% Si, 0,015% P, 0,020% S, 3,0% Cr, 0,50% Mo sowie 0,17% Ni. Die Vorbehandlung bestand aus Härten von 900°C in Öl und einstündigem Anlassen bei 580 bis 600°C auf eine Zugfestigkeit von 95/100 kg/mm².

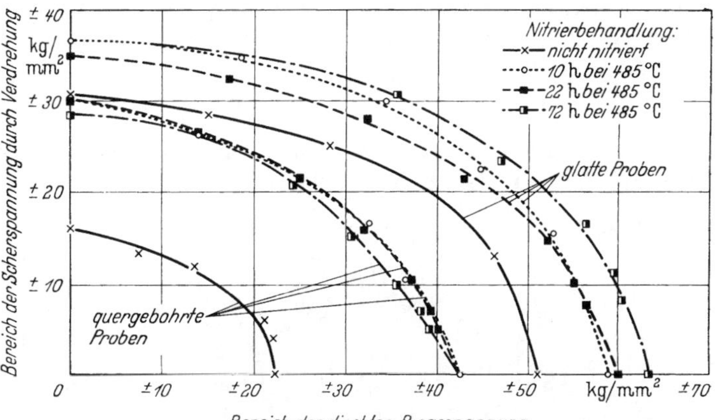

Abb. 81. Einfluß des Nitrierens auf Biege- und Verdrehwechselfestigkeit nach [*253*]

c) Beim Inkromieren, Silizieren und Alitieren werden die Oberflächen an Chrom, Silizium bzw. Aluminium angereichert. Auf dem Gebiet der Oberflächenbehandlung von Stählen durch Chromdiffusion zum Erzielen eines Korrosionsschutzes sind vor allem die Arbeiten von BECKER u. Mitarb. [*254*] zu nennen. Man erzielt danach eine Cr-Anreicherung in einer bis zu etwa 2 mm starken Oberflächenschicht bis auf 30% Cr. Das Verfahren beruht auf dem Eindiffundieren von Chrom beispielsweise aus FeCr in einem Chlorstrom bei Temperaturen von 850 bis 1000°C. Das Einbringen des Chroms geschieht also unter Zuhilfenahme der Gasphase. Am besten geeignet sind möglichst weiche Stähle, die weniger als 0,1% C, gegebenenfalls mit Ti-Zusätzen bis 0,6% enthalten. Dabei bieten CrV-legierte Stähle Vorteile für bestimmte Korrosionsfälle [*255*].

Ähnlich wie bei der Oberflächenanreicherung an Cr diffundiert auch das Silizium nach IHRIG [*256*] am besten in statu nascendi. Man arbeitet nach STEWART [*257*] bei Temperaturen von 900 bis 1000°C unter Chlorgas, wobei als Si-Spender SiC oder FeSi dienen. Die Oberfläche nimmt 8 bis 15% Si auf. ROLLA [*258*] beschreibt das Arbeiten mit Gemischen aus Karborund und FeSi als Siliziumträger bei einem Stahl mit 0,07% C, 0,06% Si, 0,42% Mn, 0,032% P und 0,043% S. Danach eignen sich niedriggekohlte Stähle mit möglichst geringem Schwefelgehalt am besten. Bemerkenswert ist die Tatsache [*259*], daß beim Silizieren größere Schichtdicken erzielbar sind als beim Inkromieren.

Nach dem gleichen Prinzip arbeitet man beim Alitieren. Durch Glühen in Aluminiumpulver wird auf den so behandelten Stahlteilen eine zunderbeständige Schicht erzeugt. Dabei bietet das Alitieren den Vorteil, daß man die Schicht gegebenenfalls erneuern kann.

IV. Sonderverfahren zum Verbessern der Oberflächeneigenschaften[1]

Neben den mit einer Spezial-Warmbehandlung arbeitenden Verfahren zum Verbessern der Werkstoffeigenschaften an der Oberfläche sind auch andere bekannt. Sie dienen hauptsächlich dazu, den Widerstand gegen Korrosion oder Verschleiß zu erhöhen bzw. die Wärmeleitfähigkeit zu verbessern. Am meisten gebräuchlich ist das Aufbringen dünner metallischer oder Salzschichten, weiterhin gehört dazu das Plattieren und der Verbundguß. Dabei ist es durchaus möglich, daß zum Vorbereiten oder Nachbehandeln eines der bereits beschriebenen Warmbehandlungsverfahren benutzt wird.

1. *Elektrolytische Verfahren*

Hierzu zählen Vernickeln, Kadmieren und Verchromen. Dabei werden die reinen Metalle in galvanischen Bädern als mehr oder weniger gut haftende Lagen aufgebracht. Nickel- und Chromschichten dienen dem Erhöhen der Korrosionsbeständigkeit. Kadmiumschichten auf Stahl- oder Gußeisengrundlage haben sich in Sonderfällen für das Herstellen von Kernen zum Vergießen von hochlegierten Stählen bewährt.

Beim elektrolytischen Verchromen ist zwischen der weichen und polierfähigen Glanzverchromung sowie der naturharten, aber nicht polierfähigen Hartverchromung nach SCHMIDT-GEBAUER [*260*] und BILFINGER [*261*] zu unterscheiden. Dabei ist das Hartverchromen mit Härten bis 1100 HV technisch sehr bedeutsam. Diese hohe Härte ist wahrscheinlich dem gleichzeitig mit dem Chrom abgeschiedenen Wasserstoff

[1] S. a. Beitrag HOCH, Oberflächenbehandlung.

zuzuschreiben. Die erreichten Schichtdicken betragen 20 bis 50 μ. Neben der Verbesserung der Korrosionsbeständigkeit ist die Verlängerung der Lebensdauer von Werkzeugen, Maschinenteilen und chemischen Geräten von Bedeutung.

2. *Spritzverfahren*

Von den hierzu gehörenden Methoden hat hauptsächlich das Alumetieren praktische Bedeutung erlangt. Es besteht aus einem Aufspritzen von Aluminium, dem man zur besseren Haftung ein Diffusionsglühen anschließt. Der angestrebte Zweck ist der gleiche wie beim Alitieren.

3. *Phosphatverfahren*

Die unter den Namen Bonder-, Parker- und Atramentverfahren benutzten Oberflächenbehandlungen beschreibt MACHU [*262*] eingehend. Ihnen ist gemeinsam, daß auf einer metallisch blanken Oberfläche unter Zuhilfenahme von Phosphatbädern eine nichtmetallische, aber widerstandsfähige Schicht erzeugt wird. Sie besitzt eine gute Haftbarkeit und wirkt dadurch beispielsweise rostverzögernd. Diese Wirkung findet ihre Unterstützung durch einen gewissen Porenanteil, womit Anstriche und Schmiermittel zu besserer Haftung gebracht werden.

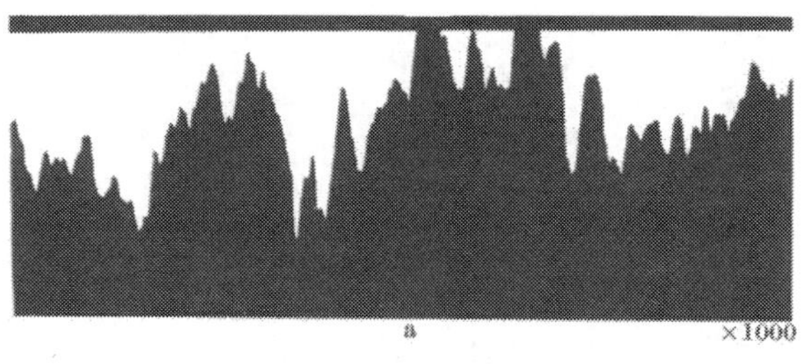

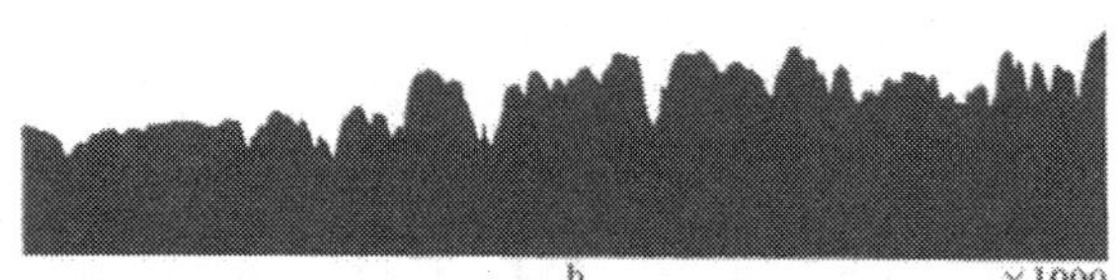

Abb. 82a u. b. Wirkung des Gleitbonderns zur Verschleißherabsetzung nach [*262*]
a) ungebondert; b) gebondert

Meist stellt man derartige Oberflächenschichten mittels Mn- oder Zn-Phosphaten her. Sie scheiden sich aus der Lösung als sekundäre unlösliche Phosphate ab, die sich auch mit Eisen verbinden. Die Schichtdicke übersteigt kaum 15 μ. Neben der Korrosionsbeständigkeit wird die spanlose Verformung verbessert und die Reibung vermindert, z. B. von Getrieberädern. Das geht aus dem Profildiagramm einer Getriebewelle hervor, die in Abb. 82 oben ungebondert sowie unten gebondert wiedergegeben ist, aufgenommen nach einer Mitteilung der Metallgesellschaft-AG, Frankfurt/M. [*262*].

4. *Plattieren*

Nach dem Inclad-Verfahren [*263*] werden unlegierte Stahlgußstücke ganz oder teilweise mit einem hochlegierten Überzug versehen, der sich dem jeweiligen Verwendungszweck anpassen läßt. Man kleidet dazu die Gußform mit dünnen Blechen aus, die in verschiedenen Größen, Stärken und Zusammensetzungen hergestellt werden. Dabei sind besondere Vorsichtsmaßnahmen zum Gewährleisten der erforderlichen Oberflächenreinheit notwendig. So muß vor allem der Einfluß der Atmosphäre ausgeschaltet werden. Auf diese Weise kann man Abnutzungs-, Zunder- und Korrosionsbeständigkeit verbessern.

Auf eine weitere Möglichkeit zum Auflegen von Deckschichten weist RAPATZ [*1*] hin. Sie besteht aus einer in Pulverform aufgebrachten Schicht von Metallen oder Legierungen, die mittels Hochfrequenzströmen aufgeschmolzen wird.

5. *Verbundguß*

Auf diesem Gebiet ist das AL-FIN-Verfahren nach GÜRTLER [*264*] bisher am bekanntesten geworden. Es stellt die Kombination eines Tauchveraluminierens mit einem Angußverfahren dar. Mit Hilfe einer Fe_xAl_y-Zwischenschicht werden also Eisenwerkstoffe mit Aluminium metallisch verbunden. Die Festigkeit der Zwischenschicht ist groß genug, um auch beim Erwärmen die aus den verschiedenen Wärmeausdehnungsbeiwerten der Verbundwerkstoffe resultierenden Spannungen aufzunehmen. Wesentlich ist, daß das Angießen des Aluminiumkörpers dem Tauchvorgang zu einem Zeitpunkt folgt, in dem die vom Tauchen herrührende Metallschicht noch nicht erstarrt ist.

Neben guten mechanischen Eigenschaften bei normaler sowie erhöhter Temperatur garantiert die ungestörte metallische Verbindung einen ausgezeichneten Wärmeübergang. Daher erstreckt sich das Anwendungsgebiet des Verfahrens auf Teile, bei denen ein Vereinigen von hoher Festigkeit und gutem Verschleißwiderstand der Eisenwerkstoffe mit der ausgezeichneten Wärmeleitfähigkeit des Aluminiums Vorteile bringt. Dazu zählen Wärmeaustauscher, Motorenzylinder, Bremstrommeln und Kühlkörper. Weiterhin kann man so Kolbenringträger und druckdichte Leitungen einziehen.

Auf den Verbundguß beim Schleudergießen mit ähnlicher Zielsetzung weisen SAMUELS-SCHUH [*265*] hin.

V. Die Verwendungsgebiete von Stahlguß

Stahlguß findet heute nicht nur als Baustahlguß in vielen hochbeanspruchten Maschinen Verwendung, sondern praktisch in allen Gebieten der Technik. Während man beispielsweise noch bis vor etwa 25 Jahren die Auffassung [*266*] vertrat, daß Dehnung und Kerbschlagzähigkeit von Stahlguß oberhalb einer Festigkeit von 60 bis 65 kg/mm² stark abnehmen und somit ein Wettbewerb mit dem geschmiedeten Stahl unmöglich sei, wurde diese Ansicht durch Hinweise auf den legierten Stahlguß von KOTHNY [*114*] und HATFIELD [*267*] widerlegt. Daher betonen RUDNIK-JURETZEK [*268*] mit Recht, daß die bedeutsame und erfolgreiche Weiterentwicklung des Stahlgusses den Vorsprung anderer Herstellungsverfahren aufholte und der Stahlguß seinen vollen sowie teilweise neuartigen Einsatz auf den verschiedensten Gebieten des Maschinen- und Apparatebaues fand

Die Voraussetzungen hierfür wurden durch die Fortschritte geschaffen, welche die Stahlerzeugung mit dem Entwickeln elektrischer Schmelzöfen machte. Dadurch wurde die Vergießbarkeit dünnster Wandstärken auch unter Benutzung hochwertiger Stähle ermöglicht. Hinzu kam das inzwischen erreichte sichere Beherrschen der Form- und Gießtechnik. Blasen, Poren, Sandstellen und sonstige Fehler ließen sich auf ein Mindestmaß herunterdrücken. Unter Anwendung der von den Walz- und Schmiedestählen her bekannten Legierungstechnik ließen sich so fehlerfreie Gußstücke erzielen unter bester Ausnutzung höherer Festigkeiten sowie besonderer physikalischer und chemischer Eigenschaften, wie JURETZEK [*269*] nachweist. Dabei besitzt der Stahlguß noch den nicht zu unterschätzenden Vorteil, daß keine Schwächung in der Querrichtung vorliegt, wie das bei gewalztem und verschmiedetem Stahl durch die Faser der Fall ist.

A. Baustahlguß

Beim Baustahlguß handelt es sich um Güten, die im allgemeinen Maschinen- sowie Fahrzeug- und Flugzeugbau Verwendung finden. Die vom Verbraucher und Konstrukteur geforderten Eigenschaften des Stahlgusses betreffen Streckgrenze und Zugfestigkeit, Dehnung und Zähigkeit sowie Dauerstandfestigkeit und Durchvergütbarkeit. Sie lassen sich grundsätzlich mit den gleichen Legierungselementen erzielen, wie sie von den verformten Stählen her bekannt sind. Beim Vergießen des flüssigen Stahles in Sandformen sind aber bestimmte Besonderheiten zu berücksichtigen. Dazu gehören die Vergießbarkeit als solche und die Gefahr von Riß- sowie Porenbildungen. Hierdurch treten mehr oder weniger große Abweichungen von der chemischen Zusammensetzung verformter Stähle auf.

In Tab. 19 ist die chemische Zusammensetzung verschiedener Baustahlgußgüten aufgeführt. Diese Aufzählung soll und kann nur als Anhalt dienen, sie erhebt nicht den Anspruch auf Vollständigkeit. Hierzu sei ergänzend auf die deutsche Stahlgußnorm DIN 1681 [*270*] verwiesen sowie auf die vom VDEh herausgegebene Stahleisenliste [*271*], abgekürzt SEL. Die mechanischen Eigenschaften dieser genannten Stahlgußsorten bringt Tab. 20. Bei den Stählen Nr. 1 bis 4 handelt es sich um Normstähle mit den erzielbaren Bestwerten. Als Voraussetzung dafür diene der Hinweis, daß die Gehalte an Phosphor und Schwefel möglichst gering sein sollen und ein hochwertiges Schmelzaggregat zu verwenden ist. Die ab Nr. 5 genannten Stahlgußgüten finden praktisch nur im vergüteten Zustand Verwendung. Man erkennt, daß bei den Stählen Nr. 5 bis 8 neben guter Festigkeit gleichzeitig eine hohe Dehnung und Kerbschlagzähigkeit erreicht werden. Der einwandfrei durchvergütbare Querschnitt beträgt jedoch nur 30 mm. Für vergleichsweise dünnwandige Gußstücke sind also Festigkeiten von über 100 kg/mm² zu erzielen. Ist der Querschnitt an der dicksten Stelle stärker, muß man zu den mehrfach legierten Stählen Nr. 9 bis 18 greifen. Dabei sei erwähnt, daß die gegossenen Stähle Nr. 8 bis 11 jeweils auf die in Tab. 20 genannten vier Festigkeitsstufen 60/75, 75/90, 90/110 und 110/125 kg/mm² vergütet werden können. Die Wirkung eines mehrfachen Legierens gegossener Baustähle untersuchten JURETZEK u. Mitarb. [*35*] an 283 unterschiedlich legierten Schmelzen aus dem HF-Ofen eingehend. Sie kommen zu dem Schluß, daß vom Standpunkt der gemessenen Zähigkeit ausgehend das Legieren mit drei oder vier Elementen im allgemeinen wenig vorteilhaft ist. Eine mehrfache Legierung ist daher nur aus anderen Gründen vertretbar, wozu beispielsweise Durchvergütung und Vergießbarkeit zählen. Nach der genannten Untersuchung wurden die besten Ergebnisse mit molybdänlegierten Stählen und davon insbesondere mit CrMo-Stählen erreicht, worauf auch DELBART [*272*] hinweist. Die an MnNiMo-Stählen gefundenen Ergebnisse werden von WEST u. Mitarb. [*273*] bestätigt. Dabei stehen die gemessenen Werte denen der CrMo-Stähle nur wenig nach.

Tabelle 19. *Zusammensetzung von Baustahlgußgüten*

Nr.	C	Mn	Si	Cr	Mo	V	Ni	Zustand	Durch Vergtg. mm	Quelle	SEL [*271*] Bezeichnung und Nr.
1	0,15 0,18	0,60 0,75	0,45 0,55	max 0,20				normalis.		[*270*]	GC 15 601
2	0,22 0,30	0,70 0,80	0,40 0,50	max 0,15				,,		[*270*]	GC 25 603
3	0,30 0,35	0,70 0,90	0,40 0,60	max 0,15				,,		[*270*]	GC 35 605
4	0,40 0,50	0,70 0,90	0,40 0,60	max 0,15				,,		[*270*]	GC 45 607
5	0,23 0,35	1,00 1,60	0,50 1,50					vergütet	30	[*269*]	
6	0,30 0,40	1,20 1,40	0,40					,,	30	[*269*]	
7	0,35 0,45	1,00 1,40	0,50 1,00					,,	30	[*269*]	G 46MnSi4 609
8	0,23 0,30	1,40 1,60	0,35 0,50	max 0,50		0,10 0,15		vergütet	(30)	[*152*] [*269*]	
9	0,25 0,32	0,70 0,90	0,35 0,50	0,90 1,20				,,	50	[*269*]	
10	0,23 0,30	0,50 0,75	0,35 0,50	0,80 1,10	0,15 0,25			,,	50	[*269*]	G24CrMo5 654
11	0,23 0,30	0,50 0,75	0,35 0,50	0,80 1,10	0,10	0,10 0,20		,,	50	[*269*]	
12	0,18 0,25	1,00 1,40	0,35 0,50	1,20 1,80	0,20 0,35			vergütet	70	[*269*]	
13	0,32 0,42	0,60 0,90	0,20 0,50	2,00 2,60		max 0,15		,,	80	[*152*]	
14	0,32 0,42	0,60 0,90	0,20 0,50	2,00 2,60	0,20 0,30	max 0,15		,,	100	[*152*]	
15	0,32 0,42	0,60 0,90	0,20 0,50	2,00 2,60		max 0,15	0,70 1,20	,,	100	[*152*]	
16	0,20 0,30	0,60 0,90	0,20 0,50	2,00 2,60		max 0,15	1,20 2,00	,,	200	[*152*]	
17	0,10 0,20	0,80 1,50	0,35 0,50	2,20 3,00	0,40 0,50	0,20		,,	300	[*269*]	
18	0,10 0,15	0,60 0,90	0,20 0,50	3,20 3,80	0,50 0,80	max 0,15	etwa 0,50	,,	400	[*152*]	

Tabelle 20. *Mechanische Eigenschaften von Baustahlgußgüten* (nach Tab. 19)

Nr	Streckgrenze kg/mm²	Zugfestigkeit kg/mm²	Dehnung $l = 5\,d$ %	Einschnürung %	Kerbschlagzähigkeit mkg/cm² DVMR	Kerbschlagzähigkeit mkg/cm² VGB	Biegeprobe ∢ 180° a) Probendicke D Dorn-∅
1	18	38	25	25	5	7	$D = 2$a
2	22	45	22	20	4	6	$D = 3$a
3	25	52	18	17	3	4	$D = 4$a
4	36	60	15				
5	40	60 80	18		8		
6	45	60 80	18		6		
7	50	70 90	10				
8	a) 40	60 75	18 32	50 70	18		
9	b) 55	75 90	12 22	40 65	14		
10	c) 70	90 110	8 17	30 60	5 12		
11	d) 90	110 125	7 15	30 55	4		
12	90	110 125	7 15	30 55	3,5		
13		75 90	8 10	55	8		
14		80 100	10 14	60	10		
15		80 100	10 14	60	10		
16		75 90	12 14	60	10		
17	40	60 75	18		20 30		
18		50 65	25	55 65	20		

Zum Vergüten der in den Tabellen 19 und 20 aufgezählten Baustahlgußgüten ist zu bemerken, daß für die Stähle Nr. 5 bis 7 Luft- oder Ölvergütung zweckmäßig ist. Die höchste Festigkeitsstufe von 110/125 kg/mm² läßt sich mit Stahl Nr. 8 auch nach Wasservergütung nicht mehr in allen Fällen für Querschnitte von 30 mm erreichen, weshalb der Wert in Tab. 19 eingeklammert ist. Mit den Stählen Nr. 9 bis 11 ist das jedoch der Fall. Grundsätzlich können alle Chromvergütungsstähle in Wasser gehärtet werden, was insbesondere für die niedriggekohlten gilt. Für einfache Teile ohne Rißgefahr darf man nach Roesch [*152*] auch noch die höher gekohlten Stähle Nr. 13 u. 14 in Wasser härten, wenn man die Stücke nach einer vorher erprobten Zeit frühzeitig aus dem Wasser zieht. Dagegen sind die Stähle Nr. 15 u. 16 bei verwickelten Abgüssen immer in Öl zu härten. Für die Legierungen 17 u. 18 ist das Wasserhärten Bedingung. Sie finden vor allem für schwere Teile Verwendung, worauf auch Heuvers [*274*] hinweist.

Die mit dem CrMo-legierten Stahlguß Nr. 10 in Gußstücken erzielbaren ausgezeichneten mechanischen Eigenschaften gehen aus Abb. 83 a u. b und Tab. 21 nach Juretzek [*269*] deutlich hervor. Die Tabelle enthält die Meßwerte von Probestäben, die an den im Bild bezeichneten Stellen aus den Abgüssen herausgearbeitet wurden. Die vorgeschriebene Festigkeitsstufe für das Gußstück A ist 75/90 kg/mm² für B 90 bis 110 kg/mm². Diese Festigkeit ist für beide Gußstücke an keiner Stelle unterschritten, die Zähigkeitswerte sind gleichfalls ausgezeichnet.

Tabelle 21. *Festigkeitseigenschaften von Proben, die aus Abgüssen herausgearbeitet wurden* (nach [*269*])

Probestab	Streckgrenze kg/mm²	Festigkeit kg/mm²	Dehnung % $L = 10\,d$	Dehnung % $L = 5\,d$	Einschnürung %
		Gußstück A			
Zerreißstab 1	77,0	85,4	12,0	15,5	61,0
,, 2	70,6	78,6	12,5	20,0	69,7
,, 3	72,3	84,0	12,0	17,6	36,2
,, 4	72,2	81,0	10,0	18,5	64,0
,, 5	72,3	84,7	10,7	20,0	60,0
,, 6	72,2	83,4	11,0	18,7	67,8
,, 7	75,4	85,0	10,0	18,0	64,0
,, 8	70,6	77,4	12,5	18,5	61,0
	Kerbschlagstab K 1	Kerbschlagwert: 18 mkg/cm²			
		Gußstück B			
Probestab 1	102,0	108,0	8,2	14,0	42,0
,, 2	103,0	109,0	9,4	14,0	56,9
,, 3	99,9	99,9	außer Meßbereich gerissen		
,, 4	105,5	112,0	9,0	15,2	56,9
,, 5	105,5	119,0	7,0	12,5	47,5
,, 6	103,0	111,5	7,5	11,5	51,0

Das dargebotene Beispiel beweist, daß unter der Voraussetzung fehlerfreier Beschaffenheit und richtiger Warmbehandlung die geforderten Eigenschaften in allen Teilen eines Stahlgußstückes vorhanden sind. Der Konstrukteur kann somit unter Verwendung von Stahlguß in gleicher Weise wie bei verformten Stählen mit derselben Werkstoff-Festigkeit rechnen. Darüber hinaus erzielt er den Vorteil, keine bestimmte Faserrichtung berück-

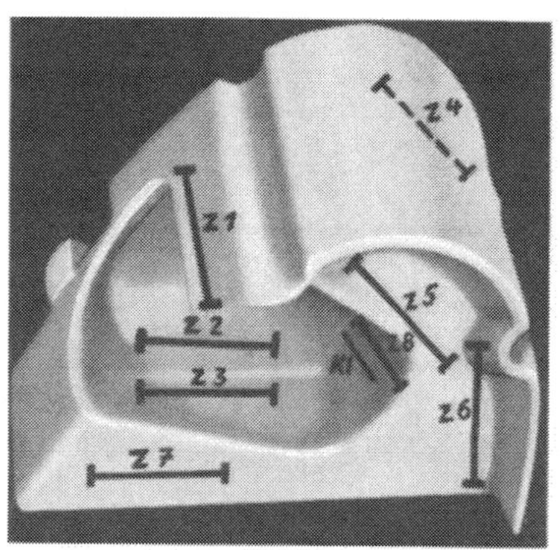

a

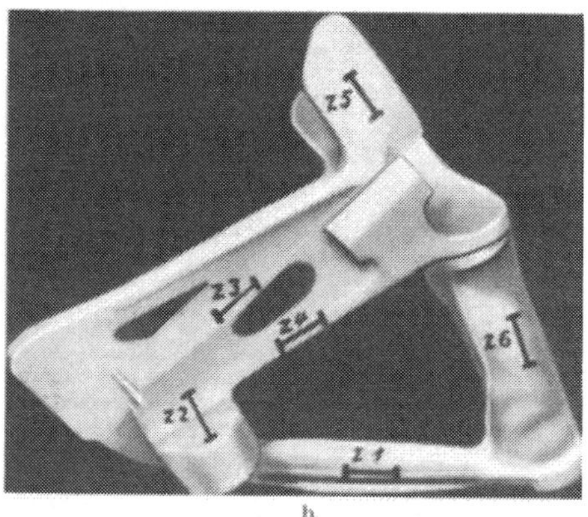

b

Abb. 83a u. b. Abgüsse mit Kennzeichnung der Probenlage nach [*269*]

sichtigen zu brauchen. Bestätigt werden diese guten Ergebnisse durch HARMS [*275*] an Hand von Werten aus bei der laufenden Fertigung mitgegossenen Probeplatten aus Hochfrequenzstahl.

Nach RAPATZ [*1*] besitzt der Stahlguß somit — alles in allem genommen — nicht die Nachteile, die man früher dem gegossenen und unverformten Stück zuzuschreiben geneigt war. Neben den Eigenschaften im Kurzversuch sind für Konstrukteur und Verbraucher die Zeitstandfestigkeitseigenschaften des Stahlgusses von Bedeutung. Hierzu sind in Abb. 84 die Ergebnisse von Wechselbiegeversuchen nach JURETZEK [*269*] mitgeteilt. Sie beziehen sich auf den Stahlguß Nr. 10 der Tab. 19 u. 20. Am glatten Stab, der an der Oberfläche 1 min je Seite mit Stahlkies unter 6 atü Druck gestrahlt wurde, ergab sich eine Biegewechselfestigkeit von 44 kg/mm². Das Verhältnis von Biegewechselfestigkeit zur Zugfestigkeit beträgt somit 0,45. Für die geschliffene Probe wurde eine Biegewechselfestigkeit von 38 kg/mm² gemessen mit einem Verhältnis zur Zugfestigkeit von 0,39. Geschliffen und in der angegebenen Weise mit einer Nut als Kerbe versehen, erreichte die Wöhlerschaulinie dieser Probe eine Biegewechselfestigkeit von 35 kg/mm².

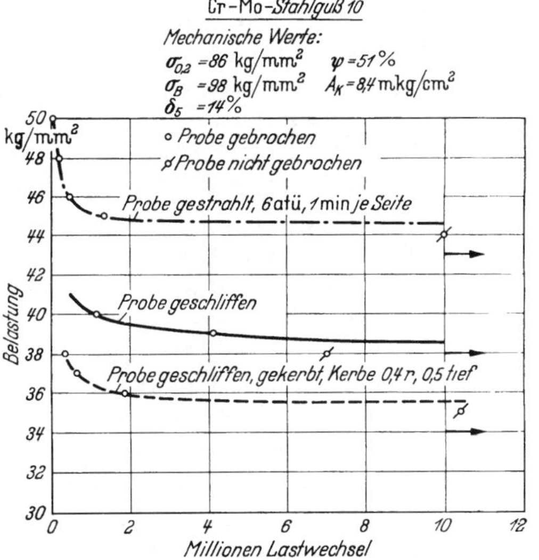

Abb. 84. Biegewechselversuche mit CrMo-Stahlguß nach [269]

Zum Untermauern des dargestellten Ergebnisses wurden gemäß Abb. 85 außer der Festigkeitsstufe 90/110 dieses Werkstoffes die nächst niedrige Stufe 75/90 kg/mm² geprüft und in Ergänzung dazu ein unlegierter sowie der Stahlguß Nr. 12, vergütet auf eine Festigkeit von 110—125 kg/mm². Übereinstimmend ergibt sich für die gestrahlte Probe die beste Dauerfestigkeit und für die gekerbte Probe eine nur geringfügig kleinere als beim geschliffenen Stab.

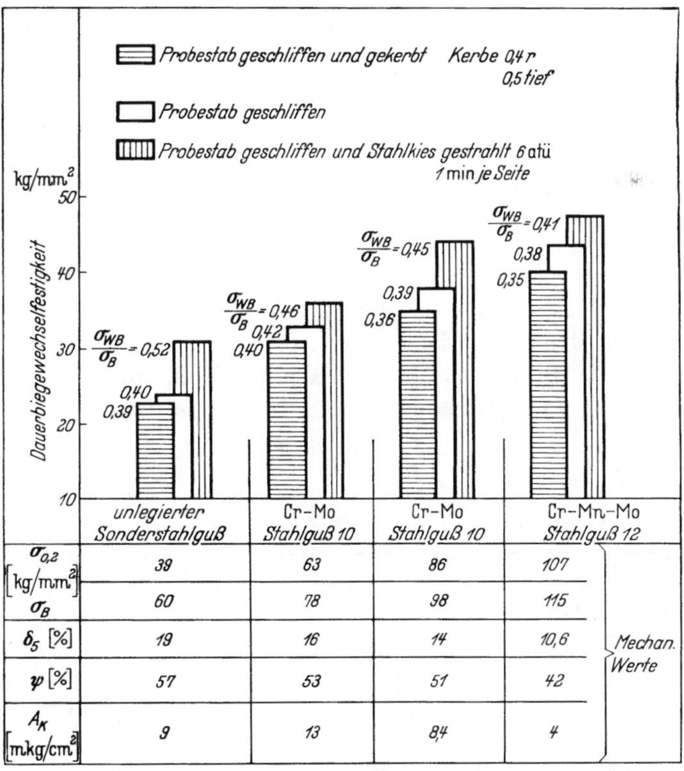

	unlegierter Sonderstahlguß	Cr-Mo Stahlguß 10	Cr-Mo Stahlguß 10	Cr-Mn-Mo Stahlguß 12	
$\sigma_{0,2}$ [kg/mm²]	39	63	86	107	Mechan. Werte
σ_B [kg/mm²]	60	78	98	115	
δ_5 [%]	19	16	14	10,6	
ψ [%]	57	53	51	42	
A_K [mkg/cm²]	9	13	8,4	4	

Abb. 85. Biegewechselfestigkeit verschiedener Stahlgußgüten

Dies Ergebnis entspricht nicht dem von der Prüfung verformter Stähle her bekannten. So messen POMP-HEMPEL [*276*] für ähnliche Zusammensetzungen und Festigkeiten für den glatten Stab bei Vergütungsstählen ein Biegewechselfestigkeitsverhältnis von 0,52, bei Einsatzstählen 0,44. Für den gekerbten Stab erhalten sie jedoch nur 0,26. Dem stehen bei legiertem Stahlguß am glatten Stab Werte von 0,42 bis 0,38 je nach der Zugfestigkeit und am gekerbten Stab solche von 0,40 bis 0,35 gegenüber. Während demnach der absolute Wert der Biegewechselfestigkeit von legiertem Stahlguß niedriger liegt als bei verformten Stählen in Faserrichtung, wird die Dauerfestigkeit durch den Kerb beim Stahlguß nicht so weit erniedrigt wie bei den verformten Stählen. Diese Feststellung ist für den Konstrukteur und Verbraucher deshalb wichtig, weil die Dauerschwingungsfestigkeit nach KIESSLER [*277*] für jede Legierung in einem festen Verhältnis zur Zugfestigkeit steht. Daher erachtet man meist ihre laufende

Prüfung als überflüssig und ermittelt sie für einen neuen Werkstoff nur einmal. Das ist um so mehr zulässig, da selbst bei verschiedenen Vergütungsstählen das Verhältnis von Dauerfestigkeit zu Zugfestigkeit kaum schwankt.

Die Kenntnis des geschilderten Zusammenhanges ist aber wichtig, weil die Dauerfestigkeit durch die Gestaltfestigkeit wesentlich mitbestimmt wird. Die Erklärung für das abweichende Verhalten des Stahlgusses ist nach JURETZEK [*269*] wohl darin zu suchen, daß er im Gegensatz zum verformten Stahl mikroskopische Lockerstellen aufweist. Durch deren Kerbwirkung wird die Biegewechselfestigkeit bereits beim glatten Stab erniedrigt. Kommt dazu der Einfluß makroskopischer, also äußerer Kerben, so ist deren Auswirkung beim Stahlguß geringer als beim verformten Stahl. Beachtet man außerdem, daß beispielsweise die Einbrandkerbe bei einer Schweißkonstruktion die Dauerfestigkeit herabsetzt, so ergibt sich ein weiterer Vorteil der gegossenen Konstruktionselemente.

Leider besteht in Deutschland noch keine umfassende Norm für niedriglegierten hochfesten Baustahlguß, wie auch WELLINGER-GIMMEL [*278*] feststellen. Die Stahleisenliste ist ausschließlich nach Legierungselementen geordnet. Manchmal entsprechen die genannten Legierungen nicht allen Anforderungen des Stahlgießers. Daher sind die einander am nächsten kommenden Legierungen in der gleichen Spalte von Tab. 19 genannt. Der bisher einzige Versuch, den hochfesten Stahlguß in Deutschland zu normen, liegt in den Fliegwerkstoffen 1809/12 [*279*] vor. Ein Teil davon ist in Tab. 19 erwähnt. In den Ver. St. hat man sich dagegen sehr um die Erstellung verbindlicher Stahlgußnormen bemüht, wie ROLFE [*280*] berichtet. Als Erfolg wurde 1952 die Handschrift Nr. 86 [*281*] des Stahlgießereiverbandes vorgelegt. Sie ist in Tab. 22 wiedergegeben. Man erhält hierdurch einen guten Vergleich zur vorerwähnten Tab. 20. Die in Tab. 22 noch fehlende chemische Zusammensetzung wurde nach erneutem Überarbeiten im gleichen Jahr ergänzt [*282*]. So bietet Tab. 23 nunmehr den Gesamtüberblick. Über die Erfahrungen mit diesen Qualitäten berichtet u. a. BRIGGS [*283*].

B. Verschleißfester Stahlguß

Im Kampf gegen den an vielen Stellen auftretenden Verschleiß haben die hierfür entwickelten gegossenen Werkstoffe bereits oft ihre Wirksamkeit unter Beweis gestellt, worauf WAHL [*284*] hinweist. Auf Grund der Vielfalt der anstehenden Verschleißprobleme ist auf diesem Gebiet eine besonders enge Zusammenarbeit zwischen Verbraucher, Konstrukteur und Gießereimann nötig, damit der geeignete Werkstoff an die richtige Stelle kommt. Dabei handelt es sich sowohl um Gußstücke, die über ihren ganzen Querschnitt gleichbleibende Verschleißeigenschaften aufweisen müssen, wie auch um Teile, die nur einen Oberflächenschutz bzw. einen Schutz einzelner Partien erhalten. Eine Auswahl aus der Fülle der praktisch verwendeten Legierungen enthält Tab. 24.

1. Verschleißfestigkeit des ganzen Bauelementes

Für Zahn- und Schalträder im Getriebebau haben sich die Stähle Nr. 1 bis 3 der Tab. 24 gut bewährt, worauf besonders PHILLIPS-WEST [*68*] sowie TAYLOR [*68*] hinwiesen. LOWI [*285*] setzt sie in Vergleich zu Cr- und CrSi-Stahlgußgüten und kommt zu günstigen Ergebnissen. Ist neben erhöhter Verschleißfestigkeit auch eine gute Dehnung erforderlich, so empfiehlt sich Stahl Nr. 4. Auskleidungen von Kugelmühlen oder geschlitzte Mahlplatten benötigen einen höher gekohlten chromlegierten Werkstoff ähnlich Nr. 5.

Ein Ausführungsbeispiel hierfür zeigt Abb. 86. Hier muß der Stahlguß dem Verschleißangriff eines Mahlgutes widerstehen, das eine Härte zwischen der des Kalkspates bzw. Talkes und der des Quarzes oder Pyrites besitzen kann. Die Verschleißfestigkeit des Stahles wird durch Legierungselemente dann wesentlich beeinflußt, wenn sie Gefüge und Härte verändern. Als günstigstes Gefüge hat sich nach NORMAN-LOEB jr. [*286*] ein Gemisch aus Martensit und Austenit erwiesen, für bestimmte Fälle auch eine Mischung aus bei tieferen Temperaturen gebildetem Zwischenstufengefüge mit Austenit. Auf der genannten Grundlage ist Stahl Nr. 7 nach NORMAN [*287*] als Stahlguß für Baggerzähne entwickelt worden, während Nr. 8 mehr für allgemeine Bauteile an Zerkleinerungsmaschinen seit langem Verwendung findet. Er ist auch für schwere Gußstücke geeignet, die verschleißfest sein müssen. Man legt dann den Kohlenstoffgehalt zweckmäßig an die untere Grenze der Analysenvorschrift. Hierzu enthält Abb. 87 als Beispiel einen Bodenfräser. Für die Zähne eines 14 t-Greifbaggers [*288*] hat sich der Stahlguß Nr. 9 bewährt. Die Werkstoffe Nr. 10 bis 13 kann man als Halbstähle ansprechen. Sie werden hauptsächlich für die angegebenen Zwecke benutzt. Von ihnen erfährt Stahl Nr. 10 nach PAYNE-STEINEBACH [*289*] zur Verwendung für Mahlkugeln, die auf einer Gießmaschine gegossen wurden, ein besonderes Warmbehandlungsverfahren.

Als nächste Gruppe folgen mit den Stählen Nr. 14 bis 16 austenitische Werkstoffe. Es handelt sich um den seit langem bekannten und häufig verwendeten Manganhartstahl

Abb. 86. Geschlitzte Mahlplatten aus verschleißfestem Spezial-Stahlguß

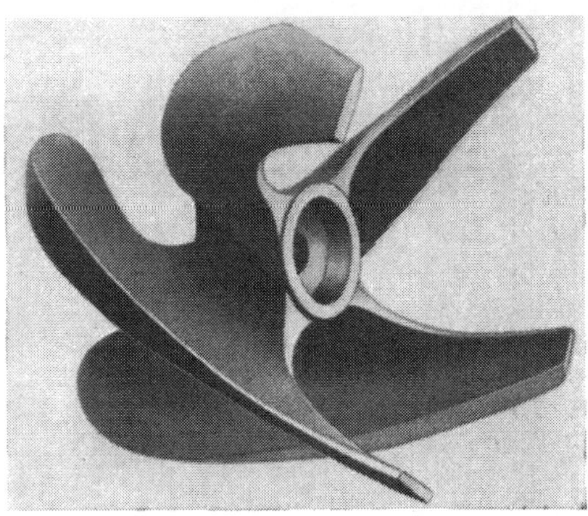

Abb. 87. Bodenfräser aus verschleißfestem Spezialstahlguß

mit den von ihm abgeleiteten Qualitäten. Grundsätzliches hierüber ist bereits in Abschnitt II, B, 4 erörtert. Er wird zwar immer als hochverschleißfest bezeichnet, ist es aber an sich nicht, worauf KNICKENBERG [*290*] hinweist. Manganhartstahl besitzt nämlich in sehr hohem Maß die Eigenschaft der Kaltverfestigung. Erst die kaltverfestigte Randschicht weist eine gute Verschleißfestigkeit auf. So kann man vergleichsweise leicht mit einem Handmeißel eine Kerbe in Manganhartstahl schlagen, es wird aber kaum möglich sein, einen Span abzumeißeln. Deshalb bietet die Verwendung von Manganhartstahl nur dort Vorteile, wo die Oberfläche stark verfestigt wird. Die Verfestigungsart ist nach RESOW [*69*] von großer Bedeutung. Denn ein Vergleich der durch Druck und Schlag kaltverformten Stellen ergibt, daß die Schlagwirkung an der Oberfläche höhere Brinellhärten erzeugt, als dies durch Druck geschieht. Dagegen ist der Druck in der Tiefenwirkung überlegen.

Zum Kennzeichnen des Verhaltens von Manganhartstahl unter Beanspruchung ist in Tab. 25 die Härtezunahme von 7 Schmelzen beim Zerreißversuch zusammengestellt. Die Brinellhärte wurde an drei Stellen nach dem Zerreißen des Probestabes gemessen. Davon liegen Nr. 1 u. 3 in der Nähe der Körner, Nr. 2 möglichst nahe an der Bruchstelle. In jedem Fall weist Meßstelle 2 die höchste Härte auf, wobei nur Stahl 2 etwas aus dem Rahmen fällt. Bemerkenswert ist, daß die Streckgrenzen trotz unterschiedlicher Kohlenstoffgehalte praktisch gleich sind. Eine Ausnahme bildet der Cr-legierte Stahl mit einer Streckgrenze von 60 kg/mm², die rund 30% höher liegt als bei den Cr-freien Schmelzen. Den Einfluß unterschiedlicher Kohlenstoffgehalte sowie von Legierungszusätzen läßt Tab. 26 erkennen. Daraus ist ersichtlich, daß die Ablöschtemperatur mit zunehmendem Kohlenstoffgehalt steigt, sofern man auf höchste Zähigkeit behandelt, ermittelt an Hand der Durchbiegung. Bei etwa 1,5% C beginnt die Zähigkeit abzunehmen. Sie wird bei 1,78% C praktisch Null, selbst bei einer Härtetemperatur von 1150 °C.

Tabelle 22. *Zusammenstellung genormter amerikanischer Stahlgußgüten*

a) Kohlenstoffstahlguß als Baustahl für die Festigkeitsstufen

	42 kg/mm²	46 kg/mm²	49 kg/mm²	56 kg/mm²	60 kg/mm²	70 kg/mm²
Allgem. Verwendungszweck	Magnetstahl Einsatzhärtung schweißbar	Mittlere Festigkeit. Gut bearbeitbar. Zähigkeit hoch. Schweißbar		Hochfester Kohlenstoff-Stahlguß. Gut bearbeitbar, zähe. Dauerfest		Verschleißfest, hart
Verwendet nach Vorschrift	ASTM: A 27—46 T U 60—30 60—30 ASTM: A 216—14 T WCA AAR: M 201—46 Grade AU Grade AA Federal: QQ-S-681b Class 1 Navy: 49 S1 Class B Ω D ABS Class 1	ASTM: A 27—46 T 65—30 65—35 SAE: Automotive 0030 Federal: QQ-S-681b Class 2 ABS Class 2 Lloyds Class A	ASTM: A 27—46 T 70—36 ASTM: A 95—44 70—36 ASTM: A 216—44 T WCB AAR: M 201—46 Grade B AREA	SAE: Automotive 080 Federal: QQ-S-681b Class 3 Navy 49 S1 Class A	SAE: Automotive 0050	SAE: Automotive 0050
Besonders entwickelt für	ASTM: A 27—46 T Gruppe 60—30	ASTM: A 27—46 T Gruppe 65—35	AAR: M 201—46 Grad B	Federal: QQ-S-681b Gruppe 3	SAE: Automotive Gruppe 0050	SAE: Automotive Gruppe 0050
	Hierunter sind Mindestwerte angeführt					
Zugfestigkeit kg/mm²	42	46	49	56	60	70
Streckgrenze kg/mm²	21	25	27	28	32	49
Dehnung %	24	24	24	17	16	10
Einschnürung %	35	35	36	25	24	15
Brinellhärte	—	—	—	—	170	207
	Hier sind die Werte angeführt, die bei Stahlguß gewöhnlich erreicht werden. Sie dienen nur als Anhalt, dagegen nicht für irgendwelche Vorschriften					
Zugfestigkeit kg/mm²	42	46	49	56	60	70
Streckgrenze kg/mm²	21	25	27	28	32	49
Dehnung %	30	30	28	26	24	20
Einschnürung %	50	53	50	43	40	43
Brinellhärte	120	130	140	160	175	215
Kerbzähigkeit 20°C mkg Charpy 20°C mkg	4,8	4,8	4,1	4,8	4,1	3,4
Charpyzähigk. —10°C mkg	1,1	1,7	1,4	1,7	1,7	2,1
Dauerfestigkeit	18	20	22	25	27	33
Wärmebehandlung	geglüht	normalisiert	normalisiert	normalisiert und angelassen		vergütet

b) Niedriglegierter Stahlguß als Baustahl für die Festigkeitsstufen

	49 kg/mm²	56 kg/mm²	63 kg/mm²	70 kg/mm²	74 kg/mm²	85 kg/mm²	106 kg/mm²	123 kg/mm²	141 kg/mm²
Allgem. Verwendungszweck	Ausgezeichnet schweißbar. Mittlere Festigkeit. Hochzähe; gut bearbeitbar		Einzelne Stähle dieser Klasse besitzen ausgezeichnete Warmfestigkeit u. Durchhärtung. Zähe		Gute Schlagfestigkeit. Einzelne Stähle haben gute Eigenschaften bei tiefen Temperaturen. Gute Abstimmung von Festigkeit u. Zähigkeit aufeinander		Durchhärtend. Hochf. Verschleißfest. Hohe Ermüdungsgrenze	**Hochfest. Verschleißfest. Hohe Ermüdungsgrenze**	
Verwendet nach Vorschrift	ASTM: A 157—44 C 1 ASTM: A 217—46 T WC 1 WC 2 WC 3 Navy: 46 S 33 (Int) A	ASTM: A 148—46 T 80—40 80—50 ASTM: A 217—46 T WC 4 SAE: Automotive 080 Federal: QQ-S-681b 4 A 1	ASTM: A 148—46 T 90—60 ASTM: A 157—44 C 3 SAE: Automotive 090 Federal: QQ-S-681b 4 A2, 4 B1, 4 B2, 4 C1 Navy: 49 S1 (Int) Grade F AAR: M 201—46 Grade C	ASTM: A 157—44 C 11 Federal: QQ-S-681b 4 B3	ASTM: A 148—46 T 105—85 SAE: Automotive 0105 Federal QQ-S-681b 4 C2	ASTM: A 148—46 T 120—100 SAE: Automotive 0120 Federal: QQ-S-681b 4 C3	ASTM: A 148—46 T 150—125 SAE: Automotive 0150 Federal: QQ-S-681b 4 C4	**ASTM: A 148—46 T 175—145 SAE: Automotive 0175**	**ohne Vorschrift**
Besonders entwickelt für	ASTM: A 157—44 Gruppe C 1	ASTM: A 148—46 T Gruppe 80—50	ASTM: A 148—46 T Gruppe 90—60	Federal QQ-S-681b Gruppe 4 B3	ASTM: A 148—46 T Gruppe 105—85	ASTM: A 148—46 T Gruppe 120—100	ASTM: A 148—46 T Gruppe 150—125	**ASTM: A 148—46 T Gruppe 175—145**	**ohne Bezeichnung**
	Diese Werte sind Mindestwerte								
Zugfestigkeit kg/mm²	49	56	63	70	74	85	106	**123**	—
Streckgrenze kg/mm²	32	35	42	46	60	70	88	**102**	—
Dehnung %	22	22	20	17	17	14	9	**6**	—
Einschnürung %	35	35	40	30	35	30	22	**12**	—
Brinellhärte	—	—	—	—	217 ±	248 ±	311 ±	**363 ±**	—
	Hier sind die Werte angeführt, die bei Stahlguß gewöhnlich erreicht werden. Sie dienen nur als Anhalt, dagegen nicht für irgendwelche Vorschriften								
Zugfestigkeit kg/mm²	49	56	63	70	74	85	106	**123**	**141**
Streckgrenze kg/mm²	30	35	42	46	60	67	91	**104**	**123**
Dehnung %	28	27	24	21	18	16	12	**8**	**5**
Einschnürung %	55	50	50	46	42	38	25	**15**	**11**
Brinellhärte	140	160	190	215	235	260	325	**380**	**420**
Kerbzähigkeit 20°C mkg / Charpy 20°C mkg	4,8	4,1	3,6	3,0	3,9	3,3	2,5	**1,4**	—
Charpyzähigk. —10°C mkg	2,1	2,1	2,4	2,1	3,0	2,5	2,1	**0,8**	—
Dauerfestigkeit	23	27	29	32	34	39	46	**54**	**60**
Wärmebehandlung	normalisiert und angelassen				vergütet			**vergütet**	

Tabelle 23. *Zusammenstellung amerikanischer genormter Stahlguß-Qualitäten* *
(Erklärung der in der Tabelle benutzten Kennzeichen am Schluß der Tabelle)

Art und Warmbehandlung [1]			Mechanische Werte — Minimum				Chemische Analyse — Maximum %								Andere Elemente [6]
Art	Benennung	Warmbehandlung	σ_β kg/mm²	σ_ς kg/mm²	δ %	ψ %	C	Mn	P	S	Si	Cu	Ni	Cr	
AAR M201-47	A	ungeglüht	42	21	22	30	—	0,85	0,05	bas. 0,05	—	—	—	—	—
	A	G, N	42	21	26	38	—	0,85	0,05	sauer 0,06	—	—	—	—	—
	B	G, N	49	27	24	36	—	0,85	0,05		—	—	—	—	—
	C	NE, V	63	42	22	45	—	—	0,05		—	—	—	—	—
	D	V	71	60	17	35	—	—	0,05		—	—	—	—	—
	E	V	85	70	14	30	—	—	0,05		—	—	—	—	—
ASTM A27-50T	N—1	—	—	—	—	—	0,25[2]	0,75[2]	0,05	0,06	0,80	0,50[3]	0,50[3]	0,25[3,4]	W 0,10
	N—2	G, N, NE, V	—	—	—	—	0,35[2]	0,60[2]	0,05	0,06	0,80	0,50[3]	0,50[3]	0,25[3,4]	W 0,10
	N—3	G, N, NE, V	—	—	—	—	—	1,00	0,05	0,06	—	—	—	—	—
	60—30	—	42	21	22	30	0,25[2]	0,75[2]	0,05	0,06	0,80	0,50[3]	0,50[3]	0,25[3,4]	W 0,10
	60—30	G, N, NE, V	42	21	24	35	0,30[2]	0,60[2]	0,05	0,06	0,80	0,50[3]	0,50[3]	0,25[3,4]	W 0,10
	65—30	G, N, NE, V	46	21	20	30	—	—	0,05	0,06	—	—	—	—	—
	65—35	G, N, NE, V	46	25	24	35	0,30[2]	0,70[2]	0,05	0,06	0,80	0,50[3]	0,50[3]	0,25[3,4]	W 0,10
	70—35	G, N, NE, V	49	25	22	30	0,35[2]	0,70[2]	0,05	0,06	0,80	0,50[3]	0,50[3]	0,25[3,4]	W 0,10
ASTM A148-50T	80—40	G, N, NE, V	56	28	18	30	—	—	0,05	0,06	—	—	—	—	—
	80—50	G, N, NE, V	56	35	22	35	—	—	0,05	0,06	—	—	—	—	—
	90—60	G, N, NE, V	63	42	20	40	—	—	0,05	0,06	—	—	—	—	—
	105—85	G, N, NE, V	71	60	17	35	—	—	0,05	0,06	—	—	—	—	—
	120—95	G, N, NE, V	85	67	14	30	—	—	0,05	0,06	—	—	—	—	—
	150—125	G, N, NE, V	106	88	9	22	—	—	0,05	0,06	—	—	—	—	—
	175—145	G, N, NE, V	123	102	6	12	—	—	0,05	0,06	—	—	—	—	—
ASTM A216-47T	WCA	G, NE	42	21	24	35	0,25[5]	0,70[5]	0,05	0,06	0,60	0,50[5]	0,50[5]	0,25[5]	Mo + W 0,25[5]
	WCB	G, NE	49	25	22	35	0,35[5]	0,70[5]	0,05	0,06	0,60	0,50[5]	0,50[5]	0,25[5]	Mo + W 0,25[5]

Tabelle 23 (Fortsetzung)

Art und Warmbehandlung			Mechanische Werte – Minimum				Chemische Analyse – Maximum %								Andere Elemente
Art	Benennung	Warmbehandlung	σ_β kg/mm²	σ_ς kg/mm²	δ %	ψ %	C	Mn	P	S	Si	Cu	Ni	Cr	
SAE Automotive	0022	G, N, NE	—	—	—	—	0,12 0,22	0,60[2]	0,05	0,06	0,60	—	—	—	—
	0030	G, N, NE, V	46	25	24	35	0,30[2]	0,70[2]	0,05	0,06	0,60	0,50[3]	0,50[3]	0,25[3]	W 0,10
	0050	G, N, NE	60	32	16	24	0,40 0,50	0,50 0,90	0,05	0,06	0,20 0,60	—	—	—	—
	0050	V	70	49	10	15	0,40 0,50	0,50 0,90	0,05	0,06	0,20 0,60	—	—	— —	— —
	080	G, N, NE, V	56	28	18	30	—	—	0,05	0,06	—	—	—	—	—
	090	NE, V	63	42	20	40	—	—	0,05	0,06	—	—	—	—	—
	0105[1]	V	71	60	17	35	—	—	0,05	0,06	—	—	—	—	—
	0120[1]	V	85	70	14	30	—	—	0,05	0,06	—	—	—	—	—
	0150[1]	V	106	88	9	22	—	—	0,05	0,06	—	—	—	—	—
	0175[1]	V	123	102	6	12	—	—	0,05	0,06	—	—	—	—	—
AREA	—	G	46	23	24	35	0,30[2]	0,70[2]	0,05	0,06	0,60	—	—	—	—
FEDERAL QQ-S-681 B	X	—	—	—	—	—	0,30	1,00	0,05	0,06	—	—	—	—	—
	0	G	—	—	—	—	0,45	1,00	0,05	0,06	—	—	—	—	—
	1	G	42	21	24	35	0,30[2]	0,60[2]	0,05	0,06	0,60	0,30	0,50[9]	—	je 0,25
	2	G, N, NE	46	25	20	30	0,35[8]	0,70[8]	0,05	0,06	0,60	0,50	0,50[9]	—	je 0,25
	3	G	56	28	17	25	0,50	—	0,05	0,06	—	—	—	—	—
	4 A1	G	53	28	24	35	—	—	0,05	0,06	—	—	—	—	—
	4 A2	G	60	37	22	35	—	—	0,05	0,06	—	—	—	—	—
	4 B1	N, NE	60	39	22	40	—	—	0,05	0,06	—	—	—	—	—
	4 B2	N, NE	63	42	22	45	—	—	0,05	0,06	—	—	—	—	—
	4 B3	N, NE	70	46	17	30	—	—	0,05	0,06	—	—	—	—	—
	4 C1	V	63	46	20	45	—	—	0,05	0,06	—	—	—	—	—
	4 C2	V	71	60	15	30	—	—	0,05	0,06	—	—	—	—	—
	4 C3	V	85	70	12	30	—	—	0,05	0,06	—	—	—	—	—
	4 C4	V	106	88	10	25	—	—	0,05	0,06	—	—	—	—	—
MILITARY Mil-S-15083 (Ships)	CW	—	39	19	15	25	0,30[11]	0,70[11]	0,07	0,06	—	—	—	—	—
	B	G, NE, V	42	21	24	35	0,30[11]	0,60[11]	0,05	0,05	0,20 0,60	0,30[10]	0,50[9]	0,20[11]	Mo 0,20
	A-70	G, NE, V	49	25	22	30	0,35	—	0,05	0,05	—	—	—	—	—
	A-80	G, NE, V	56	28	18	30	—	—	0,05	0,05	—	—	—	—	—
	A-90	G, NE, V	63	39	18	30	—	—	0,05	0,05	—	—	—	—	—
	A-100	G, NE, V	70	42	15	30	—	—	0,05	0,05	—	—	—	—	—

Tabelle 23 (Fortsetzung)

Art und Warmbehandlung			Mechanische Werte – Minimum				Chemische Analyse – Maximum %								Andere Elemente
Art	Benennung	Warmbehandlung	σ_β kg/mm²	σ_ς kg/mm²	δ %	ψ %	C	Mn	P	S	Si	Cu	Ni	Cr	
MILITARY Mil-S-870 (Ships)	—	G, NE	46	25	20	30	0,25[12]	0,50[12] 0,70[12]	0,05	0,05	0,20 0,50	0,30[13]	1,00[13]	0,20[13, 14]	Mo 0,40—0,60
MILITARY Mil-S-1 5464 (Ships)	1	G, NE	49	28	20	35	0,20	0,50 0,80	0,05	0,05	0,20 0,60	0,50[13]	0,50[13]	1,00 1,25	Mo 0,45—0,65
	2	G, NE	49	28	20	35	0,18	0,40 0,70	0,05	0,05	0,20 0,60	0,50[13]	0,50[13]	2,0 2,75	Mo 0,90—1,20
A. B. S.	1	G, NE	42	21	24	35	—	—	—	—	—	—	—	—	—
	2	G, NE	49	25	22	30	—	—	—	—	—	—	—	—	—
	Hull	G, NE	42	21	24	35	—	—	—	—	—	—	—	—	—
LLOYDS	—	G	40 55	—	20	—	—	—	—	—	—	—	—	—	—

Erklärung der in der Tabelle benutzten Kennzeichen

Warmbehandlung: G = ausgeglüht, N = normal geglüht, NE = normal geglüht und entspannt, V = vergütet.

[1] Härteprüfungen sind gemäß Sonderabmachungen durchzuführen. Die Zahlenangaben enthalten nur die zu erwartenden Werte: wenn nicht besonders angegeben, ist keine Prüfung erforderlich.

[2] Für jeweils 0,01% **C** unter der oberen Analysengrenze steigt **Mn** um 0,04% über die obere Grenze bis zu max 1% **Mn**.

[3] Der Höchstgehalt unerwünschter Elemente beträgt 1%. Für je 0,1% unter der oberen Grenze ist ein Steigen von **Cr** + **Mo** um 0,02% sowie **Ni** + **Cu** um 0,06% über die obere Grenze zulässig.

[4] **Cr** + **Mo** max 0,25%.

[5] Der Höchstgehalt unerwünschter Elemente beträgt 1%. Für je 0,01% unter der oberen Grenze des **C**-Gehaltes ist ein Steigen um 0,04% **Mn** über die obere Grenze zulässig bis max 1,1%.

[6] Einschränkungen für alle Legierungselemente ohne Analysengrenzen: W 0,10 für sämtliche Güten. Der Gesamtgehalt an nicht genannten Legierungselementen darf für sämtliche Stähle 1% erreichen, ausgenommen hiervon sind die Stahlgußgüten WC 4 und WC 5. Hier darf der Gesamtgehalt nicht genannter Legierungselemente max 0,6% betragen.

[8] Für je 0,01% **C** unter der oberen Analysengrenze dürfen 0,025% **Mn** über der oberen Analysengrenze gewählt werden.

[9] Bei diesen Stählen ist max 1% Nickel zulässig.

[10] Bei diesen Stählen ist max 1,5% Nickel zulässig.

[11] Für jeweils 0,01% **C** unter der oberen Analysengrenze darf entweder 0,04% **Mn** oder 0,04% **Cr** über der oberen Grenze zugelassen werden, in keinem Falle soll aber **Mn** über 1% oder **Cr** über 0,4% liegen.

[12] Für je 0,01% **C** unter der oberen Grenze können 0,04% **Mn** über der oberen Analysengrenze zugesetzt werden.

[13] Die angeführte obere Grenze darf nicht überschritten werden.

[14] Für je 0,01% **C** unter der oberen Grenze dürfen 0,04% **Cr** über 0,2% bis zu einem max. von 0,4% **Cr** zulegiert werden.

Weitere Prüfungen:

An weiteren Prüfmethoden sind zugelassen:
1. Röntgen-Untersuchung,
2. Magnetpulver-Prüfung,
3. Wasserdruckprobe,
4. Zerstörungsprobe,
5. Schweißprobe.

Hierfür gelten die nach folgenden Prüfungsgesellschaften vorgeschriebenen Methoden: ASTM, SAE, MILITARY, FEDERAL, AAR.

* Normenbezeichnung der genannten Stahlgußqualitäten:

AAR	= M 201–47 Stahlguß allgemein.
ASTM	= A 27–50 T ein niedrig bis mittel gekohlter Stahlguß für allgemeine Verwendungszwecke.
ASTM	= A 148–50 T hochfester Stahlguß.
ASTM	= A 216–47 T Kohlenstoff-Stahlguß, schweißbar, für Temperaturen bis zu 400°.
SAE	= 1946 Automobilstahlguß.
AREA	= Eisenbahnbrücken. Norm 1949 für Stahlguß.
FEDERAL	= Vorschrift QQ-S-681b v. 11. 6. 41 für Stahlguß mit Ergänzung 8–24 aus 1943.
MILITARY	= Vorschrift MIL-S-15083 für Schiffstahlguß aus April 1950 mit Ergänzung 49Sl aus 1950.
MILITARY	= Vorschrift MIL-S-870 aus September 1949 für **Mo**-legierten Stahl mit Nachtrag 46S 33.
MILITARY	= Vorschrift MIL-S-15464 für **Cr-Mo**-legierten Stahlguß aus Dezember 1950.
A. B. S.	= American Bureau of Shipping, Vorschriften für Stahlguß-Ausgabe 1952.
LLOYDS	= Lloyds Register of Shipping, Vorschriften für Stahlguß 1951.

Tabelle 24. *Verschleißbeständiger Stahlguß*

Nr.	C	Mn	Si	Cr	Mo	Ni	Sonst.	Verwendunsgzweck	Quelle	SEL [*271*] Bezeichnung u. Nr.
1	0,18 0,25	1,00 1,60	0,40 0,80					Zahnräder, Getriebeteile	[*269*]	G 20 Mn 5 610
2	0,35 0,45	1,00 1,40	0,50 1,00					Zahnräder, Getriebeteile	[*269*]	G 46 MnSi 4 609
3	0,50 0,60	1,00 1,50	0,50 1,50					Zahnräder, Getriebeteile	[*269*]	
4	0,40 0,50	0,50 0,70	1,50					verschleißfest und sehr zähe	[*269*]	
5	0,50 0,60	0,40 0,60	0.35 0,50	1,40 1,60				Mahlplatten	[*110*, *270*]	G 55 Cr 6 615
6	0,80 1,00	1,40 1,60	0,35 0,50	1,30 1,50				Brechplatten	[*110*, *270*]	G 90 Cr 6 614
7	0,60 0,70	0,70 1,00	0,50	2,00 2,50	0,40			Baggerzähne	[*287*]	
8	0,40 0,60	0,70 1,20	0,50	0,90 1,50	0,40 0,50		V 0,20	Zerkleinerungs-masch., Bagger	[*269*]	
9	0,55 0,65	0,70 1,00	0,50	0,80 1,00	0,30 0,40	0,70 1,00		Greiferzähne	[*288*]	
10	1,00 1,20	0,70 0,90	0,50	1,30 1,70	0,20 0,30			Mahlkugeln	[*289*]	
11	1,40 1,60	0,50 0,70	0,50 0,70	1,40 1,60	1,60 1,80			Kugelstrahler (Wheelabrator)	[*102*]	
12	0,90 1,10	0,50 0,70	2,40 2,60	4,00	8,50			Ventilsitzringe ortsfeste Motoren	[*102*]	
13	1,20 1,40	0,40 0,60	0,40 0,60	3,50	6,50		W 5,50	Ventilsitzringe ortsfeste u. PKW-Motoren	[*102*]	
14	0,90 1,10	11,0 13,0	0,60 0,90					Mn-Hartstahl, Ausgangshärte gering steigt durch Kaltverformen	[*69*, *110*]	G 120 Mn 50 611
15	1,00 1,20	11,0 13,0	0,60 0,90	0,50 1,00				großer Widerstand bei Stoßbeanspruchung	[*69*, *110*, *114*]	
16	1,10 1,40	12,0 15,0	0,60 0,90	1,40 1,80				höchste Abnutzungsbeständigkeit, Zähigkeit gering	[*69*, *110*, *114*]	
17	0,13 0,23	0,70 1,00	0,50	0,80 1,20	0,20 0,30			Einsatzhärtung	[*269*]	
18	0,35 0,50	0,60 1,00	0,50	0,70 1,20	0,30 0,40			Flammenhärten bei örtl. Verschleißbeanspruchung	[*269*]	
19	0,35 0,50	0,60 1,00	0,50	0,70 1,20			V 0,20	Flammenhärten bei örtl. Verschleißbeanspruchung	[*269*]	

Tabelle 25. *Festigkeitswerte von unlegiertem*

Nr.	Chemische Zusammensetzung in %							Warmbehandlung
	C	Si	Mn	P	S	Cr	Mo	
1	0,94	0,91	12,4	0,068	0,018			1020 °C/Wasser
2	1,08	0,57	13,5	0,073	0,023			1020 °C/ ,,
3	1,21	0,62	11,8	0,070	0,020			1020 °C/ ,,
4	1,34	0,74	13,8	0,073	0,023			1020 °C/ ,,
5	1,45	0,66	13,4	0,067	0,023			1020 °C/ ,,
6	1,53	0,67	12,9	0,071	0,029			1020 °C/ ,,
7	1,51	0,55	12,4	0,086	0,018	1,07	0,25	1050 °C/ ,,

Chrom verleiht dem Manganhartstahl allgemein höhere Festigkeit, Zähigkeit, Härte und Durchhärtung. Es beweist bei richtiger Anwendung und Warmbehandlung auch beim Manganhartstahl seine guten Eigenschaften als Legierungselement. Höhere Cr-Gehalte als 2,5% verringern die Zähigkeit wieder. Dabei bleibt die Empfindlichkeit des Manganhartstahlgusses gegen eine Steigerung des Kohlenstoffgehaltes über 1,4% hinaus auch für das Legieren mit Chrom bestehen. Die Wirkung von Molybdän auf die Zähigkeit ist zwar günstig, sie reicht aber insgesamt gesehen nicht an die des Chroms heran. Nickel und Kobalt wirken unmittelbar auf die Grundmasse, die Gefügeaufnahmen zeigen größere Karbidausscheidungen als beim unlegierten Manganhartstahlguß. In der Praxis wurden mit beiden Legierungselementen bisher keine guten Erfahrungen gemacht. Das Legieren mit Aluminium äußert sich ähnlich einem gesteigerten Kohlenstoffgehalt.

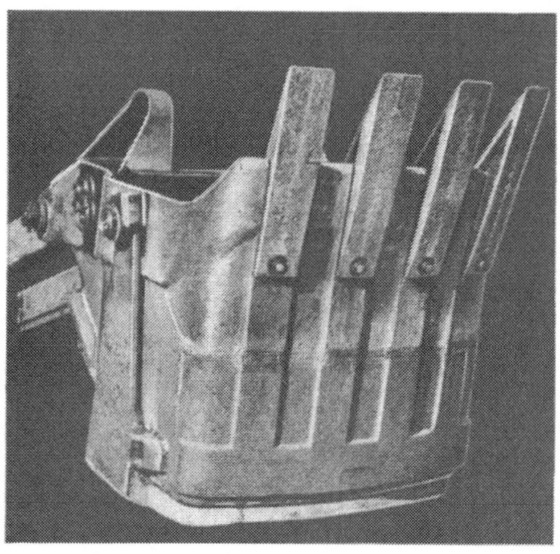

Abb. 88. Baggereimer mit aufgeschweißten Zähnen aus Manganhartstahl (Werkfoto Griesheim)

Manganhartstahlguß läßt sich unter Beachtung bestimmter Vorsichtsmaßnahmen mit perlitischem Stahl und Stahlguß verschweißen, wie Abb. 88 zeigt. Hier sind gegossene Baggereimer mit aufgeschweißten Zähnen aus Manganhartstahl wiedergegeben, die sich im praktischen Betrieb hervorragend bewährt haben. Dabei sei noch gesagt, daß nach Resow [*69*] nicht für jedes Maschinenteil höchste Zähigkeit am Platz ist. Beispielsweise streckten sich zähe Mahlplatten aus Manganhartstahlguß beim Behämmern durch die Mahlkugeln stark und dehnten sich. Nach dem Ausfüllen der zwar vorgesehenen Dehnfugen zwischen den Platten war das nicht weiter möglich. Die Platten verbogen sich, rissen die Schrauben ab und sprengten sogar die Mühle auseinander. Daher muß der auszuwählende Manganhartstahlguß jeweils auf die Beanspruchungsart abgestimmt werden. Nur wenn der Stahlgießer sie kennt, ist er in die Lage versetzt, größte Haltbarkeit zu gewährleisten.

2. Verschleißfestigkeit durch Oberflächenschutz

In seinen Betrachtungen zum Verschleißproblem stellt Bottenberg [*291*] fest, daß der Verschleiß eines Werkstückes zumeist nicht an allen Stellen gleichzeitig eintritt, sondern nur an bestimmten Punkten mit stärkster Beanspruchung. In diesen Fällen ist der Einsatz der Stähle Nr. 17 bis 19 aus Tab. 24 zweckmäßig. Ähnlich dem ECMo 80 nach DIN 1663 ist der Stahlguß Nr. 17 zu verwenden für Teile, die einer Einsatzhärtung unterzogen werden sollen. Sofern man aus Ersparnisgründen den Mo-Zusatz weglassen muß, ist die Wahl eines höheren Mn-Gehaltes zweckmäßig. Die gegossenen Werkstoffe Nr. 18 u. 19 sind flammenhärtbar. Sie sollen die Anforderungen des Maschinenbaues auf Stahl-

und legiertem 12%-Mn-Stahlguß (nach [*69*])

Streckgrenze kg/mm²	Bruchgrenze kg/mm²	Dehnung %	Einschnürung %	Brinellhärte n. d. Zerreißen am Stab gemessen 1	2	3	Brinellhärte vor dem Zerreißen
47,4	91,7	40,0	32,8	380	402	384	207
45,5	103,8	52,0	36,0	415	441	460	207
48,7	91,1	32,5	27,7	321	401	388	212
49,2	87,6	35,3	31,3	352	422	397	214
48,1	86,5	33,1	28,1	335	408	386	214
49,2	87,8	29,8	29,9	323	403	382	221
59,8	91,0	31,4	29,4	356	402	404	234

gußgüten erfüllen, bei höheren Festigkeiten von 75 bis 110 kg/mm² örtliche Verschleißbeanspruchungen zu ertragen. Stahlguß 18 enthält Molybdän, Nr. 19 Vanadin. Beim Verwenden dieser Stähle im Fahrzeugbau wird für den Kohlenstoffgehalt die untere Analysengrenze angestrebt.

C. Kaltzäher Stahlguß

Die Temperaturabhängigkeit der Kerbschlagzähigkeit ist nach JURETZEK-TROMMER [*77*] ein Maß für das Verspröden der Werkstoffe. Die Kenntnis der Versprödungsneigung ist dort von Wichtigkeit, wo durch den Klimawechsel große Temperaturschwankungen auftreten können, deren Tiefstwerte bis zu —60 °C betragen. Darüber hinaus bedingen die technischen Tieftemperaturverfahren Stähle mit besonderen Anforderungen hinsichtlich völliger Versprödungsfreiheit bis zu Temperaturen von —180 °C.

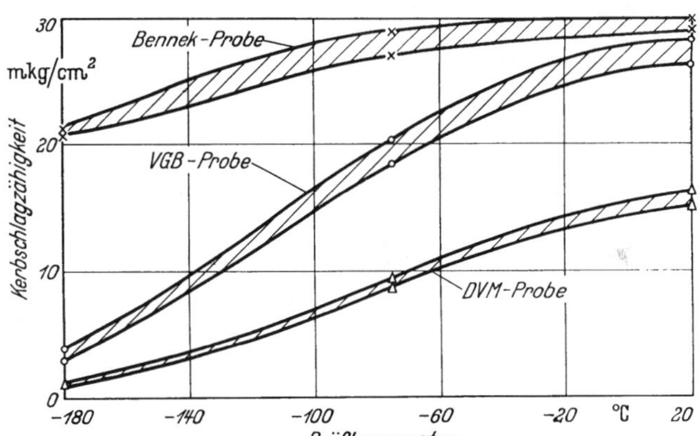

Abb. 89. Einfluß der Probenform auf die Kerbschlagzähigkeit bei tiefer Temperatur nach [*187*]

Da Härte und Zugfestigkeit nach KRISCH-HAUPT [*292*] mit sinkender Temperatur steigen, ist die Zähigkeit bei der Betriebstemperatur für die Auswahl wesentlich. Tiefe Temperaturen begünstigen Schäden durch Trennungsbrüche. Hierbei ist zu beachten, daß die Versprödungstemperatur von verschiedenen Faktoren abhängt. Sie sind teils mechanischer Natur, z. B. Anwesenheit und Form von Kerben, Art und Größe der Belastung sowie der Spannungszustand. Die Belastungsrichtung übt dagegen beim Stahlguß im Unterschied zum Walzstahl keinen Einfluß auf die Kerbschlagzähigkeit in Längs- und Querrichtung aus. Andere Faktoren sind metallurgischer Art. Hierzu zählen Schmelzweise, chemische Zusammensetzung, Gefüge und Neigung zur Anlaßsprödigkeit. KRISCH [*293*] und POMP-KRISCH [*294*] stellten außerdem bei gleicher Zusammensetzung und Warmbehandlung eine ausgesprochene Schmelzenabhängigkeit fest.

So wird die Versprödungstemperatur nach WIESTER [*187*] stark durch Vorhandensein und Form der Kerben bestimmt, wie aus Abb. 89 hervorgeht. Darin ist der Einfluß der Probenform auf die Kerbschlagzähigkeit bei tiefer Temperatur eines vergüteten CrMo-Stahles folgender Zusammensetzung untersucht: 0,21% C, 0,39% Mn, 0,33% Si, 0,018% P, 0,017% S, 2,65% Cr und 0,41% Mo. Die Probengrößen sind:

DVM	— 10 × 10 × 55 mm,	Kerbtiefe 3 mm,	Durchmesser 2 mm
VGB	— 15 × 30 × 160 mm,	„ 15 mm,	„ 4 mm
Bennek	— 8 × 10 × 55 mm,	„ 4 mm,	„ 8 mm.

Der wichtige Einfluß der Warmbehandlung und des Gefüges ergibt sich nach zwei Berichten der Steel Founders Soc. of America [*295, 296*] aus Abb. 90. Danach erhält man die beste

Tabelle 26. *Härte und Zähigkeit von legiertem sowie unlegiertem Mangan-Hartstahlguß* (nach [*69*])

Nr.	Chemische Zusammensetzung in % C	Si	Mn	Cr	Ni	Mo	Sonst.	Abschreck-temperatur in °C	HBr roh	HBr abgeschreckt a	b	Durchbiegung in mm
1	1,20	0,79	14,7					900		226	230	28
								920		241	226	33
								940		217	226	56
								960		217	229	44
								980		223	229	36
								1000		217	222	44
2	1,36	0,56	14,8					900		229	229	53
								920		217	229	57
								940		229	241	53
								960		217	229	58
								980		229	239	57
								1000		223	229	60
3	1,49	0,50	11,2						321			
									339			
								900		280	285	6
								930		257	257	8
								960		252	241	10
								1000		241	230	20
								1030		234	221	24
								1050		229	221	24
4	1,57	0,50	11,6						341			
									311			
								900		302	283	2
								930		269	244	9
								960		266	257	10
								1000		255	241	20,5
								1030		241	229	22
								1060		229	217	22
								1080		220	218	22
5	1,78	0,71	11,9						321			
									341			
								1000		307	302	0
								1050		285	269	0
								1150		262	255	0
6	1,12	0,46	11,6	0,79					341			
									354			
								900		235	241	10
								950		231	224	33
								980		222	222	40
								1000		222	220	48
								1040		220	218	42
7	1,32	0,55	14,1	1,57				900		255	269	24
								920		257	255	28
								940		248	255	34
								960		248	244	51
								980		241	241	53
								1000		244	244	58
								1030		240	241	60

Tabelle 26. *Härte und Zähigkeit von legiertem sowie unlegiertem Mangan-Hartstahlguß* (nach [*69*]). (Fortsetzung)

Nr.	Chemische Zusammensetzung in %						Sonst.	Abschreck-temperatur in °C	HBr roh	HBr abgeschreckt		Durchbiegung in mm
	C	Si	Mn	Cr	Ni	Mo				a	b	
8	1,57		11,5	2,43					302			
								1000		277		9
								1050		277		7
								1150		269		8
9	1,38		11,9	2,82			1,45 Al		255			
								950		269		6
								1000		269		9
								1050		255		25
10	1,19	0,47	11,9	3,17					269			
									265			
								900		277	269	4
								950		269	264	6
								980		268	266	7
								1000		243	246	14
								1030		235	233	26
								1050		235	232	36
11	1,22	0,65	13,4	3,35					275			
									285			
								940		295	289	9
								960		285	272	14
								980		269	269	12
								1000		269	269	26
								1020		269	269	29
								1040		262	255	40
12	1,39	0,83	19,5	3,21	0,69				294			
									299			
								940		321	302	8
								960		302	288	8
								980		284	285	10
								1000		302	269	16
								1020		285	269	19
								1050		269	262	30
13	1,24	0,78	14,5			0,84			228			
									234			
								900		240	241	21
								950		228	228	38
								980		228	229	68
								1000		220	220	54
14	1,44	0,53	12,9	1,09		0,19		950		285	280	18
								1000		285	269	23
								1050		262	255	28
15	1,15	0,44	13,7				1,22 Co		248			
									255			
								900		223	223	27
								930		229	220	26
								960		231	207	30
								1000		235	212	30
								1030		229	212	30
								1050		229	201	29

Zähigkeit bei tiefen Temperaturen mittels Durchhärtung und anschließendem Anlassen. Jedenfalls ist es das erstrebenswerte, wenn auch nicht immer durchführbare Verfahren. Ein Normalglühen an Stelle des Ablöschens hat geringere Werte im Gefolge. Diese fallen noch weiter ab, wenn man nur weichglüht oder nur normalisiert ohne anzulassen. Das besagt natürlich, daß für nach dem Luftabkühlen durchgehärtete Stähle diese Warmbehandlung ausreicht. Zu vermeiden ist aber ein unvollständiges Härten mit Bildung von Zwischenstufengefüge, Perlit oder voreutektoidem Ferrit. Denn hierdurch wird der Übergang vom zähen zum spröden Bruch zu höheren Temperaturen verschoben (vgl. Abb. 60 u. Abschnitt III, C). Ein perlitisches Gefüge wirkt nach HOLLOMON u. Mitarb. [*297*] ungünstiger in der genannten Richtung als ein Zwischenstufengefüge. Dabei ist ein kurz oberhalb der Martensitstufe gebildetes Zwischenstufengefüge nicht so nachteilig wie ein bei höherer Temperatur gebildetes, worauf PELLINI-QUENEAU [*202*] hinweisen. Gemäß ROSENTHAL-MANNING [*298*] und SACHJN-WETROW [*299*] sollen daher die zu verwendenden Vergütungsstähle zum Erreichen höchster Zähigkeit bei den vorgegebenen Querschnitten vollständig durchhärten.

Tabelle 27. *Stahlguß zur Verwendung bei tiefen Temperaturen*

Nr.	Zusammensetzung in %								Kerbschlagzähigkeit nach [77] in mkg/cm² DVMR		
	C	Mn	Si	Cr	Ni	Mo	V	Al	+ 20°	− 80°	− 180°
1	0,20	0,62	0,40		2,91				12,0 12,3	4,3 4,4	1,9 1,9
2[1]	0,16	0,66	0,42		4,91				21,2 22,1	12,7 12,8	2,6 2,7
3	0,19	1,36	0,37					0,36	15,7 17,1	5,7 5,7	1,8 1,9
4	0,20	1,53	0,45					0,59	17,0 21,1	7,1 8,6	2,0 2,0
5	0,17	1,55	0,38	1,05				0,67	12,0 15,9	6,4 7,9	1,0 2,0
6	0,17	1,25	0,41	1,97				0,13	22,1 23,1	6,6 9,1	1,6 1,7
7	0,15	0,62	0,96	1,03			0,18		17,7 20,0	9,4 9,6	1,6 1,7
							luftvergütet		14,3 15,3	2,8 3,0	0,3 0,4
8	0,17	0,55	1,04	0,93			0,40		16,4 18,6	8,0 9,0	1,7 1,7
							luftvergütet		16,0 17,2	3,9 4,9	1,4 1,6
9	0,40	18,0	0,55	3,25				N_2: 0,10	nach SEL: G 40 Mn Cr 72, Nr. 622		
10	0,18	15,2	0,86	12,0		1,10	0,61		17,2 17,9	11,0 11,0	3,5 4,0
11	0,28	15,1	1,40	11,4		1,19	0,62	Ti 0,3	15,7 18,0	9,0 10,0	4,0 4,4
12[2]	0,23	0,49	0,33				luftvergütet		13,0 13,6	0,7 0,7	0,1 0,1

In Tab. 27 sind einige Stahlgußgüten für die Verwendung bei tiefer Temperatur zusammengestellt, wobei zum Vergleich ein Kohlenstoffstahlguß (Nr. 12) gewählt wurde. Um in jedem Fall eine gute Vergießbarkeit zu gewährleisten und auch verwickelte sowie dünnwandige Abgüsse herstellen zu können, wird der Kohlenstoffgehalt zweckmäßig auf

[1] Entspricht SEL: G 16 Ni 19, Nr. 635.

[2] Unlegierter Stahlguß GS 52 zum Vergleich, A_k bei —40 °C: 6,9/7,4 mkg/cm².

0,15% nach unten begrenzt. Sämtliche gemessenenen Werte beziehen sich auf Ölvergütung, wenn nicht anders angegeben. Die mitgeteilten Kerbschlagzähigkeiten wurden an DVMR-Proben ermittelt und stellen Höchst- sowie Tiefstwerte mehrerer an jeder Schmelze durchgeführten Messungen dar. Auffällig ist, daß ein Nickelzusatz von 3% (Nr. 1) nicht das Arbeitsvermögen bei tiefen Temperaturen erreicht wie ein MnAl- oder CrMnAl-Zusatz (Stähle Nr. 3 bis 6). Bis zu Temperaturen von — 80 °C lassen sich auch CrSiV-Stähle der Zusammensetzung Nr. 7 u. 8. benutzen. Bei ihnen ist aber eine deutliche Beeinflussung der Kerbschlagzähigkeit bei tiefer Temperatur durch die Warmbehandlung merkbar. Ein Luftsturz wirkt stark verschlechternd, bei dem V-ärmeren Stahl Nr. 7 mehr als bei dem V-reicheren Stahlguß Nr. 8. Das ist nach Abb. 91, welche die niedriglegierten Stähle Nr. 1 bis 6 schaubildlich wiedergibt, bei dem CrMnAl-Stahlguß Nr. 6 nicht der Fall.

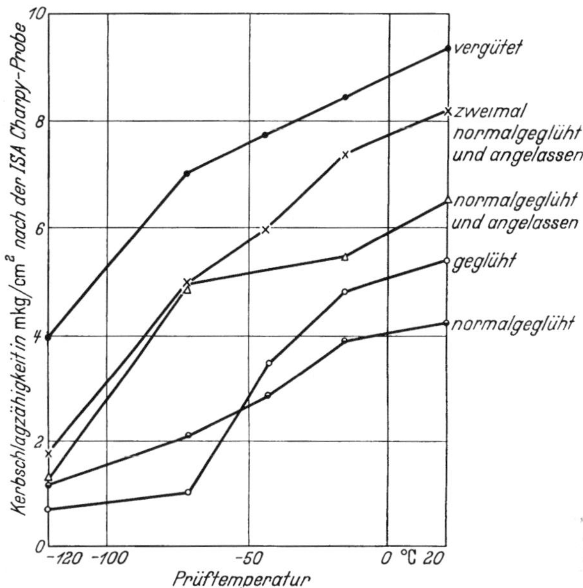

Abb. 90. Einfluß der Warmbehandlung auf die Kerbschlagzähigkeit bei tiefer Temperatur nach [295, 296]

Eine Ausnahmestellung nehmen auch beim Stahlguß die austenitischen Stähle ein, von denen durch JURETZEK-TROMMER [77] zwei nickelfreie Güten geprüft wurden. Sie sind gekennzeichnet durch einen geringen Abfall der Kerbschlagzähigkeit bei tiefer Temperatur. Dies deutet auf das Fehlen jeglicher Versprödung hin. Naturgemäß liegt hier das Streckgrenzenverhältnis wie bei allen austenitischen Stählen niedriger als bei den martensitischen.

In der Weiterentwicklung wurde von SIMS-BOULGER [300] sowie JUPPENLATZ [301] sowohl niedriglegierter wie auch austenitischer Stahlguß untersucht und der Einfluß von Desoxydation, Korngröße und Gefügeaussehen eingehend geprüft.

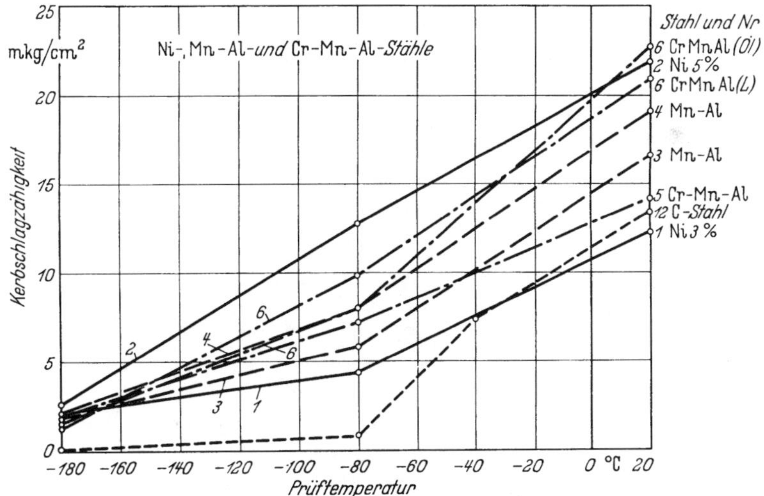

Abb. 91. Kerbschlagzähigkeit verschiedener Stahlgußgüten bei tiefer Temperatur [77]

D. Warmfester Stahlguß

Die Entwicklung und das Erforschen warmfester Stähle und Legierungen setzte vor etwa 25 Jahren planmäßig ein, angeregt durch die Anforderungen beim Bau von Heißdampfanlagen sowie Triebwerken. Dabei verlief die Entwicklungsrichtung unterschiedlich. Es handelt sich einmal um den Bau von Antrieben mit vergleichsweise kurzer Lebensdauer. Hierfür sind Werkstoffe brauchbar mit kurzzeitig möglichst hohen Zeitstandfestigkeiten und Zeitdehngrenzen bei höchsten Temperaturen. In jüngerer Zeit kam hierzu das Bestreben, auch mechanisch hochbeanspruchte Anlagen mit langer Lebensdauer für Temperaturen über 550 °C auszulegen. Sie dienen hauptsächlich der Energiegewinnung sowie der Drucksynthese. Demzufolge leiten sich daraus die Forderungen an die Gebrauchseigenschaften ab, worauf BUNGARDT [*302*] hinweist. Schäden durch Versprödung und Korrosion sind bei der Werkstoffauswahl für solche Anlagen stärker zu berücksichtigen, als dies bei kurzen Betriebszeiten notwendig ist. Hierüber lassen sich also an Hand von Kurzzeitversuchen keine sicheren Aussagen machen, denn selbst bei den gebräuchlichen Stählen und Legierungen sind diesbezügliche Versuchsergebnisse nur spärlich vorhanden.

Die zwischen den genannten beiden Entwicklungsrichtungen manchmal angedeutete Kontroverse [*303*] beruht demnach auf dem Verkennen der gegebenen Voraussetzungen, besteht jedoch als solche keineswegs. Maßgebend ist nämlich im Endeffekt [*110*] nicht das Befürworten oder Ablehnen irgendeines Prüfverfahrens, sondern die Bewährung in der Praxis. Hier müssen Werkstoffmann und Konstrukteur eng zusammenarbeiten, um den steigenden technischen Anforderungen gerecht zu werden.

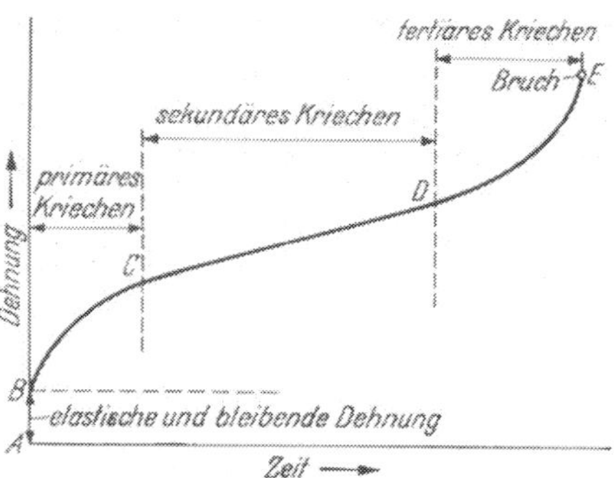

Beim Durchführen von Zeitstandversuchen für technische Zwecke ermittelt man meist Zeitstandfestigkeit und Dehnung in Abhängigkeit von Beanspruchungszeit bei gleichbleibender Temperatur und Belastung. Als idealisierte Kriechkurven erhält man solche der in Abb. 92 gezeigten Art. Der elastischen und bleibenden Dehnung AB folgt der Abschnitt BC mit abnehmender Kriechgeschwindigkeit. Er geht bei C in den Abschnitt CD gleichbleibender Kriechgeschwindigkeit über, an den sich Abschnitt DE mit ständig wachsender Kriechgeschwindigkeit bis zum Bruch bei E anschließt. Dabei ist nach HEMPEL-HOUDREMONT [*304*] die Beantwortung der Frage wichtig, welche Vorgänge sich in einem vielkristallinen Werkstoff bei Dauerversuchen vollziehen und auf welche Art der Dauerbruch zustande kommt. Theoretisch wendet man hierzu meist gittertheoretische und energetische Überlegungen an. Experimentell finden mechanische, elektromagnetische, metallographische und röntgenographische Verfahren Anwendung. Dabei hat es sich als zweckmäßig erwiesen, zunächst durch statisches Kaltrecken einen Gleitvorgang hervorzurufen und die Gefügeveränderungen im anschließenden Dauerversuch zu verfolgen, wie Abb. 93 erkennen läßt. Bei dem dargestellten Versuch wurde eine um 18% stat. gereckte Probe von 12 mm Durchmesser bei $n = 1000$/min beansprucht. Man erkennt aus dem Teilbild links, daß die Ausscheidungen bei höherer Temperatur in fast allen Kristallen auftreten. Die Probe hatte sich auf 230 °C

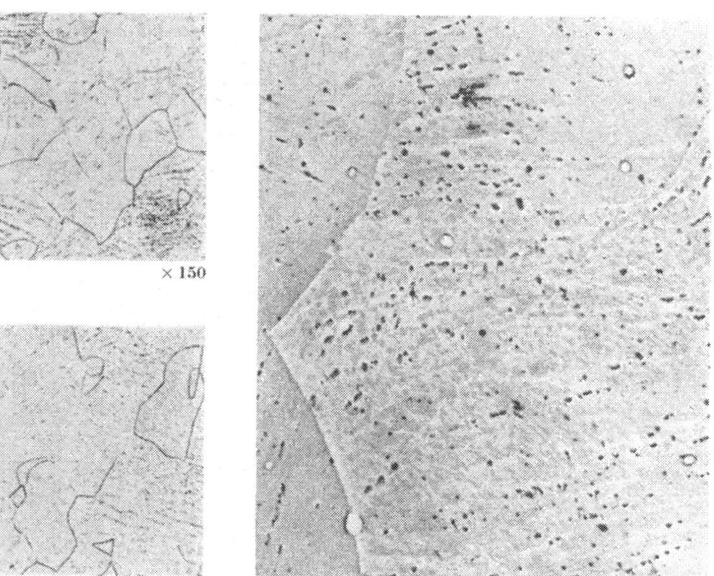

Abb. 93. Gefügeänderungen einer kaltverformten und wechselbelasteten Weicheisenprobe im lichtoptischen und elektronenoptischen Mikroskop nach [*304*]

erwärmt. Der rechts wiedergegebene Lackabdruck zeigt die im Elektronenmikroskop sichtbaren Ausscheidungen, deren Untersuchung hiermit wohl erstmalig gelang. Man erkennt die Stoßstellen der Kristallkörner ebenso deutlich wie die in den Gleitlinien angeordneten meist kugeligen Ausscheidungen. Ihr Durchmesser beträgt höchstens 1 μ.

Abb. 94. Dauerstandfester Stahlguß für den Dampfturbinenbau nach [*269*]

Die in der Praxis verwendeten warmfesten Stahlgußsorten haben nach den Tab. 28 und 29 im allgemeinen eine ähnliche Zusammensetzung wie Walz- und Schmiedestähle für den gleichen Zweck. Man kann somit ein vergleichbares Verhalten bei erhöhter Temperatur erwarten. Bei den molybdänlegierten Qualitäten ist dabei als besonderer Vorteil zu werten, daß der Stahlguß nach Kerr-Eberle [*305*] eine größere Trägheit gegenüber der Graphitbildung aufweist als entsprechende Walz- und Schmiedestähle. Trotzdem muß man naturgemäß mit der Möglichkeit der Graphitbildung rechnen. Das gilt nach Kanter [*306*] insbesondere bei hohen Al-Zusätzen. Wenn auch nach einer Mitteilung der BSI [*307*] das Molybdän als das wichtigste Legierungselement zum Erzielen einer guten Dauerfestigkeit für warmfesten Stahlguß bis zu Temperaturen von 550 °C Verwendung findet, so hat sich vor allem das Vanadin nach der Tab. 28 doch eine große Be-

a

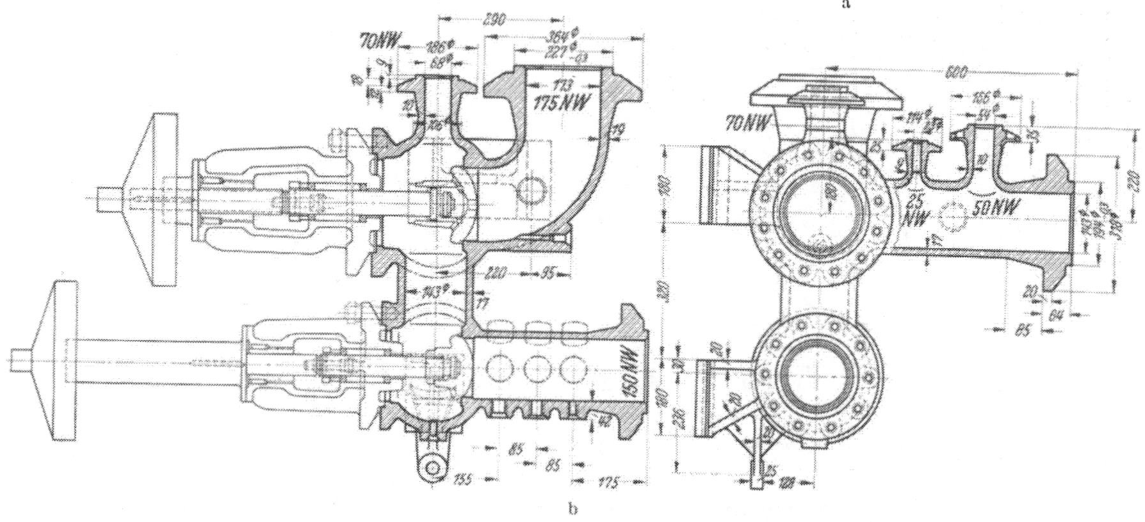

b

Abb. 95a u. b. Ventilkasten für eine Hochdruck-Heißdampfanlage in dauerstandfestem Edelstahlguß nach [*269*]

Tabelle 28. *Zusammensetzung und Eigenschaften von niedriglegiertem, warmfestem Stahlguß*

Nr.	C	Mn	Si	Cr	Mo	V	Festigkeitswerte bei Raumtemperatur: Streckgrenze kg/mm²	Zugfestigkeit kg/mm²	Dehnung %	Kerbschlagzähigkeit mkg/cm²	Dauerstandfestigkeit in kg/mm² bei einer Temperatur in °C: 350	400	450	500	550	600	Quelle
1	0,17	0,52	0,32				25	41	30	8		9					*[309]*
2	0,23	0,68	0,34				30	49	32	6	17	13	9	5			*[309]*
3	0,29	0,65	0,37				36	57	27	5	20	17	14	6			*[309]*
4	0,19	1,16	0,28				33	49	34	14		17		7			*[309]*
5	0,23	0,86	0,40			0,27	45	60	27	7		21	14	9			*[309]*
6	0,24	1,16	0,86			0,27	42	61	26	5		24	17	11			*[309]*
7	0,20	0,45	0,22	1,01			31	50	30	21		17		8			*[309]*
8	0,18	1,28	0,31	1,36			42	57	24	18		31		11			*[309]*
9	0,15	0,69	0,42	0,94		0,19	36	53	30	14		23	18	13			*[309]*
10	0,25	0,66	0,41	0,97		0,34	41	64	22	7		21		14			*[309]*
11	0,19	0,56	0,18		0,37		26	42	34	8		14	13	11			*[309]*
12	0,14	0,72	0,55		0,63		35	52	28	8		20		18			*[309]*
13	0,16	0,52	1,00		0,24		32	52	30	10				16			*[309]*
14	0,17	0,53	0,24	0,58	0,28		35	50	32	18				15			*[309]*
15	0,11	0,27	0,28	0,62	0,48		33	45	24			25		24	(9)		*[307, 312, 309]*
16	0,17	0,71	0,39	1,06	0,21	0,20	36	53	24	14			20	16	(8)		*[309, 313]*
17	0,15	0,43	0,44	1,38	0,20	0,19	37	55	27	11				20	(9)		*[309, 313]*
18	0,15 0,25	0,50 0,80	0,35 0,50	0,80 1,00	0,40 0,50		38	60	24	9			20	16	(8)		*[269, 307]*
19	0,15 0,25	0,50	0,35 0,50	1,20 1,50	0,30	0,50	45	70	16	10					16		*[269, 313]*
20	0,15 0,25	0,50	0,35 0,50	0,80 1,10	1,00 1,20	0,50	70	100	11	6				40	20	10	*[269, 313]*

Tabelle 29. *Zusammensetzung und Eigenschaften von hochwarmfestem Stahlguß*

Nr.	Chemische Zusammensetzung in %										Sonst.	Dauerstandfestigkeit in kg/mm² bei °C Temperatur						Quelle
	C	Mn	Cr	Co	Mo	Ni	V	Ti	W	Nb		600	650	700	750	800	850	
1	0,20 0,30	16,0 18,0	10,0 12,0				0,50	0,50				25	20	10				[*269*]
2	max. 0,10		16,0		2,0	13,0				10 x %C	0,05 B	40	30	22				[*302*]
3	0,04		15,0			73,0		2,5		1,0	0,70 Al				33	20		[*302*]
4	0,40		13,0	10,0	2,0	13,0			2,5	3,0			35	26	16	11		
5	0,15		20,0	20,0	3,0	20,0			2,0	1,0				25	20	15	12	[*302, 316*]
6	0,40		20,0	45,0	4,0	20,0				4,0					25	18	15	[*302*]

deutung erobert. Sie beruht hauptsächlich auf der bereits weiter oben geschilderten Eigenschaft dieses Legierungselementes, die Wirkung anderer Elemente zu verstärken. Daher verwendet man oft MoV-Stahlguß, beispielsweise für Turbinengehäuse, worauf ROBINSON [*308*] hinweist. Derartige Stahlgußgüten werden in den Ver. St. für Beanspruchungen bei 550 °C sogar vorzugsweise benutzt.

Entsprechend dem Verwendungszweck und den vorgegebenen Querschnitten lassen sich aus den Tab. 28 u. 29 die brauchbaren Stahlgußlegierungen entnehmen. Dabei ist es nur dann nötig, auf einen höherwertigen Werkstoff überzugehen, wenn das sowohl technisch wie wirtschaftlich zu vertreten ist. Für unlegierten Stahlguß reicht nach SCHINN-V. TINTI [*309*] eine Güte mit mindestens 50 kg/mm² Zugfestigkeit aus. Mangan und Chrom wirken nur geringfügig steigernd auf die Dauerstandfestigkeit und Silizium hauptsächlich bei niedrigeren Temperaturen. Dagegen erhöhen neben dem Molybdän das Vanadin und besonders Titan sowie Niob die Dauerstandfestigkeit beträchtlich.

Abb. 94 zeigt Ausführungsbeispiele in dauerstandfestem Edelstahlguß, bestimmt für den Dampfturbinenbau. Der in Abb. 95 dargestellte Ventilkasten vermittelt nach JURETZEK [*269*] einen Begriff von den Anforderungen an das Können des Stahlgießers. Die Beanspruchungsart bedingt wechselnd dünne und dicke Querschnitte, die einen riß- und fehlerfreien Abguß sehr erschweren. Dabei dürfen insbesondere die Flanschen keinen Haarriß aufweisen. Andererseits veranschaulicht dies Beispiel gut die Fortschritte, die beim Anwenden legierter Stahlgußsorten für hochbeanspruchte Maschinenteile inzwischen gemacht wurden.

Zusammenfassende Darstellungen über warmfesten Stahl und Stahlguß für Betriebstemperaturen bis 600 °C geben RICARD [*310*] sowie LÜLING [*311*] an Hand von Langzeitversuchen bis zu 10000 h Dauer. Darin sind die meisten der in Tab. 28 enthaltenen Legierungen untersucht. FITZGERALD u. Mitarb. [*312*] beschreiben die Gefügeänderungen sowie die Neigung zur Graphitierung einer Legierung entsprechend Nr. 15 nach einem Langzeitglühen von 15000 h, während HOLDT [*313*] über Versuchszeiten von 50000 h an Stählen ähnlich Nr. 15 bis 19 berichtet. Dabei stellt er besonders den Einfluß der Warmbehandlung auf das Zeitstandverhalten heraus. Mit ähnlich legierten Stahlgußgüten, die z. T. auch Titan enthalten, beschäftigen sich MALCOLM-LOW [*314*], wobei ihr Interesse vor allem der Gefügebeständigkeit gilt. Die Bewährung eines Heißdampfschiebers nach 6jährigem Betrieb aus dem Stahlguß WC 4 gemäß Tab. 30 ist im Vergleich mit den Abnahmewerten nach ARMSTRONG-GREENE [*315*] als gut zu bezeichnen. Gegossene Radscheiben für Düsenmaschinen und Gasturbinen werden in den Ver. St. nach GRANT u. Mitarb. [*316*] entsprechend Legierung Nr. 5 der Tab 29 mit Erfolg verwendet.

Aus den nach Tab. 30 in den Ver. St. genormten warmfesten Stahlgußgüten ergibt sich die vorzugsweise Verwendung von Molybdän als Legierungselement. Die Eigenschaften der genannten Sorten wurden von MALCOLM-LOW eingehend beschrieben. Die Qualitäten WC 1 und 6 sind gemäß ANDREJEW [*317*] auch in den UdSSR gebräuchlich, während sich die Legierung C 12 nach RIGGAN [*318*] in einem Ölstrom mit 0,4 bis 1,5% S bei Temperaturen zwischen 300 und 420 °C merklich besser bewährt hat als C 5.

Tabelle 30. *Zusammensetzung und Eigenschaften von in den Ver. St. genormten warmfesten Stahlgußgüten* (nach ASTM A217—49 T)

Bezeichnung	Chemische Zusammensetzung in %						Mechanische Eigenschaften bei Raumtemperatur				Quelle
	C	Mn	Si	Cr	Mo	Ni	Streckgrenze kg/mm²	Zugfestigkeit kg/mm²	Dehnung %	Einschnürung %	
WC 1	max 0,25	0,50 0,80	max 0,60	max 0,35	0,45 0,65	max 0,50	25	46	24	35	[*282*]
WC 4	max 0,20	0,50 0,80	max 0,60	0,50 0,80	0,45 0,65	0,70 1,10	28	49	20	35	[*282*]
WC 5	max 0,20	0,40 0,70	max 0,60	0,50 0,90	0,90 1,20	0,60 1,00	28	49	20	35	[*282*]
WC 6	max 0,20	0,50 0,80	max 0,60	1,00 1,50	0,45 0,65	max 0,50	28	49	20	35	[*282*]
WC 9	max 0,18	0,40 0,70	max 0,60	2,00 2,75	0,90 1,20	max 0,50	28	49	20	35	[*282*]
C 5	max 0,20	0,40 0,70	max 0,75	4,00 6,50	0,45 0,65	max 0,50	42	63	18	35	[*282*]
C 12	max 0,20	0,35 0,65	max 1,0	8,00 10,0	0,90 1,20	max 0,50	42	63	18	35	[*282*]

Die Stahlgußgüten sind sämtlich nach dem Glühen luftvergütet. Für alle Güten ist max 0,10% W zugelassen. Der Gesamtgehalt an nicht genannten Legierungselementen darf für WC4 und WC5 max 0,6% betragen, für die übrigen Qualitäten max 1,0%.

Tabelle 31. *Zusammensetzung und Eigenschaften von warmfesten, druckwasserstoffbeständigen und korrosionsfesten Stahlgußgüten.*

Nr.	Chemische Zusammensetzung in %							Dauerstandfestigkeit in kg/mm² bei °C Temperatur						Quelle	SEL-Nr.
	C	Mn	Si	Cr	Mo	V	W	400	500	550	600	650	700		
1	0,18 0,25	0,30 0,50	0,20 0,50	2,0 2,3		0,20 0,25								[*271*]	G 22 CrV 9 618
2	0,07 0,13	0,30 0,50	0,30 0,60	2,5 2,8		0,10 0,20								[*271*]	G 10 CrV 11 619
3	0,10 0,16	0,30 0,50	1,20 1,60	1,5 1,8	0,20 0,25	0,25 0,30								[*271*]	G 13 CrSiMo 7 B 655
4	0,15 0,25	0,50		2,5 4,5	0,20 0,30		0,30 0,40			17	4			[*269*]	
5	0,15 0,25	0,40 0,60		4,0 6,0	0,50 0,60		(0,50 0,60)	40		17	4			[*269*] [*271*] [*282*]	G 15 CrMo 195 658
6	0,20 0,30	0,50 0,70		13,0 16,0				20	8		2			[*269*] [*271*]	G 25 Cr 58 626
7	0,20 0,30	0,50 0,70		13,0 16,0	0,40 0,50			31	15	8	3			[*269*] [*319*]	
8	0,20 0,30	16,0 18,0		10,0 12,0		0,50	Ti 0,50				25	20	10	[*269*]	

In Tab. 30 sind bereits Legierungen enthalten, die außer der Forderung nach guter Dauerstandfestigkeit auch bestimmte Bedingungen hinsichtlich ihrer Druckwasserstoffbeständigkeit sowie Korrosionsbeständigkeit erfüllen. Auf diesem Gebiet hat die Werkstoffentwicklung für die chemische Industrie sowie Ölraffinerien und Crackanlagen einen besonderen Weg genommen. Kennzeichnend für druckwasserstoffbeständige Stähle ist meist ein höherer Cr-Gehalt, wodurch die Dauerstandfestigkeit selbst kaum beeinflußt wird. Dazu kommen nach JURETZEK [*269*] und SCHULTE [*319*] Stähle mit mehr als 12% Cr sowie Zusätzen an Molybdän oder anderen Legierungselementen. Der Mo-Zusatz erfolgt in diesen Fällen weniger zum Steigern der Warmfestigkeit, sondern zum Verbessern der Korrosionsbeständigkeit. Derartige Stahlgußgüten finden nach SCHULTE beispielsweise in der Fettsäureindustrie bei mittleren Temperaturen Verwendung. Eine Übersicht vermittelt Tab. 31. Das Gefüge des mit hohem Chrom- und Mangangehalt ausgestatteten Stahlgusses Nr. 8 ist austenitisch. Der Werkstoff zeichnet sich durch gute Zähigkeitseigenschaften auch bei Raumtemperatur aus. Daher ist er für Verwendungsgebiete mit Temperaturwechselbeanspruchung sehr geeignet. Auf solche Stähle läßt sich die Begriffsfestsetzung der Dauerstandfestigkeit im Bereich oberhalb 600 °C nach DIN A 117/118 gemäß JURETZEK [*269*] nicht mehr anwenden. Zweckmäßig sind dann immer Langzeitversuche.

E. Korrosionsfester Stahlguß

Auf die wichtige Rolle der korrosionsfesten legierten Stahlgußsorten sei mit besonderem Nachdruck hingewiesen, weil nach EVANS [*320*] manchem in der Konstruktionspraxis auftretenden Fall zu wenig Beachtung gewidmet wird. Zum richtigen Beurteilen von Bauelementen unter Korrosionsbeanspruchung gehört zwecks Vermeidung von Fehlschlägen eine umfassende Kenntnis der korrosiven Bedingungen. Daraus ergibt sich, daß für den Werkstoffmann ein allgemeiner Hinweis auf *Korrosion durch Salze* beispielsweise nicht ausreichend sein kann. Vielmehr gehört dazu neben der atmosphärischen Korrosion der Natur nach die Oxydation bei erhöhter Temperatur. Sie stellt sich in Gegenwart kleiner Mengen von Fremdgas anders dar, als wenn nur das Hauptgas auftritt. Eine zusätzliche mechanische Beanspruchung sowie ihre Zeitdauer sind neue Einflußgrößen. Außerdem verläuft die Korrosion sehr unterschiedlich, wenn die Stähle stehenden oder bewegten aggressiven Flüssigkeiten ausgesetzt sind. Deren Konzentration oder eine gleichzeitige Wasserstoffentwicklung bei Ab- oder Anwesenheit von Sauerstoff sind sehr wichtig. Auch der letzte Hinweis auf das wichtige Gebiet der Kontaktkorrosion soll nur dazu dienen, der Korrosion als oft zu wenig gewerteter Ursache des Versagens von sonst gut gelösten Konstruktionsaufgaben mehr Beachtung zu schenken. So verläuft die Dauerfestigkeit bei gleich zeitig auftretender Korrosion anders als üblich angegeben. Für die normale Wechselbeanspruchung gibt es einen Wert, unterhalb dem unabhängig von der Dauer kein Bruch mehr eintritt. Nach GOUGH [*321*] spielt sich der gleiche Versuch in Anwesenheit korrosiver Medien grundsätzlich anders ab, wie Abb. 96 zeigt. Die gefundene Dauerfestigkeit bei Korrosion liegt unter der entsprechenden Kurve ohne Korrosion. Die Zahl der zum Bruch führenden Lastwechsel ist also bei Korrosion geringer. Außerdem verläuft die unter korrosiven Bedingungen ermittelte Dauerstandfestigkeit nicht asymptotisch. Bei jeder auch noch so kleinen Beanspruchung tritt demnach ein Bruch ein, wenn nur die Einwirkdauer lang genug ist. Das durch Wechsellast und gleichzeitig wirksame Korrosion bedingte Herabsetzen der Werkstoffhaltbarkeit ist bedeutend größer, als wenn beide zeitlich getrennt auftreten. Danach handelt es sich nicht um einfache Addition beider Wirkungen.

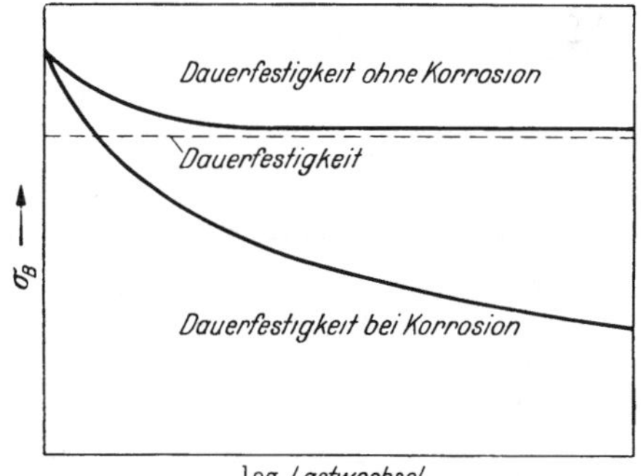

Abb. 96. Dauerfestigkeit mit oder ohne Korrosionsangriff

1. Chemisch beständiger Stahlguß

a) Beständigkeit des ganzen Bauteiles. Bei den rost- und säurebeständigen Gußlegierungen stellt das Chrom ähnlich wie bei den hitzebeständigen Werkstoffen das hauptsächliche Legierungselement dar. Dies gilt zumindest für die Beständigkeit gegen oxydierende Einflüsse. Da bekanntlich erst ab 12,5% Cr eine Passivität unserer Eisenwerkstoffe feststellbar ist, beträgt der Mindestchromgehalt praktisch 13 bis 14%. Stabil wird der Zustand der Passivität erst dann, wenn ein höherer Cr-Gehalt als 16% vorhanden ist, worauf JURETZEK [*269*] hinweist. Auf Grund des Legierungsaufbaues und des dadurch bedingten Gefüges ergibt sich für den korrosionsfesten Stahlguß folgende Einteilung, getrennt nach dem Angriff oxydierender bzw. reduzierender Medien:

1. Chromlegierungen mit 13 bis 18% Cr,
2. Chromlegierungen mit 30% Cr,
3. Chromlegierungen mit 18 bis 28% Cr und hohem C-Gehalt,
4. Chrom-Nickel-Legierungen,
5. Siliziumlegierungen,
6. Nickel-Molybdän-Legierungen.

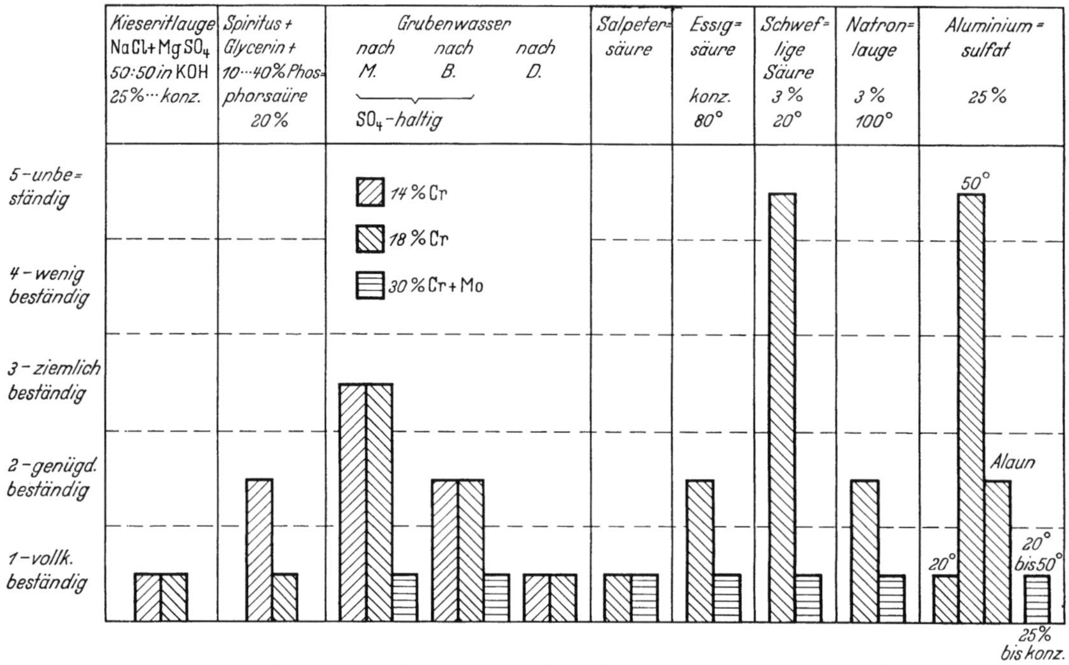

Abb. 97. Korrosionswiderstand von chromlegiertem Stahlguß nach [*269*]

Wegen der Vielfalt der auf diesem Gebiet dargebotenen Möglichkeiten ist ein erschöpfendes Behandeln der zum Gießen verfügbaren Legierungen in dem gegebenen Rahmen unmöglich. Die zum Lösen der gestellten Aufgaben beschrittenen Wege gehen aus Tab. 32 hervor. Dabei sind einzelne der oben genannten Gruppen in bestimmter Richtung weiterentwickelt worden. So berichten RIEDRICH [*325*] und BERGER [*326*], daß durch einen höheren Si-Zusatz bis 3% zu den Gruppen 1 und 4 eine bessere Kornzerfallbeständigkeit erzielbar ist. Ein Werkstoff mit 20% Cr und 24% Ni ist nach PRATT [*327*] bei einem Si-Gehalt von etwa 3% beständig für Armaturen und Pumpen, die dem Angriff von NaCl-Laugen ausgesetzt sind.

Die Gefüge derartiger Legierungen sind weiter oben in Abschnitt II, D, 4 durch die Abb. 18 bis 22 sowie 29 erörtert. Zur Frage der Warmbehandlung ist in Abschnitt III, B Stellung genommen. Beispielsweise sind in Abb. 58 deren Ablauf sowie die erreichbaren mechanischen Eigenschaften mitgeteilt.

In Ergänzung dazu enthält Abb. 97 eine Übersicht über den Korrosionswiderstand der einzelnen Cr-legierten Gruppen. Dabei erfolgt der Zusatz von Molybdän zu solchem Stahlguß nach ROESCH [*328*] in erster Linie zwecks Verbesserung der Korrosionsbeständigkeit.

Das ist dort besonders vorteilhaft, wo es sich bei den Angriffsmitteln um Mischsäuren handelt, denen reduzierende Säuren beigemengt sind.

Tabelle 32. *Korrosionsbeständiger Stahlguß* (Quelle [*269*], [*271*], [*322—324*])

Nr.	C %	Mn %	Si %	Cr %	Ni %	Mo %	Zugfestigkeit kg/mm²	Fließgrenze kg/mm²	Dehnung %	Brinellhärte	Beständigkeit
						A. Oxydierende Säuren					
1	0,15 0,35	0,50 1,0	0,50 1,0	13,0 18,0		(2,0)	65 90	40 50	20 8	210 280	Atmosphäre, Dampf, Ammoniak, Kalilauge, Grubenwasser, Seewasser, schwache oxydierende Säuren, Nahrungsmittelindustrie
2	0,40 0,60	0,50 1,0	0,50 1,0	16,0 19,0			Gefüge halbferitisch und martensitisch gehärtet max 600 Brinelleinheit				wie vor, erhöhte Verschleißfestigkeit
3	0,20 0,30	0,50 1,0	0,8 1,0	28,0 34,0							stärker oxydierende Säuren, Papier- und Zellstoffindustrie
4	0,60 0,90	0,5 1,0	0,8 1,0	28,0 34,0			40 60			200 300	
5	1,0 1,5	0,5 1,0	0,8 1,0	28,0 34,0		(2,0)	Gefüge ferritisch-karbidisch (Nr. 3–5)				
6	1,5 3,0	0,5	0,5 1,5	18,0 24,0	teilweise mit Mo-V-Co-Zusatz		ledeburitischer Chromguß			300 650	Bei Beständigkeit gegen stärker oxydierende Säuren gute Lauf- und Verschleißeigenschaften
7	0,10 0,20	0,5	0,5 1,0	18,0	8,0		austenitisch				Hervorragende Korrosionsbeständigkeit, zum Verbessern der Schwefelsäurebeständigkeit erhöhter Ni- bzw. ein Mo-Zusatz (Nr. 7–9)
8	0,10 0,20	0,5	0,5 1,0	25,0	8,0		ferritisch-austenitisch (Nr. 8–9)	20 30 teilweise mit Zusatz von Ta, Nb, Ti als Karbidbildner	60 25		
9	0,15 0,25	0,5	0,5 1,0	25,0 30,0	20,0						
10	0,15 0,25	0,5	1,0	10,0 12,0	20,0	4,0 +4,0Cu		20 30	60 30		Schwefelsäure aller Konzentrationen
						B. Reduzierende Säuren					
11			14,0 16,0			(3,0 5,0)	spröde u. spannungsempfindlich 3,0 bis 5,0 Mo-Zusatz bei heißer HCl				Salzsäurebeständig
12			18,0 20,0			(3,0 5,0)					
13					25,0 50,0	20,0	(Hastalloy duktil)				Salzsäure aller Konzentrationen

Die Verwendungsgebiete solcher Chromstahlgußgüten umfassen die meisten Zweige des chemischen Apparatebaues und einen Teil des Maschinenbaues. In Tab. 33 sind Bewährungsbeispiele aus Verbraucherkreisen mitgeteilt. In den geschilderten Werkstoffgüten werden zahlreiche Abgüsse mitunter sehr verwickelter Form laufend hergestellt. Ausführungsbeispiele hierzu vermittelt Abb. 98, welche auch den hohen Stand der erreichten Gießtechnik erkennen läßt.

Tabelle 33. *Praktische Bewährung von korrosionfestem Chrom-Stahlguß* (nach [269])

Verwendung	14% Cr	18% Cr	30% Cr+Mo
Pumpenindustrie	gut bearbeitbar, maßhaltig		
Aggressive Wasser	gut	sehr gut	
Schwefelsäurehalt. Grubenwasser			sehr gut
Laufräder, Rührarme verd. H_2SO_4 + Verschleiß			gut
Armaturen: Büchsen, Ventilsitze auf Korrosion + Verschleiß beansprucht	sehr gut		
Hochdruckarmaturen, Überwurfmuttern		sehr gut einwalzbar	
Schiffspropeller	sehr gut		
Treibstoffindustrie	gut	gut	sehr gut
Filmindustrie		sehr gut	sehr gut
Nahrungsmittelindustrie			
Milchsäure		sehr gut	
Zitronensäurelösung, Eindicken von		sehr gut	sehr gut
schwefelsaurer Dünnsaft		gut	sehr gut
salzsaurer Dünnsaft		ziemlich gut	sehr gut
Zellstoffindustrie			
Absperrschieber, Sulfitkocher			sehr gut
Kunstseidenindustrie, Azetatseide			sehr gut
Ölindustrie			
Fettsäure, Säurewasser bei 40 °C	ausreichend	genügend	gut
Textilmaschinenbau			
Chlorwasser + HNO_3			sehr gut
Buna-Herstellung			sehr gut
Azetat + 0,5% H_2SO_4 bei 60 °C		gut	sehr gut
Kälteindustrie			
Hochdruckventil aus Chrom-Manganstahlguß mit 11% Cr und 17% Mn bis 400 atü Wasser bzw. 200 atü Luft sehr gut bewährt			

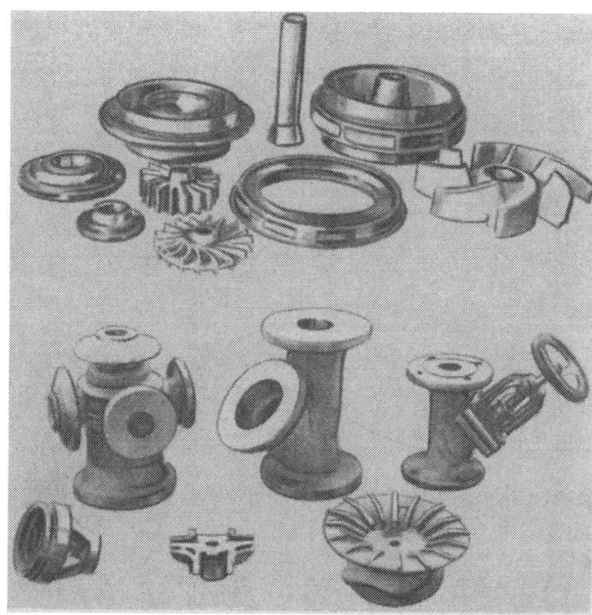

Abb. 98. Beispiele für korrosionsbeständigen Edelstahlguß nach [269]

Über die Bewährung Si-reicher Gußlegierungen berichtet HURST [324] gemäß Abb. 99, daß der Korrosionswiderstand gegen 20%ige kochende Schwefelsäure mit dem Si-Gehalt schnell steigt. Oberhalb 14,15% Si verläuft die Erhöhung der Korrosionsbeständigkeit dem Si-Gehalt proportional. Legierungen mit 15% Si sind nach Abb. 100 (links) gegenüber kalter HCl praktisch beständig, werden jedoch von heißer Salzsäure beträchtlich angegriffen. Aus der rechten Bildhälfte geht hervor, daß der Widerstand einer Gußlegierung mit 15% Si gegenüber heißen Salzsäurelösungen durch einen Mo-Zusatz wesentlich verbessert wird. HALLETT [329] beschreibt korrosionsbeständige Ni-Gußlegierungen auf der Basis Ni-Mo, teilweise mit Cr-Zusätzen sowie auf der Grundlage Ni-Si. Die damit gegossenen

Erhitzerrohre sowie Ventile unterlagen außergewöhnlich hohen Korrosionsbeanspruchungen. Dabei hat sich eine Ni-Legierung mit 30% Mo gegen Salzsäure aller Konzentrationen und Temperaturen als beständig erwiesen und gleichzeitig einen ausreichenden Widerstand gegen Schwefelsäure gewährleistet.

b) Korrosionsbeständigkeit durch Oberflächenschutz. Auf diese Sonderentwicklung zum Verbessern der Beständigkeit unserer Eisenwerkstoffe wurde in Abschnitt II, D, 2c bereits von der verfahrenstechnischen Seite aus hingewiesen. Man kann vermuten, daß ihr bisher zu wenig Aufmerksamkeit geschenkt wurde. Mit der Diffusion von Metallen ist nämlich ein Hilfsmittel gegeben, der Werkstoffzerstörung durch die Korrosion in der Form Einhalt zu gebieten, daß nicht das ganze Gußteil aus

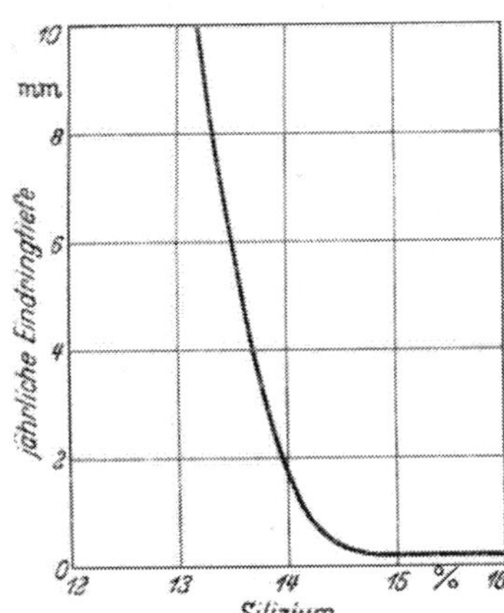

Abb. 99. Korrosion von Siliziumstahl in kochender 20prozentiger Schwefelsäure nach [324]

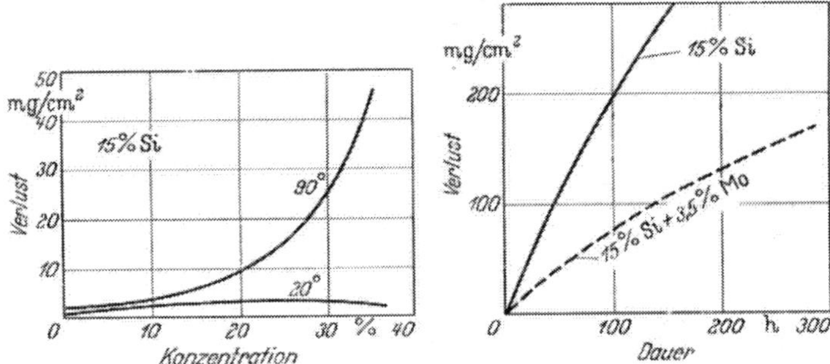

Abb. 100. Korrosion von Siliziumstahl in Salzsäure nach [324]

Einfluß heißer und kalter Säure. Dauer 8 Stunden

Einfluß eines Molybdänzusatzes. Kochende 70prozentige Säure

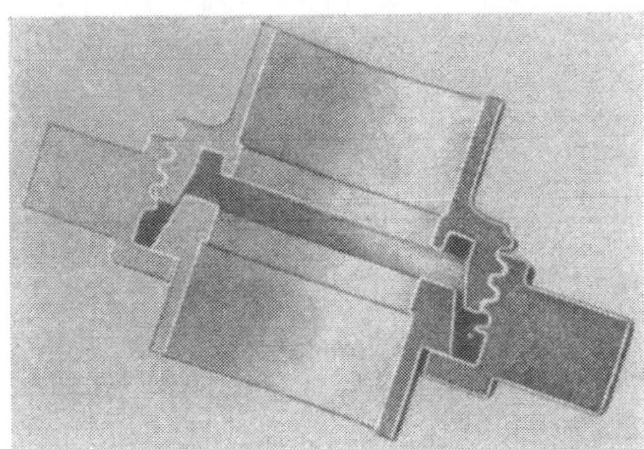

Abb. 101. Inkromierte Kupplung nach [254]

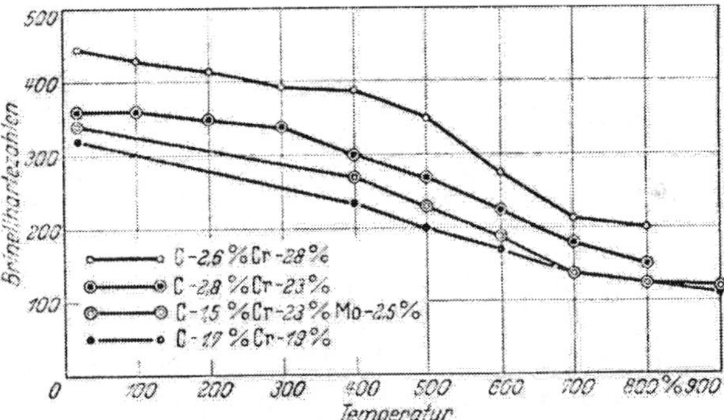

Abb. 102. Warmbrinellhärten von ledeburitischem Chromstahlguß nach [269]

einem hochlegierten Werkstoff gefertigt wird. Der Abguß besteht vielmehr aus einem verhältnismäßig billigen unlegierten Stahl. Er wird teilweise nach vorhergehender spanabhebender Bearbeitung an der Oberfläche mit dem Metall angereichert, welches die Beständigkeit bedingt. Hiermit läßt sich der Vorteil eines zähen Grundkörpers bei ausreichend widerstandsfähiger Oberfläche erzielen. Ein Ausführungsbeispiel dazu bringt Abb. 101 nach Becker u. Mitarb. [254]. Sie zeigt eine durchgeschnittene inkromierte Kupplung. Sie ist zum besseren Herausheben der inkromierten Zone mit heißer Salpetersäure behandelt. Dabei entspricht der Korrosionswiderstand der Oberfläche dem eines Chromstahles mit über 30% Cr. Er ist somit gegenüber manchen Beanspruchungen höher als der eines schwächer legierten Stahles, aus dem die ganze Kupplung besteht.

2. Korrosions- und verschleißfester Stahlguß

Für bestimmte Verwendungsgebiete wird nach Juretzek [269] neben der Korrosionsbeständigkeit eine gute Verschleißfestigkeit gefordert. Sie muß in manchen Fällen auch bei hohen Temperaturen erhalten bleiben. Dabei handelt es sich meist um Teile, die im

Betrieb auf anderen Bauteilen gleiten. Das Zusammenarbeiten zweier korrosionsbeständiger Stähle stellt bekanntlich ein besonderes Problem dar. Benutzt man hierzu gleiche Werkstoffe, so tritt ein Fressen ein. Diese Sachlage hat zur Entwicklung hochgekohlter Chromstahlgußwerkstoffe geführt, die ein ledeburitähnliches Gefüge aufweisen. Es ist gekoppelt mit günstigen Laufeigenschaften. Die Zusammensetzung dieser Legierungen entspricht dem Werkstoff Nr. 6 aus Tab. 32. Derartige Chromstahlgußgüten sind in Tab. 34 gesondert zusammengestellt. Dabei wird mit steigendem Cr- und C-Gehalt der Anteil der harten und verschleißfesten Chromkarbide vergrößert. In Sonderfällen werden die genannten Werkstoffe außerdem mit Kobalt und/oder Molybdän legiert, wie aus Tab. 34 ersichtlich ist. Die damit erreichbaren Brinellhärten, insbesondere Warmbrinellhärten, gehen aus Abb. 102 hervor.

Tabelle 34. *Zusammensetzung und Eigenschaften von ledeburitischem Chromstahlguß* (nach [*269*])

Lfd. Nr.	Chemische Zusammensetzung in %			Festigkeitseigenschaften			
	C	Cr	Mo	Brinellhärte	Zugfestigkeit kg/mm²	Biegefestigkeit kg/mm²	Durchbiegung mm
1	1,5	23,0	2,0	350—400	~60	~70	~8
2	1,5	23,0	2,0 Co-Zusatz	380—430	~70	~80	~7
3	1,7	18,0	—	300—350	~60	~70	~8
4	2,5—2,7	18,0—24,0	—	350—450	~60	~70	~7
5	2,5	28,0	—	320—380	~45	~60	~6

Derartige Gußlegierungen werden z. B. in Hochdruckkreiselpumpen benutzt. Hier findet die Legierung Nr. 3 der Tab. 34 für Entlastungsscheiben in Verbindung mit Legierung Nr. 1 aus Tab. 32 Anwendung. Für Laufbuchsen sowie andere aufeinandergleitende Teile ist der Einsatz ähnlich. Die Legierungen 4 und 5 zeichnen sich durch besonders gute Warmhärte aus und werden auch als gegossene Warmarbeitswerkzeuge eingesetzt. Man bedient sich dabei neben der guten Verschleißfestigkeit der hohen Warmbeständigkeit bei hervorragendem Oxydationswiderstand.

3. *Zunderbeständiger Stahlguß*

Ebenso wichtig wie heute die rost- und säurebeständigen Stahlgußgüten sind, stellen auch die hitze- und zunderbeständigen Werkstoffe nach WETTERNIK [*330*] einen unentbehrlichen Bestandteil des modernen Ofen- sowie Wärmekraftmaschinenbaues dar. Die an sie gestellten Anforderungen werden gekennzeichnet durch:

1. Zunderbeständigkeit, 2. Warmfestigkeit, 3. Dauerstandfestigkeit.

Bei der großen Ähnlichkeit der auftretenden Beanspruchungen ist es verständlich, daß für dieses Sondergebiet der Korrosion Legierungen Verwendung finden, auf die bereits in anderem Zusammenhang verwiesen wurde. Um ausreichende Zunderbeständigkeit zu erlangen, muß die chemischen Zusammensetzung der Stähle so beschaffen sein, daß der gebildete Zunder auch bei Temperaturwechseln gut haftet, eine gleichmäßige Dichte und möglichst geringe Diffusionsgeschwindigkeit besitzt. Oberflächenschutzverfahren auf der Grundlage der Diffusion von Metallen müssen also hier aus dem letztgenannten Grund versagen. Hierauf weisen auch BECKER u. Mitarb. [*254*] hin und betonen, daß beispielsweise bei inkromierten Gegenständen zwar Dauertemperaturen bis 800 °C sehr gut ohne Zunderung ertragen werden, wogegen bei höherer Temperatur das Chrom aus der Cr-reichen Randschicht mit der Zeit weiter ins Innere diffundiert. Damit parallel verläuft natürlich ein Verarmen der Oberfläche an Chrom.

Zunderbeständige Gußlegierungen sind hauptsächlich mit Chrom legiert, dessen Einfluß auf die Zundergeschwindigkeit bei 700 °C aus Abb. 103 nach WETTERNIK [*330*] hervorgeht. Hier sind die Gewichtsverluste in Abhängigkeit vom Cr-Gehalt beim Verzundern in Luft zusammengestellt. Bis zu Gehalten von etwa 3% ist ein Einfluß des Chroms praktisch nicht merkbar. Von 4 bis etwa 6,5% Cr sinkt die Gewichtsabnahme auf rund 40% des Ausgangswertes. Dabei kann man gemäß Abb. 28 zur Chromeinsparung von dem genannten Schwellwert (3—4% Cr) ab einen Teil des Chroms durch Silizium ersetzen. Oberhalb 7% Cr fällt der Zunderverlust langsam ab, bis die Passivitätsgrenze bei etwa 12 bis 13% Cr erreicht wird.

Tabelle 35. *Zusammensetzung und Eigenschaften von zunderbeständigem Stahlguß*

Nr.	Chemische Zusammensetzung in %				Mechan. Eigenschaften			Gefüge	Zunderbeständig	Quelle	SEL
	C	Si	Cr	Ni	Streckgrenze kg/mm²	Zugfestigkeit kg/mm²	Dehnung %		bis °C		
1	0,20 0,30	3,0 3,5	3,0 3,5	—	30	50 60	10	ferritisch	850	*[331]*	G 25 SiCr 13 621
2	0,25 0,35	2,0 2,5	5,5 6,5	—	35	60 70	12	,,	850	*[269]*	G 30 CrSi 24 622a
3	0,25 0,35	2,0 2,8	12,5 13,5	—	35	60 75	8	,,	950	*[331]*	G 30 CrSi 52 625
4	0,40 0,60	1,3 1,8	16,5 17,5	—	40	65 80	10	,,	950	*[269]*	G 50 CrSi 68 627 a
5	0,50 0,70	2,0 2,5	19,0 21,0	—	40	75 85	7	,,	1050	*[269]* *[331]*	G 60 CrSi 80 628
6	0,20 0,50	1,3 1,8	21,0 23,0	—	—	50	—	,,	1100	*[269]*	
7	0,50 0,70	1,3 1,8	28,0 30,0	—	—	50	—	,,	1150	*[331]*	G 60 CrSi 116 630
8	1,2 1,4	1,8 2,3	28,0 30,0	—	—	50	—	,,	1100	*[331]*	G 130 CrSi 116 631
9	0,3 1,0	1,5	32,0	—	—	50	—	,,	1200	*[269]*	
10	0,30 0,50	1,0 1,5	26,0 28,0	3,5 4,5	35	60 75	20	ferritisch austenitisch	1100	*[331]*	G 40 CrNi 108 634
11	0,20 0,30	1,0	25,0 27,0	5,0 7,5	30	55 70	25	,,	1050	*[269]*	
12	0,30 0,50	1,8 2,3	21,0 23,0	9,0 10,0	35	60 75	35	austenitisch	1000	*[331]*	G 40 CrNi 8838 637
13	0,30 0,50	1,8 2,3	25,0 27,0	13,5 14,5	40	65 80	25	,,	1150	*[269]* *[331]*	G 40 CrNi 104 56 639
14	0,30 0,50	1,8 2,3	24,0 26,0	18,5 19,5	25	60 75	35	,,	1150	*[331]*	G 40 CrNi 100 76 640
15	0,40 0,60	1,5 2,0	24,0 26,0	29,5 30,5	35	65 80	35	,,	1200	*[269]* *[331]*	G 50 NiCr 120 100 643

Von diesem Verhalten macht man entsprechend Tab. 35 beim Einsatz zunderbeständiger Stahlgußsorten Gebrauch. Die Temperaturgrenze für ihre Verwendbarkeit ist im Wesentlichen vom Chromgehalt abhängig. Das Zulegieren von Nickel ist zum Erhöhen der Zähigkeit und Festigkeit bei der Betriebstemperatur wichtig. Dagegen übt der Nickelzusatz in den gebräuchlichen Gehalten keinen wesentlichen Einfluß auf die Zunderbeständigkeit aus. Die Verbesserung der mechanischen Eigenschaften erfolgt auf Grund des ferritisch-austenitischen oder des rein austenitischen Gefüges. Das ist aus der Tabelle gut ersichtlich.

So weisen die halbferritischen Stähle Nr. 1 bis 5 bei Raumtemperatur eine brauchbare Zähigkeit auf, die den rein ferritischen Güten Nr. 6 bis 9 weitgehend fehlt. Spielt die Zähigkeit bei Raumtemperatur keine Rolle, so setzt man bei höchster Zunderbeständigkeit nach JURETZEK [269] den Stahlguß Nr. 9 mit etwa 1% C ein. Seine Vergießbarkeit ist ausgezeichnet. Wird ein gewisser Schlagwiderstand gefordert, dann senkt man den Kohlenstoffgehalt zweckmäßig auf 0,3%. Bei langzeitigem Einwirken höherer Temperaturen neigen alle austenitischen Stahlgußgüten im Bereich zwischen 600 und 900 °C zur Versprödung, worauf RIEDRICH [115] hinweist. Das gilt somit für die Stähle Nr. 12 bis 15. Als Aushilfe bedient man sich der ferritisch-austenitischen Stähle, von denen insbesondere der Stahlguß Nr. 10 die geringste Versprödungsneigung im genannten Temperaturbereich besitzt.

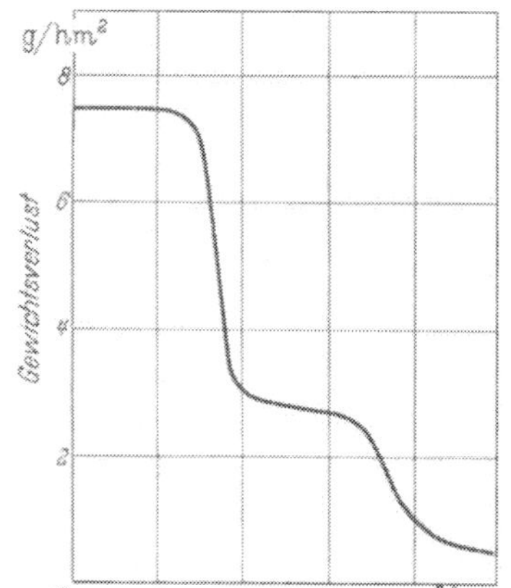

Abb. 103. Einfluß des Chromgehaltes auf das Verzundern in Luft bei 700 °C nach [330]

Die in Tab. 35 mitgeteilten Temperaturen der Zunderbeständigkeit gelten nach HARMS [331] für das Zundern in Luft. Liegen reduzierende Verbrennungsgase vor, benutzt man vorzugsweise die ferritischen und ferritisch-austenitischen Legierungen. Sie sind in dieser Beziehung praktisch beständig, weil sie nur in einem geringen Maß zum Aufkohlen neigen. Bei schwefelhaltigen Verbrennungsgasen in reduzierender Atmosphäre lassen sich nur die rein ferritischen Gußlegierungen Nr. 1 bis 9 einsetzen. Ist die Schwefelkonzentration in oxydierender Atmosphäre nicht zu hoch, kann man noch Stahl Nr. 13 benutzen, falls besondere Forderungen an die Warmfestigkeit gestellt werden. Ist letzteres aber nicht zutreffend, so empfiehlt sich auch hier die Verwendung der rein ferritischen Chromstahlgußsorten.

Gegen geschmolzene Metalle und ihre Legierungen verhalten sich die in Tab. 35 genannten Stahlgußgüten unterschiedlich. Während durch Magnesium kein Angriff erfolgt, ergeben sich bei Aluminium und Zink sowie deren Legierungen nach HARMS [331] keine zufriedenstellenden Resultate. Gegenüber geschmolzenem Blei sind alle zunderfesten Gußlegierungen beständig, sofern man das Bleibad mit Holzkohle abdeckt und so das Bilden von Bleiglätte verhindert. Für Kupfer und seine Legierungen haben sich nach CLAUSER [332] und MATTHEWS [333] Nr. 8 bis 10 bewährt.

Von den in der Warmbehandlungstechnik gebräuchlichen Anlaßbädern bis 500 °C erfolgt durch Alkalinitrate und -nitrite kein Angriff. Dagegen sind die erwähnten Gußlegierungen bei chlorid-, sulfid- und hochcyanhaltigen Salzbädern nicht verwendbar. Glasschmelzen greifen alle die Legierungen nicht an, deren Zunderbeständigkeit über 1150 °C liegt. Als Ausführungsbeispiel für ein Gußteil größerer Abmessung sei ein Ofenkopf für die Zementindustrie herausgehoben. Er ist in Abb. 104 wiedergegeben und besteht aus der Legierung Nr. 1 der Tab. 35. Für ihn wurde bei einem Durchmesser von 3600 mm Zunderbeständigkeit bis 850 °C gefordert.

Abb. 104. Ofenkopf aus hitzebeständigem Stahlguß

Außer den bereits erwähnten höheren Si-Gehalten bei zunderbeständigen Stählen prüfte COLEGATE [334] den Einfluß von Zusätzen an Niob, Kobalt und Molybdän, die in besonderen Fällen günstig wirken. In diesem Zusammenhang sei als Vergleich zu den in Deutschland gebräuchlichen genormten sowie nicht genormten Stahlgußgüten in Tab. 36 die amerikanische ACJ-Norm nach WETTERNIK [330] mitgeteilt. Man erkennt daran, daß die Temperaturgrenzen für die Anwendbarkeit in Luft bei den amerikanischen Normen geringer liegt als bei den deutschen, worauf auch ZAPPFE [335] hinweist.

Abschließend sei eine Sonderentwicklung erwähnt. SULLY u. Mitarb. [*336*] untersuchten die Eigenschaften gegossener Chromlegierungen mit 10 bis 15% Fe und jeweils bis 10% Ta, Nb, W, Mo oder V, Rest Cr. Sie maßen bei 900 °C und einer Belastung von 4,72 kg/mm² nach 200 Stunden Dehnungen von weniger als 0,5%. Leider ist die Sprödigkeit derartiger Legierungen so ausgeprägt, daß sie bisher trotz ihrer hohen Kriechfestigkeit und ihrem guten Widerstand gegen Verzundern kaum Aussicht auf praktische Anwendung finden können.

Tabelle 36. *Zusammensetzung und Eigenschaften von den in den Ver. St. genormten zunderbeständigen Stahlguß-Sorten* (nach [*330*])

ACI Bezeichnung	% C max	% Mn max	% Si max	% Cr	% Ni	Zunderbeständig in Luft bis °C
CA	0,15	1,00	1,50	11,5 14,0	1,0 max	675
HB	0,30	1,00	2,00	18,0 22,0	2,0 max	815
HC	0,50	1,00	2,00	26,0 30,0	4,0 max	1100
HD	0,50	1,50	2,00	26,0 30,0	4,0 7,0	1100
HF	0,20 0,40	2,00	2,00	18,0 23,0	8,0 12,0	870
HE	0,20 0,50	2,00	2,00	26,0 30,0	8,0 11,0	1100
HH	0,20 0,50	2,00	2,00	24,0 28,0	11,0 14,0	1100
HI	0,20 0,50	2,00	2,00	26,0 30,0	14,0 18,0	1175
HK	0,20 0,60	2,00	3,00	24,0 28,0	18,0 22,0	1175
HL	0,20 0,60	2,00	3,00	28,0 32,0	18,0 22,0	1175
HT	0,35 0,75	2,00	2,50	13,0 17,0	33,0 37,0	1175
HU	0,35 0,75	2,00	2,50	17,0 21,0	37,0 41,0	1175
HW	0,35 0,75	2,00	2,50	10,0 14,0	58,0 62,0	1120
HX	0,35 0,75	2,00	2,50	15,0 19,0	64,0 68,0	1175

4. *Kavitationsbeständiger Stahlguß*

An hydrodynamisch beanspruchten Maschinenteilen wie Schiffsschrauben und Bauelementen von Wasserturbinen, Kreiselpumpen und Flüssigkeitsgetrieben besteht die Gefahr örtlicher Kavitations- (Hohlraum-)bildung. Als Folge davon treten Werkstoffanfressungen auf, die den Wirkungsgrad stark verschlechtern und das betroffene Maschinenteil unbrauchbar machen können. Die dabei ablaufenden Vorgänge wurden durch v. SCHWARZ-MANTEL [*337*] erstmals systematisch untersucht und von NOWOTNY [*338*] zusammenfassend dargestellt.

Danach hat man sich den Vorgang der Kavitation etwa folgendermaßen vorzustellen: Sinkt an irgendeiner Stelle eines hydrodynamisch beanspruchten Stückes der absolute Druck unter den gerade herrschenden Dampfdruck, dann bilden sich Dampfblasen. Der Grund hierfür können zu stark gekrümmte Strombahnen oder Wirbelbildungen sein.

Diese Dampfblasen werden von der Strömung mitgerissen und fallen schlagartig in sich zusammen, sobald sie in Gebiete höheren Druckes gelangen. Erfolgt diese Implosion der Kavitationshohlräume auf oder unmittelbar an einer Metalloberfläche, entstehen unelastische Wasserschläge. Sie hämmern mit hoher Frequenz auf die betroffenen Stellen. Dadurch können bereits nach kurzer Zeit kleine Löcher in der Oberfläche entstehen. Sind sie einmal vorhanden, dann ist der Wasserschlag in der Lage, auf diese Anfressungen eine Sprengwirkung auszuüben.

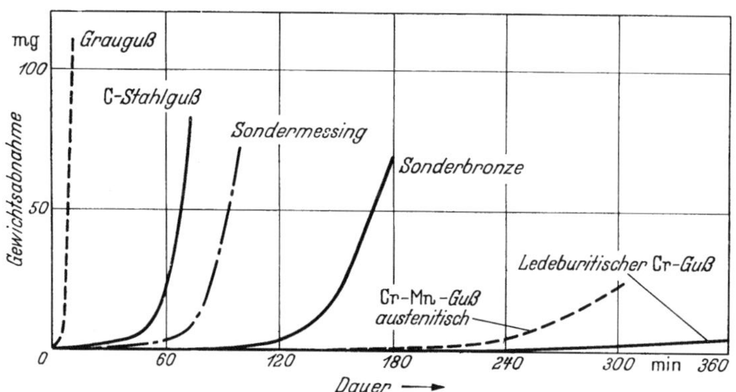

Abb. 105. Gewichtsabnahme durch Kavitation im Tropfenschlaggerät

Die Ursache der Werkstoffzerstörung durch Kavitation ist also an das Vorhandensein von zwei Phasen geknüpft, nämlich Flüssigkeit und Dampf. Beide müssen bei der Hohlraumbildung zugegen sein. Dabei ist die Blasenbildung abhängig von Außendruck, Sättigungsdruck, Oberflächenspannung und Viskosität des Kavitationsmittels. Die Zerstörungen sind rein mechanischer Natur. Das beweisen Versuche mit dem bekanntlich chemisch sehr inaktiven Werkstoff Glas. Er wird schnell durch Kavitationsbeanspruchungen zerstört. Daher besteht auch kein Zusammenhang zwischen dem Kavitationsverhalten und der Zugfestigkeit, Druckfestigkeit, Dehnung oder Härte der metallischen Werkstoffe.

Tabelle 37. *Zusammensetzung und Gefüge von kavitationsbeständigem Stahlguß*

Nr.	Chemische Zusammensetzung in %				Gefüge
	C	Mn	Cr	V	
1	0,15 0,20	16,0 17,0	4,0 5,0	—	austenitisch
2	0,20 0,30	17,0 18,0	10,0 11,0	(0,50)	,,
3	0,15 0,25	12,0 14,0	19,0 20,0	—	,,
4	1,60 1,80	0,50	17,0 19,0	—	ledeburitisch
5	2,40 2,60	0,50	18,0 19,0	0,50	,,
6	2,60 2,80	0,50	23,0 24,0	0,50	,,

Aus den genannten Gründen kann kein Eisenwerkstoff gegen die Kavitation absolut beständig sein. Durch geeignete Werkstoffauswahl gelingt aber das Erzielen des praktisch bestmöglichen Kavitationswiderstandes, wenn gleichzeitig durch konstruktive Maßnahmen die Gefahr der Kavitationsbildung auf ein Mindestmaß herabgedrückt wird. Werkstoffseitig gehört dazu außer der richtigen Legierungswahl das Beeinflussen der Gefügeausbildung durch zweckentsprechend geleitete Warmbehandlung. In Tab. 37 sind geeignete kavitationsbeständige Gußlegierungen zusammengestellt. Dabei ist das Gefüge der einen Gruppe austenitisch und das der anderen ledeburitisch. Ihre Bewährung ist aus Abb. 105 ersichtlich. Darin ist ein Vergleich enthalten, ermittelt an Hand der Gewichtsverluste einer Reihe bekannter Eisenwerkstoffe sowie NE-Metalle mit den in Tab. 37 genannten Legierungen.

F. Gegossene Werkzeuge

Wie Juretzek [*269*] berichtet, hat sich der legierte Stahlguß inzwischen das Gebiet der Werkzeuge erobert. Infolge der großen auftretenden Beanspruchungen war dies Gebiet am längsten allein dem geschmiedeten Stahl vorbehalten. Dabei handelt es sich neben gegossenen Lochstopfen und Warmarbeitswerkzeugen insbesondere um Preß- und Schlaggesenke für Stahl, Leichtmetall und Kunststoffe sowie um Matrizen zum Pressen von Stahlhohlkörpern. Einen Überblick über die Verwendungsmöglichkeiten

Tabelle 38. *Zusammensetzung und Eigenschaften gegossener Werkzeuge*

Nr.	Chemische Zusammensetzung in %								Festigkeitseigenschaften				Verwendungszweck	Quelle	SEL
	C	Mn	Cr	Mo	Ni	V	W	Co	Streckgrenze kg/mm²	Zugfestigkeit kg/mm²	Dehnung %	Kerbschlagzähigkeit mkg/cm²			
1	0,20 0,30	0,30 0,60	—	—	0,90 1,20	—	—	—	—	—	—	—	Hammerbären		G 25 Ni 4 632
2	0,35 0,45	1,10 1,50	1,70 2,00	0,15 0,20	—	—	—	—	40 70	70 105	8 18	4 10	Gesenke	[*269*]	G 40 CrMnMo 7 653
3	0,35 0,50	0,60 1,00	0,70 1,20	0,20 0,50	—	—	—	—	45 70	75 110	8 18	4 10	Gesenke	[*269*]	
4	0,15 0,25	0,40 0,60	0,80 1,50	0,50 1,30	—	—	—	—	über 40	60 110	8 22	3 20	Warmarbeitswerkzeuge	[*269*]	
5	0,40 0,60	0,50 0,80	0,60 1,20	0,10 0,20	1,50 1,80	0,10 0,20	—	—	45 70	75 110	8 18	4 9	Preß- und Schmiedegesenke	[*269*]	G 50 NiCrMoV 6 652
6	0,40 0,50	0,80 1,20	2,00 3,00	0,40 0,50	—	0,15 0,25	—	—	über 70	über 90	über 10	über 4	Stahl-Schlaggesenke, Leichtmetall-Preßgesenke	[*269*]	
7	0,25 0,35	0,60 0,90	1,00 1,30	—	0,30 0,50	0,10 0,20	0,40 0,50	—	—	80 110	—	—	Lochdorne	[*269*]	G 30 CrWV 5 644
8	1,0 1,2	0,40 0,60	1,80 2,00	—	—	—	1,20 1,40	—	—	—	—	—	Glattwalzen		G 110 CrW 8 647
9	1,9 2,1	0,30 0,50	11,0 12,0	—	1,00 1,30	0,30 0,50	—	—	—	—	—	—	Walzführungen		G 200 CrNiV 46 633
10	1,7 1,9	0,30 0,50	19,0 20,0	—	1,20 1,40	—	1,20 1,40	1,10 1,40	—	—	—	—	Rohrwalzführungen		G 180 CrWCo 78 5 B 662
11	1,9 2,2	0,30 0,50	12,0 13,0	—	0,70 1,00	0,30 0,50	1,50 1,80	1,30 1,50	—	—	—	—	Brikettformwerkzeuge		G 200 CrWCo 62 7 B 663
12	1,00 1,15	0,40 0,60	3,50 4,00	2,20 2,50	—	2,20 2,50	1,20 1,50	—	—	—	—	—	Schnellarbeitsstahl ABC III		G 110 MoVW 23 23 661
13	0,85 1,00	0,40 0,60	3,80 4,30	0,70 1,00	—	1,50 1,70	8,30 9,00	—	—	—	—	—	Schnellarbeitsstahl ABC II		G 90 WV 34 19 650
14	0,90 1,05	0,40 0,60	3,50 4,00	—	—	1,90 2,20	9,30 10,00	2,50 3,00	—	—	—	—	Schnellarbeitsstahl ECo 3		G 95 WCoV 38 11 664

gegossener Werkzeuge vermittelt Tab. 38, die aber nicht den Anspruch erhebt, das Gebiet umfassend darzustellen. Sie soll vielmehr nur die bisher gebräuchlichen Legierungsgruppen andeuten.

Die Verwendung von Stahlguß an Stelle geschmiedeter Warmarbeitswerkzeuge hat sich entgegen anderen Auffassungen in vielen Fällen als vorteilhafter und insbesondere wirtschaftlicher erwiesen. Bei Gesenken mit tiefen und großen Gravuren ist der Stahlguß dem Schmiedestahl dadurch überlegen, daß ein großer Teil der Zerspanungsarbeit entfällt. Man kann nämlich das Gußstück mit vorgegossener Gravur liefern. In diesem Zusammenhang ist die Tatsache von größter Wichtigkeit, daß der Stahlguß keinerlei Faserstruktur besitzt. Hiermit ist er besser zum Aufnehmen der in verschiedenen Richtungen wirkenden Beanspruchungen geeignet als das Schmiedestück. So berichten bereits KOPELMAN-SSERGIJEWSKAJA [*339*] über die Bewährung gegossener Gesenke aus Stahl Nr. 3 der Tab. 38, während KAESSBERG [*340*] eine Übersicht der gegossenen Schmiedegesenke vermittelt.

Die an gegossene und vor allem Warmarbeitswerkzeuge zu stellenden Forderungen sind:

1. Großer Abnutzungswiderstand.
2. Hohe Zähigkeit.
3. Temperaturwechselbeständigkeit.
4. Gutes Druckaufnahmevermögen.

Durch zweckentsprechendes Legieren gemäß Tab. 38 zusammen mit sorgfältiger Warmbehandlung lassen sich die gefordeten Eigenschaften bei gegossenen Werkzeugen erzielen. Dabei schaltet man vor das Härten am besten ein homogenisierendes Langzeitglühen ein, um so eine bessere Gleichmäßigkeit des Gefüges zu erzielen.

Als Beispiel für ein ausgeführtes Gußstück zeigt Abb. 106 ein gegossenes Propellergesenk aus CrMo-Stahlguß, dessen Standzeit der des geschmiedeten Gesenkes gleich war. Über die jüngste Entwicklung gegossener Gesenke auch für Druckgußformen, bei denen Titan ein wesentliches Legierungselement darstellt, berichtet LIWSCHITZ [*341*].

Abb. 106. Gegossenes Propellergesenk aus CrMo-Stahlguß nach [*269*]

Abb. 107. Polräder aus Magnetstahlguß GS 45.9

G. Magnetstahlguß

Hier unterscheidet man zwischen magnetisch weichen sowie harten Werkstoffen. Die magnetisch weichen Legierungen finden in der Stark- und Schwachstromtechnik sowie im Instrumentenbau Verwendung, während die magnetisch harten Werkstoffe unter dem Namen Dauermagnetlegierungen weitaus bekannter sind. Hierüber berichtet PÖLZGUTER [*342*] eingehend. Als dritte Gruppe sind schließlich die unmagnetisierbaren Stähle zu nennen.

1. Magnetisch weiche Werkstoffe

a) Für die Starkstromtechnik. Derartige Gußlegierungen müssen neben der Bedingung, ausreichende magnetische Werte aufzuweisen, auch verhältnismäßig billig sein. Sie werden in vergleichsweise großen Mengen benötigt. Daher kommen meist unlegierte oder niedriglegierte Stähle in Frage. Sie sind in der Tab. 39 zusammengestellt. Beim Erschmelzen ist auf größte Reinheit zu achten, weil nur so Bestwerte zu erzielen sind. Ergänzend zur Tabelle zeigt Abb. 107 Polräder mit einem Gewicht zwischen 300 und 800 kg und Polschuhe aus GS 45,9.

Tabelle 39. *Zusammensetzung und Eigenschaften von magnetisch weichem Stahlguß für die Starkstromtechnik*

Nr.	Chemische Zusammensetzung in %			Zugfestigkeit	Dehnung	(AW)	Magnetische Induktion				Quelle	SEL
	C	Mn	Si	kg/mm²	%	cm	Gauß	B_{25}	B_{50}	B_{100}		
1	0,15 0,18	0,60 0,75	0,45 0,55	über 38	über 20			14500	16000	17500	[*270*] [*342*]	DIN 17006,4
2	0,22 0,30	0,70 0,80	0,40 0,50	über 45	über 16			14500	16000	17500	[*270*] [*342*]	DIN 17006,4
3	0,17 0,23	1,00 1,30	0,45 0,65									G 20 Mn 5 610

Das Verhalten von Magnetlegierungen wird durch die Magnetisierungsschleife gekennzeichnet. Sie ist in Abb. 108 für ein Polrad wiedergegeben, wie es auf Abb. 107 zu erkennen ist. Vergleicht man die in der Praxis ermittelten Werte mit der Vorschrift gemäß Tab. 39, so ergibt sich, daß die geforderte Garantie in allen Punkten gut erreicht ist.

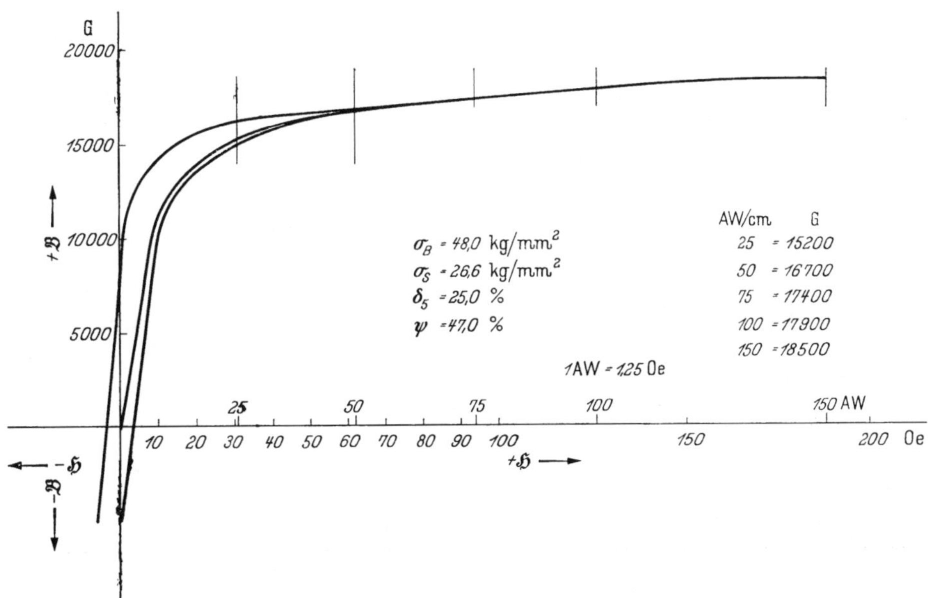

Abb. 108. Magnetisierungsschleife für GS 45,9

b) Für die Schwachstromtechnik. Nach Rapatz [*1*] benutzt man hier Legierungen mit hoher Anfangspermeabilität, mit gleichbleibende Permeabilität sowie solche mit temperaturabhängiger Sättigung. Als Gußwerkstoffe finden Legierungen mit hoher Anfangspermeabilität zum Herstellen der Kerne von Meßwandlern sowie für die magnetisch wirksamen Teile von Weicheiseninstrumenten Verwendung. Sie sind in Tab. 40 zusammengestellt. Daraus ergibt sich, daß für die Schwachstromtechnik der Preis für die benutzten Legierungen im Gegensatz zur Starkstromtechnik nur eine untergeordnete Rolle spielt. Ausschlaggebend sind hier vielmehr die magnetischen Eigenschaften.

Legierungen mit gleichbleibender Permeabilität und solche mit temperaturabhängiger Sättigung finden hauptsächlich in Form von Drähten beim Bau von Spulen für magnetische Nebenschlüsse, Zähler und Drehspulmeßgeräte Verwendung, dagegen seltener als Gußteile.

Tabelle 40. *Zusammensetzung und Eigenschaften von Legierungen mit hoher Anfangspermeabilität für die Schwachstromtechnik* (nach RAPATZ [*1*])

	1040	Permalloy	Permenorm	Mumetall	Megaperm 4510	Megaperm 6510
Chemische Zusammensetzung . . .	72% Ni 11% Fe 14% Cu 3% Mo	78,5% Ni 18 % Fe 3 % Mo 0,5% Mn	48% Ni 52% Fe	76% Ni 17% Fe 5% Cu 2% Cr	45% Ni 45% Fe 10% Mn	65% Ni 25% Fe 10% Mn
Anfangspermeabilität μ_0	40000	10000	2700	12000	3300	4800
Maximal-Permeabilität $\mu_{\max}$	100000	50000	19000	45000	68000	26000
Erreicht bei Feldstärke $\mathfrak{H}$ (rund) . .	0,012	0,09	0,20	0,09	0,075	0,08
Erreicht bei Liniendichte $\mathfrak{B}$ (rund)	2000	4500	4500	4000	5000	2000
Sättigungswert (Gauß)	6000	9000	14000	8000	9300	8500
Koerzitivkraft nach bester Glühung (Oerstedt)	0,012	0,035	0,20	0,030	0,053	0,08
Spezifischer Widerstand	0,56	0,55	0,58	0,45	0,97	0,58

2. *Magnetisch harte Werkstoffe*

Als Dauermagnetwerkstoffe finden nach PÖLZGUTER [*342*] verschiedene Legierungsgruppen Benutzung, die sich folgendermaßen zusammenfassen lassen:

1. Kohlenstoffhaltige abschreckhärtbare Stähle.
2. Kohlenstofffreie ausscheidungshärtbare Stähle.
3. Eisenfreie ausscheidungshärtbare Legierungen.
4. Legierungen mit Überstrukturbildung.

Eine Übersicht hierzu vermittelt Tab. 41. Als Gußlegierungen kommen hauptsächlich die Werkstoffe Nr. 10 bis 19 zum Einsatz. Bei den ausscheidungshärtbaren Stählen Nr. 10 bis 15 handelt es sich um solche des bekannten Typs Alnico. Über ihre Herstellung und Vorbereitung zum Gebrauch, insbesondere im gegossenen Zustand, berichtet eine amerikanische Arbeit [*343*] der jüngsten Zeit.

Der Werkstoff Nr. 17 stellt nach DANNÖHL-NEUMANN [*344*] eine ausscheidungshärtbare eisenfreie CoNiCu-Legierung dar. Sie ist schmiedbar und gut spanabhebend zu bearbeiten. Ihre magnetischen Eigenschaften ähneln weitgehend den Alnico-Stählen Nr. 10 bis 13. Gleiche Eigenschaften weist die Legierung Cunico [*343*] auf, deren Zusammensetzung als Gußlegierung etwas abgewandelt wird. Die CoPt-Legierung Nr. 18 zeichnet sich zwar durch eine sehr hohe Koerzitivkraft aus, jedoch schließt ihr Preis vorerst die technische Verwendbarkeit praktisch aus. Dagegen kommt der Legierung Nr. 19 nach OLIVER-SHEDDEN [*345*] große Bedeutung zu. Sie findet für gegossene Magnete als New KS [*343*] Benutzung. Dabei macht man sich die Tatsache zunutze, daß Dauermagnetstähle mit hochliegendem Curie-Punkt beim Warmbehandeln in einem starken Magnetfeld einen magnetischen Richtvorgang mitmachen. Er bleibt nach dem Abkühlen auf Raumtemperatur erhalten. Solche Magnete besitzen eine Vorzugslage der Magnetisierung, jedoch in den anderen Richtungen verminderte Werte. Man kann daher mit diesen Legierungen größte Energien auf kleinstem Raum zusammenballen.

3. *Unmagnetische Werkstoffe*

Beim Bau elektromagnetischer Geräte benötigt man für verschiedene Zwecke unmagnetische Werkstoffe, beispielsweise als Kappenringe und Bandagen sowie Zubehör dafür. Gemäß Tab. 42 benutzt man austenitische Nickel- und Manganstähle. In den Fällen, wo die Kaltverfestigungsfähigkeit des Ni-Stahles nicht ausreicht oder die schlechte spanabhebende Bearbeitbarkeit des Manganhartstahles nachteilig ist, hat man sich mit den NiMn-Stählen Nr. 4 bis 6 ausgeholfen. Sie weisen im Vergleich zu den Stählen Nr. 1 bis 3 den weiteren Vorteil auf, daß sie austenitbeständiger sind. Die stickstoffhaltigen

Tabelle 41. *Übersicht über die wichtigsten Dauermagnetlegierungen* (nach RAPATZ [*1*])

Gruppe	Nr.	Chemische Zusammensetzung in %									Sonstiges	Zustand	Koerzitivkraft OERSTEDT	Remanenz GAUSS	$(\mathfrak{B}\cdot\mathfrak{H})_{max}$ GAUSS-OERSTEDT Mittelwerte	Quelle
		C	Cr	W	Mo	Co	Ni	Al	Ti	Cu						
a) kohlenstoffhaltige abschreckhärtbare Stähle	1	0,6 0,8	—	6	—	—	—	—	—	—	—	gehärtet in Wasser	50— 65	12500 10500	350000	[*1*]
	2	0,6 0,8	0,5	6	—	—	—	—	—	—	—	gehärtet in Wasser dünnere Abm. i. Öl	65— 75	11500 10000	360000	[*1*]
	3	0,9 1,1	3	—	—	—	—	—	—	—	—	gehärtet in Öl	60— 70	10000 9000	320000	[*1*]
	4	0,9 1,1	3—6	—	—	—	—	—	—	—	durch kl. Zusätze verbess.	gehärtet in Öl	65— 80	11000 9000	350000	[*1*]
	5	0,9 1,1	3—6	0—1	—	2—3	—	—	—	—	—	gehärtet in Öl	75— 90	10500 9500	400000	[*1*]
	6	0,9 1,1	7—9	—	1 1,5	5 6,5	—	—	—	—	—	3 stufige Wärmebehandlung	115—135	9500 8000	500000	[*1*]
	7	0,9 1,1	7—9	—	1 1,5	10 11	—	—	—	—	—	3 stufige Wärmebehandlung	140—170	9500 8500	600000	[*1*]
	8	0,9 1,1	7—9	—	1 1,5	15 16	—	—	—	—	—	3 stufige Wärmebehandlung	170—195	9500 8500	700000	[*1*]
	9	0,9 1,1	4—5	4—5	0—1	30 36	—	—	—	—	—	Ölhärtung	240—300	10000 8500	950000	[*1*]
b) kohlenstofffreie, ausscheidungshärtbare Legierungen	10	0,1	—	—	—	—	20 22	10 12	—	—	—	abgeschreckt und angelassen	190—250	8500 7500	800000	[*1*]
	11	0,1	—	—	—	2—4	20 22	10 12	—	—	—	abgeschreckt und angelassen	280—340	8500 7800	1050000	[*1, 343*]
	12	0,1	—	—	—	—	22 24	12 14	—	—	—	abgeschreckt und angelassen	450—550	7000 6200	1100000	[*1*]
	13	0,1	—	—	—	—	26 28	13 15	—	—	—	abgeschreckt und angelassen	500—560	6800 5800	1200000	[*1*]
	14	0,1	—	—	—	6 10	25 30	9 14	—	0—6	—	abgeschreckt und angelassen	600—800	7500 5500	1500000	[*1, 343*]
	15	0,1	—	—	—	25 30	16 20	3—5	6 10	—	—	abgeschreckt und angelassen	800	6000	1800000	[*1, 343*]
	16	0,1	—	—	1,5	12	—	—	—	—	—	abgeschreckt und angelassen	227	11100	1250000	[*1*]
c	17	—	—	—	—	41	24	—	—	35	—	abgeschreckt und angelassen	440	5300	1000000	[*1, 343*]
d	18	—	—	—	—	23,3	—	—	—	—	76,7 Pt	abgeschreckt	2650	4530	3770000	[*1*]
e	19	—	—	—	—	25	15	8	—	3	—	sonderbehandelt	600	12000	4500000	[*1, 343*]

MnCr-Stähle Nr. 7 und 8 stellen nach RIEDRICH [*346*] gut spanabhebend bearbeitbare unmagnetische Werkstoffe dar. Sie sind zwar nicht so stark kalt zu verfestigen wie Manganhartstahl, jedoch durch den Stickstoffgehalt so stabil austenitisch, daß sie sich hervorragend für die genannten Zwecke eignen.

Tabelle 42. *Zusammensetzung und Eigenschaften unmagnetisierbarer Stähle* (nach RAPATZ [*1*])

Nr.	Stahlart	Chemische Zusammensetzung in %				Sonstiges	Abgelöscht	
		C	Mn	Cr	Ni		Streckgrenze	Zugfestigkeit
1	Nickelstähle	0,2 0,6	—	0,0 5,0	25,0 27,0	—	>30	50—60
2	Manganstähle	1.2	11,0 13,0	—	—	—	>30	80—100
3		0,8	17,0 19,0	—	—	—	—	—
4	Nickel-Mangan-Stähle	0,6	5,0 10,0	0,0 8,0	8,0 15,0	0—3% W	—	—
5		0,65	9,0	3,0	7,0	—	>35	65—80
6		0,4 0,6	6,0 8,0	12,0	10,0 15,0	—	—	—
7	Mangan-Chrom-Stickstoff-Stähle	0,3	18,0	1,0	—	0,1 N	>30	75—85
8		0,3	18,0	4,0	—	0,1 N	>35	75—85

Literatur

[*1*] RAPATZ, F.: Die Edelstähle, Berlin/Göttingen/Heidelberg: Springer 1951.

[*2*] WELLAUER, E. J.: Metals & Alloys Bd. 19 (1944) S. 1419.
—: Steel Casting Rep. Nr. 2, Cleveland, Ohio.
BRIGGS, Ch. W.: Trans. Amer. Soc. Met. Engrs. Bd. 70 (1948) S. 37.

[*3*] HEUVERS, A.: Gießerei Bd. 40 (1953) S. 27.

[*4*] Gußstahlwerk Bochumer Verein AG.: 100 Jahre Stahlformguß, Bochum 1953.

[*5*] GNADE, R.: Schweiz. Bauztg. Bd. 68 (1950) S. 684.

[*6*] Das Gießereiwesen in gemeinfaßlicher Darstellung, Düsseldorf: Gießereiverlag 1953.

[*7*] CHRISTEN, H.: Werkstoff-Begriffe, Frauenfeld: Huber-Verlag 1940.

[*8*] OBERHOFFER, P., H. ESSER u. W. EILENDER: Das technische Eisen, Berlin: Springer 1936.
HANEMANN, H., u. H. SCHRADER: Atlas metallographicus, Berlin: Bornträger.

[*9*] KÖRBER, F., W. OELSEN, H. SCHOTTKY u. H. J. WIESTER: Das Zustandsschaubild Eisen-Kohlenstoff und die Grundlagen der Wärmebehandlung des Stahles, Düsseldorf: Verlag Stahleisen 1949.

[*10*] KÖSTER, W.: Stahl u. Eisen Bd. 49 (1929) S. 357.

[*11*] DAEVES, K.: Stahl u. Eisen Bd. 58 (1938) S. 1369.

[*12*] DEHLINGER, U.: Z. Metallkde. Bd. 29 (1937) S. 401.

[*13*] MASING, G: Stahl u. Eisen Bd. 48 (1928) S. 1472.

[*14*] TAMMANN, G.: Z. Metallkde. Bd. 22 (1930) S. 78 u. 141.
WASSERMANN, G.: Arch. Eisenhüttenw. Bd. 9 (1935/36) S. 241.

[*15*] SCHMID, E: Z. Metallkde. Bd. 29 (1937) S. 281.

[*16*] WEVER, F.: Stahl u. Eisen Bd. 49 (1929) S. 839.

[*17*] Einfluß u. prakt. Anwendung der Legierungselemente, Düsseldorf: Ges. f. Elektrometallurgie 1951.

[*18*] BENNEK, H.: Arch. Eisenhüttenw. Bd. 9 (1935/36) S. 147.

[*19*] JAFFE, L.: Steel Bd. 125 (1949) S. 86 u. 114.

[*20*] HEINRICH, H.: Gießerei Bd. 29 (1942) S. 115.

[*21*] BAUER, O., O. KRÖHNKE u. G. MASING: Korrosion der metallischen Werkstoffe, Bd. 1, Leipzig: S. Hirzel 1936.
USA-Pat. 2165553, Battelle Memorial Institute, 1939.

[*22*] CRAFTS, W., J. J. EGAN u. W. D. FORGENG: Foundry Trade J. Bd. 62 (1940) S. 413.

[*23*] GOOD, R. C.: Iron Steel Ind. Bd. 14 (1941) S. 178.

[*24*] DÜNWALD, H. u. C. WAGNER: Z. anorg. Chem. Bd. 199 (1931) S. 321.

[*25*] ESSER, H., u. H. CORNELIUS: Stahl u. Eisen Bd. 53 (1933) S. 534.

[*26*] BARDENHEUER, P.. u. G. THANHEISER: Mitt. K.-Wilh. Inst. Eisenforschg. Bd. 10 (1928) S. 323.

[*27*] HOUDREMONT, E., u. P. A. HELLER: Stahl u. Eisen Bd. 61 (1941) S. 756.

[*28*] KRAINER, H., u. O. MIRT: Arch. Eisenhüttenw. Bd. 15 (1941/42) S. 467.

[*29*] KRAINER, H., u. M. NOWAK-LEOVILLE: Arch. Eisenhüttenw. Bd. 15 (1941/42) S. 507.

[*30*] RAPATZ, F., W. HUMMITZSCH u. H. KRAINER: Vertraul. Ber. VDEh Nr. 74, 1944.

[*31*] FRY, A.: Stahl u. Eisen Bd. 43 (1923) S. 1271.

[*32*] HIEBER, G.: Stahl u. Eisen Bd. 62 (1942) S. 489.

[33] HOUDREMONT, E., H. BENNEK u. H. NEUMEISTER: Arch Eisenhüttenw. Bd. 12 (1938/39) S. 91.
[34] KRAINER, H., u. W. DAUM: Nach [1] S. 282 u. 286.
[35] JURETZEK, H., A. KRISCH u. W. TROMMER: Arch. Eisenhüttenw. Bd. 24 (1953) S. 69.
[36] ANDREW, J. H., u. J. B. PEILE: J. Iron Steel Inst. Bd. 128 (1933) S. 193.
[37] MCKIMM, P. J.: Steel Bd. 106 (1940) S. 64 u. 67.
[38] BOLSOVER, G. R., u. S. BARRACLOUGH: Iron Coal Trade Rev. Bd. 145 (1942) S. 261 u. 266.
[39] KÖSTER, W., u. W. GELLER: Arch. Eisenhüttenw. Bd. 8 (1934/35) S. 557.
[40] LEGAT, H.: Metallwirtsch. Bd. 17 (1938) S. 277.
[41] MASING, G., u. G. RITZAU: Z. Metallkde. Bd. 28 (1936) S. 293.
[42] SCHRADER, H.: Arch. Eisenhüttenw. Bd. 17 (1943/1944) S. 65.
[43] SCHRADER, H., u. H. SCHALLBROCH: Technik Bd. 3 (1948) S. 97.
[44] ROBBINS, F. J.: Iron Age Bd. 142 (1938) S. 28, Nr. 20.
[45] NEAD, J. H., C. E. SIMS u. O. E. HARDER: Metals & Alloys Bd. 10 (1939) S. 68 u. 109.
[46] LANDGRAF, G. F.: Trans. electrochem. Soc. Bd. 77 (1940) S. 101.
[47] USA-Pat. 2159497, Electro-Metallurgical Co., 1939.
[48] WEVER, F., u. W. PETER: Arch. Eisenhüttenw. Bd. 15 (1941/42) S. 357.
[49] PETER, W.: Arch. Eisenhüttenw. Bd. 15 (1941/42) S. 364.
[50] Climax Molybdenum Co.; Foundry Trade J. Bd. 64 (1941) S. 259.
[51] FRANKS, R.: Trans. Amer. Soc. Met. Bd. 27 (1939) S. 78.
[52] JONES, B., u. J. D. D. MORGAN: J. Iron Steel Inst. Bd. 140 (1939) S. 115.
[53] GAGNEBIN, A. P.: Trans. Amer. Foundrym. Ass. Bd. 55 (1947) S. 277.
[54] PRAY, H., R. S. PEOPLES u. F. W. FINK: Metals & Alloys Bd. 14 (1941) S. 241.
[55] KNAPP, W. E., u. W. T. BOLKCOM: Iron Age Bd. 169 (1952) S. 129 u. 140.
[56] LILLIEQVIST, G. A., u. C. G. MICKELSON: J. Metals Bd. 4 (1952) S. 1024.
[57] SOMMER, FR. u. H. POLLACK: Elektrostahlerzeugung, Stahleisenbücher Bd. 8, Düsseldorf: Verlag Stahleisen 1950.
[58] BRIGGS, CH. W.: The metallurgy of steel castings, New York: McGraw-Hill Co. 1946.
[59] ZAPPFE, C. A. u. C. E. SIMS: Trans. Amer. Foundrym. Ass. Bd. 51 (1943) S. 517.
[60] PROTHEROE, H. T.: J. Iron Steel Inst. Bd. 150 (1944) S. 157.
[61] SIMS, C. E. u. F. B. DAHLE: Trans. Amer. Foundrym. Ass. Bd. 46 (1938) S. 65.
[62] CARTER, S. F., u. C. K. DONOHO: Trans. Electrochem. Soc. Bd. 91 (1947) S. 167.
[63] ROLL, F.: Gießerei Bd. 39 (1952) S. 30.
[64] Steel Castings Handbook, Cleveland: Steel Founders Soc. 1941.
[65] WEVER, F., u. K. MATHIEU: Mitt. K.-Wilh.-Inst. Eisenforschg. Bd. 22 (1940) S. 9.
[66] GUILLET, L.: Les aciers speciaux, Paris 1904.
[67] KALLEN, H., u. F. MEYER: Techn. Mitt. Krupp, Forsch.-Ber. Bd. 2 (1939) S. 215.
[68] ZSAK, V.: Gießerei Bd. 22 (1935) S. 195. PHILLIPS, W. J., u. T. D. WEST: Steel Bd. 107 (1940) S. 1. TAYLOR, H.: Metallurgia, Manchr. Bd. 23 (1940) S. 1. MONACHOWA, L. W., u. E. L. KATZMANN: Teori. prakt. met. (russ.) Bd. 12 (1940) S. 26.
[69] RESOW, H.: Gießerei Bd. 36 (1949) S. 67.
[70] ROLL, F.: Arch. Metallkde. Bd. 3 (1949) S. 18.
[71] GUZZONI, G.: Acciai speciali, Mailand: Verlag Hoepli 1929.
[72] KRAINER, H.: Arch. Eisenhüttenw. Bd. 11 (1937/38) S. 279.
[73] BAIN, E. C.: Arch. Eisenhüttenw. Bd. 7 (1933/34) S. 41.
[74] LANGE, H., u. K. MATHIEU: Mitt. K.-Wilh.-Inst. Eisenforschg. Bd. 20 (1938) S. 125.
[75] Umwandlungsverhalten von Nickelstählen, London: The Mond Nickel Co.. Deutsch: Nickel Informationsbüro 1953.
[76] ARMSTRONG, T. N. u. A. P. GAGNEBIN: Trans. Amer. Soc. Met. Bd. 28 (1940) S. 1.
[77] JURETZEK, H. u. W. TROMMER: Gießerei Bd. 30 (1943) S. 21.
[78] WALLE, R.: Stahl u. Eisen Bd. 52 (1932) S. 489.
[79] Lebanon Steel Foundry: Mat. & Meth. Bd. 30 (1949) S. 110 u. 112.
[80] JUPPENLATZ, J. W.: Iron Age Bd. 170 (1952) S. 147.
[81] RICHARDSON, W. H.: Nickel-Bull. Bd. 23 (1950) S. 2.
[82] VOGEL, R. u. W. SUNDERMANN: Arch. Eisenhüttenw. Bd. 6 (1932/33) S. 35.
[83] HOUDREMONT, E u. H. SCHRADER: Krupp Mh. Bd. 13 (1932) S. 8.
[84] KÖSTER, W.: Arch. Eisenhüttenw. Bd. 6 (1932/1933) S. 17.
[85] SYKES, P. W.: Trans. Amer. Soc. Met. Bd. 25 (1937) S. 953.
[86] NEHL, F.: Stahl u. Eisen Bd. 50 (1930) S. 678.
[87] SÖHNCHEN, E. u. E. PIWOWARSKY: Gießerei Bd. 22 (1935) S. 96.
[88] ALEXANDER, M.: Third Rep. Steel Cast. Res. Comm., London 1938, S. 61.
[89] SALLITT, W. B.: Foundry Trade J. Bd. 58 (1938) S. 385.
[90] GREENIDGE, C. T., u. C. H. LORIG: Trans. Amer. Foundrym. Ass. Bd. 47 (1939) S. 229.
[91] MCCARROL, R. H., u. E. C. JETER: Foundry Bd. 68 (1940) S. 30 u. 86.
[92] — —: Steel Bd. 109 (1941) S. 50.
[93] DAEVES, K., u. K. TRAPP: Stahl u. Eisen Bd. 58 (1938) S. 245.
[94] CONE, E. F.: Metals & Alloys Bd. 9 (1938) S. 243.
[95] MISHIMA, T.: Ohm Bd. 19 (1932) Nr. 7.
[96] TOFAUTE, W., C. KÜTTNER u. A. BÜTTINGHAUS: Arch. Eisenhüttenw. Bd. 9 (1935/36) S. 607.
[97] CORNELIUS, H.: Arch. Eisenhüttenw. Bd. 16 (1942/43) S. 173.
[98] SCHERER, R., G. RIEDRICH u. G. HOCH: Arch. Eisenhüttenw. Bd. 13 (1939/40) S. 53.
[99] KRAINER, H.: Arch. Eisenhüttenw. Bd. 21 (1950) S. 39.

[100] HOUDREMONT, E., u. H. SCHRADER: Techn. Mitt. Krupp, Forsch.-Ber. A 2 (1939) S. 23.

[101] BLANCHARD, J. R., R. M. PARKE u. A. J. HERZIG: Trans. Amer. Soc. Met. Bd. 27 (1939) S. 697.

[102] ARCHER, R. S., J. Z. BRIGGS u. C. M. LOEB jr.: Molybdän, New York: Climax Molybdenum Co. 1951.

[103] ROCHA, H. J.: Techn. Mitt. Krupp, Forsch.-Ber. A 3 (1940) S. 191

[104] HOUDREMONT, E.: Handbuch der Sonderstahlkunde, Berlin: Springer 1943.

[105] BISCHOF, W.: Arch. Eisenhüttenw. Bd. 8 (1934/35) S. 255.

[106] WEVER, F., u. H. LANGE: Mitt. K.-Wilh.-Inst. Eisenforschg. Bd. 21 (1939) S. 57.

[107] RAPATZ, F., H. KRAINER u. K. SWOBODA: Arch. Eisenhüttenw. Bd. 20 (1949) S. 115.

[108] HOUDREMONT, E., H. BENNEK u. H. SCHRADER: Arch. Eisenhüttenw. Bd. 6 (1932/33) S.24.

[109] WESTGREN, A., u. G. PHRAGMEN: Trans. Amer. Soc. Steel Treat. Bd. 13 (1928) S. 539.

[110] TROMMER, W.: Gegossene Konstruktionselemente, Sonderausgabe Konstrukteur u. Gießer, Verlag Gießerei 1951.

[111] SCHWERBER, P.: Metallwirtsch. Bd. 21 (1942) S. 369.

[112] HOUDREMONT, E.: Stahl u. Eisen Bd. 59 (1939) S. 1 u. 33.

[113] SCHULZE, E. H., u. F. BONSMANN: Stahl u. Eisen Bd. 50 (1930) S. 161.

[114] KOTHNY, E.: Gießerei Bd. 18 (1931) S. 613 u. 635.

[115] RIEDRICH, R.: Stahl u. Eisen Bd. 61 (1941) S. 852.

[116] WASMUTH, R.: Krupp. Mh. Bd. 12 (1931) S. 169.

[117] TOFAUTE, W., u. A. BÜTTINGHAUS: Arch. Eisenhüttenw. Bd. 12 (1938/39) S. 33.

[118] NEUMEISTER, H., u. H. J. WIESTER: Stahl u. Eisen Bd. 65 (1945) S. 36.

[119] CRAFTS, W., u. J. L. LAMONT: Trans. AIME Bd. 167 (1946) S. 698.

[120] GRUN, P.: Arch. Eisenhüttenw. Bd. 8 (1934/35) S. 204.

[121] BARDENHEUER, P., u. W. A. FISCHER: Arch. Eisenhüttenw. Bd. 16 (1942/43) S. 31.

[122] HOUDREMONT, E., u. G. BANDEL: Arch. Eisenhüttenw. Bd. 16 (1942/43) S. 85.

[123] WENTRUP, H., u. G. HIEBER: Techn. Mitt. Krupp, Forsch.-Ber. Bd. 2 (1939) S. 115.

[124] BROWN, D. J.: Iron Age Bd. 170 (1952) S. 105.

[125] TISDALE, N. F.: Iron Coal Trade Rev. Bd. 143 (1942) S. 76, Nr. 3871.

[126] DUMONT, T. C.: Mater. & Meth. Bd. 78 (1952) S. 103.

[127] DYKE jr., R. A., u. C. K. DONOHO: Zusatz von Bor bei Stahlgußlegierungen, Vortrag anläßlich des internat. Gießerei-Kongresses 1952, Atlantic City.

[128] — —: Metal Progr. Bd. 64 (1953) S. 107.

[129] SELJESATER, K. S., u. B. A. ROGERS: Trans. Amer. Soc. Steel Treat. Bd. 19 (1932) S. 553.

[130] BENNEK, H., u. P. SCHAFMEISTER: Arch. Eisenhüttenw. Bd. 5 (1931/32) S. 618.

[131] DICKENSON, J. H. S., u. W. H. HATFIELD: Journ. Iron Steel Inst. Bd. 128 (1933) S. 165.

[132] STOCK, K., H. JURETZEK u. W. TROMMER: Umwandlungshärtende Berylliumstähle, Witten 1942, Dr.-Ing.-Dissertat. K. Stock.

[133] JURETZEK, H., u. W. TROMMER: Gießerei Bd. 30 (1943) S. 63.

[134] SIMS, C.: Trans. Amer. Soc. Met. Bd. 26 (1938) S. 400.

[135] JURETZEK, H.: Gießerei, Techn.-Wissensch. Beih. Nr. 5, Sept. 1951, S. 237.

[136] VERO, J.: Iron Steel Inst. (London) Carnegie Schol. Mem. Bd. 27 (1938) S. 165.

[137] SAUVEUR, A., u. V. KRIVOBOK: J. Iron Steel Inst. (London) Bd. 2 (1925) S. 313.

[138] AMMARELLER, S.: Stahl u. Eisen Bd. 70 (1950) S. 459.

[139] WALZEL, R., R. WERNER u. A. SCHNEIDER: Stahl u. Eisen Bd. 63 (1943) S. 489.

[140] HOHAGE, R., u. R. ROLLETT: Stahl u. Eisen Bd. 49 (1929) S. 1519.

[141] GAU, H., u. W. KÜNTSCHER: Technik Bd. 5 (1950) S. 519.

[142] Metals Handbook, ASM, 1939.

[143] MEUNIER, FR.: Rév. Métall., Mém. Bd. 44 (1947) S. 39.

[144] TIMMONS, J., Trans. Amer. Foundrym. Ass. Bd. 51 (1943) S. 417.

[145] CLARK, K., H. BISHOP u. H. TAYLOR: Trans. Amer. Foundrym. Ass. Bd. 51 (1943) S. 617.

[146] EVERS, A., u. E. PIWOWARSKY: Arch. Eisenhüttenw. Bd. 17 (1943/44) S. 35.

[147] SMOLIANITZKI, A.: Litjein. Proiswodstwo (russ.) 1952, Nr. 1, S. 1.

[148] HÜLSBRUCH, W.: Stahl u. Eisen Bd. 71 (1951) S. 1291.

[149] — —: Metal Treatm. Drop Forgg. Bd. 18 (1951) S. 145 u. 195.

[150] AKTUTAY MEHMET, T., u. PH. C. ROSENTHAL: Foundry, Cleveland Bd. 79 (1951) S. 100 u. 242.

[151] MIKASHIMA, H.: Tetsu to Hagane Bd. 37 (1951) S. 512 u. 595.

[152] ROESCH, K.: Gießerei 33/35 (1948) S. 39.

[153] RIEBENSAHM, P., TZ prakt. Metallbearb. Bd. 52 (1942) S. 210.

[154] WIESTER, H. J.: Arch. Eisenhüttenw. Bd. 18 (1944) S. 97.

[155] DAVENPORT, E. S., u. E. C. BAIN: Trans. Amer. Inst. Min. Metall. Engrs., Iron Steel Div. Bd. 90 (1930) S. 117.

[156] TROJANO, A. R., u. A. B. GRENINGER: Metal Progr. Bd. 50 (1946) S. 303.

[157] COHEN, M.: Trans. Amer. Soc. Met. Bd. 41 (1949) S. 35.

[158] BARNETT, W. J., u. A. R. TROJANO: Technology Bd. 15 (1948) Nr. 5.

[159] BAILEY, E. F., u. W. J. HARRIS jr.: Trans. Amer. Inst. Min. Metall. Engrs. Bd. 188 (1950) S. 997.

[160] MCREYNOLDS, A. W.: Journ. Appl. Phys. Bd. 20 (1949) S. 896.

[161] WEVER, F., u. A. ROSE: Mitt. K.-Wilh. Inst. Eisenforschg. Bd. 20 (1938) S. 55.

[162] AVERBACH, B. L., u. M. COHEN: Trans. Amer. Soc. Met. Bd. 41 (1949) S. 1024.

[163] WRAY, P. R.: Iron Age Bd. 159 (1947) S. 84, Nr. 24.
[164] SCHOTTKY, H.: Stahl u. Eisen Bd. 70 (1950) S. 909.
[165] WEVER, F., u. W. JELLINGHAUS: Mitt. K.-Wilh.-Inst. Eisenforschg. Bd. 14 (1932) S. 105.
[166] WEVER, F., u. H. LANGE: Mitt. K.-Wilh.-Inst. Eisenforschg. Bd. 15 (1932) S. 179.
[167] WEVER, F., u. K. HILD: Mitt. K.-Wilh.-Inst. Eisenforschg. Bd. 18 (1936) S. 43.
[168] DÖPFER, H., u. H. J. WIESTER: Arch. Eisenhüttenw. Bd. 8 (1935) S. 541.
[169] TROJANO, A. R.: Trans. Amer. Soc. Met. Bd. 41 (1949) S. 1093.
[170] SHEEHAN, J. R., C. A. JULIEN u. A. R. TROJANO: Trans. Amer. Soc. Met. Bd. 41 (1949) S. 1165.
[171] ZENER, C.: Trans. Amer. Inst. Min. Metall. Engrs. Bd. 167 (1946) S. 513.
[172] KLIER, E. P., u. T. LYMAN: Trans. Amer. Inst. Metall. Min. Engrs. Bd. 158 (1944) S. 394.
[173] BENNEK, H., u. G. BANDEL: Stahl u. Eisen Bd. 63 (1943) S. 653, 673 u. 695.
[174] LIBSCH, J. F., W. P. CHUANG u. W. J. MURPHY: Trans. Amer. Soc. Met. Bd. 42 (1950) S. 121.
[175] MEHL, R. F.: Trans. Amer. Soc. Met. Bd. 29 (1941) S. 813.
[176] GRANGE, R. A., Trans. Amer. Soc. Met. Bd. 38 (1947) S. 879.
[177] SMIRNOW, W. J.: Metallurg (russ.) Bd. 15 (1940) S. 63.
[178] BÜHLER, H., H. BUCHHOLTZ u. E. SCHULZ: Arch. Eisenhüttenw. Bd. 5 (1932) S. 413.
[179] MACCONOCHIE, A. F.: Steel Bd. 109 (1941) S. 68 u. 87.
[180] SCHALLBROCH, H., W. BIELING u. J. BLANK: TZ prakt. Metallbearb. Bd. 52 (1942) S. 77.
[181] MEINGAST, H. M.: Härterei-Techn. Mitt. Bd. 3 (1944) S. 123.
[182] ROSE, K.: Mater. & Meth. Bd. 25 (1947) S. 75, 123 u. 140.
[183] PETER, W.: Arch. Eisenhüttenw. Bd. 20 (1949) S. 263.
[184] PFENDER, M.: Arch. Eisenhüttenw. Bd. 11 (1938) S. 595.
[185] BIHLMAIER, C.: Arch. Eisenhüttenw. Bd. 20 (1949) S. 31.
[186] KUNTZE, W.: Metallwirtsch. Bd. 8 (1929) S. 992 u. 1011.
[187] WIESTER, H. J.: Stahl u. Eisen Bd. 63 (1943) S. 41 u. 64.
[188] CORNELIUS, H.: Arch. Eisenhüttenw. Bd. 18 (1944) S. 23.
[189] SCHRADER, H., H. J. WIESTER u. H. SIEPMANN: Arch. Eisenhüttenw. Bd. 21 (1950) S. 21.
[190] GROSSMANN, M. A.: Trans. Amer. Inst. Min. Metall. Engrs. Bd. 167 (1946) S. 39.
[191] GRJASNOW, J. M.: Stal (russ.) Bd. 8 (1948) S. 545.
[192] RIPLING, E. J.: Trans. Amer. Soc. Met. Bd. 42 (1950) S. 439.
[193] VIDAL, G.: Rév. Métall., Mém. Bd. 42 (1945) S. 149.
[194] BAEYERTZ, M., W. F. CRAIG jr. u. J. P. SHEEHAN: Trans. Amer. Inst. Min. Metallurg. Engrs. Bd. 185 (1949) S. 535.
[195] — — —: Trans. Amer. Inst. Min. Metallurg. Engrs. Bd. 188 (1950) S. 389.
[196] BISCHOF, W., u. L. BÖTTGER: Arch. Eisenhüttenw. Bd. 19 (1948) S. 29.
[197] HERRES, S. A., u. A. R. ELSEA: Trans. Amer. Inst. Min. Metallurg. Engrs. Bd. 185 (1949) S. 366.
[198] MAURER, E., O. H. WILMS u. H. KIESSLER: Stahl u. Eisen Bd. 62 (1942) S. 81 u. 115.
[199] HOUDREMONT, E., u. H. SCHRADER: Arch. Eisenhüttenw. Bd. 21 (1950) S. 97.
[200] STIEDA, W., u. W. TÖDTER: Luftfahrt-Forschg. Bd. 20 (1943) S. 57.
[201] HOLLOMON, J. H.: Trans. Amer. Soc. Met. Bd. 36 (1946) S. 473.
[202] PELLINI, W. S., u. B. R. QUENEAU: Trans. Amer. Soc. Met. Bd. 39 (1947) S. 139.
[203] TABER, A. P., J. F. THORLIN u. J. F. WALLACE: Trans. Amer. Soc. Met. Bd. 42 (1950) S. 1033.
[204] KÜNTSCHER, W.: Härterei-Techn. Mitt. Bd. 3 (1944) S. 159.
[205] BLEILÖB, F.: Berg- u. hüttenmänn. Mh. Bd. 92 (1947) S. 204.
[206] VIALLE, J.-M.: Métaux Corrosion-Ind. Bd. 27 (1952) S. 281 u. 323.
[207] WERNER, R., u. L. BERNHART: Mikroskopie Bd. 3 (1948) S. 330.
[208] MCLEAN, D., u. L. NORTHCOTT: Journ. Iron Steel Inst. Bd. 158 (1948) S. 169.
[209] JACQUET, P. A.: CR Bd. 229 (1949) S. 713.
[210] RIEDRICH, G.: Arch. Eisenhüttenw. Bd. 21 (1950) S. 165.
[211] KOCH, W., u. H. J. WIESTER: Stahl u. Eisen Bd. 69 (1949) S. 80.
[212] CRAFTS, W., u. J. L. LAMONT: Trans. Amer. Inst. Min. Met. Engrs. Bd. 180 (1949) S. 471.
[213] CAINE, J. B.: Trans. Amer. Foundrym. Ass. Bd. 52 (1944) S. 459.
CLARK, K. L., u. J. H. RICHARDS: Trans. Amer. Foundrym. Ass. Bd. 52 (1944) S. 1325.
HAWKES, M. F.: Trans. Amer. Soc. Met. Bd. 39 (1947) S. 1.
[214] BRIGGS, CH. W.: Amer. Foundrym. Bd. 12 (1947) S. 37 u. 44.
[215] POMP, A., u. A. KRISCH: Mitt. K.-Wilh.-Inst. Eisenforschg. Bd. 20 (1938) S. 103; Bd. 23 (1941) S. 182; Bd. 24 (1942) S. 145, 159.
[216] HAWKES, M. F., u. B. F. BROWN: Trans. Amer. Soc. Met. Bd. 41 (1949) S. 519.
[217] WEVER, F., u. A. ROSE: Stahl u. Eisen Bd. 74 (1954) S. 749.
[218] SAWERT, W.: Dr.-Ing.-Dissertat. TH-Berlin 1942.
[219] ALMEN, J. O.: Met. Progr. Bd. 46 (1944) S. 1263.
[220] JOHNSON, W. G.: Induction Heating, 1. Aufl., Cleveland-Ohio, 1946.
[221] GREAVES, R. W., E. C. KIRSTOWSKY u. C. LIPSON: Proc. Soc. Experim. Stress Analysis Bd. 2 (1945) S. 44.
[222] SEITH, W.: Diffusion in Metallen (Platzwechselreaktionen), Berlin: Springer 1939.

[223] FISCHER, O.: ATZ Bd. 56 (1954) S. 1.
[224] GRÖNEGRESS, H. W.: Brennhärten, Werkstattbücher Nr. 89, Berlin: Springer 1942.
[225] GRÖNEGRESS, H. W.: Gaswärme Bd. 4 (1953) S. 98.
[226] BÜHLER, H., u. H. W. GRÖNEGRESS: Stahl u. Eisen Bd. 71 (1951) S. 343.
[227] BÜHLER, H.: Arch. Eisenhüttenw. Bd. 25 (1954) Nr. 3/4.
[228] BÜHLER, H.: Stahl u. Eisen Bd. 72 (1952) S. 947.
[229] GRÖNEGRESS, H. W.: Stahl u. Eisen Bd. 70 (1950) S. 192.
BÜHLER, H., u. W. SCHREIBER: Ann. Univ. Saraviensis Bd. 1 (1952) S. 166.
[230] RIEBENSAHM, P.: Härtereitechn. Mitt. Bd. 3 (1944) S. 63.
[231] CHASE, H.: Mater. & Meth. Bd. 37 (1953) S. 90.
[232] BENNIGHOFF, W. E., u. H. B. OSBORN: Steel Bd. 108 (1941) S. 96.
[233] PETERS, F. P., u. E. F. CONE: Met. & Alloys Bd. 13 (1941) S. 713.
[234] SEULEN, G., u. H. VOSS: Stahl u. Eisen Bd. 63 (1943) S. 929 u. 962.
[235] EILENDER, W., u. R. MINTROP: Stahl u. Eisen Bd. 68 (1948) S. 83.
[236] SEGSWORTH, R. S.: Iron Age 171 (1953) S. 113.
[237] BROWN, R. J.: Journ. Iron Steel Inst. Bd. 160 (1948) S. 241.
[238] MARTIN, D. L., u. R. A. GEHR: Steel Bd. 120 (1947) Nr. 2, 3, 4, 5 u. 6.
[239] KEGEL, K.: Ind.-Anz. Bd. 75 (1953) S. 1030.
[240] RUHFUSS, H., u. J. KLÄRDING: ZS VDI Bd. 85 (1941) S. 486.
[241] DUMONT, T. C.: Mater. & Meth. Bd. 66 (1951) S. 74.
[242] RIEBENSAHM, P.: Härtereitechn. Mitt. Bd. 2 (1943) S. 154.
[243] WIDAWSKI, E.: Arch. Eisenhüttenw. Bd. 11 (1937/38) S. 195.
[244] WEIHRICH, R.: Stahl u. Eisen Bd. 61 (1941) S. 83.
[245] HERBERS, H.: Härten u. Vergüten des Stahles, Werkstattbücher Heft 7, Berlin/Göttingen/Heidelberg: Springer 1953.
[246] DEGUSSA, Frkft.-Main, Abtlg. Durferrit.
[247] AENGENEYNDT, J.: Verschleißerscheinungen an Zahnrädern, Berlin: Springer 1939.
[248] BRUGGER, H.: ATZ Bd. 51 (1949) S. 29.
[249] Steel Castings Handbook, Cleveland-Ohio 1950.
[250] CORNELIUS, H., u. W. TROSSEN: Arch. Eisenhüttenw. Bd. 17 (1943) S. 77.
[251] WIEGAND, H.: Härtereitechn. Mitt. Bd. 1 (1942) S. 166.
[252] HAYTHORNE, P. A.: Iron Age Bd. 157 (1946) Nr. 5, S. 44.
[253] FRITH, P. H.: Journ. Iron Steel Inst. Bd. 159 (1948) S. 385.
[254] BECKER, G., K. DAEVES u. F. STEINBERG: Stahl u. Eisen Bd. 61 (1941) S. 289.
— — —: ZS VDI Bd. 85 (1941) S. 127.
— — —: Metallwirtsch. Bd. 20 (1941) S. 217.
[255] D. Pat. Anm. M 148206, 18d, 2/70 vom 17. 7. 1940.
[256] IHRIG, H. K.: Met. Progr. Bd. 36 (1936) S. 380.
[257] STEWART, J.: Mech. Wld. (Manchester) Bd. 110 (1941) S. 274.
[258] ROLLA, A.: Metall. Ital. Bd. 41 (1949) S. 153.
[259] —: Mitt. Forsch.-Ges. Blechverarb. 1950 Nr. 34, S. 5.
[260] SCHMIDT, M., u. K. Gebauer: Techn. Zbl. prakt. Metallbearb. Bd. 50 (1940) S. 466 u. 525.
[261] BILFINGER, R.: Metallwirtsch. Bd. 22 (1943) S. 466.
[262] MACHU, W.: Die Phosphatierung, Weinheim a. B.: Chemie-Verlag 1950.
—: Industriekurier Bd. 7 (1954) S. 201.
[263] —: Machinery Lloyd Bd. 14 (1942) Nr. 18, S. 45.
[264] GÜRTLER, G.: Gießerei, Techn.-wiss. Beih. 1952 Nr. 9, S. 429.
[265] SAMUELS, M. L., u. A. E. SCHUH: Foundry, Cleveland Bd. 79 (1951) Nr. 8, S. 84.
[266] KRIEGER, R.: Stahl u. Eisen Bd. 50 (1930) S. 421.
[267] HATFIELD, W. H.: Foundry Tr. Journ. Bd. 53 (1935) S. 43 u. 69.
[268] RUDNIK, K., u. H. JURETZEK: Masch.-Bau/Betrieb Bd. 20 (1941) S. 217.
[269] JURETZEK, H.: Gießerei Bd. 29 (1942) S. 217 u. 243.
[270] Gießerei-Kalender 1954 S. 91 u. 119.
[271] Stahleisenliste 1948, herausgegeben vom VDEh.
[272] DELBART, G.: Trans. Amer. Foundrym. Ass. Bd. 47 (1939) S. 179.
[273] WEST, W., C. C. HODGSON u. H. O. WARING: Foundry Tr. Journ. Bd. 77 (1945) S. 47, 69, 80 u. 101.
[274] HEUVERS, A.: Gegossene Konstruktionselemente, Sonderausgabe Konstrukteur u. Gießer, Düsseldorf: Gießerei-Verlag 1951, S. 20.
[275] HARMS, FR.: Stahl u. Eisen Bd. 64 (1944) S. 175.
[276] POMP, A., u. M. HEMPEL: Mitt. K.-Wilh.-Inst. Eisenforschg. Bd. 22 (1940) S. 149.
[277] KIESSLER, H.: Stahl u. Eisen Bd. 71 (1951) S. 433.
[278] WELLINGER, K., u. P. GIMMEL: Werkstoff-Tabellen der Metalle, 2. Aufl., Stuttgart: Kröner-Verlag 1952.
[279] Fliegwerkstoff-Handbuch 1935.
[280] ROLFE, R. T.: Iron Steel Bd. 23 (1950) S. 49.
[281] Steel Castings, Manual Bd. 86, Steel Founders Soc. Amer. 1952.
[282] Steel Castings, Mater. & Meth. Bd. 36 (1952) S. 121.
[283] BRIGGS, CH. W.: Foundry, Cleveland Bd. 81 (1953) S. 131.
[284] WAHL, H.: Technik Bd. 3 (1948) S. 193.
[285] LOWI, L. J.: Gießereitechn. (russ.) Bd. 12 (1941) S. 35.
[286] NORMAN, T. E., u. C. M. LOEB jr.: Trans. Amer. Inst. Min. Met. Engrs. Bd. 176 (1948) S. 490.
[287] NORMAN, T. E.: Metallurgia (Manchester) Bd. 33 (1945) S. 83.
[288] —: Nickel Steel Topics Bd. 16 (1947) S. 5.
[289] PAYNE, P. M., u. F. G. STEINEBACH: Foundry, Cleveland Bd. 78 (1950) S. 70 u. 217.
[290] KNICKENBERG, A.: Gießerei Bd. 33/35 (1948) S. 104.

[291] BOTTENBERG, W.: Gießerei Bd. 36 (1949) S. 39.
[292] KRISCH, A., u. G. HAUPT: Arch. Eisenhüttenw. Bd. 13 (1940) S. 299.
[293] KRISCH, A.: Kälte Bd. 1 (1948) S. 97.
[294] POMP, A., u. A. KRISCH: Arch. Eisenhüttenw. Bd. 20 (1949) S. 323.
[295] Steel Casting Rep. Nr. 4, Cleveland-Ohio.
[296] Steel Casting Rep. Nr. 5, Cleveland-Ohio.
[297] HOLLOMON, J. H., L. D. JAFFE, D. E. MCCARTHY u. M. R. NORTON: Trans. Amer. Soc. Met. Bd. 38 (1947) S. 807.
[298] ROSENTHAL, P. C., u. G. K. MANNING: Foundry, Cleveland Bd. 74 (1946) S. 70.
[299] SACHJN, C. J., u. W. J. WETROW: Stal (russ.) Bd. 6 (1946) S. 286.
[300] SIMS, C. E., u. F. W. BOULGER: Met. Progr. Bd. 51 (1947) S. 316 u. 318.
[301] JUPPENLATZ, J. W.: Iron Age Bd. 170 (1952) S. 147.
[302] BUNGARDT, K.: Stahl u. Eisen Bd. 73 (1953) S. 1496.
[303] SIEBEL, E., u. N. LUDWIG: Konstruktion Bd. 1 (1949) S. 13.
[304] HEMPEL, M., u. E. HOUDREMONT: Stahl u. Eisen Bd. 73 (1953) S. 1503.
[305] KERR, H. J., u. F. EBERLE: Graphitization of Steel Piping, herausgegeben von Joint ASTM-ASME Research Committee 1945 S. 1.
[306] KANTER, J. J.: Trans. Amer. Soc. Mech. Engrs. Bd. 68 (1946) S. 581.
[307] Warmfester Elektrostahlguß, herausgegeben von BSI, 1949.
[308] ROBINSON, E. L.: Trans. Amer. Soc. Mech. Engrs. Bd. 70 (1948) S. 855.
[309] SCHINN, R., u. R. v. TINTI: Stahl u. Eisen Bd. 63 (1943) S. 125 u. 151.
[310] RICARD, J.: Métall. et Constr. méc. Bd. 83 (1951) S. 905, 907 u. 911.
[311] LÜLING, H.: Schweiz. Arch. angew. Wiss. Techn. Bd. 18 (1952) S. 22.
[312] FITZGERALD, R. C., A. B. WILDER, G. V. SMITH u. A. E. WHITE: Trans. Amer. Soc. Mech. Engrs. Bd. 70 (1948) S. 867.
[313] HOLDT, H.: Schweiz. Arch. angew. Wiss. Techn. Bd. 19 (1953) S. 99.
[314] MALCOLM, V. T., u. S. LOW: Trans. Amer. Soc. Mech. Engrs. Bd. 70 (1948) S. 879.
[315] ARMSTRONG, T. N., u. R. J. GREENE: Trans. Amer. Soc. Mech. Engrs. Bd. 73 (1951) S. 751.
[316] GRANT, N. J., L. W. KATES u. N. E. HAMMILTON: Foundry Bd. 78 (1950) S. 86 u. 234.
[317] ANDREJEW, M. T.: Gießereitechn. (russ.) Bd. 11 (1940) S. 11.
[318] RIGGAN, F. B.: Metals & Alloys Bd. 12 (1940) S. 615.
[319] SCHULTE, F.: Stahl u. Eisen Bd. 62 (1942) S. 389.
[320] EVANS, U. R.: Korrosion, Passivität u. Oberflächenschutz von Metallen. Deutsch, Berlin: Springer 1939.
[321] GOUGH, H. J.: Journ. Inst. Metals Bd. 49 (1932) S. 18 u. 25.
[322] FIELD, B. E.: Amer. Inst. Min. Met. Engrs., Techn. Publ. Nr. 191.
[323] SCHULTE, F.: Gießerei Bd. 26 (1939) S. 477.
[324] HURST, J. E.: Foundry Tr. Journ. Bd. 71 (1943) S. 283.
[325] RIEDRICH, G.: Metallwirtsch. Bd. 21 (1942) S. 407.
[326] BERGER, R.: Centenaire de l'Association des Ingénieurs sortis de l'Ecole de Liège, Congrés 1947, Liège S. 179.
[327] PRATT, W. E.: Chem. Engng. Bd. 54 (1947) S. 211.
[328] ROESCH, K.: Stahl u. Eisen 70 (1950) S. 596.
[329] HALLETT, M. M.: Foundry Tr. Journ. Bd. 86 (1949) S. 29.
[330] WETTERNIK, L.: Radex-Rdsch. 1954 Nr. 3, S. 87.
[331] HARMS, FR.: Radex-Rdsch. 1949 Nr. 6, S. 220.
[332] CLAUSER, H. R.: Mater. & Meth. Bd. 32 (1950) S. 79.
[333] MATTHEWS, N. A.: Steel Bd. 127 (1950) S. 90, 104 u. 106.
[334] COLEGATE, G. T.: Metal Treatm. Drop Forgg. Bd. 17 (1950) S. 93 u. 109.
[335] ZAPPFE, C. A.: Iron Age Bd. 167 (1951) S. 56.
[336] SULLY, A. H., E. A. BRANDES u. A. G. PROVAN: Journ. Inst. Metals Bd. 81 (1952/53) S. 569.
[337] v. SCHWARZ, M., u. W. MANTEL: Korr. u. Metallsch. Bd. 13 (1937) S. 375.
[338] NOWOTNY, H.: Werkstoffzerstörung durch Kavitation, Berlin: VDI-Verlag 1942.
[339] KOPELMAN, B., u. A. SSERGIJEWSKAJA: Katschestw. Stal (russ.) 1936 S. 50.
[340] KAESSBERG, H.: Arch. Metallkde. Bd. 3 (1949) S. 25.
[341] LIWSCHITZ, G. L.: Stal (russ.) Bd. 8 (1948) S. 153.
[342] PÖLZGUTER, FR.: Werkstoffhandbuch, 2. Aufl., S. 31 u. 61.
[343] —: Foundry, Cleveland Bd. 78 (1950) S. 146/48/50.
[344] DANNÖHL, W., u. H. NEUMANN: ZS Metallkde. Bd. 30 (1938) S. 217.
[345] OLIVER, D. A., u. J. W. SHEDDEN: Nature, 30. Juli 1938 S. 209.
[346] RIEDRICH, G.: Stahl u. Eisen Bd. 60 (1940) S. 815.

Der Werkstoff Temperguß

Von **K. Roesch** und **U. Klein**, Remscheid

Mit 52 Abbildungen

I. Begriffsbestimmung

Unter dem Namen Temperguß versteht man eine Eisen-Kohlenstoff-Legierung, deren Kohlenstoff- und Siliziumgehalt so eingestellt ist, daß eine einwandfreie weiße, d. h. graphitfreie Erstarrung gewährleistet ist. Durch einen anschließenden Glühprozeß, das sogenannte Tempern, werden die Karbide zum Zerfall gebracht, wobei sich der freiwerdende Kohlenstoff in Form von Temperkohleflocken in perlitischer bzw. ferritischer Grundmasse abscheidet. In diesem Zustand besitzt das Material eine hohe Zähigkeit und läßt sich gut bearbeiten.

Man erhält auf diese Weise einen Werkstoff, der die gute Vergießbarkeit von Gußeisen und an Stahlguß heranreichende mechanische Eigenschaften in sich vereinigt. Dementsprechend liegt sein Anwendungsgebiet dort, wo bei kleineren Gußstücken neben guter Festigkeit eine hohe Maßhaltigkeit und glatte Oberfläche verlangt wird.

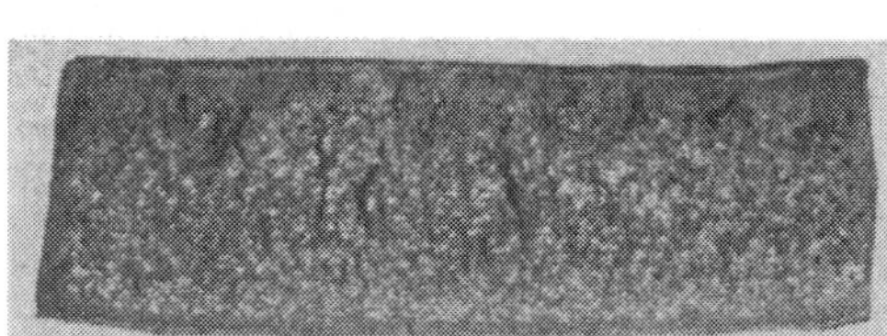

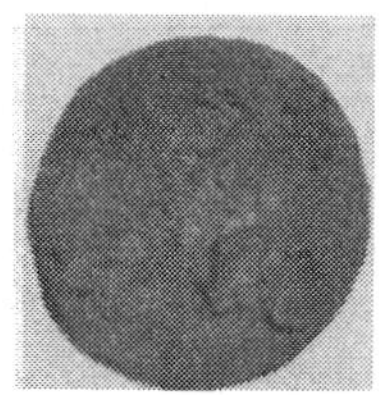

Abb. 1. Bruchgefüge von weißem und schwarzem Temperguß

Man unterscheidet zwei Tempergußarten, und zwar weißen und schwarzen Temperguß (Abb. 1). Beim *weißen* Temperguß erfolgt die Glühung der Stücke in einem sauerstoffabgebenden Mittel, d. h. entweder in Erz oder neuerdings in einer geeigneten Gasatmosphäre. Hierdurch wird, insbesondere bei dünnwandigen Teilen, ein großer Teil des Kohlenstoffgehaltes vergast und damit der Anteil an Temperkohle vermindert. Das Gefüge besteht dann aus Ferrit, Perlit und wenig Temperkohle in der Kernzone. Der Bruch zeigt ein silberhelles bis hellgraues Aussehen, daher der Ausdruck: weißer Temperguß. Beim *schwarzen* Temperguß erfolgt die Glühung in einer neutralen Atmosphäre. Der gesamte Kohlenstoffgehalt bleibt daher erhalten. Da der Rohguß des schwarzen Tempergusses einen höheren Siliziumgehalt als der des weißen Tempergusses besitzt und die Glühbehandlung von der des weißen Tempergusses abweicht, wird der Karbidanteil des Rohgusses vollständig zu Ferrit und Temperkohle abgebaut. Der Bruch erscheint grau bis schwarz, daher der Name schwarzer Temperguß oder Schwarzguß. Neben diesen beiden Tempergußarten gibt es verschiedene Sonderqualitäten, auf die später noch eingegangen wird.

II. Zusammensetzung des Temperrohgusses

Die Zusammensetzung des Rohgusses für beide Tempergußarten muß derart sein, daß auch in den dicksten vorkommenden Querschnitten das Gefüge nach dem Abgießen in Sandformen vollkommen weiß erstarrt, d. h. der Kohlenstoff muß in gebundener Form

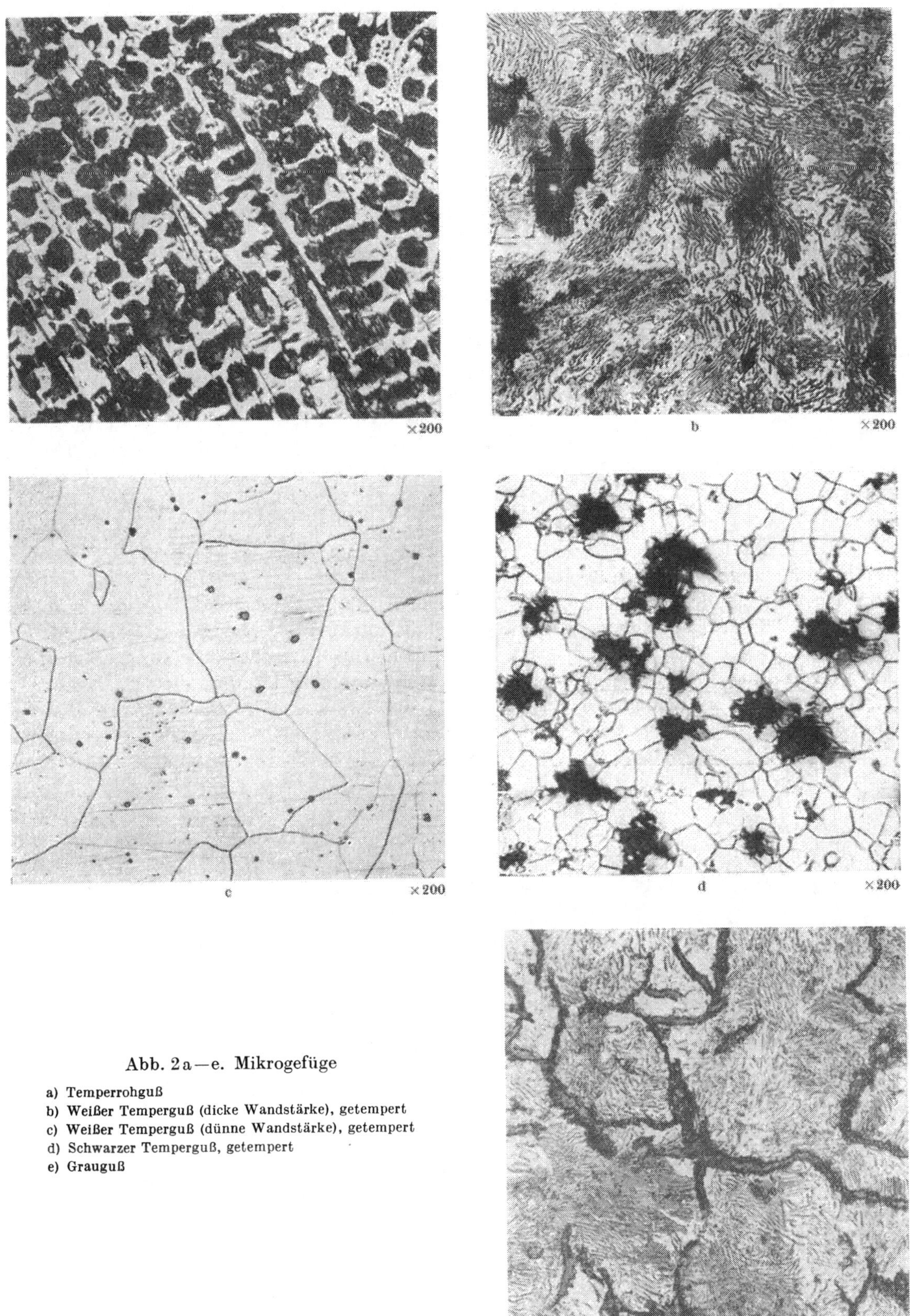

Abb. 2a—e. Mikrogefüge

a) Temperrohguß
b) Weißer Temperguß (dicke Wandstärke), getempert
c) Weißer Temperguß (dünne Wandstärke), getempert
d) Schwarzer Temperguß, getempert
e) Grauguß

vorliegen. Freier Kohlenstoff scheidet sich nämlich aus der Schmelze wie beim Grauguß in Form von Lamellen ab, die, insbesondere durch ihre Kerbwirkung, die mechanischen Eigenschaften beeinträchtigen würden. Ist der Graphit einmal lamellenförmig ausgeschieden, so wird diese Form durch die Temperung nicht mehr verändert (Abb. 2).

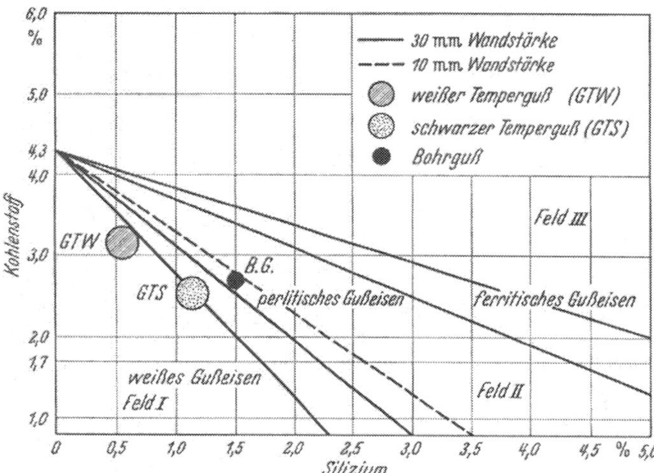

Abb. 3. Gefügeschaubild nach Maurer

In dem Gußeisenschaubild nach Maurer (Abb. 3) und dem verbesserten Diagramm von H. Ulitsch und W. Weichelt (Abb. 4) muß also die Zusammensetzung innerhalb des Feldes I liegen. Die Grenzlinie für die weiße Erstarrung verändert sich allerdings je nach der Wandstärke des Gußstückes und den Schmelzbedingungen. Für beide Tempergußarten soll die Summe des Kohlenstoff- und Siliziumgehaltes bei dünnen Wandstärken 3,9% und bei dicken Wandstärken 3,7% möglichst nicht überschreiten. Unter Berücksichtigung dieser Überlegungen ergibt sich die in Tab. 1 wiedergegebene Zusammensetzung.

Da beim weißen Temperguß eine entkohlende Glühung stattfindet, darf der Kohlenstoffgehalt 2,8—3,4% betragen. Der Siliziumgehalt muß entsprechend der Gesamtsumme von C + Si = 3,7—3,9% niedrig gehalten werden. Diese Zusammensetzung erlaubt es, den weißen Temperguß im Kupolofen, d. h. verhältnismäßig billig zu erschmelzen.

Beim schwarzen Temperguß hingegen darf der Kohlenstoffgehalt im Rohguß nicht so hoch liegen, da mit der Glühbehandlung keine Entkohlung verbunden ist. Bei gleich

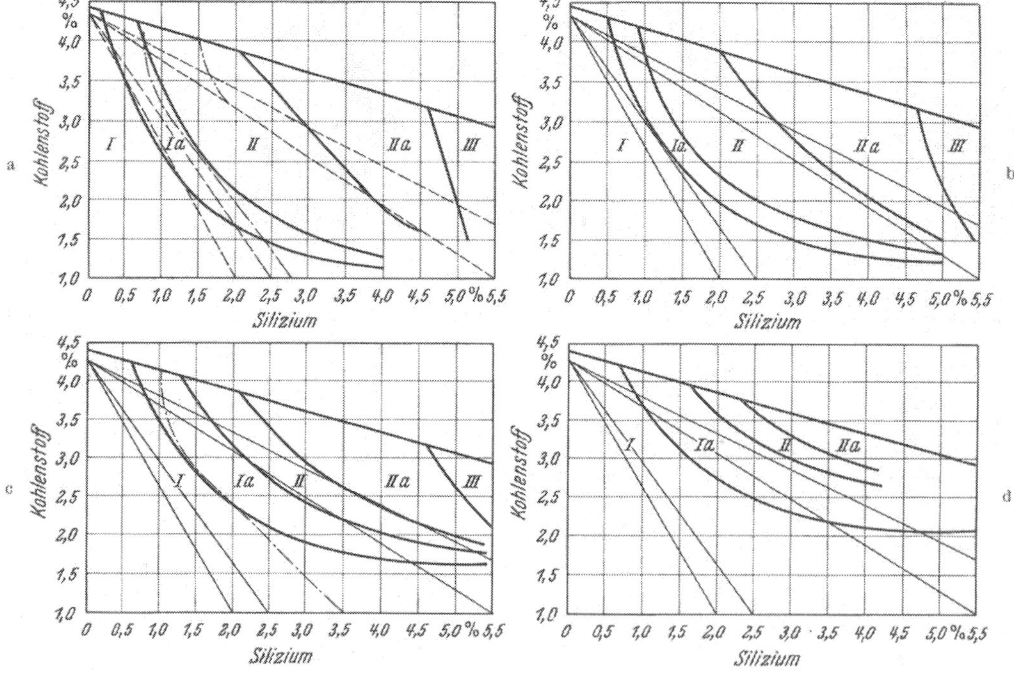

Abb. 4a—d. Gefügeschaubild nach Ulitsch und Weichelt

a) für Wandstärke 30 mm, b) für Wandstärke 20 mm, c) für Wandstärke 10 mm, d) für Wandstärke 6 mm

hohem Kohlenstoffgehalt wäre der Anteil an Temperkohle nach der Glühung zu groß, wodurch die Festigkeitseigenschaften beeinträchtigt würden. Da sich die Einhaltung eines Kohlenstoffgehaltes von 2,0—2,8% im Kupolofen nicht sicher erreichen läßt, erfolgt die Erschmelzung des schwarzen Tempergusses zumeist im Flammofen oder im sauren Elektroofen.

Tabelle 1

	C	Si	Mn	P	S
Weißer Temperguß	2,8—3,4	0,8—0,5	0,20—0,40	0,1 max	0,10—0,25
Schwarzer Temperguß	2,0—2,8	1,4—0,8	0,20—0,50	0,1 max	0,15 max

Bei großen Schmelzleistungen arbeitet man im Duplexverfahren, wobei der Kupolofen lediglich zum Vorschmelzen für die genannten Öfen dient.

Für nicht zu hohe Ansprüche kann man bei entsprechender Führung des Kupolofens auch aus diesem schwarzen Temperguß erzeugen, jedoch lassen sich nicht derartig gute Festigkeitswerte erreichen, wie es aus dem Flamm- oder Elektroofen möglich ist.

Zur laufenden Überwachung des so wichtigen Verhältnisses von Kohlenstoff zu Silizium dient neben der chemischen Analyse die Bruchprobe. Der Sand, in den die etwa

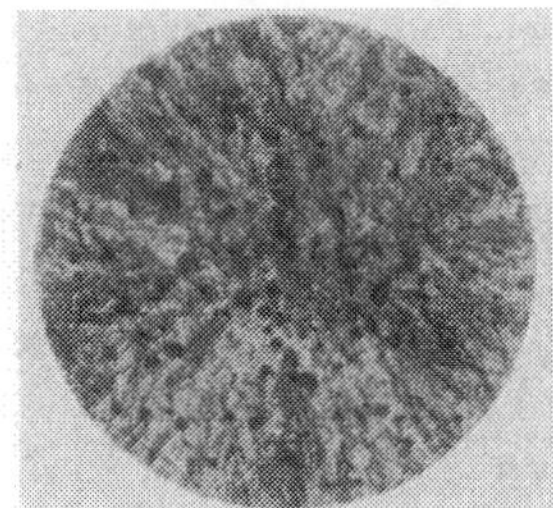
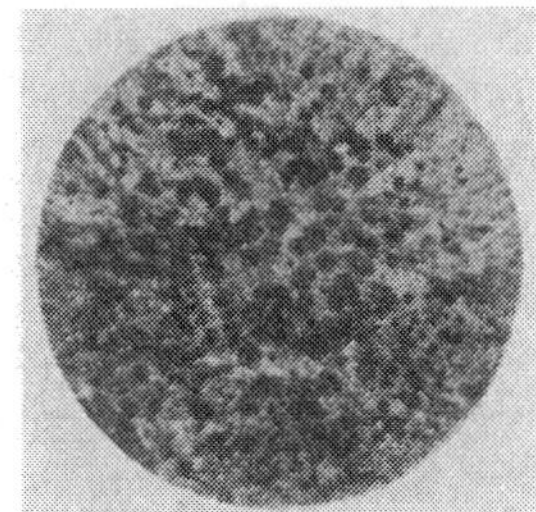

Abb. 5. Bruchgefüge von Temperrohguß
C + Si < 3,8 C + Si = 4,0 C + Si = 4,2

40 mm dicke Probe vergossen wird, muß der gleiche sein, wie er zum Formen der Gußstücke verwendet wird. Insbesondere muß er den gleichen Feuchtigkeitsgehalt haben, da dieser auf die Abschreckwirkung Einfluß hat. Nachdem die Probe auf Rotglut abgekühlt ist, kann man sie in Wasser erkalten lassen. Aus dem Bruchgefüge ist zu erkennen, ob Kohlenstoff- und Siliziumgehalt im richtigen Verhältnis zueinander stehen. Bei Überschreitung der Summe von 3,7—3,9% zeigen sich im Kern Abscheidungen von Grafit in Form von stecknadelkopfgroßen Punkten (Abb. 5).

Diese beiden Elemente, Kohlenstoff und Silizium, bestimmen in erster Linie die Güte des Erzeugnisses. Aus diesem Grunde ist auf eine ständige Überwachung der Schmelze besonderer Wert zu legen. Auf den Einfluß anderer Elemente wird bei der Beschreibung des Temperprozesses eingegangen.

III. Erschmelzung des Temperrohgusses

1. Weißer Temperguß

Die Erschmelzung im Kupolofen ist bei sorgfältiger Auswahl der Rohstoffe in einwandfreier und gleichmäßiger Qualität möglich. Da der Temperguß nur in kleinen Stückgewichten von wenigen Gramm bis zu 20 kg (selten bis 50 kg) und zumeist in größeren Stückzahlen Anwendung findet, werden Kupolöfen relativ niedriger Leistung von 3 bis 7 t/h benutzt. Eine Rundfrage des Vereins Deutscher Gießereifachleute vom Jahre 1950 hat ergeben, daß ein Ofendurchmesser von 700 bis 800 mm am gebräuchlichsten ist. Auch bei größeren Tempergießereien geht man im allgemeinen nicht über eine Ofenleistung von 8 bis 10 t/h hinaus. In derartigen Gießereien wird zumeist an Gießbändern vergossen, die während zweier Schichten am Tage eine gleichmäßige, aber nicht zu große stündliche Schmelzleistung erfordern.

Da zwecks Einhaltung eines genügend niedrigen Kohlenstoffgehaltes der Anteil an niedriggekohltem Stahlschrott mit 25—40% gegenüber der Gattierung für Grauguß relativ hoch ist, muß auch der Kokssatz höher sein als bei Grauguß. Hinzu kommt, daß die Gießtemperatur infolge des niedrigeren Siliziumgehaltes und der gegenüber Grauguß ungünstigeren Erstarrungsverhältnisse um etwa 100 °C höher sein muß. Während bei Grauguß die Erstarrungstemperatur bei ca. 1230 °C liegt, beträgt diese bei Temperguß etwa 1310 °C. Zur Erschmelzung des Temperrohgusses im Kaltwindkupolofen benötigt man daher einen Kokssatz von mindestens 16%, bei ungünstigen Verhältnissen bis zu 20%. In Tempergießereien hat deshalb der Heißwindkupolofen in besonders starkem Maße Eingang gefunden. Hierdurch gelingt es, den Kokssatz auf 11—13% zu senken, ohne daß die Temperatur des Rinneneisens niedriger wird. Die Verringerung des Satzkoksanteiles um 25—35% ergibt ferner den Vorteil, daß der Schwefelgehalt auf ein erträgliches Maß herabgesetzt wird. Wenn auch für die Herstellung von dünnwandigen Gußstücken aus weißem Temperguß, z. B. Fittings, ein Schwefelgehalt von 0,18 bis 0,22% zwecks guter Bearbeitbarkeit erwünscht ist, so bringen doch höhere Schwefelgehalte bis 0,30%, wie sie bei Kaltwindkupolöfen mit hohem Kokssatz vorkommen, manche Schwierigkeiten. Zum Beispiel verursachen zu hohe Schwefelgehalte nicht nur eine Verzögerung der Graphitausscheidung beim Tempern, sondern auch eine Beeinträchtigung der mechanischen Eigenschaften.

Der gegenüber Grauguß höhere Anteil an Stahlschrott und der damit verbundene Mehrverbrauch an Satzkoks erfordert bei der Konstruktion des Kupolofens ein größeres Verhältnis von Beschickungshöhe zum Ofendurchmesser sowie einen großen Düsenquerschnitt. Letzterer soll bei derartigen Öfen mindestens 20, womöglich 30% des Ofenquerschnittes betragen. Bei Verwendung von Heißwindkupolöfen mit ringförmiger Absaugung unterhalb der Gicht soll die Höhe von den Düsen bis zur Gasentnahme mindestens das Vierfache des Ofendurchmessers betragen. In Kaltwindöfen soll die Beschickungssäule über den Düsen sechsmal so hoch wie der Ofendurchmesser sein.

Das Futter der Kupolöfen für Temperguß besteht aus einer sauren Stampfmasse mit hohem Kieselsäuregehalt. Infolge der hohen Schmelztemperatur und der insbesondere bei Heißwindbetrieb auftretenden Siliziumreduktion aus dem Futter ist der Verschleiß wesentlich höher als bei Kupolöfen für Grauguß. Der basische Kupolofen findet für die Erschmelzung von Temperguß nur sehr selten Anwendung. Da seine Hauptvorteile, nämlich erhöhte Aufkohlung und niedriger Schwefelgehalt, für den Temperguß nicht von so entscheidender Bedeutung sind, ist die Verwendung einer sauren Auskleidung wirtschaftlicher. Um die aufkohlende Wirkung des Füllkokses zu verringern, werden die Kupolöfen mit festen oder kippbaren Vorherden ausgerüstet und die Düsen möglichst flach über den stark zum Abstich geneigten Boden gelegt.

Wegen des starken Futterverschleißes und der damit verbundenen Veränderung des Ofenprofils schmilzt man normalerweise mit einem Ofen nur 8—10 Stunden und benutzt bei einer zweiten Schicht einen neu zugestellten Ofen. Man soll daher bei großen Leistungen und zweifacher Schicht vier Kupolöfen zur Verfügung haben.

Neuerdings ist man bestrebt, einen wassergekühlten Kupolofen zu benutzen, um mindestens über zwei Schichten, sogar auch über mehrere Tage, mit gleichem Ofenprofil, d. h. mit konstanter Schmelzleistung arbeiten zu können. Abb. 6 zeigt die Anordnung der Mantelkühlung bei einem derartigen wassergekühlten Kupolofen mit einer Leistung von 8 t/h. Es ist bei der Verwendung solcher Öfen jedoch zu berücksichtigen, daß das Kühlwasser dem Ofen Wärme entzieht, die man durch erhöhten Kokssatz wieder ausgleichen muß. Dazu kommt, daß die Schmelzzone entsprechend der relativen Kühlwirkung in die

Länge gezogen und die Oxydationszone vergrößert wird. Das bedeutet, daß die Wasserkühlung für Temperguß erzeugende Kupolöfen nur bei außerordentlich großen Öfen in Frage kommen kann, da anderenfalls die geforderte hohe Eisentemperatur und -qualität nicht wirtschaftlich erzielt werden kann. Auch wassergekühlte Düsen sind nur für größere Öfen zweckmäßig.

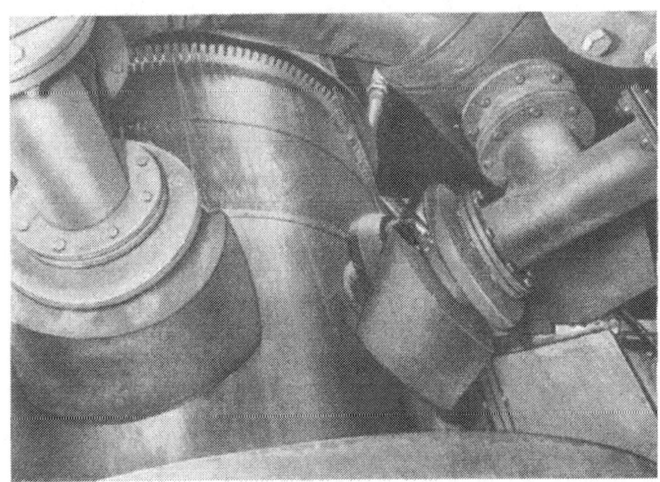

Abb. 6. Heißwindkupolofen mit Außenmantelkühlung. Das Bild zeigt den unteren Spritzring oberhalb der Düsen

Da zumeist viele kleine und dünnwandige Teile vergossen werden müssen, soll die Abstichtemperatur des aus dem Kupolofen in den Vorherd gelangenden Eisens nicht unter 1480 °C (thermisch gemessen) liegen. Gut isolierte kippbare Vorherde (System Schinke und Freier-Grunder u. a.) haben sich bewährt, da man das Eisen für die kleinen Pfannen jederzeit entnehmen kann und das Stichloch des Ofens während der ganzen Schmelzzeit offenbleibt. Die Vorherde sollen genügend groß sein, damit sich Schwankungen in der Zusammensetzung ausgleichen können. Das Fassungsvermögen soll etwa 30—60% der stündlichen Schmelzleistung betragen. Der Temperaturabfall im Vorherd beträgt etwa 30 bis 40 °C. Eine Beheizung der Vorherde ist unter Umständen empfehlenswert.

Wegen der gegenüber Grauguß höheren Windmenge werden Kapselgebläse bevorzugt, da diese auch bei erhöhtem Widerstand der Beschickungssäule und bei Verwendung von Winderhitzern die erforderliche Windmenge mit Sicherheit schaffen.

a) Gattierung für weißen Temperguß. Die übliche Gattierung für im Kupolofen erschmolzenen weißen Temperguß setzt sich wie folgt zusammen:

Eingüsse und Trichter. Dieser Anteil ist mit 50—55% verhältnismäßig hoch. Wegen der ungünstigeren Erstarrungsverhältnisse liegt das Ausbringen bei Temperguß bei etwa 40—50% gegenüber ca. 70% beim Grauguß. Dieses Kreislaufmaterial ist vor dem Chargieren zu rommeln, um den anhaftenden Sand zu entfernen. Anderenfalls gelangen auf diesem Wege unkontrollierbare Siliziummengen in den Ofen, was zumal bei Heißwindbetrieb zu erheblichen Analysenschwankungen führen kann.

Stahlschrott. Um den Kohlenstoffgehalt genügend niedrig zu halten, setzt man einen hohen Anteil, normalerweise 30—55%, an Stahlschrott zu. Am besten eignen sich Schrauben und Laschen vom Gleisbau sowie Schienen. Bei besonders gutem Stahlschrott ist man unter Umständen in der Lage, ohne Roheisen auszukommen. Es ist besonders darauf zu achten, daß der Schrott kein Chrom enthält. Chromgehalte über 0,10% erschweren den Zementitzerfall erheblich. Aus diesem Grunde empfiehlt es sich, bei Schrott unbekannter Herkunft einzelne Stücke sowie auch das Rinneneisen ständig mittels eines einfachen Spektroskopes auf Chromgehalt zu untersuchen. Hierfür hat sich das Spektroskop der Firma Fuess gut bewährt (Abb. 7).

Ist der Schrott stark gerostet, so sollte er ebenfalls gerommelt werden, um Fehler zu vermeiden, die durch zu hohen Wasserstoffgehalt bedingt sind, z. B. sogenannte „Pinholes".

Roheisen. Abgesehen von den Fällen, wo ein wirklich erstklassiger Stahlschrott zur Verfügung steht, empfiehlt sich ein Roheisenzusatz von 13—16, bei Kaltwind bis zu 20%. In Deutschland wird im allgemeinen ein Spezialroheisen der Duisburger Kupferhütte verwendet, welches in zwei Qualitäten geliefert wird, wie aus Tab. 2 zu ersehen ist.

Je nach den Schmelzbedingungen verwendet man mehr weißes oder mehr graues Roheisen. Die Zusammenstellung des Satzes soll nach Möglichkeit so sein, daß auf Ferrolegierungen zur richtigen Einstellung des Mangan- und Siliziumgehaltes verzichtet werden kann. Wenn aber eine Regulierung notwendig wird, dann soll Silizium als Hochofen-Silizium mit 10% Si und Mangan als *Spiegeleisen* mit 10% Mn zugesetzt werden.

Abb. 7. Kleines Spektroskop zur Chrombestimmung (Fa. R. Fuess, Berlin)

An dieser Stelle müssen die sogenannten Inzuchterscheinungen erwähnt werden. Sie äußern sich durch sprunghaft ansteigende Rißneigung und abnormes Lunkern des Gusses und sind vermutlich auf den zwangsläufig hohen Anteil an Kreislaufmaterial zurückzuführen. In solchen Fällen empfiehlt es sich, von Zeit zu Zeit einen Teil des Kreislaufmateriales zu verkaufen und dafür einige Tage mit erhöhtem Roheisensatz zu fahren.

Tabelle 2. *Roheisenanalysen*

	C	Si	Mn	P	S
Temper- u. Spezial-Roheisen weiß	3,4—3,8	0,4—0,6	0,2—0,3	0,06—0,08	0,10—0,15
Temper- u. Spezial-Roheisen meliert	3,6—3,8	0,7—0,8	0,3	0,06—0,08	0,03—0,05
Feinkörniges Temper- u. Spezial-Roheisen grau, niedrigsiliziert	3,8—4,0	1,5—2,5	0,4 oder 1,0	0,06—0,08	0,02—0,03
Feinkörniges Temper- u. Spezial-Roheisen grau, höhersiliziert	3,6—3,8	2,5—4,0	0,4 oder 1,0	0,06—0,08	0,01—0,02
C-armes Sondereisen	2,4—2,8	0,6—2,0	0,6—0,8	0,06—0,08	0,03—0,04

Tabelle 3. *Heißwind-Kupolofenschlacken*

SiO_2	CaO	MnO	Al_2O_3	MgO	FeO	S
42—46	44—42	1,7—2,8	4,3—8,0	1,4—2,2	1,0—1,5	0,2—0,3

Kalkstein. Zur Erzielung einer leichtflüssigen Schlacke rechnet man mit einem Kalksteinzusatz bis zu 35% des Satzkokses. Einige Schlackenzusammensetzungen beim Schmelzen von Temperguß im Heißwindkupolofen sind in Tab. 3 zusammengestellt.

Schwefelträger. Da insbesondere bei der Herstellung von Fittings ein relativ hoher Gehalt an Schwefel erwünscht ist, um bei dem stark entkohlten Material ein sauberes Gewinde schneiden zu können, kann es bei der Erschmelzung im Heißwindkupolofen vorkommen, daß infolge des verringerten Kokssatzes der Schwefelgehalt zu weit absinkt. Es ist dann notwendig, durch Zugabe von Gips (Kalziumsulfat) den Schwefelgehalt auf der erforderlichen Höhe von 0,18 bis 0,22% zu halten.

b) Abbrandverhältnisse. Bei Kaltwindöfen rechnet man mit einem Abbrand von 20 bis 30% Mangan und 15 bis 25% Silizium. Beim Heißwindofen dagegen ergeben sich wegen der höheren Temperatur in der Schmelzzone wesentlich günstigere Verhältnisse. Der Manganabbrand beträgt nur etwa 15—20%, während bei Silizium bei entsprechend hoher Windvorwärmung sogar ein Zubrand eintreten kann.

Der thermische Wirkungsgrad wird hierdurch zwar verringert, doch kann man dies bei dem wesentlich günstigeren Abbrand in Kauf nehmen. Die Reduktion des Siliziums erfolgt teils aus dem sauren Ofenfutter, teils aus der Schlacke. Begünstigt wird diese Siliziumreduktion, wenn ein hoher CO-Anteil in den Gichtgasen vorhanden ist, wie es bei Heißwindkupolöfen der Fall ist oder bei hohem Koksanteil in Kaltwindöfen. Eindeutig

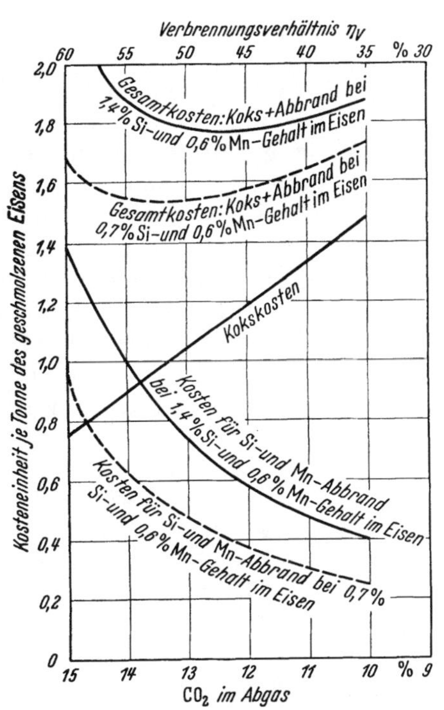

Abb. 8. Schmelzkosten in Abhängigkeit von Kohlendioxydgehalt und vom Verbrennungsverhältnis bei Heißwindbetrieb (nach S. C. MASSARI)

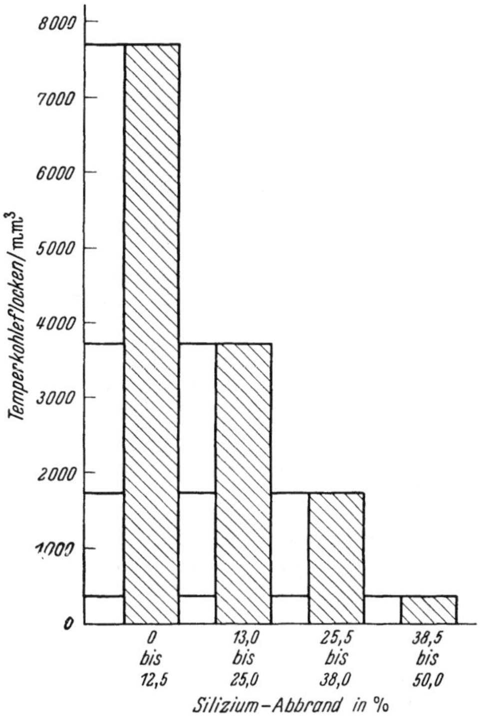

Abb. 9. Einfluß des Siliziumabbrandes auf die Anzahl und Ausbildung der Temperkohleflocken (nach TILLEY)

geht dieses aus der Abb. 8 hervor: Mit steigendem CO_2-Gehalt, d. h. mit gleichzeitig sinkendem CO-Gehalt gehen zwar die Kosten für den Koks herunter, jedoch nimmt der Abbrand an Si und Mn erheblich zu. Es ist also nicht unbedingt zweckmäßig, in erster Linie auf einen möglichst günstigen thermischen Wirkungsgrad Wert zu legen, d. h. immer und unter allen Umständen zu versuchen, mit möglichst wenig Koks zu schmelzen.

Wie aus amerikanischen Untersuchungen [*1*] hervorgeht, besteht auch ein Zusammenhang zwischen dem Siliziumabbrand und der Keimzahl. Danach sinkt die Keimzahl mit steigendem Siliziumabbrand (Abb. 9). Ein erhöhter Abbrand führt also zu einer gröberen Temperkohleausbildung, wodurch wiederum die Festigkeitseigenschaften beeinflußt werden.

Die Erschmelzung von weißem Temperguß in Tiegelöfen, Siemens-Martin-Öfen und Elektroöfen findet praktisch kaum Anwendung und braucht daher hier nicht erörtert zu werden. Lediglich der Netzfrequenzofen wird zuweilen verwendet, wenn die Kosten für elektrische Energie diese Erschmelzung wirtschaftlich erscheinen lassen.

2. *Schwarzer Temperguß*

Zur Erzielung ausreichender Festigkeit muß der Kohlenstoffgehalt bei 2,0—2,8% und der Schwefelgehalt unter 0,15% liegen. Diese Grenzen sind im Kupolofen nicht mit Sicherheit einzuhalten. Daher findet die Erschmelzung zumeist in einem Flamm- oder Elektroofen statt.

a) Flammofen. In diesen Öfen kann man den Kohlenstoffgehalt durch die Art der Ofenatmosphäre, den Grad der Überhitzung und die Schmelzzeit auf das gewünschte Maß herabdrücken und den Siliziumgehalt genauestens dem Kohlenstoffgehalt anpassen. Besonders beim schwarzen Temperguß hat die sorgfältige Einstellung der beiden Elemente aufeinander einen weitgehenden Einfluß auf den Glühprozeß und die Festigkeitseigenschaften. Der Flammofen ist jedoch für ein kontinuierliches Schmelzen nicht geeignet. Um diesen Nachteil zu umgehen, schmilzt man bei größerer Leistung im Duplex-Verfahren, wobei man den Kupolofen zum kontinuierlichen Vorschmelzen benutzt und den Flammofen so bemißt, daß man in demselben den Kohlenstoffgehalt genügend herabdrücken kann, während das Eisen langsam hindurchfließt. Die Abb. 10 zeigt einen Flammofen, wie er zur Erschmelzung des schwarzen Tempergusses in Amerika Anwendung findet. Derartige Öfen haben ein Fassungsvermögen zwischen 4 und 40 t. Allgemeine Angaben über die Ofengröße sind in Tab. 4 zusammengestellt. Hierbei wird ein vom Kupolofen vorgeschmolzenes Eisen mit 2,8–3,0% C vorausgesetzt.

Tabelle 4

Gewünschter C-Gehalt	Herdfläche in m² je Tonne und Stunde Schmelzleistung	Badtiefe in mm in Abstichmitte
2,20–2,40	1,85	180
2,41–2,65	1,50	200
2,66–2,90	1,20	230

Die Öfen sind sauer zugestellt. Das Gewölbe besteht aus abnehmbaren Spangen, sogenannten Bungs (Abb. 11). Dadurch ist man in der Lage, schadhafte Stellen des Gewölbes schnell auszuwechseln, eine Reparatur des Herdes leicht durchzuführen und bei kaltem Einsatz große Stücke schnell zu chargieren. Es ist eine starre Eisenkonstruktion zum Festhalten der Gewölbesteine vorzusehen, damit beim Auf- und Absetzen der Spangen keine Steine herausfallen können.

Die Beheizung der Flammöfen geschieht zumeist durch Kohlenstaubfeuerung. Hierdurch kann man eine günstige Ofenatmosphäre erzielen und den Abbrand niedrig halten. Die meisten Öfen in Amerika besitzen eine eigene Kohlenstaubmühle, die den Staub mit der Verbrennungsluft direkt in den Ofen bläst. Bei größeren Anlagen, bei denen der Kohlenstaub auch zur Beheizung

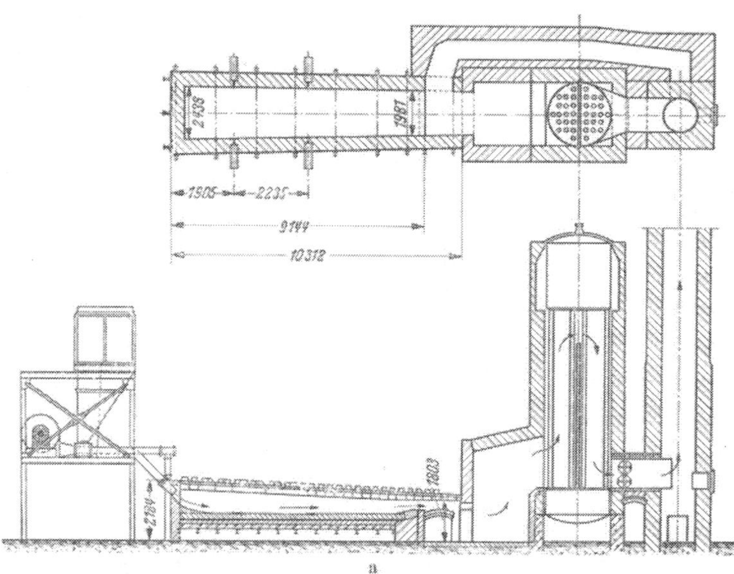

a

b

Abb. 10a u. b. Flammofen[1]

[1] Aus „American Malleable Iron". Cleveland: Malleable Founder's Society 1944.

von Glühöfen verwendet wird, findet man in einigen Fällen eine zentrale Kohlenstaubmahlanlage, der eine Trockenanlage vorgeschaltet ist. Für Öfen bis zu 20 t Fassungsvermögen genügt ein Brenner. Darüber hinaus verwendet man zwei Brenner. Eine typische Brennerkonstruktion ist aus Abb. 12 zu ersehen. Die Neigung der Flamme auf das Bad richtet sich nach der gewünschten Oxydationsgeschwindigkeit des Kohlenstoffs. Man arbeitet je nach den vorliegenden Verhältnissen mit einem Neigungswinkel von 5 bis 20°. Der Kohlenstaubverbrauch beträgt bei kaltem Einsatz etwa 50% des Satzgewichtes. Nach neueren amerikanischen Mitteilungen ist nur ein kleiner Teil der Flammöfen mit Ölbrennern ausgerüstet. Die hohe Abhitze dieser Öfen nutzt man entweder in einem dahintergeschalteten Dampfkessel aus oder zur Erhitzung der Verbrennungsluft. Bei Flammöfen, die im Duplex-Verfahren arbeiten, kann man die Abhitze auch zur Windvorwärmung des vorgeschalteten Kupolofens ausnutzen. Bei Reparaturen der Abhitzeverwertungsanlage ist diese ausschaltbar, und die Abgase gehen direkt in einen Schornstein.

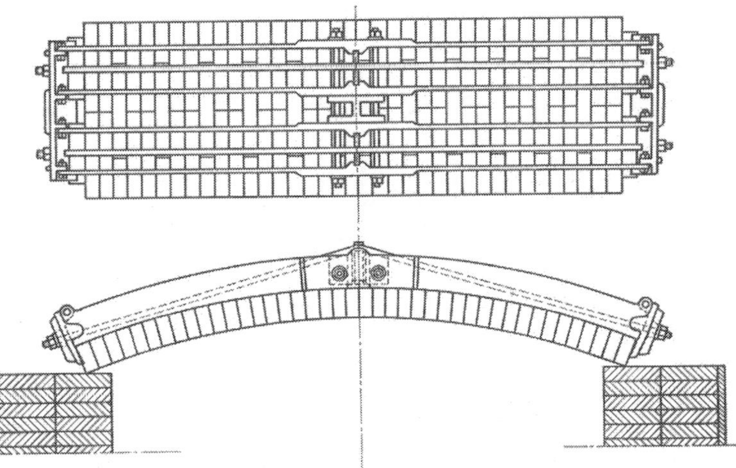

Abb. 11. Gewölbespangen

Ein kohlenstaubgefeuerter Flammofen für kleine bis mittlere Schmelzleistungen ist der BRACKELSBERG-Ofen. Er ist als horizontal liegender Drehofen ausgeführt und kann zum Chargieren und Entleeren bis in Vertikalstellung gekippt werden. Er besitzt einen ausschwenkbaren Brenner an der Stirnseite, während die Abgase an der gegenüberliegenden Seite abgeführt und gegebenenfalls in einen Rekuperator geleitet werden. Er kann sowohl mit kaltem Satz gefahren als auch im Duplex-Verfahren eingesetzt werden. Im ersteren Falle besteht der Einsatz im allgemeinen aus 45—55% Kreislaufmaterial und 55—45% Roheisen, ohne Stahlschrott. Nach Erreichung des teigig-flüssigen Zustandes wird der Ofen in Rotation versetzt. Solche Öfen werden für 2—15 t Fassungsvermögen verwendet und sind sauer zugestellt. Der Kohlenstaubverbrauch beträgt ca. 30% des Einsatzes.

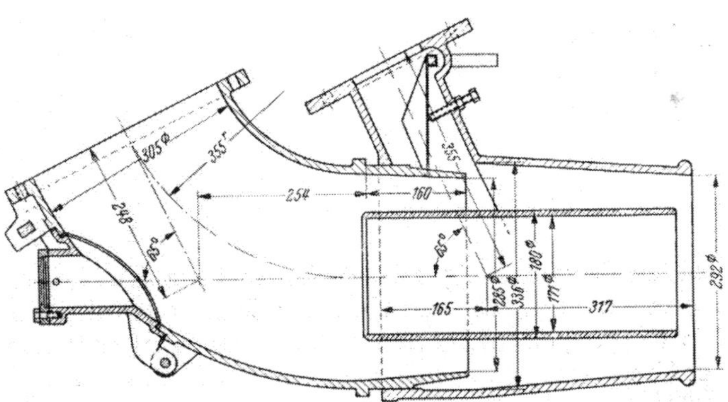

Abb. 12. Kohlenstaubbrenner

b) Duplex-Verfahren, Kupolofen-Flammofen. Beim Schmelzen im Duplex-Verfahren besteht der Einsatz im vorgeschalteten Kupolofen nach amerikanischen Angaben aus 50% Kreislaufmaterial, 20—25% Roheisen und 30—25% Stahlschrott. Das Rinneneisen hat einen Kohlenstoffgehalt von 2,8 bis 3,0%. Dieser wird im Flammofen durch entsprechende Einstellung der Flamme auf 2,2—2,8% herabgedrückt. Darüber hinaus wird das Eisen auf eine Abstichtemperatur von mindestens 1550°C überhitzt.

Neben einer genauen Einhaltung des Kohlenstoff- und Siliziumgehaltes soll der Schwefelgehalt 0,1% nicht überschreiten. Großer Wert wird auch auf einen Höchstgehalt von 0,1% Phosphor gelegt, da auch hierdurch der Temperprozeß beeinflußt wird.

Das Fassungsvermögen der Flammöfen soll doppelt so groß sein wie die stündliche Schmelzleistung des Kupolofens. Für Zweischichten-Betriebe benutzt man 2 Kupolöfen und 2 Flammöfen. Der Kupolofen wird täglich zwecks Reparatur gewechselt. Die Haltbarkeit eines Flammofens beträgt eine Woche. Größere Flammöfen werden mit 2 Abstichen versehen, um die Charge schneller entnehmen zu können.

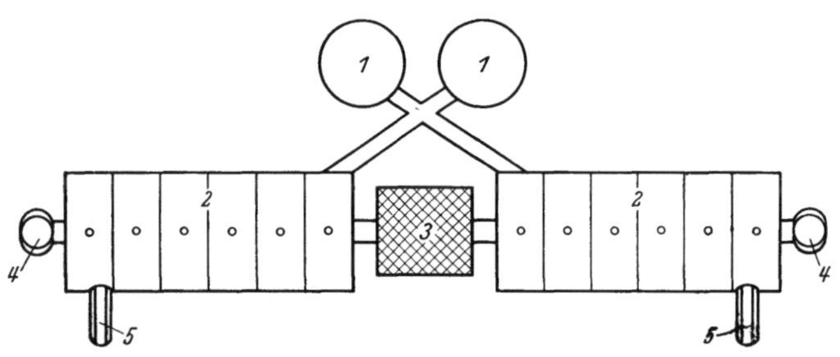

Abb. 13. Schematische Darstellung der Aufstellung von Kupolöfen und Flammöfen bei Duplexbetrieb
1 = Kupolöfen, 2 = Flammöfen, 3 = Abhitzekessel, 4 = Brenner, 5 = Abstichrinnen

Die Anordnung der Flammöfen ist so zu gestalten, daß die Kupolöfen hinter den Flammöfen stehen (Abb. 13). Bei einer größeren Zahl von Schmelzeinheiten sowie bei Benutzung eines Elektroofens werden die Öfen so in einer Reihe aufgestellt, daß das von den Kupolöfen kommende Eisen mittels einer Monorailbahn zu den Flammöfen bzw. Elektroöfen gefahren wird. Gleichzeitig dient diese Hängebahn dazu, das fertige Eisen in Pfannen aufzunehmen und es an die Gießbänder zu verteilen.

c) Duplex-Verfahren: Kupolofen-Elektroofen. Je nach den wirtschaftlichen und örtlichen Verhältnissen benutzt man auch einen sauer zugestellten Lichtbogenofen an Stelle des Flammofens. Da in diesen Öfen eine Entkohlung nicht genügend schnell erfolgt, senkt man den Kohlenstoffgehalt durch Zugabe von niedrig gekohltem Schrott, wodurch allerdings der Stromverbrauch erhöht wird. Man arbeitet mit einer möglichst dünnen Schlackendecke.

Für europäische Verhältnisse hat sich zur Erschmelzung von schwarzem Temperguß nach dem Duplex-Verfahren der Netzfrequenzofen mit einem Fassungsvermögen von 2 bis 4 t als geeignet erwiesen.

IV. Der Temperprozeß

Von der sorgfältigen Durchführung der Glühbehandlung hängt sowohl beim weißen als auch beim schwarzen Temperguß die Güte der Gußstücke in erheblichem Maße ab. Die Vorgänge während dieser Glühbehandlung werden von der Temperatur, der Zeit und der Zusammensetzung des Rohgusses weitgehend beeinflußt.

1. *Die Graphitisierungsstufen*

H. SAWAMURA und T. KIKUTA [2] haben als erste darauf hingewiesen, daß die Graphitisierung in zwei Stufen vor sich geht. Besonders deutlich sind diese Stufen bei der Glühung von schwarzem Temperguß erkennbar. In der ersten Stufe, während des Haltens auf 950 bzw. 1050 °C, zerfällt das Eisenkarbid in Temperkohle und Gammamischkristall. Man nennt diese Stufe Karbidzerfall- oder Graphitisierungsstufe. Die zweite Stufe beginnt mit der Abkühlung. Wegen der abnehmenden Löslichkeit der Gammamischkristalle für Kohlenstoff wird zunächst weitere Temperkohle ausgeschieden. Ist die Abkühlung im Bereich des Eisenkohlenstoff-Diagramms zwischen $A_{1\,\mathrm{stabil}}$ und $A_{1\,\mathrm{metastabil}}$ genügend langsam, so zerfällt auch der Gammamischkristall sowie der eutektoide Zementit vollständig in Ferrit und Temperkohle. Bei schneller Abkühlung springt die Umwandlung ins metastabile System über, so daß sich Perlit bildet. Dies gilt insbesondere bei weißem Temperguß mit niedrigem Si-Gehalt.

Beim weißen Temperguß ist also die zweite Glühstufe unvollständig ausgeprägt. Auch werden die Umwandlungen hier in gewissem Maße von der stattfindenden Entkohlung überlagert.

Die zweite Graphitisierungsstufe wird auch mit Perlitzerfall oder Ferritisierung bezeichnet.

2. *Temperaturverlauf*

Aus den im vorstehenden Abschnitt erörterten Erkenntnissen ergeben sich die entsprechenden Glühprogramme. Die Abb. 14 zeigt in schematischer Darstellung eine Gegenüberstellung je einer Temperkurve für weißen und schwarzen Temperguß. Der folgende kurze Vergleich soll lediglich zur Erläuterung der Vorgänge dienen. Genauere Einzelheiten über Temperaturen, Haltezeiten, Aufheiz- und Abkühlungsgeschwindigkeit werden in den folgenden Abschnitten 4 und 5 im Zusammenhang mit den entsprechenden Öfen angegeben.

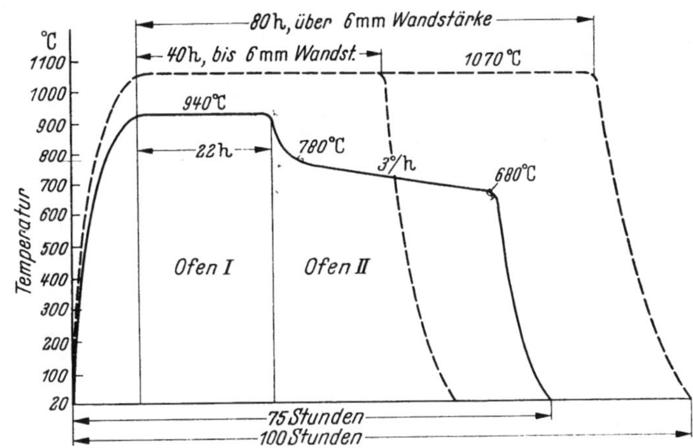

Abb. 14. Zeit-Temperatur-Kurven für das Tempern von weißem und schwarzem Temperguß

——— Glühung von schwarzem Temperguß im Doppelkammer-Elevator-Ofen
– – – – Entkohlende Glühung in Gas von weißem Temperguß im Tunnelofen

Das Aufheizen, die Haltezeit und die Abkühlungsgeschwindigkeit sind je nach den verwendeten Öfen sehr unterschiedlich. Bei der Betrachtung der Kurve für weißen Temperguß ergeben sich drei Abschnitte: das Aufheizen, die Haltezeit und die Abkühlung. Während der Haltezeit verlaufen zwei Vorgänge nebeneinander, nämlich der Karbidzerfall, also die erste Graphitisierungsstufe, und die Entkohlung. Dementsprechend wird die Länge der Haltezeit nach der Wandstärke der Gußstücke und dem gewünschten Entkohlungsgrad bemessen. Während der Abkühlungsperiode schließlich verwandeln sich die bei der Graphitisierung entstandenen Gammamischkristalle in Perlit. Die zweite Graphitisierungsstufe wird infolge der hohen Abkühlungsgeschwindigkeit (steiler Abfall der Kurve) unterdrückt.

Die Kurve für schwarzen Temperguß beginnt ebenfalls mit dem Anstieg auf Haltetemperatur. Diese liegt hier niedriger, da wegen des höheren Siliziumgehaltes der Zerfall der Karbide bereits bei niedrigerer Temperatur einsetzt. Die Haltezeit ist kürzer als beim weißen Temperguß, da keine Entkohlung stattfindet. Nach der Halteperiode fällt die Kurve zunächst verhältnismäßig steil ab bis kurz oberhalb des kritischen Bereiches zwischen $A_{1\,\mathrm{stabil}}$ und $A_{1\,\mathrm{metastabil}}$. Durch diesen Bereich hindurch muß der Temperaturabfall sehr langsam erfolgen, da man ja eine vollkommen ferritische Grundmasse anstrebt, d. h. die zweite Graphitisierungsstufe darf nicht unterdrückt werden. Auf diese Weise ergibt sich der flache Kurvenverlauf zwischen 780 und 680 °C. Unterhalb von $A_{1\,\mathrm{metastabil}}$ kann die Abkühlung wieder schnell vor sich gehen, da der einmal gebildete Ferrit keinen Umwandlungen mehr unterliegt.

3. *Einfluß der verschiedenen Elemente auf den Temperprozeß*

Silizium ist das wichtigste graphitisierende Element und hat maßgebenden Einfluß auf den Beginn des Karbidzerfalles. In Abb. 15 ist der Einfluß des Siliziumgehaltes auf die notwendige Glühtemperatur nach den Untersuchungen von H. Sawamura [*2*] sowie von Rossum und Piwowarsky [*3*] wiedergegeben. Neuere Arbeiten von J. E. Rehder [*4*] zeigen die Beziehung zwischen Siliziumgehalt, Temperatur und Glühzeit für die erste

Graphitisierungsstufe bei schwarzem Temperguß (Abb. 16). Alle Untersuchungen ergeben, daß es zweckmäßig ist, die Glühtemperatur möglichst hoch zu halten, um in kürzester Zeit das Eisenkarbid zum Zerfall zu bringen. Aus diesem Grunde hält man bei weißem

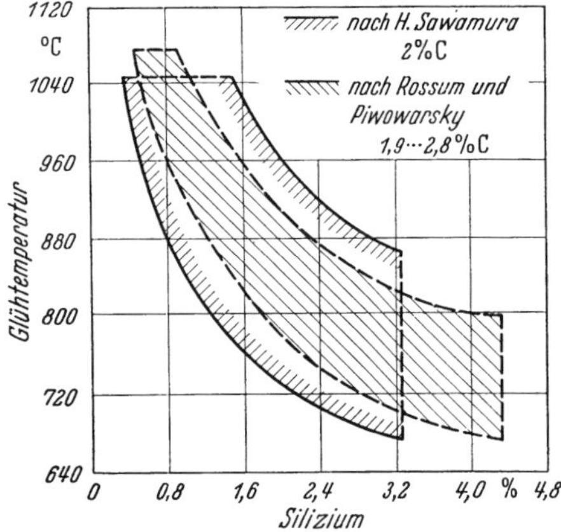

Abb. 15. Der Einfluß des Siliziumgehaltes auf die erforderliche Glühtemperatur

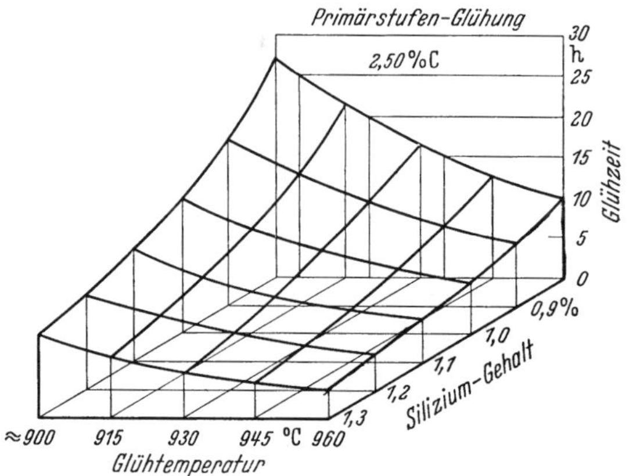

Abb. 16. Beziehung zwischen Siliziumgehalt, Temperatur und Glühzeit für die Primärglühung (nach REHDER)

Temperguß eine Temperatur von 980 bis 1050 °C ein, während man bei schwarzem Temperguß für die erste Glühstufe 940—960 °C als zweckmäßig erkannt hat. Bei schwarzem Temperguß, den man früher nur bei 900 °C glühte, hat die Erhöhung der Temperatur zu wesentlichen Abkürzungen des Glühverfahrens geführt.

Durch die Höhe des Kohlenstoffgehaltes wird der Beginn der Temperkohlebildung nur wenig beeinflußt. Es sei jedoch nochmals darauf hingewiesen, daß die Summe Kohlenstoff und Silizium nicht mehr als 3,7—3,9% betragen soll.

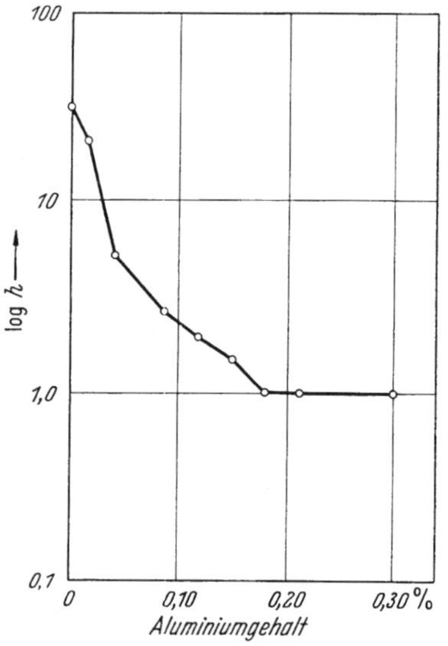

Aluminium wirkt nach R. W. HEINE [5] in ähnlicher Weise, jedoch noch stärker als Silizium. Dies ist zu berücksichtigen, wenn man — wie es oft üblich ist — dem Temperrohguß in der Pfanne Aluminium zur Desoxydation zugibt. Bei zu hohen Zusätzen kommt es leicht zu einer Graphitausscheidung im Rohguß. Die Abb. 17 zeigt den Einfluß von Aluminium auf die Glühzeit.

Abb. 17. Der Einfluß von Aluminium auf die Glühzeit (nach HEINE)

Schwefel und Mangan können nur im Zusammenhang miteinander betrachtet werden. Die beste Ausscheidungsform der Temperkohle und die optimalen Festigkeitseigenschaften werden erzielt, wenn der Schwefelgehalt durch die 1,72fache Menge an Mangan als Mangansulfid abgebunden ist. Nach Untersuchungen von OELSEN, ROESCH und WENDEL [6] hat sich gezeigt, daß die günstigste Graphitisierung bei einem geringen Manganüberschuß erfolgt, d. h. wenn der Mangangehalt $1{,}72 \times S + 0{,}2\%$ beträgt. Diese auch in der Praxis gemachte Beobachtung ist noch ungeklärt. Ein höherer Manganüberschuß beeinträchtigt in der zweiten Stufe die Ferritisierung, da Mangan ein, wenn auch schwacher, Karbidbildner ist.

Ein Schwefelüberschuß bewirkt zunächst eine Bildung von Mangansulfid-Eisensulfid-Mischkristallen. Auch dies äußert sich in einer Verzögerung der zweiten Graphitisierungsstufe.

Wird der Überschuß an Schwefel größer, so daß größtenteils Eisensulfid auftritt, dann wird die Graphitisierung sowohl in der ersten als auch in der zweiten Stufe beträchtlich erschwert. Es kann vermutet werden, daß Eisensulfid im Kristallgitter des Eisenkarbids gelöst ist und auf diese Weise den Zerfall beeinträchtigt. Metallographische Untersuchungen bestätigen diese Annahmen.

Weiterhin beobachtet man mit steigendem Schwefelüberschuß eine zunehmend sphärolithische Ausbildungsform der Temperkohle. Nach der Theorie von DE SY [7] ist dies auf das Vorhandensein von Eisensulfidkeimen zurückzuführen, während sich die

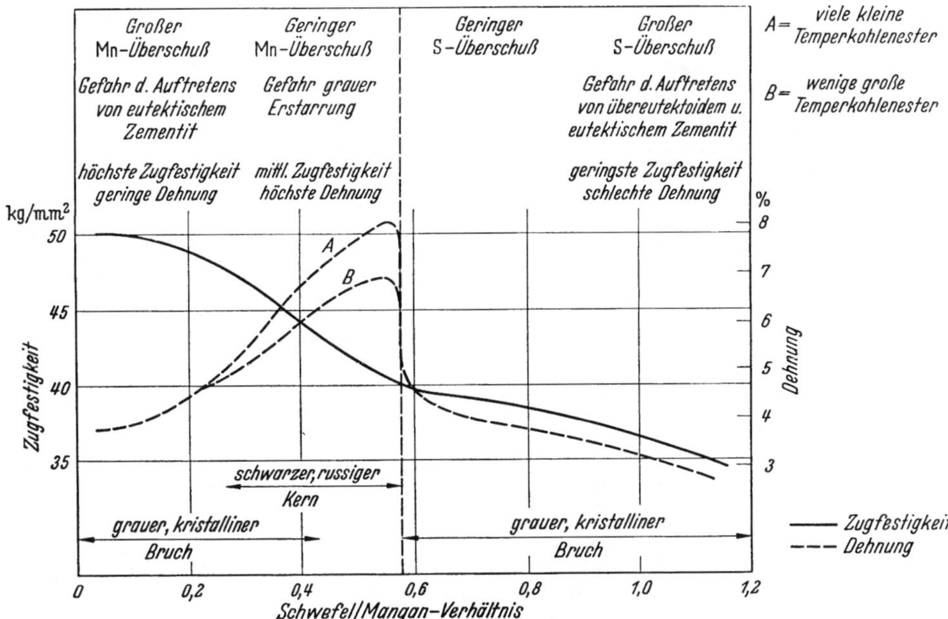

Abb. 18. Festigkeitseigenschaften und Gefügeausbildung in Abhängigkeit vom Schwefel-Mangan-Verhältnis (nach PALMER)

normale Flockenform an Mangansulfidkeimen ausbildet. Eine Übersicht über den Einfluß des Schwefel-Mangan-Verhältnisses auf das Gefüge und die Festigkeitseigenschaften zeigt das von PALMER [8] aufgestellte Diagramm in Abb. 18.

Auch amerikanische Untersuchungen zeigen, daß die Graphitisierung bei schwarzem Temperguß weniger von der absoluten Höhe des Schwefelgehaltes als vielmehr von dem Verhältnis von Schwefel zu Mangan abhängt. Aus dem Diagramm in Abb. 19 ist zu ersehen, daß fast unabhängig vom Schwefelgehalt das Optimum der Graphitisierung in der zweiten Stufe vorliegt, wenn nach Abbindung des Schwefels durch Mangan noch ein kleiner Überschuß von Mangan von etwa 0,2% vorhanden ist. Allerdings soll man wegen der zahlreichen Sulfideinschlüsse den Schwefelgehalt im Interesse der Festigkeitseigenschaften so niedrig wie möglich halten, es sei denn, daß wegen der Bearbeitbarkeit ein höherer Schwefelgehalt erforderlich ist.

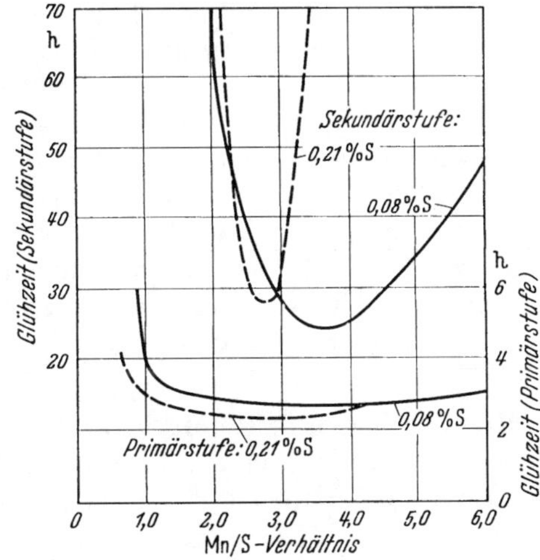

Abb. 19. Erforderliche Glühzeit in beiden Glühstufen in Abhängigkeit vom Mangan-Schwefel-Verhältnis (nach REHDER)

Chrom erschwert in Gehalten von mehr als 0,10% den Karbidzerfall erheblich. Es muß daher größter Wert auf chromfreien Einsatz gelegt werden. Unter Umständen ist man in der Lage, durch vorsichtige Erhöhung der Gehalte an graphitisierungsfördernden Elementen die schädliche Wirkung des Chroms zu vermindern.

Bor ist bereits in Gehalten von mehr als 0,003—0,005% außerordentlich stark karbidstabilisierend. In sehr kleinen Gehalten unter 0,003% jedoch begünstigt es die Graphitisierung. So werden in einer Reihe von Tempergießereien kleine Borzusätze gegeben, um den Einfluß des Chroms zu kompensieren. Es ist anzunehmen, daß die graphitisierende

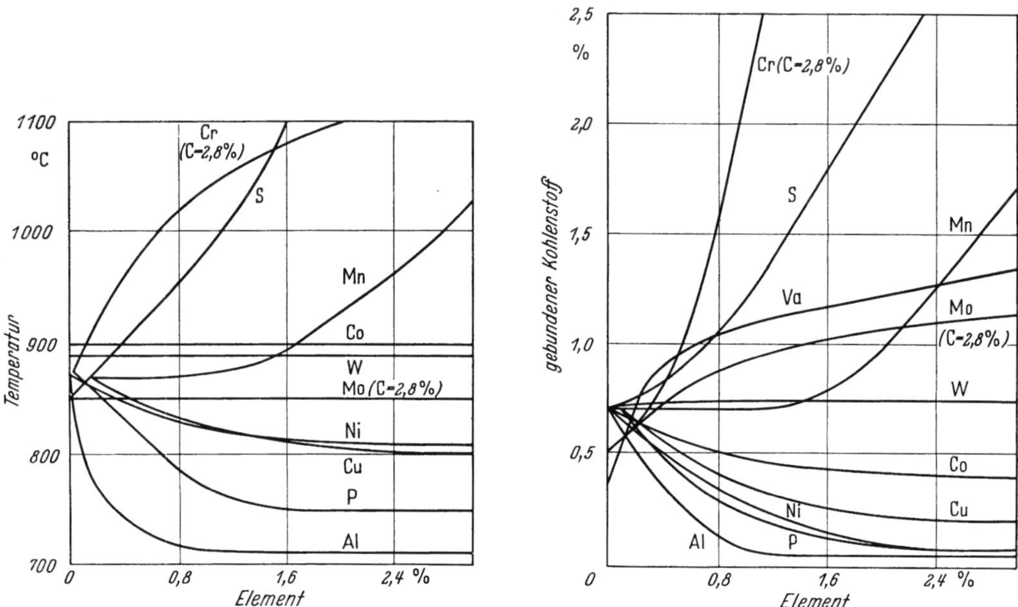

Abb. 20. Einfluß verschiedener Elemente auf den Beginn der Graphitisierung in Legierungen mit 2,8% C und 0,8% Si (nach SAWAMURA)

Wirkung kleiner Zusätze auf Desoxydationsvorgängen beruht, durch welche zusätzliche Keime gebildet werden. Tatsächlich beobachtet man eine Verfeinerung der Temperkohleausscheidungen [*9*, *10*]. H. SAWAMURA [*2*] zeigt in einem Schaubild (Abb. 20) den Einfluß verschiedener Elemente auf den Beginn der Graphitabscheidung.

4. Das Tempern von schwarzem Temperguß

Die Stücke wurden früher und werden zum Teil noch heute in Sand oder gebrauchtem Hammerschlag in Glühkästen eingepackt. Die Kästen müssen luftdicht abgeschlossen sein, damit keine Randentkohlung stattfindet. Die Gesamtglühzeit beträgt 100—120 h, wobei die Anfangstemperatur 880—920 °C beträgt. Nach einer Haltezeit von 20 bis 30 h läßt man den Ofen so langsam wie möglich abkühlen.

Auf Grund der Erkenntnisse über den Abbau des Zementits und durch Verwendung neuzeitlicher Glühöfen mit und ohne Schutzgasatmosphäre glüht man neuerdings zunächst bei 940—960 °C und kühlt dann, gegebenenfalls in einem zweiten Ofen, zwischen 780 und 680 °C mit einer Geschwindigkeit von ca. 3 °C/h ab. In einigen Fällen wird auch bei der Aufheizung eine 5—6stündige Haltezeit bei ca. 400 °C eingelegt. Eine solche Vorwärmebehandlung wirkt sich keimfördernd aus und beschleunigt die späteren Graphitisierungsvorgänge. Die verschiedenen gebräuchlichen Ofenarten werden im folgenden kurz beschrieben:

a) Kammer- und Tieföfen. Die auch heute noch üblichen Kammeröfen unterscheiden sich nur wenig von denen, die zum Glühen von weißem Temperguß benutzt werden. Das Einfahren der Tempertöpfe geschieht mittels Hubstapler oder Handwagen, wodurch sich erhebliche Transportprobleme ergeben.

Günstiger ist die Verwendung von Tieföfen, bei denen man nach Abheben der Spangen des Gewölbes die Tempertöpfe mittels Kran leicht ein- und ausheben kann. Auf gute Isolierung der Spangen ist Wert zu legen.

Ganz besondere Sorgfalt ist der Flammführung zu widmen, damit man im Ofen mit Sicherheit an allen Stellen eine gleichmäßige Temperatur erzielt. Fehler im Gefüge und damit Schwankungen der Festigkeitseigenschaften sind in der Hauptsache auf derartige Temperatur-Ungleichmäßigkeiten zurückzuführen. Die Abgaskanäle befinden sich aus diesem Grunde im Boden des Ofens, so daß die Flammgase gezwungen sind, zum kälteren Unterteil des Ofens abzuziehen. Derartige Öfen zeigt die Abb. 21. Die Anbringung von Thermoelementen an verschiedenen Stellen ist unbedingt notwendig. Der Füllfaktor solcher Öfen liegt bei 60—70%.

Abb. 21. Tieföfen zum Tempern in Erz

b) Glühöfen mit Herdwagen. Falls die örtlichen Verhältnisse (z. B. Grundwasser) die Aufstellung von Tieföfen nicht erlauben, kann man auch Öfen mit Herdwagen benutzen, die im herausgefahrenen Zustand eine leichte Beschickung und Entladung des Ofens gestatten. Um eine Torwinde zu vermeiden, kann das Tor auf dem Wagen fest montiert werden. Es ist aber darauf zu achten, daß dieses bei geschlossenem Ofen dicht anliegt, um Wärmeverluste und Verbrennung der Armierung zu vermeiden.

c) Tunnelöfen. Derartige Öfen haben sich bei bester Wärmeausnutzung besonders für große Leistungen bewährt, ohne daß die Teile in Glühkästen mit einer neutralen Füllung eingepackt zu werden brauchen. Die Stücke werden in leichten Blechkästen aus hitze-

Abb. 22. Schleuse eines Tunnelofens

beständigem Material durch Schleusen in den Ofen eingefahren. Dieses Einfahren in die Schleusen geschieht von unten her, denn nur so ist man in der Lage, ohne Störung des Gasgemisches zu arbeiten (Abb. 22). Zur Erzeugung und Unterhaltung der Atmosphäre kann

Abb. 23. Amerikanische Tunnelöfen für schwarzen Temperguß[1]

man jede Schutzgasanlage benutzen, die es gestattet, durch unvollständige Verbrennung von Leuchtgas bei Entfernung des Wasserdampfes eine Atmosphäre herzustellen, die nur aus Kohlenoxyd und Stickstoff besteht.

Der große Vorteil des Glühens unter Schutzgas besteht in der Vermeidung des Ballastes in Gestalt der dickwandigen Tempertöpfe und des Füllmittels. Auch das Einpacken der Stücke ist leichter zu bewerkstelligen, und eine Randentkohlung kann mit Sicherheit vermieden werden.

Abb. 24. Doppelkammer-Elevatorofen (Werkfoto Birlec, Birmingham)

Die Abb. 23 zeigt Tunnelöfen amerikanischer Bauart für schwarzen Temperguß Bei diesen Öfen kann durch eine gekühlte Zwischenzone die Glühkurve mit zwei Stufen gut eingehalten werden.

d) Elevatoröfen. Für mittlere Leistungen sind die in Abb. 24 wiedergegebenen Elevatoröfen besonders geeignet. Die in gelochte Blechkästen aus hitzebeständigem Material eingepackten Stücke werden auf einem Herdwagen unter den Ofen gefahren. Der Wagen wird dann mittels Seilwinden in den Ofen gehoben und verriegelt, damit die Seile während der Glühzeit entlastet werden. Eine Sandtasse sorgt für die nötige Abdichtung. Die Glühung erfolgt gemäß der betreffenden Kurve in Abb. 14, und zwar in der ersten Stufe 14—20 Stunden bei etwa 940 °C. Danach läßt man den Ofen auf ca. 800 °C abkühlen, senkt den Wagen schnell ab und fährt ihn unter den zweiten Ofen, in welchem die genau geregelte Abkühlung von 780 bis 680 °C erfolgt. Dieser zweite Ofen ist zwecks genauester Regelbarkeit sowohl mit elektrischen Heizwicklungen als auch mit Kühlrohren an der Decke des Gewölbes ausgerüstet. Je nachdem, ob die Abkühlung zu schnell oder

[1] Aus Borchart, Gießerei Bd. 39 (1952) S. 174.

zu langsam erfolgt, schaltet sich automatisch entweder die Heizwicklung ein oder ein Ventilator, der die Deckenrohre kühlt. Die Öfen haben ein Fassungsvermögen von 5 bis 15 t bei einer Glühzeit von 55 bis 60 Stunden.

e) Haubenöfen. Diese Öfen sind von sehr kleinen bis zu den größten Leistungen verwendbar. Das Glühgut befindet sich in Blechkästen auf einem feststehenden Sockel. Mittels Kran wird eine Glühhaube übergedeckt. Letztere kann sowohl elektrisch als auch durch Strahlrohre beheizt werden. Derartige Öfen (Abb. 25a und 25b) haben sich gut bewährt, erfordern aber einen schweren Kran. Der Vorteil besteht u. a. darin, daß man

a

b

Abb. 25 a u. b. Haubenöfen in geschlossenem und geöffnetem Zustand (Werkfoto Nassheuer, Troisdorf)

die Hauben in der Halle hin- und herfahren kann, um sie von einem fertiggeglühten Stapel über einen ungeglühten zu setzen. Sowohl die Elevatoröfen als auch die Haubenöfen können unter Schutzgasatmosphäre arbeiten. Eine automatische Regelanlage läßt ohne weiteres eine genaue Einhaltung der gewünschten Glühkurven zu.

f) Wärmeverbrauch. Während man bei den alten Topfglühöfen, die mit Halbgasfeuerung oder Kohlenstaub beheizt werden, mit bis zu 5×10^6 kcal/t rechnet, beträgt der Wärmeverbrauch bei den neuzeitlichen Öfen $1{,}5-2{,}5 \times 10^6$ kcal/t. Bei den elektrischen Haubenglühöfen liegt der Energieverbrauch bei 480—520 kWh/t.

g) Temperaturüberwachung. Es kann nicht genug betont werden, daß zur Erzielung eines optimalen Gefüges und damit bester Festigkeitseigenschaften und guter Bearbeitbarkeit die Gewährleistung des richtigen Temperaturverlaufes eine unbedingte Notwendigkeit ist. In bezug auf die Temperaturmeß- und Regelanlage soll man deshalb keine Kosten scheuen.

Die hohen Glühtemperaturen können bei den langen Haltezeiten, insbesondere durch undichte Schutzrohre, leicht zu einer Beeinflussung der Thermokraft führen, wodurch falsche Temperaturanzeigen entstehen. Eine ständige Überwachung der Thermoelemente durch ein geeichtes Vergleichsinstrument ist daher unerläßlich.

5. *Das Tempern von weißem Temperguß*

Während beim Glühen von schwarzem Temperguß besonderer Wert darauf gelegt wird, daß eine Entkohlung nicht stattfindet, wird beim weißen Temperguß eine möglichst weitgehende Entkohlung angestrebt, damit, insbesondere bei dünnen Wandstärken, das Gefüge nur noch aus Ferrit und Perlit besteht.

a) Physikalisch-chemische Vorgänge beim Glühen in sauerstoffabgebenden Medien. Das Glühen von weißem Temperguß erfolgt zumeist noch in Tempertöpfen, in welche die Teile sorgfältig in Roteisenstein eingepackt werden. Bisweilen wird auch Hammer- bzw. Walzenzunder verwendet, falls geeignetes Erz zu teuer ist. Man verwendet im allgemeinen gut gewaschene Siegerländer oder Nassauer Erze in einer Körnung von 5 bis 10 mm. Die Erze dürfen keinen Kalkstein ($CaCO_3$) enthalten, da hierdurch, infolge zu starken örtlichen Angebotes an Kohlensäure, pockennarbige Erscheinungen an der Oberfläche der Gußstücke auftreten können. Besonders muß darauf geachtet werden, daß die Neu- und Alterze schwefelfrei sind, da sonst die Gefahr der sogenannten *Schalenbildung* begünstigt wird. Schließlich muß der Eisen- bzw. Eisenoxydgehalt genügend hoch sein, um eine gute Frischwirkung zu gewährleisten. Die Zusammensetzung eines hochwertigen Tempererzes geht aus Tab. 5 hervor.

Tabelle 5. *Tempererz-Analysen*

Fe_2O_3	CaO	SiO_2	Mn	P	S	FeO
56—58	unter 1	35—38	0,2—0,3	0,01—0,15	Spuren	unter 1

Da das Sauerstoffangebot bei Verwendung von ausschließlich frischem Erz zu hoch wäre, so daß eine Verzunderung eintreten würde, arbeitet man mit einer Mischung aus einem Teil neuem mit 4—6 Teilen gebrauchten Erzes. Die Entkohlung geht bei der üblichen Temperatur von etwa 1000 °C nach folgenden Gleichungen vor sich:

Durch den Luftsauerstoff, der sich anfangs noch im Tempertopf befindet, wird der an der Oberfläche des Tempergutes freiwerdende Kohlenstoff zu Kohlendioxyd oxydiert:

$$C + O_2 \rightarrow CO_2 \quad (1)$$

Die Kohlensäure reagiert mit weiterem Kohlenstoff des Rohgusses zu Kohlenoxyd:

$$C + CO_2 \rightarrow 2\,CO \quad (2)$$

Dieser Frischvorgang würde in den luftdicht abgeschlossenen Öfen bzw. Tempertöpfen bald zum Stillstand kommen, wenn nicht ein Teil des Kohlenoxydes durch den Sauerstoffgehalt des Erzes wieder zu Kohlendioxyd regeneriert würde:

$$Fe_2O_3 + CO \rightarrow 2\,FeO + CO_2 \tag{3}$$

Über die Gleichungen stellt sich also, die richtige Einhaltung der Erzmischung und der Glühtemperatur vorausgesetzt, ein Kohlenoxyd-Kohlendioxyd-Gemisch ein, das gut entkohlend wirkt, jedoch nicht zu einer Zunderbildung führen kann. E. SCHÜZ und R. STOTZ [11] haben die Gaszusammensetzung im Tempertopf während der Temperung analysiert und ein Verhältnis ermittelt, wie es in Abb. 26 wiedergegeben ist.

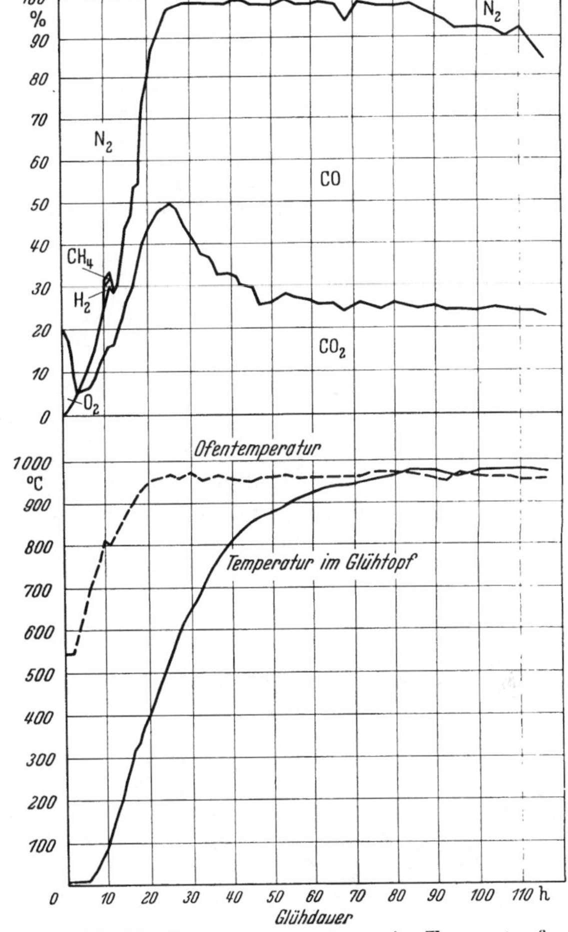

Abb. 26. Gaszusammensetzung im Tempertopf (nach SCHÜZ und STOTZ)

b) Glühöfen für das Tempern in Erz. Grundsätzlich werden auch hier die schon beim schwarzen Temperguß beschriebenen Kammer- und Tieföfen verwendet. Es kann daher auf eine nochmalige Erörterung verzichtet werden.

c) Der Verbrauch an Tempererz. Infolge des Mischungsverhältnisses von etwa 4:1 bis 6:1 ergibt sich ein Erzverbrauch von 150 bis 220 kg pro Tonne Glühgut, wenn man voraussetzt, daß man etwa 1000 kg Erzmischung zum Einpacken von 1000 kg Gußstücken benötigt. Das Erz wird nach dem Ausschlagen der Temperkästen mittels eines Polygonsiebes von Staub und Feinanteilen befreit. Auch besteht die Möglichkeit, das gebrauchte Erz wieder aufzufrischen, indem man es unter freiem Himmel den Witterungseinflüssen aussetzt, wodurch eine weitgehende Reoxydation bewirkt wird. Hierzu muß allerdings ein genügend großer gepflasterter Platz zur Verfügung stehen, auf dem das Erz verteilt und von Zeit zu Zeit umgepflügt werden kann.

Eine andere sehr gut arbeitende Methode wurde von R. GNADE [12] entwickelt. Das Erz wird dadurch regeneriert, daß man es in einem 2—3 m langen Drehofen auf Rotglut erhitzt und Luft durchbläst. Es tritt eine so hohe Wärmereaktion ein, daß der einmal eingeleitete Prozeß von selbst weiterläuft. Das alte Erz wird auf der einen Seite der Trommel ständig in kleinen Mengen zugegeben, während auf der anderen Seite das aufoxydierte Gut die Trommel verläßt. Es kann mit diesem Verfahren eine 90%ige Regenerierung des Erzes erreicht werden.

d) Der Verbrauch an Tempertöpfen. Infolge der langen Glühzeit bei hoher Temperatur ist der Verbrauch an Tempertöpfen außerordentlich hoch und stellt einen erheblichen Kostenfaktor dar. Zumeist verwendet man Kästen aus Stahlguß mit einer Wandstärke von 30 bis 50 mm. Kästen aus hitzebeständigem Material haben sich nicht als wirtschaftlich erwiesen, da die Warmfestigkeit auch bei austenitischen Stählen bei 1000 °C nicht so hoch ist, daß die Verwendung legierter Stahlqualitäten gerechtfertigt wäre. Derartige Kästen zundern zwar nicht, doch werden sie durch starkes Verwerfen im Laufe der Zeit unbrauchbar. Darüber hinaus unterliegen nickelhaltige Stähle mit 25—28% Cr und 10—20% Ni einer beträchtlichen Korrosion durch den Schwefelgehalt der Heizgase, während nickelfreie Stähle mit 25—30% Cr so spröde sind, daß sie sehr bald durch Auftreten von Rissen unbrauchbar werden.

Temperkästen von kleinerem Fassungsvermögen werden bisweilen auch aus Temperguß hergestellt. Die Haltbarkeit ist jedoch mit 20—30 Glühungen verhältnismäßig gering.

Temperkästen müssen absolut lunkerfrei und dicht gegossen sein, da lunkerige oder schwammige Stellen, die nach dem Abzundern der äußeren Schicht an die Oberfläche kommen, die Zerstörung der Kästen beschleunigen.

In vielen Fällen hat sich ein Schutzanstrich gut bewährt, der aus einer Mischung von Zement und Wasserglas besteht. Nach Entfernung der Zunderschicht werden die Kästen dreimal mit einer solchen Mischung gespritzt, wobei die Lösung zwischendurch jeweils antrocknen soll. Mit Hilfe dieses Mittels kann man Stahlgußtöpfe bis zu 50mal benutzen.

Auf sorgfältige Flammführung innerhalb des Ofens muß geachtet werden, damit keine örtliche Überhitzung eintritt. Sowohl in Kammer- als auch in Tieföfen sollen die Brenner so angebracht sein, daß die Flammen zwischen den Töpfen durchschlagen können.

6. Das Glühfrischen in Gasatmosphäre

Im Gegensatz zum schwarzen Temperguß war die Entwicklung von Gastemperöfen für weißen Temperguß mit weit größeren Schwierigkeiten verbunden, da hier die Ofenatmosphäre an den chemischen Reaktionen beteiligt ist und somit einer ständigen Regenerierung bedarf. Darüber hinaus bringen auch die gegenüber Schwarzguß höheren Glühtemperaturen gewisse ofenbautechnische Schwierigkeiten mit sich.

Nach eingehenden physikalisch-chemischen Untersuchungen und langwierigen Vorarbeiten wurden in der Bergischen Stahl-Industrie in Remscheid, zusammen mit der Firma Indugas in Essen, kontinuierlich arbeitende Tunnelöfen entwickelt, während zu gleicher Zeit die englische Firma Birlec in Birmingham Elevatoröfen für diskontinuierlichen Betrieb erstellte.

a) Physikalisch-chemische Vorgänge. Die Ofenatmosphäre muß bezüglich ihres Kohlenoxyd-Kohlendioxyd-Verhältnisses wenig oberhalb der Linie *a* in Abb. 27 liegen, d. h. bei einer Glühtemperatur von etwa 1000 °C muß das Verhältnis $CO : CO_2$ 3,0—3,3 betragen. Man kann so bis auf Spuren von Kohlenstoff entkohlen, ohne auch bei noch so langem Glühen eine Verzunderung befürchten zu müssen. Die Einhaltung dieser Gaszusammensetzung in direkt beheizten, völlig gasdichten Öfen geschieht dadurch, daß ständig kleine Luftmengen durch mehrere Düsen an der Decke des Ofens eingeblasen werden. Mit der Luft gelangen auch beträchtliche Mengen an Stickstoff in den Ofen. Zwar wird das richtige Verhältnis von Kohlenoxyd zu Kohlendioxyd dadurch nicht verändert, jedoch wird das Gemisch verdünnt, so daß die Entkohlungsgeschwindigkeit herabgesetzt wird, da sich der Stickstoff nicht an der Entkohlung beteiligt. Man könnte den Stickstoffballast durch Einblasen von reinem Sauerstoff vermeiden, jedoch erweist sich dieses Verfahren als zu teuer. Wirtschaftlicher ist es, gleichzeitig mit der Luft Wasserdampf einzuführen. Dies geschieht dadurch, daß die einzublasende Luft über heißes Wasser geleitet wird. Die Zundergrenze bei einem Wasserstoff-

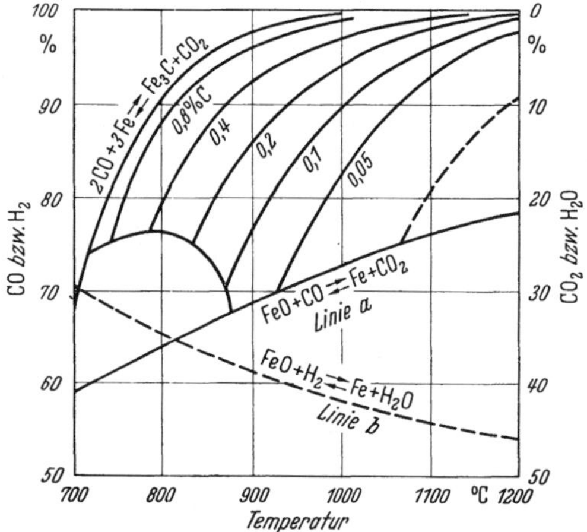

Abb. 27. Gleichgewichtsbedingungen für die chemisch-physikalischen Vorgänge beim Temperprozeß (nach W. Baukloh)

Wasserdampf-Gemisch ist ebenfalls aus der Abb. 27 (Linie *b*) zu ersehen. Bei dem Tempern von dicken, nicht völlig entkohlten Wandstärken kann allerdings der Karbidzerfall durch hohe Wasserstoffgehalte in der Glühatmosphäre verzögert werden. Der Vorteil eines Zusatzes von Wasserdampf liegt also dort, wo es in erster Linie auf die Entkohlung ankommt.

Eine derartige Ofenatmosphäre, bestehend aus Kohlenoxyd, Kohlendioxyd, Wasserstoff und Wasserdampf, kann mit dem Kohlenstoff des Temperrohgusses nach folgenden Gleichungen reagieren:

$$C + O_2 \rightleftharpoons CO_2 \qquad (1)$$

$$C + CO_2 \rightleftharpoons 2\,CO \qquad (2)$$

Regenerierung:

$$CO + {}^1/_2 O_2 \rightleftharpoons CO_2 \qquad (3)$$

$$C + H_2O \rightleftharpoons CO + H_2 \text{ Wassergasreaktion} \qquad (4)$$

Regenerierung:

$$CO + H_2O \rightleftharpoons CO_2 + H_2 \qquad (5)$$

Der Schwefel des Rohgusses kann mit dem Wasserstoffgehalt der Atmosphäre reagieren nach der Gleichung:

$$MnS + H_2 \rightarrow H_2S + Mn \qquad (6)$$

Die Reaktion nach Gleichung (6) kann sich nur unmittelbar an der Gußoberfläche auswirken.

Auch aus der Wassergastafel nach G. NEUMANN [*13*] (Abb. 28) ist das Verhältnis von $CO : CO_2$ und $H_2 : H_2O$ abzulesen, welches notwendig ist, um bei der betreffenden Temperatur im Gebiet der Eisenreduktion zu liegen. In Tunneltemperöfen beträgt die Gaszusammensetzung: 25—27% CO, 8—9% CO_2, 20—25% H_2 und 13—15% H_2O, Rest Stickstoff.

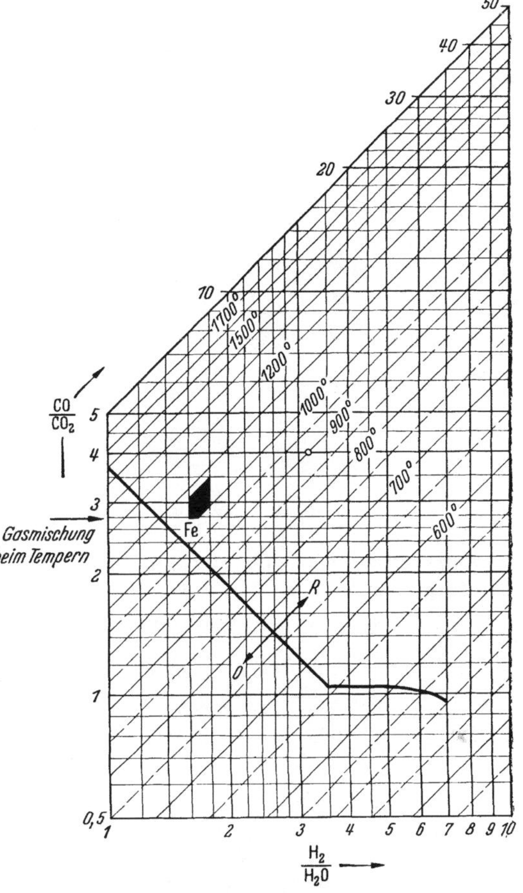

Abb. 28. Wassergastafel (nach G. NEUMANN)

Bei den diskontinuierlich arbeitenden Elevatoröfen kann man im Anfang mit einem stärker entkohlenden Gemisch arbeiten, da das Kohlenstoffangebot zu Beginn der Glühung noch höher ist. D. h., man kann zuerst die Linie *a* in Abb. 27 etwas unterschreiten.

Maßgebend für die Entkohlungsgeschwindigkeit ist neben dem Gasgemisch die Glühtemperatur. Nach den Untersuchungen von BAUKLOH, F. SCHULTE und H. FRIEDERICHS [*14*] steigt die Diffusionsgeschwindigkeit des Kohlenstoffs sehr stark mit der Temperatur an. Bei einer Wandstärke von 4 mm beträgt danach die Entkohlungsgeschwindigkeit bei 950 °C in Gramm pro m^2 und h: 2,5; bei 1000 °C: 7,5; bei 1050 °C: 12,0 und bei 1100 °C: 20,0. Aus diesem Grunde geht man beim Gastempern mit der Temperatur so hoch, wie es die Heizelemente vertragen können. Es wird zumeist bei 1050—1070 °C geglüht. Beim Tempern in Erz ist dieses nicht möglich, da bei so hohen Temperaturen das Erz zu stark an den Guß anbacken würde. Es muß jedoch auch beim Gastempern berücksichtigt werden, daß die Warmfestigkeit des Glühgutes bei derart hohen Temperaturen sehr gering ist, so daß die Stücke bei ungeeigneter und zu hoher Packung leicht deformiert werden können.

b) Elevatoröfen. Einen solchen Ofen (Bauart Birlec) zeigt die Abb. 29. Die Gußstücke werden auf einem gut isolierten Herdwagen gestapelt (Abb. 30). Durch zwischengelegte, auf kleinen Blöckchen ruhende Bleche wird vermieden, daß die Gußstücke beim Glühen deformiert werden. Nach dem Hochfahren des Herdes in den Ofen wird aufgeheizt und zur Einstellung der richtigen Atmosphäre Luft eingeblasen. Die Kohlenoxyd enthaltenden Abgase werden unter einem auf dem Ofen befindlichen kleinen Wasserkessel verbrannt.

Abb. 29. Birlec-Elevatorofen (Werkfoto Birlec, Birmingham)

Dieser Kessel dient dazu, die eingeblasene Luft mit Wasserdampf anzureichern. Man erhält auf diese Weise eine selbsttätige Regulierung der Atmosphäre, denn gegen Ende der Glühung, wenn der Kohlenstoff der Gußstücke größtenteils vergast worden ist, nimmt

Abb. 30. Mit Gußstücken bepackter Herdwagen[1]

auch die Intensität der Flamme unter dem Wasserkessel ab. Die Wassertemperatur sinkt, d. h. die eingeblasene Luft enthält weniger Wasserdampf.

Die Abkühlung der Öfen geschieht unter Luftabschluß, so daß eine Zunderung nicht eintritt. Derartige Öfen werden mit einer Monatsleistung von bis zu 80 t gebaut.

[1] Aus Borchart, Gießerei Bd. 39 (1952) S. 172.

c) Tunnelöfen. Diese Öfen (Abb. 31) sind aus wärmetechnischen Erwägungen besonders für große Leistungen geeignet. Ein Querschnitt durch den Ofen der Bauart

Abb. 31. Tunnelofen zum Tempern von weißem Temperguß (Bauart BSI-Indugas)

BSI und Indugas ist aus Abb. 32 zu ersehen. Die Beheizung geschieht entweder elektrisch oder, falls Koksofengas zur Verfügung steht, durch Strahlrohre. Letztere sind an den seitlichen Wänden des Ofens angebracht. In dem oberen Teile eines jeden Rohres ist ein kleiner Rekuperator eingehängt, der die starke Abhitze ausnutzt, um die Verbrennungsluft auf etwa 500 °C vorzuwärmen. Die Strahlrohre bestehen aus austenitischem Chrom-Nickel-Stahl mit 25% Cr und 15% Ni. Sie sind entweder gewalzt oder geschleudert und können im Dauerbetrieb auf 1100 °C erwärmt werden. In der Decke des Ofens befinden sich langsam laufende Ventilatoren, in deren Nähe auch die Düsen zum Einblasen des Luft-Wasserdampf-Gemisches angebracht sind. Die Achsen der Ventilatoren sind luftgekühlt.

Die Gußstücke kommen in gelochte Blechkästen, die ihrerseits, auf einen Rost stehend, nach festgelegtem Fahrplan mittels eines hydraulischen Drückers vorgeschoben werden. Das Einfahren in die Schleuse erfolgt von unten her, denn nur so ist es möglich, eine Störung der Ofenatmosphäre durch Zutritt von Fremdluft zu vermeiden. Zur Herstellung der Kästen kann ohne weiteres dünnes, unlegiertes Eisenblech ver-

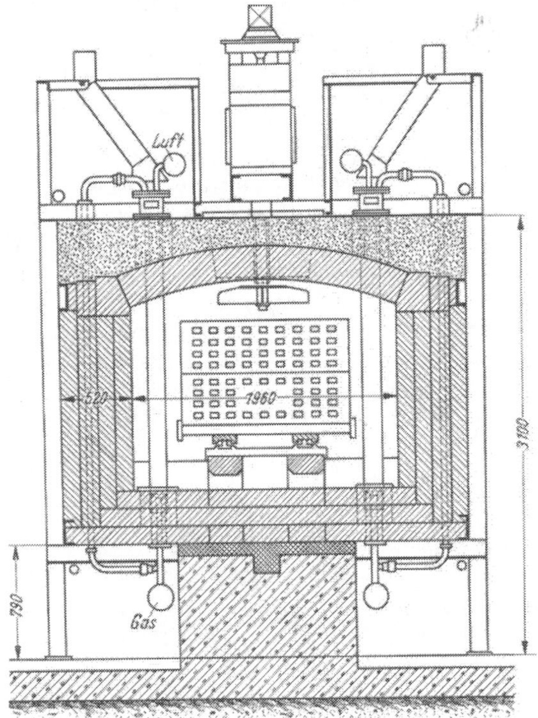

Abb. 32. Querschnitt durch den Ofen in Abb. 31

wendet werden, da in dem vorliegenden Gasgemisch eine Verzunderung nicht stattfinden kann.

Die Abb. 33 zeigt den Wasserbehälter zur Erzeugung des Wasserdampfes. Je nach dem gewünschten Wasserdampfgehalt in der Ofenatmosphäre wird die Wassertemperatur durch elektrische oder Gasbeheizung eingestellt.

Abb. 33. Wasserbehälter zur Einstellung des H_2O/H_2-Verhältnisses in der Temperatmosphäre

d) Wirtschaftlichkeitsbetrachtung. Die wirtschaftlichen Vorteile des Gastemperns liegen auf der Hand. Wie bereits im Vorstehenden gesagt, benötigt man beim Erztempern etwa 150 kg Neuerz pro Tonne Guß, ein Kostenfaktor, der beim Gastempern vollkommen wegfällt. Das sorgfältige Einpacken der Gußstücke in das Erz bereitet ebenfalls nicht unbeträchtliche Kosten. Es besteht ferner die Gefahr, daß bei zu hoher Glühtemperatur das Erz an den Guß anbackt. Beim Gastempern benötigt man an Stelle des Erzes lediglich einen kleinen Ventilator sowie den in Abb. 33 abgebildeten Wasserkessel.

Besonders stark ins Gewicht fallend ist der Verbrauch an Tempertöpfen beim Glühen in Erz. Bei den hohen Glühtemperaturen kann man mit einem Verschleiß von 50 bis 100 kg Tempertöpfe pro Tonne Guß rechnen. Beim Gastempern hingegen hat man nur insofern einen Verlust an Blechkästen, als sich diese im Laufe der Zeit so stark verziehen, daß ein Richten nicht mehr lohnt. Der Verlust beträgt jedoch nur etwa 5 kg pro Tonne Guß.

Tabelle 6. *Vergleich zwischen Erz- und Gastemperöfen*

Ofenart	Fassungsvermögen t	Monatsleistung* t	Energieverbrauch			Verbrauch an Kästen, Erz usw. pro t Glühgut
			Ferngas** Nm³/t	Strom kWh/t	Wärme kcal/t	
Tiefofen in Erz	20	100	700—900	—	3—4 × 10^6	50 kg Kästen 175 kg Erz
Tunnelofen strahlrohrbeheizt, BSI Remscheid	10	150—200	300—600	—	1,2—2,5 × 10^6	5 kg Kästen 1 kg Cr-Ni-Guß
Elevatorofen, elektr. beheizt Birlec, Engl.	5—7	50—70	—	1000—1200	0,9—1,1 × 10^6	wie oben

* Je nach Wandstärke des Glühgutes
** H_u = 4000 WE

Besonders wichtig ist der Mehrverbrauch an Wärme, der beim Tempern in Erz dadurch verursacht wird, daß ein unnötiger Ballast in Gestalt der schweren Tempertöpfe und des Erzes mit erhitzt werden muß. Aus der Tab. 6 sind diesbezüglich Vergleichszahlen zu ersehen.

Darüber hinaus ergeben sich noch zahlreiche weitere Vorteile, die sich jedoch nicht in konkreten Zahlen ausdrücken lassen. So ist man z. B. durch die künstliche Einstellung der Ofenatmosphäre von den natürlichen Schwankungen in der Erzzusammensetzung unabhängig. Die Überwachung der Ofenatmosphäre geschieht durch selbsttätig registrierende Analysenschreiber. Durch die entschwefelnde Wirkung des Wasserstoffs (vgl. Gl. (6) auf S. 183) wird die gefürchtete Schalenbildung wirksam unterbunden.

V. Sonstige Tempergußarten

Perlitischer Schwarzguß (pearlitic malleable)

Auf Grund der Tatsache, daß die Festigkeitseigenschaften und das Verschleißverhalten von Schwarzguß für eine Reihe von Beanspruchungen nicht ausreichend sind, hat in den letzten Jahren der sogenannte perlitische Temperguß in zunehmendem Maße Anwendung gefunden. Der Werkstoff hat nach der Warm- behandlung ein mehr oder weniger rein perlitisches Grundgefüge mit eingelagerter Temperkohle. Die Rohgußanalyse ist meist die gleiche wie bei schwarzem Temperguß. Mitunter wird der Gehalt an karbidstabilisierenden Elementen (Mangan, Chrom, Molybdän) etwas höher gehalten, um die Graphitisierung der zweiten Stufe zu hemmen, also den Zerfall des Perlits zu verhindern. Die Temperung geschieht unter Luftabschluß oder Schutzgas. Eine Entkohlung wie beim weißen Temperguß findet also nicht statt. Nach der Wärmebehandlung zur ersten Graphitisierungsstufe bei 950 °C folgt eine beschleunigte Abkühlung durch den kritischen Temperaturbereich zwischen 800 und 680 °C, um den Perlitzerfall zu unterdrücken. So gibt man z. B. die Gußstücke nach vollständiger erster Graphitisierung auf Kühlbänder und läßt kalte Luft darüber streichen. Man erhält so im Mikrogefüge einen großen Anteil an feinlamellarem Perlit. Ist aus betrieblichen Gründen die Lufthärtung im Anschluß an die erste Graphitisierung nicht möglich, so kann der hohe Perlitanteil im Gefüge durch Nachbehandlung der bereits fertig getemperten Teile erhalten werden. Hierzu erhitzt man zweckmäßig die Gußstücke auf 850 bis 900 °C und führt je nach Wandstärke und Formgebung eine Luft- oder Ölabkühlung durch. Hierbei ist zu beachten, daß die Haltezeit lange genug ist, damit genügend Temperkohle von der Grundmasse zur späteren Perlitbildung gelöst werden kann. Nach dieser Wärmebehandlung sind die mechanischen und technologischen Eigenschaften in jedem Falle direkt abhängig von dem Anteil an gebundenem Kohlenstoff im Gefüge. Nimmt man die Brinellhärte als Maß für den Anteil an gebundenem Kohlenstoff, dann ist die direkte Abhängigkeit zwischen Grundgefüge und resultierender Festigkeit aus dem Diagramm in Abb. 34 zu ersehen. Die Vorteile dieses Werkstoffes bestehen in der besseren Festigkeit, dem günstigeren Streckgrenzenverhältnis sowie den guten Verschleißeigenschaften. Ein typisches Anwendungsgebiet für perlitischen Temperguß sind Bremstrommeln.

Güteklasse	Zugfestigkeit kg/mm²	Streckgrenze kg/mm²	Dehnung %	Brinellhärte H_B
45010	46	32	10	163—207
45007	48	32	7	163—217
48004	49	34	4	163—228
50007	53	35	7	179—228
53004	56	37	4	137—241
60003	56	42	3	197—255
80002	70	56	2	241—269

Abb. 34. Festigkeitseigenschaften von perlitischem Temperguß (nach ASTM A 220—55 T)

VI. Sonderbehandlungen für spezielle Verwendungszwecke

1. Wärmebehandlung und Vergütung

a) Umkörnungsglühung. Weißer Temperguß kann bei dicken Wandstärken im Kern neben lamellarem Perlit Spuren von Primärzementit enthalten. Durch die sogenannte Umkörnungsglühung bei etwa 750 °C mit langsamer Ofenabkühlung wird sowohl der restliche Primärzementit als auch der lamellare Perlit feinkörnig gemacht. Dieses Gefüge besitzt eine hohe Festigkeit und Dehnung, verbunden mit guter Bearbeitbarkeit.

b) Vergütung. Für die Möglichkeiten zur Vergütung ist das Ausgangsgefüge bzw. dessen Kohlenstoffgehalt maßgebend. Daher sprechen dünne, weitgehend entkohlte Wandstärken auf eine Vergütungsbehandlung nicht an. Im übrigen ist sowohl Luft- als auch Ölvergütung möglich. Durch die Vergütungsbehandlung ergibt sich eine beträchtliche Erhöhung von Streckgrenze und Kernfestigkeit sowie ein günstigeres Streckgrenzenverhältnis.

c) Oberflächenhärten. Hierbei wird eine sehr harte Oberflächenschicht mit einem nachfolgenden steilen Härteabfall zum Inneren des Stückes angestrebt. Von den verschiedenen Tempergußarten läßt sich der Schwarzguß im gewissen Maße oberflächen-brennhärten, da hier über den gesamten Querschnitt gleichmäßige Konzentration der Legierungsbestandteile, insbesondere des Kohlenstoffs, gegeben ist. Als Ausgangsgefüge empfiehlt sich feinkörniger Perlit, der durch eine Umkörnungsglühung erzielt wurde. Die oberflächliche Erwärmung kann sowohl mit offener Flamme als auch induktiv erzielt werden.

Behandlungsart	GTW_{40}		GTS_{38}
	< 7	> 7	alle Wanddicken
Vergüten	bedingt	ja	ja
Härten			
Einsatz	ja	bedingt	*entfällt*
Durchhärten	*entfällt*	bedingt	ja
Aufstreu-Salzhärten	ja	ja	*entfällt*
Induktionshärten	*entfällt*	bedingt	ja
Flammhärten	*entfällt*	bedingt	ja

Abb. 35. Vergüten und Härten von Temperguß (nach F. Roll)

In Abb. 35 sind die verschiedenen Möglichkeiten der Wärmebehandlung, getrennt nach Tempergußart und Wandstärke, schematisch zusammengestellt.

2. Schweißen

Grundbedingung für die Schweißbarkeit ist die Erzielung eines flußstahlähnlichen Gefüges. Abgesehen von der Möglichkeit der Beseitigung von Schönheitsfehlern durch Schweißen lassen sich alle Tempergußsorten für konstruktive Verbindungsschweißung nach dem Widerstandsabschmelzverfahren verbinden, wenn eine thermische Nachbehandlung zur Beseitigung der Aufhärtung innerhalb der Wärmeeinflußzone vorgenommen wird.

Nach dem Elektroschweißverfahren läßt sich der schwarze Temperguß unter Verwendung von Gußeisenzusatzwerkstoff schweißen. Der weiße Temperguß hingegen ist praktisch nach allen Verfahren schweißbar, wenn sein Gefüge ferritisch ist und die chemische Zusammensetzung einen niedrigen Silizium- und Schwefelgehalt aufweist. Diese Voraussetzung ist jedoch nur bei den weitgehend entkohlten dünnen Wandstärken gegeben. Bei weniger entkohltem Material, d. h. bei dicken Wandstärken von weißem Temperguß und bei schwarzem Temperguß führt der hohe Kohlenstoffgehalt zu einer Aufhärtung und Versprödung der Schweißzone. Der Zusatzwerkstoff entspricht normalerweise dem Walzstahl St 37.

Besonders im Fahrgestellbau der Automobilindustrie hat sich der weiße Temperguß GTW 40 (Sondergüte) [*15*] bewährt, da er entgegen allen anderen Tempergußarten in Querschnitten bis zu etwa 9 mm ohne jede thermische Nachbehandlung verschweißt werden kann. Ein Vergleich des Härteanstieges in der Schweißzone zwischen normalem Temperguß und der schweißbaren Sondergüte ist in Abb. 36 wiedergegeben. Wo die oben angeführten Voraussetzungen nicht gegeben sind, also für den normalen Temperguß GTW 35 und 40 nach DIN 1692, ist, zumindest für hohe Beanspruchung, das Hartlöten dem Schweißen vorzuziehen. Die Abb. 37 zeigt die Möglichkeiten des Schweißens von Temperguß in schematischer Gegenüberstellung.

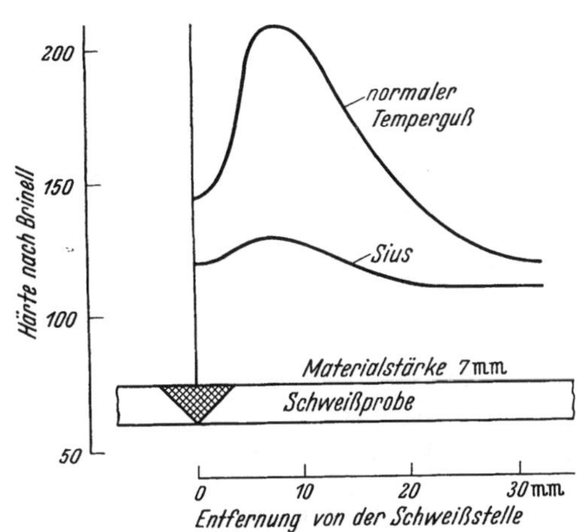

Abb. 36. Härteanstieg durch Schweißen bei normalem Temperguß und GTW 40 (Sondergüte) „Sius“

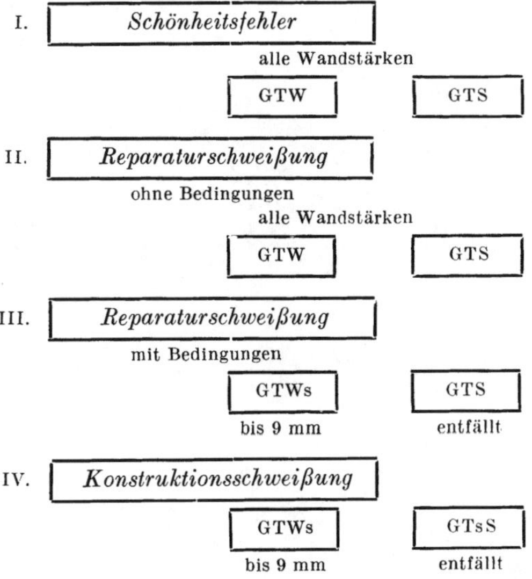

Abb. 37. Möglichkeiten des Schweißens von Temperguß (nach F. Roll)

3. *Korrosionsschutz*

Zum Korrosionsschutz gegen Wasser und Atmosphärilien läßt sich Temperguß sowohl galvanisch als auch tauchverzinken [*16*]. Die Gußstücke müssen eine absolut saubere und oxydfreie Oberfläche haben, um einen dichten und gut haftenden Überzug und damit einen wirksamen Korrosionsschutz zu erzielen. Die Teile werden deshalb vorher einer Beizung und Behandlung mit schmelzflüssigem Ammonchlorid unterzogen, letzteres ausschließlich beim Feuerverzinken. Neben dem Verzinken kommen auch Lack- und Bitumenüberzüge zur Anwendung.

VII. Fehlererscheinungen an Tempergußstücken

Die beim Temperguß auftretenden Fehlererscheinungen sind einzuteilen in solche, die auf die Erschmelzung und Zusammensetzung des Rohgusses zurückzuführen sind, und solche, deren Ursache im Tempervorgang zu suchen ist.

Graphitausscheidungen im Rohguß beruhen darauf, daß die Summe der graphitisierenden Elemente den Wert von 3,7 bis 3,9% übersteigt. Der Kohlenstoff liegt dann in sogenannten Nestern in blättriger Form vor (Abb. 38). Man bezeichnet solchen Rohguß als faulbrüchig, Die Festigkeitseigenschaften werden erheblich beeinträchtigt.

Sprünge und Risse können verschiedene Ursachen haben. Auf die sogenannten Inzuchterscheinungen wurde bereits in dem Abschnitt über die Erschmelzung im Kupolofen hingewiesen. Auch ein unachtsames Abschlagen der Trichter kann zur Bildung von derartigen Fehlern führen. Gußstücke mit großen Wandstärkenunterschieden sind für Spannungsrisse besonders empfindlich. Solche Stücke soll man nach Möglichkeit warm ausleeren und nach dem Abschlagen der Trichter möglichst schnell in einen auf 600–700 °C erhitzten Ofen bringen, worin sie langsam und spannungsfrei abkühlen können.

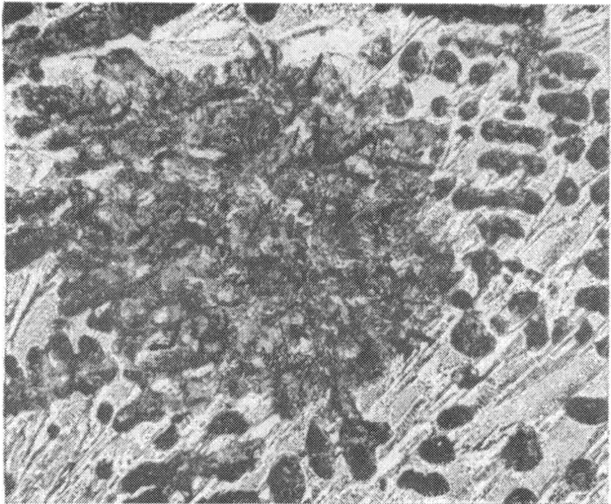

Abb. 38. Faulbrüchiges Mikrogefüge (Graphitnest) ×200

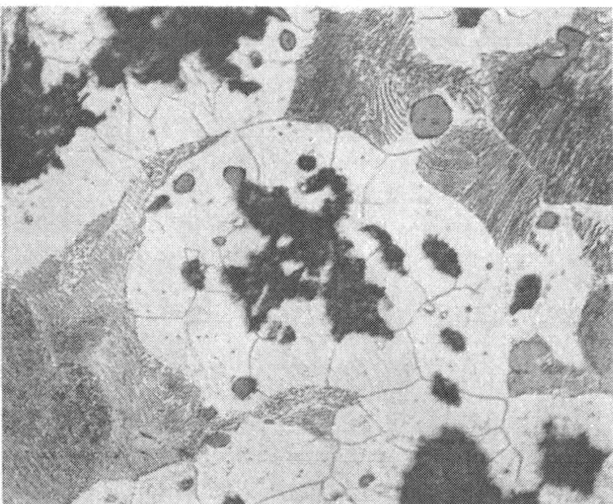

Abb. 39. Ochsenaugengraphit ×200

Abb. 40. Restzementit an den Korngrenzen ×200

„*Ochsenaugen*" (Abb. 39) nennt man eine Erscheinung, die sich in Form von mehr oder weniger starken Ferrithöfen um die Temperkohleflokken äußert. Es handelt sich dabei um eine unvollständige zweite Graphitisierungsstufe. Die Ursache kann sowohl in unzweckmäßiger Temperaturführung beim Tempern als auch in einem zu hohen Gehalt an Graphitbildnern bestehen. Bei dicken Wandstärken kann allerdings eine gewisse Ferritbildung unter Umständen sogar erwünscht sein.

Restzementit (Abb. 40) findet sich im Gefüge von Gußstücken, die zu schwach getempert worden sind. Durch derartige Karbideinschlüsse, die oft netzförmig an den Korngrenzen verlaufen, wird die Zähigkeit und Bearbeitbarkeit des Gusses beeinträchtigt. Eventuell kann auch ein zu hoher Chromgehalt die Ursache sein. Solche Fehler kann man im allgemeinen durch nochmaliges Tempern beheben.

Schalenbildung. Diese Erscheinung drückt sich in einer Abblätterung einer dünnen Oberflächenschicht unter Biegebeanspruchung aus. Es handelt sich dabei um eine Schwefelanreicherung in der Randzone, die meist auf zu hohem Schwefelgehalt des Mischerzes beruht (Pyritgehalt). Auch undichte Tempertöpfe, die den Eintritt schwefelhaltiger Verbrennungsgase ins Innere ermöglichen, können die Ursache sein. Bei fortgeschrittener Entkohlung wird, insbesondere bei dünnwandigen Teilen, bei zu hohem Schwefelgehalt des Gusses eine Eisensulfidschicht gebildet, die eine Behinderung der Kohlenstoffdiffusion bewirkt. Das dann fehlende Kohlenstoffangebot führt zu einer Oxydation der Randzone.

Beim Tempern im Gasstrom ist wegen der entschwefelnden Wirkung des Wasserstoffs keine Schalenbildung zu befürchten.

Perlitrand. Besonders bei dünnwandigen Teilen erhält man bisweilen in dem sonst völlig entkohlten ferritischen Material eine dünne perlitische Randzone. Die Ursache dieser Erscheinung ist eine Verschiebung der Gaszusammensetzung zu höheren CO-Gehalten gegen Ende des Temperprozesses, wenn man mit zu hohem Anteil an Alterz arbeitet.

Beim Abkühlen der Gußstücke in dieser Atmosphäre findet dann eine Aufkohlung der Oberfläche statt, entsprechend der Gleichung

$$2\,CO + 3\,Fe \rightleftharpoons Fe_3C + CO_2 \quad \text{(vgl. Abb. 27)}$$

Es handelt sich hierbei um einen ähnlichen Vorgang wie bei der Gaseinsatzhärtung.

Eine bei schwarzem Temperguß auftretenden Fehlerscheinung ist der sogenannte *Bilderrahmenbruch*. Es handelt sich dabei um eine Entkohlung der Randzone, deren Ursache im allgemeinen in einer ungeeigneten Zusammensetzung der Glühatmosphäre zu suchen ist. Eine zweckentsprechende Ofenatmosphäre darf nur sehr wenig Kohlendioxyd, Wasserdampf und Wasserstoff enthalten. Das Kohlenoxyd-Kohlendioxyd-Verhältnis muß mindestens 9:1 betragen. Darüber hinaus ist auf einen luftdichten Abschluß der Glühöfen oder -behälter besonders zu achten.

VIII. Festigkeitseigenschaften

1. *Statische Festigkeitseigenschaften*

In Abb. 41 sind die charakteristischen Festigkeitseigenschaften von weißem und schwarzem Temperguß einander gegenübergestellt. Beim weißen Temperguß ergibt sich eine starke Abhängigkeit der Werte von dem Grad der Entkohlung und damit von der Wandstärke, während bei schwarzem Temperguß keine derartigen Unterschiede vorliegen.

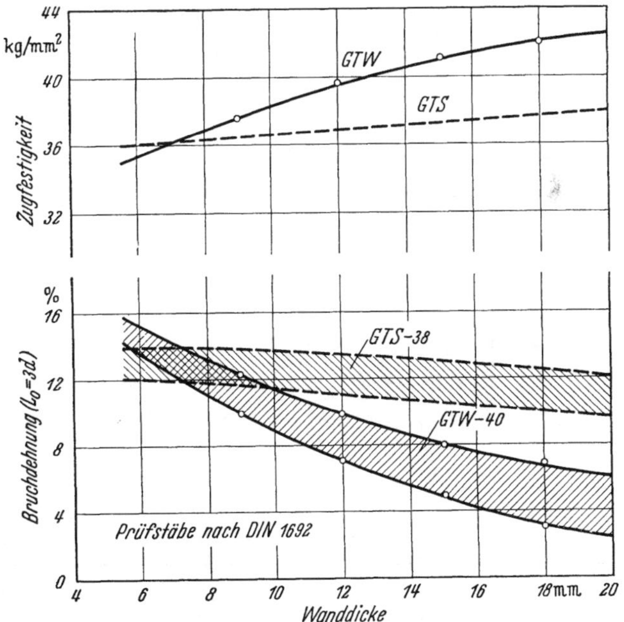

Abb. 41. Zugfestigkeit und Bruchdehnung von weißem und schwarzem Temperguß (nach ROESCH-ROLL, Werkstoffhandbuch Stahl u. Eisen)

Zur Prüfung der Festigkeitseigenschaften werden getrennt vergossene Probestäbe verwendet, bei denen der Prüfquerschnitt durch genügend starke Masseln lunkerfrei gehalten wird. Die Abb. 42 zeigt die Gießanordnung. Die Abmessungen der Stäbe ist aus Abb. 43 zu ersehen.

Bei schwarzem Temperguß kommt man im allgemeinen mit dem 12 mm-Stab mit einer Meßlänge von $L = 3 \times d$, entsprechend ASTM A 197–47, zur Ermittlung der Festigkeitseigenschaften aus. Beim weißen Temperguß ist es jedoch erforderlich, die Zerreißstäbe den beanspruchten Gußstückquerschnitten anzupassen. Man verwendet neben dem 12 mm-Stab noch solche von 9 und 15 mm Durchmesser. Die Mindestfestigkeitswerte nach DIN 1692 sind aus der nachstehenden Tab. 7 zu ersehen. Bei einwandfreier Zusammensetzung des Rohgusses und richtiger Warmbehandlung werden diese Werte zumeist erheblich überschritten [*17*].

Zusätzlich zu der Prüfung an Zerreißstäben ist eine technologische Prüfung zu empfehlen. Zu diesem Zweck kann man nach amerikanischem Vorbild einen Keil verwenden. Durch Umschlagen der Spitze kann man diesen mehr oder weniger weit aufrollen. Für

Abb. 42. Gießanordnung für Probestäbe

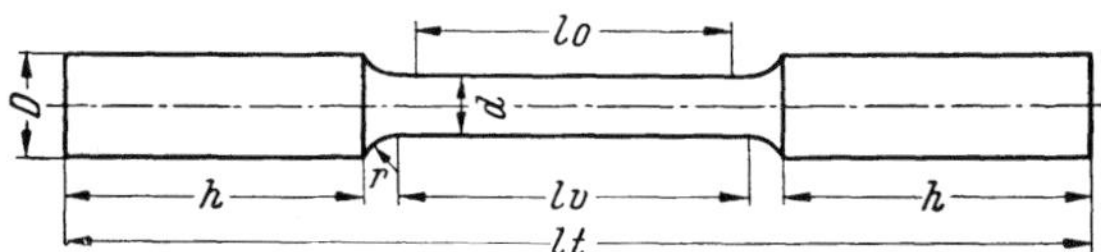

Nenn-durchmesser d	Nenn-querschnitt F_2	Stabkopf		Meßlänge $L_0 = 3\,d$	Versuchslänge L_v	Gesamtlänge L_t[1]	Radius der Hohlkehle r
		Durchmesser D	Höhe h[1]				
mm	mm	mm	mm	mm	mm	mm	mm
9	63,6	13	40	27	30	120	6
12	113,1	16	50	36	40	150	8
15	176,7	19	60	45	50	180	8

[1] Höhe h mindestens so groß, daß die Beißkeile auf ihrer ganzen Länge fassen können; L_t wird dadurch entsprechend länger.

Abb. 43. Abmessungen der Probestäbe (nach DIN 50149)

Abb. 44. Prüfung der Zähigkeitseigenschaften durch Kaltverformung

dünnwandige Stücke nimmt man ein Ausschußteil und schlägt dieses auf dem Amboß so weit platt, bis ein Riß auftritt (Abb. 44). Diese Prüfverfahren lassen bereits eine weitgehende Beurteilung der Qualität des erzeugten Materials zu.

Tabelle 7. *Festigkeitseigenschaften von GTW und GTS* (nach DIN 1692)

Güteklasse	Maßgebende Wanddicke des Gußstückes mm	Probestabdurchmesser d mm	WEISSER TEMPERGUSS: Markenbezeichnung nach DIN 17006 Blatt 4 (bisher nach DIN 1692)	Streckgrenze kg/mm² (mindestens)	Zugfestigkeit kg/mm² (mindestens)	Bruchdehnung auf $L = 3d$ % (mindestens)	SCHWARZER TEMPERGUSS: Markenbezeichnung nach DIN 17006 Blatt 4 (bisher nach DIN 1692)	Streckgrenze kg/mm² (mindestens)	Zugfestigkeit kg/mm² (mindestens)	Bruchdehnung auf $L = 3d$ % (mindestens)
Handelsüblicher Temperguß	4 bis 9	9	GTW 35 (TeG 92)	—	34	6	GTS-35	—	35	10
	über 9 bis 13	12		—	35	4				
	über 13 bis 18	15		—	36	3				
	über 18 bis 40	18		—	36	3				
Hochwertiger Temperguß	4 bis 9	9	GTW 40 (TeW 92)	21	38	10	GTS-38 (TeS 92)	22	38	12
	über 9 bis 13	12		22	40	5				
	über 13 bis 18	15		22	41	3				
	über 18 bis 40	18		22	41	3				

2. *Dynamische Festigkeitseigenschaften*

Da viele Gußstücke einer Schwingungsbeanspruchung ausgesetzt sind, haben in den letzten Jahren auch die dynamischen Festigkeitswerte immer mehr Beachtung gefunden. In Abb. 45 sind eine Anzahl von Richtwerten zusammengestellt, aus denen hervorgeht,

Beanspruchung kg/mm²	Te W 92 unvergütet Gußhaut	unvergütet poliert	vergütet Gußhaut	vergütet poliert
Biegewechselfestigkeit σw	14	17	16	20—22
Biegedauerhaltbarkeit σw_{Kerb}	11	12	n. b.	14
$\frac{\sigma w}{\sigma B}$	0,5	0,5	0,5	0,55
Kerbwirkungszahl $\beta K_b = \frac{\sigma w}{\sigma w_{\text{Kerb}}}$	1,26	1,42	n. b.	1,42—1,57
Verdrehwechselfestigkeit τw	14	16	n. b.	n. b.

Beanspruchung kg/mm²	Te S 92 unvergütet Gußhaut	unvergütet poliert	vergütet Gußhaut	vergütet poliert
Biegewechselfestigkeit σw	13	15	16	18
Biegedauerhaltbarkeit σw_{Kerb}	9	10	n. b.	18
$\frac{\sigma w}{\sigma w}$	0,5	0,5	0,5	0,5
Kerbwirkungszahl $\beta K_b = \frac{\sigma w}{\sigma w_{\text{Kerb}}}$	1,45	1,50	n. b.	1,41
Verdrehwechselfestigkeit τw	12	13	n. b.	15

Abb. 45. Hochwertiger Temperguß. Dynamischer Festigkeitswert (nach F. ROLL)

daß der Temperguß gegen dynamische Beanspruchungen sehr widerstandsfähig ist. Schlagbiegeversuche mit der ungekerbten DVM-Probe ergaben für schwarzen Temperguß ca. 5—6 mkg/cm². Bei nahezu völlig entkohltem weißen Temperguß trat ein Bruch nicht ein. Bei nicht so stark entkohltem weißen Temperguß lagen die Werte je nach dem Grad der Entkohlung zwischen 25 und 5 mkg/cm².

IX. Bearbeitbarkeit

Die Bearbeitbarkeit hängt in starkem Maße vom Gefüge ab. Beim weißen Temperguß ist bei dünnen Wandstärken der Kohlenstoff fast ganz entfernt, so daß das Gefüge nur aus Ferrit, wenig Perlit und einigen Resten Temperkohle besteht. In diesem Zustande liegt zwar höchste Zähigkeit vor, jedoch *schmiert* ein derartiges Material beim Gewindeschneiden. Aus diesem Grunde muß, ähnlich wie beim Automatenstahl, ein genügend hoher Schwefelgehalt vorliegen. Dieser bildet mit dem Mangan spröde Mangansulfide, die beim Bearbeiten mit Schneidwerkzeugen den Span unterbrechen. Bei stark entkohltem Material, wie z. B. bei Fittings, ist daher ein Schwefelgehalt von 0,20% erwünscht. Es besteht auch die Möglichkeit, weniger stark zu entkohlen, so daß der Perlitanteil 40—50% beträgt; jedoch ist dann die Dehnung nicht so gut.

Bei dicken Wandstärken nimmt der Anteil an Perlit bei weißem Temperguß zu, so daß das Gefüge nur noch aus Perlit und Temperkohle besteht. Um auch hierbei eine gute Bearbeitbarkeit zu erzielen, empfiehlt sich eine Glühung von mehreren Stunden bei 740—750 °C und möglichst langsamer Abkühlung. Durch diese Glühbehandlung wird der lamellare Perlit in körnigen Perlit umgeformt. Dieser besitzt eine geringere Brinellhärte und damit eine bessere Bearbeitbarkeit.

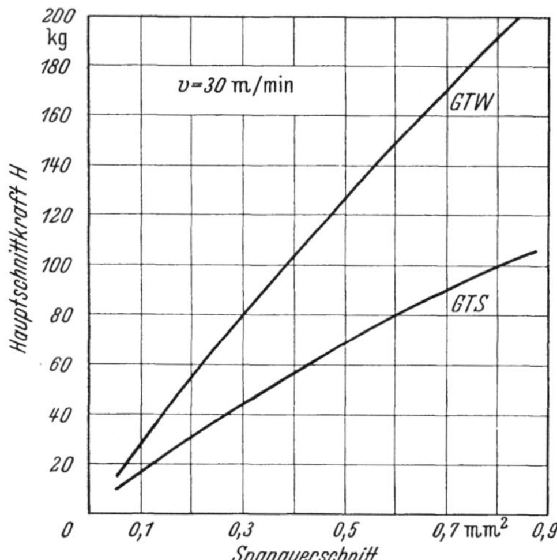

Abb. 46. Hauptschnittkraft und Spannquerschnitt bei weißem und schwarzem Temperguß (nach SCHALLBROCH und WALLICHS)

Treten im Kern von dickwandigen Tempergußteilen infolge einer ungenügenden Temperung oder begünstigt durch übermäßige Chromgehalte Zementitreste auf, so kann die Haltbarkeit der Schneidwerkzeuge stark herabgesetzt werden. In einem solchen Falle ist eine zweite kurze Temperung zweckmäßig.

Bei der Bearbeitung ist zu beachten, daß es für die Haltbarkeit der Werkzeuge besser ist, wenn diese genügend Material vorfinden und nicht an Stellen mit Untermaß auf der rauhen Oberfläche kratzen.

Beim schwarzen Temperguß, dessen Gefüge nur aus Ferrit und Temperkohle besteht, liegen bei dünnen als auch bei dicken Querschnitten gleichmäßig günstige Bedingungen vor. Die zahlreichen Temperkohleknötchen sowie die durch den höheren Siliziumgehalt bedingte größere Sprödigkeit des Ferrits unterbrechen den Span und ergeben eine saubere Bearbeitungsfläche. Obwohl das Gefüge des schwarzen Tempergusses sich in seinen Bestandteilen nur wenig von dem des geglühten, sphärolithischen Gußeisens unterscheidet, ist die Bearbeitbarkeit des ersteren etwas besser.

In der Abb. 46 sind nähere Angaben über die Bearbeitbarkeit der beiden Tempergußarten wiedergegeben.

X. Anwendungsgebiete für Temperguß

Tempergußteile werden in Stückgewichten von wenigen Gramm bis zu 50, bei schwarzem Temperguß bis zu 100 kg hergestellt. Die Hauptanwendung liegt dort, wo bei dünnwandigen Teilen eine gute Vergießbarkeit und saubere Oberfläche verlangt wird bei Festigkeitseigenschaften, die denen von Stahlguß nahe kommen. Der Temperguß besitzt also sowohl die leichte Vergießbarkeit des Graugusses einerseits und eine dem Stahlguß ähnliche Zähigkeit andererseits.

Ein großes Absatzgebiet für Temperguß ist der *Kraftwagenbau*. Hier findet dieses Material Anwendung für: Hinterachsgehäuse (Abb. 47), Bremstrommeln (Abb. 48),

Lenkgehäuse, Bremsbackenhalter u. a. Besonders die Möglichkeit, schweißbaren Temperguß in Schweißkonstruktionen zu verwenden, macht man sich im Kraftfahrzeugbau zu nutze. Die Abb. 49 zeigt die aus schweißbarem Temperguß und Stahlrohr bestehende Hinterachse des Volkswagens nach durchgeführtem Schlagbiegeversuch. Bei der Verwendung für Bremstrommeln ist das gute Verschleißverhalten bei gleichzeitig hohem Dämpfungsvermögen von Vorteil.

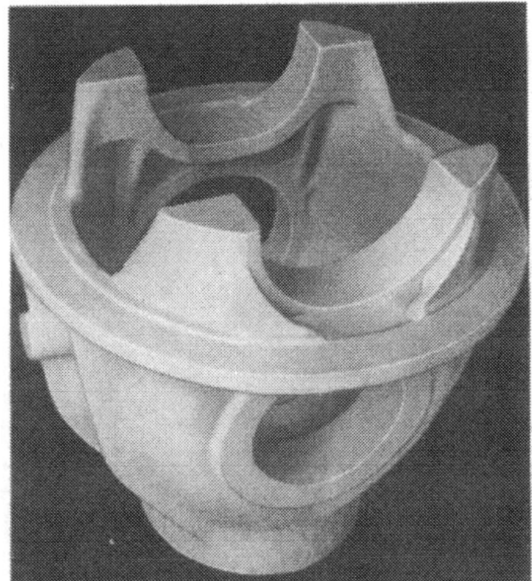

Abb. 47. Hinterachsgehäuse

Im *Landmaschinenbau* werden zahlreiche Teile aus Temperguß hergestellt, die wegen der Art der Beanspruchung, z. B. durch Stoß, nicht aus Grauguß gefertigt werden können.

In der *Starkstromtechnik* findet Temperguß bei den Isolatorenkappen der Hochspannungsleitungen Anwendung (Abb. 50). Die hohen Beanspruchungen, z. B. bei Sturm und Frost, erfordern einen besonders hochwertigen Temperguß.

Ein großes Anwendungsgebiet sind die *Rohrverbindungsteile* (Fittings und lösbare Schraubverbindungen) (Abb. 51) für die Installation von Wasser- und Gasleitungen, aber auch auf anderen Gebieten, wie Motorad-, Roller-, Regal-, und Gerüstbau u. a. Trotz aller Entwicklung der Schweißtechnik werden derartige Verschraubungsteile noch viel verwendet. Das Aufschrauben auf Rohre und die bei der Installation auftretenden Zug- und Biegebeanspruchungen erfordern ein Material höchster Zähigkeit. Es empfiehlt sich, jeden Fitting durch eine Druckprobe mittels Luft auf Dichtigkeit zu prüfen. Die deutsche Produktion an Fittings umfaßt etwa 30—50000 Tonnen pro Jahr. Es gibt etwa 50000 verschiedene Fittingsteile, von denen ca. 5000 als gängig bezeichnet

Abb. 48. Bremstrommel

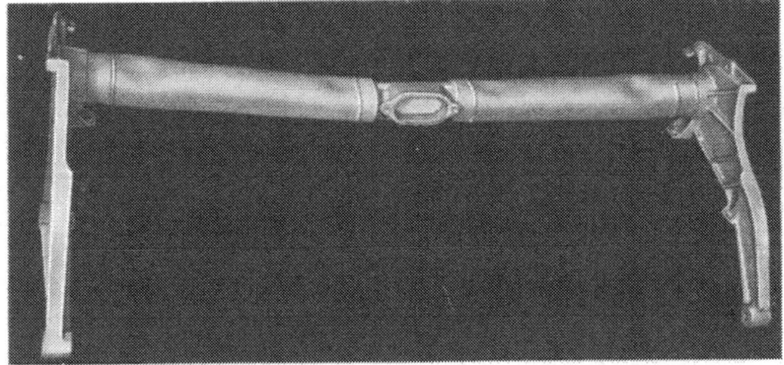

Abb. 49. Aus Temperguß und Stahlrohr geschweißte Volkswagenhinterachse nach durchgeführtem Schlagbiegeversuch

Abb. 50. Hochspannungsisolatorenkappen

werden können. Die Verwendung der Fittings erfolgt meist in schwarzer oder feuerverzinkter Ausführung.

Bei dem Bau von *Transportketten* sind es insbesondere die Verschleißeigenschaften und die Korrosionsbeständigkeit, die den Temperguß empfehlen.

Guter Absatz liegt auch bei einfachen Teilen, wie z. B. Seilklemmen, Haushaltsmaschinen, Gartengeräten u. dgl. vor. Es würde den Rahmen dieser Ausführungen überschreiten, wenn man auf alle Anwendungsmöglichkeiten von Temperguß im einzelnen eingehen wollte. Eine Übersicht über die Hauptabsatzgebiete vermittelt die Zusammenstellung in Abb. 52.

Bei dünnwandigen Teilen zeigt der weiße Temperguß Vorteile, da infolge weitgehender Entkohlung höchste Zähigkeit erreicht wird. Bei dickwandigen Stücken, die man aus wirtschaftlichen Gründen nicht völlig bis zum Kern entkohlen kann, ist der schwarze Temperguß vorzuziehen.

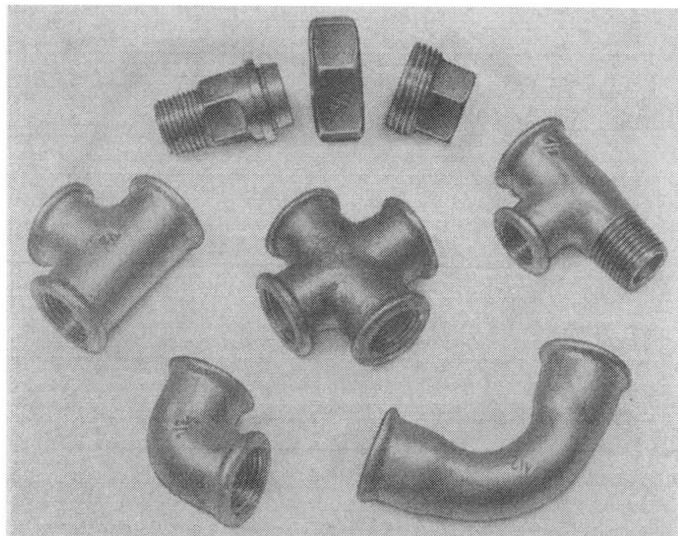

Abb. 51. Fittings aus weißem Temperguß

Etwa $^2/_3$		Etwa $^1/_3$
Fahrzeug Bau	Fördereinr.	Fittings
Landmasch. B.	Nähmasch. B.	
Allg. Masch. B.	Allg. Elektr. Techn.	
Eisenbahnt.	Chem. App. B.	
Textilmasch. B.	Schiffs B.	
Hochsp. Arm.	Meßwerkz.	
	Beschläge usw.	

Abb. 52. Verwendungsgebiete von Temperguß (nach F. ROLL)

XI. Bohrguß

Es handelt sich hierbei um eine Abart des Tempergusses mit besonders hohem Kohlenstoff und Siliziumgehalt. Bohrguß findet fast auschließlich für den Guß von Schlüsseln Anwendung, deren Schaft anschließend ausgebohrt wird. Der hohe Anteil an Kohlenstoff und Silizium führt nach dem Tempern zu einem stark graphithaltigen Kern mit ferritischer Randzone, so daß die Bohrung in dem weichen Kerngefüge leicht durchgeführt werden kann. Darüber hinaus hat dieses Material wesentlich bessere Laufeigenschaften, so daß auch sehr kleine und dünne Schlüssel gegossen werden können. Der Temperprozeß ist wegen der durch den höheren Siliziumgehalt bedingten besseren Zerfallseigenschaften der Karbide entsprechend kürzer.

Literatur

[*1*] M. TILLEY: The Foundry Vol. 80 No. 11 Nov. 1952 S. 108ff. — [*2*] H. SAWAMURA: Suiyokwaishi, Kyoto Imp. Univ. 4 (1924) Nr. 5/8. KIKUTA, T.: Sci. Rep. Tohoku Univ. 15 (1926) S. 115/55. — [*3*] PIWOWARSKY, E., u. Mitarb.: Gießerei 25 (1938) S. 584. — [*4*] REHDER, J. E.: Amer. Foundrym. 20 (1951) Nr. 1 S. 51/56. — [*5*] HEINE, R. W.: The Foundry Cleveland 77 (1949) Nr. 8 S. 74/78 u. 229/30. — [*6*] OELSEN, W., K. ROESCH u. E. WENDEL: Gießerei, Techn. Wissenschaftl. Beihefte H. 14 Dez. 1954 S. 735ff. — [*7*] DE SY, A.: Amer. Foundrym. 19 (1949) S. 55/62. — [*8*] PALMER, S. W.: Foundry Trade Journal 83 (1947) Nr. 1622 S. 87/94; Nr. 1623 S. 107/13; Nr. 1624 S. 129/35. — [*9*] MIKSCH, J. E., H. A. FABERT u. G. M. COVER: Americ. Foundrym. 14 (1948) Nr. 8 S. 30/36. — [*10*] KLEIN, U., u. K. ROESCH: Gießerei 42 (1955) H. 19 S. 507/15. — [*11*] SCHÜZ, E., u. R. STOTZ: Temperguß. Berlin: Springer 1930. — [*12*] D.R.P. 767779. — [*13*] NEUMANN, G.: Arch. Eisenhüttenwesen 14 (1940/41) S. 429/38. — [*14*] BAUKLOH, F. SCHULTE u. H. FRIEDERICHS: Arch. f. Eisenhüttenwesen 16 (1942/43) S. 341/54. — [*15*] BP 691,687, BP 729,275. — [*16*] BABLIK: Feuerverzinken. Wien: Springer (2. Aufl. in Vorb.). — [*17*] ROLL, F.: Gießerei 37 (1950) S. 34—39.

Der Kunstguß

Von **Peter Lipp**, Wetzlar

Mit 23 Abbildungen

I. Vom Wesen des Kunstgusses

KURT BIMLER, Breslau, der fein empfundene Betrachtungen über „Die Modelleure der Gleiwitzer Eisenkunstgießerei" geschrieben hat, und dem wir auch die Beschreibungen des Lebensweges der beiden oberschlesischen Bildhauer THEODOR ERDMANN KALIDE und AUGUST KISS verdanken, hat das Wort geprägt: „*Der Eisenkunstguß ist der liebenswerteste Sproß des Eisenhüttenwesens.*"

Der kunstliebende Techniker und der Künstler sind an dem Aufgabengebiet des Kunstgusses lebhaft interessiert. Es gehört nicht so sehr in den Rahmen dieser Abhandlung, die Gründe hierfür zu untersuchen. Es mag jedoch hervorgehoben werden, daß der Kunstguß in seinem Gesamtbegriff dem Menschen mehr bedeutet und über Jahrhunderte und Jahrtausende rückschauend gesehen bedeutete, als nur eine liebenswerte Aufgabe bzw. eine Abart einer technischen Aufgabe, nämlich des Vergießens von Metallen.

Abb. 1. Der *Koloß von Rhodos*, gezeichnet von MARTIN DE VOS im Jahre 1605. — Von dieser gewaltigen Kolossalstatue des klassischen Altertums sind uns nur Beschreibungen überliefert. Danach war die in Bronze gegossene Statue 35 m hoch. Sie dürfte mindestens 200 t gewogen haben. Diese Kolossalstatue zählt zu den Weltwundern des Altertums. Im Jahre 224 vor Christi Geburt stürzte sie um, nachdem sie nur 60 Jahre gestanden hatte

Der Kunstguß ist geistig gesehen eine Manifestation des Willens zur Gestaltung von künstlerischen Aussagen im Metall.

Es möge kurz erinnert sein an die gewaltigen Gußwerke des Fernen Ostens — an jene haushohe Buddhastatue, an die Gußwerke der Antike, voran an den Koloß zu Rhodos (Abb. 1), der zu den Weltwundern des Altertums zählte, an die großen Standbilder der Renaissance, die im Wachsausschmelzverfahren gegossen wurden und an den Künstler und Gießer Benvenuto Cellini (1500—1570), dessen Lebensbeschreibung Goethe übersetzte.

Wenn das fließende Metall in eine Form rinnt, so nimmt es erstarrend das positive Bild der negativen Form an. Man kann den Wunsch verstehen, in dieser Form Zierat anzubringen, Zeichen und Symbole. Hier mögen die Anfänge des Kunstgusses zu suchen sein.

Wir kennen im Herdguß gegossene Platten, welche die Hände des Formers zeigen, die dieser aus Lust oder Laune flach in die Sandform eindrückte (Abb. 2).

Es gibt Ofenplatten, die den Abdruck von Tauen zeigen, als Begrenzung oder Unterteilung von Flächen, fast wie bei der sogenannten *Schnurkeramik* (Abb. 3).

Eine Erweiterung der Möglichkeiten bedeutete die Verwendung handgeschnitzter *Holzmodel* in Form von Stempeln, die in die Sandform eingedrückt werden konnten, bis dann später ganze in Holz geschnittene Bildplatten, die sogenannten *Model*, zum Eindrücken in den aus Formsand bereiteten Herd benutzt wurden.

In diesen frühen Zeiten gestaltete der Künstler bereits in Eisen. Er war es, der den *Model* schuf und wahrscheinlich den Guß selbst vornahm oder doch zumindest beaufsichtigte. Die Härte der künstlerischen Form, die sich durch das Schnitzen von selbst ergab, war ihm gerade recht und dem Werkstoff *Eisen* gemäß.

Abb. 2. Stück einer alten Ofenplatte mit Handabdruck

Abb. 3. Ofenplatte aus dem Jahre 1580 mit dem Wappen der Grafen Manderscheid. Der untere Teil der Platte ist durch den Abdruck eines Taues abgegrenzt (Buderus Werkfoto)

In der Kunstgeschichte gibt es mancherlei Beispiele für die Personalunion von Künstler und Gießer. Die größten und schönsten Beispiele finden wir in der Renaissance, die uns das beneidenswerte, heute freilich selten erreichbare Ideal des *homo universalis* zeigt.

Sehr selten finden wir heute Künstler und Gießer in einer Person tätig. Es hat sich der Begriff des Kunstgießers herausgebildet, der als Vollender der Absichten des Künstlers anzusehen ist und als sein enger Mitarbeiter betrachtet werden muß.

Der Kunstgießer nimmt dem Künstler die Sorgen um das technische und wirtschaftliche Risiko und die Mühe des Unterhaltens einer Werkstätte mit den notwendigen technischen Einrichtungen ab.

Der Kunstgießer gießt künstlerische Bildwerke, womit der Begriff des Kunstgusses hinreichend erläutert ist. Die Aufgaben des Kunstgusses erfordern besonderes technisches Können. Sie sind mit Mühen, Zeit und Kosten verbunden. Eisen- und Bronze-Kunstgüsse sind nicht gerade billig, so daß vielfach auch Imitationen anzutreffen sind.

Eisenkunstgüsse werden durch Zinkgüsse imitiert, Bronzegüsse durch Sturzgüsse aus Blei oder Zink, die einer nachfolgenden Galvanisierung und Patinierung unterzogen werden.

Sturzgüsse werden in Bronzegußkokillen hergestellt. Diese Kokillen sind nicht ganz einfach zu erarbeiten. Sie bestehen aus zwei Hälften, in denen Teile eingepaßt sind, die den beim Formsandverfahren notwendigen Kernstücken entsprechen. In den Hälften der Kokille sind Eingüsse und Steiger vorgesehen. Ein Kern ist nicht notwendig. Die Kokille wird zusammengefügt, das Blei eingegossen und dieses vor dem Erstarren wieder ausgeschüttet, so daß nur eine Bleihaut an der Bronzewandung der Kokille erstarrt.

Die Bearbeitung der Bleigüsse ist denkbar einfach. Die entstandenen Nähte werden mit Stahlschabern weggekratzt, worauf die Galvanisierung erfolgen kann. Durch die dann folgende Patinierung, die mit Schwefelleber und auch durch Farbe erfolgen kann, wird der Eindruck von Bronzegüssen erreicht.

A. Die Werkstoffe des Kunstgusses

Unsere Zeit verlangt hinsichtlich des Werkstoffes Klarheit. Imitationen schätzt man nicht. Eine Vortäuschung anderer Werkstoffe berührt uns unangenehm. Der künstlerische Inhalt fordert eine äußere und innere Harmonie mit dem verwendeten Werkstoff. Der Künstler verwendet für die Verkörperung seiner Gedanken verschiedene Metalle bzw. Legierungen. So werden das Gold und das Silber, das Zinn und das Blei, aber auch die Bronze und das Eisen angewendet.

Beim Betrachten der verschiedenen Werkstoffe muß man sich in das Gefühl versenken, das der betreffende Werkstoff vermittelt.

Das Gold verlangt, als das edelste Metall, prächtige und reiche Formen, bei denen der Reichtum und die Fülle des Materials Ausdruck finden. Ähnlich verhält es sich bei der Bronze. Dieser Werkstoff ist ein festliches Material. Silber verlangt ein bescheideneres Gepränge, aber immerhin auch reiche Formen. Zinn, etwa in Form von Krügen und Tellern, oft in barocker Formgebung, will nicht prunken, aber es vermittelt ein Gefühl des bürgerlichen Selbstbewußtseins. Blei tritt als künstlerischer Werkstoff kaum hervor. Die Plastiken und Vasen, beispielsweise des Schloßparkes von Schwetzingen und auch die großen figürlichen Plastiken aus Blei von Raphael Donner aus Wien sind nicht so sehr aus dem Werkstoffgedanken, als aus wirtschaftlichen Überlegungen (leichte, daher billige Vergießbarkeit und leichte Bearbeitungsmöglichkeit) geboren worden.

Eisen ist hinsichtlich des Gefühlswertes, vom Werkstoffgedanken her betrachtet, ein Material so eigentümlicher Art, daß es absichtlich am Schluß dieser Betrachtung behandelt wird. Irgendwie ist Eisen magnetisch, seine Beziehungen zum Menschen sind in dieser Richtung noch wenig untersucht.

Fest steht aber, daß eine vom Künstler erfühlte oder erdachte Form, in Eisen gegossen, uns anzurühren vermag, schon allein durch das Schauen und verstärkt durch Ertasten der in Eisen gegossenen Form. Allen denen, die mit gegossenem Eisen umgehen, den Hüttenleuten und Gießern, sind diese Empfindungen nicht fremd.

Das Eisen verlangt vom Künstler das Finden klarer und eindeutiger Formen, die der Wesensart des Eisens entsprechen. Dieses Gefühl hat sogar im Sprachgebrauch Eingang gefunden durch das in diesem Sinne zwar keineswegs schriftdeutsche, aber dennoch sinnfällige Wort: *eisern.* Man verwendet dieses Wort überall dort, wo höchste Zuverlässigkeit ausgedrückt werden soll. Es verbindet sich mit diesem Begriff die Vorstellung des Strengen und Herben.

Bevor auf die Herstellungsverfahren und die Technik des Kunstgusses eingegangen wird, möge noch ein Hinweis auf den Beruf des Kunstformers und Kunstgießers gestattet sein.

B. Der Beruf des Kunstformers und Kunstgießers

Der junge Mensch, der diesen Beruf wählt, wird von Anfang an erkennen, daß ihm täglich und stündlich neue Aufgaben gestellt werden. Ferner wird er bald wahrnehmen, daß neben den zu erringenden Erfahrungen sehr viel Raum für persönliche Entscheidungen in seinem Arbeitsbereich bleibt. Er ist für den ganzen Arbeitsvorgang, einschließlich Formen und Gießen, verantwortlich. Die Verantwortung beginnt schon bei der Wahl des Formsandes und bei der Überprüfung desselben daraufhin, ob er für die vorliegende Arbeit geeignet ist.

Ein synthetischer Formsand, so verlockend seiner Verwendung sein mag, ist nicht immer geeignet, weil nur der Natursand die Feuchtigkeit während eines langen Formprozesses zu bewahren in der Lage ist. Es kann durchaus sein, daß die Herstellung einer komplizierten Form Wochen in Anspruch nimmt.

Abb. 4. Das Sebaldusgrabmal in der St. Sebalduskirche zu Nürnberg. Einzigartiges Beispiel aus der Blütezeit des Kunstgusses in Deutschland im Mittelalter. Die kleine Statuette an der Stirnseite des Sockels unter dem Schrein zeigt PETER VISCHER, der sich hier selbst verewigt hat, mit Bart, Kappe und Schürze. (Photo: Hauptamt für Hochbauwesen, Nürnberg)

Durch die vorwiegende Verwendung von Natursand entzieht sich das Kunstgußformverfahren der Mechanisierung. Es kommt beim Kunstformer, wie in alten Zeiten, noch immer auf das Fingerspitzengefühl an. Mit den zarten Tastorganen der Fingerspitzen erkennt der Kunstformer, ob sein Sand zu fett, zu mager, zu feucht oder zu trocken ist. Nur wenn der Sand die richtigen Eigenschaften für die vorliegende Aufgabe hat, verlohnt es sich überhaupt, mit der Arbeit zu beginnen.

Die durch die Verwitterung bedingte Zusammensetzung des Formsandes ist für Kunstgußarbeiten von ausschlaggebender Bedeutung. Der Chemiker wird die Bestandteile des Sandes so analysieren können, daß man ihn bis auf die geringen prozentualen organischen Verbindungen auch synthetisch herstellen könnte.

Warum aber ein Natursand in den meisten Fällen besser geeignet ist als ein synthetischer Sand, ist lediglich empirisch erwiesen. Die Erfahrungen beim Formen, bei der Anschnittechnik, bei der Gattierung und beim Gießen sind in ihrer Gesamtheit nicht rezeptierbar. Sie können nur von Mund zu Mund und von Hand zu Hand weitergegeben werden. Man kann daher von einer Kette der Tradition des Kunstgusses sprechen.

Ruhige und wirtschaftlich gesunde Zeiten lassen den Kunstguß zu hoher Blüte gelangen, während Kriege und wirtschaftlich schlechte Zeiten einen Niedergang, meist sogar eine Katastrophe für den Kunstguß bedeuten.

In der Zeit des 30jährigen Krieges ging mit den Gießermeistern und Formern, die in dieser Zeit dahinstarben, eine überaus glanzvolle Zeit der deutschen Gießkunst auf dem Gebiete des Kunstgusses zu Ende (Abb. 4). Einen neuen Aufschwung nahm der Kunstguß in Deutschland weit über 100 Jahre später, als in Lauchhammer und später in Gleiwitz mit tätiger Unterstützung der werdenden Industrie auch der Kunstguß entscheidend gefördert und neu belebt wurde.

II. Die Herstellungsverfahren des Kunstgusses

A. Das Herdgußverfahren

Dieses Verfahren ist eines der ältesten und einfachsten. Es wurde zur Herstellung von kunstvoll verzierten Platten, insbesondere von Ofenplatten angewendet.

Die Herstellung des Herdes darf als bekannt vorausgesetzt werden. Nach Ausheben einer flachen Grube im Boden der Gießerei[1] (Abb. 5) und Aufbringen einer Schicht von Koks (*A*) oder anderem sperrigen, dem Gasabzug dienenden Material, wird eine trockene Formsandschicht über diesem Material aufgebracht. Darüber wird eine Schicht aus formgerechtem Formsand (*B*) leicht gestampft, die genügend durch Einstechen mit Luftspießen nach unten entlüftet wird. Diese ziemlich dicht zu setzenden Einspießungen werden leicht verrieben und nunmehr loser Formsand (*C*) in der notwendigen Menge mit grobem und zuletzt mit feinem Sieb gleichmäßig aufgesiebt, und zwar in einer Stärke, die es gestattet, den *Holzmodel* (*I*) sauber und tief genug darin abzudrücken.

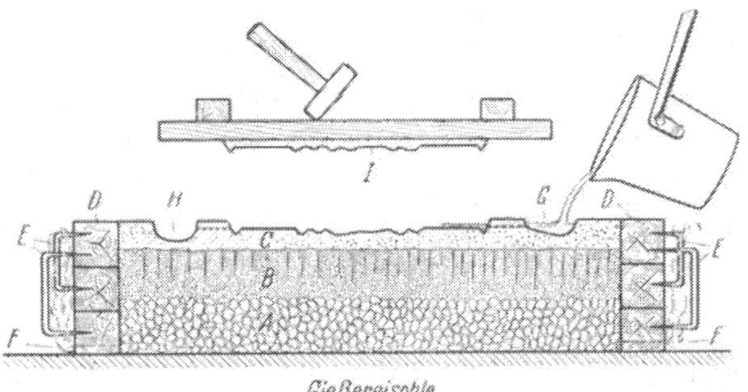

Abb. 5. Das Herdformverfahren. — Querschnitt durch Form und Herd

Durch Klopfen auf der Rückseite des *Holzmodels* wird dieser in eine wagegerechte Lage gebracht und vorsichtig wieder ausgehoben. Nach dem Anschneiden eines Eingusses (*G*) und eines Überlaufes (*H*) ist die Form zum Guß bereit.

Das Eisen wird mäßig heiß vergossen und notfalls durch feuchte Holzstücke, die an Eisenstangen befestigt sind, in die Ecken oder auch sonst in der Fläche schnell und gleichmäßig verteilt. Die rotglühende Fläche wird schnell mit Formsand durch ein grobes Sieb überschüttet, um eine zu starke Abkühlung der nach oben liegenden Rückseite an der Luft zu verhindern. Durch kreuzweises diagonales Aufreißen dieser Sandschicht mittels einer eisernen Stange kann erreicht werden, daß eine diagonale Erstabkühlung in diesen Richtungen zur besseren Stabilisierung des Gußstückes hinsichtlich des Geradewerdens der Platte erreicht wird. Grundsätzlich dürfen Platten in dieser Art nicht zu dünn gegossen werden. Rahmenteile und Ornamente erreichen Wandstärken bis zu 3 cm, während die Grundfläche etwa 1,5 cm stark ist.

B. Formverfahren in geschlossenem Kasten

Das Herdgußverfahren ist seiner Art entsprechend für feinere Güsse geringerer Größe nicht anwendbar. Derartige Güsse werden in Formkasten gegossen.

1. Der Formkasten

Ein solcher Formkasten muß mit möglichster Sorgfalt hergestellt werden. Die Stifte müssen ganz genau passen. Eine Sandleiste ist erwünscht. Diese ist zweckmäßig gehobelt.

[1] Der Herd kann auch, wie die Abbildung zeigt, innerhalb einer Balkenumrahmung (*D*) hergestellt werden. Er liegt dann auf der Gießereisohle. *E* = Verklammerung der Balkenumrahmung, *F* = Gasabzug.

Die Formkasten bestehen für die Abformung von Plaketten und Reliefs aus zwei Teilen. Für besondere Güsse jedoch gibt es auch drei -und mehrteilige Formkästen. Interessant ist es zu wissen, daß es auch Formkästen mit Grundrahmen und daran in Scharnieren befestigten Seitenflächen sowie dazugehörigem Oberrahmen gibt.

2. *Das Abformen eines Reliefs*

Das Abformen eines Reliefs ist verhältnismäßig einfach, vorausgesetzt, daß die Steilflächen desselben konisch sind. Diese Steilflächen sind in nebenstehender Schnittskizze (Abb. 6) verstärkt im Strich angedeutet. Als Modell wird dem Kunstformer in den meisten Fällen heute ein Gipsmodell zur Verfügung gestellt. Das Gipsmodell wird in eine Formkastenhälfte eingebaut. Eine andere Formkastenhäfte wird aufgesetzt und richtig angedrückt. Es wird feiner Sand und darüber gröberer aufgesiebt und zuletzt mit Füllsand voll gestampft.

Der so hergestellte Abdruck des Modells wird abgehoben. Eine weitere Formkastenhälfte wird jetzt auf die diesen Abdruck enthaltende Formhälfte aufgesetzt. Es wird erneut Formsand aufgebracht, nachdem vorher die Flächen mit trennendem Formpuder eingestaubt wurden.

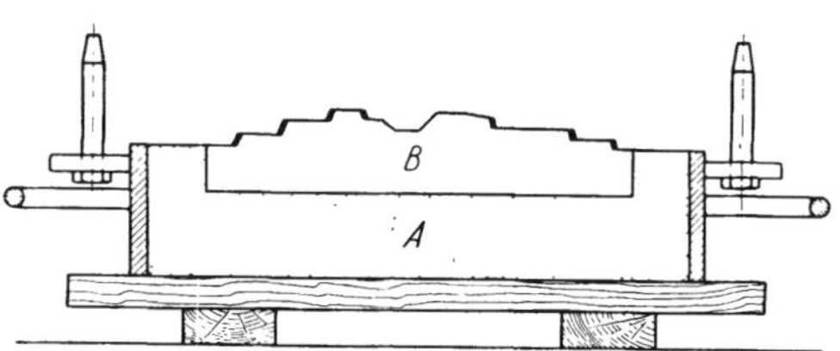

Abb. 6. Querschnitt durch das Modell eines Reliefs mit konischen Steilflächen
A = Formsand, B = Gipsmodell

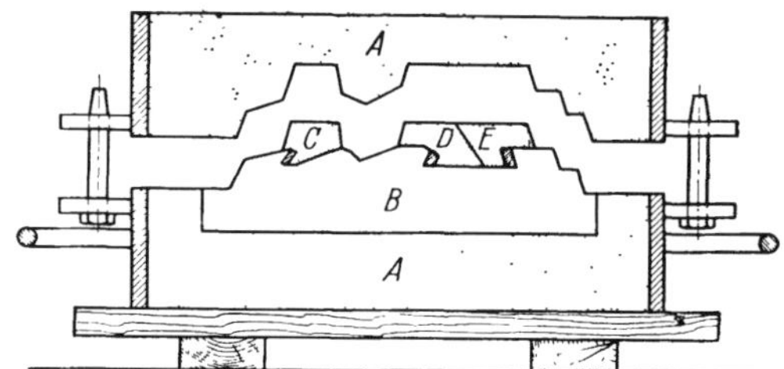

Abb. 7
A = Formsand, B = Gipsmodell, $C-E$ = Kernstücke, angeformt an den *unter sich gehenden* Steilflächen eines Reliefs

Nach dem Auseinandernehmen der Hälften liegt vor uns in der einen Hälfte die Abformung nach dem Gipsmodell und in der anderen Hälfte die Ausformung aus diesem Sandabdruck (in genauer Form des Gipsmodells, nur eben aus Formsand). Von der letzteren schneidet man eine Sandschicht herunter, die der gewünschten Metallstärke des Abgusses entspricht. Nach dem Einschneiden des Eingusses und notfalls der Luftabführung ist die Form (Grünguß) für einen Abguß in Eisenkunstguß fertig. Sie wird zusammengelegt und zum Guß bereitgestellt.

Die Herstellung der Rückseite der Form, die sogenannte *Hinterhohlung*, kann auch durch Zwischenlegen von Blechen (in der gewünschten Metallstärke) zwischen den Sandleisten der Formkastenhälften und nachfolgendem Wegschneiden, der über die Sandleisten herausragenden Hauptteilungsfläche und durch Beschneiden der Steilflächen erreicht werden.

Schwieriger ist die Abformung eines Reliefs, wenn das Modell außer konischen Steilflächen auch Steilflächen aufweist, die, wie der Fachmann sagt, *unter sich gehen* (s. Schnittzeichnung, Abb. 7). Diese *unter sich gehenden* Flächen müssen mit sogenannten *Kernstücken* abgeformt werden, die ihrerseits konisch zurechtgeschnitten werden. Erst nach Abheben der nunmehr sogenannten *Deckhälfte* werden diese Kernstücke seitlich abgezogen und in die Deckhälfte eingelegt und angestiftet.

Die Hinterhohlung wird auf die gleiche Weise, wie oben beschrieben, hergestellt, jedoch bevor die Kernstücke angestiftet wurden, da diese ja noch einmal von der eingestampften Kernhälfte (Form und Rückseite) abgezogen werden und erneut in diese Deckhälfte eingelegt werden müssen.

3. *Das Abformen von Figuren*

Bei dem Abformen von Figuren sprechen wir von einer Hauptteilung. Es kommt darauf an, am Umriß der Figur die höchsten Stellen zu bestimmen und die Figur so in eine Formhälfte zu betten, daß die Abformung der Vorder- und Rückseite in der Art der Abformung eines Reliefs vorgenommen werden kann. Man wird in den meisten Fällen zahlreiche Kernstücke (s. Abb. 8 und Abb. 9) anbringen müssen.

Nur sehr wenige kleine Figuren werden sich voll gießen lassen. Die meisten Figuren werden zweckmäßig hohl gegossen. Durch eine geringere Wandstärke wird alsdann ein sauberer Abguß erzielt. Die Gefahr des Einfallens des Metalls an stärkeren Stellen und das Absaugen des noch teigigen Gußmaterials aus ungleich dünneren Teilen und die dadurch sich ergebenden Deformierungen werden beim Hohlguß ebenfalls bei entsprechender Umsicht vermieden.

Um einen Hohlguß herzustellen, muß in der an sich so sehr empfindlichen Sandform ein Kern hergestellt und eingelegt werden. Die Herstellung einer zweiten Form eigens zur

Abb. 8

A = Formsand, in dem das Modell einer Figur (*B*) eingebettet ist, *C*—*G* = Kernstücke, angeformt an das Modell

Abb. 9. Das Entstehen eines Kernstückes im Kernstückteilformverfahren

a) Der Modellformsand wird angeworfen. b) Das Kernstück enthält seine Form durch Klopfen des Formsandes mit einem Holzhammer. Die Flächen werden mit der Lanzette zugeschnitten und geglättet. c) Das Kernstück wird mit der Kernstückgabel abgezogen.

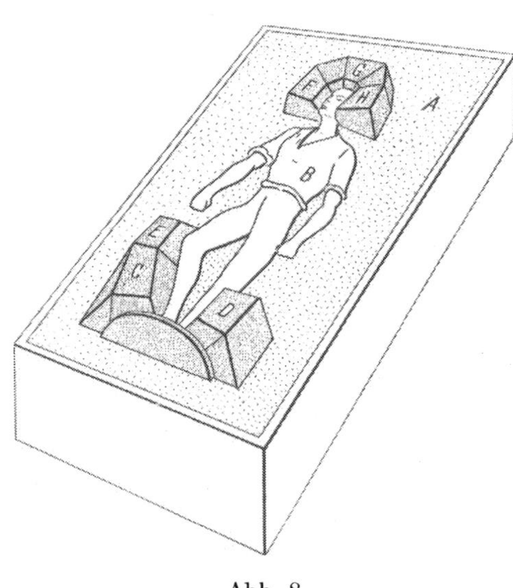

Abb. 8

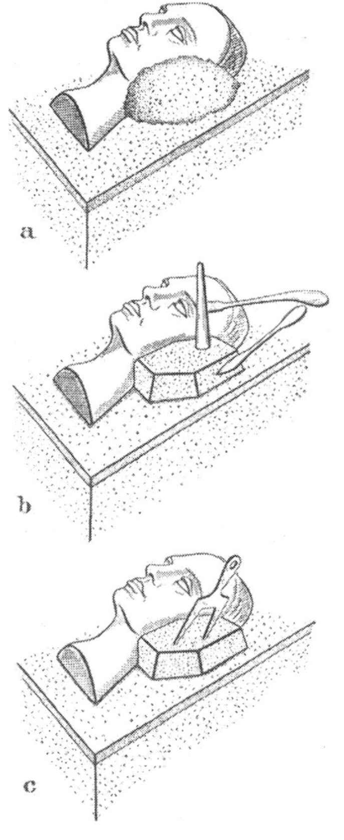

Abb. 9 a—c

Herstellung des Kernes ist unwirtschaftlich und in der Praxis nicht angängig. Der Kern für Figuren besteht aus einem gut gasdurchlässigem Sand und wird von einem sogenannten *Kerneisen* getragen. Dieses Kerneisen wird zunächst hergestellt. Es kann bei kleineren Figuren aus Draht gefertigt werden. Bei großen und überlebensgroßen Figuren ist die Herstellung des Kerneisens (Abb. 10) eine recht erhebliche Arbeit, bei der sogar geschmiedet, heiß gebogen und vielleicht auch geschraubt werden muß. Nach der Fertigstellung sieht ein solches Kerneisen wie ein Drahtkorb auf festem Gerüst aus, da man bestrebt ist, den versteifenden Draht möglichst dicht unter die Oberfläche des Kerns anzuordnen.

Für das Einlegen des Kerneisens werden in der Hauptteilungsfläche sogenannte *Lagen* geschnitten derart, daß das Kerneisen immer wieder in der gleichen Lage eingelegt werden kann. Um das eingelegte Kerneisen wird der Kernsand vorsichtig in die Form gestampft bzw. an die Formhaut angedrückt und so weit aufgebaut, daß es möglich ist, mit der anderen Formhälfte vorsichtig einen Abdruck auf dem Kern zu erzielen.

Auf diese Weise gelingt es, einen vollständigen Sandabdruck aus der Form zu entnehmen, der, durch das Kerneisen gestützt, gänzlich dem Modell entspricht. Danach muß ebenso wie bei dem Abformen eines Reliefs von diesem Sandabdruck die Metallstärke heruntergeschnitten werden. Form und Kern werden getrocknet, nachdem Eingüsse und Steiger in die Hauptteilungsfläche eingeschnitten wurden.

Das Kernstückformverfahren wurde in der Zeit von 1805—1808 von dem Former- und Modelleurmeister August Wilhelm Stilarsky in Gleiwitz in der damaligen königlichen Hütte von Gleiwitz von Grund auf neu entwickelt und in der Berliner königlichen Eisengießerei unter besonderer Förderung des Grafen Reden zu einer großartigen Vollendung gebracht.

Der Graf Einsiedel in Lauchhammer hatte Jahrzehnte zuvor versucht, den Figurenguß vom Wachsausschmelzverfahren her neu zu beleben. Beide Verfahren sind an sich uralt. Die Kenntnis von der Technik dieser Verfahren jedoch war durch die Zeit des 30jährigen Krieges, wie bereits angedeutet, weithin verloren gegangen. Zwischenzeitlich gelang einmal ein Großguß im Wachsausschmelzverfahren in Bronze, und zwar durch den an der *Fonderie Royale* in Paris im Wachsausschmelzverfahren geschulten hessischen Gießer Simon Jacobi, der in Homburg vor der Höhe geboren wurde. Schlüter zog ihn zum Guß seines Reiterstandbildes des Großen Kurfürsten in Berlin heran. Dieser Guß gelang am 2. November des Jahres 1700 in ausgezeichneter Vollkommenheit.

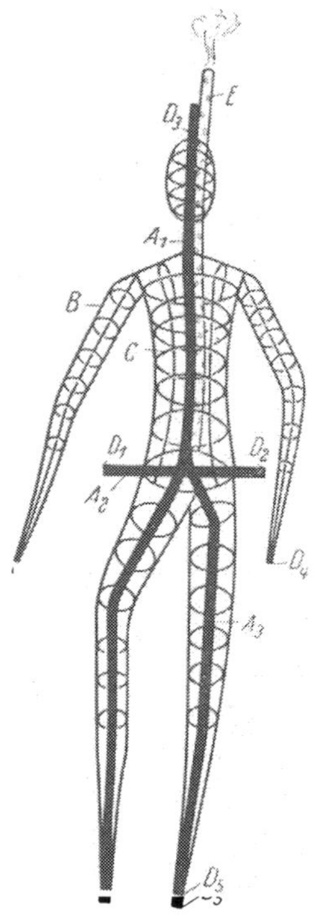

Abb. 10. Kerneisen für eine Figur mit eingebautem Kernentlüftungsrohr (Schema)
A_1-A_3 = Vierkanteisen, B = Gerüsteisen, C = Drahtringe, D_1-D_5 = Auflagen

C. Das Wachsausschmelzverfahren

1. *Das Prinzip der Herstellung*

von Güssen im Wachsausschmelzverfahren ist darin zu sehen, daß der Guß in einer nicht geteilten Form erfolgt. Es fallen die durch das Teilen der Form beim Kernstückformverfahren entstehenden *Kernstücknähte* fort. Diese Kernstücknähte brauchen daher nach dem Guß nicht entfernt zu werden, wodurch ein Angriff durch Feilen und andere Werkzeuge vermieden wird. Es ist begreiflich, daß das Wachsausschmelzverfahren den Absichten des Künstlers ganz besonders entgegenkommt, da nur ein geringer Angriff der Gußoberfläche durch mechanisches Bearbeiten erfolgt.

Die Anwendung des Wachsausschmelzverfahrens ist mit großen Kosten verbunden, da nach dem Originalmodell des Künstlers ein Wachsmodell in einer komplizierten Gipskernteilform hergestellt werden muß. Diese Gipskernteilform muß in mühseliger Arbeit von dem Originalmodell abgenommen werden. Sie gestattet aber mehrere Wachsabgüsse je nach der Umsicht und den Fähigkeiten des Wachsgießers.

Die Wachsabgüsse entstehen bei kleinen Figuren durch Ausspülen der Gipsform mit flüssigem Wachs. Dieses Ausspülen wird so lange fortgesetzt, bis das Wachs in einer der gewünschten Wandstärke des Gusses entsprechenden Stärke sich an der Wandung der Form angesetzt hat. Danach wird die Kernmasse eingegossen. Nach dem Erstarren der Kernmasse kann die Gipskernteilform geöffnet und die Kernstücke abgezogen werden. Es erfolgt nun die Retouche des Wachsmodells, d. h. die durch die Kernstücke der Gipskernteilform entstandenen Kernstücknähte werden sorgfältig unter Berücksichtigung der Oberflächentechnik des Modells entfernt. Darauf werden am Wachsmodell die Eingüsse und Steiger ebenfalls in Wachs anmodelliert.

Das Ganze wird mit einer Formmasse umgossen. Die so entstandene Form wird mit Eisen armiert und bandagiert. Danach wird die Form umgestülpt, das Wachs ausgeschmolzen und die Form gründlich durchgetrocknet und erhitzt, so daß auch der Rest flüssigen Wachses, der in die Formmasse eingedrungen ist, sich verflüchtigt. Nun erfolgt der Guß.

Nach dem Guß wird die Formmasse abgeschlagen.

2. *Das Wachsausschmelzverfahren des italienischen Bildhauers und Gießers Benvenuto Cellini* (*1500—1570*)

Die Abbildung zeigt den Querschnitt durch eine Wachsausschmelzform für den Bronzekunstguß eines Frauenkopfes. Das Wachsmodell und der Kern wurden wie oben beschrieben hergestellt. Ferner erkennen wir die Eingüsse und Luftabführungen. Die Zeichnung zeigt die Form in der zum Guß bereiten Stellung (Abb. 11).

Bei dem Zeichen des abwärts gerichteten Pfeiles befindet sich der Einguß. Das Metall stürzt zunächst die beiden Läufe herunter und gelangt durch die schräg nach oben gerichteten Anschnitte in den eigentlichen Formraum. Dieser Formraum füllt sich nach dem

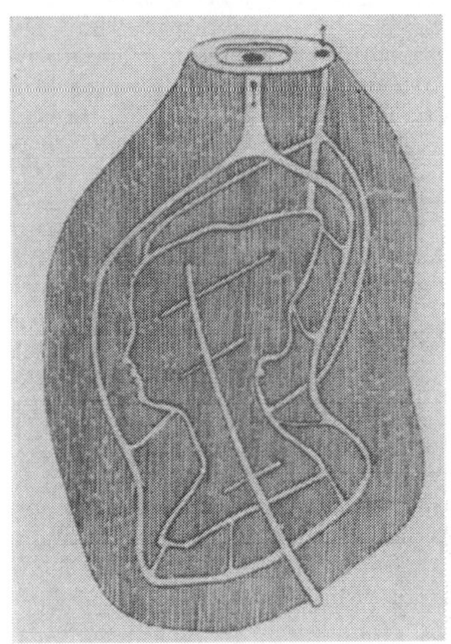

Abb. 11. Das Wachsausschmelzverfahren BENVENUTO CELLINIS (nach LUER)

Abb. 12. Schnittschema eines Gießhauses für Monumentalguß im Wachsausschmelzverfahren (nach LUER)

Gesetz der kommunizierenden Röhren ansteigend mit Metall. Das Metall drückt die im Formraum befindliche Luft vor sich her und in die Zuführungen zum Steiger (aufwärts gerichteter Pfeil), der sich nach dem Entweichen der Luft ebenfalls mit Metall füllt.

Die Anordnung der Anschnitte ist so gewählt, daß das Metall, bevor es erstarrt, neuen Zufluß erhält. Die Luftabführungskanäle zum Steiger sind so angeordnet, daß die Formluft rechtzeitig entweichen kann, bevor das Metall soweit gestiegen ist.

3. *Das Gießen eines überlebensgroßen Reiterstandbildes in einem Guß in ungeteilter Form nach dem Wachsausschmelzverfahren* (Abb. 12 bis 18).

Es war gar nicht selten der Fall, das für ein derartig großes Bildwerk ein eigenes Gießhaus gebaut werden mußte. Eine Schnittzeichnung veranschaulicht eine solche Anlage:

a) Schnittschema Gießhaus. (Abb. 12). Tief in die Erde eingelassen sieht man links den Raum für die Form. Rechts ist der Schnitt durch den Flammofen zu sehen. Ein solcher Flammofen ist für das Erschmelzen großer Bronzemengen notwendig. Der Formgrube zugewandt ist das Stichloch, das bis zur Vollendung der Schmelze mit einem Zapfen verschlossen wird. Der halbkugelförmige, übermauerte Raum ist der Herd. Er ist leicht geneigt. Die Verbindung zum Feuerraum rechts heißt der Schwalch. In die Nähe des Schwalches wird das zu schmelzende Metall gebracht. Über dem halbkugelförmigen Raum, dem Herd, sind die Pfeifen zu erkennen, aus denen die Feuergase ins Freie entweichen können. Die Öffnung oberhalb des Feuerraumes

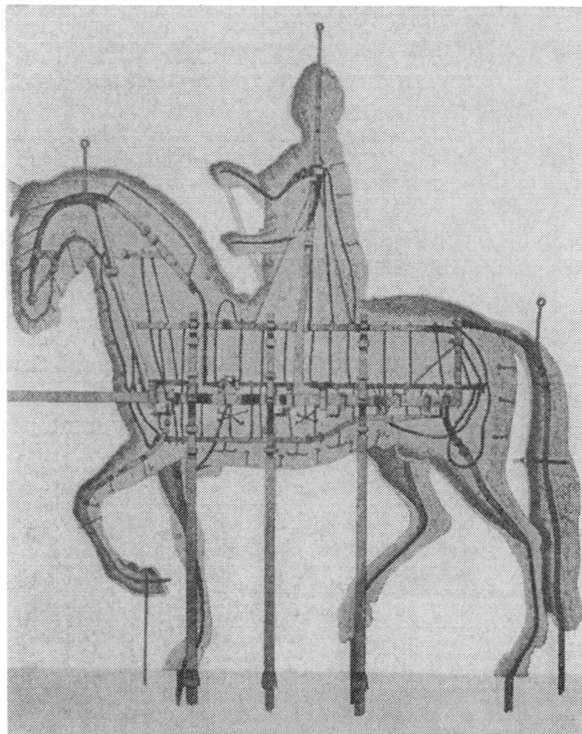

Abb. 13. Kerneisen für den Kern einer Form eines Reiterstandbildes nach dem Wachsausschmelzverfahren (nach LUER)

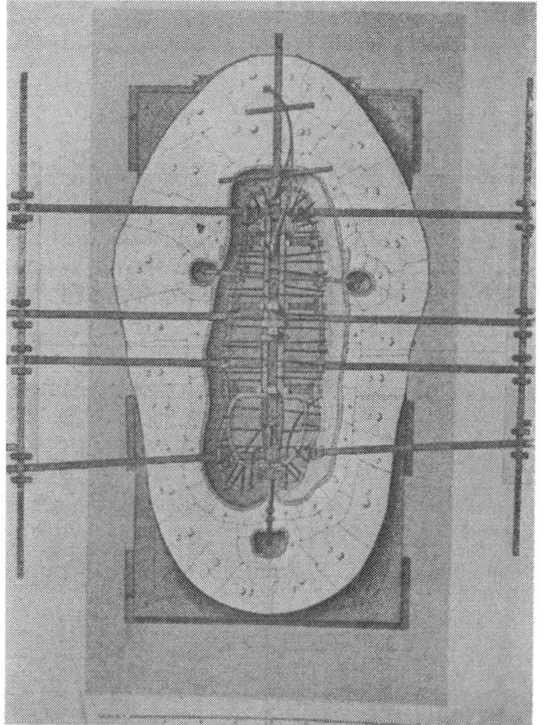

Abb. 14. Querschnitt durch die Gipsform eines Reiterstandbildes. Die Gipsteilform dient zur Herstellung des Kernes und des Wachsmodells (nach LUER)

rechts dient zur Beaufsichtigung des Feuers. Diese Öffnung wird während des Schmelzvorganges geschlossen. Die Öffnungen der Pfeifen sind regulierbar, sie können teilweise oder auch ganz verschlossen werden.

Das Modell des Reiterstandbildes wird vom Künstler außerhalb der Formgrube in einem geeigneten Raum modelliert. Von diesem Modell wird eine Gipskernteilform abgeformt, und zwar in horizontalen Schichten. Diese Gipsteilform wird beim Herstellen der eigentlichen Gießform in der Grube noch zweimal verwendet, und zwar beim Eingießen der Kernmasse (s. Abbildung) und beim Eingießen des Wachses. Zunächst wird die Gipsform zum Herstellen des Kerns verwendet. Die Kerneisen müssen so geschmiedet, gebogen und miteinander verbunden werden, daß das ganze Kerneisengerüst im Innern der Form sinnvoll stehen kann. Es darf die Wandung der Form nicht berühren und muß von dieser Wandung so viel Abstand haben, daß Raum für die Metallstärke bleibt und daß es gerade ein wenig unter der Oberfläche des zu schaffenden Kernes bleibt. Alle diese Forderungen können überprüft werden, wenn das Kerngerüst in der Gipsform aufgebaut wird. Um dies bewerkstelligen zu können, wird die Gipsform in horizontalen Schichten hergestellt, die jeweils nach Bedarf ab- und aufgebaut werden können. Nur auf diese Weise ist die Möglichkeit vorhanden, innerhalb der Form zu hantieren.

b) Das Kerneisen für den Guß des Reiterstandbildes. (Abb. 13.) Da der Kern ein sehr ansehnliches Gewicht hat, müssen entsprechend kräftige Vierkanteisen als Stützen vorgesehen werden. Aus leichteren Eisen werden alsdann gitterkorbähnliche Gebilde gebaut, vor allem für die massivsten Teile des Kernes. Die Ösen ragen aus dem Kern heraus, gehen durch die Metallstärke und in die später herzustellende Form hinein. Diese Ösen dienen später zum Hochwinden des Gusses aus der Formgrube bzw. schon zum Niederlassen des Kerneisens in die Formgrube. Wenn das Kerneisen in der Grube steht, baut man die Gipsteilform in horizontalen Schichten von unten her auf.

c) Errichten der Gipsteilform um das Kerneisen. (Abb. 14.) Die nächste Zeichnung zeigt den Blick auf diese Arbeit von oben. Die Gipskernteilform ist etwa bis zur Mitte des Pferdeleibes aufgebaut. Man sieht jetzt auch die wagerechten Trageisen des Kernes. Gleichzeitig mit dem Hochbauen der Gipskernteilform hat man eine Tonschicht an der Innenfläche der Gipsform angebracht. Die Stärke dieser Tonschicht entspricht der gewünschten Metallstärke des Gusses. In der geschilderten Weise wird sorgfältig weiter aufgebaut, bis die ganze Gipsteilform vollständig geschlossen ist.

d) Eingießen der Kernmasse in die Gipsteilform. (Abb. 15.) Die Abbildung zeigt eine Schnitt- und Ansichtszeichnung der Formgrube mit der darin stehenden Gipsteilform. Vier gemauerte Sockel und eine Platte tragen die Gipsteilform. Zwischen den gemauerten Sockeln werden später Schüsseln zum

Auffangen des geschmolzenen Wachses aufgestellt. Die Formgrube ist, wie die Abbildung zeigt, reichlich groß angelegt. Rechts und links der Gipsteilform erkennt man Türen mit gemauertem Bogen, die von außen in die Formgrube führen, desgleichen im Schnitt an den Schmalseiten der Formgrube rechts und links. Diese Zugänge und der Raum um die Gipsteilform sind notwendig, um die später am Wachsmodell notwendigen Arbeiten ausführen zu können.

An der Gipsteilform sind oben Öffnungen vorgesehen, um die Kernmasse eingießen zu können. Auf der Abbildung ist zu sehen, wie eine Anzahl von Männern damit beschäftigt ist, die Kernmasse einzugießen. Die Kernmasse besteht aus einem Gips-Ton-Schamotte-Gemisch.

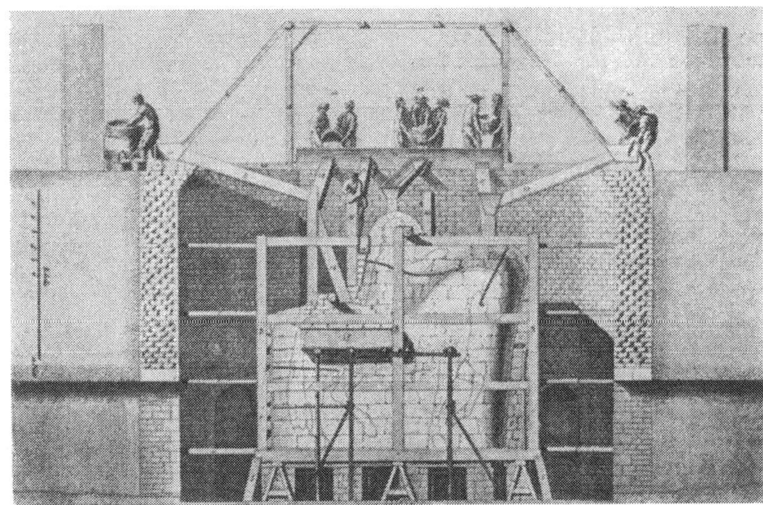

Abb. 15. Das Eingießen der Kernmasse in die Gipsteilform (nach LUER)

Nach dem Erhärten der Kernmasse wird die Gipsteilform wieder auseinandergenommen. Die Tonschicht wird von der Innenseite der Gipsteilform entfernt.

e) Das Eingießen des Wachses. Schichtweise, den horizontalen Schichten der Gipsteilform entsprechend, wird diese nun erneut um den fertigen Kern aufgebaut. Schon nach dem Aufbauen der ersten Schicht wird Wachs zwischen Kern und Innenseite der Gipsteilform eingegossen. Nach dem Aufbauen der zweiten Schicht wird wiederum Wachs eingegossen, und so geht es weiter, bis die ganze Gipsteilform erneut hochgebaut ist. Nun wird die Gipsteilform abermals abgenommen und endgültig aus der Formgrube entfernt. Das Bildwerk ist nun mehr in Wachs um den Kern gegossen und steht so vor uns, wie es der Künstler in seinem Arbeitsraum modelliert hat. Es ist nur noch erforderlich, die durch die Gipsteilform entstandenen Kernstücknähte zu retouchieren. Der Künstler hat jetzt noch Gelegenheit, die Oberfläche des Wachsgusses zu überprüfen, Verbesserungen vorzunehmen und auch noch, falls es ihm notwendig erscheint, Einzelheiten in Wachs anzumodellieren.

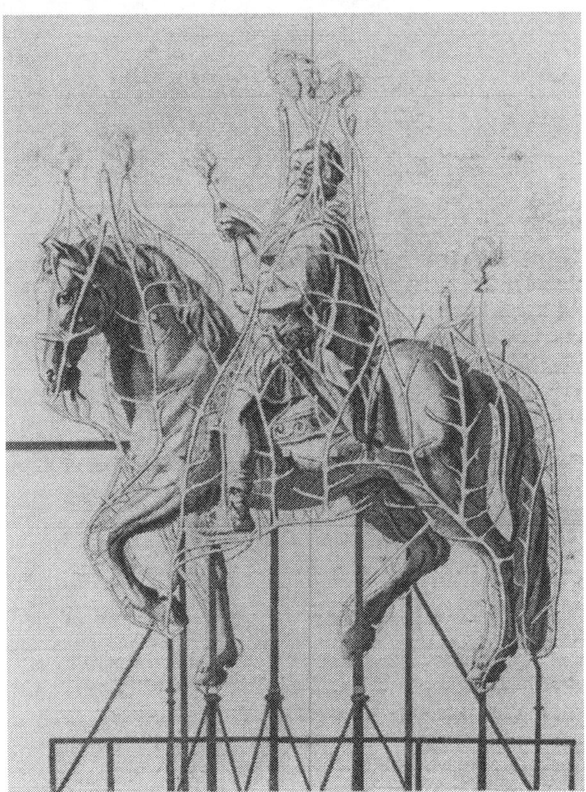

Abb. 16. Das Wachsmodell eines Reiterstandbildes mit den in Wachs anmodellierten Eingüssen und Steigern (nach LUER)

f) Anbringen der Eingüsse und Steiger und Fertigstellen der Form. (Abb. 16.) An dem Wachsbildwerk werden nun die Eingüsse und Steiger mit ihren vielfachen Verästelungen freihändig in Wachs anmodelliert. Ähnlich wie bei dem Guß des Frauenporträts beschrieben, sind Eingüsse vorgesehen, die das Metall bis an die tiefsten Stellen der Form führen sollen. Von dort aus steigt das Metall im Innern der Form im Verlauf des Gusses an und erhält durch die in der Abbildung erkennbaren Verästelungen stets frischen Zustrom von hitzigem Metall. Sinnvoll sind die Steiger angeordnet, so daß die Formluft rechtzeitig entweichen kann. Die Steiger sind auf der Abbildung durch kleine Wölkchen gekennzeichnet. Hierdurch soll die ausströmende Formluft angedeutet werden. Dieser Hinweis auf die später sich ergebenden Gießvorgänge ist zum Verständnis der Führung der in Wachs am Wachsmodell anzumodellierenden Eingüsse und Steiger notwendig. Nach Beendigung dieser Modellierarbeit kann mit der Herstellung der eigentlichen Form begonnen werden.

Zunächst wird auf das Wachsmodell und auf das Gitterwerk der Eingüsse und Steiger eine flüssig breiige Formmasse aufgepinselt, die CELLINI wie folgt beschreibt: „Nun pulverte ich gebranntes Hornmark von Hammeln, solches läßt sich leicht brennen und übertrifft an Güte alle anderen gebrannten Knochenarten. Gleichzeitig pulverte ich halb soviel Tripel und ein Viertel Hammerschlag und vermischte die drei Teile in einem Aufguß von Rinds- oder Pferdemist, in dem ich letzteren in einem feinlöcherigen Siebe mit reinem Wasser übergoß.“ Diesen Brei trug CELLINI in gleichmäßiger Stärke auf der Wachsfigur, den Eingüssen und Steigern auf, ließ ihn trocknen und wiederholte den Vorgang, bis die Schicht die Stärke eines Messerrückens erreicht hatte. Diese erste Schicht umgab er mit einer Hülle aus Formerde in der Dicke eines halben Fingers. Nach gründlichem Trocknen erfolgte ein zweiter Auftrag von Formerde, etwa fingerdick, und danach ein dritter, bis eine Stärke erreicht war, die genügte, das Wachsmodell, die Eingüsse und Steiger in der notwendigen Festigkeit zu umhüllen. Danach wurde die ganze Form mit Eisenbändern gründlich umwunden und armiert. Um dem Formmantel noch zusätzlich Halt und Festigkeit zu geben, wird die ganze Form rundherum mit Sand festgestampft. Nun kann das Wachs vorsichtig herausgeschmolzen werden, indem unter der Form ein gelindes Feuer angemacht wird. Wenn alles Wachs herausgeschmolzen ist, werden die Ausflußöffnungen am unteren Teil der Form gründlich verstopft und abgesichert, und der Guß kann erfolgen.

Abb. 17. Blick in die Gießhalle des Gießhauses.
Guß des Reiterstandbildes Ludwigs des XV., Paris (nach LUER)

g) Guß eines großen Reiterstandbildes im Wachsausschmelzverfahren. Blick in die Gießhalle. (Abb. 17.) Von der Form ist nichts zu sehen, sie ruht in der Erde bzw. in der Formgrube. Nur die obere Abdeckung der Form ist erkennbar. Noch ist es ungewiß, ob alles Wachs richtig ausgelaufen ist und ob alle die langwierigen und kostspieligen Vorarbeiten ohne Fehler ausgeführt wurden. Dies wird erst offenbar, wenn der Guß von der Formhülle befreit ist.

Das glühende flüssige Metall fließt nach Ausstoßen des Zapfens, der das Stichloch des Ofens verschließt, zunächst in eine flache Grube, die gewissermaßen einen riesigen Einguß darstellt.

Die Abbildung zeigt den seine Befehle erteilenden Gießermeister und vier Männer an hebelartigen Geräten. Vermittels dieser Hebel werden Stopfen am Grunde der flachen Grube nach Füllung derselben gehoben, so daß das glühend flüssige Metall in seiner Gesamtheit mit voller Wucht durch die Eingüsse in die Form gelangen kann.

Dieser Augenblick ist von so entscheidender Bedeutung, daß es verständlich ist, daß die ganze Hofgesellschaft einschließlich des Königs anwesend war.

h) Aufwärtswinden des Gusses. In der Formgrube wird nach erfolgtem Guß der angestampfte Formsand entfernt, die Eisenarmierung abgenommen und die Form zerschlagen. Nun kann der Guß aufwärts gewunden werden. Der Meister dirigiert die Männer an den verschiedenen Winden, damit alle Seile gleichmäßig straff angezogen werden. Nachdem der Guß von allen noch ihm anhaftenden Resten der Form befreit ist, kann die Entfernung der Eingüsse und Steiger und die Bearbeitung erfolgen. Auf die Bearbeitung von Kunstgüssen wird im folgenden noch näher eingegangen werden (Abb. 18).

Die genaue Beschreibung der Technik des Wachsausschmelzverfahrens, insbesondere für Großgüsse, ist notwendig, um übersehen zu können, welche Mühe, Umsicht und welche Kenntnisse erforderlich sind, um derartige Gußarbeiten zu bewerkstelligen. Ohne Tradition ist die Ausübung eines solchen Kunsthandwerkes kaum denkbar. Es ist daher zu verstehen, daß man für eine ganze Reihe von Vorhaben dieser Art sich eines anderen Verfahrens bediente.

Abschließend zur Beschreibung der Technik des Wachsausschmelzverfahrens muß noch erwähnt werden, daß das beschriebene Verfahren sich nur für die Herstellung von Kunstgüssen aus Bronze eignet.

Es ist nicht möglich, Eisenkunstgüsse in der beschriebenen Formmasse abzugießen. Eisenkunstgüsse können im Wachsausschmelzverfahren wegen der notwendigen höheren Schmelztemperaturen nur in Sandformen oder in einer sehr gut gasdurchlässigen Formmasse, die kein Kristallwasser enthält, abgegossen werden.

Bei der Herstellung von Eisenkunstgüssen im Wachsausschmelzverfahren in Sandformen kommt es darauf an, dem Sande eine besondere Standfestigkeit zu geben, da das ausschmelzende Wachs sonst leicht Sandteile aus der Oberfläche der Sandform mit herausschwemmt, wodurch natürlich ein unsauberer Guß entsteht.

Abb. 18. Das Aufwärtswinden des Abgusses (nach LUER)

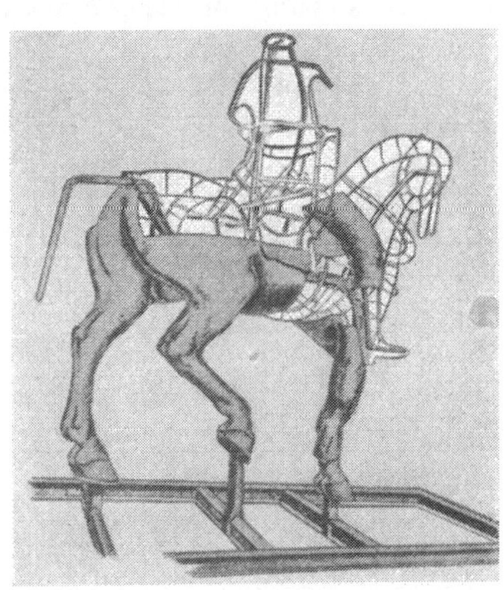

Abb. 19. Eisengerüst für die Treibarbeit eines Reiterstandbildes in Kupferblech. Das Gerüst ist bereits teilweise mit Blech umkleidet (nach LUER)

Es mag interessant sein, an dieser Stelle zu erwähnen, daß in der traditionsreichen Kunstgießerei der Buderusschen Eisenwerke in Hirzenhain, Oberhessen, auch heute noch Eisenkunstgüsse nach dem Wachsausschmelzverfahren in Sandformen gegossen werden.

D. Treibarbeit als Ausweichverfahren an Stelle von Großgüssen

1. Gerüst eines Reiterstandbildes für Treibarbeit (Abb. 19)

Es ist wenig bekannt, daß die Quadriga auf dem Brandenburger Tor in Berlin in Kupfertreibarbeit hergestellt ist. Schadow ließ sich die Rösser in Lebensgröße in Eichenholz schnitzen, lediglich zu dem Zweck, um durch Auflegen von Bleistreifen die Bewegungen der Oberfläche auf das zu treibende Kupferblech zu übertragen. Die Entstehung eines Reiterstandbildes auf diese Art zeigt unsere Abbildung. Es muß zunächst ein sorgfältig hergestelltes Eisengerüst geschaffen werden. Dieses muß so genau gearbeitet sein, daß sich die Blechteile darauf annieten lassen. Die Stärke des Kupferbleches beträgt drei Millimeter. Die einzelnen Teile, also die einzelnen Bleche, müssen sorgfältig aneinandergepaßt werden und an der Paßstelle durch Gerüstteile unterstützt sein bzw. aneinander vertrieben werden. Eine solche Arbeit ist nicht leicht auszuführen, da der die Treibarbeit ausführende Kunsthandwerker genau nach dem Modell des Künstlers arbeiten muß. Die größte und bekannteste Statue, die in jüngster Zeit nach dem Kupferblechtreibverfahren ausgeführt wurde, ist die Statue des Hermannsdenkmals im Teutoburger Walde, auf dem Gipfel des Teutberges, unweit von Detmold.

2. Das Hermannsdenkmal. Beispiel für Kupfertreibarbeit

Einige Maßangaben lassen den imponierenden Umfang dieser Arbeit erkennen. Die Höhe der ganzen Bildsäule bis zur Schwertspitze, beträgt 24,82 Meter. Die Bildsäule bis zum Helm ist 16 Meter hoch, das Schwert ist 7 Meter lang. Das Gesamtgewicht der Figur einschließlich Eisengerüst beträgt 76,3 t.

E. Herstellung von Sandformen für Eisenkunstguß auf Formmaschinen

Wenn es darauf ankommt, größere Auflagen in Flachguß, wie Plaketten oder Reliefs, herzustellen, ist es durchaus möglich, die Herstellung der Formen auf einer Stiftabhebeformmaschine vorzunehmen. Die Sandformen werden im Formkasten hergestellt. Eine Erleichterung der Arbeit ergibt sich durch die Verwendung von Formplatten mit aufgelegten bzw. in Gips eingelassenen Bronzemodellen mit Eingüssen.

Die Herstellung der Form selbst jedoch muß mit der gleichen Sorgfalt, wie sie beim Handformverfahren angewendet wird, erfolgen. Auch bei der Formmaschinenarbeit gilt der Satz: Ein nicht sauber gegossener Eisenkunstguß ist ein Widerspruch in sich selbst.

F. Bearbeitung von Eisen- und Bronzekunstgüssen

Die Bearbeitung von Eisenkunstgüssen erfolgt in ähnlicher, allerdings verfeinerter Art, wie die Bearbeitung von Eisengüssen überhaupt. Bei der Bearbeitung von Bronzekunstgüssen ist eine maschinelle Bearbeitung fast gänzlich ausgeschlossen, wenn man vom Schleifen und Polieren von kunsthandwerklichen Gegenständen absieht.

1. Das Abblasen mit dem Sandstrahl

Zunächst werden die Eisenkunstgüsse durch Abblasen mit dem Sandstrahl von angebrannten Formsandresten befreit. Der Sand muß von äußerster Feinheit sein. Die Dauer der Einwirkung muß sorgfältigst beobachtet werden, damit die durch das Formen erreichte feine Oberfläche erhalten bleibt. Besonders wenn es sich um dünnwandige Plattengüsse handelt, muß eine zu lange einseitige Einwirkung vermieden werden, da die feinen Sandstrahleinschläge auf die getroffene Oberfläche treibend einwirken, wodurch der Guß krumm werden kann.

Noch vorsichtiger muß man bei Bronzegüssen vorgehen. Es ist vorzuziehen, diese wenn irgend möglich nur mit einer Messingdrahtbürste zu reinigen.

2. Schleifarbeit

Bei Eisenkunstgüssen erfolgt danach das Abschleifen der Eingußstellen. Die Eingüsse selbst werden in den meisten Fällen bald nach dem Guß abgebrochen. Nur in besonders gelagerten Fällen werden die Eingüsse abgebohrt und abgesägt. Grobe Abschleifarbeit wird an der Schleifscheibe und feinere mittels Schleifkegel an biegsamer Welle vorgenommen.

Bei Bronzekunstgüssen wird Schleifarbeit im allgemeinen nicht angewendet.

3. Überarbeiten der Kernstücknähte und Flächenbearbeitung

Die Kernstücknähte der im Kernteilformverfahren hergestellten Eisenkunstgüsse werden vorsichtig unter Berücksichtigung der Oberflächentechnik des Modells mittels Schleifkegeln an biegsamer Welle, die in den geeigneten Feinheiten und Härtegraden vorliegen müssen, abgeschliffen. Die Spuren der Arbeit, die mit Meißeln und Riffelfeilen fortgesetzt wird, dürfen nicht sichtbar werden, da alle technische Arbeit für Kunstguß nur dem Ziel dient, das Werk des Künstlers im Material wiederzugeben.

Die technische Arbeit ist beim Kunstguß gewissermaßen ein notwendiger Umweg, um zum Ziel zu gelangen. Es muß daher alle Sorgfalt aufgewendet werden, Schleif-, Meißel- und Feilstrichspuren zu vermeiden bzw. dieselben wieder zu beseitigen.

Zur Beseitigung der Kernstücknähte ist bei Eisen- und Bronzekunstgüssen eine große Auswahl von Flach-, Flachrund- und Spitzmeißeln notwendig. Die Nacharbeit des Meißelhiebes erfolgt mit Punzen und Ziselierhammer. Durch wiederholtes Schlagen mit dem Ziselierhammer auf den Punzen und durch das Weiterführen desselben bei gleichzeitigem Schlagen werden die Flächen, auf denen die Kernstücknähte gesessen haben, so bearbeitet, daß sie sich der umgebenden Fläche wieder angleichen. Der Gußziseleur muß über eine große Auswahl von Stahlpunzen verfügen, deren Aufsetzfläche sehr verschiedenartig geformt ist. So gibt es fast meißelförmige Punzen, die sogenannten Schrotpunzen, dann wieder Punzen mit ebenen, gewölbten, runden und vierkantigen Aufsetzflächen und auch Spezialpunzen, von denen hier nur Perl- und Hohlperlpunzen erwähnt sein sollen.

Letztere (Hohlperlpunzen) haben den Zweck, bei einem Perlstab eine Perle mit einem Schlag nachzuschlagen. Eine Kuriosität ist es, daß um die Jahrhundertwende und auch noch danach Fingernagelpunzen im Gebrauch waren. In dieser Zeit wurden viele sogenannte Genrebronzen hergestellt, die sehr naturalistisch modelliert waren. Die mühselige Arbeit, an diesen zum Teil sehr kleinen Figuren die Fingernägel nachzuziselieren, erleichterte man sich dadurch, daß man Punzen fertigte, deren Aufsetzfläche die negative Form des Fingernagels zeigten. Solche Punzen mußten natürlich in den verschiedensten Größen vorhanden sein. Es war dann möglich, einen Fingernagel gewissermaßen mit einem Schlag nachzuziselieren.

4. Die Kittkugel. (Abb. 20. *Ziselierhammer und Punzenführung*)

Kleinere Güsse, vornehmlich Bronzeplaketten, werden vor der Bearbeitung auf der Kittkugel befestigt.

Die Kittkugel ist eine aus Eisen gegossene Halbhohlkugel, die in einem Holzdreieck oder in einem Lederring drehbar ist, damit die Arbeit jeweils geeignet zum Licht gedreht werden kann.

Abb. 20. Arbeit mit der Kittkugel.
Eine in Eisen gegossene hohle Halbkugel, mit Pechmasse gefüllt, ist nach allen Richtungen in einem Holzdreieck lagernd drehbar. Das Werkstück wird auf das erhitzte Pech aufgedrückt.

Die Halbkugel ist mit einem Gemisch aus Pech, Hammeltalg und Ziegelmehl gefüllt. Zum Aufkitten des Gußgegenstandes wird die Masse mit der Lötflamme vorsichtig erhitzt, damit die Masse nicht verbrennt. Die Plakette wird hineingedrückt. Danach läßt man die Masse wieder erkalten. Durch das Bearbeiten auf der Kittkugel wird erreicht, daß die mitunter sehr dünnen Bronzeplaketten sich durch das Schlagen mit Punzen und Ziselierhammer nicht verwölben oder verbeulen. Das Ablösen erfolgt ebenfalls durch Erwärmen mit der Lötflamme. Das Pech läßt sich durch Petroleum leicht entfernen.

5. Montage von einzeln gegossenen Teilen

Aus wirtschaftlichen Erwägungen und auch aus technischen Überlegungen ist es häufig zweckmäßig, das Modell zu teilen. Häufig wird eine Teilung des Modells sogar notwendig, vor allem dann, wenn bei einer Einformung der ganzen Figur nach dem Kernstückteilformverfahren in der Form freistehende schmale Formteile sich ergeben würden, die durch das einfließende Metall umgerissen werden könnten. Auch die Möglichkeit, den Kern aus der Form auszuheben, kann eine Teilung notwendig machen.

In solchen Fällen muß das Gipsmodell vor dem Abguß entsprechend geteilt werden. An den Teilstellen des Modells müssen Befestigungsmarken angebracht werden, die mitgegossen werden und nach erfolgtem Guß zur Montage dienen. Am Rumpf z. B. wird an der Paßfläche eine Positivmarke vorgesehen und am Arm eine Hohlmarke. Diese Marken müssen schon im Gipsmodell genau passen. Sie werden daher mit Gips abgequetscht. Die Marken bestehen aus möglichst geraden Flächen, damit nach erfolgtem Guß eine leichte Bearbeitung mit Feilen möglich ist.

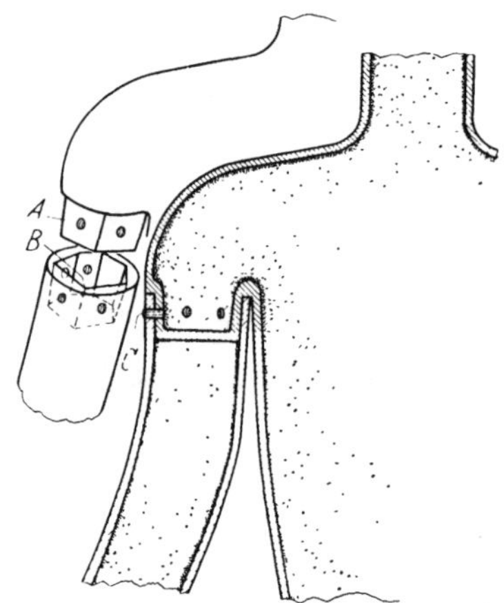

Abb. 21. Montage von einzeln gegossenen Gußteilen.

Beispiel: Ansetzen eines Armes an der Schulter. An der Schulter befindet sich eine Standmarke (*A*). Der Arm hat eine Hohlmarke (B). Beide Marken werden sorgfältig befeilt und zugepaßt, übereinandergeschoben, angezogen und durch Schrauben befestigt (*C*). Schnittzeichnung und perspektivische Ansicht

Die Hohlmarke und die Positivmarke werden an den Abgüssen so sorgfältig bearbeitet, daß die Gußteile genau aufeinanderpassen. An der Hohlmarke am Arm werden Bohrlöcher angebracht, die Gußteile zusammengetan und die Bohrlöcher an der Positivmarke am Rumpf angerissen. In die Bohrlöcher werden Stahlstifte geschlagen mit dem Zweck, die Gußteile noch straffer und enger aneinander zu ziehen. Danach wird zunächst ein Stahlstift herausgeschlagen, ein Gewinde geschnitten und an seine Stelle ein Gewindestift eingedreht (Abb. 21). Der Stahlstift gegenüber wird entfernt und an dieser Stelle ebenso verfahren. Wenn alle Stahlstifte entfernt sind und durch Gewindestifte ersetzt sind, ist die größtmöglichste Paßdichte erreicht. Die Gewindestifte werden abgesägt, ihre Oberfläche so bearbeitet, daß sie in der Oberfläche des Armes nicht mehr wahrnehmbar sind. Es ist jetzt nur noch notwendig, die Paßstelle zu vertreiben, um die Fuge gänzlich zu dichten.

Man verfährt auf diese Weise sowohl bei Eisen- wie auch bei Bronzekunstgüssen und erreicht hierdurch die bestmöglichste Kaltverbindung beider Gußteile. Bei sorgfältiger Verarbeitung ist eine derartige Dichte der Verbindung zu erreichen, daß die Verbindungsstelle nicht mehr wahrnehmbar ist.

6. Nachbehandlung von Kunstgüssen. Färbeverfahren

Das Schwarzfärben von Eisenkunstgüssen beschreibt Erwin Hintze in seinem Buch „Gleiwitzer Eisenkunstguß". Danach hat man sich in der Zeit um 1800 folgendermaßen beholfen. Man stellte ein Gemisch aus Kienruß und Leinöl her. Mit diesem Gemisch wurden die einzufärbenden Teile eingestrichen. Der Aufstrich wurde über offenem Schmiedefeuer so weit niedergebrannt, bis nur noch ein zarter Film auf dem Eisen lag. Das Verfahren konnte wiederholt werden, bis der gewünschte Erfolg erreicht war.

Im Prinzip verfährt man heute noch so, nur benutzt man dazu Spritzapparate und elektrische Trockenöfen. Die Bindemittel sind heute auch andere, ein wesentlicher Bestandteil der Einfärbesubstanz ist jedoch nach wie vor der Kienruß. Außer dem geschilderten Verfahren kennt man in neuerer Zeit das Atramentieren und das Bondieren. Bei diesen beiden Verfahren wird durch chemische Einwirkung eine schützende Phosphatschicht auf der Oberfläche des Gusses erzeugt. Beim Atramentieren erfolgt die schwarze Einfärbung durch Aufbringen einer Lösung von Anilinschwarz.

Eisengüsse, die Witterungseinflüssen ausgesetzt sind und im Freien aufgestellt werden, müssen mit einer rostschützenden Grundierung und einer Leinölfirnis-Einfärbung versehen werden. Durch die Anwendung des Spritzverfahrens ist es möglich, eine solche Einfärbung so vorzunehmen, daß die künstlerische Wirkung des Gusses nicht beeinträchtigt wird.

Man kann das Eisen auch chemisch einfärben, wobei rostbraune bis schwarz-braune Töne entstehen. Die Fixierung einer derartigen chemischen Einfärbung gegen atmosphärische Einflüsse ist jedoch nicht in allen Fällen erreichbar.

Das Einfärben von Bronzekunstgüssen erfolgt grundsätzlich chemisch. Man nennt diesen Vorgang Patinieren. Der Ausdruck *Patina*, im Sinne des Gewordenen, ist volkstümlich. Man denkt an grün gewordene Kupferdächer und ähnliches. Grünspan z. B. ist eine Oxydationserscheinung, die auch künstlich durch Behandlung der Güsse mit einer chemischen Lösung bei gleichzeitiger Erwärmung derselben hervorgerufen werden kann. Ebenso kann man braune und schwarze Töne auf Bronzekunstgüssen erzeugen.

Beim Patinieren kommt es auf das sinnvolle Abstimmen der folgenden vier Wirkungsfaktoren an: 1. Schaffen einer chemisch reinen Oberfläche (notfalls durch Entfetten oder Abbeizen). 2. Die Dauer der Einwirkung des die Farbe verändernden Mittels. 3. Das Herausfinden der günstigsten Temperatur, die das Gußstück während der Einwirkung des Mittels haben muß. 4. Das rechtzeitige Unterbrechen des Färbevorganges (durch Abtrocknen des Gusses in Sägemehl).

Die Rezepte für das Ansetzen von Patinalösungen sind sehr zahlreich und können in entsprechenden Fachbüchern nachgelesen werden. Es muß erwähnt werden, daß das Gelingen derartiger Einfärbungen Übung und reiche Erfahrung voraussetzt.

III. Der Kleinguß

Das Arbeitsgebiet des Kunstgusses ist außerordentlich umfangreich. Je nach der Größe der Stücke und dem Umfang der technischen Aufgabe sind die technischen Mittel verschieden.

A. Medaillen und Plaketten

Sehr viele Arbeiten können als Kleinguß bezeichnet werden. Zum Kleinguß zu rechnen ist der Guß von Medaillen und Plaketten, worunter man kleinere Reliefbilder versteht.

Ferner können als Kleinguß angesehen werden Abgüsse von Kleinplastiken wie Figuren, Tierplastiken und auch kunstgewerbliche Gegenstände geringerer Größe.

B. Der Guß von eisernen Schmucksachen

Hierbei handelt es sich um den Guß von Armbändern, Ohrringen, Diademen, Broschen und Halsketten in durchbrochener Ausführung. Man könnte einen solchen Guß auch Filigranguß nennen. Schmucksachen dieser Art wurden in höchster technischer Vollendung in der Zeit von 1808 bis etwa 1830 in den Königlichen Eisengießereien von Gleiwitz und Berlin gegossen.

1. Die Technik des Gusses von eisernen Schmucksachen

Die Abbildung zeigt die Eingußführung bei dem Guß eines Armbandgliedes (Abb. 22). Bei der sehr starken Dünnwandigkeit dieser Stücke kommt es darauf an, das Eisen so schnell wie möglich in alle Teile der Form hineinzubringen. Beim Anschnitt derartiger Gußstücke muß beachtet werden, daß der Einguß abgebrochen bzw. abgeschliffen werden kann. Die Schmetterlingsbrosche (Abb. 23) nach einem Modell von Simon Pierre Devaranne (1789 in Berlin geboren) ist überaus zierlich und eines der kennzeichnendsten Beispiele seiner geschmackvollen Entwürfe.

Das Modell hierzu schnitt Devaranne etwa um das Jahr 1820 in Silber. Der Abguß nach diesem Modell bedeutet eine Sensation im Sinne der technischen Möglichkeiten des Eisenkunstgusses.

Diese Schmetterlingsbrosche wird heute noch in der Kunstgießerei der Buderusschen Eisenwerke in Hirzenheim, in Oberhessen, laufend hergestellt und findet als Eisenkunstguß das lebhafteste Interesse vor allem bei ausländischen Fachleuten.

Die Brosche wiegt 3,44 Gramm (nur das Gußstück ohne die Nadel) und ist bei einer Größe von 61 mal 35 Millimetern 262mal durchbrochen.

Es ist sehr zu beklagen, daß die einzigartigen Sammlungen solcher in Eisen gegossenen Kostbarkeiten, die sich in Breslau und Gleiwitz befanden, heute als verloren angesehen werden müssen.

Diese Beispiele sind bezeichnend für die Bildsamkeit des gegossenen Eisens und für den an Besessenheit grenzenden Willen, das unmöglich Scheinende möglich zu machen.

Zur Fertigung derartiger Gußstücke gehört ein großes Einfühlungsvermögen. Bemerkt muß werden, daß das zum Abguß verwendete Eisen keineswegs ungewöhnlich gattiert wird. Es handelt sich bei solchen Güssen um eine besonders sorgfältige Abstimmung aller Arbeitsvorgänge zueinander und um die Erzielung eines weichen Eisens. Broschen müssen schon wegen ihrer Handhabung im gewissen Sinne elastisch sein. Trotz der dünnen Gußverbindungen muß das Eisen daher im Bruchgefüge grau sein, damit es nicht zerbricht.

Die feine Oberfläche wird, durch Aufstauben feinster Sandteilchen auf die Formoberfläche und durch nochmaliges Abdrücken des Modells erreicht. Der Grad dieser Aufstaubung muß sehr vorsichtig abgeschätzt werden, da, wie jeder Former und Gießer weiß, solche feinen Staubschichten durch das einfließende Eisen leicht weggeschwemmt werden.

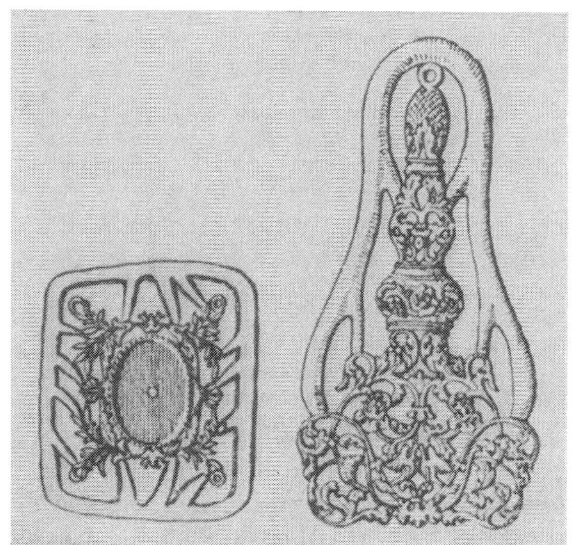

Abb. 22. Armbandglied und Anhänger aus durchbrochenem Eisenkunstguß mit Eingüssen (nach EVA SCHMITZ)

Abb. 23. Schmetterlingsbrosche. — Eisenkunstguß nach einem in Silber geschnittenen Modell von SIMON PIERRE DEVARANNE (Buderns Werkfoto)

2. *Zur Geschichte des Gusses von eisernen Schmucksachen*

Der Filigranguß wurde in der Gleiwitzer und Berliner Königlichen Eisengießerei entwickelt. Wie bereits erwähnt, kann das Erscheinen der ersten Stücke etwa im Jahre 1808 angenommen werden. Unter besonderer Förderung des Grafen Reden gelang es, immer feinere Stücke herzustellen. Die zierlichen Neujahrsplaketten, die diese beiden berühmten Eisenkunstgießereien gossen, haben eine erstaunlich feine Gußhaut und Dünnwandigkeit. Hierbei muß erwähnt werden, daß die Gußhaut um so feiner wird, je dünnwandiger der Guß ist. Mit der Erreichung der technischen Möglichkeit, dünnwandig zu gießen, wobei Wandstärken von 0,8 und 0,7, ja zum Teil bis 0,5 mm erzielt wurden, war der Weg offen, zierlichste Schmucksachen zu gießen.

Als im Jahre 1813 durch die Parole *Gold gab ich für Eisen* der Eisenschmuck geradezu modern wurde, ergab sich für diese Fertigung ein unwahrsscheinlicher Aufschwung, wobei man heute nicht mehr abschätzen kann, ob die Wertschätzung dieser Stücke mehr auf ideellem Gebiet lag oder ob sie der staunenswerten technischen Entwicklung galt. Man ist aber geneigt, das letztere anzunehmen, da diese Dinge nicht nur in Deutschland, sondern auch besonders im Ausland begehrt waren. In Paris gab es zum Beispiel einen Laden, der mit *fer de berlin* firmierte.

IV. Der Großguß

Diesen zierlichen in Eisen gegossenen Dingen steht die Fertigung von Großplastiken in lebensgroßer und überlebensgroßer Ausführung in Eisenkunstguß gegenüber. Hierbei werden alle der Gießtechnik zur Verfügung stehenden Möglichkeiten angewendet.

Es mag dem, der diesen Dingen fernsteht, erstaunlich klingen, daß bei der Fertigung von Großplastiken Überlegungen entstehen können, ob beispielsweise ein Hebezeug von 10 t Leistung ausreichen mag.

Und doch ist es so. Es sind Überlegungen notwendig, die sich auf das Formkastengewicht, das Gewicht der Formsandmenge und schließlich auf das Gewicht des Gußstückes selbst einschließlich der Eingüsse und Steiger beziehen.

Es ist verständlich, daß so große Kunstgußvorhaben nur im Rahmen eines großen Hüttenwerkes ausgeführt werden können, das in der Lage ist, die notwendigen Eisenmengen und die technischen Einrichtungen bereitzuhalten.

V. Industrie und Kunstguß

Es muß festgestellt werden, daß die stärksten Impulse zur Förderung des Kunstgusses im achtzehnten und neunzehnten Jahrhundert von der damals werdenden Großindustrie ausgingen.

Im Jahre 1678 wurde in *Hirzenhain* in Oberhessen ein Holzkohlenhochofen errichtet. Gleichzeitig goß man dort kunstreich verzierte Ofenplatten. 1756 begann man in *Lauchhammer* in Sachsen mit figürlichem Guß, zunächst im Wachsausschmelzverfahren. 1798, fast zugleich mit der Errichtung des ersten mit Koks beheizten Hochofens auf dem europäischen Kontinent im Jahre 1796, wandte man sich in *Gleiwitz* dem Eisenfeinkunstguß, der Fertigung von Medaillen und Plaketten zu. In *Wasseralfingen* erreichte der Eisenkunstguß zur Biedermeierzeit eine Hochblüte. Seit 1805 bis weit hinein ins neunzehnte Jahrhundert war die *Königliche Eisengießerei in Berlin* allein für Eisenkunstguß tätig. Die *Sayner Hütte* in der Nähe von Bendorf am Rhein brachte sehr beachtliche und umfangreiche Leistungen auf dem Gebiete des Eisenkunstgusses hervor. Die 1852 gegründete *Paulinenhütte* in Neusalz an der Oder in Schlesien ist ebenfalls mit ausgewählten Eisenkunstgüssen in der jüngeren Vergangenheit hervorgetreten.

Literatur

LUER: Bronzeplastik. — E. HINTZE: Gleiwitzer Eisenkunstguß, 1928. — EVA SCHMITZ: Schlesischer Eisenkunstguß, 1940. — C. GEIGER: Handbuch der Eisen- und Stahlgießerei. 2. Aufl., 2. Bd., Berlin: Springer 1925.

Chemische Beanspruchung und Verschleiß der gegossenen Eisenwerkstoffe

Von **H. Schiffers** †, Düsseldorf

Mit 17 Abbildungen

I. Die chemische Beanspruchung der gegossenen Eisenwerkstoffe

1. Die langsam verlaufenden chemischen Abtragungen an einer Metallfläche

Der Werkstoff Eisen ist in der Technik den verschiedenartigsten technologischen Beanspruchungen unterworfen, die bestimmte spezifische Eigenschaften des Materials, wie Zugfestigkeit, Biegefestigkeit, Härte u. a., voraussetzen. Aus der Vielzahl der genormten Werkstoffe auf Eisenbasis wählt der Konstrukteur von diesen Gesichtspunkten ausgehend die geeigneten für jedes Detail seines Entwurfes und schreibt in vielen Fällen für bestimmte Einzelteile auch Nichteisenmetalle oder deren Legierungen vor. Die Erzeugnisse des Maschinen- und Apparatebaues, denen als Konstruktions-Werkstoff Eisen zugrunde liegt, sind also in bezug auf die qualitative und quantitative chemische Zusammensetzung ihrer Einzelteile von ungleicher Beschaffenheit. Dies wird von besonderer Bedeutung, wenn Beanspruchungen chemischer Art auftreten, vor allem dann, wenn es sich um ungewollte und daher unerwünschte chemische Angriffe handelt, die als Metallkorrosion bezeichnet werden. Es ist bekannt, daß die normalen technischen Eisensorten als Legierungen eines unedlen Metalls von Säuren höherer Konzentration stark angegriffen werden, daß sie aber unter den gleichen Bedingungen widerstandsfähiger bis praktisch unangreifbar werden, wenn sie mit höheren Gehalten an bestimmten Sonderlegierungselementen erschmolzen sind. Ihre Summe muß meistens 10% überschreiten, um genügend wirksam zu sein. Damit tritt an den Metallurgen die Aufgabe heran, unter Zusatz von Sonderlegierungselementen die gewöhnlichen Eisenlegierungen zu veredeln. Diese Problemstellung fordert demnach allgemein, durch geeignete Maßnahmen den mit großer Geschwindigkeit ablaufenden Lösungsvorgang möglichst weitgehend abzubremsen und in einen Korrosionsprozeß umzuwandeln, der mit geringer Geschwindigkeit verläuft, so daß praktisch die — nicht in allen Fällen — erreichbare untere Grenze der Lösungsgeschwindigkeit mit Null anzusetzen ist. Diese langsame Materialabtragung ist durch verschiedene charakteristische Vorgänge gekennzeichnet, die in fast gleicher Weise in Erscheinung treten, wenn schwach saure, neutrale oder schwach basische Lösungen mit unlegierten technischen Eisenwerkstoffen in Berührung kommen.

2. Charakteristische Grundlagen der Korrosionsvorgänge

Unter Korrosion versteht man die von der Oberfläche ausgehende, durch unbeabsichtigten chemischen oder elektrochemischen Angriff entstehende schädliche Veränderung eines Werkstoffes. Nach dieser im Normblatt DIN 50900 vom Juni 1951 gegebenen allgemeinen Definition kann die Korrosion von Metallen auf elektrochemische Vorgänge beschränkt werden, damit der Lokalelementtheorie, die diesen Erscheinungen zugrunde liegt, der Korrosionsmechanismus bei Metallen oder Legierungen zwanglos und befriedigend zu deuten ist. Korrosionsangriffe treten bei den technisch wichtigen unedlen Metallen und deren Legierungen je nach den vorliegenden Verhältnissen in stärkerem oder schwächerem Maße auf und sind mit beträchtlichen volkswirtschaftlichen Schäden verknüpft.

Im Gegensatz zu den Edelmetallen kommen die unedlen Metalle wie Eisen, Aluminium, Magnesium, Kupfer, Zink und Blei in der Natur ausschließlich als chemische Verbindungen, insbesondere in Form von Oxyden, Sulfiden, Sulfaten, Chloriden oder Karbonaten vor. Diese Erze werden durch hüttenmännische Reduktionsprozesse unter Wärmeverbrauch in Metalle übergeführt. Sie zeigen aber das Bestreben, aus diesem aufgezwungenen metallischen Zustand unter Wärmeabgabe wieder chemische Verbindungen einzugehen. Dieser spezifischen Eigenschaft der unedlen Metalle liegt auch ihre Zerstörung durch Korrosionseinwirkungen zugrunde, jedoch fallen keineswegs alle derartigen Umsetzungen darunter, vielmehr ist der Bereich durch verschiedene einschränkende Bedingungen abgegrenzt. Werden dem Korrosionsmechanismus der Metalle und Legierungen elektrochemische Reaktionen zugrunde gelegt, so folgt daraus zwangsläufig, daß der korrodierende Angriff über einen Elektrolyten erfolgt. Wird weiter berücksichtigt, daß die Korrosion ein unbeabsichtigter und unerwünschter Vorgang ist und sich demnach auf Umsetzungen beschränkt, die oft unbeeinflußt vom technischen Handeln des Menschen ablaufen, so ist in diesen Fällen die Konzentration der in Frage kommenden Elektrolyte begrenzt und umfaßt das Gebiet schwach saurer, neutraler bis zu schwach alkalischen, wäßrigen Lösungen, wie sie in der Natur vorkommen. Erfahrungsgemäß vollziehen sich die Umsetzungen zwischen Metallen, deren Legierungen und Lösungen dieser Art fast immer über lange Zeiten, ein Umstand, der für Korrosionsvorgänge kennzeichnend ist und sie von Auflösungsprozessen unterscheidet.

Trotzdem die Konzentrationen der Elektrolyten in verhältnismäßig engen Grenzen liegen, ist ihre korrodierende Wirkung auf ein und dasselbe Metall oder ein und dieselbe Legierung unter gleichen Bedingungen sehr verschieden. Es wird z. B. reines, lufthaltiges Wasser oder feuchte Luft eine viel geringere Angriffswirkung auf Eisen zeigen als Meerwasser, Kesselspeisewasser, Industrieabwässer oder mit Rauchgasen durchsetzte feuchte Luft. Ein und derselbe Elektrolyt wird sogar das gleiche Material verschieden angreifen, je nachdem er ruhend oder bewegt einwirkt. Von ausschlaggebender Bedeutung ist auch die Frage der Belüftung, d. h. des unbehinderten Luftzutritts zum Korrosionssystem. Eisen wird z. B. in ein und derselben Lösung bei Zutritt von Luftsauerstoff ganz anders angegriffen, als wenn es als Rohr im Erdboden, also praktisch unter Luftabschluß, verlegt ist.

Dieser Überblick, der nur einige der wichtigsten Faktoren beleuchtet, die allgemein bei Korrosionsvorgängen zu beachten sind, zeigt, wie verschiedenartig derartige Zerstörungen einsetzen und verlaufen können, und daß von Fall zu Fall die Mittel verschieden sein müssen, um diese schädlichen Angriffe zu unterbinden. Zur Lösung derartiger Probleme ist aber eine eingehende Kenntnis und sichere Beurteilung des Korrosionsmechanismus möglichst unter Zugrundelegung der entsprechenden elektrochemischen Gesetze erforderlich.

3. *Die elektrochemischen Gesetze für Halbelemente übertragen auf Korrosionsvorgänge*

Die elektrochemische Theorie der Korrosion ist auf der Tatsache begründet, daß ein Metall, das mit einem Elektrolyten in Berührung ist, der die gleichen Metallionen — z. B. aus der Dissoziation des aufgelösten Metallsalzes — enthält, ein Halbelement mit einem elektrischen Potential bildet. Ein solches Potential ist in erster Linie von der Art des Metalles, dann aber auch von der Konzentration seiner Ionen im Elektrolyten abhängig und kann zahlenmäßig durch die NERNSTsche Gleichung erfaßt werden. Es ist:

$$\varepsilon = -\frac{R\,T}{n\,F}\ln\frac{C}{c} \tag{1}$$

und es bedeuten in diesem Ausdruck:

R die Gaskonstante im elektrischen Maß (8,31 Joule)
T die absolute Temperatur
n die Wertigkeit des Metalls
F 96540 Amperesekunden
C die konstante Konzentration in Mol einer an Metallionen gesättigten Lösung
c die Konzentration an aktiven Metallionen im Elektrolyten in Mol
ε das elektrische Potential des Halbelementes in Volt.

Werden die Konstanten dieser Gleichung zusammengefaßt und das BRIGGsche Logarithmensystem zugrunde gelegt, so ergibt sich bei $\varepsilon = 18\,^\circ\mathrm{C}$ der vereinfachte Ausdruck:

$$\varepsilon = -\frac{57{,}7}{n} \log \frac{C}{c} \text{ in Millivolt.} \tag{2}$$

Tabelle 1. *Spannungsreihe einiger Elemente, gemessen gegen die Normalwasserstoffelektrode in wässeriger Lösung (Volt)*

Li/Li^+	— 3,02	Mg/Mg^{++}	— 2,30	Cr/Cr^{+++}	— 0,51	Ni/Ni^{++}	— 0,25	Cu/Cu^{++}	+ 0,34
K/K^+	— 2,92	Al/Al^{+++}	— 1,69	Fe/Fe^{++}	— 0,44	Pb/Pb^{++}	— 0,13	Ag/Ag^+	+ 0,81
Na/Na^+	— 2,71	Mn/Mn^{++}	— 1,10	Cd/Cd^{++}	— 0,49	Sn/Sn^{++}	— 0,14	Hg/Hg^{++}	+ 0,86
Ca/Ca^+	— 2,78	Zn/Zn^{++}	— 0,76	Co/Co^{++}	— 0,26	H_2/H^+	± 0,00	Au/Au^+	+ 1,50

also das Potential des Halbelementes in Abhängigkeit von der Variablen c, der Metallionenkonzentration im Elektrolyten. Eine besondere Bedeutung kommt dem Wert C zu. Stofftransporte im Halbelement, gleichgültig, ob es sich um eine reine Auflösung oder um eine von chemischen Umsetzungen begleitete handelt, erfolgen unmittelbar an der Oberfläche der Elektrode in einer scharf ausgeprägten adhärierenden Flüssigkeitsschicht von nur wenigen Molekülen Dicke, in der schon bald Sättigungskonzentration eintritt. Der Übergang von Metallionen aus dieser Schicht in den Elektrolyten geht durch die Grenzfläche der beiden Lösungen vonstatten, die wie eine Membrane wirkt, wobei die Auflösungsgeschwindigkeit des Metalls — wie bei der Osmose — von der Diffusionsgeschwindigkeit abhängig ist. Der Übergang von Metallionen aus der Elektrodenoberfläche in die adhärierende Schicht und von dort aus durch Diffusion in der Lösung wird erst dann unterbunden, wenn die Konzentration an aktiven Metallionen im Elektrolyten und der Lösungsdruck des Metalls einander gleich sind, oder wenn noch andere Vorgänge mitwirken, die den Ionentransport hemmen oder verhindern. Die Größe C kennzeichnet den *Lösungsdruck* des Metalls, ist also eine typische Materialkonstante. Wird in Gleichung (2) zu Vergleichszwecken die Konzentration der aktiven Metallionen im Elektrolyten $c = 1$ Mol gewählt, so ergibt sich:

$$\varepsilon_0 = -\frac{57{,}7}{n} \log C \tag{3}$$

das sogenannte Normalpotential ε_0 als Funktion des Lösungsdruckes. Die Normalpotentiale der Metalle sind insbesondere für die Elektrochemie von großer Bedeutung und zahlenmäßig genau bestimmt worden. Sie sind in der bekannten elektrischen Spannungsreihe der Metalle zusammengestellt, die in Tab. 1 für eine Anzahl Metalle wiedergegeben ist.

Die Stellung eines Elementes in der Spannungsreihe hat grundsätzliche Bedeutung für die Beurteilung der Korrosionsmöglichkeit, wenngleich — wie bereits erwähnt wurde — eine große Anzahl weiterer Faktoren und Einflußgrößen nicht außer acht gelassen werden darf.

Eine besondere Bedeutung kommt dem Wasserstoff in der Spannungsreihe zu, der, obschon selbst kein Metall, sich wie eine metallische Modifikation verhält, wenn er in die Oberfläche einer Edelmetallelektrode eindiffundiert und adsorbiert wird. Die Wasserstoffionen des Elektrolyten sprechen auf eine derartige gesättigte Wasserstoffelektrode konzentrationsrichtig an, d. h., die NERNSTsche Gleichung ist auch in diesem Falle anwendbar.

Auf dieser Gesetzmäßigkeit beruht die auch für Korrosionsuntersuchungen wichtige p_H-Messung, d. h. die Bestimmung der Konzentration an aktiven Wasserstoffionen im Elektrolyten, die sein Angriffsvermögen auf Metalle und Legierungen charakterisiert. Selbst der neutrale Elektrolyt, das Wasser, ist zu einem geringen Teil nach:

$$K_w = \frac{H^+ (OH)^-}{H_2O} \tag{4}$$

$$K_w = H^+ (OH)^- = 10^{-14,14} \tag{5}$$

dissoziiert und dieser Anteil durch den Ausdruck K_w festgelegt, der als Ionenprodukt des Wassers bezeichnet wird und der bei 18 °C den konstanten Wert $10^{-14,14}$ aufweist. Da reines Wasser seiner chemischen neutralen Zusammensetzung entsprechend bei der Dissoziation stets gleiche Mengen H^+- und $(OH)^-$-Ionen abspaltet, ist deren Konzentration stets $10^{-7,07}$. Wird das Wasser mit Stoffen vermischt, deren Konzentration an aktiven Wasserstoffionen (c_H) größer ist, so nimmt die Lösung sauren Charakter an, wobei der Bereich der Säuren zwischen c_H-Werten von 10^0 bis $10^{-7,07}$ liegt. Werden dagegen Stoffe zugefügt, die ärmer an Wasserstoffionen sind, so wird die Lösung basisch und ist dann gekennzeichnet durch c_H-Konzentrationen von $10^{-7,07}$ bis $10^{-14,14}$. Der gesamte Bereich der sauren, neutralen und basischen Lösungen liegt also bei Wasserstoffionenkonzentrationen von 10^0 bis $10^{-14,14}$ oder wenn man, wie heute üblich, an Stelle der Wasserstoffionenkonzentration den p_H-Begriff einführt nach:

$$p_H = - \log c_H \tag{6}$$

bei 18 °C in den Grenzen zwischen 0 und 14,14. Die Einordnung der Metalle in die elektrolytische Spannungsreihe ergibt eine weitere Gesetzmäßigkeit, die aufzeigt, in welcher Reihenfolge die elektronegativen Metalle die elektropositiven aus ihren Lösungen verdrängen. So zeigt die für Korrosionsuntersuchungen wichtige Regel, daß sämtliche Metalle mit negativem Normalpotential, also auch das Eisen, größere Affinität zu elektrischen Ladungen haben als der Wasserstoff und diesen im Elektrolyten ersetzen. Wird z. B. eine Eisenplatte durch verdünnte Schwefelsäure angegriffen, so läßt sich dieser Vorgang durch die Reaktionsgleichung:

$$Fe + H_2SO_4 \rightarrow FeSO_4 + H_2 \tag{7}$$

oder elektrochemisch nach:

$$Fe + 2\,H^+ \rightarrow Fe^{++} + H_2 \tag{8}$$

darstellen. Da sich diese Umsetzung in der adhärierenden, gesättigten Flüssigkeitsschicht an der Oberfläche der Elektrode vollzieht, werden sich an der Metallfläche primär Wasserstoffionen entladen und ihre Ladungen an das Eisen abgeben, dessen Ionen in entgegengesetzter Richtung durch die Grenzfläche in den Elektrolyten diffundieren. Wird der Ionenaustausch in beiden Richtungen nicht unterbunden, so schreitet die Zerstörung der Metallplatte von der Oberfläche aus weiter fort. Dabei vollzieht sich nach neueren Untersuchungen die Entladung der Wasserstoffionen in mehreren Stufen, wahrscheinlich in der Weise, daß die Wasserstoffionen aus der Lösung an die Oberfläche der Elektrode wandern, dort adsorbiert werden, sich anschließend entladen und erst dann durch Vereinigung von 2 Wasserstoffatomen zum Molekül gasförmigen Wasserstoff bilden. Die Entladung der Wasserstoffatome erfolgt also in großen Zügen nach dem Schema:

$$\underset{\text{in Lösung}}{H^+} \rightarrow \underset{\text{adsorbiert}}{H^\cdot} \rightarrow \underset{\text{entladen}}{H} \rightarrow \underset{\text{molekular (gasf.)}}{H_2} \tag{9}$$

In engem Zusammenhang mit diesen Vorgängen steht wahrscheinlich die in der Galvanotechnik beobachtete Überspannung bei der Entwicklung von gasförmigem Wasserstoff.

Diese Ausführungen erhellen nur teilweise die außerordentlich verwickelten Vorgänge des Korrosionsmechanismus bei Metallen. Während bei der gewollten Auflösung eines Metalls oder einer Legierung das Bestreben dahin gehen muß, den Zutritt der Wasserstoffionen zur metallischen Oberfläche möglichst zu fördern und durch bestimmte Maßnahmen, vor allem durch die Wahl eines geeigneten Lösungsmittels mit entsprechendem p_H-Wert und unter Umständen Erwärmen oder auch Rühren, den molekularen Wasserstoff zu entfernen und dadurch eine Polarisation zu verhindern, ist bei Korrosionsvorgängen, soweit ihr Ablauf überhaupt beeinflußbar ist, das Gegenteil anzustreben. Grundsätzliche Unterschiede zwischen einer Auflösung und der Korrosion eines Metalls treten aber auch hinsichtlich der Wasserstoffionenkonzentration des angreifenden Lösungsmittels in beiden Fällen auf. Während zur Auflösung fast ausschließlich starke Säuren mit einem p_H-Wert über Null bis zu vier gewählt werden, liegen sie bei Korrosionsprozessen mehr im Bereich des Neutralpunktes ($p_H = 7{,}07$) und damit im Bereich der schwachen Säuren oder Basen, werden also von Elektrolyten mit p_H-Werten zwischen 4 und 9,9 begrenzt, wobei diese Grenzwerte praktisch meistens auch nicht annähernd erreicht werden.

4. Die Bedeutung der Hydrolyse für die Bildung von Schutzschichten

Ein einfacher Vorgang ist die Korrosion des Eisens durch Wasser nach der Umsatzgleichung:

$$Fe + 2\,H_2O \rightarrow Fe(OH)_2 + H_2 \qquad (10)$$

bei der neben molekularem Wasserstoff gallertartiges, kolloides Ferrohydroxyd entsteht. Das Eisen teilt die Neigung, derartige schwer lösliche Hydroxyde zu bilden, mit den anderen unedlen Metallen der Spannungsreihe, ausgenommen mit Li, Na und K, deren Hydroxyde leicht löslich sind, und Mg, dessen Hydroxyd eine gewisse Löslichkeit zeigt. Die Entstehung derartiger Kolloide bleibt aber nicht nur auf die Einwirkung eines neutralen Elektrolyten beschränkt, sondern sie werden auch durch Hydrolyse von neutralen Salzen einer starken Base und einer schwachen Säure gebildet und sind in schwachen Säuren beständig. Bei diesen Vorgängen spielen vor allem die organischen Säuren, die auch in der Natur entstehen, wie z. B. Ameisensäure, Essigsäure u. a. m., eine bedeutende Rolle. So wird z. B. entstandenes Ferroazetat wie folgt unter Bildung von Essigsäure umgesetzt werden:

$$Fe(C_2H_3O_2)_2 + 2\,H_2O \rightarrow Fe(OH)_2 + 2\,CH_3COOH. \qquad (11)$$

Es wurde bereits darauf hingewiesen, daß die Umsetzungen unmittelbar an der Metalloberfläche in der adhärierenden Schicht verlaufen, und da die Kolloide aus großen Molekülkomplexen bestehen, werden sie nicht durch die Grenzfläche in den Elektrolyten diffundieren können, vielmehr an der Oberfläche der Elektrode haften, wenn der osmotische Druck auf die Grenzfläche nicht durch Erwärmen oder Rühren vergrößert wird. Das gallertartige Hydroxyd wird je nach den Umständen das Metall wie ein Netz mit engen oder weiteren Maschen umhüllen und wird, entsprechend seiner Beschaffenheit, entweder den Austausch von Wasserstoff- und Metallionen behindern oder ihn ganz unterbinden. Diese Schutzschicht wird sich nicht bilden, wenn — wie bei der Auflösung — starke Säuren mit hoher Konzentration an aktiven Wasserstoffionen auf das Metall einwirken, die bis zur Metalloberfläche vordringen und bei der Entwicklung von gasförmigem Wasserstoff das Haften der Kolloidschicht verhindern. In welchem Maße die zerstörende Einwirkung der Wasserstoffionen auf eine Metallfläche erfolgt, wenn keine Schutzschicht gebildet wird, zeigt am anschaulichsten der stürmische Angriff des Wassers auf Lithium, Kalium und Natrium, deren Hydroxyde löslich sind. U. R. EVANS [*1*] gelang es, bei Eisen derartige Schutzschichten in Form von durchsichtigen Häutchen zu isolieren, indem er das unter diesen befindliche metallische Eisen mit Jod herauslöste. Auch J. W. MÜLLER [*2*] untersuchte die passivierende Wirkung dieser Schutzschichten und stellte die Ergebnisse seiner Arbeiten zu einer für die Deutung der Korrosionsvorgänge fruchtbaren Bedachungstheorie zusammen. Nach seinen Beobachtungen ist die Schutzschicht von Poren durchsetzt, die wie Kapillaren wirken und für den Ionenaustausch maßgebend sind. Ist der Porenflächenanteil etwa $^1/_{100}$ der Gesamtfläche, so kann das Metall nicht als korrosionsbeständig bezeichnet werden und wird stark angegriffen. Erst wenn ein Verhältnis von

$^1/_{1000}$ vorliegt, ist der metallische Werkstoff korrosionsbeständig und wird, wenn das Verhältnis bis auf $^1/_{10000}$ gesunken ist, überhaupt nicht mehr angegriffen, d. h. jeglicher Ionenaustausch ist unterbunden.

5. *Die Dachschichtenbildung bei nicht homogenen Metallen oder Legierungen und die Lokalelemente*

Eine vollständige Passivierung setzt aber aus Gründen, die nachstehend erörtert werden, ein vollständig homogenes Metall voraus. Die technischen Eisenlegierungen erfüllen außer Weicheisen diese Bedingungen nicht, denn ganz abgesehen von legierten Stählen treten bereits in reinen Kohlenstoffstählen zwei Komponenten Eisen und Eisenkarbid auf, während beim Gußeisen und Temperguß außer diesen noch Graphit und Temperkohle neben größeren oder kleineren Anteilen von Verbindungen der üblichen Eisenbegleiter Si, Mn, P und S, gegebenenfalls auch noch Doppelkarbide, als weitere Gefügebestandteile auftreten, die den Widerstand der Grundmasse gegen elektrochemische Angriffe durch ein und denselben Elektrolyten weitgehend ändern.

Als weitere Varianten, die sich auf das Gefüge und damit auf die Korrosionsanfälligkeit einer Eisenlegierung auswirken, sind zu berücksichtigen: Wärmebehandlung, z. B. bei Stahlguß, Härten und Vergüten von Stählen, mechanische Beanspruchung wie z. B. Schmieden, Pressen und Walzen, Seigerungserscheinungen und Schlackeneinschlüsse im Gußstück u. a. m. Die verschiedene chemische Zusammensetzung der Gefügebestandteile bewirkt, daß sie von ein und demselben Elektrolyten verschieden angegriffen und in unterschiedlicher Weise passiviert werden. Dabei werden an der Oberfläche der nicht homogenen Eisenlegierung Halbelemente mit verschiedenen Potentialen, sogenannte Lokalelemente, auftreten, die durch den metallischen Kern der Eisenelektrode kurzgeschlossen sind. Zwei Halbelemente bilden aber zusammengestellt und metallisch leitend verbunden ein kurzgeschlossenes galvanisches Element, wenn sie auch im inneren Stromkreis, über den Elektrolyten, leitend miteinander in Verbindung stehen. Zur Untersuchung der in solchen Lokalelementen sich abspielenden Vorgänge können zum Vergleich technisch ausführbare galvanische Elemente herangezogen werden, deren Aufbau z. B. dem Schema

Eisen / wäßrige Salzlösung / edleres Metall

entspricht.

In einem derartigen Element kommt der Stromdurchgang nach Schließen des äußeren Stromkreises dadurch zustande, daß Eisen unter Aussendung positiver Ionen in Lösung geht, während gleichzeitig äquivalente Mengen Wasserstoffionen an der edleren Elektrode entladen werden und sich zu gasförmigen Molekülen vereinigen. An den kathodischen Stellen einer inhomogenen Eisenplatte werden gleichfalls die Wasserstoffionen entladen, jedoch wird eine Entwicklung von gasförmigem Wasserstoff nicht erfolgen, weil zur Vereinigung zweier Wasserstoffatome zu einem Molekül eine Überspannung erforderlich ist, die bei Lokalelementen nicht erreicht wird, da sie u. a. von der Stromdichte abhängt, die im vorliegenden Falle zu klein ist. Auch wird nach W. PALMAER eine sichtbare Wasserstoffentrichtung erst erfolgen, wenn allgemein zwischen den Potentialen die folgende Beziehung besteht:

Potential des unedleren Metalls gegen die Lösung — (Potential des Wasserstoffes + Überspannungswert des Wasserstoffes an der edleren Kathode) < 0.

Nach Untersuchungen von THIEL und HAMMERSCHMIDT beträgt die Überspannung bei der Abscheidung von Wasserstoff an reinem Eisen 175 Millivolt, nach THIEL [3] für die Abscheidung an Graphit sogar 330 Millivolt.

6. *Der Einfluß der Belüftung*

Trotzdem bei den Lokalelementen eine Polarisation der kathodischen Stellen durch molekularen Wasserstoff nicht erfolgt, genügt der dort an der Oberfläche absorbierte atomare Wasserstoff, um den Zutritt von Wasserstoffionen und den damit verbundenen

Ionenaustausch und Angriff zu verhindern. Diese Verhältnisse ändern sich aber wieder grundlegend, wenn eine Belüftung an diesen Stellen erfolgt, weil der Luftsauerstoff in diesem Fall den atomaren Wasserstoff zu Wasser oxydiert. Durch die damit verbundene Depolarisation der kathodischen Flächenanteile schreitet der korrodierende Angriff an diesen Stellen ungeschwächt fort.

7. *Allgemeine Bemerkungen zur Durchführung von Korrosionsversuchen im Laboratorium*

Korrosionsangriffe auf Metalle und Legierungen, insbesondere auf technische Eisenlegierungen, verlaufen je nach den vorliegenden Verhältnissen recht verschieden. Voraussagen über ihren Ablauf können daher nicht schematisch getroffen werden, sondern erfordern von Fall zu Fall eingehende Untersuchungen, um den Korrosionsablauf in großen Zügen vorauszubestimmen. Vielfach werden zur Ergänzung des Bildes Korrosionsprüfungen laboratoriumsmäßig durchgeführt, sie können aber nur einen praktischen Wert haben, wenn die Versuchsanordnung weitgehend den tatsächlichen Verhältnissen angepaßt wird und aus der Vielzahl der Prüfverfahren diejenigen ausgewählt werden, die dieser Forderung Rechnung tragen. Es erscheint besonders bedenklich, auf Grund von Schnellprüfungsverfahren an Eisenproben, denen Auflösungsvorgänge zugrunde liegen, Rückschlüsse auf den Widerstand des Materials gegen korrodierende Angriffe zu ziehen, weil nach den bisherigen Ausführungen beiden Vorgängen ein ganz anderer Mechanismus zugrunde liegt.

8. *Anodische und kathodische Stellen an der Oberfläche des technischen Eisens*

Einen guten Überblick über Einflüsse der verschiedensten Art auf das Potential von Metallen als auch den von verschiedenen Gefügebestandteilen auf die Ausbildung von Lokalelementen, insbesondere auch bei Eisenlegierungen, ergibt sich nach einem von E. PIWOWARSKY [4] entworfenen Schema, in dem die folgenden Fälle einbezogen sind und allgemein die rechten Glieder in stärkerem Maße korrosionsanfällig sind:

1. Metall ausgeglüht . . . . → Metall kalt verformt
2. Metall oxydiert bzw. Schlacken im Metall . . → Metall blank bzw. schlackenfreie Metallzone
3. Metall nicht bearbeitet . . . . → Metall bearbeitet
4. Graphit im Eisen (Gußeisen) . . . . → umgebendes Eisen
5. Metall in konz. Elektrolyten . . . . → Metall in verd. Elektrolyten
6. Metall in belüfteter Lösung . . . . → Metall in unbelüfteter Lösung
7. Metall in langsam bewegten oder stagnierenden Elektrolyten . . . . → Metall in schnell bewegten Elektrolyten

In dieser Aufstellung sind vor allem die Angaben zu den 4 und 6 von besonderem Interesse. Zu letzterem Punkt ist zu vermerken, daß die Angabe über die Einstellung eines edleren Potentials an einer Eisenelektrode in einer belüfteten Lösung in unmittelbarem Zusammenhang mit der Ausbildung einer lückenlosen, porenarmen Schutzschicht steht, weist dagegen die Oberfläche kathodische Stellen auf, so wirkt jeder weitere Luftzutritt korrosionsfördernd. Gerade an diesem Beispiel wird der je nach den Umständen korrosionshemmende oder korrosionsfördernde Einfluß des Sauerstoffs erhellt.

Aus Punkt 4 ist zu entnehmen, daß das Potential des Graphits im Gußeisen in jedem Fall edler ist als das des ihn umgebenden Eisens. Diesem Befund entsprechend wäre die Schlußfolgerung zu ziehen, daß insbesondere an der Oberfläche des graphithaltigen Eisens in großer Zahl Lokalelemente auftreten, die zu einer schnellen Zerstörung der Werkstoffoberfläche von Gußeisen führen müßten, zumal die Potentialdifferenzen von graphitfreiem Eisen und Graphit nach den Untersuchungen von O. BAUER [5] im gleichen Elektrolyten (1%ige Kochsalzlösung) bedeutende Werte aufweisen. Demnach wäre die elektromotorische Kraft des galvanischen Elementes:

$$\begin{array}{ll} \text{Graphit/Elektrolyteisen:} & +0{,}372 - (-0{,}755) = 1{,}127 \text{ Volt} \\ \text{Graphit/Flußeisen:} & +0{,}372 - (-0{,}755) = 1{,}127 \text{ Volt} \\ \text{Graphit/Stahl:} & +0{,}372 - (-0{,}744) = 1{,}116 \text{ Volt} \end{array}$$

Nun reicht aber das Potential, d. h. der Lösungsdruck eines von O. BAUER unter den gleichen Bedingungen untersuchten Gußeisens nur um einen unbedeutenden Betrag von denjenigen der vorstehend aufgeführten graphitfreien Eisensorten ab und wurde zu 0,762 Volt bestimmt. Dieses Ergebnis deckt sich mit den praktischen Erfahrungen, nach denen bei Zugrundelegung der einfachen Versuchsbedingungen nach O. BAUER die Korrosionsbeständigkeit von Gußeisen und graphitfreien Eisenlegierungen etwa gleich ist. Auch der zu erwartende starke Angriff des Elektrolyten auf die Grundmasse der Lokalelemente Graphit/Eisen und die damit verbundene ungleichmäßige Zerstörung an der Oberfläche sind in den meisten Fällen ausgeblieben. Neuere Untersuchungen haben zu dem Ergebnis geführt, daß wahrscheinlich dem Silizium im Gußeisen ein bedeutsamer Einfluß zuzuschreiben ist, weil es beim Lösen kolloide Kieselsäure bildet, die in die Kapillaren der Schutzschicht eindringt und den Ionenaustausch behindert.

9. Das Rosten des Eisens

Es wurde bereits darauf hingewiesen, daß Eisen sowohl in Berührung mit sauerstoffhaltigem Wasser und wässerigen sauerstoffhaltigen Lösungen als auch in feuchter Luft nach:

$$Fe^{++} + 2\,(OH)^- \rightleftharpoons Fe(OH)_2 \tag{12}$$

mit den Hydroxylionen des Elektrolyten Ferrohydroxyd bildet, das die Elektrode netzartig überzieht. Je nach der Dichte der kolloiden Schutzschicht kann in den Kapillaren ein weiterer Ionenaustausch erfolgen und Ferroionen in den Elektrolyten einwandern und dort mit den Hydroxylionen wiederum elektrisch neutrales Ferrohydroxyd bilden. Diese Eisenverbindung ist in sehr geringem Maße ($10^{-4,97\ \text{Mole je Liter}}$) in Wasser löslich und fällt erst als Bodenkörper aus, wenn diese Konzentration in der Lösung überschritten wird. Da allgemein nach den physikalisch-chemischen Gesetzen der gelöste Anteil schwerlöslicher Salze als vollständig dissoziiert gelten kann, enthält die Lösung im Augenblick der Sättigung die maximale Konzentration an freien Ferroionen, die bewirkt, daß ein weiterer Ionenaustausch und der damit verbundene fortschreitende Angriff unterbunden wird.

Der Korrosionsangriff wird aber, abgesehen von einer steten Erneuerung der Lösung, z. B. in langsam fließenden Gewässern, trotzdem nicht zum Stillstand kommen, wenn das System ausreichend belüftet ist und nach der Reaktionsgleichung:

$$4\,Fe^{++} + O_2 + 4\,H^+ \rightarrow 4\,Fe^{+++} + 2\,H_2O \tag{13}$$

Ferriionen entstehen und Ferrihydroxyd gebildet wird, das in Wasser eine wesentlich geringere Löslichkeit hat als die entsprechende zweiwertige Eisenverbindung. Die Lösung wird also an Ferroionen verarmen und dadurch der Ionenaustausch wieder aufleben. Bei diesen Vorgängen wird erfahrungsgemäß die Rostschicht, die wahrscheinlich wechselnde Mengen von Verbindungen und zwei- und dreiwertigem Eisen enthält (Ferroferrite), um so schneller und dichter ausgebildet werden, je besser die Belüftung ist. Die Entstehung von Ferroferriten ist insbesondere für den Verlauf der Korrosion und damit für die Lebensdauer des durch atmosphärische Einflüsse rostenden Eisens von Bedeutung. Sie erhärten im Laufe der Zeit und bleiben bei abwechselnder Durchnässung und Trocknung als feste und sehr harte Überzüge an der Oberfläche haften. Derartige dichte und harte Oxydschichten schützen aber weitgehend das Eisen vor weiterer Korrosion.

10. Die örtlich begrenzte Korrosion und der Lochfraß

In der Praxis verursacht der geschilderte gleichförmige Angriff durch allgemeine Korrosion über große Flächen in den seltensten Fällen eine ernsthafte Schädigung des Werkstoffes, dagegen führt der Angriff, der sich nur auf kleine Flächenanteile beschränkt, also die lokalisierte Korrosion, zu dem gefürchteten Lochfraß, der insbesondere bei Rohrleitungen auftritt und deren Lebensdauer oft auf einen Bruchteil ihrer normalen Haltbarkeit herabsetzt. Kennzeichnend für diese Erscheinung ist, daß die Korrosion an einzelnen Stellen in die Tiefe fortschreitet, während die umliegenden nur wenig angegriffen werden. Auch die trichterförmige Ausbildung dieser *pittings* ist für diese Art des Angriffs charakteristisch. Ihre Entstehung ist zwanglos zu deuten, wenn man sie auf Lokalelemente an der Oberfläche zurückführt, bei denen die an den kathodischen Stellen entladenen Wasserstoffionen durch Sauerstoff zu Wasser gebunden werden, also eine Depolarisation erfolgt.

11. Korrosionsschäden durch vagabundierende Ströme

Große Schäden, insbesondere an den im Boden verlegten, weitverzweigten Rohrnetzen in den Städten können auch vagabundierende Ströme verursachen, vor allem, wenn sie aus Gleichstromsystemen abfließen. Derartige Ströme treten nachgewiesenermaßen öfters dann auf, wenn im Stromleitungssystem von Straßenbahnen: Oberleitung, Motor, Schienen — dem Weg, den der Strom vom positiven zum negativen Sammelpunkt in der Kraftstation zurücklegen soll — ein Teil des Stromes abzweigt und seinen Weg durch unterirdisch verlegte Gas- oder Wasserrohre nimmt, die den Schienen parallel verlaufen. Die Gefahr des Auftretens dieser vagabundierenden Ströme besteht immer dann, wenn an den Verbindungsstellen der Schienen schlechte Kontakte und damit verbunden größere Widerstände in der Rückleitung auftreten. Ein Teil des Stromes folgt dann, wie bei einer metallischen Stromverzweigung nicht mehr dem vorgeschriebenen Weg durch die Schienen, sondern tritt an bestimmten durch Bodenverhältnisse, Feuchtigkeit, elektrolytische Leitfähigkeit und Abstand besonders günstigen Stellen in das Rohr ein und tritt an anderen Stellen, z. B. bei Änderung des Richtungsverlaufs Rohr/Schienen in die Schienen zurück. Dabei durchläuft der vagabundierende Strom zwei Elemente, und zwar das System:

Schienen / feuchter Erdboden / Rohr

und anschließend: Rohr / feuchter Erdboden / Schienen.

In der ersten elektrolytischen Zelle ist die Schiene, in der zweiten das Rohr die Anode, die den Strom in den Elektrolyten leitet und dabei an der Oberfläche zerstörende Angriffe erleidet.

E. E. JEAVENS und H. T. PINNOCK [*6*] berichten über wirksame praktische Maßnahmen zur Begegnung derartiger Zerstörungen im Gasrohrnetz der englischen Stadt Staffordshire. Um einen möglichst geringen elektrischen Widerstand zwischen den Gliedern des Rohrsystems zu gewährleisten, wurden sie sorgfältig metallisch miteinander verbunden und die Rohre so gut wie irgend möglich mit einer Oberflächenschicht versehen. Außerdem wurden im Gebiet der anodischen Teile der Rohrleitung, also an den Stellen, bei denen die vagabundierenden Ströme das Rohrleitungssystem verlassen, lange Erdungsstangen mit den Rohren metallisch verbunden und dadurch der Weg des Stromes durch den Elektrolyten verkürzt. An besonders gefährdeten Punkten wurden mit Wasser gesättigte Koksgrusbetten angewendet. Durch diese Maßnahmen wurden die anodischen Austrittsstellen der vagabundierenden Ströme von der Rohroberfläche auf die Erdungsstangen verlagert, die bei der jährlichen Kontrolle starke Korrosionsangriffe zeigten und an manchen Stellen bis zu 25 mm an Länge verloren hatten. Während vor Einführung dieses Systems jährlich 34 Korrosionsfälle dieser Art als Jahresmittel bei einer Beobachtungszeit über 11 Jahre festgestellt wurden, fiel bei Einbau von 200 Erdungsstangen in das Rohrsystem die Zahl der Schadensfälle auf jährlich drei. Die korrodierende Einwirkung vagabundierender Fremdströme auf Gußeisen ist durch eine besondere Art des Angriffs, der sogenannten Graphitisierung oder Spongiose, gekennzeichnet. Offensichtlich bewirkt die zusätzliche Beladung der Eisenelektrode durch den Fremdstrom einen größeren Lösungsdruck und damit einen verstärkten Übergang von Ferroionen an den Elektrolyten als bei der üblichen Korrosion und damit einen schnelleren Angriff auf den betroffenen Oberflächenanteil. Mit Ausnahme des Graphits werden alle Gefügeteile aus der Oberfläche herausgelöst, so daß dort eine weitgehende Anreicherung an Graphit manchmal zwischen 12 bis 15 Gewichtsprozent zu beobachten ist.

12. Korrosionsschäden durch Entstehung galvanischer Ströme

Ganz besondere Aufmerksamkeit verdienen aber auch außer den durch Lokalströme und vagabundierende Fremdströme hervorgerufenen Korrosionsvorgängen diejenigen Korrosionssysteme, in denen zwei Eisenlegierungen mit verschiedenem Eigenpotential mit einem gemeinsamen Elektrolyten in Berührung stehen, wenn die Elektroden metallisch leitend verbunden sind und somit ein galvanisches Element entsteht, in dem ein Strom fließt. In anderen Fällen entsteht ein solcher galvanischer Strom, wenn zwei Eisen-Werkstoffe mit voneinander abweichenden Eigenpotentialen oder unter Umständen auch ein und dasselbe Eisen mit zwei verschiedenen Lösungen in Berührung sind.

Derartige Kombinationen, die überall in der Technik in der mannigfachsten Form auftreten, wirken nicht anders als durch einen äußeren Schließbogen, kurzgeschlossene galvanische Elemente, deren elektromotorische Kraft bekanntlich aus der Differenz der Potentiale beider Halbelemente bestimmt werden kann und für die außerdem als ein Maß für den Stofftransport das Ohmsche Gesetz in der Schreibweise für galvanische Elemente:

$$J = \frac{E}{Wa + Wi} \text{ in Ampere} \tag{14}$$

gültig ist, wenn Wa den äußeren und Wi den inneren Widerstand des Elementes bedeuten. Weitere Beziehungen ergeben sich nach dem FARADAYschen Gesetz aus der Beziehung

$$Z = \frac{n \cdot 96\,494}{J} \text{ in } s\,. \tag{15}$$

Bei gleichem Widerstand wächst nach Gl. (14) mit steigender EMK die Stromstärke, und es fällt linear mit dieser nach Gl. (15) die Zeit zur elektrochemischen Bindung und Herauslösung eines Moles.

13. Beispiele für Bodenkorrosion

Besonders eindrucksvolle Beispiele für die Korrosion in derartigen galvanischen Systemen sind u. a. die Zerstörungen an langen Rohrleitungen, die durch Erdböden mit verschiedenen p_H-Werten verlaufen, die also bei Elementen vom Typ

Stahl / Boden I / Boden II / Stahl

oder auch

Stahl / Boden I / Boden II / Gußeisen

auftreten und die besonders von K. H. LOGAN [7] in langjährigen Untersuchungen am United States Bureau of Standards und von C. CARIUS, E. H. SCHULZ u. Mitarb. [8] erforscht worden sind.

Der sonst wesentliche Einfluß des Sauerstoffs bei atmosphärischer Korrosion ist beim Rosten des Eisens im Erdboden von nur untergeordneter Bedeutung, vielmehr wird der Angriff durch mehr oder weniger konzentrierte Salzlösungen mit verschiedener Wasserstoffionenkonzentration bewirkt. Dabei spielt natürlich auch die Bodenfeuchtigkeit, sein Gehalt an wasserlöslichen Mineralien und die Wasserbewegung eine ausschlaggebende Rolle. Die bisherigen praktischen Beobachtungen ermöglichen eine Einteilung der Erdböden in ihrem Verhalten gegen Eisen in solche von starker, mittlerer und schwacher Angriffsfähigkeit, alle zeigen jedoch, daß sie normalerweise in 1,5 m Tiefe einen nur noch geringen Sauerstoffgehalt haben. Die stark aggressiven Böden mit p_H-Werten unter sechs weisen in den meisten Fällen neben Kohlensäure die verschiedensten anorganischen und organischen Säuren auf. Auch müssen unter Umständen Einwirkungen von Bakterien berücksichtigt werden, wie z. B. in Moor- und Torfboden. Allgemein enthalten aggressive Böden je Kilogramm mehr als 500 mg Salze. Als Böden mittlerer Angriffsfestigkeit können Lehm- und Tonböden angesehen werden, die meistens einen p_H-Wert zwischen 6 und 8 aufweisen und deren Salzgehalt unter 200 mg/kg Boden bei einer Mindestfeuchtigkeit von 20% liegt. Das geringste Angriffsvermögen auf Eisen zeigen die Erdböden mit geringster Aufsaugewirkung und guter Wasserdurchlässigkeit auf, wie die sandigen und steinigen Böden. Einen Überblick über die Korrosionsbeständigkeit der verschiedenen Eisenwerkstoffe in ein und demselben Boden gibt die Tab. 2.

Tabelle 2. *Verhalten einiger Stahlsorten bei verschiedenen Bodenarten* (nach V. I. KENDAL, Bur. Standards Res. Bull. No. 10A (1930)

Werkstoff	Tiefe der stärksten Anfressung (für Siemens-Martin-Stahl = 100 gesetzt) nach:		
	2 Jahren	4 Jahren	6 Jahren
Bessemer-Stahl	93,4	99,0	96,6
Schweißstahl	91,4	94,4	93,3
Weicher Siemens-Martin-Stahl	94,9	97,2	98,8
Härterer Siemens-Martin-Stahl	100,0	100,0	100,0
Gekupferter Stahl	112,2	111,2	106,0
Gußeisen	114,2	129,0	145,5
Schleuderguß	68,5	90,6	86,6

Aus den Zahlwerten ist ersichtlich, daß die verschiedenen Eisensorten untereinander in ihrem Korrosionswiderstand keine großen Unterschiede aufweisen, und es muß daraus geschlossen werden, daß die Art des Bodens von ausschlaggebendem Einfluß ist.

Je nach dem Unterschied im p_H-Wert der Erdböden, durch die eine Rohrleitung geführt wird, ergeben sich selbst in einer hinsichtlich Material einheitlichen Leitung bemerkenswert große Spannungen und Stromstärken. In derartigen galvanischen Systemen konnte E. R. SHEPARD [*9*] bei ein und demselben Material und Boden, Potentialdifferenzen von 500 MV und darüber feststellen, wenn der Boden in dem einen Halbelement feucht, im anderen nahezu trocken ist. Nach den Untersuchungen von K. H. LOGAN [*10*] handelt es sich dabei keineswegs um schwache Ströme, vielmehr ergeben sich in mehreren Fällen Spitzenwerte von 5 Ampere, selbst bei Längen über eine englische Meile, und zwar in Distrikten, in denen vagabundierende Ströme nicht auftreten konnten. Mehrfache Versuche, das Fließen dieser schädlichen Ströme durch sorgfältige elektrische Isolierung von Teilabschnitten der Rohrleitung voneinander an den Grenzen beider Bodenarten zu unterbinden, haben Erfolg gehabt.

14. *Weitere Beispiele für Korrosionsschäden durch galvanische Ströme*

Auf ähnlichen Vorgängen beruhen die Korrosionserscheinungen bei der unerwünschten Entstehung galvanischer Elemente vom Typ

Eisenwerkstoff I / Lösung / Eisenwerkstoff II,

wenngleich derartige Potentialdifferenzen wesentlich kleiner sind als die besprochenen. In einer solchen Kombination sprechen auf beide Elektroden sowohl die Wasserstoff- als auch die Ferroionen mit gleicher Konzentration an, so daß die EMK dieses galvanischen Elementes nur noch von den Eigenpotentialen der beiden Eisenlegierungen abhängig ist:

$$E = \frac{57,7}{n} \log \frac{C_1}{C_2} .$$

Ein aufschlußreiches Beispiel für einen derartigen Korrosionsvorgang ist die Zerstörung der Niete an den Nietverbindungen von Schiffsblechen, wenn der Farbanstrich der Schiffsaußenwand verletzt wird und Seewasser zwischen Niet und Schiffsblech eindringt. An und für sich weichen zwar die Eigenpotentiale von Niet- und Kesselblech nur wenig voneinander ab, es muß jedoch berücksichtigt werden, daß beim Anwärmen der Niete die Entstehung dünner Zunderschichten praktisch nicht zu vermeiden ist und diese nach dem Vernieten fest an deren Oberfläche haften. Nach den bisherigen Erfahrungen bewirken diese Oxyde eine Verschiebung des Eigenpotentials an der Oberfläche des Nietkopfes in unedlere Bereiche. Nach K. DAEVES [11] sind derartige Schäden bei Verwendung von gekupfertem Stahl zu vermeiden, weil ein Zusatz von Kupfer zum Stahl in Mengen bis zu 0,3% das Eigenpotential des Stahles zur edleren Seite verschiebt. Einen besonders krassen Fall dieser Art schildert U. R. EVANS [12] bei einer Yacht, deren Rumpf aus Monelmetallplatten hergestellt war, zu deren Verbindung u. a. auch Stahlnieten Verwendung fanden. Die Nieten wurden bereits auf derProbefahrt vollständig zerstört, so daß durch die Nietlöcher Wasser in das Schiff drang, wobei zur schnellen Zerstörung wesentlich das große Verhältnis Kathodenoberfläche/Anodenoberfläche beitrug. Die Zahl derartiger Korrosionsfälle ließe sich noch beliebig erweitern. Viele Schäden sind an Eisenkonstruktionen, Apparaten, ja selbst an Maschinen auf ähnliche, durch galvanische Ströme hervorgerufene Zerstörungen zurückzuführen. Vielfach werden die Ursachen nicht richtig erkannt und Fremdströme für diese Vorgänge verantwortlich gemacht. Wie bereits erwähnt, sind in vielen Fällen die auftretenden Spannungen nur sehr gering, es muß jedoch berücksichtigt werden, daß diese nach der NERNSTschen Formel bei Halbelementen und demnach auch in galvanischen Systemen linear mit der absoluten Temperatur wachsen und in Kesseln, Dampf- und anderen Kraftmaschinen auf das Mehrfache anwachsen können. In diesem Zusammenhang seien noch kurz zwei von F. BÖRSIG [13] beschriebene Schadensfälle unter Zugrundelegung der galvanischen Theorie gedeutet. In einer Dampfturbine wurden die Turbinenschaufeln durch elektrochemische Angriffe weitgehend angefressen und unbrauchbar, so daß sich durch Undichtigkeiten in den Absperrorganen Dampf in der Turbine kondensieren konnte. Die Leitschaufeln aus Stahl waren im gußeisernen Leitrad eingegossen. Die dadurch gebildeten Lokalelemente verursachten eine starke Aufladung des Laufradkörpers, der außerdem über die Lager in metallisch leitender Verbindung mit dem Gehäuse stand, so daß galvanische Ströme in verschiedener Richtung wirksam wurden. Derartige Vorgänge wurden auch bei einem vierzelligen Vorwärmer beobachtet, bei dem das in einem Rohrsystem fließende Kesselspeisewasser durch den Abdampf vorgewärmt wurde. Die Rohre wurden an der Außenseite restlos zerstört. Die metallographisch untersuchten Stoffproben wiesen Zerstörungen auf, wonach die Abtragungen Merkmale einer Auflösung in Säure oder einer Auflösung unter Einwirkung eines elektrischen Stromes zeigten.

Das einfachste Mittel, die Korrosion von Eisenlegierungen zu verhindern, und zwar sowohl die durch Lokalelementbildung hervorgerufene auf dem einzelnen Werkstück als auch die durch galvanische Ströme und Fremdströme verursachte, ist ein dichter Überzug der Oberfläche mit Stoffen, die einen Zutritt von Wasserstoffionen an das Metall verhindern. Abgesehen von einem nur zeitlich kurz begrenzten Schutz der metallischblanken Oberfläche durch Auftragen einer dünnen Öl- oder Fettschicht oder durch Passivierung wird ein wirksamer Dauerschutz erzielt durch Anstriche der verschiedensten Art, Überziehen mit anderen Metallen, wie dies beim Verzinken, Verzinnen, Vernickeln, Verchromen usw. der Fall ist, Umkleidung mit korrosionsbeständigen Kunststoffen, Emaillierung u. a. m., die im Abschnitt *Die Oberflächenbehandlung* eingehend besprochen sind. In allen den Fällen, die einen Korrosionsschutz auf dieser Basis nicht gestatten, besteht die Möglichkeit, die Eisenlegierungen durch Versuche so aufeinander abzustimmen, daß sie möglichst gleiche Eigenpotentiale haben, oder auch solche mit verschiedenen Potentialen elektrisch voneinander zu isolieren.

15. Der Einfluß des Kupfers

Die bisher vorliegenden Untersuchungen über den Einfluß des Kupfers auf die Korrosionsbeständigkeit der technisch wichtigsten Eisensorten, denen es bis zu maximal 1% zugesetzt wird, ergeben kein einheitliches Bild. Allgemein scheint eine nennenswerte Herabminderung der Korrosionsgeschwindigkeit erst dann einzutreten, wenn der Kupfergehalt 0,1% überschreitet, und erst bedeutsam zu werden, wenn der Stahl zwischen 0,2 und 0,3%, Gußeisen etwa 0,3 bis 0,4% enthält. Dieser Befund darf indessen nicht verallgemeinert werden; vielmehr beziehen sich diese Angaben in erster Linie nur auf atmosphärische Korrosion, während sich das gleiche Material in ruhenden oder bewegten Lösungen recht verschieden verhält und u. a. auch von der Beschaffenheit des Elektrolyten abhängig ist. Dies wird verständlich, wenn das Verhalten des Kupfers im Halbelement gekupfertes Eisen/Lösung untersucht wird. Das Eigenpotential einer Eisenlegierung wird bei Zusatz der üblichen geringen Kupfermengen kaum geändert werden, wohl aber werden die in Lösung gegangenen Cu-Ionen, insbesondere bei atmosphärischer Korrosion und wohl auch in ruhenden Lösungen — entsprechend der Stellung des Kupfers in der Spannungsreihe der Metalle — von den weiter in Lösung gehenden Eisenionen aus der Lösung verdrängt werden, sich an der Eisenoberfläche entladen und dort einen metallischen oder schwammigen Niederschlag bilden, der die Oberfläche ganz oder teilweise überzieht und mehr oder weniger dicht ist. Offenbar wird diese Schutzschicht, die sich allmählich in Kupferoxyd umwandelt, bei Witterungskorrosion haften und mit den Ferroferriten einen dichten Überzug bilden können, während er in ruhenden Lösungen und ganz besonders in bewegten leicht abgelöst oder fortgeschwemmt werden kann. Es sind also, abgesehen von den Vorgängen bei der atmosphärischen Korrosion, hauptsächlich solche physikalischer Art, von denen es abhängig ist, ob die Kupfer- bzw. Kupferoxydschicht erhalten bleibt und ihre Schutzwirkung ausüben kann.

Als feststehend kann angenommen werden, daß ein Kupferzusatz von 0,2 bis 0,3% eine Stahllegierung weitgehender vor Witterungskorrosion schützt, als dies bei Zugabe von 0,3 bis 0,4% zu einem Gußeisen der Fall ist, dessen Lebensdauer dadurch um etwa 25% erhöht wird. Abschließend sei noch vermerkt, daß durch Zulegieren von Kupfer bei Schleudergußrohren der Widerstand gegen Bodenkorrosion allem Anschein nach nicht vergrößert werden kann. Bis zu 0,775% Kupfer zeigten gekupferte Schleudergußrohre in den verschiedensten Lösungsmitteln keinen Unterschied im Korrosionsverhalten im Vergleich zu ungekupferten [*14*].

16. Der Einfluß des Nickels

Stahl wird mit Nickel legiert, um ihn den verschiedensten Verwendungszwecken anzupassen, z. B. seine mechanischen Eigenschaften zu verbessern, seinen Wärmeausdehnungskoeffizienten herabzusetzen oder ihn unmagnetisch zu machen, in keinem Fall aber wohl mit dem ausgesprochenen Ziel, seine Korrosionsbeständigkeit zu steigern. Das Zulegieren von Nickel zu Baustählen bis zu 5% wirkt ähnlich wie ein Kupferzusatz von 0,2 bis 0,3%, dürfte jedoch dessen verringernden Einfluß auf die Rostneigung kaum erreichen. Allgemein kann ausgesagt werden, daß eine Heraufsetzung des Nickelgehaltes bis auf 28% wohl eine nachweisbare Steigerung des Korrosionswiderstandes bewirkt, die aber in keinem Verhältnis zu der geringen Verbesserung steht. Bemerkenswert ist lediglich der Befund, daß bei einer Wechselwirkung von Wasser und Luft, also unter Verhältnissen, wie sie dem Wechseltauchversuch zugrunde liegen, die Korrosionsbeständigkeit der Stähle mit 3 bis 28% Nickel wesentlich verbessert wird. Geringe Nickelzusätze von 0,4 bis 0,6% zu gekupfertem Stahl (0,25% Cu), der noch andere Elemente in geringen Mengen, z. B. 0,2 bis 0,4% Al, enthält, bewirken, daß ein solcher Stahl wesentlich widerstandsfähiger bei Angriff von wässerigen Lösungen wird. Stähle mit Gehalten über 28% Nickel sind in hohem Maße gegen Wasser und Säuren beständig, jedoch den chrom- und chromnickellegierten Stählen bedeutend unterlegen.

Geringe Nickelzusätze zum Gußeisen von etwa 0,5% aufwärts haben eine merkliche Steigerung des Korrosionswiderstandes gegen Laugen und gegen alkalische Lösungen zur Folge; höhere, bis zu 6%, bewirken einen stetig abnehmenden Gewichtsverlust beim Eindampfen von Kalilauge und selbst in Berührung mit schmelzendem Kaliumhydroxyd vorausgesetzt, daß der Siliziumgehalt möglichst klein gehalten wird. Als ausgesprochen korrosionsbeständig gegen viele chemische Agentien können aber erst, wie beim Stahl, hochlegierte austentische Gußeisen auf Nickelbasis bezeichnet werden, die meist etwa 20% Nickel und mehr, und je nach der Wandstärke, in bearbeitbaren Legierungen bis zu

4% Chrom, in unbearbeitbaren bis zu 8% enthalten. Ein Teil des Nickels kann durch Kupfer und Mangan ersetzt werden. Typische Vertreter dieser Legierungen sind Niresist und Nicrosal.

17. Der Einfluß des Chroms

Verglichen mit anderen Metallen zeigt das Chrom in weit höherem Maße als diese die Eigenschaft, passiv zu werden, und wie die Untersuchungen an Eisen-Chrom-Legierungen ergeben haben, läßt sich diese Eigenschaft des Metalls auf seine Legierungen übertragen. Bei Zusatz von verhältnismäßig geringen Chromzusätzen von etwa 15% zu Eisen zeigt die Legierung bereits die hohe Passivität des reinen Chroms. Dies geht aus den Untersuchungen von C. BENEDICKS und R. SUNDBERG [*15*] sowie von B. STRAUSS und E. MAURER [*16*] hervor, die das Eigenpotential von Eisen-Chrom-Legierungen in Abhängigkeit vom Chromgehalt bestimmten. Wie aus der Abb. 1 ersichtlich, entspricht das Eigenpotential der Legierungen in verdünnter Schwefelsäure bis zu Gehalten von 12% Chrom dem des reinen Eisens, um bei etwa 13% sprunghaft umzuschlagen, d. h. edler als Wasserstoff zu werden, und bei weiterer Steigerung des Chromgehaltes dieses charakteristische Potential kaum noch zu ändern. Dabei kann bei Gehalten zwischen 12 und 16% Chrom sowohl das edle als auch das unedle Potential auftreten.

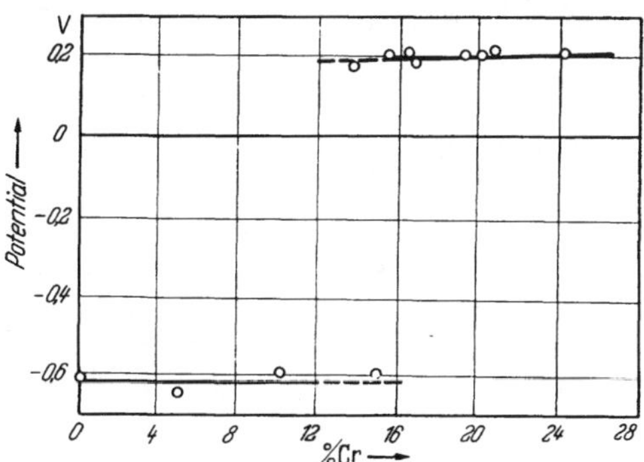

Abb. 1. Potential von Eisen-Chrom-Legierungen mit steigendem Chromgehalt (bezogen auf das Wasserstoffpotential)

Die Säure- und Rostbeständigkeit dieser reinen Eisen-Chrom-Legierungen wird durch steigende Kohlenstoffgehalte wesentlich abgeschwächt, da die Legierungen schon bei verhältnismäßig niederen Kohlenstoffgehalten den Charakter eines übereutektischen Gußeisens annehmen und Chromzusätze das ganze System Eisen-Kohlenstoff nach links verschieben. Nach den Untersuchungen von E. HOUDREMONT und R. WASMUTH [*17*] erwiesen sich die drei nachstehend aufgeführten Legierungen mit fast gleicher Zusammensetzung, aber mit wachsendem Kohlenstoffgehalt, in der angegebenen Reihenfolge als stark untereutektisch, naheutektisch und stark übereutektisch (Tab. 3).

Tabelle 3

	C %	Si %	Mn %	Cr %
Legierung a	1,1	1,3	0,42	33,6
Legierung b	2,3	1,4	0,40	34,2
Legierung c	3,1	1,2	0,38	34,9

K. ROESCH und A. CLAUBERG [*18*] untersuchten den Korrosionswiderstand derartiger Fe—Cr—C-Gußlegierungen und stellten fest, daß dieses Material nur dann als nichtrostend anzusprechen ist, wenn mit wachsendem Kohlenstoffgehalt folgende Mindestwerte an Chrom vorhanden sind:

C etwa 1%	Cr min. 25%
C etwa 1,5%	Cr min. 28%
C etwa 2%	Cr min. 33%

Die Abb. 2 und 3 geben einen umfassenden Überblick über die Rosteigenschaften dieser Legierungen.

Bei entsprechender Wärmebehandlung kann der geforderte Mindest-Chromgehalt bei sonst gleicher Zusammensetzung gesenkt werden, jedoch kommt eine Wärmebehandlung von Gußstücken nur selten in Frage.

Abgesehen von Stählen mit Chromgehalten bis zu 4%, die für Werkzeuge, Kugellagerstähle, Magnete usw. Verwendung finden, ist vor allem das Gebiet mit Chromgehalten zwischen 10 und 30% bei Gegenwart von einem oder mehreren anderen Sonderelementen

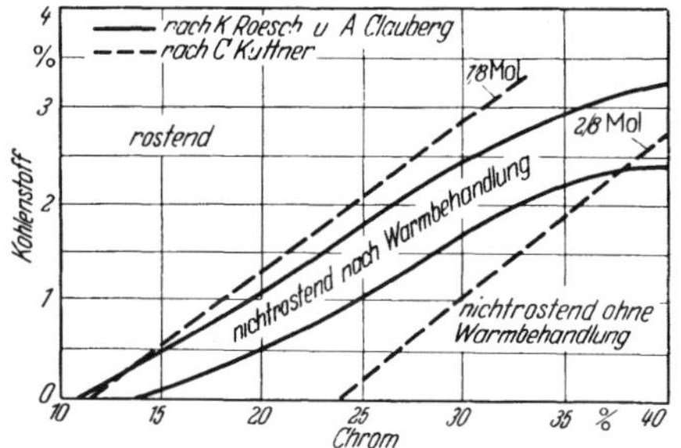

Abb. 2. Korrosionseigenschaften von Eisen-Chrom-Legierungen (K. ROESCH und A. CLAUBERG)

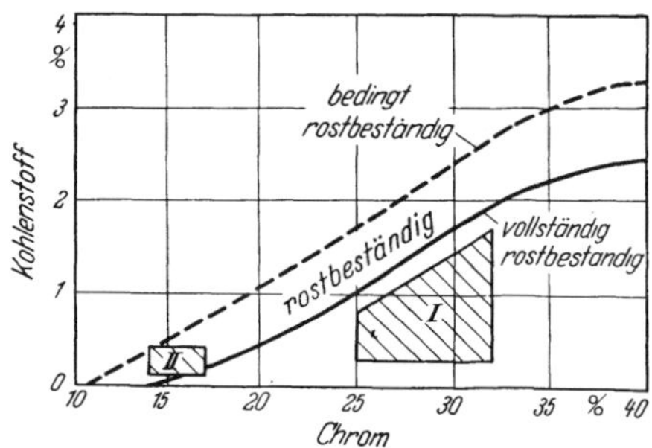

Abb. 3. Zusammensetzung des rostbeständigen Chromgusses (K. ROESCH und A. CLAUBERG)

— meistens Nickel — von besonderer Bedeutung, weil es die Gruppe der nichtrostenden und säurefesten Stähle einschließt. Nach U. R. EVANS [*19*] ist die Einteilung der Chromstähle in 3 Klassen zweckmäßig.

1. Stähle mit Chromgehalten zwischen 12,5 und 14% Chrom und sehr niederen, maximal bei 0,3% liegenden Kohlenstoffgehalten. Wesentliche Bedeutung hat die kohlenstoffarme Legierung das rostfreie Eisen, das begrenzt härtbar ist, während der kohlenstoffreichere, härtbare, der rostfreie Messerstahl, nur begrenzt verwendet werden kann.

2. Die härtbaren Stähle mit 16 bis 20% Chrom und etwa 2% Nickel, die bei 950 °C gehärtet und von denen die chromreicheren bei 600 bis 650 °C, die chromärmeren bei 400 bis 500 °C geglüht werden. Mit dieser Wärmebehandlung ist das Auftreten maximaler Festigkeits- und Härtewerte verbunden. Allgemein sind diese Stähle in bezug auf Korrosionswiderstand wesentlich widerstandsfähiger als die unter 1. aufgeführten.

3. Die Stähle mit mehr als 15% Chrom und mehr als 7% Nickel sind auch dann noch widerstandsfähig gegen starke Korrosionsangriffe, wenn sie keine glatte Oberfläche haben, können jedoch nicht mehr gehärtet werden. Vielseitig verwendbar sind die bekannte Legierung VIIA mit 20% Cr und 7% Ni und weitere Eisenlegierungen auf Chrombasis mit 18% Chrom und 8% Nickel, bzw. 15 bis 16% Chrom und 10% bis 11% Nickel.

Im Gußeisen setzen bereits geringe Zusätze von 0,4% aufwärts die Säurekorrosion wesentlich herab und bewirken, auf mindestens 1% gesteigert, einen nennenswerten Rostschutz. In Mengen von 1 bis 4% dem Gußeisen zugattiert eignet sich, nach LE THOMAS [*20*], das Material bestens für gußeiserne Schmelztiegel für flüssiges Zink und aluminiumhaltige Zinklegierungen, wenn sie vor Gebrauch 10 Stunden auf 930 °C geglüht werden, wobei eine dünne, widerstandsfähige Zunderschicht entsteht. Die sehr korrosionsbeständigen austenitischen Gußeisen sind an anderer Stelle (Einfluß des Nickels) bereits besprochen worden, wobei nur noch vermerkt sei, daß bei Verzicht auf Bearbeitbarkeit der Chromgehalt in derartigen Legierungen auf 20% gesteigert werden kann. Es ist weiterhin noch bemerkenswert, daß bei Zusätzen bis zu 2% Chrom zu austenischem Gußeisen dessen Bearbeitungsfähigkeit sich von der eines normalen Gußeisens kaum unterscheidet, daß sie aber mit steigendem Chromgehalt schwieriger wird, da Chromkarbide im Gefüge auftreten, so daß bei etwa 5 bis 6% Chrom die Legierung weiß erstarrt, wenn nicht gleichzeitig der Prozentsatz an Nickel bedeutend erhöht wird.

18. Der Einfluß des Siliziums

Sowohl im Stahl als auch im Gußeisen liegt das Silizium, wenn die üblichen Gehalte nicht überschritten werden, als feste Lösung mit dem Eisen vor. In dieser Form und Menge übt es keinen bedeutsamen Einfluß auf die Korrosionsfestigkeit aus, wenngleich Beobachtungen darauf hinweisen, daß sie mit steigendem Si-Gehalt abnehmende Tendenz zeigt. Diese Erscheinung ist vor allem bei Siliziumbaustählen mit 1% Silizium und 0,1 bis 0,2% C festgestellt worden, jedoch wird das Verhalten dieser Stähle nicht auf den direkten Einfluß des Siliziums als vielmehr auf deren Neigung zur Rißbildung an der Oberfläche beim Walzen zurückgeführt.

Eine grundlegende Änderung in diesen Verhältnissen tritt ein, wenn der Siliziumgehalt im Gußeisen den Wert 11% überschreitet und sich dann der Einfluß einer chemischen Verbindung des Eisens mit Silizium — aller Wahrscheinlichkeit nach mit der Zusammensetzung Fe_3Si mit 14,4% Silizium — geltend macht. Die dieser Klasse zugehörigen Legierungen, gekennzeichnet durch Siliziumgehalte zwischen 12 und 18%, haben, trotzdem sie fast nur durch Schleifen bearbeitbar sind (Brinellhärte ca. 320 HB.), besondere Bedeutung für die chemische Industrie, weil sie, wenn sie auch gegen Flußsäure, heiße Salzsäure und Königswasser nur eine beschränkte Beständigkeit haben, gegen viele flüssige Agenzien und Säuren, wie z. B. Salpetersäure und Schwefelsäure, der verschiedensten Konzentrationen und Temperaturen weitgehend beständig sind. Als Konstruktionswerkstoff finden diese Legierungen beim Bau von hochsäurebeständigen Rohrleitungen, Armaturen, Säurekessel, Destillierkolonnen usw. seit langem Verwendung. Maßgebend für den hohen Korrosionswiderstand von Silizium-Gußeisen scheint zu sein, daß sich zu Beginn des Angriffs hydratische Kieselsäure bildet, die an der Oberfläche der Gußstücke eine sehr dichte, fest adhärierende Schicht bildet und das Metall vor weiterer Berührung mit der Säure schützt.

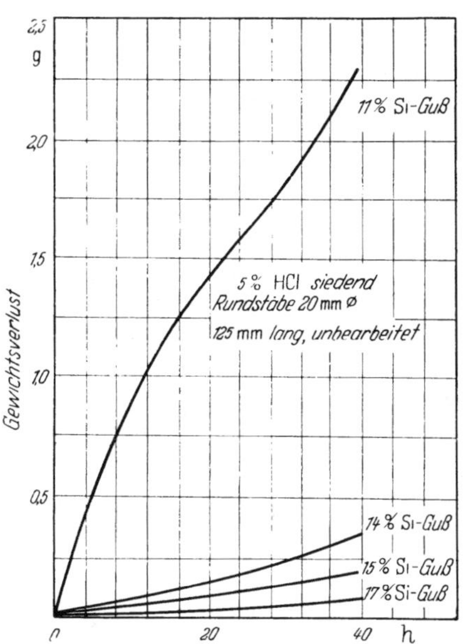

Abb. 4. Einwirkung siedender Salzsäure auf Siliziumguß (W. DENECKE)

Mit dem Auftreten einer weiteren Eisensilizium-Verbindung oberhalb von etwa 16% Si in Form von Fe_3Si_2-Kristallen tritt noch eine weitere, bedeutende

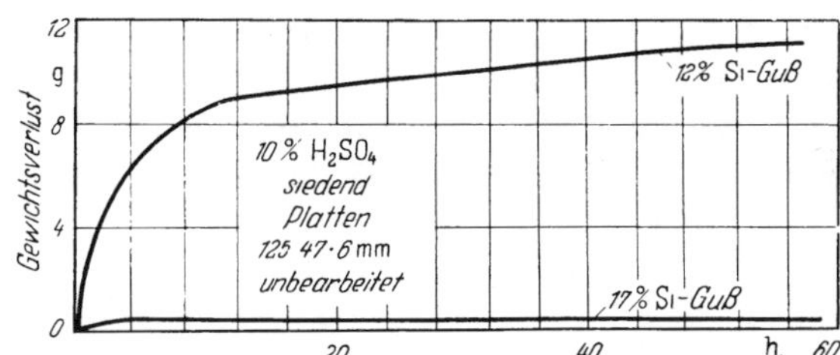

Abb. 5. Einwirkung siedender Schwefelsäure auf Siliziumguß (W. DENECKE)

Steigerung der Säurebeständigkeit auf, wie das aus den Abb. 4 und 5 nach W. DENNECKE [21] zu ersehen ist.

Schmelztechnisch, gießtechnisch und metallurgisch treten bei diesen, meist im Elektroofen oder Ölflammofen erschmolzenen hochprozentigen Silizium-Gußeisen einige Schwierigkeiten auf, weil dieses Material stark schwindet, zur Ausbildung grober Kristalle neigt und sehr rißanfällig ist. Aus diesem Grunde darf nicht überhitzt geschmolzen werden, und der Kohlenstoff muß in engen Grenzen, zwischen 0,75 und 1,2% liegen, wobei höchstens 0,6% Kohlenstoff, meist jedoch weniger, als Graphit ausgeschieden werden darf, weil sonst der Guß übereutektisches Gepräge annimmt. Werden jedoch die Gehalte an Kohlenstoff und Graphit in den angegebenen Grenzen gehalten, so wird zwar die Schwindung auf Kosten der Säurebeständigkeit verringert, jedoch nur in einem Maße, das nicht allzu stark ins Gewicht fällt. Abschließend sei noch vermerkt, daß die Korrosionsfestigkeit dieser Legierungen gegen kochende, hochprozentige Salzsäure durch Zusätze von Molybdän merklich gesteigert werden kann. Zulegieren von Kupfer bis zu 20% soll die Bearbeitungsfähigkeit durch Schneiderwerkzeuge verbessern, und geringe Zusätze von Bor, Kobalt, Nickel, Chrom, Wolfram, Titan und Zirkon sollen sich günstig auswirken.

19. Die Gußhaut

Erfahrungsgemäß bietet die Gußhaut auf der Oberfläche sandgegossener Stücke einen wirkungsvollen Schutz gegen Korrosionsangriffe und erhöht nach Untersuchungen von L. W. HAASE [*22*] beim Vergleich unbearbeiteter und bearbeiteter Proben den Korrosionswiderstand unter Umständen um 35 bis 40%. Zu ähnlichen Ergebnissen kommen E. PIWOWARSKY und E. SÖHNCHEN [*23*], E. DIEPSCHLAG und F. GROSSER [*24*] sowie A. KÖNIGER [*25*], die diese Überzüge chemisch untersuchten und die feststellten, daß sie neben schädlichen Anreicherungen an Schwefel (0,2 bis 0,25%) größere Anteile an hydrolysierbaren Silikaten (SiO_2 = 16,44 bis 33%) enthalten. Allem Anschein nach bewirken diese, ähnlich wie bei hochsiliziertem Gußeisen, die Entstehung einer dichten Deckschicht. Die große Bedeutung der Gußhaut, insbesondere für die Bodenkorrosion von Eisen, kommt darin zum Ausdruck, daß man Gußstücke ohne Gußhaut, z. B. Schleudergußrohre, mit einer künstlichen Schutzschicht durch Inoxydieren überzieht.

20. Der Einfluß anderer Elemente

Es wurde bereits an anderer Stelle darauf hingewiesen, daß noch weitere Elemente entweder einzeln oder in bestimmten Kombinationen den besprochenen korrosions- und säurebeständigen Legierungen in kleineren Mengen zugesetzt werden können, um deren technologische Eigenschaften zu verbessern oder ihren Widerstand gegen elektrochemische Abtragung zu erhöhen.

Zahlreiche Untersuchungen in den verschiedensten Richtungen haben zu dem Ergebnis geführt, daß keines der Elemente W, Mo, V, Al, Mg, Fe, H_2, N_2 u. a. m. in Eisen- und Stahllegierungen hinsichtlich ihrer korrosionshemmenden Wirkung derjenigen von Cr, Si, Cu und Ni auch nur annähernd gleichkommt oder sie zu ersetzen vermag. Lediglich dem Stickstoff kommt beim Nitrieren des Gußeisens und Stahles eine besondere Bedeutung zu, da die durch Überleiten von feuchtem oder trockenem Ammoniakgas über das etwa auf 400 °C erhitzte blanke Werkstück oder die durch Behandlung mit Glimmentladung entstehende matte, silbergraue Schicht gegen Rostangriff sehr widerstandsfähig ist. Der mechanisch sehr widerstandsfähige und mit dem Metall fest verbundene Überzug schützt weitgehend vor atmosphärischer Korrosion sowie vor Angriffen von Wasser, Dampf, Salzlösungen und basischen Lösungen.

21. Das Zundern der Eisenwerkstoffe

Die chemische Beanspruchung der Eisenwerkstoffe bei höheren Temperaturen erfordert hitzebeständige Legierungen, die in bezug auf den chemischen Angriff auf ihrer Oberfläche zunderbeständig sein sollen, aber auch noch bestimmte andere Eigenschaften aufweisen müssen, die E. HOUDREMONT und E. SCHOTTKY [*26*], wie nachstehend aufgeführt, zusammenfassen:

1. Warmfestigkeit, insbesondere bei hohen Temperaturen,
2. weitgehende Erhaltung der mechanischen Eigenschaften bei langdauernder oder wiederholter Erhitzung,
3. besondere physikalische Eigenschaften,
4. Formgebungsmöglichkeiten, z. B. Gießen.

Da in den weitaus meisten Fällen gasförmige Medien den Angriff bewirken, sind die beim Zundern auftretenden Vorgänge nur dann mit Hilfe der elektrochemischen Korrosionstheorie zu deuten, wenn die Gase feucht sind, andernfalls sind sie auf rein chemische Umsetzungen zurückzuführen.

Unlegiertes Eisen wird nicht nur mit steigender Temperatur oberhalb 600 °C zunehmend durch Gase und Dämpfe angegriffen, sondern es büßt mehr oder weniger seine ursprünglichen mechanischen Eigenschaften ein und wird entfestigt. Selbst unter der Voraussetzung, daß die Zunderfestigkeit, d. h. die Bildung festhaftender oxydischer Deckschichten, die einen weiteren Angriff der Gase oder Dämpfe auf die metallische Grundfläche unterbinden, den Anforderungen im Einzelfall entsprechen würden, kann das

Material nicht als hitzebeständig gelten, weil es weder genügend warmfest noch formbeständig ist und allein schon deswegen als Konstruktionswerkstoff nicht in Frage kommt. Es ist weiterhin bekannt, daß unlegiertes Eisen nicht gefügebeständig ist und, auf hohe Temperaturen (1000 °C) erhitzt, grobkristallin und spröde wird. Durch Wachsen wird außerdem das Gußeisen an den Korngrenzen gelockert, Deckschicht und Metalloberfläche werden rißanfällig und ermöglichen das Vordringen des angreifenden Mediums in tiefer gelegene Zonen des Werkstückes und dessen Zerstörung.

Der Mechanismus der Zunderbildung vollzieht sich nach neueren Untersuchungen in der Weise, daß die Verbindung des Eisens mit dem Sauerstoff nicht an der Grenzfläche Metall/Oxydschicht erfolgt, sondern erst an der Außenfläche der Zunderschicht. Daraus muß die Schlußfolgerung gezogen werden, daß innerhalb der Deckschicht das Eisen und nicht der Sauerstoff diffundiert [27].

Allgemein verzundert im Temperaturbereich von 450 bis 1050 °C Gußeisen weniger als unlegierter Stahl. Nach Untersuchungen von E. PIWOWARSKY und W. PATTERSON [28] ist diese Erscheinung insbesondere auf den Aufbau der Deckschicht und der ihr eigenen großen Haftfestigkeit zurückzuführen.

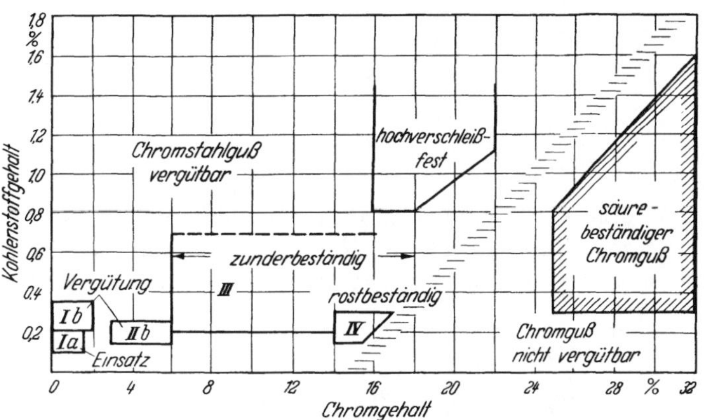

Abb. 6. Analysengrenzen säure- und zunderbeständigen Chromgusses gegenüber chromreichen Stahlguß (K. ROESCH)

Die Hitzebeständigkeit der Eisenwerkstoffe wird durch Zulegieren von Sonderelementen allgemein in bedeutendem Maße verbessert, vor allem aber auch die Zundergrenze in wesentlich höhere Temperaturgebiete verschoben. Aus Abb. 6 sind die Verhältnisse für Eisen-Chromlegierungen mit steigendem Chrom- und Kohlenstoffgehalt nach K. ROESCH [29] ersichtlich und die Anwendungsbereiche gegeneinander abgegrenzt. Nach dieser Darstellung gewinnen erst die Legierungen mit Chromgehalten von 8% als hitze- und zunderbeständige Legierungen wesentlichere Bedeutung, weil in diesem Konzentrationsbereich ein ternäres Eutektikum, verbunden mit besseren Gießeigenschaften als bei solchen mit 3 bis 6% Chrom, auftritt. Die praktische Verwendung derartiger Eisen-Chrom-Kohlenstoff-Legierungen bietet indes nur in einem Temperatur-Intervall von 500 bis 850 °C Vorteile, weil sie darüber hinaus erhitzt ihre Hitzebeständigkeit einbüßen. Wie Tab. 4 zeigt, sind als Werkstoffe, die auf 1000 bis 1200 °C erhitzt werden sollen, insbesondere die Eisenlegierungen mit hohen Anteilen an Chrom beständig, die oftmals außerdem noch bedeutende Anteile an Nickel enthalten. Die zum Teil zur Herstellung von Formguß geeigneten Legierungen zeichnen sich durch Kohlenstoffgehalte zwischen etwa 0,2 bis 2% aus, wobei die Konzentrationen von etwa 0,2 bis 0,5% die schwer vergießbaren kennzeichnen. Den übrigen, für die korrosionsbeständigen und säurefesten Legierungen wichtigen Elementen Kupfer, Silizium und Aluminium, von denen bisher schon Silizium und Aluminium zur Verbesserung der Hitze- und Zunderbeständigkeit den hochprozentigen Chrom- und Chromnickellegierungen in kleineren Mengen zugegeben wurden (siehe Tab. 4), kommt neuerdings im steigenden Maße eine immer größere Bedeutung zu.

Von den Legierungselementen wirken sich hohe Zusätze an Nickel, insbesondere auf die Warmfestigkeit, Volumenbeständigkeit und den Korrosionswiderstand günstig aus, während Chrom, Aluminium und Silizium in dieser Hinsicht einen geringeren Einfluß ausüben, dafür aber die Zunderfestigkeit günstig beeinflussen, weil sie zur Ausbildung festhaftender, dichter Deckschichten beitragen. Daraus ergibt sich der offensichtlich große Vorteil bei der Verwendung nickelreicher, austenitischer Legierungen im Ver-

Tabelle 4. *Übersicht über die wichtigsten Typen hitzebeständiger Legierungen (Analysen- und obere Temperaturgrenzen der Verwendung)*

Basis	C %	Si %	Cr %	Ni %	Al %	Beständig bis etwa °C
Fe—Cr	<0,3	0,5	20—30	—	—	1000—1200
,,	1—2	0,5—1	25—35	—	—	1000—1100[1]
Fe—Cr—Si	<0,45	1—3	4—20	—	—	800—1100
,,	1—2	1—3	18—30	—	—	1000—1200[1]
Fe—Cr—Si—Al	<0,2	0,5—2	6—21	—	0,5—25	800—1200
Fe—Cr—Ni	<0,4	0,5—2	18—20	7—20	—	800—1050
,,	<0,3	2—3	25	20—25	—	1200
,,	<0,5	0,5	10—20	35—40	—	1050
,,	<0,3	0,5—2	15—20	55—60	—	1150
,,	0,8—1,5	0,5—2	15—20	55—60	—	1150[1]
,,	<0,2	0,5—1	15—20	80	—	1250

[1] Gußlegierungen

gleich zu den nickelarmen und nickelfreien Eisen-Chrom-Legierungen mit wesentlich geringerer Warmfestigkeit. Neuere Untersuchungen von E. SCHEIL und E. H. SCHULZ [*30*] haben ergeben, daß der günstige Einfluß hoher Chromgehalte auf die Entwicklung und den Aufbau der Schutzschicht bei Temperaturen über 1000 °C von Aluminium noch weit übertroffen wird. In ähnlicher Weise wie Zusätze von Aluminium zu niedrig bis mäßig gekohltem Gußeisen wirken Gehalte von 5 bis 7% Silizium auf die Zunderbeständigkeit auch über 950 °C hinaus, wenn noch weitere Sonderlegierungselemente wie Chrom, Molybdän, Nickel und Vanadium in kleineren Mengen, deren Summe noch unter 5% bleibt, zugesetzt werden. Sowohl die Siliziumlegierungen dieser Werkstoffklasse als auch die entsprechenden Aluminiumlegierungen mit 8 bis 9% Al wachsen im Gegensatz zu gewöhnlichem Gußeisen oberhalb 300 bis 400 °C praktisch nicht mehr und erfüllen somit eine der wichtigsten Voraussetzungen für die Erhaltung der Zunderbeständigkeit. Die Ergebnisse der von E. PIWOWARSKY und E. SÖHNCHEN [*31*] durchgeführten Versuche mit aluminiumlegiertem Gußeisen sind in den Abb. 7 und 8 wiedergegeben.

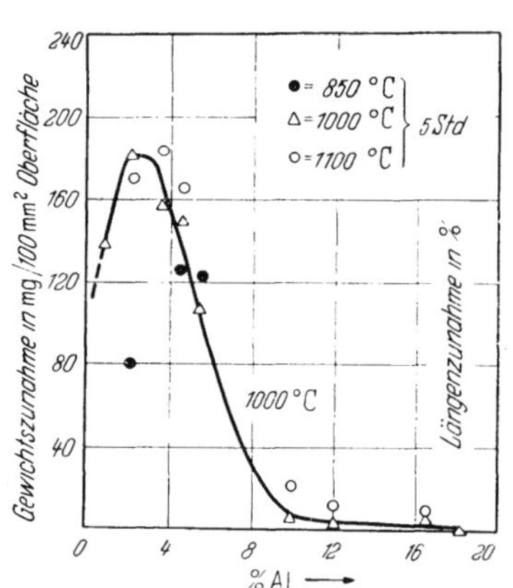

Abb. 7. Einfluß von Aluminium auf die Zunderbeständigkeit von Gußeisen (E. PIWOWARSKY und E. SÖHNCHEN)

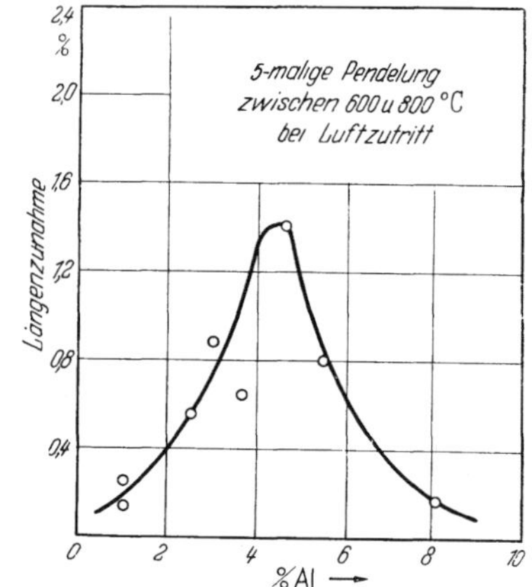

Abb. 8. Einfluß von Aluminium auf das Wachsen von Gußeisen

II. Die für Verschleiß vorgesehenen gegossenen Eisenwerkstoffe

1. Allgemeines über den Verschleiß durch Reibung

Bewegen sich zwei Körper gegeneinander, so setzt sich der Bewegung der Reibungswiderstand entgegen, eine Kraft, die dadurch hervorgerufen wird, daß die Unebenheiten, Vertiefungen und Vorsprünge ineinandergreifen, gegeneinanderstoßen und sich der Bewegung entgegenstellen. Die bei der Überwindung dieses Widerstandes auftretende

Reibungsbeanspruchung ist die Hauptursache für die allmähliche, unerwünschte Zerstörung eines oder, wie in den meisten Fällen, beider Reibungskörper von der Oberfläche aus, ein Vorgang, der als Verschleiß bezeichnet wird. Da in allen Kraft- und Arbeitsmaschinen bei der Bewegungsübertragung Reibungssysteme auftreten, bei denen meist zwei metallische Werkstoffe einer Beanspruchung durch rollende oder gleitende Reibung ausgesetzt sind, ist die primäre Bedeutung der Forderung nach einem möglichst hohen Verschleißwiderstand offensichtlich. Ist diese Bedingung nicht erfüllt, so leidet darunter die Betriebssicherheit, die nicht nur auf Stillstände der Maschine beim Auswechseln beschränkt ist. Durch fortschreitenden Verschleiß können unter Umständen auch andere Maschinenteile in Mitleidenschaft gezogen und kostspielige Reparaturen erforderlich werden.

Abgesehen von einer einwandfreien, dem jeweiligen Verwendungszweck angepaßten konstruktiven Durchbildung der Reibungskörper und der Einhaltung bestimmter Konstruktionsregeln, insbesondere der spezifischen Flächenpressung und der Reibungsgeschwindigkeit, hat vor allem die Stoffpaarung der Gleitflächen großen Einfluß auf den Verschleiß im Reibungssystem. Dabei dürfen aber weitere Faktoren, wie z. B. die Anwesenheit von Schmier- oder Scheuermitteln, die Bildung korrodierender Agenzien, die Oberflächenbeschaffenheit, die Temperaturverhältnisse und andere Größen, soweit sie im Reibungssystem auftreten, nicht vernachlässigt werden, da sie fast immer die Verschleißgeschwindigkeit wesentlich ändern.

2. *Die trockene Reibung und der Verschleiß durch Reiboxydation*

Während allgemein das Bestreben dahin geht, in Reibungssystemen den Reibungswiderstand durch sorgfältige Glättung der Gleitflächen herabzusetzen und durch Schmiermittel die äußere Reibung der Werkstoffe in eine innere Reibung des Schmiermittels umzuwandeln, wird in allen Fällen, in denen eine Bremswirkung angestrebt wird, absichtlich auf diese beiden Hilfsmittel verzichtet.

Da die meisten Verkehrsmittel mit Bremsen ausgerüstet sind, die nach dem Prinzip der trockenen Reibung wirksam sind, erübrigt es sich, auf ihre Verbreitung und auf ihre große Bedeutung für den Maschinen- und Fahrzeugbau näher einzugehen. Dagegen sollen die Vorgänge beim Auftreten der trockenen Reibung eingehend besprochen werden, weil sie für die Verschleißprobleme besonders aufschlußreich sind. Der Mechanismus des Bremsens kann in der Weise dargestellt werden, daß beim Aufeinanderpressen zweier Körper, von denen einer in Bewegung ist, der zweite jedoch diese Bewegung nicht mitmacht, die beiden Körper aufeinandergleiten und dabei die lebendige Kraft durch Reibung aufgezehrt und in Wärme umgewandelt wird. Offenbar ist die Bremswirkung dabei um so größer, je größer die spezifische Flächenpressung ist. Demnach wäre es offensichtlich verfehlt, den Reibungswiderstand im System durch Anwendung von Schmiermitteln zu verringern, weil dadurch der angestrebte Effekt abgeschwächt wird. Im Gegenteil strebt man zur Erzielung einer scharfen Bremswirkung in manchen Fällen an, die äußere Reibung zwischen den beiden Flächen durch Sand oder ähnliche Stoffe zu vergrößern. Die allgemein durch den hohen Reibungswiderstand bedingte Verschleißzunahme bei trockener Reibung ist nicht zu vermeiden. Ein typisches Beispiel der beschriebenen Art ist das Abbremsen von Rädern und Scheiben mit Hilfe von Bremsklötzen, Bremssohlen, Bremsbacken und Bremstrommeln. Da auch bei einer Flüssigkeitsreibung mit Versagen der Schmierung ein stark erhöhter, unerwünschter Verschleiß durch trockene Reibung auftritt, können auch diese Fälle in die nachfolgenden Überlegungen einbezogen werden, wenn die gleichen oder ähnliche Stoffpaarungen vorliegen.

Von den mannigfachen Werkstoffkombinationen auf metallischer Basis sind bei Vorliegen trockener Reibung Systeme aus zwei Eisenlegierungen die weitaus verbreitetsten und wichtigsten. Als geeignete Werkstoffe, die dem jeweiligen Zweck entsprechend gewählt werden können, seien angeführt: die verschleißfesten Kohlenstoffstähle, Manganstähle und die legierten Stähle, meistens nach einer bestimmten Wärmebehandlung, sowie verschleißfester Stahlguß, verschleißfestes legiertes und unlegiertes Gußeisen und in bestimmten Fällen auch Hartguß. Untersuchungen von M. FINK [32] sowie von M. FINK und N. HOFFMANN [33] haben gezeigt, daß sowohl bei rollender als auch bei gleitender Reibung ein oxydierter Verschleißstaub entsteht. Während früher angenommen wurde, daß diese Oxydation ursächlich mit der Abnutzung in keinem Zusammenhang stünde und zeitlich später erfolge, betrachtet man sie heute als eine der wichtigsten Vorgänge und als die eigentliche Ursache des Verschleißes. Aus der verhältnismäßig großen Plastizität von weichen Stählen mit vorwiegend ferritischem Gefüge — die gleichfalls für den Austenit kennzeichnend ist — ziehen sie die Schlußfolgerung, daß durch bildsame Verformung an einer oder an beiden Gleitflächen Verzerrungen des Atomgitters hervorgerufen werden und daß derartige Stellen chemisch besonders aktiv sind. Bei Berührung mit Luft tritt an diesen Punkten, die um so zahlreicher auftreten, je plastischer der Werkstoff ist, eine Oxydation auf, die treffend als *Reiboxydation* bezeichnet wird. Wie die Untersuchungen an unlegierten Eisenwerkstoffen ergeben haben, entstehen bei diesen Vorgängen Eisenoxyd und Eisenoxyduloxyd. Werden diese Oxyde durch mechanische Reibung entfernt und dadurch die Oberfläche mehr oder weniger aufgerauht, so ist es unausbleiblich, daß auch eine rein mechanische Wegnahme kleiner Metallteilchen erfolgt. Offenbar beeinflußt auch die Temperatur bzw. auf den Reibflächen auftretende örtliche Erhitzung die Reiboxydation. So stellte F. ROLL [34] fest, daß bei Wasserkühlung der Verschleiß, d. h. die Menge der gebildeten Oxyde, abnahm. Diese Theorie hat sich zur Deutung der beim Verschleiß auftretenden Vorgänge als sehr fruchtbar erwiesen, weil die Wahl der Stoffpaarungen nicht mehr einseitig vom Gesichtspunkt des rein mechanischen Abriebes erfolgt, sondern die chemischen Umsetzungen bei der Reiboxydation berücksichtigt werden. Damit wird aber auch der Einfluß verschiedener Sonderlegierungselemente geklärt, die den Verschleiß durch Verminderung der Oxydationsfähigkeit weitgehend herabdrücken können.

3. Die Bedeutung der Werkstoffpaarung und die Verschleiß-Prüfmethoden

Mit Absicht wurde bei den bisherigen Ausführungen der Begriff *Verschleißfester Werkstoff* vermieden und der Ausdruck *Werkstoffpaarung* gebraucht. Offensichtlich ist die Bewertung der Verschleißfestigkeit einer Legierung nur von relativer Bedeutung und gilt nur für die Kombination mit einem ganz bestimmten zweiten Werkstoff und unter den gleichen Betriebsverhältnissen, vor allem hinsichtlich spezifischem Flächendruck, Reibungsgeschwindigkeit, Temperatur und Schmierung. Voraussagen über das Verhalten einer solchen Legierung bei Wahl eines anderen Werkstoffes in einem System oder unter anderen Betriebsbedingungen können nicht gemacht werden, vielmehr ist nur der Versuch entscheidend. Dabei wirkt erschwerend, daß es keine Normal-Verschleißprüfung gibt, die allen Einflußgrößen Rechnung trägt und daß die verschiedenen bekannten Abnutzungs-Prüfverfahren die Beobachtung des Einflusses von nur wenigen Faktoren gestattet, die in vielen Fällen nicht einmal ausschlaggebend sind.

Zur Prüfung des auftretenden Verschleißes bei trockener Reibung haben sich verschiedene Methoden gut bewährt, wenn die Vorgänge beim Verschleiß einfach und übersichtlich sind. Nach dem BRINELLschen Verfahren läßt sich der metallische Abrieb bei gleitender Reibung unter Verwendung von Schleif- oder Scheuermitteln bestimmen. Wie Abb. 9 zeigt, erzeugt eine langsam umlaufende Schneidscheibe auf dem flachen Probekörper einen Einschnitt. Die Zeit, die bis zu einer bestimmten Einschnittiefe gemessen wird, ist ein Maßstab für den Verschleiß, der durch Aufbringen von Sand an den Reibungsflächen beschleunigt wird. In gleicher Weise, jedoch ohne Schleifmittel, arbeitet das Verfahren nach M. SPINDEL, bei dem eine Stahlscheibe in den Probekörper einschneidet (Abb. 10). Die Prüfmaschine von A. J. AMSLER unterscheidet sich nach Abb. 11 von den beiden vorstehend besprochenen dadurch, daß sie eine Verschleißprüfung sowohl bei rollender als auch bei gleitender Reibung zuläßt und die Untersuchungen auf Verschleiß durch Abrieb, durch Reiboxydation oder auch durch beide zuläßt. Erfahrungsgemäß wird sich ein Werkstoff, der nach den beiden letzteren Verfahren zufriedenstellende Ergebnisse zeigt, auch im Betrieb bei trockener Reibung als besonders verschleißfest erweisen. Bemerkenswert ist die Verschleißprüfmaschine nach F. HEIMES und E. PIWOWARSKY, die gestattet, gleichzeitig Prüfungen bei rollender bzw. gleitender Reibung, mit der Spindelsäge und im Verschleißtopf mit Normenquarzsand oder mit Korund von bestimmter Korngröße durchzuführen. Gerade in letzter Zeit ist man bemüht gewesen, die Konstruktion und Betriebsweise des Verschleißtopfes zu verbessern und ein Gerät zu schaffen, mit dem eine laboratoriumsmäßige Normal-Verschleißprüfung vorgenommen werden kann. Im Prinzip liegt dieser Methode die folgende Idee zugrunde. In der senkrechten Achse eines runden gußeisernen Topfes dreht sich mit einer bestimmten Tourenzahl eine Welle, an der die zylindrischen Verschleißproben radial befestigt sind, so daß sie sich in einer horizontalen Ebene bewegen. Der Topf ist mit Quarz oder Korund von bestimmter Korngröße bis zu einer bestimmten Höhe gefüllt. Die Verschleißproben werden vor und nach dem Versuch abgewogen und aus der Gewichtsdifferenz nach einer bestimmten Laufzeit der jeweilige Verschleiß ermittelt. Es sind bisher erfolgversprechende, reproduzierbare Versuche sowohl mit den beiden getrockneten Schleifmitteln als auch nach Zusatz einer bestimmten Wassermenge je Einheit durchgeführt worden. Die Versuche sind noch nicht abgeschlossen.

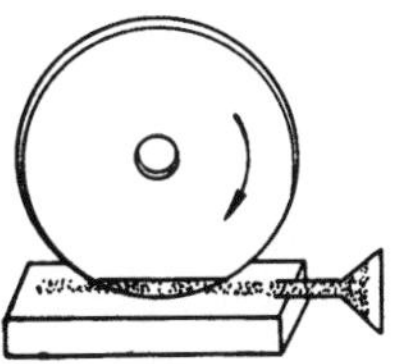

Abb. 9. Verschleißprüfungs-Verfahren (nach J. H. BRINELL)

Abb. 10. Verschleißprüfungs-Verfahren (nach M. SPINDEL)

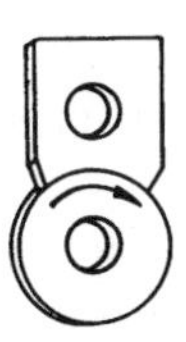
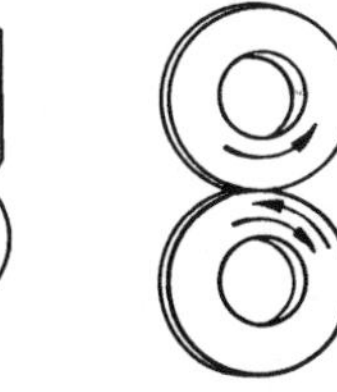

Abb. 11. Verschleißprüfungs-Verfahren (nach A. J. AMSLER)

Ein unmittelbarer Vergleich der unter gleichen Betriebsbedingungen auf den verschiedenen Prüfmaschinen erzielten Ergebnisse ist nicht möglich. Demnach ist der Verschleißwiderstand keine Stoffkonstante, sondern von der Art des Angriffs abhängig. Der enge Bereich, in dem mit Erfolg Verschleißprüfungen auf den angeführten Maschinen vorgenommen werden können, ist damit abgegrenzt. In den weitaus meisten Fällen müssen indes — wie bei Korrosionsuntersuchungen — Spezialvorrichtungen und -maschinen gebaut werden, bei denen für jeden Einzelfall das Stoffpaar möglichst die gleichen Beanspruchungen wie im praktischen Betrieb erfährt.

4. *Die Eigenschaften des Werkstoffpaares und die Bedeutung des Eisens als Werkstoffpartner*

Allgemein werden von der Kombination zweier Werkstoffe, die einer Verschleißbeanspruchung durch Reibung ausgesetzt sind, folgende Eigenschaften verlangt: die Paarung soll nach G. NIEMANN

a) äußerst glättbar sein,
b) gut benetzungsfähig sein,
c) gut aufeinander einlaufen,
d) im Trockenlauf nicht fressen (Notlaufeigenschaft),
e) sich wenig ungleich ausdehnen und nicht quellen (Holz, Kunststoff),
f) genügende statische und dynamische Festigkeit besitzen sowie wärme- und korrosionsbeständig sein,
g) gut wärmeleitend sein,
h) als Verbund- oder Plattierungsstoff gut bindungsfähig mit der Unterlage sein.

Werden diese Forderungen bei der Auswahl der Werkstoffe berücksichtigt, so wird die Anzahl der möglichen Stoffpaarungen ganz bedeutend herabgesetzt, weil bei weitem nicht alle Kombinationen diese Bedingungen erfüllen. Eine weitere Einschränkung wird durch den Umstand bewirkt, daß bei der Zusammenstellung des Systems fast ausschließlich der reibende Werkstoff aus konstruktiven Erwägungen festliegt und eine Eisenlegierung ist. Die Aufgabenstellung kann also dahingehend präzisiert werden, daß zu einer bestimmten Legierung ein zweiter Werkstoff zu wählen ist, der den gegebenen Betriebsbedingungen so weit angepaßt ist, daß im Reibungssystem optimaler Verschleiß auftritt. Es genügt aber nicht immer, daß beide Reibungskörper einen gleich großen Verschleiß aufweisen, vielmehr muß unter Umständen angestrebt werden, daß nur der kostenmäßig billigste der beiden Reibungskörper dem Verschleiß unterliegt.

Würde beispielsweise im Reibungssystem Zylinder-Kolbenring zwar der Verschleiß nur gering sein, aber der Zylinder der Abnutzung unterliegen, so wäre eine solche Stoffpaarung unbedingt zu verwerfen. Es erübrigt sich, weitere Beispiele dieser Art aufzuführen, weil in fast jedem Fall zu übersehen ist, ob und welcher der beiden Reibungskörper den größten Verschleißwiderstand aufweisen muß.

In fast allen Reibungssystemen ist, wie bereits erwähnt, wenigstens einer der beiden Reibungskörper eine Eisenlegierung. Dies ist stets dann der Fall, wenn außer der Verschleißbeanspruchung insbesondere noch Zug-, Druck-, Biege- und Torsionskräfte einzeln oder zu mehreren auf den Reibungskörper einwirken und hohe Festigkeitseigenschaften erfordern, die in weitgehendem Maße der Werkstoff Eisen besitzt.

Die folgenden Eisenlegierungen finden bevorzugt zur Herstellung von Reibungskörpern Verwendung:

1. Stahl St 42.11 mit etwa 0,25% C: für mäßig beanspruchte Wellen und Zahnräder,

2. Stahl St 50.11 mit etwa 0,35% C für höher beanspruchte Wellen und Zahnräder, nur wenig härtbar, jedoch für Gleitbeanspruchung geeignet,

3. Stahl St 60.11 mit etwa 0,45% C: für noch gleitbeanspruchtere Teile wie Zahnräder, Schnecken usw., härtbar und vergütbar,

4. Stahl St 70.11 mit etwa 0,6% C: für höchstbeanspruchte, naturharte Teile wie Nockenscheiben, Rollen, kleine Walzen, hochbelastete Zahnräder, Wälzlager usw. Dieser Stahl ist hoch härtbar, vergütbar und noch zerspanbar.

Diese unlegierten Maschinenbaustähle nach DIN 1611 genügen in den meisten Fällen allen Ansprüchen hinsichtlich Verschleiß bei Kombination mit einem zweiten geeigneten Werkstoff. Wo es auf große Oberflächenhärte (HB $\approx$ 650), verbunden mit guten Verschleißeigenschaften und guter Zähigkeit ankommt, eignet sich insbesondere:

5. legierter Wälzlagerstahl, der in etwa den Vergütungsstählen nach DIN 17200 entspricht und ungefähr folgende Zusammensetzung aufweist:

C: 1%; Si: bis 0,35%; Mn: 0,3%; Cr: 1,5%.

6. Stahlguß, dessen Gefüge meistens durch Normalglühen verfeinert wird, zeichnet sich zwar durch hohe Festigkeit, Dehnung und Zähigkeit aus, hat indes, unlegiert, als verschleißfester Werkstoff in Reibungssystemen nur geringere Bedeutung. Es bewirken aber bereits verhältnismäßig kleine Zusätze an Mangan und Chrom eine wesentliche Steigerung der Verschleißfestigkeit, wobei insbesondere das letztere Element eine Kornverfeinerung hervorruft. Stahlguß mit Chromgehalten zwischen 0,5 bis 2%, die bis 3,5% gesteigert werden können, ist bei Kohlenstoffgehalten in den Grenzen von 0,2 bis 0,6% besonders geeignet zur Herstellung von verschleißbeanspruchten Teilen für Zerkleinerungsmaschinen und Krankonstruktionen, Laufrädern für Zentrifugalschlammpumpen, Mahlplatten, Zahnrädern, Kreuzköpfen usw. Der Gefügeaufbau zeigt im Vergleich zu unlegiertem Stahlguß mit gleichen Kohlenstoffgehalten kaum einen Unterschied, jedoch ist der karbidische Anteil des Perlits das bedeutend härtere Doppelkarbid von der Form $(Fe, Cr)_3C$.

7. Besondere Verschleißeigenschaften weist der hochlegierte Manganhartstahl durch Kaltverformung unter Druck- und Stoßbeanspruchung auf. Seine chemische Zusammensetzung ist etwa

C: 1,0 bis 1,4%; Mn: 10 bis 14%; Si: 0,3 bis 1,0%; P: $<$ 0,1%; S: $<$ 0,05%

Durch Kaltverformung steigt die ursprüngliche Härte von rund 200 HB auf 450 bis 550 HB an. Dieser hochverschleißfeste Stahlguß findet insbesondere Verwendung für Herzstücke von Weichen, Baggerzähne, Steinbrecher usw. Der große Verschleißwiderstand bleibt bis Rotglut erhalten, wenn die Legierung neben 13 bis 15% Mangan noch 3 bis 5% Nickel und bis zu 4% Chrom enthält. Anwendungsgebiete für dieses Material sind:

Schienenkreuzstücke, Steinbrecher, Baggerschaufeln, Traktorenschuhe, Transportbandglieder u. a. Als

8. **Hartguß** werden Legierungen auf Gußeisenbasis bezeichnet, die also — verglichen mit Stahlguß — einen bedeutend höheren Kohlenstoffgehalt haben und die sich durch bedeutende Härte auszeichnen, die zwischen 400 bis 600 Brinelleinheiten liegt. Die Erstarrung dieser Legierungen, die etwa folgende Zusammensetzung aufweisen:

C: 3,4 ÷ 3,7%; Si: 0,6 ÷ 1,5%; Mn: 0,6 ÷ 1,3%; P: 0,3 ÷ 0,4%; S: möglichst gering,

wird an den Verschleißflächen durch Anlegen von Kokillen und die dadurch bedingte schnellere Abkühlung nach dem metastabilen System gelenkt. Bei diesem Verfahren kommt aber weniger dem Vollhartguß — das ist der im ganzen Gußstück durchgehend harte — als vielmehr dem Schalenhartguß die größere Bedeutung zu. Die Verwendung von Vollhartguß bleibt auf Spezialfälle beschränkt, z. B. auf Sandstrahldüsen und ähnliche Teile, bei denen der spröde Werkstoff keinen nennenswerten mechanischen Beanspruchungen ausgesetzt ist. An Stelle von Hartgußdüsen werden seit langem vielfach solche aus Sintermetall verwendet.

Die nachteilige Eigenschaft der Sprödigkeit wird bei Schalenhartguß durch den Übergang der harten, aber spröden, ledeburithaltigen, weißen Einstrahlzone in einen grau erstarrten, zäheren Kern aufgehoben. Nach diesem Verfahren werden insbesondere verschleißfeste Platten und Ringe für Kollergänge, Kugelmühlen und Steinbrecher, Stempel und Ziehringe sowie Laufräder hergestellt.

9. Grauguß ist als Werkstoff in Reibungssystemen von ganzer besonder Bedeutung. Allgemein liegt die Zusammensetzung dieses gut vergießbaren Werkstoffes in den folgenden Grenzen:

C: 2,8 bis 4,0%; Si: 0,8 bis 3%; Mn: 0,4 bis 1,2%; P: 0,1 bis 2%, S unter 0,12%,

wobei die jeweilige Richtanalyse des Gußstückes je nach der Wandstärke und den geforderten Festigkeitseigenschaften sehr verschieden ist. Da in Reibungssystemen stets dynamische Beanspruchungen auftreten und die Reibungskörper fast in allen Fällen einer schwellenden oder wechselnden Belastung ausgesetzt sind, kommen als Werkstoffe nur Gußeisenlegierungen in Frage, die höhere Zugfestigkeit aufweisen. Damit werden aber auch die vorstehend angegebenen Bereiche für den Anteil der Eisenbegleiter eingeengt. Eine Zusammenstellung von Richtanalysen für verschleißbeanspruchte Maschinenteile zeigt Tab. 5. Die geforderten technologischen Eigenschaften entsprechen den Marken:

GG 14 und GG 18 für: Dampfzylinder, Kolbenringe, Gleitbahnen, Gehäuse u. a. m.
GG 22 und GG 26 für: gleitreibende Teile bei höherer Verschleiß- und Festigkeitsbeanspruchung als die vorstehenden, für Motoren-Zylinder, Kolben, Kolbenringe usw.
GG 30 für Sonderfälle.

Allgemein zeichnen sich Gußeisenlegierungen, die diesen Gütemarken entsprechen, durch verschiedene wertvolle Eigenschaften aus. Sie sind gut bearbeitbar, besitzen günstige Gleiteigenschaften, hohe Druckfestigkeit und lassen sich im Bedarfsfalle durch Wärmebehandlung vergüten. Durch Glühen bei 500 °C wird Gußeisen spannungsfrei und wächst nicht mehr, wenn die Betriebstemperaturen nicht höher ansteigen. Gefügeveränderungen treten bei dieser Behandlung nicht auf. Die Warmzugfestigkeit sinkt praktisch erst oberhalb 400 °C, die Druckfestigkeit oberhalb 200 °C.

Den größten Einfluß auf die Verschleißfestigkeit hat die Gefügeausbildung im Gußstück. Wie bereits ausgeführt, wird allgemein von Gußeisenlegierungen in Reibungssystemen eine bestimmte Härte verlangt, um die *Reiboxydation* und damit den Verschleiß möglichst einzuschränken. Aus diesem Grunde ist das Auftreten des weichen Ferrits im Gefüge zu vermeiden. Andererseits wirkt aber auch eine zu große, durchgehende Härte im Gußstück — wie bereits unter Vollhartguß besprochen —, die durch das Auftreten von meliertem oder weißem Bruch gekennzeichnet ist, außerordentlich schädlich, weil nicht allein die Festigkeitseigenschaften verschlechtert werden, sondern der spröde Werkstoff zum Ausbrechen neigt. Als Folge dieses Vorgangs tritt beim Zerreiben dieser schmirgelartig wirkenden Teilchen eine Erhöhung des Reibungswiderstandes, ein Temperaturanstieg an den Gleitflächen und eine Abnahme der Oberflächengüte auf, die schließlich zum völligen, vorzeitigen Verschleiß eines oder beider Reibungskörper führen kann. Jahrzehntelange Erfahrungen haben in den verschiedenst gelagerten Fällen gezeigt, *daß rein perlitisches Gefüge den größten Verschleißwiderstand hat und daß mit abnehmendem Lamellenabstand, also beim Auftreten von Sorbit oder Troostit, die Verschleißfestigkeit noch wächst.*

Tabelle 5. *Chemische Zusammensetzung von verschleißfestem Grauguß*

Klasse	Verwendungsbeispiele	Annähernde Zusammensetzung				
		Gesamt C %	Si %	Mn %	P %	S %
Zylinderguß	Dampf-, Gas-, Wasserzylinder, Zylinder für Kraftfahrzeuge, Schiffs- und Flugmotoren	3,2—3,8	1,0—1,8	0,6—0,8	bis 0,5	bis 0,08
Walzenguß	Walzwerkswalzen in Hartguß, halbhart und Lehmguß, Papier-, Textil-, Müllerei-, Druckereiwalzen	3,0—3,6	0,85—1,10	bis 2,0	0,05—0,9	möglichst gering
Guß für Bremsklötze	Bremsklötze und durch gleitende Reibung beanspruchte Teile	3,0—3,3	1,0—1,2	~1,0	0,80	etwa 0,15
Schleuderguß	Kolbenringe	~3,9	1,8—2,5	0,4—1,2	0,8—1,2	unter 0,14
Perlitguß	Zylinder, Kolben, Gleitbahnen, Getrieberäder	3,0—3,2	bis 1,5	0,8	bis 0,5	< 0,15

In diesem Zusammenhang muß auf die Ausbildungsform des Graphits hingewiesen werden, die zweifellos den Verschleiß beeinflußt. Vor Einführung des Perlitgußverfahrens nach PH. A. DIEFENTHÄLER und des Schmelzüberhitzungsverfahrens nach E. PIWOWARSKY, in einer Zeit also, in der weder die Ausbildung der Grundmasse noch des Graphits systematisch beeinflußt werden konnte, wurde insbesondere dem groben Graphit günstige Einwirkungen auf den Verschleiß zugeschrieben. Man ging dabei von dem an und für sich gesunden Gedanken aus, daß ein großer Graphitanteil, wenn er in groben Lamellen vorliegt, vor allem bei trockener Reibung wie ein Schmiermittel wirkt und den Reibungswiderstand herabsetzt.

Nun ist aber für die Entstehung von Perlitguß der Beginn der Kristallisation nach dem metastabilen System kennzeichnend. Dann werden aber so lange Mischkristalle ausgeschieden und die Restschmelze an Kohlenstoff so weitgehend angereichert, daß die Ausscheidung des Graphits beim Überschreiten der eutektischen Horizontalen erfolgt, und zwar stets in feiner Form. Da demnach das Herstellungsverfahren für Perlitguß die Entstehung von grobem Graphit ausschließt, offenbar aber die Ausbildung der Grundmasse den Einfluß des groben Graphits bei weitem überdeckt, ist bei verschleißfestem Grauguß das Augenmerk besonders auf eine rein perlitische Grundmasse zu richten. Eine wesentliche Steigerung des Verschleißwiderstandes kann durch verhältnismäßig geringe Zusätze von Chrom, Nickel und Molybdän einzeln oder meist durch mehrere erzielt werden. Das Legieren von Grauguß mit diesen Sonderelementen wirkt sich in der Weise aus, daß der Lamellenabstand des Perlits abnimmt, der Perlit also das Gepräge von Sorbit annimmt und unter Umständen die Zementitlamellen aus wesentlich härteren und verschleißfesteren Doppelkarbiden bestehen, wobei der chemische Widerstand gegen Reiboxydation wächst. Verglichen mit unlegiertem Gußeisen weisen diese Sondergußeisen wesentlich höhere Festigkeitswerte auf, die sich so weit steigern lassen, daß Kurbel- und Nockenwellen für den Kraftwagenbau, die früher aus Stahl geschmiedet wurden, bereits seit Jahren aus derartigen Sondergußeisen vergossen werden. Als Beispiele für die chemische Zusammensetzung derartiger Werkstoffe auf Gußeisenbasis für Kurbelwellen seien aufgeführt:

1. Chrom-Molybdän-Gußeisen: C: 3,28%; Si: 2,19%; Mn: 0,95%; S: 0,09%; P: 0,17%; Cr: 0,42%; Mo: 0,95%.

2. Nickel-Chrom-Gußeisen: C: 3,36%; Si: 1,22%; Mn: 0,92%; S: 0,11%; P: 0,12%; Ni: 1,87%; Cr: 0,47%.

Die Reihe der hochwertigen, verschleißfesten Gußeisen würde ohne Hinweis auf einen neuzeitlichen Werkstoff, das Kugelgraphitgußeisen, unvollständig sein. Aus einer naheutektischen Legierung scheidet sich nach der Behandlung der Schmelze mit Magnesium oder Zer der Graphit in Kugelform aus. Da der Graphit in dieser kompakten Ausbildungsform die metallische Grundmasse am wenigsten schwächt, zeichnet sich das Kugelgraphitgußeisen durch hervorragende Festigkeitseigenschaften aus, die wesentlich höher sind als bei GG 30. Meistens sind die Graphitkugeln in einer perlitischen Grundmasse gebettet, und wo dies nicht der Fall ist — z. B. bei austenitischem Gefüge —, gelingt es durch eine einfache Glühbehandlung (2stündiges Glühen bei 950 °C und langsamer Abkühlung), die angestrebte perlitische Grundmasse zu erzielen. Aus den Ergebnissen einer großen Zahl der im in- und ausländischen Schrifttum veröffentlichten Untersuchungen kann geschlossen werden, daß allgemein das Auftreten von Kugelgraphit mit Perlit im Verein mit den guten technologischen Eigenschaften dieses Materials zu optimalen Verschleißverhältnissen in Reibungssystemen führt, die in manchen Fällen sogar den Abnutzungswiderstand von sonderlegiertem hochwertigen Gußeisen noch übertreffen.

Eine weitere Bedeutung als verschleißfester Werkstoff für Reibungssysteme hat der Temperguß, der bekanntlich entsteht, wenn weißerstarrtes Gußeisen durch eine Glühfrischbehandlung oder eine Glühbehandlung in weißen Temperguß (gekennzeichnet durch eine ferritische Randzone mit perlitischem Kern) bzw. in Schwarzguß mit Temperkohleausscheidungen in ferritischer Grundmasse umgewandelt wird (siehe Kapitel Temperguß).

5. *Die wichtigsten Stoffpaare in Reibsystemen*

Aus dieser Aufstellung ist die Vielzahl der Eisenwerkstoffe ersichtlich, deren Verschleißeigenschaften ihre Verwendung als Reibungskörper ermöglicht. Nun ist aber — wie bereits dargelegt — die Verschleißfestigkeit nicht die Eigenschaft einer Legierung, sondern das Ergebnis der mehr oder weniger günstigen Zusammenstellung eines Werkstoffpaares. Obschon sich Kombinationen zweier Werkstoffe auf Eisenbasis unter den verschiedensten Betriebsbedingungen (spez. Flächendruck, Temperatur, Schmierung usw.) bestens bewährt haben, genügen sie bei weitem nicht allen Anforderungen. Es erscheint aus diesem Grund zweckmäßig, kurz auf die bekanntesten Werkstoffe einzugehen, die, mit einer Eisenlegierung zu einem Reibungssystem zusammengestellt, erfahrungsgemäß geringen Verschleiß aufweisen.

Insbesondere haben sich Metallegierungen auf der Basis Zinn, Blei und Zink bewährt, ferner Bronzen oder auch in speziellen Fällen nichtmetallische Stoffe, z. B. Hartholz und Preßstoffe. Die metallischen Kombinationen dieser Werkstoffe mit Eisenlegierungen finden vor allem in Lagersystemen Verwendung, wenn Wellen, Achsen und Zapfen in Lagern gleiten und die ersteren möglichst wenig verschleißen sollen. Die Lager sind meist als Verbundlager, selten als Vollager ausgeführt, d. h. die eigentliche Gleitschicht des Lagers wird nur als dünne Auflage auf den eigentlichen Lagerkörper durch Aufgießen, Aufspritzen, Plattieren, Galvanisieren usw. aufgetragen und muß mit der Unterlage fest haften. Am besten bewährt sich eine metallische Bindung, d. h. eine Legierungsbildung beim Aufgießen des Lagermetalls auf den eigentlichen Lagerkörper. Hartholz- und Kunstharzpreßstoffe sowie vielfach noch metallische Lagerwerkstoffe werden in Form von geschlossenen oder geteilten Schalen verwendet. Im einzelnen zeichnen sich diese Lagerwerkstoffe bei Zusammenstellung mit Eisenlegierungen durch folgende Eigenschaften aus:

1. Grauguß nach DIN 1691 ist empfindlich gegen Kantenpressung und greift bei unzureichender Schmierung und bei Vorliegen einer unzweckmäßigen und zu harten Grundmasse die Welle an. Dagegen bewährt sich erfahrungsgemäß Perlitguß bei Flächenpressungen unter 10 kg/cm² und Umfangsgeschwindigkeiten zwischen 0,1 bis 3,0 m/s,

2. Zinnbronze und Rotguß nach DIN 1705 mit Härten zwischen 60 bis 75 HB sind als Lagerwerkstoff bei hohen Belastungen mit stoßartiger Beanspruchung und hohen Lagertemperaturen geeignet, auch dann, wenn gleichzeitig korrodierende Einflüsse auftreten,

3. Messing nach DIN 1709 wird als Gleitwerkstoff nur wenig verwendet, da stärkerer Zapfenverschleiß auftritt,

4. Bleibronze mit einer Härte von etwa 70 HB zeigt die gleichen guten Eigenschaften bei hoher Belastung, Stoßbeanspruchungen und hohen Lagertemperaturen wie die Zinnbronze und der Rotguß und wird insbesondere als Lagermetall in Dampfturbinen, Kolbenmotoren, Werkzeugmaschinen und bei Lokomotiven verwendet. Sie ist verschleißfester als Weißmetall und zeichnet sich durch niedere Anlaufreibung aus,

5. Aluminiumbronze nach DIN 1714 hat eine größere Härte (HB $\approx$ 90) als die Zinnbronze, an deren Stelle sie manchmal Verwendung findet. Es ist jedoch zu beachten, daß sie schlechtere Notlaufeigenschaften hat und ihr Verschleißwiderstand bei Verschmutzung des Lagers stark abnimmt,

6. Weißmetalle nach DIN 1703 besitzen zwar hervorragende Gleit- und Notlaufeigenschaften, sind aber stoßempfindlich und bei höheren Zinngehalten sehr teuer. An ihrer Stelle werden vielfach zinnarme Weißmetalle nach DIN 1728 mit Zinngehalten unter 10% verwendet, z. B. als Präzisionslager für Drehbank-Spindelköpfe,

7. Zinklegierungen, Magnesium-Knetlegierungen, Duraluminium und andere gewinnen in den letzten Jahren als Lagerwerkstoffe an Bedeutung. Da die Entwicklung noch nicht abgeschlossen ist und die Erprobung sich bisher mehr oder weniger auf einzelne, spezielle Fälle erstreckt, sei auf eine Bewertung dieser Werkstoffe in Reibungs-Stoffpaaren verzichtet,

8. Hartholz, das früher als Lagerwerkstoff für geringe Geschwindigkeiten bei mittleren Anpreßdrucken verwendet wurde, z. B. als Lagermaterial für Walzenzapfen, ist inzwischen durch Kunstharzstoffe verdrängt worden. Eine der wichtigsten Voraussetzungen für optimale Verschleißeigenschaften eines solchen Reibungssystems ist eine weitgehende Oberflächenglätte beider Werkstoffe und eine genügende Härte der Eisen- oder Stahllegierung. Wegen der schlechten Wärmeleitfähigkeit der Kunstharzpreßstoffe bzw. des Holzes muß für eine ausreichende Kühlung der Lager gesorgt werden,

9. Neuerdings werden auch graphitierte Lagerbüchsen verwendet, wenn die Verwendung von Schmierölen unzweckmäßig ist. Diese Büchsen können bis zu Temperaturen von 300 °C verwendet werden, jedoch darf der spezifische Flächendruck 4,5 kg/cm², die Umfangsgeschwindigkeit der Welle oder des Zapfens 1 m/s nicht überschreiten. Das Produkt aus beiden soll kleiner als 1 sein.

6. Die trockene Reibung in Gleit- und Wälzsystemen

Die bisherigen Ausführungen erhellen die große Bedeutung der Eisenwerkstoffe für Reibungssysteme und den großen Einfluß der Betriebsbedingungen, insbesondere des spezifischen Flächendrucks, der Schmierung und der Temperatur. Bei trockener Reibung ist außer der abzubremsenden Bewegungsenergie der Anpreßdruck und der Reibungswiderstand für die Länge des Bremsweges und für die Bremszeit ausschlaggebend. Vorübergehende, manchmal beträchtliche Temperaturerhöhungen in derartigen Reibungssystemen treten als unerwünschte Nebenerscheinung des Bremsvorganges auf. Kennzeichnend für diese Trocken-Gleitverschleiß- oder Bremssysteme sind verhältnismäßig große Reibflächen und ein erwünschter hoher Reibungswiderstand. Beispiel für diesen Fall ist das Abbremsen von umlaufenden Rädern bei Schienenfahrzeugen (Bremsklötze, Bremssohlen, Bremsbacken) und bei Kraftfahrzeugen (Bremstrommeln). Im Gegensatz wird bei *Trocken-Wälzsystemen* durch kleine Berührungsflächen bei geringem Reibungswiderstand angestrebt, den Verschleiß möglichst niedrig zu halten. Ein typisches Beispiel dieser Art ist das Reibungssystem Laufrad/Schiene der Schienenfahrzeuge. Wird die Bewegung über eine Welle auf das Rad übertragen, so kann man auf einen bestimmten Reibungswiderstand im System — die Haftreibung — nicht verzichten, damit das Rad auf der Schiene möglichst schlupffrei abrollt. Es bedarf keiner weiteren Ausführungen, daß allgemein eine größere Reibung und damit verbunden ein höherer Verschleiß nur in den Fällen in Kauf genommen wird, wo es nicht zu vermeiden ist, daß aber, wenn eben angängig, stets flüssige Reibung der äußeren metallischen Reibung vorgezogen wird und *Schmier-Wälzsysteme* oder *Schmier-Gleitsysteme* gewählt werden. Es erscheint zweckmäßig, dieses umfangreiche Gebiet zu unterteilen und den Einfluß der Schmierung auf den Verschleiß des Werkstoffpaares bei normalen und höheren Temperaturen getrennt zu behandeln.

Bereits an anderer Stelle wurden die Gründe für die Anwendung ungeschmierter Verschleißsysteme dargelegt und die charakteristischen Eigenschaften der Werkstoffpaarungen besprochen.

Bei den einfachsten Reibungssystemen wird ein umlaufendes Rad oder eine Scheibe meistens aus GS 38 oder GS 45 an der Lauffläche durch Anpressen von Bremsklötzen, Bremssohlen, Bremsbacken oder Bremstrommeln aus Gußeisen abgebremst. Dem großen Bedarf entsprechend werden die Radkörper fast ausschließlich nach dem Schleuderformguß-Verfahren in Kokillen hergestellt, wobei zur Formgebung nur einzelne Kerne verwendet werden. Die schnelle Abkühlung und die durch Zentrifugalkraft hervorgerufene Pressung des noch flüssigen Werkstoffs an den Kokillenwänden ist in besonderem Maße günstig für die Lunkerfreiheit und das dichte Gefüge der Gußstücke. Nach einem englischen Verfahren wird zu Beginn des Gießens hochprozentiges Ferromangan in Pulverform in den Gießstrahl eingebracht, um eine Mangananreicherung an den Laufflächen und damit einen niederen Verschleiß im System zu erzielen.

Inzwischen ist das gegossene Laufrad für Schienenfahrzeuge aus wirtschaftlichen und auch aus technologischen Gründen immer mehr durch das kombinierte Laufrad aus Radscheibe und Radreifen verdrängt worden. Der Radreifen wird aus hochwertigem Stahl mit hoher Zerreißfestigkeit nach einem Spezialwalzverfahren hergestellt und anschließend vergütet. Der verschlissene Radreifen kann auf einfache Weise ausgewechselt werden und das Rad als neuwertig gelten. Bis zu einer Geschwindigkeit von 140 Stundenkilometer haben sich diese Radreifenräder bestens bewährt. Wird diese Geschwindigkeit — wie bei den neuzeitlichen Schienenfahrzeugen — wesentlich überschritten, so ist man gezwungen, hochwertige, aber sehr teuere Monoblock-Radsätze zu verwenden, bei der Räder und Achse ein Ganzes bilden. Auch hier ist die Entwicklung noch nicht abgeschlossen.

Als zweiter Werkstoff in den Trocken-Gleitsystemen wird perlitisches Gußeisen mit feinem Graphit angestrebt. Dieses Material erweist sich nicht nur als hervorragend verschleißfest, sondern es ist auch weitgehend unempfindlich gegen stoßartige Belastungen, die bei Bremsvorgängen immer auftreten können. In den z. Z. noch geltenden Abnahmebedingungen der Bundesbahn sind diese Beanspruchungen insofern berücksichtigt, als die Abnahmeprüfung von Bremssohlen und Bremsklötzen eine entsprechende Schlagprobe vorsieht. Auch die vorgeschriebene Analyse mit:

2,8 bis 3,4% C; 1,6 bis 2,6% Graphit; 1,5 bis 2% Si; 0,3 bis 0,5% Mn und einem maximalen P-Gehalt von 0,8%

weist auf Perlitguß hin, wenngleich der zulässige hohe P-Gehalt von 0,8% aus dem Rahmen fällt. Offenbar wird aus preislich bedingten Gründen eine gewisse Versprödung des Materials in Kauf genommen, die mit dem Auftreten des ternären Phosphideutektikums zusammenfällt. Allerdings erhöhen allgemein steigende Phosphorgehalte die Verschleißfestigkeit des Gußeisens bzw. der Reibungssysteme, jedoch sind die optimalen Phosphorgehalte je nach Verschleißart den mechanischen Beanspruchungen und der Stoffpaarung verschieden. Im vorliegenden Fall, also bei trockener Reibung zwischen Gußeisen und

Stahl, liegt der günstigste Phosphorgehalt bei 0,65%. Dies ergibt sich aus den Versuchen von E. SCHARFFENBERG [35] nach Abb. 12. Wie aus der Darstellung hervorgeht, nimmt beim Arbeiten von Bremsklötzen gegen Radreifenmaterial mit zunehmendem Phosphorgehalt im Gußeisen der Verschleiß bis 0,65% schnell, zwischen 0,65 und 0,85% langsamer ab.

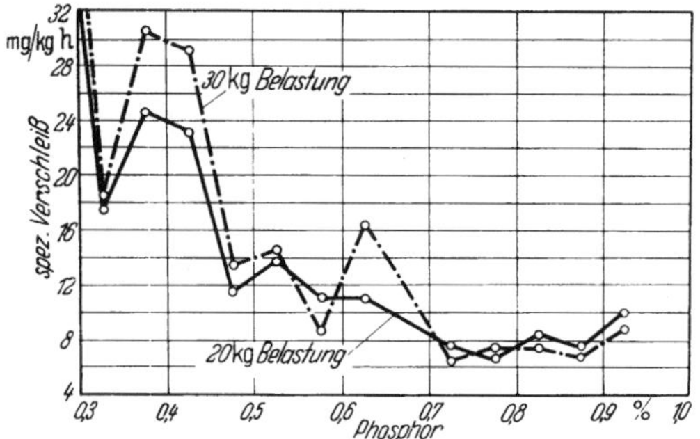

Abb. 12. Spezifischer Verschleiß bei Bremsklötzen in Abhängigkeit vom P-Gehalt (nach E. SCHARFFENBERG)

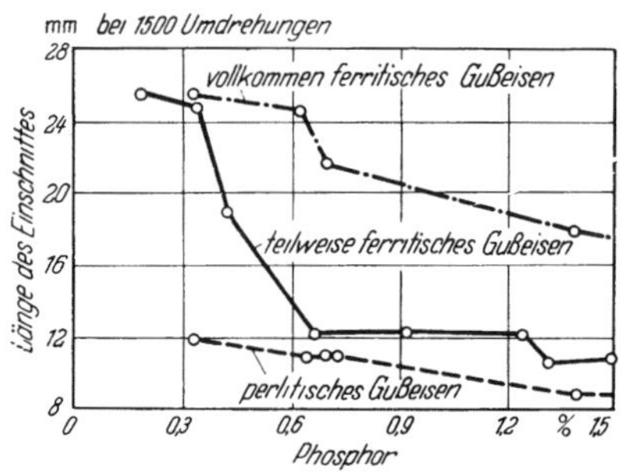

Abb. 13. Beziehungen zwischen dem P-Gehalt und dem Verschleiß von Gußeisen. Spindelprinzip: Gußeisen gegen Stahlscheibe (nach TH. KLINGENSTEIN]

Bemerkenswert ist, daß bei dieser Reibungsart zwischen 0,35 und 0,45% P ein Verschleißmaximum auftritt, obschon bekanntlich bei diesen Gehalten die technologischen Eigenschaften des Gußeisens besonders günstige Werte erreichen. Zu den gleichen Ergebnissen kommt TH. KLINGENSTEIN. Wie aus Abb. 13 ersichtlich, sinkt bei den Versuchen nach der Spindelmethode der große Verschleiß von ferritischem Gußeisen mit zunehmendem Phosphorgehalt ab.

Als Werkstoffpartner in Bremssystemen von Kraftfahrzeugen hat perlitisches Gußeisen und Temperguß den Stahl als Konstruktionsmaterial für Bremstrommeln praktisch verdrängt. Auch der Nachteil des höheren Gewichts der gußeisernen Trommeln kann durch die Verwendung von leichteren Preßteilen aus Stahlblech in Verbindung mit Gußeisen als eigentlicher Bremswerkstoff als überwunden gelten. Voraussetzung für die Betriebssicherheit ist jedoch die innige, unlösliche Verbindung der beiden Eisenlegierungen, wie z. B. bei den Centrit-Bremstrommeln der Firma A. Teves, bei deren Herstellung das Gußeisen auf das Stahl-Preßteil aufgeschleudert wird und dabei an der Haftfläche eine Zwischenlegierung durch metallische Diffusion entsteht. Diese Verbindungsart gewährleistet nicht nur die größte Sicherheit gegen Verschieben und Lösen der beiden Werkstoffe beim Abbremsen, sondern auch eine gute Ableitung der Reibungswärme. Nach dem Verfahren der amerikanischen Firma Campbell-Wyant-Campbell Foundry Co. wird bei der Centrifuse Trommel das Gußeisen zuerst in einen auf Rotglut erhitzten Stahlring eingeschleudert und dann mit dem eigentlichen Stahlblechkörper durch Punktschweißen verbunden. Außer diesen Spezialtrommeln ist die Herstellung von gußeisernen Bremstrommeln sowohl nach dem Schleudergußverfahren als auch nach dem Sand- oder Kokillengußverfahren noch sehr verbreitet. Nach einem Verfahren der Maschinenfabrik Eßlingen (Abb. 14) besteht die Form aus einer Kokille mit einem Sandkern. Durch Wahl einer geeigneten Gußeisenlegierung wird bewirkt, daß beim Erstarren an der Kokille ein feinkörniges, zähes Gefüge entsteht, das zum Kern — also zur eigentlichen Reibfläche hin — in Perlit übergeht.

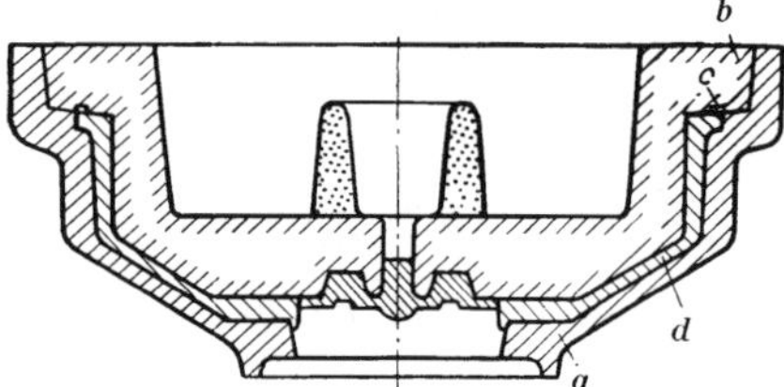

Abb. 14. Formverfahren für Bremstrommeln der Maschinenfabrik Eßlingen

Offenbar ist allgemein die mechanische Beanspruchung der Bremstrommeln wesentlich größer, und es treten höhere Belastungen auf als in den Bremssystemen der Schienenfahrzeuge. Nach O. SMALLEY [38] sind Bremstemperaturen von über 600 °C nicht selten und bewirken öfters ein Absinken der Härte auf die Hälfte des ursprünglichen Wertes.

Das für diese Systeme zu wählende Gußeisen muß aus diesem Grunde nicht allein besonders verschleißfest sein, sondern auch sehr hohe technologische Werte aufweisen, wobei zu berücksichtigen ist, daß diese bei Temperaturen oberhalb 400 °C absinken. Um die erforderlichen großen Festigkeitswerte zu gewährleisten, darf unter keinen Umständen — im Gegensatz zu den Gußeisenlegierungen für Bremsklötze, Bremssohlen usw. — der Phosphorgehalt 0,35% übersteigen, da mit Überschreiten dieses Wertes die Festigkeitseigenschaften schlechter werden. Der Anteil der übrigen Eisenbegleiter sowie auch der etwa erforderlichen Sonderlegierungselemente hängt von der Verschleißbeanspruchung und der mechanischen Belastung ab, die von Fall zu Fall verschieden sind. Für normal beanspruchte Systeme wird vielfach für die Vollgußtrommel ein perlitisches Gußeisen mit etwa folgender Zusammensetzung gewählt:

C: 2,8 bis 3,3%; Si: 1,6 bis 2,2%; Mn: 0,55 bis 0,65% und P maximal 0,25%,

wobei die jeweilig anzustrebende Analyse von der Wandstärke und dem Gießverfahren abhängig ist. Bei höheren Belastungen und ungünstigen Bedingungen haben sich die gleichen Gußlegierungen mit Zusätzen von 1,25 bis 1,5% Nickel und 0,3 bis 0,65% Chrom bewährt, die die Reiboxydation zurückdrängen und die Grundmasse verfestigen. O. SMALLEY empfiehlt als Werkstoff für hochbeanspruchte Bremstrommeln Meehanite-Gußeisen oder sonderlegiertes Gußeisen nach Tab. 6.

Tabelle 6. *Gußeisen für Automobil-Bremstrommeln* (*nach* O. SMALLEY)

C %	Si %	Mn %	P %	S %	Cr %	Mo %	Ni %
3,48	1,89	0,94	0,17	0,10	—	0,75	—
3,30	1,90	0,90	0,11	0,10	0,25	—	1,20

Die Ford Motor Company hat für die Bremstrommeln des Ford-V-8-Wagens eine niedrig gekohlte Gußeisenlegierung mit folgender Zusammensetzung entwickelt:

C: 1,55 bis 1,7%; Si: ca. 0,9%; Mn: 0,7 bis 0,9%; P: max. 0,1%; Cu: 2,0 bis 2,25%.

Dieses Material hat nach einer Wärmebehandlung eine Härte von 190 bis 250 HB bei etwa 7% Dehnung. Ganz besondere Bewährung haben Bremstrommeln aus hochwertigem Temperguß (GTW und GTS) unter Beweis gestellt. Im Personen- und Lastwagenbau werden die Trommeln mit angegossenen Naben seit langem verwendet.

Zum Abschluß der Ausführungen über die Verschleißsysteme nach dem Prinzip der trockenen Reibung sei noch kurz auf die Reibscheibengetriebe hingewiesen, bei denen die Bewegung einer Scheibe nicht durch den zweiten Reibungskörper abgebremst, sondern auf diese übertragen wird. Die vielartigen Anwendungsmöglichkeiten, z. B. für die stufenlose Regelung der Tourenzahl in Getrieben, haben zu einer gewissen Bedeutung derartiger Systeme insbesondere für den Kleinmaschinenbau geführt. Als Werkstoffpaare haben sich sowohl die Kombination Gußeisen/Gußeisen als auch Novotext/Gußeisen bewährt.

7. *Schmier-Wälzsysteme und Schmier-Gleitsysteme bei normalen Temperaturen*

In allen Fällen, in denen das Reibungssystem weder das Abbremsen eines Reibungskörpers durch einen zweiten, eine Haftreibung, wie bei den Systemen Schiene/Rad, noch eine Übertragung der Bewegung eines der beiden Reibkörper auf den zweiten, wie bei den Reibscheibengetrieben, bezweckt, ist ein hoher Reibungswiderstand hinsichtlich Verschleiß- und Kraftverbrauch schädlich. Mittel zur Behebung dieses Nachteils und zur Herabsetzung von Reibwert und Verschleiß an den Reibungsflächen auf ein Minimum sind geeignete Schmiermittel, die einen Schmierfilm zwischen den beiden Reibungskörpern bilden und die äußere Reibung der beiden Werkstoffe in eine innere Flüssigkeitsreibung verwandeln. Da bei flüssiger Reibung im Idealfall die beiden Werkstoffe des Systems sich an keiner Stelle berühren, könnte angenommen werden, daß beliebige Stoffpaare in bezug auf Verschleiß keine Unterschiede zeigen würden. Die Erfahrung lehrt aber, daß nicht allein die Werkstoffe, sondern auch die Zusammensetzung, die physikalischen Eigenschaften sowie der Aufbau des Schmiermittels, ja sogar die Art der Schmierung den Verschleiß wesentlich beeinflussen. Selbst bei einem gut eingelaufenen Stoffpaar ändert sich der Reibwert vom Anfahren der Maschine bis zum Laufen bei voller Tourenzahl sehr weitgehend. Nach den bekannten Untersuchungen von R. STRIEBECK an Querlagen sinkt nach Abb. 15 der Reibwert von einem Höchstwert, dem Reibwert der Ruhe, schnell zu einem Kleinstwert, dem Ausklinkpunkt, ab, um von da ab mit wachsender Tourenzahl schneller oder langsamer anzusteigen. Die großen Unterschiede der Reibwerte beim Anlauf, bei der Mischreibung und bei der Flüssigkeitsreibung (Schwimmreibung) sind aus Tab. 7 zu ersehen. Offenbar ist im Gebiete der Mischreibung der Reibwert und damit der Verschleiß am größten, wenn man von der momentanen Belastung beim Anfahren absieht. In einem Lager, bei dem das Stoffpaar, Lagerdruck und Umlaufgeschwindigkeit, Schmierung und Schmierstoff aufeinander abgestimmt sind, geht die Mischreibung schon bald in flüssige Reibung über, ist also nur von unwesentlicher Bedeutung. Dagegen tritt im Reibungssystem großer Verschleiß auf, wenn die Mischreibung längere Zeit anhält. Dies ergibt sich eindeutig aus dem Wesen der Mischreibung.

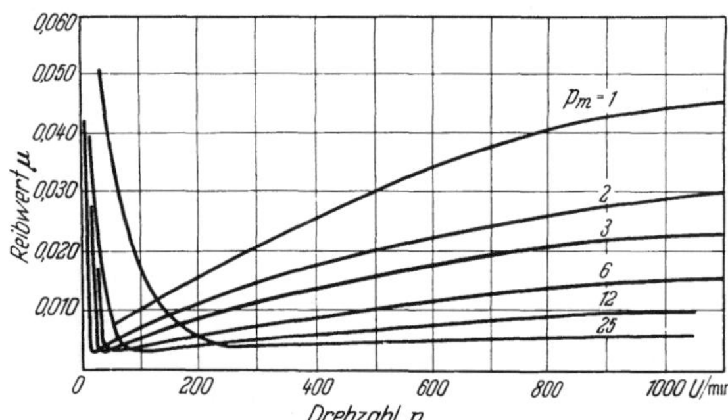

Abb. 15. Reibwert/Drehzahlkurven bei verschiedener Flächenpressung p_m für Ringschmierlager mit 7 mm Zapfendurchmesser

Sie ist darauf zurückzuführen, daß in dieser Phase der Gegendruck des Schmiermittels nicht genügt, um die Last, z. B. den Achsendruck zu tragen, so daß — je nach der Oberflächengüte der Reibungskörper und den Eigenschaften des Schmiermittels, insbesondere seiner Haftfähigkeit — an einzelnen oder vielen Stellen metallische Reibung auftritt. In den meisten Fällen ist die unzureichende Schmierung entweder durch ein unzweckmäßig gewähltes Schmiermittel oder durch unzureichende Zufuhr, z. B. bei Versagen der Schmierung — die Ursache für den erhöhten Verschleiß, wobei die flüssige Reibung allmählich in trockene Reibung übergeht.

Tabelle 7. *Erfahrungswerte für den Reibwert μ (nach* G. NIEMANN *[36])*

	Lagerstoff	Reibwert μ		
		Anlaufreibung	Mischreibung	Schwimmreibung
Querlager				
Mit Fettschmierung	Bz	0,12	0,05—0,1	—
Mit Polster- oder Dochtschmierung .	Bz	0,14	0,04—0,07	0,014
Reichsbahnachslager.	WM	0,24	—	0,006
Ringschmierlager	WM	0,24	—	0,0017—0,003
„	Bz	0,14	—	0,003 —0,005
„	Ge	0,14	0,02—0,1	0,004 —0,008
„	Preßst.	0,14	0,01—0,03	0,003 —0,006
Längslager				
Zapfen-Spurlager	WM	0,25	0,03	—
Kippsegment-Lager	WM	0,25	—	0,0015—0,004
Wälzlager	St	0,02	—	0,0010—0,0025

Es würde zu weit führen, im einzelnen auf die physikalischen Eigenschaften der Schmierfette und Schmieröle (Viskosität, Schmierfähigkeit, Stockpunkt, Flammpunkt, Alterungsbeständigkeit u. a. m.) einzugehen; erwähnt sei nur, daß inzwischen eine Normung unter Zugrundelegung physikalischer Werte nach dem Verwendungszweck erfolgt ist. Die Auswahl der Schmierfette wird dabei zweckmäßig nach DIN 6562 bis DIN 6573, die für Schmieröle nach DIN 6542 bis DIN 6547 bzw. nach DIN 6550 bis 6555 vorgenommen. Den hohen Stand der Schmiermitteltechnik kennzeichnet die in den Normenblättern vorgenommene Einteilung nach dem Verwendungszweck, wobei jedem der aufgeführten

Schmierstoffe ganz bestimmte physikalische Eigenschaften zuzuschreiben sind. So enthalten die Normen über Schmierfette z. B.

Spezialfette für Wälzlager, Heißlager, Getriebe, Maschinen (Staufferfett), Wagen, Förderwagen, Drahtseile, Hanfseile, Zahnräder, Kaltwalzen und Heißwalzen,

die der Schmieröle solche für

die Feinmechanik, Lager, Achsen, Kompressoren, Getriebe, ortsfeste und Fahrzeugmotoren, Gasmaschinen, Dampfmaschinen und Dampfturbinen.

Besondere Beachtung verdienen wegen der Vielseitigkeit der möglichen Werkstoffpaarungen, Bauarten und Verwendungsbereiche die Lager. Bei diesen Systemen ist fast ausnahmslos wenigstens einer der beiden Reibungskörper eine Eisenlegierung, während der zweite entweder ein Eisenwerkstoff, meistens aber Weißmetall, Bleibronze, Bronze bzw. Rotguß oder Kunstharz-Preßstoff ist. Die wichtigsten Stoffpaarungen und ihre Eigenschaften wurden bereits an anderer Stelle besprochen, so daß sich weitere Ausführungen erübrigen.

Die vielfach aufgeworfene Frage, ob Gleitlagern oder Wälzlagern der Vorzug zu geben ist, kann nur dahingehend beantwortet werden, daß beide besondere Eigenschaften und Vorteile haben und jedes von ihnen für bestimmte Verwendungsbereiche unentbehrlich ist. Beide Lagerarten sind ihrer großen Bedeutung für den allgemeinen Maschinenbau entsprechend weitgehend genormt und tragen den verschiedenen Belastungsfällen Rechnung. Verglichen mit der Gleitreibung ist die Wälzreibung stets geringer, weil die Berührung nicht an einer Fläche, sondern an einem Punkt (Kugel/Ebene) oder an einer Linie (Rolle/Ebene) erfolgt. Als Werkstoff für Wälzkörper und die zugehörigen Laufringe wird vornehmlich ein durchhärtender, chromlegierter Wälzlagerstahl verwendet, dessen Zusammensetzung bereits an anderer Stelle angegeben wurde. Bei außergewöhnlich großen Lagern werden naturharte Si-Mn-Stähle mit $\sigma_B = 120\ \text{kg/mm}^2$ vorgezogen. Die Käfige werden vorwiegend aus Stahlblech gefertigt. Bei den hohen Belastungen und Tourenzahlen bei Wälzlagern ist insbesondere die Schmierung für den Verschleiß und die Lebensdauer von besonderer Bedeutung. In den meisten Fällen hat sich, insbesondere bei kleinen und mittleren Maschinen, die Fettschmierung als besonders zweckmäßig erwiesen, weil das Wälzlagerfett (DIN 6562) nur von Zeit zu Zeit beim Reinigen der Lager erneuert wird. Eine Ölschmierung ist nur dann vorzuziehen, wenn noch andere Teile mit Öl geschmiert werden müssen, z. B. in Getriebekästen, oder wenn die Betriebsbedingungen die Temperaturen im Wälzlager über 70°C ansteigen lassen, wenn die Drehzahl außergewöhnlich hoch ist. In allen Fällen müssen durch zweckmäßige Abdichtung die Lager vor dem Eindringen von Staub geschützt werden, weil er auf die geschliffenen Kugeln und Laufflächen schmirgelartig wirkt und dann bereits nach kurzer Laufzeit die Lager unbrauchbar werden.

Ein Schmier-Reib-System, in dem neben der Wälzbewegung eine zusätzliche Gleitbewegung auftritt, bilden die Zahnräder. Als Werkstoffpaarungen sind gebräuchlich: Gußeisen/Gußeisen, Stahl/Stahl und für sehr hohe Beanspruchungen Einsatzstahl/Einsatzstahl. Diese Systeme können zu den wenigen gezählt werden, in denen meistens gleiche Werkstoffe für beide Reibungskörper gewählt werden. Es wird zwar angestrebt, daß das Stoffpaar einen möglichst geringen Verschleiß aufweist, nicht aber, daß einer der beiden Werkstoffe schneller verschleißt als der andere, weil dann die Übertragung der Bewegung verzerrt und die Arbeitsweise ungleichmäßig und stoßartig wird. Auch die Forderung nach der längeren Haltbarkeit des größeren und damit preislich wertvolleren der beiden Reibungskörper ist bei der Kombination des Systems mit zwei Zahnrädern aus dem gleichen Werkstoff automatisch erfüllt, wenn berücksichtigt wird, daß beim Arbeiten zweier Zahnräder mit wesentlich verschiedener Zähnezahl, aber gleichem Verschleißwiderstand des Materials, das größere entsprechend der geringeren Zahl der Eingriffe langsamer verschleißt als der kleinere. Die Verschleißfestigkeit ist bei ein und demselben Werkstoffpaar von der Güte der Bearbeitung abhängig. Vielfach werden gußeiserne Zahnräder, insbesondere Kegelräderpaare, für die verschiedensten Zwecke, z. B. in Textilmaschinen und große Stirnräder für Pressen u. a. m., mit unbearbeiteten Zähnen verwendet, wobei der Reibverschluß um so größer ist, je mehr das Zahnprofil des Abgusses von dem des konstruktiven Entwurfes abweicht, je mehr also die angestrebte Linienberührung in eine Flächenberührung übergeht. Natürlich spielt dabei das Formverfahren selbst eine bedeutsame Rolle. Die Maßgenauigkeit wird in steigendem Maße in der Reihenfolge: handgeformt, maschinengeformt, auf Spezial-Zahnradformmaschine gefertigt oder nach dem Präzisionsformverfahren hergestellt, immer besser. Insbesondere lassen sich kleinere Zahnräder — abgesehen von Gußeisen — aus legiertem oder unlegiertem Stahl nach dem letzten Verfahren — einer Abart des Wachsausschmelzverfahrens — mit hoher Präzision abgießen und ohne Nacharbeit der Zähne verwenden. Nach diesen Ausführungen ergibt sich, daß, abgesehen von den letzteren, bei allen Zahnradpaarungen mit rohen Zähnen und bei der üblichen Fettschmierung (DIN 6570) bis zum Einlaufen Mischreibung verbunden mit großem Verschleiß auftritt, wobei der metallische Abrieb schmirgelnd wirkt. Erst nachdem mit fortschreitendem Verschleiß die Flächenreibung mehr und mehr zur Linienberührung geworden ist, wird, gründliche Wartung vorausgesetzt, der Verschleiß normal, ohne jedoch daß ein auch nur annähernd gleichmäßiges und stoßfreies Arbeiten wie bei bearbeiteten Zahnrädern erzielt werden kann. Die Gußeisenlegierungen für Zahnräder müssen wiederum so gewählt werden, daß das Gefüge perlitisch ist, wenngleich bei Arbeiten von Gußeisen auf Gußeisen je nach den mechanischen Beanspruchungen Phosphorgehalte zwischen 0,45 bis 0,75% zulässig sind. Über diese Grenzen hinausgehende Phosphorgehalte sind erfahrungsgemäß schädlich, da bei Abrieb des im Relief stehenden Phosphides verschleißfördernder harter Staub entsteht.

Bei bearbeiteten Zahnradsätzen aus Gußeisen oder Stahl treten die vorstehenden Nachteile nur in geringfügigem Maße auf, weil das Zahnprofil der Räder bereits beim Einbau eine Linienberührung und damit einen geringen Reibwert und Verschleiß gewährleistet. Da ein dünner Schmierfilm genügt, um eine rein flüssige Reibung zu bewirken, wird an Stelle von Zahnradfett in diesem Falle stets Getriebe-Schmieröl nach DIN 6546 gewählt, das meistens den Getriebekasten bis zu einer bestimmten Höhe füllt und an den durchlaufenden Zähnen haftet.

Als Werkstoffe für Zahnräder aus Stahl werden neben Stahlguß die Maschinenbaustähle nach DIN 1611 am meisten verwendet, und zwar je nach der Belastung die Sorten: St 42.11; St 50.11 und St 60.11, die letztere aber nur dann, wenn die Zähne gehärtet oder vergütet werden. Für hochbelastete Stirn- und Kegelräder mit harten, besonders verschleißfesten Zähnen eignen sich die Einsatzstähle nach DIN 17006, und zwar die in Öl oder Wasser abschreckbaren Stähle, die sich am wenigsten verziehen. In Tab. 8 sind die Werkstoffe für Zahnräder auf der Basis Stahl zusammengestellt:

Tabelle 8. *Werkstoffe auf Stahlbasis für Zahnräder*

Bezeichnung	Mittelwerte C % Mn % Cr %	Zugfestigkeit σ_B * kg/mm²	Mindestwert Fließgr. σ_F * kg/mm²	Mindestwert Bruchdehnung σ_5 * %	Brinellhärte HB kg/mm²	Brinellhärte HB nach dem Glühen kg/mm²	Härtebehandl. abgeschreckt in
St. 42.11 . .	0,25	42—50	23	25	120—140		
St. 50.11 . .	0,35	50—60	27	22	140—170		
St. 60.11 . .	0,45	60—70	30	17	170—195		
C 15	0,15 0,3	50—65	30	16		bis 140	Wasser
C 22	0,22 0,3	60—80	36	12		bis 155	Wasser
15 Cr3 . . .	0,15 0,5 0,6	80—85	40	13		bis 187	Wasser
16 MnCr5. .	0,16 1,15 0,95	80—110	60	10		bis 207	Öl
20 MnCr5. .	0,20 1,25 1,15	100—130	70	8		bis 217	Öl

* Bei Einsatzstählen: Festigkeitswerte im Kern nach Härtung.

Es erscheint in diesem Zusammenhang zweckmäßig, auf den Verschleiß durch Gleit- oder Wälzreibung einzugehen, wenn in einem geschmierten Reibungssystem die Laufbahn den Durchmesser Unendlich hat, d. h. in der Bewegungsrichtung des zweiten Reibungskörpers eine Gerade ist. Dabei kann der zweite Reibungskörper, der auf der Gleitbahn hin- und hergehende Bewegungen ausführt, einen endlichen Durchmesser haben, wie dies beim Wälzschlitten der Fall ist (Abb. 16), oder er kann gleichfalls unendlich sein wie beim System Kreuzkopf/Gleitbahn. Die Kugeln oder Rollen als Zwischenwälzkörper in Wälzschlitten bewirken wie beim Wälzlager eine Punkt- oder Linienberührung, also einen geringen Reibungswiderstand und Verschleiß. Als Stoffpaar wird meistens der bereits unter Wälzlager aufgeführte Wälzlagerstahl und oberflächengehärtetes Gußeisen oder auch Stahl verwendet. Hinsichtlich Verschleiß unterscheidet sich das System Kreuzkopf/Gleitbahn lediglich durch das Auftreten reiner Gleitreibung an Stelle der Wälzreibung. Zweckmäßig wird als Werkstoff für den Kreuzkopf niedrig legierter Stahlguß nach DIN 17245 mit maximalen Gehalten von 2% Mangan, 1,5% Silizium und 2% Chrom, der, mit hochwertigem Gußeisen zusammengestellt, eine Kombination mit besonders guten Verschleißeigenschaften bildet.

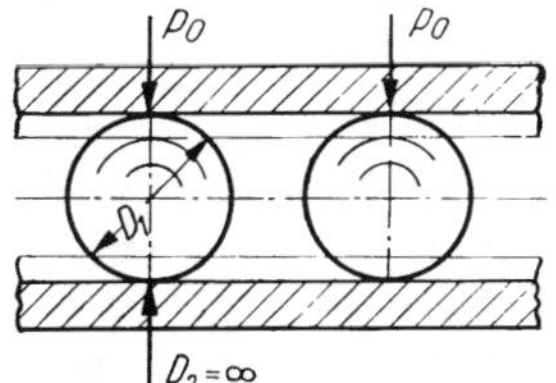

Abb. 16. Wälzschlitten

Im Sektor Werkzeugmaschinenbau ist besonders das System Gleitschlitten/Gleitbahn bzw. Gleitführung, bei dem Gußeisen auf Gußeisen arbeitet, schon wegen der hohen Anforderungen an die Oberflächengüte und Verschleißfestigkeit von größter Bedeutung. Die Führungen müssen bei Aufeinandergleiten satt aneinanderliegen und müssen bereits beim Zusammenbau der Maschine eine hohe Oberflächengüte aufweisen, die nicht nach den üblichen Vorbearbeitungsmethoden zu erzielen ist, sondern noch eine Feinbearbeitung durch Schaben oder Schleifen erfordert. Nach den bisherigen Erfahrungen verursacht das Schaben der Gleitflächen die Ausbildung von Vertiefungen in der Umgebung des tragenden Reliefs, die als Ölkammern wirken und eine Mischreibung verhindern. Wenn trotzdem heute in steigendem Maße dem Schleifen der Vorzug gegeben wird, so ist dies vor allem darauf zurückzuführen, daß zur Erzielung einer höheren Oberflächenhärte die Gleitbahnen — insbesondere bei Drehbänken — gegen Kokillen gegossen werden. In diesem Fall ist die Feinbearbeitung durch Schleifen wesentlich billiger als durch Schaben, wobei die Oberflächengüte und Genauigkeit der Flächen über derjenigen der geschabten liegt. Da vor allem bei Drehbänken die Grenzen der Maßtoleranzen der bearbeiteten Werkstücke in hohem Maße von der Oberflächengüte des Systems Gleitbahn/Schlitten abhängt und die Präzision der Maschine um so länger erhalten bleibt, je geringer der Verschleiß ist, ist es verständlich, daß die Auswahl geeigneter Gußeisenlegierungen mit der größten Sorgfalt getroffen wird. Der unvermeidbare geringe Verschleiß soll in den Schlitten verlegt werden, weil das Nachschleifen der Prismenführung sehr kostspielig ist. Erfahrungsgemäß weist die Führungsbahn genügenden Verschleißwiderstand auf, wenn sie bei 0,6% gebundenem Kohlenstoff eine Härte von mindestens 200 HB hat. Man erreicht diese Härte an den bearbeiteten Flächen, wenn die Führungsbahnen, insbesondere die Führungsprismen, gegen Kokillen gegossen werden und etwa die folgende Richtanalyse eingehalten wird, wobei natürlich die Abmessungen des Bettes und dessen Wandstärke berücksichtigt werden müssen:

$$\text{C}: 3{,}2 \div 3{,}6\%;\quad \text{Si } 1{,}2 \div 2{,}0\%;\quad \text{Mn}: 0{,}8\%;\quad \text{P}: \text{max. } 0{,}65\%;\quad \text{S} \approx 0{,}1\%.$$

Eine wichtige Voraussetzung für gute Verschleißfestigkeit ist wiederum die Abwesenheit von Ferrit. Dagegen ist ein verhältnismäßig hoher Phosphorgehalt bis 0,65% zulässig und hat sich bewährt. Wie bereits ausgeführt, soll die Härte des Schlittens an der Gleitfläche geringer sein als die des Bettes. Wird diese Regel eingehalten und berücksichtigt, daß beim Gleiten von Gußeisen auf Gußeisen der Verschleiß des sich bewegenden Teiles gegenüber dem ruhenden größer ist, so wird stets — wie angestrebt — der hauptsächliche Verschleiß beim Schlitten auftreten. Die Untersuchungen an derartigen Systemen haben ergeben, daß auch in diesem Fall ein gleichmäßig perlitisches Eisen mit normaler Graphitausbildung, ausreichende Schmierung vorausgesetzt, die beste Gewähr für geringen Verschleiß bietet und Anpreßdrücken von 20 kg/cm^2 ausgesetzt werden kann, ohne Anfreßneigungen zu zeigen, deren Auftreten bei Gegenwart von Ferrit bereits bei niederen Anpreßdrücken zu befürchten ist.

In den letzten Jahren hat ein thermisches Nachbehandlungsverfahren, die autogene Oberflächenhärtung, immer mehr an Bedeutung gewonnen und sich in vielfacher Weise bewährt. Das von der Firma Peddinghaus, Gevelsberg, entwickelte Verfahren bezweckt eine Oberflächenhärtung von 0,8 bis 4 mm Tiefe an Werkstücken, die nur an begrenzten Flächen eine Zone großer Härte in geringer Tiefe aufweisen müssen und wenn eine Gesamthärtung technisch nicht durchführbar und unerwünscht ist, weil sie sich als schädlich erweist. Nach dieser Methode werden die zu härtenden Oberflächen der Werkstücke wie z. B. Gleitbahnen, Scheibenräder, Walzen, Zylinderbüchsen, Zähne von größeren Zahngetrieben, Lagerflächen an Wellen, Kurbelwellen und Nockenwellen, Kettenräder nur mit Hilfe von Spezialbrennern (Azetylen — Sauerstoff, Leuchtgas — Sauerstoff) schnell erhitzt, und es wird durch die Wärmeableitung in die inneren, kalten Zonen des Werkstückes eine Martensitbildung an der Oberfläche bewirkt. Die erreichbare Oberflächenhärte ist in erster Linie von der guten Wärmeableitung und der gewählten Oberflächentemperatur abhängig. Überschreitet sie 900 °C, so tritt an der Oberfläche Martensit auf, der über Zwischengefüge allmählich in die ursprünglich vorhandene Gefügeform übergeht und aus diesem Grunde nicht abblättert. Bei Erhitzung der Oberfläche auf Temperaturen unter 900 °C tritt in zunehmendem Maße Abschrecktroostit neben Martensit auf, der bewirkt, daß die Härte von etwa 600 Brinelleinheiten bis zu 450 absinkt. Für die Oberflächenhärtbarkeit von Gußeisen ist von Bedeutung, daß alle Güteklassen nach DIN 16.91 härtbar sind, wie Abb. 17 zeigt, wenngleich die Härtezunahme bei den hochwertigen Sorten größer ist. Es hat sich als zweckmäßig erwiesen, die gehärteten Flächen auf 200 °C zu erwärmen, um Wärmespannungen zu beseitigen. Neuerdings haben Untersuchungen ergeben, daß die JOMINY-Probe sowohl nach Ofenerhitzung als auch nach Umlauferhitzung die Oberflächenhärtbarkeit von Gußeisen reproduzierbar anzeigt.

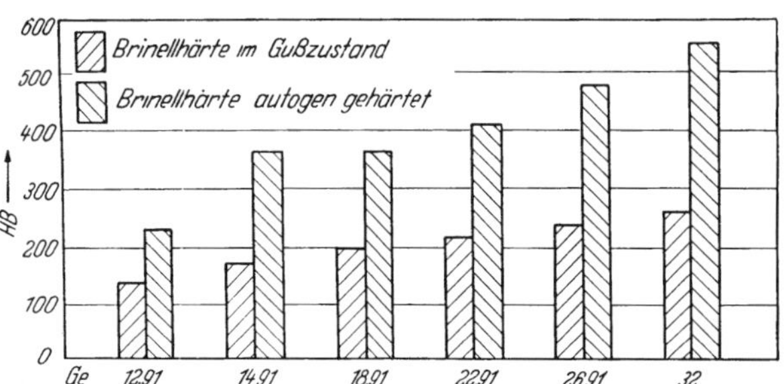

Abb. 17. Härtbarkeit der sechs Güteklassen des Gußeisen

8. Die Schmier-Gleitsysteme bei höheren Temperaturen

In den vorausgegangenen Ausführungen über die Schmier-Wälzsysteme und Schmier-Gleitsysteme bei normalen Temperaturen wurden als die wichtigsten Einflußgrößen auf den Verschleiß das Werkstoffpaar und dessen Oberflächengüte, der jeweilige spezifische Flächendruck und ein den Betriebsbedingungen angepaßtes Schmiermittel herausgestellt. Werden diese Faktoren bei der Konstruktion des Systems und im Betrieb berücksichtigt, so steigt die Temperatur durch die erzeugte Reibungswärme niemals über 60 bis 70 °C, weicht also nur wenig von der normalen ab.

Wesentlich anders liegen die Verhältnisse in bezug auf Verschleiß in den Reibsystemen der neuzeitlichen Dampf- und Verbrennungsmaschinen, wenn bei Temperaturen zwischen 300 und 500 °C noch Dampf, Verbrennungs- oder Abgase auf die Schmiermittel und Reibungskörper einwirken. Da Schmier-Wälzsysteme für diese Maschinen in konstruktiver Hinsicht keinerlei Bedeutung haben, können die Untersuchungen auf Gleitsysteme beschränkt bleiben. Als Werkstoffpaarungen kommen fast ausschließlich zwei Legierungen auf Eisenbasis in Betracht und nur in vereinzelten Fällen Stahl/Bronze oder auch Gußeisen/Bronze. Die Ursache für die begrenzte Zahl der zur Verfügung stehenden Werkstoffe sind neben der Preisfrage vor allem die vielartigen hohen Beanspruchungen, die ein oder beide Reibkörper in diesen Maschinen erfahren. Mit Ausnahme von Gußeisen-, Stahl- und Bronzelegierungen sinken bei diesen Betriebstemperaturen die Festigkeitswerte anderer Werkstoffe so weitgehend, daß ihre Verwendung bei den auftretenden schwellenden und wechselnden dynamischen Beanspruchungen nicht möglich ist.

Mit Rücksicht auf den angestrebten geringen Verschleiß in diesen Maschinen muß die Wahl der Schmieröle mit größter Sorgfalt getroffen werden, weil in diesem Fall weitere Faktoren zu berücksichtigen sind, die bei normalen Temperaturen und Arbeitsbedingungen keine oder kaum nennenswerte Bedeutung haben.

Allgemein werden zum Schmieren von Maschinen vorwiegend Mineralfette und Mineralöle verwendet, die bei der Destillation von Erdöl gewonnen und als solche verwendet oder zu Raffinaten weiter verarbeitet, d. h. physikalisch und chemisch gereinigt werden.

Die sogenannten *fetten* Öle auf organischer Basis wie Rüböl, Olivenöl, Rizinus- und Knochenöl sowie Talg usw. werden trotz ihrer guten Schmierfähigkeit nur als Zusätze zu Mineralölen verwendet, weil sie, unverdünnt, in hohem Maße zum *Altern* neigen, d. h. oxydieren und verharzen. Dagegen zeichnen sich die Gemische beider, die sogenannten *gefetteten* Mineralöle, durch besonders hohe Schmierfähigkeit aus und besitzen die Eigenschaft, mit Wasser gut zu emulgieren. Die Neigung zum Verharzen kann durch ein Verfahren, das auf elektrischen Glimmentladungen basiert, wesentlich abgeschwächt werden (Voltöle). Diese guten Eigenschaften teilen die *gefetteten* Öle mit den Emulsionsölen, das sind innige Mischungen von Mineralölen mit wäßrigen Lösungen bestimmter Alkalien, die sich gleichfalls durch hohe Adhäsion auszeichnen und selbst bei hohen Überhitzungstemperaturen keine erheblichen Rückstände hinterlassen. Beide Öle eignen sich vorzüglich zum Schmieren von Dampfzylindern, wobei die Emulsionsöle vornehmlich bei Heißdampf verwendet werden.

In diesem Zusammenhang seien einige kurze Angaben über die geforderten Eigenschaften von Schmierölen, insbesondere für Kolbenmaschinen, gemacht. Nach G. NIEMANN [*36*], *Maschinenelemente* ergeben sich nach Tab. 9 folgende Werte:

Tabelle 9

Verwendung	DIN	Flammpunkt über °C	Viskosität °E	bei °C	
Ortsfeste und Fahrzeugmotoren:	6547	200	>8	50	Sommer
Motoren f. Kfz., Vergaser u. Dieselmotoren		185	4 bis 8	50	Winter
Stationäre Dieselmot. $n > 600$ U/min					
Gasmaschinen	6550				
a) Kleingasmaschinen		160	>3	50	Für Zylinder nur Raffinate
b) Großgasmaschinen					
Viertakt		175	>4	50	
Zweitakt.		175	>6	50	
Dampfmaschinen	6552				
a) Sattdampf		240	2,5 bis 7	100	Für Zylinder
b) Heißdampf.		270	3 bis 9	100	
Dampfturbinen	6554	165 185	2,5 bis 3,4 3,4 bis 7,0	50	Alterungsbeständige, nicht emulgierbare Öle
Verdichter	6545				
a) Kolbenverdichter		175	4 bis 12	50	
b) Hochdruckverdichter		200	>6	50	

Außer bestimmten Mindestforderungen, die das Schmieröl in bezug auf Schmierfähigkeit, Druckaufnahmevermögen, Säurefreiheit u. a. m. im Anlieferungszustand erfüllen muß, sind insbesondere bei Dampfmaschinen und Verbrennungsmotoren die Veränderungen zu beachten, die das Schmieröl unter den jeweiligen Arbeitsbedingungen erfahren kann. Dabei ist das Verhalten des Schmieröls bei den hohen Betriebstemperaturen von großer Bedeutung, und zwar sind neben der Verschiebung der rein physikalischen Werte wie z. B. der Viskosität und der Adhäsion die chemischen Veränderungen des Schmieröls für das Verschleißverhalten des Systems ausschlaggebend. Es muß weiterhin berücksichtigt werden, daß in fast allen Fällen Sauerstoff, Wasserdampf, Verbrennungsgase usw. bei diesen hohen Temperaturen auf das Schmieröl einwirken und zur Zersetzung und Alterung des Öles beitragen. Aber nicht allein das Schmieröl, sondern auch die metallischen Werkstoffe können bei diesen Vorgängen chemisch angegriffen werden, weil die Reaktionsfreudigkeit bei höheren Betriebstemperaturen wesentlich größer ist als bei normalen.

Die Tatsache, daß in diesen Maschinen durch Zersetzung des Schmiermittels chemische Verbindungen entstehen, die Metalle angreifen, ist bekannt und wird auf folgende Vorgänge zurückgeführt:

Die chemischen Veränderungen der Schmiermittel, allgemein mit *Altern* bezeichnet, werden eingeleitet durch mechanische Verunreinigungen und weitergeleitet durch die Einwirkungen der Luft, die sich entweder im Öl selbst löst oder in irgendeiner Weise mit dem Öl in Berührung kommt. Die feinen, mechanisch gelösten Metallteilchen der Reibungskörper, die dem Öl und der Luft eine große Oberfläche darbieten, bilden, besonders wenn sie in chemisch veränderter Form (z. B. nach vorübergehender Reiboxydation oder nach Reaktion mit dem Schmieröl) vorliegen, äußerst wirksame Katalysatoren. Die Veränderung des Öles macht sich durch Verdickung kenntlich und führt zur Bildung von harzigen bis kohleartigen Massen, die sich mit Öl vollsaugen und ein schlammähnliches Produkt bilden. Diese schädlichen Verbindungen, die eingetrocknet schmirgelartig wirken, die Oberflächengüte der Reibkörper beeinträchtigen und den mechanischen Verschleiß erhöhen, entstehen durch Kondensation von zunächst entstandenen Säuren mit hohem Molekulargewicht, bei der schwer analysierbare Produkte, anscheinend Oxysäuren, entstehen. Es bilden sich aber auch niedere Oxydationsprodukte wie Ameisensäure und Essigsäure, die nun ihrerseits das Metall angreifen und Zersetzungsprozesse beschleunigen. Bei diesen chemischen Prozessen, an denen der Luftsauerstoff beteiligt ist, kann das Schmieröl noch weiter bis zur Entstehung von harz- oder asphaltigen Produkten und selbst bis zur Zerlegung in Kohlenoxyd und Kohlensäure zerfallen. Die chemisch gebundenen Metalle sind als Metallseifen in den Rückständen nachweisbar. Bekannt ist die Bildung von Eisenoxydulseifen in Dampfmaschinen und Turbinen. Den Anstoß zur Entstehung dieser schädlichen Verbindung geben oft Formsand und Kernsand in neuen Maschinen. Unter dem Einfluß von Wärme und Dampf gelöst, gelangen sie zu den Reibungsflächen und bilden dort mit dem Öl ein zähflüssiges Gemenge. Versagen der Schmierung, Erhöhung des Reibwiderstandes durch Übergang zur Mischreibung, verbunden mit örtlichen Überhitzungen, verursachen in diesem Fall den Beginn der Zersetzung. Die Bildung der Eisenoxydulseife kann durch das folgende Schema ausgedrückt werden, wenn bei hohen Temperaturen fein verteiltes Eisen mit großer Oberfläche als Katalysator wirkt:

$$\begin{aligned} &\text{Neutralfett} + \text{Wasser} &&\rightarrow \text{Glycerin} + \text{Fettsäure} \\ &\text{Eisen} + \text{Fettsäure} &&\rightarrow \text{Fettsaures Salz (Eisenoxydulseife).} \end{aligned}$$

Aus diesem Befund lassen sich zwei Schlußfolgerungen ziehen:

1. Weder in Schmier-Wälzsystemen noch in Schmier-Reibsystemen, die bei normalen Temperaturen arbeiten, sind die Vorbedingungen für die Entstehung von fettsauren Salzen gegeben, weil als Reaktionspartner das Wasser fehlt,

2. Da erfahrungsgemäß der Ablauf der vorstehenden Umsetzungen mit merklicher Geschwindigkeit erst bei höherer Temperatur erfolgt, können in den unter 1. genannten

Systemen chemische Umsetzungen der beschriebenen Art vernachlässigt werden. Allerdings ist dabei Voraussetzung, daß die verwendeten Schmiermittel säurefrei, von guter Qualität und genügend widerstandsfähig gegen Angriff durch Luftsauerstoff sind.

Kennzeichnend und charakteristisch für die Schmier-Gleitsysteme bei höheren Temperaturen sind zusätzliche chemische Umsetzungen des zersetzten Schmieröles mit den Werkstoffen der Reibungskörper, die den mechanischen Reibverschleiß des Systems erhöhen. Allgemein fallen Umsetzungen, die mit einer unerwünschten Zerstörung der Metalle oder Legierungen von der Oberfläche aus verknüpft sind, in das Gebiet der Korrosion, das in diesem Buch bereits an anderer Stelle eingehend behandelt ist, so daß die im Zusammenhang mit dem Verschleiß erforderlichen Ausführungen auf das Notwendigste beschränkt werden können.

Das Auftreten von Korrosion neben dem rein mechanischen Verschleiß in Dampfmaschinen und Verbrennungsmotoren ist zweifellos von so großer Bedeutung für die Beurteilung der Verschleißeigenschaften eines derartigen Systems, daß sie unter keinen Umständen vernachlässigt werden darf, weil in manchen Fällen ihre Auswirkungen die durch mechanischen Verschleiß verursachten bei weitem übertroffen. Nur in dieser Weise lassen sich Verschleißvorgänge deuten, daß Werkstoffpaarungen bei normalen Temperaturen und Verschleißbedingungen in Schmier-Gleitsystemen und Schmier-Wälzsystemen beste Verschleißeigenschaften aufweisen und bei höheren Temperaturen und unter Einwirkungen von Sauerstoff, Wasser usw. vollständig versagen. U. R. Evans vertritt die Ansicht, daß der Verschleiß von Laufbuchsen vorwiegend chemischen Charakter habe und daß die Art des Brennstoffes von ausgesprochenem Einfluß auf die Verschleißgeschwindigkeit ist. Auch L. Beaugeois kommt zu der Schlußfolgerung, daß die organischen Säuren oder andere Erzeugnisse der Verbrennung in hohem Maße für den Verschleiß verantwortlich sind, daß aber Wasser allein nicht genügt, um das Auftreten von Korrosionsschäden zu bewirken. K. Dies kommt auf Grund seiner Untersuchungen zu dem Ergebnis, daß es unzulässig ist, derartige Vorgänge mit Hilfe rein mechanischer Vorgänge zu deuten. Er stellt fest, daß neben dem rein mechanischen Verschleiß auch Vorgänge physikalisch-chemischer Natur von Bedeutung sind. In manchen Fällen scheine es, insbesondere bei Kraftfahrzeugen, so zu sein, daß die chemischen Einflüsse die mechanischen bei weitem überragen und daß der mechanische Widerstand gegen Abnutzung oftmals in gar keinem Verhältnis zu seinen mechanischen Güteeigenschaften zu stehen scheint.

Daraus geht hervor, daß bei Zusammenstellung eines Werkstoffpaares in diesen Maschinen nicht nur der mechanische Verschleiß, sondern auch die Forderung zu berücksichtigen ist, daß chemische Umsetzungen möglichst vermieden werden. In den Ausführungen zu dem Kapitel über das Verhalten der Eisenwerkstoffe bei chemischer Beanspruchung wurde eingehend auf die Bedeutung der Korrosion hingewiesen und die diesbezüglichen Gesetzmäßigkeiten am Beispiel *Halbelement* unter Zugrundelegung der Nernstschen Gleichung besprochen. Dabei ergab sich, daß die auftretenden Umsetzungen elektrochemischer Art sind.

Die nachfolgenden Überlegungen sollen in großen Zügen die Vorgänge bei derartigen elektrochemischen Umsetzungen aufzeigen und auf Gegenmaßnahmen hinweisen, um sie herabzusetzen oder auszuschalten.

Wird von einem Halbelement, bestehend aus einer mit Wasserstoff gesättigten Platinelektrode ausgegangen, die mit einem Elektrolyten in Berührung steht, der Fettsäure, Essigsäure oder Ameisensäure enthält — also Säuren, die bei der Zersetzung des Schmiermittels entstehen können —, so werden die Wasserstoffionen im Elektrolyten konzentrationsrichtig auf den in der Elektrode eindiffundierten gasförmigen Wasserstoff ansprechen. Wird die Platinwasserstoffelektrode durch eine Eisenelektrode ersetzt, in der durch die einfachste Umsetzung an der Oberfläche:

$$Fe^{\cdot\cdot} + 2\,H_2O \rightarrow Fe(OH)_2 + 2\,H^{\cdot}$$

$$2\,H^{\cdot} \rightarrow H_2$$

Wasserstoff an der Elektrode entsteht und eindiffundiert, so wird sich wiederum ein Gleichgewicht einstellen, das der NERNSTschen Gleichung entspricht, nur wird die maximal in die Eisenelektrode diffundierte Wasserstoffmenge von der in Platin löslichen abweichen, also auch das meßbare Potential ein anderes sein. Da bekanntlich alle Metalle, die aus ihrem Herstellungsverfahren schwerlösliche Metalloxyde enthalten — dazu zählen auch die Eisenlegierungen —, zur Durchführung von p_H-Messungen geeignet sind, werden auch sie, analog den vielfach verwendeten Antimonelektroden, brauchbare Werte ergeben, wenn berücksichtigt wird, daß zur Einstellung des Gleichgewichts eine gewisse Zeit erforderlich ist, weil der Wasserstoff nicht gasförmig zugeleitet wird, sondern erst durch die vorstehende Umsetzung entsteht. Dabei wird in der Formulierung der vorhergehenden Gleichung nach dem Massenwirkungsgesetz:

$$K_{Fe} + \frac{C_{Fe(OH)_2} \cdot C_{H_2}}{C_{Fe} \cdot C^2_{H_2O}}$$

nach Einstellung des Gleichgewichts die Konzentration und damit auch der Partialdruck des Wasserstoffs von dem Verhältnis:

$$\frac{C_{Fe(OH_2)}}{C_{Fe}}$$

abhängig sein. Die Konzentration des schwerlöslichen Hydroxyds ist in diesem Ausdruck eine Konstante und C_{Fe} eine Funktion des Lösungsdrucks der Legierung, also eine Materialkonstante, die je nach der gewählten Eisenlegierung verschieden ist.

Es bedarf keiner weiteren Ausführungen, daß die Eisenlegierungen auf Grund ihrer verschiedenen chemischen Zusammensetzung, ihres Gefügeaufbaus und weiteren Einflußgrößen verschiedene Lösungsdrucke aufweisen.

Bei den Schmier-Gleitsystemen in Dampfmaschinen und Verbrennungsmotoren sind die beiden metallischen Reibungskörper durch eine dünne Flüssigkeitsschicht voneinander getrennt. Handelt es sich dabei — wie meistens — um zwei Werkstoffe auf der Basis Eisen, aber mit verschieden hohem Eigenpotential, und ist die Schmierschicht gealtert, so bildet das Reibsystem ein galvanisches Element aus zwei Legierungen und einen gemeinsamen Elektrolyten, das über den Maschinenrahmen kurzgeschlossen ist. Es ist bekannt, daß Seifen elektrolytisch leiten, und A. L. CLAYDON konnte nachweisen, daß Korrosion auch durch den Schmierfilm wirkt. O. C. BRIDGEMAN und M. L. LEIDIG nehmen an, daß selbst ein genügend starker, die Gleitflächen trennender Ölfilm vor Korrosion nur dann schützen kann, wenn das Schmiermittel basischer Natur ist.

Die elektromotorische Kraft eines derartigen galvanischen Elementes ergibt sich aus der Differenz der meßtechnisch zu ermittelnden Eigenpotentiale der Halbelemente. Sie ist umso größer, je mehr die Lösungsdrucke der beiden Legierungen und die davon abhängigen Wasserstoffpartialdrucke voneinander abweichen. Haben dagegen die beiden Eisenwerkstoffe gleichen Lösungsdruck, so wird die elektromotorische Kraft E gleich Null. Das Abhängigkeitsverhältnis zwischen der EMK und der elektrochemisch gelösten Stoffmenge ergibt sich aus der einfachsten Formulierung des Ohmschen Gesetzes für galvanische Elemente zu:

$$J = \frac{E}{Wa + Wi}$$

Bei gleichem inneren und äußeren Widerstand des Elementes wächst die Stromstärke proportional mit der EMK. Nun wächst aber auch nach dem Faradayschen Gesetz mit steigender Stromstärke die von der Elektrode gelöste Stoffmenge, wobei die elektrochemische Auflösung an dem Eisenwerkstoff mit dem höheren Lösungsdruck erfolgt. Unter Einbeziehung der obigen Gleichung ergibt sich die Zeit für die Auflösung eines Mols Eisen in zweiwertiger Form aus der Beziehung:

$$Z = \frac{n \cdot 96\,494}{J} = \frac{2 \cdot 96\,494\,(Wa + Wi)}{E}$$

Daraus ergibt sich die Zeit unendlich, wenn die EMK des Systems gleich Null ist, d. h.: bei gleichem Lösungsdruck der beiden Eisenlegierungen ist der zusätzliche Verschleiß durch elektrolytische Umsetzungen ausgeschaltet.

Von den Eisenwerkstoffen, die in diesen Schmier-Gleitsystemen für die Reibkörper verwendet werden, hat sich ergeben, daß der Stahl in bezug auf seinen Lösungsdruck als die *edelste*, unlegiertes Gußeisen als die *unedelste* Eisenlegierung anzusprechen ist. Die Eigenpotentiale der schwach legierten Gußeisen liegen zwischen beiden. Dieser Befund deckt sich mit den Untersuchungen von O. BAUER, der eine Spannungsreihe von Eisenlegierungen gegen eine 1%ige Kochsalzlösung aufstellte und folgende Werte fand:

Gußeisen	— 0,762 Volt	Flußeisen	— 0,755 Volt
Elektrolyteisen	— 0,755 Volt	Stahl	— 0,744 Volt

Aus diesen Zahlenangaben ist ersichtlich, daß die elektromotorische Kraft zwischen Stahl und Gußeisen in ein und demselben Elektrolyten am größten und bei einer Kombination Gußeisen/Gußeisen bzw. bei der seltenen Zusammenstellung Stahl/Stahl am geringsten ist. Bei der Beurteilung einer Werkstoffpaarung im Hinblick auf den zusätzlichen Verschleiß durch elektrochemische Umsetzung ist noch zu berücksichtigen, daß nach der NERNSTschen Gleichung die elektromotorische Kraft proportional der absoluten Temperatur ansteigt.

Durch die Wahl der beiden Werkstoffe in einem Reibsystem Stahl/Gußeisen nach diesen Gesichtspunkten konnte diese Verschleißart praktisch ausgeschaltet und die Abnutzung auf den mechanischen Abrieb beschränkt werden. In gußeisernen Stoffbuchsenpackungen für Dampfmaschinen, Lokomotiven usw., bei denen gehärteter Stahl auf Gußeisen gleitet und in denen — der großen Potentialdifferenz entsprechend — neben dem mechanischen Verschleiß ein zusätzlicher durch elektrolytische Umsetzungen nachweisbar auftrat, entfiel der letztere, wenn an Stelle des unlegierten Gußeisens ein schwach legiertes gewählt wurde, und zwar in der Weise, daß die Eigenpotentiale des Stahles und des legierten Gußeisens ungefähr gleich waren. Aus Großzahluntersuchungen ergab sich, daß der Verschleiß in diesen Systemen auf $^1/_6$ bis $^1/_{10}$ abfiel, wenn eine in bezug auf das Eigenpotential zweckmäßig gewählte Kombination von Chrom, Molybdän und Nickel in Gesamthöhe von etwa 1% dem Gußeisen zulegiert wurde.

Aus diesem Befund lassen sich wichtige Schlußfolgerungen auf die Werkstoffpaare Gußeisen/Gußeisen, besonders auf die Systeme Legiertes Gußeisen/Unlegiertes Gußeisen ziehen. Da allgemein das Eigenpotential des legierten Gußeisens *edler* ist als das des unlegierten, wird bei ihrer Verwendung als Werkstoffpaar die Gefahr auftreten, daß neben dem rein mechanischen noch Verschleiß durch elektrochemische Vorgänge auftritt, wobei das unlegierte Eisen angegriffen wird.

Demnach ist bei Dampf- und Verbrennungskraftmaschinen der Zusammenstellung geeigneter Werkstoffe für das Reibsystem Kolbenring/Zylinder bzw. Kolbenring/Laufbuchse die größte Beachtung zu schenken, weil nicht nur der störungsfreie Lauf der Maschinen, sondern unter Umständen die Laufzeit von Zylinder und Kolben, also der ganzen Maschine, davon abhängt. Wie bereits erwähnt, werden fast ausschließlich Legierungen auf Eisenbasis für beide Reibkörper gewählt, und zwar insbesondere die Kombination:

Gußeisen/Gußeisen
Legiertes Gußeisen/Stahl.

Während für deutsche und im großen und ganzen auch für europäische Verhältnisse die unlegierten Gußeisen bevorzugt werden und die legierten Gußeisen eine geringere Bedeutung haben, liegen die Verhältnisse in Amerika umgekehrt.

Bei der Wahl eines Gußeisens für Kolbenringe sind vor allem die Beanspruchungen und Belastungen, die in der Maschine auf die Ringe einwirken, zu berücksichtigen. Sie sind von Fall zu Fall recht verschieden und nehmen in steigendem Maße in Dampfmaschinen, Gasmaschinen, Benzin- und Dieselmotoren bis zu Höchstwerten in hochbeanspruchten Flugzeugmotoren zu. In den letzteren treten bei Temperaturen zwischen 300 und 350 °C

Kolbenleitgeschwindigkeiten von über 20 m/s bei Anpreßdrucken von 2 bis 3 kg/cm² auf, wobei die Biegebeanspruchungen beim gespannten Ring 36 kg/mm² überschreiten können.

Während für Dampfmaschinen-Kolbenringe entsprechend ihren sehr unterschiedlichen Abmessungen eine allgemein gültige Richtanalyse nicht angegeben werden kann, liegt sie für Kolbenringe zu normal bis höher beanspruchten Verbrennungsmotoren nach Erfahrungswerten der Spezial-Kolbenringfirmen in folgenden Grenzen fest:

C: 3,3 bis 3,7%; Si: 2,0 bis 2,5%; Mn: 0,5 bis 1,0%; P: 0,4 bis 0,8%; S $< 0{,}12$.

Grundsätzlich wird dabei wiederum ein Gefüge mit feinperlitischer Grundmasse angestrebt und — wenn die mechanischen Beanspruchungen einen höheren P-Gehalt zulässig erscheinen lassen — die netzförmige Ausbildung des Phosphideutektikums bei bestimmter Maschenweite.

Die Formtechnik der Kolbenringe ist im Laufe der Zeit vielfach geändert worden. Ursprünglich wurden Kolbenringe fast ausschließlich durch Abstechen der Ringe aus Buchsen hergestellt. Diese Methode ist inzwischen weitgehend durch das Einzelgußverfahren abgelöst worden, nach dem Ringe bis zu 170 mm Außendurchmesser im Stapelguß aber auch noch wesentlich größere in Einzelkasten hergestellt werden. Da legierte Kolbenringe im Einzelguß dazu neigen, mit weißem Rand zu erstarren, ist man dazu übergegangen, sie aus Schleudergußtrommeln abzustechen. Das Einzelgußverfahren bietet hinsichtlich Materialersparnis und Bearbeitungskosten auf neuzeitlichen Bearbeitungsmaschinen wesentliche Vorteile, vor allem, weil diese Abgüsse ohne Schwierigkeiten nach dem Unrundverfahren bearbeitet werden können, während die Büchsengußringe fast ausschließlich thermisch gespannt werden. Da die nach dem Unrundverfahren hergestellten Ringe, verglichen mit den thermisch gespannten, hinsichtlich gleichmäßigem Verschleiß und Bruchgefahr wesentliche Vorteile bieten, weil sie an jeder Stelle des Zylinderumfangs mit gleichem Druck anliegen, gewinnen sie insbesondere in hochbeanspruchten Maschinen immer mehr an Bedeutung.

Zum Abschluß der Ausführungen über Kolbenringguß sind in den Tab. 10 und 11 einige Richtwerte über die chemische Zusammensetzung von unlegierten und legierten Kolbenringen wiedergegeben.

Tabelle 10. *Chemische Zusammensetzung von Kolbenringen* (Richtwerte nach H. MUNDORFF)

Zusammensetzung in %	Büchsenguß	Schleuderguß	Einzelguß			
			Normaler Einzelguß für Gußzylinder	Spezial-einzelguß für Stahlzylinder	Härtbarer Guß (Beispiele)	Vergütbarer Guß (Beispiele)
C-gesamt	3,0—3,4	<3,5	3,5—3,8	3,5 —3,8	3,60	3,6—3,8
C-gebunden	0,6—0,8	0,45—0,8	0,5—0,8	0,6 —0,75	0,74	0,8—1,0
C als Graphit	2,6—2,9	2,8 —3,0	3,0—3,3	2,8 —3,0	2,86	2,6—2,9
Si	1,5—2,0	1,8 —2,3	2,6—3,1	3,0 —3,2	2,80	∼2,8
Mn	0,6—0,9	0,6 —1,2	0,6—0,8	0,45—0,6	0,38	0,4—0,6
P	0,2—0,35	<0,8	0,5—0,7	0,7 —0,9	0,56	0,45—06
S	<0,1	<0,12	<0,1	<0,07	—	—
Cr	—	—	—	Nur teilweise	0,55	0,1—0,4
Ni	—	—	—	kleine Zu-	0,06	0,1—0,9
Mo	—	—	—	legierungen	1,44	0,1—0,4
V	—	—	—		—	—
Cu	—	—	—		0,09	∼0,6
Brinellhärte	180—220	∼220	230—260	230—260	350—450	280—320
entsprechend R_B(1/16″100 kg	88—96	96—100	99—105	99—105	—	—

Aus Tab. 10 ergibt sich, daß die deutschen Erzeugnisse — ausgenommen der Einzelguß für härtbare und vergütbare Kolbenringe — keine Sonderlegierungsbestandteile enthalten und nur bei Gleitsystemen Gußeisen/Stahl in Flugzeugmotoren der Werkstoff Gußeisen mit 0,35% Cr und 0,6% Mo legiert wird. Die Summe der Sonderlegierungselemente beträgt auch in diesem Fall etwa 1% und genügt offenbar — wie bei dem bereits eingehend besprochenen System Dichtring/Kolbenstange in Stopfbüchsenpackungen —, um den zusätzlichen Verschleiß durch elektrochemische Umsetzungen auszuschalten.

Nachstehend ist ein Beispiel für die chemische Zusammensetzung eines Dichtringes aus legiertem Gußeisen aufgeführt, wobei zu berücksichtigen ist, daß seine Dicke und Höhe wesentlich größer sind als die eines Kolbenringes für Flugzeugmotore:

C: 3,46%; Si: 1,84%; Mn: 0,93%; P: 0,26%; S: 0,032%; Cr: 0,41%; Mo: 0,62%.

Aus Tab. 11 ist die chemische Zusammensetzung von ausländischen, legierten Kolbenringwerkstoffen für Flugzeugmotore zu ersehen.

Tabelle 11. *Chemische Zusammensetzung von ausländischen Kolbenringen für Flugzeugmotoren* (nach P. KÖTSCHKE)

Motormuster	HB kg/mm²	Ges. *C* %	Graphit %	Si %	Mn %	Cr %	Ni %	Mo %	P %	S %
Rolls-Royce Merlin II	250	3,50	—	2,16	1,20	0,42	—	—	0,45	—
Hispano-Suiza 12 $Ycrs_1$	235	3,70	3,02	3,02	0,63	<0,10	<0,10	—	0,33	—
Armstrong Siddeley		2,90	2,20	2,22	0,90	<0,10	<0,10	—	0,33	—
Tiger VIII	280	3,44	2,57	2,08	0,95	0,13	0,68	0,50	0,54	0,016
Gnome Rhone 14 M 6	220	2,78	2,02	2,63	0,80	0,09	0,11	—	0,30	0,062
Wright-Cyclone G 102 A	225	3,80	3,03	2,76	0,67	0,02	0,06	—	0,53	0,040
Bristol-Mercury VIII	275	3,56	2,63	2,18	0,80	0,34	0,45	0,56	0,27	0,022

In diesem Zusammenhang erscheint es zweckmäßig, auf das Schmier-Gleitsystem Gußeisen/Gußeisen einzugehen und insbesondere den zweiten Gußwerkstoff zu berücksichtigen, der mit dem Kolbenringwerkstoff gepaart ist. In Deutschland wird entgegen einer früher viel umfangreicheren Verwendung von Sonderlementen, wie Nickel, Chrom und Molybdän, im Zylinder- und Automobilguß nur noch wenig Gebrauch gemacht. Dies ist nach den bisherigen Ausführungen verständlich, wenn berücksichtigt wird, daß die Eigenpotentiale von unlegierten Gußeisensorten etwa gleich, also ein nennenswerter zusätzlicher Verschleiß durch elektrochemische Umsetzungen, nicht zu erwarten ist. Bleibt aber das Problem auf die Zusammenstellung eines Werkstoffpaares mit möglichst geringem mechanischen Verschleiß beschränkt, so ist die Lösung der Aufgabe wesentlich einfacher, weil sie dann nur darin besteht, zwei Gußeisenlegierungen von verschiedener Wandstärke mit dem bereits eingehend besprochenen optimalen Verschleißgefüge herzustellen. Wird dabei in Betracht gezogen, daß die Zylinder nach den neuzeitlichen Fertigungsmethoden nicht mehr aus einem Stück hergestellt werden, sondern die dem Verschleiß ausgesetzten Teile, die Laufbuchsen, separat gegossen und in den Zylinderblock eingebaut wird, so ergibt sich eine weitere Vereinfachung insofern, als diese Buchsen auf Schleuderformmaschinen hergestellt werden und die Gefügeausbildung durch veränderte Abkühlungsbedingungen beeinflußt werden kann. Wenn in manchen Fällen trotzdem auch bei Schleudergußbuchsen mit mittlerer bis größerer Wandstärke etwa 0,3% Chrom zulegiert wird, so geschieht dies weniger zur Verbesserung der Laufeigenschaften, als vielmehr um die Ausscheidung eines feineren Graphits zu bewirken.

Literatur

[1] EVANS, U. R.: Korrosion, Passivität und Oberflächenschutz von Metallen. Berlin: Springer 1939, S. 55/59. — [2] MÜLLER, S. W.: Korrosion und Metallschutz Bd. 5 (1929) S. 9. — [3] SCHULZ, H. v.: Jahrbuch der Metalle, S. 521. Berlin: Dr. G. Lüttke-Verlag 1942. — [4] PIWOWARSKY, E.: Hochwertiges Gußeisen, S. 622. Berlin/Göttingen/Heidelberg: Springer 1951. — [5] BAUER, O.: Gas- u. Wasserfach Bd. 68 (1925) S. 704. — [6] JEAVENS, E. E., u. H. T. PINNOCK: Gas-J. Bd. 191 (1930) S. 203, 255. — [7] LOGAN, K. H.: Trans. electrochem. Soc. Bd. 64 (1933) S. 114. — [8] BAUER, O., O. KRÖHNKE u. G. MASING:

Die Korrosion metallischer Werkstoffe. Bd. I, S. 337. Leipzig: S. Hirzel 1936. — [9] SHEPARD, E. R.: Ind. eng. Chem. Bd. 26 (1934) S. 729. — [10] LOGAN, K. H.: Pr. Am. Petroleum Inst. Bd. 11 (1930) Sect. IV, S. 100. — [11] DAEVES, K.: Die Verwendung gekupferten Stahles im Schiffbau. Schiffbau u. Schiffahrt Bd. 29 (1928) 18, S. 423/25. — [12] EVANS, U. R.: Korrosion, Passivität und Oberflächenschutz von Metallen. S. 546. Berlin: Springer 1939. — [13] BÖRSIG, F.: Stahl u. Eisen Bd. 62 (1942) S. 174/81. — [14] PIWOWARSKY, E.: Hochwertiges Gußeisen. S. 629. Berlin/Göttingen/Heidelberg: Springer 1951. — [15] BENEDICKS, C., u. R. SUNDBERG: J. Iron Steel Inst. Bd. 144 (1926) S. 177. — [16] STRAUSS, B., u. E. MAURER: Kruppsche Monatshefte Bd. 1 (1920) S. 129. — [17] HOUDREMONT, E., u. R. WASMUTH: Gießerei Bd. 19 (1932) S. 322. — [18] ROESCH, K., u. A. CLAUBERG: Chem. Fabr. Bd. 6 (1933) S. 317. — [19] EVANS. U. R.: Korrosion, Passivität und Oberflächenschutz von Metallen, S. 387. Berlin: Springer 1939. — [20] LE THOMAS, A.: La Fonte (1937) S. 1111. — [21] DENNECKE, W.: Gießerei Bd. 15 (1928) S. 307. — [22] HAASE, L. W.: Korrosion Bd. V (1936) S. 108. Berlin: V. D. I.-Verlag. — [23] PIWOWARSKY, E.: Hochwertiges Gußeisen, S. 644. — Berlin/Göttingen/Heidelberg: Springer 1951. [24] DIEPSCHLAG, E., u. F. GROSSER: Metalloberfläche Bd. 3 (1949) S. 1/8. — [25] KÖNIGER, A.: Diss. Clausthal 1944. — [26] BAUER, O., O. KRÖHNKE u. G. MASING: Die Korrosion metallischer Werkstoffe. Bd. I, S. 482. Leipzig: S. Hirzel 1936. — [27] PIWOWARSKY, E.: Hochwertiges Gußeisen, S. 572. Berlin/Göttingen/Heidelberg: Springer 1951. — [28] PIWOWARSKY, E., u. W. PATTERSON: Gießerei Bd. 26 (1939) S. 381. — [29] ROESCH, K.: Gießerei Bd. 26 (1939) S. 357. — [30] SCHEIL, E., u. E. H. SCHULZ: Arch. Eisenhüttenwesen Bd. 6 (1932/33) H. 4, S. 155/60. — [31] PIWOWARSKY, E., u. E. SÖHNCHEN: Metallwirtschaft Bd. 12 (1933) S. 417/21. — [32] FINK, M.: Diss. Berlin-Charlottenburg 1929. — [33] FINK, M., u. N. HOFFMANN: Zeitschr. Metallkd. Bd. 24 (1932) S. 49. Arch. Eisen-Hüttenwes. Bd. 6 (1932/33) S. 161. — [34] ROLL, F.: Zeitschr. anorg. allg. Chemie Bd. 224 (1935) S. 322. — [35] SCHARFFENBERG, E.: Gießerei Bd. 19 (1932) S. 145. — [36] NIEMANN, G.: Maschinenelemente, Bd. 1. Berlin/Göttingen/Heidelberg: Springer 1954.

Die Roh- und Hilfsstoffe (außer Formsanden und Bindemitteln)

Von **F. Roll**, Duisburg

Mit 111 Abbildungen

Allgemeines

Es ist bekannt, daß unsere Verbraucherschaft an die von ihr bezogenen gegossenen Werkstoffe immer höhere Ansprüche stellt. Sie umfassen u. a. Forderungen, die nach der Höhe und der Treffsicherheit der Festigkeitseigenschaften zielen, und solche, welche die Gestaltung, die Maß- und Gewichtstoleranzen sowie diejenige einer sauberen Oberfläche herausstellen. Daneben werden bestimmte Verarbeitungseigenarten und deren Gleichmäßigkeit, die Freiheit von Fehlstellen und nicht zuletzt die Möglichkeiten einer gesicherten wirtschaftlichen Fertigung, die Bewährung der Einzelteile, vor allem aber Preiswürdigkeit, gesicherte Lieferzeit u. a. verlangt. Ein Teil dieser Forderungen, welche die Verbraucherschaft an die gegossenen Werkstoffe stellt, sind in umfassenden DIN-Normen, insbesondere aber in oft sehr eng gehaltenen Sondervorschriften verankert.

Im Gegensatz dazu fällt auf, daß für die meisten der Rohstoffe, die in den Gießereien benötigt werden, keine oder meist nur allgemein gehaltene Vorschriften, welche die Verarbeitung eigentlich sichern müßten, bestehen. Nur ein Teil der metallischen Rohstoffe macht hierin eine Ausnahme.

Es dürfte aber kaum ein Zweifel darüber bestehen, daß die Gießereirohstoffe eine wesentliche Grundlage bei der Herstellung der Gußstücke darstellen. Zwar bestehen eine Reihe von Anforderungen, aber auch dann sind sie selten mit den Einkaufsvorschriften gekoppelt. Erfreulich ist dabei, daß ein beachtlicher Teil der Rohstoffhersteller solchen Forderungen wohlwollend gegenübersteht.

Die Rohstoffe müssen also durch stoffgerechte Vorschriften, welche die Streubreite der Eigenschaften wohl berücksichtigen, gekennzeichnet werden. Erst dadurch wird der Betrieb vor Fehlschlägen geschützt. Auch der Einkäufer muß sich umstellen und die Rohstoffe nicht mehr mit dem noch teilweise üblichen Zusatz *wie gehabt* abrufen. Hier hilft nur eine genügende Rohstoffkenntnis, um den Arbeiten des Gießereiingenieurs mehr als bisher dienlich zu sein. Alle Vorschriften laufen aber fehl, wenn geeignete betriebsnahe und stoffgerechte Prüfungsgänge fehlen oder in Ermangelung eines Labors nicht zur Anwendung kommen. Rohstoffkenntnis, Auswählen, Einkaufen und Prüfen sind untrennbar miteinander verbunden.

Die Kontrollen umfassen die stoffliche und die Gewichtsprüfung, vor allem auch die Beurteilung der Gleichmäßigkeit u. a.; sie sind das wesentliche Kriterium überhaupt, da sich nur so die einmal festgelegten Rezepturen einhalten lassen.

Neben diesen Voraussetzungen sind geeignete Einkaufsdispositionen und sachgemäße Lagerung gleich wichtig. Alle bekannten Mittel, wie Trennung der Güter, Beschriftung u. a. sollten selbstverständlich sein. Eine Rohstoffkartei sollte den Ablauf des Geschäftsganges unterstützen. Gütebeurteilungen sind auch in kleineren Gießereien wertvoll. Es ist auch daran zu denken, daß es Rohstoffe gibt, die durch allzu langes oder fehlerhaftes Lagern an sachlichem und wirtschaftlichem Wert verlieren. Der Zustand von manchem Lager steht in keinem Einklang zu den Werten, die dort lagern. Welche Unkosten sind aus Verwechslungen u. a. schon entstanden! Beim Eingang der Rohstoffe muß die Schulung der Arbeitenden einsetzen (Bunkerung, Sonntagseingang, Beschriftung u. a.). Die Tatsache, daß in unseren Verbraucherkreisen die Kontrolle des eingehenden Gusses sehr ernst genommen wird, sollte zu bedenken geben.

Ein weiterer Faktor, die Verarbeitung, schließt sich an. Auch hier bestehen vielfach beachtliche Mängel, die sich da und dort zu fehlerhaften Rückschlüssen auf den Rohstoff verdichteten.

Über die Bewährung müssen in gleichem Sinne laufend Aufzeichnungen gemacht werden. Zurückgelegte beschriftete Muster ergeben mit der Zeit brauchbare Vergleiche, so daß Auswertungen aus den Prüfungen und den Mustern zu wertvollen Erkenntnissen führen (Dokumentation).

Eine wichtige Aufgabe schließt sich an, und zwar muß dem Einkauf zur Pflicht gemacht werden, mit dem Betrieb Hand in Hand zu arbeiten und ihn vor allem hinsichtlich der Preisschwankungen durch ständige Mitteilung zu unterrichten. Karteiführung über den Verbrauch ist ebenso wichtig. So ergibt sich ein schematisches Bild, das die Grundlage der in den Gießereien verarbeiteten Rohstoffe etwa in der Weise umfaßt, wie es in Abb. 1 wiedergegeben ist.

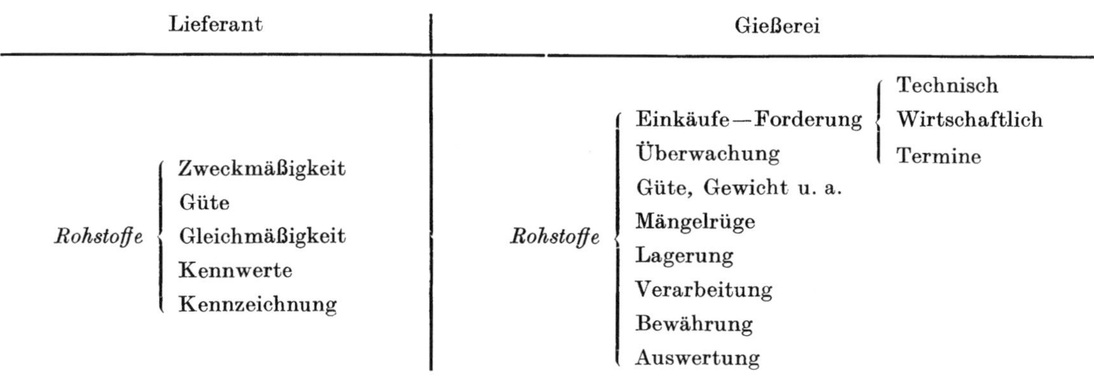

Abb. 1. Rohstoffgrundlage

Die Vielzahl der Rohstoffe läßt sich etwa in 5 Gruppen einteilen (Abb. 2). Von ihnen kann nur eine beschränkte Auswahl hier behandelt werden. Auch von den Formstoffen und Formzusatzstoffen sind nur die wichtigsten behandelt worden (s. nachstehendes Kapitel).

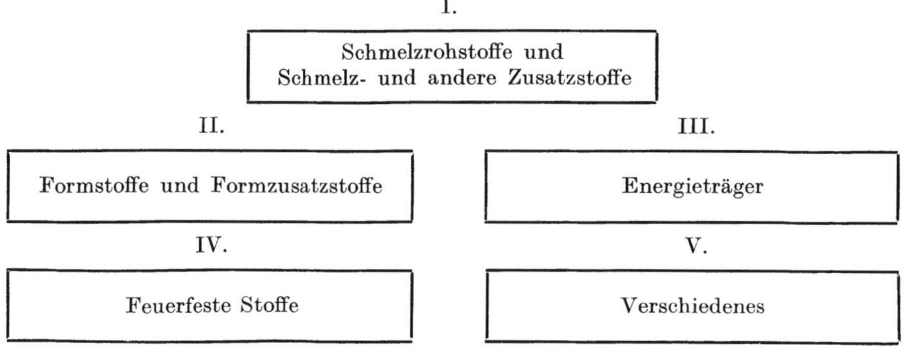

Abb. 2. Übersicht über die Gießereirohstoffe

I. Schmelzrohstoffe

1. Roheisen

Über die Herstellung der vielseitigen Roheisen und deren Eigenarten, soll in diesem Rahmen nicht berichtet werden.

Die Einteilung geschieht

a) nach der Verwendung
   α) Roheisen für Stahlwerke, also Bessemer-, Thomas-, Stahl-Roheisen u. a.;
   β) Roheisen für Gießereien (s. u.);

b) nach der Herkunft (Provenienz) Inlands-, Auslands-Roheisen;

c) nach der Erschmelzung
   α) im Hochofen, Elektroofen, Niederschachtofen, Stürzelberger Verfahren u. a. oder
   β) basisch bzw. sauer erzeugte Roheisen oder
   γ) Koks- bzw. Holzkohlen-Roheisen oder
   δ) Erz- oder Erzschrott- oder Schrott- (synthetisches) -Roheisen; auch die Luppen zählen indirekt hierher, oder
   ε) kalt bzw. heiß erblasene oder nachbehandelte Roheisen;

d) nach der Masselart
   Sandmassel-Roheisen und in Kokille vergossenes Roheisen; hierher gehören auch die Verfahren der Gießmaschinen;

e) nach der Art der Legierung
   α) unlegierte und legierte Roheisen (schwach-, mittel, hochlegiert);
   β) übereutektische, eutektische und untereutektische Roheisen.

Zuletzt wird von den Gießereien noch

f) nach der Bruchart (Textur) eingeteilt in weiße, melierte und graue Roheisen; diese Art der Unterteilung kann noch spezifischer gefaßt werden;

g) nach der eigentlichen Verwendung der Roheisen für Stahlguß, Temperguß, Hartguß, Grauguß und Grauguß mit Kugelgraphit unterschieden.

Beurteilung der Gießereiroheisen. *Analyse.* — Sie erfolgt fast ausschließlich, sofern unlegiertes Roheisen in Betracht kommt, nach der Beurteilung

a) durch die Elemente: Kohlenstoff, Silizium, Mangan, Phosphor, Schwefel. Phosphor stellt die Basis für die Einteilung dar. Daneben wird auch der gebundene Kohlenstoff als Kennzeichen herangezogen (s. dort); außerdem spielen noch

b) die Grob- bis Feinstspurenelemente usw. eine wichtige Rolle.

c) Neuerdings hat man sich auch der Prüfung der im Roheisen enthaltenen Gase angenommen.

d) Die Rückstandsanalyse gestattet weitere wichtige Aussagen.

Gasanalyse, Spuren- und Rückstandsanalyse sind noch im Ausbau begriffen. Dabei zeigt sich, daß die in der Lösungsanalyse gefundenen Mengenanteile, z. B. von Titan, erst dann eine Bedeutung gewinnen, wenn es mittels weiterer Verfahren gelingt, eine Aussage über den Bindungszustand zu machen, wobei etwa das Titan als Karbid, Nitrid, Oxyd und metallisch gelöstes Titan vorliegen kann. Nur so ist es zu verstehen, weshalb bei Vergleichen der Wirksamkeit z. B. von kleinen Mengen Chrom heute noch beachtliche Meinungsverschiedenheiten in der Beurteilung auftreten. Die Verteilung der betreffenden Elemente bzw. Verbindungen in den Gefügekomponenten müßte das Bild der Erkenntnis dann noch abrunden.

Element	Änderungen während des Abstiches im Mittel (%)	maximal (%)
Silizium	±0,21	0,74
Mangan	±0,03	0,13
Phosphor . . .	±0,002	0,004
Kohlenstoff . .	±0,12	0,38
Schwefel. . . .	±0,003	0,009

Abb. 3. Schwankungen der Zusammensetzung von Hämatitroheisen beim Abstich (nach K. E. STUMPF)

Gleichmäßigkeit der Analyse. Ein besonderes Gewicht ist auf die Gleichmäßigkeit der Analyse innerhalb einer Waggonlieferung zu legen. Durch die natürlichen Gegebenheiten sind beim Abstich des Roheisens aus dem Hochofen mehr oder minder große Streuungen zu erwarten, die sich auch auf die Lieferung auswirken können. Sie sind jedenfalls beim sofortigen Einlauf in das Masselbett gegeben (Abb. 3) und sind bei den Verfahren, wobei der ganze Abstich zuerst in eine Pfanne abgestochen wird, praktisch als nicht mehr vorhanden anzusehen. Geeignete Sortierung, die durch Schnellanalysen unterstützt wird, sind eine weitere Maßnahme zur Vergleichmäßigung von Einzellieferungen an die Gießereien. Aus gleichen Gründen sind solche Schwankungen beim Gießmaschinenverfahren — soweit sie die Zusammensetzung der 5 Grundelemente angeben — als bedeutungslos anzusehen (Abb. 4).

Element	Änderungen während des Abgießens im Mittel (%)	maximal (%)
Hämatitroheisen		
Silizium	±0,03	0,04
Mangan	±0,02	0,03
Schwefel	±0,002	0,003
Gießereieisen		
Silizium	±0,02	0,09
Mangan	±0,02	0,04
Schwefel	±0,002	0,004
Kohlenstoff	±0,05	0,14
Phosphor	±0,006	0,013

Abb. 4. Schwankungen der Zusammensetzung von Roheisen beim Abgießen über die Gießmaschine (nach K. E. STUMPF)

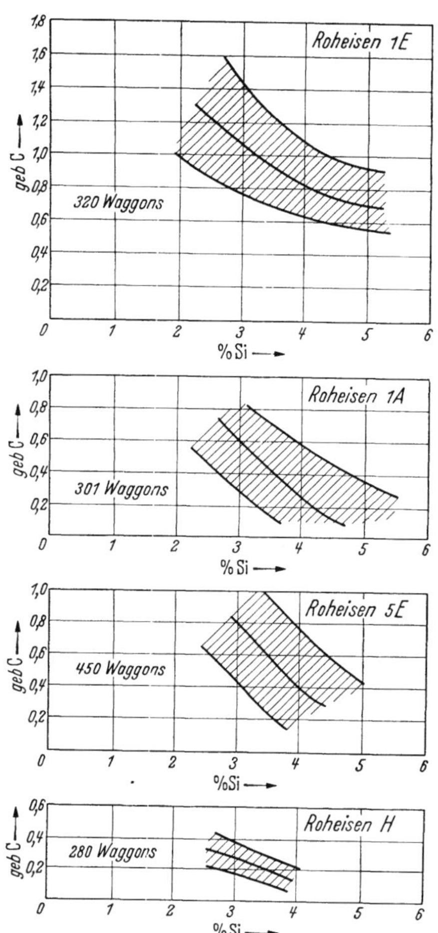

Abb. 5. *Abhängigkeit:* Si/geb. C von 4 Hämatit Roheisen mit sonst üblicher Streuung der Analyse im Bereich der bekannten Grenzen; ohne Karbid-Bildner

Kohlenstoff. Über die Normalzusammensetzung von Gießereiroheisen nach den fünf wesentlichen Grundelementen siehe später. Beim Kohlenstoff wird meist von seiten des Betriebs, sofern nicht andere Bedingungen gestellt werden, auf einen möglichst hohen Gesamtkohlenstoffgehalt, also um den Sättigungswert 1, Wert gelegt. Man sagt solchen Roheisen einen guten Reduktionsgrad nach. ERNE [*1*] bekräftigt neuerdings diese Ansicht, indem er auf die Zusammenhänge zwischen den Sauerstoffpotentialen von verschiedenen Oxyden und ihrer Reduktionsfähigkeit gegenüber C/CO_2 nach RICHARDSON und JEFFERS [*2*] verweist. Dabei ergibt sich auch, daß ein hochgekohltes Roheisen den geringsten Wert an Sauerstoff in Form von Oxyden usw. enthält. Dem Auftreten von Garschaumgraphit sollte man allerdings entgegentreten.

Für eine Reihe von Verwendungszwecken (Festigkeit usw.) ist ein geringer Kohlenstoffgehalt in Sonderroheisen erwünscht. Für bestimmte Gußsorten spielt der geb. Kohlenstoff im Roheisen eine Rolle. In vielen Fällen lehrt die tägliche Erfahrung, daß die Eigenarten mit der bisherigen chemischen Analyse allein [*3*] nicht umschrieben werden können.

In einer gewissen Annäherung ist die Kenntnis des gebundenen Kohlenstoffs in Gattie- rungen mit hohem Roheisenanteil ein Hilfsmittel, um z. B. besonders gut bearbeitbaren oder in einem anderen Falle hochfesten Grauguß zu erstellen. Man hat für Grauguß die weichmachenden Sorten mit etwas weniger als 0,4% geb. Kohlenstoff und die hartmachenden Sorten, besser gesagt verfestigenden Roheisen, mit mehr als 0,4% geb. C festgelegt. Bei Temperguß ergeben sich je nach Gußgewicht und Herstellung andere Grenzen. Aber auch hier ist in Gattierungen mit hohen Anteilen an Roheisen mit einem Einfluß des geb. Kohlenstoffs zu rechnen. So zeigte sich z. B. bei Gattierungen mit 40% Roheisen im SM-Ofen, daß ein hoher geb. Kohlenstoff im Roheisen leichter zur Rißneigung führte. In Abb. 5 sind einige Roheisen mit unterschiedlichem geb. Kohlenstoff dargestellt. Diese Werte sind aus einer großen Zahl von Roheisenlieferungen ermittelt worden. Die in Sand vergossenen Masseln waren etwa massengleich.

In Abb. 6 sind dazu Werte von Temperroheisen, die für Gattierungen mit hohem Roheisenanteil Verwendung fanden, zusammengestellt.

Für Hämatitsorten mit ungefähr gleicher Analyse (ohne Karbidbildner) finden sich für Gießmaschinenmasseln die Zusammenhänge zwischen geb. Kohlenstoff und Silizium in Abb. 7 und 8. Nach den STUMPFschen Messungen [*4*] sind die in Gießmaschine abgegossenen Masseln etwas härter.

Nach anderen Beobachtungen sind keine Unterschiede an geb. Kohlenstoff bei in Sand- bzw. Gießmaschinenmasseln vergossenem Roheisen gefunden worden. Dort wird

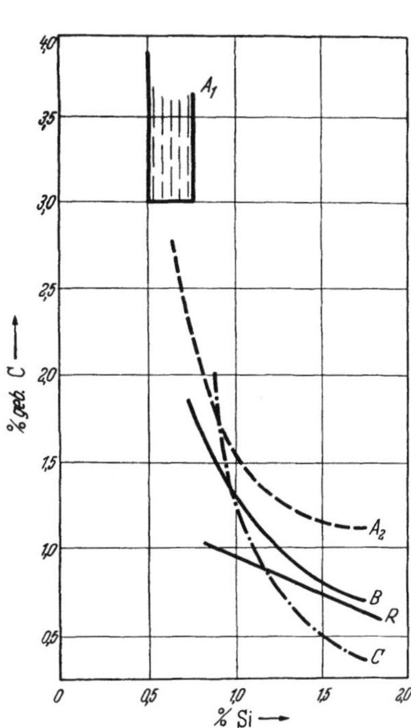

Abb. 6. Roheisen A_1, A_2, B, C und R in ihrer Beziehung % geb. C: % Si bei etwa sonst gleicher Analyse und Masse

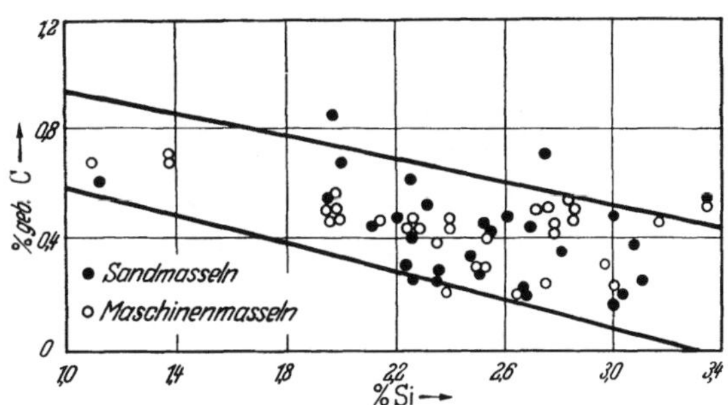

Abb. 7. Gebundener Kohlenstoff in Abhängigkeit vom Si-Gehalt (nach STUMPF)

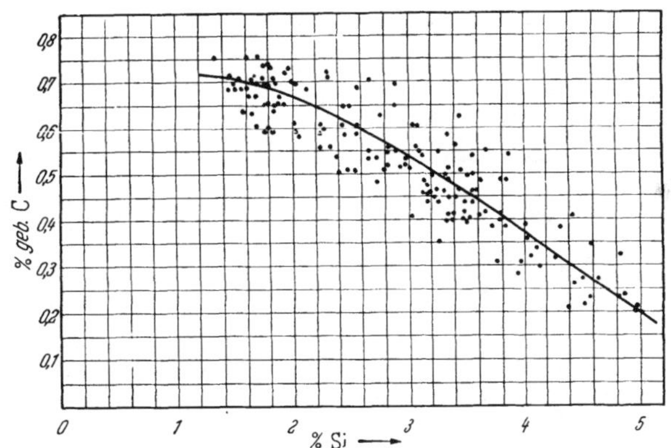

Abb. 8. Gebundener Kohlenstoff in Hämatit-(Feinkorn-)Roheisen in Abhängigkeit vom Si-Gehalt (nach STUMPF)

auch betont, daß die Qualität des Masselmaschinenroheisens durch eine Art Selbstreinigung verbessert wird.

Weiche Roheisen, die zu besonders gut bearbeitetem Guß herangezogen werden, werden im allgemeinen mit großem Schlackeneinsatz, langsamen Niederschmelzen und geringer Gestellbelastung bei geringer Windtemperatur erhalten.

Silizium. Im allgemeinen sind die Analysengrenzen durch die Werte 0,5—4% oder noch allgemeiner 0,1—5% festgelegt.

Die Stufung erfolgt meist für je 0,5% Silizium (Normalsorten).

Für die normalen Gießereisorten gelten die Grenzen, die durch die Wirtschaftsvereinigung Eisen und Stahl festgesetzt sind. Sonderwünsche können befriedigt werden. Es ist Brauch, die Si-Gehalte der einzelnen Gattierungskomponenten nicht allzusehr streuen zu lassen, damit nicht etwa, wie das bei Temperguß geschehen kann, frühzeitiger Graphitausfall einsetzt. Über den Anteil von SiO_2 oder dem möglichen Suboxyd des gleichen Elements gehen die Ansichten auseinander. Mittels der Chloranalyse lassen sich bedingte Aussagen über den Anteil des evtl. vorkommenden SiO_2 oder der Silikate machen.

Phosphor. Die Gehalte schwanken zwischen 0,06—1,8 (2) %.

Auch hier sind die Analysen durch die Normalwerte für Gießereien bestimmt. In Sonderfällen, etwa für Kleinbessemer-Stahlguß oder für Grauguß mit Kugelgraphit sind Sonderanalysen vorzusehen. Der Phosphor findet sich im Gefüge fast durchweg als ternäres Phosphideutektikum vor.

Mangan. Die Grenzen liegen, wenn man alle in der Gießerei üblichen Roheisen zusammenfaßt, zwischen 0,1 bis etwa 5% Mn. Die Normal-Gießereiroheisen sind in den Werttabellen festgelegt. Sonderwünsche sind auch hier zu erfüllen; so sind Gehalte bis 10% Mn lieferbar.

Schwefel. Die Gehalte des Schwefels sind ebenfalls in den Analysentafeln mitgeteilt. Die Grenzwerte liegen bei 0,02—0,08% — selten höher.

Im Gefüge tritt der Schwefel etwa so auf, wie er bei Grauguß anzutreffen ist.

Eine zusammenfassende Übersicht über die Grenzen der üblichen Elemente gibt Abb. 9.

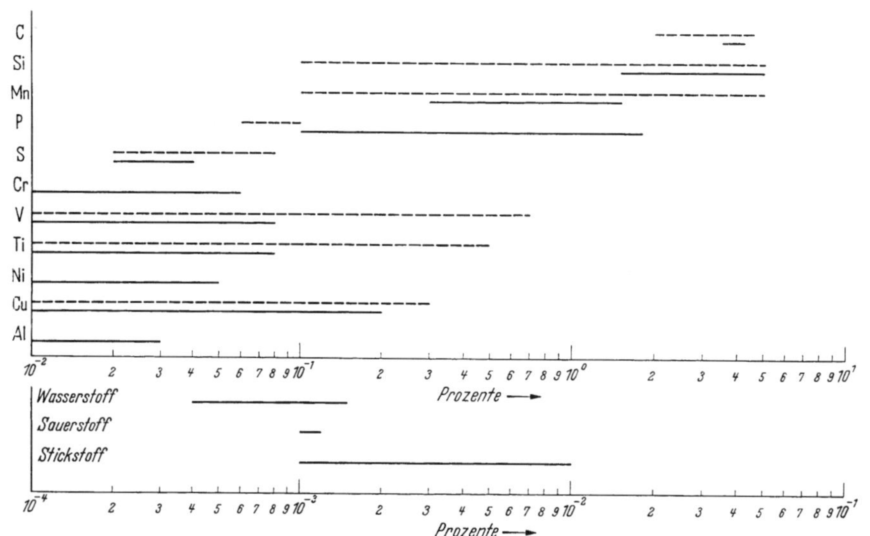

Abb. 9. Analysengrenzen von Roheisen

Spurenelemente. Man kann sie vorschlagsweise in Grob-, Fein- und Feinstspuren einteilen und die Grenzwerte mit etwa 0,2—0,1, 0,1—0,01 und kleiner als 0,01% festlegen. Lange Zeit hat man auf diese Begleitelemente wenig oder gar keinen Wert gelegt. Das hing offenbar mit der Geringfügigkeit eines Teiles dieser Elemente zusammen, und teils war man infolge der früher wahrscheinlich geringeren Gestelltemperaturen in Hochöfen usw. durch solche Begleiter nicht gestört worden. Daneben dürften aber auch der Mangel an geeigneten Bestimmungsmethoden sowie die geringeren Ansprüche, die an den Guß gestellt worden sind, von Bedeutung sein.

Mit dem Aufkommen höherer Ansprüche sind Methoden, wie sie in der Photometrie und der Spektralanalyse entwickelt worden sind, in Anwendung gekommen.

In neuer Zeit hat man sich, angeregt durch umfassende Erkenntnisse, z. B. auf dem Gebiete der Physiologie, mit der Wirksamkeit der Spurenelemente beschäftigt. Diese sind gleich bedeutsam im Metall- und Druckguß wie bei den Eisen-Kohlenstoff-Legierungen. Bei der Herstellung von Gußeisen mit besonders hohen Bearbeitungsansprüchen, etwa von

Stauferbüchsen, ist seit langem bekannt, daß nur ganz bestimmte Gattierungen brauchbare technische und wirtschaftliche Erfolge sichern. Die Beobachtungen gingen 1935 dahin, daß spurenarme Roheisen für weiche Gußeisen sich wesentlich besser verhielten, als solche, bei denen größere Anteile an Spurenelementen gefunden worden sind. Spektralaufnahmen aus eigenen Arbeiten aus den Jahren 1935 und später ließen das eindeutig erkennen. Im Jahre 1936 ist auch darauf verwiesen worden, daß die *Mode*, überall Fremdelemente in die Gattierungen einzubauen für die Zukunft, also für die Zeit, in der solche legierte Sorten als Gußbruch wiederkommen und der Gattierungstechnik zugeführt werden, erhebliche Sorgen verursachen könnten.

Ganz besonders ist dann später bei der Herstellung von Gußeisen mit Kugelgraphit auf die Wirksamkeit der Spurenelemente hingewiesen worden. Bislang hat sich ergeben, daß

Abb. 10. Spektralanalyse mit dem Steleskop (nach K. ROESCH) von grauem Temper-Roheisen
Cr = 0,06%; V = Spuren; Ti = 0,04%; Mg, Mo, Pb, W je = 0%

nur der praktische Versuch über die Eignung der Gattierung für diese Gußsorten entscheiden kann.

Dort hat man dazu zwischen Störelementen und neutral wirkenden Spuren unterschieden. Zu den ersten zählen Pb, Sn, Ti, Sb, Bi, Ag u. a.

Beim Temperguß sind z. B. Cr und V als Störelemente bekannt. Immer ist jedoch auf die Tatsache zu verweisen, daß die Art der Bindungsform von Wichtigkeit ist. Leider füllt die Spektralanalyse diese Lücke nicht aus.

Auch bei der Herstellung von Stahlguß können Spurenelemente bedeutungsvoll sein Daß die Primärkristallisation von Spurenelementen beeinflußt wird, ist als sicher anzunehmen [WITTMOSER: Gießerei Bd. 44 (1957) S. 557].

Wie nun in einigen Roheisen die Spurenelemente verteilt sind, geht z. B. aus eigenen Messungen, die dem noch nicht veröffentlichten Roheisenatlas entnommen worden sind, hervor (Tab. 1 u. 2). Spektralaufnahmen finden sich in Abb. 10.

Es wird auch auf eine Zusammenstellung der Wirkung der wesentlichsten Elemente, wie sie im Gußeisen erscheinen, verwiesen:

Tabelle 1. *Drei Roheisen mit Angabe der Spurenelemente*

Stp.	C	geb. C	Si	Mn	P	S	Cr	Ti	V	Cu	O_2	H_2	N_2	Mo	Ni	W	Co
									Temperroheisen K								
641	4,13	0,90	0,99	0,09	0,049	0,019	0,00	0,04	0,08	0,016	0,029	0,0010	0,002	—	0,01	—	—
									Temperroheisen L								
557	3,98	0,86	1,03	0,06	0,081	0,035	0,00	0,15	0,15	0,048	0,013	0,0004	0,010	—	0,02	—	—
	3,88	0,90	1,27	0,07	0,087	0,053	0,01	0,10	0,11	0,03	0,010	0,001	0,008	—	0,01	—	—
	3,98	1,80	1,00	0,07	0,086	0,047	0,00	0,10	0,13	0,04	0,008	0,001	0,009	?	—	—	—
									Schwedische Roheisen XP Krone								
	4,42	0,82	0,92	0,04	0,054	0,010	0,00	0,10	0,04	0,030	0,019	0,0010	0,003	—	—	—	—

Einzelheiten der Analyse: Roheisen-Atlas (nach ROLL, 1938—1940)

Tabelle 2. *Deutsche Hämatitroheisen und ihre Spurenelemente* (1954)

	Cr	Cu	Ni	Al	V	Mg	Pb	Sn	Co	As
Roheisen 1	II	II	I/II	(I)	I	(I)	0	(I)	(I)	(I)
Roheisen 2	II	II	I/II	(I)	I	(I)	0	(I)	I/II	I_2
Roheisen 3	II	II	I/II	(I)	I	(I)	0	(I)	I/II	I_1
Roheisen 4	II	II	I/II	(I)	I	(I)	I	I	I/II	I_2

I Spuren (tausendstel bis hunderttausendstel Prozente),
(I) = eben nachweisbar,
II hundertstel bis zehntel Prozente,
0 = geprüft, nicht gefunden.

Karbiderhaltende Elemente. *Tellur* (Te) ist als Legierungselement noch selten anzutreffen. Es stabilisiert das Karbid sehr stark; schon Mengen von 0,001% sind wirksam.

Vanadium (V) wirkt in gleicher Weise, wenn auch schwächer. Es kommt im Stahlschrott (Federn u. a.), aber auch gelegentlich im Gußbruch vor. Bei Zylinder-Gußbruch kann es leichter auftreten; Mengen von 0,05% können stark wirken.

Chrom (Cr). Dieses Element stabilisiert ebenso. Es hat sich *gezeigt*, daß Chrom in den letzten Jahren verstärkt auftritt. Auch im Roheisen ist es zu finden. Mengen von mehr als 0,05% können stören. Auch im Gußbruch (Automobil- und Zylinderbruch u. a.) kommt es verstärkt vor. Bedeutungsvoll sind die Anteile, die aus dem Stahlschrott in die Gattierung unbekannterweise eingehen. Legierte Stahlschrottanteile (Kugellagerstahl usw.) sollten beachtet werden (Schulung).

Magnesium (Mg) ist in Grenzen über 0,1% stabilisierend. Es kann auch damit stören. Gußbruch aus GGK ist bei *weichen* Gattierungen nicht erwünscht. Seine desoxydierende Wirkung steht demgegenüber zurück.

Bor (B). Dieses Element ist zur Zeit noch selten zu finden.

Wismut und *Antimon* (Bi u. Sb). Beide kommen z. B. auch aus Lagermetallen und stören durch Bildung von harten und spröden Fe-Me-Verbindungen. Mengen von 0,05% sind bei weichen Sorten schon untragbar.

Blei (Pb). Meist kommt es aus Pb-Armaturen und Lagermetallen. Es verdampft meist während der Schmelze, ist aber in seiner Wirkung störend. Es verfeinert den Bruch und erzeugt harte Einschlüsse. Die Bearbeitbarkeit wird gestört.

Zinn (Sn). Ist ebenso störend, da es ebenfalls Fe-Sn-Verbindungen von harter und spröder Struktur erzeugen kann. Stahlschrott kann verzinnt sein.

Zink (Zn). Meist aus feuerverzinkten Gegenständen stammend; sollte ferngehalten werden. Messing und ähnliches sind auszusortieren.

Schwefel (S) in Form von FeS-haltigen Sorten ist mit Vorsicht zu verwenden. Schraubeneisen, Automatenschrott, Schwel- und Brandbruch sind zu beachten bzw. entfernen.

Arsen (As) kommt in geringen Mengen aus dem Roheisen. Mengen, die aus anderen Legierungspartnern, etwa Chemieguß in Höhe von mehr als 0,05% in die Gattierung eingehen, sind schädlich. Sie wirken ebenfalls leicht nach der Karbidseite hin.

Mangan (Mn). Wird Bruch oder Schrott in größeren Mengen mit Mn angeliefert, so ist dies besonders zu beachten. Niresist-Gußbruch, Manganstahlschrott u. a.

Molybdän (Mo) wird nicht oft gefunden. Trotzdem ist bei Bremstrommelbruch und dauerstandfestem Schrott auf Mo zu achten.

Karbidzerlegende Elemente. *Silizium* (Si). In Form von Transformatorenblechen u. a., Siliziumguß (Chemieguß), gelegentlich auch in Form alter Pufferfedern, Si bis 2,5%, kann störend wirken, wenn es nicht erkannt wird.

Nickel (Ni). Automobil- und auch anderer hochwertiger Guß, verschleißfester Guß, Zylinderbüchsen, gelegentlich Stahlschrott können Ni enthalten. Legierter Schrott enthält Ni in schwankenden Prozentwerten.

Aluminium (Al) tritt wenig auf. Wenn nicht gerade Al-Guß mit in die Gattierung kommt, ist es selten anzutreffen. Im feuerbeständigen Guß findet es sich mit Si oder Cr vor. Es bildet Al_2O_3-Häute.

Kupfer (Cu). Findet sich in vielen Stahlschrottsorten (bis 0,3%); auch im Roheisen (bis 0,25%) anzutreffen. Es wirkt auch im Sinne der Vergrößerung der Primärkristalle.

Gase im Roheisen. Das Roheisen enthält eine durch die verschiedenen Herstellungsarten und durch die Zusammensetzung bedingt unterschiedliche Menge von Gasen. Die Sättigung an Gasen erfolgt im flüssigen Zustande, dabei folgt der Adsorption der Gase (oberflächenbedingt) an der Metalloberfläche der Transport in das Innere des Metalls. Sofern die Temperaturen über 1500 °C wesentlich hinausgehen, ist auch mit einem bedeutsamen thermischen Zerfall der Gasmoleküle zu rechnen. Ein Teil der Gase setzt sich dann etwa um: $H_2 \rightleftarrows 2H - 100$ kcal. Gase können dazu mit dem Eisen oder seinen Begleitern Oxyde, Nitride und Hydride bilden, so daß molekulare, atomare und chemisch gebundene Gase vorkommen können.

Die Gase selbst kommen aus den Schmelzstoffen, den Ofengasen und dem Wasser.

Trotz neuerer eingehender Versuche ist noch keine Klarheit in der Wirksamkeit der Gase im Guß gegeben. Die Umstände werden erschwert durch die Tatsache, daß sich keine Gleichgewichte ergeben und auch weitere Zusätze wie Schlacken, Gattierungsanteile anderer Art, der Grad der Überhitzung, die Wirksamkeit des Ofengefäßes, die Atmosphäre u. a. von großem Einfluß sind.

Es ist in diesem Zusammenhang nur auf das Wesentlichste eingegangen worden.

Wasserstoff, Sauerstoff, Stickstoff. So berichten HURST und RILLEY [*6*], daß in Holzkohlen-Roheisen der geringste Gehalt an H, O und N zu finden seien.

Auch in phosphorreichen Sorten sollen sich danach niedrigere Werte von diesen Begleitelementen nachweisen lassen, als in Hämatitsorten gefunden wurden.

HURST [*7*] macht darauf aufmerksam, daß die Gasgehalte in einem Zusammenhang mit der Herstellungsart stehen.

Die *guten* Roheisen zeigten sich schon beim Brechen; sie seien *zäher*. Die *schlechten* Roheisen dagegen verhielten sich beim Brechen spröder. Mikroskopische Messungen ergaben bei ersteren ein mehr globulares, bei letzteren ein mehr dendritisches Gefüge.

In diesem Zusammenhang sind die Arbeiten von WILLEMS, OPITZ und PFANNENSCHMIDT interessant. Hier werden Angaben über das Verhalten beim Umschmelzen, der Schlackenzusammensetzung u. a. im Kupol- und Trommelofen gemacht.

Über fraktionierte Gasanalysen gibt SIEGEL [*8*] u. a. Auskunft. Eine Darstellung ergibt sich aus Abb. 11. Dort werden auch Beziehungen zum Temperrohguß mitgeteilt.

Interessante Mitteilung gibt sodann noch unter anderem ZEDNIK [*9*], wobei auch auf die Inhomogenität im

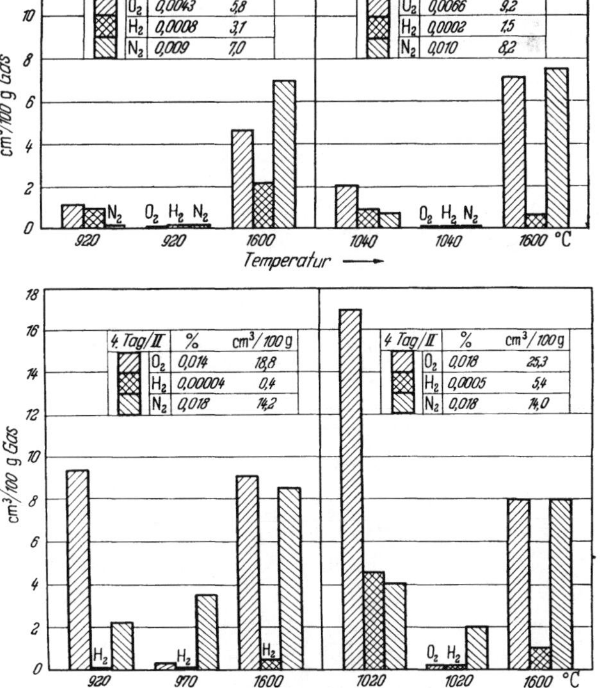

Abb. 11. Temperrohguß mit hohen Gasgehalten (nach SIEGEL)

Abstich hingewiesen wird. Zwischen Sauerstoff und Wasserstoff besteht eine Gleichläufigkeit. Die älteren Roheisensorten aus 1913 zeigen die geringsten Gaswerte. Diese Beobachtung stimmt mit derjenigen von HURST und RILLEY überein. Eine Klärung dieses Problems ist aber damit nicht gegeben. Mit steigendem Gasgehalt nimmt die Korngröße ab, eine Feststellung, welche die alte Beobachtungsregel der Bruchstruktur in der Gattierung stützt. ZEDNIK berichtet, daß Roheisen mit hohen Gasgehalten feines Bruchgefüge aufweisen. Von einem kalt erblasenen bzw. normal erstellten Hämatit wird nachfolgend berichtet:

	H_2	O_2	N_2
Normales Hämatit	0,0003	0,002 — 0,004	0,002 — 0,004
Kalt erblasenes Hämatit	0,003 — 0,007	0,0015 — 0,016	0,001 0,005

ERNE [10] bespricht nach den chemisch-physikalischen Grundlagen der Reduktion (Abb. 12 und 13) die Gehalte an Gasen. Ein Teil der Ergebnisse ist wie folgt festgehalten:

	Wasserstoff	Stickstoff
Elektroroheisen	0,8—1,2 cm³/100 g Eisen	0,002—0,008%
Normales Roheisen	1,2—2,5 cm³/100 g Eisen	ungefähr gleich groß

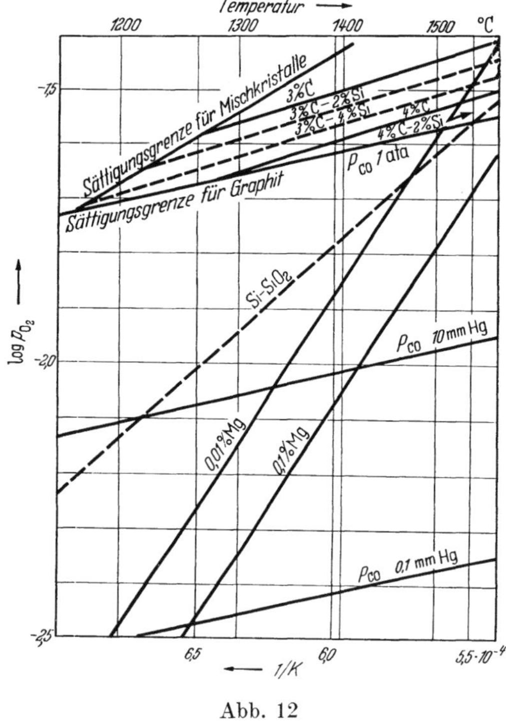

Abb. 12

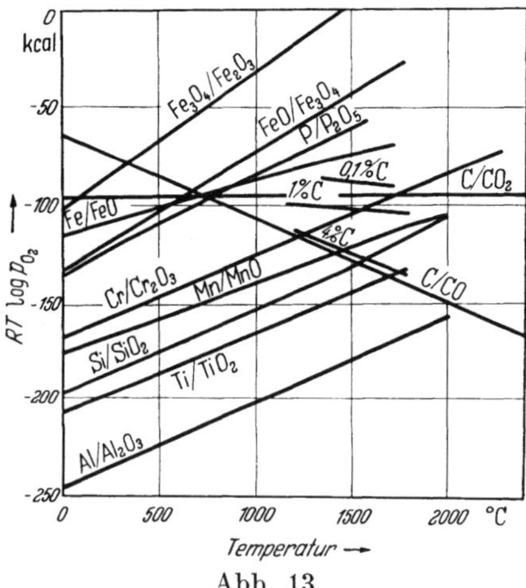

Abb. 13

Abb. 12. Sauerstoffpotentiale verschiedener Oxyde. Zugefügt wurden die Sauerstoffpotentiale von Eisenschmelzen mit 0,1%, 1% und 4% Kohlenstoff

Abb. 13. Sauerstoffpartialdruck verschiedener Elemente in der Eisenschmelze (nach B. MARINČEK)

Rückstandanalyse. Für das Roheisen ist diese Art der Analyse, welche über die Bindung des betreffenden Elementes, die Größenordnung der Teilchen usw. etwas aussagt noch in der Entwicklung [11]. Die Rückstandswerte im Chlorstrom geben einen gewissen Einblick in die Verhältnisse SiO_2 : Si. Neuerdings wird auch die Wirksamkeit des über 900 °C beständigen Si Suboxydes hervorgehoben. Man hat durch qualitative und quantitative Isolierung der unlöslichen Rückstände aus elektrolytischer Auflösung Karbide, Oxyde, Silikate u. a. finden können. Von dieser Art der Analyse sind neue Einblicke in die Struktur zu erwarten.

Roheisenmasseln. Es sind im allgemeinen aus dem Blas- bzw. Elektrohochofen vornehmlich aus Erz und entsprechenden Zuschlägen mit Koks erschmolzene, in Masseln vergossene Roheisen. Man unterscheidet:

a) Sandmasselroheisen, wobei das Roheisen in geeigneten Sanden in für Gießereizwecke zweckgebundener Form erstarrt. Die Masseln sind gekerbt. *Muttermasseln* entsprechen den Hauptläufen. Die Masseln werden meist aus dem Hochofen ohne Zwischenschaltung von Pfannen erhalten. Gelegentlich finden sich zwecks Homogenisierung zwischengeschaltete Pfannen vor.

b) Kokillenroheisen wird vielfach aus nach dem Abstich zwischengeschalteten Pfannen in Kokillen abgegossen.

c) Gießmaschinenmasseln werden in Gießmaschinen vergossen. Dabei wird der Abstich des Hochofens in eine Pfanne aufgenommen und dann in Kokillen vergossen, die auf einer Gießmaschine angebracht sind. Zwecks schneller Abkühlung werden die Masseln teils flüssig, meist aber in festem Zustand mit Wasser so weit abgekühlt, daß sich beim Abwurf aus der Kokille die Massel in verladefähigem Zustand vorfindet.

Es ist ratsam, bei der Berechnung der Gattierung den Mittelwert des Gewichts des Abhiebes der Massel oder das Gewicht der ofenfertigen Massel festzulegen, um auf diese Weise das Roheisen gattierungsgerecht einsetzen zu können.

Richtlinien für Sandroheisenmasseln. Zwischen dem Hochofenausschuß des Vereins Deutscher Eisenhüttenleute, dem Roheisen-Verband einerseits und dem Verein Deutscher Eisengießereien andererseits sind folgende Richtlinien für Roheisenmasseln vereinbart worden.

Das *Gewicht einer Massel* soll 60 kg nicht übersteigen und die Massel derart gekerbt sein, daß sie sich gut in Einzelstücke von höchstens 20 kg zerschlagen läßt. Die Kerben sollen möglichst seitlich angebracht werden; in Ausnahmefällen, insbesondere bei Anwendung von Masselformmaschinen, ist jedoch auch eine Einkerbung von unten üblich. Stahleisen wird in Bahnen (Leisten) vergossen, auf besonderen Wunsch auch in Masseln ohne Einkerbung.

Da eine gewisse *Kennzeichnung* der Masseln bzw. der Lieferwerke von großem Wert (Kontrolle der Gattierung) ist, soll die Gestaltung des Masselquerschnittes und der Massellänge sowie der Kerben den einzelnen Werken überlassen bleiben, sofern nur das vorgeschlagene Stückgewicht nicht überschritten und eine leichte Zerschlagbarkeit der Masseln ermöglicht wird.

Die *Muttermasseln* sollen in Längen und Gewicht den Einzelmasseln angepaßt sein und in ihrem Gesamtanteil 24% der Ladung nicht überschreiten.

Der *Sandanhang* soll jedenfalls 1,5% nicht überschreiten. Bei Überschreitung muß ein entsprechendes Gutgewicht geliefert werden. Der Nachweis des Sandanhanges ist Sache der Gießerei.

Bei dem vom Roheisenverband gelieferten französischen und luxemburgischen Roheisen ist darauf Rücksicht zu nehmen, daß der Roheisenverband hinsichtlich der Richtlinien auf die französischen und luxemburgischen Hochofenwerke keinen Einfluß hat.

Probenahme. *I. Zur Schiedsanalyse.* Es werden bei gleichmäßigem Bruchbild des Stapels (Durchschlagen von vielen Masseln) 20 Masselabhiebe zur Probenahme durch einen amtlichen oder durch Vereinbarung zwischen Lieferanten und Käufer bestimmten Probenehmer festgelegt.

Die Abhiebe werden gesäubert (Strahlen, Bürsten), um dann von der Seite angebohrt zu werden (10 mm Bohrer∅). Die erste Bohrung von 5–10 mm Tiefe wird verworfen. Die nachfolgende Entnahme von Spänen muß bis Masselmitte durchgeführt werden. Aus den 20 Abhiebbohrungen wird die Probe durch das bekannte über

a) das Rollverfahren und

b) die Diagonale Probenahme

erhalten.

Das Ergebnis der Prüfung gilt bei festgesetzter Analysenmethode für beide Teile als verbindlich.

Weist der Stapel ungleichmäßigen Bruch: grau bis weiß auf, so ist durch getrennte Probenahme und mengenmäßige Umlegung eine dem Stapel entsprechende Analyse anzusetzen.

(Beispiel: 30% grau; 70% meliert.)

II. Betriebsprobenahme. Sie geht auf gleiche Weise vonstatten. Es genügen aber 5 bis 10 Abhiebe. Bei Nichtübereinstimmung mit der Avisanalyse ist der Weg der Schiedsanalyse einzuhalten und evtl. kann bei größerer Unstimmigkeit reklamiert werden[1].

[1] Handbuch für das Eisenhüttenlaboratorium. S. a. Bd. 3 *Probenahme* S. 251. Düsseldorf: Stahleisen 1956 und: Merkblatt für die Probenahme bei Roheisen, 1957.

Abb. 14

Bruchgefüge. Als noch nicht oder nur vereinzelt mit dem Einsatz der chemischen Analyse von Roheisen in den Gießereien — etwa um 1900 — gearbeitet wurde, ist das Bruchaussehen des Roheisens als der wesentliche Maßstab beim Gattieren angesehen worden. Erst mit dem Eindringen metallurgischer Erkenntnisse in die Gießereien, aber auch bedingt durch das Erschmelzen neuer Roheisensorten wurde die chemische Analyse mit den 5 Grundelementen die Voraussetzung in der Gattierungstechnik. Es scheint aber heute, daß in einer Reihe von Fällen neben der Verwendung des geb. C und des Erkennens von Störelementen auch das Bruchgefüge noch eine Bedeutung hat. Nicht nur, daß es den Gießer über die Gleichmäßigkeit oder Ungleichmäßigkeit einer Lieferung unterrichtet, auch die noch viel zu wenig in ihren Ursachen erkannte Vererblichkeit ist doch da und dort ausschlaggebend.

Abb. 14. Gußstück mit Fleckenbildung erschmolzen aus einem Roheisen mit Fleckenbildung

Abb. 15a. Massel von unten mit Poren

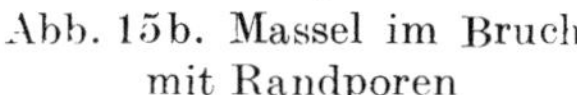

Abb. 15b. Massel im Bruch mit Randporen

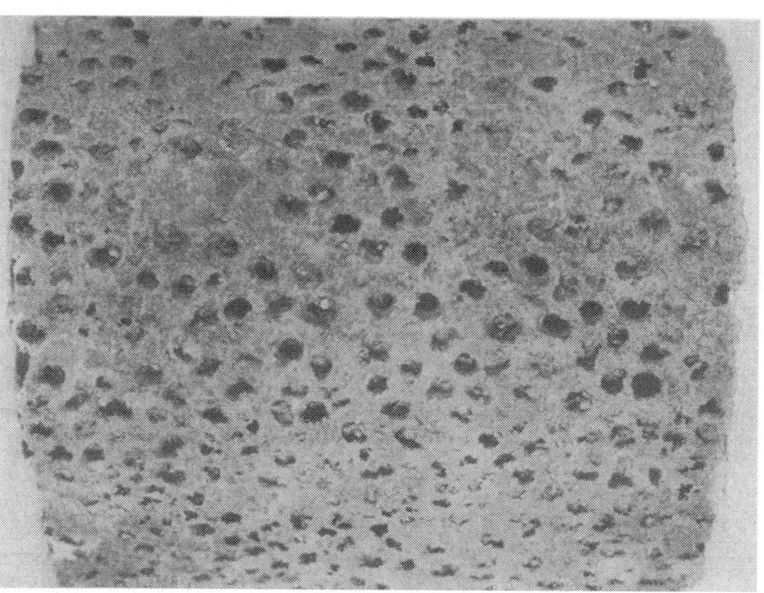

Abb. 15a

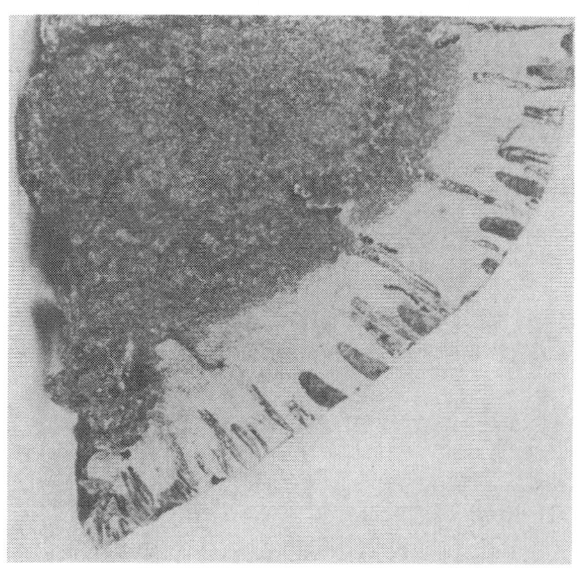

Abb. 15b

Man unterscheidet den Bruch zuerst nach der Farbe und teilt ein in

weißes, meliertes ($^3/_4$, $^1/_2$, $^1/_4$ . . . . usw.) und in graues Roheisen.

Nach der Körnung kann man:

grobkörnig, mittelkörnig, feinkörnig und feinstkörnig

gruppieren.

Aber auch der Kornglanz, wie:
glänzend fettig, glänzend, matt und stumpf
gibt gewisse Hinweise.

Hierher gehört auch die Fleckenbildung, die in den letzten Jahren, als ganz oder teilweise in den Gußstücken vererblich angesehen, erneut herausgestellt worden ist. Die Gründe, die zur Fleckenbildung führen, sind noch nicht klar genug. Zweifellos sind aber chemische Unterschiede in der Zusammensetzung erkannt worden, wie auch die metallographische Prüfung oft recht wesentliche Differenzierungen gegenüber dem Grundgefüge der Massel erkennen läßt. Die Härte kann wesentlich höher liegen (Abb. 14).

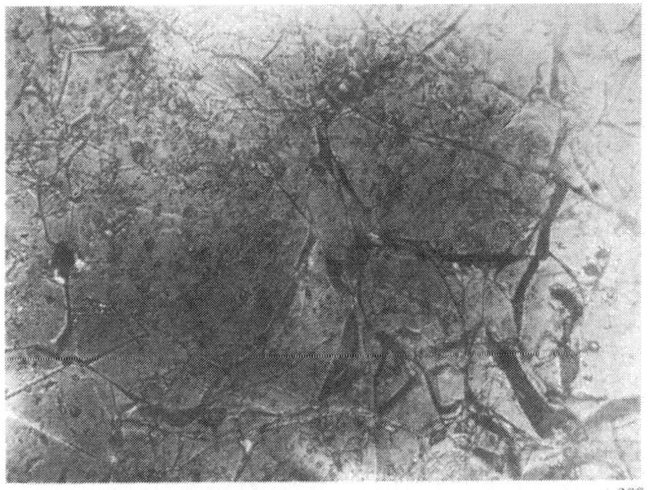

× 200

Abb. 16. Garschaumgraphit mit Fremdeinschlüssen

Sodann finden sich noch sogenannte *Brücken*, die meist aus weißen Anteilen innerhalb der Masseln bestehen. Untersuchungen ließen noch keine direkten Zusammenhänge mit der Gußgüte erkennen.

Dichtigkeit. Immer wieder wird die Dichtigkeit der Masseln, die am Bruch erkenntlich ist und sich in dicht, porös und schlackig unterteilen läßt, hervorgehoben. Randporösität ist nicht gut zu nennen (Abb. 15a u. b). Dabei hatte der Rand einen Wasserstoffgehalt von 0,01%, der Kern einen H-Analysenwert von 0,004%. Durch Sondermaßnahmen sind heute dichte Roheisen zu erzielen.

Garschaum. Im allgemeinen ist Garschaum nicht immer zu vermeiden. Wenn diese Erscheinung nicht in größeren Anteilen auftritt, ist sie zu übergehen. Es gibt Gießereifachleute, welche auf geringe Garschaumbildungen, die sich meist am Übergang zur Muttermassel vorfinden, sogar Wert legen, da sie dann einen hohen Sättigungswert anzunehmen glauben.

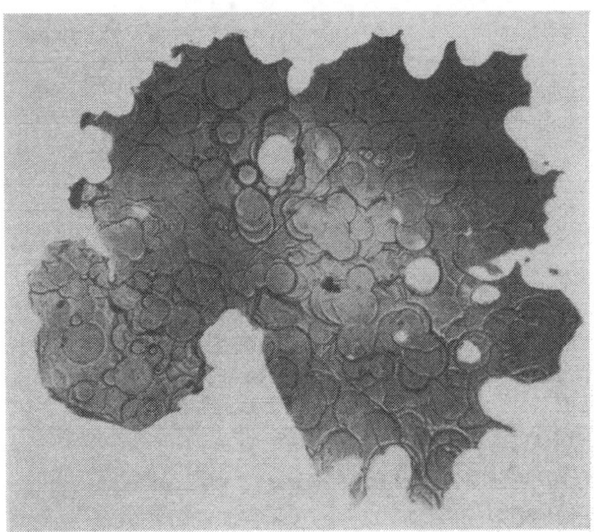

× 200

Abb. 17. Garschaumgraphit geätzt mit CO_2 bei 1200°C

Garschaum ist ein Graphit, der in Nestern sitzt. Seine Zusammensetzung liegt nicht eindeutig fest. Früher nahm man an, daß die C-Werte um 90% liegen. FEIL [*12*] hat neuerdings geringere Werte angegeben.

Eigene Werte von gereinigtem Garschaumgraphit liegen in der Grenze von C 65–90%. Mikrobilder sind in Abb. 16 und 17 gezeigt.

Die Bildung von Garschaum kann durch die MÖLLER-Zusammensetzung und durch die Ofenführung beeinflußt werden. Die Löslichkeit des C bei verschiedenen Temperaturen ist vom Si-Gehalt abhängig, was neuerdings SMALL und MILSON [*13*] nochmals herausgestellt haben.

In Abb. 16 ist eine 300 × vergrößerte Aufnahme von Garschaumgraphit zu finden. In diesem Graphit sieht man deutlich Fremdbestandteile eingebettet.

In der nächsten Abb. 17 ist der Abbau des Graphits durch eine Ätzung mit CO_2 bei 1200 °C deutlich nach der Sechseckstruktur des Graphits zu erkennen. Die Art des Abbaues durch CO_2 für den Garschaumgraphit ist spezifisch.

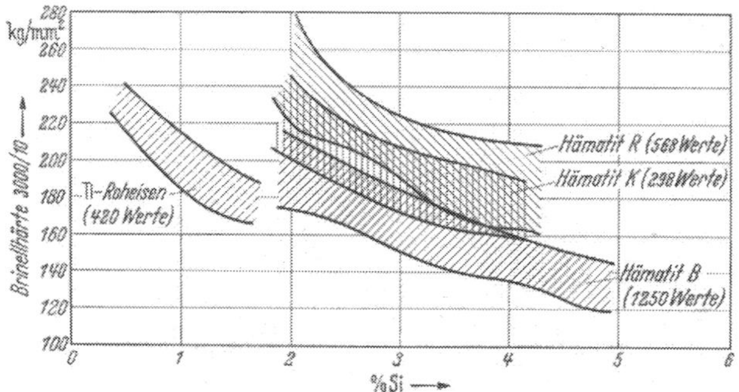

Abb. 18. Brinellhärte von Masseln gleicher Dimension von Hämatit mit ungefähr gleichen Analysen in C, Si, Mn, P u. S

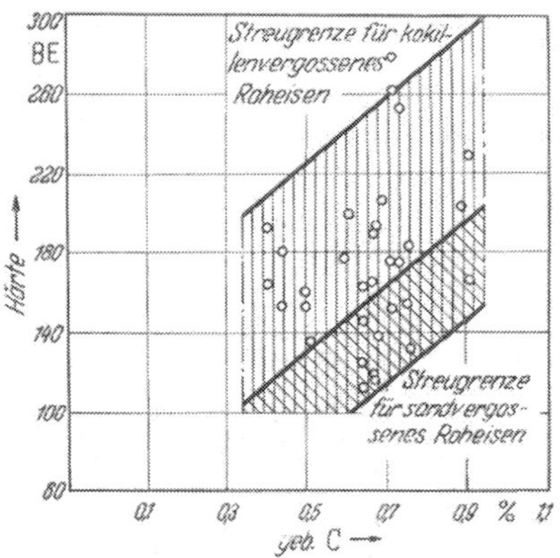

Abb. 19. Brinellhärte in Abhängigkeit vom Gehalt an C geb. Hämatitmasseln (nach SCHROER)

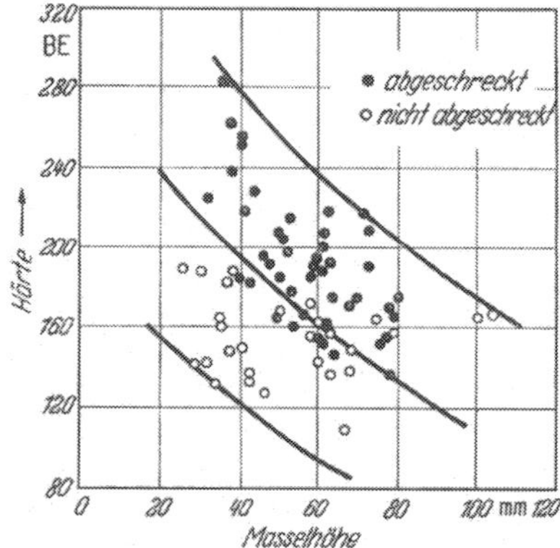

Abb. 20. Brinellhärte in Abhängigkeit von der Masselhöhe bei Kokillenmasseln (nach SCHROER).

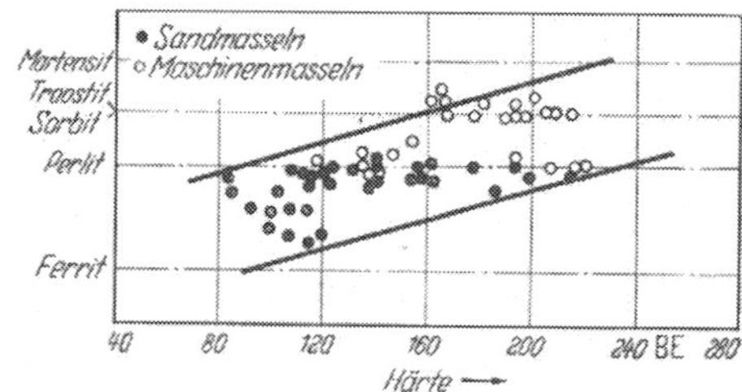

Abb. 21. Zusammenhang zwischen Gefüge und Brinellhärte bei Sand- und Kokillenmasseln (nach SCHROER)

Brinellhärte. Sie ist in erster Linie durch die Beziehung C/Si aber auch der übrigen Elemente und durch die Abkühlungsgeschwindigkeit einschließlich der Gießtemperaturen und der Masse gegeben. In einer großen Reihe von eigenen Untersuchungen sind bei etwa gleichem Masselformat für mehrere Hämatitsorten die Brinellwerte bestimmt worden (Abb. 18). Die Streuungen je Roheisen sind danach recht beachtlich. Eine Übereinstimmung mit der Beziehung geb. C/Si ist gegeben. SCHROER [*14*] hat Beziehungen der Brinellhärte von in Sand bzw. Gießmaschinenkokille vergossenem Hämatitroheisen festgelegt, wie er auch auf diejenigen zum Gefüge und der Masselhöhe verwiesen hat (Abb. 19 und 20).

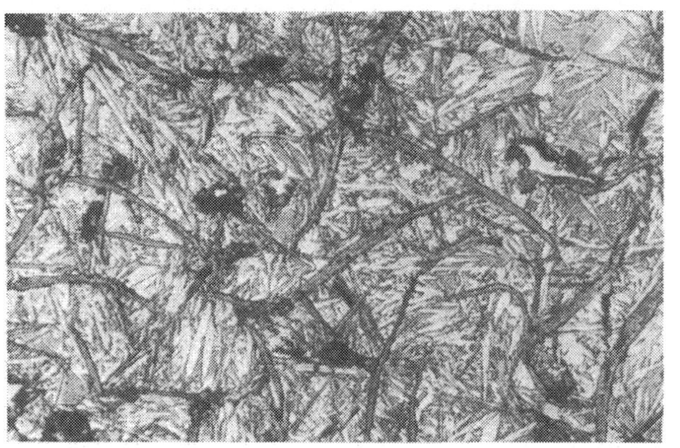

Abb. 22. Graues Roheisen aus einer Gießmaschine mit martensitischem Grundgefüge (schnelle Abkühlung)

Härtungen bis Martensit sind danach möglich und in eigener Untersuchung bestätigt worden [*15*] (Abb. 21 und 22).

Normalanalysen der gebräuchlichsten deutschen Gießerei- und Spezial-Roheisen-Sorten September 1954. Bei den Standardsorten Hämatit, Gießereiroheisen I/III/IVA/IVB und außerdem auch bei Spiegeleisen sind die angegebenen Analysen feststehende Werte. Hämatit und alle Gießerei-Roheisen-Sorten können auch mit höherem Si-Gehalt als angegeben gegen Aufpreis geliefert werden. Bei Hämatit ist bei Phosphor und Schwefel die Einhaltung von besonderen Minimalwerten ebenfalls gegen Aufpreis möglich.

Bei den übrigen, den sogenannten Spezial-Roheisen-Sorten, handelt es sich um zusammengezogene Analysenwerte, die lediglich einen Gesamtüberblick vermitteln sollen. Jede einzelne Sorte zerfällt in verschiedene Unterqualitäten. Auch spielt die Struktur — weiß, meliert oder grau — eine Rolle. Es ist also eine Qualitätsauswahl mannigfaltiger Art möglich.

Die hier vorliegende Zusammenstellung Tab. 3 soll nur als Leitfaden zur Orientierung in groben Zügen dienen.

Tabelle 3. *Normal- (Grund-) Analysen der deutschen Roheisensorten* (nach Wirtschaftsvereinigung Eisen- und Stahlindustrie, Gruppe Roheisen)

Sorte	Si %	Mn %	P %	S %	Ges. C %
Hämatit	2 —2,5	0,7—1,5	0,08—0,12	max. 0,04	3,5—4,2
Gießereiroheisen I	2,25—3	max. 1	0,5 —0,7	max. 0,04	3,5—4,2
Gießereiroheisen III	1,8—2,5	max. 1	0,7 —1	max. 0,06	3,5—4,2
Gießereiroheisen IV A	1,8—2,5	max. 0,7	1 —1,4	max. 0,06	3,5—4,2
Gießereiroheisen IV B	1,8—2,5	max. 0,7	1,4 —2	max. 0,06	3,5—4,2
Temper- und Spezialroheisen[1], feinkörnig, der Duisburger Kupferhütte					
grau, niedrigsiliziert . . . ca.	1 —2,5	0,4 oder 1	0,06—0,08	0,02—0,03	3,8—4
grau, höhersiliziert . . . ca.	2,5—4	0,4 oder 1	0,06—0,08	0,01—0,02	3,6—3,8
Temper- und Spezialroheisen der Duisburger Kupferhütte					
meliert . . . ca.	0,7—0,8	0,3	0,06—0,08	0,03—0,05	3,6—3,8
weiß . . . ca.	0,4—0,6	0,2—0,3	0,06—0,08	0,10—0,15	3,4—3,8
Siegerländer Spezialroheisen (kalterblasen) Marke „Alte Herdorfer Hütte, extra"					
weiß	0,3—1,0	2,0—5,0	0,1 —0,3	0,01—0,05	3,2—4,0
meliert	1,0—1,8	2,0—4,5	0,15—0,3	0,015—0,05	2,8—3,8
grau, feinkörnig	2,0—3,5	2,0—5,0	0,15—0,3	0,02—0,05	2,6—3,5
Siegerländer Spezialroheisen (kalterblasen) der Birlenbacher Hütte					
weiß	0,1—1	1 —6	0,05—0,3	0,01—0,08	3,2—4,5
meliert	0,8—1,8	2 —5	0,05—0,25	0,01—0,07	2,8—4,5
grau	1 —3,5	1 —5	0,1 —0,3	0,01—0,08	2,3—3,2
Siegerländer Spezialroheisen (kalterblasen) der Eiserfelder Hütte					
weiß	0,1—1	1 —6	0,05—0,3	0,01—0,08	2,8—4,5
meliert	0,8—1,8	2 —5	0,05—0,3	0,01—0,07	2,8—4,5
grau	1 —4	1 —6	0,05—0,3	0,01—0,08	2,3—3,5
Siegerländer Spezialroheisen (kalterblasen) der Niederdreisbacher Hütte					
weiß	0,1—1,0	1,0—6,0	0,05—0,5	0,01—0,06	3,2—4,5
meliert	0,8—1,8	2,0—5,0	0,05—0,5	0,01—0,06	2,8—4,5
grau	1,0—3,5	1,0—5,0	0,05—0,5	0,01—0,06	2,3—3,5

[1] Temper- und Spezialroheisensorten auch lieferbar mit 2,8—3,2% C gegen Aufpreis von DM 10,— p. t.

Tabelle 3 (Fortsetzung)

Sorte	Si %	Mn %	P %	S %	Ges. C %
Siegerländer Spezialroheisen (kalterblasen) der Grünebacher Hütte					
weiß	0,1—1,0	1,0—6,0	0,05—0,5	0,01—0,06	3,2—4,5
meliert	0,8—1,8	2,0—5,0	0,05—0,5	0,01—0,06	2,8—4,5
grau	1,0—3,5	1,0—5,0	0,05—0,5	0,01—0,06	2,3—3,5
Kalt erblasenes Siegerländer Spezialroheisen Marke „Alte Herdorfer Hütte, extra"					
Sonderroheisen für dünnwandigen Guß, P-reich	2,3—3,5	2,5—4,0	0,4 —1,2	0,02—0,05	2,7—3,3
Sonderqualität Birlenbacher Hütte „phosphorhaltig"					
weiß	0,1—1	1 —6	0,3 —2	0,01—0,08	3,2—4,5
meliert	0,8—1,8	2 —5	0,3 —2	0,01—0,07	2,8—4,5
grau	1 —3,5	1 —5	0,3 —2	0,01—0,08	2,3—3,2
Sonderroheisen Birlenbacher Hütte					
Mn-arm	0,3—2,2	0,5—1	0,3 —0,4 auf Wunsch 0,1 —0,2	max. 0,04	2,6—3,2 auf Wunsch garantiert max. 2,8
Sonderqualität Birlenbacher Hütte					
Mn-arm „phosphorhaltig"	0,3—2,2	0,5—1	0,4 —2	max. 0,04	2,6—3,2 auf Wunsch garantiert max. 2,8
Ia-nickel-chromlegiertes Spezialroheisen (kalterblasen) der Birlenbacher Hütte					
in weißer, melierter und grauer Textur	0,3—3	1 —5	0,1 —0,3	0,01—0,05	2,5—4
		Ni ca. 1—15%		Cr ca. 0,3—10%	
Holzkohlen-Roheisen Birlenbach	1 —2	0,3—0,7	0,1 —0,15	max. 0,04	3,5—4
Ni-Cr-legiertes Sonderroheisen der Eiserfelder Hütte					
in weißer, melierter und grauer Textur	1,5—3	1,5—4	0,05—0,25	0,02—0,06	2,5—4
		Ni ca. 1 —10% auf Wunsch höher Cr ca. 0,3—10%			
Siegerländer Zusatzeisen *Gopak* der Eiserfelder Hütte	2 —3	1 —1,2	0,10—0,15	0,03—0,06	3 —3,7
Kalterblasenes nickel-chromlegiertes Spezialroheisen *Nikrofen* der Niederdreisbacher Hütte					
in weißer, melierter und grauer Textur	0,5—3,0	1,0—5,0	0,10—0,30	0,02—0,06	2,8—3,6
		Ni 1,0—15% und höher auf Wunsch Cr 0,5—10% und höher auf Wunsch			
HK-Sonderroheisen der Metallhüttenwerke Lübeck					
weiß und funkenweiß	0,1 u. darunter	0,3—0,6	0,08—0,15	0,03—0,05	4 —4,5
halbweiß	0,1—0,3	0,3—0,6	0,08—0,15	0,03—0,05	4 —4,5
grau, normalsiliziert	0,3—1	0,3—0,6	0,08—0,15	0,02—0,04	4,5—5
grau, hochsiliziert	2 —3	0,3—0,6	0,08—0,15	0,01—0,04	4,3—5
P-arm	0,1—0,6	0,3—0,6	max. 0,06	0,02—0,05	4 —4,5
		Ti 0,1—0,6% je nach Si-Gehalt			

Tabelle 3 (Fortsetzung)

Sorte	Si %	Mn %	P %	S %	Ges. C %
Titan-Roheisen der Metallhüttenwerke Lübeck	0,8—1,5 oder 1,5—2	0,3—0,6	0,08—0,15	0,01—0,02	4,5—5
			Ti 0,8—1,1%		
Hochgekohltes Spezialroheisen der Metallhüttenwerke Lübeck	1,5—3,5 je nach Wunsch	0,4—0,9	max. 0,1	0,01—0,04	4 —4,6
			Ti 0,2—0,6% je nach Si-Gehalt		
Spezialroheisen Marke „SPH-Lübeck“	1 —2,5 je nach Wunsch	0,2—0,3 je nach Wunsch	ca. 0,06 u. darunter	ca. 0,01 u. darunter	3,8—4,2
Silbereisen der Eisenwerke Mülheim-Meiderich					
weiß	0,5—1,4	0,4—0,7	0,07—0,09	0,02—0,03	max. 2,8
meliert	1,4—1,9	0,4—0,7	0,07—0,09	0,02—0,03	max. 2,8
grau	1,9—2,5	0,4—0,7	0,07—0,09	0,02—0,03	max. 2,8
Migra-Eisen der Eisenwerke Mülheim-Meiderich	2 —3	0,5—0,8	max. 0,1	max. 0,03	3,5—4
Mülheimer Kugelgraphit-Eisen „MKG-Eisen“	1,5—3	0,35—0,4	0,07—0,09	0,01—0,02	4 —4,2
			Ti 0,05—0,07% V 0,01—0,02%		
Sonderroheisen der Stürzelberger Hütte					
Ia S	0,015	0,2—0,4	0,01—0,03	unter 0,010	4,4—4,8
Ia	0,015	0,2—0,4	0,01—0,03	0,01—0,015	4,4—4,8
Ib	0,015	0,2—0,4	0,01—0,03	0,015—0,025	4,4—4,8
C-armes Sonderroheisen der Duisburger Kupferhütte Qualität „DKC“ ca.	0,6—2	0,6—0,8	0,06—0,08	0,03—0,04	2,4—2,8
Spezialroheisen (Mn-Qualität) der Duisburger Kupferhütte in weißer, melierter und grauer Textur	ca. 2	2—3	ca. 0,06	0,01—0,03	3,8—4
Mn-Zusatzeisen der Hüttenwerke Phoenix					
weiß	0,1—0,7	3—4 auf Wunsch höher	0,1 —0,3	0,02—0,04	ca. 4.4
meliert	0,8—1,5	3—4 auf Wunsch höher	0,1 —0,3	0,02—0,04	ca. 4.3
grau	1,6—3	3—4 auf Wunsch höher	0,1 —0,3	0,02—0,05	ca. 4.2
Spezial-Feinkorneisen PHX der Hüttenwerke Phoenix	1,5—4,0	0,6—0,8	0,08—0,1	0,01—0,03	ca. 4
			Ti 0,1%		
Sonderroheisen Marke „Kugra“ der Hüttenwerke Phoenix	1,5—3	0,35—0,70	0,05—0,09	0,01—0,03	ca. 4—4,2
	Cr max. 0,03%		V max. 0,03%		Ti 0,05—0,1%

Tabelle 3 (Fortsetzung)

Sorte	Si %	Mn %	P %	S %	Ges. C %
Sonderroheisen Marke „Buderus“					
Qualität „W“	2,5–4,5	0,4	0,3 –0,4	0,01–0,02	3,5–3,8
Qualität „WP“	2,5–3,5	0,4	2 –2,5	0,01–0,02	3,5–3,8
Cr-Ni-haltiges P-armes Sonderroheisen des Hüttenwerkes Salzgitter	2,5–3	0,7–1	0,1 –0,2	0,015–0,020	3,5–4
		Cr 0,2–0,3%		Ni ca. 0,5%	
Stahleisen	max. 1	2 –3 3 –4 4 –6	0,08–0,12	max. 0,04	3 –4

Weitere Analysen von ausländischen Roheisensorten, auch solcher verschiedener Herstellungsart, sind in Tab. 4 zu finden.

Tabelle 4. *Ausländische Roheisen*

	C %	Si %	Mn %	P %	S %
Österreich					
Werfen					
Holzkohlen-roheisen					
grau	4,29	1,26	1,46	0,135	0,011
meliert	4,40	0,28	1,21	0,136	0,012
weiß	4,10	0,07	1,54	0,120	0,026
Gießereiroheisen (Voest)					
20L10/35		1,5 –2,0	0,7 –1,0	0,101–0,35	max. 0,06
25L10/35		2,01–2,5	0,7 –1,00	0,101–0,35	max. 0,05
30L10/35		2,51–3,0	0,7 –1,0	0,101–0,35	max. 0,04
35L10/35		3,01–3,5	0,7 –1,0	0,101–0,35	max. 0,04
40L10/35		3,51–4,0	0,7 –1,0	0,101–0,35	max. 0,04
45L10/35		4,01–4,5	0,7 –1,0	0,101–0,35	max. 0,04
20L12/35		1,51–2,00	1,01–1,25	0,101–0,35	max. 0,06
25L12/35		2,01–2,5	1,01–1,25	0,101–0,35	max. 0,05
30L12/35		2,51–3,0	1,01–1,25	0,101–0,35	max. 0,04
35L12/35		3,01–3,5	1,01–1,25	0,101–0,35	max. 0,04
40L12/35		3,51–4,0	1,01–1,25	0,101–0,35	max. 0,04
45L12/35		4,01–4,5	1,01–1,25	0,101–0,35	max. 0,04
20L10/70		1,51–2,0	0,75–1,0	0,35 –0,7	max. 0,06
25L10/70		2,01–2,5	0,75–1,0	0,35 –0,7	max. 0,05
30L10/70		2,51–3,0	0,75–1,0	0,35 –0,7	max. 0,04
35L10/70		3,01–3,5	0,75–1,0	0,35 –0,7	max. 0,04
40L10/70		3,51–4,0	0,75–1,0	0,35 –0,7	max. 0,04
20L12/70		1,51–2,0	1,0 –1,25	0,35 –0,7	max. 0,06
25L10/70		2,01–2,5	1,0 –1,25	0,35 –0,7	max. 0,05
30L12/70		2,51–3,0	1,0 –1,25	0,35 –0,7	max. 0,04
35L12/70		3,01–3,5	1,0 –1,25	0,35 –0,7	max. 0,04
40L12/70		3,51–4,0	1,0 –1,25	0,35 –0,7	max. 0,04
20L12/100		1,51–2,0	0,8 –1,25	0,7 –1,0	max. 0,06
25L12/100		2,01–2,5	0,8 –1,25	0,7 –1,0	max. 0,05
30L12/100		2,51–3,0	0,8 –1,25	0,7 –1,0	max. 0,04
35L12/100		3,01–3,5	0,8 –1,25	0,7 –1,0	max. 0,04
40L12/100		3,51–4,0	0,8 –1,25	0,7 –1,0	max. 0,04

Tabelle 4 (Fortsetzung)

	C %	Si %	Mn %	P %	S %
Österreich (Forts.)					
25 L 12/140		2,0 –2,5	0,8 –1,25	1,0 –1,4	max. 0,05
30 L 12/140		2,5 –3,0	0,8 –1,25	1,0 –1,4	max. 0,05
35 L 12/140		3,0 –3,5	0,8 –1,25	1,0 –1,4	max. 0,04
40 L 12/140		3,5 –4,0	0,8 –1,25	1,0 –1,4	max. 0,04
25 L 12/180		2,0 –2,4	0,8 –1,25	1,4 –1,8	max. 0,05
30 L 12/180		2,5 –3,0	0,8 –1,25	1,4 –1,8	max. 0,05
35 L 12/180		3,0 –3,5	0,8 –1,25	1,4 –1,8	max. 0,04
40 L 12/180		3,5 –4,0	0,8 –1,25	1,4 –1,8	max. 0,04
Stahlroheisen					
SL 212 (norm.)		0,2 –1,2	1,5 –2,0	max. 0,2	max. 0,05
SL 312		0,2 –1,0	2,0 –3,0	max. 0,2	max. 0,05
SL 412		0,2 –1,0	3,0 –4,0	max. 0,2	max. 0,05
SL 315/20		1,0 –1,5	2,0 –3,0	max. 0,2	max. 0,05
SL 31/13		0,2 –1,0	2,0 –3,0	max. 0,130	max. 0,04
SL 315/13		1,0 –1,5	2,0 –3,0	max. 0,130	max. 0,04
SL 31/11		max. 1,0	2,0 –3,0	max. 0,11	max. 0,04
Hämatitroheisen					
15 L 10/8		1,00–1,50	0,70–1,0	max. 0,08	max. 0,05
20 L 10/8		1,51–2,0	0,7 –1,0	max. 0,08	max. 0,04
25 L 10/8		2,10–2,5	0,7 –1,0	max. 0,08	max. 0,03
30 L 10/8		2,51–3,0	0,7 –1,0	max. 0,08	max. 0,03
35 L 10/8		3,0 –3,5	0,7 –1,0	max. 0,08	max. 0,03
40 L 10/8		3,51–4,0	0,7 –1,0	max. 0,08	max. 0,03
15 L 12/8		1,0 –1,5	1,0 –1,25	max. 0,08	max. 0,05
20 L 12/8		1,51–2,0	1,0 –1,25	max. 0,08	max. 0,04
25 L 12/8		2,01–2,5	1,0 –1,25	max. 0,08	max. 0,03
30 L 12/8		2,51–3,0	1,0 –1,25	max. 0,08	max. 0,03
15 L 10/10		1,00–1,5	0,7 –1,0	max. 0,10	max. 0,06
20 L 10/10		1,51–2,0	0,7 –1,0	max. 0,10	max. 0,05
25 L 10/10		2,01–2,5	0,7 –1,0	max. 0,10	max. 0,04
30 L 10/10		2,51–3,0	0,7 –1,0	max. 0,10	max. 0,04
35 L 10/10		3,01–3,5	0,7 –1,0	max. 0,10	max. 0,04
40 L 10/10		3,51–4,0	0,7 –1,0	max. 0,10	max. 0,04
15 L 12/10		1,00–1,5	1,0 –1,25	max. 0,10	max. 0,06
20 L 12/10		1,51–2,0	1,0 –1,25	max. 0,10	max. 0,05
25 L 12/10		2,01–2,5	1,0 –1,25	max. 0,10	max. 0,04
30 L 12/10		2,51–3,0	1,0 –1,25	max. 0,10	max. 0,04
Grobsortiertes Hämatitroheisen					
HL 20		1,0 –2,0	0,7 –1,25	max. 0,13	max. 0,07
HL 25		2,0 –2,5	0,7 –1,25	max. 0,13	max. 0,06
HL 30		2,5 –3,0	0,7 –1,25	max. 0,13	max. 0,06
HL 35		3,0 –3,5	0,7 –1,25	max. 0,13	max. 0,05
Schweden					
Koksroheisen					
Gießereiroheisen OJAK					
OJAK 2	3,4–3,7	1,8 –2,25	0,5 –0,8	1,25–1,5	max. 0,05
OJAK 2,5	3,4–3,7	2,3 –2,75	0,55–0,85	1,25–1,5	max. 0,040
OJAK 3	3,4–3,7	2,8 –3,25	0,55–0,85	1,25–1,5	max. 0,035
OJAK 3,5	3,3–3,6	3,3 –3,75	0,6 –0,9	1,25–1,5	max. 0,025
OJAK 4	3,2–3,5	3,86–4,25	0,6 –0,9	1,25–1,5	max. 0,020
OJAK 4,5		4,3 –5,0		1,25–1,5	

Tabelle 4 (Fortsetzung)

	C %	Si %	Mn %	P %	S %
Schweden (Forts.)					
Gießereiroheisen OJA KP					
OJA KP2	3,4—3,7	1,8 —2,25	0,7 —0,9	0,75—0,9	max. 0,05
OJA KP2,5	3,5—3,8	2,3 —2,75	0,7 —0,95	0,75—0,9	max. 0,04
OJA KP3	3,5—3,8	2,8 —3,25	0,7 —1,0	0,75—0,9	max. 0,03
OJA KP3,5	3,4—3,7	3,3 —3,75	0,7 —1,0	0,75—0,9	max. 0,025
OJA KP4	3,3—3,6	3,8 —4,25	0,7 —1,0	0,75—0,9	max. 0,02
Hämatitroheisen OJA KH					
OJA KH2	4,0—4,4	2,0 —2,25	0,8 —1,1	amx. 0,10	max. 0,04
OJA KH2,5	3,8—4,2	2,3 —2,75	0,8 —1,1	max. 0,10	max. 0,03
OJA KH3	3,6—4,0	2,8 —3,25	0,8 —1,1	max. 0,10	max. 0,025
OJA KH3,5	3,6—4,0	3,3 —3,75	0,8 —1,1	max. 0,10	max. 0,02
OJA KH4	3,4—3,8	3,8 —4,25	0,8 —1,1	max. 0,10	max. 0,02
Martin	4,0—4,4	1,0 —2,0	1,0 —2,0	max. 0,10	max. 0,04
Aducer.Tackjärn	ca. 4,0	1,0 —2,0	max. 0,5	max. 0,10	max. 0,03

	C %	C_{gr} %	C_{geb} %	Si %	Mn %	P %	S %
Schweden (Forts.)							
Holzkohlenroheisen (kalterblasen)							
Nr. 1 grau sehr weich .	3,2—3,4	3,0 —3,3	1,0—2,0	2,5 —2,0	0,5—0,7	0,1—0,3	0,02—0,04
Nr. 2 grau weich . . .	3,3—3,6	2,9 —3,2	0,3—0,4	1,75—2,25	0,5—0,7	0,1—0,3	0,02—0,05
Nr. 3 grau mittelhart. .	3,1—3,3	2,2 —2,6	0,4—0,9	1,3 —1,75	0,4—0,6	0,1—0,3	0,05—0,06
Nr. 4 grau hart u. dicht.	2,9—3,2	1,7 —2,1	0,8—1,5	0,9 —1,3	0,3—0,6	0,1—0,3	0,05—0,08
Nr. 5 grau randweiß . .	2,9—3,1	0,8 —1,7	1,5—2,0	0,6 —1,0	0,3—0,5	0,1—0,3	0,07—0,10
Nr. 6 meliert 1/2 weiß .	2,8—3,0	0,4 —0,8	1,8—2,6	0,6 —0,8	0,3—0,5	0,1—0,3	0,07—0,10
Nr. 7 meliert 1/1 weiß .	2,8—3,0	—	2,8—3,0	0,3 —0,6	0,2—0,4	0,1—0,3	0,07—0,10
Spezialeisen							
Nr. 8 grau für kokillgehärteten Guß . . .	2,9—3,3	2,25—2,75	0,5—0,9	0,85—1,15	0,5—0,8	0,1—0,3	0,05—0,08
Nr. 9 grau für Zylinderguß hart, dichter Bruch .	2,8—3,2	2,0 —2,7	0,5—0,9	1,3 —1,7	0,5—0,8	0,1—0,3	0,05—0,07
„CAH Perlit“							
Nr. 1 grau, hart, dichter Bruch	2,5—2,8		0,7—0,9	1,3 —1,7	0,7—1,0	0,2—0,4	0,04—0,06
Nr. 2 meliert weiß	2,0—2,3			1,2 —1,4	1,9—2,1	0,2—0,4	0,04—0,06
Nr. 3 meliert 3 weiß . . .	2,2—2,5			1,3 —1,6	2,1—2,4	0,2—0,4	0,04—0,06
Elektroroheisen							
NJA EG 1,5	3,2—3,8			1,25—1,75	0,5—0,9	1,0—1,3	max. 0,05
NJA EG 2	3,4—3,7			1,75—2,25	0,6—1,0	0,8—1,2	max. 0,05
NJA EG 2,5	3,2—3,6			2,25—2,75	0,6—1,0	0,7—1,2	max. 0,05
NJA EG 3	3,2—3,6			2,75—3,25	0,6—1,0	0,7—1,2	max. 0,05
NJA EG 3,5	3,2—3,6			3,25—3,75	0,6—1,0	0,7—1,2	max. 0,05
HJA EGP 3	3,4—3,7			2,75—3,25	0,6—1,0	max. 0,2	max. 0,05

	C %	Si %	Mn %	P %	S %
Schweden (Forts.)					
NJA EH3 Hämatit	3,6—4,0	2,75—3,25	0,6—1,0	max. 0,2	max. 0,05
NJA EM (SM.-Roheisen) . . .	ca. 4,0	ca. 0,5—1,0	0,8—1,1	max. 0,2	max. 0,05
Temperroheisen (kalterblasen)					
weiß	3,8—4	0,2	0,2	0,04—0,06	0,015—0,02
grau[1]	4 —4,2	1 —1,5	0,2—0,3	0,04—0,06	0,015—0,02

[1] Siehe auch unter anderem Prospekt Klüser & Co., KG.

Tabelle 4 (Fortsetzung)

	C %	Si %	Mn %	P %	S %
Norwegen (Abb. 23)					
A/S Bremanger Kraftselskab Bergen					
Vantit-Roheisen	3,6—4 und 4—4,0	0,2 —4,5	0,2—3,5 V = 0,5—0,7	max. 0,025 Ti = 0,3—0,5	max. 0,025

Abb. 23. Hochofenwerk Bremanger Kraftselskab Bergen, Norwegen

	C %	Si %	Mn %	P %	S %
England [*16*] u. [*17*]					
H 1 bis H 48 (heißerblasen) . .		0,5 —5,0	bis 0,6 über 1,2	0,1 —1,5	0,15—0,2
A 1 bis A 3 (Hämatit)		1,0 —1,5	über 1,2	0,03—0,10	0,04—0,20
B 1 bis B 15 (basisch)		0,5 —0,2	über 1,2	0,25—1,5	0,06—0,10 0,04—0,06
C 1 bis C 5 (kalterblasen) . . .		0,2 —2,5	0,4—1,1	0,3 —0,6	0,02—0,04
R (raffiniertes Roheisen) . . .	bis 2,5	0,4 —0,6	bis 0,3	bis 0,06	bis 0,06
RM Temperroheisen	3,0—3,2	1,6 —1,8	bis über 0,5	0,08—0,1	0,15—0,20
RC Gießereiroheisen	bis 2,5	0,4 —0,6	bis 0,3	bis 0,1	bis 0,06
	3,2—3,5	2,75—3,0	1,5—2,0	1,25—1,5	0,10—0,15
Westküsten-Hämatit	3,5—4,0	1,5 —3,0	0,8	0,04	0,04
Ostküsten-Hämatit	3,4—3,8	1,5 —3,0	1,0—1,5	0,05	0,05
Mitland-Gießereiroheisen . . .	3,5	1,5 —3,5	0,3—0,8	1,0 —2,0	0,04
Schott. Gießereiroheisen . . .	3,4—3,8	1,5—3,5	1,0	0,5 —1,0	0,05
Spez. Kalterblasen	3,5—4,0	1,5—2,5	0,5—1,0	0,3—0,8	0,06
Spez. Zylinderroheisen	2,8—3,2	1,0—2,5	0,5—1,25	0,1—0,4	0,06
Walzengußroheisen Kalterblasen, Marke „Lowmoor" .	3,4—3,6	0,8 —1,2	0,5—0,6	0,45	0,06—0,12
Frodair-Eisen	ca. 3,0	1 —2	0,5—1	1—1,25	0,08
Frankreich					
Semi phosphoreuse de moulage		2,3—3,5	0,6	0,4—0,7	
Clevelandaise		2,3—3,5	0,6	~1,0	
fonte phosphoreuse de moulage		2,3—3,5	0,6	1,8	
fonte semi-hematite de moulage		2,5	0,8	0,3	
fonte semi-hematite d'affinage.		1	2,5	0,3	
fonte de moulage hematite . .		2,5	0,8	0,08	
fonte hematite de moulage qualité II.			0,5	0,08	

Tabelle 4 (Fortsetzung)

	C %	Si %	Mn %	P %	S %
Frankreich (Forts.)					
Eine andere Aufstellung zeigt die Werte:					
Gießereiroheisen IV B		2,5–3	0,7 max.	1,4 –2	
,, IV A		2,5–3	0,7 max.	1 –1,4	
,, III		2,5–3	1,0 max.	0,7 –1,0	
,, I		2,5–3	1,0 max.	0,5 –0,7	
Hämatit		2,5–3	1,5 max.	0,08–0,12	
Amerika (USA) [*18*]					
1–26 low-phosphorus		0,5 – 0,3	0,75–1,25	< 0,035	< 0,035
LPi 1–24 Untermediate low-phosphorus		1,0 – 3,0	0,75–1,25	0,036 bis 0,075	< 0,05
Bes 1–8 (Bessemer)		1,0 – 3,0	< 1,25	0,076–0,10	< 0,05
M1–47 malleable		0,75– 5,0	0,5 –1,25	0,101–0,30	< 0,05
F1 1–48 Foundry Northern low-phosphorus		1,0 – 5,0	0,5 –1,25	0,3 –0,5	< 0,05
Fb 1–48 Foundry Northern ligh-phosphorus		1,0 – 5,0	0,5 –1,25	0,5 –0,7	< 0,05
Fs 1–32 Foundry-Southern. .		1,0 – 5,0	0,25–0,75	0,7 –0,9	< 0,05
S 1–72 Silvery		5,0 –17,0	0,5 –2,0	< 0,3	< 0,05
C1 1–3 Charcoal		0,5 – 3,0	> 0,4	0,035–0,70	< 0,035
Polen					
Gießereiroheisen Sorte 0 . . .	3,8–4,5	3,5–4	0,6–1	0,3 –0,6	0,03–0,05
,, ,, I . . .	3,8–4,5	3 –3,5	0,6–1	0,3 –0,6	0,03–0,05
,, ,, II . . .	3,8–4,5	2,3–3,5	0,6–1	0,3 –0,6	0,03–0,05
Hämatit Sorte 0.	3,8–4,8	3,5–4	0,5–0,7	0,07–0,1	0,01–0,03
Hämatit Sorte I	3,8–4,8	3 –3,5	0,5–0,7	0,07–0,1	0,01–0,03
Hämatit Sorte II	3,8–4,8	2 –3	0,5–0,7	0,07–0,1	0,01–0,03

	Si %	Mn %	P %	Kategorie I S %	Kategorie II S %	Cr %
Sowjetische Roheisen						
LK 00	3,76–4,25		Klasse A < 0,10	< 0,02	< 0,03	
LK 0	3,26–3,75	Gruppe I 0,50–0,90		< 0,02	< 0,03	
LK 1	2,76–3,25		Klasse W 0,11–0,30	< 0,02	< 0,03	
LK 2	2,26–2,75		Klasse B 0,31–0,70	< 0,03	< 0,04	
LK 3	1,76–2,25	Gruppe II 0,91–1,30		< 0,03	< 0,04	
LK 4 (C % 3,5–4,0)	1,25–1,75		Klasse G 0,71–1,20	< 0,04	< 0,05	
KD 1	0,71–1,50	0,10–0,40	< 0,15		< 0,03	< 0,04
KD 2	0,15–0,70	0,10–0,30	< 0,15		< 0,03	< 0,04
WD 1	0,81–1,30	0,20–0,80	< 0,40		< 0,06	< 0,04
WD 2	0,30–0,80	0,20–0,80	< 0,40		< 0,06	< 0,04

Im Anschluß daran sind noch einige Unterlagen über die Roheisenerzeugung, den Roheiseneinsatz und Preise zu finden (Tab. 5).

Tabelle 5. *Roheisenerzeugung der Bundesrepublik, Februar 1955* (nach LUCAS)

	t	%
Thomasroheisen	777219	63,7
Stahleisen	284030	23,3
Spiegeleisen + Ferromangan	12065	1,0
Hämatitroheisen + Temperroheisen	46835	3,8
Gießereiroheisen	71645	5,9
Siegerl. Spezialroheisen	11124	0,9
Sonstiges Roheisen + Hochofen Ferrosilizium	17058	1,4
	1219976	100,0

Tabelle 6. *Roheiseneinsatz in Gießereien, Februar 1955* (nach LUCAS)

Sorte	Eisenguß t	Stahlguß t	Temperguß t	Summa	%
GI/III	61499	100	50	61649	39,0
G IV A/B	8805	—	—	8805	5,6
Hämatit	39456	1208	426	41090	26,0
HK und Titan	2710	46	122	2878	1,8
Hochofen FeSi	3588	573	279	4440	2,8
Kupferh. Spezial	7315	785	855	8955	5,7
Temperroheisen	468	112	2062	2642	1,7
Silbereisen und DKC	2977	—	119	3096	1,9
Siegerländer Zusatz u. Spezial	8861	15	189	9065	5,7
Stahleisen	717	4386	135	5238	3,3
Spiegeleisen	1166	262	208	1636	1,0
Hochofen FeMn	212	433	41	686	0,4
Sonstiges Roheisen	5342	545	499	6386	4,0
Ferrolegierungen	614	1043	39	1696	1,1
Summa	143730	9508	5024	158262	100,0
Gesamteinsatz	340384	49521	30572	420477	—

Tabelle 7. *Erzeugung und Verbrauch von Gießereiroheisen* (nach Wirtschaftsverband Gießerei-Industrie 1955)

Erzeugung	Monatsdurchschnitt in 1000 t 1950	1951	1952	1953	1954
a) Hämatit und Gußroheisen I—IV	96	100	116	84	101
b) andere Sorten HK, Ti Eisen, HK Spezial, Tempereisen, Silbereisen, Siegerländer und sonstige	24	42	38	30	30
Verbrauch nach a)	80	85	95	80	80
nach b)	22	28	29	24	28

Die Preisentwicklung findet sich in Tab. 8.

Während der Korrektur ist die Euronorm, welche die Roheisen und die Ferrolegierungen der in der Montan-Union zusammengeschlossenen Länder umfaßt, erschienen. Geltungsbereich, Begriffsbestimmung, Einteilung und Benennung wurden festgelegt.

Danach wird unterschieden:

Tabelle 7a. *Roheisen und Ferrolegierungen* (Euronorm 1—55)

1.11 *Übliche unlegierte Roheisen*

1.111 Roheisen für die Stahlerzeugung

1.111.1 Bessemerroheisen

1.111.2 Thomasroheisen

1.111.3 Stahlroheisen
mit den Ordnungszahlen 2222—2646

1.112 Gußroheisen

Güte bis 0,5%	über 0,5%
Reihe 3000	4000 (ab 4000)
4000	5000
bis 5000	
C 3,5—4,5%	3,2—4,5%
P bis 0,5%	0,5—2%
Si	über 1%—6%
Mn	0,7—1,5%
S bis 0,06%	bis 0,08%

Die Si-Stufen sind je 0,5% Si festgelegt.

1.12 *Unlegiertes Sonderroheisen*

wobei der C höher oder niedriger als nach Reihe 3000—5000 liegt
Si bis 1% und höher als 6%
Mn bis 7% und höher als 1,5%

1.2 *Legiertes Roheisen*

P über 2,5—15%
Si bis 8%
Mn 6—30%
Chrom 0,20—30%
W 0,10—40%

einzeln oder insgesamt bis 10%

W von über 0,30
Ni von über 0,30
Ti von über 0,20
S von über 0,08

sonstige Al, Mo, V von über 0,10

1.21 *Spiegelroheisen*

Mn 6—30%
P bis 0,5%
Si bis 2%
S bis 0,06%

Beispiel:

Ordnungszahl	Mn %	Ordnungszahl	Mn %
7008	6,01— 8,0	7020	18,00—20,00
7010	8,01—10,00	7022	20,01—22,00
7012	10,01—12,00	7022	20,01—22,00
7014	12,01—14,00	7024	22,01—24,00
7016	14,01—16,00	7026	24,01—26,00
7018	16,01—18,06	7028	26,01—28,00
7020	18,00—20,00	7030	28,01—30,00

1.22 Phosphorroheisen
P 8,5—15%

1.23 sonstige legierte Roheisen

2. *Ferrolegierungen*

Unter Ferrolegierungen im Sinne des Vertrags über die Gründung der Europäischen Gemeinschaft für Kohle und Stahl fällt nur das kohlenstoffreiche Ferromangan.

Ordnungszahl	P %	Mn %
8140	0,0 —30	30,01—39,99
8610		40,0 —59,99
8240	0,31—0,35	30,01—39,99
8290		80,01—90,60
8340	0,36—0,40	30,01—39,99
8390		80,01—90,00

Dazu: C 2—8%; P bis 0,4%; Si bis 2%; Mn 30 bis 90%; S bis 0,04%.

2.2 Ferrosilizium fällt nicht mehr unter den Vertrag.

2.3 Sonstige Ferrolegierungen fallen nicht unter den Vertrag der Europäischen Gemeinschaft für Kohle und Stahl.

Tabelle 8. *Gießereiroheisen: Entwicklung der Preise für die hauptsächlichsten Sorten ab 1. 9. 1940*
(nach Wirtschaftsverband Gießerei-Industrie)

Sorten		ab 1. 9. 40 RM/t	ab 1. 4. 48 RM/t	ab 1. 7. 50 DM/t	ab 1. 12. 50 DM/t	ab 25. 7. 51 DM/t	ab 1. 11. 51 DM/t	ab 1. 1. 52 DM/t	ab 10. 4. 52 DM/t	ab 16. 6. 52 DM/t	ab 1. 9. 52 DM/t	ab 20. 5. 53 DM/t
Hämatit												
Zone I	2,5—3% Si	80,50	147,—	155,—	175,—	224,80	247,80	262,80	311,—	308,20	306,20	307,70
	2—2,5% Si	79,50	145,—	153,—	173,—	222,70	245,70	260,70	309,—	306,20	304,20	—
Zone II	2,5—3% Si	84,50	151,—	159,—	180,50	230,30	253,30	268,30	316,50	313,70	311,70	313,20
	2—2,5% Si	83,50	149,—	157,—	178,50	228,30	251,30	266,30	314,50	311,70	309,70	—
Zone III	2,5—3% Si	83,50	150,—	158,—	179,—	228,80	251,80	266,80	315,—	312,20	310,20	311,70
	2—2,5% Si	82,50	148,—	156,—	177,—	226,80	249,80	264,80	313,—	310,20	308,20	—
Zone IV	2,5—3% Si	82,—	149,—	157,—	177,50	227,30	250,30	265,30	313,50	310,70	308,70	310,20
	2—2,5% Si	81,—	147,—	155,—	175,50	225,30	248,30	263,30	311,50	308,70	306,70	—

Tabelle 8 (Fortsetzung)

Sorten	ab 1. 9. 40 RM/t	ab 1. 4. 48 RM/t	ab 1. 7. 50 DM/t	ab 1. 12. 50 DM/t	ab 25. 7. 51 DM/t	ab 1. 11. 51 DM/t	ab 1. 1. 52 DM/t	ab 10. 4. 52 DM/t	ab 16. 6. 52 DM/t	ab 1. 9. 52 DM/t	ab 20. 5. 53 DM/t
Gießereiroheisen I											
Zone I	78,—	145,—	153,—	170,50	220,20	243,20	258,20	295,—	292,20	290,20	—
Zone II.	82,—	149,—	157,—	176,—	225,80	248,80	263,80	300,50	297,70	295,70	—
Zone III	81,—	148,—	156,—	174,50	224,20	247,20	262,20	299,—	296,20	294,20	—
Zone IV	79,50	147,—	155,—	173,—	222,70	245,70	260,70	297,50	294,70	292,70	—
Gießerei-roheisen III											
Zone I	72,50	143,—	151,—	168,50	218,20	241,20	256,20	293,—	290,20	288,20	—
Zone II.	67,50	147,—	155,—	174,—	223,70	246,70	261,70	298,50	295,70	293,70	—
Zone III	75,50	146,—	154,—	172,50	222,20	245,20	260,20	297,—	294,20	292,20	—
Zone IV	74,—	145,—	153,—	171,—	220,70	243,70	258,70	295,50	292,70	290,70	—
*Gießerei-roheisen IV A**											
Zone I	71,50	142,—	150,—	167,50	217,20	240,20	255,20	292,—	289,20	287,20	—
Zone II.	75,50	146,—	154,—	173,50	222,70	245,70	260,70	297,50	294,70	292,70	—
Zone III	74,50	145,—	153,—	171,50	221,20	244,20	259,20	296,—	293,20	291,20	—
Zone IV	73,—	144,—	152,—	170,—	219,70	242,70	257,70	294,50	291,70	289,70	—
*Gießerei-roheisen IV B**											
Zone I	70,50	141,—	149,—	166,50	216,20	239,20	254,20	291,—	288,20	286,20	—
Zone II.	74,50	145,—	153,—	172,—	221,70	244,70	259,70	296,50	293,70	291,70	—
Zone III	73,50	144,—	152,—	170,50	220,20	243,20	258,20	295,—	292,20	290,20	—
Zone IV	72,—	143,—	151,—	169,—	218,70	241,70	256,70	293,50	290,70	288,70	—
Temperroheisen grau, Großformat											
Zone I	81,50	143,—	146,—	164,—	213,65	234,65	249,65	298,—	295,20	293,20	—
Zone II.	79,50	141,—	144,—	162,—	211,65	232,65	247,65	296,—	293,20	291,20	—
Zone III	79,50	141,—	144,—	162,—	211,65	232,65	247,65	296,—	293,20	291,20	—
Zone IV	78,50	140,—	143,—	161,—	210,65	231,65	246,65	295,—	292,20	290,20	—
Siegerländer Spezialroheisen, grau	92,—	154,—	167,—	187,50	237,40	258,40	273,40	322,—	315,—	310,—	—
Stahleisen bis 3% Mn	70,—	125,—	125,—	143,—	187,40	211,40	—	241,—	239,60	239,60	—

Die Preise für Hämatit und Gießereiroheisen I—IV B gelten frei Bahnwagen Empfangsbahnhof, für Temperroheisen ab Werk Duisburg und für Siegerländer Spezialroheisen und Stahleisen mit Frachtbasis Siegen. Hinzu kommt nur für Temperroheisen ein Aufschlag von DM 3,— je t, der mit Wirkung ab 1. April 1948 auf DM 6,— je t erhöht wurde und bis auf weiteres Gültigkeit hat.

Zone I/Rheinl.-Westfalen, Zone II/Süddeutschland, Zone III/Mitteldeutschland, Zone IV/Norddeutschland.

* Falls bei Gießereiroheisen IV ein Mn-Gehalt von 0,7 bis 1% gefordert wird, erfahren die Preise ab 20. 5. 1952 einen Aufschlag von DM 5,— je t.

Gießereiroheisen (neue Preisregelung ab 1. 11. 1956 nach Umstellung von Frankozonen auf Basispreise)

Hämatit 2 bis 2,5% Si DM/t	*Gießerei-Roheisen* I DM/t	III DM/t	IV A DM/t	IV B DM/t	Frachtbasis
338,—	320,—	318,—	317,—	316,—	Oberhausen-West
340,—	322,—	320,—	319,—	318,—	Lübeck-Dänischburg
—	323,—	321,—	320,—	319,—	Salzgitter-Hütte-Nord
342,—	324,—	322,—	321,—	320,—	Wetzlar-Sophienhütte
342,—	324,—	322,—	321,—	320,—	Luitpoldhütte

(Preise zuzüglich DM 2,50/t Frachtausgleichs-Umlage)

Si-*Aufpreise* für Hämatit, Gießereiroheisen, Sonderroheisen Buderus „W“ und „WP“, Temper- und Spezialroheisen DKH

2,5–3 % Si DM/t 5,–	4 –4,5% Si DM/t 23,–	5 –5,5% Si DM/t 38,–
3 –3,5% Si DM/t 10,–	4,5–5 % Si DM/t 31,–	5,5–6 % Si DM/t 46,–
3,5–4 % Si DM/t 16,–		

Si-*Unterpreise* (neu eingeführt)

unter 2% Si bei Hämatit und GR I unter 1,8% Si bei GR III, IV A/B DM/t 4,–

Spezial- und Sonderroheisen (Preise ab 1. 11. 1956)

Temper- und Spezialroheisen, feinkörnig, grau, niedrig- und höhersiliziert

Großformat DM/t 342,–[1] Kleinformat DM/t 346,–[1]

Temper- und Spezialroheisen

meliert Großformat DM/t 342,–[1] weiß Großformat DM/t 343,–[1]
Kleinformat DM/t 346,–[1] Kleinformat DM/t 347,–[1]

Siegerländer Spezialroheisen einschl. Sonderqualität „phosphorhaltig“ und „Ia Ni-Cr-legiertes“

weiß DM/t 352,–[2] meliert DM 354,–[2] grau DM/t 356,–[2]
Mn-Zuschläge: 3 bis 3,99% DM/t 6,– 4% und mehr DM/t 10,–
für Ni-Cr: gemäß besonderer Vereinbarung

Stahleisen bis 3% Mn DM/t 290,–[2]

2. *Gußbruch*

Begriff. Gußbruch ist ein Grauguß, der durch Ausrangieren von aus Grauguß bestehenden Maschinen, Apparaturen u. a. entstanden ist. Er kann als ganzes oder zerschlagenes Maschinenteil angeliefert werden.

Auch Walzen- und Hartgußbruch gehören hierher.

Verwendung. Im allgemeinen wird Gußbruch nur zur Herstellung von Grauguß verwendet. Sinngemäß gilt dies für Walzen- und Hartgußbruch.

Die handelsübliche Einteilung des Gußbruches ist nach *Ende* festgelegt.

Der Gußbruch ist auch durch den Wert des Verwendungszweckes gekennzeichnet[3].

Die Broschüre (Tab. 9) von ENDE gibt Auskunft über:

I. Preise (Verbraucherhöchstpreise),
II. Preise für Lohn,
III. Preise für Ausschuß usw., Schmelzereien,
IV. Frachtberechnung, Beförderungs- und Aufladekosten usw.

Tabelle 9. *Gußbruchsorten*

1a. Bruch von *Kokillen, Kokillenuntersätzen* und *Gespannplatten,* handlich zerkleinert
1b. Desgleichen unzerkleinert
2a. Prima *Maschinengußbruch,* handlich zerkleinert, insbesondere starkwandige Stücke von *Werkzeugmaschinen,* sonstigen *Maschinen* (auch landwirtschaftlichen) und *Motoren,* im allgemeinen nicht unter 10 mm stark, *Futterstücke, Waggonachsbuchsen* (frei von Öl, Fett oder sonstigen Anhaftungen) und Schienenstühle,
alles frei von Stahl- und Brandguß, Schmiedeeisen und Emaille
2b. Desgleichen unzerkleinert
3a. *Handelsgußbruch,* handlich zerkleinert, insbesondere sauberer, *starkwandiger Röhrengußbruch, Baugußbruch,* schwachwandiger Bruch von *landwirtschaftlichen Maschinen, Kanalisationsteile, Belagplatten* und unverbrannte *Feuerungsteile,* unverbrannte *Roste, Gliederkesselbruch, Bremsklotzbruch,*
alles frei von Stahl- und Brandguß, Schmiedeeisen und Emaille
3b. Desgleichen unzerkleinert
4. Reiner *Ofen-* und *Topfgußbruch* (reine Poterie), insbesondere unverbrannte *Ofenteile,* gußeiserne *Radiatorenteile,* dünnwandiger *Röhrengußbruch,*
alles frei von Brandguß und Schmiedeeisen
5a. *Hartgußbruch,* handlich zerkleinert, insbesondere *Hartgußräder, Hartguß-Polygonecken, Hartguß-Ziegelmäntel* oder *Kollern, Hartgußverkleidungen* (Platten)
ausgenommen Hartgußwalzen (auch Kalander) und Hartgußrollen aller Art,
alles frei von Stahlguß, Brandguß und Schmiedeeisen
5b. Desgleichen unzerkleinert
6. *Brandguß* und *Roste* zur Verwendung im Kupolofen geeignet

[1] ab Lieferwerk. [2] Frachtbasis Siegen. [3] ENDE: Preistabellen für Schrott—Gußbruch—Nutzeisen. Düsseldorf: Schrottagentur Lindeboom und Ende.

Über Preise für Lohnzerkleinerung usw. siehe auch die laufenden Mitteilungen des Wirtschaftsverbandes Gießerei-Industrie, Düsseldorf.

Die amerikanische Einteilung wird im *Handbook of cupola operation* (1949), Seite 255, beschrieben.

Allgemeine Anforderungen: a) *Gleichmäßigkeit* der Lieferung ist bei hochwertigen Sätzen wertvoll.

b) *Maskierung* ist zurückzuweisen.

c) *Freiheit* von Stahlschrott, von Buntmetallen und Legierungen, von Aluminium und anderen Metallen, auch von Temperguß und Temperhartguß ist zu fordern.

d) *Fremdmetalle:* Störend sind Legierungen mit

α) karbiderhaltenden Elementen wie Chrom, Vanadium, Molybdän u. a.;

β) karbidzerlegenden Elemente wie Nickel, Aluminium, Silizium in großen Anteilen > 5%. Sie sollen fehlen oder ihre Anwesenheit muß bei der Gattierung berücksichtigt werden können.

e) *Die Größe* des Gußbruches richtet sich nach dem Ofendurchmesser und soll nicht $^1/_3$ desselben überschreiten.

f) *Beachte:* Emailleguß, Temperweichguß, Temperhartguß, Hartguß, Automobilzylinder (legiert) u. a. Si-Guß rostet schwer; grüne Farbe; Cr_2O_3 = Cr anwesend! Brandbruch; Schwelguß (meist viel S, messinggelb).

Es soll aber auch kein Anlaß zum Durchfallen gegeben sein. Störend wirken zu kompakte Stücke, da sie schwer, d. h. mit der Gattierung ungleichmäßig abschmelzen.

3. *Stahlschrott*

Begriff. Stahlschrott besteht aus Stahl — etwa bis zu 0,6%, meist praktisch 0—0,4%, der aus verschiedener Herstellung und dann oft in Form von Abfällen, wie Knüppelenden usw. oder solchen aus der stahlverarbeitenden Industrie stammt; ebenfalls finden sich dort Abfälle von verschrotteten Maschinenteilen usw.

Nach dem Gebrauch teilt man ein in Hochofen-, Stahlwerks-, Gießerei- und insbesondere in Kupolofenschrott. In Tab. 10 findet sich die übliche Gruppierung von 0 bis 36, wobei die Ziffern 21—36 den Kupolofenschrott betreffen.

Über Preise, Frachtbasis, Beförderungs- und Aufbereitungskosten geben u. a. auch die Nachrichten des Wirtschaftsverbandes Gießerei-Industrie Auskunft.

Art des Schrottes. Es wird Schrott aus dem SM-Ofen und Thomasverfahren unterschieden. Die übrigen ebenfalls unlegierten Sorten sind für Sondereinsatz vorbehalten.

Mittel- oder hochlegierter Schrott wird gesondert behandelt.

Nach der Verwendung teilt er sich ein in Stahlschrott für GS, GG, GT usw. Nach der Herkunft ist zu unterscheiden in: Schrott aus eigenem Betrieb, Händlerschrott und Schrott von einer bestimmten festgelegten Entfallstelle. Die Verwendung verlangt auch Einschränkungen. Mängelrüge: [19, 20, 21, 22, 23 und 23a].

Stahlschrott für Kupolofen. Der Schrott muß sich richten nach:

a) *Güte der Gattierung.*

b) *Größenordnung.* Sie richtet sich nach dem Kupolofen-∅. Es sollen keine Stücke über $^1/_3$ ∅ des Kupolofens gesetzt werden. 400-mm-Stücke sind meist das Maximum. Lochpützen fallen durch die Beschickung.

c) *Volumen.* Sperrigkeit ist nicht erwünscht. Späne sind meist untauglich. Spanbriketts meist nur für geringwertigen Guß. Kompakte Stücke, z. B. Lokomotiv-Bandagen, schmelzen schwer auf.

d) *Rost.* Schrott für hochwertige Gattierungen soll möglichst wenig verrostet sein. Entrosten: Rommeln.

e) *Gleichmäßigkeit.* Sie ist sehr wichtig. Ungleichmäßiger Schrott bringt u. U. Fremdmetalle mit.

Die Gleichmäßigkeit muß gewahrt werden.

C	0—0,6%	P	< 0,05%
Si	0—0,6%	S	< 0,05%
Mn	0,3—1,0%	Cr	< 0,03%

Tabelle 10. *Schrotteinteilung*

Sorte	
0.	Ia alter Stahlschrott von mind. 6 mm Stärke, Lokomotiv- und Waggonabbruchschrott und neuer Konstruktionswerkstätten- und Fabrikstahlschrott, alles frei von Hohlschrott und in der Abmessung nicht über 1,50 × 0,50 × 0,50 m Desgleichen in der Abmessung nicht über 1,20 × 0,50 × 0,50 m
1.	Neuer schwerer Walzwerksschrott, Matritzen, neue, schwere Hammerwerksabfälle, Platinenenden, Stahlgranaten, alles maximal 1,50 mal 0,50 × 0,50 m
1a.	Kupplungsstangen, Lokomotivbolzen, Stoßpuffer, Zugstangen, Lokomotiv- und Waggonachsen, Eisenbahn- und Straßenbahnschienenstücke, alles bis 1,50 m lang
1b.	Desgleichen unchargierfähig
2.	Oberbauschrott, Laschen, Haken und Unterlagplatten, Federstahlschrott, neuer Flanschenschrott, schwere kaltgepreßte Lochputzen
2a.	Radreifen und Räder bis 1,10 m ∅
2b.	Desgleichen über 1,10 m ∅
3.	Neuer Grobblechschrott, nicht unter 4,76 mm stark, Schwellenstücke, Stahlgußschrott, alles maximal 1,50 × 0,50 × 0,50 m
4.	Neue Walzwerkfeinblechpakete, neue Schaufelblechpakete, Unterlagscheibenpakete, neue mechan. gepreßte Schwarzblechpakete, Filmrollen, schwerer Gratschrott von Gesenkschmieden, Walzdrahtpakete von neuen Abfällen, mechanisch gepreßt
5.	Ia charg. Kernschrott, max. 1,50 × 0,50 × 0,50 m, mittlerer und leichter Gratschrott, Schloßschrott, Messer- u. Scherenschrott, neuer Mittelblechschrott (nicht unter 3 mm), handl. gebündelte, neue Schwarzblechpakete (Fabrikationsp.), Rollmöpse, chargierf. neuer Rohrschrott bis 1,50 m lg., Schrauben- u. Warmmutternschrott
6.	Chargierf. alter Rohrschrott bis 1,50 m lang' starke chargierf. Herdbleche, neue Bandeisenpakete, fest gebündelte oder gerollte Drahtseile mit einem höchstzulässigen Durchmesser von 60 cm; fest und lagerhaft gebündelte, unverzinkte neue Drahtpakete
7.	Mech. gepr. Pakete aus entz. Blechabfällen
8.	Neue lose Schwarzblechabfälle
9.	Kurze schaufelbare Stahlspäne
9a.	Lange Stahlspäne
9b.	Wollige Stahlspäne, d. h. alle Späne, die nicht als Sorte 9 oder 9a bewertet werden können
10.	Einsatzfähige Hochofenspäne
11.	Gußspäne (auch Walzengußspäne)
11a.	Gußspäne für chem. Zwecke
12.	Brandguß und Roste, Hochofenschrott
12a.	Gebrannte Stahlspäne, hochofeneinsatzfähig
13.	Elektroofenschrott, glattes Material, mindestens 10 mm stark, nicht über 1 m lang, soweit nicht in den übrigen Sorten aufgeführt
13a.	Desgleichen nicht über 50 cm lang
14.	Schwarzes Schmelzeisen
15.	Unchargierfähiger Schrott, Mischschrott, frei von Blechschrott, unter 3 mm und Draht
Kupolofenschrott	
21.	Eisenbahnschienen, Zungen- und Weichenstücke und geschnittene Eisenbahn- und Straßenbahnbandagen
22.	Rillenschienenstücke
23.	Feldbahn- und Grubenschienenstücke
24.	Schwellenstücke
25.	Platinen- und neue Grobblechabschnitte
26.	Puffer- und Spiralfedernschrott
27.	Federnstahl- und Blattfedernschrott
28.	Hammerwerksabfälle, Knüppelenden und Matritzen
29.	Schwerer Putzenschrott
30.	Neuer Konstruktionsschrott und neue Stab- und Formeisenabschnitte
31.	Neuer Flanschenschrott
32.	Nieten- und Pinnschrott
33.	Granatenabstiche und Stahlringe
34.	Weicher Kettenschrott
35.	Hufeisen, frei von Patenteisen
36.	Kupolofenschrott, alt und neu, in verschiedenen Zusammensetzungen, schweres, kerniges glattes Material, mindestens 10 mm stark

Hier kann auch die Funken-, Spektral- und die Tüpfelanalyse angesetzt werden. Karbiderhaltende Elemente müssen fehlen oder in sicheren bekannten Grenzen liegen. Der Schrott ist nach Stücken, die mit Fremdmetallen legiert sind, zu durchsuchen. Die Farbe am Schrott ist oft kennzeichnend:

1. Cr_2O_3 = chromhaltig
2. blank = (nicht gerostet) = hoch NiCr- oder hoch Cr-haltig u. a.

f) *Verschiedenes.* Auch die Form von Schrotteilen kann über die Herkunft Aufschluß geben: Kugellagerstahl, Blattfedern u. a.

4. *Schmelz-Zusatzstoffe*

Sie werden eingeteilt in: Metallische Zusatzstoffe: Fe-Legierungen
Nichtmetallische Zusatzstoffe: a) Koks (s. Energieträger), b) Kalk, Weißkalk, c) Flußspat.

Ferrolegierungen.

Die in diesem Abschnitt behandelten Ferrolegierungen sind wie folgt gegliedert:

a) Siliziumhaltige Legierungen,
b) manganhaltige Legierungen,
c) chromhaltige Legierungen,
d) molybdänhaltige Legierungen,
e) vanadiumhaltige Legierungen,
f) titanhaltige Legierungen,
g) wolframhaltige Legierungen,
h) tantal-niobhaltige Legierungen,
i) phosphorhaltige Legierungen,
k) nickelhaltige und Nickellegierungen.

Begriff und Grenzen. Ferrolegierungen benutzt man zur Veredelung von Stahlguß, Grauguß, Hartguß u. a.; es schließen sich Metalle wie Nickel und andere an. Legierungsträger mit geringen Gehalten an Si, Mn usw. werden mit Roheisen, Stahlschrott, Gußbruch u. a. in den Einsatz bzw. die Gattierung eingeführt. Diese Schmelzrohstoffe sind meist nicht über 5% (bei Mn bis 12%) legiert. So ergibt sich eine Einteilung:

α) Unlegierte Roheisen mit Si-Gehalten bis 5%;
β) legierte Roheisen mit Mn-Gehalt bis 12% oder/und mit Cr und Ni meistens bis je 10%;
γ) die eigentlichen Fe-Legierungen mit mittleren bis hohen Gehalten an einem oder mit mehreren Elementen. Die Grenzen der Metalle wie Cr, Mn u. a. liegen bei etwa 90% des betreffenden Elements;
δ) Reinmetalle wie Ni u. a.;
ε) Pakete und Pfannenzusätze, denen Fe-Legierungen beigemengt sind. Letztere sind meist wärmeabgebend.

Die Fe-Legierungen enthalten neben Eisen und dem (den) kennzeichnenden Elemente(n) noch weitere aus dem Herstellungsprozeß bedingte Elemente C, Si, Al, Ti u. a. bzw. Verbindungen, Oxyde, Spurenelemente, Gase, Schlacken u. a.

Über die Herstellung wird hier nicht berichtet [*24*].

Bei den Ferrolegierungen mit etwa bis 85% Fe betrachtet man das Eisen als *Lösungsmittel.*

Die Legierungsträger, also höher legierte Roheisen, Ferrolegierungen und Metalle, wie Nickel usw., bedürfen in verschiedener Hinsicht einer besonderen Beachtung.

Da sie meist wertvolle Bestandteile der Gattierungen bzw. Einsätze sind, müssen sie von den übrigen Rohstoffen getrennt gehalten werden. Ferrolegierungen und Metalle wird man am besten in einem geeigneten Lagerraum unter Verschluß halten. Es ist unerläßlich, diese Stoffe sorgfältig zu trennen und für eine gute und genaue Beschriftung Sorge zu tragen, welche das Eingangsdatum, die Art der Legierung usw. sowie deren Menge kennzeichnen. Die Ausgabe von Legierungen und Metallen muß überwacht werden und darf nur gegen Unterschrift des Vorgesetzten erfolgen. Manche Legierungen sind vor Feuchtigkeitseinwirkung zu schützen bzw. nur begrenzt einzukaufen. So zerfällt Ferro-Silizium 45 verhältnismäßig rasch zu einem grießartigen Pulver, das von manchen Stahlwerkern zu bestimmten Aufgaben geschätzt wird, in den meisten anderen Fällen aber einen zu hohen Abbrand mit sich bringt. Auch Ca—Si u. a. Desoxydationsmittel sind feuchtigkeitsempfindlich. Der Einsatz dieser Legierungen usw. ist nach technischen und wirtschaftlichen Gesichtspunkten zu führen. Vergleiche sind laufend notwendig. Die Erfassung des Abbrandes, welche für kalkulatorische Arbeiten notwendig ist, umfaßt:

a) den wirklichen metallischen Abbrand;
b) den mechanischen Verlust (Spritzeisen usw.);
c) den etwaigen Verlust von Umlaufmaterial, der um so größer ist, je kleiner der legierte Gußanteil in der Gesamtfertigung ist. Dieser Verlust steigt mit der mangelhaften Trennung von unlegierten Sorten (Abtrennen von Trichtern, Spanverlust u. a.).
d) Dazu kommt noch ein gewisser natürlicher Schwund der Legierungen, vor allem solcher, die zerfallen.

Daraus ergibt sich, daß der Gesamtabbrand für Ni beachtlich höher ist, als der wirkliche metallurgische Abbrand. Für den letzteren rechnet man 0—3% Verlust.

Die Legierungstechnik selbst erfordert im übrigen volle Aufmerksamkeit und gute Kenntnis der Vorgänge im Ofen. Es ist auch zu bedenken, daß das Futter der Schmelzgefäße und Pfannen Legierungsstoffe, meist in Form von Schlacken (z. B. Cr_2O_3 u. ä.) aufnehmen kann und nachfolgende Chargen damit beeinflußt. So sind z. B. empfindliche

Graugußsorten, die eine hohe Bearbeitbarkeit besitzen müssen, auf Cr stark ansprechend. Es ist ratsam, Aufträge, welche gelegentliche Legierungen erforderlich machen, möglichst nicht hereinzunehmen. Trichter aus solchen Aufträgen werden häufig verloren oder sind unwirtschaftlich für den Betrieb.

Die Legierungstechnik erfordert eine laufende chemische usw. Überwachung.

Preisvergleiche sind je kg Metall oder Metalloid anzusetzen.

Aufgabe. Die Aufgabe dieser Schmelzzusatzstoffe besteht in Herstellung

einer Legierung des Gußstückes zur Erzielung von besonderen Werkstoffeigenschaften,
einer damit oft verbundenen Desoxydation (Mn),
einer Verwendung als Impfzusatz,
einer Wirkung als Entgasungs- und Denitrierungsmittel,
der Entschwefelung und als Reinigungsmittel.

Zusatz. Entweder werden diese Legierungen im Ofen je nach Abbrandgröße gleich zu Beginn, am Ende oder in die Pfanne eingesetzt. Abb. 12 gibt einen Überblick über die Sauerstoffaffinität des betreffenden Elements und seiner Abhängigkeit von der Temperatur bzw. des Reduktionsverhaltens gegenüber Kohlenstoff [*25*].

Die Reduktionsverhältnisse im flüssigen Roheisen hat MARINČEK [*26*] beschrieben (Abb. 13).

Für alle Ferrolegierungen sind die Gleichmäßigkeit der Lieferungen, die geeignete Stückigkeit, die Höhe des kennzeichnenden Legierungsträgers, der Kohlenstoff, die übrigen üblichen Begleitelemente, aber auch die Spurenelemente und Gasgehalte sowie nicht zuletzt die Dichtigkeit und die Schlackenfreiheit (grob und fein) von Bedeutung. Eisenschädlinge sollen fehlen.

Die wirtschaftlichen Einflüsse sind zu beachten.

Probenahme. Über die Probenahme sind eigene Vorschriften erlassen worden. Es ist angebracht, sich vor dem Kauf auch mit diesen vertraut zu machen. Ebenfalls sind dort einschlägige Richtlinien über die Analysen (Schieds- und Betriebsanalyse) angegeben [*27*].

a) **Siliziumhaltige Legierungen.** Man teilt sie wie folgt ein (Tabelle 11):

Tabelle 11

Legierung	Herstellung	C %	Si %	Mn %	P %	S %	%	Verwendung	Form
Si im Roheisen	HO	~3,5	unter 5	unter 1,2	unter 1,8	unter 0,06		GG GT GS	Masseln
FeSi 10	HO	1,5—2	10—12	unter 0,8	unter 0,2	unter 0,04		GG GT GS	Masseln stückig
FeSi 15—25	versch. Herstellg.	1 —1,8	12—27	unter 0,5	unter 0,5	—	Ti Al	GG GT GS	stückig
FeSi 45	EO	unter 0,2	40—50	0,3—1,0	unt. 0,10	unter 0,05	1—3 Al unt. 0,5 Ti	GG GS (Pfanne)	stückig zerfällt leicht
FeSi 75	EO	unter 0,2	70—82	0,1—0,4	unt. 0,10	unter 0,05	unt. 0,5 Ti	GG GS (Pfanne)	stückig u. pulverig
(Fe)Si 90	EO	unter 0,1	90—94	0,1	unt. 0,10	unter 0,05	unt. 0,5 Ti		stückig
Si-Metall	EO	unter 0,1	ca. 98	unter 0,1	ca. 0,02	unter 0,05			stückig
Si-Pakete versch. Größe	aus FeSi 25—45 mit Zement u. a.	siehe jeweilige Anweisung mit genauem Si-Gehalt						GG GT	Formlinge
Pfannenzusätze	—	—					—	—	in Büchsen oder Beuteln
Si-Stahlschrott	—		bis 5%	siehe jeweilige Analyse				(GG) GS	verschieden
CaSi	EO	0,6—0,9	60—65	0,2	ca. 0,01	ca. 0,03	30—35 Ca ca. 2 Al ca. 3 Ti	GG (Pfanne) GT (selten)	stückig pulverig

Je nach Herkunft unterscheidet man deutsche, kanadische und andere FeSi-Legierungen.

Fe—Si. Das binäre System Fe—Si umfaßt mehrere Verbindungen und Eutektika (Abb. 24). Während die Verbindung Fe_3Si_2 beim Schmelzen zerfällt, ist die Verbindung FeSi stabil. Aus dem Diagramm ist auch zu entnehmen, daß bis 20% Si die Schmelztemperatur sinkt.

Mit Kohlenstoff geht das Si eine Verbindung: SiC ein, die aber in FeSi-Legierungen kaum zu beobachten ist. Die Löslichkeit des C nimmt mit zunehmendem Si-Gehalt stark ab. Der Schwefel liegt in den FeSi-Legierungen tief. Mit Stickstoff bildet Si mindestens zwei Nitride, die in FeSi-Legierungen auch beobachtet wurden. Die Löslichkeit des Stickstoffes in FeSi nimmt mit steigendem Si-Gehalt ab, dagegen findet sich eine beachtliche Zunahme von Wasserstoff, wie Abb. 25 darstellt.

Als Ausgangsprodukte werden Quarzite oder/und reiner Sandstein (SiO_2) verwendet. Quarzite finden sich im Westerwald, der Eifel, dem Taunusgebirge und vor allem in Sachsen (Findlingsquarzite). Zur Reduktion dient Koks, Anthrazit, Holzkohle in Gegenwart von Eisen-(spänen) oder -erzen. FeSi-Legierungen mit mehr als ungefähr 15% werden nicht mehr im Hoch-, sondern im Elektroofen erstellt. Die Form des FeSi besteht aus Masseln, Brocken bzw. Pulver.

Mit steigendem Si-Gehalt sinkt die Wichte (Abb. 26).

Die Farbe geht von grauweiß nach grauviolett über. FeSi 45 zerfällt an der Luft. Höher silizierte Sorten zerfallen kaum. Nach MATUSCHKA sollen 45%-Sorten auch gut

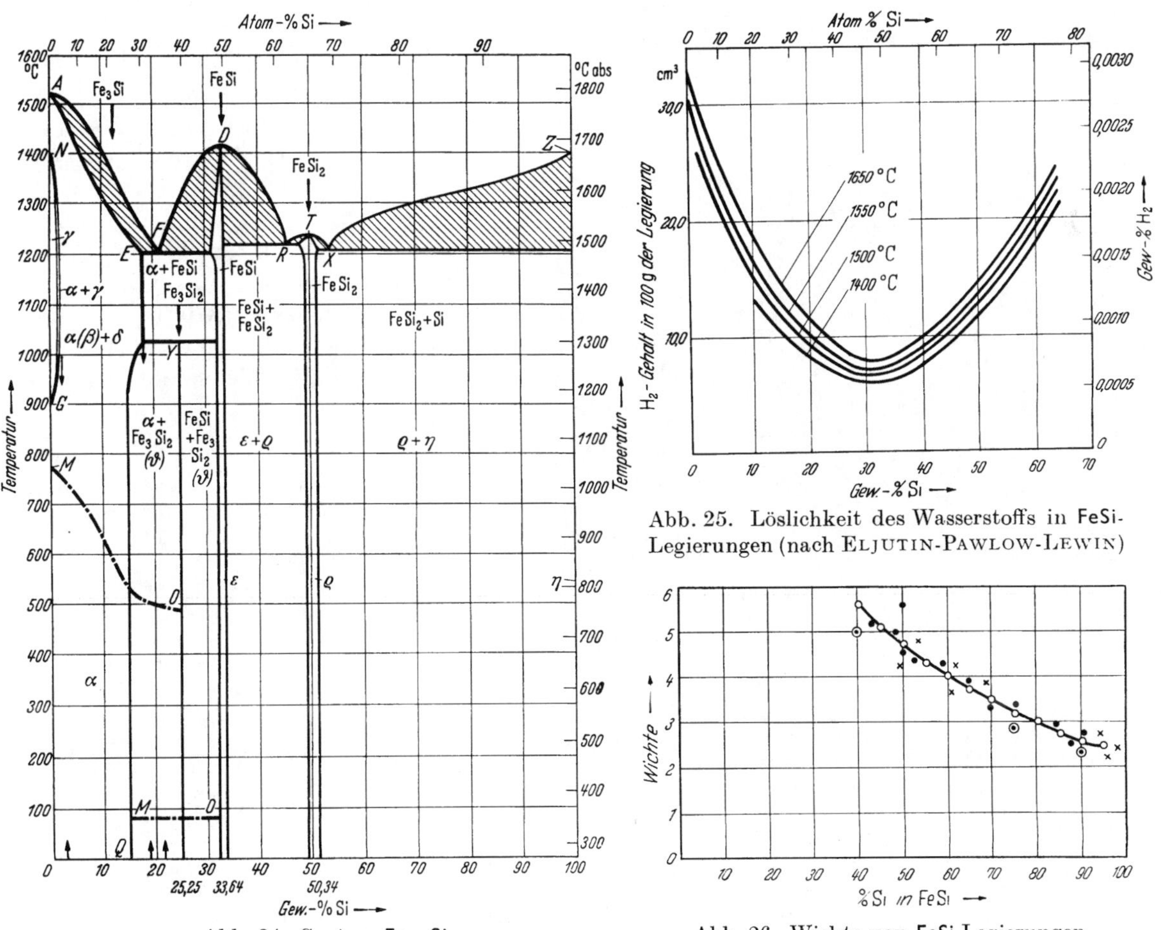

Abb. 24. System Fe—Si

Abb. 25. Löslichkeit des Wasserstoffs in FeSi-Legierungen (nach ELJUTIN-PAWLOW-LEWIN)

Abb. 26. Wichte von FeSi-Legierungen

dicht sein. Beim Zerfall entwickeln sich Phosphor-Wasserstoff-Gase (entzündbar und giftig).

Der Versand von höher silizierten Legierungen soll in Fässern vor sich gehen. Je höher der Si-Gehalt — um so höher liegt z. B. der Gehalt an Al:

bei 45% Si meist 0,1—0,2% Al, bei 75% Si meist 0,1—0,3% Al, bei 90% Si meist 1—3 % Al.

Zusätze an Cr sind nur dann vorhanden, wenn solches in den Eisenspänen vorlag. Im allgemeinen gehören die FeSi-Legierungen zu den reinen Legierungen.

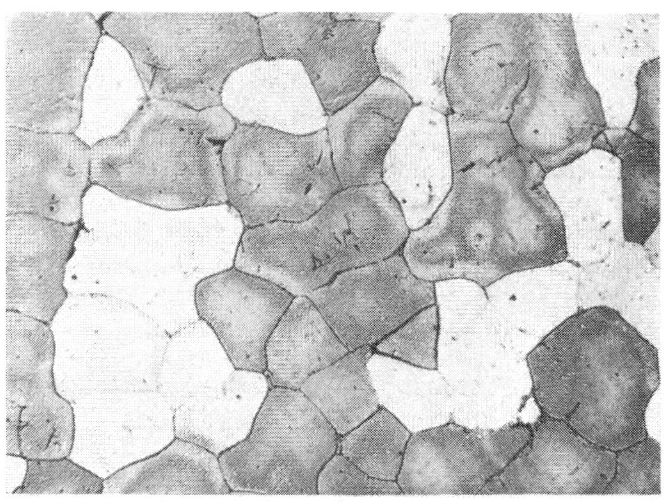

×200

Abb. 27. Mikrostruktur von FeSi mit der Analyse: C 0,28%, Si 16,8%, Mn 0,78%, P 0,1%, S 0,03%

FeSi 10. Das Hochofen FeSi 10 (8—15% Si) erfordert einen heißen Ofengang, also erhöhte Kokssätze. Die Schlacke muß sauer gehalten sein.

Die Reduktionstemperatur liegt in Anwesenheit von Fe bei etwa 1100 °C.

Stückigkeit: Masseln, Platten (evtl. Brocken); *Dichtigkeit:* möglichst ohne Lunker, Blasen, Schlacke usw.; *Bruchgefüge:* dunkelgrau bis silbergrau; *Garschaum:* möglichst wenig; Si: 9 bis 12 (14)%; Streuungen darüber hinaus sind möglichst zu vermeiden. Sie lassen sich qualitativ erkennen an dem verschiedenen Grad der Rostanfälligkeit: 6—9% rostet stärker; 9—12% wenig; 12% rostet fast nicht; C: meist 1,5—2%; Mn: < 0,8%; P: < 0,18%; S: < 0,06%; *Eisenschädlinge:* soll frei davon sein. Abb. 27 zeigt ein FeSi mit etwa 17% Silizium.

FeSi 15—25. Es enthält je nach Herkunft oft recht unterschiedliche Zusammensetzung unter Einschluß verschiedener Elemente, Oxyde u. a. Es ist einer sorgfältigen Prüfung auf Gleichmäßigkeit und Zusammensetzung zu unterwerfen.

×150

Abb. 28. Mikrostruktur von FeSi mit der Zusammensetzung: C 0,1%, Si 45,26%, Mn 0,28%, P 0,059%, S 0,005%

FeSi 45

Stückigkeit: Brocken, möglichst wenig pulverige Anteile; *Dichtigkeit:* soll möglichst dicht sein, bei guten Sorten wenig Porosität; *Farbe:* grau-silbergrau, metallisch glänzend; Si: 40 bis 50%; C: < 0,2%; Mn: 0,2—1,0%; P: < 0,1%; S: < 0,05%; Al: bis 1 meist < 0,3%; Ti: < 0,5%; As: Spuren, wenig; SiO_2 n.b.; *Eisenschädlinge:* soll frei davon sein; *Gasgehalt:* ist unterschiedlich gashaltig, Werte nicht gesichert (P, As und H-Verbindungen); *Anlieferung:* meist gewaschen, gut getrocknet, meist in Holzfässern verpackt; *Verschiedenes:* ist u. U. selbst entzündbar (meist As und P-Wasserstoffverbindungen); *Lagerung:* unter allen Umständen gut trocken lagern, wenig bevorraten, da Zerfallsgefahr besteht; *Provenienz:* Deutschland, Norwegen, Kanada u. a.; *Gefüge:* Abb. 28.

FeSi 75

Stückigkeit: Brocken oder, wenn verlangt, pulverig; *Dichtigkeit:* dichte Struktur, soll nicht zerfallen; *Farbe:* grauviolett, metallischer Glanz; Si: 70—82%; C: < 0,2%; Mn 0,1—0,4%; P: < 0,10%; S: < 0,05%; Al: bis 1%, in Sonderfällen (leg. GS) kleiner; Ti: < 0,5%; je weniger Ti vorhanden, um so mehr Al; CaO: meist unter 1%; As: wenig; SiO_2, Silikate: möglichst Null; *Eisenschädlinge:* soll frei davon sein; *Gasgehalt:*

nicht gesicherte Werte (bis 2,5—10 cm^3 je 100 g Fe—Si); *Anlieferung:* stückig und pulverig; *Lagerfähigkeit:* unbegrenzt; *Provenienz:* Deutschland, Norwegen, Kanada u. a.; *Gefüge:* Abb. 29.

Si-Metall dürfte ab 90% (95%) Si anzusetzen sein.

Si 90

Stückigkeit: Brocken, evtl. gepulvert; *Dichtigkeit:* muß dicht sein; *Farbe:* grau-violett; Si: 90—95%; C: < 0,1%; Mn: < 0,3%; P: 0—0,10%; S: 0,0—0,05%; Al: 1—3%; Al-Gehalte unter 0,8% (0,5%) sind für Sonderstähle meist erwünscht. Der Ca-Gehalt steigt dann aber an; Ti: <0,2%; Ca: < 1,5%; *Wichte:* 2,4; *Lagerfähigkeit:* unbeschränkt.

Si 98

Stückigkeit: stückig oder pulverig; *Dichtigkeit:* muß dicht sein; *Farbe:* grau bis schwach violett; Si: 98—99%; C: < 0,1%; Mn: < 0,05%; P: < 0,05%; S: < 0,03%; Al: < 1%; Fe: < 0,5%; SiO_2: muß möglichst frei davon sein; *Gasgehalt:* nicht gesicherte Werte; *Lagerfähigkeit:* unbeschränkt.

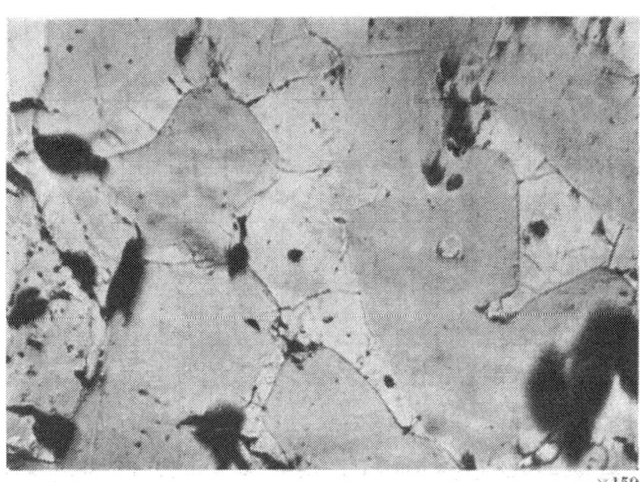

×150

Abb. 29. Mikrostruktur von FeSi mit der Zusammensetzung: C 0,03%, Si 77,8%, Mn 0,20%, P 0,028%, S 0,015%

Si-*Pakete.* Sie werden von verschiedenen Firmen geliefert.

Vornehmlich werden sie im Kupolofen und gelegentlich im Kleinkonverter angewendet.

Es handelt sich um brikettierte FeSi-Legierungen, die mit geeigneten Bindemitteln Zement, Kalk u. a. eingehüllt sind. Die Bindemittel haben etwa das gleiche Schmelzverhalten und schützen das FeSi vor Abbrand.

Die Verteilung im Bad ist intensiv.

Je nach Hersteller haben sie eine bestimmte Form. Es gibt ganze und halbe Pakete. Der Si-Gehalt ist festgelegt. Pfannenzusätze sind teilweise noch mit exothermischen Zusätzen in Anwendung.

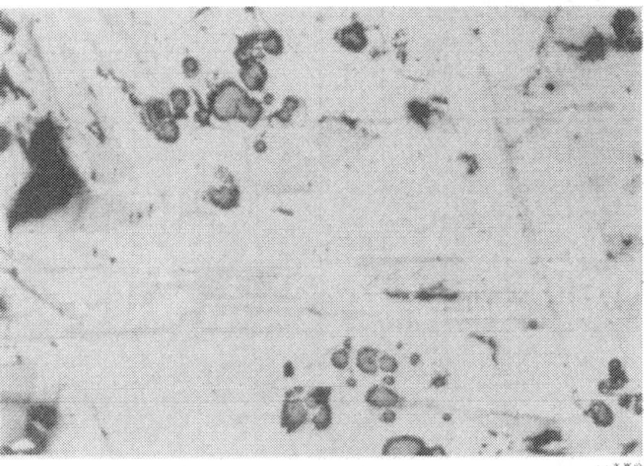

×150

Abb. 30. Mikrostruktur von CaSi mit der Zusammensetzung: C 0,1%, Si 62,5%, Mn 0,05%, P 0,04%, S 0,004%, Ca 31,1%

CaSi. Es wird zur Badreinigung von GG, insbesondere zur Entfernung der Silikattrübe verwendet. Dazu wirkt es schwach silizierend und impfend. Die Höhe des Zusatzes ist vom Oxydationsgrad der Schmelze abhängig. Üblicherweise verwendet man: 0,4 kg je 100 kg Schmelze. Die beste Körnung liegt bei 0,5—3 mm. Gute Lösungsfähigkeit und geringster Verstaubungsverlust sind damit gesichert. Man setzt CaSi in die Pfanne, die schon zum kleinen Teil mit flüssiger Schmelze bedeckt ist, und läßt das Körnungsgut während des Einlaufens des übrigen flüssigen Eisens zusetzen. Auch beim Einfließen in den Trichter kann es zugesetzt werden.

Bei hochwertigem Stahlguß wird eine Körnung von 5—10 mm empfohlen. Wichte: 2,48—2,67 bzw. 2,75.

Die dichten Sorten sind geeigneter. Der Bruch ist silbergrau, dicht bis stark porös und glänzend. Diese Legierung ist lagerempfindlich.

Die Analysengrenzen liegen wie folgt:

Ca 15–33% oder 25–30%, Al 1–3%, P bis 0,05%, Mg bis 0,3%.
Si 55–65% „ 55–60%, C bis 0,5% oder bis 2,5%, S „ 0,04%, Ti „ 3%.

Kalziumsilikat $CaSiO_3$ bis 1%, H_2 bis 20 cm³ je 100 g. Das Mikrogefüge hat ein Aussehen das Abb. 30 zeigt.

b) Manganhaltige Legierungen. Man teilt sie wie folgt ein (Tabelle 12):

Tabelle 12

Legierung	Herstellung	C %	Si %	Mn %	P %	S %	Verwendung	Form
Mn im Roheisen	HO	4–4,5	unt. 5,0	unt. 5	unt. 0,3	unt. 0,05	GG GT GH GS	Masseln
Spiegeleisen	HO	4–6	unt. 2,0 (und mehr)	(6–20) 8–12	unt. 0,3	unt. 0,05	GG GT GH GS	Masseln
FeMn 30/50 carburé	HO	4–7	unt. 2	30–50	unt. 0,4	unt. 0,05	GS	stückig
FeMn 80 carburé	HO	5–8	unt. 1	75–80	rd. 0,3	rd. 0,07	GS	stückig
FeMn 80 affiné	EO	1–2	unt. 1,5	75–90	unt. 0,3	unt. 0,03	GS	stückig
FeMn 80/90 surafﬁné	EO	0,5	unt. 1,5	75–90	unt. 0,3	unt. 0,05	GS	stückig
Mn-Metall	EO	0,05	1	94–97	0,2	rd. 0,05		stückig
Siliko-Mangan	EO	0,8–3,0	15–25	65–75	unt. 0,3	0,02	(GG) GS	stückig
Mn-Pakete	verpreßt mit Zement	unterschiedlich					GG GT (GH)	Formlinge
Pfannenzusätze	—	mit genau bestimmtem Metallinhalt					—	in Büchsen oder Beuteln
Stahlschrott	—			0,3–12 (20)			GG GS GT	—

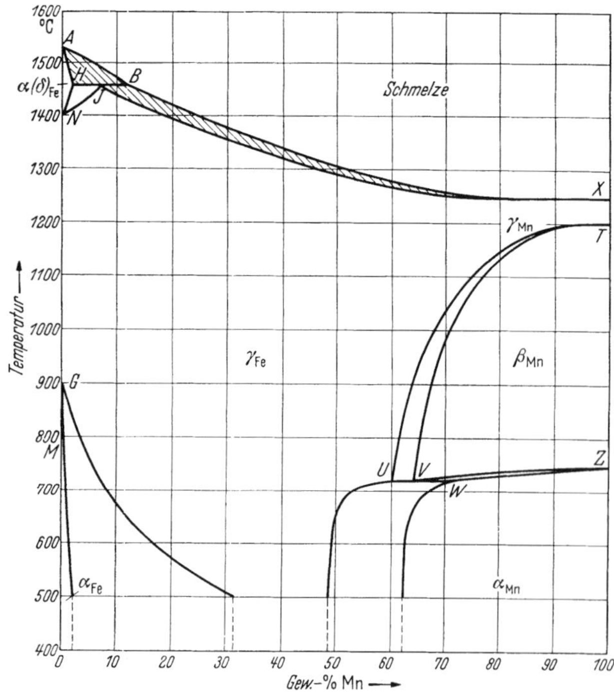

Abb. 31. Zustandsdiagramm Fe–Mn

Das System Fe–Mn bildet im flüssigen Zustande eine völlige Löslichkeit (Abb. 31). Die Löslichkeit des Mn im festen Zustand ist beschränkt. Bei etwa 10–25% Mn ist ein hexagonales, dicht gepacktes Kristallgitter zu erkennen. Die übrigen Zustände des Systems sind der Abbildung zu entnehmen.

Die Legierungen des Fe–Mn–C umfassen ein System, das in Abb. 32 zu finden ist.

Neben den Karbidphasen unterschiedlicher und recht komplizierter Art sind die weiteren Phasen dem Dreistoffbild zu entnehmen.

Mangan bildet sodann mit Si zwei Verbindungen, Mn_2Si und MnSi, mit Stickstoff die Verbindungen Mn_3N, Mn_5N_2, Mn_4N. So enthält FeMn bis 0,04% N_2. Diese Gehalte sind vom Mn- und C-Wert, aber naturgemäß auch von der Herstellung abhängig.

FeMn-Legierungen lösen bedeutsame Mengen von Wasserstoff. Ob sich dabei ein Hydrid bildet, ist noch nicht gesichert.

Die Wasserstoffmengen sind von ähnlichen Verhältnissen abhängig wie diejenigen von Stickstoff.

Beide Gasmengen können durch Glühen bei 850—950 °C wesentlich reduziert werden.

Größere Mengen von Wasserstoff können die Ursache von erheblichen Schädigungen der Gußerzeugnisse werden. Abb. 33 zeigt ein FeMn affiné, das im Herstellungsprozeß von GSMn 10 stark auffiel (Abb. 34).

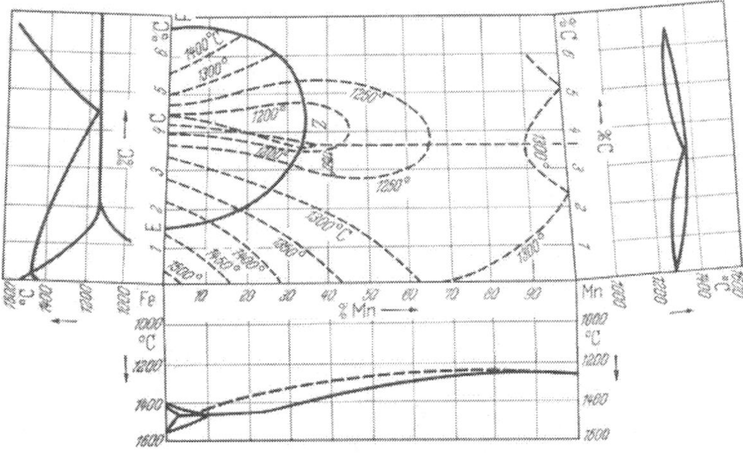

Abb. 32. Zustandsdiagramm Fe—Mn—C

Spiegeleisen

Stückigkeit: meist in Masseln (Sand, seltener Kokille) vergossen; *Dichtigkeit:* meist gut ausreichend, zerspringt beim Schlagen leicht, vor allem, wenn es lange gelegen hat; *Bruch:* a) meist grob spiegelig — weiß — Anlauffarben, b) gelegentlich feinkörnig, meist grobkörnig; Mn: 6—20%, meist 8—12%; C: 4—6%, meist um 5% gelegen; Si: a) unter 1—2% (Spiegelbruch), b) über 2% meist Graubruch; P: unter 0,3% (bei Stahlguß beachten); S: unter 0,05%; Gasgehalt: bis ca. 10 cm^3/je 100 g: *Provenienz:* meist Deutschland.

Das Gefüge des Spiegeleisens ist in Abb. 35 dargestellt.

FeMn 30—50 carburé (gekohlt)

Stückigkeit: Brocken; *Dichtigkeit:* gelegentlich locker dendritisch aufgebaut; *Farbe:* metallisch matt glänzend; Anlauffarben; Mn: 30—50%; C: 4—7%, meist um 5%; Si: 1—2 (3)%; P: bis 0,4 (bei Stahlguß beachten); S: unter 0,05%; *Gasgehalt:* kann groß sein (deswegen ausglühen); *Gefüge:* unterschiedliche Mengen von Karbiden (siehe Abb. 36 und 37); *Schlacken u. Oxyde:* es können oft nicht unbeträchtliche Mengen im Gefüge vorkommen; *Provenienz:* meist aus deutschen Rohstoffen im Hochofen erstellt.

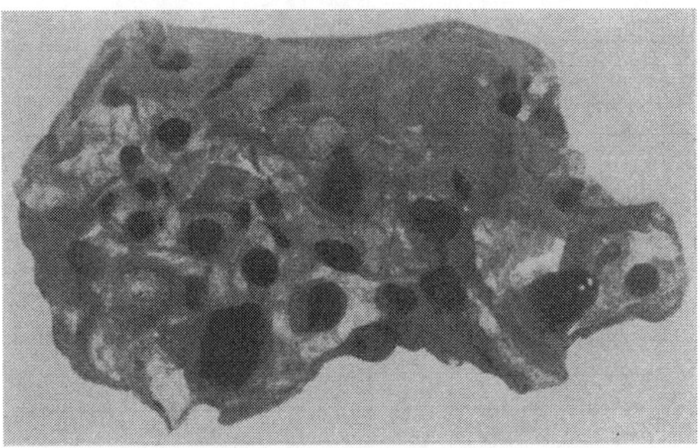
Abb. 33. Gasreiches FeMn (80%) affiné

FeMn 80 carburé

Stückigkeit: meist Brocken; *Dichtigkeit:* soll dichte Struktur besitzen, rissig; *Farbe:* silbrig, mattgrau, Anlauffarben, Wärmespannungen; Mn: 75—80%; C: 5 bis 8%; Si: meist unter 1%; P: bis 0,3% (bei Stahlguß beachten); S: unter 0,07%; *Eisenschädlinge:* Cr, V und andere müssen fehlen. *Gasgehalt:* kann nicht unbeträchtliche Mengen an Gasen enthalten (deswegen ausglühen 800 °C — 4—5 Std.); *Gefüge:* es enthält je nach Herkunft unterschiedliche Karbidmengen (siehe Abb. 38);

Abb. 34. Mn-Stahlguß (10%) mit FeMn, das sehr stark blasig war, erschmolzen

Schlacken u. Oxyde: sollen möglichst fehlen (MnO bzw. Mn-Silikate); *Provenienz:* Deutschland und andere (Hochofen u. Elektro-Hochofen).

Beim Zusammenschlagen von zwei Stücken entstehen wenig rötliche Funken.

FeMn 80 affiné

Stückigkeit: meist in Brockenform; *Dichtigkeit:* ist meist gut dicht; *Farbe:* silbrig matt; Anlauffarben; Mn: 75—90%, meist um 80%; C: 1—2%; Si: unter 1,5%; P: unter 0,3%, meist 0,2%; S: unter 0,03%, meist 0,02%; Al: wenig; *Gasgehalt:* kann beträchtliche Werte annehmen; *Schlacken u. Oxyde:* MnO, Mn-Silikate vorhanden; *Provenienz:* aus Deutschland und verschiedenen Staaten (Elektroöfen); *Funkenbildung:* beim Aufeinanderschlagen zweier Stücke bilden sich hellere Funken.

FeMn suraffiné

Diese Sorten beginnen bei 0,5% C und enden bei 0,05% C. Auch ihr Schwerpunkt im Mn-Gehalt liegt bei um 80%. Die P-Werte sind zu beachten.

×150

Abb. 36. Mikrostruktur von FeMn mit der Zusammensetzung: C 5—6%, Si 1—2%, Mn etwa 40%

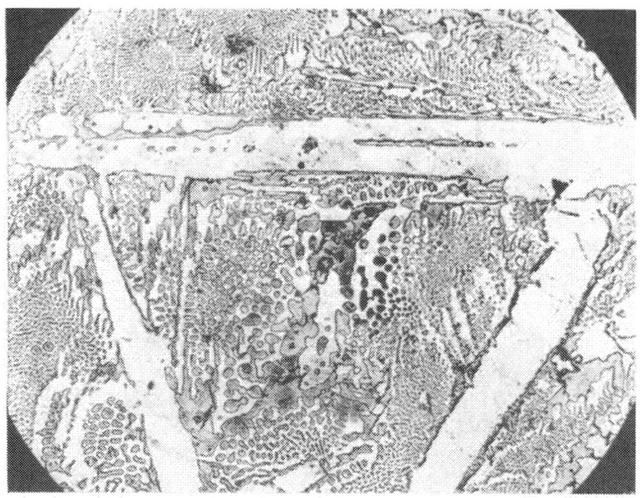

×200

Abb. 35. Mikrostruktur von Spiegeleisen mit der Zusammensetzung: C 5,0%; Si 0,7%, Mn 12,2%, P 0,17%, S 0,015%

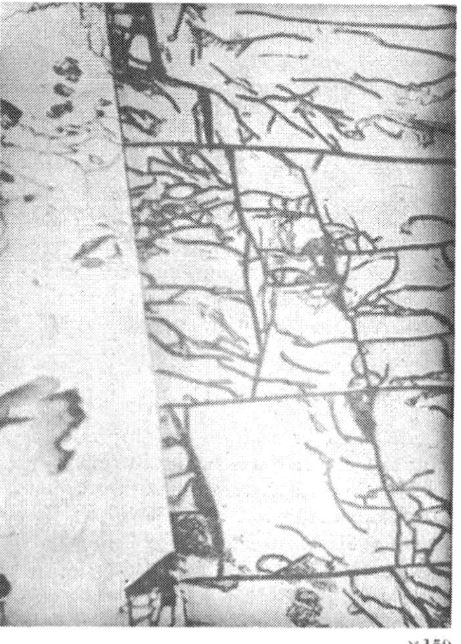

×150

Abb. 37. Mikrostruktur von FeMn mit der Zusammensetzung: C 5—6%, Si 0,9%, Mn etwa 50%

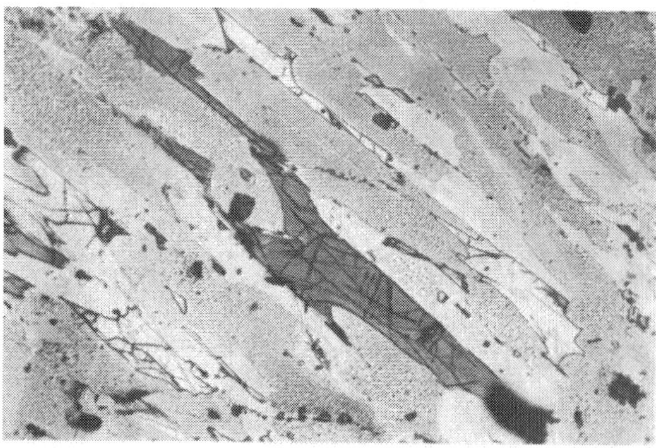

×150

Abb. 38. Mikrostruktur von FeMn carburé mit der Zusammensetzung: C 6,49%, Si 0,49%, Mn 72,88%, P 0,312%, S 0,027%

Der Wasserstoffgehalt bei diesen Legierungen ist bis 12 cm³ je 100 g Metall gelegen.

Manganmetall ist glänzend silbrig und spröde. Es ist meist gut dicht und zeigt eine glatte Bruchfläche. Es funkt beim Aufeinanderschlagen zweier Stücke. Ein Mikrogefüge ist in Abb. 39 dargestellt.

Mn-*Schlacken*. Neuerdings werden im Schmelzprozeß z. B. beim Kupolofen mit gutem Erfolg auch Mn-haltige Schlacken zugesetzt. Die Mn-Werte schwanken um 10—25%. Diese Schlacken werden an Stelle von Spiegeleisen verwendet (Reduktion).

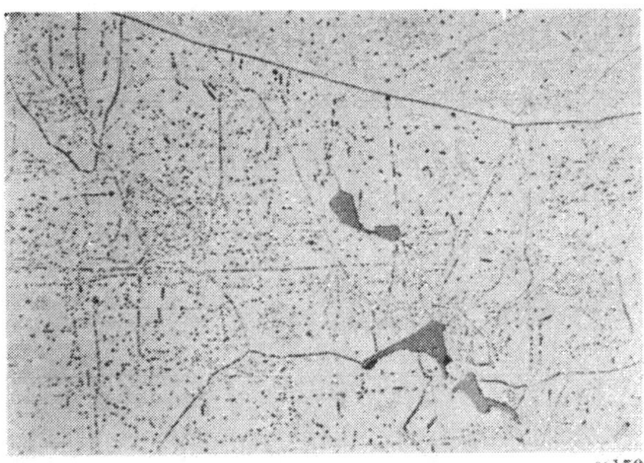

×150

Abb. 39. Mikrostruktur von Mangan-Metall mit der Zusammensetzung: C 0,08%, Si 1,85%, Mn 94,12%, P 0,165%, S 0,025%

Mn-*Pakete*. Ihre Zusammensetzung und Größe ist durch die verschiedene Fabrikation gegeben. Auch bei ihnen schützt das Bindemittel vor sonst höherem Abbrand. Die Verwendung ist meist dem Kupolofenschmelzen vorbehalten.

Mn-*Pfannenzusätze*. Sie werden teils mit wärmeführenden Zusätzen geliefert und erleichtern bei variablen Gattierungen das Arbeiten. Die Mn-Inhalte sind von den Lieferanten festgelegt (2—0,25 kg).

Silikomangan. Es umfaßt die Grenzen von 15 bis 25% Si und (60) 65—75% Mn. Die Gehalte an C liegen um 0,8—3%. Die übrigen

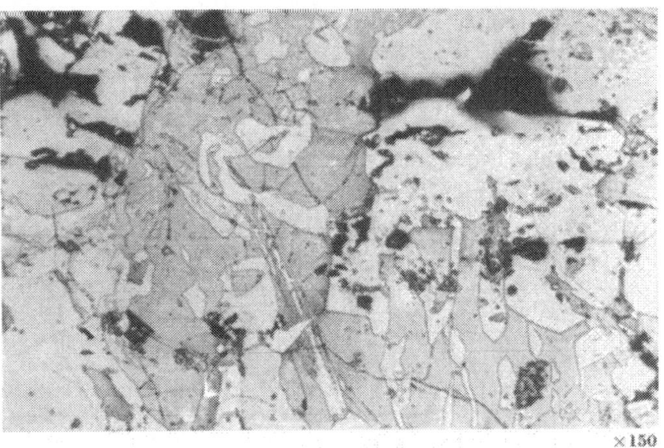

×150

Abb. 40. Mikrostruktur von Silicomangan mit der Zusammensetzung: C 1,84%, Si 10,82%, Mn 65,40%, P 0,123%, S 0,006%

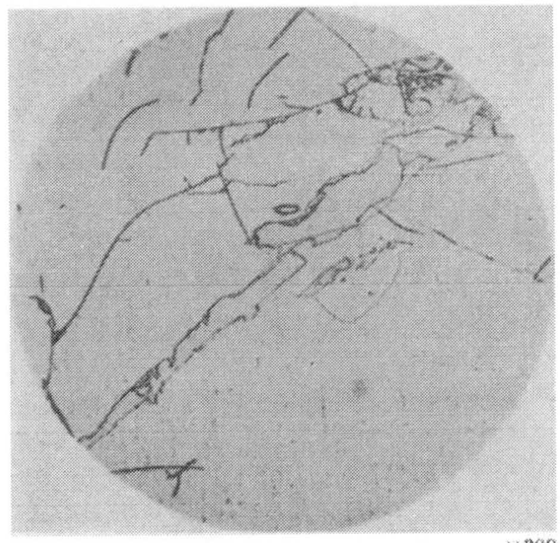

×300

Abb. 41. Mikrostruktur von Silicomangan mit der Zusammensetzung: C 1,79%, Si 6,58%, Mn 73,81%, P 0,30%, S 0,05%; Mikrohärte: Grundmasse 1026 kg/mm², Karbide 800 kg/mm²

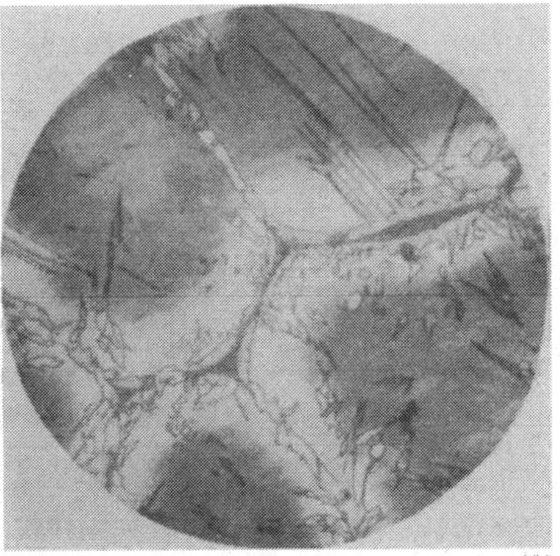

×300

Abb. 42. Mikrostruktur von Silicomangan mit der Zusammensetzung: C 1,04%, Si 8,65%, Mn 73,00%, P 0,45%, S 0,03%; Grundmasse: Mikrohärte 1430 kg/mm², Karbide 1000 kg/mm²

Gehalte sind der obigen Tabelle zu entnehmen. Es ist meist silbrig, fein kristallin, schwach glänzend und dicht. Der Mikroaufbau wird in Abb. 40 gezeigt.

Weitere Gefügebilder zeigen die Abb. 41—44 und führen damit den recht unterschiedlichen Aufbau vor Augen.

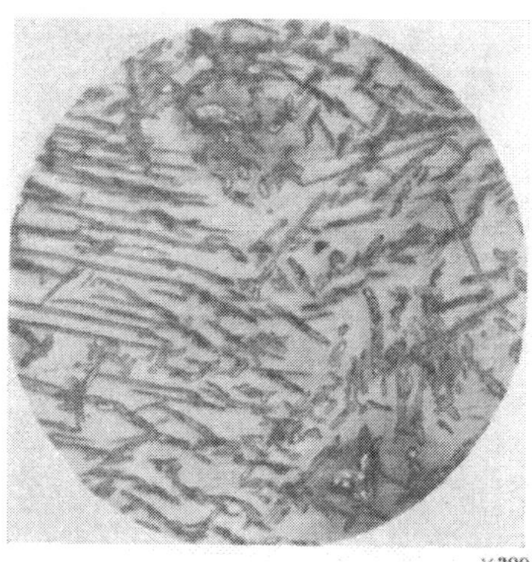

×300

Abb. 43. Mikrostruktur von Silicomangan mit der Zusammensetzung: C 1,04%, Si 8,65%, Mn 73,80%, P 0,28%, S 0,03%

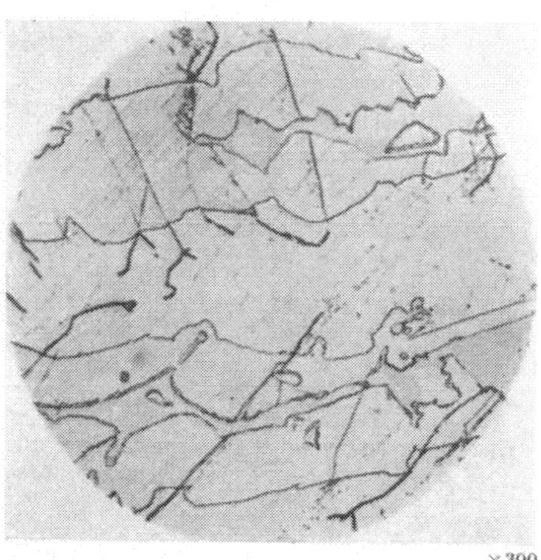

×300

Abb. 44. Mikrostruktur von Silicomangan mit der Zusammensetzung: C 2,61%, Si 14,89%, Mn 68,68%, P 0,32%, S 0,05%; Mikrohärte: Grundmasse 970 kg/mm², Karbide 800—900 kg/mm²

c) **Chromhaltige Legierungen.** Sie werden unterteilt in (Tab. 13):

Tabelle 13

Legierung	Herstellung	C %	Si %	Mn %	P %	S %	Cr %	N_2 %	Verwendung	Form
Cr im Roheisen	HO	3—5	—	unt. 1	unt. 0,3	unt. 0,06	unt. 10	—	GG GH	Masseln
FeCr carburé	HO	3—5	—	unt. 1	unt. 0,3	unt. 0,06	10—30	~0,1	GH GS	stückig
FeCr carburé	EO	4—10	unt. 1,5 u. bis 7	0,1—0,5	unt. 0,03	unt. 0,06	60—72	~0,10 u. höher	GH GS	stückig
FeCr 2% affiné	EO	0,5—4	unt. 1,5	0,1—0,5	unt. 0,1	unt. 0,06	60—70	unt. 0,1	GS	stückig
FeCr suraffiné	EO	0,02—0,5	0,3—1,5	0,1—0,5	unt. 0,1	unt. 0,05	60—70	unt. 0,1	GS	stückig
Cr-Metall	EO	unt. 0,1	unt. 0,5	unt. 0,2	unt. 0,02	unt. 0,03	98	unt. 0,1	GS NE	stückig
Siliko-Chrom	EO	0,06—0,2	50	unt. 0,5	unt. 0,2	—	35	—	GS	stückig
Cr-Pakete	verpreßt mit Bindemitteln	—	unt. 0,5	unt. 0,5	unt. 0,10	0,06	—	—	GG	Formlinge
Pfannenzusätze	—	mit genau bestimmtem Metallinhalt							—	in Büchsen oder Beuteln
Stahlschrott	—	—	—	—	unt. 0,06	0,06	versch.	—	(GG)GS (Ni, Mo)	—

Das Ferrochrom ist ebenfalls ein wichtiges Legierungselement. Chrom engt im Gegensatz zu Mn den γ-Bereich ein.

Mit C bildet Chrom mehrere Karbide: reguläres CrC_4, hexagonales Cr_7C_3 und rhombisches Cr_3C_2. Das System Fe—Cr—C ist gut studiert worden. Da auch Si im Ferrochrom

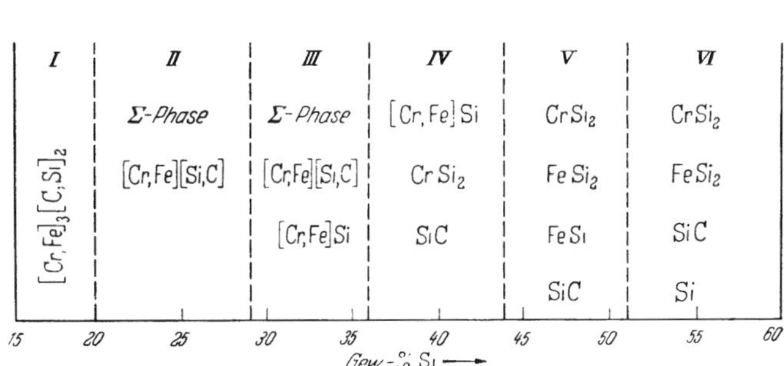

Abb. 45. Phasendiagramm Cr—Fe—Si—C (nach Pawlow)

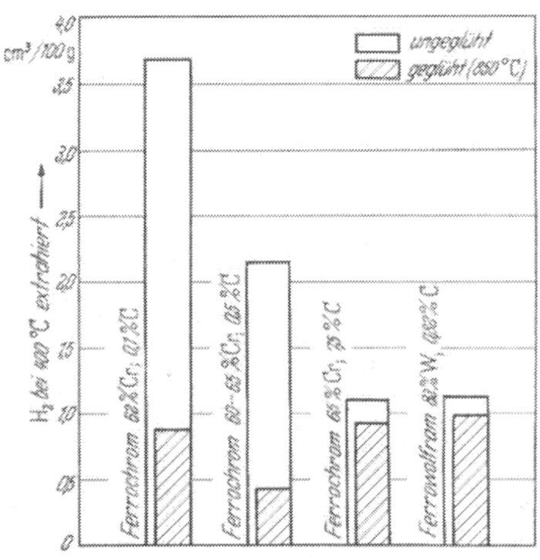

Abb. 46. Einfluß des Glühens auf den Wasserstoffgehalt von Ferrolegierungen (nach H. Bennek, H. Schenk und H. Müller)

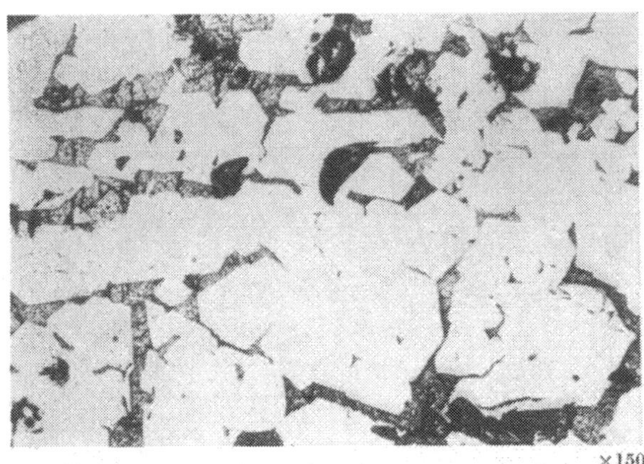

×150

Abb. 47. Mikrostruktur von FeCr carburé mit der Zusammensetzung: C 5,23%, Si 0,39%, Mn 0,13%, P 0,010%, S 0,008%, Cr 71,5%

×1,5

Abb. 48. Ferrochrom affiné Bruchgefüge

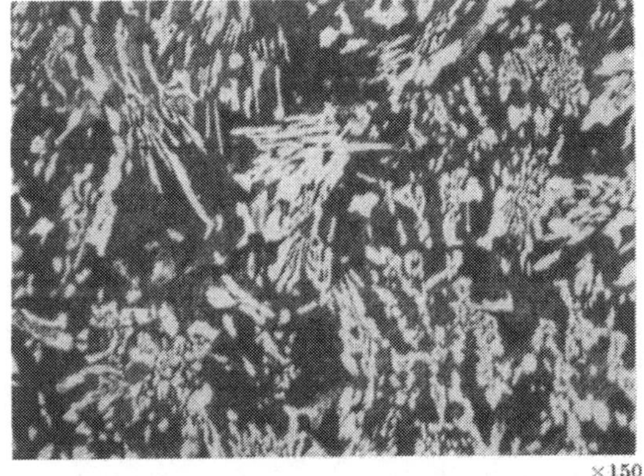

×150

Abb. 49. Mikrostruktur von FeCr; Zusammensetzung: C 1,55%, Si 1,22%, Mn 0,25%, P 0,08%, S 0,005%, Cr 71,68%, N 0,101%

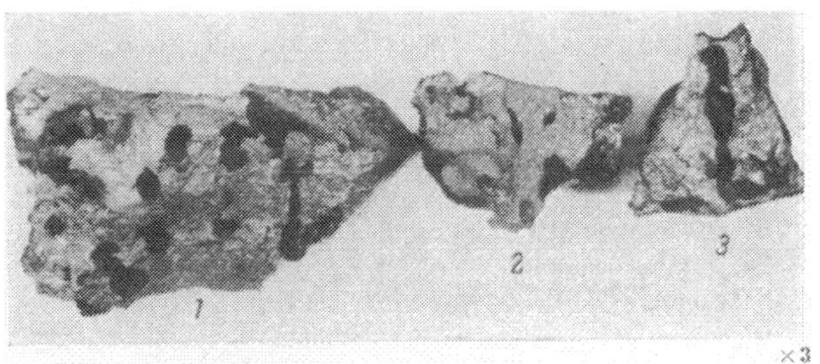

×3

Abb. 50. Blasiges Ferrochrom affiné, schlackig und mit Blasen

legiert ist, sind diese Verbindungen ebenfalls von Bedeutung. Nach PAWLOW bilden sich im System Fe—Cr—C—Si folgende Phasen aus (Abb. 45).

Das Chrom bildet zwei Sulfide, CrS und Cr_2S_3.

Es darf als sicher angenommen werden, daß sich Cr in Mn- und Fe- reichen Sulfiden beachtlich löst. In hoch Cr-haltigen Legierungen (30% Cr — GS) können auch die Phosphide CrP und Cr_2P_3 eine Rolle spielen. Sie finden sich bei Werten von 0,1% P in den Korngrenzen und verspröden den Guß wesentlich.

Chrom bildet Nitride: CrN und Cr_2N. Es löst beachtliche Mengen bis 1% N auf und erfährt dadurch eine starke Kornverkleinerung. Die hohe Affinität mit Sauerstoff führt in der Schlacke zu Cr_2O_3.

Wasserstoff löst sich in beachtlichem Maße in FeCr auf und wird durch Glühen (850 °C) teilweise ausgetrieben (Abb. 46).

In Abb. 47 ist ein Ferro-Chrom-carburé mit CrFe-Doppelkarbiden festgehalten. Die Mikrohärte liegt bei 1200—1400 kg/mm²; die nächsten beiden Abb. 48 und 49 zeigen ein FeCr-affiné im Bruchgefüge bzw. im Mikrobild.

Ferrochrom affiné mit feinem Gefüge, aber mit viel Blasen und Schlacken zeigt Abb. 50. Auch das Mikrogefüge ist mit außerordentlich viel Schlacken durchsetzt. Die Bewährung ist gering. Im Gegensatz dazu ist das in Abb. 51 dargestellte FeCr-affiné völlig dicht und besitzt wenig Schlackeneinschlüsse.

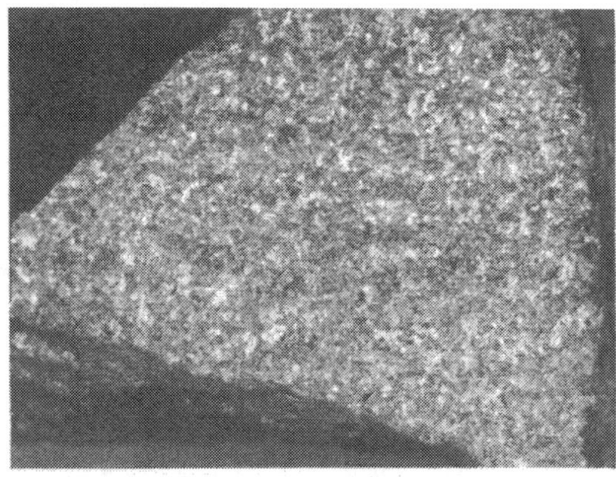

Abb. 51. Dichtes Ferrochrom, mittelkristallin, silbergrau

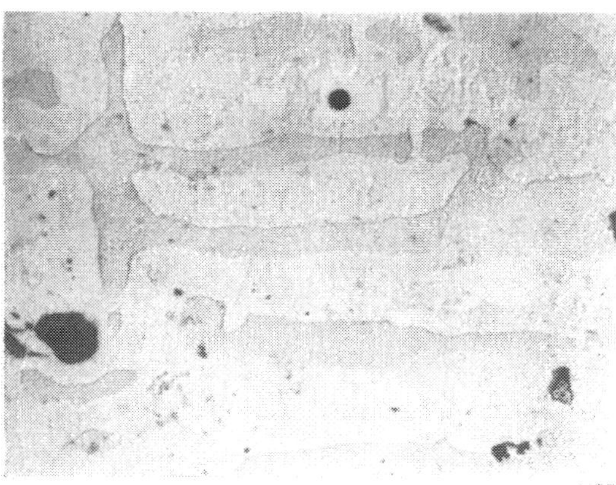

×150

Abb. 52. Mikrostruktur von FeMo mit der Zusammensetzung: C 0,05%, Si 1,54%, Mn 0,016%, P 0,04%, S 0,04%, Mo 73,4%; Bruch dicht

d) Molybdänhaltige Legierungen. Die Mo-Träger sind in Tab. 14 zusammengetragen.

Tabelle 14. *Molybdänträger*

Legierung	Herstellung	C %	Si %	Mn %	P %	S %	Mo %	CaO %	Verwendung	Form
FeMo	EO	0,5—1	0,5	0,5	unt. 0,05	unt. 0,2	63—70		GG GH GS	stückig
FeMo	EO	0,10	0,3	0,3	unt. 0,05	unt. 0,2	65—71		GS	stückig
Mo-Metall	EO	0,05	0,5	0,1	0,05	0,025	min. 96			stückig
Kalzium-Molybdat	chem.	—	2—5 SiO_2	0,2	unt. 0,1	unt. 0,1	min. 60 MoO_3	max. 24	GG GT GS	meist Pulver oder Briketts

Einen Einblick in das Mikrogefüge gibt Abb. 52.

e) **Vanadiumhaltige Legierungen.** In Tab. 15 sind die Vanadiumträger zu finden.

Tabelle 15

Legierung	Herstellung	C %	Si %	Mn %	P %	S %	V %	Verwendung	Form
V im Roheisen	HO	3,5—4,5	—	—	—	—	0,1—2,5	GG GH	Masseln
FeV	üb. V_2O_3	unt. 0,2	—	—	—	—	55—60	GS	stückig
FeV	üb. V_2O_3	unt. 0,2	—	—	—	—	80	(GS)	stückig
FeV	EO	0,7—6,0	2—15	0,5	—	0,1—0,3	30—50	GS	stückig
V-Pakete	—	unterschiedlich						GG	Formlinge

Der Bruch ist meist silbrig, gut kristallin. Er kann auch grobe Rissigkeit aufweisen.

f) **Titanhaltige Legierungen.** Die Tab. 16 faßt die Titanträger zusammen.

Tabelle 16

Legierung	Herstellung	C %	Si %	Mn %	P %	S %	Ti %	Verwendung	Form
Ti im Roheisen	HO	3,5—4,5	—	0,8	—	unt. 0,04	0,1—2,0 Ti bis 3,5% V	(GG) GS	stückig
FeTi	EO	—	—	—	—	—	20—25% Ti	GS	stückig
FeTi	EO	—	—	—	—	—	30—40% Ti bis 6% Al	GS	stückig
FeTi	EO	—	—	—	—	—	bis 80% Ti bis 8% Al	—	stückig

Der Bruch ist meist silbrig, weiß spröde; goldgelbe Regenbogenfarben fallen häufig auf. Das Korn ist meist matt stumpf und fein. Die Dichte ist gut.

Ein Einblick in das unterschiedliche Mikrogefüge geben Abb. 53 und 54.

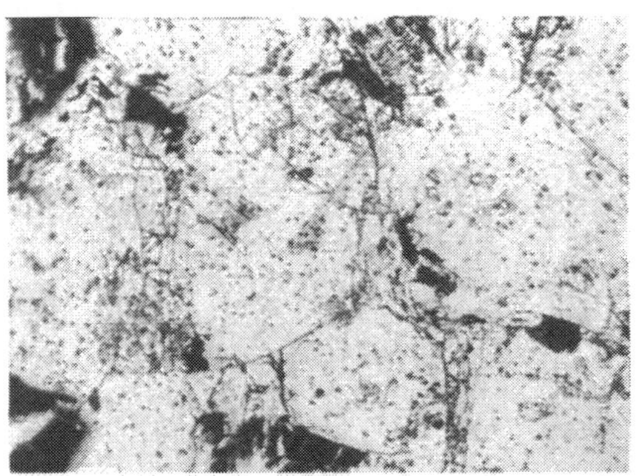

×150

Abb. 53. Mikrostruktur von FeTi mit der Zusammensetzung: C 0,13%, Si 2,88%, Mn 0,88%, P 0,04%, S 0,09%, Ti 28,30%, Al 7,80%

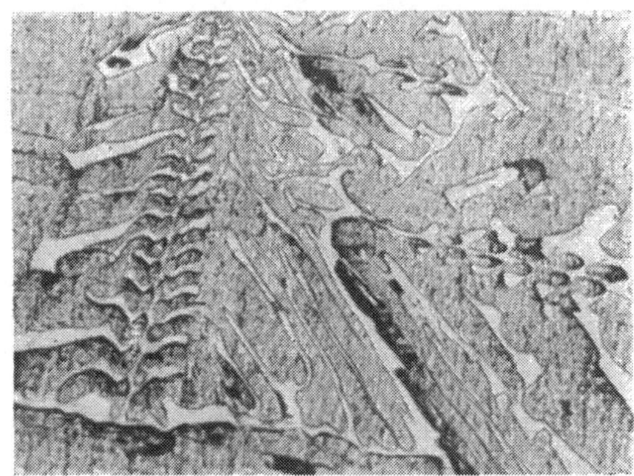

×150

Abb. 54. Mikrostruktur von FeTi mit der Zusammensetzung: C 0,03%, Si 1,23%, Mn 0,58%, P 0,03%, S 0,08%, Ti 39,5%, Al 4,20%

g) **Wolframhaltige Legierungen.** Sie liegen in folgenden Gehalten (Tab. 17):

Tabelle 17

Legierung	Herstellung	C %	Si %	Mn %	P %	S %	W %	Verwendung	Form
FeW	EO	unt. 1	unt. 0,5	unt. 0,5	unt. 0,05	unt. 0,03	unt. 0,1% Sn 75—85% W	GS	stückig
W-Metall	EO	ca. 0,02	ca. 0,02	0,1	0,01	0,02	0,01% Sn mind. 98% W	—	stückig

h) Tantal-Niob-Legierungen. Die Analyse zeigt nachstehende Werte (Tab. 18):

Tabelle 18

Legierung	Herstellung	C %	Si %	Mn %	P %	S %	Nb %	Ta %	Verwendung	Form
FeTaNb	EO	—	—	—	—	—	65%	7%	GS	stückig

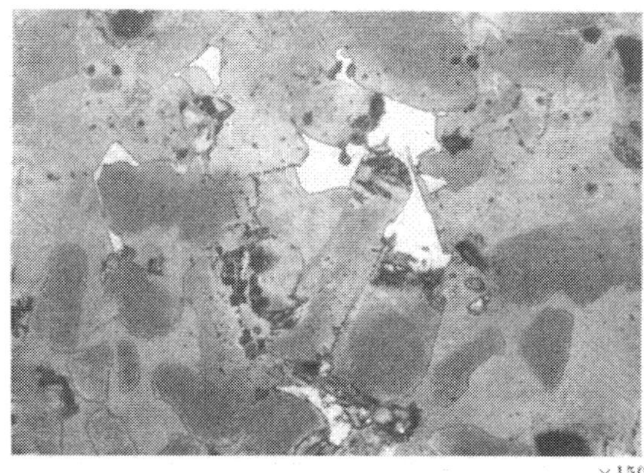

×150

Der silbriggraue Bruch ist meist feinkristallin und dicht. Das Mikrobild ist in Abb. 55 festgehalten.

Abb. 55. Mikrostruktur von FeTaNb mit der Zusammensetzung: C 0,24%, Si 2,90%, Mn 5,22%, P 0,008%, S 0,007%, Ta 18,90%, Nb 41,82%

i) Phosphorhaltige Legierungen. Die Gehalte liegen wie folgt (Tab. 19):

Tabelle 19

Legierung	Herstellung	C %	Si %	Mn %	P %	S %	Verschiedene Legierungselemente	Verwendung	Form
P im Roheisen	HO	3,5—4	—	unt. 0,8	unt. 2	unt. 0,06	—	GG	Masseln
FeP	versch.	0,2	—	0,8	18—26	—	—	GG	stückig

×150

Der Bruch ist grau bis grauviolett angelaufen. FeP ist spröde, stumpf, oft blasig und enthält meist noch Schlackeneinschlüsse (Abb. 56).

Abb. 56. Mikrostruktur von FeP mit der Zusammensetzung von: P 25,6%

k) Nickelhaltige Legierungen und Nickel (Tab. 20).

Tabelle 20

Legierung	Herstellung	C %	Si %	Mn %	P %	S %	Ni %	Verwendung	Form
Ni im Roheisen	HO	—	mit anderen Elementen Cr o. ä. Ni 0,1 bis 5%					GG GT GH	Masseln
Ni-Würfel	—	0,3	0,2	unt. 0,2	—	0,03	0,3% Fe Ni, (Co) mind. 98,5%	GG GT GS GH	Würfel
Ni-Kugeln	—	0,10	0,10	—	0,02	0,02	mind. 99% Ni mind. 0,5% Co	GS	Kugeln
Bleche aus Nickel	—	nb	—	—	—	—	—		Platten

Mikrobild eines solchen Nickels zeigt Abb. 57.

5. *Besondere Schmelz-, Pfannen- und Trichterzusätze*

Man kann folgende Einteilung treffen:

a) Desoxydationsmittel, b) Reinigungs-Auswaschmittel, c) Entschwefelungsmittel, d) Impfstoffe, e) Aufkohlungsmittel, f) Abdeckmittel, g) Mittel zur Verminderung der Lunkerung.

a) u. b) Desoxydations- und Reinigungsmittel. Sie sollen durch nachfolgende Eigenschaften ausgezeichnet sein:

α) Sie müssen eine höhere Sauerstoffaffinität als das geschmolzene Metall besitzen.

β) Der Schmelzpunkt soll niedrig und der Siedepunkt hoch liegen.

γ) Die Löslichkeit in der Schmelze soll möglichst Null sein.

δ) Die Löslichkeit in der Schlacke dagegen soll sehr groß sein.

ε) Die Dichte soll so sein, daß ein gutes Mischen mit der Schmelze gesichert ist.

ζ) Aber die Dichte der Reaktionsprodukte soll wiederum so klein sein, daß diese schnell aus dem Bade aufsteigen.

η) Diese Mittel sollen wenn möglich auch in der Schmelze gelöste Gase mit entfernen oder zur Entfernung anregen.

ϑ) Soweit es möglich ist, soll dazu auch eine Entschwefelung eingeleitet oder vollzogen werden.

ι) In manchen Fällen ist auch die Wirkung des Impfens gegeben (CaSi u. a.).

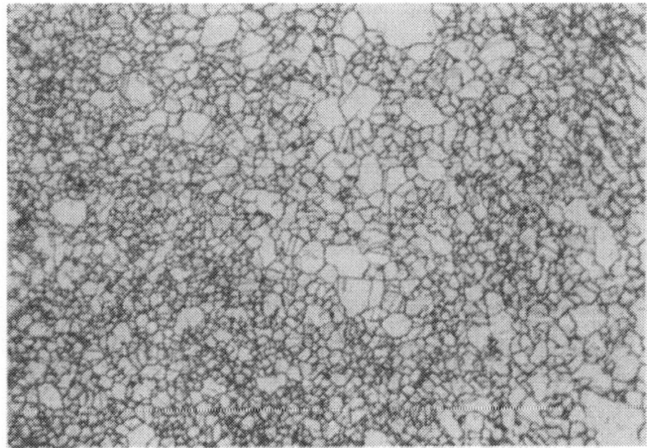

Abb. 57. Mikrostruktur von Würfelnickel mit der Zusammensetzung: C-Spuren, Si 0,01%, Mn 0,01%, P 0,01%, S-Spuren, Ni 98,9%, Co 0,55%

Alle diese Eigenschaften lassen sich nicht in einem Desoxydations- bzw. Auswaschmittel vereinen; deswegen ist man meist auf geeignete Kombinationen angewiesen.

Im nachstehenden sind nach SACHS und HORN die einzelnen Elemente in ihrem Verhalten zur Desoxydation festgehalten.

Tabelle 21

Element	Schmelzpunkt °C	Wichte 20°C	Wichte des Oxyds	Bildungswärme des Oxyds kg/cal g Atom O_2
Ca	850	1,55	3,4	152
Mg	650	1,74	3,6	194
Li	330	0,53	2,0	141
Al	660	2,70	3,5	127
V	1710	5,68	4,9	116
Ti	1800	4,50	4,0	100
Na	97	0,97	2,3	101
S	1430	2,40	2,3	95
Mn	1240	7,40	5,5	91
Zn	420	7,14	5,5	85
Sn	240	7,30	6,95	68
Fe	1528	7,87	5,7	66
Ni	1450	8,90	7,45	58
Cu	1080	8,94	6,0	40

Diese Metalle werden in geeigneter Weise zu Desoxydations- und Auswaschmitteln meist komplexer Art verarbeitet.

Hüttenaluminium.

Neben Ferro-Mangan und -Silizium und anderen schon benannten Legierungen spielen das Aluminium und die Umschmelzlegierungen eine beachtliche Rolle. Nach der letzten Normung teilt man das Hüttenaluminium, das in Barren (Zehnerblocks), Blechstreifen und Granalien, neuerdings auch als Pulver (Einblasen etwa mit Stickstoff) verwendet wird, wie folgt ein:

Reinaluminium H, Hüttenaluminium DIN 1712, Bl. 1 (21.21)

	Cu %	Si %	Fe %	Ti %	Cn + Zn %	Sonstige %	Gesamtbeimengungen %
Al 99,8 H	0,01	0,15	0,15	0,03	0,07	0,01	0,20
Al 99,7 H	0,01	0,20	0,25	0,03	0,08	0,01	0,30
Al 99,5 H	0,02	0,30	0,40	0,03	0,09	0,03	0,50
Al 99 H	0,02	0,50	0,60	0,03	0,10	0,04	1,00

Die Zusätze richten sich nach der Gußart: Bei Grauguß geht man nicht über 0,1% (bei Temperguß ist der Zusatz zwischen 0,01—0,03% zu wählen), und bei Stahlguß hat man mit 1 kg auf 1 t flüssigen Stahls gute Erfolge erzielt.

Die Aluminium-Umschmelzlegierungen DIN 1725, Bl. 3, Reduktions-(Desoxydations-)Legierungen, werden neuerdings wie folgt eingeteilt:

	Cu + Al + Mg (%)	Zn (%)	Pb (%)	Sn (%)	Zn+Pb+Sn (%)	
UR Al I	4,5 ≧ 92	0,7	0,3	Spur	0,8	Rest
UR Al II	4,5 ≧ 90	1,0	0,5	0,2	1,5	Si, Fe, Ni, Co und Cr
UR Al III	5,5 ≧ 88	3,0	1,0	0,5	4,0	
UR Al IV	7,0 ≧ 86	4,0	1,0	0,5	5,0	

Die hier gegebenen Verunreinigungen sind in Rechnung zu setzen. Die Metalle Zink und Blei können besonders leicht zu Schäden Anlaß geben. Die gelegentlich gegebenen Vorstellungen, daß diese geringen Zusätze keinen Einfluß haben, treffen nicht zu, und zwar deswegen nicht, weil die übliche Durchschnittsanalyse keinen Aufschluß über den Verteilungsgrad im Korn selbst geben kann. So ist in einem Sonderfall bei gröberkörnigem Bessemer-Stahlguß eine Desoxydation mit zinnhaltigem Aluminium vorgenommen worden. Die übliche Analyse zeigte kein Sn an. Die auf die Korngrenze ausgerichtete Spektralanalyse dagegen ließ trotz des an und für sich kleinen Desoxydationszusatzes von 1 kg/1 t einen Sn-Wert von 0,015% erkennen.

CaSi siehe dort.

Alsimin und Alsikal, Simanal. (Siehe auch S. 56.)

Diese Stoffe werden zur Desoxydation, Entgasung und Entschlackung herangezogen.

Das Alsimin liegt in der Zusammensetzung in den Grenzen: 40—50% Al
30—40% Si
Rest Eisen

Eine Einzelanalyse hatte folgende Werte:	49,9% Al	1,3% C	0,35% Mn
	36,3% Si	0,7% Ca	0,05% P
	10,2% Fe	2,0% Ti	Spuren S

Der Schmelzpunkt bewegt sich um 750—800°C. Die Wichte liegt bei etwa 3. Die Anlieferung geschieht in Wellenplatten bis zu 30 kg und Erbsengröße. Auch zehnteilige Sechskantmasseln zu 1 bzw. 2,5 kg Gewicht trifft man an. Desgleichen gibt es den Zusatz in Form von Pulvern.

Das Alsikal hat eine Zusammensetzung von etwa 85% Si und 8—10% Al mit einem Schmelzpunkt von um 1250°C. Die Wichte beträgt 2,4—2,6. Auch hier sind alle Anlieferungsformen von Brocken bis Pulvern üblich.

Das Simanal wird mit 18—22% Si, 18—22% Al, 18—22% Mn, der Rest an Eisen geliefert. Der Schmelzpunkt liegt um 1050°C, die Wichte um 5. Es zerfällt leicht. Anlieferung: Brocken bis Pulver.

Das Alkasid wird in einer Zusammensetzung von 51—55% Si, 18—22% Al, 10—20% Ca, 6—8% Fe und bis 0,6% C angeboten.

Alsimin, Simanal und Alkasid werden hauptsächlich zur Desoxydation von Stahlgußlegierungen — je 1—2 kg auf 1 t —, CaSi auch für Grauguß herangezogen. Al und Umschmelzaluminium verwendet man bei Stahlguß, Grauguß und Temperguß.

Im gleichen Sinne werden Ferro-Bor, Ferro-Titan, Ferro-Tantal und Niob, meist bei höher legiertem Stahlguß eingesetzt.

Reinigungs-, Entlunkerungs- und ähnliche Mittel werden auch von PIWOWARSKY [*28*] beschrieben. Auch hier wird betont, daß diese Mittel als Basis den Kugelmühlenstaub (15—25% Al, 35—40% Al_2O_3, 35—55% wasserlösliche Chloride und Fluoride) enthalten. Dazu kommen noch in der Körnung verschieden gehaltene Ferrolegierungen. Ferner kommen Zuschläge wärmeführender Stoffe hinzu. In einer Reihe von Präparaten dieser Art finden sich auch Soda, Kalk, gebrannter Kalk, Kryolith, Flußspat u. a. Auch Kohlenstoff in Form von Buchen-, Lindenholz und andere Kohle ist mit Salzzusätzen in Anwendung. Ein Teil der Salze dient dabei der Entschwefelung. PIWOWARSKY gibt Analysen von anderen Präparaten an, die der Entlunkerung dienen.

Silizium-Karbid, SiC.

Auch Si-Karbid wird gelegentlich für Impfzwecke herangezogen. Man hat nach Aussage der Praxis unterschiedliche Ergebnisse erzielt.

Kalziumkarbid, CaC_2, ist in letzter Zeit als weiterer Energieträger, z. B. beim Schmelzen im Kupolofen zur Entschwefelung, Entgasung und Desoxydation, verwendet worden.

c) Entschwefelungsmittel. Sie sind aus verschiedenen Stoffen aufgebaut. Mangan in den bekannten Ferrolegierungen gehört hierher. Die Löslichkeit des MnS im Eisen ist sehr klein. Am meisten wird Soda in kalzinierter Form, in Briketts, Eiern oder auch in Pulverform angewendet. Die leichtflüssige Sodaschlacke wird am besten mit Kalk, gebranntem Kalk u. a. abgesteift. Zu den Alkalisalzen zählen auch Pottasche, die zwar teurer, aber trotzdem gelegentlich in der Praxis zu finden ist. Die Alkali-Metasilikatschlacken nehmen bis 30% Natriumsulfid und bis 40% Mangansulfid auf. Kieselsäureanreicherung soll vermieden werden. Mit der Sodaentschwefelung ist ein Temperaturabfall verbunden, der bei dünnwandigen Stücken von Einfluß auf die Vergießbarkeit sein kann. In der Schmelze löst sich das Na_2S nicht. Die Soda kann bei der Entschwefelungsreaktion bis 10% verdampfen. Kompakte Soda ist in dieser Hinsicht wesentlich unempfindlicher (2—5%). In Gußeisen wird man mit 2—3 kg Soda je t Schmelze auskommen. Die Art der Zugabe ist so zu wählen, daß eine gute Durchwirbelung gesichert ist. Aufstreuen erzielt den geringsten Effekt. Das Einwerfen in die mit Schmelze gerade bedeckte Pfanne ist im allgemeinen günstig. Dabei muß die Soda gut vorgetrocknet sein. Tauchglocken sind zwar noch wirksamer, haben aber in der Praxis noch nicht den ihnen gebührenden Platz eingenommen.

Im Bessemer-Verfahren kann das Rinneneisen nach einer von BRIGGS dargestellten Tabelle wie folgt entschwefelt werden:

% S im Rinneneisen	kg Sodazugabe je t Schmelze 0,54	2,2	4,5	9	13,5	18	% Entschwefelung
	End-S im Eisen						
0,15	0,13	0,11	0,07	0,055	0,045	0,040	73
0,12	0,11	0,09	0,06	0,048	0,042	0,036	70
0,09	0,085	0,075	0,055	0,045	0,037	0,032	65
0,07	0,07	0,06	0,05	0,04	0,032	0,028	60

Neben der Pfannenzugabe erfolgt die Entschwefelung auch im Vorherd.

Die Reaktionen der Soda mit der Eisenschmelze sind hier nicht zu behandeln.

Um Soda zu sparen, kann auch Branntkalk oder Kalksplit mit verwendet werden.

Die übrigen Erdalkalikarbonate oder Oxyde werden seltener als Zusätze dieser Art herangezogen. Bariumkarbonat sichert eine gute Entschwefelung. Bei Kalk setzt man Flußspat oder Chloride bzw. Fluoride der Alkalien zu, um die Wirkung des Kalkes zu aktivieren. Soda spielt dabei die Rolle des Flußmittels.

Die Entschwefelung in mit basischen Futtern oder Steinen ausgemauerten Öfen, Pfannen usw. ist bekannt. Dabei sind je nach Verfahren Schwefelwerte bis 0,01% zu erzielen.

Im Kupolofen werden auch Kalziumkarbid (75% CaC_2), Siliziumkarbid und Aluminiumkarbid verwendet. Das im Schachtofen zugesetzte Pulver oder in Stückform beigegebenes Glas, etwa das Na-Glas wird da und dort benutzt. Die Wirkung auf das saure Futter ist zu bedenken. Auch dem Flußspat wird eine geringe Entschwefelung nachgesagt. Die entwässerte Natronlauge, die man gelegentlich im Ausland antrifft, hat sich bei uns als Entschwefelungsmittel nicht eingeführt. Auch das Leuzit, ein Feldspatvertreter, ist bei uns nicht üblich.

d) Zu den **Impfstoffen** zählen CaSi, FeSi (meist 45 und 75%) und SiC. Siehe dort.

e) Aufkohlungsmittel. Sie dienen der Aufkohlung von Stahlgußschmelzen oder solchen Schmelzen aus Gußeisen und Temperguß, auch Hartguß, die mit wenig Roheisen im Trommel-, Flamm- und SM-Ofen gesetzt werden. Man unterscheidet: (Zechen-) Koks, Anthrazit, Pechkoks, Petrol- und Blasenkoks, Elektrodenrestgraphit und seltener Holzkohle.

Aufkohlungsmittel sollen sich möglichst leicht und schnell in der Schmelze lösen. Die Wichte soll möglichst hoch liegen; ebenso ist es notwendig, die Porosität zu beschränken, damit diese Mittel nicht zu stark aufschwimmen. Die Verbrennbarkeit mit den Ofengasen soll gering sein. Wichtig sind die Begleitstoffe, wie Asche, Schwefel und Gase, die möglichst geringe Werte haben müssen. Die Stückgrößen: Grus- bis Grobstücke richten sich nach dem Verwendungszweck (Aufstreuen und Einsetzen). Je nach Verwendungszweck und Kohlenstoffgehalt der Schmelze ist der Wirkungsgrad verschieden. Er schwankt von etwa 30 bis 90% (Tabelle 22).

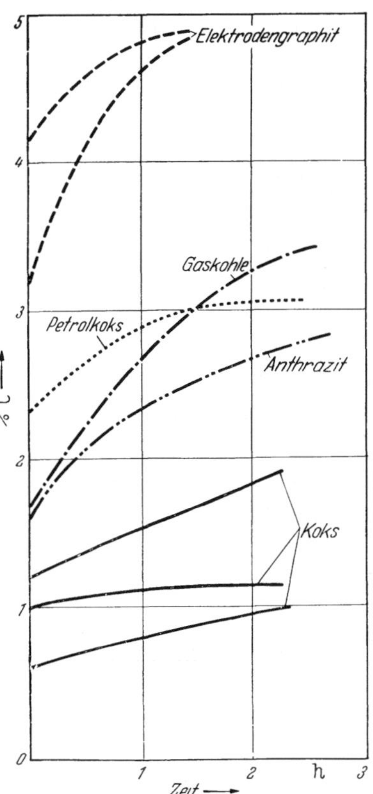

Abb. 58. Aufkohlung mit verschiedenen kohlenstoffhaltigen Substanzen bei 1500 °C (nach RILEY)

Über den verschiedenen Wirkungsgrad dieser Rohstoffe referiert zusammenfassend PIWOWARSKY [29] und beschreibt den Mechanismus und den Einfluß der Temperaturen.

Bei manchen Aufkohlungsmitteln ist auch das beim Aufschwimmen des Stoffes leicht mögliche Abschmelzen des Gewölbes zu beachten. Ein Teil dieser Mittel wird mit dem Einsatz brikettiert. In der Praxis findet man sodann Aufkohlungspakete, die neben Beschwerungsmitteln, etwa Eisenspäne u. a., auch noch schlackende Mittel enthalten können. Über die Größe der Aufkohlung gibt die Abb. 58 Aufschluß.

Tabelle 22

	Zechenkoks	Anthrazit	Pechkoks	Petrolkoks	Blasenkoks	Elektrodenreste	Holzkohle	Torfkoks
Chemisch freier C . .	85–90%	< 90%	83–95%	85%	90%		90–95%	87%
Asche	10%		< 2%	< 1%	< 3%		2%	< 3%
Schwefel	1%	< 0,5%	< 0,5%	< 1%	< 0,3%		< 0,3%	0,3%
Wasser	< 5%	< 5%	< 0,5%	< 0,5%	< 0,5%		< 0,5%	< 3%
flüchtige Bestandteile	< 10%	6–10%	< 15%	8–15%	< 5%		untersch.	n. b.
technologisch						siehe		
Wichte (scheinbar) .			n. b.		n. b.	dort		0,25–0,3
Heizwert u. kg/cal. .	6800		8500 bis 8600	8500	8000 bis 9000			7500
Porosität.	42%	gering	~ 60%	~ 60%	30–60%		n. b.	60%
Aufkohlung	mittel gut		gut	gut	gut		sehr mäßig	mäßig

f) u. g) Entlunkerungsmittel. Sie sind bei stärkerwandigen Gußstücken von Bedeutung. Neben dem Aufstreuen von Sand und ähnlichem, der zur Verminderung der Abstrahlung des flüssigen Eisens im Trichter bzw. Steiger führt, ist dessen verschlackende Wirkung altbekannt. Zusammengesetzte Entlunkerungsmittel, die einen Teil der Lunkergröße vermindern, beschreibt u. a. PIWOWARSKY [*29*].

6. Kalkstein

Diese schlackebildenden und entschwefelnden Zusätze müssen bestimmten Anforderungen gerecht werden, wenn sie die ihnen zugedachte metallurgische Aufgabe erfüllen sollen. Zusätzlich bieten sie auch dem abschmelzenden Metall gegenüber den Ofengasen einen wertvollen Schutz.

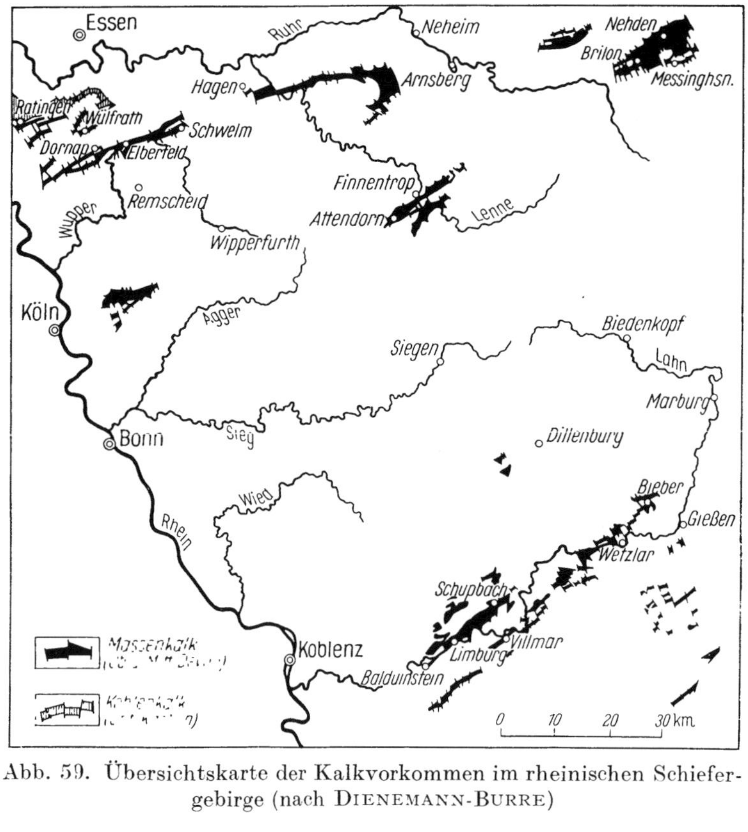

Abb. 59. Übersichtskarte der Kalkvorkommen im rheinischen Schiefergebirge (nach DIENEMANN-BURRE)

Nach dem Vorkommen unterscheidet man:

a) Paläozoische Kalke: Rheinland, Saar, Odenwald (Amorbach).

b) Karbonische und devonische Kalke: Rheinisches Schiefergebirge. Hierher gehören auch die sogenannten Massenkalke, meist schichtlose Kalke, die rötlich, graublau bis schwarz gefärbt sind. Sie sind dicht und feinkristallin. Der $CaCO_3$-Gehalt liegt meist um 98% (Eifel, Aachen, rheinisches Schiefergebirge, Lahnmulde, Dillenburg, Bergisches Land, Wülfrath, Ratingen, Schwaben, Sauerland, Brilon, Harz, Sachsen, Bayern).

c) Zechsteinkalke: Sie sind meist weniger rein und enthalten oft $MgCO_3$.

d) Triaskalke, Muschelkalk mit $CaCO_3$, meistens kleiner als 95%. Korallenkalke enthalten bis 99% $CaCO_3$.

Tabelle 23. *Kalkstein und Dolomit* (nach A. HETTWER)

Einteilung nach	Bezeichnung	Erklärung	
1. Entstehung	organogen	Maritime Ablagerung kalkhaltiger, pflanzlicher und tierischer Organismen: Die Kalke des schwäbischen Jura Die Kalke des englischen Jura Die Kalke der alpinen Trias (Dolomiten) Die devonischen Kalke der Eifel Die silurischen Kalke Skandinaviens Die kambrischen Kalke Sardiniens	
	anorganogen	Ausscheidungen aus in Meerwasser gelöstem Kalk unter Mitwirkung von CO_2: die Schelfplatte der Bahama-Bänke südlich der Florida-Straße. Ablagerung von Kalkschlämmen und oolithischen Kalksanden	
2. Zusammensetzung	Kalkstein Dolomitstein	Hauptbestandteil Kalziumkarbonat $CaCO_3$ Hauptbestandteil Kalzium-Magnesiumkarbonat $CaCO_3 \cdot MgCO_3$	
	Kalkstein-Tongesteine	Mit steigenden Gehalten an Kieselsäure und Ton werden unterschieden: mergeliger Kalkstein, Kalksteinmergel, Mergel	
3. Gefüge	**Form**	**Art**	**Vorkommen**
Kalkstein	kristallisiert	Kalkspat, Kalzit Aragonit	in Klüften und Spalten des Kalksteins und Dolomitsteins nicht gesteinsbildend
	kristallinisch körnig	Marmor	Bayern, Harz, Thüringen, Sachsen, Schlesien
	kristallinisch dicht	Massenkalk Schichtkalk Muschelkalk	Rheinland, Westfalen, Harz, Thüringen, Sachsen, Schlesien, Brandenburg, Hessen, Bayern, Baden Württemberg
	oolithisch	Rogenstein	Braunschweig, Bayern, Hessen
	porös, zellig	Quellkalk, Kalktuff Travertin	Baden, Württemberg, Thüringen
	erdig	Kreide	Holstein, Mecklenburg, Niedersachsen
Dolomitstein	kristallisiert kristallinisch	wie Kalkstein	Rheinland, Westfalen, Bayern, Harz, Schlesien, Thüringen, Sachsen, Niedersachsen
Kalkstein-Ton-Gesteine	dicht mergelig erdig	merg. Kalkstein Kalksteinmergel Mergel	Jura, Teutoburger Wald, Niedersachsen, Holstein, Schlesien

Tabelle 24

	Eigenschaften	Anforderungen
Analyse	70—99% $CaCO_3$	mindestens 95%, möglichst über 97%
Verunreinigungen	(SiO_2, Fe_2O_3, Al_2O_3) 1—20%	nicht über 5%
Magnesia	sehr unterschiedlich	max. 0,5%
Gips	sehr unterschiedlich	möglichst 0%
Eisenkies	0—5%	möglichst 0%
Stückigkeit[1]	sehr unterschiedlich	möglichst ei- bis faustgroße Schotterstücke
Staubgehalt	sehr unterschiedlich	möglichst nicht über 5%
Sandgehalt	sehr unterschiedlich	keinen
Reinheitsgrad		möglichst gewaschen . . . .
Geologische Analyse	Muschelkalk, Marmor und dolomitische Kalke u. a.	mittlerer Muschelkalk oder Marmor Dichte Kalke u. a.
Dichtigkeit	möglichst dicht	möglichst dicht

[1] Körnung 35—45 mm (je nach Ofendurchmesser), 45—60 mm, 60—90 mm.

e) Jurakalke mit meist gewissen Gehalten an $MgCO_3$, 95% $CaCO_3$.

f) Kreidekalke mit 90—95% $CaCO_3$.

Siehe unter anderem [*30* und *31*].

Eine Übersicht über die Vorkommen im Rheinischen Schiefergebirge gibt Abb. 59.

HETTWER teilt die Kalksteine etwa so ein, wie das in Tab. 23 gezeigt wird.

Der Gang einer einfachen Prüfung ist von AULICH aufgestellt worden. Die Salzsäureprobe, die auch in anderen Industrien angewendet wird, ist ein gut brauchbares Hilfsmittel, die zur schnelleren Kennzeichnung der Brauchbarkeit dient.

In Tab. 24 sind die Anforderungen zusammengestellt.

7. *Branntkalk*

Die verschiedene Art der Herstellung von Branntkalk wird u. a. von GUTHMANN zusammenfassend dargestellt.

Die in der Gießerei verwendeten Weiß- oder sogenannten Branntkalke grenzen an die Baukalke, über die DIN 1060 u. a. eingehend berichtet. Dort finden sich auch geeignete Prüfvorschriften.

Für die Gießereitechnik sind folgende Anforderungen von Wichtigkeit (Tab. 25):

Tabelle 25. *Analyse*

$CaCO_3$-Gehalt	möglichst 0%	Fe_2O_3	maximal 5%
CaO-Gehalt	mindestens 85%	Al_2O_3	maximal 5%
MgO	möglichst 0%	SiO_2	maximal 5%
Glühverlust	möglichst unter 5%	P_2O_5	möglichst < 0,1%
S-Gehalt	möglichst unter 0,1%	Stückigkeit	etwa faustgroß

Weitere Analysenrichtwerte sind wie folgt (Tab. 26):

Tabelle 26

Bestandteile	Anteil in Gew.-%		
	Weißstückkalk	Weißfeinkalk	Weißkalkhydrat
Glühverlust	2,0	2,5	24,7
HCl-Unlöslichkeit	0,1	0,1	0,1
Lösliches SiO_2.	0,2	0,7	0,5
$Fe_2O_3 + Al_2O_3$	0,4	0,8	0,4
CaO	96,2	94,8	73,4
MgO.	0,4	0,9	0,5
SO_3	0,6	0,2	0,1
Rest	0,1	0,0	0,3
Summe	100,0	100,0	100,0
Litergewicht	—	0,82 kg/l	0,38 kg/l
Siebrückstand auf DIN-Sieb 0,09	—	1%	0,1%
Löschergiebigkeit	3,7 m³/t	3,8 m³/t	

8. *Flußspat*

Dieses schlackenbildende und teilweise entschwefelnde Mineral ist in vielen Fundstellen anzutreffen. Es wird vor allem bei der Flußsäure- und der Aluminiumgewinnung, in der optischen Industrie und der Keramik gebraucht.

Über die Vorkommen berichtet u. a. FINN [*32*].

Seine Verbreitung ist in der Karte (Abb. 60) dargestellt. Der gleiche Autor berichtet über die verschiedenen Aufbereitungsarten. Die in der Gießerei-Industrie wichtigsten Eigenschaften des Flußspats (Tab. 27) sind nachstehend zusammengestellt.

Tabelle 27

Eigenschaften		Anforderungen	
Analyse:		Sorte I	II
CaF_2-Gehalt	unterschiedlich	83–85%	70–80%
SiO_2-Gehalt	unterschiedlich	5–8%	10–15%
Kalk-Eisengehalt	unterschiedlich	möglichst nicht über 5%	
Pyrit	unterschiedlich	0%	0,8%
Farbe	weiß, grün, rötlich, violett u. a.	nicht von Bedeutung	
Ganggestein	unterschiedlich	möglichst frei in Ton und Ganggestein	
Körnung		möglichst faustgroß	
gewaschen — ungewaschen		gewaschen evtl. ungewaschen	

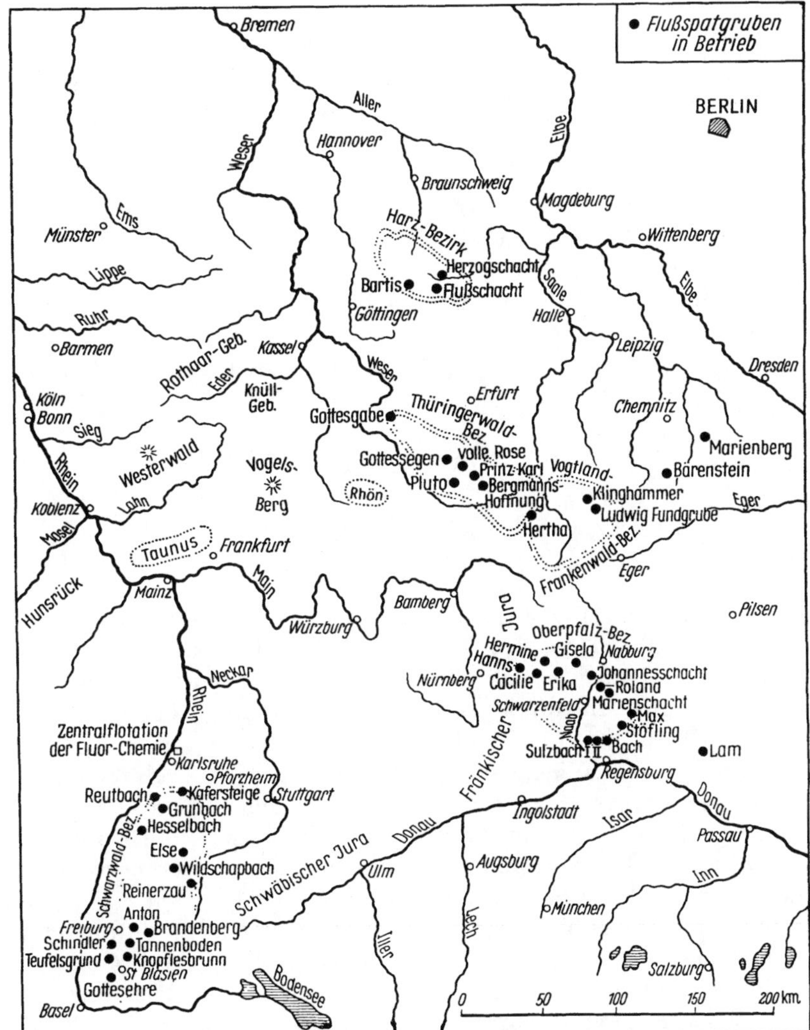

Abb. 60. Die Flußspatgruben in Deutschland (nach EINECKE)

9. *Erz für Frischvorgänge*

Zur Beschleunigung der Kochvorgänge bei der Herstellung von Stahlguß werden Erze gesetzt. Sie bestehen meist aus Roteisenstein, Magneteisenerz u. a.

Im Mittel liegen die Analysen wie folgt (Tab. 28).

Tabelle 28

Roteisenerz:

Fe	Mn	P	S
30–50% (meist als Fe_2O_3)	0,1–0,2%	0,1–0,2%	bis 0,05%
SiO_2	Al_2O_3	CaO	
15–25%	2–3%	0,5–2,5%	

Magneteisenerz:

Fe	Mn	P	S
59–67%	0,04–0,2%	0,02–0,1%	0,01–0,05%
SiO_2	CaO	MgO	
0,1–7%	1,7–9%	0,9–1,6%	

Indisches Erz gleicher Art:

Fe	P	S	SiO_2
67–68%	0,03%	0,02%	2%

Brasilianisches Erz gleicher Art:

Fe	Mn	P	S	Al_2O_3	CaO
68–69%	0,04%	0,03%	0,02%	0,5%	0,05%

Schwedisches Erz gleicher Art:

Fe	P	S	SiO_2
65–67%	0,03%	0,02%	2–3%

Die Erze sollen trocken eingesetzt werden, um den aus dem Zerfall von Wasser entstehenden Wasserstoff zu vermeiden.

Der Einsatz in den Schmelzöfen liegt je nach Verfahrenstechnik unterschiedlich: je Tonne Einsatz

SM (basisch)	10–12 kg	8–10 kg	15–25 kg
Lichtbogenofen (basisch)	25 kg	45 kg	75 kg

II. Die Formstoffe (s. Seite 376)

III. Energieträger

1. Brennstoffe

Zum Schmelzen, Warmhalten flüssiger Metalle, für Trocken-, Glüh- und Vergütungsöfen, ebenso Temperöfen u. a. werden je nach der Rohstoffbasis und dem Verwendungszweck unterschiedlich aufgebaute und wirtschaftlich verschieden gestaffelte Energieträger eingesetzt. In diesem Zusammenhang sollen nur die wesentlichsten Brennstoffe herausgestellt werden.

Die Eignung von Brennstoffen ist von wirtschaftlichen und technischen Faktoren abhängig. Für die erste Gruppe ist der Preis je Wärmeeinheit, die Gleichmäßigkeit und Güte der Lieferungen, aber auch die Sicherheit des Bezuges von ausschlaggebender Bedeutung. Die Bemessung der eventuell notwendigen Kosten des innerbetrieblichen Transportes, diejenigen für die Lagerhaltung, die eventuell anfallenden Kosten der Schlackenabfuhr und Rauch- bzw. Staubbeseitigung haben bei den Entscheidungen Gewicht. Die Kennzeichen der Feuerungsarten sind bei Vergleichen wichtig. Die Frachtkosten sind nicht zu vergessen. Bei den technischen Argumenten sind neben dem Heizwert (oberer und von der Praxis aus gesehen unterer Heizwert) das Brennstoffverhalten etwa in Schmelzaggregaten und die Einflüsse, die sich von hier auf das Schmelzgut übertragen, wichtig. Höhere Heizwerte der Verbrennungsgase bringen heizkräftigere Flammen. Die Leuchtstrahlung oder die begleitenden Staubanteile z. B. beim Einströmen von Gas in die Brennkammern sind zu berücksichtigen.

Auch die Festigkeit von z. B. Briketts in Gaserzeugern ist bedeutungsvoll. Die Schlacken- und Aschebildung ist von verschiedenen Umständen abhängig. Es gibt dabei gutartige und weniger brauchbare Schlacken und Aschebildungen, die dazu noch von der Heizart abhängig sind. Die Größenordnung des *Unverbrennlichen* ist in der Wärmebilanz zu werten. Im Schmelzbetrieb spielt der Schwefelgehalt eine Rolle, da mit steigendem S-Wert der Grad der Schwefelzunahme im Schmelzgut ansteigt. Bei Glüh- und Temperöfen, aber auch bei Trockenöfen wirkt sich der SO_2- oder H_2S-Gehalt aus. In Schmelzaggregaten beeinflußt der Schwefel noch dazu die Größenordnung der Zuschlagstoffe und damit die Wärmebilanz.

Die Art der Lagerung kann bei den technischen Belangen entscheidend sein. Aber auch die Regelbarkeit, die Sicherheit der Bedienung, die Sauberkeit und die Größenordnung der Belästigung durch Abgase— sowohl innerhalb als auch außerhalb des Betriebes — ergänzen die Einsatzfähigkeit der Brennstoffe.

In diesem Zusammenhang sind die Mitteilungen von LÜTH zu nennen [*33*].

Die Brennstoffe sind natürlicher oder künstlicher Art. Die verbrennungstechnischen Eigenschaften werden nicht behandelt [*34* und *35*].

Die Brennstoffe sind feste, flüssige oder gasförmige Stoffe, deren gebundene Wärme technisch und wirtschaftlich ausgenutzt werden kann. Brennbar nennt man einen Stoff, der auf Entzündungstemperatur gebracht — meist unter Einwirkung von Sauerstoff — unter Flamm- oder Glutwirkung in gasförmige Verbindungen und meist in einen nicht mehr brennbaren Rückstand übergeführt werden kann. Die Verbrennung ist eine Oxydation. Man kann die Brennstoffe etwa wie folgt einteilen:

Natürlich	Künstlich	Natürlich	Künstlich
Holz	Holzkohle	Erdöl	Benzin
Torf	Torfbriketts, Torfkoks		Petroleum
Braunkohle	Braunkohlenbriketts		Treib- und Schmieröl
	Braunkohlenstaub		Masut
	Grudekoks und Staub	Ölschiefer	Schieferöl
	Braunkohlenteer	Naturgas	Schwelgas
Steinkohle	Steinkohlenbriketts		Hochofengas } Mischgas
	Steinkohlenstaub		Kokereigas } Mischgas
	Steinkohlenkoks		Leuchtgas
	Steinkohlenteere		Halbgas
			Regenerativgas u. a.

Einige Angaben über die Gehalte an Wasser, Asche, Heizwerte und Zündpunkte verschiedener Brennstoffe sind in Tab. 29—32 zu finden.

Die Schüttgewichte und Körnungen sind zusammenfassend in Tab. 33 und 34 zu finden.

Tabelle 29. *Wassergehalte verschiedener Brennstoffe und Vergleichskennzahlen*

Brennstoff	Wassergehalt %	Kennzahlen (Mittelwerte) kg Wasser je kg brennbare Substanz	g Wasser je 1000 kcal Heizwert
Holz, frisch	40—60	1	250
Holz, lufttrocken	15	0,177	41,1
Torf, frisch	80—90	6,02	3600
Torf, lufttrocken	20—35	0,355	70
Rohbraunkohle			
rheinisch	55—60	1,529	293
ostelbisch	45—56	1,142	210
Braunkohlenbrikett	12—17	0,182	27,7
Hartbraunkohle (Sudeten)			
Tiefbau	15—20	0,15	36,1
Tagebau	28—32	0,486	79,2
Steinkohle, Fettkohle	1—3	0,023	2,7
Steinkohle, Anthrazit	0,5—1	0,011	1,29

Tabelle 30. *Aschengehalt verschiedener Brennstoffe*

	Aschengehalt %	Aschenzahl g/1000 kcal
Holz, lufttrocken	0,42	1,15
Torf[1], lufttrocken	2,5	6,82
Braunkohle, rheinisch, ostelbisch	2,4	11,92
Braunkohle, mitteldeutsch	4,0	15,23
Braunkohlenbrikett, ostelbisch	5,6	11,51
Steinkohle, Förderkohle	9	12,08
Steinkohle, Nußkohle	6	7,92
Feinkohle (ungewaschen)	11	15,11
Edelkohle	3	3,7
Reinstkohle	0,6	0,71
Steinkohlenextrakt	0,06	0,07

[1] Je nach Herkunft, sehr stark schwankend, etwa 0,4—10% Asche.

Tabelle 31. *Heizwerte verschiedener Brennstoffe*

	Hu		Hu
Feste Brennstoffe		Dieselöl	10000 kcal/kg
Holz, lufttrocken	3100–3800 kcal/kg	Benzin (handelsüblich mit Spritzusatz) . . .	10000–10050 kcal/kg
Torf, lufttrocken	2800–4100 kcal/kg	Flüssiggas (handelsüblich)	11000 kcal/kg
Rohbraunkohle	1900–2300 kcal/kg		
Braunkohlenbrikett . . .	4800–5100 kcal/kg	*Gasförmige Brennstoffe*	
Hartbraunkohle	3500–5800 kcal/kg	Erdgas	8000–10100 kcal/Nm^3
Steinkohle	6000–7900 kcal/kg	Stadtgas (Mischgas) . . .	3700– 4200 kcal/Nm^3
Koks	7000 kcal/kg	Wassergas	2400– 2600 kcal/Nm^3
Flüssige Brennstoffe		Generatorgas (aus Koks) .	1100– 1200 kcal/Nm^3
Heizöl	9600–9900 kcal/kg	Gichtgas	900– 1000 kcal/Nm^3

Tabelle 32. *Zündpunkte fester, flüssiger und gasförmiger Brennstoffe* (nach GUMZ)

Brennstoff	Zündtemperatur °C	Methode und Quelle
a) Feste Brennstoffe:		
Holz, Weichholz	220	im Sauerstoffstrom [1]
Hartholz	300	[2]
Torf, lufttrocken	225–280	[2]
Rohbraunkohle	135–174	[3]
Rohbraunkohle	230–240	FEDDELER u. JENTSCH [8]
Böhmische Braunkohle . .	208–218	JENTZSCH [4, 5]
Steinkohle		
Gasflammkohle (O.-S.) .	214–230	JENTZSCH [4]
Fettkohle (Ruhr) . . .	243–248	,, [4]
Eßkohle (Ruhr)	260	,, [4]
Magerkohle (Ruhr) . . .	339	,, [4]
Anthrazit (Donez) . . .	485	,, [4]
Holzkohle, Birke	133	im Sauerstoffstrom [6]
Eiche . . .	185	,, ,, [6]
Buche . . .	208	,, ,, [6]
Grudekoks	205	,, ,, [1]
Steinkohlenschwelkoks . .	295–420	FEDDELER u. JENTZSCH [8]
Petrolkoks	411	im Sauerstoffstrom [6]
Pechkoks	544–582	[7]
Hochtemperaturkoks . . .	505–560	[5]
Hochtemperaturkoks . . .	600	FEDDELER u. JENTZSCH [8]
Acheson-Graphit	658	im Sauerstoffstrom [6]
b) Flüssige Brennstoffe:		Zündwert
Benzin	330–520	2,9 — 7,5 JENTZSCH [9]
Benzol	520–600	3,67–20,8 ,, [9]
Gasöl	230–242	3,80– 5,05 ,, [9]
Heizöl	212	7,10 ,, [9]
Braunkohlenteeröl	260	13 . 0 ,, [9]
Steinkohlenteeröl	315	1,43 ,, [9]
c) Gase:	in Sauerstoff in Luft	
Kohlenoxyd (CO)	590 610	[10]
Wasserstoff (H_2)	450 530	[10]
Methan (CH_4)	654 645	[10]
Äthan (C_2H_6)	500 530	[10]
Äthylen (C_2H_4)	485 540	[10]
Propan (C_3H_8)	490 510	[10]
Butan (C_4H_{10})	460 490	[10]
Acetylen (C_2H_2)	— 335	[10]
Leuchtgas	450 560	[10]

Tabelle 33. *Schüttgewichte verschiedener Brennstoffe*

	kg/m³		km/m³
Holzkohle	150—220	**Braunkohlenbriketts (Industrie-Semmel o. Rundformat) geschüttet**	825
Holz in Scheiten, lufttrocken	320—420	**Braunkohlenstaub**	450—500
Torf, lufttrocken		**Schwelkoks**	375—580
Stichtorf	150—275	**Steinkohle**	
Maschinentorf	210—500	**Förderkohle**	840—880
Rohbraunkohle	650—780	**Nüsse**	720—780
Braunkohlenbriketts (7″), gesetzt	1000	**Feinkohle**	820—860
Braunkohlenbriketts (7″), geschüttet	700—720	**Koks (Brechkoks)**	480—570
Braunkohlenbriketts (Halbsteine) geschüttet	725		

Tabelle 34. *Körnungen verschiedener Kohlen- und Kokssorten*

Herkunft	Kohlensorte	Körnung mm	Herkunft	Kokssorte	Körnung mm
	Stückkohlen	über 80		Großkoks	über 90
	Nußkohlen 1	50—80		Brechkoks I	60—90
Ruhr	Nußkohlen 2	30—50	Ruhr	Brechkoks II	40—60
Aachen	Nußkohlen 3	18—30	Aachen	Brechkoks III	20—40
Saar	Nußkohlen 4	10—18	Saar	Brechkoks IV	10—20
	Nußkohlen 5	6—10		Koksgrus	0—10
	Feinkohlen	0—0,6			

Über einige überschlägige Energie- und Umwertungszahlen gibt die Zusammenstellung (Tab. 35) Auskunft.

Tabelle 35. *Nach Anhaltszahlen für die Wärmewirtschaft* (VDEh 1947)

Unterer Heizwert H_u

Normalkohle	7000 kcal/kg	Rheinischer Braunkohlenstaub	4500 kcal/kg
Koks	7000 kcal/kg	Rheinische Braunkohle	2000 kcal/kg
Koksgrus	6000 kcal/kg	Koksofengas (Ferngas)	3800 kcal/Nm³
Rheinische Braunkohlenbriketts	4500 kcal/kg	Gichtgas	1000 kcal/Nm³

Erzeugungswärme

Strom	5000 kcal/kWh	Dampf	1000 kcal/kg

Kokerei

Koksofengas, verfügbar etwa 200 Nm³/t Gesamtkoks (im Anlieferungszustand)
160 Nm³/t Rohkohle
1 t Kokskohle = 0,75 t Gesamtkoks (ungesiebt)
0,68 t Hochofenkoks (abgesiebt)
1 t Hochofenkoks (abgesiebt) = 1,5 t Kokskohle
1 t Kokereikoks (nicht abgesiebt) = 1,35 t Kokskohle

Braunkohle/Steinkohle

1 t Braunkohlenbriketts = 0,65 t Steinkohle
1 t Steinkohle = 1,55 t Braunkohlenbriketts

Koksofengas/Steinkohle (unter Berücksichtigung der besseren Ofenführung bei Koksofengas)
1000 Nm³ Koksofengas = 700 kg Steinkohle

Strom

1000 kWh = 700 kg Steinkohle
1000 kWh = 5000 Nm³ Gichtgas (= $5 \cdot 10^6$ kcal)
Strom über den Hochofen erzeugt (unter Abzug des Eigenbedarfs des Hochofens): Hier werden Werte von 1,6 t Hochofenkoks für 1000 kWh genannt

Dampf

1 t Dampf = 1000 Nm³ Gichtgas.

Lagerung. Für die Lagerung ergeben sich folgende Gesichtspunkte:

1. Lagerung möglichst getrennt nach Lieferung ansetzen.
2. Lieferant, Eingang, Waggonnummer, Gewicht festlegen.
3. Lagerplatz soll sauber und von Sonne und Witterungseinflüssen gesichert sein.
4. Bei Bunkern von Koks ist auf das vorsichtige Einfallenlassen zu achten (Zerfall). Häufiges Umlagern ist zu vermeiden. Zerbrechen durch Greifer berücksichtigen.
5. Bei Stäuben dürfen die Bunker keine toten Ecken aufweisen. Kontrolle der Temperatur. Von Zeit zu Zeit ist eine völlige Entleerung solcher Bunker und Kontrolle des Bunkerraumes notwendig (CO_2-Flaschen ansetzen).
6. Luftzirkulation in Kohlenhaufen und Briketts ist zu vermeiden.
7. Die Stapelhöhe von Kohlen ist auf 4—6 m zu beschränken (Grusbildung, Brandgefahr). Kontrolle der Temperaturen.

2. *Holz*

Der deutsche Holzbedarf für die verschiedensten Zwecke lag im Jahr 1938 bei 81 Mill fm. Als Brennholz bezeichnet man Holz, das für Rundholz und Schnittholz keinen Absatz findet. Es setzt sich vornehmlich aus Kiefer und Buche zusammen.

Die Sortenbildung ist in Tab. 36 zusammengestellt. Die Zusammensetzung und der untere Heizwert sind in Tab. 37 und Abb. 61 zu finden.

Tabelle 36. *Sortenbildung beim Brennholz nach der Reichsholzmeßanweisung*

Brennholzsortiment	Holzdurchmesser mit Rinde in cm	Festmeter-Gehalt je rm	Gewicht kg/rm Weichholz	Gewicht kg/rm Hartholz	Bemerkungen
1. Scheit- oder Kluftholz, auch Kloben	über 14	0,7	420	560	Gespaltene oder ungespaltene Rundstücke; am schwächeren Ende gemessen
2. Knorrholz, auch Klotzholz	über 14	0,7	420	560	Sehr ästige, ungespaltene oder grob gespaltene Stücke
3. Knüppelholz, auch Prügelholz	mit über 7—14	0,7	420	560	In der Regel ungespaltene Rundstücke, am schwächeren Ende gemessen
4. Abfallholz, auch Bruchknüppel oder Brockenholz	über 7	0,7	420	560	Abgebrochene oder abgeschnittene Holzstücke unter 1 m Länge
5. Reisig, auch Reiserholz	mit 7 und weniger	(Vergleiche Zahlentafel Nr. 62)	—	—	Entweder nach Entfernung der Zweige und Spitzen in rm aufgesetzt oder mit Zweigen und Spitzen in rm Wellen, Bunden oder gleichmäßigen Haufen aufgearbeitet oder unaufgearbeitet in Flächenlosen geschätzt, nach den örtlichen Bedürfnissen aufbereitet und in Klassen eingeteilt
6. Stockholz	—	0,5	240	400	Zerkleinert und in rm aufgesetzt oder unaufgearbeitet geschätzt
a) Klasse A	Besseres und gesundes Stockholz				
b) Klasse B	Geringes und anbrüchiges Stockholz				
7. Brennrinde	—	0,3	—	—	Zum Gerben oder zu sonstigen gewerblichen Zwekken nicht geeignete Rinde; auch in kg waldtrocken gemessen (100 kg = 0,15 rm)

Tabelle 37. *Zusammensetzung fester Brennstoffe, bezogen auf asche-, wasser- und schwefelfreie Substanz, geordnet nach dem geologischen Alter (Inkohlungsgrad)* [Beachte: zunehmender Kohlenstoff-(C-)Gehalt, schnell abnehmender Sauerstoff-(O_2-)Gehalt, etwas langsamer abnehmender Wasserstoff-(H_2-)Gehalt, wenig veränderlicher Stickstoff-(N_2-)Gehalt!]

	C %	H_2 %	O_2 %	N_2 %
Holz	50	6,	43,9	0,1
Torf	59	5,7	33,6	1,7
Braunkohle	68	5,3	25,7	1,0
Steinkohle				
Flammkohle (Saar)	82	5,4	11,2	1,4
Fettkohle (Ruhr)	89,5	5,0	3,9	1,6
Magerkohle (Ruhr)	92	4,0	2,5	1,5
Anthrazit (Donez)	95	2,0	2,0	1,0
Graphit	100	—	—	—

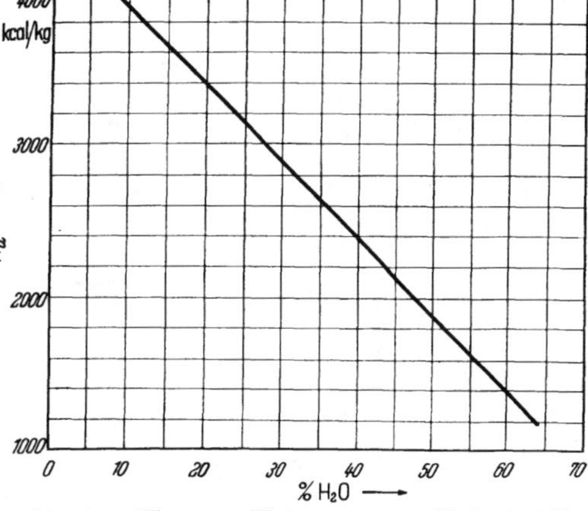

Abb. 61. Unterer Heizwert von Holz in Abhängigkeit von der Feuchtigkeit

3. Holzkohle

Die älteste Herstellung geschieht mittels Holzverkohlung im Meilerbetrieb unter Luftabschluß. Fast alle flüchtigen Bestandteile gehen dabei verloren. Die Holzverkohlung entspricht einer trockenen Destillation. Bei der industriellen Verkohlung wird das Holz in eisernen Behältern (bis 15 fm) unter Luftabschluß bis 24 Std. bis zu einer Endtemperatur von 400 °C erhitzt. Dabei entstehen neben Holzkohle (30%) auch Holzessig (43—44%) und Gase (19—20%). Die Holzkohle wird nach Korngrößen gesiebt. Man muß nach Art der Holzkohle unterscheiden: Buchen, Linden u. a. Holzkohle. Für Heizzwecke spielt diese Unterscheidung eine geringere Rolle als etwa für das Einsetzen von Stahlguß zur Härtung. Für Formzwecke (Puder) wird gern Buchen-, Birken- und Lindenkohle benutzt.

Die Zusammensetzung liegt nach KLAR wie folgt:

Kohlenart	C %	H %	O + N %	Asche %
Meilerkohle	90,36	2,74	5,72	1,1
Ofenkohle	84,18	3,32	11,72	0,78
Retortenkohle	85,18	4,24	13,64	0,97

Rohkohle hat eine Verkokungstemperatur von 270 bis 350 °C, Schwarzkohle eine solche von mindestens 350 °C. Die Heizwerte schwanken um 6500—7500 kcal. Die Zündung beginnt bei 250 °C. Der Wassergehalt schwankt zwischen 6—8%. Die Wichten und Brennwerte liegen in den Grenzen:

	Spez. Gewicht		Schüttgewicht je cm³	Poren %	Volumen der Kohlenstoffmasse
	absolutes	relatives			
Tannenkohle	1,38	0,250	131 kg	84,7	15,3
Fichtenkohle	1,40	0,270	148 kg	80,6	19,4
Birkenkohle	1,46	0,400	190 kg	73,3	27,7
Buchenkohle	1,50	0,450	n. b.	n. b.	

Holzkohlenstaub, der zum Pudern verwendet wird, muß einen maximalen Rückstand von 10% auf Sieb 70^2 aufweisen (s. dort).

Die Gehalte an Schwefel und störende Aschegehalte sind praktisch unbedeutend. Verfälschungen können vorkommen.

Torf

In Tab. 38 und 39 sind einige kennzeichnende Werte von Torf zu finden.

Tabelle 38. *Zusammensetzung von älterem, stärker zersetztem Brechertorf (Hochmoortorf)*

Wassergehalt, frisch . . .	85—90%
Wassergehalt, lufttrocken .	15—18%
Aschengehalt, lufttrocken .	0,5—3,5%

Bezogen auf wasser- und aschenfreie Substanz:

		Analysenbeispiel:
Kohlenstoff. . .	57—59%	58,8%
Wasserstoff. . .	5—6%	5,4%
Sauerstoff . . .	34—38%	34,4%
Stickstoff . . .		1,2%
Schwefel		0,2%
Unterer Heizwert		5270 kcal/kg

Tabelle 39. *Güteklassen für Torf als Brennstoff*

	Heizwert Hu kcal/kg	Schüttgewicht kg/m³	Wasser + Asche
Torf 1. Güte . .	3500—4000	300—390	≦ 25—30%
Torf mittlerer Güte	2800—3500	225—300	≦ 30—40%
Minderwertiger Torf.	2000—2800	150—225	—
Handelsüblich untere Grenze für Brenntorf .	2000	≦ 200	45—50%

4. *Torfkoks*

Torfkoks wird da und dort zur Aufkohlung, für Trockenöfen u. a. herangezogen. Über einige Kennzahlen siehe Tab. 40.

Tabelle 40

Torfkoks	*Richtzahlen*	*Torfkoks*	*Richtzahlen*
Wassergehalt	< 3%	Scheinbares	0,25—0,3
Aschegehalt	< 3%	Farbe	grauschwarz
fixer Kohlenstoff	mind. 87%	Aufkohlungsgrad	mäßig
Schwefelgehalt	< 0,3%	Sauerstoff	ca. 5—6%
Heizwert	7500	Stickstoff	ca. 1%
Porosität	möglichst dicht (Richtzahl 60%)	Wasserstoff	ca. 2—3%
Stückigkeit	möglichst faustgroß	Zündpunkt	ca. 220°C

5. *Braunkohle*

Sie findet sich in bedeutenden Lagern Mitteldeutschlands, des Kölner Reviers u. a. vor. Ihre Einteilung nimmt auf das Alter der Kohle Bezug:

Lignitische Braunkohlen, Hartbraunkohlen (dazu erdige Braunkohle) und Pechkohlen.

Die Braunkohlen sind zum größten Teil aus Torfmooren entstanden. Sie gehören meist der Tertiärformation an. Die Flöze haben eine Mächtigkeit von 10 bis 20 m, können aber auch 100 m Stärke besitzen. Sie werden vornehmlich im Tagebau gefördert.

Der Bruch ist bei Lignitkohle holzig und dicht bis matt bei den Hartbraunkohlen, um zuletzt bei der Pechkohle muschelig zu werden. Die allgemeine Zusammensetzung ist in Tab. 41 wiedergegeben.

Tabelle 41. *Analysenbeispiele von Braunkohlen (Mittelwerte)*

	Rheinland			Mitteldeutschland		
	Rohbraunkohle	Unionbrikett	Reinkohle	Rohbraunkohle	Sonnebrikett	Reinkohle
Wasser. . . . . %	59,0	15,0	—	51,5	13,9	—
Asche . . . . %	2,4	5,0	—	4,0	9,4	—
Kohlenstoff (C) . . . . %	26,3	54,5	68,1	30,6	52,8	68,8
Wasserstoff (H_2) . . . . %	2,0	4,2	5,2	2,6	4,4	5,8
Sauerstoff (O_2) . . . . %	9,7	20,1	25,2	9,7	16,6	21,7
Stickstoff (N_2) . . . . %	0,4	0,8	1,0	0,4	0,8	1,0
Schwefel (S) . . . . %	0,2	0,4	0,5	1,2	2,1	2,7
Oberer Heizwert H_0 . . . . kcal/kg	2470	5110	6390	3100	5340	6967
Unterer Heizwert Hu . . . kcal/kg	2010	4810	6120	2650	5020	6657

Der Gehalt an flüchtigen Bestandteilen schwankt in weiten Bereichen (Lignit 65—75%; mulmige 65—70%; gemeine 65%), Schwelkohle mit hohen Bitumengehalten 50—60%. Das Bitumen setzt sich aus 30—50% Wachs und harzartigen Verbindungen zusammen.

Für Rostfeuerungen kommen Kohlen mit max. 10% Asche in Betracht. Die Stückigkeit ist festgelegt. Die Heizwerte sind in Tab. 42 zu finden. Über die Petrographie dieser Brennstoffe hat u. a. SCHOCHARDT [*36*] berichtet.

Nach der Verwendung unterscheidet man Feuer- und Schwelkohle (mit hohem Bitumengehalt). Erstere hat eine Wichte von 1,2—1,4. Die Zündung in Luft erfolgt bei 250 bis 450 °C. Da diese Kohlen stark wasserhaltig sind, kommen sie nur für Feuerungen in Betracht, die keine zu hohen Temperaturen erfordern (Tab. 42).

Tabelle 42. *Heizwerte deutscher Rohbraunkohlen und Braunkohlenbriketts*

Bezeichnung	Vorkommen	H_u kcal/kg
Junge erdige Weichbraunkohle	Deutschland	1900—2300
Ältere stückige Weichbraunkohle	Österreich	2300—3000
Tschechoslowakische Hartbraunkohle	Brüx Falkenau Eger	3500—5800
Oberbayrische Pechkohle	Hausham Peißenberg Penzberg	5200—5400
Österreichische Glanzkohle	Tirol Steiermark Kärnten	5100—5800
Braunkohlenbriketts	Deutschland	4800—5100

6. *Braunkohlenbriketts*

Es werden die Formate Hausbrandbrikett (Salonform), Industrie-Nußsemmel, Industrie-Brikett-Rundform, Halbsteine, Industrie-Brikettsemmel und Generatorbrikett-Rundbrikett geliefert (Sonne, Union u. a.). Die Zusammensetzung und die feuerungstechnischen Eigenschaften werden durch die Rohkohle festgelegt. Nach den Bedingungen der Bundesbahn (Nr. 101) müssen sie von erdigen Bestandteilen oder sonstigen Verunreinigungen frei sein. Sie sollen möglichst geruchlos sein. Sie dürfen weder bröckeln noch Oberflächen- und Kantenrisse aufweisen. Der Bruch soll glatt sein und ein feines gleichmäßiges Korn nachweisen lassen. Die Briketts sollen gekühlt verladen werden, damit keine Selbstentzündung oder Brandgefahr gegeben ist.

Der Wassergehalt soll max. 15% nicht überschreiten. Die Asche ist mit max. 10% festzulegen. Für Verwendung in Generatoren ist der Schwefelgehalt wichtig. Er soll 1% nicht übersteigen. Der Heizwert H_u ist mit 4500 kcal/kg festzulegen. Beim Verbrennen im Generator soll die Form des Briketts möglichst lange gewährleistet sein, da sonst Verstopfungen auftreten. Wichtig ist auch die Wetterbeständigkeit. Der Abrieb soll 8% nicht überschreiten. Über mitteldeutsche Briketts haben u. a. EISENSCHMITT und KOOP berichtet. EISENSCHMIDT und KOOP [*37*] machen ausführlicher über die chemische Analyse u. a. von mitteldeutschen Briketts Mitteilung.

7. *Braunkohlenstaub*

Seine Eigenschaften sichern ihm eine sehr weitgehende Verwendung (Schmelzofen, Glüh-, Temper- u. a. Öfen). In Schmelzöfen spielt der Schwefelgehalt eine ausschlaggebende Rolle. Auch die Körnung ist wichtig. Für Feuerungen von Temperöfen hat sich nachstehende Forderung bewährt (Tab. 43):

Tabelle 43

Wassergehalt	max. 14%	Körnung		Schwefel	
Asche	max. 12%	Sieb 30²	15% max.	für Schmelzzwecke	max. 1,5%
Heizwert H_u	etwa 5000 kcal/kg	Sieb 70²	20% max.	für Glühöfen u. a.	max. 2,5%

Die Lagerung hat wegen der möglichen Entzündung sorgfältig zu geschehen (evtl. Durchspülung der Bunker mit CO_2).

Grudekoks. Er fällt bei der Verschwelung bitumenreicher Braunkohle an. Die Ausbeute liegt meist bei 10—25%. Meist wird er vermahlen und gibt einen guten Staub. Der Heizwert liegt bei 5000—6000 kcal/kg; der Aschegehalt kann bis 20% ansteigen (Tab. 44).

Tabelle 44. *Kurzanalyse von Schwelkoksen*

	Braunkohlen-schwelkoks %	Steinkohlen-schwelkoks %
Wassergehalt	15—30	10—25
Aschengehalt	15—25	7—13
Mittelwerte	18—20	9—10
fl. Best., bez. auf Reinkoks	12—18	7—14
Heizwert H_u kcal/kg . . .	4600—5400	6600—7400
Mittelwert kcal/kg. . .	5000	7000

8. *Steinkohlen*

Die Vorkommen dieser Kohlen sind recht ungleichmäßig verteilt. Dabei ist die nördliche Halbkugel unserer Erde reichlicher als der südliche Teil bedacht [*38*].

In Europa kann man die meernahen (paralischen) Kohlevorkommen mit englischen, südschottischen Kohlengebieten, diejenigen um Nordfrankreich, Belgien und im südlichen Holland sowie im Aachener Revier, dem rheinisch-westfälischen und dem Ibbenbürener Raum erkennen, die sich im Kohlegebiet bis zur oberen Oder fortsetzen. Daneben finden sich die meerfernen (limnischen) Vorkommen mit dem Saargebiet, Lothringen sowie den Gebieten um die mittlere Oder. Dazu finden sich noch kleinere Vorkommen, wie diejenigen von Zwickau, Oelsnitz und Lugau, Niedersachsen, Wettin und andere.

Die Verteilung der Weltvorräte ist in Tab. 45 und die Verteilung der Koks-Kohle-Reserven in Europa in Tab. 46 zusammengefaßt [*39*].

Tabelle 45. *Verteilung der Weltkohlenvorräte in Millionen × Millionen = Billionen tons*

	Roheisenerzeugung					Kohlenreserven			%-Vorräte pro 100 Jahre		
	pro Jahr t	1937 %	1952/53 t	1952/53 %	Summe	Koks	mittel	arm	1937	1952	1953
Welt	102	100	142	100	4,5	4,0	4,0	0,1	100	20	14
Europa	44	44	5,6	39	0,53	0,46	0,07	—	11,5	5	4
Nordamerika . . .	38	38	62	44	2,1	2,0	—	0,1	50	26	16
Südamerika	0,1	0,1	0,7	0,5	0,4	—	0,003	0,003	—	—	—
Afrika	0,27	0,27	0,7	0,5	0,7	—	0,07	—	—	—	—
Asien (China) . . .	3,9	3,9	3,0	2,1	0,33	—	—	0,33	—	—	—
Oceania	0,9	0,9	1,5	1,0	0,015	0,015	—	—	0,4	8	5
UdSSR	14,5	14,5	17	12	1,44	1,44	—	—	36	50	40

Die Lebensdauer ist mit einem Verbrauch von 2000 kg Koks pro t Roheisen errechnet.

Es muß berücksichtigt werden, daß nur ein Teil der Kokskohle tatsächlich zur Kokserzeugung herangezogen wird.

Tabelle 46. *Verteilung der Kokskohlenreserven in Europa* (in Millionen t)

	Kohlenreserven				Vorrat fur Jahre	
	Koks	mittel	arm	Anteil %	1937	1952
Europa	460000	76000	—	100	5500	4000
Österreich . . .	—	—	19	—	—	—
Belgien	3000	—	—	0,7	400	320
CSR	6000	—	—	1,3	1700	1100
Frankreich . . .	11770	—	—	2,2	600	400
Deutschland . .	260000	—	—	50,0	9000	8000
Griechenland . .	—	—	—	—	—	—
Ungarn	210	—	—	0,05	300	130
Italien	160	—	—	0,04	90	46
Luxemburg . .	—	—	—	—	—	—
Norwegen . . .	—	8000	—	—	130000	60000
Polen	—	60000	—	13,0	42000	18000
Spanien	—	8000	—	1,6	30000	5000
Schweden . . .	—	100	—	0,06	75	40
Schweiz	—	—	—	—	—	—
England	175000	—	—	33,0	10000	7000
Jugoslawien . .	—	—	39	—	—	—

Die Kohlen werden nach dem Abbau vor Ort einer zweckentsprechenden Aufbereitung unterworfen. Ein Teil wird einer Veredelung: Schwelung, Brikettierung und Verkokung usw. zugeführt.

Kohle ist ein brennbares Gestein, das bei der Ablagerung von Pflanzen, etwa in der Karbon-Epoche, völlig umgewandelt wurde. Mittels petrographischer und anderer Methoden ist der Aufbau dieses wichtigen Energieträgers weitgehend geklärt. Man erkennt

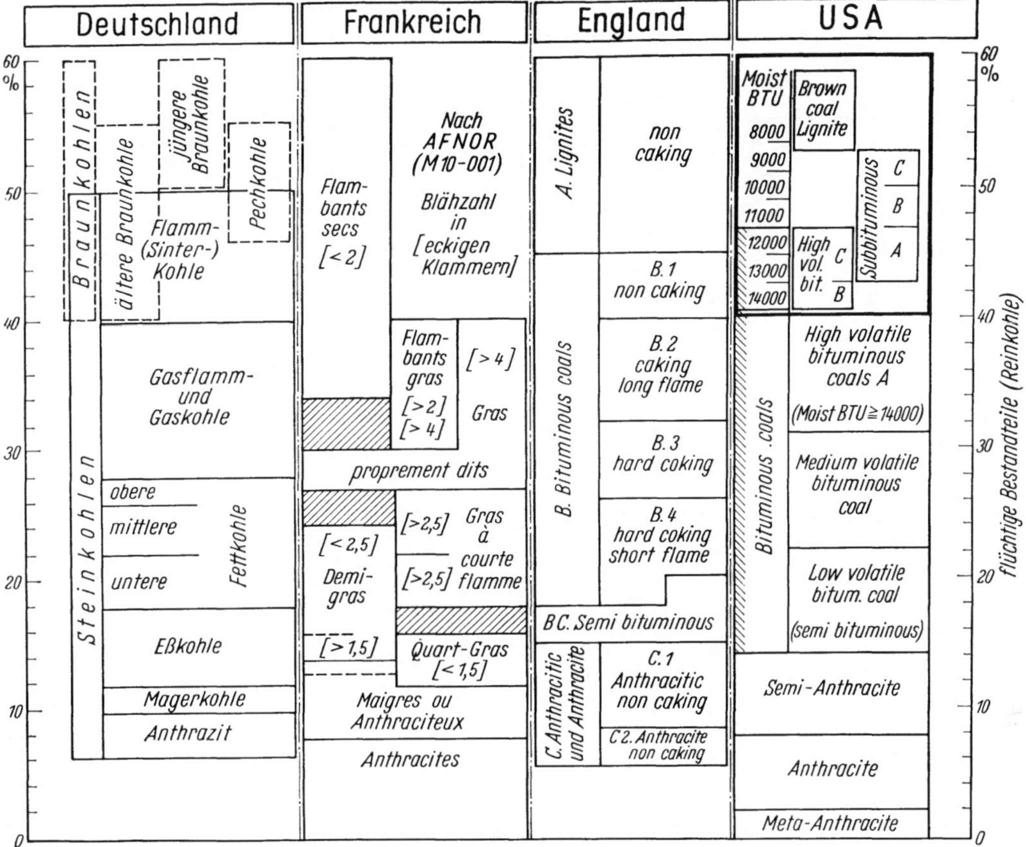

Abb. 62. Vergleich der Benennung von Kohlearten in verschiedenen Ländern (nach GUMZ)

unter dem Mikroskop unter anderem weiche, brüchige und aschearme Glanzkohle, auch Vitrit genannt. Diese Komponente hat ein hohes Back- und Treibvermögen. Die Mattkohle (Durit) ist aschereicher, fest und zäh mit sehr geringem Backvermögen. Dazu kommt die meist unerwünschte Faserkohle (Fusit), die holzähnliche Struktur besitzt und leicht zerreibbar ist. Auch Fusit hat kein Backvermögen. Der Aschegehalt ist schwankend [*40*].

Eine Einteilung der Kohle nach SCHORNDORF ist in Tab. 47 und ein Vergleich der Kohlenarten verschiedener Länder (nach GUMZ) in Abb. 62 zu finden.

Das Verhalten der Kohlen in der Verwendung ist dazu maßgeblich durch den petrographischen Aufbau bestimmt.

Die Asche in Menge und Struktur ist sehr unterschiedlich. Man unterscheidet die aus den Pflanzen kommende sogenannte *innere* Asche (1—2%) und die Asche, welche durch Infiltration, Einschwemmung u. a. sekundär dazu gekommen ist, die sogenannte *äußere Asche* (Rest). Damit ist die Verteilung der Asche an den Aufbau der Kohle, aber auch an die Aufbereitung gebunden. Fusitreiche ungewaschene Feinkohle hat größere Aschenanteile als gewaschene Nußkohle.

Die Zusammensetzung der Asche ist unter anderem von ROSIN und FEHLING [*41*] studiert worden (Abb. 63 und Tab. 48).

Über das Verhalten der mineralischen Bestandteile beim Erhitzen gibt GUMZ [*42*] eine zusammenfassende Darstellung. Der gleiche Autor behandelt das Asche-Schmelzverhalten und hält nach BUNTE-BAUM das typische Verhalten von 4 Aschen fest (Abb. 64). Dort werden auch die Schmelzdiagramme von ZINZEN [*43*] gezeigt. Höhere Aschen beeinflussen die Güte der Kohle wesentlich. Im Kupolofen z. B. sind höhere Koksaschewerte für die Wärmebilanz, die Aufkohlung u. a. sehr wesentlich.

Tabelle 47. *Einteilung der Kohlen* nach SCHONDORFF, ergänzt

Flüchtige Bestandteile %	Art und genetische Folge der fossilen Brennstoffe		Beschaffenheit des Koksrückstandes	Beschaffenheit der flüchtigen Bestandteile	Zündeigenschaften
60	Torf	Weißtorf Schwarztorf	feinkörnig zerfallend	matt, langflammig	sehr leicht zündend
50	Braunkohlen	jüngere, lignitische ältere, dichte	feinkörnig zerfallend	matt, langflammig	
40	Trockene oder unterbituminöse Steinkohlen	Sand- oder Sinterkohlen (Flammkohlen)	gesintert	lange, aber matte Flamme	gut zündend
	Fette oder bituminöse Steinkohlen	Gasflammkohlen	backend mit Blähung	lange, stark leuchtende Flamme	
30		Gaskohlen	backend	verhalten langflammig	
20		Koks- oder Fettkohlen	kompakt backend	kurze, stark leuchtende Flamme	
10	Magere, halbbituminöse und anthrazitische Steinkohlen	Eßkohlen Magerkohlen	gesintert	kurze, wenigleuchtende Flamme	schwer zündend
		Anthrazite	sandig	kurze, blaue Flamme	

Das Wasser liegt in den Kohlen als *grobe* und *hygroskopische* Feuchtigkeit vor. Höhere Wassergehalte beeinflussen die Güte der Kohle. Die Transportkosten je Nutzwärmeeinheit steigen. Die Gefahr der Unbeständigkeit beim Lagern nimmt mit steigendem Wassergehalt zu. Das macht sich besonders im Winter bemerkbar. Dazu wird die Verbrennungstemperatur herabgesetzt, also auch die Wärmebilanz verschlechtert. Auch die Gefahr der Selbstentzündung kann vergrößert werden.

Tabelle 48. *Grenzwerte von Aschenanalysen* (nach GUMZ)

Steinkohlen USA[1]	Steinkohlen England[2]	Steinkohlen Deutschland[3]	Braunkohlen Deutschland[3]
20 –60	25 –50	25 –45	8 –18% SiO_2
10 –35	20 –40	15 –21	4 – 9% Al_2O_3
5 –35	0 –30	20 –45	2 – 6% Fe_2O_3
1 –20	1 –10	2 – 4	25 –40% CaO
0,3– 4	0,5– 5	0,5– 1	0,5– 6% MgO
0,5– 2,5	0 – 3	–	– TiO_2
1 – 4	1 – 6	–	– % $Na_2O + K_2O$
0,1–12	1 –12	4 –10	0 –50% SO_3

Die Oxydation von Kohlen beim Lagern kann auch bei niederen Temperaturen beim Lagern einsetzen. Brennstoffe mit hohen flüchtigen Gehalten, die meist auch genügend ungesättigte Substanzen enthalten, sind besonders gefährdet. Die Oxydation verstärkt sich mit dem Feinheitsgrad der Kohlen.

Wahrscheinlich bilden sich Kohlenstoffperoxyde und bei Anwesenheit von Wasser kann Oxalsäure nachgewiesen werden. Der Gasabbau ist bei Steinkohlenstaub, der zu Formzwecken benutzt wird, deutlich in Abhängigkeit von der Zeit zu beobachten. Größere Kohlen zerfallen mehr oder minder stark. Selbsterhitzung fördert diese Vorgänge. Es ist also eine Luftzufuhr zu verhindern. Die Temperatur, z. B. in den Säcken, darf 50 °C nicht übersteigen. Bei Braunkohlenstaub ist die maximale Lagertemperatur mit max. 40 °C anzusetzen.

Der Schwefelgehalt ist bei den Steinkohlen in den Grenzen von 0,5 bis 2,2% gelegen. Meist liegt er bei den Ruhrkohlen zwischen 0,5—1,2%. Schwefel führt zu Anreicherung des Schmelzgutes an diesem Element. Das trifft für Stahlguß, Temper- und Grauguß gleich zu. Dazu treten Schäden durch Rauchgase an Heizkesseln sowie an Temper- und Glühöfen einschließlich dem dort behandelten Gut auf.

Man unterscheidet organischen Schwefel, der aus dem Eiweiß der Pflanze stammt, und anorganischen Schwefel, der sich wiederum in Pyrit (gelblich) bzw. Sulfate wie Gips ($CaSO_4$) und andere unterteilt.

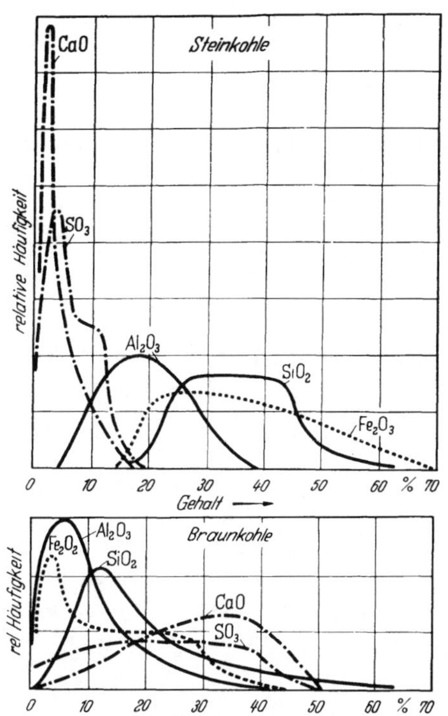

Abb. 63. Zusammensetzung von Braunkohle- und Steinkohleaschen (Häufigkeitskurven) (nach ROSIN und FEHLING)

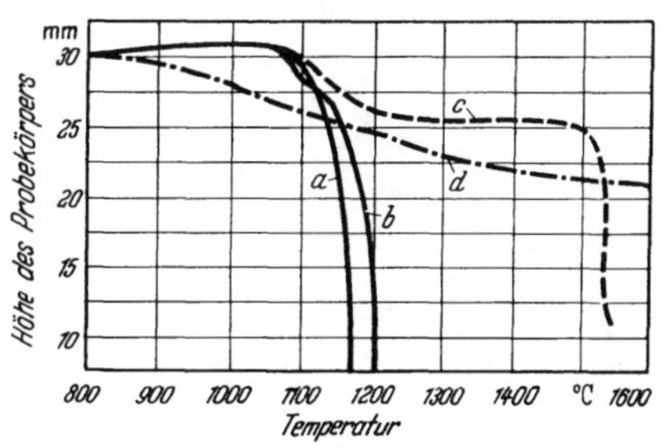

Abb. 64. Typisches Schmelzverhalten von verschiedenen Kohleaschen (nach BUNTE-BAUM)

Der Schwefel setzt sich je nach Bindungsart und Größenordnung des Luftüberschusses, Temperaturhöhe und je nach der Einflußart von Katalysatoren zu SO_2 bzw. zu SO_3 um. Ein kleinerer Teil fällt als H_2S an.

Nach THIELER sowie JOHNSTONE [*44*] sind in Rauchgasen folgende Werte ermittelt worden:

In 100 Teilen Gesamtschwefel:

Nach THIELER:	Nach JOHNSTONE:	
73,7% im Rauchgas und dann	Rostfeuerung:	98—96% SO_2
71,4% als SO_2		2—4% SO_3
2,3% als SO_3	Staubfeuerung:	99,3—99,1% SO_2
26,3% in festen Rückständen		0,7—0,9% SO_3

Nach eigenen Messungen liegen folgende Werte vor:

Auf 100 Teile Gesamtschwefel:

Kupolofen-Koks

0,9—1,1% S im Koks	80% des Gesamtschwefels vergast	von den 80% wiederum 93—96% als SO_2
	20% in der Asche	7—4% als SO_3

Mitteldeutscher Braunkohlenstaub 3,5—4% S

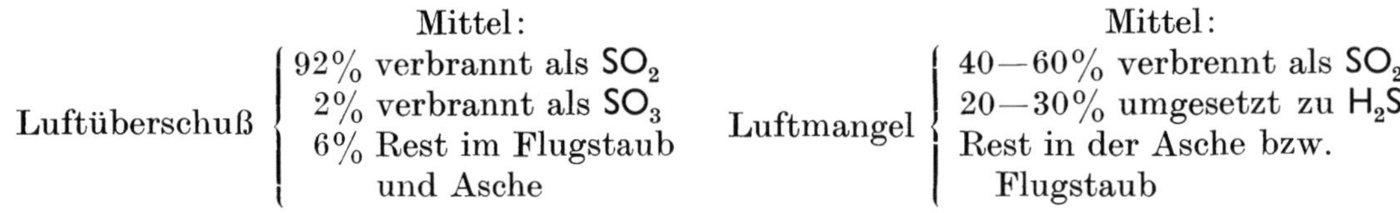

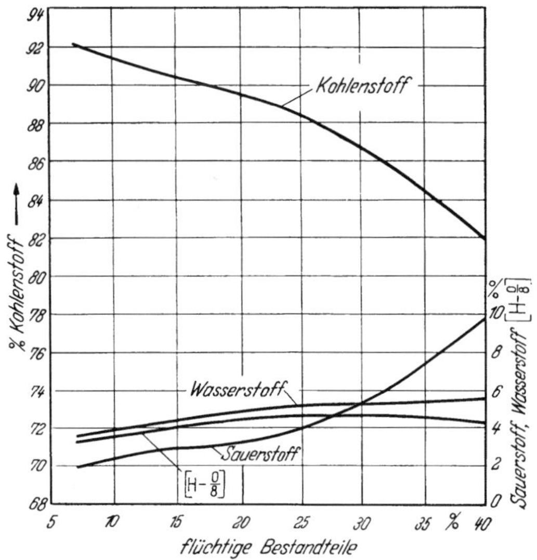

Abb. 65. Beziehung zwischen Elementarzusammensetzung und flüchtigen Bestandteilen von Ruhrbrennstoffen

Mitteldeutscher Schwelkoks aus Braunkohle:

Mittel:

Luftüberschuß
- 80% SO_2
- 3—5% SO_3
- 2% H_2S
- Rest in der Flugasche

Katalysatorische Einflüsse sind besonders in Staubfeuerungen möglich. Im Schwelstaub kann sich das SO_3 durch Fe_2O_3 wesentlich erhöhen.

Über weitere Kohlenkennwerte soll hier nicht berichtet werden.

Die mittlere chemische Zusammensetzung, die dazugehörigen Asche- und Wassergehalte, Heizwerte und flüchtigen Bestandteile der Ruhrbrennkohle sind in den Tab. 49 bis 51, sowie in der Abb. 65 festgehalten. Über die Grenzen der Schüttgewichte gibt Tab. 52 Auskunft.

Tabelle 49. *Mittlere chemische Zusammensetzung der Ruhrbrennstoffe* (nach [*45*])

	Flüchtige Bestandteile (i. waf.) %	Kohlenstoff (i. waf.) %	Wasserstoff (i. waf.) %	Sauerstoff (i. waf.) %
Gasflammkohle . .	40—35	82 —85	5,8—5,6	9,8—7,3
Gaskohle	35—28	85 —87,5	5,6—5,0	7,3—4,5
Fettkohle.	28—19	87,5—89,5	5,0—4,5	4,5—3,2
Eßkohle	19—14	89,5—90,5	4,5—4,0	3,2—2,8
Magerkohle	14—10	90,5—91,5	4,0—3,75	2,8—2,5
Anthrazitkohle . .	<10	>91,5	<3,75	<2,5

Tabelle 50. *Mittlerer Asche- und Wassergehalt der Ruhrbrennstoffe* (nach [*45*])

Bezeichnung	Wasser %	Asche %	Bezeichnung	Wasser %	Asche %
Förderkohle	bis 3	etwa 8—10	Gewaschene Feinkohle	„ 8—10	„ 6—7
Bestmelierte	„ 3	„ 6—8	Ungewaschene Feinkohle	„ 3	„ 10—12
Stückkohle	„ 3	„ 3—6	Steinkohlenbriketts .	„ 2	„ 7—9
Nußkohle I/II	„ 3	„ 3—6	Zechenkoks	„ 5	„ 7—9
Nußkohle III/IV/V . .	„ 4—5	„ 4—7			

Die Prüfung umfaßt eine Reihe von Kennwerten. Bei ihr ist zu unterscheiden zwischen der Betriebsprüfung, die mit der Inaugenscheinnahme beginnt und bestimmte Prüfgänge ergibt und der Schiedsanalyse.

Eine sorgfältige Probenahme ist bei Unstimmigkeiten Voraussetzung für eine eventuelle Mängelrüge.

Tabelle 51. *Heizwerte der wichtigsten Ruhrbrennstoffe* (nach [*45*])

Kohlenart und -sorte	Mittelwerte (i. wf) kcal/kg	Mittelwerte (i. roh) kcal/kg	Kohlenart und -sorte	Mittelwerte (i. wf) kcal/kg	Mittelwerte (i. roh) kcal/kg
Gasflammkohlen			Stückkohle	7800—8050	7500—7900
Förderkohle	6400—7200	6100—7000	Nußkohle	7700—8050	7400—7800
Stückkohle	7400—7700	7000—7550	Koksfeinkohle . . .	7700—7900	6900—7300
Nußkohle	7300—7700	6900—7450	*Eßkohlen*		
Koksfeinkohle . . .	7300—7550	6500—6900	Stückkohle	7850—8100	7600—8000
Gaskohlen			Nußkohle	7750—8100	7500—7900
Gasförderkohle . . .	7200—7600	6900—7400	Gewaschene Feinkohle	7650—7850	6800—7200
Stückkohle	7600—7900	7300—7700	*Mager- und Anthrazitkohlen*		
Nußkohle	7500—7900	7200—7650			
Koksfeinkohle . . .	7500—7750	6700—7100	Nußkohle	7750—8100	7500—7900
Fettkohlen			Gewaschene Feinkohle	7650—7850	6800—7200
Förderkohle	6600—7500	6500—7300	*Steinkohlenbriketts* . .	7600—7800	7400—7700
Bestmelierte	7400—7700	7200—7500	*Zechenkoks*	7100—7300	6700—7200

Tabelle 52. *Schüttgewichte der Ruhrbrennstoffe* (nach [*45*])

Brennstoffsorten	Mittelwert (i. roh) kg/m³	Brennstoffsorten	Mittelwerte (i. roh) kg/m³
Förderkohlen	850— 890	Stückbriketts (geschüttet)	700— 800
Stückkohlen	770— 810	Eiformbriketts	740— 780
Nuß 1 und 2	740— 780	Nußbriketts	780— 820
Nuß 3, 4 und 5	720— 750	Hochofenkoks	460— 530
Gewaschene Feinkohlen	820— 860	Gießereikoks	430— 500
Ungewaschene Feinkohlen	900— 950	Brechkoks 1 und 2	450— 560
Staubkohlen	500— 650	Brechkoks 3 und 4	500— 680
Stückbriketts (gestapelt bzw. gepackt)	980—1080	Koksgrus	700— 760

Die Probenahme ist in DIN 51 701, 51 702 und verschiedenen LV behandelt worden. Für die Analysenangaben sind fünf Bezugsstände [*45*] zu unterscheiden:

Rohsubstanz	Kurzbezeichnung:	(roh)
Lufttrocken-Substanz	„	(lftr.)
wasserfreie Substanz	„	(wf.)
wasser- und aschefreie Substanz	„	(waf.)
wasser- u. mineralfreie Substanz	„	(wmf.)

α) Zusammensetzung

Wassergehalt DIN 51 718, LV 20/10; LV 20/20/0; LV 20/10/1; LV 20/10/20; LV 20/10/21; LV 20/10/3 — Gesamtwasser — grobe Feuchtigkeit — hygroskopische Feuchtigkeit — Aschegehalt DIN 51 719; LV 20/11/01 — evtl. Aschenanalysen und Schmelzverhalten — Verkokungsrückstand DIN 51 720 und verschiedene LV

Elementaranalyse:

a) Kohlenstoff, Wasserstoff
DIN 51 721 u. verschiedene LV
b) Karbonat CO_2
DIN 51 726 und verschiedene LV
c) Stickstoff DIN 51 722
d) Sauerstoff
e) Schwefel DIN 51 724 und verschiedene LV
Gesamt S
anorganisch gebundener S
Disulfid S
Sulfid S
Sulfat S
f) u. g) Chlor u. Phosphor DIN 51 727 u. 51 725

β) Verbrennungswärme und Heizwert DIN 51 708

γ) Technologische Untersuchungen,
vor allem die Trommelfestigkeit von Koks
siehe dort DIN 51 712
für Koks s. dort
Schüttgewicht, Mahlbarkeit, u. a. sind noch zu benennen.

9. *Koks*

Bei der Hochtemperatur-Verkokung wird mit Temperaturen von 1000 °C und mehr gearbeitet. Man verwendet dazu backende Fett- und Gasfeinkohle. Wichtig ist die Auswahl der dafür verwendeten Kohlen und die Abstimmung ihrer Back- und Treibeigenschaften. Die heute verwendeten Koksöfen haben sich aus dem Kohlenmeiler entwickelt. Die modernen Koksöfen, die in Batterien zusammengebaut sind, bestehen aus verschieden breiten Kammern.

Die Schmalkammeröfen besitzen eine Breite von 350 bis 500 mm. Die Länge beträgt bis 12 m, und die Höhe übersteigt 4 m selten. Die Beheizung erfolgt mittels Koksofengas. Dabei wird bis etwa die Hälfte des Kokereigases verbraucht. Nach etwa 12—36 Std. Garzeit wird der Kokskuchen ausgestoßen und gelöscht. Der Koks wird nach Stücken sortiert bzw. gebrochen. Auf je 1 Tonne Steinkohle entfallen etwa 0,78 t Koks, 310 bis 320 Nm^3 Gas, etwa 3% Teer, 1% Benzol und 1% Ammonsulfat.

Die Einteilung von Koks geschieht nach folgendem Schema (Tab. 53):

α) Gaswerkskoks

β) Zechenkoks.

Tabelle 53. *Die Zechenkokereien erzeugen folgende Kokssorten* (nach [*45*])

Bezeichnung	Körnung mm	Anfall %	Verwendungszweck
Großkoks . . .	über 80	etwa 50	Hochöfen, Kupolöfen, Härteöfen
Brechkoks 1 . .	80—60	„ 20	
Brechkoks 2 . .	60—40	„ 10	Kalkschachtöfen
Brechkoks 3 . .	40—20	„ 10	Generatoren
Brechkoks 4 . .	20—10	„ 4	Zentralheizungen
Koksgrus . . .	10— 0	„ 6	Sinteranlagen, Dampfkessel

Hier soll nur der Schmelzkoks, wie er für Kupolöfen verwendet wird, besprochen werden.

Schmelzkoks soll metallurgisches Arbeiten ermöglichen. Dabei spielt die Rinnentemperatur des Eisens eine besondere Rolle. Früher hat man den Gießereikoks in Breitkammeröfen mit langer Garungszeit (48—60 h) erstellt, heute kommen vornehmlich Schmalkammeröfen in Anwendung. Die besten Voraussetzungen für einen guten Schmelzkoks sind die unteren Fettkohlen mit 20—22% flüchtigen Bestandteilen. Diese Kohle muß gut vermahlen werden. Werden weitere gasreiche Kohlen oder /und auch Magerungsmittel zugesetzt, so muß die Vermahlung und Vermischung möglichst innig durchgeführt werden. Man hat neuerdings, um die vitritreiche Feinkohle und die duritreiche Kohle besser einander anzupassen, getrennte Mahlverfahren angesetzt, um die erstere weniger fein, die letztere feiner zu mahlen. Damit wird im nachfolgenden Mischvorgang der Verbund beider Hauptkomponenten so gestaltet, daß die backenden und treibenden Vitritteile nicht zu grob aufblähen und damit keinen schaumigen Koks ergeben können. Diese petrographischen Erkenntnisse sind somit auch für den Gießer bedeutungsvoll.

Nun unterteilen sich die Eigenschaften von Schmelzkoks (Tab. 54) wie folgt:

Tabelle 54

Physikalisch	*Chemisch*	*Technologisch*	
a) Farbe	h) Wassergehalt	q) Tarnung	x) Abrieb
b) Stückgröße	i) Aschegehalt	r) Gleichmäßigkeit	y) Garzeit
c) Rissigkeit	k) Schwefel	s) Schüttgewicht	z) Ilsederzahl
d) Porengehalt	l) Phosphor	t) Blumenkohl	z_1) Thibautzahl
e) Poren-Mikrostruktur	m) Reaktionsfähigkeit	u) Teernaht	z_2) Transport
	n) Zündpunkt	v) Grusanfall	z^3) Verhalten gegenüber dem flüssigen Eisen, Aufkohlung u. a.
f) Heizwert	o) Gasgehalt	w) Festigkeit 20 °C, hohe Temp. u. Abrieb	
g) Ascheverhalten	p) Elementaranalyse		

Bei der Prüfung sind die DIN-Vorschriften zu beachten. Die ASTM-Vorschriften sind weitere wertvolle Hilfsmittel.

Über die Probenahme und Vorbereitung zur Prüfung ist eine LV 21/00 herausgegeben.

Die Lage der Zechen, welche Gießereikoks herstellen, ist in Abb. 66 zu finden.

Physikalische Eigenschaften

a) Farbe. Sie schwankt von silbergrau bis schwarzgrau. Da sie vom Löschprozeß beeinflußt wird, darf ihr nicht, wie es früher geschah, allzu viel Gewicht beigemessen werden. Sie kann aber Anhaltspunkte für unvergarte Anteile, besonders am Stoß (Teernaht),

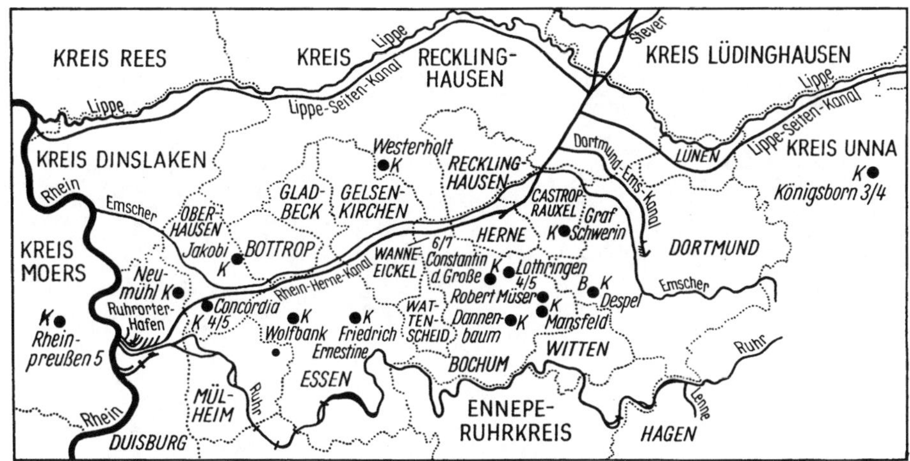

Abb. 66. Lagekarte der Ruhr-Zechen mit Gießerei-Koks-Erzeugung

abgeben. Gegebenenfalls wendet man zum Vergleich die OSTWALDsche Farbenskala oder die Farbskala nach RAL 840 an.

b) Stückgröße. Die Form der Stücke läßt eine Unterteilung in Stengel und Block zu. In den Zechen wird neben der Handauslese eine sorgfältige Klassifikation durchgeführt.

Kupolofenkoks wird vielfach mit mindestens 120 mm Kantenlänge gewünscht. Eine solche Forderung hat aber nur dort Sinn, wo der Durchmesser des Kupolofens berücksichtigt wird. Im allgemeinen sollte der Koks $^1/_9$—$^1/_{12}$ des Durchmessers des Ofens nicht überschreiten. Amerikanische Feststellungen geben mindestens $^1/_{12}$ des Ofendurchmessers bekannt. Dort [*46*] besteht auch Übereinstimmung, daß eine Ausschaltung von Über- und Unterkorn nach Möglichkeit vorliegen soll (ASTM Norm. D 293—29).

GUMZ [*47*] hat bei der Bearbeitung dieses Themas von der Zechenseite her darauf verwiesen, daß die Gleichstückigkeit von größerer Bedeutung sei als das Kennzeichen der Grobstückigkeit. Diese Überlegungen treffen einen Teil der eigenen Erkenntnisse, nur mit dem Unterschied, daß bei den Forderungen im eigenen Betrieb die Gleichstückigkeit und die Größe mit 90—120 mm festgelegt waren. Selbst bei Heißwindöfen hat sich ein gleichmäßiger, aber kleinstückiger Koks nicht immer bewährt.

Dazu ist die Forderung nach einwandfreier Festigkeit notwendig. Es ist aber darauf zu verweisen, daß auch Sortierungen um 80 mm einwandfreies Schmelzen sichern. SPECKHARDT [*48*] hat auf gewisse Zusammenhänge mit der Stückgröße hingewiesen.

Die Gleichmäßigkeit des Kornes kann durch Ausgabeln beim Setzen verbessert werden; das Unterkorn scheidet dabei aus.

Die Messung kann nach eigenem Vorschlag etwa wie folgt geschehen: Das Sieb selbst besteht aus in einen Holzrahmen von 1 × 1 m straff gespannten Stahldrähten von etwa 3 mm. Die Maschen sind quadratisch und umfassen die Klassen:

0—40 mm   40—60 mm   60—90 mm   90—120 mm   > 120 mm.

Die jeweils durchgefallenen bzw. auf dem Sieb verbliebenen Kornfraktionen werden den weiteren Sieben zugeführt bzw. separat gelegt. 50—100 kg als Probe ist vorzuschlagen.

c) Rissigkeit. Man kann eine Längs- und Querrissigkeit unterscheiden. Erstere ist gering wirksam, letztere kann Anlaß zur leichteren Zerstörung beim Transport oder im Schacht des Ofens geben.

d) Porengehalt. Die Bestimmung kann den Wert aus dem Verhältnis des wahren zum scheinbaren Gewicht erfassen [*49*], oder sie kann durch bildliche Methoden ermittelt werden, die sich in der Praxis zu Vergleichszwecken gut bewährt hat (Abb. 67). Nach den

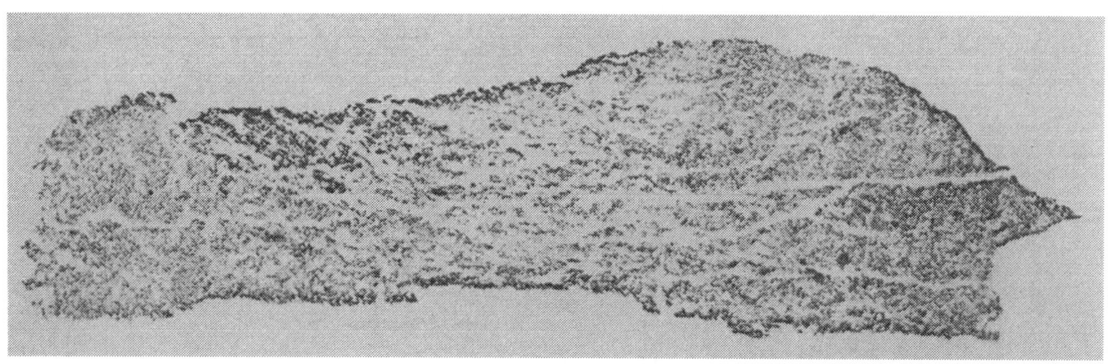

a

b

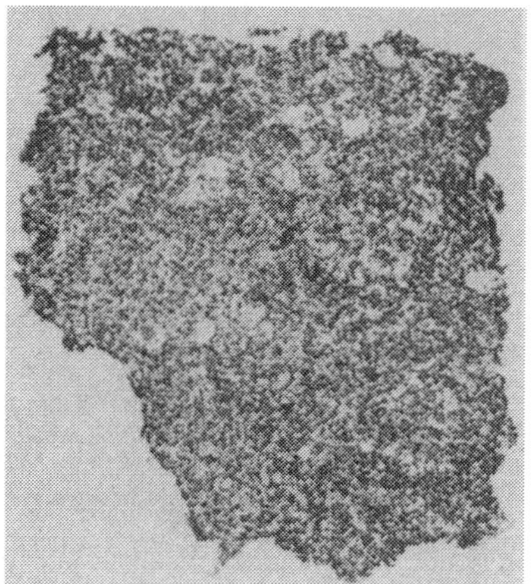

c

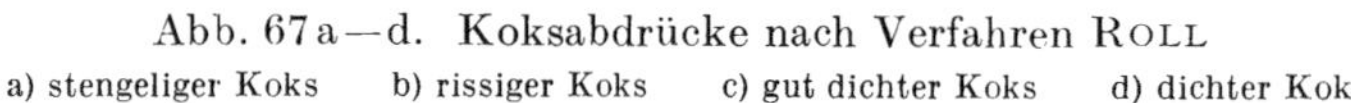

Abb. 67a—d. Koksabdrücke nach Verfahren ROLL
a) stengeliger Koks b) rissiger Koks c) gut dichter Koks d) dichter Kok

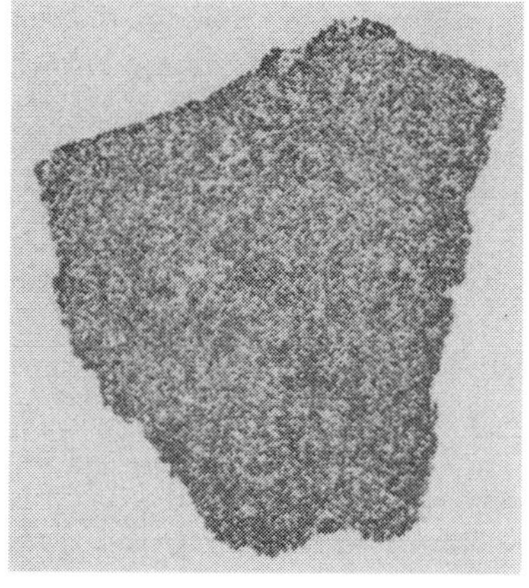

d

ASTM-Normen D 167/24 ist eine Gefügerichtreihe a—d aufgestellt worden: a) sehr dichte, b) dichte, c) offene und d) sehr offene Porenausbildung. Mit der Porosität ist die Porenstruktur nicht zu verwechseln (s. unten). Der absolute Porenwert soll 42% nicht überschreiten.

Die Porosität ist von der Probenahme im Koks abhängig. Darauf ist bei der Messung der absoluten und bildmäßigen Erfassung Rücksicht zu nehmen. Bei letzter ist auch die Richtung zur Stengelachse von Bedeutung.

Im gleichen Sinne ist an anderen Stoffen, etwa z. B. bei Brot, eine Richtreihe entstanden [*50*].

Die Porengröße ist von der Kohle, der Mahlung und der Verkokungsart abhängig.

e) Poren und Mikrostruktur. Darüber hat MACKOWSKY [*51*] vor kurzem zusammenfassend berichtet, wobei zwei Sorten von Spezialgießereikoks und der HC-Koks verglichen wurden. In der Abb. 68 sind aus den Mikrobildern die Strukturen, die durch dichte oder dünne Zellwände, also geringe Porosität und hohe Porenwerte ausgezeichnet sind, zu erkennen. Weitere Meßergebnisse s. Tab. 55.

In der Arbeit wird auch auf weitere mikroskopische Einzelheiten verwiesen (Tab. 56). Danach hat der VfT—HC-Koks (Verwertung für Teererzeugnisse = VfT—High Carbon Coke = HC) starke Zellwände, Spezialkoks dünnere Zellwände.

f) Heizwert. Der Heizwert von Koks wird im allgemeinen mit der unteren Grenze von $H_u = 6800$ kcal/kg festgelegt. Über eine Bestimmung gibt DIN 51 708 LV 21/13/01 Auskunft.

g) Ascheverhalten. Die Höhe des Aschegehaltes wird unten benannt. Die Asche selbst hat nach WÜBBENHORST [52] für Ruhrkoks eine Zusammensetzung, die in Tab. 57 festgelegt ist. Das Schmelzen beginnt bei 1300—1400 °C.

Die unterschiedliche Aschezusammensetzung bzw. die Ascheschmelzwerte wirken sich weniger auf die Bedingungen im Kupolofen aus als auf die feuerungstechnischen Verhältnisse bei der Verbrennung von Koks auf dem Rost. Die Koksasche ist bekanntlich nur zu etwa 10—15% an der Bildung der Kupolofenschlacke beteiligt, so daß sie unter Berücksichtigung ihrer evtl. unterschiedlichen Zusammensetzung die Eigenschaften der Schlacke nur wenig beeinflussen wird.

Chemische Eigenschaften

h) Wassergehalt. Der Wassergehalt gehört zum Ballast, beeinflußt aber Koksverbrauch und Eisentemperatur weniger. Ein zu hoher Wassergehalt darf jedoch nicht vorliegen. Im allgemeinen wird nur die Grobfeuchtigkeit ermittelt (s. oben).

Nach WÜBBENHORST liegt der Wassergehalt im allgemeinen unter

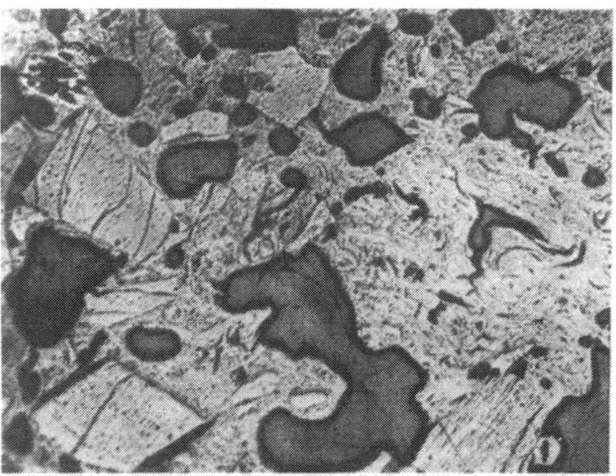
a ×10

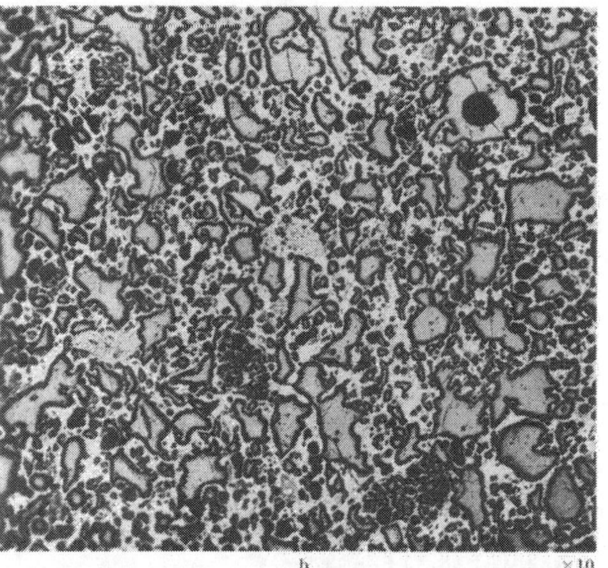
b ×10

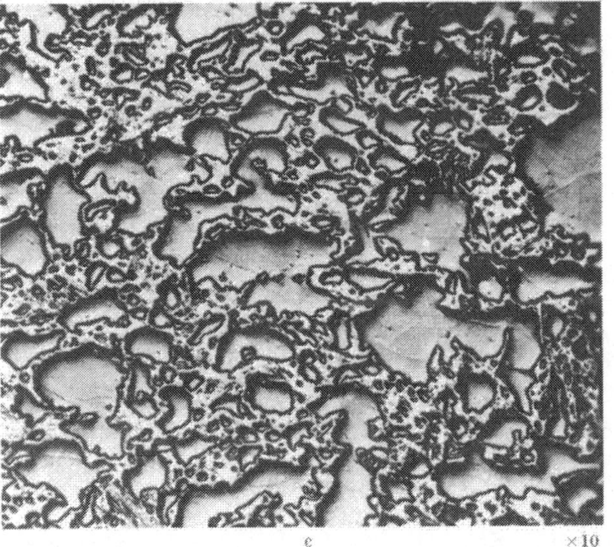
c ×10

Abb. 68a—c. Mikrostruktur von a) HC-Koks mit dichten und festen Porenwänden; b) und c) Kupolofenkoks mit höherer Porosität, verschiedenem Zellaufbau und unterschiedlicher Zellverteilung (nach MACKOWSKY)

Tabelle 55. *Ergebnisse der mikroskopischen Koksgefügeuntersuchung* (nach MACKOWSKY)

	VfT-HC-Koks	Gießerei-koks I	Gießerei-koks II
Dichtigkeit	2,3 äußerst dicht	0,842 äußerst dicht	0,54 sehr porig
Porigkeit	50,0 sehr grobporig	73,9 feinporig	59,7 grobporig
Zelligkeit	28,4 äußerst grobzellig	57,2 grobzellig	63,3 mittelzellig
Porenvolumen	30,1	54,4	65,0
Mittlere Zellwanddurchmesser in mm	0,415	0,102	0,083
Porenmedianwert in mm	0,057	0,034	0,050
Relative Streuung in %	83	100	103
Spezifische innere Oberfläche in cm^2/g	90	268	280

Tabelle 56. *Ergebnisse der chemisch-physikalischen Koksgefügeuntersuchung* (nach MACKOWSKY)

		VfT-HC-Koks	Gießerei-koks I	Gießerei-koks II
Wasser	%	0,9	1,23	0,16
Asche	wf[1] %	3,3	8,83	10,80
Flüchtige Bestandteile	wf %	0,3	0,03	—
Flüchtige Bestandteile	waf[2] %	0,3	0,03	—
Kohlenstoff	waf %	96,74	97,17	98,36
Wasserstoff	waf %	0,69	0,50	0,44
Stickstoff	waf %	1,12	1,17	1,31
Schwefel	waf %	1,21	1,16	1,36
Sauerstoff	waf %	0,24	—	—
Wahre Dichte		1,890	1,835	1,974
Scheinbare Dichte		1,39	0,836	0,945
Porenvolumen	%	32	55,7	65,0
Elektrischer Pulverwiderstand bei				
150 kg Belastung in Ω		1192	1032	758
300 kg Belastung in Ω		841	672	348
Reaktionsgeschwindigkeit bei 1000°C		0,47	0,46	0,48
Reaktionsgeschwindigkeit bei 1100°C		1,50	1,94	2,30
Aktivierungsenergie kcal/mol		40	46	55
Bitterfelder Abbrand-Abrieselungsversuch, Gesamt-Gewichtsverlust	%	22	35,5	23,0
Grusanfall	%	1,7	4,7	1,9
Abbrand	%	20,3	30,8	21,1

[1] wf = wasserfrei; [2] waf = wasser- und aschefrei.

Tabelle 57. *Aschegehalt und -zusammensetzung von Ruhr-Gießereikoks* (nach WÜBBENHORST)

	Asche %	Ges.-S. %	Aschezusammensetzung SiO_2 %	Al_2O_3 %	Fe_2O_3 %	CaO %	MgO %
1.	7,7	0,94	43,1	30,1	16,0	2,3	2,0
2.	7,99	1,02	41,0	32,2	17,9	2,6	2,0
3.	9,69	0,95	45,5	34,7	10,7	1,3	1,8
4.	8,47	0,80	44,5	36,5	10,4	1,6	1,4
5.	7,10	1,07	41,3	32,3	17,6	1,7	1,8
6.	8,34	1,00	41,7	34,2	14,3	3,3	2,5
7.	7,66	1,05	41,7	33,8	19,0	2,0	1,6
8.	9,53	0,95	44,8	32,4	13,7	2,2	2,3
9.	8,43	1,04	41,0	28,2	17,9	2,4	2,0
10.	6,78	0,90	41,5	29,3	16,9	5,0	2,7
11.	7,86	1,03	42,0	32,8	15,1	3,7	2,0
12.	8,97	0,84	41,6	34,3	13,0	4,0	2,2

5%. Erst durch größere Niederschlagsmengen kann der Wassergehalt beim Transport steigen. Nach eigenen Erfahrungen ist der Wassergehalt nach Messungen einer großen Anzahl von Lieferungen — gesehen über 15 Jahre — bei etwa 4—5% gelegen.

i) **Aschegehalt.** Die Höhe des Aschegehaltes überschreitet im allgemeinen den Wert von 10% selten. WÜBBENHORST gibt bei seinen Untersuchungen die Streuung von 6 bis 12% an. Der Aschegehalt setzt den Heizwert herab. Der überhöhte Aschegehalt verbraucht weitere Wärmemengen. Es kann aber dazu auch eine Umsetzung mit dem flüssigen Eisen erfolgen (s. auch unter Aufkohlung). Die Untersuchung wird z. B. nach den Vorschriften des Handbuches für das Eisenhüttenwesen vorgenommen (Bd. I). Siehe auch Ruhrkohlenhandbuch (1954), S. 40.

Die Steinkohlenaschen kommen in 2 Typen vor: zähflüssige lange Schlacken mit hohem SiO_2, Al_2O_3 und MgO, die ein breites Schmelzintervall besitzen, und kurze Schlacken mit mittlerem Gehalt an SiO_2 und Al_2O_3, welche ein kleines Intervall besitzen. HERZOG [*53*] hat früher Analysen veröffentlicht, die in den Grenzen lagen:

	Leicht schmelzbar bei 1160°C	Schwer schmelzbar bei über 1500°C
SiO_2	48,60%	49,46%
Al_2O_3	23,43%	33,28%
Fe_2O_3	14,08%	5,50%
CaO	3,08%	2,76%
MgO	2,83%	0,78%

Weitere Einzelheiten siehe dort.

k) **Schwefel.** Der Schwefel im Koks entstammt der Kohle und wird durch geeignete Auswahl möglichst gesenkt. Der Schwefel in der Kohle ist entweder an die Kohlensubstanz oder an Begleitelemente gebunden. Der Anteil an Pyrit (FeS_2)-Schwefel liegt meist an der Spitze. Nach FORSTER und GEISLER verändert sich beim Verkoken der Schwefel wie folgt:

	Kohle	Koks
Gesamt-Schwefel	1,78%	1,58%
Pyritschwefel	0,92%	0,03%
	—	bis 0,46%
Sulfatschwefel	0,10%	0,02%
organisch gebundener Schwefel	0,76%	1,07%

Die Unterscheidung und Prüfung der verschiedenen Schwefelarten wird nach DIN 51724 und folgende LV vorgenommen.

Im allgemeinen ist der Schwefel unerwünscht. Nur bei Fittingsguß (GTW) darf der Schwefelgehalt, um eine bestimmte Bearbeitbarkeit zu sichern (kurze Späne), höher liegen (0,20% S). Über seine Wirksamkeit als im FeS-reichen bzw. MnS-reichen Einschlüsse ist hier nichts zu berichten.

Die Höhe des Schwefels beeinflußt die Menge des Schwefels im Guß (Abb. 69). Dieser Einfluß ist bei einer konstanten Gattierung einschließlich dem Kalkzusatz von komplexer Natur. Wichtig ist zuerst die Art der Bindung des Schwefels im Koks selbst. Während der Sulfid- und organisch gebundene Schwefel als SO_2 abbrennen und somit zur Lösung im Eisenbad mehr oder minder (je nach Oberflächenfaktor, Temperatur, Schlackenanwesenheit, u. a.) beeinflussen, muß der Sulfatschwefel, der ge-

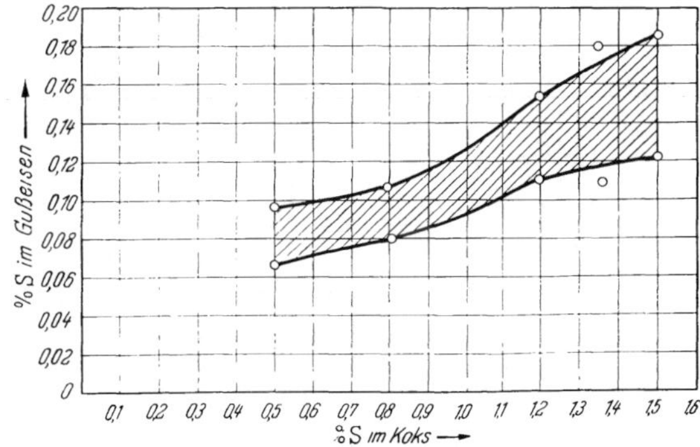

Abb. 69. Schwefel im Gußeisen in seiner Beziehung zum Schwefel im Koks; 3% C. 2% Si

legentlich höher ist als oben benannt wurde, erst einen Zerfall und eine Reduktion erfahren. Sulfidschwefel kann im Koks von 0,1 bis 0,4% anwesend sein. Frisch ausgestoßener Koks hat höhere Sulfidanteile. Man kann den Sulfidschwefel durch die bekannte Salzsäuremethode erfassen. Auch dem Schwefel-Baumann-Abdruck an sorgfältig angeschliffenen Werksproben ist er zugänglich. Man kann dabei oft eine recht verschiedene Verteilung im Koks beobachten. Beim Zerfall des Sulfatschwefels spielt auch die Zusammensetzung der Asche des Kokses eine Rolle. Der Gehalt des Schwefels im Guß ist auch noch abhängig von der Zusammensetzung desselben, insbesondere vom Siliziumgehalt. Auch die Schmelztemperatur, die Stückigkeit des Kokses, die Höhe des Kalkzusatzes und andere Faktoren wirken sich wesentlich aus. Die oft geäußerte Meinung, daß der Zubrand des Schwefels etwa mit 50% angenommen werden kann, bezieht sich auf Einzelfälle und ist nicht allgemein gültig. Das geht auch aus der Tatsache hervor, daß der Schwefelgehalt eines Gußeisens im Laufe einer Tageserzeugung abnimmt. Deswegen sollte besonderes Gewicht auf die Güte bzw. Schwefelarmut des Füllkokses gelegt werden.

Hoher Schwefelgehalt führt zu Härtesteigerungen und Qualitätsminderungen, bei Anwesenheit von Rost zu umgekehrtem Hartguß. Die Mehrkosten durch Manganträger und Entschwefelungsmaßnahmen steigen.

Im Heißwindofenbetrieb muß bei der Herstellung von Fittings Koks mit hohem Schwefelgehalt gesetzt werden (1,5—2%). Man hat sich auch mit der Zugabe z. B. von Modellgips in die Gattierung geholfen, um die Schwefelanalysen im Guß auf 0,18—0,22% S zu halten.

Die Höhe des Gesamtschwefels im Koks soll 1,2% nicht überschreiten. Es ist aus einer jahrelangen Beobachtungszeit zu erkennen, daß diese Gesamtschwefelwerte von 1929 bis 1945 angestiegen sind. Früher konnte die Grenze von etwa 1% eingesetzt werden, die auch heute von einer Reihe von Kokereien erreicht wird.

l) **Phosphor.** In der Koksasche liegt der Phosphorgehalt zwischen 0,07—0,10%. Diese Werte sind unschädlich.

m) **Reaktionsfähigkeit.** Die Rolle der Reaktionsfähigkeit ist im einzelnen noch umstritten. Es läßt sich aber aus den Erkenntnissen der Praxis der Schluß ziehen, daß die Größe der Aufkohlung des geschmolzenen Metalles von dieser Eigenschaft beeinflußt wird. Über die Reaktionsfähigkeit gibt es ein umfangreiches Schrifttum [*54*].

Die Reaktion mit CO_2 wurde vielfach als ein direktes Merkmal des Lösungsverhaltens von Koks—Kohlenstoff angesehen, wobei mit steigendem Grade der Umsetzung von $CO_2 + C = 2\,CO$ eine höhere Auflösung von C im flüssigen Eisen erwartet wird.

Die Ansichten über die Reaktionsfähigkeit teilen sich in 3 Gruppen:

a) Koks besteht aus mehreren Stoffen: amorphem Kohlenstoff, Graphit, Teerresten u. a. Die jeweiligen und variablen Mengenverhältnisse beeinflussen den Reduktionsvorgang.

b) Koks wird als einheitlicher Stoff angesehen. Der Reduktionsvorgang wird von den Grenzflächen bestimmt.

c) Koks besteht aus mehreren Stoffen von verschiedener Wirkung, jedoch ist das Koksgefüge maßgeblich an den Gasumsetzungen beteiligt.

Die Erkenntnisse von AGDE, welche die Faktoren der Masse des Kokses, der Berührungszeit (Strömungsgeschwindigkeit, Schichthöhe), der Fläche (Stückigkeit, Zelligkeit, Ultraporigkeit), den Reinbrennstoff, der Asche, die Temperatur und Zeit sowie den Faktor der Katalysatoren in den Brennpunkt der Betrachtungen stellen, gelten abgewandelt auch heute noch.

Die Methodik der Untersuchung ist ebenfalls verschieden. Die Messung nach FISCHER und Mitarbeitern ist bekannt (BRÜCKNER a. a. O.). Bei Gießerei-Schmelzkoks soll die Reaktionsfähigkeit, die auch ein Maß des C-Abbrandes in den höheren Schachträumen des Kupolofens darstellt, möglichst gering sein. Die Werte von 600 °C sollten nicht unterschritten werden.

n) **Zündpunkt.** Derselbe liegt je nach Methodik der Messung bei 690—740°C. Die Verkokungsart beeinflußt denselben. Abb. 70 nach ADGE. Die Größenordnung der Gefügekomponenten und deren Kristallorientierung spielen eine wesentliche Rolle bei der Lage des Zündpunktes [*55*]. Stark graphitisierte Kokse liegen im Zündpunkt in höheren Werten als weniger ausgegarte Kokse.

o) u. p) **Gasgehalt, Elementaranalysen.** Der Gasgehalt ist von der Art der Verkokung abhängig. Die Elementaranalyse liegt unter anderem in folgenden Grenzen:

	C %	H_2 %	$O_2 + N_2$ %	S %	Asche %
Halbkoks	84—88	0,3 —0,4	1,4—1,9	0,5—0,8	6—10
Gießereikoks . . .	80—85	0,25—0,35	0,8—1,6	0,9—1,2	7—11

Die Arbeit von MACKOWSKY gibt neuere Werte wieder.

Technologische Eigenschaften

q) **Tarnung.** Auf die Tarnung mit grobstückigem aufgelagertem Koks, die gelegentlich bei untergeordneten Stellen beim Versand durchgeführt wird, muß geachtet werden.

r) u. s) **Gleichmäßigkeit — Schüttgewicht.** Erstere ist durch Augenschein festzulegen. Nach dem Ruhrkohlenhandbuch liegt das Schüttgewicht zwischen 430—500 kg/m³. Siehe auch ASTM-Norm D 292—29.

t) u. u) **Blumenkohl-Teernaht.** Das äußere Erscheinungsbild kann gewisse Hinweise für die Eignung geben. Neben der Stengligkeit (stengliger und blockiger Koks) und Rissigkeit, die vor allem für das Verhalten der Festigkeit bei normaler und bei hoher Temperatur Anhaltspunkte gibt, ist die Größe des Stoßanteiles (Teernaht) von Bedeutung. Die der Wandung angelagerte Seite wird als Blumenkohl (Abb. 71) angesprochen, die Gegenseite ist der Stoß. Es sei betont, daß schlecht geflossene und gebackene unausgelagerte Koksstücke, sogenannte Schwarzköpfe, im Gießereikoks nicht enthalten sein dürfen. Ihr Zündpunkt ist wesentlich niedriger, die Reaktionsfähigkeit zu hoch, der Gasgehalt zu groß und die Festigkeit zu klein. Die Aufkohlung des Eisens wird durch höhere weiche Teernahtanteile wesentlich vergrößert und ist vor allem unregelmäßig.

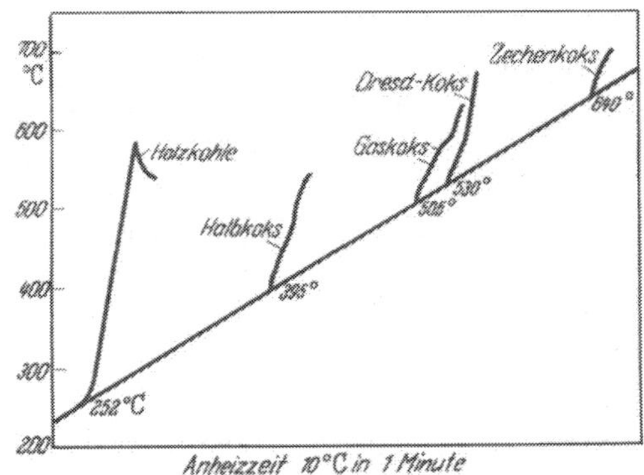

Abb. 70. Zündpunkte einiger Verkokungsprodukte (nach AGDE)

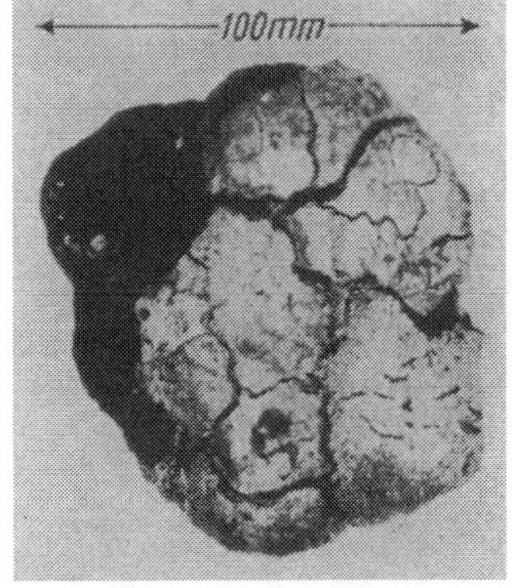

Abb. 71. Koksstück mit „Blumenkohl" (nach WÜBBENHORST)

v) **Grusanfall.** Dieser Anfall wird durch Körnungen von 15 mm und kleiner bestimmt. Man spannt nach eigenem in der Praxis bewährten Vorschlag vor der Waggontür ein Sieb aus (2×2 m), dessen Maschenweite 1,5 cm beträgt (Drahtstärke 5 mm). Unter das Sieb ist eine Vorrichtung aus Blech zu legen, die es gestattet, den Grus zu sammeln. Über dieses Sieb entnimmt man den Koks in die Werkswagen. Auch ein Zusammenschaufeln des Grus im Waggon gibt Auskunft. Die Menge des Grusanfalles wird in Prozentwerten des Gesamtgewichtes (bezogen auf Feuchtigkeit oder Trockensubstanz) angegeben. Der Grusanfall soll 3% nicht übersteigen.

w) u. x) Festigkeit und Abrieb. Diese kann als ein direktes Maß des Verhaltens im Schachtofen angesehen werden. Sie wird entweder nach DIN 51 712 als Trommelfestigkeit bestimmt oder nach der einfacheren Fallprüfung [*56*] ermittelt. Bei letzterer werden 50 kg Koks aus dem Waggon als Mittelprobe entnommen. Diese Probe wird zuerst auf ihre Körnung geprüft und danach läßt man gemäß diesem Vorschlag jeweils Teile von 10 kg auf eine gußeiserne Platte aus 2 m Höhe auffallen. Man benutzt dazu eine Richtplatte (GG) von 1 × 1 m mindestens 50 mm stark. Gute Lagerung muß gesichert sein (Betoneinbau). Die einzelnen 10 kg-Teile werden nach dem Fall abgeräumt, so daß der neue Teil wieder auf Gußeisen auffällt. Das Fallenlassen des Kokses wird jeweils 3mal durchgeführt. Danach wird, wie üblich, die Körnung ausgemessen. Dabei ergeben sich ebenfalls recht brauchbare und von keiner allzu komplizierten Apparatur, die kaum in den Gießereien anzutreffen ist, abhängige Werte.

Die Trommelfestigkeit soll Werte von 85% zeigen, d. h. dies ist die Summe der Anteile von Kokskörnungen über 40 mm nach der Prüfung; der Abrieb ist die Summe der Körnungen unter 10 mm.

Aus der Messung der Druckfestigkeit bei 20 °C und der bei hohen Temperaturen sind noch keine sicheren Schlüsse möglich. Beziehungen zwischen Verkokungstemperatur und Kalt-Druckfestigkeit hat u. a. BERGER [*57*] mitgeteilt. Bei 1000 °C Verkokungstemperatur liegen die Druckfestigkeitswerte im Bereich von etwa 85—115 kg/cm². Es handelt sich dabei um Hochofenkoks.

Durch Messungen mit Strahlung durch Stahlschrot kann man eine gute Aussage über die Festigkeit der Zellwände von Koks machen. Eigene Untersuchungen waren ergebnisreich.

y) Garung. Die Garungszeit in den Breitkammeröfen lag zwischen 48—60 h; dabei war die Heizzugtemperatur niedrig. Die Garungszeit in den Schmalkammeröfen ist niedriger. Sie ist im übrigen abhängig von der Kammerbreite und der Heizzugtemperatur, aber auch von der Besatzkohle. Eine zu kurze Garungszeit ist jedoch nicht erwünscht. Das hat auch WÜBBENHORST erneut festgestellt. Aus USA wird bei gutem Gießereikoks eine Garungszeit von 20 bis 30 h gefordert. Die Kammerbreite beträgt dort 400 bis 450 mm.

z) Ilseder Wertzahl. Neben der Trommelzahl wird die Ilseder Wertzahl für Hochofenkoks angewendet (siehe BRÜCKNER a. O.).

z_1) **Thibaut-Zahl.** Sie wird ebenfalls bei Hochofenkoks herangezogen. Beziehungen zu Gießereikoks sind noch nicht bekannt.

Selbst im Hochofenprozeß ist diese Zahl noch umstritten.

z_2) **Transport.** Gießereikoks soll möglichst wenig geworfen und umgeladen werden. Der Zerfall kann durch fehlerhafte Behandlung, evtl. durch Einwerfen in Hochbunker durch Kräne sehr beachtliche Werte annehmen. Der Zerfall bei längerem Lagern, evtl. über Winter im Freien, kann gleiche Effekte von wirtschaftlichen Schädigungen hervorrufen.

z_3) **Aufkohlung** u. a. AUSTIN [*61*] hat sich mit dem Einfluß auf die C-Löslichkeit auseinandergesetzt. Es geht aus diesen Versuchen in Übereinstimmung mit früheren, aber auch mit denjenigen der Praxis hervor, daß die Neigung zur Aufkohlung bei verschiedenen Kokssorten unterschiedlich ist. Aschereicher Koks setzt die Aufkohlung u. U. stark herab, da das flüssige Eisen über verschlackte Koksstücke abrieselt. Unregelmäßige Kohlenstoffgehalte bringt Koks mit größeren Teernahtanteilen.

In Abb. 72 zeigt *a* das Mittelbild mehrerer Schmelztage, wobei der Füllkoks aus Koksstücken bestand, die $^1/_4$ bis $^1/_6$ der Kantenlänge aus Teernaht bestanden. Demgegenüber ist der Kohlenstoff aus dem gleichen Ofen, bei übrigen gleichen Betriebsverhältnissen, bei einem ausgesucht harten, aber gleich großstückigen Koks, gleichmäßiger (Abb. 72, *b*). Im ersteren Fall ist die Streuung der C-Werte am Anfang der Schmelze sehr groß und der Abfall infolge Ausgarung im Schachtofen beachtlich, im letzteren Fall ist die Streuung des C-Wertes wesentlich kleiner.

Bedeutungsvoll für die Wirtschaftlichkeit und die Treffsicherheit sowie für die Güte des erschmolzenen Eisens ist die laufende Überwachung. Ohne eine regelmäßige Kontrolle dieses Rohstoffes, aber auch ohne eine laufende Messung der Ofenverhältnisse kann die Schmelzwirtschaft niemals befriedigen. Dazu gehört auch eine laufende Schulung der Ofenleute und eine sachgemäße Überprüfung der Gichtverhältnisse u. a. m.

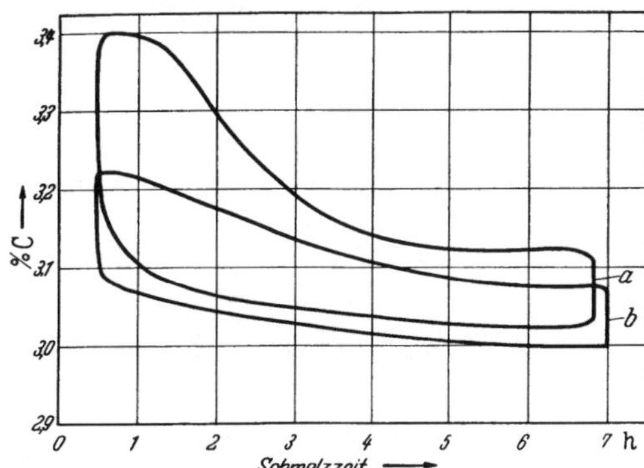

Abb. 72. Einfluß von Füllkoks verschiedener Beschaffenheit auf den Kohlenstoffgehalt gleicher Gattierung längs der Schmelzzeit
a) weicher Koks b) harter Koks

Die richtige Rinnentemperatur entsteht aus einer sorgfältigen Kombination der Windverhältnisse und des geeigneten Kokses bzw. seines Einsatzes, a. O.

Die wärmewirtschaftliche Führung des Kupolofens ist unerläßlich, wie sich auch aus Verbrauchszahlen von Gießereien etwa gleicher Öfen und anderer Betriebsverhältnisse folgern läßt. Bei sauren Kaltwindöfen kann ein Gesamt-Koksverbrauch von 12 bis 16% als angemessen betrachtet werden. Heißwindöfen gleicher Zustellung liegen etwas tiefer. Basische Heißwindöfen haben größeren Koksverbrauch von 18 bis 25% (siehe Kap. Kupolöfen).

Grundsätzlich ist aber ratsam, die Satz-Koksmenge nicht auf zu niedrige Werte einzustellen. Es ist vorteilhaft, das Verbrennungsverhältnis η_v nicht zu hoch zu halten, da mit zu viel CO_2 die Gefahr der Oxydation des flüssigen Eisens zunimmt.

Angaben über VfT HC bzw. Densite-Koks:

Es wird mitgeteilt [*62*], daß mit diesem dickzellwandigen Koks beste Erfolge zu verzeichnen seien.

1. Im allgemeinen 30%ige Erhöhung der Schmelzleistung.
2. Verbesserung der Vergießbarkeit des Eisens.
3. Abbrand des Ofenfutters 50% geringer.
4. Schnelleres Erreichen der normalen Schmelztemperatur nach Stillegung des Ofens.
5. Möglichkeit, in einigen Fällen durch Einsatz billigeren Schrottes Roheisen zu sparen.
6. Geringerer Schwefelgehalt im Eisen infolge geringeren Kokseinsatzes.

Die Zusammensetzung des Densite-Koks lag bei 4% Asche, 0,6—0,7% S, scheinbare Dichte von 1,25 bis 1,30. Der zum Vergleich herangezogene Gießereikoks hatte eine Dichte von 0,9 und einen Aschegehalt von 8 bis 10%.

Daraus folgen nachstehende Anforderungen an Schmelzkoks:

Ruhr-Gießereikoks, hergestellt ausschließlich aus niedrigflüchtigen, starkbackenden Ruhr-Fettkohlen (Tab. 58).

Tabelle 58

		Weitere vom Verfasser hinzugefügte Werte:	
Körnung	über 80 mm	Heizwert Hu	6800 kcal/kg
Wassergehalt	1—3%	Dichte Struktur	Porenraum nicht über 48, möglichst 40%
Asche (i. roh)	8—10%		
Schwefel	unter 1%		
Trommelfestigkeit	über 85%		

Amerikanische Forderungen sind in nachfolgenden Tabellen zusammengefaßt [*59*], denen sich die französischen Bedingungen anschließen [*60*].

Im neuen amerikanischen Kupolofen-Handbuch werden weitere Mitteilungen über Koksgütewerte gemacht (Tab. 59).

Abramski hat ebenfalls zu diesen Anforderungen Stellung genommen [*60*].

Die Beziehungen zu Wind und Druck, Menge und Temperatur sowie anderen Faktoren werden a. O. beschrieben.

Tabelle 59. *Physikalische und chemische Eigenschaften von Gießereikoks* (nach ASTM)

Vorschriften	Physikalische Eigenschaften				Chemische Eigenschaften					
						bezogen auf Trockenkoks				
	Mindest-stückgröße	Unterkorn im versandbereiten Wagen	Sturz-festigkeit	Porosität	Wasser	Flüchtige Bestandteile	Fester Kohlenstoff	Asche	Schwefel	Phosphor
	mm	%	%	%	%	%	%	%	%	%
ASTM D 17-16	—	—	—	—	bis 3	bis 2	mind. 86	bis 12	bis 1	—
Marinevorschrift (Erste Güte 7 C 2b)	76	bis 8	mind. 80	min. 50	bis 2,50	bis 2	mind. 89	bis 9	bis 0,80	bis 0,09

Für deutschen HC-Koks werden folgende Werte garantiert (Tab. 59a):

Tabelle 59a

a) Mischkoks aus Petrolkoks, verschiedenen Steinkohlenarten und Pech. Seit 1954 hergestellt von der Verkaufsvereinigung für Teererzeugnisse (VfT), Aktiengesellschaft, Essen.
b) Körnung . . . . über 60 mm
c) Wassergehalt . . . . unter 1%
d) Asche (i. roh) . . . . 3—4%
e) Schwefel . . . . unter 1%
f) Trommelfestigkeit . . . . über 86%
g) scheinbares spezifisches Gewicht 1,25—1,3

10. Über weitere Energieträger soll hier nur kurz berichtet werden.

Gasförmige Energieträger. Einige Tabellenhinweise [*63*] 60—63 sollen hier genügen.

Tabelle 60. *Richtzahlen für einige technische Brenngase*

		Kokereigas	Genormtes Stadtgas	Trockenes, teerfreies Generatorgas aus Steinkohle	Trockenes, teerfreies Generatorgas aus Braunkohlenbriketts	Gichtgas
Sauerstoffbedarf	m^3	0,8—0,9	0,8 —0,9	0,26	0,28	0,16
Luftbedarf (Mindestluftmenge)	m^3	4,2—4,3	3,8 —4,0	1,23	1,31	0,75
Abgasmenge (feucht)	m^3	4,9—5,0	4,45—4,5	2,07	2,09	1,59
Abgasanalyse						
CO_2 max.	%	8,0	11,0	19,2	20,1	23,0
H_2O-Dampf	%	22,0	20,0	—	—	1,6
N_2	%	70,0	69,0	80,8	79,9	75,4

Tabelle 61. *Durchschnittliche Zusammensetzung der technischen Brenngase*

		Ferngas	Stadtgas (genormt)	Gereinigtes, trockenes Generatorgas aus Steinkohle	Gereinigtes, trockenes Generatorgas aus Braunkohlenbriketts	Gichtgas
Verbrennungswärme (oberer Heizwert)	kcal/Nm³	4650	4300	1580	1610	950
Heizwert (unterer)	kcal/Nm³	4130	3830	1470	1500	940
Gaszusammensetzung						
CO_2	%	2,1	4,0	1,4	4,5	7,5
sKW	%	2,1	2,0	0,4	0,4	—
CO	%	6,2	21,5	29,0	31,0	29,0
H_2	%	53,3	51,5	12,0	12,0	2,5
CH_4	%	25,0	17,0	2,5	2,2	—
N_2	%	11,3	4,0	54,7	49,9	61,0
Spez. Gewicht (Luft = 1) . .		0,41	0,47	1,10	1,17	0,99

Tabelle 62. *Kennwerte von Heizgasen* (nach H. J. POHLE 1956)

	Hochofengas	Generatorgas	Koksofengas
Heizwert kcal/Nm³	~1000	1200—1500	~4000
Abgasmenge Nm³f/Nm³ Frischgas	~ 1,6	~2,0	~ 4,8
Abgasmenge Nm³f/1000 kcal	~ 1,6	~1,5	~ 1,2
Feuchtigkeitsgehalt g/Nm³ Frischgas	~ 20 (bei Warmgas bis 80)	20 (Kaltgas) bis 200 (Heißgas)	10—20
Feuchtigkeitsgehalt im Abgas			
g/Nm³f Frischgas	~ 35	150—170	850—900
g/1000 kcal	~ 35	110—125	210—225
theor. Verbrennungstemperatur η_l °C (bei $\lambda = 1$)	~1550	~1750	~2100
feuerungstechn. Wirkungsgrad % (bei $\lambda = 1$; $\delta_a = 750$ °C)	55	60	68
Gaspreis DPf/Nm³	1,0—1,2	1,6—2,0	7—9
Wärmpreis DM/10⁶kcal	10—12	12—15	17,50—22,50

Tabelle 63. *Schwefelgehalte in verschiedenen Brennstoffen* (nach GUTHMANN, St. u. E., Bd. 73 [1953] S. 239)

Brennstoff	Heizwert Hu kcal/Nm³ (kg)	g S/Nm³	g S/10⁶ kcal Brennstoff	g S/t Rohstahl
Generatorgas	1450	4,4	3000	4050
Generatorgas einschl. Teer, fühlbare Wärme	1700	4,4	2600	3500
Koksofengas („Ferngas"), gereinigt	4000	bis 1,0	250	340
Koksofengas, ungereinigt	4000	6,0	1500	2000
Erdgas	8000	2,0	250	340
Erdgas	8000	max. 5,0	625	845
Mischgas mit Koksofengas	2000	3	1500	2000
Heizöl (Mineralöl)	9500	3,5% = 35 g/kg	3700	5000
Steinkohlenteeröl	9500	0,8% = 8 g/kg	840	1035

Brennstoff	Heizwert Hu kcal/Nm³ (kg)	g S/t Rohstahl bei Mineralöl	g S/t Rohstahl bei Steinkohlenteeröl
a) 82,5% Generatorgas	1700	2900[2]	2900
17,5% Heizöl[1]	9500	875[3]	180
		3775	3080
b) 82,5% Erdgas	8000	500	500
17,5% Heizöl[1]	9500	875	180
		1375	680
c) 82,5% Ferngas	4000	280	280
17,5% Heizöl[1]	9500	875	180
		1153	460

[1] Heizölzusatz 15—20 kg/t Rohstahl oder 17,5% der Gesamtwärmemenge.
[2] 82,5% von 3500 g S/t Rohstahl. [3] 17,5% von 5000 g S/t Rohstahl.

Einige Aufgaben für Heizöle finden sich in Tab. 64—66.

Tabelle 64. (Nach E. PIWOWARSKY)

Man unterscheidet Heizöle:

1. aus der Erdölverarbeitung
   a) Gasöl,
   b) Heizöl, Erdöl und Rückstand,
   c) Heizöl, Misch- und Gasöl und Rückstand;
2. aus der Steinkohlenverarbeitung
   a) Steinkohlenteer-Heizöl;
3. aus der Braunkohlenverarbeitung
   a) Braunkohlenteer-Heizöl.

Tabelle 64 (Fortsetzung)

Neben Heizöl werden auch Steinkohlenteer, Braunkohlenteer und Generatorteeröl benutzt.
Heizwerte verschiedener flüssiger Brennstoffe:

Gasöl	10500—11000 kcal/kg	Kreosotöl aus Braunkohlenteer	8700 kcal/kg
Rohölrückstände (Masut, Pacura)	10000—11000 kcal/kg	Rohnaphthalin	9600 kcal/kg
Rohöl	9500—11500 kcal/kg	Horizontalofenteer	8150—8350 kcal/kg
Steinkohlenteeröl	8500— 9000 kcal/kg	Vertikalofenteer	8700 kcal/kg

Wenn nicht Gasöle oder die normalen deutschen Teeröle als Brennstoff in Frage kommen, ist es wichtig, bei welcher Temperatur das zur Verwendung kommende Heizöl *pumpfähig* und bei welcher es fein zerstäubbar ist. Eine genügende Zerstäubbarkeit ist bei den meisten Heizölen bei einer Viskosität von 1 bis 1,5 Englergrad vorhanden.

Tabelle 65
Zusammensetzung und Heizwert von Heizölen (VDG Gießereikalender 1957)

	Elementaranalyse				Fremdbestandteile		Heizwert
	C %	H_2 %	S %	$N_2 + O_2$ %	Wasser %	Asche %	H_u kcal/kg
Mineralisches Heizöl (Rückstandsöl)	85,2	11,3	2,7	0,8	Spur	0,02-0,04	9800
			2,5—3,5				9600
			3,5				
Masut[1]	82,7-85,7	10,8-12,1	3,0—3,6	0,9—2,2	0,3	?	9600—9900
Steinkohlenteeröl				3,4			
(Mittelfraktionen	89,5	6,5	0,6		<1	<0,05	9000
des Steinkohlen-	90	6	0,1—0,6		<0,5	<0,2	8940
teers)	90,1	6,23	0,68	2,93			
Braunkohlenteer	83,4	10,6	1,8	4,2	rd. 0,10	rd. 0,11	9200
Braunkohlenteeröl	84	11,0	0,7	4,3			9610
	82,3	10,8	2,1	4,8	rd. 0,5	rd. 0,02	8900

Physikalisch-chemische Kennwerte von Heizölen

	Mineralisches Heizöl (schwer)	Masut	Steinkohlenteeröl IV	Steinkohlenteeröl Spezial[2]	Braunkohlenteer	Braunkohlenteeröl
Spezifisches Gewicht . . kg/l	0,95—0,97	0,91—0,96	1,10	1,18	0,95	0,96
Stockpunkt . . . °C	—12 bis +20	+6 bis +12	—	—	+39	—10
Flammpunkt . . . °C	180—240	120—150	100	100	145	95
Verkokungsrückstand (Conradson) . . . %	8—10 (—15)	—	2	—	—	—
Hartasphalt . . . %	3—(5,5)	—	—	—	—	—
Satzfreiheit	—	—	25°/0,5h	—	—	—

[1] Zähigkeit bei 50°C: 30—40°E; Zähigkeit bei 90°C: 4—5°E. [2] Mit Pechzusatz (bis 30%).

Tabelle 66. *Einteilung der Heizöle in Gefahrenklassen* (VDG Gießereikalender 1957)

Die Einteilung bei den polizeilichen Vorschriften erfolgt nach der Höhe des Flammpunktes. Heizöle mit Flammpunkten über 100°C unterliegen bezüglich der Lagerung keinen gewerbepolizeilichen Vorschriften.

Gefahrenklasse 1 (Vergaserkraftstoff)	Flammpunkt unter 21°C
Gefahrenklasse 2 (Dieselkraftstoff)	Flammpunkt 21—55°C
Gefahrenklasse 3 (Heizöl)	Flammpunkt 55—100°C

11. Elektroden

Die Elektroden leiten im Lichtbogen und in Widerstandsöfen den Strom. Bei ersterem sind sie am unteren Ende die Träger des Lichtbogens. Man unterscheidet für diese:

a) Elektroden aus amorphen Kohlen, b) Elektroden aus Graphit, c) Söderberg-Elektroden.

a) Für die **Elektroden aus amorphen Kohlen** wird Anthrazit und Petrolkoks u. a. verwendet. Bindemittel sind Teere und Peche. Nach einer Aufbereitung werden sie einem Glühprozeß, der unter Luftabschluß vor sich gehen muß, unterworfen. Danach erfolgt eine Zerkleinerung auf geeignete Körnungen. Mittels Mischern, die beheizt sind, oder auch geeigneten Kollergängen wird die Masse auf eine bestimmte Plastizität hin verarbeitet. Die Form erhalten sie unter hohen Drücken oder durch Stampfen. Danach erfolgt eine Sinterung unter Luftabschluß. Man verwendet vielfach gasbeheizte Ringöfen, worin Temperaturen bis 1000 °C angewendet werden. Das Bindemittel verkokt. Nach geeigneter langsamer Abkühlung, die Spannungen im Formling vermeiden muß, folgt ein Putzprozeß, dem ein Drehen auf bestimmte Maße folgt.

Die Eigenschaften liegen in folgenden Grenzen (Tab. 67).

Tabelle 67

Chemisch:	
Aschegehalt	2–6%
Phosphorgehalt	0,01–0,125%
Schwefelgehalt	1–1,3%
Zulässige Stromdichte:	
250 mm ∅	8 A/m²
400 mm ∅	7 A/m²
500 mm ∅	6 A/m²
Veränderlicher Widerstand: in Abhängigkeit der Temperatur ist in Abb. 73 dargestellt [*64*]	
Physikalisch:	
scheinbare Wichte	1,4–1,65
wirkliche Wichte	1,8–2,2
Wärmeleitzahl 150 °C	3,0 kcal/mh°
250 °C	3,8–4,2 kcal/mh°
Wärmeausdehnung	$40-60 \cdot 10^{-7}$
spez. Wärme 100 °C	0,18 0,22
Spezifischer Widerstand:	
von 1600² Querschnitt	40–45 Ohm
1600–4000² Querschnitt	45–60 Ohm
4000–8000² Querschnitt	55–65 Ohm
Druckfestigkeit:	300–500 kg/cm²

Abb. 73. Veränderlicher elektrischer Widerstand in Abhängigkeit von der Temperatur; Elektrode: Graphit, Kohle, Söderberg

b) Die **Graphitelektroden** werden etwa aus den gleichen Rohstoffen und auf ähnliche Weise hergestellt wie die Kohleelektroden und werden dann einem Graphitisierungsvorgang unterworfen. Dabei setzt man im Mischvorgang Katalysatoren (Metalloxyde) zu. Die Erhitzung geschieht in einem geeigneten Stromkreis von hoher Stromstärke, wobei Temperaturen bis 2400 °C entstehen. Der Kohlenstoff wird in Graphit überführt. Auch Elektroden aus

Tabelle 68
(nach Siemens Plania A. G. Werk Meitingen)

Chemisch:			
Aschegehalt 0,5% davon			
SiO_2	10–35%	CaO	25–65%
Al_2O_3	3–20%	MgO	0–3%
Fe_2O_3	3–20%	SO_3	1–20%
TiO_2	0–10%		
Oxydationsbeginn:			500 °C
Druckfestigkeit			200–500 kg/cm²
Zugfestigkeit			80–250 kg/cm²
Biegefestigkeit			60–250 kg/cm²
Physikalisch:			
Spez. Gewicht			2,2–2,23 g/cm³
Raumgewicht			1,55–1,70 g/cm³
Porenvolumen			23 30%
Wärmeleitfähigkeit			20 °C ca. 100 kcal/mh°
mittlere spezifische Wärme			
20–500 °C			0,3 kcal/kg°
500–1300 °C			0,4 kcal/kg°
Ausdehnungskoeffizient (linear)			
längs			$25-30 \cdot 10^{-7}$/je °C
quer			$40-50 \cdot 10^{-7}$/je °C
spezifischer Widerstand			$6-13 \frac{\text{Ohm} \times \text{mm}^2}{\text{m}}$

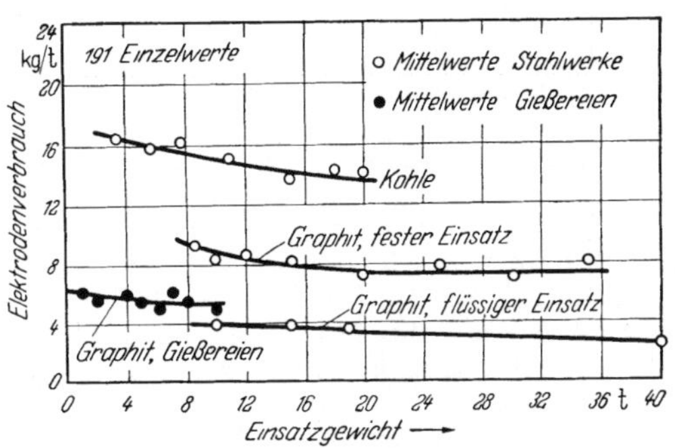

Abb. 74. Elektrodenverbrauch in kg/t flüssigen Stahls (nach: Anhaltszahlen Wärmewirtschaft VDEh [1947])

Naturgraphit werden hergestellt. Nachstehend sind einige typische Werte zu finden (Tab. 68).

Über Prüfung der Elektroden siehe SEIKIN [65]. Dort sind auch chemische und weitere elektrische Daten wie folgt zu finden (Tab. 69).

Tabelle 69

	Graphit-Elektr.	Kohle-Elektr.	Söder-berg-Elektr.
Spez. Widerstand $\frac{\text{Ohm} \times \text{mm}^2}{\text{m}}$	8—14	40—45	50—70
Spez. Gewicht . . g/cm³	1,55—1,6	1,5—1,6	1,5
Zugelassene Stromdichte . . . . A/cm²	13—28	4—11	7—10
Beginn der Oxydation °C	650	450	—
Aschegehalt. . . . . %	<1,5	5—6	—
Druckfestigkeit . kg/cm²	>160	>200	150

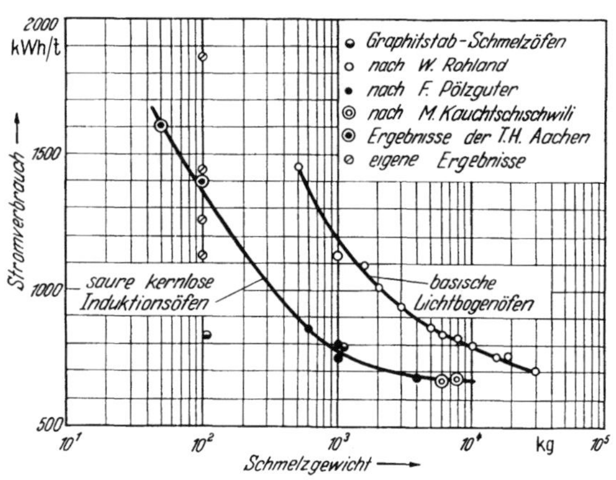

Abb. 75. Gesamtstromverbrauch verschiedener Elektroöfen in kWh/t (nach KROPF); (nach: Anhaltszahlen Wärmewirtschaft VDEh 1947)

Auch MOLL [66] hat über diese Eigenschaften berichtet.

Über den Verbrauch von Elektroden gibt Abb. 74 Auskunft. Der Gesamtstromverbrauch wird in Abb. 75 festgelegt.

IV. Feuerfeste Baustoffe

Diese Baustoffe spielen in der Gießerei-Industrie technisch und wirtschaftlich eine beachtliche Rolle. Ihre Verwendung ist sehr vielseitig, denn sie werden in Schmelzaggregaten, Glüh- und Temperöfen, in Pfannen u. a. mehr gebraucht. Dabei sind die Sinter- und Feuerbeständigkeit, der Grad des Widerstandes gegen Schlacke, Gase, das Verhalten gegen plötzliche Temperaturänderungen u. a. je nach Verwendungszweck wichtig.

Ein Teil der Erzeugnisse ist genormt. Auch ein großer Teil der Prüfungen unterliegt Normenvorschriften.

Man teilt sie ein in:

1. Schamottesteine.
2. Hochtonerdige Steine.
3. Silikasteine.
4. Auf Silika-Basis: Natürlich und künstlich zusammengesetzte Massen; hierher gehören auch die Mörtel- und Anstrich- bzw. Spritzmassen sowie andere.
5. Magnesitsteine und -massen.
6. Dolomitsteine und -massen.
7. Chrom-Magnesit und Chromerzsteine.
8. Kohlenstoffsteine; graphithaltige Baustoffe.
9. Korundsteine und -massen.
10. Siliziumkarbidsteine und -massen.
11. Schmelzflüssig gegossene Baustoffe.
12. Verschiedene hochfeuerfeste Baustoffe.
13. Isoliersteine und -massen.
14. Pfannenfutter, Ausgüsse, Stopfen und ähnliche, Vorherde, Gußeisensteine.

Nach Mitteilungen von KRATZERT entfallen vom Gesamtverbrauch 70% auf Schamotte, 20—25% auf Silika, und 5—10% werden zu Sonderzwecken verarbeitet.

Alle Rohstoffe der feuerfesten Baustoffe werden

a) aufbereitet (zerkleinert, fraktioniert, gemischt mit Wasser, Bindemitteln u. a.),
b) verformt (Maschinenpressen, preßluftverdichtet, Handformung),
c) getrocknet,
d) gebrannt: 1300—1600 °C in Ziegelöfen, Ring-, Kammer-, Tunnel-Öfen. Zeitdauer: 3 Tage bis 3 Wochen.

Im nachstehenden ist eine allgemeine Übersicht über die verschiedenen Eigenschaften und das Verhalten der feuerfesten Stoffe dargestellt.

Allgemeine Übersicht der Eigenschaften

Allgemeine Eigenschaften:

a) Gleichmäßigkeit der Lieferung (allgemeine Übersicht), Prüfung an 1—10% der Lieferung.
b) Maßhaltigkeit.
c) Kantengüte, Flächenbeschaffenheit.
d) Rissigkeit, Klang.

Allgemeine Probenahme DIN 1061.

Chemische Zusammensetzung zu prüfen nach den bekannten Methoden: Glühverlust, Wassergehalt und die speziellen stofflichen Werte einschl. der Flußmittel, DIN 1062.

Physikalische Eigenschaften:

e) Raumgewicht DIN 1065.
f) Spezifisches Gewicht DIN 1065.
g) Gesamtporosität DIN 1065.
h) Wasseraufnahmevermögen DIN 1065.
i) Wärmeleitvermögen.
k) Wärmeausdehnung.
l) Spezifische Wärme.
m) Bei Massen: Körnung in den einzelnen Fraktionen einschl. Tonsubstanzwert DIN 4080.

Bruch des Steines:

n) Makrobeurteilung und Lupenbeurteilung auf:
n1) Kornaufbau und Zusammensetzung, z. B. Quarzite, deren Größe, Verteilung, Farbe u. a. bei Silikasteinen.
n2) Risse.
n3) Inhomogenitäten.
o) Anschliffbetrachtung.
p) Anätz- und Anfärbeverhalten.
q) Dünnschliffuntersuchung.

Mechanische Prüfung:

r) Kaltdruckfestigkeit DIN 1067.
s) Biegefestigkeit.
t) Abriebverhalten.
u) Abstrahlverhalten.

Thermische Eigenschaften:

v) Sinterverhalten.
w) Segerkegel-Feuerfestigkeit DIN 1063.
x) Druckerweichung DFB DIN 1064.
y) Raumbeständigkeit, Nachschwinden NS, Nachwachsen NW DIN 1066.
z) Temperaturwechselbeständigkeit TWB DIN 1068.

Beständigkeit[1] gegen den Angriff fester und flüssiger sowie gasförmiger Stoffe bei hohen Temperaturen, Verschlackungsbeständigkeit VB, DIN 1069.

1. u. 2. Schamottesteine

Rohstoffe. Man verwendet dazu plastische Tone, Rohkaoline und geschlämmte Kaoline. Solche Stoffe kommen in der Lausitz, in Sachsen (Halle), Hessen (Großalmerode), in der Rheinpfalz (Eisenberg-Hettenleidelheim), in der Eifel, dann bei Bonn und im Westerwald vor. Die Rohstoffe bestehen aus Kaolin: $Al_3O_2 \cdot 2SiO_2 \cdot 2H_2O$ und ähnlich aufgebauten Mineralien. Anteile von Quarz, Feldspat u. a. finden sich neben Verbindungen von Fe_2O_3, CaO, MgO usw. vor. Diese Verbindungen werden als Flußmittel betrachtet (max. 6%).

Durch das Brennen in schachtförmigen Öfen (Abb. 76) entsteht Mullit $3Al_2O_3 \cdot 2SiO_2$. Auch der Quarz erfährt eine Veränderung, indem er

Abb. 76. Schachtofen zum Brennen von Schamotte (Bauart Didier)

[1] Siehe DIN-Prüfnormen.

Gütenormen für feuerfeste Baustoffe DIN 1086 sowie die Gütenormen für feuerfeste Baustoffe DIN 1087, 1088 u. a.

Über die Formate, wie Normalsteine, Halbwölber, Ganzwölber, Quarzwölber einschließlich Briketts gibt DIN 1082 Auskunft. Die zulässigen Abweichungen behandelt DIN 1086.

sich in Tridymit, Cristobalit, evtl. sogar Glas verwandelt. Im Betrieb besteht der Stein nach Erreichung hoher Temperaturen nur noch aus Mullit und einem Glas, das die Flußmittel aufgenommen hat. Um die Schwindung beim Trocknen und Brennprozeß zu beherrschen, werden den Mischungen geeignete Sande und saure Tone zugesetzt.

Nach dem Zerkleinern und Fraktionieren setzt man feuerfeste Bindetone zu und mischt sie unter Wasserzugabe zu einer Masse, welche sich nun verformen lassen muß. Die Höhe dieser Zusätze wird durch die geforderten Eigenschaften bedingt. Die Mischungszusätze Ton-Schamotte liegen bei 5—50% Ton und 95—50% Schamotte (Schema). KRATZERT gibt über den weiteren Verlauf der Arbeitsgänge Auskunft (Abb. 77).

Die Verformung erfolgt durch Naßknet-, Trockenpreß- und Preß-Stampfverfahren. Danach ergibt sich folgendes:

Herstellung	Magerung %	Bindeton %	Schwindung %	Maßhaltigkeit	Feuchtigkeit %
Naßknetverfahren	50—70	30—50	6—10	mäßig bis gut	12—16
Trockenpreßverfahren	60—80	20—40	3—4	gut	6—8
Preß-Stampfverfahren	85—95	5—20	—	sehr gut	4—6

(Aus VDG Gießereikalender 1956, S. 125.)

Wichtig sind der nun einsetzende Trockenprozeß und vor allem das Brennen. An die Porosität werden bestimmte Forderungen gestellt. Dem Trocknungs-Schwinden begegnet man mittels Kammern, die sowohl in Temperatur als auch Feuchtigkeit sorgfältig überprüft werden. Beim Brennen der Formlinge nach dem Trocknen sind folgende wesentliche Phasen [67] faßbar:

20—100°C: Entweichen des freien, nicht gebundenen Wassers. Entstehen der Poren. Die Schwindung liegt um 20 Vol.-% = 7% linear und ist vom Anmachwasser mit bedingt.

450—600°C: Der Hauptanteil des chemisch gebundenen Wassers geht in einem endothermen Vorgang verloren. Die Poren vergrößern sich, und die Bildsamkeit geht auf kleine Werte zurück.

850—1050°C: Es entstehen die Oxyde: SiO_2 und Al_2O_3. Im exothermen Prozeß beginnt die Sillimanit-Mullitbildung.

1050—1500°C: Sillimanit setzt sich in Mullit um. $3(Al_2O_3 \cdot SiO_2) \rightarrow 3Al_2O_3 \cdot 2SiO_2 + SiO_2$. Die Porosität nimmt leicht ab. Die Brennschwindung kann bis 30 Vol.-% = 10% linear erreichen.

> 1500°C: Erweichung der Tone.

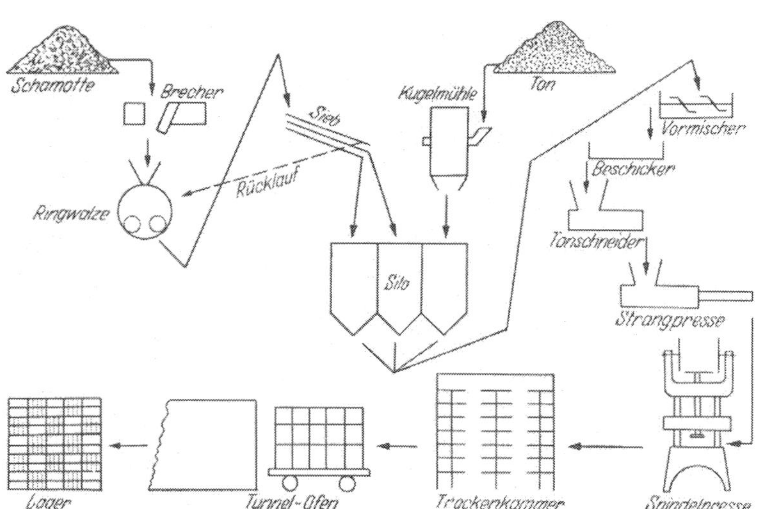

Abb. 77. Fabrikationsgang des handelsüblichen Schamottesteines (nach KRATZERT)

Tabelle 70

Klasse	Tonerdegehalt % Al_2O_3	Feuerfestigkeit Sk	Annähernde Schmelztemperatur °C
Basische Steine			
AO	über 44	34	1750
A I Spezial . . .	42—44	33/34	1730—1750
A I	40—42	33	1730
A II	36—39	32	1710
A III	32—35	30/31	1670—1690

Die Versuchsgrenze liegt bei etwa 1400°C.

Die Einteilung der Schamotte nach DIN geschieht wie folgt (Tab. 70 und Abb. 78):

Die halbsauren Steine, welche mehr Quarz enthalten, werden eingeteilt in:

		annähernde Schmelztemperatur
Klasse B I	Sk 32/33	(1710—1730°C)
Klasse B II	Sk 30/31	(1670—1690°C)
Klasse B III	Sk 28/29	(1630—1650°C)

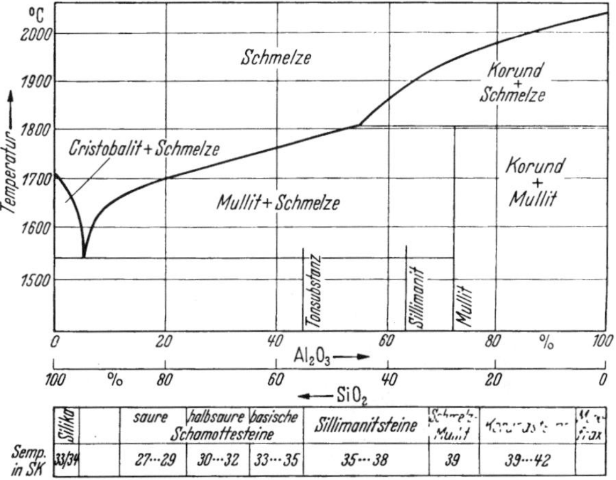

Abb. 78. Das Zweistoffsystem SiO_2—Al_2O_3

Sie liegen im SiO_2-Wert zwischen 72—80%. Der Tonerdegehalt schwankt zwischen 15—25%. Das Porenvolumen liegt bei 24—28%, die Kaltdruckfestigkeit bewegt sich um 200—250 kg/cm², die Druckerweichung ta um 1300—1400 °C, die Feuerfestigkeit bei SK 28/30. Sie sind unter Rotglut empfindlich.

Die Steine werden geliefert als Normalsteine und Formsteine (WÖLBER, Ausgleichplättchen u. a.).

Die Naßverfahren (Naßknetverfahren) geben bei der üblichen Qualität eine Maßtoleranz von ± 2%. Im Trockenverfahren bewegt sie sich innerhalb ± 1% und bei Hochdruckverfahren unter ± 1%.

Die Zusammenhänge zwischen Segerkegel und Schmelztemperatur sind in Tab. 71 zu finden.

Tabelle 71. *Segerkegel-Tabelle*

Bezeichnungsweise Segerkegel Nr.	Ungefähre Schmelztemperatur in °C	in °Fahr.	Bezeichnungsweise Segerkegel Nr.	Ungefähre Schmelztemperatur in °C	in °Fahr.	Bezeichnungsweise Segerkegel Nr.	Ungefähre Schmelztemperatur in °C	in °Fahr.
022	600		1a	1100	2012	26	1580	2876
021	650		2a	1120	2048	27	1610	2930
020	670		3a	1140	2084	28	1630	2966
019	690		4a	1160	2120	29	1650	3002
018	710		5a	1180	3156	30	1670	3038
017	730		6a	1200	2192	31	1690	3074
016	750		7	1230	2246	32	1710	3110
015a	790		8	1250	2282	33	1730	3146
014a	815		9	1280	2336	34	1750	3182
013a	835		10	1300	2372	35	1770	3218
012a	855		11	1320	2408	36	1790	3254
011a	880		12	1350	2462	37	1825	3317
010a	900		13	1380	2516	38	1850	3362
09a	920		14	1410	2570	39	1880	3416
08a	940		15	1435	2615	40	1920	3488
07a	960		16	1460	2660	41	1960	3560
06a	980		17	1480	2696	42	2000	3632
05a	1000		18	1500	2732			
04a	1020		19	1520	2768			
03a	1040		20	1530	2786			
02a	1060							
01a	1080							

Höhere thermische und chemische Ansprüche können durch tonerdereiche Baustoffe befriedigt werden.

Die Rohstoffe dazu erweitern sich durch tonerdereiche Silikate wie Cyanit und Andalusit ($Al_2O_3 \cdot SiO_2$) sowie durch künstlichen Mullit. Sodann gehören hierher die natürlichen Aluminium-Hydroxyde wie Diaspor, Bauxit, Korund und künstliche Produkte wie Tonerdehydrate. Mit der Steigerung des Al_2O_3-Gehaltes nimmt die Feuerbeständigkeit zu. Allerdings zeigen sich beim Brennen von solchen Rohstoffen beachtliche Volumenänderungen, weshalb diese Stoffe vorgebrannt eingesetzt werden müssen. Bedeutsam sind für Sonderzwecke die Sillimanit- und Schmelz-Mullit-Erzeugnisse.

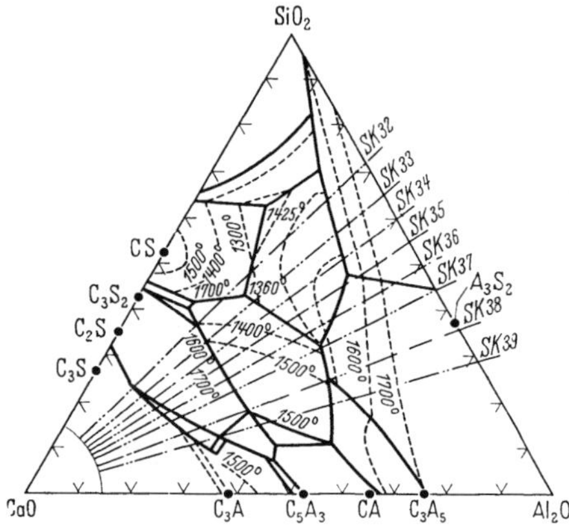

Die Lage innerhalb des Systems SiO_2 — Al_2O_3 —CaO gibt weitere Auskünfte (Abb. 79).

Sillimanit — (Mullit)-Steine erstellt man aus Cyanit oder Sillimanit. Ihrer chemischen Zusammensetzung nach bestehen sie aus SiO_2 25—32%, Al_2O_3 60—75%, Fe_2O_3 bis 1,8%.

Die Feuerfestigkeit ist hoch und liegt bei SK 37/39. Auch die Kaltdruckfestigkeit, die um

Abb. 79. Lage der gebräuchlichen Schamottesorten im Dreistoff-System $CaO—Al_2O_3—SiO_2$

Tabelle 72. *Eigenschaften feuerfester Baustoffe*

	Schamotte	Silika	Magnesit	Chromerz
Chemische Zusammensetzung	Al_2O_3 etwa 10—45 %, SiO_2 etwa 88—52 %	SiO_2 etwa 95 %	MgO 84—88 %, Fe_2O_3 4,5—10 %	Cr_2O_3 40—43 % und darüber
Feuerfestigkeit in SK	28—35	32—34	über 42	über 41
Erweichung unter Belastung von 2 kg/cm²				
ta = Erweichungsbeginn . .	*ta* = 1250 bis 1500 °C	*ta* = über 1600 °C	*ta* = 1430—1500 °C	*ta* = 1450 °C
te = 40%ige Stauchung . .	*te* = 1325 bis 1650 °C	*te* = wenig über *ta*	*te* = 1440—1600 °C	*te* = 1550 °C
Kaltdruckfestigkeit in kg/cm² .	150—1200	100—300	400—1000	800
Spezifisches Gewicht	etwa 2,40—2,70	2,32—2,45	3,50—3,63	4,0—4,20
Raumgewicht	1,80—2,00	1,80—1,90	2,60—3,00	3,50—3,80
Gesamtporosität in Vol.-% . .	17—30	20—26	20—28	unter 20
Raumbeständigkeit bei 1500 °C in % lineare Schwindung (—) oder Ausdehnung (+) . . .	— 0,0 bis — 3,0	0 bis + 3,0	0 bis — 1,0	± 0
Thermische Ausdehnung bis 1400 °C	0,6—1,0 % Verlauf abhängig von Zusammensetzung und Brenntemperatur	1,2—1,5 % unstetig, abhängig von Brenntemperatur	2,0 % stetig	1,4 % stetig
Mittlere spezifische Wärme bei 1400 °C cm	etwa 0,27	0,28	etwa 0,28	—
Wärmeleitfähigkeit	etwa 1,0	etwa 1,0	etwa 7,4/200 °C	—
$\frac{\text{Cal}}{\text{h m °C}}$	— 1,6 bei 1500 °C	bei 1500 °C	etwa 3,38 bei 1100 °C	
Verschlackungsbeständigkeit .	abhängig von chem. Zusammensetzung, Brenntemperatur und Dichte	gut gegen saure Schlacken	gut gegen basische Schlacken bei hohen Temperaturen	gut gegen Eisenschlacken, neutrale Übergangsschicht zwischen Schamotte und Silika
Temperaturwechselbeständigkeit	abhängig von Zusammensetzung, Körnung u. Brenntemperatur	schlecht bis 600 °C, oberhalb 600 °C gut	empfindlich bis gut	empfindlich

400—800 kg/cm² liegt, ist günstig. In der Druckerweichung (2 kg/cm²) zeigen sie Werte von 1550 bis 1680 °C. Ihre Temperaturwechselbeständigkeit ist sehr gut. Gegen alkalische Schlacken sind sie gut beständig (Tab. 72).

3. *Silikasteine*

Die Rohstoffe dieser Steine bestehen aus Quarziten, geeigneten Sanden bzw. Sandsteinen sowie Bindemitteln (Kalkmilch bzw. Speckkalk u. a.). Die Quarzite sind Sandsteine mit Kieselerde als Bindemittel. Nach ihrer Entstehung gehören sie verschiedenen Erdepochen an. Wertvoll sind die sogenannten Findlings-Quarzite (Zement-, basalreich). Die kristallinen (basalarme) Quarzite und die Kristallquarzite bilden die wesentlichsten Rohstoffe (Tab. 72).

(nach W. Miehr: Braunkohle, 1933, H. 41)

Siliziumkarbid	Bauxit	Korund	Mullit	Spinell	Zirkon
SiC 50—90%	Al_2O_3 60—70%	Al_2O_3 65—92%	Sillimanitgehalt 70—90%	Al_2O_3 etwa 75% MgO 13—15%	ZrO_2 etwa 70%
35—42	35	36—40	36—38	über 38	38
ta = 1600—1800 °C *te* = 1700—1900 °C	*ta* = 1400 °C *te* = 1640 °C	*ta* = 1600—1700 °C *te* = 1680—1750 °C	*ta* = 1550—1600 °C *te* = 1650—1750 °C	*ta* = 1500—1600 °C *te* = 1700—1800 °C	*ta* = 1500 °C *te* = 1620 °C
800 bis über 1000	150—300	300—2000	400—600	600—700	600—1000
2,90—3,10	3,0—3,12	3,10—3,80	3,00—3,10	3,60	4,80
2,20—2,40	2,20—2,38	2,30—3,00	2,30—2,40	2,90—2,95	3,90
20—27	23—27	20—28	20—25	17—20	16—20
0 bis —0,5	0 bis —1	0 bis —0,6	0 bis —0,5	0 bis —1,5	0 bis —0,5
0,7% stetig	0,8% stetig	0,9% stetig	0,7% stetig	1,1% stetig	0,7% stetig
0,24—0,25	0,28	0,28	0,28	0,28	0,28
3,3—8,6	etwa 1,8	etwa 1,8	etwa 1,29	etwa 3	etwa 1,6
bei 1100 °C	bei 1100 °C	bei 1100 °C	bei 1100 °C	bei 1100 °C	bei 1100 °C
gut gegen chem. Angriffe u. saure, eisenarme Schlacken	sehr gut gegen basische Schlacken Kalk, Zement	sehr gut gegen basische Schlacken bei hohen Temperaturen	sehr gut gegen Metalle, Alk., Glasschmelze	sehr gut gegen basische und Metallschmelzen	sehr gut gegen Metallschmelzen
vorzüglich beständig	mäßig bis vorzüglich	etwas empfindlich	sehr gut	etwas empfindlich	gut

Die Vorkommen dieser Quarzite sind in Sachsen, Westerwald, Eifel, bei Bonn und im Taunus gelegen [*68*].

In der Abb. 80 ist das Vorkommen der Findlings- und ein Teil der Felsquarzite zu finden. In Abb. 81 ist dazu noch ein Einblick in eine Quarzitgrube gegeben.

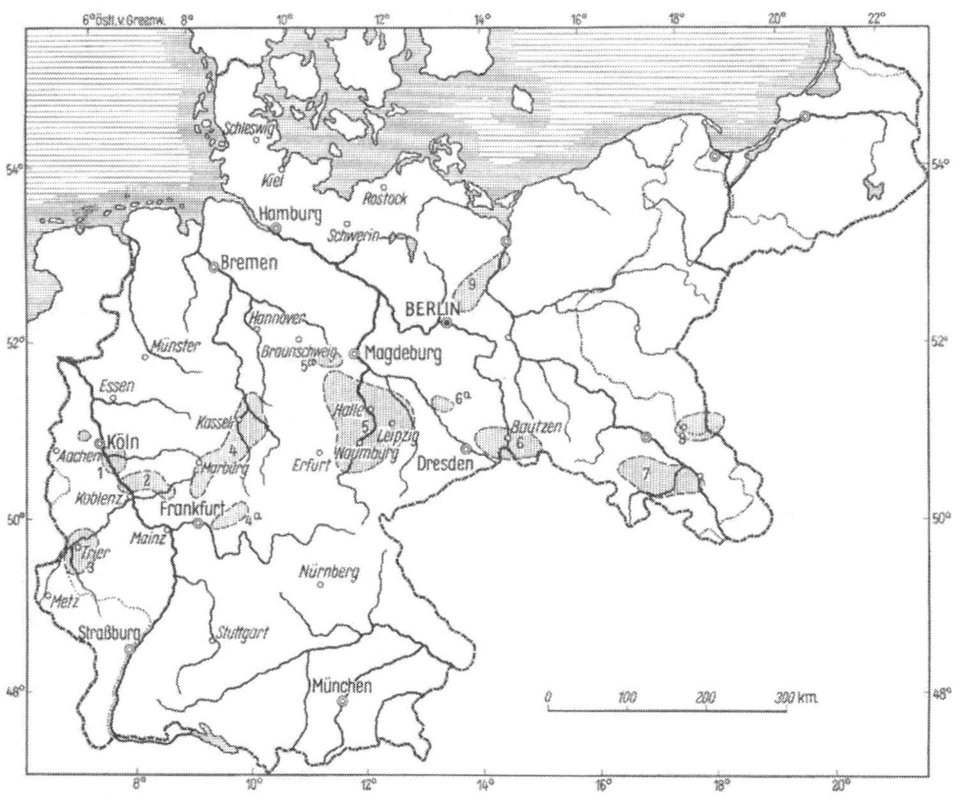

Abb. 80. Die Verbreitungsgebiete der „Tertiärquarzite in Deutschland" (1932)

1 Siebengebirge und benachbartes Gebiet. 2 Westerwald. 3 Gegend von Trier und der unteren Saar. 4 Hessisch-südhannoverscher Bezirk. 5 Sachsen und östliches Thüringen (Mitteldeutscher Bezirk; Gebiet der subherzynischen Braunkohlenformation). 6 Lausitzer Bezirk (Gebiet der subsudetischen Braunkohlenformation). 7 Schlesien. 8 Nordostschlesien (z. T. Posen). 9 Gegend südlich Stettin (Pommerscher Bezirk; dazu vereinzelte Vorkommen, z. B. bei Danzig)

Abb. 81. Quarzitgrube (Werkfoto Didier-Werke, Wiesbaden)

Je nach der Art dieser Rohstoffe ist das Brennverhalten einzuteilen, Tab. 73 und Abb. 82.

Die Volumenumwandlungen liegen um 573 °C, 870 °C und 1470 °C. Die Geschwindigkeit dieser Umwandlungen, die zur Bildung von Tridymit und Cristobalit führen, wird durch Katalysatoren (Fe_2O_3, CaO, Al_2O_3, Alkalien) weitgehend beeinflußt. Die Modifikationsänderungen sind in Abb. 83 zusammengestellt. Die umkehrbaren und nicht

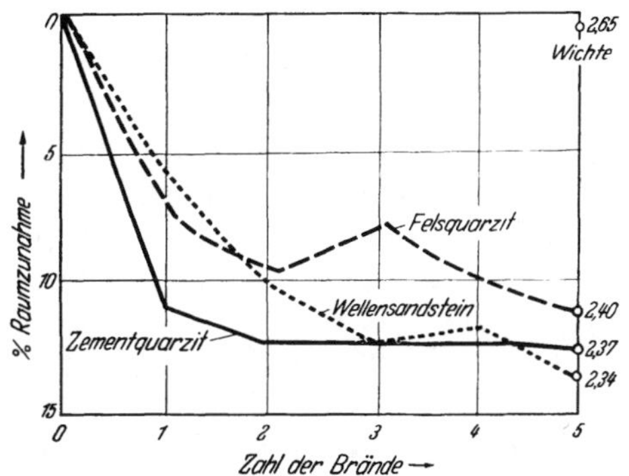

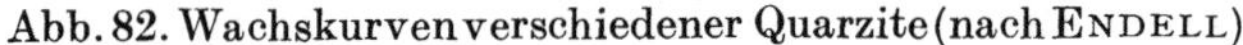
Abb. 82. Wachskurven verschiedener Quarzite (nach ENDELL)

Tabelle 73

Quarzit	% SiO_2	% Al_2O_3	Brennverhalten (im Stück 1500°)	Porosität roh	Porosität gebrannt
Zement oder Findlingsquarzit (basalzementreich)	96—98	0,5—3	Gute Umwandlung Wachsen 5—8% fest, hart	1—6%	5—15%
Kristalliner Quarzit (basalzementarm)	96—98	0,5—4	gut bis träge Umwandlung; Wachsen 7—10% fest bis mürbe, wechselnd hart	1—6%	8—20%
Kristallquarzite (basalzementfrei)	94—98	1—4	träge Umwandlung; Wachsen 8—15%; fest bis mürbe, wechselnd hart, oft zerfallend	1—6%	10—30%

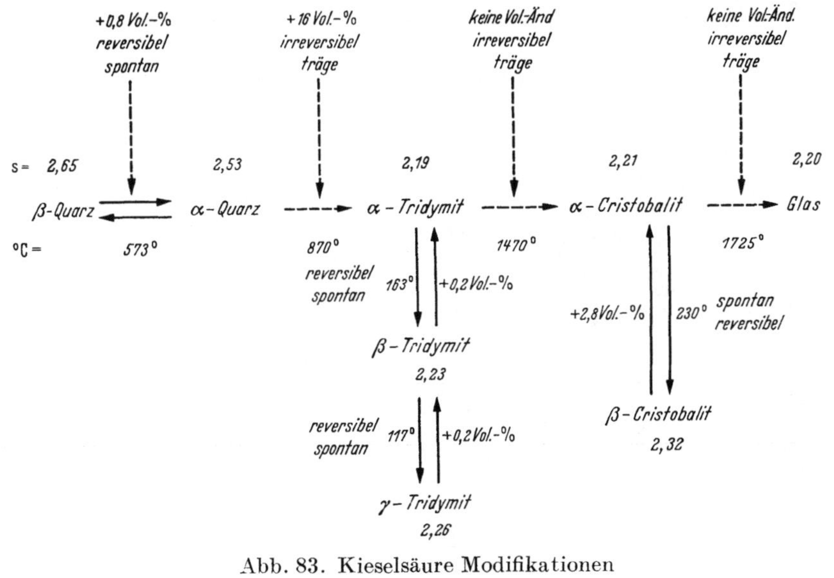

Abb. 83. Kieselsäure Modifikationen

Umwandlung	Umwandlungs-temperatur °C	Volum-ausdehnung in %	Lineare Ausdehnung annähernd %
β-Quarz ⇄ α-Quarz	573	0,86	0,30
α-Tridymit ⇄ β_1-Tridymit	117	0,14	0,06
β_1-Tridymit ⇄ β_2-Tridymit	163	0,2 (rd)	0,09
α-Cristobalit ⇄ β-Cristobalit	200—275	2,8	0,95

umkehrbaren Reaktionen sind daraus ableitbar. Mit der Umwandlung geht eine Änderung der Wichte einher. Auch die Änderung der Farbe läßt gewisse Schlüsse auf den Brennzustand des Steines zu. Nach dem Brennen liegt im Stein ein Gefüge von β-Quarz, γ-Tridymit und β-Cristobalit vor. Im Siemens-Martin-Ofengewölbe z. B. entsteht die Glasphase, und der β-Quarz verschwindet ganz.

Die Umwandlungen bedingen auch die Art der Anheizkurve im Ofen, der aus solchen Steinen aufgebaut ist. Das Durchlaufen der Temperaturen von 100 bis 600 °C sollte vorsichtig durchgeführt werden. Die Größe dieser Umwandlungen und des Nachwachsens sind aus Abb. 84 und 85 zu ersehen. Silikasteine sind deswegen für periodisch beheizte Öfen nicht geeignet. Besonders starke Abkühlungsgeschwindigkeiten unter 600—700 °C wirken sich ungünstig aus. Die Temperaturwechselbeständigkeit ist dagegen etwa bis zu der genannten unteren Temperaturgrenze als gut zu bezeichnen. Mit Silika aufgebaute Öfen sollten deswegen beim Anwärmen einer sehr sorgfältig geführten Erhitzungskurve unterworfen werden. Brikettfeuer sind ungeeignet. Das Anheizen mit Gas kann ebenfalls zu schroff wirken. Günstig haben sich elektrische Heizspiralen, die im Ofeninneren sachgemäß aufgestellt sind, erwiesen. Man kann sagen, daß von der Art der Anwärmkurve und den ersten Chargen die Ofenhaltbarkeit wesentlich mit bedingt ist.

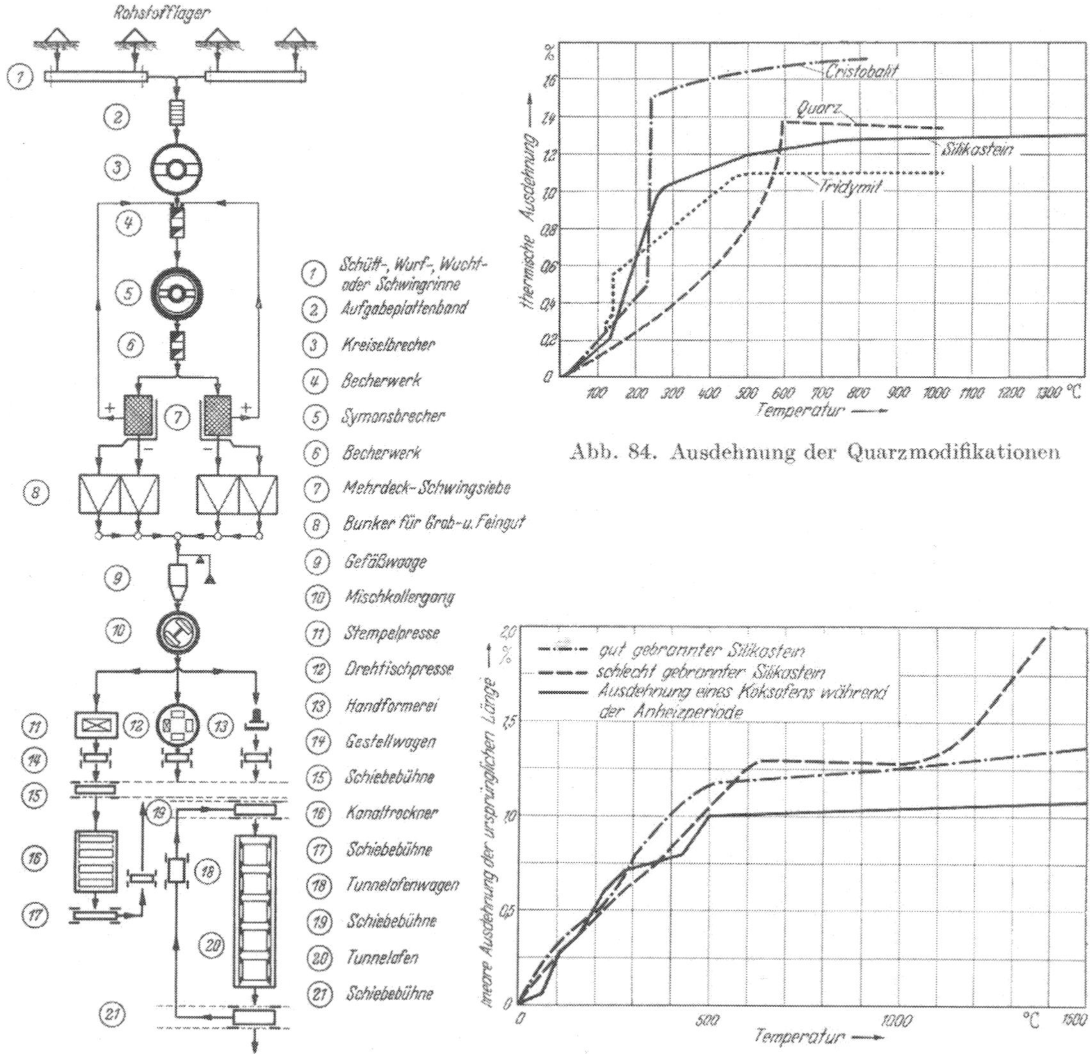

Abb. 84. Ausdehnung der Quarzmodifikationen

Abb. 86. Stammbaum einer Silikafabrik (nach MIEHR)

Abb. 85. Wärmeausdehnung eines gut und weniger gut umgewandelten Silikasteines (nach KRATZERT)

Tabelle 74. *Werdegang des Silikasteines*

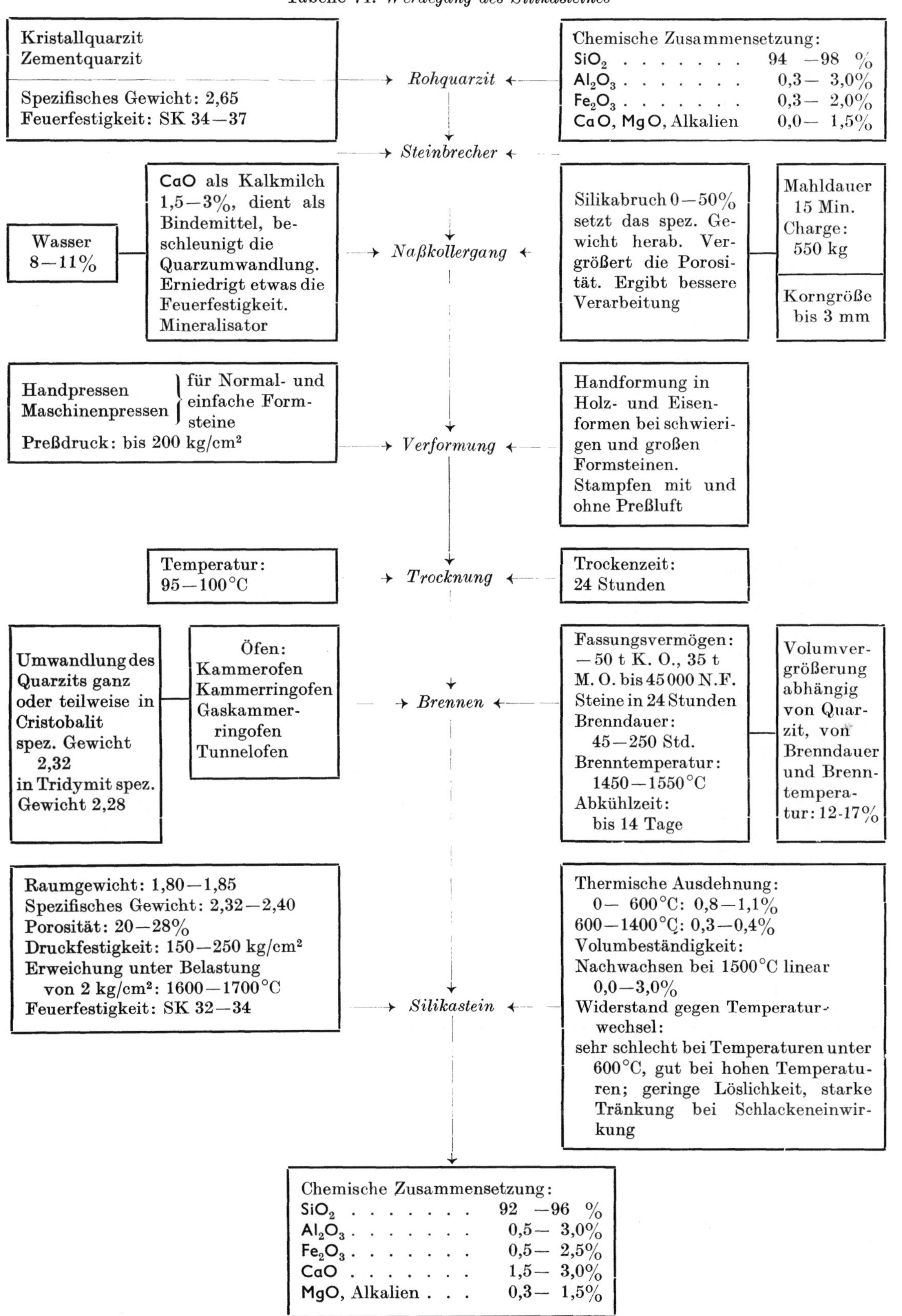

Den Stammbaum einer modernen Silikafabrikation Abb. 86 und Tab. 74 hat MIEHR aufgestellt. Nach dem Durchlaufen der Rohquarzite durch Brecherwerke und nach Bunkerung folgt der Mischvorgang. Die formgerechte sowie die dem Zweck entsprechend gekörnte und zusammengesetzte Masse wird eingeformt, getrocknet und gebrannt. Eine solche Brennkurve ist in Abb. 87 festgehalten. Die Wichte ändert sich dabei von etwa 2,65 und kann bis 2,30 herunter-

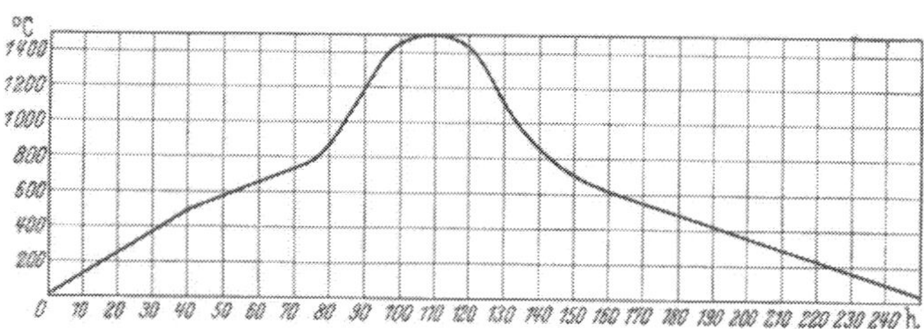

Abb. 87. Brennkurve für Silika im Tunnelofen (nach MIEHR)

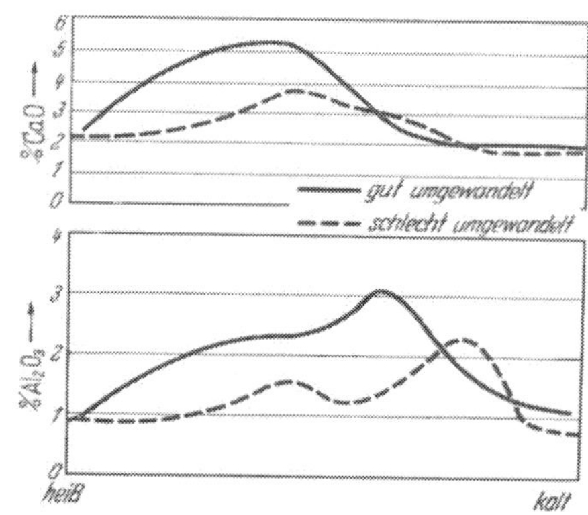

Abb. 88. Flußmittelverteilung in Silikasteinen guter und mittlerer Umwandlung (nach KONOPIKY)

Umwandlungszonen eines Silika-Gewölbe-Steines, vom Abbruch des S. M.-Ofen Nr. 2 (sauer)

Zone Nr. 6 ist durch Schnittverlust nicht identifizierbar, kann mit Zone Nr. 5 verglichen werden.

Zonen mm	Nr.	Physikalische Untersuchung: Porosität %	Spez. Gewicht	Härte	Chemische Analyse: SiO_2 %	Al_2O_3 %	Fe %	FeO %	Fe_2O_3 %	CaO %	MgO %
45	1	7,9	2,32	52	95	0,96	2,96	3,47	3,84	2,24	0,87
25	2	15	2,40	41	91,60	1,42	1,80	2,32	2,58	2,38	1,09
40	3	9	2,41	58	90,80	1,92	3,14	4,05	4,48	2,90	1,01
15	4	9,6	2,37	50	90,20	2,94	1,16	1,50	1,66	5,10	1,15
45	5	8	2,34	42	89,60	2,62	1,52	1,96	2,18	4,93	1,45
30	7	22,1	2,14	21	94,08	1,32	0,90	1,16	1,28	3,59	1,01
30	8	20,6	2,28	20	94,08	0,52	0,48	0,62	0,68	3,50	1,01

Abb. 89. Zonung eines Silikasteines, der im Gewölbe eines SM-Ofens eingebaut war.

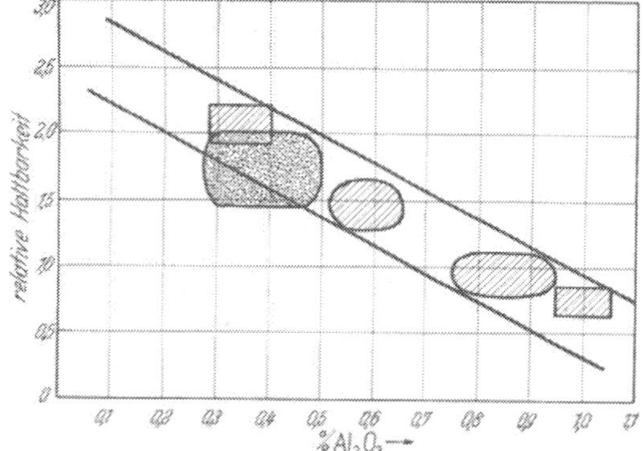

Abb. 90. Relative Haltbarkeit von Silikasteinen und Tonerdegehalt von Silikasteinen (nach KONOPIKY)

gehen. Das Wachsen beträgt linear um 3%. Durch geeigneten Körnungsaufbau sind dichte Steine mit einer Porosität von 15 bis 20% herstellbar. Auf diese Eigenschaft kommt es im Betrieb wesentlich mit an. Ein gewisses Nachwachsen ist meist erwünscht, vor allem dort ,wo Gewölbe aus Silika aufgebaut werden müssen.

Die Silikasteine sind genormt, und zwar stellt DIN 1088 die zwei Qualitäten Silika I und II vor. Dort werden auch die Verwendungszwecke beider Sorten vorgeschlagen. Silika I entspricht damit den höchst beanspruchten Ofenteilen.

Analyse. Sie ist im allgemeinen — sofern die Werte von DIN eingehalten werden — für den Betrieb nicht ausschlaggebend (Tab. 75). Längs einer Ofenreise ändern sich diese Gehalte unter Umständen wesentlich. Über die Verteilung der Flußmittel gibt Abb. 88 eine Übersicht. Dabei entstehen typische Zonungen, wie sie in Abb. 89 dargestellt sind. Das zu starke Auftreten von Zonungen ist häufig von schlechtem Einfluß auf die Güte des Steines. KONOPIKY betont den Einfluß des Al_2O_3-Gehaltes auf die Haltbarkeit (Abb. 90). Auch die Kalkmenge ist zu beschränken. Titandioxyd hat scheinbar keinen ungünstigen

Tabelle 75. *Abnahmebedingungen an Silikasteinen für Gewölbe von Siemens-Martin-Öfen* (nach KONOPIKY)

	DIN 1088	Vorschriften in Deutschland 1944	Vereinzelt von deutschen Stahlwerken gefordert	Vergleichs-untersuchungen zum *ta*-Wert (FNM)		Frankreich [1]	Frankreich [2]	USA [3]
SiO_2	über 94,5%					über 94,5%		über 97,0%
$Al_2O_3+TiO_2$	höchst. 2,0%					höchst 2,0%	0,5—2,5%	höchst. 1% (Al_2O_3)
CaO	höchst. 3,5%					höchst. 2,5%	1,5—2,5%	2,0%
SK	32/33			1700 °C 1690 °C 1710 °C	1690 °C 1670 °C 1690 °C	32/33	32/33	—
ta	über 1630 °C	über 1670 °C	über 1690 °C			über 1650 °C		
Porigkeit	höchst. 25%	höchst. 20%	höchst. 22%			höchst. 25%	21%	
Spez. Gewicht	höchst. 2,38 bis 2,43	2,40 bis 2,45	höchst. 2,45			höchst. 2,40 bis 2,45	2,35—2,40	2,33 bis 2,36
Längenänderung (bis 1000 °C)	—	—	—	—	—	—	1,5%	
Nachwachsen (1600 °C)	—	—	—	—	—	höchst. 1,7%	höchst. 2%	
Kaltdruckfestigkeit	über 100 kg/cm²	350 kg/cm²	über 200 kg/cm²			über 150 kg/cm²	150 bis 250 kg/cm²	

[1] Nach Halm. — [2] Nach Letort. — [3] Nach L. A. Smith.

Tabelle 76. *Deutsche Steine nach fallender Haltbarkeit* (nach KONOPIKY)

Stein	Fe_2O_3 %	CaO %	TiO_2 %	Al_2O_3 %	Spez. Gew.	Porigkeit %	Permeabilität Milli Darcy	Kaltdruckfestigkeit kg/cm²	t_a °C	t_e °C	Standzeit bei 1660 °C (min)
A	1,4	0,65	0,15	0,4	2,43	—	—	—	—	—	—
B	0,4	1,65	0,9	0,4	2,40	18,6	—	—	1685	1703	14
C	0,5	2,0	0,75	0,6	2,40	19,4	20	670	1690	1698	11
D	0,3	2,5	0,9	0,6	2,38	20,6	60	400	1690	—	6
E	0,45	2,0	0,75	0,6	2,40	19,6	150	390	1675	1683	5
F	0,6	2,1	0,6	0,7	2,36	21	60	500	1690	—	0

Einfluß auf die Haltbarkeit. Nach KONOPIKY setzt es die ungünstige Benetzung gegenüber Eisenoxyden herab. Zusammenhänge zwischen Analyse und Haltbarkeit sind in Tab. 76 zu finden.

Unter den physikalischen Eigenschaften ist das Raumgewicht der Steine für eine Reihe von Schlüssen wertvoll. Daß die Wichte einen Einblick in den Brenngrad des Steines zuläßt, ist schon betont worden. Besonderer Wert sollte auf die Porosität (Tab. 77) gelegt werden, die mit max. 22%, besser mit 20%, nach oben hin zu begrenzen ist. In jahrelanger eigener Beobachtung hat sich an sauren SM-Öfen gezeigt, daß die Lebensdauer mit steigender Porosität abnimmt. Verschlackungen, also Lösung und Tränkung, hängen damit zusammen.

Tabelle 77

Feuerfester Baustoff	Porosität in Vol.-%
Handelsübliche Schamottesteine.	24—30
Hartschamottesteine	18—22
Silikasteine für Koksöfen	22—26
Silikasteine für SM-Öfen	15—20
Hochtonerdehaltige Spezialsteine	16—22
Magnesitsteine, handelsüblich . .	20—25
Magnesitsteine, spezial	16—20
SiC-Steine, höchstwertig	12—15
SiC-Steine, mit geringem SiC-Gehalt	18—22

Tabelle 78. *Gasdurchlässigkeitszahlen* (nach Kanz [*68a*])

Steinart	Durchlässigkeitszahl (Grenzwerte)
Silikastein	0,057—0,491
Schamottestein . .	0,010—2,760
Mullitstein	0,037—0,900
Korundstein . . .	0,060—1,520
Magnesitstein . . .	0,099—1,090
Chromitstein . . .	0,551—5,907
Zirkonstein	0,421—6,128
Karborundstein . .	0,010—2,838

Der spezifische elektrische Widerstand ist bei den feuerfesten Baustoffen unterschiedlich. Er ist zusammenfassend dargestellt nach Radex Handbuch G 101—11.

Für die Gasdurchlässigkeit sind nach Kanz folgende Werte bekannt (Tab. 78).

Die Prüfung der Kaltdruckfestigkeit ist nach DIN vorzunehmen (Tab. 79). In der Betriebspraxis der Abnahme hat sich die nicht genormte Biegefestigkeit als günstig erwiesen, weil sich damit auch ein Maß der Oberflächengüte der Steine ergibt. Über den Brenngrad ist schon berichtet worden. Das Nachwachsen wird auch durch eine Darstellung von Konopiky herausgestellt.

Tabelle 79. *Kaltdruckfestigkeit von feuerfesten Baustoffen*

Feuerfeste Baustoffe	KDF kg/cm²	Abriebfestigkeit Korund	Sandstrahl
Schamotte, handelsüblich	100— 250	0,2—0,3	0,8—1,5
Hartschamottesteine	300—1000	0,1—0,2	0,1—0,4
Silikasteine	200— 400	0,2	0,5—1
Hochtonerdehaltige Spezialsteine .	300— 600		
Magnesitsteine, handelsüblich . .	300— 500		
Magnesitsteine, spezial.	500— 800		
Chrommagnesitsteine	200— 300		
SiC-Steine	500—1000		
Kohlenstoffsteine	200— 300		

Der Kornaufbau ist im Bruch noch besser im Schnitt des Steines zu beurteilen. Man kann dabei einen guten Überblick über die Quarzitgröße, -art und -verteilung erhalten. Die Quarzkörner erscheinen dabei glashell, durchsichtig, milchig-trübe und man findet auch dichte Körner. Die Farbe ist weißlich gelblich, rosa, grau, grünblau. Oft findet man sogenannte Rindenreaktionen. Erscheint das Mikrogefüge eines Quarzitkornes aus nahezu gleich großen, kleineren Körnern zusammengesetzt, so hat man es aller Wahrscheinlichkeit nach mit einem Felsquarzit zu tun. Hornsteinähnliche dichte Gefüge, die oft ungleichmäßig gefärbt sind, entstammen dem Zement- oder, wie man auch sagt, Findlingsquarzit. Die übrige Grundmasse läßt sich ebenso gut erkennen und beurteilen. Wie unterschiedlich dabei die Steine aus einer Lieferung zusammengesetzt sein können, zeigt die nachfolgende Darstellung (Tab. 80).

Tabelle 80

Anzahl der Quarzite	250—450	Farbe bläulich	30—0%
Größe der Quarzite 2 mm	20—60%	weiß	60—90%
3 mm	30—40%	rosa	10—30%
4—5 mm	20—40%	Zementquarzit	70—100%
		Felsquarzit	30—0%

Die Lupen-Betrachtung (Binokular usw.) muß gegebenenfalls durch Anschliffe und Dünnschliffe bestätigt werden. Die Mikro-Betrachtung läßt auch bedingte Schlüsse auf die Rissigkeit und den Porenwert zu.

Die möglichen Änderungen des Mineralgehaltes beim wiederholten Brand sind in Abb. 91 dargestellt.

Das Verhalten bei der Druckerweichung ist von besonderer Bedeutung (Tab. 81). Diese ebenfalls genormte Prüfung DIN 1064 wird noch verbessert durch neue Vorschläge, wobei man bei langsamer stufenweiser Temperatursteigerung oberhalb 1600 °C deutlichere Unterschiede erfahren kann. Nach dem DIN-Verfahren unterscheidet man den *ta*-Punkt, wobei bei 2 kg/cm² Belastungsdruck der Prüfkörper um 3 mm, und den *te*-Punkt, wobei der Prüfkörper um 40% seiner Höhe gestaucht wurde. Der *te*-Punkt ist von der Art des Verfahrens abhängig. Man unterscheidet dabei zwei Typen mit und ohne Erweichungsintervall. Zu ersteren gehören Schamottesteine, zu letzteren Silikasteine.

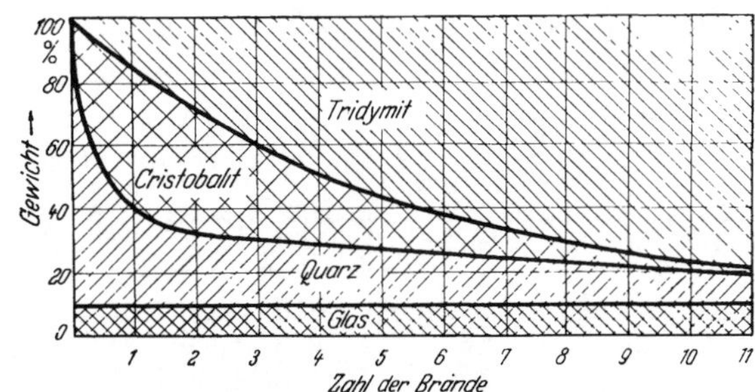

Abb. 91. Mineralgehalt von Silikasteinen nach verschiedenem Brand (nach KRATZERT)

Nach Mitteilung der Didier-Werke A. G. ergibt sich folgendes Bild für den Punkt *ta*:

Tabelle 81

Schamottestein	1300—1450 °C	Chromerzstein	1500—1550 °C
Hochwertiger Schamottestein	1500—1550 °C	Chrommagnesitstein	1620—1680 °C
Hochwertiger Wannenstein	1540—1580 °C	Siliziumkarbidstein 85—90% SiC	1600—1700 °C
Korundstein ca. 72% Al_2O_3	1650 °C	Zirkonsilikatstein	über 1700 °C
Silikastein für Koksofenbau	1650 °C	Quarzgutstein	
Silikastein für Stahlwerksbedarf	1680—1710 °C	ungebrannt	1400 °C
Sillimanitstein	1640—1680 °C	gebrannt	über 1700 °C
Magnesitstein	1600 bis über 1700 °C	Schmelzmullitstein keram. gebunden	über 1700 °C
Dolomitstein	1600—1700 °C	Kohlenstoffstein	keine Erweichung

In Abb. 92 sind einige charakteristische Kurven dargestellt.

Das Abschreckverhalten oder die Temperaturwechselbeständigkeit (TWB) wird ebenfalls nach DIN bestimmt. (Auf 950 °C erhitzt und mit dem erhitzten Ende in fließendes kaltes Wasser getaucht.) Die Anzahl der Versuche bis zur Zerstörung (usw.) gibt eine Reihenfolge der verschiedenen Steinqualitäten (Tab. 82).

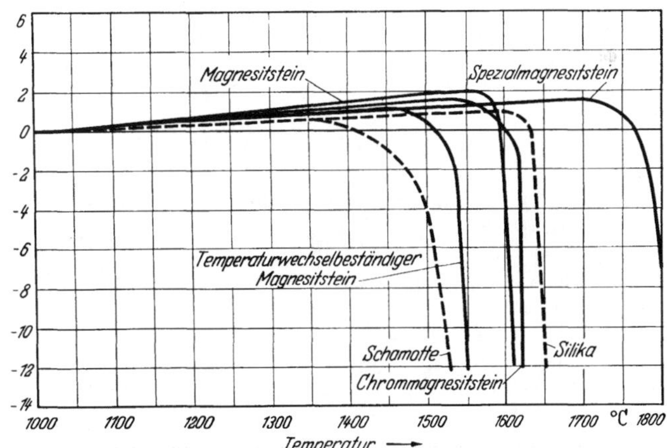

Abb. 92. Druckerweichung feuerfester Materialien (nach RADEX-Handbuch)

Tabelle 82

Silikasteine 0—600 °C erhitzt	1 Abschreckung
Silikasteine 600—1500 °C erhitzt:	über 20 Abschreckungen
Saure Schamottesteine	3—8 ,,
Basische Schamottesteine, handelsüblich	10—20 ,,
Basische Schamottesteine nach Sonderverfahren	bis 30 ,,
Mullit- und Sillimanitsteine	15—30 ,,
Korundsteine, bindetonreich	bis 25 ,,
Korundsteine, bindetonarm	bis 10 ,,
Magnesitsteine, handelsüblich	2—4 ,,
Magnesit-Spezialsteine	bis 15 ,,
Chrommagnesitsteine	bis 20 ,,
Siliziumkarbidsteine	bis 50 ,,

Über die Verschlackungsmessungen sind die Meinungen noch verschieden. Nach allgemeinen Beobachtungen sind die Verschlackungen mit wachsendem Porengrad (Tab. 83) ansteigend.

Kontaktreaktionen treten an Hochleistungs-Silikasteinen (max. 0,4% Al_2O_3 + Alkalien) auf, wenn sie bei 1500 °C in Berührung mit Magnesitsteinen, bei 1600 °C in Berührung mit Forsterit und in Kontakt mit normalen Silikasteinen bei 1700 °C kommen. Manche Silikasteine können schon bei 1500 °C mit Magnesitsteinen Schäden erfahren.

Tabelle 83. *Haltbarkeit und Porengrad* (nach KONOPIKY)

Porigkeit	Schmelzen	ta-Wert °C
<25	250	1670—1690
23—25	350	1670—1690
21—23	450	1670—1690
19—21	650	1670—1690

Die Werksabnahme muß sich auch mit der Einheitlichkeit der Lieferung befassen. Die Maßhaltigkeit und Kantenfestigkeit der Steine ist gleich wesentlich. Die saubere Flächigkeit ist zu überwachen.

Übersichtliche Zusammenstellungen der Prüfwerte: Tab. 84. Bedingungen an Silikasteinen für SM-Öfen-Gewölbe: Tab. 85. Die Wertung nach verschiedenen deutschen, englischen, französischen und amerikanischen Auffassungen hält Tab. 86 fest [*69*].

Tabelle 84. *Prüfwerte von Silikasteinen* (nach KONOPIKY)

	A		B		C		D	
SiO_2 . . . . %	95,5		95,6		95,9		95,2	
Al_2O_3 . . . . %	0,8		1,0		0,65		0,8	
TiO_2 . . . . %	0,9		0,55		0,50		0,7	
Fe_2O_3 . . . . %	0,8		0,8		0,65		0,7	
CaO . . . . %	1,85		1,75		1,80		2,4	
MgO . . . . %	0,08		0,10		0,08		0,08	
Alkalien . . . . . . %	0,08		0,22		0,37—0,23		0,15	
Körnung unter 0,1 mm: 35—43%, über 1 mm: 40—45%, davon über 3 mm: 12—22%								
Spezifisches Gewicht . . .	2,42	2,36	2,40	2,36	2,41	2,34	2,42	2,35 (starke Streuungen)
Porigkeit . . . . . .%	18,5	20	18,5	21	19,5	20,5	18	19
KDF (Mittel) . . . kg/cm²	400	300	620	510	480	540	280	270
Permeabilität Milli Darcy	8,0		7,0	30	15	43	40	49
Reversible Ausdehnung bis 1000 °C . . . . .%	1,3	1,35 bis 1,55	1,50	1,50	1,40	1,43	1,52	1,55
ta (DIN 1064) . . . . . (nach DIN auf 10 °C abgerundet)	1690 °C	1690 °C	1680 bis 1690 °C	1690 °C	1680 bis 1690 °C	1690 °C	1690 °C	

Tabelle 85.
Anforderungen an die analytischen Werte von Steinen für Siemens-Martin-Gewölbe (nach KONOPIKY)

		Sonderfälle
Al_2O_3 . . .	höchstens 1%	höchstens 0,6%
$K_2O + Na_2O$	höchstens 0,4%	höchstens 0,2%
TiO_2	um 1% vielleicht höchstens 2%	
CaO	höchstens 2,5%	höchstens 2%
Fe_2O_3	bedeutungslos vielleicht höchstens 4%	

Tabelle 86. *Geforderte Prüfwerte von Silikasteinen nach deutschen, englischen, französischen und amerikanischen Auffassungen* (nach KONOPIKY)

Forschungsinstitut			St.-W. Labor. E	St.-W. Labor. F	St.-W. Labor. G	ff. Werk I	ff. Werk II	ff. Werk III	Vorschriften 1944	Rigby (Engl.)	Halm (Frankreich)	Ver. Staaten von Amerika
		Sonderfälle										
Al_2O_3%	höchst. 1,0	höchst. 0,6		höchst. 0,6	höchst. 1,0		höchst. 1,0	0,8 kann schlecht sein	höchst. 2,0	<1	<1	
K_2O + Na_2O%	höchst. 0,4	höchst. 0,2		höchst. 0,3				1,2 kann gut sein		$<0,4$	?	0,8 bis 1,0
TiO_2%	höchst. 2,0									bedeutungslos	bedeutungslos	
CaO%	höchst. 2,5	höchst. 2,0		0,5 bis 2,0	1,5 bis 2,0				höchst. 3,5	<2	$<2,5$	$<2,5$
Fe_2O_3%	höchst. 4,0									beliebig	beliebig	
ta	mind. 1670 °C	mind. 1690 °C	mind. 1670 °C	mind. 1690 °C	Angabe notwendig	nicht allein maßgeblich	durch die andere Begrenzung erfüllt	allein charakt.	mind. 1670 °C			
Porigkeit %	höchst. 23	höchst. 20	19—21	17—20	18—20	rd. 17	höchst. 25		höchst. 20	<19%, besser 17% niedrig	<22	<25 (24 bis 30)
Permeabilität	höchst. 100											
Kaltdruckfestigkeit (kg/cm²)	250						über 250		mind. 350			
Spez. Gewicht	2,40 bis 2,44	2,36 bis 2,42	2,40 bis 2,44		2,38 bis 2,44		2,40 bis 2,43		2,40 bis 2,45	$<2,36$	$<2,38$	$<2,38$

Der Verbrauch der feuerfesten Baustoffe liegt je t flüssigen Eisens in den Grenzen von:

Saurer Ofen	Saurer ff. Stein	Quarzsand	Basischer Ofen	Saurer ff. Stein	Dolomit
	30—40 kg/t GS	27—40 kg/t GS		30—40 kg/t GS dann Magnesit 6—10 kg/t GS	30—35 kg/t GS

Poröse Silikasteine. Sie werden unter Zusatz von Stoffen hergestellt, die beim Brennen als Gase abgehen. Die Werte schwanken in Grenzen (nach RADEX G 126—3):

Feuerfestigkeit	31/32	Druckfeuerbeständigkeit	*ta* 1600 °C
Raumgewicht	0,6—1,2	Obere Gebrauchstemperatur	1500—1600 °C
Porenraum	50—70%	Temperaturwechselbeständigkeit	wie Silika
Kaltdruckfestigkeit	50—100 kg/cm²		

4. *Massen und Mörtel*

Die ersteren Baustoffe lassen sich etwa wie folgt einteilen:

	a) Natürliche	b) Künstliche		a) Natürliche	b) Kunstliche
Sauer	Massen aus Klebsanden	Stampfmassen aus Quarziten, Sanden, Tonen u. a.	*Neutral* *Basisch*		Korundmassen Schamottemassen Dolomitmassen Magnesitmassen

Die sauren Klebsande werden einer Aufbereitung unterworfen. In Deutschland sind u. a. die Eisenberger Klebsande führend.

HUPPE [70] hat in einer Arbeit die Kennzeichen dieser tertiären Sande dargestellt. Die Zusammensetzung liegt dabei im Mittel um:

	Gegluht %	Ungeglüht %		Gegluht %	Ungeglüht %
Glühverlust	—	2,71	CaO	0,12	0,12
SiO_2	90,57	88,18	MgO	0,09	0,09
TiO_2	0,58	0,56	K_2O	0,84	0,82
Al_2O_3	6,56	6,38	Na_2O	0,66	0,64
Fe_2O_3	0,55	0,54	SO_3	Spur	Spur

Eine andere Darstellung gibt Werte von 93,5% SiO_2, 4,5% Al_2O_3, 0,15% Fe_2O_3, 0,05% CaO, 0,05% MgO, 0,5% K_2O, 1,3% Wasser zu erkennen.

Rationelle Analysen (BERDEL):

Tonsubstanz 12,2% Quarz 79,13% Feldspat 8,65%

Die Feuerfestigkeit liegt nach DIN 1063 im Bereich von Segerkegel SK 33/34. Die Siebfraktionen verteilen sich auf:

	Korngröße	%	Korngröße	%
Stufe I	über 1,5 mm	1,7	> 1,5 mm	
Stufe II	1 —1,5 mm	0,7	≧ 1—1,5 mm	
Stufe III	0,6 —1 mm	1,9	min.	0,0
Stufe IV	0,3 —0,6 mm	5,8	1 —0,3 mm	18,75
Stufe V	0,2 —0,3 mm	24,3	0,3 —0,2 mm	24,50
Stufe VI	0,1 —0,2 mm	30,8	0,2 —0,15 mm	14,50
Stufe VII	0,06—0,1 mm	11,2	0,15—0,06 mm	31,50
Stufe VIII	0,021—0,06 mm	4,1	< 0,06	10,75
Schlämm-Substanz		19,5		(nach HUPPE)

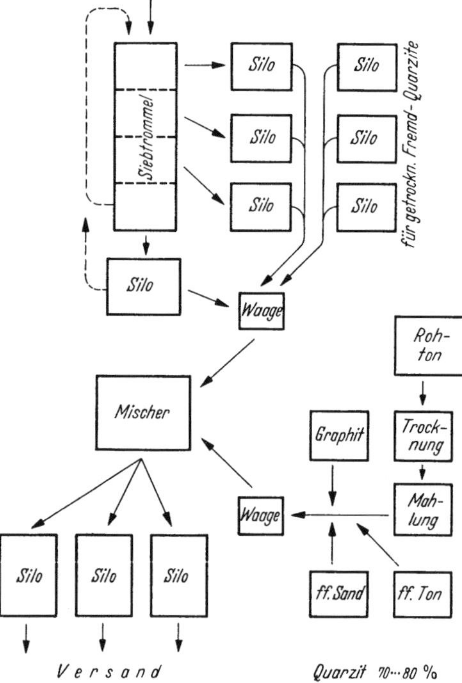

Abb. 93. Schema der Herstellung an sauren Kupolofen-Stampfmassen

Diese Kornverteilung sichert durch feinste Tonanteile eine gute Trockenfestigkeit. Das Nachwachsen im Feuer ist praktisch gering.

Diese günstige Stufung der Körnung sichert auch — gute und gleichmäßige Stampfung vorausgesetzt — eine geringe Porosität von ca. 22 bis 24%. Damit ist auch ein guter Widerstand gegen saure Schlacken gewährleistet. Das Lagern dieser Rohstoffe in Bunkern ist unerläßlich.

Die Verarbeitung verlangt eine gleichmäßige Feuchtigkeit von etwa 8%. Die Massen müssen vor Gebrauch gut durchziehen (48 h mauken).

Man verwendet diese Massen zum Ausstampfen und Ausflicken von Kupolöfen einschließlich der Rinnen und Vorherde. Sie werden mit gleich gutem Erfolg in Drehöfen, Konvertern, Tiegelöfen sowie Pfannen verwendet.

Künstliche saure Massen werden den gleichen Verwendungszwecken zugeführt. Man stellt geeignete Mischungen aus Quarziten, Sanden, feuerfesten Tonen, Graphit, evtl. Koksmehl u. a. zusammen. Die Aufbereitung kann z. B. nach der in Abb. 93 dargestellten Weise vor sich gehen. Auch bei diesen Massen ist die Gleichmäßigkeit von besonderer

Bedeutung. Die Eigenschaften lassen sich wie folgt benennen:

Wassergehalt	bis 8%
Fe_2O_3	bis 1,8%
Al_2O_3	5—9%
Tongehalt	bis 20%
Glühverlust	bis 1,5%
Wichte	2,3—2,5

Siebanalyse: Sie ist je nach Art der Massen und ihrer Verwendung verschieden.

In den künstlichen Massen wird häufig ein Gehalt bis 3% Graphit oder Koksmehl gefunden. Nach neueren Erkenntnissen setzen diese Beimengungen den Benetzungsgrad gegenüber sauren Schlacken herab.

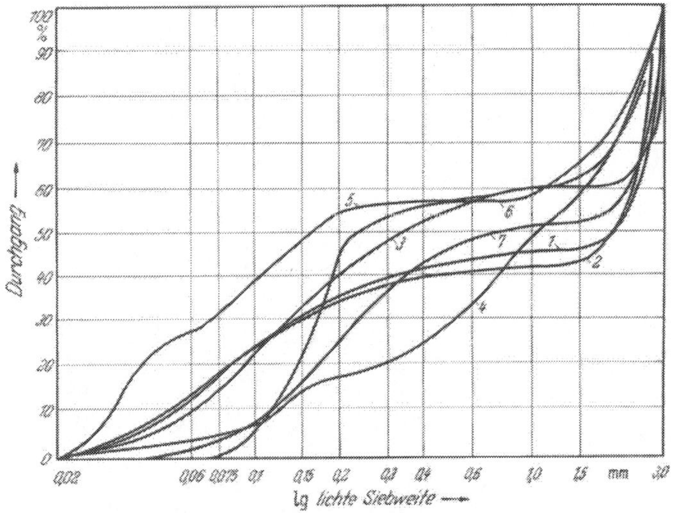

Abb. 94. Körnungsbild nach der Summenhäufigkeit von sauren Kupolofenmassen *1—7* (nach ROLL-STURM)

Im nachfolgenden sind einige Messungen von Massen, wie sie in Kupol- und Brackelsbergöfen sowie in Kleinkonvertern Verwendung finden, zusammengestellt. Zwischen Stampf-, Flick- und Spritzmassen muß dabei unterschieden werden.

Wesentlich ist die Gleichmäßigkeit nacheinanderfolgender Lieferungen. Man kann gelegentlich beobachten, daß hier noch eine beachtliche Schwankung vorliegt. Vor allem im Schlämmstoffgehalt sind die Schwankungen oft sehr groß (im Laufe mehrerer Lieferungen 10,5—28,2%).

Nach der Stampfarbeit kann sich die Körnung durch mechanische Zerstörungen des Kornes ändern. Auch hierüber liegen Beobachtungen vor.

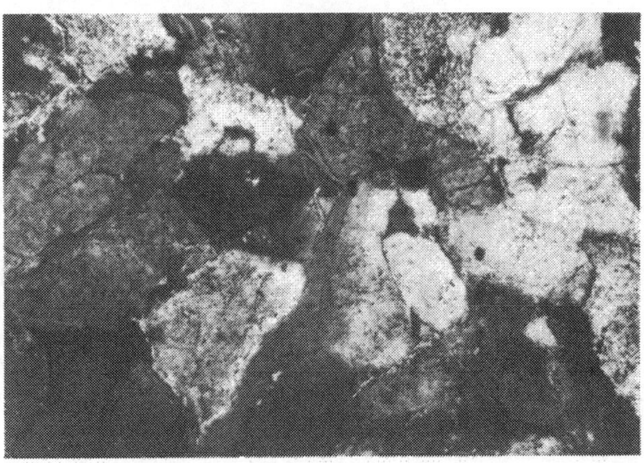

×5

Abb. 95. Saure Kupolofenstampfmasse Nr. 1; Quarz, wenig Muskovit und Tonmineralien; Dünnschliff

Tabelle 87. *Kornfraktionen und Schlämmstoffgehalt von Kupolofen-Stampfmassen* (ROLL und STURM)

	Bezeichnung %	1 %	2 %	3 %	4 Sonderstampfm. 1A %	5 Stampf- u. Flickmasse %	6 %	7 Stampfm. für Heißwindkupolofen %	8 Spezial-Stampfm. %	9 Stampfm. für Heißwindkupolofen %	10 %
Kornfraktionen [%]	> 1,5 mm	42,8	42,6	30,1	30,8	22,3	28,3	42,9	40,3	40,4	29,7
	> 1 mm	1,2	0,3	0,6	6,9	5,3	1,4	1,1	1,7	1,1	2
	> 0,6 mm	0,9	0,7	1,1	11,5	1,1	0,9	2,9	5,6	1,4	2,6
	> 0,4 mm	0,7	1,4	2,4	5,0	0,4	0,6	3,7	5,2	1,2	3,4
	> 0,3 mm	1,0	1,4	2,7	1,9	1,1	0,5	5,6	4,4	3,2	6,2
	> 0,2 mm	2,7	4,5	5,9	3,5	8,1	1,8	9,9	6,1	6,3	9,7
	> 0,15 mm	2,6	3,5	5,6	2,4	15,1	3,6	7,3	7,5	2,8	9,3
	> 0,1 mm	4,2	4,3	5,8	7,1	9,8	6,4	8,5	4,7	2,8	9,1
	> 0,075 mm	5,1	5,5	3,8	0,1	3,6	5,2	3,4	5,0	3,5	4,5
	> 0,06 mm	3,1	3,4	4,8	2,3	0,9	2,6	1,1	1,3	2,8	1,8
	< 0,06 mm	12,1	10,3	11,7	3,0	0,1	21,0	2,0	2,3	13,9	4,5
Kornanteil Σ		76,4	77,9	74,5	74,5	67,8	72,3	88,4	84,1	79,4	82,8
Schlämmstoffgehalt [%]		23,6	22,1	25,5	25,5	32,2	27,7	11,6	15,9	20,6	17,2

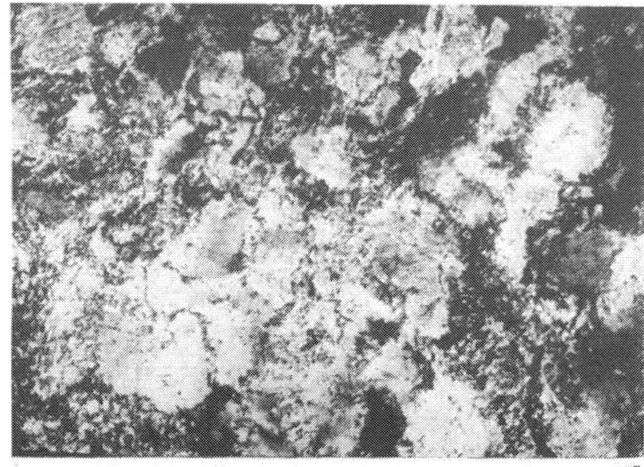

Abb. 96. Saure Kupolofenstampfmasse für Heißwind Kupolofen Nr. 9 mit Quarz, schieferige, tonige Bestandteile; Dünnschliff

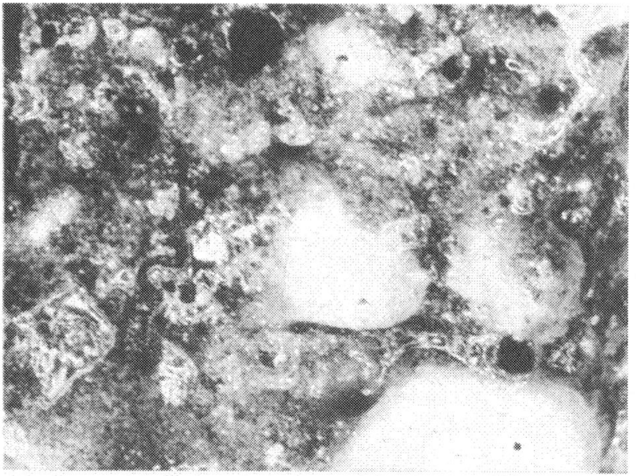

Abb. 97. Klebsand-Kupolofen-Stampfmasse Nr. 6; Dünnschliff Verglasungstemperatur 1400—1430 °C

In Tabelle 87 und 88 finden sich Einzelwerte des Kornaufbaues von 10 Massen. Die graphische Auswertung für einen Teil dieser Massen ist in Abb. 94 zusammengestellt. Die Abb. 95 und 96 vermitteln Dünnschliffbilder. Die Sinterung ist in Abb. 97 und 98 zu erkennen.

Tabelle 88.
Kornbeispiel einer Brackelsberg-Ofenmasse

Unter 0, 06 mm 24,15%
Über 0,06 mm 75,85%

über 3 mm	46,53%
1 —3 mm	8,31%
0,5 —1 mm	1,23%
0,2 —0,5 mm	3,05%
0,1 —0,2 mm	9,58%
0,09 —0,1 mm	1,82%
0,075—0,09 mm	2,36%
0,06 —0,075 mm	2,97%
unter 0,06 mm	24,15%

Druckerweichung. Die ebenfalls nach den DIN-Prüfbedingungen ermittelte Druckerweichung ist ein Maßstab für die Widerstandsfähigkeit gegen Einwirkungen (mechanische Einwirkung) von hohen Temperaturen.

Meist werden Feldquarzite verwendet. Dieselben sollten sich durch gute Feuerfestigkeit ausweisen. In Abb. 99 ist ein Stück aus einer Wand eines Brackelsbergofens entnommen, das deutliche Zerstörungen infolge geringwertiger Quarzite zeigt.

Der Verbrauch an saurer Stampfmasse wird für die verschiedenen Ofenaggregate unterschiedlich angegeben. Um Vergleiche ziehen zu können, sollten die näheren Umstände, also Schmelzleistung t/h, Durchsatz, Gattierung, Schlackenmittel, Temperatur u. a. festgelegt sein. Nachfolgend sind einige Zahlen dargestellt:

Kupolofen	Stampfmassen-Verbrauch je to Ware
800—900 mm ∅ 60—80 t/Tag Stahlschrott 15—25% 75% Ausbringen	20—25 kg
J. Krol — Przeglad Odlewnictava Bd. 1 (1951) 113; 50 t Tagesleistung	20—26 kg
Aus weiteren eigenen Beobachtungen	30—50 kg, 40—60 kg, 120 kg

Danach sind die Streuungen außerordentlich groß.

Haltbarkeit der Kleinkonverter bei 2—4 t Inhalt.

Aus der Praxis sind Chargen wie folgt bekannt:

40—60 Chargen je Ofen (bei ca. 18—20 Chargen am Tag) und 80—100 Chargen, in guten Fällen bis 120 (140) Chargen je Ofen.

Die Haltbarkeit in Brackelsbergöfen für Temperguß liegt bei 10 t Einsatz etwa bei (800) 1000—1300 t flüssigen Eisens.

Lagerung von Stampfmassen. Trennung der Sorten notwendig. Schutz vor Wettereinflüssen. Feuchtigkeit:

5—6% bei Stampfmassen,
8—9% ,, Flickmassen,
3—4% ,, Spritzmassen.

Gutes Abdecken erwünscht. Gefrorene Massen auftauen. Vor Entmischung schützen.

Silikamörtel. Bedeutungsvoll ist auch der beim Aufbau der Öfen verwendete Silikamörtel. Es kann nicht genug auf oftmals sehr grobe Unstimmigkeiten zwischen dem, was ein saurer Stein fordert und dem, was oft als Mörtel verarbeitet wird, hingewiesen werden. Häufig findet man um der besseren Verarbeitbarkeit willen von der Ofenmannschaft zugemischte hohe Zusätze an feuerfesten Tonen. Die Größenordnung der Zusätze von Mörteln sollte auf ein Mindestmaß beschränkt sein. Das Behauen der Steine ist meistens gefährlich. Sauberes Einschleifen ist zwar zeitraubender, dafür aber für die Haltbarkeit günstiger.

Der Silikamörtel sollte mindestens etwa 85% SiO_2 enthalten. Die Körnung ist fein, etwa mit einem Rückstand von 10% auf Sieb 0,06 mm zu wählen. Daß demgegenüber oft Fehler gemacht werden, zeigt Tab. 89.

Die Mörtelfuge ist bei fehlerhafter, räumlicher und chemischer Zusammensetzung besonders starken Schlackenangriffen ausgesetzt.

Tabelle 89. *Silikamörtel*

Analysen					
SiO_2 %	Al_2O_3 %	Fe_2O_3 %	CaO %	MgO %	
68	22	7	2,1	0,5	fehlerhaft
90	6	1	2,2	0,2	noch gut

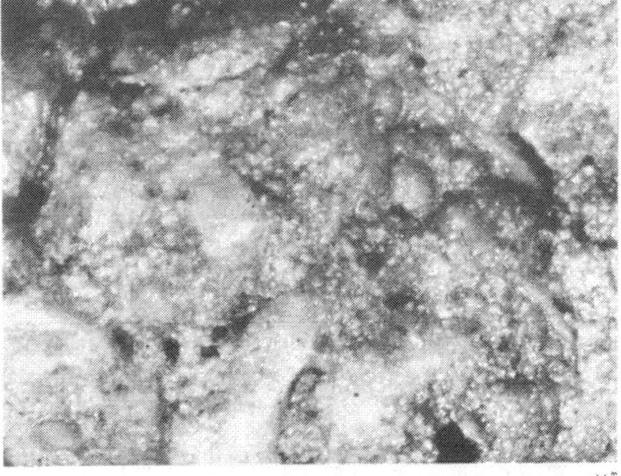

×5

Abb. 98. Saure Kupolofenstampfmasse Nr. 9, verglast bei 1500—1550 °C; Dünnschliff

×0,5

Abb. 99. Stück aus einer sauren Drehofenausstampfung mit beachtlichen Zerstörungen infolge geringwertiger Quarzite

5. *Magnesitsteine*

Sie werden aus kryptokristallinen (amorphen) und kristallinen Magnesiten zusammengesetzt und enthalten einen hohen Gehalt an $MgCO_3$. Während die ersteren seltener verwendet werden, sind die kristallinen Magnesite die üblichen Ausgangsstoffe dieser feuerfesten Baustoffe. Die bekanntesten Rohstofflager befinden sich in Österreich. Die Karte Abb. 100 gibt einen Einblick in die Lagerstätten. Auch in der Tschechoslowakei, in Griechenland, Spanien, Jugoslawien, in der Mandschurei, im Ural, in den USA, in Brasilien und anderen Ländern finden sich mehr oder minder geeignete Lagerstätten. Man hat auch die Salzsole aus der Kali-Industrie und sogar die Magnesiumsalze ($MgCl_2$) des Meerwassers zur Erstellung von MgO herangezogen [*71*]. Auch aus Dolomit kann das MgO genommen werden.

Der Rohmagnesit, der eine Zusammensetzung von etwa 43% MgO und 52% CO_2 (wenig Wasser, 50% Glühverlust, 6% SiO_2, 4% Fe_2O_3, 2% Al_2O_3, 7% CaO) besitzt [*72*], wird einer Handklaubung unterworfen. Diese so sortierten Stükke werden im Schacht- oder Drehofen bei 1600 bis 1700 °C gebrannt. Dieser Sintermagnesit enthält unterschiedliche Gehalte an Fe_2O_3, Al_2O_3 und CaO sowie SiO_2 und stabilisiertem MgO. Nach Zerkleinerung auf Nußgröße und einer elektromagnetischen Aufbereitung wird er der weiteren Verarbeitung unterworfen. Im Dünnschliff kann man im Sintermagnesit die wichtige, jedoch nicht druckerweichungsfeste Komponente Periklas (MgO), die bei 2800 °C schmilzt, erkennen. Durch geringe Zusätze von CaO, Fe_2O_3 u. a. lassen sich stabile Verbindungen bilden. Gleichzeitig erscheint dabei der Magnesiumferrit MgO—Fe_2O_3. Dieser löst bei 1600—1750 °C etwa bis 93% des Periklas auf. Das Verhältnis CaO : SiO_2 ist für die Herstellung wichtig (Abb. 101).

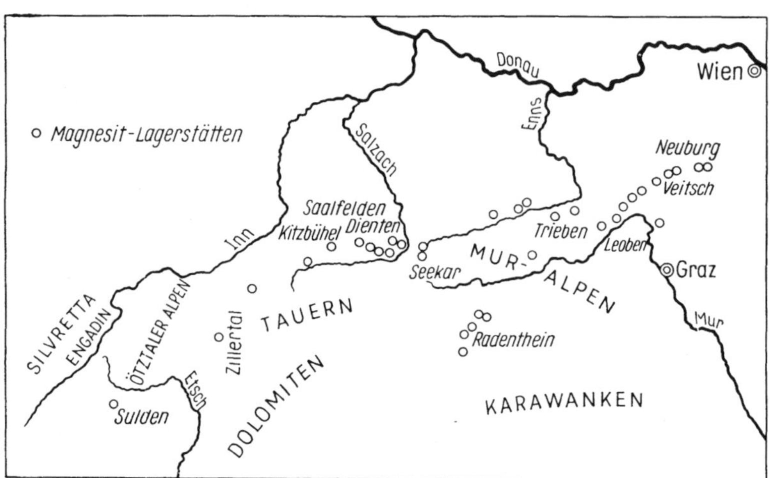

Abb. 100. Magnesit Lagerstätten in Oesterreich (nach PETRASCHECK)

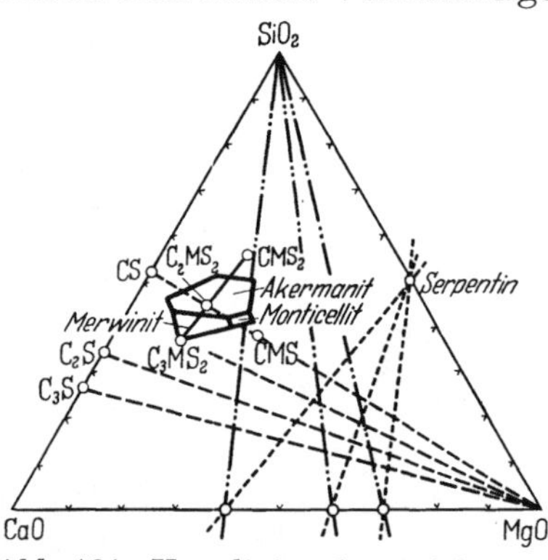

Abb. 101. Kennlinien der stabilisierten Dolomite im Dreistoffsystem CaO—Al_2O_3—SiO_2

Die Fremdoxyde CaO, SiO_2 und Al_2O_3 sollen nach Möglichkeit ausgeschaltet werden. Man kann auch weitere Zusätze beifügen, um die störenden Komponenten etwa in das Bikalziumsilikat 2CaO · SiO_2 (Schmelzpunkt 2130 °C) oder in Forsterit 2MgO · SiO_2 mit dem Schmelzpunkt 1890 °C zu überführen.

Bevor der Sintermagnesit in geeignete Körnung gebracht wird, ist es üblich, den freien Kalk und Dolomit durch Mauken, das ist längeres Lagern in feuchtem Zustand, abzusondern.

Die feuchten Massen werden gemischt, geknetet und geformt. Zusätze wie Magnesiumsulfat u. a. werden beigefügt. Danach folgen die Trocknung und das Brennen bei 1550 bis 1650 °C.

Magnesitsteine erweichen beim Brennen leicht. Die hohe Wärmeausdehnung macht sie Temperaturschwankungen gegenüber empfindlich. Geeignete Körnungsmaßnahmen und bestimmte Zusätze ermöglichen eine wesentliche Verringerung dieses Nachteils. Bekannt an diesen Bausteinen ist die gute Feuerbeständigkeit einschließlich der Eigenschaften, die durch die Druckerweichung dargestellt sind. Die Beständigkeit gegen basische Schlacken ist ein weiterer wichtiger Vorteil. Das Gefüge kann sehr dicht gehalten werden[1].

Über den Verbrauch von Magnesitsteinen im Jahresmittel referiert GUTHMANN [*73*] (Abb. 102, s. a. Abb. 103).

---

[1] S. a. RADEX Handbuch. Dort sind auch weitere Unterlagen über Formate, Verarbeitung, Flickmassen u. a. zu finden.

Handelsübliche Magnesitsteine

Raumgewicht . . . . . . 2,9—3,0 kg/dm³
Porenwert. . . . . 17—22%
Kaltdruckfestigkeit. . . . ca. 1000 kg/cm²
Druckerweichung
bei 2 kg/cm². . . . . . ta = 1700—1800 °C
tb = ca. 1800 °C
Temperaturwechsel-
beständigkeit . . . . . 2—4

Spezialmagnesitsteine

Raumgewicht . . . . 2,9—3,0 kg/dm³
Porenwert . . . . 18—22%
Kaltdruckfestigkeit . . . . 650—750 kg/cm²
Druckerweichung
bei 2 kg/cm² . . . . . . ta = 1800 °C
tb = 1850 °C
Temperaturwechsel-
beständigkeit . . . . . . bis 15

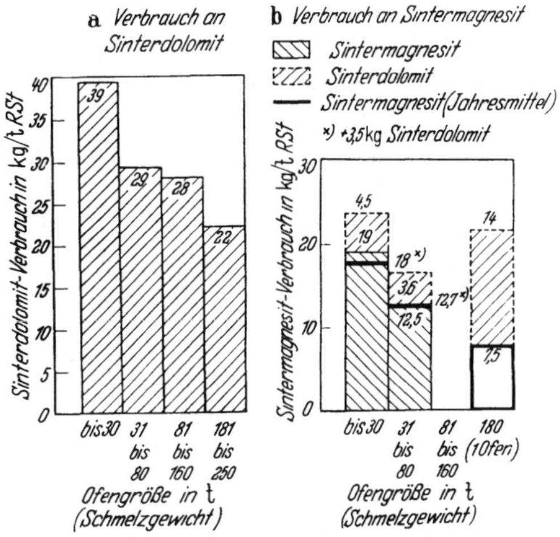

Temperaturwechselbeständige Magnesitsteine

Raumgewicht . . . . . . 2,9—3,0 kg/dm³
Porenwert. . . . . 18—22%
Kaltdruckfestigkeit. . . . 500—750 kg/cm²
Druckerweichung
bei 2 kg/cm². . . . . . ta = 1500—1550 °C
tb = 1650 °C
Temperaturwechsel-
beständigkeit . . . . . bis 30

Steine mit 90% Tonerde vertragen sich ab 1600 °C nicht mehr mit Magnesitstein.

Abb. 102. Verbrauchswerte von Magnesit [nach: „Anhaltszahlen, Wärmewirtschaft", VDEh (1947)]

Neben den Steinen sind noch Stampfmassen bekannt; sie haben eine besondere, dem Verwendungszweck angepaßte Zusammensetzung sowie Körnungen, die eine große Dichte und gute mechanische Festigkeit sichern [*74*].

6. *Dolomit*

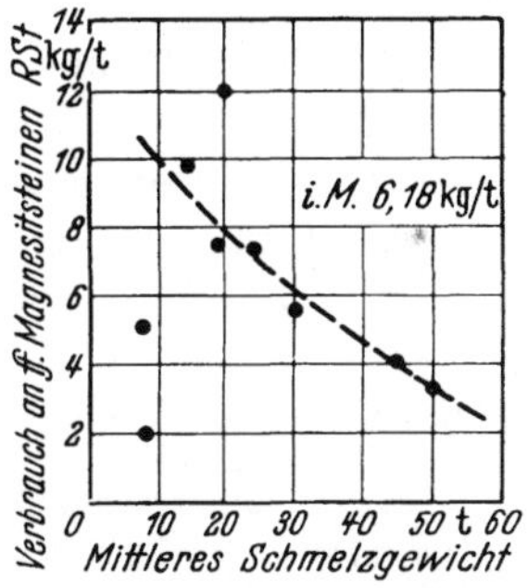

Der Rohstoff Dolomit (Name vom französ. Forscher Dolomieu) ist in der Natur weit verbreitet (Schwäb. und Fränkischer Jura, Westfalen, Moseltal, Lahntal, Eifel u. a.). Das Doppelkarbonat $CaCO_3 \cdot MgCO_3$ ist mit verschiedenen gewünschten und unerwünschten Zusätzen versehen (Al_2O_3, Fe_2O_3, SiO_2 u. a.). Beim Brennen in Schacht- oder Drehöfen zerfällt um 700 °C das $MgCO_3$ in MgO und CO_2, und $CaCO_3$ wird bei um 900 °C zerlegt. Dabei erfolgt ein Aufblähen, und das Fritten schließt sich Temperaturen um 1200 °C an. Durch Sintern erfährt der Dolomit ein spezifisches Gewicht von 2,6 bis 2,9 (im Schachtofen bei 1500° C) bzw. 3,1 bis 3,2 (im Drehofen bis 1800 °C).

Zur Durchführung des Sinterns sind Flußmittel in bestimmten Grenzen notwendig.

Abb. 103. Verbrauch von Magnesit in Abhängigkeit zum mittleren Schmelzgewicht [nach „Anhaltszahlen Wärmewirtschaft", VDEh (1947)]

Die Anforderungen [*75*] sollten deswegen etwa wie folgt liegen:

	Stampfmassen %			Stabilisierte Steine und Massen %		Stampfmassen %			Stabilisierte Steine und Massen %
		nach Guthmann	nach Holt				nach Guthmann	nach Holt	
CaO	50—60	55—56	52—54	86,5	Al_2O_3	max. 3	1—2	ub.	ub.
MgO	30—35	38—40	36—38	86,5	Fe_2O_3	max. 3	2—3	6—8	6
SiO_2	2—7	1—2	1	7,5					

Körnung vom Verwendungszweck und der Gewöhnung abhängig. Lagerbeständigkeit nicht gegeben — beschränkt vorhanden. Das Schmelzverhalten geht aus Tab. 90 hervor.

Während das MgO beim Lagern an Luft stabil bleibt, nimmt das CaO Wasser und CO_2 auf. Damit zerrieselt der gebrannte Dolomit mit der Zeit. Für alle Dolomitmassen ist deswegen ein geregelter Einkauf und eine sorgfältige Lagerung (wasserfreie und vor Durchzug geschützte Bunker; Bodenroste sind wertvoll) unerläßlich.

Dolomitmassen lassen sich gut verspritzen (50% MgO, 35% CaO). Es sind Luft- und Feuertrockner für Kupol-, Elektro-, SM-, Flamm- und Wärmeöfen gebräuchlich.

Die Massen werden beim üblichen Stampfen mit 2—4% wasserfreiem Steinkohlenteer vermischt. Gute Mischung ist wertvoll.

Stabilisierter Dolomit. Man hat viele Versuche angesetzt, um eine ausreichende Lagerbeständigkeit zu erreichen. Die Abbindung kann durch SiO_2, Al_2O_3, Fe_2O_3 erfolgen. Diese Zusätze dürfen aber keinesfalls die Feuerbeständigkeit des Dolomits zu stark beeinträchtigen. So erhält man stabilisierten Dolomit. LÖBBECKE betont die Möglichkeit der Stabilisation, die beim Zusatz von Serpentin erfolgt [*76*].

Schlackenmenge kg/t	Tatsächlicher Verbrauch an Sinterdolomit kg/t	Reichsdurchschnitt des Sinter-Dolomitverbrauchs für die betreffende Ofengröße kg/t	
			Bei hoher Schlackenmenge:
173—304	44—51	29 bzw. 39	hoher Flickstoffverbrauch
211—421	23	39	niedriger Flickstoffverbrauch
anderseits 46—104	40 u. 43	29	Trotz geringer Schlackenmenge hoher Flickstoffverbrauch
	50—98	39	

Abb. 104. Verbrauch von Ofenflickstoffen und Schlackenmenge [nach „Anhaltszahlen Wärmewirtschaft", VDEh (1947)]

Tabelle 90. *Schmelzpunkterniedrigung bei der Stabilisierung von Dolomit mit Kieselsäure oder Serpentin*

	CaO %	MgO %	SiO_2 %	Schmelzpunkt °C
Kieselsäure	60,0	40,0	—	2300
	49,4	33,0	17,6	1900
	45,3	30,4	24,3	1950
	35,8	25,8	38,4	1500
	42,0	28,0	30,0	1575
Serpentin	42,0	43,0	15,0	1900
	32,2	44,8	23,0	1575
	26,1	45,9	28,0	1500

Mit Drehrohrofen-Dolomit, den man hoch sintert, kann man stabilisierte Steine herstellen, wenn man die aufbereiteten Massen mittels hoher Drücke preßt und mit Teer tränkt. Damit erreicht man eine gute Lagerbeständigkeit.

Die Temperaturerweichung (2 kg/cm²) liegt für *ta* bei 1680—1750 °C und für *te* über 1900 °C. Die Wichte liegt um 3,4, das Raumgewicht schwankt um den Wert 2,7. Der Kennwert der Porosität liegt in den Grenzen von 16 bis 22. Die Nachschwindung ist klein. In der Druckfestigkeit sind Werte um 500 kg/cm² bekannt. Von der Temperatur-Wechselbeständigkeit wird berichtet, daß sie unter üblichen Bedingungen geprüft die Zahl von 50 überschreitet. Die lineare Wärmeausdehnung beträgt (20—1000 °C): $13—14 \cdot 10^{-6}$.

Haltbarkeit von Dolomitfutter in Lichtbogenöfen

Ofengröße	Wandhaltbarkeit
6 t	90—120
10 t	100—160

Die ungefähre Zusammensetzung eines englischen stabilisierten Dolomitsteines (nach RADEX-Hdb. G 126—9) ist etwa:

SiO_2	etwa 14%	Al_2O_3	2%	MgO	40%
FeO	3%	CaO	40%		

Die Haltbarkeit von Dolomitfuttern wird verschieden angegeben. Siehe Abb. 104 und Notiz über die Haltbarkeit in Lichtbogenöfen.

7. *Chrommagnesitsteine*

Durch die Verarbeitung von Magnesit und geeigneten Chromerzen entstehen feuerfeste Baustoffe von guter Feuerfestigkeit, Temperaturwechselbeständigkeit und Schlackenfestigkeit. Die Chromerze, die aus Griechenland, der Türkei und anderen Ländern kommen, sind um so hochwertiger, je höher der Gehalt an Ferrochromit $FeO \cdot Cr_2O_3$ ist. Der Schmelzpunkt liegt um 2180 °C. Die übrigen Beimengungen des Erzes sind festgelegt. So darf der

SiO_2-Gehalt 5% nicht übersteigen. Durch CaO wird die Temperatur-Druckfestigkeitsgrenze stark herabgesetzt, so daß diese Steine 1% CaO max. enthalten sollen.

Neuerdings hat auch LÖBBECKE [*76*] über die verschiedenen Güteeigenschaften berichtet.

Der chemischen Zusammensetzung nach handelt es sich um Steine mit 20—50% Magnesit und 50—80% Chromerz.

Die Kaltdruckfestigkeit ist mäßig, dagegen die Feuerbeständigkeit hoch, wobei die Druckerweichung über 1600 °C zu liegen kommt. Auch die Schlacken- und Temperatur-Wechselbeständigkeit sind sehr günstig gelegen. Ein Abschmelzen unter Tropfenbildung gibt es hier nicht. In oxydierender Atmosphäre bei 1550—1600 °C ist dagegen das Aufblähen oder die sogenannte Pelzbildung (Bursting) bekannt. Diese Erscheinung kommt zustande durch Eindiffundieren von Fe_2O_3 in den Stein. Diese Steine sind auch empfindlich gegen die Aufnahme von Kalk. An den Verbindungsstellen von Steinen dieser Art und Silikasteinen können Erosionen auftreten. Erhöhter Porengrad beschleunigt den Vorgang. Man verwendet diese Steine in SM-, Elektro-, Flammöfen u. a. Kontaktreaktionen treten bei Chrommagnesitsteinen bei 1700 °C auf, wenn sie in Berührung mit hochtonerdehaltigen Steinen kommen.

Chrommagnesit hat sich auch zu Spritzflickmassen von gemauerten Gewölben, Deckeln, Stichlöchern bewährt. Desgleichen liegen Bewährungen (niedrig gekohlte korrosionsfeste Stähle) im elektrischen Herdofen vor. Auch Chromitmassen mit organischen Bindern haben sich als gut erwiesen. Die Massen müssen dicht eingespritzt werden. Die Abb. 105 gibt einen Zusammenhang zwischen Karbidschlackenanteil bei Vermauerungen von Silika/Chrommagnesit und Haltbarkeit zu erkennen.

Für Chrommagnesitsteine (Tab. 91) sind die Grenzwerte (nach RADEX-Handbuch G 126—9) wiefolgt:

Tabelle 91

	Grenzwerte	Häufigster Wert
SiO_2	2,8— 6,9%	4,6%
CaO	0 — 2,6%	1,3%
Cr_2O_3	22 —33%	26%
Al_2O_3	6 —15%	9,75%
MgO	32 —49%	40,5%
Fe_2O_3	10 —22%	12,5%
Porenraum	15 —31%	27%
Kaltdruckfestigkeit	30—400 kg/cm²	120 kg/cm²
Raumgewicht	2,62—3,23	2,81
Schlackenbeständigkeit wenig von basischen und sauren Schlacken angegriffen		
Verwendungsbereich bis 1700 °C		
Druckerweichung bei 2 kg/cm²	*ta* = bis 1750 °C *tb* = bis 1800 °C	
Temperaturwechselbeständigkeit	bis 20mal	

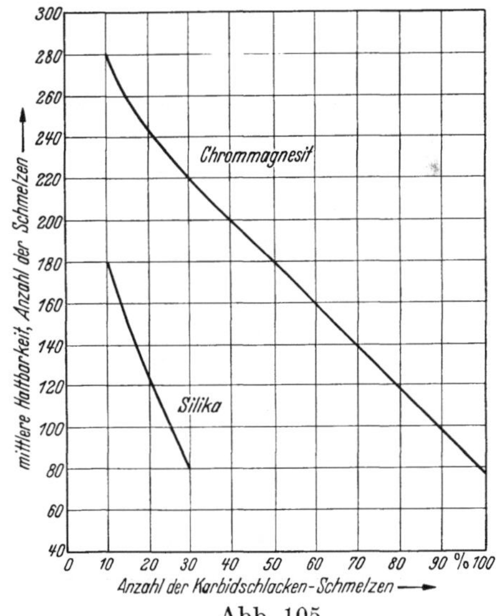

Abb. 105. Anzahl der Karbidschlackenschmelzen in Beziehung zur mittleren Haltbarkeit

Magnesitchromsteine besitzen zur Erzielung hoher Temperaturwechselbeständigkeit geringere Gehalte an Chromerz-Zusätzen.

Auch chemisch gebundene Magnesit-Chrommagnesit-Steine sind bekannt. Sie werden nicht gebrannt und werden mit Blechummantelung geliefert.

Chromerzsteine. Sie werden aus Chromerzen mit spinellartigen Oxyden aufgebaut. Sie sind sehr reaktionsträge. Die Beständigkeit gegen saure und basische Schlacken und vor allem gegen Eisenschlacken ist hervorzuheben. Sie eignen sich besonders als neutrale

Schichten zwischen Silika- und Magnesitsteinen für Schlackenrinnen, Gas- und Luftzüge u. a.

Kaltdruckfestigkeit kg/cm²: > 700,
Porosität %: ∾ 18,
Temperaturwechselbeständigkeit: gut,
Druckfeuerbeständigkeit 2 kg/cm²: 1500 °C,
Wärmeausdehnung stetig: bis 1000 °C = 0,7%,
bis 1400 °C = 1,1%.

Chromerz, gemahlen, wird für Abstichrinnen, Stichlöcher, Türauskleidungen, Gewölbedecken u. a. verwendet. Die Zusammensetzung liegt in den Grenzen 4—9% SiO_2, 10 bis 14% FeO, 10—30% Al_2O_3, 32—43% Cr_2O_3, 15—20% MgO, unter 2% CaO, unter 1% MnO.

8. *Kohlenstoffsteine und graphithaltige Steine*

Es werden dazu aschearmer Koks und Anthrazit verwendet. Nach geeigneter Körnung werden sie mit Teer vermischt und unter Luftabschluß bei etwa 1300 °C gebrannt. Dabei tritt eine Art Verkokung auf. Man verwendet sie an Abstichen, etwa von Kupolöfen.

Raumgewicht: 1,3—1,4,
Kohlenstoffgehalt: etwa 90% und höher,
Kaltdruckfestigkeit: 200—300 kg/cm²,
Porenvolumen: 20—25%
Feuerbeständigkeit: bis 3000 °C,
Temperaturwechselbeständigkeit: sehr gut,
nur in reduzierender Atmosphäre oder
bei Luftabschluß verwendbar.

Stopfen und Ausgüsse werden a) aus Schamottemasse und Graphit sowie b) z. B. aus Magnesitmassen hergestellt. Meist wird bei a) Flocken-, Flinz- und Pudergraphit mit einem C-Gehalt von 80 bis 95% verwendet. Die Größe des Graphitanteils liegt bei 3—6%. Auch Ausgüsse aus vornehmlich Graphit sind bekannt. Die Druckerweichung und die Temperaturwechselbeständigkeit sind ebenso ausschlaggebend wie der Widerstand gegen die Strömung des flüssigen Metalls. Auf ihre sorgfältige und trockene Lagerung ist zu achten. Ebenso muß der Einbau sicher durchgeführt werden.

Nachfolgend noch einige Werte der Zusammensetzung von Stopfen (*a*):

C	1,85%	und 19,07	Fe_2O_3	3,08%	und 1,36
SiO_2	52,96%	53,30	CaO	n. b.	1,39
Al_2O_3	42,18%	23,42			

9. *Korundsteine und Massen*

Beide werden aus geschmolzener Tonerde mit oder ohne Zusätze von geeigneten feuerfesten Tonen erstellt. Bei Abwesenheit von Tonzusatz gibt die chemische Analyse einen Wert von bis 99% Al_2O_3 und bei Tonzusatz einen solchen von 80 bis 90% Al_2O_3 zu erkennen. Nach RADEX-Handbuch (G 126—6) sind folgende Kennwerte für Steine zu beachten:

	Ohne Tonzusatz	Mit Tonzusatz
Raumgewicht	3,1—3,2	2,7—2,8
Porenvolumen	20—24%	etwa 24%
Feuerfestigkeit SK. . . .	42	37/39
Kaltdruckfestigkeit . . .	600—1000 kg/cm²	300—400 kg/cm²
Druckfeuerbeständigkeit .	*ta* 1720	*ta* 1400—1600 °C
Verwendungsbereich . . .	bis 1900 °C	1350—1550 °C

10. *Siliziumkarbid, Steine und Massen*

Dieser feuerfeste Baustoff eignet sich nur für Feuerungen mit reduzierender oder neutraler Flammenführung. Luftüberschuß und Wasserdampf zerstören diesen Baustoff schon ab 1100 °C. Alkali- und stark kalkhaltige Schlacken müssen bei Anwendung im Siliziumkarbid ausscheiden. Muffel-, Aluminium-Warmhalteöfen, Emaillier- und Tunnelöfen sind das Hauptanwendungsgebiet. Einige Daten nachfolgend:

Feuerfestigkeit SK: 37—40
SiC-Gehalt %: 40—87
Raumgewicht g/cm³: 2,4—2,72
Porosität Vol.-%: 23—13
Kaltdruckfestigkeit kg/cm²: 500—800 °C
Druckfeuerbeständigkeit 2 kg/cm²: 1450—1700 °C
Temperaturwechselbeständigkeit: > 25 bis > 40
Lineare Wärmeausdehnung: stetig 0,6—0,7%

Eine Zusammenfassung der Eigenschaften verschiedener feuerfester Baustoffe gibt Tab. 72 nach MIEHR [77]. Über die Reaktionsmöglichkeiten der feuerfesten Baustoffe untereinander gibt Abb. 106 Auskunft.

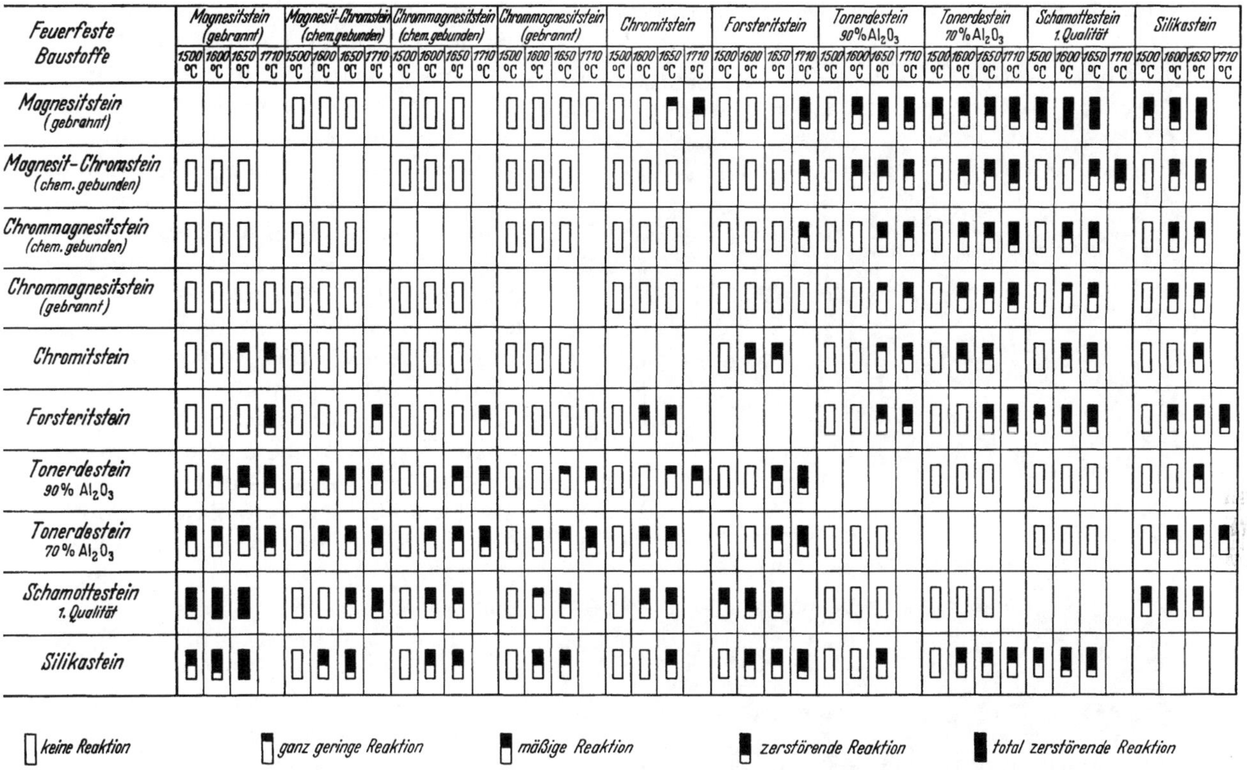

Feuerfeste Baustoffe

Magnesitstein (gebrannt) · Magnesit-Chromstein (chem. gebunden) · Chrommagnesitstein (chem. gebunden) · Chrommagnesitstein (gebrannt) · Chromitstein · Forsteritstein · Tonerdestein 90% Al_2O_3 · Tonerdestein 70% Al_2O_3 · Schamottestein 1. Qualität · Silikastein

1500 °C · 1600 °C · 1650 °C · 1710 °C

keine Reaktion · ganz geringe Reaktion · mäßige Reaktion · zerstörende Reaktion · total zerstörende Reaktion

Abb. 106. Reaktion zwischen verschiedenen feuerfesten Baustoffen bis 1500°, 1600°, 1650° und 1710° in oxydierender Atmosphäre (nach GILL-SPOTTS-POWELL; aus Radex-Rundschau 1952)

11. Schmelzflüssig gegossene Baustoffe — 12. Verschiedene hochfeuerfeste Baustoffe

13. Isoliersteine und Massen

Diese feuerfesten Stoffe werden hier nicht behandelt.

14. Pfannenfutter

Teils werden die Pfannen mit sauren, seltener mit neutralen, und vielfach mit basischen Stoffen ausgefüttert. Man wendet das Ausstreichen, Ausstampfen und Ausmauern je nach Zweck an. Die sorgfältige Pflege des Pfannenmaterials einschließlich der Lagerung der Rohstoffe, ihrer sorgfältigen Verarbeitung (Mörtel sowie Fugengestaltung) und Anwärmung, ihrer Kontrolle und das Ausgießen nach dem Gebrauch sollten kaum erwähnt werden müssen. Die Haltbarkeit ist vom flüssigen Werkstoff, der Schlackenart und der vorgenommenen Entschwefelung stark abhängig. Die Pfannen sind dazu noch am Boden oft starken Erosionseinwirkungen ausgesetzt. Die Größe des Pfanneninhaltes, die Zeit der Entleerung (Zahl der Anhube des Stopfens) und die Gießtemperatur sind von wesentlichem Einfluß auf die Haltbarkeit. ZIMMER [78] gibt über Stahlpfannen zusammenfassende Darstellungen.

Auch eine Gütekennzahl wird dort mitgeteilt. Die Porigkeit, Oberflächenbeschaffenheit und weitere Eigenschaften sind für die Haltbarkeit verantwortlich.

SPEITH gibt am gleichen Ort dazu einige wertvolle Hinweise, die durch Mikrobilder unterstützt werden (Abb. 107 und 108).

Daß dabei auch der Flüssigkeitsdruck neben der Strömung und der Angriff des Schlackenspiegels mitwirkt, ist bekannt.

Die Haltbarkeit von Handpfannen wird sehr unterschiedlich angegeben und richtet sich zuerst nach dem flüssigen Werkstoff.

Vorherde. Dieselben werden beim Kupolofenbetrieb meist sauer zugestellt. Auch basische Massen trifft man an. Die Haltbarkeit von fahrbaren Vorherden kann bei Tagesleistungen von 60 bis 80 t bis 6 Monate betragen, wenn diese vor allzu schnellem Temperaturrückgang während der Nichtschmelzzeit verschont bleiben. Es hat sich aber gezeigt, daß gelegentlich starke Schlackenansammlungen und Infiltrationen einsetzen können, die z. B. bei Temperguß die Grau-Erstarrung u. a. Eigenschaften beeinflussen können.

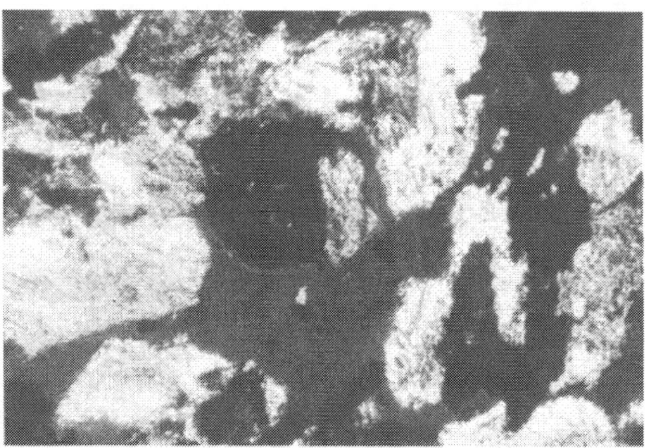

Abb. 107. Pfannenhaltbarkeit mit Stein A; Kaltdruckfestigkeit 217 kg/cm², Porigkeit 21,03%; Pfannenhaltbarkeit 19,26; polarisiertes Licht (nach SPEITH)

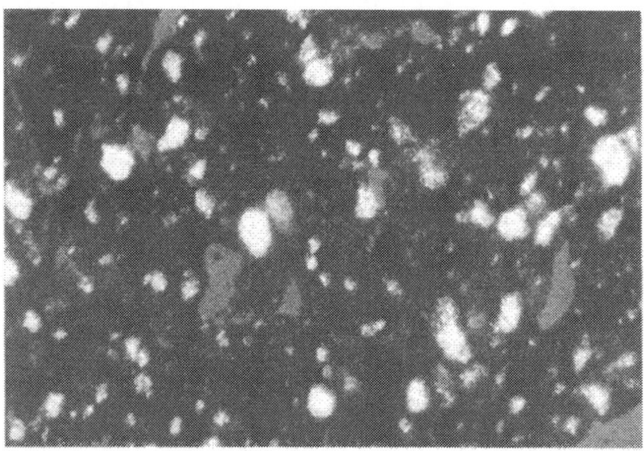

Abb. 108. Pfannenhaltbarkeit mit Stein B; Kaltdruckfestigkeit 316 kg/cm², Porigkeit 18,36%; Pfannenhaltbarkeit 23,75; polarisiertes Licht (nach SPEITH)

Gußeisen-„Steine“. Die oberen Schichten der Kupolöfen werden meist wegen des starken mechanischen Verschleißes beim Gichten mit Hämatit vergossenen Gußstücken gebildet werden. Ihre Analyse schwankt in 22 untersuchten Fällen von 3,25 bis 3,85% C, 1,2 bis 2,25% Si, 0,60% Mn, 0,08 bis 0,25% P, 0,080 bis 0,125% S, Cr-Spuren bis 0,20%.

Abstimmung der feuerfesten Baustoffe. Diese muß sehr sorgfältig vorgenommen werden, wenn Verschlackungen während des Vergießens verhindert werden sollen. Die Wechsel in der Zusammensetzung sollten, wenn sie schon nötig sind, nicht zu schroff geschehen.

Fehlerhafter Einbau von feuerfesten Stoffen können zu schnellen und schweren Zerstörungen führen. Deshalb ist auch die peinliche Lagerführung dringend notwendig. Auch die Verarbeitung bis zur Sinterung ist für die Haltbarkeit von ausschlaggebender Bedeutung.

Stahlwerksteer. Er wird vornehmlich für dolomitische Futter verwendet. Die Eigenschaften sollen wie folgt liegen:

Wassergehalt: max. 0,3%, Pechgehalt: 68—72% dickflüssig, 58—62% dünnflüssig, Schwefel: ca. 1% (0,6—1%).

Die Prüfmethoden sind von ROSENGREN [*79*] behandelt worden.

Beim Verarbeiten muß der Teer wasserfrei sein, muß also gut durchgekocht sein und darf am Ende des Kochens nicht schäumen.

V. Verschiedene Rohstoffe

1. Schleifscheiben

Die Auswahl der Schleifscheiben muß sich nach der Leistungsfähigkeit und der Lebensdauer richten. Die Scheibenart und ihre Größe wird sodann durch den zu bearbeitenden Werkstoff, das Schleifverfahren, also die Eigenschaften der Schleifscheibe und der Schleifmaschine bedingt. Beim Werkstoff sind neben seinen spezifischen Eigenschaften wie Härte u. a. die Oberflächengüte und die Größe der Schleifarbeit von Wichtigkeit. Dabei spielen die Arbeitsgeschwindigkeit und die Berührungsflächen eine besondere Rolle. Das Gewichtsverhältnis der Maschine zum Gußstück ist nicht zu vergessen.

KLEINSCHMIDT [*80*] teilt die Umstände mit, die bei der Bestellung einer Schleifscheibe berücksichtigt werden müssen:

1. Die Art des Schleifrohstoffes, also die a) Größe, b) Form, c) Gefüge, d) Festigkeit.
2. Die Härte der Schleifscheibe.
3. Die Art der Bindung.
4. Größe und Form der Scheibe.

Für die Körnung gibt er folgende Hinweise (Tab. 92):

Tabelle 92. *Körnungen*

Sehr grob	8	10	12		
Grob	14	16	20	24	
Mittel	30	36	46	50	60
Fein	70	80	90	100	120
Sehr fein	150	180	200	220	240
Staubfein	280	320	400	500	600

Tabelle 93. *Härtegrade*

E F G sehr weich	P Qu R S	hart
H 1 Jot K weich	T U V W	sehr hart
L M N O mittel	X Y Z	äußerst hart

Tabelle 94. *Gefüge*

Sehr dicht	Dicht	Mittel	Offen	Sehr offen

In der Norm DIN 69100 *Schleifwerkzeuge, Bezeichnungen* gehen sodann noch weitere Merkmale wie Härtegrade, Gefüge, Bindung und Schleifmittel hervor (siehe auch Tab. 93 bis 96).

Tabelle 95. *Bindungen*

Ke = keramisch	Mg = Magnesium
Ba = Kunstharz	Ol = Öl
Gu = Gummi	Nh = Naturharz
Si = Silikat	Sonstige

Tabelle 96. *Schleifmittel*

Kurzzeichen	Kurzzeichen
NK = Normalkorund	KO = Naturkorund
HK = Halbedelkorund	SC = Siliziumkarbid
EK = Edelkorund	SL = Schmirgel
KS = Korund (schwarz)	DT = Diamant

In der Arbeit von KLEINSCHMIDT sind sodann die in Tab. 97 zusammengestellten Verwendungszwecke, Scheibensorten, Körnungen, Härten u. a. zu finden.

Tabelle 97. *Ortsfeste Schleifmaschinen (Hand-, Naß- und Trockenschliff)*

Werkstoff	Art der Bearbeitung	Bindung	Körnung	Gefüge	Härtegrad
Aluminiumguß	Putzen, grob	EK Ba	24	mittel	Qu
	Putzen, mittel	EK Ba	36	mittel	P bis Qu
Graugußstücke	Putzen	SC	14—20	dicht	Qu bis S
Graugußstücke, kleine . .	Putzen	SC	20—30	dicht	R bis S
Hartguß	Putzen, grob	SC	14—20	dicht	Qu bis S
Hartguß	Putzen, kl. Teile	SC	46—60	dicht	Qu bis S
Messingguß	Putzen, grob	SC	14—18	mittel	P bis Qu
Messingguß	Putzen, mittel	SC	24—36	mittel	P bis R
Rotguß	Putzen, grob	SC	14—18	mittel	P bis Qu
Stahlguß, große Stücke. .	mit 25 m/s	NK Ke	16	offen bis mittel	N bis O
Stahlguß, kleine Stücke .		NK Ke	20	offen bis mittel	O bis Qu
Stahlguß, große Stücke. .	mit 45 m/s	NK Ba	16	mittel	P bis Qu
Stahlguß, kleine Stücke .		NK Ba	20—24	mittel	P bis Qu
Temperguß, große Stücke	Putzen, grob	NK Ke	16	offen bis mittel	N bis P
Temperguß, kleine Stücke	Putzen, mittel	NK Ke	24—30	mittel	P bis Qu
		Hand- und Pendelschleifmaschinen			
Aluminiumguß	Putzen mit 15 m/s	SC Ba	36	dicht	P bis Qu
Aluminiumguß	Putzen mit 25 m/s	EK Ba	36	dicht	P bis Qu
Grauguß	Putzen	SC	16—24	dicht	Qu bis S
Stahlguß	Putzen mit 25 m/s	NK	16—20	offen bis mittel	O bis P
Stahlguß	Putzen mit 45 m/s	NK Ba	16—20	mittel	P bis Qu

Tabelle 97. *Ortsfeste Schleifmaschinen (Hand-, Naß- und Trockenschliff)* (Fortsetzung)

Werkstoff	Art der Bearbeitung	Bindung	Körnung	Gefüge	Härtegrad
		Rundschleifmaschinen			
Aluminium	Fertigschliff	SC	36—60	offen	G bis K
Grauguß	Fertigschliff	NK	36—46	offen	K bis N
Hartgußwalzen für Warmwalzwerke	Grobschliff	SC	20—30	offen bis mittel	M bis O
	Vorschliff	SC	24—30	mittel	Jot bis K
Blechwalzwerke	Feinschliff	SC	46—60	offen bis mittel	K bis L
Müllerei	Riffelwalzen	SC	24—46	mittel	N bis P
Ziegeleien		SC	16—20	offen	L bis N
Chemische Zwecke, Papierfabrik usw. . . .	Polierschliff	SC	60—100	mittel	I bis M
	Flächenschleifmaschinen (Horizontalmaschinen mit normalen geraden Scheiben)				
Grauguß	Schruppschliff	SC	16—24	mittel	M bis O
Grauguß	Fertigschliff	EK	46	offen bis mittel	K
			(Vertikalmaschinen mit Topfscheiben)		
Grauguß	Schruppschliff	SC	16—24	mittel	M bis N
Grauguß	Fertigschliff	SC	24—46	mittel	K bis M
			(Segmentschleifmaschinen)		
Grauguß	Schruppen	EK	16—20	offen	Jot bis K
Grauguß	Universalschliff	EK	24—36	offen	Jot bis K

Im allgemeinen verwendet man bei starren Schleifmaschinen weichere Scheiben, und für Maschinen, die gröberen Stößen ausgesetzt sind, wählt man härtere und feinkörnigere Scheiben. Das wirtschaftlichste Arbeiten geschieht mit geringerer Umfangsgeschwindigkeit des Werkstückes und größerer Schnittiefe.

Nach Kleinschmidt ist die geeignetste Werkstückgeschwindigkeit in der nachstehenden Tab. 98 zu finden.

Tabelle 98. *Werkstückgeschwindigkeiten*

Werkstoff	Art der Bearbeitung	Rundschliff m/min	Innenschliff m/min	Flächenschliff m/min
Gußeisen	Schruppen Feinschleifen	12—15 6—10	18—22	8—20
Messing	Schruppen Feinschleifen	18—20 14—16	28—32	15—40
Aluminium	Schruppen Feinschleifen	30—40 24—30	32—35	15—40
Weicher Stahl . . .	Schruppen Feinschleifen	20—35 6—12	15—25	6—40
Gehärteter Stahl .	Schruppen Feinschleifen	20 30 6—10	18—22	6—40

Die nachfolgenden Schleifregeln vom gleichen Verfasser beschließen die knappe Übersicht:

Feines Schleifkorn für Außenschliff.
Grobes Schleifkorn für Innenschliff.
Mit grober Schleifscheibe schruppen.
Mit feiner Schleifscheibe schlichten.
Mit grober Schleibscheife weiches Metall schleifen.
Mit feiner Schleifscheibe hartes Metall schleifen.
Grobe Schleifscheiben für ganz starre Schleifmaschinen.
Feine Schleifscheiben für unstarre Schleifmaschinen.
Härtere Schleifscheiben haben kleinere Schleifgeschwindigkeit und größere Werkstückgeschwindigkeit.
Weiche Schleifscheiben haben größere Schleifgeschwindigkeit und kleinere Werkstückgeschwindigkeit.
Kleineres Schleifkorn benötigt kleinere Schleifgeschwindigkeit.
Gröberes Schleifkorn benötigt größere Schleifgeschwindigkeit.

S. a. bei Krug [*81*].

2. *Tempermittel*

Man unterscheidet oxydierende und neutrale Temper- oder Glühmittel. Zum Tempern von Weißguß werden oxydierend wirkende Tempermittel, wie Roteisenstein, seltener Rasenerze, oder auch Walzenzunder und Hammerschlag verwendet. Neben ihrer Hauptwirkung des Glühfrischens dienen diese Tempermittel als Träger für die Gußstücke und verhindern oder hemmen ihren Verzug.

Zum Verpacken von Schwarzguß wird meist nur ein neutral wirkendes Mittel, wie Alterz oder ausgeglühter Sand, Quarzsand oder Formsand verwendet. In der einen oder anderen Gießerei setzt man noch Gußeisenspäne oder auch trockene Sägespäne zu.

Nur bei der Herstellung von Schwarzkernguß bedient man sich kleiner Zusätze von Tempererzen, um damit eine schwache Glühfrischwirkung zu erzielen.

Das am meisten verwendete glühfrischende Packmittel Roteisenstein kommt in Deutschland vornehmlich aus dem Dillenburger- und Lahnrevier. In Notzeiten oder für weniger anspruchsvolle Wünsche werden auch stärker quarzhaltige Eisenkiesel verwendet. Eine solche Grube findet sich im Erzgebirge bei Erla. Im Ausland sind die Erze aus Cumberland, Marokko, Elba, Ungarn oder aus Bosnien bekannt geworden. S. a. [*82—98*].

Analyse des Neuerzes. *Roteisenstein.* Die Analyse umfaßt die geeignete und stoffgerechte Probenahme, die für das nachfolgende Ergebnis von Bedeutung ist [*85*]. Die Analyse selbst umfaßt meist nur die chemische Prüfung. Sie kann aber durch mikroskopische und weitere physikalische Untersuchungsgänge, die jedoch zeitraubend sind, ergänzt werden. Dazu wird gelegentlich die Messung der Körnung ausgeübt. Somit kann man die Prüfung etwa wie folgt einteilen:

α) Äußere Begutachtung am Waggon (z. B. Waschen mit Wasser), Probenahme.

β) Chemische Prüfung:
- a) Eisenoxyd,
- b) Eisenoxydul,
- c) Schwefel als Sulfid,
- d) Schwefel als Sulfat,
- e) freier Kalk,
- f) Kalziumoxyd,
- g) freier Quarz,
- h) Nebengesteine,
- i) Glühverlust,

γ) Physikalische Prüfung:
- a) Sinterverhalten,
- b) Körnungsmessung,
- c) mikroskopische Messung, Anschliff oder Dünnschliff.

Richtanalysen für Tempererz. Aus diesen Untersuchungen dürfte für deutsche Verhältnisse folgende Richtanalyse für das Tempererz zu fordern sein (Tab. 99):

Tabelle 99. *Erforderliche chemische Eigenschaften von Tempererzen*

Eisen (Fe)	größer als 41%	Leicht schmelzbare Gangart	Null %
Eisenoxydul (FeO)	kleiner als 1%	Glühverlust	kleiner als 2%
Eisenoxyd (Fe_2O_3)	größer als 56%	Körnung	diese ist wunschgemäß anzuliefern, etwa in den Stufen: 3— 6 mm, 6— 9 mm, 9—12 mm oder anderen Größen
Schwefel als Sulfid	Null %		
Schwefel als Sulfat	kleiner als 0,2%, besser: kleiner als 0,1%		
Freier Kalk ($CaCO_3$)	kleiner als 0,2%		
Kalziumoxyd (CaO)	möglichst kleiner als 1%, nicht über 1,5%		
Freier Quarz (SiO_2)	möglichst nicht über 10%		

3. *Gips*

In Deutschland (Harz, Süddeutschland) sind mächtige Gipslager bekannt. Der Naturgips stellt ein monoklines Bihydrat des Kalziumsulfats dar ($CaSO_4 \cdot 2H_2O$) oder bei unterirdischen Vorkommen ein rhombisches Anhydrit $CaSO_4$. Das Mineral wird nach Kruis und Späth [*99*] einer sorgfältigen Aufbereitung und dann je nach Verwendungszweck einem Brennprozeß unterworfen [*100*].

Die technischen Eigenschaften sind durch die $CaSO_4$-Modifikationen und ihren Wassergehalt festgelegt. Nach Dickmann kann sich die Gruppierung etwa so gestalten, wie es die Abb. 109 darstellt. Eine Begriffsbestimmung ist in DIN 1168 und 4208 u. a. zu finden. Gips als Halbhydrat oder entwässertes Halbhydrat dient in der Gießerei einem weiten

Anwendungsgebiet. Das Schwergewicht liegt in der Modellplattenherstellung [*101*], ein kleiner Teil wird bei Formverfahren neueren Datums eingesetzt (ANTIOCH, BENEDIX u. a. [*102*]).

Über das Abbinden soll nur soviel gesagt werden, daß beim Halbhydrat in einem exothermen Vorgang $1^1/_2$ Moleküle Wasser zum Bihydrat nötig sind:

$$(CaSO_4 \cdot {}^1/_2\,H_2O\,[\alpha] + {}^3/_2\,H_2O \rightleftharpoons CaSO_4 \cdot 2\,H_2O + 4100\ \text{cal/Mol})$$

Dabei liegt der gebrannte Gips in Kristallverbänden unterschiedlicher Struktur vor. Diese Partikel werden zunächst vom Wasser benetzt. Kapillare Kräfte wirken dabei mit. Die adhärierte Luft entweicht. Daneben treten chemische Reaktionen ein, die zum Bihydrat führen. Dabei spielt die Lösungsphase eine bestimmte Rolle, wie auch Keime des Bihydrats wirksam sind. Das Kristallwachstum ist von der Keimstruktur abhängig. So entstehen Makrokristalle, die sich gegenseitig verfilzen. Es bildet sich dabei eine merkliche Hydratationswärme. Bei diesem Vorgang dehnt sich der Gips aus. Die Messungen lassen aber noch keine endgültige Klarheit über diesen Vorgang erkennen. Der Anteil des Anmachwassers ist stets größer gehalten, weil es der Verarbeitung der Gipsmasse dient. Durch Verdunsten dieses Wassers verbleiben im Gips Poren und beeinflussen Härte, Festigkeit und ebenso die Dichte. Das Bestreben, den Gips mit möglichst wenig Wasser anzusetzen, ist somit berechtigt. Gelegentlich setzt man auch Gipsverflüssiger zu, welche das Arbeiten mit kleineren Wassermengen ermöglichen. Das Konzentrationsverhältnis von Gips zu Wasser wird als Wassergipsfaktor bezeichnet.

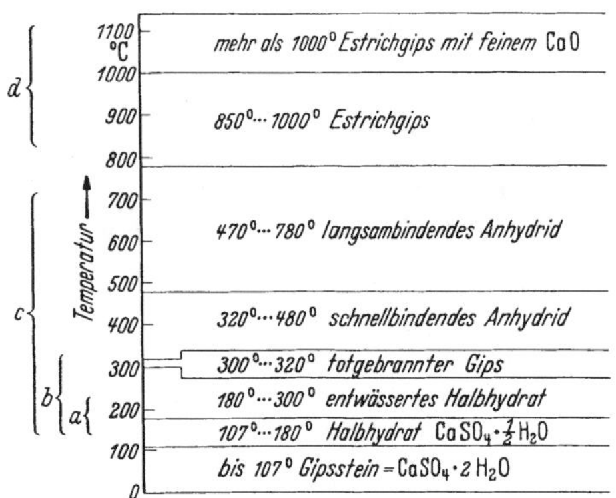

Abb. 109. Einteilung von Gipsprodukten (nach DIECKMANN)

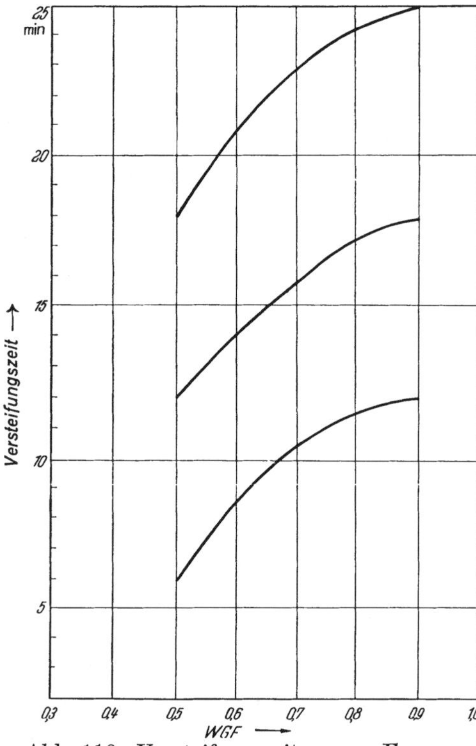

Abb. 110. Versteifungszeiten von Formen-Hartgips A mit verschiedenen WGF (nach MICHEL)

$$\text{Wassergipsfaktor} = \text{W G F} = \frac{100\ \text{g (cm}^3\text{) Wasser}}{\text{eingestreute Gipsmenge (G)}} = \frac{100}{\text{EM}}.$$

Wählt man die Weichzeit und Rührzeit länger, so wird die Abbindezeit kürzer. Langes Weichen verzögert die Abbindung. Der Einfluß der Temperatur ist nicht einheitlich. Die erhöhte Mahlfeinheit verkürzt die Versteifungszeit. Durch Zusätze, Sulfate, Chloride u. a. Salze kann man die Versteifungszeit ebenfalls vermindern. Andererseits läßt sie sich durch Karbonate, Kolloide und organische Zusätze verzögern. Durch geeignete Variation sind die Versteifungszeiten von 2 Minuten bis 24 h variierbar. In Abb. 110 ist ein Einblick in die Beziehung zur WGF für eine Sorte Gips dargestellt (nach MICHEL [*103* und 105]).

Das Gipsschaumverfahren haben PIWOWARSKY und SCHORR [*104*] behandelt. Dort werden weitere Einzelheiten über den Porenwert, die Abbindezeiten und Abbinderegler besprochen.

Die Härte und Festigkeit sind dazu neben der Stoffart vom WGF abhängig. MICHEL hat unter anderem folgende Werte für Formgips ermittelt:

WGF	Brinellhärte	Druckfestigkeit kg/cm²
0,55	47—75	212—507
0,70	23—24	134—140
1,00	nb. 12	54—78

Für Marmorgips liegen die Werte wie folgt:

WGF	Brinellhärte	Druckfestigkeit kg/cm²
0,30	137	560
0,55	36	188

Über die Bedeutung der Anstriche von Modellplatten u. a. kann hier nicht berichtet werden.

Als Magerungszusätze [*106*] werden unter anderen auch Silikamehl empfohlen. Auch Marmorstaub, Faßer-Talk u. a. [*107*] werden zum gleichen Zweck zugegeben (5 Teile Modellgips, 5 Teile Marmorstaub, 1 Teil Faßer-Talk u. a.).

Vom Halbhydrat gibt KRUIS nachstehende Werte an [*108*]:

	Stabiles Halbhydrat	Metastabiles Halbhydrat		Stabiles Halbhydrat	Metastabiles Halbhydrat
Wichte g/cm³	2,757	2,637	Durchschnittliche Zugfestigkeit 1 h nach dem Abbinden		
Mittlere spez. Wärme 25—170°C	0,227	0,254	naß kg/cm²	35	66
Lösbarkeit in Wasser g $CaSO_4$ pro 100 g Lösung 20°C	0,67	0,88	trocken kg/cm²	66	13
Hydrationswärme cal/Mol	4100	4600	Durchschnittliche Druckfestigkeit 1 h nach dem Abbinden		
Abbindegut in Minuten (ASTM C 26)	15—20	25—35	naß kg/cm²	280	28
Expansion	0,0028	0,0016	trocken kg/cm²	560	56

siehe auch KRUIS und SPÄTH [*109*]

4. *Schutzanstriche*

Nur soviel sei gesagt, daß diese Lacke und Überzüge für Modelle u. a. auf verschiedener Basis aufgebaut,

a) gute und dichte Schutzanstriche sein sollen,
b) daß sie dazu ein sicheres Haftvermögen gegen Gips,
c) ein gutes Wasserabstoß- und Isoliervermögen gegen Feuchtigkeit,
d) ein einwandfreies Trennvermögen gegen den Modellsand,
e) eine glatte Oberfläche,
f) einen Widerstand gegen die Abnutzung,
g) eine gute Streichfähigkeit und
h) eine angemessene Wirtschaftlichkeit

besitzen müssen.

Diese Eigenschaften werden, in entsprechendem Sinne angewendet, auch von den Schutzanstrichen für Holzmodellen verlangt.

5. *Kunststoffe für Modelle*

Meist werden Phenolharze angewendet. Die Wichte ist gering (1,7), die Oberfläche sehr glatt und glasähnlich. Die Warmleitfähigkeit (Kunststoffkolloide), sowie die Reaktionsfähigkeit gegen heißen Sand sind gering. Nach Messungen liegt die Schlagfestigkeit bei 10,4 mkg/cm² (ASTM Jsod). Wertvoll ist die geringe Feuchtigkeitsaufnahme von 0,4% längs 24 h. Die obere Temperaturbeständigkeit liegt bei 175°C. Auch die Schwindung ist klein [*110*].

6. *Steinmodellmassen*

An Stelle von Gips finden sich Massen, die aus kaustischem Magnesit, Magnesiumchlorid, evtl. weiteren Zusätzen, die der Bindung dienen, Magermassen u. a. bestehen. Die Mischungen werden meist im Verhältnis: 6 Teile kaustischer Magnesit und 2—4 Teile $MgCl_2$-Lösung angesetzt. Die Masse muß vergießbar sein. Der Vorgang der Erhärtung ist chemisch und auch physikalisch gesehen recht kompliziert und führt zu einer Erhärtung, die meist nach 24 h beendet ist. Die Enderhärtung geht jedoch meist über 3 bis

4 Wochen hin. Bei manchen Platten kann selbst nach Monaten ein Verzug beobachtet werden. Feuchtes Lagern ist zu vermeiden. Die Härte und das Abriebverhalten sind günstig. Man muß auf gute dichte und glatte Oberfläche achten. Messungen über die Werte der Wichte bewegen sich in den Grenzen von 1,6 bis 1,8. Die Brinellhärte liegt im Bereich von 50 bis 60 kg/mm², und die Biegefestigkeit ist mit 100—150 kg/cm nach der Enderhärtung ebenfalls hoch genug, um den üblichen Beanspruchungen gerecht zu werden. Auch die Schlagzähigkeit mit 0,8—2 cm kg/cm² und die Druckfestigkeit mit 300—400 kg/cm² sind ausreichend. Die Bearbeitung ist gesichert.

7. Schwefelmodellmassen

Sie bestehen aus Schwefel, denen vornehmlich 2—6% Koksstaub zugemischt wird. Diese Massen lassen sich gut vergießen, werden nach dem Erhärten fest genug und sichern ein Ausbessern unter Anwendung geeigneter Brenner sowie eine Wiederverwendbarkeit der Massen nach dem Ausschlagen des Modells. Da die Festigkeit gut ist, kann das Rütteln angewendet werden.

8. Dichtungsmittel und Kitte

Beide sollten nur in seltensten Fällen Anwendung finden, wo es sich um Gußstücke handelt, die keiner konstruktiven Belastung (im allgemeinsten Sinne), Korrosionseinwirkungen u. a. ausgesetzt sind.

Für Dichtungsmittel verwendet man meist Wasserglas je nach Art der Fehler im Konzentrationsbereich von 10 bis 40%. Die Gußteile müssen am besten vorher auf 100 °C vorgewärmt werden, um nach

a) einem Tauchverfahren oder b) Druckverfahren oder c) Vakuumeinwirkung

nochmals bis 150 °C getrocknet zu werden.

Neuerdings [*111*] wendet man gelöste Phenolharze, in Alkohol aufgelöste Bakelitharze, Styrolpolyester u. a. an. Bei aushärtenden Kunststoffen sind die Vor- und Nachbehandlung wesentlich.

Man hat auch durch Abpressen und mit angesäuertem Wasser da und dort Erfolg gehabt. Dabei wird der gebildete Rost als Dichtungsmittel wirken.

Die Kitte haben verschiedene Zusammensetzung. Anorganische und organische Stoffe — teilweise in Mischung — sind bekannt. Bleiglätte, Mennige mit Glyzerin verarbeitet, Tonerde mit Glyzerin, Zusätze von Rost, Eisenfeilspänen und Leinölfirnis und geschlämmte Kreide sind einige der Grundstoffe.

Wichtig ist, daß diese Hilfsmittel genügend härten, etwa gleiche Wärmeausdehnungswerte wie der Grundwerkstoff besitzen und keine nachträglichen Reaktionen mit dem Material eingehen. Schwefelhaltige Kitte sind deswegen mit Vorsicht zu behandeln. Die Farbe der Kitte wird häufig derjenigen der Gußfarbe angepaßt.

9. Strahlmittel[1]

Beim Betrachten der Rohstoffe der Gießerei sollte kein Hilfsstoff außer acht gelassen werden, selbst wenn ihre Menge oder Bedeutung auf den ersten Blick unbedeutend erscheint. Dies trifft in besonderem Maße für die Strahlmittel zu. Als *Werkzeug* der Strahlverfahren [*112*] werden sie beim Preßluft- und Schleuderstrahlen mit hoher Energie auf die Oberfläche der Werkstücke geschleudert, um hier das Fertigputzen durchzuführen, oder in Sonderfällen für eine nachfolgende Oberflächenveredelung die entsprechende Oberflächengüte in bezug auf Rauhigkeit oder Glätte zu erzeugen. Es sei dabei z. B. auf das *Metallisch-rein-Strahlen* beim Dekapieren hingewiesen.

Nach umfangreichen Betriebsaufzeichnungen [*113*] ergab sich als Mittelwert für Hartgußsand ein Verbrauch von etwa 7,5 kg je Tonne guten Gusses. Diese Zahl kann als erste

[1] Mitteilung von W. GESELL.

Richtzahl für alle Maschinenarten wie auch für alle bestrahlten Eisenwerkstoffe gelten, bei mittlerer Güte der Arbeitsorganisation und des Maschinenzustandes. Somit ergibt sich unter dieser Voraussetzung ein Putzmittel-Kostenanteil von $^1/_{50}$ bis zu $^1/_{25}$ des Fertiggußpreises. Dieser Anteil ist damit oft nicht geringer als der des Formsandes. Die Gesamtputzkosten werden, je nach Betriebsablauf, Arbeitsaufwand und Werkstück zwischen 12—18% aller Kosten angeführt. Somit werden auch die Gesamtkosten durch richtige Wahl zweckentsprechender Strahlmittel und -einrichtungen wesentlich beeinflußt, da hierdurch die Arbeitszeit und der Verschleiß der Maschine zusätzlich noch beträchtlich beeinflußt werden.

Durch Wahl hochwertiger Strahlmittel, gut abgedichteter Maschinen und zweckentsprechender Arbeitsorganisation kann bei geeigneten Werkstücken der Putzkostenanteil wesentlich gesenkt werden. Somit ergibt sich hier eine rein wirtschaftliche Notwendigkeit zur zweckentsprechenden Wahl des Hilfsstoffes *Strahlmittel.* Die eingehende Betrachtung bleibt dem Abschnitt *Putzmaschinen* im Band IV überlassen. Hier soll nur kurz auf Güteüberlegungen eingegangen werden.

In der Gießerei tritt von den nichtmetallischen Strahlmitteln bisher praktisch nur Quarzsand in Erscheinung. Jedoch sollte alles versucht werden, um dieses Strahlmittel wegen der damit verbundenen Silikosegefahr ganz auszuschalten. Dabei erstreckt sich diese Forderung auf alle Strahlaufgaben, nicht auf die Gießerei allein, selbst wenn in gewissem Umfange dadurch etwas höhere Kosten entstehen könnten. Als Ersatz wird für Sonderzwecke Elektrokorund verwendet, und Glaskies hat sich im Versuch bewährt. Es ist zu empfehlen, frühzeitig Überlegungen anzustellen, in welcher Weise Quarzsand zu ersetzen ist. Denn auch in Deutschland muß damit gerechnet werden, daß die Gewerbeaufsicht einschränkende Maßnahmen für den Gebrauch von Quarzsand vorsieht, nachdem in benachbarten Ländern hierfür Beispiele vorhanden sind.

Quarzsand [*114*] hat selbst in Preßluftanlagen, in denen er fast ausschließlich eingesetzt wird, nur eine begrenzte Lebensdauer. Meist werden Körnungen bis 2,0 mm verwendet. Bei mittleren Gußstückabmessungen sollte nicht über 1,5 mm hinausgegangen werden. Gelegentlich findet Quarzsand als Zusatz zu Eisenstrahlmitteln beim Dekapieren auch in Schleuderstrahlanlagen Verwendung, wenn sich nach heutigem Stand der Erkenntnis beim Strahlen mit E-Strahlmitteln allein eine erhöhte Ausschußquote beim Emaillieren einstellen könnte. Quarzsandanteile verursachen in Schleuderstrahlanlagen einen erhöhten Schaufelverschleiß, so daß der Entstaubung des Strahlmittels große Bedeutung zukommt.

Quarzsand als Strahlmittel soll so trocken wie möglich sein und wenig Tonbeimengungen enthalten. Nasser Sand, vielfach durch die Feuchtigkeit der Preßluft verursacht, verklebt die Strahldüsen. Warmer Sand zieht leicht Luftfeuchtigkeit an und neigt dann zum Backen. Bei der Auswahl der Quarzsandart ist darauf zu achten, daß das Material eine geringe Splitterneigung besitzt [*115*]. Allgemein verbindliche Güte- oder Körnungsvorschläge sind für Strahlzwecke nicht bekannt.

Von den Nichteisen-Strahlmitteln ist zur Zeit (1957) nur Leichtmetall-Schrot und -Drahtkorn in Deutschland stärker im Gebrauch. Diese Art kommt vornehmlich zum Bestrahlen von Leichtmetallguß oder zu Polieraufgaben in Frage. Für alle zu bestrahlenden Werkstoffe ist der Einsatz eines Strahlmittels sinnvoll, das etwa der Zusammensetzung des zu bearbeitenden Stückes entspricht. Jedoch ist zu überlegen, ob nicht, trotz dieser Grundansicht, ein Eisen-Strahlmittel (E-Strahlmittel) aus Gründen der Typenvereinfachung ohne wesentliche Nachteile verwendet werden kann. Bei den NE-Strahlmitteln ist weiter z. B. Kupferschrot bekannt. Soweit für andere Arten kein Granulat vorhanden ist, kann meist Blech- oder Drahtkorn hergestellt werden. Ms- und Bz-Drahtkorn sind z. B. angeboten worden. Jedoch ist der Einsatz sehr beschränkt bekannt.

Bei den E-Strahlmitteln wird fälschlich bei allgemeinen Ausführungen von *Stahlsand* gesprochen, obwohl meist metallurgisch kein Stahl vorliegt. Dabei bedeutet der Zusatz *Sand* im Sprachgebrauch, daß die Kornform, also Schrot (rundes Granulat), Kies (unregelmäßig, kantiges Korn, meist gebrochenes Granulat) oder Schnittkorn (regelmäßig geschnittenes Blech = Blechkorn oder Drahtabschnitte aller Querschnittsformen = Drahtkorn) nicht berücksichtigt ist. Sinnvoll ist eine Namensgebung zu wählen, die die metallurgische Art des Strahlmittels kenntlich macht. So haben sich, seit 1951 in Deutschland, in den USA seit 1938 beginnend, vier Haupttypen der E-Strahlmittel herausgebildet. Sie haben auf Grund ihrer metallurgischen Zusammensetzung andere Eigenschaften und Preise, so daß eingehend darauf zu achten ist.

Hartgußsand als ältestes Material, also eine Gußeisenqualität, wird als Schrot oder Kies geliefert und auch heute noch am meisten gebraucht. Diese Qualität wird in den USA auch *normalgeglüht* geliefert, um Abschreckspannungen auszugleichen, damit die Zerspringungsneigung zu mindern und die Lebensdauer zu erhöhen. Die übliche Analyse liegt etwa bei einer mittleren Roheisensorte. Jedoch geht das Bestreben dahin, durch Analysenänderung, besonders im C- und P-Gehalt, höhere Lebensdauern zu erreichen. Die bekannten Materialien verschiedener Länder unterscheiden sich heute oft weitgehend in der Analyse.

Tempergußsand (also Strahlmittel mit Temperkohle-Gefüge), als Schrot und Kies geliefert, wird in weit geringerem Umfange verwendet. Es sollte auf jeden Fall eine solche Namensgebung, auch bei Firmennamen, vorgesehen werden, daß die metallurgische Einordnung des Strahlmittels ohne Schwierigkeit möglich ist. Eine Verwechslung zwischen normalgeglühtem Hartguß- und Tempergußsand sollte z. B. nicht eintreten können. Zweck der Herstellung des Tempergußsandes ist, ein Strahlmittel zu erhalten, dessen Lebensdauer größer und dessen Härte geringer als bei Hartgußsand ist. Das Erstellen kleiner Körnungen ist schwieriger, da durch die Nachbehandlung leicht eine Oberflächenschicht am Korn entstehen kann, die bei wenigen Durchgängen sich vom Kern löst. Dies kann bei kleinen Körnungen dazu führen, daß die Lebensdauer hierdurch stark beeinflußt wird. Die Analyse muß der beabsichtigten Temperung angepaßt sein und weicht deshalb von gewissen Hartguß-Strahlmittelanalysen ab.

Stahlgußsand wird als Granulat einer E-Ofencharge oft erstellt und meist thermisch nachbehandelt. Es ist vornehmlich als Schrot bekannt, jedoch seit 1954 in den USA auch als Kies geliefert. Es zerbricht als Schrot unter üblichen Arbeitsbedingungen und richtiger Wärmebehandlung kaum, behält also als Schrot seine kugelige Form bei, was für viele Aufgaben erwünscht ist. Stahlgußkies ist in Deutschland bis heute im Betrieb kaum eingesetzt, jedoch als Versuchsmaterial untersucht worden. Über seine Verwendungsmöglichkeit soll jedoch zweckmäßig nach längerer Betriebsbeobachtung berichtet werden.

Stahlsand, die vierte E-Strahlmittelart, ist eine aus Stahlvormaterial durch einen Zerkleinerungsvorgang erzeugte Strahlmittelart. Als Vormaterial sind Stahlblech und Stahldraht bisher üblich. Aber auch das Zerspanen von anderem Walzmaterial ist denkbar. Entsprechend der Grundeinteilung ist als Stahlkies ein solches Strahlmittel zu verstehen, bei dem durch einen Zerkleinerungsvorgang eines Walzstahlmaterials ein unregelmäßiges, kantiges Korn anfällt. Ein solches Material scheint nach Firmenunterlagen in den USA vorzuliegen, wie z. B. vielleicht auch Stahldrehspäne hier einzugliedern wären. Üblich ist, Stahldrahtkorn, ein aus Draht durch Schneiden gewonnenes Strahlmittel oder in geringem Umfange Stahlblechkorn, das durch regelmäßiges Schneiden von Stahlblech hergestellt wird.

Für alle Strahlmittel bestehen keine Lieferbedingungen oder Normen in Deutschland. Somit sind die Güte- und Körnungsfestsetzungen bei den Herstellern zu erfragen und diese Auskunft als Grundlage der Lieferbedingungen zu machen. In Sonderfällen sind eigene Bedingungen auszuhandeln. Jedoch sind nach alter Gewohnheit Körnungsnummern für die Granulate gebräuchlich. Nach J. WOCHINGER [*116*] kennzeichnen die Nummern den Sollkörnungsbereich, ohne daß jedoch eine Festlegung des Sollkornanteils vorliegt. Die nachfolgende Tabelle gibt etwa die Grenzbereiche.

Körnungsnummer	7	8	10	13	16	24	34	55	70	90
Sollsieb mm . .	2,5	2,0	1,5	1,3	0,75	0,5	0,3	0,25	0,18	0
Obersieb mm . .	3,0	2,5	2,0	1,5	1,2	0,75	0,5	0,3	0,25	0,18

Zwar kann niemals die gesamte Lieferung zwischen Sollsieb und Obersieb der Körnungsnummer liegen. Jedoch sollte eine Absprache erzielt werden, welche Sollkornanteile, welche Über- und Unterkornanteile einzuhalten sind. Die mittlere Korngröße ist nämlich für den Arbeitserfolg wichtig, wie bei den Granulaten dazu die Zusammensetzung, Härte und Art der Nachbehandlung von Bedeutung sind.

Bei Stahlblech- oder Stahldrahtkorn ist das Nachprüfen der Lieferbedingungen einfacher, da Längen und Durchmesser bei Draht durch Meßmikroskop gut nachweisbar sind. Doch ist hier eine Toleranzfestlegung wichtig, um etwa gleiche Kornzahlen je Gramm bei gleicher Sollkornbenennung zu erhalten. Die Güteangabe erfolgt heute meist nach der Zerreißfestigkeit des unzerschnittenen Drahtes. Doch läßt sich diese am fertigen Strahlmittelkorn nicht nachweisen. Zweckmäßiger will daher die Härteangabe mit Hilfe der Mikrohärte erscheinen. Bei Reklamationen wird in der Regel auch diese Messung als Unterlage der Beurteilung genommen.

Wenn auch in Deutschland noch keine Normen vorliegen, so können für vergleichende Überlegungen die Angaben der SAE-Norm [*117*] herangezogen werden. Sie sollten auch bei künftigen Normungsaufgaben mit als Grundlage verwertet werden. Jedoch will es dem Verfasser scheinen, als ob die dort angeführten Toleranzbereiche für Granulate für europäische Verhältnisse vorerst zu eng sind. Nähere Einzelheiten finden sich in Band IV, Abschnitt *Putzmaschinen*.

VI. Verbrauchswerte von Rohstoffen

Über den durchschnittlichen Verbrauch von Roh- und Hilfsstoffen bei der Herstellung von Grau-, Stahl- und Temperguß geben die Tab. 100—102 und Abb. 111 Auskunft. Die Anwendung dieser Richtwerte ist allerdings an ganz bestimmte Gußgewichte und eine entsprechende Fertigung gebunden. Trotz dieser Einschränkungen sind die Angaben als Vergleiche wertvoll.

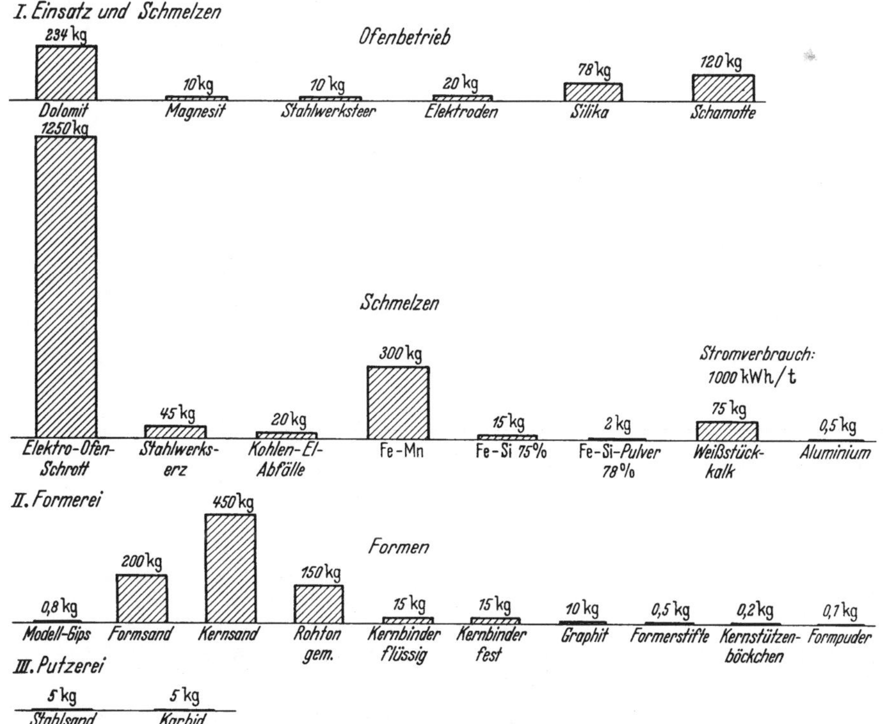

Abb. 111. Schematische Übersicht über die Einsatzmengen bei 10%igem Manganhartstahlguß; je 1 t Gußware (nach Roll)

Tabelle 100. *Durchschnittlicher Roh- und Hilfsstoffbedarf für 1 t Grauguß (Fertigerzeugnis)* (bei Gußgewicht bis 100 kg)

Hämatit	300 kg	Rohton, gem.	2,5 kg
I-Eisen	220 kg	Kalksteine	60 kg
III- und IV b-Eisen	35 kg	Grafit	0,5 kg
Silbereisen	5 kg	Steinkohlenstaub	15 kg
Spiegeleisen	15 kg	Gebläsekies	10 kg
Fe—Si-Pulver 75%	1 kg	Kernbinder, flüssig	5 kg
Fe—Si 45%	50 kg	Kernbinder, fest	1 kg
Fe-P	2,5 kg	Modellgips	4,5 kg
Gußbruch	480 kg	Stahlsand	3 kg
Kupolofenschrott	50 kg	Formerstifte	1,5 kg
Koks (ges.)	330 kg	Kernstützen, -böckchen usw.	0,2 kg
Formsand	200 kg	Formpuder	0,5 kg
Kernsand	60—100 kg	Karbid	0,5 kg
Kleb- und Stampfmasse	50 kg		

Tabelle 101. *Durchschnittlicher Roh- und Hilfsstoffbedarf für 1 t Stahlguß (Fertigerzeugnis)* (Kleinguß)

	Martinofen	Elektroofen		
Hämatit (Si-Stahleisen)	40 kg	1 kg	Weißstückkalk	75 kg
Stahlroheisen	300 kg		Flußspat	5 kg
Spiegeleisen	45 kg		Grafit	10 kg
Fe—Si-Pulver 75%		2 kg	Kernbinder, flüssig	15 kg
Fe—Si 75%	5 kg	15 kg	Kernbinder, fest	15 kg
Fe—Mn	10 kg	300 kg	Modellgips	0,8 kg
Martinofen-Schrott	550 kg		Blasenkoks	1 kg
Elektroofen-Schrott		1250 kg	Kohlen-El-Abfälle	20 kg
Briketts (Generatoren)	4500 kg		Stahlwerkserz	45 kg
Elektroden		8—20 kg[1]	Stahlwerksteer	10 kg
Kalksteine	5 kg		Stahlsand	5 kg
Steinkohlenstaub	2,5 kg		Aluminium	0,5 kg
Formsand	200 kg		Formerstifte	0,5 kg
Kernsand	120—450 kg		Kernstützen, -böckchen usw.	0,2 kg
Rohton, gem.	86—150 kg		Formpuder	0,1 kg
Gebrannter Ton, gem.	150 kg		Magnesit- und Grafitdüsen für Kranpfannen	5 kg
Stahlformmasse	30 kg		Grafitstopfen für Kranpfannen	2 kg
Schabloniermasse	30 kg		Karbid	5 kg
Magnesit	30 kg			
Dolomit	250 kg			

Tabelle 102. *Durchschnittlicher Roh- und Hilfsstoffbedarf für 1 t Temperguß aus dem Martinofen* (Fertigerzeugnis 0,1—150 kg)

Temperroheisen	1000 kg	Kernbinder, flüssig	2 kg
Hochofen Fe—Si 10	20 kg	Kernbinder, fest	2 kg
Fe—Mn	3 kg	Modellgips	12 kg
Martinofen-Schrott	200 kg	Blasenkoks (Aufkohlung)	60 kg
Braunkohlenstaub (Temperei)	1100 kg	Stahlsand	7,5 kg
Briketts (Generatoren)	3200 kg	Aluminium	1 kg
Formsand	100—200 kg	Tempererz	85 kg
Kernsand	70—80 kg	Formerstifte	0,5 kg
Herdquarz-Sand	170 kg	Kernstützen, -böckchen usw.	0,5 kg
Rohton, gem.	25 kg	Formpuder	1 kg
Gebrannter Ton, gem.	25 kg	Magnesit- und Grafitdüsen für Kranpfannen	1 kg
Kalksteine	40 kg	Grafitstopfen für Kranpfannen	2 kg
Grafit	5 kg		
Steinkohlenstaub	20 kg		

[1] Die letzte Zahl (20) ist bedingt durch die mangelnde Qualität der Behelfselektroden (1945—1948).

Literatur

[1] ERNE, H. G.: von Rollsche Mitteilungen Bd. 13 (1955) S. 1.

[2] RICHARDSON, F. D.: J. Jron Steel Inst. Bd. 160 (1948) S. 261. — JEFFERS, J. H.: Bd. 163 (1949) S. 415. — MARINČEK, B.: von Rollsche Mitteilungen Bd. 10 (1951) S. 14.

[3] ZINGG, E.: Schweizer Archiv Bd. 9 (1943) S. 229.

[4] STUMPF, K. E.: Kurzberichte, Wirtschaftsvereinigung Eisen- u. Stahlindustrie (1954).

[5] ROLL, F.: Gießerei Bd. 20 (1933).

[6] HURST, J. E., u. R. V. RILLEY: Foundry Trade, J. 85 (1948) Nr. 1678, S. 406 u. Nr. 1679, S. 429.

[7] HURST, J. E.: Metallurgie Manchr. Bd. 31 (1944) S. 92.

[8] SIEGEL, H.: Gießerei Bd. 40 (1953) S. 523.

[9] ZEDNIK, K.: Hutn. Listy Bd. 5 (1950) Nr. 12, S. 485.

[10] ERNE, H. G.: von Rollsche Mitteilungen Bd. 13 (1954) S. 1.

[11] WITTMOSER, A., u. W. D. GRAS: Arch. Eisenhüttenwesen Bd. 26 (1955) S. 379.

[12] FEIL, E.: Gießerei Bd. 40 (1953) S. 33.

[13] SMALL, O., u. S. B. MILSON: Mass. Inst. Techn. (1942).

[14] SCHROER, H.: Wirtschaftsvereinigung Eisen- u. Stahlindustrie, Gruppe Roheisen (1954) S. 9.

[15] ROLL, F., u. K. GEY: Roheisenatlas, Teil III, Hüttenschule Duisburg.

[16] Pig. Jrons of Great Britain Darby u Co. (1948) Jron and Steel Directory and Handbook; Bradley and Foster.

[17] Jron and Steel Directory and Handbook 1950; Verlag Louis Cassier Co., London; aus Stahl und Eisen (1950) Bd. 70, S. 575.

[18] Amerikanische Einteilung, Handbook of cupola operation (1949) S. 255.

[19] Die Gießerei 14. 24, Sept. 1927, Heft 39.

[20] GEIGER: Handbuch der Eisen- und Stahlgießerei 1926, S. 142.

[21] Gießerei, Jahrg. 15 (Neue Folge 1. Jahrg.) 2. Nov. 1928, Heft 44.

[22] Gießerei, Jahrg. 16 (Neue Folge 2. Jahrg.) 4. Okt. 1929, Heft 40.

[23] Gießerei, Jahrg. 16 (Neue Folge 2. Jahrg.) 15. Nov. 1929, Heft 46.

[23a] FIKENTSCHER: Die Mängelrüge, Handelsblatt 1956, Düsseldorf.

[24] DURRER, R., u. G. VOLKERT: Die Metallurgie der Ferrolegierungen. Berlin/Göttingen/Heidelberg: Springer 1953. — ELJUTIN, W. P., J. A. PAWLOW u. B. E. LEWIN: Ferrolegierungen. Verlag Technik 1953.

[25] RICHARDSON, F. D., u. J. H. JEFFERS: J. Jron and Steel, Nr. 160 (1948) S. 261; Nr. 163 (1949) S. 415.

[26] MARINČEK, B.: von Rollsche Mitteilungen Bd. 13 (1954) S. 6.

[27] Die Probenahme VDEh (1955), Radex-Rund-Schau (1952) S. 222.

[28] PIWOWARSKY, E.: Gießerei Bd. 38 (1951) S. 417.

[29] PIWOWARSKY, E.: Gießerei Bd. 39 (1952) S. 81. RILEY, v. R.: Foundry Trade J. 91 (1951) S. 331 u. 363.

[30] FRINS: Vorkommen und Verwendung von nutzbaren Kalkgesteinen in Süddeutschland. KOSMAN: Verbreitung der nutzbaren Kalksteine von Norddeutschland (1913). DIENEMANN u. BURRE: Nutzbare Gesteine Deutschlands Bd. II (1929). SPRINGER, L., H. HEINRICHS, R. SCHMIDT, W. DIENEMANN: Deutsche Kalksteine für die Glasherstellung, Fachausschußbericht Nr. 32 (1935). Deutsche Glastechnische Gesellschaft.

[31] GRIMME, H.: Technik (1952) Nr. 7 S. 675.

[32] FINN, W. K.: Erzmetall VI (1953) S. 13.

[33] LÜTH, F.: Stahl u. Eisen 71 (1951), S. 327; Mitteilungen Wärmestelle Nr. 369.

[34] Ruhrkohlenhandbuch (1954), GUMZ, W.: Kurzes Handbuch der Brenn- u. Feuerungstechnik. Berlin/Göttingen/Heidelberg: Springer 1953.

[35] KOTHNY, E.: Die Brennstoffe (Werkstattbücher, H. 32). Berlin/Göttingen/Heidelberg: Springer 1953.

[36] SCHOCHARDT, M.: Grundlagen und neuere Erkenntnisse der angewandten Braunkohlenpetrografie. Verlag Knapp (1953).

[37] EISENSCHMIDT u. KOOP: Die Braunkohle, Leipzig (1938). Eigenverlag, „Mitteldeutsche Braunkohle“.

[38] GUTTMANN: Die Rohstoffe unserer Erde, S. 37. Berlin: Safari 1952.

[39] MATUSCHKA, R.: Radex-Rundschau Heft 5 (1951) S. 189.

[40] GUMZ, W.: Kurzes Handbuch der Brennstoffe u. Feuerungstechnik. Berlin/Göttingen/Heidelberg: Springer 1953. Tabelle S. 115.

[41] ROSIN, P., u. R. FEHLING: Bericht 54/55 des Reichskohlenrates, Berlin: 1935.

[42] GUMZ, W.: a. a. O. S. 132.

[43] A. ZINZEN-BORSIG-Mitteilungen (1943) Heft 17; Forsch. Ing. Wes. Bd. 14 (1943) S. 89; Z. VDI Bd. 88 (1944) S. 171.

[44] THIELER siehe bei F. MUHLERT: Der Koksschwefel: Halle/S. Knapp 1930. JOHNSTONE, H. F.: Univ. Illinois-Engg. Exp. Sta. Bull Bd. 228 (1931) S. 30 u. 40.

[45] Ruhrkohlenhandbuch (1954), Essen: Verlag Glückauf.

[46] Trans. Amer. Foundrym. Ass. Bd. 40 (1938) S. 181; Jron Age Bd. 162 (1948) S. 75.

[47] GUMZ: Vortrag VDG (1943).

[48] SPECKHARDT: Gießerei Bd. 25 (1938) S. 55.

[49] BRÜCKNER, H.: Untersuchungsverfahren für feste Brennstoffe, Oldenbourg-München: 1943. ROLL, F.: Brennstoffchemie Bd. 12 (1934) S. 1.

[50] DALLMANN, H.: Porentabelle; Leipzig: Moritz Schäfer (1941).

[51] MACKOWSKY, M. TH.: Gießerei Bd. 41 (1954) S. 540.

[52] WÜBBENHORST, H.: Gießerei Bd. 40 (1953) S. 258; siehe auch DIN 15730 u. LV 2026 sowie folg.

[53] HERZOG, L.: Gießerei 12 (1925) S. 528.

[*54*] HOLTHAUS, C.: Mitt. Versuchsanstalt Dortmunder Union 1925, S. 194.
AGDE, G.: Feuerungstechnik Bd. 15 (1928) S. 301.
OSHIMAU, G., u. G. FUKUDA: Brennstoff-Chemie Bd. 8 (1930) S. 342.
TSCHISCHEWSKI, H., u. E. KRASSAWIN: Stahl u. Eisen Bd. 51 (1931) S. 1203.
SCHMIDT, H.: Theorie der Reduktionsfähigkeit von Steinkohlenkoks, Halle: Knappe (1931).
KASSLER, R.: Stahl u. Eisen Bd. 54 (1934) S. 399.
KOPPERS, H., u. A. JENKER: Bericht 42 Kokerei-Ausschuß, VDEh.
MELZER, W.: Bericht 36 Kokerei-Ausschuß, VDEh.
BRÜCKNER, H.: Untersuchungsverfahren für feste Brennstoffe S. 220 u. 222. Oldenbourg-München 1943
CLAS, C., u. E. DJERNAES: Gießerei Bd. 39 (1952) S. 473.

[*55*] ADGE, K.: Gas- und Wasserfach (1926) Heft 10.

[*56*] BRÜCKNER: a. a. O. S. 47.

[*57*] BERGER, H.: Kruppsche Monatshefte (1923) April.

[*58*] Stahl und Eisen Bd. 64 (1944) S. 340.

[*59*] Trans. Americ. Foundrym. Ass., (1949) S. 278.

[*60*] BULLmens Inform. Centre Techn. Industrie-Fonderie, Bd. 3 (1949).
ABRAMSKI hat ebenfalls zu diesen Anforderungen Stellung genommen.
Brennstoff-Chemie (1953) S. 51; (1955) S. 292.

[*61*] AUSTIN, C. R.: Foundry Cleveland Bd. 81 (1953) Nr. 10, S. 116 u. 234.

[*62*] Jron Age (1954) Heft 5, S. 8.

[*63*] Gas in Gewerbe und Industrie. Gesellschaft für Gasverwertung, Frankfurt/M. (1955).

[*64*] SISCO, F. T., u. H. SIEGEL: S. 130; Berlin/Göttingen/Heidelberg: Springer 1951.

[*65*] SEIKIN, W. E.: Das Schmelzen von Stahl im Elektroofen; Berlin: Technik (1953) S. 58.

[*66*] MOLL, G.: Bericht Nr. 581: Stahl-Werksausschuß VDEh.

[*67*] KRATZERT, J., WINNACKER-WEINGAERTNER: Chemische Technologie S. 357; München: Hanser 1950.

[*68*] Siehe FREYBERG: Die Tertiärquarzite Mitteldeutschlands usw. Enke (1926); E. ZSCHIMMER: Das System Kieselerde usw. Enke (1933); DIENEMANN-BURRE: Die nutzbaren Gesteine Deutschlands usw. Bd. II Enke (1929).

[*68a*] KANZ: Arch. Eisenhüttenw. 1938/39, S. 247.

[*69*] SOSMAN, R. B.: The properties of silica (1927).
1. DAVIES, W.: Britische Untersuchungen über Ganister u. Silikarohstoffe. Transact. brit. ceram. Soc. Bd. 47 (1948) S. 53—81.
2. SALMANG, H.: Die physikalischen u. chemischen Grundlagen der Keramik, S. 149—162, u. 218—251. Berlin/Göttingen/Heidelberg: Springer 1951.
3. AHRENS, W., u. J. H. HELLMERS: Rohstoff-Forschungen f. d. Industrie der feuerfesten Quarzite. Die Technik Bd. 2 (1947) Nr. 9, S. 420—422, Ref. TIZ.-Zbl. Bd. 74 (1950) H. 11, 12, S. 158.
4. LANQUINE, A.: Die Tone und Quarzite des Westerwaldes. (Les argilest les quartzits du Westerwald) Bull. Soc. Française de Ceramique Bd. 1 (1949) Nr. 3, S. 4—17, Ref. Ber. DKG und VDEfa 27 (1950) Nr. 9/10, S. 337.
5. SIMON, A., u. F. THÜMMLER: In Umwandlung begriffene Phasen als hochaktive Zwischenstufen. Ber. DKG und VDEfa Bd. 27 (1950) Nr. 5/6, S. 177—197.
6. HARDERS, F., u. H. STÜTZEL: Beurteilung von Silikaquarziten auf Grund von Umwandlungsglühungen; Stahl u. Eisen Bd. 70 (1950) Nr. 9, S. 376—378; Ref. TIZ-Zbl. Bd. 74 (1950) H. 15/16, S. 217. Didier: Feuerfest-Technik (1955).

[*70*] HUPPE, W.: Ton Bd. 75 (1951) 5/6 S. 73.

[*71*] Stahl u. Eisen Bd. 70 (1950) S. 134. Technik Bd. 5 (1949) S. 222.

[*72*] STRELIZ, CH. L., A. J. TAITZ, B. S. GULJANTZKI: Metallurgie des Magnesiums; Berlin: Technik 1953. Siehe auch Radex-Handbuch.

[*73*] GUTHMANN, R.: Anhaltszahlen für die Wärmewirtschaft VDEh 1947.

[*74*] Radex-Handbuch H. 100—102.

[*75*] HOLT, J. P.: Trans. Americ. Foundrym. Ass. Bd. 22 (1952) S. 63 u. 102.
TRÖMEL, G.: Stahl u. Eisen 70 (1950) S. 883.
Bericht Stahlwerksausschuß Nr. 468 VDEh.
RADTKE, R.: Metallkundliche Berichte Bd. 40 Verlag Technik.
MATUSCHKA, B., u. G. MORINI: Stahl u. Eisen Bd. 76 (1956) S. 41.

[*76*] LÖBBECKE, E.: Gießerei Bd. 41 (1954), S. 477.

[*77*] MIEHR, W.: Z. Braunkohle (1933) Heft 41.

[*78*] ZIMMER, H. O.: Stahl u. Eisen Bd. 73 (1953) S. 411.

[*79*] ROSENGREN, A.: Bericht Stahlwerksausschuß Nr. 546 VDEh.

[*80*] KLEINSCHMIDT, B.: Gießerei Bd. 40 (1953), S. 585.

[*81*] KRUG, W.: Schleifwerkzeug und Schleifmaschine, D. keram. Berichte (1952) S. 198.

[*82*] ROLL, F.: Gießerei Bd. 38 (1951) S. 4.

[*83*] WITTE u. KLÜSER: Gießerei Bd. 38 (1951) S. 273. H. KLÜSER: Gießereipraxis (1930) S. 297 u. 305.

[*84*] EINECKE: Die Erzvorräte der Welt. Textband S. 306. Düsseldorf: Stahleisen (1950).

[*85*] Handbuch für das Eisenhüttenlaboratorium, Düsseldorf: Stahleisen 1939.

[*86—94*] 1. Fonderie. Mod. (1921) S. 49.
2. SCHÜZ, E., u. R. STOTZ: Der Temperguß, Berlin: Springer (1930) S. 68.
3. Foundry (1926) S. 102.
4. Foundry Trade J. 647 (1929) S. 33.
5. Met. Chem. Ing. (1914) S. 383/89.
6. Foundry Trade Bd. 7, 553 (1927) S. 249.
7. Rev. Fond. Mod. Bd. 21 (1927) S. 249.
8. Metallurgia Manchr. Bd. 3 (1929/30) S. 107.

[*95*] SCHNEIDERHÖHN, H.: „Erzmikroskopisches Praktikum". Stuttgart: Schweizerbartsche Verlagsbuchhandlung 1952.
RAMDORFER, P.: „Erzmineralien u. ihre Verwachsungen". Berlin: Akademie-Verlag 1950.

[96] VOGT u. HOCHGESANG: Homburg v. d. H. u. a. GÜNTER ZESCHKE: Rhöndorf /Rh.

[97] WITTE u. H. KLÜSER: Gießerei Bd. 38 (1951) S. 273.

[98] RAMDORF, P.: „Die Erzmineralien u. ihre Verwachsungen“. Berlin: Akademie-Verlag 1950.

[99] KRUIS, A., u. H. SPÄTH: Tonindustrie Bd. 75 (1951) S. 341.

[100] PLANK, F. H., u. WINNACKER-WEINGAERTNER: Chemische Technologie II, S. 296, Hanser 1953.

[101] JUNG, H.: Metallmodelle (Werkstattbücher H. 37) Berlin/Göttingen/Heidelberg: Springer 1953.

[102] ANTIOCH, BENEDIX u. a.: E. Canning Foundry Bd. 77 (1949) S. 74/230, 232.
KNIGTH, H. A.: Jron Age Bd. 16 (1949) S. 84.

[103] MICHEL, G.: Ing.-Arbeit, Hüttenschule Duisburg (1952).

[104] PIWOWARSKY, E., u. A. SCHORR: Gießerei Bd. 41 (1951) S. 625.

[105] SCHRÖDER, K.: Ing.-Arbeit, Hüttenschule Duisburg (1951).

[106] JOSTING, M. K.; Gießerei Bd. 40 (1953) S. 339.
MANTLE, E. C., u. D. H. POTTS: Foundry Trade J. 93 (1953) S. 117.

[107] TOUCHMAN, S. N.: Foundry Cleveland Bd. 76 (1948) S. 76, 194; Gießerei Bd. 36 (1949) S. 158 u. 253; Bd. 40 (1953) S. 694; Bd. 40 (1953) S. 444. Binder-Gipsfibel Deutscher Gipsverein.

[108] KRUIS, A.: Zement—Kalk—Gips (1950) S. 11.

[109] KRUIS, A., u. H. SPÄTH: Zement—Kalk—Gips (1949) S. 11/12.

[110] HERRMANN, R. H.: Foundry Bd. 75 (1947) S. 89 u. 232. — Handbuch Kunststoffe. München: Hanser.

[111] Foundry Bd. 75 (1947) S. 86 und folgende. — Gießerei (1948) S. 59, 161. — Gießereitechnik Bd. 1 (1955) S. 248.

[112] Vgl. Strahlmittel, Bd. IV.

[113] Mitteilung F. ROLL.

[114] Vgl. Metalloberfläche 1954 (A), S. 42/43.

[115] Vgl. Formsande usw. Bd. I.

[116] Mitteilung v. 14. 4. 51.

[117] Vgl. SAE-Manulal on Blast Cleaning, S. 27, 31, 1. Ausgabe, Normungsvorschläge vgl. DIN-Mitteilungen 1955, S. 497/500.

Die Formstoffe

Von **F. Roll**, Duisburg

Mit 145 Abbildungen

I. Entstehung der Form- und Kernsande

In der Geologie (Lehre vom Aufbau und der Entstehung der Erde bzw. Erdkruste) teilt man die Gesteine nach ihrer Entstehung ein in:

I. Eruptiv- oder Erstarrungsgesteine: Granite, Gneise, Porphyre u. a. Sie finden sich in tieferen Schichten der Erdkruste (Tiefengesteine) oder sie sind an die Erdoberfläche als Ergußgesteine emporgedrückt worden.

II. Ablagerungs- oder Sedimentationsgesteine: Kalk bis Dolomit, Sandsteine u. a. Sie sind durch Ablagerung im Wasser (maritim) oder durch Anwehungen (äolisch) sowie durch Abscheidungen und Verdunstung aus wässerigen Lösungen entstanden.

Form- und Kernsande sind das vielgestaltige Endglied von verwickelten Umwandlungsvorgängen von Gesteinen. Dabei spielen Verwitterungs-, also Auflösungs- und Zersetzungsvorgänge (u. a. Temperatur, Wasser als Eis, Flüssigkeit und Dampf), sowie die Zeit eine besondere Rolle. Die Wirkungen von sauren, insbesondere von kohlesäurehaltigen Wässern, die teilweise von aufgelagerten Mooren einströmten, kommen noch hinzu (Schwindungs-, Quellerscheinungen, Salzneubildungen u. a.). Die Sande können am Ort der Verwitterung verblieben sein, oder sie sind abgeschwemmt worden. Die Ablagerungen können durch Wasser, Wind oder Gletscher verändert worden sein. Aus Granit entstanden und entstehen so Quarzkorngemische mit unterschiedlicher Kornausbildung, die entweder am Ursprungsort liegengeblieben sind oder sich umgelagert haben. Diese Körner sind teilweise wieder mit tonhaltigen u. a. Massen zu Sedimentgesteinen umgewandelt worden, die erneut unter dem Einfluß der Verwitterung Formsande bilden konnten. Es sind auch Beispiele genug bekannt, nach denen Quarzkörner von weiteren anorganischen Beimengungen ausgeschlämmt wurden. Auf diese Weise entstanden die Quarzsandgruben in der Kölner Bucht und an anderen Orten.

In der Abb. 1 ist ein Schema der Urgesteinverwitterung bis zur Entstehung der Form- und Kernsande festgehalten.

Die Geologie ist für den Gießereifachmann ein Schlüssel, der gleichermaßen für die technische und wirtschaftliche Bewertung des Sandes, als auch bei der Suche nach frachtgünstigen Gruben ansetzbar ist. Die Auswertung geologischer Erkenntnisse oder noch besser die Beratung durch einen Geologen kann einer Gießerei von Nutzen sein.

Ein Überblick über die Geologie und die Mineralogie der Sande und damit über ihre Brauchbarkeit erscheint im Eingang unerläßlich. Eine geologische Übersichtskarte, Abb. 2, bringt die wesentlichsten Formationen der geologischen Gestaltung unseres Raumes. Die Form- und Kernsande entstammen, wie sich in nachfolgendem ergibt, nur wenigen bestimmten geologischen Herkommen.

Das geologische Herkommen und damit die mineralogische Struktur sind für die Güte eines Gießereisandes von großer Bedeutung. Nicht nur die Schlämmstoffe mit ihrem durch das Herkommen gekennzeichneten verschiedenartigen Verhalten, sondern auch die Struktur der Körner mit dem Hauptbestandteil Quarz und seinen weiteren körnigen Komponenten, etwa dem Feldspat, sind für den Gütegrad eines Sandes bedeutsam. Quarzkörner als Einzelkörner aufgebaut verhalten sich gegenüber der Erhitzung und der Verstaubung wesentlich besser als Aggregatkörner des gleichen Stoffes. Quarzkörner, die von

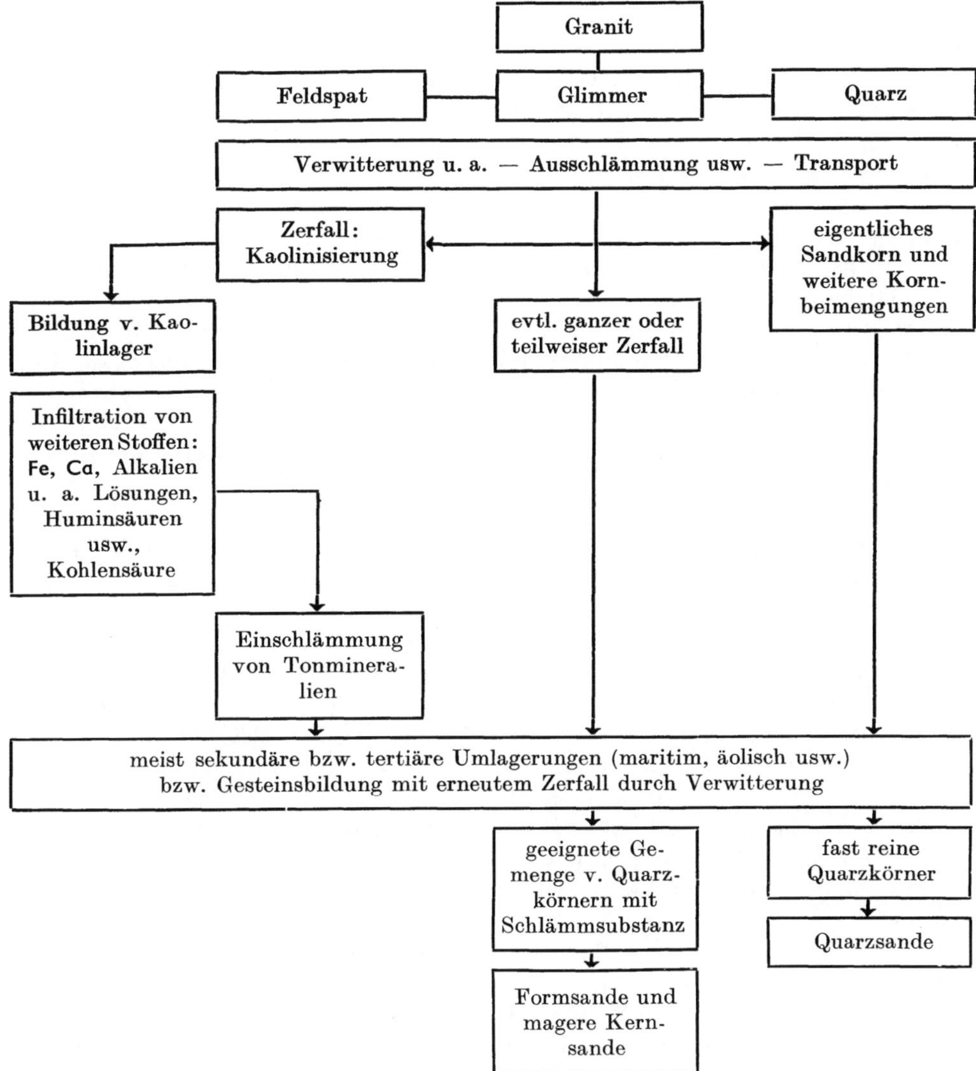

Abb. 1. Schema der Urgesteinverwitterung

ihrer Entstehung her starke Spannungen mit sich tragen, sind in gleichem Sinn ebenso stark gefährdet. Daß damit die Wirtschaftlichkeit der Verwendung solcher Sande zusammenhängt, ist fraglos. Selbst das Bindevermögen, also z. B. die Festigkeit und damit der Bindemittelverbrauch, hängen eng mit der physikalischen, besonders aber mit der chemischen Oberflächenstruktur zusammen. So hat die geologische und mineralogische Aussage für den Gießereifachmann sehr beachtlichen Wert.

Die Erdgeschichte läßt nun 4 Perioden nachweisen[1]:

I. *Neuzeit* (60 Millionen Jahre)
- a) mit der Gegenwart (Alluvium) . . — *Qu*
- b) mit der Eiszeit (Diluvium) . . . . *F* *Qu*
- c) mit der Braunkohlenzeit (Tertiär) . *F* *Qu*

II. *Mittelalter* (150 Millionen Jahre)
- a) mit der Kreidezeit . . . . *F* *Qu*
- b) mit dem Jura . . . . *wF* —
- c) mit der Trias: 1. Keuper . . . . . *wF* *Qu*
  - 2. Muschelkalk . . . *wF* —
  - 3. Buntsandstein . . *F* *Qu*

III. *Altertum* (500 Millionen Jahre)
- a) mit dem Perm: 1. Zechstein . . . . — —
  - 2. Rotliegendes . . *F* *wQu*
- b) mit der Steinkohlenzeit (Karbon) . *F* —
- c, d, e) mit dem Devon, Silur, Kambrium . . . . — —

IV. *Urzeit* (1500 Millionen Jahre) . . . . — —

[1] *F* = Formsande, *Qu* = Quarzsande, *w* = wenig.

I. a) Sande des Alluviums. Diese Sande sind vornehmlich in Flußniederungen, etwa im Maingebiet, an der See (Dünen) zu finden. Sie sind meist tonarm. Feinsande mit Körnungen zwischen 0,06—4(6) mm können in der Formerei etwa zu Zementsanden, aber auch zu Kernen Verwendung finden. Infolge ihrer Entstehung sind sie verschieden zusammengesetzt und damit in der Güte unterschiedlich. Die Körner aus Vielkristallen sind zerspringungsempfindlicher. Kalk kann anwesend sein.

I. b) Sande des Diluviums. Diese Sande der Eiszeiten sind weit verbreitet. Ausgedehnte Lager finden sich in der Norddeutschen Tiefebene, im Donau-Raum, Schwaben, Niederbayern u. a. im Wechsel zwischen Grob- und Feinsanden. Wenn die Sandkörnungen den Forderungen der Gießereien entsprechen, können sie gut Verwendung finden. Die Körner enthalten größere Mengen an Feldspat, gelegentlich auch an Kalk und Glimmer. Die meisten Vorkommen sind arm an Schlämmstoffen. Bei Dorsten befinden sich kalkfreie bedeutende Gruben (synthetische Formsande). Auch im Gebiet von Nordwest-Hannover liegen große, oft sehr körnungsgleiche Vorkommen.

I. c) Sande des Tertiärs. Die mengenmäßig wesentlichsten Sande, die in der Gießerei angewendet werden, gehören dem Tertiär, der Braunkohlenzeit, an.

Im sächsischen und niederrheinischen Tertiär sind die bekanntesten Formsand-Vorkommen zu finden. Auch ausgezeichnete Quarzsande sind dort im Abbau. Das hessische und niederbayrisch-schwäbische Tertiär ist noch weniger für die Zwecke der Gießereien aufgeschlossen worden. Die sächsischen Formsandvorkommen liegen im Raume bis Halle—Dresden—Elsterwerda und Halberstadt. In den Vorkommen von Halle—Görbitz—Beidersee findet man typische fein- bis mittelkörnige Formsande. Die Schichten sind meist stark gebändert und durch Seitenpressung verworfen. Deswegen werden sie meist einer Voraufbereitung unterzogen. Die Sande aus dem Süden von Leipzig mit den Orten Droskau, Pödelwitz u. a. sind gut horizontal geschichtet und von bedeutender Mächtigkeit. Die ersteren und die letzteren Formsande sind von gelber bis bräunlicher Farbe. Ihr Schlämmstoffanteil liegt bis 25%. Glimmer ist diesen Sanden eigen. Feldspat findet sich seltener. Die Formsande aus Riesa und Weida sind meist rotbraun und grobkörniger. Ihre Bindemittel vertragen die Trocknung wesentlich besser. An diese Sandvorkommen schließen sich rechts der Elbe die Gruben von Elsterwerda, Görlitz, Fürstenwalde u. a. an. Diese Sande sind meist entfärbt und kalkarm. Bedeutende Vorkommen direkt neben der Braunkohle liegen bei Offleben. Diese Sande aus mächtigen, fast horizontal gelagerten Gruben sind grünlich-glaukonitisch. Die Halberstädter Lager mit weißlichen Sanden sind leicht kalkig. Beide Sandvorkommen sind typisch für Naßguß. Die mächtigen niederrheinischen Lager enthalten gelb-braun gefärbte, kalkfreie, meist fein- bis mittelkörnige Sande mit Schlämmstoffgehalten nicht über 25%. Die Sande im Raum um Ratingen gehören hierher. Diese Oberoligozän-Sande sind fast durchweg horizontal gelagert. Sande dieser Art eignen sich besonders für Naßguß, jedoch wird meist mit einer Zumischung von fetten Sanden gearbeitet. Im Viersener und Brüggener Raum finden sich gute, mächtig gelagerte Formsande, die ebenso dem Oberoligozän angehören. Hierher zählen die Gruben von Viersen, Grefrath, Süchteln (siehe unten) Wassenberg. Teilweise enthalten sie gemischt oder ausschließlich als Bindesubstanz Glaukonit. Die Grube von Rosenthal, die für Stahlnaßgußsande bekannt ist, enthält als Schlämmstoff nur Glaukonit, sogenannten Grünsand (bis 25%). Dieser Bindestoff ist teilweise kornartig und muß erst durch Kollergänge ausgeschlossen werden. Glaukonitische Sande haben eine geringe Feuerbeständigkeit. Daß sie sich trotzdem für den heißen Stahl als Naßgußsande eignen, hängt mit der eigenartigen Aufschmelzung der dem flüssigen Metall anliegenden Schichten zusammen. Die Aufnahme von Eisenoxydulschlacken gibt so widerstandsfähige, zunächst flüssige oder teigige Schichten, die dann beim Erkalten des Gußstückes als Schalen, ähnlich denjenigen der Bentonitsande abplatzen.

Die Sande im Viersener-Süchtelner Raum sind meist von horizontaler Schichtung von jede oft mehr als 1 m Stärke und eignen sich, ähnlich denen der Kreideformation, zum Handabbau, der von manchen Gießereien bevorzugt wird. Bei großen Grubenleistungen bedient man sich jedoch des Schrägbaggerabbaues zum Ausgleich von Unterschieden. Die Schlämmstoffanteile liegen selten über 30%. Der Körnung nach sind sie fein- bis mittelkörnig.

Bedeutende Quarzsandlager sind auf der Ville Höhe bei Frechen (Oberoligozän) neben der Braunkohle angeschnitten worden. Mittels Wasser werden ihnen im Seperationsprozeß die geringen Schlämmstoffanteile entzogen. Die Klassifizierung engt die Kornbreite beachtlich ein. Durch Trocknung wird hier und anderen Orts der Wunsch der Gießereifachleute nach Bezug trockenen Kernsandes erfüllt. Mittels Spezialwagen kann somit solcher Sand beim Eintreffen in die Gießerei z. B. pneumatisch leichter gebunkert werden. Auch bei Herzogenrath finden sich fast terrassenförmig gelagert solche Sande. Bei ihnen ist ein kleiner Anteil von Zirkonsandanteilen festgestellt worden. Weitere beachtliche Vorkommen liegen im Miozän bei Dörentrup im Weservorland (siehe unten). Andere Gruben finden sich in Hessen bei Fritzlar und im Raum von Gießen. In der Sorge um die hohen Frachtkosten haben die Gießereifachleute des süddeutschen Raumes sich der dortigen bedeutenden Lager, die leider oft stark verkiest sind, angenommen. In Ober- und Niederbayern und Oberschwaben sind durch kluge Auswahl und entsprechende Kombination wertvolle Lager erschlossen worden.

II. a) Sande der Kreideformation. Am nordwestlichen Rand der mitteldeutschen Gebirgskette ziehen etwa vom Harz ab die Inseln der Kreideformation entlang. Mergel, Kreide, Sandsteine, Kalke u. a. sind die Überbleibsel jener Zeit. Die wesentlichsten Vorkommen sind bei Bottrop, Osterfeld, Aachen (Laurensberg) und vor allem im Raum um Charleroi (Heppigny), Maastrich usw. gelegen. Auch in der Tschechoslowakei bei Mickenhan finden sich diese Sande. Die Sande sind bis stark schlämmstoffhaltig. In meist horizontalen Schichten werden sie bis 25 m hoch abgebaut. Die Schichten sind in ihren Eigenschaften oft stark unterschiedlich. Die horizontale Lage erlaubt guten Abbau durch Handstich. In der Körnung liegen sie mehr nach mittel- bis feinkörnig. Kalk ist selten zu finden, dagegen zeigt sich Feldspat und schichtenweise oft viel Glaukonit in verschiedenen Formen des Zerfalls dieses Minerals (grün bis braun). Die Sande sind infolge der Verwitterung des Glaukonits, der bis 7% Fe enthält, eisenhaltig. Ihre Farbe schwankt von weißgelb bis gelbbraun und kann bis braungrün werden. Es sind aber auch Sande bekannt, in denen der Glaukonit ganz fehlt, also abgebaut worden ist. Die Körner sind meist sehr einheitlich. Sie liefern einen besonders gut brauchbaren Formsand, der für Naßguß und Trockenguß gleich wertvoll ist. Die Sande aus Belgien eignen sich zu schwerem Stahl-Naßguß. Auch zur Pfannenausfütterung u. a. werden sie verwendet.

Im Gebiet dieser Formation finden sich die bedeutenden Quarzsande von Haltern (siehe unten), deren Förderung hauptsächlich auf dem Wege der Spülförderung geschieht, d. h. die Sande liegen meist unter dem Wasserspiegel und werden von dort z. B. mittels Saugfräsern gefördert. Die hier verwendeten Abbauvorrichtungen gehören zu den modernsten des Sandabbaues (siehe unten). Diese geologischen Vorkommen sichern einen besonders verstaubungsarmen Quarzsand.

II. b) Sande des Juras. Wenige günstige Vorkommen finden sich im westlichen württembergischen Eisensandstein des braunen Juras bei Bopfingen, Aalen und Reichenberg. Aber auch hier sind sie öfter kalkig-dolomitisch und deswegen nur nach guter Auswahl verwendbar, dann aber sind sie gute Trockengußsande (GG, GBz).

II. c) Sande des Trias (Keuper, Muschelkalk und Buntsandstein). *1. Keuper.* Die Sande des Keupers sind im allgemeinen arm an Schlämmstoff. Die Körnung ist von grob- bis feinkörnig anzutreffen. Die Kornbreite ist meist groß. Gering eingekieselte Sande eignen sich für Formsande. Diese Vorkommen geben vor allem im Raum um Nürnberg die Möglichkeit, die schon da und dort praktisch ausgeschöpft wurde, den Bezug von Formsanden aus weitentfernten Gruben auszuschalten.

2. Muschelkalk. Die Sande, die man im Muschelkalk findet, sind fast alle als Gießereisande unbrauchbar.

3. Buntsandstein. Mit dieser Formation geht die Trias zu Ende. Aus der geologischen Karte (Abb. 2) ist zu entnehmen, daß diese Erdperiode im westlich mittleren Raum Deutschlands große Reste hinterlassen hat. Die Gießereisande des Pfalz-Saargebietes (z. B. um Landstuhl, Kaiserslautern, Kindsbach), diejenigen im fränkischen Buntsandstein um Miltenberg-Amorbach sind die bekanntesten. Dazu kommen noch die Sande im Raum Marburg, Weserbergland, Bayreuth, Kemnath und Weiden. Sie stehen meist im

Felsverband an und sind z. B. nur im Pfälzer Raum wenig eingekieselt, also verwittert, anzutreffen. In der Körnung umfassen sie das ganze Register von fein- bis grobkönig. Der Schlämmstoffanteil ist unterschiedlich gelegen (bis 20%, selten mehr). Die Feuerfestigkeit ist besonders gut, die Gleichmäßigkeit ebenso. Schichtungen mit unterschiedlichen Eigenschaften sind wenig anzutreffen. Die Körner sind fest, vielfach Einkörner und meist gerundet. Die Bindung ist vornehmlich auf wasserhaltige eisenoxydische Beimengungen

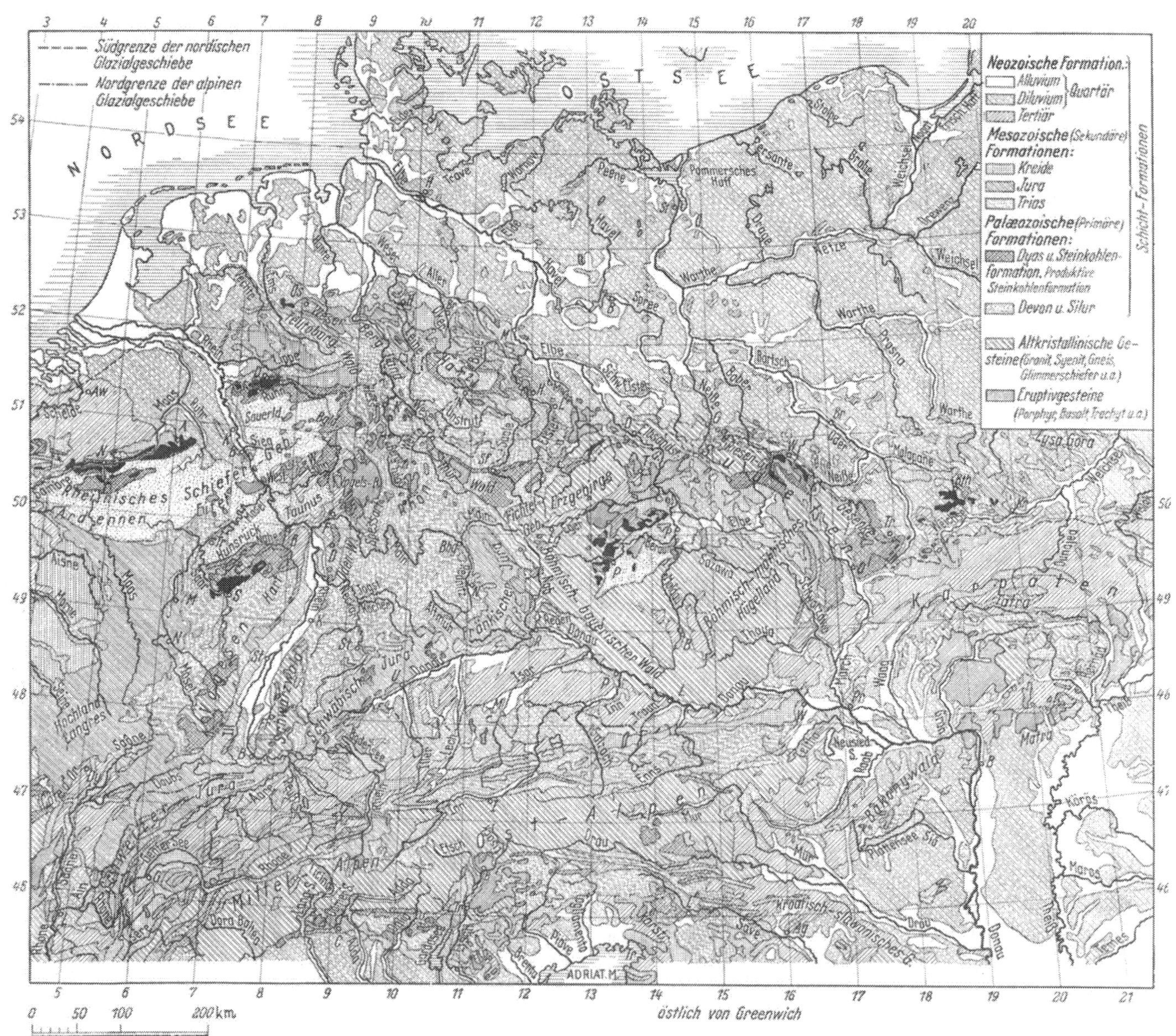

Abb. 2. Mitteleuropa, geologische Übersicht. 1 : 6000000

zurückzuführen. Die Farbschwankungen bewegen sich zwischen rot bis gelbweiß. Feldspate fehlen, Glimmer findet sich nur gelegentlich, Kalk ist nur selten anzutreffen. Diese Sande eignen sich besonders für Trockenguß (Formen und Kerne für GG, GBz). Sie sind längere Zeit für Mg-Guß (Zusatz von Borsäure) unentbehrlich gehalten worden. Von Kaolin ausgewaschene Quarzsande des Raumes um Hirschau gehören hierher (siehe unten).

Es ist in diesem Zusammenhang vielleicht nicht uninteressant, darauf zu verweisen, daß die Entwicklung des Werkstoffes Gußeisen von der Geologie her unbewußt beeinflußt worden ist. Die Erfindung des Perlitgusses nach Diefenthäler und Sipp hat sich der Warmform bedient. Eine solche setzt aber einen geeigneten feuerfesten Formsand voraus. Der

Pfälzer Formsand war dazu der gegebene Formstoff. Die vorauseilende Entwicklung des Naßgußverfahrens selbst größerer Gußstücke im sächsischen Raum (vor allem Leipzig) war die Folge der dort vorkommenden ausgezeichneten Sande von Halle-Beidersee, Pödelwitz und anderen Fundorten. Daß sich Gödel in Chemnitz nach dem Bekanntwerden der Vorstellungen von Durand als erster in Deutschland des Zementformsand-Verfahrens für Großguß (GG) angenommen hat, ist durch den Mangel an feuerfesten und formunempfindlichen Sanden in seinem Raum begründet. Die Großguß-Trockenformerei ist im allgemeinen an die fetten Sande des Tertiärs und der Kreide gebunden (Ruhrgebiet). Sande dieser Art sind vor dem Weltkrieg auch nach Übersee, ähnlich wie die Sande aus Halle, verschickt worden. Das Vergießen von Stahlguß war nach der Erfindung von Jakob Meyer an die Schamotte-Trockenform gebunden. Erst einige Jahre vor dem ersten Weltkrieg wurde der grüne Rosenthaler Formsand für Naßguß-Kleinstahlguß-Stücke eingesetzt. Er war bis zum Einsatz des synthetischen Sandes der einzige Formsand, der eine solche Formmethode ermöglichte. Deswegen wurde dieser Sand trotz oft sehr hoher Frachtkosten zur Ablösung der teureren Schamotteform in den deutschen Gießereien verbraucht. Im übrigen liegt auch die größte Dichte der Gießereien in oder nahe derjenigen Gebiete, in denen gleichzeitig gute Formsande zu finden sind.

III. a) *1. und 2.* **Sande des Perms.** Zur Periode des Perms (Altertum) zählt der Zechstein, der keine Gießereisande bringt. Dagegen kommen im Rotliegenden, einer Wüstenzeit, beachtliche Formsande vor. Ihre Erschließung bzw. ihre Anwendung ist leider noch zu gering. Überlagerungen der Grubenschichten mit Zechstein sind nicht erwünscht, da kalkige Infiltrationen dann die Folge sind. Die Farbe der Sande schwankt von rot bis gelbweiß. Meist handelt es sich um mittel- bis feinkönige Sande mit Schlämmstoffgehalten, die 20% selten übersteigen. Da die Feuerbeständigkeit besonders hoch liegt, haben sie auch als Naßgußsande für Stahlformguß günstige Anwendung gefunden. Roll und Offermann haben ihre Brauchbarkeit in dieser Richtung untersucht und durch eine lange Betriebserfahrung bestätigt gefunden. Als Trockenguß und im mageren Zustande, auch als Kerne, sind sie z. B. in der Graugießerei gut anwendbar. Die Sande um Heddesheim (Kreuznach), Ellrich, Walkenried und die noch zu wenig beachteten Gebiete um Gera sind zu nennen.

III. b) Sande des Karbons. Sande der Steinkohlenzeit, verwendet als Gießereisande, sind mengenmäßig gering. Sie finden sich umgelagert z. B. bei Chemnitz-Borna in geringer, aber guter Qualität (Trockenguß). Meist sind diese Sande mit hohen Schlämmstoffgehalten ausgezeichnet und enthalten wenig Feldspate, selten Kalk oder Kalkmergel. Ihre Feuerbeständigkeit macht sie vor allem für Großgußstücke und für Bronze geeignet. Ihre Feuerbeständigkeit ist durchweg gut, solange Kalkbeimengungen fehlen.

Weitere geologische und mineralogische Hinweise können den Arbeiten von Udluft [1], Behr [2], Geipp [3], Vachtl [4], Goederitz [5 und a und b] entnommen werden. Eine gute Übersicht über Lage und Güte der englischen Form-Quarzsande gibt Davies [6].

II. Formsand- und Kernsandgruben

A. Formsande und magere Kernsande

Gemäß der geologischen Herkunft zeigen die Gruben unterschiedliche Querschnitte, die sich auf die Eigenschaften, die Mischbarkeit und damit auf die Einsatzfähigkeit des Sandes übertragen. Es gibt Gruben mit verhältnismäßig gleichem Horizont, aber auch solche mit ungleichmäßigen und oft dünnen Schichtungen. Dazu treten auch gelegentlich Verwerfungen auf. Dementsprechend schwanken die Eigenschaften oft sehr bedeutsam. Der Grad der Gleichmäßigkeit bei der Einzel- und Serienlieferung wird aber auch von der Sorgfalt und der evtl. Nacharbeit auf den Gruben bedingt. Bei ungleichmäßigen Grubenquerschnitten ist eine maschinelle Vordurchmischung auf der Grube wünschenswert. Dazu kommt noch die Tatsache, daß sich die Grubenhorizonte im Laufe der Jahre langsam oder schnell ändern können. Im Grubenbetrieb arbeitet man im allgemeinen nach:

a) Handstich-Stufenbau. Er garantiert bei guter Einarbeitung und horizontaler Schichtung Gleichmäßigkeit und sichert auch Sonderwünsche des Gießers.

b) Bagger- bzw. Schraggerabbau. Bei wenig gleichmäßigen Schichten erwartet man von ihm eine Vereinheitlichung des Sandes. Er wird vornehmlich bei großer Förderung angewendet. Eine Nachbehandlung des Grubensandes wäre vielfach wünschenswert.

c) Sprengabbau mit nachfolgender Verwitterung. Bei steinigen, felsigen Sanden wird dieser Abbau bevorzugt. Wichtig ist, daß durch eine längere Lagerung des Sandes in der Grube eine Verwitterung auftritt, die ein Brechen in der Gießerei ausschließt.

d) Bei geologisch geeignet gelagerten Quarzsandgruben kommt neuerdings noch die Spülförderung hinzu.

Gelegentlich werden die Formsande getrocknet und gemahlen. Nachprüfungen haben jedoch ergeben, daß diese Methode nicht immer einwandfrei ist, da durch höhere Temperaturen leicht Zerstörungen der Bindekraft eintreten können.

Dem Formsandabbau soll ein sachgemäßes Abräumen vorausgehen. Im Abraum und in den darunter liegenden Formsand- bzw. Kernsandschichten müssen die Stubben sorgfältig entfernt werden. In den Gruben ist es auch üblich, die Abraumarbeit so vorzubereiten, daß Wettereinbrüche den Form- bzw. Kernsand nicht beeinflussen. Sande aus Gruben, die grundsätzlich oder gelegentlich hohen Grundwasserspiegel haben, müssen vor dem Versand gut lufttrocknen.

Im übrigen ist der Wassergehalt der angelieferten Sande auch durch die Wetterverhältnisse während des Versandes bedingt. Man muß also unterscheiden zwischen dem Wasserwert, den der Sand von der Grube mitbrachte, und der zusätzlichen Wassermenge, welche der Sand u. U. auf dem Transportwege aufgenommen hat (Gewichtskontrolle).

Für die Gießerei ist der Wassergehalt von Bedeutung.

In Abb. 3 und 4 sind Wassergehalte von Sanden dargestellt, wie sie in der Gießerei beim Eingang gefunden worden sind. Innerhalb eines Jahres können dabei beachtliche Minima und Maxima des Wassergehaltes spürbar werden.

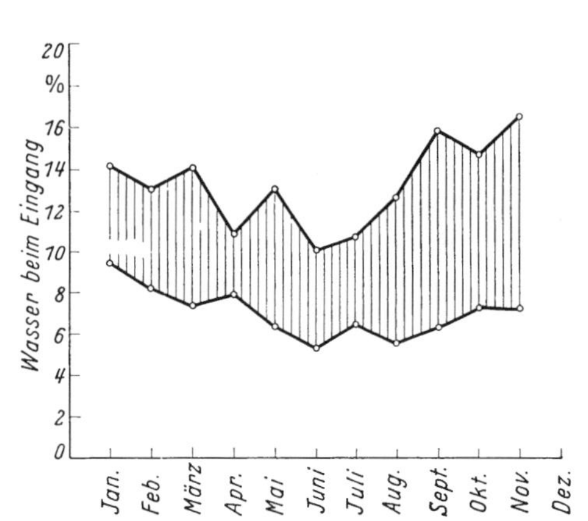

Abb. 3. Streubreite der Feuchtigkeit beim Eingang von Formsand A

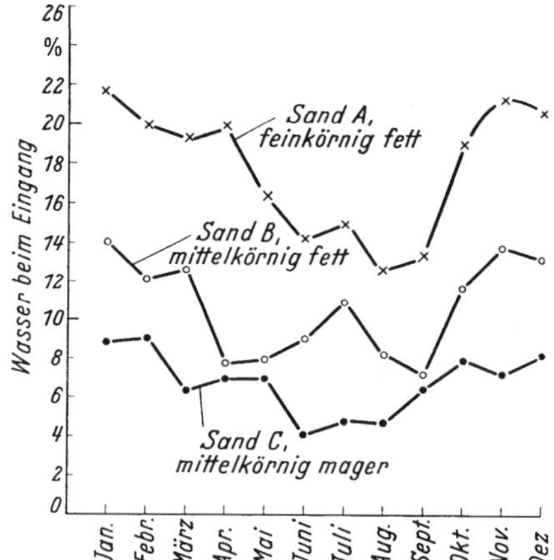

Abb. 4. Mittlere Wassergehalte von 3 Formsanden gemessen beim Eingang

Die unbedingte Notwendigkeit, diese Schwankungen zu beachten, ergibt sich auch aus dem engen Zusammenhang mit der Ausschußgröße.

Eine geeignete Bevorratung ist besonders für die Monate mit größeren Niederschlagsmengen sowie die Wintermonate zwingende Notwendigkeit. Der anfallende Kapitalaufwand steht in keinem Vergleich zu den Verlusten und Nachteilen, die durch einen unsicheren Wassergehalt in Kauf genommen werden.

Zu beachten sind ferner die Streubreiten der übrigen Eigenschaften der Sande. REINIGER [7] hat u. a. die Bedeutung der Streubreite der Sande umrissen (Tab. 1 u. 2). Einzelwerte werden demnach mit Recht als zweifelhaft angesehen.

Einkaufsregeln für Form- und magere Sande. Der Einkauf muß bestimmte Forderungen, die a) allgemeine Gültigkeit besitzen und b) auf den jeweiligen Betrieb zugeschnitten worden sind, im Auftrage festlegen. Es wird für diese Sande vorgeschlagen:

1. Wassergehalt: möglichst 10% (15) nicht überschreiten.
2. Gleichmäßigkeit: Die Gleichmäßigkeit der Lieferung muß gesichert sein. Sie ist eine der wichtigsten Voraussetzungen für eine gleichmäßige Formsandwirtschaft. Schon in der Formsandgrube vor-aufbereitete Sande können u. U. günstiger sein.
3. Körnung: Es ist festzulegen, ob grob-, mittel- oder feinkörniger Sand (DIN 52401) angeliefert werden soll.
4. Schlämmsubstanz: Es ist festzulegen, ob fetter, mittelfetter oder magerer Sand (DIN 52401) angeliefert werden soll.
5. Gesteine und Tonklumpen: müssen fehlen.
6. Freier Kalk: soll fehlen (in Sonderfällen max. 1—2% zulässig).
7. Weitere Abmachungen: Über Eigenschaften, wie z. B. Gasdurchlässigkeit, Festigkeit, Feuerbeständigkeit u. a., ist von Fall zu Fall weiteres festzulegen.

Tabelle 1. *Tatsächliche Schwankungsbreite der Eigenschaften von Formsanden*

Sandart	Gasdurchlässigkeit GD in $cm^3/min/cm^3$	Scherfestigkeit in g/cm^2	Wassergehalt in %
Kaiserslauterer	60—280	115—360	4,5—6,0
Miltenberger	35—144	90—130	4,0—5,0
Rosenthaler	38—105	70—210	5,8—6,1
Söllinger	15— 60	40—180	5,5—6,0
Röthaer	18— 42	130—320	4,5—6,0

Tabelle 2. *Einzelwertangaben zur vermeintlichen Kennzeichnung und Unterscheidbarkeit einiger Formsande*

Sandart	Gasdurchlässigkeit GD in $cm^3/min/cm^3$	Scherfestigkeit in g/cm^2	Wassergehalt in %
Kaiserslauterer	366	328	4,7
Miltenberger	175	74	4,0
Rosenthaler	90	197	6,0
Söllinger	24,5	103	6,0
Röthaer	11	190	9,0

Karteiblatt: Mittels eines laufend geführten Karteiblattes kann eine Sandsorte recht gut gekennzeichnet werden. Ein solches Blatt soll sowohl die Grube in Lage und geologischem Aufbau, als auch die Eigenschaften der einzelnen Schichten umfassen.

B. Quarz-Kernsande

Arten der Quarzsande:

1. Quarzsande, Typ: Frechen oder Dörentrup u. a.;
2. See- oder Dünensande;
3. Flußsande.

Im allgemeinen sind die Sande aus 1. gleichmäßig aufgebaut. Flußsande können unterschiedlichen Kornaufbau besitzen. Die Quarzsande sind zu prüfen auf:

a) Korngröße und Kornaufbau; b) den kristallographischen Bau des Quarzkorns; c) die Oberflächenstruktur der Körner; d) Schlämmstoffgehalt; e) Kalk, Alkalien, Humate u. a.; f) Wassergehalt.

Die übrigen Eigenschaften wie: Sinterverhalten, Mischbarkeit mit Kernölen usw. sind zu untersuchen.

Die Quarzsande werden meist

a) ungewaschen, b) gewaschen, auch getrocknet, c) seltener gemahlen angeliefert.

Quarzsande werden am besten gewaschen und kornklassifiziert verwendet. Der Waschprozeß, der die Anteile an Schlämmsubstanz und anderen Beimengungen entfernt, wird in verschiedener Weise durchgeführt. Eine Übersicht über solche Methoden gibt TRAVRINSKI [8].

Einkaufsregeln von Quarz-Kernsanden. A. ungewaschene Quarz-Rohsande; B. gewaschene, feuchte Quarzsande; C. gewaschene, getrocknete Quarzsande; D. gemahlene Quarzsande.

1. Wassergehalt: A: max. 6%; B: 4—6%; C: ca. 0%; D: ca. 0%.
2. Gleichmäßigkeit: Die Gleichmäßigkeit der Lieferung muß gesichert sein.
3. Glühverlust: A: < 0,5%; B: 0,3%; C: < 0,3%; D: ca. 0%.
4. Gesteine usw.: müssen fehlen.
5. Freier Kalk: möglichst 0%.
6. Körnung: ist zu fordern nach DIN 52401.
7. Schlämmsubstanz: A: < 2%; B: < 0,2%; C: < 0,2%; D: < 0,2%.
8. Feuerbeständigkeit: möglichst über Segerkegel 31.
9. Humate, Alkalien: sollen möglichst fehlen.
10. Sonderabmachungen: betriebsbedingt.

C. Lagerung der Sande

Die Lagerung soll so erfolgen, daß

a) die einzelnen Sorten in Bunkern getrennt liegen. Eine Aufschrift ist unerläßlich.

b) Die Bunker sollen unter Dach liegen.

c) Das Lagern soll in der Nähe der Aufbereitungsanlage geschehen, um die Transportkosten niedrig zu halten.

d) Das Lagern unter freiem Himmel ist zu verhüten (Wassergehalt ist sehr unregelmäßig; Auswaschen von Ton möglich; zusätzliche Trockenkosten erforderlich).

Zusätzliche Bemerkungen: Der Einkauf soll möglichst so durchgeführt werden, daß dem Lieferanten genügend Zeit zur Verfügung steht, damit eine gute und gleichmäßige Qualität des Sandes gewährleistet werden kann. Die Hereinnahme des Sandes soll auf

a) die üblichen Regenperioden,

b) die Winterverhältnisse Rücksicht nehmen. Es ist ratsam, einen entsprechenden Wintervorrat rechtzeitig abzurufen.

c) Die Bewirtschaftung ist mit dem Betriebsgeschehen abzustimmen.

Zu nasser Formsand bedingt:

1. höhere Transportkosten, 2. die Aufbereitung wird erschwert oder unmöglich gemacht, 3. die evtl. Trocknung kostet Geld (vielfach wärmetechnisch und sandtechnisch ungeeignete Öfen), 4. meist unregelmäßigen Neusandzusatz. Bei getrockneten Sanden ist mit Knollenbildung oder Verstaubung = Verlust der Formbarkeit zu rechnen, 5. höhere Ausschußziffern.

Abb. 5. Formsandgrube Rosenthal (Bong'sche Mahlwerke, Süchteln/Rhld.)

D. Bilder von Form- und Quarzsandgruben

Die Form- und Quarzsandgruben sind von sehr unterschiedlicher Größe. Der Grad der Mechanisierung reicht vom Handabstich über den voll mechanisierten Baggerbis zum modernen Absaug-Spülbetrieb. Ein Teil der Gruben besitzt vorzügliche Anlagen der Abräumung, der Sandentnahme und des Abtransportes. Andere Gruben wiederum sind mit einfachen

Mitteln ausgerüstet. In einigen Sandgruben werden die Sande vor dem Versand einer laufenden Kontrolle auf ihre wesentlichen Merkmale unterzogen. Damit werden die Streuungen außerhalb ihres Sollwertes eingeschränkt. Die Bekanntgabe dieser Sandgütewerte sollte allgemein in Form einer Angabe auf der Aviskarte üblich werden.

Ein Teil der nachfolgenden Mitteilungen über die Form- und Quarzsandgruben sind einem begonnenen *Atlas der Form- und Quarzsandgruben Deutschlands* entnommen.

a) Die Formsandgrube Rosenthal, nahe Wassenberg, ist durch ihren in den Stahlgießereien verwendeten grünen glaukonithaltigen Sand bekannt. Es ist ein großes Gelände, das nahe der holländischen Grenze aufgeschlossen ist (Abb. 5). Von den möglichen Sorten ist hier nur die Sorte II aus einer Arbeit von MELLER (Hüttenschule Duisburg) herausgestellt. Die Eigenschaften sind in Abb. 5—11 und Tab. 3 zu finden.

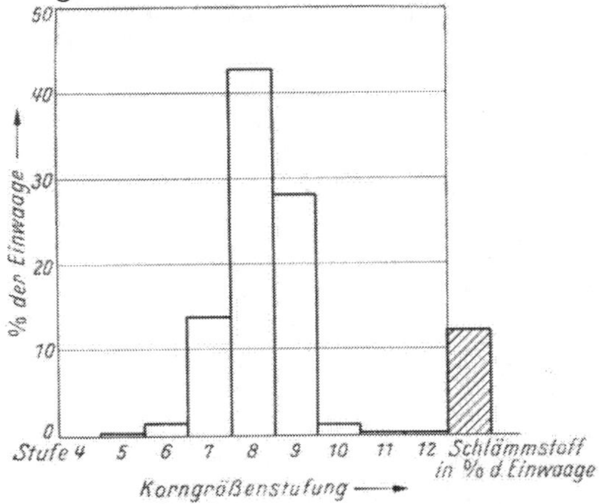

Abb. 6. Rosenthaler Grünsand II. Korngrößen in Prozent der Einwaage

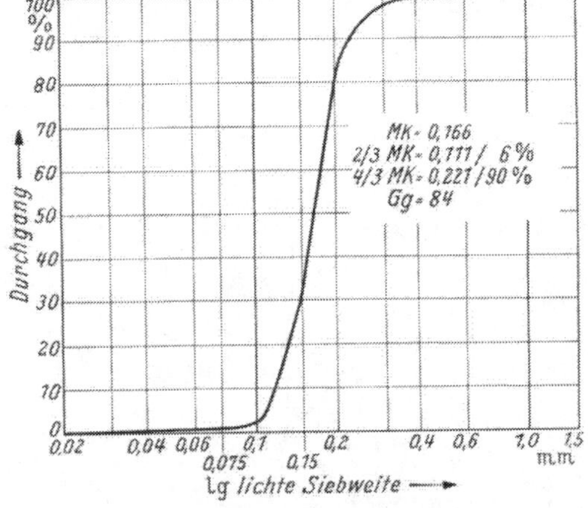

Abb. 7. Rosenthaler Grünsand II. Summenhäufigkeitskurve

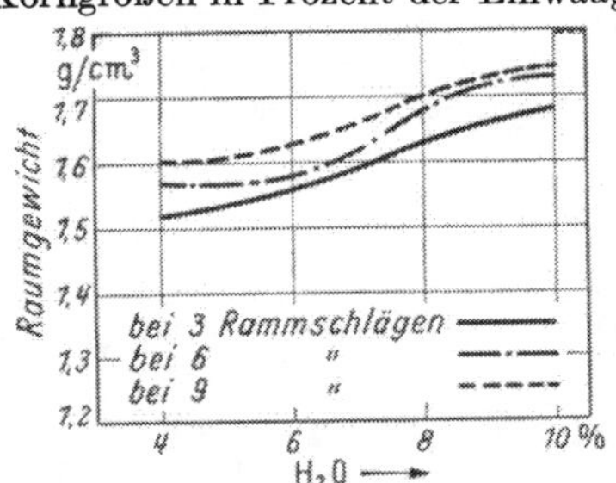

Abb. 8. Rosenthaler Grünsand II. Raumgewicht in Beziehung zur Feuchtigkeit und Verdichtung

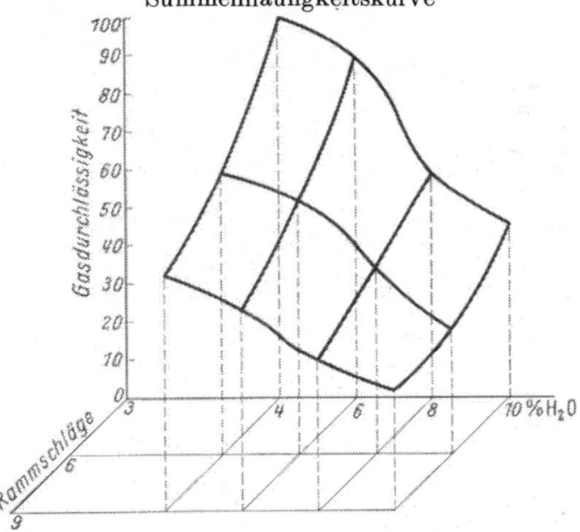

Abb. 9. Rosenthaler Grünsand II. Gasdurchlässigkeit in Abhängkeit von Verdichtung und Feuchtigkeit

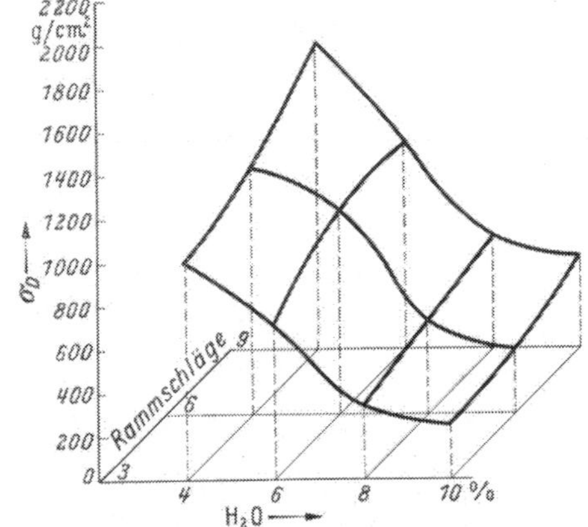

Abb. 10. Rosenthaler Grünsand II. Druckfestigkeit in Abhängigkeit von Verdichtung und Feuchtigkeit

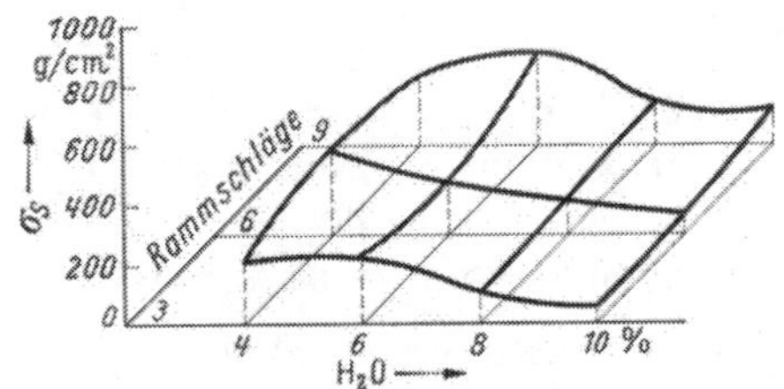

Abb. 11. Rosenthaler Grünsand II. Scherfestigkeit in Abhängigkeit von Verdichtung und Feuchtigkeit

Tabelle 3

Sandlieferant: BONGsche Mahlwerke, *Süchteln* (Rhld.) *Sandbezeichnung:* Rosenthaler Grünsand II

Körnung: mittelkörnig — Sandfarbe: grün

Eigenschaften des feuchtverdichteten Sandes bei 4% Wassergehalt:

Gasdurchlässigkeit (cm^3/cmWS · min) bei 3 Rammschlägen	100	Raumgewicht des verdichteten Probekörpers (g/cm^3)	1,518
Druckfestigkeit (g/cm^2) bei 3 Rammschlägen	1000	Mittlere Korngröße (MK)	0,166
Scherfestigkeit (g/cm^2) bei 3 Rammschlägen	215	Gleichmäßigkeitsgrad (Gg)	84
		Kornfeinheitsnummer	79,69
		Schlämmstoffanteil (%)	12

b) Formsandgrube Grefrath (Rhld.). In Abb. 12 ist ein Blick in die großangelegte Formsandgrube II von Grefrath dargestellt. Einzelne Untersuchungsergebnisse der dortigen Sande sind der Arbeit von MELLER (Hüttenschule Duisburg) entnommen. Die Eigenschaften eines der Sande aus diesen Gruben sind in Tab. 4, Abb. 13 bis 19 festgehalten.

Abb. 12. Formsandgrube Grefrath/Rhld. (Bong'sche Mahlwerke Süchteln/Rhld.)

Tabelle 4

Sandlieferant: BONGsche Mahlwerke, *Süchteln* (Rhld.)

Sandbezeichnung: Grefrather Formsand H v II

Körnung: feinkörnig

Sandfarbe: gelb

Eigenschaften des feuchtverdichteten Sandes bei 6% Wassergehalt:

Gasdurchlässigkeit (cm^3/cmWS · min) bei 3 Rammschlägen	12,6
Druckfestigkeit (g/cm^2) bei 3 Rammschlägen	1055
Scherfestigkeit (g/cm^2) bei 3 Rammschlägen	315
Raumgewicht des verdichteten Probekörpers (g/cm^3)	1,416
Mittlere Korngröße (MK)	0,074
Gleichmäßigkeitsgrad (Gg)	90,5
Kornfeinheitsnummer	232,18
Schlämmstoffanteil (%)	23,35

Meßergebnisse nach dem Sanddreiecks-Verfahren sind aus den Untersuchungen von JUNGBLUTH für den Enkenbacher- und Ratinger-Formsand in Abb. 20—24 dargestellt.

Aus der Betrachtung dieser und weiterer Raumdiagramme: Gasdurchlässigkeit, Wassergehalt, Verdichtung, geht hervor, daß mit folgenden Eigenschaften zu rechnen ist:

I. gleichmäßige und wenig auf den Wassergehalt bzw. die Verdichtung ansprechende,

II. mäßig auf Wassergehalt und die Verdichtung und

III. stark auf Wassergehalt und die Verdichtung ansprechende Kennwerte (siehe bei Hofmann).

Die Sedimentationsanalyse ist nachfolgend zusammengefaßt:

$>120\ \mu$	47,65%
90 — 120 μ	9,55%
60 — 90 μ	7,85%
40 — 60 μ	4,75%
20 — 40 μ	4,25%
10 — 20 μ	2,33%
4 — 10 μ	3.62%
1,7 — 4 μ	4,61%
$<1,7\ \mu$	15,39%
	100,00%

c) Quarzsande in Frechen. Sie gehören, wie die Gruben in Neurath, Nirodstein, Walbeck, Dörentrup und Hohenbocka, dem Tertiär an. In den Randgebieten der Rheinischen Schiefergebirge und an anderen Stellen bildeten sich damals kaolinige Verwitterungs-

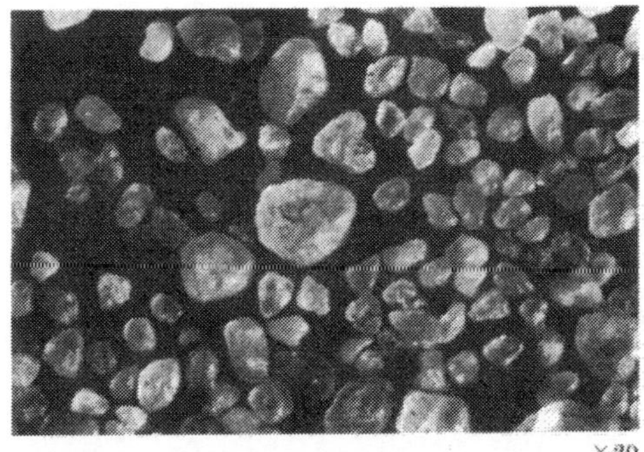

Abb. 13. Formsand aus der Grube Grefrath. Körnungsbeispiel

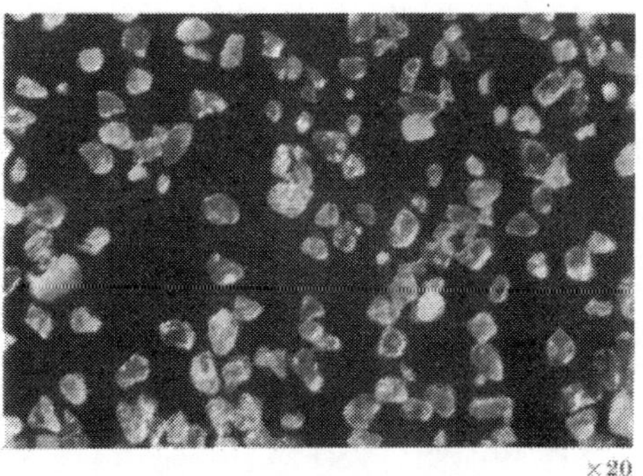

Abb. 14. Formsand aus der Grube Grefrath II. Körnungsbeispiel

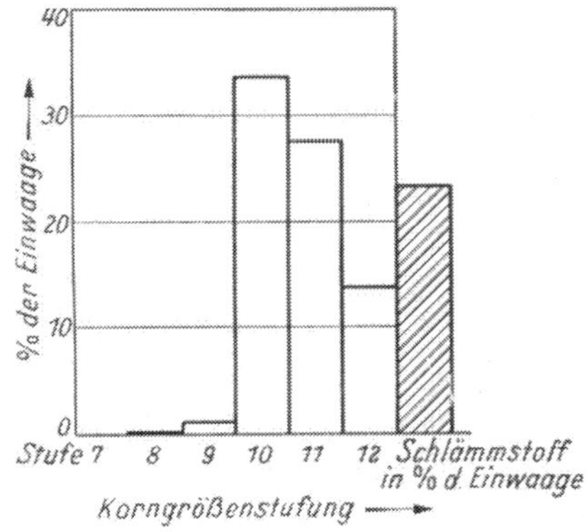

Abb. 15. Formsand aus der Grube Grefrath II. Normgrößen in Prozent der Einwaage

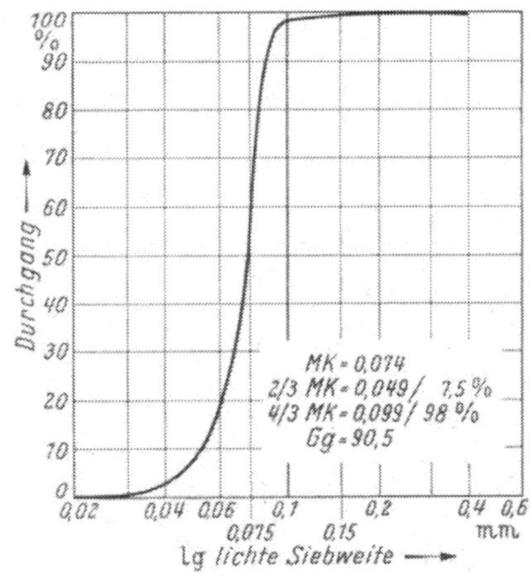

Abb. 16. Formsand aus der Grube Grefrath II. Summenhäufigkeitskurve

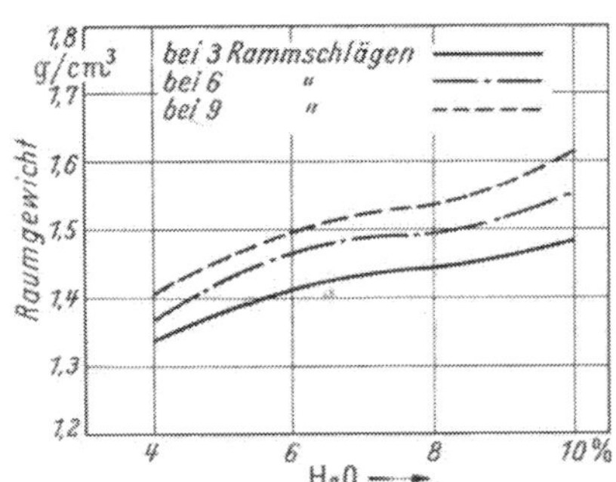

Abb. 17. Formsand aus der Grube Grefrath II. Raumgewicht in Beziehung zur Feuchtigkeit und Verdichtung

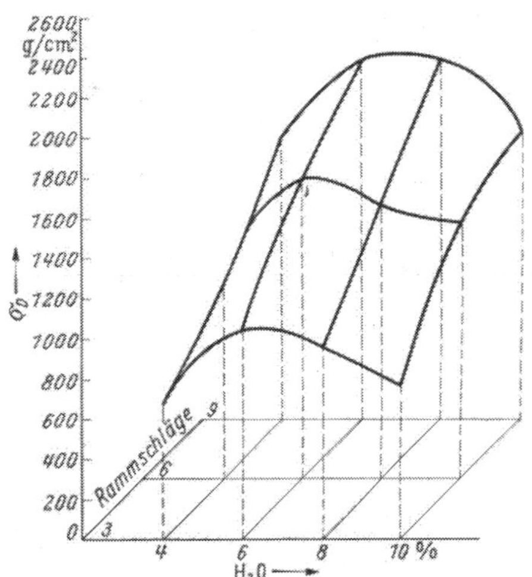

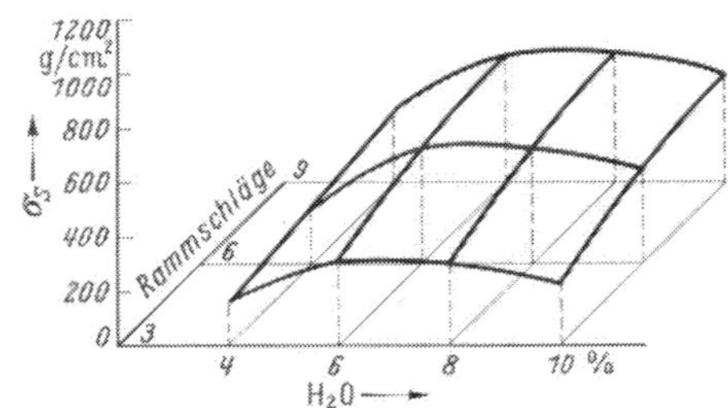

Abb. 19. Formsand aus der Grube Grefrath II. Scherfestigkeit in Abhängigkeit von Verdichtung und Feuchtigkeit

Abb. 18. Formsand aus der Grube Grefrath II. Druckfestigkeit in Abhängigkeit von Verdichtung und Feuchtigkeit

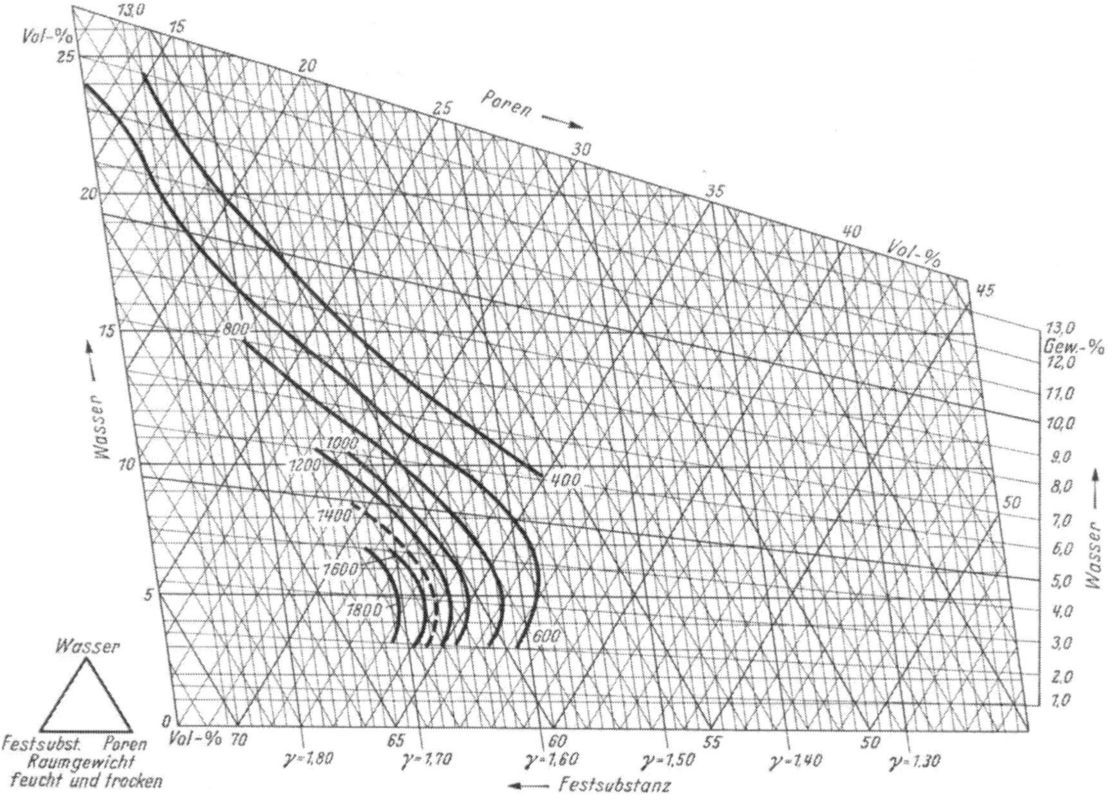

Abb. 20. Sanddreiecks-Aufnahme von Formsand aus Enkenbach, Pfalz (nach JUNGBLUTH)

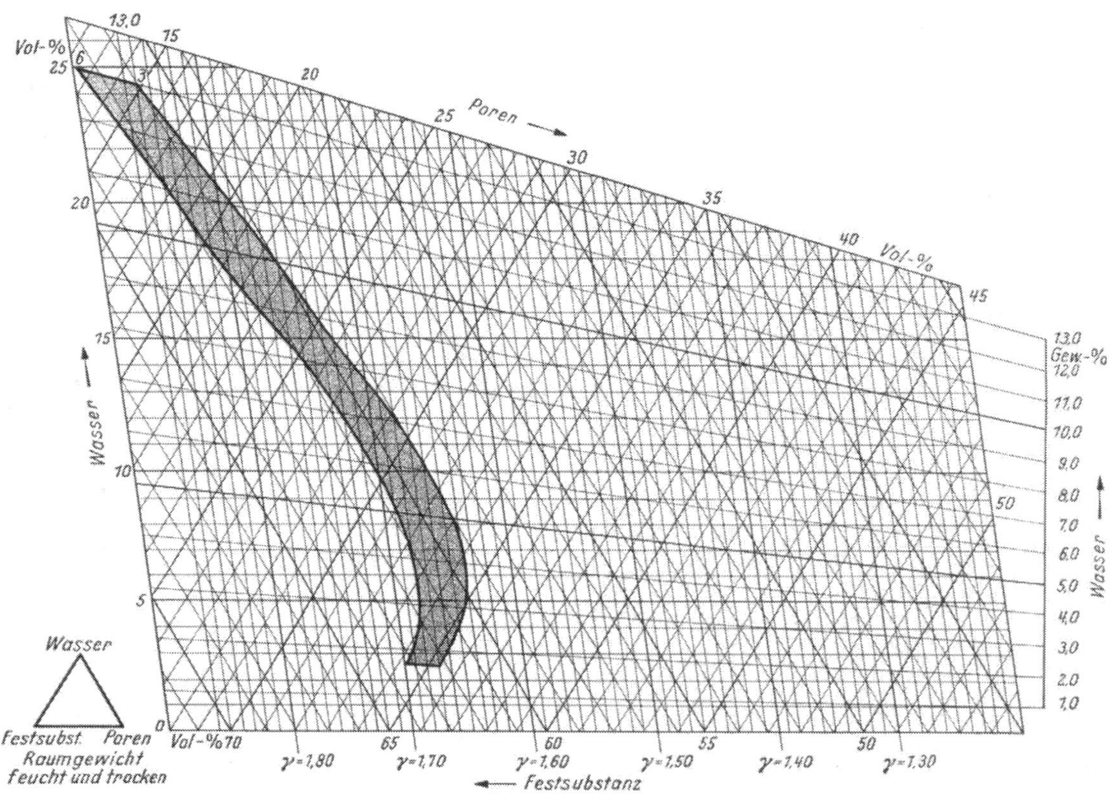

Abb. 21. Sanddreiecks-Aufnahme von Formsand aus Enkenbach, Pfalz (nach JUNGBLUTH)

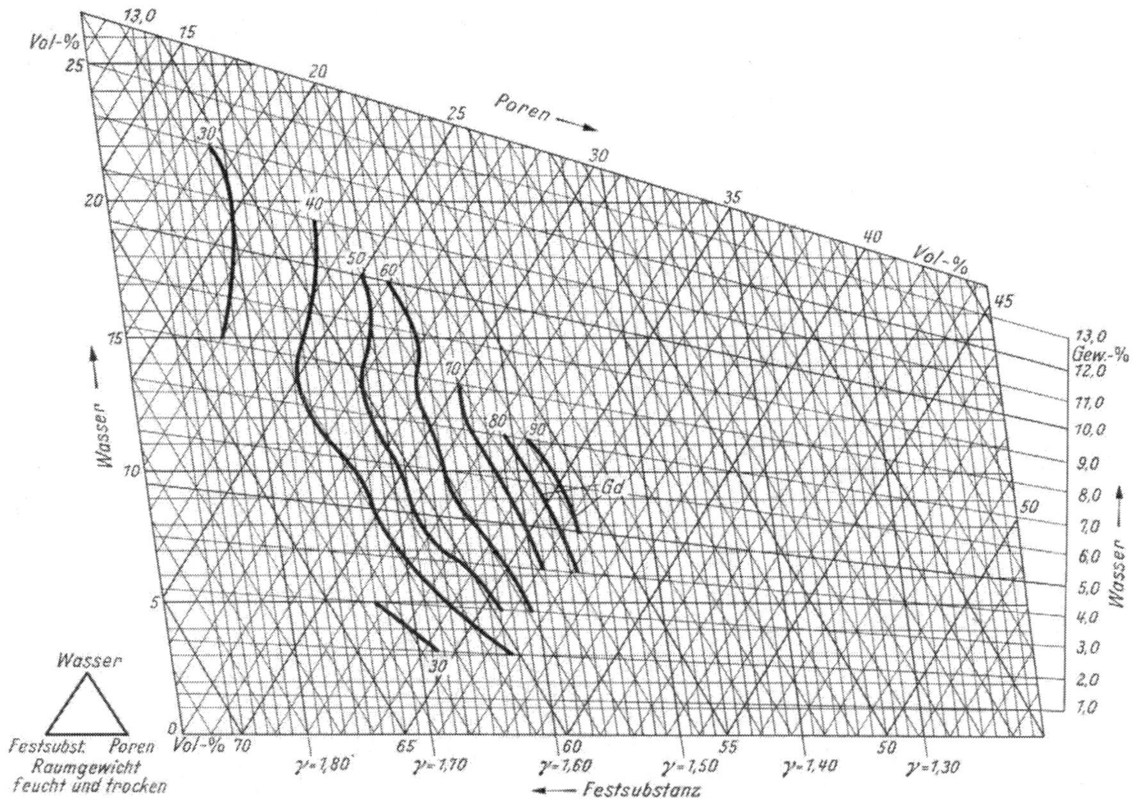

Abb. 22. Dreiecks-Aufnahme von Formsand aus Enkenbach, Pfalz (nach JUNGBLUTH)

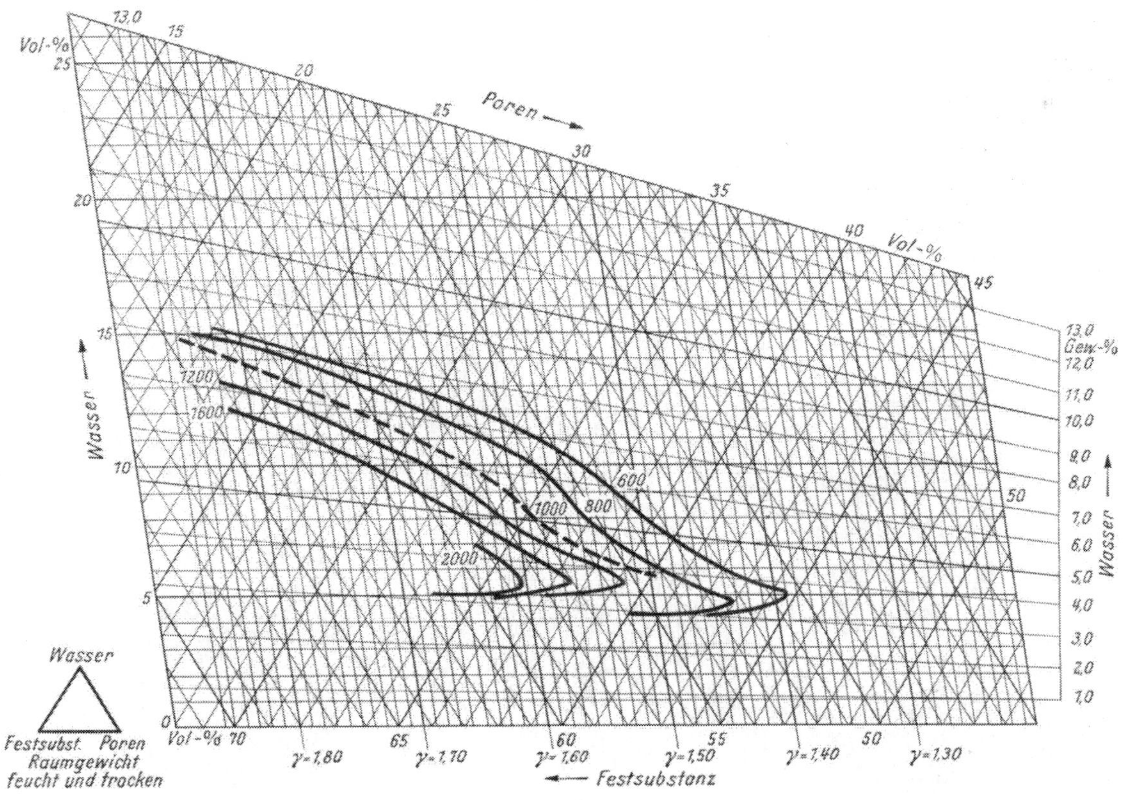

Abb. 23. Sanddreiecks-Aufnahme von Formsand aus Ratingen (nach JUNGBLUTH)

schichten, die in Frechen durch Bewegungen der örtlichen Erdkruste zu einer Hebung führten. In Frechen und in einem Teil der nördlichen Ville liegen bedeutende Quarzsandlager.

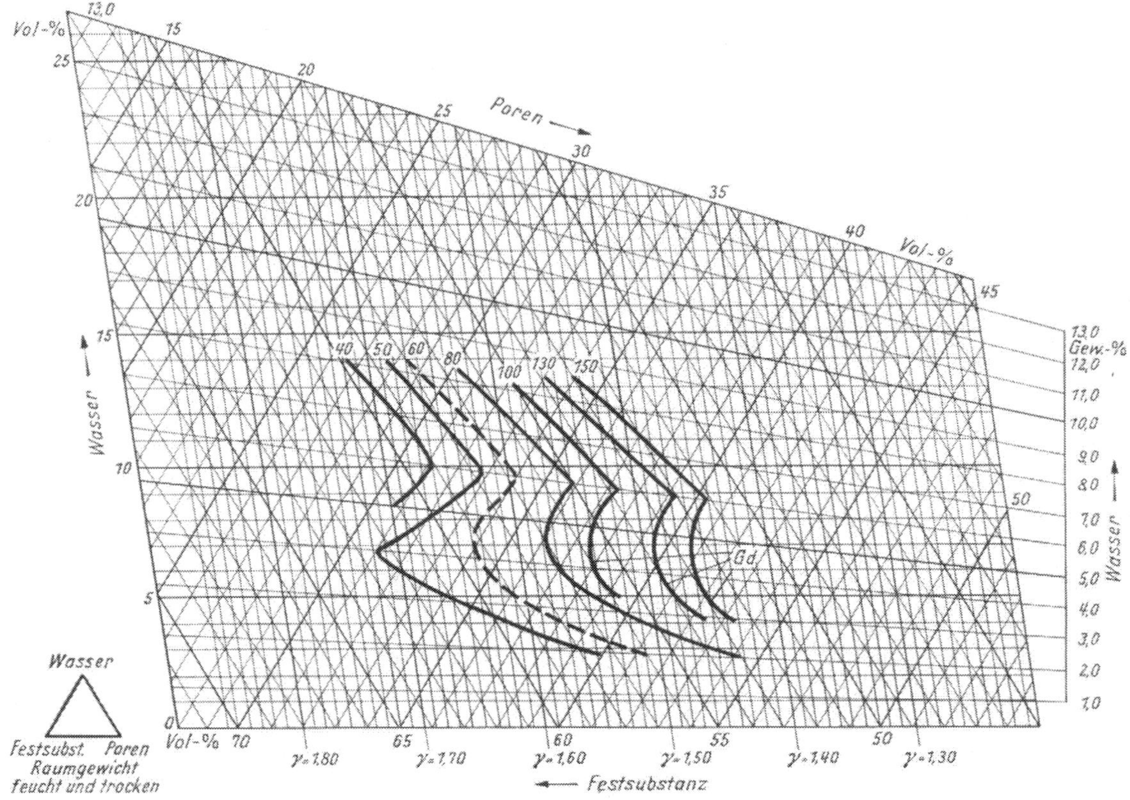

Abb. 24. Sanddreiecks-Aufnahme von Formsand aus Ratingen (nach Jungbluth)

Die Quarzsandgrube Frechen ist in Abb. 25 dargestellt. Sie ist weiträumig und mehrfach gestaffelt. Das Waschen und die Klassifizierung der Sande und ihre evtl. weitere Aufbereitung erfolgt in besonderen Anlagen.

d) Quarzsande Haltern. Interessant sind dann die bekannten Sande von Haltern, die durch mehrere Firmen abgebaut werden. Karrenberg schreibt dazu: ,,Unter besonders

Abb. 25. Quarzsandgrube Frechen b./Köln (Quarzwerke GmbH., Köln-Marienburg)

günstigen Bedingungen ist auch bei Ablagerungen durch das Kreidemeer ein hoher Reinheitsgrad der Sande erreicht worden, so daß sie als hochwertige Sand-, insbesondere Quarzsandlagerstätten erkannt und abgebaut werden können. Dies ist bei den Haltener Sanden der Fall. Sie gehören einer wesentlich älteren geologischen Formation an als die meisten übrigen Sandlagerstätten, nämlich dem Untersenon, einer Unterabteilung der Kreideformation. Die Ausbreitung des damaligen Meeres, in dessen Randzone sandige und kiesige Schichten abgelagert wurden, während sich in einer meerwärts vorgelagerten Zone feinkörnige und vereinzelt sehr gleichförmige reine Quarzsande absetzten, war damals sehr groß. So ist es zu erklären, daß auch im Haltener Becken Quarzsande großer Reinheit nur auf einem verhältnismäßig begrenzten Gebiet auftreten und heute größtenteils unter dem Grundwasserspiegel liegen."

Sande aus Dorsten haben einen Kornaufbau gemäß Tab. 5.

Tabelle 5. *Körnung der Sande aus Dorsten* (Westfälische Quarzsandwerke Dr. MÜLLER, Dorsten)

Type Nr.	mm Korngröße in %							
	<0,06	0,06–0,1	0,1–0,2	0,2–0,3	0,3–0,6	0,6–1,0	1,0–1,5	>1,5
229					15	55	25	5
224				10	50	35	5	
232			5	15	75	5		
228			5	45	50			
223			10	65	25			
231		Spur	30	60	10			
230	5	40	50	5	Spezialsand für Leichtmetallguß schwach schlämmstoffhaltig			

e) Quarzsande von Dörentrup. Dem Tertiär gehören die bedeutenden Lagerstätten von Dörentrup (Lippe) an. Einen Blick in die Sandgrube gibt Abb. 26 wieder; die Tab. 6 liefert dazu einige der Sandkornwerte.

Abb. 26. Quarzsandgrube. (Dörentruper Sand- und Tonwerke, GmbH. Dörentrup/Lippe)

Tabelle 6. *Chemische Zusammensetzung und Körnung des Dörentruper Kristallquarzsandes IB*

Chemische Analyse

Glühverlust	0,121%	Kalk	0,009%
Kieselsäure	99,752%	Magnesia	0,002%
Tonerde	0,078%	Rest Alkalien	0,027%
Eisenoxyd	0,022%		

Siebanalyse

> 0,5 mm	0,8%	0,1 mm	40,3%
0,3 mm	11,2%	< 0,1 mm	3,4%
0,2 mm	44,3%		

Abb. 27. Quarzsandgruhe Amberger Kaolinwerke, Hirschau/Opf.

f) Hirschauer-Schnaittenbacher/Oberpfalz-Quarzsande. Es sind mächtige Vorkommen, die vornehmlich dem Buntsandstein zugehören. Diese Sande sind mit Kaolin vermengt. Der Rohkaolinsand setzt sich z. B. aus 80% Quarzsand, 8% Feldspat und 12% Kaolin zusammen. Diese Sande müssen aufbereitet werden. Abb. 27 zeigt einen Einblick in eine solche Grube. Abgebaut wird dort unter anderem von den Amberger Kaolinwerken und den Kaolin-Kristallquarzsandwerken Gebr. Dorfner.

Zusammenfassend sind in den Tab. 7 und 8 weitere Einzelheiten zu finden. Verwiesen wird noch auf die Zusammenstellungen, die in „Gemeinfaßliche Darstellung des Gießereiwesens", der Broschüre des Süddeutschen Gießerei-Laboratoriums und den Zusammenstellungen der Firmen Gebr. Hüttenes, Dr. Magers—Wagner bzw. Dr. Raschig zu finden sind [*5a*, *5b*, *9* und *10*].

Tabelle 7. *Kennzeichnende Eigenschaften von Formsanden*
(nach fallendem Tongehalt [Schlämmstoffe] geordnet[1]. Aus Gießerei-Kalender 1957)

Fundort	Schlämm-stelle %	Sand %	Korngrößenstufung in % >0,3 mm	0,2 bis 0,3 mm	0,1 bis 0,2 mm	0,06 bis 0,1 mm	<0,06 mm	Körnung[2]	Formgerechter Wassergehalt %	Gasdurchlässigkeit	Scherfestigkeit g/cm²	Druckfestigkeit g/cm²
Nassach (Württ.)	24,4	75,6	62,4	6,1	5,3	1,1	0,7	gk	9,0	65	320	960
Itzehoe (Schleswig)	23,8	76,2	14,9	12,2	23,0	13,6	12,5	fk	6,0	28	210	660
Heddesheim (Nahe.)	23,9	76,2	2,3	7,0	33,4	12,7	20,8	fk	9,0	26	325	880
Bottrop fett (Westf.)	22,0	78,0	1,0	11,0	51,0	11,0	4,0	mk	6,0	40	350	1100
Grefrath B I (Ndrh.)	18,9	81,1	0,5	1,5	41,2	31,0	6,9	fk	8,9	18	395	1400
Goßfelden (Hessen)	18,6	81,4	4,2	5,2	35,3	24,2	12,5	fk	6,0	24	180	720
Dülken (Ndrh.)	18,3	81,7	0,5	0,6	13,9	59,8	6,9	fk	8,0	18	170	780
Kremperheide (Schleswig)	17,1	82,9	16,3	13,1	23,6	15,8	14,6	fk	6,0	19	240	780
Ratingen fett (Rhld.)	17,1	82,9	0,1	0,9	53,1	19,2	9,6	mk	5,9	43	310	820
Bottrop mittelfett (Westf.)	17,0	88,6	1,0	11,0	57,0	10,0	4,0	mk	5,4	50	215	840
Fürstenwalde (Brandenb.)	16,8	83,2	9,9	1,5	13,8	41,5	25,4	fk	6,0	6	150	600

Tabelle 7. *Kennzeichnende Eigenschaften von Formsanden* (Fortsetzung)

Fundort	Schlämmstelle %	Sand %	Korngrößenstufung in % >0,3 mm	0,2 bis 0,3 mm	0,1 bis 0,2 mm	0,06 bis 0,1 mm	<0,06 mm	Körnung[2]	Formgerechter Wassergehalt %	Gasdurchlässigkeit	Scherfestigkeit g/cm²	Druckfestigkeit g/cm²
Miltenberg (Main)	16,0	84,0	31,1	25,2	18,5	6,3	2,9	gk	6,0	160	260	840
Offleben (Sachsen)	15,8	84,2	1,9	9,4	54,0	15,7	3,2	mk	8,0	28	190	700
Dörentrup (Lippe)	15,0	85,0	15,7	23,9	35,8	4,9	4,7	mk	5,0	75	180	600
Rosenthal I (Ndrh.) . . .	15,0	85,0	2,8	11,6	67,1	2,6	0,9	mk	6,0	66	340	1120
Grefrath B II (Ndrh.) . .	14,5	85,5	3,1	14,7	52,5	10,5	2,7	mk	8,75	41	255	980
Grasleben (Niedersachsen)	14,4	85,6	1,7	12,3	63,5	5,5	2,6	mk	8,0	58	220	680
Halle (Saale)	14,1	85,9	0,5	1,1	32,9	40,2	11,2	fk	5,5	29	110	340
Bottrop mager (Westf.). .	13,0	87,0	1,0	12,0	58,0	12,0	3,0	mk	5,4	64	180	570
Bodenwöhr (Bayern) . . .	12,4	87,6	6,0	4,1	45,7	25,3	6,5	mk	6,0	70	250	780
Söllingen (Niedersachsen).	11,7	88,3	0,2	0,7	61,8	14,7	10,9	mk	6,0	24	150	520
Wettersbach (Pfalz) . . .	9,75	90,25	14,8	25,0	33,4	12,0	5,05	mk	6,0	80	70	240
Walkenried (Harz)	9,75	90,25	38,3	24,4	17,5	6,3	3,75	gk	6,0	52	160	560
Rosenthal II (Ndrh.) . . .	9,7	90,3	0,6	8,5	79,5	1,4	0,3	mk	3,75	78	240	820
Hofermühle (Rhld.) . . .	9,5	90,5	1,1	2,8	69,4	16,5	0,7	mk	7,0	24	110	480
Ellrich (Harz)	9,2	90,8	37,6	22,5	21,9	5,5	4,3	gk	8,0	54	130	460
Uckrow (Brandenburg) . .	8,2	91,8	31,8	16,3	29,5	7,3	6,9	gk	6,5	38	110	280
Ratingen mager (Rhld.) .	8,1	91,9	0,6	6,4	67,5	15,2	2,2	mk	3,0	73	140	380
Erkrath (Rhld.)	7,3	92,7	0,9	3,8	66,0	19,3	2,7	mk	6,0	48	45	190
Kindsbach (Pfalz)	6,4	93,6	23,3	20,1	34,3	12,4	8,5	gk	6,0	85	80	230
Riesa (Sachsen)	5,5	94,5	37,8	30,9	19,3	2,9	3,6	gk	5,0	175	80	280
Wohlenbeck (Hann.) . . .	11,3	88,7	0,5	0,3	12,3	55,9	19,7	fk	5,5	38	60	360
Wieseck (Hann.)	10,4	89,6	0,3	3,2	50,4	14,3	21,4	mk	6,0	22	80	260
Kaiserslautern (Pfalz) . .	10,3	89,7	13,3	28,0	40,9	6,0	1,5	mk	5,0	80	110	280
Gödringen (Niedersachsen)	10,3	89,7	1,0	12,6	58,3	9,2	13,6	mk	6,0	44	180	600
Beidersee (Sachsen) . . .	10,2	89,8	0,3	2,9	50,9	11,2	24,5	fk	4,6	30	150	545

[1] Die vorstehenden Kennzahlen der verschiedenen Formsande sind Richtwerte und für die Abnahme von Lieferungen nicht verbindlich.

[2] gk = grobkörnig, mk = mittelkörnig, fk = feinkörnig.

Tabelle 8. *Kennzeichnende Eigenschaften von Quarzsanden* (aus Gießerei-Kalender 1957)

Fundort	Schlämmstoffe %	Sand %	Korngrößenstufung in % >1,5 mm	1,0 bis 1,5 mm	0,6 bis 1,0 mm	0'3 bis 0,6 mm	0,2 bis 0,3 mm	0,1 bis 0,2 mm	0,06 bis 0,1 mm	<0,06 mm	Körnung	Wassergehalt %	Gasdurchlässigkeit
Amberg (Opf.)	0,8	99,2	—	—	—	48,5	30,8	18,9	1,0	—	gk	4	430
Amberg (Opf.)	0,6	99,4	—	—	12,3	67,8	13,9	5,0	0,3	0,1	gk	4	370
Appenhofen (Pf.)	1,3	98,7	—	0,1	2,5	60,3	25,0	10,2	0,5	0,1	gk	2	340
Bornhausen (Lippe) . . .	0,6	99,4	—	—	—	1,0	73,8	24,2	0,3	0,1	gk	2	195
Dörentrup (Lippe)	0,2	99,8	—	—	—	18,6	54,8	22,8	3,5	0,1	gk	2	150
Dorsten (Westf.).	0,6	99,4	0,1	10,2	29,5	45,7	10,8	2,8	0,3	—	gk	2	rd. 750
Dorsten (Westf.).	—	100,0	—	—	0,5	18,0	70,8	9,2	1,1	0,4	gk	2	250
Duingen (Lippe)	0,1	99,9	—	—	—	0,4	5,5	79,6	14,0	0,4	mk	2	95
Düsseldorf (Rhld.)	—	100,0	5,3	8,0	20,6	54,5	10,3	1,2	0,1	—	gk	—	—[3])
Eisenberg (Pf.)	—	100,0	—	—	1,0	13,0	28,0	46,0	11,0	1,0	mk	2	113
Flaesheim (Rhld.)	0,8	99,2	—	—	—	18,2	68,0	11,3	1,6	0,1	gk	2	290
Frechen (Rhld.)	—	100,0	—	—	0,9	20,8	65,0	13,0	0,3	—	gk	2	195
Frechen (Rhld.)	0,8	99,2	—	—	—	1,2	44,6	44,3	8,5	0,6	mk	2	140
Freihung (Opf.)	2,0	98,0	—	—	2,0	3,0	17,0	62,0	11,0	3,0	mk	2	75
Güster (Lüneburg)	—	100,0	3,0	7,3	28,5	48,7	7,8	3,9	0,7	0,1	gk	2	510
Haltern (Westf.).	0,5	99,5	—	—	—	36,0	55,6	7,0	0,8	0,1	gk	2	330
Haltern (Westf.).	0,9	99,1	—	—	—	28,0	62,2	7,2	1,4	0,3	gk	2	300
Haltern (Westf.).	1,6	98,4	—	—	0,8	24,1	46,0	18,0	6,0	3,5	gk	2	130
Haltern (Westf.).	0,3	99,7	—	—	0,7	19,5	54,0	24,9	0,5	0,1	gk	2	220
Haltern (Westf.).	0,7	99,3	—	—	—	19,9	54,6	23,1	1,5	0,2	gk	2	220
Haltern (Westf.).	0,5	99,5	—	—	—	25,8	55,5	17,4	0,8	—	gk	2	223

Tabelle 8. *Kennzeichnende Eigenschaften von Quarzsanden* (Fortsetzung)

Fundort	Schlämmstoffe %	Sand %	Korngrößenstufung in % >1,5 mm	1,0 bis 1,5 mm	0,6 bis 1,0 mm	0,3 bis 0,6 mm	0,2 bis 0,3 mm	0,1 bis 0,2 mm	0,06 bis 0,1 mm	<0,06 mm	Körnung	Wassergehalt %	Gasdurchlässigkeit
Haltern (Westf.)	—	100,0	—	—	1,5	59,5	34,1	4,5	0,3	0,1	gk	2	460
Haltern (Westf.)	—	100,0	—	—	—	36,3	56,5	6,8	0,3	—	gk	2	360
Haltern (Westf.)	—	100,0	—	—	—	7,3	72,0	19,5	1,0	0,2	gk	2	255
Hellstein (Hessen)	0,5	99,5	—	—	—	6,0	19,8	55,5	17,9	0,3	mk	2	109
Herrnwahlthann (Opf.)	11,0	89,0	—	—	0,5	2,5	10,5	70,0	4,5	1,0	mk	4	44
Hirschau (Opf.)	0,2	99,8	—	—	13,0	74,1	11,1	1,5	0,1	—	gk	2	600
Hirschau (Opf.)	0,5	99,5	1,0	8,0	69,0	18,5	2,0	0,5	0,5	—	gk	—	—[3]
Hirschau (Opf.)	—	100,0	—	—	13,0	67,0	15,5	4,0	0,5	—	gk	—	—[3]
Hirschau (Opf.)	1,0	99,0	—	—	0,5	22,0	36,0	36,0	4,0	0,5	gk	2	310
Hirschau (Opf.)	0,3	99,7	—	—	0,2	15,0	45,6	33,6	5,2	0,1	gk	2	249
Hirschau (Opf.)	10,0	90,0	—	—	1,0	0,5	1,5	41,0	33,0	13,0	fk	4	243
Hirschau (Opj.)	0,8	99,2	—	—	—	27,5	42,5	21,9	7,2	0,1	gk	2	170
Horrem (Rhld.)	3,0	97,0	—	—	2,0	13,0	26,0	40,0	12,0	4,0	mk	2	80
Horrem (Rhld.)	9,0	91,0	—	—	—	28,0	44,0	17,0	1,0	1,0	gk	4	172
Horrem (Rhld.)	—	100,0	—	—	19,0	44,0	22,0	12,0	2,0	1,0	gk	2	340
Kindsbach (Pfalz)	0,6	99,4	—	—	1,8	45,8	39,3	11,5	1,0	—	gk	2	163
Leichlingen (Rhld.)	4,1	95,9	—	—	—	0,5	5,1	81,8	8,0	0,5	mk	2	68
Lengerich (Westf.)	—	100,0	—	—	1,3	21,4	45,6	23,5	6,6	1,6	gk	2	122
Lippe	0,1	99,9	—	0,7	1,2	52,0	44,0	2,0	—	—	gk	2	370
Massenhausen (Obb.)	1,7	98,3	0,2	0,3	0,7	12,8	49,3	27,3	6,0	1,7	gk	2	165
Mellendorf (Hann.)	1,5	98,5	0,1	0,8	6,6	58,9	22,8	7,7	1,3	0,3	gk	2	365
Mellendorf (Hann.)	0,9	99,1	—	0,6	2,3	45,5	35,7	12,7	2,0	0,3	gk	2	290
Miltenberg (Main)	2,0	98,0	1,0	0,5	4,0	28,5	29,0	27,5	6,0	1,5	gk	2	182
Miltenberg (Main)	2,0	98,0	0,5	1,5	24,5	53,0	12,0	5,0	1,0	0,5	gk	2	479
Miltenberg (Main)	—	100,0	—	—	40,0	45,5	11,5	3,0	—	—	gk	2	rd. 700
Miltenberg (Main)	—	100,0	2,5	3,5	42,5	37,0	8,5	5,5	0,5	—	gk	2	rd. 700
Monheim (Rhein)	0,3	99,7	2,0	7,1	18,4	6,5	14,1	1,8	0,3	—	gk	—	—[3]
Monsheim (Pf.)	18,0	82,0	—	—	—	0,3	0,1	11,0	38,6	32,0	fk	2	33
Monsheim (Pf.)	1,0	99,0	—	—	1,0	25,7	30,0	35,0	7,0	0,3	gk	2	170
Neuenkirchen (Westf.)	0,3	99,7	—	—	16,3	56,5	22,5	3,5	0,9	—	gk	2	330
Niederleierndorf (Ndb.)	1,7	98,3	0,3	0,3	0,8	20,8	59,7	14,3	1,9	0,2	gk	2	245
Nivelstein (Aachen)	0,4	99,6	—	—	—	20,2	65,5	12,4	1,0	0,5	gk	2	210
Nivelstein (Aachen)	0,4	99,6	—	—	—	9,0	71,2	16,0	2,0	1,4	gk	2	210
Nivelstein (Aachen)	0,5	99,5	—	—	—	14,5	75,5	9,1	0,4	—	gk	2	227
Nivelstein (Aachen)	0,1	99,9	—	—	—	39,0	49,7	10,4	0,7	0,1	gk	2	250
Nivelstein (Aachen)	2,0	98,0	—	—	—	1,0	17,0	70,6	8,4	1,0	mk	4	113
Nivelstein (Aachen)	—	100,0	—	—	0,1	5,0	20,0	68,5	6,3	0,1	mk	2	110
Osterspai (Rhein)	—	100,0	—	7,0	28,0	61,0	4,0	—	—	—	gk	4	550
Rosenthal (Ndrh.)	1,4	98,6	—	—	—	0,3	21,2	71,0	5,5	0,6	mk	2	125
Rosenthal (Ndrh.)	8,9	91,1	—	—	—	0,2	39,8	49,1	1,9	0,1	mk	4	100
Roxheim (Rhein)	0,1	99,9	—	—	3,6	68,5	24,4	3,4	—	—	gk	2	560
Schnaittenbach (Bay.)	0,4	99,6	—	—	—	28,0	30,6	35,6	5,1	0,3	gk	2	230
Schnaittenbach (Bay.)	0,2	99,8	—	0,1	1,8	14,3	28,8	46,6	7,8	0,4	mk	2	220
Vegesack (Bremen)	0,8	99,2	—	—	—	8,5	49,2	35,4	5,8	0,3	gk	2	150
Welchenberg (Rhld.)	0,8	99,2	—	—	—	5,2	63,7	30,0	0,2	0,1	gk	2	130
Welchenbach (Rhld.)	0,2	99,8	—	—	—	5,8	58,1	35,5	0,4	—	gk	2	160
Weltersbach (Pf.)	3,7	96,3	—	—	0,2	33,5	53,1	8,8	0,5	0,2	gk	2	210
Wemding (Ries)	0,2	99,8	—	1,0	12,4	54,4	25,0	6,5	0,5	—	gk	2	500
Wesel (Rhld.)	—	100,0	11,4	10,5	17,4	46,6	11,1	2,5	0,5	—	gk	—	—[3]
Wohlenbeck (N. E.)	—	100,0	—	—	—	37,0	44,0	17,5	1,0	0,5	gk	2	360
Wohlenbeck (N. E.)	—	100,0	—	—	—	1,5	19,5	64,0	14,0	1,0	mk	2	180
Worms (Rhein)	0,2	99,8	—	—	17,6	60,1	17,7	3,0	1,0	0,4	gk	2	rd. 600

III. Körnige Bestandteile der Sande

1. Mineralogie

Die natürlichen Formstoffe enthalten:

1. Quarzkörner unterschiedlicher Struktur.
2. Kornanteile, wie Feldspat usw. Die Abgrenzung nach der Größe gegen die nun folgenden Schlämmstoffe dürfte etwa bei 50 μ liegen.
3. Tonmineralien und Schlämmstoffe.

Weitere Formstoffe sind:

4. Lehme.
5. Zirkon-, Olivin-, Schlackensande u. a.

Zu 1. Quarzkörner. Einteilung. Die Kieselsäure ist in der Natur in verschiedener Struktur verbreitet. Eine Übersicht über die natürlichen Vorkommen der Kieselsäure gibt NIEDERLEUTHNER (Tab. 9).

Tabelle 9. *Übersicht über die natürlichen Vorkommen der Kieselsäure* (nach NIEDERLEUTHNER)

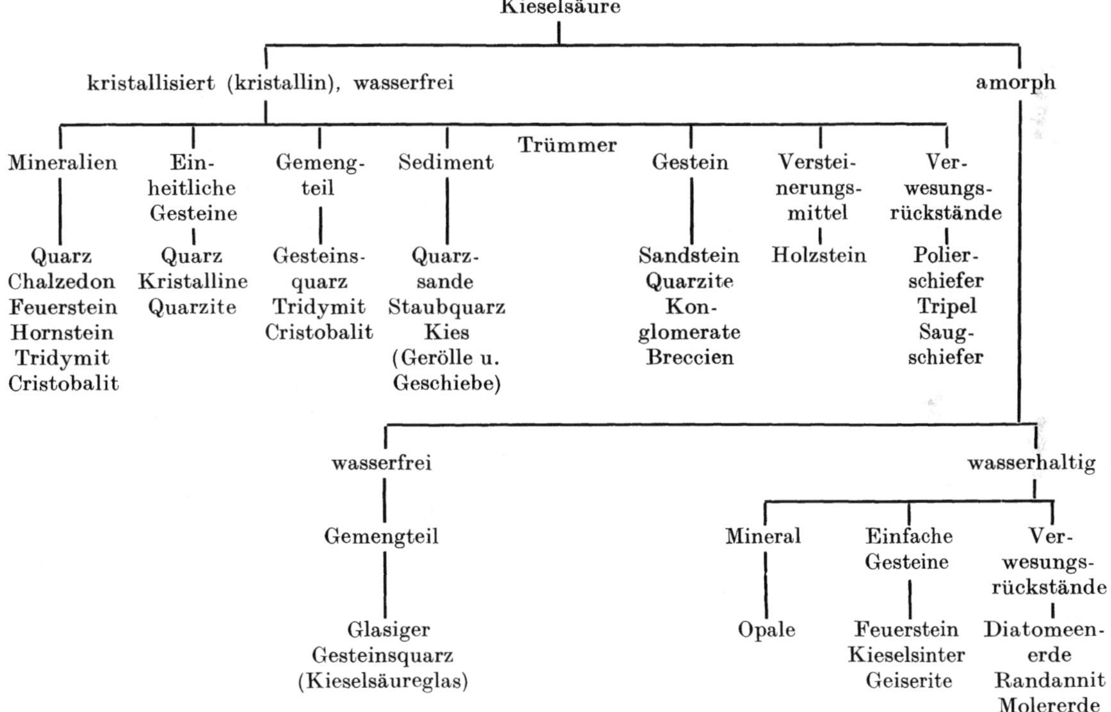

2. Modifikationen

Die Kieselsäure besitzt vier kristallisierte, eine quasikristalline (geschmolzener Quarz) und eine gelartige Modifikation. Man teilt erstere nach Untersuchungen von FENNER oder u. a. nach KRATZERT, je nach Beständigkeit in verschiedene Temperaturfelder ein (Abb. 28). Die kristallisierte Struktur des Quarzes zeigt, daß vier Atome Sauerstoff ein Siliziumatom umgeben. Infolge der Verkettung der Atome sind Dreiergruppen anzutreffen, die aus einem Silizium- und zwei Sauerstoffatomen bestehen. Die Anordnung auf einer Ebene läßt etwa folgendes Schema erkennen (Abb. 29).

Eine andere Darstellung zeigt die Atomanordnung im kristallinen (a) und im glasigen (b) SiO_2, wobei auch hier ein zweidimensionales Modell nach ZACHARIASEN gewählt wurde (Abb. 30).

Raumgeometrische Bilder der verschiedenen Modifikationen zeigt die Abb. 31.

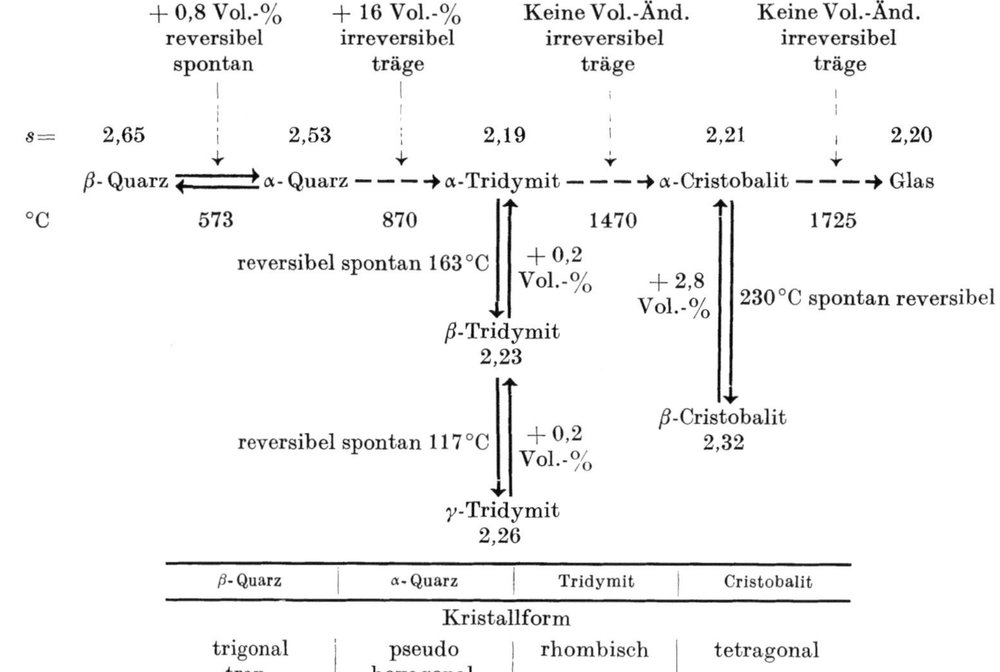

β-Quarz	α-Quarz	Tridymit	Cristobalit
	Kristallform		
trigonal trap.	pseudo hexagonal	rhombisch	tetragonal

Abb. 28. Kieselsäure-Modifikation

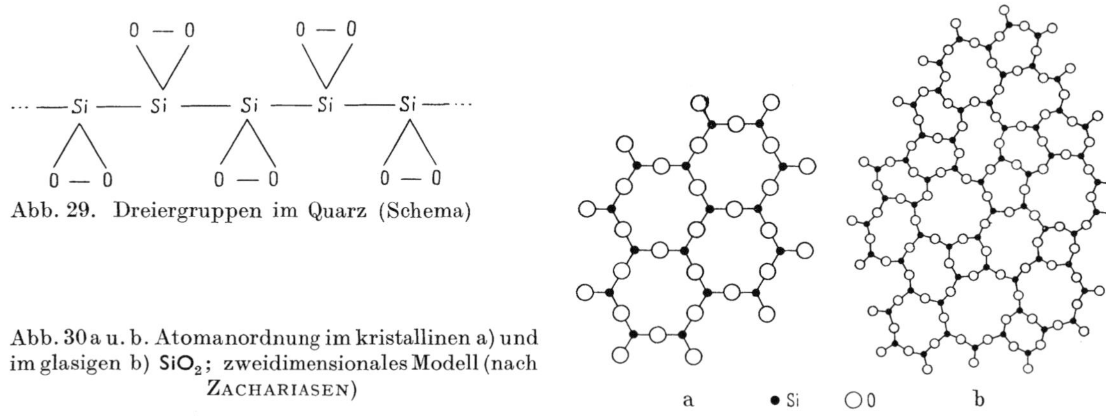

Abb. 29. Dreiergruppen im Quarz (Schema)

Abb. 30a u. b. Atomanordnung im kristallinen a) und im glasigen b) SiO_2; zweidimensionales Modell (nach ZACHARIASEN)

Neben den kristallisierten Phasen finden sich noch eine glasige Struktur (Quarzglas bzw. geschmolzener Quarzsand) und eine weitere Phase, die von einem geringen Ordnungszustand bis zum fast strukturlosen Gel schwankt.

3. *Quarzkornarten*

In den Sanden beobachtet man

durchscheinenden Quarz — Milchquarz — Rosenquarz — Grauquarz — dichten Quarz u. a.

Teilweise sind die Körner sehr gut erhalten. Über ihre Form, Oberfläche usw. wird später berichtet. Gelegentlich zeigen die Quarzkörner Verwitterungserscheinungen.

Einige physikalische Werte. Die Dichte von Quarz liegt bei 2,651. Der Brechungskoeffizient liegt bei $n = 1{,}544$ (18 °C). Der γ-Tridymit hat eine Dichte von 2,26, der β-Cristobalit eine solche von 2,32. Der Schmelzpunkt ist mit 1670 bzw. 1702 °C festgelegt worden. Quarz: MOHS-Härte: 7.

Die Wärmeleitfähigkeit ist sehr klein und abhängig von der Natur des Kornes, seiner Korngröße und vor allem der Packungsdichte. Auch die Anwesenheit von Wasser oder diejenige von Schlämmsubstanz beeinflussen sie.

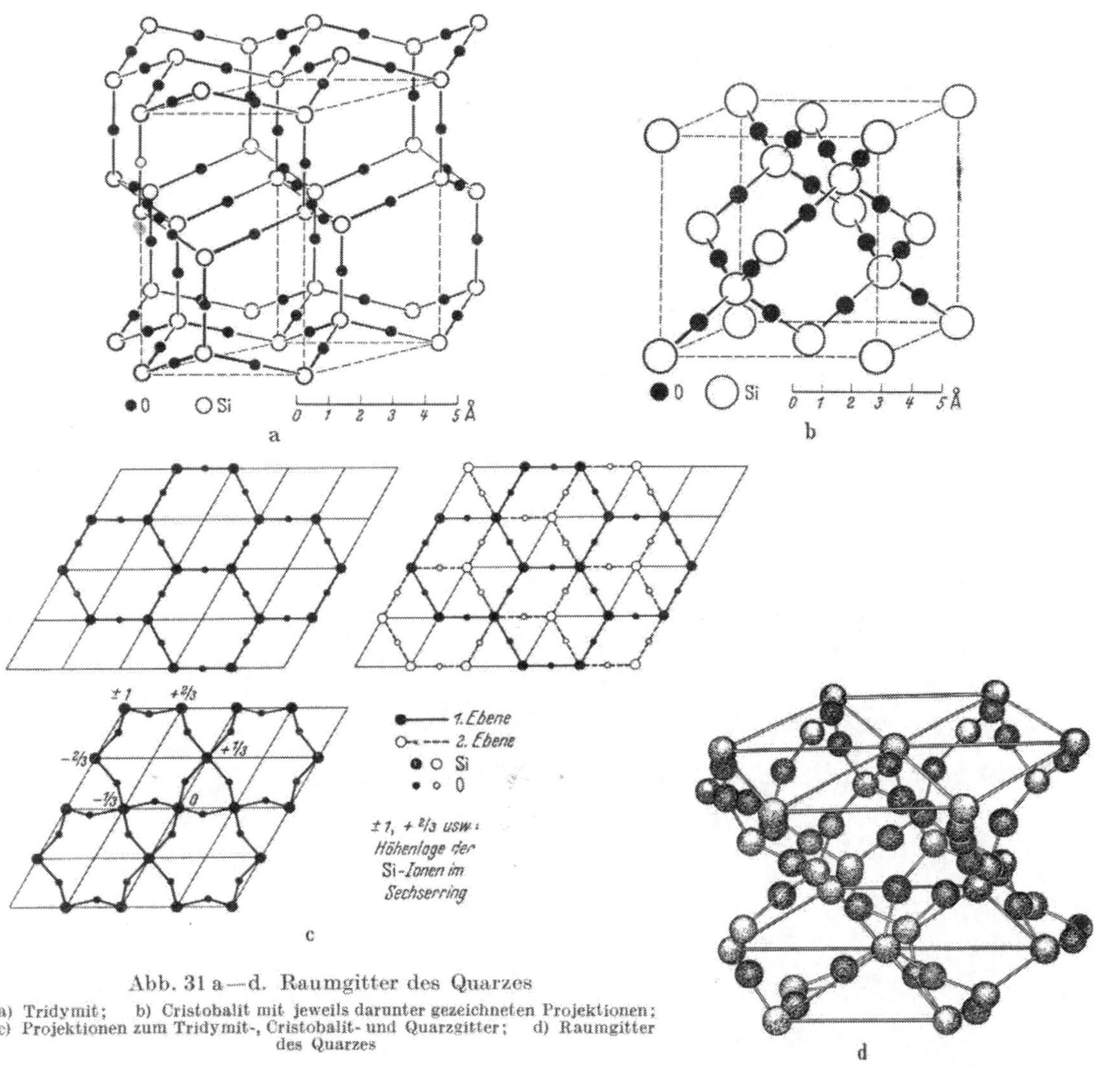

Abb. 31 a—d. Raumgitter des Quarzes

a) Tridymit; b) Cristobalit mit jeweils darunter gezeichneten Projektionen; c) Projektionen zum Tridymit-, Cristobalit- und Quarzgitter; d) Raumgitter des Quarzes

Beispiele (nur Quarzkorn):

Korn: 0,3 mm 0,0003568 0,1 mm 0,0002870

mit Porenvolumen, Korn: 0,3 mm				mit Wassergehalt, Korn: 0,3 mm			
42%	0,0005621	52%	0,0002220	0%	0,0005297	20%	0,0011481

Die Wärmeleitfähigkeit ist gemessen zwischen 0—100 °C in kcal $m^{-1} h^{-1}$ ° C^{-1}.

Neuerdings sind von SCHUMACHER [*11*] Wärmeleitwerte von verschiedenen Sanden (Abb. 32), benannt worden.

Das Ausdehnungsverhalten von Quarz, Glimmer, Feldspat und Kaolin zeigt Abb. 33 (D. K. B., 1952, 75).

4. *Erkennung*

Im ausgeschlämmten Zustand (siehe Prüfung), möglichst noch mit schwacher, heißer Salzsäure nachbehandelt (Vorsicht Kalk u. a.), sind die Quarzkörner nach Größe, Farbe und Oberflächengestaltung sowie nach ihrem inneren Aufbau schon bei schwacher Vergrößerung gut zu fassen. Besonders ihr Verhalten gegenüber der Lichtbrechung ist kennzeichnend. Man untersucht unter dem Mikroskop (Objektträger oder Schale) oder in einer Kristallisationsschale mittels einer Lupe. Die Körner müssen dazu möglichst gleich-

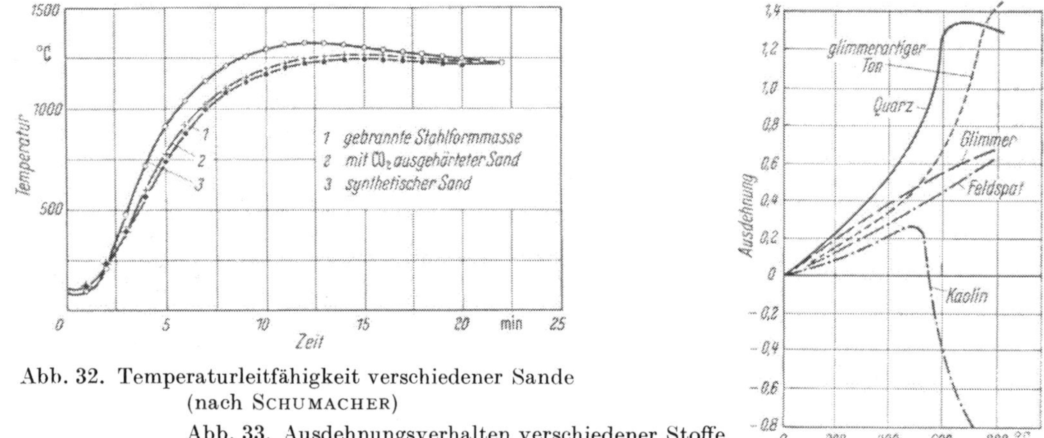

Abb. 32. Temperaturleitfähigkeit verschiedener Sande (nach SCHUMACHER)

Abb. 33. Ausdehnungsverhalten verschiedener Stoffe

mäßig und auf jeden Fall einschichtig ausgebreitet werden. Zur quantitativen Messung kann man die Körner vorher wägen. Es sind mehrere Präparate notwendig. Danach gibt

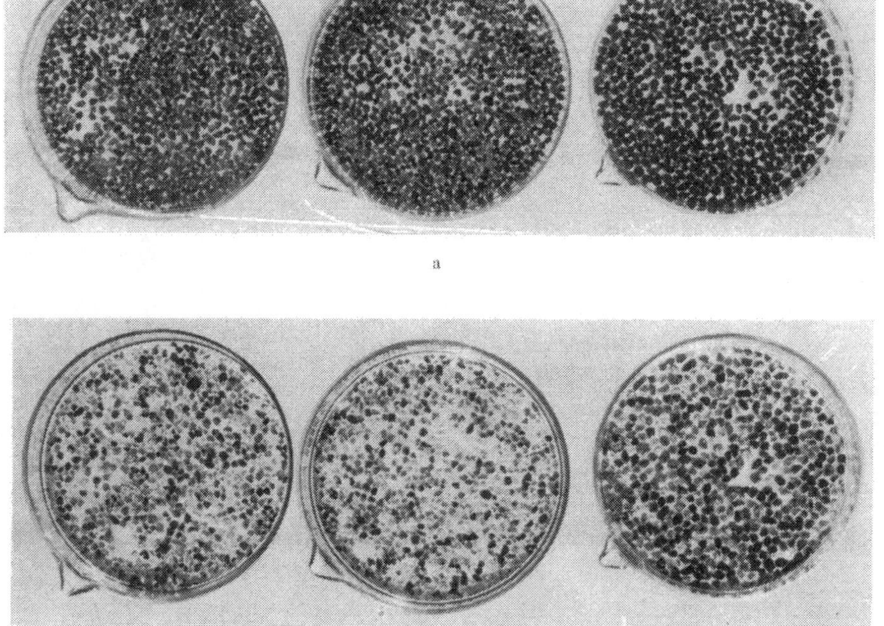

a

b

Abb. 34 a u. b. Vor a) und nach b) der Zugabe von Tetralin zur Erkennung von Quarz

man frisch destilliertes Tetralin (Tetrahydronaphtalin, $C_{10}H_{12}$; Brechungsindex $n = 1{,}4830$; 24 °C; diese Flüssigkeit ist z. B. bei MERCK, Darmstadt, u. a. zu beziehen) hinzu, und zwar so viel, daß die Körner mit der Flüssigkeit gut bedeckt sind. Die Quarzkörner verschwinden dann ganz oder fast ganz, etwa so, wie in Abb. 34 für die Makrodarstellung gezeigt ist.

Die Nicht-Quarzkörner treten nach dieser Behandlung als dunkle Körner deutlich hervor und können einzeln mit der Pinzette zusammengeschoben und zur Wägung herausgeholt werden. Bei einer solchen Untersuchung zeigt sich, daß verhältnismäßig beachtliche Teile, z. B. an Feldspaten usw., in den ausgeschlämmten Proben zu finden sind.

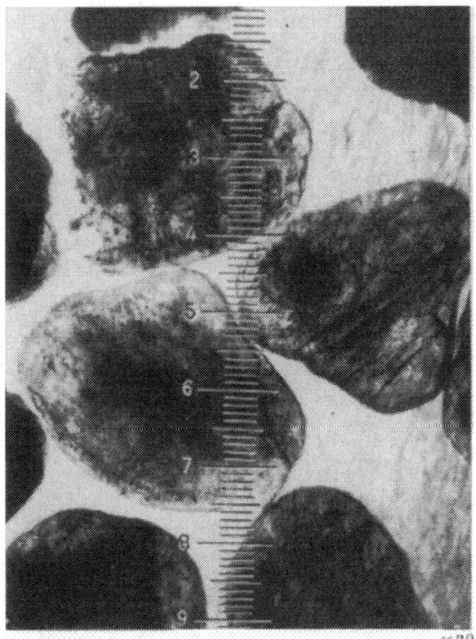

Abb. 35. Quarzkörner mit Rissen und Verwachsungen auf der Oberfläche

Ganz besonders wichtig ist das Erkennen der Oberflächenstruktur und des Reflexionsverhaltens beim Senken und Heben des Mikroskop-Tubus. Auch durch Drehen des Tisches kann man Risse, Spaltebenen etwa durch verzwillingte Kristalle hervorgerufen, erkennen. Von hier aus kann man wertvolle Aussagen über das Verhalten des Quarzkornes bezüglich des Verstaubens machen. In Abb. 35 sind auf den Quarzkörnern deutlich Risse und Spaltungen zu ersehen. Auch Verwachsungen sind leicht faßbar.

Die Lichtbrechungswerte, Tab. 10, von verschiedenen Mineralien sind nachstehend zu finden. Über die Prüfmethode gibt die Arbeit von KÖHLER [*12*] Auskunft. Auf das Anfärbevermögen, die MOHSsche Härte u. a. Bestimmungsverfahren sei hingewiesen.

Tabelle 10. *Lichtbrechungswerte verschiedener Mineralien*

Quarz	1,542–1,5533	Apatit	1,642 –1,646	Hämatit	1,278
Opal	1,3 –1,45	Calzit	1,4864–1,6583	Topas	1,619–1,627
Feldspat	1,518–1,538	Dolomit	1,682	Kaolinit	1,553–1,570
	(1,588)	Eisenspat	1,873	Montmorillonit	1,492–1,560
Glaukonit	1,590–1,645	Flußspat	1,4339	Nontronit	1,560–1,660
Muskovit	1,552–1,582	Gips	1,520	Halloysit	1,490–1,55

Die Anfärbbarkeit mit Methylenblau, Eosin, Malachitgrün u. a. gibt Möglichkeiten der Erkennung. Schon frühzeitig ist diese bei feuerfesten Stoffen benutzte Methode vom Verfasser auf die Prüfung der Schlämmsubstanz der Tonmineralien usw. angewendet worden. PFEFFERKORN [*13*] hat ebenfalls darüber berichtet.

Danach wird unterteilt:

Nicht bzw. bedingt anfärbbar	*deutlich anfärbbar*	*stark anfärbbar*
Quarz	Kaolin	Montmorillonit
Calzit	Halloysit	Glaukonit
Muskovit	Kieselsäureanhydrid	
Biotit		
Orthoklas (teilweise, sofern kaolinisiert)		

Die Anfärbbarkeit kann durch Vorbehandlung mit schwachen Säuren oder Laugen modifiziert werden. Von Quarz ist durch HARTMANN bekannt, daß er sich mit Aluminiumhydroxyd leicht überzieht. Damit sind weitere Möglichkeiten der Erkennung gegeben. GROCHALSKI [*14*] berichtet von einer Färbung mit 2%iger Aurinlösung bei 70 °C, wobei der Quarz sich leicht kirschrot anfärben läßt. ROLL und KIELBLOCK haben Luminophorfärbung mit UV-Lichtbeobachtung gekoppelt und gute Einblicke in den Aufbau der Ton- und anderer Mineralien der Schlämmsubstanz erzielen können.

Die Härteskala nach MOHS gibt Unterschiede der verschiedenen Mineralien frei (Tab. 11).

Tabelle 11. *Mohs-Skala*

	Härte		Härte		Härte
1. Diamant	10	5. Feldspat	6	8. Kalkspat	3
2. Korund	9	6. Apatit	5	9. Steinsalz/Gips	2
3. Topas	8	7. Flußspat	4	10. Talk	1
4. Quarz	7				

5. *Wachsen*

Man versteht darunter eine bleibende Volumenausdehnung beim Erhitzen. Dabei ist jedoch festzustellen, daß die Volumenzunahme von der Höhe der Temperatur und der Erhitzungsgeschwindigkeit abhängig ist. Auch die Struktur des Quarzes ist wirksam. In der feuerfesten Industrie ist bekannt, daß Zement-Quarzite sich leicht umwandeln, während die kristallinen Quarzite mäßig bis träge reagieren. Desgleichen ist die Größenordnung des Kornes von Bedeutung. Feinkornanteile geben ein stärkeres Wachsen. Ein Maßstab für den Umwandlungsgrad ist das spezifische Gewicht. Im Formzustand spielt auch noch die Pakkungsdichte mit. Aber auch die Schlämmsubstanz kann den Umwandlungsgrad beeinflussen. In der Silikatchemie spielen Beschleuniger eine wesentliche Rolle.

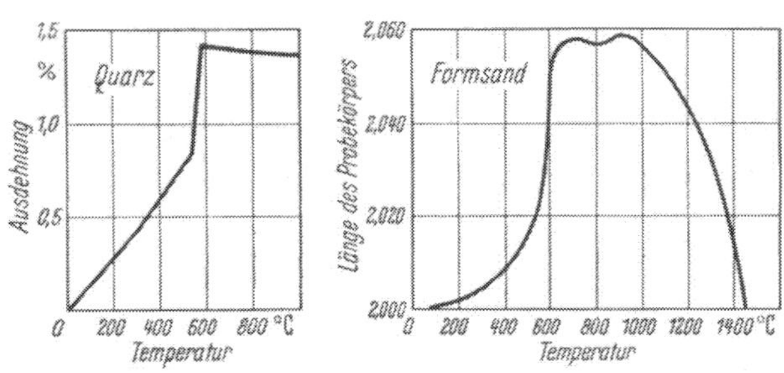

Abb. 36a. Ausdehnungsverhalten von Quarz und Formsand

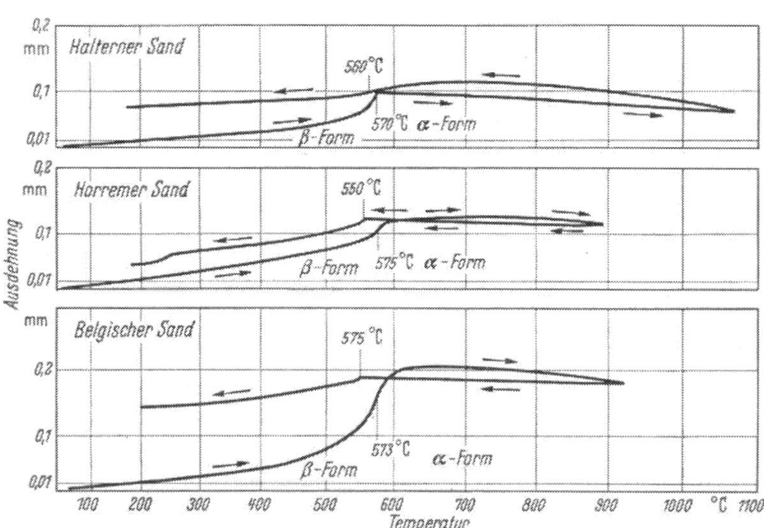

Abb. 36b. Ausdehnungsverhalten dreier Formsande (nach ROESCH)

Das Ausdehnungsverhalten von Quarz und Formsand wird in Abb. 36 gezeigt. Unter anderem hat ROESCH [*15*] das Ausdehnungsverhalten von Gebrauchssanden in Abhängigkeit von der Temperatur gemessen. Um evtl. Wachsen zu verhindern, wird der Feinkornanteil des Sandes gering gehalten werden müssen. Gelegentlich setzt man Binder oder Sägespäne zu. Aus amerikanischen Untersuchungen wird berichtet, daß gewisse Sande vor dem Gebrauch so hoch erhitzt werden, daß Tridymit, der sich nur noch wenig volumenmäßig verändert, entsteht.

Weitere Untersuchungen über das Wachsen von Quarzkorn bringt die nachfolgende Tabelle:

Kerne aus	Sulfitlauge		K_1-Ölsand		Quellbinder
Packungszustand	locker	dicht	locker	dicht	dicht
bis 500 °C	0,1%	0,2%	0,1%	0,2%	0,1%
800— 900 °C	0,7%	1,9%	0,9%	1,8%	1,2%
900—1300 °C	1%	2,5%	1%	2—3%	1,8%

Neuerdings ist das Wachsen mit dem Schülpen in Verbindung gebracht worden. In diesem Zusammenhang ist eine der Arbeiten von DIETERT [*15a*] interessant. Diese bringt Beziehungen zwischen der Hochtemperaturprüfung und Gußfehlern. Mittels des benutzten

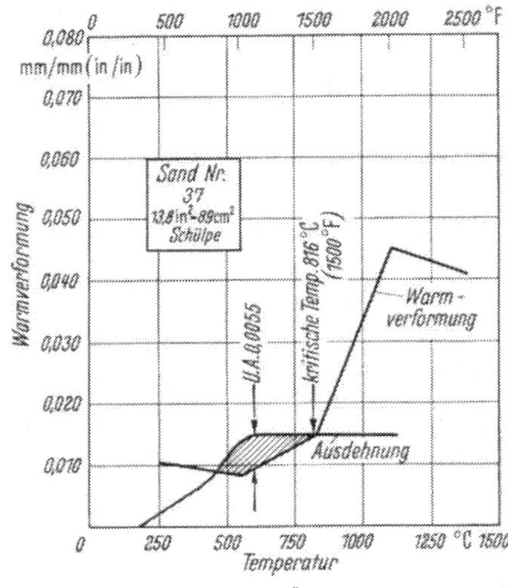

a

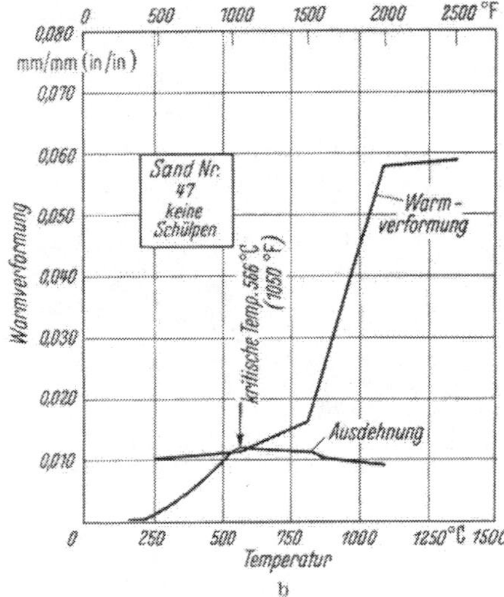

b

Abb. 37a u. b. a) Ausdehnung und Warmverformung für einen schülpenden Sand; schraffierte Fläche = Schülpenfaktor, eingeschlossene Fläche. b) Ausdehnung und Warmverformung für einen nichtschülpenden Sand (nach DIETERT)

Thermolabgerätes sind Spannungsschaubilder ermittelt worden. Das Verhalten nicht einwandfreien Sandes wird bekanntgegeben (Abb. 37). Der Wert von Zusätzen, wie Steinkohlenstaub wird erneut unterstrichen. Im übrigen sind die Warmdruckfestigkeitswerte von einzelnen Sandmischungen recht verschieden: Sand mit Na-Bentonit: 12 kg/cm² gegen den gleichen Sand mit Tonzusatz: 35 kg/cm². Eine weitere Abb. 38 orientiert über die Warmdruckfestigkeit verschiedener Sande. Ähnliche Messungen sind im EGV 1929 von ROLL bekanntgegeben worden.

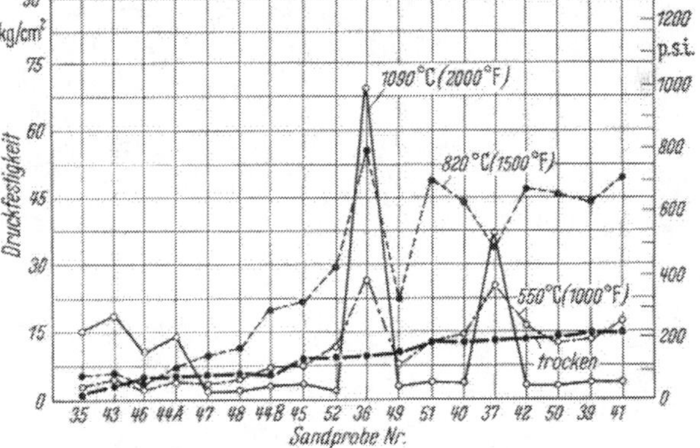

Abb. 38. Unterschiede der Warmfestigkeit von verschiedenen Graugußsanden (nach DIETERT)

6. *Zerspringungsneigung (Verstaubungsgefahr)*

Man muß mit dem Zerspringen durch

a) mechanische Einwirkung, etwa Kollern, Schleudern u. a. des natürlichen, noch nicht erhitzten Sandes,

b) dem Zerspringen nach der Temperatureinwirkung

c) und der gleichzeitig wirkenden mechanischen Aufbereitung nach thermischer Beanspruchung unterscheiden.

Das Zerspringen führt zur Verstaubung des Sandes. Dabei sind aber noch weitere Faktoren: die Asche aus dem Kohlenstaub, Binderrückstände, Schlacken, Gußhautrückstände (Oxyde des Eisens usw.) beteiligt. Das Verstauben führt zu einer überaus lästigen Erscheinung. Hoher Neusandverbrauch, wachsender Ausschuß, gesteigerte Putzkosten, mangelhafte Oberflächen, schlechte Bearbeitbarkeit u. a. sind die Folgen. Die Verstaubung ist technisch und wirtschaftlich gleich wichtig.

Man sieht im allgemeinen das Verstauben eines Sandes als selbstverständlich an und betrachtet deswegen das Problem der Verstaubung vielfach nur rein maschinentechnisch.

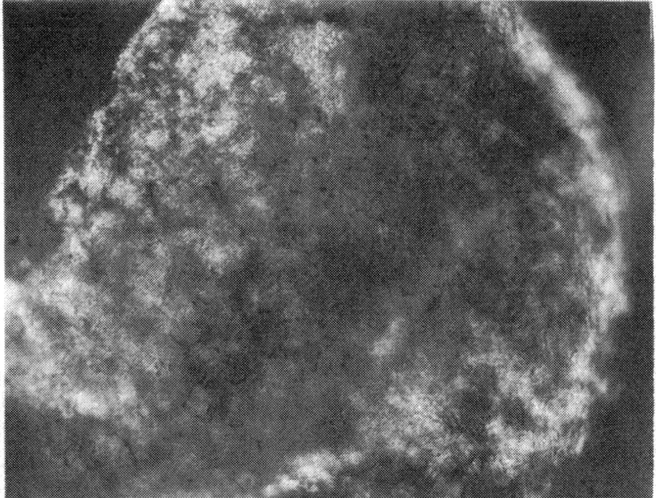
Abb. 39 ×100

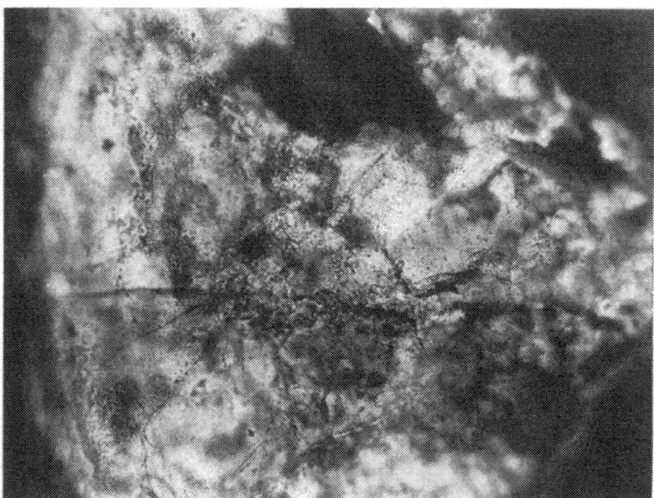
Abb. 40 ×100

Abb. 41 ×100

Eine solche Einstellung wird aber den Verhältnissen nicht gerecht, denn die Sande aus den verschiedenen geologischen Herkommen verhalten sich in ihrer Neigung zum Verstauben, *a—c*, sehr unterschiedlich. Vorausetzung ist dabei, daß die Aufbereitungsmaschinen den Sand nicht mechanisch zerstören, wie das leider vorkommen kann. So zeigte ein Sand aus dem Alluvium, mechanisch beansprucht (bei üblicher Mischzeit und sonst einwandfreier Belastung durch die Kollerscheiben), einen Zugang an Feinkorn unter 0,06 mm von 25 bis 30%, und z. B. ein Kreidesand ließ praktisch keine Zerstörung erkennen. Sandkörner, die aus verzwillingten Kristallkörnern bestehen, die Risse, Verwachsungen u. a. aufweisen, sind besonders anfällig. Feldspate reagieren auf mechanische Angriffe ebenfalls stark. Die Einflüsse, die von seiten der Temperatur einwirken, sind um so gefährlicher, je höher die Temperatur liegt und je schroffer und länger sie auf die Sandkörner einwirkt.

Hier sind wesentliche Unterschiede in den einzelnen Sanden zu erkennen. Die Umwandlung des Quarzes in Größe und Art, die Einflüsse von seiten anwesender Katalysatoren, sind von Bedeutung. Das Zerspringen ist mit einer Volumvermehrung verbunden. Die Wichte der Körner nimmt ab.

Die Prüfung der Zerspringungsneigung nimmt man am besten in flachen Quarzschalen vor. Dabei

Abb. 39. Quarzkorn aus einem Sand, der wenig Zerspringsneigung zeigt

Abb. 40. Quarzkorn aus einem Sand mittlerer Qualität, gemessen an der Neigung zum Zersplittern in hoher Temperatur

Abb. 41. Besonders leicht zerspringender Quarzsand. Die Rißbildung ist deutlich zu erkennen

bettet man 5—6 Schichten von Körnern auf den Boden der Schale. Die Quarz- bzw. Platinschale schiebt man in einen vorher erhitzten Ofen ein, beläßt darin das Gut bis zur Durchwärmung und zieht dann die Schale wieder aus dem Ofen heraus. Nach Abkühlung auf 20 °C wiederholt man diesen Vorgang etwa 20mal. Es ist notwendig, vor der Prüfung eine genaue Kornanalyse durchzuführen, wie auch am Schluß der Untersuchung eine Kornprüfung angesetzt werden muß. Praktischerweise überdeckt man die Prüfschale mit einem geeigneten Quarzglas. Anschließendes leichtes Rommeln oder Behandeln mit Ammoniak erhöht die Sicherheit der Prüfung vor der letzten Kornanalyse. Die Temperatur dieser Untersuchung wird mit 1300 °C oder höher angesetzt.

In Abb. 39 und 40 sind Quarzkörner von verschiedenen Sanden, die ein unterschiedliches Verhalten beim Verstauben zeigen, dargestellt. Man kann die Rißbildungen an den Oberflächen sehr deutlich erkennen. Weitere Einzelheiten der Neigung zum thermischen Zerspringen sind der Abb. 41 zu entnehmen. Hier wurde ein Sand vorgestellt, der eine besonders starke Verstaubung nach verschiedener Glühbehandlung aufwies.

Die Veränderung der Wichte ist in Abb. 42 an 3 Sanden dargestellt. Die Sande B und C sind besonders verstaubungsanfällig, da sie sehr umwandlungswillig sind. Der Sand A zeigt eine geringe Umwandlungstendenz und hat sich in der Praxis auch besonders verstaubungsfrei verhalten.

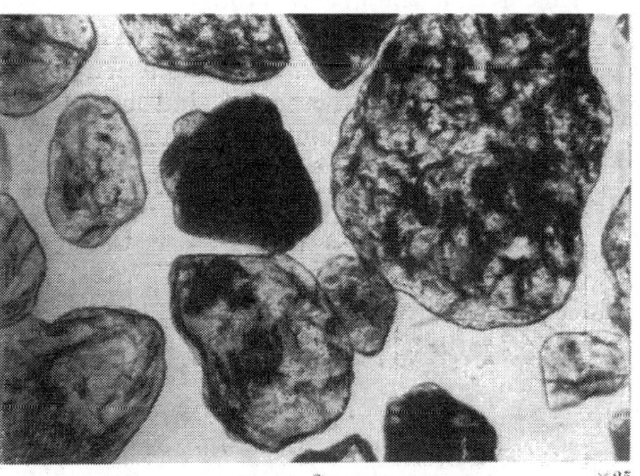

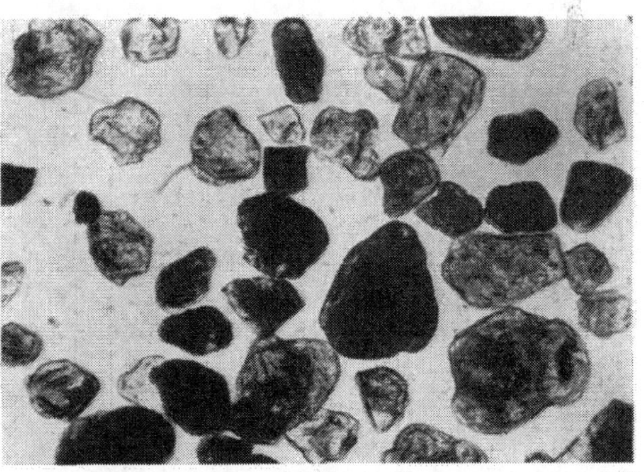

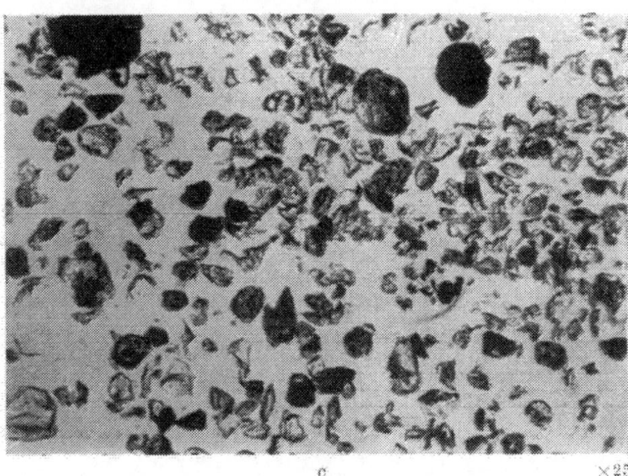

Abb. 43 a—c. Zerfall von Quarzsand bei verschiedener Glühbehandlung (nach ROLL-TRAUB)

a) vor der Glühung; b) nach 30 min Glühzeit bei 1000 °C; c) nach 50 min Glühzeit bei 1200 °C

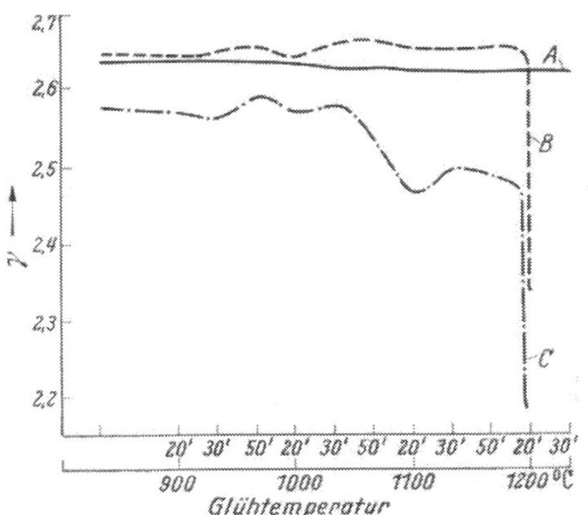

Abb. 42.
Wichte und Abhängigkeit der Glühbehandlung der Sande (Quarz) A, B und C

Einen Sand mit starker Neigung zum Verstauben zeigt die Abb. 43a, b und c (50 min 1000° = b; 50 min 1200° = c).

Messungen von HOUBEN [*16*] bestätigen das unterschiedliche Verhalten des Quarzkornes. Desgleichen wird in einer Arbeit von SEMPER [*17*] auf die Verstaubung z. B. mit der Entfernung von der Wandung des Gußstückes eingegangen (Abb. 44).

Auf den Zerfall von Feldspatkörnern ist schon verwiesen worden. Da in gewissen Sanden u. U. bis 20% Feldspatkörner vorkommen können, muß die Verstaubungsgefahr stark ansteigen, denn Körner dieser Art sind mechanisch und thermisch nicht widerstandsfähig.

Die Formwand am Gußstück nach dem Erkalten läßt eine Reihe von Umsetzungen erkennen, die in Richtung einer Kornzerkleinerung liegen. BRIGGS und GEZELIUS sowie ROESCH hatten unter anderem die mögliche Reaktionstemperatur in verschiedenen Wanddicken angegeben. Infolge der [*18*] geringen Wärmeleitfähigkeit des Quarzkornes verstärken sich durch den Wärmestau die physikalischen und chemischen Reaktionen (Abb. 45).

Mit der Zunahme an Feinkorn erhöht sich die chemische Reaktion z. B. mit FeO-haltigen Schlacken. So finden sich u. a. fayallitische Produkte vor.

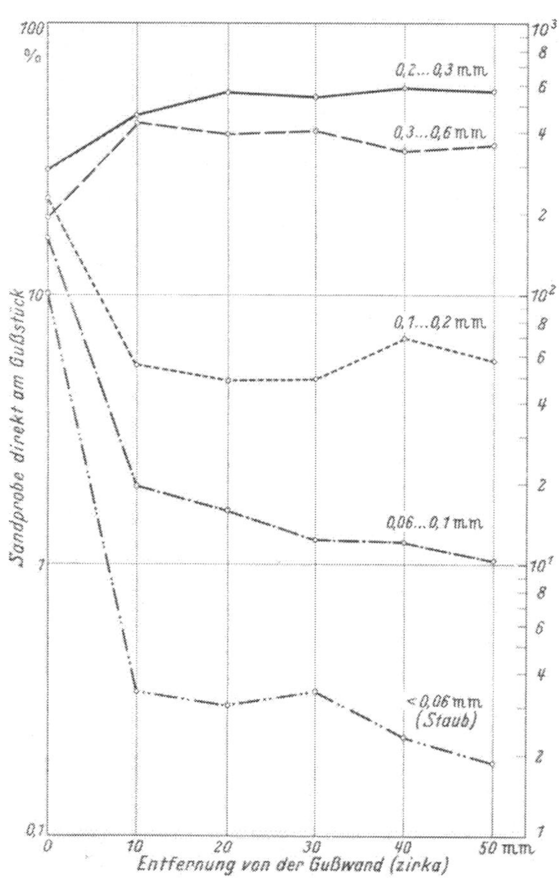

Abb. 44. Verstäubung in der Entfernung von der Gußwand gemessen (nach SEMPER)

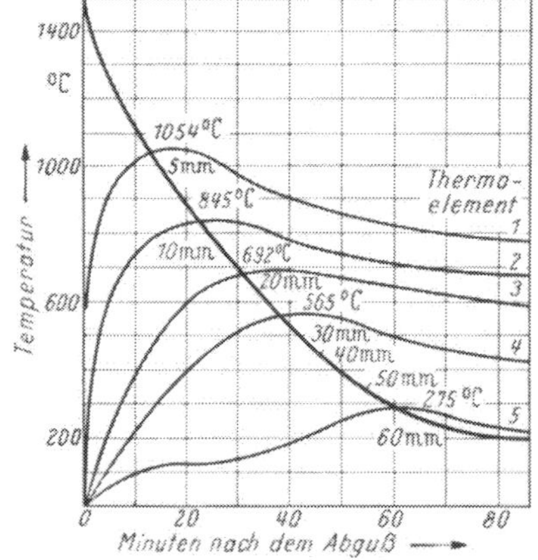

Abb. 45. Temperaturverlauf in der Formoberfläche nach dem Eingießen von Stahl (Wanddicke 37 mm) (nach ROESCH)

Man kann demnach eine

1. chemische Reaktionsschicht (am Gußstück), die ebenfalls nach dem Erkalten zersplittert, eine

2. physikalische Reaktionsschicht, in der Sinterung und Zersprengung von Körnern vorherrscht (beide führen zu einer Verstaubung), und

3. eine Verkokungsschicht (bei Steinkohle-Zusätzen) unterscheiden.

7. *Weitere körnige Beimengungen unterschiedlichen Aufbaues*

Man kann sie in folgendes Schema einteilen:

Doppel-Silikate u. a.	Phosphate u. a.	Fe-Erze	Kalke u. a.	Verschiedenes
	Apatit u. a.	Magnetit	Kalkspat	Rutil
Feldspate		Hämatit	dichter Kalkstein	Korund
Glimmer		Limonit	Muschelkalk	körniger Kaolinit u. a.
Glaukonite		Eisenspat	Mergelkalk	Silimanit
Hornblende		(Markasit) u. a.	Kreide	Spinell
			Kieselkalk	Gips
			Dolomit u. a.	Tonschiefer
Pyroxen			Magnesit	Braunkohle u. a.
Zirkon				
Granat				
Epidot u. a.				

a) Feldspat. Feldspate sind kieselsaure Salze (Silikate). Sie gehören zu den wichtigsten gesteinsbildenden Mineralien und finden sich deswegen häufig in Form-, Kern- und Quarzsanden vor. Gelegentlich erscheinen sie in angewitterter Struktur. Ihre Farbe ist weiß, meist undurchsichtig, weißgrau, gelblich, grau, blau, rötlich bis schwarzbraun. Die Wichte liegt bei 2,54—2,76; die Härte nach MOHS bewegt sich in den Grenzen von 6 bis 7. Man teilt sie in Annäherung ein in:

Orthoklas und Mikrolin $K_2O \cdot Al_2O_3 \cdot 6\,SiO_2$ (orthós = griech. = gerade; kláo = ich breche; mikro = klein; klino = ich neige)
Natronfeldspat (Albit) $Na_2O \cdot Al_2O_3 \cdot 6\,SiO_2$ (albus = lat. weiß)
Kalkfeldspat (Anorthit) $CaO \cdot Al_2O_3 \cdot 2\,SiO_2$.

Sie alle setzen die Sinterung und Feuerbeständigkeit des Sandes herab [*19*].

Die Bestimmung erfolgt nach KÖHLER oder STINI [*20*] z. B. mit Tetralin, der Flußsäureprobe, der Doppelbrechung, dem Anfärbevermögen u. a. Beim Zerkleinern der Körner und beim Aufkneten können sie eine Verbesserung der Bindefähigkeit herbeiführen. In den Sanden finden sich u. a. bis 20% Feldspat.

b) Glimmer. Die Glimmer sind an ihrer lebhaft glänzenden, meist fettigen Oberfläche zu erkennen. Diese Gruppe umfaßt recht verwickelt zusammengesetzte, meist wasserhaltige Silikate von guter Spaltbarkeit. Die oft vorkommenden sechseckigen Blättchen dürfen vor der Tatsache nicht täuschen, daß die Glimmer dem monoklinen Kristallsystem angehören. Die MOHSsche Härte liegt zwischen 2,5—3. Die Wichte (Abb. 46) bewegt sich zwischen 2,8—3,2. Letztere Eigenschaft kann ein Merkmal zur Unterscheidung gegen Kaoline sein. Nur wenige Einzelheiten sollen hier benannt werden. Phlogopit (phlogopos = feueräugig) ist farblos, rot, braun, grün, u. a. Biotit (nach dem Physiker BIOT genannt) ist perlmutterglänzend. Magnesiumreiche Glimmer schmelzen ebenso leicht. Muskowit (vitrum moscoviticum = lat. = russisches Glas) ist farblos, gelblich, grün bis silberglänzend. JASMUND [*21*] gibt Einzelheiten in seiner zusammenfassenden Arbeit bekannt.

	γ		γ		γ
Opal	γ: 2,1—2,2	Kalkspat	γ: 2,72	Granat	γ: 3,7—3,8
Glaukonit	2,2—2,85	Aragonit	2,9—3	Spinelle	4,9—5,2
Kaolin(it)	2,1—2,65	Dolomit	2,8—3	Eisenspat	3,7—4
Orthoklas	2,6—2,7	Turmalin	3,1—3,3	Brauneisenstein	3,5—4
Chlorite	2,5—2,9	Hornblende	3,0—3,5	Korund	3,9—4,1
Glimmer	2,8—3,2	Apatit	3,1—3,4	Rutil	4,18—4,3
Quarz	2,65	Olivin	3,3—4,2	Eisenglanz	4,9—5,3
Anorthit	2,65—2,75	Topas	~3,5		

Abb. 46. Wichten verschiedener Mineralien

Glimmer können die Bindefähigkeit der Sande verbessern, wenn sie in geeigneter Größenordnung vorliegen und auf das Sandkorn aufgerieben werden.

c) Glaukonite. Glaukonite haben eine starke Verbreitung (glaukós = griech. = blaugrün). JASMUND [*21*] beschreibt diese Mineralien. Sie kommen in Formsanden usw. des

Tertiärs, der Kreide u. a. Formationen in oft recht beträchtlichen Anteilen vor. Man findet sie in der Schlämmsubstanz und im Korn. Die Glaukonite sind meist vielfach verwittert, sie ändern dann ihre typische Farbe. Im Rosenthaler u. ä. Sanden kann man u. U. bis 20% und mehr Glaukonit beobachten. Die Zusammensetzung schwankt in sehr weiten Grenzen: SiO_2 42—54%, Al_2O_3 3—12%, Fe_2O_3 10—25%, FeO 1—6%, CaO 0—2%, MgO 2—5%, Na_2O 0,1—0,6%, K_2O 5—10% u. a. Es zeigen sich Körner bis ca. 1 mm und mit deutlichem kristallinem Aufbau. Auch in Schüppchenform tritt der Glaukonit z. B. in Grünsandstein, der Grünerde, Veronesergrün, auf. Die Farbe schwankt von hellgrün bis dunkel-olivgrün und kann bis nach schwarz hin variieren. Die Wichte liegt zwischen 2,2—2,9. Brechungswerte sind von Hutton und Seely (Jasmund, S. 154) ermittelt worden. Zur Erkennung dient auch die Behandlung mit heißer Salzsäure, die ihn langsam auflöst. Glaukonit zerreibt sich beim Kollern in den Aufbereitungsmaschinen, da er eine geringe Härte, etwa 1—2, besitzt. Er beeinflußt die Feuerbeständigkeit. Durch das Aufkneten im Kollergang kann dieses Mineral die Bildsamkeit des Sandes erhöhen.

d) Hornblende. Ein tonerdehaltiges Silikat, $Ca_2Mg_3(OH)_2Si_8O_{22}$, dessen Ca durch andere Elemente wie Fe, Ti usw. ersetzt werden kann, hat eine hellgrau-grüne, dunkelbraun-schwarze Färbung; Härte 5—6 Mohs; Dichte 3—3,5; sintert leicht: 1100 °C.

Pyroxene umfassen isomorphe Mischungen von $MgSiO_3$ mit $FeSiO_3$ sowie Al_2O_3. Hierher gehören:

a) *Enstatit; enstates*, gr. = schlecht schmelzbar. $Mg(SiO_3)$ schwach farblos-grün-braun-rotbraun; deutliche Spaltbarkeit; in einer Richtung langgestreckt; Auslöschung gerade; Doppelbrechung schwach.

b) *Diopsit*, gr. = doppeltes Gewicht; Härte: 5—6 Mohs; Dichte: 3,1—3,5; optisch gut nachweisbar; sintert wie Enstatit bei ca. 1000 °C.

Im Formsand kommen sie in Anteilen bis 3% vor.

e) Apatit. Er kommt gelegentlich im Formsand vor. Sein Name ist abgeleitet von apatáo = griech. = ich täusche, weil man ihn mit einem anderen Mineral verwechselt hatte. Er ist der Farbe nach weiß, hellgrau, gelblich, grün u. a. Meist fällt er in rundlichen Körnern auf. Die Zusammensetzung wechselt $[Ca_3(PO_4)_2 \cdot Ca(Cl, F)$ evtl. $Ca(OH)PO_4]$. Die Dichte liegt zwischen 3,1—3,4. Gelegentlich kann man auf der Gußoberfläche Einwirkungen von Apatitkörnern durch Phosphoranreicherungen (nicht aus P des GG) erkennen. Die Reaktion mit dem Ammoniummolybdat kann zur Erkennung angewendet werden.

f) Erzhaltige Anteile. Sie liegen in verschiedener Form vor. Ihr Zustand ist infolge der Verwitterung meist nicht eindeutig. Hydroxydische wasserhaltige Formen haben oft beachtliche Bindekraft (Buntsandstein-Formsande). Alle diese Anteile kann man unter dem Mikroskop erkennen. Mit Hilfe des Magneten, des Strichs, des chemischen Reaktionsvermögens sind weitere Einzelheiten zu erfassen. Die erzhaltigen Körner teilt man ein in:

Magnetit: Fe_3O_4; Farbe: braun-schwarzbraun-dunkel; Härte: 5,5—6,6 Mohs; Dichte: 4,9—5,2; magnetisch; sintert bei etwa 1150 °C; Nachweis: mit $K_4Fe(CN)_6$.

Hämatit: haima, gr. = Blut: Fe_2O_3; Farbe: braun-dunkel-rotbraun-schwarzrötlich; Härte: 5,5—6,5 Mohs; Dichte: 4,9—5,3; sintert bei 1150 °C; Nachweis wie oben.

Brauneisenstein: $Fe_2O_3 \cdot 3H_2O$; Farbe: braun-schwarzbraun; Härte: etwa 4,5 Mohs; Dichte: etwa 3,8; erdig dicht; Nachweis wie oben.

Eisenspat: $FeCO_3$; Farbe: gelblich-weißgrau-rötlich; Härte: 3—4,5 Mohs; Dichte: 3,7—4; Nachweis wie oben und mit warmer HCl ergibt CO_2.

g) Kalke—Dolomite—Magnesite kommen in folgender Zusammensetzung vor:

Kalkspat: $CaCO_3$; Lichtbrechung: 1,49 bzw. 1,66; Doppelbrechung: —0,17; im Kanada-Balsam-Präparat infolge dieser Zahlenwerte leicht erkennbar; nicht erwünscht.

Dichte Kalke, Muschelkalke usw: Farbe: weiß-grau-gelbweiß-rötlich-schwarz; Härte: 2,2—3 Mohs; Dichte: 2,2—2,95; mit HCl aufschäumend; nicht erwünscht.

Dolomit: $CaMg(CO_3)_2$; Lichtbrechung: 1,5 bzw. 1,66; Doppelbrechung: —0,18; optisch leicht erkennbar; Farbe wie bei Kalk; Nachweis mit heißer HCl aufschäumend; nicht erwünscht.

Magnesit: $MgCO_3$; ebenfalls an der Lichtbrechung usw. leicht erkennbar.

Die Karbonate sind an der Lichtbrechung leicht faßbar. (Taschenbuch; D'ANS u. LAX.)

Alle diese Mineralien können die Gußoberfläche beeinträchtigen. Auch die Nachbehandlung, etwa das Emaillieren, kann Schwierigkeiten machen. Man sollte deswegen auf Stoffe dieser Art achten. So können Kalke auf der Gußhaut Flecken verursachen (Kalkeisenschlacken).

h) Halbedelsteine. Es ist möglich, eine Reihe von Schwermineralien, wie Turmalin, Topas, Rutil, Granat u. a. mittels der Sedimentation in verschiedenen Flüssigkeiten mit unterschiedlichem spezifischem Gewicht zu trennen [*22*]. Ein Teil dieser Mineralien gehört zu den Edelsteinen, nur sind sie hier zu klein (Sandedelsteine). Manche dieser Stoffe, z. B. der Topas, der in den Sanden der Elbe vorkommt, kann als Kennzeichen für ihre Herkunft angesehen werden (Leitmineral).

In der CLERICIschen Lösung (Abb. 47) (Riedel de Haën, Hannover) $s = 4{,}0$; (malon-ameisensaures Thallium) sinkt der Rutil ($s = 4{,}2$—$4{,}3$), der Magnetit ($s = 5{,}2$) und das Zirkon ($s = 4{,}6$—$4{,}7$) unter. In einer Lösung von Methylen-Jodid ($s = 3{,}33$) sinkt der Topas ($s = 3{,}53$), der Spinell ($s = 3{,}6$), der rote Granat ($s = 3{,}7$—$3{,}8$) sowie der Korund ($s = 3{,}9$—4; Saphir und Rubin) zu Boden. Die mit Wasser bis auf $s = 3{,}5$ verdünnte CLERICIsche Lösung läßt die Mineralien Olivin ($s = 3{,}35$), Epidot ($s = 3{,}3$—$3{,}5$) u. a. gut trennen. Eine weitere Lösung mit dem $s = 3{,}17$ sichert sodann noch die Trennung vom Turmalin ($s = 3{,}1$—$3{,}2$), vom Quarz mit $s = 2{,}65$, Kalkspat mit $s = 2{,}6$—$2{,}8$. Die oben angezeigten mikroskopischen Methoden ergeben nach der Trennung die entsprechende Erkennung.

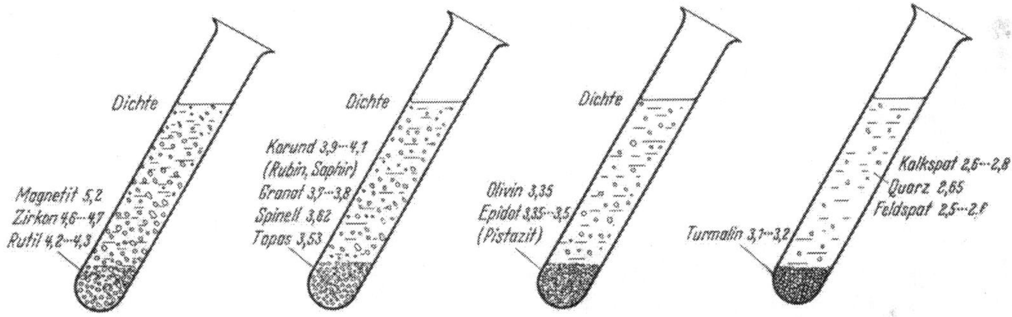

Abb. 47. Schematische Darstellung der Schwermineral-Analyse (nach STEINERT)

Körnige Kaolinteile (siehe Kapitel Tonmineralien). In den Sanden finden sich dann noch Gips, Tonschiefer, u. a. Mineralien, Braunkohle usw. Letztere soll vor allem in Quarzsanden fehlen (Nachweis mittels KOH 1 : 1).

Die Färbung von Sanden in Körnung und Schlämmsubstanz ist sehr unterschiedlich. Meist werden diese Farben in üblicher Weise angegeben. Es dürfte sich aber auch hier lohnen, die Färbung in Farbtonregister-Angaben nach RAL 840 R darzustellen.

i) Chemische Prüfung. Sie kann von Quarzsanden auf SiO_2, Al_2O_3, $CaCO_3$, $MgCO_3$, Alkalien, Huminsäuren u. a. durchgeführt werden [*10*].

Weitere Prüfung. Über die Korngröße, das Sinterverhalten, die Feuerbeständigkeit usw. s. dort.

k) Weitere Sande. Hierher rechnen sich: Tridymit-, Zirkon-, Olivin- und Schlackensande.

l) Tridymitsande. Um dem Wachsen von Quarzsanden zu begegnen, hat man im Auslande diese bei 900—1000 °C geglüht. Man sagt ihnen eine Volumenbeständigkeit nach [*11*].

m) Zirkonsande. Es handelt sich um Sande, die neben ZrO_2 vornehmlich aus $ZrSiO_4$ aufgebaut sind. Sie finden sich u. a. in Australien, Brasilien und Florida. SMITH [*23*] sowie PETERSON [*23*] berichten über die Eigenschaften, Herstellung und Verwendung. Sie enthalten meist 65—67% ZrO_2, 32—34% SiO_2, wenig TiO_2 (meist unter 0,5%) und wenig Eisenoxyd (meist 0,2%). Der Schmelzpunkt dieser Sande, die im Auslande, z. B. in Stahlgießereien, Verwendung finden, liegt sehr hoch, nämlich bei ca. 2300 °C. Der

Sinterpunkt liegt über 2000 °C. Die Farbe ist unterschiedlich und schwankt von grau-grünlich-gelb-braun-rot. Die Doppelbrechung ist kräftig positiv: 1,92—1,97. Die Härte liegt bei 7,3—7,8 MOHS. Die Dichte schwankt zwischen 4,4—4,7. Die Korngröße entspricht den bekannten Werten bei den Quarzsanden. Der Ausdehnungskoeffizient ist regelmäßig und ist kleiner als bei Quarz. Interessant ist das gute Wärmeleitvermögen, das bei $1^1/_2$—2mal so groß wie bei Quarz angegeben wird. Man folgert daraus eine Art schwacher Kokillenwirkung. Die Verarbeitung dieses Sandes erfolgt mit etwa 3% Bentonit, wobei man 6% Wasser zusetzt. Diese Sande werden zu Formen und zu Kernen benutzt. Es wird betont, daß die Putzkosten bis um 40% geringer gehalten werden können. Die Silikosegefahr ist durch solche Sande wesentlich eingeschränkt.

a ×40

b ×40

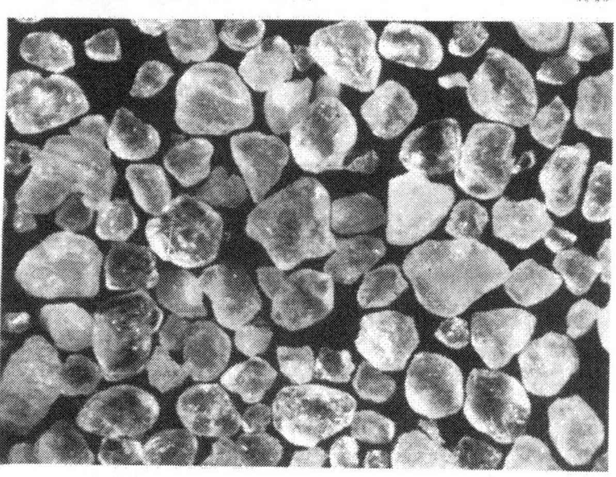
×40

Abb. 48a—c
a) Glattes abgewaschenes Korn b) Mit splittrigen Anteilen c) Mischkorn

n) Olivinsande. Hier handelt es sich um ein $(MgFe)_2SiO_4$, das z. B. in Norwegen und der UdSSR zu Formzwekken verwendet wird. Naturolivin und Olivingesteine (Dunit) haben etwa folgende mittlere Analyse: SiO_2 31,81%; MgO 50,31%; FeO 5,83%; Fe_2O_3 0,25%; MnO 0,12%; Cr_2O_3 0,37%; Al_2O_3 0,22% u. a. Olivinsande kommen z. B. an der norwegischen Westküste vor. In Gesteinsform werden sie zu Sanden gebrochen. Sie enthalten mineralogisch neben dem eigentlichen Olivin noch kleine Mengen von Enstatit, Chromit, Magnesit, Korund u. a. Die Farbe ist olivgrün (Name) gelblich-gelbbraun-grau-rot-braun. Die Doppelbrechung ist positiv. Die Härte liegt bei 6,5—7 MOHS. Die Dichte bewegt sich um 3,3. Die Feuerbeständigkeit wird als sehr hoch angegeben. Vor allem soll die Druckerweichung über derjenigen von Quarz liegen. Eine besondere Reinheit der Sande ist notwendig. Damit hochwertige Sorten in den Handel kommen, ist in Norwegen das sogenannte Olivin-Gesetz vom 1. 3. 1946 herausgekommen. Mit flüssigen Eisenoxyden oder Eisenschlacken setzt sich dieser Sand kaum um. Die Oberflächen der Gußstücke bleiben deswegen sehr sauber. Da die Körner sehr hart sind und auch wenig Spaltflächen haben, ergeben sie in der Aufbereitungsanlage eine geringe Verstaubung. Eine Verunreinigung mit Quarz, Kalk und Ton muß verhütet werden, sonst würde schnell ein Absinken der Sinterung erfolgen.

Das Wärmeleitvermögen des Olivinsandes liegt bei 3/4 demjenigen des Quarzes. Das Ausdehnungsverhalten ist einheitlich. Die Körnung entspricht derjenigen der Quarzsande. In der Praxis setzt man 3% Bentonit zu. In einem solchen Zustand lassen sich die Sande sowohl zu Formen, als auch zu Kernen gut verarbeiten. Der Sand wird als Grün- und Trockensand in Eisen-, Stahl- und Nichteisen-Metallgießereien verwendet. Ein Beispiel für Grünsand ergibt folgende Zusammensetzung:

100 Teile Olivinsand	3,5 Teile Wasser
2 Teile Bentonit	3 Teile Kohlenstaub.
0,4 Teile Getreide-Bindemittel	

Ein weiteres Beispiel für Zementsand hat folgende Zusammensetzung:

100 Teile Olivinsand	0,5 Teile Bentonit
10 Teile Zement	6—7 Teile Wasser.

Olivinsande sind wasserempfindlich. Die Durchlässigkeit und Festigkeit liegen wie bei den Quarzsanden.

o) **Schlackensande usw.** Eine gewisse Bedeutung hat auch der aus Kupolofenschlacke durch Granulieren und evtl. weiterem Zerkleinern erzeugte sogenannte Schlackensand gewonnen. Während der Kriegsjahre ist dieses Verfahren in manchen Gießereien zur Anwendung gelangt. Auch wollte man die weiten Abtransportwege der Schlacke usw. ersparen. Diese Schlackensande wurden sowohl für Formen als auch für Kerne verwendet [*14*].

Ob und inwieweit Brennstoff- und Filteraschen mit teilweise schwach hydraulischen Eigenschaften eine praktische und regelmäßige Verwendung finden, steht noch offen.

8. Morphologie. (Lehre von der Gestalt)

Sie teilt die Körner ein nach der Größe, nach der Form, wie rund, eckig und splittrig, und nach der Farbe, die nach RAL angegeben werden sollte. Dazu kommt noch die Charakteristik der Oberfläche der Körner, wie glatt, rauh, geschrundet, zackig usw. Die Oberfläche bedingt die Bindefestigkeit in ganz bedeutsamem Maße insofern nämlich, als die Tonmineralien u. a. durch Restvalenzen u. a. Bindungskräfte dort festgehalten werden. Auch die Einheitlichkeit des Korns wird festzulegen sein (siehe auch weitere Erkennung unter [*24*]).

Verschiedene Kornformen und Oberflächen zeigt die Abb. 48a—c. Siehe DIN 52401 Abschn. 4.4.

IV. Tonmineralien und Schlämmstoffe

Sie sind das vielgestaltige Produkt der Verwitterung von Feldspäten u. a. Zu finden sind sie in der Schlämmsubstanz und werden beim Aufbau von synthetischen Sanden gebraucht. Ihre Entstehung kann durch folgendes Schema ausgedrückt werden:

Feldspat→Verwitterung→Kaolin

3 Moleküle Orthoklas $3\,K_2O \cdot 3\,Al_2O_3 \cdot 18\,SiO_2$ $-\,2\,K_2O$ (wird durch das Wasser weggeführt) $-\,12\,SiO_2 + 2\,H_2O$

gibt:

1 Molekül Kaliglimmer $K_2O \cdot 3Al_2O_3 \cdot 6\,SiO_2 \cdot 2\,H_2O$ $-\,K_2O$ (durch Wasser weggeführt) $+\,4\,H_2O$

gibt:

3 Moleküle Kaolin $3\,(Al_2O_3 \cdot 2\,SiO_2 \cdot 2\,H_2O)$

Auch Glimmer-Tonmineralien können zu Kaolin verwittern.

Die meisten Tonminerale sind Kolloide.

A. Tonmineralien [1]

Tonmineralien sind danach:

mineralogisch: Feldspat-Resttone mit wasserhaltigen amorphen Aluminiumsilikaten, die als Gel-Gemenge aufgefaßt werden müssen;

[1] Ein Teil der nachfolgenden Mitteilungen ist einer noch nicht veröffentlichten früheren gemeinsamen Arbeit von Endell und dem Verfasser entnommen (ebenso Teil B).

chemisch: Tonkomplexe mit mehr oder weniger gut austauschbaren Basen;

technologisch: wasserhaltige Tonerde-Silikat-Bindesubstanzen, die dem Quarzkorn mit Wasser eine bestimmte Plastizität ergeben. Diese letztere Eigenschaft kann durch den Einfluß höherer Temperatur ganz oder teilweise verlorengehen;

kristallbaumäßig: wasserhaltige Aluminiumsilikate, die Blättchenform besitzen. Die Kristalle der Tone besitzen kolloide Dimensionen. Bei Kaolinit konnte ein mittlerer Durchmesser von 1000 bis 5000 Å und eine mittlere Dicke von 200 Å gemessen werden. Bei Montmorillonit ist die größte Länge mit 2000 Å und die mittlere Dicke mit 10 Å ermittelt worden. Bei glimmerartigen Tonmineralien liegt der mittlere Durchmesser bei 2000 Å und die mittlere Dicke bei 100 Å. Der schuppenförmige Aufbau der Tonmineralien ermöglicht das Aneinandergleiten der einzelnen Schichten ähnlich, wie es bei Spielkarten üblich ist. Dadurch wird die Plastizität der Tone und auch diejenige der Formsande gewährleistet. In die so gebildeten Schichten können bei Montmorillonit Wassermoleküle und auch Ionen, wie Na oder Ca usw. eindringen. Die eindimensionale Quellung der Schichten (des Gitters) ist bei normaler Temperatur reversibel [*25*].

Durch die Blättchenform bildet sich ein schuppenförmiger in einer Richtung bevorzugter Aufbau. Bei der plastischen Verformung mit Wasser legen sich die Teilchen mit ihren breiten Flächen aneinander und gleiten aneinander vorbei [*26*].

Die Quellung erfolgt senkrecht zu den Schichtebenen. Dabei kann der Schichtenabstand sehr stark anwachsen. Wichtig ist auch das Basenaustauschvermögen der Tone, wobei sich besonders der Montmorillonit auszeichnet. Die Erkenntnisse vom Aufbau dieser Tone sind durch die Röntgen-Feinstruktur-Analyse gelungen. Sie ermöglichte einen Einblick in den Gitteraufbau. Ergänzend trat dann noch die Elektronenmikroskopie hinzu.

Man kann u. a. folgende Tonmineralien feststellen:

Mineral	Kristallgitter	Nur für reinste Stoffe geltend: Chemische Formel	Konstitutionsformel
I. Kaolingruppe			
a) Kaolinit	ziemlich starr	$Al_2O_3 \cdot 2\,SiO_2 \cdot 2\,H_2O$	$Al_2(OH)_4 \cdot [Si_2O_5]$
b) Anauxit usw..	—	—	—
II. Montmorillonitgruppe			
a) Beidellit	—	$Al_2O \cdot 3\,SiO_2 \cdot H_2O$	—
b) Montmorillonit (Na; Ca)	ausweitbar	$Al_2O_3 \cdot 4\,SiO_2 \cdot H_2O$ $+ nH_2O$	$Al_2(OH)_2 \cdot [Si_4O_{10}]$ $+ nH_2O$
c) Nontronit	ausweitbar	$FeO_3 \cdot 3\,SiO_2 \cdot 5\,H_2O$	—
III. Halloysitgruppe			
IV. Glimmerartige Tonmineralien.	Illit, ziehbar, Glaukonit, Muskovit u. a.	$2\,K_2O \cdot 3\,MO \cdot 6\,R_2O_2$ $18\,SiO_2 \cdot 5 \cdot 10\,H_2O$	
V. Mg-Tonmineralien			

Eine andere Art der Einteilung dieser wichtigen Stoffe gibt ENGELHARDT:

1. Hauptgruppe: Zweischichtminerale mit elektr. neutraler Oberfläche und starrem Gitter. Hierher gehören: Nakrit, Dickit, Kaolinit, *Fireclay*-Mineral, Halloysit, Antigorit, Chrysotil, Cronstedtit, Chamosit und Chlorite.

2. Hauptgruppe: Tonminerale der Montmoringruppe, Dreischichtminerale mit vorwiegend elektr. nicht neutraler Oberfläche. Unterabteilung: Dioktaetrische Minerale der Montmoringruppe mit quellfähigem Gitter und Ionenumtausch. Hierher gehören der Montmorillonit, Beidellit und Nontronit.

2. Unterabteilung: Trioktaetrische Minerale der Montmoringruppe mit quellfähigem Gitter und Ionenumtausch. Hierher gehören der Hektorit, Saponit und Saukonit. An diese Gruppe schließen sich die Tonminerale mit Faserstruktur an, deren Gitter *nicht* aufweitbar und *nicht* quellfähig ist. Als Hauptvertreter ist der Attapulgit zu nennen. Dieser Attapulgit wird in letzter Zeit speziell von italienischer Seite als Formsandbinder propagiert.

3. Gruppe: Glimmerähnliche Tonminerale mit aufweitbarem und zum Teil quellfähigem Gitter. Als Vertreter dieser Gruppe waren der Hydrophyllit, Vermiculit, Hydromuscovit, Hydrobiotit, Glaukonit, Seladonit und Illit zu nennen.

4. Gruppe: Tonminerale mit Zwischenschichtung bzw. mit Wechsellagerungsstruktur. Hierher gehören der Anauxit, Faratsihit, Bravaisit, Vermiculitglimmer, Rektorit.

Der Name Kaolin ist chinesischen Ursprungs: Kaoulin = gebleichter Knochen (?); der Name Montmorillonit, genannt nach dem französischen Fundort; Bentonit ist vom Namen des Fort Benton (USA) abgeleitet.

Wie die Kristallgitter von Kaolinit aufgebaut sind, zeigt die Abb. 49. Die Schichtebenen sind ziemlich starr miteinander verbunden. Der Kaolinit mit der Konstitutionsformel $Al_2(OH)_4 \cdot Si_2O_5$ und mit der Gruppe $[Si_2O_5]$ oder ihrem vielfachen ist aus Si-O-Schichtecknetzen aufgebaut. Jedes Si-Atom liegt in Raummitte eines Tetraeders, der sich aus 4 O-Ionen zusammensetzt. Die Si-O-Schichten verbinden sich mit den überlagerten Al—O—OH-Ionen, wobei ein gemeinsames O-Ion die Brücke bildet. Jedes Al-Ion sitzt in der Mitte eines Oktaeders aus O- und OH-Ionen. Die Kristallstruktur des Kaolinits ist in der obigen Abbildung im Schnitt der c—b-Ebene schematisch festgehalten.

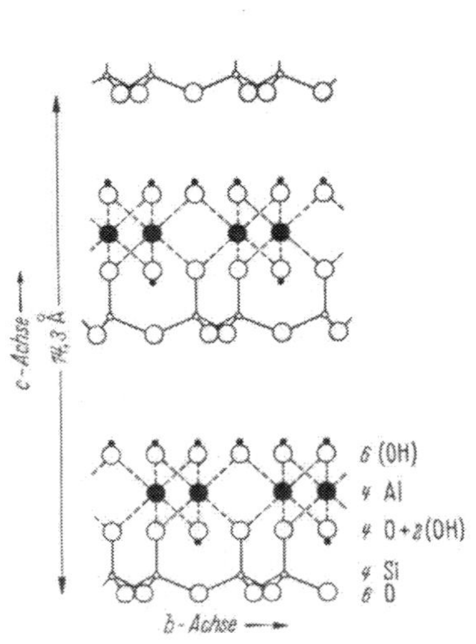

Abb. 49. Gitter von Kaolinit
$Al_2(OH)_4[Si_2O_5]$

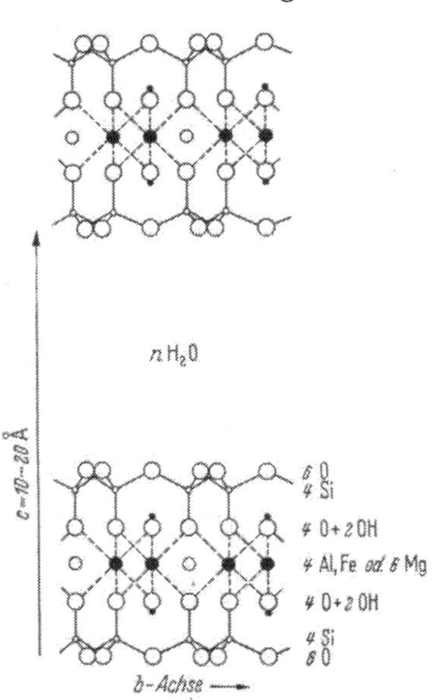

Abb. 50. Gitteraufbau von Montmorillonit
$\{Al_2(OH)_2[Si_4O_{10}]\} + n\,H_2O$

Der Montmorillonit, der Hauptbestandteil des Betonits, entspricht etwa einer Zusammensetzung, die durch die Formel $Al_2(OH)_2 \cdot Si_4O_{10} \cdot nH_2O$ ausgedrückt wird. Die Schichtstruktur (Abb. 50) ist ebenso blättchenartig. Im Gegensatz aber zum Kaolinit, dem Hauptträger der üblichen Kaolintone, sind die einzelnen Silikatschichten nicht so starr miteinander verbunden, sondern können mit Wasser stark aufquellen. Dabei schieben sich die Wassermoleküle zwischen die chemisch gekuppelten Al—Si-Elementarschichten. Der Abstand kann von etwa 9,8 Å auf 20 Å und mehr vergrößert werden. Diese Art der Quellung durch ziehharmonikaartige Erweiterung sichert eine bedeutende Quellbarkeit des Montmorillonits, d. h. also des Bentonits, die sich auch aus der Enslin-Zahl ergibt. In einem ähnlich gebauten Tonmineral ist das Al-Ion durch Fe-Ionen ersetzbar (Nontronit). Wird das Al-Ion durch Mg teilweise oder ganz ersetzt, so entsteht der Hektorit. Der Quellmechanismus und die Zusammensetzung dieser Tone ist verschieden.

1 Å = 1 Ångström = 10^{-8} cm = 0,1 mμ = 0,0000001 cm.

Unmittelbare Aufnahmen feinster Tonteilchen, d. h. von Ultrazentrifugaten im Elektronenmikroskop, haben den Unterschied der Kristalle der Tonmineralien zum ersten Male sichtbar werden lassen. So zeigten die Aufnahmen von W. Eitel die Kristalle von Kaolinit und Montmorillonit als deutliche, oft sechseckig begrenzte dünne Plättchen.

A. Jacob und W. Hofmann brachten die ersten Bilder glimmerartiger Tonmineralien. Sie brachten weiter den interessanten Nachweis, daß die Quarzteilchen in einer Fraktion, deren Äquivalentdurchmesser sich nach der Stokes'schen Gleichung zu $< 0,3\,\mu$ errechnete, tatsächlich kleiner als $0,3\,\mu$ waren, daß also bei diesen Teilchengrößen die Stokes'sche Gleichung gilt, wenn die Teilchen wie bei Quarz annähernd isometrisch ausgebildet sind. Dagegen enthält die Fraktion $< 0,6\,\mu$ von Kaolinit und glimmerartigem Tonmineral Plättchen mit größerem Durchmesser. Es zeigt sich, daß diese Mineralien wegen ihrer Plättchengestalt langsamer sedimentieren als es ihrem Plättchendurchmesser entspricht.

Auch die glimmerartigen Tonmineralien sind weit verbreitet und umfassen Illit, Glaukonite, Glimmer, wie Muskovit, Biotit u. a. Glaukonit und Biotit haben höhere Fe- und Mg-Gehalte. Die Wasseraufnahmefähigkeit dieser Tongruppe ist bemerkenswert hoch. Es ist interessant, daß ein Teil dieses Wassers, das in den Gitterschichten gebunden vorliegt, erst bei höheren Temperaturen abgegeben wird. Dadurch entstehen wertvolle Binder. — Die Struktur dieser Gruppe zeigt Abb. 51.

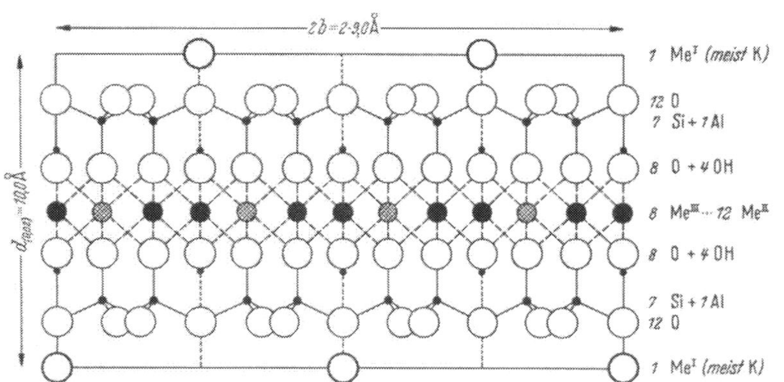

Abb. 51. Strukturschema für glimmerhaltige Tonmineralien (Grenzfall) (nach Hofmann-Maegdefrau)

Die Aufnahmen von M. v. Ardenne, K. Endell und U. Hofmann [27] zeigten bei verschiedenen Bentoniten deutliche Unterschiede in der Ausbildung der Kristallplättchen des Montmorillonits, die ihre verschiedene Eignung zur Herstellung von Filmen und Isolierfolien (gut ausgebildete Plättchen) oder zum Einbinden unplastischer Materialien (schlecht ausgebildeter Plättchen) zu beurteilen gestatten. Es ließ sich weiter nachweisen, daß am Rande eingetrockneter Bentonitklümpchen neben dickeren Aggregaten gelegentlich einzelne Plättchen auftraten, die in ihrem Absorptionsvermögen für die Elektronenstrahlen ungefähr der Dicke von 10 Å entsprachen. Dies spricht dafür, daß die Zerteilung der Montmorillonitkristalle durch die innerkristalline Quellung bis zur Freilegung einer einzelnen Elementarschicht, also in diesem Fall einer Aluminiumsilikatschicht (mit 10 Å Dicke) führen kann.

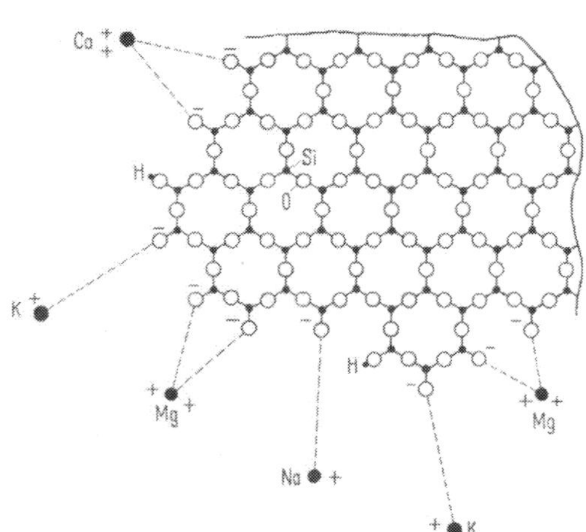

Abb. 52. Aufsicht auf die Ecke einer Si-O-Schichtebene des Kaolinitkristalls mit durch freie Wertigkeiten gebundenen Kationen (nach Endell)

Weiter zeigen die bisher ausgeführten Untersuchungen, daß das Verhältnis von Durchmesser zur Dicke der Kristallplättchen im allgemeinen bei Kaolinit etwa 25—5 : 1, bei Montmorillonit 300—100 : 1 und bei Sarospatit meist in der Mitte zwischen beiden Verhältnissen liegt. Die lamellare Aufteilung der Kristalle geht der Quellfähigkeit parallel.

Wie kolloidchemische Untersuchungen gezeigt haben, sind alle Tonteilchen entsprechend ihrer Feinheit durch eine sehr große freie Oberfläche gekennzeichnet. An dieser sind austauschfähige Kationen, z. B. Kalzium, Natrium, Kalium, Magnesium durch die Oberflächenkräfte (adsorptiv) gebunden, wie es in Abb. 52 in der Ecke der Si-O-Schichtebene eines Kaolinitkristalls dargestellt ist.

P. A. THIESSEN [28] konnte die Adsorption von kolloidem Gold an Tonkristallen im Elektronenmikroskop nachweisen.

Die Summe der von der negativ geladenen Außenhaut der Tonteilchen adsorbierten Kationen bezeichnet man nach HISSINK als S-Wert. Der S-Wert wird ausgedrückt in Milliäquivalent Kationen je 100 g Trockensubstanz. Die analytische Bestimmung erfolgt mit einem Überschuß von Ammonchlorid. Den schematischen Verlauf zeigt Abb. 53 (siehe später).

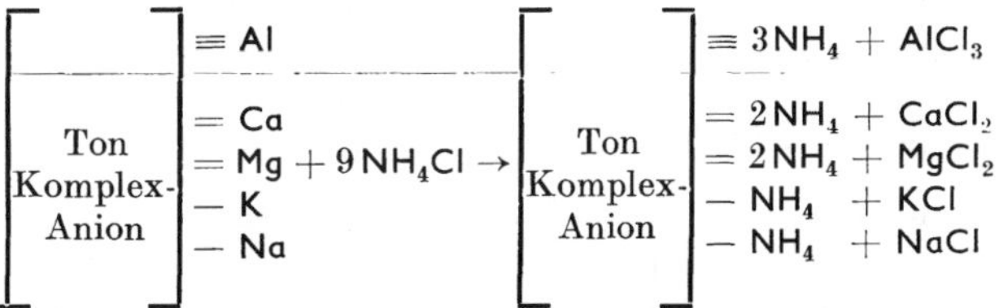

Abb. 53. Schematischer Verlauf des Chemismus des Basenaustausches des Tonkomplexes beim Ausschütteln mit NH_4Cl bei austauschsauren Tonen ($p_H < 6$), unterhalb des Strichs für neutrale und alkalische Tone ($p_H > 6$)

Liegen Tonteilchen, insbesondere von mit Na gesättigtem Bentonit vor, so zeigen sie mit wenig Wasser ein Einzelkorngefüge (Abb. 54a), welches als homogener Film eine sehr hohe Klebewirkung auf die Quarzteilchen ausübt. Durch Al-, Fe-, aber auch durch Ca-Kationen bzw. durch SO_4- und Cl-Anionen wird dies Gefüge gekrümelt (Abb. 54b), wodurch die zusammenhängende Filmschicht aufgelöst wird und die Einbindekraft zurückgehen kann. Im Sonderfall von Na-Bentonit muß daher z. B. sehr hartes Wasser — im Gegensatz zu weichem Wasser — die Festigkeiten damit hergestellter synthetischer Formsande im grünen Zustand herabsetzen.

Diesem Punkt wäre besonders in der Praxis Beachtung zu schenken, wenn Beanstandungen bei Lieferungen Ton enthaltender Binder vorkommen. Auch Ca-haltiger Kohlenstaub kann die Quellfähigkeit von Na-Bentonit herabsetzen, da ein Austausch der Ca-Ionen gegen Na im Bentonit stattfindet.

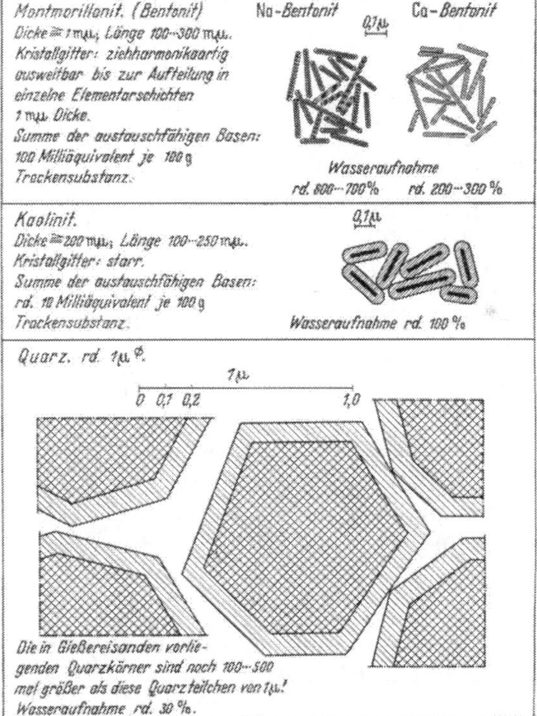

Abb. 55. Schematische Darstellung der Teilchenform und der gebundenen Wassermengen von Montmorillonit, Kaolinit und Quarz (nach ENDELL)

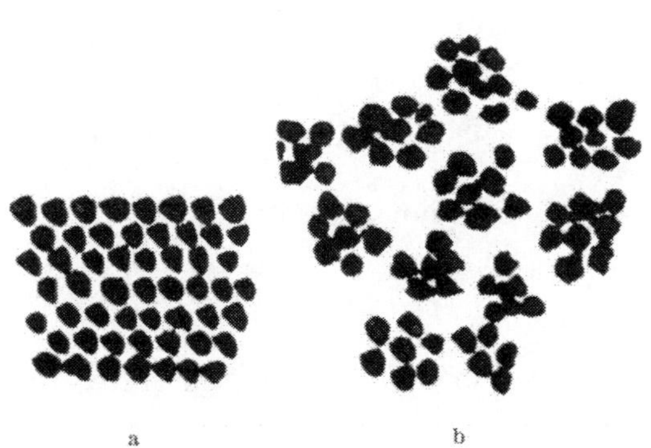

Abb. 54a u. b (nach ENDELL)
a) Einzelkorngefüge eines Na-Tons
b) Krümelung durch Ca, Al, Fe-Ionen

Entscheidend für die *Quellfähigkeit*, das durch sie bedingte Einbindevermögen und somit für die Grün- und Trockenfestigkeit synthetischer Gießereisande mit Ton als Bindemittel, ist ihr Wasserhaushalt, d. h. Wasseraufnahmevermögen, Ansauggeschwindigkeit, Dicke und Druckverhältnisse in den viskosen Wasserhüllen um die Tonteilchen. Die Stärke der die Tonteilchen umlagernden hygroskopischen Wasserhüllen ist keineswegs allein durch ihre Korngröße bestimmt, sondern durch die chemischen Kräfte der austauschfähig gebundenen Ionen festgelegt. Werden diese geändert, so ändert sich auch die Dicke der Wasserhüllen.

Über die Art der Wasseraufnahme siehe Bentonit Prüfung [*29*].

In Abb. 55 sind schematisch die Größenverhältnisse der Festanteile von Tonteilchen und Quarz von 1 μ Durchmesser nebst den sie umgebenden Wasserhüllen und den bisher behandelten Eigenschaften nochmals übersichtlich zusammengestellt [*32* und *34*].

1. Lagerstätten von Kaolintonen

Sie sind in Deutschland weit verbreitet vorzufinden. Man kann nach Zwetsch [*30*] dabei vier Verbreitungsgebiete fassen, nämlich das Gebiet der Umrandung der Böhmischen Masse einschließlich der Vorkommen in Schlesien, Sachsen, dem Fichtelgebirge, der nördlichen Oberpfalz und der Nähe von Passau. Dann folgt das Gebiet des Rotliegenden, wobei aus Porphyren die Lagerstätten um Meißen, Halle und der südlichen Oberpfalz entstanden sind. Das dritte Gebiet umfaßt die Buntsandsteinlagerstätten in Thüringen, der südlichen Oberpfalz und der Pfalz, und zuletzt schließt sich das vierte Gebiet des Rheinischen Schiefergebirges an, dessen Kaoline vornehmlich aus Diabas und Tuffen herrühren. Ihre Güte schwankt in weiten Grenzen [*36*].

Die Farbe ist außerodentlich unterschiedlich. Man trifft Farben wie: weiß, gelbweiß, leicht braun, rötlichbraun, braun, grün, dunkelschwarz. Vielfach ist die Färbung auch auf Infiltrationen und gerbsaure Eisenverbindungen zurückzuführen. Zwischen dem Eisengehalt und der Färbung besteht eine gewisse Beziehung.

Chemische Analyse. Die chemische Analyse von Kaolintonen ist je nach Herkommen sehr verschieden. Die normale und auch die rationelle Analyse sagen über die Verwendungsform verhältnismäßig wenig aus. Von einigen Kaolintonen, die in der Gießerei-Industrie Verwendung fanden, sind die hochtonhaltigen günstig gelegen. Die hochkieselsäurehaltigen waren mehr oder weniger unbrauchbar, da sie viel freien Quarzsand enthielten.

SiO_2 (%)	Al_2O_3 (%)	FeO (%)	CaO (%)	Glühverlust (%)	Bemerkungen
54,22	25,40	2,34	2,26	9,42	gut
59,68	23,08	1,75	0,38	9,43	gut
45,96	40,40	3,17	0,72	7,0	sehr gut
43,48	16,12	3,78	13,80	16,32	noch gut
79,40	13,16	2,26	0,62	2,43	schlecht
37,12	27,74	1,41	0,56	0,20	schlecht
85,20	7,60	2,53	0,52	2,80	schlecht
81,68	13,00	1,73	0,56	2,53	schlecht

Die humusfreien Tone sind meist alkalisch-neutral. Huminhaltige Tone sind vielfach sauer (bis p_H ca. 5).

2. Lagerstätten von Bentoniten

Man unterscheidet natürlich vorkommende Ca-, Na- und gemischte Bentonite. Daneben finden sich noch mit Soda aktivierte Ca-Bentonite.

a) Vereinigte Staaten. In Wyoming in South Dakota (Abb. 56) werden etwa 57% der gesamten Menge der Bentonite in USA produziert. Eine weitere Lagerstätte findet sich bei Kentucky-Golf im Mississippi-River. Andere Lagerstätten sind in Montana, California, Texas, Utah und Arizona bekannt geworden.

Die Produktion ist nach Bechtner [*31*] durch folgende Zahlen ausgewiesen:

	Tonnen	Davon Gießereien und Stahlwerke		Tonnen	Davon Gießereien und Stahlwerke
1920	2790	?	40	251032	74135
25	14850	?	46	601248	162337
30	82593	15580	47	763889	205920
35	157445	26354	55	1477800	?

Die im Süden lagernden Bentonite sind Ca-Bentonite und die im Westen vorkommenden entsprechen meist Na-Bentoniten.

b) Nordafrika. Hier finden sich Lager in Französisch-Marokko und in Algier. In den Jahren 1942—1945 sind etwa für jedes Jahr 20000 t erzeugt worden. Es handelt sich um Na- und Ca-Bentonite mit weißer bis gelber und blauer Farbe sowie um Ca-Bentonite mit weißer, brauner, grüner u. a. Färbung. Neuerdings wird auch seit 1943 in Spanisch-Marokko Bentonit abgebaut. Eine der bekanntesten Lagerstätten, die mit modernen Mitteln ausgerüstet ist, liegt in Algerian Dahara [*35*].

c) Kanada. In Westkanada gibt es mehrere Vorkommen. In Südmanitoba finden sich Ca-Bentonite. Auch in Winnipeg sind solche Bentonite bekannt. Aber auch Na-Bentonit-Vorkommen werden z. B. in Alberta praktisch ausgebeutet. Die Gesamterzeugung liegt bei jährlich 4000—5000 t.

d) Europa. In Europa baut man Bentonit in Polen, Rumänien, Ungarn (nahe Budapest), in der Tschechoslowakei, Griechenland (Insel Milos), Italien sowie in Frankreich u. a. ab.

e) Deutschland. Hier kommt der Ca-Bentonit in mehr oder minder großen Lagern auf der schwäbisch-bayerischen Hochebene vor. (Wolznach—Mainburg—Landshut; Raum rechts der Isar, Landshut—Geisenhausen und Kronwinkel; Raum Simbach; Eifel; Ries bei Nördlingen; Rhön; Vogelsberg, Rhein. Schiefergebirge u. a.) Die abbauwürdigen Lager liegen in einer Tiefe von 1 bis 40 m. Bis 15 m arbeitet man bei linsenartigen Vorkommen im Tagebau, Abb. 57, darunter wird bergbauliches Arbeiten bevorzugt.

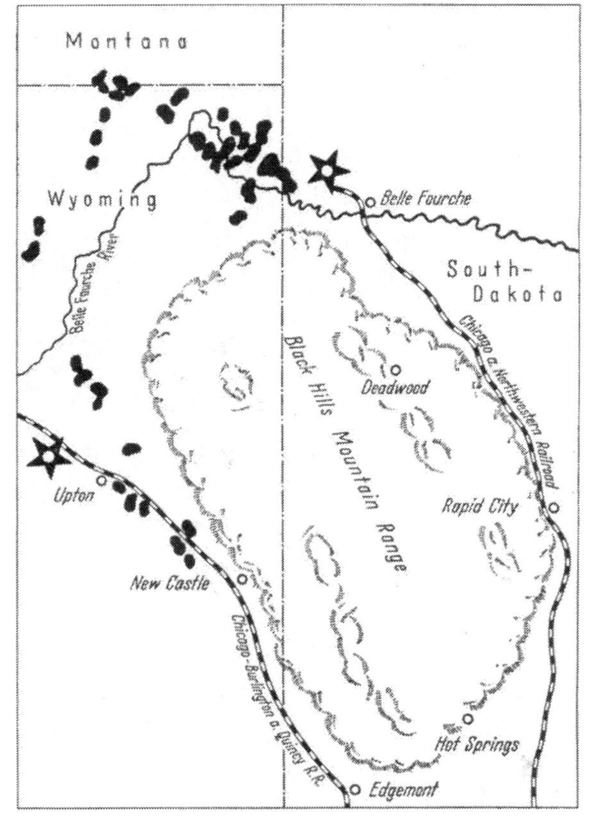

Abb. 56. Lagerstätten des Bentonits in Montana (USA)

f) Verschiedenes. In Mexiko und Peru trifft man ebenfalls auf Ca-Bentonite verschiedener Qualität. Desgleichen hat man in Westaustralien, Neusüdwales, Queensland und in Neuseeland Bentonite praktisch ausgebeutet. In Japan, China und Indien kennt man ebenso wie in der UdSSR, nämlich in Georgien und Turkesien (Djebel), Bentonitlager großer Mächtigkeit.

α) *Allgemeine Verwendung.* Es wird angegeben, daß in Deutschland ab 1940 etwa 10000 t Bentonit pro Jahr für Gießereien verwendet wurden. Ein Teil dieser Bentonite wird als Ca-Bentonite, die größere Menge aber als künstliche Na-Bentonite vertrieben. Im Jahre 1951 sind in Gießereien etwa 60000 t eingesetzt worden.

Bentonite werden nicht nur für Gießereizwecke gebraucht, sondern ein größerer Teil wird zu Spülzwecken bei Tiefbohrungen, zu Bohremulsionen für die spanabhebende Bearbeitung, für die Seifenfabrikation vor allem für Bleicherde u. a. verwendet.

β) *Handelsformen.* Bentonite werden meist in feingemahlenem Zustand, weniger gekörnt und selten stückig angeliefert. Sie besitzen Handelsnamen. Die Frage der Aufbereitung stellt BICHLER [*33*] zur Diskussion.

Vielfach findet man mit Soda aktivierte Ca-Bentonite.

γ) *Chemische Analyse.* Der West-Bentonit (USA) ist durch die Anwesenheit von Na-Ionen (Na_2O = 2,60; CaO = 0,50) gekennzeichnet, während der Süd-Bentonit mehr Ca-Ionen enthält. Das Verhältnis liegt bei letzteren: Na_2O = 0,20; CaO = 1,50. Die Unterschiedlichkeit der beiden wird noch deutlicher durch die leichte bzw. geringe Austauschbarkeit der metallischen Basis, die man in Milliäquivalent auf 100 g darstellt:

Abb. 57. Tagebau der „Südchemie" in der Nähe von Landshut/Bayern

	West-Bentonit	Süd-Bentonit
Na_2O . . . =	85,5	0,4
H_2O . . . . =	5,0	2,8
CaO . . . . =	22,0	64,7
MgO . . . . =	1,0	1,0

In praktischer Hinsicht unterschieden sich beide wie folgt:

West = Na-Bentonit	Süd = Ca-Bentonit
höhere Trockenfestigkeit	geringere Trockenfestigkeit
höhere Warmfestigkeit	geringere Warmfestigkeit
geringerer Widerstand gegen Abwaschen	größerer Widerstand gegen Abwaschen
zerfällt leichter	zerfällt schwer
ist durchlässiger	weniger durchlässig
geringerer Verbrauch	größerer Verbrauch

In der Praxis hilft man sich durch entsprechende Kombinationen.

Der Volclay ist ein Bentonit, dessen Zusammensetzung etwa folgenden Werten entspricht: $H_2O(Al_2O_3, Fe_2O_3, 3MgO) \cdot 4SiO_2 \cdot nH_2O$. 10% der Menge bestehen meist aus Feldspaten, und geringere Anteile sind in Gips, Kalk, Quarz, Magnesit, Limonit, Hämatit, Apatit, Pyrit anzutreffen. Die Analyse liegt wie folgt vor:

	Volclay (West)	*Panther Creek* (Süd)
Silika	64,00%	64,00%
Aluminium (Tonerde)	21,00%	17,10%
Eisen (Fe_2O_3)	3,50%	4,70%
Magnesia	2,30%	3,80%
Kalk (CaO)	0,50%	1,50%

	Volclay (West)	*Panther Creek* (Süd)
Na_2O	2,60%	0,20%
K_2O	0,40%	0,50%
Spuren	0,50%	0,20%
chemisches Wasser .	5,20%	8,00%

Die Wichte bewegt sich zwischen 2,68—2,78. Der Brechungswert liegt in den Grenzen von 1,52 bis 1,57, die MOHS-Härte zwischen 1,0—1,7. Der p_H-Wert bewegt sich bei den Süd-Bentoniten in den Grenzen von 8 bis 10.

Für künstliche z. B. deutsche Natriumbentonite wurde folgende Analyse gefunden:

Glühverlust	9,0%	Na_2O	4,34%	CaO	2,44%
SiO_2	55,0%	K_2O	0,65%	MgO	3,60%
Al_2O_3	20,2%				

Weitere Analysen siehe bei H. JASMUND [*37*].

B. Schlämmsubstanz

Man rechnet darunter Ton- und andere Mineralien der verschiedensten Zusammensetzung, die teils mit Wasser aufquellen. Sie liegen meist unter 20 μ Größe und bewegen sich zwischen 2—5 μ. Durch sie enthält der Formsand sein Formbildungsvermögen. Es ist jedoch zu betonen, daß die Menge allein nicht ausschlaggebend ist. Die praktische Abgrenzung geschieht etwa wie folgt:

Quarzsande	nicht über	0,5%	Schlämmsubstanz
magere Sande	mit weniger als	8%	Schlämmsubstanz
mittelfette Sande		8—18%	Schlämmsubstanz
fette Sande	über	18%	Schlämmsubstanz

Die stoffliche Natur schwankt je nach der geologischen Herkunft in weiten Grenzen. Deswegen können Sande selbst bei ähnlichem Aufbau des Kornes in technischer Hinsicht ein sehr verschiedenes Verhalten aufweisen. Die Eigenschaften wie Bildsamkeit, Sinterverhalten, Feuerbeständigkeit, Fließvermögen und nicht zuletzt die wichtigen Eigenschaften wie: Gasdurchlässigkeit, Festigkeit u. a. hängen eng mit den Eigenschaften dieser Substanz zusammen. Die Farbe schwankt in sehr weiten Bereichen von weiß, gelb über ocker, braun, rot, grün usw. Man hat versucht die Schlämmsubstanz nach ihrer stofflichen Natur zu erfassen und stellte etwa folgende Werte fest:

SiO_2	5—20%	Kaolinit/Illit/Glimmer	60—80%
Eisenoxydhydrate	10—20%	Montmorillonit	5—15%

dazu kommen noch Anteile, die teilweise schon in gröberer Kornform vorliegen, also Glaukonite u. a. (siehe oben).

Über die Teilchengröße und Zusammensetzung liegen Messungen vor (Tab. 12—15).

Tabelle 12

	Nach GRIM	ENDELL	Eigene Messungen		
Teilchengröße	20 μ	2,0 μ	bis 20 μ		
Quarz					
Menge	5—20%	5—20%	4—35%		
Größe	2—5 μ	1—5 μ	0,5—8 μ		
Kaolinit	bis 40%	bis 20%	5%	30%	40—42%
Glimmerartige Tonmineralien		60—80%	75%	30%	20%
Eisenoxydhydrate	10—20%	5—10%	35%	8%	15%

Die angegebenen Prozentwerte beziehen sich auf die wasserfreie Schlämmsubstanz. Die Trennung ist mit den oben angezogenen Methoden möglich.

Weitere eigene Messungen an Schlämmsubstanzen zeigen folgende Werte:

Tabelle 13

Mineral	Kaiserslautern %	Ratingen %	Walkenried %	Mineral	Kaiserslautern %	Ratingen %	Walkenried %
Quarz	33	23	32	Glimmer	—	4	1
Kaolinit	15	28	22	Eisenoxyde	32	12	22
Montmorillonit	8	12	8	Kalk	—	2	1,5
Feldspat	12	14	6	Rest	—	5	—

Die Messungen nach ENDELL sind in Tab. 14 zu finden.
Tab. 15 faßt einige Durchschnittsangaben zusammen.

Tabelle 14

Eigenschaften	Stoff		
	Schlämmstoff $< 20\,\mu$ von Rosenthaler Formsand	Sonneberger Ton (Pfalz)	Deutscher Na-Bentonit (Geko)
Chemische Zusammensetzung in Gew.-% geglüht berechnet			
SiO_2	51,5	55,9	60,8
Al_2O_3	12,0	33,6	20,0
Fe_2O_3	22,9	4,5	4,3
CaO	1,5	0,8	2,1
MgO	3,4	1,3	3,2
K_2O	7,2	3,5	1,0
Na_2O	0,6	0,4	5,0
Summe der Flußmittel in Gew.-%	35,4	10,5	15,6
Mineralaufbau auf Grund der Photometrierung von Röntgeninterferenzen	Glaukonit (glimmerartiges Tonmineral)	55 Kaolinit 30 glimmerartiges Tonmineral 15 Quarz 5 Limonit	95—100 Montmorillonit 5—0 Quarz
Sintertemperatur — beginnendes Schmelzen im Erhitzungs-Übermikroskop beobachtet in °C	1280	1200	1200

Tabelle 15. *Durchschnittsanalysen einiger Formsande*

Bezeichnung	SiO_2 %	Al_2O_3 %	CaO %	Fe_2O_3 %
Aschersleben, grau	84,35	5,96	0,44	6,45
Ascherslebener, gelb	78,45	7,22	1,84	4,22
Bottroper, fett	87,50	8,30	—	2,30
Bottroper, mager	89,80	5,20	—	1,10
Ellricher, rot	85,67	6,00	2,60	3,30
Elster (Werdaer), grün	82,90	10,28	0,01	2,76
Halberstädter (Frohwein), grün	86,70	4,20	0,60	3,95
Harburger, fett	89,84	7,02	—	3,14
Harburger, mager	96,16	1,49	—	2,36
Harzer Kristallquarzsand	98,58	0,76	0,123	0,27
Offlebener (Frohwein), gelb	83,07	3,11	0,50	6,25

Einen weiteren Einblick in die Schlämmsubstanz von Formsanden gibt eine umfassende Darstellung von ENDELL, bei der 20 Formsande in der verschiedensten Weise untersucht worden sind. Einzelheiten sind der Tab. 16 (s. S. 420 u. 421) zu entnehmen.

C. Prüfung von Tonmineralien und Schlämmstoffen

Die Untersuchung der Rohstoffe auf ihre Brauchbarkeit und Gleichmäßigkeit im Gießereibetrieb sowie die Kritik der Preiswürdigkeit sind bei der Herstellung von Gußerzeugnissen überaus wichtig. Nun kann man sich dabei entweder auf die Untersuchung der Substanz selbst oder auf die Messung der Eigenschaften in der Anwendung, also in technologischer Richtung festlegen. Die erstere Art der Untersuchung hat den Vorzug, die Eigenart der Substanz, die in die Gießerei Eingang findet, zu erfassen. Eine solche Untersuchung fordert aber, daß man sich mit der Erzeugung des Rohstoffes auseinandersetzt, um so die Streubreite der Eigenschaften zu erkennen, und sodann verlangt sie eine Methodik der Messung, die stoffgerecht und für den Betrieb genügend kennzeichnend ist;

das heißt, daß der so ermittelte Meßwert in bestimmten Relationen zu den in der Gießerei verlangten Eigenarten, insbesondere der Gleichmäßigkeit des Rohstoffes, stehen muß. Ein typisches Beispiel ist seit langem durch die Prüfung der fünf Elemente C, Si, Mn, P und S im Roheisen bekannt. Die zweite Art der Prüfung erfaßt den Rohstoff über die Anwendbarkeit. Infolge der oft recht unübersichtlichen Zusammenhänge, vor allem durch Einflüsse eines zweiten oder dritten Rohstoffes, sind jedoch die Erkenntnisse oft nicht gesichert und vergleichbar.

Die Prüfung der Tonmineralien, der in der letzten Zeit überaus wertvollen Rohstoffe der synthetischen oder halbsynthetischen Formstoffwirtschaft, hat beide Wege beschritten. Der letztere ist zur Zeit stärker in Erscheinung getreten, da es den Anschein hat, daß man mit den bekannten Prüfgeräten der Formsanduntersuchung schneller und im normalen Betriebsablauf einfacher zur Kennzeichnung einer Bentonitlieferung gelangen kann. Kritische Untersuchungen lassen aber den Schluß zu, daß damit noch nicht das, was der Gießereimann vom Rohstoff wissen will, erfaßt ist, denn die rein technologischen Messungen sind von einer Reihe von Faktoren abhängig, unter denen z. B. der wandelbare Einfluß der Mischung mit ihrer Vielgestaltigkeit zunächst auffällt. Aber auch die so einfach aussehende Prüfung etwa der Festigkeit schließt Fehler in sich [*38*]. Es muß deswegen Ziel jeder sorgsamen Prüfung sein, auch die Substanz als solche einer laufenden Kontrolle zu unterziehen. Wenngleich man bei Bentonit von einer sicheren praktischen Erfassung in bezug auf die eigentlichen substantiellen Kennwerte noch entfernt ist, sollte doch die Ausschau nach solchen Verfahren nicht aufgegeben werden. Übersieht man a) die Substanz-Untersuchungs- und b) die technologischen Prüfverfahren des Bentonits, so kann man in etwa so gruppieren, wie es nachfolgend dargestellt ist. Die Prüfung umfaßt chemische, strukturelle und im Übergang davon physikalische Messungen sowie die technologische Untersuchung (Tabelle 17). Ihr voraus geht die Probenahme.

Tabelle 17

1. *Probenahme*
   a) Stichprobe
   b) Schiedsprobe.

Die Gleichmäßigkeit ist anzugeben.

2. *Chemische Prüfung*
   a) Wassergehalt: Grob- und Adsorptionsfeuchtigkeit.
   b) Wassergehalt: chemisch gebundenes Wasser.
   c) Untersuchung auf:
      α) SiO_2; Al_2O_3; Fe_2O_3; MnO
      β) TiO_2; SO_3; P_2O_5
      γ) Na_2O; K_2O; CaO; MgO
      δ) Huminate und andere organische Stoffe
      ε) Rationelle Analyse.
   d) Ionenaustauschvermögen.
   e) p_H-Zahl-Messung und Alkalinität.

3. *Physikalische Prüfung*
   a) Farbe nach RAL 840 unter Angabe der verschiedenen Variationen (%-Werte nach Schätzung, evtl. je nach Sack).
   b) Wichte u. a.
   c) Körnung.
      α) Trocken-Sieb-Prüfung
      β) Naß-Sieb-Prüfung.
   d) Mikrobild unter Festlegung des Substanzaufbaues. Zuhilfenahme der gekreuzten Nichols u. a.
   e) Mikrochemische Reaktionen
      Mikrophysikalische Reaktionen
      Prüfung auf Kalkspat, Quarz; Opal, Anfärbemethoden, UV-Lichtprüfung u. a.
   f) Elektronenmikrobild.
   g) Quelleigenschaften, Enslinzahl.
      α) im Anlieferungszustand (nicht vergleichbar)
      β) im Trockenzustand (× 110°C, 2 h)
      γ) in Abhängigkeit von der Temperatur.
   h) Wasser-Quellwert.
   i) Messung der Thixotropie (Viskosität).
   k) Benzidinverhalten einschließlich der Untersuchung in gleicher Richtung mittels papierchromatographischer Methoden.
   l) Differential-Thermoanalyse.
   m) Feinstruktur-Analyse.
   n) Verhalten in Temperaturen von 1000, 1050, 1100, 1150, 1200 usw. °C zur Ermittlung (je 30′ auf Temp. bei einer Einwaage von 10 g) zur Ermittlung des
      α) Sinterverhaltens
      β) Schmelzverhaltens.

4. *Technologische Prüfung*
   a) Herstellung der Mischung.
   b) Sandsorte:
      Wenn Vergleiche vorgenommen werden sollen, worden folgende Quarzsande vorgeschlagen:
      α) Haltener Quarzsand oder
      β) Dörentruper Quarzsand oder
      γ) Dorfner Quarzsand.
      ε) Amerikanischer Normsand (Gießerei-Institut, Düsseldorf).

   Die verwendete Sandsorte ist zu bezeichnen.

Tabelle 17 (Fortsetzung)

c) Standardversuch. Er beschränkt sich auf
   α) Zusatz von Bentonit (im Anlieferungszustand) (5 % Gewicht),
   β) Zusatz von Wasser (Angabe des Härtegrades; destilliertes Wasser) 4%.

d) Mit dieser Mischung werden
   α) Gasdurchlässigkeit
   β) Druckfestigkeit
   γ) evtl. Scherfestigkeit

gemessen. Es ist notwendig, drei Probekörper dazu zu verwenden. Bei der Prüfung ist sonst so zu verfahren, wie es DIN 52401 vorschreibt.

e) Mit dieser Mischung können auch die Trockenfestigkeitseigenschaften untersucht werden
   α) nach der Lufttrocknung je 1—2—3—6 h (unter Angabe der relativen Luftfeuchtigkeit),

Tabelle 16

Nr.	Bezeichnung	Menge und chemische Zusammensetzung der Schlämmstoffe < 20 µ: Menge in %: nach DIN DVM 2401	Pipettmethode < 20 µ	Chemische Zusammensetzung in Gew.-%: SiO_2	Al_2O_3	Flußmittel: Fe_2O_3 (FeO)	CaO	MgO	K_2O	Na_2O	Glühverlust	Summe	% C im angelieferten Sand	Enslinwert, Basen-: Summe der Flußmittel in % gegluht	In HCl löslich nach 3 h Erhitzen auf 720°C: Al_2O_3	Fe_2O_3	Enslin-Wert % H_2O der Einwaage
1	Grefrath, halbfett	15,2	15,5	52,2	14,9	17,6	2,4	2,2	2,5	0,9	7,7	99,4	0,6	27,8	29,0		132
2	Bottrop	23,3	25,5	55,4	17,1	11,3 (0,6)	1,4	2,2	3,7	0,4	8,2	100,3	0,4	21,6	19,4		131
3	Rosenthal, Ia fett	15,3	16	47,4	11,1	20,6 (0,9)	1,6	3,2	6,6	0,5	8,1	100,0	0,7	36,8	32,2		142
4	Heddesheim	23,8	25	57,3	16,6	10,5	1,3	0,2	2,8	4,9	6,8	100,4	0,6	21,7	21,4		102
5	Erkrath	22,8	22	56,0	23,8	5,8	1,7	0,8	2,5	0,8	8,5	99,7	—	13,7	22,2		103
6	Grefrath mager	10,6	11,5	51,4	17,2	16,1	2,2	0,4	2,5	1,0	9,1	99,9	0,3	24,1	26,4		129
7	Schneeberg	16,5	17,5	54,1	22,2	6,0	3,6	—	6,9	1,0	6,2	100,0	0,5	19,1	19,8 14,2	5,7	129
8	Erlenbach rot	13	14,6	55,7	20,4	8,1	2,0	1,9	2,4	0,8	8,3	99,6	0,2	17,6	23,8		95
9	Wohlenbeck vollfett.	16	18,3	56,3	18,5	11,8	1,8	—	3,1	1,1	8,0	100,6	0,5	19,2	12,6	9,7	133
10	Dülken	12,7	13,5	53,2	23,7	8,9	2,6	—	2,2	0,6	8,6	99,8	—	16,6	15,1	7,8	87
11	Sinsen	11,6	14,0	62,3	10,3	16,6	2,3	—	2,5		6,7	100,7	0,2	22,5	6,8	12,7	83
12	Ellrich	10,1	11	51,4	29,0	3,2	2,8	—	4,2	0,9	8,7	100,0	—	12,6	19	2,8	125
13	Rötha	5,6	7,5	46,3	23,9	13,1	2,7	—	1,8	1,0	10,9	99,7	0,3	22,4	18,8	8,8	92
14	Halle gelbmittel	8	10	50,8	21,7	10,5	3,2	—	2,3	1,0	10,5	100,0	1,1	20	14,2	8,7	121
15	Riesa	5,5	7	48,3	24,0	13,1	1,3	—	1,7	1,0	11,3	100,6	0,6	19,6	21,5	11,4	104
16	Blansko fett	12,7	14,5	51,6	16,7	12,1 (0,8)	1,0	3,0	4,9	0,3	9,0	99,4	0,2	25,4	13,9	13,4	145
17	Kindsbach	6,3	6,5	53,0	24,1	7,2	2,7	—	3,2	0,8	9,3	100,3	0,1	15,9	28,5		124
18	Fürstenwalde grau, fett	22,8	24,5	55,2	20,9	4,8	0,8	—	1,6	1,3	16,5	101,1	4,4	11,4	15,2	2,7	74
19	Belgischer Sand Heppigny mittelfett.	11,7	13	60,2	21,6	13,7	1,8	—	1,6	0,8	10,5	100,2	0,6	21,7	18,7	10,9	106
20	Belgischer Sand Peissant mittelfett	10	13,5	61,9	16,8	10,9	0,7	—	1,9	1,0	7,4	100,6	0,5	16,2	8,9	8	136

Tabelle 17 (Fortsetzung)

β) nach dem Trocknen bei 150 °C, 200 °C u. a. je 60 Minuten bzw. 120 Minuten bei einer Abkühlzeit von 120 Minuten im Exsikkator (20 °C, relative Feuchtigkeit 60). Siehe DIN.

γ) Überhangfestigkeit

δ) Abriebfestigkeit

ε) Gaszahl

ζ) Verhalten beim Abgießen

η) Verhalten nach dem Abguß; Oberflächenstruktur. Vorschlag: Platte 10 mm Dicke bei 120 × 120 mm oder 50 mm Dicke bei 120 × 120 mm.
Kalt und heiß vergossen (Angabe des Metalls bzw. der Temperatur und des Gerätes).

ϑ) Schalenverhalten nach dem Abguß.

5. *Schüttgewicht der Bentonite*

(zu S. 418)

austauschfähigkeit und Mineralaufbau nach Röntgenbefund								Kornaufbau, Gasdurchlässigkeit und Festigkeiten natürlicher Formsande im Anlieferungszustand										
	Austauschfähige Basen in mval je 100 g Trockensubstanz ○ Na-Bestimmung ergebnislos		Mineralaufbau in % auf Grund der Photometrierung der Röntgeninterferenzen; × = geschätzt					Kornaufbau in mm Dmr. und Gew.-%								Im grünen Zustand		
	im Sand																	
der Schlämmstoffe	gefunden	berechneter S-Wert · Mg <20 μ dividiert durch 100	Glimmerartiges Tonmineral	Kaolinit K	Montmorillonit = M	Limonit	Quarz	> 0,3	0,2 bis 0,3	0,1 bis 0,2	0,06 bis 0,1	< 0,06	Summe	< 0,1	Gasdurchlässigkeit cm³/min/cm²	Scherfestigkeit g/cm²	Druckfestigkeit g/cm²	Formgerechter Wasserzusatz der Prüfkörper %
30	3 ○	4,6	80	—	—	5—10	5	0,4	4,7	45,1	25,8	8,8	84,8	50	29	375	1100	8,5
25	4,5 ○	6,2	Glt +	—	+ M	10	5	5,8	8,8	47,4	7,2	7,5	76,7	30,2	130	370	925	9,0
				85														
23	2,5 ○	3,7	90	—	—	5—10	0	8,2	19,4	50,4	4,0	2,7	84,7	22,7	110	360	990	7,7
17	3 ○	4,3	70		—	10	15	2,3	7,0	33,4	12,7	20,8	76,8	58,5	26	325	880	9,0
22	—	4,8	× 60	10—20	—	5—10	15	1,0	0,8	8,3	43,4	23,7	77,2	89,1	18	320	920	8,0
31	—	3,6	× 75	10	—	10	5	0,1	0,4	22,8	54,5	11,6	89,4	75,6	18	290	500	7,4
12	—	2,1	85	—	—	5	10	35,6	22,0	17,8	4,9	3,2	83,5	25,6	95	210	575	6,4
21	—	3,1	× 70	10	—	5—10	10	42,1	17,6	14,3	6,1	6,9	87	30,5	300	190	525	7,2
24	—	4,4	Glt +	10	M	10	15	13,3	14,9	27,7	15,5	12,6	84	45,6	38	180	660	6,0
				70														
27	—	3,6	× 60	10	—	5—10	20	0,1	0,2	2,6	73,9	10,5	87,3	97,9	22	175	540	6,5
26	2,5 ○	3,6	Glt +	20	M	5—10	10	8,4	15,1	49,9	9,7	5,3	88,4	29,0	50	190	730	6,0
				60														
16	—	1,8	60	10—20	—	5	5	34,4	15,3	28,1	7,0	5,2	89,9	21,2	68	140	420	7,0
26	—	2,0	× 80	10	—	10	<5	47,7	30,8	11,1	1,5	3,3	94,4	12,2	270	140	480	4,0
23	—	2,3	60	10—20	—	10	10	0,5	5,0	40,7	28,6	17,2	92	55,8	23	90	320	7,0
26	—	1,8	× 80	10	—	10	5	37,8	30,9	19,3	2,9	3,6	94,5	13,5	175	80	280	5,0
21	—	3,1	80	10	—	10	<5	29,3	11,3	39,5	3,0	4,3	87,3	20,0	87	245	640	6,7
(21)																		
7	—	0,5	60	10—20	—	5—10	10	26,6	20,0	39,5	5,4	3,2	93,3	15,3	95	50	135	5
(10)																		
11	—	2,6	× 60	10—20	—	5	30	0,1	0,4	2,7	16,1	57,9	77,2	96,8	3	130	530	9,3
(10)																		
36	—	4,6	Glt	—	M	10	10	41,5	22,5	18,5	2,4	3,4	88,3	17,5	165	260	1060	5,7
(37)				80														
31	—	4,2	Glt	—	M	10	10	0,7	3,8	75,9	3,9	5,8	90,0	19,6	60	115	490	5,3
(33)				80														

1. Probenahme

a) und b) Eine stoffgerechte Probenahme ist für die Kennzeichnung des zu prüfenden Gutes von besonderer Wichtigkeit. Man wird dabei unterscheiden *α*) eine Stichprobe und *β*) eine Entnahme, die evtl. zur Festlegung einer Schiedsanalyse führt. Im ersteren Fall ist die Art der Entnahme dem Prüfenden überlassen. Reklamationen sollten aber erst nach sorgfältiger Probenahme eingeleitet werden, wenn offensichtliche Mängel vorliegen.

Mit dem Gut der Stichprobe oder demjenigen für die Schiedsanalyse sind die Untersuchungen anzustellen.

2. Chemische Prüfung

a) und b) Wassergehalt. Im allgemeinen beginnt die Untersuchung mit dem Wassergehalt. Dabei muß man die sogenannte Grob- und Adsorptionsfeuchtigkeit sowie das Konstitutionswasser unterscheiden. Zwischen den beiden letzteren besteht keine scharfe Grenze. Bentonite sind infolge ihres dreischichtigen Gitters mit einer nicht unbeträchtlichen Hygroskopizität ausgestattet, die bei der Beurteilung und Messung nicht übersehen werden darf. Bei einer größeren Anzahl von Lieferungen lag der Feuchtigkeitswert bei 4—12%; man sollte mit einer Feuchtigkeit unter 7% (besser 5%) bei Eingang rechnen können. (Der Wassergehalt des Grubenbentonits liegt wesentlich höher: bis 40%.) Vorschlagsweise haben USA-Fachleute die Trockentemperatur bei Bentonit mit 110—120 °C angegeben. Dabei wird die Substanz bis zur Gewichtskonstanz getrocknet. Die Einwaage soll bei 20 g möglichst flach ausgebreitet werden (0,3—0,5 cm in der Höhe).

Vom Volclay-Bentonit wird mitgeteilt, daß er in trockener Luft etwa 6% und in feuchter Luft etwa 10% Feuchtigkeit besitzt.

c) Chemische Untersuchung. Diese umfaßt *α*) die üblichen Methoden, die auf die Bindungsform keine Rücksicht nehmen, und *β*) die rationelle Analyse, bei der die Bindungsform möglichst gewahrt wird. Die erstere ergibt Werte wie SiO_2, Al_2O_3, Fe_2O_3, CaO, MgO, Na_2O, K_2O, S u. a. Die rationelle Prüfung umfaßt z. B. die Untersuchung nach Kallauner und Matejka, wobei die Substanz 3 Stunden auf 720 °C erhitzt wird. Danach erfolgt eine Behandlung mit 12%iger Salzsäure. Aus dem Filtrat ist der Tonerdegehalt zu bestimmen.

Die erstere sagt nur bedingt etwas aus, die letztere ist leider zeitraubend [*39*].

d) Ionenaustausch-Vermögen. Die Quellung von Montmorillonit, dem dreischichtig aufgebauten wesentlichsten Mineral des Bentonits, ist unter anderem auch von den Ionen, die sich im Gitter vorfinden, abhängig. Die Bindung dieser Anionen und Kationen ist verschieden groß. Mittels geeigneter Elektrolyten lassen sich die Ionen austauschen (sog. *Basen*-Austausch). Die Größenordnung der Ionenaustauschfähigkeit (JUF) ist in Milliäquivalentmengen austauschbarer Substanz je 100 g Tonmineral (mÄ/100 g oder m val/100 g) festgelegt. Ein Milliäquivalent (mval) ist diejenige Menge eines chemischen Stoffes, die 1 mg Wasserstoff zu binden oder in einer Verbindung zu ersetzen vermag, also z. B.: $Ca = 20{,}035$ mg, $Na = 23$ mg.

Da die Austauschfähigkeit von dem Bau des Schichtgitters abhängig ist, schwankt sie je nach Tonmineral und Herkunft in weiten Grenzen. Bei Kaolin hat man die Grenzen bis 15 m Ä/100 g, bei glimmerartigen Tonmineralien das Intervall 20—60 und bei Bentoniten 150 mÄ/100 g beobachtet.

Von der Austauschbarkeit (mÄ/100 g) amerikanischer Bentonite berichtet die nachstehende Tabelle:

	Bentonit			Andere Tone	
	Volclay Wyoming	Panther Creek Mississippi	Lovite Nevada	Ohio Plastic Fire Clay	Kentucky Ball Clay
Kalzium	22,0	64,7	51,5	5,2	7,1
Natrium	85,5	0,4	33,6	0,4	0,5
Kalium	5,0	2,8	1,1	0,5	0,4
Magnesium	1,0	1,0	19,1	1,3	3,8
Summe	89,2*	60,1*	78,1*	7,4	11,8

* Korrigiert.

Die Erkenntnisse aus solchen Messungen sind für den Praktiker insofern interessant, als er daraus den Einfluß von hartem Wasser, denjenigen von stark Ca- oder Mg-haltigen Aschen von Kohlenstauben, Schlämmstoffeigenarten von Formsanden u. a. erkennen kann. Durch solche dort vorkommenden Ionen werden u. U. die Quelleigenschaften des Bentonits beschränkt [40].

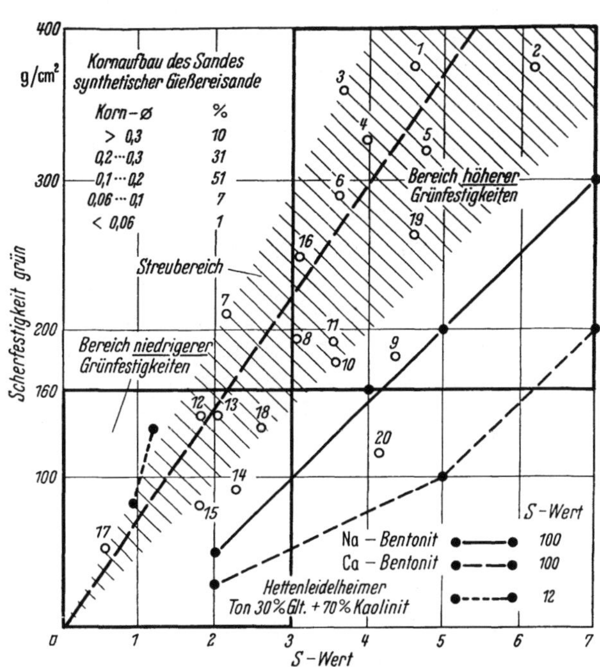

Abb. 58. Abhängigkeit der Scherfestigkeit, grün in g/cm² und S-Wert (Menge der austauschbaren Basen in m val/100 g (nach Endell)

Wie wertvoll der S-Wert ist, geht unter anderem aus der recht engen Beziehung zur Scherfestigkeit hervor (Abb. 58). Auch von Grim sind Untersuchungen, die den Zusammenhang von Basenaustausch und Festigkeit für Sand-Tongemische betreffen, bekannt gemacht worden (Abb. 59).

e) p_H-Wert. Der p_H-Wert nach Sörrensen stellt den negativen Logarithmus der Gramm-Ionen Wasserstoffkonzentration im Liter dar. Da Tonmineralien stark auf Ionen ansprechen, ist zu erwarten gewesen, daß Kolloide dieser Art vom Ionenwert abhängig sind. Schrumpfung und Quellung hängen davon ab. Endell hat in seinen Untersuchungen schon darauf verwiesen. Amerikanische Prüfungen haben diese wesentliche Beziehung dargestellt. Alle aus der Verwendung entstehenden Versalzungen spielen eine Rolle. Somit sind die Zusätze, wie harte und weiche Wasser, Kohlenstaub, Sulfitablauge u. a., in

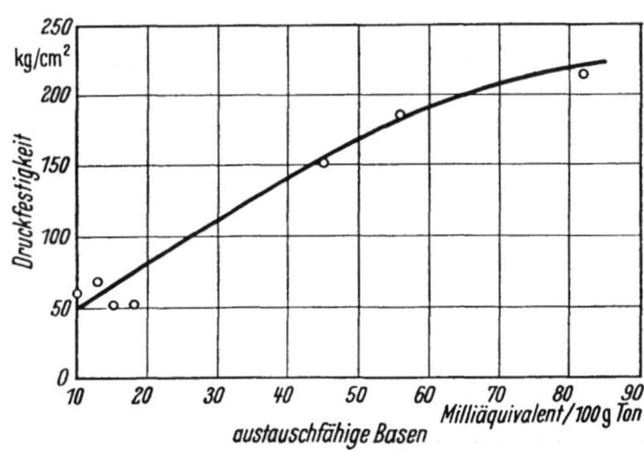

Abb. 59. Abhängigkeit der Druckfestigkeit (grün) bei Tonsand-Gemischen von der Summe der austauschfähigen Basen des Bindetons bei einem Tongehalt von 4,6% (nach R. E. Grim)

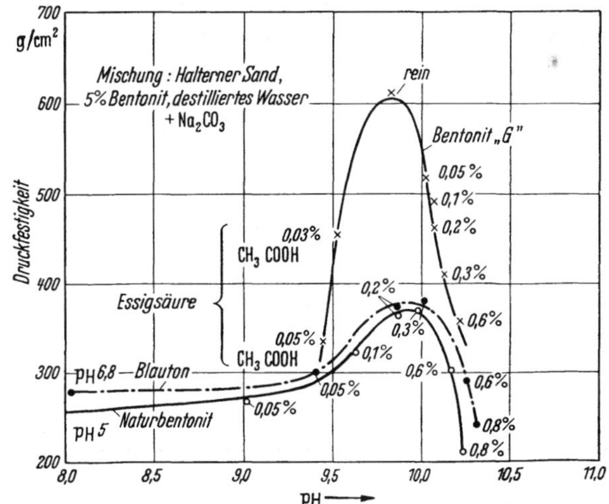

Abb. 60. Einfluß des p_H-Wertes auf die Druckfestigkeit von synthetischen Sanden (nach Roesch)

ihrer Wirkung nicht zu vernachlässigen. Die Untersuchung erfolgt auf titro- oder elektrometrische Weise, wie sie u. a. von Kordatzki [41] zusammenfassend geschildert wurde.

Der p_H-Wert von Kaolinen schwankt zwischen 6—8, derjenige von Bentoniten liegt bei 6—10. Altsand bewegt sich nach eigenen Untersuchungen um 5—8 (9). Werte unter 7 sind sauerer, Werte darüber alkalischer Natur.

Bei künstlichen, also mit Soda versetzten Bentoniten (Ca), kann der p_H-Wert zwischen 8—9,5 liegen.

Über die Art des Anmachwassers bestehen jedoch noch Meinungsverschiedenheiten. Die Wässer an verschiedenen Orten sind stark schwankend. ROESCH hat die Wirksamkeit in einem Bilde (Abb. 60) dargestellt. Dieser Einfluß wird durch die Untersuchungen von CUTBERT und DYER verneint [*42*]. Die Festigkeit wird danach nicht berührt; jedoch wird die Möglichkeit eines Zusammenhangs bei Verwendung von Bentonit zu Formschlichten offen gelassen.

3. Physikalische Untersuchungen

Sie umfassen eine Reihe wichtiger Kennwerte.

a) Farbe. — Die Farbe ist zwar kein ausschlaggebender Faktor, aber sie kann für die Beurteilung der Gleichmäßigkeit nützlich sein. Es ist darauf zu verweisen, daß die Farbe vom Feuchtigkeitsgehalt abhängig ist; sie schwankt je nach Herkunft von weiß-gelblich-cremeartig bis grau, um bei anderen Vorkommen gelb bis orange-rötlich-braun bis grün in den verschiedensten Nuancierungen zu erscheinen.

Zur Kennzeichnung der Farbe wird die jüngst herausgegebene DIN-Farbnorm vorgeschlagen: RAL 840R.

Beispiele sind in einer Arbeit von TANNER [*43*] zusammengetragen.

b) Wichte u. a. Die Wichte von Bentonit liegt bei 2,4—2,9. Der Brechungsindex von Montmorillonit wird mit 1,552—1,600 angegeben. Die MOHS-Härte hat Werte zwischen 1,5—2.

Die Wichte von Kaolinit bewegt sich um 2,1—2,7; die optischen Eigenschaften sind häufig gemessen worden; dabei ist der Brechungswert 1,552—1,559 zu finden. Die MOHS-Härte kann zwischen 1,0—2,5 gelegen sein.

c) Messung der Körnung. Die Messung der Körnung ist für den Grad der Wirkung der zugesetzten Tonmineralien und der Schlämmsubstanz gleich wichtig. Erstere werden gepulvert, granuliert und gemahlen angeliefert. Dabei dürfte der mögliche Feinstzustand der Tonmineralien für die Verwendung am wichtigsten sein.

Die Messung muß Rücksicht auf die Art der Teilchen nehmen. Die Trennung erfolgt entweder über die Trockensiebung, Naßsiebung oder Schlämmung. GESSNER [*44*] gibt ausführliche Berichte in einer diese Methoden zusammenfassenden Arbeit. Mit dieser Prüfung werden qualitative und quantitative Aussagen verbunden. Über die bei Formstoffen übliche Dekantiermethode wird später berichtet (DIN 52401). Für die Tonmineralien hat die Colloid-Companie eine Arbeitsvorschrift Nr. 205 herausgegeben (Tab. 18).

Über die Messung nach ANDREASEN gibt [*45*] Auskunft. Bei plättchenartigen Teilchen wird besser die Oberfläche gemessen.

Tabelle 18. *Durchschnitts-Trockensiebanalyse von Volclay-Bentonit*

mm	Sieb-Nr.	MX 8	KWK	Puder	BC	Nr. 625	325	SPV 200
	4	0,0	0,0					
	10	0,0	0,0					
	16	0,0	0,0					
	26	0,0	0,0					
0,590	30	0,0	42,0					
0,420	40	8,0	33,0					
0,149	50	22,0	19,0					
0,074	60	23,0	5,0					
0,044	100	19,0	0,5	100	0,0	0,0	0,1	0,5
0,037	200	19,0	0,5	200	0,0	0,0	2,4	7,5
	Durchgang	9,0	0,0	325	0,0	0,0	56,0	67,0
				Durchgang	100	100	41,5	25,0

d) Mikrobild. Schon bei Vergrößerungen von 100 × sind gute Einblicke in den Aufbau der Substanzen möglich. Man stellt zu dem Zweck ein Präparat, das in Wasser oder Glyzerin aufgeschlämmt ist, her. Bei der dabei angewendeten geringen Menge sind mindestens 3—5 Präparate durchzuprüfen. In den meisten Fällen eignet sich eine Anfärbung z. B. mit Methylenblau. Die quellfähigen Tonmineralien färben sich an. Grobkörnigere Teile sind gut zu erkennen. Um Einzelheiten zu fassen, ist die Prüfung unter gekreuztem Nichols notwendig. Aber auch mittels geeigneter Brechungsflüssigkeit, Tetralin u. a.,

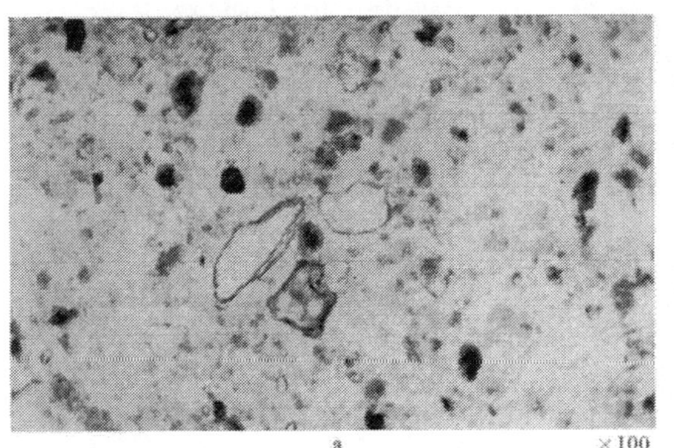

a ×100

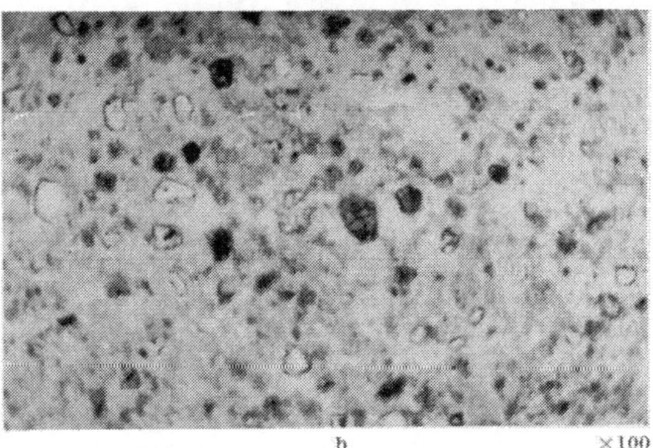

b ×100

Abb. 61 a u. b. Verschiedene Bentonite

a) Mit Soda aktivierter Ca-Bentonit; Quarz, Feldspat, gefärbt mit Methylenblau; b) Ca-Bentonit; sonst wie oben

desgleichen unter vorsichtigem Zusatz, z. B. von Salzsäure, auf den Objektträger bei gleichzeitiger Beobachtung lassen sich gute Schlüsse ziehen.

Zwei Mikrobilder von Bentoniten sind in Abb. 61 dargestellt. Der verschiedene Aufbau ist daran deutlich zu erkennen. Neben Quarz finden sich Mineralien wie Feldspat (Orthoklas u. Oligoklas), Biotit, Augit u. a. Das Mikrobild kann z. B. bei der Erkennung

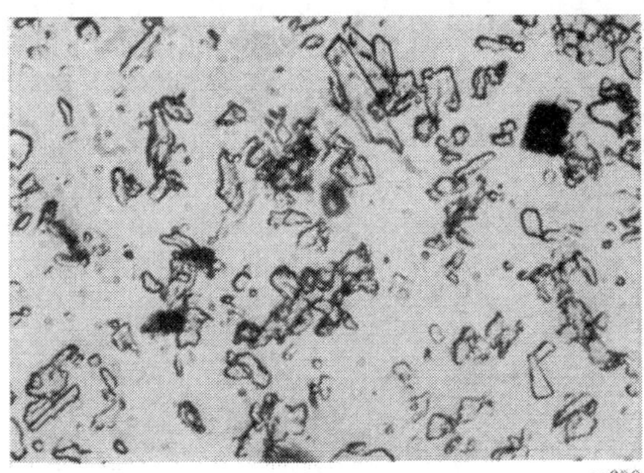

×600

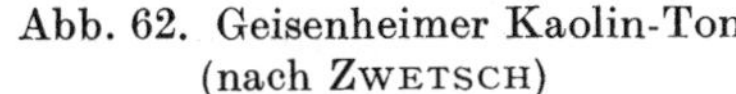

Abb. 62. Geisenheimer Kaolin-Ton (nach ZWETSCH)

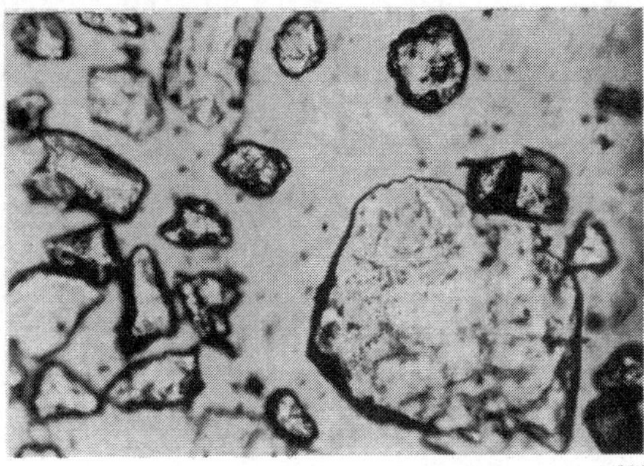

×200

Abb. 63. Deutscher Bentonit, 0,67% Rückstand größer als Durchgang Sieb 0,06 mm: Quarz

von Bentoniten aus Italien, die meist Opal mit sich führen, benutzt werden. In Abb. 62 ist ein Kaolinton zu finden, welcher die Blättchenstruktur erkennen läßt.

Körnige Rückstände von Bentoniten kommen in unterschiedlicher Größenordnung vor. Die Rückstände auf Sieb $> 0{,}06$ mm schwanken dabei von 0,3 bis etwa 10 (15)%. Für einen deutschen Bentonit wird ein Rückstand von 15% auf dem gleichen Sieb als noch normal angegeben.

Das mikroskopische Bild bestätigt, etwa unter Anwendung von Meßokularen, den verschiedenen Körnungsgrad, wobei auch Art und Form der Körner gefaßt werden können. Die oft recht unterschiedliche Anwesenheit solcher Körner ist zum Teil auch für den häufig unterschiedlich gefundenen Enslinwert (Grund: kleine Einwaage) verantwortlich. Das Mikrobild (Abb. 63) gibt im einzelnen Auskunft. So fanden sich neben reichlichen Mengen Quarz, Opal, Feldspat, Kalkspat u. a.

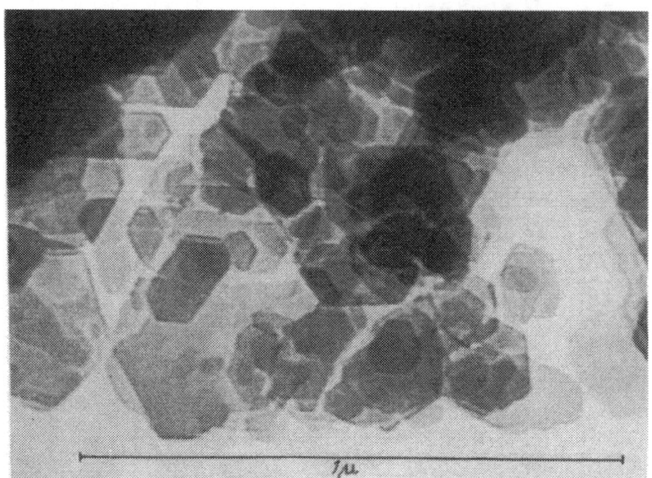

× 72 000
× 72 000

Abb. 64. Kaolinit (Schönbacher Fett-Ton); Elektronenbild (nach W. Flaig u. H. Beutelspacher)

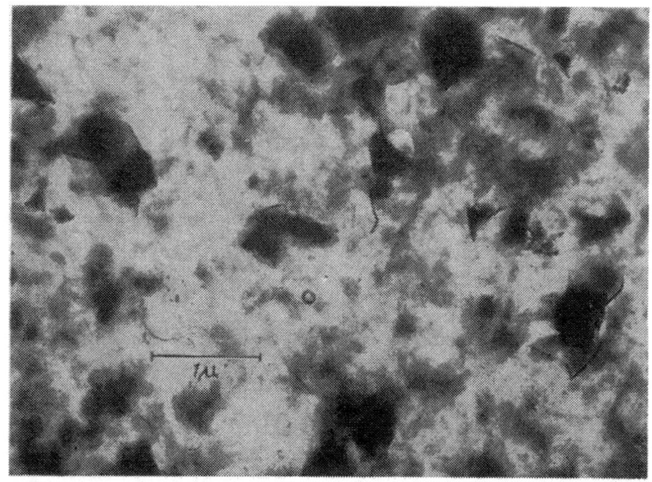

× 18000

Abb. 65. Montmorillonit, Little Rock, Arkansas; Elektronenbild (nach W. Flaig u. H. Beutelspacher)

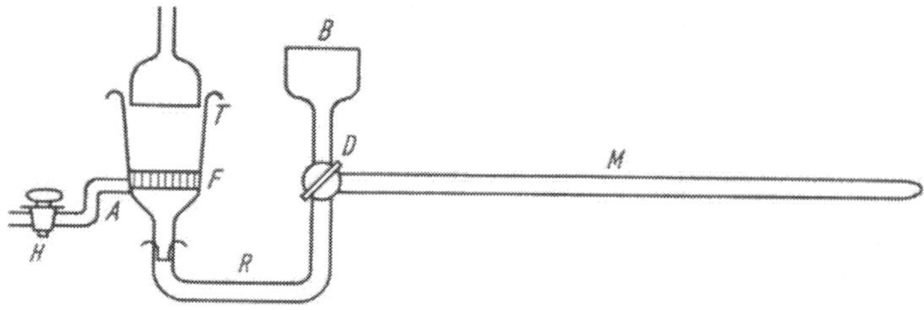

Abb. 66. Vorrichtung zur Messung der Flüssigkeitsaufnahme quellbarer Stoffe (Enslin-Gerät)

B Einfülltrichter, *D* Dreiwegebahn, *F* Glasfilter, *H* Hahn, *R* U-förmig gebogener Teil, *T* Trichter, *M* Kapillare

Nach der Vorschrift des Arbeitsausschusses *Spülung* WV. Erdölgewinnung, wird der Sandgehalt wie folgt bestimmt:

Maschenweite des Siebes 0,09 mm; 4900 Maschen je cm² (DIN 1171).

e) Über mikrochemische und mikrophysikalische Reaktionen wird hier nicht berichtet.

f) Elektronenbild. Über das Elektronenbild ist in diesem Zusammenhang nichts zu sagen. Die Abb. 64 und 65 zeigen die Strukturen von Kaolin und Bentonit (Montmorillonit) nach Aufnahmen von W. Flaig und H. Beutelspacher.

g) Quelleigenschaften. Sie sind durch die kristallographische Struktur bestimmt. Danach zeigt Kaolin eine geringere, Bentonit eine wesentlich größere Quellung mit Wasser. Es hat sich aber gezeigt, daß das Quellvermögen nicht zu hoch sein soll. Besonders beim Austrocknen ergeben sich dann allzu leicht Abspülungen der Formwand. In den USA mischt man deswegen hoch quellfähigen Bentonit mit weniger quellfähigen, meist Ca-Sorten oder plastischen feuerfesten Tonen, um sowohl die günstigste Grünstandfestigkeit als auch Trockenfestigkeit zu erzielen.

Man mißt das Quellverhalten direkt oder indirekt. Im ersteren Falle bedient man sich des Enslingrades oder der Ermittlung der Quellzahl, und im letzteren Falle zieht man das Methylenblau-Färbevermögen und die Thixotropie heran.

Enslinzahl. Über die Apparatur und die Messung ist von Enslin [*46*] und anderen Sachbearbeitern (Abb. 66) berichtet worden. Eckart betont in seinen Untersuchungen, daß diese so ermittelte Zahl experimentelle Schwierigkeiten zeige, da sie auf eine Reihe Faktoren lebhaft anspricht. Auf die Einflüsse von seiten grober Körner im Bentonit ist schon verwiesen worden. Diese machen sich bei der kleinen Einwaage besonders geltend. Man glaubt folgern zu müssen, daß die Enslinzahl kein Wertmesser sei. Die Beziehungen zwischen der Enslinzahl und anderen Eigenschaften, etwa der Grünfestigkeit, werden auch von SIEGEL [*47*] angezweifelt.

Daß die Enslinzahl kein absoluter Wertmesser sein kann, dürfte kaum bestritten werden.

Alle pulverförmigen Stoffe haben, sofern eine Benetzung mit Wasser auf ihren Oberflächen gegeben ist, eine Enslinzahl, d. h. sie ziehen Wasser auf ihre Oberfläche oder nehmen es in sich auf. Die Größe der Teilchen spielt dabei eine Rolle. Die verschiedenen Tonmineralien weisen in der Enslinzahl eine bedeutende Spannung auf, wie aus Abb. 67 ersichtlich ist. In Tab. 19 ist zudem noch

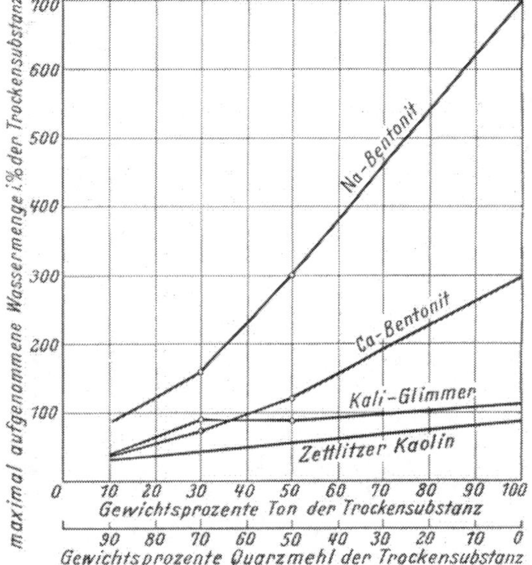

Abb. 67. Abhängigkeit der im Endzustand aufgenommenen Wassermenge von der Natur des Tonminerals und der Quarzmenge (nach ENDELL)

Tabelle 19. *Einteilung der reinen Tone nach Kristallgitter, Teilchenform, chemischen Eigenschaften und Quellfähigkeit* (nach ENDELL)

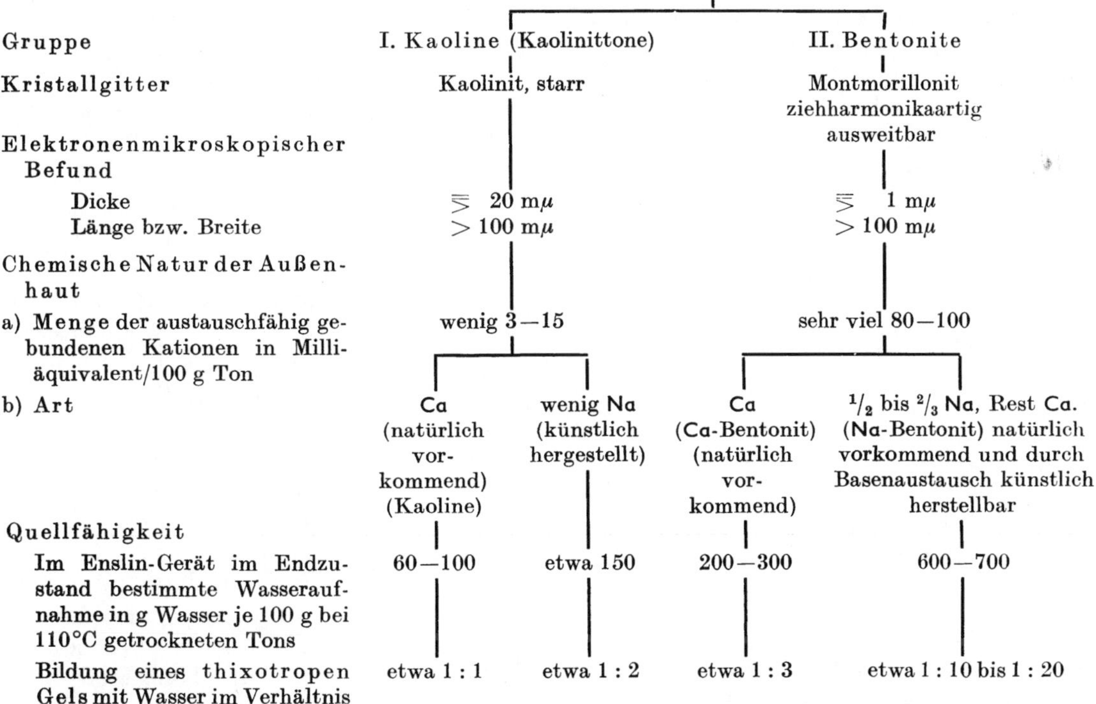

Tone				
Gruppe	I. Kaoline (Kaolinittone)		II. Bentonite	
Kristallgitter	Kaolinit, starr		Montmorillonit ziehharmonikaartig ausweitbar	
Elektronenmikroskopischer Befund				
Dicke	≦ 20 mμ		≦ 1 mμ	
Länge bzw. Breite	> 100 mμ		> 100 mμ	
Chemische Natur der Außenhaut				
a) Menge der austauschfähig gebundenen Kationen in Milliäquivalent/100 g Ton	wenig 3—15		sehr viel 80—100	
b) Art	Ca (natürlich vorkommend) (Kaoline)	wenig Na (künstlich hergestellt)	Ca (Ca-Bentonit) (natürlich vorkommend)	$^1/_2$ bis $^2/_3$ Na, Rest Ca. (Na-Bentonit) natürlich vorkommend und durch Basenaustausch künstlich herstellbar
Quellfähigkeit				
Im Enslin-Gerät im Endzustand bestimmte Wasseraufnahme in g Wasser je 100 g bei 110°C getrockneten Tons	60—100	etwa 150	200—300	600—700
Bildung eines thixotropen Gels mit Wasser im Verhältnis Ton zu Wasser	etwa 1 : 1	etwa 1 : 2	etwa 1 : 3	etwa 1 : 10 bis 1 : 20

Außerdem wurden in keramischen Tonen, Zementmergeln und Tonböden von vier Kontinenten auf röntgenographischem Wege noch ein oder mehrere, früher unbekannte glimmerähnliche Tonminerale häufig gefunden, die in ihren Eigenschaften etwa zwischen dem Kaolinit und Montmorillonit stehen. Die Verbreitung dieser glimmerartigen Tonminerale ist sehr groß [E. MAEGDEFRAU und U. HOFMANN: Z. Kristallogr. A 98/31 (1937)]. Nach Untersuchungen von GRIM und SCHUBERT [*12*] spielt dieses Tonmineral auch in natürlichen Formsanden eine Rolle. Es wird von GRIM als „Illit" bezeichnet.

eine Gesamtübersicht von Endell dargestellt. Inhomogenitäten der Einwaage wirken sich sehr nachteilig auf die Größe dieser Zahl aus; deswegen ist bei jeder Enslinzahl eine mikroskopische Untersuchung anzuraten. Beziehungen zwischen der Enslinzahl und der Warmbehandlung von Bentoniten sind der Arbeit Gries und Trommer [48] entnommen (Abb. 68).

Nach den Erfahrungen des Verfassers bleibt die sorgfältig durchgeführte Enslinzahl ein markantes Hilfsmittel in der Gütebeurteilung. Der Grad der Gleichmäßigkeit der Lieferungen läßt sich damit recht gut bestimmen (Abb. 69).

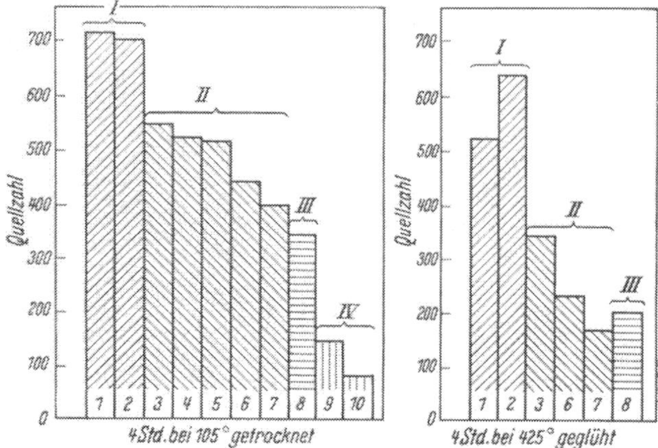

Abb. 68. Enslinquellzahl verschiedener Bentonite (nach Trommer u. Gries)

Richtzahlen:

	Enslinzahl
Kaolinton	80—150
hochwertiger Kaolinton	150—200
Ca-Bentonite	200—350
Na-Bentonite	400—600

Interessant sind auch die Enslinzahlen von verschiedenen Schlämmsubstanzen unter 30 μ; sie liegen wie folgt:

Rosenthaler Sand	110—128
Osterfelder Sand	130—170
Süchtelner Sand	120—160
Riesaer Sand	140—185

Schwankungen der Werte sind von der Vorbereitung abhängig.

h) Wasserquellwert. Eine mehr praktische Schnellprüfung wird wie folgt durchgeführt: 3 g Bentonit werden in ein Reagenzglas von 45 cm³ Inhalt überführt und unter Zufluß von destilliertem Wasser aus einer Bürette mit einem Glasstab dispergiert. Nachdem das Probegut mit möglichst wenig Wasser völlig homogenisiert worden ist, entfernt man den Glasstab und fügt nun unter Schütteln (das Reagenzglas wird mit dem Daumen verschlossen) noch so viel H_2O hinzu, wie notwendig ist, um das gebildete Gel in ein thixotropes Gel zu überführen. Ist dieser Punkt erreicht, so verflüssigt sich das Gel beim Durchschütteln des Reagenzglases. (Man wartet nach dem letzten Durchschütteln jeweils etwa 1 Min.) Der Endpunkt der Bestimmung ist daran zu erkennen, daß beim Umkehren des Reagenzglases das Gemisch an der Wandung herunterzufließen beginnt.

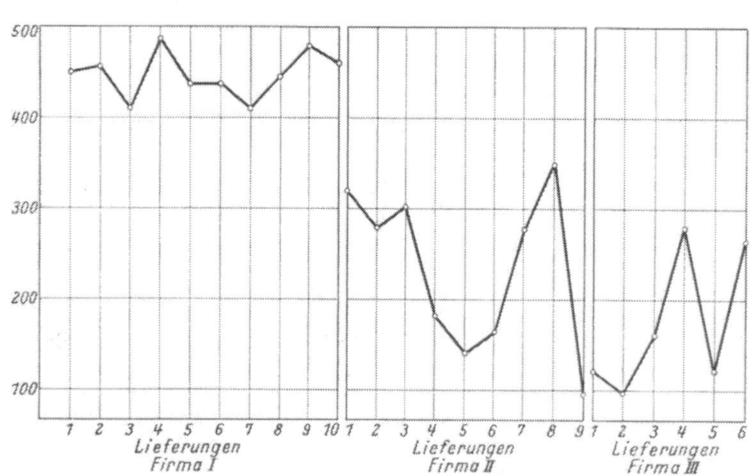

Abb. 69. Streuungen des Enslinwertes von Bentonit-Lieferungen

Berechnung der Quellzahl:

$$\frac{\text{Verbrauch an cm}^3\ H_2O}{3}.$$

Die Meßergebnisse werden durch die Größe des Reagenzglases und andere Faktoren beeinflußt. Bei Normalreagenzgläsern sind folgende Richtzahlen anzusetzen:

Richtzahlen nach der Quellzahl-Methode:

Kleine Quellzahl	3	gute Quellzahl	15—25
mittlere Quellzahl	3—15	sehr gute Quellzahl	>25

S. a. Methode der Colloid-Company.

i) Suspension — Peptisation — Thixotropie. Suspensionen sind Mikrosysteme von 0,01 bis 0,001 mm und grenzen an die ultramikroskopischen Systeme. Teilchen dieser Art üben unter sich Massenanziehungskräfte aus, denen die elektrischen Feldstärken der Oberflächenkräfte abstoßend gegenüberstehen. Ballung (Flockung) der Teilchen tritt ein, wenn die Anziehungskräfte größer sind als die Oberflächenkräfte. Man kann im übrigen beim Absinken von Teilchen in Wasser durch die zu Boden sinkenden Ladungsträger deutlich Ströme mit dem Galvanometer nachweisen. Dabei tragen alle mineralischen Teilchen eine negative Ladung auf ihrer Oberfläche. Den Vorgang der Ballung nennt man Koagulation, denjenigen der Auflösung unter Zusatz eines dritten Stoffes Peptisation — zwei Vorgänge, die bei den Bentoniten von Bedeutung sind.

Der Vorgang der Thixotropie ist gekennzeichnet durch das Erstarren einer Suspension im Ruhezustand. Erst durch Schüttel- oder Rührbewegungen hebt sich der Gel-Charakter wieder auf (Bentonite). Der Grund liegt in den Massenkräften der Anziehung und denjenigen der Abstoßung durch die elektrischen Felder der Oberfläche, die von der Art der chemischen Abbindung abhängig sind. Untersuchungen darüber hat u. a. FREUNDLICH *[49]* dargestellt, indem er die Teilchenentfernung zum Anziehungs-Abstoßungspotential errechnet hat. Daraus folgt ein dreifaches Feld Koagulation, Thixotropie und Peptisation, das letzten Endes für Bentonite, aber auch für die Schlämmsubstanz ganz allgemein gültig ist.

WINKLER *[50]* hat ausführliche Messungen der Thixotropie von Tonmineralien veröffentlicht. Diese Eigenschaft ist von der Korngröße, der Form der Teilchen, dem Ionengehalt u. a. abhängig. Das Dispersionsmittel in Art und Menge ist in seinem Einfluß auf die Thixotropie wesentlich. Die Thixotropiewerte in unterschiedlichen Flüssigkeiten schwanken nach WINKLER für Montmorillonit zwischen 2—40, für Kaolinit zwischen 3—22.

Für Bohr-Emulsionen (Petroleum-Industrie) ist der Thixotropiewert wesentlich.

Es ist deswegen verständlich, daß in der einschlägigen Literatur über diese Messungen eine große Anzahl von Veröffentlichungen vorliegt. Die amerikanischen Gießereifachleute der American Colloid Co. haben eine Meßapparatur für diesen Prüfgang vorgeschlagen (Volclay Bentonite No. 252).

O. ECKART schlägt zur Prüfung der Bentonite auf ihre thixotropen Eigenschaften folgende Methode vor:

80 g des lufttrockenen Bentonits werden in 1000 g dest. Wasser gegeben. Man läßt den Bentonit im Wasser vollsaugen, bis er auf den Boden des Gefäßes abgesackt ist. Dann wird die Mischung 1 Stunde mit einem mechanischen Rührwerk zerteilt. Die Rührgeschwindigkeit soll 240—300 Umdrehungen in der Minute betragen. Eine Zerkleinerung der Tonteilchen darf nicht stattfinden. Nach 1 Stunde, wenn alle Tonpartikelchen zu einer homogenen Suspension aufgelöst sind, läßt man die Suspension 24 Stunden stehen und bestimmt dann nach den Richtlinien für betriebsmäßige Spülmessungen die Werte.

Der Arbeitsausschuß *Spülung* im Wirtschaftsverband Erdölgewinnung, Hannover, hat zudem betriebsmäßige Messungen herausgegeben, auf die hier besonders hingewiesen wird. Dort werden auch Anweisungen über die Messung der Wichte, des Fließverhaltens, der Filtration, des p_H-Wertes und des Sandgehaltes gegeben.

Messungen von Gießerei-Bentoniten auf ihren Thixotropiewert hat neuerdings SIEGEL veröffentlicht *[47]*.

k) Benzidinreaktion. In der Literatur wird angegeben, daß sich mit einer wässerigen gesättigten Benzidinlösung eine Unterscheidung von Montmorillonit und Kaolinit ermöglichen ließe *[51]*. Bei Montmorillonit ergibt sich dabei eine tiefblaue Farbreaktion. Benzidin ist ein Diamidodiphenyl, $H_2N—C_6H_4—C_6H_4—NH_2$, das in komplex-chemischen

Reaktionen, etwa zur Bestimmung von Mn, P_2O_5 u. a. anwendbar ist. Die vorher durch H_2O_2 von organischen Anteilen gereinigte Substanz wird mit einer solchen wässerigen Lösung behandelt. ENDELL, ZORN und HOFMANN [52] geben folgende Reaktionen an:

Reinigung der Substanz von organischer Substanz durch Behandeln mit 3% H_2O_2 und Abdampfen des H_2O_2 bei 100 °C. Es werden 1 g dieses so vorbereiteten Tons mit 5 g kaltgesättigter Benzidinlösung im Reagenzglas geschüttelt und mehrere Stunden stehen gelassen.

Nach eigenem Vorschlag wird ca. 0,1 g festen, reinsten Benzidins mit 0,3 g dieser so vorbereiteten Probe auf einen Objektträger mit 2—3 Wassertropfen (aqua dest.) unter Zuhilfenahme eines Spatels gemischt.

Die Blaufärbung der leicht oxydablen Verbindung entspricht einer Oxydation zur Semichinonform, über die ENDELL, ZORN und HOFMANN berichtet haben. Die Bearbeiter haben aber wesentliche Bedenken gegen die Verallgemeinerung dieser Farbreaktion. Diese Folgerungen ziehen sie aus der Untersuchung von 150 verschiedenen Proben kaolinitischer-montmorillonitischer Herkunft. Wenngleich einige Tone im Sinne der ALEXANDERschen Reaktion versagen, so dürfte man auf diese Reaktion doch weiteres Augenmerk lenken. Zusätze von $FeCl_3$ erhöhen die Nachweissicherheit.

Siehe auch eine Arbeit von TANNER (Hüttenschule, Duisburg, 1955).

l) Differential-Thermoanalyse. Die Thermoanalyse ist bei der Bestimmung der Art der Substanz von erheblichem Wert. Grundlegende Erkenntnisse stammen von GRIM und ROWLAND [53].

Kaoline geben andere Erhitzungskurven als Montmorillonite. Die Photogramme der Differential-Thermoanalyse zeigen nach Abb. 70 und 71 deutliche Unterschiede. Beim

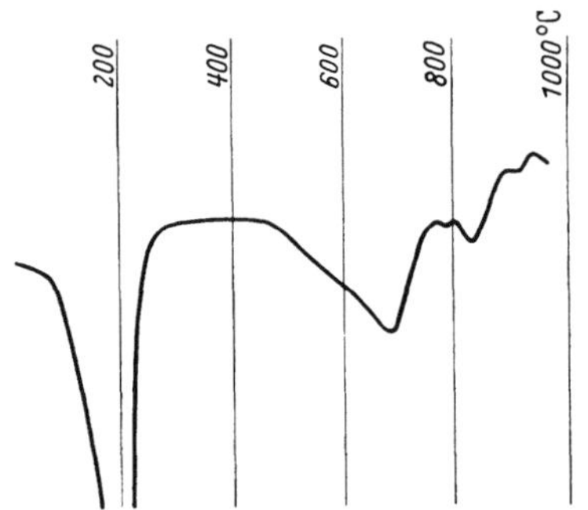

Abb. 70. Differentialkurve von Montmerillonat

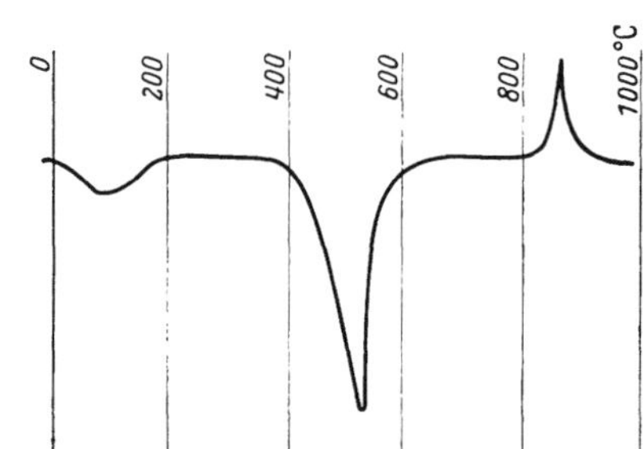

Abb. 71. Differentialkurve von Kaolinit

Montmorillonit ist ein deutliches endothermisches Minimum bei 100—250 °C gelegen. Wahrscheinlich zeigt es den Wasserverlust der Zwischenschichten an. Es können in diesem Temperaturbereich auch 2—3 Minima auftreten. Das nächste Minimum liegt zwischen 600—700 °C (670—690 °C) und das dritte Minimum bei 800—900 °C. Ab 900 °C wird das Montmorillonitgitter zerstört.

Mit ihrer Hilfe kann z. B. der Montmorillonitgehalt halbquantitativ gemessen werden[1].

Bei Trennung von Quarz—Kaolin in Gemischen wird erst eine Erhitzung notwendig, da ersterer bei 573 °C einen Einbruch der Kurve aufweist.

m) Feinstrukturanalyse. Auch mit ihrer Hilfe ist die Möglichkeit der Strukturbestimmung und Mengenmessung der einzelnen Tonmineralien einschließlich ihrer Gemische gegeben. Die Erkenntnis der Natur der Schlämmstoffe läßt sich damit wesentlich erweitern. Über die Methode selbst, die der Durchführung in geeigneten Instituten vorbehalten ist, gibt u. a. die zusammenfassende Arbeit von SCHIEBOLD Auskunft. Eine halbquantitative Aussage ist daraus möglich (Photometrie der Interferenzen) [54].

n) Sinterung und Schmelzen. Die Sinterung und das beginnende Schmelzen des Bentonits ist für die Praxis ebenso wichtig wie die Reaktionsfähigkeit des gleichen Stoffes mit

[1] Siehe auch: H. E. SCHWIETE u. G. ZIEGLER DKB 35 (1958) S. 193.

Schlacken und dem flüssigen Eisen beim Gießen. Es können dabei tiefschmelzende, das flüssige und erstarrende Eisen umhüllende Schmelzflüsse entstehen, die beim Erkalten als *Schalen* abfallen. Die Formstoffe sind aus viel Quarz und weniger Schlämmstoffen aufgebaut. Der erstere reagiert wesentlich träger, die letzteren setzen sich schnell um. Sintern ist nach den von HEDVALL entwickelten Gedanken dabei nicht von der flüssigen Phase abhängig.

Die Temperatur des Übergangs vom festen in den flüssigen Zustand, d. h. des Schmelzintervall, ist abhängig von der Menge und der Art der Flußmittel, die in dem Schlämmstoff vorhanden sind. Es handelt sich also um die Einwirkung von Eisenoxyd, Erdalkalien und Alkalien auf Tonerdesilikate und Quarz. Das früheste Schmelzen ist gebunden an den Eintritt niedrigschmelzender Mischungen, sogenannter Eutektika. Die Zähigkeit dieser Schmelzen kann bei gleicher Temperatur sehr verschieden sein. Sie ist von der Temperatur und chemischen Zusammensetzung abhängig, wie dies in einer Arbeit von K. ENDELL und H. HELLBRÜGGE *[55]* gezeigt wurde. Nach dieser Arbeit wirkt von den in Schlämmstoffen von Formsanden erkennbaren Metalloxyden, gleiche Gewichtsprozente und Temperatur vorausgesetzt, Eisenoxyd (und auch CaO) bei gleicher Temperatur besonders stark verflüssigend; Kalziumoxyd macht zähflüssiger.

Inwieweit das der Mischung zugesetzte Wasser auf die Sintertemperatur wirksam ist, ist noch zu klären. Ein Einfluß scheint nach ZENSANTOWSKY *[56]* zu bestehen.

ENDELL hat versucht, aus dem Produkt der Menge der Schlämmsubstanz und der Gewichtsprozente der in ihnen vorkommenden Flußmittel, wie Eisenoxyd, Erdalkalienoxyde und derjenigen der Alkalien, eine Beziehung zum Sintern zu fassen. Unter relativer Sinterzahl verstehen ENDELL und seine Mitarbeiter den Wert, der sich durch die Gewichtsprozente (Fe_2O_3 + CaO + MgO + Alkalien) wasserfreier Schlämmsubstanz ausdrücken läßt. Die Richtzahl liegt zwischen 50—700.

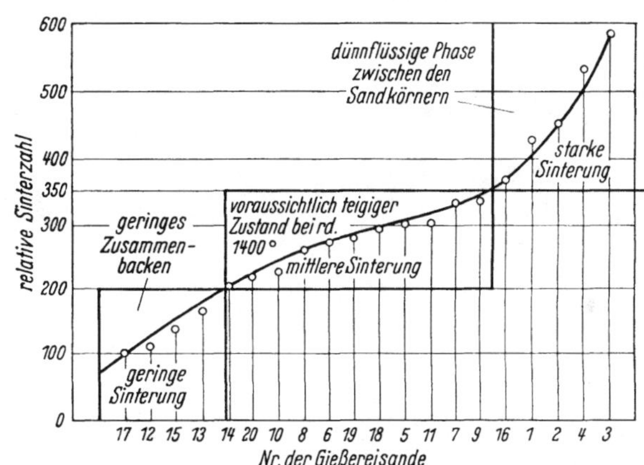

Abb. 72. Relative Sinterzahl-Gewichts-%. Flußmittel (Fe_2O_3 + CaO + MgO + Alkalien) wasserfrei berechnet mal % Menge der Schlämmstoffe $< 20\,\mu$ für rd. 1400° C von 20 Gießereisanden nach steigender Sinterung geordnet (nach ENDELL)

In Abb. 72 ist das Ergebnis dieser Messungen an zwanzig verschiedenen Schlämmstoffen dargestellt. Danach unterscheidet man drei Gebiete: links unten findet kein oder nur geringes Zusammenbacken, also eine geringe Sinterung, in der Mitte ein mittleres Sintern und rechts ein starkes Sintern statt. Tatsächlich liegen dort auch einige der bekannten Bentonite. Die Sintertemperatur beginnt unter der Voraussetzung üblicher Aufschüttung bei um 1000 °C, das Schmelzen kann schon bei 1150 °C einsetzen. Wirken noch FeO-haltige flüssige Schlacken ein, so kann das Sintern und Schmelzen schon früher beginnen (binäre und ternäre Systeme mit FeO).

Die Bestimmung der Sintertemperatur kann praktisch durch einen Marsofen und Schiffchen, wie sie beim Bestimmen des Kohlenstoffs Verwendung finden, erfolgen. Dabei kann man je 50 °C- oder je 25 °C-weise ab etwa 1000 °C erhitzen und das Schiffchen $^1/_4$ h bei der betreffenden Temperatur im Ofen belassen. Danach wird es wieder herausgezogen und die Oberfläche mittels Lupe unter Hinzuziehen einer Nadel auf Sintererscheinungen festgelegt. Man wird dabei erkennen, daß das Sintern an bestimmten Stellen ansetzt, also ein Sinterintervall gegeben ist, das nach höheren Temperaturen hin zum Schmelzen führt. Tab. 20 gibt nach TROMMER *[57]* einen Einblick in das Verhalten bis 1000 °C. Besser eignet sich ein Sintermikroskop, das unter visueller Beobachtung schnellere und treffendere Aussagen vermittelt.

Tabelle 20. *Verhalten verschiedener Bentonite nach einem Glühen bei 1000 °C* (nach TROMMER)

Gruppe	Bentonit Nr.	Farbe beim Anliefern	Enslin-Quellzahl	Farbe nach dem Behandeln bei 1000 °C	Verkrustet	Bentonitart
I	1	grauweiß	710	gelbbraun	wenig	natürlich
	2	weiß	700	weiß	stark	künstlich
II	3	grauweiß	550	braun	stark	künstlich
	4	gelbweiß	525	rotbraun	sehr stark, teils verbrannt	künstlich mit organischen Stoffen?
	5	fast weiß	520	hellbraun	stark	künstlich
	6	gelbweiß	450	leuchtend braun	stark	künstlich
	7	gelbweiß	410	dunkel rotbraun	sehr stark, teils verbrannt	künstlich mit organischen Stoffen?
III	8	grauweiß	350	gelbbraun	mäßig	künstlich + natürlich?
IV	9	gelbweiß	140	braun	nicht	natürlich
	10	grau	85	weißrosa	nicht	natürlich

Mit dem ARDENNE-Mikroskop ist es möglich, die Dynamik des Sinterns und Schmelzens bis 1600 °C (Platinheizband) bei starker Vergrößerung zu beobachten und in einer Vakuum-Filmkamera in Bildreihen zu veranschaulichen [*58* und *59*].

Chemisch reines SiO_2 (99,99%) sintert oder schmilzt bis 1600 °C überhaupt nicht, wie Abb. 73 eindeutig zeigt. Das Sintern und Schmelzen des Schlämmstoffes von Rosenthaler Formsand und zwei Tonbindern zeigen die Abb. 74 und 75.

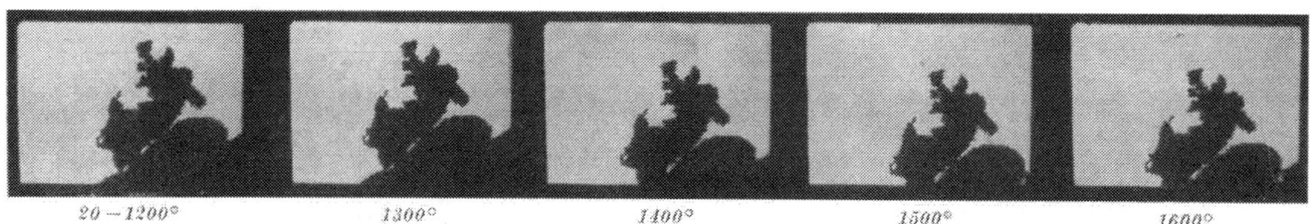

Abb. 73. Sinterverhalten von chemisch-reinem SiO_2 (99,99%) im Erhitzungs-Übermikroskop (nach V. ARDENNE und ENDELL)

Die im Erhitzungs-Übermikroskop beobachtete Sintertemperatur nimmt mit der Menge der anwesenden Flußmittel zu, wie aus Abb. 76 hervorgeht.

Sinterungen bis zum Schmelzen von zwei Bentoniten sind nach JUNGBLUTH in Abb. 77 a—c festgehalten. Der Beginn der Sinterung dürfte in dem einen Fall (rechts) bei 1080 °C, im anderen (links) bei 1000 °C liegen.

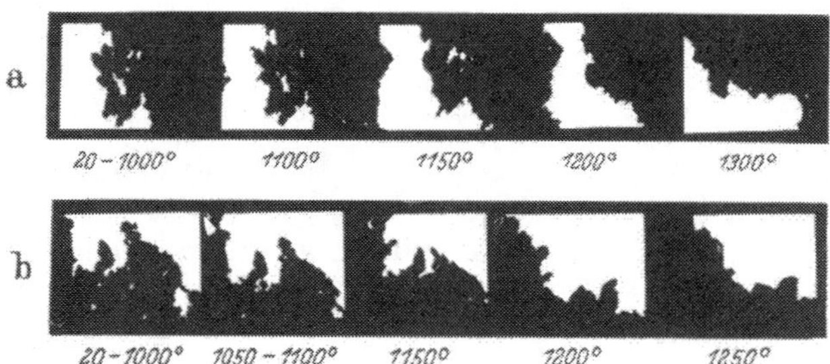

Abb. 74 a u. b. Sinterverhalten von Rosenthaler Formsand. Übermikroskop-Aufnahmen (nach ENDELL, V. ARDENNE u. HOFFMANN)

4. *Technologische Prüfung*

a—e) Diese Messungen werden meist in der Praxis angewendet, um die Güte der Tonmineralien festzulegen.

Bei der Bestimmung der Gleichmäßigkeit der einzelnen Lieferungen wird man sich dabei am besten eines Test-Quarzsandes bedienen, um die Einflüsse dieser Komponente konstant zu halten. Bei der Eignung für den Betrieb wird man dazu diejenigen Sande verwenden, die zur üblichen in der Praxis gebräuchlichen Mischung gehören.

Vorschlagsweise wird man für die Testung der Gleichmäßigkeit des Tonminerals die Grünstandfestigkeit prüfen. Es ist zweckmäßig, 5% des Tonminerals mit 2, 3 und 4%

Wasser zu mischen. Die Mischvorrichtung sollte ein Kneten, d. h. Umhüllen des Tones mit dem Quarz sichern (Kollergang). Die Art der Mischmaschine ist anzugeben (2 Minuten Trockenmischzeit). Die Feuchtigkeit (dest. Wasser) ist gleichmäßig über eine kleine Brause beim Laufen der Kollergänge und 5 Minuten Mischzeit zuzugeben. Der Endwert des Wassergehaltes in der Mischung ist zu bestimmen, da die Tone meist feucht angeliefert werden. Als Quarzsand wird die Körnung von a) 0,1—0,2 oder b) diejenige von 0,2—0,3 mm vorgeschlagen. Es besteht heute die Möglichkeit, solche Testsande von Haltern, Dörentrup, Amberg usw. zu beziehen.

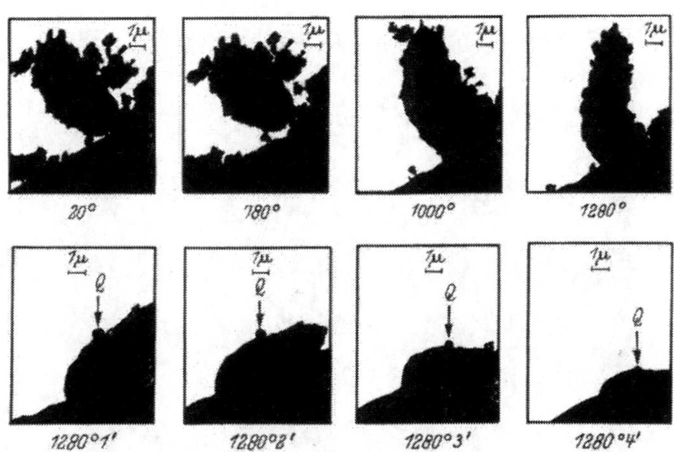

Abb. 75. Sinterverhalten von Tonbinder A und B (unten). Übermikroskop-Aufnahmen (nach ENDELL, v. ARDENNE u. HOFFMANN)

Der Quarzsand ist trocken zu halten und darf die Temperaturen von + 10 °C bzw. + 20 °C nicht unter- bzw. überschreiten. Die Verdichtung erfolgt mit drei Rammschlägen. Aus Gründen des Verhaltens bei höherer Verdichtung lohnt es sich auch, höhere Verdichtungswerte oder mehr Rammschläge (*6*) bei weiteren Versuchen anzuwenden.

Bei Bentonit sollen die

Druckfestigkeit von 500 g/cm² bzw.

Scherfestigkeit von 200 g/cm²

als Minimum eingehalten werden.

Die Beeinflussungen der Prüfkörper durch Zeit, Temperatur und Festigkeitsgrad (etwa im Exsikkator) sind von PATTERSON [*60*] mitgeteilt worden.

Über die Methoden der Messung s. unten.

e: ζ, η, ϑ. Hierzu dienen Festlegungen in der Praxis.

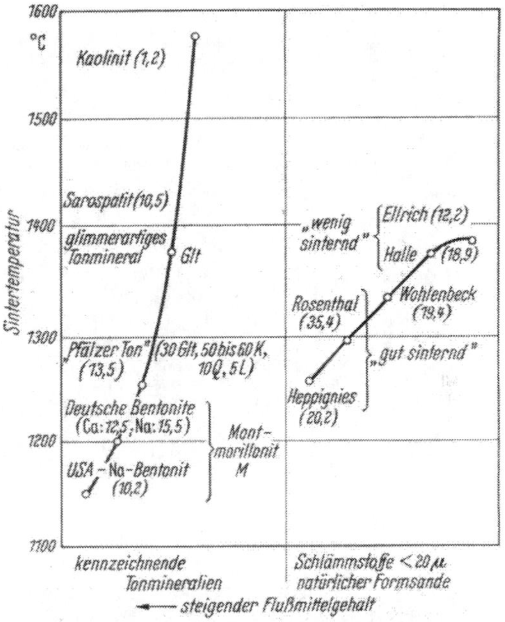

5. *Schüttgewichte*

Messung wie bekannt.

Abb. 76. Im Erhitzungs-Übermikroskop beobachtete Sintertemperatur (d. h. Beginnen des Schmelzens) kennzeichnender Tonmineralien und von Schlämmstoffen < 20 μ natürlicher Formsande. ( ) Summe der Flußmittel in Gewichtsprozenten. Schematisch (nach ENDELL)

Anforderungen an Bentonit

I. allgemeine

1. Erkennung, ob Na- oder Ca-Bentonit
2. Erkennung von künstlich aktivierten Bentoniten
3. Quarzanteile: max. 5%
4. Montmorillonitgehalt: 75% (min.)

II. besondere

A. physikalisch
1. Körnung
2. Enslinzahl
3. evtl. Quellzahl
4. Farbe

B. chemisch
1. Wassergehalt max. 5% (8%)
2. p_H-Wert bei künstlichen Bentoniten 8—9
3. evtl. weitere Zusätze

und vor allem: C. technologisch
1. Druckfestigkeit (s. dort) mind.: 500 g/cm²

Verfälschungen sind zu beachten.

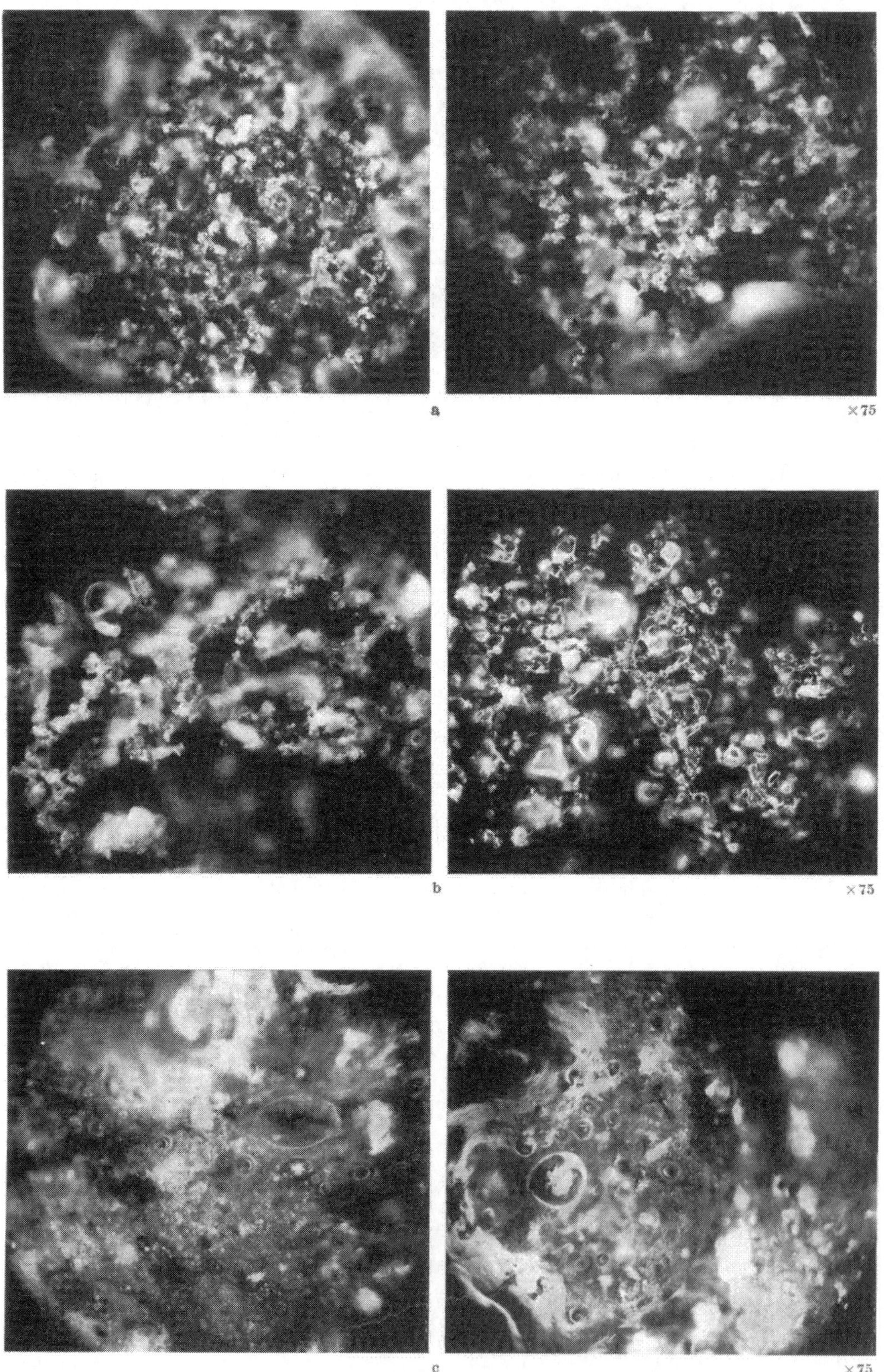

Abb. 77a—c. Sinterverhalten von zwei Bentoniten (nach JUNGBLUTH)

V. Folgerungen für die Gießereitechnik

Die Eigenschaften eines Gebrauchssandes und sein Verhalten gegenüber dem Gießmetall sind das Ergebnis des Aufbaues der Substanz, deren geeigneter Aufbereitung einschließlich des dabei eingebrachten Wassers, der Verdichtung und der Verwendung in grünem bzw. getrocknetem Zustand.

Die Verhältnisse sind dabei gar nicht so einfach.

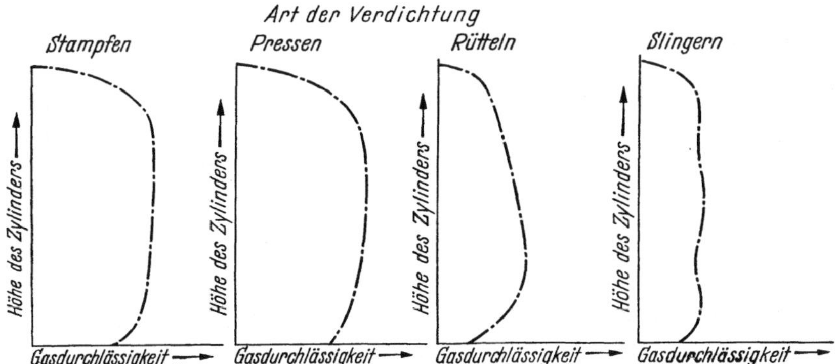

Abb. 77d. Einfluß der Verdichtung auf die Gasdurchlässigkeit eines Formsandes

Schon der Vorgang der Aufbereitung ist in seiner Wirkung auf die Eigenschaften des so erstellten Sandes recht vielseitig. Es ist seit langem bekannt, daß sich die Eigenschaften längs der Aufbereitungszeit erheblich ändern können. Einem Ansteigen der Gasdurchlässigkeit kann ein Abfallen der gleichen Eigenschaft folgen, ohne daß dabei eine Kornzertrümmerung die direkte Ursache ist. Die Versuche, die neuerdings dazu PATTERSON-BOENISCH unternommen haben, beweisen, (Internationaler Gießerei-Kongreß Stockholm 1957, Nr. 16) wie kompliziert diese Vorgänge sind. In diesem Sinne sind dann auch die technologischen Werte variabel. In der Normprobe können sie als Vergleichsprüfung trotzdem praktisch nützlich sein. Leider fehlen Beziehungen zu den Verhältnissen in der Form, vor allem während des Gießens. Hier ist noch ein breiter Raum der Entwicklung offen.

Die Verdichtung des Stampfens, Pressens, Rüttelns, Slingerns oder entsprechende Kombinationen verschiebt die Wertverhältnisse nochmals, Abb. 77d.

So geben denn alle technologischen Messungen im letzten Grunde relative Aussagen.

Die Abhängigkeit der Festigkeit vom Bindergehalt sei der besseren Übersichtlichkeit wegen zunächst an synthetischen Formsanden [*61*], bestehend aus Na-Bentonit und reinem Sand erläutert. Die

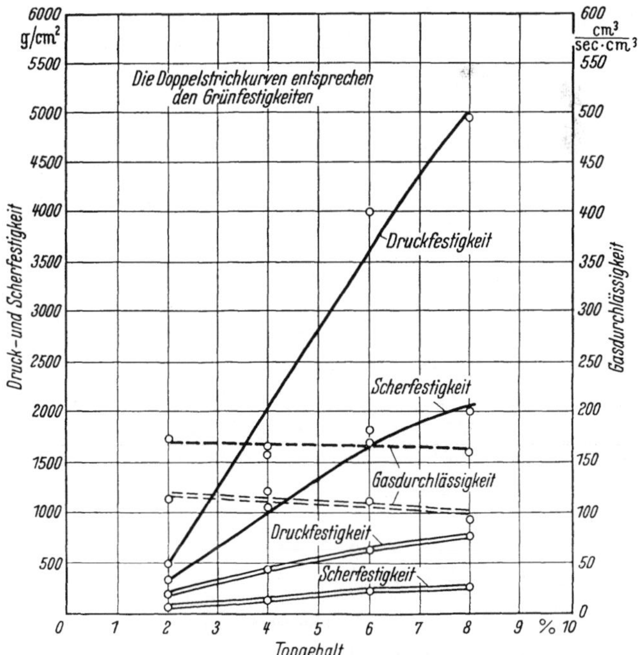

Abb. 78. Abhängigkeit der Druck- und Scherfestigkeit sowie der Gasdurchlässigkeit im System Spergauer Silbersand-Geko vom Bindergehalt. Die Werte für den trockenen Zustand wurden nach zweistündigem Trocknen bei 150° ermittelt (nach ENDELL und Mitarbeiter)

Abb. 78 zeigt sowohl im grünen wie im (150 °C) getrockneten Zustand eine ständige Zunahme der Festigkeitseigenschaften mit dem Tongehalt. Die Gasdurchlässigkeiten verändern sich dagegen nur wenig. Allgemein liegen die Druckfestigkeiten weit über den Scherfestigkeiten. Die Grünfestigkeiten sind stets viel geringer als die Festigkeiten im trocknen Zustand. In Abb. 79 ist der Einfluß der Menge der austauschfähigen Ionen und des Wassergehaltes zu beobachten. Die Bentonite zeigen größere Festigkeitseigenschaften als die Tone aus der Pfalz.

Um eine ähnliche Beziehung auch bei den natürlichen Formsanden herauszufinden, muß erst die Menge und der Mineralaufbau sowie der S-Wert (Summe der austauschfähigen Basen) der Schlämmstoffe ermittelt werden. Die Scherfestigkeit und der S-Wert zeigen eine deutliche Tendenz der Zunahme der Grünfestigkeit mit der Summe der austauschfähigen Basen.

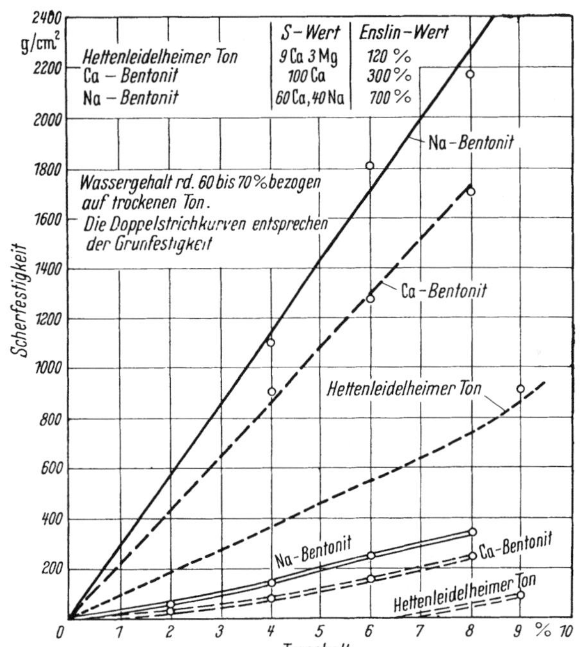

Abb. 79. Abhängigkeit der Scherfestigkeit in grünem und trockenem Zustand bei Mischungen von Quarzsand mit Bindeton vom Tongehalt der Mischung (nach Endell und Mitarbeiter)

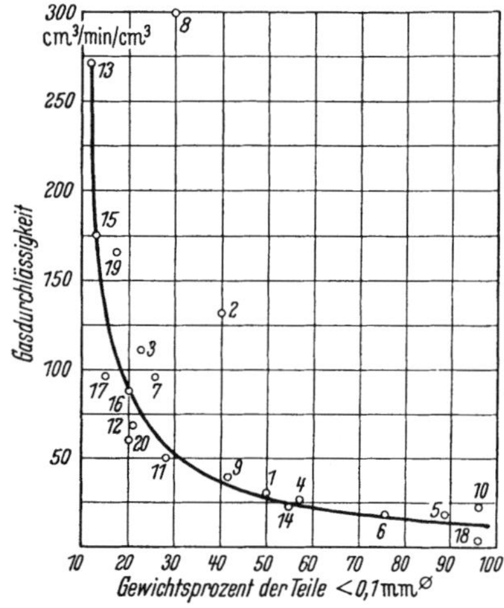

Abb. 80. Beziehung zwischen Gasdurchlässigkeit und Gewichtsprozent der Teile $< 0{,}1$ mm bei zwanzig natürlichen Formsanden (nach Endell)

Von 20 Formsanden wurde die Fraktion $< 0{,}1$ mm, also die Summe bestehend aus den Schlämmstoffen und den abgeschlämmten Quarzkörnern $< 0{,}1$ mm gegen die Gasdurchlässigkeit aufgetragen (Abb. 80).

„Mittels dieser Beziehung kann man durch eine mit Hilfe des Siebes 0,100 DIN 1171 bei Naßschlämmung durchzuführende Prüfung die Gasdurchlässigkeit voraussagen. Dadurch ist eine einfach durchzuführende Handhabe gegeben zur bewußten Änderung der Gasdurchlässigkeit durch Mischung vorhandener verschieden feinkörniger Sande" (Endell).

Einfluß des Wassers

a) auf Quarz. Der Verteilungsgrad des Wassers in Quarzsand ist, solange nicht eine völlige Ausfüllung der Poren vorliegt, unterschiedlich und vor allem von der Kornverteilung und dem Oberflächenzustand des Kornes, d. h. von dem Grade seiner Restvalenzen abhängig. Geometrisch kann man funikuläre bzw. penduläre Wasserverteilung unterscheiden. Frisch gebrochene Quarzkörner binden oberflächlich größere Wassermengen als abgeschliffene Quarzkörner. Durch eine chemische Behandlung kann die Oberfläche der

Körner im übrigen beeinflußt werden, eine Feststellung, die auch für die Binderzusatzmengen wichtig ist. Über Zusammenhänge zwischen Wasser und Porenraum hat sich GOETZ verbreitet (siehe später) [62]. Bei einer Porengestaltung, wie sie von BERNATZIK dargestellt wurde, ist der Vorgang der Austrocknung durch die Bilder a—c gegeben. Dabei bildet der Meniskus zuerst einen Kreis und geht dann bei weiterer Austrocknung in die Form eines sphärischen Dreiecks über. Die Größenordnung der Verdampfung ist an der Kugeloberfläche stärker als in den konkaven Ecken (Abb. 81 a — c).

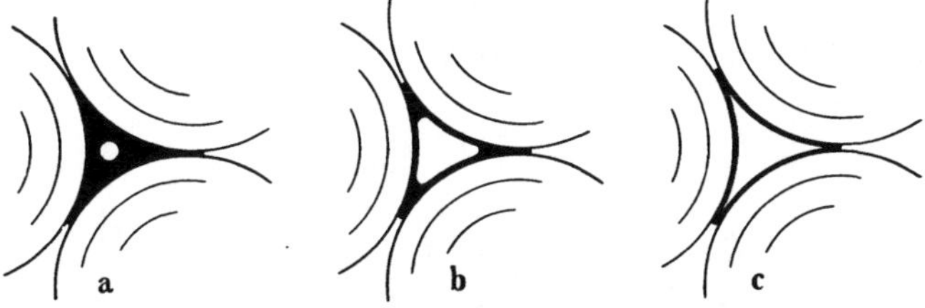

Abb. 81 a—c. Vorgang der Austrocknung einer wassergefüllten Pore (nach BERNATZIK)

Bei stärkerer Austrocknung wird die Meniskuskrümmung an den Ecken sehr stark, weil nur wenige Wassermoleküle vorhanden sind. Jetzt erscheint die Molekülschicht des Wassers wie ein fester Körper, die eine Verkittung der Sandkugeln bewirkt. Eine Verschiebung der Sandkörner gegeneinander ist dann nicht mehr möglich. Wenn nasser Sand austrocknet, kann man eine beachtliche Verfestigung beobachten, wobei der Zusammenhalt allerdings sofort verloren wird, wenn man die Kruste berührt; d. h. die dünne, molekulare, verkittende Wasserschicht bricht wie ein fester Körper und das Wasser verdampft augenblicklich.

b) auf Tonmineralien und Schlämmsubstanz. Das Wasser liegt frei, adsorptiv und chemisch gebunden vor. Eine scharfe Grenze ist nicht ziehbar. Da in diesen Substanzen recht heterogen zusammengesetzte Stoffteilchen vorliegen, ist von einem einheitlichen Einfluß des Wassers nicht zu sprechen. Das Quellvermögen ist verschieden groß (s. Enslinzahl).

Die Tonmineralien weisen ein stark verzweigtes Kapillarnetz auf, das die Quellung wesentlich fördert. Das Wasseraufnahmevermögen wird bedingt durch:

a) die Struktur der Substanz, b) deren Teilchengröße, c) das Ionenaustauschvermögen, d) die eventuellen Temperatureinflüsse.

Bei den Tonteilchen ist das Verhalten der äußeren Tonschichten gegenüber dem Wasserraum mit seinen verschiedenen Ionen interessant und für die Festigkeit der Bindung gleich wichtig. Die Tonteilchen, die mit dem Wasser in Berührung kommen, sind negativ aufgeladen. Man kann diese Aufladung beim Absinken einer Tonsuspension erkennen (Abb. 82). Die austauschbaren positiven Ionen, wie Ca oder Na, umgeben die Tonteilchen schwarmartig. Dabei sind die Tonteilchen, die der Einfachheit halber als Kugeln dargestellt sind, geladen.

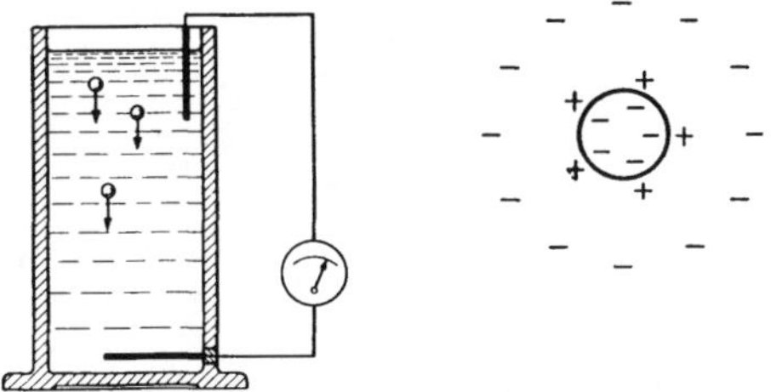
Abb. 82. Aufladung durch das Absinken von Tonteilchen (—) gegen Wasser (+) (Ionenschwarm einer wässerigen Flüssigkeit um ein festes Teilchen)

Nach ENDELL sind auch Moleküle an der Oberfläche von Tonmineralien gebunden. Dabei spielt die Zusammensetzung des Wassers eine wesentliche Rolle. In der Abb. 83 sind nach ENDELL, HOFMANN und WILM [63] die positiven Atome des Tonmineralmodells mit kleinen Kreisen, die negativen mit vollen Kreisen dargestellt.

Es zeigte sich, daß auch Eisenhydroxyd-Gele (eigene Messungen) zu Ionenaustausch fähig sind.

Die Voraussetzungen für die Verfestigung des Verbandes von Quarzkorn und Schlämmsubstanz sind die Hydrathüllen. Das Wasser leitet also die Reaktionen ein. Schematisch ergibt sich somit:

1. Wasser-Einbringung (Solvationsbeginn), 2. Austausch von Ionen, 3. Beginn der Gelisierung, 4. Erregung molekularer Felder, 5. Verstärkung der Gelisierung und Abbinden der Körner.

Im allgemeinen steigt mit wachsendem Anteil an Tonmineralien bzw. Schlämmstoffen die Möglichkeit der Verfestigung. Dabei ist die Zusammensetzung derselben von ausschlaggebender Wirksamkeit.

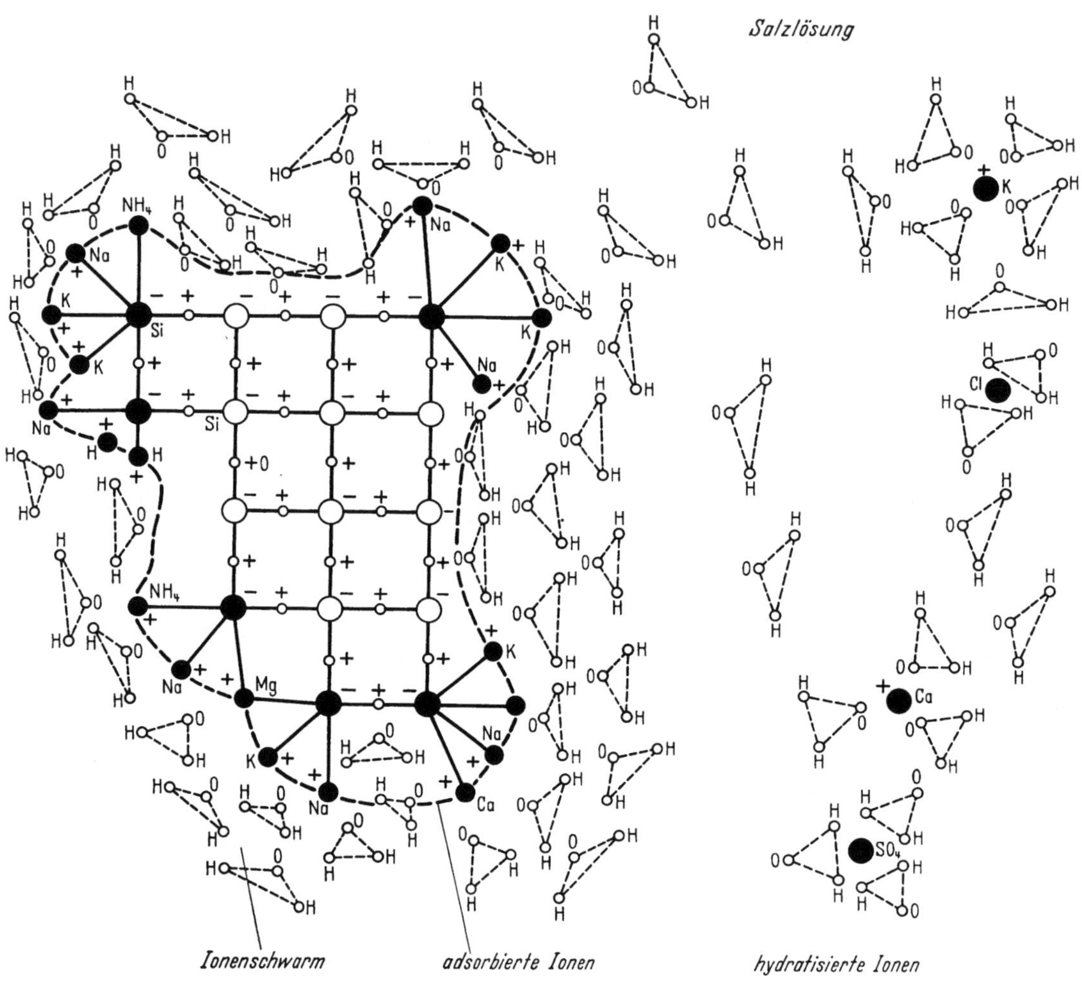

Abb. 83. Ionenschwarm im Porenwasser um die Kristall-Teilchen (nach Endell, Hofmann und Willm)

Einfluß der Temperatur

c) Das Verhalten der Tonmineralien und der Schlämmsubstanz in höheren Temperaturen. Sie spielt eine bedeutende Rolle, denn der Tonmineralkomplex ist ein fast irreversibles Kolloid, d. h. nach einer bestimmten Temperaturbehandlung ist er u. U. schwer oder nicht mehr quellbar. Der Grad dieses Verlustes an Quellbarkeit ist von der Güte der Tonsubstanz abhängig. Die Wirtschaftlichkeit findet in diesem Grad des Ausbrennens einen beachtlichen Maßstab.

Praktischerweise unterscheidet man das Verhalten der Schlämmsubstanz um a) 20 °C, b) 90—105 °C, c) über 105 °C, d) über ca. 500 °C bzw. etwa 800 °C.

d) Trockenvorgang unterhalb 105 °C. Zuerst gehen die freien Wassermengen verloren. Sodann trocknen die Gelschichten aus, ohne daß es zu Veränderungen der Tonmineralien kommt. Durch den Wasserverlust, also durch das Einschrumpfen der Kolloide, werden die Körner untereinander weiter verfestigt. Bei großen Tonmengen können auch Schrumpfungsrisse auftreten. Wie sich die Verfestigung vor und nach der Lufttrocknung bei verschiedenen Formsanden auswirkt, ergibt sich aus späteren Abbildungen.

Mit der Gelisierung nimmt die Gasdurchlässigkeit meist zu. Diese Erscheinung ist vor allem auf die Verringerung des Gelhautwiderstandes zurückzuführen. Die Gelisierung und Schwindung der Tonmineralien und der Schlämmsubstanz sind unterschiedlich [*64*].

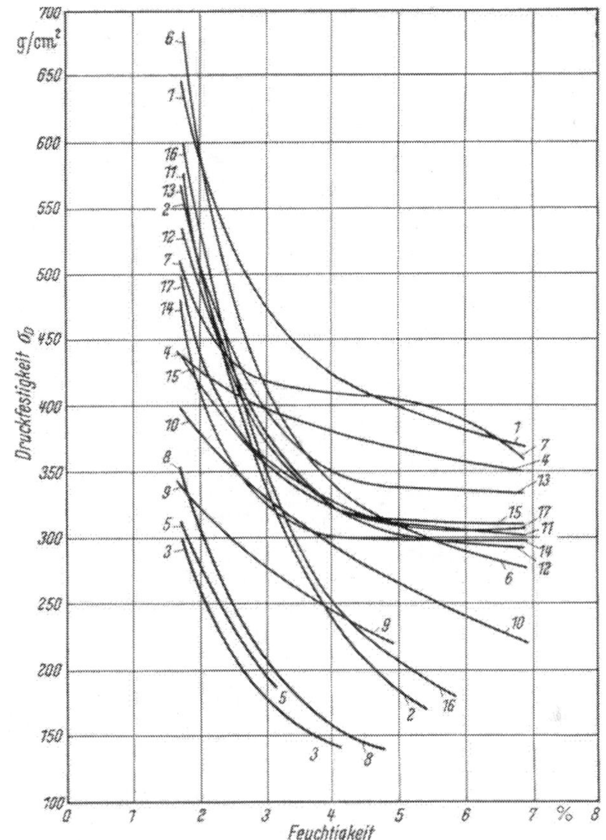

Abb. 84. Beziehungen von Druckfestigkeit und Feuchtigkeit von 17 Bentoniten (nach PIWOWARSKY und BOENISCH)

Für die Verfestigung sind aber auch die stoffliche Natur der Sande, die Oberfläche, die Körnung, der Wassergehalt, der Grad der stofflichen Verteilung, die Größe der Verdichtung u. a. von gleicher Bedeutung.

Vergleichende Untersuchungen, welche die stoffliche Natur einer größeren Reihe von in- und ausländischen Bentoniten im Verhältnis zur Festigkeit bei unterschiedlichem Feuchtigkeitsgehalt darstellen, haben PIWOWARSKY und BOENISCH veröffentlicht [*65*].

Die Zusammenfassung der Arbeiten ist in Abb. 84 und 85 wiedergegeben. Die Verhältnisse von Druck- zu Scherfestigkeit lagen in den Grenzen von 3 bis 5 : 1. Weitere Mitteilungen sind in großer Zahl erschienen; Hinweise sind u. a. der Arbeit von GRIES und TROMMER zu entnehmen.

Der Einfluß der Menge des Anmachwassers ist in den Abb. 86—88 zu erkennen. Dort wird auch eine Beziehung zur Korngröße gegeben.

Wichtig ist sodann die Austrocknungsneigung, die durch Zusätze von Stärken u. a. ebenso beeinflußt werden kann. Dabei wird auch die Grünstandfestigkeit verbessert. ENDELL nimmt an, daß der Stärkebinder dabei dem Bentonit Teile des Wassers entzieht [*66*] (Abb. 89).

e) Trockenvorgang über 105 °C. Man muß hier praktischerweise a) den Wasserverlust und b) die damit zusammenfallende Änderung der Konstitution, d. h. ihre praktische Auswertung unterscheiden.

Man unterscheidet nach HYSLOB [*67*] folgende Reaktionen:

550 °C: $Al_2O_3 \cdot 2SiO_2 \cdot 2H_2O \rightarrow Al_2O_3 \cdot 2SiO_2 + 2H_2O$

850 °C: $Al_2O_3 \cdot 2SiO_2 \rightarrow \gamma - Al_2O_3 + 2SiO_2$

900 °C: $\gamma - Al_2O_3 + 2SiO_2 \rightarrow Al_2O_3 + 2SiO_2$ usw.

RINNE [*68*] hat zudem die Konstitutionsänderung durch Feinstrukturanalyse ermittelt und ab 550 °C Metakaolin beobachtet.

An Kaolin-Tonen (Zettlitz) ist von TRÖMEL [69] beobachtet worden, daß

zwischen 20—800 °C das normale Kaolingitter bestehen bleibt,
zwischen 800—1200 °C sich ein völlig anderes Gitter bildet,
ab 1200 °C das Mullitgitter vorherrscht und
ab 1400 °C noch das Cristobalitgitter hinzukommt, aber wieder verschwindet.

Etwa über 105 °C (teilweise bei 90 °C) findet sich in der Schlämmsubstanz nur noch adsorptiv bzw. chemisch gebundenes Wasser vor. Je nach dem Tonmineral entweicht dieses Wasser beim Trocknen mehr oder minder schnell. Daß die Bindung sehr stark sein kann, beweist die Tatsache, daß gewisse Tonmineralien ihr letztes, chemisch gebundenes Wasser erst über 1000 und mehr Grad abgeben. Die Veränderung dieser Substanzen in Abhängigkeit von der Temperatur kann durch die graduelle Entwässerung, das Ausdehnungsverhalten, die Gitterveränderung, und vor allem durch das praktische Verhalten erfaßt werden. Für Kaolin und Bentonit sind durch isobare Wasserabbauversuche Kurven erhalten worden, wie sie in Abb. 90 wiedergegeben sind. Der Wasserabbau vollzieht sich mehr oder minder sprunghaft im Temperaturbereich zwischen etwa 300 bis 500 °C. Die Austauschfähigkeit der Basen geht zurück und verschwindet, wie auch die Quellfähigkeit gering wird [70].

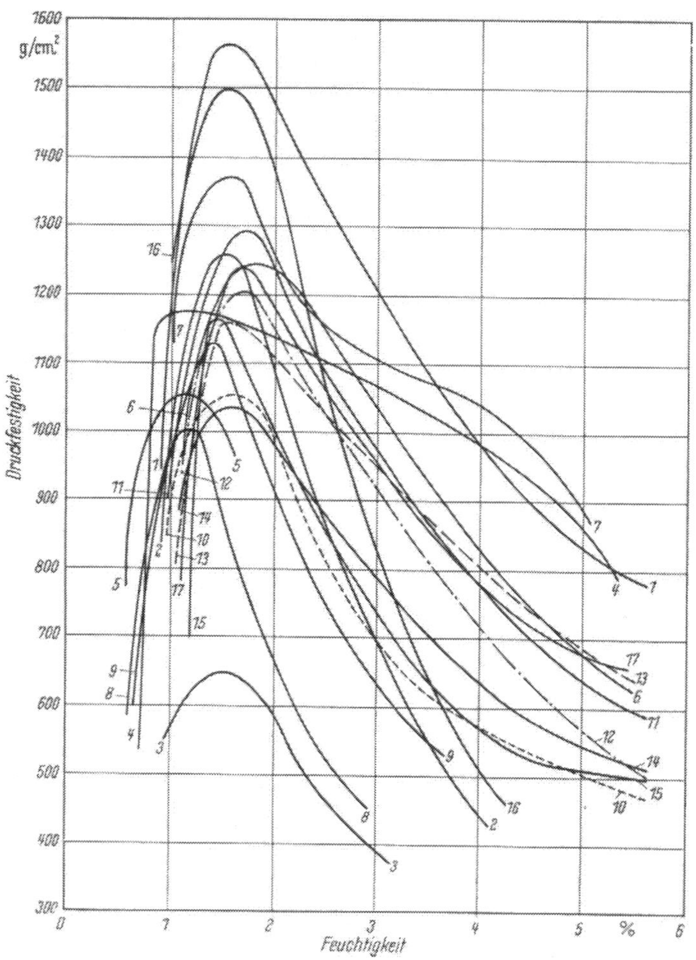

Abb. 85. Gegenüberstellung der Druckfestigkeit nach 8 Stunden Absetzzeit (nach PIWOWARSKY und BOENISCH)

Die Messungen von ENDELL und HOFMANN an Montmorillonit sowie eigene Untersuchungen an Kaolintone beweisen die mehr oder weniger tiefgehenden Änderungen durch die Temperatur.

Nach ENDELL und Mitarbeitern erfolgt die Abspaltung des Wassers von Bentonit zwischen 390—490 °C, beim Kaolinit zwischen 450—550 °C [71]. Damit geht die innerkristalline Quellung und die Wasseraufnahmefähigkeit bei Bentoniten zwischen 300 und 400 °C verloren. Das Austauschvermögen der Ionen geht zurück, und darum ergibt sich im Verband Ton—Quarz eine starre Bindung.

Ab 600 °C liegt der Festigkeitswert fast bei Null (ROESCH, Abb. 91).

Bei den Messungen, welche die Bindung Tonmineral—Quarzkorn im Sinne der erreichbaren Festigkeit kennzeichnen sollen, muß man unterscheiden:

1. Festigkeitswerte von Sanden und frisch zugesetztem Tonmineral (Ausgangsfeuchtigkeit!).

a) Prüfung der Grünfestigkeit.

b) Prüfung der Trockenfestigkeit nach dem Trocknen auf bestimmte Temperaturen, aber geprüft bei Raumtemperatur.

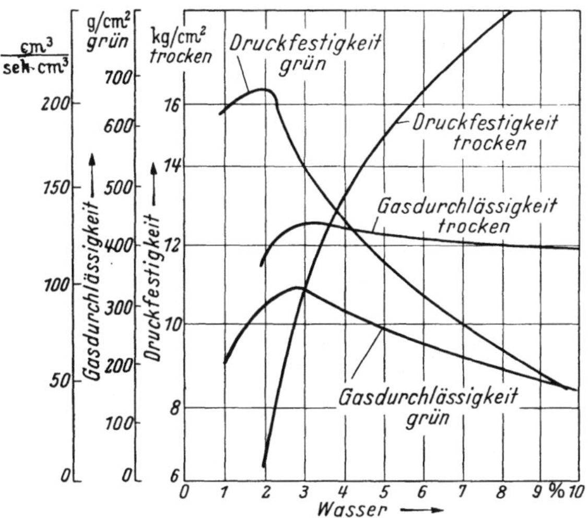

Abb. 86. Wirkung des Aufnahmewassers auf die Eigenschaften von gewaschenem Sand D, eingebunden mit einer Mischung aus 8% feuerfestem Ton und 2% Bentonit (nach ENDELL 1941)

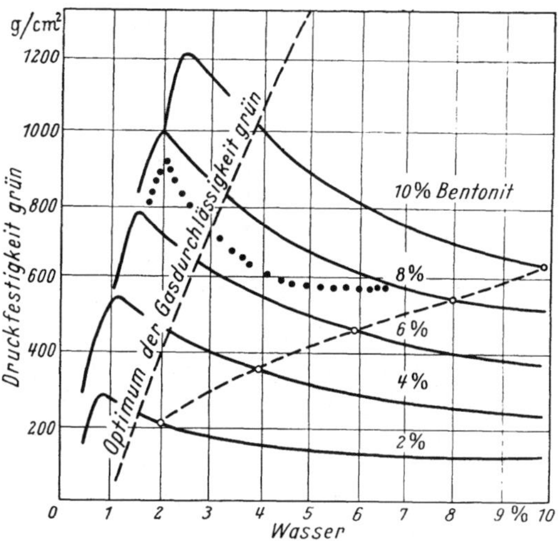

Abb. 87. Wirkung des Gehalts an Anmachwasser und Wyoming Bentonit auf die Druckfestigkeit (grün) von synthetischem Sand der Feinheit Nr. 63 (etwa Spergauer Silbersand)

o – – – o Linie des Verhältnisses Bentonit Wasser 1 : 1

– – – – 6% Deutscher hochquellfähiger Bentonit (nach ENDELL 1941)

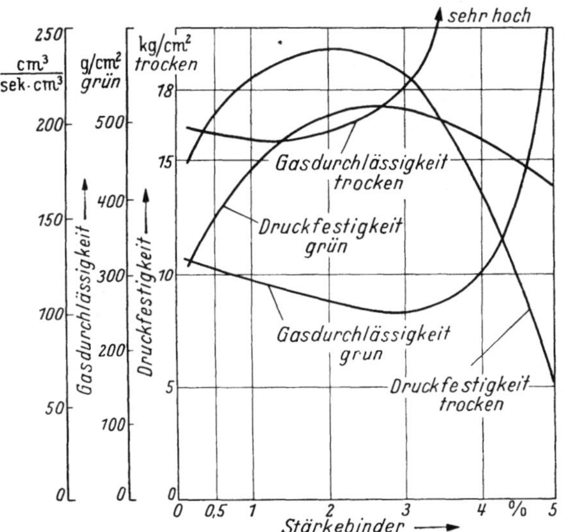

Abb. 89. Wirkung steigender Mengen eines Stärkebinders auf die Eigenschaften des gewaschenen Sandes D eingebunden mit 5% Bentonit. Wasser: konstant 5% (nach ENDELL 1941)

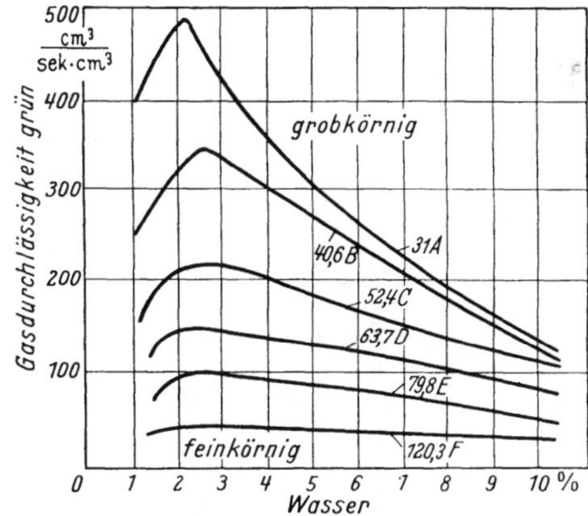

Abb. 88. Wirkung der Korngrößen des Sandes und Wassers auf die Gasdurchlässigkeit von gewaschenen Silika-Sanden mit 5% Bentonit (nach ENDELL 1941)

2. Festigkeitswerte von z. B. Bentonit, der erhitzt war und wieder mit z. B. synthetischem Altsand gemischt wurde nach 1a) oder 1b).

3. Heiß(druck)festigkeit.

Dabei spielt selbst die Erhitzungsgeschwindigkeit, also die Wirkung auf die Art der Gelaustrocknung eine Rolle (Abb. 92). Die zur Zeit bekannten Arbeiten über die Heißfestigkeit versuchen dieses so wichtige Gebiet zu klären. Die Ergebnisse sind noch widersprechend (Abb. 93 und 94 [72]). Der Einfluß des Anmachwassers und von Zusätzen

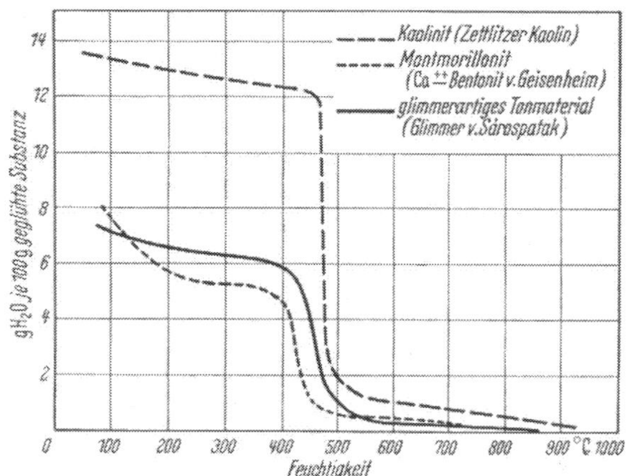

Abb. 90. Entwässerung von Kaolinit, Montmorillonit und einem glimmerartigen Tonmineral durch Temperatur-Einwirkung (nach ENDELL)

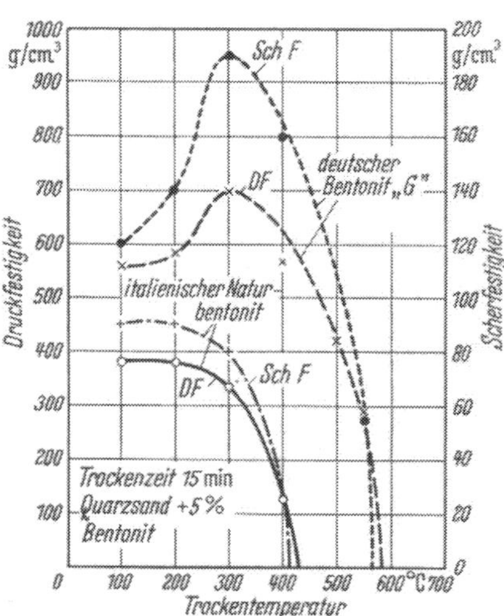

Abb. 91. Einfluß der Erhitzung von Bentonit auf die Bindekraft im Sand (nach ROESCH)

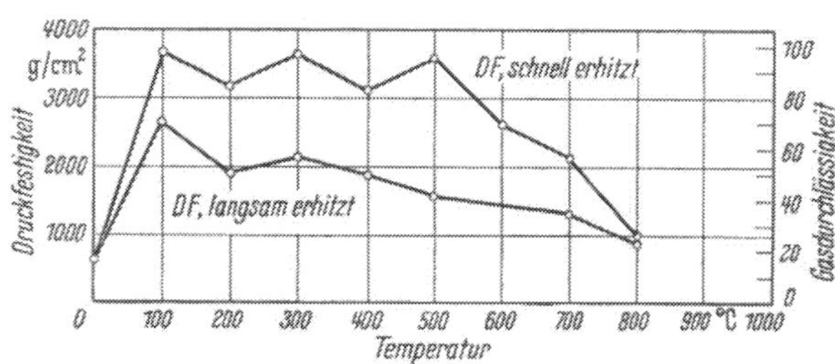

Abb. 92. Druckfestigkeit von temperaturbehandeltem synthetischen Formsand (nach HOUBEN)

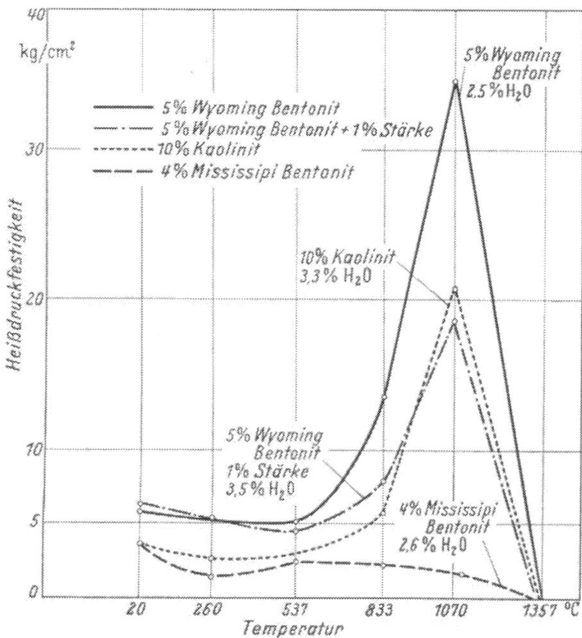

Abb. 93. Einfluß des Bindetons auf die Heißdruckfestigkeit bei hohen Temperaturen synthetischer Formsande AFA Nr. 53 Sand C, mittelkörnig (nach ENDELL 1941)

wie Holzmehl u. a. ist für die Praxis wesentlich [73] (Abb. 95). Druckfestigkeitswerte von synthetischen Sanden sind in Streubereichen wie folgt zu benennen:

Grünfestigkeit	g/cm²	400—1200
Trockenfestigkeit . . .	getrocknet bis 300 °C	
	geprüft: Raumtemperatur kg/cm²	8—40
Maximum der Heißdruckfestigkeit	kg/cm²	bis 15 (40?)

Bei einer Untersuchung der Schlämmsubstanz der Formsande aus Offleben und Riesa ergaben sich Heißdruckfestigkeitswerte, die in Abb. 96 dargestellt sind. Dabei sind kleine Zylinder von 2 cm Höhe und 2 cm Durchmesser aus der reinen Schlämmsubstanz unter üblicher Verdichtung hergestellt worden.

Man kann danach vier Äste in der Kurve unterscheiden:

a) einen Anstieg der Festigkeit bis etwa 200 °C,
b) einen Abfall der Festigkeit bis etwa 400 °C,
c) einen erneuten Anstieg der Festigkeit bis etwa 700—800 °C,
d) den Zerfall der Probekörper über diesem Temperaturgebiet.

Aus einer großen Zahl von Untersuchungen dieser Art ließ sich der unterschiedliche Wert der Schlämmsubstanz ableiten.

Der erste Ast ist durch die wachsende Gelisierung verursacht. Der zweite Ast entspricht dem teilweisen Zusammenbruch des Tonkomplexes (zum mindesten an seinen äußeren Schichten), die für die Bindung bedeutungsvoll sind.

Der dritte Ast dürfte der Bildung von Metakaolin entsprechen, also dem Träger einer

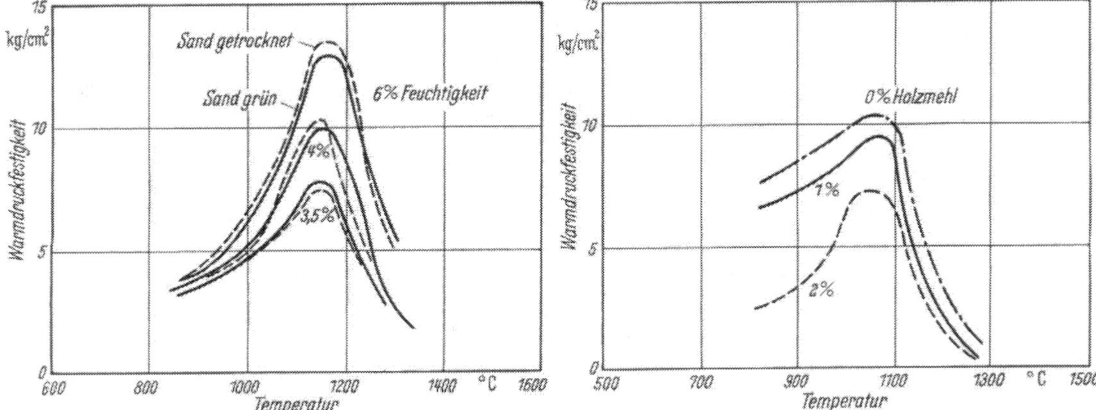

Abb. 94. Einfluß der Feuchtigkeit auf die Warmdruckfestigkeit eines grünen und eines getrockneten Natursandes mit 15% Ton und dem AFS Feinheitsgrad 45 (nach NICOLAS)

Abb. 95. Einfluß von Holzmehl auf die Warmdruckfestigkeit eines synthetischen Sandes mit 3% Ton und dem Feinheitsgrad 50 (nach NICOLAS)

neuen Verfestigung, und der vierte Ast führt zum Zerfall dieses Metakaolins (Bildung von Al_2O_3 und SiO_2).

Quarzsand-Oberfläche und Bindesubstanz

Da die Oberflächen von Quarzkörnern geometrisch, physikalisch und chemisch recht verschieden aufgebaut sind, müssen sich je nach der Art der Paarung von Sandkorn und Tonmineral usw. unterschiedliche technologische Werte ergeben. Zur stofflichen Natur der Partner treten noch die Faktoren der Kohäsion, Adhäsion und der Oberflächenspannung sowie die Kapillarität und der Zähigkeit. Der Grad der Verdichtung ist wesentlich, da sie diese Kräfte erst zur Wirksamkeit bringt.

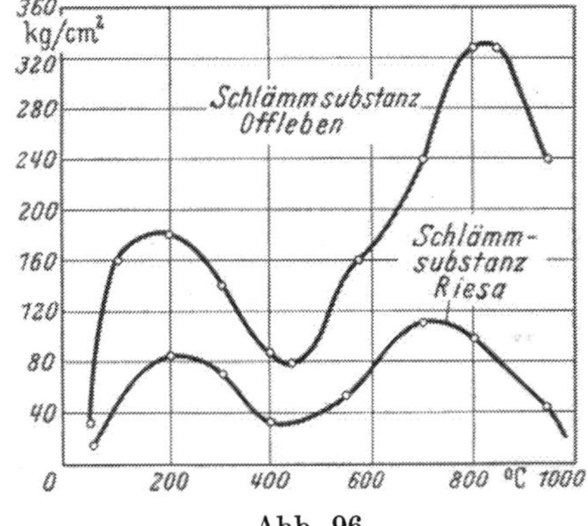

Abb. 96. Heißdruckfestigkeit von Schlämmsubstanzen der Formsande aus Riesa und Offleben (Zylinder 2 cm hoch, 2 cm ∅) (nach ROLL)

In der Bodenmechanik haben unter anderen BERNATZIK sowie SCHIEL [74] Vorstellungen entwickelt, die in den Bereich des Formsandes übertragbar sind. Auf die elektrostatischen Anziehungskräfte zwischen Bentonit- und Quarzoberflächen hat ENDELL aufmerksam gemacht. Die Bedeutung einer Aktivierung der Oberflächen des Quarzes für die Menge des zugesetzten Binders ist vom Verfasser und von GROCHALSKI herausgestellt worden.

VI. Lehm

Geologisch ist Lehm ein Zerfallsprodukt aus Sedimentsgesteinen stark sandhaltiger und mit Eisenoxyden durchsetzter Tone. Man kann Lehm nach dem Sandgehalt einteilen in

1. fette, 2. mittelfette, 3. milde und magere Lehme.

Nach der Korngröße unterscheidet man tonige Lehme, schluffige, feinsandige, mittelsandige und grobsandige Lehme.

Nach der Bildungsstätte sind Verwitterungs-, angeschwämmte, Umlagerungs-, geschichtete und Löslehme bekannt. Lehme enthalten neben den Tonmineralien noch Quarze,

Feldspate, Glimmer, Kalk u. a. sowie meist auch organische Substanzen. Die Wichte liegt zwischen 1,5—2,5 [75].

Letten, die ebenfalls zu Formzwecken verwendet werden, sind nach RINNE [76] magere kolloidarme Tone mit recht unterschiedlicher Farbe. In der Formereipraxis findet man auch die Ausdrücke Maurerlehm, Glättlehm und Schlichtlehm [77].

Die Menge des verwendeten Lehmes wird durch Standfestigkeit, Gasdurchlässigkeit und Schwindungsverhalten der Formen bedingt. Die Sinter- und Feuerfestigkeit sind weitere Merkmale. Der Grad des Zusatzes von Altsand und Koks sowie Flachsscheben u. a. sind genauso wichtig, wie das eigentliche Mischen (Kneten) und das noch häufig angewendete *Mauken*, ein längeres Liegenlassen, das einem *Gären* gleichkommt. Man hat an Stelle von Pferdemist auch Harnstoff zugegeben.

Die Trocknung von kleineren Formen erfolgt bei 190—250 °C (10—12 Std.), bei großen Formen werden Temperaturen bis 350 °C (14—20 Std.) angewendet. Wichtig sind geeignete, zusammengesetzte und gekörnte Schwärzen [78].

Als Mischungen werden beispielsweise verwendet

für Maurerlehm		*für Glättlehm*		*für Schlichtlehm*	
Bottroper fetter Formsand	35%	Bottroper fetter Formsand	45%	Bottroper fetter Formsand	30%
Altsand	55%	Altsand	40%	Altsand	50%
Koksgries	—	Koksgries	5%	Koksgries	12%
Flachsscheben	10%	Flachsscheben	10%	Flachsscheben	8%

Da die Anwendungsgebiete sehr vielseitig sind, ist auch die Zusammensetzung der Mischungen recht verschieden. Beim Schablonieren vonKernen soll man, um Spannungsrisse zu vermeiden, nur aus Lehm geformte und getrocknete Steine verwenden. Bei auf hohlen Stahlspindeln aufgedrehten Kernen ist der Lehm fetter zu halten. Bei starkwandigen Stücken muß schon in der aufgetragenen Glättschicht ein größerer Anteil von Koksgries vorhanden sein, während der zuletzt aufgetragene Schlichtlehm stark gemagert sein muß. Bei dünnwandigen Stücken kann man auch auf die letzte Schicht des mit Koksgries gemagerten Schlichtlehms verzichten und nur mit Glättlehm arbeiten, da hier die schon aufgetragene Schwärzeschicht das Anbrennen verhütet. Eine geringe Gasabgabe ist wesentlich. Lehmkerne und -formen werden meistens nochmals nachgeschwärzt und 1—2 Std. nachgetrocknet.

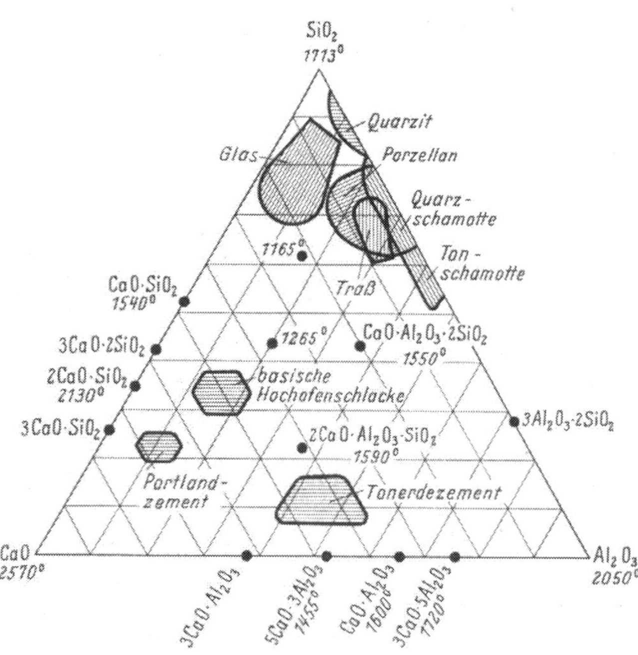

Abb. 97. Ternäres System $CaO-Al_2O_3-SiO_2$

VII. Zement als Bindemittel

Betriebsversuche mit Zement als Bindemittel zu Formen und Kernen sind schon um die Jahrhundertwende durchgeführt worden. Praktische Bedeutung gewann der Zement aber erst durch die Arbeiten von DURAND. In Deutschland hat sich zuerst GOEDEL damit beschäftigt. Dieses Formen wird sowohl bei Grauguß als auch bei Stahlguß angewendet. Als Zemente bezeichnet man hydraulische Bindemittel, die bei hohen Sintertemperaturen gebrannt werden. Im Ternärdiagramm $CaO-SiO_2-Al_2O_3$ liegen die Zementfelder so, wie es die Abb. 97 wiedergibt. Danach unterscheidet man [79]:

1. *Naturzement.*

2. *Portlandzement* (PZ; Name von Entdecker ASPDIN, der seinerzeit den in England beliebten Portlandstein ersetzen wollte). Er ist der wichtigste Zement; sein hydraulischer Modul liegt bei mindestens 1,7 (2—2,5; DIN 1164, 1942), der Tonerdemodul bei 1—5, der Silikatmodul um 2,5.

Die Güte ist vom stofflichen Aufbau, der Vollkommenheit des Brandes, der Art der Abkühlung und dem Feinheitsgrad (Rückstand auf Sieb 0,09 20%max.) abhängig. Man unterscheidet PZ 225 gewöhnlich, PZ 325 grün und 425 rot.

3. *Hüttenzement.* Die basische Hochofenschlacke hat zu einer Reihe von Zementen geführt. Hier unterscheidet man: Schlackenzement, Gipsschlackenzement (GS 7), Eisenportlandzement (EPZ), Hochofenzement (HOZ).

Weitere Zementarten: Spezialzement, Erzzement, Puzzolanzement und Mischbindemittel.

Einzelheiten sind aus der einschlägigen Literatur zu entnehmen.

4. *Tonerdezement* (TEZ).

Bei der Zusammensetzung der Rohstoffe wird nach Verhältniszahlen unterschieden:

$$\frac{CaO}{SiO_2 + Al_2O_3 + Fe_2O_3} = \text{hydraulischer Modul, meist zwischen } 1{,}7—2{,}3,$$

$$\frac{SiO_2}{Al_2O_3 + Fe_2O_3} = \text{Silikat-Modul,}$$

$$\frac{Al_2O_3}{Fe_2O_3} = \text{Tonerde-(auch Eisen)-Modul.}$$

Die Höhe des CaO-Gehaltes ist wichtig.

MAGERS gibt weitere Einzelheiten bekannt [*80*].

Im allgemeinen verwendet man zur Herstellung des Zementsandes Quarzsand mit möglichst wenig Schlämmsubstanz (2%), wenig Feldspat und keinen Kalkbeimengungen; Huminate sollen ebenfalls fehlen. Es werden Gebrauchssande, Kern- und Altsande, sowie Flußsande u. a. zum Hinterschütten benutzt. (Anwendung aus der: Erdbaumechanik, Terzaghi.) Tab. 20a.

Tabelle 20a. *Körnungsbeispiele*

I		II	III	IV
0,3	11,9%	maximale	maximale	evtl. auch gröbere
0,2	36,7%	Körnung	Körnung	Sandkörnungen, aber
0,1	48,1%	0,2—0,6 mm	0,6—1 mm	mögl. jeweils mit max.
0,06	3,2%	(— evtl. 0,5)		engen Kornanteilen
<0,06	0,1%			

Über die Erhärtung von solchen Zementsanden berichtet u. a. ENDELL[1] [81]:

Bringt man fein gepulverte Zementteilchen mit Wasser in Berührung, so scheiden sich Gele und Kristalle ab, welche durch Farbreaktionen erstmalig von S. KEISERMANN chemisch erforscht und photographiert wurden. Zwei seiner Bilder sind nachstehend in Abb. 98 und 99 wiedergegeben [82].

Es scheiden sich danach zunächst wasserhaltige Kalksilikate und dann Kalkaluminate verschiedener Zusammensetzung ab, danach oder auch gleichzeitig Gele, die in späterer Zeit auch umkristallisieren. Die Menge der sich bildenden Gele und der Verlauf des Abbindens und späteren Festwerdens (Erhärtens) ist bis zu gewissem Grade vom Wassergehalt, bezogen auf den trockenen Zement, abhängig. Je mehr Wasser anfänglich aufgenommen wird, um so schneller quillt der Zement und um so mehr Gele scheidet er ab. Dies wurde bei der Anwendung des Zements als Bindemittel für Gießereisande bereits von

[1] Nach einer früheren Mitteilung an den Verfasser für das damals gemeinsam geplante Formsand-Handbuch.

dem Erfinder des Randupson-Prozesses festgestellt [*83*]. F. W. Rowe [*84*] gibt in Abb. 100 die Zusammenhänge wieder.

In dieser Abb. ist die Abhängigkeit der Gasdurchlässigkeit eines synthetischen Gießereisandes mit 13% Zement als Bindemittel vom Wassergehalt dargestellt. Es zeigt sich, daß die hohe erwünschte Gasdurchlässigkeit nur dann auftritt, wenn dem Zement

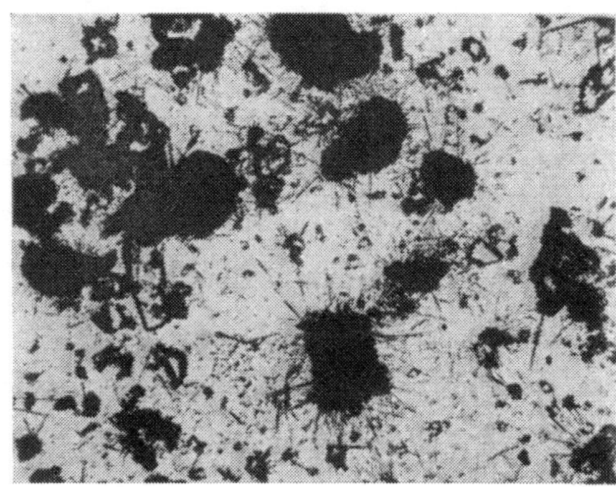

×200

Abb. 98. Portlandzementklinkermehl und Wasserausscheidung von Kalkhydrosilikatnadeln. (nach Keisermann)

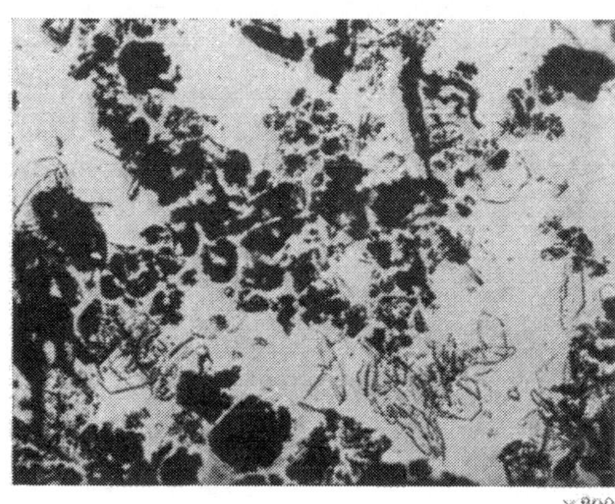

×200

Abb. 99. Portlandzementklinkermehl und Wasserausscheidung von Kalkhydroaluminiatplättchen. (nach Keisermann)

verhältnismäßig wenig Wasser, etwa 0,7—0,8 Teile bezogen auf 1 Teil Zement, zugesetzt wird. Bei mehr Wasserzusatz findet eine starke Quellung und damit eine Undurchlässigkeit für Luft statt. Je weniger Zement genommen wird, um so geringer wird allerdings dieser Einfluß.

Nach Lea und Desch [*85*] stellen sich die Abbinde-, Erhärtungs- und Alterungsvorgänge des Zementes (Abb. 101) folgendermaßen dar:

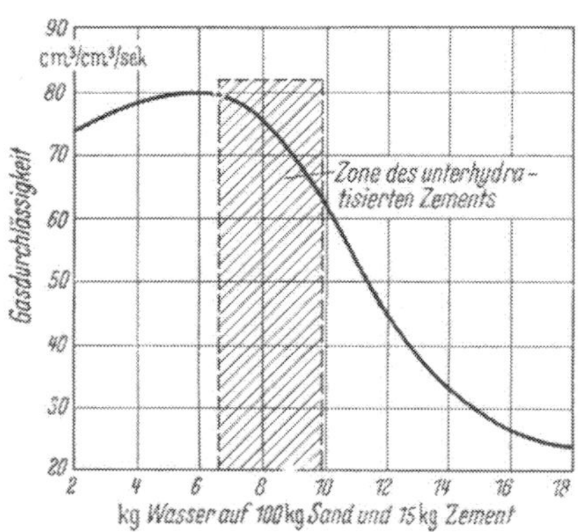

Abb. 100. Abhängigkeit der Gasdurchlässigkeit eines synthetischen Gießereisandes mit 13% Zement als Bindemittel vom Wassergehalt (nach F. W. Rowe)

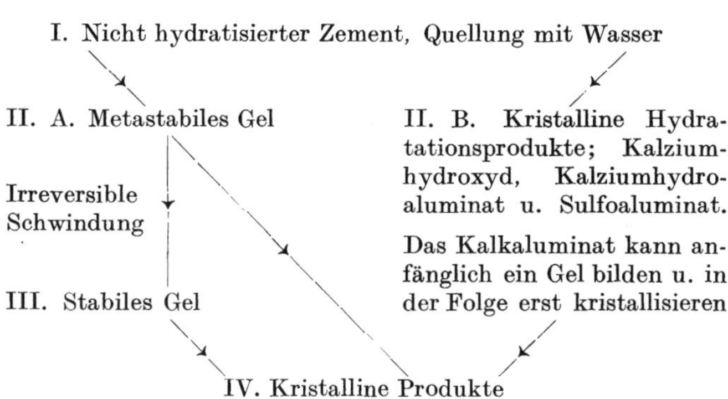

Abb. 101. Schematischer Verlauf des Abbindens von Zement (nach F. M. Lea und C. H. Desch)

Wegen dieser Gelbildung ist eine feuchte Atmosphäre Vorbedingung für gutes Abbinden aller mit Zement eingebundenen Stoffe, sonst trocknen sie vorher aus und geben infolge Auftretens von Schwindrissen keine Festigkeit.

Die anorganischen oder organischen Gele bedingen die Einbindung. Sie trocknen sämtlich bei Temperaturerhöhung ein und führen damit zur Verfestigung. Beim Zement wird dieser Vorgang noch überlagert durch Kristallisationsvorgänge kristallwasserhaltiger Verbindungen (meist Kalkaluminathydrate).

Im allgemeinen bindet der Zement erst nach einer Stunde oder später ab. Für Gießereizwecke kann es aber gelegentlich wünschenswert sein, die Abbindezeit zu beschleunigen. Dazu bedient man sich verschiedener Salze in geringen Mengen.

Der Einfluß einiger Chloride auf die Abbindezeit eines Portlandzements ist in der folgenden Tabelle 21 [*86*], die Abbindebeginn (AB) und Abbindeende (AE) enthält, zu erkennen.

Tabelle 21. *Abbindebeschleunigung eines Portlandzements durch* $CaCl_2$ *und* $AlCl_3$ (nach R. GRÜN)

Gew.-% Salze im Anmachewasser	$CaCl_2$		$AlCl_3$	
	AB	AE	AB	AE
0	4 h 30 min	8 h	4 h 30 min	8 h
3	4 h 26 min	6 h 46 min	3 h 3 min	5 h 53 min
5	2 h 47 min	4 h 22 min	2 h 31 min	5 h 16 min
7	1 h 30 min	3 h 40 min	1 h 20 min	4 h 30 min
10	0 h 16 min	1 h 16 min	0 h 1 min	0 h 25 min
20	0 h 2 min	0 h 3 min	sofort	

Abgesehen von Gips beschleunigen die meisten Sulfate eher das Abbinden, als daß sie es verzögern. Nitrate besitzen im allgemeinen nur geringen Einfluß. Natrium- und Kaliumhydroxyd rufen eine merkliche Abbindebeschleunigung hervor. Das gleiche tut Natriumsilikat.

Die Abbindebewertung erfolgt am geeignetsten durch Messung der Druck- oder Scher- bzw. Zugfestigkeit mit den genormten Probekörpern. Die Angaben der Verdichtung, des Wassergehaltes und der Trockenzeit einschließlich der Luftfeuchtigkeit sind zur Kennzeichnung anzugeben. Trotzdem sind die Streuwerte längs der Abbindezeit 24—48—72 h verhältnismäßig groß.

Ob die Anwendung der Vikatnadel zur Charakterisierung geeignet ist, ist noch strittig.

Der Abbindewert ist für das Ausschalen und Ausheben gleich wichtig. Die Beziehungen zum CaO-Gehalt des Zements sind noch nicht eindeutig geklärt.

Es besteht auch ein Einfluß der Abbindung zur Gasdurchlässigkeit.

Das Raumgewicht liegt bei Zementsand in den Grenzen von 1,48—1,58.

Systematische Versuche über Festigkeiten und Gasdurchlässigkeit von Zement-Sand-Wasser-Mischungen wurden zuerst in USA von MENZEL [*87*] und später in Deutschland von ENDELL und STRASMANN [*88*] durchgeführt. Die wichtigsten Ergebnisse aus letzter Arbeit zeigen nachstehende Abbildungen. Die Kornverteilung des angewandten Sandes und die Festigkeiten der bei diesen Versuchen beobachteten drei Zementarten finden sich in Tabelle 22 und 23. ENDELL berichtet sodann weiter:

Tabelle 22. *Korngrößenzusammensetzung und Schwankungen des für die Messungen verwandten Spergauer Silbersandes*

Bezeichnung	Kornklasse				
	I u. II 0,05 mm	III 0,06 bis 0,1 mm	IV 0,1 bis 0,2 mm	V 0,2 bis 0,3 mm	VI 0,3 mm
Gröberer Sand . . . %	0,42	3,4	25,6	37,45	32
Feinerer Sand . . . %	1,0	8,0	41,8	33	15,5
Sand der Rüdersdorfer Versuche . . . . %	1,3	9,8	46,1	28	13,7

Tabelle 23. *Druckfestigkeitseigenschaften in kg/cm² der angewandten Zemente*

Zementart	Erhärtungsdauer in Tagen			
	1	3	7	28
Portlandzement	75	200—300	350	450—500
Höherwertiger Portlandzement „Novo“	420	550	600—650	750
Tonerdeschmelzzement . .	500	600—650	700	800—900

Aus Abb. 101 ist der Verlauf der Festigkeiten dieser drei Zementarten mit feinkörnigem Silbersand und verschiedenem Wassergehalt zu erkennen.

Der Wasseranspruch der beiden höherwertigen Zemente ist verschieden. Während der höherwertige Portlandzement *Novo* bereits bei 6% Wasser im Zementsandgemisch sowohl

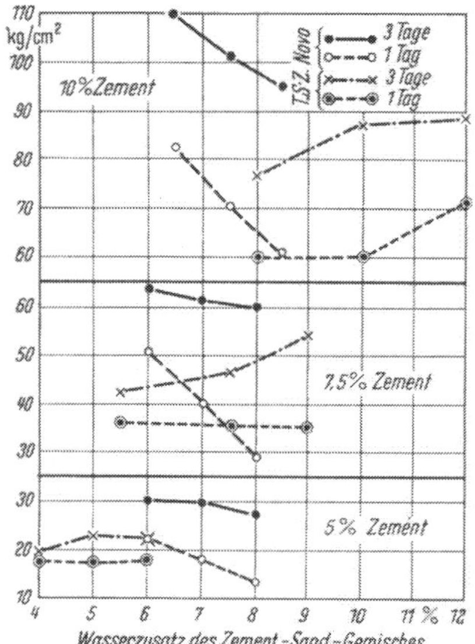

Abb. 101. Druckfestigkeiten synthetischer Gießereisande mit 5, 7,5 und 10% Novo- und Tonerdeschmelzzement (TSZ) sowie Spergauer Silbersand, normengemäß eingeschlagen, 1 Tag feuchte Luft, dann Luft nach 1 und 3 Tagen in Abhängigkeit vom Wassergehalt (nach Endell)

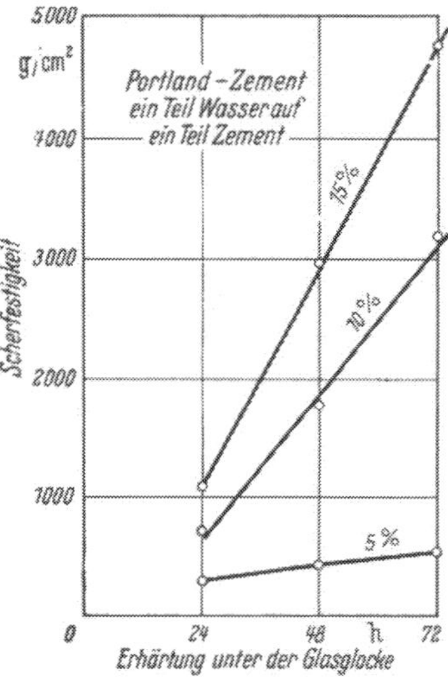

Abb. 102. Scherfestigkeit synthetischer Gießereisande mit 5, 10, 15% Portlandzement und gröberem Sand sowie gleicher Menge Wasser nach 24, 48, 72 st Erhärtung in feuchter Atmosphäre

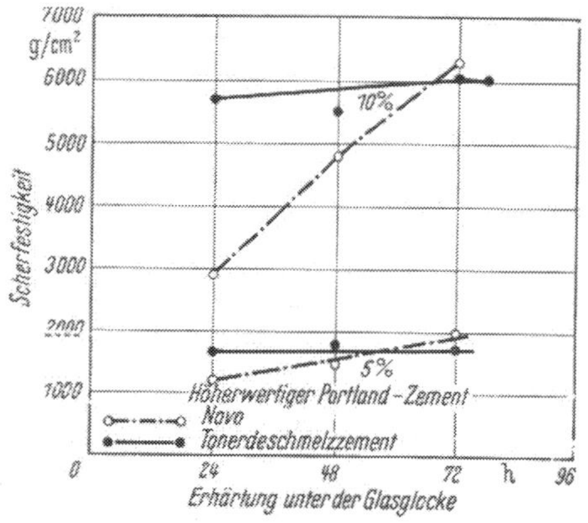

Abb. 103. Scherfestigkeit synthetischer Gießereisande mit 5 und 10% höherwertigem Portlandzement Novo bzw. Tonerdeschmelzzement und gröberem Sand sowie gleicher Menge Wasser nach 24, 48, 72 st Erhärtung in feuchter Atmosphäre (nach Endell)

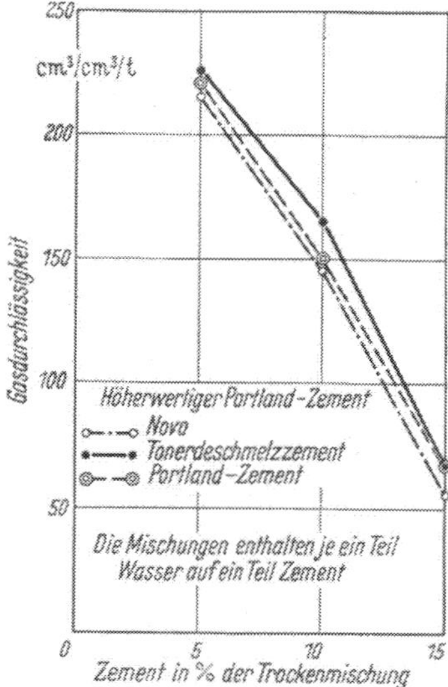

Abb. 104. Gasdurchlässigkeit synthetischer Gießereisande mit 5, 10, 15% Gew. Portlandzement, höherwertigem Portlandzement Novo und Tonerdeschmelzzement und gröberem Sand sowie gleicher Menge Wasser nach Erhärtung in feuchter Atmosphäre unter der Glasglocke

bei 7,5 wie 10% Zementzusatz nach 1—3 Tagen etwa den Höchstwert erreicht, hat der Tonerdeschmelzzement einen viel höheren Wasseranspruch. Erst wenn bei diesem der Wasserzusatz zum Zementsandgemisch höher ist als der Zementanteil steigen die Festigkeiten an. Die Festigkeitswerte, die nach den deutschen Zementnormen durch Einschlagen mit dem Hammerapparat erreicht worden sind, sind naturgemäß viel höher, als sie mit dem FISCHERschen Rammgerät auch bei mehrfacher Verdichtung erzielt werden können.

Der Einfluß der Zementmenge und Erhärtungszeit auf Scherfestigkeit und Gasdurchlässigkeit geht aus den Abb. 102—104 eindeutig hervor.

Schon in den DURANDschen Patenten wurde hervorgehoben, daß ein unterhydratisierter Zement zur Herstellung der Formen verwandt werden muß. Wie die vorliegenden Messungen zeigen, wirkt sich das nicht nur auf den Grad der Trockenheit der fertigen Formen aus, sondern auch direkt auf deren Festigkeit. Es gibt für jeden Zement und je nachdem, zu welchem Zeitpunkt von ihm der höchste Festigkeitswert gefordert wird, einen optimalen Wassergehalt, der besonders bei kurzen Abbindezeiten weit unter den zu erwartenden Grenzen liegt (Abb. 105 und 106).

Während der Tonerdeschmelzzement sehr viel Wasser benötigt, was ihn für Gießereizwecke vielleicht weniger geeignet erscheinen läßt, liegt das Verhältnis von Wasser zu

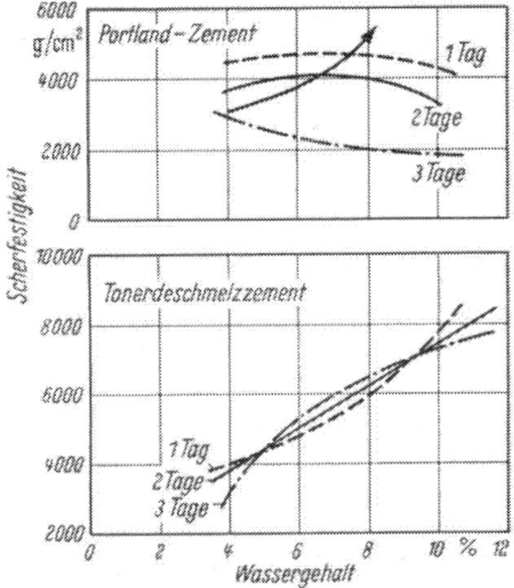

Abb. 105. Scherfestigkeit synthetischer Gießereisande mit 10% Portlandzement Thyssen und Tonerdeschmelzzement nach 24, 48, 72 st Erhärtung unter der Glasglocke (feuchte Atmosphäre) in Abhängigkeit vom Wasserzusatz (nach ENDELL)

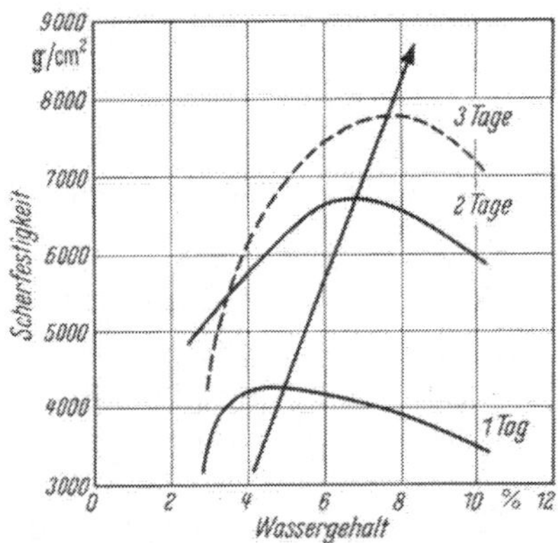

Abb. 106. Mittelwerte der Scherfestigkeiten synthetischer Gießereisande mit 10% höherwertigem Portlandzement Novo nach 24, 48, 72 st Erhärtung in feuchter Atmosphäre unter der Glasglocke in Abhängigkeit vom Wasserzusatz (nach ENDELL)

Zement unter 0,4, wenn der Portlandzement schon nach einem Tage fertig zum Gebrauch sein soll. Dieses Verhältnis steigt an, wenn längere Zeit gewartet werden kann. Der Novo-Zement zeigt ein ähnliches Verhalten mit der Abweichung, daß ihm etwas mehr Wasser zugesetzt werden muß. Es scheint also auch hier eine Abhängigkeit von dem Grade des frühen Abbindevermögens zu herrschen. Mit der Abbindezeit verschiebt sich die optimale Festigkeit zu höherem Wasser-Zementfaktor.

Der Tonerdeschmelzzement benötigt aber auch schon mehr Wasser, wenn von der Endfestigkeit abgesehen wird. Ein unterhydratisiertes Zement-Sandgemisch aus diesem Rohstoff läßt sich, obwohl die Scherfestigkeiten hoch liegen, sehr leicht durch Reiben beschädigen, während die Widerstandsfähigkeit gegen solchen Abrieb bei den anderen beiden Sorten eher zu- als abnahm (bei geringen Wassergehalten). Diese mangelnde Widerstandsfähigkeit würde sich unangenehm beim Zusammensetzen der Formen auswirken.

Durch zweistündiges Brennen bei 1400 °C stellt sich heraus, daß der Tonerdeschmelzzement wohl wegen seines hohen Tonerdegehaltes (ca. 40% Al_2O_3) am leichtesten durch Bildung eutektischer Schmelzen mit dem Sande reagiert. Die Brennschwindung war daher hier auch am größten. Beim Portlandzement und dem Novo-Zement konnte nur geringe Sinterung festgestellt werden; die Probekörper waren praktisch nicht geschwunden. Diese Versuche lassen sich aber auch nicht mit der Beanspruchung des Zementes in der Praxis vergleichen, da hier einmal für die Zerstörung der Formen die Erosion durch den heißen

Stahl maßgeblich ist, zum anderen die gesamte Formsandmasse niemals so hoch erhitzt wird, daß abgesehen von der Oberfläche ein vollkommenes Zusammenbacken eintritt. Dafür ist die Wärmeleitfähigkeit der Gießereisande zu gering. Bei 900 °C mehrere Stunden erhitzte Zement-Sandproben ließen sich bereits durch Fingerdruck zerkleinern. Erst bei erheblich höheren Temperaturen schreitet die Sinterung und das Zusammenbacken weiter fort. Bei 1400 °C ist der Zusammenhalt schon recht erheblich. Trotzdem sollen sich praktisch 60% Altsand wiedergewinnen lassen, der allerdings meist als Hinterfüllung benutzt wird.

Interessant sind Studien von EITEL und KÖPPEN [*89*], welche die Reaktionen von Zementsand und Stahlguß untersuchten. Es wurden Zonen von Magnetit-Fayallit, Wollastonit, Pseudowollastonit u. a. gefunden. Bentonit verbessert die Grünstandfestigkeit und die Kantengüte.

Über die Wirkung von organischen und anderen Zusätzen zum Zementsand siehe Kap. *Kerne*. Folgerungen für die Gießereipraxis siehe: BEILHACK.

Die Prüfung der Zemente erfolgt nach DIN 1164. Chemisch lassen sich die Zemente wie folgt unterscheiden [*90* u. *91*]:

PZ	62—69% CaO	HZ	48—55% CaO
EPZ	57—61% CaO	TEZ	40% CaO

VIII. Dauerformen aus verschiedenen Formstoffen

Geschichtlich gesehen gehört das Gießen in solchen Formen (Stein, Talkum, Holz u. a.) zu den ältesten Verfahren (Abb. 107).

Dauerformen sind für geometrisch einfache Gußstücke, bei Grauguß meist größeren Gewichts, also Schlackenpfannen, Kessel für z. B. Alkalien, Werkzeugmaschinenteile u. a., schon seit etwa 1880 in Anwendung. Für niedriger schmelzende Werkstoffe finden sie im Serienbau beachtliche Anwendung. Man versucht durch solche Formstoffe von Formsanden u. a. frei zu werden (Sandumlauf, Ungleichmäßigkeit, Kastenpark, Platzbedarf, Vereinfachung der Formherstellung, Ansetzen von Ungelernten u. a.). Das BÜSSELMANN-verfahren ist wohl mit am bekanntesten. Vielfach verwendet man Lehm und Formsande verschiedener Art, denen Schamotte u. a. zugesetzt werden.

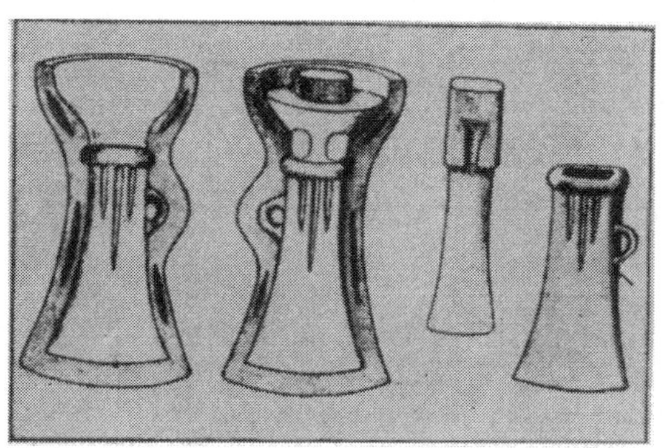

Abb. 107. Modell für eine Bronzeform. Zeit: 5000 vor Christi Geburt (nach SIMPSON)

Die getrocknete und bestens geschwärzte Masse besitzt Gasdurchlässigkeitswerte von 40 bis 60. Die Druckfestigkeit liegt meist zwischen 8—10 kg/cm². Die Anwendbarkeit solcher Formen beträgt je nach Gußstück 100—2000 Abgüsse [*92*].

DICKINSON berichtet über keramische Dauerstoffe, die nach seiner Beobachtung an Bedeutung zunehmen. Danach benutzt man Quarzglas, Porzellanemaillen, Tonerzeugnisse wie Steingut, Backsteine und feuerfeste Stoffe wie Ton, Gips und Zement. Quarzglas kann bei Genauguß von Zink und Aluminium sowie deren Legierungen herangezogen werden. Porzellanemaillierte Stahlblechformen, die für Stücke ohne Unterschneidungen gebraucht werden, haben sich im Serienguß bewährt. Diese Formen können Temperaturen bis 830 °C ertragen, wenn die Emaille aus Zirkonium, Ton und anderen Stoffen zusammengesetzt und bei 1400 °C gebrannt wird. Zur Zeit sind nur Spritzgußformen in Anwendung. Die Tonerzeugnisse sind aber in ihrer Anwendung wesentlich breiter einzusetzen.

Gußeiserne Dauerformen und solche aus unlegiertem wie legiertem Stahl haben im Serienguß einfacherer Formgestaltung eine beachtliche Anwendung gefunden. Die werkstoffliche und konstruktive Gestaltung, die Art der Schutzüberzüge, besonders aber die Art der Anschnitt-Technik sind für dieses Verfahren spezifisch. Zu obigen schon genannten Vorteilen kommt noch die Sicherheit der Konturen, das beachtlich dichtere Gefüge u. a. hinzu. Das Verfahren fordert neben gutem technischen Einfühlen nur eine festgelegte Mindestzahl der Abgüsse, um damit die Formherstellung rentabel zu gestalten. Ruhender und geschleuderter Guß, aber auch Druckguß bedienen sich der gußeisernen und der Stahlform. Auch NAUMANN sowie KAISER und KILIAN haben darüber berichtet [*93*].

Bei ruhendem Grauguß ist der von unten ansetzende Anschnitt mit entsprechend großgestaltetem Auslauf vielfach üblich. SCHÜZ [*94*] hat in gleicher Weise von gußeisernen Kokillen Gebrauch gemacht, um dabei dichte Gußteile zu erzeugen. Das Gefüge ist besonders fein; die Festigkeitseigenschaften liegen sehr günstig. Mahlkugeln, Pumpenteile, Roststäbe, Büchsen u. a. sind so hergestellt worden.

Unter anderem hat SCHIRM [*95*] diese Formtechnik einer eingehenden Betrachtung unterworfen (siehe auch Band II).

Bei hoch beanspruchten Gußformen für Schleuderguß werden Legierungen von 0,25% C, 1,4% Cr, 0,25—0,30% Mo aus der Praxis benannt. Auch höhere Chromgehalte bis 2,4% bei 0,20—0,25% C und 0,25% Mo und solche von 2,5% Cr und 0,8% Mo sind bekannt. Die Haltbarkeit hängt in hohem Maße von der Rohrdimension, der Oberflächenbeschaffenheit und der Betriebsweise ab, so daß für jede Form spezifische Zahlen gelten. Auch die Kühlung sowie die Maßtoleranzen der Gußstücke und weitere im Betrieb wechselnde Faktoren sind bedeutungsvoll. So ergeben sich Werte von 100 bis 1000 und mehr Abgüsse. Die Lebensdauer solcher Formen hat BÜHLER [*96*, *97* und *98*] zum Gegenstand seiner Untersuchungen gemacht.

IX. Stahlformmassen

Die hohe Gießtemperatur des Stahlgusses verlangt von bestimmten Gewichten des Gußstückes ab, die allerdings in der Praxis unterschiedlich eingestuft sind (100 und mehr kg) die Anwendung der Stahlformmasse. Sie kann auf a) schamotteartiger, b) saurer Basis aufgebaut sein. Es ist interessant, daß z. B. in USA von der Strahlformmasse wenig Gebrauch gemacht wird.

Die basischen Massen teilt man ein in halbsaure (23—35% Al_2O_3, SK 30—32) und basische (38—45% Al_2O_3, SK 32—34) Massen. Diese finden meist zu Stahlformmassen Verwendung. Sie bestehen aus hochgebrannter Schamotte, feuerfestem Ton und bestimmten Zusätzen, unter denen gekörnte bzw. gemahlene Tiegelscherben selten, jedoch fast immer Graphit, aber auch Koksmehl und Steinkohlenstaub zu finden sind.

Die Schamotte liegt im System Al_2O_3—SiO_2 zwischen 27—50% Al_2O_3.

Sie wird nach den in der feuerfesten Industrie bekannten Verfahren hergestellt. Wichtig ist die geeignete Körnung für Grob-, Mittel- und Feinmassen, je nach Art und Verarbeitung der Gußstücke.

Der feuerfeste Ton liegt bei den meisten Massen in der Größenordnung von 12 bis 18, selten bis 30%. Die Kernmassen sind meist an der unteren Grenze gelegen.

Der Schamotteanteil in der Masse selbst liegt bei meist > 70%. Nach dem Tonerdegehalt in der Schamotte teilt man ein in

		Dabei liegt der SK bei
leichte Stücke	30—40% Al_2O_3	30 = 1670°C
mittlere Stücke	35—45% Al_2O_3	31 = 1690°C
schwere Stücke	40—50% Al_2O_3	33 = 1730°C

Analysenbeispiele in Tab. 24.

Die Korngrößenanteile und die Zusammensetzung richten sich nach der Verwendung, aber auch nach der Gewöhnung.

Tabelle 24

Bestandteil	Schamotte					
	a	b	c	d	e	f
Fe_2O_3 %	3,15	5,10	12,0	6,8	7,20	13,0
SiO_2 %	63,22	58,22	42,58	42,62	48,90	45,45
Al_2O_3 %	30,54	34,89	42,10	38,2	42,0	39,0
CaO %	0,22	1,16	0,58	1,60	1,0	0,90
MgO %	3,13	0,28	0,12	0,15	0,70	0,65

Abb. 108. Schamotte ohne ff. Ton mit Segerkegel 27

So sind nach SCHMIDT (persönliche Mitteilung) folgende Werte ermittelt worden (Tab. 25):

Tabelle 25

mm	Masse A %	Masse B %
>1,5	35—50	33—54
1 —1,5	10—15	10—12
0,6 —1,0	6—10	6— 8
0,3 —0,6	4—10	5— 8
0,2 —0,3	3— 6	19—22
0,1 —0,2	4— 6	10—12
0,06—0,1	1— 3	1— 5
<0,06	1— 5	2— 5

In Abb. 108 ist ein Kornbild von einer Schamotte ohne Tonzusatz festgehalten.

Weitere Werte sind nach ROLL in folgenden Grenzen gelegen (Tab. 26):

Tabelle 26

	A	B
Wassergehalt	5— 7%	5,5— 7,5%
Gewichtsverlust beim Glühen von 800 °C	5— 9%	1,9— 2,8%
Gesamtkohlenstoff	4— 8%	1,6— 2,2%
Schlämmstoffe	22—30%	16 —19 %
Rückstand	70—78%	81 —84 %
Druckfestigkeit	0,8 —1,0 kg/cm²	0,9 —1,1 kg/cm²
Scherfestigkeit	0,20—0,35 kg/cm²	0,28—0,37 kg/cm²
Zugfestigkeit	—	—
Gasdurchlässigkeit	60—200	200—350
Nach der Trocknung bei 400 °C:		
Druckfestigkeit	8 —11 kg/cm²	11 —13 kg/cm²
Scherfestigkeit	1,3— 2,7 kg/cm²	2,4— 3,5 kg/cm²
Zugfestigkeit	0,7— 1,1 kg/cm²	0,8— 1,2 kg/cm²
Gasdurchlässigkeit	120—350	300—500

Abb. 109. Körnungskurve der Stahlformmassen Nr. 1, 2, 3, 4; F = Fullerkurve (nach ROLL-LOPAU)

Abb. 110. Eigenschaften von basischer Formmasse nach dem Brennen von 380 °C, 6 Stunden (nach ROLL-HEISERER)

Körnungsergebnisse aus einer größeren Meßreihe stellen ROLL-LOPAU fest (Abb. 109).

In manchen Gießereien werden Formsande zugemischt, um die Masse der kleinen Stücke wirtschaftlicher zu gestalten. Die Anteile liegen zwischen 0—25%. Die Zusatzstoffe sind für das Verhalten beim Gießen wichtig. Es kommt dabei auf die Gasabgabe beim Gießen an.

Im Sinne der Reihe Graphit, Koksmehl, Steinkohlenstaub steigt die Gasabgabe. Sind die Verteilungen dieser Stoffe nicht gleichwertig, so können Absprengungen beim Gießen entstehen.

Der Verdichtungsgrad der Massen muß groß sein, um das Eindringen des flüssigen Stahles und das Abwaschen von Formteilen zu sichern. Man kann dabei die Gasdurchlässigkeit sogar meist zugunsten der Festigkeit der Form reduzieren. Zusätze von feuerfestem Ton oder von Grünsand erhöhen die Festigkeit. Mit steigender Verdichtungsarbeit nimmt auch hier die Festigkeit zu und die Gasdurchlässigkeit (Wasser 5—6%) ab (Abb. 110).

Die Trocknung wird je nach Zweck zwischen 250 bis etwa 500 °C gehalten. Massen *brennt* man, wie der fachmännische Ausdruck lautet. Wahrscheinlich entstehen dabei Verfestigungen infolge des Auftretens von Metakaolin. Die Güte und Art der Schamotte und ebenso diejenige des feuerfesten Tones sind dafür maßgeblich. Die Körnung, die Verteilung und die Verdichtung variieren die Struktur unter dem Einfluß der Temperatur und Zeit beim Brennen. Es ist darauf aufmerksam zu machen, daß sich die üblichen Methoden der Prüfung für diese meist groben Massen nur mit großer Einschränkung anwenden lassen.

Die Anforderungen lassen sich für basische Schamotte in folgende Merkmale festlegen:

Tabelle 27

Chemisch:	
Wassergehalt	unter 10%
Glühverlust	unter 10% (5%)
Al_2O_3-Gehalt	je nach Anforderung 25—50%
Gesamtkohlenstoff	meist unter 5%.
Technologisch:	
Segerkegel	nicht unter 28
Körnung	je nach Verwendungszweck aufgebaut
Druckfestigkeit (grün) 5% Wasser	0,8—2 kg/cm²
Scherfestigkeit (grün) 5% Wasser	0,2—0,4 kg/cm²
Gasdurchlässigkeit (grün) 5% Wasser	(600) 300—100
Druckfestigkeit gebrannt	bis 30 (40) kg/cm²
Wasserabgabe bei 1100°C	möglichst: Null.

Saure Massen. Aus Quarziten (meist Felsquarzit) wird ebenfalls nach Brechen, einer entsprechenden Kornklassifizierung und Zusatz von feuerfestem Ton eine Stampfmasse hergestellt. Die Feuerfestigkeit ist gut. Die Korngrößen können in Fein-, Mittel- und Grobkorn gehalten werden. Man hat auch noch Graphit, Koksmehl u. a. hinzugesetzt. In der Verarbeitung ist die saure Masse der basischen ähnlich. Man verwendet dann jedoch saure Schwärzen.

Abhängigkeit der Schwindung des Gusses vom Formstoffzustand

Der Formstoff kann als Formsand oder Kernsand durch den Grad seines Ausdehnungsverhaltens, seiner Verdichtung und seines Zerfalls die Schwindung des Metalls beeinträchtigen. Legierungen mit großem Erstarrungsintervall sind besonders gefährdet. Gehemmte Schwindung kann der Anlaß zu Warmrissen werden. Auch die Kaltrißbildung nimmt zu. Maßdifferenzen sind ebenso eine direkte Folge davon. Um dem Schwindungsdruck der in dieser Hinsicht empfindlichen Legierungen gerecht zu werden, benutzt man in der Praxis sogenannte *mürbe* Kerne.

Bei der Schwindung von Metallen sind der Packungszustand der Form bzw. des Kernes, also die Porosität (Verdichtung), die Festigkeit, die Ausdehnung und Erweichung beim Gießprozeß wichtig. Von gleicher Bedeutung sind ferner die Gießtemperatur und die Gießgeschwindigkeit sowie das Anschnittsystem.

Seit langem ist bekannt, Zusätze wie Holzmehl, organische Binder, Peche, Glimmer, Natur-, Hütten-Bims, Steinkohlenstaub u. a. den Kernmischungen beizufügen, um einen gesicherten Verlauf der Schwindung und einen guten Kornzerfall herbeizuführen.

NICOLAS hat eingehende Untersuchungen über die Warmfestigkeit von Formsanden und deren Zusätze durchgeführt und die dort gegebenen Verhältnisse aufgeführt [*99*]. Über das gleiche Problem haben auch SANDERS und SIGERFOOS berichtet [*100*]. Über die Wärmeausdehnung und Schrumpfung von verdichteten Sanden und Formschlichten gibt sodann ATTERTON einen Bericht [*101*]. Diese Versuche zeigten, daß die maximale Ausdehnung schwach verdichteter Sande gering ist. Mit steigender spezifischer Verdichtungsarbeit wird sie erheblich größer. Je mehr Wasser und Bindemittel anwesend sind, um so höher liegt dieses Maximum.

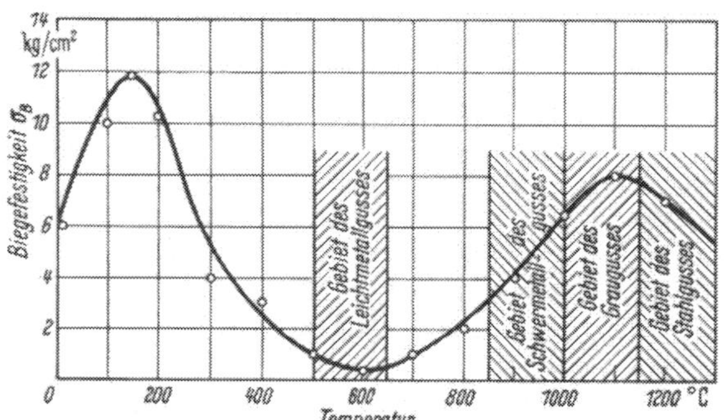

Abb. 111. Änderung der Biegefestigkeit in Abhängigkeit von der Temperatur (nach W. SCHUMACHER)

Auch SCHUMACHER hat auf die Grade des Zerfalls [*102*] von mit Wasserglas/CO_2 gebundenen Kernen hingewiesen (Abb. 111). Im gleichen Sinne berichtet ROLL über die Zusammendrückbarkeit von verschiedenen Kernen [*103*].

X. Kernbindemittel

Über diese Gruppe wird auch in Band II berichtet. Dort finden sich auch Hinweise über die Rohstoffe der Kerne, die dem Zwecke der Verwendung angepaßt und wirtschaftlich abgestimmt werden müssen.

Begriff

Unter Kernen werden in der Gießerei lose Formteile verstanden, deren Hauptzweck darin besteht, im Gußstück die durch die Konstruktion vorgesehenen Hohlräume, Hinterschneidungen und anderem zu erzeugen.

Man unterscheidet vornehmlich Innen- und Außenkerne.

Nach der Art der zum Kern verwendeten Kernmassen usw. kann man wie folgt unterteilen (Tab. 28):

Tabelle 28

Kernart	Hergestellt aus	Trocknung
Grünsandkerne	Formsand, evtl. Kohlenstaub u. a. Zusätze wie Binder	Naßkerne
Trocken-Sandkerne	Kern- u. Formsanden, z. B. unter Zusatz von Pferdemist, Stroh, Flachsschäben, Kokspulver, Holzmehl, einschließlich ihrer Ausfüllung durch Schlacke u. a., geschwärzt u. a.	getrocknet
Lehmkerne	Lehm, Mergel, Formsanden, (mager—mittel—fett) unter Zusatz von Pferdemist, Flachsschäben, Stroh, Ziegelsteine u. a., geschwärzt u. a.	getrocknet
Bentonitkerne	Quarzsanden, Kern- u. Formsanden, evtl. unter Zusatz von Bindern, Steinkohlenstaub u. a.	Naßkerne luftgetrocknete Kerne getrocknete Kerne
Zementkerne	Quarzsanden und Zement, meist unter Zusatz von organischen Stoffen, vor allem für Innenkerne	luftgetrocknete Kerne seltener ofengetrocknet
Schamottekerne Masse	Schamottemassen meist basisch, selten sauer	gebrannt

Tabelle 28 (Fortsetzung)

Kernart	Hergestellt aus	Trocknung
Magnesitkerne	Quarzsanden mit kaustischer Magnesia und evtl. organischen Zusätzen, geschwärzt	getrocknet
Kernbinderkerne	Quarzsanden, Kern-Formsanden, Tone, meist Bentonite, mit Bindern K_1—K_3 usw., auch geschwärzt	getrocknet selten luftgetrocknet
Maskenkerne	Quarzsanden mit organischen Zusätzen	gehärtet
Kokillenkerne	metallischen Werkstoffen angesprüht, angeflammt u. a. Gußeisen (Hämatit u. a.), Sondersorten Stahlguß, Stahl unlegiert und legiert	meist angewärmt
Wasserglas-CO_2-Kerne	Quarzsand, Wasserglas evtl. mit Zusätzen, CO_2	seltener getrocknet anflammen, abbrennen

Kennzeichnende Eigenschaften der Kerne finden sich in Tab. 30, S. 468.

Die Eigenschaften, die von den Bindern gefordert werden, sind nachstehend zusammengefaßt (Tab. 29). S. a. über Einteilung: [*104—108*]. Über Rohstoffe für solche Binder siehe: [*109—133*].

Tabelle 29. *Übersicht über die Anforderungen der Bindereigenschaften*

A. Stoffliche Eigenschaften

I.
- a) Eindeutige Kennzeichnung
- b) gesicherte Gleichmäßigkeit
- c) festgelegte Eigenschaften:
  1. chemisch
  2. physikalisch
  3. technologisch

II.

Kenntnis der Lagerfähigkeit (möglichst unabhängig von Temperatur u. Zeit)
kein aufdringlicher Geruch
keine Schädigung der Haut u. damit des Arbeitenden

III. *Mischbarkeit*
- a) möglichst unabhängig von der Temperatur (in üblichen praktischen Bereichen)
- b) leichte Mischbarkeit
  sparsamer Verbrauch
- d) Reihenfolge
- e) geruchlos

IV. *Verarbeitung*
- a) möglichst wenig verharschen (austrocknen)
- b) gutes Fließen (beim Stampfen, Blasen, Schießen)
- c) gute Grünsandfestigkeit
- d) möglichst kein Kleben
- e) möglichst wenig Rückstände in Kernbüchsen u. a.
- f) geruchlos

V. *Trocknen*
- a) geringstmögliche Trockenzeit
- b) geringstmögliche Trockentemperatur
- c) Angabe, ob Sauerstofftrockner usw.
- d) wenig Destillationsrückstände
- e) Qualm- und Geruchsbildung soll weitgehend vermieden sein
- f) keine Maßänderung der Kerne durch Erweichung, Wachsen u. a.
- g) gute Durchtrocknung
- h) möglichst keine Kernschalen

VI. *getrocknete Kerne*
- a) dem Werkstoff angepaßt
- b) Festigkeit
- c) Zusammendrückbarkeit
- d) gute Abriebfestigkeit
- e) einwandfreie Gaszahl und Gasentwicklungsgeschwindigkeit
- f) Hygroskopizität (gering, möglichst Null)
- g) Lagerfähigkeit (lang)
- i) Verhalten gegen verschiedene Überzüge (indifferent)

VII. *beim Gießen*
- a) ruhiges Abgießen
- b) wenig Gasentwicklung
- c) gute und glatte Oberfläche
- d) möglichst keine chemische Veränderung der Gußoberfläche
- e) gute Schwindungsmöglichkeit des Kernes gegenüber dem Metall
- f) guter Zerfall nach dem Gießen
- g) Wiederverwendbarkeit des Kernsandes

B. Wirtschaftliche Kennzeichnung

Preis je 100 kg
Verbrauchswert auf 100 kg Kernsand
Bewertung der Trockenzeit und Temperatur

Anpaßfähigkeit an verschiedene Ofensysteme
Wiederverwendbarkeit des Sandes.

Prüfung der Kernbinder

Zur *Prüfung* der Zugehörigkeit zur Kernbindergruppe und zur *Überwachung* der Gleichmäßigkeit der angelieferten Kernbinder dienen im allgemeinen:

1. die Probenahme
2. die chemische Prüfung
3. die physikalische Prüfung
4. die mikroskopische Prüfung
5. die technologische Prüfung.

1. Probenahme

Vor der Probenahme (aus Kesselwagen, Tank, Faß, Sack usw.) muß der Kernbinder möglichst gleichmäßig durchgemischt werden. Bei Entmischungen sind Schichtproben zu entnehmen.

a) Von Kern- und Anspritzölen (sinngemäß DIN DVM 3651):

1. während des Ausfließens mit einem Schöpfer;

2. aus ruhenden Kernbindern mit einem offenen Stechheber, Tauchheber, Verschlußstechheber.

b) Von Naßbindern:

1. mit einem Spatel;

2. mit einem schraubenförmigen, rinnenförmigen, hülsenförmigen, verschließbaren Probestecher;

3. mit einem Eisenstab.

Die Endprobe (etwa 1 kg) wird in gut verschließbaren Glasgefäßen aufbewahrt.

c) Von Trockenbindern (sinngemäß DIN 53711). Möglichst aus jedem Sack (Faß) soll eine Probe von oben und vom Boden entnommen werden (etwa 1% der Lieferung). Nach dem Vierteilungsverfahren wird aus der Gesamtprobe die Endprobe entnommen (etwa 1 kg) und in gut verschließbaren Glasgefäßen aufbewahrt.

d) Von Steinkohlenteer (siehe: Wie prüft man Straßenbaustoffe?). Mit einem Senkheber (z. B. nach SENGER). Die Proben (etwa 1—2 Liter) sind in gut verschließbaren Gefäßen aufzubewahren.

e) Von Kartoffelstärke bzw. Dextrin (siehe Geschäftsbedingungen für Trockenkartoffelstärke und Kartoffelstärkemehl bzw. für Dextrin). Aus mindestens 10% der Säcke werden Proben entnommen, gemischt, in trockene Flaschen gefüllt und gut verkorkt.

2. Chemische Prüfung

a) Bestimmung des Wassergehaltes:

α) von Kern- und Anspritzölen und Naßbindern (sinngemäß DIN DVM 3656). Nach dem Xylolverfahren werden 20—50 g Kernbinder mit 100 cm³ wassergesättigtem Xylol gemischt (Apparatur siehe DIN DVM-Norm).

Man läßt das Gemisch 15—20 Minuten sieden. Das vom Kühler abtropfende Xylolwasser-Gemisch sammelt sich im Meßgerät. An den Wandungen des Meßgefäßes hängengebliebene Wassertropfen werden mit der Hauptmenge des Wassers vereinigt, diese wird abgelesen. Bei Anwesenheit von leichtflüchtigen Stoffen oder bei gewissen Emulsionen kann die Bestimmung nach dem Xylolverfahren Schwierigkeiten bereiten.

β) von Trockenbindern (sinngemäß DIN DVM 3721);

1. nach dem Xylolverfahren (siehe DIN DVM 3656);

2. nach den Trocknungsverfahren: 5—20 g Kernbinder werden bei 105 °C möglichst unter Luftabschluß im Trockenschrank bis zur Gewichtskonstanz getrocknet;

γ) von Steinkohlenteer (siehe DIN DVM 2137). 100 g der Probe werden mit 50 cm³ wassergesättigtem Xylol aus einem Glas- oder besser Kupferkolben so lange destilliert, bis das Thermometer im Dampf 180 °C zeigt. Die in einem Meßzylinder aufgefangene Wassermenge in cm³ ergibt den Prozentsatz an Wasser;

δ) *von Sulfitablauge* (siehe Merkblatt 14 des Vereins der Zellstoff- und Papier-Chemiker und Ingenieure). 10 g Ablauge werden in einer Platin- oder Nickelschale vorsichtig zur Trockne eingedampft, sodann bei 100 °C bis zur Gewichtskonstanz getrocknet und gewogen. Die Auswaage, multipliziert mit 10, ergibt die Gesamttrockensubstanz in Prozenten. Die Differenz zwischen 100 und % Gesamttrockensubstanz = % Wassergehalt;

ε) *von Kartoffelstärke bzw. Dextrin* (siehe Geschäftsbedingungen für Dextrin). Die Probe wird 4 Stunden im Trockenschrank bei 105 °C getrocknet.

b) Bestimmung des Aschegehaltes:

α) *von Kern- und Anspritzölen und Naßbindern* (sinngemäß DIN DVM 3657). Man wägt in einem Porzellan- oder Quarztiegel (oberer ∅ etwa 25 mm, Höhe etwa 45 mm) 1—10 g Kernbinder ab. Mit kleiner Flamme wird zunächst erhitzt, bis sich die entweichenden Dämpfe entzünden lassen. Dann wird die Erhitzung derart geregelt, daß der Tiegelinhalt ruhig abbrennt. Sind schließlich nur noch kohlige Anteile vorhanden, so wird der Tiegel geglüht, bis diese verschwinden. Nach dem Erkalten im Exsikkator wird die Asche gewogen;

β) *von Trockenbindern* (sinngemäß DIN DVM 3721). In einem Veraschungsschälchen wird 1—10 g der lufttrockenen bzw. wasserfreien Probe im geschlossenen Muffelofen mit Gas- oder elektrischer Beheizung bis zur vollständigen Verbrennung erhitzt.

Der Aschegehalt wird in Gewichtsprozenten angegeben;

γ) *von Steinkohlenteer* (siehe DIN DVM 2137). Man verascht 1—5 g im Platin-, Porzellan- oder Quarztiegel, zuletzt unter Zuhilfenahme eines Gebläses, läßt den Tiegel im Exsikkator abkühlen und wägt;

δ) *von Sulfitablauge* (siehe Merkblatt 14 des Vereins der Zellstoff- und Papier-Chemiker und Ingenieure). Die Gesamttrockensubstanz wird geglüht und gewogen. Der Rückstand ergibt, mit 10 multipliziert, den Aschegehalt (Glührückstand) in Prozenten. Wenn man die Trockensubstanz vor dem Glühen mit einigen Tropfen verdünnter Schwefelsäure versetzt, erhält man die gewichtskonstante Sulfatasche.

c) Bestimmung des Wasserlöslichen in Naßbindern und Trockenbindern. 20 g Kernbinder werden in einem gewogenen 600 cm^3 Becherglas in etwa 300 cm^3 Wasser $^1/_2$ Stunde unter Rühren gekocht. Danach wird durch ein gewogenes nasses Faltenfilter (Schleicher & Schüll 1117 $^1/_2$) filtriert, der Rückstand gut mit heißem Wasser ausgewaschen und mit dem Filter bei 105 °C im Trockenschrank getrocknet (mindestens 12 Stunden). Stärke ist nur zum kleinen Teil wasserlöslich. Über die Reproduzierbarkeit des Verfahrens sind noch Untersuchungen im Gange.

d) Bestimmung des Benzollöslichen[1] in Kern- und Anspritzölen, Naßbindern und Trockenbindern. Ist im Kernbinder Wasser enthalten, so sind 20 g des Binders in einer Porzellanschale unter Zusatz von trockenem Quarzsand unter Rühren zur Trockene zu bringen. Dadurch wird (hauptsächlich bei Naßbindern) die Emulsion zerstört. Danach wird der Kernbinder am Rückflußkühler mit Benzol ausgezogen, das Benzol verdampft und der Rückstand gewogen. Harte Peche sind nur nach längerer Extraktion löslich.

Die qualitative Prüfung von Rohstoffen der Binder ist meist Spezialerfahrungen vorbehalten. Einige Hinweise sind schon angegeben worden.

Zur Untersuchung der Struktur der Kunststoffbinder folgen noch einige Hinweise.

Phenolharze sind löslich in Natronlauge, Alkohol, Azeton, Anilin; in ausgehärtetem Zustand: Naphthol-Phenol-Reaktion; Phenol- und Formaldehyd-Geruch; beim Schmelzen zersetzen sie sich. Sie sind nicht entzündbar.

Carbamid-Harnstoffharze sind teilweise wasserlöslich. Eine N_2- und S-Bestimmung ist notwendig; alkalisch; NH_3-Geruch, widerlicher Geruch; zersetzen sich beim Erhitzen.

Methylzellulosen sind wasserlöslich (20 °C); beim Erhitzen wieder ausscheidbar; schmelzen und verkohlen; Geruch: wie verbranntes Papier.

[1] Die Homogenität der Probe ist vorher festzustellen (UV-Licht, Quarzlampe).

3. *Physikalische Prüfung*

a) Bestimmung des spezifischen Gewichtes:

α) *von Kern- und Anspritzölen und Naßbindern* (sinngemäß DIN DVM 3653):

1. mit Spindeln (Aräometern); 2. mit Pyknometern;

β) *von Sulfitablauge* (siehe Merkblatt 14 des Vereins der Zellstoff- und Papier-Chemiker und Ingenieure): mit Baumé-Spindeln.

b) Bestimmung des Schüttgewichtes von Trockenbindern. Die Kernbinderprobe wird in einen gewogenen Meßzylinder von 100 cm³ Inhalt (der Zylinder schneidet mit der Marke über eine Rutsche bis zum Überlaufen eingeschüttet, die überschüssige Kernbindermenge wird nach einer Beruhigungszeit von 15 Minuten abgestrichen. Das Gewicht des Kernbinders, mit 10 multipliziert, gibt das Litergewicht an.

c) Bestimmung der Viskosität:

α) *von Kern- und Erstarrungsölen und Naßbindern.* Die Viskosität kann

1. betriebsmäßig

a) mit dem Auslaufbecher; b) nach der Kugelsinkmethode; c) mit der Eindringnadel; d) mit dem Engler-Viskosimeter (siehe DIN DVM 3655); e) mit dem Straßenteer-Konsistometer (siehe DIN 1995, U 13)

oder

2. a) mit dem Höppler-Viskosimeter (siehe Gebrauchsanweisung); b) mit dem Höppler-Konsistometer (siehe Gebrauchsanweisung) geprüft werden;

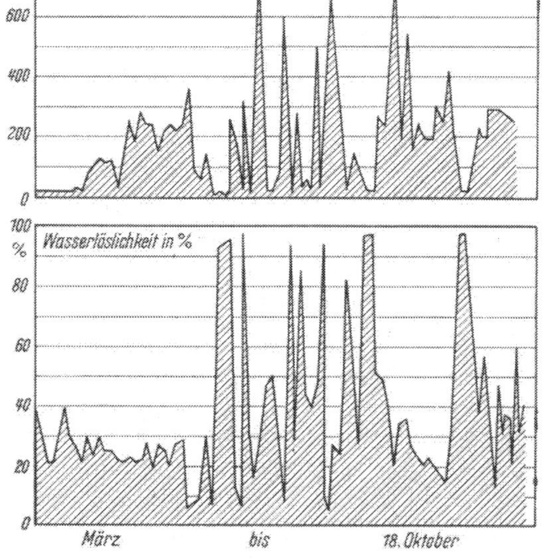

Abb. 112. Unterschiedliche Eigenschaften eines Emulsionsbinders, gesehen über eine längere Lieferzeit; ungünstige — ungleichmäßige Kerngüte ist die Folge

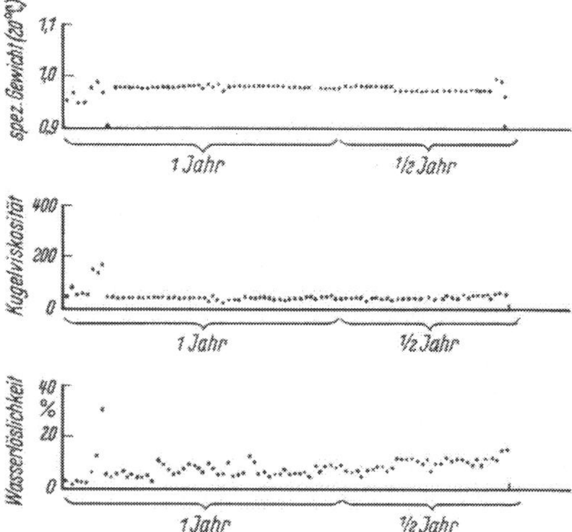

Abb. 113. Günstige Eigenschaft eines K_1-Binders. Die Folge davon war eine sehr gleichmäßige Kerngüte. Beobachtungszeit $1^1/_2$ Jahre; jeder Punkt stellt eine Lieferung dar.

β) *von Steinkohlenteer* (siehe: Wie prüft man Straßenbaustoffe? S. 95ff.) mit dem Rütgers-Viskosimeter;

γ) *von Sulfitablauge* (siehe Merkblatt 14 des Vereins der Zellstoff- und Papier-Chemiker und Ingenieure) mit dem Ost-Viskosimeter.

Bei den Kernbindern ergeben sich oft recht beachtliche Unterschiede; aber auch Lieferungen mit fast gleichen Eigenschaften, über längere Zeit geprüft, sind zu beobachten

(Abb. 112—113). Zusammenhänge mit anderen Eigenschaften fallen auf, Beziehungen zu der Güte der Kerne sind meist leicht zu fassen.

Wie die Viskosität von verschiedenen Bindern in Abhängigkeit der Temperatur ausfällt, zeigen die Abb. 114 und 115.

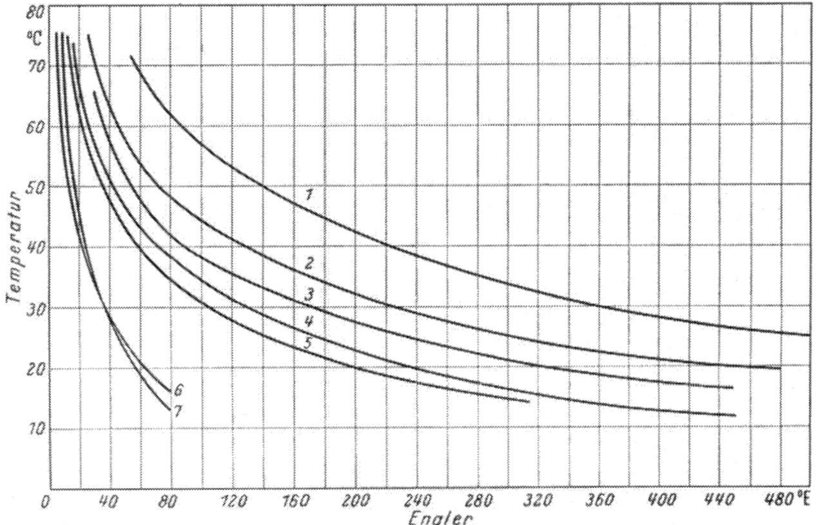

Abb. 114. Viscositätswerte (ENGLER) von sieben verschiedenen Erstarrungsölen (nach ROLL — CONRADY)

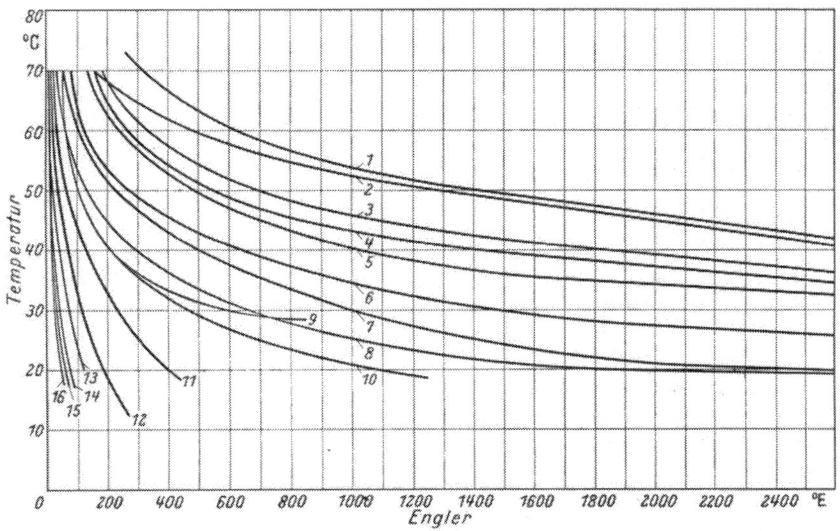

Abb. 115. Viscositätswerte (Engler) von CH_2Cl_2 löslichen Warmbindern (ausgenommen Erstarrungsöle) (nach ROLL — CONRADY)

4. *Mikroskopische Untersuchung*

Hierüber ist mehrmals berichtet worden [*134, 135*]. ROLL und ARLAND geben diese Technik in großen Zügen an. Mittels dieser meist einfachen Methoden lassen sich wertvolle Schlüsse auf die Substanz des Binders ziehen.

In Abb. 116 ist ein Emulsionsbinder mit verhältnismäßig guter Dispersion, rundlich ausgebildeten Wassertropfen und einigen Pechrückständen dargestellt. Die nächste Abb. 117 zeigt einen entmischten K_2-Binder, dessen Aufbau bei stärkerer Vergrößerung ebenfalls zu erkennen ist. Trockenbinder sind meist leicht zu identifizieren. Schuppenförmiges

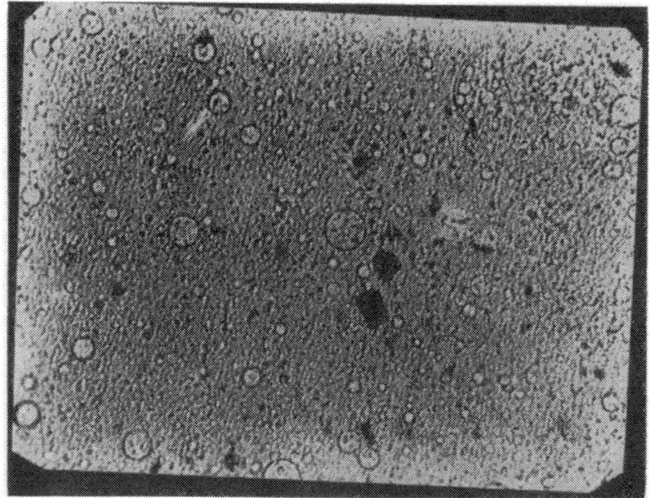
Abb. 116 ×120

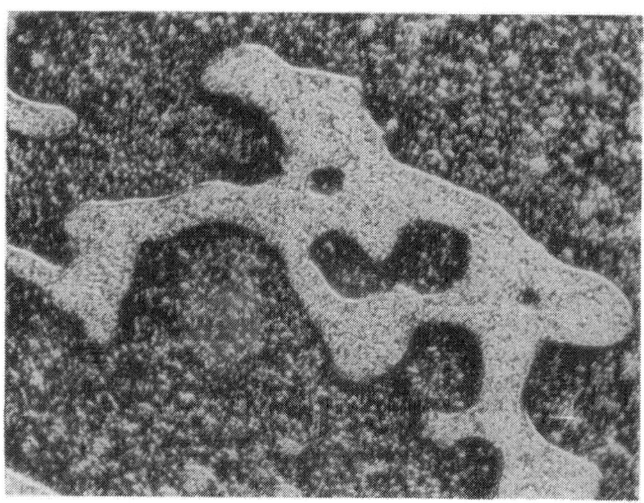
Abb. 117 ×40

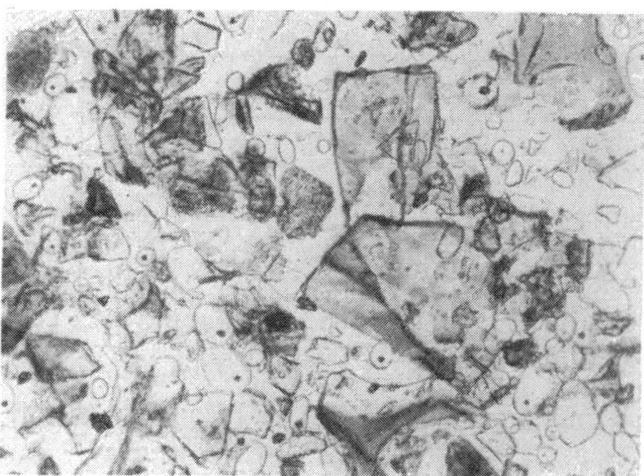
Abb. 118 ×80

Zellpech, Ton (kleine Klumpen) und Dextrin (eiförmig) sind in Abb. 118 zu erkennen. Die Kornstruktur der Asphalt- oder Teerpechbinder ist ebenso leicht faßbar, wie man auch mittels der oben schon zitierten Verfahren eine Aussage über den Stoff machen kann. Abb. 119 gibt feinkörnigen und grobkörnigen Pechbinder wieder. Einen besonders groben Aufbau besitzt ein Kartoffelmehlbinder, Abb. 120, der sich so praktisch nicht bewährt hat.

Es wurde in diesem Zusammenhang auch eine Richtreihe zur mikroskopischen Beurteilung der Qualität von Emulsionsbindern vorgeschlagen (Abb. 121a—h).

Ultraviolett-Untersuchung. Auch diese kann zur Prüfung mit herangezogen werden. Sie leistet gute Makro- und Mikro-Dienste [*135*]. Weitere Messungen, wie diejenige der Refraktion, der Farbe (nach OSTWALD oder RAL u. a.), sind hier noch kurz zu benennen.

5. *Technologische Prüfung der Kerne*

I. Mischung — II. grüner Kern — III. getrockneter Kern.

Die Prüfung der technologischen Eigenschaften des Kernes ist *wesentlich und entscheidend* für die Eignung des Binders. Das Ergebnis der technologischen Prüfung ist von einer Reihe von Faktoren abhängig, die sich etwa wie folgt einteilen lassen:

1. *stoffbedingt*
   a) Sandart, Tonzusatz usw.;
   b) Binderart und -menge;

Abb. 116. Mikrobild eines Emulsions-Binders; rund = Wassertropfen; schwarz = Pech; Grundmasse = Emulsion

Abb. 117. Entmischter Emulsionsbinder

Abb. 118. Streupräparat eines pulvrigen Binders: Sulfitlauge (Zellpech) + Dextrin + Soda + Ton + Farbstoff

2. *herstellungsbedingt*

a) Probenherstellung (Einfüllen, Entnahme usw.); b) Verdichtungsart und Verdichtungsgröße mkg/cm² (Stampfen, Blasen, Schießen u. a.); c) Trocknung (Temperatur, Zeit, Ofensystem, Lagerung im Ofen, mit oder ohne Luftumwälzung usw.); d) Schutz vor Feuchtigkeitsaufnahme nach der Trocknung;

3. *prüfbedingt*

a) Art der Probekörper; b) Art und Weise der Prüfbedingungen.

Deswegen ist eine genaue Wiedergabe der Versuchsbedingungen unerläßlich.

I. Prüfung der Mischung

Prüfung auf Eignung der Mischbarkeit zwischen Kernsand und Kernbinder.

Zu diesem Zweck wird ein Einheitssand[1] mit der Menge des zu prüfenden Kernbinders in einer geeigneten vorgeschriebenen Mischmaschine[2] gemischt.

Festzustellen sind:

1. notwendige Mischzeit
2. Mischbarkeit
3. Klebrigkeit
4. Abbindefähigkeit oder Erhärtungsvermögen
5. Menge des zugesetzten Binders und Wassers
6. Formfüllungseigenschaften
7. Austrocknungseignung
8. Temperatur des Sandes

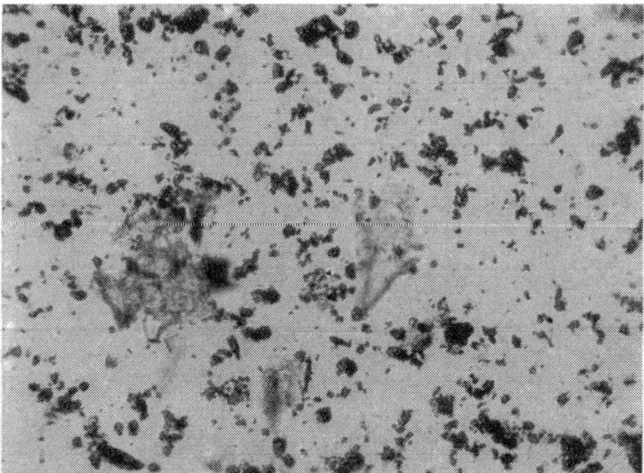

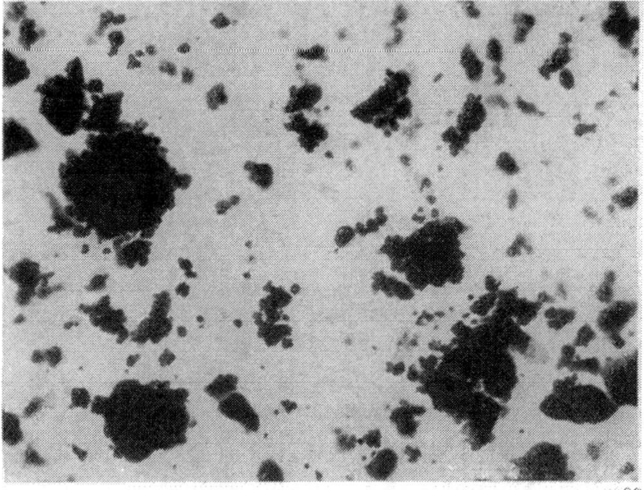

×80

Abb. 119. Feinkörniger und grober Pechbinder; K_3

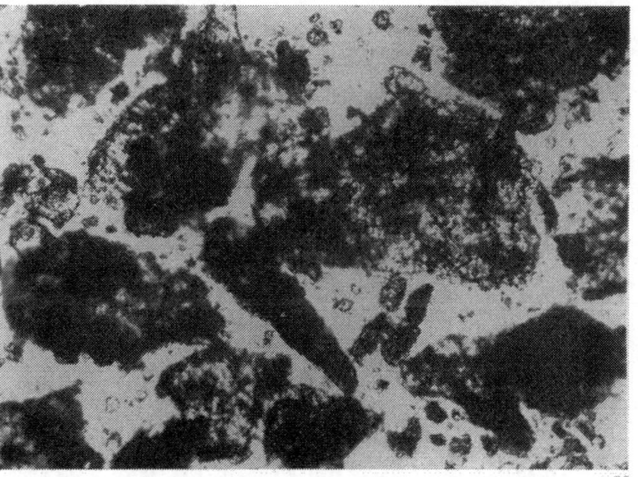

×30

Abb. 120. Pulveriger K_3 Binder aus Kartoffelwalzmehl und Kaolinton sehr grob; schlecht im Gebrauch

[1] Quarzsand aus Amberg, Dörentrup, Elsterwerda, Frechen, Haltern; 0,2—0,3 mm Korn (andere Kernsande ergeben, je nach der Art des Sandes, andere Eigenschaften. Neuerdings wird amerikanischer Standardsand AFS 50 bis 70 = 95% 0,2—0,3 mm, beziehbar vom Gießerei Institut, Düsseldorf, Sohnstr. 70, verwendet.

[2] Flügelmaschine, Kollergang, Inhalt 5 l. Die Art der Maschine ist anzugeben.

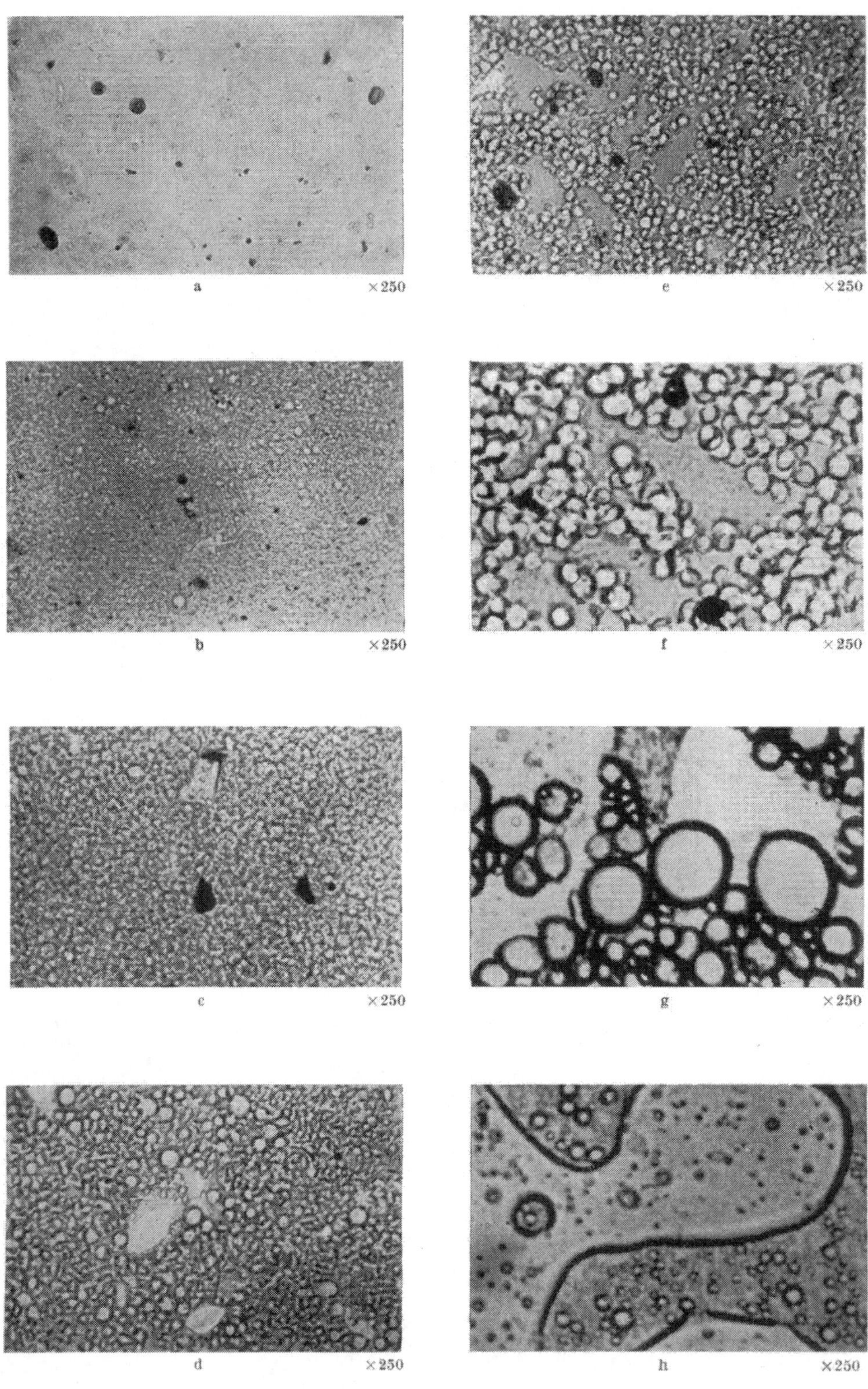

Abb. 121 a—h.

Vorschlag für eine Richtreihe zur Beurteilung des Zustandes von Emulsions-Bindern K_3.

a) Emulsion sehr gut (optisch leer); b) Emulsion fein (bei 250× schwach auflösbar); c) Emulsion mittelfein; d) Emulsion mittelgrob; e) beginnende Entmischung; f) mittlere Entmischung; g) mittelgrobe Entmischung; h) grobe Entmischung; i) völlige Trennung

a) Mischzeit. Die Mischzeit soll angeben, welche Zeit (in Minuten) für eine völlige Durchmischung des Mischgutes notwendig ist.

b) Mischbarkeit. Die Prüfung erstreckt sich auf die Feststellung, ob nach einer anzugebenden Höchstmischzeit eine gleichmäßige oder ungleichmäßige Zumischung des Binders erreicht wird.

c) Klebrigkeit. Es wird die Klebneigung von Kernsanden in Metall- und Holzkernbüchsen im grünen Zustand geprüft.

Die Kenntnis der Klebneigung ist für das fehlerfreie Abheben des Sandes vom Kernkasten von Bedeutung.

Eine konische Kernbüchse von 57 mm Höhe, einem oberen Durchmesser von 49 mm und einem unteren von 50 mm, besitzt am unteren Ende einen 15 mm hohen abnehmbaren Ring. In dem konischen Teil der Kernbüchse wird der Sand mit dem im Betrieb üblichen Verdichtungsgrad aufgestampft. Die Büchse mit dem verdichteten Sandinhalt wird dann unter einen vertikalen Stempel von möglichst geringem Gewicht gebracht, der an seinem oberen Ende ein Gefäß trägt, in welches Schrotkugeln einlaufen können. Die Schrotmenge wird so lange gesteigert, bis der Sand aus dem konischen Teil der Büchse in den untergesetzten zylindrischen Ring herausgedrückt wird. Die Gewichtsbelastung ist ein Maß für die Haftneigung. Es empfiehlt sich, die konische Kernbüchse aus den verschiedenen, in der Gießerei üblichen Werkstoffen, herzustellen (Holz, Messing, Aluminium usw.).

d) Abbindefähigkeit oder Erhärtungsvermögen. Die Messung der Abbinde- und Erhärtungsfähigkeit ist von Bedeutung. Bei den Bindern der Gruppe K_1—K_3 kann man so verfahren, daß man die Überhangfestigkeit in Abhängigkeit der Zeit prüft.

Bei Zementsanden ist die übliche Messung durchzuführen. Die Abbindezeit von Schwärzen kann durch Abrieb erkannt werden.

e) Menge des zugesetzten Binders und Wassers. Die zugesetzte Binder- und Wassermenge kann mit organischen Lösungsmitteln bzw. nach dem Xylolverfahren bestimmt werden. Auch die Glühmethode kann angewendet werden.

f) Formfüllungseigenschaften. Es wird die Fähigkeit des Sandes, unter der Wirkung der Verdichtungsarbeit in Hohlräume einzutreten, geprüft.

Bei der Herstellung komplizierter Kerne ist es von Bedeutung, Sande zu besitzen, die sich auch in stark hinterschnittenen Partien vollständig ausstampfen oder ausblasen lassen und z. B. feine Konturen vollkommen füllen.

In einer Kernbüchse, 50∅, sind senkrecht zur Mittelachse des zylindrischen Kerns 4 Bohrungen von 1 bis 4 bis 8 bis 12 mm Durchmesser von 50 mm Länge angebracht. Der Kern wird mit 8 atü geblasen usw., die Kernbüchse geöffnet und der Grad des Eintritts des Sandes in die Bohrungen verschiedenen Durchmessers an einer eingeritzten Millimeterskala abgelesen. Die Messung der Dichte je Raumeinheit ist zu empfehlen. Wichtige Einflüsse gehen dabei von der Viskosität der Binder aus. Der Grad der Füllung beim Verarbeiten hängt davon ab.

g) Austrocknungseignung. Fertig gemischter Kernsand wird in einer Schichthöhe von 2 cm in einem kreisförmigen Rahmen von etwa 40 cm Durchmesser lose auf Blech ausgebreitet. Nach bestimmten Zeiträumen von $^1/_2$, 1, 2, 4, 6, 24 Stunden werden aus dem Kreis Sektoren von je 150 g ausgeschnitten und damit Prüfkörper (20 °C) zur Bestimmung der Festigkeit in der üblichen Weise hergestellt. Vor dem Ausschneiden eines neuen Sektors ist der Rand, der der Austrocknung stärker ausgesetzt war, in einer Breite von etwa 1 cm zu entfernen. Die Festigkeit ergibt ein Bild der Austrocknungseignung bzw. Lagerbeständigkeit im grünen Zustand (Luftfeuchtigkeit 60).

h) Temperatur des Sandes. Im allgemeinen wird gefordert, daß die Sande etwa 20 °C aufweisen sollen. Wesentlich höhere oder geringere Temperaturen können sich schädlich auswirken.

II. Prüfung des grünen Kernes

Druck-, Scher-, Überhang- und Zerreißfestigkeit dienen der Messung der Güte der Kernmassen (s. später).

Formsicherheit. Es muß die Ausdehnung oder Schrumpfung des Kernsandes im Verlauf der Kernherstellung untersucht werden. Die Methoden sind nicht einheitlich.

III. Getrockneter Kern

a) Trocknung. Über die Art der Trocknung in Abhängigkeit von der Temperatur, Zeit, Gasatmosphäre u. a. Faktoren, besonders der Trockenöfen, s. Kap. II. Man unterscheidet dabei die Erhärtung bei 20 °C und eine solche bei hohen Temperaturen. Bei der letzteren erfahren die meisten Binder eine meist wesentliche Veränderung der Struktur.

Die bis heute verwendeten Labor-Trockenöfen sind für die Binderprüfung bedingt brauchbar. Deswegen ist von ROLL eine diesem Zwecke besser angepaßte Apparatur vorgeschlagen worden (Fachausschuß Kernbinder 1940).

Prüfung des getrockneten Kernes. Sie umfaßt die Messung

a) der Formsicherheit nach dem Trocknen,
b) der Festigkeit, siehe später; Druck-, Scher-, Biegefestigkeit sowie Zugfestigkeit, Nadelprobe,
c) Gasdurchlässigkeit, siehe dort,
d) Abriebverhalten, siehe später,
e) Gasgehalt,
f) Hygroskopizität,
g) Warmfestigkeit, siehe dort,
h) Zerfallsprüfung.

b) Formsicherheit. Getrocknete Kerne müssen unbedingt formgetreu bleiben. Um die Kernmassen zu überprüfen, kann vorschlagsweise eine kegelförmige Kernbüchse von 20 bzw. 50 mm Durchmesser mit der Höhe 80 (evtl. auch geringer 60. bzw. 50 mm) aufgestampft, geblasen oder geschossen werden. Die Verdichtungsverhältnisse sollen der Praxis angepaßt sein (Raumgewicht 1,6 oder 1,8 g/cm^3). Der Kern wird mit der kleinen Fläche aufgesetzt und die aufklappbare Kernbüchse geöffnet. Diese Kerne werden im Trockenofen getrocknet und dann auf ihre Maßhaltigkeit untersucht. Eine strengere Messung läßt sich durch einen andere Winkelgebung des Kerns ansetzen.

c) Gasgehalt. Die Abgabe von Gasen beim Zusammentreffen des flüssigen Metalls mit der Form- oder der Kernwand ist von besonderer Wichtigkeit. Dabei interessiert die Gasmenge, noch mehr aber die Gasentwicklung in Abhängigkeit von der Zeit. Die beim Prüfen entstehen den Gase sind verschieden zusammengesetzt: CO, CO_2, SO_2, H_2, N_2. Dazu kommen Dämpfe von Wasser und von Destillationsprodukten. Die Gase stehen teilweise unter bedeutenden Spannungen. Dadurch können Gase auch in das flüssige Metall übertreten und evtl. dort erstarren. Kernnasen, Ecken usw. sind besonders für die Entwicklung günstig. Von der Gesamtgasmenge ist direkt nur diejenige Menge wirksam, die bis zum Erstarren der Metalloberfläche anfällt (Abb. 122). Die Gase können sowohl in reduzierender Atmosphäre schützen oder als aggressive Gase — wie SO_2, vor allem H_2S — für Umsetzungen mit der erstarrenden Oberfläche bereit sein. Man kann feststellen, daß alle Stoffe infolge der auf ihren Oberflächen adhärierten Gasen beim Erhitzen Gase abgeben. Die Methodik der Messung ist für die Darstellung der Kennwerte wichtig. Folgende Methoden sind früher schon benannt worden:

1. Messung des Glühverlustes bzw. der flüchtigen Bestandteile;
2. Schwefelsäure-Zersetzungsverfahren;
3. Messung mit dem Azotometer;
4. Messung des Expansionsdruckes;
5. Umgießen eines Kernes nach ARXEL.

Zu 1. Die Messung erfolgt nach einer Glühung bei 800 °C, bis alle Binderstoffe organischer Art vergast sind. Bei anorganischen Zusätzen schleichen sich Fehler ein.

Zu 2. Sie eignet sich nur in Sonderfällen und beruht auf dem Prinzip, daß sich konz. H_2SO_4 mit organischen Stoffen (Kohlenstoffteilchen) braun trübt.

Zu 3. Die Messung mit dem Azotometer (nicht mit der pneumatischen Wanne; Normalumstände einhalten!) hat sich eingeführt. Um Vergleiche ansetzen zu können, ist die Einwaage, die Umrechnung, die Temperatur und die Apparatur festzulegen. Einen Apparat bringt Abb. 123 [*136* und *137*].

Es ist nochmals zu betonen, daß die Gasdrucke in von flüssigen Metallen umschlossenen Form- und Kernteilen unter Umständen sehr große Werte annehmen können. So sind von ROLL Werte bis 5 atü gemessen worden. Damit können Gase leicht in das Metall übertreten (Blaslunker).

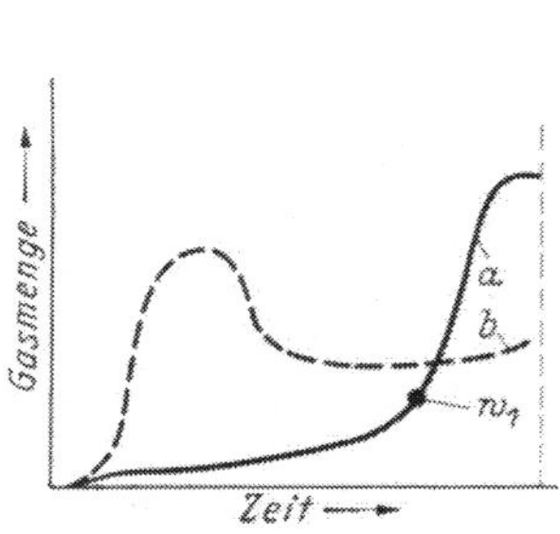

Abb. 122. Schema der Möglichkeiten der Gasentwicklung
a Betriebsgünstige Entwicklung
b Fehlerhafte Entwicklung

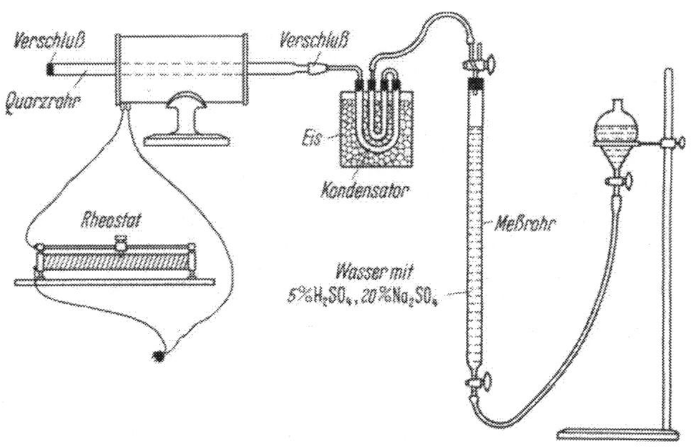

Abb. 123. Bestimmung der Gasentwicklung und Menge in Sanden und Kernen

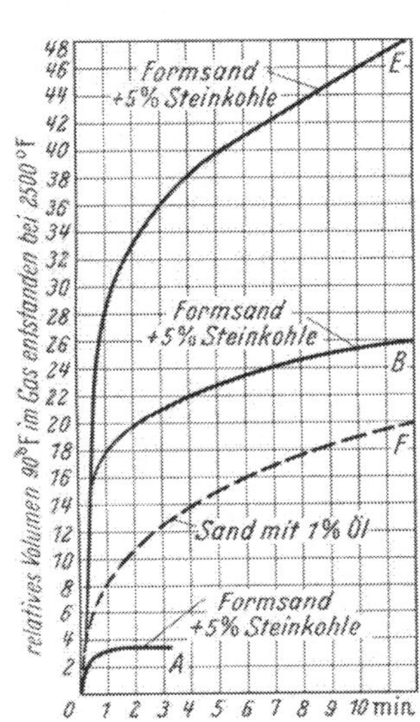

Abb. 124. Gasentwicklung von Formsand mit verschiedenen Zusätzen (nach RICKERT, DOELMANN und BINNET)

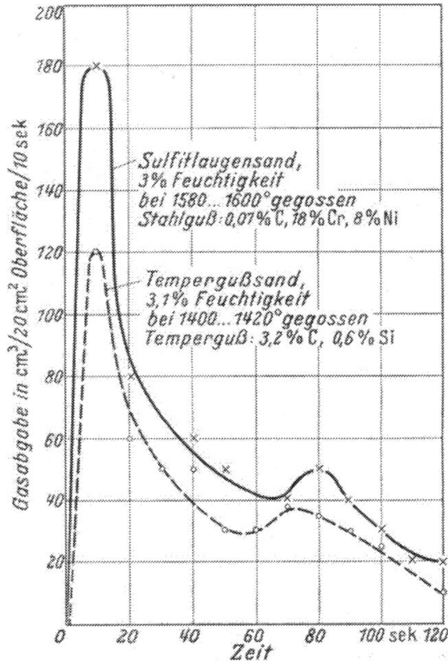

Abb. 125. Gasabgabe von Temperguß- und Stahlnachgußsand (nach HÄFNER)

Eine andere Anordnung der Messung wird von NICOLAS [*138*] beschrieben.

Meßwerte

Sande. Bei Form- und Quarzsanden kann man Werte (1000 °C, 5 g auf 10 g Einwaage berechnet) bis 30 (selten 50 cm³) ermitteln (Abb. 124 und 125).

Tonmineralien. Kaoline. Werte sind in Abb. 126 festgehalten.

Bentonite. Sie schwanken bei gleichem Ausgang (getrocknet 105 °C, 12 h) zwischen 10—60 cm³. Auch hier ist die Entwicklungsgeschwindigkeit teils sehr träge, teils sehr rasch.

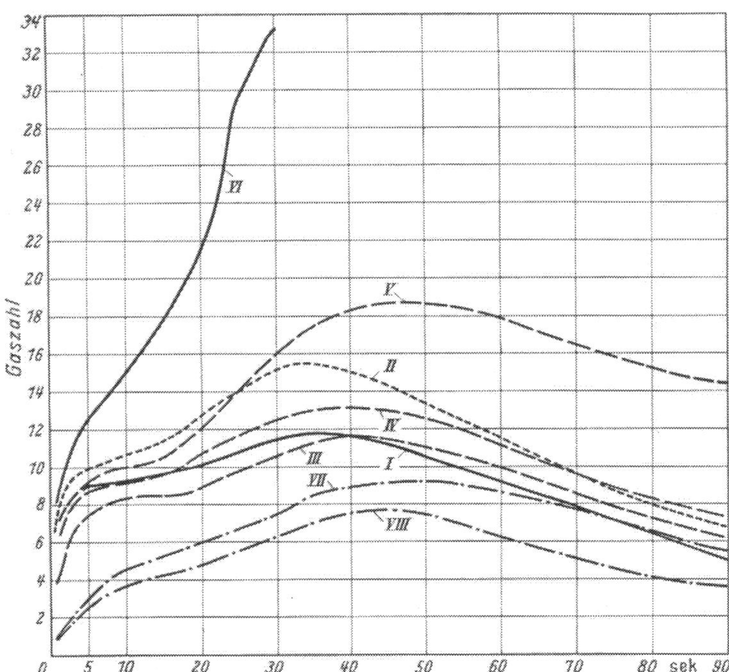

Abb. 126. Gasabgabe von verschiedenen Tonen (105° C getrocknet; 12^h; 10 g Einwaage; Temperatur der Versuche: 700° C (nach Welchenberger Kristallsandwerke)

Koksstaub. Gaszahl 100 bis 200.

Steinkohlenstaub. Gaszahl 250—400.

Teerpeche. Gaszahl 100 bis 250.

Schamotte. Gaszahl 60 bis 200 (Abb. 127a und b).

Binder. Hier geben die Abb. 128—130 im einzelnen Auskunft.

Hinsichtlich der Gasentwicklung sind folgende Vorschläge bekannt geworden:

gute Gaszahl . . . < 80
mittlere Gaszahl . 100—140
große Gaszahl . . 140 und höher

Die Zahlen beziehen sich auf 10 g Einwaage und 1000 °C Meßtemperatur.

d) Hygroskopizität (Wasseranziehung). Diese Eigenschaft ist von besonderer Wichtigkeit, da Kerne, welche Feuchtigkeit beim Lagern oder in der Form anziehen, Schwierigkeiten bereiten. Die Messung ist nicht einfach, da sie auf die Temperatur und die Grade der Luftfeuchtigkeit Rücksicht nehmen muß. Auch der Oberflächenkennwert spielt eine Rolle. Die bis jetzt bekannten Zahlen sind somit als relativ zu betrachten. WELLNITZ [*139* und *140*] hat einige Messungen bekanntgegeben.

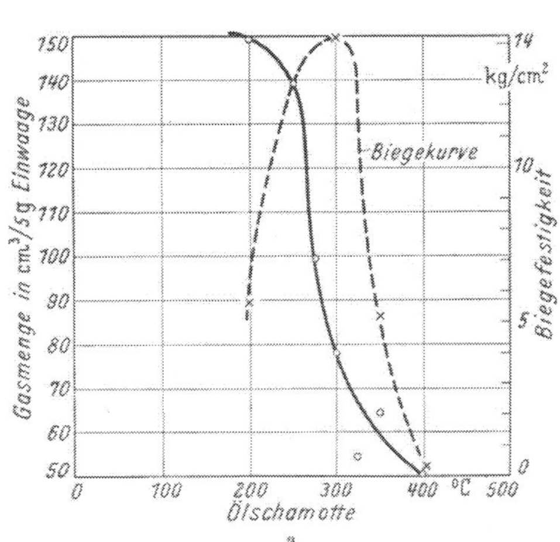

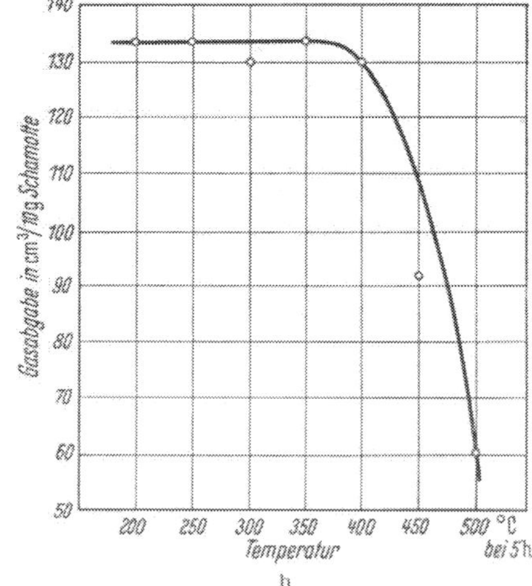

Abb. 127 a u. b. Gasabgabe von Ölschamotte (nach HÄFNER)

Grundsätzlich sind alle Binder, die auf Öl-, Pech- und Kunststoffbasis aufgebaut, also nicht wasserlöslich sind, mit dem geringsten Grad an Wasseranziehung ausgezeichnet. Auch die Zerfallsprodukte, die beim Trocknen entstehen, verhalten sich meist ähnlich wie die Ausgangsstoffe. Alle Binder, welche Stärkeprodukte, Dextrin, wasserlösliche Zellulosen, Tonmineralien, Sulfitablauge (Zellpech) enthalten, also teilweise wasserlöslich sind, besitzen eine stärkere Hygroskopizität.

Die Messung erfolgt entweder im Exsikkator oder noch besser in einem vom Verfasser früher schon vorgeschlagenen Meßgefäß, das im Thermostaten eingebaut ist und die Feuchtigkeit (40, 60, 80, 100%) und die Temperatur (vorschlagsweise 20 und 40 °C) an

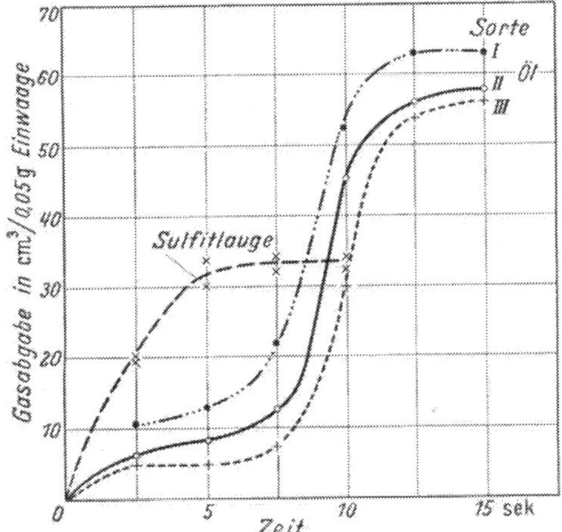

Abb. 128. Gasabgabe von Erstarrungsöl und Sulfitlauge

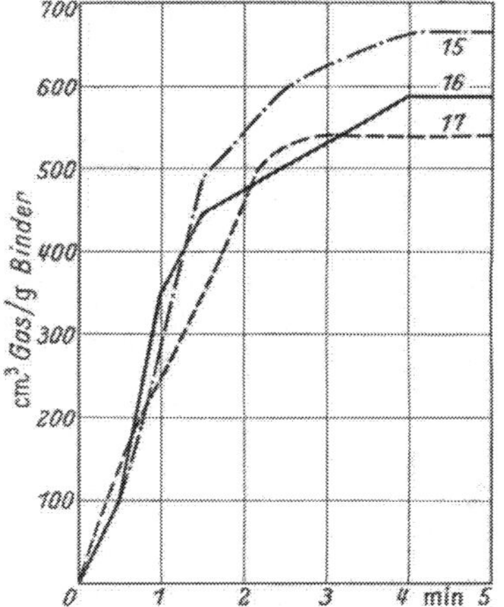

Abb. 129. Gasabgabe von Getreidemehl-Bindern; K_3

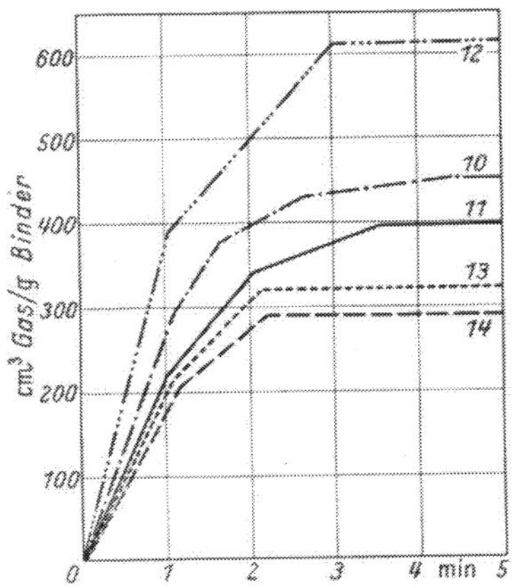

Abb. 130. Gasabgabe von Harnstoff-Harz-Bindern

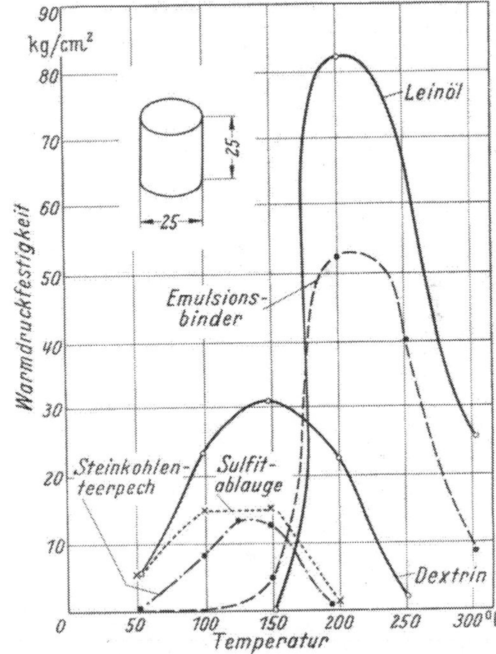

Abb. 131. Warmfestigkeit von vorher getrockneten Kernen (Leinöl 7% + Quarzsand 0,2—0,3%; Emulsionsbinder 3% + Quarzsand + Formsand 12%; Steinkohlenteerpech 3% + Formsand Sulfitlauge 4%+Formsand; Dextrin 3%+Formsand). Die Kerne sind daraufhin wieder erhitzt und so geprüft worden

einem Probekörper von 40 × 40 mm bei a) 5 mm und b) 10 mm Dicke zu regulieren gestattet. Die Verdichtung soll 1,6—1,8 g/cm³ betragen. Die Werte sind anzugeben. Als Zeit wird vorgeschlagen, die Feuchtigkeitsaufnahme nach 4 bis 12 und 24 h zu messen. Mit Hilfe einer Flügeleinrichtung kann die feuchte Luft im Meßgefäß gut erteilt werden. Es können gleichzeitig mehrere Proben geprüft werden.

e) Warmfestigkeit. Diese nimmt mit steigender Temperatur zuerst zu, um dann infolge Zerfalls des organischen Skeletts schnell abzunehmen. In Abb. 131 sind einige kennzeichnende Kurven dargestellt. Bei den Kurvenzügen wird auch der Einfluß des Anmachwassers deutlich .Eine Verschiebung des Maximums zu höheren Temperaturen tritt dann ein, wenn z. B. Tonmineralien in größeren Anteilen zugefügt worden sind oder die Sand-

Tabelle 30. *Übersicht über die Eigenarten der Binder und der aus ihnen gefertigten Kerne*

	Ölbinder K_1	Erstarrungsöl K_1	Emulsionsbinder K_2	Pulvrige Binder Quellbinder K_3	Kunststoffbinder	Asphaltbinder	Wasserglasbinder
Zusatz um:	1,5 –2,5%	2%	3%	2–4%	1½–3%	3–4%	2–4%
Wichte	0,95–1,1	0,9–0,98	0,95–1,20	0,6–1,0	1,1–1,4	verschieden	siehe dort
Konsistenz	dünn- bis mittelflüssig	mittel zäh	dickflüssig teigig	mehlig pulvrig	pulvrig auch dickflüssig	pulvrig	flüssig gasförmig CO_2
Überhangfestigkeit	16–24 teils sehr gering		20–30 (bis 35)	25–40		gering bis gut	sehr gut
Entmischung	keine	keine	leichter möglich	meist keine	keine, wenn pulverförmig	meist keine	keine
Lagerfähigkeit der Binder der Kerne	wenig begrenzt	wenig begrenzt	begrenzt	begrenzt	im allgemeinen nicht begrenzt	begrenzt	nicht begrenzt
Grünstandfestigkeit	gut bis gering	sehr gering	gut	gut	gering	gering mittel	gut
Trockenzeit im üblichen Trockenofen	40–90′ 120′	90–150′ im Ofen	90–150′	60′	20–40′ 40–60′	60–90′	gehärtet
Trockentemperaturen	200–230°C	150–170°C	200–230°C	160–180°C	120–160°C	140–200°C	meist 20°C
Biegefestigkeit kg/cm²	40–70 (100)	15–60 60–75	40–60	15–35	50–70 (90)	5–12 (30)	300–1100 g/cm²
Gasdurchlässigkeit abhängig vom Sand	140–180	180–200	100–150	150–180	120–160	60–90	je nach Sandart
Gasgehalt	gering bis gut	mittel	gut	groß	gering	groß	gering
Abriebfestigkeit	gut	gut	gut	geringer	gut	gering bis mittel	gering bis mittel
Hygroskopizität	gering	gering	mittel	mittel bis groß	gering	gering	mittel bis groß

mischung Schlämmanteile enthält. Eine Verminderung der Festigkeit wird durch Holzmehle u. a. erzeugt. Auch Zusätze von Petroleum wirken sich in gleicher Richtung aus (s. a. Literatur VDG Zusammenstellung 1957).

f) Zerfallsneigung. Sie wird bis heute mehr nach dem Augenschein beurteilt. Zudem ist diese wichtige Eigenschaft von mehreren Faktoren wie Kernstärke, Gießtemperatur u. a. abhängig.

Verschiedenes

Kernbinder umfassen gemäß der unterschiedlichen Verwendung ein weites Gebiet der Eigenschaften.

Da in den einzelnen Industrieländern die Rohstoffgrundlagen verschieden sind, liegen die Schwerpunkte der Binder in dem damit gegebenen Rahmen.

Geschichtlich gesehen sind die Kernbinder schon sehr lange bekannt, denn man hat etwa in Ur am Persischen Golf 3000 v. Chr. Kerne in Stierköpfen aus Bronze gefunden, die aus Palmölen und Quarzsanden bestanden. Aus neuerer Zeit sind sogar die Rezepturen der Herstellung bekannt, so etwa bei der 30 t schweren Bronzekanone, die von den Türken bei der Erstürmung von Konstantinopel benutzt wurde.

In den Tabellen 30 und 31 wird eine Übersicht über die Eigenarten der aus den Bindern hergestellten Kerne berichtet.

Im Vergleich dazu weitere Werte (Tab. 31):

Kerne	Druckfestigkeit 3 Rammschläge	Gasdurchlässigkeit 3 Rammschläge
GG Kleinguß (grün)	300— 500 g/cm²	25— 50
GG Mittelguß bis 50 kg (grün)	600— 900 g/cm²	30— 70
GTW Fittings (grün)	350— 500 g/cm²	15— 35
Stahlguß	1000—1300 g/cm²	80—120
Trockengußkerne	150 °C: 8—20; 300 °C: 7—25 kg/cm²	100—250
Lehmkerne mit Flachsschäben	10—60 kg/cm²	150— 60
Bentonitkerne		
4% grün	300—1200 g/cm²	>150
getrocknet 100 °C; 3 h	5—15 kg/cm²	>200
Massekerne		
gebrannt 450 °C; 5 h	5—25 kg/cm²	>200
Wasserglaskerne:	bis 10 kg/cm²	>100

Lagerung der Binder. Alle Binder sind sachgemäß zu lagern. Es ist zu bedenken, daß sie teils nur begrenzte Lagerfähigkeit besitzen (Einkaufs-Disposition).

1. Werfen von Fässern führt zu Schäden.
2. Die Lagerung soll nach Lieferungseingang erfolgen (Bezeichnung).
3. Die Emulsionsbinder sind hitze- und kälteanfällig.
4. Die einwandfreie Entnahme von Bindern aus Emulsionsfässern ist durch vorsichtige Erwärmung zu garantieren.
5. Evtl. Abfüllen in Vorratsbunker hat einwandfreie Güte der Binder zur Voraussetzung (Winter und Sommer).
6. Trockenbinder vor Hitze und Feuchtigkeit schützen (Verklumpung).
7. Nicht zu lange Lagerung bei Trockenbindern (Verklumpung).
8. Schonung der Gebinde und baldige Rückgabe an den Lieferanten.

XI. Verschiedene Hilfsstoffe

a) Gießereigraphit. Die Vorkommen der Graphite teilt RYSCHKEWITZ [*141—144*] in seinem Buch mit. Danach finden sich die Graphite vor allem in Madagaskar, Ceylon, im Ural, Bayrischen Wald, in der Steiermark und in der Tschechoslowakei. Neben den natürlichen

Graphiten gibt es noch künstliche, die fast nur in der Elektrodenindustrie u. a. Interesse haben. Nach dem Kristallaufbau unterscheidet man kristalline und erdige Sorten. Nach der Verwendung teilt man ein in:

a) Flinz- (vom engl. flinder, d. h. dünnes flimmerndes Blättchen) oder Flockengraphit,
b) Elektroden-, Schmelztiegelgraphit,
c) Graphit für die Bleistift-Industrie,
d) Pudergraphit für die Galvanotechnik,
e) Kolloidgraphit zu Schmierzwecken,
f) Elementar-, besser sog. erdigen Graphit vor allem für die Gießerei-Industrie.

Technologisch kann man dazu stückige, pulverige und Pudergraphite unterscheiden. Die flinzigen, also schuppenförmigen Graphite sind für Gießerei-Formzwecke nicht so gut zu gebrauchen, da sie z. B. vom Kern durch das flüssige Eisen zu leicht abgewaschen werden. Sie haben infolge ihrer meist zu großen Reinheit geringere Adhäsion an der Form. Die Analyse des Kohlenstoffs liegt meist bei 80% und darüber (Bayrische Graphite und Steiermark-Graphite $> 95\%$ C) (Tab. 32). Nach feiner Vermahlung sind sie brauchbar. Gelegentlich sind sie dem Verwendungszwecke durch Zusatz von Magerungsmitteln, wie Ton oder Koksmehl, Klebmitteln wie Dextrin u. a. angepaßt. Gut haben sich die erdigen Graphite bewährt, da sie abriebfest sind.

Tabelle 32

	Bayrischer Graphit	Madagaskar-Graphit	Böhmischer Graphit (Roll)
C . . . . %	90,1—97,0	90,9 —97,57	58,30
S . . . . %	0,1— 0,59	0,01— 0,05	0,59
SiO_2 . . . . %	1,3— 4,22	0,8 — 4,18	
Fe_2O_3 . . . . %	0,5— 0,56	0,48— 1,04	39,3
Al_2O_3 . . . . %	0,6— 3,83	0,72— 2,77	
CaO + MgO . . . . . %	0,5— 0,66	0,42— 0,06	

	Kohlenstoff %	Asche %	Flüchtige Bestandteile %	Schwefel %
Böhmischer Graphit .	ca. 50—60	40—45	1—3	bis 0,8
Schwarzbach/Böhmen.	ca. 80—90	20—10	1—1,5	bis 0,8

Die Untersuchung des Graphits ist bekannt und kann hier übergangen werden. Die Festlegung von Pyrit kann notwendig werden. Wichtig ist die Messung der Körnung. Die Teilchen unter 60 μ erfaßt man am besten mit der Analyse nach Andreasen. Auch die Ergiebigkeit interessiert. Mittels Ätzen, etwa mit Sauerstoff oder Kohlensäure bei Temperaturen bis 1200 °C, lassen sich gute Schlüsse ziehen.

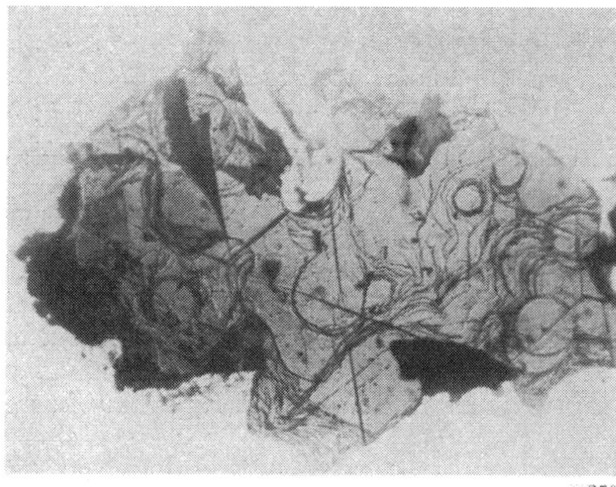

×250

Abb. 132. Flinzgraphit angeätzt mit CO_2 bei 800 °C

Die Prüfung der Schmelzbarkeit der Asche geschieht wie üblich. Man kann sie entweder z. B. im Tamman-Ofen durchführen oder unter dem Erhitzungsmikroskop ansetzen.

Die Reduzierbarkeit wird in einem Platinbandofen geprüft. Die Einwaage im Schiffchen beträgt 1 g. Die Probe muß bei 105 °C 3 Stunden getrocknet sein. Das Thermoelement befindet sich direkt über dem Probegut. Der Ofen muß ± 5 °C. Temperaturschwankung halten können. Es wird während des Versuchs Luft darüber geleitet, und zwar etwa 2 cm³ pro sec. Es ist Vorsicht vor Verstäubung geboten. Der Gewichtsverlust dient als Maßstab. Als Leitwert wird der Versuch bei 800 °C zugrunde gelegt, und zwar bei je 15 Minuten und 30 Minuten Zeitdauer der Vollerhitzung. Bei 15 Minuten Oxydationszeit soll der Gewichtsverlust nicht mehr als 33% betragen.

Wichtig ist noch, auf die möglichen Verfälschungen hinzuweisen. Ihre Prüfung kann etwa so, wie in Tabelle 33 dargestellt ist, durchgeführt werden.

Tabelle 33. *Verfälschung von Graphit*

	Reaktion	
Braunkohle	+ $NaOH$ = braun oder + HNO_3 = braun sog. Humin-Reaktion	unter dem Mikroskop sichtbar evtl. Damar-Harzschliff Sedimentieren
Steinkohle	+ $NaOH$ negativ oder + HNO_3 negativ	unter dem Mikroskop sichtbar Fluoreszenzauszug meist positiv
Koks		unter dem Mikroskop sichtbar Sedimentieren

Wertvoll können auch mikroskopische Untersuchungen sein, denn sie lassen nicht nur einen Einblick in den Substanzaufbau zu, sondern machen auch Aussagen, die sich bei der chemischen und physikalischen Prüfung gut verwerten lassen (Abb. 132 und 133).

Die Anforderungen an Graphit sind in Tabelle 34 zusammengestellt.

b) Form- oder Modellpuder. Es handelt sich dabei um einen Puder, der auf Modellplatten oder zwischen zwei geglättete Sandflächen usw. aufgestaubt wird und dem sauberen Trennen von Modell und Form u. a. dienen muß.

Die Formpuder sollen keine Bestandteile enthalten, welche der Haut des Arbeitenden gefährlich werden können. Es sind schon Puder gefunden worden, welche Ekzeme verursachten. Die chemische Zusammensetzung verschiedener Formpuder hat sich nicht wesentlich verschoben. Neu sind noch Kunststoffe hinzugekommen.

Verschlackendes Formpuder kann die Oberfläche des Gusses verderben, die Bearbeitbarkeit verringern und die Emaillierung

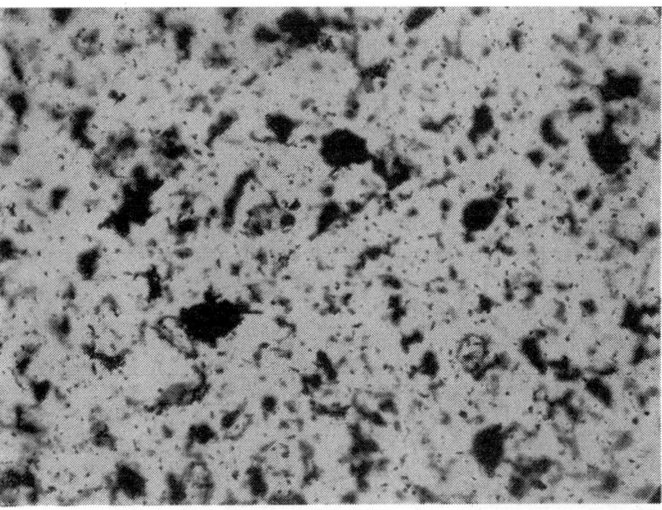

a ×100

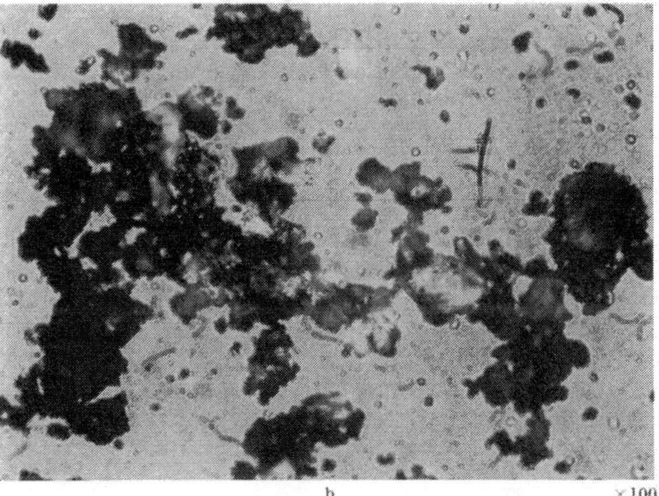

b ×100

Abb. 133a u. b. Erdiger Graphit in Aufschlämmung
a) Graphitteilchen klein; b) Graphitteilchen grob mit Quarz u. a. durchsetzt

Tabelle 34. *Anforderungen an Graphit. (Kerne und Formen)*

1. Physikalische	2. Chemische
a) Farbe: grau bis graubraun	a) Kohlenstoff 40—60%
b) Wichte: 2,2—2,35	b) Schwefel: < 0,5%
c) Anfühlen: fettig	c) Alkalien: < 1%
d) Feuerbeständigkeit: > 1200 °C	d) Kalk (frei): < 1%
e) Kristallform: möglichst erdig oder fein vermahlen	e) Pyrit u. a.: soll fehlen
f) Körnung: unterschiedlich	f) flüchtige Stoffe: < 4%
g) Schmelzbarkeit der Asche: > 1200 °C	g) Schwerverbrennbarkeit: muß mind. bei 800 °C, 15′ im Luftstrom liegen; dabei höchster Gewichtsverlust: 35%

stören. Eine Übersicht über die zu fordernden Eigenschaften gibt eine Tabelle von Roll [*145* bis *148*].

Tabelle 35[1]

1. *Begriff:* Puder, der auf Modellplatten usw. aufgestaubt wird und dem sauberen Trennen von Modell, Formsand usw. dienen soll.
2. *Stoffliche Herkunft:* Früher wurde Lykopodium, die Sporen des Bärlapps (lycopodium clavatium) (Abb. 134a) verwendet; heute dagegen werden vornehmlich Pulver (Abb. 134b, c) aus gemahlener Kreide, Kalkspat, gefälltem Kalk, Holzkohle, Graphit, Braunkohle, Stärke, Kunstharzen, z. B. Resolen u. a., benutzt. Die anorganischen Pulver überwiegen. Zur Verhinderung einer Wasseraufnahme werden Wachse verschiedenster Art mit diesen Pulvern verarbeitet. Gelegentlich werden die Pulver auch gefärbt. Pulver, die freie Kieselsäure enthalten, sind wegen der damit verbundenen Silikosegefahr von der Eisen- und Stahl-Berufsgenossenschaft verboten.
3. *Farbe:* Unterschiedlich, vielfach weiß bis gelb, nicht von Bedeutung (vgl. auch 15).
4. *Körnung: Hochwertige Güte:* höchstens 2% Rückstand auf Prüfsiebgewebe 0,060 DIN 1171, 10000 Maschen;
   übliche Güte: höchstens 2% Rückstand auf Prüfsiebgewebe 0,090 DIN 1171, 4900 Maschen.
5. *Schüttgewicht:* Ist je nach Stoffart verschieden. Liegt meist unter 1,2. Geringes Schüttgewicht ist von Vorteil.
6. *Wasseraufnahmefähigkeit:* Soll möglichst gering sein.
7. *Wassergehalt:* Ist abhängig von der stofflichen Natur des Puders. Seine Höhe darf die übrigen Eigenschaften nicht verschlechtern (bei anorganischen und Kunststoffpudern meist unter 1%, bei organischen Pudern meist unter 6%).
8. *Aschegehalt:* Ist abhängig von der stofflichen Natur des Puders.
9. *Wachsgehalt:* Beträgt bei anorganischen Pudern meistens bis 2%.
10. *Freier Quarzgehalt:* Darf nicht vorhanden sein.
11. *Krümelbildung:* Soll möglichst gering sein. Sie entsteht durch zu große Wasseraufnahmefähigkeit, durch Verkleben oder durch elektrische Aufladung. Krümel müssen bei Berührung leicht zerfallen.
12. *Abhebevermögen des Modells:* Der Formpuder muß eine gute Trennung sichern.
13. *Verhalten beim Gießen:* Der Puder darf keine Unruhe verursachen.
14. *Verhalten in bezug auf die Gußoberfläche:* Der Puder darf keine Rückstände, Härtung u. a. ergeben. Saure Puder verhalten sich bei der Emaillierung im allgemeinen günstiger.
15. *Schädliche Einwirkung auf die Haut:* Schädigungen (Hautekzeme u. a.) dürfen sich beim Arbeiten mit dem Puder nicht ergeben. Sie können durch Teerfarbstoffe usw. (vgl. auch 3) hervorgerufen werden.
16. *Ergiebigkeit:* Der Formpuder muß sich leicht und sparsam verstauben lassen.

c) **Steinkohlenstaub.** Die Bedeutung der Güte des Steinkohlenstaubes für den Grad der Oberflächenbeschaffenheit für Grauguß, Temperguß, seltener Mn-Stahlguß (10—14) wird vielfach unterschätzt. Das Anbrennen, der Rauhigkeitsgrad, die Größe der Putzarbeit und die Bearbeitbarkeit der Gußstücke werden von der Güte des Steinkohlenstaubes beeinflußt. Damit ist aber auch die Art und Weise der Mischung verbunden. Da Steinkohlenstaub ein wertvoller Rohstoff ist, dürfte auch aus diesem Grunde der Altsandverwertung besonderes Augenmerk zugelenkt werden.

---

[1] Der Benutzer und Leser wird um kritische Stellungnahme und Verbesserungsvorschläge gebeten. Dieses Merkblatt stellt vorerst eine unverbindliche Richtlinie dar.

Die Herstellung ist durch folgende Vorgänge gekennzeichnet:

1. Trocknen der Kohle,
2. Mahlen,
3. Filtern, evtl. Windsichten,
4. Absacken.

Gelegentlich erfolgt die Herstellung in betriebseigenen Anlagen (Brandgefahr beachten!).

Die angebotenen Kohlen setzen sich meist zusammen aus:

1. Magerkohle = meist unbrauchbar
2. Mattkohle = brauchbar
3. Gasflammkohle = brauchbar
4. Fettkohle = brauchbar

Nach PASCHKE und SCHNEIDER (Tabelle 36) sind die Kohlen wie folgt zu charakterisieren:

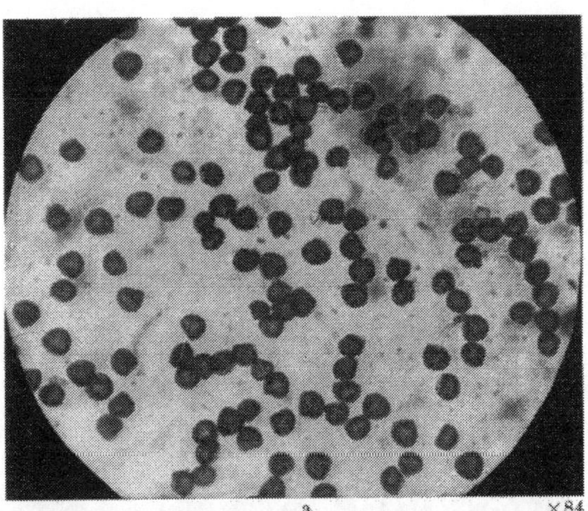
a ×84

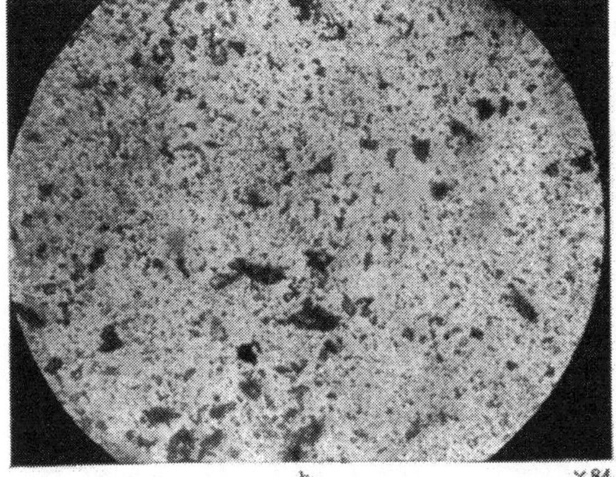
b ×84

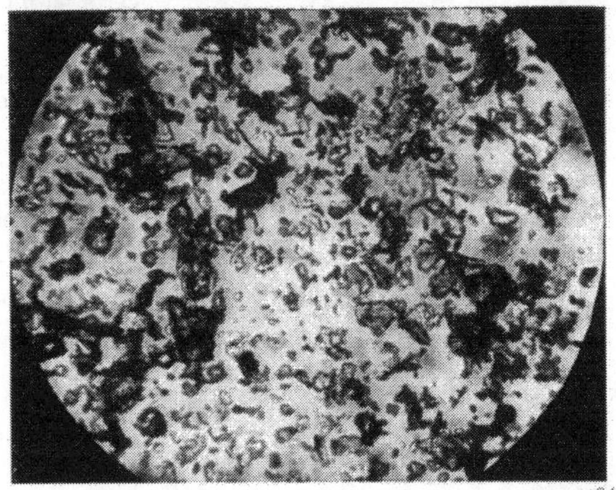
c ×84

Abb. 134 a—c. Verschiedene Formpuder

a) Echtes Lycopodium; b) Formpuder feiner Körnung; c) Formpuder gröberer Körnung

Tabelle 36. *Vor dem Gießen*

Kohleart	Verhalten in der Hitze	Gas (%)	Asche (%)	Vitrit (%)	Durit (%)	Fusit (%)
Magerkohle	wird nicht flüssig	12,48	6,17	94,6	2,3	1,4
Fettkohle	wird flüssig	24,26	8,20	90,1	2,1	5,6
Gasflammkohle . . .	wird flüssig	34,86	8,64	74,6	19,6	2,5
Mattkohle	kein Fließen	42,31	7,44	10,1	85,6	1,2

Verflüssigende und gasreiche Kohlen eignen sich als Zusatz zum Formsand am besten. Nach eigenen Untersuchungen ist die chemische und Körnungszusammensetzung oft zwischen recht weiten Grenzen gelegen. So sind von 55 Steinkohlenstauben 20 praktisch unbrauchbar gewesen.

Bei Seekohle nimmt, wie aus amerikanischen Mitteilungen bekannt ist, die Grünstand- und Trockenfestigkeit bei einem guten Feinheitsgrad der Kohle zu. Die Heißstandfestigkeit wird nur wenig verringert, die Gasdurchlässigkeit nimmt ab. Über das Fließvermögen gehen die Ansichten auseinander, dagegen sind Steigerungen der Sinter- und Feuerfestigkeit gegeben. Von der Formhärte wird berichtet, daß sie durch formgerechte Zusätze gesteigert werden kann. Die Formen werden an der Oberfläche geschmeidiger. Formwand-Fehlbaustellen sind dann geringer, wenn die Körnung der Kohle kleiner ist als das Sandkorn.

Nach den bis jetzt vorliegende Arbeiten von Aulich, Bird, Rodehüser, Roll, Richards, Naumann, Paschke und Schneider und der zusammenfassenden Arbeit von Wegener [*149*] und anderen scheint die Wirksamkeit des Steinkohlenstaubes auf mehreren zusammenwirkenden Ursachen zu beruhen:

1. dem Gasfilm, der sich zwischen Eisen und Sand legt;
2. dem Verfließen der Kohlekörner und der Umhüllung der Sandkörner;
3. der reduzierenden Wirkung der Gase, die als Schutzschicht wirken.

In einem von Roll im Gießereikalender 1955 vorgeschlagenen Merkblatt sind die wesentlichsten chemischen und physikalischen Prüfungen von solchen Stauben dargestellt.

Prüfung von Steinkohlenstaub (Formsand). Das DIN-Blatt 52411 (Febr. 1945) behandelt die Prüfung von Gießerei-Schlichten und Stäuben. Dort wird auch die Teilprüfung von Steinkohlenstaub (Gruppe E) festgelegt.

Die Prüfung von Steinkohlenstaub umfaßt folgende Aufgaben:

Probenahme
Verarbeitung der Probe

Chemische Prüfung	Phys. Prüfung	Technologische Prüfung	Stoffprüfung
Wassergehalt flüchtige Bestandteile Asche Gesamtschwefel	Körnung Kornform	Einfluß auf die Sandeigenschaften Verhalten gegen Sandkorn: Schmelzen, Backen, Verkoken Ergiebigkeit Beeinflussung des Gießvorganges, der Gußhaut Verschlackung, Rauhigkeitsgrad evtl. Härtung evtl. Aufschweflung	Magerkohle Fettkohle Gasflammkohle Mattkohle (Vitrit, Durit, Fusit) Verunreinigungen Verfälschungen

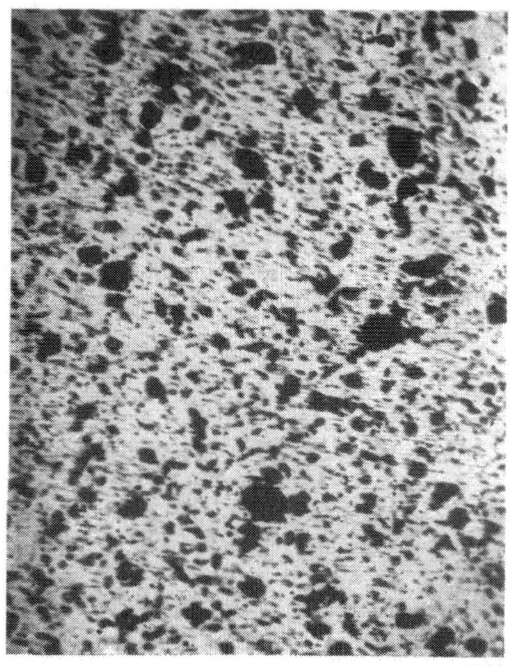

a ×100

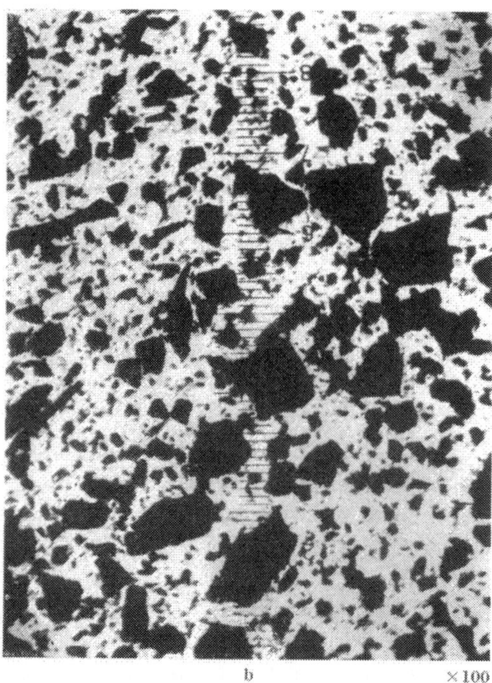

b ×100

Abb. 135 a u. b. Gleichmäßige und ungleichmäßige Körnung von Steinkohlenstaub

Bestimmung des Wassergehaltes: In der DIN-Norm ist der Gang der Prüfung gekennzeichnet. Einwaage 5—10 g, Trocknung bei 105 bzw. 110°C. Dabei wird die sogenannte grobe Feuchtigkeit ermittelt.

Flüchtige Bestandteile: Die Bestimmung ist grundlegend für die Güte des Staubes. Die Untersuchung wird mit trockenem Staub durchgeführt. Die Berechnung erfolgt auf den Wert der trockenen Einwaage. Zur Durchführung wählt man die sogenannte Bochumer Methode (DIN DVM 3725).

Aschegehalt: Die Bestimmung erfolgt durch Glühen der eingewogenen Menge bei 1100°C.

Gesamtschwefel: Die Prüfung erfolgt nach DIN DVM 5721. Gelegentlich muß auch der Pyritschwefel ermittelt werden. (Handbuch für das Eisenhütten-Laboratorium VDEh Band 1/1939.)

Körnung: Die Körnung des Staubes wird durch Sieben der lufttrockenen Probe ermittelt. Es wird der Rückstand auf Sieb DIN 1172, Sieb 70 4900 Maschen, festgelegt. Es ist gut, wenn die Probe auf ein Sieb mit größerer Maschenweite aufgetragen wird. Das darunter geschaltete eigentliche Prüfsieb 70 wird durch diese Maßnahme gleichmäßiger bestreut und die Prüfungen fallen sicherer aus. Entweder wird mit Schwing- oder Schüttelsieben gearbeitet. Es muß darauf geachtet werden, daß Krümelbildung unterbleibt. Gegebenenfalls sind Krümel mit einem Pinsel vorsichtig zu zerstoßen. Der Rückstand auf Sieb 70 wird auf die lufttrockene Probe bezogen. Der Wert wird in Prozent der Einwaage (10—20 g) angegeben.

Über die Größe des Kornes gehen die Meinungen noch auseinander. Die Mehrzahl der Fachleute ist für einen möglichst feinen Steinkohlenstaub, der dann nicht störend auf die Gasdurchlässigkeit wirkt, wenn die Aschewerte gering liegen und auch sonst die Verstaubung des Sandes keine größeren Maße annimmt.

Es ist wertvoll, den Staub von Zeit zu Zeit auch einer mikroskopischen Messung zu unterwerfen, die im übrigen die Kornuntersuchung wertvoll ergänzt, ja sogar in der Schnellprüfung bis zu einem gewissen Grade ersetzt.

Wie das Kornbild schwanken kann, zeigen die Abb. 135a und b.

Einfluß auf die Sandeigenschaften: Dieser kann durch verschiedene Mischungen und Prüfung derselben auf: Gasdurchlässigkeit, Festigkeit usw. leicht ermittelt werden. Es ist gut, das Optimum des Zusatzes daran zu kontrollieren.

Verhalten gegen das Sandkorn: Je nach der Substanz der Kohle schmelzen oder backen usw. die Körner des Steinkohlenstaubes mit dem Sandkorn zusammen. Durch einen praktischen Versuch nach dem Abgießen läßt sich die Eigenart des Staubes erkennen.

Ergiebigkeit: Diese soll möglichst groß sein und steht im engen Zusammenhang mit der Körnung und dem Anteil der flüchtigen Bestandteile.

Gießvorgang: Der Steinkohlenstaub soll sich beim Gießen (Zusammentreffen von flüssigem Eisen mit der Formwand) ruhig verhalten. Größere Kornanteile bringen Unruhe mit sich. Diese kann eintreten, wenn zu hohe flüchtige Bestandteile im Staub vorhanden sind. Auch eine mangelhafte Mischung, d. h. Zusammenballen des Staubes an der Formwand, kann zu Unruhe beim Gießen und damit zur Verschlechterung der Gußhaut usw. führen.

Abb. 136. Steinkohlenstaub neben Braunkohlenstaub (nach ROLL u. STACH)

Gußhaut: Durch fehlerhaften Staub, schlechte Mischung usw. kann die Gußhaut wesentlich verschlechtert werden. Die Verschlackung tritt besonders dann ein, wenn der Aschegehalt im Staub zu hoch liegt. Der Aschegehalt soll einen Mindestschmelzpunkt von 1100°C aufweisen. (Prüfung des Ascheschmelzverhaltens z. B. mikroskopisch.) Der Rauhigkeitsgrad wird festgelegt. Steinkohlenstaube können auch die Oberfläche des Gusses aufschwefeln. In diesem Fall ist die Gußhaut vorsichtig abzuheben und auf den S-Gehalt (Sulfide) zu prüfen. Die Möglichkeit der Aufhärtung ist damit verbunden.

Verstaubung: Die Verstaubung tritt durch erhöhten Aschegehalt, Koksrückstände und anderes ein. Durch Meßreihen kann die Verstaubung an den Zahlen der Gasdurchlässigkeit usw. ermittelt werden.

Stoffprüfung: Die Substanzprüfung des Staubes erfolgt entweder durch die Kennzahlen des Steinkohlenstaubes oder auch mikroskopisch (Petrographische Kohlenuntersuchungsverfahren).

Verunreinigungen: Können durch das Mikroskop, die Schlämmanalyse usw. erkannt werden. Auch hoher Aschegehalt kann Verunreinigungen anzeigen.

Verfälschungen: An Verfälschungen treten auf: Kokspulver, (seltener) Braunkohlenstaub, (gelegentlich) Torf, Bitumen u. a. Die Untersuchung wird in diesem Falle chemisch und mikroskopisch durchgeführt. Braunkohlenstaub erkennt man z. B. durch die Reaktion gegen Kalilauge bzw. Salpetersäure (Huminprobe). Wertvoll ist auch der Mikroanschliff eines Staubes, der in Harz eingeschmolzen wurde.

Die Verfälschungen von Steinkohlenstaub können meist gut gefaßt werden. In Abb. 136 ist eine Verfälschung mit Braunkohlenstaub dargestellt [*148*].

Auf die Gleichmäßigkeit der Zumischung ist großes Gewicht zu legen.

Lagerung: Kalt und trocken in Bunker füllen.
Kalt und trocken in Säcken luftig aufbewahren.
Dichte Packung ist unerwünscht: Brand und Explosionsgefahr.
Temperaturüberwachung notwendig.
Die Lagerzeit ist beschränkt, da der Gasgehalt absinkt.

Als Richtzahlen gelten:

	Zusatz in Formsand
1. Gußeisen, dünnwandig	6—7 (8)%
Gußeisen, mittelwandig	4—5%
2. Temperguß, dünnwandig	5—7%
Temperguß, mittel- und dickwandig	4—5%
3. Mangan, (Hart) Stahlguß (seltener gebraucht)	3—4%

Es lassen sich folgende Anforderungen für Steinkohlenstaub ableiten:

Tabelle 36a

	Qualität I	Qualität II
Wassergehalt	< 5%	< 5%
Aschegehalt (je bezogen auf wasserfrei)	< 10%	< 12%
Schwefelgehalt (je bezogen auf wasserfrei)	< 1%	< 1,3%
Gasgehalt (je bezogen auf wasserfrei)	> 30%	> 28%
Körnung (je bezogen auf wasserfrei)	Gesamt-Rückstand auf Sieb 4900: < 10%	< 14%

Farbe . . . . schwarz-braun bis dunkel-kaffeebraun

Verunreinigung . . . . . Es dürfen nicht vorhanden sein: Braunkohle, Sand, Koks, Bitumen, Torf u. a.

d) Holzkohlenstaub. Es handelt sich um Staube, die aus gemahlener usw. Holzkohle kommen. Man verwendet sie zum Einstauben von Formen u. a. (Tab. 37).

Tabelle 37

	Eigenschaftsbreite	Anforderungen		Eigenschaftsbreite	Anforderungen
Holzarten	Laubholz: Erle Birke Buche	am besten Laubholzkohle: Birke, Erle (weicher Staub)	Körner	rund bis zackig	sollen zackig sein max. 15% Rückstand auf Sieb 4.900
Art der Verkokung	Meilerkohle Ofenkohle Retortenkohle	am besten Meilerkohle	Wichte	z. B. Birkenkohle 1,4—1,5	1,3—1,6
Farbe	braun bis schwarz	schwarz	Schüttgewicht		180—220 kg/m³
Wassergehalt	1—10%	unter 7%	Geruch	fast bis ganz geruchlos	geruchlos
Asche	1— 9%	unter 3%	Verfälschungen	Braunkohle, Koks u. a.	muß vor Verfälschungen bewahrt bleiben (Prüfung)
Alkali i. d. Asche	5— 6%	möglichst unter 3%			

e) Bitumenstaub. Neuerdings werden feingemahlene Bitumen an Stelle von Steinkohlenstaub in der Praxis angewendet. Der Staub zeichnet sich durch besondere Feinheit, hohe Gaszahl und geringe Asche- und Schwefelwerte aus. Man glaubt, mit der Verwendung eines solchen Staubes auch der Verstaubungsgefahr begegnen zu können. Da Bitumen infolge seiner Zusammensetzung die Sandkörner beim Gießprozeß umfließt, ist eine reduzierende Wirkung gesichert.

f) Torfkoksstaub. Dieser wird neuerdings mit magerem Steinkohlenstaub gemischt angeliefert. Solche Mischungen müssen klar gekennzeichnet sein und dürfen nicht unter Steinkohlenstaub rangieren.

g) Pechkörner. Fein granuliertes Steinkohlenteerpech und auf anderer Basis aufgebaute Zusätze haben sich ebenfalls gut bewährt.

h) Weitere Staube. Hier finden sich Graphit und Talkum. Talkum ist ein einheitliches Mineralpulver von meist weißer bis gelber Farbe mit der chemischen Zusammensetzung: $3MgO \cdot 4SiO_2 \cdot H_2O$; es hat eine Wichte von 2,7 und schmilzt um 1500 bis 1550°C. Da es blättchenförmigen Aufbau besitzt, läßt es sich leicht verarbeiten (streichen, spritzen u. a.). Talkum ist wenig hygroskopisch, nicht entzündlich und deswegen oft wertvoll. Es bilden sich leicht ablösbare Schutzschichten auf dem Gießwerkstoff.

i) Überzüge auf Formen und Kernen. Man unterscheidet Schwärzen und Schlichten, die aufgestrichen (Pinsel), in die getaucht wird, oder die aufgespritzt werden und dazu solche, die in die Formoberfläche einpoliert werden. Erstere werden meist in der Graugießerei, letztere in der Stahlgießerei zu Anwendung gebracht. Die Zusammensetzung ist sehr unterschiedlich, und sie muß es auch sein, denn die Anforderungen von seiten der Formen und Metalle sind sehr verschieden.

Stofflich werden Graphite flinziger und erdiger Art, Koksmehle, Holzkohle, Anthrazitmehle und ähnliche, Ruß, Schamotte, natürliche Tonmineralien wie feuerfeste Tone, Magnesit, Chrommagnesit, Bentonite, gemahlener Quarzsand, Sulfitablauge, Dextrin, neuerdings auch Kunststoffe, Salmiak usw. verwendet.

Die Überzüge werden meist in Wasser, aber auch in Spiritus aufgeschlämmt bzw. teilweise gelöst. Neuerdings findet man auch Oxyde bzw. Silikate des Zirkons, Titans, aber auch solche der seltenen Metalle werden verwendet. Diese Art der Überzüge einschließlich des Talkums, Specksteins u. a. sind dann bis auf geringe Bindermittelzusätze anorganisch und haben meist weiß-graue Farbe. Man verwendet sie bei besonders hohen Gießtemperaturen. Je höher die Gießtemperatur ist, um so mehr wird von hochfeuerfesten Grundstoffen Gebrauch gemacht. Man unterteilt in Vor- und Nachschwärzen bzw. Schlichten usw.

Meist bezieht man diese Hilfsstoffe fertig, aber auch alte Rezepte wendet man noch an.

Der Grad der Gleichmäßigkeit ist sehr wichtig. Wie sich bei einer großen Zahl von Lieferungen von verschiedenen Firmen gezeigt hat, war dieser Gleichmäßigkeitsgrad oft nicht erreicht. Die chemische Analyse ist nur ein bedingtes Hilfsmittel zur Begutachtung von solchen Hilfsstoffen. Besser sind die Methoden, welche einen Einblick in den Stoffaufbau geben. Mikrochemische und mikroskopische Messungen sind gut anwendbar. Beachten sollte man den Wert der zugesetzten Flußmittel. Die Festlegung der Asche, des Schwefels in Sulfat und Sulfidform und des Wassergehaltes sind wichtig. Pyrite, Sulfide, Gips, freier Kalk usw. sollten unbedingt fehlen.

Die Prüfung von Gießerei-Schwärzen-Schlichten und Staube ist in der Norm 52411 versucht worden. Sie genügt aber in dieser Form noch nicht. (Probenahme, chemische Prüfung: Wassergehalt, Gesamtglühverlust bis 1100°C, Kohlenstoffgehalt, Aschegehalt, Gesamtschwefel, SiO_2- und Al_2O_3-Gehalt; mechanische Prüfung: Körnung.)

Einige Hinweise sind aus Tab. 38 und 39 zu entnehmen.

Tabelle 38. *Mittlere Zusammensetzung* (105°C, 2^h getrocknet)

Nr.	C %	Flücht. Bestandt. %	Asche %	SiO_2 %	Al_2O_3 %	Fe_2O_3 %	CaO %	Alkalien %	S %
					Schwärzen				
1	75—80	2—4	22—18	9—10	5—3	1 —2,5	n. b.	n. b.	0,5—0,8
2	61—68	3	Rest	16—25	6—8	0,5—3	1,5	n. b.	0,6—0,9
3	35—40	6	Rest	40—50	13—25	n. b.	n. b.	n. b.	0,9—1,2
					Schlichten				
1	90	8	10	3—5	3—6	n. b.	0,5	n. b.	0,4
2	60	10	30	15—25	18—22	4	1,5	n. b.	0,9
3	10	1	89	45	30	2	n. b.	n. b.	0,2
4	3	n. b.	96	50	30	2	n. b.	n. b.	0,2

Tabelle 39. *Neun Schwärzen mit Angabe der Analyse und mittlerer Eigenschaften* (nach LEISSNER, Ing.-Arbeit, Duisburg 1956)

No.	C	Flüchtige	Asche	$S.O_2$	Al_2O_3	CaO	FeO	MgO	MnO	S	Wichte	Spez. Oberfläche	Absetzverhalten nach				
	%	%	%	%	%	%	%	%	%	%	g/cm³	cm²/g	10′	20′	60′	360′	1520′
1	79,0	2,8	16,82	9,2	4,85	0,21	1,56	0,29	nb	1,2	1,974	5116	g	g	st	gz	gz
2	70,14	3,1	25,63	17,3	5,78	0,01	1,35	0,52	nb	0,6	1,936	4120	g	g	g	3/4	3/4
3	56,4	7,5	34,65	17,2	8,91	2,91	2,96	0,1	0,08	0,65	1,974	7883	g	g	g	st	st
4	80,4	3,8	15,60	7,05	6,9	0,4	0,92	0,18	nb	—	2,857	7002	g	g	g	st	st
5	35,2	5,3	58,25	28,2	20,4	2,6	4,38	0,89	nb	1,93	2,495	4668	4/5	gz	gz	gz	gz
6	90,0	1,7	7,51	3,42	3,46	0,24	0,1	0,09	Sp	0,74	1,774	4210	m	st	st	gz	gz
7	10,5	2,9	86,33	50,1	32,9	1,69	0,2	1,09	nb	0,06	2,381	2428	m	gz	gz	gz	gz
8	11,64	3,2	85,04	45,7	32,8	1,24	1,87	0,4	nb	—	2,362	2697	nb	nb	nb		
9	2,49	2,2	95,18	50,1	41,3	1,07	1,81	0,51	nb	—	2,564	5212	nb	nb	nb		

g = gering; m = mäßig; st = stärker; gz = ganz

Die physikalische Beurteilung umfaßt die Farbe, die ebenfalls nach dem RAL-Katalog bestimmt wird. Der Grad der Körnung kann sich entscheidend verändern. Die Wichte und das Schüttgewicht sollten ermittelt werden. Vor allem das Letztere ist für die Mischung notwendig. Aus der Wichte der Einzelkomponenten ergibt sich auch ein Maßstab des Absetzverhaltens, das gleichmäßig sein sollte. Bei Mehrstoffsystemen ist bei unterschiedlicher Wichte meist mit mehr oder minder starken Entmischungen zu rechnen. Die Anstriche verhalten sich dann anders. Von Bedeutung ist die Körnungskurve, da die Güte der Oberfläche und auch diejenige der Gasdurchlässigkeit damit zusammenhängt.

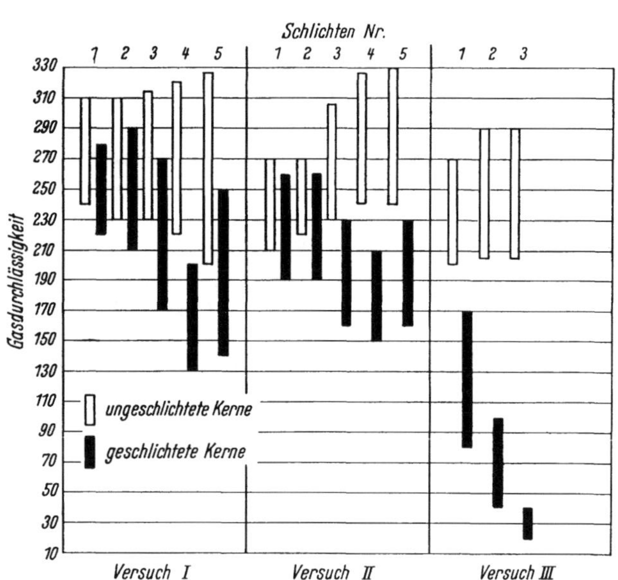

Abb. 137. Schwankungsbereich der Gasdurchlässigkeit unterschiedlich getrockneter, geschlichteter und ungeschlichteter Kerne (nach REININGER)

Man erwartet, daß die Lagerfähigkeit groß genug ist, um Zersetzungen, Verklumpungen usw. auszuschalten. Man kann in dieser Hinsicht gelegentlich Schwierigkeiten beobachten. Das Anmachen sollte leicht und einfach sein. Anweisungen sind den Lieferungen mitzugeben.

Geruchlose und von Hautschädigungen freie Hilfsstoffe sind notwendig.

Die Gasdurchlässigkeit von Schwärzen und Schlichten ist für den Ablauf des Gießprozesses wesentlich. Alle Überzüge oder Aufstaubungen, welche die Formsandwand verstopfen oder beim Gießen für Gase undurchlässig machen, sind sowohl für den Gießwerkstoff selbst als auch für dessen Oberflächengüte von Nachteil. Tatsächlich sind solche Schichten oft wesentlich gasundurchlässiger als der Sand es auch bei hohen Temperaturen ist. Alle diesbezüglichen Messungen haben nur dann praktischen Wert, wenn die Gasdurchlässigkeit in betriebsnahem Zustand geprüft wird. Darauf haben NIPPER, ferner FEIL und später auch REININGER [*150* und *151*] hingewiesen.

REININGER hat den Schwankungsbereich der Gasdurchlässigkeit in der Abb. 137 festgehalten.

Eigene Messungen bei Temperaturen bis 1100 °C haben in reduzierender Atmosphäre bei sonst üblicher Schwärzedicke von $^1/_2$ bis 1 mm Gasdurchlässigkeitsmittelwerte ergeben, die wie folgt lagen:

	Gasdurchlässigkeit bei			Gasdurchlässigkeit bei	
	$^1/_2$ mm Dicke	1 mm Dicke		$^1/_2$ mm Dicke	1 mm Dicke
Graphitschwärze I . . .	15	6	zusammengesetzte		
Graphitschwärze II . . .	30	5	Graphitschwärze IV . .	60	22
Graphitschwärze III . .	40	12	Sonderschwärze V . . .	80	35

Die geeignete Körnung der Schwärze spielt auch hier wesentlich mit. Ganz besonders wichtig aber ist der Kontaktraum zwischen Schwärze bzw. Schlichte und Formstoff, da die Überzüge mehr oder minder feine Haarrisse beim Trocknen und besonders beim Gießprozeß erleiden. Fehlerhafte Zusammensetzung führt zu Aufblättern, oft zu lebhaften Reaktionen mit der Schmelze, zu plötzlicher Gasabgabe und unter Umständen zum Abplatzen.

Der Sinterbeginn bei guten Schwärzen und Schlichten liegt bei 1200 °C und höher. Die Erweichung kann schon bei 1300 °C einsetzen. Das Schmelzen setzt meist mit 1300 bis 1700 °C ein. Gute Schlichten sollten einen SK-Wert von 32 nicht unterschreiten.

Um die Feuerfestigkeit zu erhöhen, hat man Schlichten aus Magnesit bzw. Chrommagnesit aufgebaut. Darüber hat KANDLER [*152*] berichtet. Bei Zirkon- und Titanoxydüberzügen sind hohe Feuerfestigkeitswerte zu erkennen.

Das Verhalten des Aufblähens, Schwindens u. a. läßt sich unter dem Erhitzungsmikroskop geeigneter Bauart gut erkennen. Es gibt dabei Schwärzen und Schlichten, die schon beim Erhitzen auf 800 °C von der Form abblättern. Derjenige Überzug ist am geeignetsten, der nur eine geringe Volumenveränderung beim Erhitzen erfährt. In gleichem Maße ist das Reaktionsvermögen beachtlich. Bei Graphitschwärzen wird bei Gußeisen auch eine Entkohlung der äußeren Schichten des Gußstückes beobachtet.

Das Verbacken mit Schlacken ist ebenfalls zu prüfen. Auf die Klischeewirkung ist in diesem Zusammenhang noch kurz zu verweisen.

k) Überzüge auf Kokillen. Hier sind die künstlich zusammengesetzten Kokillenlacke zu nennen, die meist in einem organischen Lösungsmittel Bitumen, Asphalte u. a. gelöst enthalten. Auch Anstriche von Steinkohlenteeren, die sorgfältig getrocknet werden müssen (bestäuben mit feinst gemahlenen Sanden u. a.), sind zu benennen. Auch hier ist, wie bei den obengenannten Überzügen, die Gasabgabe, die das Ruhen des flüssigen Metalls mitbedingt, wesentlich. Diese Überzüge sollen möglichst geringste Grade der Hygroskopizität aufweisen, da die Kokillen in der Form sowieso zu Kondensbildung genug Anlaß geben können.

l) Silika- und Schamottemehl. Bei Grünsand und Bentonitkernen werden gelegentlich Heißrisse beobachtet, die eine Verschlechterung der Oberfläche des Gusses bewirken. Um dem vorzubeugen, gibt man Silikamehl oder feingepulverte Schamotte u. a. zu (etwa 5%). Auch feinere Sandkörnung bringt Abhilfe. Mehle dieser Art sollten nicht mehr als 20% Rückstand auf Sieb 4900 nachweisen lassen. Damit wird die Grünstand- und Trockenfestigkeit, vor allem die Heißstandfestigkeit erhöht, während die Durchlässigkeit abnimmt; die Feuerfestigkeit wird gesteigert. Man sagt solchen Zusätzen eine bessere Verarbeitbarkeit zu. Allerdings muß die geringere Schwindungsaufnahmefähigkeit beachtet werden. Die Oberflächengüte wird meist verbessert.

m) Kernstützen. Ihre Aufgabe besteht darin, den ruhenden Kern beim Umgießen mit dem flüssigen Metall in der richtigen Lage zu halten. Dabei können beachtliche Auftriebskräfte auf die hoch erhitzten Wandungen usw. der Stützen einwirken. Wie man aus Untersuchungen von alten Bronzeröhren weiß, sind von altersher Kernstützen verwendet worden.

Der Zweck der Kernstützen ist erfüllt, wenn sich das Metall verfestigt hat.

Im allgemeinen wird Stahl verwendet. Unberuhigter, nicht silizierter Flußstahl hat sich nicht bewährt, da er zu Blasenbildung im Guß führen kann. Häufig wird beruhigter SM-Stahl vorgeschlagen.

Auch stark geseigertes Flußeisen ist mit Vorsicht zu verwenden. Blasenbildung, Aufblähungen beim Guß können die Folge sein. Bei legierten Gußsorten ist mit Kernstützen zu arbeiten, welche eine ähnliche oder gleiche Zusammensetzung aufweisen, damit die Korrosions- und Zunderfestigkeit der gegossenen Teile nicht leidet. Das Eingießen von Kernstützen in hochlegierte Stahlgußsorten ist jedoch ein bis heute noch nicht sicher gelöstes Problem, da schon feinste Oxydhäute das Einschweißen verhindern können. Meist sind hier geeignete Konstruktionen der einzige Ausweg.

Die Gußteile dürfen weder Härtungen noch Undichtigkeiten erfahren. Auch an die mit solchen Stützen vergossenen Gußstücke werden bezüglich der Bearbeitbarkeit oft strenge Maßstäbe gelegt.

Die unlegierten Kernstützen werden ohne Überzüge, meist aber mit geeigneten Überzügen versehen. Solche Überzüge müssen bestimmte gießtechnische Eigenschaften besitzen.

Im ersten Fall sind unbedingt rostfreie Stützen zu verwenden. Im Falle, daß Überzüge angewendet werden, ist folgendes zu beachten:

1. Die Überzüge müssen dicht sein (Porenprüfung vornehmen).

Tabelle 40

Art der Überzüge		Stoffverhalten				
		Farbe	Analyse	Haftfestigkeit	Schlagfestigkeit	Siedepunkt °C
Feuerflüssige Überzüge	Reinzinn	weiß-silber	99,9 % Sn 0,03% Pb	gut	sehr gut	2362
	Mischzinn	weiß-grau	Sn, Pb	gut	gut	1750 bis 2000
	Zink	metallisch hell	unterschiedliche Zinkwerte	gut	gut	906
Galvanische Überzüge	Zinn	metallisch hell	99,9% Sn	gering	gering	2362
	Zink	metallisch hell	99,9% Zn	gering	gering	906
	Kupfer	rot	>99,5% Cu	gut	gering	2350
	Blei	weiß-grau	>99,9% Pb	gering	gering	1750
	Nickel	silbern	>99,9% Ni	gut	gering	3075
	Chrom	silbern	99,9% Cr	gut	gut	2660
Gespritzte Überzüge	Zink	weiß-grau	98% Zn	gering	gering	906
	Aluminium	silbergrau	>98% Al	gering	gering	2270
Chemische Überzüge	Bonder-, Paker- u. a. Verfahren	schwarz-grau	—	gering	sehr gering	—

2. Die Überzüge müssen dick genug aufgetragen sein, um beim Werfen usw. nicht den Stahl erscheinen zu lassen.
3. Die Überzüge müssen dauerhaft genug sein, um auch einer längeren Lagerzeit mit schwankenden Feuchtigkeitsgehalten der Luft widerstehen zu können.
4. Die Flächen der Überzüge sollen glatt sein, um einer verstärkten Kondensbildung vorzubeugen.
5. Besonders die Ecken und Verbindungen von Eingußteilen sind sorgfältig zu kontrollieren (Rostbildung, Einschließen von Gasen beim Gießen u. a.).
6. Der Überzug soll weder beim Umgießen verdampfen noch oxydieren.
7. Das Einschweißen ist auch von der Dimensionierung abhängig.
8. Der Überzugsstoff darf mit dem zu gießenden Metall nicht schädliche (Härte u. a.) metallurgische Reaktionen, die auf engstem Raum beschränkt sind, hervorrufen.

Der Werkstoff der Stützen erweicht bei den Gießtemperaturen meist. Die Druckfestigkeit der Kernstützen nimmt mit der zunehmenden Dimensionierung derselben zu und mit steigender Gießtemperatur ab. Zwischen der Oberfläche und Dicke der Kernstützen und dem Einschweißen bestehen bestimmte jeweils zu ermittelnde Beziehungen. Bei zu geringen Gießtemperaturen können Fälle vorkommen, wobei die Stützen nicht einschweißen. Auch der Ausdehnungskoeffizient des Gußmetalls und auch derjenige des Stützenwerkstoffes sind zu berücksichtigen. Die Schweißstelle muß bei Stahlguß dicht sein (Abb. 138). Bei Gußeisen findet man meist 4 Zonen, nämlich die Zone der Kernstütze,

Lagerverhalten		Gießen und Erstarrungsverhalten					Gesamtwertung
Rosten usw.	Lagerzeit	Stabilität der Stützen	Gasentwicklung	Verdampfung	Einschweißen	Härtebildung	
nicht	unbegrenzt	Hängt vom Verhältnis Stützenquerschnitt/Wanddicke ab	kaum	kaum	gut	allg. gering	1
gering	wenn trocken, unbegrenzt		bis groß	Bleidampf	unsicher	mittel	3
Weißrostbildung	begrenzt, vor allem bei Feuchtigkeit		bis stark	bis stark	mangelhaft	Eisen-Zn-Verbindung	4
bis unsicher	begrenzt		kaum	kaum	gut	allg. gering	3
Weißrostbildung	begrenzt, vor allem bei Feuchtigkeit		bis stark	bis stark	mangelhaft	Eisen-Zn-Verbindung	4—5
in feuchter Luft sehr mäßig	begrenzt		gering	gering	gering	gering	4 (Rost)
gegeben	mäßig		groß	groß	gering	mäßig	5
gering	gut		gering	gut	gering	gering	4
gering	gut		gering	gering	gut	meist groß	4—5
gegeben	gering		groß	groß	schlecht	groß	6
gegeben	gering		gering	gering	mangelhaft Al_2O_3 (Häute)	mäßig	5
gegeben	beschränkt		gering	—	bis gut	nicht	3

sodann ein meist sorbo-perlitisches Gefüge (Korngrenzen-Zementit), eine dritte Zone, die oft entkohlt ist, und das darum liegende Gußgefüge.

Das Einschweißen von Stützen kann durch Rillen, Kerben u. a. mechanisch unterstützt werden.

Am günstigsten haben sich Zinnüberzüge ($>$ 99,5%), die frei von Blei sind, bewährt. Die Überzüge mittels galvanischer Verkupferung befriedigen nur bedingt. Die Dicke der Überzüge kann zu mechanischen Beschädigungen Anlaß geben. Seltener findet man Überzüge von galvanisch aufgetragenem Nickel bzw. solche aus Kadmium oder Silber bzw. deren Legierungen. Auch in Aluminium getauchte oder mit Si legierte Stützen sind bekannt geworden. Mit Hilfe von Siliziumpulver hat man ebenfalls die Oberflächenaktivität der Stützen erhöhen können. Nicht zuletzt werden Lacke oder Stützen, die mit abgebrannten Leinölen usw. behandelt sind, verwendet (Tab. 40) [*153* u. *154*].

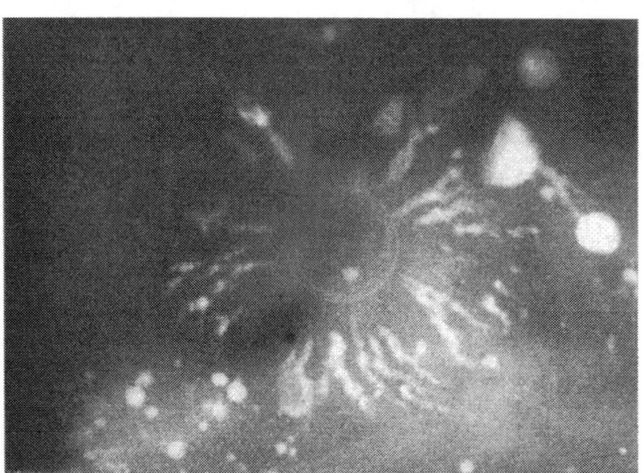

Abb. 138. Röntgenbild einer Kernstütze mit Blasen (nach Stein)

Die Stützen sind teilweise genormt: DIN 1512, 1513, 1514. Man kann sie nach der Form bzw. Herstellung einteilen in: Stegstützen, genietete Stützen, geschweißte Stützen, sodann Keil-, Stangenkern-, Splint-, Spiral-, Kesselstützen, Motorenböckchen, Stützen mit Ansatz, Wandstärkekernstützen bzw. Nagelkernröllchen, Kastenkernstützen, Klemmen u. a.

Kernnägel. Sie können ebenfalls unterschiedliche Formgebung besitzen. So gibt es gerade und konische Schäfte, Rillenstifte, Krampen u. a. mehr.

n) Kokillen. Dieselben werden meist aus Grauguß mit geringem P-Gehalt hergestellt. Durch wiederholten Gebrauch, vor allem bei starken Wanddicken des Gußwerkstoffes und hoher Gießtemperatur oxydieren und wachsen diese Kokillen. Gleichzeitig werden sie rissig und gasanfällig. Abb. 139 zeigt eine gewachsene Kokille, deren Gefüge stark zersetzt ist. Bei Wiederverwendung solcher Kokillen ist mit Gasen, die aus der Kokille austreten und in das flüssige Metall übergehen, zu rechnen. Rost- und sandige Brandstellen verstärken dazu die Kondensbildung in der Form. Die Dicke und Größe der Kokillen richtet sich nach der beabsichtigten Abschreckwirkung. Man tut gut, die Kokillen laufend auszuwechseln bzw. bei komplizierten und wertvollen Gußteilen Buch über die Anzahl des Kokillengebrauchs zu führen.

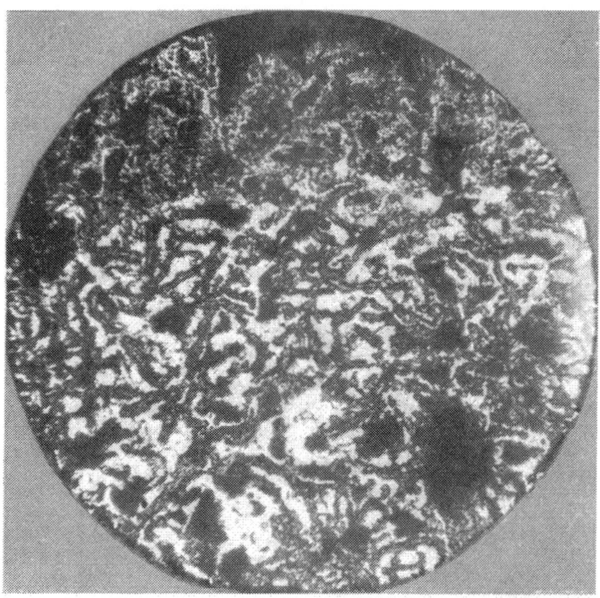

×200

Abb. 139. GG-Kokille mit stark zerstörtem Gefüge

Über Schutzüberzüge siehe oben.

Die Gasgehalte solcher von der Oberfläche abgearbeiteten Oberflächenhäute hatten nach der Gasbestimmungsmethode (Einwaage 2 g; auf 10 g umgerechnet; Versuchstemperatur 1000 °C) folgende Werte:

Überzug		Gasgehalt	Überzug	Gasgehalt
Teer und Sand	mäßig getrocknet 150 °C	340—400	*Graphit*	60—130
	gut getrocknet 250 °C 2 h	120—200	*Ruß* (C_2H_2)	40— 60
Kokillenlack	nicht getrocknet . . .	280—320		
	gut getrocknet 200 °C 3 h	90—120	*Talkum*	60—120

Bedeutungsvoll ist der Reiz auf die Kondensbildung, welche durch zu feuchten, vor allem durch warmen Formsand oder zu langes Lagern wesentlich gefördert wird. Die Luftfeuchtigkeit spielt eine Rolle dabei.

Die Ausbildung der Kokillen in Form und Wanddicke, vor allem am Rand der Gußteile, ist für den Ausfall der Gußstücke wichtig. Meanderformen haben sich bei flächig ausgebildeten Kokillen bewährt (Werkzeugmaschinenguß). Das Ausfüllen mit Graphit oder das Ausgießen mit Wachs, evtl. mit hinterstampftem Hanf, kann günstig wirken.

In gleicher Richtung wie Kokillen, jedoch härtend, wirken die neuerdings angewendeten Tellurschwärzen. Tellur ist ein Metall der Gruppe VI im Periodensystem. Es schmilzt schon bei 452 °C und kann in Verbindung mit Graphit, Dextrin, Ton und anderen Bindemitteln die karbidische Erstarrungsneigung des Gußeisens wesentlich erhöhen. Nocken, die wegen guter Verschleißfestigkeit hart sein müssen, lassen sich damit gut karbidisieren. Die Anwendung solcher Überzüge ist an eine bestimmte Anschnitt-Technik gebunden. Das an solche Schwärzen strömende Gußeisen muß dort zum Ruhen kommen. Solche Überzüge können gelegentlich zweckmäßige Hilfsmittel sein.

o) Innen-Kühleisen. Sie werden vornehmlich bei Stahlguß angewendet. Man setzt sie dort an, wo mit einer Lunkerung zu rechnen ist, der auf dem Wege des Setzens von Masseln u. a. nicht beizukommen ist. Im allgemeinen wird Flußstahl verwendet. Das Einschweißen und die Sicherheit, daß keine Blasen auftreten, sind wesentliche Voraussetzungen.

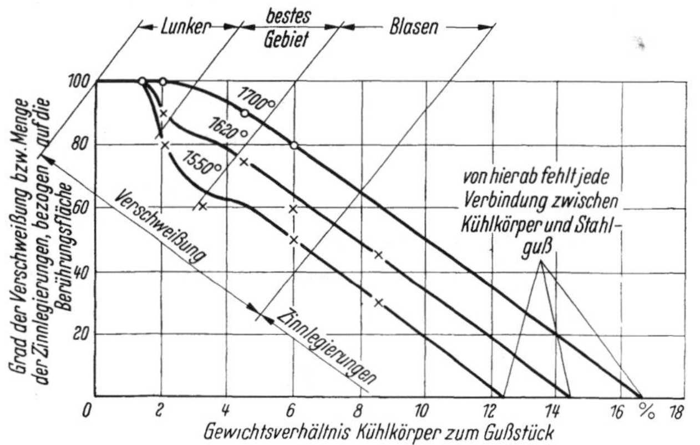

Abb. 140. Angaben für die Dimensionierung von Kühlkörpern in Stahlguß (nach Lanzendörfer u. Hilterhaus)

Lanzendörfer, später Lanzendörfer und Hilterhaus [*155*], geben einen Einblick in das Einschweißen mehrerer Stahlgußsorten und Flußstählen. Die Dimensionierung und die Gießtemperatur spielen dabei eine wesentliche Rolle (Abb. 140). Die Güte der Verbindung fällt von Bessemer GS mit 0,29% Al, Bessemer GS 0,10% Al, siliziertem SM-GS mit 0,26% Si zu unberuhigtem SM-Stahl.

Ein Nachteil des unberuhigten Stahles besteht darin, daß dieser bei der Erwärmung auf Schmelztemperatur Gase freimacht. Stein [*156*] gibt zu dem gleichen Thema einen ausführlichen Bericht.

Neben der verschiedenen Anwendungsform, die an einigen Beispielen dargestellt werden, sind in dieser Arbeit auch Beziehungen zwischen der Wanddicke der Kühleisen und der Wanddicke des Gusses zu finden (Abb. 141).

Man hat auch Kühleisen bei um 400 °C ausgeglüht und damit Vorteile erzielt, muß dann allerdings die so entstandenen Oxyde wieder entfernen. Auch beim Eingießen von Rohrsystemen in Grauguß hat man damit Erfolg gehabt. Das Durchleiten von Luft z. B.

kann bei entsprechender Führung des Verfahrens vor einem zu frühen Durchschmelzen der Rohre schützen.

Kühleisen werden meist verzinnt (ohne Pb) verwendet. Die galvanisch verkupferten Kühleisen müssen vor Rost geschützt werden. Rostige Eisen bilden allzuleicht Blasen. In manchen Fällen legt man auch in der Form geeignete Drehspäne ein. Die Form der verzinnten oder verkupferten Kühleisen ist variabel (Nägel, Spiralen, Kugeln u. a. m.).

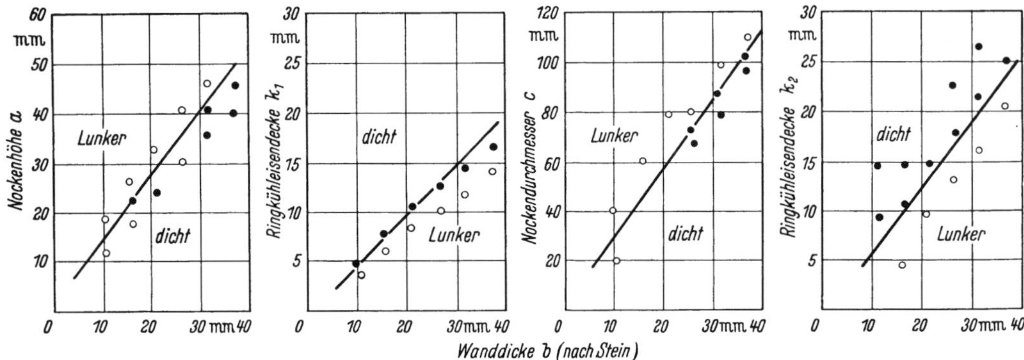

Abb. 141. Beziehung zwischen Wanddicke und Nockenhöhe bzw. Nockendurchmesser sowie Wanddicke und Rückenkühleisenhöhe bzw. Ringkühleisendicke für GS (nach Stein)

Bei Stahl- und Graugußstücken, in welche Stahl eingegossen werden muß, etwa Turbinenschaufeln, sind die einzugießenden Teile vorher gut zu entgasen, danach zu entrosten und mit bleifreiem Zinn zu überziehen.

p) Anspritzmittel. Sie kommen an Formen, mehr aber an Kernen zur Anwendung. Zweck dieser Mittel ist die Oberfläche zu erhärten, d. h. die Bindung von Korn zu Korn zu erhöhen. Man verwendet wässerige, ölige und organisch gelöste Bindemittel. Die wässerigen Anspritzmittel sind meist mit Sulfitablauge, Dextrin und anderen meist wasserlöslichen Stoffen einschließlich Zuckern u. a. versetzt. Graphit kann noch suspensiert mitenthalten sein. Die ölhaltigen Mittel setzen sich aus Leinöl oder anderen Bindern der K_1-Gruppe zusammen. Auch in Petroleum werden solche Ölbinder gelöst. Neuerdings trifft man Anspritzmittel, die mit Al-Salzen u. a. sowie aus Kunststoffen zusammengesetzt sind, an.

Alle diese Überzüge müssen eine feste Verbindung mit dem noch nicht getrockneten Kern eingehen und dürfen keine erhöhte Gasabgabe erzeugen. Die Abriebfestigkeit kann beachtlich gesteigert werden.

Manche Anspritzmittel sind mit Farbzusätzen versetzt, um das einwandfreie Decken des Kernes beurteilen zu lassen.

q) Klebemittel. Ihre Aufgabe ist es, der Bindung zweier oder mehrerer Kerne zu dienen. Es sind meist pastenartige Stoffe, die vielfach auf Wasser als Lösungs- oder Dispersionsmittel aufgebaut sind. Nach dem Kleben sollen diese Mittel nur noch wenig Gase abgeben. Ein nachträglicher Trockenprozeß ist immer ratsam, um Ausschuß an Kernnähten zu verhindern. Diese Mittel enthalten Dextrine, Mehl, Stärke der verschiedensten Art, Leime auf natürlicher oder synthetischer Basis, Methylzellulosen, Kunststoffe u. a.

r) Wachsschnur. Sie wird meist bei kleineren Gußstücken verwendet, deren Kernhohlräume auf dem Wege durch Luftstechen nicht gebildet werden können. Wesentlich ist, daß die Hohlräume nach dem Trockenprozeß frei von gasenden Stoffen sind. Ist das nicht der Fall, so treten unter Umständen Gasbildungen beim Umgießen mit dem Metall auf. Schwer schmelzbare und schwer vergasbare Erdwachse und andere sollten vermieden werden. Durch solche Stoffe wird der Kernsand mehr oder weniger infiltriert und läßt die aus der Gießform ankommenden Gase nicht durch. Die Aufgabe solcher Wachsschnüre ist also nicht erfüllt.

Statt Wachsschnüren werden gelegentlich auch nicht gewachste Schnüre, Hanf u. dgl. eingelegt. Neuerdings verwendet man für dünne Gasabfuhrkanäle auch Röhrchen aus Kunststoffen, die beim Trocknen (120 °C) zerfallen.

Einige Hinweise zur Formstoffwirtschaft

Sie umfaßt die technische und wirtschaftliche Gestaltung des Einkaufs und der Verarbeitung der Formstoffe. Wie statistische Ermittlungen erkennen lassen, ist der Formstoff zu einem erheblichen Teil an der Größenordnung des Ausschusses, aber auch an der Oberflächengüte, der Streubreite der Maße und Gewichte, der Putzarbeit u. a. beteiligt (siehe Oberfläche in Bd. II).

Wesentlich ist zunächst eine einwandfreie Bestellung, in der die Gütevorschriften gemäß der Formsand-Norm, die Kernbinder-Vorschriften, die Merkblätter des VDG u. a. angegeben sind. Eine Aussprache zwischen Betrieb und Einkauf mit dem Ziel einer Abstimmung im eigenen Hause sowie einer solchen zwischen der Gießerei und dem Lieferanten ist unerläßlich. Eine genügende Bevorratung besonders von Form- und Kernsand in den Wintermonaten ist notwendig (siehe dort). Auch in der übrigen Zeit sollte eine gewisse Vorrathaltung gegeben sein.

Bei Eingang der Rohstoffe ist eine Kontrolle notwendig. Sie kann locker gehalten sein, wenn die Inaugenscheinnahme eine Nachmessung der wesentlichsten Eigenschaften überflüssig macht. Es muß aber eine sorgfältige und zweckentsprechende Messung einsetzen, wenn die Streubreite der Eigenschaften überschritten wird.

Die zweckmäßige Verarbeitung sieht bei Gebrauchssand vor, daß eine Gattierung erfolgt. Sie umfaßt die Mischung von Alt- und Neusand von Tonmineralien, Kohlenstaub, Bindern u. a. Dabei sind qualitative und quantitative Gesichtspunkte maßgebend. Als wertvoll haben sich Schulungen, welche die technischen wie auch die wirtschaftlichen Belange mit umfassen, erwiesen. Man sollte dazu die Prüfgänge verständnisvoll vorstellen und die Arbeitenden mit den so gewonnenen Zahlen vertraut machen, so daß, um nur ein Beispiel zu nennen, die Gasdurchlässigkeit 30 für den Mitarbeiter einen fest umrissenen Begriff, also gewissermaßen die Basis für eine gemeinsame Sprache im Betrieb darstellt. Die kennzeichnenden Eigenschaften der Mischungen sind durch Tafeln sichtbar zu machen. Die Überwachung müßte deswegen im Betriebsablauf mit eingebaut sein. Da die Eigenschaften der einzelnen Sande oft recht verschieden sind, die darüber hinaus auf Grund naturgegebener Umstände auch in gewissen Grenzen streuen, sind rechnerische oder rein praktische Zusammenstellungen der Sande meist irreführend. Die Eigenschaften sind meist nicht additiv. Daher muß durch geeignete Versuche festgelegt werden, wie groß der Anteil an Neusand sein muß. Es ist auch zu prüfen, ob sich der vorliegende Neusand für die Mischung zu Gebrauchssand eignet, d. h. ob er die optimalen Werte der Gasdurchlässigkeit, Festigkeit usw. sichert und dazu in wirtschaftlichem Sinne befriedigt.

Hierzu verwendet man am besten einen kleinen Mischer bis 20 l Inhalt. In einem Zweistoffsystem: Neusand—Altsand oder in einem seltener verwendeten Dreistoffsystem kann man die günstigste Mischung ermitteln. Häufig wird man dann erkennen, daß die in der Praxis zugesetzten Mengen an Neusand zu hoch liegen. Voraussetzung ist, daß die übrigen Eigenschaften in einem geeigneten Rahmen liegen. Die Versuche müssen auf den formgerechten Zustand Rücksicht nehmen, d. h. der geeignete Wassergehalt ist dabei zu ermitteln. Als wesentlichste Eigenschaften treten die Gasdurchlässigkeit und die Festigkeit hervor.

Mit solchen Messungen kann man den Sandverbrauch steuern. Eine daraus abgeleitete schriftlich festgelegte und in der Aufbereitung sichtbar angebrachte Rezeptur ist unerläßlich. Bentonitzusätze u. a. sollten in der Sandaufbereitung durch geeignete einstellbare und überwachbare Zuteilvorrichtungen beigegeben werden. Gerade hier zeigen sich in der Praxis oft beachtliche Mängel, die zu unwirtschaftlichem Verbrauch führen. Das gleiche gilt von Kohlenstaub. Laufende Kontrollen sind unerläßlich. Über die Verbesserung der Wirtschaftlichkeit, die in Gießereien mit mittelschwerem, komplizierten Guß (GG in den Gießereien G und L, GS und GT) erzielt wurde, unterrichtet die Abb. 142. Wie sich dabei in einem Fall einer Produktion die Kosten für Verbrauch an Neusand bzw. Kernsand

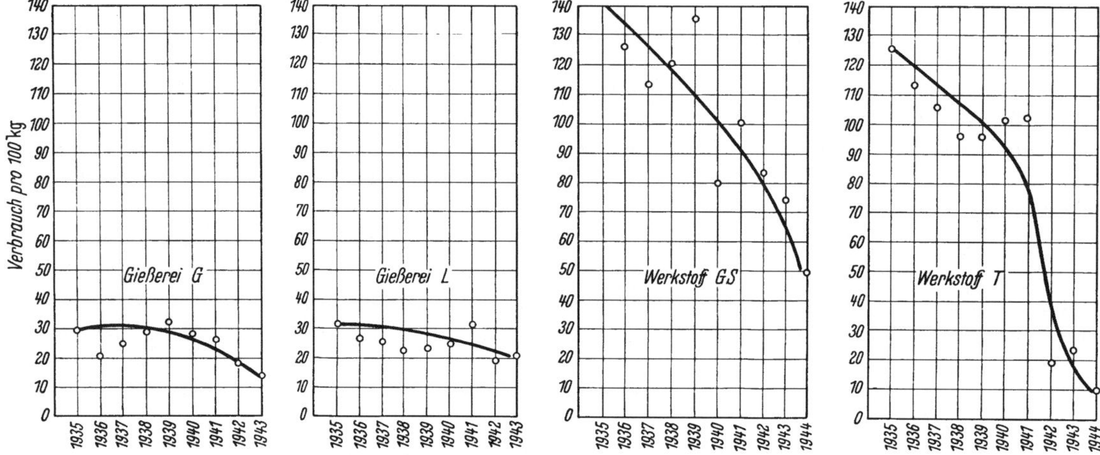

Abb. 142. Formsand-Verbrauch in 2 Graugießereien (mittelschwerer Formmaschinenguß) sowie einer Stahlgießerei mit mittelschwerem Guß und einer Tempergießerei (nach Roll)

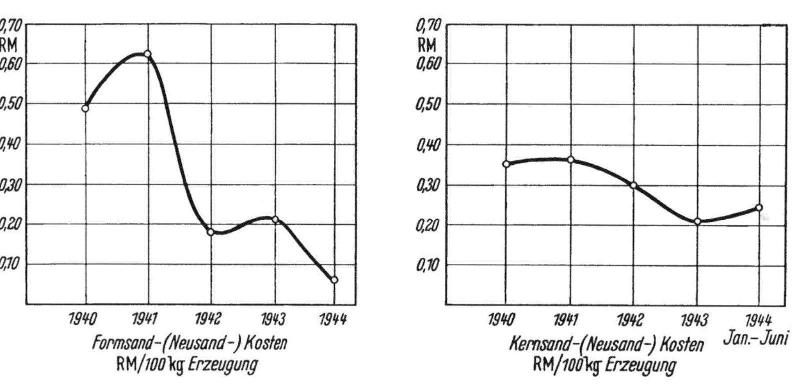

Abb. 143. Verbrauch an Neu- und Kernsand (nach Roll)

eingestellt haben, ergibt sich aus Abb. 143. Dazu kamen die Kosten für einen günstig gelegenen Kaolinton. Richtlinien eines geeigneten Neusandverbrauches gibt VDG-Merkblatt 1950. Tab. 41 und weitere Wertzahlen sind der Tab. 42 zu entnehmen.

Die Richtzahlen liegen wie folgt:

Tabelle 41. *VDG-Merkblatt (1950)* (nach Roll)

Gußart	Gasdurchlässigkeit	Druckfestigkeit g/cm²	Gußart	Gasdurchlässigkeit	Druckfestigkeit g/cm²
1. Aluminiumguß	40— 80	über 450	5. Stahlguß:		
2. Buntmetall.	15— 35	über 600	dünnwandiger Stahlguß (unter 6 mm Wanddicke)	über 70	bis 600
3. Gußeisen:					
dünnwandiger Guß . .	15— 25	über 400			
mittelstarker Guß. . .	20— 35	über 450	unlegierter und gering legierter Kleinguß . .	über 70	über 900
schwerer Maschinenguß	40— 80	über 750	Mittelguß	über 80	über 1000
4. Temperguß:			hochlegierter	über 150	über 1200
Kleinguß	25— 50	über 50			
Großguß.	60—100	über 800			

Gasdurchlässigkeit	Beurteilung	Scherfestigkeit in g/cm²	Beurteilung	Druckfestigkeit in g/cm²	Beurteilung
geringer als 5	sehr gering	geringer als 80	sehr gering	geringer als 300	sehr gering
5—12	gering	80—120	gering	300—500	gering
12—25	mittelmäßig	120—220	mittelmäßig	500—850	mittelmäßig
25—50	gut	220—350	gut	850—1200	gut
größer als 50	sehr gut	mehr als 350	sehr gut	mehr als 1200	sehr gut

Die Altsandwirtschaft ist wichtig. Häufig genug geht noch brauchbarer Altsand zur Halde. Durchschnittlich ist der Altsand 3—4fach so teuer wie für Neusand an Kosten aufzubringen war. Dabei ist der Verbrauch an ungenutztem Kohlenstaub u. a. nicht mitgerechnet. Es ist auch an die Kosten der Abfuhr und diejenigen der Abladeplätze zu denken.

In 35 Gießereien sind je über einen Monat die Altsande untersucht worden. Dabei zeigte sich, daß in 28 Gießereien der Altsand ohne weiteres hätte aufgefrischt werden können. In 5 anderen Gießereien lagen Fehler der Kernsandwirtschaft vor, in den restlichen Gießereien war der Altsand innerhalb der Gießereien zu stark verunreinigt worden. Wenn hier die Verunreinigung mit Schlacke u. a. weggefallen wäre, hätte auch hier an Neusand wesentlich gespart werden können.

Tabelle 42. *Richtzahlen für Neusandverbrauch*[1] (nach ROLL)

Werkstoff	Wanddicke mm	Neusandverbrauch auf 100 kg Gußware, Naßsandverfahren: übliches Gewicht kg	neuzeitliches Gewicht kg
I. Gußeisen			
leichter Guß	bis 6	30—40	10
mittelschwerer Guß .	6—12	40—50	10
schwerer Guß. . . .	über 12	50—80	20
II. Temperguß			
leichter Guß	bis 6	30—40	10
mittelschwerer Guß .	6—12	40—50	5—10
schwerer Guß. . . .	über 12	50—60	5—20
III. Stahlguß (unlegiert)			
leichter Guß	bis 6	70—80	20—30
mittelschwerer Guß .	6—12	120	30—60
IV. Leichtmetallguß. . .	—	20—30	10
V. NE-Schwermetallguß	—	20	10

[1] VDG Merkblatt (Entwurf Oktober 1950).

Auf die Notwendigkeit stoffgerechter Mischapparaturen soll hier kurz verwiesen werden. Die synthetischen Formstoffe versagen oft genug an falsch eingesetzten Mischaggregaten.

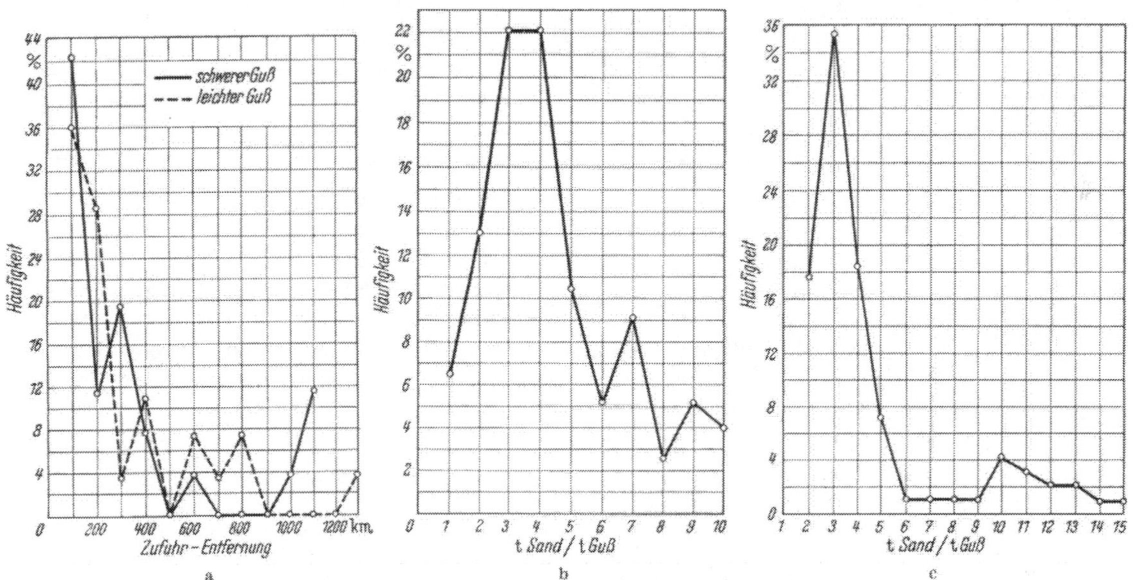

Abb. 144 a—c. Häufigkeitskurven (nach HOLWEG)

a) Häufigkeitskurve der Sandlager—Entfernung in km; b) Häufigkeitskurve des Sandverbrauchs je t schweren Guß; c) Häufigkeitskurve je t leichteren Guß

Zu beachten ist bei kernreichen Stücken ferner die Abstimmung der Korngröße von Kernsand und Formsand. Die Oberflächengüte wird dadurch beeinflußt. Auch die Lagerung von Gebrauchssandmischungen spielt eine nicht unbeachtliche Rolle, weshalb manche Gießereien geeignete Bunkeranlagen geschaffen haben, um die Quellung zu verbessern.

In einigen Aufbereitungsmaschinen wird der Neusand vorgetrocknet. Überhitzungen sind unbedingt zu vermeiden. Es können auch Knöllchen, die sich schlecht zerkleinern lassen, entstehen. Die Oberfläche des Gusses und der Neusandverbrauch werden dadurch beeinflußt.

Man sollte besonderes Gewicht auf die Werksnähe der Formsandgrube legen. Daß hier oft aus Gewohnheit Fehler gemacht werden, zeigt eine Zusammenstellung von HOLWEG [*157*] (Abb. 144).

So kommt es vor, daß in Gießereien, die selbst in Gegenden liegen, in denen guter Formsand zu erhalten ist, der Neusand oft über Hunderte von Kilometern Frachtbelastung erhält. Das Beispiel mancher süddeutscher Gießereien, die sich mit ortsgegebenen Sanden mit Erfolg auseinander gesetzt haben, ist hier aufzuführen.

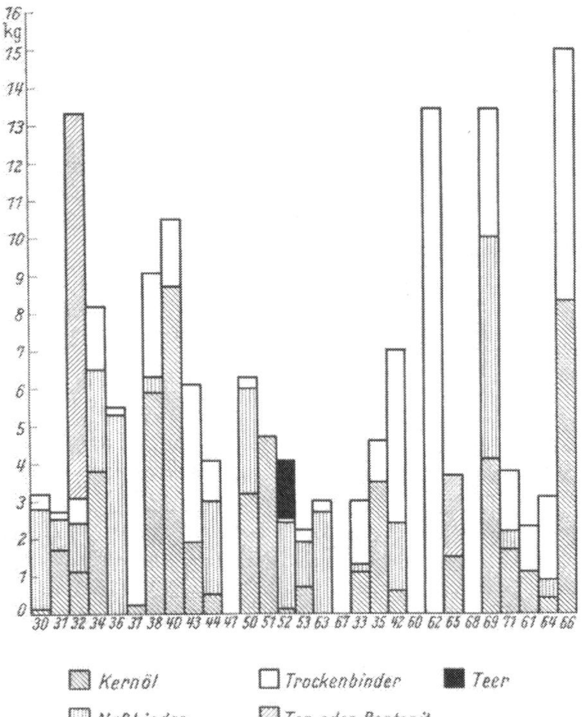

Abb. 145. Verbrauch an Kernbindern usw. von 36 Gießereien, die mittelschweren Grauguß kernreicher Art herstellen (nach SCHUMANN-ROLL)

Daß auch bei der Verwendung von Bindern eine sparsame Wirtschaft wichtig ist, bedarf keiner Betonung. Auch hier ist die Verarbeitung häufig unkontrolliert. Ein krasses Beispiel fehlerhafter Mischung zeigte Streuungen von 2,5 bis 9,5% Binderzusatz. Diese Mischungen sind, ohne daß der Betrieb unterrichtet wurde, laufend überwacht worden. Die Streuungen sind enorm, aber sie sind, wie auch an anderen Stellen beobachtet wurde, gar nicht so selten anzutreffen. Fehlerhafte Mischungen sind weiterhin meist Anlaß zu Ausschuß; vor allem bei komplizierter Kerngestaltung treten sie lebhaft in Erscheinung. In gleichem Maße wirken sich ungleichmäßig getrocknete Kerne aus. Da die Hygroskopziität der Kerne oft beachtlich groß ist, sollten Nachtrocknungen von Kernen, die längere Zeit in der Gießerei stehen blieben, eine Selbstverständlichkeit sein. Zum Schluß dürfte noch eine Zusammenstellung von SCHUMANN-ROLL interessieren, wobei Kernmischungen von mehreren Gießereien, die etwa gleichartige Gußstücke herstellten, zum Vergleich kommen (Abb. 145).

Die Normung der Gießereisandprüfung ist in DIN 52401 (Aug. 1953) niedergelegt.

Literatur

[*1*] UDLUFT, H.: Formsand und Formsandvorkommen. Archiv Metallk. Bd. 1 (1947) S. 49.

[*2*] BEHR, J.: Die deutschen Formsande, ihre Entstehung und Prüfung. Gießerei Bd. 22 (1925) S. 37.
BEHR, J.: Geologie, Mineralogie und Wirtschaftsgeographie der deutschen Formsandvorkommen. Gießerei Bd. 25 (1928) S. 945.

[*3*] GEIPP, U.: Über das Prinzip u. die Entstehung des deutschen Formsandes. Gießerei Bd. 22 (1925) S. 166.

[*4*] VACHTL, J.: Die geologischen Voraussetzungen der Formsandvorkommen in der Tschechoslowakei. Archiv Metallk. Bd. 1 (1947) S. 53.

[*5*] GOEDERITZ, F.: Formsandlagerstätten im nördlichen Harzvorland. Archiv Metallk. Bd. 2 (1948) S. 37.

[*5a*] MAGERS W. u. E. WAGNER: Formsandkarte. Düsseldorf: Gebr. Hüttmes.

[*5b*] Untersuchungen der südd. Sande — Mitteilung Sandlabor, Nürnberg.

[*6*] DAVIES, W.: Foundry Sand Control — The United Steel Comp. Std. Sheffield 1950, S. 159.

[*7*] REINIGER, H.: Gießerei Bd. 38 (1951) S. 125.

[*8*] TRAVINSKI, H.: Chemie Ing. Technik Bd. 25 (1953) Nr. 6, S. 331; Gießerei Bd. 41 (1954) S. 433.

[*9*] ROLL, F., u. E. OFFERMANN: Gießerei Bd. 27 (1940) S. 301.

[10] VON HALOCZ, G.: Gießerei Bd. 22 (1935) S. 466.
[11] SCHUMACHER, W.: Gießerei Bd. 42 (1955) S. 653.
[12] KÖHLER, A.: Das Bestimmen der Minerale. Wien: Springer 1949.
[13] PFEFFERKORN, S.: Forschung u. Fortschritt Bd. 25 (1949) S. 91.
[14] GROCHALSKI, R.: Über die Bindefähigkeit von Oberflächen natürlicher Gießereisande gegenüber Bindemitteln. Metallkundl. Berichte, Bd. 28 (1952).
[15] ROESCH, K.: Reaktionen an der Oberfläche der Form. Gießerei Bd. 40 (1953) S. 581.
[15a] DIETERT, H.: Internat. Kongreß Düsseldorf 1956, Nr. 107 und SEVELINK, H. G.: Gießerei Bd. 45 (1958) S. 1.
[16] HOUBEN. K.: Gießerei Bd. 41 (1954) S. 81.
[17] SEMPER, G.: Ing.-Arbeit (1955), Hüttenschule Duisburg.
[18] BRIGGS, C. W., u. R. A. GEZELIUS: Trans. Americ. Foundrymen Ass. Bd. 43 (1935) S. 274. ROESCH, K.: Gießerei Bd. 38 (1951) S. 146.
[19] SALMANG, H.: Die physikalischen und chemischen Grundlagen der Keramik. 2. Aufl. S. 165. Berlin/Göttingen/Heidelberg: Springer 1951.
[20] STINI, J.: Mineralogie für Ingenieure des Tief- und Hochbaues und der Kulturtechnik. Wien: Springer 1952.
[21] JASMUND, K.: Die silikalischen Tonmineralien. S. 153. Weinheim: Verlag Chemie 1955.
[22] STEINERT: Umschau (1951) S. 673.
[23] SMITH, A., u. W. M. PETERSON: Trans. American Foundrymen Ass. Bd. 64 (1951); Foundry Cleveland Bd. 92. (1953)
[24] ROSENBUSCH u. MÜGGE: Mikroskopische Physiographie der Mineralien und Gesteine, 5. Aufl., Bd. 1, Stuttgart: Schweizerbarth 1927.
SCHLUNZ, F.: Chemie der Erde. Bd. 8 (1932) S. 167/185 u. 504; Bd. 10 (1935) S. 116.
MEHMEL, M.: Zement (1939) H. 5 u. H. 6.
CHUBODA: Mikroskop. Charakteristik der gesteinsbildenden Mineralien. Freiburg 1932.
SINDOWSKI, H.: Geolog. Rundschau Bd. 95 (1938)
TRAUNHOFEL, H: Journ. of Sedimentary Petrologg. (1941) Richtlinien Nr. 43 der Deutschen Glastechn. Ges.
NEUMANN, F.: Das Schlackensand-Formverfahren. Berlin: Verlag Technik 1951.
[25] SOMMERFELD, A.: Plastische Massen — Herstellung, Verarbeitung und Prüfung nichtmetallischer Werkstoffe für spanlose Verformung. Berlin 1934.
[26] LE CHATELIER, H.: Kieselsäure und Silikate, (1920) S. 380.
[27] ARDENNE, M. v.. K. ENDELL u. U. HOFMANN: Berichte D. Keram. Ges. Bd. 21 (1940) S. 209.
[28] THIESSEN, P. A.: Wechselseitige Adsorption von Kolloiden. Z. f. Elektrochemie Bd. 48 (1942) S. 675.
[29] ENDELL, K., W. LOOS, H. MEISCHEIDER u. V. BERG: Über Zusammenhänge zwischen Wasserhaushalt der Tonminerale u. bodenphysikalischen Eigenschaften bindiger Böden. Veröffentlichungen des Instituts d. dtsch. Forschungsges. f. Bodenmechanik (Degabo) a. d. TH Berlin, H. 5, Berlin 1908; K. ENDELL, W. LOOS u. H. BRETH: Forschungsarb. a. d. Straßenwesen. Bd. 16. Berlin: Volk—Reich Verlag 1939; K. ENDELL: Bautechnik Berlin 1951, S. 201.
[30] ZWETSCH, A.: Toni Bd. 74 (1950) S. 166, Bd. 75 (1951) S. 138 (mit zahlreicher Literatur) und Rohstoffmerkblatt.
[31] BECHTNER, P.: Americ. Inst. Mining and Met. Engl. 1940, Edition Nr. 200.
[32] LE CHATELIER, H.: Kieselsäure und Silikate, S. 380. Leipzig 1920.
1. a) ENDELL, K., U. HOFMANN u. D. WILM: Über die Natur der keramischen Tone. Ber. D. Keram. Ges. Bd. 14 (1933) S. 407/38.
b) ENDELL, K., H. FENDIUS u. U. HOFMANN: Basenaustauschfähigkeit von Tonen und Formgebungsprobleme in der Keramik (Gießen, Drehen, Pressen). Ber. D. Keram. Ges. Bd. 21 (1934) S. 595/625.
c) ENDELL, K., H. REININGER, H. JENSCH u. P. CSAKI: Über die Bedeutung der Quellfähigkeit toniger Bindemittel für Gießereisande. Gießerei Bd. 27 (1940) S. 465/75 u. 499/502.
d) ENDELL, K., E. WAGNER, J. ENDELL u. H. LEHMANN: Über die Schlämmstoffe natürlicher Formsande. Die Gießerei Bd. 29 (1942) S. 145/53 u. 170/73.
2. GRIM, R. E., R. H. BRAY u. W. F. BRADLEY: Die Konstitution der Bindetone und ihr Einfluß auf das Einbindevermögen. Trans. Amer. Foundrym. Ass. Bd. 44 (1936) S. 211/228.
SCHUBERT, C. E.: Ein Zusammenhang zwischen den physikalischen und chemischen Eigenschaften von Tonen mit der Haltbarkeit der Gießereisande. Trans. Amer. Foundrym. Ass. Bd. 45 (1937) S. 661/90.
GRIM, R. E.: Moderne Untersuchungsmethoden von Bindetonen und der Tonsubstanz von Gießereisanden. Trans. Amer. Foundrym. Ass. Bd. 47 (1940) S. 895/907.
GRIM, R. E., u. C. S. SCHUBERT: Mineralzusammensetzung u. Kornaufbau der Tonsubstanz natürlicher Gießereisande. Trans. Amer. Foundrym. Ass. Bd. 47 (1940) S. 935/953.
GRIM, R. E., u. W. F. BRADLEY: Untersuchungen über die Einwirkung von Hitze auf die Tonmineralien Illit u. Montmorillonit. J. Amer. ceram. Soc. Bd. 23 (1940) S. 242/48.
GRIM, R. E., u. R. A. ROWLAND: Beziehungen zwischen physikalischen u. mineralogischen Kennzeichen der Bindetone. Trans. Amer. Foundrym. Ass. Bd. 48 (1940) S. 211/224.
GRUNER, J. W.: J. Kristallogr. Mineral Ürogress. Abt. A 83 (1932) S. 75.
HENDRICKS, ST. B.: Ebenda Bd. 95 (1936) S. 247.

HOFFMANN, N., K. ENDELL u. B. WILLMS: Kristallstruktur-Quellung von Montmorillonit. Z. Kristallographie (A) Bd. 86 (1953) S. 340.
MAEGDEFRAU, E., u. U. HOFMANN: Glimmerartige Tonmineralien als Tonsubstanzen. Z. Kristallogr. (A) Bd. 98 (1937) S. 31/49.
MAEGDEFRAU, E.: Die Gruppe der glimmerartigen Tonmineralien. Sprechsaal f. Keramik Bd. 74 (1941) S. 369/72, 381/85 u. 393/96.
EITEL, W., H. O. MÜLLER, O. E. RADCZEWSKY bzw. SCHUSTERIUS u. E. GOTTHARDT: Ber. dtsch. keram. Ges. Bd. 20 (1939) S. 165; Naturwiss. Bd. 28 (1940) S. 300, 367 u. 397; Chemie d. Erde Bd. 13 (1940) S. 322; diese Zeitschrift Bd. 54 (1941) S. 185.
JACOB, A., u. H. LOOFMANN: Bodenkunde u. Pflanzenernähr. Bd. 21/22 (1940) S. 666.
HOFMANN, U., A. JACOB u. H. LOOFMANN: Ebenda Bd. 25 (1941) S. 257.
[33] BICHLER, A.: Hutn. Listy (1949) S. 317.
[34] ROS, C. S., u. S. B. HENDRICKS aus K. JASMUND: Die silikatischen Tonmineralien, S. 88. Weinheim: Verlag Chemie 1955
[35] PAPIN, R.: Chemie et Industrie Bd. 68 (1952) S. 1.
[36] FLAIG, W., u. H. BEUTELSPACHER: Grundlagen der Sandtechnik (1953) S. 87.
[37] JASMUND, H.: Die silikatischen Tonmineralien. Weinheim: Verlag Chemie 1955.
[38] PATTERSON: Gießerei Bd. 42 (1955) S. 161. — Vortrag: Boenisch, Gieß. Koll. Aachen 1957.
[39] HOLLENBACH, H., u. E. KIEFFER: Laboratoriumsbuch f. d. Tonindustrie. Halle: Knapp 1929.
JACOB: Chemische Analyse der Gesteine u. silikatischen Mineralien. Basel: Birkhäuser 1952.
HARKORT, H., u. H. J. HARKORT: Sprechsaal Bd. 65 (1923) S. 705.
[40] VOGELER, P.: Der Kationen u. Wasserhaushalt des Mineralbodens. Berlin (1932) S. 53.
GOLDEN, L. B., N. GAMMON, R. P. THOMAS: Proc. Soil Sci. Soc. Americ. Bd. 7 (1942) S. 154.
HOFMANN, U., u. U. GIESE: Kolloid-Z. Bd. 87 (1939) S. 21.
[41] KORDATZKI, W.: Taschenbuch der prakt. p_H-Messung (1934). S. a.: Gießerei 44 (1957) S. 743.
[42] CUTBERT, F. L., u. T. M. DYER: Americ. Foundrymen Ass. Bd. 22 (1952) S. 75.
[43] TANNER: Ing.-Arbeit, Hüttenschule Duisburg (1955).
[44] GESSNER: Die Schlämmanalyse. Akad. Verlagsges. 1931.
[45] Ber. D. Keram. Ges. 1951 S. 497/98.
[46] ENSLIN, O.: Chemische Fabrik Bd. 6 (1933) S. 147 u.a. nach O. ECKART: Gießerei Bd. 40 (1953) S. 229; Gießerei Bd. 39 (1952) S. 529; Gießerei-Kalender 1951.
[47] SIEGEL, H.: Gießerei Bd. 42 (1955) S. 176.
[48] GRIES, H., u. W. TROMMER: Gießerei Bd. 39 (1952) S. 333.
[49] Freundlich-Thixotropie. Paris (1935).
[50] WINKLER, H. G. F.: Kolloid Bh. Bd. 48 (1938) S. 431.
[51] STERLING, A., H. HENDRICKS u. L. T. ALEXANDER: J. Soc. Agron (1940) S. 455.
[52] ENDELL, K., R. ZORN u. U. HOFMANN: Angew. Chemie Bd. 54 (1941) S. 376.
[53] GRIM, R. E., u. R. A. ROWLAND: J. Amer. Ceram. Soc. Bd. 27 (1944) S. 65.
[54] Vgl. u. a. MAEGDEFRAU E. u. U. HOFFMANN: Quantitative Bestimmung der Mineralien in Tonen auf röntgenographischem Wege. Ber. D. Keram. Ges. Bd. 21 (1940) S. 383/412.
[55] HELLBRÜGGE, H., u. K. ENDELL: Zusammenhänge zwischen chemischer Zusammensetzung u. Flüssigkeitsgrad von Hüttenschlacken sowie ihre technische Bedeutung. Arch. f. d. Eisenhüttenwes. Bd. 14 (1940/41) S. 307/15.
[56] ZENSANTOWSKY, M. T.: Trans. Amer. Foundrymen Ass. Bd. 23 (1953) S. 57.
[57] THOMMER: Gießerei Bd. 39 (1952) S. 333.
[58] ARDENNE, M. v.: Erhitzungs-Übermikroskopie mit dem Universal-Elektronenmikroskop. Kolloid. Z. Bd. 97 (1941) H. 3, S. 257.
ARDENNE, M. v.: Elektronenmikrokinematographie mit dem Universal-Elektronenmikroskop. Kolloid-Z. Bd. 97 (1941) H. 3, S. 257.
ARDENNE, M. v.: Elektronenmikrokinematographie mit dem Universal-Elektronenmikroskop. Z. Physik Bd. 120 (1943) S. 397.
[59] ARDENNE, M. v., u. K. ENDELL: Das Sintern von Tonmineralien und von Schlämmstoffen natürlicher Formsande im Erhitzungs-Übermikroskop. Die Gießerei Bd. 30 (1943) S. 6/13.
[60] PATTERSON: Gießerei Bd. 42 (1955) S. 161.
[61] ENDELL, K., H. REININGER, H. JENSCH u. P. ČSAKI: Synthetischer Gießereisand. Gießerei Bd. 24 (1937) S. 617/23 u. 649/54.
[62] GOETZ, W.: Schweiz Arch. Angew. Wiss. Technik Bd. 17 (1951) S. 225; Gießerei Bd. 39 (1952) S. 225.
[63] ENDELL, K., U. HOFMANN u. K. WILLM: Über die Natur der keramischen Tone. Ber. D. Keram. Ges. Bd. 14 (1933).
[64] SALMANG, H.: Die physikalischen und chemischen Grundlagen der Keramik. 2. Aufl. S. 98. Berlin/Göttingen/Heidelberg: Springer 1951.
[65] PIWOWARSKY, E., u. D. BOENISCH: Gießerei. Wiss. Beihefte (1954) H. 13, S. 673.
[66] ENDELL, K.: Erfahrungen über synthetische Formsande mit Bentonit in den USA veröffentlicht 1944.
[67] HYSLOB, J. F.: Trans. Brit. Ceram. Soc. Bd. 43 (1944) S. 49.
[68] RINNE, F.: J. Kristallographie Bd. 61 (1924) S. 119.
[69] TRÖMEL, K.: Ber. D. Keram. Ges. Bd. 29 (1952) S. 3.
[70] HOFMANN, U., u. K. ENDELL: Angew. Chemie Bd. 52 (1939) S. 708 u. Beihefte Nr. 35 (1939) S. 1.
[71] ARDENNE, M. v., K. ENDELL u. U. HOFMANN: Ber. d. Keram. Ges. (1940) S. 209.
[72] NICOLAS, O., u. W. DAVIES: Gießerei Bd. 41 (1954) S. 335. Foundry Sand Control — The United Steel Comp. Std., Sheffield (1950) S. 115 u. 185.
[73] MAEGDEFRAU, E., u. U. HOFMANN: Ber. D. Keram. Ges. (1940) S. 383.

[74] SCHIEL: ZAMM. Bd. 23 (1943) S. 200.

[75] ALLBERY: J. agric. Science Bd. 40 (1950) S. 134 Freysinit C. R. Paris 18/IV und 6/V (1934).

[76] SCHRÖDER: Tonind.-Ztg. Bd. 74 (1950) S. 305.

[77] WAGNER, R.: Arbeitsblatt 8/49/06. Berlin: Verlag Technik.

[78] HEISERER: Ing.-Arbeit Hüttenschule Duisburg (1950).

[79] WINNACKER-WEINGAERTNER: Chemische Technologie II, S. 311. München: Hanser 1950.

[80] MAGERS, W.: Gießerei Bd. 37 (1950) S. 274.

[81] ENDELL: Gießerei Bd. 29 (1942) S. 349.

[82] KEISERMANN, S.: Hydratation u. Konstitution des Portlandzements. Kolloidchem. Beihefte I (1910) S. 423/53.

[83] DURAND: DRP 520175 (1931) u. 545123 (1932).

[84] MOLDENKE erwähnt nach ROWE: Zement als Bindemittel für Formsand bereits 1897 u. beschreibt den Prozeß eingehend in seinem Lehrbuch 1917.

[85] LEA, F. M., u. C. H. DESCH: Die Chemie des Zements u. Betons, S. 187. Berlin: Zementverlag 1937.

[86] GRÜN, R.: Z. angew. Chemie Bd. 43 (1930) S. 496.

[87] MENZEL, C. A.: Portlandzement als Bindemittel für Formsand. Trans. Am. Foundrymen Ass. VIII (1937) S. 200/24.

[88] ENDELL, K., u. W. STRASMANN: Über synthetische Gießereisande mit Zement als Bindemittel. Gießerei Bd. 29 (1942), S. 349—56. Darin findet sich auch eine ausführliche Schrifttumsübersicht bes. über den Randupson-Prozeß.

[89] EITEL, W., u. N. KÖPPEN: Gießerei-techn. wissenschaft. Beihefte (1954) Nr. 14, S. 701.

[90] Knapp, Halle: Labor-Handbuch der Zement-Industrie 1932.

[91] OST-RASSOW: Chemische Technologie, S. 429. Jänicke 1942.
LEA u. DESCH: Chemie des Zements und Betons. Berlin, 1937.
HUMMEL u. CHARISIUS: Baustoffprüfung. Berlin 1947.
MAGERS, W.: Gießerei Bd. 37 (1950) S. 274.

[92] KALPERS: Die Technik Bd. 2 (1947) S. 441.

[93] NAUMANN, F.: Metallurgie und Technik Bd. 4 (1954) S. 118.
WILIAM W., u. W. KAISER: Gießerei-Technik Bd. 1 (1955) S. 117.

[94] SCHÜZ, E.: Aus PIWOWARSKY, E., Hochwertiges Gußeisen (Grauguß), 2. Aufl., S. 169. Berlin/Göttingen/Heidelberg: Springer 1951.

[95] SCHIRM, F.: Ing.-Arbeit Hüttenschule Duisburg (1953).

[96] BÜHLER, E.: Stahl u. Eisen Bd. 72 (1952) S. 911.

[97] PARDUN, C.: Stahl und Eisen Bd. 44 (1924) S. 909/11, 1044/48, 1200/08, Bd. 45 (1925) S. 1178/80.
BÜHLER, H.: Techn. wiss. Beihefte (1952) Nr. 6/8, S. 303/09.
Z. Metallkunde Bd. 19 (1927) S. 352/57.
Unveröffentl. Bericht der Versuchsanstalt des Bochumer Vereins f. Gußstahlfabrikation AG., Bochum.
BÜHLER, H.: Mitt. Forschg. Institut, Ver. Stahlwerke, Dortmund Bd. 2 (1930/32) S. 149/192.
BÜHLER, H., u. W. SCHREIBER: Neue Gießerei. Techn. wiss. Beihefte (1952) Nr. 6/8, S. 297/301.
BÜHLER, H.: Messungen innerer Spannungen nach dem Ausbohr- u. Abdrehverfahren mit Dehnungsmeßstreifen.
BÜHLER, H., u. W. SCHREIBER: Z. Ver. Dtsch. Ing. Bd. 94 (1952) S. 216/18.

[98] Development of the metal castings; Industrie Americ. Foundrymens Assoc. (1947) S. 16.

[99] NICOLAS, P.: Gießerei Bd. 41 (1954) S. 333.

[100] SANDERS, C. A., u. D. C. SIGERFOOS: Trans. Americ. Foundrymen Ass. Bd. 19 (1951) S. 49.

[101] ATTERTON, D. V.: Foundry Tr. J. Bd. 92 (1952) S. 61.

[102] SCHUMACHER, W.: Gießerei (1955) Bd. 42, S. 654.

[103] ROLL, F.: Gießerei Bd. 38 (1951) S. 76.

[104] KUMANIN, J. B., u. A. M. LJASS: Aus „Kernbinderwerkstoffe". Berlin: Verlag Technik 1953.

[105] DIETERT, H. W.: Foundry Core Practice; herausg. v. American Foundrymen's Society, Chicago 1949, S. 75ff.

[106] NICOLAS, P.: Fonderie (1950) Nr. 56, S. 2188/2189.

[107] GROCHALSKI, R.: Gießereitechnik Bd. 1 (1955) S. 35 und Gießereiformstoffe. Berlin: Verlag Technik 1955.

[108] BRIGGS, C. W.: The Metallurgie of Steel Castings. New York 1946.

[109] FRITZ, F.: Holzöl u. ähnlich trocknende Öle. Berlin: Pansegrau 1951.
FERROBERT: Das Holzöl. Union-Verlag 1950.

[110] SANDQIST, H.: Z. angew. Chemie Bd. 35 (1922) S. 531; Chemische Umschau (1927) S. 145 u. 189; Chemiker-Ztg. Bd. 60 (1936) S. 347.

[111] ZERBE, C.: Mineralöle u. verwandte Produkte. Berlin/Göttingen/Heidelberg: Springer 1952.
ZERBE: Farben und Lacke (1947) S. 95 (trocknende Mineralöle).

[112] FUCHS, W.: Chemie des Lignins. Berlin: Springer 1926.

[113] VOGEL, H.: Sulfitzellstoff-Ablaugen. Basel: Wepf & Co. 1948.

[114] SCHMIDT, E.: Altmaterial-Wirtschaft, Bad Wörishofen 1947, Nr. 9.

[115] DOERENFELDT-HOLTAU: Papierfabrikant Bd. 40 (1942) S. 673; [s. a. VOGEL (1948) S. 57].

[116] VOGEL (1948) S. 63 [10].

[117] Aus den Merkblättern der „Tappi" (Technical Association of the Palp and Paper Industrie, New York.
Erstveröffentlichung KOBE and WC CORMACK: Ind. Eng. Chem. Bd. 41 (1949) S. 2847.

[118] BUCHNER, B.: Handbuch für die Betriebskontrolle der Zuckerfabrikation. Hannover: Schaper. Ost-Rassow S. 710. Leipzig: Joh. Ambr. Barth 1953.

[119] SAMEC, M.: Kolloidchemie der Stärke. Dresden: Steinkopff 1927.

[120] OST-RASSOW: 25. Aufl., S. 726. Leipzig: Joh. Ambr. Barth.

[*121*] Mehltretter, C. L.: Foundry Bd. 75 (1947) S. 224.

[*122*] Heermann, P.: Färberei u. textilchemische Untersuchungen, 6. Aufl. Berlin: Springer 1935.

[*123*] Wolff, O.: Stärke Bd. 2 (1950) S. 273.

[*124*] Buchner, B.: Die Betriebskontrolle für Zukkerfabriken. Hannover: Schaper 1948. Taschenbuch der Zuckertechnik.
Parow: Handbuch der Stärkefabrikation, 1928.
Samec, M.: Kolloidchemie der Stärke. Leipzig: Steinkopff 1927.
Ost-Rassow: Lehrbuch der chemischen Technologie, 23. Aufl. Leipzig: Jänecke 1942.
Heyes, K.: Die neuen Ergebnisse der Stärkeforschung. Braunschweig: Vieweg 1949.
Die Kartoffel, Beiheft z. Zeitschr. Die Ernährung H. 9 (1942) s. a. Ztschr. Die Stärke
Roll, F.: Gießerei Bd. 17 (1933) S. 150.

[*125*] Zschirm: Die Harze. Bornträger 1938.

[*126*] Die Normen für Kunststoffe; Houwink: Grundrisse der Kunststoff-Technologie, Akad. Verlagsges. 1944, und Kunststoff-Taschenbuch. München: Hanser.
Gordijako, A.: Harztabellen. Berlin: Verlag Technik 1953, 1954 u. a.

[*127*] Z. Stärke Bd. 4 (1952) S. 91.

[*128*] Rochow: Einführung in die Chemie der Silikone. Weinheim: Verlag Chemie 1952.

[*129*] Czikel, J. C., u. G. Nickel: Gießereitechnik Bd. 1 (1955) S. 93.

[*130*] Engel, R.: Z. Angewandte Chemie (1952) S. 601.

[*131*] Teeds, O. F.: Foundry Trade Journ. Bd. 87 (1949) S. 281 u. 315.

[*132*] Leo, R.: Metallurgie u. Gießerei Bd. 2 (1952) S. 187.

[*133*] s. Tab.: Zur Erkennung von Kunststoffen, Saechling, H.: München: Hanser 1952 und Gordijnko, A.: Harztabellen. Berlin: Verlag Technik 1953.

[*134*] Roll, F., u. A. Arland: Gießerei Bd. 30 (1943) S. 273. Roll, F., u. J. Kielblock: Technik. Bd. 3 (1948) S. 72.

[*135*] Roll, F., u. A. Arland: Gießerei Bd. 29 (1942) S. 269.

[*136*] Kumanin und Lias (a. O., S. 58) [*1*].

[*137*] Roll, F.: Gießerei Bd. 39 (1952) S. 603 und Arbeiten des Fachausschusses Formsand 1940 bis 1945.
Roesch, K.: Gießerei Bd. 40 (1953) S. 581.
Häfner: Ing.-Arbeit Hüttenschule, Duisburg (1954).
Dietert, H. W., R. E. Doechmann u. R. W. Bennett: Trans. Am. Foundrymen's Ass. (1952).
Magers, W.: Gießerei Bd. 36 (1949) S. 10.

[*138*] Nicolas, P.: Gießerei Bd. 41 (1955) S. 333.

[*139*] Wellnitz: Gießerei Bd. 29 (1942) S. 83.

[*140*] Pentz: Foundry Tr. J. Bd. 93 (1952) Nr. 1895, S. 729.

[*141*] Ryschkewitz, E.: Graphit. Leipzig: Hirzel 1926.

[*142*] Nach Buchholtz: Ber. D. Keram. Ges. Bd. 16 (1935) Nr. 1, S. 19.

[*143*] Hielscher, U.: Ing. Arbeit, Hüttenschule, Duisburg (1956).

[*144*] Beach, L. M.: 1922 „Graphite, with a history of graphite mining in Pennsyl."
Neukirchen, Joh.: Chem. Ing. Techn. Bd. 22 (1950) S. 345—347. „Kohle und Graphit als Werkstoff in chem. Apparatebau". Über die Kristallstruktur von Kohle und Graphit.
Walter, R.: Angew. Chemie Bd. 20 (1948) S. 326—330, 296—300 „Graphit als Werkstoff".

[*145*] Roll, F.: Gießereikalender (1955) S. 203.
Roll, F.: Gießereikalender (1936) S. 237.
Hort, F.: Gießerei Bd. 42 (1955) S. 349.

[*146*] Roll, F.: Gießerei Bd. 29 (1942) S. 371.

[*147*] Handbuch für das Eisen-Hütten-Laboratorium VDEh Bd. 1. Düsseldorf: Verlag Stahleisen 1939.

[*148*] Roll, F.: Gießerei Bd. 29 (1942) S. 371.

[*149*] Wegener, W.: Gießerei Bd. 42 (1955) S. 245.

[*150*] Nipper: Mitt. Gießerei-Institut Bd. I (1929) S. 1.
Feil, E.: Gießerei Bd. 22 (1935) S. 121 u. 401.
Reininger, H.: Gießerei Bd. 41 (1954) S. 73.

[*151*] Mitt. Gießerei-Inst. Bd. I (1929) S. 50.

[*152*] Kandler, N. W.: Lutjein Proiswodstwo (1952) S. 7. Gießerei Bd. 39 (1952) S. 509.

[*153*] Taylor, H. F., u. E. A. Rominski: Trans. Americ. Foundrymen's Ass. Bd. 48 (1941) S. 481.

[*154*] Reininger: Gießerei (1953) Bd. 40 S. 181.
Reininger: Gießerei (1953) Bd. 40 S. 219.
Hollweg: Gießerei Bd. 40 (1953) S. 319.

[*155*] Lanzendörfer, E.: Gießerei Bd. 19 (1932) S. 181. Lanzendörfer, E., u. K. Hilterhaus: Gießerei Bd. 39 (1952) S. 483.

[*156*] Stein, H.: Gießerei Bd. 41 (1954) S. 384.

[*157*] Holweg: Gießerei Bd. 30 (1943) S. 76.

Die Prüfung der Formsande und der Formsandbindemittel

Von **F. Hofmann**, Schaffhausen (Schweiz)
unter Mitarbeit von **W. Götz**, Schaffhausen

Mit 32 Abbildungen

I. Einleitung

Die Formstoffprüfung befaßt sich mit der Untersuchung der reinen Gießereisande, der Sandbindemittel und der Sand-Binder-Gemische. Sie teilt sich in die Prüfung der Zusammensetzung der Formstoffe (meist im unverdichteten Zustand) und in die Prüfung der mechanisch-physikalischen Eigenschaften, die in der Regel an einem verdichteten Prüfkörper gemessen werden. Im letztgenannten Fall geschieht dies bei vorwiegend tongebundenen Sanden in erster Linie im grünverdichteten Zustand, doch spielt auch die Messung der Eigenschaftswerte nach erfolgter Ofentrocknung eine gewisse Rolle (Trockenguß). Vorwiegend organisch gebundene Sande (Kernsande) werden, entsprechend ihrer praktischen Verarbeitung, vor allem mit Hilfe getrockneter Prüfkörper untersucht.

Gewöhnlich werden die mechanisch-physikalischen Eigenschaften bei Raumtemperatur geprüft. Besonders in USA wurden seit Ende der dreißiger Jahre auch Prüfmethoden entwickelt, die es erlauben, die verschiedenen Formstoffeigenschaften auch bei hohen Temperaturen zu prüfen, also unter Verhältnissen, wie sie während des Gießvorganges auftreten.

II. Charakteristische Eigenschaften der Formstoffe, die die Prüfmethoden bestimmen

Im Gegensatz zu festen Werkstoffen erhalten die Gießereisande als Lockergesteine erst durch einen Aufbereitungs- und Verdichtungsvorgang jenen Zustand, der für ihre Verwendung als Material zur Herstellung von Gießereiformen und -kernen maßgebend ist. Zur Ermöglichung der Messung der mechanisch-physikalischen Eigenschaften muß deshalb in der Regel zuerst ein Prüfkörper hergestellt werden.

Die Formstoffe gehören ihrer Natur nach weitgehend in die Prüfgebiete der Sedimentpetrographie, der Erdbaumechanik, der Bodenkunde und Keramik und haben auch mit der modernen Schneeforschung vieles gemeinsam.

Eine wesentliche Voraussetzung bei der Formstoffprüfung ist die gewichtsmäßige Dosierung der Bestandteile, die für eine bestimmte Mischung benötigt werden. Als Lockermaterialien haben sowohl die Sande wie auch die Bindetone und sonstigen Zusätze kein bestimmtes Raumgewicht (Gewicht pro Volumeneinheit). Die möglichen starken Schwankungen verbieten deshalb eine volumenmäßige Dosierung. Ebenso wichtig ist es, Entmischungstendenzen zu begegnen.

Von grundlegender Bedeutung ist die direkte Abhängigkeit der Eigenschaften verdichteter Formstoffe von der Stärke der Verdichtung. Die Kenntnis dieses Zustandes (Raumgewicht) gehört als wesentliche Angabe zu den übrigen gemessenen Eigenschaftswerten. Aus diesen Gründen werden die mechanisch-physikalischen Eigenschaften an einem Prüfkörper gemessen, der unter konstanten, genormten Verdichtungsbedingungen hergestellt wird.

Bei den vorwiegend tongebundenen Formsanden hat der Wassergehalt einen ebenso fundamentalen Einfluß auf die Eigenschaften. Die Formsandprüfung untersucht die Sande vor allem bei einem ganz bestimmten, für die Verarbeitung günstigsten Zustand, beim sogenannten formgerechten Wassergehalt. Für verschiedene Zwecke ist es aber nötig, einen Sand bei verschiedenen Wassergehalten zu prüfen. Man erhält so Funktionskurven der Eigenschaften in Abhängigkeit vom Wassergehalt. Aus dem Gesagten geht deutlich hervor,

Tabelle 1. *Übersicht über den Stand der Normung auf dem Gebiete der Formstoffprüfung für die wichtigsten Prüfverfahren* (Stand 1955)

● Norm △ Verfahren noch nicht genormt, aber z. Z. beste Methoden erwähnt
○ Vornorm (versuchsweise eingeführt) + Prüfanleitung, nicht genormt

Prüfungsart	USA (AFS)	D (DIN)	GB	S	SU
Probenahme und Vorbereitung					
1. Durchführung der Probenahme	●	●	+	+	●
2. Vorbereitung der Probe	●	●	+	+	●
3. Standard-Prüfsand zur Untersuchung von Form- und Kernsandbindern	●				●
Prüfungen im unverdichteten Zustand					
4. Wassergehalt	●	●	+	+	●
5. Schlämmstoffgehalt	●	●	+	+	●
6. Sedimentationsanalyse von Schlämmstoffen	●			+	●
7. Tonmineralogische Untersuchungen					●
8. Siebanalyse	●	●	+	+	●
9. Körnungskennziffern	●	●		+	
10. Kornform	●	●		+	
11. Chemische Prüfung	+			+	●
Prüfungen von Formsanden im verdichteten Zustand					
12. Herstellung und Dimension des Prüfkörpers	●	●	+	+	●
13. Verdichtungsgrad	●	●	+	+	
14. Gasdurchlässigkeit, grün	●	●	+	+	●
15. Gasdurchlässigkeit, trocken	●		+	+	●
16. Druckfestigkeit, grün	●	●	+	+	●
17. Scherfestigkeit, grün	●	●	+	+	
18. Deformationsfähigkeit, grün	△				
19. Zugfestigkeit, grün	●				
20. Fließbarkeit	△				
21. Fallprobe (Shatter Test)			+	+	
22. Formhärte, grün	●				
23. Druckfestigkeit, trocken	●		+		●
24. Prüfmischungen für Bindetone	+				●
Prüfungen von Kernsanden und Kernbindern					
25. Zugfestigkeit	○		+		●
26. Biegefestigkeit	○			+	
27. Gasentwicklung	○				
28. Kernklebepasten	○				
29. Feuchtigkeitsaufnahme aus der Luft	△				
30. Klebneigung	△				
31. Kernhärte	△				
32. Schlagfestigkeit, grün	△				
33. Durchführung der Ofentrocknung	○				
34. Prüfmischungen für Kernbinder	+				●
Prüfungen bei hohen Temperaturen					
35. Sintertemperatur (Feuerfestigkeit)	○			+	+
36. Druckfestigkeit bei hoher Temperatur	○				+
37. Expansion	○				
38. Druckfestigkeit nach dem Wiederabkühlen	○				+
39. Deformation beim Druckversuch	○				+
40. Gasdurchlässigkeit	○				
41. Kernzerfallsgeschwindigkeit	○				
42. Penetration	○				
43. Reaktionen zwischen Formstoff und Gußmetall	○				
44. Haltbarkeitsprobe	△				
45. Wärmeleitfähigkeit	○				

USA: American Foundrymen's Society Foundry, Sand Handbook, AFS, Chicago, 1952.
D: (Deutschland), DIN 52401, Entwurf 1953.
GB: (Großbritannien), Methods of Testing Prepared Foundry Sands. Joint Committee on Sand Testing. First Report, Nov. 1945 Second Report, Nov. 1954.
S: (Schweden), Anvisningar för Provning av Formmaterial för Gjuterier. Sveriges Mekanförbund, Stockholm 1948, Ergänzung 1954.
SU: (Sowjetunion): Verfahren der Probenahme und labormäßigen Untersuchung von Formsand und Formsandmischungen, GOST 2189–43. Verfahren der labormäßigen Prüfung von Formtonen, GOST 3594–47. (Deutsche Übersetzung in: Kumanin/Ljass: Kernbinderwerkstoffe, Berlin: Verlag Technik 1953).

daß die Bestimmung des Feuchtigkeitsgehaltes jeder Prüfung vorausgehen muß und daß es wichtig ist, die Sande während der Prüfung vor dem Austrocknen zu schützen.

Bei Untersuchungen, die die Eigenschaften verdichteter Formstoffe nach erfolgter Ofentrocknung betreffen (Trockengußsande, Kernsande) kommen als weitere wichtige Einflußgrößen die Trockentemperatur und -zeit und sodann auch das hygroskopische und thermoplastische Verhalten der Binder hinzu, die auch die Abkühlbedingungen und den Zeitpunkt der eigentlichen Prüfung bestimmen.

Alle diese charakteristischen Eigenschaften der Formstoffe zeigen, wie außerordentlich wichtig gewissenhaft eingehaltene Prüfbedingungen sind. Voraussetzung sind aber auch einwandfreie, richtig aufgestellte, bediente und instandgehaltene Prüfgeräte.

III. Normen und Prüfvorschriften für die Formstoffprüfung

Die in Kapitel II dargestellte Abhängigkeit der Formstoffeigenschaften von zahlreichen Faktoren zwingt dazu, genau definierte, genormte Prüfverfahren einzuhalten. Wo immer solche Normen vorliegen, sollte die Prüfung unter genauer Beachtung dieser Vorschriften durchgeführt werden.

Normen und Prüfvorschriften von allerdings sehr verschiedenem Ausmaß existieren heute in den USA, in Deutschland, Großbritannien, Schweden und in der Sowjetunion. In Tab. 1 sind diejenigen Sandeigenschaften aufgeführt, für die in den genannten Ländern zur Zeit Normen, Vornormen oder Prüfanweisungen bestehen.

Die besonders durch die Prüfverfahren bei hohen Temperaturen außerordentlich angewachsene Zahl von Eigenschaftsbestimmungen, die im amerikanischen *Foundry Sand Handbook* [*1*] behandelt werden, zeigt, wie intensiv das Gebiet der Formstoffprüfung in USA bearbeitet wird. Immerhin wird im einleitenden Abschnitt doch betont, daß die Bestimmung des Schlämmstoffgehaltes, der Kornverteilung, des Wassergehaltes, der Grünfestigkeit, der Gasdurchlässigkeit und der Sintertemperatur nach wie vor als die grundlegenden Prüfungen angesehen werden.

Von großer Bedeutung für den internationalen Austausch von Prüfergebnissen ist die überall grundsätzlich gleiche Art der Herstellung des verdichteten Prüfkörpers durch Rammen. Es bestehen zwar geringe Differenzen zwischen den Dimensionen und der zugeführten Verdichtungsarbeit der amerikanisch/englischen Prüfkörper (Zollsystem) und der DIN-Prüfkörper (metrisches System). Wichtig ist die in der DIN-Norm erfolgte Anpassung der DIN-Siebreihe für Gießereisande an den entsprechenden Prüfsiebsatz der American Foundrymen's Society (AFS). Ein Vergleich der Siebanalysen ist nun ohne weiteres möglich. Die Unterschiede und Vergleichsmöglichkeiten sind bei den einzelnen Prüfarten dargestellt.

IV. Probenahme und Probenvorbereitung

Die für eine Untersuchung benötigte Sand- oder Bindermenge ist im Vergleich zur Menge, für die das Untersuchungsergebnis gelten soll, meist außerordentlich klein. Um überhaupt etwas über die Eigenschaften der zu prüfenden Materialmasse aussagen zu können, muß die gezogene Probe einwandfrei repräsentativ sein.

Grundsätzlich soll die Menge der Rohprobe um ein mehrfaches größer sein als die zur eigentlichen Prüfung benötigte Menge. Bei sehr günstigen Entnahmebedingungen genügt oft ein entsprechend kleineres Quantum. Die Größe der Rohprobe richtet sich nach dem Gewicht an Untersuchungsmaterial, das für die vorgesehene Prüfung benötigt wird, nach der Gleichmäßigkeit und Menge des zu prüfenden Materials und nach den Möglichkeiten zur Probenahme.

Zweckmäßigerweise sollen die Rohproben aus mindestens 8—10 Teilproben zusammengesetzt sein, die aus möglichst verschiedenen und gleichmäßig verteilten Stellen stammen. Die Proben müssen gut bezeichnet werden (Datum, Lieferant, Sorte, Ort der Probenahme usw.).

1. *Probenahme von Rohmaterialien*

Bei pulverförmigen Trockenbindern, Kohlenstauben, Schlichten usw., die meist in Säcken oder Fässern geliefert werden, ist bei genügender Zahl von Stichproben eine einwandfreie Durchschnittsprobe leicht zu erzielen. Das gleiche gilt von Sandproben, die beim Umladen aus Bahnwagen usw. gezogen werden können. Schwieriger ist die Probenahme aus großen, schwer zugänglichen Sandlagern, wo oft die unter 3 genannten Hilfsmittel von Vorteil sind.

Allgemein sind feuchte Sande homogener als trockene Sande, weil im zweitgenannten Fall stets eine Entmischungstendenz vorhanden ist. Entmischungserscheinungen treten besonders auch bei Entnahmen aus Siloverschlüssen auf. Einwandfreies Probematerial erhält man nur durch Entnahme vieler Teilproben bis zur völligen Entleerung des Silos.

Flüssige Kernbinder sind meist homogener, als feste Stoffe. Immerhin ist bei Emulsionen und Suspensionen auf gute Durchmischung zu achten. Diese Forderung gilt auch für die Verwendung im Betrieb. Es sei in diesem Zusammenhang auch auf die Ausführungen von ROLL [*2*] verwiesen.

Selbstverständlich ist bei Rohlagern eine saubere Trennung der verschiedenen Materialien, gute Kennzeichnung und vollständiges Aufbrauchen von Restposten von großer Bedeutung.

2. *Probenahme bei Betriebssanden*

Es ist keineswegs sicher, daß der Sand am Verbrauchsort den gleichen Zustand besitzt, den er nach dem Verlassen der Aufbereitungsanlage hatte. Er kann durch schlechte oder lange Lagerung an Feuchtigkeit verloren haben oder auch durch den Former nachträglich überfeuchtet sein. Man darf daher nicht ohne weiteres auf Fehler schließen, die an der Mischmaschine begangen worden sein könnten. Der Ort der Probenahme ist in diesem Falle zweckentsprechend auszuwählen.

Probematerial aus intermittierenden Mischern wird mit Vorteil nach dem Durchlaufen durch eine eventuell nachgeschaltete Schleuder gezogen. Die Homogenität ist in diesem Fall vorzüglich, und als Probemenge genügen 2—3 kg. Aus Vorratslagern sollen die Proben an zahlreichen Stellen möglichst aus der Tiefe geholt werden.

3. *Hilfsmittel für die Probenahme*

Zur Probenahme aus Sandhaufen, Waggons usw. können Probenahmerohre dienen, die in den Sand eingetrieben und durch Drehen gefüllt werden. Zur Entnahme von Trockenbindern eignen sich Röhrensonden, für flüssige Produkte Saug- und Stechheber.

Sandproben, bei denen der Wassergehalt und die davon abhängenden Eigenschaften untersucht werden sollen, ebenso Kernsande, müssen in dicht verschließbare Behälter gefüllt werden.

V. Prüfplan für die Betriebsüberwachung

Die Zahl der Sand- und Bindemitteluntersuchungen und deren Umfang sollten dem Mann im Laboratorium vorgeschrieben sein. Die Häufigkeit muß um so größer sein, je mehr die Eigenschaftswerte aufeinanderfolgender Stichproben streuen.

Alle Neusande sollten bei Eingang auf Schlämmstoffgehalt, granulometrische Zusammensetzung, Feuerfestigkeit und auf Feuchtigkeit, Gasdurchlässigkeit und Druckfestigkeit im grünen, formgerechten Zustand untersucht werden.

Änderungen in der Zusammensetzung der Neusande beeinflussen die gesamte umlaufende Sandmenge auf lange Zeit hinaus. Die laufende Überwachung der Neusandeingänge und — bei synthetischem Betrieb — der Bentonite hat bei stets wieder aufbereiteten Umlaufsanden die äußerst wichtige Funktion einer Steuerung der Sandeigenschaften. In gleicher Weise wirkt auch die periodische Kontrolle der Altsande — besonders bei synthetischem Betrieb — auf Schlämmstoffgehalt, Körnung und Feuerfestigkeit.

Die Kernsande müssen in regelmäßigen Abständen auf ihre Eigenschaften im getrockneten Zustand untersucht werden. Hierbei ist die zuverlässige Herstellung der Mischungen zu überwachen.

Die gemessenen Eigenschaften, in Funktion der Zeit aufgezeichnet, ergeben ein äußerst anschauliches und wichtiges Bild von der Entwicklung des Sandsystems in einem Betrieb und gestatten die Einhaltung außerordentlich konstanter betrieblicher Verhältnisse. Es ergibt sich daraus auch die Möglichkeit einer aufschlußreichen statistischen Überwachung der Prüfwerte. Zugleich wird verhindert, daß zufällige, den Formstoffen eigene Schwankungen Anlaß zu steten Mischungsänderungen geben, die den Betrieb beunruhigen.

VI. Die Prüfung der Formstoffe bei Raumtemperatur

A. Prüfung des Aufbaus von Formstoffen

1. Schlämmstoffuntersuchungen

Als Schlämmstoffe werden die in einem Sand vorhandenen Feinanteile kleiner als 20 μ (0,02 mm) bezeichnet. Diese Grenzkorngröße ist in allen bisher erschienenen Normen und Prüfvorschriften (Tab. 1) übereinstimmend festgelegt. In den Schlämmstoffen sind Tonanteile und meist auch kleinere oder größere Mengen nichtbindender Mineralstaube enthalten. Dies und die Tatsache, daß die vorhandenen Tone sich zudem noch aus sehr verschiedenartigen Tonmineralien zusammensetzen können, zeigt, daß der Schlämmstoffgehalt kein gutes Maß für die zu erwartenden Festigkeitseigenschaften sein kann.

a) Physikalische Grundlagen der Abtrennung und granulometrischen Aufteilung der Schlämmstoffe. Die Abtrennung und granulometrische Aufteilung der Sandanteile feiner als 20 μ kann nicht mehr durch Sieben erfolgen. Sie geschieht auf nassem Wege nach den Methoden der Sedimentationsanalyse, die auf den Fallgesetzen kleiner Teilchen in einem Suspensionsmedium beruht [*3, 4*]. Die Teilchen fallen mit konstanter Geschwindigkeit V, da nach dem Gesetz von STOKES der Reibungswiderstand W proportional zur Fallgeschwindigkeit V ist. Die Fallbewegung erfolgt zunächst beschleunigt, erreicht aber nach sehr kurzem Weg einen konstanten Wert, sobald der Reibungswiderstand die Größe der Antriebskraft erreicht hat. Die Fallgeschwindigkeit ist um so kleiner, je kleiner die Teilchen sind.

Das Gesetz von STOKES lautet:

$$W = 3\pi d \eta V. \tag{1}$$

Durch Gleichsetzen des Reibungswiderstandes mit der Antriebskraft (Gewicht minus Auftrieb):

$$W = 3\pi d\eta V = \frac{\pi}{6} d^3 (\gamma_s - \gamma_m) g$$

ergibt sich die Fallgeschwindigkeit in cm/sec:

$$V = \frac{1}{18} d^2 \frac{(\gamma_s - \gamma_m)}{\eta} g. \tag{2}$$

d = Durchmesser des kugelförmig gedachten Teilchens (cm)
γ_s = spez. Gewicht der Teilchen (g/cm³)
γ_m = spez. Gewicht des Suspensionsmediums (g/cm³)
η = Viskosität des tragenden Mediums in Poisen (g/cm · sec)
g = Erdbeschleunigung (cm/sec²).

Die Formel ist nur gültig für Teilchen bis zu etwa 0,05 mm Durchmesser. An Stelle der Fallgeschwindigkeit V kann der Ausdruck $\frac{H}{T}$ gesetzt werden (H = Fallhöhe in cm, T = Fallzeit in sec eines Teilchens über die Fallhöhe H). Daraus ergibt sich die Absinkzeit

$$T = \frac{18 H \eta}{g d^2 (\gamma_s - \gamma_m)} \tag{3}$$

und der Teilchendurchmesser

$$d = \sqrt{\frac{18 H \eta}{g (\gamma_s - \gamma_m) T}} = \sqrt{\frac{18 \eta}{g (\gamma_s - \gamma_m)}} \cdot \sqrt{\frac{H}{T}}. \tag{4}$$

Die Bestimmung beschränkt sich in diesem Falle auf H und T, sofern die spezifischen Gewichte und die stark temperaturabhängige Viskosität bekannt sind.

Zur Veranschaulichung des Sedimentationsvorganges in einer Suspension verschieden großer Teilchen möge Abb. 1 dienen. Der Einfachheit halber wird eine Aufschlämmung mit nur drei verschiedenen Teilchengrößen ($d_1 > d_2 > d_3$) betrachtet. Zustand a zeigt die nach intensivem Durchwirbeln erhaltene homogene Aufschlämmung als Ausgangssituation. Die Teilchenkonzentration in einem bestimmten Volumen Aufschlämmung ist überall gleich.

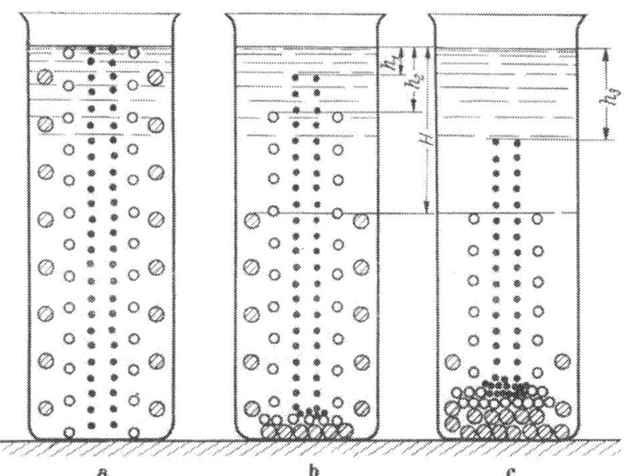

Abb. 1 a—c. Schematische Darstellung des Sedimentationsvorganges in einer Aufschlämmung mit 3 Teilchengrößen $d_1 > d_2 > d_3$
a) Homogene Aufschlämmung, Beginn der Sedimentation; b) Aufschlämmung nach der Zeit T_1; c) Aufschlämmung nach der Zeit T_2

Zustand b zeigt die Aufschlämmung nach einer bestimmten Sedimentationszeit, nach dem die Suspension sich selbst überlassen wurde. Die größten Teilchen sind um die Höhe H abgesunken, die mittleren Teilchen nur um die Höhe h_2, die kleinsten Teilchen um die geringste Höhe h_1. Über der Höhe H sind nur noch Teilchen vom Durchmesser $< d_1$ enthalten.

Nach der noch längeren Sedimentationszeit, die zu Zustand c geführt hat, hat sich die Trennung der verschiedenen Korngrößen noch weiter verstärkt. Die größten Teilchen d_1 sind fast ganz aussedimentiert, so daß unmittelbar der Zustand bevorsteht, da in der Suspension überhaupt nur noch Teilchen kleiner als d_1 vorhanden sein werden.

Mit zunehmender Feinheit der Partikel nimmt die Sedimentationszeit nach Gl. (*3*) über eine bestimmte Fallhöhe außerordentlich stark zu und liegt für Teilchen unter 1 μ schon bald in der Größenordnung von Tagen, Wochen und Monaten (bei einem Sedimentationsweg um 10 cm).

Zur Erzielung einer einwandfreien Suspension muß ein *Dispergierungsmittel* zugesetzt werden. Die Wirkung beruht darauf, daß basische Elektrolyten die Tendenz von Tonpartikeln, auszuflocken, aufheben. Ohne Elektrolytzusatz entstehen größere Agglomerate, die sich wie größere Teilchen verhalten und entsprechend schneller sedimentieren. Ohne Dispergierungsmittel ist eine Aufteilung in die wirklich vorhandenen Korngrößen nicht möglich.

Am besten eignet sich nach Untersuchungen von VINTHER und LASSON [*5*] Natriumpyrophosphat ($Na_4P_2O_7$). Bei Leitungswasser genügt die Zugabe von ca. 20 cm^3 einer 5-prozentigen Lösung auf den Liter Wasser, um die Dispergierwirkung herbeizuführen.

Nach den amerikanischen Normen für Formsande [*1*] wird Natronlauge als Dispergiermittel empfohlen. Natronlauge wirkt aber nur in äußerst geringer Konzentration dispergierend, während eine geringfügige Überschreitung der kritischen Grenze bereits Ausflokkung bewirkt. Dasselbe gilt für Wasserglaslösung, die als Dispergiermittel empfohlen wird.

Natriumpyrophosphat ist in dieser Hinsicht auf Grund eigener Untersuchungen nicht empfindlich. Erst äußerst starke Konzentrationen bewirken eine schwache Koagulation. Diese Erkenntnis ist besonders für die einfache Abtrennung der Schlämmstoffe von Sanden von Bedeutung.

b) Die Abtrennung der Schlämmstoffe bei Formsanden. Wie eingangs erwähnt, handelt es sich bei der Bestimmung des Schlämmstoffgehaltes von Formsanden darum, die Korngrößen unter 0,02 mm abzutrennen. Gleichzeitig wird damit die Sandfraktion über 0,02 mm zur Siebanalyse vorbereitet.

Die schematische Abb. 2a zeigt die Einrichtung zur Schlämmstoffabtrennung mit Saugheber und Becherglas. Nach der Zeit T, die sich nach dem Gesetz von STOKES als Fallzeit der Teilchen von 0,02 mm über die konstante Höhe von 10 cm berechnen läßt, wird die Suspension über die genannte Höhe abgesaugt. Nach dieser Zeit sind nämlich sämtliche Teilchen vom Durchmesser größer als 0,02 mm aus der Aufschlämmung aussedimentiert, und es werden durch das Abhebern nur Teilchen kleiner als 0,02 mm entfernt. Da aber alle Teilchen von 0,02 mm und darunter, die ihre Sedimentation unterhalb der kritischen Fallhöhe begannen, bereits vor Ablauf der Sedimentationszeit T das Ansaugniveau unterschritten und sedimentierten, muß der Prozeß so oft wiederholt werden, bis nach Ablauf der Sedimentationszeit das Wasser über dem Ansaugniveau völlig klar geworden ist.

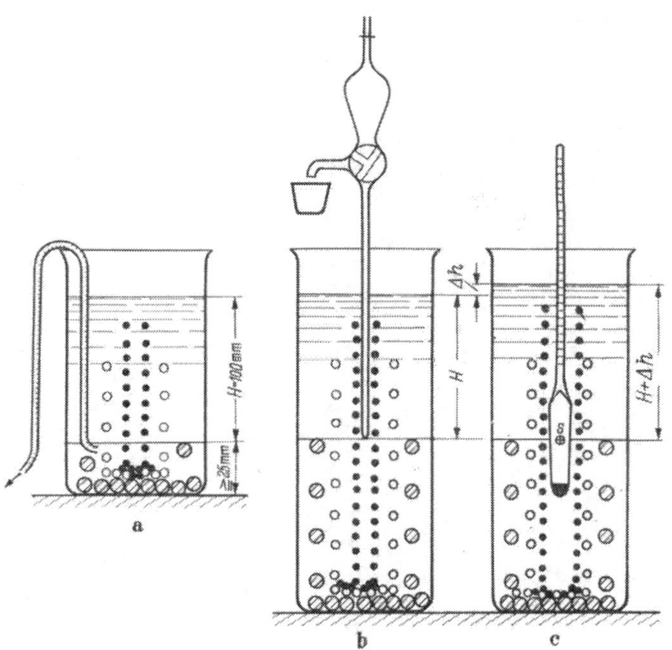

Abb. 2a—c. Prüfeinrichtungen für Schlämmstoffuntersuchungen
a) Einrichtung zur Schlämmstoffabtrennung mit dem Saugheber; b) Einrichtung zur Korngrößenanalyse von Schlämmstoffen nach der Pipettmethode; c) Einrichtung zur Korngrößenanalyse von Schlämmstoffen nach der Hydrometermethode

Da die Fallzeit stark temperaturabhängig ist (Änderung der Viskosität des Wassers), muß die Temperatur der Suspension stets überwacht werden. Die Fallzeiten für Teilchen von 0,02 mm Durchmesser über eine Fallhöhe von 10 cm ergeben sich aus nachstehender Tabelle ($\gamma_s = 2{,}65$ für Quarz und die meisten in Frage kommenden Tone):

Tabelle 2

Wassertemperatur °C	10	12	14	16	18	20	22	24
Absetzzeit T min	5,65	5,45	5,25	5,05	4,85	4,65	4,45	4,25
oder ca.	5′40″	5′30″	5′15″	5′00″	4′50″	4′40″	4′30″	4′15″

Das Gewicht der durch fortlaufendes Vierteilen oder durch Entnahme zahlreicher kleiner Pröbchen aus der feuchten und gut durchmischten Rohprobe gewonnenen Menge an Untersuchungsmaterial soll nach erfolgtem Trocknen (Infrarot oder Heißluft ist völlig ausreichend) 20 g betragen. Durch das vorhergegangene Anfeuchten der Rohprobe ist eine äußerst homogene Durchmischung möglich.

Die Probe wird in ein Becherglas (600 ml, hohe Form, nach DIN 12331) geschüttet, das zur Hälfte mit Leitungswasser gefüllt wird. Dazu kommen ca. 10 ml einer 5prozentigen Lösung von Natriumphosphat. Der Becherinhalt wird etwa 3—5 min gekocht und anschließend 5 min lang mit einem mechanischen Rührwerk (Abb. 3) durchgeschleudert. Dann wird mit Leitungswasser auf eine Höhe von 125 mm über dem Boden aufgefüllt (Wasserstandsmarke), wobei der Becherinhalt mit dem Wasserstrahl intensiv aufzuwirbeln ist. Man läßt nun mindestens 7 min stehen, um eine sichere Sedimentation der Sandfraktion aus der jetzt noch verhältnismäßig konzentrierten Suspension zu erreichen. Dann wird abgehebert (Abb. 2a) und nach erneutem Auffüllen wiederum wenigstens 7 min gewartet, bis das Wasser abgezogen wird. Nach dem dritten und weiteren Wiederauffüllen und Abhebern — bis zur völligen Klarheit des Wassers im Raume über dem Ansaugniveau — sind je nach Wassertemperatur die Sedimentationszeiten nach Tab. 2 einzuhalten.

Vor jedem Auffüllen ist jedesmal die gleiche Menge von ca. 10 ml der Dispergierungslösung zuzusetzen. Es soll stets unter intensiver Durchwirbelung mit dem Wasserstrahl aufgefüllt werden.

Für wissenschaftliche Untersuchungen oder bei sehr hartem Leitungswasser kann destilliertes Wasser verwendet werden. Dieses wird durch die amerikanischen Normen [*1*] auch vorgeschrieben. Dabei wird Natronlauge als Dispergiermittel verwendet, das aber nur das erste Mal zugesetzt wird. Nachher verdünnt sich die Lauge und wirkt so lange dispergierend, bis der Tonanteil entfernt ist, was bei der großen Feinheit der Tonmineralien nach kurzer Zeit der Fall ist.

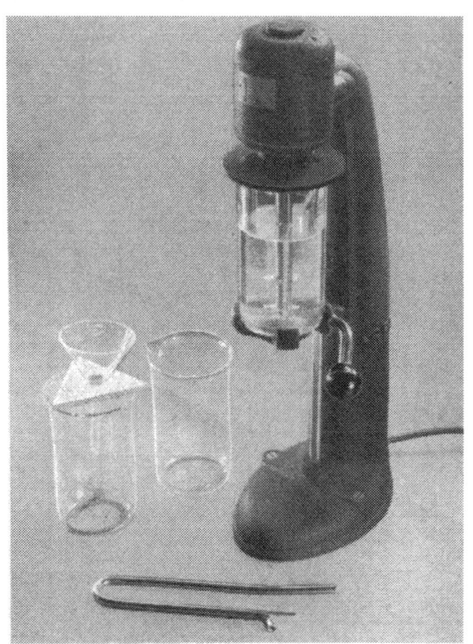

Abb. 3. Mechanisches Rührwerk (Wirbler) zur Vorbereitung des Sandes für die Schlämmstoffbestimmung

Wesentlich länger dauert stets die Entfernung der feinen Quarzteilchen zwischen 10 und 20 μ, die bei vielen Sanden einen erheblichen Anteil des Schlämmstoffgehaltes ausmachen können.

Der nach dem letzten Abhebern verbleibende Sandanteil wird auf ein Filter gespült und getrocknet. Trocknung mit Infrarotlampe ist dafür sehr zweckmäßig. Aus dem Gewichtsverlust ergibt sich der Schlämmstoffgehalt, der in Prozenten der ursprünglichen Gesamteinwaage dargestellt wird.

Bei der Schlämmstoffbestimmung an *Betriebssanden* ist zu berücksichtigen, ob sich darin z. B. Kohlenstaub oder organische Zusätze befinden, bei Leichtmetallguß evtl. auch Schwefel, Borsäure usw. Handelt es sich um brennbare Stoffe, so kann der schlämmstofffreie Sand ausgeglüht werden, wodurch sich der wahre Sandanteil über 0,02 mm ergibt. Ebenso wird an einer ungeschlämmten Probe der Glühverlust bestimmt. Die Menge an eigentlichen Schlämmstoffen ergibt sich aus dem Unterschied des geschlämmten und geglühten Sandanteiles und des Totalverlustes gegen die Gesamteinwaage (100%):

$$SL = E - (K_g + V_g) \tag{5}$$

SL = Schlämmstoffgehalt
K_g = geglühter Sandanteil
V_g = Glühverlust der ungeschlämmten Probe
E = Gesamteinwaage.

c) Korngrößenbestimmungen an Schlämmstoffen und Bindetonen. Nicht nur in der Bodenkunde, Keramik und Staubtechnik, sondern auch für die Untersuchung von Gießereisanden und Bindetonen hat die detaillierte granulometrische Aufteilung im Gebiet unter 20 μ eine gewisse Bedeutung erlangt, obwohl es sich kaum um Bestimmungsmethoden handelt, die sich für den Betrieb eignen.

Grundsätzlich kann die Bestimmung auf zwei Arten erfolgen, die in Abb. 2b und 2c dargestellt sind. Die Untersuchungsmethoden lehnen sich wiederum eng an die grundsätzliche Darstellung (Abb. 1) an.

Bei der Sedimentationsanalyse nach der Pipett-Methode (Abb. 2b) wird mittels einer Saugpipette in bestimmten Zeitabständen vom Beginn der ungestörten Sedimentation (Ende des Aufschüttelns) an aus einer bestimmten Tiefe ein genau bekanntes Volumen (meist 10 ml) Suspension entnommen. Der darin enthaltene Festanteil ergibt sich nach dem Abdampfen des Wassers bei 105 °C und nach Abzug des Anteils der zugesetzten Menge Dispergierungsmittel.

Gegenüber der Ausgangskonzentration sind nach einer bestimmten Zeit T in einer bestimmten Tiefe H nur noch Partikel unter derjenigen Korngröße enthalten, die sich nach Formel (4) für die bestimmte Zeit und die bestimmte Fallhöhe ergibt. Die Bestimmungen werden in geeigneten Zeitabständen wiederholt. Die Konzentration verringert sich ständig, und aus den gewonnenen Angaben über die jeweils maximale Korngröße ergeben sich direkte Unterlagen für eine Summenkurvendarstellung der Schlämmstoffe, aus der auch alle gewünschten Fraktionsanteile unter 20 μ bestimmt werden können.

Der Sedimentationsapparat nach ANDREASEN [*6*] ermöglicht eine besonders gute Probenahme.

Bei der Hydrometermethode (Abb. 2c) wird von der Erkenntnis ausgegangen, daß sich das spezifische Gewicht der Suspension mit abnehmender Konzentration während der Sedimentation verringert. Es wird in bestimmten Zeitabständen ein besonderes Aräometer eingetaucht, das z. B. direkt auf Gramm Festsubstanz pro Liter geeicht ist. Es bestimmt die Stoffkonzentration in der Eintauchtiefe seines volumetrischen Schwerpunktes (S), der für jedes Instrument durch Eichmessungen vorher bestimmt werden muß. Diese Methode arbeitet sehr rasch, weil keine Proben entnommen werden müssen. Für nähere Angaben sei auf die spezielle Literatur verwiesen [*1*].

d) Mineralogisch-petrographische Untersuchungen an Schlämmstoffen und Bindetonen. Zur besonderen mineralogischen Untersuchung der Schlämmstoffe, insbesondere zur Identifizierung der darin vorhandenen Ton- und sonstigen Mineralien, dienen die Röntgenanalyse und die Differential-Thermoanalyse. Für Einzelheiten muß auf die einschlägige keramische und tonmineralogische Fachliteratur verwiesen werden.

2. Siebanalyse

a) Durchführung und Allgemeines. Der vom Schlämmstoff befreite Sandanteil wird bei mindestens 105 °C getrocknet und anschließend durch Sieben in einem Siebsatz geeigneter Abstufung in die einzelnen Fraktionen zerlegt, die ausgewogen und in Prozenten der Gesamtmenge ungeschlämmten Sandes dargestellt werden. Ganz reine Quarzsande ohne Tongehalt können ohne vorherige Schlämmung gesiebt werden. Es empfiehlt sich in diesem Fall, das gezogene Durchschnittsmuster leicht anzufeuchten und innig zu durchmischen. Auf diese Art werden Entmischungsvorgänge verhindert. Aus dem feuchten Sand wird durch wiederholtes Vierteilen oder durch Entnahme zahlreicher kleiner Proben ein Siebmuster von etwas über 20 g gewonnen, das bei ca. 105 °C getrocknet wird. Trocknung mit Infrarot- oder Heißluftgeräten genügt vollkommen.

Für die weitaus meisten Gießereisande genügen folgende DIN-Siebe des Normsiebsatzes für Gießereisande:

0,06 0,075 0,10 0,15 0,20 0,30 0,40 0,60 1,00 mm lichte Maschenweite.

Dazu kommen für sehr grobe Sande und Stahlgußschamotten noch die Siebe 1,5 und evtl. 3,0 mm, die ebenfalls zum Normsiebsatz für Gießereisande gehören.

Da die Schlämmstoffbestimmung 0,02 mm als Trennkorngröße vorsieht, liegt in diesem Fall die feinste Sandfraktion beim Sieben zwischen 0,02 und 0,06 mm, bei reinen, ungeschlämmten Quarzsanden zwischen 0 und 0,06 mm.

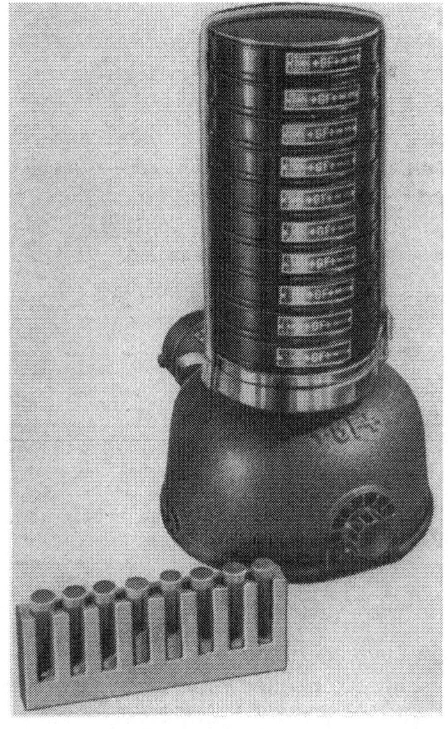

Abb. 4. Siebapparat für Prüfsiebungen von Sanden

Der Siebvorgang geschieht maschinell mittels Siebapparaten verschiedener Konstruktion (Beispiel siehe Abb. 4). Die Siebzeit soll vorteilhafterweise 15 min betragen. Die erwähnten 20 g Sandeinwaage beziehen sich auf Siebe mit 125 mm Durchmesser.

Die existierenden Prüfsiebe für Gießereisande nach verschiedenen Normen sind in Tab. 3 zusammengestellt.

Tabelle 3

AFS	Mesh-Nummer	270	200	140	100	70	50	40	30	20	12	6
	Weite mm	0,053	0,074	0,104	0,147	0,208	0,295	0,414	0,589	0,833	1,651	3,327
DIN	Weite mm	0,06	0,075	0,10	0,15	0,20	0,30	0,40	0,60	1,0	1,5	3,0
BS	Weite mm	0,053	0,076	0,104	0,152	0,211	0,251	0,353	0,50	0,699	1,003	1,676
	Mesh-Nummer	300	200	150	100	72	60	44	30	22	16	10

AFS: nach *Foundry Sand Handbook*, 6th Edition, Chicago: American Foundrymen's Society 1952. S. auch American Society for Testing Materials (ASTM), Specification E-11-39.

DIN: DIN 52401 1955. S. auch DIN 1171, Bl. 1/2.

BS: auch *Methods of Testing Prepared Foundry Sands*, Second Report of the Joint Committee on Sand Testing, November, 1954. S. auch BS 410, 1943, British Standard Institution.

Bezüglich der Genauigkeit von Prüfsieben muß man sich darüber klar sein, daß die einzelnen Normen dafür bereits gewisse Toleranzen erlassen, die relativ um so größer sind, je feiner die Gewebe werden. Diese Toleranzen, die den Fabrikaten zugestanden werden, können also bei der Analyse eines bestimmten Sandes mit verschiedenen Prüfsätzen derselben Norm Unterschiede ergeben. Abb. 5 zeigt in graphischer Darstellung die zugestandenen Toleranzen für Prüfsiebe nach DIN und ASTM. Es ergibt sich daraus, daß bei den gegenüber DIN meist größeren Toleranzen der AFS-Siebgewebe die aus Tab. 3 ersichtlichen Unterschiede zwischen DIN- und AFS-Sieben als unbedeutend betrachtet werden können.

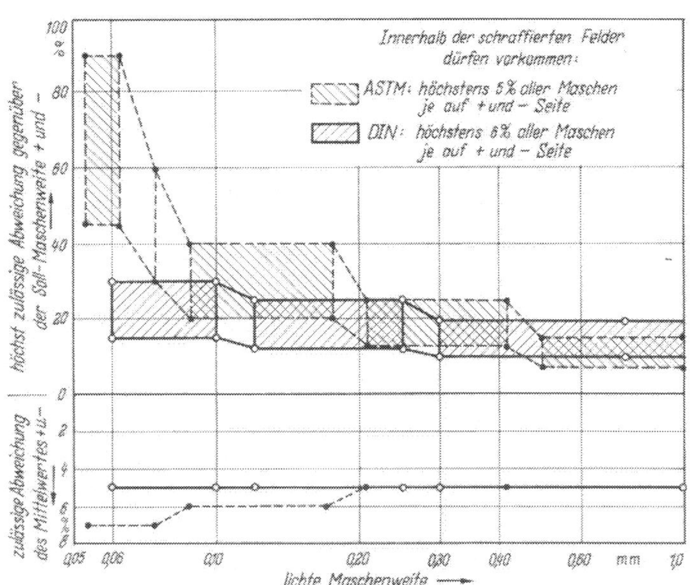

Abb. 5. Durch die Normen als zulässig erklärte Toleranzen der Prüfsiebgewebe nach DIN und nach ASTM

In der Tat ist es möglich, Siebanalysen nach DIN graphisch mittels Summenkurvendarstellung (siehe unter c) in solche nach AFS umzurechnen und umgekehrt. Die englischen Siebe (Tab. 3) ergeben bis etwa 0,2 mm Maschenweite praktisch völlige Übereinstimmung, während darüber die Siebfolge etwas verschoben ist. Auch hier ist gegebenenfalls eine graphische Umrechnung sehr leicht möglich. Das Prinzip einer solchen Umrechnung geht aus Abb. 6 hervor.

b) Kontrolle und Unterhalt der Prüfsiebe. Die Siebe sollten periodisch mit einer oder zwei Standardsiebproben (je 20 g reiner Quarzsand) kontrolliert und gegebenenfalls ersetzt werden. Noch besser ist die Bestimmung der effektiven Siebmaschenweiten durch die Methode der kalibrierten Glaskugeln [7].

Die Bestimmung erfolgt mittels eines Satzes von ca. 100 g Glaskügelchen verschiedener Größe, von genauestens bekannter granulometrischer Zusammensetzung. Der Bereich geht von ca. 0,08 mm bis etwas über 1 mm. Für jede Gruppe gleicher Sätze wird eine genaue Summenkurve mitgeliefert.

Aus der Siebanalyse, die mit diesen Glaskügelchen durchgeführt wird, kann berechnet werden, wie viele Gewichtsprozente durch jedes Sieb hindurchgegangen sind. Die jeweilige Prozentzahl ergibt aus der mitgelieferten Summenkurve graphisch direkt die zugehörende effektive Maschenweite. Pro Siebsatz müssen mindestens drei Messungen durchgeführt werden, damit die nicht unbeträchtliche Streuung einigermassen ausgeglichen wird.

Prüfsiebe bedürfen einer sorgfältigen Behandlung und Pflege. Die feinen Siebe dürfen nicht mit groben Bürsten gereinigt werden.

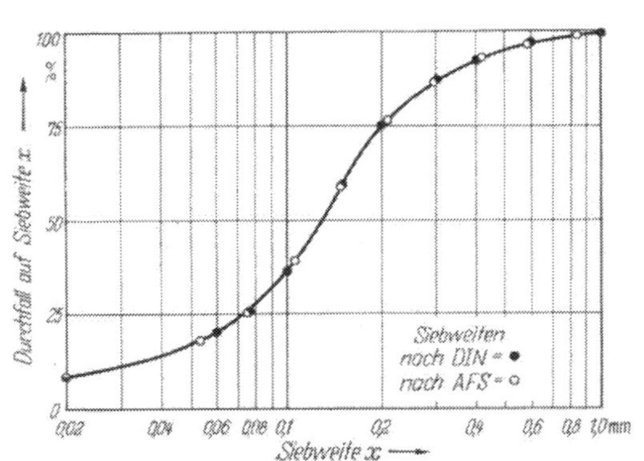

Abb. 6. Vergleich der gegenseitigen Lage der Siebmaschenweiten nach DIN und nach AFS (ASTM) in einer Summenkurvendarstellung

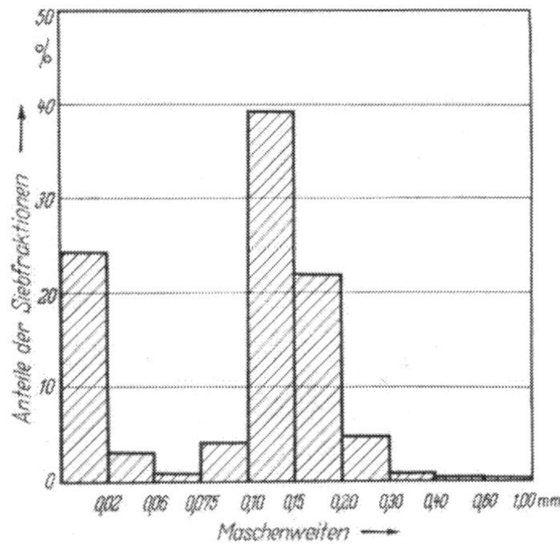

Abb. 7. Graphische Darstellung einer Siebanalyse in Form von Stablängen

c) Die graphische Darstellung von Siebanalysen. Durch Aufzeichnen der einzelnen Fraktionsprozente in Form von Stablängen erhält man eine anschauliche bildliche Darstellung der Kornverteilung eines Sandes (Abb. 7). Man muß sich aber darüber klar sein, daß man dabei verschieden große Siebintervalle in gleicher Breite aufzeichnet, was ein etwas irreführendes Bild ergibt.

Ein schwedischer Vorschlag von LYSSELL und CARLSSON [*8*] geht dahin, die jedem Siebintervall zugehörende Fraktionsmenge durch die Größe des Intervalls zu dividieren. Dieser Quotient wird Mengenkonzentration genannt und über der mittleren Korngröße des jeweiligen Intervalls aufgetragen. Diese Darstellungsweise hat den Nachteil, daß eine genau gleiche Kornverteilung, jedoch mit durchwegs n-mal größeren Körnern, eine andere Kurvenform ergibt. Deshalb wird [*8*] statt dieser direkten Häufigkeitskurve die relative Häufigkeitskurve empfohlen. Es wird dabei die relative Mengenkonzentration pro Fraktion ermittelt, indem nicht durch die direkte Intervallgröße (Differenz zwischen den beiden Intervallsieben) dividiert wird, sondern durch den Unterschied der Logarithmen der beiden Siebe. Bei den amerikanischen Prüfsieben, die einer logarithmischen Reihe mit dem Faktor $\sqrt{2}$ folgen, beträgt der Unterschied der Logarithmen stets ziemlich genau 0,15. Bei den DIN-Sieben, die nicht einer so strengen Gesetzmäßigkeit gehorchen, ist dies nicht so ausgesprochen der Fall. In der zitierten Arbeit [*8*] ist der erweiterte Siebsatz der DIN-Norm für Gießereisande allerdings noch nicht berücksichtigt (DIN 52401).

Sehr geeignet zur Darstellung von Kornverteilungen ist die Summenkurve (siehe Beispiel Abb. 6). Die Prozentanteile der einzelnen Fraktionen werden, beginnend mit dem Schlämmstoff, fortlaufend addiert. Man erhält so für jede Siebweite den Prozentsatz an Körnern feiner als das betreffende Sieb. Die über den logarithmisch aufgetragenen Siebweiten dargestellten Summenkurven haben den Vorteil, daß sie, bei gleicher Kornverteilung, von der absoluten Korngröße unabhängig auch gleiche Form annehmen. Ein weiterer Vorteil liegt darin, daß die Abstände zwischen den feinsten Siebmaschenweiten relativ größer sind als bei normalem Maßstab, wodurch eine genauere Eintragung ermöglicht wird.

d) Die zahlenmäßige Charakterisierung von Kornverteilungen. Dem Bedürfnis nach einer einfachen zahlenmäßigen Charakterisierung einer Kornverteilung kommen verschiedene Methoden entgegen.

DIN 52401 erläutert die Begriffe *Mittelkorn* (MK) und *Gleichmäßigkeitsgrad* (GG) nach BÜLTMANN [*9*], der diese Begriffe zur Charakterisierung von Korngemischen auf die Gießereisande übertragen hat. Die mittlere Korngröße ergibt sich aus der Summenkurve und entspricht jenem Korndurchmesser, bei dem die Kurve den Ordinatenwert 50% erreicht. Der Gleichmäßigkeitsgrad entspricht dem Prozentsatz des zwischen dem 0,666-fachen und dem 1,333fachen Wert der mittleren Korngröße liegenden Anteils ($^2/_3$ und $^4/_3$ MK). Dieser Bereich ist um so größer, je gleichmäßiger, enger gekörnt ein Sand ist. Aus der Angabe dieser verschiedenen Zahlenangaben läßt sich eine Summenkurve einigermaßen rekonstruieren. Für diese Berechnungen wird der schlämmstofffreie Sandanteil über 0,02 mm als 100% angenommen.

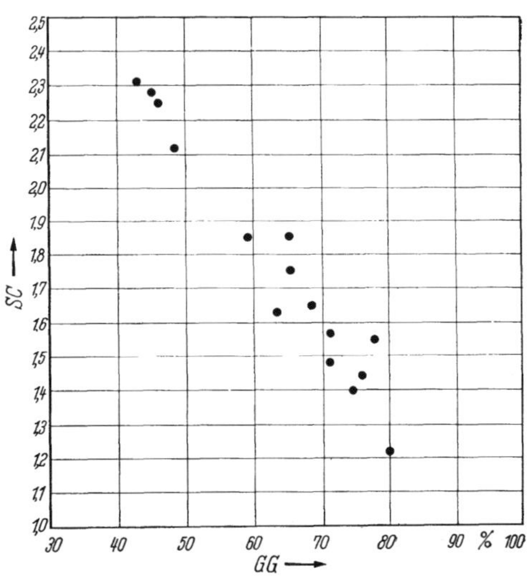

Abb. 8. Zusammenhang zwischen Gleichmäßigkeitsgrad (*GG*) und Sorting Coefficient (*SC*) von 15 verschiedenartig gekörnten Sanden (Untersuchungen des Formstofflaboratoriums der Georg Fischer Aktiengesellschaft, Schaffhausen, Schweiz)

In USA [*1*] wird in ähnlicher Weise wie der Gleichmäßigkeitsgrad der *Sorting Coefficient* bestimmt. Die Summenkurve wird dabei über den von rechts nach links ansteigend aufgetragenen Siebweiten in μ dargestellt. Damit wird erreicht, daß die in USA gebräuchlichen Siebnummern (Tab. 3) von links nach rechts ansteigen. Bei der Addition der Summenkurve wird nun mit dem gröbsten Korn, d. h. der niedersten Siebnummer begonnen. Die Maschenweite bei 75 Gewichtsprozenten der Kurve, dividiert durch diejenige bei 25%, ergibt den Sorting Coefficient.

Abb. 8 zeigt den relativ strengen Zusammenhang zwischen Gleichmäßigkeitsgrad und Sorting Coefficient. Der Sorting Coefficient hat den Vorteil, daß immer ein Wert dafür berechnet werden kann, während es bei sehr steilem Verlauf der Summenkurve vorkommen kann, daß der Gleichmäßigkeitsgrad nicht mehr berechnet werden kann, weil der 0,66- oder 1,33fache Wert der Mittelkorngröße außerhalb der Kurve zu liegen kommen.

Die größte Bedeutung zur Kennzeichnung von Sandkörnungen hat in USA jedoch die *Kornfeinheitsnummer* [*1*].

Zur Berechnung der Feinheitsnummer wird wie folgt vorgegangen:

1. Die einzelnen, durch Absieben der vom Schlämmstoff befreiten Probe gewonnenen Kornfraktionen werden in Prozente der ursprünglichen Probemenge (inkl. Schlämmstoffe) umgerechnet, wie dies für die Siebanalyse üblich ist.

2. Die Prozentanteile der einzelnen Fraktionen werden mit dem Multiplikator multipliziert, der der jeweiligen Siebstufe zugehört. Der Schlämmstoffanteil wird dabei nicht berücksichtigt.

3. Die erhaltenen einzelnen Produkte werden addiert und die Gesamtsumme durch die Prozentzahl der Körner über 0,02 mm (d. h. ohne Schlämmstoffanteil) dividiert. Die erhaltene Zahl ist die AFS-Feinheitsnummer.

Die Berechnung erfolgt nach dieser Vorschrift in genau gleicher Weise für Analysen nach AFS und nach DIN. Die entsprechenden Multiplikatoren sind in nachstehender Tabelle dargestellt:

Tabelle 4. *Multiplikatoren zur Bestimmung der AFS-Feinheits-Nummer*

AFS-Siebe	AFS-Multiplikator	DIN-Siebe	DIN-Multiplikator[1]
0,02 –0,053	300	0,02 –0,06	281
0,053–0,074	200	0,06 –0,075	186
0,074–0,104	140	0,075–0,100	146
0,104–0,147	100	0,10 –0,15	103
0,147–0,208	70	0,15 –0,20	71
0,208–0,295	50	0,20 –0,30	52
0,295–0,414	40	0,30 –0,40	41
0,414–0,589	30	0,40 –0,60	31
0,589–0,833	20	0,60 –1,00	17
0,833–1,651	10	1,00 –1,500	9
1,651–3,327	5	1,500–3,00	6
über 3,327	3		

[1] Nach W. Götz [*10*]; siehe auch H. Jungbluth [*11*].

Die Feinheitsnummer gibt die Maschenzahl pro Zoll desjenigen Siebes, durch das der Sand gerade noch ginge, wenn er bei gleicher Zahl der Sandkörner eine einheitliche Korngröße hätte. Sie gibt also ebenfalls eine Art mittlerer Korngröße an. Bei der Verwendung der Feinheitsnummer ist zu beachten, daß Sande verschiedener Kornverteilung die gleiche Feinheitsnummer (und ebenso auch die gleiche MK) haben können. Sie sagt über die Kornverteilung nichts aus. Den ebenfalls strengen Zusammenhang zwischen Feinheitsnummer und mittlerer Korngröße zeigt Abb. 9.

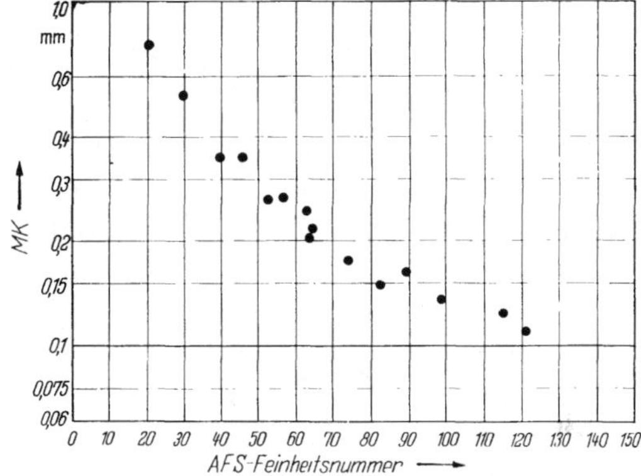

Abb. 9. Zusammenhang zwischen *AFS*-Feinheitsnummer und mittlerer Korngröße (*MK*) von 15 verschiedenartig gekörnten Sanden (Untersuchungen des Formstofflaboratoriums der Georg Fischer Aktiengesellschaft, Schaffhausen, Schweiz)

Feinheitsnummer und MK stehen in direkter linearer Beziehung zur theoretischen spezifischen Oberfläche (bei Annahme kugeliger Kornform). Nach Jasson [*12*] entspricht die theoretische spezifische Oberfläche in cm²/g ziemlich genau der doppelten Feinheitsnummer, und diese Werte hängen ihrerseits wieder mit der Gasdurchlässigkeit zusammen.

Weitere Berechnungsmethoden für die mittlere Korngröße finden sich in den genannten schwedischen Arbeiten [*8*].

e) Kornform und Kornoberfläche. Die deutschen, amerikanischen und schwedischen Normen und Prüfanleitungen enthalten Vergleichsphotographien zur Charakterisierung der Form der Sandkörner. Ebenso sind Klassierungen nach der Oberflächenbeschaffenheit vorgesehen.

Grochalski [*13*] hat Untersuchungen über die Oberflächenaktivität der Sandkörner durchgeführt. Viele Sande besitzen ein aktives, äußerst dünnes Oxyd- oder Tonhäutchen, das wesentlich zur Haftfähigkeit der Binder, insbesondere der Tone, beitragen kann. Diese aktiven Oberflächen können durch Anfärbemethoden nachgewiesen werden.

Von besonderem Interesse für die Formsandprüfung ist die Möglichkeit der experimentellen Messung der wirklichen spezifischen Oberfläche von Korngemischen. Die nach der Methode von Jasson [*12*] auf Grund der Siebanalyse berechnete theoretische spezifische Oberfläche von Sanden beruht auf der Annahme der Kugelform aller Körner.

Ausgehend von einer Formel von Kozeny haben zuerst Carman [*14*] und später Lea und Nurse [*15*] Prüfverfahren zur Bestimmung der tatsächlichen spezifischen Oberfläche von Korngemischen entwickelt. Das Verfahren wurde bereits in verschiedene Zementnormen aufgenommen und durch Davies und Rees [*16*, *17*] für die Untersuchung von Formsanden ausgebaut.

Die Bestimmung erfolgt in enger Anlehnung an die Methoden der Gasdurchlässigkeitsmessung auf Grund der Luftmenge, die pro Sekunde durch eine zylindrische Kornschüttung von bekanntem spezifischem Gewicht und bekannter Packungsdichte strömt. Die Apparatur nach DAVIES und REES ist in Abb. 10 dargestellt. Die Berechnung erfolgt nach folgender Formel:

Wirkliche spez. Oberfläche $$S_w = \frac{1}{\delta(1-\varepsilon)} \sqrt{\frac{\varepsilon^3 \cdot A \cdot p_1 \cdot g}{K \cdot \eta \cdot Q \cdot L}}$$

oder $$S_w = \frac{14}{\delta(1-\varepsilon)} \sqrt{\frac{\varepsilon^3 \cdot A \cdot p_1}{C \cdot p_2 \cdot L}}, \qquad (6)$$

wobei bedeuten:

δ = spezifisches Gewicht von Quarzsand (2,65)
ε = Porosität der Sandpackung (Verhältnis des Porenvolumens zum Schüttungsvolumen)
A = Querschnitt der Sandschüttung (= Querschnitt der verwendeten Pipette von 50 cm³), cm²
L = Länge der Sandschüttung, cm
p_1 = Druckdifferenz zwischen den beiden Enden der Schüttung, dyn/cm²
K = Konstante = 5,0 (unabhängig von Kornform und Apparatur)
η = kinematische Viskosität der Luft
Q = Durchflußmenge der Luft, cm³/sek
C = Düsenkonstante (langes Kapillarrohr als Düse)
p_2 = Druckdifferenz vor und nach der Düse
g = Erdbeschleunigung.

Die Düsenkonstante C muß für jeden Apparat separat bestimmt werden. Für jeden bestimmten Apparat ergeben sich bestimmte Konstanten, so daß die wirkliche Messung sich auf vier Bestimmungsgrößen reduziert: Gewicht und Volumen der Sandschüttung, Druckdifferenzen p_1 und p_2, abgelesen an den beiden Manometern (U-Rohre mit Petrol als Sperrflüssigkeit). Für Einzelheiten sei auf die Angaben von DAVIES [*17*] verwiesen.

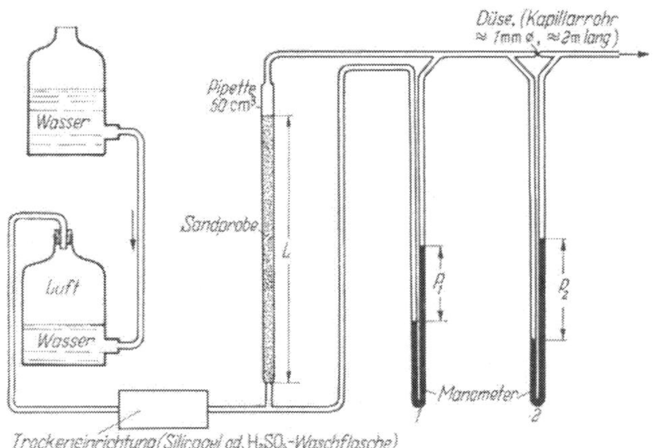

Abb. 10. Apparatur zur Bestimmung der spezifischen Oberfläche von Sanden nach DAVIES und REES (schematisch)

Das Verhältnis zwischen wirklicher spezifischer Oberfläche nach DAVIES und REES und theoretischer spezifischer Oberfläche (unter Annahme reiner Kugelgestalt der Körner aus der Siebanalyse berechnet) ergibt den *Kantigkeitskoeffizienten* (Coefficient of Angularity) nach DAVIES und REES [16, 17]). Er kann im Idealfall 1 sein. Die beiden britischen Autoren haben interessante Zusammenhänge zwischen geologischer Aufbereitung, Eckigkeit und Auswirkungen auf die mit verschiedenen Bindemitteln erzielten Festigkeiten aufgezeigt.

3. Die Bestimmung des Wassergehaltes von Formsanden

Die technologischen Eigenschaften der Formsande hängen in hohem Maße vom Feuchtigkeitsgehalt ab. Dessen Bestimmung ist deshalb ein grundlegender Teil der Formsandprüfung und hat jeder anderen, vom Wassergehalt abhängigen Eigenschaftsprüfung vorauszugehen.

Für genaue wissenschaftliche Arbeiten ist eine Trocknung bei 105/110 °C zu empfehlen. Eine gute Durchschnittsprobe des zu prüfenden Sandes wird im Trockenofen bei der genannten Temperatur bis zur Gewichtskonstanz getrocknet und nach Abkühlung auf Raumtemperatur (vorzugsweise im Exsikkator) zurückgewogen. Der Gewichtsunterschied ergibt den Wassergehalt, der in Prozenten der feuchten Probe ausgedrückt wird.

Daneben existieren, insbesondere zur raschen Trocknung von Betriebsproben, auch Schnelltrockenapparate, wie Heißluftduschen und Infrarotlampen. Für die üblichen Formsande sind diese Trocknungsarten, die oft etwas höhere Temperaturen als 110 °C aufweisen können, hinreichend genau. Bei sehr hohen Tongehalten ist jedoch Vorsicht am Platze, da bei Überhitzung wechselnde Mengen an Kristallwasser ausgetrieben werden können. Feuchtigkeitsbestimmungen an reinen Tonen und Trockenbindern sind daher ausschließlich im Trockenofen bei 105/110°C durchzuführen.

In allen Fällen ist darauf zu achten, daß der Sand nicht etwa in der heißen Trockenschale zurückgewogen wird. Der durch das Abströmen der heißen Luft entstehende Auftrieb ergibt bei empfindlichen Wagen durch Entlastung der Schale einen scheinbar höheren Wassergehalt.

Ein weiteres Prinzip der Feuchtigkeitsbestimmung beruht auf der chemischen Reaktion zwischen Wasser und Kalziumkarbid (CaC_2) unter Entwicklung von Azetylen-Gas (C_2H_2). Eine bestimmte, gewogene Menge des zu untersuchenden Sandes wird in einem verschließbaren Behälter mit einer ausreichenden Menge Karbidpulver in Kontakt gebracht und energisch geschüttelt. Der sich entwickelnde Gasdruck wird von einem Manometer registriert und ist proportional zum Wassergehalt, der direkt abgelesen werden kann. Die Methode ist für hochtonhaltige Sande wegen der nur schlechten Mischbarkeit durch Schütteln nicht geeignet.

Die schon wiederholt versuchte Messung des Feuchtigkeitsgehaltes von Formsanden mit Hilfe der elektrischen Leitfähigkeit ergibt keine einwandfreien Resultate. Die auftretende Streuung infolge der Abhängigkeit vom Verdichtungsgrad, vom Elektrolyt-, Kohlenstaub- und Metallgehalt erlaubt keine genauen Bestimmungen.

4. Die chemische Prüfung von Formstoffen

Die chemische Untersuchung von Formstoffen ist für neue Sandvorkommen, zur Beurteilung von Tonen und speziellen Formmaterialien, zur Untersuchung von Schlichten, Kernbindern und für Forschungszwecke von gewisser Bedeutung. Im allgemeinen entsprechen die Verfahren den allgemein angewandten chemischen Methoden [*1, 18*].

Bei Formsanden ist allenfalls die Bestimmung des SiO_2- und Al_2O_3-Gehaltes und der als Flußmittel wirkenden Eisenoxyde und Alkalien von einem gewissen Interesse. Bei Schamotten und Tonen ist der Tonerdegehalt von Wichtigkeit. Chemische Untersuchungen von Formsanden sagen im allgemeinen nicht viel aus. Besser sind schon getrennte Untersuchungen der Sandfraktion und der Schlämmstoffe.

Neusande und Bindetone sollten auf Kalkgehalt geprüft werden. Beim Gießen zersetzt sich vorhandener Kalk bei etwa 900 °C durch die plötzliche Erhitzung oft explosionsartig zu CaO und CO_2. Daraus ergibt sich eine ganz erhebliche, unerwünschte Gasbildung. Dies kann auch bei Bentoniten der Fall sein, die mit Soda aktiviert sind. Die Zersetzung erfolgt hier unter Umständen sogar noch bei tieferen Temperaturen. Außerdem wird die Feuerfestigkeit durch die zugefügten Alkalien in unerwünschter Weise herabgesetzt.

Die Bestimmung des Kalk- (bzw. Karbonat-) Gehaltes erfolgt in einfacher Weise mit dem Passon-Apparat [*10*]. In einem luftdicht abschließenden Behälter wird eine bestimmte, vorgeschriebene Menge der zu untersuchenden Substanz mit verdünnter Salzsäure in Verbindung gebracht. Ein vorhandener Karbonatgehalt entwickelt CO_2-Gas, dessen Menge durch Wasserverdrängung in einem U-Rohr gemessen wird und direkt ein Maß für den Karbonatgehalt ergibt.

In Betriebssanden mit Kohlenstaubzusatz ist eine periodische Bestimmung des Kohlenstoffgehaltes empfehlenswert. Die Probe wird dabei in oxydierender Atmosphäre geglüht und das entstandene CO_2 gemessen. Dazu kommt die Bestimmung des Aschengehaltes, des Schwefels und der flüchtigen Substanzen in den verwendeten Kohlenstauben selbst (siehe auch DIN-Vornorm 52411/1943). Magnesium-Guß-Sande müssen auf den Gehalt an Borsäure und Schwefel geprüft werden.

5. Besondere Prüfverfahren für Formstoffe

Kernbinder können durch mikroskopische Untersuchungsmethoden in Mikroreaktionen auf deren Zusammensetzung geprüft werden (siehe Roll [*2, 19*]). Eingehende Untersuchungsmethoden für Kernbinder wurden auch von russischer Seite [*20*] beschrieben.

Über die Prüfung von Gießerei-Formschwärzen, -Schlichten und -Stauben existiert eine DIN-Vornorm (52411, Entwurf 1943).

B. Prüfung der Formsandeigenschaften am verdichteten Prüfkörper im grünen Zustand

1. Die Bedeutung des formgerechten Wassergehaltes

Wenn man von der Durchlässigkeit oder der Festigkeit eines Formsandes spricht, meint man darunter im allgemeinen die Werte, die beim sogenannten formgerechten Wassergehalt ermittelt wurden. Dies ist jener Wassergehalt, bei dem der Sand den zur Herstellung der Form günstigsten Zustand aufweist. Der Sand zeigt dabei ein bestimmtes Maß an Festigkeit und Plastizität und weist keine Klebneigung am Modell auf. Dieser günstigste Zustand wird durch den erfahrenen Gießer durch Befühlen, Ballen und Auseinanderbrechen mit der Hand recht sicher abgeschätzt (siehe auch W. Götz [*10*]).

Der formgerechte Wassergehalt hängt davon ab, ob der Sand für Trockenguß, Naßguß, Hand- oder Maschinenformerei verwendet wird. Aus diesem Grunde und wegen des Fehlens einer experimentellen Meßmöglichkeit sind Angaben über den formgerechten Wassergehalt stets mit einer gewissen Unsicherheit behaftet.

2. Vorbereitungen zur Prüfung, Herstellung der Mischungen

a) Betriebssande. Betriebssandproben werden unter Beachtung der Bemerkungen über die Probenahme im Betrieb (IV/3) gesammelt und im Betriebszustand geprüft. Vor der Prüfung ist der Sand unter guter Durchmischung durch ein Sieb von 3 mm Maschenweite zu treiben und anschließend wieder sorgfältig in dichtverschließbare Behälter einzufüllen, damit kein Wasser verlorengeht.

b) Natürlich tongebundene Neusande. Die gemäß den bekannten Verfahren (siehe auch DIN 52401) auf ca. 2 bis 3 kg reduzierte, getrocknete und gesiebte Rohprobe wird unter sorgfältiger Wasserzugabe auf den formgerechten oder sonstwie gewünschten Wassergehalt gebracht. Unter Umständen ist es zu empfehlen, drei verschieden feuchte Mischungen vom leicht zu trockenen bis zum leicht überfeuchteten Zustand herzustellen. Dies erlaubt ein sichereres Abschätzen des formgerechten Wassergehaltes.

Für alle Fälle, bei denen vom gleichen Sand Mischungsreihen hergestellt werden sollen, ist dafür zu sorgen, daß die einzelnen Mischungen einander durch vorhergehendes Homogenisieren in Körnung und Schlämmstoffgehalt genau entsprechen. Man kann dabei so vorgehen, daß man so viele Behälter oder Säcke aufstellt, als man Mischungen herzustellen gedenkt. Vom zu prüfenden, trockenen Sand werden nun in stets wiederholter, gleicher Folge kleine Mengen in die einzelnen Säcke verteilt, bis überall die Probemenge erreicht ist. Mit dieser Methode ist eine homogene Verteilung gewährleistet.

Zur Aufteilung größerer Mengen loser Materialien in gleichwertige Teile dienen auch einfache Apparate, die eine homogene Zweiteilung erlauben. Durch fortlaufendes Zweiteilen können weitere Unterteilungen vorgenommen werden [*1*].

Den einzelnen Mischungen werden nun steigende Wassermengen beigegeben, zweckmäßigerweise so, daß ein Unterschied im Wassergehalt von ca. 1% erwartet werden kann.

Der Mischprozeß selbst kann bei Natursanden von Hand erfolgen. Das Anmachwasser wird stufenweise beigegeben und der Sand immer wieder gründlich geknetet und verrieben. Im Laboratoriumsmischer werden höhere Festigkeitswerte erreicht. Das gilt auch für glaukonithaltige Sande, die durch die intensive Reib- und Knetwirkung einen Aufschluß des Glaukonits erfahren. Bei maschineller Mischung wird 5 min feucht gemischt, gerechnet vom Beginn der Wasserzugabe. Die Art der Herstellung der Mischung ist im Prüfprotokoll stets anzuführen.

Die fertig durchgearbeitete Mischung wird nochmals durchsiebt und in dicht verschließbaren Behältern mindestens 2 Stunden, zweckmäßigerweise aber bis zum folgenden Tag, gelagert. Der Bindeton benötigt eine gewisse Zeit, um vollständig durchzuziehen und mit dem Wasser ein vollkommenes Gleichgewicht zu erzielen. Vor der Prüfung wird der Sand nochmals durch ein 3 mm-Sieb getrieben und sorgfältig, ohne Vorpressung, in den Behälter zurückgefüllt.

c) Mischungen zur Untersuchung reiner Bindemittel. Zur Prüfung reiner Tone oder Kernbinder ist es nötig, dieselben mit einem tonfreien, reinen Quarzsand zu mischen. Dazu muß ein Quarzsand von genau bekannter und stets gleicher Körnung verwendet werden, da ja Kornform, Kornoberfläche und Kornverteilung einen maßgebenden Einfluß auf die Sandeigenschaften haben. Es ist zu diesem Zwecke nötig, daß sich jedes Labor eine genügende, für lange Zeit ausreichende Menge eines solchen Prüfsandes (u. U. mehrere Tonnen) reserviert, denselben möglichst homogen in Säcke verteilt und für die laufende Bindemittelprüfung im Sinne eines Standard-Prüfsandes verwendet. Bei der Herstellung von Mischungsreihen ist es auch hier wieder von Bedeutung, den Sand für die einzelnen Mischungen durch wiederholtes Aufteilen in die nötige Zahl von Behältern zu homogenisieren. In USA wird für solche Zwecke ein genormter AFS-Standardsand vorgeschrieben, dessen Körnung in sehr engen Toleranzen liegt [*1*]. Er enthält praktisch nur Körner der Fraktion 0,2—0,3 mm, wodurch eine Entmischung fast nicht mehr möglich ist. Ähnliche Bestrebungen sind gegenwärtig auch für die DIN-Sandprüfnormen im Gange.

Die Prüfung von Bindetonen mit stets gleich gekörnten Prüfsanden und mit stets gleichen Mischungsverhältnissen bietet den Vorteil, die verschiedenen Tone stets leicht miteinander vergleichen zu können.

Bentonite und andere Bindetone werden vorzugsweise bei stets gleichem Mischungsverhältnis Prüfsand: Ton untersucht. Für Betonite eignet sich ein Gewichtsverhältnis 100% Sand: 5% Bentonit, für andere Tone ein solches von 100% : 10%. Die Feuchtigkeit von Tonen kann im Anlieferungszustand sehr verschieden sein. Man hat sich daher zu überlegen, ob man den Ton vor der Herstellung der Mischung bei 105 °C trocknen will, um stets konstante Mengen an Trockensubstanz zuzusetzen. Man kann jedoch auch die erzielbaren Eigenschaften unter Berücksichtigung des Anlieferungszustandes untersuchen. Über die Herstellung der Kernsandbinder-Prüfmischungen siehe Ausführungen über Kernsandprüfung.

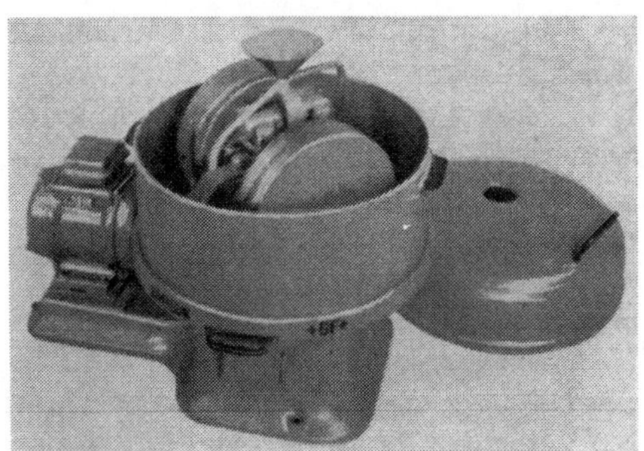
Abb. 11. Laboratoriums-Mischer

Zur sicheren Abschätzung des formgerechten Wassergehaltes und zur leichten Aufzeichnung von Funktionskurven empfiehlt es sich, die Bindetone in Mischungsreihen (wenigstens 3 Mischungen) mit steigendem Wassergehalt zu prüfen (bei Bentoniten soll der Unterschied je ca. $^1/_2$% betragen). Selbstverständlich ist es nötig, den Wassergehalt der zu prüfenden Mischung jeweils unmittelbar vor der Prüfung an der fertigen Mischung zu bestimmen.

Wenn Natursande noch ohne weiteres von Hand gemischt werden können, so dürfen synthetische Sand-Binder-Gemische nur in einem geeigneten Laboratoriumsmischer (Beispiel Abb. 11) verarbeitet werden, da Handmischung in diesem Fall völlig unzureichend ist. Das Gewicht der Mischungen soll stets gleich sein.

Gemischt wird 1—2 min trocken und 5 min feucht, gerechnet vom Beginn der Wasserzugabe, die innerhalb der ersten 30 sek geschehen soll. Wichtig ist eine genügend lange Durchziehzeit (mindestens 2 Std., vorzugsweise aber über Nacht). Die weitere Vorbereitung zur Prüfung ist gleich wie bei den Natursanden.

3. *Der zylindrische Prüfkörper und seine Herstellung*

Für vorwiegend tongebundene Sande wird zur Bestimmung der Druck- und Scherfestigkeit grün und trocken und ebenso zur Messung der Gasdurchlässigkeit von Form- und Kernsanden und weiterer Eigenschaften ein zylindrischer Prüfkörper von 50 mm Höhe und 50 mm Durchmesser nach DIN 52401 verwendet, der durch die Rammarbeit eines Fallgewichtes verdichtet wird. Der Rammapparat nach +GF+ ist in Abb. 12 dargestellt.

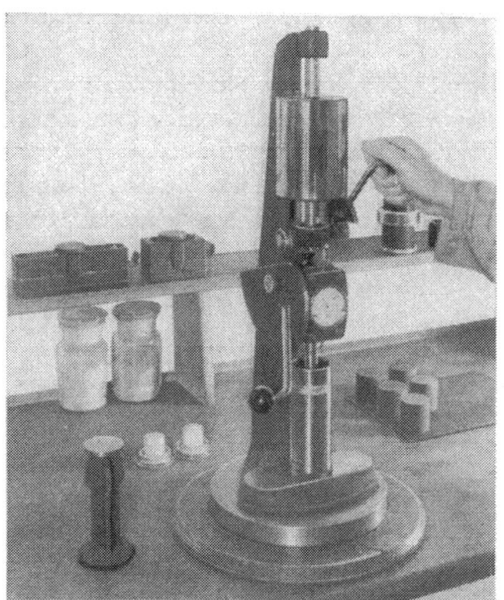

Abb. 12. Rammapparat zur Herstellung von Sandprüfkörpern

Der Sand wird in einem Prüfkörperrohr — nach langsamem Aufsetzen des Rammstempels — durch dreimaliges Fallenlassen eines Fallgewichtes von 6,666 kg aus einer Höhe von 5 cm verdichtet. Durch Vorversuche ist die Sandeinwaage so zu wählen, daß sich nach dreimaligem Rammen eine Prüfkörperhöhe von 50 ± 0,3 mm ergibt. Dazu ist eine Laboratoriumswaage mit einer Wiegegenauigkeit von 0,1 g erforderlich.

Das Fallgewicht überträgt nach dreimaligem Rammen auf den Sand eine theoretische Verdichtungsarbeit von 1 mkg (3 · 6,666 kg · 0,05 m). Dabei ist aber nicht berücksichtigt, daß der Sand allein schon durch das bloße Aufsetzen der beweglichen Teile (Gewicht ca. 8 kg) eine erhebliche Vorverdichtung erfährt. Ferner senkt sich nach jedem Rammschlag die Prüfkörper-Oberkante um eine kleine Weglänge, über die das gesamte auf dem Sand lastende Gewicht noch eine weitere, wenn auch weniger bedeutende Verdichtungsarbeit ausübt. W. GÖTZ [*10*] hat versucht, die wirkliche totale Verdichtungsarbeit zu bestimmen und fand als Mittel an 14 verschiedenen Sanden:

bei 2 Rammschlägen 1,04 mkg	bei 5 Rammschlägen 2,10 mkg
bei 3 Rammschlägen 1,40 mkg	bei 8 Rammschlägen 3,11 mkg.

Für die genauen Details der Bestimmungsmethode kann auf die erwähnte Literaturstelle verwiesen werden.

Von der Sorgfalt, mit der der Prüfende die Sande vorsiebt, abwägt, in das Prüfkörperrohr einfüllt und anschließend verdichtet, hängt es ab, ob im Prüfkörper eine homogene Verdichtung vorliegt. Festigkeit und Durchlässigkeit hängen in hohem Maße damit zusammen. Schon kleine Änderungen in der zugeführten Verdichtungsenergie bewirken deshalb empfindliche Änderungen im Ausmaß der Verdichtung und damit in den Meßwerten.

Die Verdichtungsintensität wird besonders empfindlich durch die Art der Fundation des Rammgerätes beeinflußt. Der Rammapparat soll auf einem massiven Betonsockel oder auf einer mit Zementmörtel ausgegossenen Zementröhre (ähnlich wie ein Maschinenbett) in senkrechter Stellung untergossen und verschraubt werden. Ebensogut ist ein Hartholzsockel, auf den gut sitzend noch eine Metallmasse von 80 bis 100 kg Gewicht als direkte Unterlage zur Verschraubung des Gerätes gesetzt wird. Nur durch solche optimale Aufstellungsbedingungen wird die Rammenergie in bestmöglicher Weise auf den Sand übertragen. Wird z. B. das Gerät auf die Mitte eines Tisches gestellt, so können sich bis zu 20% kleinere Festigkeitswerte ergeben.

Störende Einflüsse können auch vom Prüfkörperrohr herrühren. Die Feinheit der Innenbearbeitung beeinflußt die Wandreibung und damit wiederum den Verdichtungsgrad. Prüfkörper, die in nitrierten und gehonten Rohren verdichtet werden, ergeben bis zu 10% höhere Festigkeitswerte, gegenüber solchen, die in nicht besonders bearbeiteten

Büchsen hergestellt werden. Die Normen schreiben deshalb für derartige Rohre eine genau definierte Bohrungstoleranz und Bearbeitungsfeinheit vor. Bei Nichtgebrauch sollen die Prüfkörperrohre durch Stopfen mit Silikageleinsatz verschlossen und vor dem Rosten geschützt werden.

Für die Eigenschaftsuntersuchung im grünen Zustand sind die Meßwerte für jeden Prüfkörper sofort nach der Herstellung zu ermitteln.

Für besondere Zwecke können die Sande auch mit mehr oder weniger als drei Rammschlägen auf die Höhe von 50 mm verdichtet werden. Dadurch und durch Variation des Wassergehaltes lassen sich typische Prüfstufen erreichen, wie sie in Tabelle 5 dargestellt sind (nach W. Götz [*10*]).

Tabelle 5

Prüfstufe	Verdichtung	Wassergehalt	Ergebnis
I	normgerecht (3 Rammschläge)	formgerecht	nur je 1 Meßwert für Raumgewicht, Gasdurchlässigkeit, Festigkeit
II	normgerecht	unter- bis überformgerecht	mehrere Meßwerte für Raumgewicht, Gasdurchlässigkeit, Festigkeit als Funktion des Wassergehaltes
III	unter- bis übernormgerecht	formgerecht	mehrere Meßwerte für Raumgewicht, Gasdurchlässigkeit, Festigkeit als Funktion der Verdichtung
IV	unter- bis übernormgerecht	unter- bis überformgerecht	mehrere Meßwerte für Raumgewicht, Gasdurchlässigkeit, Festigkeit als Funktion von Wassergehalt und Verdichtung

Vergleichsversuche von W. Götz [*10*] zwischen dem Normprüfkörper (3 Rammschläge) und einer betrieblich durch Rütteln und Pressen verdichteten Form haben an verschiedenartigen Sanden gezeigt, daß sich alle Sande in bezug auf den Verdichtungsvorgang grundsätzlich gleich verhielten: Sande, die im Prüfkörper ein hohes Raumgewicht ergaben, zeigten auch in der betrieblich verdichteten Form dasselbe Verhalten, und umgekehrt. Der Normprüfkörper kommt also in seinen Verdichtungszuständen den Verhältnissen in der praktisch hergestellten Form durchaus nahe. In beiden Fällen wird ja auf konstantes Volumen verdichtet.

4. Die einzelnen Prüfungen im feuchtverdichteten Zustand

a) Das Raumgewicht (Verdichtungsgrad). Das Raumgewicht, d. h. das Gewicht pro Volumeneinheit (g/cm^3, kg/dm^3 usw.), ist das beste Maß für die Intensität der Verdichtung eines Formsandes. Es ist aus dem bekannten Volumen des Prüfkörpers und dem dafür benötigten Einwaagegewicht leicht zu berechnen. Als Funktion des Wassergehaltes dargestellt, zeigt das Raumgewicht ein Minimum etwa in der Gegend des formgerechten Wassergehaltes. Dem tiefsten Raumgewicht entspricht ungefähr auch die höchste Durchlässigkeit.

b) Die Gasdurchlässigkeit. Die Verwendung tongebundener Sande für Formen und organisch gebundener Sande für Kerne in der Gießerei bedingt die Notwendigkeit einer genügenden Durchlässigkeit. Durch die Erhitzung der Formstoffe beim Gießen entstehen hochgespannte Gase und Dämpfe, die durch das Formmaterial selbst nach außen abgeführt werden müssen.

Die Gasdurchlässigkeit körniger Massen hängt in erster Linie von der spezifischen Oberfläche pro Volumeneinheit und damit vom mittleren Porendurchmesser und erst in zweiter Linie von der absoluten Porosität ab. Dichteste Kugelpackungen verschiedener, im einzelnen Fall aber gleicher Korngrößen besitzen z. B. stets die gleiche Porosität, nicht aber dieselbe Durchlässigkeit.

Die Gasdurchlässigkeit wird am zylindrischen Prüfkörper im Zustand nach dem Rammen im Prüfkörperrohr gemessen. Dieses selbst wirkt als seitliche Dichtung bei der Durchlässigkeitsmessung. Getrocknete Prüfkörper können nur in speziellen Einspannhülsen durch eine Druckluft-Gummihülse (FISCHER) oder durch Quecksilber (DIETERT) abgedichtet werden. Es wird stets der Durchschnitt der Messungen an drei verschiedenen Proben verwendet.

Die Durchlässigkeitsbestimmung stützt sich auf das Gesetz von D'ARCY, das für laminare Strömungen in feinporigen Massen gilt. Danach ist die Strömungsgeschwindigkeit V, bezogen auf den gesamten durchflossenen Querschnitt, abhängig von Druckabfall pro Längeneinheit der Probe $\frac{\Delta p}{H}$ und von einer Materialkonstanten k, die mit der Gasdurchlässigkeitszahl Gd identisch ist:

$$V = k \cdot \frac{\Delta p}{H},$$

daraus folgt:

$$k = Gd = \frac{V \cdot H}{\Delta p}. \qquad (7)$$

Bei gegebenem Luftvolumen Q, das in der Zeit t durch den Prüfquerschnitt F fließt, wird $V = \frac{Q}{F \cdot t}$ und damit

$$Gd = \frac{Q \cdot H}{F \cdot t \cdot \Delta p} \quad \text{(nach WOLOGDINE [22])}. \qquad (8)$$

Die Dimension der Gasdurchlässigkeitszahl ist schwer vorstellbar, besonders, wenn die Viskosität der Luft nicht berücksichtigt wird, die eigentlich zur Formel von D'ARCY gehört:

$$V = k \cdot \frac{\Delta p}{H \cdot \eta}.$$

In diesem Fall hat Gd die Dimension cm^2.

Die zur Prüfung der Gasdurchlässigkeit benützten Geräte beruhen auf dem Prinzip des Gasometers, dessen Schwimmglocke einen konstanten

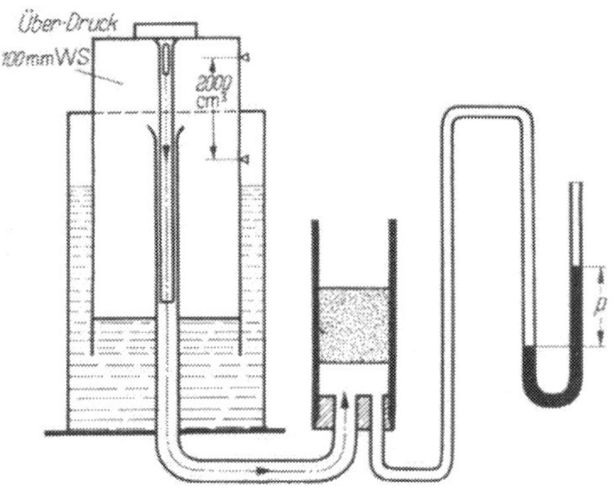

Abb. 13. Prinzipskizze der Prüfapparatur zur Bestimmung der Gasdurchlässigkeit

Abb. 14. Gasdurchlässigkeitsprüfgerät

Überdruck erzeugt. Die Wahl des Gerätes geht auf eine umfassende Untersuchung der American Foundrymen's Society [23] zurück. Die Apparatevorschriften und Prüfverfahren nach AFS und nach DIN sind identisch. Abb. 13 zeigt ein Schema des Gerätes, Abb. 14 eine Ausführungsform der Firma Georg Fischer, AG, Schaffhausen, Schweiz.

Die Normen schreiben übereinstimmend vor:

a) Die Schwimmglocke ist so zu dimensionieren, daß die in ihr eingeschlossene Luft in nicht strömendem Zustand einen Überdruck von 10 cm Wassersäule aufweist.

b) An der Schwimmglocke sind zwei Meßmarken anzubringen, die ein Volumen von 2000 cm^3 Luft abgrenzen.

c) Als Probe dient der zylindrische Normprüfkörper.

Die Bestimmung der Durchlässigkeitszahl nach der Standardmethode erfolgt durch Messen

a) der Durchströmzeit für 2000 cm^3 Luft durch den Prüfkörper (min);

b) des Druckverlustes Δp der Luft beim Durchströmen der Probe (cm Wassersäule).

Die durchströmende Luftmenge Q (2000 cm^3), der Querschnitt F (19,63 cm^2) und die Höhe des Prüfkörpers (5 cm) sind Konstanten und ergeben so die vereinfachte Beziehung

$$Gd = \frac{509}{\Delta p \cdot t}. \tag{9}$$

Der effektive Druck vor dem Prüfkörper ist bei relativ kleinen Zuleitungsrohren zwischen Druckbehälter und Prüfkörper infolge von Reibungsverlusten und je nach den dort vorherrschenden Strömungsgeschwindigkeiten etwas kleiner als 10 cm WS. Rees und Davies *[24]* haben versucht, diesen Druckverlust durch direkten Anschluß des Aufspannkopfes an ein gerades, möglichst weites Zuleitungsrohr zu umgehen. Dadurch wird der Wert für Δp stets konstant = 10 cm WS, und es ist bei der Durchlässigkeitsbestimmung nur noch die Zeit t zu messen.

Auf Grund dieser Tatsache wurden Geräte entwickelt (Dietert), bei denen die Zeit automatisch gemessen wird. Dabei wird die Durchströmzeit einer bestimmten Menge Luft durch elektrische Kontakte gemessen. Die damit gesteuerte Uhr zeigt die entsprechenden Gasdurchlässigkeitszahlen direkt an.

Aus Formel (9) ergibt sich, daß der Wert $\Delta p \cdot t$ für eine bestimmte Durchlässigkeit konstant ist. Wenn Δp fällt, steigt t. Somit ist auch eine Messung mit mehr oder weniger als 10 cm Überdruck möglich.

Für rasche Prüfungen im Betrieb eignet sich die Gasdurchlässigkeitsmessung nach der Düsenmethode. In das Luftzuleitungsrohr zwischen Schwimmglocke und Prüfkörper wird dabei eine Düse von ca. 0,5 mm Weite für kleine Durchlässigkeitswerte oder von 1,5 mm für größere Durchlässigkeitswerte eingeschaltet. Die Düse läßt pro Zeiteinheit ein bestimmtes Quantum Luft durchströmen. Je nach der Gasdurchlässigkeit des Prüfkörpers stellt sich dann im Raum zwischen Blende und Prüfkörper ein bestimmter Druck ein, der um so größer ist, je kleiner die Durchlässigkeit der Probe ist.

Abb. 15 zeigt als Beweis für diese Gesetzmäßigkeit den mit Düse gemessenen Überdruck zwischen Blende und Probe in Beziehung zur Gasdurchlässigkeitszahl, die an der gleichen Probe ohne Düse aus Δp und t berechnet wurde. Das Gerät nach Abb. 14 zeigt auf der Manomerskala die den jeweiligen Düsen entsprechenden Gasdurchlässigkeitswerte, die ohne Druckmessung direkt abgelesen werden können. Die Werte sind im amerikanischen *Foundry Sand Handbook* *[1]* tabelliert.

Voraussetzung für die Zuverlässigkeit der Düsenmessung ist die peinliche Sauberkeit der verwendeten Düsen und die periodische Kontrolle derselben auf Grund der vom Lieferanten angegebenen Eichwerte.

c) Druck- und Scherfestigkeit. Die Festigkeitseigenschaften werden am zylindrischen Prüfkörper bestimmt.

Bei der Prüfung auf Druckfestigkeit wirkt der Preßdruck in axialer Richtung auf die beiden parallelen Endflächen des Prüfkörpers, beim Prüfen auf Scherfestigkeit dagegen in einer durch dessen Achse gehenden Scherebene (Abb. 16). Im allgemeinen stehen die Scherfestigkeitswerte in stets gleichem Verhältnis zu den entsprechenden Druckfestigkeitswerten und sagen daher nichts grundsätzlich Neues aus. Die Messung der Druckfestigkeit genügt daher vollkommen. Die zur Festigkeitsbestimmung verwendeten Geräte müssen ein genau planparalleles Einspannen der Prüfkörperflächen ermöglichen. Die Prüflast soll in jeder Laststufe ablesbar und die Bruchlast mittels Schleppzeiger fixierbar sein.

Die nötige Bruchlast wird durch den zeitlichen Verlauf des Lastanstieges beeinflußt. Der Lastanstieg soll gleichförmig sein und wird von den Normen mit ca. 25 g/cm²/sek vorgeschrieben. Bei Prüfgeräten mit Handantrieb ist darauf besondere Sorgfalt zu verwenden.

Abb. 17 zeigt ein für die Festigkeitsprüfung von Formsanden geeignetes Gerät der Firma Georg Fischer, AG, Schaffhausen, Schweiz.

Wegen der Gefahr des Austrocknens müssen die Prüfkörper unmittelbar nach dem Herstellen geprüft werden. Er wird dazu mittels eines Stempels aus dem Prüfkörperrohr ausgestoßen. Wenn nicht spezielle wissenschaftliche Untersuchungen durchgeführt werden, kann am gleichen Prüfkörper zuerst die Gasdurchlässigkeit und anschließend die Festigkeit geprüft werden. Für trockene Proben ist dies aber nicht zulässig. Für einen guten Durchschnittswert sind mindestens drei Bestimmungen notwendig.

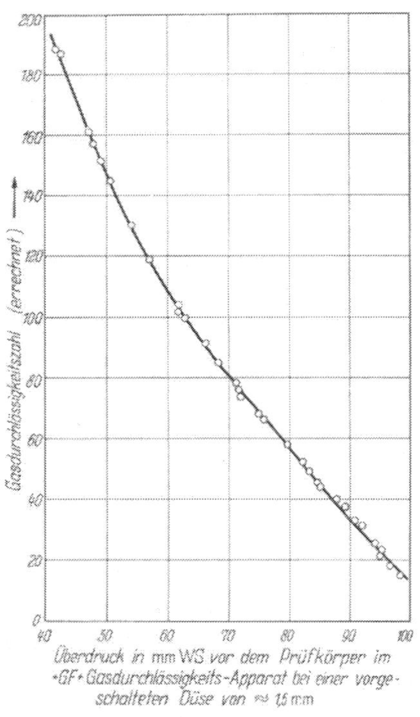

Abb. 15. Zusammenhang zwischen dem statischen Druck der Luft vor dem Prüfkörper und der Gasdurchlässigkeitszahl bei Düsenmessung (nach W. GÖTZ)

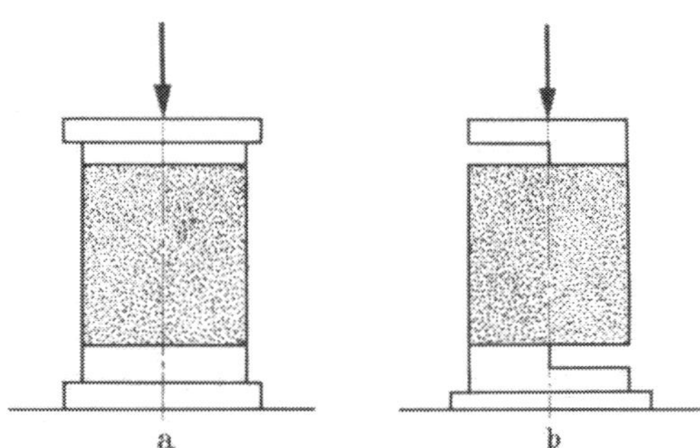

Abb. 16 a u. b. Prinzip der Bestimmung der Druckfestigkeit a) und der Scherfestigkeit b) am zylindrischen Sandprüfkörper

d) Formhärte. Die Messung der Oberflächenhärte an betrieblich verdichteten Formen und an Prüfkörpern ist bis heute das beste Verfahren, die am Prüfkörper gemessenen Eigenschaften auf die Form, und umgekehrt, zu übertragen.

Die größte praktische Bedeutung haben Geräte gefunden, bei denen sich eine Kugelkalotte unter Federspannung in den Sand einpreßt. Es wird die Eindringtiefe an einer Skala gemessen, die in 100 Teile (Härteeinheiten) geteilt ist (Abb. 18). Die Skalenteilung steigt linear mit der Federspannung bzw. mit der Eindringtiefe.

Die Formhärte ist nicht so eindeutig definiert, wie z. B. die Brinellhärte. Die auf die Kugel drückende Kraft ist nicht konstant, sondern steigt infolge der zunehmenden Federspannung mit zunehmender Härte. Als Härtemaß wird nicht die spezifische Belastung der eingedrückten Kalottenfläche, sondern die Eindringtiefe benützt.

PIWOWARSKY und PATTERSON [*25*] haben in einer sehr bemerkenswerten Untersuchung über die praktische Anwendung der Härtemessung auf kleine Hysteresiserscheinungen aufmerksam gemacht, die sich beim Ablesen der Skalenwerte bei zu- und abnehmender Belastung bemerkbar machen, als Folge ungleich gerichteter Reibungskräfte im Übertragungsmechanismus. Da die wirkliche betrieblich verdichtete Form aber Unterschiede in der Härte aufweist, die diese kleinen Fehler bei weitem übertreffen, kommt denselben kaum praktische Bedeutung zu. — Die gleichen Autoren haben auch Vorschläge gemacht zur Ermöglichung eines möglichst planparallelen Aufsetzens des Gerätes auf horizontal liegende Sandflächen mittels eines Zusatzgewichtes.

Die Formhärte wird durch Wassergehalt und Verdichtungsgrad in gleicher Weise beeinflußt wie die Festigkeit. Wegen der einleitend erwähnten Charakteristiken des Härteprüfers (Federdruckmeßgerät) steigt die Härte in Funktion der Festigkeit aber nicht linear an. In tiefen Bereichen erfolgt ein rascher, mit zunehmender Festigkeit aber ein stets langsamerer Härteanstieg. Gleichen Härtezunahmen entsprechen dabei sehr ungleiche Festigkeitszunahmen.

Abb. 17. Festigkeitsprüfgerät für Gießereisand-Prüfkörper

Zur Übertragung der am Prüfkörper gemessenen Sandeigenschaften auf die verdichtete Form und umgekehrt müssen für jeden Sand die Beziehungen zwischen Härte einerseits und Festigkeit, Durchlässigkeit und Raumgewicht andererseits für jeden Feuchtigkeits- und Verdichtungsbereich am Prüfkörper selbst ermittelt werden. Dies geschieht durch Versuchsreihen bei verschiedenen Wassergehalten und Verdichtungsgraden durch Variation der Zahl der Rammschläge. Die graphische Darstellung der gegenseitigen Beziehungen ergibt die Möglichkeit, aus Härtemessungen an der Form auf die übrigen, am Prüfkörper gemessenen Eigenschaften zu schließen.

Zur Härtemessung am Prüfkörper darf nicht die vom Ausstoßstempel gedrückte Fläche verwendet werden. Der Prüfkörper wird bis zu einem Abstand von etwa 2 mm unter den Rand des Prüfkörperrohrs vorgestoßen. In dieser Lage ist er sicher gehalten und vor Verletzungen und Rißbildungen geschützt. Zur Erzielung sicherer Mittelwerte sind mindestens drei Prüfkörper mit je drei bis vier randnahen und einem zentralen Härtepunkt zu prüfen.

Abb. 18. Formhärteprüfer

Bei Kontrollmessungen an betrieblichen Formen ist zu beachten, daß die Härtewerte zwischen Rand, Ecken und Formmitte und je nach Ausbildung der Modelle stark schwanken können. Bei der Kontrolle verschiedener Formkasten ist deshalb darauf zu achten, daß die Meßpunkte stets an derselben Stelle liegen.

e) Die Bestimmung sehr kleiner Grünfestigkeiten. Bei sehr kleinen Grünfestigkeiten, wie sie vor allem Kernsande aufweisen können, ist die Bestimmung der Druckfestigkeit an der zylindrischen Probe mit den üblichen Festigkeitsprüfgeräten nicht mehr mit ausreichender Genauigkeit möglich. Die Gründe liegen in der verminderten Meßgenauigkeit im Bereich unter etwa 150 g/cm² und vor allem in der Schwierigkeit, derart schwache Prüfkörper zu handhaben. Zudem erzeugen gewisse Kernbinder eine fast rein plastische Bindung, die beim Druckversuch lediglich zu einer stetigen plastischen Verformung führt, nicht aber zu einem eindeutigen Bruch.

Sofern ein wirklicher Bruch eintritt, kann die Druckfestigkeit mit Federdruckmeßgeräten bis zu etwa 250 g/cm² gemessen werden.

Besonders geeignet für die Prüfung schwacher Bindungen ist die sog. Abbruchprobe, die in allen Fällen zu einem eindeutigen Bruch führt [*10*].

Aus dem zu prüfenden Sand wird ein Biegestab hergestellt, wie er zur Bestimmung der Biegefestigkeit von Kernsanden verwendet wird. Der Stab wird auf einem Papierstreifen oder endlosen Band ausgeschalt und mit dieser Unterlage über eine abgeschrägte Kante hinweggezogen. Das Gewicht des nach Erreichen eines gewissen Überhanges abbrechenden Stabteils im Vergleich zum Gesamtgewicht ergibt ein Maß für die Feuchtigkeit und Überhangfähigkeit. Ebenfalls möglich ist die Berechnung der eigentlichen Biegefestigkeit nach der Formel des freihängenden Trägers: aus dem Gesamtgewicht und dem Gewicht des abgebrochenen Teils ergeben sich die Länge desselben und damit die Größe der im Schwerpunkt des gebrochenen Stückes wirkenden Kraft. Da der Verdichtungsgrad der Sande je nach Körnung und Binder sehr verschieden sein kann, entsprechen gleichen Abbruchlängen nicht immer gleiche Gewichte, weshalb die zweite Art der Berechnung genauer ist.

Wenn man den Biegestab vor der Abbruchprüfung verschieden lang an der Luft liegen läßt, kann die Lufthärtung von Kernsanden und Kernbindern untersucht werden.

f) Die Bestimmung der Plastizität und der Fließbarkeit. Von allen Bestimmungsmethoden, die sich mit den plastischen und den Fließeigenschaften von Formsanden befassen, ist die Bestimmung der Verkürzung des Prüfkörpers während der Belastung beim Druckversuch als Maß für die Deformationsfähigkeit die bekannteste.

Gemessen wird in der Regel mit einer Meßuhr über einen Taster, wobei zu Beginn des Lastanstieges die Skala auf Null eingestellt wird. Die Deformation kann von 100 zu 100 g/cm² abgelesen werden und wird am übersichtlichsten in Form eines Diagrammes aufgezeichnet.

Sofern nicht selbstschreibende Geräte oder Meßuhren mit Schleppzeiger verwendet werden, empfiehlt es sich, die Deformation bei 80% der vorher bestimmten Bruchlast abzulesen. Unmittelbar vor dem Bruch deformiert sich der Prüfkörper äußerst schnell, und es ist fast unmöglich, den Endpunkt genau abzulesen.

Eine möglichst genaue Einhaltung eines konstanten Lastanstieges ist bei der Deformation von besonders großer Bedeutung.

Nach den amerikanischen Prüfvorschriften [*1*] wird das Produkt aus Bruchdeformation und Druckfestigkeit als Sandzähigkeit bezeichnet (Toughness).

Untersuchungsergebnisse über die Deformationsfähigkeit von Formsanden wurden von W. GÖTZ [*10*] beschrieben.

Ähnliche Zwecke, wie mit der eigentlichen Bruchdeformationsmessung während des Druckfestigkeitsversuches werden in USA auch mit der Schlagprüfung (Impact Test) verfolgt [*1*]. Das Prüfgerät ist eine Art Rüttelmaschine, auf der am zylindrischen Prüfkörper die Tendenz zum Zusammensacken und Auseinanderbrechen und ebenso die Überhangfähigkeit gemessen werden können. Diese Geräte werden vor allem für Kernsande verwendet.

Die verschiedenen Methoden zur Messung der Fließbarkeit suchen Sandeigenschaften zu erfassen, die wiederum eng mit der Deformationsfähigkeit zusammenhängen.

Die Fließbarkeit bezeichnet das Vermögen eines Sandes, den Formhohlraum unter dem Einfluß der verdichtenden Kraft möglichst rasch und homogen auszufüllen. Diese mehr oder weniger leichte Verschiebbarkeit der einzelnen Sandkörner gegeneinander hängt in hohem Maße von der Art des Bindemittels, aber auch von der Körnung ab.

Eine der ersten Methoden, jene von DIETERT und VALTIER [*26*] verdichtet den Sand zum normalen Prüfkörper. Anschließend werden ein vierter und ein fünfter Rammschlag gegeben und die Höhenabnahme gemessen, die durch diese beiden zusätzlichen Schläge verursacht wird. Eine Höheabnahme von 2,5 mm entspricht einer Fließbarkeit von 0, gar keine einer solchen von 100. Dieser Test ist nicht sehr empfindlich, weshalb nach andern Methoden gesucht wurde.

MOORE [*27*] ermittelt die Fließbarkeit aus der Veränderung von Festigkeit und Durchlässigkeit im Bereich von 1 bis 10 Rammschlägen.

KYLE [*28*] bestimmt dagegen den Unterschied der Formhärte an den beiden Prüfkörperstirnflächen nach einer Verdichtung mit einem Rammschlag von $^1/_4''$ Fallhöhe.

Verschiedene vorgeschlagene Verfahren pressen den Sand durch eine Öffnung, meist in Verbindung mit dem Rammapparat. LYSSELL und ASH [29] bestimmen, bei welchem Druck der lose in ein Prüfkörperrohr eingefüllte Sand durch eine Bodenblende von 1″ Durchmesser ausfließt. In ähnlicher Weise arbeitet die Methode von ROLL [30], bei der der Sand beim Rammen in horizontale Bohrungen der Wandung des Prüfkörperrohrs gepreßt wird, ebenso diejenige von GRIM und JOHNS [31], die den Grad des Einfließens quer zur Druckrichtung in eine T-förmige Prüfbüchse untersucht. FAIRFIELD und MCCONACHIE [32] bestimmen das Sandgewicht, das beim freien Fall des Sandes in ein Prüfkörperrohr mit seitlichem ringförmigem Schlitz am untern Ende austreten konnte (sog. Kennedy-Test). Diese Autoren beschreiben auch ein Prüfkörperrohr, an dessen unterm Ende an einer seitlichen Öffnung ein Härteprüfer angebracht war, mit dem direkt ein Maß für die Menge Sand erhalten wurde, der beim Aufsetzen des Rammstempels (mit Rammgewicht) durch die Öffnung ausgepreßt wurde.

Von ganz anderer Art ist der Test, der vom AFS-Flowability Committee [33] vorgeschlagen wurde: Der zu untersuchende Sand wird grundsätzlich genauso in die Prüfkörperbüchse eingefüllt, wie er im Betrieb in die Form eingefüllt wird. Das Sandgewicht im Rohr wird auf einer tarierten Waage so korrigiert, daß nach bloßem Aufsetzen des Rammstempels (inkl. Rammgewicht) ohne Rammen ein Prüfkörper von 2″ Höhe entsteht. Am ausgestoßenen Prüfkörper werden Größe und Häufigkeit der zu beobachtenden Lockerstellen mit einer abgebildeten Testreihe mit den Abstufungen 1—10 verglichen und klassiert. Die erhaltenen Fließbarkeitswerte sollen sehr gute Übereinstimmung mit der Oberflächenrauhigkeit von Versuchsabgüssen zeigen. Keine Zusammenhänge wurden aber mit der DIETERT-Fließbarkeit und mit dem Raumgewicht gefunden.

In anderer Richtung gehen verschiedene englische Vorschläge:

GITTUS [34] definiert in einer bemerkenswerten Arbeit die Fließbarkeit durch das Bindungs-Energie-Verhältnis $R = \frac{e}{E}$ der zum Verdichten (e) gegenüber der zum Zerstören dieser Verdichtung nötigen Energie (E). Er zeigt, daß verschiedene Tests mit diesem R-Wert zusammenhängen und beurteilt diese Methoden (insbesondere den Shattertest, siehe unten) als brauchbare Möglichkeiten, die Fließbarkeit zu bestimmen.

Der sog. Shattertest (Fallprobe) nach GRAHAM (siehe PARKES [35]) hat sich in England bereits sehr stark eingeführt. Ein Normprüfkörper fällt aus einer Höhe von 6 Fuß auf einen horizontalen Amboß von ca. $2^1/_2$″ Durchmesser. Die entstehenden Trümmer fallen auf ein Sieb mit $^1/_2$″ Maschenweite. Der prozentuale Anteil des Siebrückstandes gibt den sog. *Shatterindex* an. Dieser Index steigt für einen bestimmten Sand mit zunehmender Feuchtigkeit. Er ist bei rein tongebundenen Sanden nicht ganz unabhängig von der Festigkeit (Untersuchungen im Formstofflaboratorium des Verfassers). Immerhin können verschiedene, insbesondere betrieblich aufbereitete Sande bei gleicher Festigkeit völlig verschiedene Shatterindexwerte aufweisen.

DAVIES und REES [36] schlugen vor, den Sand in ein Rohr zu füllen, das aus einzelnen Ringen aufgebaut ist. Verdichtet wird durch Aufsetzen eines statisch wirkenden Gewichtes. Nach der Verdichtung wird jeder Ring für sich abgehoben und der zugehörende Sandzylinder mit einem Messer vorsichtig abgeschnitten und gewogen. Aus dem bekannten Volumen ergibt sich leicht das Raumgewicht für die einzelnen Abschnitte und daraus die Veränderung des Verdichtungsgrades in Abhängigkeit von der Höhe.

6. Die Darstellung der Abhängigkeit der Formsandeigenschaften von Verdichtungsgrad und Wassergehalt im Dreiecksdiagramm

In den vorhergehenden Kapiteln wurde bereits mehrfach darauf hingewiesen, daß die Sandeigenschaften (Festigkeit, Durchlässigkeit, Härte, Raumgewicht usw.) sowohl vom Wassergehalt wie vom Verdichtungsgrad abhängen.

Bei der Untersuchung der Abhängigkeit der mechanisch-physikalischen Eigenschaften eines Sandes vom Wassergehalt zeigen die Prüfkörper bei den verschiedenen Feuchtigkeitsgehalten verschiedene Raumgewichte. Die gemessenen Festigkeits- und Durchlässigkeitswerte sind daher nicht nur das Ergebnis der geänderten Feuchtigkeit allein sondern auch des geänderten Raumgewichtes. In den bekannten Darstellungen der Festigkeit, der Durchlässigkeit und des Raumgewichts in Abhängigkeit vom Wassergehalt ist es daher nicht ohne weiteres möglich, die Einzelwirkung der beiden Einflußgrößen auseinanderzuhalten. Sehr oft verlaufen Durchlässigkeit und Festigkeit, verglichen mit dem Verlauf des Raumgewichtes, in scheinbar direktem Widerspruch zu den grundlegenden Beziehungen, die zwischen diesen Eigenschaften und dem Raumgewicht bestehen. Diese Schwierigkeiten und Widersprüche werden gelöst, wenn man nach W. GÖTZ [*10, 37*] die in einer solchen Untersuchung erhaltenen Eigenschaftswerte in einer besonderen Art in einem Dreiecksdiagramm darstellt. Man gewinnt dadurch nicht nur einen klaren Einblick darin, wie Feuchtigkeit und Raumgewicht für sich allein als auch in beliebiger Kombination, Festigkeit und Durchlässigkeit beeinflussen, sondern auch darin, wie sich dabei die Volumenanteile von Sand, Wasser und Poren verändern.

Festigkeit und Durchlässigkeit sind in solchen Diagrammen als Linien konstanter Eigenschaftswerte dargestellt. Es lassen sich aber auch diejenigen Verdichtungszustände als Linienzüge wiedergeben, die der normal gerammte Prüfkörper bei verschiedenen Feuchtigkeitswerten besitzt. Eine solche Linie schneidet die Linien konstanter Eigenschaftswerte in ganz bestimmten, für jedes Verdichtungsverfahren typischen Richtungen. Sie ergibt als Schnittprofil grundsätzlich den Verlauf, den Festigkeit und Durchlässigkeit in Abhängigkeit vom Wassergehalt zeigen. Die typischen Eigenschaften dieser Kurven, das Steigen und Fallen, das Auftreten von Maximalwerten und die erwähnten Widersprüche gegenüber dem Verlauf des Raumgewichtes lassen sich damit widerspruchslos erklären. Es zeigt sich, daß der Verlauf dieser Linien und damit deren Schnittprofil im wesentlichen durch die Verdichtungsbedingungen bestimmt wird, die für die Herstellung des Prüfkörpers vorgeschrieben werden. Daraus resultiert eine für die Beurteilung solcher Beziehungen wichtige Einschränkung: die Veränderung von Festigkeit, Durchlässigkeit und Raumgewicht in Abhängigkeit vom Wassergehalt stellt lediglich eine relative, nur für das gewählte Verdichtungsverfahren gültige Beziehung dar, die unter Umständen ganz anders verlaufen kann, wenn diese Bedingungen geändert werden.

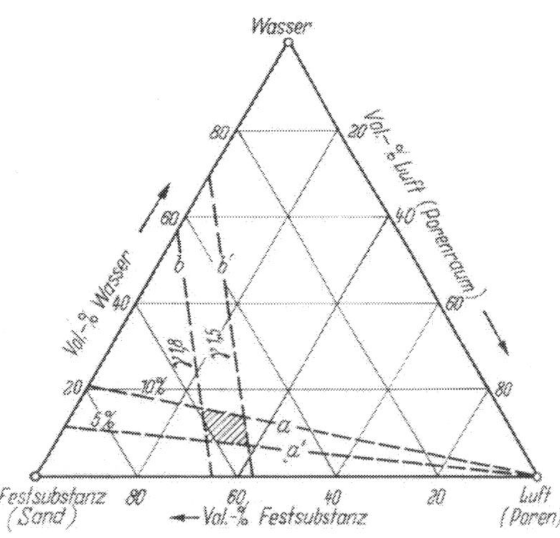

Abb. 19. Dreiecksdiagramm zur Darstellung des Verdichtungszustandes von Formsanden

Abschließend wird von W. GÖTZ [*37*] nachgewiesen, daß diese vieldiskutierte Darstellung der Eigenschaften zunehmend befeuchteter Sande bei normaler Verdichtung (3 Rammschläge) für die praktische Beurteilung der Formsande deswegen doch grundsätzlich richtig ist, weil die betrieblichen Formen unter den gleichen Bedingungen verdichtet werden, wie die Prüfkörper.

Abb. 19 zeigt das von W. GÖTZ benutzte Dreiecksdiagramm mit den in Volumenprozenten ausgedrückten Komponenten Wasser (flüssige Phase), Festsubstanz (Sand, Ton) und Poren, deren Summe für jeden Verdichtungszustand immer 100% ist. Das umständliche Berechnen dieser Volumenanteile aus Raumgewicht und Wassergehalt der Probe und aus dem spezifischen Gewicht der Feststoffe wird umgangen, indem dem normalen Dreiecksnetz ein zweites Netz überlagert wird, dessen Linien konstanten Raumgewichten und konstanten Gewichtsprozenten Wasser entsprechen. Für die nähere Ableitung dieser Darstellung kann auf die Originalarbeit [*37*] und auf die Rezension von H. JUNGBLUTH [*38*] verwiesen werden.

Abb. 20 zeigt in vergrößertem Maßstab einen Ausschnitt aus dem schraffierten Feld der Abb. 19, das dem Anwendungsbereich für Formsande entspricht, mit den beiden Netzteilungen.

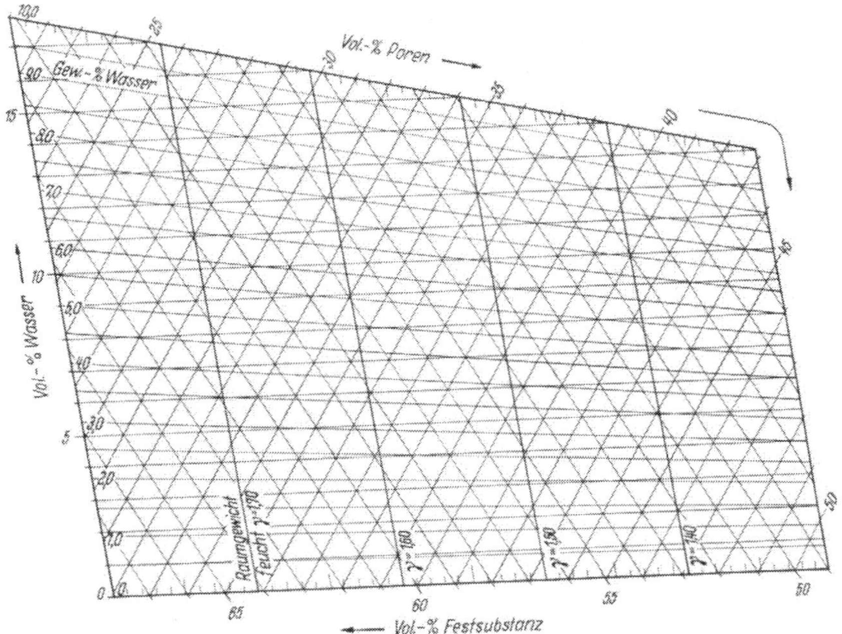

Abb. 20. Vergrößerung des schraffierten Feldes aus Abb. 19 mit überlagerten Netzteilungen zur Darstellung der Verdichtungszustände von Formsanden

Zur Erstellung eines Dreiecksdiagramms werden die Sandeigenschaften bei verschiedenen Feuchtigkeitsgehalten und jeweils verschieden starker Verdichtung geprüft (Prüfstufe IV, Tab. 5). In einem Zwischendiagramm werden die erhaltenen Festigkeits- und Durchlässigkeitswerte gesondert für jeden Feuchtigkeitsgehalt in Abhängigkeit vom Raumgewicht aufgezeichnet. Die Versuchspunkte zum Zeichnen der Linien konstanter Festigkeit oder Durchlässigkeit im Dreiecksdiagramm werden aus diesem Zwischendiagramm abgelesen.

Abb. 21 zeigt als Beispiel den charakteristischen Verlauf konstanter Durchlässigkeitswerte und Abb. 22 den Verlauf konstanter Druckfestigkeitswerte im Dreiecksdiagramm. Es zeigt sich, daß bestimmte konstante Eigenschaftswerte bei sehr verschiedenen wechselseitigen Beziehungszuständen von Verdichtungsgrad und Wassergehalt möglich sind. Insbesondere ist auffällig, wie die Verdichtungszustände konstanter Durchlässigkeitswerte viel mehr vom Volumen der Festsubstanz oder

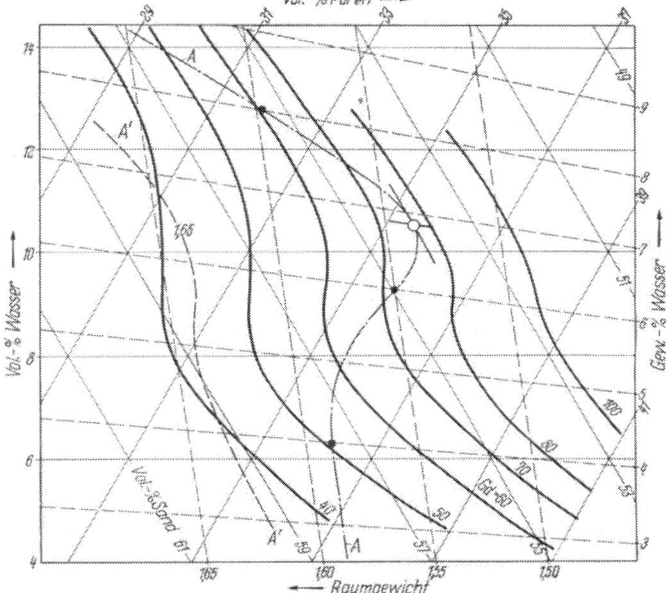

Abb. 21. Verlauf der Linien konstanten Gasdurchlässigkeitswerte im Dreiecksdiagramm am Beispiel eines natürlich tongebundenen Formsandes (nach W. Götz)

vom trockenen Raumgewicht abhängig sind, als vom Wassergehalt, obwohl sie in der üblichen Darstellung in Abhängigkeit vom Wassergehalt doch außerordentlich stark von diesem beeinflußt erscheinen.

Die Linienzüge A—A entsprechen den Verdichtungszuständen des normverdichteten Prüfkörpers. Der Verlauf von Festigkeit, Durchlässigkeit und Raumgewicht vom Wassergehalt kann aus dem Schnittverlauf mit allen seinen typischen Merkmalen leicht abgeleitet werden.

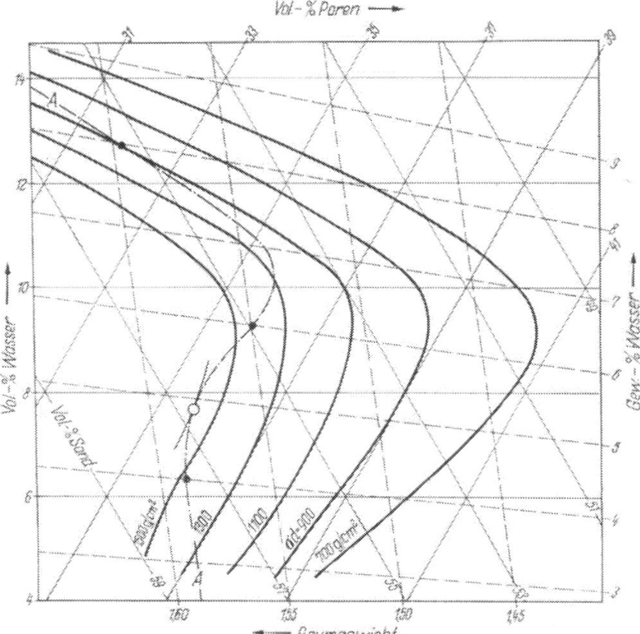

Abb. 22. Verlauf der Linien konstanter Druckfestigkeitswerte (grün) im Dreiecksdiagramm. Gleicher Sand wie Abb. 21 (nach W. GÖTZ)

7. *Vergleich der Meßergebnisse von Formsandprüfungen nach DIN und nach AFS*

Die Prüfvorschriften zur Bestimmung der Formsandeigenschaften im grünverdichteten Zustand nach DIN und nach AFS (siehe III) unterscheiden sich lediglich in den Abmessungen des zylindrischen Prüfkörpers und der leicht verschiedenen Verdichtungsarbeit. Diese Unterschiede gehen aus Tab. 6 hervor.

Dadurch ergibt sich bei 3 Rammschlägen für den AFS-Prüfkörper eine theoretische Verdichtungsarbeit von 96,78 cm/kg, gegenüber 100 cm/kg beim DIN-Prüfkörper. Die statische Vorverdichtung ist dabei allerdings nicht berücksichtigt.

Tabelle 6

		DIN	AFS
Durchmesser des zylindrischen Prüfkörpers	mm	50,0	50,8
Höhe des zylindrischen Prüfkörpers	mm	50,0	50,8
Maximal zulässige Höhenabweichung	± mm	0,3	0,8
Rammgewicht	g	6666	6350
Gewicht der beim Rammen bewegten Teile	g	1500	1588
Fallhöhe des Rammgewichts	mm	50,0	50,8
Zahl der Rammschläge bei Normverdichtung		3	3
Volumen des zylindrischen Prüfkörpers	cm³	98,2	102,9

Der nach DIN verdichtete Prüfkörper zeigt bei einem um etwa 4% geringeren Volumen gegenüber dem AFS-Prüfkörper eine etwas größere Verdichtungsarbeit. Es ist deshalb zu erwarten, daß der DIN-Prüfkörper gegenüber der amerikanischen Probe ein etwas höheres Raumgewicht und damit eine leicht erhöhte Festigkeit und eine etwas geringere Durchlässigkeit aufweisen wird.

W. GÖTZ [*21*] hat sorgfältige Vergleichsversuche unter identischen Bedingungen durchgeführt. Abb. 23 zeigt die gefundenen Unterschiede für Durchlässigkeit, Druckfestigkeit und Raumgewicht (Verdichtungsgrad) im feuchtverdichteten Zustand.

Die Differenzen der AFS-Proben sind in Prozenten des jeweiligen DIN-Meßwertes aufgetragen. Offene Kreise entsprechen Sanden, die bei formgerechter Feuchtigkeit und mit 3 Rammschlägen verdichtet wurden. Die ausgefüllten Kreise sind Meßwerte an Sanden bei Verdichtung mit mehr oder weniger als 3 Rammschlägen oder im unter- oder überfeuchteten Zustand.

Im Mittel ergeben sich für die Prüfkörper nach AFS gegenüber solchen nach DIN folgende Differenzen:

Druckfestigkeit grün —4,15%; Gasdurchlässigkeit grün +5,42%; Raumgewicht grün —0,626%.

Diese Unterschiede entsprechen genau der logischen Überlegung. Sie sind für betriebliche Zwecke vernachlässigbar klein und ermöglichen jedenfalls ohne weiteres einen Vergleich zwischen Prüfergebnissen, die mit der 2 Zoll-Probe und solchen die mit der 50 mm-Probe erhalten wurden. Aus den angegebenen Untersuchungen ergibt sich auch, daß die Eigenschaftswerte, die an Prüfkörpern nach AFS und nach DIN gemessen werden, in Abhängigkeit vom Wassergehalt genau denselben charakteristischen Verlauf zeigen. Dies liegt darin begründet, daß beide Verfahren nach dem gleichen Prinzip arbeiten.

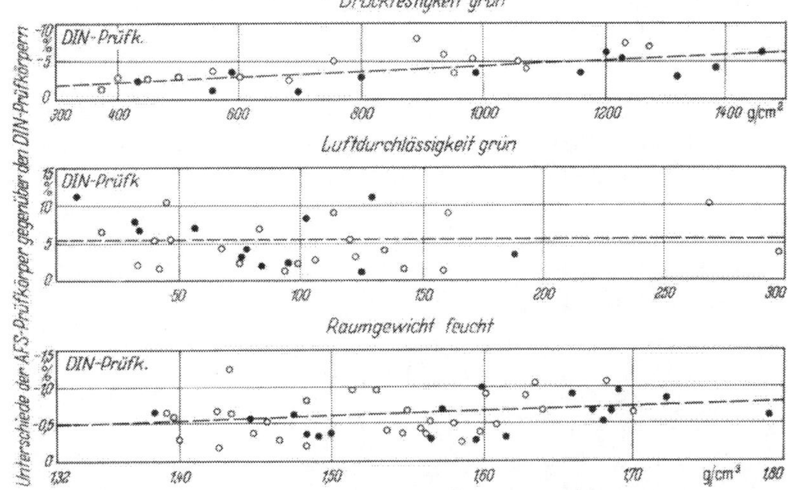

Abb. 23. Unterschiede der Eigenschaftswerte (grün) der AFS-Prüfkörper gegenüber den DIN-Prüfkörpern

(○ = Verdichtung formgerecht, 3 Rammschläge, ● = Verdichtung unter- oder überformgerecht oder mit mehr oder weniger als 3 Rammschlägen)

C. Prüfung verdichteter, vorwiegend tongebundener Sande im getrockneten Zustand.

1. *Vorbehandlung der Proben*

Zur Untersuchung der Eigenschaften verdichteter Sande im getrockneten Zustand werden die grünverdichteten Prüfkörper vorerst im vorgeheizten Ofen bei der gewünschten, z. B. dem Betrieb entsprechenden Temperatur, getrocknet. Die amerikanischen Normen schreiben eine Trocknung bei 105°C während 2 Stunden vor, wobei die Proben vor der Prüfung auf Festigkeit oder Durchlässigkeit im Exsikkator abzukühlen haben.

Die Art und Weise der Abkühlung getrockneter Proben ist bei allen Sanden von fundamentalem Einfluß auf die Festigkeitseigenschaften. Abb. 24 zeigt als Beispiel ein Untersuchungsergebnis an einem betrieblich verwendeten Formsand (Untersuchungen des Verfassers im Laboratorium der Georg Fischer Aktiengesellschaft, Schaffhausen, Schweiz).

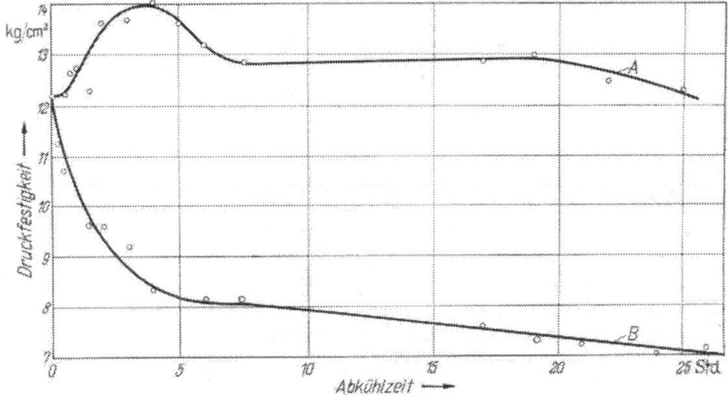

Abb. 24. Abhängigkeit der Trockenfestigkeit eines tongebundenen, betrieblichen Formsandes von der Abkühldauer, gerechnet vom Augenblick der Entnahme aus dem Trockenofen.

A = Abkühlung im Exsikkator, *B* = Abkühlung an der Raumluft (Untersuchungen des Formstofflaboratoriums der Georg Fischer Aktiengesellschaft, Schaffhausen, Schweiz)

An der freien Luft abgekühlt, nimmt der Bindeton aus der Luft Feuchtigkeit auf, wodurch die ursprüngliche Festigkeit im heißen Zustand auf gegen 50% nach einigen Stunden absinkt, während sich im

Exsikkator eine anfängliche Festigkeitszunahme zeigt, die meist von einem ganz leichten Abfall gefolgt ist. Für die Beurteilung der Eigenschaften von Trockenguß-Sanden müssen diese Eigenschaften berücksichtigt werden. Der Kurvenverlauf in Abb. 24 gilt grundsätzlich für alle vorwiegend tongebundenen Sande (natürlich oder synthetisch). Es darf nicht vor 5 bis 6 Stunden geprüft werden.

Unter Umständen ist es auch erwünscht, die Eigenschaften zu untersuchen, nachdem die Prüfkörper an der Luft verschieden lang antrocknen konnten (siehe auch PIWOWARSKY und BOENISCH [*39*]).

2. *Einzelprüfungen*

a) Gasdurchlässigkeit. Zur Prüfung der Gasdurchlässigkeit tongebundener Sande dient eine spezielle Einspannvorrichtung, da der trockene Prüfkörper nicht im Prüfkörperrohr selbst geprüft werden kann. Abb. 25 zeigt eine Einspannhülse nach FISCHER. Der Prüfkörper wird darin durch eine Gummihülse mit Druckluft seitlich abgedichtet. In USA wird häufig eine Einspannvorrichtung mit Quecksilberabdichtung verwendet. Im übrigen wird die Trocken-Gasdurchlässigkeit in gleicher Weise bestimmt, wie am grünen Prüfkörper. Es werden stets drei Prüfkörper untersucht, die nachher nicht zur Messung der Trockenfestigkeit verwendet werden dürfen.

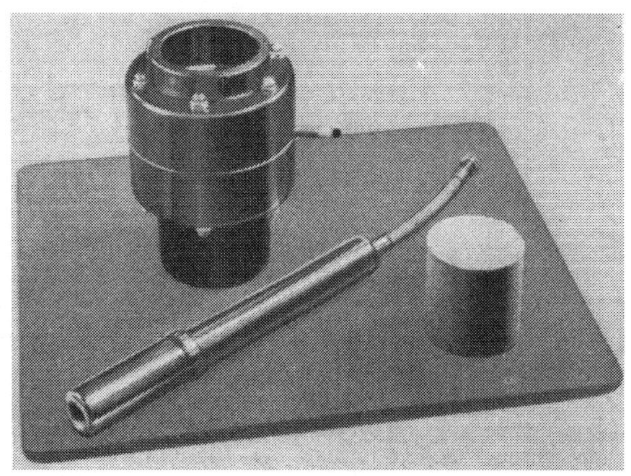

Abb. 25. Druckluft-Einspannvorrichtung zur Prüfung der Gasdurchlässigkeit getrockneter, zylindrischer Prüfkörper aus Form- und Kernsanden

b) Festigkeit. Die Trockenfestigkeit tongebundener Sande kann 30—40mal größer sein als die Grünfestigkeit. Aus diesem Grunde verfügen die bekanntesten Prüfgeräte für Formsande über einen besonderen Meßbereich für getrocknete Sande, der beim Prüfgerät nach FISCHER bis zu 13 kg/cm² reicht. Für höhere Werte müssen Prüfgeräte verwendet werden, wie sie für Druckfestigkeitsprüfungen an keramischen und metallischen Werkstoffen üblich sind.

Die gemessene Trockenfestigkeit hängt von der zeitlichen Zunahme der Last ab. Die amerikanischen Normen schreiben einen Lastanstieg von 1,6 kg/cm²/sek vor.

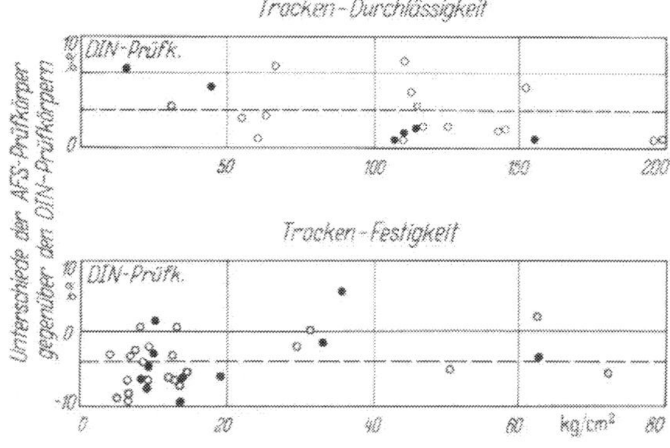

Abb. 26. Unterschied der Eigenschaftswerte (trocken) der ASF-Prüfkörper gegenüber den DIN-Prüfkörpern

(○ = Verdichtung formgerecht, 3 Rammschläge, ● = Verdichtung unter- oder überformgerecht oder mit mehr oder weniger als 3 Rammschlägen

3. *Vergleich der Meßergebnisse von Formsandprüfungen (Eigenschaften im getrockneten Zustand) an Prüfkörpern nach DIN und nach AFS*

In analoger Weise, wie für die grünen Eigenschaften, wurden von W. GÖTZ [*21*] auch Untersuchungen über die Meßwertunterschiede an getrockneten Prüfkörpern nach DIN und AFS durchgeführt. Abb. 26 zeigt die gefundenen Unterschiede für die Gasdurchlässigkeit und die Festigkeit. Die Resultate entsprechen durchaus denjenigen für die grünen Eigenschaften.

Im Mittel ergaben sich für Prüfkörper nach AFS gegenüber solchen nach DIN folgende Differenzen:

Druckfestigkeit trocken $-4{,}0\%$; Gasdurchlässigkeit trocken $+5{,}24\%$.

Angesichts der erheblichen Streuung bei der Prüfung der Trockeneigenschaften können diese Unterschiede als vernachlässigbar klein beurteilt werden.

D. Prüfung von Sanden mit vorwiegend organischen Bindemitteln im verdichteten und getrockneten Zustand (Kernsandprüfung)

1. Vorbereitungen zur Prüfung

a) Betriebssande. Betriebssande werden unter Beachtung der Bemerkungen über die Probenahme im Betrieb gesammelt. Vor der Prüfung ist der Sand durch ein Sieb von 3 mm Maschenweite zu treiben und wieder in dicht verschließbare Behälter einzufüllen.

b) Herstellung von Kernsandmischungen im Laboratorium. Versuchs-Kernsandmischungen können nur in einem guten Laboratoriumsmischer (Abb. 11) hergestellt werden, niemals aber von Hand. Vor der Herstellung der Prüfkörper sollen die Mischungen zweckmäßigerweise wenigstens 2 Stunden gelagert werden, nachdem sie in dicht verschlossene Behälter eingefüllt worden waren.

c) Herstellung von Mischungen zur Prüfung von Kernbindern. Zur Prüfung von Kernbindern ist es zweckmäßig, einen Standard-Prüfsand zu verwenden, wie er unter VI-B-2c beschrieben wurde. Der Bindemittelzusatz beträgt in diesem Falle aber nur 1—3%. Für gleiche Bindergruppen soll aber stets derselbe Zusatz gewählt werden, damit Vergleiche möglich sind.

Weil Trockenzeit und Trockentemperatur die Festigkeit organisch gebundener Sande stark verändern, sind für Versuchsreihen oft zahlreiche Einzelmischungen notwendig. In diesen Fällen muß der Prüfsand für diese Mischungen sehr gut homogenisiert sein, da die Kernbinder in ihrer Wirkung sehr stark von Korngröße und Kornverteilung abhängen.

Die Mischungen dürfen nur in einem Laboratoriumsmischer hergestellt werden. Mischungen mit Trockenbindern müssen vor der Zugabe von Wasser und anderen Flüssigkeiten 1—2 Minuten trocken vorgemischt werden. Das nötige Anmachwasser wird sodann innert 30 sec beigefügt, worauf vom Beginn der Wasserzugabe an 5 min weitergemischt wird.

Zur Prüfung von Kernölen hoher Viskosität oder von Pasten ist es zweckmäßig, den Binder direkt auf den Sand in der Waagschale zu dosieren. Dadurch werden Verluste vermieden.

2. Das Trocknen, Abkühlen und Lagern der Prüfkörper

Prüfkörper aus organisch gebundenen Sanden werden in einem geeigneten Trockenofen getrocknet. Dieser Ofen muß eine genaue Einhaltung der gewünschten Temperatur zwischen etwa 80 und 300 °C gewährleisten. Anzustreben ist Luftumwälzung.

Die Trockentemperatur und die Trockenzeit sind von entscheidendem Einfluß auf die resultierenden Festigkeitseigenschaften und müssen deshalb genau eingehalten werden. Für verschiedene Binder sind diese Faktoren verschieden. Sie können durch Versuchsreihen ermittelt werden. Die Proben werden erst in den Ofen eingesetzt, nachdem dieser auf die gewünschte Temperatur gebracht worden ist.

Organisch gebundene Sande können beim Abkühlen von Ofen- auf Raumtemperatur eine erhebliche Festigkeitszunahme zeigen, die im Einzelfall weit über 100% betragen kann. Entsprechende Kurven sind in Abb. 27 dargestellt. Diese Erscheinung beruht auf thermoplastischen Eigenschaften der ausgehärteten Binder und ist reversibel. Die nötige Abkühlzeit zur Erreichung des konstanten Endwertes beträgt je nach Größe der Prüfkörper und je nach den Abkühlverhältnissen 4—6 Stunden. Es ist deshalb wichtig, die getrockneten Prüfkörper nicht vor Ablauf dieser Zeit zu prüfen. Im allgemeinen sollen Kernsandprüfkörper nach dem Trocknen im Exsikkator abgekühlt werden. Bei Abkühlung an der freien Luft zeigt sich nach dem Erreichen des maximalen Festigkeitswertes ein Festigkeitsabfall, der auf Wasseraufnahme an der Luft beruht und von den hygroskopischen Eigenschaften der ausgehärteten Binder abhängig ist (siehe Abb. 27).

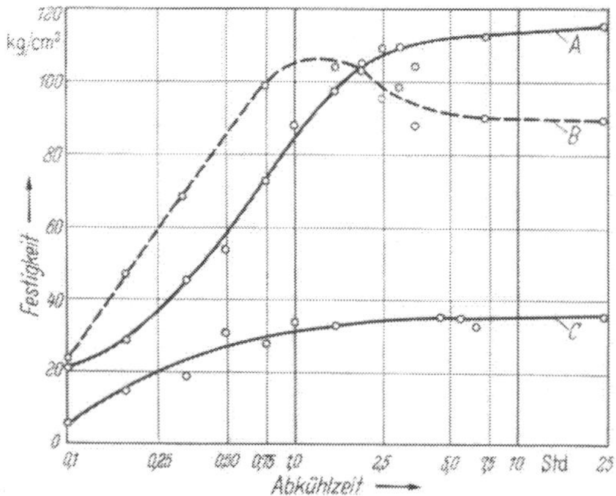

Abb. 27. Verhalten der Festigkeitseigenschaften getrockneter Kernsandprüfkörper nach Entnahme aus dem Ofen und Abkühlung auf Raumtemperatur. Binder: Leinöl und Sulfitablauge

A = Druckfestigkeitsverlauf in Abhängigkeit von der Abkühlzeit bei Abkühlung im Exsikkator, B = Druckfestigkeitsverlauf bei Abkühlung an der Raumluft, C = Biegefestigkeitsverlauf bei Abkühlung im Exsikkator

3. *Einzelprüfungen*

Grundsätzlich sollen stets wenigstens drei Prüfkörper geprüft werden, wobei das Mittel maßgebend ist.

a) Gasdurchlässigkeit. Zur Bestimmung der Gasdurchlässigkeit werden die üblichen zylindrischen Prüfkörper verwendet, die unter geeigneten Bedingungen getrocknet und genügend lange abgekühlt werden. Geprüft wird mit der gleichen Einspannvorrichtung wie bei tongebundenen Sanden.

Zur Herstellung der Prüfkörper aus Sanden mit sehr geringer Grünfestigkeit kann eine geteilte Kernbüchse verwendet werden, in die vor dem Rammen eine Unterlagplatte vom Durchmesser des Prüfkörpers gelegt wird. Der Prüfkörper kann nach dem Rammen vorsichtig ausgeschaltet und auf dieser Unterlage direkt auf ein Trockenblech und in den Ofen gesetzt werden.

b) Druck- und Scherfestigkeit. Druck- und Scherfestigkeit getrockneter Kernsande werden am zylindrischen Prüfkörper bestimmt.

Da die üblichen Festigkeitsprüfgeräte einen relativ beschränkten Druckfestigkeitsbereich aufweisen, können die vielfach sehr hochfesten organisch gebundenen Sande nach dem Trocknen meist nicht mehr auf Druck- und Scherfestigkeit geprüft werden. Aus diesem Grunde werden spezielle Prüfkörper zur Bestimmung der Zug- und der Biegefestigkeit verwendet.

c) Zugfestigkeit. Es werden Prüfkörper nach Abb. 28b mit quadratischem Bruchquerschnitt verwendet. Diese Zugprüfkörper werden in analoger Weise wie die zylindrische Probe mit dem üblichen Rammgerät durch dreimaliges Rammen in einer entsprechenden geteilten Büchse hergestellt. Mit einem in die Büchse eingesetzten Abziehblech kann der Prüfkörper nach dem Rammen auf die genaue Höhe abgeschert werden. Einwandfreier und für wissenschaftliche Zwecke auf jeden Fall nötig ist das analoge Arbeiten wie beim zylindrischen Prüfkörper, wobei auch der Zugprüfkörper durch genaue Dosierung des Sandgewichtes — unter Einhaltung einer bestimmten Toleranz — direkt auf die genaue Höhe gerammt wird.

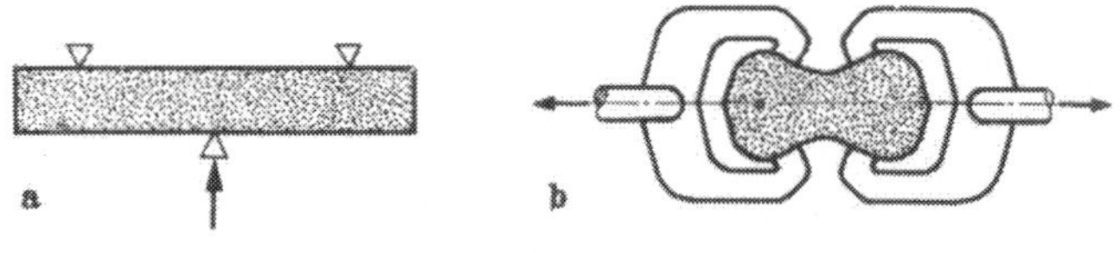

Abb. 28a u. b. Form der Prüfkörper zur Bestimmung der Biegefestigkeit a) und der Zugfestigkeit b) von getrockneten Kernsanden und Prüfprinzip

Der in die Zugprüfkörperbüchse eingefüllte Sand muß mit einem Stäbchen ganz gleichmäßig in der Büchse verteilt werden, um eine homogene Verdichtung zu erzielen. Nach dem Rammen wird der Füllrahmen entfernt, die offene Seite der Rammbüchse mit einem Unterlagsplättchen bedeckt, gewendet und ausgeschaltet. Jegliche Art von Zerrung oder Deformation muß bei dieser Operation vermieden werden.

Die Zugfestigkeit wird mit einer speziellen Spannvorrichtung geprüft, die in den normalen Festigkeitsprüfapparat eingesetzt werden kann.

d) Biegefestigkeit. Die Biegefestigkeit wird an einem getrockneten Biegestab mit quadratischem Querschnitt gemessen (Abb. 28a), der in gleicher Weise wie der Zugprüfkörper durch Rammen hergestellt wird. Dabei ist besonders zu beachten, daß der Sand möglichst gleichmäßig in die Büchse eingefüllt wird. Jedenfalls ist gerade aus diesem Grunde die Zugprobe vorteilhafter, weil sie wesentlich homogener verdichtet werden kann.

Zug- und Biegeprobe geben grundsätzlich dieselbe Aussage über die Festigkeitseigenschaften getrockneter Kernsande.

e) Kernhärte. Mit der Kernhärteprüfung wird — wie mit der Formhärteprüfung — der Zweck verfolgt, Messungen an Betriebskernen durchführen zu können und mit labormäßig hergestellten Prüfkörpern zu vergleichen. Dabei ist allerdings zu beachten, daß die Kernoberfläche durch Anspritzen usw. oft härter als die Hauptmasse des Kerns ist und dadurch eine größere Festigkeit vortäuscht, als sie der labormäßig hergestellte Prüfkörper besitzt.

Zur Messung der Kernoberflächenhärte werden verschiedene Instrumente verwendet. Gebräuchlich ist der Kernhärteprüfer nach FISCHER, dessen Fräskopf nach dem Aufsetzen auf eine ebene Fläche unter konstantem Federdruck durch je fünfmaliges Hin- und Herdrehen mehr oder weniger tief in die Oberfläche eindringt. Als Maß für die Kernhärte gilt die dabei erzielte Frästiefe.

Der Kernhärteprüfer nach DIETERT mißt die Ritzhärte, indem ein halbkreisförmiges Messer unter konstantem Druck über die Kernoberfläche gezogen wird.

ROLL [*40*] prüfte die Abriebfestigkeit von Kernen, indem er Stahlschrot aus einer bestimmten Höhe auf einen getrockneten zylindrischen Prüfkörper fallen ließ, der um die waagrecht gelegene Zylinderachse rotierte.

f) Feuchtigkeitsaufnahme. Die Feuchtigkeitsaufnahme und die damit verbundenen Eigenschaftsänderungen können so geprüft werden, daß die Prüfkörper über Wasser in einem verschlossenen Gefäß (z. B. Exsikkator) gelagert und nach bestimmten Zeiten geprüft werden.

4. Versuchsmethodik zur Untersuchung von Kernsanden und Kernbindern

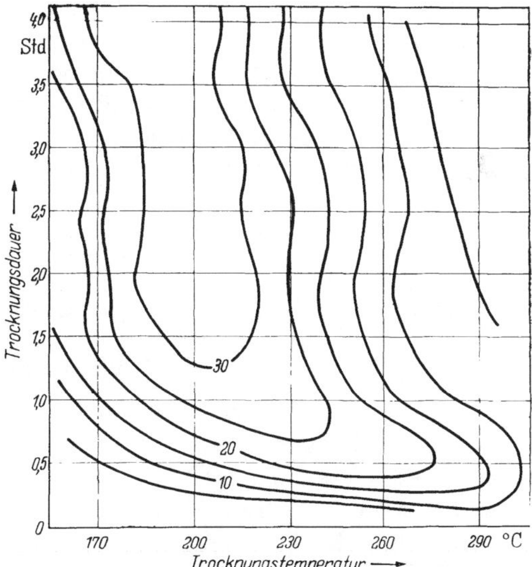

Abb. 29. Linien konstanter Zugfestigkeitswerte eines Kernsandes. Ergebnis einer Prüfung bei verschiedenen Trockentemperaturen und Trockenzeiten. Zahlenbezeichnungen der Kurven: kg/cm²

Betriebskernsande werden bei den im Betrieb üblichen Trockentemperaturen und -zeiten getrocknet. Für die regelmäßige Betriebskontrolle müssen stets die genau gleichen Bedingungen eingehalten werden.

Bei der Prüfung neuer Kernbinder mit Prüfsand-Versuchsmischungen werden zweckmäßigerweise verschiedene Trockenzeiten und -temperaturen angewendet. Solche Versuchsreihen vermitteln die günstigsten Trocknungsbedingungen für den betreffenden Kernbinder oder die betreffende Kernsandmischung. Sie ermöglichen die Erstellung ausführlicher Diagramme (Beispiel Abb. 29), wobei Linien gleicher Festigkeit gleichzeitig in Abhängigkeit von Temperatur und Trocknungszeit dargestellt werden. Die Unterlagen für diese Diagramme werden Hilfsdiagrammen entnommen, in welchen die Festigkeit in Abhängigkeit von der Zeit oder der Temperatur aufgezeichnet wird.

5. Vergleich der Meßergebnisse bei Prüfungen nach amerikanischen und europäischen Prüfanweisungen

Nach den amerikanischen und englischen Normen wird mit Zugprüfkörpern gearbeitet, die einen Bruchquerschnitt von 1 Quadratzoll (6,45 cm²) aufweisen. Diese Prüfkörper gleichen in der Form den in Europa vielfach verwendeten Zugproben mit einem quadratischen Querschnitt von 5 cm². Dasselbe gilt für die Biegestäbe.

Die Volumina der Kernsandprüfkörper mit nur 5 cm² Bruchquerschnitt sind also erheblich kleiner, als die amerikanisch/englischen Prüfkörper. Da die beim Verdichten zugeführte Rammenergie praktisch die gleiche ist, ergibt sich, daß die spezifische Verdichtungsarbeit pro Gramm oder pro Kubikzentimeter Sand bei den Prüfkörpern des Zollsystems erheblich kleiner ist. Die größeren Prüfkörper verhalten sich zudem beim Trocknungsprozeß etwas anders als die kleineren Prüfkörper.

Es ergibt sich daraus, daß Prüfresultate nach den beiden Verfahren nur unter Vorbehalt verglichen werden dürfen. Die auftretenden Differenzen sind hier jedenfalls wesentlich größer als beim zylindrischen Prüfkörper. Immerhin sind die Verfahren grundsätzlich gleich, so daß für betriebliche Zwecke größenordnungsmäßige Vergleiche ohne weiteres gemacht werden können.

VII. Die Prüfung der Gießereiformstoffe bei hohen Temperaturen

Die starke Erhitzung der Form- und Kernsande während des Gießvorganges stellt besondere Anforderungen an die Formstoffe, die mit den bisher dargestellten Prüfverfahren nicht eindeutig zu erfassen sind.

Nebst der schon längere Zeit angewandten Prüfung der Feuerfestigkeit von Sanden und Bindetonen durch die Ermittlung der Sintertemperatur wurden besonders in USA und England spezielle Prüfverfahren und Prüfgeräte zur Bestimmung der physikalischen Eigenschaften bei hohen Temperaturen entwickelt. Die wichtigsten amerikanischen Vorschläge sind als Vornormen bereits im *Foundry Sand Handbook* [*1*] enthalten. Die Hochtemperaturprüfung verfolgt den Zweck, die Gießereisande bei jenen Temperaturen und in jenem Zustand zu prüfen, denen sie beim Gießen und anschließenden Abkühlen und Schwinden der Gußmetalle unterworfen sind. Es treten dabei verschiedene Erscheinungen auf, die durch die Prüfung im grünen oder getrockneten Zustand nicht erfaßbar sind.

A. Hochtemperaturprüfungen an losen Sanden und Bindern

1. Die Bestimmung der Feuerfestigkeit

Zur Ermittlung der Feuerbeständigkeit dient die Sinterprobe. Die zu untersuchende Sand- oder Tonprobe wird in mehrere Prozellanschiffchen gleichmäßig verteilt. Diese werden bei verschiedenen Temperaturen in einen regulierbaren Röhrenofen (Abb. 30) gebracht und je 5 min auf der gewünschten Temperatur gehalten, wobei von Schiffchen zu Schiffchen die Temperatur z. B. um 50 °C gesteigert wird. Man beginnt mit dem ersten Schiffchen z. B. bei 1000 °C, prüft das zweite bei 1050 °C, das dritte bei 1100 °C usw. Damit erhält man eine Vergleichsreihe zur Untersuchung mit der Binokularlupe. Die Temperatur der beginnenden Versinterung wird dort festgelegt, wo sich das erste Zusammenfritten der Körnchen und die ersten Verglasungserscheinungen erkennen lassen. Die Beobachtung über diese kritische Temperatur hinaus vermittelt weitere wertvolle Eindrücke über den Verlauf der Verschlackungsvorgänge. Der Röhrenofen soll zu diesem Zweck einen Bereich bis zu 1400 °C aufweisen.

Reine Quarzsande zeigen auch bei 1400 °C noch keine Versinterungserscheinungen, während weniger reine Quarzsande und besonders tonhaltige Sande schon wesentlich früher flüssige Phasen bilden. Die Beurteilung der von Sand zu Sand verschiedenen Sintererscheinungen ist nicht immer leicht. Es sollte möglichst immer derselbe, geübte Beobachter prüfen. Vorteilhaft ist der Vergleich mit ähnlichen Sanden und das Aufbewahren typischer Vergleichsreihen von Leitproben.

Das amerikanische System zur Untersuchung der Sintereigenschaften [1] weicht von der beschriebenen Methode etwas ab. Es muß zuerst ein zylindrischer Normprüfkörper hergestellt werden, über den ein elektrisch aufheizbares Platinband mit kleinem Umschlingungswinkel gespannt wird. Die Temperatur wird durch Beobachten mit einem optischen Pyrometer reguliert. Es wird ein sog. *A*-Sinterpunkt bestimmt, der dann vorliegt, wenn das Platinband nach dem Wiederabkühlen gerade nur so stark angefrittet ist, daß es sich noch leicht wegheben läßt, wobei sich, durch das leichte Anfritten, beim Wegheben eine leichte, V-förmige Knickung im Band bildet. Der *B*-Sinterpunkt ist erreicht, wenn sich beim Abheben bereits ein starkes Anfritten der Körner am Platinband und — bei mikroskopischer Betrachtung — ein deutliches Zusammensintern erkennen läßt.

Abb. 30. Ofen zur Bestimmung der Sintereigenschaften von Gießereisanden und Bindetonen

Die amerikanische Methode hat den Nachteil, daß zuerst ein Prüfkörper hergestellt werden muß, der in der Regel zudem erst nach Ofentrocknung geprüft werden kann. Außerdem muß zu losen, nicht tonhaltigen Sanden ein Bindemittel, z. B. Dextrin gegeben werden, damit überhaupt ein Prüfkörper hergestellt werden kann. Reine Bindetone können — im Gegensatz zur Röhrenofenmethode — überhaupt nicht allein geprüft werden, sondern nur im Zusammenhang einer Sandmischung.

2. Die Bestimmung der Gasentwicklung aus Kernsanden und anderen Formstoffen

Die während des Gießvorganges in Kernen (und auch in der Form) sich entwickelnden Gase müssen durch eine ausreichende Gasdurchlässigkeit und eventuell durch zusätzliche, künstliche Luftabzugskanäle abgeführt werden können. Die Art und Weise der Entwicklung von Gasen und deren Menge sind daher für die Beurteilung insbesondere von Kernsanden von Bedeutung.

Die Bestimmung erfolgt grundsätzlich so, daß eine bestimmte Menge der zu prüfenden Substanz in einem luftdicht abgeschlossenen Quarzrohr der trockenen Destillation unterworfen und die sich entwickelnde Gasmenge in kurzen Zeitabständen bis zur Beendigung des Prozesses gemessen wird. Das Gas wird in einer Bürette aufgefangen und das Volumen durch Wasserverdrängung bestimmt. Die entwickelte Gasmenge wird auf cm^3/g Sandmischung umgerechnet.

Die Probe wird zweckmäßigerweise in einer Stickstoffatmosphäre erhitzt, um Verbrennungsvorgänge auszuschalten. Bei Kernsanden wird das Material in zerriebenem Zustand verwendet. Für Einzelheiten kann auf das *Foundry Sand Handbook* [1] und auf die Untersuchungen von ROLL [2] verwiesen werden, der auch die Gasdruckzunahme bei Erhitzung in konstantem Entwicklungsraum als Meßgröße vorgeschlagen hat. Eingehende Versuche über die Gasabgabe von Formstoffen hat auch ROESCH [41] beschrieben. Er schlägt zur Charakterisierung Bewertungszahlen vor.

B. Hochtemperaturprüfung der Formsandeigenschaften im verdichteten Zustand

Die Hochtemperaturprüfung ist vor allem in USA schon sehr weit entwickelt. Prüfgeräte würden vor allem von der Firma Dietert in Detroit herausgebracht, während sich ein besonderer Arbeitsausschuß der *American Foundrymen's Society* eingehend mit dem

Studium der Hochtemperatureigenschaften der Gießereisande befaßt. Seit 1939 werden in den *Transactions of the American Foundrymen's Society* jährliche Berichte über die laufenden Untersuchungen veröffentlicht, die vor allem an der Cornell University, Ithaca, N. Y., durchgeführt werden.

Für die meisten nachstehend erwähnten Prüfarten wird das Hochtemperaturprüfgerät nach DIETERT (*Thermolab*), Abb. 31, verwendet. Es bestehen viele Gründe für eine Prüfung in *eigener Atmosphäre*. Durch Erhitzung ohne Luftzutritt sucht man den betrieblichen Bedingungen näher zu kommen (DIETERT und DOELMAN [*42*]). Der Prüfkörper muß dabei so von feuerfesten Umhüllungen umgeben sein, daß der jeweilige Prüfvorgang ungehindert erfolgen kann, aber die eigene Atmosphäre des hocherhitzten Sandes erhalten bleibt.

Abb. 31. Hochtemperatur-Prüfgerät für Gießereisande („Thermolab") (nach DIETERT)

1. Hochtemperaturfestigkeit (*Warmfestigkeit*)

In USA wurde zur Messung der Festigkeits- und weiteren Eigenschaften bei hohen Temperaturen ein Prüfkörper von $1^1/_8 \times 2''$ entwickelt, der sich schneller und gleichmäßiger erhitzt, als der große Standardprüfkörper von $2 \times 2''$. Der Spezialprüfkörper wird durch dreimaliges Rammen mit einem Rammgewicht von 7 lbs (3176 g) und einer Fallhöhe von 2,625'' (6,67 cm) verdichtet. Der im Verhältnis zur Breite sehr lange Prüfkörper muß zur Vermeidung von Fehlmessungen äußerst homogen verdichtet sein. Deshalb wird ein Prüfkörperrohr mit sehr fein polierter Innenwandung verwendet und zudem doppelseitig, d. h. mit gleitendem Rohr, gerammt.

Eingehende Beschreibungen der Prüfgeräte nach DIETERT finden sich im *Foundry Sand Handbook* [*1*]. Diese Geräte sind bis heute die einzigen, auf dem Markt erhältlichen Apparaturen zur Prüfung der Hochtemperatureigenschaften von Formsanden.

Zur Bestimmung der Warmfestigkeit wird der Prüfkörper zwischen senkrecht stehenden Druckstempeln aus temperaturwechselbeständigem, keramischem Material belastet.

Der Prüfkörper wird unbelastet in den auf die gewünschte Temperatur geheizten Ofen eingesetzt und so lange der Hitze exponiert, bis er vollkommen die Ofentemperatur angenommen hat. Dies dauert bei höheren Temperaturen weniger lang, als bei tieferen Temperaturen, im allgemeinen 10—15 Minuten. Nach dieser Zeit wird der Prüfkörper unter Belastung gesetzt und die Festigkeit gemessen.

Der für Hochtemperaturprüfungen interessante Temperaturbereich liegt in der Regel zwischen etwa 700 und 1200 °C. Die Prüfkörper können grün oder getrocknet in den Ofen gesetzt werden.

DAVIES [*43*] und ROLL [*44*] haben ebenfalls bemerkenswerte Warmfestigkeitsprüfungen durchgeführt, die sich grundsätzlich an das amerikanische Prinzip anlehnen.

Ausgehend von der Überlegung, daß der Sand durch das flüssige Metall beim Gießvorgang wesentlich schneller erhitzt wird, als in einem Ofen, haben GODDING und REW [*45*] am British Cast Iron Research Institute ein Hochtemperaturprüfgerät entwickelt, bei dem der Prüfkörper auf dielektrischem Wege innert 60—120 Sekunden auf die gewünschte Temperatur erhitzt wird. Die dabei erhaltenen Warmfestigkeitswerte und Abhängigkeitsbeziehungen zur Temperatur weichen z. T. erheblich von jenen ab, die bei gewöhnlicher

Ofenerhitzung der Prüfkörper erreicht werden. Bei dieser englischen Prüfeinrichtung kann der normale Standardprüfkörper verwendet werden, der ebenfalls mit gleitendem Prüfkörperrohr gerammt wird. Eine äußerst homogene Verdichtung ist hier zur Erzielung einer gleichmäßigen Erhitzung von noch größerer Bedeutung.

2. *Deformationsfähigkeit*

Die Messung der Deformation des verdichteten Prüfkörpers während des Festigkeitsversuches bei hohen Temperaturen vermittelt wertvolle Angaben über die Plastizitätseigenschaften von Formsanden beim Gießvorgang. Sande, die bei Gießtemperatur zäh und plastisch werden, sind gegenüber Erosionsvorgängen widerstandsfähiger. Sie können auch die Expansionsvorgänge der Quarzkörner besser auffangen, die andernfalls zu Schülpen führen.

Zur Messung kann eine Tastuhr verwendet werden, auf die die Bewegungen vom lasterzeugenden Stempel direkt übertragen werden. Besonders vorteilhaft ist die automatische Aufzeichnung der Last-Deformationskurve, die sowohl bei den Dietert-Geräten wie bei den englischen Apparaturen möglich ist.

3. *Die Festigkeit erhitzter Prüfkörper nach dem Wiederabkühlen auf Raumtemperatur*

Die Festigkeit des durch den Gießvorgang erhitzten und wieder abgekühlten Sandes ist für Form- und Kernsande beim Auspacken der Gußstücke von Bedeutung. Sande, die in diesem Zustand noch eine hohe Festigkeit aufweisen, lassen sich nur schlecht vom Gußstück lösen und erfordern insbesondere bei Kernsanden einen großen Putzaufwand.

Zur Prüfung dieser verbleibenden Festigkeit (*retained strength*) wird der Prüfkörper wie für die Warmfestigkeitsprüfung der gewünschten Temperatur während der vorgeschriebenen Zeit ausgesetzt. Nachher wird er aus dem Ofen entfernt und auf Raumtemperatur abgekühlt, worauf die Festigkeit gemessen wird.

4. *Gasdurchlässigkeit*

Zur Bestimmung der Hochtemperatur-Gasdurchlässigkeit wird bei den amerikanischen Prüfgeräten der $1^1/_8 \times 2''$ Prüfkörper in ein langes Quarz- oder Nickelrohr gerammt, dessen Ende mit dem Prüfkörper in die heiße Zone des Ofens zu liegen kommt. Das andere Rohrende wird mit einem normalen Durchlässigkeitsapparat verbunden. Diesem wird ein Manometer vorgeschaltet, das auch für Gasdruckmessungen verwendet werden kann. Anfänglich entwickelt sich aus dem Prüfkörper soviel Gas, daß gegenüber dem Gegendruck der Glocke des Gasdurchlässigkeitsapparates ein Überdruck besteht. Die Gasdurchlässigkeit wird also erst bestimmt, wenn der Überdruck hinter dem Prüfkörper im Prüfrohr abgeklungen ist. Die Gasdurchlässigkeit wird nach der üblichen Formel berechnet. Wegen der Wärmeausdehnung der Luft müssen für die errechneten Werte Korrekturen gemacht werden. Um Verbrennungsreaktionen, besonders bei Gegenwart organischer Binder oder Zusätze, zu verhindern, kann die Glocke des Gasdurchlässigkeitsapparates mit einem neutralen Gas (Stickstoff) gefüllt werden.

Im allgemeinen kann gesagt werden, daß die Bestimmung der Luftdurchlässigkeit im grünen Zustand ein genügendes Maß zur Beurteilung der Verhältnisse bei hohen Temperaturen darstellt. Aus diesem Grunde wird auch der etwas problematische Hochtemperatur-Gasdurchlässigkeitsversuch kaum praktisch ausgeführt.

5. *Schocktests*

Sehr wertvolle Einblicke ins Verhalten eines Sandes bei hohen Temperaturen vermittelt schon das bloße schockartige Erhitzen. Dazu wird der Prüfkörper wie für den Festigkeitsversuch in die heiße Zone des Ofens eingebracht. Das Verhalten des Prüfkörpers wird nun beobachtet. Die Neigung zur Bildung von Rissen und Schülpen kommt dabei sehr gut zum Ausdruck. Ebenso können auch die Versinterungs- und Verschlackungserscheinungen studiert werden.

6. *Die Tauchprobe*

Mit der Tauchprobe nach CAINE [*46*], dem sog. *Dip-Test*, werden ähnliche Ziele verfolgt, wie beim Schocktest. Es wird eine Mutterschraube mit geeigneten Verankerungsstiften in einen Normprüfkörper miteingerammt, so daß derselbe nachher an einer langen Stange festgeschraubt werden kann. Geprüft wird in folgender Weise:

Durch Einwirkung der Strahlungshitze unmittelbar über dem auf Gießtemperatur erhitzten Metall;

durch verschieden langes Eintauchen des Prüfkörpers ins flüssige Metall im Ruhezustand und bei starker Bewegung.

Beobachtet werden wieder Rißbildung, Schülpneigung und Versinterung, aber auch Erosionsneigung und Reaktionen mit dem flüssigen Metall. Die Tauchprobe kommt den tatsächlichen Verhältnissen erheblich näher, als z. B. der Schocktest.

7. *Versuche über Reaktionen zwischen Gießmetall und Formstoff*

Nebst der Tauchprobe wurden weitere Prüfmethoden zum Studium der Reaktionserscheinungen zwischen Metall und Formstoff vorgeschlagen.

Amerikanische Versuche [*1*] betten einen Zylinder aus dem zu prüfenden Metall in einen Prüfkörper ein. Das Metall wird durch Hochfrequenzeinwirkung geschmolzen. Andere Vorschläge [*1*] verwenden ebenfalls Metallbolzen, die in den Hochtemperaturprüfkörper eingebettet und damit in den Hochtemperaturprüfapparat gesetzt werden. Es wird hier nicht bis zum Schmelzen erhitzt. Die Reaktionen zeigen sich bereits früher.

8. *Penetrationsversuche*

Unter Penetration versteht man die Durchdringung des Formstoffes mit flüssigem Metall (Vererzung). Sie tritt insbesondere bei Kernen auf.

Zur Durchführung von Vererzungsversuchen [*1*] werden am Grunde eines stehenden, zylindrischen Formhohlraums von ca. 150 mm Durchmesser und variabler, entsprechend dem ferrostatischen Druck zu bestimmender Höhe stehend vier Prüfkörper von $1^1/_8 \times 2''$ eingelassen. Sie werden in eine Kernsandgrundplatte so eingesetzt, daß sie noch $1^1/_2''$ weit vorstehen. Es wird von unten durch eine Anschnittöffnung vergossen, die sich im Zentrum der Grundplatte, zwischen den Prüfkörpern, befindet. Die Gießhöhe richtet sich nach dem gewünschten ferrostatischen Druck. Es können gleichzeitig vier verschiedene Sande geprüft werden. Nachher können die aufgetretenen Penetrationserscheinungen und sonstigen Reaktionen am Prüfkörper studiert werden.

Ein anderes System wurde von HOAR und ATTERTON [*47*] angewandt: über einem verdichteten Sandprüfkörper wird Metall durch Hochfrequenzeinwirkung geschmolzen. Die Versuchsanordnung ist so getroffen, daß durch Stickstoff der statische Druck auf die Metallschmelze verändert werden kann. Im Prüfkörper selbst befinden sich in einem gewissen Abstand vom Metallbad zwei Kontaktdrähte, die in dem Moment kurzgeschlossen werden, da das Metall unter einem kritischen ferrostatischen Druck in den Sand eindringt. Die Penetrationsanfälligkeit ist um so stärker, je geringer der anzuwendende Druck ist.

9. *Expansion*

Die Messung der Eigenschaft der Wärmedehnung bildet wie in der Keramik einen wesentlichen Bestandteil der Hochtemperaturprüfung, weil auf die Expansionserscheinungen viele Gußfehler (Schülpen) zurückzuführen sind. Vor allem zeigen Quarzsande starke und unregelmäßige Wärmedehnungen, bewirkt durch Änderungen der Kristallstruktur.

Bei der Messung wird unterschieden zwischen der freien, allseitig ungehinderten Expansion eines Sandprüfkörpers, und zwischen behinderter Expansion, die sich nur in axialer Richtung auswirken kann.

Bei der freien Expansion wird meist der $1^1/_8 \times 2''$ Prüfkörper verwendet. Das Expansiometer nach DIETERT besteht vollkommen aus Quarzglas (Abb. 32). Die Dehnung des Prüfkörpers bei dessen Erhitzung im Hochtemperaturprüfgerät (seitliche Einführung in den Ofen) wird auf eine Quarzglasstange und von dieser auf eine Meßuhr übertragen. Die

Wärmedehnung kann im Sinne einer Schockwirkung z. B. bei 1000 °C aufgenommen werden. Die Längenänderung wird zweckmäßigerweise alle 15 sek abgelesen, bis zur Erreichung eines konstanten Wertes und noch etwas darüber hinaus.

In Abhängigkeit von der Temperatur wird die Expansion dadurch bestimmt, daß der Prüfkörper in den kalten Ofen gesetzt und dieser langsam aufgeheizt wird. Bei bestimmten Temperaturstufen, z. B. alle 50 °C, wird die Expansion abgelesen.

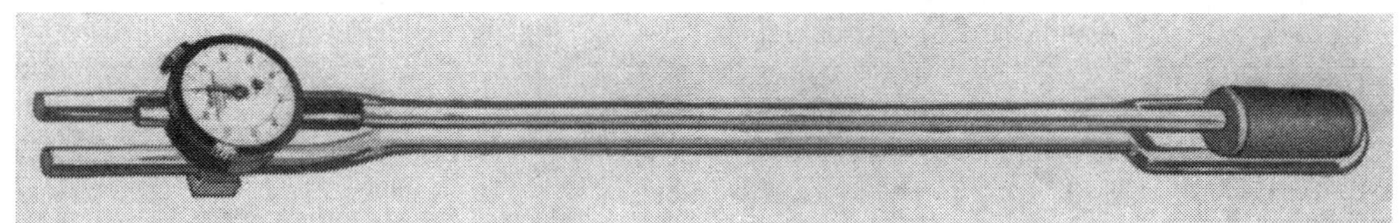

Abb. 32. Expansiometer (nach DIETERT). Quarzglasgerät zur Messung der Wärmedehnung verdichteter Gießereisande

Zur Messung der behinderten Expansion (wie sie sich z. B. in Kernen auswirkt) wird der Prüfkörper in eine Quarzglasröhre gerammt, so daß er sich — wegen der sehr geringen Dehnung des Quarzglases — nur in axialer Richtung ausdehnen kann. Es wird ein hohler Prüfkörper vorgeschlagen, um eine Zertrümmerung des Quarzglasrohres zu vermeiden. Diese Versuchsanordnung kommt allerdings den praktischen Verhältnissen nur teilweise nahe.

10. Kernzerfallsfähigkeit

Form und Oberfläche eines Kerns müssen während des Gießvorganges bis zur vollendeten Erstarrung des Metalls eine ausreichende Festigkeit besitzen, aber nach beendeter Erstarrung unter der Hitzeeinwirkung ihre Festigkeit derart abbauen, daß die Schwindung ungehindert erfolgen kann.

Zur Bestimmung dieser Fähigkeit wird aus dem betreffenden Kernsand ein unter den dafür geeigneten Bedingungen ofengetrockneter Hochtemperaturprüfkörper hergestellt. Er wird bei der gewünschten Temperatur in das Hochtemperaturprüfgerät eingesetzt und mit einer konstanten Last (meist um 5—7 kg/cm²) belastet. Vom Moment des Einsetzens in den Ofen an wird die Zeit gemessen, bis der Prüfkörper unter der angewandten Last und Temperatur seine Festigkeit verliert und nachgiebt. Dieser Versuch hat allerdings nur sehr beschränkten praktischen Wert. Der Kern wird vom flüssigen Metall viel schneller und unter Luftabschluß erhitzt. Der zweiaxiale Druckversuch sagt deshalb über die Zerfallsfähigkeit unter Schwindungsdruck nicht sehr viel aus. Viel wichtiger sind dabei Kornpackungsdichte und Expansion und die dabei auftretenden komplexen Wirkungen (HOFMANN [*48*]). Auf die Tatsache, daß ein *mürber* Sand noch lange nicht schwindungssicher zu sein braucht, hat auch ROLL [*44*] nachdrücklich verwiesen.

11. Gasdruckmessung

Die Gasdruckmessung in Kernen bei hohen Temperaturen kann mit dem Dietert-Prüfgerät ähnlich wie die Hochtemperatur-Durchlässigkeit gemessen werden. Es wird dabei allerdings kein Durchlässigkeitsapparat, sondern ein Manometer mit dem feuerfesten Rohr verbunden, in dem der Prüfkörper in den Ofen eingeführt wird. Mit weiteren Zusatzeinrichtungen kann auch das Gasvolumen bestimmt werden.

Eine weitere Methode nach DIETERT, FAIRFIELD und BREWSTER [*49*] rammt ein Metallrohr in einen Prüfkörper von $1^1/_3 \times 3''$. Es ist $^1/_8''$ von dem Ende des Prüfkörpers entfernt, der beim Versuch $2^1/_2''$ tief in ein flüssiges Metallbad eingetaucht wird. Der Druck wird mit einem Manometer gemessen.

12. Dauerhaftigkeitsversuche

Zur Prüfung der Dauerhaftigkeit eines Sandes bei wiederholtem Abgießen sind verschiedene Methoden vorgeschlagen worden [*1*]:

Es kann aus dem zu prüfenden Sand eine kleine Prüfform hergestellt werden. Nach dem Abguß wird der Sand ohne irgendwelchen Neuzusatz wieder formgerecht aufbereitet und auf seine wichtigsten Eigenschaften geprüft. Darauf wird wieder eine Form hergestellt, erneut abgegossen und der Sand wiederum geprüft. Dies wird mehrmals hintereinander wiederholt und die Veränderungen der Eigenschaften als Maß für die Dauerhaftigkeit genommen.

Ein anderer Vorschlag geht dahin, nach jedem Abgießen so viel Ton hinzuzufügen, daß die ursprünglichen Festigkeitseigenschaften erreicht werden.

Eine dritte Methode prüft den Sand, erhitzt ihn auf 200 °C, prüft erneut, nachdem dieser wieder auf den formgerechten Wassergehalt gebracht worden ist und wiederholt dieses Verfahren, wobei der Sand jedesmal um 100 °C höher erhitzt wird.

Literatur

[1] American Foundrymen's Society: Foundry Sand Handbook, 6th Edition, Chicago 1952.

[2] ROLL, F.: Gießerei Bd. 39 (1952) S. 203—207.

[3] GESSNER, H.: Die Schlämmanalyse. Leipzig 1931.

[4] MELDAU, R.: Handbuch der Staubtechnik. Düsseldorf 1952.

[5] VINTHER, E. H., u. M. L. LASSON: Ber. Deutsche Keramische Gesellsch., Bd. 14 (1933) H. 7, S. 259—279.

[6] ANDREASEN, A., u. J. LUNDBERG: Ber. Deutsche Keramische Gesellsch., Bd. 11 (1930) H. 5, S. 253.

[7] CARPENTER, F. G., u. V. R. DEITZ: J. of Res. of the Nat. Bureau of Standards, Vol. 47 (1951) No. 3, S. 139—147.

[8] LISSELL, E. O., u. O. CARLSSON: Gießerei Bd. 40 (1953) S. 445—454.

[9] BÜLTMANN, W.: Gießerei, Bd. 36 (1949) S. 264—266.

[10] GÖTZ, W.: Sinn und Zweck der Formsandprüfung. Schaffhausen: Georg Fischer, AG. 1954.

[11] JUNGBLUTH, H.: Gießerei, Bd. 40 (1953) S. 421—427.

[12] JASSON, PH.: Fonderie, Nr. 73 (1952) S. 2795—2804.

[13] GROCHALSKI, R.: Metallurgie und Gießereipraxis, 2. Jg. (1952) S. 34—37 und S. 76—82.

[14] CARMAN, P. C.: J. of the Soc. of Chemical Industr., Vol. 57 (1938) S. 225—234.

[15] LEA, F. M., u. R. W. NURSE: J. of the Soc. of Chemical Industr., Vol. 58 (1939) S. 277—283.

[16] DAVIES, W., u. W. J. REES: J. Iron and Steel Inst., Vol. CL (1944) S. 19 P—47 P.

[17] DAVIES, W.: Foundry Sand Control. Sheffield, 1950.

[18] Handbuch für das Eisenhüttenlaboratorium. VDEh, Düsseldorf 1939.

[19] ROLL, F.: Mémoire officielle d'échange VDG, XXV. Congrès de Fonderie, Lille 1952.

[20] KUMANIN, I. B., u. A. M. LJASS: Kernbinderwerkstoffe. Berlin 1953.

[21] GÖTZ, W.: Gießerei, Bd. 40 (1953) S. 469—477.

[22] WOLOGDINE, S.: Rev. de Métallurgie, Juni 1909.

[23] American Foundrymen's Society: Trans. Amer. Foundrym. Ass. (1924) Part. II, S. 144—167.

[24] Methods of Testing Prepared Foundry Sands. First Report of the Joint Committee on Sand Testing, Nov. 1945. Institute of British Foundrymen.

[25] PIWOWARSKY, E., u. W. PATTERSON: Gießerei, Techn.-Wiss. Beihefte, Nr. 13 (1954).

[26] DIETERT, H. W., u. F. VALTIER: Trans. Amer. Foundrym. Ass. (1934), Vol. 42, S. 199—206.

[27] MOORE, W. H.: Trans. Amer. Foundrym. Ass., Vol. 58 (1950) S. 650—660.

[28] KYLE, P. E.: Trans. Amer. Foundrym. Ass., Vol. 48 (1940) S. 175—179.

[29] LISSELL, E. O., u. E. J. ASH: Trans. Amer. Foundrym. Ass., Vol. 50 (1942) S. 637—653.

[30] ROLL, F.: Gießerei, Bd. 31 (1944) S. 12—14.

[31] GRIM, R. E., u. WM. D. JOHNS: Trans. Amer. Foundrym. Ass., Vol. Bd. 50 (1951) S. 291—295.

[32] FAIRFIELD, H. H., u. J. MCCONACHIE: Amer. Foundryman, April 1953, S. 127—132.

[33] AFS Flowability Committee: Trans. Amer. Foundrym. Soc., Vol. 61 (1953) S. 156—158.

[34] GITTUS, J.: Iron and Steel (1953) S. 475—478, 501—506, 551—553.

[35] PARKES, W. B.: British Cast Iron Res. Ass., J. of Res. and Development, Vol. 3 (1950) S. 627—645.

[36] DAVIES, W., u. W. J. REES: J. Iron and Steel Inst. (1944) S. 367.

[37] GÖTZ, W.: Schweiz. Archiv f. angewandte Wiss. und Technik, 17. Jg. (1951) S. 226—251.

[38] JUNGBLUTH, H.: Gießerei, Bd. 39 (1952) S. 225—232.

[39] PIWOWARSKY, E., u. D. BOENISCH,: Gießerei, Techn.-Wiss. Beihefte, Nr. 13 (1954).

[40] ROLL, F.: Die Technik, Bd. 4 (1949) S. 150.

[41] ROESCH, K.: Gießerei, Bd. 40 (1953) S. 581—585.

[42] DIETERT, H. W., u. R. L. DOELMAN: Trans. Amer. Foundrym. Ass., Vol. 54 (1946) S. 610—615.

[43] DAVIES, W.: J. of the Iron and Steel Inst., No. II (1945), S. 61 P—70 P.

[44] ROLL, F.: Gießerei, Bd. 36 (1949) S. 266—269.

[45] GODDING, R. G., u. R. REW: British Cast Iron Res. Ass., J. of Res. and Development, Vol. 5 (1954) S. 278—295.

[46] CAINE, J. B.: Foundry, Juli 1947, S. 72.

[47] HOAR, T. P., u. D. V. ATTERTON: J. Iron and Steel Inst., Vol. 166 (1950) S. 1—17.

[48] HOFMANN, F.: Gießerei, Bd. 43 (1956) S. 105—108.

[49] DIETERT, H. W., H. H. FAIRFIELD u. F. S. BREWSTER: Trans. Amer. Foundrym. Ass., Vol. 56 (1948) S. 528—535.

Die chemische Untersuchung in der Eisen- und Stahlgießerei

Von **H. Pinsl** †, Amberg
unter Mitarbeit von **L. Pinsl**, Peißenberg/Obb.

Mit 17 Abbildungen

I. Aufgaben und Gestaltung von Gießereilaboratorien

Aus einer Umfrage des alten VDG in den Jahren 1938/39 hat sich ergeben, daß fast alle großen Gießereien geeignete Untersuchungslaboratorien besitzen, von den mittleren Werken waren es dagegen nur etwa 30% und von den kleineren kaum 10%. Wo keine Untersuchungsstelle vorhanden war, wurde sie vielfach ersetzt durch gelegentliche oder laufende auswärtige Untersuchungen in Industrie-, Handels- oder Gemeinschaftslaboratorien. Es kann mit Sicherheit angenommen werden, daß sich in der Zwischenzeit im Rahmen des Wiederaufbaues die Zahl der Betriebe mit eigenen Laboratorien wesentlich erhöht hat und daß dabei Überlegungen maßgebend waren, wie sie in einer Veröffentlichung von F. Roll [*1*] über gleichen Gegenstand klar zum Ausdruck gebracht wurden:

„Die Vielgestaltigkeit der Forderung von seiten der Kunden, vor allem aber der Wettbewerb der Werkstoffe untereinander, drängen die Gießereien zu einer ständigen Entwicklung. Dazu fordern die Güte der Roh- und Hilfsstoffe, ihre stoffbedingte Anwendbarkeit und ihre Verlustquellen zu einer klaren Stellungnahme. Wenn man in etwa schätzt, daß ein Viertel des Betriebsumsatzes auf die Kosten dieser Roh- und Hilfsstoffe entfällt, so sind die aufgebrachten Summen wert, daß man sich mit der Güte, der Zweckmäßigkeit des Verbrauchs, der Lagerung u. a. nicht allein gefühlsmäßig, sondern auch kritisch prüfend und wirtschaftlich abwägend auseinandersetzt. Noch viel mehr aber fordern die Geschehnisse der einzelnen Betriebsvorgänge eine ständige Überprüfung, wenn die Treffsicherheit und Wirtschaftlichkeit der Erzeugnisse gewährleistet werden sollen. Eine solche ständige und werkstoffbedingte Durchleuchtung und Mithilfe bei der Entwicklung eines Betriebes ist von außerordentlicher Bedeutung. Von einem modernen Gießereifachmann wird daher wohl kaum mehr die Notwendigkeit eines Laboratoriums bezweifelt werden."

Der Aufgabenbereich eines Gießereilaboratoriums richtet sich natürlich weitgehend nach der Größe des Betriebes. Der ausgebildete Laborant eines Kleinlaboratoriums, dem evtl. eine jüngere Hilfskraft (Lehrling) zur Seite steht, muß zum mindesten in der Lage sein, Vollanalysen von Roheisen, Grauguß und Stahl (Si, Mn, P, S, C, Graphit) durchzuführen, ebenso Feuchtigkeits-, Aschen- und Schwefelbestimmung im Koks und einfache Gas- und sonstige Untersuchungen. Beim mittleren Laboratorium erweitert sich der Aufgabenkreis der chemischen Prüfung — wieder in Abhängigkeit von der Größe der betrieblichen Anforderungen — auch noch von der Bestimmung aller in Betracht kommenden Legierungsmetalle (Cr, Ni, Mo, V, Ti, Ferrolegierungen) bis zur chemischen, photometrischen oder spektralanalytischen Spurenanalyse und zur Volluntersuchung von Brennstoffen einschließlich Heizwert, von Sanden, Schlacken, Wasser, Schmiermitteln, Lagermetallen usw. Häufig ist der Leiter eines solchen Laboratoriums auch mit den technologischen Sonderprüfungen des Eisens sowie der Formsande vertraut, beherrscht die metallographische Untersuchung von

Roh- und Gußeisen, die elektrischen und optischen Temperaturmessungen und hat Erfahrungen in der Überwachung der Energiewirtschaft, der Schmelzbetriebe und der metallurgischen Vorgänge. Entsprechende ausgebildete Hilfskräfte (Chemotechniker, Probe-

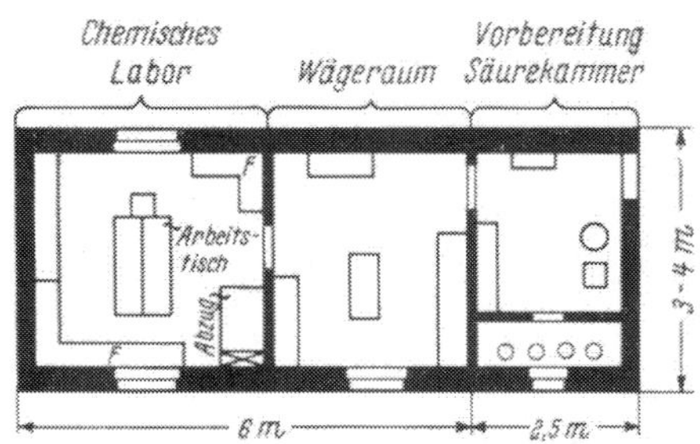

Abb. 1. Plan eines Kleinlaboratoriums

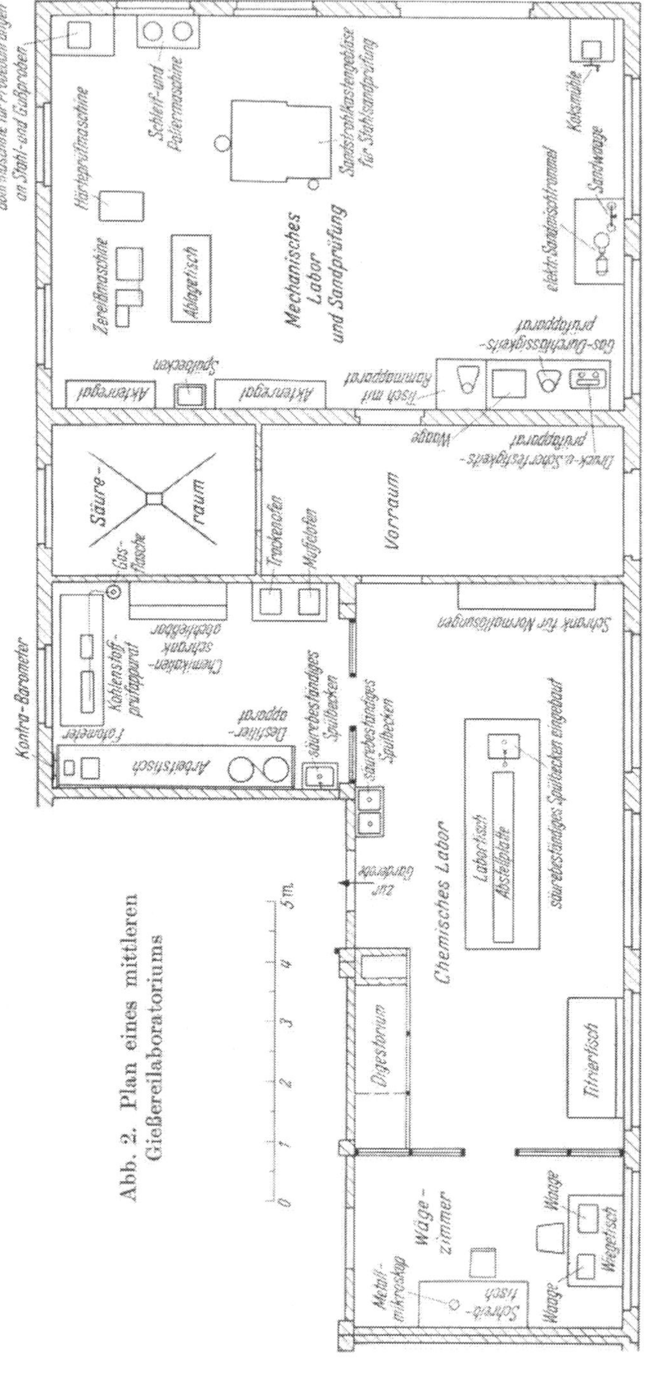

Abb. 2. Plan eines mittleren Gießereilaboratoriums

nehmer, physikalische Werkstoffprüfer) müssen ihm dann zur Verfügung stehen. Je nachdem ist mit einem Personalstand von 10 bis 40 Personen zu rechnen. In den Großgießereien oder kombinierten Werken ist der Umfang der erforderlichen Untersuchungen nicht mehr so genau zu umgrenzen. Deren Laboratorien sind mit den meist sehr kostspieligen Geräten für moderne Bestimmungsverfahren (Spektralanalyse, Photometrie, Polarographie, Mikrountersuchung, Korrosionsprüfung) ausgerüstet, besitzen die Einrichtungen für die Isolierung der Oxyde, Karbide und sonstigen nichtmetallischen Einschlüsse und zur Bestimmung der eingeschlossenen Gase nach dem Heißextraktions- oder den anderen Verfahren. Neben der laufenden Betriebsarbeit wird auch die chemisch-analytische Forschung gepflegt (Gemeinschaftsarbeiten) und kommt die Mitarbeit an metallurgischen Aufgaben wissenschaftlicher oder betrieblicher Art in Betracht. Die nicht chemischen Prüfungen werden dann meist von einer besonderen technologisch-physikalischen Abteilung unter eigener Leitung übernommen.

Die Mindestausmaße eines Kleinstlaboratoriums, in dem nur Roh-und Gußeisenanalysen und sonstige einfache Untersuchungen durchgeführt werden, sollen 3×5 m nicht unterschreiten. Der chemische Arbeitsraum wird zweckmäßig durch eine Zwischenwand (Glas mit Schiebetür) vom Wägezimmer abgetrennt, um den korrodierenden Einfluß säurehaltiger Luft zu vermindern. Durch Hinzufügung von zwei weiteren Räumen für Probenvorbereitung und Kleiderablage erhält man ein Kleinlaboratorium etwa wie in Abb. 1[1]. Den Plan eines mittleren Laboratoriums, das auch die Werkstoffprüfung und die Metallographie betreut, zeigt die Abb. 2. Kleider- und Chemikalienschränke können auf dem Flur untergebracht werden. Schließlich gibt Abb. 3 den Grundriß des Laboratoriums der Gelsenkirchener Eisenwerke wieder. Aus den Beschriftungen der Abbildungen geht der Zweck der einzelnen Räume hervor.

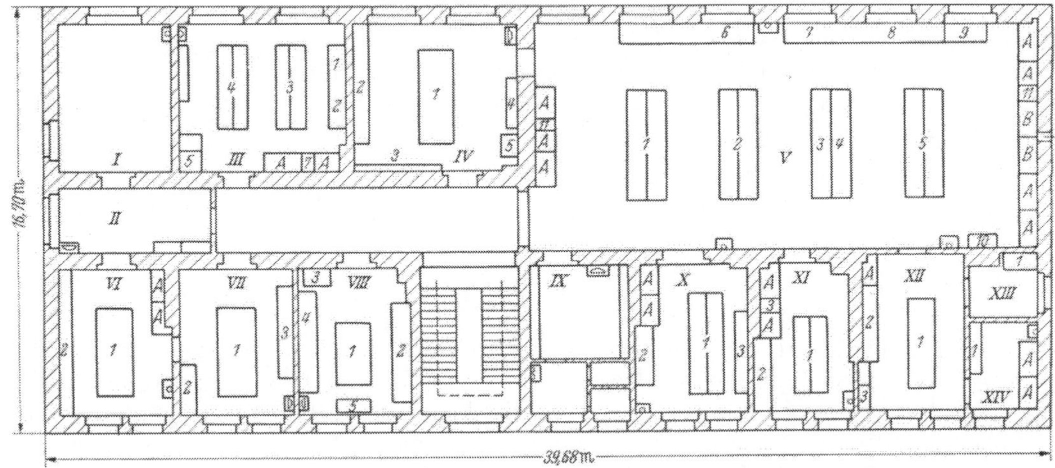

Abb. 3. Laboratorium der Gelsenkirchner Eisenwerke

I Büro des Abteilungsleiters — *II* Büro — *III* Kohle, Koks, Oele, Fette usw. *1* Gasanalyse, *2* Schwefelbestimmung in Kohle, *3* Buntmetalle, Bodenproben usw., *4* Schlackenwolle, Wasserproben usw., *5* Trockenschrank, *6* Chemikalienschrank, *7* Muffelofen, *A* Abzüge — *IV* Wägezimmer. *1* Doppelwägetisch mit Halbmikrowaagen, *2* Wandtisch mit Halbmikrowaagen, *3* Regale für Probegut, *5* Mikrowaage — *V* Großer Arbeitsraum. *1* u. *2* Erzanalyse, *3* Hochofenschlacke, *4* Gußeisen (Si, Mn, P), *5* Roheisen (Si, Mn, P), *6* Titration von Fe, CaO und P, *7* C und S-Bestimmung in Roheisen, *8* Titration von Mn und P, *9* O und S-Bestimmung in Gußeisen, *10* Betriebswaage, *11* Muffelöfen, *A* Abzüge, *B* Abzüge für Überchlorsäure — *VI* Rückstandsanalyse. *1* Vorbereitungstisch, *2* Wandtisch, *A* Abzüge — *VII* Elektrolyse. *1* Vorbereitungstisch, *2* Elektrolyse, *3* Sauerstoffheißextraktion nach Thanheusser/Brauns — *VIII* Optischer Prüfraum. *1* Arbeitstisch, *2* Wandtisch, *3* Kalorimeter, *4* Überhitzungsmikroskop, *5* Photometer — *IX* Garderobe — *X* Bestimmung von Spurenelementen. *1* Doppelarbeitstisch, *2* Wandtisch, *3* Chemikalienschrank, *A* Abzüge — *XI* Bestimmung von Legierungselementen. *1* Doppelarbeitstisch, *2* Wandtisch, *3* Muffelofen, *A* Abzüge — *XII* Spülraum. *1* Abstelltisch, *2* Wandtisch, *3* Spültisch, *A* Abzug — *XIII* Spektralapparat. *1* Steeloskop nach Fuess — *XIV* H_2S- und Ausätherungsraum. *1* Schrank, *A* Abzüge.

Eine der wichtigsten Anforderungen an die Einrichtung eines Gießereilaboratoriums, in dem ja dauernd Säuren und säurehaltige Flüssigkeiten verdampft werden müssen, ist der Einbau gut ziehender Abzüge. Hierfür liefert der Fachhandel säurefeste Exhaustoren, die den unterschiedlichen Größen der Abzugsschränke angepaßt sind. Auch der Abzugskamin darf nur aus säurefestem Material bestehen. Wo zahlreiche Abdampfungen von *Flußsäure* vorgenommen werden, verwendet man einen besonderen Abzug mit Fenstern aus Plexiglas und gummierten Exhaustoren. Die Wände des Labors sollen nach Möglichkeit gekachelt sein, während der Boden vorteilhaft mit Linoleum, Holz oder neuzeitlichem säurefestem Kunststoff zu belegen ist, der sich auch für die Arbeitstische eignet und die Bruchgefahr herabsetzt. Für die Decke hat sich Gips gut bewährt, wenn die rasche Wegführung säurehaltiger Luft gesichert ist. Die Ableitung von Säuren und säurehaltigen Lösungen soll *nur* in Tonrohren erfolgen. Vor einem evtl. Abfluß in Flüsse ist eine Neutralisation dieser Abwässer in Gruben (mit Zwischenwand) mit gelöschtem Kalk erforderlich. Zum Erhitzen, Kochen und Abdampfen dienen Einrichtungen mit elektrischer oder Gasheizung (Leuchtgas, Propangas, gelegentlich auch noch Benzin oder Spiritus). Zu erwähnen ist auch die Möglichkeit, Fluorierungen sowie Abdampfen von Aufschlußlösungen ohne Gefahr des Stoßens oder Überkriechens durch eine von oben nach unten strahlende elektrische Erhitzungsvorrichtung beschleunigt vorzunehmen. Zur Stromeinsparung und Materialschonung der mit Heizdrahtwicklung oder Silitstäben versehenen Muffel- und Röhrenöfen ist der Anschluß an eine automatische Temperaturregelung zu empfehlen. Zu beachten ist, daß einige Bestimmungsverfahren (z. B. SiO_2, Al_2O_3, TiO_2, in Sonderfällen

[1] Abb. 1 und 2 sowie einige Hinweise sind dem unter [*1*] zitiertem Aufsatz von F. Roll entnommen.

auch C und S) bei korrekter Ausführung sehr hohe Glühtemperaturen bis über 1400 °C verlangen, die nur mit Silitstäben, Molybdändrahtwicklung oder Preßgas zu erreichen sind. Hinsichtlich der Waagen wird man sich im Kleinlaboratorium mit den einfachen Ausführungen begnügen. Wo es aber bei Reihenanalysen auf Schnelligkeit ankommt, werden die höheren Anschaffungskosten für moderne Schnellwaagen mit Schwingungsdämpfung, Gewichtsauflegung und -ablesung von außen sowie Lichtmarkeneinstellung schnell durch die erhebliche Zeitersparnis kompensiert. Das gilt auch für die Titriereinrichtungen mit automatischer Nullpunkteinstellung.

Wer sich eingehender mit dem Ausbau und den Einrichtungen eines Laboratoriums zu befassen wünscht, sei auf einige im anschließenden Schrifttumverzeichnis angeführte Veröffentlichungen verwiesen.

Literatur

[*1*] ROLL, F.: Gießerei Bd. 40 (1953) S. 253/58. — PIPER, E., und H. HAGEDORN: Stahl u. Eisen Bd. 73 (1953) S. 1720/26.

II. Stoffbehandlung

Wie schon aus dem diesem Buchbeitrag vorangestellten Titel hervorgeht, soll hier nur die *chemische* Untersuchung im Gießereilaboratorium behandelt werden. Die Raumknappheit von etwa 100 Druckseiten gebot, sich bei der Wiedergabe der Untersuchungsverfahren für einzelne Elemente und für Werkstoffe aller Art nur auf eine gedrängte Auswahl zu beschränken. Demgemäß sind jeweils eine oder mehrere Arbeitsvorschriften in knapper Form so beschrieben, daß danach gearbeitet werden kann. Daneben sind vielfach in Kurzfassung andere und insbesondere neuere Methoden mit Schrifttumsangaben angeführt, da solche Hinweise erwünscht sein dürften. Die Kenntnis der analytischen Grundlagen und Handhabungen auf dem Gebiet der Gewichts- und Maßanalyse, der Potentiometrie, Kolorimetrie und Photometrie sowie der Gasanalyse mußte vorausgesetzt werden. Auch auf die Wiedergabe von Reaktionsformeln wurde in den meisten Fällen verzichtet; nur die Faktoren zur Berechnung der Ergebnisse wurden jeweils angegeben. Für Verfahrensbeschreibungen oder Teile davon, die schon in einem früheren Abschnitt wiedergegeben waren, genügte ein entsprechender Hinweis.

Bei der Auswahl der Verfahren waren in erster Linie diejenigen zu berücksichtigen, deren Sicherheit und Genauigkeit in Theorie und Praxis gewährleistet war. Die Darstellung stützt sich deshalb außer auf eigene Erfahrungen vornehmlich auf neue einschlägige Buchveröffentlichungen. Darin nimmt das vom Verlag Stahleisen, Düsseldorf, herausgegebene Werk *Handbuch für Eisenhüttenlaboratorien* einen besonderen Rang ein. In ihm sind vor allem die Untersuchungsverfahren wiedergegeben, die vom Chemikerausschuß des Vereins Deutscher Eisenhüttenleute in jahrelangen Gemeinschaftsarbeiten entwickelt, oder wenn es sich um bekannte Vorschriften handelte, auf ihre Brauchbarkeit nach allen Richtungen überprüft und evtl. abgeändert wurden. Herangezogen wurde neben vielen anderen bei den Schrifttumsangaben hinter den einzelnen Abschnitten angeführten Veröffentlichungen auch das bekannte von R. WEIHRICH verfaßte und 1953 von W. WINKEL neu bearbeitete Buch[1]. Die beiden Verlage haben auch dankenswerterweise die Übernahme einer Anzahl schematischer Zeichnungen von Apparaten und apparativen Anordnungen gestattet.

Als unnötig erschien die Beschreibung von Bestimmungsverfahren seltenerer Elemente wie Niob, Tantal, Beryllium, Cer, Blei u. a., die als Legierungsbestandteile im Gießereibetrieb kaum eine Rolle spielen. Dagegen wurden für die meisten besprochenen Elemente auch *photometrische* Arbeitsweisen angegeben, wenn auch die Mehrzahl der Gießereilaboratorien noch nicht die hierzu erforderlichen Einrichtungen besitzt. Die immer mehr zunehmende Bedeutung der Photometrie liegt vielfach in der außerordentlichen Beschleunigung der Bestimmung und der erheblichen Einsparung an Heizungs- und Material-

[1] WEIHRICH, R., u. W. WINKEL, Die chemische Analyse in der Stahlindustrie, Stuttgart: Ferd. Enke 1953.

kosten. Übrigens können bei *niedrigen* Gehalten kolorimetrische Vergleichsbestimmungen auch mit einfachen Glasröhren (EGGERTZsche Röhren) recht genau ausgeführt werden, vorausgesetzt, daß die Lösungen keine störenden Eigenfarben besitzen.

Die verschiedenen Verfahren zur Bestimmung der nichtmetallischen Einschlüsse und der Gase im Eisen konnten nur in einer Tabelle mit Angaben über ihre Verwendungsmöglichkeit zusammengefaßt werden.

III. Kontrolle und Genauigkeit

Die Durchführung von Kontrollanalysen der Proben mit der gleichen Methode ist bekanntlich auch bei bester Übereinstimmung nicht immer ein absolut zuverlässiger Maßstab für deren Richtigkeit. Selbst wenn nach sicher einwandfreien Verfahren gearbeitet wird, können sich, z. B. durch Zersetzung oder Konzentrationsänderungen von Lösungen, unreine Chemikalien, falsche Temperaturanzeigen u. a. m. Fehler einschleichen, die nicht bemerkt werden, weil die Wiederholungsanalysen unter den gegebenen Umständen gleichbleibende Werte ergeben. Solchen Zufälligkeiten kann man durch laufende Mituntersuchung nach einem zweiten, andersartigen Verfahren aus dem Wege gehen. Einfacher ist es aber, öfter oder am besten täglich bei Analysenreihen Probespäne mit zu untersuchen, deren Zusammensetzung genau bekannt ist. Man stellt sich einen größeren Vorrat davon (1 —2 kg) selbst her, indem man aus einem *homogen* zusammengesetzten Gußeisenstück die erforderlichen Späne entnimmt und den Feinanteil durch ein 900-Maschensieb abtrennt, wodurch eine größere Gleichmäßigkeit der zurückbleibenden Späne erzielt wird. Deren Analyse wird durch mehrfache Untersuchung nach genauesten Methoden ermittelt, wobei man zweckmäßig gleichzeitig Paralleluntersuchungen an amtlichen *Normalproben* durchführt. Solche Gußeisen-Normalproben (auch für unlegierten, niedrig- und hochlegierten Stahl, Ferrolegierungen) werden seit einigen Jahren von der *Gesellschaft für Eisenforschung*, Düsseldorf, in den Handel gebracht. Eine weitgehende Gewähr für die Genauigkeit der angegebenen Analysen ist dadurch gegeben, daß diese die Ergebnisse einer *Gemeinschaftsarbeit* darstellen, an der sich verschiedene Institute, Materialprüfungsämter und Eisenhüttenlaboratorien beteiligten.

Die Tab. 1 zeigt die durchschnittliche Zusammensetzung von vier derartigen nach steigendem Si-Gehalt geordneten Gußeisen-Normalproben sowie die ermittelten größten Abweichungen. Sie gibt einen Begriff von der bei der Bestimmung der Hauptbestandteile von Roh- und Gußeisen erreichbaren *Genauigkeit*, an die manchmal von den Betrieben zu hohe Anforderungen gestellt werden. Bezüglich der verhältnismäßig großen theoretisch möglichen Unterschiede bei den aus der Differenz Kohlenstoff minus Graphit berechneten Gehalten an *gebundener Kohle* sei auf den betreffenden Abschnitt Seite 550 verwiesen.

Tabelle 1. *Gußeisen-Normalproben der Eisenforschungsstelle Düsseldorf*
(Geordnet nach steigendem Siliziumgehalt)

Element	Bezeichnung und Gehalte							
	Gu 3		Gu 5		Gu 2		Gu 4	
	Mittel %	Toleranz %	Mittel %	Toleranz %	Mittel %	Toleranz %	Mittel %	Toleranz %
Si	0,87	±0,02	1,52	±0,03	1,94	±0,03	2,22	±0,03
Mn	0,27	±0,02	0,61	±0,02	1,15	±0,02	1,06	±0,03
P	0,63	±0,01	0,70	±0,02	0,72	±0,02	0,93	±0,02
S	0,14	±0,010	0,11	±0,01	0,072	±0,005	0,064	±0,006
C	3,10	±0,04	3,28	±0,04	3,30	±0,04	3,24	±0,04
Graphit	1,89	±0,03	2,74	±0,04	2,80	±0,04	2,99	±0,04
Geb. C[1]	1,21	±0,07	0,54	±0,08	0,50	±0,08	0,25	±0,08

[1] Aus der Differenz Kohlenstoff und Graphit.

IV. Probenahme

Die Wichtigkeit einer *einwandfreien* Probenahme des zu untersuchenden Materials wird in manchen Betrieben noch immer nicht genügend berücksichtigt. Das hat zur Folge, daß häufig genug die Ergebnisse der chemischen Untersuchung trotz genauester Analysenverfahren und Durchführung von Kontrollbestimmungen nicht mit den Erwartungen des Betriebes übereinstimmen. Es ist einleuchtend, daß das Analysenmuster einen *Durchschnitt* der Stoffmengen darstellen muß, deren Zusammensetzung man erfahren will. Diese Forderung ist aber nicht immer leicht und manchmal sogar schwer zu erfüllen. Die für die Probenahme verantwortliche Persönlichkeit muß deshalb in der Lage sein, beurteilen zu können, wie die Bemusterung der metallischen und nichtmetallischen Werkstoffe des Betriebs so durchzuführen ist, daß nicht die Fehler der Probenahme wesentlich größer werden als die der Analyse. Auf kleineren Werken wird der geschulte Laboratoriumsleiter die Verantwortung für die richtige Probenahme durch seine Hilfskräfte übernehmen müssen. In größeren Werken soll einem vertrauenswürdigen, fachlich ausgebildeten und mit besten Materialkenntnissen auf seinem eng begrenzten Gebiet versehenen Probenehmer diese Aufgabe übertragen werden. Keinesfalls soll die Herstellung der Proben der jeweiligen Betriebsabteilung überlassen werden, die eine chemische Untersuchung wünscht; eine Zusammenarbeit zwischen Betrieb und Laboratorium in allen Fragen der Probenahme ist dagegen jederzeit angebracht. Nachdrücklich ist deshalb eine wissenschaftlich unterbaute Ausbildung und Weiterbildung der Probenehmer zu fordern [*1*]. In diesem Zusammenhang ist jedem Laboratoriumsleiter das Studium der Broschüre über die Probenahme-Tagung 1952 in Clausthal zu empfehlen [*2*] (s. a. S. 269).

Im Gießereibetrieb ist natürlich das Hauptaugenmerk zu richten auf die sachgemäße Probenahme der verschiedenen Roh- und Gußeisensorten, von Stahlguß, Gußbruch, Schrott, Ferrolegierungen und Nichteisenmetallen. Dazu kommt die Bemusterung des Gießereikokses, von Kohlen und Kohlenstaub, Graphit, Kalkstein, Flußspat, feuerfesten Massen, Teeren, Ölen, Bindemitteln, Wasser, Gasen u. a. m.

1. Probenahme von Eisen [*3*]

a) Roheisen. Im *Hochofenbetrieb* auf Gießereiroheisen wird gewöhnlich von jedem Abstich eine Vollanalyse, zum mindesten aber die Bestimmung von Si, Mn, P und S durchgeführt. Diese Elemente sind jedoch nur selten über den ganzen Abstich gleichmäßig verteilt, so daß bei stark wechselndem Ofengang mitunter erhebliche Unterschiede auftreten können, insbesondere beim Si- und S-Gehalt. Man erhält immerhin eine annähernde Durchschnittsprobe, und dies gilt auch für *Kupolofenabstiche*, wenn man zu Beginn, Mitte und Ende eines Abstiches Einzelproben aus der Laufrinne entnimmt. Mit Hilfe von eisernen Schöpflöffeln wird das flüssige Eisen zu kleinen Masseln (etwa $25 \times 20 \times 30$ cm) in Formsand, eiserne Kokillen oder auch Kupferkokillen vergossen. Die Oberfläche dieser Probemasseln wird mit einer Stahlbürste gründlich gereinigt, evtl. auch *leicht* angeschliffen, worauf man die Stücke mehrfach von oben und unten völlig trocken und ölfrei anbohrt. Bei Verwendung eines stumpfen Bohrers (Steighöhe 120 mm) erhält man kleine und dicke Späne, die sich leichter in Säure lösen. Durch Einpacken der Probe in kräftiges schwarzes Glanzpapier können Verluste von Spänen und anhaftendem Graphit vermieden werden. Die erhaltenen Späne werden über den Kegel gründlich gemischt und in Celluloidbeuteln, Pappschachteln oder kleinen Weithalsfläschchen aufbewahrt.

Bei *Roheisenlieferungen* entnimmt man dem Waggon an verschiedenen Stellen Masseln mit möglichst verschiedenem Korn, und zwar mindestens 10 Stück für eine 20t-Ladung[1]. Die Genauigkeit der Probenahme ist aber nicht nur beeinflußt durch die mehr oder minder große homogene Zusammensetzung der Hochofenabstiche, aus denen die Lieferung stammt, sondern auch durch die möglicherweise ungleichmäßige Verteilung der Legierungs-

[1] Siehe auch: Die Probenahme von Roheisen, Wirtschaftsgruppe Stahl und Eisen, Abtlg. Roheisen.

elemente im Masselquerschnitt selbst. Mangan und Schwefel reichern sich z. B. gerne im oberen Masselabschnitt etwas an, Graphit und Phosphor mehr in der Mitte. Bei hohen Anforderungen muß man deshalb die Masseln auseinanderbrechen und die gereinigte Bruchfläche über ihren ganzen Querschnitt abhobeln oder fräsen. Die aus allen Masseln erhaltenen Späne werden dann nach der bekannten Methode der fortschreitenden Vierteilung (vgl. S. 542) wiederholt gründlich über den Kegel gemischt, bis die benötigte Probenmenge übrig bleibt.

Aus Gründen der Kosten- und Zeitersparnis begnügt man sich aber für laufende Probenahmen meist mit dem Durchbohren der Masseln von oben bis unten oder von oben und unten bis zur Mitte. Die äußere Masselschicht mit eingebranntem Formsand oder Zunder muß dabei durch leichtes Vorbohren mit einem größeren Bohrer oder durch Abschleifen entfernt werden.

Bezüglich des Kohlenstoffs ist zu beachten, daß die kleinen, aus dem flüssigen Absticheisen entnommenen Blockproben infolge der raschen Erstarrung einen höheren Kohlenstoff- und niedrigeren Graphitgehalt enthalten können als die Späne aus den großen, im Gießbett erstarrten Masseln. Bei diesen scheidet sich während der langsameren Erstarrung mehr Graphit aus, der aber teilweise an die Oberfläche steigen und dort verbrennen kann. Maßgebend ist also für den Kohlenstoff- und Graphitgehalt die Probenahme aus der Lieferung. Auf die Behandlung des Analysenmusters bei der Einwaage wird in den Abschnitten *Kohlenstoff* und *Graphit* eingegangen.

Die Masseln von meliert oder weiß erstarrtem Roheisen werden, wenn sie sich auch mit Spezialbohrern (Widiastahl) nicht zerspänen lassen, auseinandergebrochen. Von der Bruchfläche schlägt man an verschiedenen Stellen kleine Stückchen ab und zerkleinert sie in einem Hand- oder Preßluftmörser (Abb. 8, Seite 544), bei größeren Mengen mit einem Roheisen-Klopfhammer, unter wiederholtem Absieben bis zur Analysenfeinheit. Bei Hochofenferromangan, Spiegeleisen, Stahleisen und Thomaseisen kann man die abgeschlagenen Stückchen (im Verhältnis 2 : 1, Mitte zu Rand) auch mit einem auf das Mörserpistill aufgesetzten Preßlufthammer zerkleinern, was für graphithaltige Sorten wegen der Verstaubungsgefahr (Graphit) nicht zulässig ist.

b) Gußeisen. Die Probenahme bei Kupolofenabstichen soll in der gleichen Weise wie bei Hochofenabstichen vorgenommen werden, um Unterschiede in der chemischen Zusammensetzung der Einzelproben auszugleichen. Besondere Achtsamkeit ist beim Wechsel sehr unterschiedlicher Gattierungen erforderlich. Wenn z. B., was an und für sich nicht statthaft und unwirtschaftlich ist, auf einen phosphorreichen gewöhnlichen Handelsguß eine hochwertige phosphorarme Gattierung gesetzt wird, so erhält man, meist entgegen den Erwartungen der Schmelzmeister, erst nach einem prozentual sehr hohen Anfall an *Übergangseisen* die errechnete Analyse[1].

Entnimmt man die Probe aus einer großen Sammelpfanne, die mehrere aufeinander folgende Abstiche enthält, so darf man nicht ohne weiteres voraussetzen, daß eine Homogenisierung größerer Unterschiede in der chemischen Zusammensetzung durch bloßes Abstehen eintritt. Auch ist daran zu erinnern, daß dabei unlösliche Sulfide von Mangan und Eisen und sonstige Ausscheidungen an die Oberfläche der Schmelze steigen. Man muß also, am besten nach vorherigem Mischen der Schmelze mit einer Eisenstange, das Schöpfgefäß tiefer eintauchen, zum mindesten aber vor dem Abgießen der Probe in eine Handpfanne die oberflächlichen Verunreinigungen abziehen.

Die Probenahme an Grauguß-Fertigstücken (z. B. Ausschuß) geschieht durch Anbohren an verschiedenen Stellen oben und unten und Mischung der Späne zu einer Durchschnittsprobe. Solange die Wandstärke des ganzen Gußstückes einigermaßen gleichmäßig ist und eine bestimmte Größe nicht überschreitet, kann man mit einer gleichmäßigen Ver-

[1] Auch im *Hochofenbetrieb* kann man bei der Umstellung von phosphorreichem Gießereiroheisen auf Hämatit ähnliche Erfahrungen machen. Wenn der Ofen zur Bildung von Ansätzen neigt, die durch den neuen Möller erst nach und nach entfernt werden müssen, ist bis zum Anfall reinen Hämatits manchmal viel mehr Zeit erforderlich als bei normalem Ofengang.

teilung des *Graphits* über den ganzen Querschnitt rechnen. Bei einem von E. HEYN [*4*] durchgeführten Versuch an quadratischen Stäben in Dicken von 12×12 bis 155×155 mm ergab sich, daß unter den gewählten Arbeitsbedingungen im Kern ein gleichbleibendes Graphitmaximum bei einem Stabquerschnitt von 60×60 mm ab auftritt, während mit weiter zunehmender Dicke der Graphitgehalt an den Ecken teilweise erheblich niedriger liegt. Diese Unterschiede verschwinden mit abnehmender Wandstärke. Zur Probenahme wurden Stückchen von etwa 2 g Gewicht entnommen. Ein solches Verfahren ist unter Zuhilfenahme eines Stechstahls überall da zu empfehlen, wo man der Erfassung des genauen *Graphitgehalts* bestimmter Stellen eines Gußstückes besonderen Wert beilegt. Bei Gußstücken mit stark unterschiedlichen Wandstärken werden manchmal kurze Probestäbe mit einem Durchmesser von etwa der mittleren Wandstärke des Stückes angegossen. Die Analyse dieser Stäbe entspricht dann auch hinsichtlich des Kohlenstoff- und Graphitgehaltes annähernd dem Gesamtdurchschnitt.

Beim in oxydierender Atmosphäre ausgeglühten *Temperguß* tritt außer der Abscheidung der *Temperkohle* eine fortschreitende *Abnahme* des Gehaltes an *Gesamtkohlenstoff* vom äußersten Rand zur Mitte auf. Sein Durchschnittswert läßt sich durch Hobeln oder Fräsen über den ganzen Querschnitt des Probegußstückes oder durch dessen Durchbohrung ermitteln; die Art seiner Verteilung müßte man feststellen, indem man die Analyse abgedrehter oder angebohrter dünner Schichten der Reihe nach durchführt. Schneller kommt man natürlich mit der metallographischen Beobachtung zum Ziel.

Ebenso wie beim Temperguß muß man mit der Probenahme des Hartgusses verfahren. Das Randgebiet erstarrt infolge der Abschreckung weiß oder meliert, hat also nur Spuren oder geringe Gehalte an Graphit. Der Unterschied gegenüber dem grauen Kern erstreckt sich aber auch auf den Gesamtkohlenstoff, der manchmal in der Randzone erheblich *höher* liegt. Auch mit Anreicherungen an Mangansulfiden am äußersten Rand ist zu rechnen.

Handelt es sich darum, die ursprüngliche Zusammensetzung von *alten* Gußstücken (z. B. von in Boden verlegten Leitungsrohren) kennenzulernen, so darf die Probenahme nur an solchen Stellen erfolgen, die keine korrodierende Zersetzung irgendwelcher Art erkennen lassen.

c) Ferrolegierungen. Die Probenahme der teuren Ferrolegierungen muß infolge der häufig sehr ungleichmäßigen Zusammensetzung mit größter Sorgfalt vorgenommen werden. Dies gilt besonders für hochprozentiges

Ferrosilizium. Von dem entleerten Inhalt des Behälters werden 2 bis 3% Probeanteil an möglichst vielen Stellen und im abgeschätzten Verhältnis von groben Stücken, Mittel- und Feinkorn entnommen. Nach evtl. Vorzerkleinerung großer Stücke auf der Stampfplatte oder in Backenbrechern wird das gesamte Probegut auf etwa Haselnußgröße zerkleinert, bis nach wiederholter weiterer Zerkleinerung, Mischen und anschließender Vierteilung je nach Größe der Probe noch ca. 1 bis 3 kg übrigbleiben. Diese werden, am besten in Handmörsern aus Sonderstahl, auf eine Analysenfeinheit von 0,3 mm gebracht. Der Mörser soll jeweils nur mit *kleinen* Anteilen beschickt werden, die während des Pulverisierens häufig abgesiebt werden. Dadurch wird eine zu starke, zu Oxydation führende, unter Umständen wegen Explosionsgefahr gefährliche Erwärmung vermieden, die bei Anwendung von Preßlufthämmern und auch von Backenbrechern auftreten kann. Während des Zerkleinerungsvorganges in die Probe gelangtes Eisen wird am Schluß durch einen *Magneten* entfernt. Bei größeren Lieferungen wird $^1/_4$ der Behälter zur Bemusterung herangezogen. Ist nur grobstückiges Ferrosilizium zu untersuchen, so schlägt man an den einzelnen Probestücken mit einem Meißel Rinnen über den ganzen Querschnitt ab [*4*].

Für die Probenahme der sonstigen Ferrolegierungen und auch der Zusatzpakete gelten die gleichen Richtlinien wie beim Ferrosilizium.

d) Gußbruch und Schrott. In einem gut geführten Schmelzbetrieb wird der anfallende Gußbruch (Trichter, Abfalleisen, Ausschuß) nach den erzeugten Gußeisensorten sortiert, deren Durchschnittsanalyse durch die laufenden Untersuchungen bekannt ist. Einen annähernden Durchschnittswert von unsortiertem fremden Gußbruch kann man nur durch

Probenahme aus möglichst vielen, verschieden aussehenden Einzelstücken erzielen. Besonders auffallende und in größerer Anzahl vorhandene Bruchstücke sollten auch für sich allein untersucht werden, damit gegebenenfalls (z. B. bei sehr hohen S-Gehalten) eine Aussortierung vorgeschlagen werden kann.

Unlegierter *Stahlschrott*, wie er als Stahlzuschlag bei Kupolofenschmelzen in Gestalt von Platten, Knüppeln, Schienen, Walzenden, Puffern usw. benutzt wird, kann in der üblichen Weise durch Hobeln oder Durchbohren der Proben, die vorher durch Abschleifen von Zunder befreit werden müssen, bemustert werden.

Findet man bei der Gußeisenanalyse besondere Legierungselemente (Ni, Cr usw.), die im verwendeten Roheisen nicht vorhanden sind, so muß der Schrott *legierte* Anteile enthalten; sie mit der üblichen chemischen Analyse herauszufinden, ist eine mühsame Arbeit. Hilfsmittel für eine schnelle und umfangreiche Überprüfung des Schrotts an Ort und Stelle sind die *Tüpfel-* und *Funkenanalyse* (vgl. S. 601) sowie seit einigen Jahren im Handel befindliche kleine *Spektralgeräte* für subjektive Beobachtung, mit denen man bei einiger Erfahrung auch halbquantitative Schätzungen vornehmen kann.

2. *Nichteisenmetalle*

Die in der Metallgießerei verwendeten Metalle und Legierungen werden gewöhnlich in Form von Barren oder Platten angeliefert. Man entfernt bei diesen zunächst mit einer Feile die den Außenflächen anhaftende Oxydhaut, bis überall die blanke Metallfläche zutage tritt, sowohl in der Mitte als auch an den Kanten; die so erhaltenen Späne werden gut miteinander vermischt, wobei man vorher, um das Mischen zu erleichtern, die größeren Späne mit einer Schere noch etwas zerteilt. Einige Legierungen, namentlich die Weißmetalle und die Antimonlegierungen, zeigen außerordentlich starke Seigerungserscheinungen, die der Entnahme einer genauen Durchschnittsprobe sehr große Schwierigkeiten bieten. Die Stücke müssen daher an mehreren Stellen mit einem dünnen Bohrer vollständig durchbohrt und die Späne dann auf das sorgfältigste gemischt werden. Die bei der Zerkleinerung der Proben in das Muster geratenen Eisenteilchen können durch Ausziehen mit einem Magneten leicht entfernt werden.

3. *Nichtmetallische Werkstoffe*

Der zur Verfügung stehende Raum erlaubt es nicht, die Probenahme der im Gießereibetrieb verwendeten nichtmetallischen Werkstoffe ebenso verhältnismäßig ausführlich zu behandeln wie das Eisen. Es können deshalb in der Hauptsache nur allgemeine Richtlinien gegeben werden, wobei jeweils auf einschlägige Normblätter (Deutsche Normen, zu beziehen nur durch Beuth-Vertrieb G. m. b. H., Berlin W 15 oder Köln) hingewiesen wird.

a) Feste Brennstoffe (Gießereikoks, Kohlen). Die Normblätter DIN 51701 und 57702 (vollkommen überarbeitete Neufassung der früheren Ausgaben) sowie DIN DVM 3711 behandeln die Probenahme und Probenaufbereitung von körnigen bzw. staubförmigen Brennstoffen. Ohne direkte Bindung an diese Vorschriften kann man im Gießereibetrieb bei der Probenahme von Koks folgendermaßen verfahren.

1. Man entleert den Waggon von oben bis zur Hälfte und entnimmt von verschiedenen Stellen der ganzen Oberfläche Probeanteile wechselnder Stückgröße und unterschiedlichen Aussehens.

Abb. 4. Backenbrecher für Koks, Schlacken und Gesteine

2. Man wirft während des Entladens jede 20. oder 30. Gabelprobe (40 mm Zinkenweite) in einen Sammelbehälter.

3. Man entleert den Waggon nach Öffnen der Seitentüren in der Mitte bis zum Boden und entnimmt von oben bis unten an verschiedenen Stellen der beiden entstandenen Böschungen Probeanteile wie bei 1.

Die Sammelprobe (50 bis 100 kg auf 20 t Ladung) wird in Brechern (Abb. 4) oder auf harten Eisenplatten zuerst grob zerkleinert, durch Schaufeln gut durchgemengt und zu einem Kegel angehäuft. Dieser wird bis zu einer Schichthöhe von < 25 cm plattgedrückt. Mit einem Blechkreuz teilt man das flächenartig ausgebreitete Probegut in vier Teile und beseitigt zwei gegenüberliegende Viertel. Die beiden anderen Viertel werden wieder vereinigt, weiter zerkleinert, über den Kegel gemischt und wieder geviertelt. Diesmal entfernt man die andern beiden gegenüberliegenden Viertel und verwendet die übrigbleibenden zur Weiterbehandlung in derselben Art. Dieses *Kegelverfahren* (Quartieren) setzt man so lange fort, bis etwa 3 kg übrigbleiben, die restlos durch ein 10 mm-Sieb gehen müssen. Davon sollen etwa 500 g in Achat -oder Porzellanmörsern so weit gemahlen werden, daß auf einem Prüfsiebgewebe 0,20 DIN 1171 kein Rückstand bleibt.

Die Probenahme von Kohlen geschieht auf die gleiche Weise, muß aber auch anteilmäßig die Kornverschiedenheit erfassen. Mit Rücksicht auf die Feuchtigkeitsbestimmung ist zu beachten, daß eine etwaige Entnahme *nur* an der Oberfläche *falsche* Werte ergibt.

b) Kalkstein, Dolomit, Flußspat. Für diese meist stückigen Zuschlagstoffe gelten dieselben Vorschriften wie bei der Probenahme von Kohlen und Koks. Das Mengenverhältnis der verschiedenen Stückgrößen wird abgeschätzt und in der Probe anteilmäßig berücksichtigt; dies ist besonders auch für den Anteil des *Flußspates* an *Schwerspat* ($BaSO_4$) erforderlich. Die Probenahme aus dem entladenen Haufen ist schwieriger und unsicherer als die *während* des Entladens.

c) Formsande, Altsande, Stampfmassen, Kohlenstaub, Graphit. Diese Materialien sind wegen ihrer feinkörnigen bis pulverigen Beschaffenheit und gleichmäßigeren Zusammensetzung leichter und mit geringeren Probemengen zu bemustern als grobstückige. Man

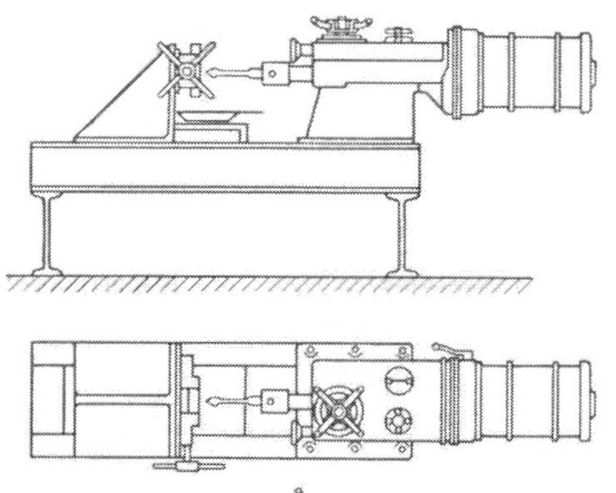

a

b

Abb. 5a u. b. Horizontal arbeitende Bohrmaschine (nach MÖHL)[1]

entnimmt mit Schaufel oder Stechbohrer an verschiedenen Stellen der Ladung oder des Haufens Anteile und verarbeitet die Sammelprobe in der üblichen Art weiter. Altsande müssen vor der Bemusterung durch magnetische Scheidung von metallischem Eisen befreit werden.

d) Feuerfeste Steine (vgl. DIN 1061 und 1062). Für die Untersuchung einzelner, insbesondere auch größerer Steine werden über die ganze Bruchfläche Splitter abgebrochen und vereinigt. Bei größeren Probenahmen aus Ladungen muß von den abgeschlagenen

[1] MÖHL, K.: Arch. Eisenhüttenw. Bd. 23 (1952) S. 437.

einzelnen Probestücken die verunreinigte Außenhaut vor der Weiterverarbeitung entfernt werden. Zu prüfen ist, ob nicht durch den Zerkleinerungsvorgang metallisches Eisen in das Analysenmuster gelangt.

4. Einiges über Werkzeuge und Einrichtungen für Probenahme

In seiner ausführlichen Arbeit über die Probenahme von Eisen und Stahl empfiehlt K. MÖHL [5], dessen Ausführung wir hier folgen, zum Bohren von Metall die Anwendung einer *horizontal* arbeitenden Bohrmaschine und zum Fräsen eine vertikale Maschine in der Art, wie beide in den Abbildungen 5a u. b und 6 dargestellt sind. Zur Vermeidung zu großer Späne und ihrer zu starken Erwärmung (Anlaufen der Späne, Verbrennung von feinstem Graphit!) sollen die Maschinen auf sehr niedrige Umdrehungszahlen (70 bis 50 U/min) regulierbar sein; auch ist bei der Bohrmaschine ein automatischer Vorschub empfehlenswert. Gegenüber der vertikalen hat die horizontale Bohrmaschine den Vorteil, daß die Späne verlustlos in einem untergestellten metallenen Gefäß aufgefangen werden können, ohne daß sie vorher mit anderen Stoffen in Berührung kommen oder zusammengefegt werden müssen. Für die Fräsmaschine verwendet man mit Vorteil sog. hinterdrehte Fräser.

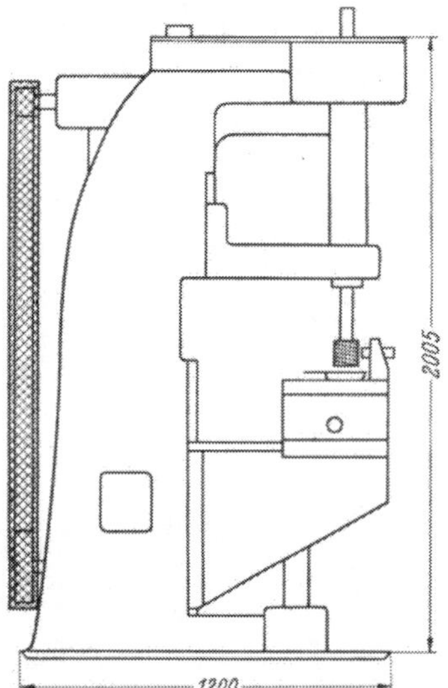

Abb. 6. Vertikale Fräsmaschine (nach MÖHL)[2]

Der gleiche Verfasser gibt auch die Werkzeugqualitäten nebst Richtanalysen und Wärmebehandlung bekannt, die sich zum Zerspanen und Zerkleinern besonders bewährt haben; es sind dies folgende:

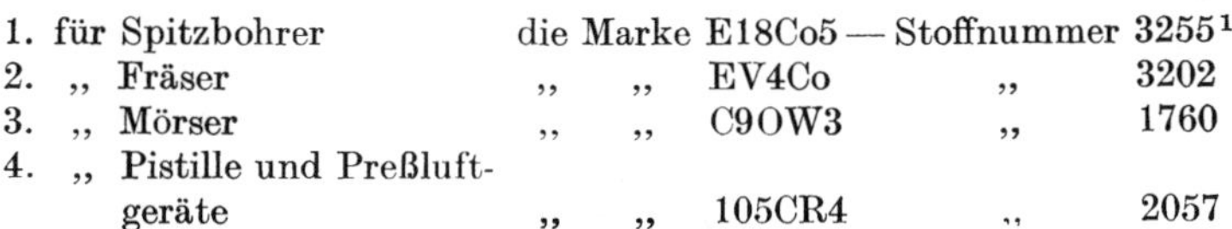

1. für Spitzbohrer	die Marke	E18Co5	— Stoffnummer	3255[1]
2. „ Fräser	„ „	EV4Co	„	3202
3. „ Mörser	„ „	C9OW3	„	1760
4. „ Pistille und Preßluftgeräte	„ „	105CR4	„	2057

Nach einer Ausarbeitung von E. SINNER, Winterthur, über die laufende photometrische Schnellbestimmung des Siliziums in Roh- und Gußeisen, erwies sich die in Abb. 7a—c wiedergegebene Einrichtung als besonders geeignet zur raschen Herstellung und Späneentnahme von Kokillenproben[3].

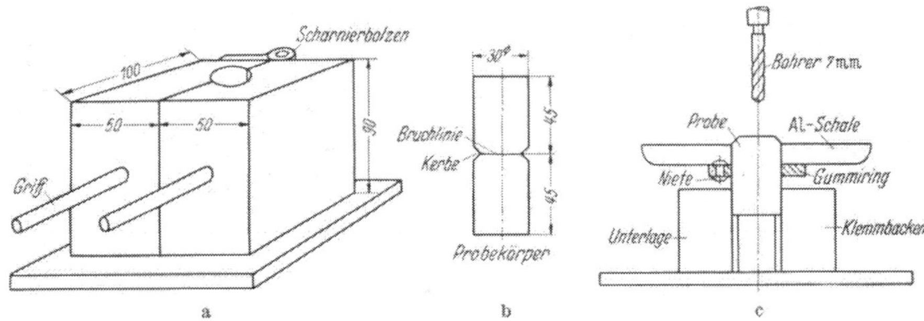

Abb. 7a—c. Vorrichtung zu Herstellung und Späneentnahmen von Kokillenproben

Die eiserne Kokille ist durch den angedeuteten Scharnierbolzen auf einer eisernen Unterlage befestigt, wobei sie mittels Klammer über die beiden Handgriffe zusammengehalten wird. Da Eisen der bessere Wärmeleiter ist als Luft, bleibt die gegossene Probe bis zur verschwindenden Dunkelrotglut in der Kokille. Danach wird die Probe im Wasser vollends abgekühlt und dann entzweigeschlagen. Zur Gewährleistung einer ebenen

[1] Siehe Stahl-Eisen-Werkstoffblatt.
[2] MÖHL, K.: Eisenhüttenw. Bd. 23 (1952) S. 437.
[3] Nach frdl. Privatmitteilung von E. SINNER, Winterthur.

Bruchfläche ist in der Mitte eine Kerbe angebracht. Die untere Hälfte des Probekörpers wird nun in die eigens hierfür hergerichteten Klemmbecken der Bohrmaschine gespannt. Über das hinausragende Ende der Probe wird eine Schale aus Aluminiumblech gestülpt. Diese hat in der Mitte eine Aussparung, auf deren unteren Rand ein Gummiring aufgenietet ist, dessen Durchmesser dem der Probe entspricht und ein gutes Anhaften der Schale gewährleistet. Der Bohrer hat eine Schnittgeschwindigkeit von ca. 30 m/Min.

a

b

Abb. 8a u. b. Preßluftmörser
a) Außer Gebrauch; b) In Tätigkeit

Abb. 9. Roheisenklopfhammer

Die auf diese Weise gewonnenen Bohrspäne sollen möglichst gleichmäßig groß sein. Vor dem Wägen werden die Späne noch gesiebt mittels Seidengazesieb mit ca. 400 Öffnungen pro cm². Zur Verwendung gelangen die im Sieb zurückbleibenden Späne.

Abb. 8a und b zeigt einen in einer Gießereiwerkstätte entwickelten Preßluftmörser und Abb. 9 einen Roheisenklopfhammer.

Die Probenahme von Teeren, Ölen, Gasen und Wasser ist in den betreffenden Abschnitten kurz besprochen.

Literatur

[1] Nach „Denkschrift der Chemikerausschüsse des Vereins Deutscher Metallhütten- und Bergwerke sowie des Vereins Deutscher Eisenhüttenleute über die Probenahme von Erzen und Metallen und den Beruf des Probenehmers". — [2] Probenahme Erze, Metalle, Brennstoffe. Gesammelte Vorträge, gehalten bei der „Tagung für Probenahme" in Clausthal-Zellerfeld (1952); Düsseldorf: Verlag Stahleisen. — [3] Unter Zugrundelegung insbesondere der Arbeiten von O. Bauer und E. Deiss, Probenahme und Analyse von Eisen und Stahl. Berlin: Springer 1921; ferner von K. Möhl wie unter [2] und in Stahl u. Eisen Bd. 73 (1953) sowie des Abschnitts Probenahme im Handbuch für Eisenhüttenlaboratorien. Düsseldorf: Verlag Stahleisen. — [4] Aus O. Bauer und E. Deiss wie unter [3].

V. Kohlenstoff

Im silizium- und phosphorarmen *Gießereiroheisen* kann der Kohlenstoffgehalt bis über 4,2% steigen (Garschaumgraphit). Mit ansteigendem Silizium- und Phosphorgehalt wird er heruntergedrückt und sinkt in besonders siliziumreichen oder mit Stahl verschmolzenen Sondersorten (z. B. Silbereisen) unter 3%, während er bei Gegenwart von sehr viel Mangan (Spiegeleisen) 5% und mehr erreicht. Beim *Grauguß* liegt der Kohlenstoffgehalt in Abhängigkeit von der Führung des Kupolofenprozesses etwa zwischen 3,0 bis 3,8%;

wird viel Stahl beigattiert, kann eine Verminderung bis auf 2,5% eintreten. Temperguß enthält bis zu 2% C; Stahlguß selten mehr als 0,6%; die Schwankungen im Flußstahl liegen zwischen Spurengehalten und > 1%.

Quantitative Bestimmung

Für Schnellbestimmungen wird fast ausschließlich die Verbrennung im Sauerstoffstrom mit *gasvolumetrischer* Messung der gebildeten Kohlensäure angewendet, zur Kontrolle auch deren gewichtsanalytische Ermittlung. Bei sehr niedrigen Kohlenstoffgehalten kann die Verbrennungskohlensäure auch maßanalytisch, potentiometrisch oder elektrometrisch bestimmt werden. Vor Einführung dieser Verfahren war man auf die *nasse* Verbrennung in einer Chromsäure-Schwefelsäure-Mischlösung nach SARNSTRÖM-CORLEIS [*1*] angewiesen, die genaue Werte ergibt, aber zeitraubend ist und infolgedessen nur mehr für Sonderzwecke (Leitverfahren, Graphitverbrennung, Legierungen) herangezogen wird.

Verbrennung im Sauerstoffstrom [*2*]

a) Gewichtsanalytische Bestimmung. Die Verbrennungsapparatur ist aus Abb. 10a zu ersehen, die nur weniger Erläuterungen bedarf. In der mit Schwefelsäure 1 : 5 beschickten Waschflasche wird der vorher getrocknete Sauerstoffstrom mit einem konstanten Feuchtigkeitsgehalt beladen, da feuchter Sauerstoff die Verbrennung begünstigt.

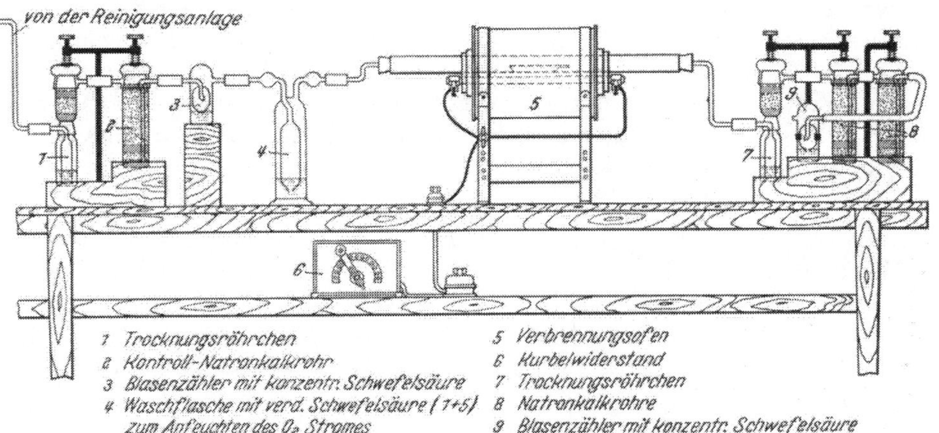

Abb. 10a. Gewichtsanalytische Kohlenstoffbestimmung mit Sauerstoffbefeuchtung

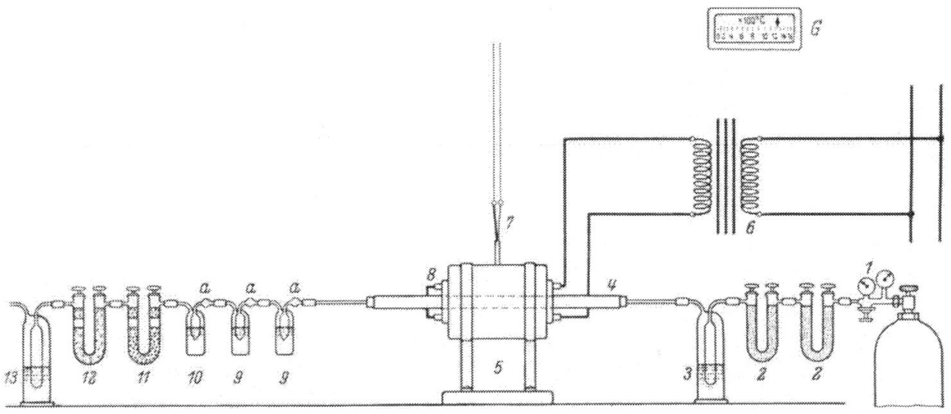

Abb. 10b. Gewichtsanalytische Kohlenstoffbestimmung andere Anordnung ohne Befeuchtung

1 Druckreduzierventil — *2* Natronkalkröhrchen — *3*, *10* u. *13* Waschflaschen mit konz. Schwefelsäure — *4* Verbrennungsrohr — *5* Röhrenofen — *6* Regulier-Transformator — *7* Thermoelement mit Galvanometer *G* — *8* Silitheizstäbe — *9* Chromschwefelsäurewaschflaschen (*a* Asbestfüllung) — *11* U-Röhrchen mit Phosphorpentoxyd — *12* Gewogenes U-Röhrchen (Natronkalk-Phosphor-pentoxyd)

Zur Zurückhaltung des bei der Verbrennung gebildeten Schwefeldioxyds dient die im unteren Teil des Trocknungsstandrohrs eingefüllte Chromschwefelsäure[1]; bei hohen Schwefelgehalten soll auch noch ein mit festem Chromsäureanhydrid beschicktes Absorptionsröhrchen vorgeschaltet werden. Der zur Füllung der Absorptionsröhrchen bestimmte kleinkörnige und von Staubteilen abgesiebte Natronkalk soll bei 100°C getrocknet sein (Natronkalk Merck), aber nicht bei höheren Temperaturen, damit noch genügend Feuchtigkeit zur Bindung der Kohlensäure vorhanden ist. Auf der Gasaustrittsseite bindet eine zwischen 2 Lagen von ausgeglühtem Asbest liegende 2 cm hohe Schicht von Phosphorpentoxyd mitgeführten Wasserdampf.

Eine andere Anordnung ohne Befeuchtung des Sauerstoffs zeigt die Abb. 10b.

In den USA ist ein halbautomatisches Gerät entwickelt worden [*3*], das 30 gravimetrische Bestimmungen in der Stunde leisten soll. Die erforderliche Verbrennungstemperatur wird durch hochfrequenten Wechselstrom in der Probe selbst erzeugt, wobei Stückchen von ca. 2 g Gewicht nicht zerkleinert zu werden brauchen.

Einwaagen. Unter Berücksichtigung der Entmischungsgefahr bei kohlenstoffreichen Roh- und Gußeisenspänen ist es nicht zu empfehlen, mit dem Gewicht der *Einwaage* (in ausgeglühten Schiffchen) zu weit, z. B. auf 0,25 g, herunterzugehen. Bei höheren Einwaagen bis zu 1 g oder bei kohlenstoffärmerem Stahl bis zu 2 g ist allerdings besonders darauf zu achten, daß bei plötzlich einsetzender Verbrennung, die auch durch zu feines Spänematerial veranlaßt werden kann, kein Sauerstoffmangel und damit Kohlenoxydbildung eintritt (siehe Arbeitsvorschrift!). Im übrigen sind zur Erreichung einer guten *Durchschnittseinwaage* die Maßnahmen zu beachten, die in dem nächstfolgenden Kapitel *Graphit*, Seite 549, und im Abschnitt *Probenahme*, Seite 538, näher beschrieben sind. Ist bei Roheisenlieferungen die Einhaltung eines bestimmten C-Gehaltes verlangt, so kann man auch mit der Untersuchung einer größeren Anzahl von einzelnen Masseln dem richtigen Durchschnittsgehalt näher kommen.

Zuschläge. Zur Erleichterung der Verbrennung bei niedrigerer Ofentemperatur und zur Bildung einer schmelzflüssigen Schlacke kann man Zuschläge wie Kupferoxyd, Bleidioxyd, Mennige, Wismut-III-oxyd, Kobaltoxyd oder auch Metalle wie Weichstahl, Elektrolyteisen oder Elektrolytkupfer geben; für schwer verbrennliches, hochlegiertes Material ist dies unbedingt erforderlich. Kohlensäureabgebende Bestandteile dieser Zuschläge sind durch *Blindversuche* zu berücksichtigen oder vorher zu beseitigen. Vom Kupferoxyd (in Stäbchenform oder feinkörnig) glüht man deshalb einen größeren Vorrat einige Stunden bei 600 bis 700°C im Muffelofen aus; Wismut-III-oxyd, das sich gut für die Roh- und Gußeisenuntersuchung eignet, aber häufig karbonathaltig ist, schmilzt man in die Verbrennungsschiffchen ein, bis eine klare Glasur entstanden ist.

Verbrennungstemperaturen. Ohne Zuschläge soll bei der Arbeitsweise nach DEISS [*4*] (Einbringen der Einwaage bei niedrigerer Temperatur und deren Steigerung während des Verbrennungsverlaufes) die Endtemperatur 1100 bis höchstens 1200°C betragen. Mit Zuschlägen kann man bei der Verbrennung von Roheisen, Kohlenstoffstählen und Siliziumstählen mit Bleidioxyd oder Mennige nach den in der Arbeitsvorschrift angegebenen Bedingungen auf 950°C, mit Kupferoxyd oder Wismut-III-oxyd auf 1000°C heruntergehen, womit auch Ofen und Rohr geschont wird. Höher legierte Stähle und Ferrolegierungen benötigen mit Zuschlägen 1100°C und mehr.

Wenn, wie es meist der Fall ist, das Thermoelement zur Temperaturmessung in ein von oben oder seitlich eingeführtes, einseitig geschlossenes und auf dem Verbrennungsrohr aufsitzendes Schutzrohr eingeschoben wird, so darf nicht außer acht gelassen werden, daß die maßgebende Innentemperatur des Verbrennungsrohres um 40 bis 50°C *niedriger* liegt. Um diesen Betrag müssen dann die oben angegebenen verschiedenen Verbrennungstemperaturen erhöht werden.

---

[1] 36 g Chromtrioxyd, gelöst in 100 cm³ Wasser und Zufügung von 600 cm³ Schwefelsäure (1,84).

Arbeitsvorschrift. Vor Beginn einer Untersuchungsreihe wird der Silitstabofen auf die erforderliche Temperatur gebracht und gleichzeitig durch die gesamte Apparatur einschließlich der Absorptionsröhrchen ein langsamer Sauerstoffstrom geleitet. Diese Röhrchen werden dann nach 10 min langem Liegen im Wägeraum, Abwischen mit Hirschleder und kurzem Öffnen zum Druckausgleich gewogen und wieder angeschlossen. Dann wird das Verbrennungsschiffchen mit der Einwaage (Zuschlag) rasch eingeschoben und der Sauerstoffstrom so eingestellt, daß im Blasenzähler 2 bis 3 Blasen je Sekunde auftreten. Das muß auch während der Hauptverbrennung der Fall sein, bei der man den Sauerstoffstrom entsprechend verstärkt und dann wieder verringert. Nach 15 min (bei Roh- und Gußeisen 30 min) langem Durchleiten schließt man die Absorptionsröhrchen und wägt sie unter den gleichen Vorsichtsmaßnahmen wie vorhin angegeben zurück. Inzwischen kann man ein zweites Paar abgewogener Absorptionsröhrchen für eine neue Bestimmung anschließen.

$$\% \mathrm{C} = \frac{27{,}27 \times \mathrm{g\ CO_2}}{\mathrm{g\ Einwaage}}$$

Bezüglich der gewichtsanalytischen Bestimmung *sehr* niedriger Kohlenstoffgehalte sei auf das unter c) erwähnte Verfahren nach H. KEMPF und K. ABRESCH hingewiesen.

b) Gasvolumetrische Bestimmung. Die Verbrennungs- und Reinigungsapparatur ist dieselbe wie in Abb. 13. An der Gasaustrittsseite des Rohres ist ein mit Chromtrioxyd und ein mit Glasasbestwatte gefülltes Rohr zur Zurückhaltung des bei der raschen Verbrennung mitgerissenen Eisenoxydstaubs und schließlich der Apparat zur Absorption und Messung der gebildeten Kohlensäure angeschlossen. Diese Apparate werden vom Handel in verschiedenen Ausführungsarten geliefert; Abb. 11 zeigt eine solche mit Kennzeichnung der einzelnen Teile. Sonderausführungen enthalten Zusatzeinrichtungen für automatische Nullpunkteinstellung oder zur selbsttätigen Korrektur von Temperatur- und Druckschwankungen. Für die C-Bestimmung in Roh- und Gußeisen werden Meßbüretten eingebaut, deren oberer erweiterter Teil bis zu 500 cm³ faßt. Das Absorptionsgefäß enthält Kalilauge (500 g Kaliumhydroxyd, chem. rein/l), die Sperrflüssigkeit (200 g Chlornatrium und 1 cm³ konz. Schwefelsäure je Liter) und außerdem einige Tropfen Azolitminindikator (0,5 g/l), der die *saure* Lösung färbt[1].

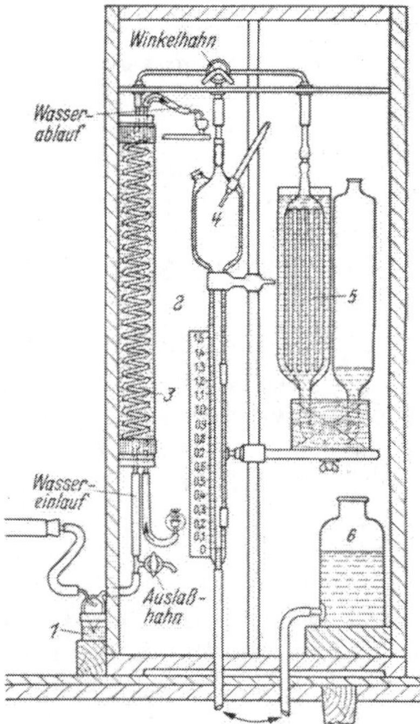

Abb. 11. Apparat zur gasvolumetrischen Bestimmung des Kohlenstoffs

Bei Kohlenstoffstahl und Flußeisen beträgt die Einwaage in die ausgeglühten Schiffchen 1 bis 2 g, bei Roh- und Gußeisen (Temperguß) 0,4 g. Mit Rücksicht auf die erforderliche rasche Verbrennung muß die Temperatur im Rohr erheblich höher liegen als bei der gewichtsanalytischen Bestimmung, und zwar bei 1150 bis 1200 °C (Roh- und Gußeisen, Kohlenstoffstähle) bzw. 1200 bis 1250 °C (legiertes Material); hierzu kommt noch eine Erhöhung um 50 °C, wenn man die Temperatur von außen mißt. Bezüglich der *Zuschläge* gilt das gleiche wie unter a) Gesagte. Bei unlegierten Stählen unterbleiben sie häufig, bei legierten Stählen sowie bei Roh- und Gußeisen sind sie nicht zu entbehren. Die besten Erfahrungen hat Verfasser mit eingeschmolzenem Wismut-III-oxyd oder ausgeglühtem Kupferoxyd gemacht (s. S. 546).

Die Durchführung der Verbrennung wird in verschiedenen Laboratorien unterschiedlich gehandhabt. Bewährt hat sich folgende Arbeitsweise:

[1] 1953 veröffentlichte O. GERKE [6] eine Arbeit über eine neue Hochleistungsapparatur zur C-Bestimmung (gasvolumetrisch). Die durchschnittliche stündliche Leistungsfähigkeit soll bei 30 bis 35 Bestimmungen liegen, wozu natürlich noch die für die Einwaage benötigte Zeit kommt. Die Bedienung erfolgt halbautomatisch durch Preßluft und Fingerdruck, bedarf aber offenbar ungeteilter Aufmerksamkeit des ausübenden Laboranten. Dieser kann seine Arbeit im Sitzen verrichten, da das Heben und Senken der Niveauflasche wegfällt und die Ablesung auch bei Niveauungleichheit vorgenommen werden kann.

Man füllt die Meßbürette mit der Sperrflüssigkeit, schließt den Hahn, stellt die Niveauflasche auf den Tisch, regelt den ins Freie tretenden Sauerstoffstrom so, daß in der Flasche mit Schwefelsäure die Blasen gerade noch zu zählen sind, schiebt das Schiffchen mit der Probe rasch in die Mitte des Rohres und verschließt sofort mit dem Stopfen, durch den das Sauerstoffzuführungsrohr geht. Nach 10 bis 30 sek Wartezeit öffnet man mit einem kleinen Ruck den Bürettenhahn (nicht ganz), wobei meist sofort die Verbrennung explosionsartig einsetzt und die Sperrflüssigkeit etwas sinkt; durch Zurückdrehen des Hahnes, ohne ganz zu schließen, erreicht man, daß diese stehen bleibt oder nur ganz langsam weiter sinkt. Erst wenn die Verbrennung fast beendet ist, erkenntlich am Aufhören der Lichterscheinung, öffnet man den Hahn ganz und läßt die Sperrflüssigkeit bis nahe zur Nullmarke fallen. Darauf wird der Hahn geschlossen, die Sauerstoffzuführung zum Ofen abgestellt, und die Nullstellung bei Niveaugleichheit der Sperrflüssigkeit in Meßbürette und Niveauflasche durch entsprechende Einstellung der verschiebbaren Skala oder bei eingeätzter Skala durch Nachsaugen von Sauerstoff vorgenommen; man kann auch den Anfangsstand notieren und nachher abziehen. Nunmehr leitet man das Kohlensäure-Sauerstoff-Gemisch mindestens 2mal über die Absorptionspipette hin und her, liest bei Niveaugleichheit nach vorhergehendem kurzen Hoch- und Niedrigsenken der Niveauflasche den C-Gehalt aus der Skala (meist für 1 g Einwaage) ab und berichtigt ihn durch Vermehrung (Rechenschieber) mit einem Faktor, der aus einer dem Apparat beigegebenen Tabelle für die jeweils vorhandenen Temperatur- und Druckverhältnisse entnommen werden kann und sich aus der Reduktion des Volumens auf 20 °C und Normaldruck ergibt[1]. Wechselnde Einwaagen müssen natürlich ebenfalls berücksichtigt werden, ebenso die Änderungen der Temperatur- und Druckverhältnisse im Rahmen größerer Versuchsreihen. Der Zeitaufwand beträgt etwa 4 bis 5 min und erhöht sich um 2 bis 3 min, wenn man zur Genauigkeitssteigerung bei den Messungen eine Wartezeit für den Nachlauf einhält.

Nach einer anderen Arbeitsvorschrift wird die Niveauflasche *hoch*gestellt (auf den Geräterahmen) und der Sauerstoffstrom erst in Gang gesetzt, wenn das eingeschobene Schiffchen die Ofentemperatur nach etwa 30 sec erreicht hat und die Zündung unmittelbar bevorsteht. Mit dem Bürettenhahn wird dann die Sauerstoffzufuhr so geregelt, daß das Niveau der Sperrflüssigkeit erst zu sinken beginnt, wenn die Verbrennung vorbei ist, wonach auch die Niveauflasche auf den Tisch gestellt wird.

Beide Arbeitsweisen erfordern einige Einarbeit und Übung und geben gleich gute Ergebnisse.

c) Maßanalytische, potentiometrische und elektrolytische Bestimmung. Diese drei Verfahren, vor allem das maßanalytische, wendet man bei sehr niedrigen C-Gehalten an oder wenn von höher gekohltem Material nur geringe Mengen zur Verfügung stehen. Bezüglich ihrer ausführlichen Beschreibung muß auf das Schrifttum [*6*] verwiesen werden; hier seien kurz die Grundlagen angegeben:

Die Einwaagen betragen bis zu 5 g. Die Verbrennungskohlensäure wird in einem besonderen vor Luftzutritt geschützten Absorptionsgefäß durch eine gemessene Menge Barytlauge bekannter Konzentration geleitet; das ausgefällte Bariumkarbonat wird in dem gleichen Gerät filtriert und ausgewaschen und die Filtratlauge mit eingestellter Salzsäure und Phenolphthalein titriert. Für Reihenanalysen wird das Verfahren von H. KEMPF und K. ABRESCH empfohlen, bei dem das abfiltrierte Bariumkarbonat in Sulfat umgewandelt und als solches gewogen wird.

Neben einer verbesserten Ausführungsart der *potentiometrischen* Bestimmung der in der vorgelegten Barytlauge absorbierten Kohlensäure haben W. OELSEN und seine Mitarbeiter ein ganz neuartiges Verfahren gefunden, das darin besteht, daß mit Hilfe einer in die Absorptionsflüssigkeit gehängten Elektrolysiervorrichtung die Neutralisation durch Elektrolyse vorgenommen und die dazu erforderliche Stromstärke und der Zeitbedarf gemessen wird. Daraus ergeben sich durch Multiplikation die Amperesekunden (Coulombs), woraus nach dem FARADEYschen Gesetz der C (S)-Gehalt abgleitet werden kann. Maßflüssigkeiten sind bei diesem Verfahren *nicht* erforderlich.

Literatur

[*1*] CORLEIS, E.: Stahl u. Eisen Bd. 14 (1894) S. 582/85; vgl. auch Handbuch f. Eisenhüttenlab. Düsseldorf: Verlag Stahleisen S. 12/16. — [*2*] VAN ROYEN, H. J.: Ber. Chem.-Aussch. VDEh Nr. 43 (1925) sowie Handbuch f. Eisenhüttenlab. Düsseldorf: Verlag Stahleisen S. 16/19. — [*3*] Z. analyt. Chem. nach GERKE, O.: Durferrit Hausmitteilungen Frankfurt a. M.: Degussa Nr. 26 (1953). — [*4*] wie unter [*1*]. — [*5*] wie bei [*3*]. —

[1] Man kann diesem Faktor auch die Einwaage anpassen, so daß die Korrektur wegfällt.

[6] THANHEISER, G., und P. DICKENS: Mitt. K.-Wilh.-Inst. Eisenforschung Bd. 9 (1927) S. 239/45; Stahl u. Eisen Bd. 47 (1927) S. 458/59. KEMPF, H., u. K. ABRESCH: Arch. Eisenhw. Bd. 13 (1939/40) S. 135/36 Bd. I S. 23/28. OELSEN, W., u. P. GOEBELS: Stahl u. Eisen Bd. 69 (1949) S. 33/40. OELSEN, W., H. HAASE u. G. GRAUN: Arch. f. Eisenhw. Bd. 22 (1951) S. 225/29.

VI. Graphit

Der Graphitgehalt von Roh- und Gußeisen sowie von Temperguß kann je nach dem Erstarrungsverlauf und der Gefügeausbildung in weiten Grenzen schwanken. In grau und grobkörnig erstarrten Masseln von höher siliziertem, mangan- und schwefelarmem Roheisen ist häufig der gesamte Kohlenstoff als Graphit vorhanden, ebenso im ausgeglühten Guß (Ferritguß, Schleuderguß) und im Temperguß als Temperkohle. Über die Zwischenstufen mit steigendem Gehalt an gebundener Kohle sinkt der Graphitanteil bei völlig weißer Erstarrung (Ledeburitgefüge) auf den Wert Null.

Graphithaltige Späne neigen wegen des erheblich niedrigeren spez. Gewichts des Graphits gegenüber dem der Eisenspäne leicht zur Entmischung. Man muß deshalb das in einem Glasgefäß aufbewahrte und gegebenenfalls auch noch in einem Mörser zerriebene Spänematerial vor der Einwaage nochmals gründlich über dem Kegel mischen und 15 bis 20 kleine Anteile an verschiedenen Stellen entnehmen. In Sonderfällen kann man die Entmischung verhindern, wenn man statt der Späne *dünne* Plättchen oder Stückchen zur Analyse verwendet. Auch mit der fraktionierten Siebung des Spänematerials, etwa durch ein 400- und 900-Maschen-Sieb oder noch feinerer Unterteilung und getrennter Untersuchung der Fraktionen kann man einen genaueren Durchschnittswert erhalten. Zu bemerken ist, daß die Entmischungsgefahr bei grauen Roheisenspänen größer ist als bei Gußeisen.

Quantitative Bestimmung

Die gewichtsanalytische Bestimmung des Graphits und der Temperkohle[1] beruht auf dem Weglösen des Eisens mit Salpetersäure und der Wägung des isolierten getrockneten Graphits; genauer ist die Ermittlung des darin enthaltenen Kohlenstoffs durch Verbrennungsanalyse.

2 g der Späne werden in einem bedeckten 400 cm^3-Becherglas, das in eine Schale mit kaltem Wasser gestellt ist[2], mit 50 cm^3 Salpetersäure (1,2) gelöst. Nach beendeter Hauptreaktion erwärmt man längere Zeit, ohne direkt zu sieden, verdünnt mit 50 cm^3 heißem Wasser, gibt 2 bis 1 cm^3 Flußsäure zu, schüttelt um und filtriert unmittelbar darauf über eine Saugflasche durch ein Asbestfilter, einen Porzellanfiltertiegel oder einen Platinneubauertiegel. Ausgewaschen wird in der Reihenfolge: salpetersäurehaltiges Wasser — 5%ige Kalilauge[3] — Wasser — Salzsäure 1 : 3 — Wasser (alles heiß), worauf man trocken saugt. Auftretendes langsames Filtrieren kann man durch einige Tropfen Flußsäure beschleunigen[4].

a) Bestimmung durch Veraschung. Tiegel mit Inhalt wird im Trockenschrank bei 160 °C bis zur Gewichtskonstanz, die meist schon nach $^1/_2$ Stunde eintritt, getrocknet, gewogen, im Muffelofen bei 900 bis 1000 °C geglüht (ca. 30 min) und nach dem Abkühlen zurückgewogen. Unterschied der beiden Wägungen = Graphitgehalt.

Nach Untersuchungen von H. PINSL [*2*] reichen die früher im Schrifttum angegebenen Trocknungstemperaturen von 110 °C nicht aus, weil im abgeschiedenen Graphit, besonders bei Garschaumgraphit, Wasser und Gase okkludiert bleiben, die unter Umständen auch bei

[1] Eine getrennte Bestimmung der beiden Gefügebestandteile ist bis jetzt nicht möglich.

[2] Ohne Kühlung können durch lokale Überhitzung Teile des Graphits in Graphitsäure verwandelt werden und der Bestimmung entgehen.

[3] Mit der Kalilauge, die sich braun bis schwarzbraun färbt, werden Restkarbide oder organische Verbindungen und etwaige Kieselsäureausscheidungen entfernt.

[4] Nach E. DIEPSCHLAG [*1*] besteht die Gefahr unkontrollierbarer Einwirkungen bei Verwendung zu starker Salpetersäure. Er löst deshalb 2,5 g der Probe in 150 cm^3 Salpetersäure (1,07) bei 80 bis 90 °C mindestens 30 bis 40 min lang. Die mit dieser Abänderung erhaltenen Gehalte liegen im allgemeinen etwas höher.

160 °C noch nicht weggehen. Durch ca. 15 min langes Erhitzen in *völlig* sauerstofffreiem Wasserstoffstrom auf ca. 300 °C (Zuführung mit durchlochtem Deckel wie beim Rosetiegel, Erwärmen mit der Spitze einer 1 cm hohen Bunsenflamme), Wägen und Veraschen wird diese Fehlerquelle vermieden.

Bei richtiger Ausführung des Lösens und Auswaschens bleiben im geglühten Filtertiegel nur Spuren von Asche zurück. Ist mehr davon vorhanden, so kann durch Veränderung beim Glühen das Ergebnis beeinflußt werden. Zuverlässiger ist deshalb das folgende Verfahren.

b) Bestimmung des im Graphit enthaltenen Kohlenstoffs. Man pinselt den völlig trocken gesaugten, evtl. nachgetrockneten Graphit aus dem Tiegel oder mit dem Asbestpropfen in ein Verbrennungsschiffchen über und führt die gewichtsanalytische Bestimmung des vorhandenen Kohlenstoffs in bekannter Weise durch Verbrennung im Sauerstoffstrom durch, am besten im Elementarofen. Etwa im Tiegel zurückbleibende Spurenreste bestimmt man nach Trocknung und Wägung wie bei a) durch Veraschen. Aus der Summe der beiden Kohlenstoffbestimmungen ergibt sich der Graphitgehalt. Verwendet man einen leer gewogenen Platinneubauertiegel, so kann man das Gewicht des nach a) getrockneten Graphits feststellen und in Anteilen davon den prozentualen Kohlenstoffgehalt rasch gasvolumetrisch, wenn nötig mehrfach, bestimmen.

Nach der Tabelle S. 537 ist bei der Graphitbestimmung im Gußeisen mit einer Genauigkeit von ± 0,04% zu rechnen.

Literatur

[*1*] Diepschlag, E.: Metallwissenschaft (1941) S. 571/77. — [*2*] Pinsl, H.: Gießerei Bd. 13 (1926) Nr. 14.

VII. Gebundener Kohlenstoff

Von dem Gehalt an gebundenem Kohlenstoff sind die Härte- und Festigkeitseigenschaften des Gußeisens in weitgehendem Maße abhängig. Der Gießereibetrieb ist aber auch an dem Gehalt der Roheisenmasseln an gebundenem Kohlenstoff interessiert, da man diesen als ein Kriterium für die hart- oder weichmachenden Eigenschaften des Roheisens betrachtet.

1. Differenzmethode

Den gebundenen Kohlenstoff erhält man aus der *Differenz* zwischen Gesamtkohlenstoff und Graphit. Aus der Tab. 1 (Seite 537) über die Zusammensetzung von Gußeisen-Normalproben ist zu ersehen, daß man bei der Bestimmung des Kohlenstoff- und Graphitgehaltes mit einer Toleranz von je ± 0,04% rechnen muß. Im ungünstigsten Fall, d. h. beim zufälligen Zusammentreffen des höchsten Kohlenstoff- und niedrigsten Graphitbefundes (oder umgekehrt), würde die Abweichung vom Mittelwert der gebundenen Kohle den erheblichen Betrag von ± 0,08% C ausmachen und bei den häufig in Frage kommenden niedrigen Gehalten einen untragbaren prozentualen Fehler bedeuten. Nach der Differenzmethode können also nur dann genügend genaue Ergebnisse erhalten werden, wenn die *Mittelwerte* für den Kohlenstoff- und Graphitgehalt durch mehrfache Bestimmung *genau* festgelegt werden.

2. Bestimmung durch Farbvergleich oder Farbmessung

Einfacher, schneller und mit geringeren Analysentoleranzen kommt man, von bestimmten Ausnahmen abgesehen, mit den kolorimetrischen bzw. *photometrischen* Verfahren zum Ziel. Die Messung der durch den gebundenen Kohlenstoff erzeugten Farblösung kann in saurer oder alkalischer Lösung geschehen.

a) Kolorimetrisch und photometrisch in salpetersaurer Lösung. Je 1 g der Untersuchungs- und Vergleichsproben werden in einem Becherglas durch *vorsichtigen* Zusatz von 50 cm³ Salpetersäure (spez. Gew. 1,20), am besten unter Kühlung in einer mit kaltem Wasser beschickten Schale, gelöst. Die Lösungen läßt man

1 Stunde auf der Dampfplatte bei einer Temperatur von 75 bis 80 °C (nicht höher) stehen und filtriert sie dann in 100 cm³-Meßkolben. Nach Abkühlung, Auffüllung zur Marke und Durchschütteln kolorimetriert man in Eggertschen Vergleichsröhren Untersuchungs- und Vergleichslösung gegeneinander. Die Gehalte (c) sind umgekehrt proportional den Schichtlängen (s). Somit

$$\% \, c_x = \frac{\% \, c_v \cdot s_x}{s_v}$$

Als Vergleichsproben hält man mindestens drei mit durch Kohlenstoffbestimmung (Stahl) oder nach der Differenzmethode (Gußeisen) *genau* ermittelten Gehalten von etwa 0,15, 0,4 und 0,7% gebundenem C und möglichst auch gleicher *Vorgeschichte* wie die der Untersuchungsprobe bereit und wählt diejenige, deren Gehalt dem voraussichtlichen Befund am nächsten kommt. Das Verfahren ist bis zu etwa 1% gebundenem C brauchbar.

Die *photometrische* Messung der salpetersauren Lösung gegen Wasser (also ohne Vergleichslösungen) führt zu unsicheren Werten, da die durch Karbidkohle verursachte Färbung durch wechselnde Gehalte von Begleitelementen, insbesondere auch von Silizium beeinflußt werden kann. Wenn man dagegen die Extinktionen (E) von Untersuchungs- und *dazu passender* Vergleichslösung *getrennt* gegen Wasser ermittelt, so sind sie bei gleicher Schichtdicke umgekehrt proportional den Gehalten (c_x und c_v), d. h.

$$\% \, c_x = \frac{\% \, c_v \cdot E_v}{E_x}$$

Weder bei der kolorimetrischen noch bei der photometrischen Bestimmung darf natürlich die Untersuchungslösung gegenüber der Vergleichslösung eine *zusätzliche* Eigenfarbe besitzen, die nicht von der gebundenen Kohle herrührt.

b) Kolorimetrisch und photometrisch in alkalischer Lösung nach W. A. Burford und W. Baader [*1*]. Bei diesem Verfahren werden das Eisen sowie andere Bestandteile und Trübungen durch eine Natronlaugefällung beseitigt und das klare, die Karbidkohle enthaltende Filtrat kolorimetriert.

Je 1 g von Untersuchungs- und Vergleichsprobe werden in einem 100 cm³-Meßkolben (oder Neßler-Rohr mit Marke) in 20 cm³ Salpetersäure (spez. Gew. 1,2) auf dem Wasserbad unter öfterem Umschütteln gelöst, was etwa 15 bis 20 min Zeit beansprucht. Dann heizt man das Wasserbad 20 bis 30 min stark an, bis die Gasentwicklung völlig aufgehört hat. Hierauf versetzt man mit 25 cm³ 30%iger Natronlauge, schüttelt gründlich durch, füllt nach dem Abkühlen zur Marke auf, schüttelt nochmals durch und läßt den Niederschlag absetzen. Von den überstehenden klaren Lösungen entnimmt man je 15 cm³ in Eggertsche Röhren und vergleicht sie miteinander. Der zurückbleibende Niederschlag kann wieder in Salpetersäure gelöst und zur Graphitbestimmung benützt werden, wodurch man indirekt auch den Gehalt an Gesamtkohlenstoff erhält.

Zur genauen Messung der Färbung *ohne* Vergleichslösung wurde dieses Verfahren in einigen Punkten abgeändert und in dieser Form seither im Laboratorium der Luitpoldhütte und auch der Gelsenkirchner Eisenwerke mit gutem Erfolg zur laufenden photometrischen Bestimmung der gebundenen Kohle in Roh- und Gußeisen benützt.

1 g der Probe wird in einem 100 cm³-Meßkolben mit 50 cm³ Salpetersäure (1,08) gelöst. Nach 30 min langem Stehen nahe der Siedetemperatur und kurzer Abkühlung gibt man vorsichtig 35 cm³ einer 33%igen Natronlauge zu, schüttelt kräftig durch und kühlt auf 20 °C ab. Dann füllt man zur Marke auf, schüttelt nochmals durch und filtriert, unter Verwerfung des ersten Anteiles, durch ein 12,5 cm-Faltenfilter (z. B. Marke 605 h, Schleicher & Schüll), das man vorher zur Beseitigung färbender Substanzen mit 3%iger Natronlauge ausgewaschen hat. Die klare Lösung photometriert man gegen Wasser im Licht der Quecksilberdampflampe im Wellengebiet 436 mμ.

Mit dem letzteren Verfahren erhält man bei der Untersuchung der schon mehrfach erwähnten vier Gußeisen-Standards mit 0,25 bis 1,21% gebundenem Kohlenstoff Extinktionen, die mit nur sehr geringen Streuungen in einer geradlinigen Eichkurve liegen. Die Berechnungsformel für die gegebenen Arbeitsbedingungen lautet für das Pulfrich-Photometer:

$$\% \text{ gebundener C} = 1{,}564 \, x \, (k - 0{,}015)$$

Die Erfahrung hat gezeigt, daß die Streuung der Werte gegenüber dem Mittelwert etwa ± 0,03% beträgt, was betrieblich genügt. Diese Genauigkeit kann aber nur bei Roh- und Gußeisensorten eingehalten werden, in denen die gebundene Kohle als Karbid vorhanden ist (Perlit, Zementit, Ledeburit), nicht aber bei schnell abgeschrecktem Eisen, weil dabei Härtungskohle (Martensit, Austenit) auftreten kann, die beim Lösen flüchtig ist und nicht färbt. Wichtig ist eine möglichst genaue Einhaltung der Lösungszeit von 30 min. Der gesamte Zeitaufwand für eine Bestimmung beträgt etwa 45 min.

Bei Gehalten von mehr als 1,2% gebundenem C besteht die Möglichkeit, gesonderte Eichkurven mit Hilfe entsprechender Proben aufzustellen.

Natürlich kann man auch hier wie bei Verfahren a) mit Hilfe von Vergleichslösungen aus Proben ähnlicher Zusammensetzung und Herstellungsart und getrennter Photometrierung gegen Wasser eine Steigerung der Genauigkeit erreichen.

Literatur

[1] V. A. BURFORD u. W. BAADER, Z. anal. Chem. 69 (1926) S. 456.

VIII. Silizium

Die Klassifizierung des Gießereiroheisens geschieht nach dessem Si- (Mn-, P-)Gehalt, der etwa zwischen 1 bis 4% schwankt. In diesen Grenzen wird auch der Siliziumanteil des Gußeisens in Abhängigkeit von der durchschnittlichen Wandstärke eingestellt. Im Stahlguß liegt er meistens erheblich unter 1%; bei Sondersorten von Eisenguß wird er bis auf 18% und höher gesteigert.

Quantitative Untersuchung

1. Gewichtsanalytische Verfahren

Löst man technisches Eisen in Salz-, Salpeter- oder Schwefelsäure oder in Säuregemischen, so geht das vorhandene Silizid in ganz oder teilweise in Lösung bleibende Kieselsäure über, die durch Abdampfen entwässert, unlöslich gemacht und dann durch Filtration von Eisen und den anderen Bestandteilen abgetrennt werden kann.

a) Salzsäureverfahren. Dieses Verfahren hat den Vorteil, daß sich die entstehende Eisenchlorürlösung ziemlich rasch und ohne Neigung zum Spritzen bis zur Trockne eindampfen läßt.

Arbeitsvorschrift: 0,5 bis 1 g Roh- und Gußeisen oder je nach dem Si-Gehalt, 1 bis 5 g Stahl werden in einem 400 cm³-Jenaer Becherglas, breite Form mit Ausguß, in 20 bis 50 cm³ Salzsäure (spez. Gew. 1,19) *unter nicht zu raschem* Erwärmen gelöst. Die Lösung dampft man zur Trockne, wobei die Temperatur der Heizplatte oder des Sandbades so eingestellt ist, daß der rötlichgelbe Trockenrückstand auf 115 bis 135 °C erhitzt wird (evtl. Benützung eines Trockenschrankes). Nach einigem Abkühlen gibt man 20 bis 50 cm³ Salzsäure 1 : 1 zu und erwärmt ohne Kochen, bis sich alle Eisensalze wieder gelöst haben. Bei Roh- und Gußeisen fügt man auch noch 0,5 bis 1 cm³ konz. Salpetersäure zu, um vorhandene Phosphate und Karbide leichter in Lösung zu bringen. Vor der Filtration durch mittelharte Filter verdünnt man reichlich mit heißem Wasser und wäscht nur mit 1%iger heißer Salzsäure aus; reines Wasser wirkt etwas lösend auf die Kieselsäure [1]. Filter samt Inhalt wird gut getrocknet, verascht, bei 1150 bis 1200 °C[1] geglüht und gewogen.

$$\%\ \mathrm{Si} = \frac{46{,}72 \cdot \text{Auswaage}}{\text{Einwaage}}$$

Bei niedrigen Si-Gehalten (Stahl, Stahlguß) erhält man mit diesem Verfahren betrieblich gut brauchbare Werte. Bei höheren Gehalten, insbesondere bei Roh- und Gußeisen, werden die Ergebnisse beeinflußt teils durch Minderbefunde infolge nicht völlig abgeschiedener Kieselsäure, teils durch Mehrbefunde infolge Verunreinigung der ausgewogenen Kieselsäure. Für genaue Analysen muß deshalb das Filtrat mindestens noch einmal zur Trockne verdampft, die Filtratkieselsäure durch ein zweites Filter filtriert und mit der ersten Kieselsäure vereinigt werden. Die in einem Platintiegel geglühte und gewogene Gesamtkieselsäure wird angefeuchtet und mit 1 bis 5 cm³ eisenfreier analysenreiner Flußsäure und 0,5 cm³ Schwefelsäure 1 : 3 abgeraucht; das Gewicht des nach dem Glühen verbleibenden Rückstandes wird vom Rohgewicht in Abzug gebracht.

Für Betriebs- und Reihenanalysen von Roh- und Gußeisen bedeutet aber dieses zweite Eindampfen nebst Fluorierung eine erhebliche zeitliche Mehrbelastung. Unter Annahme

[1] Nach Angabe von STADELER [2]; nach R. WEIHRICH genügen 900 bis 1000 °C.

einer teilweisen Kompensation der oben erwähnten Minder- bzw. Mehrbefunde und auf Grund *empirischer* Festlegung des dann noch verbleibenden durchschnittlichen Fehlers kann man an dem ohne zweites Eindampfen gefundenen Si-Gehalt eine konstante Korrektur anbringen[1], so daß die erreichte Genauigkeit betrieblich genügt.

An Stelle der Salzsäure kann auch *Bromsalzsäure* zum Lösen verwendet werden, die in vielen Fällen, auch bei der Untersuchung von legiertem oder hochsiliziertem Material, die Auflösung der Späne erleichtert und beschleunigt.

Bei der Siliziumbestimmung in legiertem Eisen mit stark karbidbildenden Legierungselementen löst man zuerst mit verdünnter Salzsäure 1 : 1 und oxydiert anschließend mit einem Überschuß verdünnter Salpetersäure oder man gebraucht von vornherein konzentriertes oder verdünntes Königswasser.

b) Schwefel-Salpetersäure-Verfahren [*3*]. Dieses früher sehr allgemein angewendete Verfahren hat den Vorteil, daß die geglühte Kieselsäure, auch bei der Untersuchung von Roh- und Gußeisen, bei richtiger Ausführung, locker, schneeweiß und praktisch rückstandsfrei ist. Nachteilig ist die längere Abdampfzeit und die Gefahr des Stoßens und Spritzens.

Arbeitsvorschrift: Die Probespäne werden in 75 cm³ Mischsäure (je 1 Teil konz. Schwefel- und Salpetersäure, 2 Teile Wasser) gelöst. Die Lösung wird bis zum Auftreten *starker* weißer Schwefelsäuredämpfe eingedampft und abgeraucht. Je nach Größe der Einwaage nimmt man nach einigem Abkühlen mit 60 bis 150 cm³ Wasser auf, erwärmt nach Zusatz von 10 bis 15 cm³ konz. Salzsäure bis zur völligen Auflösung der Eisensalze und verfährt weiter wie beim Salzsäureverfahren.

Nach R. Kraus [*4*] läßt sich die Gefahr des Stoßens und Spritzens weitgehend beseitigen, wenn man statt mit Salpetersäure mit *Salzsäure* 1 : 1 löst, *fast* zur Trockne verdampft und erst dann mit 15 cm³ Schwefelsäure 1:1 stark, aber nicht zu lang, abraucht. Durch Aufkochen mit 75 cm³ Wasser werden die Eisensalze in Lösung gebracht.

Für genaueste Analysen muß auch bei diesem Verfahren die Filtratkieselsäure gewonnen werden.

c) Überchlorsäureverfahren. Damit läßt sich das Silicium in Eisen und Stahl am schnellsten gewichtsanalytisch bestimmen.

Bezüglich der Vermeidung der Explosions- und Brandgefahr bei der Verwendung von Überchlorsäure sei auf das S. 535 Gesagte verwiesen.

Arbeitsvorschrift: 0,5 g der Roh- oder Gußeisenprobe (1 g Stahl) werden in einem 250 cm³-Jenaer Becherglas, hohe Form, bei aufgesetztem Uhrglas in 15 cm³ Salpetersäure (3n) gelöst. Dann gibt man 25 cm³ technische Überchlorsäure (praktisch silizium- und phosphorfrei, spez. Gew. 1,59) zu[2] und dampft auf einer Platte mit einer Oberflächentemperatur von ca. 300 °C ein, bis die Überchlorsäure siedet und sich im oberen Teil des bedeckten Becherglases eine dicke Wolke von weißen Dämpfen zeigt. Das Sieden wird, ohne zur Trockne zu verdampfen[3], mindestens 5 min lang fortgesetzt, worauf man nach einigem Abkühlen 50 cm³ Wasser zusetzt, erwärmt, filtriert und mit salzsäurehaltigem Wasser genügend oft auswäscht, am Schluß *einmal* mit heißem Wasser. Das Filter darf keine Überchlorsäure zurückhalten, da sonst beim Veraschen Verpuffungen auftreten können.

Bei besonders dringenden Einzelbestimmungen in Roh- und Gußeisen empfiehlt es sich, Filter samt Inhalt in einem geräumigen Porzellanschiffchen langsam in das Glührohr eines elektrischen Röhrenofens einzuschieben und unter Überleiten von Sauerstoff bei 1100 bis 1200 °C 5 min lang zu erhitzen, wonach auch größere Graphitmengen restlos verbrannt sind. Auch elektrische Tiegelöfen mit Sauerstoffzuleitung durch eine Deckelöffnung leisten denselben Dienst.

d) Gelatineverfahren. Dieses von K. L. Weiss [*5*] vorgeschlagene Verfahren hat den Vorzug, daß die gelöste Kieselsäure durch Zusatz von Gelatine ausfällt und sich ein Ein-

---

[1] Im Laboratorium der Luitpoldhütte wurde, solange das Salzsäureverfahren für Roh- und Gußeisen in Anwendung war, den gefundenen Si-Gehalten bis zu 1,5% 0,05% und solchen darüber 0,1 % Si zugezählt.

[2] Man kann auch gleich mit einer Mischung von 3 Teilen Überchlorsäure (1,59) und 1 Teil Salpetersäure (1,2) lösen; man erhält aber mit der Vorlösung durch Salpetersäure bei Roh- und Gußeisen eine reinere Kieselsäure. Auf keinen Fall soll man, wegen Explosionsneigung, nur mit reiner Überchlorsäure lösen.

[3] Am Boden anbrennende basische Oxyde lassen sich nicht mehr in Lösung bringen.

dampfen erübrigt. M. J. JENKINS und I. A. V. WEBB [6] überprüften und verbesserten vor einigen Jahren die Methode und gaben folgende Arbeitsvorschrift.

Betriebsmethode. Man löst bis zu 5 g Eisenlegierung in 50 ml Salzsäure (2 + 1), oxydiert durch tropfenweisen Zusatz von Salpetersäure, setzt 50 ml Schwefelsäure (5 + 1) zu, kocht 15 min, fügt 20 ml Wasser zu, kühlt auf 70 °C, versetzt mit 15 ml 2%iger Gelatinelösung, rührt mindestens 1 min lang kräftig derart, daß möglichst viel Luft in die Lösung eingebracht wird, verdünnt nach 15 min langem Stehen auf das doppelte Volumen, läßt 10 min absitzen, filtriert und verfährt weiter wie üblich. Die Ergebnisse sind etwas zu niedrig, die Fehler liegen aber innerhalb der für Betriebsanalyse verlangten Grenzen. Da die in Lösung verbleibende Kieselsäuremenge nahezu konstant ist, kann man einen Korrektionsfaktor anbringen.

Die Anwendung eines weiter abgeänderten Verfahrens für sehr genaue Si-Bestimmungen in Ferrosilizium und hochlegiertem Guß ist auf S. 609 beschrieben.

2. *Photometrische Verfahren mit der Molybdatreaktion auf Si*

Der erste Vorschlag zur photometrischen Bestimmung des Siliziums im Eisen nach dem Fällungsverfahren stammt von H. PINSL, der dann auch eine weitere Methode zur Si-Bestimmung im Stahl in Gegenwart des Eisens und der Eisenbegleiter ausarbeitete [7]. Seither wurde das letztere Verfahren von verschiedenen Autoren wie W. KOCH und P. KLINGER, R. WEIHRICH und W. SCHWARZ [8] und neuerdings sehr eingehend von U. T. HILL [9] nachgeprüft und nach Einschaltung gewisser Verbesserungen für Schnellbestimmungen gut brauchbar befunden. HILL mißt die Molybdatfärbung gegen einen Blindprobenanteil gleicher Konzentration, nur mit umgekehrter Reihenfolge der Zusätze, und schaltet dadurch den Einfluß unterschiedlicher Raumtemperaturen, des Phosphors sowie der Verunreinigungen der Reagenzien aus.

Arbeitsvorschrift nach HILL. Man löst 0,5 g in einem 250 ml Erlenmeyerkolben in 50 ml 3 n-Salpetersäure, gibt 5 ml 12%ige Ammoniumpersulfatlösung zu, kocht 1 min bis zum Klarwerden, kühlt ab, füllt, evtl. nach Filtration von vorhandenem Graphit, zur Marke auf und pipettiert je 25 ml Lösung in 2 trockene Becher. Zu dem einen Teil fügt man 5 ml 8%ige Ammoniummolybdatlösung und läßt 6 min einwirken. Der zweite Teil (Blindprobe) wird mit 10 ml 2,4%iger Natriumfluoridlösung versetzt. Nach Ablauf der 6 min gibt man zur Probe dieselbe Menge NaF-Lösung und zur Blindprobe 5 ml 8%ige Molybdatlösung. Dann wird die Lichtdurchlässigkeit bei 400 bis 410 mμ gegen die Blindprobe gemessen. Der Prozentgehalt an Si wird der Eichkurve entnommen, die man mit Stählen von unbekanntem Si-Gehalt oder mit Si-freien Stählen und bekannten Zusätzen an Silicat aufstellt. Legierte Stähle, die sich in Salpetersäure nicht lösen, löst man in einem Gemisch von je 25 ml 3 n Salzsäure und 3 n Salpetersäure. Von hoch silizierten Stählen werden kleinere aliquote Anteile zur Bestimmung verwendet.

Die Resultate stimmen mit den gravimetrisch gefundenen Zahlen sehr gut überein. Das Verfahren ist nach HILL der gewichtsanalytischen Methode für Betriebsanalysen vorzuziehen.

Die Anwendbarkeit dieses Verfahrens auf die Untersuchung von Roh- und Gußeisen bedarf wohl noch näheren Studiums. Bei den älteren Methoden hat sich gezeigt, daß je nach dem Lösungsablauf Kieselsäure in nicht kolorimetrierbarer Form auftreten kann oder daß stärkere Unterschiede im Phosphorgehalt die Ergebnisse beeinflussen.

Literatur

[1] BARDENHEUER, P.: Mitt. K.-Wilh.-Inst. Eisenforsch. Bd. 9 (1927) S. 207. — [2] STADELER, A.: Bericht Nr. 52 d. Chemikeraussch., St. u. E. Bd. 47 (1927) S. 966. — [3] RUBRICIUS, Ly.: St. u. E. Bd. 25 (1905) S. 1012 u. 1044. — [4] KRAUS, R.: Z. analyt. Chemie Bd. 133 (1951) S. 421. — [5] WEISS, K. L.: Arch. Eisenhüttenw. Bd. 15 (1941) S. 13. — [6] JENKINS, M. Ly., und J. A. WEBB: Analyst (London) Bd. 75 (1950) S. 481; Referat Z. analyt. Chemie Bd. 133 (1951) S. 229/30. — [7] PINSL, H.: Arch. Eisenhüttenw. Bd. 8 (1934) S. 97 u. 223. — [8] KOCH, W., und P. KLINGER; WEIHRICH, R., und W. SCHWARZ: Arch. Eisenhüttenw. Bd. 10 (1940/41) S. 501. — [9] HILL, U. T.: Analytic Chemistry Bd. 21 (1949) S. 589.

IX. Mangan

Der Mangangehalt der verschiedenen Roheisensorten schwankt zwischen 0,2 und 6%, beim Spiegeleisen zwischen 10 und 25% und bei den Ferromanganen von 50 bis 80%. Im Gußeisen liegt die unterste Grenze bei etwa 0,4%, im Temperguß bei 0,1% Mn. Mit zunehmendem Gehalt kommt die desoxydierende, entschwefelnde und härtende Wirkung des Mangans immer stärker zur Geltung. Zur Erzielung perlitischer Grundmassen ist die richtige Einstellung des Mangananteils von großer Bedeutung. In hochverschleißfesten martensitischen Gußeisensorten erhöht man den Mangangehalt auf 5 bis 8%, um dadurch außer der Härtung auch eine Stabilisierung der Gefügebestandteile zu erreichen. Die suspensierten Mangansulfidteilchen im Gußeisen wirken als Impfstoffe bei den Kristallisationsvorgängen und sind auch von Einfluß auf die Graphitbildung.

1. Qualitative Prüfung

Diese läßt sich schnell im Reagenzglas analog den unter 2c) beschriebenen photometrischen Verfahren durchführen.

2. Quantitative Prüfung

a) Gewichtsanalytisch. In der Betriebspraxis wird das Mangan nur selten gewichtsanalytisch bestimmt. Ein sehr genaues, aber zeitraubendes Verfahren wurde von E. DEISS [*1*] angegeben. Einfacher gestaltet sich die Abscheidung mit Ammoniumpersulfat aus dem Filtrat der Zinkoxydfällung [vgl. 2. b) β)], wonach der Niederschlag gereinigt, zu Mn_3O_4 (72,03% Mn) geglüht und ausgewogen werden kann.

b) Maßanalytisch. *α) Silbernitrat-Persulfat-Verfahren.* Dieses von Proctor SMITH [*2*] ausgearbeitete Verfahren, welches auf der katalytischen Oxydation zu *Übermangansäure* und Reduktion mit *Natriumarsenit* beruht, wird, verschiedentlich abgeändert, sehr allgemein angewendet.

Betriebsverfahren mit Oxydation bei Kochhitze und Titration ohne Chlornatriumzusatz. 0,4 g werden in einem 250 cm³-Erlenmeyerkolben in 20 cm³ 3 n-Salpetersäure unter Erwärmen gelöst. Nach Zusatz von 50 cm³ Silbernitratlösung (1,7 g/l) wird zum Aufkochen erhitzt, der Kolben von der Platte gestellt und *sofort* 4 cm³ der Ammoniumpersulfatlösung (500 g/l) zugegeben. Man läßt unter gelegentlichem Schütteln einige Minuten stehen, bis die Gasentwicklung fast aufgehört hat, kühlt *gut* ab, verdünnt mit kaltem Wasser und titriert *rasch* bis zum Auftreten eines gelbgrünen Tons[1].

Diese Arbeitsweise hat sich auch bei Roh- und Gußeisen ohne Filtration vom Graphit bewährt. Die Erkennung des Endpunkts der Titration erfordert einige Übung.

Arbeitsvorschrift des Chemikerausschusses des VDEh [*3*]. Die Lösung von 0,2 g Spänen in 15 cm³ Salpetersäure 1 : 1 wird nach dem Wegkochen der nitrosen Dämpfe mit 50 cm³ Silbernitratlösung (1,7 g/l) und 2 cm³ Ammoniumpersulfatlösung[2] (500 g/l) versetzt und bei 60 °C bis zum Klarwerden erwärmt. Nach Abkühlung und Zufügung von 50 cm³ Wasser und 3 cm³ Chlornatriumlösung (12 g/l) wird mit Natriumarsenitlösung (0,666 g arsenige Säure + 2 g wasserfreie Soda auf 1 l Wasser) bis zum Verschwinden der Permanganatfarbe titriert. Der Titer wird mit Normalproben bekannter Gehalte ermittelt.

Das Verfahren ist anwendbar bis zu Gehalten von 1,5% Mn. Vorhandener Graphit ist vor der Oxydation abzufiltrieren. Bei größeren Einwaagen (Unhomogenität der Späne!) muß darauf geachtet werden, daß die aus einer Stammlösung (z. B. 500 cm³) entnommenen Anteile die gleiche Menge Salpetersäure erhalten wie bei der obigen Arbeitsvorschrift.

Verfahren für hohe Mangangehalte (2 bis 10%). Hierfür eignet sich gut eine in Amerika sehr verbreitete Arbeitsweise des Bureau of Standards und der Carnegie Steel Co [*4*], bei der die Ausfällung von Braunstein bei hohen Mangangehalten durch Anwendung einer Mischsäure verhindert wird.

Man löst 1 g der Probe in einem 500 cm³-Erlenmeyerkolben in 30 cm³ Mischsäure (525 cm³ Wasser + 100 cm³ Schwefelsäure sp. Gew. 1,84 + 250 cm³ Salpetersäure sp. Gew. 1,4 + 125 cm³ 85 %ige Phosphorsäure) unter Erwärmen und Wegkochen der Stickoxyde. Nach Zusatz von 100 cm³ Wasser und je 10 cm³ 0,8%ige Silbernitrat- und 25%iger

[1] Zur Herstellung der Natriumarsenitlösung werden 1,25 g arsenige Säure und 3 g Natriumbikarbonat durch Aufkochen in Wasser gelöst; nach dem Abkühlen wird zum Liter aufgefüllt.

[2] Bei Gehalten über 1% Mn mehr.

Ammoniumpersulfatlösung wird 30 sek lang gekocht, mit 75 cm³ Wasser verdünnt, gut abgekühlt und mit Natriumarsenitlösung titriert.

Eine neuere beachtenswerte Abänderung dieser Methode stammt von O. V. DACENKO [*5*]. Für beliebige Mangangehalte werden der in der Mischsäure gelösten Probe nur 2,5 cm³ einer 0,2%igen Silbernitrat- und 15 cm³ einer 12%ige Ammoniumpersulfatlösung zugesetzt. Titriert wird nach 1 min langem Kochen (bei Gußeisen 2 min) und Abkühlung mit einer *Thiosulfat-Nitritlösung.*

Verfahren bei Gegenwart von Kobaltgehalten über 1% und hohen Nickel- und Chromgehalten. Zur Abtrennung dieser Elemente vom Mangan löst man nach einem Verfahren der Poldihütte [*6*] 2,5 g der Probe in einem 250 cm³-Meßkolben in Salpetersäure 1 : 1 oder in Schwefelsäure mit nachfolgender Oxydation durch Salpetersäure, oder in Königswasser und führt in der ausgekochten und dann verdünnten Lösung die Zinkoxydfällung wie bei 2. b) β) durch. Ein passender Anteil des Filtrats wird auf 400 cm³ verdünnt, mit 3 g Ammoniumchlorid und 10 cm³ 10%iger Ammoniumpersulfatlösung versetzt und ca. 2 min lang im Kochen gehalten. Der mit kaltem Wasser ausgewaschene Braunsteinniederschlag wird mit Schwefelsäure 1 : 5 und Wasserstoffsuperoxyd (oder mit Mischsäure und 5%iger Kaliumnitritlösung) gelöst und die Lösung entweder nach einem der obigen Verfahren, oder, bei Anwesenheit von Salzsäure nach VOLHARD-WOLFF β) weiterbehandelt.

Bemerkungen. R. KRAUS [*7*] weist darauf hin, daß bei der Untersuchung von C-reichen Stählen sowie von Roh- und Gußeisen mit hohen Gehalten an gebundener Kohle nach dem Persulfatverfahren Minderbefunde dadurch auftreten können, daß ein Teil des gebildeten Permanganats durch gelöste organische Substanzen reduziert werden kann. Er empfiehlt für solche Fälle die Lösung in Salzsäure ohne Oxydation, Abrauchen mit Schwefelsäure und Aufnehmen mit Wasser.

Das Silbernitrat-Persulfat-Verfahren läßt sich übrigens auch im Filtrat der Si-Bestimmung durchführen, wenn man für diese die Überchlorsäuremethode anwendet (vgl. S. 553).

β) *Verfahren nach* VOLHARD-WOLFF [*8*]. In der salzsauren, oxydierten Lösung wird das Eisen (Cr, Cu, V, Ti, Mo) mit Zinkoxyd ausgefällt und das in Lösung bleibende Mangan-II-salz bei Gegenwart oder nach Filtration des Niederschlags mit Permanganat auf Rotfärbung titriert. Die Umsetzung entspricht bei verschiedenen Varianten des Verfahrens nicht ganz dem stöchiometrischen Ablauf ($2\,MnO_4^{'} + 3\,Mn^{\cdot\cdot} + H_2O = 5\,MnO + 4\,H^{\cdot}$), weshalb mit Normalproben unter den gleichen Arbeitsbedingungen *empirisch* ermittelte Titer zur Berechnung dienen. Nach der folgenden gekürzt wiedergegebenen Arbeitsvorschrift von E. DEISS [*9*] stimmt der mit Natriumoxalat (SÖRENSEN) festgestellte *theoretische* Mangantiter[1], wenn die erforderliche Permanganatmenge in geringem Überschuß in *einem* Guß zur Untersuchungslösung gegeben und anschließend mit Natriumarsenitlösung[2] zurücktitriert wird.

2 mal 2 g Späne werden in je 25 cm³ Salpetersäure (sp. Gew. 1,18) gelöst[3]. Nach Eindampfen zur Trockne und Rösten bei 300 °C bis zur völligen Zersetzung der Nitrate wird mit 20 cm³ konzentrierter Salzsäure bis zur vollständigen Auflösung der Eisenoxyde erwärmt und die Lösung in einen 1,5 l-Erlenmeyerkolben umgespült oder filtriert. Ein evtl. Rückstand wird durch Abrauchen mit Schwefel- und Flußsäure fluoriert; das zurückbleibende Mangan wird in Säure gelöst und mit der Hauptlösung vereinigt. Nach Verdünnung auf etwa 800 cm³ und Aufkochen wird anteilweise und unter jedesmaligem kräftigen Umschütteln in Wasser aufgeschlämmtes Zinkoxyd (unempfindlich gegen Permanganatlösung) so lange zugesetzt, bis der entstandene *rotbraune* Niederschlag zu groben Flocken gerinnt und die darüberstehende Flüssigkeit klar erscheint. Ein

---

[1] Berechnung siehe S. 567.

[2] 4 g As_2O_3 werden mit 2 g Natriumhydroxyd unter Erwärmen in wenig Wasser gelöst; dann wird zum Liter aufgefüllt.

[3] Man kann auch in 30 cm³ konz. Salzsäure (1,19) im 250 cm³ Erlenmeyerkolben lösen, das Eisen ohne einzudampfen mit 0,5 bis 1 g Kaliumchlorat oxydieren und das freie Chlor durch kräftiges Kochen vertreiben.

kleiner Überschuß von Zinkoxyd, der sich beim Abstehen am Boden ansammelt, soll vorhanden sein. Wenn man nicht schon von vornherein über die Höhe des Mangangehaltes im Bilde ist, versetzt man die kochend heiße Lösung der Vorprobe unter kräftigem Umschütteln anteilweise mit Permanganatlösung (6 g/l), bis in dem schräg gestellten Kolben die über dem Niederschlag stehende Flüssigkeit schwach rot gefärbt ist. Beim Hauptversuch gibt man dann aus einem 100 cm³-Becherglas zu der aufgekochten Lösung 2 bis 4 cm³ mehr Permanganatlösung zu als beim Vorversuch, aber schnell in *einem* Guß und unter *kräftigem* Umschütteln, das auch bei der anschließenden Rücktitration mit Arsenitlösung bis zur *Entfärbung* immer wiederholt wird. Anschließend kocht man wieder auf, fügt neuerdings 5 cm³ Permanganatlösung zu und titriert wiederum mit Arsenitlösung (a cm³); dadurch erhält man den Umsetzfaktor $\frac{5}{a} = f$. Hat man beim Hauptversuch b cm³ Permanganatlösung zugesetzt und mit c cm³ Arsenitlösung zurücktitriert, so beträgt der Permanganatverbrauch $(b - c \cdot f)$ cm³ und der Mangangehalt:

$$\% \text{Mn} = \frac{\text{Titer} \cdot (b - c \cdot f) \cdot 100}{\text{Einwaage}}.$$

Will man nach VOLHARD nur mit Permanganat (ohne Rücktitration) titrieren, so gibt man beim Hauptversuch etwas *weniger* Meßflüssigkeit zu als beim Vorversuch ermittelt wurde, aber ebenfalls wie oben in *einem* Guß, und titriert dann vorsichtig, bis die über dem Niederschlag stehende Flüssigkeit eben gerötet ist.

Kobalt, Chrom und Vanadin dürfen bei diesem Verfahren nicht oder nur in Spuren vorhanden sein. Den Einfluß von Chrom und Vanadin kann man dadurch ausschalten, daß man die Zinkoxydfällung in einem Meßkolben (500 cm³) vornimmt und nach partieller Filtration einen Anteil des Filtrats wie oben titriert. Enthält der Anteil auch noch Kobalt oder hohe Nickelmengen, deren Farbe störend wirken kann, so muß man das Mangan abtrennen, etwa nach dem Persulfat-Verfahren 2. b) α), und es nach Wiederauflösung in Salzsäure und Neutralisation mit Zinkoxyd nach VOLHARD oder DEISS weiterbehandeln.

Bei der Untersuchung von *Spiegeleisen* oder *Ferromanganen* wird entweder die Einwaage verkleinert oder man entnimmt aus einer mit höheren Einwaagen hergestellten *Stammlösung* entsprechende Anteile.

Das Verfahren ist mehr für höhere Mangangehalte geeignet.

c) Photometrisch. Die photometrische Messung beruht auf der Messung der nach dem Silbernitrat-Persulfat-Verfahren auftretenden rotvioletten Permanganatfarbe.

α) *Betriebsverfahren* [*10*]. 0,2 g der Probe werden in einem 100 cm³-Meßkolben mit Schliffstopfen in 15 cm³ 3 n-Salpetersäure unter Erwärmen gelöst. Nach Zusatz von 40 cm³ Silbernitratlösung (2,12 g/l) wird aufgekocht, worauf man den Kolben von der Platte nimmt und 4 cm³ 50%ige Ammoniumpersulfatlösung zugibt. Nach einigem Stehen kühlt man auf 20°C ab, versetzt mit 20 cm³ einer klaren 2%igen Natriumfluoridlösung, füllt zur Marke auf und schüttelt tüchtig durch. Photometriert wird gegen Wasser im Wellengebiet 536 mμ. Der Eichfaktor wird mit Normalproben ermittelt. Für das Pulfrich-Photometer oder Elko II lautet die Berechnungsformel unter den gegebenen Bedingungen:

$$\% \text{Mn} = 1{,}174 \cdot k - 0{,}02.$$

Die Gegenwart von Chrom stört nicht.

Mit Hilfe von Vergleichsproben, die in der gleichen Weise behandelt werden, kann man übrigens Untersuchungs- und Vergleichslösung auf einfache Weise in Glasröhren (EGGERTZ) gegeneinander *kolorimetrieren* (vgl. S. 537). Voraussetzung ist allerdings, daß keine störenden Eigenfarben der Lösung vorhanden sind.

Um mit dem Meßvolumen auszukommen, gibt man bei der Manganbestimmung in Roh- und Gußeisen nach dem Filtrieren (6 cm-Schnellfilter) und Auswaschen von Kieselsäure und Graphit nur 10 cm³ einer dafür stärkeren $AgNO_3$-Lösung (8,5 g/l) zu.

β) *Verfahren des Chemikerausschusses des VDEh.* Der Chemikerausschuß des VDEh hat ein abgeändertes Arbeitsverfahren festgelegt, das in besonderem Maße die Konzentration und Menge der Lösung und die neuen Untersuchungen [*11*] berücksichtigt.

0,1 g der Probe werden in einem 100 cm³-Meßkolben in 10 cm³ Salpetersäure (1:1) gelöst. Die Lösung versetzt man mit 30 cm³ Silbernitratlösung (1,12 g/l) und 4 cm³ Ammoniumpersulfatlösung (150 g/l) und erwärmt auf etwa 70 °C, bis die Farbe der Permangansäure aufgetreten ist. Nach Abkühlung auf 20 °C füllt man zur Marke auf, mischt und photometriert gegen Wasser. Beim Elko II berechnet sich der Mn-Gehalt unter Verwendung der Glühlampe zu $(2,46 \cdot k)$ %. Zeitaufwand etwa 10 min.

Roh- und Gußeisen kann man auch, wenn nötig, in Schwefelsäure (1 + 5) lösen und nach Oxydation mit Perhydrol vom Graphit abfiltrieren. Nach Zugabe des Silbernitrats wird das überschüssige Perhydrol weggekocht und dann wie oben weiterverfahren.

Völlige Chlorfreiheit des Wassers und aller Reagenzien ist bei allen diesen Verfahren wichtig.

Literatur

[1] L V, S. 153/66; Berlin: Springer 1912 S. 141/53. — [2] SMITH, PROCTER: Stahl u. Eisen Bd. 25 (1905) S. 594. — [3] KINDER, H.: Stahl u. Eisen Bd. 35 (1915) S. 918/24; Bericht Chem.-Aussch. VDEh Nr. 20. — [4] KASSLER, J.: Untersuchungsmethoden für Roheisen, Stahl und Ferrolegierungen Stuttgart: Ferd. Enke 1932 S. 24/25. — [5] DACENKO, C. V.: Zewodskaje Laborat 1950, Nr. 7 S. 784; Referat analyt. Chem. Bd. 139 (1953) S. 130. — [6] Chemiker-Ztg. 1930 S. 733. — [7] KRAUS, R.: Z. analyt. Chem. Bd. 133 (1951) S. 419/23. — [8] WOLFORD, J., N. WOLFF: Stahl u. Eisen Bd. 33 (1913) S. 633. — [9] wie [1] S. 153/66. — [10] PINSL, H.: Arch. Eisenhüttenwes. Bd. 10 (1936/37) S. 139/43. — [11] DRZIEREL, CH.: L'Ingenieur Chimiste Bd. 30 (1948) S. 596, und Chemie Bd. 4 (1949) S. 86/89.

X. Phosphor

Im Roh- und Gußeisen kann der Phosphorgehalt schwanken von < 0,1% (Hämatit, hochwertiger Guß) bis > 2% (Luxemburger Roheisen, dünnwandiger Guß), im Stahl und Stahlguß von < 0,1 bis 0,2%.

Quantitative Untersuchung

1. Die Molybdatfällung

Bei den gewichts- und maßanalytischen Bestimmungsverfahren wird die während des Lösungsvorganges gebildete Orthophosphorsäure mit Ammoniummolybdat ($(NH_4)_6Mo_7O_{24} \cdot 4\,H_2O$) in der Hitze als gelbes Ammoniumphosphormolybdat ($(NH_4)_3PO_4 \cdot 12\,MoO_3\,H_2O$) abgeschieden.

a) Fällung aus salpetersaurer Lösung bei ca. 60 °C. *α) Phosphoroxydation durch Rösten.* Je nach dem P-Gehalt werden 0,5 bis 4 g der Probe in einer flachen Porzellanschale in 20 bis 70 cm³ Salpetersäure (1:1) gelöst. Der beim Eindampfen zur Trockne verbleibende Rückstand wird zur vollständigen Aufoxydation des Phosphors bei 300 bis 350 °C geröstet und dann mit 20 bis 60 cm³ konz. Salzsäure (1,19) aufgenommen. Nach nochmaligem Eindampfen und Erhitzen auf 130 °C löst man die Eisensalze mit 30 cm³ konz. Salzsäure in 100 cm³ Wasser unter Erwärmen, filtriert Graphit und Kieselsäure ab und wäscht mit salzsäurehaltigem heißem Wasser aus. Dem, wenn nötig, etwas eingeengten Filtrat fügt man Ammoniak (0,91) bis zur bleibenden Fällung von Eisenhydroxyd zu, das man mit einem geringen Überschuß von Salpetersäure (1:1) wieder in Lösung bringt. Bei 60 °C fällt man nunmehr den Phosphor unter längerem Umschütteln mit einer 60 °C warmen Mischung von 25 cm³ Ammoniumnitratlösung (140 g/l) und 60 cm³ Ammoniummolybdatlösung[1]. Nach 15 min oder bei geringen Gehalten nach längerem Absitzen kann filtriert werden. Bei *höheren* Fällungstemperaturen kann zusätzlich Molybdäntrioxyd in den Niederschlag gehen.

[1] 500 cm³ 10%ige Ammoniummolybdatlösung werden unter Kühlung in 500 cm³ Salpetersäure 1:1 eingetragen; die Lösung kann erst nach 8tägigem Stehen und Filtration von ausgeschiedenen Niederschlägen in Benützung genommen werden.

β) Phosphoroxydation durch Permanganat. Bei Si-Gehalten unter 0,5% versetzt man, ohne einzudampfen, die in einem Erlenmeyerkolben befindliche salpetersaure Lösung mit 5 cm^3 3%iger Kaliumpermanganatlösung und bewirkt die völlige Aufoxydation des Phosphors durch 3 bis 5 min langes Kochen. Den Braunsteinniederschlag löst man durch anteilweisen Zusatz einer 10%igen Natriumnitritlösung wieder auf und verfährt weiter wie bei 1. a) *α*). Man kann die Molybdatfällung auch ohne vorhergehende Neutralisation mit Ammoniak vornehmen, wenn man der Lösung, die ca. 15 cm^3 konz. *freie* Salpetersäure enthalten soll, 3 g festes Ammoniumnitrat oder Ammoniumchlorid zusetzt und eine *neutrale* 5%ige Ammoniummolybdatlösung (p. a.) verwendet.

In manchen Gießereilaboratorien wird zur *maßanalytischen* Schnellbestimmung des Phosphors in Roh- und Gußeisen die Molybdatfällung unmittelbar nach dem Auflösen und der Permanganatbehandlung *ohne* Filtration vom Graphit durchgeführt; nur bei Hämatit mit größeren Einwaagen ist sie nicht zu vermeiden. Wenn man den Lösungsvorgang so leitet (Verwendung von 3 n-Salpetersäure, nicht zu weites Einengen, evtl. Wassernachgabe), daß keine Kieselsäureausscheidung auftritt, kann man mit dieser raschen Betriebsmethode brauchbare Werte erhalten.

b) Fällung aus salpeter-citronensaurer Lösung bei Kochhitze. Nach den Untersuchungen von I. L. KASSNER und M. A. OZIER [*1*] erhält man bei der P-Bestimmung in Phosphaten und Erzen einen schnell absitzenden, leicht filtrierbaren und theoretisch zusammengesetzten Phosphormolybdatniederschlag, wenn die Fällung in Gegenwart von Citronensäure und bei *Kochhitze* vollzogen wird. In Verbindung mit Verfahren a) *β*) hat sich im Laboratorium der Luitpoldhütte für die Eisenuntersuchung folgende Arbeitsweise bewährt:

2 g Stahl werden in einem 300 cm^3-Erlenmeyerkolben mit 80 cm^3 3 n-Salpetersäure versetzt. Die Höhe des Flüssigkeitsvolumens markiert man mit einem Fettstift und führt Lösung, Oxydation mit Permanganat und Reduktion des ausgefallenen Braunsteins wie bei a) *β*) durch. Danach verdünnt man wieder auf Markenhöhe, gibt ein Siedesteinchen nebst 100 cm^3 Citromolybdatlösung zu und erhitzt zum Kochen, das man bei *niedrigen* Phosphorgehalten 8 bis 10 min lang fortsetzt, während bei höheren Gehalten 3 bis 5 min genügen. Dann läßt man bis zur Klärung der überstehenden Lösung absitzen. Bei der Untersuchung von Roh- und Gußeisen (0,6 bis 2 g Einwaage) schaltet man vor der Fällung die Filtration von Graphit und ausgeschiedener Kieselsäure ein, wäscht mit kleinen Mengen schwach salpetersäurehaltigem heißem Wasser aus und bringt das in einem 300 cm^3-Erlenmeyerkolben aufgefangene Filtrat durch Verdünnen oder Einengen auf 80 cm^3. Herstellung der doppelt starken Citromolybdatlösung nach KASSNER und OZIER.

Lösung *A*:

Man löst folgende Reagenzien in 1400 cm^3 Wasser und erwärmt unter Umrühren, bis die Lösung komplett ist: 100 g Ammoniumnitrat, 128 g mono-Citronensäure, 136 g Ammoniummolybdat (Merck).

Lösung *B*:

Man verdünnt 568 cm^3 konz. Salpetersäure (1,4) mit 260 cm^3 Wasser. Man gießt die Lösung *A* in die Lösung *B* und klärt sie auf folgende Weise:

Man fügt 10 bis 15 Tropfen 20%iger sek. Ammoniumphosphatlösung hinzu, kocht 5 bis 10 min, läßt über Nacht absitzen und gießt oder filtriert die klare Lösung ab. Eine solche Lösung bleibt 2 Jahre lang klar.

c) Einfluß störender Elemente bei der Molybdatfällung. Bei der Untersuchung von un- oder niedriglegiertem Roh- und Gußeisen oder Stahlguß können die Begleitelemente *Silizium*, *Arsen*, *Vanadin* und *Titan* Störungen durch Mitfällung hervorrufen, wenn bestimmte Gehalte überschritten werden.

Zur genauen gewichtsanalytischen P-Bestimmung müssen Si-Gehalte über 0,5% auf alle Fälle wie bei a) beseitigt werden. Für die maßanalytische Bestimmung genügt im allgemeinen auch bei Roh- und Gußeisen die Filtration von der bei der Lösungsbehandlung ausgeschiedenen Kieselsäure nebst Graphit.

Arsengehalte unter 0,1% stören nicht, wenn man die Fällungstemperatur von 60 °C nicht überschreitet und den Niederschlag sofort nach dem Klarwerden abfiltriert. Bei höheren As-Gehalten verfährt man wie bei a) mit dem Unterschied, daß man beim zweiten Eindampfen der konz. Salzsäure noch Ammonium- oder Kaliumbromid zufügt oder mit Bromsalzsäure abdampft, wodurch das Arsen verflüchtigt wird.

Titan (Zirkon) kann zum Teil als Phosphat in den Lösungsrückstand gehen. Am einfachsten raucht man in diesem Fall den geglühten Rückstand mit Flußsäure und *Salpetersäure* ab, glüht schwach, schließt mit Natriumkaliumkarbonat auf, laugt mit Wasser aus und vereinigt das Filtrat mit der Hauptlösung. Bei höheren Titangehalten ist eine doppelte Molybdatfällung angebracht.

Um das Mitfällen von Vanadinphosphorsäureverbindungen zu verhindern, gibt man bei mehr als 0,15% V vor der Fällung 10 cm³ 20%ige Natriumsulfitlösung (oder 25 cm³ 10%ige Ferrosulfatlösung) zu und rührt nach der Molybdatzugabe (bei 25 °C) 10 min lang kräftig um oder läßt 1 bis 2 Std. lang absitzen.

In höher legiertem Eisen muß auch der Einfluß von *Molybdän* und *Wolfram* auf die Phosphorbestimmung berücksichtigt werden, das gleiche gilt bei Gehalten von mehr als 20% Kobalt, 5% Nickel und 1% Kupfer.

Molybdängehalte bis zu 1% stören im allgemeinen nicht. Bei höheren Gehalten wird in die ammoniakalisch gemachte Lösung *vor* der Permanganatbehandlung Schwefelwasserstoff eingeleitet und dann das Molybdän durch Ansäuern mit Salzsäure gefällt. Das Filtrat wird stark eingeengt, mit 15 cm³ Salpetersäure (1 : 2) gekocht und wie unter a) β) weiterbehandelt (Permanganatoxydation usw.).

Soweit wolframhaltiges Eisen in Salpetersäure klar löslich ist, läßt sich die Phosphorbestimmung wie bei a) β) durchführen. Andernfalls muß man den Rückstand der nach Zusatz von einigen Tropfen Flußsäure zur Trockne verdampften Lösung mit 100 cm³ Salzsäure (1,19) aufnehmen, wobei die Wolframsäure in Lösung geht. Beim Einengen auf ca. 20 cm³ fällt sie dann phosphor- und arsenfrei aus und kann nach Verdünnen mit 50 cm³ Wasser abfiltriert werden. Das auf ein geringes Volumen eingeengte Filtrat wird wie oben mit 15 cm³ Salpetersäure (1,2) gekocht und weiterbehandelt. Nach einem anderen Verfahren bringt man den im Abdampfrückstand verbliebenen Phosphor mit der Wolframsäure durch Aufschluß mit Natriumkaliumkarbonat in Lösung und trennt die beiden Elemente durch eine ammoniakalische Fällung bei Gegenwart von 0,2 g Kaliumaluminiumsulfat. Das ausgefällte und abfiltrierte Aluminiumphosphat wird dann in Salpetersäure gelöst.

Zu bemerken ist noch, daß freie Salz- und Schwefelsäure, Sulfate und zu große Mengen freier Salpetersäure bei der Molybdatfällung nach 2. a) α) u. β) nicht vorhanden sein dürfen[1]. Auch ist es, besonders bei der Bestimmung sehr geringer Phosphorgehalte, notwendig, sich zu vergewissern, welche Phosphormengen durch die verwendeten Reagenzien und Filter in die Lösung gelangen können (Blindversuch).

Salpetersäureunlösliche, insbesondere chromreiche Stähle löst man mit Salpeter-Salzsäure- oder Brom-Salzsäure-Gemischen unter Zusatz von Kaliumchlorat. Die Lösung wird weitgehend eingeengt, mit 15 cm³ Salpetersäure (1,2) gekocht und nach Oxydation mit festem Kaliumpermanganat wie beschrieben weiterbehandelt. Es sind auch Verfahren ausgearbeitet worden, bei denen die Lösung der Probe und die Aufoxydation des Phosphors nur mit *Überchlorsäure* durchgeführt wird.

2. *Die Weiterbehandlung der Molybdatniederschläge*

a) Gewichtsanalytisch. α) *Als wasserfreies Ammoniumphosphormolybdat* (Verfahren FINKENER). Man filtriert den nach einem der im Abschnitt 1. a) oder 1. b) beschriebenen Verfahren erhaltenen Niederschlag durch einen Glasfrittentiegel 1 G 4 oder einen Porzellanfiltertiegel 1 A 3 und wäscht ihn mit einer Waschflüssigkeit aus, die im Liter 100 cm³ Salpetersäure (1,2) und 125 g Ammoniumnitrat enthält. Unter Vermeidung jeder Rißbildung im Niederschlag durch Trockensaugen wird am Schluß nochmals 2- bis 3mal mit kaltem Wasser ausgewaschen und erst jetzt völlig trocken gesaugt. Der anschließend im Trockenschrank bei 105 °C bis zur Gewichtskonstanz getrocknete Niederschlag enthält 1,639% P.

[1] Dasselbe gilt von einem zu großen Überschuß an freier Oxal-, Wein- oder Zitronensäure, die manchmal zur Reduktion des Braunsteins verwendet werden.

β) Als Phosphormolybdänsäureanhydrid ($24\,MoO_3 \cdot P_2O_5$), Verfahren C. MEINEKE. Der wie oben durch einen Porzellanfiltertiegel oder durch ein aschefreies Papierfilter filtrierte Niederschlag wird in einem Muffelofen bei 450 bis 500 °C geglüht, bis er gleichmäßig blauschwarz und gewichtskonstant ist. Er enthält 1,724% P.

γ) Magnesiaverfahren. Dieses eignet sich besonders für hohe Phosphorgehalte. Der Niederschlag wird in warmem Ammoniak (1:3) gelöst, worauf man die Lösung mit Salzsäure bis zur Niederschlagbildung versetzt. Dann löst man den Niederschlag in wenig Ammoniak wieder auf, gibt tropfenweise Magnesiamixtur in geringem Überschuß zu, hierauf $^1/_3$ des Volumens Ammoniak und rührt $^1/_4$ Stunde lang um (ohne Berührung der Glaswand). Die Weiterbehandlung geschieht wie bei der Magnesiabestimmung (vgl. S. 599).

Der P-Gehalt des geglühten Pyrophosphats beträgt 27,83%.

b) Maßanalytisch. Der säurefrei gewaschene Niederschlag wird in Lauge gelöst und der Laugenüberschuß mit Schwefelsäure und Phenolphthalein zurücktitriert.

Neben $^1/_2$ bis $^1/_{10}$ normaler wird häufig noch eine 0,371 n-Natronlauge (bzw. Schwefelsäure) verwendet, von der 1 cm³ 0,001 g P anzeigt. Gut geeignet zur Einstellung der Lauge ist bei 110 °C getrocknetes *Kaliumbiphthalat*, von dem 2 g, gelöst in 20 cm³ kohlensäurefreiem Wasser und titriert mit 0,371 n-Lauge, 26,41 cm³ benötigen. Eine Titerkontrolle kann mit einer Normalprobe von bekanntem Phosphorgehalt unter den gleichen Arbeitsbedingungen vorgenommen werden. Die Schwefelsäure wird mit Phenolphthalein auf die Lauge eingestellt.

Der durch ein Rundfilter (z. B. SCHLEICHER und SCHÜLL 593) oder ein Filterröhrchen mit Zellstoff- oder Papierschleimstopfen filtrierte Niederschlag wird mit 10%iger neutraler Natriumsulfatlösung oder auch nur mit reinem Wasser säurefrei gewaschen, bis keine Entfärbung einer mit einem Tropfen der Lauge und Phenolphthalein angeröteten kleinen Wassermenge mehr eintritt. Dann zerteilt man das in den Kolben zurückgebrachte Filter nach Zugabe von 50 cm³ kohlensäurefreiem Wasser und überschüssiger Natronlauge durch kräftiges Schütteln und titriert, mit 0,5 cm³ 1%igem alkoholischem Phenolphthalein als Indikator, mit der Schwefelsäure bis zum Verschwinden der Rotfärbung.

$$\%\,P = \frac{\text{Phosphortiter} \times (\text{cm}^3\ NaOH - \text{ccm}\ H_2SO_4) \times 100}{\text{Einwaage}}$$

3. *Photometrische Bestimmung*

Photometrische Schnellmethoden zur Bestimmung von Phosphor in Eisen und Stahl wurden in neuerer Zeit unter anderem ausgearbeitet von G. BOGATZKY [*2*], A. K. SCHMIDT und KUTEL [*3*], F. STENKER [*4*] und W. KOCH [*5*].[1] Die Übertragung des Bogatzky-Verfahrens, bei dem die Reaktionsfärbung des Phosphat-Molybdat-Vanadat-Komplexes gemessen wird, auf die Phosphorbestimmung im Roh- und Gußeisen, ist im Abschnitt *Verbundsanalyse* S. 597 näher beschrieben.

Literatur

[*1*] KASSNER, J. L., u. M. A. OZIER: Analytical Chemistry Bd. 22 (1950) S. 194; Referat Z. analyt. Chem. Bd. 133 (1951) S. 214/15. — [*2*] BOGATZKY, G.: Arch. Eisenhüttenw. Bd. 12 (1938/39) S. 195/98. — [*3*] SCHMIDT, A., u. K. KUTEL: Stahl u. Eisen Bd. 64 (1944) S. 539/40. — [*4*] F. STENKER, Stahl u. Eisen Bd. 65 (1945) S. 29/36. — [*5*] KOCH, W.: Technische Mitteilungen Krupp (Forschungsberichte) Nr. 2 (1938) S. 37/40.

XI. Schwefel

Im Gießereiroheisen soll der Schwefelgehalt nach den Handelsvorschriften 0,06% nicht übersteigen; bei besonderen Qualitätsansprüchen wird eine Garantie bis unter 0,01% verlangt. Im Gußeisen schwankt er je nach Gußsorte und Verwendungszweck etwa zwischen 0,02 und 0,2%. Stahlguß enthält meistens weniger als 0,05% S.

[1] Messung sehr niedriger Phosphorgehalte durch die Strychnin-Molybdat-Phosphor-Trübung.

Quantitative Untersuchung

Das altbekannte *Entwicklungsverfahren*, das nur für in konz. Salzsäure (1,19) vollkommen lösliche Eisensorten brauchbar ist[1], ist in den meisten Eisenlaboratorien durch das schnelle, bequemer auszuführende und allgemeiner anwendbare *Verbrennungsverfahren* verdrängt worden. Ungeeignet ist es für mit V, W, Cr, Ti und größeren Mengen Ni legiertem Eisen, außerdem nach O. HORAK [1] auch bei Eisensorten mit *hohem Zementitgehalt* (z. B. weißes Roheisen). Bei Verwendung von 60%iger Phosphorsäure (statt konz. Salzsäure) und Erhitzen im Ölbad bis 320 °C läßt sich auch im zementitreichen Eisen der Schwefelgehalt quantitativ bestimmen. Für Sonderzwecke, z. B. genaue Kontrollanalysen oder für gewisse Legierungen, bedient man sich auch gelegentlich noch des *gewichtsanalytischen* Verfahrens (Bariumsulfat), bei dem das Eisen vor der Fällung durch Ausäthern oder Schmelzaufschluß beseitigt wird.

1. Entwicklungsverfahren

Der durch konz. Salzsäure (bzw. Phosphorsäure) ausgetriebene Schwefelwasserstoff kann auf verschiedene Weise quantitativ erfaßt werden.

Entwicklungsapparaturen gibt es in mannigfachen Konstruktionen. Bei den einfachen Ausführungen wird zwischen dem mit einem Tropftrichter versehenen Entwicklungskolben und dem Absorptionsgefäß (meist Erlenmeyerkolben, 200 bis 300 cm³ Inhalt, hohe Form) eine mit etwa 80 cm³ Wasser beschickte Waschflasche geschaltet, um die Hauptmenge der Salzsäuredämpfe zurückzuhalten. Der gedrungenere und stabilere Apparat nach Abb. 12 ist für Reihenanalysen bestimmt und enthält das Waschwasser im Innern des Zulaufeinsatzes. Da Roh- und Gußeisen beim Lösen in Salzsäure zum Aufsteigen und Schäumen neigt, soll der Rauminhalt der Entwicklungskolben mindestens 750 cm³ betragen. Schliffverbindungen der Ableitungsrohre sind solchen mit Gummi vorzuziehen.

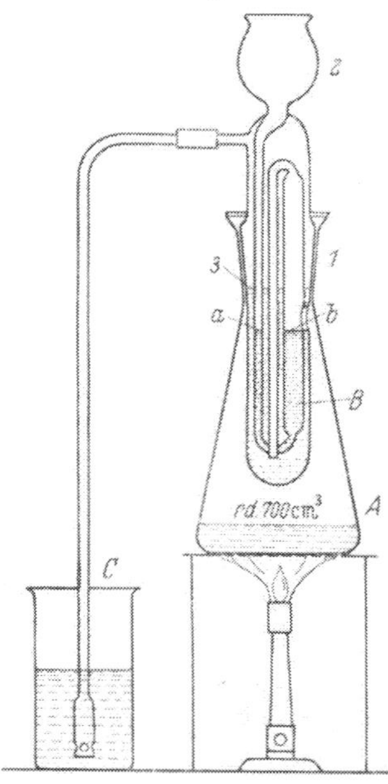

Abb. 12. Apparat zur Schwefelbestimmung nach dem Entwicklungsverfahren

a) Gewichtsanalytische Bestimmung über Kupferoxyd [2]. Nachdem man die Doppelvorlage mit je 60 cm³ Absorptionslösung[2] beschickt hat, gibt man bei leichter zersetzlichem Material zu den 5 bzw. 10 g im Entwicklungskolben befindlichen Spänen anteilweise 50 bis 100 cm³ konz. Salzsäure (spez. Gew. 1,19); bei schwerer löslichen Sorten kann man auch die ganze Säuremenge auf einmal zusetzen. Wenn die Hauptentwicklung vorbei ist, erhitzt man langsam bis zum schwachen Sieden und bis auch das Waschwasser eben zum Kochen kommt, worauf man die Apparatur auseinandernimmt. Für besonders genaue Analysen empfiehlt sich die Durchleitung von Kohlensäure.

In der Vorlage wird das durch den Schwefelwasserstoff ausgefällte Kadmium- und Zinksulfid durch Zugabe von Kupfersulfatlösung[3] in Kupfersulfid übergeführt, das nach Zusammenballung abfiltriert, mit warmem Wasser gewaschen, verascht und bei 800 bis 900 °C geglüht wird. 1 g Kupferoxyd entspricht 0,4031 g S.

b) Maßanalytische Verfahren. *α) Jodometrisch nach* C. REINHARDT [3]. Zu dem vereinigten Inhalt der gleichen Vorlage wie bei a) gibt man eine abgemessene Menge Jodlösung bis zur Rotbraunfärbung, hierauf 20 cm³ Salzsäure 1 : 1 und titriert den nach der Umsetzung zwischen Jodlösung und Sulfid verbleibenden Jodüberschuß mit äquivalenter

[1] Mit verdünnteren Salzsäuren erhält man Minderbefunde.

[2] 5 g Kadmium-, 20 g Zink- und 200 g Natriumacetat werden nebst 200 cm³ 80%iger Essigsäure zu 1 Liter gelöst.

[3] 120 g Kupfersulfat, aufgelöst in 880 cm³ Wasser, werden mit 120 cm³ konz. Schwefelsäure versetzt.

Natriumthiosulfatlösung[1] und Stärke zurück. Aus dem Unterschied D gegenüber der zugegebenen Gesamtjodlösung berechnet sich der Schwefelgehalt zu $\frac{D \cdot 0{,}1}{\text{Einwaage}}\,\%$.

β) Permanganatverfahren nach H. PINSL [*4*]. Beim Lösen verwendet man als Vorlage ein mit 20 bis 30 cm³ 5%iger Natronlauge beschicktes Reagenzglas von 20 cm Höhe und 25 mm l. W., spült die Lösung nach beendeter Absorption in einen 300 cm³-Weithals-Erlenmeyer-Kolben, versetzt mit 10 bis 30 cm³ Kaliumpermanganatlösung, erhitzt bis zum Blasenwerfen und gibt die gleiche Menge äquivalenter Oxalsäure zu. Nun säuert man mit 20 cm³ verdünnter Schwefelsäure 1 : 3 an und titriert bei ca. 80 °C den Oxalsäureüberschuß mit der Permanganatlösung bis zur schwachen Rotfärbung zurück. Der mit Natriumoxalat ermittelte Titer ist mit dem empirischen Faktor 1,023 zu vermehren, oder man stellt den empirischen Titer mit Normalproben fest.

Dieses auch vom Chemikerausschuß des VDEh überprüfte Verfahren [*5*] arbeitet wegen des Wegfalls der Kadmiumabsorptionslösung und der Jodsalze erheblich billiger als das jodometrische.

2. *Verbrennungsverfahren*

Leitet man in einem Verbrennungsrohr über Eisenspäne bei genügend hohen Temperaturen Sauerstoff, so wird der gesamte Schwefel zu Schwefeldioxyd verbrannt, das auf verschiedene Weise absorbiert und bestimmt werden kann.

Der Aufbau einer solchen Verbrennungsapparatur ist aus Abb. 13 ersichtlich. Der Sauerstoff muß vollkommen trocken sein. Die Glühtemperatur (an der Außenseite des

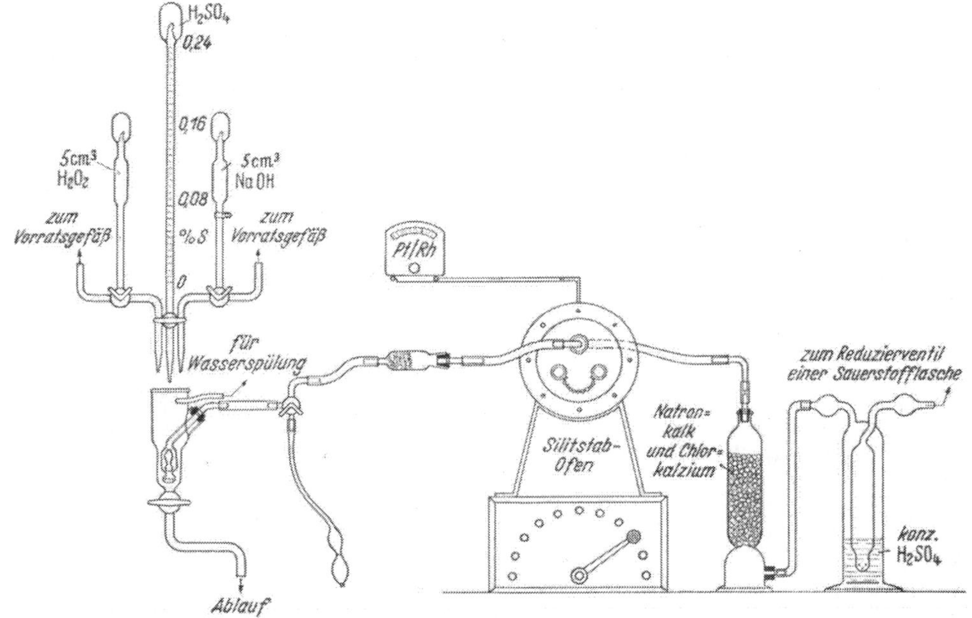

Abb. 13. Apparatur nach SEUTHE zur Schwefelbestimmung nach dem Verbrennungsverfahren mit acidimetrischer Titration

Rohres gemessen) soll bei Roh- und Gußeisen sowie bei un- und niedriglegiertem Stahl ca. 1200 °C, bei höher legiertem Stahl und schwer verbrennlichen Legierungen 1300 bis 1400 °C betragen, außerdem gibt man in letzteren Fällen auch noch 0,5 Bankazinn als Zuschlagmittel zu.

Zur Durchführung der Bestimmung schiebt man 0,5 g der Probe in einem Porzellanschiffchen in das Verbrennungsrohr und leitet einen *kräftigen* Sauerstoffstrom durch die

[1] 7,918 g resublimiertes Jod werden mit 25 g KJ in 20 cm³ Wasser gelöst, dann wird zum Liter aufgefüllt; 1 cm³ = 1 mg Schwefel.

Apparatur samt Vorlage, wobei die Späne unter großer Hitzeentwicklung verbrennen. Nach 2 bis 3 min titriert man, ohne die Sauerstoffzufuhr zu unterbrechen, den Inhalt der Vorlage acidimetrisch, jodometrisch, potentiometrisch oder elektrolytisch. Dabei ist zu beachten, daß man durch Zurücksteigenlassen der Absorptionsflüssigkeit auch die im Einleitungsrohr verbliebene Schwefelsäure erfassen muß.

a) Acidimetrische Titration. Die einfachste Ausführung [*6*] besteht darin, daß man die Vorlage mit 20 cm³ 2%iger Wasserstoffsuperoxydlösung (angesäuert mit 3 bis 5 Tropfen Schwefelsäure 1 : 5 je Liter[1] beschickt. Die zugegebene Lösung wird vor der Verbrennung mit der Meßlauge (0,6 g Ätznatron/l) und Methylrot (0,8 g + 50 cm³ Alkohol + 50 cm³ Wasser) genau neutralisiert. Nach der Verbrennung wird die bei der Absorption gebildete Schwefelsäure mit der Natronlauge bis zum Umschlag titriert, dessen Erkennung durch einen Mattscheiben- oder Mattlampenhintergrund erleichtert wird.

Man kann auch in die Vorlage 10 cm³ Natronlauge (0,6 g Ätznatron + 0,01 g Methylrot[2] nebst 5 cm³ einer 10%igen Wasserstoffsuperoxydlösung geben und nach der Absorption den Laugenüberschuß unter Berücksichtigung des Leerverbrauchs der Superoxydlösung mit äquivalenter Schwefelsäure zurücktitrieren.

Eine betrieblich und für Reihenanalysen sehr brauchbare Absorptions- und Titrationsapparatur nach Dr. Seuthe zeigt Abb. 13. Alle Meßgefäße sind mit automatischer Nulleinstellung versehen. Nach eigenen und fremden Erfahrungen hat sich dagegen die von C. Holthaus und A. Seuthe [*7*] entwickelte Einrichtung zur *gleichzeitigen* Bestimmung von Kohlenstoff und Schwefel in *einer* Einwaage bei Roh- und Gußeisen *nicht* bewährt. Nach einer Arbeit von R. Kreus [*8*] erhält man richtige Werte, wenn die Verbrennungsgase, unter Wegfall des großen Dreiwegehahnes der ursprünglich Ströhleinschen Apparatur, auf *kürzestem* Wege in das Absorptionsgefäß gelangen und dafür Sorge getragen wird, daß die Verbindung zwischen letzterem und dem Ofen stets trocken bleibt. Für die gleichzeitige Bestimmung sehr unterschiedlicher Kohlenstoffgehalte (Gußeisen und Stahl) empfiehlt der gleiche Verfasser die Verwendung einer Universalbürette mit einem engeren und einem weiteren Meßteil.

So einfach das Schnellverfahren zur S-Bestimmung aussieht, so erfordert es doch Übung und Erfahrung und die Berücksichtigung von möglichen Fehlerquellen [*9*]. Vor allem kann man sich nicht auf den *theoretischen* Titer der Meßflüssigkeiten verlassen, sondern tut gut, ihn mit gleichartigem Material (Gußeisen- und Stahlstandards vgl. S. 537) durch wiederholte Bestimmungen am Anfang und während einer größeren Untersuchungsreihe *empirisch* zu ermitteln, da zur Erreichung konstanter Werte das abgelagerte Eisenoxyd im Gleichgewicht mit den Verbrennungsgasen sein muß[3]. Zu große Mengen des Oxyds können u. a. eine katalytische Oxydation zu Schwefeloxyd bewirken, das sich manchmal infolge Nebelbildung zum Teil der Absorption entzieht. Auch eine zu starke Verschlackung des Rohres ist zu vermeiden.

b) Potentiometrisch und elektrometrisch. Bei der *potentiometrischen* Titration mit Natronlauge nach G. Thannheiser und P. Dickens [*10*] enthält das Absorptionsgefäß eine Platinelektrode und der seitliche Stutzen eine Umschlagelektrode (Abb. 13). Nach der Verbrennung muß man zur Erreichung eines scharfen Umschlagpunktes noch einige Minuten lang Sauerstoff durchleiten, um die störende absorbierte Kohlensäure zu vertreiben.

Eine völlig neue Methode stellt die *elektrolytische* Neutralisation nach Willy Oelsen und Pfter Göbels [*11*] dar. In das Absorptionsgefäß nach Dickens und Thannheiser

[1] Die angesäuerte Wasserstoffsuperoxydlösung hält länger.

[2] Empfohlen wird auch, besonders bei künstlicher Beleuchtung, der Mischindikator nach Tashiro mit Umschlag von violett auf hellgrün (alkalisch); 0,3 g Methylrot in 100 cm³ Alkohol + 0,15 g Methylenblau in 150 cm³ Wasser.

[3] Dies tritt bei Verwendung eines *neuen* Rohres meist erst nach mehreren Bestimmungen ein. Nach Gotta [*9*] soll man bei der Untersuchung von phosphorreichem Roh- und Gußeisen nicht mit *zu* starkem Sauerstoffstrom arbeiten, da mitgerissene Phosphide die Titration stören können.

wird noch, getrennt durch ein Diaphragma, eine Platinnetz- und Kohlenelektrode eingesetzt, womit beim Durchleiten eines elektrischen Stromes von gegebener gleichbleibender Stromstärke die Lösung bis zum Neutralisationspunkt elektrolysiert wird. Als Meßgrundlage dient dann nur die mit der Stoppuhr ermittelte Zeit bis zur Nullpunktanzeige. Eine Titerfeststellung der Meßflüssigkeit ist nicht erforderlich.

c) Jodometrisch nach W. Hirth und R. Weihrich [*12*]. In die Vorlage wird Wasser und Stärkelösung gegeben, die mit einem Tropfen Jodlösung (0,7918 g J/l; 1 cm^3 0,0001 g S) angebläut ist. Während der Verbrennung läßt man die Jodlösung aus der Mikrobürette so zulaufen, daß die verschwindende Blaufärbung immer wieder rasch hergestellt wird, bis sie bestehen bleibt. Für *hohe* Schwefelgehalte ist dieses Verfahren weniger zu empfehlen.

3. Gewichtsanalytische Bestimmung

Die Lösung von 5 bis 10 g der Probe in 50 bis 100 cm^3 konz. Salpetersäure (1,4) wird nach Zusatz von 0,25 bis 0,59 Kaliumnitrat zur Trockne verdampft und der Rückstand bis zur Zerstörung der Nitrate geröstet. Nach wiederholtem Abdampfen mit konz. Salzsäure wird filtriert und das eingeengte Filtrat wie üblich ausgeäthert[1]. Die eisenfreie Lösung dampft man wiederum zur Trockne, nimmt mit wenig Salzsäure auf, filtriert vom evtl. vorhandenen Unlöslichen ab, verdünnt und fällt bei Kochhitze mit 10%iger heißer Bariumchloridlösung. Der mit salzsäurehaltigem Wasser (2 cm^3 Salzsäure 1,19/l) ausgewaschene Niederschlag wird geglüht und fluoriert. Das reine Bariumsulfat enthält 13,73% S. Der Blindwert ist abzuziehen.

Für höher legierte Chrom- und Nickelstähle sowie schwerlösliches Ferrochrom muß ein mit einem Kugelaufsatz versehener Lösungskolben (Abb. 14) verwendet werden, um Schwefelverluste zu vermeiden.

Nach P. Schrag läßt sich der in Sulfat verwandelte Schwefel von 10 g Eisen auch ohne Ausäthern ausfällen, wenn bestimmte Vorschriften beachtet werden.

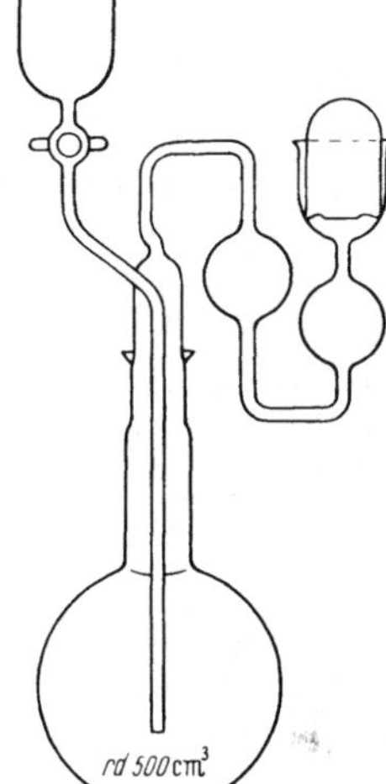

Abb. 14. Lösungskolben nach Krupp zur gewichtsanalytischen Schwefelbestimmung in legiertem Eisen

Literatur

[*1*] Horak, O.: Z. analyt. Chem. Bd. 137 (1952/53) S. 245/51. — [*2*] Verfahren nach W. Schulte, Stahl u. Eisen 1926 (1906) S. 985/91. — [*3*] Reinhardt, C.: wie unter [*2*] S. 799/806; ferner H. Pinsl, Chem. Ztg. 67 (1918). — [*4*] Pinsl, H.: Stahl u. Eisen Bd. 44 (1924) S. 73. — [*5*] Zenker, G.: Arch. f. Eisenhüttenwes. Bd. 5 (1931/32) S. 101/03; Bericht Chem. Ausschuß des VDEh, Nr. 85. — [*6*] Holthaus, C.: Neue Ausführungsweise Handb. f. Eisenhüttenlab. Bd. 56/58 Düsseldorf: Verlag Stahleisen. — [*7*] Holthaus, C.: Stahl u. Eisen Bd. 44 (1924) S. 1514/19. — [*8*] Kraus, R.: Z. analyt. Chem. Bd. 133 (1951) S. 414/19. — [*9*] Gotta: Z. analyt. Chem. Bd. 112, Heft 1 u. 2. — [*10*] Thannheiser, G., und P. Dickens: Arch. Eisenhüttenw. Bd. 7 (1933/34) S. 557/62. — [*11*] Oelsen, W., u. P. Goebels: Stahl u. Eisen Bd. 69 (1949) S. 138/40. — [*12*] Hirth, W., u. R. Weihrich: Die chem. Analyse in der Stahlindustrie. Stuttgart: Verlag Ferd. Enke (1954) S. 36/38.

XII. Eisen

Die Untersuchung von Eisenproben und Ferrolegierungen auf ihren Eisengehalt wird des öfteren vorgenommen, um festzustellen, wie groß die Summe der sonstigen Legierungsbestandteile noch sein muß, um 100% zu erreichen. Außerdem spielt im Gießereibetrieb die Kenntnis der Eisengehalte von nichtmetallischen Werkstoffen wie Kupolofenschlacken, feuerfestem Material, Sanden usw. eine Rolle.

Quantitative Bestimmung

Am häufigsten wird das *Titrationsverfahren mit Kaliumpermanganat* nach Reinhardt-Zimmermann angewandt [*1*]. Das noch einfacher auszuführende *Titantrichloridverfahren* [*2*]

[1] Das Eisen kann auch durch einen Kationenaustauscher entfernt werden.

hat den Vorteil, daß die vielen Zusätze des Permanganatverfahrens in Wegfall kommen und daß es, ebenso wie die *jodometrischen, kolorimetrischen bzw. photometrischen Verfahren* besonders für sehr niedrige Eisengehalte gut geeignet ist.

a) Kaliumpermanganat-Verfahren. Das in der salzsauren Lösung in dreiwertiger Form vorhandene Eisen wird mit Zinnchlorür in die zweiwertige Stufe übergeführt; den Rest des Reduktionsmittels verwandelt man mit Quecksilberchloridlösung in Zinnchlorid. Die Ferrosalzlösung wird dann nach Zusatz von Mangansulfat (zur Verhinderung der Bildung von freiem Chlor) und Phosphorsäure (zur Beseitigung der gelben Eisentrichloridfarbe) mit Kaliumpermanganatlösung titriert.

α) Herstellung von Kaliumpermanganatlösungen. Da reduzierend wirkende Bestandteile des zur Lösung von Kaliumpermanganat verwendeten Wassers die Ausscheidung von Mangansuperoxyd verursachen können, müssen zur Erreichung eines *konstanten* Titers besondere Vorsichtsmaßnahmen getroffen werden. Deswegen kocht man die angesetzte Lösung (z. B. 60 g in 10 l) $^1/_4$ Stunde lang, läßt abkühlen, filtriert durch ein Glaswolle-Asbest-Filter in eine *dunkle* Vorratsflasche mit Schliffstopfen und wäscht mit so viel destilliertem Wasser nach, als zur Ergänzung des beim Kochen verdampften Wassers nötig ist. Die Titerstellung soll erst nach mindestens 14tägigem Stehen der Vorratslösung erfolgen, da erst nach diesem Zeitpunkt eine weitere, wenn auch geringfügige Superoxydabscheidung beendet ist [*3*].

β) Arbeitsvorschrift. Die salzsaure Lösung der Probe[1], die auch das aus einem evtl. Rückstand-Aufschluß (Fluorieren, Karbonat- oder Bisulfatschmelzen) stammende Eisen enthalten muß, wird in einem 300 cm³-Erlenmeyerkolben zum Sieden erhitzt. Die Lösung wird dann unter beständigem Umschütteln so lange und am Schluß nur tropfenweise mit Zinnchlorürlösung[2] versetzt, bis sie einen blaßgrünen Farbton annimmt. Nach dem Erkalten im Kühlbad gibt man 25 cm³ einer 5%igen Quecksilberchloridlösung zu, wodurch innerhalb 2 min eine seidig glänzende, perlmutterartig schwache Trübung aus Quecksilberchlorür entstehen soll. Ein dicker weißer Niederschlag zeigt das Vorhandensein eines zu großen Überschusses von Zinnchlorür an, der einen unkontrollierbaren Mehrverbrauch an Permanganat bewirkt. In einem 2 Liter-Erlenmeyerkolben oder in einer Porzellanschale werden nun 1 Liter Wasser und 60 cm³ Mangan-Phosphorsäure[2] eben mit Permanganatlösung[2] angerötet, worauf man die Untersuchungslösung quantitativ überspült. Jetzt titriert man unter ständigem Umrühren, am Schluß langsam, mit der Kaliumpermanganatlösung bis zum Auftreten eines kurze Zeit bestehen bleibenden Farbtones.

Den *Eisentiter* muß man unter den gleichen Arbeitsbedingungen *empirisch* ermitteln, da durch die Salzsäure ein geringer Mehrverbrauch an Permanganat bedingt ist.

Sehr geeignet hierfür ist reines Eisenoxyd, z. B. nach BRANDT [*3*]. Wegen der hygroskopischen Eigenschaften des Präparates wägt man zwei Proben gleichzeitig ein, wovon die eine (3 g) für die Feuchtigkeitsbestimmung bei 120 °C und die andere (0,5 g) für die Titration bestimmt ist, die man, wie oben beschrieben, vornimmt. Bei Annahme der theoretischen Zusammensetzung (69,94% Fe) ist der

$$\text{Kaliumpermanganattiter} = \frac{0{,}6994 \cdot \text{g Einwaage } (100 - \%\text{ Feuchtigkeit})}{100 \cdot \text{cm}^3\ KMnO_4}$$

Vor Ingebrauchnahme eines größeren Vorrates von Eisenoxyd ist eine Prüfung auf seine Reinheit nicht zu umgehen. Bestimmungsmethoden für diese Prüfungen sind von

[1] Die Vorbereitung der salzsauren Lösung von nichtmetallischen Stoffen ist in den betreffenden Abschnitten angegeben. Bei der Untersuchung von metallischem Eisen geht man von kleineren Einwaagen aus oder man entnimmt aus der Stammlösung einer größeren Einwaage entsprechende Anteile; auch das Filtrat von der Siliziumbestimmung kann man verwenden, wenn es nicht Salpeter- oder Überchlorsäure enthält (evtl. Zwischenfällung mit Ammoniak). Ein zu großer Salzsäure-Überschuß ist auf alle Fälle zu vermeiden.

[2] Zinnchlorürlösung: 250 g Zinnchlorür löst man in 200 cm³ Salzsäure (1,19) und verdünnt auf 2 Liter. Aufzubewahren in einer Kohlensäureatmosphäre durch Verbindung des Titrationsapparates mit dem Gasentwickler.

Mangansulfat-Phosphorsäure-Lösung: 300 g krist. Mangansulfat löst man in 1 Liter Wasser, versetzt mit 600 cm³ Phosphorsäure (1,3) und 400 cm³ Schwefelsäure (1,84) und verdünnt auf 3 Liter.

Kaliumpermanganatlösung: Die Lösung wird mit 5 bis 6 g/l wie unter a) α) angegeben, hergestellt.

E. MERCK, Darmstadt [4] angegeben. Danach soll die Summe aller Verunreinigungen[1] keine wägbare Menge ausmachen; nur Silikate dürfen bis 0,04%, Wasser und flüchtige Bestandteile in der bei 120 °C getrockneten Probe nur bis 0,1% vorhanden sein.

Nach den Untersuchungen des Chemikerausschusses des VDEh [5] sind Chrom, Titan und Nickel bis zu 10%, Blei, Kobalt, Kupfer bis zu 6%, 5wertiges Arsen bis zu 5% und Antimon bis zu 0,2% *ohne* Einfluß auf das Ergebnis. Werden diese Gehalte überschritten (Ferrolegierungen) oder ist Vanadin oder Platin (Aufschlüsse) zugegen, so müssen die störenden Elemente in geeigneter Weise (Schwefelwasserstoff-, Natronlauge- oder Ammoniakfällungen, oxydierende Schmelzaufschlüsse usw.) abgetrennt werden. Organische Bestandteile (Humus in Sanden) beseitigt man durch Vorglühen bei niederer Temperatur.

γ) Ermittlung des theoretischen Titers von Kaliumpermangamatlösungen. Von den zahlreichen zur theoretischen Titerstellung von Kaliumpermanganatlösungen vorgeschlagenen Substanzen ist das Natriumoxalat nach SÖRENSEN ($Na_2C_2O_4$) eine der bekanntesten.

Das Oxalat wird im Wägegläschen 2 Std. bei 105 °C getrocknet. Nach dem Erkalten im Exsikkator wägt man zur Titerstellung so viel ein, daß der Verbrauch der zu verwendenden Permanganatlösung etwa 30 bis 40 cm³ beträgt (z. B. 0,5 g bei einer 0,5%igen $KMnO_4$-Lösung). Diese Einwaage löst man in 300 cm³ Wasser, setzt 30 cm³ Schwefelsäure (1 : 3) zu, erwärmt auf 75 bis 85 °C und titriert unter kräftigem Umrühren (anfangs und am Schluß langsam) bis zur bleibenden schwachen Rosafärbung. Der Permanganattiter berechnet sich aus dem Quotienten

$$\frac{\text{g Einwaage}}{\text{cm}^3\ \text{Permanganatlösung}} \cdot \text{Faktor.}$$

In Tab. 2 sind die Faktoren zur Titerberechnung für einige Elemente und Verbindungen angegeben.

Tabelle 2. *Faktoren für die Titerberechnung bei der Titration von Natriumoxalat mit Kaliumpermanganat*

Elemente	Verfahren	Faktor
$KMnO_4$	in schwefelsaurer Lösung	0,4717
Fe	in schwefelsaurer Lösung	0,8336
Mn	VOLHARD-DEISS	0,2459
S	jodometrisch nach REINHARDT und PINSL	0,2393
S	oxydimetrisch nach PINSL	0,3112*
CaO	Oxalatverfahren	0,4185
Cr	Ferrosulfatverfahren	0,2587
V	nach CAMPAGNE	0,7612
Sn	Titration von $SnCl_2$	0,8858
Sb	in saurer Lösung	0,9086
J	für Jodtiter einer Thiosulfatlös. über KJ u. $KMnO_4$	1,8943
$Na_2S_2O_3$	über KJ	2,3599

b) Titantrichloridverfahren. Es beruht auf der Reduktion von Eisen(III)-chlorid mit Titan(III)-chlorid zu Eisen(II)-chlorid in stark salzsaurer Lösung. Als Indikator dient eine Rhodanlösung.

Arbeitsvorschrift. Zur Titerstellung der Titantrichloridlösung[2] wird das gleiche Eisenoxyd und unter Beachtung der gleichen Vorschriften wie bei Verfahren a) β) verwendet. 0,5 g werden unter Zusatz von 1,5 g Mangansuperoxydhydrat in 50 cm³ Salzsäure (1,19) längere Zeit in mäßiger Wärme gelöst. Nach Abkühlung, Verdünnung mit 100 cm³ Wasser, Zugabe von 25 cm³ Salzsäure (1,19) und 2 bis 3 cm³ einer 10%igen Kalium- oder Ammoniumrhodanidlösung bis zur tiefen Rotfärbung wird mit der Titantrichloridlösung titriert, zuerst schneller, am Schluß tropfenweise, bis zur Entfärbung.

* Empirisch.

[1] Wasserlösliche Bestandteile, Chloride, Sulfate, Nitrate, Eisenoxydul, Schwermetalle, Kalk, Magnesia.

[2] Zur Herstellung einer Vorratslösung von 5 l verdünnt man 1 l der 15%igen käuflichen Titantrichloridlösung mit 1 l Salzsäure (1,19) und füllt mit dest. Wasser auf 5 l auf. Die Lösung muß ebenso wie die Zinnchlorürlösung vor Luft geschützt aufbewahrt werden. Die Titerbestimmung ist bei jedesmaligem neuen Gebrauch zu wiederholen.

Die Bestimmung selbst wird analog der Titerstellung in den wie bei Verfahren a) β) hergestellten Probenlösungen vorgenommen. Ist das Eisen bereits in die dreiwertige Stufe übergeführt, so fällt die Zugabe des Mangansalzes weg.

In kupferfreien Proben ist Blei und Nickel bis zu 5%, Arsen bis zu 3,75%, Chrom bis zu 1,5% und Kobalt bis zu 1,25% ohne Einfluß. Vanadingehalte über 0,1% stören; geringere Gehalte verursachen noch einen Mehrverbrauch von 0,03 bis 0,05%.

Bei Gegenwart von *Kupfer* läßt sich der Rhodanindikator *nicht* verwenden. Man ersetzt ihn nach L. BRANDT [6] durch die Chromsäureverbindung des Diphenylkarbohydrazids, deren Violettfärbung nach der Reduktion des Ferrieisens auf farblos umschlägt. In ca. 120 cm³ Gesamtvolumen der Untersuchungslösung sollen etwa 10 cm³ Salzsäure (1,19) vorhanden sein; zu wenig Säure verursacht zu hohe Werte, zu viel Säure zerstört den Indikator. Nickel bis zu 10%, Chrom und Kobalt bis zu 2,5% und Vanadin bis zu 1,25% stören bei diesem abgeänderten Verfahren nicht.

Das Titantrichloridverfahren eignet sich insbesondere auch für die Bestimmung sehr geringer Eisengehalte, wozu man entsprechend verdünnte Maßflüssigkeit verwendet.

c) Die jodometrischen und die kolorimetrischen bzw. photometrischen Verfahren. Beim jodometrischen Verfahren, das sowohl für hohe als auch sehr niedrige Gehalte brauchbar ist, wird in der schwach sauren Lösung das dreiwertige Eisen mit jodfreiem Kaliumjodid unter Freiwerden von Jod umgesetzt. Dann titriert man mit 0,1 n-Thiosulfatlösung und Stärkelösung, die man erst gegen Schluß zusetzt. Der Sicherheit halber ist es notwendig, die austitrierte Lösung nochmals auf 50 bis 60 °C zu erwärmen, um eine auftretende Nachbläuung durch eine Resttitration erfassen zu können. 1 cm³ der Maßflüssigkeit entspricht 5,585 mg Fe.

Für die kolorimetrische und photometrische Bestimmung geringer Eisengehalte gibt es eine Unzahl von Arbeitsvorschriften, die meist auf der roten Farbe des Eisen-Rhodankomplexes beruhen. Hohe und niedrige Gehalte kann man auch durch die Messung der *gelben* Farbe von salzsauren Eisen(III)-chloridlösungen erfassen, wobei außer Kupfer die sonst möglichen Legierungselemente bis zu sehr hohen Gehalten keine Störung hervorrufen [7].

Literatur

[1] ZIMMERMANN, CL.: Ber. Dtsch. chem. Ges. Bd. 14 (1881) S. 779 und REINHARDT, C.: Stahl u. Eisen Bd. 4 (1884) S. 704/5; Chem. Ztg. Bd. 13 (1889) S. 323/25. — [2] KNECHT, E., u. E. HILBERT: Ber. Dtsch. chem. Ges. Bd. 36 (1903), Bd. II, S. 1549/55. L. BRANDT, Chem. Ztg. Bd. 48 (1924) S. 260/65, 270/71, sowie Stahl und Eisen Bd. 46 (1926) S. 976/84. — [3] BRANDT, L.: Chem. Ztg. Bd. 32 (1908) S. 812/14, 830/32, 840/43 u. 851/53. — [4] MERCK, E.: Prüfung der chem. Reagenzien auf Reinheit, 3. Auflage (Darmstadt) S. 113/117. — [5] KINDER, H.: Bericht des Chem. Ausschusses, Stahl u. Eisen Bd. 28 (1908) S. 508/13. — [6] BRANDT, L.: Stahl u. Eisen Bd. 46 (1926) S. 976/81. — [7] PINSL, H.: Die Chemie 1944, Sonderheft Nr. 48, S. 64/69.

XIII. Kupfer

Als Spurenbegleiter und in Gehalten bis zu 0,2% ist Kupfer fast in jedem Roh- und Gußeisen sowie im Stahl enthalten. Durch Beigattierung von kupferhaltigen agglomerierten Kiesabbränden zum Hochofenmöller kann der Kupfergehalt von Gießereiroheisen auch wesentlich höher steigen und sich schädlich auf bestimmte Gußeiseneigenschaften auswirken. Absichtlich beigesetzt wird es zur Erhöhung der Korrosions-, Wetter- und Wärmebeständigkeit.

1. Qualitative Prüfung

Wenn man nach den unter 2. a) beschriebenen Verfahren das Kupfer vom Eisen und den Begleitelementen als Sulfid trennt, dieses nach dem Glühen in wenig Salzsäure löst und überschüssiges Ammoniak zufügt, so kann man an der blauen Farbe des Tetraminkomplexes bei genügend hohen Einwaagen die geringsten Spuren von Kupfer nachweisen. Ist Nickel und Kobalt nicht oder in Spuren vorhanden, so erübrigt sich die Schwefelwasserstoffällung, und man verfährt analog dem unter 2. c) beschriebenen photometrischen Verfahren, das man durch Weglassung der Abkühlung und Auffüllung zur Marke nach dem Ammoniakzusatz abkürzt.

2. *Quantitative Untersuchung*

Die klassische Methode ist die Abtrennung als Kupfersulfid (Cu_2S), in dem dann das Kupfer gewichts- oder maßanalytisch, elektrolytisch oder photometrisch bestimmt wird. Hingewiesen sei auch auf die Abscheidung mit Salicylaldoxim nach W. REIF und EPHRAIM [*1*], mit Rhodanür nach L. RIVOT und G. LUNDEL [*2*] und mit Lösung der Eisenprobe in sehr verdünnter Schwefelsäure nach AXSTRÖM [*3*], wobei das Kupfer im Rückstand verbleibt.

a) Die Fällung als Kupfersulfid. *α) Mit Schwefelwasserstoff.* Man löst bei Gehalten bis 0,2% Cu 10 g, darüber 5 g der Probe in einem 500 cm³-Erlenmeyerkolben mit aufgesetztem Trichter in 100 cm³ Salzsäure 1 : 1 unter nicht zu raschem Erwärmen bis zur Siedehitze oder verwendet die bei der S-Bestimmung nach dem Entwicklungsverfahren zurückbleibende Lösung. Vorhandene Kieselsäure und Graphit werden filtriert und mit heißer Salzsäure 1 : 5 ausgewaschen. Vermutet man Kupferreste im Rückstand, so wäscht man diese anschließend unter Wechsel des Filtrats mit heißer Bromsalzsäure oder mit Kaliumchlorat und Salzsäure nach. Aus dem Filtrat vertreibt man das Brom (Chlor) und vereinigt es mit der Hauptlösung. Die überschüssige Salzsäure beseitigt man durch annähernde Neutralisation mit starkem Ammoniak und säuert dann wieder an, bis ein Überschuß von 2 cm³ konz. Salzsäure je 100 cm³ Lösung vorhanden ist. Bei 25 bis 30 °C leitet man dann ½ Std. lang *Schwefelwasserstoff* ein und erhitzt bis zur Zusammenballung des Niederschlags auf ca. 50 °C. Dann wird filtriert und mit schwefelwasserstoffhaltigem Wasser chlorfrei gewaschen[1].

β) Fällung mit Natriumthiosulfat. Nach E. ZINDEL [*4*] wird die salzsaure, das Eisen als Ferrosalz enthaltende Lösung nach Abstumpfung eines zu großen Salzsäureüberschusses und nach Zugabe von 20 cm³ einer 20%igen Natriumthiosulfatlösung so lange gekocht, bis sich der Niederschlag, der außer Schwefel von den hier in Betracht kommenden Elementen nur mehr das Kupfersulfür enthält, zusammenballt und leicht filtrierbar ist. Ausgewaschen wird mit heißem Wasser.

γ) Fällung mit Thioacetamid nach FLASCHKA [*5*]. Man erhitzt die Ferrosalzlösung, die an freier Salzsäure höchstens 2 n sein soll, zum Sieden, fügt 2%ige wäßrige Thioazetamidlösung in 20fachem Überschuß zu (0,5 cm³ Reagenz fällen 10 mg Cu) und kocht weiter, bis der anfangs weiße Niederschlag schwarz wird und sich zusammenballt. Der Sulfidniederschlag wird nach wenigen Minuten filtriert und mit heißem Wasser ausgewaschen.

b) Weitere Behandlung des ausgewaschenen Sulfidniederschlages. *α) Gewichtsanalytisch.* Niederschlag mit Filter wird vorsichtig (Verspritzen!) im Porzellantiegel zu Kupferoxyd verascht, wobei man, um ein Einbrennen in die Glasur zu vermeiden, eine Glühtemperatur von 900 °C nicht wesentlich überschreiten soll. Das erhaltenen Kupferoxyd ist niemals ganz rein. Man löst es deshalb in wenig konz. Salzsäure unter schwachem Erwärmen und trennt nach einigem Verdünnen noch vorhandenes Eisen und Kieselsäure (Kohlereste) durch Ammoniakfällung vom Kupfer. Im Filtrat fällt man dieses nach BILTZ [*6*] durch tropfenweisen Zusatz einer 1%igen Natriumsulfidlösung bei ca. 50 °C unter Umrühren, bis kein Niederschlag mehr auftritt (Mo und Sb bleiben in Lösung), filtriert und glüht zu Kupferoxyd, das tiefschwarz und von lockerer Beschaffenheit sein soll. Es enthält 79,88% Cu.

β) Maßanalytisch. Man löst das Kupfersulfid mit heißer Salpeter-Salzsäure 1 : 1 durch das Filter, trennt das Kupfer von mitgefälltem Eisen durch Ammoniakfällung, worauf im schwach schwefelsauer gemachten Filtrat die jodometrische Bestimmung nach reichlichem Zusatz von Jodkali durch Titration mit Natriumthiosulfatlösung ausgeführt wird.

γ) Elektrolytisch bei hohen Kupfergehalten. Man löst das Kupferoxyd in Salpetersäure, kocht die Stickoxyde weg, macht die Lösung ammoniakalisch, säuert sie mit 3 cm³ überschüssiger Salpetersäure und etwas Schwefelsäure an und elektrolysiert unter Verwendung von Platinspirale und Kegel- oder Netzelektrode

---

[1] Auch durch tropfenweisen Zusatz von *Natriumsulfidlösung* unter kräftigem Umrühren kann die Sulfidfällung vorgenommen werden.

mit einer Spannung von 2 bis 2,5 V und 1 Amp. Stromstärke. Bei 70 °C in bewegten Elektroden dauert die Elektrolyse etwa 15 bis 20 min.

δ) *Photometrisch.* Das Kupfersulfid oder das Oxyd wird in heißer Salpetersäure gelöst und die Lösung in einen mit 10 g festem Ammoniumnitrat beschickten 100 cm³-Meßkolben umgespült. Dann wird mit Ammoniak (0,91) neutralisiert und ein Überschuß von 4 cm³ zugegeben. Die bei 20 °C zur Marke aufgefüllte blaugefärbte Lösung filtriert man nach dem Durchschütteln durch ein trockenes Filter von vorhandener Trübung (Fe, SiO_2) ab und photometriert im Wellengebiet 605 oder 578 mμ mit Schichtdicken von 10 bis 150 mm gegen Wasser. Den Eichfaktor ermittelt man mit einer Kupferlösung bekannten Gehalts.

c) Photometrische Kupferbestimmung ohne vorhergehende Sulfidfällung. Zu den einfachsten Arbeitsweisen gehört die Abscheidung des Eisens mit Ammoniak und die Messung der blauen Farbe des Kupfertetraminkomplexes im Filtrat. Hierbei müssen nach Studien von BOGATZKY, THIEL und anderen zur Erzielung konstanter Werte gewisse Bedingungen eingehalten werden, die bei der folgenden Arbeitsvorschrift von PINSL [7] berücksichtigt sind.

5 g Späne werden in einem 250 cm³-Meßkolben durch *vorsichtigen* Zusatz von 80 cm³ Salpetersäure 1 : 1 in Lösung gebracht und die Stickoxyde durch Kochen verjagt (evtl. Wasser nachgeben!). Zur Zerstörung der gebundenen Kohle, die Mißfärbungen im Filtrat der Ammoniakfällung hervorrufen kann, werden 2 bis 10 cm³ einer 5%igen Kaliumpermanganatlösung zugesetzt, bis bei weiterem Kochen Braunsteinfällung auftritt. Nach einigem Abkühlen gibt man *vorsichtig* anteilweise 80 cm³ Ammoniak (0,91) zu, kühlt weiter auf 20 °C ab, versetzt noch mit 30 cm³ Ammoniak und füllt zur Marke auf, alles unter kräftigem Durchschütteln. Dann filtriert man durch ein genügend dichtes, trockenes 18,5 cm-Faltenfilter (z. B. Nr. 605 SCHLEICHER und SCHÜLL), verwirft die ersten 30 bis 50 cm³ und photometriert das *völlig klare* Filtrat mit Schichtlänge 150 mm (oder niedriger) im Wellengebiet 578 mμ gegen Wasser im Quecksilberdampflicht. Für das Pulfrich-Photometer lautet die Berechnungsformel unter obigen Bedingungen (5 g Einwaage, 150 mm Schichtdicke)

$$\%\ \text{Cu} = 0{,}386\,(E - 0{,}015).$$

Diese Formel gilt bei Abwesenheit oder nur spurenweisen Gehalten von *Nickel* und *Kobalt*, welche Elemente ebenfalls, wenn auch viel schwächer, Blaufärbungen erzeugen. Bei bekannten Gehalten zieht man je 1% Ni 0,09% Cu und je 1% Co 0,023% Cu vom Ergebnis ab.

Von den zahlreichen sonstigen photometrischen Kupferbestimmungsverfahren seien die von G. BOGATZKY [8] und K. QUANDEL [9] speziell für Eisen ausgearbeiteten erwähnt. Nach BOGATZKY wird die in ammoniakalischer Lösung nach Zusatz von *Stärke* und *Natriumsulfid* entstehende Trübung gemessen, während QUANDEL die Reaktion mit *Rubeanwasserstoffsäure* benutzt, um das Kupfer in *Gegenwart* des Eisens und der üblichen Begleitelemente photometrisch zu erfassen.

Literatur

[1] REIF, W.: Z. anal. Chem. Bd. 88 (1932) S. 38/40, und EPHRAIM, E.: Ber. Dtsch. chem. Ges. Bd. 63 (1930), S. 1928/30. — [2] LUNDEL, G., u. Mitarbeiter: Chemical Analys. of Iron and Steel (Champma Hall, 1931) S. 271. — [3] AXSTRÖM: Arch. f. Eisenhüttenwesen (1937) S. 183/85. — [4] ZINDEL, E.: Chem. Ztg. Bd. 54 (1928) S. 537/38; in schwefelsaurer Lösung nach H. NISSENSON u. B. NEUMANN: Chem. Ztg. Bd. 19 (1895) S. 1591. — [5] FLASCHKA, A.: Z. anal. Chem. Bd. 132 (1951) S. 282. — [6] BILTZ, M., u. W.: Die chem. Analyse in der Stahlindustrie, 5. Auflage (Stuttgart: Verlag Ferd. Enke). — [7] PINSL, H.: Die neue Gießerei, Bd. 36 (1949) S. 382/83. — [8] BOGATZKY, G.: wie [3], Bd. 14 (1940/41) S. 551/53. — [9] QUANDEL, K.: wie [8], S. 601/04.

XIV. Titan

Fast alle Sorten von Gießereiroheisen enthalten *Titan*, das beim Hochofenprozeß aus dem Erz, der Koksasche, dem Kalkstein und dem Schrott als reduziertes Metall oder in Form von Karbid, Nitrid oder Oxyd von der Eisenschmelze aufgenommen wird. Der Titangehalt in Gußeisen und Stahl kann außerdem von titanhaltigen Desoxydationsmitteln und absichtlicher Zugabe von Titanlegierungen zur Erzielung bestimmter Eigenschaften herrühren. Im allgemeinen ist aber im Roh- und Gußeisen nur wenig Titan vorhanden (meist unter 0,1%), in besonderen Fällen, z. B. bei der Verhüttung von Rotschlamm, bis zu 0,5% und mehr. Bei der Herstellung von Sphärolitguß soll sich ein höherer Titangehalt als 0,05% und beim Schleuderguß ein solcher von mehr als 0,2% ungünstig auswirken.

Zur betriebsmäßigen Schnelluntersuchung auf Titan eignen sich vor allem *kolorimetrische* bzw. *photometrische* Arbeitsweisen, daneben maßanalytische und potentiometrische, wogegen die gewichtsanalytischen Verfahren verhältnismäßig umständlich und zeitraubend sind.

1. Photometrische Verfahren

a) Wasserstoffsuperoxyd-Verfahren. Dieses beruht auf der Bildung der gelbgefärbten Peroxytitansäure bzw. deren Komplexsalzen bei einem genügenden Überschuß von Wasserstoffsuperoxyd und Säure. Die Reaktion kann in schwefelsauren, schwefelphosphorsauren, salpetersauren und überchlorsauren Lösungen durchgeführt werden und eignet sich auch für schnelle *qualitative* Prüfungen.

Säureunlösliche Rückstände können noch Titan zurückhalten und müssen deshalb nach der Filtration verascht und mit Kaliumpyrosulfat aufgeschlossen werden, worauf man die wäßrige Lösung der Schmelze mit dem Hauptfiltrat vereinigt[1].

Störende Begleitelemente, die ebenfalls mit Wasserstoffsuperoxyd reagieren, sind Vanadin, Molybdän, Wolfram und Niob. Der Einfluß der *Eigenfarbe* anderer Beilegierungen (Nickel, Chrom, Kobalt) wird durch Kompensationsmessung ausgeschaltet.

α) *Bestimmung bei Abwesenheit störender Elemente. In salpetersaurer Lösung* nach MISSON-PINSL [*1*]. 1 g der Späne wird in einem 100 cm³-Erlenmeyer-Meßkolben so lange mit 40 cm³ Salpetersäure (1 : 1) zum schwachen Kochen erhitzt, bis keine Stickoxyde mehr entweichen und die Lösung beendet ist. Unter weiterem Kochen fügt man zur Zerstörung der gebundenen Kohle 0,5%ige Kaliumpermanganatlösung[2] zu (meist 3 bis 5 cm³), bis Braunstein ausfällt. Dieser wird beseitigt durch Zusatz von Wasserstoffsuperoxyd, dessen Überschuß weggekocht wird. Nach Abkühlung auf 20°C und Auffüllung zur Marke entnimmt man nach dem Durchschütteln 50 cm³, versetzt diese mit 1 cm³ 15%iger Wasserstoffsuperoxydlösung, den im Kolben verbliebenen Anteil mit 1 cm³ Wasser und photometriert die beiden Lösungen gegeneinander im Wellengebiet 436 mμ. Bei Messung mit 1 cm Schichtdicke ist: % Ti = Extinktionskoeffizient × 0,777.

Die leichtere Löslichkeit in verdünnter *Salpetersäure* trägt bei vielen Eisen- und Stahlsorten zur Beschleunigung des Arbeitsganges bei. Auch ist bei der Untersuchung von Roh- und Gußeisen der im Graphit-Kieselsäure-Rückstand verbleibende Titangehalt häufig so gering (< 0,005%), daß für Betriebsanalysen bei mittleren Titangehalten auf den Aufschluß verzichtet werden kann. *Sehr* hohe Gehalte von *gebundener Kohle*[3] und an *Phosphor* verursachen Störungen, weshalb man in solchen und ähnlichen Fällen nach dem folgenden Verfahren arbeitet.

Bestimmung in schwefelphosphorsaurer Lösung. 2 g der Probe werden in einem 250 cm³-Meßkolben durch Kochen mit 75 cm³ Schwefelsäure (1 : 5) in Lösung gebracht. Unter weiterem Kochen fügt man so lange 1,5%ige Kaliumpermanganatlösung zu, bis Braunstein auszufallen beginnt. Dieser wird wie bei α) mit Wasserstoffsuperoxyd und Wegkochen des Überschusses beseitigt. Nach Abkühlung der eventuell filtrierten [siehe 1. a)] Lösung gibt man 20 cm³ Phosphorsäure (spez. Gewicht 1,7) zu, entnimmt aus dem zur Marke aufgefüllten Kolben 100 cm³, versetzt diese mit 2 cm³ 15%iger Wasserstoffsuperoxydlösung, den Rest im Kolben mit 3 cm³ Wasser und photometriert gegeneinander wie bei α). Eichkurve unter den gleichen Bedingungen; für höhere Titangehalte im Wellengebiet 536 mμ (grünes Licht).

Bestimmung von freiem und gebundenem Titan. Nach E. I. GRENBERG und M. A. GENIS [*2*] löst man die Probe (0,5 g) in 90 cm³ Schwefelsäure 1 : 6 bis zur Beendigung der Wasserstoffentwicklung. Dabei geht das als Mischkristall auftretende Titan in Lösung, während die Titanoxyde, Karbide und Nitride zurückbleiben. Sowohl im Filtrat als auch in dem mit Kaliumpyrosulfat aufgeschlossenen Rückstand wird dann das Titan in schwefelphosphorsaurer Lösung getrennt und wie oben photometrisch bestimmt.

β) *Bestimmung bei Gegenwart von Vanadin, Molybdän und anderen Legierungselementen* (Arbeitsweise der Luitpoldhütte Amberg). Die störenden Elemente werden durch eine Natronlaugetrennung zusammen mit Chrom, das zu Chromat aufoxydiert wird, entfernt.

---

[1] Bei einer evtl. vor dem Aufschluß erforderlichen Abrauchung des Rückstandes mit Schwefel- und Flußsäure muß das Fluor durch schwaches Glühen *restlos* beseitigt werden, da es die Titanfärbung stark beeinflußt.

[2] Auch Ammoniumpersulfat läßt sich zur Oxydation verwenden.

[3] Zum Beispiel bei Spiegeleisen.

0,5 g der Probe werden in einem 200 cm³-Erlenmeyerkolben mit 15 cm³ Mischsäure (2 Teile HCl d 1,19, 1 Teil HNO_3, d 1,4 und 3 Teile Wasser) in Lösung gebracht, indem man stark kocht und das verdampfende Wasser von Zeit zu Zeit mit heißem Wasser ergänzt. Normalerweise beträgt die Lösungszeit 10 bis 15 min. Die heiße Lösung wird in ein 600 cm³-Becherglas übergeführt, das mit 25 cm³ 33%iger Natronlauge, 100 cm³ kochendem Wasser und 5 cm³Permanganat (50 g/l) beschickt ist. Nach Zugabe von einigen cm³ 15%iger Wasserstoffsuperoxydlösung wird einige Minuten lang bei aufgesetztem Uhrglas zum Kochen erhitzt. Man läßt etwas absitzen, filtriert durch 15 cm-Schnellfilter (z. B. Schwarzband Schleicher u. Schüll oder Delta-Blaukreuzfilter) und wäscht gründlich mit etwas natronlaugehaltigem, heißen Wasser aus, bis das Waschwasser nicht mehr gelbgefärbt ist[1]. Der von Chrom, Vanadin, Molybdän sowie den Chloriden befreite Niederschlag samt Filter wird in das Fällungsgefäß zurückgebracht, in dem vorher 80 cm³ Wasser und 25 cm³ Schwefelsäure 1 : 1 auf ca. 50°C erhitzt wurden. Zur Zerstörung etwa noch vorhandenen Chromats und Auflösung des Mangansuperoxyds werden einige Tropfen Wasserstoffsuperoxyd zugegeben und die Lösung unter Umrühren mit einem Glasstab und Verteilung der Filtermasse so lange stärker erwärmt, bis der Überschuß des Superoxyds zerstört und die Lösung bei Gegenwart von Nickel eine reine, hellgrüne Farbe angenommen hat. Nun wird durch ein 11 cm-Filter in einen 250 cm³-Meßkolben filtriert und mit heißem Wasser unter gründlichem Aufrühren der Filtermasse ausgewaschen, bis der Kolben fast zur Marke gefüllt ist. Nach Abkühlung auf 20°C, Auffüllen zur Marke und Schütteln, werden 2×100 cm³ in trockene Bechergläser entnommen und der eine Anteil mit 2 cm³ Wasser, der andere mit 2 cm³ 15%igem Wasserstoffsuperoxyd versetzt. Photometriert wird gegeneinander im Quecksilberdampflicht mit Schichtdicke 2 oder 3 cm im Wellengebiet 436 mμ (beim Pulfrich-Photometer S 43). Berechnung: für 0,5 g/250 cm³/100 cm³/102 cm³

$$\% \text{Ti} = E_{10} \times 3{,}85$$

Daß dieses Verfahren, das für die Einzelbestimmung etwa 60 bis 80 min benötigt, sowohl bei niedrig- als hochlegiertem Material zu guten Ergebnissen führt, ist aus Tab. 3 zu ersehen. Auch sehr *niedrige* Gehalte (unter 0,1%) lassen sich noch messen, wenn man die Schichtdicke auf 5 bis 15 cm erhöht.

Tabelle 3. *Beleganalysen zur photometrischen Titanbestimmung in hochlegierten Stählen nach dem Wasserstoffsuperoxyd-Verfahren* (Verfahren der Luitpoldhütte)

Bezeichnung	Chemische Zusammensetzung in %						% Ti photom.
	Cr	Ni	V	Mo	Cu	Ti	
Stahlproben vom Materialprüfungsamt Berlin-Dahlem	18,10	8,78	0,08	0,08	—	*0,65*	0,66
Kruppstahl Nr. 6	17,40	9,60	0,04	2,68	0,09	*0,57*	0,61
Kruppstahl Nr. 3	17,60	9,20	0,05	—	—	*0,92*	0,90
Stahlprobe der Deutschen Edelstahlwerke in Krefeld	18,68	11,12	—	2,25	—	*0,68*	0,67
Probe vom Materialprüfungsamt Berlin-Dahlem	0,12	—	0,02	0,03	0,12	*1,32*	1,30
Hochlegierter Stahl 1	17,50	10,12	2,10	1,20	—	1,27	1,31
Hochlegierter Stahl 2	18,20	9,30	1,98	0,90	0,10	0,015	0,020
	Si	Mn	P	S	C	Ti	
Gießereiroheisen 1	2,90	0,95	0,105	0,040	3,80	0,085	0,082
Gießereiroheisen 2	3,10	0,50	0,82	0,022	3,75	0,52	0,50

γ) *Bestimmung in hochtitanhaltigen Legierungen und in Ferrolegierungen.* Alle bis einschließlich 1. a) β) beschriebenen Verfahren lassen sich auch sinngemäß auf diese Werkstoffe übertragen. Wo Säurelösung nicht zum Ziele führt, schließt man mit Hilfe der Natriumsuperoxydschmelze im Nickel- oder titanfreien Eisentiegel auf und kocht nach dem Behandeln mit Wasser und Ansäuern das überschüssige Superoxyd durch längeres kräftiges Kochen weg. Bei *Ferrotitan* erniedrigt man die Einwaage auf 0,2 g, füllt die erhaltene Lösung auf 500 cm³ auf und entnimmt 2mal 50 cm³, die nach Bedarf vor dem Wasserstoffsuperoxyd- bzw. Wasserzusatz auf genau 100 oder 200 cm³ verdünnt werden. Die hohe Meßempfindlichkeit der modernen lichtelektrischen Photometer ermöglicht auch bei hohen Gehalten[2] noch die Einhaltung einer genügend engen Analysentoleranz; allerdings müssen die Volumeneinstellungen und Teilungen mit größter Sorgfalt erfolgen.

[1] Bei Vanadingehalten über 2% ist eine Wiederholung der Natronlaugetrennung zu empfehlen.

[2] Die Extinktionen müssen in diesen Fällen im Wellengebiet 546 mμ (grünes Licht) gemessen werden.

b) Chromotropsäure-Verfahren. Dieses von P. KLINGER und W. KOCH [*3*] entwickelte Verfahren beruht auf der Braunrotfärbung von 4wertigem Titan mit Chromotropsäure neben 2wertigem Eisen. Es wird nach der neuesten vom Chemikerausschuß des VDEh redigierten Arbeitsvorschrift folgendermaßen ausgeführt:

Sonderlösungen. 1. Ascorbinsäurelösung. 1 g Ascorbinsäure wird in 100 cm^3 Wasser gelöst. Die Lösung ist täglich frisch zu bereiten.

2. Chromotropsäurelösung. 6 g Chromotropsäure, Natriumsalz zur Analyse werden in 100 cm^3 Wasser gelöst. Die Lösung ist nicht länger als zwei Tage zu verwenden.

3. Azetatpufferlösung. 100 g Natriumazetat p. a. werden in etwa 120 cm^3 Wasser gelöst; nach Hinzufügen von 800 cm^3 konz. Essigsäure p. a. wird mit Wasser auf 1000 cm^3 aufgefüllt.

Ausführung. 0,5 g Probegut werden in einem Becherglas von 100 cm^3 Inhalt in 10 cm^3 Salzsäure (1,19) gelöst. Die Lösung wird mit heißem Wasser auf etwa 30 cm^3 verdünnt und unter Verwendung eines Weißbandfilters von 7 cm Durchmesser mit einer kleinen Menge Filterbrei in einen 100 cm^3 fassenden Meßkolben filtriert. Man wäscht das Filter, auf dem unter anderem nicht gelöste Titankarbide zurückbleiben, mehrmals mit möglichst wenig heißem Wasser aus, trocknet und verascht es in einem kleinen Quarztiegel. Der Rückstand wird mit etwa 0,5 g Kaliumpyrosulfat p. a. aufgeschlossen und der Schmelzkuchen nach dem Erkalten in wenig Wasser unter Zusetzen von 3 Tropfen Schwefelsäure (1,84) gelöst. Die Lösung fügt man dem Inhalt des Kolbens zu, füllt ihm mit Wasser auf und mischt gut.

Hiervon gibt man je 10 cm^3 in zwei 250 cm^3 fassende Bechergläser und versetzt den Inhalt beider Gläser der Reihe nach mit 10 cm^3-Ascorbinsäure, 35 cm^3 Wasser und unmittelbar vor dem Einstellen des p_H-Wertes 10 cm^3-Pufferlösung. Der p_H-Wert beider Lösungen wird mit Hilfe eines p_H-Meßgerätes mit Glaselektrode auf 2,6 gebracht. Darauf gibt man die Lösungen je in einen Meßkolben von 100 cm^3 Inhalt, fügt aus einer Bürette je 2 cm^3 Chromotropsäure hinzu, füllt die Kolben darauf mit Wasser auf und mischt gut. 10 min nach dem Zusetzen der Chromotropsäure wird mit dem Licht des Filters S 47 gegen Wasser photometriert. Die auf der Anwesenheit von Legierungselementen beruhende Farbe der Lösungen ist im allgemeinen so schwach, daß ihr Einfluß vernachlässigt werden kann. Eine Berücksichtigung ist nur bei sehr niedrigen Titangehalten (unter 0,05%) erforderlich.

Das Einstellen des p_H-Wertes erfolgt mit Hilfe von Salzsäure (1 + 1) bzw. (1 + 3) und Natronlauge (20%ig bzw. 10%ig), die man in Tropfflaschen füllt und je nach der Entfernung des vorliegenden p_H-Wertes vom Einzustellenden anwendet.

Die Eichkurve wird mit synthetischen Lösungen aus Eisen(III)- und Titan(IV)-chlorid, hergestellt durch Aufoxydation von Titan(III)-chloridlösung mit Wasserstoffsuperoxyd, aufgestellt. Bei jeweiliger Verwendung eines *neuen* Chromotropsäurepräparats wird die Lage des Ausgangspunktes durch einen Blindversuch ohne Zugabe von Titanchlorid ermittelt und eine eventuelle Verlagerung durch eine entsprechende Parallelverschiebung der Eichkurve berücksichtigt.

Das Verfahren ist schnell ausführbar und bis jetzt bis zu Gehalten von 10% Ni, 4% V und 20% Cr mit gutem Erfolg ausprobiert. Bei höheren Titangehalten als 1% muß die Einwaage verringert werden. Molybdängehalte um 3% erhöhen die Extinktion um 1,5 bis 2%.

Nach M. ZIEGLER und O. GLEMSER [*4*] kann man das Titan auch in Anwesenheit von Vanadin mit Sulfosalicylsäure photometrisch bestimmen.

2. *Maßanalytische Verfahren*

Fast alle beruhen auf der Überführung des gelösten Titans in die dreiwertige Stufe und nachfolgender Oxydation mit einer eingestellten oxydierenden Lösung.

Zur Reduktion in salzsaurer Lösung können verschiedene Metalle wie Zink, flüssiges oder festes Zinkamalgam, Elektrolyteisenpulver, Kadmium oder Aluminium verwendet werden. Sie wird gewöhnlich im Erlenmeyerkolben in Kohlensäureathmosphäre vorgenommen. Noch sicherer verläuft sie im Jones-Reduktor in schwefelsaurer Lösung, ist aber bei Gegenwart von viel Eisen zu wiederholen.

Die reduzierte, stark saure Lösung wird mit Lösungen von Methylenblau, Ferrichlorid oder Ferriammoniumsulfat (Indikator Rhodankali) [*5*] titriert. Die Gegenwart größerer Mengen von Ferrosalz stört dabei nicht, dagegen darf die Lösung keine stark reduzierend wirkenden Bestandteile wie Zinnchlorür, Oxydulsalze des Vanadins, Wolframs und Kupfers enthalten. Bei Abwesenheit von Eisen kann die reduzierte Lösung auch mit Kaliumpermanganat oder Kaliumbichromat titriert werden.

Zum Aufschluß von Titandioxyd und sonstigen Titanpräparaten wird von W. BISCHOFF [6] die Behandlung mit konzentrierter Schwefelsäure (10 cm³) und Ammoniumsulfat (4 g) in der Hitze vorgeschlagen.

Die Probe (0,25 g) wird in 10 cm³ konz. Schwefelsäure unter Zugabe von 4 g Ammoniumsulfat in der Hitze gelöst. Nach Überführung in einen Erlenmeyerkolben mit doppelt durchbohrtem Gummistopfen reduziert man die nochmals mit 20 cm³ Schwefelsäure (1 : 1) versetzte Lösung mit 4 bis 5 g Elektrolyteisenpulver unter häufigem Umschwenken zuerst in der Kälte, dann unter mäßigem Erhitzen, bis alles aufgelöst ist. Schließlich wird noch 5 min gekocht, abgekühlt und mit 0,1 n-$Fe_2(SO_4)_3$-Lösung und 10 cm³ Kaliumrhodanid-Lösung (5%ig) titriert, alles im luftfreien Kohlensäurestrom.

Die Bestimmung ist, worauf W. BISCHOFF hinweist, möglich neben Eisen, Aluminium und vielen anderen Begleitmetallen, die nicht in mehreren Wertigkeitsstufen auftreten, bzw. durch nasc. Wasserstoff fällbar sind. Unter dieser Voraussetzung eignet sich dieses Verfahren außer zur Reinheitsprüfung von im Analysengang gefälltem Titanhydroxyd bzw. Titandioxyd auch zur Untersuchung von Eisen- und Stahlproben. Man löst in verdünnter Schwefelsäure, vereinigt Filtrat und die Aufschlußlösung des Rückstandes und führt Reduktion und Titration wie oben durch. Ausgefälltes Kupfer (Sb) kann durch eine Zwischenfiltration beseitigt werden.

3. *Potentiometrische Verfahren*

Bei den potentiometrischen Verfahren von P. KLINGER, E. STENGEL und W. KOCH [7] wird die Probe in konz. Salzsäure gelöst und mit Salpetersäure oxydiert. Die nach dem Abdampfen und Aufnehmen mit Salzsäure erhaltene Lösung (ca. 30 cm³) wird mit 5 bis 8 g granuliertem Zink vorreduziert, mit 100 cm³ konzentrierter Salzsäure verdünnt und nach Zusatz von *Chromchlorür* unter Beobachtung des Potentialverlaufs mit Kaliumchromatlösung aufoxydiert. Dabei entsteht sowohl beim Endpunkt der Oxydation des Reduktionsmittels als auch bei dem des dreiwertigen Titans ein Potentialsprung. Der Chromatverbrauch zwischen diesen beiden Anzeigen entspricht dem Titangehalt der Lösung.

Bei diesem Verfahren, das nach beendeter Lösung in etwa 20 min durchführbar ist, stört nur die Gegenwart von Molybdän, das mittitriert wird, und von Wolfram, das beseitigt werden muß. Ist der Molybdängehalt bekannt, so läßt sich der Titangehalt aus der Summenbestimmung errechnen.

4. *Gewichtsanalytische Bestimmung*

Die für die Aluminiumbestimmung S. 588 beschriebenen Arbeitsgänge 2. a) α) sowie 2. a) β) sind auch für die Mitbestimmung von Titan anwendbar. Die gemeinsam gefällten Oxyde oder Phosphate der beiden Elemente schließt man durch eine Schmelze mit Natriumkarbonat auf, filtriert das mit Wasser ausgelaugte Aluminat bzw. Phosphat von der unlöslichen Metatitansäure ab, löst diese in Salzsäure, fällt nunmehr das reine Titan mit Ammoniumthiosulfat und glüht den Niederschlag zu *Titandioxyd*.

Verfahren, bei denen das Titan mit organischen Fällungsmitteln wie Kupferron [8], Phenylhydrazin [9], 8-Oxychinolin [10] ausgefällt wird, ermöglichen zum Teil eine Beschleunigung und Vereinfachung des Arbeitsganges.

Literatur

[1] MISSON, G.: Analyst Bd. 47 (1922) S. 321; PINSL, H.: Angew. Chem. Bd. 50 (1937) S. 115—120. — [2] GRENBERG, E. I., u. M. A. GENIS: Z. analyt. Chem. Bd. 143 (1954) S. 302. — [3] KLINGER, P., u. W. KOCH: Techn. Mitt. KRUPP, A. Forsch. Ber. Bd. 2 (1939) S. 179/83. — [4] ZIEGLER, M., u. O. GLEMSER: Z. analyt. Chem. Bd. 139 (1953) S. 92. — [5] HIBBERT, E.: Z. analyt. Chem. Bd. 51 (1912) S. 510, NEUMANN u. MURPHY, S. 502, E. KNECHT, Bd. 54 (1915) S. 622/24. — [6] BISCHOFF, W.: Z. analyt. Chem., Bd. 130 (1950) S. 195. — [7] KLINGER, P., E. STENGEL u. W. KOCH: Archiv f. Eisenhüttenwes. Bd. 8 (1934/35) S. 433/44. — [8] SCHRÖDER, K.: Z. anorg. Chem. Bd. 72 (1911) S. 89/99 sowie THORATON, W. M.: Z. anorg. Chem. Bd. 86 (1914) S. 407/12 u. Bd. 87 (1914) S. 375/83. — [9] LUNDEL, G. E. F., J. Z. HOFFMAN u. H. A. BRIGHT: Chemical Analysis of Iron and Steel (New York 1931) S. 355. — [10] J. AREND und H. SCHELLENBACH: Arch. Eisenhüttenw. Bd. 4 (1930/31) S. 265/67.

XV. Vanadin

Im Gegensatz zum Titan ist Vanadin im Gießereiroheisen meist überhaupt nicht oder nur in äußerst geringen Spuren vorhanden. Beim Gußeisen bewirken Zusätze von 0,05 bis 0,25% eine Verbesserung verschiedener Festigkeitseigenschaften (Zähigkeit, Härte und Verschleißfestigkeit). Für besondere Anforderungen wird der Vanadingehalt, häufig gleichzeitig mit anderen Sonderelementen, bis auf 1% und mehr erhöht.

1. Qualitative Prüfung

In der salpetersauren oder oxydierten schwefelsauren Lösung der Probe läßt sich Vanadin leicht durch die *Rotbraunfärbung* bei Zusatz von Wasserstoffsuperoxyd nachweisen [*1*], vorausgesetzt, daß keine störenden Elemente wie Titan, Molybdän, Chrom, Niob vorhanden sind. Bei deren Gegenwart verbindet man den qualitativen Nachweis am besten mit der quantitativen Bestimmung, etwa nach 2. c)[1]. Ohne Störung durch Titan, Molybdän ergibt das Strychninreagenz (4 g in 1 l konz. Schwefelsäure) in vanadinhaltigen eisenfreien Aufschlußlösungen nach dem Ansäuern mit Schwefelsäure eine violette Färbung [*2*].

2. Quantitative Prüfung

a) Maßanalytische Verfahren. Die meisten der zahlreichen im Schrifttum angegebenen Verfahren beruhen entweder auf der Reduzierung des 5wertigen Vanadins zu 4wertigem mit anschließender oxydimetrischen Titration durch Kaliumpermanganat oder der titrimetrischen Reduktion des in Vanadat übergeführten Elements in die 4wertige Stufe.

α) Mit Reduktion durch Salz- oder schweflige Säure [*3*]. Das Eisen wird in der Lösung der Probe durch *Ausätherung* entfernt. Beim Nachwaschen mit Äther müssen jedesmal einige Tropfen Wasserstoffsuperoxyd zugegeben werden, um das Vanadin quantitativ abzutrennen. Der Äther wird durch Erhitzen und Einengen verjagt. Bei Gegenwart von Metallen der Schwefelwasserstoffgruppe werden diese durch Einleiten von Schwefelwasserstoff ausgefällt und filtriert. Das Filtrat versetzt man mit 20 cm³ Schwefelsäure 1 : 1 und dampft es 2mal mit je 25 cm³ Salzsäure 1 : 1 bis zum Abrauchen der Schwefelsäure ein[2]. Nach Verdünnung mit ca. 300 cm³ Wasser und Erwärmung bis zum Lösen titriert man mit Kaliumpermanganatlösung, bis die Rotfärbung mindestens $^1/_2$ min stehenbleibt.

Den Vanadintiter ermittelt man mit Natriumoxalat nach SÖRENSEN. 0,2 g davon werden in 250 cm³ Wasser gelöst, die Lösung wird mit 25 cm³ konz. Schwefelsäure versetzt und bei 70 °C auf bleibende schwache Rotfärbung titriert. Der Titer ist dann

$$\frac{\text{g Oxalat} \cdot 0{,}7612}{\text{cm}^3\ KMnO_4}$$

Durch einen Blindversuch ohne Vanadin ist ein Leerwert zu ermitteln und zu berücksichtigen.

Bei höheren Gehalten an Cr, (Ni, Co) ist die Erkennung des Endpunktes der Titration wegen der Eigenfärbung dieser Elemente unsicher. Man raucht in diesem Falle die ausgeätherte Lösung, evtl. nach vorhergehender Schwefelwasserstoffällung, nur mit 30 cm³ Schwefelsäure (1 : 1) bis zum starken Rauchen ab, löst unter Erhitzung in ca. 100 cm³ Wasser, oxydiert reduziertes Vanadin mit Wasserstoffsuperoxyd und vertreibt dessen Überschuß durch Kochen. Nach Zusatz von überschüssiger starker Natronlauge kocht man auf. Lösung samt Niederschlag werden in einen 500 cm³-Meßkolben umgespült; aus dem

[1] Sehr elegant lassen sich auch alle störenden Elemente außer Titan durch Elektrolyse mit einer Quecksilberkathode von Vanadin abtrennen; in der elektrolysierten Lösung wird dann das Titan durch einen Zusatz von Ammoniumfluorid maskiert.

[2] Bei sehr hohen Vanadingehalten verwendet man langhalsige Erlenmeyerkolben, um eventuell sublimiertes Vanadinsalz zurückzuhalten.

Filtrat werden 400 cm^3 = $^4/_5$ der Einwaage in einen Erlenmeyer-Kolben entnommen[1]. Diesen Anteil macht man schwefelsauer, versetzt mit Kaliumpermanganatlösung bis zur bleibenden Rotfärbung und dann mit schwefeliger Säure. Durch längeres Kochen (30 bis 60 min) im Kohlensäurestrom vertreibt man den Überschuß des Reduktionsmittels und titriert bei 60 bis 70 °C mit Permanganatlösung auf schwach Rosa. (Korrektur durch Leerversuch.)

β) *Reduktion mit Ferrosulfat ohne Ausätherung* [*4*]. 1 g der Probe wird genau wie bei der Chrombestimmung nach PHILIPS (Seite 579) in Lösung gebracht. Die nach dem Abrauchen und Kochen mit 300 cm^3 Wasser erhaltene schwefelsaure Lösung wird nach Abkühlung und Anrötung durch Permanganatlösung mit überschüssiger Ferrosulfatlösung[2] versetzt (15 bis 30 cm^3) und hierauf nach Zugabe von 10 cm^3 einer 15%igen Ammoniumpersulfatlösung zur Aufoxydation des überschüssigen Ferrosulfats 1 min lang gut durchgeschüttelt. Dann titriert man mit eingestellter Kaliumpermanganatlösung bis zur mindestens 1 min lang konstant bleibenden Färbung (schwach rosa), bei Gegenwart von Chrom von Grün auf Braunviolett.

Die Titerstellung nimmt man mit einer schwefelsauren Lösung von Natriummetavanadat wie bei Verfahren 2. a) α) vor (Reduktion mit schwefliger Säure usw.). Für Chromgehalte zwischen 2 und 6% ist bei 1 g Einwaage ein Korrekturwert von 0,1 bis 0,4% abzuziehen.

Bei noch höheren Gehalten an Chrom (Ni, Co, Mn) muß das Vanadin abgetrennt werden. Dazu eignet sich das Verfahren von J. KASSLER [*5*]. Es beruht auf der Lösung der Probe in verdünnter Schwefelsäure (1 : 5) unter Luftabschluß, wobei der Hauptteil des Vanadins neben Metallkarbiden (Mo, Ti, W) im Rückstand bleibt. Im löslichen Teil wird der Vanadinrest durch Zinkoxydfällung von dem 2wertigen Eisen sowie von Mangan, Nickel und Kobalt abgetrennt. Der Niederschlag wird zusammen mit dem Rückstand in Salzsäure und Salpetersäure gelöst; ausgeschiedene Wolframsäure wird abfiltriert und kolorimetrisch auf eingeschlossenes Vanadin untersucht. Im Filtrat von der Wolframsäure nimmt man die Natronlaugetrennung wie bei Verfahren 2. a) α) vor (in einem Meßkolben Oxydation mit H_2O_2 usw.). Nach partieller Filtration fällt man das Vanadin in einem Anteil von $^1/_2$ bis $^4/_5$ des Meßvolumens mit Chlorammonium und Mangan(II)-chlorid als Manganvanadat, das man in Schwefelsäure löst. Die Reduktion und Titration geschieht wie bei Verfahren 2. a) α).

γ) *Reduktometrische Titration.* Auch hierfür gibt es zahlreiche Verfahren, bei denen gelöstes Vanadin mit Permanganat, Kaliumbromat oder Überchlorsäure zu Vanadat aufoxydiert und dann mit einer eingestellten Reduktionslösung von Ferrosulfat mit Ferroin oder anderen Redox Indikatoren bis zur quantitativen Umwandlung in die V_2O_4-Stufe titriert wird. Hingewiesen sei auf das Verfahren von R. LANG und F. KURTZ [*6*], mit dem man Mangan, Vanadin und Chrom nacheinander in einer Einwaage titrieren kann.

b) Potentiometrische Verfahren. Eines der am häufigsten angewendeten und elegantesten Verfahren zur Schnellbestimmung des Vanadins neben den Elementen Fe, Mn, Ni, Co, Cr, Mo, W, Cu, Ti, Zr, Ta und Nb ist das Verfahren von H. THANHEISER und P. DICKENS [*7*].

Arbeitsweise. Bei Gehalten bis zu 3% Vanadin wird 1 g, bei höheren werden 0,5 g des Probegutes in einer Mischung von 20 cm^3 Schwefelsäure (1 + 3), 50 cm^3 Phosphorsäure (1,7) und 50 cm^3 Wasser siedend gelöst; säureunlösliche Proben werden mit Natriumsuperoxyd im Nickeltiegel aufgeschlossen und mit den gleichen Säuren in Lösung gebracht. Die Lösung wird mit einer 2,5%igen Kaliumpermanganatlösung so lange oxydiert, bis einige Kubikzentimeter der letzteren im Überschuß vorhanden sind und nicht mehr reduziert werden. Nun setzt man der siedend heißen Lösung bis zum Verschwinden der Permanganatfärbung und zur Reduktion des Vanadats und Chromats festes gepulvertes Ferrosulfat zu, wobei keine Trübung durch Mangan-

[1] Die Abtrennung des Vanadins durch die Natronlaugebehandlung verläuft nur bei Abwesenheit größerer Mengen Eisen (ausgeätherte Lösung!) quantitativ; bei hohen Chromgehalten ist aber der Zusatz einer geringen Menge Eisensalz vor der Fällung erforderlich.

[2] 13,5 g Ferrosulfat ($FeSO_4 \cdot 7H_2O$) mit 50 cm^3 Schwefelsäure (1,84) und Wasser zu 1 l gelöst.

dioxydhydrat entstehen darf. Ein Überschuß von Ferrosulfat ist erforderlich, damit etwa anwesendes Chrom vollständig reduziert wird.

Nach dieser Vorbereitung wird die Lösung auf etwa 25 °C abgekühlt und unter die Apparatur gestellt, worauf mit einer Stechpipette unter Einschaltung der Rührvorrichtung Kaliumpermanganatlösung zunächst bis zur Rosafärbung und dann ein Überschuß von 3 cm³ zugegeben wird; dabei werden $FeSO_4$ und V_2O_4 wieder aufoxydiert, Cr_2O_3 dagegen nicht. Das Kaliumpermanganat läßt man zur vollständigen Oxydation des Vanadins 1 min lang einwirken, worauf man durch Zugabe von maximal 5 cm³ einer 1,25%igen Oxalsäurelösung die Rotfärbung zum Verschwinden bringt. Das Ende der Reduktion wird durch ein konstant bleibendes Potential angezeigt. Nun wird mit Ferrosulfatlösung bis zum Auftreten des Potentialsprunges (etwa 150 mV) titriert. Nach der Auflösung des Probegutes beträgt die Ausführungszeit etwa 15 min. In vielen Fällen läßt sich die Titration auch in bequemer Weise mit vorgeschaltetem Umschlagpotential durchführen.

Die Titerstellung der Ferrosulfatlösung [7 g ($FeSO_4$ + 7 H_2O) + 40 cm³ Schwefelsäure (1,84) zu 1 Liter gelöst] wird durch potentiometrische Titration einer mit der gleichen Menge Schwefel-Phosphorsäure versetzten n/50 $KMnO_4$-Lösung in der gleichen Apparatur vorgenommen. Vanadintiter = Eisentiter der $KMnO_4$-Lösung mal 0,9123.

Für die Umschlagelektrode eignet sich ein Lösungsgemisch von Fe(II)-sulfat und Fe(III)-ammoniumsulfat.

c) Photometrische Verfahren. *α) Wasserstoffsuperoxydverfahren.* Das im Abschnitt *Titan* S. 571 beschriebene einfache und sehr schnell auszuführende Wasserstoffsuperoxyd-Verfahren wäre auch zur Vanadinbestimmung sehr gut brauchbar, wenn nicht Roh- und Gußeisen fast immer Titan enthalten würde, das schon bei Gehalten von 0,1% eine starke Reaktionsfärbung verursacht.

Nach einem von H. PINSL [*8*] abgeänderten Verfahren läßt sich das Vanadin auch bei Gehalten bis zu 4% Ti und Mo genau und verhältnismäßig rasch (etwa 15 bis 20 min nach beendeter Lösungszeit) bestimmen, wenn man die Titanfarbe durch Zusatz von Fluorsalz und Messung im Wellenbereich 546 mμ unterdrückt und die durch andere Legierungselemente, wie Nickel und Chrom, das im Arbeitsgang in Chromisalz übergeführt wird, verursachte Färbung durch Kompensationsmessung ausgleicht. Wichtig ist zur Erreichung der Maximalfärbung, daß die Reaktion auf Vanadin bei großem Säureüberschuß (15 bis 20%) nur mit einem *ganz geringen* Überschuß von 1%igem Wasserstoffsuperoxyd vollzogen wird.

Arbeitsvorschrift, Verfahren für säurelösliche Eisen- und Stahlproben. 1 g der Probe wird in einem 250 cm³-Meßkolben mit 50 cm³ Salpeterphosphorsäure unter Kochen gelöst, was je nach der Löslichkeit der Späne 5 bis etwa 50 min Zeit beansprucht. Dann wird Permanganatlösung zugegeben, bis beim Aufkochen Braunsteinfällung eintritt, die man neben etwa gleichzeitig gebildetem Chromat mit tropfenweisem Zusatz von 15%iger Wasserstoffsuperoxydlösung beseitigt; der Kolbenhals wird dabei mit destilliertem Wasser nachgespült. Nachdem zur Zerstörung von überschüssigem Wasserstoffsuperoxyd nochmals aufgekocht wurde, läßt man vollständig abkühlen, verdünnt auf etwa 200 cm³, versetzt unter Umschwenken mit 40 cm³ Natriumfluoridlösung und füllt zur Marke auf. Bei Anwesenheit eines Rückstandes (z. B. Kieselsäure und Graphit bei Roh- und Gußeisen) filtriert man vorher durch ein trockenes 11 cm-Filter genügender Dichte. Nun entnimmt man aus dem klaren Filtrat zweimal 100 cm³ in trockene Bechergläser oder Kolben aus Jenaer Glas (geringe Spuren eines Rückstandes können vernachlässigt, größere Mengen müssen unter Umständen wie beim Titan Seite 571 aufgeschlossen werden). Zu dem einen Anteil wird 1 cm³ 1%ige Wasserstoffsuperoxydlösung, zu dem anderen 1 cm³ Wasser gegeben.[1] Nach einer Wartezeit von etwa 5 min, die besonders bei geringen Gehalten nicht unterschritten werden darf, photometriert man die beiden Lösungen gegeneinander in 150 mm-Absorptionsrohren, die man vorher mit kleinen Anteilen ausspült, mit Filter Hg 546 im Licht der Quecksilberdampflampe.

Für die Bedingungen 1 g/250 cm³/101 cm³/Hg-Licht/546 mμ/150 mm Pulfrich-Photometer lautet die Formel:

$$\% \text{V} = E \cdot 0{,}7 .$$

Bei Ti-Gehalten über 2% verdoppelt man den Fluornatriumzusatz. Schwer lösliche Proben behandelt man zuerst mit verdünntem Königswasser, raucht mit Überchlorsäure ab und nimmt mit Wasser auf. Gebildetes Chromat beseitigt man durch Zusatz von 15%igem Wasserstoffsuperoxyd, den Überschuß des letzteren durch Kochen. Mit 30%iger Natronlauge wird die Lösung eben alkalisch gemacht und der Niederschlag mit 50 cm³ Salpeterphosphorsäure wieder in Lösung gebracht. Nach Abkühlung und Überspülung in einen 250 cm³-Kolben oxydiert man mit schwacher Permanganatlösung bis zur Rotfärbung und verfährt weiter wie oben (Fluornatriumzusatz usw.).

---

[1] Nur erforderlich bei stärkerer Eigenfärbung der Lösung; man kann auch nur *einen* Anteil zu 100 cm³ entnehmen und gegen die Restlösung ohne oder wenn nötig mit Wasserzusatz (1,5 cm³) photometrieren.

Lösungen:
Salpeterphosphorsäure: [220 cm³ Salpetersäure (1,4) + 200 cm³ Phosphorsäure (1,7) auffüllen zu 1 l],
Kaliumpermanganatlösung: 50 g/l,
Natriumfluoridlösung: 25 g NaF/l, vom Unlöslichen filtrieren.

β) *Andere photometrische Verfahren.* Durch Einführung des Vanadins in einen Phosphormolybdänsäurekomplex erzielt BOGATZKY [*9*] eine außerordentlich empfindliche Vanadinreaktion, welche die Schnellbestimmung des Elements in höher legiertem Eisen ohne Trennungen auch bei Gegenwart von Wolfram gestattet. Titan, Molybdän und Kobalt stören nicht, nur für je 1% Cr ist eine Korrektur von −0,015% V anzubringen.

Organische Reagenzien auf Vanadin sind Dextrose, Phenol, Strychnin u. a.

d) Gewichtsanalytische Verfahren. Diese werden bei der Analyse von Eisen und Stahl nur in besonderen Fällen angewendet. Ein von O. BAUER und E. DEISS [*10*] entwickeltes Verfahren arbeitet nach folgendem Schema: Ausätherung des Eisens — Vertreibung des Äthers — Fällung der Schwefelwasserstoffgruppe — *vollständiges* Abrauchen mit Schwefelsäure in einer Platinschale — darin Aufschluß des Rückstandes mit wenig festem Natriumhydroxyd und etwas Natriumsuperoxyd bei mäßiger Hitze — Filtration vom Rückstand — Fällung des Vanadins (Cr, Mo) als Merkurovanadat — Filtration und Glühung — reduzierender Aufschluß mit Soda und Weinstein — Auslaugung mit Wasser und Filtration — Fällung des Vanadins im Filtrat mit Ammoniumchlorid und Ammoniak — Glühung des Niederschlags zu Vanadinpentoxyd.

Die Fällung als Manganvanadat ist im Abschnitt 2. a) β) erwähnt.

Literatur

[*1*] SLAVIK: Chem. Ztg. Bd. 34 (1910) S. 648. — [*2*] GREGORY, A. W.: Z. anal. Chem. (1912) S. 249. — [*3*] BAUER, O., und E. DEISS: Probenahme und Analyse von Eisen und Stahl, Berlin: Springer 1922, S. 165 u. 274, sowie R. WEIHRICH u. A. WINKEL: Die chemische Analyse in der Stahlindustrie. Stuttgart: Verlag Ferd. Enke 1954, S. 63/64. — [*4*] Nach Handbuch für die Eisenhüttenlabor. Düsseldorf: Verlag Stahleisen MBH Bd. II. — [*5*] KASSLER, J.: Untersuchungsmethoden für Roheisen, Stahl und Ferrolegierungen, und R. WEIHRICH wie [*3*] 1932 S. 81 und 1954 S. 64. — [*6*] LANG, R., und F. KUTZ: Z. anal. Chem. Bd. 86 (1931) S. 288/303 sowie Stahl u. Eisen Bd. 51 (1932) S. 1688/89. — [*7*] THANHEISER, G., und P. DICKENS: Arch. Eisenhüttenwes. Bd. 5 (1931/32) S. 105/10. — [*8*] PINSL, H.: Die Gießerei Bd. 27 (1940) S. 441/46 und Neue Gießerei Bd. 36. — [*9*] BOGATZKY, G.: Arch. Eisenhüttenwes. Bd. 12 (1937/38) S. 539/42, Stahl u. Eisen Bd. 59 (1931) S. 628; Chem.Ztg. (1933) S. 843/45. — [*10*] wie [*3*] 274/76.

XVI. Chrom

Chrom ist in vielen Roh- und Gußeisensorten als Spurenbegleiter vorhanden. Im legierten Gußeisen liegt der günstigste Gehalt zur Verbesserung einer ganzen Reihe von Werkstoffeigenschaften meist zwischen 0,3 und 0,6%, für bestimmte Erzeugnisse erhöht er sich, häufig in Verbindung mit anderen Sonderelementen, bis zu 4% und beim sogenannten Ferritguß auf 30 bis 35%.

1. Qualitative Prüfung

Mit einer Einwaage von etwa 0,5 g lassen sich bei sinngemäßer Anwendung der unter 2. b) und c) beschriebenen Verfahren und unter Weglassung der nur für die quantitative Bestimmung nötigen Handhabungen (Umspülen in Meßkolben usw.) im alkalischen Filtrat Chromgehalte von 0,1% aufwärts an der Gelbfärbung schnell erkennen und noch geringere Gehalte (bis zu 0,001%) durch die Rotfärbung mit der Diphenylkarbazid-Reaktion nachweisen.

2. Quantitative Untersuchung

Fast bei allen Chrombestimmungsverfahren im Eisen wird das beim Lösen der Probe gebildete Chromisalz durch verschiedene Oxydationsmittel wie Silbernitrat und Persulfat, Kaliumpermanganat, Natriumsuperoxyd, Überchlorsäure, Cerisulfat u. a. in saurer oder alkalischer Lösung in Chromat übergeführt, das dann die Grundlage für weitere Arbeitsverfahren bildet. Sehr schwer lösliche Proben schließt man, wenn sie sich genügend fein zerkleinern lassen, mit der *Natriumsuperoxydschmelze* im Eisen-, Silber- oder Alsinttiegel auf. Das gleiche gilt von den bei Säurelösungen verbleibenden Rückständen.

a) Gewichtsanalytische Bestimmung. Wegen der schnellen Durchführbarkeit der weiter unten beschriebenen Methoden wird die gewichtsanalytische Chrombestimmung als *Chromoxyd* oder *Bleichromat* nur in Ausnahmefällen angewendet. Zur Gewinnung des reinen Chromoxyds fällt man nach BAUER und DEISS [*1*] die ausgeätherte, alles Chrom enthaltende und von den Metallen der H_2S-Gruppe befreite Lösung nach Abrauchen mit Schwefelsäure, Aufschluß der Trockenmasse in der Platinschale mit wenig Ätznatron und aufgestreutem Natriumsuperoxyd und Filtration von den Rückstandoxyden mit Mercuronitrat. Den geglühten Niederschlag reinigt man von dem mitgefällten Molybdat, Vanadat und Phosphat durch einen reduzierenden Aufschluß mit Soda und Weinstein oder im Leuchtgasstrom [*2*], wobei das reine Chromoxyd zurückbleibt. Auch in den bei den Verfahren b) und c) erhaltenen alkalischen Chromatlösungen kann man das Chrom nach Reduktion (z. B. mit Kaliumnitrit) mit Ammoniak fällen und wie oben reinigen.

Die Fällung als Bleichromat beschreibt W. F. POND [*3*].

b) Maßanalytische Verfahren. *α) Oxydimetrisch.* Als bestes Verfahren wird von E. SCHIFFER und P. KLINGER [*4*] das Ammoniumpersulfat-Silbernitrat-Verfahren nach M. PHILIPS [*5*] empfohlen. Das gebildete Chromat wird mit überschüssigem Ferrosulfat reduziert und dessen Überschuß mit Kaliumpermanganat zurücktitriert.

Arbeitsvorschrift für das Ammoniumpersulfat-Silbernitratverfahren. Man löst 1 g in einem 500 cm³-Erlenmeyerkolben in 60 cm³ Schwefelsäure-Phosphorsäure und dampft bis zum beginnenden Rauchen der Schwefelsäure ab. Kurz vor diesem Zeitpunkt (nicht früher) gibt man zur Zerstörung noch vorhandener Chromkarbide einige Tropfen konz. Salpetersäure zu. Nach dem Erkalten nimmt man vorsichtig mit Wasser auf, verdünnt auf 300 cm³, versetzt mit 2 cm³ Silbernitratlösung und kocht auf. Das Kochen wird nach Zusatz von 25 cm³ Ammoniumpersulfatlösung bis zum Auftreten der violetten Farbe der Permanganatsäure fortgesetzt, die dann mit Hilfe von 5 cm³ Chlornatriumlösung und durch weiteres 10 min langes Kochen beseitigt wird. Die Lösung wird abgekühlt, mit Wasser verdünnt, mit einem gemessenen Überschuß von Ferrosulfatlösung versetzt und mit Kaliumpermanganatlösung zurücktitriert, bis ein Stich der Lösung ins Blaugrüne auftritt. Anschließend wird der Titer der Ferrosulfatlösung gegenüber Permanganat festgestellt am einfachsten in der Weise, daß man zu der austitrierten Chromlösung nochmals die gleiche Menge Ferrosulfat zusetzt und wieder auf denselben Farbton titriert. Aus dem Unterschied der beiden Titrationen D und dem Chromtiter T berechnet sich der Chromgehalt zu

$$\%\,\mathrm{Cr} = \frac{D \times T \times 100}{\text{Einwaage}}$$

Bei Gegenwart von Vanadin ist darauf zu achten, daß der Umschlag bei der Titration mindestens 1 min lang stehenbleibt. Die anderen hier in Betracht kommenden Legierungselemente stören nicht.

Erforderliche Lösungen. Schwefelsäure-Phosphorsäure: 160 cm³ konzentrierte Schwefelsäure werden mit Wasser verdünnt, mit 80 cm³ Phosphorsäure (1,7) versetzt und nach dem Abkühlen mit Wasser auf 1 l aufgefüllt.

Silbernitratlösung: 2,5%ig;

Ammoniumpersulfatlösung: 15%ig;

Natriumchloridlösung: 5%ig;

Ferrosulfatlösung: Man löst 13,5 g Ferrosulfat ($FeSO_4 + 7\,H_2O$) in Wasser, versetzt mit 50 cm³ konz. Schwefelsäure und verdünnt auf 1 l.

Kaliumpermanganatlösung: Eine 1,9%ige Lösung wird nach den Vorschriften auf Seite 566 angesetzt. Zur Feststellung des Chromtiters entnimmt man einer Kaliumbichromatlösung (5,6568 g/l = 0,002 g Chrom/cm³) eine gemessene Menge a, versetzt mit Ferrosulfatlösung im Überschuß und titriert wie oben mit b cm³ der Kaliumpermanganatlösung. Nach nochmaliger Zugabe der *gleichen* Menge Ferrosulfatlösung titriert man auch diese auf den gleichen Ton (Verbrauch c cm³). Der Chromtiter ist dann $\frac{a \times 0{,}002}{c - b}$ = g Chrom/cm³.

Der theoretische Chromtiter des Permanganats läßt sich auch mit Natriumoxalat nach SÖRENSEN in schwefelsaurer Lösung ermitteln. 1 g Natriumoxalat entspricht 0,2587 g Chrom (vgl. S. 567).

Die Aufoxydation gelingt auch mit Permanganat allein, wofür unter anderen A. KOPMANN [6] und R. WEIHRICH ein in der Praxis bewährtes Betriebsverfahren vorschlagen.

Arbeitsvorschrift für die Oxydation mit Kaliumpermanganat. Man löst je nach dem Chromgehalt 0,5 g bis 5 g der Späne in 70 cm³ Schwefelsäure-Phosphorsäure[1], oxydiert mit 10 cm³ Salpetersäure 1 : 1 und kocht, ohne abzurauchen, einige Minuten. Nach Verdünnen mit 100 cm³ Wasser wird unter weiterem Kochen anteilweise eine ca. 1,5%ige Kaliumpermanganatlösung zugefügt, bis eine bleibende Rotfärbung auftritt, die man durch Zusatz von 20 bis 40 cm³ Salzsäure 1 n (je nach dem Grad der Rotfärbung) und einige Minuten langes Kochen (Siedesteinchen) zur Vertreibung des Chlors beseitigt. Die weitere Behandlung geschieht dann wie beim Arbeitsverfahren *α*. Bei höheren Einwaagen gibt man vor dem Titrieren noch mehr Phosphorsäure zu.

Bei Probegut mit sehr hohen Chrom- und Nickelgehalten löst man die Einwaage von 0,3 bis 0,5 g zuerst in Salzsäure 1 : 1, oxydiert mit Salpetersäure 1 : 1 und dampft nach Zugabe der Schwefelsäure-Phosphorsäure auf ca. 25 cm³ ein.

β) Jodometrisch. Bei dem jodometrischen Verfahren wird das Chromisalz in alkalischer Lösung zu Chromat aufoxydiert und dieses nach dem schwachen Ansäuern in bekannter Weise nach Zusatz von Kaliumjodid mit Natriumthiosulfat bis zur Entfärbung zugesetzter Stärke titriert.

Arbeitsvorschrift nach E. SCHIFFER und P. KLINGER [4]. Man löst 1 bis 2 g Späne in einem Erlenmeyer-Kolben in 40 cm³ Salzsäure 2 : 1, oxydiert mit Kaliumchlorat und dampft bis zur Vertreibung des Chlors ein. Nach Zugabe von 180 cm³ einer 40%igen Sodalösung versetzt man mit 20 cm³ einer 1,5%igen Kaliumpermanganatlösung und kocht 5 min lang, bis die über dem Niederschlag stehende Flüssigkeit violett gefärbt ist; andernfalls ist weiter Permanganat zuzugeben. Durch Kochen mit 2 cm³ Alkohol wird der Permanganatüberschuß zerstört. Die abgekühlte und in einen 500 cm³-Meßkolben zur Marke aufgefüllte Lösung wird durch ein trockenes Faltenfilter filtriert, wonach Anteile des Filtrats, das auch vanadinfrei ist, zur jodometrischen Bestimmung verwendet werden können[2], außerdem auch zur potentiometrischen oder photometrischen.

Zu bemerken ist, daß bei nickel- und kobaltreichen Proben (über 30% Nickel bzw. 5% Kobalt) zu niedrige Werte gefunden werden, weil bei der Fällung Chrom zurückgehalten werden kann.

c) Potentiometrisch. Das vielfach angewendete Verfahren von P. DICKENS und G. TANNHEISER [7] beruht auf der Reduktion des Chromats zum Chromisalz durch Ferrosulfatlösung in schwefelsaurer Lösung; beim Ende der Titration tritt ein starker Potentialstrom auf. In der gleichen Lösung kann man auch vorhandenes Vanadin, das mittitriert wird, mit Permanganat potentiometrisch erfassen und anschließend auch noch das Mangan.

d) Photometrisch. Die meisten im Schrifttum veröffentlichten Verfahren zur photometrischen Chrombestimmung beruhen auf der Messung der gelben Farbe von Alkalichromat oder bei sehr geringen Gehalten auf der Rotfärbung mit Diphenylkarbazid. Ein in der Praxis bewährter Arbeitsgang für die Chrombestimmung im legierten Gußeisen oder von Spurengehalten ist von H. PINSL [8] vorgeschlagen worden.

Arbeitsvorschrift für die Messung der Chromatfärbung. 0,5 g der Probe werden in einem 200 cm³-Erlenmeyerkolben in Schwefelsäure-Phosphorsäure unter schwachem Kochen bis zur Auflösung der Späne erhitzt, nötigenfalls unter Ergänzung des verdampften Wassers[3]. Dann oxydiert man mit 2 cm³ konz. Salpetersäure und kocht, ohne zu weit einzuengen, bis zum Verschwinden der nitrosen Dämpfe. Nun verdünnt man mit 100 cm³ heißem Wasser, kocht auf und läßt, ohne weiterzukochen, 5 cm³ Kaliumpermanganatlösung ca. 2 min lang einwirken. Die heiße Lösung spült man in 4 bis 5 Anteilen unter jedesmaligem Umschütteln in einen 500 cm³-Meßkolben, der mit 40 cm³ der starken Natronlauge beschickt ist. Hierauf gibt man 4- bis 5 mal unter jedesmaligem Schütteln etwa 1 bis 2 cm³ 15%ige Wasserstoffsuperoxydlösung zu, dann eine Messerspitze voll aktiver Kohle und 5 cm³ Ammoniumchloridlösung. Nach 2 min langem Aufkochen wird auf 20 °C abgekühlt, zur Marke aufgefüllt und tüchtig durchgeschüttelt. Den Niederschlag filtriert man durch ein hartes 18,5 cm³-Faltenfilter (z. B. Schleicher & Schüll Nr. 605 h), das vorher durch Auswaschen mit verdünnter Natronlauge und Wasser von färbenden Substanzen befreit worden war. Das mehr oder minder gelbgefärbte Filtrat (erster Filtratanteil wird verworfen) wird in 10 bis 150 mm-Küvetten gegen Wasser

[1] 300 g Natriumbiphosphat werden in 5 l H_2O unter Zusatz von 1 l konz. Schwefelsäure gelöst.

[2] 1 cm³ n/10 $Na_2S_2O_3$-Lösung zeigt 0,001733 g Chrom an.

[3] Bei schwer löslichen Proben löst man zuerst mit verdünntem Königswasser, gibt Schwefelsäure-Phosphorsäure zu und vertreibt das Chlor — und Nitration durch Einengen.

im Licht der Quecksilberdampflampe und im Wellengebiet 436 mμ photometriert. Beim Arbeiten mit dem Pulfrich-Photometer und der Schichtdicke 150 mm lautet die Berechnungsformel:

$$\% \text{ Cr} = (E_{150\,\text{mm}} - 0{,}015) \cdot 1{,}11$$

Mißt man mit anderen Schichtdicken, so rechnet man die Extinktion durch Multiplikation mit dem Schichtdickenverhältnis auf 150 mm Schichtdicke um.

Arbeitsvorschrift für die Messung mit Diphenylcarbazid. 25 cm³ der nach Arbeitsverfahren b) hergestellten alkalischen Stammlösung werden in einem 100 cm³-Meßkolben tropfenweise mit Schwefelsäure 1 : 5 unter Zuhilfenahme eines kleinen Stückes Lackmuspapier annähernd neutralisiert und hierauf nacheinander mit 25 cm³ Glykokollpuffers und 1 cm³ Reagenz versetzt. Nach Auffüllen zur Marke und 1 bis 2 min Wartezeit wird mit passender Schichtdicke im grünen Licht (Filter S 53 beim Pulfrich-Photometer) gegen Wasser photometriert.

Berechnungsformel für die Bedingungen: 0,5 g/500 cm³/25 cm³/100 cm³/10 mm/Filter S 53/Hg-Lampe

$$\% \text{ Cr} = 0{,}6 \cdot E_{10}$$

Höhere Vanadingehalte (über 1%) können die Messung beeinflussen, da nach dem Ansäuern eine teilweise Reduktion des Chromats auftreten kann.

Erforderliche Sonderlösungen: zu den photometrischen Arbeitsvorschriften.

Schwefelsäure-Phosphorsäure: 150 cm³ konz. Schwefelsäure 1,84 und 150 cm³ Phosphorsäure 1,7 werden mit destilliertem Wasser zum Liter aufgefüllt.

Salpetersäure 1 : 1; Natronlaugen: 3%ig und 33%ig; Kaliumpermanganatlösung: 5%ig; Ammoniumchloridlösung 25%ig; Schwefelsäure 1 : 5.

Diphenylcarbazid-Reagens: 1%ige Lösung in Aceton, frischbereitet[1].

Glykokoll-Pufferlösung: 0,3425 g Glykokoll (SÖRENSEN) und 0,257 g Natriumchlorid in einem 1 l-Meßkolben in Wasser lösen. Dann gibt man 75,5 cm³ 1 n-Salzsäure und 20 cm³ konz. Phosphorsäure hinzu und füllt zur Marke auf.

Auch alle nach anderen Verfahren (z. B. 2. b) β u. 2. d) Diphenylcarbazid-Verfahren oder Superoxydaufschluß) erhaltenen alkalischen Chromatlösungen können in der angegebenen Weise photometrisch gemessen werden.

Vielfach wird im Schrifttum als besonders schnell auszuführendes Betriebsverfahren die Aufoxydation durch Abrauchen mit *Überchlorsäure* vorgeschlagen, aber man findet auch Hinweise, daß die quantitative Überführung in Chromat nicht immer sicher gewährleistet ist. Das ist jedenfalls bei der Übertragung des Verfahrens auf Roh- und Gußeisen der Fall, da der Graphit zu einem gewissen nicht kontrollierbaren Zeitpunkt des Abrauchens wieder reduzierend wirken kann. Man müßte also zumindest den Graphit vor dem Abrauchen abfiltrieren und die Oxydation erst im Filtrat vornehmen.

Literatur

[*1*] BAUER, O., und E. DEISS: Probenahme und Analyse in Eisen u. Stahl, Berlin: Springer 1922, 2. Aufl. S. 211/13. — [*2*] Mitteilung des Materialprüfungsamtes Berlin-Dahlem (1923) S. 64/65. — [*3*] POND, W. F.: Chemist Analyst Bd. 18 (1909) Nr. 3 S. 1/5. — [*4*] SCHIFFER, E., und P. KLINGER,: Arch. f. Eisenhüttenw. Bd. 4 (1930/31) S. 7/15 und nach Handb. f. Eisenhüttenw. (Stahleisen Verlag 1941) Bd. II S. 88/89. — [*5*] PHILIPS, H.: Stahl u. Eisen Bd. 27 (1907) S. 7/15. — [*6*] KOPMANN, A.: Z. analyt. Chem. Bd. 100 (1935) S. 132 und WEIHRICH-WINKEL: Die chem. Analyse i. d. Stahlindustrie, Stuttgart: Verlag Ferd. Enke 1953, 3. Aufl. S. 43/45. — [*7*] DICKENS, P., und G. THANNHEISER: Arch. Eisenhüttenw. Bd. 3 (1929/30) S. 277/99. — [*8*] PINSL, H.: Gießerei Bd. 28 (1941) Nr. 21 S. 429/34 und Die Neue Gießerei Bd. 36 (1949) Nr. 12 S. 380/86. — [*9*] Nach Chem. Zentralbl. Bd. 118 (1948 I) S. 1144.

XVII. Nickel

Nickel ist ein ständiger Spurenbegleiter von Roh- und Gußeisen und auch in unlegierten Stahlsorten in Gehalten bis zu 0,2% vorhanden. Der Nickelanteil von *legiertem* Gußeisen wechselt je nach dem Verwendungszweck des Gußstückes außerordentlich stark, etwa von 0,2 bis 6% (Nickelgußeisen), häufig zusammen mit Chrom und Molybdän. Sonderguß (z. B. Ventilschäfte, Dauermagnete, Monelgußeisen) enthält 10 bis 25% Ni.

[1] Ein wochenlang beständiges Reagenz erhält man durch Auflösung von 4,0 g gepulvertem Phthalsäureanhydrid und 0,25 g Diphenylcarbazid in 100 cm³ 96%igem Alkohol [*9*].

1. Qualitative Prüfung

Man fällt in der salzsauren, *aufoxydierten* Lösung von etwa 1 g Probe mit Zinkoxydschlämme das dreiwertige Eisen und andere Elemente und weist in einem Anteil des Filtrats, den man mit 0,5 g Natriumazetat und einigen cm^3 1%iger Dimethylglyoximlösung versetzt, vorhandenes Nickel durch Bildung eines roten Niederschlags oder bei Spurengehalten bis unter 0,01% durch Rotfärbung nach.

2. Quantitative Untersuchung

a) Gewichtsanalytisch. Das Fällungsverfahren mit Diazetyldioxim (Dimethylglyoxim) nach O. BRUNK [1] leistet bei der Eisenuntersuchung sehr gute Dienste. Man kann in der von SiO_2 (Graphit, WO_3) befreiten Lösung das Nickel direkt als Nickelglyoxim fällen.

Arbeitsvorschrift: Aus der in Salzsäure 1 : 1 gelösten Probe (0,5 bis 2 g je nach dem Ni-Gehalt) wird die Kieselsäure durch Eindampfen in bekannter Weise abgeschieden. Im Filtrat (ca. 250 cm^3) oxydiert man unter Aufkochen das zweiwertige Eisen durch portionsweisen Zusatz konz. Salpetersäure bis zum Umschlag der dunklen Farbe in Gelb, kocht die Stickoxyde weg, kühlt ab, gibt je 1 g Einwaage 7 g Weinsäure oder 21 cm^3 ammoniakalische Tartratlösung zu, macht ammoniakalisch, bis ein nahe dem Neutralisationspunkt auftretender Niederschlag von Eisentartrat sich in geringem Ammoniaküberschuß wieder löst und die dunkelrote Lösung klar ist. Nunmehr säuert man mit Salzsäure wieder schwach an (Tüpfeln mit Lackmuspapier) und gibt die zur Fällung erforderliche Menge der 1%igen alkoholischen Reagenzlösung in geringem, bei Gegenwart von Kupfer und Kobalt in größerem Überschuß zu (10 cm^3 fällen ca. 0,025 g Ni), erwärmt auf 60 bis 70 °C und macht schwach ammoniakalisch. Nach halbstündigem, bei sehr geringen Gehalten längerem Absitzen, filtriert man durch einen gewogenen Gooch-, Glas- oder Porzellanfiltertiegel und wäscht zuerst mit 60 bis 70 °C heißem Wasser und dann mit Alkohol 1 : 3 aus, wobei man erst am Schluß trockensaugt. Der bei 105 bis 115 °C bis zur Gewichtskonstanz getrocknete Niederschlag von Nickelglyoxim enthält 20,32% Ni.

Nach BILTZ [2] ist bei Gegenwart von viel Kupfer und Mangan (Zink) die Fällung aus essigsaurer Lösung zu empfehlen, indem man wie oben arbeitet, nur unter Verwendung von Natronlauge statt Ammoniak, und dann der schwach salzsauren, mit dem Reagenz versetzen Lösung bei 60 bis 70 °C so lange Natriumazetat zugibt, bis eine bleibende Fällung der Nickelverbindung auftritt.

Bei hohen Einwaagen mit niedrigen Nickelgehalten ist eine doppelte Fällung meist nicht zu umgehen.

Man kann den Glyoximniederschlag auch durch ein Papierfilter filtrieren, ihn mit diesem in ein zweites Filter einpacken und durch *vorsichtiges* Veraschen und Glühen in Nickeloxyd mit 78,58% Ni überführen. Nicht verbrannte Filterreste lassen sich durch Beträufeln mit konz. Salpetersäure und nachmaliges Glühen beseitigen.

b) Maßanalytisch. *Arbeitsvorschrift für das Kaliumcyanidverfahren bei höheren Ni-Gehalten* [3]: 0,25 bis 1 g Späne werden je nach der Löslichkeit in 20 cm^3 Salpetersäure oder in Schwefelsäure 1 : 3 bis 1 : 5 oder Salpeter-Schwefelsäure oder konz. Salzsäure mit nachfolgender Oxydation durch Salpetersäure gelöst und durch Auskochen von den Stickoxyden befreit. Nach Verdünnen mit 30 bis 60 cm^3 Wasser versetzt man mit 20 cm^3, bei hohen Chromgehalten mit 40 cm^3 Ammoniumcitratlösung[1] und 2 cm^3 0,5%iger Silbernitratlösung und neutralisiert möglichst genau mit Ammoniak, worauf noch ein Überschuß von 2 cm^3 Ammoniak (spez. Gew. 0,91) und 2 cm^3 einer 15%igen Kaliumjodidlösung zugegeben werden. Titriert man nun mit einer Kaliumcyanidlösung (9%ig; 1 cm^3 entspricht 0,002 g Ni), so findet eine Entfärbung der blauen Lösung durch Bildung von Kaliumnickelzyanid statt; der Endpunkt der am Schluß langsam vorzunehmenden Titration ist gekennzeichnet durch das Verschwinden der Jodsilbertrübung. Der durch einen Blindversuch ermittelte Mehrverbrauch an Kaliumzyanidlösung (0,6 bis 0,9 cm^3) wird in Abzug gebracht. Bestimmungsdauer 15 bis 20 min.

Der Titer der Zyanidlösung wird am besten mit einer reinen Nickellösung oder mit einem Normalstahl bekannten Gehaltes ermittelt.

Störende Elemente sind Kobalt und Kupfer über 0,2%, die ebenfalls mit Zyanid reagieren. Höhere Kobaltmengen müssen durch eine zwischengeschaltete Dimethylglyoximfällung vom Nickel getrennt werden, höhere Kupfergehalte durch eine Schwefelwasserstoff-Fällung. Unter 0,2% genügt eine Korrektur mit dem halben Prozentgehalt des Kupfers.

---

[1] 100 g Zitronensäure werden in 500 cm^3 Wasser gelöst und mit ca. 1 Liter Ammoniak (spez. Gew. 0,91) ammoniakalisch gemacht.

c) Elektrolytisch. Das elektrolytische Verfahren eignet sich besonders für hohe Nickel- und Kobaltgehalte. Aus der ausgeätherten Lösung wird das Kupfer mit Schwefelwasserstoff abgeschieden, das salzsaure Filtrat wird durch Eindampfen mit konz. Salpetersäure in eine salpetersaure Lösung verwandelt, aus der mit Kaliumchlorat das Mangan gefällt wird. Im Filtrat vom Mangandioxydhydrat trennt man das gebildete Chromat durch Fällung mit Natronlauge vom Nickelhydroxyd, das dann in verdünnter Schwefelsäure gelöst wird. Die stark ammoniakalisch gemachte ammoniumsulfathaltige Lösung elektrolysiert man dann bei 50 bis 60 °C mit 2,8 bis 3,3 V und 0,1 bis 1 Amp.

Spurengehalte von mitabgeschiedenem Kobalt werden nicht berücksichtigt. Andernfalls muß eine Wiederauflösung des Metallbeschlags an der Kathode mit Salpetersäure vorgenommen und das Nickel oder Kobalt getrennt gewichts- oder maßanalytisch bestimmt werden.

d) Photometrisch. Eines der bekanntesten Verfahren ist die Messung der durch Diazetyldioxim bei Gegenwart von Nickel erzeugten Rotfärbung [*4*]. Eine Reihe von Verbesserungen, die in den Arbeiten von G. Maassen, P. Wulff und A. Lundberg sowie Gabiersch [*5*] diskutiert sind, wurden von H. Pinsl [*6*], zweckmäßig kombiniert, in den Arbeitsgang eingeschaltet und das Verfahren so gestaltet, daß Nickel und Kobalt in *einer* Einwaage bestimmt werden können.

Arbeitsvorschrift. Reagenzien: *Bromidbromatlösung:* 200 g Kaliumbromid und 60 g Kaliumbromat werden in 1 Liter Wasser gelöst, mit Wasser auf 1 Liter aufgefüllt und mit 1 Liter verdünntem Ammoniak (1 + 1) versetzt. *Diazetyldioximlösung* (1%ig): 1 g Diacetyldioxim gelöst in 100 cm³ verdünntem Alkohol (4 : 1).

2,5 g Späne werden in einem bedeckten 400 cm³-Becherglas, hohe Form, in 40 cm³ Salzsäure 1 : 1 unter Erwärmen gelöst. Nach Entfernung des Uhrglases oxydiert man vorsichtig mit der eben erforderlichen Menge Salpetersäure und dampft bis fast zur Trockne ein. Nun nimmt man mit 20 cm³ Salzsäure 1 : 1 auf, kocht bis zum Verschwinden von etwa noch auftretenden nitrosen Dämpfen und spült in einen 500 cm³-Meßkolben über. Zu der auf etwa 300 cm³ verdünnten Lösung gibt man anteilweise aufgeschlämmtes Zinkoxyd, bis nach wiederholtem kräftigem Schütteln ein geringer Überschuß die flockige Ausfällung des Eisenhydroxyds sowie anderer Elemente bewirkt. Nach Abkühlung und Auffüllung zur Marke sowie Durchschütteln wird durch ein 18,5 cm-Faltenfilter unter Verwerfung des ersten Anteils *trocken* filtriert.

Von der Stammlösung wird ein Anteil von 50 cm³ in einen 100 cm³-Meßkolben übergeführt und mit 1 cm³ Salzsäure 1 : 1 und 5 cm³ Bromidbromatlösung versetzt. Man wartet so lange, bis eine kräftige Gelbfärbung durch freigemachtes Brom aufgetreten ist und gibt dann 30 cm³ der Zitratlösung und 2 cm³ des Diacetyldioxim-Reagenzes zu. Nach Auffüllen zur Marke und Schütteln wird im Wellengebiet 536 mμ photometriert, meist mit einer Schichtdicke von 50 mm.

Ist eine meßbare Eigenfärbung der Lösung vorhanden, so wird ein zweiter Anteil der Stammlösung genauso behandelt, aber *ohne* Zusatz von Diacetyldioxim, und statt Wasser als Vergleichslösung verwendet.

Berechnungsformel für das Pulfrich-Photometer unter den Bedingungen: 2,5 g/500 cm³/50 cm³/100 cm³/50 mm/Filter S53/Hg-Licht

$$\% \text{Ni} = 0{,}0762 \cdot (E - 0{,}017).$$

Stärker wechselnden Nickelgehalten wird durch Änderung der Schichtdicke oder des aus der Stammlösung entnommenen Anteils oder beider gleichzeitig Rechnung getragen.

Wegen des niederen Eichfaktors ist das Verfahren, evtl. unter Verlängerung der Schichtdicke bis auf 150 mm, gut für *Spurenbestimmung* geeignet.

Über die Kobaltbestimmung in einem anderen Anteil des Filtrats von der Zinkoxydfällung s. S. 585.

Literatur

[*1*] Brunk, O.: Z. ang. Chem. Bd. 20 (1907) S. 1844/50. — [*2*] Biltz, H., u. W.: Ausführung quantitativer Analysen. Stuttgart: S. Hirzel Verlag 5. Auflage (1947) sowie 6. Auflage (1953) S. 97/98. — [*3*] Nach Handbuch f. Eisenhüttenlabor. II. Düsseldorf: Verlag Stahleisen. — [*4*] Murray, W. M., u. S. Aschley: Analyst. Bd. 54 (1929) S. 582. — [*5*] Maassen, G., P. Wulf u. A. Lundberg, K. Gabiersch: Die Chemie (1943) Sonderheft Nr. 48, S. 70/74, 76/83 und 62. — [*6*] Pinsl, H.: Die neue Gießerei Bd. 36 (1949) S. 384.

XVIII. Kobalt

Als Spurenelement ist Kobalt wie Nickel fast in allen Eisensorten nachweisbar. Als Legierungselement spielt es im Stahlguß im allgemeinen keine Rolle, außer für Sonderzwecke, wie z. B. für Dauermagnete, bei denen bis zu 30% Co zugesetzt wird.

1. Qualitative Prüfung

Diese verbindet man am besten mit der Prüfung auf *Nickel* (vgl. S. 582), dampft etwa die Hälfte des Filtrats der Zinkoxydfällung nahe zur Trockne ein und versetzt mit 10 cm³ konz. Salzsäure und einigen Tropfen salzsaurer Zinnchlorürlösung. Noch bei Gehalten unter 0,01% Co tritt eine deutliche Blaufärbung ein; bei Gehalten über 0,1% genügt es, dem nur zum Teil oder gar nicht eingeengten Anteil die 5fache Menge konz. Salzsäure und etwas Zinnchlorür zuzugeben. Auch mit Aceton und Rhodanid läßt sich Kobalt nachweisen (siehe bei 2. c)).

2. Quantitative Untersuchung

a) Gewichtsanalytisch. Ein zuverlässiges Verfahren ist die Fällung mit Nitroso-β-Naphthol ($C_{10}H_6OH(NO)$) und die Überführung des Niederschlags in Kobaltoxyduloxyd (Co_3O_4) [*1*].

Arbeitsvorschrift: Je nach der Zersetzlichkeit der Probe löst man 0,5 bis 2,5 g in 20 bis 75 cm³ Salzsäure mit nachfolgender Oxydation durch 1 bis 3 cm³ konz. Salpetersäure, oder bei hohen Kobaltgehalten in Salpetersäure oder schließlich in Königswasser. In allen Fällen dampft man zweimal mit Salzsäure auf ein kleines Volumen ein und spült Lösung und ausgeschiedene Kieselsäure (Graphit) in einem 500 cm³-Meßkolben. Man führt nun darin bei einem Volumen von etwa 250 cm³ bei Kochhitze die Eisenfällung in bekannter Weise mit alkali- und karbonatfreier Zinkoxydschlämme durch. Nach Abkühlung, Auffüllung zur Marke (will man bei hoher Einwaage das Volumen des Eisenhydroxyds berücksichtigen, so gibt je 1 g Eisen 0,7 cm³ Wasser *über* die Marke) und tüchtigem Umschütteln filtriert man unter Verwerfung des ersten Anteils durch ein 18,5 cm-Faltenfilter in einen 250 cm³-Meßkolben. Nach dem Umspülen in ein Becherglas säuert man die Lösung, die nunmehr die *Hälfte* der Einwaage enthält, mit 5 bis 8 cm³ konz. Salzsäure an, erhitzt zum Sieden und fällt mit der frisch bereiteten Reagenzlösung in geringem Überschuß (2 g Nitroso-β-Naphthol werden in 100 cm³ 50%iger Essigsäure gelöst und filtriert; 10 cm³ fällen 0,01 g Co). Mehr als 0,05 g Co soll in der Lösung nicht vorhanden sein. Der Niederschlag wird nach 1- bis 2stündigem Absitzen bei 60°C filtriert, zuerst mit heißer Salzsäure 1 : 5 und dann mit Wasser ausgewaschen. Nun streut man etwas Oxalsäure (rückstandfrei) auf das Filter, packt es sorgfältig in ein zweites Filter und erhitzt in einem bedeckten Porzellantiegel bis zum Verschwinden der brennbaren Gase. Darauf wird der Deckel entfernt und das Glühen, am besten im elektrischen Muffelofen, bei einer Temperatur von nicht über 900°C bis zur Umwandlung in Co_3O_4 mit 73,43% Co fortgesetzt. Die Fällung ist zu wiederholen, wenn der Kobaltgehalt gering oder der Nickelgehalt hoch ist.

b) Maßanalytische, potentiometrische und elektrolytische Verfahren. Als *maßanalytische* Betriebsverfahren für höhere Kobaltgehalte haben sich bei der Eisenuntersuchung die *zyanometrischen* und *jodometrischen* Verfahren eingebürgert.

Nach R. WEIHRICH [*2*] erhält man bei der zyanometrischen Methode, deren Durchführung im Abschnitt *Nickel* [2. b) S. 582] beschrieben ist und die Übung erfordert, bis zu 15% Co in etwa 40 min brauchbare Betriebswerte (Unterschiede ± 0,1 bis ± 0,2%). Der Titer ist mit einem Normalstahl von annähernd gleichen Kobaltgehalten zu kontrollieren.

Die jodometrische Bestimmung nach GRIESSMANN bzw. MALABRADE [*3*] beruht auf der Überführung des Kobalts und Mangans im Filtrat der Zinkoxydfällung [siehe 2. a)] in Kobalt- und Mangandioxyd durch Kochen mit Ammoniumpersulfat. Der ausgewaschene Niederschlag wird mit Jodkali und Salzsäure wieder in Lösung gebracht, wonach das dabei ausgeschiedene Jod mit Natriumthiosulfatlösung und Stärke zurücktitriert wird. Aus dem bekannten Mangangehalt läßt sich dessen Thiosulfatverbrauch berechnen und vom Gesamtverbrauch in Abzug bringen.

Bei einer schnell durchführbaren und genauen *potentiometrischen* Arbeitsweise nach G. MAASSEN und P. DICKENS wird die *überchlorsaure Lösung* der Probe mit Ammoniumcitrat, Ammoniak und Kaliumferrizyanid im Überschuß versetzt, wobei das zweiwertige Kobalt und Mangan einen äquivalenten Teil des Kaliumferrizyanids zu Kaliumferrozyanid reduzieren. Der nicht reduzierte Anteil wird mit einer Kobaltnitratlösung bekannten Gehaltes unter Anwendung einer Platinelektrode bis zum Potentialsprung titriert. Der sich hieraus durch Abzug ergebende Gesamtverbrauch an reduziertem Ferrizyanid ist noch um den rechnerisch ermittelten Verbrauch des bekannten Mangangehalts an Kobaltnitratlösung zu vermindern. 1 cm³ 0,1 n-Kaliumferrizyanidlösung enthält 0,03292 g Kaliumferrizyanid und zeigt 0,7368 g Kobalt an.

c) Photometrisch. Im Anschluß an das S. 583 beschriebene Verfahren zur photometrischen Nickelbestimmung im Filtrat der Zinkoxydfällung können sehr geringe Kobaltgehalte folgendermaßen genau bestimmt werden [*4*]:

250 cm³ der Stammlösung werden nach Ansäuern mit etwas Salzsäure in einem 400 cm³-Becherglas, breite Form, zur Trockne eingedampft (am besten über Nacht). Der Rückstand wird ohne Erwärmen mit konz. Salzsäure aufgenommen, mit 5 cm³ Zinnchlorürsalzsäure (150 g Zinnchlorür werden in 1 l konz. Salzsäure gelöst) versetzt, worauf mit konz. Salzsäure im 100 cm³-Meßkolben zur Marke aufgefüllt, geschüttelt und wenn nötig durch ein Glaswolle- oder Asbestfilter filtriert wird. Die mehr oder minder blaugefärbte Lösung wird in verschlossenen Küvetten bei einer Schichtdicke von 150 mm im weißen Licht und im Wellengebiet 660 mμ photometriert, wobei man die Vergleichsküvette statt mit Wasser besser mit konz. Salzsäure füllt, der ebenfalls Zinnchlorürlösung zugefügt wurde.

Berechnung für 2,5 g/500 cm³/250 cm³/100 cm³/150 mm/Filter S 66/Nitralampe-Pulfrichphotometer

$$\% \text{Co} = 0{,}0701 \cdot E$$

Nach diesem Verfahren erhält man bei einem Gehalt von 0,01% Co noch eine Extinktion von 0,143, so daß auch noch Gehalte bis zu etwa 0,002% Co erfaßt werden können. Liegen ausnahmsweise die Kobaltgehalte höher, so mißt man mit verringerter Schichtdicke oder verkleinertem Anteil.

Bei *höheren* Kobaltgehalten ist ein Einengen des Filtratanteils nicht nötig. Man versetzt nach einem von H. Pinsl [*5*] ausgearbeiteten Verfahren 25 cm³ in einen 100 cm³ Meßkolben überführten Filtratanteil mit 5 cm³ Zinnchlorürsalzsäure und füllt mit konz. Salzsäure zur Marke auf. Die Eichkurve stellt man nach der gleichen Arbeitsweise mit Normalstahl von bekanntem Gehalt auf.

Ohne Belästigung durch Salzsäuredämpfe läßt sich das Kobalt nach dem Azeton-Rhodanidverfahren nach E. Stengel bestimmen [*6*].

25 cm³ Filtratanteil von der Zinkoxydfällung werden in einem 100 cm³-Meßkolben mit 20 cm³ einer 25%igen Ammoniumrhodanidlösung und 0,02 g Fluornatrium versetzt und nach dem Durchschütteln mit Aceton bis nahe zur Marke und nach dem Abkühlen ganz zur Marke aufgefüllt. Man mißt im Quecksilberdampflicht mit Filter Hg 578 gegen Wasser.

Von Bogatzki [*7*] ist ein Verfahren angegeben, das gestattet, in Gegenwart des Eisens und der Eisenbegleiter die braunrote Farbe zu messen, die beim Versetzen von ammoniakalischen Kobaltlösungen mit Kaliumferrizyanid entsteht. B. Mader [*8*] geht für den gleichen Zweck von der Farbe des Kobaltrhodankomplexes aus.

Literatur

[*1*] Ilsinski, M., u. G. Knorre: Ber. dtsch. chem. Ges. Bd. 18 (1885) S. 699; P. Slavik: Chemiker-Ztg. Bd. 38 (1914) S. 514 und A. Eder Bd. 46 (1922) S. 430 sowie Handbuch für Eisenhüttenlabor. Düsseldorf: Verlag Stahleisen. — [*2*] Weihrich, R., u. A. Winkler: Die chem. Analyse in der Stahlindustrie. Stuttgart: Verlag Ferd. Enke (1954) S. 70/71. — [*3*] Malaprada, L.: Z. analyt. Chemie Bd. 86 (1931) S. 251 und wie unter [*2*] S. 71. — [*4*] Pinsl, H.: Arch. Eisenhüttenwes. Bd. 13 (1940) S. 335. — [*5*] Pinsl, H.: Die Neue Gießerei Bd. 36 (1949) S. 380/86. — [*6*] Stengel, C.: Chem. Bd. 56 (1943) S. 47/49. — [*7*] Bogatzky, G.: Arch. Eisenhüttenwes. Bd. 17 (1943/44) S. 125/26. — [*8*] Mader, B.: Chemie Bd. 56 (1943) S. 215/18.

XIX. Molybdän

Molybdänlegiertes Gußeisen hat im allgemeinen Gehalte zwischen 0,3 bis 0,6%, in Sonderfällen bis zu 1,25%. Die Beilegierung von Molybdän verfeinert die Grundmasse, erhöht verschiedene Festigkeitseigenschaften, die Korrosions- und Anlaßbeständigkeit und vermindert sehr stark die Wandstärkenempfindlichkeit. Werkzeug-, Bau- und Schnelldrehstähle enthalten meist weniger als 1% Mo, Sonderstähle bis zu 10% neben Chrom, Nickel, Wolfram und Vanadin.

1. Qualitative Prüfung

Diese kann man mit Hilfe der rotbraunen Färbung von Molybdänionen durch Rhodanidsalze analog den im Abschn. 2. *a*) beschriebenen photometrischen Verfahren *ohne* oder — bei Anwesenheit störender Elemente — *mit* deren vorhergehender Abtrennung durch Natronlauge vornehmen, indem man der sauren Lösung oder einem angesäuerten Anteil des alkalischen Filtrats Rhodankali- und Zinnchlorürlösung zusetzt. Noch empfindlicher ist die Reaktion mit *Kaliumxanthogenat*; bei Zugabe dieses Reagenzes zu einem anderen mit Salzsäure angesäuertem Filtratanteil entsteht bei Gegenwart von Molybdän eine rotviolette Farbe [*1*].

2. Quantitative Untersuchung

a) Gewichtsanalytisch. Die beiden bekanntesten Verfahren beruhen auf der Bestimmung als Molybdäntrioxyd (MoO_3) (nach vorausgehender Abscheidung als Sulfid) oder als Bleimolybdat ($PbMoO_4$). Bei Abwesenheit von *Wolfram* kann das folgende Bleimolybdat-Verfahren ohne zeitraubende doppelte Schwefelwasserstoff-Fällung ausgeführt werden [*2*].

Bei weniger oder mehr als 3% Pb werden 4 oder 2 g der Probe in verdünnter oder konz. Salzsäure gelöst (80 bzw. 50 cm³). Die Lösung wird mit überschüssigem Kaliumchlorat oxydiert und das freie Chlor durch Kochen verjagt. Nun stumpft man die freie Säure mit Natronlauge bis auf einen kleinen Rest ab und gibt 25 cm³ einer 20%igen Natriumsulfitlösung zu, um das Vanadat zu V_2O_4, Chromat zu Chromisalz und einen Teil des Eisens zu Ferrosalz zu reduzieren[1]. Die zum Sieden erhitzte Lösung wird in einen mit 120 cm³ kochender Natronlauge (5%ig) beschickten 500 cm³-Meßkolben unter Umschütteln quantitativ eingegossen. Danach folgt nach Abkühlung und Auffüllung eine partielle Filtration und hierauf die Entnahme eines Anteils von 250 cm³ (½ Einwaage!). Diese Lösung wird mit Salpetersäure angesäuert, ausgekocht, dann mit Ammoniak eben alkalisch gemacht und mit Essigsäure schwach angesäuert (1 bis 2 cm³ Überschuß). Nach Zugabe von 20 g festem Ammoniumazetat[2] fällt man bei Siedehitze mit 25 cm³ kochender Bleiazetatlösung (65 g $Pb(CH_3COO)_2 + 3\,H_2O$ unter Zugabe von etwas Essigsäure zu 1 Liter gelöst) und setzt das Kochen (20 bis 30 min) fort, bis der Niederschlag sich zusammenballt. Dann filtriert man durch einen Porzellan- oder Glasfiltertiegel, wäscht mit heißer 2%iger Essigsäure und am Schluß mit Wasser aus. Nach Erhitzen bis ca. 300 °C wird das Bleimolybdat zurückgewogen; es enthält 26,13% Mo.

Verwendet man ein Filter (mit Filterbrei), so muß die Veraschung bei ca. 400 °C geschehen; restliche Kohleteilchen werden durch Erhitzen auf 500 bis 600 °C verbrannt.

b) Maßanalytische Verfahren. Die Vorbehandlung der Probe wird einschließlich der Natronlaugetrennung ebenso wie bei dem gewichtsanalytischen Bleimolybdat-Verfahren 2. a) vorgenommen. Salpetersäure darf nicht zugegen sein. Ein mit Schwefelsäure im Überschuß versetzter Anteil des alkalischen Filtrats wird mit Zink reduziert, worauf man die nunmehr das Molybdän in der Mo_2O_3-Stufe enthaltene Lösung unmittelbar in ein Fe(III)-sulfatlösung einfließen läßt. Das dabei durch Umsetzung (10 Mo = 30 Fe) entstandene Ferrosulfat wird in bekannter Weise mit Kaliumpermanganatlösung auf Rotfärbung titriert. Der mit Natriumoxalat ermittelte Eisentiter, vermehrt mit 0,5731, ergibt den Molybdäntiter [*3*].

Wegen der großen Luftempfindlichkeit der reduzierten dreiwertigen Molybdänlösung ist die Reduktion in einem mit granuliertem Zink beschickten JONES-Reduktor zuverlässiger[3]. Der mit Schwefelsäure im Überschuß versetzte Anteil wird bei 70 bis 80 °C mit 5 g Zink vorreduziert, worauf man die Lösung zur restlichen Reduktion durch den Reduktor direkt in die mit Ferrisalz beschickte Vorlage einfließen läßt und anschließend die Permanganat-Titration durchführt. Bezüglich der umfangreichen Einzelheiten muß auf das Schrifttum verwiesen werden [*4*].

c) Potentiometrische Verfahren. Auch hierfür kann man die *Vorbehandlung* der Probe bis einschließlich der Natronlauge-Trennung in der in den Abschnitten b) und c) angegebenen Weise durchführen. Im Filtrat oder — bei partieller Filtration — in einem aliquoten

[1] Die Gegenwart von Fe'' neben Fe''' ist nötig, um bei der anschließenden Natronlaugebehandlung eine vollständige Abtrennung des Vanadins zu erzielen.

[2] Um bei Gegenwart von Sulfaten Bleisulfat in Lösung zu halten.

[3] Ebenso mit Zinkamalgam in einem verschlossenen Schüttelapparat.

Anteil wird nach dem Ansäuern das Molybdän unter Einleitung von Kohlensäure mit Zinnchlorür potentiometrisch [*5*] bestimmt.

Bei einem Verfahren von E. SCHAEFER [*6*] wird das Molybdän nebst Kupfer aus der salzsauren Lösung mit Natriumsufid ausgefällt. Nach der Veraschung und Reinigung (Lösen in HCl, Ammoniakfällung und Filtration) titriert man mit Titantrichloridlösung (Kalomelelektrode als Umschlagselektrode). Kupfer kann gleichzeitig mittitriert werden; den Beginn der Molybdänreduktion erkennt man an der Rotfärbung durch zugesetztes Rhodanidsalz.

Bei einem von P. KLINGER, E .STENGEL und W. KOCH [*7*] ausgearbeiteten Verfahren wird das in der Vorbehandlung erhaltene 3wertige Molybdän durch potentiometrische Titration mit Kaliumchromatlösung in das 4wertige übergeführt. Kupfer und Wolfram müssen vorher entfernt werden; Titan wird mittitriert.

d) Photometrische Verfahren. Ein vielfach angewendetes Schnellverfahren zur Bestimmung des Molybdäns in einfach und höher legiertem Eisen wurde von A. EDER [*8*] ausgearbeitet. Es beruht auf der Messung der Färbung (gelb bis braunrot), die durch Rhodanidsalze bei Gegenwart von Zinnchlorür hervorgerufen wird, und erfordert Trennungen nur bei Gehalten von mehr als 1,5% Cu, 15% Co und mehr als dem Fünffachen des vorhandenen Molybdäns an Vanadin.

α) Arbeitsweise nach A. EDER *bei Abwesenheit störender Elemente.* Erforderliche Lösungen [für *α*) u. *β*)]:

Schwefel-Phosphorsäure:	150 cm³ Schwefelsäure (1,84) + 150 cm³ Phosphorsäure (1,7) mit Wasser zum Liter verdünnt.
Zinnchlorürlösung:	100 g Zinnchlorür unter schwachem Erwärmen in 100 cm³ Salzsäure (1,19) gelöst und mit Wasser auf 1 Liter verdünnt. (In CO_2-Atmosphäre aufbewahren.)
Natriumrhodanidlösung:	250 g Natriumrhodanid mit Wasser zu 1 Liter gelöst[1].
Ferrosulfatlösung:	250 g ($FeSO_4 + 7\,H_2O$) mit Wasser zu 1 Liter gelöst.
Ferrisulfatlösung:	145 g Ferrisulfat unter Zusatz von etwas Schwefelsäure mit Wasser zum Liter gelöst.

0,5 g Späne werden in einem 150 cm³-Erlenmeyerkolben in 30 cm³ Schwefel-Phosphorsäure gelöst und, nach der Oxydation mit konz. Salpetersäure, bis zum Auftreten weißer Dämpfe, aber ohne Salzabscheidung, abgeraucht[2]. Nach dem Aufnehmen mit Wasser und Erhitzen bis zum Klarwerden wird die, eventuell filtrierte, Lösung in einem 250 cm³ Meßkolben bis zur Marke aufgefüllt. Je 10 cm³ Anteile in 50 cm³ Meßkolben werden unter jedesmaligem Schütteln mit folgenden Reagenzien versetzt:

	Versuchslösung in Kolben 1	Vergleichslösung in Kolben 2
Wasser	20 cm³	25 cm³
Schwefelsäure 1 : 1	10 cm³ (anschließend abkühlen 12 °C)	10 cm³ w. n.
Natriumrhodanidlösung	5 cm³	—
Zinnchlorürlösung	5 cm³ (Endtemperatur nicht > 20 °C)	5 cm³

Nach höchstens 5 min Wartezeit werden beide Lösungen im Wellengebiet 546 oder 470 mμ gegeneinander gemessen. Die Eichkurven werden mit Normalproben von bekannten Molybdängehalten aufgestellt. Bei Reihenanalysen bestimmter Sorten ist es zweckmäßig, den Eichfaktor mit Proben ähnlicher Gesamtzusammensetzung festzulegen.

Bei dem etwas abgeänderten Verfahren von R. WEIHRICH [*9*] wird die Probe wie oben gelöst, jedoch unterbleibt das Abrauchen der Schwefelsäure. Man oxydiert statt mit Salpetersäure mit 30 cm³ einer 2,5%igen Kaliumpermanganatlösung, kocht auf, reduziert mit 15 bis 20 cm³ einer 6%igen schwefligen Säure und vertreibt deren Überschuß durch weiteres 3 min langes Kochen. Dann spült man in einen 250 cm³-Meßkolben über und verfährt weiter wie nach EDER. Die Rhodankali- und Zinnchlorürlösung wird zusammen in *einem* Guß zugegeben.

K. DIETRICH und K. SCHMITT [*10*] lösen 1 g der Probe in 30 cm³ Salzsäure-Phosphorsäure [1000 cm³ HCl (1,12) + 65 cm³ Phosphorsäure (25%ig)], oxydieren mit 1 g Kaliumchlorat und vertreiben das freie Chlor durch Kochen. Nach annähernder Neutralisation mit Natronlauge und schwachem Ansäuern wird aufgekocht und die Lösung in einen mit

[1] Oder Kaliumrhodanidlösung.

[2] Schwer lösliche Proben werden vor dem Zusatz der Schwefel-Phosphorsäure durch Erhitzen mit Salzsäure oder verdünntem oder konz. Königswasser in Lösung gebracht.

50 cm³ einer 16%igen Natronlauge beschickten 500 cm³-Meßkolben übergeführt und zur Marke aufgefüllt. Aus dem Filtrat der partiellen Filtration werden 50 cm³ mit 10 cm³ einer 10%igen *Rhodankalilösung* und hierauf mit 15 cm³ einer salzsauren *Zinnchlorür-Lösung* (21,2 g in 100 cm³ Salzsäure 1 : 1) versetzt. Gemessen wird innerhalb 5 min gegen Wasser oder einen zweiten Anteil ohne Rhodanidzusatz.

β) Arbeitsweise nach A. Eder *bei höheren Gehalten an Kobalt, Vanadin, Kupfer.* Nach dem Lösen und Abrauchen wie bei *α*) wird mit 50 cm³ Wasser aufgenommen und die Lösung mit 4n-Natronlauge bis zum Auftreten eines bleibenden Niederschlags versetzt, der durch einige Tropfen Schwefelsäure wieder aufgelöst wird. Bei Gegenwart von Vanadin setzt man auch noch 10 cm³ der Ferrosulfatlösung zu und spült das Ganze in einen mit 60 cm³ kochender 4n-Natronlauge beschickten 250 cm³-Meßkolben über und schüttelt kräftig durch. Nach der partiellen Filtration werden 2 mal je 10 cm³ Anteile in 50 cm³-Kolben entnommen und unter Beachtung der bei *α*) angegebenen Temperaturen mit folgenden Zusätzen versehen:

	Versuchslösung	Vergleichslösung
Wasser	19,8	24,8
Schwefelsäure 1 : 1	10,0	10,0
Ferrisulfatlösung	0,2	0,2
Natriumrhodanidlösung	5,0	—
Zinnchlorürlösung	5,0	5,0

Photometriert wird wie bei *α*).

Bei Gehalten über 0,8% werden die vorgeschriebenen Anteile aus entsprechend verdünnten Anteilen der Stammlösung entnommen. Bei Gehalten unter 0,1% Mo werden 2 mal 25 cm³ der Stammlösung verwendet. In diesem Falle beträgt der Schwefelsäure- und Ferrisulfatzusatz je 14,5 bzw. 0,5 cm³, der Rhodanid- und Zinnchlorürzusatz bleibt derselbe, und vom Wasser werden nur bei der Vergleichslösung 5 cm³ zugefügt.

Literatur

[*1*] Malowan, S. L.: Z. analyt. Chem. Bd. 79 (1930) S. 201. — [*2*] Werz, W.: Z. analyt. Chem. Bd. 100 (1935) S. 231; H. Yagoda und H. A. Fales: ebenda Bd. 111 (1938) S. 416; ferner R. Weihrich: Die chemische Analyse in der Stahlindustrie. Stuttgart: Verlag Ferd. Enke (1954) S. 57. — [*3*] Nach D. Rendalls: Z. analyt. Chem. Bd. 65 (1924) S. 113. — [*4*] Döring, Th.: Z. analyt. Chem. Bd. 82 (1930) S. 193 und Bd. 75 (1928) S. 457 sowie Handbuch für die Eisenhüttenlabor. Düsseldorf: Verlag Stahleisen (1941) S. 127/29. — [*5*] Dickens, P., und R. Brennecke: Mitt. K.-Wilh.-Inst. Eisenforschg. Bd. 14 (1932) S. 249/59 und Arch. f. Eisenhüttenw. Bd. 6 (1932/33) S. 437/44. — [*6*] Schaefer, E.: Arch. Eisenhüttenw. Bd. 11 (1937/38) S. 297/302. — [*7*] Klinger, P., E. Stengel und W. Koch. — [*8*] Eder, A.: Arch. Eisenhüttenw. Bd. 11 (1937/38) S. 185/87 und P. Klinger: ebenda Bd. 14 (1940/41). — [*9*] Weihrich, R.: Die chemische Analyse in der Stahlindustrie. Stuttgart: Verlag Ferd. Enke (1954) S. 183/84. — [*10*] Dietrich, K., und K. Schmidt: Z. Metallwirtschaft Bd. 27 (1938) S. 88/89.

XX. Aluminium

Geringe Aluminiumgehalte (< 0,1%) gelangen in den Stahl und auch in das Gußeisen durch Zusatz von Desoxydationsmitteln. Darüber hinaus werden zur Erzielung bestimmter Eigenschaften (Alterungsbeständigkeit, Zunderfreiheit, Nitrierhärtung) 0,2 bis > 2,0% Aluminium absichtlich beilegiert. Das Element ist dann in fester Lösung (Mischkristall), zum Teil auch als Oxyd oder Nitrid vorhanden.

1. *Qualitative Prüfung*

In der nach der unter 2. a) *α*) angegebenen Vorschrift hergestellten Lösung von 0,2 bis 0,5 g der Probe (einschl. der Lösung des Rückstandaufschlusses) wird das Eisen entweder direkt oder nach vorhergehender Ausätherung mit überschüssiger Kalilauge abgetrennt. In einigen Tropfen des Filtrats weist man dann vorhandenes Aluminium nach Egrive [*1*] nach schwachem Ansäuern und Zusatz einer gesättigten Lösung von *Morin* in Methylalkohol und überschüssigem festen Natriumazetat durch die auftretende *Fluoreszenz*. oder auch mit *Alizarin* nach.

2. *Quantitative Untersuchung*

a) Bestimmung des Gesamtgehaltes an Aluminium. Eine große Anzahl der vielen im Schrifttum angegebenen Verfahren ist vom Chem. Ausschuß des VDEh einer umfangreichen und genauen Nachprüfung unterzogen worden, worüber P. Klinger [*2*] in zwei

Veröffentlichungen ausführlich berichtete. Von den vorgeschlagenen drei Hauptverfahren wird nachstehend die *Phosphatfällung* etwas eingehender beschrieben, die *Hydroxyd-* und *Oxinfällung* kurz skizziert.

α) *Vorbereitung der Lösung mit Abtrennung des Eisens durch Ausätherung.* Bei sehr niedrigen Al-Gehalten und hohen Einwaagen ist die *Ausätherung* des Eisens geboten, soweit man sich nicht zu den unter 2. *a*) *β*) erwähnten Arbeitsweisen entschließt.

10 g der Probe werden wie bei dem Salzsäureverfahren zur Si-Bestimmung behandelt (vgl. S. 552). Mit Rücksicht auf die Flüchtigkeit von Aluminiumchlorid soll die Trockentemperatur von 130 °C nicht überschritten werden. Das nach der Filtration stark eingeengte Filtrat wird in der Hitze anteilweise mit etwas überschüssiger verdünnter Salpetersäure (1 : 1) aufoxydiert, worauf man die *klar* gewordene Flüssigkeit 2mal mit konz. Salzsäure zur *völligen* Vertreibung der Salpetersäure zur Sirupdicke eindampft[1], darauf sorgfältig *ausäthert* und die erhaltene fast eisenfreie Lösung zur Vertreibung des Äthers wiederum weitgehend einengt. Während der Eindampfungen verascht, glüht und fluoriert man den abfiltrierten Rückstand (Graphit und Kieselsäure mit Tonerde und sonstigen Verunreinigungen) und schließt einen jetzt noch verbleibenden Rückstand mit wenig Kaliumpyrosulfat auf. Die wässerige Lösung der Schmelze wird mit der *ausgeätherten* Lösung vereinigt.

Phosphatfällung. Man entfernt aus der wie oben vorbereiteten Gesamtlösung Kupfer (Platin) durch Einleiten von Schwefelwasserstoff in der Wärme, verjagt nach dem Filtrieren das im Filtrat gelöste Gas durch Kochen, verdünnt und führt die Phosphat-Thiosulfatfällung genau so aus, wie sie bei der Analyse der Kupolofenschlacke (S. 619) geschildert ist, wobei natürlich die dort vorgeschaltete Azetattrennung nicht nötig ist. Das erhaltene geglühte Aluminiumphosphat ist in den seltensten Fällen ganz rein. So wird bei der Untersuchung von Roh- und Gußeisen immer Titanphosphat mit ausfallen, wodurch die Bestimmung sehr niedriger Aluminiumgehalte weitgehend beeinflußt werden könnte. Man glüht deshalb den Phosphatniederschlag gleich nach der *ersten* Fällung und schließt ihn mit Natriumkarbonat auf. Das gebildete wasserlösliche Aluminat filtriert man vom unlöslichen Metatitanat ab, wäscht mit natriumkarbonathaltigem Wasser aus und wiederholt im Filtrat, nach einer *Zwischenfällung* mit Ammoniak, die Phosphatfällung. Das Aluminiumphosphat ($AlPO_4$) enthält 22,10% Al.

Auch vorhandenes *Chrom* und *Vanadin* kann ganz oder teilweise in den Phosphatniederschlag gehen. Bei dem oben erwähnten Karbonataufschluß wird das Chromisalz in Chromat übergeführt und kann durch die Ammoniakfällung [2. a) α) Oxyd- u. Oxinverfahren] in der *schwefelsauer* gemachten Aluminatlösung vom Aluminium getrennt werden. Bei Gegenwart von Vanadin löst man dann den chromfreien Niederschlag in Salzsäure und wiederholt nach Zusatz von überschüssigem Wasserstoffsuperoxyd (Bildung von Pervanadinsäure) die Ammoniakfällung so oft, bis in der Lösung des Niederschlags keine Vanadinreaktion mit Superoxyd mehr auftritt. In dieser titan-, chrom- und vanadinfreien Lösung wird dann die Tonerde als Phosphat bestimmt.

Bei einem neuen Verfahren nach M. AVEN und H. FREISE [*3*] wird das Eisen aus der mit Wasserstoffsuperoxyd aufoxydierten schwach *schwefelsauren* Lösung als Eisenthyozyanatkomplex mit n-Butylphosphat ausgeschüttelt. In der wäßrigen eisenfreien Lösung wird das Butylsalz durch Abrauchen mit konz. Schwefelsäure zerstört und nach einer zwischengeschalteten Natronlaugetrennung das Aluminium als Phosphat gefällt.

Oxyd- und Oxinverfahren. Bei dem *Oxydverfahren* wird die Tonerdefällung in der ausgeätherten Lösung unter Zusatz von 10 g Ammoniumchlorid und einigen Tropfen Methylrot in der Weise vorgenommen, daß man zu der siedenden Lösung tropfenweise Ammoniak bis zum Umschlag in Gelb gibt. Der Niederschlag wird mit 2 %igem Ammoniumnitrat und

[1] Durch Oxydation mit überschüssigem Wasserstoffsuperoxyd kann man die Behandlung mit Salpetersäure und das zeitraubende wiederholte Eindampfen vermeiden, so daß man nur einmal zur Sirupdicke einengen muß, wobei noch das freie Chlor entfernt wird.

ganz schwach ammoniakhaltigem Wasser (Umschlag der Methylrotfarbe in Gelb) ausgewaschen und mit dem Filter verascht (nicht geglüht). Bei geringem Ammoniaküberschuß gehen außer dem Mangan auch die Elemente Kupfer, Molybdän, Nickel und Kobalt in das Filtrat. Vorhandenes Titan beseitigt man wie bei der Phosphatfällung durch doppelten Aufschluß des veraschten Niederschlags mit Natriumkarbonat, fällt aus dem Wasseraufguß das als Manganat in Lösung gegangene Mangan mit 1 bis 2 cm³ Alkohol, filtriert und wiederholt in dem angesäuerten Gesamtfiltrat die Ammoniakfällung. Die geglühte Tonerde wird zur Beseitigung von Kieselsäure wie üblich fluoriert und nochmals bei ca. 1200 °C geglüht und gewogen. Der in der Tonerde enthaltene *Phosphor* wird durch eine Kaliumpyrosulfatschmelze in Lösung gebracht, genau bestimmt und als Phosphorpentoxyd von der Auswaage in Abzug gebracht. Al-Gehalt von $Al_2O_3 = 52{,}91\%$.

Beim *Oxinverfahren* unterzieht man die ausgeätherte Lösung zuerst wie oben der Ammoniakfällung und trennt aus der Auflösung des ausgewaschenen Niederschlags Eisen und Titan vom Aluminium mit Kalilauge. In dem vorher salzsauer gemachten und dann mit Weinsäure und überschüssigem Ammoniak versetzten Filtrat fällt man das Aluminium mit 8-Oxychinolin (Oxin) und bestimmt es im Niederschlag *maßanalytisch* nach der Bromid-Bromat-Methode oder *gewichtsanalytisch* als Oxin.

Beilegiertes Wolfram wird bereits bei der Vorbehandlung zur Ausätherung abgeschieden. Ist Chrom zugegen, so verwandelt man es (auch beim Oxydverfahren) *vor* der Ammoniakfällung durch Erhitzen der stark eingeengten und dann mit 20 cm³ konz. Salpetersäure und 6 bis 8 g Kaliumchlorat versetzten ausgeätherten Lösung in Chromat. Andere Legierungselemente (Ti, V, Cu, Mo) stören beim Oxinverfahren nicht.

β) *Beschleunigte Verfahren ohne Ausätherung.* Man kann in der nach 2. a) α) hergestellten siliziumfreien und alles Aluminium enthaltenden Lösung die *Phosphatfällung* auch bei Gegenwart größerer Eisenmengen (bis zu 10 g) durchführen, wenn man bei der Neutralisation mit Ammoniak (unter Kühlung) sorgfältig unter am Schluß tropfenweisem Zusatz den Punkt erreicht, wo blaues Lackmuspapier beim Tüpfeln eben noch gerötet wird. Nach Zugabe der vorgeschriebenen 4 cm³ verdünnter Salzsäure (1 : 1) wartet man die Klärung der Flüssigkeit ab und führt die weitere Behandlung wie unter 2. a) α) Phosphatfällung durch.

Ist *viel* Titan zugegen, so muß die Phosphatfällung in Gegenwart des Eisens in einer etwas abgeänderten Form vorgenommen werden[1].

Will man, besonders bei niedrigeren Al-Gehalten, doch das Eisen vor der Fällung abtrennen, so spült man nach H. VOIGT [*4*] die eisenhaltige Gesamtlösung in einen 500 cm³-Jenaer Meßkolben, gibt gesättigte, aluminiumfreie Kalilauge in genügendem Überschuß zu, schüttelt stark durch und läßt 3 Stunden stehen. Nach Auffüllen zur Marke und nochmaligem kräftigen Durchschütteln filtriert man in einen 250 cm³-Meßkolben bis zur Marke (= $^1/_2$ Einwaage), spült die titanfreie Flüssigkeit in ein 600 cm³-Becherglas und verfährt wie üblich weiter.

Nach einem Verfahren von C. M. JOHNSON [*5*] wird die Trennung der Hauptmenge des Eisens vom Aluminium in der Weise vorgenommen, daß man die Probe, am besten unter Luftabschluß, in verdünnter Schwefelsäure (1 : 6) löst, vom Unlöslichen abfiltriert und die mit der Lösung des Rückstandaufschlusses vereinigte Ferrosalzlösung so lange mit Ammoniak versetzt, bis der rötliche Niederschlag sich schwarz färbt, wonach er neben dem Aluminium etwa 3 bis 4% Eisen enthält. Die salzsaure Lösung des ausgewaschenen Niederschlags wird mit Natriumkarbonat neutralisiert und mit Natriumsuperoxyd und überschüssigen 5 g Natriumkarbonat versetzt. Nach dem Aufkochen wird filtriert und im titanfreien Filtrat nach Ansäuern das Aluminium durch eine Ammoniakfällung von evtl. vorhandenem *Chromat* abgetrennt und wie üblich bestimmt.

---

[1] Reduktion der Lösung bei 60 bis 70 °C mit Thiosulfat, Zugaben von Ammoniak bis zur Gelbfärbung vom Methylrotindikator, dann von 4 cm³ Salzsäure (1,124), 30 cm³ 80%iger Essigsäure und nach Erhitzen zum Sieden 20 cm³ Ammoniumphosphatlösung; 15 min lang kochen, Abgießen der überstehenden Flüssigkeit, Zugabe von 40 cm³ heißem Wasser und je 4 cm³ Essigsäure, Thiosulfat und Phosphat und filtrieren.

b) Photometrische Aluminiumbestimmung. Von W. KOCH [6] wurde die Farbreaktion mit *Eriochromzyanin* auf die Aluminiumbestimmung in Eisen übertragen. Die schwefelsaure Lösung von 0,2 bis 0,5 g der Probe wird in einem Elektrolysengefäß mit Platinanode und Quecksilberkathode elektrolysiert (Stromstärke 3 Amp.). In der vom Quecksilber getrennten, nunmehr eisen-, mangan-, kupfer-, chrom-, nickel- und kobaltfreien Lösung photometriert man die weinrote Farbe des nach genau festgelegten Arbeitsbedingungen erzeugten Aluminiumkomplexes im Wellengebiet 563 mμ. Der Zeitbedarf beträgt etwa 1 Std.

Nach einem neueren Verfahren von L. C. ICKENBERG und A. THOMAS [7] wird in der Lösung von 1 bis 2 g Einwaage das Eisen durch Schütteln mit Isopropyläther in einem Scheidetrichter entfernt. Nach der Trennung der beiden Schichten werden störende Elemente durch *Kupferon* beseitigt. Das Filtrat wird mit Überchlorsäure abgeraucht und auf ein Volumen von 200 cm³ gebracht. Für Gehalte von 0,12 bis 0,002% Al entnimmt man Anteile von 5 bis 20 cm³ in einen 200 cm³-Meßkolben, verdünnt mit 100 bis 150 cm³ Wasser und setzt 5% 0,1%ige wässerige Eriochromzyanid-R-Lösung zu. Nach 5 bis 7 min Wartezeit gibt man 15 cm³ Pufferlösung (40%ige Natriumazetatlösung) bei niederen u. 20 cm³ bei höheren Anteilen zu und photometriert innerhalb 5 bis 7 min. Die Eichkurven müssen für jeden Pufferanteil mit Standardproben gesondert hergestellt werden.

3. Bestimmung der Tonerde

Durch Behandlung der Eisenspäne mit stark verdünnter Salz- oder Salpetersäure läßt sich das metallische Aluminium von der unlöslichen Tonerde trennen[1].

Da es sich meist um sehr geringe Gehalte handelt, muß mit größeren Einwaagen (10 bis 50 g) gearbeitet werden. Die Späne werden in Salzsäure 1 : 6 (700 cm³ je 25 g Einwaage) bei einer Temperatur von 60 bis 70 °C gelöst. Der abfiltrierte und gut ausgewaschene Rückstand wird verascht (nicht stark geglüht) und mit Fluß- und Schwefelsäure abgeraucht. Den Abrauchrückstand schließt man mit Kaliumpyrosulfat bis zur klaren Schmelze auf und löst diese nach dem Erkalten in Wasser. In dieser Lösung bestimmt man die Tonerde nach dem Phosphatverfahren 2. a) α), evtl. mit vorhergehender Abtrennung von Titan durch eine Kalilaugefällung.

In dem eisenhaltigen ersten Filtrat vom Lösungsrückstand kann man die Bestimmung des in Lösung gegangenen metallischen Aluminiums, bei großer Einwaage nach entsprechender Teilung, nach einem der unter 2. angegebenen Verfahren bestimmen.

Literatur

[1] EGRIVE, E.: Z. anal. Chem. Bd. 76 (1929) S. 438/43. — [2] KLINGER, P.: Arch. Eisenhüttenw. Bd. 8 (1934/1935) S. 337/45 und Bd. 13 (1939/40) S. 21/36; Berichte 103 und 132 des Chem. Aussch. VDEh. Ferner Bd. I S. 67/80. — [3] AVEN, M., und H. FREISE: Analyt. Chemistry Bd. 23 (1951) S. 1806; Referat Z. anal. Chem. Bd. 138 (1953) S. 219. — [4] Wie bei [2] Bd. 13 (1939/40). — [5] JOHNSON, C. M.: Rapid Methods for the Chemical Analysis of Steels, London: Chapman u. Hall Ltd. (1930) S. 189. — [6] KOCH, W.: Techn. Mittlg. Krupp, Forschungsber. Nr. 2 (1938) S. 37/46 und Bd. V S. 22.

XXI. Arsen

Der Arsengehalt von Roh- und Gußeisen liegt zwischen wenigen tausendstel und einigen hundertstel Prozent. Er kann, z. B. bei der Agglomerierung und Verhüttung arsenreicher Kiesabbrände, höher steigen und dann die Eigenschaften des Gußeisens ungünstig beeinflussen. Im Stahl rechnet man im allgemeinen mit Gehalten zwischen 0,02 und 0,04%.

1. Qualitative Prüfung

Sehr empfindlich ist die Reaktion mit Zinnchlorür nach BETTENDORF. Man führt sie am einfachsten nach dem unter 2b) beschriebenen Verfahren durch, wobei man für qualitative Zwecke auf einen Rückflußkühler verzichten kann.

[1] Bei sehr großem Feinheitsgrad der Einschlüsse weist auch die Tonerde eine gewisse Löslichkeit in Salzsäure auf.

2. *Quantitative Untersuchung*

Fast ausschließlich angewendet wird das Destillationsverfahren, bei dem das Arsen als flüchtiges Trichlorid vom Eisen und den Eisenbegleitern getrennt wird und im Destillat maß- oder gewichtsanalytisch bestimmt werden kann. Daneben sind auch Schnellmethoden zur Abscheidung des Arsens in elementarer Form ohne Destillation bekannt.

a) Destillationsverfahren. α) *Lösung und Destillation.* Will man nur mit *Salzsäure* lösen, so bringt man eine Mischung von 10 g Spänen und 10 g Kaliumchlorat in einen Lösungskolben mit aufgesetztem Trichter und Abführungsrohr, das an eine mit 2 cm³ Salzsäure angesäuerte 5%ige Kaliumchloratlösung beschickte Vorlage angeschlossen ist. Die Lösung wird durch tropfenweisen Zusatz von 100 cm³ Salzsäure (1:1) unter gelegentlicher Kühlung und späterer Erwärmung bewirkt; auftretende flüchtige Arsenverbindungen werden in der Vorlage zurückgehalten. Die vereinigten Lösungen werden bei 80 bis 90 °C (nicht bei Siedehitze) auf ca. 80 cm³ eingeengt und dann in den Destillationskolben übergeführt.

Zur sicheren Vermeidung von Arsenverlusten ist nach STADELER [*1*] das Lösen in Brom oder Salpetersäure (ohne Vorlage) empfehlenswert. Im ersteren Falle gibt man in einem hohen Becherglas zu 10 g Spänen 200 cm³ Wasser und 10 g Brom, kühlt nach dessen Verbrauch ab und versetzt nochmals mit 10 g Brom. Nach beendigtem Lösen engt man bei 70 bis 80 °C auf ca. 80 cm³ ein. Zum Lösen in *Salpetersäure* verwendet man 100 cm³ (1:1), dampft zur Trockne, röstet bei 300 °C Plattentemperatur bis zur Vertreibung der Stickoxyde und nimmt mit 80 cm³ Salzsäure (1,19) unter Erwärmen und portionsweisem Zusatz von insgesamt ca. 5 g Kaliumchlorat auf.

Bei der Untersuchung von Roh- und Gußeisen müssen die Lösungen vor der Überführung in den Destillationskolben vom Graphit und der Kieselsäure abfiltriert (am besten durch Asbest) und mit heißer Salzsäure ausgewaschen werden. Eine weitere Behandlung des Rückstandes ist hier nicht nötig, wohl aber bei ungelösten Anteilen an Stählen. Nach Aufschluß mit Natriumsuperoxyd im Nickeltiegel kann man den wässerigen Auszug mit der Hauptlösung vereinigen.

Die nach den verschiedenen Verfahren erhaltene Lösung wird im Kolben der Destillationsapparatur zur Reduktion des fünfwertigen Arsens mit 50 cm³ Salzsäure (1:1) und 6 g Hydrazinsulfat oder 25 g Ferrochlorid sowie 2 g Kaliumbromid versetzt und bis auf ein Volumen von 50 cm³ abdestilliert; die Destillation wird nach nochmaligem Zusatz von 100 cm³ Salzsäure (1:1) wiederholt. Die Destillationsapparaturen sollten nur Schliffverbindungen haben und so konstruiert sein, daß das Übergehen von Eisen-(III)- und Antimonchlorid verhindert wird. Abb. 15a u. b zeigt eine neuerere Ausführung. Als Vorlage benützt man einen 500 cm³-Erlenmeyerkolben oder einen Zylinder (breite Form), der mit angesäuertem Wasser beschickt ist, in das der Kühler knapp eintaucht [*2*].

Antimongehalte unter 1% stören bei der Destillation nicht.

β) *Bestimmung des Arsens im Destillat. Gewichtsanalytisch.* Man leitet in der Kälte Schwefelwasserstoff ein[1], bis sich das Arsentrisulfid zusammenballt, filtriert durch einen Porzellan- oder Glasfiltertiegel, wäscht nacheinander mit konzentrierter und verdünnter Salzsäure, dann mit ausgekochtem Wasser, Alkohol, Schwefelkohlenstoff (Entfernung des freien Schwefels) und Alkohol aus, trocknet bei 110 °C, wiegt, löst das Sulfid mit heißer 20%iger Ammoniumkarbonatlösung und etwas Ammoniak, trocknet und wiegt wieder. Aus der Differenz ergibt sich das Gewicht des reinen Sulfids mit 60,90% As.

Man kann das mit Salzsäure ausgewaschene Arsentrisulfid auch mit Ammoniak lösen, durch Kochen mit 2 cm³ Perhydrol aufoxydieren und das Arsenat in Form von *Silberarsenat* oder *Magnesiumpyroarsenat* bestimmen.

Maßanalytisch. Im Destillat, das kein übergegangenes freies Chlor, Brom, Eisen- oder Antimonchlorid enthalten darf, kann man das Arsen jodometrisch und bromometrisch bestimmen.

[1] Auch Natriumsulfid-Lösung eignet sich zur Fällung.

Beim jodometrischen Verfahren stumpft man die freie Säure des Destillats weitgehend mit Ammoniak (spez. Gew. 0,91) unter Kühlung ab und macht sie mit festem Natriumbikarbonat in geringem Überschuß alkalisch. Die Lösung titriert man dann nach MOHR mit 0,1 n-Jodlösung bis zur Blaufärbung zugesetzter Stärke. 1 cm^3 Jodlösung zeigt 0,003746 g Arsen an.

Bei der bromometrischen Titration mit Kaliumbromat soll das Destillat in bezug auf Salzsäure eine Azidität zwischen 1,5 und 3,5 n haben (etwa $^3/_4$ Lösung und $^1/_4$ konz. HCl),

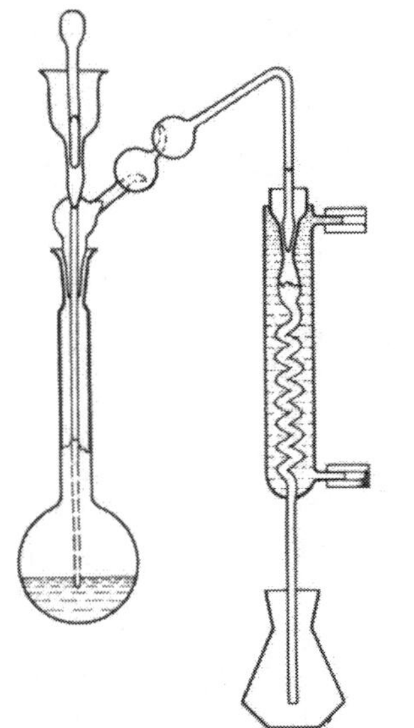

Abb. 15a. Destillierapparat für Arsen- u. Stickstoffbestimmung

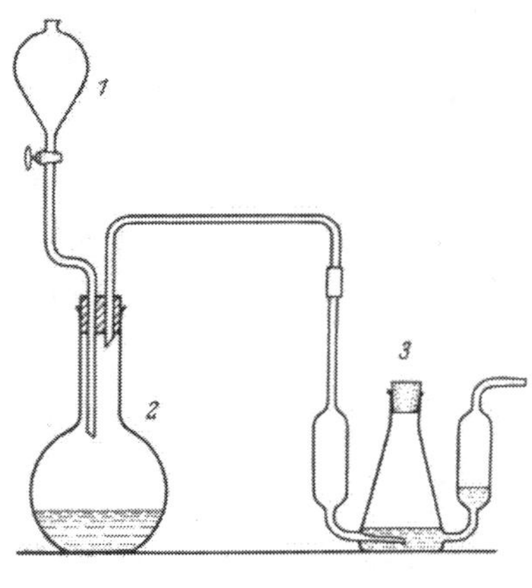

Abb. 15b. Einfache Ausführung für Arsenbestimmung

da sonst der Indikator ausgesprochen träge reagiert. Nach Zusatz von 5 Tropfen Methylorange oder Methylrot als Indikator (0,1 g/l) titriert man bei 80°C mit 0,05 n-Kaliumbromatlösung (1,3918 g $KBrO_3$/l), am Schluß langsam, so lange, bis das As'''-Ion zur fünfwertigen Stufe aufoxydiert und das durch den nächsten überschüssigen Tropfen freigemachte Brom die Indikatorfarbe zum Verschwinden bringt. 1 cm^3 der 0,05 n-Bromatlösung zeigt 0,001873 g As an. Zur Kontrolle des Arsentiters titriert man für beide Verfahren eine Lösung von arseniger Säure nach den obigen Arbeitsvorschriften. Durch Blindversuche mit den gleichen Säure- und Chemikalienmengen wird der Leerverbrauch der Verfahren an Kaliumbromat festgestellt und berücksichtigt.

b) Fällungsverfahren. Ein bereits 1913 von BRANDT und später von anderen beschriebenes Verfahren zur Fällung als metallisches Arsen aus der stark salzsauren Eisenlösung mit Natriumhypophosphid oder unterphosphoriger Säure ist neuerdings von V. KATIKA [*3*] abgeändert, genau überprüft und zu einer Schnellmethode ohne Destillation ausgearbeitet worden. (Zeitaufwand etwa 60 bis 90 min.) An Stelle der genannten Reduktionsmittel verwendet KATIKA *Zinnchlorür*. Nach dem Referat [*3*] lautet die Arbeitsvorschrift:

Zur Bestimmung des Arsens in Stahl löst man 1 bis 2 g Probe in 10 cm^3 Salpetersäure, fügt 10 cm^3 Überchlorsäure zu und dampft bis zum Rauchen ein. Nach dem Abkühlen fügt man 25 cm^3 Wasser und 25 cm^3 12n-Salzsäure zu, löst die abgeschiedenen Salze, versetzt mit 40 cm^3 12n Salzsäure, die 10 g Zinn (II)-chlorid enthält, u. erhitzt 30 min auf dem Wasserbad am Rückflußkühler. Hierauf filtriert man durch einen kleinen Goochtiegel mit Asbestfilter, wäscht 5mal mit 6n-Salzsäure, dann 5 bis 8 mal mit Wasser. Man bringt den Tiegel samt Niederschlag in ein Becherglas, fügt einen Überschuß an n/30 Jodlösung zu und titriert nach Auflösung des Arsens mit Thiosulfatlösung und Stärke als Indikator zurück. Eine Blindprobe wird gleichzeitig ausgeführt. 1 cm^3 der n/30-Jodlösung zeigt 0,00112 g Arsen an.

Zur vollständigen Fällung ist die Einhaltung eines pH-Wertes von 8,5 bis 9,5 erforderlich; Überchlorsäure und Schwefelsäure dürfen nur in geringen Mengen (weniger als die

Hälfte der vorhandenen Salzsäure) zugegeben sein [4]. Bei der Untersuchung von Roh- und Gußeisen filtriert man vor der Fällung von Graphit und Kieselsäure ab. Statt mit Jod kann man das ausgefällte Arsen auch mit Dichromat, Permanganat, Chloramin, Cer-(IV)-sulfat oder Jodat lösen und den Überschuß in geeigneter Weise zurücktitrieren, z. B. bei der Verwendung von *n*/30 Kaliumbichromatlösung mit Ferrochloridlösung und Diphenylamin als Indikator.

Literatur

[1] STADELER, A.: Arch. Eisenhüttenw. Bd. 9 (1935/36) S. 423. — [2] Nach Handbuch für Eisenhüttenlab. Düsseldorf: Verlag Stahleisen. — [3] KATIKA, V.: Sci. Rep. Res. Inst. Tohoku (1950) Ser. A. 2, S. 477; Referat Z. analyt. Chem. Bd. 135 (1952) S. 139. — [4] KEW, O. J., M. D. AMOS und M. E. GREAVES: Analyst (London) Bd. 77 (1952) S. 488.

XXII. Antimon

Meist gar nicht oder nur als Spurenbegleiter des Eisens (unter 0,01%) vorhanden, lassen sich doch in einzelnen Roheisensorten merkliche Gehalte (einige hundertstel Prozent) nachweisen, die aber auf die Gußeigenschaften kaum einen Einfluß haben.

1. Qualitative Prüfung

Man behandelt den nach den Verfahren 2. erhaltenen *arsenfreien* ersten Sulfidniederschlag zur Abtrennung des Kupfers mit 10%iger heißer Natriumsulfidlösung, zersetzt die abfiltrierte Sulfosalzlösung mit Schwefelsäure 1 : 4 in geringem Überschuß und löst den ausgewaschenen Niederschlag (Schwefel + Sb_2S_3) in wenig konz. Salzsäure und Kaliumchlorat. Nach Vertreiben des Chlors muß bei Gegenwart von Antimon ein Teil der Lösung auf Platinblech bei der Berührung mit arsen- und antimonfreiem Zink einen braunen bis schwarzen Fleck erzeugen. Auch der bei der Auflösung der Eisenprobe in Schwefelsäure 1 : 5 verbleibende und das Antimon enthaltende *Rückstand* kann nach Lösen in Salzsäure und einigen Tropfen Salpetersäure zum Antimonnachweis herangezogen werden. In diesem Fall muß, nach Entfernung des Kupfers aus dem ersten Sulfidniederschlag, der nach Ansäuern des Filtrats erhaltene zweite Sulfidniederschlag durch Behandeln mit heißer konzentrierter Ammoniumkarbonatlösung *arsenfrei* gemacht werden, bevor er wieder wie oben gelöst wird.

2. Quantitative Untersuchung

a) Maßanalytisch. Man verwendet die bei der Arsenbestimmung im Destillationskolben zurückbleibende arsenfreie und durch *Hydrazinsulfat* teilweise reduzierte Eisenlösung (vgl. S. 592) nach Verdünnung und Filtration von ungelösten Bestandteilen zur Fällung mit Schwefelwasserstoff in der Hitze. Oder man löst eine neue Probe (5 g) bei mäßiger Wärme in Bromsalzsäure, dampft, ohne zu kochen, zur Trockne, wobei das Arsen ausgetrieben wird, nimmt mit 20 cm³ konz. Salzsäure auf, verdünnt um das Fünffache und leitet 30 min lang einen kräftigen Schwefelwasserstoffstrom ein. Die ausgefällten Sulfide (von Sb, Cu, Mo) werden filtriert und mit schwach salzsaurem Schwefelwasserstoffwasser ausgewaschen. Den Niederschlag spritzt man vom Filter in einen Erlenmeyerkolben und löst auf dem Filter bleibende Reste mit etwas heißer Natriumsulfidlösung dazu. Durch Abrauchen mit 15 cm³ konz. Schwefelsäure wird nunmehr das Sulfid in Antimon-(IV)-Sulfat verwandelt, das nach Abkühlung, Verdünnung mit Wasser, Zusatz von 30 cm³ Salzsäure (1,19) und einigen Tropfen Methylorange (0,1 g/l) mit n/10 Kaliumbromatlösung (2,7853 g $KBrO_3$, bei 105 °C getrocknet im Liter; 1 cm³ = 0,006088 g Sb) in der Siedehitze bis zum Verschwinden der Rotfärbung titriert werden kann. Zur Titerkontrolle benützt man Bankazinn, das man in konzentrierter Schwefelsäure löst. Kupfer und Molybdän stören bei diesem Verfahren nicht, so daß sich eine Abtrennung von Antimon erübrigt. Zu berücksichtigen ist der Verbrauch eines Leerversuches [1].

b) Gewichtsanalytisch. Statt zu titrieren, kann man das *reine* kupfer- und molybdänfreie Antimontrisulfid[1] durch Oxydation mit rauchender Salpetersäure in Antimontetraoxyd (Sb_2O_4 mit 79,19% Sb) überführen und als solches zur Auswaage bringen [*2*]; oder man reinigt es vom beigemengten Schwefel durch Auswaschen mit Schwefelkohlenstoff und Alkohol, erhitzt es im luftfreien Kohlensäurestrom bei maximal 300 °C und wägt es als Sb_2S_3 [*3*].

Zu erwähnen ist hier das sogenannte *Breslauer Verfahren* [*4*], bei dem man durch fraktionierte Destillation die Abtrennung von Arsen, Antimon und Zinn von den übrigen Legierungsbestandteilen erreicht; außerdem lassen sich dann in den einzelnen Fraktionen diese 3 Elemente getrennt maß- oder gewichtsanalytisch bestimmen.

3. Photometrische Untersuchung

Ein neueres photometrisches Verfahren zur Bestimmung kleiner Sb-Mengen in Eisen (Cu, Bi, Pb, Zn, Cd, Ni) beruht auf der Abtrennung des Antimons von den anderen Metallen durch Adsorption an manganige Säure, die man nach Lösen der Probe in Salpetersäure durch Kochen mit Mangansulfat und Permanganat erhält [*5*]. In der salzsauren Lösung des ausgewaschenen Niederschlags erzeugt Methylviolett nach Aufoxydation des Sb-III-Ions eine grüne Farbe, die nach Extrahieren mit Amylacetat photometrierbar ist [*6*].

Literatur

[*1*] Nach Handbuch f. Eisenhüttenw. Düsseldorf: Verlag Stahleisen (1941) Bd. II S. 83/84. — [*2*] TREADWELL: Kurz. Lehrbuch d. analyt. Chemie Bd. II. Leipzig und Wien: Verlag Franz Deuticke (1930) S. 179/85. — [*3*] BILTZ, H. u. W., u. W. FISCHER: Ausführg. quantit. Analysen. Stuttgart: Verlag H. Hirzel (1953) S. 93/96. — [*4*] Wie unter [*3*] S. 350/62. — [*5*] H. BLUMENTHAL: Ztschr. analyt. Chem. Bd. 74 (1928) S. 33. — [*6*] GOTO, H., und Y. KAKITA: Science Reports Res. Inst. tohoku Bd. 4 (1952) S. 582 und 589; nach Referat Ztschr. analyt. Chem. Bd. 139 (1953) S. 220/21.

XXIII. Zinn

Zinn kommt normalerweise in Roh- und Gußeisen und in Stahl nicht vor. Seine Bestimmung wird gelegentlich verlangt, wenn durch Verwendung von zinnhaltigem Schrott oder Zuschlag die Möglichkeit einer Zinnaufnahme gegeben ist.

1. Qualitative Untersuchung

Man kann hierzu die bei der S-Bestimmung nach dem Entwicklungsverfahren (vgl. S. 562) im Kolben zurückbleibende Lösung verwenden, von der man sofort nach Verdünnen mit ausgekochtem Wasser einen Anteil durch ein Schnellfilter filtriert und im Filtrat anwesendes Zinn durch die bei Zusatz von Quecksilberchlorid auftretende Trübung von Quecksilberchlorür nachweist.

2. Quantitative Untersuchung

Man spült die wie bei der Antimonbestimmung (vgl. S. 594, 2.) erhaltenen Sulfide der ersten H_2S-Fällung in einen 500 cm³ Erlenmeyerkolben und löst sie mit Salzsäure und etwas Kaliumchlorat. Nachdem das Chlor durch schwaches Erwärmen ausgetrieben ist, verdünnt man mit 150 cm³ Salzsäure 1 : 3 und bestimmt das Sn nach Reduktion mit Ferrum reduktum oder Blumendraht jodometrisch (vgl. S. 568). Auch hier kann man die im Kolben der S-Bestimmung zurückbleibende Ferrochloridlösung nach weitgehender Abstumpfung mit Ammoniak (0,91) zur H_2S-Fällung heranziehen und vermeidet dadurch die Ausscheidung der großen Schwefelmengen aus der oxydierten Lösung von großen Einwaagen (5 bis 20 g).

[1] Ist nur Kupfer zugegen, so entfernt man es aus dem Sulfidniederschlag mit Natriumsulfid und wiederholt im Filtrat die Fällung.

Gleichzeitige Bestimmung von Antimon und Zinn. Der wie im vorigen Abschnitt erhaltene arsenfreie Sulfidniederschlag wird mitsamt dem Filter in einem Kjeldahlkolben mit 25 cm³ konz. Schwefelsäure, 15 cm³ konz. Salpetersäure und 2 g Ammoniumpersulfat versetzt und zum Sieden erhitzt (Siedesteinchen!), bis die Lösung klar ist und keine Stickoxyde mehr auftreten. Nach Abkühlung reduziert man mit 2 g Natriumsulfit, bringt die Schwefelsäure durch nochmaliges Erhitzen zum starken Abrauchen, kühlt wiederum ab und bestimmt nun das Antimon und Zinn bromometrisch bzw. jodometrisch wie bei der Untersuchung von Lagermetall (vgl. S. 608).

Auf die gleichzeitige Bestimmung von Arsen, Antimon und Zinn durch fraktionierte Destillation nach BILTZ [*1*] sei hingewiesen.

Literatur

[*1*] BILTZ, H. u. W., u. W. FISCHER: Ausführung quantit. Analysen. S. 351/60. Stuttgart: S. Hirzel 1953.

XXIV. Verbundanalyse von Roh- und Gußeisen

Bei diesem seit Jahren im Laboratorium der Luitpoldhütte A. G. Amberg für Reihenanalysen eingeführten Betriebsverfahren werden vier Elemente mit *einer* Einwaage bestimmt, und zwar Si gewichtsanalytisch, Mn maßanalytisch oder photometrisch, P und Ti[1] photometrisch.

Arbeitsvorschriften [*1*]

1. Herstellung der Lösungen für sämtliche Verfahren

3n-Salpetersäure: 207 cm³ Salpetersäure (*d* 1,4) werden zum Liter aufgefüllt.

Konzentrierte Überchlorsäure: *d* 1,54 bis 1,60.

Wasserstoffsuperoxydlösung 3%ig.

Phosphorreaktionslösung:

Lösung 1: 140 g Ammoniummolybdat werden in etwa 1,5 l Wasser gelöst. Nach Stehen über Nacht wird bei Vorhandensein von Unlöslichem in einen 2 l-Kolben filtriert und zur Marke aufgefüllt.

Lösung 2: 5,09 g Ammoniumvanadat werden in etwa 300 cm³ Wasser unter Erwärmen und Umrühren gelöst. (Nicht kochen!) Die klare Lösung wird nach Abkühlen zum Liter aufgefüllt.

Lösung 3: 600 g Ammoniumnitrat werden in Wasser gelöst und die Lösung auf 2 l aufgefüllt.

Lösung 4: Überchlorsäure (*d* 1,2) hergestellt aus 60- oder 70%iger technischer Überchlorsäure (praktisch silizium- und phosphorfrei).

Lösung 1, 2 und 3 werden zusammengeschüttet und die erhaltene Mischlösung in Anteilen und unter kräftigem Umschütteln zu 2 l der Überchlorsäure (*d* 1,2) zugegeben. Nicht umgekehrt, damit Niederschlagsbildung vermieden wird.

Salpetersaure Silbernitratlösung: 8,5 g Silbernitrat in 1000 cm³ Salpetersäure 1 : 1.

Persulfatlösung: 500 g Ammoniumpersulfat im Liter.

2. Siliziumbestimmung und Herstellung der Stammlösung

Die Abscheidung des Siliziums durch Lösen und Abrauchen mit Salpeter-Überchlorsäure ist im Abschnitt *Silizium* S. 553 unter 1. c) genau beschrieben. Filtriert wird jedoch in 250 cm³ Meßkolben unter 6maligem Auswaschen mit heißem Wasser. Nach Wegnahme des Kolbens wird die Kieselsäure noch einige Male mit heißem salzsäurehaltigen Wasser

[1] Die Mitbestimmung des Titans ist häufig erforderlich wegen Verhüttung titanhaltiger Rückstände und zur Kontrolle des Titangehaltes von Schleuderguß.

zur Entfernung von Eisenspuren nachgewaschen; dieses Filtrat wird nicht weiterverwendet.

Die Lösung im Meßkolben wird nach dem Abkühlen zur Marke aufgefüllt und durchgeschüttelt. Dann werden für die P-Bestimmung 50 cm³ (0,1 g) in ein Becherglas entnommen; der Rest im Kolben (200 cm³ = 0,4 g) dient zur Mn- und Ti-Bestimmung.

3. Manganbestimmung

a) Photometrisch. Man gibt in den Meßkolben 10 cm³ der salpetersauren Silbernitratlösung, erhitzt vorsichtig bis nahe zum Kochen und versetzt mit 5 cm³ Ammoniumpersulfatlösung. Nach 5 min langem Stehen kühlt man ab, füllt zur Marke auf, schüttelt durch (Schliffstopfen!) und photometriert im grünen Licht (536 mμ).

Berechnung: % Mn = 1,38 · ($E_{10\,mm}$ — 0,08); (Pulfrich-Photom.).

Bei höheren Mangangehalten entnimmt man nur 100 oder 50 cm³ in einen 250 cm³ Meßkolben, verdünnt, gibt noch 10 cm³ Schwefelsäure 1 : 5 zu und verfährt weiter wie oben.

b) Maßanalytisch. Den Rest der nach 2. erhaltenen Stammlösung (200 cm³) spült man in einen 500 cm³-Erlenmeyerkolben um. Nach Zugabe von 10 cm³ Schwefelsäure (1 : 5) und 10 cm³ Silbernitratlösung (8,5 g/l) erhitzt man zum Aufkochen, versetzt mit 5 cm³ Ammoniumpersulfatlösung, läßt (ohne weitere Erhitzung) einige Minuten stehen, kühlt gut ab und titriert mit arseniger Säure bis zu einem deutlichen Stich ins Grüne [vgl. S. 555 unter 2. b)]. Titerherstellung mit Normalproben.

4. Titanbestimmung (photometrisch)

Die nach 3. b) austitrierte Lösung wird mit 20 cm³ Schwefelsäure 1 : 1 und 2 Siedesteinchen (ausgewaschen) versetzt und etwa 8 min lang zur Zerstörung des Persulfats und des Permanganats, sowie zur Volumenverminderung kräftig gekocht. Bleibende Farbreste werden durch spurenweisen Zusatz von verdünntem Wasserstoffsuperoxyd und nochmaliges kurzes Kochen beseitigt. Nach Abkühlung führt man die Lösung in einen 250 cm³-Meßkolben über, entnimmt nach dem Auffüllen 100 cm³, gibt 2 cm³ 15%ige Wasserstoffsuperoxydlösung zu und photometriert [vgl. S. 571 unter 1. a)].

5. Phosphorbestimmung (photometrisch)

Während die Kieselsäure geglüht und der Anteil für die Manganbestimmung zum Aufkochen erhitzt wird, gibt man zu dem für die Phosphorbestimmung entnommenen Anteil (50 cm³) 35 cm³ der Phosphorreaktionslösung, wartet bei höheren Gehalten 3 und bei Hämatit 5 min und photometriert gegen Wasser im blauen Licht. Je nach der Farbstärke werden Küvetten von 1, 2 oder 3 cm Schichtlänge verwendet. Die Eichkurve für *jede neue* Reaktionslösung wird am besten mit den S. 537 erwähnten Gußeisen-Normalproben aufgestellt. Wartezeit und Meßtemperatur von 20 ± 1 °C ist einzuhalten.

Obwohl im einleitend genannten Laboratorium bei der laufenden Phosphoruntersuchung von Roh- und Gußeisen mit mittleren und höheren Gehalten und, bei sorgfältiger Durchführung, auch am Hämatit stets betrieblich recht brauchbare Werte gefunden wurden, ist doch eine Einschränkung bezüglich der allgemeinen Anwendbarkeit des Verfahrens zu machen. Es wird nämlich dabei auch die Eigenfärbung des gebildeten Eisenmolybdats mitgemessen, wodurch sich der verhältnismäßig hohe Leerwert in den Berechnungsformeln erklärt[1]. Wenn der Eisengehalt der Proben nicht mehr als ±2% um einen mittleren Wert (z. B. 92%) schwankt, kann der dadurch bewirkte Fehler vernachlässigt werden. Andererseits müßte man für Gruppen mit erheblich höheren oder niedrigeren Eisengehalten jeweils besondere Eichkurven ermitteln.

G. Bogatzky [2] kompensiert bei seinem Verfahren die Molybdatfärbung dadurch, daß er zu einem zweiten Anteil eine Phosphorreaktionslösung gleicher Konzentration

[1] Zum Beispiel mit dem Pulfrich-Photometer: % P = 2,385 · (E_{20} — 0,12).

aber *ohne* Vanadat gibt. Durch Messen der beiden Anteile gegeneinander wird dann nur die durch den Phosphorvanadat-Komplex verursachte Färbung erfaßt. K. GABIERSCH [3] verwendet zur Kompensation phosphorfreies Arnico-, Karbonyl- oder Elektrolyteisen, das in der gleichen Weise wie die Probe behandelt wird. Seine Vorschrift ist allerdings dahin zu berichtigen, daß sich die Einwaage nach dem Eisengehalt der Probe richten muß. Beträgt dieser z. B. 92%, so müssen bei 0,5 g Einwaage der Probe nur 0,46 g der Kompensationsprobe eingewogen werden.

Literatur

[1] PINSL, H.: Die neue Gießerei Bd. 36 (1949) S. 381/82. — [2] BOGATZKY, G.: Arch. Eisenhüttenw. Bd. 12 (1938/39) S. 195. — [3] GABIERSCH, K.: Die Chemie (1944) Sonderheft 48 S. 60/61.

XXV. Magnesium und Kalzium

Die genaue quantitative Bestimmung geringer Magnesiumgehalte ist neuerdings bei der Herstellung des Gußeisens mit Kugelgraphit von Bedeutung. Die Beilegierung von 0,04 bis 0,1% Mg zum Gußeisen bewirkt eine kugelförmige Ausbildung des Graphits und damit eine wesentliche Erhöhung der Festigkeitseigenschaften. Je nach Art der Vorlegierung gelangen dabei auch Nickel, Kalzium und andere Elemente in den Guß.

Quantitative Untersuchung[1]

Eine Schnellbestimmung der geringen Magnesiumgehalte ist nur auf spektralanalytischem Wege möglich. Die Naßanalyse, bei der die Abscheidung des Magnesiums erst nach einer Reihe von Trennungen, Fällungen und Eindampfungen vorgenommen werden kann, erfordert einen erheblichen Zeitaufwand.

Arbeitsvorschrift I. Die Hauptmenge des Eisens wird bei einer Einwaage von 10 bis 15 g in bekannter Weise (nach Trennung von Graphit und Kieselsäure) durch *Ausäthern* (vgl. S. 589) entfernt; Filter mit Inhalt wird im Porzellantiegel verascht[2]. Dann wird die Kieselsäure nach Überführung in einen Platintiegel mit Fluß- und Schwefelsäure abgeraucht und der nach dem Glühen verbleibende Rückstand bei dunkler Rotglut mit Kaliumpyrosulfat aufgeschlossen. Die wässerige Lösung des Aufschlusses wird mit der *ausgeätherten* Lösung vereinigt, aus der inzwischen der in Lösung gegangene Äther durch vorsichtiges Erwärmen vertrieben worden ist. Die vereinigten Lösungen dampft man zur Trockne, nimmt mit 2 cm^3 Salzsäure und 200 cm Wasser auf, fällt Kupfer, Arsen, Antimon (Mo, Sn, Pt) durch Schwefelwasserstoff in der Wärme und wäscht den Niederschlag mit schwach salzsäurehaltigem Schwefelwasserstoffwasser aus. Aus dem Filtrat kocht man den Schwefelwasserstoff weg und oxydiert noch vorhandenes Eisen mit einigen Tropfen Salpetersäure auf. Die abgekühlte Lösung wird mit Ammoniak neutralisiert (Tüpfeln mit Lackmuspapier), mit einem Tropfen Essigsäure und 3 bis 5 g festem Ammoniumazetat versetzt und zum Kochen erhitzt, wobei das Resteisen und die Elemente Ti, Al, Cr und P als Hydroxyde bzw. Phosphate ausfallen. Enthält das zu untersuchende Eisen höhere P-Gehalte, so gibt man vor der Fällung eine entsprechende Menge einer neutralen *Eisenchloridlösung* (1 g $FeCl_3 \cdot 6\,H_2O$ fällt 0,1145 g P) zu, damit das gesamte Phosphation gebunden wird und bei den weiteren Abtrennungen keine Störung hervorrufen kann. Nach kurzem Absitzen filtriert man in einen 500 cm^3 *Meßkolben* und wäscht den Niederschlag mit azetathaltigem heißen Wasser aus. Das Filtrat im Kolben (betrug das Volumen mehr als 500 cm^3, so engt man im Becherglas ein und spült in den Kolben zurück) macht man schwach ammoniakalisch und fällt die Elemente Mn, Ni, Co, (Cr, Zn, U) mit einem geringen Überschuß von karbonatfreiem Ammoniumsulfid. Der Kolben wird mit ausgekochtem Wasser bis nahe zur Marke aufgefüllt, durchgeschüttelt und verschlossen einige Stunden stehengelassen. Nach genauer Einstellung bis zur Marke und nochmaligem Durchschütteln filtriert man unter Verwerfung des ersten Anteils durch ein quantitatives Faltenfilter in einen 400 cm^3 Meßkolben bis zur Marke und hat dann für die weitere Verarbeitung $^4/_5$ der Einwaage zur Verfügung.

Das Filtrat wird jetzt auf etwa 100 cm^3 eingeengt und dabei das überschüssige Schwefelammonium durch Zugabe von Perhydrol beseitigt. Eventuell vorhandenes Kalzium wird durch Zugabe von 0,5 g Ammoniumoxalat bei Kochhitze gefällt. Nach Stehen über Nacht filtriert man ab, wäscht den Niederschlag mit ammoniumoxalathaltigem Wasser aus, glüht und wägt als Kalziumoxyd mit 71,47% Ca.

In dem letzten Filtrat läßt sich nun das Magnesium auf verschiedene Weise bestimmen. Sollten sich im vorhergehenden Arbeitsgang zuviel Ammoniumsalze angereichert haben, so ist zweckmäßig, dieselben wegzurauchen, den Rückstand mit wenig Salzsäure 1 :1 aufzunehmen, nach dem Verdünnen von Unlöslichem abzufiltrieren und eventuell auch noch eine Ammoniakfällung einzuschalten (Eisen- und Aluminiumreste).

---

[1] Der Analysengang für die *qualitative* Prüfung ist derselbe wie für die quantitative.

[2] Die Veraschung größerer Mengen von Rückständen mit hohem Graphitgehalt direkt im Platintiegel ist nicht empfehlenswert, insbesondere bei Gegenwart von Eisenresten.

a) Phosphatfällung. Die Lösung (ca. 100 cm^3) wird mit einem Siebentel ihrer Menge konz. Ammoniak versetzt, nach Zugabe von 5 cm^3 10%iger Ammoniumphosphatlösung 1/4 Std. lang durchgerührt und über Nacht stehengelassen. Der Niederschlag wird mit verdünntem Ammoniak ausgewaschen, wieder in wenig verdünnter Salzsäure gelöst, worauf die Fällung wiederholt wird. Filter samt Niederschlag werden in einem schräg gestellten Porzellantiegel vorsichtig feucht verascht und dann im Elektro-Muffelofen oder Tiegelofen zu weißem Magnesiumpyrophosphat bei ca. 850 °C geglüht. Die Magnesiumfällung läßt sich wesentlich beschleunigen, wenn man sie nach SCHMITZ [*1*] in heißer Lösung unter tropfenweisem Zusatz des Ammoniaks vornimmt.

$$\% \text{Mg} = \frac{21{,}85 \cdot \text{Auswaage}}{\text{Einwaageanteil}}$$

b) Maßanalytisches Verfahren. Das ausgewaschene Magnesiumammoniumphosphat wird mit dem Filter 1 Stunde lang bei 60 bis 70 °C getrocknet, dann in vorgelegter 0,02 n Schwefelsäure gelöst, worauf unter Verwendung eines Mischindikators aus Methylrot und Methylenblau mit 0,02 n Natronlauge zurücktitriert wird.

$$\% \text{Mg} = \frac{(H_2SO_4 - \text{NaOH}) \cdot \text{Titer}}{\text{Einwaageanteil}}.$$

Ein bromatometrisches Verfahren zur Bestimmung des Mg im Oxinniederschlag ist u. a. bei BILTZ [*2*] beschrieben.

c) Oxychinolinfällung. Diese ist ungleich rascher durchzuführen als die Phosphatfällung.

Die Lösung (ca. 100 cm^3) wird mit 10 cm^3 Oxychinolinlösung (25 g Oxychinolin werden in 60 cm^3 heißer konz. Essigsäure gelöst und auf 2 l aufgefüllt) und 10 cm^3 Ammoniak (spez. Gew. 0,91) versetzt und 10 min lang unter Umrühren auf 70 °C erwärmt. Der Niederschlag wird nach 1- bis 2stündigem Absitzen durch einen Glas- oder Porzellanfiltertiegel filtriert, mit Ammoniak (1 : 5) ausgewaschen und bei 130 bis 140 °C zu wasserfreiem Oxin getrocknet.

$$\% \text{Mg} = \frac{7{,}78 \cdot \text{Auswaage}}{\text{Einwaageanteil}}$$

Will man den Niederschlag zu Oxyd glühen, so muß er mit rückstandfreiem Ammoniumoxalat zugedeckt und sehr vorsichtig verascht werden.

Die Bestimmung des Mg im Oxinniederschlag bromatometrisch siehe unter b).

Sehr zeitsparend ist das S. 607 beschriebene *Komplexonverfahren* zur Bestimmung von Kalzium und Magnesium *nebeneinander*. Das Filtrat von der Fällung mit Ammoniumsulfid wird auf etwa 50 cm^3 eingeengt, sulfidfrei gemacht (s. o.) und ohne Oxalatfällung in einen 100 cm^3 Meßkolben übergeführt (filtriert). In Anteilen von je 50 cm^3 werden dann die Titrationen mit entsprechend verdünnten Komplexonlösungen vorgenommen.

Arbeitsvorschriften II. Solche sind zu dem Zweck, den Analysengang zu beschleunigen, angegeben von R. L. GLUSCHKINA [*3*] und E. E. CEBURKOVA [*4*] sowie von W. WESTWORD und R. PRESSER [*5*]. Die letzteren trennen nach der Ausätherung das Resteisen sowie Mn, Ni, Co und andere Elemente durch Elektrolyse über Natriumamalgam ab und fällen dann das Magnesium aus der zitrathaltigen Lösung als Phosphat.

Eine wesentliche Vereinfachung scheint ein in Entwicklung befindliches Verfahren nach SPECKER [*6*] zu versprechen. Die Elemente Cu, Mn, Ni, Co, Zn, Ca und Mg werden durch einen selektiven *Ionenaustauscher* (Alginsäure) vom Eisen abgetrennt. Bei Magnesiumgehalten von 0,1 bis 0,01% und 1 g Einwaage enthält dann das Eluat 200 bis 20 γ Mg, deren photometrische Bestimmung nach Beseitigung des Mangans keine besonderen Schwierigkeiten bereitet.

Photometrische Magnesiumbestimmung. Das *Titangelbverfahren* ist bei Einhaltung bestimmter Bedingungen genauer als jedes andere und kann auch in Gegenwart von Kalzium durchgeführt werden. Ferner genügen wegen der großen Empfindlichkeit der Farbreaktion Einwaagen von 1 bis 2 g, die nach den Arbeitsgängen I oder II vorbehandelt werden[1]. Die schließlich erhaltene Lösung von Magnesium (und Kalzium) wird durch Abrauchen vollständig von Ammoniumsalzen befreit und von dabei ausgeschiedener Restkieselsäure abfiltriert.

[1] Bei Einwaagen bis zu 2 g kann man nach zwischengeschalteter Schwefelwasserstoffällung in der salzsauren Ferrosalzlösung und anschließender Aufoxydation eventuell die Azetatfällung mit *Ammoniumazetat ohne* vorhergehende Ausätherung durchführen und das Auswaschen durch *partielle* Filtration umgehen.

Um die rote Adsorptionsverbindung in Lösung zu halten, die bei Zusatz von *Titangelb*[1] zu einer alkalischen Magnesiumlösung entsteht, ist nach A. GLEMSER und W. DAUTZIENBERG [7] Polyvinylalkohol geeigneter als das bisher verwendete Schutzkolloid: glyzerinhaltige Stärkelösung. Ihre Arbeitsvorschrift lautet (gekürzt und ergänzt):

In einem 100 cm³-Meßkolben versetzt man die ammoniumsalzfreie neutrale Probelösung nacheinander und unter jedesmaligem Umschütteln mit 10 cm³ 0,15%iger Chlorkalziumlösung, 10 cm³ 2%iger Polyviollösung, abgestimmten Mengen 0,2%iger Titangelblösung[2], füllt mit bidestilliertem Wasser zu etwa 90 cm³ auf, läßt 10 cm³ 2n-Natronlauge zulaufen und stellt zur Marke ein. Der gleichen Behandlung wird eine Blindlösung mit demselben Gehalt an Fremdsalzen (z. B. Alkalien von der Vorbehandlung) unterzogen. Nach 10 min mißt man beide Lösungen gegeneinander im Wellengebiet 546 mμ (Hg-Licht) oder 530 mμ (weißes Licht).

H. A. J. PIETERS u. Mitarb. [8] stellten die genauen Arbeitsbedingungen für die Verwendung von glyzerinhaltiger Stärkelösung als Schutzkolloid für den Farblack fest.

Literatur

[1] SCHMITZ, B.: Z. analyt. Chem. Bd. 65 (1924/25) S. 45, und BILTZ wie [2] S. 87/88. — [2] BILTZ, H., u. W. W. FISCHER: Ausführg. quant. Analy. Stuttgart: Verlag S. Hirzel (1953) S. 132/33. — [3] GLUSCHKINA, R. L.: Zarodskaja Laborat Bd. 14 (1948) russ.; Referat und Beschreibung des Verfahrens: Z. analyt. Chem. — [4] CEBURKOVA, E. E.: Zarodskaja Laborat Bd. 16 (1950) S. 663; Referat: Z. analyt. Chem. Bd. 137 (1952/53) S. 147. — [5] WESTWORD, W und R. PRESSER: Analyst London Bd. 76 (1951) S. 1951; Referat: P. KLINGER: Stahl u. Eisen Bd. 71 (1951) S. 1120 und Z. analyt. Chem. Bd. 137 (1952/53) S. 146/47. — [6] SPECKER, H.: demnächst Arch. f. Eisenhüttenw., ferner Z. analyt. Chem. Bd. 141 (1954) S. 33/38. — [7] GLEMSER, A. und W. DAUTZIENBERG: Z. analyt. Chem. Bd. 136 (1952) S. 254/61. — [8] PIETERS, H. A. J., W. J. HANNSEN und J. J. GREUTS: Ind. Eng. Chem. Anal. Edit. Bd. 18 (1946) S. 542; Z. analyt. Chem. Bd. 132 (1950) S. 40.

XXVI. Spurenanalyse

Betriebliche Untersuchungen auf *Spurenbegleiter*, d. h. auf solche Elemente, die nicht zu den Hauptbestandteilen des technischen Eisens gehören und von diesem im metallurgischen Erzeugungs- und Weiterverarbeitungsprozeß unbeabsichtigt in der Größenordnung von etwa 0,1 bis $<0{,}001\%$ aufgenommen werden, sind früher nur gelegentlich ausgeführt worden. Seitdem aber die metallurgische Forschung erkannt hat, daß auch den geringsten Gehalten an gewissen Spurenbegleitern eine bedeutende Rolle hinsichtlich der Eigenschaften des Endproduktes zukommen kann, wird auch in zunehmenden Maße die Überwachung und Bestimmung der in Frage kommenden Elemente verlangt. In den USA ist man in den Nachkriegsjahren schon so weit gegangen, daß bei Lieferung von *Gießereiroheisen* die Einhaltung vorgeschriebener Grenzwerte von einzelnen oder in Gruppen zusammengefaßten Spurenelementen zur Auflage gemacht wird. So soll z. B. die Summe der Elemente As, Sb, Sn, Cu, Ni, Co, Ti, V, Cr, Pb, Te, Mo, Al, Bi, B den Betrag von 0,3% nicht überschreiten, der Cr-Gehalt soll unter 0,1% liegen, der von Cu und Ni unter 0,05% usw.

Die Genauigkeitsanforderungen an die Spurenanalyse von Eisen und die Schwierigkeit ihrer Durchführung sind erheblich, da in bestimmten Fällen noch Gehalte bis herunter zu 0,0001% ermittelt werden sollen. Dies war auch der Anlaß, daß der Chemikerausschuß des VDEh sich zur Zeit mit der Überprüfung und Entwicklung geeigneter Untersuchungsverfahren beschäftigt, deren Veröffentlichung in absehbarer Zeit erwartet werden kann.

Im allgemeinen wird man die *qualitative* Volluntersuchung auf Spurenelemente mit deren quantitativer Bestimmung verbinden, da der Zeitaufwand ungefähr derselbe ist. Es hat aber nicht an Versuchen gefehlt, besondere Arbeitsgänge zur Beschleunigung des analytischen Nachweises zu entwickeln. So beschrieben K. GLEU und R. SCHWAB [1] ein Verfahren, bei dem in Anteilen einer Lösung von etwa 5 g der Eisenprobe die Elemente

[1] Natriumsalz der Dihydrothio-p-Toluidinsulfosäure.

[2] 0,2 bis 45 cm³ Titangelblösung je nach 5 Meßbereichen innerhalb 0,005 bis 20 mg Mg/100 cm³. Für jeden Meßbereich muß eine besondere Eichkurve aufgestellt werden, wozu man Magnesiumazetat p. a. verwendet.

W, Mo, Zr, Cu, Ti, Ni, Co, Mn, Al, Be, Cr, V nacheinander nachgewiesen werden können. In der Hauptsache werden dabei organische Reagenzien für Fällungen, Trennungen und Farbreaktionen verwendet.

Aussichtsreich scheint auch nach H. SPECKER [2] das *Ionenaustauschverfahren* als Hilfsmittel für die Spurenanalyse zu sein. Durch neue Ionenaustauscher, die eine besondere Selektivität gegenüber Eisen haben (Alginsäure) läßt sich auch bei extremen Konzentrationsverhältnissen das Eisen in einfacher Weise von allen zweiwertigen und verschiedenen dreiwertigen Kationen trennen. Diese können dann im Eluat nach den üblichen, insbesondere photometrischen Methoden oder auch unter Heranziehung *chromatographischer* Arbeitsweisen [3] qualitativ oder quantitativ erfaßt werden.

Bei jedem Verfahren zur *quantitativen* Spurenbestimmung muß man sich vergewissern, ob und in welcher Menge Spurenelemente durch die verwendeten Säuren und Chemikalien in die Analyse gelangen können. Die aus den Etiketten der Markenwaren ersichtlichen Reinheitsforderungen geben meist schon einen Anhaltspunkt. Trotzdem ist die Durchführung von *Blindversuchen* nach dem gleichen Arbeitsgang und mit den gleichen Zusätzen nicht zu umgehen, um die erforderlichen Korrekturen anbringen zu können.

Beim durchgehenden Arbeitsgang beginnt die Spurenanalyse häufig mit einer Einwaage von 10 oder mehr Gramm, aus deren Lösung das Eisen in bekannter Weise ausgeäthert wird. In der von Äther befreiten Lösung werden dann die angereicherten Elemente nach Arbeitsvorschriften bestimmt, die sich z. T. eng an die in den vorhergehenden Abschnitten für die betreffenden Elemente beschriebenen anschließen. Außerdem kann man aber auch mit Einzeleinwaagen und ohne Ausätherung mit Hilfe der *photometrischen* Analyse Elemente wie Chrom, Nickel, Kobalt, Titan u. a. bis zu Gehalten von wenigen tausendstel Prozent verhältnismäßig rasch bestimmen [4], muß allerdings eine besonders kritische Beurteilung hinsichtlich der gegenseitigen Beeinflussung der Ergebnisse durch die vorhandenen Begleitelemente anlegen.

Literatur

[1] GLEU, K. und R. SCHWAB: Chem. Ztg. Bd. 74 (1950) S. 301; Referat Z. anal. Chem. Bd. 137 (1952/53) S. 143/45. — [2] Vortrag H. SPECKER: 39. Vollsitzung des Chem. Ausschusses des VDEh. — [3] Vortrag H. SCHAEFER: wie vor; beide Vorträge demnächst im Arch. für Eisenhüttenwesen. — [4] PINSL, H.: Die neue Gießerei Bd. 36 (1949) S. 380/86.

XXVII. Lösungsprobe und Tüpfelanalyse

Beide Verfahren bezwecken auf schnellstem Wege einen Anhaltspunkt über die Zusammensetzung des Prüfstückes zu erhalten.

Bei der *Lösungsprobe* nach EGGERTZ löst man je 0,1 g der Untersuchungs- und einer passenden Normalprobe in kleinen Reagenzgläsern in 5 cm³ Salpetersäure oder Salzsäure (1 : 1), oder auch in einem Gemisch der beiden Säuren, wobei man 30 min auf dem Wasserbad erhitzt. Nach dem Aussehen der Lösung und dem Vergleich mit der Normalprobe kann man entsprechende Schlüsse ziehen. Zum Beispiel weist der Grad der Braunfärbung durch Salpetersäure auf einen höheren oder niederen Gehalt an gebundener Kohle hin, ein verbleibender Rückstand kann von Graphit, Temperkohle oder auch von nicht angegriffenen oder ungenügend zersetzten Sonderstählen herrühren; diese Karbide lassen sich durch Salzsäurezusatz und weiteres Kochen vom Graphit bzw. der Temperkohle trennen. Bei Gegenwart von Wolfram entsteht ein gelbgefärbter Rückstand. In der salpetersauren Lösung lassen sich auch die Silbernitrat-Persulfat-Reaktion auf Mangan und die Wasserstoffsuperoxyd-Reaktion auf Titan und Vanadin (nach Entfärbung durch Phosphorsäure) durchführen, ferner auch die Ammonpersulfat-Reaktion auf Chrom, evtl. mit nachträglichem Zusatz von überschüssiger Natronlauge, um nach Absitzen des Niederschlages den Grad der Gelbfärbung beurteilen zu können. Weiter kann nach vorhergehender Ammoniakfällung eine blaue Farbe der überstehenden oder filtrierten Lösung die Gegenwart höherer Kupfergehalte anzeigen. In rein stark salzsauren Lösungen verursacht Kobalt eine blaugrüne Färbung. Eine reine Grünfärbung ist für Nickel kennzeichnend, jedoch sind bei gleichzeitiger Gegenwart färbender Elemente (Ni, Co, Cr) Sonderreaktionen erforderlich.

Einen viel umfassenderen Anwendungsbereich hat die *Tüpfelanalyse*, die auch ungleich rascher durchzuführen ist. Man kann mit ihr direkt am Werkstück, also ohne Entnahme von Spänen, in wenigen Minuten qualitative Prüfungen auf die Elemente Si, Mn, P, S, Cr, Cu, Ni, Co, Ti, V, W, Al, Mo durchführen, wobei in verschiedenen Fällen und bei entsprechender Einübung auch halbquantitative Schätzungen möglich sind. Sie eignet sich deshalb bei größter Zeit- und Stoffersparnis zur raschen Kennzeichnung von Stahlmarken zum Nachweis von Werkstoffverwechslungen, zum Aussortieren von Lagerbeständen an Ort und Stelle und überhaupt zu Massensortierungen. Auch auf Roh- und Gußeisen ist sie anwendbar.

Die Tüpfelprobe geht in der Weise vor sich, daß zuerst eine fettfreie Stelle des Prüfstückes blank geschliffen oder geschmirgelt wird, worauf man auf die Oberfläche einen kleinen Tropfen einer geeigneten Säure oder eines Ätzmittels bringt. Aus dem Verhalten der Lösung lassen sich Rückschlüsse auf die Gegenwart oder Abwesenheit der verschiedenen Begleitelemente oder Legierungsbestandteile entnehmen; außerdem können durch Aufsaugen des Tropfens mit Spezialreagenzpapieren spezifische Reaktionen zum Nachweis bestimmter Elemente ausgelöst werden. Die Tüpfelanalyse erfordert allerdings viel Übung, Erfahrung und kritische Beurteilung. Quellenangaben über einige ausführliche Arbeiten zu diesem Thema finden sich im Schrifttumsverzeichnis [*1*].

Als Beispiele sollen die Tüpfelproben auf Nickel und Chrom angeführt werden.

1. Nachweis von Nickel nach R. WEIHRICH [*2*] *nach dem Abdruckverfahren.* Man läßt auf die w. o. vorbereitete Eisenoberfläche 1 Tropfen Salpetersäure (1 : 4) 1 — 4 min lang einwirken und saugt ihn dann durch leichtes Aufdrücken von Azetatglyoximpapier[1] auf. Der sich bei Gegenwart von Nickel bildende rote Farbton ist um so stärker, je höher der Nickelgehalt ist. Bei einer Nachbehandlung des Flecks mit Ammoniakdämpfen und saurer Tartratlösung wird die Reaktion noch deutlicher und spricht noch bei Gehalten unter 0,1% Ni an. In Salpetersäure schwer oder unlösliche Proben werden mit einem Gemisch von 1 Teil konz. Salzsäure und 4 Teilen 3%igem Wasserstoffsuperoxydlösung, eventuell auch noch mit Zusatz von Salpetersäure behandelt.

2. Nachweis von Chrom nach G. THANNHEISER [*3*]. Einige Tropfen Schwefelsäure (1 : 5) oder Salz-Salpetersäure läßt man bis zur Beendigung der Reaktion einwirken, überführt die Lösung mit einer Mikropipette (oder Watte) auf eine Tüpfelplatte und macht mit 1—2 Tropfen einer gesättigten Natriumsuperoxydlösung unter Umrühren alkalisch. Man bedeckt mit einem Stück Filterpapier und saugt darüber mit einem zweiten kleineren Streifen die Flüssigkeit hoch, während der Niederschlag durch das erste Filter zurückgehalten wird. In der Vertiefung einer Tüpfelplatte gibt man dann auf den zweiten Streifen 1%ige alkohol. Diphenylkarbazidlösung und danach 1 Tropfen Schwefelsäure (1 : 5). Die Gegenwart von Chrom gibt sich schon bei den geringsten Gehalten durch rotviolette Färbung zu erkennen. Anwesendes Molybdän über 4% kann durch Zusatz eines Tropfens Oxalsäurelösung maskiert werden.

Literatur

[*1*] Vgl. auch R. WEIHRICH-A. WINKLER: Die chem. Anal. in der Stahlindustrie S. 8. Stuttgart: Ferd. Enke 1954. — [*2*] WEIHRICH, R. wie unter [*1*] S. 9. — [*3*] THANNHEISER u. M. WATERKAMP: Arch. Eisenhüttenw. Bd. 15 (1941/42) S. 129/44; R. WEIHRICH u. F. SCHWERTNER: ebenda Bd. 16 (1942/43) S. 45/48; H. FUNKE u. M. MÖHRLE: ebenda Bd. 18 (1944/45) S. 47/56.

XXVIII. Funkenanalyse

Funkenprobe. Bei der Funkenprobe wird das Werkstück an eine schnell rotierende (20 m/sek) Schleifscheibe mittlerer Körnung gehalten. Dabei wird ein Funkenbild erzeugt, dessen Aussehen in gewisser Abhängigkeit von den Begleitelementen steht. Die Abweichungen bei verschiedenen Eisensorten beziehen sich auf die Länge, Farbe und Zahl

[1] Streifen gut saugenden Filtrierpapieres werden mit Natriumazetatlösung (25 g Na-Azetat in 100 cm³ Wasser + 2 cm³ konz. Schwefelsäure) getränkt und getrocknet. Nach Eintauchen in 1%ige alkohol. Dimethylglyoximlösung trocknet man wieder.

der Funken sowie auf die Menge der auftretenden kleinen Explosionen (Sternchenbildung). Mit genügender Erfahrung lassen sich auf diese Weise Unterscheidungen von Eisensorten vornehmen. Die Abb. 16a gibt einen Anhaltspunkt über die Möglichkeiten der Funkenausbildung. Näheres im Schrifttum [*1*].

Die Funkenprüfung beruht auf der Beurteilung der Form, Länge und Farbe der Funkengarbe, die beim Schleifen von Stahl mit einer rotierenden Schmirgelscheibe entsteht. Bei diesem Vorgang werden durch die Reibungswärme glühend gemachte Stahlteilchen weggeschleudert, verbrennen auf ihrer Flugbahn (Verbrennungsstrahl) und erhitzen sich dabei so stark, daß sie schließlich explosionsartig zerplatzen. Abb. 16a[1] zeigt die Zerfallserscheinungen, die im *Einzelstrahl* auftreten können und die, zusammengefaßt in der Garbe, Funkenbilder ergeben, die Aufschlüsse auf die Höhe des Kohlenstoffgehalts, aber auch auf die Anwesenheit sonstiger Begleitelemente wie Si, Mn, Cr usw. zulassen. Aus den Abbildungen 16b–g[1] ist das charakteristische Aussehen solcher Funkbilder bei Stählen mit steigendem Kohlenstoffgehalt und bei höheren Silizium- und Mangangehalten zu ersehen. Die Prüfung läßt sich auch auf Chromgehalte bis zu 14% und mehr ausdehnen. Die Beilegierung von Wolfram und Vanadin macht sich besonders durch keulenartigen Zerfall des Verbrennungsstrahls bemerkbar.

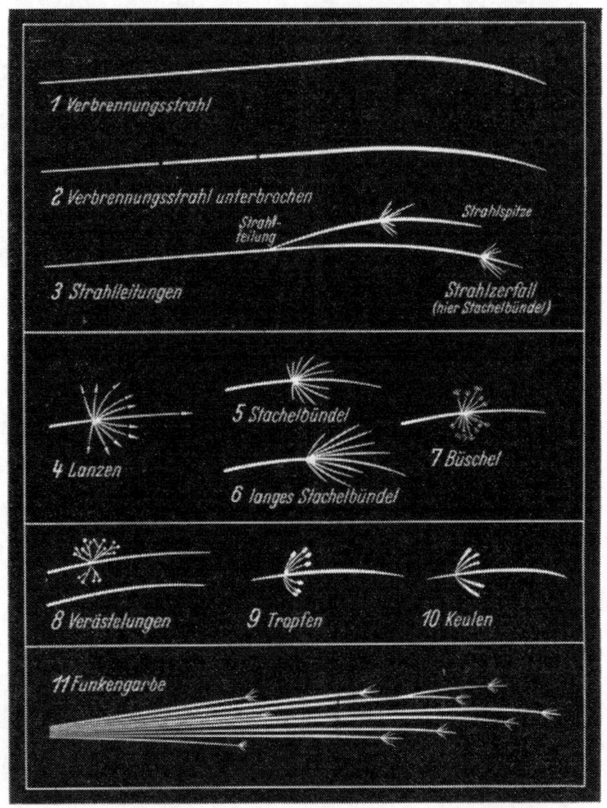

Abb. 16a

Nach einer von der Firma Röchlingstahl, Wetzlar, herausgegebenen Broschüre „Die Funkenprobe“ sind hinsichtlich der Durchführungsweise folgende Punkte zu beachten:

1. Man verwendet einen kleinen Schleifbock oder Handschleifer mit mittelharter, keramisch gebundener, scharfer, trockener Korund-Scheibe (Körnung 60–80) bei 20–30 m/s Umlaufgeschwindigkeit.
2. Zum Vergleich der Funkenbilder dienen Normalvergleichsproben der in dem betreffenden Betrieb gängigen Stahlmarken; bei genügender Erfahrung läßt sich der Einsatz der Richtproben auf einzelne Fälle beschränken.
3. Die Prüfung soll bei gedämpften Tageslicht, am besten aber im verdunkelten Raum vorgenommen werden; direkte Sonnenstrahlung und Zugluft sind völlig zu vermeiden.
4. Die besten Ergebnisse werden auf genügend spanabhebend bearbeiteten Flächen oder auf Bruch- bzw. Sägeabschnittflächen erreicht.
5. Stark fehlerhafte Beurteilungen der wirklichen Zusammensetzung des Stahles entstehen, wenn die entkohlte oder aufgekohlte Randschicht des Prüfstücks (Walz-, Schmiede- oder Glühhaut, Einsatzschicht) nicht vorher durch Abschleifen entfernt werden. Gewisse Legierungselemente wie Wolfram und Molybdän können schon in geringen Gehalten die Funkenbeurteilung auf Kohlenstoff wesentlich fälschen. Die Elemente Vanadin, Titan, Tantal, Niob und Aluminium lassen sich durch die Funkenprüfung nicht mit Sicherheit nachweisen.

Jedenfalls stellt die Funkenanalyse in den geeigneten Fällen ein billiges Schnellverfahren dar, um sich zu überzeugen, ob der richtige Stahl vorliegt oder nicht, um Materialverwechslungen vorzubeugen und gegebenenfalls Sortierungen vorzunehmen.

[1] Die Abb. 16a–g wurden der Broschüre „Die Funkenprobe“, herausgegeben von der Fa. Röchlingstahl, Wetzlar, entnommen.

b) Unter 0,1% C

c) Etwa 0,15% C

d) Etwa 0,45% C

e) Etwa 0,85% C

f) Etwa 0,7% C, 1,5% Si

g) Etwa 0,9% C, 2,0% Mn

Abb. 16 b—g.

Literatur

[1] BAUKLOH, W.: Arch. Eisenhüttenw. Bd. 13 (1939/40) S. 543/44; W. JÄNNICHE u. K. H. SAUL: Stahl u. Eisen Bd. 68 (1948) S. 301/02.

XXIX. Nichtmetallische Einschlüsse und Gase im Eisen und Stahl

Tabelle 4. *Verfahren zur Bestimmung der nichtmetallischen Einschlüsse und Gase im Eisen*

Nr.-Bezeichnung	Verfahrensgrundlage	Erfaßbare Bestandteile	Anwendbarkeit
1. Wasserstoffreduktionsverfahren	Reduktion der Oxyde im trockenen und völlig sauerstofffreien Wasserstoffstrom bei 1100 °C und Wägung des in einem Phosphorpentoxydröhrchen absorbierten Wassers	*Sauerstoff*, gebunden an Fe, Mn, Cu, Ni, W, Mo.	Nur für Stähle mit < 0,2 C, < 0,05 Si und < 0,10 P und Al
2. Vakuumschmelzverfahren	Reduktion der Oxyde mit Kohlenstoff bei 1600 bis 2000 °C im hohen Vakuum und mikrogasanalytische Untersuchung der frei gewordenen Gase	*Gesamtsauerstoff*, *Wasserstoff* und *Stickstoff* (als Gasrest)	Für alle Stahlsorten sowie Roh- und Gußeisen mit nicht zu hohem Mn (0,5) u. Al (0,3). Evtl. Verdünnung mit reinstem Eisen
3. Gottaverfahren	Glühen der Probespäne zusammen mit einem Diffusionspulver (Reinaluminium und Tonerde) und Bestimmung der in den Spänen durch Aluminiumdiffusion gebildeten Tonerde	*Gesamtsauerstoff*	für Stähle und Ferrolegierungen
4. Säurelösungsverfahren a) ohne Aufschluß des Rückstandes	Lösen der Späne in verdünnter Säure, Abdestillation des Ammoniaks und maßanalytische Bestimmung im Destillat	der als Nitrid gebundene Stickstoff	für alle durch verdünnte Säuren zersetzbaren Eisensorten
b) mit Aufschluß des Rückstandes	Lösen wie bei 4a; Aufschluß des abfiltrierten Rückstandes mit konz. Schwefelsäure und Kaliumsulfat im Kjeldahlkolben und Weiterbehandlung der vereinigten Lösungen wie bei 4a. Auch Aufschluß nach 5 durchführbar	*Gesamtstickstoff* (Summe von Nitrid- und unlöslichem Stickstoff)	für alle durch verdünnte Säuren zersetzbaren Eisensorten
5. Schmelzaufschlußverfahren	Schmelzen der Probe im Vakuum mit Natriumsuperoxyd, Entfernung des entwickelten Sauerstoffs durch glühendes Kupfer und mikrogasanalytische Untersuchung des Gemisches auf den frei gewordenen Stickstoff	*Nitridstickstoff* in Ferrolegierungen	für Ferrolegierungen u. Rückstände bei Verfahren 4a und b
6. *Isolierungsverfahren* a) durch Säurebehandlung	Lösen der Proben mit Säuren, die bestimmte oxydische Einschlüsse nicht angreifen und Analyse der Rückstände (vgl. auch S. 552)	*Tonerde u. Kieselsäure*, nicht aber säurezersetzliche Silikate u. Spinelle	für unlegierte- und niedriglegierte Stähle, Roh- und Gußeisen
b) durch Chlorierung	Abdestillation der metallischen Bestandteile im Chlorstrom bei 350 °C und Analyse des Rückstandes	*Kieselsäure, Silikate, Tonerde*	für Stähle und Roheisen (für genaue Erfassung von MnO u. FeO weniger geeignet)
c) durch Umsetzung mit Jod	Bei der Behandlung mit alkoholischer Jodlösung gehen die metallischen Bestandteile in Lösung; die Rückstände werden auf Fe, Mn, Al und Si untersucht	Oxyde von *Eisen, Mangan, Silizium* und *Tonerde*	Nur für unlegierte Stähle; für Roh- und Gußeisen mit Sonderbehandlung der Rückstände
d) elektrolytische Zersetzung	Anodische Lösung der metallischen Anteile in neutralen Elektrolyten und mikrochemische Untersuchung der Rückstände unter Zuhilfenahme von Gruppentrennungen	*Oxyde, Sulfide, Karbide und Nitride*	Für unlegierte Stähle (unsicher bei Roh- und Gußeisen)

Außer den üblichen Begleit- und Legierungselementen können im Werkstoff Eisen und Stahl auch nichtmetallische Einschlüsse wie Oxyde, Nitride, Hydride in verschiedenen Bindungsformen neben den Karbiden, Sulfiden und Phosphiden vorkommen, Wasserstoff und Stickstoff auch in gelöster Form. Sauerstoff kann gebunden sein an die Elemente Fe, Si, Mn, Al, Ti, Cr u. a.; Stickstoff bildet leicht Nitride mit Titan, Schwefel Sulfide mit Mangan und Eisen. Auch ein kombiniertes Auftreten in schlackenartigen Verbindungen ist möglich. Die Forschung hat ergeben, daß Art und Menge dieser unbeabsichtigten Bestandteile einen wesentlichen Einfluß auf bestimmte technologische und physikalische Eigenschaften, insbesondere von Stahl, haben können. Man weiß auch vom Gußeisen schon lange, daß z. B. ein zu großer Sauerstoffgehalt die Qualität bis zur Unbrauchbarkeit verringert.

Während der letzten Jahrzehnte sind zahlreiche Verfahren entwickelt worden, mit deren Hilfe man nicht nur die *Gesamtsumme* der Gehalte (gebunden und gelöst) an Sauerstoff, Stickstoff und Wasserstoff bestimmen kann, sondern auch durch *Isolierungen* die Form ihrer Bindung an die sonstigen Bestandteile des Eisens. Diese Untersuchungen erstreckten sich allerdings meist auf Stahl, während die Übertragung einiger, insbesondere der Isolierungsverfahren auf Roh- und Gußeisen, noch mancherlei Schwierigkeiten macht. Allgemein anwendbar für die Bestimmung von Sauerstoff, Wasserstoff und Stickstoff ist das von OBERHOFFER u. Mitarb. [*1*] entwickelte Verfahren der *Heißextraktion im Vakuum* in der von G. THANNHEISER und E. BRAUNS [*2*] verbesserten Form. Die Apparatur besteht aus einem Vakuum-Röhrenofen aus Quarz mit einem eingesetzten Graphittiegel, der durch Widerstandsheizung auf 1800 °C erhitzt werden kann. An dem Ofen sind eine Öl- und Diffusionspumpe sowie die Zuleitung zu einem Gassammelgefäß angeschlossen, das seinerseits mit einem Mikroanalysator in Verbindung steht. Vor dem eigentlichen Versuch wird bei einem Vakuum von 0,001 mm eine einstündige Entgasung bei 1700 °C vorgenommen. Nach Senkung der Temperatur auf 1550 °C soll während 10 min der Leerwert der abgegebenen Gase nicht mehr als 0,1 cm^3 betragen. Nunmehr bringt man die zylindrische Probe im Gewicht von 15 bis 25 g mit Hilfe eines Magnets aus der an das Quarzrohr seitlich angeschlossenen Probenkammer in den Graphittiegel, läßt die Temperatur auf 1650 °C steigen und entgast so lange, bis das Vakuum wieder den Ausgangswert erreicht hat. Das Gasgemenge wird analysiert, worauf man aus den gefundenen Werten an CO_2, CO, H_2 (CH_4) den Sauerstoff- bzw. Wasserstoffgehalt berechnet. Der Stickstoffgehalt ergibt sich aus der Differenz gegenüber der Gesamtgasmenge.

Neben dem Heißextraktionsverfahren sind die wichtigsten sonstigen Arbeitsweisen in Tabelle 4 nach ihrer analytischen Grundlage, dem Verwendungszweck und der Brauchbarkeit zusammengestellt.

Literatur

[*1*] OBERHOFFER, O., H. STRAUCH u. W. HESSENBRUCH: Stahl u. Eisen Bd. 45 (1923) S. 1559; sowie Arch. Eisenhüttenw. Bd. 1 (1927/28) S. 583. — [*2*] THANNHEISER G., u. H. PLAUM: Arch. Eisenhüttenw. Bd. 11 (1937/38) S. 81; ferner, sehr ausführlich, Handbuch für Eisenhüttenlabor. Bd. II Düsseldorf: Verlag Stahleisen.

XXX. Kalkstein und Dolomit

Die *Vollanalyse* von Kalksteinen und Dolomiten kann man nach folgendem Schema durchführen:

Lösung von 5 g in Salzsäure — Eindampfen der Lösung zur Trockne und Fluorierung des Rückstandes (SiO_2) — Auffüllung von Hauptfiltrat plus kieselsäurefreier Rückstandlösung zu 500 cm^3 — in einem Anteil von 50 cm^3 doppelte Fällung mit Ammoniak und Bromwasser ($Al_2O_3 + Fe_2O_3 + Mn_3O_4$) — in schwach essigsaurem Filtrat doppelte Kalkfällung mit Ammoniumoxalat bei 80 °C — Titration der schwefelsauren Lösung des Niederschlages mit Kaliumpermanganatlösung (CaO) — doppelte Magnesiafällung im Filtrat der Kalkfällung — in Anteilen von je *100* cm^3 Eisenbestimmung nach dem Titantrichloridverfahren oder jodometrisch — Tonerde durch Thiosulfat-Phosphatfällung, — Mangan nach zweimaligem Abrauchen mit Salpetersäure oder nach Lösen einer besonderen Einwaage in Salpetersäure nach dem Silbernitrat-Persulfat-Verfahren — Phosphor im Restanteil — Schwefel durch Verbrennung.

Für Betriebszwecke werden gewöhnlich nur Rückstand, die Summe der Sesquioxyde und Kalk mit einer Einwaage von 0,5 g ohne Teilung bestimmt. Zur *Schnellbestimmung* des Kalks allein gibt es verschiedene Verfahren. Man kann z. B. nach der Filtration vom Rückstand die Lösung mit 2 g *Weinsäure* versetzen, sie ammoniakalisch machen und dann bei Gegenwart der Sesquioxyde den Kalk bei 80 °C mit *heißer* Ammoniumoxalatlösung (3 g Oxalat für 0,5 g Einwaage) fällen.

Ohne Trennung von Kalk und Magnesia ist deren Bestimmung im Filtrat der Sesquioxyde-Fällung möglich nach dem Verfahren von M. D. E. JONKERS [*1*], das auf der Titration mit Komplexonlösung[1] und Murexid-Indikator bzw. Eriochromschwarz beruht.

Nach Lösen von 1 g der Probe in konz. Salzsäure und Filtration vom Rückstand wird die doppelte Fällung der Sesquioxyde mit Bromwasser und Ammoniak unter jedesmaligem Zusatz von 2,5 g Ammoniumchlorid vorgenommen. Die vereinigten Filtrate werden in einem Meßkolben mit ausgekochtem Wasser zu 500 cm³ aufgefüllt, worauf man zwei Anteile zu je 50 cm³ (= 0,1 g) entnimmt.

Zur *Kalkbestimmung* verdünnt man den einen Anteil mit 200 cm³ kohlensäurefreiem Wasser und stellt mit 2 n-Natronlauge und Indikatorpapier auf den p_H-Wert 13 ein. Nach Zugabe von 0,04 g Murexid[2] titriert man mit 0,1 n-Komplexonlösung (37,21 g Komplexon p. a. im Liter kohlensäurefreiem Wasser) bis zum Umschlag von rot auf blauviolett; für sehr genaue Bestimmungen beendet man kurz vor dem Umschlag die Titration mit einer 0,01 n-Komplexonlösung.

Zur Titerstellung und Kontrolle verwendet man eine Kalziumstammlösung, die man durch Lösen von 8 g Kalziumkarbonat p. a. in wenig überschüssiger Salzsäure, Auskochen und Auffüllung mit CO_2-freiem Wasser auf 2 Liter erhält. 20 cm³ davon (= 44,8 mg CaO) werden dann w. o. titriert. Die gleiche Lösung kann auch zur Rücktitration bei einem eventuellen Übertitrieren herangezogen werden.

Nach neueren Untersuchungen [*2*] fallen Störungen, die durch die gleichzeitige Anwesenheit von *Magnesium* bei Abweichungen vom genauen p_H-Wert 12 auftreten, weg, wenn man folgendermaßen arbeitet:

Man setzt der Lösung 1 cm³ 20%ige Rohrzuckerlösung, 2 cm³ 0,2 molare Sodalösung und 1 Tropfen 0,1%ige Nilblau A-Lösung zu. Darauf gibt man tropfenweise 10%ige Natronlauge bis zum Umschlag in Rot zu, anschließend weitere 1 bis 1,5 cm³ der Lauge und titriert w. o. mit Murexidindikator und Komplexonlösung.

Für die *Magnesiabestimmung* wird der zweite Anteil mit 50 cm³ Wasser und soviel Ammoniak (0,91) versetzt, bis der p_H-Wert 10 erreicht ist. Nach Erwärmung der Lösung auf 45 °C gibt man zur Bindung des Kalziums dieselbe Menge 0,1 n-Komplexonlösung (ohne Indikator) zu, die bei der Kalkbestimmung im ersten Anteil verbraucht wurde. Man schüttelt 1 min lang, versetzt mit 0,3 cm³ Eriochromschwarz-Lösung[3] und titriert, am Schluß unter kräftigem Umschütteln, auf rein blau. Auch hier kann man für sehr genaue Bestimmungen die Titration kurz vor dem Umschlag mit 0,01 n-Komplexonlösung zu Ende führen oder Übertitration mit einer synthetischen Magnesiumlösung korrigieren. Unter den gegebenen Arbeitsbedingungen ist

$$\% \, MgO = 4{,}032 \cdot cm^3 \text{ Komplexonlösung } (0{,}1\,n).$$

Literatur

[*1*] JONKERS, M. D. E.: Chimie Analytique. (Belgien) 1954 S. 101/05; ferner O. ENGEL: Das Leder Bd. 2 (1951) S. 241/42 u. a. — [*2*] BOND, M. R. D. u. L. M. TUCKER: Chem. and Ind. (Australien) 1954 S. 1236/37. Ref. Z. analyt. Chem. Bd. 145 (1955) S. 201/02.

XXXI. Nichteisenmetalle

Die Beschreibung von Verfahren zur Untersuchung von Nichteisenmetallen und deren Legierungen ist für diesen Buchbeitrag nicht vorgesehen. Immerhin soll eine *Schnellmethode* zur Bestimmung der Legierungselemente von *Lagermetallen* wiedergegeben werden, da derartige Analysen des öfteren auch in Gießereilaboratorien verlangt werden.

[1] Dinatriumsalz der Äthylendiamintetraessigsäure, zu beziehen als Titriplex III von E. MERCK, Darmstadt und von GERH. JACOBY, Hamburg 11, Holzbrücke 8, (ebenso Murexid).

[2] 0,1 g Murexid werden mit 10 g Kochsalz verrieben.

[3] 0,2 g in 50 cm³ Alkohol (96%ig), täglich frisch bereitet.

Das Verfahren ist mit einigen Abänderungen aus einer Veröffentlichung von G. OESTERHELD und P. HONNEKER [*1*] übernommen. Die Bestimmung von Kupfer, Zink und Eisen ist zugefügt.

0,5 bis 1 g der Späne werden in einem bedeckten 250 cm³-Becherglas, hohe Form, durch *Kochen* mit 20 cm³ konz. Schwefelsäure (1,84) in *klare* Lösung gebracht, was gewöhnlich 10 bis 20 min Zeit beansprucht. Nach Abkühlung (Kühlbad) gibt man in *einem* Guß 100 cm³ dest. kaltes Wasser und 5 cm³ konz. Salzsäure zu.

Zur *Antimonbestimmung* versetzt man mit 15 Tropfen 0,1%iger Methylorange- oder Methylrotlösung und titriert bei 60 bis 70 °C mit 0,1 n-*Kaliumbromatlösung* (2,7837 g/l), am Schluß *langsam*, bis zur Entfärbung. 1 cm³ Bromatlösung zeigt 6,088 mg Antimon an.

Zur *Bleibestimmung* läßt man die titrierte Lösung 2 Stunden stehen, filtriert dann den Sulfatniederschlag durch ein Papierfilter oder Filtertiegel, wäscht mit kleinen Anteilen verd. Schwefelsäure, am Schluß mit wenig Wasser aus, trocknet und glüht zu Bleisulfat mit 68,33% Pb.

Das Filtrat der Bleifällung (etwa 200 cm³) wird in einem 750 cm³-Erlenmeyerkolben mit 100 cm³ Salzsäure (1,19) und 2 bis 3 g Ferrum reduktum oder Karbonyleisen[1] versetzt, wonach man, unter dauerndem Durchleiten von luftfreier Kohlensäure, zuerst bei mäßiger Wärme und dann unter Aufkochen die Reduktion zu *Stannosalz* vollzieht. Dabei soll das in einem doppeltdurchbohrten Gummistopfen sitzende Einleitungsrohr etwa 1 cm über der Flüssigkeitsoberfläche enden, während das U-förmig gebogene Ableitungsrohr in eine Wasservorlage taucht. Nach Entfernung der Flamme verschließt man, ohne die Verbindung zum Kohlensäure-Entwicklungsapparat zu unterbrechen, das Ableitungsrohr mit einem Stück einseitig geschlossenem Gummischlauch und taucht den Kolben in ein Kühlbad mit fließendem Wasser. Nach Temperaturausgleich kommt das automatische Nachströmen der Kohlensäure zum Stillstand. Nun filtriert man rasch durch ein Schnellfilter vom ausgeschiedenen Antimon (Kupfer) ab und wäscht mit salzsäurehaltigem kaltem Wasser aus. Das Filtrat wird in einem 750 cm³-Erlenmeyerkolben aufgefangen, auf den ein dreifach durchbohrter Stopfen gesetzt ist. Eine Bohrung ist für den Trichter, die beiden anderen sind für die Zu- und Ableitung der Kohlensäure bestimmt. Im Filtrat wird das Zinn *sofort* nach Zusatz von 5 cm³ 10%iger Jodkalilösung und 3 cm³ Stärkelösung mit der 0,1 n Bromatlösung bis zur Blaufärbung titriert. 1 cm³ = 5,935 mg Zinn. Die Titration kann auch mit 0,1 n-Jodlösung vorgenommen werden. Der Zeitaufwand beträgt etwa 3 Stunden.

Will man das Zinn allein bestimmen, eventuell mit kleinerer Einwaage, so läßt man die Antimontitration und Filtration des Bleisulfates weg und nimmt die Reduktion sofort nach dem Lösen vor.

Zur Bestimmung von *Zink* fällt man aus der mit Ammoniak abgestumpften schwefelsauren Lösung einer Sondereinwaage die Elemente Sn, Sb und Cu mit Schwefelwasserstoff, nimmt aus einem Meßkolben eine partielle Filtration vor und fällt das Zink aus ameisensaurer Lösung als Sulfid. Zu diesem Zweck macht man den Filtratanteil schwach ammoniakalisch, säuert *sofort* mit Ameisensäure an, gibt einen Überschuß von je 2 cm³ je 100 cm³ Lösung zu, versetzt noch mit 5 g festem ameisensaurem Ammonium und leitet bei ca. 50 °C Schwefelwasserstoff ein.

Aus dem Niederschlag der *ersten* Schwefelwasserstoffällung kann man die Sulfide des Antimons und Zinns mit warmer Natriumsulfidlösung entfernen und das auf dem Filter bleibende *Kupfer* in üblicher Weise bestimmen.

Zur direkten *photometrischen* Bestimmung des Kupfers löst man 1 g wieder wie vor in konz. Schwefelsäure und spült die Lösung nach Verdünnung in einen 250 cm³-Meßkolben. Nach Abkühlung setzt man vorsichtig 80 cm³ Ammoniak (0,91) zu, schüttelt kräftig durch, kühlt auf 20 °C ab, gibt weiter 20 cm³ Ammoniak (0,91) zu, füllt zur Marke auf, schüttelt wieder durch, filtriert durch ein trockenes Faltenfilter ohne auszuwaschen und photo-

[1] Die Reduktion mit Eisen ist einfacher und sicherer als die mit Zink.

metriert einen Anteil des Filtrates im Wellengebiet 578 mμ. Für je 1% gleichzeitig vorhandenem Nickel ist 0,093% Cu vom errechneten Kupfergehalt abzuziehen (vgl. S. 570) [2].

Die Bestimmung des *Eisens* kann man in den angegebenen Analysengang der Zinkbestimmung einschalten, am besten mit einem Sonderanteil der partiellen Filtration.

Literatur

[1] OESTERHELD, G., u. P. HONNEGER: Helv. chem. Acta Bd. 2 S. 398/416. Ref. Chem. Zentralbl. 1919 V, Bd. 1 S. 522/24; ferner H. u. W. BILTZ-W. FISCHER: Ausführung quantitativer Analysen. Stuttgart: Verlag S. Hirzel (1953) S. 260/63. — [2] PINSL, H.: Die neue Gießerei Bd. 36 (1949) S. 382/83.

XXXII. Ferrolegierungen, hochlegierter Guß, Legierungsmetalle

Soweit bei der Erschmelzung von unlegiertem Grau- und Stahlguß die beabsichtigte Analyse nicht schon durch die richtige Gattierung von Roheisen-, Gußbruch- und Schrottsorten erreicht werden kann, bedient man sich zur Anreicherung bzw. Regelung der Gehalte an Si, Mn und P der betreffenden Ferroverbindungen. Das gleiche gilt für die Erzeugung von niedrig- und hochlegiertem Guß, wobei im Gießereiwesen die Beilegierung von Cr, Ni, V, Mo, in bestimmten Fällen auch von Cu, Ti und Mg eine Rolle spielt. Ferrosilizium übt außerdem, besonders wenn es mit Mn, Ti, Ca oder Al mehrfach legiert ist, ebenso wie Spiegeleisen, Ferromangan, Ferrotitan und metallisches Aluminium eine desoxydierende und entgasende Wirkung auf die Schmelze aus. Die Beilegierung geschieht entweder durch direkte Zugabe der berechneten Menge an Legierung oder Metall zur Schmelze oder auf dem Umweg über den Kupolofen in Gestalt von Paketen, die eine dosierte Menge des betreffenden Elements enthalten.

Die Ferrolegierungen dürfen schädliche Bestandteile nur unterhalb bestimmter Gehaltsgrenzen enthalten. Diese liegen für P, S, Cu, Sn, As, Al normalerweise unter 0,1%. Häufig werden die Höchstwerte dieser oder anderer in der betreffenden Legierung nicht erwünschten Elemente bei der Lieferung fallweise vereinbart.

1. Ferrosilizium und andere Siliziumlegierungen

a) Silizium. Niedrig legiertes Fe-Si wird mit 30 cm³ Bromsalzsäure in Lösung gebracht; Weiterbehandlung nach S. 552 Abschnitt 1. a).

Von 45%igem Fe-Si sowie in Legierungen Fe-Mn-Si, Fe-Al-Si, Fe-Mn-Al-Si und Fe-Zr-Si schließt man 0,5 bis 1 g in einem geräumigen Nickeltiegel mit 10 g Natriumsuperoxyd unter Schwenken über der Flamme bis zur leichtflüssigen Schmelze auf. Den Tiegel hält man anschließend zur raschen Abkühlung in kaltes Wasser und bringt ihn dann in eine mit Wasser beschickte Nickelschale. Nach Zersetzung der Schmelze und Reinigung des Tiegels spült man die Lauge quantitativ in eine Porzellankasserolle, in der sich 50 cm³ Salzsäure 1 : 1 befinden. In der erhaltenen salzsauren Lösung wird das Silizium durch zweimaliges Eindampfen abgeschieden und nach Fluorierung des Glührückstandes nach S. 552 bestimmt.

Bei 75- und 79%igem Ferrosilizium und den Legierungen Fe-Ca-Si und Fe-Ca-Al-Si muß wegen der großen Explosionsneigung zuerst eine Vorschmelze mit 3 g Natriumkaliumkarbonat im Nickeltiegel vorgenommen werden, worauf der eigentliche Aufschluß mit 8 g Natriumsuperoxyd erfolgt.

Zur annähernden schnellen Orientierung über den Si-Gehalt von Ferrosiliziumproben (45 bis 90%) kann man die Einwaage im Platintiegel mit Flußsäure und *Salpetersäure* abrauchen und das Gewicht des Glührückstandes feststellen. Da dieser zum größten Teil aus Ferrioxyd (Fe_2O_3) besteht, läßt sich durch Vermehrung der Auswaage mit dem Faktor 0,7 die Menge des vorhandenen Eisens berechnen und von der Einwaage in Abzug bringen.

Zur Bestimmung von Silizium, Kieselsäure und Siliziumkarbid nebeneinander bedient man sich des Chlorverflüchtigungsverfahrens [1].

b) Kohlenstoff. Für Fe-Si, Fe-Mn-Si und Fe-Zr-Si mischt man die Einwaage (1 bis 1,5 g) mit der gleichen Menge weichen Stahls von bekanntem Kohlenstoffgehalt und überschichtet noch mit 3 g Zuschlag. R. Weihrich [2] empfiehlt für die Legierungen und Roheisen ein Gemisch von 2 Gewichtsteilen PbO_2 und 1 Gewichtsteil Co_3O_4 (Blindversuch!) Die Verbrennung im Sauerstoffstrom wird dann gewichtsanalytisch bei 1250 °C nach S. 545 durchgeführt. Für die Legierungen Fe-Al-Si, Fe-Mn-Al-Si, Fe-Ca-Si, Fe-Ca-Al-Si und Fe-Ti-Si genügen 3 g Zuschlag (ohne Stahl) bei 0,5 g Einwaage.

c) Schwefel. Angewendet wird entweder das Verbrennungsverfahren nach Seuthe (S. 563) bei einer Temperatur von 1350 °C und Zuschlag von 1 g Zinn oder das gewichtsanalytische Aufschlußverfahren mit Natriumsuperoxyd, letzteres insbesondere für die Legierungen Fe-Al-Si, Fe-Ca-Si und Fe-Ca-Al-Si. Vor der Fällung mit Bariumchlorid muß die Kieselsäure durch Eindampfen abgeschieden werden.

d) Arsen. Die Legierungen (2 bis 5 g) werden wie unter a) mit Vorschmelze (Natriumkaliumkarbonat) und Natriumsuperoxyd aufgeschlossen. Die salzsauer gemachte Lösung wird dem Destillationsprozeß unterworfen (S. 592).

e) Kalzium. Das Filtrat der Siliziumbestimmung wird ohne Ausätherung nach dem im Abschnitt „Magnesium und Kalzium" S. 598 beschriebenen Analysengang untersucht.

f) Sonstige Begleitelemente. Die Verfahren zur Bestimmung von P, Mn, Cu, Ni, Al und Ti haben *gemeinsam*, daß die Proben in Platinschalen in einem Gemisch von verdünnter Salpetersäure 1 : 1 und reinster Flußsäure unter Erwärmen gelöst werden. Je nach der Einwaage (0,5 bis 2,5 g) verwendet man hierzu 30 bis 50 cm³ der Salpeter- bzw. 10 bis 20 cm³ der Flußsäure. Die Weiterbehandlung der Lösung geschieht nach folgenden Richtlinien:

α) *Phosphor.* Eindampfen der Lösung von 2 g bis fast zur Trockne, Wiederholung mit 30 cm³ Salpetersäure 1 : 1, aufnehmen mit der gleichen Säuremenge, erhitzen auf 90 °C und Zugabe von 25 cm³ heißer, gesättigter Boraxlösung zur Vertreibung des Fluors; nach 10 min langem Stehen Umspülung in einen Kolben[1], Oxydation mit Kaliumpermanganat, Molybdatfällung und Weiterbehandlung nach S. 560.

β) *Mangan.* Eindampfen der Lösung mit 20 bis 40 cm³ Schwefelsäure 1 : 3 bis zum Abrauchen, aufnehmen und erwärmen des Wassers bis zur klaren Lösung; bei niedrigen Gehalten Titration mit arseniger Säure nach dem Persulfat-Silbernitratverfahren (S. 555), bei hohen Gehalten Überführung in einen Meßkolben, Fällung mit Zinkoxyd, Auffüllung zur Marke und Titration nach Volhard (S. 556) in 0,1 bis 0,2 g entsprechenden Anteilen des Filtrats unter Benutzung empirischer Titer.

γ) *Nickel.* Abdampfen der Lösung (2 g) mit Schwefelsäure 1 : 3 bis zum Rauchen, Aufnahme mit Wasser und 20 cm³ verdünnter Salpetersäure, aufkochen und Fällung mit Dimethylglyoxim nach S. 582.

δ) *Kupfer.* Abrauchen der Lösung (2 g) mit Schwefelsäure, aufnehmen mit Wasser, Abscheidung des Kupfers als Sulfid und gewichtsanalytische Bestimmung als CuO oder kolorimetrisch (S. 570).

Für die Bestimmung von Mn, Ni, und Cu kann man auch von *einer* größeren Einwaage ausgehen und entsprechende Teilungen aus einer Stammlösung vornehmen.

ε) *Aluminium.* Abdampfen der Lösung (2 g) mit 20 cm³ Schwefelsäure 1 : 3 bis zur Trockne, schwaches Glühen zur völligen Vertreibung des Fluors und der freien Schwefelsäure, Aufschluß des Rückstandes mit Natriumsuperoxyd in einem Silbertiegel[2], Behandlung der Schmelze mit Wasser und Überführung der Lauge in einen Meßkolben, Filtration und Entnahme des Anteils (4/5 der Einwaage); Bestimmung des Aluminiums in der angesäuerten Lösung nach S. 589.

[1] Unlöslich gebliebener Rückstand müßte vorher abfiltriert, geglüht und mit $NaKCO_3$ aufgeschlossen werden, worauf man die abfiltrierte Auslaugelösung mit HNO_3 ansäuert und mit der Hauptlösung vereinigt.

[2] Man kann den Aufschluß auch direkt in der Platinschale mit Natriumhydroxyd und wenig Natriumsuperoxyd vornehmen, wenn man nach E. Deiss (S. 578) arbeitet.

ζ) *Titan.* Die Lösung von 1 bis 2 g wird zweimal mit verdünnter Schwefelsäure 1 : 3 bis zum starken Rauchen eingedampft, um das Fluor, das schon in geringsten Mengen die kolorimetrische Bestimmung stört, restlos zu entfernen. Diese selbst wird in der durch Erwärmen mit Wasser erhaltenen Lösung nach S. 571 vorgenommen. Unlöslich gebliebene Anteile müssen abfiltriert und mit Kaliumbisulfat aufgeschlossen werden.

2. *Spiegeleisen und Ferromangan*

Über die in Frage kommenden Gehaltsgrenzen wurde bereits im Abschnitt *Mangan* S. 554 berichtet. Dort sind auch die *maßanalytischen* Manganbestimmungsverfahren mit Kaliumpermanganatlösung beschrieben, die ohne weiteres auf die Untersuchung von Spiegeleisen und Ferromangan übertragbar sind. Man geht von 2 bis 1 g Einwaage aus und entnimmt aus Stammlösungen Anteile, die 0,1 bis 0,2 g entsprechen. Nicht übersehen werden darf, daß bei der Titration auf Rotfärbung nach VOLHARD in Gegenwart des Eisens ein *empirischer* Titer zugrunde gelegt werden muß, der mit Normalproben ähnlicher Zusammensetzung ermittelt wird, während bei der Arbeitsweise nach E. DEISS (Rücktitration mit arseniger Säure auf farblos) der theoretische Titer gebraucht werden kann. Eine zwischengeschaltete Fällung mit Zinkoxyd ist besonders dann nötig, wenn die störenden Elemente Co, Cr und V vorhanden sind.

Die *gewichtsanalytische* Manganbestimmung kann in einem Anteil der Stammlösung nach S. 555 2. a) vorgenommen werden. Hohe Mangangehalte können auch *photometrisch* rasch und genügend genau bestimmt werden, wobei allerdings angesichts der geringen Einwaageanteile ganz besondere Aufmerksamkeit auf die Maßhaltigkeit der geeichten Meßkolben und Büretten, die Einhaltung der Eichungstemperaturen, der Reaktionsbedingungen und der genauen photometrischen, am besten lichtelektrischen Messung zu richten ist.

Arbeitsvorschrift: Bei Mn-Gehalten bis zu 60% werden 0,25 g, darüber 0,2 g in einem kleinen bedeckten Becherglas in 10 cm³ Mischsäure (S. 555) unter Erwärmen bis zum Wegkochen der Stickoxyde gelöst. Bei hochkohlehaltigen Proben löst man zur Vertreibung der Kohlenwasserstoffe zuerst nur in Schwefelphosphorsäure. Darauf spült man die Lösung in einen 500 cm³-Meßkolben um, füllt auf und bringt einen Anteil von 10 cm³ (eingetauchte Bürette außen abwischen, Nachlaufzeit beachten!) in einen 200 cm³-Meßkolben mit Schliffstopfen. Hierzu gibt man 50 cm³ Wasser und die beim Verfahren des Bureau of Standards (S. 555) vorgeschriebenen Zusätze von Mischsäure, Ammoniumpersulfat und Silbernitrat. Nach 30 sek langem Aufkochen, Abkühlung und Auffüllung zur Marke photometriert man im grünen Licht (Wellengebiet 546 mμ) gegen Wasser oder noch genauer gegen einen zweiten, in der gleichen Weise, aber ohne Silberzusatz behandelten Anteil. Die Feststellung der Eichkurve erfolgt mit Normalproben. Der Zeitaufwand beträgt etwa 20 min.

Auch die photometrischen Verfahren, bei denen nur in salpetersauren Lösungen gearbeitet wird, können sinngemäß herangezogen werden.

Kohlenstoff. In niedrig gekohlten Sorten wird die Bestimmung genau wie beim Ferrosilizium (S. 610) durchgeführt. Für hochgekohlte Sorten genügt eine Beimischung von 3 g Zuschlag.

Für die Bestimmung der Elemente Si, P, S, As, Cu und Ni genügt es hier, auf die entsprechenden Abschnitte S. 610 hinzuweisen. Beim Phosphor ist die mögliche Gegenwart von größeren Mengen Si und As zu berücksichtigen; zur S-Bestimmung verwendet man bei Ferromangan 1 g weichen Stahl und 0,5 g Kobaltoxyd (S-frei) als Zuschlag, bei Spiegeleisen dagegen 0,2 g Ferrovanadin.

3. *Ferrochrom*

a) Chrombestimmung. *Säurelösliche* Ferrochromsorten werden nach den S. 578 bis 581 beschriebenen oxydimetrischen, jodometrischen, photometrischen oder potentiometrischen Verfahren auf Cr untersucht, wobei man die Einwaagen oder die Volumenanteile einer Stammlösung entsprechend erniedrigt. Nach dem Lösen werden unlöslich bleibende Rückstände mit wenig Natriumsuperoxyd aufgeschlossen und in schwefelsaurer Lösung mit dem Hauptfiltrat vereinigt.

Säureunlösliche Proben schließt man mit 1 bis 3 g Einwaage im Eisen-, Silber-, Nickel- oder Alsinttiegel mit 8 bis 10 g Natriumsuperoxyd unter Schwenken über der Flamme bis zur Entstehung einer leichflüssigen Schmelze auf. Der Tiegel mit der erkalteten Schmelze wird in ein mit 400 cm³ beschicktes, bedecktes Becherglas gebracht, worauf man die Zersetzungslauge[1] zur Zerstörung von Manganat mit 1 g Na_2O_2 versetzt und sie 10 min lang kräftig kocht (Siedesteinchen!), um jede Spur von überschüssigem Peroxyd zu beseitigen. Der gesamte Inhalt des Becherglases wird in einen 1 l-Meßkolben übergeführt und zur Marke aufgefüllt. In Anteilen, die 0,1 bis 0,2 g Einwaage entsprechen, lassen sich dann die oben erwähnten Verfahren durchführen.

Zu beachten ist, daß das Ferrosulfat-Permanganatverfahren *sofort* nach dem Ansäuern des verdünnten Anteils mit Schwefelsäure durchgeführt werden soll.

Beim jodometrischen Verfahren säuert man den auf 400 cm³ verdünnten Lösungsanteil mit einem nicht zu großen Überschuß von Schwefelsäure oder Salzsäure an, gibt 1 g Jodkali (jodatfrei) zu und titriert mit n/10-Natriumthiosulfatlösung, bis nur mehr geringe Mengen von freiem Jod vorhanden sind; dann setzt man frisch bereitete Stärkelösung zu und titriert bis zum Verschwinden der Blaufärbung zu Ende. 1 cm³ n/10 Thiosulfatlösung zeigt 0,001733 g Chrom an; der Titer wird mit Kaliumbichromatlösung kontrolliert.

Ein *photometrisches* Schnellverfahren für säureunlösliche Proben, das nur etwa 10 bis 15 min Zeit benötigt, wurde von W. KOCH [*3*] angegeben.

20 mg (bis zu 10% Chrom) oder eine kleinere Menge (bei höheren Chromgehalten) der pulverisierten Probe werden in einem Porzellantiegel mit 1 g Soda und 2 g Natriumsuperoxyd geschmolzen. Dann übergießt man Tiegel und Schmelze in einem Becherglas mit 100 cm³ warmen Wasser, in dem 1 cm³ gesättigte Ammoniumchloridlösung und etwa 30 mg Ammoniumphosphat gelöst sind, und bedeckt das Becherglas. Die Lösung des Schmelzkuchens wird mit einer Messerspitze Tierkohle einmal aufgekocht und in einem 200 cm³-Meßkolben bei genau 20 °C bis zur Marke mit Wasser verdünnt. Man filtriert nun einen Teil der Flüssigkeit durch das vorbereitete Papierfilter[2] in ein 15 cm Absorptionsrohr und bestimmt sofort die Extinktion der gelben Chromatlösung mit Filter Hg 436 und Hagephotbrenner. In den Vergleichsstrahlengang wird ein mit destilliertem Wasser gefülltes Absorptionsrohr gleicher Schichtdicke gesetzt.

b) Sonstige Begleitelemente. Die Elemente Si, Mn, Cu, Al, Ni usw. können in *säurelöslichen* Proben nach den für die Untersuchung an Stahl, Roh- und Gußeisen angegebenen Methoden bestimmt werden, wobei jeweils ein etwa erforderlicher Rückstandaufschluß mit $KHSO_4$, $KNaCO_3$, Na_2O_2 oder HF berücksichtigt werden muß. Für die *Mangan*titration mit Kaliumpermanganat muß das Chrom auf alle Fälle durch eine Fällung mit Zinkoxyd entfernt werden. Vom Rückstandaufschluß herrührendes *Chromat* wird vorher mit einigen Tropfen H_2O_2 nach dem Ansäuern in die dreiwertige Stufe übergeführt.

Säureunlösliche Proben werden wie bei der Chrombestimmung mit 8 bis 15 g Natriumsuperoxyd aufgeschlossen (evtl. zweimal).

α) *Silizium.* Ansäuern der Aufschlußmasse mit Salzsäure und Eindampfen der gesamten Lösung usw.

β) *Mangan.* Behandlung der Schmelzlauge zur Abscheidung des gesamten Mangans durch Kochen mit Na_2O_2, filtrieren und mit laugehaltigem Wasser chromfrei waschen, Lösung des Niederschlages mit Salzsäure (zur $KMnO_4$-Titration) oder Schwefelsäure (für photometrische Bestimmung), unter Zusatz von H_2O_2, aufkochen, Zinkoxydfällung und Durchführung der Titration oder Photometrierung im Filtratanteil.

γ) *Phosphor.* Ein größerer Anteil der partiell filtrierten Schmelzlauge (etwa 2 g entsprechend) wird schwach mit Salpetersäure angesäuert, worauf nach Zusatz von Ammoniumnitrat und etwas $FeCl_3$-Lösung das Phosphat durch eine Ammoniakfällung von den Alkalisalzen, dem Chromat und anderen Elementen getrennt wird. In dem ausgewaschenen und wieder in Salpetersäure gelösten Niederschlag bestimmt man dann den Phosphor wie üblich.

[1] Einschließlich der bei einem evtl. erforderlichen Rückstandaufschluß erhaltenen Schmelzlauge.

[2] Vorher zur Beseitigung färbender Bestandteile mit verdünnter Natronlauge (3%ig) ausgewaschen.

δ) *Aluminium.* In einem zweiten Anteil der filtrierten Aufschlußlösung für die P-Bestimmung wird das Aluminium nach dem Ansäuern mit Salpetersäure doppelt mit Ammoniak gefällt. Der ausgewaschene und stark geglühte Niederschlag wird mit Salpetersäure und Flußsäure abgeraucht, wiederum gelöst und ausgewogen. Mit ausgefallenes Phosphat wird durch nachträglichen Aufschluß und Bestimmung des P_2O_5-Gehaltes in der angesäuerten Aufschlußlösung durch Abzug von der Tonerdeauswaage in Rechnung gestellt.

ε) *Nickel.* Der Aufschlußrückstand auf dem Filter wird in Salzsäure 1 : 1 gelöst und nach dem Dimethylglyoximverfahren weiter untersucht (S. 582).

ζ) *Arsen.* Die Schmelzlauge wird nach Auskochen nach dem Destillierverfahren (S. 592) weiterbehandelt.

η) *Kohlenstoff.* Gasvolumetrische Bestimmung bei hochgekohlten, gewichtsanalytische oder potentiometrische Verfahren bei niedriggekohlten Sorten.

ϑ) *Schwefel.* Entwicklungsverfahren unbrauchbar; Verbrennungsverfahren bei 1400 °C mit 0,5 g Einwaage; Zuschläge 1 g Zinn oder 1 g weichen Stahl + 1 g Kobaltoxyd (Co_3O_4).

4. Ferromolybdän

a) Molybdänbestimmung. Die mit Superoxydaufschluß oder durch Säurebehandlung erhaltene Lösung wird nach einem der S. 586 beschriebenen Bestimmungsverfahren auf Mo untersucht. Die Einwaage bzw. die Anteile der Stammlösung werden den hohen Gehalten entsprechend erniedrigt.

b) Hinweise für die übrigen Elemente. Die Elemente C, S, Si, Mn, Cu und As werden wie im Ferrochrom bestimmt, das Chrom im alkalischen Filtrat eines Natriumsuperoxydaufschlusses.

Zur Phosphorbestimmung wird die salpetersaure Lösung einer doppelten oder dreifachen Ammoniakfällung unterzogen, wobei man die siedendheiße Lösung jeweils in 50 cm^3 konz. Ammoniak einfließen läßt. In dem molybdänfreien Niederschlag wird der Phosphor nach Lösen in Salpetersäure wie üblich bestimmt.

Das Kupfer bestimmt man am einfachsten nach S. 570 photometrisch.

5. Ferrovanadin

a) Vanadin. Bei Abwesenheit störender Elemente kann das Vanadin in Gegenwart des Eisens, also ohne Ausätherung, genügend genau nach dem Verfahren von E. Campagne (Verfahren 2. a) α), S. 575) bestimmt werden. Zum Lösen verwendet man Salzsäure und Salpetersäure. Die Lösung wird dreimal mit insgesamt 50 cm^3 Schwefelsäure 1:1 abgeraucht, das zweite und dritte Mal unter jeweiligem Zusatz von je 25 bis 30 cm^3 Salzsäure bis zu deren völligen Vertreibung. Weiterbehandlung a. a. O.

Auch das Reduktionsverfahren (2. a) β), S. 576) mit Säurelösung oder Superoxydaufschluß führt zu guten Ergebnissen.

Wenn störende Elemente (Cr, Ni, Co z. B. in hochlegiertem Guß) vorhanden sind, kann das Verfahren 2. b) S. 576 in Betracht gezogen werden, bei dem, in diesem Fall ohne vorhergehende Ausätherung, das als Vanadat vorliegende Element in alkalischer Lösung von den genannten Begleitern getrennt wird. Wiederholung der Fällung ist angebracht.

b) Hinweise für die Elemente Si, Mn, C, S, Ni, Cr, Cu und Mo. Die Bestimmung von Si und Mn wird mit 5 g Einwaage wie üblich ausgeführt, die von C und S wie bei Ferrochrom und die von Ni nach S. 582. Für geringe Gehalte von Chrom geht man vom Aufschluß mit Superoxyd aus oder behandelt die Säurelösung nach S. 612, um das Chromat in alkalischer Lösung photometrisch zu bestimmen. Will man bei höheren Cr-Gehalten ein maßanalytisches Verfahren anwenden, so ist eine Abtrennung vom Vanadin erforderlich (S. 575). *Kupfer* und *Molybdän* scheidet man mit Schwefelwasserstoff ab, röstet die Sulfide zu Oxyden, löst diese in Säure und bestimmt in Anteilen davon die beiden Elemente kolorimetrisch bzw. photometrisch.

c) Phosphor. Die Probe wird wie bei P-Bestimmung in Gußeisen (Lösung in Salpetersäure usw.) vorbehandelt. Die Lösung macht man nach der Permanganatoxydation und Reduzierung des Überschusses mit Ammoniak alkalisch, säuert schwach mit verdünnter Salzsäure an, versetzt mit 15 bis 20 g Fe(II)-Sulfat und 25 cm^3 Ammoniumnitratlösung und fällt bei 25 °C mit 60 cm^3 der salpetersauren Ammoniummolybdatlösung unter längerem Schütteln oder Umrühren.

6. Eisenbestimmung in Ferrolegierungen

Manchmal ist es wünschenswert, durch schnelle Bestimmung des *Eisengehalts* einer Legierung einen Einblick in die *Summe* der in der Probe vorhandenen Nichteisenmetalle zu erhalten.

Am schnellsten führt die Titration mit Kaliumpermanganat nach REINHARD-ZIMMERMANN zum Ziel, wobei aber zu berücksichtigen ist, daß gleichzeitige Gehalte von mehr als 10% Cr, Ti und Ni, oder mehr als 6% Co und Cu (einzeln oder in der Summe von mehreren dieser Elemente) zu fehlerhaften Ergebnissen führen. Vanadin wird mittitriert (vgl. S. 567).

Zur Eisenbestimmung in *Ferromangan* löst man die Probe (0,3 g) in verdünnter Salpetersäure und dampft 2mal mit je 10 cm^3 Schwefelsäure 1 : 3 bis zum starken Rauchen ab. Nach Zugabe von Wasser und 10 cm^3 konzentrierter Salzsäure wird die Lösung nach Vorschrift reduziert und titriert. Die Legierungen mit Mo, V und Cu werden nur in Salpetersäure gelöst. Die Lösung wird anteilweise in 300 cm^3 heißes Ammoniak (1 : 10) eingetragen, wobei, besonders bei doppelter Fällung, die Hauptmenge dieser Elemente in Lösung geht und durch Filtration und Auswaschen mit ammoniakhaltigem Wasser entfernt wird. Bei Abwesenheit von Vanadin kann in dem wieder in Salzsäure gelösten Niederschlag die Titration vorgenommen werden; anderenfalls muß der im Platintiegel geglühte Niederschlag mit 10 g $NaKCO_3$ aufgeschlossen werden. Nach der Wasserbehandlung wird mit heißem sodahaltigem Wasser vanadinfrei ausgewaschen, das Eisenoxyd vom Filter gelöst und wie üblich bestimmt.

Ferrosilizium wird in der Platinschale mit Salpetersäure-Flußsäure in Lösung gebracht; die Lösung wird zuerst für sich und dann mit Schwefelsäure wie beim Ferromangan (siehe oben) eingedampft.

Bei gleichzeitiger Anwesenheit hoher Titangehalte[1] wird vor der Titration die das gesamte Eisen enthaltende Lösung aus Säurebehandlung oder Aufschluß mit 10 g Weinsäure versetzt, mit Ammoniak neutralisiert und mit 4 cm^3 Schwefelsäure 1 : 1 angesäuert. Man sättigt die Lösung mit Schwefelwasserstoff, gibt einen starken Überschuß von Ammoniak zu und leitet weiter bis zur völligen Ausfällung des Eisens ein[2]. Das mit H_2S-Wasser ausgewaschene Sulfid wird bei niederer Temperatur zu Fe_2O_3 geglüht und in Salzsäure gelöst.

Auch in säurelöslichem *Ferrochrom* kann man das Eisen in der eben beschriebenen Weise als Sulfid isolieren oder das Chrom nach S. 580 in Chromat überführen und durch alkalische Filtration vom Eisen trennen. Säureunlösliche Proben werden mit Natriumsuperoxyd aufgeschlossen; der wässerige Auszug der Schmelze wird filtriert, mit laugehaltigem Wasser ausgewaschen, worauf der nunmehr chromat-, molybdat-, vanadat- und aluminatfreie Eisenoxydrückstand in Salzsäure gelöst werden kann.

Literatur

[1] R. WASMUTH und P. OBERHOFFER, Arch. Eisenhüttenwes. Bd. 2 (1928/29) S. 829/42. — [2] R. WEIHRICH und A. WINKEL, Die chem. Analyse von Eisen und Stahl. Stuttgart: Verlag Ferd. Enke (1954) S. 12. — [3] W. KOCH, Arch. Eisenhüttenwes. Bd. 12 (1938) 37/46; Ber. Chem. Aussch. VDEh, Nr. 127.

XXXIII. Feste Brennstoffe

Der wichtigste Brennstoff im Gießereibetrieb ist der *Koks*. Er soll grobstückig sein und eine *Trommelfestigkeit* von nicht unter 80% besitzen. Die Überwachung seiner chemischen

[1] Zum Beispiel Ferrotitansilizium, Titansilizium.

[2] Eine starke Fällung von Kupfersulfid müßte *vor* der Ammoniakzugabe abfiltriert werden.

Zusammensetzung erstreckt sich meist nur auf die Bestimmung von *Wasser*, *Asche* und *Schwefel*; gelegentlich wird auch der *Heizwert* festgestellt. Dazu kommt bei der Untersuchung von Stück- und Staubkohle die Bestimmung der *flüchtigen Bestandteile* und für Sonderzwecke auch von *Kohlenstoff*, *Wasserstoff* und *Stickstoff*.

Fast sämtliche Untersuchungsverfahren für feste Brennstoffe sind genormt. Einen Überblick gibt die Zusammenstellung in Tab. 5.

An Hand dieser Normen und unter Einbeziehung von Schrifttumsangaben [*1*] werden nachstehend die wichtigsten Untersuchungsverfahren kurz besprochen.

Tabelle 5. *Genormte Untersuchungsverfahren für feste Brennstoffe.* Auszug aus DIN 51700, Aug. 1950. (Wiedergaben im Text mit Genehmigung des Deutschen Normenausschusses[1])

Bezeichnung	DIN-Normblatt	Ausgabe
Bestimmung der Korngrößen von staubförmigen Brennstoffen	51704	1950
Bestimmung der Verbrennungswärme und des Heizwertes	51708	1956
Bestimmung der Trommelfestigkeit von Steinkohlenkoks	51712	1950
Bestimmung des Wassergehaltes	51718	1950
Bestimmung des Aschegehaltes	51719	1950
Bestimmung des Gehaltes an flüchtigen Bestandteilen und der Tiegelkoksausbeute	51720	1950
Bestimmung des Gehaltes an Kohlenstoff und Wasserstoff	51721	1950
Bestimmung des Stickstoffgehaltes	51722	1954
Bestimmung des Schwefelgehaltes	51724	1955
Bestimmung des Gehalts an Karbonat-Kohlendioxyd	51726	1955
Bestimmung des Asche-Schmelzverhaltens	51730	1954

1. *Wassergehalt*

Der Gesamtwassergehalt von Gießereikoks, sowie nicht wärme- und sauerstoffempfindlichen Steinkohlen kann im Anschluß an die Probenahme (vgl. S. 541) in der Weise ermittelt werden, daß man die *ganze* rasch auf Faustgröße zerkleinerte Durchschnittsprobe, soweit sie 10 bis 20 kg nicht übersteigt und der *Trockenschrank* groß genug ist, in diesem in einer gewogenen Blechpfanne über Nacht bei 105 °C stehen läßt; nach 1stündigem Abkühlen auf einer kalten Platte stellt man dann den Gewichtsverlust durch Zurückwägen fest. Ist die Durchschnittsprobe erheblich größer, so wird sie ebenfalls im Steinbrecher rasch zerkleinert, worauf man nach gründlichem Mischen einen Anteil bis zu 10 kg für die Wasserbestimmung entnimmt. Je kleiner der Anteil ist, desto weiter muß die Vorzerkleinerung des Probeguts getrieben werden, was aber meist mit Feuchtigkeitsverlusten verbunden ist.

In der Regel wird bei Kohlen der Wasserverlust bis zur Lufttrockenheit, auch *grobe Feuchtigkeit* genannt, festgestellt, indem man die gewogene Brennstoffprobe bei Raumtemperatur bis zur Gewichtskonstanz stehen läßt und den Gewichtsverlust ermittelt.

In Brennstoffen mit höherem Wassergehalt und solchen, die bei der Lufttrocknung Veränderungen erleiden (Schwelkohle, Braunkohle, Kohlenstaub, Torf, Holz), wird der Wassergehalt der lufttrockenen Probe mit dem *Xylolverfahren* bestimmt. Dabei werden 25 bis 50 g der unter 0,1 mm Korngröße zerkleinerten Probe in einem 500 cm^3-Rundkolben, der mit Rückflußkühler und Ablaufvorrichtung bestückt ist, mit 100 bis 200 cm^3 *wasser-*

[1] Zu beziehen von *Beuth-Vertrieb* Berlin W 15 oder Wien. Maßgebend ist die jeweilige Ausgabe des Normenblatts im Normformat A 4.

gesättigtem Xylol überschüttet. Durch Kochen wird das Wasser in ein in $^1/_{10}$ cm^3 geteiltes Wassermeßgefäß übergetrieben, wo es sich von mitdestilliertem Xylol scharf abtrennt und dem Volumen nach gemessen werden kann. Eine Trübung bei der Abkühlung stört nicht. Xylol-Destillierapparate gibt es in verschiedener Ausführung im Fachhandel.

2. *Aschegehalt*

1 g der Kohleprobe wird in einem gewogenen Verbrennungsschiffchen ($50 \times 40 \times 10$ mm) in einem elektrischen oder Gasmuffelofen *allmählich* erhitzt, bis sich die Temperatur im Muffelinnern auf 775 ± 25 °C eingestellt hat. Für genügenden Luftzutritt muß gesorgt sein. Wenn der Glührückstand keine unverbrannten Bestandteile mehr aufweist, läßt man Schiffchen samt Asche im Exsikkator erkalten und wägt sie zurück.

Analysenmuster von Gießereikoks kann man sofort in die auf 775 °C erwärmte Muffel einsetzen.

Es ist, besonders bei Proben mit *hohen* Aschegehalten, ein Unterschied zu machen zwischen der auf diese Weise ermittelten Asche und dem wahren Gehalt an Mineralstoff, der während des Erhitzungsprozesses unter Umständen weitgehenden Umsetzungen unterliegen kann. Ein Berechnungsverfahren zur Bestimmung des *wahren* Aschegehaltes auf Grund der Aschenanalyse wurde von G. THIESSEN [*2*] angegeben.

3. *Schwefelgehalt*

Am genauesten läßt sich der Schwefel nach dem *Verbrennungsverfahren* von SEUTHE [*3*] bestimmen. Es ist aus diesem Grund auch für *Schiedsanalysen* vorgeschlagen worden und erfordert nur einen Zeitaufwand von etwa 10 min.

Die Apparatur ist die gleiche wie bei der Schwefelbestimmung im Roheisen (vgl. S. 563). Der verwendete Sauerstoff muß jedoch *vollständig* trocken sein, weshalb die Waschflasche in Wegfall kommt. Die Verbrennungstemperatur beträgt 1200 °C (+ 50 °C bei Außenmessung). Vorgelegt wird in einem 150 cm^3 fassenden Absorptionsgefäß eine 1%ige Wasserstoffsuperoxydlösung, die vor jeder Bestimmung mit Natronlauge neutralisiert wird. Titriert wird mit 1/20 n Natronlauge und Methylrotlösung als Indikator. Gießereikokspulver (1 g) kann sofort mit dem Schiffchen in die Mitte des auf 1200 °C erhitzten Verbrennungsrohres eingeschoben werden. Für Kohleproben ist ein abschnittweises Einschieben, etwa innerhalb 3 bis 5 min, erforderlich. Der Sauerstoff wird zweckmäßig einer Stahlflasche mit Druckminderventil entnommen. Die Einleitung in das Verbrennungsrohr geschieht durch den senkrechten Schenkel eines Glas-T-Rohres, durch dessen waagrechten Teil ein gegen das Glasrohr durch Gummischlauch abgedichteter, etwa 320 mm langer und etwa 5 mm dicker Quarzstab zum Einschieben des Verbrennungsschiffchens geführt wird. Wichtig ist ein genügend kräftiger Sauerstoffstrom, der so lange durchgeleitet wird, bis in der titrierten Absorptionslösung keine Rötung mehr auftritt. Kondensierung von ausgetriebenem Wasserdampf kann man durch Einschieben eines porösen feuerfesten Steinzylinders auf der Austrittsseite hintanhalten. Bei manchen Absorptionsgefäßen ist es auch nötig, die Lösung nach der Titration in das Einleitungsrohr zurücksteigen zu lassen, um zurückgehaltene Säurereste zu erfassen.

Bei sehr schwefelreichen Kohlen (über 4%) setzt man der Probe metallisches Zinn, S-freies Kupferoxyd oder Eisen(III)-phosphat zu und geht evtl. auch mit der Einwaage herunter.

Der Titer der 1/20 n-Natronlauge beträgt bei 1 g Einwaage 0,08% S. Er kann auch nach der gleichen Arbeitsweise mit Hilfe von getrocknetem Bleisulfat p. a. festgestellt werden.

Fehlt eine Verbrennungsapparatur, so bestimmt man den Gesamtschwefelgehalt *gewichtsanalytisch* nach ESCHKA.

1 g der Probe wird in einem Platintiegel oder einem solchen aus Pythagorasmasse (etwa 35 mm Höhe, 35 cm^3 Inhalt) mit 3 g Eschkamischung[1] innig verrührt, wonach man das Gemenge mit einer mindestens 10 mm hohen Schicht Eschkamischung zudeckt.

Tiegel mit Inhalt wird im Muffelofen bei einer Temperatur zwischen 750 und 800 °C oder, eingesetzt in ein Asbestteller, über der offenen Flamme geglüht. Die vollständige Oxydation beansprucht bei Kohlen etwa 2, bei Koks 3 bis 4 Stunden. Danach wird der Tiegelinhalt in ein Becherglas übergespült. Nach Zusatz von Bromwasser oder Perhydrol kocht man 20 min lang, filtriert vom Rückstand ab, säuert das Filtrat mit 2 bis 3 cm^3 konz. Salzsäure an, beseitigt den Brom- oder Wasserstoffsuperoxydüberschuß durch Kochen und fällt anschließend mit 5 cm^3 zum Sieden erhitzter und in einem Guß zugegebener salzsaurer 10%iger Chlorbariumlösung unter kräftigem Umrühren den Schwefel als *Bariumsulfat*. Der Niederschlag wird nach längerem Abstehen in der Wärme durch ein dichtes Filter filtriert und mit heißem Wasser chlorfrei gewaschen. Filter mit Inhalt wird feucht verbrannt und bei mäßiger Rotglut geglüht. Das ausgewogene Bariumsulfat enthält 13,73% Schwefel. Abzuziehen ist das Ergebnis eines Blindversuches mit den gleichen Mengen an Säuren und Chemikalien.

Bei sehr hohen Schwefelgehalten wird die Einwaage bis zu 0,25 g verringert.

4. Flüchtige Bestandteile

Im Gießereibetrieb werden die flüchtigen Bestandteile im allgemeinen nur von dem in der Formerei verwendeten *Kohlenstaub* und allenfalls auch von der für Staubkohlenfeuerung eingesetzten Feinkohle bestimmt.

Die Bestimmung geschieht bei *Gasbeheizung* mit 1 g Einwaage mit einem genormten Platintiegel mit übergreifendem Lochdeckel. Der Tiegelboden soll sich 60 mm über dem Bunsenbrenner befinden; die gut entleuchtete Flamme soll 180 mm hoch sein und mit ihrem Innenkegel den Tiegelboden nicht berühren. Erhitzt wird — bei spritzenden Brennstoffen zuerst langsam — bis an der Öffnung des Tiegeldeckels kein Flämmchen mehr auftritt. Nach Erkalten im Exsikkator wird der *Gewichtsverlust* festgestellt.

Sicherer und für Reihenanalysen geeignet ist die Erhitzung in genormten *Quarzglastiegeln*[2] (mit eingeschliffenem Deckel), von denen gleich 2 bis 6 Stück mit Hilfe eines Gestells in einen auf 875 ± 10 °C erhitzten Muffelofen oder Tiegelofen gestellt werden können. Wenn die durch den Einsatz herabgeminderte Temperatur wieder erreicht ist, wird noch genau 3 min lang erhitzt. Danach werden die Tiegel auf einer kalten Metallplatte weitgehend abgekühlt und nach 30 min langem Stehen im Exsikkator zurückgewogen.

Für die Bestimmung *sehr geringer* Gehalte an flüchtigen Bestandteilen (z. B. in *Koks*) verwendet man einen Quarztiegel mit Ein- und Ableitungsrohr, in dem die Erhitzung in einer durch Einleiten von reinem *Stickstoff* sauerstoff- und kohlendioxydfreien Atmosphäre vorgenommen werden kann.

5. Heizwert

Die Probe wird in einer mit komprimiertem Sauerstoff gefüllten kalorimetrischen Bombe nach BERTHELOT (neuere Bauart) verbrannt, wobei die abstrahlende Wärme von der umgebenden Wasserfüllung aufgenommen wird.

Aus der Temperaturzunahme des Wassers und dem *Wasserwert* der Apparatur wird der obere Heizwert berechnet. Die ausführlichen Einzelheiten des Arbeitsganges sind aus DIN 51708 zu entnehmen.

6. Reaktionsfähigkeit von Koks

Hierüber haben H. JUNGBLUTH und K. KLAPP [*4*] eine umfassende Arbeit veröffentlicht. Die beiden Verfasser kommen zu dem Ergebnis, daß in Laboratoriumsversuchen nach

[1] 2 Teile gebrannte Magnesia und 1 Teil wasserfreie Soda.

[2] Fa. Heraeus-Quarzschmelze GmbH., Hanau.

AGDE-SCHMITT [5] oder KOPPERS [6], ausgeführt an etwa 20 g auf 5 mm zerkleinerten Koksstückchen, wohl eindeutig Unterschiede in der Reaktionsfähigkeit verschiedener Kokssorten festzustellen waren, die aber bei sonst chemisch und physikalisch gleichwertigen Koksen im praktischen Kupolofenbetrieb nicht zur Geltung kamen.

Literatur

[1] Vgl. die Arbeiten von C. HOLTHAUS, Arch. Eisenhüttenwes. Bd. 5 (1931/32) S. 149/62, ferner Bd. 6 (1932/33) S. 327/33 und Bd. 9 (1935/36) S. 369/88; Ergänzungen zu den DIN-Blättern durch den Chem. Ausschuß des VDEh, siehe Handbuch für Eisenhüttenlabor. Düsseldorf: Verlag Stahleisen, (1938) Bd. I, S. 219/39. — [2] G. THIESSEN, Amer. Inst. Min. Metallurg. Engs. 1934, S. 1/12. — [3] A. SEUTHE, Arch. Eisenhüttenwes. Bd. 11 (1937/38) S. 343/44. — [4] H. JUNGBLUTH und K. KLAPP, Die Gießerei Bd. 16 (1929) S. 761/72 und S. 787/800. — [5] AGDE u. SCHMITT, Theorien der Reduktionsfähigkeit von Steinkohlenkoks, Halle: Verlag W. Kerppe (1928). — [6] H. KOPPERS, Koppers Mitt. Bd. 4 (1922), Nr. 5, S. 175/98.

XXXIV. Kupolofenschlacken

Neben dem Hauptbestandteil Kieselsäure (ca. 50%) enthalten die Kupolofenschlacken Kalk, Tonerde, Magnesia, Titansäure und je nach der Gattierung wechselnde Mengen von Eisen (10 bis 20%), Mangan (<1 bis zu 4%), Phosphor, Schwefel und Alkalien. Wird Flußspat beigattiert, der meist schwerspathaltig ist, so geht außer Fluor auch Bariumoxyd bzw. -sulfat in die Schlacke.

1. Vollanalyse bei Abwesenheit von Fluor und Schwerspat

Mit Ausnahme der S- und C-Bestimmung kann die Untersuchung mit *einer* Einwaage vorgenommen werden.

a) Lösung und Kieselsäurebestimmung. 1,25 g der *sehr feingepulverten* Probe werden längere Zeit in einem bedeckten 400 cm³ Jenaer-Becherglas mit 20 cm³ Salzsäure (1,19) erwärmt, bis die Hauptmenge der Eisen- und Manganoxyde gelöst ist. Ohne zur Trockne zu verdampfen, verdünnt man dann mit 100 cm³ heißem Wasser, kocht auf, filtriert und wäscht mit heißem salzsäurehaltigem, am Schluß mit reinem Wasser aus (Filtrat A_1). Der im Platintiegel geglühte Rückstand wird mit seinem 10fachen Gewicht an Natriumkaliumkarbonat innig verrührt und mit dem Aufschlußmittel überschichtet. Mit dem Teclubrenner oder im Muffelofen (auf feuerfester Unterlage) wird der bedeckte Tiegel *allmählich* auf helle Rotglut (ca. 950 °C) erhitzt, bis eine klare Schmelze eingetreten ist. Die Schmelze schreckt man durch Eintauchen des Tiegels in kaltes Wasser ab, bringt den Schmelzkuchen in eine bedeckte Porzellanschale, fügt zuerst heißes Wasser, dann konz. Salzsäure zu, außerdem die Auflösung der noch im Tiegel verbliebenen Reste und schließlich das inzwischen eingeengte Filtrat (A_1) von der Rückstandfiltration. Nun dampft man ein, trocknet bei 135 °C, nimmt unter Erwärmen mit 20 cm³ konz. Salzsäure (1,19) auf bis alles außer der Kieselsäure gelöst ist, verdünnt, filtriert durch ein größeres Schnellfilter und wäscht mit heißem, salzsäurehaltigem Wasser, am Schluß mit reinem Wasser *chlorfrei* aus. Für sehr genaue Analysen wird das Filtrat nochmal eingedampft und die Restkieselsäure unter Benutzung eines neuen Filters wie vorhin gewogen. Während man das Filtrat (A_2) zur Vertreibung des großen Säureüberschusses weitgehend einengt, werden die beiden Filter mit der Kieselsäure in einem Platintiegel naß verbrannt und bei 1000 °C bis zur Gewichtskonstanz geglüht. Nach Abwägung, Anfeuchten der Kieselsäure, Zugabe von 2 bis 3 cm³ Flußsäure und 1 cm³ Schwefelsäure (1 : 3) wird vorsichtig abgeraucht, geglüht und gewogen. Aus dem Unterschied der beiden Wägungen ergibt sich der Gehalt an Kieselsäure zu:

$$\frac{100 \cdot \text{Auswaage}}{1,25}$$

Der noch im Platintiegel verbliebene Rückstand wird mit wenig Kaliumpyrosulfat bei dunkler Rotglut aufgeschlossen und die Auflösung der Schmelze in Wasser mit dem inzwischen auf etwa 50 cm³ eingeengten Filtrat A_2 vereinigt.

b) Entfernung der Schwefelwasserstoffgruppe und Teilung der Lösung. In die mit Wasser auf ca. 300 cm³ verdünnte Lösung wird in der Wärme Schwefelwasserstoff eingeleitet, wobei neben Schwefel vorhandenes Kupfer oder andere Elemente der H_2S-Gruppe und evtl. bei den Aufschlüssen in Lösung gegangenes Platin ausfallen. Nach Filtration und Auswaschen mit salzsäurehaltigem Schwefelwasserstoffwasser wird das Filtrat durch Kochen von Schwefelwasserstoff befreit und in einen 500 cm³ Meßkolben übergespült. Daraus entnimmt man nach dem Auffüllen zur Marke bei 20 °C und Durchschütteln:

200 cm³ = 0,5 g Einw. zur Best. von Fe, Al_2O_3, Mn, CaO und MgO
Je 100 cm³ = je 0,25 g Einw. zur Best. von P und Ti
Rest 100 cm³ = 0,25 g Einw. zur Best. von Kontrollbestimmungen.

Für die Teilung soll man amtlich geeichte Kolben und Pipetten verwenden sowie Temperatur und Nachlaufzeit genau einhalten. Zu dem Rest von 100 cm³ kommt auch noch die Nachspülung der verwendeten Pipetten.

c) Bestimmung von Fe und Al_2O_3. Die Trennung des Eisens, der Tonerde, Titan- und Phosphorsäure von den Erdalkalimetallen und Magnesium geschieht mit Natriumazetat, wozu man am besten folgendermaßen verfährt:

Der 1. Anteil von 200 cm³ wird *auf dem Wasserbad* unter Zusatz der zur Eisenoxydation erforderlichen Menge Salpetersäure und von Kaliumchlorid zur Feuchttrockne eingedampft, wodurch der für die Azetatfällung günstigste Säuregehalt bei Abwesenheit freier Schwefelsäure besser erreicht wird als durch Neutralisation mit Ammoniak oder Natriumkarbonat unter reichlicher Salzbildung. Nach Aufnahme des Rückstandes mit wenig Wasser wird die Lösung mit 30 cm³ einer 10%igen frisch bereiteten, filtrierten und mit einigen Tropfen Essigsäure angesäuerten Lösung von Natriumazetat ($NaC_2H_3O_2 \cdot 3\,H_2O$) versetzt und kräftig umgerührt. Erst jetzt verdünnt man stark und erhitzt die Lösung bis *nahe* zum Sieden, worauf man nach kurzem Absitzen des Niederschlags sofort durch ein großes Schnellfilter filtriert und mit siedendem etwas Natriumazetat enthaltenden, am Schluß mit reinem Wasser auswäscht. Bei großen Niederschlagsmengen ist deren Wiederauflösung in verdünnter heißer Salzsäure und eine zweite, ammoniakalische Fällung mit geringem Ammoniaküberschuß ratsam. Das Filtrat davon wird schwach essigsauer gemacht und mit dem ersten Filtrat vereinigt, worauf die Gesamtlösung eingeengt wird und möglicherweise dabei noch ausfallende Hydroxyde abfiltriert werden. Der nach der obigen Arbeitsweise durch einfache oder doppelte Fällung erhaltene Niederschlag wird vom Filter in ein Jenaer Becherglas gespritzt und in Salzsäure gelöst. Der auf dem Filter verbleibende Rest wird mit wenig warmer Salzsäure (1 : 5) dazu gelöst. Die auf etwa 10 cm³ eingeengte Lösung neutralisiert man annähernd mit starker Kalilauge, gibt 10 g in Wasser gelöstes Kaliumhydroxyd zu, verdünnt auf 200 cm³ und kocht 5 min lang. Nach Abkühlung auf Zimmertemperatur und Verdünnen filtriert man in ein 600 cm³-Becherglas und wäscht mit kalilaugehaltigem heißem Wasser aus (vgl. auch BILTZ-FISCHER [*1*]).

Der Niederschlag wird wieder im Fällungsgefäß gelöst, worauf man das *Eisen* nach der *Permanganatmethode* von ZIMMERMANN-REINHARDT (vgl. S. 565) maßanalytisch bestimmt.

Zur Tonerdebestimmung nach dem Phosphatverfahren wird das alkalische Filtrat der Kalilaugetrennung mit Salzsäure und Methylorange schwach sauer gemacht, auf ca. 300 cm³ verdünnt, mit Ammoniak neutralisiert, mit 4 cm³ Salzsäure 1 : 1 und 20—50 cm³ (je nach Eisengehalt) einer 30%igen Ammoniumthiosulfatlösung versetzt und dann zum Sieden erhitzt. Nach Zugabe von 20 cm³ Ammoniumphosphatlösung (10%ig) kocht man 10 min lang bei aufgesetztem Uhrglas, läßt absitzen, filtriert durch ein geräumiges Doppelfilter, wäscht mit heißem Wasser aus, spült den Niederschlag wieder zurück, löst ihn in konz. Salzsäure und wiederholt Fällung und Filtration. Filter mit Inhalt wird vorsichtig verascht und bei mindestens 1200 °C bis zur Gewichtskonstanz geglüht. Das Aluminiumphosphat ($AlPO_4$), das weiß und locker aussehen soll, enthält 41,80% Al_2O_3.

d) Manganabscheidung und Bestimmung. Man leitet in das lauwarme Filtrat der Azetat- und Ammoniakfällung Schwefelwasserstoff zuerst bis zur Sättigung ein und dann weiter unter anteilweisem Zusatz von Ammoniak bis zur alkalischen Reaktion. Um den schleimigen Mangansulfidniederschlag gut filtrierbar zu machen, gibt man jetzt (nicht früher!) noch 10 cm³ einer 1%igen Quecksilberchloridlösung zu (bei *niedrigen* Mn-Gehalten *mehr*), rührt tüchtig um, läßt klären, filtriert und wäscht mit einer schwach ammoniumsulfidhaltigen Lösung von 2,5 g Ammoniumchlorid in 100 cm³ Wasser aus. (Vgl. BILTZ [*2*].)

Nach nasser Verbrennung wird der Niederschlag in einem *gut ziehenden Abzug* oder in einer an *einen Kamin angeschlossenen* Muffel (sehr *giftige* Quecksilberdämpfe!) zu Manganoxyduloxyd ([Mn_3O_4] mit 72,03% Mn) geglüht und als solches gewogen oder vorher noch durch Abrauchen mit Schwefelsäure in Mangansulfat mit 36,38% Mn übergeführt. Auch die maßanalytische Bestimmung nach Verfahren 2. b) und 2. c) Seite 555/557 kann nach Wiederauflösung des Oxyds herangezogen werden.

e) Bestimmung von Kalk und Magnesia. Das Filtrat von der Manganfällung wird durch Kochen auf etwa 300 cm³ eingeengt, wobei man das gelöste Sulfid durch wiederholten Zusatz von Wasserstoffsuperoxyd aufoxydiert. Dann fällt man aus der kochenden Lösung den *Kalk* mit 30 cm³ einer 10%igen heißen Oxalatlösung, läßt 1 Stunde in der Wärme stehen und filtriert nach Abkühlung und Klärung. Bei größeren Magnesiumgehalten ist die Fällung zu wiederholen, und zwar nicht bei Siedehitze, sondern bei 80 °C. Den ausgewaschenen Niederschlag glüht man entweder zu CaO oder titriert ihn (oxalatfrei gewaschen). Hierzu gibt man Filter samt Niederschlag in das Fällungsbecherglas zurück, versetzt mit 400 cm³ heißem Wasser, löst mit 30 cm³ Schwefelsäure 1 : 3 und titriert bei 80 °C mit Kaliumpermanganat.

Im eingeengten Filtrat der Kalkfällung bestimmt man das *Magnesium* gewichtsanalytisch als Pyrophosphat, Oxin oder Oxyd, worüber im Abschnitt über Magnesium im Gußeisen (S. 598) nähere Einzelheiten angegeben sind.

f) Bestimmung des Phosphors. Der 100 cm³-Anteil der Stammlösung wird zunächst schwach ammoniakalisch gemacht und dann mit Salpetersäure wieder angesäuert. Die Phosphorfällung und Bestimmung geschieht hierauf nach einem auf Seite 558/561 beschriebenen Verfahren. Zu beachten sind die auf Seite 559 gegebenen Hinweise für die Gegenwart von Titan (Vanadin).

g) Bestimmung von Titan (Vanadin). Jede Kupolofenschlacke enthält Titan. Zu dessen Bestimmung beseitigt man in einem weiteren 100 cm³-Anteil der Stammlösung die Chloride durch Ammoniakfällung, löst den chlorfrei ausgewaschenen Niederschlag in überschüssiger Salpetersäure oder Schwefelsäure und führt die Wasserstoffsuperoxyd-Reaktion und Photometrierung nach Seite 571 durch, wobei der Permanganatzusatz wegfällt.

Will man das Titan *gewichtsanalytisch* bestimmen, so scheidet man es zusammen mit Aluminium direkt aus dem Anteil nach dem Thiosulfat-Phosphatverfahren ab, schließt den geglühten Rückstand mit Natriumkarbonat auf und verfährt weiter nach Seite 574.

Zum qualitativen Nachweis bzw. zur photometrischen Bestimmung von *Vanadin* in Kupolofen- und anderen Schlacken ermöglicht der *Rothe-Aufschluß* die Abtrennung vom Titan. Die Einwaage wird mit der 10fachen Menge der Mischung von 2 Teilen Na_2CO_3 und 1 Teil MgO etwa 2 Stunden lang im Muffelofen bei 900 bis 950 °C bis nahe zum Sintern erhitzt, wobei neben Chrom, Molybdän, Aluminium und Phosphor auch das Vanadin als Vanadat in Lösung geht. Für quantitative Zwecke ist der Aufschluß mindestens einmal zu wiederholen. Die alkalische Lösung wird vom Rückstand abfiltriert, mit Schwefelsäure im Überschuß angesäuert und zu einem bestimmten Volumen aufgefüllt. Zu einem Anteil davon gibt man dann einige Körnchen festes Natriumsulfit zur Zerstörung des Chromats, zum anderen 1 cm³ 1%iges Perhydrol (auf je 100 cm³) und photometriert gegeneinander im Wellengebiet 546 mμ.

h) Bestimmung des Schwefels (Kohlenstoffs). Hierfür eignet sich am besten die Verbrennungsmethode im Sauerstoffstrom. Die Apparatur ist dieselbe wie sie in Abschnitt

Schwefelbestimmung im Eisen Seite 563 beschrieben ist. Die Temperatur des Glührohres muß bis über 1400 °C betragen, um das Schwefeltrioxyd auch aus den Sulfaten vollständig auszutreiben.

2. *Untersuchung bei Gegenwart von Fluor*

Solange der Fluorgehalt 1% nicht wesentlich übersteigt, können die im vorhergehenden Teil 1 angeführten Verfahren ohne unzulässige Genauigkeitseinbuße in Anwendung kommen. Die Untersuchung bei höheren Fluorgehalten geschieht durch sinngemäße Übertragung der im Kapitel *Flußspat* (S. 625) beschriebenen Arbeitsmethoden.

Literatur

[*1*] Biltz, H. u. W., u. W. Fischer: Ausführung quantitativer Analysen S. 164/68. Leipzig: S. Hirzel 1953. — [*2*] wie unter [*1*], S. 84.

XXXV. Feuerfeste Stoffe

Hierher gehören die im Gießereibetrieb hergestellten *feuerfesten* Massen aus Ton, Schamottemehl und Sanden in verschiedenen Mischungsverhältnissen, sowie aus Kaolin mit grobkörnigem, völlig kalk- und tonfreien Flußsand; ferner die vom Handel gelieferten Ausstampfmassen, die Kleb- und Tonsande, das basische Ausmauerungsmaterial, die Silika- und Schamottesteine und für Sonderfälle auch besondere Qualitäten mit Zusätzen von Kohlenstoff, Teer, Karbiden, Chrom- oder Zirkonoxyden u. a. m.

Für die genaue Untersuchung aller dieser Erzeugnisse sind vom Chemikerausschuß des VDEh *Richtverfahren* ausgearbeitet worden, auf die hier nur hingewiesen werden kann [*1*].

1. *Bestimmung der Hauptbestandteile*

Die *Vollanalyse* der üblichen feuerfesten Stoffe erstreckt sich auf die Bestimmung von Kieselsäure und Tonerde als Hauptbestandteile und der Oxyde von Eisen, Titan, Kalzium, Magnesium und der Alkalien als Nebenbestandteile. Für Betriebszwecke und Lieferkontrollen begnügt man sich häufig auch mit der Bestimmung der Kieselsäure und der Summe von $Al_2O_3 + TiO_2$ sowie des Eisenoxyds.

Mit Hilfe des Schmelzaufschlusses mit *Natriumkaliumkarbonat* kann man die chemische Untersuchung auch analog dem im Abschnitt *Kupolofenschlacke* (S. 618) eingehend beschriebenen Arbeitsgang exakt durchführen, wobei nur folgende *Abänderungen* zu empfehlen sind.

1. Die Vorbehandlung der Proben mit konz. Salzsäure unterbleibt in den meisten Fällen.

2. An Stelle der etwas umständlich auszuführenden *Azetatfällung* genügt die doppelte *Ammoniakfällung*, da nur geringe Mengen von P, Ca und Mg vorhanden sind. Der mit Salpetersäure oxydierte Anteil (200 cm³) wird — ohne Eindampfen — mit 10 g Ammoniumchlorid versetzt, schwach ammoniakalisch gemacht und nach Zugabe von 15 cm³ 3%igem Wasserstoffsuperoxyd gekocht, bis fast kein Ammoniakgeruch mehr wahrnehmbar ist. Ausgewaschen wird bei der ersten Fällung mit 0,2% Ammoniumnitrat enthaltendem, bei der zweiten Fällung mit reinem heißen Wasser. Die geringen Manganmengen gehen mit in den Niederschlag, weshalb die Abscheidung im Filtrat nicht nötig ist.

3. Die Eisenbestimmung nach der Kalilaugetrennung kann genauer auch nach dem Titantrichlorid-Verfahren oder jodometrisch durchgeführt werden.

4. Will man außer der Kieselsäure nur die *Summe* der Sesquioxyde und den Gehalt an Fe_2O_3 ermitteln, so verwendet man den einen Anteil zur doppelten Ammoniakfällung mit nachfolgender Glühung und Wägung des Niederschlags und den anderen zur Eisenbestimmung. Der auf Fe_2O_3 umgerechnete Betrag (Faktor 1,430) wird von der Auswaage der Sesquioxyde in Abzug gebracht. Man kann in diesem Falle die Analyse mit 0,5 oder

1 g Einwaage auch ohne Teilung durchführen und aus dem gewogenen Sesquioxyd das Eisen durch längeres Behandeln mit konz. Salzsäure oder mit Bisulfataufschluß in Lösung bringen.

5. Bei höheren Titan- und niedrigen Mangangehalten tauscht man die entsprechenden Lösungsanteile (200 und 100 cm^3) zur photometrischen Bestimmung am besten um.

Außer dem Aufschluß der Proben mit Natriumkaliumkarbonat gibt es auch noch andere Verfahren, von denen ein neueres nach F. T. SEELVY und T. A. RAFTER [*2*] sehr beachtenswert ist und das man als *Sinteraufschluß* bezeichnen kann. Man mischt 0,5 bis 1 g der *sehr fein* gepulverten Probe mit 3 bis 4 g *Natriumsuperoxyd* in einem ca. 15 cm^3 fassenden Platintiegel und stellt ihn dann auf einer feuerfesten Unterlage unmittelbar neben dem Pyrometer in einen auf 200 °C vorgewärmten elektrischen Muffelofen. Nach 7 min steigert man die Temperatur auf 480 bis 490 °C (nicht über 500 °C), wartet noch 5 min, behandelt den nach dem Herausnehmen erkalteten Aufschluß in einer Nickel- oder Platinschale mit Wasser und spült dann das Ganze in eine mit überschüssiger verdünnter Salzsäure beschickte Porzellanschale. In dem genannten Temperaturbereich verläuft die Reaktion stark exotherm aufschließend, ohne daß bei richtiger Durchführung *Platin* in Lösung geht oder höchstens Spuren davon (0 bis 0,5 mg). Auf diese Wiese lassen sich 20 und mehr Aufschlüsse auf einer Quarzplatte gleichzeitig in den Muffelofen stellen; die Erhitzungsdauer beträgt insgesamt kaum mehr als 20 min.

Um das zeitraubende wiederholte Eindampfen zur Bestimmung der *Kieselsäure* zu vermeiden, schlägt der Chemikerausschuß des VDEh [*3*] vor, den Aufschluß bei Ton- und Schamotteproben mit *Kaliumpyrosulfat* durchzuführen. Bei Einhaltung besonderer Bedingungen hinsichtlich Flammenführung und Schmelzdauer (etwa 2 Stunden) erhält man nach dem Lösen der Schmelze in schwefelsäurehaltigem Wasser die Kieselsäure quantitativ in leicht filtrierbarer Form. Der nach dem Glühen und Fluorieren der Kieselsäure verbleibende Rückstand wird nochmals mit Kaliumpyrosulfat aufgeschlossen. In der vereinigten Lösung beider Aufschlüsse werden die weiteren Bestimmungen ausgeführt.

Schließlich kann man den Probenaufschluß und die Kieselsäurebestimmung in *hochkieselsäurehaltigen* Werkstoffen (Quarzite, Sande, Silikasteine und Silikarohmassen) auch durch direktes *Abrauchen* mit *Fluß- und Schwefelsäure* einwandfrei vornehmen. Für ein betriebliches Schnellverfahren ist diese Arbeitsweise auch bei halbsauren und basischen tonerdehaltigen Rohstoffen und Erzeugnissen noch genügend genau [*4*].

1 g der Probe wird zuerst bei 1000 °C im Platintiegel bis zur Gewichtskonstanz (Glühverlust) geglüht und dann zweimal mit Flußsäure (10 cm^3) und Schwefelsäure 1 : 4 (3 cm^3) abgeraucht, das erste Mal nur bis zum beginnenden Auftreten von Schwefelsäuredämpfen, das zweite Mal bis zur Trockne mit anschließendem Glühen. Wenn der Rückstand sulfatfrei ist, ergibt der *Gewichtsverlust* gegenüber der vorher geglühten Probe den Kieselsäuregehalt. Sind Sulfate im Rückstand (z. B. bei Gegenwart von Tonerde, Erdalkalien, Alkalien), so muß er mit Natriumkaliumkarbonat aufgeschlossen werden. Aus der salzsauren Auflösung der Schmelze wird Eisen, Tonerde und Titan durch Ammoniakfällung beseitigt; der Niederschlag wird nach den bereits angegebenen Vorschriften weiterbehandelt. Im Filtrat der Ammoniakfällung scheidet man das *Sulfat* in bekannter Weise bei Siedehitze mit *Chlorbariumlösung* ab. Der sich aus dem ausgewogenen Bariumsulfat ergebende Gehalt an *Schwefeltrioxyd* (Faktor 0,343) wird der beim Abrauchen festgestellten Kieselsäure *zugezählt*.

Soll auch der Gehalt an Erdalkalien festgestellt werden, so wird eine zweite Probe genau so behandelt; jedoch wird im Filtrat der doppelten Ammoniakfällung nicht der Sulfat-, sondern der CaO- und MgO-Gehalt bestimmt.

Wichtig ist immer ein genügender *Überschuß* von Schwefelsäure beim Abrauchen, damit keine Verluste durch Verflüchtigung von Fluoriden der Elemente Ti, Al und Fe entstehen können.

2. Alkalien

Zur Bestimmung der Summe der Alkalioxyde ($Na_2O + K_2O$) ist das *Flußsäureverfahren* nach J. BERZELIUS sehr geeignet. Für feuerfeste Stoffe hat sich folgende Arbeitsweise bewährt:

Zu 5 g der Probe gibt man in einer Platinschale 20 bis 30 cm^3 konz. Flußsäure und läßt einige Zeit bei Zimmertemperatur einwirken. Dann versetzt man mit etwa 15 cm^3 Schwefelsäure 1 : 4 und raucht bis zum Verschwinden der Schwefelsäuredämpfe ab (Vorsicht wegen Gefahr des Verspritzens!). Nach kurzem *schwachen* Glühen zur *vollständigen* Beseitigung des Fluors verrührt man den Rückstand mit Wasser zu einem Brei, spült diesen in ein Becherglas und löst haftengebliebene Teile aus der Platinschale mit Salzsäure heraus. Der Inhalt des Becherglases wird, evtl. nach Zufügung weiterer Salzsäure, so lange zum Kochen erhitzt, bis eine klare oder nur mehr schwach getrübte Lösung entsteht. Diese wird in einen 500 cm^3-Meßkolben übergeführt, dort schwach ammoniakalisch gemacht und mit gelbem Schwefelammonium in geringem Überschuß versetzt. Man läßt den verschlossenen Kolben über Nacht stehen, füllt zur Marke auf und filtriert durch ein Faltenfilter. In einem passenden Anteil (200 bis 400 cm^3) des Filtrats fällt man nach Wegkochen des Schwefelwasserstoffs den *Kalk* mit Ammoniumoxalat. Das Filtrat dieser Fällung wird zur Trockne eingedampft und durch vorsichtiges Erhitzen von sämtlichen Ammonsalzen befreit. In der wäßrigen evtl. von Verunreinigungen abfiltrierten und auf wenige cm^3 eingeengten Lösung des Rückstandes wird das *Magnesium* durch Zugabe von 8 bis 10 cm^3 alkoholischer SCHAFFGOTscher Lösung[1] gefällt. Der Niederschlag wird bei der Filtration mit wenigen cm^3 des Fällungsmittels ausgewaschen. Das Filtrat wird nunmehr in einer gewogenen Platinschale zur Trockne verdampft, während der Zersetzung des Ammoniumkarbonats mit aufgesetztem Uhrglas, danach unter Zufügung einiger Tropfen Schwefelsäure. Den Rückstand glüht man bei *mäßiger* Rotglut, bis keine Dämpfe mehr abgegeben werden und beim Auswägen Gewichtskonstanz eintritt. Dies wird erleichtert, wenn beim zweiten Glühen etwas festes Ammoniumkarbonat zugegeben wird.

Durch Umrechnung der ausgewogenen Sulfate kann man die Summe der Alkalioxyde entweder in Na_2O (Faktor 0,4364) oder in K_2O (Faktor 0,5405) ausdrücken.

Um die *genaue* Summe ($Na_2O + K_2O$) zu erhalten, müßte der gewogene Sulfatrückstand in Wasser gelöst und aus der Lösung das Sulfat mit Bariumchlorid gefällt werden. Der sich daraus ergebende Gehalt an Schwefeltrioxyd wird in Abzug gebracht.

O. GLEMSER und Mitarbeiter [*5*] haben eine *photometrische* Schnellbestimmung von Aluminium, Eisen und Titan in Tonen und feuerfesten Steinen ausgearbeitet, die insgesamt nur einen Zeitaufwand von 2 Stunden benötigt. Gemessen werden die Farbreaktionen von Al mit Eriochromzyanin, von Eisen mit Sulfosalizylsäure und von Titan mit Wasserstoffsuperoxyd.

Literatur

[*1*] Handbuch für Eisenhüttenlabor. Bd. I, S. 189/217. Düsseldorf: Stahleisen. — [*2*] SEELVY, F. T., und T. A. RAFTER: Analyst (Lond.) Bd. 75 (1950) S. 485; Ref. Z. analyt. Chem. Bd. 132 (1951) S. 286. — [*3*] Wie unter [*1*] S. 202/203 u. H. J. VAN ROYEN u. H. GREWE, Arch. Eisenhüttenwesen Bd. 7 (1933/34) S. 517/21. — [*4*] Wie unter [*1*], S. 195/96. — [*5*] GLEMSER, O., E. RAULF u. K. GIESEN, Z. analyt. Chem. Bd. 141 (1954) S. 81/93.

XXXVI. Kleb- und Formsande

Für die Beurteilung der Sande ist außer der Kenntnis ihrer physikalischen und Festigkeitseigenschaften nicht so sehr die Vollanalyse[2] auf die einzelnen Elemente von Wichtigkeit, sondern ein Einblick, in welcher Form sie vorhanden sind. Die Form- und Klebsande und die sonstigen Rohstoffe für feuerfeste Erzeugnisse enthalten neben freiem *Quarz* die *Tonsubstanz* ($Al_2O_3 \cdot 2SiO_2 \cdot 2H_2O$) und mehr oder minder verwitterte akzessorische (begleitende) Bestandteile wie *Feldspat*, *Glimmer* und ähnliche Mineralreste. Ihrer annähernd genauen Ermittlung dient die *rationelle Analyse* und zum Teil auch die Schlämmverfahren.

1. Rationelle Analyse

Keine der zahlreichen empirischen Arbeitsvorschriften zur *rationellen Analyse* besitzt eine *allgemein* gültige Anwendbarkeit. Bei den verschiedenen Arten der Säurebehandlung der Proben können die Begleitbestandteile je nach deren Herkunft, Zusammenstellung, Verwitterungszustand und Feinheitsgrad ganz unterschiedlich angegriffen werden. Diese Einschränkung gilt auch für die nachstehend skizzierten Verfahren, mit denen man bei der Untersuchung von Tonen und Sanden verhältnismäßig gute Erfahrungen gemacht hat [*1*].

a) Salzsäureverfahren nach G. Keppeler [*2*]. 0,5 g der nicht zu fein pulverisierten und bei 120 °C getrockneten Probe werden in einem elektrischen Muffelofen auf 700 bis 750 °C erhitzt. Die dabei aus der Tonsubstanz entstandene freie Tonerde wird durch längeres Behandeln mit 100 cm^3 10%iger Salzsäure in der Wärme in Lösung gebracht. Im

[1] SCHAFFGOTsche Lösung: Sättigen eines Gemisches von 180 cm^3 konz. Ammoniak, 800 cm^3 Wasser und 900 cm^3 absolutem Alkohol mit festem Ammoniumkarbonat p. a. Man schüttelt die Lösung mit gepulvertem Ammoniumkarbonat und filtriert nach einigen Stunden von ungelöstem Salz ab.

[2] Verfahren wie im Abschnitt *Feuerfeste Stoffe*.

Filtrat vom verbleibenden Rückstand (*A*) wird sie dann durch Ammoniakfällung und Glühen des Niederschlags unter Nichtberücksichtigung des mitgefällten Eisens bestimmt. Durch Vermehrung des gefundenen Gewichts mit 2,53 erhält man unter Berücksichtigung der Einwaage den Gehalt an Tonsubstanz.

Der Rückstand *A* wird in einer Prozellankasserolle mehrere Stunden mit 10 cm³ konz. Schwefelsäure erhitzt, die dann ganz abgeraucht wird. Nach Erwärmen mit konz. Salzsäure bleibt Kieselsäure und Feldspat zurück, während der Glimmer zersetzt wird. Aus diesem Rückstand (*B*) wird nach der Filtration die gebildete *amorphe* Kieselsäure durch Behandeln mit der eben nötigen Menge 0,5%iger Flußsäure herausgelöst. Der nach Neutralisation der Flußsäure mit Lauge abfiltrierte Rückstand (*C*) ergibt nach Glühen und Wägen die Summe von Quarz und Feldspat; der Gehalt an Glimmer beträgt dann in Prozent: 100 — (Tonsubstanz + Quarz + Feldspat).

In dem geglühten Rückstand *C* wird die Kieselsäure durch Abrauchen mit Fluß- und Schwefelsäure beseitigt. Der dabei verbleibende Rückstand (*D*) wird mit konz. Salzsäure, eventuell nach vorhergehendem Natronkaliaufschluß, in Lösung gebracht, wonach man die Feldspat-Tonerde wie üblich fällt und bestimmt. % $Al_2O_3 \times 5{,}41$ ergibt den Gehalt an *Feldspat*, und Rückstand *C* — Feldspat den Gehalt an *Quarz*.

b) Schwefelsäure-Aufschlußverfahren des VDEh. Bei diesem vom Chemikerausschuß des VDEh ausgearbeiteten Verfahren [*3*] wird die Tonsubstanz der Probe mit heißer konz. Schwefelsäure zersetzt und das entstandene Aluminiumsulfat mit Wasser und Salzsäure in Lösung gebracht. Vom zurückbleibenden Quarz, Feldspat und der amorph ausgeschiedenen Zersetzungskieselsäure wird abfiltriert und die letztere mit Sodalösung entfernt. Das übrigbleibende Gemisch von Quarz und Feldspat wird geglüht und gewogen. Durch Subtraktion der Auswaage von der Einwaage erhält man die Menge an *Tonsubstanz*. Das geglühte Gemisch wird zur Bestimmung des *Feldspats*- und *Quarzgehaltes*, wie bei Verfahren a) (Rückstand *C*), weiterbehandelt. Nicht berücksichtigt bleibt bei diesem Arbeitsverfahren, das bei Gemeinschaftsuntersuchungen an verschiedenen Stellen zu gut übereinstimmenden Werten führte, die Einwirkung der Schwefelsäure auf vorhandenen *Glimmer*.

Bei beiden Verfahren sind die im angegebenen Schrifttum vorgeschriebenen Einzelheiten *genau* einzuhalten.

2. Schnellbestimmung des Kalkgehaltes

Häufig ist der Betrieb besonders interessiert an einer schnellen Bestimmung des *Kalks*, der schon bei niederen Gehalten als Flußmittel einen schädlichen Einfluß auf die Feuerbeständigkeit der Sande haben kann.

Zu diesem Zweck kocht man 5 g der Probe in einem 500 cm³-Meßkolben mit etwa 40 cm³ konz. Salzsäure einige Zeit, füllt nach dem Abkühlen zur Marke auf, filtriert durch ein Faltenfilter und entnimmt 100 oder mehr cm³.

Zu diesem Anteil gibt man 6 g *Weinsäure*, verdünnt auf etwa 300 cm³, macht schwach ammoniakalisch und fällt unter Aufkochen und Umrühren den Kalk mit einer Lösung von Ammoniumoxalat. Nach genügendem Absitzen (10 bis 15 min) filtriert man den Niederschlag und bestimmt darin den Kalk maßanalytisch nach dem Permanganatverfahren (vgl. S. 620).

Nach einer anderen Arbeitsvorschrift wird der Anteil zuerst ammoniakalisch, dann *eben* salzsauer gemacht, bei einem Volumen von 300 cm³ aufgekocht und mit 10 g Ammoniumoxalat versetzt, dessen Überschuß zur Maskierung von Tonerde und Eisen dient.

Bei der qualitativen Prüfung der Sande durch Erhitzen einer Probemenge mit konz. Salzsäure in einem Reagenzglas oder auch durch bloßes Beträufeln auf einem Uhrglas erhält man übrigens durch die Stärke der Blasenentwicklung rasch einen Hinweis, ob Karbonate der Erdalkalien nur in Spuren oder in größerem Umfang vorhanden sind.

Literatur

[*1*] GREWE, H.: Arch. f. Eisenhüttenwes. Bd. 3 (1928/29) S. 43/48 (Ber. Chem.- Aussch. VDEh, Nr. 65). — [*2*] KEPPELER, G.: Ber. Dtsch. keram. Ges. Bd. 10 (1929) S. 501/22, und [*3*] Handbuch für d. Eisenhüttenlabor Bd. I, S. 203/05. Stahleisen, 1939.

XXXVII. Flußspat

Zur Erhöhung der Flüssigkeit der Kupolofenschlacken[1] wird der Gattierung manchmal an Stelle von Kalkstein oder mit diesem Fluorkalzium (CaF_2) in Gestalt von Flußspat zugesetzt. Die von den Flußspatgruben für diesen Zweck gelieferten Sorten enthalten bis etwa 80% CaF_2 und nebenbei Quarz, Schwerspat, ton- und eisenhaltige Bestandteile, Schwefel, Blei, Phosphor und Alkalien. Die Herstellung einer guten Durchschnittsprobe erfordert besondere Sorgfalt und muß von größeren Probemengen ausgehen.

Quantitative Untersuchung

1. Betriebsverfahren

Für den Betrieb genügt im allgemeinen die Bestimmung der Bestandteile: Kalziumfluorid und -karbonat, Kieselsäure und Schwefel. Hierfür eignen sich Schnellverfahren, bei denen man brauchbare Werte erhält, wenn die Probe nicht zu stark mit Tonen, Eisenoxyden usw. verunreinigt ist.

a) Verfahren nach F. T. Sisco [*1*]. 0,5 g der Probe wird in einer gewogenen Platinschale 1/2 Stunde lang unter öfterem Umrühren mit 20 cm³ 10%iger Essigsäure erwärmt. Nach Zugabe von Alkohol 1 + 10, Filtration durch ein dichtes Filter und Auswaschen mit verdünntem Alkohol wird Filter mit Inhalt in der Platinschale vorsichtig verascht und bei 675 bis 700 °C geglüht. Der festgestellte Gewichtsverlust entspricht dem Gehalt an *Kalziumkarbonat.* Den Rückstand raucht man zweimal mit je 15 cm³ Flußsäure ab und glüht wieder bei ca. 700 °C. Der neue Gewichtsverlust entspricht der verflüchtigten *Kieselsäure.* Nunmehr wird das im Rückstand (CaF_2 + $BaSO_4$) enthaltene Fluor durch starkes Abrauchen mit 10 cm³ Schwefelsäure (1:1) beseitigt[2]. Die Sulfate werden mit Wasser zu einem Brei angerührt, in ein 600 cm³ Becherglas umgespült, wo man sie (außer $BaSO_4$) durch Erwärmen mit 20 cm³ konz. Salzsäure, Verdünnen und weiteres Erhitzen in Lösung bringt. Nach einer zwischengeschalteten Ammoniakfällung wird im Filtrat der Kalk wie üblich mit Oxalat als CaO bestimmt (vgl. S. 620). Durch Vermehrung mit dem Faktor 1,392 erhält man den Gehalt an *Kalziumfluorid* (CaF_2).

Wenn man den Niederschlag der Ammoniakfällung (Hydroxyde + $BaSO_4$) auf dem Filter durch Auswaschen mit warmer Salzsäure 1 : 10 von den Sesquioxyden befreit, so ergibt die Glühung und Wägung des Rückstandes den Gehalt an *Schwerspat.*

b) Verfahren nach F. Feigl und A. Schaefer [2]. Begnügt man sich mit der Bestimmung von CaF_2 und $CaCO_3$ und will man ohne Platinschale und wiederholtes Abrauchen arbeiten, so behandelt man die Probe (0,2 g) in der Wärme mit 0,1 n Essigsäure, filtriert, wäscht aus und glüht bei ca. 700 °C. Zum Glührückstand gibt man 5 bis 10 cm³ 2 n-HCl, 50 cm³ Wasser und 1 bis 2 g *Berylliumnitrat,* wodurch nach 10 min langem Kochen das Fluorkalzium komplett in Lösung geht. Nach Filtration von etwa noch vorhandenem Rückstand fällt man den an das Fluor gebundenen Kalk wie üblich mit Oxalat. Der Karbonatkalk wird im 1. Filtrat nach der Essigsäurebehandlung bestimmt.

2. Die genaue Bestimmung des Fluor- und Kieselsäuregehaltes

Diese erfordert nach dem Aufschlußverfahren in der Ausführungsform des Chem. Ausschusses des VDEh oder nach Stadeler [*3*] einen erheblichen Zeitaufwand und auch besondere Übung und Sorgfalt.

Bei den nachstehend angegebenen Verfahren ist der Arbeitsgang wesentlich vereinfacht.

a) Fluorbestimmung durch Abdestillation. Das Fluor wird als Kieselfluorwasserstoffsäure (H_2SiF_6) überdestilliert und im Destillat als Fluorkalzium gefällt und gewogen.

α) *Destillation mit Überchlorsäure nach* Willard *u.* Winter [*4*]. Zu 1 g der Probe werden in einem mit Tropftrichter, Eintauchthermometer und Kühler versehenen Destillationskolben 50 cm³ 30%ige Über-

---

[1] Und zur besseren Entschwefelung des Eisens.

[2] Will man ganz sicher gehen, so dampft man bis zur Trockne ein und glüht *schwach.*

chlorsäure, 3 cm³ Phosphorsäure (1,7) und 30 cm³ Wasser gegeben, worauf man das Gemisch *langsam* zum Sieden erhitzt, bis eine Temperatur von 135°C erreicht ist, die unter geregeltem Zutropfen von Wasser aufrecht erhalten wird. Das Destillat (ca. 150 cm³) wird mit Natronlauge und Methylorange genau neutralisiert, ganz schwach essigsauer gemacht, zum Sieden erhitzt und mit 10 cm³ einer 10%igen Kalziumchloridlösung versetzt. Nach Absitzen in der Wärme filtriert man[1] und wäscht zuerst mit einer Lösung von je 1 cm³ Essigsäure und 10%iger Kalziumchloridlösung auf 1 l und dann zweimal mit reinem Wasser aus. Der bei 700°C geglühte Niederschlag wird zur Beseitigung mitgefällter Kieselsäure mit Flußsäure abgeraucht, nochmal geglüht und als reines CaF_2 mit 48,67% Fluor gewogen.

β) Destillation mit Phosphorsäure. Nach S. LACROIX und M. LABELADE [*5*] ist zur völligen Austreibung des gesamten Fluors eine Temperatur von 200 ± 5°C erforderlich, die mit verdünnter Überchlorsäure oder Schwefelsäure nicht erreicht wird. Sie schließen deshalb die Probe mit 5 bis 10 g Natriumhydroxyd im Silbertiegel auf, spülen die Wasserlösung der Schmelze in einen 100 cm³-Meßkolben, filtrieren nach dem Auffüllen zur Marke partiell und führen einen Anteil von 10 oder mehr cm³ in einen Destillationskolben über. Ein größerer Anteil als 10 cm³ wird entsprechend eingeengt. Nach Zugabe von 40 cm³ Phosphorsäure (spez. Gewicht 1,7) wird im Wasserdampfstrom bei 200 ± 5°C in eine mit 0,1 n Natronlauge beschickte Vorlage destilliert. Die Absorptionsflüssigkeit muß während der Destillation alkalisch bleiben, evtl. muß mehr Lauge zugegeben werden. Im Destillat fällt und reinigt man das Fluor wie bei 2. a) *α*) oder bestimmt es nach einer von den Verfassern angegebenen Arbeitsweise *kolorimetrisch.*

b) Kieselsäurebestimmung [s. a. Abschn. XXXIV. 1. a)]. Bei dem Verfahren nach C. E. GRIFFORD [*6*] wird 1 g der Probe mit 5 g reinstem Borsäureanhydrid über dem Gebläse aufgeschlossen, wobei alles Fluor, ohne daß die Kieselsäure angegriffen wird, als Borfluorid verflüchtigt wird. Der nach Abschrecken aus dem Tiegel entfernte Schmelzkuchen wird mit 300 cm³ Salzsäure 1:1 übergossen, worauf man die Lösung zuerst für sich und dann zweimal zur Vertreibung des Bors auf der Dampfplatte mit je 75 cm³-Methanolsalzsäure zur Trockne verdampft. Der Rückstand wird nochmals mit Salzsäure (1 : 3) eingedampft und bei 135°C getrocknet; danach führt man die Kieselsäurebestimmung wie bei der Kupolofenschlacke (S. 618) durch.

3. *Schwefelbestimmung nach dem Verbrennungsverfahren*

Die Probe im Schiffchen wird mit 2 g Elektrolyteisen oder schwefelarmen Flußeisen überdeckt und genauso verbrannt wie bei der Schwefelbestimmung im Eisen (vgl. S. 563). Als Absorptionsflüssigkeit dient Wasserstoffsuperoxydlösung. Da auch Fluor übergeht, muß es nach beendeter Verbrennung durch Eindampfen der Absorptionslösung mit Salzsäure (zuletzt auf dem Wasserbad) entfernt werden, worauf man nach Aufnehmen mit Wasser den Schwefelgehalt in bekannter Weise als Bariumsulfat ermitteln kann (vgl. S. 565). Das Ergebnis von Blindversuchen ist in Abzug zu bringen.

Außer der Verbrennungsmethode kommt auch noch das Aufschlußverfahren mit Natronkali und Natriumsuperoxyd oder mit Ätzkali und Kaliumnitrat (im Silbertiegel) in Betracht. Die wässerige Lösung der Schmelze wird partiell filtriert; in einem angesäuerten Anteil davon wird nach Entfernung des Fluors durch Eindampfen mit Salzsäure die Fällung mit Bariumchloridlösung vorgenommen. Auch durch wiederholtes Abrauchen der Probe mit Bromsalzsäure und Salzsäure in der Platinschale erhält man eine zur Fällung geeignete Lösung.

4. *Bestimmung der übrigen Bestandteile*

Zuerst wird die Kieselsäure durch zweimaliges Abrauchen mit Flußsäure und dann das Fluor durch Abrauchen mit einem Salpeter-Schwefelsäuregemisch (550 cm³ Wasser + 250 cm³ konz. Salpetersäure + 200 cm³ konz. Schwefelsäure) verflüchtigt. Der Rückstand wird durch Behandeln mit Wasser und Salzsäure bei Siedehitze in Lösung gebracht. Die Lösung wird von etwa vorhandenem Barium- und Bleisulfat abfiltriert und dann zur Bestimmung von *Eisen*, *Tonerde, Gesamtkalzium* und *Magnesia* wie bei der Untersuchung der Kupolofenschlacke, jedoch ohne Teilung, weiter behandelt; auch genügt an Stelle der Azetat- die Ammoniakfällung.

Der Barium- und Bleisulfatrückstand wird mit Natriumkaliumkarbonat aufgeschlossen, worauf man nach Behandeln der Schmelze mit heißem Wasser und Filtration die Kar-

[1] Zusatz von Filterschleim oder einer definierten Menge von Ammoniumoxalat (z. B. 0,05 g) erleichtert die Filtration: Die dem Oxalatzusatz entsprechende Menge CaO muß dann nach dem Glühen und Wägen in Abzug gebracht werden.

bonate auf dem Filter mit heißer Salzsäure 1 : 10 löst und in der Lösung das Blei mit Schwefelwasserstoff und das Barium mit Schwefelsäure fällt.

Zur Bestimmung der *Phosphorsäure* wird die Probe in der Platinschale mit Salpetersäure (1,2) abgedampft und mit der gleichen Säure aufgenommen. In der filtrierten Lösung führt man die Phosphorbestimmung wie üblich durch.

Bezüglich der *Alkalienbestimmung* sind nähere Einzelheiten bei der Formsanduntersuchung angegeben.

Literatur

[1] SISCO, F. T.: Technical Analyses of Steel and Steel Works Materials I. Ed. S. 452/53; New York: Mc. Grew-Hill Book Company 1923; sowie Handbuch f. Eisenh. Labor. Bd. I, S. 139/40. Berlin: Springer. — [2] FEIGL, F., u. A. SCHAEFER: Analytic Chemistry Bd. 23 (1951) S. 351, Referat Z. anal. Chem. Bd. 135 (1952) S. 357/37. — [3] STADELER, A.: Die Bestimmung d. Kieselsäure in Erzen, Zuschlägen u. feuerfesten Stoffen bei Gegenwart von Fluor. Stahl und Eisen Bd. 47 (1927) S. 662/64; ferner Handbuch wie [1] S. 136/37. — [4] WILLARD, H. H., und O. B. WINTER: Ind. Engng. Chem. Bd. 5 (1933) S. 7/12 u. Handbuch wie [2] S. 133/34. — [5] LACROIX, S., u. M. LABELADE: Analytica Chimica Acta Bd. 4 (1950) S. 68; Ref. Z. analyt. Chem. Bd. 133 (1951) S. 293. — [6] GIFFORD, C. E.: Analyse von Flußspat, Ind. Engng. Chem. Bd. 15 (1923) S. 526, und F. SPECHT: Die Analyse der Fluoride, Z. anorg. allg. Chem. Bd. 231 (1937) S. 181/94.

XXXVIII. Graphit für feuerfeste Erzeugnisse

Die chemische Untersuchung des für feuerfeste Erzeugnisse (Tiegel usw.) verwendeten Graphits beschränkt sich gewöhnlich auf die Bestimmung der Gehalte an *Feuchtigkeit* und *Kohlenstoff* sowie Menge und Zusammensetzung der *Asche.*

Feuchtigkeit. 5 bis 10 g Einwaage werden in einem verschließbaren Wägegläschen bei 110 °C bis zur Gewichtskonstanz getrocknet.

Die Einwaagen für die folgenden Bestimmungen werden aus der wie vor *getrockneten* Probe entnommen und gewichtsmäßig durch *Zurückwägen* des verschlossenen Wägegläschens festgestellt.

Kohlenstoff. Die Bestimmung wird mit etwa 0,3 g Einwaage entweder nach den Vorschriften der *Elementaranalyse* durchgeführt oder man benützt den üblichen Verbrennungsofen zur C-Bestimmung im Eisen, an dessen Verbrennungsrohr aber zur restlosen Oxydation von auftretendem Kohlenoxyd eine Erhitzungsvorrichtung (kleiner Muffelofen oder Bunsenbrenner mit T-Aufsatz) für ein Kupferoxydrohr oder eine Platinkapillare angeschlossen werden muß. Das ausgeglühte Schiffchen wird mit der mit 0,5 g Bleisuperoxyd (nach DENNSTEDT) bedeckten Einwaage in den auf 400 °C vorgewärmten Ofen eingeschoben und unter Überleiten von getrocknetem Sauerstoff auf 1100 °C erhitzt. Nach genügend langem Durchleiten werden die Absorptionsröhrchen zurückgewogen.

Asche. Man verfährt wie bei der Aschebestimmung in Koks (S. 616), wobei aber die Temperatur der Muffel bis auf 1100 °C gesteigert wird. Schneller kommt man zum Ziel durch etwa $^1/_2$stündiges Erhitzen bis auf 1100 °C im Sauerstoffstrom. Das Verbrennungsschiffchen mit der Probe (etwa 1 g) kann dabei ähnlich wie bei der S-Bestimmung in Koks (S. 616) sofort in die Mitte des Verbrennungsofens eingeschoben werden.

Zusammensetzung der Asche. Die Analyse kann genau nach den im Abschnitt *Kupolofenschlacken* angegebenen Verfahren durchgeführt werden, also Vorbehandlung von etwa 2 g Einwaage mit Salzsäure, Glühung und Aufschluß des Rückstandes und Untersuchung der vereinigten Lösung.

Kohlenstaub. Die Untersuchung des Kohlenstaubs erstreckt sich auf die gleichen Bestandteile und wird in derselben Weise durchgeführt wie beim Graphit bzw. bei den festen Brennstoffen. Besonders wichtig ist die Bestimmung der *flüchtigen Bestandteile* (S. 617).

Dazu kommt der Nachweis, ob reiner Steinkohlenstaub vorliegt oder Zusätze von minderwertigen Kohlen vorhanden sind. Inwieweit hierfür Anhaltspunkte durch chemische Reaktionen zu erreichen sind, ist aus Tabelle 6 zu ersehen.

Tabelle 6.

Verhalten von Graphit- und Kohlesorten gegen chemische Angriffsmittel

[Nach E. DONATH und A. LANG, Stahl und Eisen Bd. 34 (1914), S. 1757 und 1848 (Auszug)]

Nr.	Bezeichnung	Benzolextrakt	Verhalten beim Erhitzen	Kochen mit verdünnter Kalilauge	Kochen mit verdünnter Salpetersäure	Kochen mit konzentrierter Salpetersäure	Kochen mit verdünnter $KMnO_4$-Lösung	Natriumsulfatschmelze
1	Naturgraphit	farblos	keine Änderung	keine Lösung oder sonstige Reaktion	keine Einwirkung	keine Einwirkung	keine Reaktion	keine Reaktion
2	Retortengraphit	wie oben	wie oben	wie oben	wie oben	wie oben	Entfärbung der Lsg. unter Bldg. von Karbonaten	Sehr heftige Reaktion zu Na_2S
3	Koks	wie oben	wie oben	wie oben	wie oben	wie oben	wie bei Nr. 2	wie bei Nr. 2
4	Anthrazit gebrannt	wie oben	wie oben	wie oben	wie oben	sehr geringe Einwirkung, schwache Färbung	Entfärbung unter Bildung von Oxalsäure	wie bei Nr. 2
5	Anthrazit ungebrannt	wie oben	geringe Mengen flüchtiger Bestandteile	wie oben	wie oben	braunrote Lsg., d. mit NH_3 dunkler wird, schw. Rst.	starke Entfärbg. unter Bildg. von viel Oxalsäure	wie bei Nr. 2
6	Steinkohle	deutlich gefärbt, Extrakt mit starker Fluoreszenz	Abgabe von Teer, Gas und alkal. Gaswasser	wie oben	wie oben	wie bei Nr. 5	wie bei Nr. 5	wie bei Nr. 2
7	Braunkohle	hellgelber Extrakt ohne Fluoreszenz	Teer und Gase, neutr. bis sauer. Gaswasser	gelbe bis braune Lsg.; beim Ansäuern Ausfällg. v. Humussäurefl.	rotgelbe bis orangerote Lösungen; beim Destill. Cyanwasserst.	wie mit verdünnter Salpetersäure	wie bei Nr. 5	wie bei Nr. 2
8	Künstlicher Ruß	deutliche Gelbfärbung mit Fluoreszenz	keine Änderung	keine Änderung	keine Einwirkung	wie bei Nr. 5	geringe Einwirkg.	wie bei Nr. 2
9	Holzkohle hochgebrannt	farblos	—	hellgelbe Lsg. ohne fällbare Huminsäure	wie bei Anthrazit	wie bei Anthrazit	wie bei Nr. 4	wie bei Nr. 2
10	Holzkohle niedriggebrannt	farblos	geringe Mengen flüchtiger Substanzen	gelbbraune Lsg. mit viel fällbarer Huminsäure	deutl. Einwirkung, im Destillat viel Cyanwasserst.	wie mit verdünnter Salpetersäure	wie bei Nr. 5	wie bei Nr. 2

XXXIX. Untersuchung der Teere

Zum Schutz gegen Korrosion werden die Oberflächen von gußeisernen Rohren oder anderen Gußstücken mit Schutzschichten überzogen, entweder durch Anstrich oder durch Eintauchen in das heiße, flüssige Schutzmittel. Soweit hierfür Teere mit Zusatz von Asphalt oder Bitumen verwendet werden, müssen diese Teere frei sein von Benzol, Toluol und ähnlichen Verbindungen, was beim sog. *destilliertem* Teer im Gegensatz zum Rohteer der Fall ist oder sein soll. Einen Aufschluß hierüber gibt die *Destillationsprobe*.

Ein zuverlässiges Destillationsverfahren ist vom Chemikerausschuß des VDEh entwickelt worden [*1*]. Aus räumlichen Gründen kann hier nur eine kurze Skizzierung des Arbeitsganges gegeben werden.

Die Eisenblase wird gewogen, mit ca. 500 g Teer beschickt und wieder gewogen. Beim Erhitzen werden die überdestillierenden und durch Erwärmen der Kupferrinne flüssig bleibenden Anteile bei bestimmten Siedegrenzen (siehe unten) getrennt aufgefangen, gewogen und so in einzelne Fraktionen zerlegt. Der bei 360°C verbleibende Rückstand wird als Pech zurückgewogen. Die Maße der einzelnen Apparateteile und die Einzelheiten des Arbeitsganges sind genau festgelegt. Beim *destillierten* Teer soll der bis 200°C übergehende Anteil sehr gering sein, etwa wie bei folgendem Analysenbeispiel:

bis 100°C	Spur Wasser	230 bis 270°C	0 Schweröl
bis 170°C	0 Leichtöl	270 bis 350°C	6 bis 8% Anthrazenöl
170 bis 230°C	0 Mittelöl	Pech	94 bis 92%

Die Bestimmung des *freien Kohlenstoffs* geschieht nach Normblatt DIN 1995 durch Behandeln von 2 g mit 50 cm³ kaltem Kristallbenzol, Filtrieren durch gewogenes Filter, Auswaschen mit 500 cm³ des heißen Lösungsmittels, Trocknen bei 110°C und Zurückwägen vom Filter und Kohlenstoff.

Für die Bestimmung des *Wassers* wird das bei den festen Brennstoffen (S. 615) beschriebene Xylolverfahren angewendet.

Die einfachste Arbeitsweise zur Ermittlung des *spez. Gewichts* ist die Messung mit einer Spezialspindel nach DIN DVM 3652 (Ablesung am oberen Wulstrand). Je nach seiner Zähflüssigkeit wird dabei der Teer *gleichmäßig* auf Temperaturen bis zu 80°C erhitzt. Die Korrektur für über 20°C liegende Temperaturen beträgt dann je 1° + 0,0065. Auch mit *Pyknometern* mit erweiterter Einfüllöffnung kann man das spez. Gewicht in bekannter Weise bestimmen.

Asphaltgehalt

Der Asphaltgehalt in Teeren setzt sich zusammen aus harten hochschmelzenden, durch Benzin ausfällbaren und aus weichen, schon unter 100°C schmelzenden in Ätheralkohol unlöslichen Asphalten. Über seine Bestimmung findet sich näheres im Abschnitt *Schmierstoffe* (S. 635).

Den Asphaltgehalt von *Teer-Asphaltmischungen* (Tauchteeren) kann man auch durch Azetonbehandlung ermitteln, wenn er nicht zu hoch (< 20%) liegt und die Möglichkeit besteht, auch die Ausgangsstoffe der Mischung in gleicher Weise zu untersuchen.

Man erwärmt 1 bis 2 g des Mischteers in einem mit Rückflußkühler versehenen Kolben 60 min lang auf dem Wasserbad bei 60 bis 70°C mit Azeton, läßt abkühlen, filtriert durch ein gewogenes Filter, wäscht reichlich mit Azeton bis zum farblosen Durchlaufen aus, trocknet bei 105°C und wägt zurück. Daraus ergibt sich der Gesamtrückstand (% Rg). Genauso wird die Rückstandbestimmung in dem zur Herstellung der Teermischung verwendeten Asphalt (% Ra) und Teer (% Rt) vorgenommen. Daraus errechnet sich der Asphaltgehalt A der Mischung zu

$$A = \frac{100\,(\mathrm{Rg} - \mathrm{Rt})}{\mathrm{Ra} - \mathrm{Rt}}\ \%.$$

Bis zur Zugabe von 20% Asphalt wurde in synthetischen Mischungen eine Übereinstimmung von ± 0,5% erhalten.

Für einen gegebenen Vorrat der Ausgangsstoffe bleiben deren Ra- und Rt-Werte konstant, so daß für die Untersuchung der Teer-Asphaltmischung nur deren Behandlung mit Azeton genügt.

Prüfung der *Phenolabgabe* von Teerschutzschichten.

Die destillierten Teere enthalten immer noch Spuren von Phenol, das in geteerten Wasserleitungsröhren vom Wasser aufgenommen werden kann und es dann in geschmacklicher und hygienischer Hinsicht ungünstig beeinflußt. Diese Phenolabgabe läßt sich nach E. FEIL [*2*] ganz oder bis auf unschädliche minimale Spurengehalte unterdrücken, wenn beim Teeren die Temperatur der Rohre und der Tauchbäder innerhalb bestimmter Grenzen gehalten wird.

Zur Überprüfung des Verhaltens der geteerten Rohre ist im Laboratorium der Luitpoldhütte folgendes Verfahren eingeführt worden:

Man stellt Rohrabschnitte bis zu 30 cm Länge, unten in Paraffin eingedrückt, in mit 2 l Leitungswasser beschickte Glasstutzen und läßt bei Zimmertemperatur 24 Stunden stehen. Dann nimmt man das Rohr heraus, mißt die Höhe der benetzten Oberfläche (O) und berechnet die Gesamtoberfläche unter Einbeziehung von Innen- und Außendurchmesser (d_i und d_a) nach der Formel:

$$0 = \pi \cdot h\,(d_a + d_i)\ \text{cm}^2.$$

Zur Phenolbestimmung entnimmt man dem Wasser nach Umrühren 50 cm³ und bestimmt darin den Phenolgehalt (p) in mg photometrisch oder kolorimetrisch. Die Phenolabgabe je 100 cm² benetzte Oberfläche (O) und auf je 1 l Wasser beträgt dann:

$$\frac{100 \cdot p}{0}\ \text{mg}.$$

Die photometrische Phenolbestimmung läßt sich mit der Nitranilinmethode sehr genau durchführen [*3*].

Zu 50 cm³ des Wassers werden zuerst 30 cm³ *Sodalösung* (143,1 g krist. Natriumkarbonat/l) und dann 20 cm³ *Nitranilinlösung* (1,38 g Para-Nitranilin, gelöst in 310 cm³ 1 n-Salzsäure) gegeben, die vorher mit ca. 1 cm³ frisch bereiteter 10%iger *Natriumnitritlösung* entfärbt worden war. Die Rotfärbung der gut durchmischten Lösung wird im Wellengebiet 536 mμ gegen Wasser gemessen. Bei 50 mm Schichtdicke und Verwendung des Elko II- oder Pulfrichphotometers (Quecksilberdampflicht) lautet die Berechnungsformel:

$$\text{mg Phenol} = 0{,}146\,(E_{50} - 0{,}02).$$

Die Eichkurve wird mit einer Stammlösung aufgestellt, die 1 g meta-Kresol im Liter enthält. Stehen keine Photometer zur Verfügung, so kann mit Hilfe von abgestuften Vergleichslösungen in bekannter Weise die Kolorimetrierung in Glasröhren (EGGERTZ) vorgenommen werden.

Die Gegenwart von Ammoniumsalzen stört die Bestimmung. Wenn damit gerechnet werden muß, daß der Teerüberzug auch solche Bestandteile abgibt, so versetzt man die Wasserprobe (100 cm³) mit 5 cm³ 25%iger Phosphorsäure und destilliert 80 cm³ ab, gibt in den Destillationskolben 20 cm³ Wasser und destilliert nochmals, bis 100 cm³ Destillat vorliegen. Daraus entnimmt man 50 cm³ zur Weiterbehandlung.

Das kolorimetrische Verfahren nach MISSON mit Quecksilber(I)-nitrat [*4*] hat sich wegen des Einflusses störender von Teer abgegebener Bestandteile in den meisten Fällen als unbrauchbar erwiesen.

Teeröle, die zu Heizzwecken in Gießereibetrieben (Flammöfen) verwendet werden, sollen zum mindesten auf ihren *Heizwert*, auf ihre *Viskosität* bei verschiedenen Temperaturen und auf ihren *Schwefelgehalt* untersucht werden (vgl. S. 635).

Literatur

[*1*] VAN ROYEN, J. H., H. GREVE u. K. QUANDEL: Arch. Eisenhüttenw. Bd. 8 (1934/35) S. 479/90, Ber. Chem. Aussch. VDEh, Nr. 108; sowie Handbuch f. Eisenhüttenlab. Berlin: Springer. — [*2*] FEIL, E.: Die Gießerei Bd. 25 (1938), S. 417/424. — [*3*] KRUTZSCH: Abschn. 1, S. 43/44. — [*4*] E. FEIL: Chem. Ztg. Bd. 61 (1937) S. 549.

XL. Wasser

Wegen der Raumknappheit kann hinsichtlich der Untersuchung von Trink-, Roh-, Speise- und Kesselwasser sowie von Abwässern und wässerigen Auszügen von Bodenproben nur eine beschränkte Auswahl z. T. neuerer Methoden angeführt werden, die auch für einschlägige Schnelluntersuchungen im Gießereibetrieb mit Vorteil angewendet werden können. Im übrigen muß auf die umfangreiche Fachliteratur verwiesen werden [*1*].

a) Klärung trüber Wasserproben. Bei der Untersuchung von *Bodenproben auf ihre* Agressivität gegenüber gußeisernen Rohren lassen sich die wässerigen Auszüge der Proben häufig auch durch dichte Papierfilter nur mit erheblichem Zeitaufwand oder überhaupt nicht klar filtrieren. Ein gutes Hilfsmittel ist in diesem Falle der Zusatz von *Chlornatrium* (etwa $^1/_2$ g/l), wodurch die Tonsuspension, um die es sich meist handelt, koaguliert und leicht und klar filtrierbar wird. Zur *Chloridbestimmung* versetzt man einen Anteil des trüben Bodenauszuges vor dem Filtrieren mit chlorfreiem *Natriumsulfat* oder *Nitrat*. Will man Zusätze vermeiden, so saugt man die Wasserprobe durch ein vorher mit destilliertem Wasser ausgewaschenes *Cellafilter*. Gefärbtes Wasser kann man durch Filtration über Aktivkohle entfärben.

b) p_H-Wert. Diese Bestimmung ist wichtig zum Nachweis von korrodierenden Eigenschaften der Wässer, zur Beurteilung von Betriebsabwässern, die in Flußläufe gelangen (Fischzucht!) und für manche andere Zwecke. Die Messung mit den bekannten abgestuften Indikatorpapieren ist nicht immer zuverlässig und kann unter Umständen bei ungenügender Pufferung zu erheblichen Fehlwerten führen. Bessere Ergebnisse erhält man mit dem flüssigen Universalindikator. Bis auf 0,05 p_H und noch genauer mißt man mit den elektrometrischen Meßgeräten, die in den verschiedensten Ausführungsarten im Handel erhältlich sind. Zu erwähnen ist noch die *photometrische* Messung mit Indikatorlösungen, z. B. von verschiedenen Nitrophenolen. Sie ist aber auch nur bei gut gepufferten Wässern anwendbar[1].

c) Gesamthärte. Diese setzt sich bekanntlich zusammen aus *Karbonathärte* (Bikarbonate von Kalzium und Magnesium) plus *Nichtkarbonathärte* (Sulfate, Chloride und Nitrate von Ca und Mg) oder anders ausgedrückt aus *vorübergehender* + *bleibender* Härte. Ein deutscher Härtegrad entspricht 10 mg CaO bzw. 7,19 mg MgO im Liter.

Am genauesten, aber für den Betrieb zu zeitraubend, ermittelt man die Gesamthärte durch die *gewichtsanalytische* Bestimmung des Kalk- und Magnesiagehaltes. Daneben gibt es verschiedene schnell auszuführende Betriebsmethoden, z. B. nach C. BLACHER, bei der man zuerst in 100 cm³ die Karbonathärte mit n/10 Salzsäure und Methylorange feststellt (1 cm³ = 2,8° d. Karbonathärte) und anschließend die Gesamthärte durch Titration mit Palmitatlösung. Vielfach angewendet werden auch noch die Seifenverfahren von C. CLARK und BOUTRON-BOUDET sowie die Arbeitsweisen nach J. PFEIFER, WARTHA und anderen Autoren. Die meisten dieser Schnellverfahren sind für Wasser unter 0,5° Härte nicht mehr genau genug mit Ausnahme des Seifenverfahrens von A. SPLITTGERBER [*2*].

Neuerdings sind Schnellverfahren entwickelt worden, denen die Bildung von *Komplexsalzen* des Kalziums und Magnesiums mit organischen Reagenzien, z. B. speziellen Äthylendiamintetraazetatlösungen (*Titriplex*-Lösungen *A*, *B* und *C* von MERCK) zugrunde liegt. Nach der neuesten vereinfachten Arbeitsvorschrift von G. HAMAN und W. NEUMANN [*3*] gibt man zu 100 cm³ der Wasserprobe das Indikator-Puffergemisch in Form einer Tablette, worauf man nach Zusatz von 1 cm³ Ammoniak (spez. Gewicht 0,91) die rot gefärbte Lösung je nach dem Härtegrad mit einer der drei Titriplex-Lösungen bis zum gut erkennbaren Umschlag titriert.

d) Vollanalyse. Die Bestandteile Kieselsäure, Tonerde, Kalk, Magnesia, Alkalien, Phosphate, Sulfate, Chloride werden, ausgehend von 0,5 bis 1 l Probe, nach der üblichen gewichts- und maßanalytischen Methode bestimmt. Die Seite 607 angeführte *komplexo-*

[1] Vgl. Broschüre Zeiss, Meß 430b/II.

metrische Titration ermöglicht eine Beschleunigung der Kalk- und Magnesiabestimmung im Filtrat der Tonerdefällung ohne Trennung der beiden Elemente. Für die sonst noch im Wasser meist nur in sehr geringen Gehalten vorhandenen Begleitelemente sind in der Fachliteratur zahlreiche *kolorimetrische* bzw. photometrische Untersuchungsverfahren angegeben, so z. B. für *Nitrat* und *Nitrit* das Diphenylaminverfahren, für Schwefelwasserstoff das Bleiazetat-, für Blei das Natriumsulfid-, für Kupfer das Rhodanid- bzw. Dithizon-, für Eisen das Rhodanid-, für Kieselsäure und Phosphor das Molybdatverfahren. Bestimmt man Kieselsäure *neben* Phosphation, so kann nach R. Deveaux [*4*] die Färbung des Phosphormolybdat-Komplexes durch nachträgliche Zugabe von überschüssigem Phosphation beseitigt werden.

e) Gelöster Sauerstoff. Die klassische Bestimmungsmethode nach L. W. Winkler beruht auf der Umsetzung des gelösten Sauerstoffs in alkalischer Lösung mit Mangan(II)-hydroxyd zu Mangan(IV)-hydroxyd und Titration des nach Zusatz von Jodkalium und Ansäuern mit Salzsäure freigemachten Jods mit 0,01 n-Thiosulfatlösung.

Zur Einsparung der kostspieligen jodhaltigen Reagenzien sind entsprechende Verfahren ausgearbeitet worden, so z. B. von W. Leithe [*5*], nach dessen Angaben man die Wasserprobe mit 0,1 n-Eisen(II)-sulfatlösung und Kalilauge versetzt, den nach dem Schütteln in einer Winklerschen Flasche gebildeten Eisen(III)-hydroxydniederschlag in Schwefelsäure löst und das unveränderte Eisen(II)-Ion mit 0,1 n-Kaliumpermanganatlösung titriert. Eventuell vorhandene, durch Permanganat oxydierbare Bestandteile (Eisen-II-ion, Nitrit, Sulfit) werden durch eine Paralleltitration ohne Kalilaugezusatz berücksichtigt.

Von den kolorimetrischen Methoden sei die von G. Gad und A. Becker [*6*] erwähnt, bei der die Bildung von rotviolett gefärbtem sauren Mangan(III)-pyrosulfat dem vorhandenen Sauerstoff äquivalent ist, ferner eine photometrische Brom-Tolidin-Methode nach K. Wickert und E. Ipach [*7*].

f) Ölgehalt. Zur Trennung sehr geringer Ölgehalte von der Wasserprobe versetzt man 2 bis 5 l mit Aluminiumsulfat und Ammoniak in geringem Überschuß, filtriert nach längerem Absitzenlassen den Hydroxydniederschlag, der das gesamte Öl enthält, wäscht aus, trocknet und unterwirft ihn mitsamt dem Filter in einem Soxhletapparat der Extraktion mit Äther. Aus dem mit geschmolzenem Glaubersalz getrockneten Extrakt erhält man nach Eindampfen die vorhandene Ölmenge.

g) Phenolgehalt. Die Bestimmung geringer Phenolgehalte in Abwässern oder Flußwasser läßt sich sehr genau nach demselben photometrischen Nitranilin-Verfahren durchführen, wie es Seite 630 unter *Phenolabgabe von geteerten Rohren* beschrieben ist.

Literatur

[*1*] Zum Beispiel Einheitsverfahren, Deutsche, zur Wasser-, Abwasser- und Schlammuntersuchung (herausgegeben i. Auftrag der Fachgruppe Wasserchemie i. d. Gesellschaft Dtsch. Chemiker) 1954, Berlin: Verlag Jul. Springer. — [*2*] Jahrbuch f. Wasserchemie und Wasserreinigungstechnik (Verlag Chemie) 1, Bd. 7, Tl. 2 (1934), S. 139. — [*3*] Haman G., u. W. Neumann: Chem. Ztg. Bd. 77 (1953) S. 438. — [*4*] Devaux, R.: Chal. u. Ind. Bd. 31 (1950) S. 173/83; Referat Z. analyt. Chem. — [*5*] Leithe, W.: Die Chemie Bd. 56 (1943) S. 151. — [*6*] Wickert, K., u. C. Ipech: Z. analyt. Chem. Bd. 140 (1953) S. 350/53. — [*7*] Gad, G., u. A. Becker: Gesundh.-Ing. Bd. 69 (1938) S. 358/59.

XLI. Gasuntersuchung

Die Untersuchung der Kupolofenabgase geschieht zur Feststellung des günstigsten Verbrennungsgrades der aufgegebenen Koksbeschickung und der dazu benötigten Windmenge. Für diesen Fall genügen einfache Gasanalysenapparate, z. B. nach Orsat, mit deren Hilfe man die Bestandteile Kohlensäure, Sauerstoff und Kohlenoxyd schnell und genügend genau bestimmen kann. In gemischten Hochofen-Gießerei-Betrieben, in denen man etwa Hochofengichtgas zum Erhitzen der Trockenkammern und Glühöfen oder zur Vorwärmung des Gebläsewindes verwendet, sind für den Betrieb neben der Zusammensetzung der Abgase der Winderhitzer und Kupolöfen auch die Analyse des *Reingases* und der sich daraus ergebende Heizwert von Bedeutung. In manchen Betrieben ist hierfür die *automatische Gasanalyse* eingeführt worden, worüber H. PINSL [*1*] in einer ausführlichen Arbeit berichtete.

Bezüglich der *Probenahme* von Kupolofenabgasen ist zu beachten, daß das *wassergekühlte* Probenahmerohr etwa 1 m *unterhalb* der oberen Beschickungsebene seitlich so eingeführt werden muß, daß das Rohrende *nicht bündig* mit dem Mauerwerk abschließt, sondern mindestens 10 cm in die Beschickung hineinragt, da an der inneren Fläche der Mauerwand sauerstoffangereicherte Gase emporströmen. Weitere ausführliche Angaben über die Entnahme von Einzel- und Durchschnittsproben in anderen Fällen finden sich u. a. in der Mitteilung Nr. 19 der Wärmestelle des VDEh.

Die Probenahmepipetten sollen mit Natriumthiosulfatlösung als Sperrflüssigkeit gefüllt werden.

Auf die Beschreibung der sehr zahlreichen Konstruktionen von Gasanalysenapparaturen kann hier nicht eingegangen werden. Dagegen sollen einige Hinweise auf die Bestimmung der einzelnen Gasbestandteile gegeben werden.

a) Kohlensäure. Als Absorptionslösung dient eine Kalilauge (28 Gewichtsteile KOH + 72 Gewichtsteile H_2O), durch die das Probegas (100 cm^3) aus der Meßbürette mehrfach durch- und zurückgeleitet wird.

b) Sauerstoff. Die üblichen Absorptionsmittel, nämlich alkalische *Pyrogallollösung* (30 Raumteile 20%ige Pyrogallollösung und 70 Raumteile 50%ige Kalilauge) oder weiße *Phosphorschnitzel* unter Wasser reagieren bei niedrigen Temperaturen träge, beseitigen auch bei den zulässigen Temperaturgrenzen von 15 bis 30 °C den Restsauerstoff verhältnismäßig langsam und spalten unter Umständen Gase (Wasserstoff) ab. Von diesen Fehlerquellen ist die sehr wirksame *Chrom-(II)-chloridlösung* nach K. BÜCHNER [*2*] frei; durch Bedeckung mit einer Ligroinschicht wird sie vor Luftoxydation geschützt. Sie kann auch gut zur Untersuchung von *Bombensauerstoff* verwendet werden, den man in der Meßbürette mit etwas sauerstofffreiem Stickstoff verdünnt. Von anderen sehr ergiebigen Absorptionsmitteln ist das O_2-*Multirapid* zu erwähnen, das neben Pyrogallol noch Natriumhydrosulfit und katalytisch wirkende Substanzen enthält.

c) Kohlenoxyd. *α) in Rauch- u. Brandgasen.* Das Kohlenoxyd läßt sich in neutralen, salzsauren und ammoniakalischen *Kupfer-(I)-chloridlösungen*, denen man nach einigen Vorschriften auch noch Chlorammonium und metallisches Kupfer zusetzt, absorbieren. Nach verschiedenen Veröffentlichungen verhalten sich die ammoniakalischen Lösungen [1] hinsichtlich der Absorptionskapazität und des Absorptionswertes besser als die anderen. Allen ist gemeinsam, daß sie bei einem gewissen Sättigungsgrad wieder Kohlenoxyd abgeben, weshalb die Apparate 2 bis 3 hintereinandergeschaltete Kupfer-(I)-chlorid-Pipetten besitzen, durch die das Gas der Reihe nach geleitet werden muß.

Mit *einer Pipette* kommt man aus bei Verwendung einer Lösung von β-Naphtol in *konz. Schwefelsäure.* 15 g β-Naphtol, 15 g Kupfer-(I)-oxyd und 15 cm^3 Wasser werden in einem Mörser gemischt. Nach Zufügung von weiteren 15 g β-Naphtol knetet man mit einem Pistill gut durch, versetzt mit 120 cm^3 konz. Schwefelsäure, verrührt zu einem flüssigen Brei, gibt nochmals 165 cm^3 konz. Schwefelsäure zu, mischt gründlich, läßt absitzen und führt die Lösung, evtl. durch Glaswolle filtriert, in das Absorptionsgefäß über. Sie absorbiert Kohlenoxyd sehr stark und spaltet keine Gase ab. Sie hat nur den Nachteil, daß bei niedrigen Temperaturen gelegentlich Verstopfungen durch Ausscheidungen auftreten können.

K. BÜCHNER [*3*] empfiehlt neuerdings, die Hauptmenge des Kohlenoxyds durch eine besondere ammoniakalische und chlorammoniumhaltige Chrom-(II)-chloridlösung, der man auch kein metallisches Kupfer zuzusetzen braucht, zu absorbieren und den Rest mit der β-Naphthollösung zu beseitigen, wodurch auch deren Lebensdauer erhöht wird.

[1] Zum Beispiel Zusammensetzung nach MOSER: 11 bis 12 Gew.-Tl. Cu_2Cl_2 auf 13 bis 14 Gew.-Tl. NH_4OH (0,91) und 76 bis 74 Gew.-Tl. Wasser nebst metallischem Kupfer.

β) Kohlenoxyd in der Luft und in den Abgasen von Diesel-Loks. Zur Bestimmung sehr geringer Kohlenoxydmengen in der Luft werden vielfach die bekannten DRÄGER-Geräte herangezogen, mit denen man innerhalb weniger Minuten Gehalte bis unter 0,01% aus den entsprechenden Farbzonen der Prüfröhrchen ablesen kann.

Sehr genaue Ergebnisse erhält man mit dem *Jodpentoxydverfahren.* Bei diesem wird das bei der Oxydation des Kohlenoxyds mit Jodpentoxyd frei werdende Jod in einer Vorlage aufgefangen und mit 0,01 n- bzw. 0,001 n-Thiosulfatlösung titriert. Mit der früher üblichen Apparatur erforderte eine Bestimmung einen Zeitaufwand von 5 bis 6 Stunden; dieser läßt sich mit einer neueren Konstruktion[1] (vgl. Abb. 17) auf 10 bis 20 min verkürzen. Die Reinigungsvorlage enthält nur *feste* Absorptionsmittel, und zwar für Kohlensäure *Natronkalk,* für Wasserdampf *Silikagel* und für die schweren Kohlenwasserstoffe *Jodmonobromid* und *Aktivkohle.* Die Erhitzungstemperatur von 130 °C für das Jodpentoxydrohr wird automatisch konstant gehalten. Als Vorlage dient eine 10%ige- Jodkaliumlösung[2] oder mit Wasser überschichteter Tetrachlorkohlenstoff.

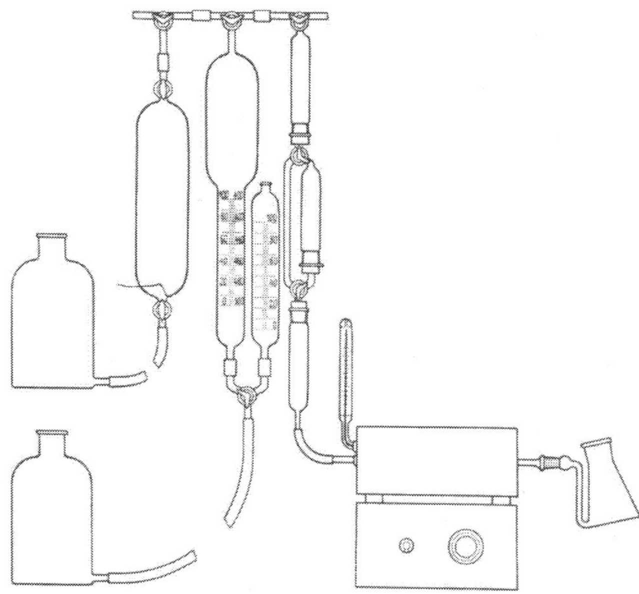

Abb. 17. Apparat zur schnellen Kohlenoxydbestimmung in Luft und Abgasen

Zur exakten *Luftprobenahme* ist neuerdings ein in England entwickeltes Präzisionsgerät lieferbar[3]. Die Luft wird in kleine Patronen aus Duraluminium mit Hilfe einer Handpumpe gepreßt und kann dann über ein Reduzierventil an die Analysenapparatur abgegeben werden. Die kleinste Patrone von 12,5 cm Länge nimmt über 400 cm³ Luft auf. Leichtes Gewicht, Handlichkeit der kleinen Patronen und keine Bruchgefahr ist der Vorteil gegenüber den gläsernen Gassammelröhren.

d) Wasserstoff und Methan in Gasen. Man mischt den nach der Absorption von Kohlensäure, Sauerstoff und Kohlenoxyd verbleibenden Gasrest (bei Hochofengas etwa 60 cm³) mit Luft und leitet das Gemisch zur Entfernung der Luftkohlensäure zuerst durch Kalilauge und dann über eine zur Rotglut erhitzte *Platinspirale* oder Palladiumasbest. Nach Feststellung der Kontraktion (c) und Absorption der gebildeten Kohlensäure (k) berechnet sich:

$$CH_4 = k$$
$$H_2 = {}^2/_3\,(c - 2k).$$

Eine andere Arbeitsweise ist die fraktionierte Verbrennung des Gases nach J. JÄGER über gekörntem Kupferoxyd, wobei der Wasserstoff bei 275 bis 290 °C und das Methan bei 900 °C verbrannt wird. Die Wasserstoffkontraktion ergibt direkt den Wasserstoff- und die gebildete und absorbierte Kohlensäure den Methangehalt.

Auf Grund der Arbeiten von C. PAAL und W. HARTMANN sowie von O. BRUNK [*4*] besteht auch die Möglichkeit, den Wasserstoff in dem von CO_2, O_2, CO und den schweren Kohlenwasserstoffen befreiten Gasrest absorptiometrisch durch Einleiten in eine mit kolloidem *Palladium* versetzte Natriumpikratlösung zu bestimmen. Die Lösung soll auf

[1] Zu beziehen von Robert Müller K. G., Essen.
[2] 20 cm³ 10%ige KJ-Lösung für jede Bestimmung frisch bereiten.
[3] Zu beziehen durch Industrie-Vertretung Otto Stoll, Obernkirchen (Han.).

100 bis 110 cm^3 2 g kolloides Palladium und 5 g Pikrinsäure, neutralisiert durch 22 cm^3 1 n-Natronlauge, enthalten.

e) Schwere Kohlenwasserstoffe. Bei der Untersuchung von Koksofen- und Generatorgasen müssen die schweren Kohlenwasserstoffe nach Entfernung der Kohlensäure durch Absorption in rauchender Schwefelsäure (spez. Gew. 1,93 mit 21% SO_3) oder in Bromwasser entfernt und gemessen werden. Dabei abgegebene Dämpfe werden durch Kalilauge beseitigt.

f) Heizwert. Aus der prozentualen Zusammensetzung des Gases läßt sich dessen Heizwert, bezogen auf 0 °C, 760 Torr, trocken, folgendermaßen berechnen:

$$\text{unterer Heizwert} = (CO \times 30{,}2 + H_2 \times 25{,}7 + CH_4 \times 85{,}5 + Sk \times 170)\ \text{kcal/Nm}^3,$$
$$\text{oberer Heizwert} = (CO \times 30{,}2 + H_2 \times 30{,}5 + CH_4 \times 95{,}2 + Sk \times 195)\ \text{kcal/Nm}^3.$$

Zur *direkten* Bestimmung des Heizwertes benützt man *Gaskalorimeter*, von denen das nach JUNKERS am meisten in die Praxis Eingang gefunden hat.

Literatur

[1] PINSL, H.: Die Gießerei (1927) Nr. 23. — [2] BÜCNHER, K.: Brennstoff-Chemie Bd. 33 (1952) S. 327/29. — [3] BÜCHNER, K.: Brennstoff-Chemie Bd. 34 (1953) S. 186/87. — [4] PAAL C., und W. HARTMANN: Ber. d. chem. Ges. Bd. 43 (1910) S. 243, sowie O. BRUNK, Chem. Ztg. Bd. 34 (1910) S. 1313/14 und S. 1331/34.

XLII. Schmierstoffe

Fast alle Bestimmungsverfahren für die Untersuchung von Schmierstoffen beruhen auf *konventionellen* Vereinbarungen, die in Normenblättern festgelegt sind. Die Bezeichnungen und Nummern der wichtigsten Verfahren sind in Tab. 7 zusammengestellt. Bei Einhaltung der in diesen Normblättern gegebenen Arbeitsvorschriften kann man mit einer genügenden Reproduzierbarkeit der Ergebnisse, auch an *verschiedenen* Untersuchungsstellen, rechnen. Von einer, auch nur gekürzten Wiedergabe, muß hier Abstand genommen werden.

Das vom Deutschen Normenausschuß herausgegebene DIN-Taschenbuch, 20 Mineralöl- und Brennstoffnormen[1], enthält neben den Untersuchungsverfahren auch eine Zusammenfassung der Anforderungen, die an die festen und flüssigen Schmierstoffe zu stellen sind, sowie Erläuterungen über die verschiedenen Verwendungsmöglichkeiten.

Tabelle 7. *Deutsche Normen für die Untersuchung von Schmierstoffen.* (Wiedergegeben mit Genehmigung des Deutschen Normenausschusses)[2]

Bezeichnung	DIN-Normblatt	Ausgabe
Gehalt an festen Fremdstoffen	51 592	1954
Dichte	51 757	1955
Fließpunkt und Tropfpunkt	51 801	1956
Zähigkeit (Viskosität)	51 560—62	1955
Wassergehalt	51 582	1955
Aschegehalt	51 575	1955
		Entwurf
Neutralisationszahl	51 558	1955
Verseifungszahl	51 559	1955
Hartasphalt	51 557	1955
Flammpunkt	51 584	1956
Stockpunkt	51 583	1955
Emulgierbarkeit, feste Fremdstoffe und Kältebeständigkeit im U-Rohr	51 591	1955
Probenahme	51 750	1952
	51 594	1956

[1] Ausgabe April 1956 zu beziehen durch Beuth-Vertrieb Berlin W 15.

[2] Maßgebend ist die jeweilige Ausgabe des Normenblatts im Normformat A 4, zu beziehen durch Beuth-Vertrieb, Berlin W 15 und Köln.

Spektralanalytische Untersuchung von Gußeisen und Stahlguß

Von **O. Werner**, Berlin

Mit 23 Abbildungen

I. Einleitung

Im Rahmen der analytischen Prüfung der Eisenwerkstoffe gewinnt neben der naßchemischen Analyse das spektralanalytische Verfahren zunehmend an Bedeutung. Dieser Vorgang ist nicht als Modeerscheinung etwa im Zuge der allgemein zunehmenden Verwendung physikalischer Methoden in der analytischen Chemie zu erklären, vielmehr ist der tiefere Grund für die ständig wachsende Bedeutung dieser Verfahren durch die für das Betriebslaboratorium entscheidende Tatsache gegeben, daß bei ihnen Zeitersparnis und Wirtschaftlichkeit in engem funktionellem Zusammenhang stehen. Das besondere Merkmal der spektralanalytischen Arbeitsweise, die Zeitersparnis, hat mehrere Gründe. Sie ergibt sich in erster Linie aus der Tatsache, daß praktisch nahezu alle interessierenden Elemente aus ein und derselben Aufnahme, noch dazu meist ohne besondere Probenvorbereitung, bestimmt werden können und daß die Analysenzeit pro Element sich um so mehr verkürzt, je mehr Elemente aus einer Aufnahme zu bestimmen sind. Ganz besondere Bedeutung gewinnt die Zeitersparnis verständlicherweise bei der Bestimmung von Spurenelementen wie Bor und Magnesium, deren Abtrennung und Analyse auf naßchemischem Wege nicht ohne Schwierigkeiten und meist nur mit erheblichem Zeitaufwand möglich ist, deren Erfassung aber im Zuge der zunehmenden Verbreitung neuer Legierungen und Gußeisensorten, wie des sphärolithischen Gußeisens, notwendig wird.

Im Bereiche des spektralanalytischen Verfahrens selbst zeichnet sich ferner schon seit geraumer Zeit eine Entwicklung ab, die auf eine noch weitere Verminderung des Zeitaufwandes gerichtet ist. Gemeint ist der Übergang von den mit Platte oder Film arbeitenden Aufnahmeverfahren zu den mit direkter Anzeige arbeitenden automatischen Geräten, die schon wenige Minuten nach dem Einschalten der Apparatur eine Ablesung des Analysenergebnisses, dazu noch mit gesteigerter Genauigkeit ermöglichen. Wenn auch bei dem hohen Preise dieser Geräte die Wirtschaftlichkeit erst bei großen Analysenzahlen pro Schicht, d. h. bei großem Umfang des damit arbeitenden Betriebes gegeben ist, so sollte doch zu denken geben, daß in den USA allein eine einzige große Firma, die Aluminiumcorporation of America, bereits 30 ihrer Tochterfirmen mit einem solchen unter dem Namen *Quantometer* bekanntgewordenen Gerät der Fa. ARL ausgestattet hat, während in Deutschland erst wenige Stahlwerke im Besitz eines Quantometers sind. Infolge zunehmender Vereinfachung in der technischen Einrichtung dieser Geräte und wachsender Konkurrenz unter den ihrer Zahl nach noch zunehmenden Herstellerfirmen ist jedoch schon jetzt eine nicht unerhebliche Verbilligung in den Gerätekosten eingetreten, die ihrer weiteren Verbreitung dienlich sein wird.

Bei der Beurteilung der Wirtschaftlichkeit des spektralanalytischen Verfahrens sind bei aller damit erreichbaren Zeitersparnis zwar die Gerätekosten nicht zu übersehen, es ist aber zu berücksichtigen, daß die notwendigen Geräte praktisch kaum einer Abnutzung unterworfen sind und somit lange Zeit hindurch ihren Wert behalten, gleichgültig, ob es sich um Geräte älterer oder neuerer Richtung handelt. Die Betriebskosten für derartige Anlagen sind aber, verglichen mit den für den Betrieb eines naßchemischen Laboratoriums erforderlichen Kosten, die sich aus Personalkosten, Raumkosten und laufenden Kosten für Chemikalien und Energie zusammensetzen, erheblich geringer, da bei gleicher Analysenzahl weniger Personal, weniger Raum und weniger Energie zum Betriebe eines Spektrographen erforderlich sind und die Chemikalienkosten praktisch vernachlässigt werden können.

II. Grundlagen des Verfahrens

Die Emissionsspektralanalyse bedient sich der seit langem bekannten physikalischen Tatsache, daß die durch thermische oder elektrische Energie angeregten Atome eines verdampfenden Metalls eine charakteristische Lichtemission zeigen. In einem geeigneten, mit Prisma oder Gitter ausgestatteten Spektralapparat wird das von dem glühenden Metalldampf ausgesandte Licht in seine verschiedenen, für jede Atomart kennzeichnenden Wellenlängen zerlegt und damit das Vorhandensein dieser Atomarten in dem Metalldampf entweder qualitativ nachgewiesen oder die Atomarten ihrer Menge nach gegebenenfalls auch quantitativ bestimmt. Da jede Atomart eine Reihe definierter und im allgemeinen von denen anderer Atomarten durchaus verschiedener Wellenlängen aussendet — von seltenen Koinzidenzen abgesehen — und die Wellenlängen aller in der zu untersuchenden Substanz vorhandenen Atomarten dabei gleichzeitig erscheinen, liegt der besondere Vorteil der spektralanalytischen Arbeitsweise in der gleichzeitigen Erfassung aller in dem Dampf vorhandenen Atomarten.

Als Legierungs- und Spurenelemente im Bereiche der Analyse von Eisen und Stahl kommen in erster Linie die Elemente Silizium, Mangan, Chrom, Molybdän, Vanadin, Nickel, Kupfer, Aluminium, Magnesium und Bor in Frage. Sie alle können in den üblicherweise vorkommenden Gehalten auf spektralanalytischem Wege nachgewiesen und bestimmt werden.

Neben den genannten metallischen Elementen spielen im Gußeisen und Stahl noch die Nichtmetalle Kohlenstoff und Phosphor eine entscheidende Rolle. Die spektralanalytische Bestimmung dieser nichtmetallischen Elemente bereitete lange Zeit hindurch bedeutende Schwierigkeiten, und diese dürften auch wohl der Grund für die verhältnismäßig zögernde Aufnahme der spektralanalytischen Arbeitsweise in den Kreisen der Eisen und Stahl erzeugenden Industrie gewesen sein. Heute können diese Schwierigkeiten als überwunden gelten. Nach den neuesten, vorwiegend im Auslande gewonnenen Erfahrungen ist die spektralanalytische Bestimmung von Kohlenstoff bis herab zu Gehalten von 0,2% u. U. sogar bis 0,05% und die von Phosphor bis zu Gehalten von 0,01% möglich geworden.

Auf die für die Bestimmung der verschiedenen metallischen und nichtmetallischen Elemente geeigneten Analysenverfahren wird weiter unten noch einzugehen sein. Schon an dieser Stelle soll aber darauf hingewiesen werden, daß, wenn erst einmal eine spektrographische Einrichtung vorhanden ist, sich ihre Anwendung nicht auf die Erfassung der genannten Elemente im Eisen und Stahl zu beschränken braucht, daß vielmehr dann auch die Möglichkeit gegeben ist, die Ausgangsrohstoffe wie Roheisen oder Schrott sowie feuerfeste Stoffe und Schlacken ebenfalls auf spektralanalytischem Wege zu untersuchen. Auch hierfür werden weiter unten noch einige Beispiele angeführt.

Die Anregung der nachzuweisenden oder zu bestimmenden Metallatome kann entweder auf thermischem oder elektrischem Wege erfolgen. Die hierbei anzuwendende Energie hat zwei Aufgaben: die zu untersuchende Substanz muß in Dampfform übergeführt werden, und die dampfförmigen Atome müssen zum Leuchten angeregt werden. Die Anregung der Atome zum Leuchten besteht in einer Hebung der auf stabilen Bahnen umlaufenden Außenelektronen des Atoms auf instabile, energiereiche Bahnen. Nach kurzer Verweilzeit in diesem energiereichen, instabilen Zustand kehrt das Elektron wieder auf eine stabile Bahn zurück, wobei die zur Hebung aufgewendete Energie bei dem Zurückfallen des Elektrons auf die stabile Bahn in Form von Licht bestimmter Wellenlänge ausgesendet wird. Die Wellenlänge oder Frequenz des ausgesendeten Lichtes hat einen definierten Wert, der von der Höhe der beim Zurückfallen des Elektrons auf eine stabile Bahn frei werdenden Energie abhängt. Je höher diese Energie ist, desto höher ist auch die Frequenz bzw. desto kürzer ist auch die Wellenlänge des ausgesandten Lichtes.

Während man in der Absorptionsspektralanalyse im allgemeinen mit Frequenzen oder Wellenzahlen rechnet, verwendet man in der chemischen Emissionsspektralanalyse üblicherweise den reziproken Begriff der Wellenlängen, die entweder in mμ (1 mμ = 10^{-6} mm) oder in Ångström (1 Å = 10^{-7} mm) angegeben werden. Der sichtbare, für das menschliche Auge erfaßbare Bereich des Spektrums reicht von etwa 4000 Å (violett) bis etwa 7500 Å (rot). An den sichtbaren Bereich schließen sich nach der kurzwelligen Seite die dem Auge nicht mehr zugänglichen ultravioletten Wellenlängen an, deren untere in Luft und mit den üblichen photographischen Schichten noch erreichbare Grenze bei etwa 1800 Å liegt. Da die Mehrzahl der technisch interessierenden Elemente ihre charakteristischen Hauptnachweislinien im UV-Bereich hat, ist auch die Mehrzahl der technischen Spektralapparate mit einer Optik ausgerüstet, die für das UV-Licht durchlässig ist.

Je nach der Höhe der in einer Energiequelle verfügbaren Energie unterscheidet man *weiche* oder *harte* Anregungsformen. Mit *weicher* Anregung, zu der vor allem die Flammenanregung gehört, erhält man linienarme Spektren, was in bestimmten Fällen, z. B. bei der Bestimmung der Alkali- und Erdalkalimetalle, von Vorteil sein kann, da man hierbei u. U. auf komplizierte spektrographische Einrichtungen verzichten kann. Bei der *härteren* elektrischen Anregung erhält man linienreichere Spektren, deren Auflösung beträchtliche Anforderungen an die hierfür erforderliche optische Einrichtung stellt. Bei der technischen Spektralanalyse des Eisens und Stahles arbeitet man praktisch durchweg mit elektrischer Anregung, und die bei diesen Metallen und ihren Legierungselementen erhaltenen Spektren sind besonders linienreich, so daß man auf die Verwendung hochwertiger Spektralapparate angewiesen ist.

Der folgende Abschnitt beschäftigt sich mit der optischen und der elektrischen Einrichtung des spektrographischen Laboratoriums.

III. Die apparativen Einrichtungen

1. Der Spektralapparat

Zur Lichtzerlegung verwendet man Prismen oder Beugungsgitter. In einfachen Fällen, z. B. bei den linienarmen Spektren, die man bei Flammenanregung erhält, kann man auch bestimmte Wellenlängenbereiche mit Filtern ausblenden. Die modernen Interferenzfilter haben verhältnismäßig enge Durchlaßbereiche von 8 bis 10 mμ. Für jede zu messende Wellenlänge braucht man ein besonderes Filter oder eine besondere Filterkombination.

a) Die Prismenspektralapparate. Die Lichtzerlegung im Prismenspektroskop oder im Prismenspektrographen beruht auf der Wellenlängenabhängigkeit der Lichtbrechung im Prismenmaterial. Die Wellenlängenabhängigkeit des Brechungsindex n wird als *Dispersion* bezeichnet $D = \frac{dn}{d\lambda}$. Für die Erzeugung von Spektren im sichtbaren Gebiet verwendet man Glasprismen, deren Durchlässigkeitsbereich auf der kurzwelligen Seite bis etwa 3700 Å reicht. Für Messungen im ultravioletten Bereich verwendet man Quarzprismen, die für UV-Licht noch bis unter 2000 Å durchlässig sind. Der für Glasprismen meist verwendete Schwerflint hat bei der Wellenlänge des Natriumlichtes (5892,98 Å) den Brechungsindex 1,755, während der Brechungsindex des Quarzes bei derselben Wellenlänge nur 1,544 beträgt. Er nimmt mit abnehmender Wellenlänge zu und beträgt bei 2000 Å 1,649. Aus der beschriebenen Wellenlängenabhängigkeit der Brechungsindizes des Prismenmaterials ergibt sich die für Prismenspektrographen kennzeichnende Tatsache, daß die Dispersion im langwelligen Bereich für das betreffende Material verhältnismäßig klein ist und mit abnehmender Wellenlänge erheblich zunimmt. Die Dispersion eines Spektrographen wird vielfach in μ/Å oder auch als reziproke Dispersion in Å/mm angegeben. Als Beispiel sei hier für den vielfach verwendeten mittleren Quarzspektrographen von Zeiss, den Q 24, die Abhängigkeit der mittleren Dispersion von der Wellenlänge angegeben.

Tabelle 1. *Reziproke Dispersion für den Quarzspektrographen Q 24*

Wellenlänge	Reziproke Dispersion in Å/mm
3970	33
3250	18
2800	12
2600	9
2350	7
2130	5

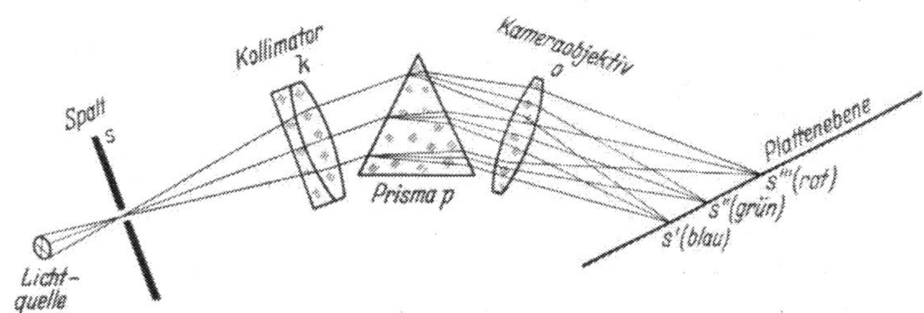

Abb. 1. Schematische Darstellung eines Prismenspektrographen

Bei gegebenem Prismenmaterial und gegebener Prismenbasis hängt die Dispersion vor allem von der Brennweite der Kameralinse des Spektrographen ab (vgl. Abb. 1). Neben der Dispersion ist für die Beurteilung der Leistung eines Spektralgerätes sein *Auflösungsvermögen* maßgebend. Das Auflösungsvermögen ist gekennzeichnet durch den kleinsten Wellenlängenunterschied zweier Spektrallinien annähernd gleicher Intensität, der durch das betreffende Gerät eben noch getrennt werden kann. Für einen Prismenspektrographen hängt das Auflösungsvermögen von der Länge der Prismenbasis b ab sowie von der Wellenlängenabhängigkeit des Brechungsexponenten n des verwendeten Prismenwerkstoffes in dem betreffenden Wellenlängengebiet. Es ist somit definiert durch die Formel

$$A = -b \frac{dn}{d\lambda} = b \cdot D$$

Bei gegebenem Prismenmaterial kann eine Steigerung des Auflösungsvermögens entweder durch Vergrößerung der Prismenbasis b oder durch Vermehrung der Zahl der Prismen erreicht werden.

Die wesentlichen Bestandteile eines Prismenspektralapparates können aus der folgenden schematischen Anordnung entnommen werden (Abb. 1).

Das von der Lichtquelle auf den Spalt S auffallende Licht durchsetzt das Kollimatorobjektiv und gelangt dann in das Prisma, wo es gebrochen und in seine verschiedenen Wellenlängen aufgespalten wird. Nach dem Verlassen des Prismas wird das Licht durch das Photoobjektiv wieder gesammelt, das in seiner Brennebene die den verschiedenen einfallenden und gebrochenen Wellenlängen der Lichtquelle entsprechenden Bilder des Eintrittsspaltes entwirft. Diese können entweder subjektiv betrachtet oder photographisch aufgenommen oder elektrisch registriert werden. Das so erhaltene Spektrum des leuchtenden Metalldampfes besteht somit aus einer der Zahl der vorhandenen Wellenlängen entsprechenden Zahl von Spaltbildern, den Spektrallinien. Die Breite der Spektrallinien hängt vorwiegend von der Breite des Eintrittsspaltes ab. Von den zahlreichen möglichen Abwandlungen der hier beschriebenen Anordnung sei nur der sog. LITTROW- oder Autokollimationsspektrograph erwähnt, bei dem die eine Prismenfläche verspiegelt ist. Vor der durchsichtigen Prismenfläche befindet sich die Linsenoptik, die sowohl als Kollimator wie auch als Photoobjektiv dient. Das über ein kleines Umlenkprisma durch die Linse in das Prisma einfallende Licht wird an der verspiegelten Rückwand des Prismas reflektiert und durchläuft Prisma und Linse ein zweites Mal, bevor es auf die Platte fällt, wo durch die nunmehr als Photoobjektiv dienende, vor dem Prisma befindliche Linse die entsprechend ihrer Wellenlänge gebrochenen Lichtstrahlen wieder zu den Bildern des Eintrittsspaltes vereinigt werden. Diese nach dem deutschen Physiker OTTO VON LITTROW benannte Anordnung ermöglicht verhältnismäßig lange Lichtwege und damit große Dispersion bei vergleichsweise geringem Raumbedarf des Gerätes.

b) Die Gitterspektrographen. Der wesentliche Bestandteil der *Gitterspektrographen* ist das Beugungsgitter. Es besteht aus einer großen Zahl eng beieinanderliegender lichtdurchlässiger oder spiegelnder Streifen gleichen Abstandes, gleicher Breite und gleicher geometrischer Form. Fällt auf ein solches Gitter Licht von einer Wellenlänge, die kleiner ist als der Abstand der Streifen des Gitters, so durchdringt er das Gitter oder wird von ihm reflektiert, je nach Art des Gitters. Meist arbeitet man heute mit Reflextionsgittern. Außer der den Reflexionsgesetzen folgenden Richtung des reflektierenden Strahles wird das einfallende Licht aber noch an den engen Öffnungen oder spiegelnden Flächen des Gitters gebeugt, wobei jede Öffnung als neue Lichtquelle wirkt, von der sich das Licht nach allen Richtungen hin ausbreitet. Im allgemeinen werden diese zahlreichen Lichtwellen sich gegenseitig durch Interferenz auslöschen. Nur wenn der Gangunterschied zweier benachbarter Strahlen ein ganzes Vielfaches der Wellenlänge des betreffenden Lichtes ist, sind die Strahlen in gleicher Phase und verstärken sich. Ist α der Eintrittswinkel und β der Austrittswinkel des Strahles am Gitter und ist d der Strichabstand, so ist der Gangunterschied $= d\,(\sin\alpha \mp \sin\beta) = m\lambda$ für die betreffende Wellenlänge λ. Dieser Vorgang kann m-mal eintreten, wobei m eine ganze Zahl, die Ordnungszahl ist. Für den unmittelbar durchfallenden oder entsprechend den Reflexionsgesetzen reflektierten Strahl, der nicht abgebeugt, also bei polychromatischem Licht auch nicht zerlegt ist, ist $m = 0$. Die Intensität des abgebeugten Lichtes nimmt mit zunehmender Ordnungszahl des Spektrums ab. Durch eine besondere geometrische Form der Furchen des Gitters kann man die maximale Lichtintensität (engl. blaze) in eine gewünschte Ordnung und einen gewünschten Wellenlängenbereich lenken, wobei der Wellenlängenbereich maximaler Intensität (engl. blazed wavelength) in der Mitte dieses Bereiches liegt. Wurde die geometrische Form der Furchen eines Plangitters z. B. für die 1. Ordnung und die Wellenlänge 7500 Å als Bereich maximaler Intensität berechnet, so reicht diese von 3750 Å bis 11 250 Å. Ebenso ist es möglich, das Gitter so zu gestalten, daß die maximale Intensität in der 2. Ordnung des Spektrums auftritt. Hier würde für eine berechnete Wellenlänge von 3750 Å der Bereich maximaler Intensität von 1875 bis 5625 Å reichen.

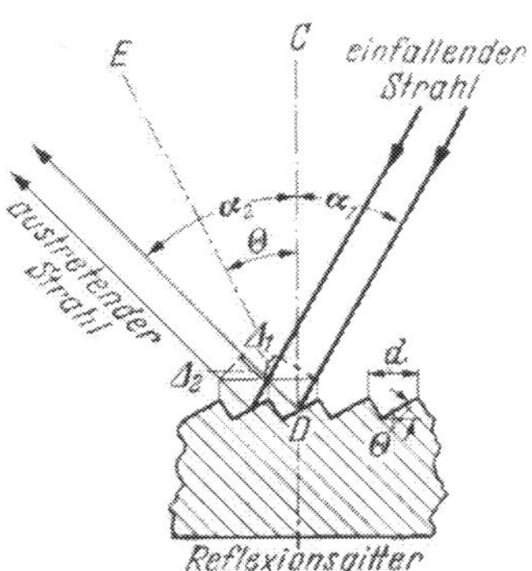

Abb. 2. Schnitt durch ein modernes Plangitter

$\Delta_1 = -d\sin\alpha_1$, $\Delta_2 = -d\sin\alpha_2$, Gitterbedingung $m\lambda = d\,(\sin\alpha_2 \pm \sin\alpha_1)$, Winkel max. Intensität (blaze angle) $\theta = \frac{\alpha_1 \pm \alpha_2}{2}$, $C - D$ = Gitternormale, $D - E$ = Furchennormale, d = Gitterkonstante

Abb. 2 zeigt einen Schnitt durch ein modernes Plangitter, das diesen Bedingungen genügt.

Wie man sieht, sind die Furchen stufenförmig ausgebildet, mit einem verhältnismäßig kleinen Winkel der Stufe auf der einen Seite, durch den die maximale Intensität in der 1. Ordnung erzielt wird, und dem Winkel der dazu senkrechten Stufe, die die maximale Intensität für die 2. Ordnung liefert. Die modernen Gitter haben meist 500 bis 1000 Gitterstriche pro Millimeter. Es ist leicht zu begreifen, daß derartig feine Teilungen, noch dazu mit der Forderung der Einhaltung bestimmter unveränderlicher geometrisch vorgegebener Furchenformen, ganz bedeutende Anforderungen an die Genauigkeit der verwendeten Teilmaschinen stellen. Da bei der großen Zahl der in aller Welt benötigten Gitterspektrographen die jedesmalige Neuherstellung eines solchen Beugungsgitters außergewöhnliche Kosten verursachen würde, verwendet man in den allermeisten Fällen absolut formgetreue Abzüge der Originalgitter, sog. replica gratings.

Der hauptsächlichste Unterschied zwischen den Prismen und den Gittern ist, daß die Dispersion der Gitterspektrographen im gesamten Wellenlängenbereich der betreffenden Ordnung praktisch konstant ist, während sie sich beim Prismenspektrographen, wie gezeigt, mit der Wellenlänge ändert. Bei Übergang von einer zur anderen Ordnung ist die *Dispersion* der Gitterspektrographen um so größer, je höher die Ordnung ist. Für eine spezielle Ausführung beträgt z. B. bei 2,5 m Brennweite die reziproke Dispersion in der 1. Ordnung im Bereich von 1800 Å bis 10500 Å 7,5 Å/mm, und in der 2. Ordnung im Bereich von 1800 Å bis 5250 Å beträgt sie 3,5 Å/mm. Im übrigen hängt die Dispersion bei gegebenem Gitter weitgehend von den geometrischen Abmessungen des gesamten Spektrographen ab. Das *Auflösungsvermögen* eines Gitterspektrographen ist gegeben durch die Gesamtzahl der Gitterstriche N multipliziert mit der Ordnungszahl des Spektrums, das betrachtet wird, $A = mN$. Die Gesamtzahl der Gitterstriche N beim Beugungsgitter entspricht der Basislänge b beim Prisma, die ja bei gegebenem Prismenmaterial und gegebener Wellenlänge das Auflösungsvermögen des Prismenspektrographen kennzeichnet.

Bei Verwendung eines Plangitters an Stelle eines Prismas im Spektralapparat muß man noch Hohlspiegel oder Linsen als zusätzliche Optik einführen, um den Spalt auf der Empfängerseite abzubilden. Diese Komplikation wurde durch die von ROWLAND erfundenen Konkavgitter überwunden. Diese zerlegen das Licht *und* bilden den Spalt astigmatisch auf der Empfängerseite ab. Bedingung hierfür ist, daß Spalt und Empfänger auf einem Kreise liegen, dem sog. ROWLAND-Kreis, der das Konkavgitter berührt, und daß der Durchmesser dieses Kreises gleich dem Krümmungsradius der Gitterfläche ist. Abb. 3 zeigt schematisch zwei der häufig verwendeten Anordnungen von Gitterspektrographen.

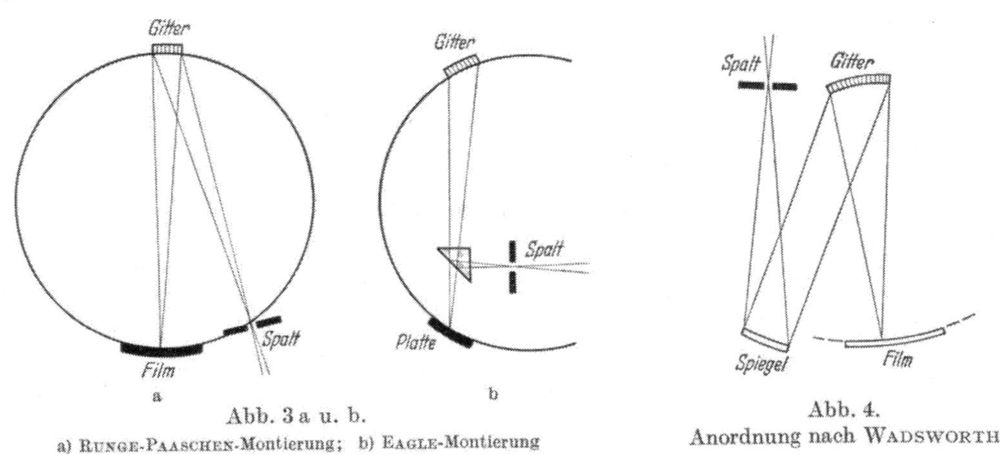

Abb. 3 a u. b.
a) RUNGE-PAASCHEN-Montierung; b) EAGLE-Montierung

Abb. 4.
Anordnung nach WADSWORTH

Durch Verwendung von Zylinderlinsen oder Hohlspiegeln in Verbindung mit dem Gitter kann man auch ein stigmatisches Bild des Spaltes erhalten, das sich besonders bei Intensitätsmessungen günstig auswirkt. Dies ist z. B. bei der Anordnung nach WADSWORTH der Fall (Abb. 4).

Zum Schluß dieses Abschnittes sei in Abb. 5 noch eine Zusammenstellung verschiedener Apparatetypen an Hand eines Vergleichs ihrer Dispersion gegeben.

Man erkennt aus dieser Zusammenstellung, daß die Prismenspektrographen zwar bei kurzen Wellenlängen hinsichtlich Dispersion und Auflösung den Gitterspektrographen bis 2 m etwas überlegen sind. Im Gebiete längerer Wellen, d. h. gerade in dem Gebiet, in dem die in der Eisen- und Stahlanalyse besonders interessierenden Legierungselemente ihre Hauptnachweislinien haben, verschlechtern sich Dispersion und Auflösungsvermögen bei den Prismenspektrographen sehr stark, so daß hier die Gitterspektrographen überlegen sind, wenn man von den mehrfach Prismen-Quarzspektrographen absieht.

Man sieht auch, daß beim Gitterspektrographen Dispersion und Auflösungsvermögen von der Wellenlänge unabhängig sind.

c) Vergleich von Prismen- und Gitterspektrographen. Auf die Wiedergabe der praktischen Ausführungsformen der von zahlreichen Firmen des In- und Auslandes in den Handel gebrachten Prismen- und Gitterspektrographen kann hier verzichtet werden. Im besonderen Einzelfall wird aber die Entscheidung für das eine oder andere Gerät einer reiflichen Überlegung bedürfen und stark von den jeweils vorliegenden betrieblichen Bedingungen abhängen. Grundsätzlich gelten im vorliegenden Falle, in dem das Eisen und seine Legierungselemente im Vordergrund des analytischen Interesses stehen, folgende Forderungen:

1. Der Spektrograph muß eine ausreichende Dispersion und ein ausreichendes Auflösungsvermögen besitzen, denn das Eisen und seine Legierungselemente haben sehr linienreiche Spektren.

2. Da die Mehrzahl der hier interessierenden Elemente ihre Hauptnachweislinien im Wellenlängenbereich von rd. 2000 Å bis 4500 Å hat, sollte dieser Bereich auch wenn möglich mit *einer* Aufnahme erfaßbar sein. Diese Forderung gilt besonders dann, wenn neben ständig wiederkehrenden Routineanalysen häufig auch Übersichtsanalysen, vor allem qualitativer Art, von unbekannten Materialien zu machen sind.

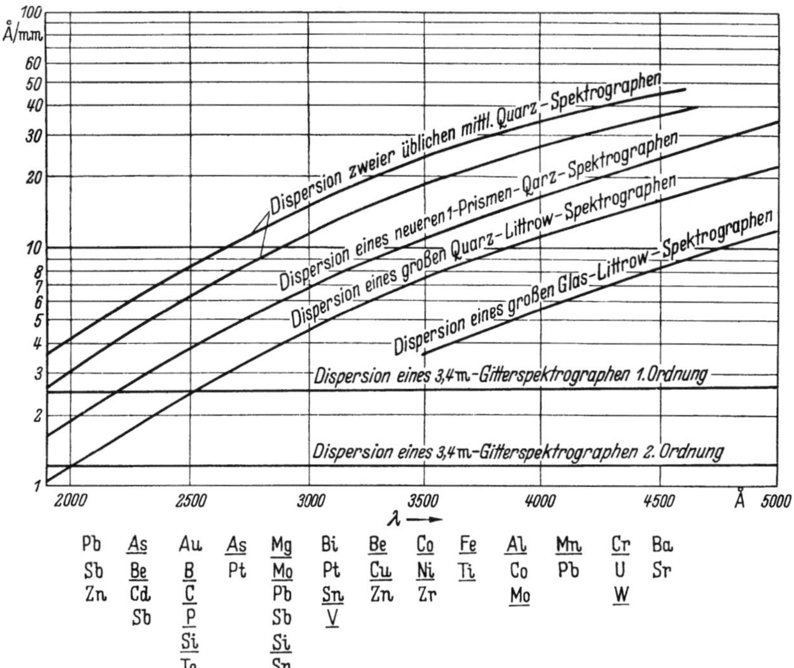

Abb. 5. Lineare Dispersion verschiedener Spektrographentypen und Lage der letzten Linien wichtiger Elemente nach einer Zusammenstellung von P. COHEUR [*1*]

Zu den verschiedenen Spektrographentypen ist noch zu sagen, daß man in Europa im allgemeinen bisher Prismenspektrographen bevorzugt hat, daß in den USA dagegen vor allem Gitterspektrographen weit verbreitet und zu hoher Vollkommenheit entwickelt sind. Während in Europa bis vor kurzem noch sog. *mittlere* Prismenspektrographen von der Art des Q 24 mit etwa 60 mm Prismenbasis und ca. 600 mm Brennweite weit verbreitet waren, geht z. Z. die Tendenz hier auf eine Vergrößerung von Prismenbasis und Brennweite im Interesse vergrößerter Auflösung und Dispersion unter Beibehaltung der einfachen optischen Anordnung entsprechend Abb. 1. So konnte z. B. auf diesem Wege die Fa. Optica-Mailand ihren 1-Prismenspektrographen S 2 mit einer reziproken Dispersion von 2,5 Å/mm bei 2200 Å und von 7,5 Å/mm bei 3100 Å und einem effektiven Öffnungsverhältnis von 1 : 18 ausstatten. Die entsprechenden Daten für den älteren Q 24 sind etwa 4 Å/mm bzw. 15 Å/mm. Bei dem genannten Spektrographen wird das gesamte Spektrum von 2200 bis 4500 Å mit *einer* Filmlänge von 300 mm erfaßt. Dies erscheint als Vorteil gegenüber großen Mehrprismen-Spektrographen wie auch gegenüber dem Prismenspektrographen vom LITTROW-Typ, bei denen zur Aufnahme des gesamten mit dem Gerät erreichbaren Spektrums rd. 3 bis 4 Einzelaufnahmen erforderlich sind.

Gitterspektrographen andererseits haben, abgesehen von der im gesamten Wellenlängenbereich nahezu unveränderlichen Dispersion, den Vorteil, daß man in 1. Ordnung sowohl den UV-Bereich wie auch den sichtbaren Bereich des Spektrums erfaßt, wodurch der Gitterspektrograph in sich den Arbeitsbereich eines Quarz- und eines Glasspektrographen vereinigt. Außerdem hat man den Vorteil, daß man durch Übergang zu einer höheren Ordnung sofort, wenn auch mit etwas verengertem Spektralbereich eine bedeutend höhere Dispersion und Auflösung zur Verfügung hat als in der 1. Ordnung. Ein weiterer Vorteil der Gitterspektrographen, besonders in der RUNGE-PASCHEN-Aufstellung, besteht ferner darin, daß man wahlweise mit photographischer Registrierung in der *einen* Ordnung und mit direkter Anzeige in der *anderen* Ordnung arbeiten kann.

Übrigens geht neuerdings auch bei den Prismenspektrographen die Tendenz dahin, das gleiche Gerät für photographische und elektronische Registrierung der Spektren verwendbar zu machen. Auf gewisse bei den Gitterspektrographen auftretende Schwierigkeiten, wie die sog. Gittergeister, sowie Schwierigkeiten, die sich aus der Überdeckung der Spektren der *einen* Ordnung durch das Spektrum der nächsthöheren Ordnung ergeben, soll hier nicht näher eingegangen werden, da sie bei den modernen Geräten praktisch als überwunden gelten können. Einige Ausführungsformen der großen, elektronisch registrierenden, direkt anzeigenden Spektrographen werden noch weiter unten im Anschluß an die Geräte für die elektrische Anregung der Spektren und die Empfänger behandelt werden.

d) Das Spektroskop. Hier soll nur abschließend zu den Ausführungen über Prismen- und Gitterspektrographen noch darauf hingewiesen werden, daß bei allem technischen Fort-

Abb. 6. Stahlspektroskop Bauart BAM

schritt der bis ins letzte mechanisierten großen Geräte doch auch die subjektive Auswertung von Spektren in den Spektroskopen nicht ganz vergessen werden darf. Die Netzhaut des Auges ist ein Empfänger, der an Empfindlichkeit von kaum einem anderen Empfänger übertroffen wird. Die scheinbare Überlegenheit von Platte oder der elektronischen Anordnung beruht auf ihrem Vermögen der Integration der empfangenen Lichteindrücke, zu der das Auge nicht fähig ist, da es nur den einzelnen unmittelbaren Lichteindruck registriert.

So konnte neben den neuzeitlichen Mammutgeräten das Spektroskop, wenn auch in einer verbesserten Ausführungsform seinen Platz behaupten und sogar neue Freunde gewinnen. Es hat sich als Stahlspektroskop oder Stahlspektrometer sowohl zur qualitativen wie auch in der halbquantitativen Analyse zur schnellen Feststellung von Vorhandensein und Menge von Legierungsbestandteilen, zur Schrottsortierung u. dgl. an vielen Stellen seinen Platz erobert. Abb. 6 zeigt ein solches Stahlspektroskop. Eine interessante Neukonstruktion des Stahlspektroskops, die auch quantitative Analysen mit bemerkenswerter Zuverlässigkeit ermöglicht, ist der „Spektromat" der Fa. Fueß.

Zur Lichtanregung beim Stahlspektroskop dient ein mit Hochfrequenz gezündeter Wechselstromdauerbogen. Er ist besonders zum schnellen Nachweis der Stahllegierungselemente Mn, Cr, Mo, V, W, Cu, Ti, Ni, Nb, Ta und in geringerem Maße von Si sowie zu ihrer schnellen halbquantitativen Abschätzung der Gehalte an diesen Elementen geeignet. Auf die Verwendung dieses Gerätes bei der schnellen halbquantitativen Bestimmung von Magnesium im Gußeisen mit Kugelgraphit wird weiter unten noch näher eingegangen. Die Anschaffung eines Stahlspektroskops neben einem mehr oder weniger großen Spektrographen dürfte in jedem Falle zu rechtfertigen sein [*1a*].

2. *Die Lichtanregung*

Es wurde bereits einleitend angedeutet, daß die bei der Anregung der Spektren dem System zugeführte Energie zwei Aufgaben hat: die Überführung der zu untersuchenden Substanz in Dampfform und die Anregung der im Dampf befindlichen Atome zur Strahlung. Während glühende feste Körper ein kontinuierliches Spektrum aussenden, liefern glühende Dämpfe ein Linienspektrum. Mit diesen Linienspektren haben wir es in der technischen Emissionsspektralanalyse vorwiegend zu tun.

Man unterscheidet nach der in den einzelnen Energieträgern verfügbaren Energie *weiche* und *harte* Lichtquellen. Eine ausgesprochen *weiche* Lichtquelle ist die Bunsenflamme, eine ausgesprochen *harte* Lichtquelle ist der kondensierte Funke, und zwischen ihnen liegt der Lichtbogen, sei es in Form des Dauerbogens, sei es in Form des fremdgezündeten Abreißbogens. Flamme und Lichtbogen regen vorwiegend die Linien der neutralen Atome an, während im Funken vorwiegend die höheren Anregungsstufen entsprechenden Linien angeregt werden. Im ersten Falle erhält man verhältnismäßig linienarme, im letzten Falle meist wesentlich linienreichere Spektren. Im hochfrequenzgezündeten Wechselstrombogen hat man sowohl Atomspektren wie auch Linien der höheren Ionisierungsstufen.

a) Die Flamme. Die Flamme als Energieträger zur Lichtanregung findet meist in Verbindung mit den sog. Flammenspektrometern Verwendung. Als Brennmaterial benutzt man neben Leuchtgas auch Propan, Azetylen oder Wasserstoff in Verbindung mit Luft oder reinem Sauerstoff. Bei Verwendung der Kombination Leuchtgas/Luft oder Propan/Luft werden vorwiegend die Spektren der Alkali- und Erdalkalimetalle angeregt. Die Linienarmut dieser Spektren gestattet die Verwendung selektiver Interferenzfilter an Stelle eines Spektralapparates zur Ausfilterung der gewünschten Wellenlänge. Bei Verwendung der sehr heißen Knallgasflamme (Sauerstoff/Wasserstoff) kann man sogar die Spektren von rd. 40 Elementen anregen, so daß man infolge der gesteigerten Linienzahl der erhaltenen Spektren in diesem Falle bereits mit Monochromatoren zur Lichtzerlegung arbeiten muß.

b) Der Lichtbogen. Der elektrische Lichtbogen findet entweder in Form des Dauerbogens oder als intermittierender Abreißbogen Verwendung. Die Bogenspannung liegt meist bei 110 oder bei 220 V und die verwendeten Stromstärken liegen zwischen 3 und 15 Ampere, je nach der Stärke der gewünschten Anregung und der besonderen Probenart und -form. Die in dieser Lichtquelle umgesetzte Leistung, die ihrerseits die Menge der verdampften Substanz bestimmt, ist besonders groß, so daß der Lichtbogen insbesondere bei der Analyse kleiner Gehalte wie auch bei der ausgesprochenen Spurenanalyse Verwendung findet.

Im allgemeinen bringt man bei Gleichstrombögen die zu untersuchende Substanz auf die Kathode. Da jedoch die Anode heißer ist als die Kathode, werden schwer verdampfbare Elemente vielfach auch auf die Anode gebracht. Wechselstrombögen können bei Spannungen von 110 oder 220 Volt im allgemeinen ohne besondere Vorkehrungen nicht als Dauerbögen aufrecht erhalten werden. Steigert man aber die Spannung auf 2000 bis 3000 Volt, so erhält man bei 1 mm Elektrodenabstand auch mit Wechselstrom einen Dauerbogen (Hochspannungsbogen). Derartige Bögen brennen ruhiger als die mit niedriger Spannung betriebenen Dauerbögen. Sie haben vielfach in den USA auch zur quantitativen Analyse Verwendung gefunden. Der Spannungsbereich von 2000 bis 3000 V physiologisch jedoch nicht ganz ungefährlich, so daß bei Verwendung dieser Hochspannungsbögen besondere Sicherheitsvorkehrungen gegen unbeabsichtigtes Berühren der Hochspannung getroffen werden müssen, die bei den anderen Anregungsarten weniger üblich und notwendig sind.

Will man im Spannungsbereich um 220 Volt einen Wechselstromdauerbogen aufrecht erhalten, so gelingt dies durch Überlagerung einer schwachen Hochfrequenzentladung, die die Zündung des Bogens zu Beginn jeder Halbwelle bewirkt. Diese Fremdzündung des Wechselstrombogens hat zu einer viel verwendeten Anregungsform, dem Wechselstrom-Abreißbogen geführt, der auch unter dem Namen PFEILSTICKER-Abreißbogen [*2*] bekannt ist. Der Vorteil dieser Anregungsform macht sich besonders bei der Analyse leicht schmelzender Metalle bemerkbar, die im Dauerbogen schnell abschmelzen und den Bogen unterbrechen würden. Bei Anwendung des Wechselstrom-Abreißbogens mit einer Zündfrequenz von rd. 3 bis 5 Zündungen pro sek und einstellbarem Verhältnis von Brennzeit zu Pause ermöglicht die Pause eine Ableitung der entstehenden Wärme in die metallischen Elektroden, so daß die Gefahr des Abschmelzens der Elektroden bedeutend vermindert ist. Von diesem Vorteil abgesehen zeichnet sich das mit dem Wechselstrom-Abreißbogen erhaltene Spektrum durch besondere Klarheit aus, weshalb diese Anregungsart ganz allgemein und vorzugsweise bei der Spurenanalyse angewendet wird.

c) Der kondensierte Funke. Die dritte wichtige Anregungsform ist der kondensierte Funke, der besonders in der quantitativen Analyse von Metallen Verwendung findet. Er wird erzeugt durch die Entladung eines auf hohe Spannung aufgeladenen Kondensators über einen die Analysenfunkenstrecke enthaltenden elektrischen Schwingungskreis. Wie von H. KAISER hervorgehoben wurde, könnte derselbe Effekt an sich auch mit wesentlich geringerer Spannung über einen entsprechend vergrößerten Kondensator erzielt werden, wie dies z. B. bei Niederspannungsfunken nach PFEILSTICKER der Fall ist. Die Bedeutung der Hochspannung (ca. 12000 V) liegt in der sicheren Zündung des Funkens, die für den gleichmäßigen Ablauf der Entladung und damit für die Zuverlässigkeit der Ergebnisse wesentlich ist. Überträgt man aber die Zündung einem besonderen Organ, wie etwa dem Hochfrequenzkreis im PFEILSTICKER-Bogen, so kann man auch mit rd. 1000 V störungsfrei kräftige Funken erhalten. Eine solche Anregungsart liegt der sog. *Multisource* zugrunde, die von ARL in den USA entwickelt wurde. Der Unterschied zwischen dem Aufbau des älteren, vorwiegend in Europa verwendeten FEUSSNER-Funkenerzeugers und der *Multisource* geht aus den beiden folgenden Abb. 7 und 8 hervor.

Manche Funkenerzeuger enthalten an Stelle des den beiden obigen Spannungsquellen gemeinsamen mechanischen Synchronunterbrechers eine zweite feste Funkenstrecke im Schwingungskreis, deren Elektrodenabstand so gewählt wird, daß zum Durchbruch gerade die Spitzenspannung erforderlich ist. Um die bei jeder Entladung entstehenden Ladungsträger aus der Funkenstrecke zu entfernen, wird durch sie hindurch ein Luftstrom geblasen. Die Analysenfunkenstrecke ist während der Aufladeperiode durch einen Hochohmwiderstand überbrückt. Die Aufgabe beider Anordnungen, des rotierenden Synchronschalters und der festen Hilfsfunkenstrecke besteht darin, eine gleichmäßige Funkenfolge zu sichern, und die Entladung nach der in der ersten Halbwelle erreichten Spitze zu unterbrechen. Die Dauer einer Einzelentladung liegt in der Größenordnung von 10^{-5} sec. Wie besonders durch die Arbeiten von H. KAISER [*3*], von LAQUA [*4*] sowie von VAN CALKER [*5*] gezeigt wurde, hängt der Charakter und der zeitliche Verlauf der Entladung in der Funkenstrecke von der Größe der Kapazität, der Selbstinduktion und des Dämpfungswiderstandes im Schwingungskreis ab. Je größer die Kapazität ist, desto größer ist die in der Funkenstrecke umgesetzte Energie, je größer die Selbstinduktion ist, desto bogenähnlicher wird die Entladung. In der folgenden Tab. 2 sind nach einer Veröffentlichung von F. SCHATZ [*6*] die bei verschiedenen Daten des Schwingungskreises der sich einstellenden Entladungsformen und ihr Einfluß auf Nachweisempfindlichkeit und Fehlergröße zusammenstellt.

Die vorstehenden Angaben beziehen sich auf Versuche mit der Multisource (vgl. Abb. 8). Die unter den Bedingungen der Tab. 2 im Oszillographen erkennbar werdenden Entladungsformen sind in Abb. 9 zusammengestellt.

Die eingezeichneten Zahlen entsprechen den laufenden Nummern der in Tab. 2 zusammengestellten Daten des Schwingungskreises. Die bei kleiner Amplitude und geringer Zeitdauer wenig nachweisempfindliche Entladung 1 ist dennoch hinsichtlich des geringen mittleren Fehlers für quantitative Untersuchungen offenbar recht brauchbar. Die stark überdämpfte Entladung 2 hat bogenähnlichen Charakter und eignet sich besser für qualitative als für quantitative Arbeiten. Andererseits vereint Entladungsform 3 gute Nachweisempfindlichkeit mit geringer Fehlerstreuung. Mit den in der Multisource vorhandenen Einstellmöglichkeiten kann somit praktisch jede gewünschte Entladungsform, von der sehr kurzzeitigen Funkenentladung bis zur zeitlich ausgedehnten bogenähnlichen Entladung erzielt werden. Neuerdings wurde in Deutschland ein elektronisch gesteuerter Funkenerzeuger nach SEITNER in den Handel gebracht, verbunden mit Gleichstrom-, Wechselstromdauer- und Abreißbogen sowie mit Niederspannungsfunken. Das Gerät arbeitet im Funken- und Bogenkreis mit einer durch Thyratron gesteuerten Hochfrequenzzündung und vermag infolgedessen im Funkenkreis, ähnlich wie die Multisource, mit Höchstspannungen um 1000 Volt auszukommen. Die Thyratronsteuerung sichert eine zuverlässige und gleichmäßige Funkenfolge mit unabhängiger Einstellung von Frequenz, Brennzeit und Pause. Zur Kontrolle der Entladungsform im Funkenkreis besitzt das Gerät einen passend dimensionierten Elektronenstrahl-Oszillographen.

Tabelle 2. *Einfluß von Kapazität, Selbstinduktion und Widerstand auf Entladungsform, Nachweisempfindlichkeit und Fehlergröße*

Nr.	Kapazität C	Selbstinduktion L	Dämpfungswiderstand R	Entladungstypus	Polung	Nachweisempfindlichkeit	Mittl. Fehler %
1	10 μF	200 μHy	10 Ω	leicht übergedämpft	+	schlecht	2
2	60 μF	400 μHy	20 Ω	stark übergedämpft	—	ausgezeichnet	10
3	10 μF	200 μHy	3 Ω	leicht untergedämpft	+	gut	2

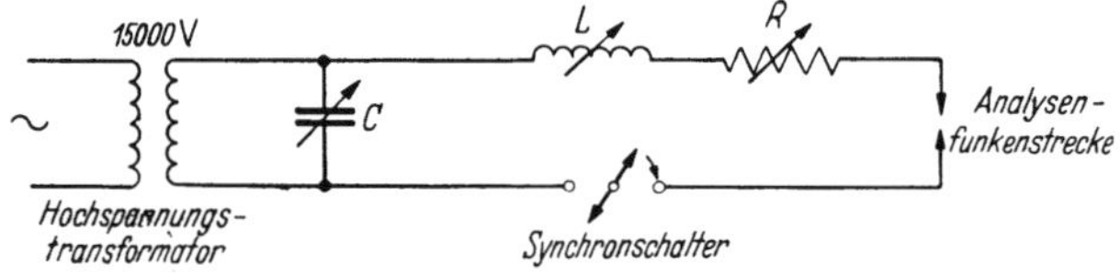

Abb. 7. Schaltschema des FEUSSNER-Funkenerzeugers

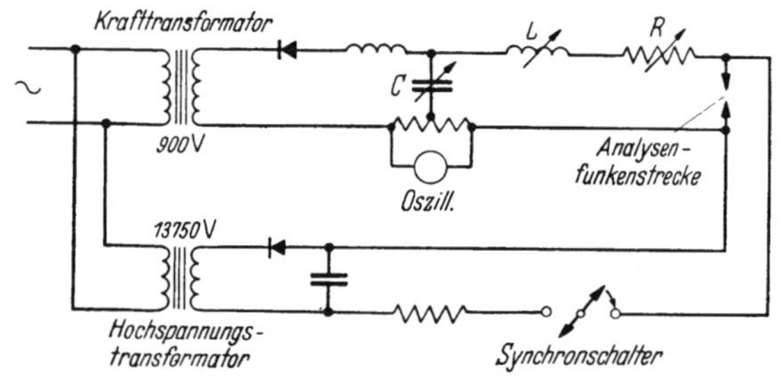

Abb. 8. Schaltschema des *Multisource*-Funkenerzeugers

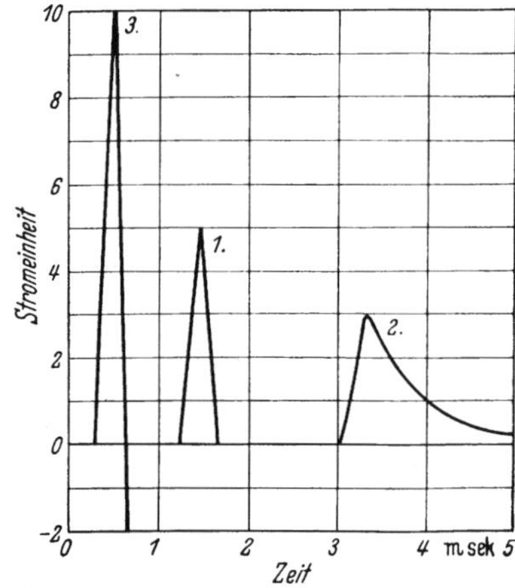

Abb. 9. Folge von drei Oszillogrammen verschiedener mit der Multisource erhaltener Entladungen entsprechend Tabelle 2

3. *Die Empfänger*

a) Das Auge. Im Spektralbereich von rd. 4000 Å bis rd. 7500 Å ist das Auge ein empfindlicher Strahlungsempfänger. Daher behaupten Spektroskope als Hilfsmittel zur schnellen Übersicht auch heute noch ihren Platz. Vgl. hierzu die Ausführungen über das Stahlspektroskop. Die Empfindlichkeit des Auges hat ihr Maximum etwa im grünen Spektralgebiet. Gegenüber Intensitätsunterschieden ist das Auge freilich weniger empfindlich als die objektiven Strahlungsempfänger. Eine quantitative Auswertung von Spektren im Spektroskop, ohne besondere Hilfsmittel, ist daher auch in günstigen Fällen noch mit einer Unsicherheit von mindestens 20% behaftet.

b) Die photographische Schicht. Neben dem Auge ist einer der ältesten und der auch heute noch am meisten gebrauchte Strahlungsempfänger die photographische Schicht. Die Empfindlichkeit der photographischen Schicht reicht, von Ausnahmen abgesehen, auf der kurzwelligen Seite bis etwa 2000 Å. Von hier bis etwa 4000 Å besteht zwischen der Empfindlichkeit der meisten photographischen Schichten kein sehr großer Unterschied. Für Aufnahmen im langwelligen Bereich jenseits 4000 Å müssen dagegen die Platten je nach dem gewünschten Bereich besonders sensibilisiert werden, wodurch ihr Empfindlichkeitsmaximum in das gelbe, grüne oder rote Gebiet verschoben wird.

Zwischen der in der lichtempfindlichen photographischen Schicht unter der Wirkung des eingestrahlten Lichtes nach Entwicklung ausgeschiedenen Silbermenge und der Intensität des einfallenden Lichtes besteht eine gesetzmäßige Beziehung, die in der sog. Schwärzungskurve ihren Ausdruck findet. Sie hat annähernd S-Form und ist nur in ihrem mittleren Bereich linear. Die Schwärzung der Schicht an der Stelle einer Spektrallinie wird photometrisch als Durchlässigkeit bestimmt. Die Schwärzung ist der negative Logarithmus der Durchlässigkeit. Der lineare Bereich der Schwärzungskurve reicht von etwa $\mathsf{S} = 0{,}3$ bis etwa $\mathsf{S} = 2{,}0$. Unterhalb des Schwärzungswertes 0,3 verläuft die Schwärzungskurve zunehmend gekrümmt, so daß ein linearer Zusammenhang zwischen der Intensität der eingestrahlten Lichtmenge und der Schwärzung nicht mehr besteht. Durch eine rechnerische Manipulation (SEIDEL-Transformation) kann die Schwärzungskurve jedoch auch in diesem Bereich linear gestreckt werden.

Der Tangens des Neigungswinkels der Schwärzungskurve in ihrem linearen Teil wird als Steilheit oder Gradation bezeichnet. Die Gradation hängt ihrer Größe nach von dem Plattenmaterial, der Wellenlänge und den Entwicklungsbedingungen ab. Exakte Schwärzungsmessungen mit dem Ziele einer quantitativen Auswertung des Zusammenhanges zwischen Konzentration und Linienschwärzung im Spektrum eines bestimmten Elementes sind nur bei genauer Kenntnis der photographischen Zusammenhänge möglich. Wegen der weiteren Einzelheiten hinsichtlich der quantitativen Auswertung der Spektren muß auf die einschlägigen Lehr- und Handbücher verwiesen werden.

Wünschenswert ist eine möglichst feinkörnige photographische Schicht. Durch Schnellentwicklung, für die mehrere Arbeitsvorschriften angegeben worden sind (vgl. z. B. WILLEMER [7]), kann die vom Beginn der Aufnahme bis zur Auswertung des Spektrums erforderliche Zeit bedeutend abgekürzt werden. Da aus *einer* Aufnahme u. U. eine größere Anzahl von Elementen bestimmt werden kann, ist der für die Bestimmung *eines* Elementes erforderliche Zeitaufwand um so geringer, je größer die Zahl der zu bestimmenden Elemente ist. Die aus mehreren Aufnahmen derselben Konzentration desselben Elementes zu berechnende Standard-Abweichung liegt wegen der geschilderten Eigentümlichkeit der photographischen Schicht, ganz abgesehen von den durch die Art der Lichtanregung bedingten Schwankungen, selten unter 2%, im allgemeinen zwischen 2 bis 4% bei Gehalten an der zu bestimmenden Substanz von etwa 0,3 bis 5%. Bei sehr kleinen Gehalten, wie etwa bei der Bestimmung der nur in Spuren von 0,01 bis 0,001% vorhandenen Elemente, kann die Standard-Abweichung erheblich größere Werte annehmen. Spektralapparate mit großer Dispersion und Auflösung ergeben besonders bei linienreichen Spektren im allgemeinen geringere Fehlerstreuungen als kleine Spektralapparate. Durch strenge Schematisierung der Aufnahmetechnik, Auswahl günstiger Anregungsbedingungen und Linienkombinationen kann die mittlere Streuung an die untere Grenze gerückt werden.

c) Die lichtelektrischen Empfänger. Die einfachsten lichtelektrischen Empfänger sind die Selensperrschicht-Photozellen. Sie finden vorwiegend in den bereits erwähnten Flammenspektrometern Verwendung, bei denen die Lichtzerlegung durch passend ausgewählte Interferenzfilter vorgenommen wird. Verwendet man jedoch zur Lichtzerlegung einen Spektralapparat, gleichviel ob mit Prisma oder Gitter ausgerüstet, so ist die am Austrittsspalt des Instruments verfügbare Lichtmenge so gering, daß die Empfindlichkeit der Sperrschichtphotozelle zur Registrierung nicht mehr ausreicht. An ihre Stelle treten dann gasgefüllte oder Vakuumphotozellen, die eine wesentlich höhere Empfindlichkeit besitzen. Gegebenenfalls wird hierbei ein besonderer Verstärker nachgeschaltet. Die höchste Empfindlichkeit besitzen die Sekundärelektronenvervielfacher (SEV), die einen inneren Verstärkungsfaktor von der Größe 10^6 haben. Die SEV sind die wesentlichen Elemente der zunächst in den USA, neuerdings aber auch in Europa hergestellten Spektrenautomaten (z. B. bei dem

ARL-Quantometer). Bei ihnen befindet sich auf der Austrittsseite des Spektrographen eine der Zahl der zu bestimmenden Elemente entsprechende Zahl von Austrittsspalten, von denen das Licht der durch sie ausgeblendeten Analysenlinien auf eine ebenso große Zahl von SEV fällt. Die SEV sind Hochvakuumzellen mit einer aus Cäsium-Antimon oder Cäsium-Wismut aufgebauten lichtempfindlichen Schicht, bei denen eine Anzahl sinnvoll angeordneter, auf verschiedene Potentiale aufgeladener metallischer Reflektoren die erwähnte innere Verstärkung auf das rd. 10^6-fache bewirken. Da die SEV begreiflicherweise eine gewisse räumliche Ausdehnung von 1 bis 3 cm Durchmesser besitzen, ist die Anbringung einer größeren Zahl derartiger Zellen gegenüber den eng beieinander an der Stelle der zu analysierenden Linien liegenden Austrittsspalten naturgemäß nicht ganz einfach. Eine Vorstellung von der Lösung dieser schwierigen Aufgabe durch ein System von Linsen und Spiegeln soll die folgende Abb. 10 geben, das einer Arbeit von SAUNDERSON [8] entnommen ist.

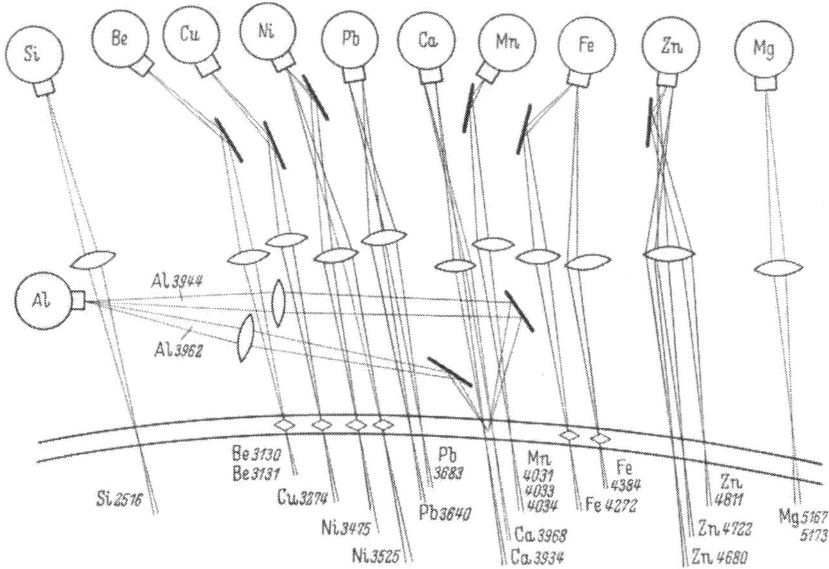

Abb. 10. Schematische Darstellung der Empfängeranlage eines direkt anzeigenden Spektrometers

Die Austrittsspalte liegen hier auf dem ROWLAND-Kreis eines Gitterspektrographen großer Brennweite. Da die einmal für eine bestimmte Aufgabe vorgenommene Justierung des Gerätes nicht ganz einfach für eine neue Aufgabe umzuändern ist, sind derartige Geräte im allgemeinen nutzbringend nur für industrielle Aufgaben gleichbleibender oder stets in gleicher Weise wiederkehrender Art zu verwenden. Um aber in allen Fällen gelegentlich wechselnder Aufgabenstellungen, insbesondere auch bei gelegentlich erforderlichen qualitativen Analysen nicht auf die einmal eingestellte Automatik verzichten zu müssen, kann man verschiedene Wege einschlagen. Besonders geeignet erscheint hier wieder der Gitterspektrograph, der ja bekanntlich bei ein und demselben Gerät die Aufnahme von Spektren in verschiedenen Ordnungen ermöglicht. So kann man etwa nach dem Vorschlag von COHEUR [1] in Verbindung mit einem ARL-Gitterspektrographen das Spektrum 1. Ordnung für die photographische Aufnahme und das Spektrum 2. Ordnung in Verbindung mit einem die SEV enthaltenden Adapter für die automatische Registrierung verwenden (Abb. 11). In Europa wurden neuerdings auch Prismenspektrographen großer Dispersion für denselben Zweck verwendet, indem man wie bei dem letzterwähnten Gerät (Abb. 11) Platte bzw. Film und Adapter nebeneinander anbringt und das austretende Licht durch einen zwischengeschalteten Spiegel entweder auf den Film lenkt oder nach Ausschaltung des Spiegels auf die Austrittsspalte des Adapters fallen läßt (Optica-Mailand) (Abb. 11a). Eine andere Lösung wurde in dem Spectro-Lecteur der Radio-Cinéma-Paris verwirklicht. Bei diesem Gerät ist der Adapter als abnehmbares Zusatzgerät zu einem

Quarzspektrographen großer Dispersion vorgesehen, der eigentlich für Aufnahmen mit der photographischen Platte gedacht ist. Dieser Adapter enthält nur zwei SEV, einen für die zu bestimmende Analysenlinie und den anderen für die als Vergleichsbasis dienende Linie des Grundelements. Durch eine sinnreich konstruierte Programmschiene kann der für die Analysenlinie bestimmte SEV nacheinander an den Ort der Austrittsspalte verschiedener zu bestimmender Analysenlinien gebracht werden. Hier liegt der wesentliche Unterschied gegenüber der in Abb. 10 beschriebenen Anordnung, die mit ebensovielen SEV arbeitet, als zu bestimmende Elemente vorhanden sind.

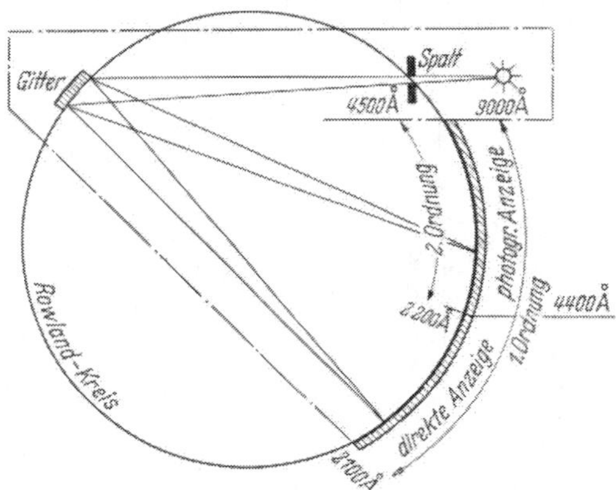

Abb. 11. Gitterspektrograph in PASCHEN-RUNGE-Anordnung, wahlweise verwendbar für direkte Anzeige und photographische Aufnahmen

Die mechanische Konstruktion aller derartigen Adapter ist natürlich äußerst diffizil, da bei geringen Verschiebungen des Austrittsspaltes, sei es durch mechanische Erschütterungen, sei es durch thermische Einflüsse, eine Verschiebung der zu messenden Linie gegenüber dem Austrittsspalt eintritt, wodurch Fehlergebnisse eintreten können. Solche Schwierigkeiten erwachsen auch, wenn die zu bestimmende Linie einer fremden Linie so eng benachbart ist, daß ihre Trennung nur bei sehr hoher Dispersion und Auflösung und gleichzeitig sehr engem Spalt möglich ist. Ein solcher Fall liegt beispielsweise vor bei der neuerdings in zunehmendem Maße an Interesse gewinnenden Phosphorbestimmung im Stahl unter Verwendung der im kurzwelligen UV-Gebiet liegenden P-Linie 2149,11 Å, der die Kupferlinie 2148,97 Å so eng benachbart ist, daß bei nicht ausreichender Dispersion des

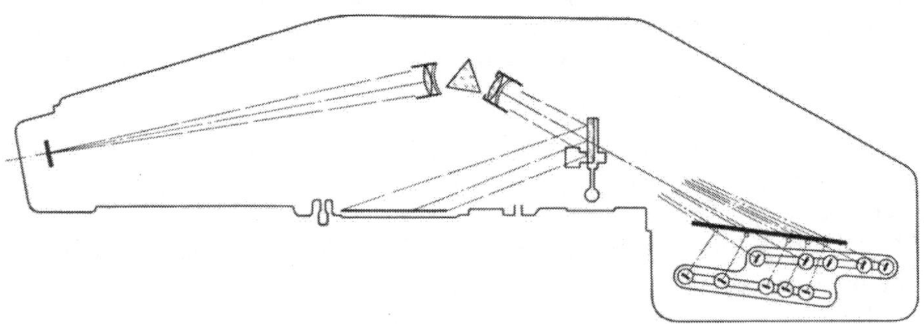

Abb. 11a. Prismenspektrograph wahlweise für Film und direkte Anzeige verwendbar

Spektrographen die Gefahr der Überlagerung der P-Linie durch die Cu-Linie im Austrittsspalt besteht. Dasselbe gilt für die P-Linie 2136,20 Å und die Cu-Linie 2135,98 Å.

Dieser Gefahr sucht BRECKPOT dadurch zu begegnen, daß er den Austrittsspalt verbreitert, den Eintrittsspalt aber beweglich gestaltet, so daß sich die ganze Liniengruppe über den Austrittsspalt bewegt. In Verbindung mit der von BRECKPOT gewählten elektronischen Schaltung gewinnt man dann abweichend von den übrigen direkt anzeigenden Geräten nicht einen integrierten Intensitätswert, der gegebenenfalls direkt als Konzentrationsangabe abgelesen werden kann, sondern man erhält eine Registrierkurve der Liniengruppe und kann aus der Höhe der aufgezeichneten Amplitude an Hand einer Eichkurve den gewünschten Prozentgehalt ablesen. Die so unter Ausschaltung der photographischen Platte gewonnene Registrierkurve läßt neben der interessierenden P-Linie auch die Höhe des unbekannten und bei anderen Anordnungen u. U. störenden Cu-Gehaltes ablesen, gegebenenfalls sogar ebenfalls quantitativ bestimmen. Ein Beispiel hierfür bietet die einer Arbeit von BRECKPOT [9] entnommene Abb. 12, die nebeneinander die Registrierkurven von drei Stählen mit unterschiedlichem P- und Cu-Gehalt wiedergibt.

Bei den mit festem Spalt arbeitenden Geräten vom Typus des ARL-Quantometers wird die eingestrahlte Lichtmenge dazu verwendet, einen Kondensator aufzuladen. Diese Kondensatoren sind stark isoliert, so daß sie innerhalb von 10 min maximal nur 0,1% ihrer Spannung verlieren. Diese Kondensatoren, von denen je einer zu jeder Photozelle gehört, wirken als Integratoren, die die eingestrahlten Lichtmengen sammeln. Als Maß dient die von dem zur Grundlinie des zu analysierenden Werkstoffes gehörenden Kondensator während einer vorgegebenen Zeit gespeicherte Lichtmenge. Ist die vorgegebene Lichtmenge der Grundlinie erreicht, so schaltet sich die Funkenstrecke automatisch ab, und die von den Kondensatoren der Analysenlinien gespeicherten Lichtmengen, die ihrerseits wieder den Konzentrationen der betreffenden Elemente proportional sind, werden nacheinander registriert. Hierzu wird die an jedem einzelnen Kondensator liegende Spannung über eine Brückenschaltung stromlos unter Zuhilfenahme eines registrierenden Schnellpotentiometers innerhalb von rd. 2,4 sek abgetastet. Die nacheinander sich vollziehende Abtastung der jeder Photozelle zugeordneten Kondensatoren erfolgt über einen rotierenden automatischen Schalter. Der Erfolg aller dieser Maßnahmen ist, daß sich die Zeitdauer für die Gesamtanalyse auf rd. 2 bis 3 min verkürzt. Die Analysenstreuung konnte bei den Analysenautomaten auf rd. 1% herabgesetzt werden, wobei der Anteil der Apparatur, d. h. der elektronischen Anordnung auf der Empfängerseite, an diesem Wert nur etwa 0,5% beträgt. Es liegt also hier der seltene Fall vor, daß eine Erhöhung der Arbeitsgeschwindigkeit nicht eine Verminderung, sondern sogar eine Steigerung der Genauigkeit des Verfahrens mit sich bringt. Abgesehen von den naturgemäß sehr hohen Kosten für ein solches Gerät muß berücksichtigt werden, daß die Einrichtung der Automatik für einen bestimmten Zweck jedesmal einen bedeutenden Zeitaufwand erfordert. Dennoch hat es den Anschein, als ob auch in Europa die direkt anzeigenden Spektrometer in zunehmendem Maße in vielen Großbetrieben an Boden gewinnen. Eine Ausweitung der europäischen Produktionsprogramme durch überregionalen Zusammenschluß wird diese Entwicklung noch in steigendem Maße fördern.

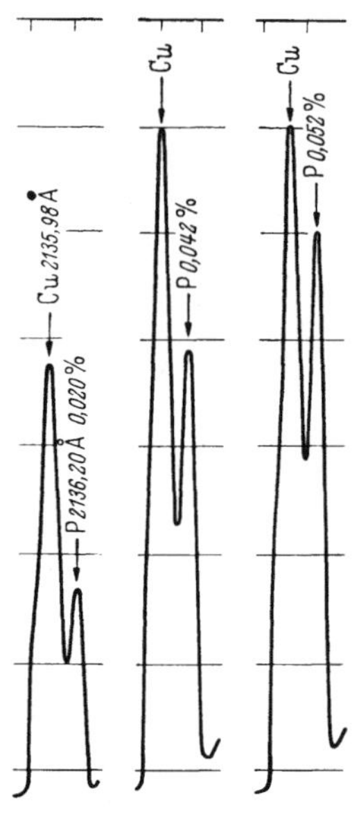

Abb. 12. Registrierkurven der Umgebung der P-Linie 2136,20 Å nach BRECKPOT und HAINSKY

IV. Anwendung und Arbeitsweise des Spektrographen im Gießereibetrieb

Mit Rücksicht auf die Tatsache, daß im europäischen Bereich die Zahl der z. Z. in Betrieb befindlichen automatisch registrierenden Spektrographen noch verhältnismäßig gering ist, beziehen sich die folgenden Ausführungen in erster Linie auf Spektrographen mit photographischer Schicht als Empfänger. Eine Anpassung der hier gegebenen Anweisungen bei Anschaffung eines Automaten ist jedoch ohne Schwierigkeiten möglich.

Was zunächst den erforderlichen Apparatetyp anbelangt, so muß darauf hingewiesen werden, daß angesichts des Linienreichtums des Eisens und seiner Legierungselemente ein Spektrograph mittlerer Dispersion vom Typ des Q 24 bereits am Rande seiner Leistungsfähigkeit arbeitet. Von H. KAISER ist mehrfach darauf hingewiesen worden, daß die durch die photometrische Auswertung der Spektren bedingten statistischen Fehler um so geringer werden, je größer die Zahl der Silberkörner ist, über die man bei der Messung mittelt. Diese Zahl wird um so größer, je größer man den Eintrittsspalt öffnen kann. Bei mittleren

Spektrographen und bei Untersuchung von Eisenspektren kann man kaum über eine Spaltbreite von 0,02 mm hinausgehen. Die einzige Möglichkeit zur Verbesserung dieser Verhältnisse liegt in der Verwendung eines Spektrographen größerer Dispersion. In dem in der Hauptsache in Frage kommenden Wellenlängenbereich beträgt die reziproke Dispersion des Q 24 etwa 10 bis 15 Å/mm. Der neuerdings in Deutschland hergestellte 1-Prismen-Quarz-Spektrograph 110 M der Fa. Fueß hat bereits eine um rd. 20% bessere Dispersion als der Q 24. Noch günstiger in dieser Hinsicht ist, wie bereits erwähnt, der Quarz-Spektrograph S 2 der Fa. Optica. Auf gewisse Bedenken, die gegenüber Spektrographen vom LITTROW-Typ trotz der ausgezeichneten Dispersion dieser Geräte zu erheben sind, wurde bereits hingewiesen. Gegebenenfalls kommt selbstverständlich auch ein Gitterspektrograph in Frage, von denen nach Kenntnis des Verfassers bereits mehrere in deutschen Laboratorien der Eisenindustrie in Betrieb sind.

Über die Anwendung der Spektralanalyse in der Eisengießerei sind in den letzten 15 Jahren besonders im Auslande eine Reihe von Arbeiten veröffentlicht worden [*10* bis *21*]. Seit dem letzten zusammenfassenden Bericht des Verfassers zu diesem Thema [*22*] sind noch einige weitere hinzugekommen [*23* bis *26*]. Auf diese sowie auf eigene Erfahrungen stützen sich die folgenden Ausführungen.

Einen Überblick über die im Gießereibetrieb vorwiegend spektrographisch zu bestimmenden Elemente gibt im Anschluß an die Berichte von RONNIE und HALLETT [*20*] sowie von RILEY [*21*] die folgende Tab. 3.

Tabelle 3. *Anwendungsbereich der quantitativen Spektralanalyse auf unlegiertes und niedrig legiertes Gußeisen*

Element	Konzentrationsbereich
Silizium	0,2 bis 4,0%
Mangan	0,1 bis 1,5%
Nickel	0,02 bis 5,0%
Chrom	0,05 bis 3,5%
Molybdän	0,1 bis 1,3%
Vanadin	0,05 bis 1,0%
Zinn	Spur bis 0,4%
Kupfer	Spur bis 1,2%

Neben diesen quantitativ zu bestimmenden Elementen kann die spektrographische Einrichtung auch zur qualitativen und halbquantitativen Prüfung von Schrott auf das Vorhandensein obiger Elemente sowie zusätzlich auf Titan, Kobalt, Wolfram, Aluminium, Blei, Niob, Tantal, Zirkon u. a. m. verwendet werden. Nach den neueren Untersuchungen ist auch die quantitative Bestimmung von Bor, Kohlenstoff und Phosphor möglich. Hierauf wird weiter unten in Abschn. 5 noch näher einzugehen sein. Insgesamt können von den rd. 60 Elementen, die der spektrographischen Erfassung zugänglich sind, mindestens 40 im Gußeisen oder Stahl vorkommen und spektrographisch bestimmt oder nachgewiesen werden. Die spektroskopische oder spektrographische Schrott-Vorsortierung bedeutet in jedem Falle eine Zeit- und Kostenersparnis.

1. Die Probennahme

Der Probennahme ist bei der spektrographischen Schmelzüberwachung besondere Aufmerksamkeit zu widmen. Die spektrographische Einzelanalyse ist ihrem Wesen nach bei festen Proben auf enge Flächenbereiche beschränkt. Nur bei einer wirklich homogenen Probe ist das von einer begrenzten Abfunkfläche gewonnene Analysenergebnis repräsentativ für die Zusammensetzung der gesamten Probe. Hinzu kommt, daß insbesondere Gußeisen wegen der heterogenen Graphitausscheidungen ohnehin zu gewissen Inhomogenitäten neigt. Wenn auch nach eigenen Erfahrungen die Art und Größe der Graphitausscheidungen keinen Einfluß auf das Analysenergebnis haben, so hat sich doch herausgestellt, daß die Fehlerstreuungen bei grau erstarrtem Gußeisen im allgemeinen etwas größer sind, als bei weiß erstarrtem Gußeisen. Es ist daher, wenn möglich, schon beim Abguß dafür zu sorgen, daß die zu untersuchende Probe weiß erstarrt. Nach den Erfahrungen von RILEY [*21*] hat sich eine gekühlte Eisenkokille in der Art der folgenden Abb. 13 hierbei gut bewährt.

Die Probe in den Abmessungen $50 \times 25 \times 25$ mm weist in der Mitte eine Einschnürung auf, an der sie mit einem Hammerschlag durchgeschlagen werden kann. Die so gewonnene

Bruchfläche braucht nur noch glatt geschliffen zu werden, und die Probe ist dann bereit für die quantitative Analyse.

Die vorstehend beschriebene Probenform ist die Grundlage der als *Punkt-Fläche* bezeichneten Methode der Aufnahmetechnik. Bei ihr werden nicht zwei Elektroden aus demselben Material einander beim Abfunken gegenübergestellt, sondern die anzufunkende

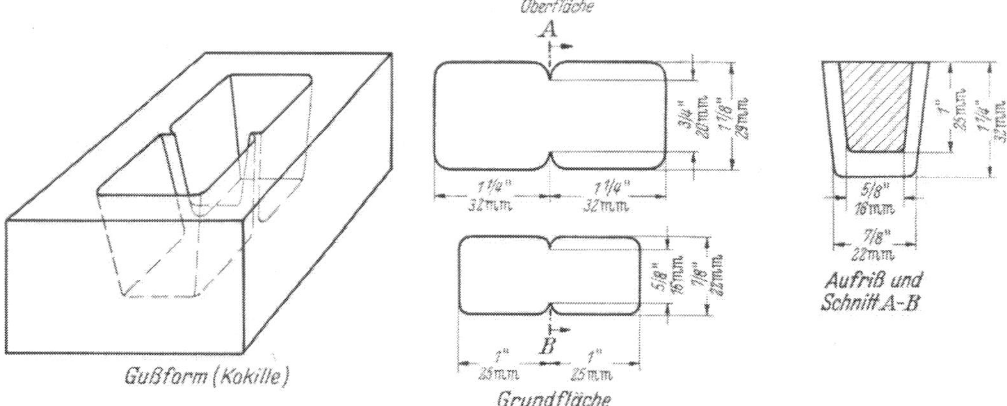

Abb. 13. Kokille und Abmessungen für die Probennahme bei der laufenden Schmelzüberwachung von Gußeisen

Fläche bildet die eine Elektrode, und ihr gegenüber steht eine zugespitzte Graphitelektrode oder eine Elektrode aus anderem Material als Gegenelektrode. Diese Art der Probenform hat sich auch bei der Analyse fertiger Gußstücke bewährt, bei denen entweder eine besondere Probe nicht entnommen werden darf, bei denen also zerstörungsfrei gearbeitet werden muß oder bei denen der Zeitaufwand für die Entnahme zweier gleichartiger Stäbchenproben zu groß ist. Die als Gegenelektrode verwendete Elektrode besteht meist aus einer Spektralkohle hoher Reinheit, wie sie heute von verschiedenen Firmen in den Handel gebracht wird. Nach eigenen Erfahrungen hat sich eine Spitze mit dem Spitzenwinkel von 80° bewährt, deren Endfläche auf einen Durchmesser von etwa 2,5 mm abgeschliffen ist. Die zu untersuchende Probe liegt mit der anzufunkenden Fläche auf einem Stativ, das aus einer Art von Gabel besteht, welche mit dem einen Pol der Stromquelle verbunden ist. Die als Gegenelektrode dienende Graphitelektrode wird in den unteren, von der Gabel isolierten Halter eingespannt und mit dem anderen Pol der Stromquelle verbunden. Der Abstand der Graphitelektrode von der anzufunkenden Fläche beträgt

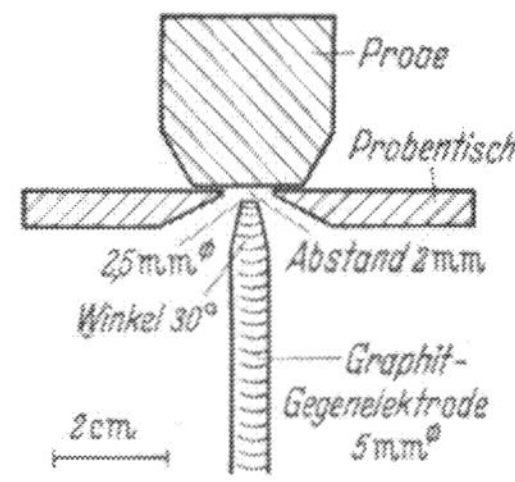

Abb. 14. Probentisch zur Aufnahme von Gußeisenproben

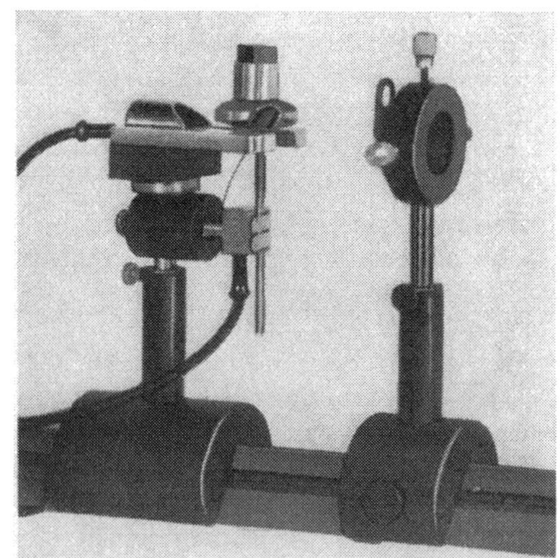

Abb. 15. Anordnung des Probentisches auf der optischen Bank

2 mm. Er wird durch eine einfache Lehre eingestellt, die vor der Auflage der zu untersuchenden Probe auf die Gabel gelegt wird. Die untere Elektrode wird bis zur Berührung an die durch die Gabel hindurchreichende Fläche der Lehre herangeschoben und die Lehre dann durch die Probe ersetzt. Abb. 14 zeigt den Probentisch.

Abb. 15 zeigt die ganze Anordnung mit einer aufgelegten Probe auf der optischen Bank des Spektrographen.

Es soll noch hinzugefügt werden, daß nach einigen neueren italienischen Arbeiten von ROSETTA [*23*] und von BERTA und PALISCA [*24*] stäbchenförmige Elektroden den flächenförmigen Elektroden vorzuziehen sind, die ebenfalls in einer entsprechenden gut gekühlten Form gegossen werden. Größere bei Verwendung von Flächenelektroden aufgetretene Streuungen sollen bei den Stäbchenproben wesentlich vermindert worden sein. Nach Ansicht des Verfassers dürfte der Unterschied gegenüber den von englischer Seite gemachten Angaben über die Vorteile der Flächenelektroden bei der spektrochemischen Analyse des Gußeisens vorwiegend auf von den verschiedenen Autoren angewandte unterschiedliche Anregungsformen zurückzuführen sein. Auf diese wird im folgenden Abschnitt näher einzugehen sein.

2. *Die Spektrenanregung*

Die verschiedenen Einrichtungen zur Spektrenanregung wurden bereits in Abschnitt 3 ausführlich behandelt. Im vorliegenden Fall hat sich gezeigt, daß die quantitative Analyse der in Tab. 3 erwähnten Elemente am besten unter Zuhilfenahme der kondensierten Funkenentladung erfolgt, wie sie etwa vom FEUSSNER-Funkenerzeuger oder einem ähnlichen Gerät geliefert wird. Bei eigenen Aufnahmen wurde mit etwa 12000 Volt Scheitelspannung, einer Kapazität von 6000 cm und ausgeschalteter Selbstinduktion gearbeitet, so daß im Schwingungskreis nur die durch die Zuleitungen gegebene Selbstinduktion vorhanden war. Die Vorfunkzeit betrug 2 min, die Belichtungszeit 25 sek, Elektrodenabstand 2 mm, Spaltbreite 0,02 mm, die Zwischenabbildung war für 2900 Å eingestellt. Die Belichtungszeit hängt im übrigen von der verwendeten Plattensorte ab und muß für jede Plattensorte vorher ausprobiert werden. Die hier angegebenen Anregungsbedingungen wurden unter Verwendung der *Fläche-Spitze*-Technik ebenfalls von RONNIE und HALLETT [*20*] sowie von RILEY [*21*] empfohlen. Zu demselben Ergebnis, d. h. zu der Feststellung, daß eine Verminderung der Selbstinduktion bei Verwendung der *Fläche-Spitze*-Methode vorteilhaft ist, kommen neuerdings auch G. HARTLEIF und H. KORNFELD [*26*] bei der quantitativen Spektralanalyse von Stahlgußproben. Im Gegensatz dazu arbeiten ROSETTA [*23*] sowie BERTA und PALISCA [*24*] ähnlich, wie dies bei Stahlanalysen vielfach üblich ist, mit der vollen Selbstinduktion des FEUSSNER-Funkenerzeugers, d. h. bei C = 3000 cm und L = 800000 cm. Unter diesen Anregungsbedingungen erhielten die letztgenannten Autoren bessere Ergebnisse, wenn sie mit zwei gleichartigen Stabelektroden arbeiteten, als wenn sie mit der *Fläche-Spitze*-Methode arbeiteten. Der Grund für die unterschiedlichen Ergebnisse dürfte demnach wohl in der Größe bzw. Kleinheit der verwendeten Selbstinduktion, also in den besonderen Anregungsbedingungen der einzelnen Autoren liegen. Die bei der *Fläche-Spitze* verwendete Anregungsform ist nach den Ausführungen in Abschnitt III. 2. als ausgesprochen *hart*, die bei den beiden gleichartigen Stabelektroden verwendete Anregung ist dagegen als wesentlich *weicher* zu bezeichnen. Die Art der Anregung wird durch die geometrischen Verhältnisse in der Funkenstrecke sowie durch die dort vorhandenen Materialunterschiede erheblich beeinflußt.

3. *Die photographische Platte*

Nach der durch den verlorenen Krieg bedingten Pause sind in den letzten Jahren von verschiedenen deutschen Photofirmen wieder Spektralplatten in den Handel gebracht worden. Für die Mehrzahl der anfallenden Aufgaben ist die Marke *spektral-blau* geeignet. Vielfach wird auch die Sorte *spektral-gelb* verwendet, die ihr Sensibilisierungsmaximum im gelben

Spektralgebiet hat. Eine besondere Eigentümlichkeit des photographischen Materials der meisten Spektralplatten ist, daß sie im ultravioletten Gebiet eine ähnliche und ausreichende Empfindlichkeit haben. Auch war bei den früher von der Agfa in den Handel gebrachten drei Sorten Spektralplatten (blau, gelb, rot) unterhalb von 4000 Å kein sehr wesentlicher Unterschied in der Gradation in diesem Gebiet festzustellen. Wie bei den übrigen photographischen Materialien ist auch bei den Spektralplatten zu beachten, daß die höher empfindlichen Schichten meist auch ein deutlich gröberes Korn besitzen. Eine möglichst feinkörnige Schicht liegt aber im Interesse der besseren photometrischen Auswertung, daher sind insbesondere für quantitative Arbeiten feinkörnige Schichten vorzuziehen.

Die in jedem Falle wünschenswerte Beschleunigung der spektrochemischen Aufnahmetechnik sowie die Zuverlässigkeit der erhaltenen Ergebnisse hängt weitgehend von der Organisation der Dunkelkammerarbeiten ab. Es wird hier besonders auf den ausführlichen Bericht von T. K. WILLMER [7] verwiesen. Zur Einhaltung der Temperaturkonstanz des Entwicklers genügt nicht eine allgemeine Temperaturkonstanz des Raumes, sondern es werden zweckmäßig doppelwandige Entwicklerschalen verwendet, deren Zwischenwandung durch das Wasser eines mit Umlaufpumpe versehenen Thermostaten durchflossen wird. Auch die Vorratslösungen für Entwickler, Unterbrechungsbad und Fixierbad werden zweckmäßig in einem größeren Thermostaten aufbewahrt. Entwicklungstemperatur ist 18 °C. Nützlich sind ferner Schnellentwickler, wie sie schon vor Jahren von H. JAENICKE [*32*] angegeben wurden. W. SEITH und K. RUTHARDT [*33*] empfehlen einen Schnellentwickler folgender Zusammensetzung:

Lösung I		Lösung II	
Wasser	1000 ccm	Wasser	1000 ccm
Kaliumhydroxyd	100 g	Kaliummetabisulfit	40 g
		Hydrochinon	40 g
		Bromkali	8 g

Zum Gebrauch sind Lösung I und II zu gleichen Teilen miteinander zu mischen und die Mischung im Verhältnis 1:1 mit Wasser zu verdünnen. Die Entwicklungsdauer beträgt 45 sek. Bei dem Entwickler nach JAENICKE beträgt die Entwicklungszeit nur 20 sek. Er hat folgende Zusammensetzung:

Lösung I		Lösung II	
Wasser	1670 ccm	Wasser	3330 ccm
Kaliumhydroxyd	300 g	Natriumsulfit	125 g
		Hydrochinon	150 g
		Kaliumbromid	20 g

Fixierbad

Wasser	1000 cm³
Natriumthiosulfat	400 g
Kaliummetabisulfit	21 g

Zum Gebrauch sind 1 Teil von I mit 2 Teilen II zu mischen.

Bei der Entwicklung der Platte verwendet man entweder die sogenannte Pinsel-Entwicklung, bei der die Fläche der Platte ihrer ganzen Länge nach während der vorgeschriebenen Zeit mit einem weichen Dachshaarpinsel von der Breite der Platte in gleichmäßigem Takt überstrichen wird, oder man setzt die Entwicklungsschale auf eine Schaukelvorrichtung, die ein langsames Hin- und Herfließen des Entwicklers über die Platte bewirkt. Als Unterbrecherbad dient eine 2%ige Essigsäurelösung. Die Fixierung wird in dem für die verwendete Plattensorte vorgeschriebenen Fixierbad oder dem obengenannten Fixierbad vorgenommen. Nach dem gegebenenfalls kurzen Wässern (eine ausführliche Wässerung kann nach vollzogener Auswertung der Platte später in Ruhe vorgenommen werden) in fließendem Wasser wird die Platte zunächst 10 sek in Methanol entwässert und dann nach beiderseitigem Abwischen mit einem Fensterleder in einer staubfrei betriebenen Warmluftdusche getrocknet. Für weitere ausführliche Auskünfte über die Plattenbehandlung wird auf die erwähnte Arbeit von T. K. WILLMER [7] verwiesen.

4. *Die Frage der Eichproben*

Grundlage des gesamten spektrographischen Arbeitsverfahrens sind chemisch genau analysierte, in sich homogene Eichproben. Ihrer Beschaffung und Bereitstellung ist besondere Aufmerksamkeit zu widmen. Es war bereits darauf hingewiesen worden, daß bei der Gußeisenanalyse weiß erstarrte Gußproben geringere Fehlerstreuungen ergeben als grau erstarrte Proben. Zur Untersuchung weiß erstarrter Gußproben sind selbstverständlich auch *weiße* Eichproben zu verwenden, während für die Untersuchung grau erstarrter Gußproben demgemäß auch *graue* Eichproben verwendet werden müssen. Ferner sind bei der Untersuchung von legiertem Gußeisen, insbesondere von chromlegiertem Gußeisen, auch chrom-legierte Eichproben zu verwenden. Dies ist besonders bei der Silizium-Bestimmung zu beachten, bei der früher infolge Nichtbeachtung dieser Vorschrift häufig Fehlresultate beobachtet wurden. Für jede Sorte von Gußeisen ist demnach eine besondere Reihe von Eichproben bereitzustellen. Übrigens wirkt sich die in Abschnitt IV. 2. erwähnte Verminderung der Selbstinduktion bzw. ihre völlige Ausschaltung bei der *Fläche-Spitze*-Methode auch auf die durch unterschiedliche und von den Eichproben etwas abweichende Zusammensetzung des Materials aus. So berichten G. HARTLEIF und H. KORNFELD [*26*], daß bei anfänglich verwendeter *weicher* Anregung unter Einschaltung der vollen Selbstinduktion des FEUSSNER-Funkenerzeugers sich neben der Si-Bestimmung auch bei der Mn-Bestimmung Schwierigkeiten ergeben, die u. a. darin zum Ausdruck kamen, daß die Mn-Eichkurve für Mn-Si-Stähle (die Untersuchungen beziehen sich auf Stahlgußproben) einen anderen Verlauf hatte als bei chromlegierten Schmelzen. Auch machte sich ein Einfluß der Höhe des Kohlenstoffgehaltes sowie ein Einfluß der Wärmebehandlung bemerkbar. Diese Einflüsse verschwinden, wenigstens soweit es sich um Stahlgußproben handelt, bei Verminderung der Selbstinduktion auf $^1/_{10}$, d. h. beim Übergang zu *harter* Anregung in Verbindung mit der *Fläche-Spitze*-Methode.

5. *Auswahl geeigneter Linienpaare*

Der zweckmäßigen Auswahl der zu verwendenden Linienkombinationen ist besondere Aufmerksamkeit zuzuwenden. Bekanntlich arbeitet man in der quantitativen Spektralanalyse normalerweise nicht nur mit einer passenden Linie des zu bestimmenden Elementes, sondern bezieht die für eine bestimmte Konzentration gemessene Schwärzung dieser Linie auf eine Linie des Grundelementes, im vorliegenden Falle also auf eine Eisenlinie, d. h. man bildet die Schwärzungsdifferenz beider Linien bzw. nach Umrechnung der Schwärzungen in Intensitäten die Intensitätsdifferenz dieser beiden Linien. Obwohl verschiedene Arbeiten sich mit den Grundsatzfragen bei der Auswahl derartiger Linienkombinationen beschäftigen (so sollen nach J. K. HURWITZ und J. CONVEY [*27*] beide Linien möglichst dasselbe Anregungspotential haben), waltet dennoch meist eine ausgesprochene Empirie hierbei vor, wobei man sich in erster Linie an die Regel hält, wonach die miteinander zu vergleichenden Linien möglichst nahe beieinander liegen und in ihrer Intensität vergleichbar sein sollen, und ferner soll die Intensität der beiden zu messenden Linien möglichst im linearen Teil der Schwärzungskurve liegen. Von Vorteil dürfte dabei selbstverständlich sein, wenn außerdem die Anregungspotentiale beider Linien möglichst nahe beieinander liegen. Von verschiedenen Autoren werden verschiedene Linienkombinationen angegeben. Die folgende Tab. 4 gibt die von R. V. RILEY [*21*] empfohlenen Linienkombinationen wieder.

Kleine Gehalte von Chrom, Nickel und Kupfer werden durch visuellen Vergleich mit ihrer Eisenlinie geschätzt. Die Linie Cr 3593,9 Å hat bei 0,09% Cu dieselbe Schwärzung wie die Eisenlinie 3602,2 Å. Die Kupferlinie 3274,0 Å hat bei 0,15% Cu dieselbe Dichte wie die Eisenlinie Fe 3277,3 Å. Die Nickellinie Ni 3414,8 ist bei der gewählten Anregungsform bei 0,07% Ni gerade noch sichtbar. Bei eigenen Untersuchungen an unlegiertem Gußeisen wurden bei Verwendung der für Silizium, Mangan und Kupfer in obiger Tabelle angegebenen Linienkombinationen gute Ergebnisse erzielt.

Tabelle 4. *Linienkombinationen für die Spektralanalyse von Gußeisen* (nach R. V. RILEY) (a. a. O.)

Element	Analysenlinie des Elementen (Å)	Eisenvergleichslinie (Å)	Konzentrationsbereich (%)
Si	2881,6	2880,8	2,0—4,00
	2881,6	2876,8	0,2—2,0
Mn	3442,0	3443,9	0,4—1,5
	2933,1	2936,8	0,1—0,8
Ni	3414,8	3413,1	0,02—2,0
	3515,1	3521,3	2,0—4,0
	3461,7	3465,9	3,5—5,0
Cr	3593,9	3603,2	0,1—1,0
	2971,9	2966,9	0,5—3,5
Mo	2816,2	2813,6	0,2—1,0
V	3102,3	3099,9	0,05—0,8
Cu	3274,0	3277,3	0,1—0,3
	3274,0	3259,0	0,3—1,2
Sn	3262,3	3271,0	0,03—0,4

In einer neuerdings erschienenen Arbeit berichten G. HARTLEIF und H. KORNFELD [*26*], daß mit den in der folgenden Tab. 5 angegebenen Linienkombinationen bei der Analyse von Stahlgußproben gute Ergebnisse erzielt wurden.

Tabelle 5. *Linienkombinationen für die Spektralanalyse von Stahlguß* (nach HARTLEIF und KORNFELD) [*26*]

Element	Analysenlinie Å	Stufe	Vergleichslinie Å	Stufe	Konzentrationsbereich %	Intensitätsgleich bei %
Si	2881,6	I	2874,5	I	0,02—1,0	0,21
Mn	2939,3	II	2926,6	II	0,1 —2,0	0,86
Ni	3414,8	I	3415,5	I	0,02—0,3	0,06
	3012,0	I	3011,5	I	0,3 —3,0	0,8
Cr	2677,1	I	2689,2	II	0,02—0,5	0,1
	2988,7	I	2990,4	I	0,5 —3,0	2,5
Mo	2816,2	I	2813,3	II	0,02—0,8	0,37
V	3093,1	I	3091,6	I	0,04—0,3	0,09
Cu	3274,0	II	3288,0	II	0,05—0,6	0,28
Al	3961,5	I	3963,1	I	0,005—0,1	0,024

Die Anregungsbedingungen sind im vorliegenden Falle ähnlich den von RILEY angegebenen. Die Stufenangaben der Tab. 5 beziehen sich auf das verwendete Stufenfilter mit 100%, 50% und 10% Durchlässigkeit. Die angegebenen Konzentrationsbereiche liegen niedriger als die der Tab. 4, da von den letztgenannten Verfassern vorwiegend niedrig bzw. unlegierte Stähle untersucht werden. Andere Autoren, wie R. BERTA und A. PALISCA [*24*] sowie M. S. ROSETTA [*23*] geben ähnliche Linienkombinationen an.

6. *Die Spektrenauswertung*

Eine ausführliche Behandlung der Frage nach den Einzelheiten der verschiedenen Verfahren zur Spektrenauswertung würde an dieser Stelle zu weit führen. Es muß dafür auf die einschlägige Literatur verwiesen werden. Die folgenden Ausführungen beschränken sich daher auf das Notwendigste.

Bei den visuell arbeitenden Spektrometern arbeitet man bei der halbquantitativen Spektrenauswertung meist nach der Methode der homologen Linienpaare. Man vergleicht dabei subjektiv die Intensität einer Linie des zu bestimmenden Elementes mit der einer oder mehrerer möglichst nahe dabei liegenden Linien des Grundelementes gleicher Intensität. Je größer die Konzentration des zu bestimmenden Elementes ist, desto intensiver muß die zum Vergleich herangezogene Linie des Grundelementes sein. Es bereitet keine

Schwierigkeiten, im Eisenspektrum benachbarte Linien zu finden, die eine ähnliche oder praktisch gleiche Intensität besitzen wie die des zu bestimmenden Elementes. Von den Herstellerfirmen derartiger Instrumente werden meist auch Atlanten geliefert, die für die verschiedensten zu bestimmenden Elemente passende Vergleichslinien enthalten. Abb. 16 zeigt einen Ausschnitt aus einem solchen von der Fa. Fueß zu dem von ihr hergestellten Gerät gelieferten Atlas.

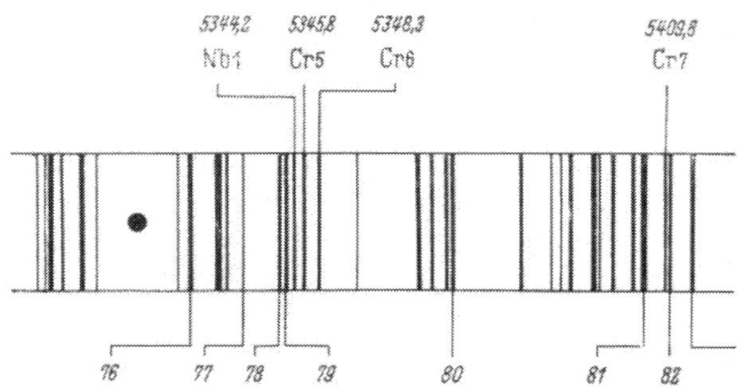

Abb. 16. Homologe Linienpaare für den visuellen Spektrenvergleich

Ein weiteres Beispiel wird weiter unten noch im Zusammenhang mit der visuellen Magnesiumbestimmung im sphärolithischen Gußeisen gegeben werden.

Bei den großen mit direkter elektrischer Anzeige arbeitenden Analysenautomaten erledigt die elektrische Einrichtung durch direkte Intensitätsmessung die gesamte Auswertung, so daß nur einmal mit gelegentlichen Wiederholungen unter Verwendung passender Eichproben die gesamte Apparatur geeicht wird. Die fertigen Analysenergebnisse brauchen dann nur noch an den geeichten Meßinstrumenten abgelesen zu werden.

Bei den mit Zwischenschaltung der photographischen Platte arbeitenden Verfahren, die hier in erster Linie interessieren, muß den besonderen Eigentümlichkeiten der photographischen Schicht Rechnung getragen werden. Die Auswertung besteht letzten Endes in der Messung der Linienschwärzung und in ihrer Umwandlung in Konzentrationsangaben. Die Linienschwärzung, die bei konstanten Arbeitsbedingungen ein Maß für die Konzentration ist, wird mit Hilfe der sogeannten Spektrallinienphotometer gemessen, von denen verschiedene Ausführungsformen im Handel sind. Sie alle beruhen auf demselben Grundprinzip, wonach mit Hilfe einer geeigneten Projektionsvorrichtung ein vergrößertes Bild der zu messenden Linie auf dem vor einer Photozelle befindlichen Spalt entworfen wird. Die Spaltbreite soll dabei möglichst nicht größer als $^1/_3$ bis höchstens $^1/_2$ der Breite der zu messenden Linie sein. Als Photozellen finden Selensperrschichtphotozellen oder neuerdings auch Sekundärelektronenvervielfacher Verwendung. Die Photometereinrichtung ist entweder in einem selbständigen Instrument zusammengefaßt, wie z. B. in dem äußerst leistungsfähigen Schnellphotometer der Fa. Zeiß oder bei einigen neueren Konstruktionen mit dem Spektrenprojektor kombiniert. Die Photozelle ist mit einem Galvanometer verbunden, dessen Ausschlag ein Maß für die am Orte der zu messenden Linie hindurchgelassene Lichtmenge ist. Die Größe des Ausschlages ist umgekehrt proportional der Linienschwärzung.

Bezeichnet man die beiden hinsichtlich ihrer Schwärzung zu vergleichenden Linien mit Grundlinie (G) und Zusatzlinie (Z) und die Galvanometerausschläge für diese beiden Linien mit A_G und A_Z, so ist die Schwärzung der einen Linie gleich $S_G = \log \frac{A_0}{A_G}$ und die der anderen Linie $S_Z = \log \frac{A_0}{A_Z}$, wenn man mit A_0 den Galvanometerausschlag an einer unbelichteten Plattenstelle bezeichnet. Hieraus ergibt sich die Schwärzungsdifferenz der beiden Linien zu $\varDelta S = S_G - S_Z = \log \frac{A_Z}{A_G}$.

Eine direkte Beziehung zwischen der Schwärzungsdifferenz und der Konzentration des betreffenden Elementes besteht nur im linearen Bereich der Schwärzungskurve, der von etwa $S = 0{,}3$ bis etwa $S = 2{,}0$ reicht. Bei kleinen Schwärzungen unterhalb $S = 0{,}3$ weicht die Schwärzungskurve von der Linearität ab. Eine Streckung der Schwärzungskurve und damit eine Erweiterung des Linearitätsbereiches gelingt durch einen von W. Seidel [*28*] angegebenen rechnerischen Trick. An Stelle von $S = \log \frac{A_0}{A}$ wird die neue

Maßzahl $W = \log \frac{A_0 - A}{A} = \log \left(\frac{A_0}{A} - 1\right)$ eingeführt. Die hiermit empirisch vorgenommene Streckung des unteren Teils der Schwärzungskurve ist zwar häufig, aber nicht immer möglich. In manchen Fällen führt die sogenannte partielle SEIDEL-Transformation besser zum Ziel. Eine generelle Lösung des Problems wurde von H. KAISER [*29*] gegeben. Sie liegt auch dem von H. KAISER entworfenen Rechenbrett *Respektra* zugrunde. Dieses ersetzt die bis dahin für den genannten Zweck meist verwendeten Umrechnungstabellen von M. HOHNERJÄGER-SOHM und H. KAISER [*30*].

Darüber hinaus ist das Rechenbrett *Respektra* besonders zur Spektrenauswertung mit Hilfe des sogenannten leitprobenfreien Verfahrens sowie zur Berücksichtigung der Untergrundkorrektur geeignet, die besonders dann Bedeutung gewinnt, wenn sehr geringe Linienschwärzungen auf einem stärker geschwärzten Untergrund ausgewertet werden sollen. Bei der Auswertung der Spektren nach dem leitprobenfreien Verfahren wird zunächst unter Verwendung genau analysierter Eichproben in mehreren Aufnahmen eine Grundeichkurve aufgestellt, die bei den weiteren nunmehr ohne Verwendung der Eichproben hergestellten Aufnahmen als Auswertungsgrundlage dient. Hierzu müssen sämtliche Aufnahmebedingungen wie vor allem auch die Plattenentwicklung hinsichtlich Konzentration des Entwicklers, der Entwicklungsdauer und der Temperatur des Entwicklers konstant gehalten werden. Dennoch ist es nicht immer möglich, einen völlig gleichartigen Verlauf der Schwärzungskurve zu erhalten, die den Zusammenhang zwischen der photometrisch meßbaren Linienschwärzung und der Intensität des eingestrahlten Lichtes darstellt. Insbesondere die sogenannte Steilheit der Schwärzungskurve weicht bei mehreren Platten vielfach von den bei der Herstellung der Grundeichkurve herrschenden Bedingungen ab. Aus diesem Grunde ist es notwendig, für jede neue Platte auch eine neue Schwärzungskurve mit zu ermitteln, diese durch Transformation zu strecken und damit einen linearen Zusammenhang zwischen Linienschwärzung und Intensität des eingestrahlten Lichtes herzustellen. Man rechnet dann letzten Endes nicht mit Schwärzungsdifferenzen, sondern mit Intensitätsdifferenzen.

Um diese Rechnung durchführen zu können, benötigt man ein Intensitätsnormal. Dieses kann auf verschiedenen Wegen, z. B. mit Hilfe eines genau geeichten Sechsstufenfilters gewonnen werden. Ein anderes viel verwendetes Verfahren bedient sich empirisch ermittelter relativer Intensitäten eines Satzes passender Linien eines Normalspektrums. Von verschiedenen Autoren sind die relativen Intensitäten von Sätzen passender Eisenlinien bei genormten Anregungsbedingungen angegeben worden. Ein solcher Satz soll möglichst in demselben Wellenlängenbereich liegen, in dem die später auszumessenden Analysenlinien der zu bestimmenden Elemente liegen. In der Tab. 6 ist ein solcher Satz von Eisenlinien nach Angaben von A. P. VANSELOW und G. F. LIEBIG [*31*] wiedergegeben, der im Bereich von etwa 3150 bis 3200 Å liegt und damit etwa im Bereich der Mehrzahl der in Tab. 4 aufgeführten Linienkombinationen.

Tabelle 6. *Satz von Eisenlinien mit zugehörigen relativen Intensitäten* (nach VANSELOW und LIEBIG)

Wellenlänge der Eisenlinie	Relative Intensität	Wellenlänge der Eisenlinie	Relative Intensität
3163,874	0,19	3166,438	1,00
3168,857	0,31	3175,447	2,00
3165,006	0,42	3180,226	3,63
3165,861	0,67	3196,930	6,30

Normanregungsbedingungen für die Verwirklichung der hier angegebenen relativen Linienintensitäten sind nach den genannten Autoren:

Elektroden: obere (positve), reiner Graphit (unter 80°C abgestumpfte Spitze),
untere (negative), reines Eisen (abgestumpfte Spitze von 45°C),

Stromart: Gleichstrombogen von 5 Amp/250 V, Elektrodenabstand: 4 mm, Belichtungszeit: 5 sec.

In einem etwas kurzwelligeren Bereich, der vorwiegend für die in Tab. 5 angegebenen Linienkombinationen geeignet ist, liegen die folgenden nach eigenen Untersuchungen gewonnenen relativen Intensitäten von einem Satz Eisenlinien (Tab. 7).

Hierbei waren folgende Anregungsbedingungen wirksam:

Elektroden: zwei gleiche Elektroden aus Reineisen, Dachform,
Anregungsart: FEUSSNER-Funkenerzeuger, $C = 1/1$, $L = 1/1$, Trafo 4,
Elektrodenabstand: 2 mm,
Spaltbreite: 0,02 mm,
Vorfunkzeit: 2 min,
Belichtungszeit: 14 sec.

Tabelle 7. *Satz von Eisenlinien mit zugehörigen relativen Intensitäten* (nach WERNER und MÜNCHOW)[1]

Wellenlänge der Eisenlinie	Relative Intensität	Wellenlänge der Eisenlinie	Relative Intensität
2920,69	0,32	2828,80	1,15
2899,41	0,50	2825,70	1,25
2888,09	0,68	2831,56	1,37
2874,17	0,87	2813,29	1,51
2838,12	1,00	2788,10	1,67
		2779,30	1,90
		2783,70	2,00

[1] (Unveröffentlicht)

Vor jeder Aufnahme der zu analysierenden Proben wird ein Eisenspektrum unter den vorstehenden Bedingungen aufgenommen und anschließend die zu untersuchenden Elektroden unter den für sie ausgearbeiteten Bedingungen. Die photometrische Auswertung beginnt mit der Zeichnung der Schwärzungskurve unter Verwendung der in den Tabellen angegebenen relativen Intensitäten der Eisenlinien. Die Streckung der S-Kurve wird automatisch mit Hilfe der Walze des Rechenbrettes vorgenommen. Anschließend beginnt die Auswertung der gewählten Linienkombinationen unter Verwendung der gestreckten Kurve, die unmittelbar die Ablesung der Intensitätsdifferenz gestattet. Die Haupteichung ist auf den sogenannten K-Schieber gespeichert, der die Konzentrationen von 6 verschiedenen Elementen in den gewünschten Konzentrationsbereichen ohne weitere Rechnung abzulesen gestattet. Abb. 17 zeigt das Rechenbrett *Respektra*.

Abb. 17. Rechenbrett *Respektra* nach H. KAISER

Die bereits erwähnten Autoren G. HARTLEIF und H. KORNFELD [*26*] arbeiten nach dem älteren Verfahren mit der Schwärzungsdifferenz und verzichten auf Korrektur für innere Eichung und Untergrund. Sie lassen dafür bei jeder Platte eine Eichprobe mitlaufen, die in möglichst allen Elementen etwas oberhalb der üblichen Gehalte liegt.

Voraussetzung für zuverlässige Arbeit ist in allen Fällen eine weitgehende Schematisierung des Abfunk- und Entwicklungsvorganges. Ein einfaches Kriterium für die Gleichmäßigkeit der Aufnahmen ist, daß die Schwärzung bestimmter Eisenlinien, wie z. B. der Vergleichslinie für Mangan, nur in sehr geringen Grenzen schwankt.

7. *Genauigkeit der Messungen*

Die Tab. 8 gibt eine kurze Übersicht über die bei der quantitativen Spektralanalyse von niedrig legiertem Gußeisen erreichbaren Genauigkeiten. Die mittleren Fehler werden dabei meist nach der Methode der Fehlerquadrate berechnet. Danach ist der mittlere Fehler f des Einzel-

Tabelle 8. *Absolute Fehlergröße bei der quantitativen Spektralanalyse von niedrig legiertem Gußeisen*

Element	Konzentrationsbereich %	Fehler %
Silizium	0,5 –3,5	0,05–0,10
Mangan	0,1 –1,5	0,01–0,05
Nickel	0,2 –3,5	0,03–0,10
Chrom	0,05–2,0	0,02–0,05
Molybdän.	0,15–1,3	0,02–0,06
Vanadin	0,05–1,0	0,01–0,05
Kupfer	0,1 –1,2	0,01–0,05

wertes oder die sog. Standard-Abweichung s bei n Messungen $= \sqrt{\frac{\Sigma v^2}{n-1}}$, wenn man mit v die Abweichung des einzelnen Meßergebnisses vom Durchschnitt bezeichnet. Der mittlere Fehler des Mittelwertes M_f ist, wenn man eine 95%ige Sicherheit des Analysenergebnisses verlangt, gleich $\frac{1{,}96 \cdot s}{\sqrt{n}}$. Bei Mittelwertbildung über 4 Einzelwerte ist M_f unter diesen Bedingungen praktisch gleich s.

R. V. RILEY [*21*] macht in der bereits erwähnten Arbeit über die spektrographische Betriebsanalyse von Gußeisen noch folgende Angaben. Nach der von ihm beschriebenen Arbeitsweise wird unter Betriebsbedingungen eine relative Genauigkeit erreicht, die besser ist als ± 2,5% des vorhandenen Gehaltes des zu bestimmenden Elementes. Dieser Genauigkeitsgrad wird für diese Klasse von Arbeiten als angemessen angesehen, und die Erfahrung hat gezeigt, daß der mit naßchemischen Verfahren erreichbare Genauigkeitsgrad unter Betriebsbedingungen legierter Eisensorten im allgemeinen in gleicher Höhe liegt. In dem von ihm betreuten Betriebe werden alle Betriebsanalysen doppelt und wenn möglich an verschiedenen Stücken, wie sie sich ja bei der eingangs erwähnten Kokillenform von selbst ergeben, durchgeführt. Bei Güssen von raffiniertem Eisen aus dem Kupolofen werden von jedem Schöpflöffel Metall zwei Proben entnommen, die erste zu Anfang, die zweite zu Ende des Gusses. Die ersten oder A-Proben werden getrennt von den zweiten oder B-Proben aufbewahrt. Alle A-Proben einer bestimmten Periode werden auf derselben Platte aufgenommen, während die B-Proben 2 Stunden später durch einen zweiten Laboranten abgefunkt werden. Auf diese Weise gewinnt man eine Kontrolle über Irrtümer bei der Probennahme, bei der spektralanalytischen Technik oder durch andere unvorhergesehene Unregelmäßigkeiten. Ist die Übereinstimmung zwischen den A- und B-Probenschlechter als 2,5%, so wird die spektrochemische Analyse wiederholt oder gegebenenfalls eine naßchemische Analyse ausgeführt. Bei der spektrographischen Analyse fester Gußeisenproben ist die Analysengenauigkeit bei weiß erstarrtem Kokillenguß etwas größer als bei Sandguß. Eine Vorstellung von den bei Kokillenguß und bei Sandguß auftretenden unterschiedlichen Fehlerstreuungen geben nach eigenen Versuchen für die Elemente Silizium, Mangan und Kupfer die beiden folgenden Abb. 18 und 19.

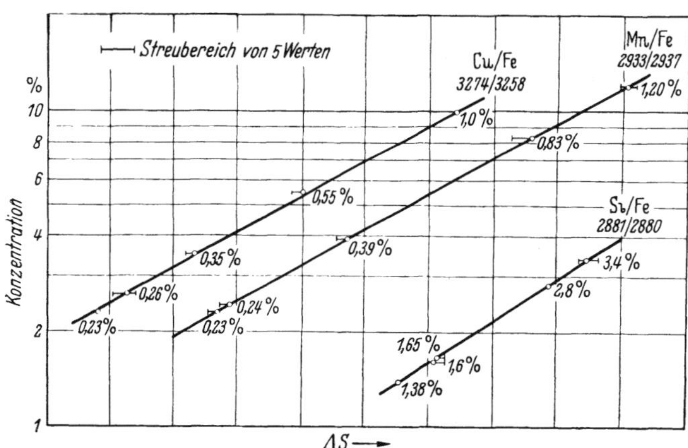

Abb. 18. Eichkurven zur Bestimmung von Silizium, Mangan und Kupfer bei Kokillenguß

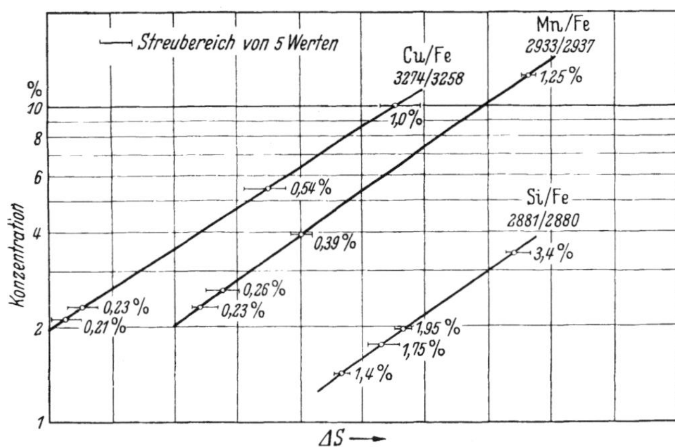

Abb. 19. Eichkurven zur Bestimmung von Silizium, Mangan und Kupfer bei Sandguß

Die eingezeichneten Horizontalstriche geben die Streubreite der Werte für die Schwärzungsdifferenzen wieder, die bei fünfmaliger Wiederholung der Aufnahme an derselben Probe erhalten wurden. Man erkennt deutlich die geringere Streubreite bei Kokillenguß.

G. H. HARTLEIF und H. KORNFELD [*26*] geben in der erwähnten Arbeit über die quantitative Spektralanalyse von niedrig legiertem Stahlguß ebenfalls eine Übersicht über die bei ihnen beobachteten Fehlerstreuungen. Die vorher naßchemisch analysierten Proben wurden anschließend je 10mal spektrochemisch untersucht. Berechnet man für die von den Verfassern mitgeteilten Streuungen der Einzelwerte der verschiedenen bestimmten Elemente die mittleren Fehler nach der Methode der Fehlerquadrate, so erhält man die in der folgenden Tab. 9 gegebene Zusammenstellung:

Tabelle 9. *Mittlerer Fehler bei der spektrochemischen Analyse legierter Stahlgußproben* (nach HARTLEIF und KORNFELD) [*26*]

Element	Probe I	Probe II	Probe III
Silizium	2,2%	2,4%	1,0%
Mangan	1,4%	1,6%	1,0%
Chrom	1,7%	2,2%	3,0%
Nickel	0,8%	0,6%	1,2%
Molybdän.	1,6%	2,8%	—
Vanadin	4,8%	—	—
Kupfer	5,1%	2,8%	3,6%
Aluminium	—	—	4,1%

Nach dem Ergebnis der naßchemischen Analyse hatten diese drei Proben folgende Zusammensetzung:

Probe I	0,53% C	0,36% Si	0,58% Mn	0,70% Cr	1,67% Ni
	0,19% Mo	0,16% Cu	0,11% V		
Probe II	0,25% C	0,36% Si	0,55% Mn	0,53% Cr	2,28% Ni
	0,31% Mo	0,17% Cu			
Probe III	0,42% C	0,79% Si	0,13% Mn	0,08% Mn	0,05% Ni
	0,15% Cu	0,038% Al			

In ähnlicher Größenordnung liegen auch die von anderen Autoren, z. B. von RONNIE und HALLETT [*20*] mitgeteilten Fehlerstreuungen, so daß man die hier gemachten Angaben wohl als repräsentativ für die mit dem photographischen Auswertungsverfahren bei der spektrochemischen Analyse von Gußeisen und Stahl z. Z. erreichbare Genauigkeit ansehen kann.

Neben der Untersuchung des fertigen Gußeisens ist bei Vorhandensein einer spektrographischen Einrichtung auch die Untersuchung der Ausgangsstoffe und Zwischenprodukte auf diesem Wege von Vorteil. Mit vorhandenen Grauguß-Eichproben kann auch Hämatit-Roheisen insbesondere auf seinen Siliziumgehalt oder auf etwa vorhandene Verunreinigungen wie Nickel oder Chrom quantitativ untersucht werden. Die Unterschiede zwischen den Ergebnissen der naßchemischen und der spektrographischen Untersuchung liegen auch hier im Rahmen der oben angegebenen Fehler. Es ist zweckmäßig, von jedem Wagen etwa 4 Proben zu entnehmen, deren Si-Gehalt um nicht mehr als 0,2% streuen darf, bei Si-Gehalten von 1,5 bis 3%. Bei Si-Gehalten über 3% ist eine Streuung von 0,3% zulässig. Bei größeren Streuungen sollte eine naßchemische Kontrollanalyse ausgeführt werden.

Es erhebt sich nun noch die Frage, ob die angegebenen Verfahren und Fehlerwerte nur für die spektrochemische Analyse von niedrig legiertem Gußeisen und Stahl Gültigkeit haben oder ob das spektrochemische Verfahren auch für die Analyse höher legierter Gußeisen- und Stahlsorten von Wert ist.

8. *Analyse höher legierter Gußeisensorten*

Die eben gestellte Frage ist insofern berechtigt, als im allgemeinen auch heute noch die Analyse verhältnismäßig niedriger Legierungsgehalte in der Mehrzahl der Fälle das Hauptanwendungsgebiet der quantitativen Spektralanalyse ist. Die Beschränkung auf die niedrig legierten Stähle und Eisensorten ist jedoch mehr entwicklungsfähig als verfahrensmäßig bedingt, und es gibt heute bereits eine ganze Anzahl von Laboratorien, die auch die Legierungen mit höheren Gehalten an Legierungselementen in ihre Arbeit einbezogen haben. Neben zahlreichen Verfassern aus den USA geben die bereits erwähnten Autoren E. Ronnie und M. Hallett [20] auch hierfür mehrere Beispiele, die auch durch in Deutschland ausgeführte Arbeiten ergänzt werden können. Mehr noch als in den früher besprochenen Fällen ist gerade bei den höher legierten Gußeisen- und Stahlproben darauf zu achten, daß die zu Eichzwecken verwendeten Legierungen dem zu untersuchenden Legierungstypus angepaßt sind. Die Tab. 10 und 11 sind der Arbeit von Ronnie und Hallett [20] entnommen.

Die angegebenen Fehler sind Absolutfehler; sie halten sich noch in durchaus erträglichen Grenzen. Dies geht auch aus der folgenden Tab. 11 hervor, die für eine Anzahl höher legierter Gußeisensorten naßchemisch und spektral analytisch erhaltene Vergleichswerte enthält.

Tabelle 10. *Anwendung der quantitativen Spektralanalyse auf höher legierte Gußeisensorten*

Element	Konzentrationsbereich %	Fehler %
Silizium . . .	4,0— 6,0	0,15
Kupfer . . .	6,0— 7,5	0,2
Nickel . . .	12,0—24,0	0,5
Chrom . . .	12,0—22,0	0,5
	28,0—24,0	1,0

Tabelle 11. *Vergleich zwischen den auf chemischen und den auf spektrographischem Wege bei höher legierten Gußeisensorten erhaltenen Analysenergebnissen*

Legierung	Silizium chem. %	Silizium spektr. %	Nickel chem. %	Nickel spektr. %	Chrom chem. %	Chrom spektr. %	Kupfer chem. %	Kupfer spektr. %
Enduron	1,88	1,93	—	—	17,55	17,28	—	—
Enduron	1,64	1,56	—	—	13,60	14,10	—	—
Ni-Resist	1,90	1,98	14,75	14,57	2,19	2,11	7,17	7,09
Ni-Resist	1,69	1,63	15,05	15,35	2,25	2,25	6,76	6,63
Nicrosilal	4,99	5,05	22,15	22,10	2,66	2,63	—	—
Nicrosilal	4,90	3,78	20,15	20,08	2,21	2,14	—	—
33% Cr-Guß . . .	n. b.		—	—	33,27	32,40	—	—

Die Schwierigkeit bei den höher legierten Gußeisensorten liegt in dem etwas abgeänderten und etwas umständlicheren Auswertungsverfahren. Bei allen spektrochemischen Auswertungsverfahren wird, wie gezeigt, die Schwärzungs- bzw. die Intensitätsdifferenz zwischen einer Linie des Grundmetalls und einer passenden Linie des zu bestimmenden Elementes gebildet. Hierbei wird stillschweigend vorausgesetzt, daß der Gehalt der Legierung an dem Grundelement, im vorliegenden Falle also an Eisen, annähernd als konstant anzusehen ist. Bei den niedrig legierten Eisensorten trifft diese Voraussetzung meist zu, d. h. die tatsächlich doch vorhandenen Schwankungen im Eisengehalt mehrerer Proben liegen im allgemeinen im Rahmen der Analysenfehler. Bei Legierungen, die z. B. einmal 2% Chrom und im anderen Falle 13% oder gar 33% Chrom enthalten, trifft diese Voraussetzung aber nicht mehr zu. Die Eisengehalte würden, wenn man von dem Gehalt der Legierungen an anderen Legierungselementen absieht, dann 98% einerseits und 87% bzw. 67% andererseits betragen. Ohne Berücksichtigung der veränderten Intensitäten der Eisenlinie würde man in den beiden letzten Fällen zu hohe Chromgehalte finden. Die verminderte Schwärzung bzw. Intensität der Eisenlinie kann auf rechnerischem Wege berücksichtigt werden. Die Berechnung kann nach einem von G. Limmer [34] angegebenen Schema erfolgen:

Eine Legierung mit dem Grundmetall A enthalte die weiteren Legierungselemente $B, C, D, \ldots$. In der üblichen Darstellung unter Verwendung der chemischen Analysenwerte ist dann

$$\% A + \% B + \% C + \% D + \ldots = 100\%.$$

Um eine konstante Bezugsmöglichkeit zu gewinnen, setzt man nun den Gehalt an dem Grundelement A willkürlich gleich 100. Bezeichnet man die auf diese Einheit bezogenen

Gehalte an Legierungselementen mit kleinen Buchstaben, so sind die entsprechenden *bezogenen Gehalte*

$$b = \frac{B}{A}\,100 = \frac{B}{100 - (B + C + D + \ldots)}\,100$$

$$c = \frac{C}{A}\,100 = \frac{C}{100 - (B + C + D + \ldots)}\,100$$

$$d = \frac{D}{A}\,100 = \frac{D}{100 - (B + C + D + \ldots)}\,100$$

Bei der Aufstellung der Eichkurven geht man wie üblich von chemisch analysierten Eichproben aus, deren Gehalte an Legierungselementen man in der eben beschriebenen Weise in *bezogene Gehalte* umrechnet. Man erhält so je nach der Höhe der Summe der Legierungselemente von den chemischen Analysenwerten mehr oder weniger abweichende *bezogene* Zahlenwerte, mit deren Hilfe man die Eichkurve zeichnet.

Bestimmt man nun von einer Legierung unbekannter Zusammensetzung mit Hilfe dieser Eichkurve die verschiedenen Gehalte an Legierungselementen, so erhält man zunächst nicht die gewünschten Analysenwerte in Hundertteilen des Gesamtgewichtes, sondern die *bezogenen* Analysenwerte. Diese müssen erst wieder auf die den chemischen Gehalten entsprechenden Analysenwerte zurückgerechnet werden. Hierbei geht man folgendermaßen vor:

Man bildet zunächst die Summe aller *bezogenen* Analysenwerte $(b + c + d + \ldots)$ und teilt die aus den Eichkurven entnommenen Einzelwerte b, c, d,... durch die um 100 vermehrte Summe und multipliziert nochmals mit 100. Die so erhaltenen Werte entsprechen den chemischen Analysenwerten.

$$\%\,B = \frac{b}{(100 + b + c + d + \ldots)}\,100$$

$$\%\,C = \frac{c}{(100 + b + c + d + \ldots)}\,100$$

$$\%\,D = \frac{d}{(100 + b + c + d + \ldots)}\,100$$

Enthält ein austenitisches Gußeisen vom Typus des *Niresist* nach dem Ergebnis der chemischen Analyse beispielsweise

2,8% C 1,9% Si 1,3% Mn 2,3% Cr 6,5% Cu und 14,0% Ni,

so beträgt die Summe aller Legierungselemente (einschließlich des Kohlenstoffs) 28,8%. Daraus berechnen sich die folgenden *bezogenen Gehalte:*

3,93% C 2,67% Si 1,83% Mn 3,23% Cr 9,13% Cu und 19,66% Ni.

Diese Werte wären bei Verwendung von *Niresist* als Eichsubstanz gegebenenfalls in die Eichkurve einzusetzen, und aus ihnen kann man dann nötigenfalls unter Verwendung der letztgenannten Umrechnungsformeln wieder die wahren Gehalte in Hundertteilen der Legierung berechnen. Die Abweichungen zwischen den chemisch bestimmten wahren Gehalten und den *bezogenen Gehalten* sind um so größer, je höher die Summe der Legierungselemente, d. h. je niedriger der Gehalt der Legierung an Grundmetall ist. Es ist zweckmäßig, auch für die nicht spektrographisch oder chemisch bestimmten Gehalte an einzelnen Bestandteilen, z. B. an Kohlenstoff oder an Phosphor, wenigstens annähernd zutreffende Schätzungswerte in die Summenrechnung mit einzusetzen. Um so genauer wird die Berechnung.

Das zunächst etwas umständlich erscheinende Berechnungsverfahren kann um so mehr vereinfacht werden, je ähnlicher die verwendeten Eichelektroden hinsichtlich der Summe ihrer Legierungselemente und ihrer allgemeinen Zusammensetzung den zu analysierenden Proben sind und je gleichartiger die zu überwachende Produktion ist.

Auch hier haben die mit direkter Anzeige arbeitenden großen Automaten besondere Vorteile. So kann z. B. das Quantometer von ARL für die Analyse von Metallen mit höheren Gehalten an Legierungselementen mit besonderen Konzentrations-Korrekturvorrichtungen versehen werden, an denen die Differenzen $100 - (B + C + D...)$ bzw. die Summen $(100 + b + c + d ...)$ nach dem Ergebnis der ersten vorläufigen Analyse eingestellt werden können, worauf bei der anschließenden Wiederholung der Analyse, die ja nur wenige Minuten in Anspruch nimmt, am Schreibgerät gleich die richtigen, d. h. die auf die wechselnden Gehalte an Grundmetall korrigierten wahren Prozentgehalte, abgelesen werden können.

V. Sonderfälle

1. Spektrochemische Bestimmung des Kohlenstoffs

Kohlenstoff hat im kurzweiligen UV-Gebiet in der Hauptsache drei Linien, bei 2509,1 Å, 2478,6 Å und bei 2296,8 Å, von denen nach den Untersuchungen von F. H. EMERY und H. SIMMONS BOOTH [*35*] die beiden erstgenannten Linien für quantitative Bestimmungen des Kohlenstoffs nicht geeignet sind. Alle neueren Untersuchungen beziehen sich daher auf die letztgenannte Linie *C III* 2296,86 Å. Auch die Verwendung dieser Linie hat ihre Schwierigkeiten, da ihr eng benachbart bzw. überlagert drei Eisenlinien sind, und zwar die Linien Fe 2296,93 Å, 2296,78 Å und 2296,66 Å. In einer ausführlichen Arbeit beschäftigen sich A. GATTERER und J. JUNKES [*36*] mit der Lage und dem Aussehen der genannten Kohlenstofflinie im Eisenspektrum, dem Einfluß der Entladungsbedingungen auf Schärfe, Intensität und Lage des Maximums der C-Linie sowie der Prüfung ihrer Verwendbarkeit bei quantitativen Kohlenstoffbestimmungen.

Die Untersuchung ergab, daß die drei genannten schwachen Eisenlinien bei C-Gehalten oberhalb 0,2% Fe nicht wesentlich stören. Voraussetzung ist die Verwendung eines Spektrographen großer Auflösung und Dispersion. Hinsichtlich der Anregungsart ist zu sagen, daß die C-Linie, die ja eine ausgesprochene Funkenlinie ist, einer *starken* Anregung, d. h. einer Anregung mit großer Kapazität und kleiner Selbstinduktion bedarf, wenn sie mit ausreichender Intensität angeregt werden soll. Seit der ersten grundlegenden Arbeit von GATTERER und JUNKES (a. a. O.) haben sich noch eine ganze Anzahl weiterer Autoren mit der Frage der C-Bestimmung im Eisen und seinen Legierungen beschäftigt. Sie alle bedienen sich der Linie *C III* 2296,86 Å und verwenden als Vergleichslinie verschiedene Fe-Linien wie Fe 2298,66 Å (V. L. ABRAMOV, V. T. BOGDANOVA und K. J. TAGANOV [*37*] oder Fe 2295,86 Å (F. W. GARTON [*38*] sowie auch G. BRUCELLE [*39*]. Der letztgenannte Verfasser, der sich stark den Versuchen von GARTON anschließt, arbeitet bei der *C*-Bestimmung mit dem Quarzspektrographen Q 24 von Zeiß, einem Funkenerzeuger nach Art des FEUSSNER-Funkenerzeugers und mit einer Kapazität von 6750 cm bei ausgeschalteter Selbstinduktion und 10000 V Sekundärspannung.

Die Elektroden haben Plattenform mit einer Gegenelektrode aus Zink von 3 mm Durchmesser. Die Spaltbreite beträgt 0,015 mm, der Elektrodenabstand 0,8 mm $\pm$ 0,05 mm. Vorfunkzeit 15 sec, Belichtungszeit 2 min. Der kleine Elektrodenabstand von 0,8 mm scheint auch nach den Versuchen anderer Verfasser von großer Bedeutung zu sein. Da das photographische Plattenmaterial in dem kurzwelligen Gebiet von rd. 2300 Å nicht mehr ausreichend empfindlich ist, wird die Schicht vor der Aufnahme durch Eintauchen in eine 1%ige alkoh. Lösung von Natriumsalicylat für diesen Bereich sensibilisiert. Neuerdings sind auch Platten im Handel, die bereits vom Hersteller für das kurzwellige UV-Gebiet sensibilisiert sind und keine zusätzliche Sensibilisierung im Laboratorium benötigen. (Vgl. hierzu die Ausführungen im folgenden Abschnitt über die P-Bestimmung). In Übereinstimmung mit den Angaben von GATTERER und JUNKES [*36*] kommt BRUCELLE zu dem Ergebnis, daß unter den gewählten Bedingungen, insbesondere bei dem verwendeten Spektrographen C-Gehalte unter 0,2% nicht mehr bestimmt werden können. Die Untersuchungen von ABRAMOV, BOGDANOVA und TAGANOV [*37*] beziehen sich auf C-Gehalte von 2,25 bis 3,25%, d. h. also auf C-Gehalte, wie sie im Gußeisen vorkommen. Der Fehler übersteigt nicht 6%. BRUCELLE [39] gibt in der erwähnten Arbeit noch an, daß bei der Dispersion des Q 24, die in diesem Wellenlängenbereich 0,16 mm/Å beträgt und bei Verwendung einer Spaltbreite von 0,015 mm bei Gegenwart von Nickel im Stahl die beiden die *C III*-Linie 2296,86 einrahmenden Ni-Linien 2296,55 Å und 2297,14 Å nicht stören. Dies wurde mit einer 2,4% Ni enthaltenen Legierung nachgeprüft. Zur näheren Erläuterung der vorstehenden Ausführungen über die Kohlenstoffbestimmung im Eisen auf spektrographischem Wege ist in der folgenden Abb. 20 die Lage der *C III*-Linie 2296,86 Å im Eisen- und Nickelspektrum nach einer Aufnahme von GATTERER und JUNKES wiedergegeben.

Mit der Anwendung des neuen Verfahrens der direkten Anzeige bei der spektrochemischen C-Bestimmung beschäftigen sich R. BRECKPOT und C. GOBERT [40]. Sie benutzen einen Spektrographen mittlerer Dispersion und verwenden als Empfänger einen Sekundärelektronenvervielfacher vom Typ RCA-P 28. Bei der elektronischen C-Bestimmung stören die erwähnten 3 Eisenlinien weniger als bei der photographischen Bestimmung, sie können als Untergrund betrachtet werden (s. a. R. BRECKPOT und M. DE CLIPPELLIER [41]). Die Verfasser geben an, daß auf diesem Wege und ebenfalls unter Verwendung der oben genannten *C III*-Linie noch Kohlenstoffgehalte im Bereich von 0,02% bis 1,0% bestimmt werden können. Als Gegenelektroden verwenden die Verfasser Al- oder Ag-Stäbe. Zur Anregung dient eine hochkondensierte Funkenentladung. Der mittlere Fehler soll 0,004% C betragen. Vorhandene Luftkohlensäure soll nicht stören.

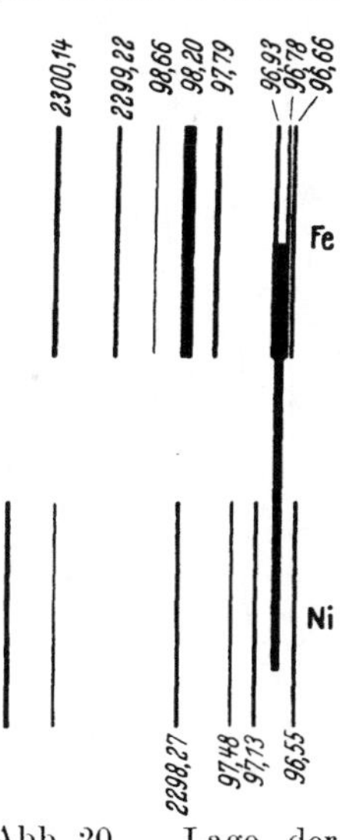

Abb. 20. Lage der *C III*-Linie 2296,86 Å im Fe- und Ni-Spektrum nach GATTERER und JUNKES [36]

2. *Die spektrochemische Phosphorbestimmung*

Als zweites für die Eisen- und Stahlindustrie wichtiges nichtmetallisches Element, dessen spektrochemische Analyse in den letzten Jahren Gegenstand vieler Untersuchungen gewesen ist, ist der Phosphor zu nennen. Nach anfänglichen Schwierigkeiten wurden auch hier größere Erfolge erzielt.

Neben älteren Arbeiten, die sich mit der Frage der Phosphorbestimmung im Stahl beschäftigen, ist vor allem als neueste Arbeit die von Le Roy S. BROOKS und Ford R. BRYAN [42] zu nennen. Die Verfasser verwenden als Bestimmungslinie für Phosphor die im kurzwelligen UV-Gebiet liegende Linie P 2149,11 Å. Von anderen Autoren wird die Linie P 2136,20 Å empfohlen. Beide Linien haben eng benachbarte Kupferlinien, die die Verwendung von Spektrographen großer Dispersion in diesem Gebiet notwendig machen. Der erstgenannten P-Linie ist die Cu-Linie bei 2148,97 Å (25) benachbart, der zweitgenannten P-Linie die Cu-Linie bei 2135,98 Å (500). Wie aus den in Klammern beigefügten relativen Intensitätsangaben für die beiden Cu-Linien zu ersehen ist, hat die letztgenannte Cu-Linie die größere Intensität. Obwohl der Wellenlängenunterschied gegenüber den zugehörigen P-Linien im ersten Falle nur 0,14 Å, im zweiten Falle dagegen 0,22 Å beträgt, ziehen BROOKS und BRYAN doch die erstgenannte P-Linie wegen der geringeren Intensität der benachbarten Cu-Linie vor. Die folgende Abb. 21 zeigt die mit einem Registrierphotometer hergestellter Aufnahme eines entsprechenden Spektrenausschnittes in diesem Bereich, der die P-Linie neben der Cu-Linie sowie die als Bezugslinie verwendete Fe-Linie erkennen läßt.

Die Fe-Bezugslinie hat die Wellenlänge 2150,18 Å. Als Anregungsquelle verwenden die Verfasser einen Hochspannungsbogen, der mit 4000 V auf der Sekundärseite und einer Stromstärke von 2,4 A betrieben wird. Der zu untersuchende Stahl wird in einer Menge von etwa 0,1 g fein zerspant und in die Höhlung einer spektralreinen Kohle gebracht. Als Gegenelektrode dient eine zugespitzte Kohleelektrode. Die gleiche Anregungsform mit dem Hochspannungsbogen verwendeten schon früher F. R. BRYAN und G. A. N. NAHSTOLL [*43*]. Von großer Bedeutung für die gute Reproduzierbarkeit der Ergebnisse scheint zu sein, daß bei den Aufnahmen mit dieser Anregungsform eine Vorfunkzeit von etwa 20 min aufgewendet wird, bevor mit der eigentlichen Belichtung begonnen wird, die nur 45 sec dauert.

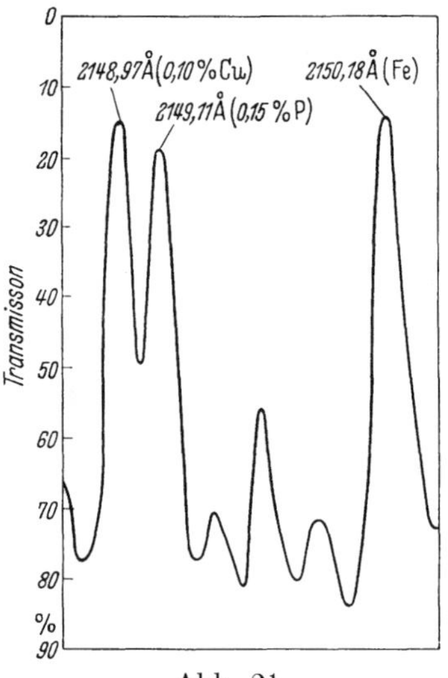

Abb. 21. Spektrenausschnitt in der Umgebung der P-Linie 2149,11 Å nach BROOKS und BRYAN [*42*]

Tabelle 12. *Relative Intensitäten einer Gruppe von Eisenlinien zur Plattenkalibrierung im kurzwelligen UV-Gebiet*

Wellenlänge der Eisenlinie in Å	Relative Intensität
2102,35	0,27
2110,23	0,50
2155,24	0,67
2150,18	0,94
2158,92	1,18
2159,65	1,33
2159,89	1,34
2171,29	1,67

Von großem Nutzen bei den Untersuchungen von BROOKS und BRYAN (a. a. O.) erwies sich die Verwendung der Ilford Q-2-Platte, die für das kurzwellige UV-Gebiet besonders sensibilisiert ist und technisch leichter zu handhaben ist als ähnlich sensibilisierte Platten anderer Herkunft. Eine zusätzliche Sensibilisierung der Emulsion im Laboratorium des Verbrauchers ist daher nicht erforderlich. Diese Emulsion dürfte auch bei den im vorhergehenden Abschnitt beschriebenen C-Bestimmungen mit Vorteil Verwendung finden.

Für die rechnerische Auswertung der Spektren im früher beschriebenen Sinne geben BROOKS und BRYAN [*42*] eine Reihe von im kurzwelligen Gebiet gelegenen Eisenlinien an, deren relative Intensitäten in der folgenden Tab. 12 zusammengestellt sind.

Das Verfahren wurde an Stahlproben im Konzentrationsbereich von 0,003 bis 0,061% P erprobt. Schon früher hatte N. S. S. SVENTITSKII [*44*] ein ähnliches photographisches Verfahren zur Bestimmung des Phosphors im Konzentrationsbereich von 0,015 bis 0,20% P beschrieben. Mit der spektrochemischen Bestimmung des Phosphors im Gußeisen beschäftigt sich auch M. A. ALPATOV [*45*], der ebenfalls die Phosphorlinie 2149,11 Å kombiniert mit der Eisenlinie 2151,7 Å verwendet. Zu erwähnen ist ferner die Arbeit von K. C. MAZUMDER und M. K. GOSH [*46*], die mit der Bogenanregung weniger gute Erfolge erzielten als mit Funkenanregung. Bei einer Kapazität von 0,015 μF und einer Selbstinduktion von 0,03 mHy sowie einer Stromstärke von 1 A in der Funkenstrecke gelang die Bestimmung des Phosphors bis herab zu 0,015% P unter Verwendung eines mittleren Quarz-Spektrographen und der Linienkombination P 2136,2/Fe 2138,6 Å. Die Ergebnisse konnten durch Anblasen der Funkenstrecke mit Stickstoff noch verbessert werden. Die Übereinstimmung mit den auf chemischem Wege erhaltenen Werten ist gut, doch konnten Seigerungserscheinungen beobachtet werden, die bei der sich größerer Probenmengen bedienenden naßchemischen Analyse weniger auffallen als bei der sich auf kleinere Bereiche beschränkenden spektrochemischen Analyse.

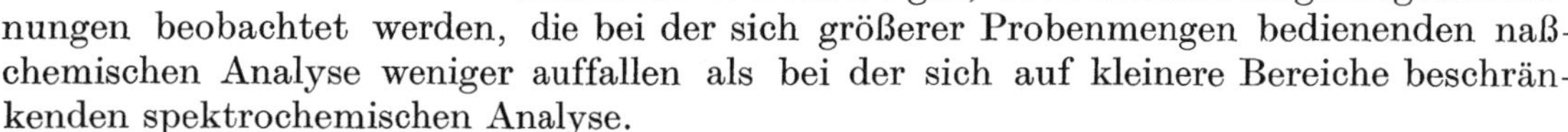

Neben den photographischen Verfahren gewinnen die mit direkter Anzeige arbeitenden Arbeitsweisen wie beim Kohlenstoff so auch beim Phosphor in zunehmendem Maße an Bedeutung. Als Empfänger dienen entweder mit Quarzfenstern versehene GEIGER-MÜLLER-Zählrohre oder neuerdings Elektronenvervielfacher vom Typus RCA-P28 mit Quarzfenster. Eine gewisse Schwierigkeit erwächst auch hier aus der Störung der Ergebnisse durch die benachbarte Cu-Linie. Arbeitet man mit einem Spektrographen großer Dispersion, wie dies zuerst von R. HANAU und R. A. WOLFE [*47*] sowie von F. R. BRYAN und G. A. NAHSTOLL [*43*] unter Verwendung des GEIGER-MÜLLER-Zählrohres als Empfänger versucht wurde, so muß man bei den relativ geringen Intensitäten auf der Austrittsseite derartiger großer Spektrographen einen großen Aufwand bei der elektronischen Aufzeichnung treiben.

M. F. HASLER und F. BARLEY [48] suchen diese Schwierigkeit dadurch zu umgehen, daß sie die Spaltbreite auf der Austrittsseite so groß wählen, daß die beiden erwähnten P-Linien gleichzeitig erfaßt werden. Den sich überlagernden Störeinfluß der beiden benachbarten Cu-Linien suchen sie durch eine getrennte zusätzliche Cu-Bestimmung mit einer anderen passenden Cu-Linie zu umgehen. Die Bestimmung wird jedoch sehr ungenau, wenn der Cu-Gehalt drei- bis viermal größer ist als der P-Gehalt.

R. BRECKPOT und K. MARZEC [49] suchen die bei Spektrographen großer Dispersion auftretende Schwierigkeit geringer Linienintensität durch Verwendung eines Spektrographen kleinerer Dispersion zu umgehen, wobei sie freilich gezwungen sind, mit kleinen Spaltbreiten auf der Austrittseite zu arbeiten, was wieder an die Justierung der Austrittspalte große Ansprüche stellt. Als Empfänger dienen Sekundärelektronenverstärker. Mehrere optische Firmen bringen z. Z. auch Vakuum-Spektrographen mit Fluorit-Optik und direkter Anzeige zur gemeinsamen Bestimmung von Kohlenstoff, Phosphor und Schwefel in den Handel.

Sehr ausführlich beschäftigen sich neuerdings C. G. CARLSSON und L. DANIELSSON [50] mit dieser Frage, wobei sie sich an das Verfahren von BRECKPOT anschließen und der Frage der Justierung des Austrittsspaltes (sie verwenden einen mittleren HILGER-Quarzspektrographen mit einer mittleren reziproken Dispersion von 5 Å/mm in diesem Gebiet) ganz besondere Sorgfalt widmen. Einen Schritt weiter führt dann das neuerdings von BRECKPOT [9] beschriebene, bereits erwähnte Verfahren (vgl. Abb. 12), bei dem mit beweglichem Eintrittsspalt und relativ weitem Austrittsspalt gearbeitet wird, der eine Registrierkurve des Spektrums im Bereich der P- und der Cu-Linie aufzeichnet, an Hand deren dann die quantitative Auswertung vorgenommen wird. CARLSSON und DANIELSSON arbeiten wie auch MAZUMDER und GOSH mit einer gesteuerten Funkenentladung und großer Stromstärke in der Funkenstrecke, so daß die Entladung offenbar eine gewisse Ähnlichkeit mit dem Hochspannungsbogen von BROOKS und BRYAN [42] gewinnt. Der mittlere quadratische Fehler beträgt hierbei $\pm$ 5%. Sie arbeiten sowohl mit zwei Stäbchenelektroden aus demselben Material wie auch mit einer Platten-Elektrode mit Kohle als Gegenelektrode, wobei sie dem letztgenannten Verfahren den Vorzug geben. In einer ausführlichen Diskussion der Vorzüge und Nachteile der beiden P-Linien P 2149,11 Å und P 2136,20 Å kommen die Verfasser zu dem Ergebnis, daß beide Linien ihre Vorzüge und Nachteile haben und praktisch beide verwendet werden können, wobei die Linie P 2149,11 Å wegen ihrer etwas größeren Empfindlichkeit bei der Bestimmung kleiner P-Gehalte vorzuziehen ist. Die von CARLSSON und DANIELSSON hinsichtlich des mittleren Fehlers gemachten Angaben stimmen einigermaßen mit den Angaben von HANS und LACOMBE [51] überein, die ebenfalls bei der P-Bestimmung mit direkter Anzeige arbeiten. CARLSSON und DANIELSSON berichten ferner auch über die P-Bestimmung in Eisenerzen im Bereich von P-Gehalten von 0,005 bis 5% P. Hierauf wird weiter unten bei der Behandlung der Frage der spektrochemischen Analyse von Erzen und Schlacken noch näher einzugehen sein.

Die mannigfachen im Zusammenhang mit der P-Bestimmung gemachten Vorschläge lassen darauf schließen, daß das Bestimmungsverfahren grundsätzlich brauchbar ist, aber doch noch gewisse Schwierigkeiten bietet. Am besten praktisch verwendbar dürfte vorerst die Arbeitsvorschrift von BROOKS und BRYAN [42] sein, die freilich das Vorhandensein eines Hochspannungsbogens voraussetzt, der zwar in den USA, nicht aber in Deutschland verbreitet ist.

3. Die spektrochemische Magnesiumbestimmung

Im Zusammenhang mit der steigenden Verbreitung des sphärolithischen Gußeisens gewinnt auch die Magnesiumbestimmung in diesem Eisen zunehmend an Bedeutung. Das einfachste Verfahren ist die visuelle Bestimmung des Magnesiumgehaltes mit dem Spektroskop unter Verwendung der Methode der homologen Linienpaare. Die hierfür notwendige feste Probe gewinnt man, indem man sich der in Abb. 13 gezeigten Kokille bedient. Die erhaltene Probe wird in der Mitte durchgeschlagen und die eine Hälfte gegebenenfalls für eine naßchemische Analyse oder für eine Lösungsspektralanalyse oder für eine spätere Kontrolle aufbewahrt. Die andere Hälfte kann sofort zur halbquantitativen Bestimmung des Mg-Gehaltes im Stahlspektroskop verwendet werden.

Magnesium hat im sichtbaren Bereich, und zwar im grünen Gebiet, einige sehr empfindliche Linien bei Mg 5172,68 Å und bei Mg 5183,60 Å, die in einem der erwähnten Stahlspektroskope gut erkennbar sind. Besonders die Linie Mg 5183,60 Å wird durch keine benachbarte Eisenlinie gestört und eignet sich daher besonders für quantitative Zwecke. Die Nachweisempfindlichkeit dieser Linie im Wechselstrombogen von 6 bis 7 Amp. ist so groß, daß selbst Gehalte von 0,005% Mg noch deutlich erkennbar sind.

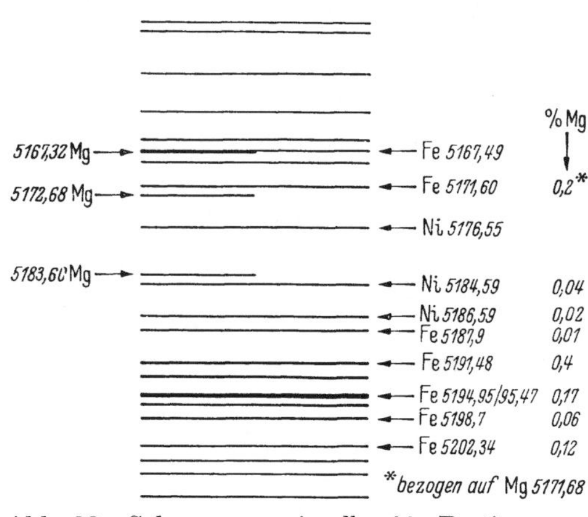

Abb. 22. Schema zur visuellen Mg-Bestimmung im Gußeisen

Das Verfahren der homologen Linienpaare besteht, wie bereits erwähnt, in dem subjektiven Vergleich der Intensität einer Mg-Linie mit derjenigen einer benachbarten Eisenlinie gleicher Intensität. Verwendet man nach dem Vorschlag von O. WERNER [*22*] Nickel als Gegenelektrode, so lassen sich in unmittelbarer Nachbarschaft der genannten Mg-Linie noch einige Nickellinien gewinnen, die sich als Bezugslinien zur halbquantitativen Abschätzung des Mg-Gehaltes gut eignen. Abb. 22 zeigt schematisch einen Ausschnitt aus dem Eisenspektrum im Bereich der genannten Mg-Linien zusammen mit den bei Verwendung einer Ni-Elektrode erscheindenen Ni-Linien.

Die angeschriebenen Mg-Konzentrationen rechts neben den Ni- bzw. Fe-Linien beziehen sich auf Intensitätsgleichheit der betreffenden Fe- bzw. Ni-Linie mit der Mg-Linie 5183,60 Å. Bei 0,2% Mg besteht Intensitätsgleichheit der Mg-Linie 5172,68 Å mit der benachbarten Fe-Linie 5171,6 Å. Die Mg-Linie 5167,32 Å ist für die Mg-Bestimmung wenig geeignet, da sie praktisch von der Fe-Linie 5167,49 Å nicht mehr zu trennen ist. Neuerdings hat sich auch K. ROESCH [*52*] des beschriebenen Verfahrens angenommen und noch einige Fe-Linien als Bezugslinien zur Mg-Linie 5183,60 Å herangezogen. Sie sind in der folgenden Tabelle 13 zusammengestellt.

Tabelle 13. *Eisenlinien als Vergleichslinien bei der visuellen Bestimmung des* Mg *mit der* Mg-*Linie* 5183,60 Å

Bei % Mg ist Mg 5183,60 Å intensitätsgleich mit	den Fe-Linien in Å	Bemerkungen
0,01	5180,1	sehr schlecht zu sehen, da zu nahe neben der Mg-Linie
0,02	5187,9	auch mit 0,01% angegeben (WERNER)
0,03	5184,3	gut vergleichbar
0,04	5196,1	nur mit Aufnahme ist eine Trennung mit nebenliegender Linie möglich
0,06	5198,7	gut vergleichbar
0,10	5215,2	zu weit entfernt, um vergleichen zu können
0,13	5202,3	auch mit 0,10% angegeben (WERNER)
0,17	5194,9	zu nahe an Fe 5194,47 Å
0,4	5191,5	gut vergleichbar
0,6	5192,4	gut vergleichbar

K. ROESCH verwendet bei seinen Versuchen Cu als Gegenelektrode, kommt aber ebenfalls zu dem Ergebnis, daß die Verwendung von Ni als Gegenelektrode zweckmäßiger ist.

Man erhält dann passende Vergleichslinien, die eine Abschätzung des Mg-Gehaltes in dem technisch besonders interessierenden Konzentrationsbereich von 0,06 bis 0,10% Mg mit genügender Genauigkeit ermöglichen. Da das von der Fa. FUESS gefertigte Stahlspektroskop auch die Herstellung photographischer Aufnahmen gestattet, ist u. U. die Herstellung einer Aufnahme von Vorteil, für die in der Arbeit von K. ROESCH (a. a. O.) ein Beispiel gegeben wird. Dasselbe Spektroskop ist noch mit einem zweiten Probentisch ausgerüstet, auf den man eine oder mehrere Vergleichsproben mit bekanntem Mg-Gehalt legen kann und so aus den im Okular untereinander erscheinenden Spektren die Intensität der Mg-Linie aus der Probe unbekannter Konzentration visuell mit der Intensität einer Probe bekannter Konzentration unter Verwendung derselben Mg-Linie vergleichen kann. Das in Abb. 22 beschriebene Verfahren gestattet dagegen die Auswertung ohne Vergleichsproben und Vergleichsspektren unter Voraussetzung annähernd vergleichbarer Anregungsbedingungen.

Da gelegentlich Seigerungen in der zu untersuchenden Probe auftreten können, ist es zweckmäßig, die Probe an mehreren Stellen anzufunken. Bei stärkeren Seigerungen wird man besser auf die Lösungsspektralanalyse zurückgreifen, die gegenüber dem beschriebenen visuellen Schnellverfahren etwas mehr Zeitaufwand beansprucht, dafür aber zuverlässiger ist. Der Zeitaufwand ist aber auch bei Verwendung der Lösungsspektralanalyse immer noch bedeutend geringer als bei der üblichen naßchemischen Analyse.

Bei der Lösungsspektralanalyse geht man von einem nachweislich Mg-freien Gußeisen aus, mit dessen Hilfe man sich synthetische Eichlösungen bekannter Zusammensetzung herstellt. In gleicher Weise und mit derselben Säurekonzentration stellt man sich dann eine Lösung der zu analysierenden Probe her, die auf die Oberfläche einer spektralreinen Kohle gebracht wird. Für das hier andeutungsweise beschriebene Verfahren finden sich on der Literatur der letzten Jahre eine ganze Reihe von Arbeiten, auf die hier nur kurz verwiesen wird [*20*, *53*–*60*]. Nach eigenen Erfahrungen kann folgende Arbeitsweise empfohlen werden:

0,5 g Probespäne werden in einigen cm³ konzentrierter HCl gelöst, mit einigen Tropfen Salpetersäure oxydiert und fast bis zur Trockne eingedampft. Der Rückstand wird mit 10 cm³ einer 10%igen HCl aufgenommen, und die Lösung ist fertig zur Analyse. Die Eichlösungen werden in entsprechender Weise unter Zusatz bekannter Mg-Mengen aus magnesiumfreiem Gußeisen hergestellt. Je ein Tropfen der fertigen Lösung wird auf die obere und die untere Kohleelektrode, deren Bruchflächen plan geschliffen sind, aufgebracht. Nach Angaben von F. BRYAN, G. NAHSTOLL und H. VELDHUIS [*54*], die durch eigene Versuche bestätigt werden konnten, ist es zweckmäßig, die spektralreinen Kohlen vor der Aufnahme etwa 10 min lang in Petroleum zu legen und sie dann oberflächlich mit Filtrierpapier zu trocknen. Der auf die Kohleoberfläche gebrachte Lösungstropfen dringt dann nicht in unkontrollierbarer Weise in die poröse Kohle ein, sondern bleibt auf der Kohleoberfläche liegen und wird hier durch Einstellen der Kohle in einen auf etwa 150 °C vorgeheizten Trockenschrank eingetrocknet.

Bei der Aufnahme wird mit Funkenanregung gearbeitet, für die folgende Anregungsbedingungen sich als brauchbar erwiesen haben: FEUSSNER-Funkenerzeuger, Kapazität 3000 cm, Selbstinduktion 350000 cm, Elektrodenabstand 3 mm, Spaltbreite 0,02 mm Spektrograph Q 24, Vorfunkzeit 2 min. Belichtungszeit 2 min. Bei der Auswertung der Spektren wurde die Linienkombination Mg II 2802,7/Fe I 2804,5 Å als zweckmäßig befunden. Abb. 23 zeigt den Verlauf einer mit synthetischen Lösungen hergestellten Eichkurve. Der mittlere Fehler des Einzelwertes liegt je nach der Höhe des zu bestimmenden Mg-Gehaltes zwischen 0,0002 bis 0,005% Mg. Der Zeitaufwand beträgt etwa 30 min, wobei der größte Teil der Zeit für die Probenvorbereitung in Anspruch genommen wird.

Bedenkt man, daß der Mg-Abbrand aus der Schmelze je min Abstehzeit etwa 0,001% Mg beträgt, so wird klar, daß die Anwendung des Lösungsverfahrens doch zu erheblichen Fehlresultaten führen kann, wenn es auf die Überwachung der Mg-Konzentration in der Schmelze ankommt. In diesem Falle ist das erstgenannte Verfahren der visuellen Analyse vorzuziehen. Bei der Analyse von Fertigprodukten bietet dagegen das Lösungsverfahren trotz seines größeren Zeitaufwandes unbedingt Vorteile.

Neuerdings ist auch die Flammenspektralanalyse für die Mg-Bestimmung im Gußeisen vorgeschlagen worden. Hierüber berichten D. F. KUEMMEL und H. L. KARL [*61*]. Auch die Flammenspektralanalyse setzt die vorherige Lösung der zu untersuchenden Probe voraus. Mg gehört zu den Elementen, die durch die Flamme im allgemeinen schwer anzuregen sind. Aus diesem Grunde verwenden die genannten Verfasser auch die Sauerstoff-Azetylen-Flamme, die wesentlich heißer ist als die üblicherweise verwendete Propan-Luft- oder Azetylen-Luft-Flamme. Da die im sichtbaren Gebiet liegenden Mg-Nachweislinien wenig empfindlich sind, muß man auf die im UV-Gebiet liegende Mg-Linie 2852,13 Å zurückgreifen, was wiederum das Vorhandensein eines mit Quarzoptik ausgerüsteten Spektrometers, wie des BECKMAN-Spektrometers, voraussetzt. Zu beachten ist, daß der in Gußeisenproben stets vorhandene nicht unbeträchtliche P-Gehalt sich störend bei der flammenphotometrischen Mg-Bestimmung auswirkt. Man kann den Effekt vermindern durch Verwendung von Rahmenlösungen als Eichlösungen, die annähernd denselben P-Gehalt haben wie die zu untersuchende Probe. Die untersuchten Mg-Gehalte liegen im Bereich von 0,001 bis 0,09% Mg und ergeben gute Übereinstimmung zwischen den naßchemisch und den flammenspektrometrisch bestimmten Werten.

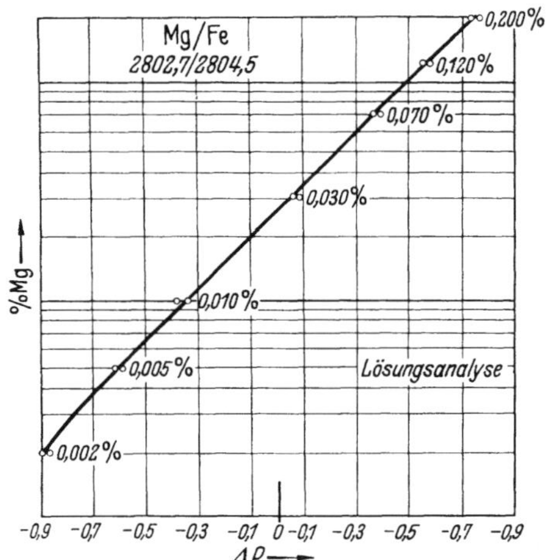

Abb. 23. Eichkurve für die Bestimmung kleiner Mg-Gehalte in Gußeisen

4. Die spektrochemische Borbestimmung

Neben dem Magnesium gewinnt neuerdings auch die Borbestimmung zunehmend an Bedeutung, zwar nicht so sehr im Gußeisen als vielmehr im Stahl. Schon sehr geringe Borzusätze in der Größenordnung von einigen Tausendstel Prozent haben einen merklichen Einfluß auf die Härtbarkeit bestimmter Stähle. Da die Hauptnachweislinien des Bors BI 2497,73 Å und BI 2496,78 Å einigen Eisenlinien eng benachbart sind, werden an die Leistungsfähigkeit der benutzten Apparatur besondere Anforderungen gestellt. Der erstgenannten Borlinie ist die Eisenlinie Fe II 2497,82 Å sehr eng benachbart (Wellenlängenunterschied 0,09 Å). Eine Trennung dürfte nur mit Hilfe eines Gitterspektrographen großer Brennweite und in höherer Ordnung möglich sein. Die zweitgenannte Borlinie ist von den beiden Eisenlinien Fe I 2497,03 Å (Wellenlängenunterschied 0,25 Å) und Fe I 2496,54 Å (Wellenlängenunterschied 0,24 Å) umgeben. Die Abstände der beiden Eisenlinien von der letztgenannten Borlinie B I 2496,78 Å lassen eine spektrographische B-Bestimmung selbst mit einem Spektrographen mittlerer Dispersion nach Art des Q 24 oder des 110 M nicht ganz aussichtslos erscheinen. Voraussetzung ist die Verwendung einer sehr geringen Spaltbreite von etwa 0,005 mm. Der Nachteil der letztgenannten B-Linie liegt in ihrer im Vergleich zur ersten B-Linie merklich geringeren Intensität, die nur etwa die Hälfte der Intensität dieser B-Linie beträgt. Angesichts der sehr niedrigen zu bestimmenden B-Gehalte ist man aber auf eine möglichst große Nachweisempfindlichkeit der Anordnung angewiesen. Eine gewisse Aussicht, die erstgenannte B-Linie trotz der möglichen Störwirkung der eng benachbarten Fe-Linie verwenden zu können, liegt darin begründet, daß man die Intensität der Fe-Linie, die ja eine Funkenlinie (Fe II-Linie!) ist, durch Wahl einer möglichst bogenähnlichen Anregungsanordnung unterdrückt.

Eine der wichtigsten Arbeiten zum vorliegenden Problem stammt von C. H. CORLISS und Bourdon F. SCRIBNER [*62*]. Die Verfasser erproben bei Verwendung eines LITTROW-

Spektrographen zwei verschiedene Anregungsformen: den Wechselstrom-Hochspannungsbogen (2500 V und 4,5 A) und die *Multisource* in einer stark übergedämpften, bogenähnlichen Anregungsform, ähnlich der Anregungsform Nr. 2 in Tab. 2 (S. 646), die durch gute Nachweisempfindlichkeit ausgezeichnet ist. Ausgewertet wird das Verhältnis B I 2496,78/Fe I 2496,99 Å. Das erstgenannte Verfahren eignet sich besonders zur Untersuchung drahtförmiger Elektroden, die in wassergekühlte Elektrodenhalter eingespannt werden. Das zweitgenannte Verfahren wird an massiven Elektroden erprobt, bei denen eine spektralreine Kohle als Gegenelektrode dient (point-to-plane-Technik). Der als Anode geschaltete Stahl wird mit 6 mm Elektrodenabstand und 0,020 mm Spaltbreite mit Hilfe der *Multisource* unter folgenden Bedingungen angeregt: Kapazität 60 μF, Selbstinduktion 480 μHy, Dämpfungswiderstand 50 Ohm, Ladespannung 940 V. Wie man aus dem Vergleich mit den in Tab. 2 unter Anregungsart 2 angegebenen Daten erkennt, übertreffen die hier angegebenen Anregungsdaten hinsichtlich der Stärke der Überdämpfung noch die dort angegebenen Werte.

Die hohe Nachweisempfindlichkeit der letzten Anregungsform beruht auf dem äußerst heftigen Angriff der Entladung auf die Oberfläche des Stahles. Jede Entladung schmilzt eine Fläche von etwa $^1/_2$ mm ∅ auf, wobei das geschmolzene Material explosionsartig verdampft, bevor eine Ableitung der Wärme ins Innere der Stahlprobe stattfinden konnte. Die Probe lag in gegossenem Zustand vor. Es wird die Linienkombination B I 2496,78/Fe I 2487,37 Å verwendet. Die Streuung der Einzelergebnisse der Spektralanalyse soll $\pm 4\%$ betragen, die Abweichungen gegenüber den auf naßchemischem Wege erhaltenen Werten liegen bei $\pm 17\%$.

Schließlich wurde als dritte Methode noch der Niederspannungs-Gleichstrombogen erprobt. Ziel dieser Anregungsart war die Herabsetzung der Anregungsenergie zur Schwächung der Intensität der Fe II-Linie 2497,82 Å (Anregungsenergie 16,1 Elektronenvolt), damit die Borlinie B I 2497,73 Å (Anregungsenergie 4,9 Elektronenvolt) durch sie nicht mehr gestört wird. Neben der Verwendung des Niederspannungsbogens wird das gewünschte Ziel durch dieselbe Maßnahme erreicht, die schon früher von anderer Seite für die Unterdrückung der störenden Cyanbanden bei Verwendung von Kohleelektroden empfohlen wurde. Nach ROLLWAGEN [*63*] hängt die sog. Bogentemperatur vorwiegend von der Leitfähigkeit der Bogenstrecke ab. Wird diese durch Zusatz einer stark ionisierenden Substanz, z. B. eines Alkalimetallsalzes, vergrößert, so wird die zur Anregung höherer Ionisierungspotentiale erforderliche Energie nicht mehr erreicht, und es kommt nicht oder kaum noch zur Anregung von Ionen mit höheren Ionisierungspotentialen. Im vorliegenden Fall erwies sich ein Natriumsalz, und zwar Natriumsulfit, als besonders wirksam. Die aus einem Graphitstab bestehende Gegenelektrode (untere Elektrode) wird mit einer dünnen Bohrung versehen, die mit wasserfreiem Na_2SO_3 gefüllt wird. Die zu untersuchende Probe wird als Anode geschaltet, die erwähnte mit Na_2SO_3 gefüllte Kohleelektrode als Kathode mit einem Elektrodenabstand von 4 mm. Der Gleichstrombogen wird mit 220 V und 10 A betrieben. Die Spaltbreite betrug 0,020 mm. Unter diesen Bedingungen wurde die Intensität der erwähnten Fe II-Linie so weit herabgesetzt, daß die B I-Linie 2497,73, kombiniert mit der Fe I-Linie 2496,99 Å verwendet werden konnte. Nach diesem Verfahren konnten B-Gehalte bis herab auf 0,0001% B bestimmt werden, doch ergaben sich bei B-Gehalten oberhalb 0,001% bei Verwendung dieser Linienkombination Schwierigkeiten. Das von CORLISS und SCRIBNER beschriebene Verfahren und die von ihnen mitgeteilten Erfahrungen wurden neuerdings von H. BLUM und A. EDER [*64*] einer Nachprüfung unterzogen, wobei besonders die Frage im Vordergrund stand, ob die B-Bestimmung auch mit einem Spektrographen mittlerer Dispersion (FUESS 110c) möglich sei. Aus den eingangs erwähnten Gründen kam für die Auswertung nur die B I-Linie 2496,78 Å in Frage, die mit den Fe I-Linien Fe I 2497,03 Å und Fe I 2496,54 Å (Auswertung nach dem sog. Dreilinienverfahren von G. SCHEIBE und O. SCHNETTLER [*65*]) kombiniert wurde. Es wurde mit Wechselstromabreißbogen und 7,5 Amp Bogenstromstärke unter Verwendung einer Kupfergegenelektrode bei 2,8 mm Elektrodenabstand gearbeitet. Der

Spektrographenspalt wurde auf 0,005 mm geschlossen. Trotzdem gelang die Photometrierung der erwähnten Linien noch im ZEISS-Schnellphotometer bei 30facher Vergrößerung und 0,20 mm Photometerspaltbreite. Als Photoplatte wurde die GEVAERT-Platte 35 D65 verwendet. Die Belichtungszeit betrug nur 3 sec. Für jede zu untersuchende Probe wurde über 10 Einzelwerte gemittelt, wodurch sie die Fehlerstreuungen in erträglichen Grenzen hielten und die Übereinstimmung mit dem Ergebnis der naßchemischen Analyse als zufriedenstellend bezeichnet werden konnte. Der mittlere Fehler des Mittelwertes betrug unter diesen Umständen $\pm 0{,}0005\%$ bei Borgehalten von 0,001% bis 0,005%.

VI. Spektrochemische Untersuchung von Erzen, feuerfesten Steinen und metallurgischen Schlacken

Bei dem großen Umfang, den das in diesem Abschnitt zu behandelnde Thema in der Literatur einnimmt, ist es nicht möglich, im Rahmen der vorliegenden Ausführungen ausführlich auf alle damit verbundenen Fragen einzugehen. Die folgenden Angaben können daher nur einen grundsätzlichen Hinweis für die Behandlung dieser Fragen darstellen.

Der wesentliche Unterschied bei der spektrochemischen Untersuchung von Erzen, feuerfesten Materialien, metallurgischen Schlacken u. dgl. gegenüber den bisher beschriebenen Verfahren besteht darin, daß diese Produkte den elektrischen Strom selbst nicht leiten, also nicht unmittelbar elektrisch angeregt werden können wie die metallisch leitenden Stoffe.

1. Die Probenvorbereitung

Um diese Materialien zur Lichtaussendung zu bringen, muß man sich eines elektrisch leitenden Übertragungsmittels bedienen, als welches in der Mehrzahl der Fälle spektralreine Kohle in Frage kommt. Bei der Untersuchung fester pulverförmiger Produkte versieht man die Kohlen mit einer Bohrung, in die die fein gepulverte zu untersuchende Substanz eingefüllt wird.

Eine andere Möglichkeit besteht darin, die fein gepulverte Substanz mit einer bestimmten Menge Kohlepulver zu mischen und aus der Mischung, gegebenenfalls noch nach Zumischung weiterer Substanzen (vgl. hierzu weiter unten), Tabletten zu pressen, die in gut leitende, zweckmäßigerweise versilberte Halter gespannt und so in die Funkenbahn gebracht werden. Das zugemischte Kohlepulver ermöglicht die Stromleitung, die sich mit zunehmender Temperatur der Probe noch verbessert. Es ist auch empfohlen worden, an Stelle von Kohlepulver die zu analysierende Substanz mit Kupferpulver, Messingfeilspänen oder mit anderen Metallpulvern zu vermischen. Es ist übrigens auch bei dem erstgenannten Verfahren, bei dem das zu untersuchende Pulver in die Bohrung einer Kohle gebracht wird, zweckmäßig, dieses Pulver noch mit Kohlepulver in einem bestimmten Verhältnis zu vermischen. Hierbei wird nicht nur der Abbrand gleichmäßiger, sondern es wird auch die Linienintensität gewisser schwer flüchtiger Metalloxyde, wie z. B. der Oxyde von Al, Mg, Si und Ti, verstärkt gegenüber der Anregung ohne Zumischen von Kohlepulver. R. RICARD [*66*] weist darauf hin, daß dieser Effekt höchstwahrscheinlich durch eine Reduktion der schwer schmelzbaren Oxyde durch die Kohle zustande kommt und daß der Graphit bzw. das Kohlepulver das Zusammenfließen der Oxyde zu einer größeren, schwer zu verflüchtigenden Schmelzkugel im Krater der Kohle verhindert.

Da bei den zu untersuchenden Stoffen, wie feuerfesten Steinen und Schlacken, häufig nicht alle vorhandenen Elemente bzw. Verbindungen bestimmt zu werden brauchen und da auch nicht immer vorauszusetzen ist, daß der Hauptbestandteil in konstanter Menge vorhanden ist, können die in den vorausgehenden Abschnitten beschriebenen Auswertungsverfahren hier nicht ohne weiteres angewendet werden. Es ist in diesen Fällen von Vorteil, den Pulvergemischen noch eine konstante Menge eines Bezugsstoffes (äußerer Standard) zuzugeben, sofern die zu untersuchende Probe nicht wie im Falle der Quarzite und der Silica-Steine oder der Magnesite einen Hauptbestandteil, in diesen Fällen SiO_2 bzw. MgO in praktisch konstanter Menge als Bezugssubstanz (innerer Standard) enthält. Als fremde Bezugssubstanzen werden solche verwendet, die einmal in ihren Anregungs- und Verdampfungsbedingungen nicht allzu weit von denen der zu bestimmenden Elemente abweichen und die andererseits in keinem Falle, auch nicht als Verunreinigung, in den zu analysierenden Proben vorhanden sind. Häufig verwendete Bezugsstoffe sind Kupfer, welches zugleich auch zur Verbesserung der Leitfähigkeit dient (z. B. J. M. VESELOWSKAJA [*67*]), Berylliumpulver (A. KVALHEIM [*68*]), Nickelpulver (R. CASTRO und R. LOUDE [*69*]), Kobaltoxyd (W. J. PRICE [*70*]) sowie auch Borverbindungen (F. KAHLER, H. HAAS und CHR. FISCHER [*71*]). Die Verwendung von Cu-Pulver, welches durch Reduktion von CuO erhalten wird, wird auch von H. KAISER [*72*] empfohlen, der außerdem auch noch auf die Vorteile der guten Wärmeleitfähigkeit des Cu-Pulvers und seine Verwendbarkeit als äußerer Standard hinweist. In gleicher Richtung zielen die Empfehlungen von VAN SOMEREN [*73*], der Silberpulver verwendet. Es soll hier schon hervorgehoben werden, daß man die Frage der Auswahl der Zusätze nicht isoliert betrachten darf, sondern daß sie auch in Zusammenhang mit den verwendeten Anregungsbedingungen und -einrichtungen betrachtet werden muß.

Neben Bezugssubstanzen werden den zu analysierenden Pulvern vielfach auch sog. *Bläser* zugemischt, das sind Substanzen nach Art des Ammoniumchlorid, die sich bei der Temperatur des Bogens oder Funkens unter Bildung gasförmiger Produkte zersetzen und dabei das mit ihnen vermischte Pulver aus der Höhlung der Kohle in die Funkenbahn blasen (z. B. J. GILLIS und J. ECKHOUT [*74*]).

In manchen Fällen kann auch der schon im Zusammenhang mit der B-Bestimmung im Stahl erwähnte Zusatz einer leicht ionisierbaren Substanz von Vorteil sein (z. B. von Verbindungen der Alkali- oder Erdalkalimetalle), wodurch unter Herabsetzung der Bogentemperatur nicht nur eine Unterdrückung von Cyanbanden stattfindet, sondern auch gleichmäßigere Ergebnisse erhalten werden.

In einigen Fällen, insbesondere bei Schlackenuntersuchungen, wurde auch beobachtet, daß die Bindungsart der zahlreichen in den Schlacken vorkommenden Verbindungen nicht ohne Einfluß auf die Lage der Eichkurve ist, d. h. die Eichkurve ist nur als solche verwendbar, wenn die ihr zugrunde liegenden Messungen mit Gemischen derselben Bindungsart ausgeführt werden, wie sie in den zu untersuchenden Pulvern vorhanden sind. R. CASTRO und R. LOUDE [*69*] weisen darauf hin, daß gepreßte und anschließend im Pt-Tiegel bei 1200 °C gesinterte Pulverproben (mit Zusatz von Ni-Pulver, vgl. oben) allen Anforderungen genügen. Mit Hilfe von DEBYE-SCHERER-Aufnahmen konnte gezeigt werden, daß unter diesen Umständen die Bindungsformen der natürlichen und der künstlichen Schlacken dieselben sind. Die künstlich hergestellten Schlacken dienen dabei als Eichproben. Sie haben die Zusammensetzung: 30 bis 40% CaO, rd. 50% Al_2O_3, 20 bis 30% SiO_2, ferner FeO, Cr_2O_3, TiO_2 und MnO in einer Menge von einigen Prozenten. Neuerdings beschreiben G. HARTLEIF und H. KORNFELD [*75*] in Anlehnung an Angaben von M. F. HASLER und F. BARLEY [*76*] ein weiteres Verfahren zur Untersuchung von Tonen und Schamotten, welches ebenfalls den Einfluß unterschiedlicher Bindungsformen in künstlichen und natürlichen Pulvergemischen eliminieren soll. Sie geben folgende Arbeitsvorschrift:

Ungefähr 1 g Ton in der für naßchemische Untersuchungen üblichen Feinheit wird in einem Tiegel 20 min in einem elektrischen Muffelofen bei 1000 °C geglüht. Nach dem Abkühlen im Exsikkator werden 0,5 g des geglühten Tons mit 1 g Borsäure und 1 g Lithiumkarbonat gemischt und in einem Platintiegel 20 min bei 1000 °C aufgeschlossen. Die flüssige Schmelze wird möglichst schnell in eine mit schwach angefeuchtetem Filtrierpapier ausgelegte Siliziumschale abgegossen. Durch kurzzeitiges Schwenken der Schale wird ein Festbrennen der Schmelzkugel vermieden. Der spröde, glasklare Aufschluß läßt sich in einem Stahlmörser leicht zerkleinern und durch ein 0,06 mm-Sieb streichen. Im Verhältnis 1 : 3 mit feinem Pulver metallischen Kupfers gut gemischt werden daraus bei festgelegtem Druck Pastillen von rd. 2 mm Höhe und 7 mm Dmr. gepreßt, die mit einem spitzen Kupferstab als Gegenelektrode abgefunkt werden.

Die letzte Möglichkeit, Einflüsse der Bindungsform zu beseitigen, besteht darin, daß man von der direkten Verwendung gepulverter Proben ganz absieht und zur Lösungsanalyse übergeht, für die im Abschnitt über die Magnesiumbestimmung bereits ein Beispiel gebracht wurde. Nach einem ebenfalls von G. HARTLEIF und H. KORNFELD [*77*] gemachten Vorschlag wird die durch ein 100 Maschen-Sieb getriebene Schlacke in einer Menge von 0,1 g mit 1 g Borax aufgeschlossen und bei 80 bis 80 °C in 50 cm³ einer 30%igen Zitronensäure aufgelöst, der noch etwas Natriumzitrat zugesetzt wird, um ein vorzeitiges Ausflocken der Kieselsäure zu verhindern.

2. *Die Anregungsbedingungen*

Hinsichtlich der bei der spektrochemischen Untersuchung von Schlacken, Tonen, feuerfesten Stoffen u. dgl. zu verwendenden Anregungsarten ist zu sagen, daß die hierfür angegebenen Vorschriften sehr wenig einheitlich sind. Beginnend mit dem Gleichstrombogen [*68, 78, 80*] über den Gleichstrom- bzw. Wechselstrom-Abreißbogen [*67, 69, 70*] sowie den gesteuerten Hochspannungsfunken nach FEUSSNER oder in der Art der *Multisource* [*71, 75, 77, 79, 81, 82*] bis zum Niederspannungsfunken nach PFEILSTICKER [*71*] werden praktisch alle vorkommenden Anregungsarten empfohlen. Die gesteuerte Funkenentladung wird bevorzugt beim Abfunken gepreßter Tabletten verwendet, die mit Metallpulvern zur Verbesserung der thermischen und elektrischen Leitfähigkeit und äußerem Standard versetzt sind.

So arbeiten beispielsweise G. HARTLEIF und H. KORNFELD [*75*] mit der normalen FEUSSNER-Anregung ($C = 5000$ cm und $L = 800000$ cm), wie sie häufig auch bei Stahlanalysen angewendet wird. Als Gegenelektrode dient ein Kupferstab, der im Winkel von etwa 35° zugespitzt ist. Der Elektrodenabstand beträgt 1,9 mm. Die Vorschrift für die Herstellung der bei der Analyse von Tonen und Schamotten verwendeten Tabletten wurde oben gegeben. Bei der Analyse von Quarziten und Silica-Rohmassen verwenden G. HARTLEIF und H. KORNFELD [*77*] dagegen die sehr hohe Kapazität von $C = 18000$ cm mit einer auf $^1/_{10}$ verminderten Selbstinduktion des FEUSSNER-Funkenerzeugers von $L = 80000$ cm, also mit einer sehr *harten* Entladung. Die gepulverte und mit NH_4Cl als *Bläser* und mit SrO_2 als ionisierender Substanz versetzte fein gepulverte Probe befindet sich in der Bohrung der Spektralkohle; eine zugespitzte Spektralkohle dient als Gegenelektrode. Als innerer Standard wird Si verwendet.

Die letztgenannte Entladungsform nähert sich bis zu einem gewissen Grade bereits dem Niederspannungsfunken nach PFEILSTICKER [*83*], den F. KAHLER, H. HAAS und CHR. FISCHER [*71*] bei der Analyse von Rohmagnesiten empfehlen. Auch sie arbeiten mit Tabletten aus dem gepulverten Material, die aus einer Mischung der zu analysierenden Probesubstanz mit Natriumborfluorid ($NaBF_4$) und Kohlepulver im Verhältnis 0,4 g : 0,2 g : 0,8 g gemischt und dann gepreßt werden. Der Schwingungskreis beim Niederspannungsfunken, der mit nur 220 V Wechselstrom betrieben wird, besteht aus einem Kondensator von 2 μF Kapazität ohne Selbstinduktion. In der Funkenstrecke werden dabei äußerst kurzzeitig Stromstärken von vielen Hundert A erreicht. Als Gegenelektrode dient ein Kupferdraht von 2 mm Durchmesser. Vergleichsweise wird von den Verfassern auch noch mit dem FEUSSNER-Funkenerzeuger in der üblichen Schaltung gearbeitet. Die Fehlerstreuungen sollen jedoch beim Niederspannungsfunken günstiger liegen als beim Hochspannungsfunken.

Bei der erwähnten Lösungsanalyse von Schlacken verwenden G. HARTLEIF und H. KORNFELD [*77*] ebenfalls den FEUSSNER-Funken in normaler Schaltung ($C = 5000$ cm und $L = 800000$ cm).

3. Linienauswahl

Es würde zu weit führen, alle von den zahlreichen Autoren gemachten Angaben über die von ihnen benutzte Technik, insbesondere auch über die verwendeten Linienkombinationen hier anzuführen. Als Beispiel für praktisch bewährte Linienkombinationen sei der mehrfach erwähnten Arbeit von G. HARTLEIF und H. KORNFELD [75] die Tab. 14 entnommen.

Die Stufenangaben beziehen sich auf das verwendete Zweistufenfilter von 100% und 8% Durchlässigkeit. Bei der Analyse metallurgischer Schlacken nach dem Lösungsverfahren machen die gleichen Verfasser [77] folgende Angaben über verwendete Linienkombinationen, erprobte Analysenbereiche und Intensitätsgleichheit von Linienpaaren.

Tabelle 14. *Bei der Analyse von Tonen und Schamotten verwendete Analysenlinien* (nach G. HARTLEIF und H. KORNFELD) [75] *mit Kupferpulver als äußerem Standard*

Analysenlinie Å	Stufe	Vergleichslinie Å	Stufe
Al 3961,53	II	Cu 4062,64	II
Al 3944,02	II	Cu 4062,64	II
Ca 3933,67	II	Cu 4062,64	II
Fe 3440,61	I	Cu 3108,60	II
Ti 3088,03	I	Cu 3108,60	II
Mg 2852,12	I	Cu 3108,60	II

Tabelle 15. *Bei der Analyse von Schlacken verwendete Linienkombinationen* (nach G. HARTLEIF und H. KORNFELD) [77]

Analysenlinie Å	Stufe	Vergleichslinie Å	Stufe	Erprobter Analysenbereich %X/%SiO₂		Intensitätsgleichheit des Linienpaares bei %X/%SiO₂
Al 3082,16	I	Si 2881,59	II	0,04	1,0	0,7
Al 3961,53	II	Si 2881,59	II	0,01	0,1	0,077
Ca 3158,8	III	Si 2881,59	II	0,5	10,0	3,45
Ca 3158,8	II	Si 2881,59	II	0,14	2,0	0,55
Ca 3158,8	I	Si 2881,59	II	0,03	1,5	0,25
Ca 3179,34	III	Si 2881,59	II	0,3	10,0	1,8
Ca 3179,34	II	Si 2881,59	II	0,05	1,5	0,33
Ca 3179,34	I	Si 2881,59	II	0,03	1,5	0,155
Ca 3181,28	II	Si 2881,59	II	0,3	10,0	2,65
Fe 3020,64	II	Si 2881,59	II	0,1	2,5	1,44
Fe 3020,64	I	Si 2881,59	II	0,05	1,5	0,59
Fe 2599,39	II	Si 2881,59	II	0,05	2,5	0,355
Fe 2599,39	I	Si 2881,59	II	0,03	1,5	0,155
Mg 2790,83	II	Si 2881,59	II	0,07	2,0	1,1
Mg 2790,83	I	Si 2881,59	II	0,03	2,0	0,44
Mg 2852,12	II	Si 2881,59	II	0,001	0,15	0,053
Mn 2801,08	II	Si 2881,59	II	0,06	2,0	0,59
Mn 2801,08	I	Si 2881,59	II	0,02	1,0	0,29
Mn 2939,31	II	Si 2881,59	II	0,04	2,0	0,35
Ti 3349,4	II	Si 2881,59	II	0,01	0,1	0,04
V 3102,30	I	Si 2881,59	II	0,01	0,4	0,12

Im letztgenannten Falle wurde mit einem Dreistufenfilter gearbeitet, um mit *einer* Aufnahme einen möglichst großen Konzentrationsbereich erfassen zu können. Für weitere Einzelheiten, insbesondere auch für die verwendeten Auswertungsverfahren, muß auf die Originalarbeiten verwiesen werden.

Hiermit soll die zusammenfassende Übersicht über die spektrochemische Analyse nichtleitender Substanzen, wie feuerfester Steine, metallurgischer Schlacken, Erze u. dgl. abgeschlossen werden. Die Zusammenstellung dürfte gezeigt haben, daß viele Wege zum Ziele führen und daß man im speziellen Falle sich zweckmäßig derjenigen Analysenvorschriften bedient, die den vorhandenen Mitteln und Möglichkeiten am besten angepaßt sind.

Insgesamt dürfte dieser Bericht über die spektralanalytische Untersuchung von Gußeisen und Stahl und der hüttentechnischen Nebenprodukte gezeigt haben, daß nach dem gegenwärtigen Stande unserer Kenntnisse die Mehrzahl der im Gießerei- und hüttenmännischen Laboratorium vorkommenden Aufgaben mit Hilfe spektrochemischer Verfahren gelöst werden kann.

Literatur

[1] COHEUR, P.: Rev. Metallurg. (1950) S. 531.

[1a] MIELENZ, K. D.: Werkstattstechnik und Maschinenbau Bd. 44 (1954) S. 113.

[2] PFEILSTICKER, K.: Z. Elektrochem. Bd. 43 (1937) S. 719.

[3] KAISER, H., u. A. WALLRAFF: Ann. Phys. V. Bd. 34 (1939) 297.

[4] LAQUA, K.: Spectrochim. Acta Bd. 4 (1952) S. 446.

[5] CALKER, I. VAN: Spectrochim. Acta Bd. 2 (1944) S. 340.

[6] SCHATZ, F.: J. Inst. Met. Bd. 80 (1951) S. 77.

[7] WILLEMER, T. K.: Stahl u. Eisen Bd. 72 (1952) S. 1443.

[8] SAUNDERSON, I. L., V. I. CALDECONIT u. E. W. PETERSON: J. opt. Soc. Amer. Bd. 35 (1945) S. 681.

[9] BRECKPOT, R., u. Z. HAINSKI: Mikrochim. Acta (1955) S. 646.

[10] VINCENT, H. B., u. R. A. SAWYER: J. appl. Phys. Bd. 8 (1937) S. 163.

[11] VINCENT, H. B., R. A. SAWYER u. A. M. SAMPSON: Metals u. Alloys Bd. 9 (1938) S. 27.

[12] VINCENT, H. B., u. R. A. SAWYER: Metal Progr. Bd. 36 (1939) S. 35.

[13] KAISER, H.: Stahl u. Eisen Bd. 61 (1941) S. 35.

[14] ZABEL, G. W., u. I. SCHUCH: Iron Age Bd. 145 (1940) Nr. 18, S. 31.

[15] LING, F. B., I. MCPHEAT u. I. ARNOLL: Foundry Trade J. Bd. 70 (1943) S. 233.

[16] HURST, I. E., u. R. V. RILEY: J. Iron Steel Inst. Bd. 154 (1946) S. 133.

[17] ARGYLE, A., u. W. I. PRICE: J. Soc. Chem. Ind. Bd. 67 (1948) S. 187.

[18] KENNEDY, W. R.: Am. Inst. min. metall. Engrs. Bd. 7 (1947) S. 125.

[19] WALZ, E. O.: Blast Furn. Bd. 38 (1950) S. 662.

[20] RONNIE, E. J., u. M. M. HALLETT: Foundry Trade J. Bd. 89 (1950) S. 115.

[21] RILEY, R. V.: Spectrochim. Acta Bd. 4 (1950) S. 93.

[22] WERNER, O.: Gießerei Bd. 39 (1952) S. 73.

[23] ROSETTA, S.: Spectrochim. Acta Bd. 5 (1952) S. 77.

[24] BERTA, R., u. A. PALISCA: Spectrochim. Acta Bd. 5 (1952) S. 87.

[25] PORTALUPI, A.: Spectrochim. Acta Bd. 5 (1952) S. 182.

[26] HARTLEIF, G., u. H. KORNFELD: Stahl u. Eisen Bd. 75 (1955) S. 587.

[27] HURWITZ, J. K., u. J. CONVEY: J. opt. Soc. Amer. Bd. 42 (1952) S. 24.

[28] SEIDEL, W., nach H. KAISER: Spectrochim. Acta Bd. 2 (1941) S. 1.

[29] KAISER, H.: Spectrochim. Acta Bd. 3 (1948) S. 159.

[30] HONERJÄGER-SOHM, M., u. H. KAISER: Spectrochim. Acta Bd. 2 (1944) S. 396.

[31] VANSELOW, A. P., u. G. F. LIEBIG: J. Opt. Soc. Amer. Bd. 34 (1944) S. 219.

[32] JAENICKE, H.: Photograph. Industrie Bd. 35 (1937) S. 514 u. 540.

[33] SEITH, W., u. RUTHARDT: Chemische Spektralanalyse, Berlin/Göttingen/Heidelberg: Springer 1949.

[34] LIMMER, G.: Z. wiss. Photographie Bd. 37 (1938) S. 41.

[35] EMERY, F. H., u. H. SIMMONS BOOTH: Ind. Engr. Chem. Analyt. Ed. Bd. 7 (1935) S. 419.

[36] GATTERER, A., u. J. JUNKES: Astrofis. Specola Vaticana Ric. Spettr. Bd. 1 (1938) S. 1.

[37] ABRAMOV, V. L., V. T. BOGDANOVA u. K. J. TAGANOV: Zavodskaja Lab. Bd. 16 (1950) S. 1218.

[38] GARTON, F. W. J.: Spectrochim. Acta Bd. 3 (1948) S. 68.

[39] BRUCELLE, G.: Groupement pour l'Avancement des Méthodes d'Analyse Spectrographique des Produits Metallurgiques 13. Kongress (1950) S. 43.

[40] BRECKPOT, R., u. C. GOBERT: Bull. Soc. Chim. Belge Bd. 59 (1950) S. 102.

[41] BRECKPOT, R., u. M. DE CLIPPELEIR: Groupement pour l'Avancement des Méthodes d'Analyse Spectrographique des Produits Metallurgiques 13. Kongreß (1950) S. 51.

[42] BROOKS, LE ROY, S., u. F. R. BRYAN: Spectrochim. Acta Bd. 6 (1954) S. 413.

[43] BRYAN, F. R., u. G. A. NAHSTOLL: J. Opt. Soc. Amer. Bd. 38 (1948) S. 510.

[44] SWENTITZKI, N. SS.: Bull. Acad. Sci. URSS., Sér. phys. (1947) S. 319.

[45] ALPATOV, M. A.: Zavodskaja Lab. Bd. 15 (1949) S. 857.

[46] MAZUMDER, K. C., u. M. GOSH: Indian J. Phys. Proc. Indian Assoc. Cultivat. Sci. Bd. 27 (1953) S. 11.

[47] HANAU, R., u. R. A. WOLFE: J. opt. Soc. Amer. Bd. 38 (1948) S. 377.

[48] HASLER, M. F., u. F. BARLEY: „Direct Reading Quantometer Analysis of Phosphorus in Steels". Applied Res. Lab., Glendale 1949.

[49] BRECKPOT, R., u. K. MARZEC: Bull. Soc. Chim. Belge Bd. 58 (1949) S. 280.

[50] CARLSSON, C. G .u. L. DANIELSSON: Spectrochim. Acta Bd. 6 (1954) S. 418.

[51] HANS, A. u. L. LACOMBE: Rev. Univ. Mines 9 Ser. Bd. 92 (1950) S. 230.

[52] ROESCH, K.: Gießerei Bd. 41 (1954) S. 338.

[53] ROZSA, J. T.: Iron Age Bd. 164 (1949) Nr. 25, S. 73.

[54] BRYAN, F. B., G. A. NAHSTOLL u. H. D. VELDHUIS: Bull. Amer. Soc. Test. Mat. Bd. 162 (1949) S. 69.

[55] KENNEDY, P.: Foundry, Cleveland Bd. 77 (1949) Nr. 10, S. 80 u. 82.

[56] HUGO, T. J.: J. South African Chem. Inst. Bd. 3 (1950) S. 17.

[57] ARGYLE, A.: J. of Res. Developm. Brit. Cast Iron Res. Ass. Bd. 3 (1950) S. 521.

[58] KOMAROWSKI, A. G.: nach Chem. Zbl. (1951) I. 2781.

[59] GILLIS, J., u. J. EECKHOUT: Spectrochim. Acta Bd. 6 (1953) S. 409.

[60] THÜMMLER, F., u. J. MORGENSTERN: Chem. Techn. Bd. 5 (1955) S. 35.
[61] KUEMMEL, D. F., u. H. L. KARL: Analyt. Chem. Bd. 26 (1954) S. 386.
[62] CORLISS, C. H., u. B. F. SCRIBNER: Nat. Bur. Stand. J. Res. Bd. 36 (1946) Nr. 4, S. 351.
[63] ROLLWAGEN, W.: Spectrochim. Acta Bd. 1 (1941) S. 66.
[64] BLUM, H., u. A. EDER: Radex-Rundschau (1954) H. 4/5 S. 123.
[65] SCHEIBE, G., u. O. SCHNETTLER: Naturwiss. Bd. 18 (1930) S. 953; 19 (1931) S. 134.
[66] RICARD, R.: Spectrochim. Acta Bd. 5 (1953) S. 417.
[67] VESELOWSKAJA, J. M.: Saw Lab. Bd. 13 (1947) S. 219.
[68] KVALHEIM, A.: J. opt. Soc. Amer. Bd. 37 (1947) S. 585.
[69] CASTRO, R., u. R. LOUDE: C. R. Bd. 233 (1951) S. 1030.
[70] PRICE, W. J.: Spectrochim. Acta Bd. 6 (1953) S. 26.
[71] KAHLER, F., H. HAAS u. CHR. FISCHER: Radex-Rundschau (1952) S. 33.
[72] KAISER, H.: Erörterungsbeitrag zu dem Vortrag von W. J. Price, Spectrochim. Acta Bd. 6 (1953) S. 37.
[73] VAN SOMEREN: Erörterungsbeitrag zu dem Vortrag von W. J. Price, Spectrochim. Acta Bd. 6 (1953) S. 37.
[74] GILLIS, J., u. J. ECKHOUT: Spectrochim. Acta Bd. 4 (1951) S. 284.
[75] HARTLEIF, G., u. H. KORNFELD: Arch. f. Eisenhüttenwes. Bd. 26 (1955) S. 329.
[76] HASLER, M. F., u. F. BARLEY: Werksmitteilung der Applied Res. Lab., Glendale, Calif.
[77] HARTLEIF, G., u. H. KORNFELD: Arch. f. Eisenhüttenwes. Bd. 23 (1952) S. 103 u. 107.
[78] RICARD, R.: Mikrochimica Acta (1955) H. 2/3 S. 226.
[79] BALDI, F.: Spectrochim. Acta Bd. 6 (1953) S. 39.
[80] ROST, F.: Microchim. Acta (1955) H. 2/3 S. 236.
[81] CARLSSON, C. G., u. J. T. M. YÜ: J. Iron Steel Inst. Bd. 166 (1950) S. 273.
[82] ECKHOUT, J.: Spectrochim. Acta Bd. 3 (1947) S. 569.
[83] PFEILSTICKER, K.: Z. Metallk. Bd. 30 (1936) S. 211.

Die mechanische Prüfung der gegossenen Werkstoffe

Von **W. Bischof**, Dortmund

Mit 104 Abbildungen

I. Allgemeines über die Prüfung von Gußstücken und über die Probenahme

Die Prüfung des Gußstückes soll die Bewährung beim Gebrauch gewährleisten. Entsprechend den späteren Beanspruchungen kann die Prüfung naturgemäß sehr mannigfaltig sein.

Jedes Gußstück sollte nach dem Gießen, während der Wärmebehandlung und der Fertigung bis zur Ablieferung kritisch verfolgt werden. Jede Möglichkeit zur Prüfung ist, soweit das wirtschaftlich vertretbar ist, wahrzunehmen. Je größer und komplizierter die Gußstücke sind, desto mehr Prüfungen sind zur Beurteilung des Gußstückes anzusetzen.

Die Prüfung kann bei kleinen Abmessungen an dem Gußstück selbst vorgenommen werden, indem ein oder mehrere Stücke aus der Serie entnommen und untersucht werden. Wenn die Verwendung des Werkstückes für die Prüfung selbst zu kostspielig ist, verwendet man zur Untersuchung besondere Proben. Dies Verfahren gibt Kennziffern an die Hand, die eine Beurteilung der Güte des Werkstoffes ermöglichen oder gar Schlüsse auf das Verhalten des Gußstückes bei den späteren Betriebsbeanspruchungen zulassen. Als Ergänzung dieser mechanischen Prüfverfahren dient schließlich die zerstörungsfreie Werkstoffprüfung mit Röntgenstrahlen, Ultraschall u. dgl. Sie gibt Aufschlüsse über Herstellungsfehler, die Voraussagen über das spätere Verhalten auf Grund der mechanischen Prüfung unsicher oder gar unmöglich machen könnten.

Damit sich Erzeuger und Verbraucher verständigen können, ist es notwendig, daß die Prüfungen einheitlich durchgeführt werden. Diese Vereinheitlichung ist in Deutschland Aufgabe des Deutschen Normenausschusses (DNA) in Zusammenarbeit mit den interessierten Kreisen aus der Wirtschaft, der Wissenschaft und den Verwaltungen. Die gleichen Bemühungen finden sich in allen Kulturstaaten. Mit Rücksicht auf die zunehmende weltwirtschaftliche Verflechtung der Industrie ist eine internationale Angleichung der Prüfverfahren für Gußwerkstoffe wünschenswert. Einschlägige technisch-wissenschaftliche Organisationen (Verein deutscher Gießereifachleute, American Society for Testing Materials, American Foundrymen Association, Fachausschüsse des Deutschen Normenausschusses und der International Standard Organisation u. a.) erörtern diese Fragen und haben auch bereits einigen Erfolg in dieser Richtung erzielt.

Der *Probeentnahme* muß besondere Aufmerksamkeit geschenkt werden. Vorschriften darüber sind im allgemeinen in Lieferbedingungen oder in Normen als Grundlage von Lieferverträgen niedergelegt. Infolge der starken Abhängigkeit der Eigenschaften der Gußstücke von deren Form und Größe und wegen der Unterschiede an verschiedenen Stellen der Gußstücke ist es nicht gleichgültig, wo und wie die Proben, die für die Bewertung des ganzen Gußstückes repräsentativ sein sollen, entnommen werden. Die Lieferverträge und Normen schreiben auch genau vor, in welcher Weise die Probestäbe zur

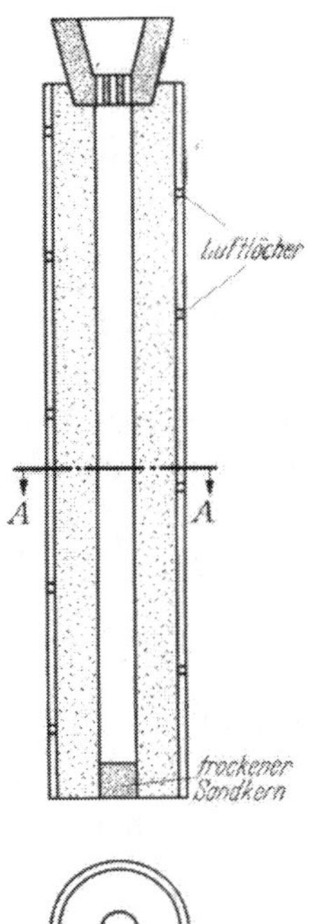

Abb. 1. Gießanordnung für vertikal gegossene Probestäbe (ASTM)

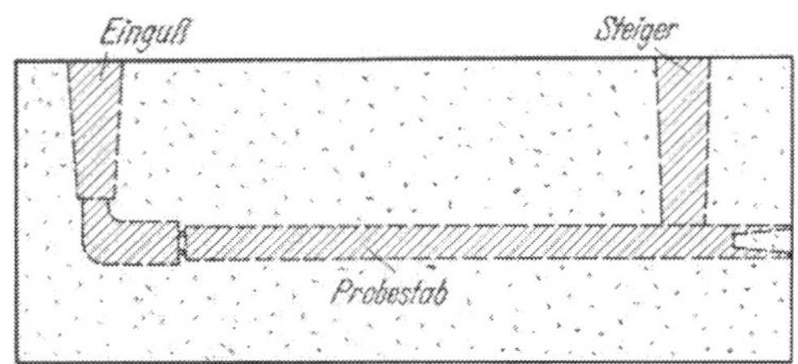

Abb. 2. Gießanordnung für horizontal gegossene Stäbe (ASTM)

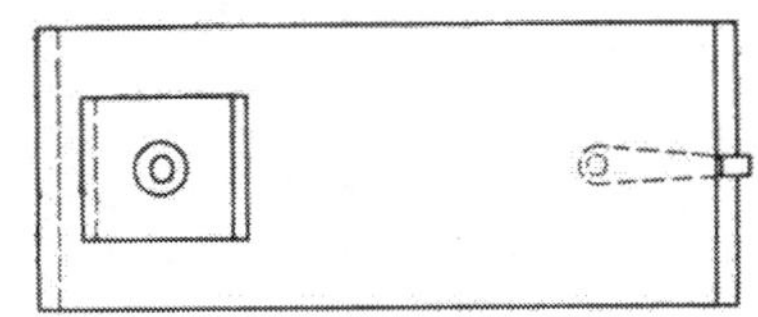

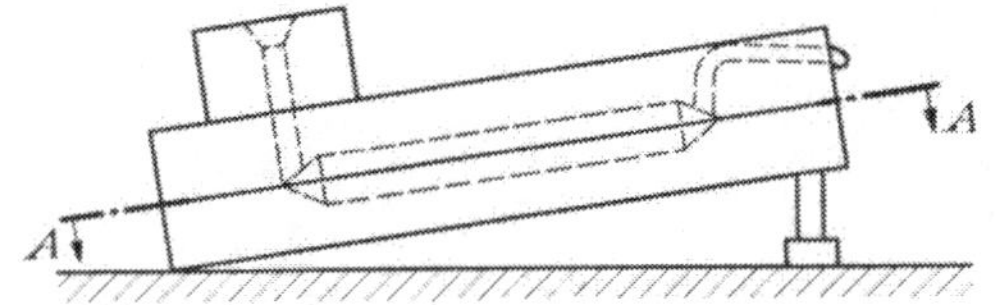

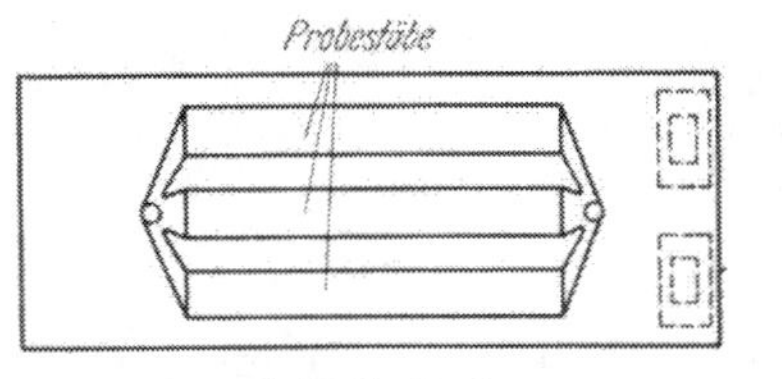

Abb. 3. Gießanordnung für geneigt gegossene Probekörper (ASTM)

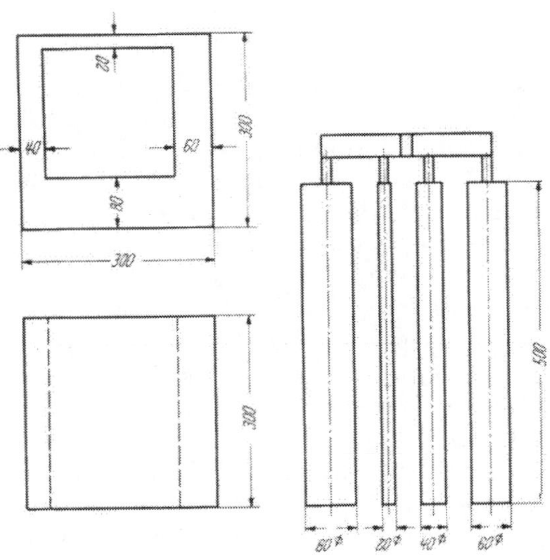

Abb. 4. Prüfkörper-Beispiele zur Bestimmung des Wanddickeneinflusses

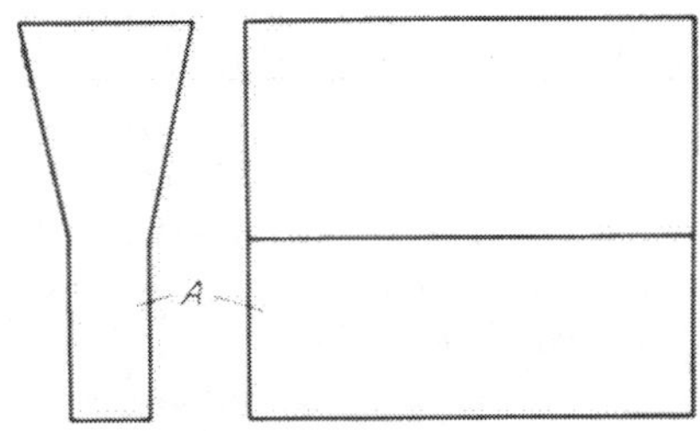

Abb. 5. Gußprobe für die Prüfung von Gußeisen mit Kugelgraphit (ASTM)

Ermittlung der Festigkeitseigenschaften herzustellen sind. Die Probestäbe werden entweder an das Gußstück angegossen oder gesondert gegossen oder aus dem Gußstück selbst herausgearbeitet. Zwischen dem Werkstoff des angegossenen oder gesondert gegossenen Probestabes und dem des Gußstückes soll weitgehende Übereinstimmung bestehen. Nur in stärkeren Querschnitten sind gewisse Abweichungen nicht ganz zu vermeiden. Selbstverständlich sollen die Proben keine Fehler wie Lunker und Warmrisse enthalten. Allerdings treten bei angegossenen Probestäben an Gußstücken größerer Abmessungen die Werkstoffeigenschaften der Randzone stärker in Erscheinung als bei getrennt vergossenen Probestäben. Insofern ist es, wenn der Einfluß der Abmessungen berücksichtigt werden soll, vorteilhafter, getrennt gegossene Proben zu untersuchen, und zwar mit solchen Durchmessern, die den maßgebenden des Gußstückes entsprechen. Auch dies Verfahren hat gewisse Grenzen. Mit Rücksicht auf die Belastungsmöglichkeiten der im allgemeinen verwendeten Prüfmaschinen und auf die mit dem Stabdurchmesser wachsenden Schwierigkeiten der Einspannung können die Probendurchmesser ein gewisses Maß nicht überschreiten.

In Abb. 1 bis 3 sind Beispiele für die Gießanordnung stehender, liegender und geneigter Graugußproben gegeben. Stehend gegossene Stäbe haben etwas bessere Festigkeitseigenschaften als liegend gegossene. Während bei liegend gegossenen Stäben die Festigkeit in der Nähe des Eingusses geringer ist als entfernter davon, sind die Festigkeitseigenschaften bei stehend vergossenen Proben über die ganze Stablänge gleichmäßig [*1*].

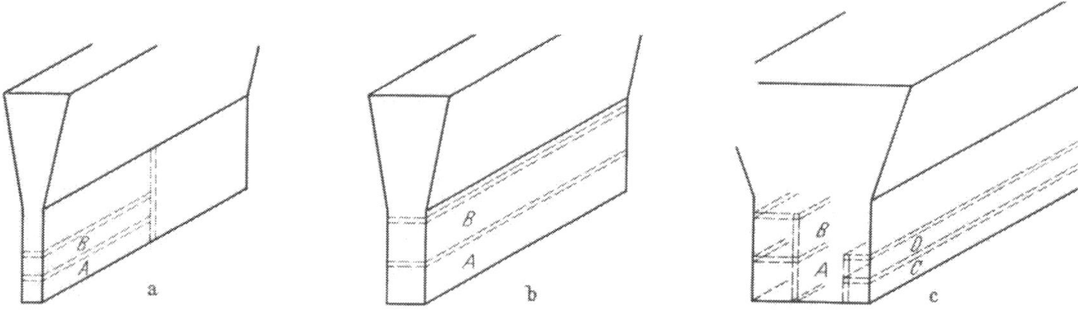

Abb. 6a—c. Herausarbeitung der Prüfstäbe aus dem Gußkörper von Abb. 5 (ASTM)

Wenn auch in den Liefervorschriften und Normen neben Angaben über die zweckmäßigste Form des Prüfstabes genaue Angaben über die Querschnittsabmessungen der Proben gemacht werden, so wird man unter besonderen Umständen bzw. zur Ermittlung der Festigkeit in dickwandigen Gußstücken (bspw. Zylinder und Zylinderköpfe von Großgasmaschinen) von den normalerweise vorgeschriebenen Abmessungen abgehen. Probestäbe von 30 bis 40 mm Durchmesser würden zur Beurteilung von Gußstücken mit 60 bis 70 mm Wandstärke getrennt gegossen unbrauchbare Festigkeitswerte ergeben. Die Abkühlungsgeschwindigkeit der Proben soll nämlich mit der des Gußstückes übereinstimmen. Dies Ziel läßt sich aber meistens kaum erreichen; denn wegen der größeren Masse des Gußstückes geht die Abkühlung doch langsamer vor sich als beim Probestab, selbst wenn der Probestabdurchmesser der Wandstärke des Gußstückes entspricht. Bei Gußstücken mit verschiedenen Wandstärken empfiehlt sich die Untersuchung von Proben mit verschiedenen Durchmessern. In Abb. 4 sind Prüfkörper zur Bestimmung des Wanddickeneinflusses dargestellt.

Für Gußeisen mit kugeligem Graphit werden in der amerikanischen Norm ASTM Designation A 339—55 in Sand vergossene Proben nach Abb. 5 vorgeschrieben. Aus dem unteren Teil A der Proben werden die Zugproben herausgearbeitet (Abb. 6a bis c). Eine ähnliche Probenart wird bei legiertem Stahlguß verwendet (Saugprobe).

Wenn dem Guß im Querschnitt bewußt verschiedene Eigenschaften gegeben werden sollen, empfiehlt es sich, die getrennten Proben so zu gießen, daß dies zum Ausdruck kommt. So gibt ASTM-Designation: A 360—55 T für Schalenhartguß die in Abb. 7 dargestellte Gußform für Probestäbe zur Beurteilung der harten Zone des Schalenhartgusses an. Die rasche Abkühlung wird durch die metallische Wand der Form und durch eine metallische Abschreckplatte erzielt. Für Zugproben zur Beurteilung des Graugußteiles von Hartguß wird der Guß einer Stufenprobe vorgeschlagen.

Nicht berücksichtigt werden kann natürlich, daß die spätere Beanspruchung des Werkstoffes im fertigen Gußstück meist komplizierter ist als bei der Prüfung des Probekörpers. Die Übereinstimmung zweier Werkstoffe in einzelnen Eigenschaften sichert noch nicht das gleiche betriebliche Verhalten. Die Kenntnis dieser Tatsache ist für die beanspruchungsgerechte Konstruktion wichtig und ermöglicht erst die richtige Bewertung der im Laborversuch an einfachen Proben ermittelten Werkstoffkennziffern. Gußeisen wird meistens in Kraftmaschinen, Bearbeitungsmaschinen und bei Baukonstruktionen verwendet und wird dabei Zug-, Druck- und Biegebeanspruchungen unterworfen. Wenn die Art der Spannungen bekannt ist, sollte man natürlich die entsprechenden Prüfungen für die Beurteilung des Gußeisens zugrunde legen.

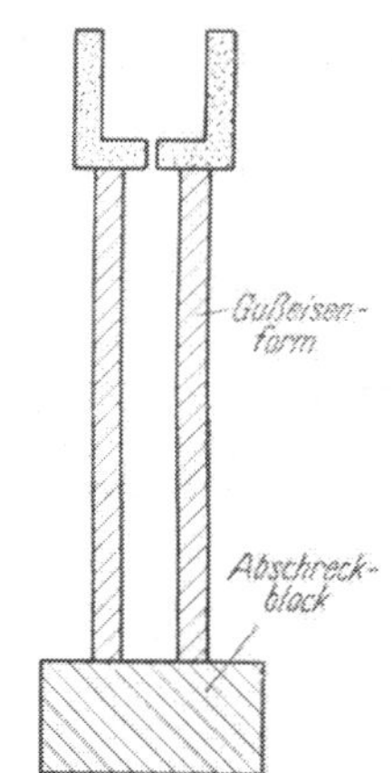

Abb. 7. Gießanordnung für Biegeprobe von Schalenhartguß

Vielfach werden an dem Gußstück Ansätze, Leisten oder dgl. vorgesehen, die abgearbeitet und aus denen dann Prüfstäbe hergestellt werden.

Weniger häufig werden die Proben aus dem Gußstück herausgearbeitet. Man verwendet dabei möglichst Proben mit geringem Durchmesser, meist unter 10 mm. Dabei ist zu berücksichtigen, daß die spätere Verwendbarkeit des Gußstückes nicht beeinträchtigt werden darf.

II. Mechanische und technologische Prüfungen

Bei der mechanischen Prüfung des Gußwerkstoffes wird dieser einer bestimmten Krafteinwirkung unterworfen und sein Verhalten unter dieser Einwirkung möglichst zahlenmäßig niedergeschrieben. Die Krafteinwirkung kann sehr vielfältig sein. Ihr Ergebnis ist außer von der Beschaffenheit des Werkstoffes abhängig von der Form des Prüflings, von der Art und Geschwindigkeit der Krafteinwirkung, ferner davon, ob die Kraft unveränderlich ist, sich einsinnig ändert oder wechselt, und von der Prüftemperatur. Die mechanischen Prüfungen sollen im allgemeinen nicht nur eine Gütebeurteilung ermöglichen. Sie sollen auch möglichst viele Grundlagen für die Berechnungen des Konstrukteurs abgeben, obwohl gerade bei Gußwerkstoffen von der Festigkeitslehre und Festigkeitsprüfung noch manche Probleme zu lösen sind.

Für die mechanische Beurteilung des Gußwerkstoffes kommen in Frage der Zugversuch bei Raumtemperatur, bei höheren Temperaturen und in der Kälte, der Härteversuch, der Druck- oder Stauchversuch, der Biegeversuch, der Schlagbiegeversuch und der Dauerversuch mit veränderlicher Belastung.

A. Zugversuch

1. Zugversuch bei Raumtemperatur

Wird ein Stab durch eine zunehmende Kraft in Längsrichtung beansprucht, so dehnt er sich, bis er zerreißt. Für den Zusammenhang zwischen der Kraft und der Dehnung sind maßgebend: die Abmessungen des Stabes, die Beanspruchungsgeschwindigkeit und die Versuchstemperatur. Werden hierüber feste Übereinkommen getroffen, so lassen sich aus dem Versuch vergleichbare Kenngrößen für das mechanische Verhalten des Werkstoffes ableiten. Diese Übereinkommen sind in Deutschland in den folgenden Normen festgelegt:

DIN 1602	Festigkeitsversuche an metallischen Werkstoffen: Begriffe	Febr. 1944
DIN 50145	Prüfung metallischer Werkstoffe: Zugversuch, Begriffe, Zeichen	Juni 1952
DIN 50146	Prüfung metallischer Werkstoffe: Zugversuche ohne Feindehnungsmessungen, Durchführung und Auswertung	Mai 1951
DIN 50143	Ermittlung der Elastizitätsgrenze	Okt. 1944
DIN 50144	Ermittlung der 0,2-Grenze	Okt. 1944
DIN 50125	Prüfung metallischer Werkstoffe: Zugproben, Richtlinien für die Herstellung	Apr. 1951
DIN 50149	Prüfung von Temperguß: Zugversuch	März 1951
DIN 50108	Prüfung von Grauguß: Probenahme für den Zug- und Biegeversuch	Okt. 1950
DIN 50109	Prüfung von Grauguß: Zugversuch	Okt. 1950

Die allgemeinen Begriffe und Zeichen finden sich in DIN 50145. In diesem Blatt ist für Metalle die Abhängigkeit der Gesamtverlängerung einer Meßstrecke von der jeweiligen Kraft, die auf den Zerreißstab wirkt, schematisch dargestellt (Abb. 8 u. 9). Wird ein Stab mit einer zunehmenden Kraft gezogen, so wird er länger und sein Querschnitt kleiner, bis er schließlich zerreißt. Die Verlängerung des Stabes oder besser einer markierten Meßlänge des Stabes bzw. die Querschnittsverminderung ist nur über einen kurzen Bereich nahezu verhältnisgleich der Kraft. In Abb. 8 kann man vier Kurvenabschnitte unterscheiden: einen steilen fast geradlinigen Anstieg bis zur Streckgrenze P_{so}, darauf eine Streckung ohne Zunahme der Kraft, dann einen weiteren allmählich abklingenden Anstieg der Kraft bis zu einem Höchstwert unter starker Zunahme der Länge und schließlich einen Abfall der Kraft bis zum Bruch. In den ersten drei Phasen ist die Verlängerung und Querschnittsverminderung des Stabes gleichmäßig über die ganze Meßlänge. In der letzten Phase schnürt sich der Stab örtlich ein, ist also die Verlängerung und Querschnittsverminderung über den ganzen Meßbereich nicht mehr gleichmäßig. Alle vier Phasen unterscheiden sich in den metallphysikalischen Vorgängen. Metalle können elastisch und plastisch verformt werden. Im ersten Fall behalten die Atome im Gitter ihre Plätze bei, im zweiten Fall werden sie auf Nachbarplätze versetzt. Schließlich können bei starker plastischer Verformung noch strukturelle Veränderungen eintreten. In der ersten Phase des Zugversuchs überwiegt bei weitem die elastische Verformung, in einigen Werkstoffen wird der Beginn des Fließens durch Verformungsbehinderung hinausgeschoben, bis der Widerstand zusammenbricht. Bei der dann zu hohen Belastung wird in der zweiten Phase ein kleiner Betrag des Fließens nachgeholt. In der dritten Phase ist der Werkstoff in zunehmendem Maße plastisch; daß noch eine Laststeigerung möglich ist, kommt daher, daß sich der Werkstoff im Fließen bis zu einem Höchstmaß verfestigt. In der vierten Phase ist dies Höchstmaß überschritten und setzt außerdem ein struktureller Umbau ein. Anderen Werkstoffen, die durch Abb. 9 gekennzeichnet sind, fehlt die zweite Phase, die *natürliche Streckgrenze*.

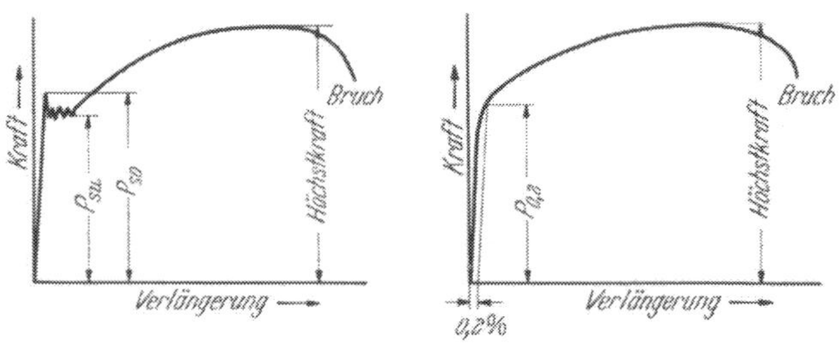

Abb. 8 u. 9. Kraft-Verlängerungsschaubilder des Zugversuches

Um die Ergebnisse von Zugversuchen mit verschiedenen Stababmessungen vergleichen zu können, ist es erfahrungsgemäß zulässig, die Kraft oder Belastung P auf den Anfangsquerschnitt F_0 zu beziehen. Damit erhält man die *Zugspannung*

$$\sigma = \frac{P}{F_0}\ [\text{kg/mm}^2].$$

Die Beziehung auf den Querschnitt F_0 ist zwar willkürlich, aber praktisch einfach und ausreichend. Da der Querschnitt mit zunehmender Belastung geringer wird, müßte man den zu der jeweiligen Belastung gehörigen Querschnitt einsetzen, um die höher liegende *wahre Spannung* zu erhalten.

Um eine Vergleichsmöglichkeit bei Stäben mit verschiedenen Meßlängen zu haben, bezieht man die Verlängerung $(L - L_0)$ prozentual auf die Anfangslänge L_0 (Meßlänge). Man erhält damit die *Dehnung* zu

$$\varepsilon\,\% = \frac{L - L_0}{L_0} \cdot 100 = \frac{\Delta L}{L_0} \cdot 100.$$

Schließlich wird die Querschnittsverminderung in Prozent des Anfangsquerschnittes F_0 angegeben. Es ist damit die Querschnittsverminderung zu jedem Zeitpunkt des Versuches

$$q\,\% = \frac{F_0 - F}{F_0} \cdot 100 = \frac{\Delta F}{F_0} \cdot 100.$$

Die wichtigsten Kennwerte des Zugversuchs, als Festigkeitseigenschaften des betreffenden Werkstoffes bezeichnet, sind dann

1. die (natürliche) *Streckgrenze*

$$\sigma_s = \frac{P_s}{F_0}\,[\mathrm{kg/mm^2}],$$

wobei zwischen der praktisch interessierenden *oberen Streckgrenze* σ_{so} und der mehr theoretisch interessierenden *unteren Streckgrenze* σ_{su} zu unterscheiden ist,

2. die *Zugfestigkeit* als Spannung bei der Höchstkraft (Höchstbelastung)

$$\sigma_B = \frac{P_{\max}}{F_0}\,[\mathrm{kg/mm^2}],$$

3. die *Bruchdehnung*, auch einfach *Dehnung* genannt, als die nach erfolgtem Bruch gemessene Dehnung

$$\delta\,\% = \frac{\Delta L_B}{L_0} \cdot 100,$$

4. die *Brucheinschnürung*, auch einfach Einschnürung genannt, als die nach erfolgtem Bruch gemessene Querschnittsverminderung

$$\psi\,\% = \frac{\Delta F_B}{F_0} \cdot 100.$$

Die gesamte Dehnung $\varepsilon_{\mathrm{ges}}$ besteht aus einem federnden (elastischen) Anteil $\varepsilon_{\mathrm{el}}$ und einem bleibenden (plastischen) Anteil $\varepsilon_{\mathrm{bl}}$:

$$\varepsilon_{\mathrm{ges}} = \varepsilon_{\mathrm{el}} + \varepsilon_{\mathrm{bl}}.$$

Mittels geeigneter Feinmeßeinrichtung lassen sich diese Anteile feststellen. Man belastet bis zu der gewünschten Spannung und mißt die Dehnung $\varepsilon_{\mathrm{ges}}$. Nach Entlastung verbleibt eine Dehnung $\varepsilon_{\mathrm{bl}}$.

Als Dehngrenzen bezeichnet man die Spannungen, nach deren Fortnahme bestimmte bleibende Dehnungen erhalten werden. Als wichtigste seien genannt

1. die *0,2-Dehngrenze* $\sigma_{0,2}$, d. h. die Spannung, die eine bleibende Dehnung von 0,2% bewirkt, auch (konventionelle) Streckgrenze genannt bei solchen Werkstoffen, die keine ausgeprägte natürliche Streckgrenze besitzen:

2. die *technische Elastizitätsgrenze* $\sigma_{0,01}$, entsprechend einer bleibenden Dehnung von 0,01%.

Die Bezeichnung *technische Elastitzitätsgrenze* besagt nicht, daß der elastische Bereich des Werkstoffes damit abgegrenzt sei. Unterhalb dieser 0,01-E-Grenze sind durchaus noch merkliche Beträge plastischer Dehnung und oberhalb dieser Grenze mit der Belastung sogar noch zunehmende Beträge elastischer Dehnung vorhanden. Es ist eine Frage der Genauigkeit der Meßgeräte, bis zu welcher Spannung herab noch plastische Dehnungen festzustellen sind. Zweifellos gibt es eine sehr tiefliegende untere Grenze für plastische Dehnungen, eine wirkliche Elastizitätsgrenze. Diese hat jedoch nur metallphysikalisches Interesse. In praxi wird hier und da noch die Bestimmung der 0,005- und gar der 0,001-Grenze gefordert. Bei mittelhartem Stahl ist 0,005% bleibende Dehnung immerhin noch etwa 5% der Gesamtdehnung.

Die Spannungs-Dehnungs-Kurve zeigt nur bei Stahl in einem nennenswerten Bereich anfänglich einen geradlinigen Anstieg, d. h. unter Berücksichtigung der obigen Ausführungen besteht annähernd Proportionalität zwischen Spannung und Dehnung. Man sagt, es gilt in diesem Bereich das HOOKE*sche Gesetz*

$$E = \frac{\sigma}{\varepsilon}\ [\mathrm{kg/mm^2}].$$

Bei Gußeisen ist dieser Bereich sehr klein. Da nun

$$\varepsilon_{\mathrm{ges}} = \varepsilon_{\mathrm{bl}} + \varepsilon_{\mathrm{el}}$$

ist, und von diesen drei Dehnungen nur $\varepsilon_{\mathrm{el}}$ proportional der Spannung ist, kann E eindeutig wie folgt definiert werden:

$$E = \frac{\sigma}{\varepsilon_{\mathrm{ges}} - \varepsilon_{\mathrm{bl}}} = \frac{\sigma}{\varepsilon_{\mathrm{el}}}\ [\mathrm{kg/mm^2}].$$

Dieser sogenannte *Elastizitätsmodul* ist also der Quotient aus der auf den Anfangsquerschnitt bezogenen Kraft und der auf die Meßlänge bezogenen elastischen Längenänderung.

Die Probestäbe werden in Zerreißmaschinen eingespannt. Diese bestehen im Prinzip aus einem geschlossenen Rahmen, in welchem sich eine feste aber verstellbare und eine

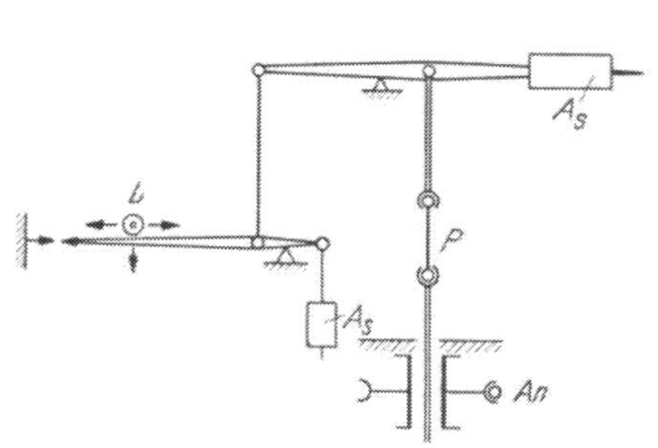

Abb. 10. Zerreißmaschine mit Laufgewichtswaage

L Laufgewichtswaage *An* Antrieb
P Probe *As* Ausgleichsgewichte

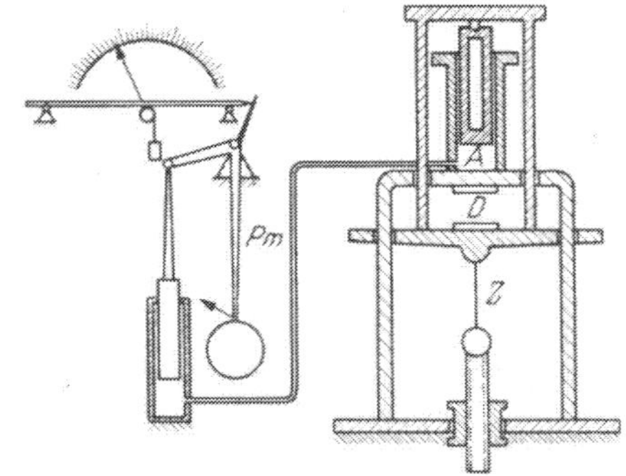

Abb. 11. Zerreißmaschine (Universalmaschine) mit Pendelmanometer

A Antrieb *D* Druckraum
Z Probe *Pm* Pendelmanometer

gleitend geführte Klemmvorrichtung befinden. In diesen beiden Klemmvorrichtungen (Einspannköpfen) werden die Stabenden befestigt. Auf die gleitende Vorrichtung wirkt über eine Spindel oder einen hydraulisch bewegten Kolben eine Kraft.

Die Messung dieser Kraft erfolgt entweder mit einer Laufgewichtswaage (Abb. 10) oder eleganter und besonders bei größeren Maschinen mittels Pendelmanometer (Abb. 11). Bei der Messung mit Pendelmanometer wird die Kraft durch einen Druckkolben übertragen. Der Öldruck, der auf die Kolbenfläche wirkt, wird über eine Druckleitung auf einen kleinen Meßkolben übertragen. Dessen Bewegung erfolgt gegen ein schweres Pendel. Der Ausschlag des Pendels ist dann an einem Manometer abzulesen. Mit einem Schleppzeiger läßt sich die Maximallast bequem ablesen. Die Bewegung des Pendelmanometers und des beweglichen Einspannkopfes kann über geeignet angebrachte Mechanismen (beispielsweise Schnurzüge) auf einer Schreibtrommel aufgezeichnet werden, so daß während des Versuches sofort das Kraft-Verlängerungs-Schaubild erhalten werden kann. Genaue Dehnungsmessungen etwa zur Feststellung der Dehngrenzen und des E-Moduls erfordern genauere Meßeinrichtungen wie beispielsweise das MARTENSsche Spiegelgerät, dessen Arbeitsweise in Abb. 12 dargestellt ist (DIN 50107).

Für Gießereilaboratorien ist es zweckmäßig, die Prüfmaschinen so auszurüsten, daß auf ihr auch Druck- und Biegeversuche durchgeführt werden können (Universalprüfmaschinen). Sie haben meistens eine Belastbarkeit bis 35 t.

Eingehende Darstellungen und Abbildungen von Prüfgeräten finden sich in ausführlichen Handbüchern [*2*].

Die großen Abnahmegesellschaften und Verbraucher verlangen einen amtlichen Nachweis für die Richtigkeit der Maschinen. Es ist deshalb empfehlenswert, sie nach gewissen Zeitabschnitten kontrollieren zu lassen. Richtlinien für solche Kontrolluntersuchungen sind in den Normblättern DIN 1604 und DIN 51 300 niedergelegt.

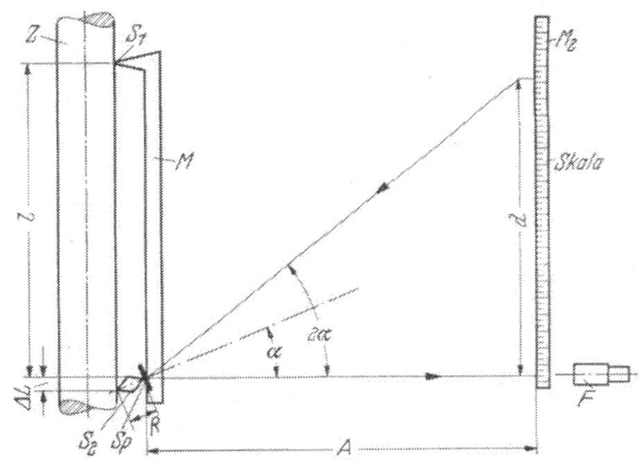

Abb. 12. Schema des Spiegelapparates nach MARTENS für Feindehnmessungen

Z Probestab – l Meßlänge – ΔL Dehnung – M Meßbügel – S_1 Schneide – S_2 Prisma – Sp Spiegel – R Schneidenabstand des Prismas – A Skalenabstand – F Fernrohr

Die verschiedenen Gußwerkstoffe unterscheiden sich in ihrem elastischen und plastischen Verhalten beim Zugversuch. Die Spannungs-Dehnungs-Kurven verschiedener Werkstoffe z. B. von Stahlguß und Gußeisen verlaufen sehr unterschiedlich. Dementsprechend ist auch eine besondere Rücksichtnahme auf den Werkstoff bei der Durchführung der Versuche erforderlich. Schon die Abmessung der Zugproben sind dem angepaßt. Aber auch die Bewertung der Versuchsergebnisse und ihre Folgerungen aus ihnen bedürfen besonderer Hinweise.

a) Stahlguß. Für Stahlguß wird man sich an die Abmessungen der Probestäbe halten, wie sie in DIN 50125 angegeben sind. Je nachdem wie die Einspannung der Proben in den Prüfmaschinen erfolgen kann, haben sich die in Abb. 13 bis 16 mit A, B, C und D bezeichneten Probeformen als empfehlenswert erwiesen, Probe A wird verwendet zur Einspannung mit Beißbacken, B für Gewindeköpfe, Probe C hat Schulterköpfe und Probe D Kegelköpfe.

Der Querschnitt der Proben kann kreisförmig, quadratisch, rechteckig oder beliebig anders sein. Bei rechteckigen Proben soll das Seitenverhältnis 1 : 4 nicht überschritten werden. Für Rundproben wird für die Meßlänge L_0 bzw. Versuchslänge L_v der Durchmesser mit d_0 bezeichnet, für andere Querschnitte ist d_0 der Durchmesser des dem Querschnitt F_0 flächengleichen Kreises, also $d_0 = 1{,}13\sqrt{F_0}$.

Der zylindrische bzw. prismatische Teil der Probe (L_v) muß um d_0 länger als die Meßlänge L_0 sein. Der Übergang zum Stabkopf muß allmählich und gut ausgerundet sein. Bei Rundproben bis 25 mm Durchmesser soll der Hohlkehlenhalbmesser mindestens 4 mm, bei Flachproben von 10 bis 30 mm Breite mindestens 15 mm betragen.

Um vergleichbare Werte zu erhalten, sollen Meßlänge L_0 und Durchmesser d_0 in einem festen Verhältnis zueinander stehen, und zwar ist die Meßlänge bei *kurzen Proportionalstäben* $L_0 = 5d_0$ und bei *langen Proportionalstäben* $L_0 = 10d_0$.

Wenn die Meßlänge nicht in das angegebene Verhältnis zum Durchmesser gesetzt werden kann, besteht auch die Möglichkeit der Verwendung anderer Verhältnisse. Doch soll die Meßlänge dann 100 bzw. 200 mm sein. Solche Stäbe werden *Normalstäbe* genannt. Lange und kurze Proportional- bzw. Normalrundstäbe ergeben unter sich praktisch die gleichen Meßwerte.

Die Bruchdehnung ist bei den kurzen Stäben wesentlich höher als bei den langen Stäben. Es bestehen zwar Umrechnungsverfahren [*3*], doch sollte man nur ausnahmsweise darauf zurückgreifen.

Eine gewisse Vorsicht ist bei den aus Stahlgußstücken entnommenen Proben erforderlich [*4*]. Die Gieß- und Abkühlungsverhältnisse sind je nach der Form des Gußstückes an verschiedenen Stellen unterschiedlich, dementsprechend können je nach den Stellen, an denen Probestäbe entnommen sind, verschiedene mechanische Kennwerte erhalten werden. Es spricht dies dafür, die Prüfung bei großen und komplizierten Stücken an gesondert vergossenen Probestäben vorzunehmen. Auch die günstigste Glühdauer hängt von der Wandstärke des Gußstückes ab. Es ist also durchaus möglich, daß die dem Gußstück an einer Stelle entnommene Probe günstigere Eigenschaften ergibt, als sie im größeren übrigen Teil des Gußstücks vorhanden sind.

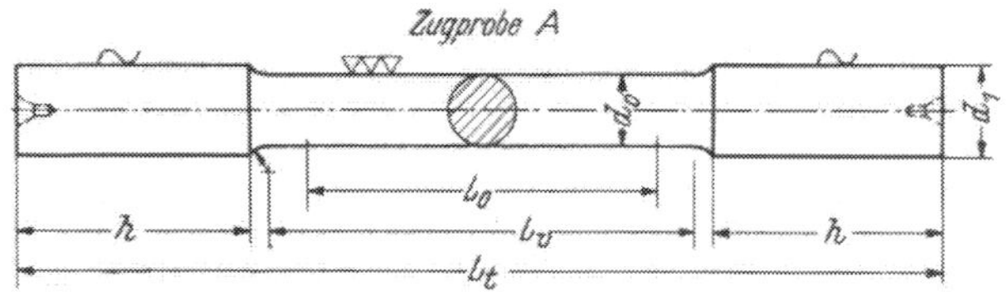

Abb. 13. Rundproben mit glatten Zylinderköpfen zum Einspannen in Beißbacken

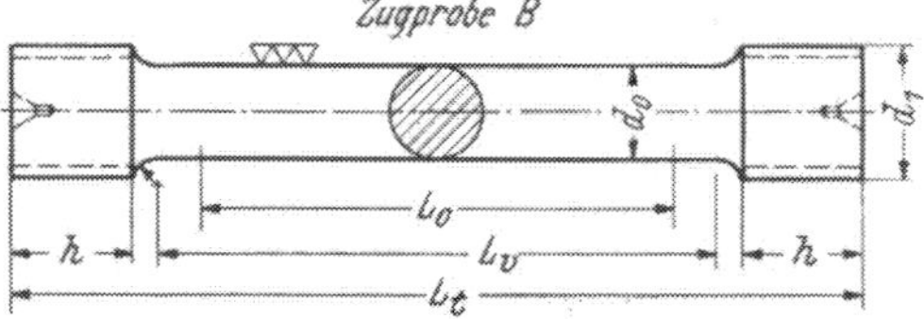

Abb. 14. Rundproben mit Gewindeköpfen

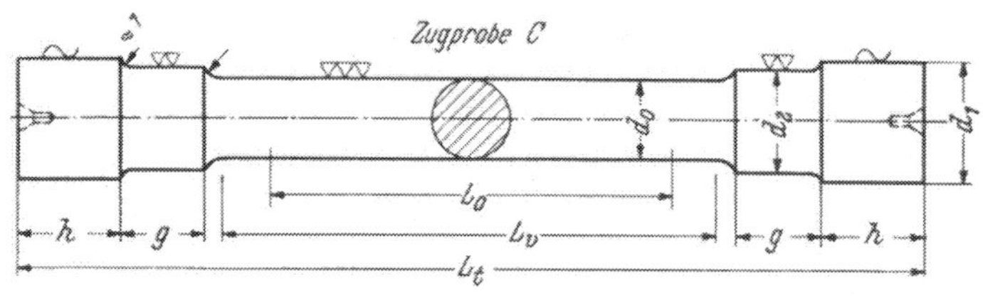

Abb. 15. Rundproben mit Schulterköpfen

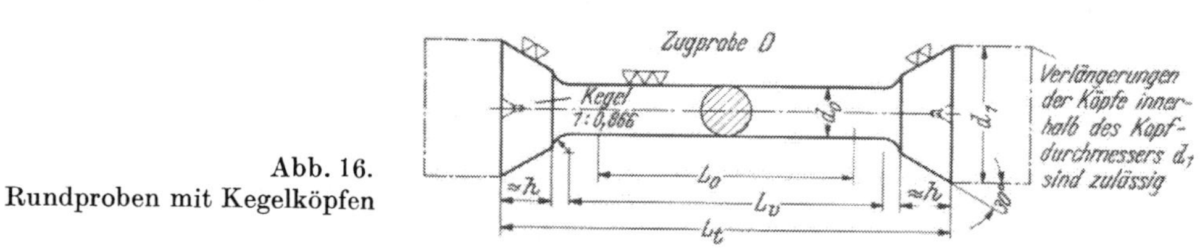

Abb. 16. Rundproben mit Kegelköpfen

Abb. 13 bis 16. Für Stahlguß verwendbare Probestäbe (DIN 50125)

Die Bestimmung der Festigkeitseigenschaften einschließlich des E-Moduls macht bei Stahlguß keine besondere Schwierigkeit. Für den Konstrukteur sind nur die Streckgrenze, etwaige Dehngrenzen und der E-Modul von Interesse. Schon die Bruchfestigkeit ist nicht mehr für quantitative Aussagen über das spätere Verhalten des Gußstückes bei der Betriebsbeanspruchung zu verwenden. Sie gibt allenfalls einen Hinweis auf die Bearbeitbarkeit oder die Abnutzbarkeit. Das Verhältnis von Streckgrenze zu Festigkeit, als Streckgrenzenverhältnis bezeichnet, ist als Maß für plastische Reserven bei etwaiger Überbeanspruchung angesehen worden. Andererseits ist wirtschaftlich gesehen bei einer aus Gründen der Bearbeitbarkeit nicht zu hohen Festigkeit eine möglichst hohe Streckgrenze (hohes Streckgrenzenverhältnis) erwünscht. Die Bruchdehnung und besonders die Brucheinschnürung werden zur Beurteilung der Zähigkeit und Verformbarkeit herangezogen, obwohl eine entsprechende physikalisch einwandfreie Begriffsbestimmung noch nicht möglich ist. Je höher die Streckgrenze oder Festigkeit ist, um so niedriger sind im allgemeinen Dehnung und Einschnürung. Diese Beziehungen sind jedoch nicht eindeutig. Durch Kombination von Festigkeit oder Streckgrenze mit den Verformungskennziffern hat man versucht sogenannte Güteziffern zu erhalten [*5*], die nach dem obigen ziemlich willkürlich sind und meist nur einen jeweils beschränkten Erfahrungsbereich umschließen.

b) Grauguß. Der Zugversuch bringt bei Grauguß zwar einen eindeutigen Festigkeitswert, aber der Verlauf der Spannungs-Dehnungs-Kurve läßt schon erkennen, daß die übrigen Kennwerte schwierig zu bestimmen sind. Die Spannungs-Dehnungs-Kurve zeigt nicht den bei Stahl oder Stahlguß am Anfang feststellbaren annähernd geradlinigen Anstieg. Das HOOKEsche Gesetz trifft bei Gußeisen nicht zu. Bei sehr geringen Dehnungen tritt der plastische Anteil bereits sehr stark hervor. Die Bruchdehnung von Gußeisen liegt selbst bei guten Sorten meist unter 1%. Die Kurve ist mithin nur durch Feindehnungsmessungen etwa mit dem MARTENSschen Spiegelapparat festzustellen. Den Versuchsaufwand, der dafür erforderlich ist, können sich nur verhältnismäßig wenige Gießereien erlauben. Werden keine Feindehnungsmessungen durchgeführt, so erhebt sich auch bei Ermittlung nur der Bruchdehnung mit Rücksicht darauf, daß die Streuung durch Unvollkommenheit der Ausmessung bei der geringen Gesamtdehnung prozentual sehr groß wird, die Frage, ob die Dehnung überhaupt gemessen werden soll. Wenn darauf zu verzichten ist, kann die Meßlänge des Prüfstabes sehr klein gehalten werden.

Da andererseits gerade die Dehnverhältnisse und der E-Modul wertvolle Hinweise für die Bewertung von Gußeisen geben, ist die Erörterung über die Zweckmäßigkeit eines langen oder kurzen Prüfstabes noch nicht abgeschlossen. So verwendet trotz aller Bemühungen um eine Vereinheitlichung des Zugversuches bei Gußeisen die Schweiz noch einen langen Probestab, während die meisten Länder einen kurzen Stab vorziehen (Abb. 17).

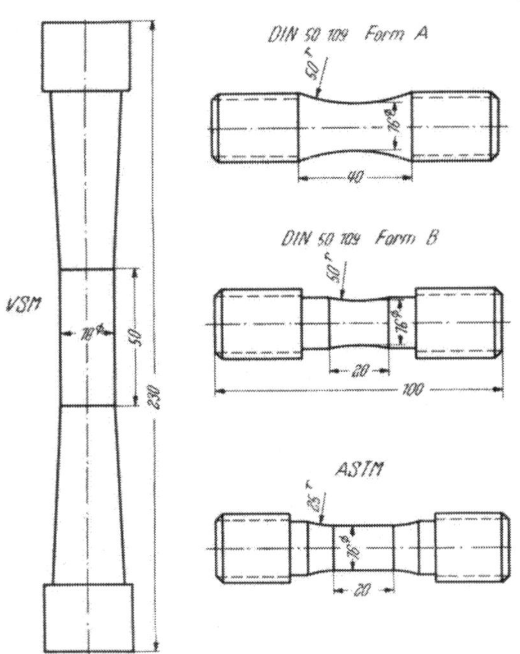

Abb. 17. Gußeisen-Probestäbe für Vergleichsversuche (nach H. JUNGBLUTH)

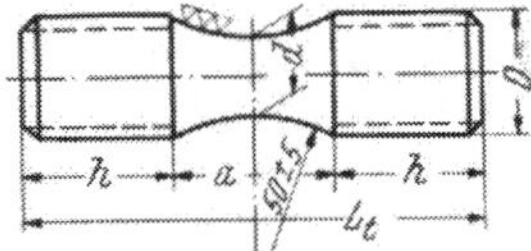

Abb. 18. Deutscher Probestab für Zugversuche an Gußeisen (DIN 50109)

d Nenndurchmesser (kleinster Durchmesser) — D Stabkopfdurchmesser — a Länge zwischen den Gewindeköpfen — h Stabkopfhöhe — L_t Gesamtlänge des Stabes

Vergleichsuntersuchungen [*6*] am langen schweizer Probestab (VSM), am kurzen im Mittelteil schwach ausgerundeten deutschen Normalstab (DIN) und am kurzen amerikanischen Standardstab (ASTM) mit zylindrischem Mittelteil ergaben keine unterschiedlichen Werte der Zugfestigkeit. Die kurzen Stäbe sind zur Ermittlung des Dehnverhaltens nicht verwendbar. Der Kurzstab ist leichter und billiger herzustellen. Bei dem in der Mitte ausgerundeten Stab wird zudem die Lage der Bruchstelle weitgehend festgelegt. Allerdings muß der kurze Probestab mit besonderer Sorgfalt genau zentrisch eingespannt werden. Besonders bei höheren Festigkeitsstufen besteht sonst die Neigung, in der Einspannung zu reißen. Für die Prüfung von Gußeisen empfiehlt DIN 50109 die in Abb. 18 bzw. Tab. 1 dargestellte Probenform.

Der Wert der Zugfestigkeit ist bei Gußeisen zuerst von der Menge und Verteilung des Graphits und dann von der Ausbildung der metallischen Grundmaße abhängig. Die Primärstruktur hängt wesentlich von den Gieß- und Erstarrungsbedingungen, also auch von der Wanddicke ab. Daher muß für die Bewertung der Versuchsergebnisse die Wanddickenabhängigkeit [*7, 8, 9, 10*] der Festigkeitswerte berücksichtigt werden. Die Wanddicke soll nicht größer sein als der Durchmesser des Gewindekerns oder des zylindrischen Kopfes (DIN 50108).

Tabelle 1. *Probenformen für den Zugversuch von Gußeisen*

Nenndurchmesser d mm	Querschnitt F_0 mm²	Gewinde nach DIN 13 D	Stabkopfhöhe mindestens h mm	Länge zwischen den Gewindeköpfen $a \approx$ mm	Gesamtlänge des Stabes mindestens L_t mm
6	28,3	M 10	13	28	54
8	50,3	M 12	16	31	63
10	78,5	M 16	20	34	74
12,5	122,7	M 20	24	37	85
16	201	M 24	30	40	100
20	314	M 30	36	43	115
25	491	M 36	44	46	134
32	804	M 45	55	50	160

Die Berücksichtigung des Wanddickeneinflusses kann nach den Richtlinien der Normblätter DIN 1691 und 1692 erfolgen. Der Einfluß der Wanddicke wurde bei der Festlegung der Güteklassen in DIN 1691 *Grauguß, unlegiert und legiert* vom Nov. 1949 durch Abstufung der Werte für Wanddicken von 4 bis 50 mm berücksichtigt. In Tab. 2 sind die Wanddicken von 4 bis 50 mm und die Rohgußdicken der Proben mit den Durchmessern der fertig bearbeiteten Proben zusammen angegeben. Der Nenndurchmesser d ist zwischen 6 und 32 mm, die Länge zwischen den Gewindeköpfen von 28 bis 50 mm veränderlich, wobei noch ein zylindrischer Teil von einer Länge kleiner als d in der Stabmitte eingeschaltet werden kann.

Tabelle 2. *Wanddicke und Probendurchmesser*

Maßgebende Wanddicke des Gußstückes mm	Probe für den Zugversuch: Rohgußdurchmesser oder -dicke mm	Probe für den Zugversuch: Nenndurchmesser (fertig bearbeitet) nach DIN 50109 mm
4—8	13	8
über 8—15	20	12,5
über 15—30	30	20
über 30—50	45	32

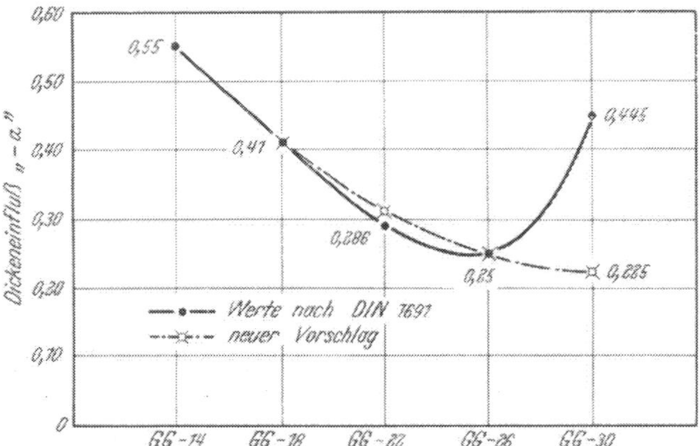

Abb. 19. Wanddickeneinfluß („—a"-Wert) bei verschiedenen Graugußsorten

Die verschiedenen Güteklassen sind nach den Festigkeitswerten für gestufte Wanddickenbereiche der Gußstücke eingeteilt. Man entwickelte einen Formkasten für Prüfkörper entsprechend verschiedenen Wanddicken (Abb. 4) und ermittelte an den abgegossenen Proben die mechanischen Kennwerte [*9*]. Trägt man die erhaltenen Werte in Abhängigkeit von der Wanddicke in doppelt logarithmischem Maßstab auf, so ergibt sich eine Gerade. Der Neigungswinkel dieser Geraden wird als ein Maß für die Wanddickenabhängigkeit angesehen und als *—a-Wert* bezeichnet. Wie Abb. 19 zeigt, wird der Wanddickeneinfluß mit zunehmender Festigkeit geringer. Eine Ausnahme scheint der Sondergrauguß GG 30 zu sein.

Man muß allerdings berücksichtigen, daß die Abhängigkeit der Zugfestigkeit vom Probendurchmesser noch von der Zusammensetzung des Gußeisens beeinflußt wird. Nach Untersuchungen von H. HANEMANN und A. SCHRADER [*11*] spielt, wie Abb. 20 zeigt, der sogenannte *Sättigungsgrad* [*12*]

$$s_r = \frac{\%\,\mathrm{C}}{4{,}23 - \frac{\mathrm{Si}}{3{,}2}}$$

eine Rolle. In den Begriff des Sättigungsgrades wurde später [13] für diesen Zusammenhang auch der Phosphorgehalt einbezogen

$$s_r = \frac{\%\,\mathsf{C}}{4{,}23 - 0{,}275\,\mathsf{P} - 0{,}312\,\mathsf{Si}}\,.$$

Im englischen Schrifttum begegnet man dem Begriff *Kohlenstoff-Gleichwert* (carbon equivalent value) als der Summe $\%\,\mathsf{C} + 1{,}3\%\,\mathsf{Si}$ oder $\%\,\mathsf{C} + \frac{1}{3}\,(\%\,\mathsf{Si} + \%\,\mathsf{P})$. Bei Zugrundelegung dieses Wertes wurde von A. J. D. BLACK [14] eine Abhängigkeit zwischen Probendurchmesser entsprechend Abb. 21 festgestellt. Die Streuung soll dabei nicht mehr als $\pm$ 2,4 kg/mm² betragen. E. DÜBI [15, 16] gibt ein elegantes Verfahren an, wie man aus den Festigkeitswerten und den Brinellhärten von zwei Probestäben mit 30 und 60 mm Durchmesser die Festigkeit bei beliebiger Wanddicke bis zu 120 mm feststellen kann (vgl. Abschnitt *Brinellhärte*).

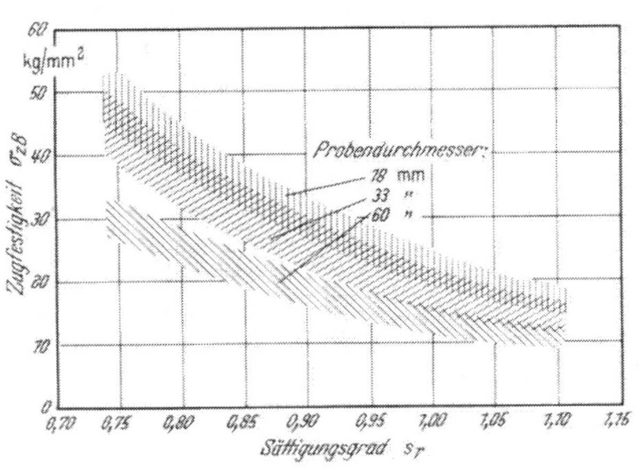

Abb. 20. Beziehungen zwischen Sättigungsgrad und Zugfestigkeit bei Gußeisen (HANEMANN und SCHRADER)

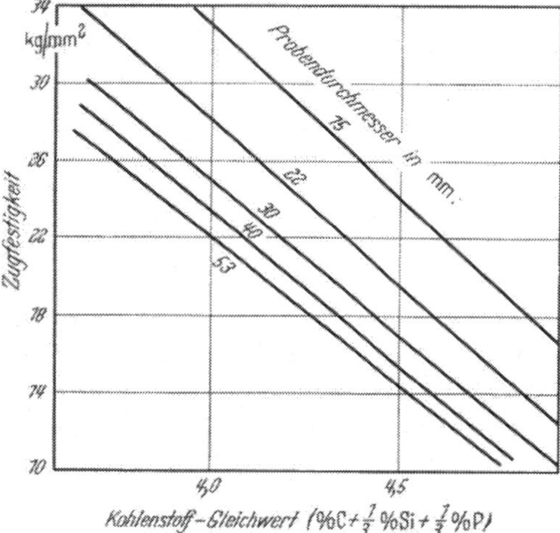

Abb. 21. Beziehungen zwischen Kohlenstoff-Gleichwert, Probendurchmesser und Zugfestigkeit nach A. J. D. BLACK

Von Interesse ist das Verhältnis anderer Eigenschaften zur Zugfestigkeit. Einen Anhalt gibt eine Aufstellung von J. W. GRANT [17] auf Grund sorgfältiger Messungen an zwei perlitischen Gußeisensorten (Tab. 3). Die Streuung ist jedoch erfahrungsgemäß sehr groß, wie in Abschnitt *Biegeversuch* gezeigt werden wird.

Tabelle 3. *Verhältnis verschiedener Festigkeitswerte zur Zugfestigkeit bei Grauguß*

	A [1]	B [1]
Zugfestigkeit in kg/mm²	28,8	34,2
Druckfestigkeit	3,36	3,08
Biegefestigkeit, bearbeitete Proben	1,62	1,55
Biegefestigkeit, unbearbeitete Proben	1,54	1,76
Scherfestigkeit	1,13	1,20
Verdrehungsfestigkeit	1,12	1,11
Biegewechselfestigkeit (glatte Probe)	0,46	0,44

[1]

Probe	% C ges.	% Graphit	% Si	% Mn	% P	% S	% Mo
A	3,13	2,33	2,31	0,69	0,67	0,141	—
B	3,02	2,25	1,57	0,87	0,17	0,096	0,57

Die Sicherheit bei der Ermittlung des E-Moduls ist stark davon abhängig, bis zu welcher Spannung Proportionalität mit der Dehnung besteht oder das HOOKEsche Gesetz $\varepsilon = \frac{\sigma}{E}$ gilt. Bei Stahl und Stahlguß ist diese Proportionalität bis zu hohen Spannungen gegeben. Bei Gußeisen nimmt jedoch der Elastizitätsmodul mit wachsender Zugbeanspruchung ab, und zwar beträgt beispielsweise für ein Gußeisen Ge 12,91 der mittlere Elastizitätsmodul zwischen der Beanspruchung 1 kg/mm² und der Bezugsbeanspruchung 4 kg/mm² 6000 bis 7000 kg/mm², bei 1 bis 8 kg/mm² nur mehr 4000 bis 5000 kg/mm². Diese starke

Abhängigkeit ist bei hochwertigen Gußeisensorten mit zunehmender Festigkeit geringer. Der Elastizitätsmodul nähert sich außerdem mit steigender Festigkeit dem des Stahles von 20000 bis 22000 kg/mm² und hat bei Ge 26,91 bereits Werte um 12000 kg/mm².

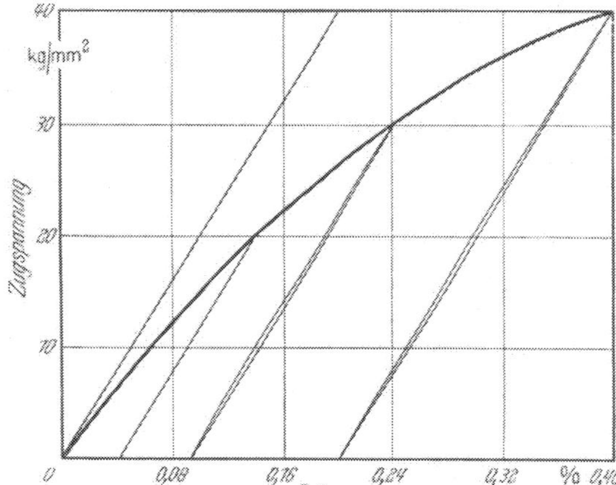

Abb. 22. Rückfederung eines auf Zug beanspruchten Stahlstabes bei Entlastung (schematisch)

Man hat versucht, das HOOKEsche Gesetz entsprechend dem Kurvenverlauf zu modifizieren und ihm die Form $\varepsilon = \frac{\sigma^m}{E}$ zu geben. Schließlich sind Formeln wie

$$\sigma = \alpha\varepsilon - \beta\varepsilon^2$$

oder

$$\varepsilon = a\sigma^3 + b\sigma$$

angegeben worden [18], deren Koeffizienten für die verschiedenen Gußeisensorten und Stababmessungen durch Versuche ermittelt werden müssen.

Einen zweifellos brauchbaren Weg hat A. COLLAUD [16] gezeigt. COLLAUD weist an Hand einer großen Anzahl von Versuchen daraufhin, daß im Feinmeßversuch die Rückfederung des auf Zug beanspruchten Stabes nach Entlastung anders verläuft als bei Stahl. Bei Stahl erfolgt sie, wie Abb. 22 zeigt, fast geradlinig, und bei neuerlicher Belastung ergibt sich nur eine schwache Hysterese-Schleife. Bei Gußeisen erfolgt die Rückfederung, wie Abb. 23 zeigt, erst langsam, dann schneller. Bei der Wiederbelastung ergibt sich mit zunehmender Spannung eine immer größer werdende Schleife. Während bei Stahl die Neigung der Geraden zwischen dem jeweils erreichten Punkt der Spannungs-Dehnungs-Kurve und der verbleibenden Dehnung nach Entlastung unabhängig von der erreichten Spannung bleibt, die Geraden also parallel verlaufen, zeigen die Geraden bei Gußeisen mit zunehmender Spannung einen abnehmenden Neigungswinkel. COLLAUD zeigt nun, daß diese Abnahme für jedes Gußeisen geradlinig ist (Abb. 24), so daß es möglich ist, aus zwei Feinmeßversuchen, den E-Modul bei der Spannung Null zu extrapolieren. Da

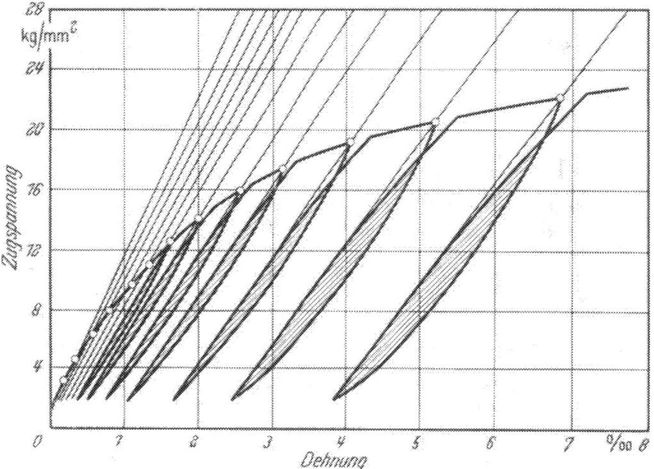

Abb. 23. Zugversuch an Gußeisen Ge 20,91 (Schweizer Norm) nach COLLAUD

$$\varepsilon_{\text{ges}} = \varepsilon_{\text{el}} + \varepsilon_{\text{bl}}$$

und ε_{el} ausgedrückt werden kann durch den E-Modul, ist

$$\varepsilon_{\text{ges}} = \frac{\sigma}{E_0} \cdot 100 + \varepsilon_{\text{bl}}.$$

Auch ε_{bl} läßt sich nach COLLAUD aus den Ergebnissen der beiden Feinmessungen berechnen, wenn $\varepsilon_{\text{bl}} = \frac{b \cdot \sigma}{a - \sigma}$ gesetzt wird, also

$$\varepsilon_{\text{ges}} = \frac{\sigma}{E_0} \cdot 100 + \frac{b \cdot \sigma}{a - \sigma}.$$

Wie Abb. 25 zeigt, ist die Übereinstimmung zwischen Rechnung und Versuch überraschend gut. Das Verfahren zur Bestimmung des E-Moduls nach COLLAUD dürfte deshalb geeignet sein, die übliche unsichere Bestimmung des E-Moduls durch Anlage einer Tangente an den Anfangsteil der Entlastungskurve oder gar die Bestimmung des E-Moduls aus niedrigen Spannungen und den zugehörigen Gesamtdehnungen zu ersetzen. Es lassen sich aus zwei Messungen die ganzen elastischen und plastischen Dehnverhältnisse feststellen,

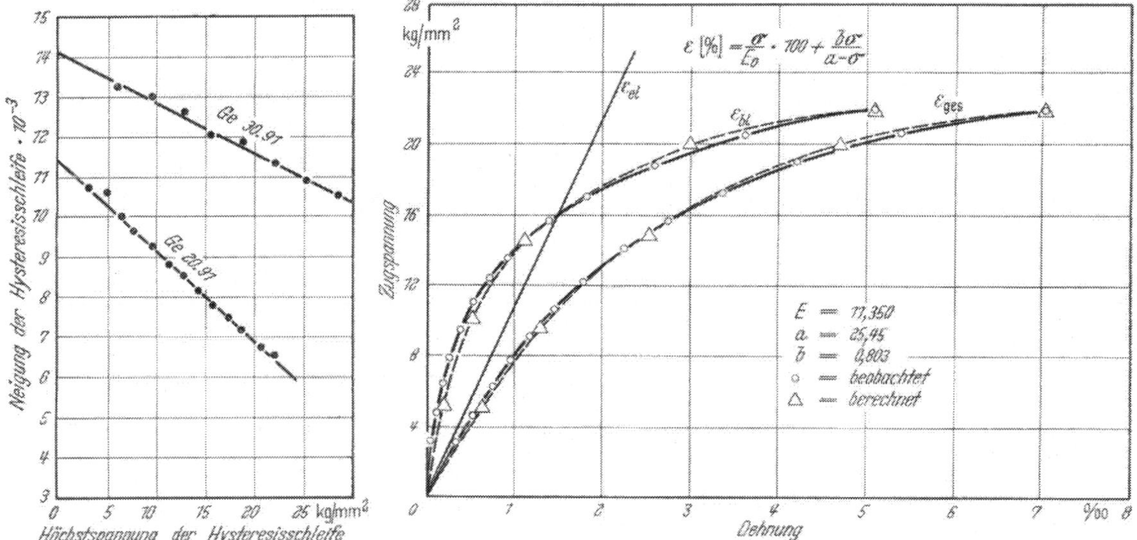

Abb. 24. Neigung der Hysterinschleifen bei Entlastung von zunehmenden Spannungen bei zwei Gußeisensorten (COLLAUD)

Abb. 25. Spannungs-Dehnungs-Kurve von Gußeisen Ge 20,91 (nach COLLAUD)

was wegen der vielfach herrschenden Anschauung, daß Gußeisen ein völlig spröder Körper sei, nicht übersehen werden sollte.

Es sei noch erwähnt, daß H. SCHLECHTWEG [*19*] zur Beschreibung des mechanischen Verhaltens spröder Werkstoffe folgendes Elastizitätsgesetz entwickelte:

$$\varepsilon = \frac{\sigma}{E} \cdot \frac{1}{1 + \left(B - C\sqrt{\frac{2}{3}}\right)\sigma - L\sqrt{\sigma\sqrt{\frac{2}{3}}}}$$

wobei B, C und L Werkstoffkonstanten sind, die aus Zug- oder Druckversuchen besonders ermittelt werden müssen. Hiermit konnte SCHLECHTWEG feststellen, daß die Änderung des E-Moduls in erster Linie von Graphitmenge und -größe abhängig ist.

Vorläufig noch mehr theoretischer Natur sind Folgerungen, die G. MEYERSBERG [*21*] aus Untersuchungen von W. WEIBULL [*20*] über die Abhängigkeit der Zugfestigkeit vom Volumen der Proben für Graugußproben zieht. Mit zunehmendem Volumen der beim Zugversuch beanspruchten Zone nimmt die Festigkeit ab. Nach WEIBULL ist die Bruchwahrscheinlichkeit als Folge statistischer Verteilung von Gitterfehlstellen

$$S = 1 - e^{-V \cdot f(\sigma)}$$

wobei V das beanspruchte Volumen und

$$f(\sigma) = \left(\frac{\sigma - \sigma_u}{\sigma_0}\right)^m$$

bedeutet mit m als Werkstoffkennzahl, σ_0 als Angabe für die Höhe des Spannungsbereichs und σ_u als untere Grenze für das Auftreten von Brüchen. Dem entgegen steht die Feststellung, daß bei Unterschreiten eines bestimmten Probestabdurchmessers etwa unter 10 oder 5 mm verschiedentlich eine Festigkeitsabnahme beobachtet wurde. Dies erklärt

MEYERSBERG durch verstärkte Rißneigung am Probenrand (*Randeinfluß*). Hierauf wäre vielleicht Rücksicht zu nehmen bei der Entnahme von Proben unter 10 mm Durchmesser aus dem Gußstück.

c) Temperguß. Der Zugversuch für Temperguß wird nach DIN 50149 von März 1951 durchgeführt. Die Probestäbe werden in besondere Formen gegossen und zusammen mit dem Gußstück derselben Schmelze wärmebehandelt. Sie sollen der maßgebenden Wanddicke des Gußstückes entsprechen und werden nicht bearbeitet. Die Abmessungen entsprechend der deutschen Norm sind in Abb. 26 und Tab. 4 angegeben.

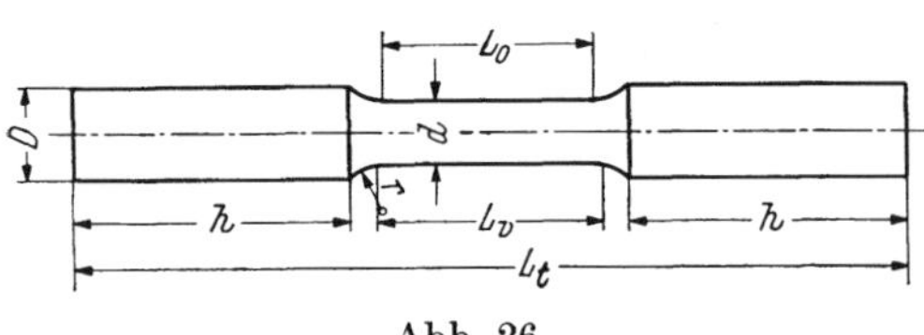

Abb. 26.
Zugstab für Temperguß (nach DIN 50149)

Tabelle 4. *Abmessungen der Zugstäbe für Temperguß* (nach DIN 50149)

Nenndurchmesser d	Nennquerschnitt F_2	Stabkopf Durchmesser D	Stabkopf Höhe h[1]	Meßlänge $L_0 = 3\,d$	Versuchslänge L_v	Gesamtlänge L_t[1]	Halbmesser der Hohlkehle r
9	63,6	13	40	27	30	120	6
12	113,1	16	50	36	40	150	8
15	176,7	19	60	45	50	180	8
18	254,5	22	70	54	60	210	10

[1] Höhe h mindestens so groß, daß die Beißkeile auf ihrer ganzen Länge fassen können; L_t wird dadurch entsprechend länger.

2. *Zugversuche bei höheren Temperaturen*

Mit steigender Temperatur ändern sich die Kennwerte des Zugversuchs, wie Abb. 27 schematisch für Stahl zeigt. Dabei ändert sich auch sehr stark die Spannungs-Dehnungs-Kurve. Da noch keine Gesetzmäßigkeiten bekannt sind, die die Festigkeitskennwerte bei höheren Temperaturen aus denen bei Raumtemperatur zu schätzen gestatten, ist man bei den höheren Temperaturen auf Versuche angewiesen. Die Neigung des Werkstoffes zur Verfestigung nimmt oberhalb der Rekristallisationstemperatur stark ab. Die Rekristallisationstemperatur von reinem Eisen liegt bei rd. 400 °C und steigt mit dem Gehalt an gewissen Legierungselementen wie Chrom, Molybdän, Wolfram u. a. mehr oder weniger stark an. Dementsprechend sind für unlegierte Stähle und Eisensorten im Warmzerreißversuch eindeutige Meßergebnisse über 400 °C nicht mehr zu erzielen. Die Grenze kann für legierte Stähle bis zu einigen hundert Grad höher liegen. Bei Temperaturen über 400 °C tritt der Einfluß der Versuchsdauer stark in Erscheinung. Die Belastung, bei der die Dehnung des Prüfstabes noch zur Ruhe kommt, wird mit zunehmender Temperatur immer geringer. Hier tritt das Prüfverfahren zur Ermittlung der Dauerstand- bzw. der Zeitstandfestigkeit an die Stelle des Zugversuchs.

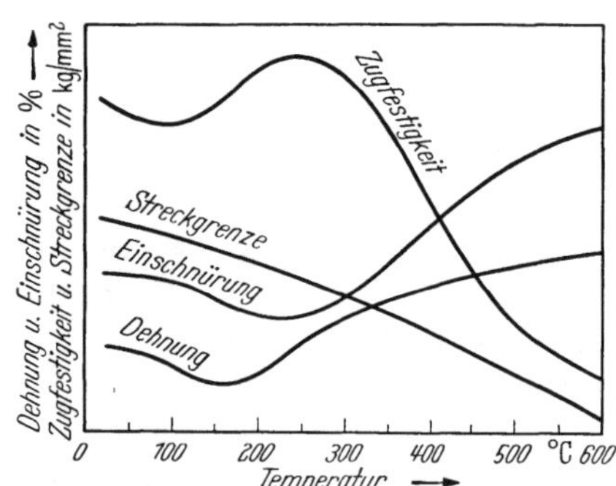

Abb. 27. Änderung der Kennwerte des Zugversuchs an Stahl mit der Temperatur (schematisch, Werkstoffhandbuch Stahl und Eisen)

a) Warmzugversuch. Wichtigste Kenngröße des Zugversuchs bei höheren Temperaturen ist die Streckgrenze (Warmstreckgrenze).

Zu ihrer Ermittlung bedient man sich der üblichen Zerreißmaschinen. Zwischen den Einspannköpfen wird ein elektrischer Heizofen so angebracht, daß der Stab gleichmäßig über die Meßlänge auf die entsprechende Temperatur erhitzt werden kann. Es sind verschiedene Ofentypen entwickelt worden, je nachdem der Prüfstab von Luft (Luftofen) oder von einem Salzbad (Salzbadofen) umgeben ist. Der Luftofen wird heute allgemein vorgezogen. Die Temperaturregelung muß eine über die ganze Meßlänge des Stabes praktisch gleiche Temperatur gewährleisten und darf keine größeren Schwankungen als $\pm 2\,°C$ zulassen.

Zur Bestimmung der 0,2-Grenze wird, wie in Abb. 28 dargestellt, die Meßlänge der Probe mit Meßbügeln abgegriffen. Die Längenänderung entspricht der gegenseitigen Verschiebung der Meßbügel, zwischen deren aus dem Ofen herausragenden Enden die Feinmeßeinrichtung beispielsweise die MARTENSschen Spiegel angebracht sind. Die Durchführung der Messung sollte sich nach der Vorschrift des Normblattes DIN 50112 von Dezember 1935 (Bestimmung der Streckgrenze bei höheren Temperaturen) richten.

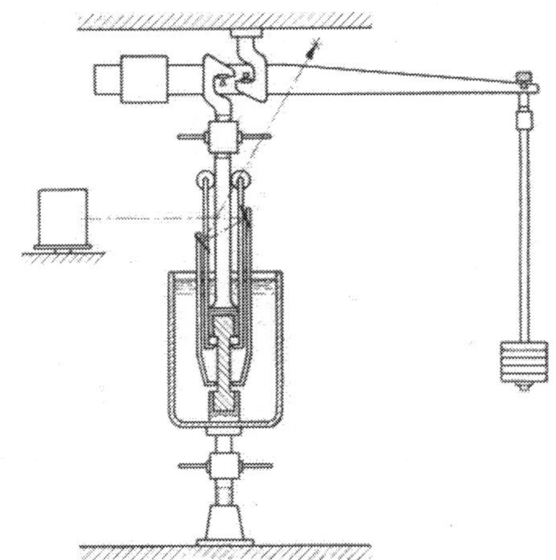

Abb. 28. Anordnung der Meßeinrichtung beim Warmzug- und Dauerzugversuch

Für die Bestimmung der 0,2-Grenze wird der Probestab mit angesetzten Feinmeßvorrichtungen in den Ofen eingebaut. Nach Eintritt des Temperaturausgleichs wird zweckmäßig eine Vorlast aufgebracht, die etwa 10% der zu erwartenden Last bei der 0,2-Grenze beträgt. Dann wird zum ersten Male abgelesen. Hierauf wird der Stab bei höchstens 0,5 kg/mm² Belastungszunahme in der Sekunde bis etwa 80% der bei der 0,2-Grenze zu erwartenden Last belastet. Der Stab bleibt 2 Minuten lang unter der Last und wird sodann bis auf die Vorlast entlastet. Die bleibende Dehnung des entlasteten Stabes wird nach einer Wartezeit von 30 Sekunden abgelesen. Derselbe Vorgang wird mit stufenweise gesteigerter Belastung (die jeweilige Steigerung soll etwa 5% der bei der 0,2-Grenze zu erwartenden Last betragen) wiederholt, bis die bleibende Dehnung den Betrag von 0,2% erreicht oder überschritten hat.

Aus den Beobachtungen soll die 0,2-Grenze bis auf ± 1 kg/mm², bei zeichnerischer Auswertung kann sie bis auf 0,5 kg/mm² genau angegeben werden.

Falls ein Mindestwert der Streckgrenze verlangt wird, so gilt die Forderung als erfüllt, wenn nach einmaliger Belastung bis zu diesem Wert die 0,2-Grenze noch nicht überschritten wird.

Die Bestimmung der natürlichen Streckgrenze und der Warmfestigkeit, d. h. der auf den Anfangsquerschnitt des Probestabes bezogenen Höchstbelastung, erfolgt natürlich ohne Feinmeßeinrichtung und ohne Vorlast, aber zweckmäßigerweise mit einer Belastungsgeschwindigkeit von höchstens 0,5 kg/mm² in der Sekunde. Die Werte ergeben sich aus der Beobachtung der Kraftanzeige oder aus dem Verlauf der Spannungs-Dehnungs-Kurve. Selbstverständlich ist auch hierbei vor Beginn des Versuches für Temperaturausgleich zu sorgen.

Bei *Stahlguß* wird im allgemeinen nur auf die Bestimmung der Warmstreckgrenze Wert gelegt. Eine befriedigend genaue Schätzung der Warmstreckgrenze etwa aus Festigkeit oder Streckgrenze bei Raumtemperatur ist wegen des starken Einflusses der Legierungsbestandteile und auch der Struktur kaum möglich, wenn auch die Streckgrenze im Gegensatz zur Festigkeit ziemlich gleichmäßig mit steigender Temperatur abnimmt.

Bei *Grauguß* ist die *Warmfestigkeit* von Interesse. Eine Streckgrenze ist wie bei Raumtemperatur nicht vorhanden. Bemerkenswert ist, daß die Warmfestigkeit von Grauguß in Temperaturen über 400 °C je nach Zusammensetzung höher sein kann, als die Streckgrenze oder die Warmfestigkeit von Stahlguß. Es wird verwiesen auf Zusammenstellungen von F. ROLL [*22*] und R. MAILÄNDER und H. JUNGBLUTH [*23*] und auf neuere Untersuchungen [*24*, *28*, *29*].

b) Standversuche. Bei etwas über 400 °C erträgt der Stahl, ohne sich laufend zu verformen, eine um so geringere Belastung je höher die Temperatur ist. Schließlich wird die mögliche Grenzbelastung so gering, daß man eine für technische Zwecke ausreichende Belastbarkeit nur erreicht, wenn eine über eine längere Zeit ertragbare Dehnung in Kauf genommen wird.

Es sind die in Abb. 29 schematisch aufgezeigten Fälle des Dehnverlaufs beispielsweise eines Versuchsstabes in Abhängigkeit von der Zeit möglich: Bei Belastung *a* beginnt der Stab sich zunächst stark zu dehnen. Die Zunahme der Dehnung wird mit größerer Versuchsdauer geringer, bis schließlich eine weitere Zunahme nicht mehr erfolgt. Bei der höheren Belastung *b* wird ebenfalls wieder eine starke Dehnung zu Beginn der Belastung beobachtet. Die Zunahme der Dehnung wird mit der Zeit geringer, bis sie schließlich proportional der Zeit ist, also die Dehngeschwindigkeit (Dehnungszuwachs pro Stunde) unverändert bleibt. Schließlich wird bei noch höherer Belastung *c* der Bereich der unveränderlichen Dehngeschwindigkeit immer kleiner und geht über in einen Abschnitt wieder zunehmender Dehngeschwindigkeit bis zum Bruch. An sich dürfte bei genügend langer Dauer der Belastung auch im zweiten Fall schließlich wieder eine Zunahme der Dehnung erfolgen, wenn der Querschnitt infolge der fortschreitenden Verlängerung genügend geschwächt ist. Die Wiederzunahme der Dehnung ist aber auch werkstoffbedingt. Die Metallphysik ist bemüht, die Ursachen dieser Erscheinungen zu klären, ohne jedoch bisher befriedigende Ergebnisse erzielt zu haben, die auch nur eine halbquantitative Voraussage für das Verhalten eines Stahles ermöglichen [*25*]. Hinzu kommt, daß zu diesen auf strukturelle Vorgänge zurückzuführenden Erscheinungen im Laufe der Beanspruchung bei etwa 500 °C noch Versprödungen durch Ausscheidungsvorgänge oder durch umstrittene Vorgänge, wie sie bei der Anlaßsprödigkeit beobachtet werden, hinzukommen können. Diese Tatsachen machen die Prüfung von Stahl für langzeitige Beanspruchungen in höheren Temperaturen vielfach recht problematisch.

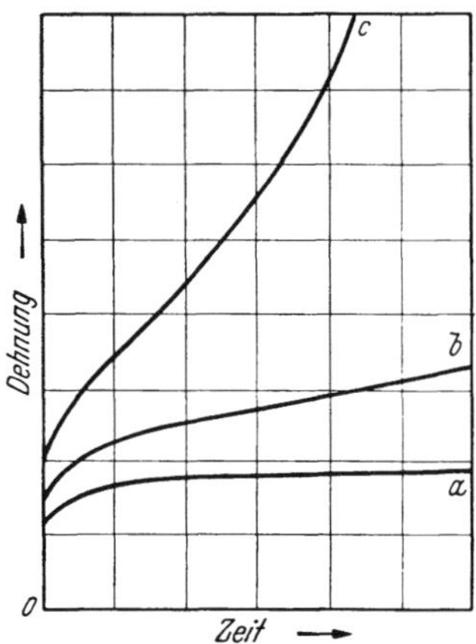

Abb. 29. Zeit-Dehnungs-Kurven bei verschiedenen Belastungen (schematisch)

Zur Beurteilung des Werkstoffes hatte sich anfänglich aus einer Reihe von Versuchsvorschlägen die Bestimmung der Dauerstandfestigkeit (DVM-Kriechgrenze) entwickelt. Die Erfahrungen ergaben jedoch, daß die Versuchsergebnisse, die innerhalb kurzer Versuchszeiten bis 45 Stunden erhalten werden, nicht mit genügender Sicherheit auf längere Zeiten, eben die Betriebsdauer der mit den Stählen erstellten Apparate, extrapoliert werden können. Es erwies sich als notwendig, die mit diesem Versuch erhaltenen Ergebnisse durch Langzeitversuche zu ergänzen.

Die Begriffsbestimmungen, die Probenformen und die Versuchsdurchführungen sind in folgenden zweifellos noch zu ergänzenden Normblättern für Stahl und Stahlguß niedergelegt:

DIN 50119	Standversuch: Begriffe, Zeichen, Durchführung, Auswertung	Dez. 1952
DIN 50117	Bestimmung der DVM-Kriechgrenze	Juni 1952
DIN 50118	Zeitstandversuch	Dez. 1952

a) Bestimmung der DVM-Kriechgrenze. Die DVM-Kriechgrenze σ_{DVM} bei bestimmter Temperatur ist die Zugspannung, bei der eine Dehngeschwindigkeit (Kriechgeschwindigkeit) von 10×10^{-4}%/Std. in der 25. bis 35. Stunde und nach 45 Stunden auch eine bleibende Dehnung von 0,2% nicht überschritten wird.

Für die Ermittlung dieses Kennwertes wird ein Probestab (Abb. 28) in einem Röhrenofen zwischen den Einspannköpfen einer Prüfmaschine am besten mit direkter Gewichtsbelastung mit Hebelübersetzung belastet. Die Belastung muß mit $\pm$ 1% konstant gehalten werden. Die Temperaturschwankungen sollen innerhalb der Meßlänge während des ganzen Versuchs über 400 °C den Betrag von $\pm$3 °C nicht überschreiten. Mit Hilfe des MARTENSschen Spiegelgerätes wird an drei bis fünf Versuchen mit jeweils verschiedener Belastung die Änderung der Dehnung im Verlauf von 45 Stunden festgestellt. Die Drehung der MARTENSschen Spiegel wird mit Lichtzeiger auf eine Trommel mit photographischem Papier übertragen. Die Meßgenauigkeit soll so groß sein, daß eine Dehnungsänderung von 0,001% einwandfrei zu erfassen ist. Über die Versuchsdurchführung wird im Normblatt DIN 50118 folgendes bemerkt:

Die in der Prüfmaschine eingebaute Probe wird langsam erwärmt und zunächst unbelastet normalerweise mindestens 20 Stunden auf der Prüftemperatur gehalten. Längere Vorwärmzeiten sind besonders zu vermerken. Dehnungsmeßgeräte sind bei einer Vorlast von etwa 10% der Prüflast einzustellen. Die Prüflast wird erst dann aufgebracht, wenn die Temperatur der Probe und die Anzeige der Dehnungs-Meßgeräte bei der Vorlast mindestens 5 Minuten unverändert geblieben sind. Längere Haltezeiten sind besonders zu vermerken.

Man erhält für jede Belastung eine Kurve mit der Gesamtdehnung als Ordinate und der Versuchszeit als Abszisse (Abb. 30). Aus den Kurven werden die Dehngeschwindigkeiten in der 25. bis 35. Stunde $\frac{\Delta\varepsilon}{10}$ ermittelt (Abb. 31). Diese gegenüber den jeweiligen Zugspannungen aufgetragen, ergeben eine Kurve, auf der die Spannung bei der Dehn-

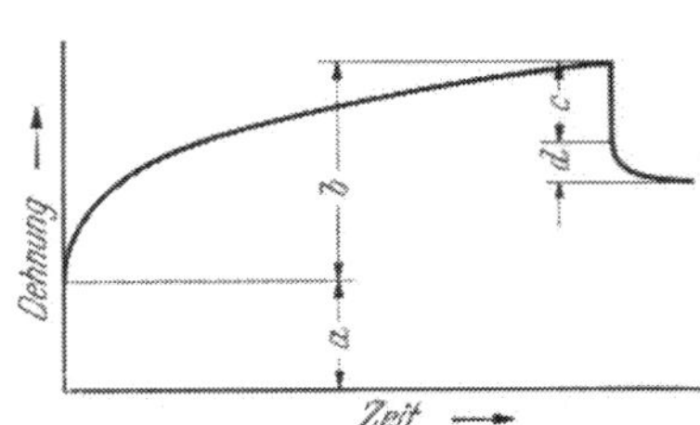

Abb. 30. Zeit-Dehn-Kurve (schematisch)
a Belastungsdehnung — *b* Zeitdehnung
c Entlastungsdehnung — *d* Rückdehnung

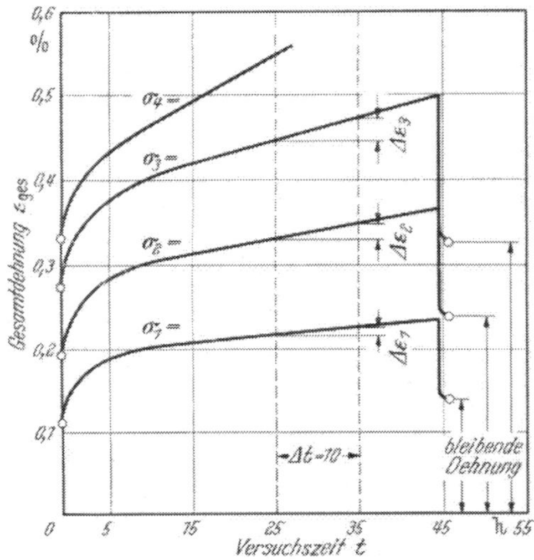

Abb. 31. Zeit-Dehn-Linien (schematisch, DIN 50117)

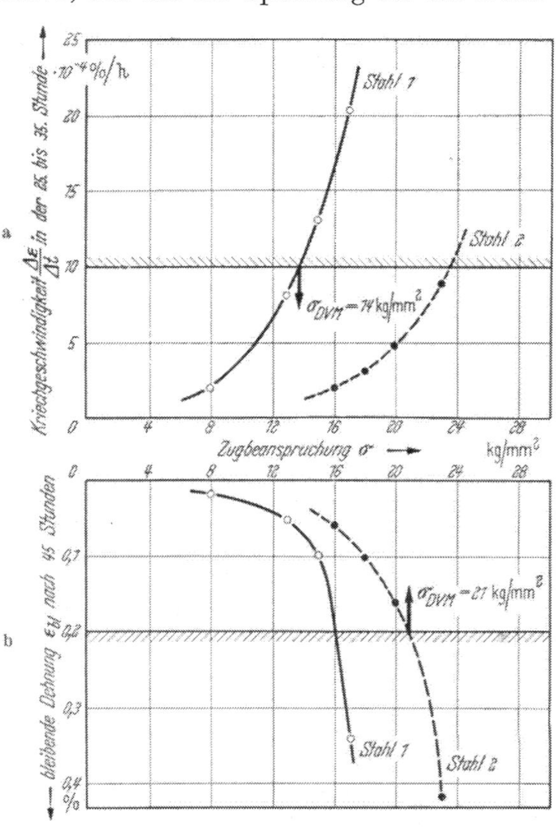

Abb. 32a u. b. Auswertungbeispiele für zwei verschiedene Stähle (DIN 50117)

Stahl 1: nach *a*: σ = 14 kg/mm², nach *b*: σ = 16 kg/mm²
○———○ σ_{DVM} = 14 kg/mm² auf Grund der Kriechgeschwindigkeit

Stahl 2: nach *a*: σ = 23 kg/mm², nach *b*: σ = 21 kg/mm²
●— — —● σ_{DVM} = 21 kg/mm² auf Grund der bleibenden Dehnung

geschwindigkeit von $10 \cdot 10^{-4}$%/h abgelesen werden kann (Abb. 32a). Die bleibende Dehnung nach 45 Stunden wird wie beim Zugversuch nach Entlastung ermittelt. Werden die Werte für die bleibende Dehnung den Zugbeanspruchungen gegenübergestellt, erhält man eine Kurve, aus der der Zugspannungswert für die bleibende Dehnung von 0,2% abgelesen werden kann (Abb. 32b). Der kleinere der beiden so erhaltenen Werte ist die DVM-Kriechgrenze.

Nur ein einziger Belastungsversuch ist erforderlich, wenn lediglich für die Abnahme die Frage beantwortet werden soll, ob bei einer gegebenen Beanspruchung die DVM-Kriechgrenze überschritten wird.

β) *Zeitstandversuch.* Mit Dauerstandfestigkeit bezeichnet man die höchste Belastung, die eine Probe bei einer bestimmten Temperatur unendlich lange ertragen kann. Dieser

Kennwert ist praktisch nicht feststellbar. Daher beschränkt man sich auf bestimmte Zeiten, beispielsweise 1000, 10000 oder 100000 Std. und bestimmt die Zeitstandfestigkeit als die höchste Spannung in kg/mm², die nach der angegebenen Zeit gerade zum Bruch führt. Die entsprechenden Bezeichnungen sind $\sigma_{B/1000}$, $\sigma_{B/10000}$ und $\sigma_{B/100000}$.

Neben der Zeitstandfestigkeit interessiert noch die Zeitdehngrenze (Zeitkriechgrenze, Zeitstandkriechgrenze). Das ist die Spannung in kg/mm², die nach einer bestimmten Zeit, beispeilsweise 1000, 10000 oder 100000 Std., eine bestimmte bleibende Dehnung, beispielsweise 0,2 oder 1,0%, ergibt. In den Bezeichnungen dieser Zeitdehngrenzen sind als Index die Dehnung und die Beanspruchungsdauer vermerkt, beispielsweise $\sigma_{0,2/1000}$ oder $\sigma_{1\,10000}$.

Für eine normale Abnahme auf Grund von Lieferverträgen sind solche Versuche wegen der Zeitdauer (1000 Std. = 41,1 Tage) naturgemäß nicht brauchbar. Sie spielen dagegen eine Rolle bei Entwicklung oder Neuanwendung von Stahllegierungen.

Die Versuchsdurchführung entspricht bezüglich Erwärmung, Temperaturkonstanz und Belastungskonstanz der bei der Ermittlung der DVM-Kriechgrenze. Falls nicht ganz

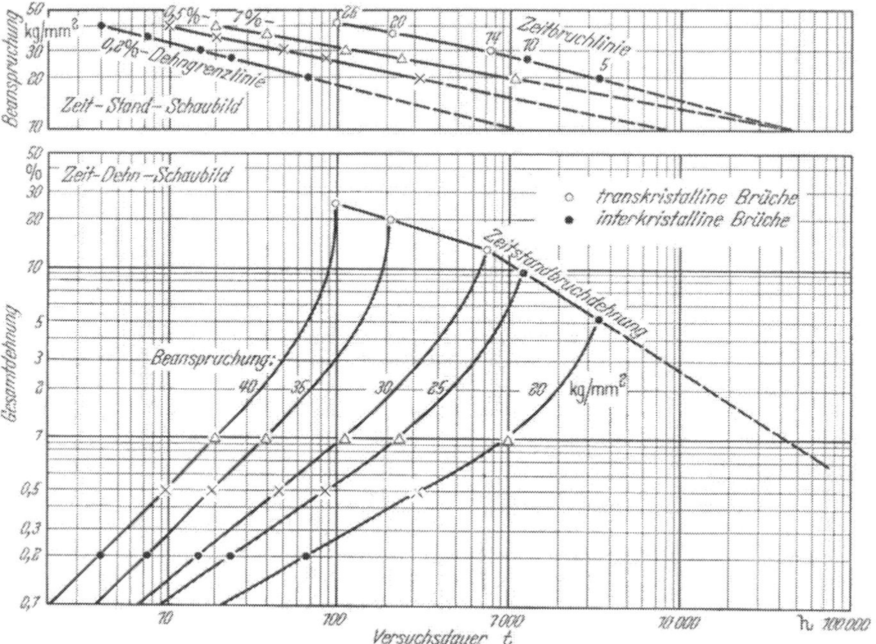

Abb. 33. Auswertung des Zeitstandversuches (DIN 50118)

geringe Dehnbeträge gemessen werden sollen oder nur die Zeitstandfestigkeit zu bestimmen ist, können die Dehnwerte an der ausgebauten und erkalteten Probe mit dem Meßmikroskop festgestellt werden. In diesem Fall können auch mehrere Proben hintereinander angeordnet in einem Ofen gleichzeitig belastet werden.

Die Ergebnisse mehrerer Versuche geben die Möglichkeit die Zeitbruchlinie bzw. die Dehngrenzlinie zu zeichnen und durch Inter- oder Extrapolation die entsprechenden Werte für 1000, 10000 Std. usw. zu ermitteln (Abb. 33).

Die bereits erwähnte Versprödungsneigung gewisser niedriglegierter Stähle bei Langzeitbeanspruchung in höheren Temperaturen, insbesondere zwischen 450 und 550 °C, läßt sich am besten mit gekerbten Proben entsprechend Abb. 34 feststellen. Hierbei ist es von Vorteil, auch die Brucheinschnürung zu berücksichtigen [*27*].

Standversuche werden praktisch nur beim legierten *Stahlguß* durchgeführt [*26*]. Man beschränkt sich dabei außerdem meistens noch auf die Ermittlung der DVM-Kriechgrenze.

Über das Dauerstandsverhalten von *Grauguß* liegen im Schrifttum nur wenig Veröffentlichungen vor und damit auch wenig Erfahrungen für evtl. Abänderung und Anpassung der oben angeführten Verfahren für Gußeisen. Wie Versuchsergebnisse von A. CAMPION [*28*] zeigen, tritt schon bei einer Belastung von weniger als 45% der Warmfestigkeit ein deutliches Kriechen ein. Man müßte die Versuche auf das Verwendungsgebiet des Gußeisens abstimmen (Zylinderköpfer, Kolben, Ventile u. dgl.), d. h. Belastungen aufsuchen, die einer maximal zulässigen Dehnung bei der praktisch zu erwartenden

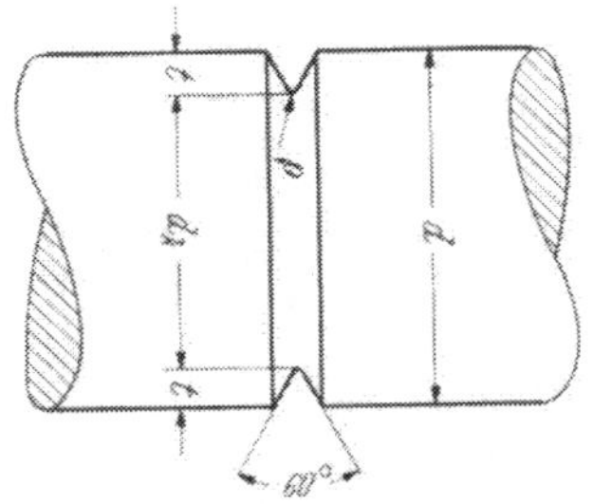

Abb. 34. Kerbzugprobe für Standversuche

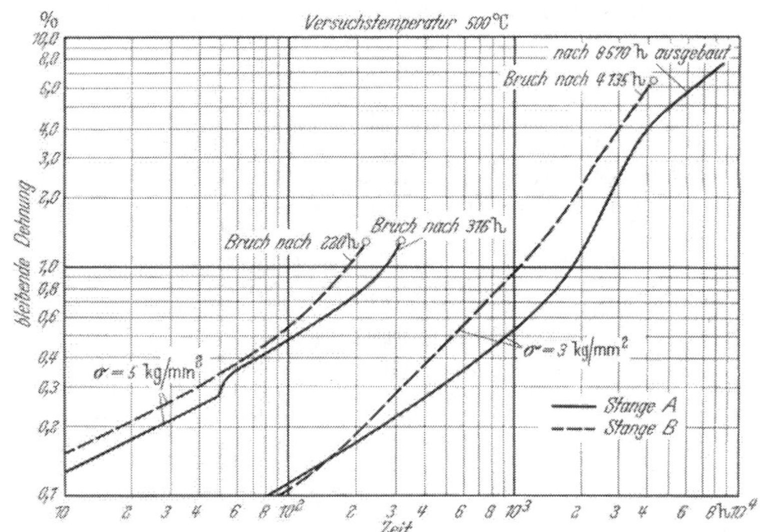

Abb. 35. Zeitlinien von Gußeisen der Stangen *A* und *B* (nach WELLINGER und KEIL)

	C_{ges}	C_{frei}	Si	Mn	P	S	HB 30
A	3,40	2,88	3,45	0,77	0,37	0,070	184
B	3,40	2,84	3,50	0,75	0,36	0,074	193

Proben: 10 mm ∅, 100 mm Meßlänge

Aufenthaltsdauer in den betreffenden Temperaturen entsprechen. Zeitdehnlinien von Gußeisen sind von K. WELLINGER und E. KEIL [*29*] bekanntgegeben (Abb. 35). Extrapolationen lassen sich bei Gußeisen nicht durchführen; denn bei 500 °C und darüber wird die Dehnung nicht allein durch die Verformung bestimmt, sondern auch durch Wachsen infolge Karbidzerfalls und durch Gefügeauflockerung.

3. Zugversuch in der Kälte

Die Weiterentwicklung der Technik erfordert die Verwendung auch von Gußwerkstoffen bei tiefen Temperaturen. Im allgemeinen werden die Eisenwerkstoffe schlagempfindlicher oder sogar kaltspröde. Hierbei interessieren zwar weniger die Kennwerte des Zerreißversuches als die des Kerbschlagbiegeversuchs. Trotzdem soll auch der Kältezugversuchs kurz erwähnt werden.

Die Versuchseinrichtung und die Versuchsdurchführung entspricht denen bei Raumtemperatur, nur wird die Probe während des Versuchs von einem Kühlmittel umgeben. Als solches kommt vor allem Methylalkohol in Frage, der durch Zusatz fester Kohlensäure auf die gewünschte Temperatur gebracht wird. Vor dem Versuch muß sich natürlich der Stab einwandfrei abgekühlt haben. Der normale Zerreißstab benötigt dazu mindestens 15 Minuten. Es empfiehlt sich aber, mindestens 40 Minuten für die Durchkühlung einzusetzen [*30*].

Bei *Stahlguß* steigen die Werte für die Zugfestigkeit mit sinkender Temperatur ziemlich linear an, etwa 0,55 kg/mm²/°C [*31*]. Auch Streckgrenze und Härte nehmen mit abnehmender Temperatur zu, während Dehnung und Einschnürung sich nicht eindeutig verhalten. Der Elastizitätsmodul bleibt unter 20 °C ziemlich unabhängig von der Temperatur [*32*].

B. Bestimmung der Härte

Der Messung der Härte bedient man sich bei Gußerzeugnissen im allgemeinen mehr, um indirekte Beurteilungen etwa über die Bearbeitbarkeit oder die Verschleißfestigkeit oder um eine Kontrolle auf gleichmäßige Qualität vorzunehmen. Auch wird die Härteprüfung verwendet, um an kleinen Stücken oder in kleinen Bereichen eine Vorstellung von den mechanischen Eigenschaften bei Schadensfällen zu erhalten. Beispielsweise interessiert die Aufhärtung in der Übergangszone und der Umgebung einer Schweiße.

Der Messung der Härte liegt zugrunde der Widerstand, der dem Eindringen eines Prüfkörpers in den zu prüfenden Werkstoff entgegengesetzt wird. Es ist nicht Aufgabe dieser Ausführungen, die Frage nach dem physikalischen Sinn des Begriffes der Härte zu behandeln oder die Frage, ob es eine allgemeingültige absolute Werkstoffeigenschaft der Härte überhaupt gibt [*33, 34*].

Es haben sich im wesentlichen vier Prüfverfahren herausgebildet, und zwar die Brinell-, Vickers,- Rockwell- und Rücksprunghärteprüfung [*2*]. Die Verfahren sind genormt bzw. wie bei der Rücksprunghärteprüfung durch weitgehend anerkannte Richtlinien festgelegt.

Die deutschen Normen sind folgende:

DIN 51200	Härteprüfung. Richtlinien für die Gestaltung und Anwendung von Aufnahmevorrichtungen	Sept. 1951
DIN 50351	Härteprüfung nach BRINELL	Okt. 1952
DIN 50133	Härteprüfung nach VICKERS	Febr. 1940
DIN 51225	Härteprüfung mit optischer Eindruck-Meßeinrichtung für Prüfkräfte von 3 kp und mehr	Sept. 1957
DIN 50103	Härteprüfung nach ROCKWELL	März 1952
DIN 51224	Härteprüfgeräte mit Eindringtiefen-Meßeinrichtung	Sept. 1957
DIN 50150	Härtevergleichstabellen. Vickershärte, Brinellhärte, Rockwellhärte C und B und Zugfestigkeit	Mai 1957

1. Härteprüfung nach BRINELL

Bei der Brinellprüfung wird eine Kugel aus gehärtetem Stahl oder aus Hartmetall vom Durchmesser D mit der Prüflast P in das zu prüfende Werkstück stoßfrei in etwa 10 Sekunden eingedrückt (Abb. 36). Nach einer Belastungsdauer von 10 Sekunden wird entlastet. Der verbleibende Durchmesser d des Kugeleindrucks wird mit einem Meßmikroskop ausgemessen. Die Brinellhärte HB ist dann der Quotient aus der Last und der mit d zu errechnenden Kalottenfläche, d. h.

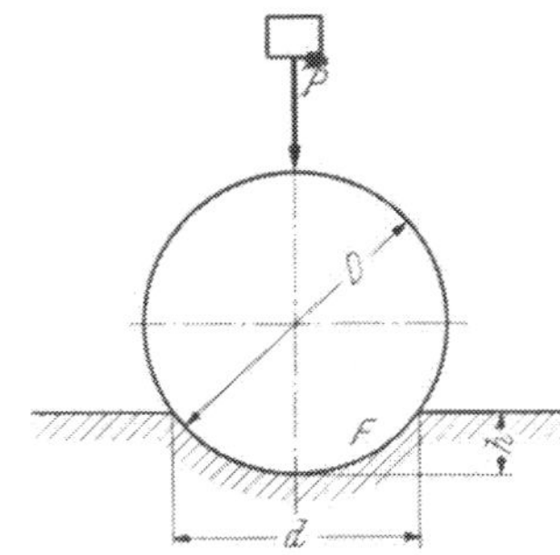

Abb. 36. Prinzip der Härtemessung nach Brinell

$$HB = \frac{P}{1/2\,\pi \cdot D\,(D - \sqrt{D^2 - d^2})}\ [\text{kg/mm}^2].$$

Um einwandfreie Werte zu erhalten, muß der Durchmesser d auf hundertstel Millimeter angegeben werden. Er ist möglichst aus zwei senkrecht aufeinander stehenden Durchmessern zu mitteln. Es sind schließlich mindestens 2 Eindrücke zu machen. Das Normblatt DIN 50351 schreibt vor, daß die Oberfläche an der zu prüfenden Stelle eben und sauber sein soll. Das Prüfstück ist während der Prüfung so zu lagern, daß keine Verschiebung oder Durchbiegung möglich ist.

Die Belastung und der Prüfkugeldurchmesser sind so zu wählen, daß der Durchmesser des Eindruckes d zwischen 0,2 und 0,7 D liegt, möglichst zwischen 0,3 und 0,4 D. Andernfalls wird die Kalotte zu flach, die Begrenzung des Durchmessers schwer erkennbar und entsteht ein Ringwulst, der die Messung in Frage stellen kann. Stahl und Eisen wird im allgemeinen mit Belastungen von 30 D^2 mit Kugeln vom Durchmesser D gleich 10 oder 5 oder 2,5 mm geprüft. Messungen mit anderen *Belastungsgraden* beispielsweise 10 D^2 sind hiermit nicht ohne weiteres vergleichbar. Die Härtebezeichnung ist dann HB 30, HB 30/5 und HB 30/2,5. Bei einer von 10 Sekunden abweichenden Belastungsdauer wird die entsprechende Sekundenzahl besonders vermerkt. Es wird auch verschiedentlich noch so verfahren, daß der Durchmesser D, die Prüflast und die Zeit in der Härtebezeichnung vermerkt wird, beispielsweise HB 5/750/10.

Es gibt eine große Anzahl von Härteprüfgeräten. In Abb. 37 ist das Schema einer Brinellpresse dargestellt. Moderne Geräte sind mit automatischer Belastungseinrichtung versehen, die die Dauer der Lastaufgabe und der Belastung regeln. Nach Fortnahme der

Prüflast kann der Eindruckdurchmesser an dem auf eine Mattscheibe stark vergrößert projizierten Eindruck rasch abgelesen werden. Zweckmäßig angeordnete Tafeln ersparen die Rechnung und ergeben mit dem Eindruckdurchmesser d sofort den Härtewert [*35*].

Bei Stahlguß soll mit der Härtemessung eine Vorstellung über die Festigkeitseigenschaften, wie sie normalerweise im Zugversuch festgestellt werden, vermittelt werden. Das setzt natürlich voraus, daß die Streuung der Härtemessung gering, der Werkstoff also weitgehend homogen ist. Bei Stahl sind nach W. HENGEMÜHLE die Streuungen der Härtewerte um so größer, je kleiner die verwendete Prüfkugel ist [*36*]. Da bei Stahlguß im allgemeinen die Voraussetzungen der Gleichmäßigkeit zutreffen, kann durchaus ein Umrechnungsfaktor zwischen Brinellhärte und Zugfestigkeit angegeben werden [*37*]. Bis zu einer Härte von 175 kg/mm² kann man mit $\sigma_B = 0{,}36\,HB\,30$ und bei Härten über 175 kg/mm² mit $\sigma_B = 0{,}34\,HB\,30$ rechnen, wobei man eine Streuung bis $\pm$ 10% in Kauf nehmen muß. Es empfiehlt sich eine Kontrolle des Umrechnungsfaktors an Zerreißproben, deren Zugfestigkeit festgestellt ist.

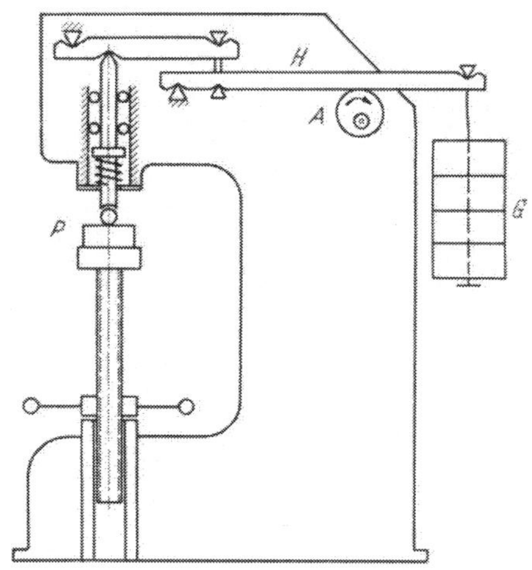

Abb. 37. Schema einer Brinellpresse
A Antrieb, *H* Hebel, *G* Gewicht, *P* Probe

Die Messung der Brinellhärte bei *Grauguß* dient für die Beurteilung der Gleichmäßigkeit und der Bearbeitbarkeit. Man schneidet von den Enden der für den Zug- oder den Biegeversuch verwendeten Prüfstäbe zweckmäßigerweise eine Scheibe ab. Auf beiden Seiten der polierten Scheiben mit dem Halbmesser r können dann Eindrücke vorgenommen werden, zweckmäßig im Abstand $r/2$ von der Stabachse entfernt auf der einen und $2/3\,r$ von der Achse auf der anderen Seite der Scheibe.

Bei Anwendung der Versuchsbedingungen und Versuchsausführungen von Normblatt DIN 50351 muß bei Grauguß berücksichtigt werden, daß die Vergleichbarkeit der Brinellhärten mit gleichem Belastungsgrad wegen des Einflusses von Menge und Ausbildung des Graphits nicht ganz zutrifft. Die Härte fällt bei gleichem Belastungsgrad mit kleinem Kugeldurchmesser geringer aus als bei großem Kugeldurchmesser [*38*]. Außerdem ist die Streuung der Härtewerte auch größer. Bei Grauguß wird deshalb in der Regel die $HB\,30$ oder $HB\,30/5$ bestimmt. Einzelne Lieferbedingungen, beispielsweise der Deutschen Bundesbahn, schreiben für Grauguß die Prüfung $HB\,10$ vor.

Nach H. REININGER [*39*] sollte, um die Meßergebnisse der 5 und 10 mm-Kugel gleichwertig zu machen, bei dem Ergebnis der 5 mm-Kugel eine Korrektur angebracht werden, und zwar in folgender Weise:

	Brinellhärtebereich	Korrektur
a) Maschinenguß	125 ··· 155	+20
	156 ··· 185	+15
b) Zylinderguß	175 ··· 235	+10
	236 ··· 245	+ 5

Die Streuung der Ergebnisse der Härteprüfung ist bei Verwendung der erhaltenen Einzelwerte zu berücksichtigen. Während eine einwandfreie Abhängigkeit der Streuung von der Höhe der Härte bei $HB\,30$ im Bereich von 120 bis 180 kg/mm² nicht festgestellt werden konnte [*40*], ergab sich bei 180 bis 250 kg/mm² eine deutliche Abnahme der Streuung mit der Härte. Bei einer mittleren Härte von 180 kg/mm² betrug die Streuung $\pm$ 13 kg/mm², bei 250 kg/mm² nur noch $\pm$ 5 bis 6 kg/mm². Hiermit ergibt sich natürlich die Forderung, nur mit Mittelwerten aus einer möglichst größeren Zahl von Einzelwerten zu arbeiten. In einer Untersuchung über die Streubreite der Brinellhärte bei Gußeisen weisen F. ROLL und W. EGER [*41*] darauf hin, daß die Fehler bei der Härteprüfung beispielsweise an einem Gußeisen Ge 26,91 mit 200 Brinelleinheiten die häufig nur zugestandene Toleranz von

$\pm$ 10% schon ganz in Anspruch nehmen. Man sollte das bei der Festlegung der Toleranzen berücksichtigen.

Es gibt zahlreiche Formeln für die Berechnung der Festigkeit von grauem Gußeisen aus der Brinellhärte. Diese Formeln stützen sich auf statistische Untersuchungen. Die sich auf 1533 Schmelzen beziehende Formel von J. T. McKENZIE [*42*]

$$\sigma_B = 0{,}0013\, HB^{1{,}85}\ \mathrm{kg/mm^2}$$

scheint einigermaßen brauchbar zu sein, insbesondere wenn das Verhältnis $\sigma_B : HB$ groß ist [*43*]. Bei Gußeisen mit Kugelgraphit nähert sich das Verhältnis $\sigma_B : HB$ dem von Stahl [*43*]. Ein eindeutiger Zusammenhang ist nicht zu erwarten, weil die Festigkeit vorwiegend auf die Graphitstruktur und die Härte vorwiegend auf die Grundstruktur anspricht.

Selbstverständlich ist auch wie bei der Zugfestigkeit der starke Wandstärkeneinfluß zu beachten. Bei größeren Querschnitten wird man daher auch nicht mitteln können über Werte aus dem Kern und vom Rande. Nach E. DÜBI [*15, 16*] besteht die Möglichkeit, die Zugfestigkeit an beliebigen Stellen eines Gußstückes aus der Brinellhärte an diesen Stellen vorauszusagen, und zwar auf Grund einer geradlinigen Abhängigkeit von Festigkeit und Brinellhärte, die jeweils an zwei getrennt vergossenen Proben von 30 und 50 mm oder 15 und 30 mm ermittelt wird. Eine Wärmebehandlung des Gußstückes beispielsweise etwa zur Entspannung bei 500° C oder zur Ferritisierung bei 850° C hat auf das Verfahren keinen Einfluß, wenn die Proben die gleiche Behandlung erfahren. Die Festigkeitswerte liegen bei dem Verfahren meist ganz wenig höher als die Gerade, welche die Beziehung zwischen Festigkeit und Brinellhärte angibt, was für die Sicherheit des Verfahrens spricht. A. COLLAUD [*16*] bestätigt an einigen praktischen Beispielen mit Güssen aus Ge 35,91 bis Ge 20,91 (schweizer Norm V. S. M. 10691) die Zuverlässigkeit des Verfahrens. In Abb. 38 und 39 sind für ein Gußstück aus Ge 35,91 bzw. 30,91 die Festigkeits- und Härtewerte für die getrennt vergossenen 30 und 50 mm-Proben sowie die entsprechenden Werte an Proben, die aus verschiedenen Stellen des Gußstückes mit Wandstärken von 10 bis 120 mm entnommen wurden, wiedergegeben. Die aus den Werten der 30 und 50 mm-Probe konstruierte Gerade ist eingezeichnet. Die Punkte für die praktisch gefundenen Werte weichen nur unwesentlich von dieser Geraden ab. Dies Verfahren hat den großen Vorteil, daß aus dem Gußstück Bohrproben, auch wenn sie nur 5 mm Durchmesser wie in der französischen Praxis haben, nicht erforderlich sind.

Über die Brinellhärteprüfung an Hartgußwalzen siehe unter *Rücksprunghärteprüfung*.

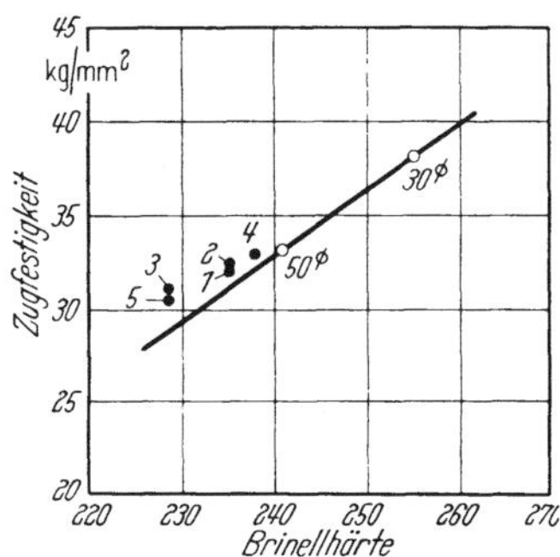

Abb. 38. *Härtecharakteristik* von DÜBI bei einem Gußstück aus Ge 35,91 (schweizer Norm) mit Wandstärken von 10 bis 100 mm (nach COLLAUD)

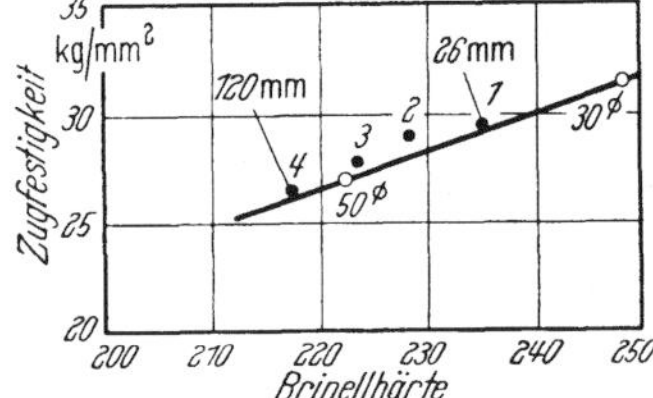

Abb. 39. *Härtecharakteristik* nach DÜBI bei einem Gußstück aus Ge 30,91 (schweizer Norm) mit Wandstärken von 10 bis 120 mm (nach COULLAUD)

2. *Bestimmung der Vickershärte*

Die Bestimmung der Vickers- oder Pyramidenhärte *HV* entspricht in der Durchführung der Brinellprüfung. Es wird jedoch statt einer Kugel eine vierseitige Diamantpyramide mit einem Winkel zwischen zwei gegenüberliegenden Seiten von 136° verwendet. Der Winkel ist so gewählt, daß die Vickershärtewerte den Brinellhärtewerten möglichst nahe kommen. Der Härtewert ist wieder die auf die Oberfläche des Eindrucks bezogene Belastung. Die Oberfläche des Eindrucks ist

$$F = \frac{d^2}{2 \cdot \cos 22^\circ}.$$

Nach Ausmessen der beiden Diagonalen d (Abb. 40) mit dem Mikroskop läßt sich die Vickershärte berechnen zu

$$HV = \frac{P \cdot 2 \cdot \cos 22^\circ}{d^2} = \frac{P \cdot 1{,}8544}{d^2}\ \mathrm{kg/mm^2}.$$

Die Lasten sind kleiner als bei der Brinellprüfung. Sie liegen normgemäß bei 10, 30 und 60 kg und sollten so gewählt werden, daß die Diagonale nicht kleiner als 0,4 mm wird. Es sind auch andere Belastungen möglich, zumal die Härte bis herunter zu 5 kg von der Belastung unabhängig ist. Mit weiter abnehmender Prüflast nähert man sich dem Bereich der Mikrohärteprüfung, der zweckmäßigerweise mit der oberen Grenze bis 300 g angesetzt wird.

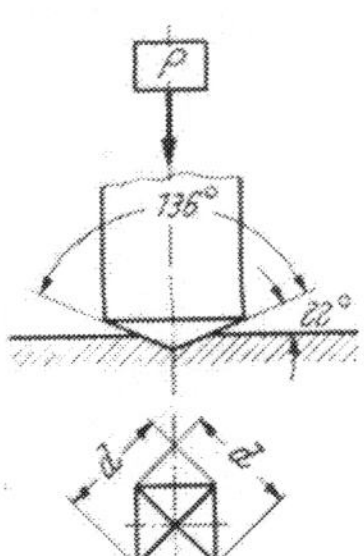

Abb. 40. Meßprinzip der Vickershärteprüfung

Die praktische Durchführung der Brinell- und Vickers-Härtemessung erfolgt entweder unmittelbar am Gußstück nach entsprechender Vorbereitung der zu prüfenden Stelle (vorsichtiges Schleifen, Schmirgeln und Polieren) oder man verwendet die Köpfe der Zug- oder Biegeproben.

Vorteilhaft ist die Prüfung mit dem harten Diamanten besonders für höhere Härten über 400, wo die Brinellprüfung mit Stahlkugel nicht mehr einwandfreie Werte gibt (Abplattung).

Bei der Prüfung der Härte einzelner Gefügebestandteile bedient man sich der Vickershärteprüfung mit so geringen Belastungen, daß nur die zu untersuchenden Gefügebestandteile verformt werden, d. h. mit Belastungen etwa unter 300 g bis herab zu etwa 5 g. Diese *Mikrohärteprüfung* [*44*] erfordert ganz besonders präzise gebaute Geräte und optische Einstellungen, um den Prüfeindruck auch genau an die gewünschte Stelle zu bringen. Ferner ist bei der Auswertung zu berücksichtigen, daß eine Fälschung des Ergebnisses durch benachbarte Gefügebestandteile möglich ist, daß die Oberflächenbehandlung (Polieren, Ätzen) von Einfluß ist, daß mit abnehmender Belastung die Härte nicht mehr unabhängig von der Belastung bleibt.

Bei der Mikrohärteprüfung verwendet man außer dem Vickersdiamanten in dem Verfahren von Knoop auch einen Diamanten, der einen schlanken rhombischen Eindruck ergibt. Neuerdings wird noch ein Gerät mit doppeltkegelförmig geschliffenem Diamanten benutzt.

Die Ergebnisse der Vickershärteprüfung streuen bei *Stahlguß* bei Belastungen von 5 bis 60 kg um etwa 5,5%. Bei kleineren Belastungen steigen sie stark an.

Für *Grauguß* kommt die Vickershärteprüfung nicht in Frage. Dagegen kann sie für *weißes Gußeisen* besser verwendet werden als die Brinellhärteprüfung. Nach J. S. Vanick und J. I. Eash [*45*] liegen die Brinellwerte dabei rd. 100 kg/mm² niedriger als die Vickerswerte.

3. *Eindringhärte-Prüfverfahren nach* Rockwell

Bei der Rockwellprüfung wird ein Kegel oder eine Kugel mit einer Vorlast auf die Oberfläche des Werkstückes aufgesetzt und darauf mit einer zusätzlichen Hauptlast in das Werkstück eingedrückt. Nach Fortnahme der Hauptlast wird die bleibende Eindrucktiefe unter der Vorlast gemessen. Die Rockwellhärte wird dann unter Berücksichtigung der Eindringtiefe in einem willkürlichen Maßstab gemessen derart, daß der kleineren Eindringtiefe die größere Härtezahl zugeordnet ist. Das Meßprinzip und der Meßvorgang sind in dem Normblatt DIN 50103 sehr übersichtlich dargestellt (Abb. 41a für Rockwell C und Abb. 41b für Rockwell B). In den zugehörigen Erläuterungen sind Abmessungen des Diamantkegels bzw. der Kugel und die Vorlast und Hauptlasten angegeben.

Für die Messung der Rockwellhärte B wird eine Stahlkugel von $^1/_{16}''$ Durchmesser, für die Rockwellhärte C ein Diamantkegel mit einem Öffnungswinkel von 120° und einem Abrundungsradius an der Spitze von $r = 0{,}2$ mm verwendet. Die Ablesung erfolgt an den entsprechenden Skalen unmittelbar in Rockwelleinheiten. Außer den beiden genannten Skalen gibt es die in Europa nicht gebräuchlichen Skalen $A, D, E, F, G, H, K, L, M, N, P, R, S, T$ und V, für die andere Lasten oder Durchmesser der Kugel verwendet werden.

Die Probestücke sollten nach Möglichkeit festgespannt werden mit einer Spannkraft, die höher liegt als die Prüfkraft [*33, 47*]. Sonst können Abweichungen von den richtigen Werten bis zu 2,5 Rockwelleinheiten vorkommen. In DIN 51200 sind Richtlinien und Beispiele für entsprechende Vorrichtungen angegeben. Rockwellgeräte entsprechen in etwa den Brinellpressen (Abb. 42). Die Kontrolle der Maschinen kann sich aber nicht nur auf die Richtigkeit der Belastung und der Lastübertragung beschränken. Jede Nachgiebigkeit bei Belastung äußert sich in einer Fehlmessung der Eindringtiefe. Es ist zweckmäßig,

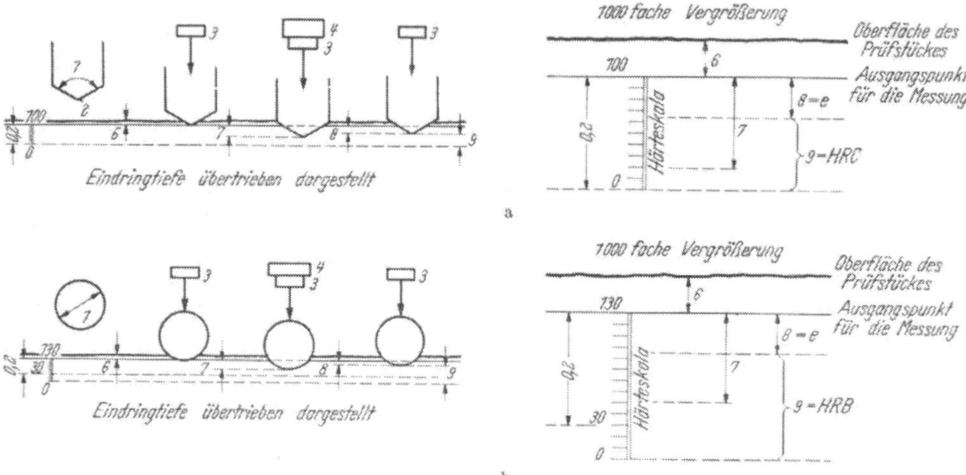

Abb. 41a u. b. Schematische Darstellung der Rockwellprüfung (nach DIN 50103)

a) *Versuch mit Diamantkegel (Rockwell C)*

Nr.	Zeichen	Erklärung
1	–	Winkel an der Spitze des Diamantkegels = 120°
2	–	Rundungshalbmesser der Kegelspitze = 0,2 mm
3	P_0	Vorlast = 10 kg
4	P_1	Zusatzlast = 140 kg
5[1]	P	Gesamtlast = $P_0 + P_1 = 10 + 140 = 150$ kg
6	–	Eindringtiefe unter Vorlast (Ausgangspunkt für die Messung)
7	–	Gesamt-Eindringtiefe unter der Wirkung der Zusatzlast
8	e	Bleibende Eindringtiefe nach Wegnahme der Zusatzlast
9	*HRC*	Rockwellhärte $C = 100 - e$

[1] In den Bildern nicht dargestellt.

b) *Versuch mit Stahlkugel (Rockwell B)*

Nr.	Zeichen	Erklärung
1	D	Durchmesser der Kugel = $^1/_{16}$″
3	P_0	Vorlast = 10 kg
4	P_1	Zusatzlast = 90 kg
5[1]	P	Gesamtlast = $P_0 + P_1 = 10 + 90 = 100$ kg
6	–	Eindringtiefe unter Vorlast (Ausgangspunkt für die Messung)
7	–	Gesamt-Eindringtiefe unter der Wirkung der Zusatzlast
8	e	Bleibende Eindringtiefe nach Wegnahme der Zusatzlast
9	*HRB*	Rockwellhärte $B = 130 - e$

[1] In den Bildern nicht dargestellt.

die Geräte über Kontrollplatten, die garantierte Härten aufweisen, nachzuprüfen, um derartige Fehler des Prüfgerätes sowie auch Fehler des Eindringkörpers zu eliminieren [*46*].

Das Rockwellprüfverfahren eignet sich besonders zur Härteprüfung an gehärteten Stählen, wozu die Brinellprüfung mit der Stahlkugel nicht brauchbar ist. Bei der Einführung des Verfahrens war die Vickersprüfung mit Diamantpyramide noch nicht bekannt. Außerdem arbeitet das Rockwellverfahren sehr rasch, da eine besondere Ausmessung der Eindruckabmessungen mit Lupe oder Meßmikroskop und die Ausrechnung des Härtewertes nicht erforderlich ist, sondern die Härte sofort abgelesen werden kann. Zu einer laufenden Kontrolle von Werkstücken, um die Einhaltung der in Lieferbedingungen vorgeschriebenen Toleranz der Härte zu sichern, ist das Verfahren ganz besonders geeignet. Auch der mit der Vickersprüfung gemeinsame Vorzug, daß der Eindruck winzig klein ist und kaum als Beschädigung des Werkstückes angesehen werden kann, hat zur Verbreitung des Verfahrens beigetragen.

Zwischen der Rockwellhärte und der Vickers- bzw. Brinellhärte ist ein gesetzmäßiger Zusammenhang nicht bekannt. Zwischen 200 und 400 Brinelleinheiten ist HRc etwa $^1/_{10}$ HB. Für genauere Umrechnungen bedient man sich statistisch aufgestellter Tabellen oder Kurven. Der deutsche Normenausschuß hat eine Vornorm DIN 50150 (Mai 1957) mit Vergleichstafeln für die Vickers-, Brinell-, Rockwellhärte und die Zugfestigkeit bekanntgegeben. Abb. 43 gibt die daraus entnommene Vergleichskurve für die Vickers- und Rockwellhärte wieder.

Das Rockwellhärte-Prüfverfahren ist für *Graugruß* nicht anwendbar, für *Stahlguß* meistens unzweckmäßig, dagegen sehr geeignet für die Untersuchung der Oberflächenhärte von Hartgußwalzen.

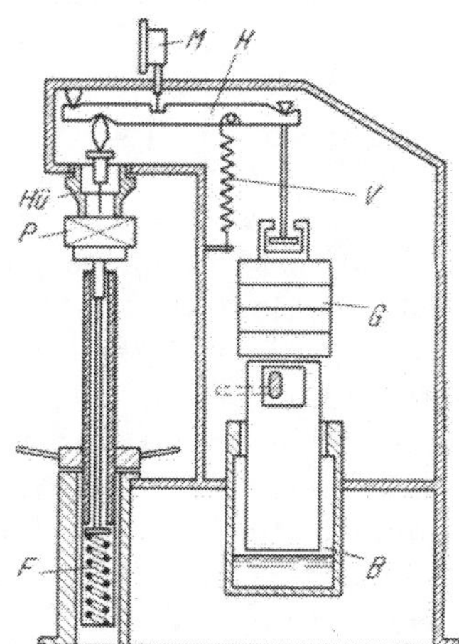

Abb. 42. Rockwell-Prüfpresse
M Meßuhr, *H* Hebelwaage, *V* Vorlastfeder, *G* Belastungsgewicht, *B* Ölbremse, *F* Verspannfeder, *P* Probe, *Hü* Verspannhulse

4. *Bestimmung der Rücksprunghärte*

Es ist vielfach schwierig, die Härte nach dem Verfahren von BRINELL, VICKERS oder ROCKWELL zu ermitteln, entweder weil die Oberfläche auch nicht die geringste Beschädigung aufweisen darf oder weil die Oberfläche des Werkstückes mit den für diese Verfahren üblichen Geräten nicht zugänglich ist. Man bedient sich dann besonders bei sehr hohen Härten mit Vorliebe des Verfahrens der Rücksprunghärte- oder Rückprallhärteprüfung. Es gibt verschiedene Geräte, die dieses Prinzip verwenden, unter den Bezeichnungen *Rücksprunghärteprüfer*, *Skleroskop*, *Shorehärteprüfer* u. dgl. Beim Shore-

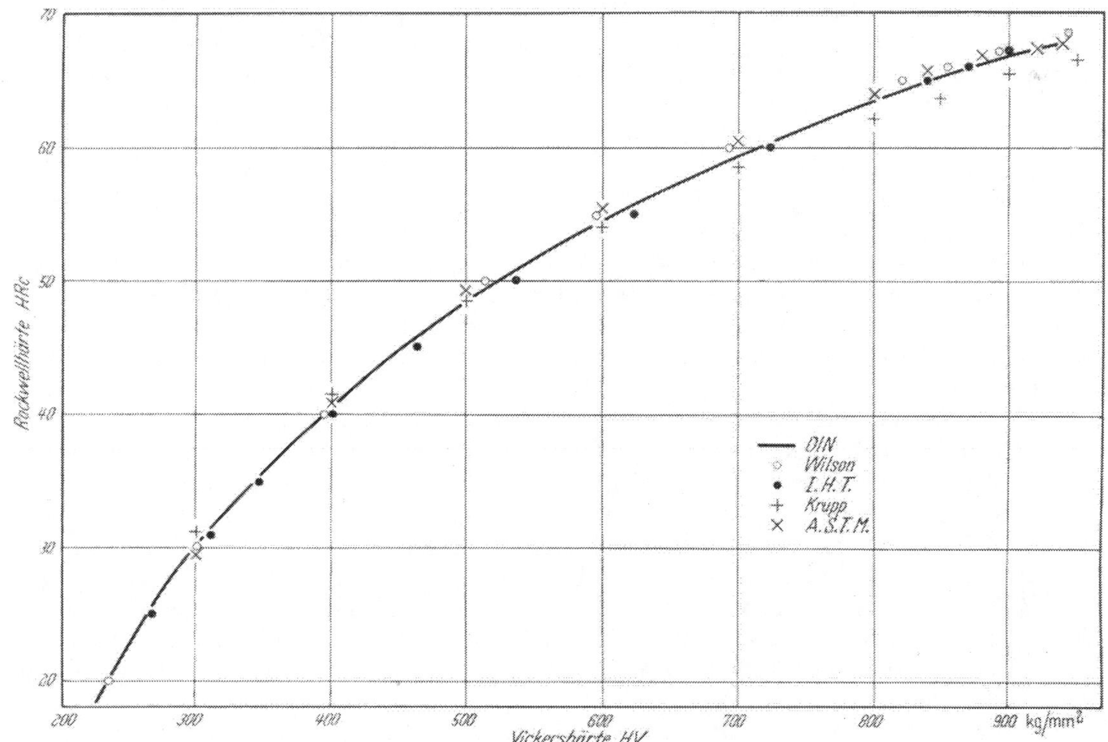

Abb. 43. Umrechnungskurve von Rockwellhärtezahlen in Vickershärtezahlen

Prüfgerät, dem von der Shore Instrument & Mfg. Co. entwickelten *Skleroskop* fällt ein zylindrisches Hämmerchen von $^3/_4''$ Länge, $^1/_4''$ Durchmesser und etwa 2,3 g Gewicht aus 10″ Höhe auf das Werkstück. Es gibt auch Geräte mit anderen Gewichten und Fallhöhen. Auf der unteren Stirnfläche des Hämmerchens befindet sich ein Diamant, der mit 0,01″ Radius abgerundet ist. Der Hammer wird pneumatisch in einem genau senkrecht gestellten Glasrohr oder einer anderen Vorrichtung hochgezogen, in die Höchststellung gebracht und ausgelöst. Die maximale Rücksprunghöhe wird an einer Skala abgelesen, die einen Teilstrichabstand von 1,65 mm besitzt. Da die Ablesung bei der raschen Bewegung des Hämmerchens Übung erfordert, hat man auch sogenannte festanzeigende Geräte entwickelt, bei denen das Hämmerchen in seiner höchsten Rücksprunglage festgehalten wird.

Restlos befriedigend ist das Prüfverfahren noch nicht. Zumindest erfordert es noch große Sorgfalt bei der Messung. Hinzu kommt, daß ein Vergleich mit den Ergebnissen anderer Prüfverfahren etwa der Rockwellprüfung nur durch Übereinkommen auf Grund von Erfahrungen möglich ist, weil der Rücksprunghärte nur oder zumindest vorwiegend ein rein elastisches Verhalten des Werkstoffes, den anderen Verfahren vorwiegend ein plastisches Verhalten zugrunde liegt und gesetzmäßig festlegbare oder ableitbare Zusammenhänge nicht bestehen. Die einzelnen Einflußfaktoren der Shore-Härteprüfung sind noch nicht genormt. Deshalb zeigen auch mit verschiedenen Härteprüfgeräten gefundene Ergebnisse vielfach noch beträchtliche Unterschiede [*48*].

Es ist zu empfehlen, für die Bereiche der Prüfung Testplatten zur Verfügung zu halten, deren Rücksprunghärten bekannt sind. Dabei ist aber zu berücksichtigen, daß die Testplatten aus der gleichen Werkstoffart bestehen müssen wie der zu prüfende Werkstoff. Die Ergebnisse an Testplatten aus Stahl sind beispielsweise nicht unmittelbar in Vergleich zu setzen mit denen an weißem Eisen.

Die Rücksprunghärteprüfung wendet man vorzugsweise bei *Hartgußwalzen* an, wobei Shore-Härten bis über 90 gemessen werden. Auf die Schwierigkeiten bei der Härteprüfung von Schalenhartguß weist schon O. Keune [*49*] hin. Keune stellt bei zwei Einzelprüfungen Abweichungen bis 14° fest, bei zwei Mittelwerten aus je 10 Messungen noch $\pm 3\%$, aus je 50 Messungen erst $\pm 1\%$. Eingehend haben sich dann J. S. Vanick und J. T. Eash [*45*] mit der Vergleichbarkeit von Shore-, Rockwell *C* und Vickershärte befaßt. Hartguß weist bei gleichen Brinell- und Vickershärten eindeutig niedrigere Shore-Werte auf als gehärteter Stahl. Während Keune noch die Brinellprüfung empfiehlt, wenn sie auch gerade bei Schalenhartguß erhebliche Streuungen aufweist, so wird neuerdings der Vickershärteprüfung der Vorzug gegeben. Hierbei sollte aber zur Prüfung von Hartgußwalzen eine Belastung von mindestens 30 kg gewählt werden.

Auch heute sind die Schwierigkeiten in der Vergleichbarkeit der Shore-Härtebestimmungen nach den verschiedenen Prüfverfahren und Geräten noch nicht überwunden. In einer Gemeinschaftsuntersuchung beim Verein deutscher Eisenhüttenleute [*50*] wurde bei 31 Rückprallhärte-Prüfgeräten eine Streuung von rd. 20° Shore im Bereich von 40 bis 67° Shore gefunden. Die Streuung der Meßergebnisse des einzelnen Geräts betrug unter 5° Shore. Eine Vereinheitlichung der Anzeige durch eine einfache Skalenverschiebung war nicht möglich. Auch Veränderungen am Gerät ergaben keine Aussicht auf Lösung der Probleme. Aussichtsreich erschien die Schaffung einer Reihe von Eichkörpern an einer Stelle, aus deren Meßergebnissen jeweils für ein Gerät eine Eichkurve zu ermitteln ist. Mehrere deutsche Fachgemeinschaften haben sich auf die in Abb. 44 und Tab. 5 angegebene Beziehung *D* zwischen Härte in ° Shore und in HRc, wie sie von „The Shore Instrumental & MFG. Comp. New York" festgelegt wurde, geeinigt [*51*]. In dem Kurvenbild ist noch ein Kurvenast *C* gestrichelt eingezeichnet, dessen Werte verschiedentlich noch im Ausland benutzt werden. Alle Rückprall-Härteprüfer sollten von einem staatlichen Institut nach der Kurve *D* justiert werden.

Bei der Durchführung der Prüfung ist zu beachten, daß Prüflinge, wenn sie klein sind, eingespannt werden müssen und daß die Oberfläche sauber bearbeitet sein muß. Es wird eine gewisse Tiefenwirkung auf das Ergebnis beobachtet. Messungen an Dicken unter

20 mm können erhebliche Abweichungen gegenüber Messungen an dickeren Prüflingen ergeben. Daher ist Vorsicht geboten bei etwaigen Prüfungen von oberflächengehärteten Teilen.

An Stelle des Shore-Härte-Prüfgeräts haben sich hier und da Abwandlungen eingeführt, wie z. B. das Duroskop, bei dem ein Pendelhammer gegen das Werkstück schlägt und beim

Tabelle 5. *Der Kurve D in Abb. 44 zugrunde liegende Werte*

Härte in *HRC*	Härte in ° Shore	Härte in *HRC*	Härte in ° Shore
12	30,5	45	62,5
15	32,5	50	70,0
20	35,5	55	80,0
25	40,0	60	91,5
30	45,0	65	101,5
35	50,0	67	104,0
40	55,5	68	105,0

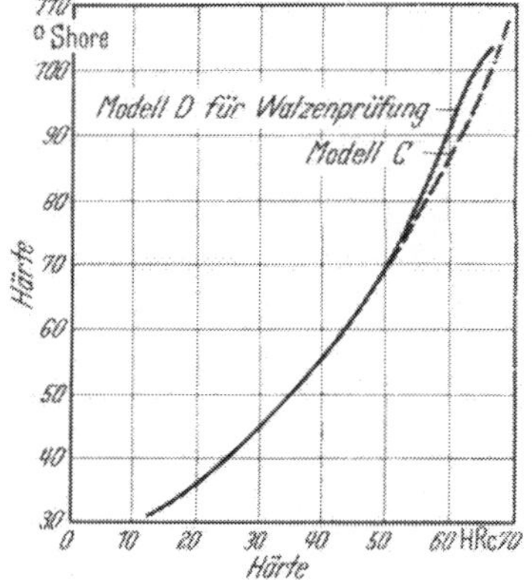

Abb. 44. Beziehung zwischen ° Shore und *HRC*

Rückprall einen Schleppzeiger mitnimmt, so daß die Größe des Rückpralles leicht feststellbar ist.

Die Rücksprunghärteprüfung kann zu den dynamischen Härteprüfverfahren gerechnet werden. Ein anderes dynamisches Verfahren, die *Fallhärteprüfung* bedient sich eines Fallhammers, dessen Stirnseite aus einer Brinellkugel von 5 oder 10 mm Durchmesser besteht. Die Fallhärte *HF* ist der Quotient aus der Fallenergie und dem Eindruckvolumen. Eine einfache Proportionalität zwischen Brinellhärte und Fallhärte besteht nicht. Das Verfahren ist für Gußwerkstoffe praktisch ohne Bedeutung.

Häufiger angewandt wird dagegen die *Schlaghärteprüfung*. Eine Prüfkugel wird durch eine sich plötzlich entspannende Feder (Baumann-Härteprüfer) oder durch einen Hammerschlag (Poldihammer) in die Oberfläche des zu prüfenden Stückes geschlagen. Im ersteren Fall wird der Kugeleindruck wie bei der Brinellprüfung ausgemessen und mit einer Eichkurve oder Eichtabelle der Brinellwert ermittelt. Bei der Schlaghärteprüfung mit dem Poldihammer wird gleichzeitig mit demselben Schlag die Kugel in ein Vergleichsstück bekannter Härte eingetrieben. Aus der bekannten Härte des Vergleichsstücks, den Eindruckdurchmessern am Vergleichsstück und am Prüfling errechnet sich die Härte des Prüflings meist an Hand von Tabellen. Die Prüfung mit dem handlichen Poldihammer kann an großen Gußstücken bequem durchgeführt werden. Eine gewisse Streuung ist dabei natürlich in Kauf zu nehmen. Bei Gußeisen sind diese Messungen mit Vorsicht zu gebrauchen.

C. Druckfestigkeit

Wird eine zylindrische Probe achsial gedrückt (Abb. 45), so ergibt sich im Querschnitt des Zylinders eine Druckspannung

$$\sigma_d = \frac{P}{F}.$$

Wird die Belastung laufend erhöht, erfährt der Zylinder eine Stauchung mit entsprechender Querdehnung oder Ausbauchung. Stahl zeigt bei einer bestimmten Belastung vorübergehend verstärkte Stauchung ohne entsprechende Erhöhung der Belastung, was der Streckgrenze beim Zugversuch entspricht. Beim Druckversuch wird die entsprechende Spannung *Quetschgrenze* oder *Fließgrenze* genannt und mit σ_{-S} oder σ_{dF} bezeichnet. Bei weiterem Anstieg der Belastung zeigen spröde Werkstoffe schließlich Risse und Materialtrennungen auf bevorzugten Druck- oder Rutschkegelflächen. Die entsprechende Spannung wird

Druckfestigkeit genannt und mit σ_{-B} oder σ_{dB} bezeichnet. Bei verformbaren Werkstoffen wie Stahlguß kann man von einer Druckfestigkeit nicht sprechen, da der Versuchskörper sich beliebig weit zusammendrücken läßt.

Obwohl bei der Aufzeichnung eines Schaubildes mit der Druckspannung und der Stauchung als Ordinaten (Abb. 46) eine gewisse Parallele zum Zugversuch vorliegt, so sind die Vorgänge doch nicht so eindeutig. Zu der einachsigen Beanspruchung, die beim Zugversuch bei weitem vorherrschend ist, kommen beim Druckversuch weitgehend Beanspruchung senkrecht dazu (Abb. 45). Bei genau einachsiger Beanspruchung ginge kein Körper entzwei. Es bilden sich im Innern der gedrückten Probe Druckkegel aus, die die Verformung nicht oder in weit geringerem Maße mitmachen. Da diese in den restlichen zylindrischen Raum eindringen, ergeben sich an der Zylinderoberfläche

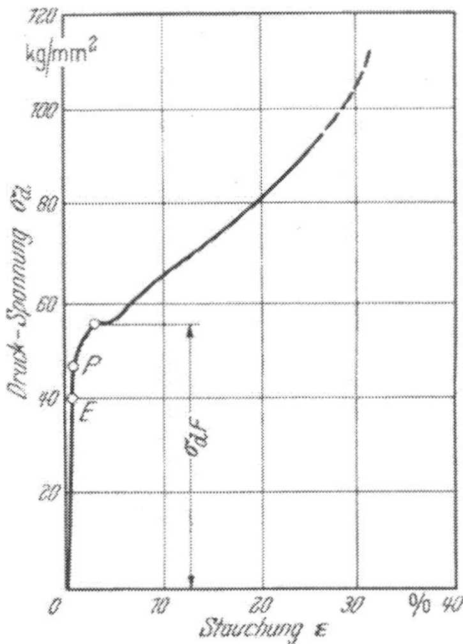

Abb. 46. Schematisch gezeichneter Verlauf einer Druckspannungs-Stauchungs-Kurve

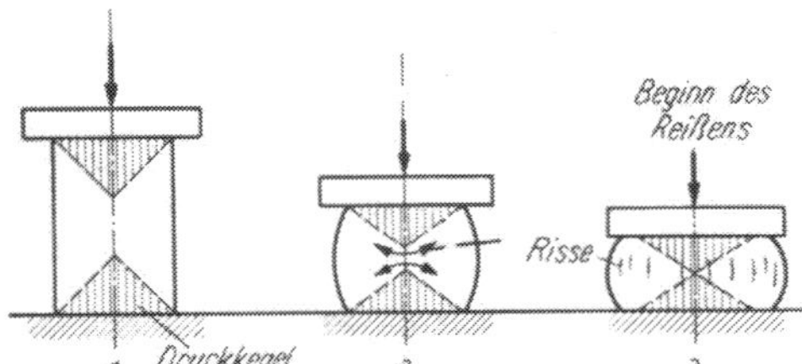

Abb. 45. Die Verformung duktiler Werkstoffe beim Druckversuch (nach ZIMMERMANN)

Zugspannungen, die zu Längsrissen führen. Spröde Werkstoffe rutschen an den Flächen der Druckkegel bei Überwindung der Schubfestigkeit ab. Ungleichmäßigkeit der Spannungsverteilung im Probestab ergibt sich auch durch die Reibung zwischen den Druckplatten und den Stirnflächen der Probe. Diese macht sich bei kurzen Proben aus spröden Werkstoffen an einer höheren Druckfestigkeit bemerkbar.

Richtlinien für die Prüfvorrichtung, die Probenabmessungen und die Durchführung der Messung enthält DIN 50106 vom Februar 1933.

Als Prüfvorrichtung sind Druckpressen oder die bereits erwähnten, auch für Zugversuche geeigneten Universalprüfmaschinen zu verwenden. Die Druckplatten sollen härter als der zu prüfende Werkstoff sein, um Eindrücke zu vermeiden; sie sollen eben, glatt und poliert sein, um die Reibung an der Stirnfläche der Proben möglichst herabzusetzen. Eine der beiden Platten soll über eine in einer Hohlkalotte gelagerte Kugelkalotte beweglich sein, um eine achsiale Kraftwirkung zu sichern.

Die Stauchung des Prüfzylinders mit der ursprünglichen Höhe L_0 ist

$$\varepsilon_d = \frac{L_0 - L}{L_0} = \frac{\Delta L}{L_0}.$$

Bei Feinmeßversuchen etwa mit dem MARTENSschen Spiegelgerät ist L_0 natürlich der Abstand der Schneiden der Spiegel und dementsprechend kleiner als die Zylinderhöhe, womit der Einfluß der Endflächenreibung mehr oder weniger ausgeschaltet wird. Für Grobmessungen, wobei die Stauchung mit einem Meßstab ausgemessen, mit einfachen Meßuhren oder an dem Spannungs-Stauchungs-Schaubild abgelesen wird, empfiehlt das Normblatt DIN 50106 eine Stabhöhe gleich dem Stabdurchmesser, also

$$h = L_0 = d,$$

und für Feinmessungen

$$h = 2{,}5 \text{ bis } 3 \times d$$

bzw.

$$L_0 = 2 \text{ bis } 2{,}5 \times d.$$

Die Feinmessung muß wegen der kurzen Stäbe besonders sorgfältig und mit einer Genauigkeit von etwa 0,0001 mm ausgeführt werden. Durch wiederholte Belastungen und Entlastungen wie beim Zugversuch kann die bleibende Stauchung $\varepsilon_{d\,\mathrm{bl}}$ und die elastische Stauchung $\varepsilon_{d\,\mathrm{el}}$ zur Feststellung einer Elastizitätsgrenze, der Quetschgrenze oder des Elastizitätsmoduls bestimmt werden.

Bei *Stahlguß* und *Temperguß* können wohl Elastizitätsgrenzen und die Quetschgrenze bestimmt werden, nicht aber die Druckfestigkeit. Eine praktische Anwendung des Versuchs ist jedoch verhältnismäßig selten.

Auch bei *Grauguß* ist die Durchführung des Druckversuchs nicht häufig. Die Druckfestigkeit ist erheblich größer als die Zugfestigkeit und nimmt mit steigender Zugfestigkeit zu, jedoch langsamer als diese. Das Verhältnis σ_d/σ_B nimmt bei erheblicher Streuung von über rd. 4,0 bei Gußeisen mit niedriger Zugfestigkeit auf unter rd. 3,5 bei hochwertigem Grauguß ab (Abb. 47) und nähert sich mit zunehmender Zugfestigkeit dem Verhältnis 1 von Stahl, wobei bei rd. 40 kg/mm² Zugfestigkeit noch Verhältnisse von 2 bis 2,5 gefunden werden [*53*].

Die *Quetschgrenze* σ_{dF} steigt mit zunehmender Zugfestigkeit (zunehmender Güte des Gußeisens) etwas an. Das Quetschgrenzenverhältnis σ_{dF}/σ_d liegt bei niedrigen Zugfestigkeiten etwa bei 70 bis 75% der Druckfestigkeit und sinkt bei hochwertigem Gußeisen auf 60% und weniger ab, was natürlich für die Ausnutzung der Druckfestigkeit bei Druckbeanspruchung zu berücksichtigen ist.

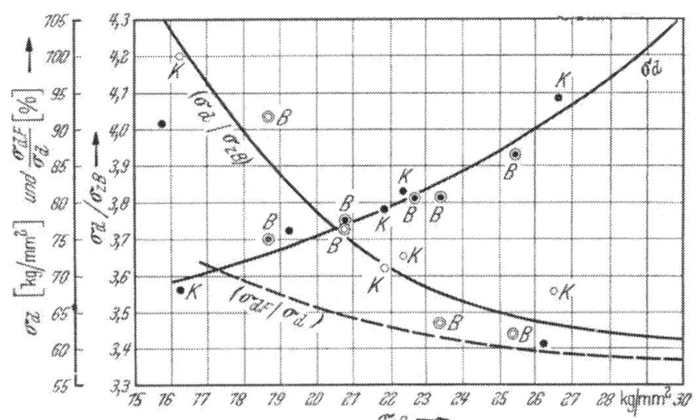

Abb. 47. Druck- und Zugfestigkeit bei Gußeisen (nach PIWOWARSKY)
σ_d Druckfestigkeit, σ_{dF} Quetschgrenze, σ_{zB} Zugfestigkeit

Das elastische Verhalten des Graugusses entspricht im Druckversuch ebensowenig wie beim Zugversuch dem HOOKEschen Gesetz und weicht auch von dem Verhalten beim Zugversuch ab. Versuche, den Verlauf der Spannungs-Stauchungs-Kurve mathematisch zu formulieren, sind von HODGKINSON und von UNWIN gemacht worden [*18*], ohne daß es jedoch zu einer praktischen Anwendung gekommen ist.

D. Biegeversuch

Biegeversuche werden durchgeführt, um entweder Spannungs-Verformungs-Verhältnisse bis zum Bruch des Werkstoffes festzustellen oder um Aussagen über die Verformbarkeit ohne Rücksicht auf die dabei auftretenden Spannungen machen zu können. Im ersten Fall handelt es sich um den eigentlichen *Biegeversuch* und im zweiten Fall um den sogenannten *Faltversuch*.

1. Biegeversuch an Grauguß

Der Zugversuch gibt klar übersehbare Beanspruchungsverhältnisse. In etwa gilt das auch vom Druckversuch. Eine wesentliche Kenngröße ist beim Zugversuch die Bruchdehnung und Brucheinschnürung. Diese Werte sind bei Stahlguß und bei Temperguß genügend groß und liegen in ihrer absoluten Höhe außerhalb des Streubereiches, aber bei Gußeisen sind sie sehr klein und schwierig zu bestimmen, wenn man nicht eine große Versuchsstreuung in Kauf nehmen will. Die Bruchdehnung von normalem Gußeisen liegt selbst bei verhältnismäßig gut dehnbaren Sorten unter 1%. Dies mag der Grund sein, daß sich zur Prüfung von Gußeisen der Biegeversuch mit dem bequemer meßbaren Verformungswert der Durchbiegung eingeführt hat [52, 54]. Wenn die beim Biegeversuch ermittelten Spannungs- und Verformungswerte auch keine Grundlage für konstruktive Berechnungen abgeben, so sind sie doch für die Kennzeichnung der Güte des Gußeisens von erheblicher Bedeutung.

Wird ein Stab auf zwei Stützen (Abb. 48) in der Mitte belastet, so wird er durchgebogen. Steigert man die Last weiter, so nimmt die Durchbiegung zu, bis schließlich der Stab zu Bruch geht. Der Stab erleidet oberhalb seiner neutralen Faser Druck- und unterhalb der neutralen Faser Zugspannungen. Die Spannung der äußeren Faser des Stabes läßt sich unter der Voraussetzung der Gültigkeit und Gleichheit des Hookeschen Gesetzes bei Zug und Druck für jede Durchbiegung aus dem Biegemoment und dem Widerstandsmoment um die neutrale Achse berechnen. Oberhalb der Elastizitätsgrenze ergeben sich Abweichungen der errechneten von den praktischen Werten. In Abb. 49 sind die Spannungsverhältnisse im gebogenen Stab wiedergegeben. Die gerade Linie gibt die bei der Biegung im Stab theoretisch auftretenden Druck- bzw. Zugspannungen bei völliger Übereinstimmung des Verformungsverhaltens bei Druck und Zug wieder, die gekrümmte Linie die praktischen Spannungen für den Fall der Überschreitung der Elastizitätsgrenze, was bei Biegung bis zum Bruch zu erwarten ist. Da ein symmetrischer Verlauf der Spannungskurve voraussetzt, daß die Druckspannungen sich in gleicher Weise mit der Durchbiegung ändern wie die Zugspannungen, bei Gußeisen aber die Druckspannung bei gleicher Verformung größer ist als die Zugspannung, muß sich die neutrale Linie zur gedrückten Seite des Stabes hin verschieben.

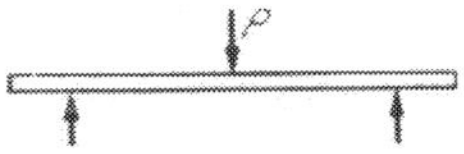

Abb. 48. Schema des Biegeversuchs

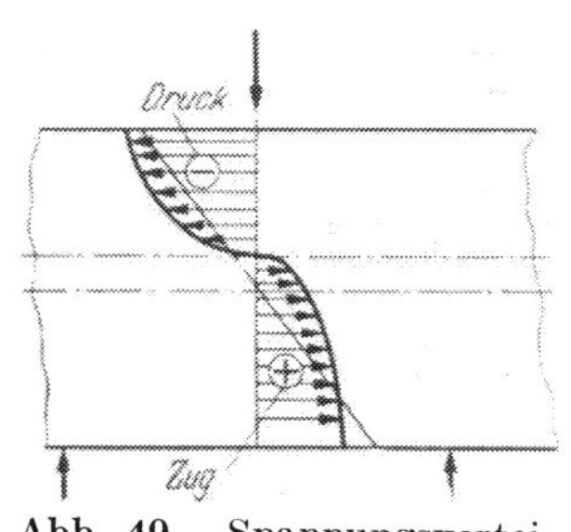

Abb. 49. Spannungsverteilung beim Biegeversuch

Die Durchführung des Biegeversuchs ist genormt. Die deutschen Normen sind:

DIN 1691	Grauguß, unlegiert und niedriglegiert	Nov. 1949
DIN 50108	Prüfungen von Grauguß: Probenahme für den Zug- und Biegeversuch	Okt. 1950
DIN 50110	Prüfung von Grauguß: Biegeversuch	Okt. 1950

Mit zunehmender Belastung ergibt sich eine zunehmende Durchbiegung, und mit geeigneten Einrichtungen läßt sich beim Versuch eine Spannungs-Durchbiegungs-Kurve aufzeichnen. Dabei ist die Biegespannung σ_b der Quotient aus dem Biegemoment M des Probestabes und dessen Widerstandsmoment W. Für Rundstäbe, die im allgemeinen verwendet werden, sind diese Momente:

$$M = \frac{P \cdot L_s}{4} \quad \text{und} \quad W = \frac{\pi \cdot d_0^3}{32}.$$

Damit ist die Biegespannung

$$\sigma_b = \frac{M}{W} = \frac{8 \cdot P \cdot L_s}{\pi \cdot d_0^3} \text{ [kg/mm}^2\text{]}.$$

Es bedeuten dabei

P die Last in kg,
L_s Stützweite in mm,
d_0 den mittleren Durchmesser des Probestabes.

Die *Durchbiegung* f des Probestabes ist die Änderung der Höhenlage des Lastangriffspunktes während des Versuches in mm. Für die Beurteilung der Durchbiegung ist der Probestabdurchmesser und die Stützweite zu beachten. Verschiedentlich wird der Begriff *Biegepfeil* verwendet. Er ist

$$\varphi \text{ in } \% = \frac{f}{L_s} \cdot 100.$$

Hiermit ergeben sich die beiden wichtigsten Kennwerte des Biegeversuchs, nämlich die Biegefestigkeit und die Bruchdurchbiegung:

1. Die *Biegefestigkeit* σ_{bB} ist die Biegespannung bei Bruch

$$\sigma_{bB} = \frac{8\,P_{\max} \cdot L_s}{\pi \cdot d_0^3}\ [\mathrm{kg/mm^2}].$$

2. Die *Bruchdurchbiegung* f_B ist die Durchbiegung im Augenblick des Bruches des Probestabes in mm. Die Bruchdurchbiegung enthält also einen elastischen und plastischen Anteil, während die Bruchdehnung beim Zugversuch nur den plastischen Anteil der Dehnung im Augenblick des Bruches angibt.

Das deutsche Normblatt DIN 50110 empfiehlt die in Tab. 6 und 7 zusammengestellten Probestababmessungen, Stützweiten L_s, Auflagerollen und Druckstückhalbmesser. Das Verhältnis

$$\lambda = \frac{L_s}{d}$$

ist in Deutschland also gleich 20. Die Normen zahlreicher Länder enthalten die Vorschrift des getrennt gegossenen Probestabes von 650 mm Länge bei 600 mm Stützweite und 30 mm Durchmesser, verwenden also ebenfalls ein Verhältnis von λ gleich 20. Großbritannien, USA, Holland, Norwegen und Schweden stufen den Durchmesser nach der Wandstärke ab, wobei nur Norwegen und Schweden λ gleich rd. 15 einhalten. Die Berücksichtigung der Wandstärke durch den Probestabdurchmesser nach DIN 1691 ist in Tab. 6 angegeben. In Deutschland werden meist getrennt vergossene Probestäbe verwendet. Der Stab mit 10 mm Durchmesser wird dem Gußstück oder angegossenen Leisten entnommen und allseitig bearbeitet. Die Stäbe mit 13, 20 und 30 mm Durchmesser können unbearbeitet und bearbeitet geprüft werden, der Stab mit 45 mm Durchmesser nur unbearbeitet. Die Messung des Durchmessers soll in zwei senkrecht aufeinanderstehenden Richtungen vorgenommen werden.

Tabelle 6. *Abmessungen der Probestäbe für Gußeisen*

Nenndurchmesser d	Zulässige Abweichung vom Nenndurchmesser in mm		Probestablänge mindestens
mm	unbearbeitet	bearbeitet	mm
10	[1]	±0,1	220
13	±1,0	±0,1	300
20	±1,0	±0,2	450
30	±1,2	±0,2	650
45	±1,4	—	1000

[1] Der Probestab mit $d = 10$ mm wird im allgemeinen nur allseitig bearbeitet verwendet.

Um Fehler durch Bewegung der Auflager zu vermeiden, wird die in Tab. 7 angegebene Vorlast empfohlen. Die eigentliche Belastung soll gleichmäßig und stoßfrei mit einer Spannungszunahme von 3 kg/mm² in der Sekunde erfolgen.

Für Betriebsversuche kann man die Berechnung der Biegefestigkeit dadurch vereinfachen, daß man nicht die genauen Stabdurchmesser und Auflageentfernungen, sondern die Sollwerte einsetzt.

Tabelle 7. *Prüfbedingungen und Ablesegenauigkeit bei der Biegeprüfung von Gußeisen*

Nenndurchmesser d	Auflagerollendurchmesser	Druckstückhalbmesser	Stützweite L_s	Genauigkeit der Ablesung: Stabdurchmesser d_0	Höchstlast $P_{\max}$	Bruchdurchbiegung f_B	Vorlast etwa
mm	mm	mm	mm	mm	kg	mm	kg
10	20—30	10—15	200	0,05	1	0,1	2— 4
13			260	0,1	2	0,1	4— 8
20	50—60	25—30	400	0,1	5	0,1	10—20
30			600	0,1	10	0,2	20—40
45			900	0,2	20	0,2	40—80

In der Formel für die Biegefestigkeit

$$\sigma_{bB} = \frac{8 \cdot L_s}{\pi \cdot d^3} \cdot P_{\max}$$

setzt man dann

$$\frac{8 \cdot L_s}{\pi \cdot d^3} \cdot 1000 = c$$

und erhält

$$\sigma_{bB} = \frac{c}{1000} \cdot P_{\max}.$$

c kann man bequem aus einer Tabelle in DIN 50110 für jeden der Normdurchmesser entnehmen.

Aus praktischen Gründen ist es manchmal nicht möglich, dieselbe Probenform einzuhalten, insbesondere wenn die Biegestäbe den Lieferstücken selbst zu entnehmen sind. Man kann eine Abschätzung der Änderungen von Durchbiegung und Festigkeit mit der Veränderung von Durchmesser und Stablänge unter der Voraussetzung vornehmen, daß das HOOKEsche Gesetz unverändert Gültigkeit behält und nur die geometrischen Verhältnisse eine Rolle spielen. Es ist dementsprechend folgende Formel abgeleitet worden [*55*, *56*]:

$$\frac{\sigma_1}{\sigma_2} = \frac{f_1}{f_2} \cdot \frac{E_1}{E_2} \cdot \frac{L_2^2}{L_1^2} \cdot \frac{d_{01}}{d_{02}}.$$

Unter der weiteren Annahme, daß die Biegefestigkeit σ_{bB1} gleich σ_{bB2} und der E-Modul E_1 gleich E_2 ist, ergibt sich

$$\frac{f_{B1}}{f_{B2}} = \frac{L_{S1}^2}{L_{S2}^2} \cdot \frac{d_{02}}{d_{01}} = \frac{\lambda_1^2}{\lambda_2^2} \cdot \frac{d_{01}}{d_{02}}.$$

Bei *gleichem Durchmesser* wäre dann:

$$\frac{f_{B1}}{f_{B2}} = \frac{L_{S1}^2}{L_{S2}^2} = \frac{\lambda_1^2}{\lambda_2^2},$$

d. h. bei gleichem Stabdurchmesser ändern sich die Durchbiegungen wie die Quadrate der Stützweiten.

Bei *gleichem Verhältnis* λ wäre:

$$\frac{f_{B1}}{f_{B2}} = \frac{d_{01}}{d_{02}},$$

d. h. bei gleichem Verhältnis von Stützweite zu Durchmesser verhalten sich die Durchbiegungen wie die Durchmesser. Tatsächlich sind die Festigkeiten weder gleich, noch folgen die Durchbiegungen der Theorie. Immerhin ist die wirkliche Durchbiegung bei der Berechnung nach der Formel für gleichen Durchmesser innerhalb eines Verhältnisses von $\lambda = 10$ bis 20 nur wenige Prozent höher als errechnet und ist die Rechnung als angenäherte Schätzung daher möglich. Die zweite Formel für gleiches Verhältnis ergibt allerdings beträchtliche Abweichungen zwischen den wirklichen Werten und der Rechnung.

Im Normblatt DIN 50110 wird der Begriff der *Steifigkeit* als

$$\mathrm{E} = \frac{\sigma_{bB}}{f_B} \cdot \frac{d}{30}$$

angegeben. Er ist aus der Durchbiegungsformel eines frei auf zwei Stützen aufliegenden, in der Mitte belasteten Trägers abgeleitet, wobei $L_s/d = 20$ gesetzt ist. Für den Stab mit 30 mm Durchmesser vereinfacht sich der Ausdruck für die Steifigkeit zu

$$\mathrm{E}_{30} = \frac{\sigma_{bB}}{f_B}.$$

Dieser Ausdruck wird auch als *Durchbiegungsziffer* bezeichnet. Der Begriff wurde von A. THUM [*57*] eingeführt und soll über die Ausscheidungsform des Graphits etwas aussagen, und zwar soll bei einem Wert über 4,5 der Graphit fein und unter 3,3 der Graphit grob ausgeschieden sein, was jedoch nicht allgemeingültig sein dürfte [*58*, *59*]. Die Bezeichnung Steifigkeit, von A. GIMMY [*60*] vorgeschlagen, dürfte kennzeichnender sein.

G. MEYERSBERG [*52*] weist in seiner eingehenden Analyse des Biegeversuchs darauf hin, daß die Biegefestigkeit und die Bruchdurchbiegung von Oberflächenfehlern des Probestabes abhängig sind und daher stark streuen, so daß nur der Verlauf der Biegespannungs-Durchbiegungs-Kurve, kurz Durchbiegungskurve genannt, ein einwandfreies Bild von der Verformbarkeit des Gußeisen gibt. Tatsächlich haben auch die Durchbiegungskurven verschiedener Schmelzen der gleichen Graugußsorte weitgehende Ähnlichkeit. MEYERSBERG versucht die Durchbiegungskurve durch ein Potenzgesetz

$$\sigma_b = p f^m$$

darzustellen. Die Bestimmung von p und m setzt die Aufnahme der ganzen Durchbiegungskurve voraus. Von dieser werden sodann zur Berechnung der beiden Größen die Wertepaare σ_b, f bei σ_{bB} und 0,5 σ_{bB} verwendet. Während die Zahl m ein befriedigend genaues Maß für die Krümmung der Durchbiegungskurve ergibt, ist die Zahl p als ein Maß für die Anfangsneigung sehr ungenau. MEYERSBERG entschließt sich aus praktischen Gründen, auch auf die Krümmung zu verzichten und die Durchbiegungskurve zu einer Geraden zwischen dem Punkt (σ_{bB}, f_B) und dem Ursprungspunkt der Kurve zu vereinfachen. Die Neigung dieser Sehne f_B/σ_{bB} kennzeichnet die *Nachgiebigkeit* des Gußeisens. Der Quotient mit 100 multipliziert wird von MEYERSBERG *Verbiegungszahl* genannt:

$$z_f \text{ in } \% = 100 \cdot \frac{f_B}{\sigma_{bB}}.$$

Eine weitere Werkstoffkennziffer, das sogenannte *Biegeprodukt*, erhält MEYERSBERG durch Multiplikation der Verbiegungszahl mit der Zugfestigkeit:

$$K = \frac{100 \cdot f_B \cdot \sigma_B}{\sigma_{bB}}.$$

Das Biegeprodukt soll ein Maßstab für die Bruchsicherheit darstellen. Durch Eintragung der Werte gleichen Biegeprodukts in ein Diagramm mit der Zugfestigkeit als Abszisse und der Verbiegungszahl als Ordinate erhält man das sogenannte Isoflexendiagramm (Abb. 50). Das Diagramm ist zur vergleichenden Beurteilung verschiedener Gußeisensorten geeignet. Nachprüfungen, Ergänzungen und Abänderungen des Isoflexendiagramms sind vorgenommen von H. JUNGBLUTH und P. A. HELLER [*61*], JUNGBLUTH [*62*] und A. GRIMMY [*60*], deren Aufführung hier im einzelnen nicht erforderlich ist, da alle mit der Bruchdurchbiegung arbeitenden Vorschläge mit Vorsicht angewendet werden müssen.

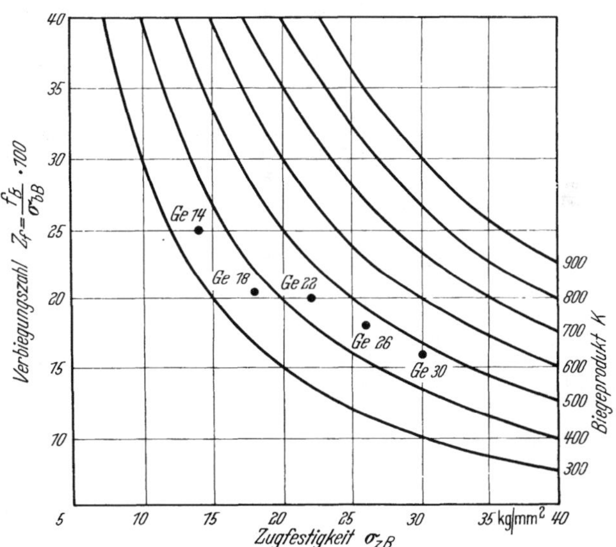

Abb. 50. Isoflexendiagramm nach G. MEYERSBERG

Schon MEYERSBERG hatte gezeigt, daß der gesamte Verlauf der Durchbiegungskurve und auch der plastische Anteil der Gesamtverformung für die Kennzeichnung und Beurteilung von Gußeisen berücksichtigt werden muß. Diese Vorstellungen wurden wie schon für den Zugversuch so auch für den Biegeversuch von A. COLLAUD [*16*] konsequent weiterentwickelt.

COLLAUD führte mit fünf verschiedenen Gußeisensorten zahlreiche Feinmeßversuche an Biegeproben mit 30 mm ∅ und 600 mm Stützweite durch, wobei er die Belastung bis zu Durchbiegungen von 2, 4 und 6 mm steigerte und jeweils wieder völlig entlastete. Nach jeder Belastungsstufe ergab sich eine Hysteresis wie in dem Beispiel mit einem Gußeisen Ge 20,91 in Abb. 51. Die Neigung der Diagonalen der Hysteresisschleifen nimmt mit zunehmender Belastung zu. Abb. 52, in welche die Versuchsergebnisse von fünf Versuchsreihen mit Ge 15,91 Ge 20,91, Ge 25,91, Ge 30,91 und Ge 35,91 (Schweizer Norm) eingezeichnet sind, zeigt, daß die Abhängigkeit des Neigungswinkels, d. h. P/f oder σ_b/f, von der jeweiligen Höchstbelastung geradlinig ist. In Abb. 52 sind außer Kreispunkten weitere Punkte (kleine Quadrate) eingezeichnet. Sie geben die Neigung der Hysteresediagonalen bei Proben an, die vor dem Versuch mehrere Male bis 6 mm Durchbiegung belastet und wieder entlastet waren. Hierdurch wurde die Neigung der Hysteresisschleifen nicht wesentlich beeinflußt. COLLAUD verlängerte die gefundenen Geraden geradlinig bis zur Belastung Null. Die Schnittpunkte der Geraden mit der Ordinate geben Werte für σ_b/f an, die mit

$$\frac{L^2}{6\,d} = K$$

multipliziert, als Elastizitätsmodule im Ursprung E_0 bezeichnet werden. Da es sich um eine geradlinige Extrapolation handelt, läßt sich aus den Ergebnissen von zwei Messungen, etwa den Biegespannungen σ_{b3} und σ_{b6} bei 3 und 6 mm Durchbiegung und den Durchbiegungen f_3 und f_6 auch ohne Zeichnung E_0 berechnen zu:

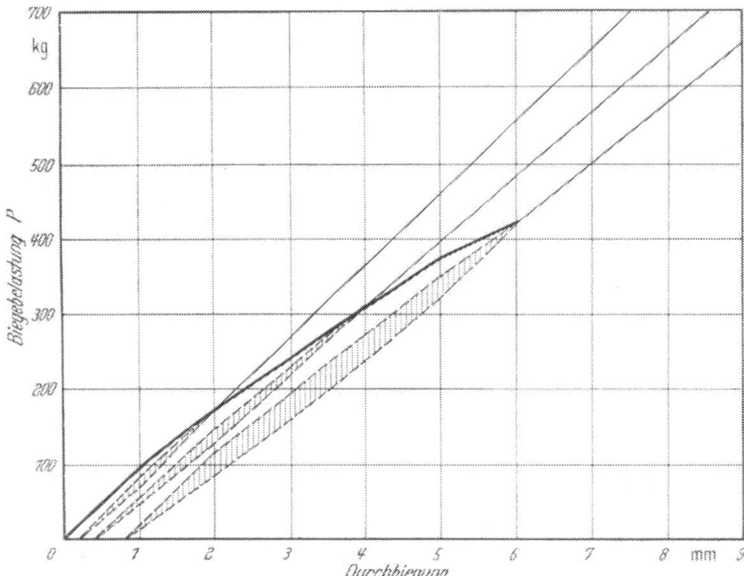

Abb. 51. Hysteresis-Schleifen eines Gußeisens Ge 20,91. Biegeprobe 30 mm ∅, Stützweite 600 mm (nach COLLAUD)

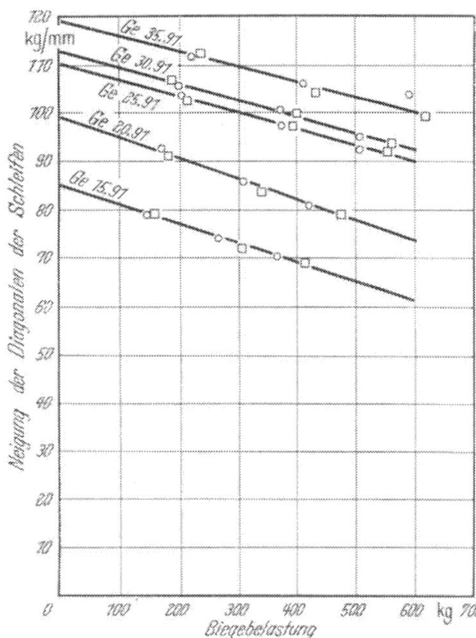

Abb. 52. Neigung der Hysteresisschleifen in Abhängigkeit von der höchsten Biegebeanspruchung bei verschiedenen Gußeisensorten (nach COLLAUD)

$$E_0 = K\,\frac{\sigma_{b3}\cdot\sigma_{b6}}{\sigma_{b6}-\sigma_{b3}}\cdot\frac{f_6-f_3}{f_6\cdot f_3}.$$

Nach COLLAUD gilt das HOOKEsche Gesetz für das Verhältnis der Biegespannung zum elastischen Anteil f_e der Gesamtdurchbiegung f nämlich

$$E_0 = K\cdot\frac{\sigma_b}{f_e} = K\,\frac{\sigma_b}{f-\varphi},$$

wobei φ der plastische Anteil der Durchbiegung darstellt. Hiermit ergibt sich der elastische Anteil der Durchbiegung zu

$$f_e = \frac{K}{E_0}\cdot\sigma_b.$$

Der plastische Durchbiegungsanteil wird von COLLAUD als eine durch den Ursprung gehende Hyperbel mit den Asymptoten parallel zu den Koordinaten angenommenen:

$$\varphi = K\cdot\frac{b\,\sigma_b}{a-\sigma_b}.$$

Es genügen zwei Werte von φ und σ_b beispielsweise φ_3 und σ_{b3} bzw. φ_B und σ_{bB} beim Bruch. Es ist dann

$$b = \frac{\varphi_3\cdot\varphi_B\,(\sigma_{bB}-\sigma_{b3})}{\sigma_{b3}\cdot\varphi_B-\sigma_{bB}\cdot\varphi_3},\qquad a = \frac{(\varphi_B-\varphi_3)\,\sigma_{b3}\cdot\sigma_B}{\sigma_{b3}\cdot\varphi_B-\sigma_{bB}\cdot\varphi_3}.$$

Die Gesamtdurchbiegung f ist also

$$f = K \cdot \frac{\sigma_b}{E_0} + K \frac{b \cdot \sigma_b}{a - \sigma_b}{}^{1}.$$

In Abb. 53 sind für ein völlig ferritisiertes Gußeisen die theoretisch aus den drei Wertepaaren (σ_{b3}, f_3), (σ_{b6}, f_6) und $(\sigma_{bB} \cdot f_B)$ errechneten und die beobachteten Kurven gezeichnet. Die Übereinstimmung kann als sehr gut bezeichnet werden.

Hiermit erhält COLLAUD die nach seiner Ansicht wichtigsten Kennwerte, die zur Beurteilung des Gußeisens notwendig sind und durch den Biegeversuch festgestellt werden können:

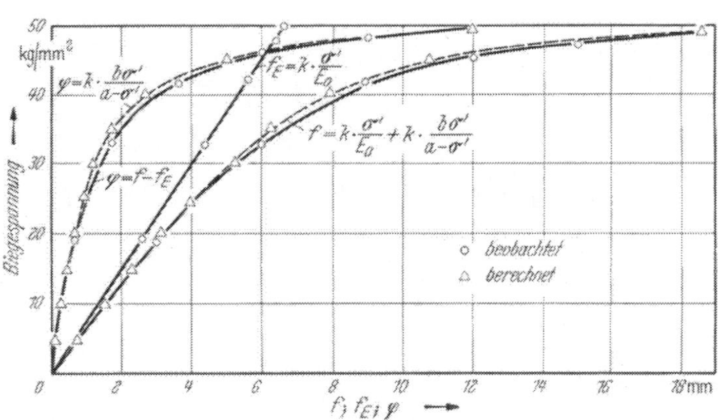

Abb. 53. Biegeversuch an einam völlig ferritisierten Gußeisen. Gesamtdurchbiegung, elastischer und plastischer Biegeanteil in Abhängigkeit von der Biegespannung

f_E elastische Durchbiegung — φ plastische Durchbiegung — f gesamte Durchbiegung σ' Biegespannung

1. Zur Kennzeichnung der *Steifigkeit* (rigidité) dient der E-Modul im Ursprung

$$E_0 = \frac{K}{6d} \cdot \frac{\sigma_{b6} \cdot \sigma_{b3}}{\sigma_{b6} - \sigma_{b3}} \cdot \frac{f_6 - f_3}{f_6 \cdot f_3}.$$

2. Zur Kennzeichnung der *Nachgiebigkeit* (ductilité) dient der plastische Anteil der Durchbiegung beim Bruch

$$\varphi_B = f_B - f_e = f_B - K \frac{\sigma_{bB}}{E_0}.$$

3. Zur Kennzeichnung der *Zähigkeit* (ténacité) wählt COLLAUD die Arbeit, die für die plastische Verformung geleistet wird. Sie ergibt sich aus der Differenz der Flächen unterhalb der gesamten Durchbiegungskurve und unterhalb der elastischen Geraden (Abb. 54)

$$A_{pl} = A_{ges} - f_e \cdot \frac{\sigma_{bB}}{2}.$$

4. Schließlich führt COLLAUD noch einen Begriff ein, der den Dehngrenzen beim Zugversuch entspricht und eine Kennzeichnung für den Widerstand (résistance) gegen plastische Verformung sein soll. Es ist die Biegespannung $\sigma_{b\,1,0}$, bei der 1 mm bleibende Durchbiegung erreicht wird (Abb. 55).

Der *Elastizitätsmodul* wird normalerweise nicht wie der *Ursprungsmodul* nach COLLAUD bestimmt, obwohl viel dafür spricht, daß die Bestimmung von COLLAUD dem Begriff des E-Moduls am besten entspricht. Man stellt vielmehr mit Feinmeßeinrichtungen die zu einer möglich niedrigen Belastung gehörige Durchbiegung fest und errechnet aus der beiden zugehörigen Meßergebnissen den E-Modul zu

$$E = \frac{L^2}{6d} \cdot \frac{\sigma_b}{f}.$$

Die Britische Norm BSS 991 — 1941 empfiehlt beispeilsweise die Messung der Durchbiegung bei einer Belastung von weniger als ein Viertel der Bruchlast. Wird die zugrunde gelegte Biegespannung größer, nimmt der E-Modul stark ab. Mit zunehmender Festigkeit

[1] In einer späteren Arbeit gibt COLLAUD [66] für den plastischen Anteil der Durchbiegung eine etwas andere Berechnung an mit Rücksicht darauf, daß die Kurve für plastische Durchbiegung nicht durch den Koordinatenursprung geht, sondern daß erst bei nennenswerten Belastungen eine plastische Verformung beginnt. Der Unterschied ist nicht nennenswert.

oder Biegefestigkeit des Gußeisens steigt der E-Modul an. Doch besteht kein eindeutiger und gesicherter Zusammenhang [63].

Die Biegefestigkeit wäre gleich der Zugfestigkeit, wenn die Spannungsverteilung im Biegestab symmetrisch wäre und die neutrale Achse in der Stabachse läge. Tatsächlich wird die neutrale Achse nach der gedrückten Seite hin verschoben, und zwar um so mehr, je größer der Unterschied des E-Moduls bei Zug und Druck ist. Dieser Unterschied ist kennzeichnend für Gußeisen. Dementsprechend wird auch in DIN 50110 noch als beson-

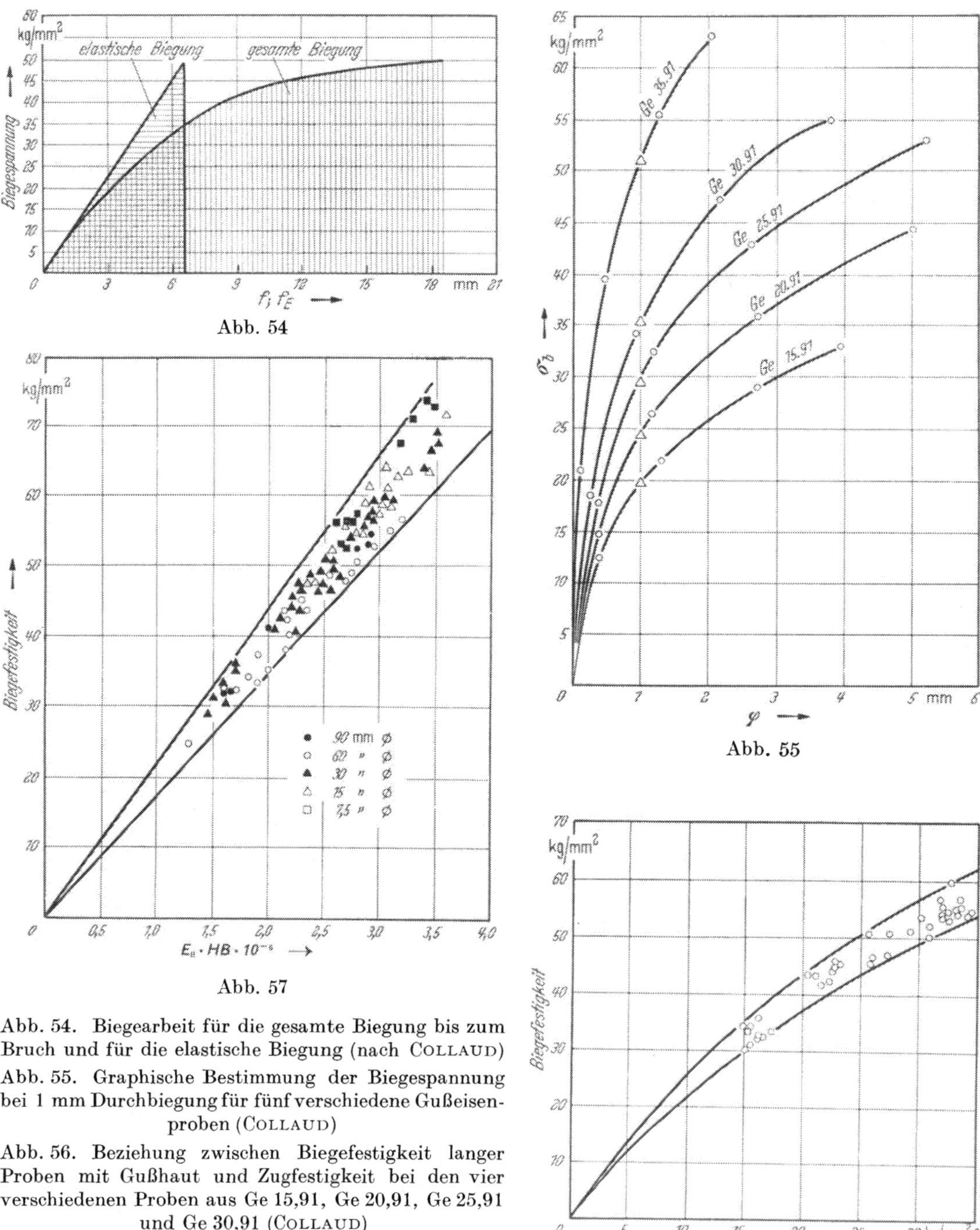

Abb. 54. Biegearbeit für die gesamte Biegung bis zum Bruch und für die elastische Biegung (nach COLLAUD)

Abb. 55. Graphische Bestimmung der Biegespannung bei 1 mm Durchbiegung für fünf verschiedene Gußeisenproben (COLLAUD)

Abb. 56. Beziehung zwischen Biegefestigkeit langer Proben mit Gußhaut und Zugfestigkeit bei den vier verschiedenen Proben aus Ge 15,91, Ge 20,91, Ge 25,91 und Ge 30,91 (COLLAUD)

Abb. 57. Beziehung zwischen der Biegefestigkeit und dem Produkt $E_0 \cdot HB \cdot 10^{-6}$ (COLLAUD)

derer Kennwert der sogenannte *Biegefaktor* σ_{bB}/σ_B empfohlen. Der Biegefaktor liegt bei etwa 1,7 [*64*]. M. MISIG [*65*] findet dagegen auf Grund von Versuchen an 428 verschiedenen Gußeisenschmelzen nicht einfache Proportionalität, sondern folgende geradlinige Beziehung

$$\sigma_{bB} = (1{,}76\ \sigma_B + 6)\ [\text{kg/mm}^2].$$

Nach Untersuchungen von A. COLLAUD [*66*] ist diese geradlinige Abhängigkeit nicht gegeben. Abb. 56 zeigt Versuchsergebnisse mit den vier verschiedenen Gußeisensorten Ge 15,91, Ge 20,91, Ge 25,91 und Ge 30,91 (schweizer Norm) bei Verwendung eines unbearbeiteten Prüfstabes von 600 mm Stützweite und 30 mm Durchmesser. Wie Versuche von COLLAUD an Gußeisen mit verschiedenen Sättigungsgraden bei Stabdurchmessern von 7,5 bis 90 mm und $\lambda = 20$ zeigen, ist die Streuung vom Durchmesser der Probe ziemlich unabhängig.

Zwischen der Biegefestigkeit und der Brinellhärte besteht kein eindeutiger Zusammenhang. Mit etwa der gleichen Streuung wie bei der Gegenüberstellung der Biegezugfestigkeit und Zugfestigkeit ergibt sich aber ein Zusammenhang zwischen Biegezugfestigkeit und dem Produkt $E_0 \cdot HB \cdot 10^{-6}$ aus Ursprungsmodul und Brinellhärte (Abb. 57), der offensichtlich geradlinig ist und durch

$$\beta = \frac{\sigma_{bB}}{E_0 \cdot HB} \cdot 10^6$$

ausgedrückt werden kann. Hierbei hat β bei Probestäben mit $\lambda = 20$ den Wert 19,55. COLLAUD glaubt mit diesem Wert aus der Biegefestigkeit und der Härte den Ursprungsmodul angenähert berechnen zu können.

COLLAUD empfiehlt dann die Verwendung von kurzen Probestäben mit einem Verhältnis $L_s/d = 5$. Diese Proben sollen viel weniger empfindlich sein gegen zufällige und örtliche Fehler, wodurch die Streuung der Versuchsergebnisse herabgesetzt wird. Die Gegenüberstellung von σ_{bB} und E_0 . HB . 10^{-6} bei Anwendung eines kurzen Stabes mit $L_s/d = 5$ ergibt für β den Wert 22,13. Die Berechnung von E_0 mit $\beta = 22{,}13$ hält COLLAUD für befriedigend genau, sie ergibt

$$E_0 = 45{,}2 \cdot 10^3 \cdot \frac{\sigma_{bB}}{HB}.$$

In ähnlicher Weise läßt sich nach COLLAUD auch die Dehngrenze $\sigma_{b\,1,0}$ berechnen. Es ist

$$\sigma_{b\,1,0} = 0{,}0452 \cdot \beta_e \cdot \sigma_b$$

wobei allerdings die Abkühlungsverhältnisse, also der Probendurchmesser, eine Rolle spielen. Für 60 bis 90 mm Durchmesser errechnet COLLAUD β_e zu 0,603, für 30 mm zu 0,626, für 15 mm zu 0,680 und schließlich für 7,5 mm zu 0,875.

Der Biegeversuch wird für *Stahlguß* und *Temperguß* im allgemeinen nicht angewendet, obwohl dies an sich möglich wäre, wie F. ROLL [*67*] dargelegt hat. Auch bei diesen duktilen Werkstoffen liegen die Werte der Biegefestigkeit höher als die der Zugfestigkeit.

2. *Faltbiegeversuch*

Der Faltbiegeversuch (Abb. 58) kommt nur für stärker verformbare Werkstoffe wie Stahlguß oder Temperguß, nicht aber für Grauguß in Frage. Der Versuch dient zum qualitativen Nachweis der Verformbarkeit und wird sehr häufig bei der Abnahme verlangt.

Der Versuch ist in DIN 1605, Blatt 4, genormt. Man verwendet dabei Flachstäbe von 30 bis 50 mm Breite mit abgerundeten Kanten oder Rundstäbe. Die Stabdicke soll der Wandstärke des Gußstückes entsprechen. Die Stäbe werden, wie Abb. 58 zeigt, um einen Dorn mit dem Durchmesser D, der zweckmäßig 2- bis 4 mal größer als die Probestabdicke gewählt wird, gebogen. Abstand der Auflagerollen soll $D + 3a$ sein, wobei a die Probendicke bzw. der Probendurchmesser ist. Die Auflagerollen müssen einen Durchmesser von 25 mm für $a \leqq 12$ mm und von 50 mm für $a > 12$ mm haben. Der Probestab wird langsam durchgebogen, bis sich auf der gezogenen Seite Risse zeigen. Der $\sphericalangle \alpha$ wird dann als Kennwert für die Biegbarkeit gemessen. Da die Einrichtung kein völliges Zusammenbiegen gestattet, müssen, falls kein Riß eintritt, die Schenkel der Probe nach Erreichen eines gewissen Biegewinkels freibiegend zusammengedrückt werden.

Bei Stahlguß wird in DIN 1681 (3. Ausg. vom März 1942) empfohlen, Faltversuche bei den Sondergüten durchzuführen, wobei die Dorndurchmesser wie folgt gewählt werden:

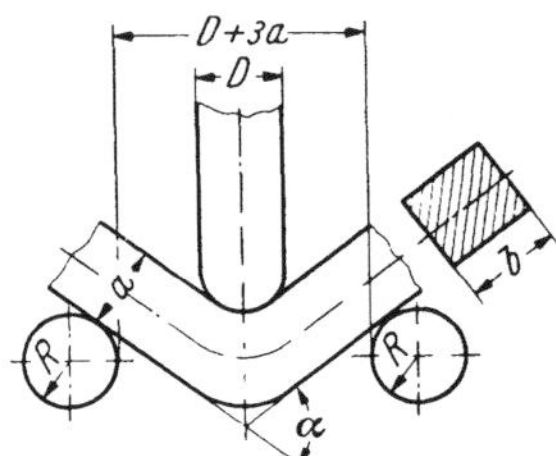

Abb. 58. Falt-Biege-Versuch (nach VSM-Norm 10926)

Markenbezeichnung nach DIN 17006, Blatt 4	Frühere Bezeichnung	Dorn-Durchmesser D a Probendicke in mm
GS–38,2	Stg 38,81 B	2 a
GS–38,5	Stg 38,81 Bk	2 a
GS–45,2	Stg 45,81 B	3 a
GS–45,5	Stg 45,81 Bk	3 a
GS–52,2	Stg 52,81 B	4 a
GS–52,5	Stg 52,81 Bk	4 a

Die Biegung muß bis 180°C ohne Riß möglich sein.

Für Stahlguß wird gelegentlich auch der Faltbiegeversuch bei 200° bis zu einem Biegewinkel von 90° verlangt.

E. Schlagversuche

Die Festigkeitsversuche, bei denen die Verformung bei langsam ansteigender Belastung (Zug-, Druck- und Biegeversuch) oder bei ruhender Belastung (Dauerversuch) ermittelt wird, geben für das Verhalten des Werkstoffes bei großen Beanspruchungsgeschwindigkeiten, insbesondere bei stoßweisen Beanspruchungen und bei komplizierten dreiachsigen Beanspruchungsverhältnissen vielfach keine eindeutigen Unterlagen. Hier haben sich nun die Schlagbiegeversuche eingeführt. Sie sind für die rein praktischen Bedürfnisse entwickelt, ohne daß ausreichende theoretische Vorstellungen für eine zahlenmäßige Deutung der Ergebnisse und damit für ihre Anwendung bei Konstruktionsberechnungen vorliegen. Bei den Biegeversuchen hat man es mit ungleichmäßigen Beanspruchungen im Probenquerschnitt zu tun. In dem Bemühen, übersichtliche Verhältnisse zu schaffen, hat man auch das Prüfverfahren des Schlagzerreißversuchs geschaffen. Ein älteres Verfahren ist der Schlagstauchversuch.

Bei den Schlagversuchen wird eine Probe durch ein aus einer bestimmten Höhe herabfallendes Gewichts schlagartig beansprucht. Die Probe wird dabei gebogen, gestaucht, zerbrochen oder zerrissen. Die hierfür aufgewandte Arbeit A wird gemessen und müßte auf das verformte Volumen V bezogen werden, womit sich eine den Werkstoff kennzeichnende Größe, nämlich die spezifische Schlagarbeit A/V in kgm/cm³ ergäbe. Der Bezug auf ein verformtes Volumen macht jedoch Schwierigkeiten, weil es im allgemeinen nicht möglich ist, es auszumessen. Man bezieht die Arbeit deshalb meist auf den beanspruchten Probenquerschnitt.

Bei zähen Werkstoffen ergeben sich bei Verwendung der praktischen Versuchseinrichtungen gewisse Schwierigkeiten der Unterscheidung. Es wäre erforderlich, die Schlaggeschwindigkeiten noch erheblich zu erhöhen, um in den Bereich des verformungslosen Bruches zu kommen. Durch Einkerben der Proben ist das aber möglich, ohne daß die Schlaggeschwindigkeiten erhöht zu werden brauchen.

1. *Kerbschlagbiegeversuch*

Der Kerbschlagbiegeversuch dient zur Beurteilung der Güte vorzugsweise zäher metallischer Werkstoffe. Das Ergebnis ermöglicht zumindest heute noch weniger eine Beurteilung der mechanischen Eigenschaften und eine zahlenmäßige Abschätzung des Verhaltens bei der betrieblichen Beanspruchung, als daß es einen qualitativen Hinweis dafür gibt, ob die Erschmelzung, das Gießen, die Wärmebehandlung (beispielsweise die Glühbehandlung bei Stahlguß) und sonstige Verarbeitung des Werkstoffes einwandfrei gewesen ist, ob eine Werkstoffschädigung durch Alterung, Versprödung in der Wärme oder in der Kälte vorhanden oder zu erwarten ist.

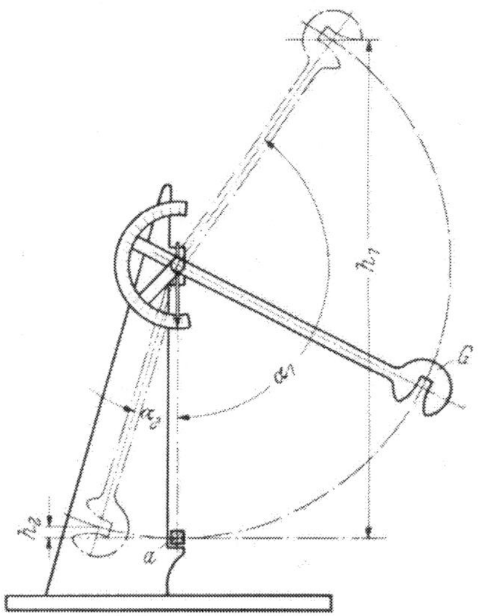

Abb. 59. Schema und Wirkungsweise des Charpy-Pendelhammers

Der Kerbschlagbiegeversuch ist in den meisten Staaten genormt. In Deutschland sind die Begriffe und Richtlinien für die Versuchsanordnung und Versuchsdurchführung in dem Normblatt DIN 50115 „Kerbschlagbiegeversuch: Prüfung von Stahl und Stahlguß" (Mai 1952) niedergelegt.

Für die Durchführung des Versuches verwendet man einen Pendelhammer (Abb. 59). Das Gerät besteht aus einem in einem Kugellager mit sehr geringer Reibung schwingenden Hammer G, zwei Widerlagern zur Aufnahme des Probestabes a und einer Skala mit Winkelteilung zur Ablesung der Hammerausschläge. Der Probestab wird, mit dem Kerb vom Hammer abgewendet, auf die beiden Widerlager gelegt. Der in Hochstellung h_1 gebrachte Hammer wird ausgeklinkt und schlägt mit der Finne genau gegenüber dem Kerb auf die Probe (Abb. 60). Die Probe zerbricht oder bricht an und wird gebogen durch den Zwischenraum zwischen den beiden Widerlagern gezogen. Der Hammer steigt auf der anderen Seite wieder an bis auf eine Höhe h_2, die niedriger ist als die Ausgangsstellung. Aus der Differenz ergibt sich die verbrauchte Arbeit.

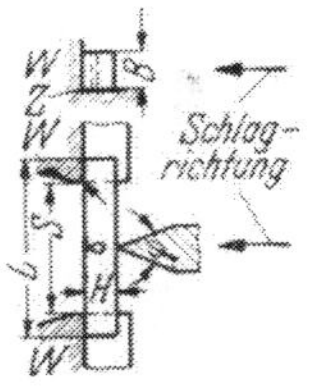

Wenn die Winkel zwischen der Hammerstellung und der Verbindungsgeraden zwischen der Achse und der Probenmitte mit α_1 (Anhubwinkel) und α_2 (Durchschlagwinkel) bezeichnet werden, ist die Schlagarbeit

$$A = G \cdot R\,(\cos\alpha_1 + \cos\alpha_2),$$

Abb. 60. Charpy-Probe

wobei der Abstand der Schneidenmitte der Hammerfinne von der Achse mit R bezeichnet ist. Für die meisten Pendelschlaghämmer sind G und R und α_1 feste Werte. Es ist beispielsweise das Hammergewicht des 10 kgm-Pendelhammers 8,29 kg und die Pendellänge R gleich 0,653 m. Der Anhubwinkel α_1 oder die Fallhöhe h_1 des Pendelschlagwerks soll so eingestellt sein, daß die Auftreffgeschwindigkeit des Hammers zwischen 5 und 7 m/sek, bei kleinen Proben möglichst sogar zwischen 4 bis 6 m/sek liegt. Sie kann aus der Beziehung

$$v \approx \sqrt{2 \cdot 9{,}87 \cdot R \cdot (1 - \cos\alpha_1)} \approx \sqrt{2 \cdot 9{,}81 \cdot h}$$

errechnet werden. Die Schlagarbeit des Pendelschlagwerks soll nur zwischen 10 und 90% ausgenutzt werden, so daß man bei sehr spröden Stoffen ein Pendelschlagwerk mit geringerem Arbeitsvermögen verwenden sollte. Es sind für Stahl und Stahlguß Pendelhämmer mit 10, 25, 35, 75, 150 und 250 kgm Arbeitsvermögen gebräuchlich. Der Reibungsverlust des Pendelhammers ist leicht durch Ablesen des Anhub- und Durchschlagwinkels bei Leerlauf festzustellen. Der Durchschlagwinkel soll bei Leerlauf nicht mehr als 1% kleiner als der Anhubwinkel sein.

Normalerweise werden die Versuche bei 20 °C mit einer Toleranz von $\pm$ 2 °C durchgeführt. Diese Festlegung ist nötig, da je nach dem Werkstoff gerade im Bereich der Raumtemperatur eine starke Temperaturabhängigkeit vorhanden sein kann.

Zur Prüfung der Kerbschlagzähigkeit bei höheren Temperaturen bedient man sich zum Aufheizen der Proben geeigneter Wärmeschränke, Röhrenöfen oder Muffelöfen. Die Proben werden nach genügend langer Anwärmdauer rasch auf die Widerlager gelegt. Durch Vorversuche sollte man feststellen, welche Überhitzung gegebenenfalls notwendig ist, damit die Probe im Augenblick des eigentlichen Versuchs die vorgeschriebene Temperatur besitzt. Bei Versuchen in der Kälte kühlt man die Proben je nach der gewünschten Versuchstemperatur vorher in Kohlensäureschnee, in einem Gemisch von Kohlensäureschnee und Methylalkohol, in flüssiger Luft od. dgl.

Werden die Kerbschlagzähigkeitswerte der Prüftemperatur gegenüber aufgetragen, so erhält man Kurven, wie sie schematisch nach DIN 50115 in Abb. 61 und 62 dargestellt

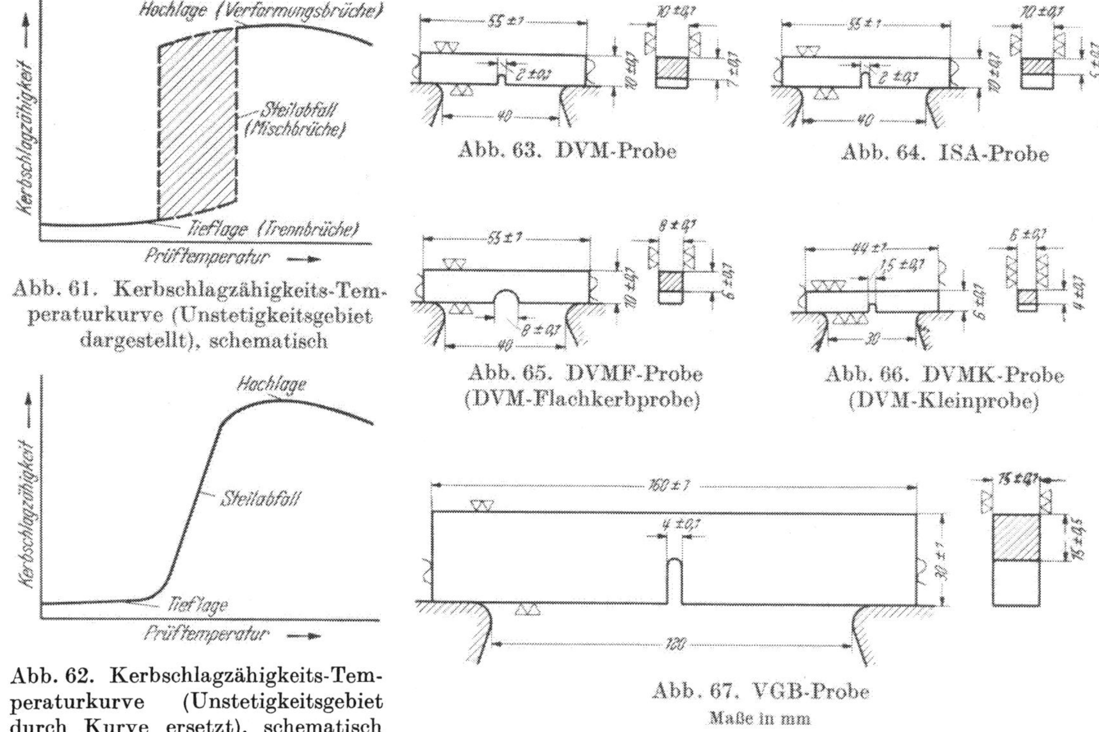

Abb. 61. Kerbschlagzähigkeits-Temperaturkurve (Unstetigkeitsgebiet dargestellt), schematisch

Abb. 62. Kerbschlagzähigkeits-Temperaturkurve (Unstetigkeitsgebiet durch Kurve ersetzt), schematisch

Abb. 63. DVM-Probe

Abb. 64. ISA-Probe

Abb. 65. DVMF-Probe (DVM-Flachkerbprobe)

Abb. 66. DVMK-Probe (DVM-Kleinprobe)

Abb. 67. VGB-Probe
Maße in mm

sind. Solche Kerbschlagzähigkeits-Temperatur-Kurven sind besonders kennzeichnend für unlegierte Stähle. Bei höheren Temperaturen, je nach dem Werkstoff durchaus schon unter Raumtemperatur beginnend, kann der Werkstoff in zähem Zustande vorliegen. Man spricht von der *Hochlage* der *Kerbschlagzähigkeit.* Zu tieferen Temperaturen hin nimmt die Kerbschlagzähigkeit mehr oder weniger steil ab zu einer *Tieflage.* Versuche, die im Temperaturgebiet des *Steilabfalles* durchgeführt werden, ergeben eine mehr oder weniger starke Streuung. Der in dem Kurventeil des Steilabfalles liegende Wendepunkt der Kerbschlagzähigkeits-Temperatur-Kurve wird als *Übergangstemperatur* bezeichnet und kann heute bereits auch als Kennwert des Stahles, insbesondere bei der Bewertung seiner Eignung zum Schweißen angesehen werden.

Für die Durchführung des Kerbschlagbiegeversuchs ist im Laufe der Zeit eine große Anzahl von Probenformen eingeführt worden. Da eine Umrechnung und damit ein Vergleich der Ergebnisse verschiedener, selbst ähnlicher Proben beim Kerbschlagversuch nicht möglich ist, wurde eine Normung dringend erforderlich. Das Normblatt DIN 50115 gibt immerhin noch fünf verschiedene Probenformen an (Abb. 63 bis 67 und Tab. 8), von denen die DVM-Probe am meisten angewendet wird. Die JSA-Probe kommt in Frage bei besonders hoher Kerbschlagzähigkeit, die DVM-Probe (DVMF-Flachkerbprobe), um geringe Unterschiede etwa bei tieferen Temperaturen herauszustellen, und die DVMK-Probe (DVM-Kleinprobe), wenn nur kleine Proben entnommen werden können. Die VGB-Probe wird im Normblatt DIN 50115 noch aufgeführt. Es wird jedoch empfohlen, sie dort, wo sie noch üblich ist, durch die DVM-Probe zu ersetzen. Um die Versprödung des Werkstoffes im Dauerstandversuch feststellen zu können, wird in DIN 50119 *Standversuch* (Dezember 1952) weiter eine aus dem Zugstab herauszuarbeitende DVM-Kleinstprobe empfohlen (Abb. 68).

Tabelle 8. *Abmessungen gebräuchlicher Kerbschlagproben*

Probenform	Abmessungen der Probe in mm			Abmessungen des Kerbes in mm		Widerlagerentfernung in mm
	Länge	Breite	Höhe	Kerbtiefe Nennmaß	Kerbdurchmesser	
DVM-Probe	55 ± 1	10 ± 0,1	10 ± 0,1	3	2 ± 0,1	40
			Sonderproben			
ISA-Probe	55 ± 1	10 ± 0,1	10 ± 0,1	5	2 ± 0,1	40
DVMF-Probe (DVM-Flachkerbprobe) .	55 ± 1	8 ± 0,1	10 ± 0,1	4	8 ± 0,1	40
DVMK-Probe (DVM-Kleinprobe) . . .	44 ± 1	6 ± 0,1	6 ± 0,1	2	1,5 ± 0,1	30
VGB-Probe	160 ± 1	15 ± 0,1	30 ± 1	15	4 ± 0,1	120

In angelsächsischen Ländern wird neben der schon erwähnten JSA-Probe und der Charpy-Spitzkerbprobe mit einem Spitzkerb von 2 mm Kerbtiefe und 45° Flankenwinkeln häufig die Jzodprobe (Abb. 69) angewendet [*68*]. Diese Probe wird einseitig so eingespannt, daß eine Kante des Hammers sie am freien oberen Ende trifft. Die erforderlichen Einrichtungen zur Durchführung der Jzodprüfung sind auch oft in Deutschland an den Pendelschlagwerken angebracht. Im allgemeinen wird die gefundene Schlagarbeit beim Jzod-Kerbschlagbiegeversuch nicht auf den Querschnitt bezogen, sondern unmittelbar angegeben.

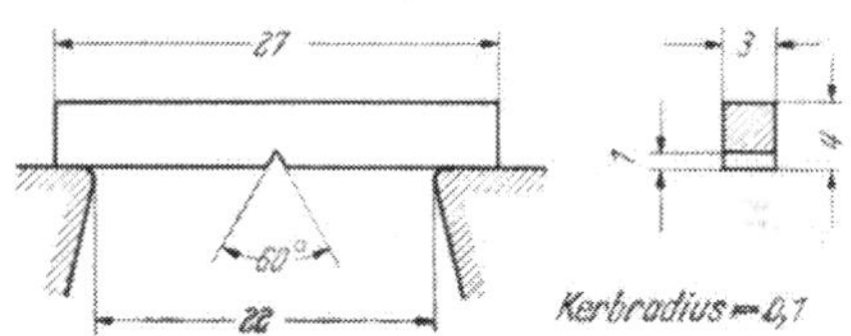

Abb. 68. Kleinst-Kerbschlagprobe zur Ermittlung der Versprödung im Zeitstandversuch

Der Kerbschlagbiegeversuch ist geeignet, in der Stahlgießerei die Glühbehandlung des *Stahlgusses* zu kontrollieren. Bei Normalgüten und Sondergüten wird nach DIN 1681 zum Gütenachweis bei der Abnahme auch die VGB-Probe empfohlen. Ist die Entnahme dieser großen Probe nicht möglich, sollte die DVM-Probe gewählt werden. Bei warmfestem Stahlguß wird nach DIN 17245 (Oktober 1951) in erster Linie die DVM-Probe empfohlen.

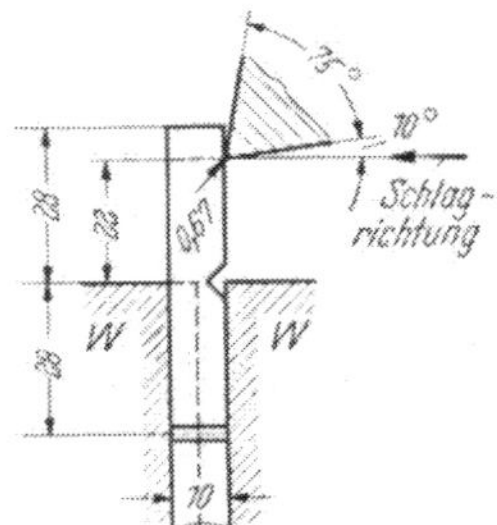

Abb. 69. Izodprobe

Es ist versucht worden, bei Stahlguß Beziehungen zwischen der Kerbschlagzähigkeit und den Kennwerten des Zugversuchs aufzustellen [*69*]. Eindeutige Zusammenhänge sind jedoch nicht zu erwarten, ist ja nicht einmal beim Zugversuch eine klare Beziehung zwischen der Zugfestigkeit und den Verformungswerten, insbesondere der Einschnürung vorhanden.

Bei der Verwendung von Stahlguß in der Kältetechnik ist selbstverständlich die Prüfung der Kerbschlagzähigkeit bei tiefen Temperaturen zu empfehlen. Allerdings haben die Werte nur relative Bedeutung für die Bewertung der Stahlgußlegierungen, da über die Höhe der für stoßweise Beanspruchung in der Kälte etwa erforderlichen Mindestkerbschlagzähigkeit einwandfrei begründbare Vorstellungen nicht bestehen.

Bei *Grauguß* wird die Prüfung der Kerbschlagzähigkeit kaum angewendet. Die Kerbschlagzähigkeit von gewöhnlichem Grauguß ist infolge der inneren Kerbwirkung der Graphitlammellen sehr niedrig [*70, 71, 72*]. Bei dem großen Streubereich ist eine gesicherte Mittelwertbildung aus den Versuchsergebnissen meist nicht möglich. Auch die Temperaturabhängigkeit der Kerbschlagzähigkeit ist so wenig ausgeprägt [*72, 73*], daß für praktische Folgerungen Versuche etwa zur Bestimmung der Kerbschlagzähigkeits-Temperaturkurve zwecklos sind. Man könnte sich vorstellen, daß durch eine Anpassung der Versuchsbedingungen des Kerbschlagversuchs an die Besonderheit des Gußeisens, etwa durch Veränderung des größten Schlagmomentes oder der Fallhöhe (Schlaggeschwindigkeit), eine geringere Streuung und bessere Differenzierbarkeit der verschiedenen Gußeisensorten möglich ist. Die bisherigen Ergebnisse in dieser Richtung sind nicht ermutigend [*74, 75*].

2. *Schlagbiegeversuche mit Proben ohne Kerb*

Der Schlagbiegeversuch mit dem Pendelschlagwerk an Proben ohne Kerb ist in Deutschland für die Prüfung von Zink- und Zinklegierungen nach dem Normblatt DIN 50116 genormt. Der Querschnitt der hierfür angegebenen Proben von 6 × 6 mm dürfte für die Prüfung von Gußeisen zu gering sein. Neuerdings wird auch die Schlagprüfung bei Temperguß an einer ungekerbten Probe mit den Abmessungen der DVM-Probe ohne Entfernung der Gußhaut empfohlen [*76*].

In USA besteht eine Vornorm [*77*] für Schlagversuche an *Grauguß* mit dem Pendelschlagwerk, und zwar entweder mit Jzod- oder dem Charpyhammer. Das Arbeitsvermögen soll in beiden Fällen 110 oder 120 ft. lb. betragen. Die bearbeiteten Rundproben sollen beim Jzodversuch 0,798″ Durchmesser und 3″ Länge haben. Die Einspannung der Probe ist in Abb. 70 dargestellt. Beim Versuch mit dem normalen (Charpy-) Pendelhammer werden bearbeitete Rundproben von 1,125″ Durchmesser und 8″ Länge verwendet, wobei die Spannweite zwischen den Widerlagern 6″ betragen soll.

Bemerkenswert ist weiter in USA ein Prüfverfahren für die Zähigkeit von Grauguß, bei dem die ungekerbte Probe durch mehrere Schläge mit stufenweise erhöhter Schlagenergie beansprucht wird [*77*]. Hierbei werden entweder ein Fallhammer oder ein Pendelschlagwerk nach CHARPY oder JZOD verwendet. Bei dem Verfahren wird die Fallhöhe des Hammers stufenweise erhöht, bis die Probe zerbricht. Erste Fallhöhe ist 2″, die nächste 3″ usw., steigend jeweils um 1″. Die letzte Fallhöhe wird als Prüfergebnis vermerkt. Das Hammergewicht richtet sich nach der Größe des Probestabes.

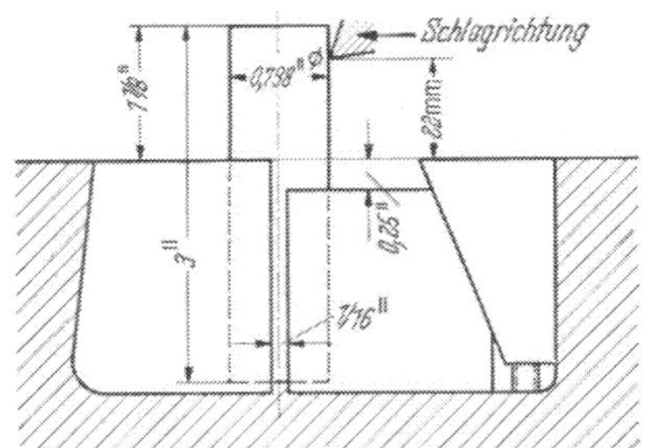

Abb. 70. Schlagbiegeversuch an runden Gußeisenproben mit dem Izodhammer

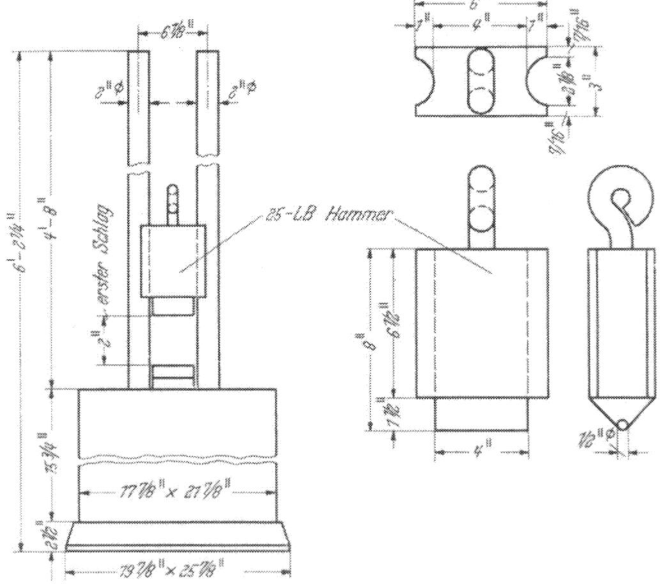

Abb. 71. Schlagbiegeprüfmaschine für wiederholte Schlagbeanspruchungen für Gußeisen

Bei Verwendung von Pendelschlaghämmern für wiederholte Schlagbeanspruchung werden die Einspannvorrichtungen von Abb. 72 benutzt. Wichtig scheint es zu sein, daß die Proben federnd festgehalten werden. Die Fallhöhen des Pendelhammers müssen so eingestellt werden, daß sie den Fallenergien der Versuchsanordnung mit senkrechtem Fall entsprechen.

In Abb. 71 ist eine Schlagprüfmaschine mit senkrecht fallendem Hammer dargestellt.

Für Schlagbiegeversuche mit größeren Probenquerschnitten verwendet man *Fallwerke*. Diese bestehen aus einem Amboß (Schabotte), einem Gestell mit Führungsschienen und dem Fallbären. Vermittels einer Winde wird der Fallbär auf eine gewünschte Höhe ge-

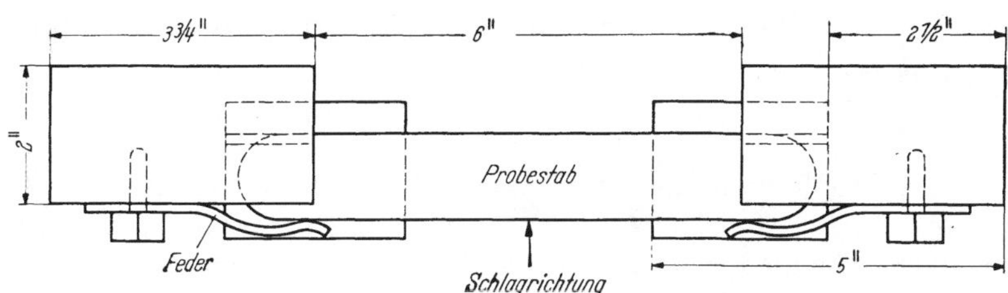

Abb. 72. Probeneinspannung für wiederholte Schlagbiegeversuche an Gußeisen mit dem Pendelschlagwerk

bracht. Ausgeklinkt fällt der Bär in einer Führung senkrecht herab und schlägt mit der Finne auf den Probestab, wodurch dieser durchgebogen wird. Im allgemeinen sind die Fallhöhen unter 6 m. Die Bärgewichte sind meistens 1000 und 500 kg. Doch werden auch geringere Bärgewichte vorgeschrieben, beispielsweise 100, 20 und 12 kg. Die Arbeit errechnet sich aus dem Gewicht G des Bären und seiner Fallhöhe h zu $G \cdot h$. Die Durchbiegung des Probestabes gibt einen Kennwert für den Werkstoff, vergleichbar allerdings nur bei gleichen Versuchsbedingungen. Die Abmessungen der Probestäbe sind sehr verschieden. Anwendbar ist das Verfahren nur für Stahlguß und nur bei kleinen Bärgewichten auch für Gußeisen (Bremsklotz-Prüfvorschriften DB).

3. *Sonstige Schlagversuche*

Beim *Schlagstauchversuch* wird die durch eine festgelegte Schlagarbeit A erzielte Stauchung $\varepsilon = \frac{\Delta L}{L_0}$ gemessen. Als MARTENSsche Stauchungszahl a_s gilt ε/A. Für den Vergleich ist die Angabe der Meßlänge L und des Durchmessers der zylindrischen Proben erforderlich. Ein einwandfreier Vergleich setzt auch ungefähr gleiche Schlaggeschwindigkeit voraus.

Beim *Schlagzerreißversuch* wird ein Probestab schlagartig zerrissen. Man bedient sich dabei heute meistens eines Pendelschlagwerks, seltener eines Fallwerkes. Das Verfahren wird zur Prüfung von Stahlguß und Gußeisen praktisch nicht angewandt. Es genügt daher, auf die eingehende Darstellung in dem Handbuch der Werkstoffprüfung zu verweisen [*78*].

Sogenannte *Drehschlagversuche*, bei denen der Probestab schlagartig um seine Achse verdreht und zu Bruch gebracht wird, sind geeignet, die Schlagbiegeversuche zu ergänzen. Bei diesem Versuch wird die vom Probestab bis zum Bruch aufgenommene Schlagarbeit festgestellt und der Verdrehungswinkel zwischen den Stabköpfen, der dem plastischen Anteil der Verformung beim Bruch entspricht. Die Erfahrung zeigt, daß manchmal harte Stähle eine verhältnismäßig gute Schlagfestigkeit aufweisen, obwohl die Kerbschlagzähigkeit niedrig ist. Unter diesem Gesichtspunkt ist das Verfahren von G. V. LUERSSEN und O. V. GREENE [*79*] entwickelt. Es ist denkbar, daß dies Verfahren nicht nur für wärmebehandelten legierten Stahl, sondern auch für Gußeisen brauchbar wäre.

F. Dauerversuch

Bei oft wiederholten Beanspruchungen zeigen metallische Werkstoffe einen geringeren Widerstand gegen Bruch als bei einmaligen Beanspruchungen. Diese Erfahrung, die sich besonders im Maschinenbau auf Grund häufiger Rückschläge bildete, führte zu der Vorstellung von der *Ermüdung* des Werkstoffes durch häufige Beanspruchung, und seit WÖHLER und BAUSCHINGER wurden besondere Prüfverfahren zur Bestimmung der *Dauerfestigkeit,* jener Grenzbeanspruchung, die gerade noch beliebig oft ertragen wird, entwickelt. Da es nicht möglich ist, durch Versuche jeden Belastungsfall zu erfassen, hat sich als Grundlage für die Beurteilung des Verhaltens gegen Dauerbeanspruchung die Bestimmung der Dauerfestigkeit bei harmonisch wiederholten Beanspruchungen zwischen zwei Spannungsgrenzen, die während des Versuchs bis zum Bruch unverändert gehalten werden, ergeben. Solche Versuche sind durchführbar als Zug-, Druck-, Biege-, Verdreh- und Schlagversuche.

Auffällig bei den Brüchen nach häufig wiederholten Beanspruchungen, den sogenannten *Ermüdungsbrüchen* oder *Dauerbrüchen,* ist sowohl am gebrochenen Bauteil als auch an der gebrochenen Versuchsprobe die Ausbildung der Oberfläche, die sich deutlich von dem Aussehen des Bruches bei einmaliger Beanspruchung, dem *Gewaltbruch,* bei zähen Werkstoffen auch Verformungsbruch genannt, unterscheidet. Die Bruchfläche eines bei wiederholten Beanspruchungen zu Bruch gegangenen Bauteils besteht bei Stahl meist aus einer glatten, mit konzentrisch verlaufenden, sogenannten *Rastlinien* durchsetzten Dauerbruchfläche und einem mehr oder weniger zerklüfteten oder verformten *Restbruch* (Gewaltbruch). Das Verhältnis beider Flächenanteile ermöglicht einen Hinweis auf die Höhe der Belastung. Bei hoher Dauerbelastung ist der Restbruch groß und umgekehrt. Wesentlich bei dem Auftreten eines Dauerbruchs ist die Oberflächenbeschaffenheit und die Form des Werkstückes. Die Dauerfestigkeit wird durch Kerbwirkung noch weiter gegenüber der Festigkeit bei einmaliger Beanspruchung herabgesetzt. Das spielt für die Haltbarkeit von umlaufenden und schwingenden Teilen mit Nuten, Bohrungen, scharfen Querschnittsübergängen u. dgl. im Motoren- und Maschinenbau eine erhebliche Rolle und muß vom Konstrukteur berücksichtigt werden. Für die Festigkeitsberechnung von Bauteilen, die im Betrieb für eine Dauerbeanspruchung vorgesehen sind, müssen deshalb dem Konstrukteur entsprechende Werkstoffkennzahlen zur Verfügung gestellt werden.

1. *Dauerschwingversuch*

Über die Begriffe, die Versuchsdurchführung und die Versuchsauswertung des Dauerschwingversuchs sind eingehende Angaben gemacht in dem Normblatt DIN 50100 Dauerschwingversuch (Begriffe, Zeichen, Durchführung, Auswertung) von Januar 1953. Hiernach ist folgende Einteilung zweckmäßig:

a) Die *Dauerschwingfestigkeit* oder *Dauerfestigkeit* σ_D ist der um eine gegebene Mittelspannung σ_M schwingende größte Spannungsausschlag σ_A, den eine Probe unendlich oft ohne Bruch und unzulässige Verformung aushält. Es wird hierfür folgende Schreibweise empfohlen:

$$\sigma_D = \pm \sigma_A \text{ für } \sigma_M = \ldots \text{kg/mm}^2 \quad \text{oder} \quad \sigma_D = \sigma_M \pm \sigma_A .$$

b) Die *Wechselfestigkeit* ist die Dauerfestigkeit bei der Mittelspannung Null. Es ist also

$$\sigma_W = \pm \sigma_A .$$

c) Die *Schwellfestigkeit* ist die Dauerfestigkeit bei einer Mittelspannung gleich dem Spannungsausschlag:

$$\sigma_{Sch} = \sigma_A \pm \sigma_A .$$

In Abb. 73 sind die Bereiche der Dauerschwingbeanspruchungen schematisch dargestellt, und zwar die Schwellfestigkeit $\sigma_{d\,Sch}$ für Druck durch die Kurve bei 2, die Schwellfestigkeit $\sigma_{z\,Sch}$ für Zug durch 6 und die Wechselfestigkeit für Zug und Druck $\sigma_{z\,d\,W}$ durch 4.

Im allgemeinen wird die Dauerfestigkeit nach dem WÖHLERverfahren ermittelt. Ein Versuchsstab wird so lange einer schwingenden Beanspruchung etwa in Höhe der Streckgrenze unterworfen, bis er bricht. Weitere Versuchsstäbe läßt man sodann bei niedrigeren Belastungen laufen. Mit abnehmender Belastung nimmt die Lastwechselzahl N zu, bis ein Stab schließlich eine Grenzlastspielzahl ohne zu brechen erreicht. Diese Grenzlastspielzahl liegt erfahrungsgemäß bei Stahl unter $10 \cdot 10^6$ Lastspielen. Man kann, um den Versuch abzukürzen, bei Stahl auch bis $2 \cdot 10^6$ Lastspielen gehen, wenn man nicht große Genauigkeit des Versuchsergebnisses verlangt. Mit den so erhaltenen Werten aus 5 bis 10 Versuchen läßt sich eine sogenannte *Wöhlerkurve* zeichnen (Abb. 74). Die Kurve läuft von einer gewissen Lastspielzahl an parallel zur Achse der Lastspielzahlen. Diese Grenzlastspielzahl liegt für Stahl etwa bei $3 \cdot 10^6$. Die dieser Parallelen entsprechende Spannung ist die Dauerfestigkeit σ_D. Die von der Kurve angegebenen Spannungswerte links von der Grenzlastspielzahl werden mit *Zeitschwingfestigkeit* oder Zeitfestigkeit bezeichnet. Bei der Angabe der Zeitschwingfestigkeit ist natürlich die jeweilige Lastwechselzahl zu vermerken, beispielsweise $\sigma_w\,(10^5) = 28$ kg/mm².

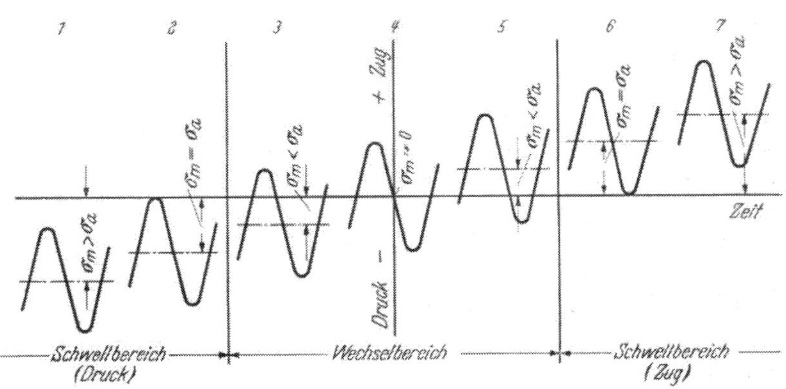

Abb. 73. Beanspruchungsbereiche beim Dauerversuch (DIN 50100)

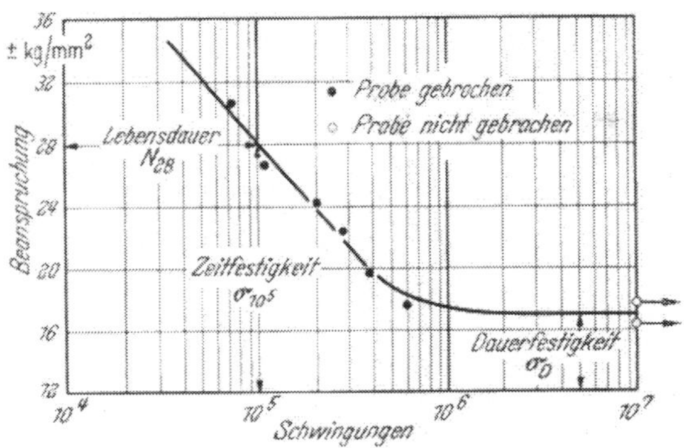

Abb. 74. Wöhlerkurve

In dem Bereich der Zeitschwingfestigkeit tritt bereits einige Zeit vor dem Bruch eine Schädigung des Werkstoffes ein. Sie äußert sich in einer Verschlechterung der mechanischen Eigenschaften und kann an den überbeanspruchten Proben im Zug-, Kerbschlag-, Biege- oder im Dauerschwingversuch bei σ_D festgestellt werden. Ihre Berücksichtigung ergibt im Wöhlerschaubild die sogenannte Schadenslinie (Abb. 75). Es ist ferner eine Verfestigung bei geringeren Lastspielzahlen vor Auftreten der Schädigung möglich (in Abb. 75 schraffiert angedeutet). Diese Beobachtungen sind kaum von praktischer Bedeutung, geben aber Hinweise für die heute noch schwierige theoretische Deutung der metallphysikalischen Vorgänge bei der Schwingungsbeanspruchung und insbesondere der durch sie bewirkten Verminderung der Festigkeit.

Die Wöhlerkurven können bei zwei Werkstoffen gleicher Dauerfestigkeit einen gänzlich verschiedenen Verlauf aufweisen, so daß es nicht möglich ist, etwa aus je einer Feststellung der Lastspielzahl bei gleicher Spannung im Bereich der Zeitfestigkeit eine wenn auch nur relative Schätzung der Dauerfestigkeiten vorzunehmen.

Eine Abkürzung des Versuchs ist natürlich möglich, wenn lediglich festgestellt werden soll, ob eine bestimmte Dauerfestigkeit erreicht ist. Theoretisch würde man hierzu nur einen Versuch durchzuführen haben, praktisch wird man wegen der Streuung der Versuchsergebnisse zur Sicherheit mit 2 bis 3 Versuchen fahren müssen.

An Hand der Bestimmung der Dauerfestigkeit bei verschiedenen Mittelspannungen, insbesondere der Wechselfestigkeit und der Schwellfestigkeit bei Zug und Druck sowie der Festigkeit und Streckgrenze des Zugversuchs läßt sich ein Dauerfestigkeitsschaubild

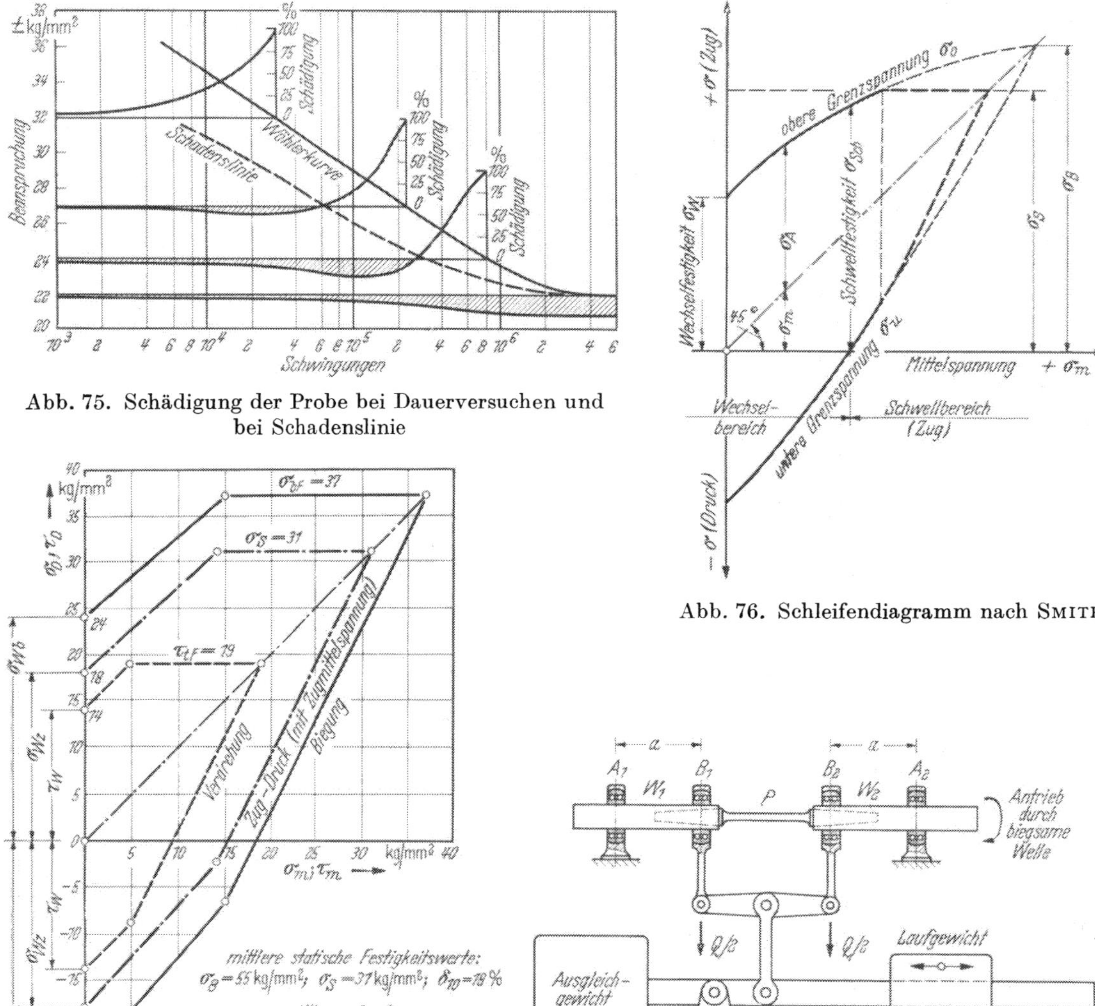

Abb. 75. Schädigung der Probe bei Dauerversuchen und bei Schadenslinie

Abb. 76. Schleifendiagramm nach Smith

Abb. 77. Dauerfestigkeitsschaubild für Zug-Druck, Biegung und Torsion

Abb. 78. Schema einer Umlaufbiegemaschine

für einen Werkstoff zeichnen, woraus der Konstrukteur für jede Mittelspannung, jeden Spannungsausschlag usw. die gewünschte Dauerfestigkeit entnehmen kann. Das in Deutschland gebräuchlichste Schaubild ist das Schleifendiagramm nach Smith (Abb. 76). Die Oberspannung reicht im positiven Bereich etwa bis in den Bereich um die Streckgrenze. Höhere Beanspruchungen würden eine unzulässige dauernde Formänderung ergeben.

Das Dauerfestigkeitssschaubild läßt sich auch angenähert konstruieren, wenn nur die Wechselfestigkeit, die Streckgrenze und die Zugfestigkeit bekannt sind. Die Linie der Oberspannung verläuft zwischen der geraden Verbindung von σ_W mit σ_B auf der Geraden der Mittelspannung und der Parallelen zur Geraden der Mittelspannung durch σ_W.

Ähnlich wie die Dauerfestigkeitsschaubilder für Zug-Druckbeanspruchung lassen sich Schaubilder für Biegung und Torsion zeichnen (Abb. 77).

Für die Durchführung der Prüfungen sind zahlreiche Maschinen entwickelt worden. Die Erzeugung der Wechselbeanspruchung erfolgt mechanisch durch Kurbeltrieb, durch die Trägheitskräfte schwingend bewegter Massen und Fliehkräfte, durch elektromagnetischen Antrieb, durch Druckölantrieb, durch Biegung eines umlaufenden Probestabs usw. Wichtig sind die genaue Regelung und Einhaltung der Belastungsgrenzen, die sichere Einspannung und Kraftübertragung auf die Proben und schließlich die selbsttätige Abschaltung der Maschine beim Bruch der Probe. Die Maschinen werden für Zug-Druckbeanspruchung, für schwellende Beanspruchung, Verdrehbeanspruchung und Biegebeanspruchung gebaut. Verhältnismäßig selten sind Maschinen, die Überlagerungen von zwei Beanspruchungsarten in beliebigem Verhältnis ermöglichen. Im einzelnen muß auf die sehr eingehende Behandlung der wichtigsten Typen im Handbuch der Werkstoffprüfung [*80*] verwiesen werden.

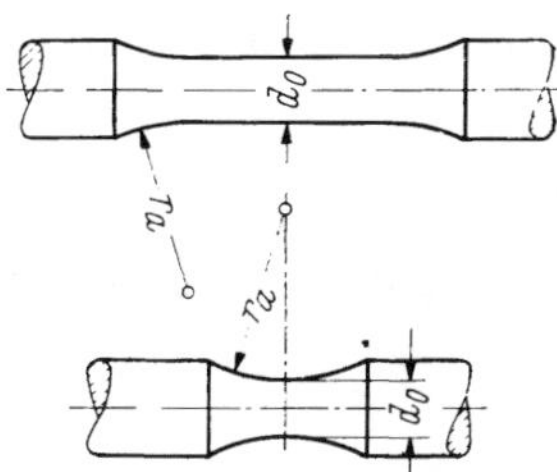

Abb. 79. Profilierte Proben für den Umlaufbiegeversuch (nach DIN 50113)
$r_a : d_0 \geqq 3$ Einziehen von d_0 in der Mitte um $\leqq$ 0,05 mm zulässig

Genormt ist in Deutschland lediglich der Umlaufbiegeversuch nach DIN 50113 *Umlaufbiegeversuch*, Dez. 1952. DIN 50113 bringt schematische Darstellungen der gebräuchlichsten Umlaufbiegemaschinen. Bevorzugt werden Maschinen, bei denen die Probe über die ganze Prüfstrecke ein unveränderliches Biegemoment aufweist (Abb. 78). Meistens werden profilierte Rundproben verwendet, die entweder eine zylinderische Prüflänge mit einem Ausrundungsradius zu dem Probestabkopf von $r_a \geqq 3\, d_0$ oder nur eine Ausrundung von $r_a \geqq 3\, d_0$ aufweisen, wobei d_0 der kleinste Durchmesser der Probe ist. Bei zylindrischen Stäben ist in der Mitte eine geringe Verringerung von d_0 um höchstens 0,05 mm zulässig (Abb. 79). Die Proben müssen präzise gearbeitet und sorgfältig längs poliert sein. Die Biegespannung wird wie beim statischen Biegeversuch als Quotient aus Biegemoment und Widerstandsmoment des kleinsten Querschnittes errechnet.

Das Verfahren eignet sich auch gut zur Prüfung bei tiefen und höheren Temperaturen sowie zur Untersuchung der Dauerfestigkeit bei Einwirkung korrodierender Mittel.

Die Dauerfestigkeit ist stark von der Oberflächenbeschaffenheit abhängig, weshalb eine sehr sorgfältige Probenherstellung unerläßlich ist. Kerben, Bohrungen und Bunde setzen die Dauerfestigkeit im allgemeinen stark herab. Diese Erscheinung, die sogenannte *Kerbempfindlichkeit*, ist form- und werkstoffbedingt und drückt sich aus in der vorzugsweise werkstoffbedingten *Kerbwirkungszahl*, dem Quotienten aus der Dauerfestigkeit des glatten, polierten Probestabes zur Dauerfestigkeit des gekerbten Stabes:

$$\beta_K = \frac{\sigma_{W\,\text{ungekerbt}}}{\sigma_{W\,\text{gekerbt}}}$$

und in der vorzugsweise formbedingten *Formziffer*

$$\alpha_K = \frac{\sigma_{\max}}{\sigma_n},$$

die elastizitätstheoretisch errechnet werden kann, wobei $\sigma_{\max}$ die im Kerbgrund des Zugstabes bei Belastung auftretende Spannungsspitze und σ_n die auf den Nettoquerschnitt im Kerb bezogene Belastung oder die Nennspannung ist. Die Kombination beider Kennziffern

$$\varphi_K = \frac{\beta_K - 1}{\alpha_K - 1}$$

wird als *Kerbempfindlichkeit* bezeichnet. Wahrscheinlich haben β_K und α_K einen inneren Zusammenhang, der jedoch erst voll erkennbar sein dürfte, wenn die Ursache des Dauerbruchs klargestellt ist.

Zur Feststellung der Kerbwirkungszahl β_K schlägt das Normblatt DIN 50113 den in Abb. 80 angegebenen Rundkerb vor. Bei der Angabe der Dauerfestigkeit eines gekerbten Stabes oder von β_K ist die Kerbform natürlich anzugeben, da die Werte von der Probenform mit abhängen.

Leider besteht in der Wahl der Probenformen beim Dauerversuch entsprechend den zahlreichen verwendeten Typen von Dauerprüfmaschinen noch weitgehende Willkür. Für Umlaufbiegeversuche sind verhältnismäßig dünne Stäbe üblich, die sich für Grauguß wenig eignen. Bei Torsionsversuchen werden etwas gedrungenere und dickere Stäbe vorgezogen. Bei den Pulsatoren (Schwellversuchen) kann man dickere Stäbe verwenden.

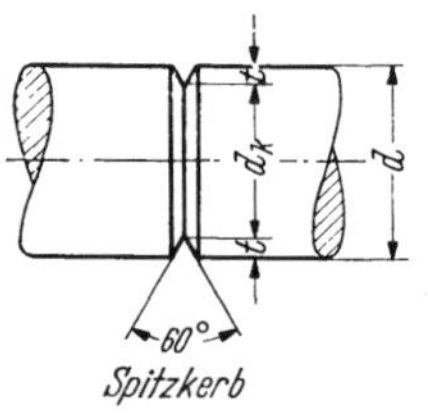

Abb. 80. Gekerbte Probe für den Umlaufbiegeversuch $t:d = 0{,}1$ Kerbradius $\varrho = 0{,}1$ mm $d_k = d_0$ der ungekerbten Vergleichsprobe

Die Dauerfestigkeit von *Stahlguß* entspricht der Dauerfestigkeit von Stahl gleicher Zusammensetzung, wobei zu berücksichtigen ist, daß Stahl vielfach geschmiedet und gewalzt ist und die Proben meist in Faserrichtung entnommen werden, so daß die Werte für Stahl etwas günstiger liegen. Gewöhnlicher Stahlguß mit 45 kg/mm² Festigkeit hat eine Dauerfestigkeit von etwa $\pm$ 20 kg/mm² [*81*] gegenüber geschmiedetem Stahl gleicher Festigkeit mit etwa $\pm$ 23 kg/mm². Es werden auch größere Unterschiede festgestellt, was vermutlich durch den Grad der Homogenität und Feinheit der Gußstruktur oder auch durch den Verschmiedungsgrad bedingt ist. Bei Stahlguß bzw. Stählen höherer Festigkeit ist der Unterschied geringer.

Einen Anhalt für das Verhältnis der Dauerfestigkeitswerte beim Biege-, Zug-Druck- und Verdrehversuch gibt folgende Formel [*82*]

$$\sigma_{Wb} : \sigma_W : \tau_W = 1 : 0{,}7 : 0{,}6,$$

wobei allerdings mit erheblichen Streuungen in den einzelnen Verhältnissen zu rechnen ist.

Es sind zahlreiche Versuche gemacht worden, Beziehungen zwischen der Dauerfestigkeit und anderen Eigenschaften festzustellen, ohne daß jedoch auch nur eine der vielen Formeln Allgemeingültigkeit beanspruchen kann. Es seien nur erwähnt die Formeln von STRIBECK:

$$\sigma_{Db} = 0{,}285\,(\sigma_B + \sigma_S),$$

HOUDREMONT u. MAILÄNDER:

$$\sigma_{Db} = 0{,}245\,(\sigma_B + \sigma_S) + 5,$$

LEQUIS, BUCHHOLTZ u. SCHULZ:

$$\sigma_{Db} = 0{,}175\,(\sigma_B + \sigma_S - \varepsilon_{bl} + 100).$$

Das Verhältnis der Dauerfestigkeit zur Zugfestigkeit liegt zwischen 0,3 und 0,6, wobei das Verhältnis bei höherer Zugfestigkeit zu niedrigeren Werten tendiert. Das Verhältnis der Dauerfestigkeit zur Streckgrenze liegt zwischen 0,5 und 1,3, d. h. die Dauerfestigkeit kann die Streckgrenze übersteigen. Hierbei liegen die weicheren und austenitischen Stähle im höheren Bereich. Zwischen der Dauerfestigkeit und anderen Festigkeitskennwerten, insbesondere der Dehnung, Einschnürung und Kerbschlagzähigkeit, sind keine einigermaßen brauchbaren Beziehungen festgestellt worden. Bemerkenswert ist, daß sich Versprödungserscheinungen, wie beispielsweise das starke Absinken der Kerbschlagzähigkeit bei der Anlaßsprödigkeit in der Dauerfestigkeit nicht zu äußern scheinen. Dagegen spielt die Struktur des Stahles (Ferrit-, Perlitverteilung, Korngröße, Einschlüsse u. dgl.) eine erhebliche Rolle für die Höhe der Dauerfestigkeit bzw. der Verhältnisse Dauerfestigkeit zu Zugfestigkeit bzw. Dauerfestigkeit zu Streckgrenze.

Bei *Grauguß* sind ebenfalls zahlreiche Versuche gemacht, die Dauerfestigkeit mit anderen Festigkeitseigenschaften in Beziehung zu setzen. Das Verhältnis der Biegeschwingungsfestigkeit zur Zugfestigkeit liegt etwa zwischen 0,3 und 0,7, wobei nach

K. KNEHANS [83] Gußeisen mit 18 kg/mm² Festigkeit vorzugsweise Verhältniszahlen von 0,52 bis 0,55, mit 26 kg/mm² Zahlen von 0,46 bis 0,50 und mit 40 kg/mm² Zahlen von 0,43 bis 0,45 aufweisen. P. A. HELLER [84] gibt auf Grund der seiner Zeit im Schrifttum vorliegenden Ergebnisse folgende Beziehung an

$$\sigma_{Wb} = 0{,}6 \cdot \sigma_B - 3{,}7 .$$

Eine Extrapolation der Begrenzungsgraden von Abb. 81 dürfte auch Gußeisen mit Kugelgraphit umfassen.

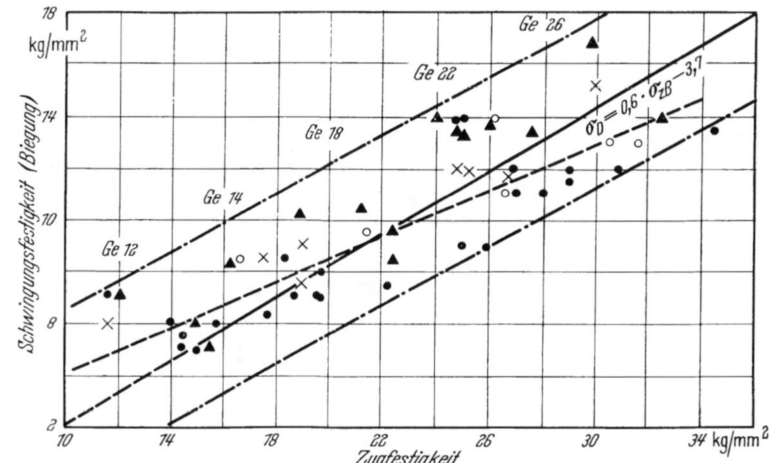

Abb. 81. Dauerfestigkeit der Gußeisenklassen des Normblattes (P. A. HELLER)

A. THUM und C. PETERSEN [85] glauben eine befriedigende Beziehung zwischen Zug-Druck-Wechselfestigkeit, Zugfestigkeit und Brinellhärte in den Kurven von Abb. 82 zu sehen.

Der Einfluß von Kerben auf die Dauerfestigkeit ist bei Gußeisen erheblich geringer als bei Stahl oder Stahlguß, dabei ist aber hochfestes Gußeisen und Gußeisen mit Kugelgraphit kerbempfindlicher als normales Gußeisen. Dementsprechend ist bei Gußeisen auch die Abhängigkeit der Dauerfestigkeit von der Beschaffenheit der Oberfläche geringer als bei Stahl. Abb. 83 zeigt neuere Versuche von J. W. GRANT [86], nach denen ein Kugelgraphitgußeisen mit 64 kg/mm² Zugfestigkeit keine höhere Kerbdauerfestigkeit besitzt als ein blättrig-graphitisches Gußeisen mit einer Zugfestigkeit von nur 28 kg/mm².

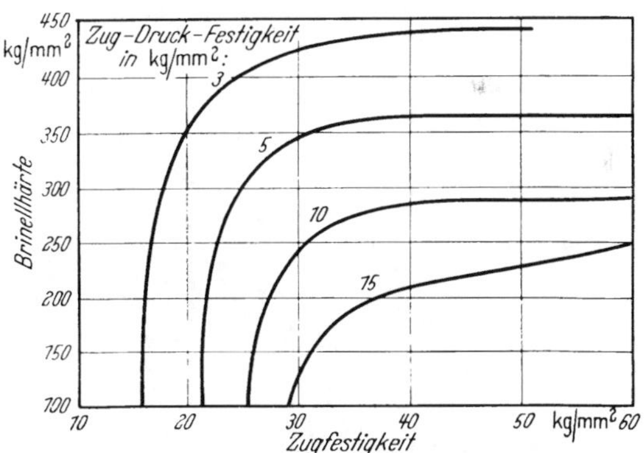

Abb. 82. Die Zug-Druck-Wechselfestigkeit von Gußeisen in Abhängigkeit von Zugfestigkeit und Brinellhärte (nach A. THUM und C. PETERSEN)

Bemerkenswert für Gußeisen ist die starke Zunahme der Dauerfestigkeit bei Druckvorspannung, wie die Dauerfestigkeitsschaubilder für ein Gußeisen mit 17 kg/mm² (Abb. 84) und mit 24,2 kg/mm² Zugfestigkeit (Abb. 85) nach Untersuchungen von A. POMP und H. HEMPEL [87] zeigen. Bei Gußeisen entsprechen die Verhältnisse der Ursprungsfestigkeiten für Zug und Druck in etwa den Verhältnissen der statischen Festigkeiten bei Zug und Druck. Allerdings lassen sich die günstigen Werte der Dauerfestigkeit bei Druckvorspannung nicht voll ausnutzen, da bei Beanspruchungen über die Ursprungsfestigkeit hinaus die bleibenden Verformungen stark merklich werden.

Die Dauerfestigkeit von *Temperguß* liegt höher als von Grauguß. Das Verhältnis der Dauerfestigkeit bei Biegung zur Zugfestigkeit ist kleiner als bei Grauguß und streut zwischen 0,35 und 0,50. Schwarzer Temperguß ist ebensowenig kerbempfindlich wie Grauguß, dagegen ist weißer Temperguß kerbempfindlicher.

2. *Werkstoffdämpfung*

Bei wechselnder Belastung und ausreichender Belastungshöhe zeigt das Spannungs-Dehnungs-Diagramm meist eine Hysteresisschleife. Der Inhalt dieser Schleife H stellt den

Teil der aufgebrachten Arbeit A dar, der sich durch innere Reibung in Wärme umgesetzt hat. Das Verhältnis $\psi = 100 \cdot \frac{H}{A}$ nennt man *verhältnismäßige Dämpfung*. Die metallphysikalischen Vorgänge sind sehr kompliziert [*88*] und können hier nicht erörtert werden.

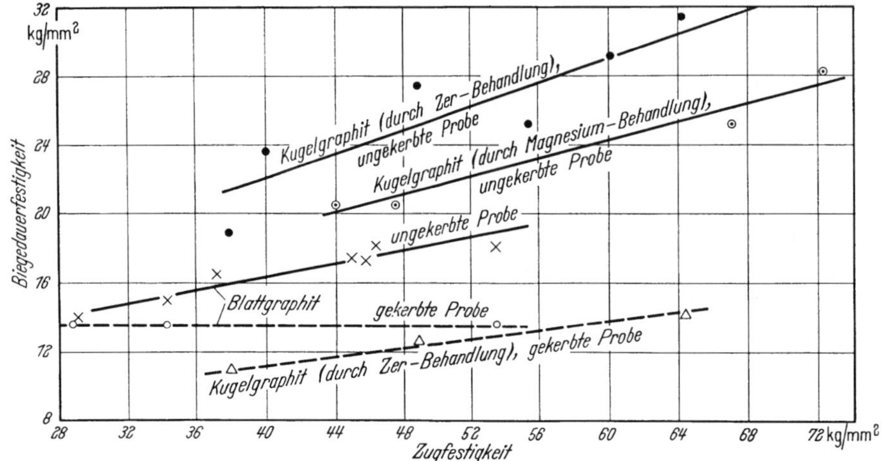

Abb. 83. Dauerfestigkeitsverhalten von Gußeisen mit blättrigem und kugeligem Graphit (nach J. W. GRANT)

Die Amplituden freier Schwingungen nehmen infolge der Energieumsetzung mit der Zeit ab, sie werden gedämpft. Man kann damit am einfachsten das *logarithmische Dekrement* der freien gedämpften Schwingung als Kennwert für die Dämpfungsfähigkeit des Werk-

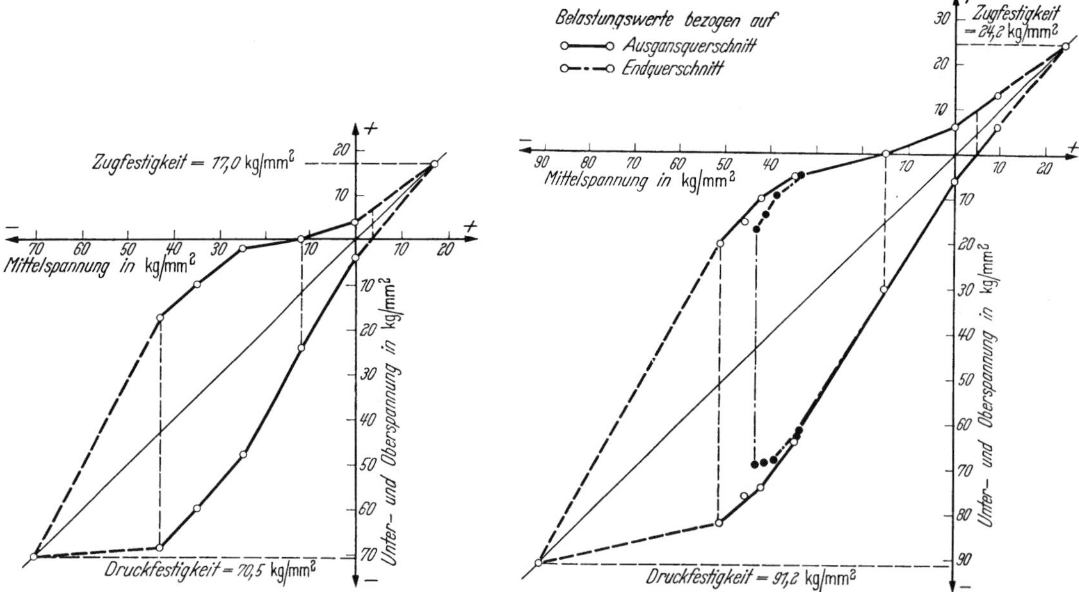

Abb. 84. Zug-Druck-Wechselfestigkeitsschaubild von Gußeisen Ge 14 (nach POMP und HEMPEL)

Abb. 85. Zug-Druck-Wechselfestigkeitsschaubild von Gußeisen Ge 22 (nach POMP und HEMPEL)

stoffes benutzen. Bezeichnet man die Amplituden der aufeinanderfolgenden Schwingungen mit a_0, a_1, a_2, usw. a_n, so ist

$$\frac{a_1}{a_0} = \frac{a_2}{a_1} = \cdots = \frac{a_n}{a_{n-1}} = e^{\delta},$$

daraus ergibt sich

$$\delta = \frac{1}{n} \ln \frac{a_0}{a_n}$$

das logarithmische Dekrement der Werkstoffdämpfung. δ weist große Unterschiede für die verschiedenen metallischen Werkstoffe auf, insbesondere zeigt Gußeisen eine starke Dämpfung (Abb. 86). Man kann auch beispielsweise nach J. GEIGER [*89*] die durch die

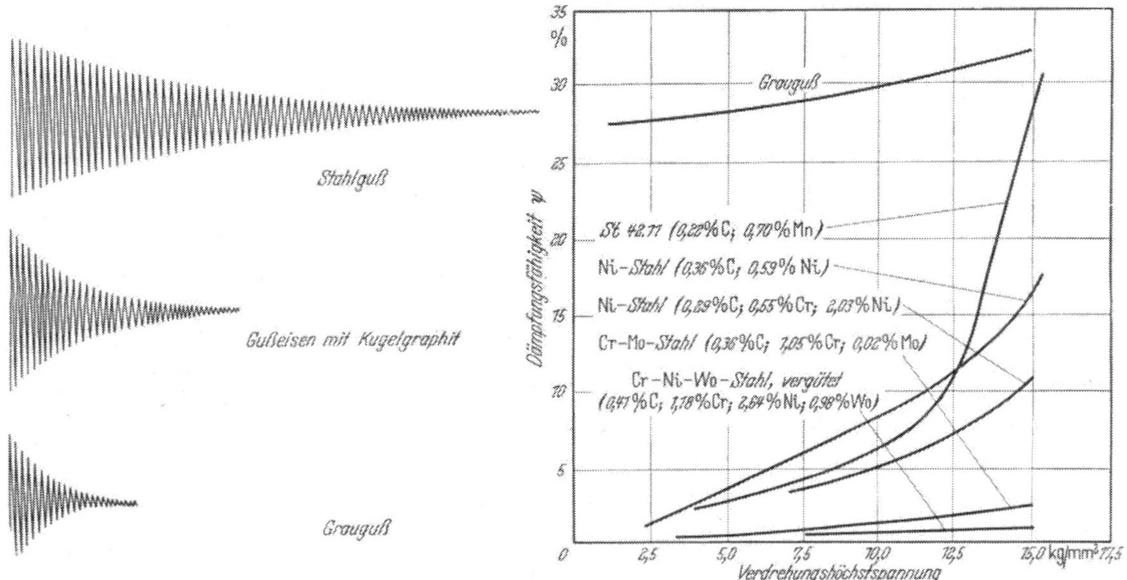

Abb. 86. Dämpfungskurven einiger Eisenlegierungen (nach C. D. GALLOWAY)

Abb. 87. Verhältnismäßige Dämpfung von Gußeisen im Vergleich zu verschiedenen Stahlsorten bei Verdrehbeanspruchung (nach J. GEIGER)

Dämpfung je Schwingung verzehrte Energie in Prozent der potentiellen Energie messen und erhält die verhältnismäßige Dämpfung

$$\psi = \frac{P \cdot a \cdot \pi}{\frac{1}{2} c \cdot a^2} = \frac{P \cdot \pi}{\frac{1}{2} c \cdot a} .$$

Tabelle 9. *Dämpfung einiger Gußeisenproben aus verschiedenen Gußeisenklassen* (nach HEMPEL)

Gußeisenklasse	Zugfestigkeit kg/mm²	Wechselfestigkeit kg/mm²	Prüfbelastung kg/mm²	Verhältnismäßige Dämpfung φ %
Ge 14	17,0	3,5	1,0	22,1
			3,5	35,5
Ge 12	17,8	3,5	1,0	29,5
			3,5	35,0
Ge 18	25,2	6,5	1,0	13,8
			3,5	17,5
			6,5	25,8
Ge 26	27,1	7,5	1,0	12,9
			3,5	15,7
			6,5	18,4
H. Ge, Stange K_1, geglüht	37,7	11,5	3,5	11,3
			6,5	12,9
			11,5	15,9
H. Ge, Stange K_2, vergütet	34,9	11,5	3,5	11,1
			6,5	12,4
			11,5	15,9

Hierbei ist die Arbeit der erregenden Kraft bei dem Ausschlag c im Resonanzzustand $P \cdot a \cdot \pi$ und bei der Federkonstante c die potentielle oder Federungsenergie $\frac{1}{2} c \cdot a^2$. Man kann schließlich auch die Wärmeentwicklung bestimmen.

Die Versuchsdurchführungen sind verhältnismäßig schwierig, so daß die Ermittlung der Werkstoffdämpfung mehr eine wissenschaftliche als eine Aufgabe der praktischen Werkstoffprüfung ist. Die verschiedenen Verfahren (Anlaufversuch bei Messung der Wärmeentwicklung, Ausschwingversuch, Resonanzversuch bei Ermittlung der zugeführten Leistung, Resonanzversuch bei Messung der Erwärmung) ergeben zudem nicht übereinstimmende Werte. So ist nach Geiger [*89*] die verhältnismäßige Dämpfung bei Grauguß wesentlich kleiner nach dem der Praxis mehr entsprechenden Resonanzverfahren als nach dem Ausschwingverfahren. Bezüglich dieser Verfahren im einzelnen muß auf das einschlägige Schrifttum verwiesen werden [*89, 90, 91*].

Abb. 87 enthält einige Kurven für die Dämpfung in Abhängigkeit von der Wechselspannung σ_w für Siemens-Martin-Stahl und verschieden behandeltes Gußeisen. In Tab. 9 ist die verhältnismäßige Dämpfung einiger Gußeisensorten mit jeweils 2 Prüflasten nach M. Hempel [*92*] angegeben. Es ist zu beachten, daß sich die Dämpfung mit der Schwingungszahl ändert, wobei die Änderung zu einem stabilen Endzustand hin keineswegs bei verschiedenen Werkstoffen in gleicher Weise verläuft.

3. Dauerschlagversuche

Eine weitere Möglichkeit zur Dauerprüfung bietet das Dauerschlagwerk. Ein Hammer fällt auf einen waagerecht gelagerten und gekerbten Rundstab von meistens 15 mm Durchmesser. Nach jedem Schlag wird der Stab um 180° oder 15° gedreht. Die Anzahl der Schläge bis zum Bruch wird mit einem Zählwerk registriert. Die Schlagstärke wird so gewählt, daß der Bruch in einer möglichst tragbaren Zeitdauer eintritt. Bei den älteren Geräten lagen die Schlagzahlen bei 40 bis 100 in der Minute. Bei dem gebräuchlichsten Kruppschen Schlagwerk fiel ein Hammergewicht von rd. 4,2 kg aus 10, 15 oder 30 mm Höhe 85mal in der Minute auf die Probe. Neuere Schlagwerke haben auch erheblich größere Schlagzahlen. Eine Zusammenstellung der gebräuchlichen Dauerschlagwerke findet sich im Handbuch der Werkstoffprüfung [*93*].

Die Bedeutung der Dauerschlagprüfung ist mit der fortschreitenden Entwicklung der Dauerschwingungsprüfung stark zurückgegangen, zumal es sich zeigte, daß die Dauerschlagprüfung keine andere Beurteilung ergibt als die Dauerschwingungsprüfung. Hinzu kommen Schwierigkeiten in der Auswertung des an sich gänzlich unkomplizierten Versuchs selbst. Es ist nicht möglich, einwandfrei die Beanspruchung des Stabes zu messen. Die Schlagarbeit wird von dem Probestab nicht gänzlich aufgenommen. Der aufgenommene Anteil ist je nach den plastischen Eigenschaften des Werkstoffes sehr verschieden. Um vergleichbare Ergebnisse zu erhalten, ist es auch notwendig wie beim Dauerversuch eine Wöhlerkurve aufzunehmen. Bei der verhältnismäßig geringen Schlagzahl der gebräuchlichsten Dauerschlagwerke würden sich unbequem lange Versuchszeiten ergeben.

G. Sonderprüfungen

Für manche Arten von Gußstücken, insbesondere von Grauguß, gibt es besondere Prüfverfahren, beispielsweise für Kolbenringe, Rohre usw. In einigen Fällen hat sich die Normung dieser Verfahren bereits angenommen, teils werden sie mit gewissen Abänderungen in diesem oder jenem Betrieb durchgeführt.

1. Lochstanz- und Scherversuch

Zum Ersatz des Zugversuchs wurde verschiedentlich eine Lochstanz- und Scherprobe vorgeschlagen, von denen die in Abb. 88 schematisch dargestellten Verfahren angewendet und erörtert worden sind. Bei der Lochstanzprüfung wird aus einer runden Scheibe eine

Scheibe kleineren Durchmessers herausgestanzt. Bei SIPP, der erstmalig das Prüfverfahren anwandte [*94*], hatte die Scheibe noch einen zylindrischen Ansatz auf der Unterseite, um die Scheibe auf der Matritze zu zentrieren und einen solchen Ansatz auf der Oberseite,

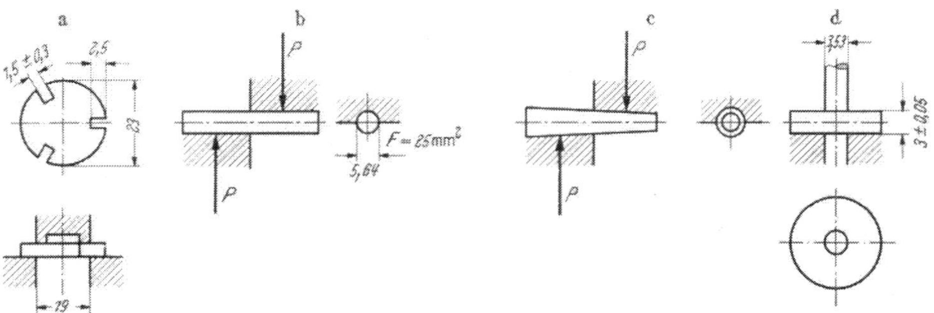

Abb. 88 a—d. Schematische Darstellung verschiedener Scherverfahren (nach PIWOWARSKY)

a) Lochstanzprobe nach SIPP-RUDELOFF; b) Scherversuch mit zylindrischen Proben nach FRÉMONT; c) Scherversuch mit konischen Proben nach THYSSEN-BOURDOUXHE; d) Lochversuch nach DELEUSE

um die Belastung aufzunehmen. RUDELOFF [*95*] vereinfachte den Probekörper und verwendete eine Scheibe mit radialen Einschnitten ohne Ansätze und mit einem Stanzzylinder, der nur am Rande aufsetzte.

Die Lochstanzproben von SIPP und RUDELOFF dürften dann durch die Probe nach DELEUZE [*96*] überholt sein. RUDELOFF benutzt noch eine Stanze von 19 mm Durchmesser bei einer Dicke der Probenscheibe von 2,5 mm, dagegen DELEUZE einen Stanzdurchmesser von 5 mm bei einer Scheibendicke von 3 mm. Dementsprechend sind die das Ergebnis fälschenden Biegespannungen der SIPP-RUDELOFFschen Anordnung bei DELEUZE nicht mehr vorhanden. Die Stanzfestigkeit ist dann

$$\tau = \frac{P}{2\pi r d},$$

wobei r der Halbmesser der Stanze und d die Scheibendicke ist. Da Belastungen der Probe von über 100 kg/mm² auftreten, ist eine plastische Verformung nicht zu vermeiden. Daher kann der obige Wert τ nur als *scheinbare Stanzfestigkeit* bei $d = 3$ mm bezeichnet werden. Wird eine andere Probendicke verwendet, so muß nach A. COLLAUD [*97*] ein Korrekturglied eingeführt werden, so daß der Ausdruck für beliebige Dicke lautet

$$\tau = \frac{P}{2\pi r d} + 1{,}8\,(3 - d).$$

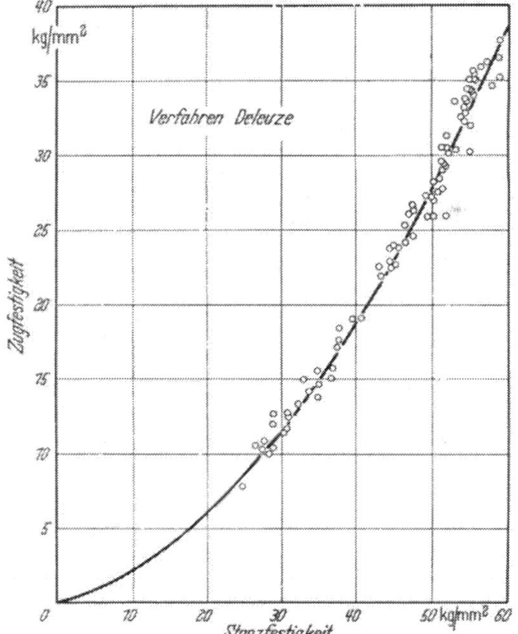

Abb. 89. Zusammenhang zwischen Zugfestigkeit und Stanzfestigkeit (nach COLLAUD)

Die Streuung der Ergebnisse der Lochstanzversuche nach DELEUZE scheint ziemlich gering zu sein. Mit der Zugfestigkeit (Abb. 89) und der Brinellhärte (Abb. 90) ergibt sich für Gußeisen nach COLLAUD eine klare, wenn auch nicht lineare Abhängigkeit. Der Zusammenhang mit der Biegefestigkeit ist weniger übersichtlich.

Das Prinzip der Bestimmung der Scherfestigkeit läßt sich aus Abb. 88c sowie aus Abb. 91 und 92 entnehmen. In dem nach DIN 50141 von Mai 1944 genormten Verfahren wird ein Probestab vom Durchmesser d durch die Bohrungen der beiden Scherbacken und der Scherzunge gesteckt. Die Scherbacken und die Scherzunge werden mit der Kraft P auseinandergezogen oder zusammengeschoben. Dabei wird der Stab zweimal abgeschert. Die Scherfestigkeit ist dann

$$\tau = \frac{\frac{P}{2}}{\frac{d^2\pi}{4}} = \frac{2P}{d^2\pi}.$$

Das Schergerät wird in einer Prüfmaschine für Zug oder Druck eingebaut. Einzelheiten für die Durchführung des Scherversuches sind in dem Normblatt DIN 50141 angegeben. Die Abmessungen der Probendurchmesser und Probenlängen sowie die Breiten der Backen- und Zungendicken sind genormt (Tab. 10).

Tabelle 10. *Abmessungen für den Scherversuch* (nach DIN 50141)

Probendurchmesser d mm	Backendicke z mm	Zungendicke y mm	Probenlänge mind. mm
2—5	5	5	15
über 5—8	6	8	20
über 8—12	8	12	28
über 12—16	10	16	36
über 16—20	12	20	44
über 20—25	16	25	57

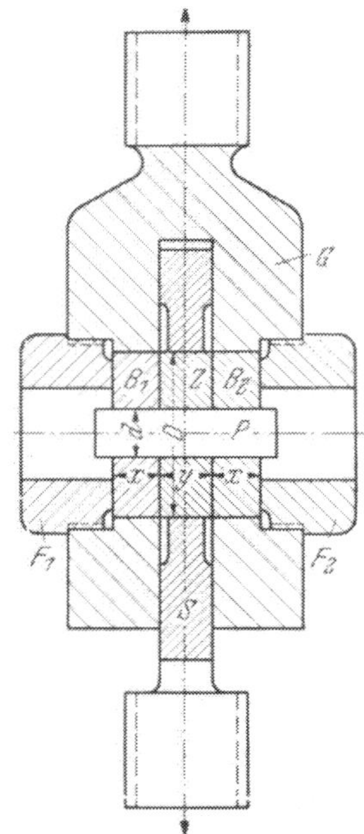

Abb. 91. Schergerät für Zugbelastung

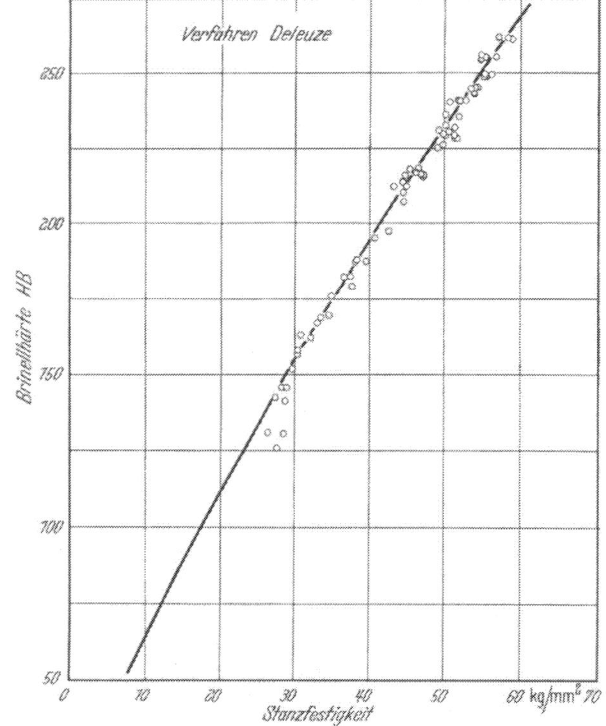

Abb. 90. Zusammenhang zwischen Stanzfestigkeit und Brinellhärte (nach COLLAUD)

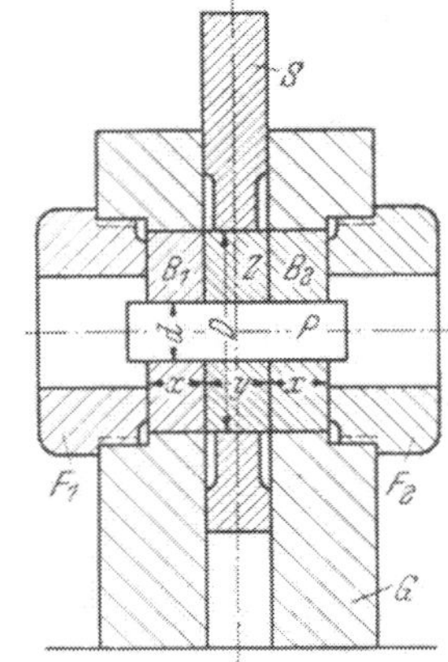

Abb. 92. Schergerät für Druckbelastung

In Deutschland wird der Scherversuch bei Stahlguß nicht, bei *Grauguß* wenig angewendet. In Frankreich ist die kleine FRÉMONT-Probe mit einem Durchmesser von 5,65 mm genormt. Den Vorzügen dieser Probe (geringer Werkstoffaufwand, leichte Herstellbarkeit durch Drehen und vor allem die Möglichkeit der Entnahme aus fertigen Gußstücken) steht der Einwand gegenüber, daß die Probe zu klein im Querschnitt sei, um nicht durch Ungleichmäßigkeiten der Struktur des Gußeisens beeinflußt zu werden. Aus Versuchen von J. LEONARD [98] steht einer Streuung der Zugfestigkeit von 1,2 kg/mm² eine Streuung der Scherfestigkeit nach FRÉMONT von 4,2 kg/mm² gegenüber.

2. Verdrehungsversuch

Beim Verdrehungs- oder Torsionsversuch wird ein an einem Ende fest eingespannter Probestab durch eine Vorrichtung am anderen Ende verdreht, ohne daß zusätzliche Beanspruchungen auftreten. Man mißt die gegenseitige Verdrehung zweier senkrecht zur Achse des zylindrischen Stababschnittes stehender Querschnitte, deren Abstand L ist, durch den *Verdrehungswinkel* ψ. Abb. 93 gibt eine Darstellung der Verhältnisse nach DIN 1602, Abschn. 3d, von Februar 1944, wieder. Der Winkel zwischen einer ursprünglichen Mantellinie und der durch die Verdrehung entstandenen Schraubenlinie wird *Schiebung* genannt und ist

$$\gamma = \frac{\psi \cdot r}{L}.$$

Auf die Länge $L = 1$ bezogen erhält man die *Drillung*

$$\delta = \frac{\psi}{L} = \frac{\gamma}{r}.$$

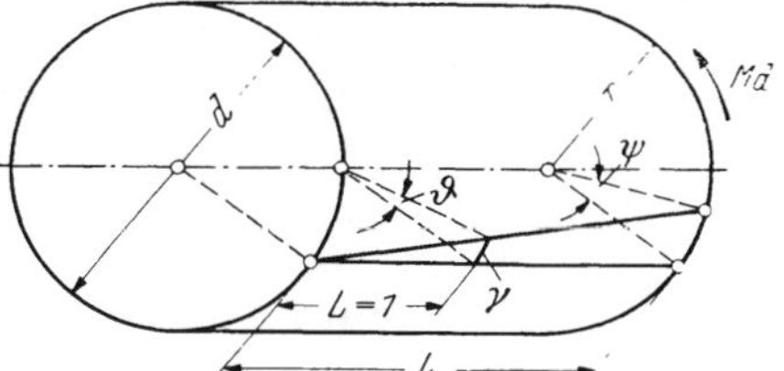

Abb. 93. Verformung beim Verdrehungsversuch, nach DIN 1602

Bei der Verdrehung von Stäben aus Stahl oder Gußeisen werden bezüglich des elastischen Verhaltens ähnliche Erscheinungen wie beim Biegeversuch beobachtet. Im elastischen Bereich ist die *Schubspannung*

$$\tau = \frac{M_d}{W_d},$$

wobei M_d das Drehmoment und W_d das polare Widerstandsmoment bedeutet. Für Rundstäbe ist mithin

$$\tau = \frac{M_d}{\frac{\pi}{16} \cdot d^3} = 5{,}1 \frac{M_d}{d^3} \text{ [kg/mm}^2\text{]}$$

für einen Rundstab mit 20 mm Durchmesser, wie er für Gußeisen brauchbar wäre, ist $\tau = 637\ M_d$ [kg/mm²].

Wie der Elastizitätsmodul beim Zugversuch wird der *Gleitmodul* des Werkstoffes

$$G = \frac{\tau}{\gamma}$$

beim Torsionsversuch bestimmt. Der Gleitmodul hängt mit dem Elastizitätsmodul wie folgt zusammen

$$G = \frac{m}{2\,(m+1)} \cdot E$$

wobei m die POISSONsche Querdehnungszahl ist. Es ist G für Stahl etwa 0,4 E und für Grauguß etwa 0,5 E.

Spröde Werkstoffe gehen nach geringer Verdrehung zu Bruch. Ihre Verdrehungs- oder Torsionsfestigkeit ist dann

$$\tau_{t\,B} = \frac{M_{d\,\max}}{\frac{\pi}{16}\, d^3}.$$

Der Bruch verläuft stark geneigt zur Stabachse. Bei Gußeisen etwa 50°. Stahl kann je nach seiner Zähigkeit mehrere Verwindungen bis zum Bruch aushalten. Der Bruch ist hierbei meist glatt und senkrecht zur Stabachse. Die Angabe einer Torsionsfestigkeit ist dann sinnlos. Die Ermittlung der Elastizitätsgrenzen (Dehngrenzen) und der Streckgrenze bei Verdrehung ist natürlich auch für Stahl möglich.

Die Bestimmung des Verdrehungswinkels kann grob erfolgen mit einer Winkelskala und einem Zeiger, die an den Enden der Meßstrecke auf dem Stab befestigt sind und sich bei der Verdrehung gegeneinander verschieben, oder mit dem BAUSCHINGERschen Rollenapparat. Für Feinmessungen sind Spiegel, die auf den Probestab an den Enden der Meß-

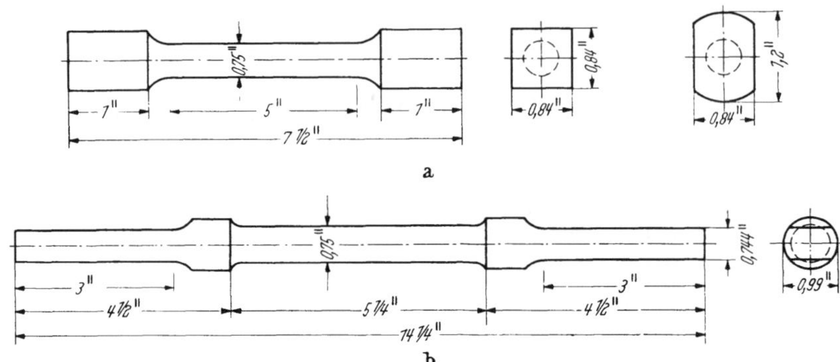

Abb. 94a u. b. Amerikanische Probestäbe für Torsionsversuche

strecke aufgeklemmt sind, ein konzentrisch zur Stabachse angebrachter gemeinsamer Ablesemaßstab und zwei Ablesefernrohre erforderlich. Die Messungen der bleibenden Verformungen werden wie beim Zugversuch nach wiederholter Belastung und Entlastung vorgenommen. Zweckmäßigerweise wird jeweils das Spannungs-Verformungs-Schaubild gezeichnet.

Der Verdrehungsversuch wird in Deutschland wenig ausgeführt. In USA dient er zur Beurteilung von Gußeisen für Nockenwellen, Kurbelwellen, Kupplungen u. dgl. In dem Normblatt ASTM-Designation: A 260 — 47 werden die in Abb. 94 dargestellten Probestäbe empfohlen.

Die Torsionsfestigkeit von Gußeisen ist größer als die Zugfestigkeit. Aus den folgenden Versuchsergebnissen von M. RÖS und A. EICHINGER [*99*] kann man folgern, daß das Verhältnis bei weichen Gußeisensorten höher als bei harten ist. Bemerkenswert ist die Feststellung der gleichen Verfasser, daß bei Verwendung hohler Versuchsstäbe (30 mm Außendurchmesser und 2,5 mm Wandstärke) die Torsionsfestigkeit durchweg etwa gleich der Zugfestigkeit ist. Volle Stäbe werden in der Mitte wenig und am Rande stark verformt, so daß außen Druck- und innen Zugspannungen entstehen. Je nach der Verformungsfähigkeit des Gußeisens verringern die Druckspannungen die Bruchgefahr.

Zugfestigkeit σ_B in kg/mm²	Verhältnis τ/σ_B
15,0	1,45
22,2	1,23
27,9	1,20
32,0	1,05
33,5	1,09

Der Verdrehungsversuch ist für die Untersuchungen der Werkstoffdämpfung besonders geeignet.

3. *Prüfung von Rohren*

a) Innendruckprüfung. Rohre oder Hohlkörper, die im Betrieb einen bestimmten Innendruck aushalten sollen, ohne undicht zu werden oder sich zu verformen, werden auch ohne besondere Aufforderung in den Herstellerwerken durch Innendruckversuche geprüft. Die Prüfung kann durchgeführt werden entweder mit zunehmendem Druck bis zur Zerstörung des Rohres, um die tangentialen Dehnungen und Zugspannungen bis zum Bruch zu ermitteln, oder bei einem bestimmten der Betriebsbeanspruchung angepaßten Druck, um die Dichtigkeit gewährleisten zu können (Abdruckversuch). Richtlinien für die Durchführung dieser Versuche sind in Normblättern niedergelegt.

In Deutschland gilt für den *Innendruckversuch für Hohlkörper bis zur Zerstörung des Probestückes* das Normblatt DIN 50105 vom Januar 1947. Abb. 95 zeigt die Versuchseinrichtung. Der zu prüfende Rohrabschnitt muß eine Länge von mindestens dem 5fachen Durchmesser d haben. Das Rohrstück muß rechtwinklig abgeschnitten und entgratet sein. Die Rohrenden werden durch stramm passende Stopfen S geschlossen, die noch durch Dichtungsplatten G aus Weichgummi oder Leder abgedichtet sind. Damit die Stopfen vom Innendruck nicht herausgetrieben werden können, werden sie durch Druckplatten P und einen Rahmen festgehalten. Als Druckflüssigkeit ist Wasser üblich. Bei Verwendung gasförmiger Mittel sind besondere Vorsichtsmaßnahmen erforderlich.

Die nach dem Bruch vorhandene Zunahme des Umfanges wird an der Stelle der stärksten Ausbauchung mit einem Bandmaß gemessen. Der langsam, nicht stoßweise aufgebrachte Überdruck p wird am Manometer, das entweder bei A oder B, jedoch nicht in der Zuleitung bei C, angebracht ist, abgelesen.

Es ist dann

$$\delta = \frac{\Delta U}{U_0} \cdot 100,$$

$$\sigma_B = \frac{p \cdot d}{200\, s}\ [\mathrm{kg/mm^2}].$$

Hierin bedeutet

d ursprünglicher Innendurchmesser in mm,
U_0 ursprünglicher Umfang in mm,
s ursprüngliche Wandstärke in mm,
ΔU Zunahme des Umfanges in mm,
p Überdruck in kg/cm²,
δ tangentiale Dehnung in %
σ_B tangentiale Zugfestigkeit in kg/mm².

Für den Abdrückversuch, der nur bis zu einem bestimmten Innendruck ohne Zerstörung des Stückes durchgeführt wird, sind im Normblatt DIN 50104 vom Januar 1947 die erforderlichen Richtlinien angegeben. Es braucht nicht unbedingt die Druckeinrichtung von Abb. 95 verwendet zu werden, sondern es können auch Anordnungen gewählt werden, die den besonderen Verhältnissen wie etwa bei Formstücken angepaßt sind.

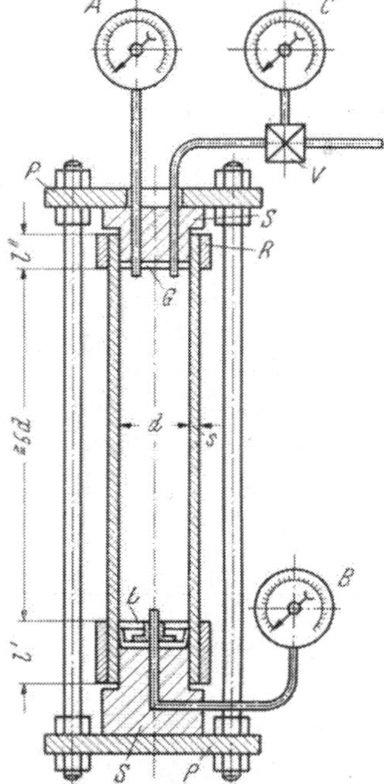

Abb. 95. Innendruckversuch

Der vorgeschriebene Druck wird gleichmäßig und stoßfrei aufgebracht. Der Prüfdruck wird 1 Minute gehalten, wobei das Rohr mit einem 3 bis 4 kg schweren Handhammer abgeklopft wird. Die Oberfläche des Rohres wird sorgfältig auf Risse und Undichtigkeiten untersucht. Der Umfang des Rohres wird zur Feststellung etwaiger Verformungen vor Belastung und nach der Entlastung genau gemessen.

Die üblichen Prüfdrücke sind in DIN 2420 verzeichnet. Bei Sandguß wird für ND 10 (Nenndruck von 10 kg/cm²) mindestens 16 kg/cm², bei Schleuderguß Kl. A für ND 10 mehr als 16 kg/cm², bei Schleuderguß Kl. B für ND 16 mehr als 25 kg/cm² verlangt. Die Rohrgießereien selbst wenden höhere Drücke an: Bei Sandguß 20 kg/cm², Schleuderguß 30 bis 40 kg/cm². Geschleuderte Vorwärmrohre von rd. 100 mm Nennweite und 10 mm Wanddicke werden mit 100 kg/cm² Wasserdruck geprüft.

Für die Druckprüfung bei Formstücken gilt DIN 2420, Abschn. 10. So werden normale einfache Formstücke für einen Nenndruck von 10 kg/cm² mit einem Kaltwasserdruck von 16 kg/cm² geprüft. Bei Formstücken für geringeren Nenndruck werden auch geringere Prüfdrücke angesetzt.

Außer diesen Druckprüfungen werden Gußrohre auch nach der Verlegung in ganzen Leitungsabschnitten einer Innendruckprüfung unterzogen. Die Behandlung dieser Prüfungen geht aber über den Rahmen des vorliegenden Themas hinaus. Es genüge der Hinweis auf DIN 4279 (Nov. 1954) über *Guß- und Stahlrohrleitung für Trink- und Brauchwasser außerhalb von Gebäuden* (*Richtlinien für Innendruckprüfung*) [*100*].

b) Ringprobe an Rohren. Während Sandgußrohre am besten im Biegeversuch geprüft werden, wobei die Proben getrennt gegossen werden, geben gesondert gegossene Proben bei Schleudergußrohren ein falsches Bild. Anfänglich wurden zur Prüfung der Zugfestigkeit kleine Proben aus den Schleudergußrohren herausgeschnitten. Amerikanische Normen [*101*] empfehlen die sogenannte Talbotstreifenprobe für eine besondere Biegeprüfung mit

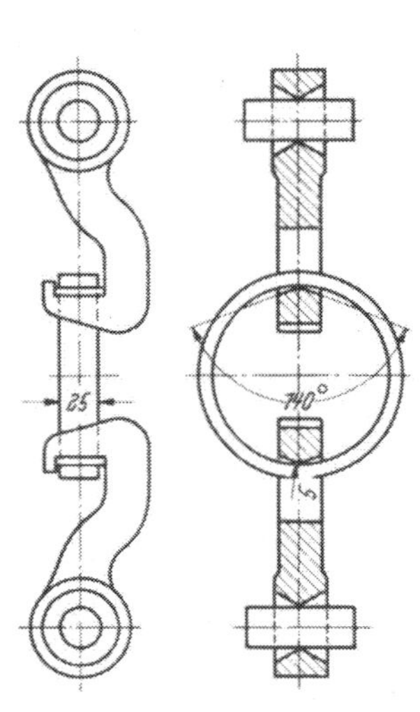

Abb. 96.
Ringprobe für Schleudergußrohre (DIN 2420)

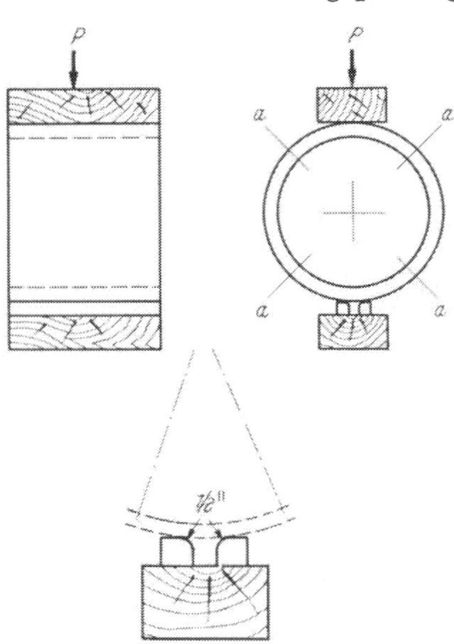

Abb. 97.
Rohrprüfung mit der Ringprobe in USA

konstantem Biegemoment auf dem mittleren Drittel der Prüflänge. Sodann wurde die im Ausland übliche Ringprobe zur Prüfung von Rohren bis zu 300 mm NW nach DIN 2420 oder DIN 28500 (Entwurf Oktober 1957) übernommen. Die Probenherstellung ist in diesem Falle erheblich einfacher. Die Anordnung für die Ringprüfung ist in Abb. 96 dargestellt. Die Belastung der Ringe von etwa 25 mm Breite erfolgt über zwei in den Ring eingreifende Haken mit Schneiden. Die Haken werden in eine normale Zerreißmaschine gespannt und langsam voneinander entfernt bis zum Bruch des Ringes. Aus der ermittelten Bruchlast ergibt sich die Ringfestigkeit.

$$K_r = \frac{3\,P\,(a - s)}{\pi\,b\,s^2}\ [\text{kg/mm}^2].$$

Darin bedeuten

K_r Ringfestigkeit in kg/mm²,	a Außendurchmesser des Ringes in mm,	s Wanddicke in mm,
P Bruchlast in kg,		b Breite in mm.

Wie bei Grauguß allgemein die Zugfestigkeit etwa gleich der Hälfte der mit geraden Probestäben ermittelten Biegefestigkeit ist, so ist auch hinreichend genau bei Schleudergußrohren $\sigma_B = 0{,}5\,K_r$ und bei Sandguß(dreh)rohren $\sigma_B = 0{,}6$ bis $0{,}7\,K_r$. Oberhalb von 300 mm Nennweite werden bei allen Schleudergußrohren meist nur Stabzugversuche durchgeführt.

Bei der in USA angewandten Prüfung von gußeisernen vertikal in Sand gegossenen Rohren [*101*] für Wasserleitungen wird nach dem Schema von Abb. 97 eine Ringprobe bis zum Bruch zusammengedrückt. Die Länge des Ringes ist gleich dem halben Nenndurchmesser, soweit dieser weniger als 24″ beträgt. Darüber ist die Ringlänge 12″. Der Ring wird auf zwei Leisten gelegt, deren obere Innenkanten abgerundet sind und die je nach dem Rohrdurchmesser $^1/_2$ bis 2″ voneinander entfernt sind. Die Leisten bestehen aus Hartholz oder aus Stahl mit einer Lederauflage. Der Druck erfolgt über ein Zwischenstück aus Hartholz, und zwar gleichmäßig über die ganze Ringlänge. Gemessen wird die Drucklast und die Zusammenbiegung in vertikaler Richtung.

Bei der Drucklast P ist wie beim Zugversuch

$$K_r = \frac{3\,P\,(a-s)}{\pi\, b\, s^2} = 0{,}955\,\frac{P\,(a-s)}{b\cdot s^2}\ [\text{kg/mm}^2],$$

wobei K_r die Ringfestigkeit, a der mittlere äußere Ringdurchmesser, s die mittlere radiale Ringdicke längs des Bruches und b die Ringlänge bedeutet. Nach der amerikanischen Norm soll K_r nicht kleiner als 31000 psi (21,8 kg/mm²) sein. Der E-Modul wird wie folgt errechnet:

$$E_r = \frac{0{,}223\,P\,(a-s)^3}{b\,s^3\,y} = \frac{0{,}236\,K_r\,(a-s)^2}{s\,y}\ [\text{kg/mm}^2],$$

wobei y die vertikale Zusammenbiegung des Ringes beim Bruch bedeutet.

Für gußeiserne Wasserleitungsrohre soll E_r den Wert von 15000000 psi (10600 kg/mm²) nicht überschreiten. Der E-Modul ist natürlich nicht exakt als E-Modul aufzufassen, darf auch nicht mit dem E_0-Modul beim Ursprung verwechselt werden. Um näher an den wirklichen E-Modul heranzukommen, sollte man bei einer geringeren Belastung als der Bruchbelastung die Verformung durch Feinmeßgeräte feststellen. Die Bruchbelastung bzw. Bruchverformung streuen bekanntlich stark wegen Zufälligkeiten in der Oberflächenbeschaffenheit der Probe.

4. *Prüfung von Kolbenringen*

Für die Beurteilung des mechanischen Verhaltens von gußeisernen Kolbenringen sind die üblichen Zug-, Biege- oder Härtemessungen nicht befriedigend brauchbar. Es ist vielmehr zu empfehlen, einen fertig bearbeiteten Ring zu prüfen; denn wichtiger als die Festigkeit ist das elastische Verhalten des Ringes.

W. A. GEISSLER [*102*] schlägt folgendes Verfahren vor: Ein spannungsloser aufgeschlitzter Ring wird zunächst auf Schließen des Schlitzes bis zu einer Höchstspannung belastet. Sodann wird der Ring entlastet, darauf bis zur gleichen Höchstbelastung auseinandergezogen und wieder entlastet. Die Verformung geht nicht völlig zurück. Die Vergrößerung der Schlitzweite bezogen auf die ursprüngliche Schlitzweite ist ein Maß für die bleibende Verformung und soll natürlich möglichst gering sein (Abb. 98). Der Inhalt der Hysteresisschleife kann als ein Maß für den Spannungsverlust und die Neigung der Schleife als Maß für den E-Modul angesehen werden.

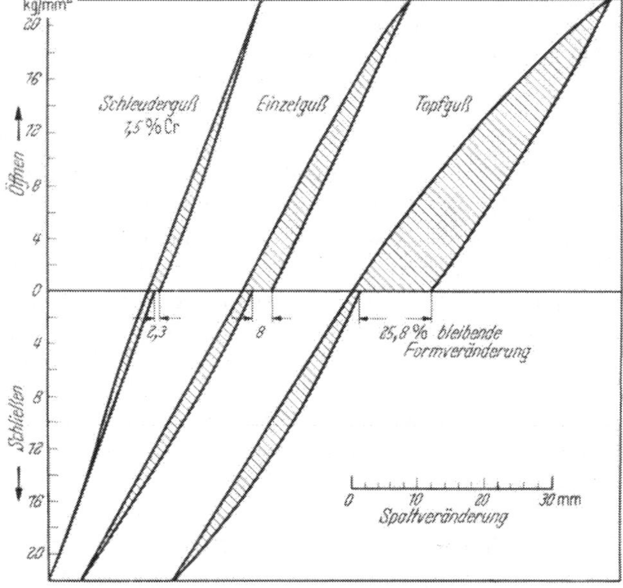

Abb. 98. Hysteresis verschiedener Kolbenringwerkstoffe (W. A. GEISLER)

Die Britische Norm British Standard 4 K. 6 empfiehlt Kolbenringe in folgender Weise zu prüfen. Für die Ermittlung der Ringfestigkeit wird ein Ring bei in Sand gegossenem Grauguß aus der Mitte der Büchse, bei Schleuderguß weiter als 0,6 mm vom Ende der

Büchse so herausgearbeitet, daß er etwa den Abmessungen des fertigen Ringes entspricht. Aus dem Ring wird ein Stück herausgenommen, so daß ein Schlitz von 2,75- bis 3facher radialer Ringbreite bleibt. Sodann wird in einer Zerreißmaschine mit kleinem Belastungsbereich der Ring auseinandergezogen, bis er bricht. Es ist dann die theoretische Ringfestigkeit

$$K_r = \frac{3\,P \cdot a}{b \cdot s^2}\ [\text{kg/mm}^2]^*,$$

wobei P die Belastung, b die Ringbreite, s die radiale Dicke und a der äußere Durchmesser des ungeschlitzten Ringes ist. Da der horizontale Ringdurchmesser sich aber während des Versuches verringert, muß für a eine Korrektur angebracht werden. Diese beträgt für die Britische Norm 0,62, ist aber umstritten [103]. Die erwähnte Britische Norm verlangt eine Belastbarkeit vor Eintreten des Bruches von mindestens 16 tons/sq. in. (25,2 kg/mm²).

Für die Prüfung des E-Moduls soll die radiale Dicke des Ringes nicht kleiner sein als $a/34$. Der Ring mit einem Schlitz von 2,75 bis $3{,}0 \cdot s$ wird mit einer Last P gedrückt. Die Last muß so groß sein, daß der Schlitz auf weniger als $0{,}25 \cdot s$ geschlossen wird. Die Änderung des Schlitzes k und der mittlere äußere Durchmesser des geschlossenen Ringes d werden gemessen. Es ist dann

$$E_r = \frac{5{,}36\left(\frac{d}{s} - 1\right)^3 \cdot P}{b \cdot k}\ [\text{kg/mm}^2].$$

Er soll für Kolbenringe unter 6″ nicht kleiner sein als 15500000 psi. (10850 kg/mm²) und für Ringe von 6″ und mehr nicht kleiner als 15000000 psi. (10500 kg/mm²) sein.

5. *Prüfung von Bremsklötzen*

Für die Prüfung von gußeisernen Bremsklötzen und Bremsklotzsohlen sowie anderen Bremsklotzteilen aus Stahlguß für Schienenfahrzeuge sind Normblätter aufgestellt worden, und zwar DIN 5621 (*Bremsklötze und Bremsklotzsohlen für Schienenfahrzeuge.* Juni 1954) und DIN 5651 (*Bremsklotzschuhe und Bremsklotzkeile für geteilte Bremsklötze an Schienenfahrzeugen.* Februar 1957). DIN 5621 fordert folgenden Schlagversuch: Die Bremsklötze werden zweimal mit einem 150 kg schweren Fallhammer geschlagen aus einer Fallhöhe, die sich nach den Abmessungen der Bremsklötze richtet. Nach DIN 5651 wird ein Biegeversuch mit einer bestimmten aus Stützweite und Widerstandsmoment zu errechnenden Belastung vorgenommen.

6. *Kanalisationsguß*

Für Schachtabdeckungen, Einlaufroste u. a. gibt das Normalblatt DIN 1213 (*Aufsätze für Straßen- und Hofabläufe.* Baugrundsätze, Tragfähigkeit und Prüfung. August 1952) einen Druckversuch an, und zwar mit einem auf die Mitte des Aufsatzes wirkenden rechteckigen Druckstempel von 220 mm × 150 mm. Nach dem Normblatt DIN 1229 (*Schachtabdeckungen für Entwässerungsanlagen.* Baugrundsätze, Tragfähigkeit, Prüfung. August 1956) erfolgt die Übertragung des Prüfdruckes durch einen runden Druckstempel von 200 mm ∅.

7. *Fallversuch*

Bei Stahlguß wird gelegentlich der Fallversuch mit dem ganzen Gußstück ausgeführt. Das Gußstück wird in waagerechter Lage aus einer Höhe von 2,5 bis 3,5 m auf einen harten Boden, beispielsweise bestehend aus einem gemauerten Sockel von 1,2 m Stärke, der mit einer Eisenplatte von 1350×1350×100 belegt ist. Das Gußstück darf nach der Beanspruchung keine Risse zeigen.

8. *Verschleißprüfung*

Gußteile werden nicht selten dem Verschleiß ausgesetzt [*104*]. Der Verschleißvorgang ist heute noch nicht einheitlich definiert, hängt auch wesentlich von den beanspruchten

* Die Formel in der Britischen Norm lautet mit P in lb.

$$K_r = \frac{P \cdot a}{1200 \cdot b \cdot s^2}\ [\text{tons/sq. in.}].$$

Werkstoffen ab. Die Faktoren, die den Grad des Verschleißes beeinflussen, sind neben Druck, Reibungsgeschwindigkeit und Beanspruchungsrichtung u. a. Oberflächenbeschaffenheit, Feuchtigkeit, gleichzeitige Einwirkung chemischer Agenzien u. dgl. Dementsprechend gibt es zahlreiche Prüfverfahren und -vorrichtungen.

Für die Prüfung der Verschleißfestigkeit von Stahlguß und Gußeisen kann besonders hingewiesen werden auf die Prüfmaschinen von SPINDEL und von AMSLER. Bei der Spindel-Prüfmaschine schneidet eine rotierende Stahlscheibe in den zu prüfenden Werkstoff ein. Die Länge des Einschnittes (Sehne des Sektors) steht im umgekehrten Verhältnis zur Verschleißfestigkeit. Bei der Amslerprüfmaschine wird bei gleitender und rollender Reibung der metallische Verschleiß und auch der Abrieb durch Schmirgel u. dgl. ermittelt.

Der außerordentlichen Vielseitigkeit der Anwendung des Graugusses für verschleißbeanspruchte Teile (Bremsklötze, Kolbenringe, Zylinderlaufbuchsen, Kolben, Lager, Gesenke, Gleitbahnen an Werkzeugmaschinen, Sandstrahldüsen, Baggerteile, Pressen u. a.) wird ein einzelnes Prüfverfahren nicht gerecht. Man muß sich mehr auf Erfahrungswerte der Praxis verlassen.

Vielfach besteht die Ansicht, daß eine hohe Härte mit guter Verschleißfestigkeit parallel ginge. Bei Gußeisen trifft diese Parallelität jedoch nicht allgemein zu. Bei Stahlguß, der durch autogene oder Flammenhärtung oder durch induktive Härtung eine Oberflächenbehandlung erfahren hat, wird man die Härteprüfung (nach SHORE oder VICKERS) heranziehen. Siehe Kapitel 5, Bd. I.

9. Bearbeitbarkeit mit spanabhebenden Werkzeugen

Es liegt nahe, als Bearbeitbarkeit eines Werkstoffes die beim Abdrehen oder Bohren in der Zeiteinheit erzielte Spanmenge zu betrachten. Hierbei ist zu berücksichtigen, daß nicht nur der Werkstoff des Gußstückes, sondern auch Werkstoff und Form des Drehstahls bzw. des Bohrers für das Ergebnis von Einfluß ist, ferner Schnittgeschwindigkeit, Vorschub und Spanstärke. Bei der Zerspanung wird das Werkzeug nach einiger Zeit stumpf. Es zeigt sich bei Stahl ein blanker Streifen, bei Gußeisen eine Dunkelfärbung des Werkstückes. Die Schnittdauer bis zum Stumpfwerden des Werkzeuges nennt man Standzeit. Es können nun Versuche mit verschiedener Standzeit T und verschiedener Schnittgeschwindigkeit v ausgeführt werden. Die Ergebnisse lassen sich in einer Tv-Kurve darstellen. Unter der Annahme, daß eine Standzeit von 60 min als wirtschaftlich zu bezeichnen ist, kann für 60 min die zugehörige Schnittgeschwindigkeit v_{60} als Zerspanbarkeit bezeichnet werden. Vergleichbar sind die Zerspanbarkeitswerte natürlich nur, wenn der gleiche Werkzeugstahl bzw. dasselbe Hartmetall verwendet und die Spannquerschnitte gleichgehalten wurden. Es muß auch das gleiche Kühlmittel verwendet werden.

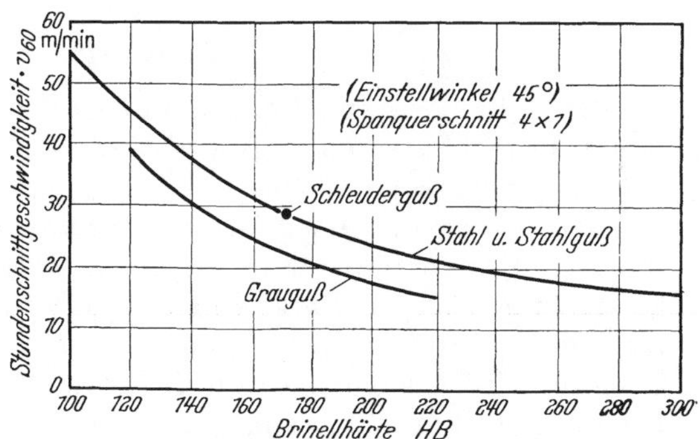

Abb. 99. Abhängigkeit der Stundenschnittgeschwindigkeit V_{60} von der Brinellhärte für Grauguß, Stahl und Stahlguß (nach WALLICHS und DABRINGHAUS)

An Stelle des Drehversuchs ist auch der Bohrversuch möglich, bietet aber größere Schwierigkeiten. Als Maß kann man etwa die mit 100 Umdrehungen erreichte Bohrtiefe einsetzen, wobei der gleiche Versuch mit einem Vergleichswerkstoff (Normalgrauguß oder Elektrolytkupfer) durchgeführt werden muß.

Man kann auch die Lochtiefe bis zum Stumpfwerden des Bohrers als Maß für die Zerspanbarkeit ansehen und verfährt dann ähnlich wie beim Abdrehversuch, indem man diese Lochtiefe dem Vorschub oder der Schnittgeschwindigkeit gegenüber aufträgt [*104*, *105*, *106*].

Man hat immer wieder versucht, die mechanischen Eigenschaften wie Zugfestigkeit und Härte der Einfachheit halber zur Beurteilung der Bearbeitbarkeit heranzuziehen. Für die Bearbeitbarkeit von Gußstücken ohne Gußhaut und ohne harte Stellen, größere Poren und Lunker fanden H. WALLICHS und H. DABRINGHAUS [*104*] die in Abb. 99 dargestellten Zusammenhänge. Richtzahlen für v_{60} sind in Tab. 11 zusammengestellt.

Tabelle 11. *V_{60}-Richtwerte für verschiedene Gußwerkstoffe*

Werkstoff	Brinellhärte 10/3000/30	V_{60} (trocken) für Span 4×1	
		Schnellstahl	Hartmetall
Normaler Grauguß:			
GG 12 = Ge 12,91	125—140	36	—
GG 14 = Ge 14,91	150	27	—
GG 18 = Ge 18,91	160	24	—
Hochwertiger Grauguß:			
GG 22 = Ge 22,91	170—190	21	69
GG 26 = Ge 26,91	200—210	16	56
Sondergußeisen	200—230	14	48
Temperguß	—	25	50—60
Stahlguß Stg 60,81	über 180	25	30—60
Hartguß	—	—	10—20

10. Sonstige technologische Prüfungen

Gelegentlich verlangt der Kunde, daß ein oder mehrere Gußstücke aus der Serie auf einem Amboß im Fallwerk mit einer schweren Kugel zerschlagen werden. Die Gußstücke zerbrechen zumeist an Stellen, wo Querschnittsänderungen auftreten. Die Prüfung ist nicht immer eindeutig. Spannungen beim Zerschlagen brauchen nicht immer den Betriebsbeanspruchungen zu entsprechen. Die Annahme, daß das Gußstück bei der Fallprüfung an fehlerhaften Stellen versagen muß, trifft nicht immer zu.

Zunehmende Bedeutung gewinnt folgendes Verfahren:

Das Gußstück wird in einer Zug- oder Druckmaschine gezogen oder gedrückt, bis ein Fehler sich anzeigt. Die Versuche müssen natürlich richtig angesetzt werden und können dem Konstrukteur dann gute Informationen geben. Es können meist nur kleine Stücke geprüft werden, da für große meist nicht verfügbare Maschinen erforderlich sind. Solche Verfahren sind nur für Seriengüsse geeignet.

H. Zerstörungsfreie Prüfung

Es ist selbstverständlich, daß das Gußstück schon in der Putzerei sorgfältig auf oberflächlich erkennbare Fehler, wie Sandstellen, Blasen, Risse oder Lunker, untersucht werden muß. Bei jedem weiteren Bearbeitungsgang ist die Oberfläche stets kritisch zu untersuchen und auch etwaiges ungewöhnliches Verhalten beim Bearbeiten zu berücksichtigen. Manche Fehler kann man mit der Ölprobe erkennen. Das Gußstück wird in heißes Öl getaucht oder darin gekocht und anschließend gesandstrahlt. Nach einer gewissen Zeit tritt Öl aus schwammigen Stellen oder Rissen aus und bildet Flecke auf der hellgrauen sandgestrahlten Fläche des Stückes, einen Hinweis für den Fehler gebend. Ähnlich arbeitet auch das Verfahren der Kalkmilchprüfung [*107*]. Besonders zu erwähnen ist das verbreitete Junkers-Verfahren unter Verwendung sogenannter Diffudor-Farben (DBP 895839). Man kann auch Flüssigkeiten verwenden, die mit einem fluoreszierenden Mittel wie Anthrazen versetzt sind. Nach Abspülen und Abtrocknen der Proben werden diese dann unter der Quarzlampe betrachtet. Im UV-Licht treten Risse deutlich leuchtend hervor.

Auf diese Weise nicht feststellbare Risse sind mit anderen zerstörungsfreien Prüfverfahren, von denen das Magnetpulververfahren, die Röntgendurchleuchtung oder die Prüfung mit Ultraschall am verbreitetsten sind [*108*], möglicherweise zu entdecken, wobei alle Gußarten jedoch nicht gleich gut ansprechen.

1. Magnetpulververfahren

Das Magnetpulverprüfverfahren [*108*, *109*] läßt Risse auf oder kurz unterhalb der Oberfläche gut erkennen, die gewöhnlich bei visueller Prüfung und in einigen Fällen auch durch Röntgenuntersuchungen nicht beobachtet werden. Das Verfahren eignet sich nur für Stahlguß. Das Prinzip ist folgendes: Der Prüfkörper wird in ein magnetisches Feld gebracht. Dementsprechend wird das Prüfstück von magnetischen Kraftlinien durchsetzt. An Fehlstellen wie Hohlräumen, Rissen, Schlackeneinschlüssen u. dgl. werden die Kraftlinien umgelenkt und treten dabei aus der Oberfläche heraus. Wird auf die Oberfläche des Prüfstückes magnetisches Pulver in Form einer Aufschlämmung in Öl gegossen oder trocken aufgestäubt, so bleiben an der Austrittsstelle der Kraftlinien Teilchen haften und bezeichnen die Lage der Fehlstelle. Die Aufstellung von allgemeinen Normen für die Verwerfung solcher Stücke mit Fehlern ist unpraktisch. Jede Anzeige muß mit Rücksicht auf die Stellen, wo die Fehler vorkommen, bewertet werden.

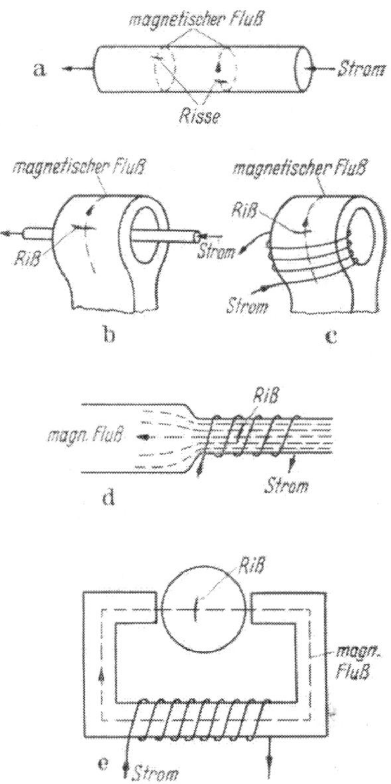

Abb. 100 a—e. Zerstörungsfreie Prüfung mit magnetischer Durchflutung (nach HANSTOCK)

Zur Erzeugung der magnetischen Felder werden Spulen oder Schlingen verwendet, die von Gleich- oder Wechselstrom mit hoher Stromstärke und niedriger Spannung durchflossen werden. In Abb. 100 sind einige Beispiele schematisch gezeichnet [*110*].

Bei der Auswahl des Magnetisierungsverfahrens muß die Größe und Form des Gußstückes und die voraussichtliche Lage etwaiger Fehlstellen berücksichtigt werden. Im allgemeinen sollte der Strom parallel zur Richtung der gesuchten Fehlstelle etwa eines Risses laufen. Das hat ein magnetisches Feld zur Folge, das ungefähr senkrecht zu dem Riß verläuft.

In dem Normblatt DIN 54121 *Magnetpulverprüfung* von Juli 1952 ist ein systematischer Überblick über die verschiedenen Möglichkeiten zur Erzeugung des magnetischen Kraftflusses gegeben zugleich mit den entsprechenden im Verkehr zu empfehlenden Kurzzeichen und Prüfstempel.

Die erforderlichen Ströme können aus Motorgeneratoren, über Umformer, aus Batterien oder über Gleichrichteranlagen entnommen werden. Wo nicht außerordentlich starke Ströme benötigt werden, eignen sich auch die gebräuchlichen Schweißgeneratoren. Da Wechselströme nicht tief eindringen, finden Umformer nur wenig Anwendung und nur bei der Untersuchung von bearbeiteten Güssen. Wechselströme von hoher Amperezahl können zudem auch zu Fehldeutungen führen. Batterien sind dagegen sehr brauchbar für magnetische Untersuchungen, ebenso Gleichrichter, die eine niedrige Spannung und hohe Stromstärke liefern.

Die magnetischen Teilchen sollen möglich geringe Koerzitivkraft haben. Sie sollen sich leicht über die Oberfläche des zu untersuchenden Teiles bewegen können und sich sehr leicht unter dem Einfluß eines schwachen magnetischen Feldes absetzen. Gefärbte Teilchen (handelsüblich: rot, gelb oder schwarz) ergeben natürlich bessere Kontraste. Für den Einsatz von fluoreszierendem Material gibt es Pasten, die in UV-Licht fluoreszieren. Sie sind besonders brauchbar bei der Untersuchung von dunklen Oberflächen, wie z. B. Bohrungen.

Die Empfindlichkeit der magnetischen Prüfung hängt im beträchtlichen Maße von der Beschaffenheit der Oberfläche des Gußstückes ab. Es ist wichtig, daß die Oberfläche frei von Fett, Öl oder anderen Substanzen ist, die das Pulver festhalten.

Man kann die Magnetisierung nun während der Prüfung, wie allgemein üblich, kontinuierlich durchführen oder das Stück erst magnetisieren und noch den remanenten Magnetismus verwenden. Die Wirksamkeit des letzteren Verfahrens hängt wesentlich von der Koerzitivkraft des Stahles ab und verändert sich deshalb auch je nach der Zusammensetzung des Stahles und seiner Wärmebehandlungen. Die Koerzitivkraft mancher Stähle ist zu niedrig, um befriedigende Ergebnisse zu erzielen.

Die beste magnetische Dichte hängt nicht nur vom Strom, sondern auch von der Zusammensetzung des Stahles, seiner Wärmebehandlung, der Art der Fehler, der Form und den Abmessungen der Gußstücke ab. Mit geringen magnetischen Kraftliniendichten können Fehler nicht mit Sicherheit entdeckt werden. Mit hohen Dichten können harmlose Erscheinungen leicht überbetont werden. Es ist auch möglich, daß sich von den Teilchen aus der Aufschwemmung Kanäle bilden, die ebenfalls Fehler vortäuschen. Am besten arbeitet man zwischen der Maximalpermeabilität und deutlich unterhalb der magnetischen Sättigung des Stahles. Um einheitliche Voraussetzungen für die Prüfungen zu haben, empfiehlt es sich, möglichst mit einem Flußmesser zu arbeiten.

Die Aufbringung der magnetischen Teilchen kann wie folgt geschehen:

In der trockenen Methode werden die Teilchen durch einen von Hand betätigten Schüttler oder durch ein Hand- oder mechanisches Gebläse aufgebracht. Dies Verfahren beschränkt sich mehr oder weniger auf nichtbearbeitete Gußstücke.

In der nassen Methode werden die Teilchen in einer Flüssigkeit wie Petroleum oder in leichtem klaren Öl aufgeschwemmt. In dieser Form wird es über die zu untersuchenden Flächen gegossen oder gesprüht. Die nasse Methode wird hauptsächlich für die Untersuchung von bearbeiteten Gußstücken verwendet.

Bei Gußstücken, die eine hohe Koerzitivkraft haben, muß unbedingt mit Rücksicht auf die spätere Verwendung auf Drehbänken usw. eine Entmagnetisierung erfolgen.

Für die Beurteilung von Fehlstellen ist natürlich die Berücksichtigung der späteren Anwendung des Gußstückes im Betrieb unerläßlich. Fehler, die senkrecht zu der Hauptspannung bei der Beanspruchung liegen, sind erheblich mehr zu beanstanden als solche, die parallel dazu liegen.

Spritzer in der Nähe der Oberfläche haben ein typisches verzweigtes Aussehen. Risse sind gewöhnlich zusammenhängend mit wenig oder gar keinen Abzweigungen und im allgemeinen schärfer gezeichnet als Spritzer. Die Feststellung von nichtmetallischen Einschlüssen, wie Sandstellen und Schlacken hängt ganz erheblich von ihrer Größe, Form und Tiefe ab. Schrumpfrisse können in Gußstücken mit dicken Wänden im allgemeinen nicht festgestellt werden, dagegen oft in dünnwandigen Gußstücken. Gasblasen können nur festgestellt werden, wenn sie in der Nähe der Oberfläche liegen. Sie haben im allgemeinen ähnliche Form wie Einschlüsse oder Lunker. Unaufgeschmolzene Schalen an der Oberfläche oder in der Nähe der Oberfläche können sehr leicht beobachtet und identifiziert werden.

Im ganzen ist aber zu sagen, daß die Brauchbarkeit des Verfahrens ganz wesentlich von der Erfahrung des Prüfers abhängt.

2. Untersuchung mit Strahlengebern

Die Untersuchung von Gußstücken mit Röntgenstrahlen und mit Strahlen von γ-Strahlern kommt in erster Linie für Stahlguß in Frage. Grauguß eignet sich im allgemeinen nicht. Die Strahlen, von einer möglichst kleinen Fläche ausgehend (*S* in Abb. 101 und 102) [*111*] durchdringen das Gußstück und werden im Gußstück durch Absorption geschwächt. Hohlstellen, wie Lunker, Gasblasen, Risse verringern die Schwächung in dem Maße, wie sie eine Ausdehnung in Richtung der Strahlung aufweisen. Fremdkörper mit größerer Dichte als das Grundmaterial erhöhen die Absorption. Der Unterschied in der Intensität der austretenden Strahlen wird auf einem Film[1], der auf der der Strahlen-

[1] Beobachtungen mit dem Fluoreszenz-Schirm ist auf Leichtmetall beschränkt.

quelle abgewandten Seite des Gußstückes liegt, durch unterschiedliche Schwärzung erkennbar. Der Film kann zwischen Folien mit fluoreszierender Masse gelegt werden, wobei das von der Strahlung erzeugte Fluoreszenz-Licht eine zusätzliche Belichtung des Filmes bewirkt. Die Strahlen verursachen im Gußstück weiterhin eine sogenannte Sekundärstrahlung, die nicht mehr wie die Primärstrahlung gerichtet ist (Streustrahlung).

Bei der Durchstrahlung ist man bestrebt, einen möglichst guten Kontrast benachbarter Bildbereiche und eine möglichst gute Zeichenschärfe zu erzielen. Maßgebend hierfür sind,

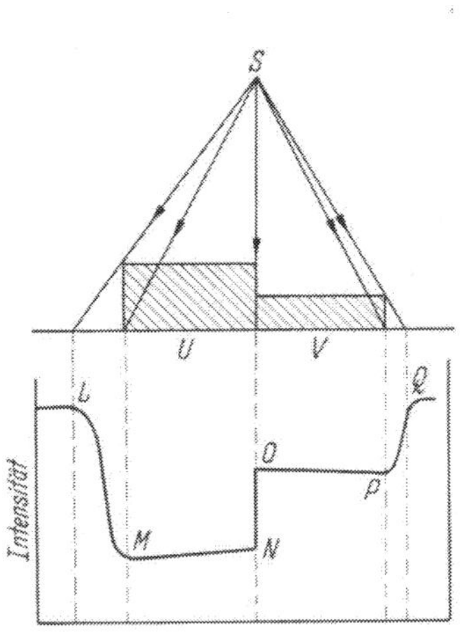

Abb. 101.
Intensität der Schwärzung und Zeichenschärfe bei punktförmigem Strahlengeber (nach HANSTOCK)

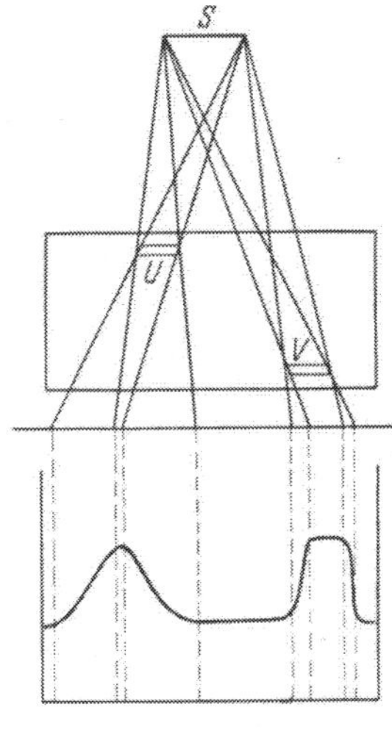

Abb. 102.
Intensität der Schwärzung und Zeichenschärfe bei ausgedehntem Strahlengeber (nach HANSTOCK)

abgesehen vom Film- und Verstärkermaterial, die Härte der Strahlung, ferner die Streustrahlung, welche vor allem die Zeichenschärfe verringert und schließlich die geometrischen Verhältnisse, wie Abstand des Strahlers von Gußstück und Film und Größe der Strahlenquelle. In den Abb. 101 und 102 sind diese Einflüsse an der im unteren Teil der Bilder gezeichneten Intensitätskurve zu erkennen. Für die Aufnahmetechnik gelten andere Gesichtspunkte als in der normalen Photographie. Es gibt kein Linsensystem zur Scharfeinstellung der Umrisse der Fehlstellen.

Über die Erzeugung von *Röntgenstrahlen* und über die zahlreichen Geräte und Hilfsmittel für die Aufnahme von Röntgenbildern unterrichten verschiedene Spezialwerke [*108*, *112*, *113*]. Es gibt eine ganze Anzahl von Firmen, die Röntgeneinrichtungen für technische Zwecke herstellen. Für Gießereien kommen in erster Linie Anlagen in Frage, die von 200 bis 300 kV arbeiten. Maßgebend für die Wahl ist die maximal zu bewältigende Dicke der Gußstücke. In Abb. 103 gibt die untere Begrenzungslinie die praktisch erreichbare Dicke bei Verwendung von Bleifolien an [*114*]. Die mit der oberen Begrenzungslinie angegebene Dicke wird mit Salzverstärkerfolien erreicht, allerdings unter Einbuße an Detailerkennbarkeit infolge stärkerer Streuung der Röntgenstrahlen. Für die Durchstrahlung von 120 mm Dicke sollte man schon mit der Spannung über 400 kV hinausgehen. Derartige Anlagen sind aber für Gießereien im allgemeinen zu teuer, abgesehen davon, daß besondere kostspielige Vorkehrungen für die strahlensichere Unterbringung der Anlage erforderlich sind.

Die *Anwendung von γ-Strahlern* [*108*] beschränkte sich bis vor wenigen Jahren auf die Verwendung von Radium und Mesothorium. Obwohl diese Elemente natürlich vorkommen, sind die Gewinnungskosten aber so hoch, daß es zu einer größeren Anwendung als Strahlenquelle nicht gekommen ist. Es ist zwar möglich, diese Präparate leihweise zu benutzen, aber auch der Brauchbarkeit für die Herstellung guter Aufnahmen sind gewisse Grenzen gesetzt.

Die Entwicklung der Kernphysik hat es möglich gemacht, Strahlenquellen in Form von Isotopen in größeren Mengen und verhältnismäßig billig herzustellen. Die meisten Elemente können durch Bestrahlung mit Neutronen im Atommeiler in den radioaktiven Zustand versetzt werden. Das Präparat enthält dann neben dem vorwiegend vorhandenen inaktiven Teil eine geringe Menge des Isotops. Dies letztere beginnt sofort nach der Entstehung zu zerfallen unter Aussendung von α-, β- oder γ-Strahlen. Für die technische Verwendung als Strahlenquelle zur Durchleuchtung von Metallen kommen nur γ-Strahler in Frage, die eine ausreichend lange Zerfallszeit haben. Der Zerfall erfolgt nach einem Exponential-Gesetz. Es ist üblich, die Zerfallsgeschwindigkeit durch die Zeit anzugeben, in der die Strahlung um die Hälfte abgenommen hat (Halbwertszeit). Gold (Au 198) ist beispielsweise praktisch nicht brauchbar, da es nur eine Halbwertszeit von 2 bis 7 Tagen besitzt.

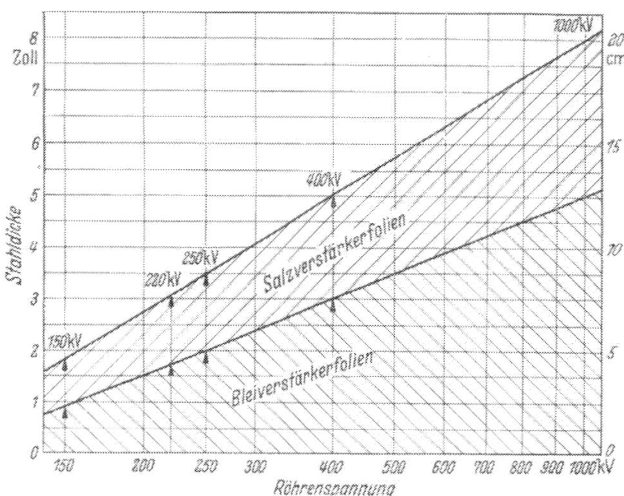

Abb. 103. Maximale Wanddicken in Abhängigkeit von der Röhrenspannung (nach MICHIE)

Unter den radioaktiven Isotopen haben für technische Zwecke hauptsächlich die drei Co 60, Ta 182 und Ir 192 Anwendung gefunden. Co 60 und Ta 182 entsprechen in der Strahlung in etwa dem Radium. Die Qualität der Aufnahmen (Detailerkennbarkeit) ist dementsprechend nicht ganz befriedigend. Das radioaktive Iridium entspricht etwa einer 400 bis 600 kV Röntgenstrahlung, ist also aufnahmetechnisch gut brauchbar, aber nicht für größere Dicken verwendbar. Es sei hier eingefügt, daß Röntgenröhren ein kontinuierliches Spektrum, Radium, Mesothor und die Isotopenstrahler charakteristische Linienspektren ergeben, in denen die Energie in einer Anzahl isolierter Wellenlängen konzentriert ist. Die γ-Strahlung von Radium hat Wellenlängen, die solchen mit Röntgenspannungen zwischen 200 und 2000 kV entsprechen. Radium mit seinen vorwiegend sehr kurzen Wellenlängen durchdringt also Stahl ebensolcher Dicke wie eine Röntgenröhre mit 1000 bis 2000 kV Spannung.

Die genannten Isotope werden normalerweise in Form von Zylindern von 6×6 mm, 4×4 mm und 2×2 mm Größe aufbewahrt. Die Zylinder sind von kleinen Al-legierten Hülsen umgeben, die wiederum in strahlensicheren Schutzbehältern untergebracht sind.

Bei harten Röntgen- und γ-Strahlen ist eine Verstärkung des Röntgenstrahlenbildes erforderlich, wofür man Bleifolien oder Metallsalzfolien benutzt. Bleifolien ergeben die beste *Fehlererkennbarkeit.* Nach H. MÖLLER [*115*] ist für Röntgenstrahlen bis 300 kV die Verwendung von 0,02 mm-Bleifolien zu empfehlen. Bei γ-Strahlen sind Folien von etwa 0,10 mm Dicke zweckmäßig. Es gibt heute für Röntgenaufnahmen auch mit dünnen Bleifolien überzogene Filme im Handel. Die Folien werden vor der Entwicklung der Filme abgezogen.

Salzfolien zeigen nicht die Kontraste wie Bleifolien, deshalb werden sie nur für die Durchstrahlung größerer Materialdicken verwandt. Allerdings bringen die Salzfolien bei γ-Strahlern nur in geringerem Maße den Vorteil der größeren Durchstrahlungsdicke. Eine geringe Verlängerung der Expositionszeit würde den Vorteil aufwiegen, dabei würde die Qualität der Aufnahme besser sein.

Röntgenaufnahmen sind im allgemeinen besser als die Aufnahmen mit γ-Strahlern. Nachteil der γ-Strahler ist ferner die sehr lange Expositionszeit, bei Röntgenaufnahmen sind Minuten, bei γ-Strahlern Stunden erforderlich. Jedoch kann man die Belichtungszeiten durch Verwendung von Strahlern mit einer Aktivität von etwa 20 Curie wesentlich abkürzen. Dagegen können bei γ-Strahlern die zu durchstrahlenden Gußstücke im Kreise um das Präparat aufgestellt werden, so daß gleichzeitig eine große Zahl von Aufnahmen möglich ist. Dieser Umstand ist für die Verwendung von γ-Strahlern in Gießereien von besonderer Bedeutung. Vorteile bestehen auch noch darin, daß unterschiedliche Querschnitte bei γ-Strahlern nicht so weitgehend ausgeglichen werden müssen wie bei Röntgenstrahlen. Die Aufnahmetechnik ist mithin wesentlich einfacher.

Die *Deutung der Aufnahme* setzt einige Erfahrungen voraus. Die Absorption der Strahlung und die Schwärzung des Films ist entsprechend den verschieden langen Wegen der Strahlen im Gußstück abhängig von der durchstrahlten Wandstärke und von der Richtung der Strahlen im Gußstück. Es ist zweckmäßig und wird in genormten Richtlinien, beispielsweise in Deutschland in DIN Vornorm 54110 „Richtlinien für die Beurteilung der Bildgüte von Röntgen- und Gamma-Filmaufnahmen an metallischen Werkstoffen“ von Jan. 1953 empfohlen, Drahtstege verschiedener Dicke zur Beurteilung der Fehlererkennbarkeit bei der Aufnahme auf das Gußstück zu legen (Abb. 104).

Abb. 104. Verwendung von Drahtstegen zur Beurteilung der Fehlererkennbarkeit

Herstellungsjahr 53. Bezeichnung eines Drahtsteges für Eisenprüfung mit den Drähten nach Gruppenbezeichnung DIN FE 3

Wichtig ist, daß die Fehlstellen (Schrumpfrisse, Lunker, Gasblasen, Sandeinschlüsse, Schlackeneinschlüsse) in Richtung der Strahlung eine gewisse Ausdehnung haben. Risse senkrecht zur Strahlenrichtung lassen sich schwer oder gar nicht erkennen. Die äußere Form der Schwärzungsstellen, die Randschärfe u. dgl. geben Hinweise über die Art der Fehlstelle. Um die Tiefe unter der Oberfläche beurteilen zu können, sind entweder metallurgische und gießtechnische Überlegungen und Erfahrungen notwendig oder es ist aus dem Abstand der Fehlstellen auf zwei Aufnahmen unter verschiedenem Winkel und aus dem Abstand von zwei Bleimarken auf der Oberfläche des Stückes die Tiefe zu errechnen.

Die Größe und Lage der Fehlstelle entscheidet natürlich über ihr Verhalten bei der späteren betrieblichen Beanspruchung des Gußstückes.

Die Anwendung der Durchstrahlung kann zum Ziel haben die laufende Kontrolle von serienmäßig hergestellten Gußstücken, sie kann aber auch bei größeren Stücken, die einer teuren Nachbearbeitung unterworfen werden müssen, dazu dienen, Fehler rechtzeitig zu entdecken, um unnütze Bearbeitungskosten zu sparen. Es ist auch wünschenswert, Fehler, die durch Auskreuzen und Verschweißen beseitigt werden können, rechtzeitig, bevor ein größerer Bearbeitungsaufwand geleistet wurde, zu erkennen.

Schließlich kann auf Grund von Lieferverträgen oder Normenbestimmungen eine Durchleuchtung des Gußstückes erforderlich sein. In solchen Fällen hat die Aufnahme dokumentarischen Wert.

Die Bewertung solcher Aufnahmen schließt eine erhebliche Verantwortung ein. Man sollte sich für die Beurteilung nach Möglichkeit schon im Liefervertrag auf bestimmte Richtlinien oder Fehlerrichtreihen einigen. In Amerika (USA) sind für Stahlguß solche Standards von Fehlern nach Art und Größe von der US Navy aufgestellt. Es sei auch auf derartige Bemühungen der American Society for Testing Materials verwiesen (ASTM E1—47T).

Beim Arbeiten mit Röntgenstrahlen oder γ-Strahlern sind gewisse Vorsichtsmaßregeln zur Sicherung eines ausreichenden *Strahlenschutzes* notwendig, damit gesundheitsschädliche Wirkungen der Strahlen vermieden werden. Schädigungen der Haut und innerer Organe oder Blutzersetzungen infolge zu intensiver oder zu häufiger Bestrahlung des menschlichen Körpers treten erst nach längerer Zeit ein. Irgendwelcher Schmerz als Warnzeichen wird bei der Bestrahlung nicht empfunden. Somit lag es nahe, daß der Gesetzgeber und die

Gewerbeaufsicht zum Schutze der mit Röntgeneinrichtungen und Strahlern arbeitenden Personen gewisse Verordnungen erlassen hat. Solchen Schutzvorschriften liegt eine *Toleranzdosis* von $1 \cdot 10^{-5}$ *r*/sek[1] zugrunde, falls die Wahrscheinlichkeit besteht, daß auch die Fortpflanzungsorgane gelegentlich von Strahlern getroffen werden, ist die zulässige Dosis, die *Erbschädigungsdosis*, nur $1 \cdot 10^{-6}$ *r*/sek. Ausgemessen wird der Bereich und die Umgebung des Arbeitsplatzes vermittels Ionisationskammer oder Zählrohr. Derartige Messungen lassen erkennen, ob die Anlagen zweckmäßig und in ausreichendem Abstand von Aufenthaltsräumen oder stärker begangenen Stellen aufgestellt sind, ob die Abschirmungen etwa durch Wände aus stark absorbierenden Stoffen genügen oder ob in schwierigen Fällen verkürzte Arbeitszeiten notwendig sind. Das Normblatt DIN Rönt 6 enthält die „Bauvorschriften für den Strahlenschutz von Röntgenanlagen". Selbstverständlich müssen besondere Räume im Bereich der Gießerei oder des Gießereigeländes durch geeignetes Mauerwerk abgetrennt werden. Innerhalb dieser Räume sollten durch Markierungen die erhöhten Gefahrenzonen gekennzeichnet sein. Auch außerhalb des Mauerwerks sollten die Bereiche gekennzeichnet sein, in denen auf dauernde Tätigkeiten verzichtet werden muß. Bei Verwendung von γ-Strahlern in *geschlossenen* Präparaten sind die Verhältnisse leichter zu übersehen als bei Röntgenbetrieben. Die Strahlung bildet im allgemeinen nur in unmittelbarer Nähe der Strahlenquelle eine Gefahr, wenn nicht längere Expositionszeiten sind.

Das Normblatt DIN Rönt 8 „Strahlenschutz in gewerblichen Radiumbetrieben" gibt gewisse Anhaltspunkte über die Dosisleistung und Abstände, über die Handhabung der Präparate und die Wandstärke der Behälter. Überschreitungen der Dosisleistung müssen durch Pausen, durch Arbeit in größerem Abstand o. dgl. kompensiert werden. Die Gesamtdosis, die den mit der Handhabung der Präparate und der Röntgenanlage sowie mit der Aufnahme betrauten Arbeiter oder Angestellten trifft, kann durch kleine Ionisationskammern oder durch Filme in kleinen Kassetten, die bequem in der Tasche getragen oder an die Kleidung gesteckt werden können, festgestellt werden. Allerdings muß die Exposition richtig erfolgen, will man nicht zu Fehlschlüssen kommen, die unter Umständen gefährlich sein können.

In Deutschland müssen alle in gewerblichen Betrieben verwendeten Strahlengeber dem Gewerbeaufsichtsamt gemeldet werden. Sie werden dann von einem von den Arbeitsministern der Länder eingesetzten Sachverständigen an Ort und Stelle überprüft. Maßgebend hierfür ist heute vorläufig noch die *Reichsröntgenverordnung* vom 7. 2. 1941 [*116*], die auch Bestimmungen über Beschränkung der Arbeitszeit bei Überschreiten einer Tagesdosis von 0,25 *r*, über Urlaubsgewährung und ärztliche Überwachung des Personals enthält.

3. *Untersuchung mit Ultraschall*

In den letzten Jahren hat das Verfahren der zerstörungsfreien Prüfung mit Ultraschall immer mehr Eingang in die Materialprüfung gefunden.

Man arbeitet üblicherweise mit Schallwellen von 0,5 bis 5 MHz oder 5 bis 1 mm Wellenlänge, wobei man bei Gußwerkstoffen etwa 0,5 dis 1 MHz vorzieht. Die Schallabstrahlung so kurzer Wellen läßt sich scharf abbündeln. Die Wellen pflanzen sich in homogenem Werkstoff fort. Treffen sie aber auf Fehlstellen, so ergeben sich Reflexionen oder Beugungen. Fehler, die quer zur Schallrichtung kleiner sind als die Wellenlänge, ergeben keine Reflexion.

Der Ultraschall wird durch schwingende Piezoquarze, die im Hochfrequenzfeld angeregt werden, erzeugt und *gesendet*. Ebenso dienen auch Quarze als Empfänger. Sie werden durch

[1] $r = 1$ Röntgen. Röntgen ist die internationale Einheit der Röntgenstrahlen. Sie wird dargestellt durch die Strahlenmenge, die bei voller Ausnutzung der sekundären Elektronen in 1 cm³ trockner atmosphärischer Luft von 0°C und 76 cm Hg Druck eine solche Leitfähigkeit bewirkt, daß eine Ladung von einer elektrostatischen Einheit bei Sättigungsstrom gemessen wird.

die ankommenden Schallwellen in Schwingung versetzt. Diese Schwingungen setzen sich wieder in registrierbare elektrische Schwingungen um.

Das in Europa verbreitete Verfahren arbeitet nach dem Prinzip des Echolotes, wobei Sender und Empfänger auf der gleichen Seite des Prüflings angesetzt werden. Der Sender arbeitet mit intermittierender Schallabstrahlung. Der Empfänger registriert auf dem Schirm einer Braunschen Röhre die von den Fehlstellen, von Querschnittsänderungen und von der Rückseite des Prüfstückes reflektierten Schallwellen.

Das Verfahren, praktisch nur für Stahlguß brauchbar, ist sehr empfindlich. Die genaue Identifizierung der Fehler ist weitgehend Erfahrungssache und erfordert genaue Kenntnis der metallurgischen Gegebenheiten. Da gerade große Stücke sich besonders als Prüfobjekte eignen, kann das Verfahren als eine gute Ergänzung zur Röntgenprüfung angesehen werden [*108*, *117*].

Literatur

[*1*] K. L. ZEYEN: Kruppsche Mtsh. Bd. 12 (1931) S. 57/62.

[*2*] Handbuch der Werkstoffprüfung 2. Aufl., Hrsg. von E. Siebel. Bd. I: Prüf- und Meßeinrichtungen. Berlin-Göttingen-Heidelberg: Springer 1958. Bd. II: Die Prüfung der metallischen Werkstoffe. Springer 1955.

[*3*] KRISCH, A.: Arch. Eisenhüttenwes. Bd. 13 (1939/40) S. 175/78.

[*4*] HEINRICH, FR. H.: Stahl u. Eisen Bd. 52 (1932) S. 1017/20.

[*5*] DELBART, G.: Trans. Am. Foundrym. Ass. Bd. 47 (1939) Nr. 1 S. 179/94.

[*6*] JUNGBLUTH, H.: Stahl u. Eisen Bd. 70 (1950) S. 742/45.

[*7*] WITTMOSER, A., u. W. SEELIGER: Gießerei Bd. 39 (1952) S. 477/83 u. 533/38.

[*8*] JUNGBLUTH, H.: Arch. Eisenhüttenwes. Bd. 10 (1936/37) S. 211/16.

[*9*] HERBERT, H.: DIN-Mitteilungen Bd. 32 (1953) S. 189/92.

[*10*] PIWOWARSKY, E.: Hochwertiges Gußeisen (Grauguß) 2. Aufl. Neudruck 1958 S. 99ff. Berlin/Göttingen/Heidelberg: Springer 1958.

[*11*] HANEMANN, H., u. A. SCHRADER: Arch. Eisenhüttenwes. Bd. 12 (1938/39) S. 253/56.

[*12*] Vgl. [*10*] S. 193ff.

[*13*] HELLER, P. A. u. H. JUNGBLUTH: Gießerei 42 (1955) S. 255/57.

[*14*] BLACK, A. J. D.: Foundry Trade Journal Bd. 94 (1953) S. 291/98 vgl. Stahl u. Eisen Bd. 74 (1954) S. 110.

[*15*] DÜBI, E.: Schweizer Verband für die Materialprüfungen der Technik Bericht Nr. 34 (1935).

[*16*] COLLAUD, A.: Von Roll-Mitteilungen Bd. 3 (1944) S. 1/98.

[*17*] GRANT, J. W.: Journ. Res. Developm. Brit. Cast Iron Research Ass. Bd. 3 (1951) S. 861/75; vgl. Stahl u. Eisen Bd. 72 (1952) S. 262.

[*18*] JUDGE, A. W.: Engineering Materials Bd. 3 2. Aufl. London: Sir Jsaac Pitman & Sons, Ltd. 1947 S. 79.

[*19*] SCHLECHTWEG, H.: Arch. Eisenhüttenwes. Bd. 6 (1932/33) S. 507/10.

[*20*] WEIBULL, W.: Ingen. Vetensk. Akad. (Stockholm 1939) Proc. Nr. 151 und Nr. 153. Vgl. auch EPSTEIN, B.: J. Appl. Phys. Bd. 19 (1948) S. 140/47.

[*21*] MEYERSBERG, G.: Arch. Eisenhüttenwes. Bd. 22 (1951) S. 377/86; vgl. Stahl u. Eisen Bd. 71 (1951) S. 1445/46 u. 72 (1952) S. 1171/72.

[*22*] ROLL, F.: Gießerei Bd. 27 (1940) S. 123/24.

[*23*] MAILÄNDER, R., u. H. JUNGBLUTH: Techn. Mitt. Krupp Bd. 1 (1933) S. 83/91.

[*24*] CAMPION, A.: Foundry Trade Journ. Bd. 86 (1949) Nr. 1703 S. 369/72 u. 375.

[*25*] Progress in Metal Physics. Herausg. v. B. Chalmers Bd. 1 London: Butterworths Scientific Publications 1949 S. 120ff. u. Bd. 4 London: Pergamon Press Ltd. 1953 S. 255ff.

[*26*] ZEUNER, H.: Gießerei Bd. 44 (1957) S. 1/7.

[*27*] SACHS, G., W. F. BROWN jr. u. D. P. NEWMAN: Z. Metallk. Bd. 44 (1953) S. 233/39.

[*28*] CAMPION, A.: Metallurgia Mchr. Bd. 39 (1949) Nr. 233 S. 272/76.

[*29*] WELLINGER, K., u. E. KEIL: Mitt. Verein. Großkesselbesitzer (1952) H. 19 S. 97/101.

[*30*] PESTER, F.: Z. Metallk. Bd. 24 (1932) S. 67/70.

[*31*] WALLE, R.: Stahl u. Eisen Bd. 52 (1932) S. 489/90.

[*32*] LEA, F. C.: Engineering Bd. 143 (1924) S. 816/817 u. 843/44.

[*33*] WEINGRABER, H. v.: Technische Härtemessung München: Hanser 1952.

[*34*] SPÄTH, W.: Physik der Härte und Weiche. Berlin: Springer 1940.

[*35*] LUDWIG, N.: Tafeln zur Ermittlung der Brinellhärte. Berlin u. Köln: Beuth-Vertrieb GmbH. 1952.

[*36*] HENGEMÜHLE, W.: Stahl u. Eisen Bd. 62 (1942) S. 321/28.

[*37*] ROLL, F.: Masch.-Bau Bd. 14 (1935) S. 504; Z. VdI. Bd. 79 (1935) S. 357.

[*38*] REININGER, H.: Arch. Eisenhüttenwes. Bd. 10 (1936/37) S. 29/31.

[*39*] REININGER, H.: Gießerei Bd. 26 (1939) S. 216/223 u. S. 242/252.

[*40*] POHL, E., u. H. EISENWIENER: Arch. Eisenhüttenwes. Bd. 14 (1940/41) S. 391/96.

[*41*] ROLL, F., u. W. EGER: Z. VdI. 86 (1942) S. 545/49.

[42] MCKENZIE, J. T.: Foundry (1946 II) S. 88/93, 191 u. 194.
[43] WOZNIACKI, J.: Prace Glownego Instytutu Odlewnictwa Bd. 1 (1951) Nr. 4 S. 151/53.
[44] Vgl. [33] S. 57 u. 173.
[45] VANICK, J. S., u. J. T. EASH: Stahl u. Eisen Bd. 59 (1939) S. 1073.
[46] Stahl u. Eisen Bd. 72 (1952) S. 1313.
[47] MELCHIOR, P.: Werkstatt-Technik u. Maschinenbau Bd. 43 (1953) S. 483/85.
[48] HENGEMÜHLE, W., u. E. CLAUS: Stahl u. Eisen Bd. 57 (1937) S. 657/60.
[49] KEUNE, O.: Kruppsche Mtsh. Bd. 10 (1929) S. 200/03 u. Bd. 12 (1931) S. 9/16.
[50] SCHMITZ, H., u. W. SCHLÜTER: Stahl u. Eisen Bd. 75 (1955) S. 411/16.
[51] —: Stahl u. Eisen Bd. 75 (1955) S. 416.
[52] MEYERSBERG, G.: Gießerei Bd. 17 (1930) S. 473 u. 587; Kruppsche Mtsh. Bd. 12 (1931) S. 301/30.
[53] PIWOWARSKY, E.: Hochwertiges Gußeisen S. 384/85.
[54] PIWOWARSKY, E.: Hochwertiges Gußeisen S. 385ff.
[55] PIWOWARSKY, E.: Hochwertiges Gußeisen S. 388.
[56] MEYERSBERG, G.: Arch. Eisenhüttenwes. Bd. 5 (1931/32) S. 513/17.
[57] THUM, A.: Gießerei Bd. 16 (1929) S. 1164, Bd. 17 (1930) S. 105, vgl. Stahl u. Eisen Bd. 50 (1930) S. 1135 u. 1305.
[58] PIWOWARSKY, E., u. E. HITZBLECK: Gießerei Bd. 37 (1940) S. 21.
[59] PINSL, H.: Gießerei Bd. 18 (1931) S. 334 u. 357.
[60] GIMMY, A.: Z. VdI. Bd. 86 (1942) S. 155; Gießerei Bd. 20 (1933) S. 235 u. 280; vgl. Stahl u. Eisen Bd. 54 (1934) S. 1064.
[61] JUNGBLUTH, H., u. P. A. HELLER: Arch. Eisenhüttenwes. Bd. 5 (1931/32) S. 519/22.
[62] JUNGBLUTH, H.: Stahl u. Eisen Bd. 50 (1930) S. 1305.
[63] MITINSKI, A.: Rev. Mét. Mém. Bd. 33 (1936) Nr. 8 S. 498/501.
[64] HOEFER, K.: Stahl u. Eisen Bd. 64 (1944) S. 26.
[65] MISIG, M.: Prace Glownego Instytutu Odlewnictwa Bd. 1 (1951) Nr. 4 S. 157/62.
[66] COLLAUD, A.: Von Roll-Mitteilungen 7 (1949) S. 1—164.
[67] ROLL, F.: Gießerei Bd. 24 (1937) S. 557/60; vgl. Stahl u. Eisen Bd. 57 (1937) S. 664.
[68] ASTM-Designation: E 23—47 T (1947) Vornorm.
[69] KNIPP, E., u. W. KERL: Gießerei Bd. 23 (1936) S. 594/96.
[70] DONALDSON, J. M.: Foundry Trade J. Bd. 55 (1936) Nr. 1046 S. 175/78.
[71] PIWOWARSKI, E.: Gießerei Bd. 20 (1933) S. 1.
[72] PASCHKE, M., u. F. BISCHOF: Gießerei Bd. 22 (1935) S. 447/52.
[73] RAJAKOVICS, R. V.: Gießerei Bd. 22 (1935) S. 95/96.
[74] UEBEL, F.: Gießerei Bd. 24 (1937) S. 413.
[75] BAUMANN, R.: Z. VDI. Bd. 56 (1912) S. 1311.
[76] ROESCH, K.: Stahl und Eisen Bd. 77 (1957) S. 1747/51.
[77] ASTM-Designation: A 327—50 T Tentative Methods of Impact Testing of Cast Iron (1950)
[78] Handbuch der Werkstoffprüfung, Bd. 1, S. 85.
[79] LUERSSEN, G. V., u. O. V. GREENE: Proc. Am. Soc. Test. Mater. Bd. 33 (1933) Teil II S. 315/27.
[80] Handbuch der Werkstoffprüfung Bd. 1, S. 167ff. u. Bd. 2, S. 201ff.
[81] ROESCH, K: Gießerei Bd. 21 (1934) S. 264.
[82] Arbeitsblätter des Fachausschusses für Maschinenelemente des VdI. 1933/34.
[83] KNEHANS, K.: Techn. Mitt. Krupp Bd. 4 (1938) S. 59.
[84] HELLER, P. A.: Gießerei Bd. 19 (1932) S. 301 u. 325.
THUM, A. u. H. UHDE: Gießerei 16 (1929) S. 501/13 u. 547/56.
[85] THUM, A., u. C. PETERSEN: Arch. Eisenhüttenwes. Bd. 16 (1942/43) S. 309/12.
[86] GRANT, J. W.: J. Res. Developm. Brit. Cast. Iron Res. Ass. Bd. 3 (1950) S. 333/54; vgl. Stahl u. Eisen Bd. 71 (1951) S. 38.
[87] POMP, A., u. H. HEMPEL: Arch. Eisenhüttenwes. Bd. 14 (1940/41) S. 439, Gießerei Bd. 29 (1942) S. 302.
[88] NOWICK, A. S.: Progress in Metal Physics Bd. 4 (London: Pergamon Press Ltd. 1953) S. 1/70.
[89] GEIGER, J.: Gießerei 27 (1940) S. 1 u. 30.
[90] FÖPPL, O.: Mitt. Wöhler-Institut 1937 H. 3 S. 19.
[91] Vgl. [10] S. 457.
[92] HEMPEL, M.: Arch. Eisenhüttenwes. Bd. 14 (1940/1941) S. 505.
[93] Vgl. [2] Bd. 1, S. 133.
[94] SIPP, K.: Stahl u. Eisen Bd. 40 (1920) S. 1697.
[95] RUDELOFF, R.: Gießerei Bd. 16 (1929) S. 218 Stahl u. Eisen Bd. 46 (1926).
[96] DELEUZE, A.: 6. Congres International des Mines, de la Métallurgie et de la Géologie appliquée 1930, Mémoires: 2. Section de Métallurgie, S. 741/49.
[97] COLLAUD, A.: Schweizer Archiv Bd. 3 (1937) S. 183/190.
[98] LÉONARD, J.: Foundry Trade J. 88 (1950) S. 71/74 vgl. Stahl u. Eisen Bd. 71 (1951) S. 87.
[99] ROS, M., u. A. EICHINGER: Bericht Nr. 172 der Eidgenössischen Materialprüfungs- u. Versuchsanstalt (Zürich: 1949) S. 89/90.
[100] PARDUN, C.: Gußeiserne Druckrohre für Gas- u. Wasserrohrleitungen 1. Aufl. Essen: Verlag W. Girardet 1950, S. 149/58.
[101] ASTM Designation: A 44—41.
[102] GEISSLER, W. A.: Gießerei Bd. 22 (1935) S. 460/66.
[103] EVANS, E. R.: Journ. Res. Developm. Brit. Cast Iron Research Ass. Bd. 3 (1949/51) S. 421/440.
[104] WALLICHS, A., u. H. DABRINGHAUS: Maschn.-Bau/Der Betrieb Bd. 9 (1930) S. 257.
[105] WALLICHS, A., u. H. DABRINGHAUS: Gießerei Bd. 17 (1930) S. 1169/77 u. 1197/1201.
[106] RAPATZ, FR.: Stahl u. Eisen Bd. 52 (1932) S. 1037.
[107] OUWEKER, L. V., u. D. J. BRINKHORST: Wärme Bd. 64 (1941) S. 357.

[*108*] BERTHOLD, R., O. VAUPEL u. F. FÖRSTER: Handbuch der Werkstoffprüfung. Bd. I, S.575/676.

[*109*] SCHRADER, H.: Stahl u. Eisen Bd. 60 (1940) S. 634 u. 655.

[*110*] HANSTOCK, R. F.: The Non-destructive Testing of Metals London: The Institute of Metals 1951, S. 27.

[*111*] HANSTOCK, R. F.: a. a. O. S. 40.

[*112*] GLOCKER, R.: Materialprüfung mit Röntgenstrahlen. 4. Aufl. Berlin/Göttingen/Heidelberg: Springer 1958.

[*113*] CLAUSER, H. R.: Practical Radiography for Industrie. New York: Reinhold Publishing Corporation 1952.

[*114*] MICHIE, G. M.: The Iron and Coal Trades Review Bd. 162 (1951) S. 1493/98; Bd. 163 S. 23/28.

[*115*] MÖLLER, H.: Stahl u. Eisen Bd. 75 (1955) S. 421/22.

[*116*] Reichsarbeitsblatt 1941 S. III, 42 vgl. auch H. Graf u. A. Schaal: Erläuterungen zu den Strahlenschutznormen für medizinische Röntgeneinrichtungen, -anlagen und Röntgenschutzkleidung DIN 6811, 6812 u. 6813. Stuttgart: Georg Thieme-Verlag 1955, ferner: Schutz der Arbeitnehmer vor Strahleneinwirkungen. Bericht VI (1) der Internationalen Arbeitskonferenz, Genf: Internationales Arbeitsamt 1958.

[*117*] BERGMANN, L.: Der Ultraschall, Stuttgart: Hirzel 1954.

Die mikroskopische Prüfung von Eisen-, Stahl- und Temperguß

Von **D. Ammann** und **M. Krichel**, Aachen

Mit 35 Abbildungen

A. Technik der Metallographie

1. Probenahme

Für die Durchführung einer Materialprüfung ist eine sorgfältige Probenahme unerläßliche Vorbedingung. In besonderem Maße gilt das auch für die mikroskopische Prüfung von Metallen. Erste Aufgabe des Prüfenden ist es, die Stelle des Werkstückes zu wählen, an der eine Schliffprobe entnommen werden soll. Gerade bei Gußstücken treten oft durch Entmischung oder Lunkerung während der Abkühlung oder durch unterschiedliche Abkühlungsgeschwindigkeit Gefügeunterschiede zwischen einzelnen Bereichen des Stückes auf. Unter Umständen wird es also erforderlich sein, einen oder mehrere Querschliffe durch das ganze Stück zu legen. Gegebenenfalls sind auch mehrere Schliffproben aus verschiedenen Stellen des Gußstückes zu entnehmen. Es ist unbedingt erforderlich, vor der Entnahme der Proben deren Lage im Stück durch eine Skizze festzuhalten. Die Lage der Proben auf einer photographischen Aufnahme des Stückes einzuzeichnen, ist zweckmäßig. Die Bezeichnung der Proben wird als scheinbar untergeordnete Arbeit oft Lehrlingen übertragen; genaue Überwachung empfiehlt sich, wenn nicht das Ergebnis der Untersuchung durch Probenverwechslung zunichte gemacht werden soll.

Handelt es sich darum, die Ursache von Werkstoffehlern festzustellen, so ist bei der Probenahme besondere Sorgfalt geboten. Nach Möglichkeit sind an Ort und Stelle die Umstände zu prüfen, unter denen ein Schaden aufgetreten ist. Dadurch erhält man auch die Gelegenheit, die Probenahme persönlich zu überwachen. Meist ist es von Nutzen, als Vergleich auch unbeanstandete oder neue Teile oder auch Konkurrenzfabrikate zu untersuchen.

Für die Abtrennung der Probe gilt der Grundsatz, jede Behandlung zu vermeiden, die das zu untersuchende Gefüge verändern könnte. Bei bearbeitbarem Material ist das Absägen unter Wasserkühlung üblich und angebracht. Von sprödem, nicht spanabhebend bearbeitbarem Material kann man ohne Gefahr einer Verformung ein Probestück abschlagen. Harte Materialien können auch mit einer gekühlten Trennscheibe oder mit einem stumpfen Sägeblatt unter Zugabe von Korundbrei getrennt oder mit Hartmetallwerkzeugen auf der Drehbank abgestochen werden. Die Benutzung einer ungekühlten Trennscheibe oder autogenes Schneiden sind nur dann zulässig, wenn die Schneidstelle in genügender Entfernung von der Schliffstelle liegt.

2. Einbettverfahren

Schliffproben mit kleinen Querschnitten oder Abmessungen müssen zur Vorbereitung für eine metallographische Untersuchung eingespannt oder eingebettet werden. Auch für die Untersuchung spröder Materialien und vor allem von plattierten, oberflächengehärteten oder mit Metallüberzügen versehenen Materialien ist das Einbetten notwendig, um beim Schleifen und Polieren ein Abbröckeln und ein Abrunden der Probenkanten zu verhindern. Hierzu bedient man sich entweder sogenannter Fassungen oder Klammern aus Blechstücken, worin die Proben mittels Schrauben eingespannt werden, oder Rohrabschnitten, worin die Schliffproben in leicht schmelzenden Legierungen, Kitten oder Harzen eingebettet werden. Es muß auch hierbei darauf geachtet werden, keine Gefügeveränderung durch Verformung oder Quetschen sowie Erwärmen der Probe hervorzurufen. Daher ist die Wahl der Fassung bzw. des Einbettverfahrens von Eigenarten des zu untersuchenden Materials abhängig und von Fall zu Fall verschieden. Bei Eisenproben wählt man Fassungen bzw. Klammern aus Eisenblech mit Eisenschrauben und Muttern, wobei zur Verhinderung einer Deformation einige Zehntelmillimeter zurückstehend Streifen aus weichem Blei oder Kupferblech zwischengelegt werden. Fassungen und Schrauben sollen aus gleichem oder ähnlichem Werkstoff wie die Schliffe sein. Dies hat den Sinn, allzu große Unterschiede zwischen Probe und Fassung zu vermeiden, die sich bei längerem Schleifen und Polieren infolge Reliefwirkung an den Schliffkanten ungünstig auswirken würde, und nicht durch zu große Potentialunterschiede den Ätzvorgang zu stören oder sogar zu verhindern. Von den eigentlichen Einbettverfahren, deren es eine große Anzahl gibt, sollen nur die wichtigsten genannt werden, die sich in der Praxis bewährt haben. In den meisten Fällen, insbesondere bei Eisen, wird man leichtschmelzende Metalle oder besser noch Kunstharze zum Einbetten verwenden, da die notwendige Erwärmung im Bereich von einigen Minuten bis zu 15 Stunden von ca. 60 bis 150 °C meist ohne Gefahr einer Gefügeänderung mit in Kauf genommen werden kann. Folgende Anforderungen sind an das Einbettmaterial zu stellen: Es darf beim Schleifen nicht schmieren und von dem Ätzmittel oder Alkohol nicht angegriffen oder aufgelöst werden. Ferner darf es den Ätzvorgang nicht beeinflussen. Außerdem muß es die notwendige Härte besitzen und darf die Schliffe nicht korrodieren.

Von den leichtschmelzenden Metallegierungen ist die bekannteste das Woodsche Metall mit seinem niedrigen Schmelzpunkt bei 68 °C. Allerdings wird dieses beim Ätzen relativ rasch angegriffen und ist weich. Die Zusammensetzung ist folgende:

Wismut = 50 Gewichtsteile Zinn = 25 Gewichtsteile
Blei = 30 Gewichtsteile Zink = 3 Gewichtsteile.

Die Legierung ist dicht und legt sich gut an die Schliffkanten an, besonders wenn man den Schliff vorher in gesättigte Zinkchlorid-Lösung taucht. Zinkchlorid wirkt dabei als Flußmittel und reinigt die Schliffoberfläche.

Kunstharz bietet gegenüber den anderen Einbettmitteln einige Vorteile:

1. es wird von den üblichen Ätzmitteln nicht angegriffen,
2. es umschließt die Proben dicht, so daß ein Eindringen von Ätzmitteln zwischen Probe und Harz nicht möglich ist,
3. es ist relativ hart (Härte etwa wie Kupfer),
4. es ist durchsichtig (es gibt auch undurchsichtige Harze, die noch größere Festigkeit und Härte erreichen).

Normalerweise wendet man unter der Voraussetzung, daß eine heizbare Form und eine Schliffpresse oder evtl. Brinellpresse vorhanden ist, das Schnellverfahren zum Einbetten von Schliffen an. Die Einbettung dauert 5 bis 10 Minuten bei einer Temperatur von ca. 120 °C und einem Preßdruck von 50 bis 150 atü ansteigend. Zur Beschleunigung der Abkühlung setzt man den Rezipienten in eine dicht anliegende wasserdurchflossene Kupferrohrspule. Bei Anwendung des elektrolytischen Polier- und Ätzverfahrens muß eine elektrisch leitende Kunststoffmasse verwendet werden. Der Preßdruck ist dann auf das Dreifache zu steigern.

Einbetten bei höheren Temperaturen ohne Druck. Hierzu verwendet man Gießharze[1], die in zähflüssigem Zustand vergossen werden. Der gefüllte konische Tiegel oder die Form mit dem eingelegten Schliff erhärtet im Trockenschrank bei 80 °C in 24 bis 40 Stunden oder in ca. 12 Stunden bei 90 °C, wobei im letzteren Fall die Schlußhärtung in 1 bis 2 Stunden bei 125 °C erfolgt.

Die früher meist verwendeten Einbettmittel wie Picëin, Siegellack, Schellack usw. werden wegen gewisser nachteiliger Eigenschaften kaum noch benutzt.

Einbetten bei niederen Temperaturen ohne Druck. In den Fällen, wo die Anwendung von höheren Temperaturen und Drücken nicht ratsam ist, wendet man heute Gießharze an, die durch Zusatz von erhärtungszögerndem Quarzmehl, wodurch die Härte gesteigert werden kann, und erhärtungsbeschleunigendem Säurezusatz bei normaler Temperatur erstarren. Die Erhärtung wird nach 24 Stunden bei Zimmertemperatur oder nach anderthalb bis zwei Stunden bei ca. 50 °C erreicht. Durch Abänderung des Quarzmehlzusatzes oder eines anderen Füllstoffes, wie Quarzsand, Kaolin, Schiefermehl, Graphit usw. kann man die Härte der Masse beeinflussen, nebenbei spart man auch durch das Verschneiden mit diesen Füllstoffen relativ teueres Kunstharz ein. Seit einigen Jahren gibt es die unten angeführten Gießharze, die im Zeitraum von wenigen Minuten bis zu einer Stunde erhärten. Die Abbindetemperatur liegt zwischen 40—60 °C. Die Auswahl eines Einbettmittels oder Verfahrens richtet sich nach den zu untersuchenden Materialien, den vorhandenen Einrichtungen, den Kosten der Einbettmasse und der zur Verfügung stehenden Zeit. Sie ist also auch von wirtschaftlichen Überlegungen abhängig.

Von den älteren Einbettmitteln verdienen noch folgende zwei Mischungen erwähnt zu werden, die sich in Ermangelung von Kunstharzen verwenden lassen.

Bleiglätte-Glyzerin (nach RAWDON): 16 g Bleiglätte — 2 cm³ Glyzerin.

Die Erhärtung erfolgt in ca. 30 Minuten unter Wärmeentwicklung. Die Mischung wirkt korrosionsverhindernd.

Zement: 14 g hochwertiger Zement — 1,5 cm³ Wasser.

Die Erhärtung dauert ca. 12 Stunden und ist mit geringer Erwärmung verbunden. Bei sorgfältigem Schleifen und Polieren ist die Reliefbildung zwischen Probe und Zement gering.

3. Schlichten und Schleifen

Soweit die Proben bearbeitbar sind, werden die ersten Vorbereitungen der Schlifffläche durch Hobeln, Fräsen oder Abdrehen vorgenommen. In den meisten Fällen jedoch schleift man die gebrochenen oder gesägten, eingespannten oder eingebetteten Proben sofort an einen feinkörnigen Schleifstein. Hierbei muß unbedingt darauf geachtet werden, daß reichlich Kühlwasser zufließt. Versuche von F. ROLL [*1*] haben ergeben, daß bei zu starkem Anpressen des Schliffs und ungenügender oder fehlender Kühlung in unmittelbarer Nähe der Schlifffläche Temperaturen bis über 500 °C (Abb. 1), nach G. KRITZLER sogar bis 900 °C, auftreten können. Daß diese Erwärmung Gefügeveränderungen nicht nur bei gehärteten Stählen hervorruft, ist einleuchtend. Beim Grobschleifen am Schleifstein und der weiteren Behandlung mit Schmirgelpapier von Hand oder mechanisch entsteht durch

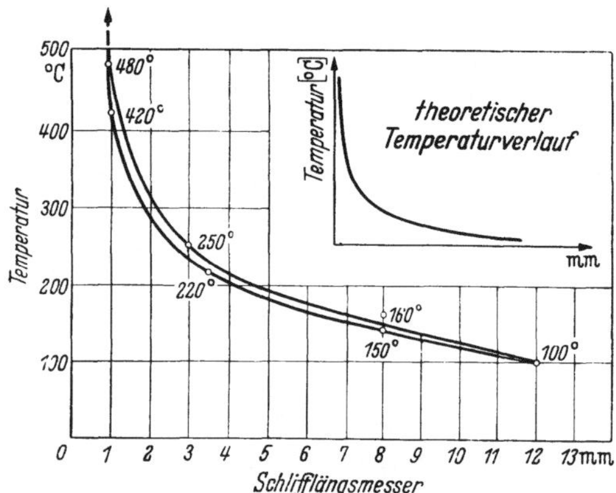

Abb. 1. Temperaturverlauf an der Oberfläche eines Gußeisenschliffes beim Schleifen mit ungenügender Kühlung (nach F. ROLL)

[1] Zum Beispiel: Sorte P oder PH, Firma A. Wacker, München 22, Sorte Araldid B oder D mit Härter 901, Fa. Ciba, Wehr (Baden), Sorte Polyesterherz, Fa. Reicholdt-Chemie, Hamburg 1.

Kaltverformung eine Verformungs- oder Schmierschicht, von F. ROLL mit *Übergefüge* bezeichnet. Bei Eisenlegierungen spielt hierbei nach H. J. WIESTER [2] eine Stickstoffaufnahme, begünstigt durch eine Erwärmung während des Schleifens, eine gewisse Rolle.

Die wichtigsten Schleifmittel sind der sogenannte *Schmirgel*, ein natürliches Al_2O_3 mit 15 bis 30% FeO und der Härte 7 der MOHSschen Skala, sowie *Korund* mit 90 bis 95% Al_2O_3, künstlich im Elektroofen erzeugt. Korund ist härter (Härte nach MOHS 9,5) und reiner als die aus natürlichen Produkten bestehenden Erzeugnisse. Als härtestes Schleifmittel der Härte $9^3/_4$ der MOHSschen Skala ist das Siliziumkarbid zu erwähnen. Diese Schleifmittel werden als loses Pulver oder gebunden durch Bindemittel oder Leime in Form von Schmirgelsteinen, Schmirgelbändern und -bogen angewandt. Nach dem Naßschleifen werden die Schliffe auf Schleifpapier abnehmender Körnung auf einer ebenen Glas- oder Metallunterlage weiterbehandelt. Es hat sich als zweckmäßig erwiesen, den Schleifpapierbogen nicht unmittelbar auf die ebene Unterlage zu legen, sondern einen Bogen der gleichen oder nächstgröberen Körnung zwischenzulegen. Nach Auflegen eines feineren Papiers werden nach Drehen der Probe um 90° die Kratzer des vorhergehenden Bogens beseitigt, und so geht die Behandlung bis zum Bogen feinster Körnung weiter. Je feiner die Körnung ist, um so leichter sollte der Schliff angepreßt werden. Es ist dabei darauf zu achten, daß keine groben Körner auf die feinen Bogen verschleppt werden. Der letzte Bogen als Übergang zum Poliertuch soll sehr fein sein. Man verwendet zweckmäßig einen stark abgenutzten Bogen der feinsten Körnung. Notfalls kann man einen neuen Bogen mittels eines großen Schliffs und etwas Bohnerwachs künstlich altern und glätten.

Abb. 2. Naßschleifgerät (nach B. LUNN)

Bei Anfall großer Serien von Schliffen in Industrielaboratorien wird das Schleifen auf rotierenden Schmirgelbogen von Hand oder mit mechanischer Halterung durchgeführt. H. DIERGARTEN [3] hat eine solche Einrichtung zum Polieren bei der Aufstellung von Gefügerichtreihen bei Kugellagerstählen entwickelt, die sich für die Massenherstellung von Schliffen gleicher Größe gut bewährt hat. Die Qualität der mechanisch geschliffenen und polierten Proben ist für eine schnelle subjektive Beurteilung im Betrieb ausreichend und erscheint nur bei seriengleichem Material angebracht. Für die Herstellung guter Schliffe für mikroskopische Aufnahmen insbesondere von Grauguß, Temperguß und Gußeisen mit Kugelgraphit ist ein Handschleifen mit Schmirgelbogen sowie Polieren an langsam rotierenden Poliertuchscheiben oder ruhenden Scheiben unerläßlich.

Das in den letzten Jahren entwickelte schwedische Naßschleifgerät nach B. LUNN [4] hat sich hier gut bewährt (Abb. 2). Man benutzt dabei nur vier imprägnierte ca. 6 cm breite Schmirgelbogen verschiedener Körnung, die auf einer in einer Schale mit Wasserzu- und ablauf schräg liegenden Glasplatte befestigt sind. Von der Oberkante der Glasplatten herunterrieselndes Wasser kühlt die Proben, hält die Bogen sauber und gestattet ein schnelles Arbeiten. Das Schleifen vom Schleifstein ab bis zum Beginn des Polierens dauert nur 2 bis 3 Minuten. Das Naßschleifen nach B. LUNN mit den Korngrößenabstufungen der Schmirgelbogen 220, 320, 400 und 600 kann auch an langsam umlaufenden Metallscheiben, auf die die Bogen aufgeklebt werden, mit ca. 100 Umdrehungen/Minute vorgenommen werden.

4. Polieren

Nach dem Schleifen werden die schärfsten Kanten und Ecken von nicht eingebetteten Schliffen, wenn es nicht gerade auf diese Stellen besonders ankommt, zur Schonung des Poliertuches mittels Feile oder Schmirgelstein gebrochen und abgerundet. Nach kräftigem

Abspülen mit Wasser und Beseitigen von allen Schmirgelspuren wird der Schliff naß poliert. Für einige Materialien, insbesondere aber Nichteisenmetalle, hat sich eine Vorpolitur auf weichem Wolltuch mit einer im Handel erhältlichen Vorpolierpaste oder mit aufgeschlämmtem Chromoxydpulver am besten bewährt.

In Gußeisen liegt der weiche Graphit in einer härteren mehr oder weniger perlitischen bzw. ferritischen Grundmasse, ganz abgesehen von den in normalem Guß seltener vorkommenden sehr harten Karbiden. Diese Härteunterschiede, aber auch die Ausbildung und Art der Lagerung des Graphits, bedingen die größte Sorgfalt bei der Herstellung von Gußeisenschliffen. Beim Vorschleifen auf einer stark wassergekühlten Schleifscheibe wählt man am besten eine feine Körnung, um ein Ausbrechen und Herausreißen der Graphitteilchen zu verhindern.

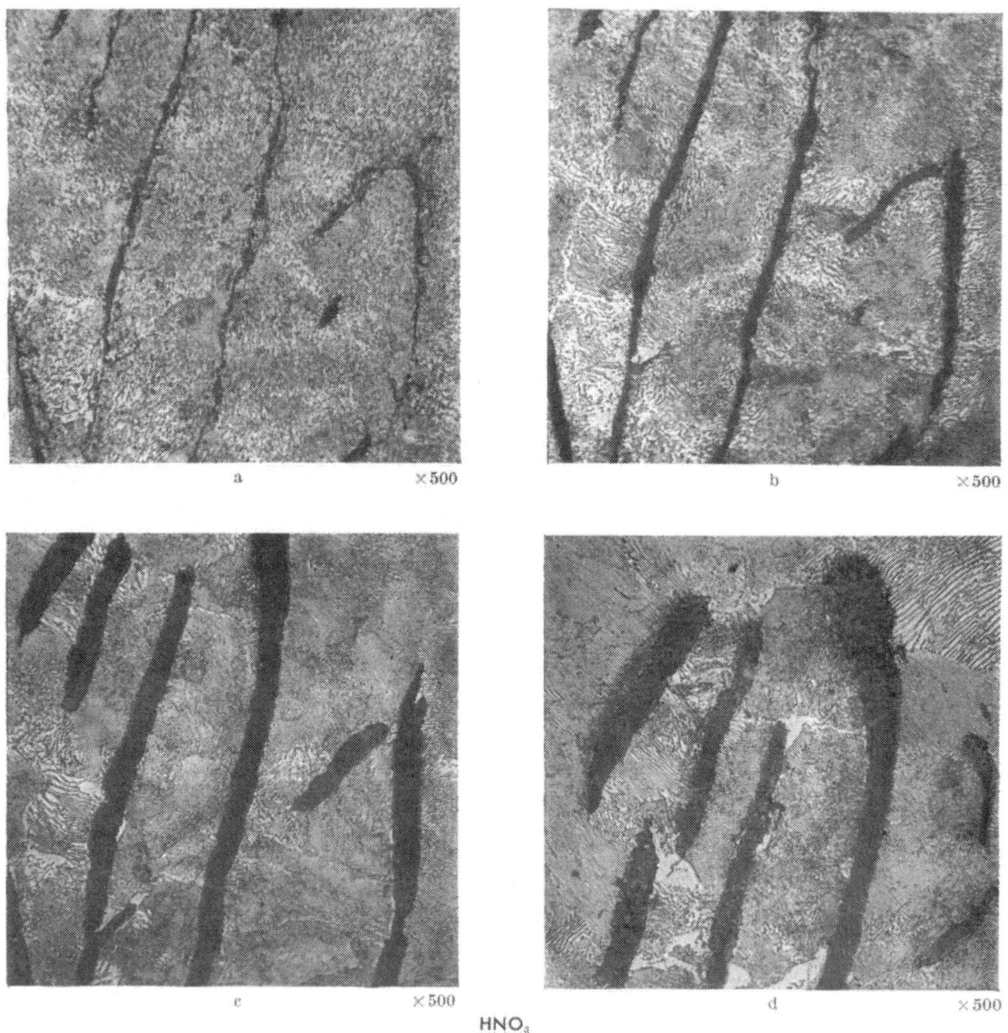

Abb. 3a—d. Polierfehler bei Grauguß
a) u. b) zu kurz; c) richtig; d) zu lange poliert

Beim Vorschleifen, aber auch beim Feinschleifen auf dem Papier bilden sich sehr feine Grate. Diese überlagern die weichen Graphitadern, drücken sich darin ein und decken sie teilweise zu (Abb. 3a bis d). Zu einem kleinen Teil kann man die Entstehung der Grate beim Feinschleifen vermindern, indem man die Schleifrichtung auf einem Bogen mittlerer Körnung einige Male wechselt. Der größere Teil der Grate kann erst durch zweckmäßiges

Polieren entfernt werden. Poliert man bis zum Verschwinden der Schleifkratzer, so sieht man unter dem Mikroskop, nachdem auf allerfeinstem Papier fertig geschliffen wurde, die Graphitadern nur in $^1/_4$ bis $^3/_4$ ihrer wirklichen Breite mit ungleichmäßigen zackigen Rändern (Abb. 3a). Man gewinnt also ein falsches Bild von der eigentlichen Graphitausbildung.

Das Schleifen beeinflußt aber auch das Bild des Grundgefüges an sich. Außer der oben geschilderten Überdeckung des Graphits bildet sich beim Schleifen an der Oberfläche der Proben eine sehr dünne Schicht eines deformierten Gefüges, des schon erwähnten *Übergefüges*, die je nach der Stärke der Deformation und Art des Schliffmaterials verschieden stark sein kann. Ätzt man also den völlig kratzerfrei polierten Schliff, so zeigt sich ein eigenartiges Gefüge, das man z. B. bei normal lamellar perlitischem Guß als körnig-

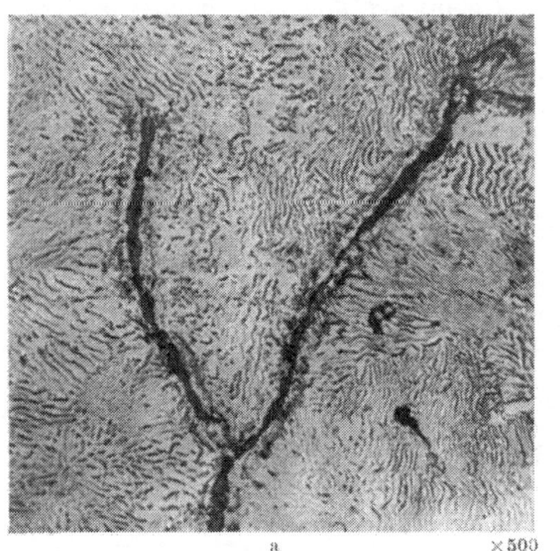

a ×500

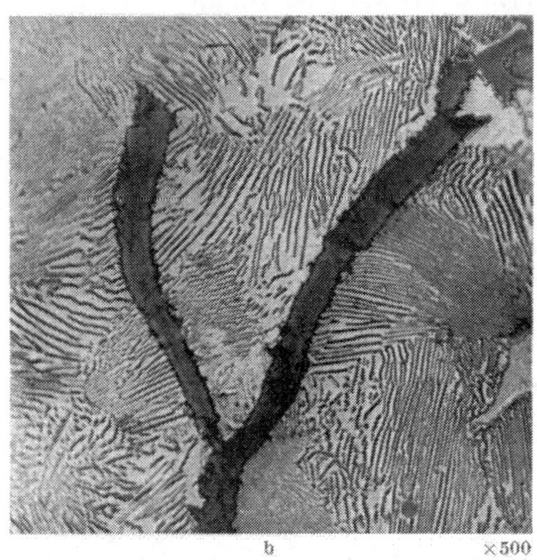

b ×500

HNO_3

Abb. 4a u. b. Scheinbare Änderung der Perlitausbildung durch unsachgemäßes Polieren
a) zu kurz; b) richtig poliert

perlitisch bezeichnen würde (Abb. 4a). Auch hier kommt also ein falsches Bild zustande und führt leicht zu einer unrichtigen Beurteilung des Gefüges. Erst durch mehrmaliges, abwechselndes vorsichtiges Polieren und Zwischenätzen verschwindet allmählich die deformierte Schicht mit dem Scheingefüge, aber auch ebenso der Grat, der die Graphitadern überdeckt. Zwischendurch kontrolliert man unter dem Mikroskop und setzt die Behandlung so lange fort, bis der Graphit in seiner richtigen glatten grauen Form erscheint. Gleichzeitig, meist aber schon etwas früher, hat sich auch das echte perlitische Gefüge unter der inzwischen abpolierten dünnen Oberfläche herausgeschält, so daß jetzt erst das wirkliche Gefügebild 4b vorliegt. Bei ferritischem Material ist dies etwas schwieriger durchzuführen, da der Ferrit meist ein häufigeres Polieren und Ätzen benötigt, um die Korngrenzen gut herauszuholen.

Zur besseren Entwicklung des Gefüges müßte man eigentlich häufiger ätzen und polieren; andererseits verträgt der Graphit die zu lange Behandlung nicht und beginnt auszubrechen. Hierbei zeigt sich einer der häufigsten Fehler, daß nämlich des Guten zu viel getan wird. Man muß also darauf achten, daß nur solange abwechselnd poliert und geätzt wird (nachdem selbstverständlich vorher in einigen Minuten die Schleifkratzer wegpoliert wurden), bis das Grundgefüge und besonders der Graphit in der richtigen Form erscheinen. Poliert man zu lange, so fängt der Graphit an auszubrechen, zumal jetzt der zusätzliche Halt der seine Bänder überlagernden Grate fortfällt, und bald sind nur noch unvollständige und ausgefranste Graphitadern bzw. deren Fassungen als Hohlräume zu erkennen (Abb. 3d). Die Grundmasse, gleichgültig ob perlitisch oder ferritisch, leidet ebenfalls durch übermäßige Behandlung; sie wird reliefpoliert und aufgerauht und verliert damit ihr natürliches Aussehen. Man muß also versuchen, das Naßpolieren auf dem Tuch zur Beseitigung der Kratzer durch feinstes Schleifen auf den Bogen möglichst abzukürzen, um die nun einmal nötige Polierzeit fast ausschließlich zur Entwicklung des Gefüges benutzen zu können. Bei Proben mit leicht ausbrechenden groben Graphitadern oder Kugelgraphit poliert man nach kurzem normalem Polieren auf der Maschine zum Abschluß von Hand auf Seidensamt oder Tuch oder auch in kritischen Fällen nur von Hand. Hierbei gibt man unverdünnte Tonerde der feinsten Sorte (Nr. 2 oder 3) in breiiger Form auf. Bei Temperguß sind die Verhältnisse ganz ähnlich. Nur in wenigen Fällen, wo die lockere Temperkohle leicht herausbröckelt, muß relativ kurz poliert werden, notfalls ohne Rücksicht auf die Entwicklung des Grundgefüges.

Das elektrolytische Polieren von metallographischen Schliffen, bei denen die Unebenheiten der Schlifffläche in einem geeigneten Elektrolyten anodisch abgeätzt werden, hat in den letzten Jahren, vor allem auch durch die Verbesserungen in der elektrolytischen Poliertechnik, steigende Anwendung gefunden [*5*, *6*, *7*, *8*]. Der Eigenart der anodischen Auflösung nach eignete es sich ursprünglich nur zur Entwicklung einphasiger Gefüge. Es ergab sich aber der Wunsch, geeignete Verfahren für das elektrolytische Polieren von Metallschliffen mit Gehalten an nichtmetallischen Einschlüssen, die den elektrolytischen Poliervorgang stark stören können, zu entwickeln. So hatten sich zum Beispiel bei Gußeisen mit Graphiteinschlüssen beim elektrolytischen Polieren Schwierigkeiten gezeigt. Erst mit der Einführung des von E. KNUTH-WINTERFELDT [*6*] im Jahre 1951 entwickelten Polierverfahrens wurde es möglich, Gußeisen elektrolytisch zu polieren. Hierbei wird ein mit *AC 1* bezeichneter Elektrolyt (15 cm^3 Perchlorsäure [1,54 g/cm^3] + 100 g Natriumthiozyanit + 100 g Zitronensäure + 900 cm^3 Äthanol + 100 cm^3 Propanol) benutzt, der sich für diesen Zweck gut bewährt hat. Obwohl das Schnellverfahren von E. KNUTH-WINTERFELDT zum Polieren von Gußeisen Vorteile hat, z. B. die Vermeidung von Graphitverzerrungen, wie sie beim mechanischen Polieren möglich sind, hat das Verfahren noch nicht die erwartete Verbreitung gefunden. Während beim üblichen mechanischen Polieren ein Polieren zweier verschiedener Stoffe, wie Eisen und Graphit, mit denselben Mitteln erfolgt, trennt E. KNUTH-WINTERFELDT die Aufgabe in ein elektrolytisches Polieren der Grundmasse unter Vermeidung von Verformungen des Graphits und ein geeignetes mechanisches Nachpolieren des Graphits. Es hat sich aber in der Praxis als recht schwierig erwiesen, die für ein solches völlig einwandfreies Nachpolieren auf Tuch notwendige Technik zu erreichen. Deshalb seien einige praktische Hinweise gegeben:

Nach E. J. NIELSEN [*4*] eignen sich für das notwendige mechanische Nachpolieren nach kurzem elektrolytischem Polieren des ca. 4 μ überstehenden Graphits die bekannten Polierarten nicht. Vorgeschlagen wird die Verwendung eines Tuches Duvetine KS 2 mit Tonerde Nr. 2, Verdünnung 1 : 30 bei 1400 Umdrehungen/Minute. Nach den Erfahrungen im Aachener Gießerei-Institut haben sich niedrigere Umdrehungszahlen von 400 bis 800 pro Minute bei sonst gleicher Arbeitsweise gut bewährt.

Zusammenfassend kann man sagen, daß sich das elektrolytische Polier- und Ätzverfahren bei reinen Metallen und homogenen Mischkristallen sehr gut bewährt. Bei Materialien mit heterogenem Gefüge bzw. nichtmetallischen Einschlüssen eignet es sich weniger gut, da sich manche Phasen leicht herauslösen. Bei sorgfältiger Arbeitsweise und sehr kurzer Polierzeit ist es unter Umständen auch hierbei brauchbar. Bei Grau- und Temperguß bietet es nur bei Serien Vorteile, bei Einzelschliffen, insbesondere wechselnder Werkstoffe, kann sowohl das mechanische Polieren als auch die normale Ätzung weniger umständlich und sicherer sein.

Polieren mit Diamantplastikum. Das Herstellen von metallographischen Schliffen mit Diamantplastikum (Hersteller: Ernst Winter & Sohn, Hamburg 19), insbesondere das Polieren, bietet gewisse Vorteile, vor allem bei sehr harten Metallen oder bei eingelagerten Karbiden. Sieben Diamantkorngrößen von 50 bis 0,25 in drei verschiedenen Konzentrationen werden hierzu in Tuben geliefert. Das Verfahren erfordert genaue Einhaltung der

Vorschriften. Die Härte der Diamantstaubteilchen bewirkt eine energische Abtragung des Materials bei gleichzeitiger schonender Behandlung. Naturgemäß sind die Kosten des Diamantplastikums relativ hoch, so daß sich die Anwendung des Verfahrens nur für solche Materialien lohnt, bei denen die Kostenfrage eine weniger große Rolle spielt.

5. *Gefügeentwicklung durch Ätzverfahren*

Im polierten Schnitt unterscheiden sich die einzelnen Gefügebestandteile oft gar nicht oder sehr wenig in ihrer Farbe und ihrem Aussehen. Um die Erkennbarkeit zu steigern, wendet man Ätzverfahren an. Zum Ätzen verwendet man flüssige oder gasförmige Ätzmittel. Die Ätzung ist einem Korrosionsangriff unter kontrollierten Bedingungen vergleichbar. Unter der Einwirkung der Ätzmittel können Oberflächenschichten abgetragen werden, und zwar je nach dem chemischen Potential der Gefügebestandteile verschieden stark. Dadurch bekommen die Gefügebestandteile unter dem Mikroskop unterschiedliches Aussehen. Die weniger angegriffenen Strukturbestandteile bleiben erhaben stehen, wie z. B. das chemisch edle Phosphideutektikum im Gußeisen. Auch die Kornorientierung zur Oberfläche kann die Stärke des Angriffes beeinflussen, so daß die einzelnen Körner unter dem Mikroskop, je nach der Reflexion des Lichtes, verschieden hell erscheinen. Diese Art der Ätzung verwendet man zur Sichtbarmachung der Ferrit- bzw. Austenitkörner. Eine andere Art des Angriffes führt zur Deckschichtenbildung. Diese hängt ebenfalls vom örtlichen chemischen Potential ab. Sind die Schichten sehr dünn, so ergeben sich Farben dünner Blättchen, und die einzelnen Gefügebestandteile zeigen unterschiedliche Färbung. Es kann zu örtlich mehr oder weniger festhaftenden Metallniederschlägen aus dem Ätzmittel kommen.

Ätzen bezweckt also

a) das Sichtbarmachen der metallischen Gefügebestandteile,

b) den Nachweis von Seigerungen,

c) Erweiterung der Unterscheidbarkeit nichtmetallischer Einschlüsse.

Praktisch werden die Ätzmittel so gewählt, daß sie entweder auf die durch die Seigerung bedingten Unterschiede ansprechen, daher Seigerungsätzmittel, auch Primärätzmittel genannt, oder die verschiedenen Gefügebestandteile verschieden stark angreifen oder auch gegen den Orientierungsunterschied der einzelnen Kristallite empfindlich sind. Die letzteren Ätzmittel nennt man Sekundärätzmittel. Es besteht zwischen den Ätzmitteln nur ein gradueller Unterschied, da jedes Ätzmittel sowohl als Primär- als auch als Sekundärätzmittel wirken kann. Die gebräuchlichsten der in der Literatur angegebenen Ätzmittel sind in der Hauptsache Lösungen von Säuren oder Salzen in Wasser oder Äthylalkohol.

a) Die Primär- oder Seigerungsätzung wird bei allen Metallen, vorzugsweise aber bei Stahl und Eisen angewandt und bezweckt, die Zonen verschiedener chemischer Zusammensetzung innerhalb der Körner sichtbar zu machen. Die einzelnen Körner unterscheiden sich als Auswirkung dieses Verfahrens so deutlich, daß die Gefügestruktur mit unbewaffnetem Auge oder bei schwacher Vergrößerung erkennbar wird. Da diese Färbungsunterschiede durch vom Erstarrungsprozeß herrührende Seigerungen bedingt sind, läßt sich bei Stählen das Gußgefüge nachweisen, obwohl der Stahl weitere Umwandlungen beim Abkühlen durchlaufen hat. Der Grundstock dieser Ätzmittel sind Kupfersalze. Eins der bekanntesten ist das HEYNsche Ätzmittel. Es ist für Eisen-Kohlenstoff-Legierungen bis ca. 0,3% C gut verwendbar.

Zusammensetzung:

9 g Kupferammoniumchlorid — 100 g Wasser.

Bei der HEYNschen Ätzung geht Eisen in Lösung, besonders an den phosphorreichen Stellen, während sich die C-haltigen Rückstände an Ort und Stelle absetzen. Der sich hierbei bildende schwammige Kupferniederschlag wird nach ca. einer Minute vorsichtig abgespült. Beim Trocknen darf man auf keinen Fall die Schliffläche berühren, sondern nur mittels Alkohol und Föhn trocknen, da sonst die abgesetzten Rückstände, also ein Teil der eigentlichen Ätzwirkung, beseitigt wird. Für die Ätzung braucht der Schliff nur bis zu einem mittelgroben Bogen vorgeschliffen, also nicht poliert zu sein.

Bei Stahlsorten mit Kohlenstoffgehalten über 0,3% läßt sich der sich bildende Kupferniederschlag nicht mehr entfernen, so daß die HEYNsche Ätzung nicht mehr angewandt werden kann. In diesen Fällen wählt man das Reagenz nach OBERHOFFER. Der Kohlenstoffgehalt kann hierbei zwischen 0 und 1,5% variieren, umfaßt also damit alle gebräuchlichen Stahlsorten. Hierzu muß allerdings die Probe geschliffen und poliert sein. Bei der Ätzung, die nur ca. 4 bis 10 Sekunden dauert, überziehen sich die weniger edlen Gefügestellen mit einem hauchdünnen Kupferhäutchen, das diese Stellen vor weiterem Angriff schützt. Der Bildeindruck ist also der umgekehrte wie bei der HEYNschen Ätzung.

Zusammensetzung des OBERHOFFERschen Ätzmittels:

1 g Kupferchlorid	30 g Eisenchlorid	500 cm³ dest. Wasser
0,5 g Zinnchlorür	50 cm³ Salzsäure 1,19	500 cm³ Äthylalkohol.

Zur Sichtbarmachung des Primärgefüges und der damit im Zusammenhang stehenden Seigerungen sind eine Anzahl Abdruckverfahren entwickelt worden, von denen aber nur das Abdruckverfahren nach BAUMANN und das diesem ähnliche Schwefelabdruckverfahren nach HEYN, ROYEN und AMMERMANN technische Bedeutung erlangt haben. Beim BAUMANN-Abdruck wird ein Blatt Bromsilberpapier mit einer Lösung von 5 cm³ Schwefelsäure 1,84 in 100 cm³ destilliertem Wasser angefeuchtet und auf den Schliff blasenfrei aufgequetscht. Nach 1 bis 3 Minuten wird das Blatt abgezogen, abgespült, fixiert und gewässert. An den schwefelreichen Stellen des Schliffes bildet sich Schwefelwasserstoff, der sich mit dem Bromsilber zu dunklem Silbersulfid umsetzt. Da die Reaktion über eine Gasphase erfolgt, werden die Sulfideinschlüsse der Probe vergrößert wiedergegeben. Der BAUMANN-Abdruck läßt also nur Schlüsse auf die Verteilung, nicht aber auf die Menge der Sulfide zu. Das entstandene Bild ist seitenverkehrt.

Das von HEYN entwickelte und von ROYEN und AMMERMANN verbesserte Schwefelabdruckverfahren beruht darauf, daß der unter der Einwirkung von Salzsäure an Sulfiden entwickelte Schwefelwasserstoff aus im Ätzmittel enthaltenen Quecksilberchlorid dunkles Quecksilbersulfid abscheidet, das sich in der Gelatineschicht des Photopapiers absetzt. Die Lösung enthält 10 g Quecksilberchlorid und 20 cm³ Salzsäure in 100 cm³ Wasser. Gelegentlich gleichzeitig auftretende gelbe Flecken werden als Quecksilberphosphid angesprochen.

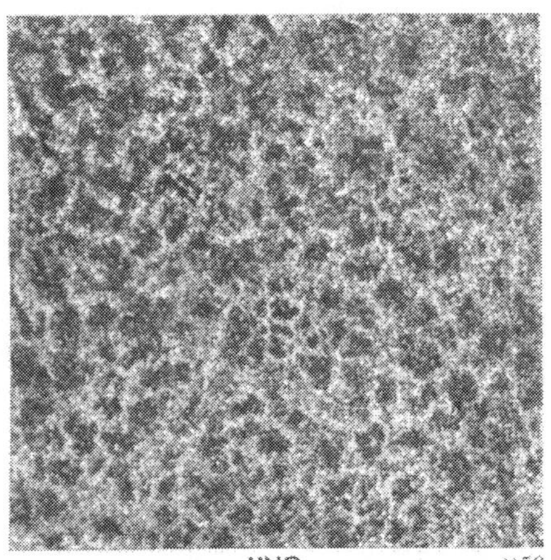

Abb. 5. Primärstruktur von schwach untereutektischem Grauguß

Die Entwicklung des Primärgefüges bei Grauguß ist wenig üblich. Bei ausreichender Menge manganreicher Sulfide kann die Primärkristallisation häufig auf Grund der von der primären Erstarrung unmittelbar abhängigen Anordnung dieser Sulfide mit Hilfe des BAUMANN-Abdruckes indirekt sichtbar gemacht werden. Dieses Abdruckverfahren läßt sich ohne Schwierigkeiten bei Eisensorten mit über 0,05% Schwefel und mehr als 0,4% Mangan, also bei fast allen Graugußsorten anwenden. Für die Herstellung von Vervielfältigungen oder vergrößerten Abdrucken empfiehlt es sich, den BAUMANN-Abdruck statt auf Bromsilberpapier auf einen Film oder eine Photoplatte zu machen. Meist ist die Primärstruktur des grauen Gußeisens mühelos am in üblicher Weise mit Salpetersäure geätzten Schliff zu erkennen, wenn man die Abbildung unter dem Mikroskop bei sehr schwacher Vergrößerung (10- bis 50fach) betrachtet [*9*] (Abb. 5).

b) Mikroätzverfahren. Zur Entwicklung des *Feingefüges* von Gußeisen, Stahl und Temperguß steht eine große Anzahl Ätzmittel zur Verfügung, von denen aber nur zwei Bedeutung erlangt haben:

1. 1 cm^3 Salpetersäure 1,4	2. 1 g Pikrinsäure
100 cm^3 Äthylalkohol	25 cm^3 Äthylalkohol.

Die Pikrinlösung zeichnet etwas weicher; zum deutlichen Hervorrufen von Korngrenzen eignet sich die alkoholische Salpetersäure besser.

In manchen Fällen ist es schwierig, Ferrit oder Austenit von Zementit zu unterscheiden. Durch Ätzung mit heißer alkalischer Natriumpikratlösung wird der Zementit zum Unterschied von Ferrit, Austenit und Phosphid dunkel gefärbt. Zur Herstellung der Lösung werden 25 g Natriumhydroxyd in 75 cm^3 Wasser gelöst. In 100 cm^3 dieser noch warmen Lösung gibt man 2 g Pikrinsäure oder man erwärmt vor der Pikrinsäurezugabe auf dem Wasserbad. Die Lösung kann heiß oder kalt angewandt werden. In kalter Lösung beträgt die Ätzzeit ca. $^3/_4$ Stunde. Durch Erhitzen wird die Färbungsdauer auf wenige Minuten abgekürzt. Es ist jedoch erforderlich, den Schliff in der Ätzlösung auf Raumtemperatur abkühlen zu lassen, um ein Anlaufen zu verhindern.

Um ein Phosphidnetz im Gußeisen deutlich sichtbar zu machen, verwendet man starke wäßrige Salpeter- oder Salzsäure (25%ig, Ätzdauer bis 30 min). Das chemisch edle Phosphid bleibt erhaben stehen und ist bei schwacher Vergrößerung deutlich zu erkennen.

Zur Unterscheidung der Karbidphase von der Phosphidphase im Phosphideutektikum kann man einmal die oben erwähnte alkalische Natriumpikratlösung verwenden. Zur Färbung der Phosphidphase benutzt man auch eine alkalische Kaliumferrizyanidlösung folgender Zusammensetzung:

10 g Kaliumferrizyanid, 10 g Kaliumhydroxyd, 100 cm^3 dest. Wasser.

Das Ätzmittel muß jeweils frisch angesetzt werden. Das Phosphid färbt sich schneller dunkel als der Zementit. Zu langes Ätzen ist also zu vermeiden (ca. 3 min bei 50 °C). Auch 10%ige wäßrige Chromsäure eignet sich zur Anfärbung des Phosphids.

Zur Entwicklung des Feingefüges kann man sich auch der Tatsache bedienen, daß die einzelnen Phasen unterschiedliche Affinität zum Sauerstoff der Luft haben. Bei vorsichtigem Erwärmen auf Kupferblech, vorteilhaft nach kurzem Vorsätzen, bedecken sich die Phasen mit Oxydfilm unterschiedlicher Dicke und Farbe (Farben dünner Blättchen). Das Verfahren erfordert Übung, insbesondere in der Bestimmung der zweckmäßigen Dauer. Der Anlaufvorgang kann durch Abschrecken in Quecksilber unterbunden werden. Dabei darf die Schliffläche nicht mit Quecksilber in Berührung kommen.

B. Die Gefügebestandteile

Die Metallographie hat eine eigene Nomenklatur entwickelt, die sich von der der Konstitutionslehre unterscheidet. Die wichtigsten Gefügebestandteile in Eisen und Stahl seien deshalb im folgenden den Phasen und Phasengemengen gegenübergestellt (Tab. S. 760).

Für unlegierte Stähle ist das metastabile System Eisen-Kohlenstoff maßgebend. Die hierin auftretenden festen Phasen α, γ und Fe_3C führen als Gefügebestandteile die metallographischen Bezeichnungen Ferrit, Austenit und Zementit. Der Ferrit wird von den gebräuchlichen Ätzmitteln kaum angegriffen und erscheint daher im Schliffbild hell. Er ist relativ weich und bildet Kristalle von unregelmäßiger Form. Da die Härte in den verschiedenen kristallographischen Richtungen unterschiedlich ist, werden durch längeres Polieren, das zweckmäßigerweise noch mehrmals durch kurzes Ätzen mit alkoholisch verdünnter Salpetersäure unterbrochen wird, die einzelnen Körner je nach ihrer kristallographischen Orientierung verschieden stark abgetragen. Durch Schattenwirkung werden so die Korngrenzen sichtbar (Abb. 6). Auch zur Beseitigung des bereits erwähnten *Übergefüges*, das im Ferrit in Form von schlierenähnlichen Gebilden sichtbar wird, empfiehlt sich die gleiche Behandlung.

Metallographische Bezeichnung	Phasen
Ferrit	α-Eisen
Austenit	γ-Eisen
Zementit	Eisenkarbid Fe_3C
Ledeburit	Eutektisches Gemenge aus (zerfallenem) γ-Eisen und Fe_3C
Perlit	Eutektoides Gemenge aus α-Eisen und Eisenkarbid
Sorbit (feiner Perlit, mikroskopisch eben noch als heterogenes Gemenge erkennbar)	Eutektoides Gemenge aus α-Eisen und Eisenkarbid
Troostit (dunkelätzender, scheinbar homogener Gefügebestandteil, elektronenmikroskopisch als heterogenes Gemenge auflösbar)	Eutektoides Gemenge aus α-Eisen und Eisenkarbid
Martensit	Metastabile, tetragonal verzerrte und mit Kohlenstoff übersättigte α-Phase
Bainit (Zwischenstufengefüge)	Gemenge von α-Phase und Fe_3C
Graphit	Hexagonale Modifikation des Kohlenstoffs
Steadit (Phosphideutektikum)	Ternäres Eutektikum aus (zerfallenem) γ-Eisen, Fe_3P und Fe_3C

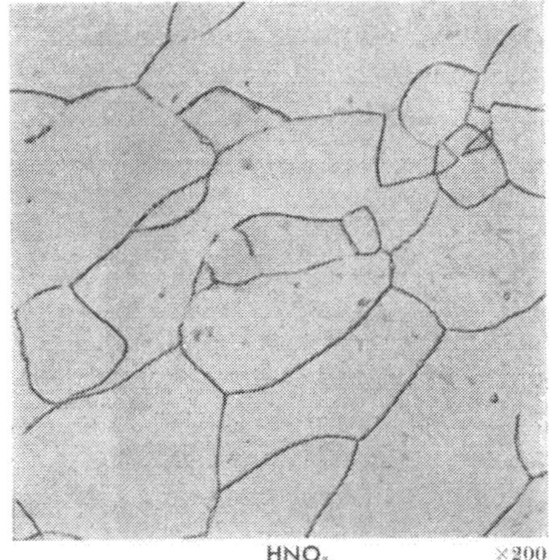

Abb. 6. Ferrit mit Tertiärzementit

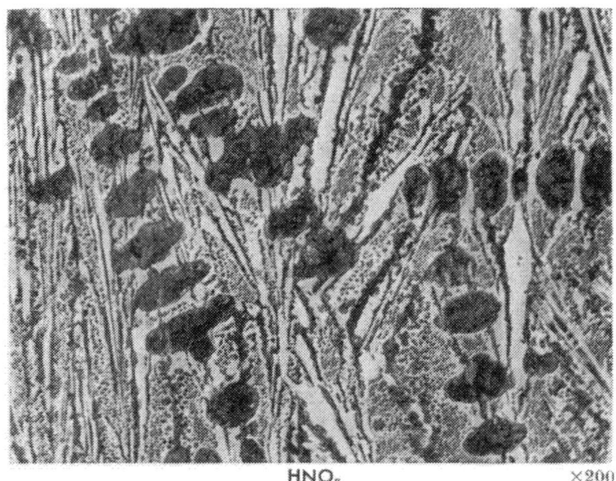

Abb. 7. Untereutektisches weißes Eisen. Die dendritische Ausbildung der in Perlit umgewandelten γ-Primärkristalle ist zu erkennen, ferner Ledeburit

In untereutektischem Eisen und Stahl ist die γ-Phase der primär kristallisierende Bestandteil. Sie weist fast immer stark ausgeprägte Dendritenform auf. Wie im weiteren ausgeführt wird, zerfällt die γ-Phase bei weiterer Abkühlung zu Perlit. Ihre ursprüngliche geometrische Form bleibt jedoch erhalten (Abb. 7). Reines Austenitgefüge tritt bei Raumtemperatur nur in legierten Eisenwerkstoffen auf. Der Austenit bildet Kristalle von polyedrischer Begrenzung, die wegen starker chemischer Anisotropie je nach ihrer Orientierung unterschiedlich stark vom Ätzmittel angegriffen werden. Oft treten Zwillingsstreifen auf, d. h. gradlinig begrenzte Kristallbereiche mit vom Mutterkristall abweichender Orientierung, wie auch die Kornfärbung erkennen läßt (Abb. 8).

Der Zementit tritt bei den normalen Ätzverfahren ebenfalls als heller Gefügebestandteil in Erscheinung. Eine Unterscheidung vom Ferrit ist möglich auf Grund seiner charakteristischen Ausbildungsformen, wovon noch die Rede sein wird, ferner auf Grund seiner hohen Härte, die auch bewirkt, daß er weniger als andere Gefügebestandteile durch das Polieren abgetragen wird. Um den Zementit in Sonderfällen stark hervorzuheben, bedient man sich der oben beschriebenen Natriumpikrat-Heißätzung. Auf Grund des Zustandsschaubildes der Eisen-Kohlenstoff-Legierungen muß man fünf verschiedene Entstehungsformen des Zementits unterscheiden:

1. den Primärzementit, der sich im Zweiphasengleichgewicht mit der Schmelze bildet und im Gefüge in Form von breiten „Balken" sichtbar wird (Abb. 9),

2. den eutektischen Zementit, der durch die eutektische Reaktion

$$\text{Schmelze} \rightarrow \gamma\text{-Phase} + Fe_3C$$

gebildet wird. Austenit (Perlit) und Zementit bilden hierbei ein eutektisches Gemenge von charakteristischem Aussehen, das den Namen Ledeburit bekommen hat (Abb. 10),

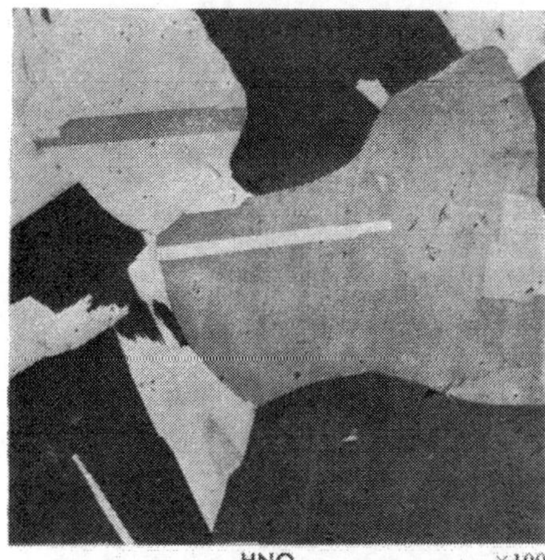

Abb. 8. Austenit in einem von 1000°C abgeschreckten Stahl mit 1,35% C, 0,45% Si und 12,20% Mn

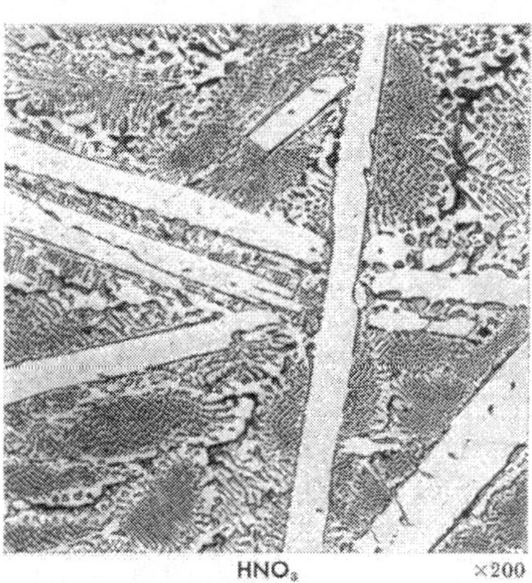

Abb. 9. Übereutektisches weißes Eisen. Primärzementit und Ledeburit

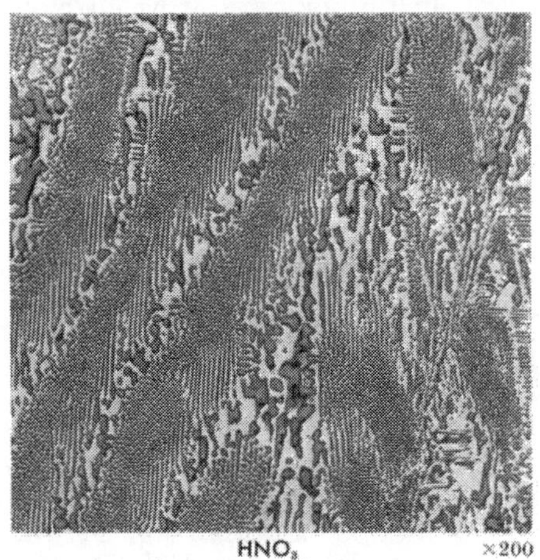

Abb. 10. Eutektisches weißes Eisen. Ledeburit

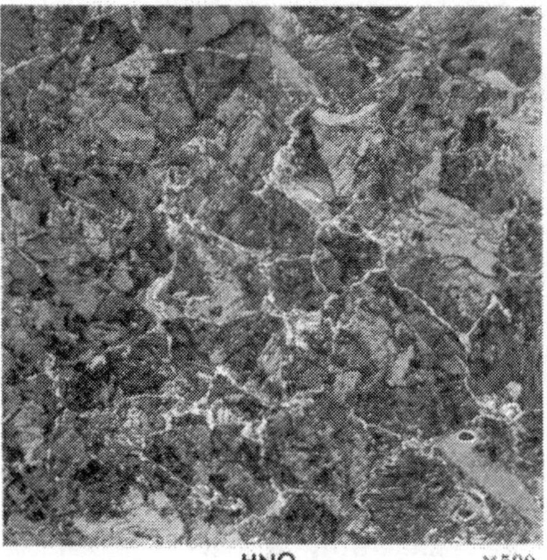

Abb. 11. Übereutektoider Stahl. Sekundärzementit und Perlit

3. den Sekundärzementit, der sich aus der γ-Phase mit sinkender Temperatur ausscheidet. Er erscheint meist in Form relativ schmaler Bänder an den Austenit-(Perlit)-Korngrenzen (Abb. 11),

4. den eutektoiden Zementit, der durch die eutektoide Reaktion

$$\gamma\text{-Phase} \rightarrow \alpha\text{-Phase} + Fe_3C$$

gebildet wird.

Ferrit und Zementit bilden hierbei ein eutektoides Gemenge in lamellarer Anordnung, was wegen seines mitunter perlmuttartig schimmernden Aussehens bei Betrachtung mit dem unbewaffneten Auge die Bezeichnung Perlit führt (Abb. 12). Von extremen Abkühlungsbedingungen abgesehen, tritt in Eisen-Kohlenstoff-Legierungen bei niedrigen Temperaturen immer der Perlit an die Stelle des Austenits, wie oben durch die Klammern angedeutet wurde. Längeres Glühen kurz unter der PSK-Linie des Zustandsschaubildes Fe-C überführt den Perlit in körnigen Zementit in ferritischer Grundmasse (Abb. 13),

Abb. 12. Eutektoider Stahl. Perlit

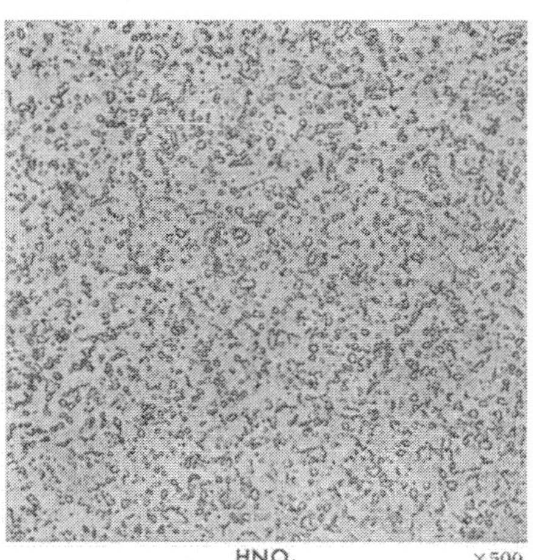

Abb. 13. Weichgeglühter eutektoider Stahl. Körniger Zementit in Ferrit

5. den tertiären Zementit, der sich aus der Alpha-Phase bei abnehmender Temperatur ausscheidet und im Gefüge in Form von dünnen Säumen entlang der Ferritkorngrenzen sichtbar wird (Abb. 6).

In bei langsamer Abkühlung nach dem metastabilen System erstarrten Eisen-Kohlenstoff-Legierungen ergeben sich also mit steigenden Kohlenstoffgehalten folgende Gefügezusammensetzungen:

0% C	Ferrit	
0 ÷ 0,05% C	Ferrit + Tertiär-Zementit	(Abb. 6)
0,05% C		
0,05 ÷ 0,86% C	Ferrit + Perlit	(Abb. 14)
0,86% C	Perlit	(Abb. 12)
0,86 ÷ 1,7% C	Perlit + Sekundärzementit	(Abb. 11)
1,7% C		
1,7 ÷ 4,3% C	Perlit + Sekundärzementit + Ledeburit	(Abb. 7)
4,3% C	Ledeburit	(Abb. 10)
4,3 ÷ 6,7% C	Ledeburit + Primärzementit	(Abb. 9)
6,7% C	Zementit	

Alle diese Gefüge setzen sich lediglich aus den beiden Phasen α-Eisen (Ferrit) und Fe_3C (Zementit) zusammen. Aus den Flächenanteilen der Gefügebestandteile im Schliff, die den Volumenanteilen in der Probe bei gleichmäßiger Verteilung proportional sind, kann nach dem Hebelgesetz auf die chemische Zusammensetzung der Probe geschlossen werden. Das Hebelgesetz sagt bekanntlich aus, daß sich die Mengen zweier Gefügebestandteile zueinander umgekehrt verhalten wie die Länge der entsprechenden Konodenabschnitte, die im Zustandsschaubild den Zustandspunkt des Gefüges mit dem der Legierung verbinden. Zu beachten ist allerdings, daß das Hebelgesetz sich auf Gewichte bezieht, während man durch Ausmessung des Schliffs nur Volumina erhält. Völlige exakte Ergebnisse lassen sich also nur erhalten, wenn die spezifischen Gewichte der Gefügebestandteile gleich sind. Als Methode zur Bestimmung der Flächenanteile sei in erster Linie das Ausplanimetrieren, als gute Behelfsmethoden aber auch das Ausmessen auf dem Leitz-Integriertisch, das Auszählen auf Millimeterpapier sowie die Anwendung einer von J. GÉLAIN [*10*] beschriebenen statistischen Methode genannt. In vielen Fällen wird man mit einer Abschätzung auskommen.

Bei der Erstarrung von Stahlgußstücken treten meist geringe Abkühlungsgeschwindigkeiten auf. Dadurch entsteht ein so grobes γ-Korn, daß es dem Ferrit wegen des langen Diffusionsweges nicht möglich ist, bei Erreichen der GOS-Linie des Fe—C-Diagramms sich vollständig längs der γ-Korngrenzen auszuscheiden. Die so bedingten Ferritausscheidungen im Innern der γ-Körner liegen in Form von gesetzmäßig zum γ-Gitter orientierten

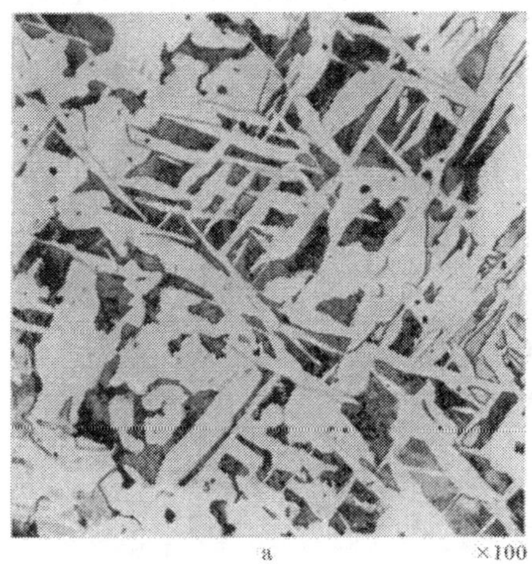

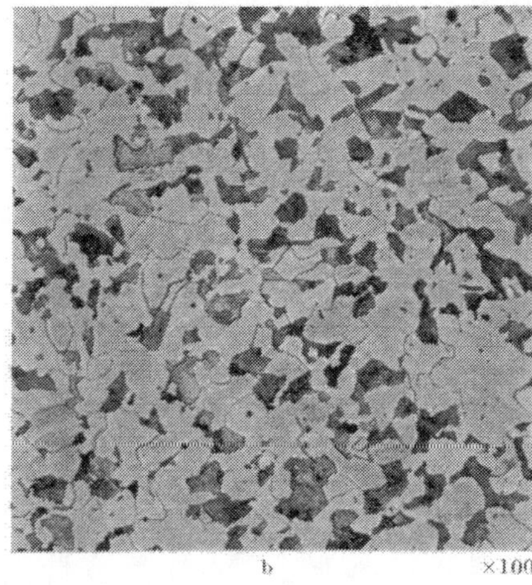

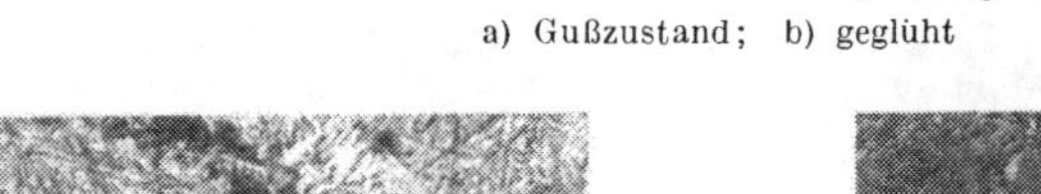

a ×100 HNO_3 b ×100

Abb. 14a u. b. Untereutektoider Stahl (Stahlguß). Ferrit + Perlit
a) Gußzustand; b) geglüht

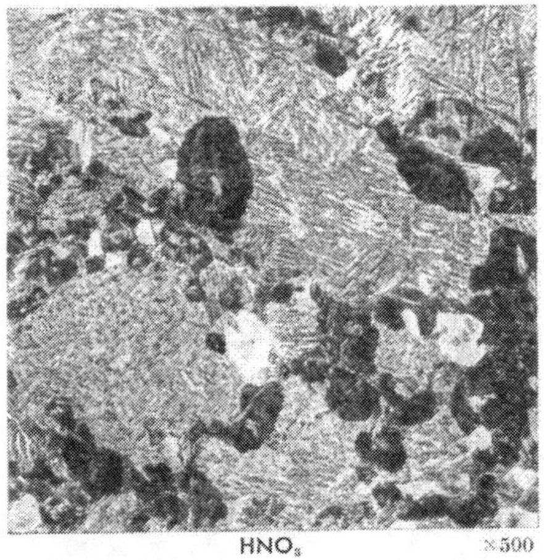

HNO_3 ×500

Abb. 15. Untereutektoider Stahl, von 900°C in Öl abgeschreckt und bei 350°C angelassen. Feiner Perlit (Abschrecktroostit) und Vergütungsgefüge

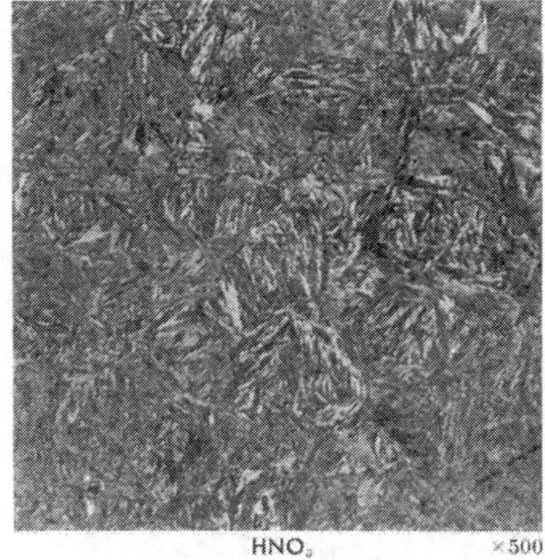

HNO_3 ×500

Abb. 16. Untereutektoider Stahl, von 900°C in Wasser abgeschreckt. Martensit

Platten vor. Das so entstehende technisch ungünstige Gefüge wird als *Widmannstättensches* Gefüge bezeichnet (Abb. 14a). Man beseitigt es in der Praxis durch eine Glühbehandlung (Abb. 14b).

Bei schnell aus dem γ-Gebiet abgekühlten Proben stellt sich kein Gleichgewicht mehr ein, das Hebelgesetz ist also nicht mehr auf die Verteilung der Gefügebestandteile anwendbar. Da hierbei die Diffusionszeiten geringer werden, wird auch der Lamellenabstand im Perlit mit steigender Abkühlungsgeschwindigkeit bei der γ-α-Umwandlung geringer, wobei die Härte ansteigt. Perlit mit geringem Lamellenabstand, der unter dem Lichtmikroskop bei stärkster Vergrößerung sich an die Grenze des Auflösungsvermögens bewegt, wird auch als Sorbit bezeichnet, noch feinerer Perlit, der mit lichtoptischen Methoden nicht mehr als inhomogen zu erkennen ist und sich durch charakteristische Rosettenform auszeichnet (Abb. 15), als Troostit. Da es sich jedoch nicht um grundsätzlich vom Perlit verschiedene Gefüge handelt und ferner auch gewisse Anlaßgefüge oft ebenfalls als Sorbit und Troostit bezeichnet werden, empfiehlt der Verein Deutscher Eisenhüttenleute [*11*], diese Begriffe möglichst nicht mehr zu verwenden.

Wird durch hohe Abschreckgeschwindigkeit die Perlitbildung ganz unterbunden, so bildet sich bei tieferen Temperaturen aus der γ-Phase der Martensit, der kristallo-

Abb. 17. Eutektoider Stahl, von 1000°C auf 300°C abgeschreckt, 5 min gehalten und an Luft abgekühlt. Zwischenstufengefüge und Martensit

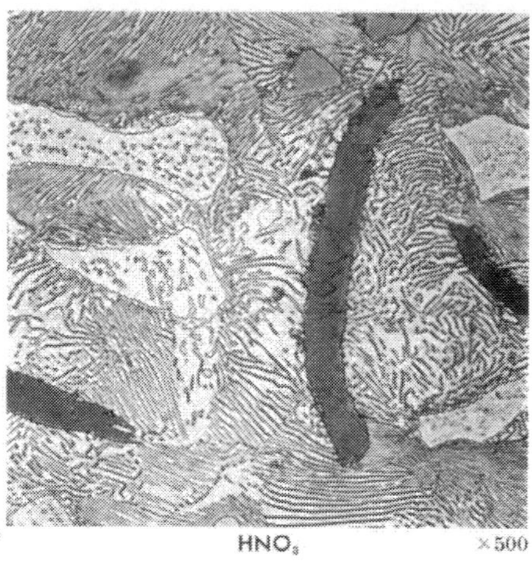

Abb. 18. Grauguß mit 0,8% P. Graphit, Mangansulfid, Phosphideutektikum, Perlit

graphisch der α-Phase verwandt ist, jedoch mehr Kohlenstoff aufnimmt (Abb. 16). Der Martensit zeichnet sich durch sehr hohe Härte aus, das Gefüge ist nadelig und ätzt sich nur schwer an, so daß es beispielsweise neben einem perlitischen Gefüge (Troostit) sehr hell wirkt. Unter Umständen ist die Martensitbildung bei Raumtemperatur noch nicht vollständig vor sich gegangen, so daß zwischen den Martensitnadeln noch der etwas dunklere Restaustenit sichtbar wird. Wird der Martensit bei Temperaturen zwischen 100°C und 700°C angelassen, so ergeben sich die verschiedenen Vergütungsgefüge. Mit steigender Temperatur zunehmend scheidet sich Zementit aus, die nadlige Struktur bleibt jedoch erhalten (Abb. 15).

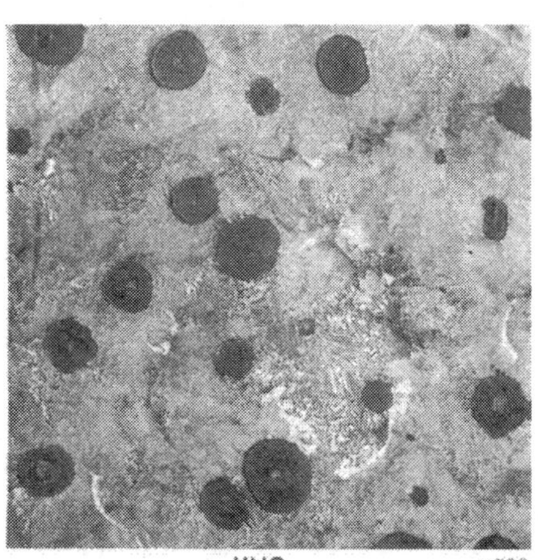

Abb. 19. Gußeisen mit Kugelgraphit. Kugeliger Graphit, Perlit

Geht die Umwandlung der γ-Phase isotherm in einem als Zwischenstufe bezeichneten Temperaturbereich (etwa bei 300°C) vor sich, so entsteht der Bainit oder das Zwischenstufengefüge, das nadliges Aussehen ähnlich wie Martensit, hat (Abb. 17). Es handelt sich hierbei um stark an Kohlenstoff übersättigte α-Phase, aus der sich ein Teil des Kohlenstoffs in Form von feinen, meist mikroskopisch nicht erkennbaren Zementitteilchen ausgeschieden hat.

Im Grauguß, also bei Erstarrung nach dem stabilen System, tritt der Kohlenstoff im Eisen in Form von Graphit auf. Bei richtiger Polierbehandlung zeigt der Graphit eine glatte, graue Oberfläche. Zuweilen zeigt sich eine streifige Struktur (Abb. 18), die in polarisiertem Licht noch deutlicher zu erkennen ist und auf Gitterstörungen zurückgeht [*12*]. Der Graphit tritt in den verschiedensten geometrischen Formen auf, auf die noch eingegangen wird. In Kugelgraphit zeigen sich gelegentlich helle Flecke im Kugelinnern (Abb. 19), die oft für Fremdkeime gehalten werden. Es handelt sich hierbei jedoch um eine Täuschung, die durch die tangentiale Anordnung der Basisebenen der hexagonalen Graphitkristallite hervorgerufen wird [*13*]. Diese Anordnung der Graphitkristalle in einem Sphärolithen kann infolge der optischen Anisotropie des Graphits unter polarisiertem Licht sichtbar gemacht werden. Während

Abb. 20 a u. b. Graphit-Sphärolith (nach H. MORROGH)
a) Normalbeleuchtung; b) gekreuzte Nicols

unter gekreuzten Nicols die Grundmasse dunkel erscheint, ist der Graphit in 4 verschiedenen Richtungen hell (Abb. 20). Man bezeichnet diese Erscheinung als *Sphärolithenkreuz.*

Bei Grauguß kann man grundsätzlich untereutektische, eutektische und übereutektische Legierungen unterscheiden. Abb. 21 stellt schematisch die zu erwartenden idealen Gefügebilder dar, bezogen auf das Zustandsschaubild. Die Legierung n_2 ist eutektisch zusammengesetzt; Graphitflocken durchsetzen gleichmäßig das Bild. Die Legierung n_1 ist untereutektisch. Im Bilde treten helle Flächen auf, die hier des besseren Verständnisses wegen von dünnen Linien umrissen sind. Diese Stellen sind die primär ausgeschiedenen, häufig dendritisch kristallisierenden und später umgewandelten γ-Mischkristalle. Das Eutektikum, in welchem der Graphit gleichmäßig verteilt ist, umhüllt die γ-Körner. Legierung n_3 ist übereutektisch. Neben gleichmäßig verteilten feineren Graphitflocken erkennt man Balken (Platten) von primär ausgeschiedenem Garschaumgraphit, der gelegentlich Stiefelknechtform haben kann, d. h. das Wachstum der Deckflächen der Graphitplatten setzt sich über die eigentliche Platte hinaus fort.

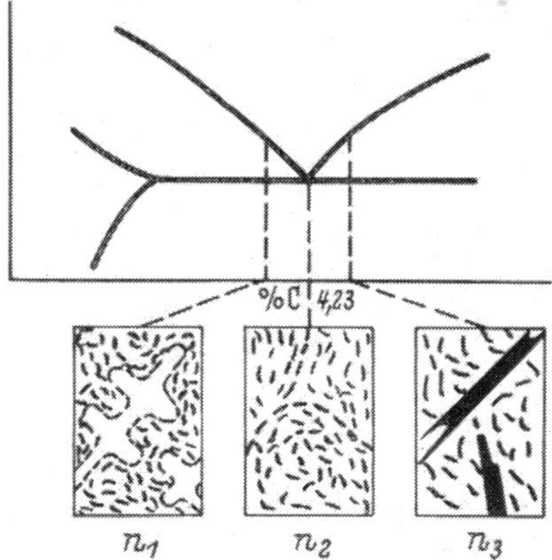

Abb. 21. Schema der Entstehung von untereutektischem, eutektischem und übereutektischem Graugußgefüge

Die geometrische Form und Anordnung des Graphits besitzt überragende Bedeutung für viele Eigenschaften des Gußeisens, wie Zug- und Biegefestigkeit, Scher- und Torsionsfestigkeit, Elastizitätsmodul, Dämpfungsfähigkeit, Korrosionswiderstand, Zunderbeständigkeit, Wachstumsbeständigkeit u. v. a. Die Aufdeckung und Kennzeichnung der Graphitausbildung ist dehalb eine Hauptaufgabe der Metallographie. So wird verständlich, daß alle Versuche zur Charakterisierung des Graphits lebhaftes Interesse erweckt haben. E. PIWOWARSKY [*14*] bevorzugt, den Arbeiten über Grauguß metallographische Aufnahmen beizugeben, die ohne Zweifel die Graphitausbildung am genauesten wiedergeben. Auch Röntgenmikroaufnahmen, insbesondere im Stereoverfahren hergestellt, lassen wertvolle Rückschlüsse auf die räumliche Form der Graphitteilchen und ihre Orientierung zu, wie E. PIWOWARSKY und M. NACKEN [15] durch Aufnahme verschiedenartiger Gußeisensorten belegt haben (Abb. 22—24). Abb. 22 zeigt die photographisch nachvergrößerte Röntgenaufnahme eines Dünnschliffes von Gußeisen mit Kugelgraphit. Der Radius der Kugeln ist praktisch gleich groß, die Größenunterschiede im metallographischen Bild sind nur scheinbar und erklären sich aus der Schnittlage in verschiedenem Abstand

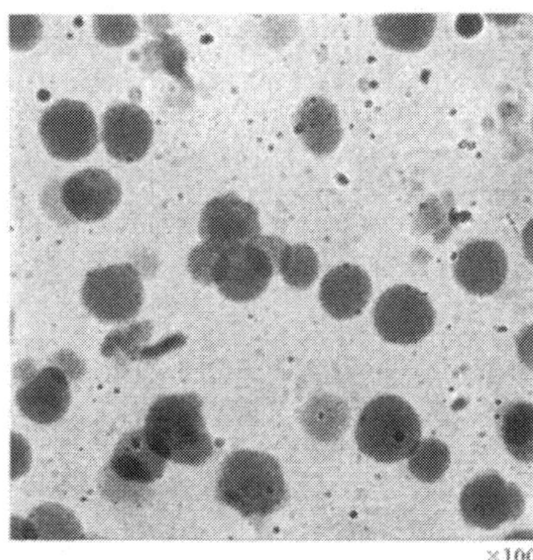

Abb. 22. Röntgenaufnahme von Gußeisen mit Kugelgraphit (nach M. NACKEN und E. PIWOWARSKY)

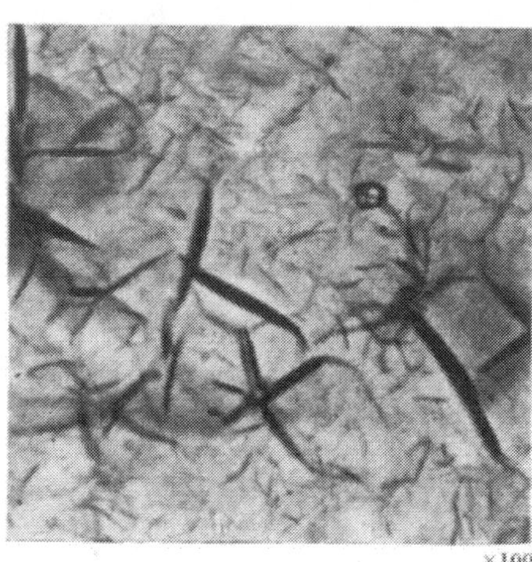

Abb. 23. Röntgenaufnahme von Hämatitroheisen (nach M. NACKEN und E. PIWOWARSKY)

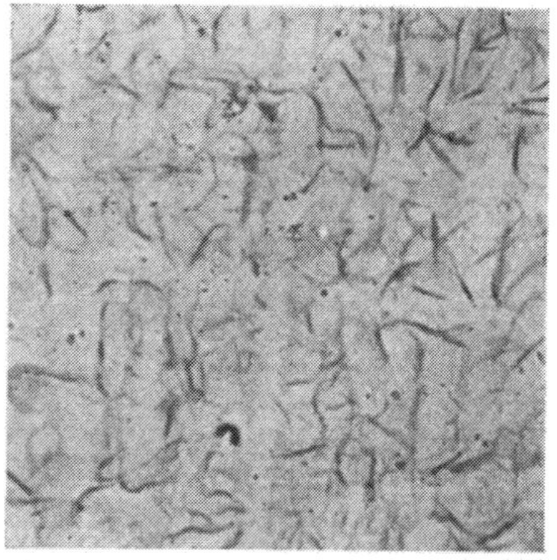

Abb. 24. Röntgenaufnahme von Perlitguß (nach M. NACKEN und E. PIWOWARSKY)

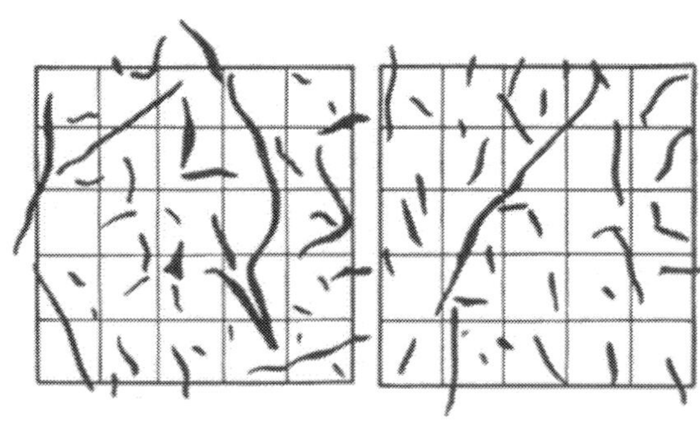

Abb. 25. Beurteilung der Graphitbildung (nach A. PORTEVIN)

zum Kugeläquator. Abb. 23 gibt die Röntgenaufnahme eines Hämatitroheisen-Dünnschliffs wieder. Häufig wachsen mehrere Graphitlamellen von einem Zentrum aus nach verschiedenen Raumrichtungen. Es entstehen so schiffsschraubenähnliche Formen, wie sie schon früher von J. T. MACKENZIE [16] beschrieben worden sind. Abb. 24 zeigt schließlich die Röntgenaufnahmen von perlitischem Grauguß. Deutlich heben sich helle Primäraustenit-Dendritenachsen ab, die von feinen Graphitlamellen umgeben sind.

Daneben besteht aber der Wunsch, durch einfache Kennziffern eine möglichst genaue Beschreibung der Graphitausbildung zu geben. Bei Lamellengraphit gleichmäßiger Verteilung über das Gefüge bietet hier ein von A. PORTEVIN [17] angegebenes Meßverfahren ein Hilfsmittel (Abb. 25). Über eine Gefügeaufnahme in 25facher Vergrößerung wird ein Netz von 5×5 Maschen gelegt. Die Maschenweite ist 1 cm. Dann werden nacheinander die

Graphitlamellen ausgezählt, die keine, eine, zwei, drei, vier oder fünf Netzlinien schneiden. Jedes Auszählergebnis wird mit einem Index versehen, der die Zahl der geschnittenen Netzlinien angibt. Ein willkürliches Auszählergebnis kann also folgende Form haben:

$$19_0 - 11_1 - 5_2 - 0_3 - 1_4,$$

d. h. 19 Flocken schneiden keine Linie, 11 nur eine, 5 zwei u. s. f. Diese Ziffernfolge gibt also einen recht guten Maßstab für Länge und Längenunterschiede der Graphitflocken.

Bei der Beschreibung heterogener Gefüge leisten Richtreihen gute Dienste. Bei diesem Verfahren wird das vorliegende Gefüge mit einer Standardgefügereihe, deren Einzelbilder numeriert sind, verglichen. Die Kennzeichnung erfolgt dann durch die Kennzahl des vergleichbaren Gefügebildes. Für Graphitausbildung und Feinheitsgrad hat die American Society for Testing Materials (ASTM) 1942 die Richtreihen A 247 aufgestellt. In der ersten Reihe wird versucht, die Anordnungsformen des Graphits zu erfassen. Abb. 26 zeigt die ausgewählten Graphitanordnungstypen. Graphitform A stellt eine regellose Verteilung von Lamellengraphit gleichmäßiger Art dar, wie sie in gewöhnlichem Grauguß am häufigsten vorkommt. Läßt sich beim Graphit eine gewisse radialstrahlige Anordnung erkennen (Rosettengraphit), so erhält er die Kennziffer B. Treten zwei deutlich in der Größe unterschiedene Arten von Graphitteilchen auf, wie es bei übereutektischem grauen Eisen der Fall ist, wird dieser Typ mit *C* bezeichnet. Die Typen *D* und *E* geben die beiden möglichen Graphitverteilungen in deutlich untereutektischem Eisen wieder. Entweder liegen zwischen den Primärkristallen die Graphitteilchen regellos orientiert vor (Typ *D*), oder die Flocken liegen interdendritisch mehr oder minder parallel zu den Dendritenarmen (Typ *E*).

Diese Richtreihe berücksichtigt noch nicht das Auftreten von Kugelgraphit. Um diese Lücke zu schließen, hat der Fachausschuß Gußeisen des Vereins Deutscher Gießereifachleute eine Fortsetzung dieser Reihe mit den Typen *K* bis *O* aufgestellt (Abb. 27). Typ *K* stellt eine mehr oder minder vollkommene Kugelform dar. Typ *L* zeigt Sphärolithen mit ausgelappten Rändern. Typ *M* gibt eine noch ziemlich kompakte Graphitform wieder mit geometrischen Umrissen, wie sie bei Meeresinseln vorkommen. Typ *N* gleicht im Aussehen einem Schnitt durch Baumstubben. Typ *O* stellt schließlich den Übergang zum Lamellengraphit dar, jedoch sind die Lamellen kompakter und haben abgerundete Kanten. Im angelsächsischen Schrifttum wird diese Form mit *quasi-flake* bezeichnet. In den Abb. 26b bis 29b sind Gefüge*aufnahmen*, die den gezeichneten Richtreihenbildern weitgehend entsprechen, dargestellt[1].

Die zweite Reihe der ASTM erfaßt die Länge der Graphitlamellen. Diese Reihe umfaßt 8 Standardbilder (Abb. 28) von Graphit unterschiedlicher Länge. Zugrundegelegt sind Mikrobilder in 100facher Vergrößerung. Die folgende Tabelle gibt die Längen der längsten Flocken in Zoll und in mm wieder.

Größe 1	4 Zoll und mehr	100 mm und mehr	Größe 5	0,25 ÷ 0,5 Zoll	6 ÷ 12 mm
Größe 2	2 ÷ 4 Zoll	50 ÷ 100 mm	Größe 6	0,125 ÷ 0,25 Zoll	3 ÷ 6 mm
Größe 3	1 ÷ 2 Zoll	25 ÷ 50 mm	Größe 7	0,062 ÷ 0,125 Zoll	1,5 ÷ 3 mm
Größe 4	0,5 ÷ 1 Zoll	12 ÷ 25 mm	Größe 8	0,032 ÷ 0,062 Zoll	1,5 ÷ 0,7 mm

Die Kennziffer A 5 würde also aussagen, daß das Gefüge regellos verteilten Lamellengraphit zeigt, dessen längste Lamellen 6 bis 12 mm bei 100facher Vergrößerung lang sind. E 7 kennzeichnet einen interdendritisch eingelagerten und gerichtet angeordneten Graphit mit einer größten Lamellenlänge von 1,5 bis 3 mm. Der Fachausschuß Gußeisen des Vereins Deutscher Gießereifachleute hat auch für die Sphärolithengröße in Gußeisen mit Kugelgraphit eine Richtreihe entwickelt, die in Abb. 29[2] wiedergegeben ist. Unterschieden werden 6 Sphärolithengrößen.

Durch diese beiden Richtreihen lassen sich die üblichen Graphitausbildungen in Gußeisen recht gut beschreiben. Beim Typ *K* ist auch die Angabe des Durchmessers der Graphit-

[1] Aufnahmen: M. KRICHEL, Gießerei-Institut, Aachen.
[2] Die Abbildungen 29 bis 35 befinden sich auf den Seiten 776 bis 781.

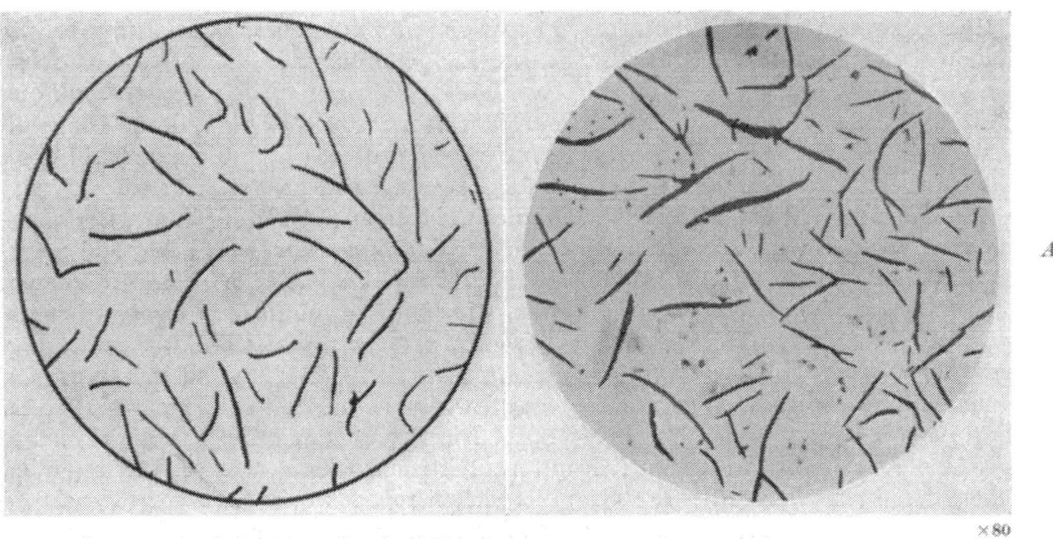

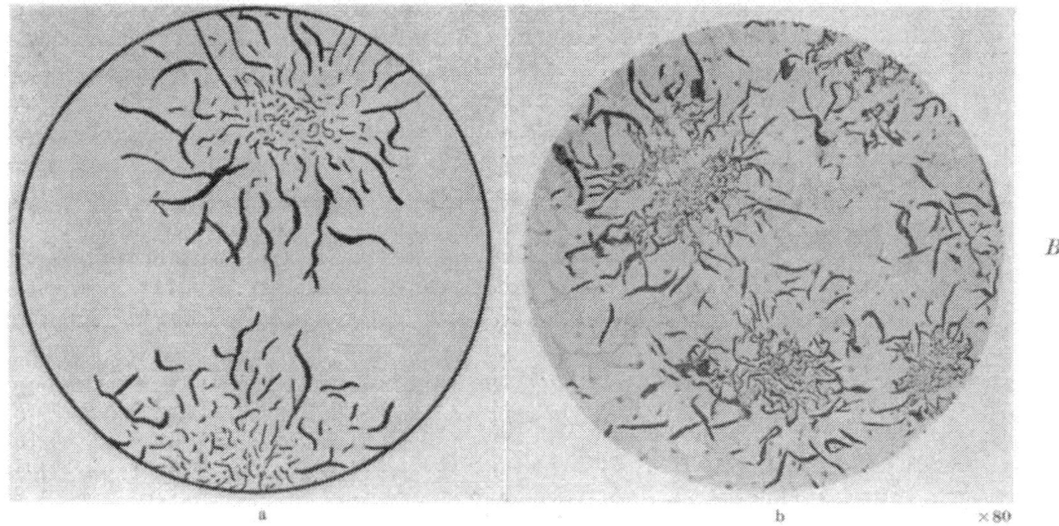

Abb. 26[1]. Richtreihe für die Anordnung von Blattgraphit
Anordnung $A-B$
a) schematisch (nach ASTM); b) Realbilder

---

[1] Die Vergrößerung der Abbildungen 26—29 ist im Original 100fach. Aus drucktechnischen Gründen werden die Abbildungen hier auf $^4/_5$ der Originalgröße verkleinert wiedergegeben.

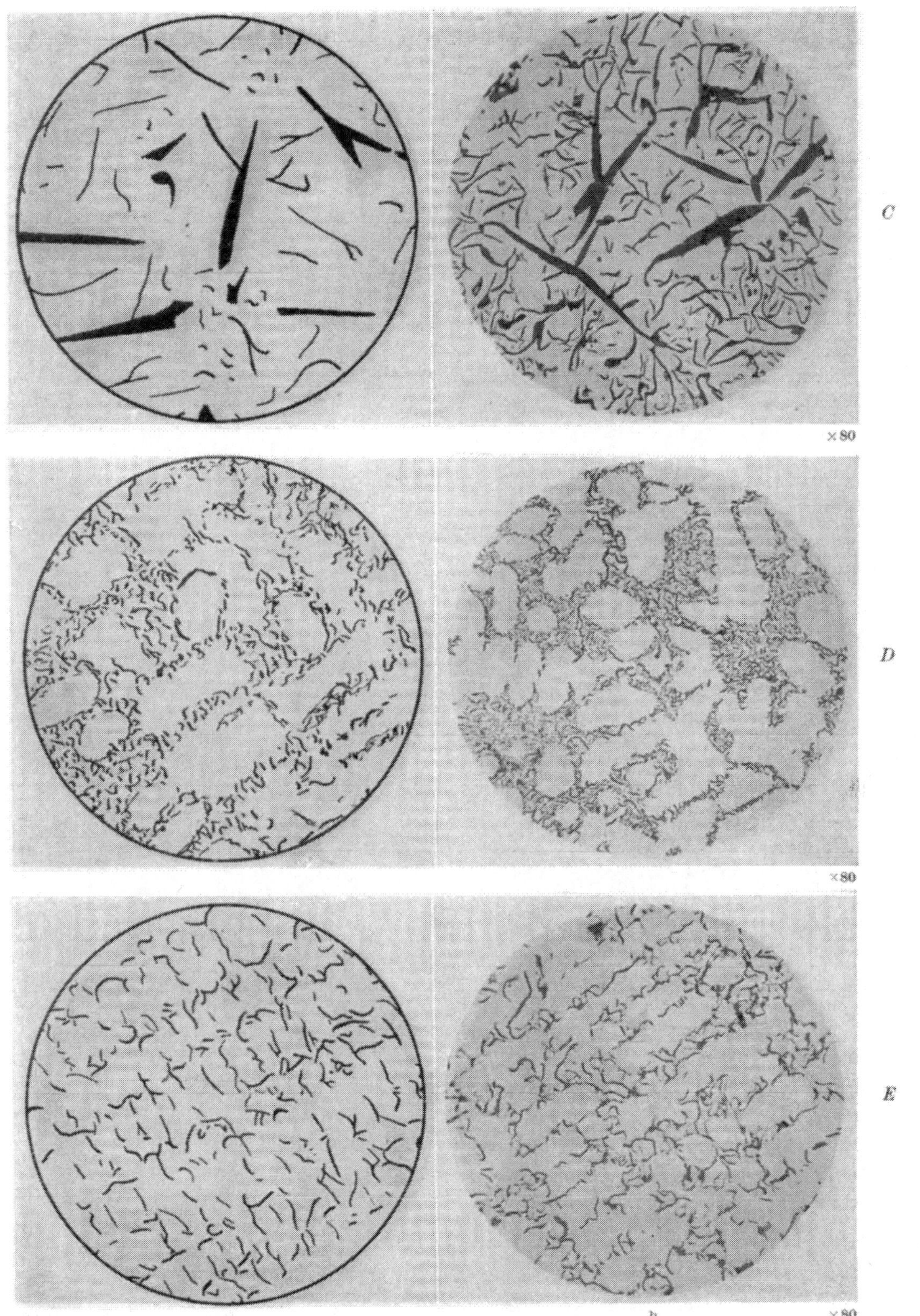

Abb. 26. Richtreihe für die Anordnung von Blattgraphit
Anordnung $C-E$
a) schematisch (nach ASTM); b) Realbilder

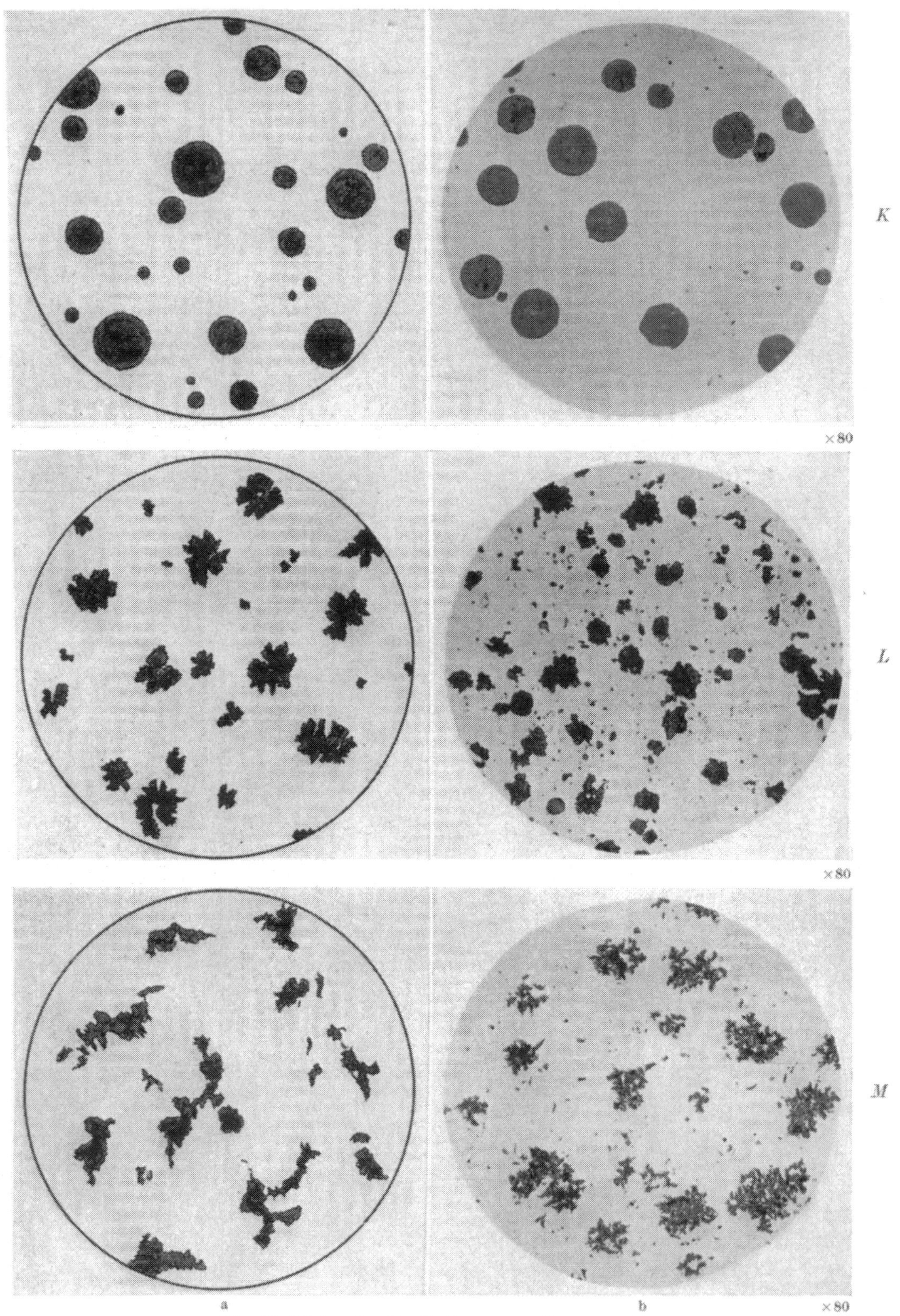

Abb. 27. Richtreihe für die Form von Kugelgraphit
Form K—M
a) schematisch (nach VDG); b) Realbilder

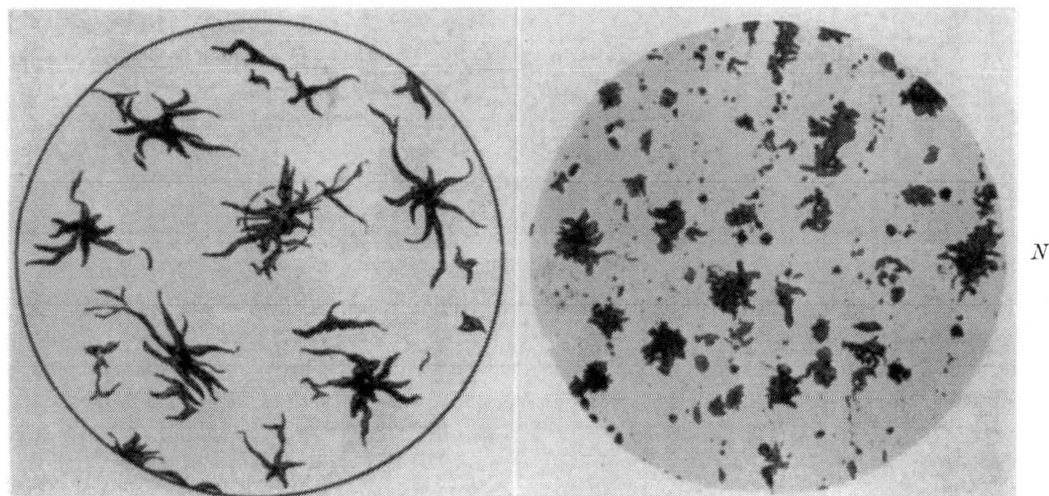

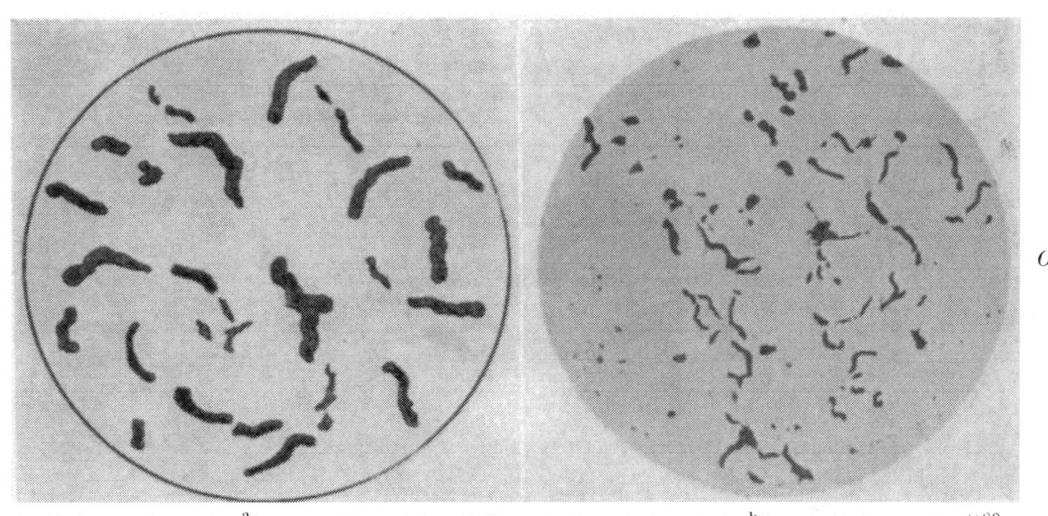

Abb. 27. Richtreihe für die Form von Kugelgraphit
Form $N-O$
a) schematisch (nach VDG); b) Realbilder

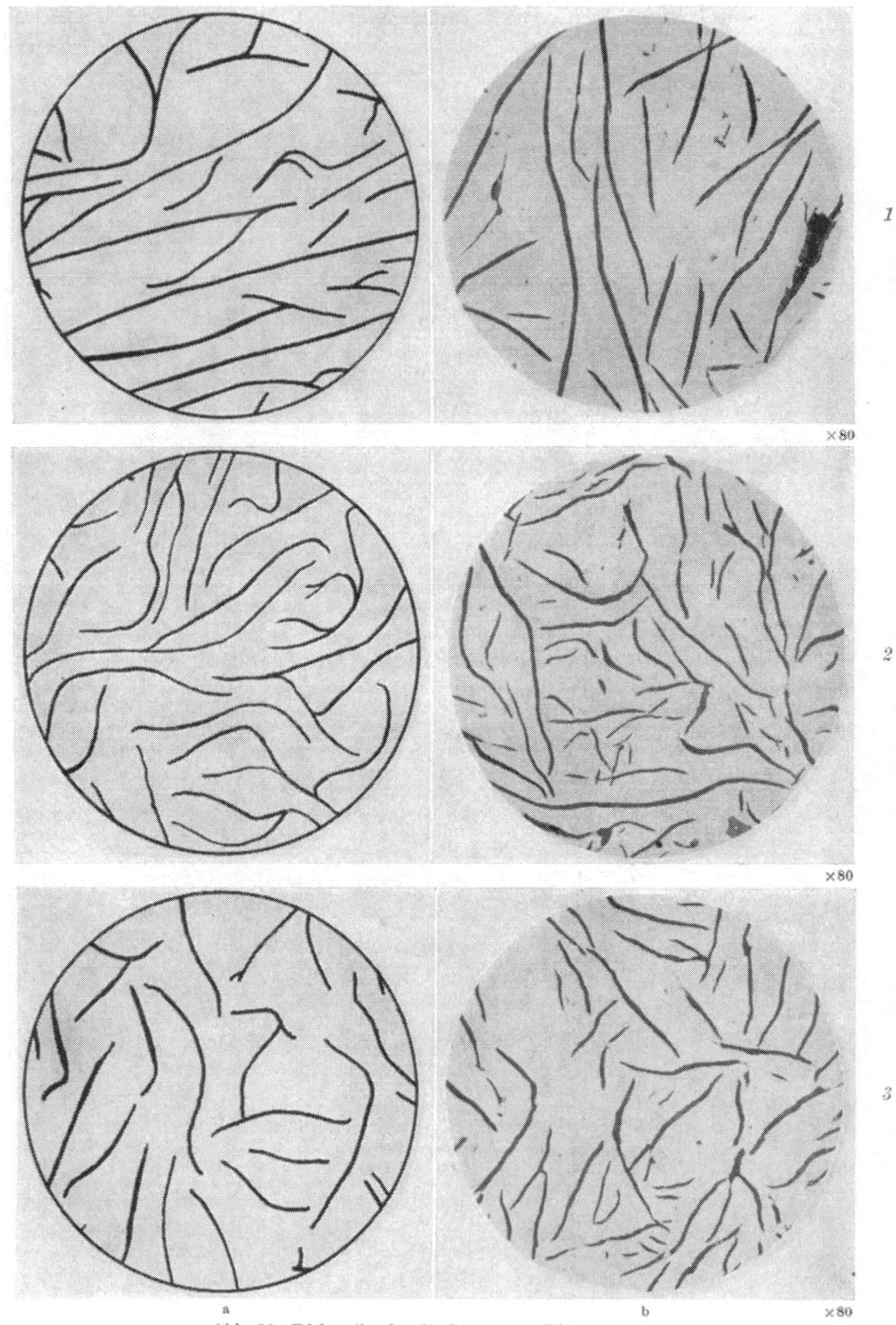

Abb. 28. Richtreihe für die Länge von Blattgraphit
Länge *1*—*3*
a) schematisch (nach ASTM); b) Realbilder

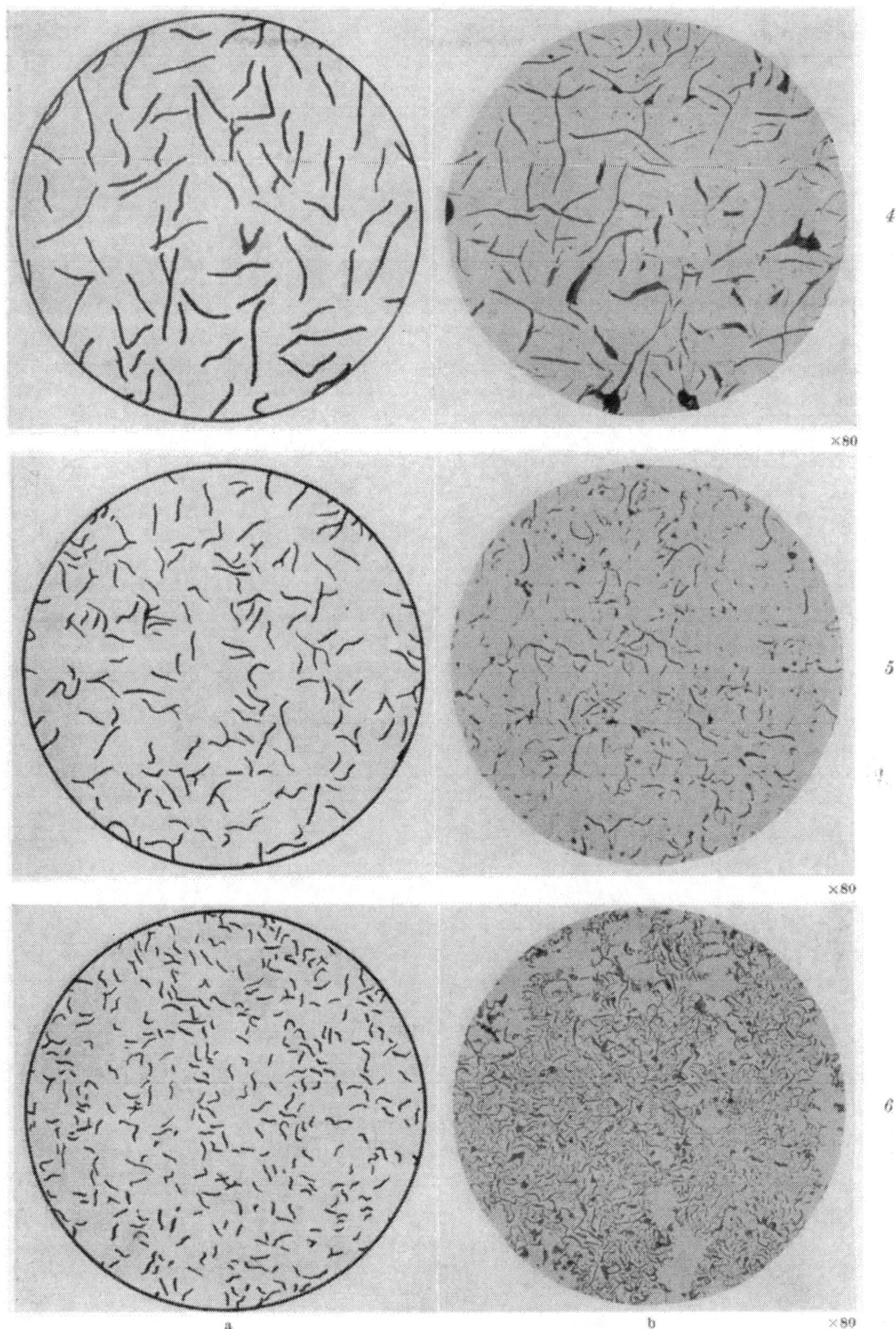

Abb. 28. Richtreihe für die Länge von Blattgraphit
Länge 4—6
a) schematisch (nach ASTM); b) Realbilder

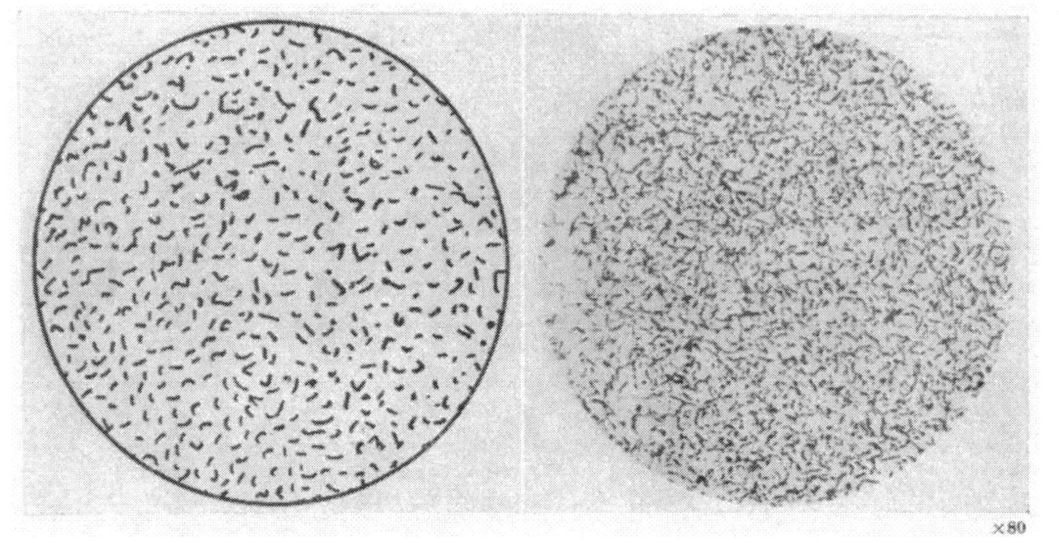

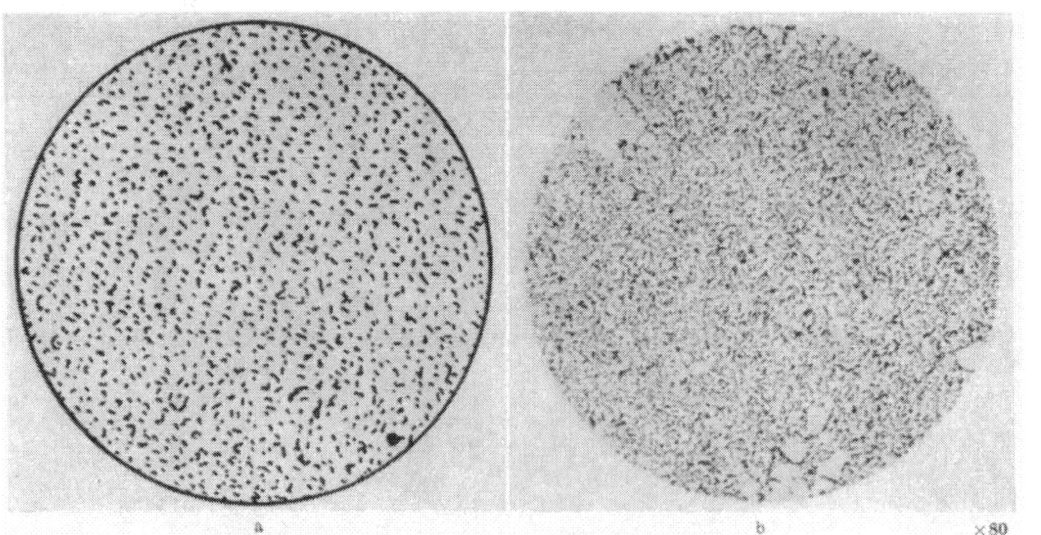

Abb. 28. Richtreihe für die Länge von Blattgraphit
Länge 7—8
a) schematisch (nach ASTM); b) Realbilder

kugeln zweckmäßig. Auffälligerweise unterscheiden sich die einzelnen Graphitkugeln innerhalb einer Probe, wie oben erwähnt, recht wenig in ihren Durchmessern, wie auch Untersuchungen chemisch herausgelöster Graphitkugeln zeigen. Die Angabe K 40 könnte also bedeuten, daß es sich um ein ausschließlich Kugelgraphit enthaltendes Gußeisen mit einem durchschnittlichen Durchmesser der Graphitkugeln von 40μ handelt. Es ist also der Durchmesser der größten in einem Schliffbild auftretenden Sphärolithen auszumessen und in μ umzurechnen. Welcher Bildeindruck hervorgerufen wird, wenn ein Schnitt durch eine im Raum statistisch verteilte Kugelmenge mit gleichen Durchmessern gelegt wird, ist aus der zeichnerischen Darstellung (Abb. 30) zu entnehmen. Durch die Schnitte in verschiedenen Höhenlagen werden Kugeln unterschiedlichen Durchmessers vorgetäuscht.

Beim Temperprozeß, also beim Glühen von weißem Eisen, scheidet sich der Graphit in so feinkristalliner Form aus, daß man ihn ursprünglich für amorph hielt. Man bezeichnet diesen Graphit als Temperkohle; er tritt in mehr oder weniger kompakten Knoten auf (Abb. 31, 32). Auch für Temperkohle wurden entsprechende Richtreihen wie für Graphit aufgestellt (Abb. 33, 34).

Der Phosphor tritt bei höheren Gehalten im Eisen in Form von Fe_3P auf. Dieses Phosphid bildet zusammen mit Zementit und Ferrit das ternäre Phosphideutektikum, das Steadit genannt wird. Der Steadit nimmt meist eine eigentümliche „Knochen"-Form ein und hat ein gesprenkeltes Aussehen (Abb. 18, 35). Bei hohen Phosphorgehalten bildet er ein zusammenhängendes Netzwerk. Das Phosphid ist, wie der Zementit, hart und wird durch die Ätzung mit Salpetersäure nicht angegriffen. Zur Unterscheidung dient die Ätzung mit alkalischem Natriumpikrat, die den Zementit färbt und Ferrit und Phosphid nicht angreift, oder die Ätzung mit Kaliumferrizyanid, die nur das Phosphid färbt. Bei hohen Siliziumgehalten und langsamer Abkühlungsgeschwindigkeit bildet sich das ternäre Eutektikum Fe_3P-Graphit-Ferrit, wobei sich allerdings der Graphit an den schon außerhalb des Phosphideutektikums vorhandenen Graphit anlagert, so daß man mit Recht von einem *pseudobinären* Phosphideutektikum spricht. Als Kennzeichen für pseudobinäres Eutektikum dient nach H. Hanemann und A. Schrader [*12*], daß die Ferritinseln in ihm in Reihen angeordnet sind, während sie im ternären regellos verteilt sind. Im übrigen dienen die angeführten Ätzmittel zur Unterscheidung.

Das gelbliche FeS ist nur in Abwesenheit von Mangan beständig und kommt daher in technischen Eisenlegierungen, die immer Mangan enthalten, selten vor. Das Mangansulfid (MnS), in dem stets beträchtliche Mengen von Eisensulfid gelöst sind, ist im geätzten und im ungeätzten Schliff als blaugrauer Einschluß in rundlicher, seltener kantiger Form, je nach Erstarrungsfolge, zu erkennen (Abb. 18, 31, 35).

Als helle, kantige, annähernd quadratische Kristalle treten TiC und TiN auf. Das TiC hat weißliche, das TiN rötliche Färbung (Abb. 35).

(Auf den folgenden Seiten befinden sich die Abb. 29 bis 35.)

Literatur

[*1*] Roll, F.: Gießerei Bd. 23 (1936) S. 645. — [*2*] Wiester, H. J.: Arch. f. d. Eisenhüttenwesen Bd. 9 (1935/36) S. 525. — [*3*] Diergarten, H.: DRP 639789 s. a. Schleif- und Poliertechnik Bd. 14 (1937) S. 146. — [*4*] Nielsen, E. J.: Arch. f. d. Eisenhüttenwesen Bd. 25 (1954) S. 89/92. — [*5*] Schafmeister, P., und K. E. Volk: Arch. f. d. Eisenhüttenwesen Bd. 15 (1941/42) S. 243/246 (Werkstoffausschuß 563) vgl. Stahl und Eisen Bd. 61 (1941) S. 1058. — [*6*] Knuth-Winterfeldt, E.: Kortidsmetoder til Metallografisk Elektropolering, Kopenhagen (1952). — [*7*] Jacquet, P. A.: Metallographie de l'aluminium et de ses alliages, ONERA Publ. Nr. 51 (1952). — [*8*] Strohfeld, W.: Aluminium Bd. 28 (1952) S. 436/41. — [*9*] Bezügl. anderer Primärätzverfahren vgl.: H. Jurich: Gießerei Bd. 24 (1937) S. 341/343. — [*10*] Gélain, J.: Fonderie Bd. 124 (Mai 1956) S. 198/201. — [*11*] Körber, J. W., Oelsen, H. Schottky und H. J. Wiester: „Das Zustandsschaubild Eisen-Kohlenstoff" Ber. Nr. 180 des Werkstoffausschusses des VDEh (1949). — [*12*] Hanemann, H., und A. Schrader: „Atlas Metallographicus" Band II: Gußeisen, Berlin (1936). — [*13*] Morrogh, H., und W. J. Williams: Journal Iron Steel Inst. Bd. 155 (1947) S. 321. — [*14*] Piwowarsky, E.: Hochwertiges Gußeisen, Berlin/Göttingen/Heidelberg: Springer 1951. — [*15*] Piwowarsky, E., und M. Nacken: Gießerei, Techn.-wissenschaftl. Beihefte Nr. 4 (1950) S. 187/193. — [*16*] Mackenzie, J. T.: American Inst. Min. Met. Engineers Techn. Publ. Nr. 1741 (1944). — [*17*] Portevin, A.: Bericht Intern. Gießerei-Kongreß Warschau (1938).

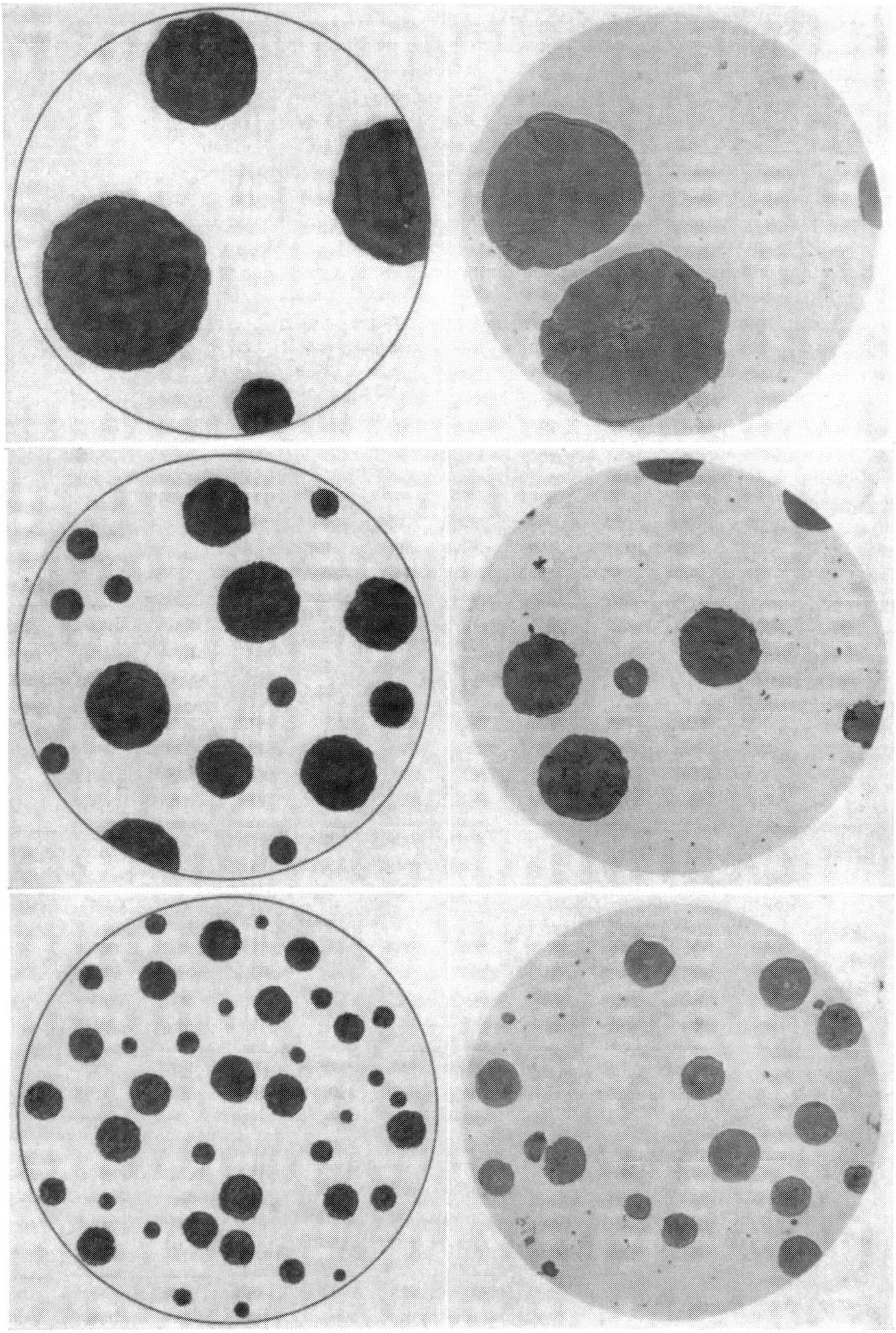

1

2

3

a b ×80

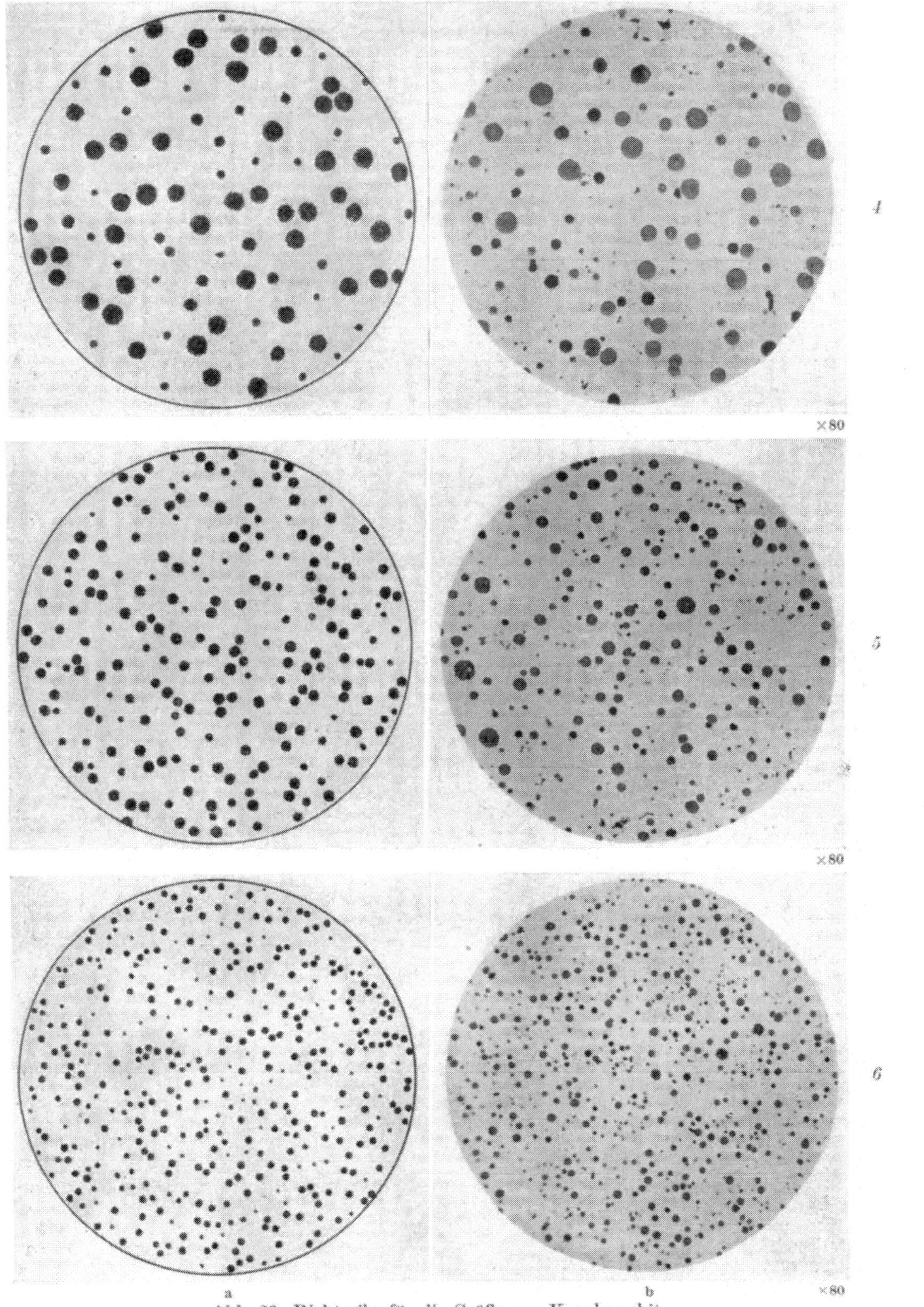

Abb. 29. Richtreihe für die Größe von Kugelgraphit
Größe *1—6*
a) schematisch (nach VDG); b) Realbilder

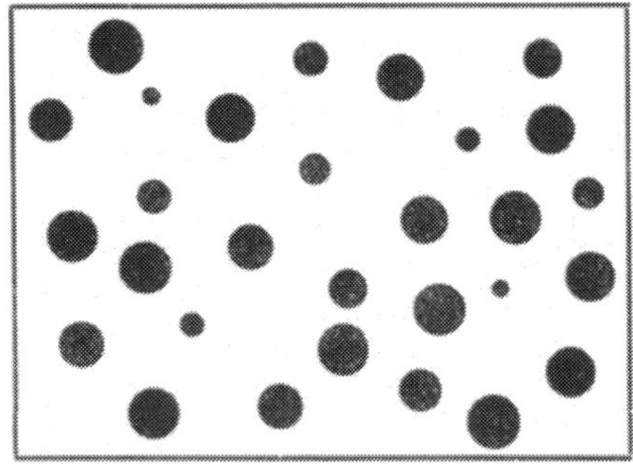

Abb. 30. Sphärolithengröße im Schliffbild bei statistischer Verteilung

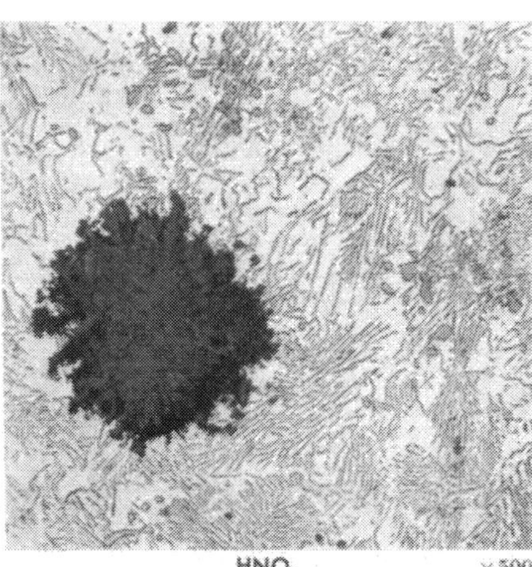

Abb. 31. Weißer Temperguß. Temperkohle, Mangansulfid, Perlit

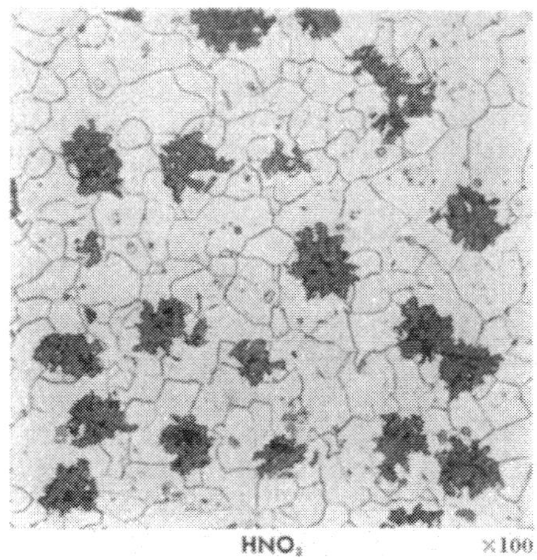

Abb. 32. Schwarzer Temperguß. Temperkohle, Ferrit

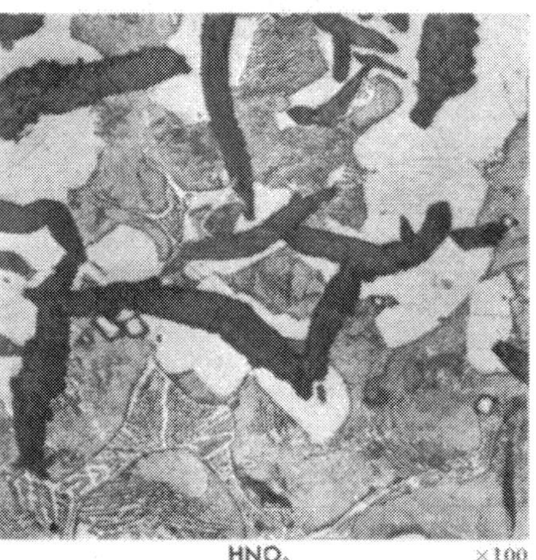

Abb. 35. Phosphor- und Titan-haltiger Grauguß. Graphit, Titankarbid, Mangansulfid, Phosphideutektikum, Ferrit, Perlit

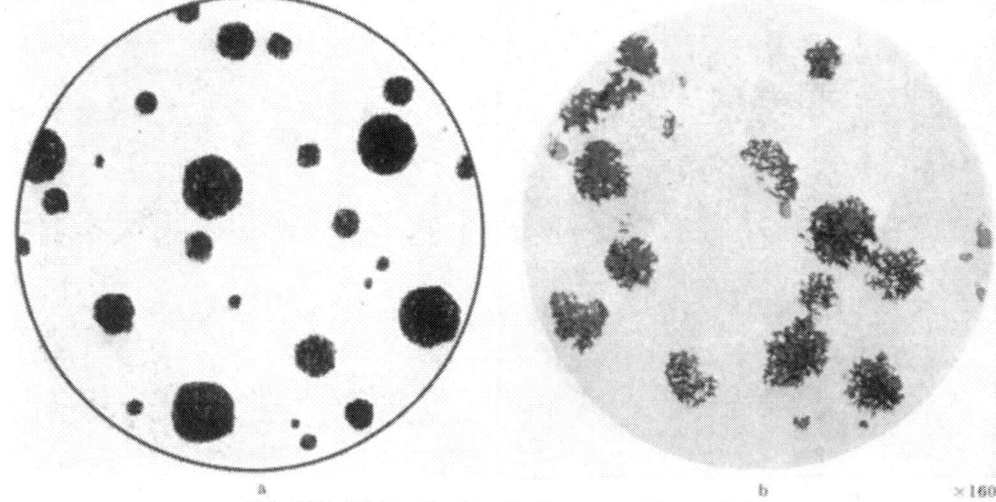

Abb. 33[1]. Richtreihe für die Form von Temperkohle
Form *T*
a) schematisch (nach VDG); b) Realbilder

[1] Die Vergrößerung der Abbildungen 33 und 34 ist im Original 200fach. Aus drucktechnischen Gründen werden die Abbildungen hier auf $^4/_5$ der Originalgröße verkleinert wiedergegeben.

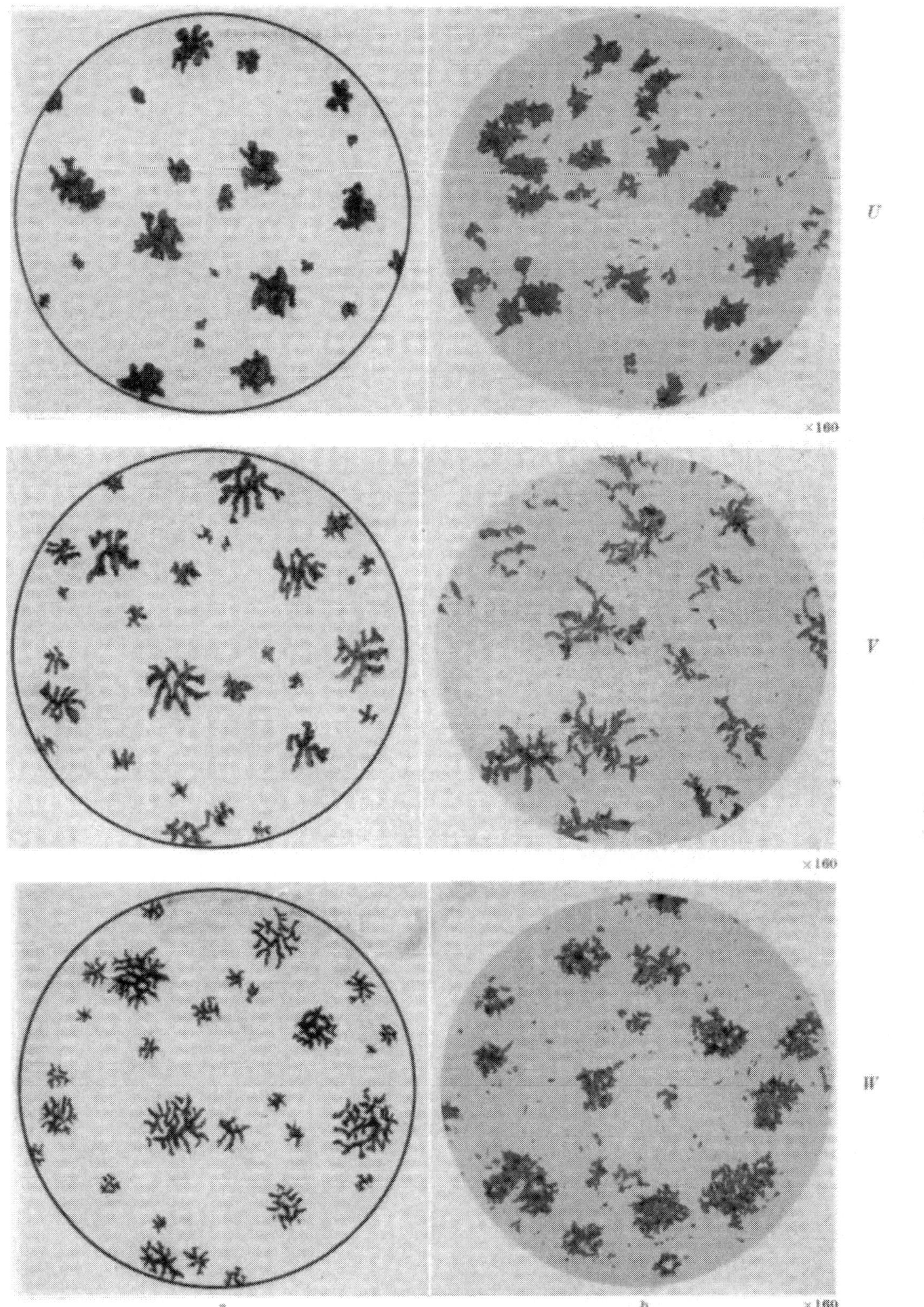

Abb. 33. Richtreihe für die Form von Temperkohle
Form *U*—*W*
a) schematisch (nach VDG); b) Realbilder

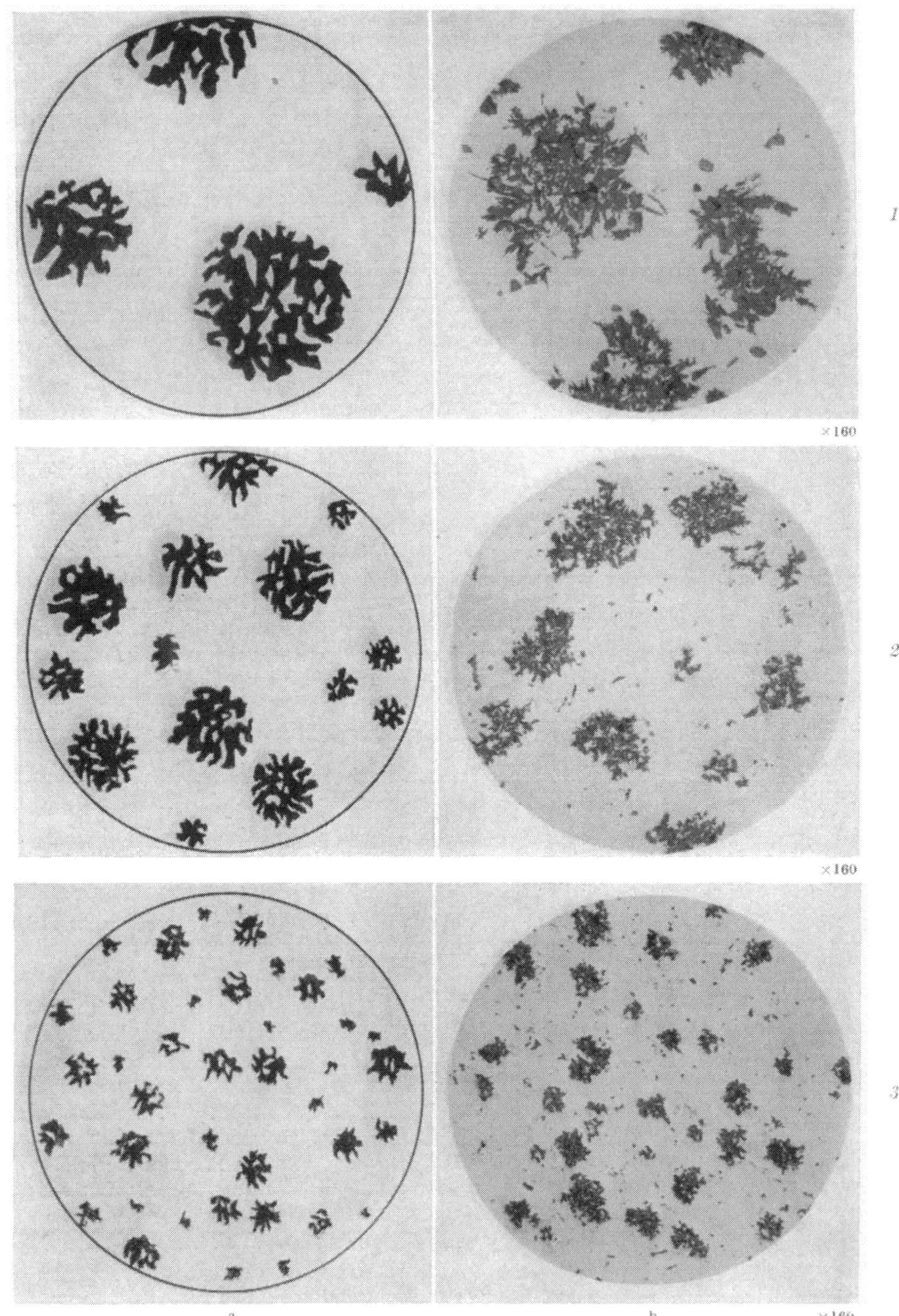

Abb. 34. Richtreihe für die Größe von Temperkohle
Größe *1*—*3*
a) schematisch (nach VDG); b) Realbilder

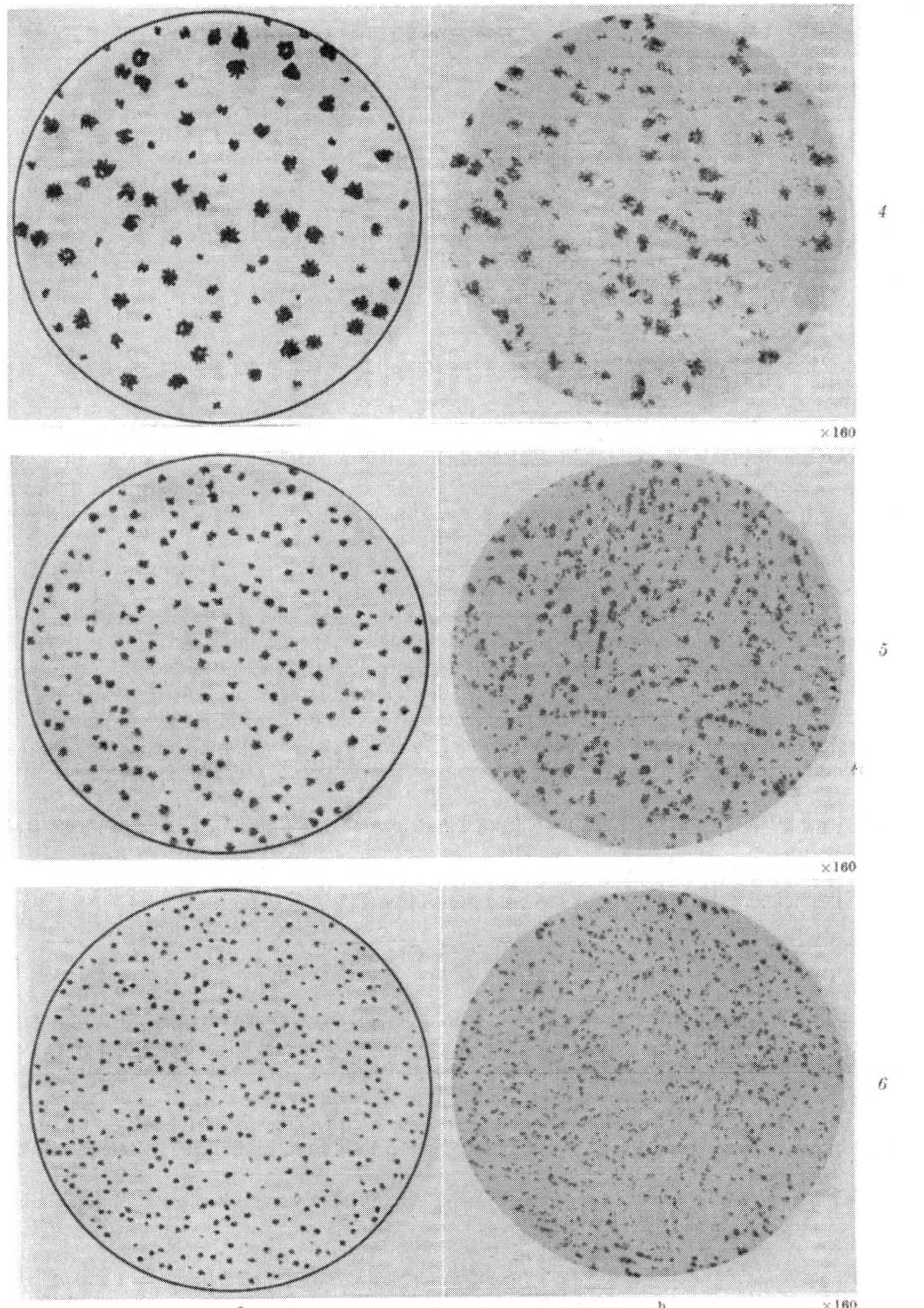

Abb. 34. Richtreihe für die Größe von Temperkohle
Größe *4—6*
a) schematisch (nach VDG); b) Realbilder

Oberflächenbehandlung

Von **A. Hoch**, Düsseldorf

Mit 16 Abbildungen

Einleitung

Die Oberflächenbehandlung von Metallen kann man in *Vorbehandlungs-* und *Überzugsverfahren* unterscheiden. Sie weichen, von Ausnahmen abgesehen, hinsichtlich ihrer Technik und Methodik voneinander ab und werden auch in der Praxis entsprechend getrennt. Zu den Vorbehandlungsverfahren gehören das Schleifen, Polieren und Rommeln, das Sand-, Metall- und Flammstrahlen sowie die zahlreichen Beiz- und Entzunderungsverfahren in Lösungen und Schmelzen. Unter Oberflächenbehandlung im engeren Sinne versteht man die Überzugsverfahren, von denen hier die wichtigsten, mit besonderer Betonung der galvanischen Verfahren, dargestellt werden.

Mit Hilfe der zahlreichen Überzugsverfahren für metallische Oberflächen können ihre Eigenschaften in dekorativer und technischer Hinsicht so verändert werden, wie sie für bestimmte Zwecke am besten geeignet sind. Zu den dekorativen Eigenschaften der Gegenstände zählen der Glanz, die Farbe und das allgemeine Aussehen. Sie werden subjektiv erfaßt. Vielfältig sind die technischen Eigenschaften, zu denen die Härte, die chemische Beständigkeit, die Verschleißfestigkeit, das Reflexionsvermögen, die Korrosionsbeständigkeit und viele andere gehören. Sie können exakt gemessen werden, wenn dies auch im Falle der Korrosionsbeständigkeit noch nicht einwandfrei möglich ist.

Grundsätzlich unterscheidet man *metallische* und *nichtmetallische* Überzüge, wobei diese in organische und anorganische Überzüge zu unterteilen sind. Welche Überzugsart vorzuziehen ist, hängt von dem Verwendungszweck und geschmacklichen Gesichtspunkten ab. In den meisten Fällen wird die Kostenfrage mitentscheidend sein.

I. Metallische Überzüge

Der Vorteil der metallischen Überzüge liegt in der größeren Vielfalt physikalischer und chemischer Eigenschaften, wie Härte, Verschleißfestigkeit, Zunderfestigkeit, Reflexion u. a., die man je nach Erfordernis besonders entwickeln kann. Ferner in der Bewahrung des metallischen Charakters der Gegenstände und in der täuschenden Herstellung edlerer Metalloberflächen, die keineswegs als Imitation empfunden werden.

Die wichtigsten Überzugsmetalle sind Aluminium, Blei, Chrom, Kadmium, Kupfer, Nickel, Zink, Zinn und deren Legierungen sowie die Edelmetalle, die hier jedoch nicht behandelt werden.

Je nach Herstellungsart der Metallüberzüge kann man thermische, mechanische und elektrochemische Verfahren unterscheiden.

A. Thermische Verfahren

Feuermetallisierung (Tauchschmelzverfahren)

Das Aufbringen metallischer Überzüge durch Tauchen der Teile in Metallschmelzen ist seit ältesten Zeiten bekannt und das meist verwendete thermische Überzugsverfahren.

Die gut gereinigten Gußteile werden in die Schmelze des Überzugsmetalles getaucht und je nach Größe und Art des Verfahrens kürzer oder länger darin belassen. Die Form der Gußstücke ist dabei ohne besonderen Belang. Am besten eignen sich für die Überzüge Metalle mit niedrigem Schmelzpunkt, wie Aluminium, Blei, Kadmium, Zink und Zinn. Die thermischen Verfahren sind für Grauguß teilweise gut geeignet.

Vorteile der Schmelzverfahren sind die relativ einfache Handhabung, die gute Haftung der Überzüge infolge einer Legierungsbildung in der oberen Schicht der Eisenteile, die schönen glänzenden Überzüge und schließlich die weitgehende Vermeidung von Poren im Überzug, die für den Korrosionsschutz von größter Wichtigkeit ist. Als nachteilig wird empfunden, daß man die Überzüge nicht in beliebigen Schichtstärken aufbringen kann. Die erhaltenen Überzüge sind ziemlich dick, wodurch ein Verlust wertvollen Überzugsmetalles auftritt, der bereits dazu führte, in bestimmten Fällen die Feuermetallisierung durch galvanische Verfahren zu ersetzen. Falls sehr dicke Überzüge gefordert werden, muß öfter getaucht werden, wodurch das Verfahren umständlicher und kostspieliger wird. Außerdem sind der Dicke der Überzüge nach oben ebenfalls Grenzen gesetzt.

1. Feuerveraluminierung (*Feueralumetierung, Tauchaluminierung*)

Aluminiumüberzüge aus der Schmelze finden vor allem für Grauguß immer mehr Anwendungen. Sie sind korrosionsbeständig, beständig gegen zahlreiche Chemikalien, konzentrierte Salpetersäure sowie oxydationsbeständig bei hohen Temperaturen bis etwa 900 °C. Aluminierter Grauguß findet Verwendung für alle Arten von Ofenteilen und Auskleidungen, Wärmereflektoren, Halterungen für Wärmeelemente, allgemein überall dort, wo Zunderfestigkeit und wärmebeständige Reflexion gefordert werden. C. O. Burgess [*1*].

Bei veraluminierten Oberflächen aus der Schmelze kann man auf dem Grundmetall drei verschiedene Schichten unterscheiden. W. Machu [*2*]:

a) Eine Mischkristallschicht (Al-Fe), die bis zu 35% Aluminium enthalten kann,
b) eine Legierungsschicht (Al_3Fe u. Al_2Fe) und
c) eine Reinaluminiumschicht als Endüberzug.

Die Legierungsschicht muß wegen ihrer Sprödigkeit zur Erlangung einer guten Haftung der Reinaluminiumschicht möglichst dünn gehalten werden. Ihre Stärke soll unter 10 μ (0,01 mm) liegen. Die Reinaluminiumschicht beträgt etwa 40 μ (0,04 mm). Das entspricht 110 g Aluminium/m². Zur Erhaltung duktiler und korrosionsbeständiger Aluminiumschichten wird die Temperatur der Schmelze möglichst niedrig gehalten.

Zur Reinigung der Eisenoberflächen, der Entfernung von Graphit und zur Verhinderung einer nachträglichen Oxydation der Gußteile sind zahlreiche Verfahren in Gebrauch, wie Beizen, Tauchen in Salzschmelzen, Arbeiten unter Schutzgasatmosphäre, Aufbringen von Zwischenschichten u. a. m. Die Schmelzen bestehen aus reinem Aluminium oder Aluminiumlegierungen.

Vorgeschlagen wurde die Tauchaluminierung von Bremstrommeln aus Gußeisen, ferner die Verwendung von Zweifachrädern, die teils aus Preßlingen und teils aus aluminiertem Gußeisen bestehen sowie alle Kombinationen, die aus Aluminium und aluminiertem Gußeisen bestehen können.

2. Feuerverbleiung (*Heißverbleiung*)

Da Blei und Eisen ineinander praktisch unlöslich sind und sich infolgedessen an der Eisenoberfläche keine Legierungsschicht ausbildet, ist die Aufbringung festhaftender Bleiüberzüge aus der Schmelze nicht ganz einfach. Ein weiterer Nachteil ist, daß die erhaltenen reinen Bleiüberzüge Poren aufweisen. Zur Behebung dieser grundsätzlichen Schwierigkeiten wurden zahlreiche Vorschläge gemacht. Sorgfältige Reinigung der Eisenoberflächen und Freihalten des Bleibades von Verunreinigungen, Verwendung von Bleilegierungen an Stelle reinen Bleis, Zwischenschichten aus Metallen, die sich sowohl in Blei als auch in Eisen gut lösen u. a. m.

Besonders vorteilhaft sind Bleilegierungen. Empfohlen wird ein Zusatz von 2,5% Zinn und 2% Antimon. Die Badtemperatur liegt bei diesen Bädern meist unter 330 °C. Legierungsüberzüge mit einem Zinngehalt von 15 bis 25%, die man als Ternemetall bezeichnet, können verwendet werden, wenn es die Korrosionsbedingungen zulassen. In der amerikanischen Norm A. S. T. M. A 267—46T soll die Schichtdicke der Überzüge aus Bleilegierungen auf Herdteilen 5 bis 15 μ (0,005 bis 0,015 mm) betragen.

Die Temperatur des Bleibades aus reinem Hüttenblei beträgt 340 bis 360° C. Zur Vermeidung von Poren müssen die Bleiüberzüge möglichst dick sein. Die Schichtstärke beträgt gewöhnlich 50 μ (0,05 mm), das entspricht 500 g Blei/m². Sie können bis maximal 500 μ (0,5 mm) gebracht werden.

Vor der Verbleiung von Grauguß empfiehlt sich eine Entkohlung in Nitratsalzschmelzen oder die Anwendung des Koleneverfahrens (s. S. 786).

Für Grauguß gibt es zahlreiche vorteilhafte Anwendungen der Verbleiung, da sich die Bleiüberzüge in Industrieatmosphäre besser als Zink verhalten, die Korrosionsbeständigkeit gegen bestimmte Chemikalien, besonders Schwefelsäure, vorzüglich ist und die Kosten der Feuerverbleiung relativ gering sind. Ein weiterer Vorteil ist die gute Haftung von Anstrichen und Lacken auf Bleiüberzügen. Wegen ihrer Weichheit sind sie nur verwendbar, wenn keine mechanische Beanspruchung auftritt. Verwendung finden sie für Außenteile an Gebäuden, Benzintanks, verschiedene landwirtschaftliche und militärische Ausrüstungen, Waschmaschinen, Schutz gegen Schwefelsäure oder schwefelsaure Dämpfe u. a. m. C. O. Burgess [*3*].

3. *Feuerverzinkung* (*Heißverzinkung*)

Die Heißverzinkung ist das gebräuchlichste Tauchschmelzverfahren und steht unter den Verzinkungsverfahren weitaus an der Spitze. Dazu trugen neben der relativ einfachen Handhabung des Verfahrens und den geringen Kosten vor allem die günstigen Eigenschaften von Zink als Überzugsmetall bei.

Gegenüber Eisen verhält sich Zink anodisch, geht also bei unvollkommenen Überzügen infolge Lokalelementbildung als Anode in Lösung. Es ist *unedler* als Eisen. Auf den Zinküberzügen bilden sich in normaler Atmosphäre und in Wasser gut haftende und dichte Schichten aus Zinksalzen, meist Zinkkarbonaten, die einen guten Schutz des Zinks darstellen, doch werden sie in Säuren und starken Laugen leicht gelöst. W. Machu [*4*].

Trotz verschiedener Einschränkungen ist die Korrosionsbeständigkeit in normaler und Industrieatmosphäre, in salzhaltiger Luft sowie in Wasser und alkalischen Lösungen vorzüglich. Dementsprechend gibt es auch zahlreiche Anwendungen für die Heißverzinkung von Gußteilen: Waschkessel, Wasserbehälter, Heißwasserboiler, Sterilisatoren, Kühlschrankteile, Armaturen, Fittings, Ventilteile, Rohrleitungen, Kanaldeckel, Brückenteile sowie die große Zahl von verschiedenen Gegenständen für militärische Zwecke. Vorteile des Verfahrens sind die Herstellung glänzender Überzüge sowie ihre Anwendung auch auf Teilen, die mit anderen Verfahren nur schwer oder gar nicht zu behandeln sind, wie Rohre u. a. Von Nachteil ist der relativ hohe Zinkverbrauch infolge dicker Überzüge und unvermeidlicher Zinkabfälle. Ferner ist es nicht möglich, Gewinde maßhaltig zu verzinken. Sie müssen vor dem Gebrauch nachgeschnitten werden.

Von den beiden in der Praxis verwendeten Heißverzinkungsverfahren, der *Naßverzinkung* und der *Trockenverzinkung*, kommt für Gußeisen, Stahlguß und Temperguß nur das Naßverzinken zur Verwendung. Die Behandlungsfolge ist:

a) Reinigung, b) Säurebeizen, c) Spülen, d) Tauchen in Flußmittel, e) Tauchen in Zinkschmelze.

Vor der Naßverzinkung ist, wie bei allen Oberflächenverfahren, eine sorgfältige Reinigung erforderlich. Sie erfolgt am besten zuerst mechanisch durch Abstrahlen mit Sand oder Metallkies oder bei Kleinteilen durch Scheuern in der Trommel. An Stelle der mechanischen Reinigung kann zur Entfernung der Gußsandreste auch in einer Flußsäurelösung (HF, 5%) gebeizt werden, vor allem dann, wenn ein Putzen nicht oder nur unvollkommen möglich ist.

Anschließend werden die Teile in Schwefelsäurelösung (H_2SO_4, 3 bis 8%) bei 70 bis 80 °C oder in Salzsäurelösung (HCl, 5%) bei Raumtemperatur getaucht. Oft wird nach dem Schwefelsäurebeizen noch eine Salzsäurebeize durchgeführt.

Nach gründlichem Spülen in Wasser werden die Teile noch naß in die Zinkschmelze getaucht, die mit einem Flußmittel, dem Fluß, abgedeckt ist, so daß die Teile erst nach Durchstoßen des Flusses in die Zinkschmelze eintauchen. Das Flußmittel besteht aus einem Salmiak-Zinkchlorid-Gemisch in verschiedenem Verhältnis. Salmiak allein sollte weder zum Ansetzen einer neuen Flußdecke noch zu deren Unterhaltung gebraucht werden. Die Aufgaben der Flußbeize sind vielfältiger Natur. Sie dient zur Unterbindung einer Oxydation des Zinks an der Badoberfläche, die ansonsten zu einer Bildung von Zinkoxyd, der *Krätze* oder Zinkasche führt. Im Gegensatz zur Säurebeize stellt sie ferner eine letzte Feinreinigung und Aktivierung der Metalloberflächen dar. Es werden dabei die schwer schmelzenden Oxyde in leicht schmelzende Chloride verwandelt und vom Flußmittel aufgenommen. J. HILLE [*5*]. Ferner werden Eisensalzreste, die vom Beizen herrühren und beim Spülen im Wasser nicht restlos entfernt wurden, durch das Flußmittel unschädlich gemacht. In das Zinkbad verschleppte Eisensalzreste können in oxydische Eisenverbindungen umgewandelt und durch das schmelzflüssige Zink zu metallischem Eisen reduziert werden, das dann zur Bildung von Hartzink ($FeZn_7$) führt. Dieses stellt eine unlösliche Eisen-Zinkverbindung dar, die ebenso wie die Krätze die Verzinkung stört und beträchtliche Verluste an Zink zur Folge haben kann. Die Reinigung durch das Flußmittel erstreckt sich auch auf alle anderen Rückstände, die im Beizbad nicht gelöst wurden. Außerdem werden die nassen Teile beim Durchstoßen der Schutzschicht noch getrocknet und vorgewärmt. W. MACHU [*6*]. Zur Verbesserung des Aussehens und Vermeidung von Hartzinkbildung wird dem Zinkbad bisweilen 1% Blei zugefügt. C. O. BURGESS [*7*]. Die Tauchzeit hängt von der Größe der Gußteile, der Badtemperatur und der gewünschten Schichtdicke ab.

Untersuchungen von S. A. HISCOCK zeigten, daß bei Gußeisen mit hohem Siliziumgehalt (3 bis 4%) und hohem Phosphorgehalt (etwa 1%) weniger Hartzink und dünnere Zinküberzüge entstehen. Allgemein ist eine gründliche Entfernung der Gußsandreste von größter Wichtigkeit. Man kann bei sandgestrahlten Gußteilen nach einer Tauchzeit von 2 bis 3 Minuten und einer Badtemperatur von 450 °C einwandfreie Zinküberzüge von 600 g/m² erhalten. K. BAYER [*8*].

Nach D. N. FAGG ergaben Untersuchungen in 40 europäischen Verzinkereien, daß die Zinkbadtemperatur in Großbritannien meist unter 460 °C liegt, hingegen auf dem Kontinent mit einer höheren Temperatur, die bis 480 °C beträgt, gearbeitet wird. Die Zinkverluste durch Hartzink und Zinkasche betrugen über 30% bezogen auf den Zinkverbrauch und in 9 Fällen sogar 50%. Bei Zugrundelegung des Verhältnisses von stündlichem Durchsatz zum Zinkinhalt des Bades zeigt sich, daß bei kleineren Bädern mit geringerem Durchsatz eine höhere Leistung erzielt wird als bei größeren Bädern mit höherer Produktion. K. BAYER [*9*].

So einfach das Verfahren der Heißverzinkung grundsätzlich ist, sollte es doch hinsichtlich Konstruktion der Anlage, Art der Beheizung, Vorbehandlung der Werkstücke, Einhaltung der Badtemperatur, geeignetes frisches Flußmittel und Aufarbeitung der unvermeidlichen Zinkabfälle auf Grund der neuesten wissenschaftlichen und technischen Erkenntnisse betrieben werden, wenn große Verluste vermieden werden sollen. Zu diesen zählen neben dem Anfall von Hartzink und Zinkasche auch die Zinkverluste infolge zu dicker Überzüge sowie die Kosten auf Grund unsachgemäßer Erwärmung, Anlageverluste und unnützer Aufwand an Arbeitsstunden. Ein einfaches Verfahren zur Rückgewinnung von Zink aus Rückständen und Reststoffen wird von A. ROLLER [*10*] angegeben.

4. Feuerverzinnung (Heißverzinnung)

Zinn ist infolge seiner chemischen Beständigkeit, des guten Aussehens und seiner Ungiftigkeit ein bevorzugtes Überzugsmetall. Die Feuerverzinnung von Gußeisen u. a. findet vor allem in der Lebensmittelindustrie für schwere Geräte und für Haushaltsartikel, wie Pfannen, Fleischwölfe, Teigmaschinen u. a. m. Verwendung. Lagerschalen aus Gußeisen werden vor dem Ausgießen mit Weißmetall verzinnt. W. E. HOARE [*11*].

Vor dem Tauchen in das Zinnschmelzbad müssen die Oberflächen der Gußteile gut gereinigt und metallisch blank sein. Die Heißverzinnung von Gußeisen bietet infolge des hohen Gehaltes an Kohlenstoff gewisse Schwierigkeiten. Dieser tritt als Graphit im Gefüge oder als Kohlenstoffschmiere auf der Oberfläche auf (Abb. 1). Da Graphit durch Zinn nicht benetzt wird, muß man ihn entweder durch eine geeignete Oberflächenbehandlung entfernen oder aber mittels eines anderen leicht verzinnbaren Metalles überdecken. Entsprechend kann man den Graphit durch verschiedene Verfahren ausoxydieren oder ihn durch galvanische Eisen- oder Kupferüberzüge abdecken. Ferner müssen eingeschlossene Schlacken- und Gußsandreste vollkommen entfernt werden. Bei einer sachgemäßen Vorbehandlung bietet auch die Heißverzinnung von Gußeisen keine besonderen Schwierigkeiten mehr.

Abb. 1. Querschnitt durch ein Gußteil. Das Teil wurde gebeizt und zeigt an der Oberfläche eine Schicht Graphitschmiere (Tin Research Institute, Greenford)

Koleneverfahren. Mit diesem Verfahren kann man den Graphit ausoxydieren, doch ist es ziemlich kostspielig. Die Teile werden dabei in eine Salzschmelze getaucht und mit Hilfe von reversiertem Strom infolge der dabei stattfindenden Umpolung abwechselnd einer Oxydation und Reduktion unterworfen.

Nitratschmelzverfahren. Ein einfacheres und bewährtes Verfahren zur Oxydierung und Entfernung des Graphits ist das vom Tin Research Institute (T. R. I.) in England entwickelte Nitratschmelzverfahren. Seine Prozeßfolge ist:

a) Mechanische Reinigung
b) Beizen
c) Tauchen in Nitratsalzschmelze
   $NaNO_3$ 50%
   KNO_3 . . . . 50%
   Badtemperatur . . . . 350—400°C
   Tauchzeit . . . . etwa 15 Minuten
d) Beizen
   Salzsäure, HCl 10%
e) Zinnschmelze
   Badtemperatur . . . . . . 300° C
   Tauchzeit: . . . . 3—5 Minuten.

Abb. 2a und b. Lagerschalen aus Grauguß. (Tin Research Institute, Greenford)

a) In üblicher Weise heißverzinnt — sehr porig; b) Heißverzinnung mittels Chloridverfahren — einwandfreie Zinnschicht

Das leichte Beizen b) dient zum Offenlegen der Graphiteinschlüsse, während in der anschließenden Nitratsalzschmelze der Graphit ausoxydiert wird. Das Salzsäurebeizen d) soll den von der Nitratsalzschmelze herrührenden Zunder entfernen. Die Haftung der Zinnüberzüge ist bei der Nitratmethode besonders gut.

Direktes Chloridverfahren. Das direkte Chloridverfahren ist die einfachste und modernste Methode zur Entfernung von Graphit und zur Durchführung einer einwandfreien Heißverzinnung. Es ist eine Weiterentwicklung des Chloridschmelzverfahrens, das während des letzten Weltkrieges vom Tin Research Institute entwickelt und seitdem mit Erfolg in die Praxis eingeführt worden war. Bei diesem Verfahren wird der Graphit zum Teil durch Abstrahlen mit Metallkies entfernt und das Gußteil kurzzeitig in eine eutektische Mischung von Natrium- und Zinkchloriden bei etwa 300 °C getaucht. Durch die Verwendung einer Chloridschmelze an Stelle einer Säurebeize wird die Bildung einer Kohlenstoffschmiere verhindert. Das daraus entwickelte direkte Chloridverfahren hat sich inzwischen für alle Arten von FeC-Gußlegierungen bewährt, auch für Meehanite und Sphärogußeisen (Abb. 2). Es ist ferner auch für Teile mit stark verschiedenen Querschnitten bestens geeignet, da es eine zu starke Erwärmung der dünnen Teile vermeidet. C. J. THWAITES [*12*]. Die Prozeßfolge ist:

a) Strahlen mit scharfem Stahlkies
b) Entfetten in Tridampf
c) Tauchen in wässeriges Flußmittel

Zinkchlorid	2,4 kg
Natriumchlorid	0,6 kg
Ammoniumchlorid	0,3 kg
Salzsäure, HCl	200 cm³
Wasser	100 l

d) Tauchen in Zinnbad mit Flußmittelschicht
Flußmittelschicht etwa 2,5—3 cm

Zinkchlorid	8 Teile
Natriumchlorid	2 Teile
Ammoniumchlorid	1 Teil

Temperatur Zinnbad: 300—320 °C
Tauchzeit: 1—5 Minuten

e) Tauchen 2. Zinnbad (Hochglanzverzinnung) mit Palmölschicht.

Falls eine sehr glatte Oberfläche gewünscht wird, kann bei b) Scheuern in einer Glocke oder Trommel durchgeführt werden. Bei c) müssen die Gußteile vom wässerigen Flußmittel überall benetzt sein. Zwischen den Behandlungen a) und c) dürfen keine zu großen Pausen entstehen.

In d) werden die Teile langsam eingetaucht (Abb. 3). Die Flußmittelschicht muß durch laufende Zufügung von Wasser ständig gut schäumend gehalten werden. Bei großen Werkstücken besteht die Gefahr, daß noch vor dem Eintauchen das wässerige Flußmittel antrocknet, so daß keine einwandfreien Überzüge erhalten werden. Das kann vermieden werden, wenn die Teile während des Eintauchvorganges mit Wasser oder dem wässerigen Flußmittel aus einer einfachen Gießkanne oder Spritzvorrichtung begossen werden.

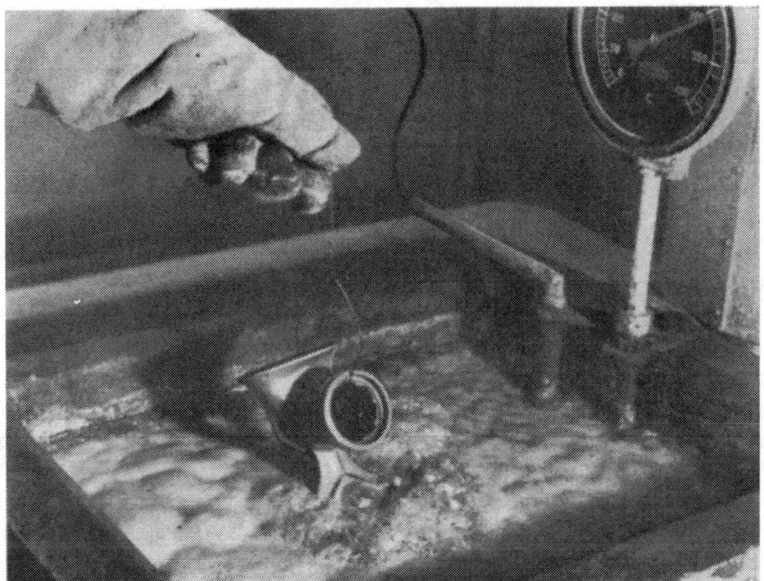

Abb. 3. Verzinnung nach dem direkten Chloridverfahren. Flußschicht etwa 40 mm dick und stark schäumend (Tin Research Institute, Greenford)

Die Haftfestigkeit der erhaltenen Zinnschichten beträgt etwa 315 kg/cm². Sie ist etwas niedriger als diejenige von Zinnüberzügen, die mittels der Oxydationsverfahren erhalten werden, aber ausreichend, um auch zur Verzinnung von gußeisernen Lagerschalen vor dem Ausgießen zu dienen. Die erhaltenen Schichten bei der Feuerverzinnung betragen allgemein 8 bis 40 μ (0,008 bis 0,04 mm).

Diffusionsverfahren (Zementation)

Unter Diffusion im weitesten Sinne versteht man das Eindringen eines Stoffes in einen anderen. Die Diffusion eines festen Stoffes in eine Metalloberfläche ist in der Technik seit langem als Zementation bekannt, bei der fester Kohlenstoff in festes Eisen unter erhöhter Temperatur eindiffundiert. Entsprechend wird auch die Diffusion von Metallen in ein Grundmetall oft noch als Zementation bezeichnet.

Kennzeichen der Diffusionsverfahren ist die Legierungsbildung eines Überzugsmetalles in der Oberflächenschicht des darunter befindlichen Gußteiles ohne eine Metallschmelze. Während das Gußteil nur erwärmt wird, kann das gewünschte Überzugsmetall in verschiedenem Zustande sein:

a) fest als Metallpulver: Pulverdiffusion,
b) gasförmig als Metalldampf oder Metallsalzdampf: Dampfdiffusion,
c) flüssig als Metallsalzschmelze: Schmelzdiffusion.

Der Unterschied zur Feuermetallisierung besteht darin, daß keine Metallschmelzen verwendet werden und daß die Diffusionszonen wesentlich stärker sind. Bei den Diffusionsverfahren fehlt meist eine Endschicht aus dem reinen Überzugsmetall, wie sie bei der Feuermetallisierung auftritt. Die Diffusionsverfahren, bei denen das Überzugsmetall aus der Dampfphase abgeschieden wird, werden auch als Chemische Aufdampfverfahren bezeichnet. Sie dürften in Zukunft eine größere technische Bedeutung erlangen. C. F. Powell, I. E. Campbell und B. W. Gonser [*13*].

Voraussetzung der Diffusion ist die Fähigkeit der Mischkristallbildung zwischen Überzugs- und Grundmetall. Von den zahlreichen geeigneten Überzugsmetallen werden in der Technik vorerst nur wenige praktisch verwendet. Es sind dies vor allem die Metalle Aluminium (Kalorisieren, Alitieren), Chrom (Inkromierung) und Zink (Sherardisieren). In der Zukunft dürften jedoch auch andere Überzugsmetalle immer mehr zum Einsatz kommen, sofern sich für sie geeignete Anwendungen finden lassen.

1. Aluminierung (*Alumetierung*)

Die Diffusionsaluminierung von Gußeisen dient in erster Linie dazu, die Gußteile gegenüber hohen Temperaturen oxydationsbeständig zu machen. Bei längerer Beanspruchung unter höherer Temperatur wird jedoch auch die Diffusion des Aluminiums im Gußeisen so lange fortschreiten, bis es in diesem gleichmäßig verteilt ist. Beträgt der Aluminiumgehalt in der Oberfläche nur noch 9,5%, dann ist auch die Beständigkeit gegenüber Oxydation aufgehoben, so daß eine neuerliche Aluminierung erforderlich wird. Bei sehr hohen Temperaturen und wiederholter Abkühlung können in der Diffusionsschicht auch Sprünge und Risse auftreten. Am widerstandsfähigsten sind Eisensorten mit einem geringen Chromgehalt. Für die Diffusionsaluminierung sind verschiedene Verfahren in Anwendung.

Kalorisieren. Es ist das gebräuchlichste Verfahren der Diffusionsaluminierung. Die gereinigten Gußteile werden in einen verschließbaren Ofen gebracht, der möglichst drehbar ist, und mit einer Mischung von Aluminiumpulver und anderen Stoffen umgeben. Die Ofentemperaturen betragen 700 bis 850 °C. Die Behandlungszeit hängt von der gewünschten Dicke der Eindringschicht ab. Sie beträgt meist 1 bis 2 Stunden und ergibt Legierungsschichten von 0,2 mm und darunter. Zur Erlangung einer stärkeren Diffusionsschicht von 0,6 bis 1 mm wird noch eine längere Nacherhitzung durchgeführt. Die Mischungen variieren von 49% Aluminium, 49% Tonerde, 2% Ammonchlorid bis zu 70% Aluminium, 23% Ammonchlorid und 7% Zink.

Alitieren. Dieses Verfahren verwendet an Stelle von reinem Aluminiumpulver eine Mischung aus einer AlFe-Legierung mit 50 bis 60% Aluminiumgehalt. Infolge der hohen Schmelztemperatur der Mischung von 1200 °C können alitierte Teile bei noch höheren Temperaturen als bei der Kalorisierung verwendet werden. Da die AlFe-Legierung sehr spröde ist, kann sie leicht pulverisiert und wiederverwendet werden. W. Machu [*14*]. Es ist allerdings fraglich, ob die Alitierung von Gußeisen und anderen Legierungen mit hohem

Kohlenstoffgehalt infolge der Bildung von Aluminiumkarbid (Al_4C_3), das von Wasserdampf gelöst wird, gut geeignet ist. Neben der Verwendung von reinem Aluminiumpulver und einer AlFe-Mischung werden in der Literatur zahlreiche andere Zementationsmischungen angegeben.

Ein Nachteil der Diffusionsaluminierung sind die erforderlichen gasdichten und temperaturbeständigen Behälter, in denen die Teile zusammen mit dem Pulver erhitzt werden müssen. Dadurch wird sowohl deren Größe beschränkt als auch eine Behandlung in Einzelteilen erforderlich. Zur Vermeidung dieser Nachteile hat man andere Wege beschritten. Die Teile werden mit einem gespritzten Aluminiumüberzug versehen und anschließend einer Wärmebehandlung unterzogen, bei der die erforderliche Legierungsbildung in der Oberfläche stattfindet. Zum Schutz der gespritzten Aluminiumüberzüge während der Erhitzung kann man sie mit einem Wasserglasüberzug versehen. Ein anderes Verfahren verwendet Aluminiumchloriddämpfe bei 900 bis 1000°C.

Anwendungen findet die Diffusionsaluminierung für Behälter zur Härtung und für andere Wärmebehandlungen sowie zur Aufnahme von Salz- und Metallschmelzen. Ferner für Ofenteile, wie Türen, Aschschütten, für Wärmeaustauscher u. v. a. Sie sollen auch gegen schweflige Gase bis zu 700°C einen guten Schutz bieten. C. O. Burgess [*15*].

2. Inkromierung

Die Bildung einer oberflächlichen Legierungsschicht durch Eindiffundieren von Chrom in Stahl- und Gußteile wird als Inkromierung bezeichnet. Sie bietet grundsätzlich keine besonderen Schwierigkeiten, da sich Chrom sehr gut unter Mischkristallbildung mit dem Eisen legiert. Die Entwicklung eines einfachen und billigen technischen Verfahrens war dagegen nicht so leicht und ist noch ständig in Fluß.

Die Inkromierung bietet zahlreiche Vorteile, die mit anderen Verfahren nicht zu erhalten sind. Inkromierte Oberflächen sind gut korrosionsbeständig, verschleißfest und insbesondere bei hohen Temperaturen äußerst zunderfest. Sie entsprechen auch legierungsmäßig rostfreiem Stahl, ohne dessen schwierige Verarbeitung aufzuweisen. Damit verbunden ist eine Einsparung an hochwertigem, strategisch wichtigem Chrommetall. Ferner ist keine Porosität vorhanden, die bei galvanischen Überzügen den Schutzwert so oft in Frage stellen kann. Auch stark profilierte Teile können gleichmäßig behandelt werden. Inkromierte Oberflächen sind etwas weicher als galvanische Chromüberzüge, so daß sie gut geschliffen und poliert werden können.

Unter den Diffusionsverfahren, zu denen im weitesten Sinne auch die Feuermetallisierung zu zählen ist, kommt der Inkromierung eine besondere Bedeutung zu. Während die Einsatzhärtung mittels Kohlenstoff und die Nitrierhärtung mittels Stickstoff zur Verbesserung der Härte und Verschleißfestigkeit dienen, die Aluminiumdiffusion zur Erlangung einer guten Zunderfestigkeit und des Sherardisieren (s. S. 790) zur Erhöhung der Korrosionsbeständigkeit durchgeführt werden, kann man alle diese Eigenschaften mehr oder weniger durch die Inkromierung erreichen.

Die Notwendigkeit, Chrom einzusparen, und der Bedarf an rostfreiem Stahl oder diesen entsprechenden Stoffen, führten während des zweiten Weltkrieges besonders in Deutschland und Großbritannien zu einer intensiven Entwicklung und zum technischen Einsatz der Inkromierung. R. L. Samuel und N. A. Lockington [*16*]. In der Praxis sind seitdem die Pulverdiffusion (Kontaktdiffusion, Inkromierung), die Dampfdiffusion und die Schmelzdiffusion in Gebrauch. Die Verfahren sind oft kombiniert, so daß eine strenge Abgrenzung nicht immer möglich ist.

Bei der Pulverinkromierung werden Werkstücke in einen gasdichten Behälter gebracht, mit einem Chrompulver-Gemisch umgeben und in einem geeigneten Ofen erhitzt (Abb. 4). Die erforderliche Temperatur hängt von der speziellen Art des Verfahrens ab und kann 800—1400 °C betragen. Zur Vermeidung einer Oxydation während des Erhitzens wird ein Schutzgas, meist Wasserstoff, eingeleitet oder die Luft abgepumpt und bei niedrigem Druck gearbeitet. An Stelle dieser kostspieligen Methoden können auch bestimmte Stoffe zugesetzt werden, wie Zinkgranalien u. a., die beim Erhitzen verdampfen und ebenfalls eine Oxydation verhindern.

Größere praktische Bedeutung hat in neuerer Zeit das DAL-Verfahren [*17*] gewonnen. Seine Vorzüge sind die relativ einfache Handhabung sowie die Verwendungsmöglichkeit für fast alle Arten von Stahl und Gußeisen. Kennzeichen des Verfahrens sind nach R. L. Samuel und N. A. Lockington [*18*]:

a) eine chemische Verbindung, die als Pulver sowohl das Chrom als auch einen Austausch- oder Trägerstoff enthält. Die Artikel werden in das Pulver eingepackt.

b) Behälter, wie sie für die Aufkohlung verwendet werden, jedoch mit einer Vorrichtung zur Aufnahme einer flüssigen Dichtungsmasse, die den Zutritt von Luft während der Behandlung verhindern soll.

Die Legierungsschicht besitzt bei Gußeisen einen hohen Gehalt an Chromkarbid. Der durchschnittliche Chromgehalt beträgt 50 bis 60%. Je nach Behandlung erhält man Schichten von 2,5 bis 200 μ (0,0025 bis 0,2 mm). Sie sind wenig duktil, verfügen jedoch über eine große Härte.

Bei der Schmelzdiffusion werden die Gußteile in eine Metallsalzschmelze getaucht. Sie besteht aus:

Chromchlorid	30%	Natriumchlorid	21%
Bariumchlorid	30%	Chrommetall	
		Temperatur	1000°C

Man erhält damit in 1 Stunde eine Legierungsschicht von 10 μ (0,01 mm) Stärke und in 3 Stunden eine solche von 25 μ (0,025 mm).

Die Abscheidung von Chrom kann auch aus der gasförmigen Phase durchgeführt werden. Die Teile werden in einen gasdichten Ofen gebracht, darin erhitzt und ein Chromchloriddampf hindurchgeschickt, aus dem sich metallisches Chrom auf den Eisenteilen niederschlägt. Der erforderliche Chromchloriddampf wird entweder fertig eingeleitet oder in der Retorte selbst hergestellt, wofür verschiedene Methoden entwickelt

Abb. 4. Inkrom-Anlage. Mitte: Retorte mit Deckel zur Aufnahme der Teile (∅ 1 m — Höhe 1 m). Links: Komplette Ofenanlage — Ofenhaube über Retorte gestülpt. Rechts: Nach der Behandlung — Retorte mit Kühlhaube (Deutsche Edelstahlwerke, Krefeld)

wurden. Das von BECKER, DAEVES und STEINBERG entwickelte BDS-Inkromverfahren kann als Kontakt-Dampf-Diffusionsverfahren bezeichnet werden, da es sowohl auf dem Kontakt mit einem festen Stoff beruht, der als Träger des Chroms dient, als auch auf der Zirkulation eines geeigneten Gases. Es ist nur für besonders entwickelte Stähle (IK-Stähle) geeignet.

Grundsätzlich können alle FeC-Gußlegierungen in der Oberfläche mit Chrom angereichert werden. Nachteilig ist bei Gußeisen jedoch der hohe Kohlenstoffgehalt, so daß es stets zur Bildung dünner und harter Schichten mit hohem Kohlenstoff- und Chromgehalt kommt. Diese Chrom-Karbidschichten weisen eine gute Korrosionsbeständigkeit auf. Bei dünnen Schichten, vor allem bei Vorhandensein von Graphitadern, können jedoch Poren oder Fehlstellen auftreten, die den Schutzwert der Inkromierung herabsetzen. Stahlguß verhält sich infolge des niedrigeren Kohlenstoffgehaltes günstiger. Da der Kohlenstoff während der Inkromierung dem Chrom entgegendiffundiert, ergeben sich bei möglichst niedrigem Kohlenstoffgehalt und dünnen Wandstärken bessere Diffusionsschichten als bei dickwandigen Teilen mit höherem Kohlenstoffgehalt. G. BECKER [*19*].

3. *Sherardisieren*

Beim Sherardisieren werden die zu behandelnden Artikel zusammen mit einem Zinkstaubgemisch in einem Stahlbehälter untergebracht und dieser samt Inhalt in einem Ofen erhitzt. Zur Erlangung eines guten Kontaktes zwischen den Teilen und dem Pulver werden meist drehbare Trommeln verwendet, die während der Behandlung rotieren. Sie sollen luftdicht verschließbar sein.

Die Teile müssen vor der Behandlung vollkommen sauber sein, da nur so ein einwandfreies Eindringen des Pulvers in die Oberflächen gewährleistet wird. Am besten eignet sich dazu, vor allem für Gußeisen, Sandstrahlen der Werkstücke. Das Pulvergemisch besteht aus Zinkstaub, dem meist Zinkoxyd (8 bis 20%) zugesetzt wird, um ein Zusammenbacken zu vermeiden. Außerdem werden indifferente pulverförmige Stoffe hinzugefügt, um eine bessere Verteilung des Metallpulvers und damit feinere und dichtere Überzüge zu erhalten. Derartige Füllstoffe sind Pulver aus Sand, Kohle, Kreide, Kalk, Bimsstein u. v. a. Sie können bis zu 75% der gesamten Pulvermischung ausmachen.

Die Dicke der Diffusionsschichten hängt auch beim Sherardisieren von der angewandten Behandlungstemperatur (200 bis 450 °C) und der Behandlungsdauer ab. Bei einer Behandlungszeit von 3 Stunden erhält man eine Schichtdicke von etwa 60 μ (0,06 mm). Nach F. ROLL [*20*] genügt eine Vorwärmung von 45 Minuten und eine 2 Stunden lange Behandlung bei 370 °C. Der Überzug besteht aus einer FeZn-Legierung, deren Eisengehalt durchschnittlich 8 bis 10% beträgt und wie bei allen Diffusionsverfahren nach außen zu abnimmt (6%).

Nach Bildung der Diffusionsschicht kann man durch Verlängerung der Behandlungsdauer zusätzlich eine reine Zinkschicht auf den Teilen erhalten. Dieser sherardisierte Überzug ist oft erwünscht und stellt einen zusätzlichen Schutz dar.

Ein Vorteil des Verfahrens ist die Gleichförmigkeit der Schichten. Schraubengewinde werden nicht wie bei der Feuerverzinkung zugesetzt, so daß ein Nachschneiden der Gewinde nicht erforderlich ist. Sherardisierte Diffusionsschichten und Niederschläge verbesssern wesentlich die Laufeigenschaften der Teile. Das Verfahren ist relativ billig. Nach einem amerikanischen Bericht des A. S. T. M. Committee A-5 (1936) zeigen sherardisierte, galvanische und Heißzinküberzüge bei gleicher Schichtdicke und gleicher Beanspruchung ungefähr die gleiche Korrosionsbeständigkeit. F. C. KELLEY [*21*].

Durch Nachbehandlung können Heißzinküberzüge auch in Diffusionsüberzüge verwandelt werden. Dadurch ist es möglich, auch stark profilierte Teile, wie Rohre und dergleichen, auf der Innenseite mit einem Legierungsüberzug zu versehen.

Auftragsschweißen (Spritzschweißen)

Beim Auftragsschweißen werden die Überzugsstoffe mittels Schweißflamme oder elektrischem Lichtbogen auf die Werkstücksoberflächen aufgeschmolzen. Die erhaltenen Überzüge sind außerordentlich hart, schlagfest, verschleißfest, temperatur- und korrosionsbeständig. Einzelne dieser Eigenschaften kann man je nach verwendetem Überzugsmetall in höchster Vollendung erhalten. Während die beim Metallspritzverfahren (S. 795) erhaltenen Überzüge aus mehr oder weniger fest zusammengebackenen Metallteilchen bestehen, bilden sie bei der Auftragsschweißung eine fest haftende, dicke Schmelzschicht bis 4 mm und mehr, die vollkommen porenfrei ist.

Das Auftragsschweißen weist zahlreiche Vorteile auf und ist besonders für Gußeisen gut geeignet, da es dessen billige und leichte Herstellung mit höchst vollkommenen Oberflächen verbindet. Es ist einfach zu handhaben, erfordert keine Feinreinigung, kann für jede beliebige Gußlegierung angewendet werden und ergibt Oberflächeneigenschaften, die mit keinem anderen Verfahren zu erlangen sind.

Die Überzugslegierungen werden zum Aufschweißen als Pulver oder in Drahtform verwendet. Hinsichtlich ihrer Zusammensetzung kann man nach C. W. OBERT [*22*] vier Gruppen unterscheiden, wobei die Verschleißfestigkeit in der Reihenfolge zunimmt:

1. Eisenlegierungen mit weniger als 20% der Legierungsmetalle Chrom, Wolfram, Mangan, Silizium, Kohlenstoff und Nickel. Diese Legierungen besitzen zwar nicht die höchste Härte, dagegen um so größere Zähigkeit und Schlagfestigkeit. Ihre Verschleißfestigkeit ist bedeutend größer als die von Stählen mit niedrigem Kohlenstoffgehalt (Haynes 4561, Hascrome u. a.).

2. Eisenlegierungen mit mehr als 20% der Legierungsmetalle Chrom, Wolfram, Mangan, Silizium, Kohlenstoff und bisweilen auch Kobalt, Nickel und anderer Metalle. Sie sind allgemein härter und verschleißfester, dagegen weniger zäh und schlagfest als die Legierungen der 1. Gruppe. Am meisten verwendet man Legierungen mit hohem Kohlenstoff- und Chromgehalt, jedoch meist geringerem Gehalt an Mangan, Molybdän u. a. m. (Haynes 90—94 u. a.).

3. Nichteisenlegierungen, deren Hauptbestandteile Chrom, Kobalt und Wolfram sind. Daneben können auch besondere Stoffe, wie Bor u. a. m., vorkommen. Hinsichtlich Festigkeit und Zähigkeit sind sie für einen weiten Anwendungsbereich geeignet. Viele von ihnen behalten wie die Stellite auch bei hohen Temperaturen ihre Verschleißfestigkeit und Korrosionsbeständigkeit unverändert bei.

Eine vorteilhafte Entwicklung stellen die Legierungen dar, die als Grundwerkstoffe an Stelle von Kobalt oder zusätzlich dazu aus Nickel bestehen. Diese enthalten die Karbide oder die Verbindungen der anderen Legierungsstoffe (Hastelloy-Legierungen). Sie vereinigen ausgezeichnete chemische und atmosphärische Korrosionsbeständigkeit mit vorzüglichen mechanischen Eigenschaften und werden daher immer mehr in der chemischen Technik angewendet.

4. Hartmetalle (Schneidmetalle). Sie bestehen meist aus reinem Wolframkarbid. Daneben können sie auch 5—10% Kobalt, Nickel, Eisen oder andere Metalle enthalten. Auch Tantalkarbide, Titankarbide oder Chromboride kommen als Zusätze vor. Durch die Legierungsstoffe wird die Zähigkeit und Schlagfestigkeit erhöht, die Härte entsprechend etwas erniedrigt.

Die Hartmetalle verfügen über diamantartige Härte, höchste Verschleißfestigkeit und Temperaturbeständigkeit.

Für Grauguß werden zumeist die Legierungen der zwei ersten Klassen gebraucht. Am vorteilhaftesten sind Legierungen mit hohem Kohlenstoffgehalt ($\geqq 2\%$) und hohem Chromgehalt (15 bis 30%). Der beim Schmelzen der Gußoberfläche frei werdende Kohlenstoff kann sich dabei günstig auswirken. Die Technik des Auftragsschweißens sollte für Gußeisen gleich der kohlenstoffreicher Stähle sein, um Fehler zu vermeiden. Neben den angeführten Legierungen zur Herstellung von Überzügen mit außergewöhnlichen physikalisch-chemischen Eigenschaften können auch andere Metalle und Metallegierungen (Bronze u. a. m.) aufgeschweißt werden. Infolge ihres niedrigen Schmelzpunktes bieten sie jedoch keine besonderen Schwierigkeiten.

Die Vorbehandlung besteht in der Entfernung von grobem Schmutz durch Abstrahlen der Teile mit Sand, Stahlkies oder Aluminiumoxyd sowie feines Abdrehen.

Die Überzugslegierungen werden in verschiedener Form verwendet, und zwar als starker Draht oder mehr noch in Pulverform. Da sie in den meisten Fällen nicht als normaler Draht herzustellen sind, werden die Metallteilchen durch eine Kunststoffmasse gebunden. Diese Methode birgt jedoch die Gefahr in sich, die Überzüge zu verunreinigen. Am gebräuchlichsten sind daher Metallpulver, die leicht aufzubringen sind und keinen besonderen apparativen Aufwand erfordern. Nicht so einfach ist dagegen die Aufschmelzung der unter 4. behandelten Hartmetalle. Man kann sie nach C. O. Burgess [23] auf verschiedene Art verwenden:

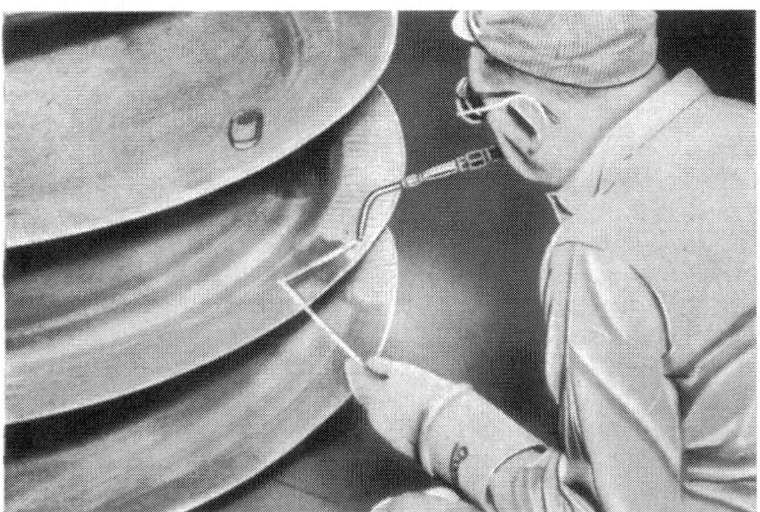

Abb. 5. Auftragsschweißen mit autogener Schweißflamme. Aufschmelzung einer Haynes-Legierung auf eine Förderschnecke für Kohlen zum Schutz gegen Verschleiß (Union Carbide Corporation, Kokomo)

a) als gegossene Einsatzstücke, die man auf die Werkzeuge aufschweißt,

b) als Draht, bei dem die Wolframkarbidteilchen in einer schmelzbaren Legierung, beispielsweise Stahl, eingebettet werden,

c) als Pulver, das in einem Stahlrohr eingeschlossen ist. Ein günstiges Verhältnis ist 60% Wolframkarbid und 40% Stahl. Die Karbidteilchen müssen sehr fein sein, damit sie schmelzen. Der Stahl hat dabei die Aufgabe, während des Aufschweißens für die Karbide als Trägermetall zu dienen.

Das Aufschweißen geschieht entweder autogen mittels Sauerstoff-Acetylen-Schweißflamme oder aber elektrisch mit dem Lichtbogen. Beide Methoden haben Vor- und Nachteile und erfordern auf alle Fälle erfahrene Schweißer. In der Praxis kommt immer mehr die autogene Erhitzung zur Anwendung, bei der die Überzugsstoffe meist in Pulverform verwendet werden. Die Spritzschweißung ist grundsätzlich verschieden vom Metallspritzverfahren. Bei diesem werden die geschmolzenen Metallteilchen durch einen komprimierten

Gasstrom auf die Werkstücke aufgeschleudert. Beim Spritzschweißen dagegen berührt die Flamme auf alle Fälle die zu behandelnde Oberfläche, auf der sie das Überzugsmetall in eine Schmelzschicht verwandelt (Abb. 5).

Bei lokaler Erhitzung treten leicht thermische Spannungen auf, die zur Bildung von Rissen in den Gußteilen führen können oder ein Abblättern der Überzüge zur Folge haben. Beides ist unbedingt zu vermeiden. Es wird daher in vielen Fällen eine Vorwärmung der Gußteile durchgeführt, die von dem Grundmetall und der Legierungsart abhängt. Kleine Teile können mit der Schweißflamme vorgewärmt werden, während man größere Teile auf eine der üblichen Methoden bei 400—600°C vorwärmt. Risse in den Schweißüberzügen machen dagegen bei vielen Anwendungen nichts aus. Zur Vermeidung der Rißbildung beim Bogenschweißen hat man zahlreiche Vorschläge gemacht. Dazu gehört die Erniedrigung der Stromdichte, um das Schmelzen des Grundmetalles zu vermeiden und die Wärmeeindringtiefe zu verringern u. v. a. Bei autogener Schweißung erhält man feinere und dünnere Überzüge als mit dem Lichtbogen.

Nicht in allen Fällen ist bei Gußeisen zur Erlangung harter und verschleißfester Überzüge eine Auftragsschweißung erforderlich. Man kann auf ihm auch durch sehr schnelle Abkühlung (Abschrecken) infolge des hohen Kohlenstoffgehaltes eine Eisenkarbidschicht erhalten, die außerordentlich hart und verschleißfest ist. Eine Aufbringung von Schweißschichten sollte daher nur bei bestimmten Anforderungen durchgeführt werden:

a) Wenn ein Abschrecken auf Grund der Konstruktion der Werkstücke unpraktisch oder unmöglich ist.

b) Wenn untermaßhaltige oder abgelaufene Teile aufmetallisiert werden sollen.

c) Wenn an die physikalisch-chemischen Eigenschaften Forderungen gestellt werden, die durch Abschrecken nicht zu erhalten sind.

Die Schichtdicke der aufgeschweißten Überzüge soll nicht über 6 mm betragen. Falls dickere Schichten erforderlich sind, vor allem bei der Aufmetallisierung, können aufgeschweißte Zwischenschichten aus Nickel, Stahl mit niedrigem Kohlenstoffgehalt oder aus einer dem Grundmetall ähnlichen Zusammensetzung bestehen. Bei wiederholter Aufbringung von Schichten können diese auch im Ofen oder induktiv erhitzt werden. Eine Endbearbeitung der Überzüge geschieht am besten durch eine der üblichen Schleifmethoden mittels Siliziumkarbid, Diamantpulver u. a. m.

Für das Auftragsschweißen auf Gußeisen gibt es zahlreiche Möglichkeiten der Anwendung: Bremsbeläge, Ventilteile, Pumpenteile, Mahlräder, Schappenbohrer, Knetmesser u. v. a.

Die Legierungen und Verfahren für das Auftragsschweißen werden zum Teil unter verschiedenen Namen in den Handel gebracht: *Brightray*[1] — 80/20 Nickel-Chrom-Legierung in Pulverform; *Colmonoy*[2] — Legierung aus Nickel-Chrom und Bor in Pulverform; *Haynes Stellite, Hastelloy*[3] — Legierungen; *T. L. B.-Pulververfahren*[4] — Schweißspritzpistole mit Pulverbehälter an der Pistole u. v. a.

Hochvakuumaufdampfung

Beim Aufdampfen im Hochvakuum werden die Überzugsmetalle in einem hochevakuierten, fast luftleeren Behälter in Metalldampf verwandelt, der sich als dünner Überzug auf den Werkstücken niederschlägt. Von den verschiedenen Verfahren der Vakuummetallisierung hat die Hochvakuumaufdampfung zur Herstellung metallischer Überzüge auf vielen Artikeln in den letzten Jahren steigende Bedeutung erlangt.

Eine Aufdampfanlage besteht aus dem Vakuumkessel mit den Gestellen zum Aufstecken der Teile, der Pumpenanlage und den elektrischen Kontrollinstrumenten. Als Vakuumbehälter werden gewöhnlich Zylinder aus Stahl verwendet, die bei großer Produktion wegen der leichteren Beschickungsmöglichkeit meist horizontal gelagert sind. In den vakuumdicht verschließbaren Zylinder kann ein in der Länge entsprechendes Gestell mit den aufgesteckten Teilen eingefahren werden. Die Konstruktion der Gestelle hängt von den zu behandelnden Teilen ab und davon, ob diese nur auf einer Seite oder all-

[1] Wiggin Nickel Rundschau, 1956, Nr. 4, S. 14/15. — [2] Metallisation Ltd., Dudley, England. — [3] Union Carbide Corporation, Kokomo (Robert Zapp, Düsseldorf). — [4] Lawrence & Co., Ltd., London.

seitig zu metallisieren sind. Die Heizwendeln sind entlang der Mittelachse angeordnet und können gemeinsam von außen zum Glühen gebracht werden (Abb. 6). Zum Evakuieren dienen rotierende Gasballastpumpen, meist in Verbindung mit einer Öldiffusionspumpe.

Das Vakuumaufdampfverfahren wird zur Herstellung metallischer Überzüge gewöhnlich in drei Arbeitsgängen durchgeführt:

a) Grundlackierung der Teile,
b) Aufdampfen des Überzugsmetalles und
c) Schutzlackierung des Metallfilmes.

a) Grundlackierung der Teile. Die Grundlackierung mit organischen Überzügen dient zur Erlangung einer glatten Oberfläche und als Träger für den Metallfilm. Man verwendet meist Alkydharzlacke. Die Teile werden getaucht oder gespritzt und im Ofen getrocknet. Versuche zur Verwendung von lufttrocknenden Lacken für diese Zwecke sind noch im Gange. Man erhält damit vollkommen glatte Oberflächen und kann

Abb. 6. Aufdampfanlage mit abgezogenem Vakuumzylinder. Trommel zum Aufstecken der Teile mit rotierenden Halterungen. Zentrale Heizvorrichtung. Vakuumzylinder: ∅ 1450 mm — Länge 1625 mm (Leybold-Hochvakuum-Anlagen GmbH., Köln)

so das kostspielige Polieren der Metalle vermeiden. Dieses Verfahren ist für Gußeisen besonders gut geeignet, da es dessen Poren und Unregelmäßigkeiten in der Oberfläche auf einfachste Weise spiegelglatt macht.

Eine weitere Aufgabe der Grundlackierung ist die Ausschaltung aller Verunreinigungen, die der Oberfläche noch anhaften können, so daß eine besondere Entgasung der Teile nicht erforderlich ist.

Falls die Teile poliert sind oder bereits über eine sehr glatte Oberfläche verfügen, kann die Grundlackierung entfallen.

b) Aufdampfen des Überzugsmetalles. Das zu verdampfende Überzugsmetall wird auf die Wolframwendel aufgebracht, die durch elektrische Widerstandsheizung zum Glühen kommt. Die verdampften Metallatome gehen in geradliniger Richtung und schlagen sich auf der Oberfläche der Teile nieder. Um das Verdampfen der Überzugsmetalle zu erleichtern und zu verhindern, daß die Metallatome auf ihrem Wege durch Luftmoleküle behindert werden, muß der Behälter weitgehend evakuiert werden. Bei Fehlen eines Vakuums würden die Metallatome mit den zahlreichen Luftmolekülen zusammenstoßen und ihre Bewegungsenergie in Wärme verwandeln oder aus ihrer Richtung abgelenkt werden. Trotz der glühenden Heizwendel ist die Temperatur im Vakuumzylinder nur wenig über Raumtemperatur.

Bei einem Vakuum von 0,0005 mm Hg kann Aluminium bereits aufgedampft werden. Eine wirtschaftliche Verwendung der Vakuumaufdampfverfahren wurde erst durch die hochentwickelten Pumpenkonstruktionen ermöglicht, die in kürzester Zeit ein genügendes Vakuum herbeiführen können. Die Evakuierungszeit ist allerdings von zahlreichen Faktoren abhängig, wie Pumpenleistung, Behältergröße, Anzahl, Größe und Art der Teile, Zustand der Behälterwand u. v. a.

Da sich die Überzugsmetalle nicht nur auf den Teilen, sondern auch auf der Behälterwand und den Gestellen niederschlagen, bilden sich auf diesen mit der Zeit poröse Schichten aus, in denen sich Luft,

Feuchtigkeit und Verunreinigungen festsetzen können. Zur Vermeidung werden die Behälter- und Gestelloberflächen mit einer abziehbaren Kunststoffhaut versehen, die, falls nötig, mitsamt dem Metallniederschlag leicht abzuziehen ist.

Die Teile werden auf den Gestellen dicht aneinander aufgesteckt, um eine möglichst große Zahl unterzubringen. Häufig rotieren die Gestelle mit den Werkstücken während der Behandlung, um eine allseitige oder wiederholte Bedampfung zu ermöglichen. Die gesamte Zeit vom Einfahren der Gestelle in den Zylinder bis zu dessen Verlassen beträgt etwa 15—30 Minuten. Davon entfallen auf den Aufdampfvorgang nur 30 Sekunden bis 1 Minute. G. W. CARR [*24*]. Der größte Teil der Zeit wird für die Evakuierung des Behälters benötigt.

Die erhaltenen Überzüge sind außerordentlich dünn, etwa 0,02—0,13 μ (0,00002—0,00013 mm), sehr duktil, hochglänzend und verfügen über eine gute Haftung. In den meisten Fällen wird Aluminium angewendet, das leicht aufzubringen ist, sehr dekorativ wirkt und außerdem nicht anläuft.

c) Schutzlackierung der aufgedampften Metallüberzüge. Da der dünne Metallfilm mechanisch leicht beschädigt werden kann, wird er meist noch mit einem organischen Schutzlack überzogen. Seine Wahl hängt von den Bedingungen ab, denen die Teile im Gebrauch unterworfen werden. Zumeist ist er farblos, doch werden zur Erlangung bestimmter Farbeffekte auch gefärbte transparente Lacke verwendet.

Vorteile der Vakuumaufdampfung sind die geringe Zahl von erforderlichen Arbeitsgängen, der minimale Metallverbrauch und die im Vergleich zu anderen Verfahren sehr geringen Behandlungskosten. Das Verfahren findet Anwendung für Reflektoren, Herdteile u. v. a. In den USA hat man nach A. T. LEONARD [*25*] bereits begonnen, Innenteile von Automobilen, wie Türgriffe, Knöpfe u. a., mit aufgedampften Aluminiumschichten zu versehen. Die Hochvakuumaufdampfung dürfte sich in Zukunft immer mehr Anwendungsgebiete erobern.

B. Mechanische Verfahren

Von den mechanischen Überzugsverfahren haben nur das Metallspritzen und die Plattierung technische Bedeutung erlangt. Während die Metallspritzverfahren für Gußwerkstücke gut geeignet sind und entsprechend angewendet werden, wird die Plattierung kaum, wenn überhaupt, dafür eingesetzt. Sie wird daher hier nicht behandelt.

Metallspritzen (Flammspritzen)

Beim Metall- oder Flammspritzen werden die Überzugsmetalle in handlichen Apparaten geschmolzen und mittels Preßluft in feine Metallteilchen zerstäubt, die mit großer Geschwindigkeit auf die Werkstücke aufgespritzt werden. Dazu verwendet man Spritzpistolen mit einer feinen Düse, wie sie ähnlich auch zur Spritzlackierung in Gebrauch sind. Art und Zustand des Spritzgutes, flüssig, pulverig, draht- oder bandförmig, bestimmen weitgehend die Spritztechnik und die Konstruktion der Spritzpistolen. Entsprechend kann man Schmelztiegelapparate sowie Pulver-, Draht- und Bandspritzpistolen unterscheiden.

Zum Aufspritzen der Metalle aus dem schmelzflüssigen Zustand eignen sich am besten niedrigschmelzende Metalle, wie Blei (330 °C), Zinn (230 °C) und Wismut (271 °C). Sie bieten temperaturmäßig die geringsten Schwierigkeiten. Das flüssige Metall wird aus dem Behälter angesaugt oder durch Druckluft zur Spritzdüse geleitet.

Das Aufspritzen der Metalle aus der schmelzflüssigen Phase aus Schmelztiegeln wird praktisch kaum mehr angewendet. Da die Anlagen stationär sind, müssen die zu behandelnden Artikel an sie herangebracht werden. Damit entfällt aber ein wesentlicher Vorteil der Draht- oder Pulverpistolen, die nicht ortsgebunden sind und überall leicht eingesetzt werden können.

Bei Verwendung von Metallpulvern werden diese aus einem Behälter angesaugt und zur Pulverspritzpistole geleitet, wo sie erhitzt und versprüht werden. In Pulverform verwendet man meist Metalle, die als Draht schwer herzustellen sind oder einen sehr hohen Schmelzpunkt besitzen, so daß die Flamme in der Spritzpistole nicht mehr ausreichen würde, sie zum Schmelzen zu bringen. Weiterhin kann man Mischungen oder Legierungen pulverförmig leichter herstellen und zum Verspritzen bringen. Falls die Herstellung von Drähten kostspieliger ist als die von Pulvern, werden diese ebenfalls vorgezogen. Das gilt besonders für Aluminium und Zink. Meist verwendete Überzugsmetalle zum Spritzen in Pulverform sind Aluminium, Zink und Zinn sowie Chrom, Nickel und Karbide. AWF und RKW [*26*]. Vor allem in den USA gilt das Pulverspritzen als besonders wirtschaftlich. H. REININGER [*27*].

Am gebräuchlichsten sind Drahtspritzpistolen, bei denen das Spritzmetall als Draht in die Pistole läuft und dort geschmolzen und versprüht wird. Die Drahtstärke beträgt normal 1 bis 1,5 mm, doch kann sie für Spezialzwecke bis 4 mm gesteigert werden. Das Drahtspritzverfahren ist einfach und billig. Der Draht ist in Ringen aufgerollt. Sehr weiche Metalle, wie Blei, Zinn und deren Legierungen, sind dagegen auf Spulen gewickelt, die auf einen Spulenbock aufgesteckt und abgerollt werden.

Das Schmelzen der Drähte und das Erhitzen der Pulverpartikel geschieht entweder autogen durch sehr heiße Brenngasflammen oder durch den elektrischen Strom. In den Gaspistolen verwendet man Sauerstoffgas oder Luft zusammen mit Wasserstoff (Knallgas), Azetylen, Propan oder komprimiertem Leuchtgas. Die Elektropistolen beruhen dagegen auf der Entstehung von Wärme durch den elektrischen Strom. Bei der Widerstandsheizung läuft der Draht durch ein Kohle- oder Graphitrohr, das als elektrischer Widerstand dient und sich erhitzt. Die Lichtbogenheizung beruht dagegen auf der Bildung eines Lichtbogens hoher Temperatur, der zwischen zwei Leitern durch Kurzschluß entsteht. Der negative Pol wird durch eine Kohle und der positive durch den Draht gebildet, der laufend abschmilzt und nachgeführt wird. Hier müssen auch die Bandspritzpistolen erwähnt werden, in denen man an Stelle von Draht Bänder oder Folien einführt. Sie sollen besonders zur Behandlung großer Flächenteile geeignet sein.

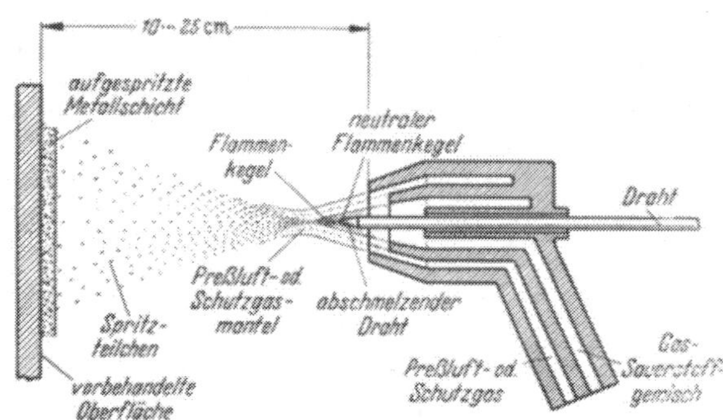

Abb. 7. Drahtspritzpistole und Aufspritzvorgang schematisch. Autogene Erhitzung

Als Beispiel sei die Wirkungsweise einer Drahtspritzpistole, Erhitzung durch autogene Flamme, angeführt (Abb. 7). Der Spritzdraht wird in die konische Brenngas-Sauerstoff-Flamme vorgeschoben und dort an seinem Ende abgeschmolzen. Ein Mantel aus Preßluft oder Schutzgas (Zerstäubergas) umgibt die Flamme und schneidet sie an einer Stelle an. An dieser werden die abgeschmolzenen Metallteilchen von dem Zerstäubergas erfaßt, fein zerstäubt und mit großer Geschwindigkeit auf die Unterlage aufgeschleudert. Ein Metallspritzapparat benötigt etwa 0,5 m³ Preßluft mit einem Druck von 3 atü.

Vor dem Aufspritzen der Metallüberzüge müssen die zu behandelnden Oberflächen sorgfältig gereinigt und aufgerauht werden. Am besten geeignet ist das Sandstrahlen mittels Quarzkies, entweder von Hand aus oder in besonderen Apparaten. Ein Sandstrahlgebläse mit normaler 10 mm-Düse benötigt pro Minute etwa 3 m³ Preßluft, auf 3 atü komprimiert.

Alle Metalle und deren Legierungen von praktischer Bedeutung, sofern sie nur draht- oder pulverförmig herzustellen sind, werden zur Herstellung von aufgespritzten Überzügen verwendet. Anwendung finden sie für dekorative Zwecke, als Korrosionsschutz und zum Aufmetallisieren unter Maß gehaltener oder abgelaufener Teile sowie zum Auffüllen von Löchern und Lunkern in Gußeisen u. a. m.

Unter Spritzalitierung oder Spritzalumetierung versteht man die thermische Behandlung gespritzter Aluminiumüberzüge. Sie entspricht den unter Aluminierung (Alumetierung) angeführten Diffusionsverfahren und ergibt die gleichen zunderfesten Überzüge. Mengenmäßig steht unter den Spritzmetallen Zink und Aluminium an erster Stelle. Für Gußeisen ist die Metallspritztechnik besonders vorteilhaft, da sie die billige Herstellung von Gußteilen mit jeder gewünschten Art metallischer Oberflächen verbindet, die verhältnismäßig leicht zu erhalten sind. Nachteilig ist die Porosität der Überzüge (4—10%), die sich für Lager und Laufflächen zum Aufnehmen des Ölfilms allerdings günstig auswirkt. Ebenso ergeben sie einen vorzüglichen Haftgrund für darauffolgende Lackierung. Spritzschichten für den Korrosionsschutz müssen daher meist ziemlich dick gehalten werden oder eine Nachbehandlung erfahren, um die Porosität soweit wie möglich herabzusetzen.

C. Elektrochemische Verfahren

Bei den elektrochemischen Verfahren werden aus einer wässerigen Lösung, die Metallionen enthält, mit oder ohne eine äußere Stromquelle, diese Metallionen auf die zu überziehenden Oberflächen abgeschieden. Sie bilden auf ihnen eine verschieden starke, zusammenhängende Metallschicht aus. Ohne äußere Stromquelle arbeiten die *Tauch-, Ansiede- und Kontaktverfahren*, während bei den eigentlichen *galvanischen Verfahren* eine angelegte elektrische Spannung verwendet wird.

Die elektrolytische Abscheidung von Metallen durch galvanische Verfahren ist eines der wichtigsten und meist gebrauchten Oberflächenverfahren. H. KRAUSE [*28*], W. MACHU [*29*], W. BLUM und G. B. HOGABOOM [*30*], A. K. GRAHAM [*31*], H. SILMAN [*32*]. Mit ihrer Hilfe können die physikalischen und chemischen Eigenschaften der zu behandelnden Werkstücke weitgehend verändert werden. Zu diesen Eigenschaften gehören die Korrosionsbeständigkeit gegen atmosphärische und chemische Angriffe, die Verschleißfestigkeit, Laufeigenschaften von Lagern, Wellen und Zylindern, Härte, Warmfestigkeit, Glanz, Farbe und das gefälligere Aussehen der Teile. Für die Überzüge sind nur verhältnismäßig geringe Mengen an Überzugsmetallen erforderlich. Die technisch wichtigsten sind Blei, Chrom, Kadmium, Kupfer, Nickel, Zink, Zinn und deren verschiedene Legierungen.

Für die galvanische Metallabscheidung gilt mehr noch als für alle anderen Verfahren, daß sie empirisch entwickelt wurden und trotz wissenschaftlicher Erkenntnisse große praktische Erfahrung und Kenntnisse benötigen. Diese sind in den letzten Jahrzehnten immer mehr auf die Galvanolieferfirmen übergegangen. Bei Erstellung einer galvanischen Anlage und Verwendung der erforderlichen Elektrolyte wird daher vorteilhafterweise mit einer gut renommierten Firma für Galvanobedarf zusammengearbeitet. Sie verfügt am besten über die erforderlichen Erfahrungen und Hilfsmittel, führt eine kostenlose Musterbearbeitung durch und sorgt zusammen mit dem Leiter der Galvanik für einen einwandfreien Betrieb der Anlagen und Durchführung der Verfahren. Übrigens gilt das entsprechend gleiche für alle anderen Oberflächenverfahren.

Galvanische Verfahren mit Stromquelle

1. Reinigung

Die Güte der galvanischen Überzüge hängt in erster Linie von der einwandfreien Reinigung der Metalloberflächen ab. Selbst dünnste, unsichtbare Fett- und Oxydschichten, die sich bei der Metallabscheidung nicht bemerkbar machen, können eine gute Haftung der Überzüge verhindern. Abblättern der Niederschläge, oft erst später während des Gebrauchs der Werkstücke, ist die Folge. Zahlreiche Fehler in den galvanischen Überzügen, wie Poren, Risse, Sprödigkeit, Unebenheiten und unansehnliches Aussehen, können meist auf Verunreinigungen zurückgeführt werden, die in die Bäder verschleppt wurden. Aber auch die Lebensdauer der Badlösungen wird durch eine Verschmutzung wesentlich herabgesetzt.

Die verschiedenen chemischen und elektrolytischen Reinigungsverfahren zur Entfernung von anhaftendem Schmutz, Fingerabdrücken, Polier- und Fettrückständen werden unter der Bezeichnung *Entfettung* zusammengefaßt.

Die chemische oder elektrolytische Entfernung der Oxyd-, Rost- und Salzschichten durch Lösungen von Säuren wird dagegen als *Beizen* bezeichnet. Sofern es sich dabei um dicke Walzhäute, Rost- oder Zunderschichten handelt, fallen sie in den Bereich der Vorbehandlungsverfahren und werden hier nicht behandelt.

Gußeisenteile können je nach der sehr unterschiedlichen Vorbehandlung mehr oder weniger verschiedenartige Verunreinigungen, wie Schlackenreste, Sand u.a., enthalten. F. Roll [*33*]. Sie müssen vor der Galvanisierung durch Sandstrahlen oder Säurebeizen entfernt werden. Am besten eignet sich dazu Flußsäure, die als Flußsäurelösung (HF, 0,5 bis 5%) oder in Kombination mit Schwefelsäure oder Salzsäure gebraucht wird. Anschließend müssen die Teile sehr gut gespült werden.

Für das Beizen nach der Entfettung zur Entfernung dünner, unsichtbarer Oxyd- und Salzschichten ist die Bezeichnung *Dekapieren* üblich. Sowohl die Entfettung als auch das Dekapieren zählen zu den eigentlichen galvanischen Verfahren.

Die Entfettung hängt von der Art und Stärke der Verschmutzung sowie zum Teil von den verwendeten Galvanisierverfahren ab. Die richtige Wahl des Entfettungsverfahrens und Entfettungsmittels, der Entfettungsart sowie der Behandlungszeit und Temperatur der Entfettungslösung erfordert große Erfahrung. Die Entfettung muß technisch und wirtschaftlich allen Anforderungen genügen und ist die Voraussetzung für einwandfreie galvanische Überzüge. Aus Tab. 1 gehen die Hauptfaktoren der Entfettungsverfahren hervor.

In der Praxis erfolgt die Entfettung zumeist in drei Arbeitsgängen:

a) Lösungsmittel-, Emulsions- oder Ultraschallentfettung. Die Lösungsmittelentfettung mit Tri und Per wird aus hygienischen und wirtschaftlichen Gründen in besonderen Entfettungsapparaten vorgenommen. Sie erfolgt durch Tauchen, Spritzen oder Dampfbehandlung, wobei diese Methoden noch beliebig kombiniert werden. Entsprechend ist die Konstruktion der Apparate voneinander abweichend. Auf den Teilen verbleibt nach der Behandlung oft noch ein Schmutzfilm, der zumeist mit Lappen abgeputzt werden muß. Zur Vermeidung dieser umständlichen Nachbehandlung fügt man dem Lösungsmittel suspendierte Teilchen zu, die mechanisch allen anhaftenden Schmutz ablösen. Dazu werden Kieselgur, Pertrinol[1] u. a. verwendet.

Tabelle 1. *Übersicht der gebräuchlichen Entfettungsverfahren*

Entfettungsverfahren	Entfettungsmittel	Entfettungsart
Lösungsmittel-Entfettung	Trichloräthylen (Tri) Perchloräthylen (Per) Petroleum, Benzin u. a.	Tauchen-Spritzen-Dampfbehandlung Tauchen-Spritzen-Dampfbehandlung Tauchen
Emulsions-Entfettung	Emulsionslösungen	Tauchen-Spritzen
Ultraschall-Reinigung	Trichloräthylen (Tri) Perchloräthylen (Per) Tetrachlorkohlenstoff (Tetra)	Tauchen
Alkalische Entfettung (Abkochentfettung)	Alkalische Lösungen	Tauchen-Spritzen
Elektrolytische Entfettung	Alkalische Lösungen	Kathodische Behandlung } Tauchen Anodische Behandlung } Tauchen

Emulsionsreiniger bestehen aus einem Lösungsmittel (Petroleum, Benzin, Tri u. a.), einem Emulgator (Kaliumoleat, Harzseifen u. a.) und Wasser. Sie werden bei Raumtemperatur oder bis zu 60 °C erwärmt angewendet sowie als Tauch- und Spritzlösung kombiniert. Ihre Verwendung hat sich in Europa bislang wenig eingebürgert.

Die Ultraschallreinigung steht am Anfang ihres industriellen Einsatzes. Als Reinigungslösungen dienen Tri oder Per, in denen mehrere Ultraschallerreger, zumeist aus Bariumtitanit, das Lösungsmittel mit hoher Frequenz bewegen und so zusätzlich eine intensive mechanische Reinigung bewirken. Sie wurde bislang besonders für Kleinteile (Uhrenindustrie u. a.) eingesetzt, doch dürfte sie in Zukunft auch auf anderen Gebieten zu größerer Anwendung kommen.

Die Teile, die nach einem der hier angegebenen Verfahren entfettet wurden, sind nun für den nächsten Gang bereit.

b) Alkalische Abkochentfettung. Die alkalischen Entfettungsbäder bestehen aus wässerigen Lösungen, die starke Alkalien und Netzmittel enthalten. Ihre Aufgabe ist die weitere Reinigung von anhaftenden Fett- und Ölrückständen sowie von noch vorhandenen Schmutzteilchen. Die Fett- und Ölteilchen werden durch Emulgierung entfernt, während die Schmutzteilchen auf Grund der benetzenden Wirkung der Badlösung abgehoben werden.

Die Reinigungswirkung kann durch mechanische Bewegung wesentlich beschleunigt werden, wie Lufteinblasen, Umpumpen der Lösung oder wallende Bewegung bei Kochtemperatur. Ferner kann man den Abkochbädern zur Verbesserung der Reinigungswirkung ebenso wie bei der Lösungsmittelentfettung suspendierte Teilchen zusetzen, die eine zusätzliche mechanische Reinigung herbeiführen. In neuerer Zeit hat sich hierfür Sägemehl von Buchenholz praktisch gut bewährt und wird sogar in automatischen Anlagen verwendet.

Das gebräuchlichste Behandlungsverfahren ist Tauchen der Teile in die Badlösung, wobei ein zusätzliches Spritzen äußerst vorteilhaft ist. Zur besseren Reinhaltung der Entfettungslösung werden die Badbehälter zumeist mit einem Überlauf versehen. Dadurch können Fett- und Ölrückstände, die an der Oberfläche schwimmen, einfach entfernt werden. Nach der Abkochentfettung werden die Teile gespült oder unmittelbar in das folgende elektrolytische Entfettungsbad gebracht.

---

[1] Produkt der Wacker-Chemie GmbH., München.

c) Elektrolytische Entfettung. Die elektrolytischen Entfettungsbäder haben die gleiche oder eine ähnliche Zusammensetzung wie die Abkochbäder. Im Gegensatz zu diesen geschieht die Behandlung unter Strom durch Anlegen einer elektrischen Spannung (6 bis 12 V) (Abb. 8). Üblicherweise wird zuerst kathodisch entfettet: die Teile sind wie bei der Galvanisierung am Minuspol als Kathode geschaltet. Die Anoden bestehen zumeist aus Eisenplatten. Anschließend wird anodisch entfettet, wobei die Teile am Pluspol liegen, wie normalerweise die Anoden.

Abb. 8. Elektrolytische Entfettungsbäder: kathodisch und anodisch. Ansatzstutzen für die Absaugerohrleitung. Pumpe für die Flutungseinrichtung. Rückansicht (Friedr. Blasberg GmbH., Solingen)

Die Wahl der Behandlungszeit und der eventuelle Fortfall einer Behandlung, entweder der kathodischen oder der anodischen, erfordert große praktische Erfahrung und muß zumeist empirisch festgestellt werden.

Anschließend an die Entfettung folgt *Spülen* und *Dekapieren* der Teile.

Dekapieren ist ein Beizen mit verdünnten Säurelösungen, meist unmittelbar vor der galvanischen Behandlung. In der Praxis werden Lösungen von Schwefelsäure, Salzsäure oder Kombinationen von beiden verwendet. Die Teile werden darin nur sehr kurzzeitig (etwa 10 Sek.) getaucht. Eine weitere Aufgabe des Dekapierens ist die Neutralisierung der alkalischen Badreste auf den Teilen und Schaffung eines sauren Oberflächenfilms im Hinblick auf die folgende Behandlung in sauren Bädern.

Zur Übersicht sei die Behandlungsfolge einer modernen Anlage zur Hochglanzvernickelung angegeben:

1. Trientfettung	3. Kathodische Entfettung	5. Spülen kalt	7. Spülen kalt
2. Abkochentfettung	4. Anodische Entfettung	6. Dekapieren	8. Glanznickel

2. *Bleiüberzüge* (*Verbleiung*)

Galvanische Bleiüberzüge werden nur für besondere Zwecke eingesetzt. In der Luft bildet sich an der Oberfläche des Überzuges ein Schutzfilm aus, der gegen Angriffe aller Art beständig ist. Elektrochemisch ist Blei gegenüber Eisen mehr positiv und damit edler als dieses. Metalle mit einem gegenüber Eisen positiveren Normalpotential, wie Blei, Kupfer, Nickel, Zinn u. a., werden als edler bezeichnet. Sie verhalten sich bei einer Lokalelementbildung als Kathode, wohingegen das Grundmetall Eisen als Anode wirkt. Es ist daher von größter Wichtigkeit, daß Überzüge aus edleren Metallen absolut porenfrei sind, da bei Vorhandensein von Poren oder Rissen im Überzug an dieser Stelle eine Korrosion des Grundmetalles auftreten kann, die sich unter dem Überzug weiter ausbreitet und als Unterrostung mit Recht so gefürchtet ist. Nach neueren Untersuchungen soll bei Bleiüberzügen keine Unterrostung auftreten.

Je nach Verwendung werden verschiedene Schichtdicken hergestellt, die zwischen 0,02 und 4 mm angegeben werden. Für chemische Beanspruchung werden 0,2 bis 0,5 mm und in industrieller Außenatmosphäre bis 1 mm und mehr empfohlen.

Zur Verfügung stehen saure und alkalische Bäder. Elektrolytische Niederschläge aus alkalischen Bädern sind weniger korrosionsbeständig als die aus sauren Bädern. Am gebräuchlichsten ist das saure Bleifluoboratbad. Die Zusammensetzung ist:

Blei als Bleiborfluorid, $Pb(BF_4)_2$ . . . . . 105 g/l Freie Borfluorwasserstoffsäure, HBF_4 . . . . 40 g/l
Tierischer Leim . . . . 0,2—5 g/l.

Bei Badbewegung können die Stromdichten bis zu 10 A/dm² betragen. Der Neuansatz des Bades ist zwar sehr teuer, doch ist es sparsam im Verbrauch und zersetzt sich nur wenig. Die erhaltenen elektrolytischen Niederschläge sind feinkörnig und dicht.

Die Verwendung von Bleiüberzügen ist sehr beschränkt. Sie werden eingesetzt, wenn eine hohe Korrosionsbeständigkeit in Industrieatmosphäre oder gegen besondere Chemikalien, wie Schwefelsäure, schweflige Säure, Flußsäure u. a., gefordert wird. Hierher gehören die Verbleiung chemischer Apparate, elektrischer Teile in Bergwerken u. v. a. Dekorativ werden sie nicht gebraucht, da sie rasch unansehnlich werden. In der Lebensmittelindustrie können sie nicht verwendet werden, da sie giftig sind. Sie sind ohne irgendwelche Vorbehandlung ein guter Untergrund für Anstriche, die auf ihnen gut haften.

Verschiedene Vorteile bieten galvanische Blei-Zinn-Legierungsüberzüge aus dem Fluoboratbad, die schon 1921 von W. Blum und H. W. Haring [*34*] eingehend untersucht wurden. Sie bürgerten sich während des letzten Weltkrieges, bedingt durch die damalige Zinnknappheit in den USA ein und fanden Anwendung zur Herstellung von Laufschichten für Bleibronze- und Silberlager. In Deutschland wurden sie nach dem Kriege bei der Herstellung von Gleitlagern eingesetzt. Anwendung finden sie ferner für Herdteile, für Teile, die im Ofen hartgelötet werden sollen, sowie allgemein zum Löten. In letzter Zeit wurden die Abscheidung sowie der Aufbau der Blei-Zinn-Legierungsüberzüge von E. Raub und W. Blum [*35*] näher untersucht. Die Härte dieser Niederschläge ist wesentlich höher als die der reinen Bleiüberzüge.

3. Chromüberzüge (Verchromung)

Bei der Verchromung sind die dekorative Verchromung und die Hartverchromung zu unterscheiden, die sowohl technisch als auch in ihrer Anwendung verschieden sind.

Dekorative Chromüberzüge (Glanzchrom oder Zierchrom) dienen hauptsächlich zur Verbesserung des Aussehens. Der schöne Glanz, die modische silbergraue Farbe und die Anlaufbeständigkeit haben die dekorativen Chromüberzüge zu einem der meist verwendeten galvanischen Überzüge gemacht. Chrom ist außerordentlich korrosionsbeständig. Infolge eines schützenden unsichtbaren Oxydfilmes verhält es sich wie ein edles Metall. Die Dicke der dekorativen Chromschichten ist in allen Kulturstaaten genormt und hat nur wenig voneinander abweichende Werte. In Deutschland beträgt sie lt. Normblatt DIN 50963: 0,3 μ (0,0003 mm). Da die Glanzchromüberzüge normalerweise Risse aufweisen, werden sie auf dem Grundmetall nicht direkt abgeschieden. Es werden daher fast stets Zwischenschichten aufgebracht, die den Korrosionsschutz des Grundmetalles übernehmen. Am besten eignet sich hierfür Nickel, doch sind verschiedene Kombinationen möglich, wobei je nach Beanspruchung die Schichtstärken variieren. (Tab. 2.)

Tabelle 2. *Gebräuchliche Kombinationen von Überzugsarten*

Zwischenschicht	Überzug	Endüberzug metallisch	Endüberzug organisch
—	Nickel	Chrom	—
Kupfer	Nickel	Chrom	—
—	Bronze	Chrom	—
—	Zinn-Nickel	—	—
Kupfer	—	Chrom	Klarlack
Weißmessing	—	Chrom	Klarlack

Infolge der geringen Schichtstärke der dekorativen Chromüberzüge haben sie keine einebnende Wirkung hinsichtlich der Unregelmäßigkeiten in der Oberfläche der Werkstücke. Die Oberfläche muß vielmehr das später geforderte Aussehen bereits vor der Verchromung aufweisen, also hochglänzend, satinglänzend, matt usw. vorbehandelt sein.

Am gebräuchlichsten ist das schwefelsaure Glanzchrombad, das auf einer glänzenden Oberfläche auch glänzende Chromüberzüge ergibt. Die Zusammensetzung ist einfach:

Chromsäure, CrO_3 . . . . 400 g/l
Schwefelsäure, H_2SO_4 . . . . 4 g/l.

Von größter Wichtigkeit ist dabei das Verhältnis der Chromsäure zur anwesenden Fremdsäure (H_2SO_4 u. a.), ohne die keine Chromabscheidung erfolgt. Da die Fremdsäure praktisch nicht verbraucht wird, bezeichnet man sie auch als *Katalysator*. Am gebräuchlichsten ist das Verhältnis

$$\text{Chromsäure} : \text{Sulfat}, SO_4 = 100 : 1 \; (0{,}8-1{,}2).$$

Nach Untersuchungen von H. W. Dettner [*36*] und H. Brown [*37*] kann die *Korrosionsbeständigkeit* der Chromschichten durch genaue Einhaltung bestimmter Abscheidungsbedingungen wesentlich verbessert werden. Chromschichten mit maximaler Korrosionsbeständigkeit erhält man bei einer Badtemperatur von etwa 60 °C und einem Verhältnis Chromsäure zu Sulfat von 150—200 : 1 sowie einer Stromdichte von 40 A/dm². Bei Glanzchromschichten sollte deren Dicke statt 0,3 μ bisser 0,5—0,8 μ betragen. In diesen Richtungen werden vor allem durch H. Brown Untersuchungen angestellt, die die bisherige Praxis wesentlich verändern dürften.

In neuerer Zeit sind selbstregulierende Chrombäder in Verwendung, bei denen sich das Verhältnis von Chromsäure zu Fremdsäure (Katalysator) von selbst reguliert. Den Vorteilen dieser Bäder, wie schnellere Abscheidung, bessere Deckung und größerer Abscheidungsbereich stehen verschiedene Nachteile entgegen, besonders die höheren Kosten für diese Badtype. In der Patentliteratur werden verschiedene Zusammensetzungen angegeben.

Zur dekorativen Verchromung zählt auch das *Grauchrombad* (Bornhauser Bad, Dichrombad, D-Chrombad, Tetrachrombad). Die elektrolytischen Niederschläge aus diesem Bade sind grau und matt, müssen also noch poliert werden. Von Vorteil ist, daß sie direkt auf Eisen und Stahl abgeschieden werden können und gut zu polieren sind. Infolge des nachträglichen Polierens verschmieren sich die Poren und Unregelmäßigkeiten in der Oberfläche des Grundmetalls, so daß auch die Korrosionsbeständigkeit relativ gut ist. Grauchromschichten eignen sich besonders gut für Gußeisen, weshalb sie für Bügeleisensohlen und dergleichen verwendet werden. Eine vorhergehende Entfettung der Werkstücke ist zumeist nicht erforderlich. Wegen des nachträglichen Polierens, besonders der damit verbundenen hohen Kosten, wird es in der Praxis nur in besonderen Fällen verwendet.

Es ist möglich, Chromüberzüge in verschiedenen Farben herzustellen. Eingebürgert haben sich jedoch nur schwarze Überzüge aus dem *Schwarzchrombad*, die für Röntgenapparate und Instrumente sowie auch dekorativ verwendet werden.

Die *Hartverchromung* wird im Gegensatz zur Glanzverchromung nur zur Verbesserung der technologischen Eigenschaften des Grundmetalls verwendet. Sie dient ausschließlich technischen Zwecken. Die Schichten sind bis 0,5 mm dick und in besonderen Fällen bis 1 mm. Hartchromschichten werden verwendet für Kolbenringe, Zylinderkolben, Innenwandungen von Geschützrohren, Ziehwerkzeuge u. v. a. Ausführliche Listen der Anwendungsmöglichkeiten sind bei MORISSET [*38*] angegeben. Große Teile, die durch Gebrauch abgenutzt sind, wie Schiffswellen, Lager, Preßwerkzeuge u. a., werden wieder aufgechromt. Anschließend müssen die Teile durch die üblichen Verfahren, wie Schleifen, Honen u. a., auf Sollmaß gebracht werden. Die Maßverchromung, bei der keine nachträgliche Oberflächenbearbeitung erforderlich ist, wird wenig angewendet. Sie ist schwierig und kann nur bei besonderen Teilen durchgeführt werden.

Die *Porösverchromung* wird bei Lagern und Zylinderkolben angewendet. Da die Hartchromschichten von Öl fast nicht benetzt werden, müssen als Halterand für den Ölfilm in der Oberfläche Vertiefungen vorgesehen werden. Das geschieht durch Eindrücken von *Rastern* („Fenstern") in der Oberfläche des Grundmetalles, durch Umpolen während der Verchromung oder durch nachträgliches Ätzen.

In der Praxis sind verschiedene Badtypen in Gebrauch. Das schwefelsaure Hartchrombad weicht vom gleichartigen Glanzchrombad vor allem hinsichtlich der Betriebsbedingungen ab. Besonders günstig ist für die Hartverchromung das kieselfluorwasserstoffsaure Hartchrombad. Es wird in den USA allgemein angewendet. Aber auch in Deutschland war es bereits während des letzten Krieges vielfach in Gebrauch. Die Zusammensetzung ist:

Chromsäure, CrO_3	250 g/l
Schwefelsäure, H_2SO_4	1,5 g/l
Kieselfluorwasserstoffsäure, H_2SiF_6	4 g/l.

Hierher gehören auch die selbstregulierenden Hartchrombäder, die in den letzten Jahren immer mehr verwendet werden.

4. *Kadmiumüberzüge (Verkadmung)*

Kadmiumüberzüge zeigen ein ähnliches Verhalten wie Zinküberzüge. Ihre große Überlegenheit, die ihnen früher allgemein zugeschrieben wurde, hat sich auf Grund neuerer Untersuchungen nicht bestätigt. W. MACHU [*39*]. Im Hinblick darauf und nicht zuletzt wegen des hohen Preises von Kadmium hat sich seine Verwendung in den letzten Jahren weiter verringert. Trotzdem ist die Verkadmung in zahlreichen Fällen unentbehrlich und der Verzinkung vorzuziehen.

Die Beständigkeit von Kadmium gegen chemische Angriffe ist allgemein ziemlich gering, doch wird es von Alkalien nur sehr langsam gelöst. Auf dieser Eigenschaft beruhen zahlreiche Anwendungen von Kadmiumüberzügen. G. SODERBERG und L. R. WESTBROOK [*40*]. Sie sind im Meerklima gut beständig und Zinküberzügen überlegen. G. SODERBERG [*41*]. Einwandfreie Kadmiumüberzüge kann man auch direkt auf sandgestrahlten oder abgedrehten Werkstücken erhalten. Der Bewegung unterworfene Teile, besonders von Maschinen, elektrische Kontakte und Gewinde, werden kadmiert, da sie keinen weißen Rost bilden, der im Gebrauch zu Schwierigkeiten führen kann. Außerdem beeinflussen sie nicht das Sollmaß infolge der geringen Schichtdicken der Kadmiumüberzüge. In geschlossenen Räumen korrodieren sie allerdings in Gegenwart von Farben, Firnissen oder Isolationsmaterial auf Phenolbasis, wobei sich ein weißer Überzug an der Oberfläche ausbildet. L. H. SEABRIGHT und J. TREZEK [*42*]. Die Korrosionsbeständigkeit in normaler Atmosphäre und in Industrieluft ist etwa die gleiche wie bei Zink. Es ist ebenso wie dieses giftig und kann in der Nahrungsmittelindustrie nicht verwendet werden [*43*]. Die Überzüge sind gut lötbar und außerordentlich duktil, so daß sie ohne Gefahr nachträglich deformiert werden können. Ihre Farbe ist in frischem Zustande silbergrau mit einem schönen satinartigen Glanz. Auch nach längerer Verwendung sehen sie noch gut aus.

Seit der ersten industriellen Anwendung der galvanischen Kadmierung durch Marvin J. UDY im Jahre 1919 hat sie zahlreiche Anwendungen gefunden. Besonders wichtig ist sie im Schiffs- und Flugzeugbau. Kadmiumüberzüge werden weiterhin für Maschinenteile, Werkzeuge, Schrauben und Muttern, im Automobilbau usw. verwendet.

Zur elektrolytischen Abscheidung werden saure und zyanidische (alkalische) Bäder verwendet. Am gebräuchlichsten ist das zyanidische Kadmiumbad, das nach R. O. HULL [*44*] in ruhenden Bädern mit Stromdichten von 1—5 A/dm² arbeitet. Die Zusammensetzung ist:

Kadmiumoxyd, CdO	etwa 20 g/l
Natriumzyanid, $NaCN$	etwa 100 g/l
Glanzmittel, falls erforderlich.	

Von den sauren Bädern ist das Kadmiumfluoboratbad in Gebrauch, das wie alle anderen Fluoboratbäder viele Vorteile aufweist, wie hohe Abscheidungsgeschwindigkeit, einfachere Unterhaltung und Kontrolle, hohe anodische und kathodische Stromausbeute sowie sehr gute Stabilität. Die kathodische Stromausbeute beträgt 3—6 A/dm². A. E. CARLSON und C. STRUYK [*45*].

5. *Kupferüberzüge* (*Verkupferung*)

Kupferüberzüge finden mannigfaltige Anwendungen sowohl für dekorative als auch ausgesprochen technische Zwecke.

Bei der dekorativen Galvanisierung werden sie wegen ihrer geringen Verschleißfestigkeit und Beständigkeit fast nur als Zwischenschichten verwendet. Infolge der verschiedentlich aufgetretenen Nickelknappheit auf dem galvanischen Sektor sind sie immer mehr in Gebrauch gekommen. Bei einer dicken Unterkupferung werden wesentliche Mengen Nickel eingespart. Eine Schicht von 30 μ Kupfer und 15 μ Nickel dürfte einem Nickelüberzug von 30 μ gleichwertig sein, sofern der Kupferüberzug poliert und geschwabbelt wurde. Die leichte Polierbarkeit der Kupferüberzüge hat ebenfalls zu ihrer heutigen Bedeutung beigetragen. Es ist einfacher, den weichen Kupferüberzug zu polieren als das harte Grundmetall. Zugleich wird durch das Verschmieren der Poren beim Polieren die Korrosionsfestigkeit erhöht und für den Endüberzug höchste Glanzwirkung erzielt.

Eine weitere Verwendung finden sie bei der *Anschlagverkupferung*. Die Stärke dieser Zwischenschichten beträgt etwa 2—7 μ. Sie dienen zur Herstellung einer elektrochemisch gleichmäßigen Oberfläche des Grundmetalls. Dadurch wird die Metallabscheidung für die folgenden Niederschläge erleichtert und Fehler vermieden. Beispiele für die Anschlagverkupferung werden später bei Darstellung der Prozeßfolgen gegeben.

Zum Teil ist es noch üblich, jedoch nur in Deutschland, den Entfettungssalzen ein Kupfersalz beizufügen. Nach erfolgter Entfettung der Warenteile hinterbleibt auf deren Oberfläche ein dünner Kupferfilm. Wegen seiner geringen Schichtstärke, die unter 1 μ beträgt, hat er keinerlei Bedeutung. Er soll lediglich anzeigen, ob die Ware gut entfettet wurde.

Es gibt saure und alkalische Kupferbäder, die gleichermaßen in Gebrauch sind. Das meist verwendete saure Kupferbad ist das *Kupfersulfatbad*. Es wird nur zur Abscheidung dicker Schichten gebraucht. Seine Vorteile sind hohe Stromdichte, hohe Stromausbeute und einfache Handhabung. Die Zusammensetzung ist nicht kritisch:

Kupfersulfat, $CuSO_4 \cdot 5\,H_2O$	250 g/l
Schwefelsäure, H_2SO_4	75 g/l.

Die Stromdichte ist sehr hoch und kann je nach den Betriebsbedingungen 2—12 A/dm² betragen. Neben der Verwendung in der Galvanoplastik, also zur Aufkupferung von Tiefdruckwalzen u. v. a., wird es wegen seiner hohen Abscheidungsgeschwindigkeit auch zur Unterkupferung eingesetzt. Auf Zink und Eisen muß vor der sauren eine zyanidische Verkupferung erfolgen, da sonst keine Haftung der Überzüge aus dem sauren Bade möglich ist und andere Schwierigkeiten auftreten können.

Sowohl für die Unterkupferung (etwa 20—40 μ) als auch für die Anschlagverkupferung (etwa 2—7 μ) wird das *zyanidische Kupferbad* verwendet. Das Streuvermögen ist höher als das von sauren Bädern, weshalb es bei stark profilierten Werkstücken unbedingt vorzuziehen ist. Eine bewährte Zusammensetzung ist:

Kaliumzyanid, KCN	36,5 g/l	Natriumbisulfit, $NaHSO_3$	3 g/l
Kupferzyanid, CuCN	25 g/l	Natriumkarbonat, Na_2CO_3	6 g/l.

Die Stromdichte beträgt 0,5 bis 1 A/dm². Die Abscheidungsgeschwindigkeit ist somit wesentlich niedriger als beim sauren Sulfatbad.

Das *Rochellebad* hat ein besseres Einebnungsvermögen und gibt vor allem bei sehr starken Schichten noch glatte Niederschläge. Empfohlen wird:

Natriumzyanid, NaCN	37,5 g/l	Rochellesalz, $KNaC_4H_4O_6 \cdot 4H_2O$	50 g/l
Kupferzyanid, CuCN	30 g/l	Natriumkarbonat, Na_2CO_3	38 g/l.

Bei einer Temperatur von 50 bis 70 °C kann die Stromdichte 2—6 A/dm² betragen.

Das *Pyrophosphat-Kupferbad* ist ebenfalls alkalisch, doch werden keine Zyanide verwendet. Das ist hinsichtlich der Abwässer von größter Bedeutung, da die zyanidischen Bäder sehr giftig sind und vor ihrer Ableitung unschädlich gemacht werden müssen. Die Stromdichten betragen 1 bis 1,75 A/dm². Bei der Verkupferung von Stahl und Zink muß vorverkupfert werden. J. E. STARECK [*46*]. Das Pyrophosphatbad hat bislang noch keine größere praktische Bedeutung erlangt.

6. Überzüge aus Kupferlegierungen

Zu den Kupferlegierungen zählen die Messing- und Bronzeüberzüge. Von allen galvanischen Legierungen hat die Vermessingung die größte praktische Anwendung und in neuerer Zeit auch technische Bedeutung erlangt.

a) Messingüberzüge (Vermessingung). Messingüberzüge bestehen aus einer Legierung von Kupfer und Zink (etwa 70% Cu und 30% Zn). Ihre Farbe, die von rötlichgelb bis hellgelb geht, hängt von dem vorkommenden Verhältnis der beiden Legierungsmetalle ab. Es wird vor allem durch verschiedene Badkomponenten beeinflußt, wie Stromdichte, freier Zyangehalt und Badtemperatur. Die galvanische Vermessingung ist daher in der Praxis nicht ganz einfach und erfordert eine genaue Einhaltung der Betriebsvorschriften.

Messingüberzüge werden für dekorative und technische Zwecke verwendet. Da die Abscheidung dicker Schichten Schwierigkeiten bereitet und infolge der geringen Abscheidungsgeschwindigkeit nicht wirtschaftlich ist, werden die Überzüge nur sehr dünn gehalten (etwa bis 8 μ). Zur Verbesserung des geringen Korrosionsschutzes und zur Vermeidung von Anlaufen wird zumeist ein Endüberzug aus Klarlack aufgebracht. Die dekorative Verwendung von Messingüberzügen (Lampenindustrie u. a.) geht immer mehr zugunsten von anodisiertem (eloxiertem) und gefärbtem Aluminium zurück.

Die technische Anwendung von Messingüberzügen bei der Herstellung von Dämpfungselementen hat dagegen in letzter Zeit allergrößte Bedeutung erlangt, die ständig steigt. Die Messingüberzüge dienen bei diesem Verfahren als Haftschicht zwischen den Eisenteilen und den Gummielementen, die unter sehr hohem Druck auf die vermessingten Eisenteile aufgepreßt werden. Das Verfahren der Messingbindung von Kautschuk ergibt eine bessere Haftung und ist rationeller als die früher übliche Methode der Phosphatierung der Eisenteile und Aufbringung einer Klebeschicht.

Für die Vermessingung werden verschiedene Badzusammensetzungen angegeben. Als Beispiel sei das folgende Bad angeführt:

Natriumzyanid, NaCN	60 g/l	Natriumbikarbonat, $NaHCO_3$	11 g/l
Kupferzyanid, CuCN	30 g/l	Ammoniumhydroxyd, NH_4OH	3 ml/l
Zinkoxyd, ZnO	7,7 g/l		

Glanzzusatz: Natriumarsenitlösung (Na_3AsO_3) 1 ml/100 l . . . 15—30 g/l

Betriebsdaten:

Temperatur	35—40 °C	Stromausbeute, kathodisch	60—70%
Stromdichte, kathodisch	1 A/dm²	p_H-Wert (Glaselektrode)	10,5—11,5.
Stromdichte, anodisch	0,5 A/dm²		

b) Bronzeüberzüge. Unter Bronze im üblichen Sinne versteht man die Kupfer-Zinn-Legierungen. Daneben zählt man zu ihnen, vor allem im Hinblick auf ihre Farbe, auch Kupfer-Zink (8%)-, Kupfer-Kadmium-, Kupfer-Zinn-Zink-Legierungen u. v. a. In der

Galvanotechnik haben nur die eigentlichen Bronzelegierungen Kupfer-Zinn praktische Bedeutung erlangt. Ihre Zusammensetzung beträgt normalerweise 80 bis 90% Cu und 10 bis 20% Sn. Die hochprozentigen Zinn-Bronzen, als Speculum bekannt, haben einen Gehalt von 50% Cu und 50% Sn. Sie werden daher, besonders auch wegen ihrer weißen Farbe, besser zu den Zinnlegierungen gezählt (s. Tab. 4 auf S. 807).

Für die Zinn-Bronzen stehen eine Reihe verschiedener Bäder zur Verfügung. Als Beispiel sei das Zyanid-Stannat-Bad angeführt:

Natriumzyanid, NaCN	26 g/l	Natriumstannat, Na_2SnO_3	50 g/l
Kupferzyanid, CuCN	36 g/l	freies Natriumzyanid	7,5 g/l

Betriebsdaten:

Temperatur	65 °C	Stromausbeute	40—50%
Stromdichte	bis 5 A/dm²	p_H-Wert	12,5.

In den letzten Jahren wurden zwei verschiedene Zinn-Bronze-Badtypen entwickelt, deren Niederschläge über eine Reihe ausgezeichneter Eigenschaften verfügen und in der Praxis mit Erfolg angewendet werden. Bei der englischen Entwicklung handelt es sich um ein Stannat-Bronze-Bad, im Handel als *Nickelex*[1] bekannt, mit dem man je nach Erfordernis matte oder glänzende Niederschläge erhält. Sie bestehen aus 88—90% Cu und 10—12% Sn. Es können damit auch schwarze, reibfeste Überzüge erhalten werden, die keinen Schutzüberzug benötigen. G. Schmerling [*47*].

Das Pyrophosphat-Bronzebad mit dem Handelsnamen *Lustralite*[2] ist amerikanischer Provenienz. Man erhält damit Niederschläge, die nur eine geringe mechanische Glänzung (Schwabbeln) erfordern. Ihre Zusammensetzung beträgt je nach den gewünschten Eigenschaften der Niederschläge 80—93% Cu und 7 bis 20% Sn. W. H. Safranek und C. L. Faust [*48*].

Die Überzüge beider Verfahren zeichnen sich gleichermaßen durch gute Eigenschaften aus, die sie für viele Anwendungen geeignet machen:

Gute Korrosionsbeständigkeit — Fast keine Porosität — Glänzende Überzüge (Nickelex) — Leichte Polierbarkeit, falls matte Überzüge — Vorzügliches Streuvermögen — Gutes Einebnungsvermögen — Schönes Aussehen.

Sie finden sowohl für dekorative als auch technische Zwecke Anwendung als Zwischenschichten:

Bronze + Klarlack (dekorativ),
Bronze + Chrom,
Bronze + Chrom + Klarlack (Innenteile),
Bronze + Nickelanschlag + Chrom (Außenteile),

Abdeckschichten beim Nitrieren,
Aufgalvanisierung (abgelaufene oder untermaßhaltige Teile),
Chemischer Korrosionsschutz (Pumpenteile, Ventile u. a.).

Die Kontrolle der Bäder in der Praxis soll leichter sein als die von Glanznickelbädern. Auch die entsprechenden Kosten sind nach W. H. Safranek u. a. [*49*] niedriger. Obwohl die Bronzeüberzüge den Kupferzwischenschichten überlegen sind und sie sich zur Einsparung von Nickel gut eignen, sind sie bislang noch nicht in großem Maße zur Anwendung gekommen.

7. *Nickelüberzüge (Vernickelung)*

Kein Überzugsmetall verfügt gleichzeitig über so viele vorzügliche Eigenschaften wie Nickel. Es ist daher neben Chrom das meist verwendete Metall für galvanische Überzüge. Die silberweiße Farbe und der schöne Glanz, die gute Anlauf- und Korrosionsbeständigkeit sowie viele andere physikalische und chemische Eigenschaften machen es für technische und dekorative Zwecke gleichermaßen geeignet. Wegen seiner zeitweiligen Verknappung durch Verwendung für kriegswichtige Zwecke hat man immer wieder Ersatzüberzüge empfohlen, doch bis jetzt ohne nennenswerten Erfolg. Da Nickel edler ist als Eisen, müssen die Überzüge möglichst porenfrei sein, damit Lokalelementbildung (Lochfraß) und ein Angriff auf das Grundmetall vermieden werden.

Bei den dekorativen Überzügen unterscheidet man nach ihrem Aussehen Matt-, Halbglanz- und Hochglanznickelbäder.

Mattnickelbäder ergeben graue und matte, nicht besonders attraktive Überzüge, die zur Erhaltung von Glanz noch poliert werden. Da durch das Polieren die Poren im Überzug verschmiert werden, verfügen sie über eine gute Korrosionsbeständigkeit. Von Nachteil sind dabei das Durchpolieren an den Kanten und Ecken und damit Bloßlegen des Grundmetalls, der Polierverlust an wertvollem Nickel, der durchschnittlich

[1] Silvercrown Ltd., London. [2] Battelle Memorial Institute, Columbus.

25% beträgt und schließlich die sehr hohen Polierkosten. Aus diesem Grunde sind in der Industrie fast nur noch Glanznickelbäder in Gebrauch.

Hochglanznickelbäder ergeben unmittelbar glänzende Niederschläge. Allgemein gilt auch bei ihnen, daß das Grundmetall so poliert sein muß, wie der Überzug später aussehen soll. Die Glanzwirkung wird durch metallische oder organische Zusätze, auch in Kombination, erhalten, doch werden praktisch fast nur noch organische Glanznickelbäder verwendet. Die chemische Zusammensetzung der Glanzmittel ist sehr kompliziert und Gegenstand zahlreicher Patente. Die Überzüge sind etwas spröder und nicht so korrosionsbeständig wie die aus Mattnickelbädern, doch sind ihre sonstigen Vorzüge so groß, daß über ihre bevorzugte Verwendung in der Industrie keine Zweifel mehr bestehen.

Halbglanznickelbäder ergeben halbglänzende Überzüge, die noch leicht überpoliert werden. Falls kein Hochglanz erforderlich ist, erhält man auf unbearbeitetem Material auch durch Hochglanzbäder halbglänzende Überzüge.

Von größter Bedeutung sind Glanznickelbäder mit hohem Einebnungsvermögen. Derartige Bäder füllen bei Schleifriefen und feinen Unregelmäßigkeiten die Täler bevorzugt aus, so daß schon bei dünnen Schichten glatte und glänzende Überzüge erhalten werden. Dadurch können oft wesentliche Polierkosten eingespart werden. Vorläufig verfügen nur wenige handelsübliche Glanznickelbäder über ein sehr gutes Einebnungsvermögen.

Nickel findet wegen seiner großen Härte und günstigen Abscheidungsbedingungen auch vielfältige technische Anwendungen. In der graphischen Industrie werden galvanische Nickelniederschläge zur Herstellung von Letternmatrizen, Galvanos und großen Walzen eingesetzt. A. HOCH [*50*]. Zur Aufgalvanisierung abgelaufener Wellen und Lager wird Nickel aufgebracht, falls die erforderlichen Schichtstärken sehr groß sind und die Aufchromung zu kostspielig wäre.

Die meist verwendete Badtype, die den modernen Nickelbädern zugrunde liegt, ist das Wattsnickelbad. O. P. WATTS [*51*]. Es enthält Nickelsulfat, Nickelchlorid und Borsäure. Je nach dem Überwiegen von Nickelsulfat oder Nickelchlorid unterscheidet man eine Sulfatbadtype und eine Chloridbadtype. Die Chloridbäder lassen höhere Stromdichten zu, ohne daß die Teile zu leicht anbrennen, doch sind sie teurer als Sulfatbäder. Sie werden vorzugsweise in Galvanisierautomaten gebraucht. Außer den Netzmitteln enthalten die Bäder noch verschiedene Zusätze zur Glanzbildung sowie zur Erlangung eines guten Deck-, Streu- und Einebnungsvermögens. Die Zusammensetzung und Betriebsdaten eines handelsüblichen Bades sind nach H. J. BACHE [*52*]:

		Sulfatbadtype	Chloridbadtype
	Nickelsulfat $NiSO_4 \cdot 6\,H_2O$	300	90 g/l
	Nickelchlorid $NiCl_2 \cdot 6\,H_2O$	60	200 g/l
	Borsäure H_3BO_3	38	38 g/l
	Netzmittel,	Glanzmittel Nr. 1,	Glanzmittel Nr. 2
Betriebsdaten:	Temperatur	50—60	55—65 °C
	Kath. Stromdichte	2—4	4—8 A/dm²
	Anod. Stromdichte	1—3	2—6 A/dm²
	p_H-Wert (elektrometrisch)	3,5—4,8	2,5—4,8
	p_H-Wert, Optimum	4,5	3,5.

Die Prozeßfolge, angefangen von der Entfettung bis zur endgültigen Fertigstellung, hängt von dem verwendeten galvanischen Verfahren sowie der vorhandenen Anlage ab. Beispielsweise ist die Prozeßfolge für die Vernickelung eines Gußteiles (Herdteil o. dgl.) wie folgt:

1. Kathodische Entfettung, 1—2 Min.,
2. Anodische Entfettung, 1 Min.,
3. Spülen kalt,
4. Säuredekapieren, Salzsäure 1 : 1,
5. Spülen kalt,
6. Zyandekapieren,
7. Zyanidische Anschlagverkupferung, Kupferschicht 5—7 μ,
8. Spülen kalt,
9. Säuredekapieren, Salzsäure 1 : 1,
10. Spülen kalt,
11. Glanznickel,
12. Sparbad,
13. Spülen kalt,
14. Spülen heiß zur Trocknung an der Luft oder Durchlauf in Trockenkammer oder Abblasen.

Falls die Kupferschicht poliert werden soll, ist die Prozeßfolge anschließend nach 6.:

Zyanidische Unterkupferung, Kupferschicht 20—35 μ,
Spülen kalt,
Spülen heiß zur Trocknung,
Polieren,
Abkochentfettung, meist erforderlich.
Kathodische Entfettung, 1—2 Min.,
Anodische Entfettung, 10 sek.,
Spülen kalt wie 8. und folgende.

8. *Zinküberzüge* (*Verzinkung*)

Trotz der vorzüglichen Eigenschaften von Zink wird nur ein verhältnismäßig kleiner Anteil, etwa 6% der Weltproduktion, für galvanische Überzüge verwendet. Siehe auch unter Feuerverzinkung.

Allgemein gilt Zink als ein ideales Überzugsmetall, da es sich zu Eisen und Stahl anodisch verhält und wegen des negativen Metallpotentials in Lösung geht, während das Eisen nicht angegriffen wird. Trotzdem sollen auch die Zinküberzüge möglichst porenfrei sein, da sich auf ihnen nach kurzer Zeit eine passivierende Deckschicht bildet, durch die das anodische Verhalten gestört oder ganz aufgehoben werden kann. In neuerer Zeit ist es üblich geworden, die verzinkten Gegenstände in Glanz- und Passivierungslösungen zu tauchen. Dadurch werden die Überzüge schön glänzend gemacht und ein Oxydfilm erzeugt, der einen guten Korrosionsschutz darstellt. Von Nachteil ist dabei das Auftreten brauner oder irisierender Farben, die bei dekorativen Gegenständen stören können. Ferner wird der Überzug in der Glanzlösung etwa bis zu 2 μ abgetragen, so daß an vertieften Stellen, an denen die Schichtdicke oft geringer ist, das Grundmetall unter Umständen blank gelegt wird.

In Gebrauch sind alkalische und saure Bäder. Die sauren Bäder arbeiten mit Stromdichten von 3 bis 4 A/dm^2, die nach Erfordernis gesteigert werden können. Die Stromausbeute beträgt fast 100%. Für Gußeisen eignen sie sich besser als die alkalischen Bäder.

Die alkalischen Bäder arbeiten mit einer geringeren Stromdichte von 2 bis 3 A/dm^2. Die Stromausbeute beträgt nur 50—70%. Ferner tritt eine größere Versprödung durch Wasserstoff auf. Vorteilhaft ist jedoch das bessere Streuvermögen, die feinere Struktur der Überzüge und die zusätzliche entfettende Wirkung des Bades. Für beide Badtypen gilt, daß die Badlösungen sehr sauber zu halten sind, da metallische Verunreinigungen schwammige Niederschläge erzeugen. Es wird daher vorteilhafterweise kontinuierlich filtriert. Beide Badtypen können glänzende Niederschläge abscheiden.

In der Praxis verwendete Zinkbäder sind nach W. Machu [*53*]:

Saure Zinkbäder: das schwach saure Zinksulfatbad, das stark saure Zinksulfatbad, das Zinkfluoboratbad;

Alkalische Zinkbäder: das reine Natriumzinkatbad, das gemischte Zinkat-Zinkzyanid-Bad.

Ein schwach saures Zinksulfatbad enthält:

Zinksulfat, $ZnSO_4 \cdot 7\,H_2O$	300 g/l	Aluminiumsulfat, $Al_2\,(SO_4)_3 \cdot 18\,H_2O$	26 g/l
Natriumchlorid, $NaCl$	13 g/l	Dextrin	13 g/l
Borsäure, H_3BO_3	20 g/l	Temperatur: über 16 °C,	

Kathodische Stromdichte: 1—10 A/dm^2.

9. Zinnüberzüge (Verzinnung)

Zinn verfügt über vorzügliche Eigenschaften. Es ist weich, von silberweißer Farbe, schönem Glanz und vollkommen ungiftig. In der Atmosphäre sowie in Wasser ist es gut beständig.

Gegenüber der Heißverzinnung weist die galvanische Verzinnung verschiedene Vorteile auf. Bei gleicher Schichtdicke zeigen die galvanischen Überzüge weniger Poren, die noch durch nachträgliches Aufschmelzen des Überzuges zum Verschwinden gebracht werden können. Durch das Glanzschmelzen werden nicht nur dünne Überzüge porenfrei gemacht, sondern auch glänzende und glatte Niederschläge erhalten. Allgemein ist es von großem Vorteil, daß man die galvanischen Niederschläge in beliebiger Schichtstärke herstellen kann. Ferner können Werkstücke, die keine Wärmebehandlung zulassen, trotzdem galvanisch verzinnt werden.

In Gebrauch sind saure und alkalische Bäder, doch wird den letzteren immer mehr der Vorzug gegeben, obwohl sie eine geringere Abscheidungsgeschwindigkeit aufweisen. In Tab. 3 werden verschiedene Eigenschaften der beiden Badtypen und der Überzüge miteinander verglichen.

Tabelle 3. *Eigenschaften alkalischer und saurer Bäder sowie deren Niederschläge*

Badtype	Streuung	Abscheidungs-geschwindigkeit	Stromausbeute kath.	Stromausbeute anod.	Farbe der Überzüge	Haftung
Alkalisches Zinnbad	besser	—	75%	—	—	besser
Saures Zinnbad	—	schneller (2—3×)	100%	höher	heller	—

Von den sauren Zinnbädern ist praktisch nur das Zinnsulfatbad in Gebrauch. Saure Bäder müssen zur Kornverfeinerung organische Zusätze erhalten, von denen einer stets Leim sein soll. Ein Bad üblicher Zusammensetzung besteht nach F. C. MATHERS [54] aus:

Zinn-II-Sulfat, $SnSO_4$	54 g/l	β-Naphthol	1 g/l
Schwefelsäure, H_2SO_4	100 g/l	Gelatine oder Leim	2 g/l
Kresolsulfonsäure	100 g/l		

Betriebsdaten:
Temperatur: 20 °C, Anodische Stromdichte: bis 2 A/dm², Kathodische Stromdichte: 1 A/dm², Stromausbeute: 100%.

Am gebräuchlichsten sind die alkalischen Stannatbäder. Ihre Zusammensetzung ist einfach. Sie sind leicht zu kontrollieren und haben eine außerordentlich gute Streuung. In Verwendung sind Kalium- und Natriumstannatbäder. Die Kaliumstannatbäder haben gewisse Vorteile, wie größere Abscheidungsgeschwindigkeit, bessere Leitfähigkeit, die für die Trommelverzinnung wichtig ist, und geringere Schlammbildung. Wo diese Faktoren keine so große Rolle spielen, wird jedoch das Natriumstannatbad wegen seiner geringeren Kosten vorgezogen.

Ein Kaliumstannatbad für den allgemeinen Gebrauch enthält:

Kaliumstannat, $K_2Sn(OH)_6$	120 g/l
Zinnmetallgehalt entsprechende	45 g/l
Freies Kaliumhydroxyd, KOH	15—19 g/l

Von F. A. LOWENHEIM [55] werden für verschiedene kathodische Stromdichten die entsprechenden Mengen angegeben.

10. Überzüge aus Zinnlegierungen

Zinn bildet mit zahlreichen Metallen Legierungen, die auch aus galvanischen Bädern abgeschieden werden können. Auf Grund ihrer schönen Farbe und guten Korrosionsbeständigkeit werden sie vielfach als Austausch für Nickelüberzüge empfohlen. Als solche haben sie sich in der Praxis bislang nur wenig eingebürgert. Sie verfügen jedoch über so gute Eigenschaften, daß ihre Verwendung als ein besonderer Überzug in zahlreichen Fällen zu empfehlen ist. In den meisten Fällen können legierte Anoden eingesetzt werden, so daß das Arbeiten mit getrennten Anoden und Stromkreisen entfällt. Tab. 4 enthält eine Zusammenstellung der Zinnlegierungsüberzüge.

Tabelle 4. *Vergleich der Überzüge aus Zinnlegierungen*

Überzugsart	Badeigenschaften		Überzüge		
	Stromdichte kathodisch A/dm²	Temperatur °C	Zusammensetzung Metallgehalt-%	Eigenschaften	Verwendung
Zinn-Blei	1—3	20—25	beliebig a) 4—10% Zinn b) 7—10% „ c) 20—35% „	hellgrau	a) Korrosionsschutz b) Lager u. Ketten c) Überzüge für Lötung
Zinn-Kadmium	2,5—3	15—30		matt u. hochglänzend; rosagrau	Korrosionsschutz-Seeklima; Organ. Dämpfe
Zinn-Kupfer (Rotbronze)	1,5—3	65—70	7—12% Zinn 88—93% Kupfer	goldfarbig; korrosionsbeständig; verschleißfest	dekorativ; Aufgalvanisierung; Abdecken; Nitrierhärtung
Zinn-Kupfer (Weißbronze, Spekulum)	1,5—3,3	60—75	42% Zinn 58% Kupfer	matt; silberweiß mit rosa Ton; gut polierbar; bedingt anlaufbeständig; hohes Reflexionsvermögen	dekorativ Innenräume; Bestecke; Reflektoren; Öllampen; Bügeleisen
Zinn-Kupfer (Zinn-Bronze, Weißbronze)		65—70	80% Zinn 20% Kupfer	silberweiß; sehr korrosionsbeständig	

Tabelle 4. *Vergleich der Überzüge aus Zinnlegierungen* (Fortsetzung)

Überzugsart	Badeigenschaften		Überzüge		
	Stromdichte kathodisch A/dm²	Temperatur °C	Zusammensetzung Metallgehalt-%	Eigenschaften	Verwendung
Zinn-Nickel	1,6—2,7	65	65% Zinn 35% Nickel	glänzend; silberweiß mit rosa Ton; korrosions- und anlaufbeständig; sehr hart; gut lötbar	dekorativ; Gewichte; Laufflächen; Chemische und Nahrungsmittelindustrie
Zinn-Zink	1—3	65	10% Zinn 90% Zink	grau-weiß; billiger als Cd, Sn oder Sn—Zn (25/75)	Austausch für Cd und Ni; Vorhangschienen; Fahrrad, Automobil- und Flugzeugbau; Elektr. Industrie; Untergrund für Anstriche; Löten und Schweißen
			75% Zinn 25% Zink	satinartig matt; hellgrau, gut korrosionsbeständig Industrieatmosphäre; gut lötbar	
Zinn-Antimon, Zinn-Kobalt, Zinn-Kupfer-Blei, Zinn-Kupfer-Zink					nicht in praktischer Verwendung

11. Anlagen, Apparate und Hilfsmittel

Die Durchführung der galvanischen Metallabscheidung ist nicht ganz einfach. Sie erfordert neben großer praktischer Erfahrung und besonderen Kenntnissen auch einen relativ hohen technischen Aufwand. Die Zahl der Bäder hängt von dem betreffenden Verfahren ab und erfordert oft zwanzig und mehr verschiedene Badbehälter.

Die galvanischen Bäder sind gegenüber Verunreinigungen aller Art äußerst empfindlich. Schmutzteilchen, Fremdmetalle in kleinsten Spuren, Fette und Öle ergeben unansehnliche oder unbrauchbare Niederschläge. Die Badbehälter, die in der modernen galvanotechnischen Praxis zumeist aus Stahlblech hergestellt werden, müssen zum Schutz gegen die Badflüssigkeit in vielen Fällen durch besondere Stoffe geschützt werden. Dazu werden die Innenwandungen zumeist mit aufvulkanisiertem Gummi ausgekleidet (Nickelbäder, Eloxalbäder u. a.). In zahlreichen Fällen werden auch Kunststoffe, wie Polyäthylen und besonders Polyvinylchloride, zur Auskleidung verwendet oder aber die Wannen ganz aus Kunststoffen hergestellt. In neuerer Zeit werden auch Wannen aus Glasfaser-Kunststoffen verwendet, deren Herstellung relativ einfach ist.

Eine besondere Technik erfordern die Wannen für die Chrombäder, da diese außerordentlich aggressiv sind. Die *Chrombadwannen* werden daher zum Schutz gegen Anfressung mit Hartblei ausgekleidet. Zur Vermeidung von Mittelleiterwirkung deckt man die Innenwandungen lose mit Drahtglasplatten ab. Trotzdem treten häufig Anfressungen und Zerstörung der Wannen durch Erdschlußströme, Kriechströme und vagabundierende Ströme (Fremdströme) auf. In Amerika werden daher seit langem die Chrombadbehälter mit Kunststoff-Folien ausgekleidet. Dabei tritt allerdings ein Problem hinsichtlich der Beheizung auf, da man die Badflüssigkeit dann nicht mehr von außen durch einen Wassermantel (au bain marie) erhitzen kann. Heizschlangen aus Blei oder bleiabgedeckten Stahlrohren haben nur eine relativ kurze Lebensdauer von einigen Monaten. In den USA werden daher in neuerer Zeit die Heizrohre aus Tantal, das von Chromsäure nicht angegriffen wird, hergestellt. Infolge des sehr hohen Preises werden deren Wandungen jedoch sehr dünn gehalten, so daß sie nur für niedrige Drucke von Heißwasser oder Dampf verwendbar sind. Mehr Zukunft dürften Heizschlangen aus Titan haben. In Abb. 9 ist eine komplette Hartverchromungsanlage dargestellt.

Glanznickelbäder sind gegenüber Verunreinigungen ganz besonders empfindlich. Sie werden daher kontinuierlich in besonderen *Filterapparaten* filtriert. Am gebräuchlichsten sind Scheibenfilter, bei denen die Badflüssigkeit durch eine Säule von aufeinandergelegten Filterscheiben gepreßt wird. Zwischen diesen liegen Papier- oder Stoffscheiben, auf denen sich die Verunreinigungen abscheiden können. Statt der Filterscheiben, die aus Hartgummi oder PVC-Kunststoff bestehen, werden auch keramische Filterkerzen verwendet. Für große Badvolumina werden Anschwemmfilter vorgezogen, bei denen die Badflüssigkeit durch eine Schicht aus Kieselgur, zumeist mit Asbestfasern gemischt, hindurchgeleitet wird. Abb. 10. Diese Filtermittel sind auf Stoffbeutel angeschwemmt, die über einen geeigneten Rahmen gespannt sind. Sie gewährleisten infolge der großen Oberfläche und starken Verzahnung der Kieselgurteilchen (Diatomeenschalen) eine bessere Badreinigung als sie nur mit Papier- oder Textilscheiben zu erreichen ist.

Eine wirkungsvolle Methode zur Entfernung metallischer Verunreinigungen, die für eine einwandfreie Metallabscheidung außerordentlich schädlich sind, stellt die *elektrolytische* (*kathodische oder selektive*) *Reinigung* dar. Diese Methode beruht darauf, daß Metalle, wie Kupfer, Blei, Eisen und Zink, die als Verunreinigungen am häufigsten vorkommen, bei niedrigen Stromdichten abgeschieden werden. Am empfindlichsten sind Glanznickelbäder, so daß bei ihnen eine elektrolytische Reinigung entweder zeitweilig oder in modernen Anlagen kontinuierlich vorgenommen wird. In das Nickelbad werden als Kathode gewellte Stahlbleche gehängt und mit einer separaten Stromquelle eine niedrige Stromdichte von durchschnittlich 0,5 A/dm² hergestellt. Die zu entfernenden Fremdmetalle scheiden sich dann auf dem Kathodenblech zusammen mit dem Nickel ab, und zwar die Metalle Kupfer und Blei in den Vertiefungen, hingegen Eisen und Zink auf den Erhebungen. Die Kathodenbleche werden von Zeit zu Zeit durch neue ersetzt. Bei der kontinuierlichen Behandlung wird am Nickelbad ein eigenes Abteil vorgesehen, bei dem die ungereinigte Badlösung ständig zufließt und entsprechend gereinigt wieder in das Bad zurückläuft. Abb. 11. Bei sehr großen Bädern von etwa 10000 l und mehr wird die elektrolytische Reinigung in einer separaten Wanne durchgeführt. Wenn auch das Verfahren vor allem bei Glanznickelbädern eingesetzt wird, so kann es ebensogut bei alkalischen und sauren Kupferbädern, bei cyanidischen Zinkbädern, bei Kadmiumbädern u. a. angewendet werden. B. C. CASE [*56*].

Abb. 9. Hartverchromungsanlage. Im Hintergrund Schalttafel und Gleichrichter (Friedr. Blasberg GmbH., Solingen)

Besondere Einrichtungen erfordert die Galvanisierung von Kleinteilen (Schrauben, Muttern, Unterlegscheiben, Ösen u. v. a.), die als *Massengalvanisierung* bezeichnet wird. Während die Vor- und Nachbehandlung der Massenteile bei Handanlagen zumeist in durchlöcherten Körben vorgenommen wird, erfolgt die Galvanisierung in besonderen Apparaten. Grundsätzlich stehen zwei verschiedene Arten zur Verfügung. Die *Glockenapparate* Abb. 12 dienen

Abb. 10. Anschwemmfiltergerät. Links: Mischkessel zum Auflösen der Filtermittel (Kieselgur, Asbest). Rechts: Filterkessel mit Filterbeutel. Mitte unten: Pumpe. Leistung 4500 und 9000 l pro Stunde (Friedr. Blasberg GmbH., Solingen)

vor allem zur Behandlung kleiner Mengen. Sie erlauben keine sehr hohen Stromdichten und ergeben daher geringere Schichtdicken. Die *Trommelapparate* können hingegen Ladungen bis zu 100 kg und mehr in einer Trommel aufnehmen und gestatten eine sehr hohe Stromaufnahme. Die Trommeln sind während der Galvanisierung je nach Konstruktion ganz oder nur zum Teil in die Badflüssigkeit eingetaucht. Eine vorteilhafte Kombination von Glocke und Trommel stellt der in Abb. 13 gezeigte Rotaplat-Apparat dar. Er ist besonders zum Verzinken und Verkadmen gut geeignet. Zur Vermeidung des Klebens flacher Teile an den Wandungen werden diese auch gewellt hergestellt.

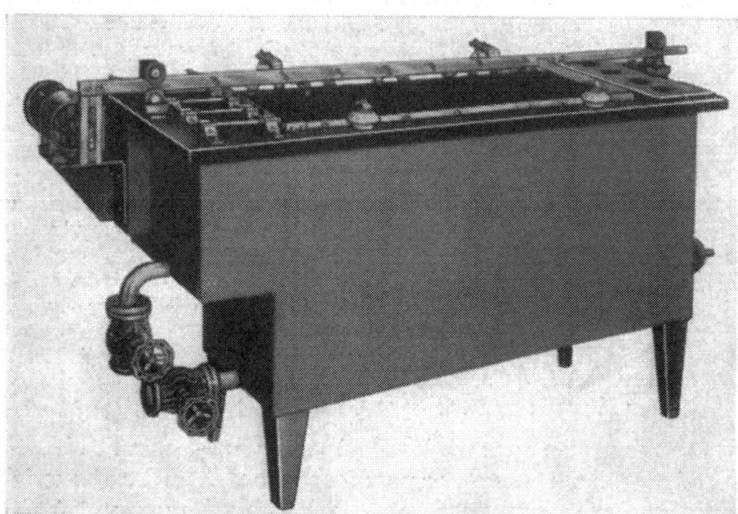

Abb. 11. Nickelbadwanne für Standanlage. Links: Eingebautes Abteil für kontinuierliche kathodische Reinigung. Horizontal bewegte Kathodenschiene (Friedr. Blasberg GmbH., Solingen)

Zur Stromversorgung der elektrolytischen Bäder werden *Gleichstromumformer* oder *Gleichrichter* verwendet. Umformer sind nur noch für Bäder mit hohem Strombedarf, wie Chrombäder, in Gebrauch. Aber auch sehr große elektrolytische Bäder in Vollautomaten werden, vor allem in den USA, mit Umformern versorgt, da bei diesen Bädern infolge des kontinuierlichen Arbeitens kein Leerlauf mehr auftritt und Gleichrichter zu teuer und zu kompliziert wären. Abb. 14. Von diesen Ausnahmen abgesehen, sollten nur Gleichrichter verwendet werden, die gegenüber den Umformern zahlreiche Vorteile aufweisen. Die erforderliche Kühlung der Gleichrichter erfolgt durch Luftkühlung, Ölkühlung oder kombinierte Öl-Wasser-Kühlung. Am günstigsten sind ölgekühlte Gleichrichter, die vollkommen dicht ab-

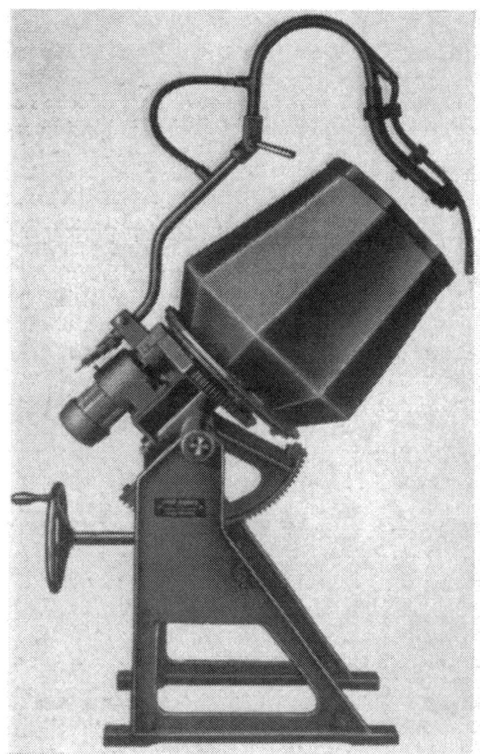

Abb. 12. Glockenapparat für Leistungen bis zu 30 kg Ware pro Charge. Maximale Stromaufnahme 100 Ampere bei 6—10 Volt Spannung (Friedr. Blasberg GmbH., Solingen)

Abb. 13. Rotaplat-Apparat in Ruhestellung. Ausgeschwenkter Kontaktarm mit flexiblen Elektroden. Eingeschobene Schütte zur Aufnahme der Teile bei Entladung (Friedr. Blasberg GmbH., Solingen)

Abb. 14. Nickel-Chrom-Automat für Autoteile. Stromversorgung: 12 Generatoren von 10000 und 15000 Ampere und 6 Volt. Gesamtleistung 142000 Ampere (General Motors Corporation, Pontiac Motor Division, Detroit)

Abb. 15. Umkehrautomat. Hubrahmen gehoben. Vollhydraulischer Antrieb für Vorschub und Heben. Stündliche Leistung: ca. 24 m². Länge: ca. 13 m. Höhe (ausgefahren): ca. 2,70 m (Friedr. Blasberg GmbH., Solingen)

geschlossen sind und von aggressiver Außenatmosphäre nicht angegriffen werden. Sie sind jedoch teuerer als luftgekühlte Gleichrichter. Diese werden daher in der Praxis vorgezogen, obwohl sie gegenüber atmosphärischen Einflüssen nicht so beständig sind.

Entsprechend der Art, wie die beladenen Gestelle von einem in das andere Bad gebracht werden, unterscheidet man Handanlagen, Halb- und Vollautomaten. Bei den *Hand- oder Standanlagen* werden die Gestelle von Hand in die verschiedenen Bäder gebracht und daraus entnommen. Bei *halbautomatischen Anlagen* geschieht der Transport der Gestelle oder Behälter zumeist mit einer Laufkatze, wobei für das galvanische Bad keine Standbäder verwendet werden, sondern die Gestelle meistens in Wander- oder Ringbäder durch die Badflüssigkeit laufen. Bei sehr sperrigen oder schweren Teilen werden halbautomatische Anlagen vielfach vorgezogen. Die größten Vorteile bieten dagegen *Galvanisierautomaten,* in denen die Artikel von der Einbringung im ungereinigten Zustand bis zum Verlassen des Automaten ohne manuelle Betätigung gebrauchsfertig behandelt werden. A. Hoch [*57*]. Je nach dem Weg, den die Teile während ihres Durchlaufs im Automaten beschreiben, unterscheidet man Längs-, Umkehr- und Rundautomaten. Die gebräuuchlichste Automatentype sind die Umkehrautomaten. Abb. 15. Längsautomaten werden für sehr große Produktion und bei besonderer Wahrung des Arbeitsflusses vorgezogen, während Rundautomaten vor allem für sehr sperrige Teile und einfachere Verfahren Anwendung finden. Es gibt Automaten für alle Arten und Größen von Teilen sowie für sämtliche galvanischen Verfahren. A. Hoch [*58*]. Wenn auch der Einsatz von Automaten heute noch auf Groß- und Mittelbetriebe beschränkt ist, so werden sie in Zukunft immer mehr auch in kleineren Betrieben zur Anwendung kommen.

12. Tampongalvanisierung (*Pinselgalvanisierung*)

Die Tampon- oder Pinselgalvanisierung stellt eine besondere Art der galvanischen Verfahren dar. Die Metallabscheidung erfolgt bei ihr durch Aufstreichen der Badlösung mittels Wattetampon oder Pinsel, die mit dem Pluspol der Stromquelle verbunden sind, während das zu behandelnde Teil wie bei der normalen Galvanisierung als Kathode geschaltet ist.

Die Galvanisierung mittels Handelektroden zählt zu einem der ältesten Verfahren der Galvanotechnik, wobei zumeist mit den herkömmlichen Elektrolyten und Spannungen gearbeitet wurde. In neuerer Zeit wurde die Methode verbessert und auch für größere technische Zwecke zur Anwendung gebracht. Die meisten Angaben sind in der Literatur über das Dalic-Verfahren[1] verfügbar, auf die sich in erster Linie die hier gemachten Ausführungen beziehen. G. Icxi [*59*].

Die Bäder bestehen aus organischen oder sauren Lösungen und müssen zahlreichen Anforderungen, die an sie gestellt werden, genügen können, wie Beständigkeit bei sehr hohen Temperaturen und Stromdichten. Außerdem muß die Badflüssigkeit nach der Metallabscheidung leicht verdampfen können und soll womöglich keine Absaugung erfordern, da diese beim Arbeiten sehr stören würde. H. D. Hughes [*60*].

Zur Aufnahme der Badflüssigkeit in den Anoden eignet sich am besten langfaserige Baumwollwatte. Synthetische Stoffe sind als Tampone wegen ihrer geringen Temperaturbeständigkeit nicht geeignet.

Die Vorbehandlung der Teile ist grundsätzlich die gleiche wie bei der Galvanisierung in Bädern und soll möglichst saubere Oberflächen ergeben. Auf die kathodische Reinigung oder Beizen der Teile kann unmittelbar die Metallabscheidung erfolgen.

Die verwendeten Spannungen betragen 4—35 Volt, sind also meist höher als in galvanischen Bädern. Das gleiche gilt für die Stromdichten, die von 100 bis 600 A/dm^2 gehen. Die kathodische Stromausbeute bewegt sich zwischen 60 und 100% und beträgt nur bei der Chrom- und Rhodiumgalvanisierung 24%.

Im Hinblick auf die sehr hohen Stromdichten müssen die Kathode und Anode zur Vermeidung von Anbrennen relativ zueinander bewegt werden. Zu schnelle Bewegung setzt die Stromausbeute herab oder unterbindet jede Metallabscheidung. Die Handhabung des Verfahrens erfordert daher viel Geschick und praktische Erfahrung.

Die Überzüge verfügen über eine sehr gute Haftung, da sich schlecht gereinigte Oberflächen schon während des Auftragens als Flecken bemerkbar machen. Die Niederschläge sind praktisch porenfrei, vor allem infolge Fehlens von Wasserstoffbläschen und suspendierten Verunreinigungen.

Die Tampongalvanisierung ist für besondere Zwecke eine gute Ergänzung der galvanischen Badverfahren. Sie ist besonders zur selektiven Galvanisierung geeignet sowie zur Behandlung sehr großer und stark profilierter Teile. In der Praxis wird sie zur Ausbesserung bereits montierter oder sehr großer Teile vielfach angewendet.

Galvanische Verfahren ohne Stromquelle

Metallische Überzüge können auch ohne eine besondere Stromquelle, wie Gleichrichter oder Gleichstrommaschine, hergestellt werden. In der Praxis werden seit langem die *Tauch-Sud- und Kontaktverfahren* angewendet, mit deren Hilfe man jedoch nur sehr dünne

[1] Laboratoires Dalic, Paris.

Metallüberzüge erhält. Sie bieten daher keinerlei Korrosionsschutz, so daß sie fast ausschließlich für dekorative Zwecke verwendet werden. Sie eignen sich besonders gut für profilierte Teile. Eine Neuentwicklung, bei der beliebig starke Überzüge erhalten werden, die den elektrolytischen Niederschlägen gleichwertig sind, stellen die *katalytischen Reduktionsverfahren* dar.

1. Tauchverfahren

Bei den Tauchverfahren wird das zu behandelnde Werkstück in Metallsalzlösungen getaucht, deren Metalle edler sind als das zu überziehende Metallteil. Die Metallabscheidung beruht auf dem Potentialunterschied von Überzugs- und Grundmetall. Das edlere Überzugsmetall, das gelöst ist, wird dabei durch das unedlere Grundmetall aus der Lösung verdrängt und scheidet sich auf diesem ab. Es wird dabei so viel Überzugsmetall abgeschieden als sich Grundmetall auflöst. Der ganze Vorgang ist daher beendet, sobald die Werkstücksoberfläche mit einem zusammenhängenden Überzug bedeckt ist und daher kein unedles Grundmetall mehr in Lösung gehen kann. Die erhaltenen Schichten sind außerordentlich dünn. Sie werden auch durch eine längere Tauchbehandlung nicht stärker, vielmehr besteht dabei die Gefahr, daß sie mißfarbig werden. Beispielsweise kann man auf Eisenteilen in zyankalischen Kupferbädern Kupferniederschläge erhalten.

Statt Tauchen der Teile in eine Badlösung kann die Metallsalzlösung auch durch Streichen, Pinseln oder Aufreiben aufgebracht werden. Die behandelten Teile werden anschließend gespült und getrocknet.

Die hier beschriebene Bildung von Metallüberzügen kann auch bei der normalen Galvanisierung auftreten, wenn die Teile nicht unter Strom in das Bad eingehängt wurden. Es kann dabei vorkommen, daß die dann galvanisch abgeschiedenen Überzüge schlecht haften und die durchgeführte Galvanisierung somit wertlos machen.

2. Sudverfahren (Ansiedeverfahren)

Bei den Sudverfahren geht die Niederschlagsbildung ähnlich wie bei den Tauchverfahren vor sich. Sie unterscheiden sich vor allem durch die höhere oder Siedetemperatur der Badlösung, wodurch die Abscheidung von Niederschlägen wesentlich beschleunigt wird. Die Tauchüberzüge werden daher zumeist im Sudverfahren hergestellt.

3. Kontaktverfahren (Kontaktgalvanisierung)

Mittels der Kontaktverfahren ist es möglich, die sehr dünnen Überzüge, die man im Tauch- und Sudverfahren erhält, durch Verbindung des Grundmetalls mit einem unedleren Metall, das ebenfalls in die Lösung eintaucht, zu verstärken. Die beiden Metalle bilden dabei ein kurzgeschlossenes galvanisches Element, wobei das Werkstück als Kathode, das Kontaktmetall als Anode und die Badlösung als Elektrolyt wirkt. Als Kontaktmetalle, die unedel sind, eignen sich am besten Zink und Aluminium. In der Praxis werden sie gewöhnlich als Haken zum Aufhängen der Teile, als Granalien bei Behandlung von Massenartikeln in der Trommel u. dgl. m. verwendet. Man benutzt vorteilhafterweise warme Bäder.

Das Verfahren hat verschiedene Nachteile. H. Krause [*61*]:

An der Berührungsstelle ist der Niederschlag stärker.

Die Bäder werden durch das aufgelöste Kontaktmetall verunreinigt und in kurzer Zeit unbrauchbar.

Das Kontaktmetall überzieht sich ebenfalls mit einem Überzug, so daß öfteres Blankmachen erforderlich ist. Bei Aluminium einfach durch Salpetersäure.

Als Beispiel diene die Verzinnung von Massenartikeln aus Eisen. Die Teile kommen in Körbe aus Eisen oder Aluminium und werden mit einem Zinkblech, das als Kontaktmetall dient, abgedeckt. Das Bad besteht aus 15 g/l Zinnchlorid und 160 g/l Natriumsulfat.

4. Katalytische Reduktionsverfahren (Stromlose Vernickelung)

Die Stromlose Vernickelung besteht in der chemischen Reduzierung von Nickelsalzen durch Hypophosphite bei Anwesenheit bestimmter Metalle, die als Katalysatoren wirken. Werden die Eisenteile in die Badlösung getaucht, so scheidet sich auf allen für die Badflüssigkeit zugänglichen Stellen der Oberfläche ein vollkommen gleichmäßiger Niederschlag ab. Das Verfahren wurde von A. Brenner und G. E. Riddell [*62*] entwickelt und hat seit seiner ersten Bekanntmachung vor allem in den USA in größerem Maße für besondere technische Zwecke Anwendung gefunden.

In der Literatur werden für die Überzüge und das Verfahren verschiedene Bezeichnungen gebraucht, wie *Chemische Nickelniederschläge — Nickel-Phosphorlegierungen — Chemische Reduktion — Reduktionsgalvanisierung* u. v. a. Am gebräuchlichsten ist die Bezeichnung *Stromlose Vernickelung*, doch ist sie nicht umfassend genug. Besser dürfte sich daneben die oben angeführte Benennung eignen.

Die Abscheidung der Niederschläge kann aus alkalischen oder sauren Badlösungen erfolgen. Die alkalischen Bäder, die zumeist Ammoniumkomplexe enthalten, werden wegen des ständigen Verlustes von Ammonium infolge der hohen Badtemperatur praktisch nicht mehr verwendet. Es wird daher nur noch mit sauren Bädern gearbeitet, die beständiger sind.

Von A. BRENNER [63] wurde das folgende saure Bad mitgeteilt:

Nickelchlorid, $NiCl_2 \cdot 6\,H_2O$ . . . . 30 g/l
Natriumphosphit, $Na_2H_2PO_2 \cdot H_2O$ . . . . . 10 g/l
Natriumoxyacetat, $NaC_2H_3O_3$ . . . . 50 g/l

Ätzalkali zum Neutralisieren, KOH
p_H-Wert: 4—6
Abscheidungsgeschwindigkeit: 15 μ/Stunde.

Die Stromlose Vernickelung wurde in der Folge von mehreren Firmen praxisreif entwickelt und unter verschiedenen Namen auf den Markt gebracht, wie Kanigen[1], Lustralloy[2] u. a. m. Vor allem hinsichtlich Glanzbildung, Abscheidungsgeschwindigkeit, Stabilität der Badlösung, Analyseverfahren, Bau von Anlagen usw. haben diese Firmen beachtliche Entwicklungsarbeit geleistet, die großenteils in der Patentliteratur festgelegt ist.

Bei der Nickelabscheidung ist zu beachten, daß Salzsäure und Wasserstoffgas gebildet wird. Infolge der Säurebildung fällt der p_H-Wert der Badlösung, wodurch die Abscheidungsgeschwindigkeit erniedrigt wird. Der p_H-Wert des Bades muß daher durch Zufügung von Ätzkali laufend korrigiert werden.

Zur Vermeidung einer lokalen Zersetzung der Badlösung an Verunreinigungen, die im Bad suspendiert sind, müssen die Lösungen ständig filtriert werden.

Da das abgeschiedene Metall der Überzüge aus der Badlösung stammt und nicht wie bei der elektrolytischen Metallabscheidung von der Anode gearbeitet wird, geht die Badkonzentration sehr rasch zurück. Es ist daher erforderlich, die verbrauchten Chemikalien ständig neu zuzuführen. Da bei einer direkten Zufügung der Chemikalien in das heiße Bad jedoch lokale Zersetzung auftreten kann, muß die Badlösung vor der Zufügung abgekühlt werden. Die Lebensdauer der Bäder ist infolge Ausfällung der Hypophosphite sehr beschränkt, so daß sie immer wieder weggeschüttet und neu angesetzt werden müssen. Nur bei sehr großen Bädern ist eine Entfernung der verbrauchten Hypophosphite aus dem Bade rentabel. In Abb. 16 wird die Prozeßfolge nach G. GUTZEIT und R. W. LANDON [64] schematisch dargestellt.

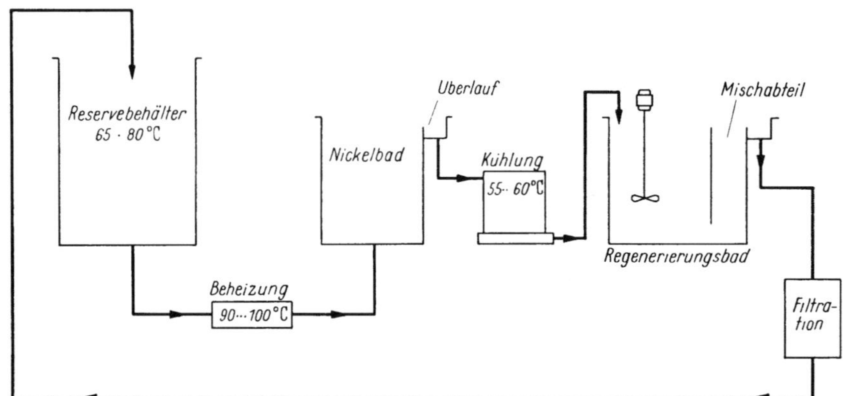

Abb. 16. Anlage zur stromlosen Vernickelung — schematisch

Der Reservebehälter dient bei Ausfall des Hauptbades zur Aufnahme der Badlösung und zum ersten Ansetzen des Bades. Beim Ansatz werden die Nickelsalze, Hypophosphite und sonstigen Zusätze in Wasser gelöst, gemischt und erwärmt. Die Badlösung wird dann durch die verschiedenen Behandlungsstationen gepumpt. Nach Durchlauf des Wärmeaustauschers, in dem sie auf 95—100°C erwärmt wird, kommt sie in den Galvanisierbehälter. Die verbrauchte Badlösung wird anschließend im Kühlbehälter auf 55—65° C abgekühlt und kommt zur Erneuerung in den Regenerierbehälter, in dem die verbrauchten Chemikalien zugefügt werden. Die regenerierte Badflüssigkeit läuft dann zwecks Reinigung durch ein Filtriergerät und von hier wieder im ursprünglichen Zyklus in den Wärmeaustauscher und die anderen Stationen. Das ständige Durchpumpen der Badlösung wirkt sich auch als Badbewegung günstig zur Entfernung der Wasserstoffbläschen aus.

Die Farbe der Niederschläge ist ähnlich der von blankem Stahl. Die Überzüge bestehen aus 90 bis 93 Gew.-% Nickel und 7—10 Gew.-% Phosphor, der als Nickelphosphit eingelagert sein dürfte. Sie sind daher sehr hart und entsprechend spröde. Die Vickershärte beträgt etwa 500 kg/mm². Tab. 5 zeigt nach G. GUTZEIT [65] die vergleichsweisen Eigenschaften elektrolytischer und katalytisch reduzierter Nickelniederschläge.

Ebenso wie bei der elektrolytischen Glanzvernickelung erhält man auf polierten Flächen glänzende Überzüge, sofern das Grundmetall entsprechend poliert wurde.

Untersuchungen von J. ELZE [66] zeigten, daß die katalytisch reduzierten Überzüge bei gleicher Schichtstärke hinsichtlich ihrer Korrosionsbeständigkeit den elektrolytisch hergestellten nicht überlegen sind. Da-

[1] Kanigen Division, General American Transportation Corp., Chicago, Ill.
[2] Metal Processing Co., Inc., Cedar Grove, N. J.

gegen zeigen sie eine gute Anlaufbeständigkeit, ähnlich der von galvanischen Chromüberzügen, für die sie in einer Stärke von 0,3 μ als Austauschüberzüge vorgeschlagen werden.

Die stromlose Vernickelung hat seit ihrer praktischen Einführung in die Industrie um 1952 bereits verschiedene Anwendungen gefunden. Sie ist in erster Linie als eine wertvolle Ergänzung der konventionellen Galvanisierung zu betrachten. Vor allem können auch solche Teile rationell behandelt werden, bei denen die elektrolytische Vernickelung versagt oder zu kostspielig würde. In allen Fällen, in denen sehr kompliziert gestaltete Teile vorliegen oder vollkommen gleichmäßige Schichtstärken gewünscht werden, wird man der Stromlosen Vernickelung zweifelsohne den Vorzug geben.

Tabelle 5. *Vergleichsweise Eigenschaften elektrolytischer und katalytisch reduzierter Nickelniederschläge*

Überzugsart	Zusammensetzung	Struktur	Vickershärte kg/mm²	Schichtdicke	Porosität	Duktilität
Elektrolytische Niederschläge	100% Ni	mikrokristallin	Wattsbad: 137 Chloridbad: 240 Ammoniumchlorid: 400	sehr ungleichmäßig	sehr verschieden	gut
Katalytisch reduzierte Niederschläge	90—93% Ni 7—10% P	amorph	500 ± 50	± 10%	keine	gering

Prüfung galvanischer Überzüge

Zur Festlegung der Qualität der galvanischen Überzüge ist es erforderlich, verschiedene ihrer Eigenschaften zu prüfen. Obwohl zahlreiche Verfahren zur Verfügung stehen, sind ihre Ergebnisse wegen der damit verbundenen prinzipiellen Schwierigkeiten oft nicht befriedigend. Dies trifft besonders für die Prüfung der Korrosionsbeständigkeit zu.

Prüfverfahren bedürfen zum allgemeinen Vergleich ihrer Ergebnisse stets einer Festlegung in Normen. Verschiedene Prüfverfahren für galvanische Überzüge sind bereits in Normblättern festgelegt, doch ist die weitere Arbeit darüber noch stets in Fluß. A. HOCH [*67*].

1. Schichtdicke

Die Dicke der Überzüge ist von größter Bedeutung, da allgemein eine größere Schichtstärke einer entsprechend größeren Korrosionsbeständigkeit entspricht. Da die Überzüge an dem gleichen Artikel infolge der unvermeidlichen Streuung überall verschieden dick sind, wird eine Mindestschichtdicke und eine maßgebliche Oberfläche festgelegt.

Als genaueste Methode gilt die mikroskopische Schichtdickenbestimmung. An der zu messenden Stelle wird der Überzug und das Grundmetall durchgeschnitten und sorgfältig ein Schliff angefertigt, der in einem Mikroskop ausgemessen wird. Diese Methode ist im Normblatt DIN 50950 festgelegt.

Von der magnetischen Prüfmethode gibt es zahlreiche Ausführungsformen. Sie sind jedoch nur beschränkt anwendbar, da entweder das Grundmetall oder aber der Überzug unmagnetisch sein müssen. Da Nickel, das meist verwendete Überzugsmetall, ebenso wie Eisen und Stahl ferromagnetisch ist, stößt eine magnetische Schichtdickenmessung auf große Schwierigkeiten. Ausgenommen ist die Prüfung der relativen Änderung vorgegebener Schichtstärken, wie sie bei Reihenmessungen auftritt. Bei ihnen werden magnetische Prüfverfahren mit gutem Erfolg eingesetzt.

In der Praxis werden gewöhnlich chemische Prüfmethoden verwendet, die eine relativ genaue und rasche Bestimmung der Schichtdicke erlauben. Sie bestehen darin, daß auf den Überzug eine korrodierende Flüssigkeit aufgebracht wird, wobei die Methoden zur Aufbringung variieren können. Aus der zur Auflösung des Überzuges erforderlichen Zeit kann die Schichtdicke aus Eichtabellen oder Eichkurven ermittelt werden. Am gebräuchlichsten ist der B. N. F. — Jet Test, der in Deutschland als Strahlverfahren in dem Normblatt DIN 50951 vorliegt. A. HOCH [*68*]. Ein ähnliches Verfahren ist die Tropfenmethode, die vor allem in den USA verwendet wird.

Bei den elektrolytischen Prüfmethoden wird die Menge des elektrolytisch abgezogenen Überzuges bestimmt. Es gibt amerikanische Prüfgeräte, die damit in kürzester Zeit eine sehr genaue Bestimmung der Schichtdicke gestatten.

2. *Porosität*

Die Qualität der Überzüge, vor allem ihre Korrosionsbeständigkeit, ist in erster Linie von den vorhandenen Poren im Überzug abhängig. Sie sind die Ursache für das Unterrosten der galvanischen Schichten und vieler anderer Erscheinungen. Bei dicken Überzügen kann die Zahl der Poren verringert oder ganz zum Verschwinden gebracht werden, doch ist dies wirtschaftlich meist nicht tragbar. Die Prüfung der Überzüge auf das Vorhandensein von Poren ist daher sehr wichtig.

Eine einfache und rasche Prüfung wird mit dem Ferroxyltest bei Kupfer-, Nickel- und Chromschichten auf Eisen als Grundmetall durchgeführt. Es wird ein Filterpapier, das mit der Prüflösung getränkt ist, auf den zu prüfenden Teil des Überzuges aufgelegt. Die sich bildenden blauen Reaktionspunkte zeigen Größe und Anzahl der Poren an. Die Methode ist sehr ungenau und nicht reproduzierbar. Trotzdem wird sie allgemein verwendet.

Bei der Salzsprühprüfung werden die galvanisierten Werkstücke in einer Kammer dem Angriff einer Natriumchloridlösung (Kochsalzlösung) ausgesetzt, die als Nebel fein versprüht wird. Sie wird gewöhnlich als ein Test für die Korrosionsbeständigkeit angesehen, doch ist das nur bedingt im Hinblick auf das Meerklima der Fall. Die tatsächlichen Verhältnisse, wie sie in normaler und in Industrieatmosphäre auftreten, werden damit in keiner Weise nachgebildet oder entsprechen ihnen. Bei kathodischen Überzügen, also edleren Überzugsmetallen als das Grundmetall, ist die Salzsprühprüfung vielmehr eine Methode zur Bestimmung der Poren. Umfangreiche Untersuchungen haben ergeben, daß die Resultate nicht reproduzierbar sind. Dazu kommt, daß in der Praxis zahlreiche verschiedene Konstruktionen in Gebrauch sind und auch die Konzentrationen der Lösungen sowie Temperatur in der Kammer u. v. a. voneinander abweichen, so daß die in gleichen Zeiten erzielten Ergebnisse verschieden und miteinander nicht zu vergleichen sind. Trotz dieser Nachteile kann die Prüfmethode als relativer Test zur Bestimmung der Poren gut verwendet werden.

Außer der Salzsprühprüfung gibt es noch zahlreiche andere Verfahren zur Ermittlung der Poren, wie die Heißwasserprüfung, Klimaprüfung, Kondensationsprüfung, Wechseltauchverfahren und elektrolytische Prüfmethoden.

Für die Kondensationsprüfung wurde von E. Herzog [*69*] und W. Kesternich [*70*] ein praktisches Prüfgerät entwickelt. Zur Beschleunigung der Prüfung und im Hinblick auf die Verhältnisse in Industrieatmosphäre werden die Teile in 100% relativer Luftfeuchtigkeit einer Gasatmosphäre von Kohlendioxyd und Schwefeldioxyd ausgesetzt. Als Prüfrunde wird 8 Stunden Schwitzen im Prüfgerät und 16 Stunden Lagerung in Raumluft bezeichnet. Poren, die in Außenatmosphäre erst nach 20 Tagen sichtbar wurden, zeigen sich bereits nach mehreren Prüfrunden. Das Gerät wird in der Praxis bereits vielfach angewendet.

3. *Haftung*

Galvanische Überzüge müssen auf dem Grundmetall gut haften, damit eine weitgehende Korrosionsbeständigkeit gewährleistet wird. Schlecht haftende Überzüge blättern im Gebrauch ab, sobald die Teile einer stärkeren Reibung, Biegung oder Verdrehung unterworfen werden. Örtliche Korrosion und Temperaturwechsel führen bei schlechter Haftung zu Blasenbildung. Die Anforderungen, die an die Güte der Haftung zu stellen sind, hängen weitgehend von der Art der Artikel sowie ihrer Verwendung ab. Bei Teilen, die in Innenräumen ohne irgendwelche Beanspruchungen verwendet werden, wird sich eine geringere Haftung der Überzüge nicht so rasch bemerkbar machen wie bei Teilen, die stark wechselnden Beanspruchungen, vor allem in Außenatmosphäre, ausgesetzt sind.

Zur Prüfung der Haftung gibt es eine große Anzahl qualitativer Verfahren, wie Biegen, Brechen, Verdrehen, Kratzen, Hämmern, Abheben mit dem Messer, starke lokale Reibung, Abschleifen, Wechselerwärmung usw. Gewöhnlich zeigen sie nur an, ob die Haftung schlecht ist.

Zur quantitativen Bestimmung der Haftfestigkeit wird in der Praxis ausschließlich der OLLARD-Test [*71*] verwendet, der von A. W. HOTHERSALL [*72*] und E. J. ROEHL [*73*] verbessert wurde. Es lassen sich damit wohl genaue Werte ermitteln, doch ist er ziemlich umständlich.

In der englischen Praxis wird der Haftmessung besondere Aufmerksamkeit gewidmet. Die Hammerprüfung wurde in der britischen Norm B. S. 1224 : 1945[1] behandelt. Ein kleiner Hammer schlägt unter bestimmtem Druck mit einer Frequenz von 1500 bis 6000 Schlägen pro Minute auf die zu prüfende Stelle. Die Methode zeigt an, ob der Überzug gut oder schlecht ist. Für weiche Überzüge ergeben sich ungenaue Werte.

Bei der Münzprüfung wird mit der vollen Schmalseite einer glatten Münze auf dem Überzug hin und her gerieben. Sie zeigt den Mangel an Haftung bis zu 1,4 kg/mm² an. In der deutschen Praxis wird die Prüfung der Haftfestigkeit nur wenig beachtet.

II. Nichtmetallische Überzüge

Die nichtmetallischen Überzüge können in *anorganische* und *organische Überzüge* unterteilt werden. Sie dienen ebenso wie die metallischen Überzüge zur Verbesserung des Aussehens, also für dekorative Zwecke, sowie zur Bildung bestimmter physikalisch-chemischer Eigenschaften der Metalloberflächen, wie sie für verschiedene technische Zwecke gefordert werden.

A. Anorganische Überzüge

Zu den anorganischen nichtmetallischen Überzügen gehören die Emailüberzüge, die Oxyde, die Phosphatschichten und die Metallfärbungen sowie weniger gebräuchliche Überzüge aus chemischen und Nichteisenverbindungen. Sie werden in der Praxis für technische und dekorative Zwecke sowie zum Korrosionsschutz verwendet. Die Eigenart einer Reihe dieser Überzugsarten liegt darin, daß sie hauptsächlich als Untergrund für andere Überzüge zur Verbesserung der Haft- und Korrosionsbeständigkeit dienen.

Konversionsüberzüge

Die Konversionsüberzüge, zu denen die Oxyde, Phosphate und Metallfärbungen zählen, werden hauptsächlich durch Umwandlung des Eisens oder der Legierungsbestandteile in der Eisenoberfläche gebildet. Ihre Herstellung geschieht durch Tauchen in Lösungen, Aussetzen in einer bestimmten Atmosphäre oder durch elektrolytische Behandlung. Für die hier behandelten Verfahren ist die treffende Bezeichnung *Konversionsüberzüge*, die in der angelsächsischen Praxis rasch gebräuchlich wurde, besser als die zu allgemeine Benennung *Chemische Überzüge*. Zu den erhaltenen Eigenschaften der Überzüge gehören neben der Verbesserung des Aussehens die Wärmebeständigkeit, die Verschleißfestigkeit, die Gleitfähigkeit und insbesondere die Verwendung als Untergrund für andere Überzugsarten. Sie stellen nur in Verbindung mit besonderen Stoffen, wie Ölen, Wachsen, Lacken u. a., einen wirksamen Korrosionsschutz dar.

1. Oxydüberzüge (Oxydation, Brünierung)

Eisen hat die Eigenschaft, sich mit dem Luftsauerstoff besonders bei feuchter Atmosphäre zu verbinden und dabei das unerwünschte Eisenoxyd Rost zu bilden. Infolge seiner Porosität und Absorptionsfähigkeit werden weitere Luftfeuchtigkeit, Salze, saure Gase u. a.

[1] British Standards Institution, London.

aufgesaugt, die Rostbildung weiter beschleunigt und das Werkstück schließlich vollkommen zerstört. A. M. Jampolski [*74*] und W. Machu [*75*].

Bei einer künstlichen Oxydation ist es hingegen möglich, Oxydschichten zu erhalten, die über vorzügliche Eigenschaften verfügen. Die zahlreichen künstlichen Oxydationsverfahren werden unter dem Namen *Brünierung* zusammengefaßt. Mit ihrer Hilfe werden schwarze, graue, braune und blaue Überzüge erhalten, die neben der Verbesserung des Aussehens eine erhöhte Verschleißfestigkeit und Korrosionsbeständigkeit der Metalloberflächen bewirken. Je nach dem Hauptakzent der Methode kann man *thermische, chemische und elektrochemische Brünierverfahren* unterscheiden. Die meisten handelsüblichen Verfahren sind nur für Stahl und nicht für Grauguß geeignet, doch liegen bei den Spezliallieferfirmen auch für die Behandlung von Grauguß Erfahrungen vor.

Da die Oxydschichten edler als das Grundmetall sind, müssen sie möglichst dicht und porenfrei sein. Andernfalls tritt eine Lokalelementbildung auf, wobei das Eisen als Anode in Lösung geht und angefressen wird. Zur Erlangung porenfreier Überzüge sind 15 bis 20 μ (0,015 bis 0,020 mm) starke Schichten erforderlich. Die bisher erhaltenen Schichtdicken betragen jedoch nicht mehr als 8 bis 9 μ. R. Springer [*76*].

a) Inoxydation. Bei der Inoxydation werden die Eisenteile in geschlossenen Öfen unter einer bestimmten Atmosphäre bei Temperaturen von 700 bis 1000 °C oxydiert. Es gibt eine Reihe von Verfahren. Eine ältere Methode ist das Bower-Barff-Verfahren. Es beruht darauf, daß sich oberhalb 450 °C in Gegenwart von Wasserdampf auch auf Grauguß schwarze Oxydschichten ausbilden. Die Teile können aber auch in Luft und in Kohlendioxyd erhitzt werden. Wichtiger ist die Verwendung der Regenerativverfahren, bei denen abwechselnd in oxydierender und reduzierender Atmosphäre geglüht wird. Die erhaltenen Oxydschichten aus Magnetit (Fe_3O_4) verfügen über gute Eigenschaften. Sie sind hart, zäh und verschleißfest. Das Aussehen ist mattglänzend blau. Die Dicke kann bis 2 mm betragen, doch wird wegen des Auftretens von Rissen bei hohen Schichtstärken meist nur eine Schicht von etwa 20 μ (0,02 mm) hergestellt. Sie werden eingefettet und zeigen dann eine gute Korrosionsbeständigkeit. Die Inoxydationsverfahren sind ziemlich teuer und nur bei größerer Produktion im Tag- und Nachtbetrieb wirtschaftlich.

b) Bläuen durch Anlauffarben. Nach dem Erhitzen der Eisenstücke bilden sich unter Einwirkung des Luftsauerstoffes auf der Oberfläche dünne, verschiedenfarbige Oxydfilme aus. Die Farben sind auf die Interferenz des einfallenden Lichtes zurückzuführen und hängen von der betreffenden Dicke der Oxydschicht ab. Zur Erreichung einer bestimmten Farbe müssen die entsprechenden Temperaturen ziemlich genau eingehalten werden. Sie ergeben bei

295 °C: Kornblumenblau, 325 °C: Graublau,
310 °C: Hellblau, 330 °C: Metallgrau.

Die Erhitzung der Eisenstücke wird in Luftbädern (Anlaufkästen), in heißem Sand oder in Metallschmelzen vorgenommen. Für diese werden Blei-Zinn-Legierungen verwendet, die sich nicht mit dem Eisen legieren und daran haften bleiben. Daneben werden zahlreiche andere Methoden und Kombinationen vor allem in der Patentliteratur beschrieben. Allgemein gilt, daß die anzulaufenden Eisenteile vor der Behandlung gut entfettet und metallisch blank sind.

c) Schwarzbrennen (Fettbrünierung). Die Fettbrünierung besteht in einem Erhitzen der Eisenteile, die vorher mit einer dünnen Fettschicht eingerieben oder in Fett getaucht wurden. Als Stoffe zum Einreiben werden Leinöl, Nußöl, Talg, Fett u. v. a. verwendet. Die Teile werden langsam bei 200 bis 400 °C erhitzt, wobei das Fett oder Öl verkohlt. Es entsteht eine erst braune und dann tiefschwarz werdende Kohlenstoffschicht. Der Vorgang wird zwei- bis dreimal wiederholt und vorher die Oberfläche jedesmal gut abgerieben. Das Einbrennverfahren ist sehr einfach und ergibt schöne Überzüge, wobei der metallische Charakter der Teile erhalten bleibt.

d) Schwarzfärbung in Salzschmelzen. Eine Schwarzfärbung der Eisenteile wird auch erreicht, indem man diese in Salzschmelzen taucht, die Sauerstoff abgeben und das Eisen oxydieren können. Die erhaltenen schwarzgefärbten Oxydschichten haben allgemein einen geringen Korrosionsschutzwert und werden daher nur für dekorative Zwecke hergestellt. Verwendete Salze, die oxydierend wirken und einen niedrigen Schmelzpunkt haben, sind Natriumnitrat mit 313 °C, Kaliumnitrat mit 336 °C, Natriumnitrit mit 277 °C, Kaliumnitrit mit 297 °C, Ätznatron mit 460 °C u. v. a. Die Salze werden in verschiedener Weise kombiniert oder aber mit bestimmten Zusätzen versehen. Dadurch kann man die Schmelztemperatur erniedrigen oder aber bestimmte Farbtöne und sogar höhere Korrosionsfestigkeit erhalten.

Große Teile werden vor dem Eintauchen vorgewärmt, um ein Abkühlen der Schmelze zu vermeiden. Die eingehängten Teile werden nach Möglichkeit bewegt. Die Tauchzeit beträgt 15 Sekunden bis 2 Minuten. Die Oxydschichten sind matt, halbglänzend oder hochglänzend, entsprechend der Oberflächenbeschaffenheit der Werkstücke. Für gehärtete Eisenteile sind die Salzschmelzverfahren nicht geeignet. Infolge der hohen Schmelztemperatur werden die Eisenteile meist zu stark erhitzt (über 300 °C) und ein Anlassen herbeigeführt, das mit einer Verminderung der Härte verbunden ist. Verschiedene Salzschmelzen, wie das Orthomann-Verfahren, können wegen der niedrigeren Temperatur der Schmelze (um 300 °C) auch für gehärtete Teile verwendet werden. Ein Nachteil der Schmelzverfahren sind die großen Ausholverluste an Salzen sowie die erforderliche besonders sorgfältige Fettfreiheit und Trockenheit der Teile. Außerdem ist das Arbeiten mit den stark erhitzten und sauerstoffreichen Bädern nicht ungefährlich.

e) Tauchbrünierung in alkalischen Lösungen. Die Brünierung in heißen alkalischen Lösungen ist heute das gebräuchlichste Verfahren zur Erzeugung rostschützender, schwarzer Oxydschichten. Die Teile werden in kochende, konzentrierte Natronlauge getaucht, der Oxydationsmittel zugesetzt sind. Als solche dienen Natriumnitrat, Natriumnitrit, Bichromat u. a. Die Temperatur beträgt 130 bis 150 °C. Die erhaltenen Schichtdicken betragen 0,5 bis 1,5 μ (0,0005 bis 0,0015 mm) und hängen von den Badkomponenten sowie der Badtemperatur ab. Eine Erhöhung des Oxydationsmittelgehaltes und Steigerung der Temperatur bedingen geringere Schichtstärken. Die Oxydschichten werden zur Verbesserung der Korrosionsfestigkeit mit Ölen, Wachsen u. a. behandelt, doch sind sie gegen starke mechanische oder chemische Einflüsse nicht beständig.

Ein gut arbeitendes und wirtschaftliches Bad enthält:

Natriumhydroxyd, $NaOH$	700 g/l	Temperatur: 135—140 °C
Natriumnitrat, $NaNO_3$	200 g/l	Tauchzeit: 10—20 Min.
Natriumnitrit, $NaNO_2$	50 g/l	

Gebräuchlich sind auch stufenweise arbeitende Verfahren, bei denen die Teile in zwei oder mehr Brünierbädern behandelt werden. Zur Oxydierung von Grauguß werden dem Brünierbad besondere Zusätze zugefügt oder aber die Teile werden vorher in bestimmte Lösungen getaucht. Einige Minuten langes Tauchen der Graugußteile in 5—10%ige Flußsäure soll das Auftreten der Schwärzung beschleunigen.

f) Anrostverfahren (Saure Brünierung). Die sauren Anrostverfahren ergeben schwarze und braune Oxydschichten. Sie sind sehr dünn und von geringer Haltbarkeit. Als Schwarzfärbeverfahren sind sie immer mehr durch die Brünierung in alkalischen Lösungen verdrängt worden. Die Eisenteile werden durch Bestreichen mit Lösungen von Metallchloriden einer Anrostung unterworfen und dann mit feinen Metalldrahtbürsten durchgekratzt. Diese Behandlung wird mehrmals bis zur Erreichung des gewünschten Farbtones wiederholt und anschließend eingeölt. Bekannt ist das *Schweizerschwarz* zum Schwarzfärben von Waffen, Stockgriffen u. v. a. Mittels der *englischen Ölsalbe* können grünlichbraune bis rötlichbraune Farben erhalten werden.

g) Anodische Oxydation. Auch elektrolytisch lassen sich braune bis schwarze korrosionsschützende Oxydschichten herstellen. Als Elektrolyte kommen alkalische Lösungen zur Anwendung. Die zu brünierenden Teile werden als Anoden in das Bad eingehängt. Die Kathoden sind aus Eisen, Stahl, Kohle oder Graphit. Vorteile der anodischen Oxydation sind die kurze Behandlungszeit von meist 10 bis 20 Minuten und die niedrigere Temperatur, die gewöhnlich unter 100 °C beträgt. Von Nachteil sind dagegen die geringe Korrosionsfestigkeit infolge der starken Porosität und die geringe Saugfähigkeit für Öle und Imprägnierungsmittel sowie die zum Teil hohen Stromdichten.

2. *Phosphatüberzüge (Phosphatierung)*

Phosphatüberzüge bilden sich auf den Metalloberflächen beim Tauchen der Teile in Phosphorsäure oder phosphorsäurehaltige Badlösungen aus. Wenn auch unter Phosphatierung fast stets die Schwermetallphosphatierung zu verstehen ist, wurde es doch üblich, noch zwei andere Verfahren zur Phosphatierung zu zählen. H. Keller [*77*]. Man unterscheidet daher:

a) Schwermetallphosphatierung, b) Phosphorsäure-Beizverfahren, c) Alkaliphosphatierung.

a) Schwermetallphosphatierung. Bei der Schwermetallphosphatierung enthält die Badlösung als Hauptbestandteile primäre Schwermetallphosphate von Mangan, Zink, Eisen u. a. Die erhaltenen Phosphatüberzüge bestehen aus einer dünnen, feinkristallinen Schicht von Metallphosphaten. Es sind zumeist sekundäre oder tertiäre Eisen-, Zink- oder Manganphosphate oder Gemische dieser Salze. W. Machu [*78*]. Die Schichten sind mit dem Grundmetall fest verwachsen und haben eine gute Haftung. In der Praxis werden nur Zink- und Manganphosphatlösungen gebraucht, da sie am besten eine Schichtbildung herbeiführen.

Die Behandlungsdauer der Phosphatierung kann durch verschiedene Zusätze wesentlich abgekürzt werden. Man unterscheidet

Langzeit-Phosphatierung: Behandlungszeit etwa 1 Stunde. Ergibt sehr dicke Schichten. Geeignet zur Aufnahme von Öl u. dgl.
Kurzzeit-Phosphatierung: Behandlungszeit 1—15 Minuten. Oxydationsmittel als Beschleuniger.

Die Zinkphosphat- und Manganphosphatschichten verfügen über eine Reihe vorzüglicher Eigenschaften, die sie für zahlreiche Anwendungen bestens geeignet machen:

Schichtdicke 1—30 μ (0,001—0,03 mm).
Freie Porenfläche 0,1—1%.
In Wasser und organischen Lösungsmitteln unlöslich.
Ölaufnahme zweimal größer als unbehandelte Oberfläche.
Gute elektrische Isolation.
Glühbeständigkeit in Luft 450—650°C.
Überzüge sind chemisch neutral.
Guter Haftgrund für Lacke, Fette u. a.

Die Phosphatierung hat in der Technik eine außerordentliche Bedeutung erlangt. Sie dient zur Verbesserung der Korrosionsbeständigkeit und der Haftung von Schutzüberzügen sowie zur Erlangung einer guten Gleitfähigkeit bei Maschinenteilen. Für besondere Zwecke erhält man eine bessere elektrische Isolation.

Auf Grund ihrer starken Porosität bieten Phosphatschichten allein keinen Korrosionsschutz. Sie werden daher stets in Verbindung mit anderen Überzügen gebraucht. Am häufigsten finden sie als Untergrund für aufgebrachte Lacküberzüge Verwendung, für die sie einen guten Haftgrund abgeben. Bei Verletzung des Lackfilmes bis zum Grundmetall durch Abschlagen, Kratzer oder Poren verhindert die Phosphatschicht ein Unterrosten des Lacküberzuges. Die Phosphatierungslösung wird in Tauch-, Flut- und Spritzverfahren angewendet. In neuerer Zeit wurden Verfahren entwickelt, die bei niedrigerer Temperatur (< 60°C) und kürzesten Behandlungszeiten (Spritzen 1 bis 2 Min.; Tauchen 2 bis 10 Min.) optimale Schichten von 1 bis 3 μ Dicke ergeben. Die Herabsetzung der Temperatur unter 65°C vermeidet die Verkrustung der Badeinrichtungen durch den unvermeidlichen Schlamm. Anwendung finden Phosphatüberzüge für Gußteile von elektrischen Motoren u. v. a.

An Stelle von Lacküberzügen werden die Phosphatschichten auch mit Fetten, Ölen, Wachsen oder Paraffinen behandelt. Für diese Zwecke eignen sich besser dickere Schichten. Anwendungen vor allem bei Innenbeanspruchung für Autoteile, landwirtschaftliche Geräte, Metallbehälter usw.

Zur Verbesserung der Laufeigenschaften und der Verschleißfestigkeit werden dünne Manganphosphatschichten bevorzugt. Sie sind zur Aufnahme von Öl oder Ölsuspension mit kolloidalem Graphit gut geeignet, durch die der Reibungsvorgang günstig beeinflußt wird. Anwendung finden sie für Zylinderlaufbüchsen, Kolben und Kolbenringe, Ventilstößel, Getriebe und Kurbelwellen.

b) Phosphorsäure-Beizverfahren. Die Metallteile werden in Phosphorsäure getaucht, wobei sich auf ihnen eine dünne Phosphatschicht (0,1 bis 0,5 μ) ausbildet. Die Bildung derartiger Beizschichten wird als Passivierung bezeichnet. Sie bilden keinen besonderen Korrosionsschutz, sind jedoch für eine folgende Lackierung geeignet.

Außer den reinen Phosphorsäure-Beizen gibt es zahlreiche Beizmittel, die auf Phosphorsäurebasis andere Stoffe, wie Alkohole, Ketone, Ester, Emulgatoren, Netzmittel, Verdickungsmittel u. dgl. enthalten und die sowohl in fester als auch flüssiger Form verwendet werden. Von den flüssigen Mitteln finden die phosphorsauren Beizemulsionen und Beizmittel größere Verwendung.

Die Beizemulsionen enthalten neben der Phosphorsäure auch organische Lösungsmittel und werden bevorzugt im Spritzverfahren eingesetzt. Sie bewirken zu gleicher Zeit eine Entfettung, Entrostung und Passivierung der Teile.

c) Alkaliphosphatierung. Bei der Alkaliphosphatierung enthalten die Bäder neben Alkaliphosphat auch andere Zusätze, wie Oxydationsmittel, Netzmittel, Lösungsmittel u. a. Man erhält damit im Tauch- oder Spritzverfahren in kurzer Zeit Schichten von 0,1 bis 1 μ. Sie bestehen aus Eisenphosphaten und Eisenoxyden. Vorteilhaft ist, daß die Bäder fast keinen Schlamm bilden und die Temperatur nicht kritisch ist. Gegenüber der Schwermetallphosphatierung und den Phosphorsäurebeizen bietet die Alkaliphosphatierung keine Vorteile, so daß sie an Bedeutung stark verloren hat.

3. *Metallfärbungen*

Aufgabe der Metallfärbung ist es, den Metalloberflächen für dekorative Zwecke auf künstlichem oder natürlichem Wege eine Farbe zu geben.

Man kann *direkte Metallfärbungen* unterscheiden, bei denen die Metalloberfläche unmittelbar eine Farbe erhält. Hierher gehören die natürliche und künstliche Oxydierung und Patinierung. *Indirekte Metallfärbung* geschieht durch Aufbringen von Überzügen, die leicht herzustellen sind. Besonders geeignet sind die galvanischen Verfahren mit und ohne Stromquelle.

Nach der Art des Färbeverfahrens kann man chemische, elektrolytische und mechanische Verfahren unterscheiden. Die *chemische* Färbung besteht in der Veränderung der Metalloberfläche durch chemische Reaktionen, wobei diese in andere Metallverbindungen übergeführt wird. Unter *elektrochemischer* Färbung versteht man die Aufbringung dünner Metallschichten durch galvanische Verfahren mit und ohne Stromquelle. Bei den *mechanischen* Färbeverfahren werden auf die Oberfläche transparente Lacke aufgetragen, die bestimmte Farbeffekte herbeiführen, ohne den metallischen Charakter des Grundmetalles zu verändern. Zur mechanischen Färbung zählen auch die im Graveur- und Gürtler-Handwerk angewendeten künstlerischen Techniken, wie Niello, Inkrustieren, Glasemaille u. v. a.

Mit Ausnahme der Oxydations- oder Brünierverfahren, die schon bei den Konversionsüberzügen behandelt wurden, haben die Metallfärbungen keine größere Bedeutung in der industriellen Fertigung erlangt. Zur Färbung von Eisen kommen in erster Linie die indirekte Metallfärbung durch Aufbringen von Metallen oder Halbmetallen in Frage.

Chemische Überzüge

Chemische Überzüge bestehen aus dünnen Schichten von Metallsalzen oder Nichteisenverbindungen und dienen zum Korrosionsschutz sowie als Untergrund für daraufgebrachte Überzüge.

Erforderlich ist, daß die Salze und Nichtmetallverbindungen wenig löslich sind und auf Eisen gut haften. Derartige Stoffe sind die Oxyde des Chroms, Mangans, Aluminiums, Siliziums sowie Oxalate, Tartrate und kolloidale Lösungen.

Eine kolloidale Lösung von Gelatine, die Chromate enthielt, wurde in neuerer Zeit auf großer Basis als Rostschutz und Haftgrund vor der Lackierung angeboten. Das Verfahren bestand einfach in Tauchen der Teile in die Lösung und anschließender leichter

Trocknung. Bei Verletzung des Lackfilmes bis zum Untergrund wurde ebenso wie bei der Phosphatierung eine Unterrostung verhindert. Das Verfahren konnte die Phosphatierung jedoch nicht verdrängen.

Die chemischen Überzugsverfahren haben in der Praxis keine größere dauernde Bedeutung erlangt.

Emailüberzüge

Sie werden in dem folgenden Kapitel „Über Email und Emaillieren“ behandelt.

B. Organische Überzüge

Sie verfügen über zahlreiche vorzügliche Eigenschaften: Gutes Aussehen, unzählige Farbvarietäten und schönen Glanz, große Härte bei Einbrennlacken und hohe Elastizität bei Kautschuk und Kunststoffen, gute Korrosionsbeständigkeit auch im Meerklima und starker Industrieatmosphäre, leichte Reinigungsmöglichkeit, hohe Temperaturbeständigkeit wie im Falle der Silikonüberzüge, einfache Handhabung und Aufbringung selbst auf stark profilierte Teile und die raletiv geringen Material- und Arbeitskosten.

Anstriche und Lacküberzüge

Zwischen *Anstrichen* und *Lackierungen* besteht kein grundsätzlicher Unterschied. Die verschiedenartige Bezeichnung ist vielmehr entwicklungsmäßig bedingt. Man versteht unter Anstrichen im heutigen Sprachgebrauch organische Überzüge, die hauptsächlich als Rostschutzüberzüge zum Korrosionsschutz oder aber zu sonstigen technischen Zwecken dienen. Die dekorative Wirkung ist bei ihnen nicht ausschlaggebend. Auch die Aufbringung geschieht noch meist durch *(an)streichen*. Im Gegensatz zur Lackierung wird überwiegend Lufttrocknung angewendet. Ein Schiff, eine Maschine oder ein Straßenmast erhalten einen Anstrich, hingegen wird ein Auto oder ein Kühlschrank lackiert. Die folgenden Ausführungen gelten daher gleichermaßen für Anstriche und Lackierungen.

Eine systematische Übersicht der Anstrich- und Lackiertechnik ist infolge ihrer Vielfalt nicht ganz einfach. Außerdem herrscht auf keinem Gebiete der Technik eine ähnlich große Begriffsverwirrung. Für die gleiche Sache sind oft mehrere verschiedene Namen gebräuchlich, während ein und dieselbe Bezeichnung für mehrere Begriffe angewendet wird.

Ausgehend von wenigen in der Natur vorkommenden Stoffen, wie Harzen und Ölen, wurde über deren Veredelung hin bis zur vollsynthetischen Herstellung eine unübersehbare Reihe neuer Stoffe entwickelt. Vor allem die Kunstharze haben als Grundstoffe zur Herstellung der Lacke und zugleich auch der Kunststoffe größte Bedeutung erlangt.

Die Lacke setzen sich aus folgenden Komponenten zusammen:

Bindemittel (Bindekörper, Filmbildner) — Pigmente (Farbkörper, Körperfarben, Trockenfarben) und Füllstoffe — Lösungsmittel — Hilfsmittel.

Das Bindemittel ist Träger der Pigmente und Füllstoffe. Es besteht aus Naturharzen, Kunstharzen oder anorganischen Stoffen (Silikaten, Phosphaten, Titanaten u. a.) allein oder in Kombination mit diesen. Die Trocknung des Bindemittels erfolgt durch Verdunstung der flüchtigen Stoffe, durch Oxydation an der Luft, durch Polykondensation oder durch eine Reaktion zwischen den Badkomponenten. J. F. H. van Eijsbergen [*79*].

Aufgabe der Pigmente ist die Färbung des Lackes und Verbesserung seiner mechanischen Eigenschaften. Füllstoffe oder Verschnittmittel sind Pigmente, die schlecht oder überhaupt nicht decken. Sie werden zur Verbilligung des Lackes gebraucht. Für Rostschutzlacke kommen Rostschutzpigmente, wie Chromate, Metallstaube u. a., zur Anwendung.

Die Lösungsmittel werden zum Auflösen und Verdünnen des Bindemittels benötigt. Sie sollen es auftragsfähig machen und die Filmbildung fördern. Verwendete Lösungsmittel sind Kohlenwasserstoffe, Alkohole, Ester, Ketone, Äther, Aldehyde u. a.

Die Hilfsstoffe sollen dem Lack bestimmte Eigenschaften verleihen und die Filmbildung fördern. Unerwünschte Erscheinungen wie Schäumen und Absetzen sollen durch sie verhindert werden. Vorkommende Hilfsstoffe sind Netzmittel, Emulgatoren, Antischaumstoffe, Katalysatoren, Passivierungsmittel u. v. a.

Eine Übersicht der Lacke und Anstrichmittel erfolgt nach den in ihnen enthaltenden Bindemitteln oder anderen Grundstoffen.

1. *Öllacke*

Öllacke bestehen aus trocknenden fetten Ölen (Leinöl, Holzöl, Sojabohnenöl, Mohnöl u. a.) und natürlichen oder synthetischen Harzen, auch in Kombination, sowie aus Pigmenten. An der Luft aber auch beim Einbrennen trocknen sie nur langsam. Ein hoher Gehalt an Füllstoffen gestattet die Herstellung dicker Lackschichten. Die Farbbeständigkeit bei Hitzeeinwirkung sowie die Beständigkeit gegen chemischen Angriff ist nicht sehr groß. Sie sind relativ billig.

2. *Kunstharzlacke*

Zu den Kunstharzlacken sollten alle Lacke zählen, deren Bindemittel ganz oder teilweise aus Kunstharzen bestehen. H. KNITTEL [*80*]. Danach würden sie die folgenden Lacke umfassen:

Spirituslacke (Spritlacke): Kunstharz in Spiritus gelöst
Nitrolacke: Kunstharz mit Nitrozellulose verarbeitet
Kombinationslacke: Kunstharz mit Alkydharz und Nitrozellulose verarbeitet
Öllacke: Kunstharz mit fetten Ölen verarbeitet
Einbrennlacke: Kunstharz eingebrannt

Dagegen ist der Begriff der Kunstharzlacke im üblichen Sinne nicht so umfassend. Kunstharzlacke sind darnach vielmehr Lacke, die aus einem oder mehreren Kunstharzen in Verbindung mit trockenden Ölen und Pigmenten bestehen. Flüchtige Lösungsmittel sind Petroläther, Kohlenstoffe oder Verdünnungen. An der Luft trocknen sie ziemlich rasch, doch werden sie zur Beschleunigung bei 90—100°C eingebrannt. Gegen chemische Angriffe sind sie sehr gut beständig. Die folgenden Kunstharzlacke finden in der Praxis Anwendung:

a) Alkydharzlacke,
b) Kondensationsharzlacke,
Phenolharzlacke,
Harnstoff-Harzlacke,
Melaminharzlacke
Polyurethane (Desmophen- und Desmodur-Lacke) u. v. a.
c) Polymerisationsharzlacke (Vinylharzlacke)
Polyvinylchlorid,
Polyvinylacetat,
Acrylate u. a.,
Mischpolymerisate u. v. a.

3. *Nitrozelluloselacke (Nitrolacke)*

Das wichtigste Zellulosederivat ist die Nitrozellulose, aus der durch Druckkochung die Kollodiumwollen entstehen. Sie gehören zu den bedeutendsten Lackrohstoffen überhaupt. Die Überzüge zeichnen sich durch gute Eigenschaften aus, wie Wetterbeständigkeit, Wasserfestigkeit und gute Härte. Mit zahlreichen Harzen und Weichmachern vertragen sie sich gut. Flüchtige Lösungsmittel sind Ester, Ketone und Glykoläther. Da diese Lösungsmittel an der Luft sehr rasch verdunsten, werden die Nitrolacke stets durch Spritzen aufgebracht.

Reine Nitrozellulosefilme sind sehr hart, so daß stets Weichmacher zugefügt werden. Die Lackfilme sind dünner als bei Öllacken und Kunstharzlacken. Durch Heißspritzen (70—80°C) können füllkräftigere Nitrolacke aufgebracht werden, die einen stärkeren Lackfilm bilden. Die Beifügung von Harzen geschieht, um die Füllkraft zu steigern und den Glanz sowie die Haftfestigkeit zu erhöhen. Die Nitrolacke bestehen somit aus Kollodiumwollen, Weichmachern und Pigmenten unter Verwendung eines Lösungsmittels. Die wichtigsten Nitrolacke sind: Zelluloselacke, Nitrozelluloselacke, Acetylzelluloselacke und Zelluloseätherlacke.

4. *Chlorkautschuklacke*

Chlorkautschuklacke werden durch Behandlung von Kautschuk mit Chlor hergestellt. Sie sind gegen Säuren und Alkalien sehr beständig und unbrennbar. Da die Chlorkautschukfilme spröde sind, wird der Lack mit Natur- oder Kunstharzen kombiniert.

5. *Spirituslacke (Spritlacke)*

Spirituslacke bestehen aus einem Harz, einem Weichmachungsmittel und einem Lösungsmittel. Neben den Naturharzen Schellack, Manilakopal u. a. werden auch Kunstharze, wie Aldehydharze und Phenolharze, verwendet. Lösungsmittel sind Spiritus, Methanol, Toluol u. v. a.

6. *Asphaltlacke*

Die Bindekörper der Schwarzlacke bestehen aus natürlichen Bitumen (Bitumen, Asphalt u. a.) oder künstlich gewonnenen, bituminösen Stoffen, wie Teere und Peche. Sie werden zum Korrosionsschutz von Eisenkonstruktionen in saurer Atmosphäre, aber auch für Nähmaschinenköpfe, Graugußventile u. v. a. verwendet. Die Beständigkeit gegen Laugen und Säuren sowie Abwässer ist sehr gut. Die Lacklösung kann heiß oder kalt aufgebracht werden. Bei Kaltasphalt wird Petroläther als Verdünnung genommen. Weiterhin verwendet man Naphtha, Toluol und Benzol als Lösungsmittel. Die Trocknung geschieht in etwa 10 Minuten bei 20 °C. Obwohl sie sehr billig sind, werden ihnen die noch rascher trocknenden Alkydharzlacke immer mehr vorgezogen. Man unterscheidet Bitumenlack, Asphaltlack, Stearinpechlack u. v. a.

7. *Kombinationslacke* (*Zellulosekombinationslacke*)

Der Bindekörper besteht aus einer Kombination von Nitrozellulose und Ölalkydharz. Die Kombinationslacke verbinden daher die gute Beständigkeit der Kunstharzlacke mit den günstigen Eigenschaften der Nitrolacke wie rasche Trocknung u. a. m.

8. *Silikonlacke*

Silikone sind Verbindungen von Silizium mit Sauerstoff und organischen Gruppen. Sie sind daher organisch-anorganischer Natur. Erst seit 1942 in den USA technisch entwickelt, haben sie eine noch nicht abzusehende Bedeutung erlangt.

Silikonlacküberzüge zeichnen sich durch eine sehr gute Dauerwärmebeständigkeit aus, die größer ist als bei den organischen Harztypen. Sie werden daher zur Lackierung von stark temperaturbeanspruchten Apparaten, Rohrleitungen u. a. verwendet. Durch Beimischung von Aluminiumbronze wird die Wärmebeständigkeit noch weiter erhöht. Es können auch Pigmente beigefügt werden. Derart pigmentierte Silikonlacke stehen zwischen den organischen Lacküberzügen und den Emailüberzügen, weshalb sie auch als *Niedertemperaturemaille* bezeichnet werden. Ihre Vorteile gegenüber Emaille sind die geringere Sprödigkeit und Stoßempfindlichkeit sowie die wesentlich niedrigere Einbrenntemperatur. Silikonharze sind als Lösungen im Handel und werden bei einer Temperatur von 160 bis 170°C eingebrannt.

9. *Rostschutzanstriche*

Zu den Rostschutzanstrichen gehören die Bariumchromat-, Bleimennige-, Bleizyanamid-, Bleisilikat-, Kalziumplumbat-, Ferroammonphosphat- und Zinkkaliumchromatlacke sowie die Metallstaubanstriche. Sie verfügen auf Grund ihrer besonderen Zusammensetzung über eine sehr gute Korrosionsbeständigkeit für zahlreiche Anwendungen.

10. *Metallstaubanstriche*

Metallstaubanstriche bestehen zu 90% und mehr aus feinstem Metallstaub und einem Bindemittel. In der Praxis werden vor allem Blei- und Zinkstaubanstriche verwendet. Die Größe der Metallteilchen ist äußerst gering und beträgt unter 1 μ. Infolge der damit verbundenen großen Oberfläche der Metallteilchen sind deren physikalische und chemische Eigenschaften etwas verschieden von dem festen Metall. Sie reagieren stärker und verhalten sich unedler als normale Metallteile. Durch das anodische Verhalten des Metallstaubes ist auch der erreichte Korrosionsschutz entsprechend größer.

Die Aufbringung von *Bleistaubanstrichen* durch Streichen und Spritzen stellt das einfachste Verfahren der Verbleiung dar. Die Oberflächen müssen vor Aufbringung des Anstriches metallisch blank sein. Am besten erfolgt Reinigen durch Abstrahlen mit Sand oder Metallkies. Die Anstriche können entweder als Untergrund oder als Endüberzug gebraucht werden. Die Farbe ist hellgrau. Bei Verletzung des Anstriches bis zum Grundmetall tritt keine Unterrostung auf. Ausbesserung erfolgt durch einfaches Überstreichen der schadhaften Stelle. Die Metallstaube, die stets aus 99% reinem Blei hergestellt werden, setzen sich in einem geeigneten Bindemittel nicht ab. Sie sind daher lagerfähig und jederzeit verwendbar.

Bleistaubanstriche finden Anwendung in stark korrodierender Atmosphäre. Besonders gut bewähren sie sich gegenüber dem Meerklima für Schiffsteile aller Art. J. R. SURRIDGE [*81*]. Ein großes Anwendungsgebiet haben sie neuerdings in den USA in der Ölindustrie zum Schutz von Behältern, Rohrleitungen, Aufbauten, Raffinerien u. v. a. gefunden. An Stelle eines Bindemittels, wie Öl und dergleichen, wird dort zum Aufbringen der Bleistaube ein flüchtiges Lösungsmittel verwendet. Die Aufbringung geschieht dabei im Spritzverfahren unter niedrigem Druck bei Verwendung eines großen Luftvolumens. Beim Aufbringen verdampft das Lösungsmittel, so daß die Überzüge zu 100% aus Blei bestehen. Das Verfahren wird bei gutem Wetter und möglichst geringer Luftfeuchtigkeit durchgeführt, um ein Oxydieren des blanken Grundmetalles und damit schlechte Haftung der Überzüge zu vermeiden. Gebräuchlich sind für diese Zwecke drei Überzüge mit einer Gesamtstärke von etwa 250 μ.

Zinkstaubanstriche enthalten größtenteils Zinkstaub und daneben einen Mindestanteil an Bindemittel und Lösungsmittel. Die Bezeichnung *Kaltzink* oder *Kaltverzinkung* ist irreführend und sollte vermieden werden. Der Anstrich kann auf festsitzenden Rostschichten aufgebracht werden, auf denen er gut haftet und jede weitere Korrosion unterbindet. Loser Rost muß vorher durch Bürsten, Schaben oder Klopfen entfernt werden.

Die Zinkstaubanstriche haben auf Grund ihrer zahlreichen Vorzüge in letzter Zeit eine steigende Bedeutung erlangt. Infolge des anodischen Verhaltens von Zink gewähren sie einen guten Korrosionsschutz. Ihre Aufbringung ist äußerst einfach und erfordert nur geringe Kosten.

11. Lackierverfahren und Anwendungen

Die *Lackierverfahren* hängen von der verwendeten Lackart sowie Form, Größe und Durchsatz der Teile ab. Beim Streichen wird der Lack mittels Pinsel auf die Unterlage aufgestrichen. Es ist die älteste und allerdings auch umständlichste Methode. Wegen der langsamen Auftragung wird sie nur bei Einzelheiten gebraucht oder falls andere Methoden nicht anzuwenden sind.

Das Tauchen der Teile in die Lacklösung wird auch für sehr große Teile industriell angewendet. Zu ihm ist auch das Gießen oder Fluten zu zählen.

Am gebräuchlichsten ist das Spritzen (Lackspritzen, Farbspritzen). Der Lack wird aus einem Vorratsbehälter in die Spritzpistole geleitet, in dieser durch Preßluft fein zerstäubt und auf die Werkstücksoberflächen aufgespritzt. Je nach dem Druck der Preßluft unterscheidet man Niederdruckspritzen (0,2—0,5 atü) und Hochdruckspritzen (1—4 atü). Das Lackspritzen bei erhöhter Temperatur bietet ohne besonderen Aufwand verschiedene Vorteile. Beim Warmspritzverfahren wird der Lack auf 35—40°C erwärmt. Die Ersparnis an Lösungsmitteln beträgt 20—40%. Bei gleichem Lackverbrauch ist der Lackfilm etwa um 10% stärker als normal. Das Heißspritzverfahren erfordert dagegen eine Umstellung der Lackzusammensetzung, schwerflüchtige Lösungsmittel und besondere Spritzgeräte. Die Lacktemperatur beträgt 70—80°C.

Am rationellsten arbeitet das elektrostatische Spritzverfahren, das im Hinblick auf die hohen Anlagekosten nur bei großer Produktion rentabel ist. Die Teile laufen an einem Bandförderer zwischen isoliert aufgestellten Drahtnetzen hindurch, an denen eine hohe Spannung von 100000—150000 Volt angelegt ist, so daß aus ihnen Elektronen austreten. Der Lack wird nun zwischen den Teilen und Drahtelektroden zerstäubt, wobei die Lackpartikel Elektronen aufnehmen und auf diese Weise negativ aufgeladen werden. Infolge der elektrostatischen Anziehung schlagen sich die negativen Lackteilchen an den geerdeten Teilen nieder, deren Potential positiver ist. Auf diese Weise werden fast alle Spritzverluste vermieden, da die Lackpartikel auf die Teile direkt zulaufen. Ein ähnliches Verfahren benötigt kein Emissionsdrahtgitter. Bei diesem wird der Lack einem besonderen Sprühkopf zugeführt und an dessen Kante, an der die Hochspannung liegt, zerstäubt. Die elektrisch geladenen Lackteilchen schlagen sich dann an den entgegengesetzt gepolten und geerdeten Werkstücken nieder. F. BOLLENRATH [*82*].

Im Handel stehen zahlreiche verschiedene Konstruktionen von Spritzvorrichtungen zur Verfügung, wie Spritzen ohne Preßluft, mechanische Versprühung ohne Sprühnebelverluste u. v. m.

Auf Grund der *Anwendungsgebiete* kann man die Lacke in Grundlacke, Rostschutzlacke, Überzugslacke, Isolierlacke u. a. einteilen.

Zur Erlangung verschiedener *Oberflächeneffekte* gibt es eine große Zahl von besonderen Effektlacken, wie Eisblumenlacke, Fadenlacke, Kräusellacke, Kristallacke, Reißlacke, Schneidlacke u. v. a.

Nach dem *Farbgehalt* unterscheidet man Klarlacke — Lasurlacke, Transparentlacke — Decklacke, Lackfarben, Emaille, Emaillelacke und Emaillelackfarben.

Kunststoffüberzüge

Neben der Verwendung der Kunststoffe als Kunstharze zur Herstellung von Lacken werden sie immer mehr auch direkt ohne besondere Zusätze, wie Pigmente, Lösungsmittel u. a., zur Herstellung von Überzügen verwendet. Obwohl laufend neue Kunststoffarten entwickelt werden und ihre Anzahl ständig steigt, sind bislang nur relativ wenige für Überzüge zum Einsatz gekommen. Je nach dem Ausgangsmaterial unterscheidet man *halbsynthetische* und *vollsynthetische Kunststoffe*.

a) Halbsynthetische Kunststoffe sind entsprechend dem Ausgangsstoff:

Kollodiumwolle (Celluloid) Acetat (Cellon, Acetatseide) Viskose (Cellophan, Zellwolle) Kupferseide	aus Cellulose (Holz und Linters)
Kautschuk Kautschuk-Derivate — s. Kautschuküberzüge	aus Latex (Gummibaumsaft)
Galalith	aus Proteinen (Milch)

b) Vollsynthetische Kunststoffe kann man nach der Art der chemischen Zusammensetzung und den Ausgangsstoffen einteilen in:

Polymerisationskunststoffe Polystyrol Polyäthylen	aus Äthylen
Polychloropren (Neopren) — s. Kautschuküberzüge Polybutadien (Buna) — s. Kautschuküberzüge Polytetrafluoräthylen (P.T.F.E., Teflon, Fluon) Polyakrylnitril (Orlon) Polyakrylate (Plexigum) Vinylchlorid, Polyvinylchlorid (PVC) Vinylacetat, Polyvinylacetat	aus Acetylen
Polykondensationskunststoffe Phenoplaste (Bakelit, Trolon) Harnstoffharze oder Aminoplaste (Pollopas) Polyamide (Nylon, Perlon) Polyurethane (Vulkollan) Epoxyharze oder Äthyoxylinharze (Araldit)	aus Harnstoff, Phenol u. a.
Silikone	aus Siliciumtetrachlorid

Für die Herstellung von Kunststoffüberzügen kommen in der Praxis vor allem Polyäthylen, Polytetrafluoräthylen, PVC, Aminoplaste (Carbamidharze), Polyamide, Epoxyharze und Polyesterharze (Polyleite)[1] zur Anwendung. Sie verfügen zum Teil über Eigenschaften, wie sie in gleicher Vollkommenheit und Mannigfaltigkeit mit keinem anderen organischen Überzugsstoff zu erhalten sind. Höchste Beständigkeit gegen Chemikalien und Öl, elektrische Isolation, temperaturbeständig, verschleißfest, geruchsfrei, ungiftig, gute Haftfestigkeit, Verschiedenfarbigkeit u. v. a.

Für die Aufbringung der Kunststoffe gibt es entsprechend den zahlreichen Modifikationen, in denen sie auftreten können, eine große Zahl von Verfahren. Kunststoffe in flüssiger oder pastenförmiger Form kann man durch Tauchen, Gießen, Spritzen oder Streichen aufbringen. Mit dem Collarit-Verfahren können auch feste Kunststoffe, die man durch Schmelzen in den spritzflüssigen Zustand überführen kann, aufgebracht werden. In der Praxis werden besonders das Flammspritzen und Wirbelsinterverfahren zur Aufbringung von Kunststoffen in Pulverform verwendet.

Beim *Wirbelsinterverfahren* (*Pulversinterverfahren*)[2] werden die Werkstücke über den Schmelzpunkt des Kunststoffes erhitzt (100—200 °C höher) und dann mit dem Kunststoffpulver in innige Berührung gebracht. E. Gemmer [*83*]. Dadurch wird auf der Metalloberfläche ein homogener und porenfreier Kunststoffüberzug aufgeschmolzen. Die Wirbelsinterverfahren werden für Polystyrol, Polyäthylen, Polyamide, Polyakrylate u. a. m. eingesetzt. Je nach der Art der Aufbringung des Kunststoffpulvers unterscheidet man Tauch-, Schütt-, Wälz- oder Streuverfahren. E. Gemmer [*84*].

Einen wesentlichen Fortschritt stellt dagegen das *Wirbelschichtverfahren* dar, mit dem man selbst auf stark profilierten Werkstücken vollkommen gleichmäßige Überzüge aufschmelzen kann. Das Verfahren beruht auf der physikalischen Erscheinung, daß sich eine Pulverschicht, in die ein Gas- oder Luftstrom (Wirbelstrom) eingeleitet wird, wie eine Flüssigkeitsschicht verhält. Oberhalb der quasiflüssigen Pulverschicht kann bei entsprechend eingestelltem Wirbelstrom jede Entwicklung von Pulverstaub vermieden

[1] Reichhold Chemie AG, Hamburg. [2] Knapsack-Griesheim AG, Frankfurt/M.

werden, so daß ein einfaches Arbeiten ermöglicht wird. Infolge des flüssigkeitsähnlichen Verhaltens der Wirbelschicht erhalten die erwärmten und eingetauchten Teile Überzüge von gleicher Schichtdicke. Diese hängt von der Vorwärmtemperatur der Teile und der Tauchzeit ab. Obwohl diese Verfahren erst seit 1953 in die Praxis eingeführt wurden (DBP 933019), haben sie schon vielfache technische Anwendungen gefunden.

Für größere Werkstücke wird das *Flammspritzverfahren* eingesetzt. Das Kunststoffpulver wird in einem separaten Behälter aufgewirbelt, durch einen Injektor angesaugt und mittels Pistolenflamme auf das Werkstück aufgespritzt. Mit dem Flammspritzgerät können auch Kunststoffpasten (PVC-Pasten) aufgespritzt werden, wobei die Paste in einem Druckbehälter untergebracht ist.

Flüssige Kunstharzgemische, die rasch fest werden, können auch getrennt in einer *Zweikomponentenpistole* aufgespritzt werden. Sie findet in der Praxis für Polyesterharze Anwendung[1].

Zur Erlangung einer guten Haftung der Kunststoffüberzüge müssen die Werkstücke vorher sorgfältig gereinigt und aufgerauht werden. Zum Aufrauhen eignet sich am besten Abstrahlen mit Quarzsand oder scharfkantigem Stahlkies. Nach dem Abstrahlen muß ein Anrosten der Werkstücke durch zu langes Lagern, feuchte Atmosphäre und dergleichen unbedingt vermieden werden, da selbst dünne Rostschichten eine gute Dauerhaftung unterbinden können.

Kautschuküberzüge

Unter dem Begriff Kautschuk versteht man eine Reihe von halbsynthetischen und vollsynthetischen Kunststoffen, wie sie in der vorhergehenden systematischen Übersicht (siehe Kunststoffe) angeführt wurden. Häufiger spricht man von *Naturkautschuk* und *synthetischem Kautschuk*.

Kautschuküberzüge dienen ausschließlich zum Korrosionsschutz, für den sie infolge ihrer vorzüglichen chemischen Beständigkeit sowie der guten mechanischen Eigenschaften eine große Bedeutung erlangt haben.

Die Aufbringung von Überzügen aus *Naturkautschuk* geschieht fast ausschließlich durch Heißvulkanisierung. Der Rohkautschuk wird dabei mit 3—5% Schwefel versetzt und etwa eine Stunde lang auf 130 bis 150° C erhitzt. Außerdem werden je nach Erfordernis organische Vulkanisationsbeschleuniger, Aktivatoren, Weichmacher, Füllstoffe, Alterungsschutzmittel und Farbstoffe zugesetzt.

Zur Herstellung von Überzügen werden hauptsächlich *synthetische Kautschukarten* verwendet. Sie sind keine chemische Nachbildung des natürlichen Kautschuks, sondern Stoffe, die sich ähnlich verhalten, aber hinsichtlich verschiedener Eigenschaften den Naturkautschuk weit übertreffen. Hierher gehören Buna, Neopren (Chloropren), Hypalon, Isopren und Hartgummi. Ihre Vorteile liegen in der außerordentlichen Beständigkeit gegen verschiedene Chemikalien und der einfachen Aufbringungsmöglichkeit der Überzüge durch Streichen und Spritzen.

Literatur

[*1*] Burgess, C. O.: Metallic and Non-Metallic Coatings for Gray Iron S. 16/18, Cleveland (Ohio) 1950.
[*2*] Machu, W.: Metallische Überzüge 3. Aufl. S. 357/358, Leipzig 1948.
[*3*] Burgess, C. O.: vgl. [*1*] S. 15/16.
[*4*] Machu, W.: vgl. [*2*] S. 174ff.
[*5*] Hille, J.: Arch. Eisenhüttenwesen Bd. 25 (1954) S. 19/31.
[*6*] Machu, W.: vgl. [*2*] S. 180ff.
[*7*] Burgess, C. O.: vgl. [*1*] S. 14.
[*8*] Bayer, K.: Metall Bd. 10 (1956) S. 728/733.
[*9*] Bayer, K.: vgl. [*8*].
[*10*] Roller, A.: Metalloberfläche Bd. 3 (1951) S. B 155.
[*11*] Hoare, W E.: Hot-Tinning, Greenford 1948, Dt. von H. Rectanus, Anleitung zum Feuerverzinnen, Düsseldorf 1953.
[*12*] Thwaites, C. J.: Tin and its Uses No. 33, Okt. 1955 S. 5/6.
[*13*] Powell, C. F., I. E. Campbell u. B. W. Gonser: Vapor-Plating, New York-London 1955, 158 S.
[*14*] Machu, W.: vgl. [*2*] S. 370.
[*15*] Burgess, C. O.: vgl. [*1*] S. 25.
[*16*] Samuel, R. L., u. N. A. Lockington: The Protection of Metallic Surfaces by Chromium Diffusion, London 1956, 48 S.
[*17*] Diffusion Alloys Ltd., London. Handelsnamen Diffubrite (Großbritannien), Chromafuse (Australien, Neuseeland), Dikrom (Frankreich) und Chromalloy (USA).
[*18*] Samuel, R. L., u. N. A. Lockington: Sheet Met. Ind. Bd. 33 (1956) S. 447/54.
[*19*] Private Mitteilung von G. Becker, Deutsche Edelstahlwerke A. G., Krefeld.
[*20*] Roll, F.: Metall (1929) S. 73.
[*21*] Kelley, F. C.: Metals Handbook S. 715/16, Cleveland 1948.
[*22*] Obert, C. W.: Metals Handbook S. 722/24, Cleveland 1948.
[*23*] Burgess, C. O.: vgl. [*1*] S. 18/19.
[*24*] Carr, G. W.: Metal Finishing Bd. 50 (1952) Nov.
[*25*] Private Mitteilung von A. T. Leonard, Superior Plating Inc., Minneapolis.

[1] Schori Process Division, England.

[26] Flammspritzen. Berlin: Ausschuß für wirtschaftliche Fertigung e.V. (AWF) 1953, 91 S.
[27] Reininger, H.: Gespritzte Metallüberzüge, München 1952, 246 S.
[28] Krause, H.: Galvanotechnik, Schwäbisch-Gmünd 13. Aufl. 1952.
[29] Machu, W.: Moderne Galvanotechnik, Weinheim/Bergstraße 1954.
[30] Blum, W., u. G. B. Hogaboom: Principles of Electroplating and Electroforming 3. Aufl., New York 1949.
[31] Graham, A. K.: Electroplating Engineering Handbook, New York 1955.
[32] Silman, H.: Chemical and Electro-Plating Finishes, London 2. Aufl. 1952, 479 S.
[33] Roll, F.: Jahrbuch der Oberflächentechnik S. 73/84, Berlin: Metall-Verlag 1956.
[34] Blum, W., u. H. W. Haring: J. Electrochem. Soc. Bd. 40 (1921) S. 287.
[35] Raub, E., u. W. Blum: Metalloberfläche Bd. 9 (1955) S. 54/57 (A).
[36] Dettner, H. W.: Metalloberfläche Bd. 4 (1950) S. A 33/37.
[37] Interne Veröffentlichung von H. Brown, Udylite Corporation, Detroit.
[38] Morisset, P., J. W. Oswald, C. R. Draper u. R. Pinner: Chromium Plating, Teddington 1954, 586 S.
[39] Machu, W.: vgl. [29] S. 400/09.
[40] Soderberg, G., u. L. R. Westbrook: Modern Electroplating S. 101/16, New York 1942.
[41] Soderberg, G.: Corrosion Handbook S. 837/45, New York-London: H. H. Uhlig 1948.
[42] Seabright, L. H., u. J. Trezek: Plating Bd. 35 (1948) S. 715.
[43] Referat in Metalloberfläche Bd. 3 (1949) S. 224 A.
[44] Hull, R. O.: Metal Finishing Guidebook-Directory S. 238/41, Westwood 1955.
[45] Carlson, A. E., u. C. Struyk: Metal Finishing Guidebook-Directory S. 254/56, Westwood 1951.
[46] Stareck, J. E.: Modern Electroplating S. 225/231, New York-London: A. G. Gray 1953.
[47] Private Mitteilung von G. Schmerling, Silvercrown, Ltd. London.
[48] Safranek, W. H., u. C. L. Faust: Proc. Amer. Electroplaters' Soc. Bd. 41 (1954) S. 201/08.
[49] Safranek, W. H., W. G. Hespenheide u. C. L. Faust: Metal Finishing Bd. 52 (1954) April.
[50] Hoch, A.: Jahrbuch der Oberflächentechnik S. 330/52, Berlin: Metall-Verlag 1955.
[51] Watts, O. P.: Trans. Electrochem. Soc. Bd. 29 (1916) S. 395.
[52] Bache, H. J.: Ind. Finishing Bd. 2 (1949) S. 105/14.
[53] Machu, W.: vgl. [29] S. 378 ff., 1954.
[54] Mathers, F. C.: Metal Finishing Guidebook-Directory 22. Aufl. S. 325ff., Westwood 1954.
[55] Lowenheim, F. A.: Metal Finishing Guidebook-Directory 22. Aufl. S. 330ff., Westwood 1954.
[56] Case, B. C.: Proc. Am. Electroplaters' Soc. G. Soderberg 1947, S. 228/48.
[57] Hoch, A.: Metalloberfläche Bd. 10 (1956) S. 129/35.
[58] Hoch, A.: Jahrbuch der Oberflächentechnik S. 306/23. Berlin: Metall-Verlag 1957.
[59] Icxi, G.: Rev. Nickel Bd. 20 (1954) S. 67/72.
[60] Hughes, H. D.: Trans. Inst. Met. Finishing Bd. 33 (1956) S. 424/39.
[61] Krause, H.: Galvanotechnik 13. Aufl. S. 51/52, Schwäbisch-Gmünd 1952.
[62] Brenner, A., u. G. E. Riddell, Proc. Am. Electroplaters' Soc. Bd. 33 (1946) S. 23/29.
[63] Brenner, A.: Metal Finishing Bd. 52 (1954) Nr. 11/12.
[64] Gutzeit, G., u. R. W. Landon: Proc. Am. Electroplaters' Soc. Bd. 41 (1954) S. 256/61.
[65] Gutzeit, G.: Trans. Inst. Met. Finishing Bd. 33 (1956) S. 383/415.
[66] Elze, J.: Jahrbuch der Oberflächentechnik S. 179/93, Berlin: Metall-Verlag 1956.
[67] Hoch, A.: Metall Bd. 7 (1953) S. 347/50.
[68] Hoch, A.: Werkstoffe u. Korrosion Bd. 3 (1952) S. 301/09.
[69] Herzog, E.: Métaux Bd. 20 (1945) Nr. 236, S. 47/51.
[70] Kesternich, W.: Stahl u. Eisen (1951) S. 587/98.
[71] Ollard, E. A.: Trans. Faraday Soc. Bd. 21 (1925) S. 81.
[72] Hothersall, A. W.: Trans. Electrochem. Soc. Bd. 64 (1933) S. 69.
[73] Roehl, E. J.: Iron Age (1940) Sept. u. Okt.
[74] Jampolski, A. M.: Das Oxydieren u. Phosphatieren von Metallen, Leipzig 1953.
[75] Machu, W.: Nichtmetallische Anorganische Überzüge, Wien 1952.
[76] Springer, R.: Galvanotechnik (Pfanhauser) 9. Aufl., Leipzig 1949/50 Bd. II S. 1154.
[77] Keller, H.: Jahrbuch der Oberflächentechnik S. 241/67, Berlin: Metall-Verlag 1955.
[78] Machu, W.: Die Phosphatierung, Weinheim/Bergstraße 1950.
[79] Eijsbergen, J. F. H. van: Jahrbuch der Oberflächentechnik S. 349/68, Berlin: Metall-Verlag 1956.
[80] Knittel, H.: Farben-, Lack- u. Kunststoff-Lexikon, Stuttgart 1952, 858 S.
[81] Surridge, J. R.: Corrosion, Prevention & Control Bd. 3 (1956) H. 6, S. 39/40.
[82] Bollenrath, F.: Jahrbuch der Oberflächentechnik S. 313/24, Berlin: Metall-Verlag 1955.
[83] Gemmer, E.: Industrie-Anzeiger 78 (1956) Nr. 29.
[84] Gemmer, E.: Chemie-Ingenieur-Technik Bd. 27 (1955) S. 599/601.

Über Email und Emaillieren, insbesondere auf Gußeisen

Von **A. Kräutle**, Riegelsberg/Saar

Mit 6 Abbildungen

Unter den Veredlungsverfahren für gegossene oder durch spanlose Weiterverarbeitung verformte metallische Werkstoffe hat das Emaillieren im Laufe der letzten 50 Jahre ständig an Bedeutung gewonnen. Unter dem Begriff Email ist dabei ein nichtmetallischer, keramischer bzw. glasartiger Überzug auf dem Metall zu verstehen, der bei einer Temperatur eingebrannt wird, die beispielsweise bei Gußeisenemails zwischen 720 und 850 °C, bei Blechemails unter Umständen über 900 °C liegen kann. Es ist also hier nicht die Rede von Überzügen, die einen Lackcharakter tragen, irreführend als Emails bezeichnet werden, ihrem organisch-chemischen Charakter entsprechend aber bei Temperaturen bis etwa 200 °C getrocknet werden und bei den vorerwähnten hohen Temperaturen längst zerstört wären.

Emails waren lange vor Christi Geburt den Ägyptern, ebenso den Kelten bekannt, doch dürfte ihre Herstellung durch viele Jahrhunderte hindurch ausschließlich Schmuckzwecken gedient haben. In die Schmuckstücke aus Bronze, Kupfer, Silber oder Gold wurden entweder Vertiefungen eingegraben, die dann mit verschiedenfarbigen Glasflüssen ausgefüllt werden (champ-levé), oder es wurden auf die Stücke kleine Leisten in mehr oder weniger regelmäßigen Formen aufgebracht und die so entstandenen Muster mit Email ausgefüllt (cloisonné). Die letztere Methode ist etwa im 9. Jahrhundert n. Chr. aufgekommen; die uns überlieferten Kunstwerke solcher Art erregen auch heute noch unsere Bewunderung.

Die Zusammensetzung dieser Emails war denkbar einfach und wird folgendermaßen angegeben [*1*]:

Sand 50—60%, Pottasche 12—16%, Zinn 2—4%, Blei 20—30%.

Zinn- und Bleigehalt wechselte je nach der Art des Emails, nach der Färbung und der gewünschten Opazität. Gefärbte, durchsichtige Emails, sogenannte Majolikaemails erhielt man durch Zugabe von Kupfer, Antimon und Blei (grün), durch Antimon, Blei und Eisenoxyd (dunkelgelb), durch Blei und Antimon (hellgelb), durch Kobalt (blau), durch Mangan (purpurfarben) usw.

Von diesen Anfängen führt ein langer Weg zu den heute gebräuchlichen Emails, die sich weit von den einfachen Glasflüssen entfernt haben, einer eigenen Industrie dienen und auf diese zugeschnitten sind. Um die Jahrhundertwende von 1800 begann man in England Gußeisen zu emaillieren, und mit diesem Schritt kam die Erkenntnis, daß man, um erfolgreich zu sein, mit mindestens zwei verschiedenen Emaildecken auf dem Gußeisen arbeiten mußte, nämlich mit einem Grundemail, über das man nach Bedarf eine oder mehrere Schichten Deckemail auftrug. Nachdem schon früher Borax in die Emailmassen eingeführt worden war, erscheint nun Flußspat und Feldspat in den Rezepten. Die erwähnten Grundemails bedecken eine weite Skala von solchen, die nur fritten, also hochfeuerfest sind, bis zu solchen, die — leicht schmelzbar — bis zu 6% Bleioxyd enthalten. Die leichtflüssigen

Deckemails jedoch enthielten fast durchweg erhebliche Mengen an Bleioxyd mit Ausnahme derer, die zum Emaillieren von Kochtöpfen u. ä. dienten und als Feldspatemails bekannt waren.

Um das Jahr 1850 setzte eine weitere Entwicklung mit der Emaillierung von Stahlblech ein; da der Ausdehnungskoeffizient von Stahl höher liegt als der von Gußeisen, mußten die Blechemails dementsprechend angepaßt werden. Es gab allerdings noch keine Materialien, die die Haftung auf dem Metall förderten; nur durch die Schlackebildung zwischen dem Grundemail und dem Metall konnte eine Haftschicht erzielt werden.

Mittlerweile standen der Emailindustrie sehr viel reinere Ausgangsstoffe zur Verfügung, so daß die Ergebnisse nicht mehr der Lieferung von schlechten und dazu teuren Rohmaterialien ausgesetzt waren. Demgemäß konnte die Qualität der emaillierten Waren ständig verbessert und damit der Absatz erweitert werden. Dazu trug natürlich auch die fortschreitende Gütesteigerung auf der Gußeisen- und Stahlseite bei. Weitere Fortschritte wurden erzielt, als man zur Erhöhung der Haftfestigkeit im ersten Jahrzehnt unseres Jahrhunderts in die Grundemails für Blech Kobalt, oder Kobalt in Verbindung mit Nickel, evtl. auch mit Mangan- und Eisenoxyd, einführte. Von solchen Blechgrundemails sind auch die heute noch teilweise gebräuchlichen Schmelzgrundemails für Gußeisen abgeleitet. Schon aus gewerbehygienischen Gründen ging die Entwicklung immer mehr zu bleifreien Emails über; das als Flußmittel wirkende Bleioxyd wurde allmählich durch Borax, Pottasche, Soda und Fluoride ersetzt, bei Gußemails in der Hauptsache durch Bariumkarbonat und Zinkoxyd. Das zur Trübung früher ausschließlich gebrauchte Zinnoxyd mußte dem Antimonoxyd, teilweise auch dem Titanoxyd und dem Zirkonoxyd weichen. Bei säurefesten Emails wurde ein Teil der Kieselsäure durch Titandioxyd ersetzt.

Mit den vorstehenden Ausführungen kann nur eine sehr gedrängte Übersicht gegeben werden. Die außerordentliche Vielfalt der gebräuchlichen Emails, die ganz verschiedenartigen Zwecken angepaßt sein können und müssen, sei es, daß sie säurebeständig oder alkalifest, sei es, daß sie hochopak sein sollen oder Majolikacharakter tragen müssen, von denen jede Farbnuance vom dunkelsten Tiefschwarz bis zum blendendsten Weiß verlangt werden kann, läßt es begreiflich erscheinen, daß die Rezepturen auch heute noch vielfach geheim gehalten werden und daß auf diesem Feld der Forschung durch die exakte Wissenschaft noch ein weites Gebiet offensteht.

Die Herstellung von Emails in großen Mengen, wie sie die moderne Industrie verlangt, erfordert naturgemäß auch ausgedehnte Misch-, Schmelz- und Mahlanlagen. Bis vor wenigen Jahrzehnten schmolz man die Emails in Tiegeln, die zu mehreren in meist koksbeheizten Öfen eingesetzt waren. Diese Tiegel hatten am unteren Ende Löcher, aus denen das geschmolzene Email in unter den Öfen stehende Wasserkübel ablief, beim Einlaufen in das Wasser Granalien bildend. Man bedient sich heute zum Schmelzen in der Regel der in mannigfachen Konstruktionen vorliegenden Wannen-, meist aber Trommelöfen, wobei die Beheizung beliebig sein kann, vorzugsweise mit Gas oder Öl. Es sind allerdings auch Öfen mit elektrischer Beheizung bekanntgeworden. Nach dem Schmelzen wird der Ofeninhalt abgestochen und in Wasser ebenfalls granuliert. Diese Granalien müssen vor dem Abfüllen in Säcke zweckmäßig getrocknet werden. Sie sind also nun der Ausgangsstoff für alle Schmelzemails, während die eigentlichen Fritten, ein Begriff, unter dem hier nur Frittegrundemails beispielsweise vom Typ Quarz + Borax + Feldspat verstanden werden, nicht geschmolzen, sondern in Frittepfannen, die meist aus hitzebeständigem Stahl gefertigt sind, bis zum Sintern bei ca. 1000 bis 1100 °C erhitzt werden. Die Granalien und Fritten müssen abschließend je nach dem Verwendungszweck trocken oder naß gemahlen werden; Puder oder Tauchpuderemails werden also sinngemäß trocken gemahlen, alle anderen, die für Naßauftrag bestimmt sind, unterzieht man einer Mahlung mit Wasser in Kugelmühlen, die mit Hartporzellan ausgefüttert sind. Es ist hier besonders zu erwähnen, daß das zur Mahlung verwendete Wasser möglichst rein sein muß; am besten eignet sich Regen- oder destilliertes Wasser, d. h. also Wasser, welches vor allem kein Chlor enthält [2]. Bei Naß- und Trockenemails fügt man den Granalien Mühlenzusätze bei, die das Brennintervall der gemahlenen Emails vergrößern oder verringern, die Farben der gebrannten Emails intensivieren oder abschwächen können. Hierher gehören auch die Zusätze, die man den für den Naßauftrag bestimmten Schlickern beigibt, um ihre Stehfähigkeit zu vergrößern, wie hochdisperser Ton, Bentonite oder in gleichem Sinne wirkende Chemikalien, die also bewirken, daß die gemahlenen Partikelchen länger in der Schwebe bleiben und einer Entmischung durch das Absetzen spezifisch schwererer Komponenten vorgebeugt wird. Zur Kontrolle der Mahlfeinheit wird heute wohl überall die Siebanalyse zu Hilfe genommen.

Als typisches Kennzeichen aller Emailschmelzen und Mühlenräume [*3*] muß die in jedem Falle makellose Sauberkeit und Ordnung herausgestellt werden, ohne die gleichmäßige und gleichwertige Vorprodukte nicht denkbar sind, und ohne diese wiederum ist es unmöglich, gleichmäßig gute Ergebnisse zu erzielen. Während es vor nicht allzu langer Zeit üblich war, daß jedes Emaillierwerk seine Emails selbst herstellte, dürfte der Zug der Zeit dahin gehen, daß man die Fritten von einer Emailfabrik kauft und sich darauf beschränkt, sie in eigenem Betrieb zu mahlen [*4*].

In Europa hat das Emaillieren von gußeisernen Gegenständen, insbesondere von Badewannen und Zimmeröfen, aber auch von sanitären Artikeln nach wie vor seinen festen Platz in der Wirtschaft; in den USA dagegen hat seit der Zeit nach dem ersten Weltkrieg in dieser Hinsicht das Stahlblech das Gußeisen fast völlig verdrängt. Übrigens darf man sagen, daß die Amerikaner viel getan haben, um das mystische Dunkel, das allgemein bezüglich des Emaillierens herrschte, aufzuhellen und es von einer nur von wenigen Adepten geübten Kunst durch für jedermann verständliche klare Anweisungen zu einer handwerks- bzw. fabrikmäßig ausübbaren Fertigkeit zu machen [*5*].

Nach dem Vorgesagten ist es klar, daß das Feld des Emaillierens und des hierzu benötigten Emails, das sowohl dekorative als auch rostschützende und andere Aufgaben haben kann; außerordentlich groß ist. Es reicht vom Schmuckemail bis zum säurefesten Email für die chemische Industrie, ja es sind schon bis 1000 °C hitzebeständige Emails als Überzug für nichtrostende Stähle, ebenso auch Emails für Gegenstände aus Aluminium entwickelt worden [*6*]. Im Nachfolgenden werden wir uns aber nur mit dem Emaillieren von Gußeisen zu beschäftigen haben.

Die Möglichkeit, gußeiserne Gegenstände mit Erfolg zu emaillieren, setzt zunächst einen emailliergerechten Entwurf voraus. Gleichmäßige oder fast gleichmäßige Wandstärken sind unerläßlich, ebenso müssen plötzliche Übergänge, Stoffanhäufungen, scharfe Kanten und Ecken nach außen wie nach innen vermieden werden. Weiterhin sind Konstruktionen, die infolge der Art des Gießens hohe innere Spannungen aufweisen, wegen der Rißgefahr zu verwerfen.

Da die Oberfläche des Emailliergusses von höchster Qualität sein muß, ist es unbedingt erforderlich, sämtliche Vorgänge in der Gießerei, beginnend mit der Anfertigung und Pflege der Modelle bzw. der Modellplatten, schärfstens zu überwachen. Weiterhin müssen die verwendeten Neu- und Gebrauchssande laufend kontrolliert werden. Es ist übrigens bezüglich der Emaillierfähigkeit der Gußstücke gleichgültig, ob man mit Natursanden oder mit synthetischen Sanden arbeitet; möglicherweise kann die höhere Gasdurchlässigkeit und der geringere Feuchtigkeitsgehalt von synthetischen Sanden als ein Vorteil gegenüber Natursanden betrachtet werden. Vielleicht setzt sich auch die Verwendung von Holzmehl und gemahlenem Pech in Formsanden für Leichtgußteile durch.

Da es in der Hauptsache auf eine makellose Oberfläche der Gußteile ankommt, ist auch eine ständige Kontrolle der Formvorgänge, insbesondere der Eingußsysteme unerläßlich; diese müssen so angeordnet und so sauber sein, daß sich keine Schlacke oder lose Sandkörner in der Form selbst absetzen können. Auch das Auftreten von sogenannten Wurmgängen oder Gasmarken ist durch zweckmäßige Anschnitte vermeidbar. In jedem Falle dürfte es vorteilhaft sein, die zu emaillierenden Flächen in der Form nach unten zu nehmen. Übrigens hat das Formmaskenverfahren nach CRONING offensichtlich den Vorteil, für Abgüsse, die emailliert werden sollen, besonders geeignet zu sein.

Die Zusammensetzung des emaillierfähigen Gußeisens für dünnwandige Gußstücke — um solche handelt es sich ja in der Hauptsache — wird von A. Dietzel und W. Stegmaier [7] auf Grund einer Anzahl von Schrifttumsangaben wie folgt angegeben:

C ges. = 3,20—3,40%	Mn = 0,40—0,50%	S = 0,1% max.
Si = 2,40—2,60%	P = 0,60—0,70%	

Diese Analyse kann nur richtungweisend sein; es fällt beispielsweise auf, daß im englischen Schrifttum durchweg höhere Silizium- und Phosphorgehalte genannt werden, bei deren Verwendung zweifellos auch gute Ergebnisse zu erzielen sind. Man wird nicht fehlgehen, wenn man mit einem Sättigungsgrad von etwa 0,95 rechnet. Für das erforderliche Mangan gibt Bernstein [8] die bekannte Faustformel

$$\%\,\mathrm{Mn} = 1{,}7 \times (\%\,\mathrm{S} + 0{,}3).$$

Die ausschlaggebende Rolle des Schwefels einerseits und der Gießtemperatur andererseits wurde von A. Königer [9] in einer Arbeit klargestellt. Danach haben Gußeisensorten mit höherem Schwefelgehalt, die zudem noch kalt vergossen werden, die Neigung, im Zusammenhang mit der Ausseigerung von Mangansulfidkristallen den Graphit nicht in lamellarer Form, sondern in Nestern erstarren zu lassen. Diese Nester treten regelmäßig in Gesellschaft von größeren Ferritflecken auf und sind für die gefürchtete als Kastenrost bekannte Erscheinung verantwortlich. Durch Schwefelaufnahme aus dem bei Naßguß üblichen Steinkohlenstaubzusatz zum Sand kann die Bildung solcher Graphitnester noch gefördert werden. Die Untersuchung hat gezeigt, daß die erwähnten Stellen beim Einbrennen des Emails durch Rösten der örtlichen Sulfidanhäufungen mit Bestandteilen der Emaildecke reagieren und zur Blasenbildung und ähnlichen Fehlerscheinungen führen können. Es muß also das Bestreben des Emaillierware erzeugenden Gießers sein, den Schwefelgehalt äußerst niedrig zu halten und gleichzeitig sein Eisen so heiß wie möglich zu vergießen.

Im allgemeinen wird man für Emailliergu߸ nur Roheisen, Gußbruch (Poterie) und Kreislaufmaterial setzen. Obwohl geringe Stahlschrottzugaben bis etwa 5% nicht absolut zu verwerfen sind, wird es doch ratsam sein, sich in dieser Beziehung eine weise Beschränkung aufzuerlegen, weil Stahlschrott in jedem Falle dazu beiträgt, die Spannungsempfindlichkeit von Grauguß zu erhöhen. Starke Karbidbildner, vor allem Chrom, sind wegen der dann möglichen Anwesenheit von freiem Zementit im Gefüge durchaus abzulehnen.

Jedenfalls muß die Kupolofenpraxis — der emaillierfähige Guß dürfte fast ausschließlich im Kupolofen erzeugt werden — ständig überwacht werden, wie das in gutgeführten Gießereien bezüglich der Sauberkeit und Analyse der Einsatzmaterialien, der Koks- und Kalkstein- oder Flußspatsätze und der Windmenge seit langem selbstverständlich ist.

Metallographisch gesehen soll das emaillierfähige Gußeisen im Rohzustand lamellaren Graphit von feiner bis mittlerer Größe in einer perlitisch-ferritischen Grundmasse aufweisen. Dem hohen Phosphorgehalt entsprechend, wird auch stets Phosphideutektikum (Steadit) in mehr oder weniger großer Menge, vielleicht auch in Netzstruktur auftreten. Dem Emaillieren selbst kann eine Glühbehandlung vorausgehen; bei dieser, spätestens aber beim Grundbrand findet eine Umwandlung des Gefüges statt. Der im Rohguß vorhandene Perlit zerfällt fast vollständig, wobei sich der Kohlenstoff aus dem Fe_3C teilweise an den bereits vorhandenen Graphit anlagert. Der Karbidzerfall ist mit einem Wachsen des Gusses verbunden, dergestalt, daß 1% C, der als Karbid vorhanden war, eine Volumenzunahme von etwa 2%, ein lineares Wachstum von rund 0,66% verursacht. Es ist erstrebenswert, daß dieser Karbidzerfall spätestens mit dem Grundbrand beendet ist, da beim Zerfall auch sehr reaktionsfähiger elementarer Kohlenstoff frei wird, der u. U. zur Blasenbildung bei Deckemails Anlaß geben kann. Nach dem Grundbrand soll also lediglich noch Graphit in einer ferritischen Grundmasse vorliegen; auch das evtl. vorhanden gewesene Steaditnetz wird durch die Wärmebehandlung allmählich aufgerissen und somit das

Phosphideutektikum in einzelnen mehr oder weniger großen Inseln erscheinen. Richtwerte für den Ausdehnungskoeffizienten von Gußeisen sind die folgenden Anhaltszahlen:

	Rohguß	Guß nach Grund- und Deckbrand
20—100°C	315—355 $\times$ 10^{-7}	350—360 $\times$ 10^{-7}
20—200°C	335—355 $\times$ 10^{-7}	362—372 $\times$ 10^{-7}
20—300°C	351—360 $\times$ 10^{-7}	376—380 $\times$ 10^{-7}
20—400°C	366—379 $\times$ 10^{-7}	387—391 $\times$ 10^{-7}
20—500°C	378—390 $\times$ 10^{-7}	400—405 $\times$ 10^{-7}

Nach A. DIETZEL und W. LEMME [*10*] scheint der Ausdehnungskoeffizient mit steigender Glühzahl einem Grenzwert zuzustreben, nämlich für 0 bis 100°C etwa 360 $\times$ 10^{-7}, für 0 bis 500°C etwa 400 $\times$ 10^{-7}.

Vor dem Auftrag der Emailmassen müssen die zu emaillierenden Gußstücke sehr sorgfältig dekapiert, d. h. mit dem Sandstrahlgebläse behandelt werden [*11*]. Für den Fall, daß der Guß schon längere Zeit gelagert hat, oder daß er, wie das bei Ofen- und Herdguß fast durchweg der Fall ist, vorher durch Bohren von Löchern usw. bearbeitet wurde, empfiehlt es sich, ihn vor dem Dekapieren zu glühen, so daß die letzten Spuren von Öl, Fett und die durch das Anfassen mit schweißigen Händen entstandenen Ablagerungen verschwinden. Unterläßt man diese Vorsichtsmaßregel, so muß mit Ausschußerscheinungen, wie Blasen und Abplatzen des Emails gerechnet werden.

Das Abstrahlen des Gusses geschieht heute zweckmäßig nicht mehr mit dem silikosegefährdenden Quarzkies, sondern mit anderen Strahlmitteln, wie Stahlkies, Drahtkorn u. ä. im Freistrahlgebläse oder, wenn die Größe und Gestalt der Gußstücke es zuläßt, auf preßluftfreien Putzmaschinen, von denen die einschlägige Industrie eine Reihe von erprobten Konstruktionen feilbietet. Wichtig ist jedoch, daß die zu emaillierende Gußoberfläche durch das Abstrahlen etwas aufgerauht wird; dadurch wird der Hafteffekt des Grundemails nicht unwesentlich unterstützt. Nach dem Dekapieren muß unverzüglich mit dem Emailauftrag begonnen werden, da bei längerer Lagerung die Gefahr besteht, daß die mit so großer Sorgfalt geputzten Stücke wieder rosten.

Für den Naßauftrag von Email, wie er heute für Gußgrund ausschließlich ausgeführt wird, kommen drei Möglichkeiten in Betracht: das Tauchen, das Anschütten und der Spritzauftrag. Während das erste Verfahren beim Emaillieren von Gußstücken wohl sehr selten ausgeübt wird, weil kaum je ein doppelseitiger Überzug in Frage kommt, ist es durchaus möglich und in einigen Fällen, z. B. bei Waschkesseln, Wandbrunnen usw. allgemein üblich, den Grundauftrag durch Anschütten aufzubringen. Flache Teile jedoch, wie sie bei Ofen- und Herdguß sehr häufig vorkommen, werden weitaus am leichtesten und am wirtschaftlichsten mit der Spritzpistole bearbeitet. Wohl ist beim Spritzen der Emailverlust größer, als bei den anderen Verfahren, aber die individuelle Leistung eines Arbeiters ist sehr viel größer. Die Zahlenangaben hierüber gehen sehr weit auseinander, weil sie sich naturgemäß nach den örtlichen Verhältnissen und nach der Art und Form der emaillierten Ware richten. L. VIELHABER [*12*] gibt nicht nur richtungweisende Angaben über Spritzpistolen, sondern beschäftigt sich auch eingehend mit der Ausführung der Spritzstände. Aus diesen müssen die beim Aufspritzen des Emails entstehenden Wasser- und Emailnebel mit Sicherheit entfernt werden, gleichzeitig aber muß der am Stand arbeitende Mann vor Zugluft geschützt sein, und als weitere wesentliche Bedingung soll möglichst wenig Email durch den Abzug abgesaugt werden. Als günstigste Luftgeschwindigkeit am Spritzstand wird 0,8 bis 1,2 m/sek. angegeben. Die Zuführung von Email zur Pistole geschieht noch vielfach aus einem aufgesetzten Becher; diese Methode hat aber den Nachteil, daß einmal das Gewicht der Pistole unnötig erhöht und zum anderen der Fluß der Arbeit durch das häufige Nachfüllen des Bechers empfindlich gestört wird. Bei Serienarbeit ist demgegenüber die Zuführung des Emails aus einem seitlich über dem Spritzstand hängenden Hochbehälter, der bis 25 l Inhalt haben kann, vorzuziehen. Die eigene Schwerkraft des Emails drückt dieses also durch einen Schlauch zur Pistole. Noch besser sind Behälter, die, mit

Email gefüllt, an die Preßluftleitung angeschlossen sind. Derartige Behälter sind bei vollautomatischen Bandanlagen für sehr große gleichartige Serien unentbehrlich.

Der Naßauftrag von Deckemails geschieht in gleicher Weise wie der von Grund.

Vor dem Brennen ist es erforderlich, das Wasser aus dem aufgetragenen Email wieder zu entfernen, die Ware also zu trocknen. Wenn in kohle-, gas- oder ölbeheizten Öfen gebrannt wird, so wird man stets Trockenanlagen vorfinden, die die Abhitze der Brennöfen ausnutzen. Die Trockenkammern sind dann über den Abgaskanälen so angeordnet, daß eine rasche Trocknung gewährleistet ist. Für Emaillierwerke, die nur elektrisch arbeiten, oder deren Trockenkapazität nicht ausreicht, kommt das Trocknen mit Infrarot-Lampen in Frage. Diese Neuerung bewährt sich ausgezeichnet. Natürlich können auch sonstige Trockenvorrichtungen eingeschaltet werden.

Der Emailauftrag durch Pudern wird, wie schon gesagt, ausschließlich bei Deckemails ausgeführt. Nach dem Grundbrand wird der noch rotglühende Gegenstand aus dem Ofen genommen und das Deckemail sofort mit Hilfe von Sieben aufgetragen. Diese Siebe sind vielfach mit einer mechanischen Schütteleinrichtung (z. B. Druckluftvibratoren) versehen. Der erste auf das Stück fallende Puder schmilzt sofort unter der Einwirkung der Hitze, mit fortschreitender Abkühlung jedoch klebt der Puder nur noch an. Das Stück muß alsdann zur Wiedererwärmung und zum Glattschmelzen des aufgetragenen Emails ein zweites Mal in den Ofen gebracht werden. Anschließend wiederholt sich der ganze Vorgang so oft, bis das Deckemail in genügender Stärke und genügend gleichmäßig aufgetragen und aufgebrannt ist. Die Technik des Puderns erfordert eine gewisse Geschicklichkeit und ist bei glatten Teilen, wie Vorder- und Seitenwänden von Zimmeröfen verhältnismäßig einfach. Das Aussehen von Majolikaemails ist nach diesen Verfahren im allgemeinen lebhafter und kontrastreicher als bei Stücken, die im Naßauftrag hergestellt werden, mindestens, wenn mit bleifreien Emails gearbeitet wird. Als Nachteil kann die infolge der mehrfachen Unterbrechung des Brennvorganges naturnotwendig geringere Leistung angeführt werden.

Während es durchaus möglich und gebräuchlich ist, glatte Teile auf dem Brennrost zu pudern, sind zum Pudern von Gegenständen mit senkrechten Wänden, wie Badewannen, Waschbecken u. ä. besondere Pudertische erforderlich, die nach allen Seiten gedreht und gewendet werden können, so daß der Emailauftrag jeweils auf horizontale Flächen erfolgen kann [*13*]. Je größer der zu emaillierende Gegenstand ist und je komplizierter seine Form, um so häufiger muß das Pudern unterbrochen werden, damit der aufgetragene Puder glattgeschmolzen und das Gußstück selbst wieder im Ofen auf Temperatur gebracht wird. Bei Badewannen beispielsweise ist es in der Regel nötig, das Emailliergut 6- bis 8mal aus dem Emaillierofen heraus- und wieder hineinzufahren. Daß mit dieser Art des Emaillierens ganz erhebliche thermische und Zeitverluste verbunden sind, liegt auf der Hand. W. Zöller [*14*] hat deshalb vorgeschlagen, den Pudertisch direkt zu beheizen und den eigentlichen Emailliermuffelofen für solche Zwecke in Fortfall kommen zu lassen.

Eine nicht mehr sehr gebräuchliche Abart des Puderemaillierens ist das sog. Tauchpudern; bei ihm werden die grundierten rotglühenden Teile in Puder eingetaucht und der angeschmolzene Puder wiederum im Ofen glattgebrannt. Dieses Verfahren kann aber nur mit kleineren, leichten Stücken, z. B. Armaturen für Waschbecken, Badezimmereinrichtungen usw. durchgeführt werden.

Das Brennen des Emailliergutes geschieht, sofern mit festen, flüssigen und gasförmigen Medien gearbeitet wird, in Muffelöfen. Für die Muffeln sind eine Reihe von Forderungen unerläßlich, über die P. Bitz [*15*] berichtet hat. Die Muffeln müssen vor allem möglichst dicht sein. Da diese Hauptforderung wegen der Ausdehnung der Muffelplatten in der Hitze praktisch kaum erfüllbar ist, müssen die Emaillieröfen so gebaut sein, daß um die Muffel kein oder nur ein geringer Unterdruck herrscht, so daß keine Luft aus der Muffel in die Feuerungskanäle übertritt. Sollte das doch der Fall sein, so treten erhebliche Wärmeverluste auf, die sich derart auswirken können, daß der Ofen u. U. nicht über eine bestimmte Temperatur gebracht werden kann. Treten aber andererseits infolge Überdrucks in den Feuerkanälen Gase in die Muffel über, so ist mit der als *Blindwerden* bekannten Fehlerscheinung beim Brennen von Deckemails zu rechnen. Nach den Untersuchungen von E. A. RYDER und G. W. CULSHAW [*16*] sind es insbesondere SO_2 und SO_3, die im Zusammenhang mit mehr oder weniger großen Wasserdampfmengen beim Eintritt in die Muffel zum Blindwerden des Emails beitragen. Allerdings ist hier zu sagen, daß verschiedene Emails, je nach der Art ihrer Zusammensetzung eine unterschiedliche Anfälligkeit gegen Gas in der Muffel zeigen. Zur Erzielung einwandfreier Ergebnisse, vor allem beim Deckbrand, muß in der Muffel eine oxydierende Atmosphäre herrschen.

Als Muffelwerkstoff kommt entweder Schamotte oder Siliziumkarbid in Frage. Da die Wärmeleitfähigkeit des letzteren ungefähr 5mal höher liegt als die von Schamotte, kommen Muffeln aus diesem Material für besonders hohe Leistungen in Frage; sie sind den Schamotte-Muffeln also in jedem Falle überlegen.

Wenn Emaillieröfen mit festen Brennstoffen (Braunkohlenbriketts, Steinkohlen, Koks) beheizt werden, so muß eine Halbgasfeuerung vorgesehen sein. Das Feuer selbst soll regelmäßig brennen und zwar so, daß es nur in größeren Zeitabständen, etwa alle 2 bis 3 Stunden gewartet werden muß. Deshalb kommen für diese Zwecke nur Feuerungen mit unterem Abbrand in Frage. Da die Abgase den Ofen mit einer Temperatur von 800 bis 1000 °C verlassen, kann ihre fühlbare Wärme gut zur Vorwärmung der Zweitluft ausgenutzt werden. Zu diesem Zweck sind unter den Öfen Rekuperatoren aus feuerfesten Steinen angeordnet. In Abb. 1 ist schematisch ein solcher ortsfester Emaillierofen für Halbgasfeuerung, Bauart Ruppmann, dargestellt.

Sollen Emaillieröfen mit gasförmigen oder flüssigen Brennstoffen betrieben werden, so sind die gesamten Ofenverhältnisse grundsätzlich dieselben. Anstatt eines Steinrekuperators können Wärmetauscher aus Gußeisen oder Stahl verwendet werden, die über oder neben dem Ofen angeordnet sein können. Die Regelung des Ofens gestaltet sich wesentlich einfacher, da die Brennstoffe unter Druck zugeführt werden. Außerdem entfällt die Zufuhr von festem Brennstoff und die Abfuhr von Asche, so daß der gesamte Betrieb weit angenehmer und sauberer wird. Einen derartigen Ofen, ebenfalls Bauart Ruppmann, zeigt Abb. 2.

Nachfolgende Tabelle, aus der Arbeit von BITZ entnommen, gibt einige interessante Zahlen von Emaillieröfen, in denen Guß emailliert wurde.

Ofen Nr.	Länge m	Breite m	Höhe m	Beheizung	Brennstoffart	Brennstoffmenge in 24 Std.	Brenntemperatur °C	Emailliergut	Leistung kg/24 Std.
1	2,4	1,2	0,8	Halbgas mit Steinrekuperator	Braunkohlenbriketts	750 kg	760—820	Ofenguß; Puder	2100
2	2,4	1,2	0,8	Halbgas *ohne* Rekuperator	Braunkohlenbriketts	980 kg	760—820	Ofenguß; Puder	2100
5	2,4	1,2	0,8	Ferngas mit Steinrekuperator	Ferngas	960 Nm³	720—800	Ofenguß; naß Majolika	7200
6	2,4	1,2	0,8	Ferngas mit Steinrekuperator	Ferngas	920 Nm³	760—820	Ofenguß; Puder	2100
4	2,8	1,2	0,9	Halbgas mit Steinrekuperator	Koks	900 kg	850—950	72 Gußbadewannen mit je 78 kg; Puder	5600
12	2,6	1,1	0,9	Ferngas mit Brenner *ohne* Rekuperator	Ferngas	1400 Nm³	800—940	48 Gußbadewannen mit je 98 kg; Puder	4704

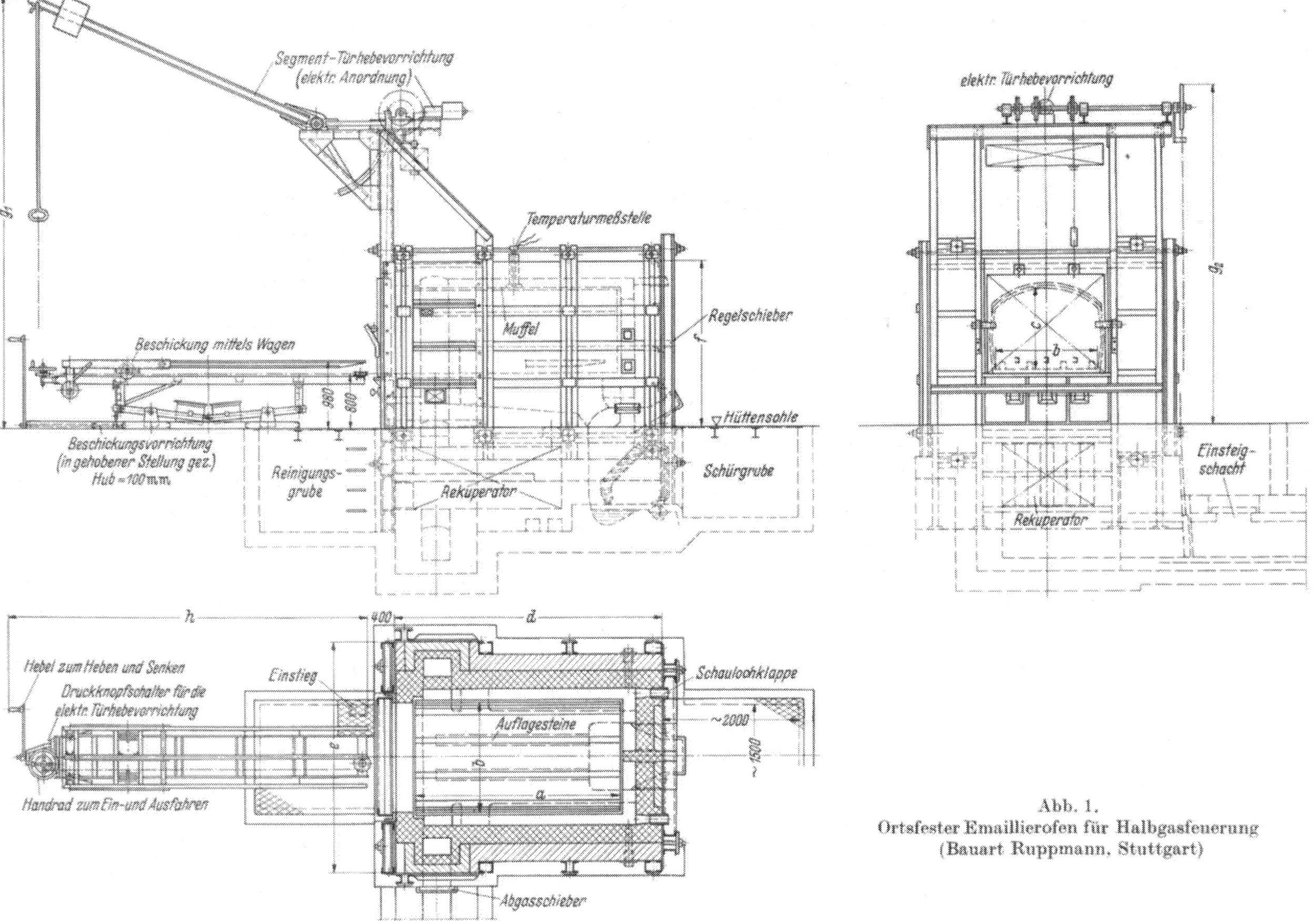

Abb. 1. Ortsfester Emaillierofen für Halbgasfeuerung (Bauart Ruppmann, Stuttgart)

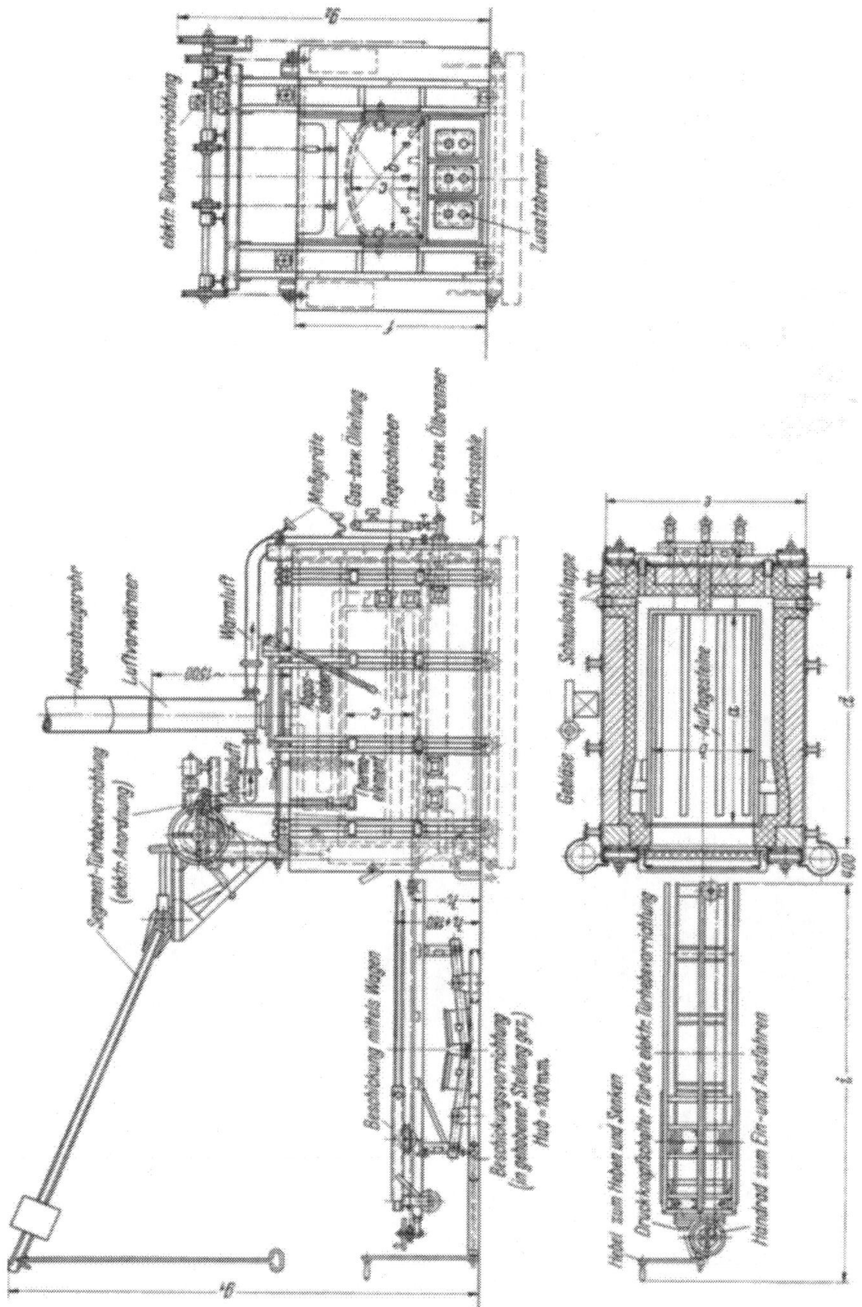

Abb. 2. Ortsfester Emaillierofen für Gas- oder Ölfeuerung (Bauart Ruppmann, Stuttgart)

Aus dieser Aufstellung geht hervor, daß Öfen gleicher Muffelgröße bei gleicher Leistung ohne Benutzung eines Rekuperators wesentlich höher im Brennstoffverbrauch liegen (Ofen 1 u. 2), weiterhin ist ersichtlich, daß beim Leistungsvergleich des Puderns mit dem Naßauftrag die Brennleistung im Ofen beim Pudern noch nicht einmal $^1/_3$ der der naßaufgetragenen Majolika ist (Ofen 5 u. 6). Allerdings muß bedacht werden, daß beim Naßauftrag ein Brand für den Grund und mindestens ein Brand, meist aber zwei Brände für die Decke nötig sind, so daß die tatsächliche Leistung beim Pudern der beim Naßauftrag nicht viel nachsteht. Die Betrachtung der Zahlenwerte in Öfen 4 und 12 endlich beweist, daß der Ofen mit Rekuperator eine weit höhere Leistung bringt.

Abb. 3. Einrichtung zur Bedienung eines Emaillierofens und Puderstandes für Schürzenbadewannen. Betätigung: Hub elektrisch, Einfahrwagen durch Handrad, Drehbewegung von Hand (Werkfoto: Klefisch, Efferen b. Köln)

Abb. 4. Beschickungseinrichtung zum wechselseitigen Gebrauch von zwei Rosten. Ausführung zum Emaillieren von Guß auf Doppelrosten und Drei-Etagenrosten (Werkfoto: Klefisch, Efferen b. Köln)

Außer den gezeigten Standard-Typen, die eine einseitige Beschickung voraussetzen, wurden für Zwecke der Massenfertigung Emaillieröfen gebaut, die einen kontinuierlichen Betrieb gestatten. Schon im Jahre 1922 wurde von einer deutschen Firma ein Tunnelofen gebaut, im Jahre 1928 der erste Umkehrofen.

Besondere Beachtung verdient im Zuge der neuzeitlichen Fertigung die Entwicklung der Beschickungsanlagen und der Brenngeräte. Die Verwendung zunderbeständiger und hochwarmfester Stähle für Roste, wie sie beispielsweise von der Firma Klefisch, Efferen bei Köln, als Sonderheit in den verschiedensten Formen für jeden erdenklichen Zweck hergestellt werden, ist eine der Vorbedingungen für einwandfreien und ungestörten Emailbrand. Das Brennen von Gußteilen mit Etagenrost, also von 2 oder 3 Lagen Gußteilen übereinander, ist überhaupt erst mit derartigen Rosten möglich gewesen. Im Zusammenhang damit wurden die Beschickungseinrichtungen ständig verbessert. Sie werden heute je nach Wunsch mit Handbedienung, halb- oder vollelektrisch geliefert. Abb. 3 zeigt eine Einrichtung zum Beschicken eines Emaillierofens und des zugehörigen Puderstandes für Badewannen, wobei das Heben und Senken elektrisch, das Einfahren und Drehen von Hand geschieht. Abb. 4 zeigt eine handbediente Beschickungseinrichtung mit Wechselrosten für Gußemaillierung; hier ist auch die Verwendung von Etagenrosten gezeigt (Abb. 3 u. 4 Bauart Klefisch).

Neben den durch feste, gasförmige oder flüssige Brennstoffe beheizten Emaillieröfen haben elektrisch geheizte Öfen ständig an Bedeutung gewonnen. Wenn auch die Anlagekosten von Elektroöfen für Emaillierzwecke zunächst verhältnismäßig hoch erscheinen, so sind die Vorteile bei einigermaßen günstigen Strompreisen doch so erheblich, daß die Wirtschaftlichkeit bei entsprechender Anpassung an die örtlichen Verhältnisse durchaus gesichert erscheint.

Die als Muffelöfen gebauten Einheiten können mit großer Sicherheit und günstigstem Wirkungsgrad in jeder gewünschten Abmessung gebaut werden; wenn also durchweg flache, wenig profilierte Teile gebrannt werden sollen, so kann die Muffel breit und niedrig sein, wird dagegen mit Doppelrost gearbeitet, so kann auch dieser Forderung bei bester Raum- und Wärmeausnutzung Rechnung getragen werden.

Die Auskleidung des Brennraumes besteht aus dünnwandigen, dichtgefügten Schamotteplatten, die in den Seitenwänden und im Boden gleichzeitig zum Einbau der Heizwicklungen dienen. Die Ofendecke wird durch Widerstände beheizt, die auf keramische Tragrohre aufgefädelt sind. Die Temperaturregelung erfolgt automatisch. Die Brennraumauskleidung ist so gut gegen Wärmeverluste isoliert, daß dadurch ein sehr geringer Ofenleerwert, eine kurze Aufheizzeit und somit die Möglichkeit einer schnellen Wiederinbetriebnahme nach Betriebspausen gewährleistet sind. Nach S. Herbst [17] kühlt ein derartiger Elektroofen von 2,5 m² nutzbarer Rostfläche über das Wochenende von Sonnabend 12 Uhr bis Montag früh 6 Uhr nur auf etwa 500° C ab; nach etwa 70 Min. Aufheizzeit kann er wieder mit voller Leistung gefahren werden. Als besonders günstige Baueigenheit verdient die elektrische Beheizung der Tür hervorgehoben zu werden, wie sie aus dem Schnitt Abb. 5 hervorgeht. Durch sie wird nicht nur eine gleichmäßige Hitzeverteilung in der Muffel erreicht, sondern auch die beim Schubwechsel auftretende Abkühlung am Muffeleingang weitgehend ausgeglichen. Die in der Abbildung sichtbare hochgezogene Türschwelle trägt dazu bei, die einströmende kalte Außenluft vom Boden fernzuhalten und die z. B. beim Brennen von Badewannen so wichtige Unterhitze zu erhalten.

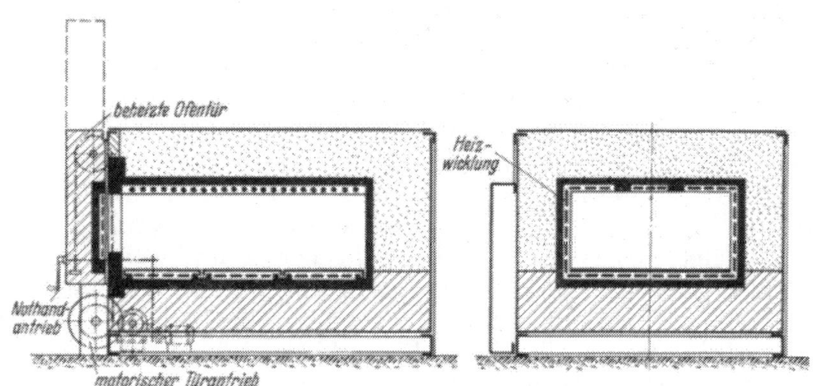

Abb. 5. Schnitte durch einen elektrischen Emaillierofen (Bauart BBC)

Wenn nun, wie das bei den Elektroöfen durchweg der Fall ist, das Öffnen und Schließen der Ofentür elektromotorisch geschieht, so kann der Schubwechsel äußerst schnell vollzogen werden. Die Wirtschaftlichkeit der Elektroöfen wird wesentlich erhöht durch einen in den Boden eingebauten Dauerrost, von dem ein Ausführungsbeispiel in Abb. 6 dargestellt ist. Mit besonderen Beschickungseinrichtungen, die vollständig selbsttätig arbeiten, kann ein Schubwechsel in 30 bis 40 sek durchgeführt werden. Beim Emaillieren von Badewannen wird für einen Elektroofen von 225 kWh eine Leistung von $2^1/_2$ Wannen stündlich bei einem Stückgewicht von 106 kg angegeben; das sind also in 24 Stunden 60 Wannen, die einem Gesamtgewicht von 6360 kg entsprechen. Diese Zahlen zeigen deutlich die Überlegenheit des elektrisch beheizten Emaillierofens gegenüber den bereits geschilderten Systemen.

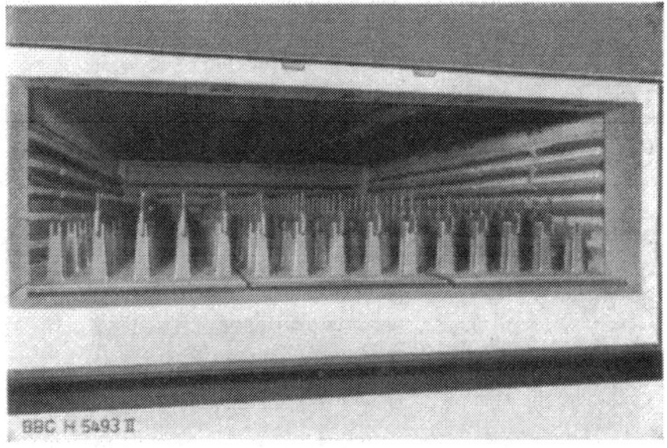

Abb. 6. Blick in einen elektrischen Emaillierofen mit Dauerrost und wendbaren Brennschienen (BBC)

Abschließend ist besonders zu erwähnen, daß die vollkommen saubere Brennweise in der oxydierenden, von Brenngasen freien Muffelatmosphäre qualitativ bessere Ergebnisse und damit geringere Ausschußziffern erwarten läßt.

Auch für elektrische Öfen sind Sonderbauarten, wie Durchlauföfen, Drehkernöfen [*18*] u. ä. entwickelt worden.

So verschieden die Anforderungen an Emailüberzüge sein können, so verschiedene Methoden werden zu ihrer Prüfung angewendet. L. Stuckert [*19*] unterscheidet die Emails nach ihren mechanischen Eigenschaften, von denen insbesondere die Härte, die Ritzhärte und die Schlagfestigkeit von Bedeutung sind; es folgen die thermischen Eigenschaften, insbesondere die Schmelzbarkeit, die Wärmeausdehnung und die Warmfestigkeit; weiterhin werden elektrische Eigenschaften aufgeführt, besonders der Leitungswiderstand. Bei den optischen Eigenschaften interessiert in erster Linie die Trübung und bei den chemischen Eigenschaften ist die Auslaugbarkeit von Emails durch Wasser, verdünnte Alkalien und verdünnte wie konzentrierte Säuren von Wichtigkeit. Neuerdings hat F. R. Meyer [*20*] über die praktische Bedeutung von Emailprüfverfahren unter Berücksichtigung amerikanischer Standard-Tests berichtet. Von großer Bedeutung ist hier die Messung der Auftragsstärke bzw. Schichtdicke, da eine ganze Reihe von Eigenschaften, z. B. die Widerstandsfähigkeit gegen Absplittern, Temperaturwechselfestigkeit und die Helligkeit von Weißemails durch die Dicke der Emailschicht stark beeinflußt werden. Die Messung der Stärke des Emails geschieht durchweg auf magnetischem oder elektromagnetischem Wege. Diese Betriebskontrolle, die in Deutschland recht selten durchgeführt wird, ist in USA längst zur Selbstverständlichkeit geworden.

Die Messung der Helligkeit, d. h. also der Grad der Trübung von Weißemails kann mit Hilfe von Reflektometern durchgeführt werden. Die Messung der physikalisch als Remission bezeichneten Helligkeit ist übrigens im DIN-Blatt 5033 genau festgelegt. Die Helligkeit von Weißemails auf dunklem Grund nähert sich bei steigender Schichtdicke einem Höchstwert, der sogenannten Endhelligkeit. Die Endhelligkeit eines zinngetrübten Antimonemails ist beispielsweise bei einer Auftragsstärke von 10 g/dm² erreicht, wogegen ein Zirkonemail noch 8 g/dm², ein modernes Titanemail aber nur noch 3 g/dm² brauchen, um ihre Endhelligkeit zu erreichen.

Die Säurebeständigkeit, die in USA durch den Angriff von 10%iger Zitronensäure, in Deutschland durch den von 5%iger Milchsäure unter jeweils festgelegten Bedingungen bestimmt wird, ist von besonderer Bedeutung für eine Reihe von emaillierten Waren, die im Haushalt gebraucht werden.

Diese wenigen Beispiele sollen einen Begriff von der Vielfältigkeit der Prüfverfahren geben, können aber nur eine unvollständige Übersicht darstellen, wie überhaupt daran erinnert werden darf, daß eine eingehendere Kenntnis des Emaillierwesens in Verbindung mit der Praxis erst aus dem weitverzweigten Schrifttum gewonnen werden kann.

Literatur

[*1*] Foundry Trade J. 1953 No. 1909 u. 1914 vgl. auch Randau: „Email und Emaillieren". — [*2*] Ber. Dtsch. keram. Ges. u. Ver. Dtsch. Emailfachl. 1952, H. 12, S. 422ff. — [*3*] Buderus — Werksnachrichten 3 (1952) Nr. 1, S. 2/4. — [*4*] Foundry Trade J. 1953, No. 1909, S. 381. — [*5*] Türk „Das Pemco-Emaillierverfahren", 1932. — [*6*] Foundry Trade J. 1953, No. 1909, S. 534. — [*7*] Ber. Dtsch. keram. Ges. u. Ver. Dtsch. Emailfachl. 29 (1952) Nr. 2, 3, 4 u. 5. — [*8*] Foundry Trade J. 1952, No. 1871, S. 50. — [*9*] Gießerei 1950 S. 124/36, 148/57, 168/76. — [*10*] Sprechsaal Bd. 83 (1950) S. 5/6. — [*11*] Ber. Dtsch. keram. Ges. u. Ver. Dtsch. Emailfachl. 1952, H. 9 S. 325. — [*12*] Glas-Email-Keramo-Technik 1952, H. 6 S. 216/221. — [*13*] Ber. Dtsch. keram. Ges. u. Ver. Dtsch. Emailfachl. 1952, H. 6 S. 208. — [*14*] Ber. Dtsch. keram. Ges. u. Ver. Dtsch. Emailfachl. 1952, H. 9 S. 329. — [*15*] Ber. Dtsch. keram. Ges. u. Ver. Dtsch. Emailfachl. 1952, H. 10 S. 357. — [*16*] Foundry Trade J. 1949, No. 1731, S. 551ff. — [*17*] Sonderdruck BBC „Elektrische Öfen zum Aufbrennen von Emaille auf Herd- und Ofenteile". — [*18*] Elektrowärmetechnik 1950, H. 2. — [*19*] „Die Emailfabrikation" Berlin: Springer 1941. — [*20*] Ber. Dtsch. keram. Ges. u. Ver. Dtsch. Emailf. 1951, H. 4 S. 205ff.

Gußeisenschweißen

Von **C. Stieler**, Hannover

Mit 45 Abbildungen

I. Werkstoffkunde

Gußeisen verhält sich beim Schweißen wesentlich anders als die übrigen Werkstoffe, z. B. Stahl. Gußeisen ist nicht schlechter schweißbar, sondern, wenn man seine besonderen Eigenschaften berücksichtigt, sogar noch wesentlich besser schweißbar als Stahl.

Man muß sich jedoch von den Anschauungen und Methoden, die beim Stahlschweißen üblich sind, vollständig freimachen.

Voraussetzung für das Gelingen einer Gußeisenschweißung ist, daß folgende, dem Gußeisen eigentümliche Eigenschaften beim Schweißen berücksichtigt werden:

Gußeisen geht unmittelbar vom festen in den flüssigen Zustand über. Ein Zwischenzustand, in dem der Werkstoff weich und plastisch verformbar ist (schmiedbar), besteht bei Gußeisen nicht.

Gußeisen kann auch nicht wie Stahl in kaltem Zustand plastisch verformt werden. Der Bruch erfolgt unmittelbar nach dem Aufhören der elastischen Dehnung. Diese ist verhältnismäßig groß, wie aus dem niedrigen Elastizitätsmodul von 4000 bis 14000 kg/mm^2 (je nach der Festigkeit) hervorgeht, während bei Stahl der Elastizitätsmodul unabhängig von der Festigkeit 21000 kg/mm^2 beträgt.

Der niedere Elastizitätsmodul von Gußeisen erleichtert das Schweißen nicht, denn, wenn zu einer elastischen Dehnung, die durch die Schrumpfspannungen beim Schweißen verursacht wird, noch die im Betrieb vorausgesehene Belastung, so z. B. der innere Überdruck eines Zylinders hinzukommt, so wird leicht durch die Summierung der beiden Spannungen die Zugfestigkeit des Baustoffes überschritten, und ein Bruch tritt ein.

Die plastische Dehnung, die bei 1achsigem Zustand bei Stahl eintritt, und durch die bei Überschreiten der Streckgrenze die Spannungen plastisch abgebaut werden, ist bei Gußeisen nicht vorhanden.

Gußeisen hat einen verhältnismäßig niederen Schmelzpunkt (1100 bis 1250 °C).

Die Azetylen-Sauerstoff-Flamme, die bei der Gußeisenschweißung verwendet wird, hat dagegen eine Temperatur von etwa 3000 °C, der Lichtbogen sogar eine solche von 6000 bis 7000 °C. Infolgedessen schmilzt Gußeisen bei Anwendung der beiden Schmelzschweißverfahren außerordentlich schnell, und es müssen deshalb anders als bei Stahl geeignete Vorkehrungen getroffen werden, um das abschmelzende und aufschmelzende Gußeisen zu verhindern wegzulaufen.

Die Härte und damit der Verschleißwiderstand, ebenso wie die Bearbeitbarkeit hängen von der Abkühlungsgeschwindigkeit ab. Härte und Verschleißwiderstand nehmen bei schneller Abkühlung zu, die Bearbeitbarkeit nimmt ab. Bei langsamer Abkühlung ergeben sich umgekehrte Verhältnisse. Gußeisen muß daher vor dem Schweißen in vielen Fällen vorsichtig angewärmt und nach dem Schweißen langsam abgekühlt werden. Werden jedoch derartige Maßnahmen beachtet, so sind die Eigenschaften einer Gußeisenschweißung wesentlich besser als die einer Schweißung an gewalztem Stahl.

Da der Werkstoff einer Gußeisenschweißung ebenso wie der des gesamten Werkstückes unmittelbar aus dem flüssigen Gußzustand in den festen Zustand übergeht, so braucht das Gefüge einer Gußeisenschweißung in den meisten Fällen sich nicht von dem des Baustoffes zu unterscheiden.

Die Folge davon ist, daß die Gußeisenschweißung genau die gleichen Eigenschaften aufweisen kann, wie der ungeschweißte Baustoff, auch bei Dauerwechselbelastung. Ein geschweißtes Gußeisenstück braucht deshalb nicht weniger haltbar zu sein, als ein ungeschweißtes Stück.

II. Die Schweißverfahren

Man unterscheidet folgende Schweißverfahren:

Gießschmelzschweißung.

Thermitschmelzschweißung.

Warmschweißung ausgeführt als: Azetylen-Sauerstoff-Schweißung; Lichtbogenschweißung.

Halbwarmschweißung ausgeführt als: Azetylen-Sauerstoff-Schweißung; Lichtbogenschweißung.

Kaltschweißung ausgeführt als: Lichtbogenschweißung.

III. Gießschmelzschweißen

Das Verfahren kommt in der Hauptsache für das Schweißen von Werkstücken mit sehr großen Querschnitten in Frage, an die große Stücke angeschweißt werden müssen, z. B. für das Aufschweißen von Zapfen gußeiserner Walzen. Große Mengen flüssigen Eisens sind dazu notwendig, daher ist die Anwendung des Verfahrens auf Eisengießereien beschränkt.

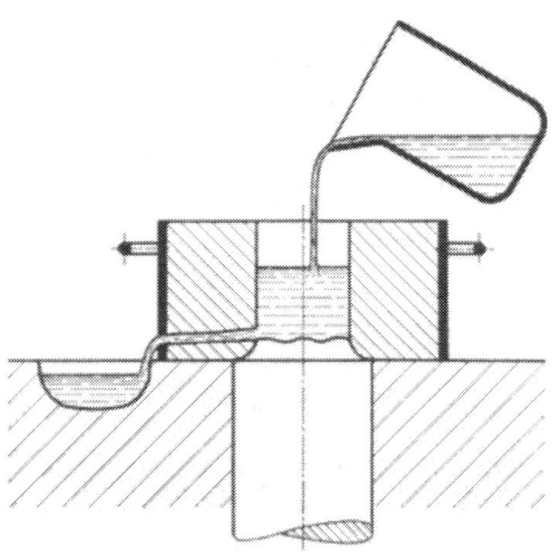

Abb. 1. Gießschmelzschweißen des abgebrochenen Zapfens einer gußeisernen Walze

Das Werkstück muß, mindestens an der Bruchfläche, auf Dunkelrotglut erhitzt werden und kann erst dann geschweißt werden, wenn diese Temperatur erreicht ist.

Abb. 1 zeigt das Aufschweißen eines Walzenzapfens nach diesem Verfahren. Die Walze ist in den Boden der Gießerei so eingegraben, daß die Bruchfläche etwa mit der Gießereisohle gleich ist.

Eine aus Lehm gebaute Form umgibt die Bruchstelle derart, daß das aufzuschweißende Stück dem gewünschten Endzustand einschließlich der Bearbeitungszugabe entspricht. An der tiefsten Stelle der Bruchstelle ist eine Ausflußöffnung vorhanden, die zu einem Tümpel führt, in dem das durchfließende Gußeisen gesammelt wird.

Mit dem Anwärmen des Stückes (Feuer von Holzkohle oder Koks), wird am besten am Vorabend des Schweißtages begonnen. Nach Erreichung der Schweißtemperatur (400 bis 600 °C), wird mit dem Schweißen begonnen. Eine genügende Menge möglichst hocherhitzten Gußeisens ist zum Schweißen notwendig. Diese Menge kann, je nach der Größe des Werkstückes, bis zum 10fachen des aufzuschweißenden Gewichtes betragen. Hierauf ist besonders auch bei der Bemessung des obenerwähnten Ausflußtümpels zu achten.

Das flüssige Eisen wird in ununterbrochenem Strahl auf die Bruchfläche gegossen, strömt über diese hinweg und durch die Ausflußöffnung in den Tümpel. Das Durchgießen ist so lange fortzusetzen, bis die Oberfläche des Gußstückes durch das darüberfließende Eisen glattgeschmolzen ist. Durch Abtasten der Oberfläche mit einer Stahlstange überzeugt man sich davon.

Ist dieser Zustand erreicht, so wird die Ausflußöffnung durch einen Tonpfropfen abgeschlossen und die Form bis zur Oberkante gefüllt. Damit ist die eigentliche Schweißung beendet.

Es folgt nunmehr das Abkühlen, welches, je größer das geschweißte Stück ist, um so länger dauern muß. Zu diesem Zweck wird die Form mit Blechplatten umgeben, der Zwischenraum zwischen ihr und den Platten mit Holz, besser noch mit Holzkohle, gefüllt und nach Anzünden derselben die Glut mit weiteren Blechplatten und Sand abgedeckt, so daß das Feuer lange hingehalten wird.

Ist das Werkstück vollkommen erkaltet, so kann es aus der Grube genommen werden und braucht sich bei einwandfreier Durchführung der Schweißung in keiner Beziehung von einem ungeschweißten Stück zu unterscheiden.

Das Verfahren hat nur den Nachteil, daß es verhältnismäßig sehr große Mengen flüssigen Eisens benötigt, daher nur in Gießereien durchgeführt werden kann.

Handelt es sich um Werkstücke, bei denen nur ein Bruchstück wieder mit dem eigentlichen Stück zu verbinden ist, so scheidet von vornherein das Verfahren aus, da der Aufwand an Gußeisen für das Aufschmelzen in keinem Verhältnis zum Erfolg steht.

IV. Thermitschmelzschweißen

In ähnlicher Weise wie die Gießschweißung wird auch die Thermitschmelzschweißung ausgeführt. Die Vorbereitung wie die Nachbehandlung sind in beiden Fällen die gleichen.

Das Verfahren läßt sich jedoch nicht nur in Gießereien anwenden, sondern auch an beliebig anderen Stellen. Voraussetzung ist nur, daß ein geeigneter Platz vorhanden ist, um das Werkstück in der oben angegebenen Art und Weise einzugraben.

Zum Vorwärmen wird in der Regel die Azetylen-Sauerstoff-Flamme oder ein Propan- oder ein Benzingebläse verwendet, während das Einformen mit Klebsand geschieht.

Während beim Gießschmelzschweißen ein großer Ofen zum Schmelzen des notwendigen Gußeisens erforderlich ist, wird der Zusatzwerkstoff beim Thermitgießschweißen an Ort und Stelle selbst erzeugt.

Thermit ist eine Mischung von gepulvertem Aluminium und Eisenoxyd. Wird dieses Gemisch entzündet, so entsteht folgende Reaktion:

$$2\,\mathrm{Al} + \mathrm{Fe_2O_3} = \mathrm{Al_2O_3} + 2\,\mathrm{Fe}\ (+\ 188\ \mathrm{kcal}).$$

Das Eisenoxyd wird also zu Stahl reduziert, während das Aluminium in Schlacke verwandelt wird. Dabei entsteht eine Temperatur von etwa 2000 °C.

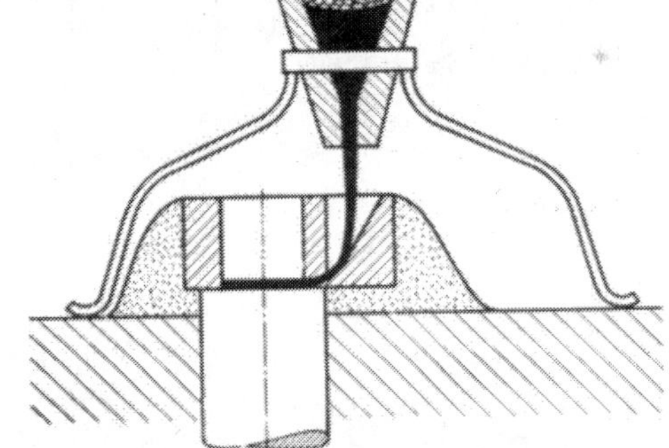

Abb. 2. Thermitschmelzschweißen des abgebrochenen Zapfens einer gußeisernen Walze

Eine genügende Menge des Thermits ist in einem Spitztiegel über der Form aufgebaut (Abb. 2). Die Zusammensetzung des Thermits richtet sich nach der Zusammensetzung des Gußstückes, wobei jedoch auf den unvermeidlichen Abbrand der Legierungsbestandteile des Thermits aufmerksam gemacht wird. Wird das Thermit entzündet, so vollzieht sich die Reaktion in wenigen Sekunden. Der Tiegel kann unten geöffnet werden, und das flüssige Thermit strömt nun durch eine seitlich angebrachte Öffnung unmittelbar auf die Bruchstelle, schmilzt diese auf und verbindet sich mit ihr. Es ist also nicht notwendig, das Thermit durchlaufen zu lassen.

Je nach der Art des verwendeten Thermits ist die Festigkeit höher oder geringer, sie kann also der des zu schweißenden Werkstückes genau angepaßt werden. Die Abkühlung ist auch bei der Thermitschmelzschweißung möglichst zu verzögern, um ebenso wie bei der Gießschmelzschweißung Spannungen und unerwünschte Aufhärtungserscheinungen zu vermeiden.

V. Warmschweißung

A. Azetylen-Sauerstoff-Schweißung

Werkstücke mit dünneren Wandstärken bis höchstens 30 mm lassen sich sehr gut mit der Azetylen-Sauerstoff-Flamme schweißen. Einige Teile sind in den Abb. 3, 4, 5 dargestellt.

Für die Azetylen-Sauerstoff-Schweißung sind folgende Geräte und Einrichtungen notwendig:

1 Schweißgrube, 1 Schweißofen oder andere Einrichtungen zum langsamen Anwärmen und Abkühlen des Werkstückes vor und nach dem Schweißen.

Azetylen, Sauerstoff, in vielen Fällen Schweißkohleplatten, Schweißstäbe.

Im allgemeinen bedient man sich bei kleineren Stücken gasgefeuerter Glühöfen, ein solcher ist in Abb. 6 dargestellt.

Größere Stücke werden in Behelfsglühöfen (Abb. 7) geschweißt, die aus Schamottesteinen aufgebaut werden und in denen das Stück auf einer kräftigen Stahlplatte ruhend, von Holzkohle oder Holz umgeben ist. Die Feuerung, d. h. der Zug, kann durch Herausnehmen einiger feuerfester Steine oder durch Schaffung von Lücken in den lose liegenden Steinen geregelt werden. Manchmal genügt auch ein auf dem Werkstattboden lose mit Blechplatten gehaltenes Feuer.

Abb. 3. Gasschmelzwarmschweißung. Warmwasserheizkörper mit geschweißtem Bruch

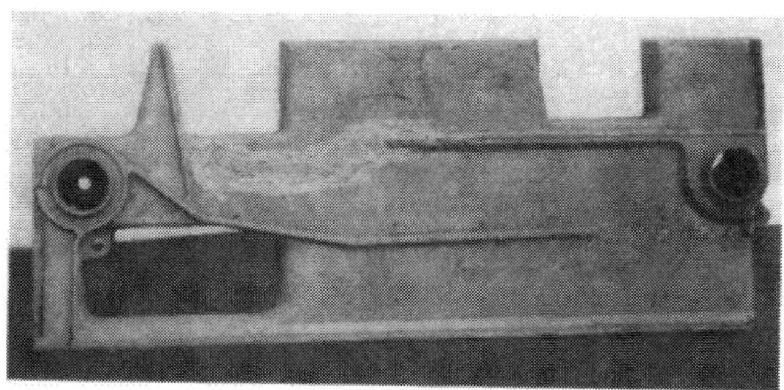

Abb. 4. Gasschmelzwarmschweißung. Kesselglied einer Warmwasserheizung mit geschweißtem Riß

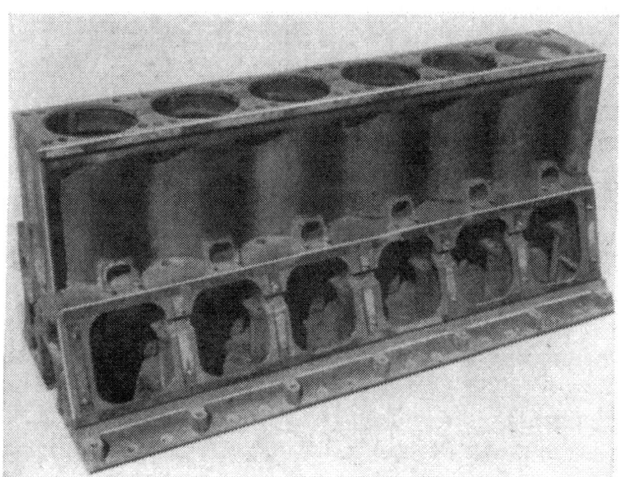

Abb. 5. Gasschmelzwarmschweißung. Dieselmotor-Zylinderblock mit geschweißten Stegrissen

Die Größe der Gasquellen richtet sich nach dem zu verwendenden Schweißbrenner, d. h. nach dem Durchmesser der Schweißstäbe, der wieder von der Dicke des zu schweißenden Werkstückes abhängt. Die handelsüblichen Azetylenentwickler zusammen mit Sauerstoffflaschen oder aber die Kombination von Azetylen- und Sauerstoffflaschen reichen in den meisten Fällen für das Schweißen aus.

Bei der Verwendung von Azetylenflaschen ist zu beachten, daß einer Flasche von 5,5 m³ Inhalt nicht mehr als etwa 1000 l in der Stunde entnommen werden dürfen. Daraus ergibt sich, daß an eine Flasche höchstens ein Brenner für 6 bis 9 mm (Stahlblechdicke) angeschlossen werden darf, der dann etwa 6 Stunden von der Flasche gespeist wird. Sollen größere Brenner verwendet werden, wie z. B. für 14 bis 20 mm oder 20 bis 30 mm Stahlblechdicke, so sind 2 oder 3 Flaschen parallel zu schalten, die ebenfalls etwa 5 Stunden lang Gas geben.

Mit dem etwas billigeren Entwicklergas kann ebenfalls geschweißt werden, jedoch sind bei der Nähe der Feuerquellen bei der Warmschweißung nur allseitig geschlossene Hochdruckentwickler zu verwenden. Sie sind so zu bemessen, daß man für eine Schweißung möglichst mit einer Karbidfüllung auskommt, da es gefährlich wäre, in der Nachbarschaft der Feuerstelle (mindestens 3 m Abstand) den Entwickler zu öffnen und neu zu beschicken. Dieses trifft natürlich nicht zu, wenn Azetylen einer ortsfesten Leitung entnommen wird und der Entwickler sich in einem weit entfernten Gebäude befindet.

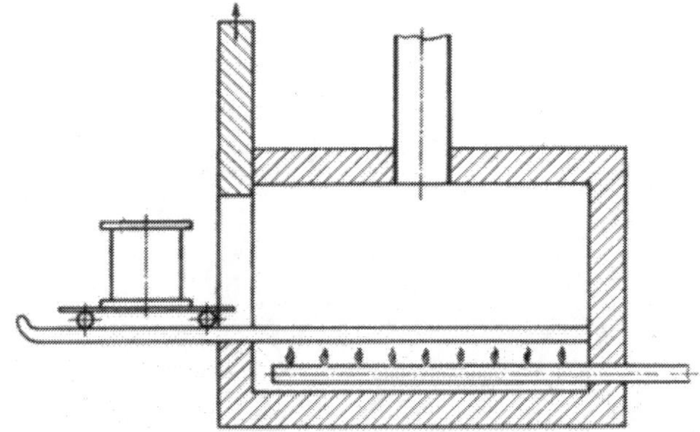

Abb. 6. Gasgefeuerter Glühofen

Sauerstoffflaschen mit 6 m³ Rauminhalt sind in reichlichem Maße vorrätig zu halten, damit nicht durch Sauerstoffmangel die Schweißarbeit, die pausenlos durchzuführen ist, unterbrochen werden muß.

Als Schweißstäbe werden runde oder Vierkantstäbe verwendet, welche die Gießereien sich selbst herstellen können. Die Analyse beträgt etwa 3,0 bis 3,5% Kohlenstoff, 3,0 bis 3,5% Silizium, etwa 0,4% Mangan, etwa 0,7% Phosphor und möglichst weniger als

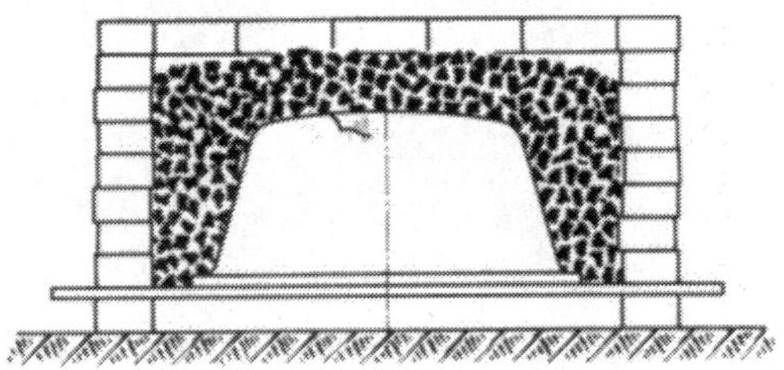

Abb. 7. Behelfsmäßiger Glühofen

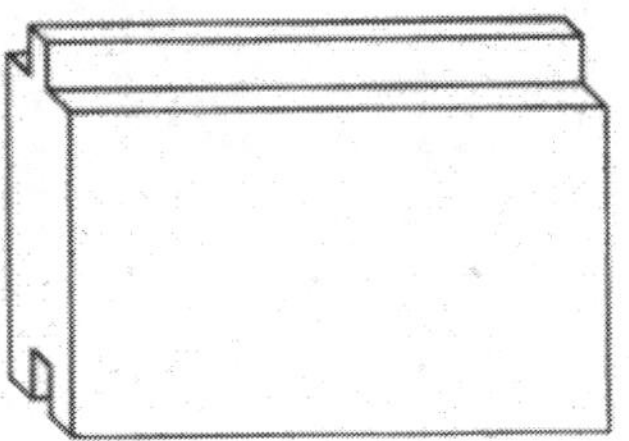

Abb. 8 a. Formkohleplatte mit Nut und Feder

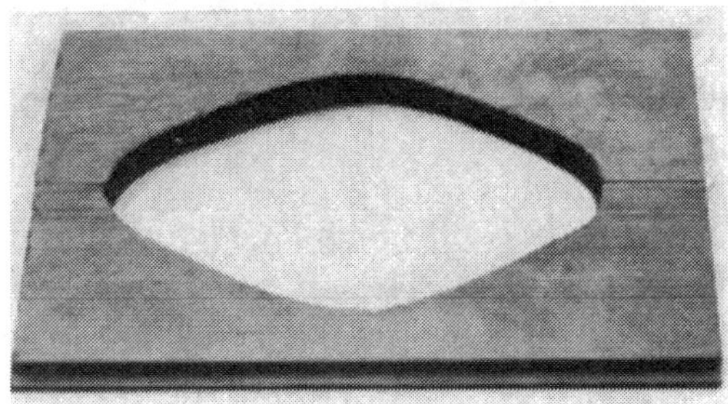

Abb. 8.b Formkohleplatten, zurechtgeschliffen

Abb. 9. Formkohleplatten auf ein Stahlband aufgeschraubt

0,1% Schwefel. Die Stäbe werden in Durchmessern bzw. mit Kantenlängen von 4 bis 9 mm und Längen von 350 bis 900 mm geliefert.

An Azetylen und Sauerstoff werden in der Stunde bei 4 und 6 mm Schweißstäben etwa 800 l, bei 8 mm Schweißstäben 1300 l, bei 10 und 12 mm Schweißstäben 2000 l und bei 14 mm Schweißstäben je 3000 l in der Stunde verbraucht.

Die zum Unterlegen der Schweißstellen bei Verbindungsschweißen notwendigen Formkohleplatten werden mit Nut und Feder geliefert (Abb. 8a).

Sie lassen sich bequem durch Schleifen (Abb. 8b) oder Feilen in beliebige Formen bringen, ebenso wie man sie auch auf Bänder aufziehen und dadurch Rundungen herstellen kann (Abb. 9).

Mit der Azetylen-Sauerstoff-Flamme läßt sich die Schweißnaht nicht nur in waagerechter Lage herstellen, sondern bei einigermaßen geschickter Brennerführung auch an senkrechter Wand. Dieses ist gegenüber der Lichtbogenschweißung ein großer Vorteil.

1. Die Werkstückvorbereitung

Vor Beginn der Schweißarbeiten müssen die Kanten für das Schweißen vorbereitet werden, in der Regel in Gestalt von V-Nähten (Abb. 10a u. b). Der Schneidbrenner kann dazu

Abb. 10a. Gasschmelzwarmschweißung. Dieselmotorgehäuse mit ausgearbeiteten Rissen

Abb. 10b. Gasschmelzwarmschweißung. Geschweißtes Dieselmotorgehäuse

nicht verwendet werden, da sich Gußeisen nicht brennschneiden läßt und die dafür entwickelten Sonderverfahren bei zu schweißenden Stücken Spannungen ergeben. Die Kanten sind daher mit dem Preßluftmeißel abzuschrägen. Die Enden der Risse müssen mindestens abgebohrt werden, sofern es nicht zweckmäßig ist, um die Spannungen kleinzuhalten, die Stücke vollends durchzubrechen.

Die so vorbereiteten Stücke werden nunmehr mit den obengenannten Schweißkohleplatten unterbaut. Ein Einformen in Formsand würde nicht genügen, da der Formsand bei der großen Hitze der Gasflamme aufschmelzen würde. Handelt es sich um schmale Fugen, so genügt die in diesen Fällen erprobte Unterbauung mit Schamottesteinen (Abb. 11a bis d).

Das jetzt zum Schweißen fertige Werkstück ist in einen der oben geschilderten Glühöfen einzubringen und auf 400 bis 600 °C zu erwärmen.

2. Schweißen

Sobald die Schweißtemperatur erreicht ist, ist das Schweißen mit größtmöglicher Beschleunigung durchzuführen. Zweckmäßig werden dabei die Schweißstäbe in ein Gußeisen-Schweißpulver oder in kalzinierte Soda getaucht. Der Verbrauch an Schweißpulver soll möglichst gering gehalten werden, da die Schweiße um so einwandfreier ausfällt, je weniger Pulver in die Schweiße kommt, welches sich beim Auflösen der Oxyde in Schlacke

a

b

c

d

Abb. 11 a—d. Gasschmelzwarmschweißung eines Kondensatorgehäuses unter Zuhilfenahme von Schamottesteinen

a) gebrochenes Werkstuck
b u. c) Vorbereitung zum Schweißen
d) geschweißtes Werkstück

Abb. 12. Gasschmelzwarmschweißung. Abdeckplatten zur Seite geschoben, so daß die Schadstelle zum Schweißen freiliegt

verwandelt. Zweck des Schweißpulvers ist es, die Oxyde aufzulösen. Das Gefüge, d. h. z. B. die Härte, wird aber dadurch nicht beeinflußt. Das sei ausdrücklich betont.

Zum Schweißen selbst wird möglichst nur die Schweißstelle von den Abdeckplatten u. dgl. entblößt (Abb. 12), damit die Hitze auch während des Schweißens gut zusammengehalten wird. Ist der Schweißvorgang beendet, so wird das Stück entweder wieder sofort in den Ofen gebracht, oder aber es wird erneut mit Holzkohle abgedeckt und über Nacht erkalten gelassen.

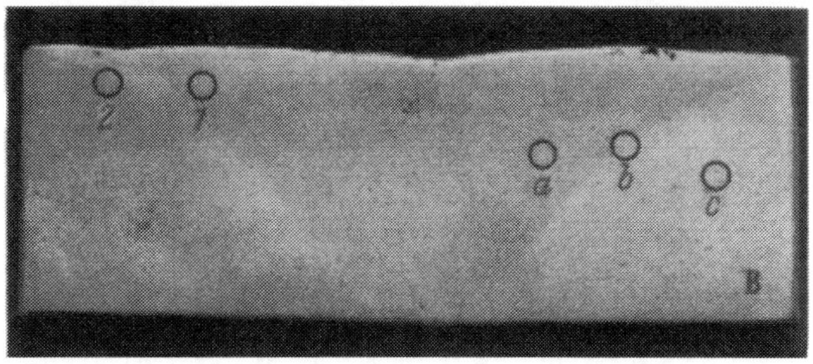

Abb. 13. Grobgefüge einer Gasschmelzwarmschweißung von Grauguß

1 Stelle der Kleingefügeaufnahme Abb. 15
2 Stelle der Kleingefügeaufnahme Abb. 16
a Brinellhärte 189, *b* Brinellhärte 180, *c* Brinellhärte 169

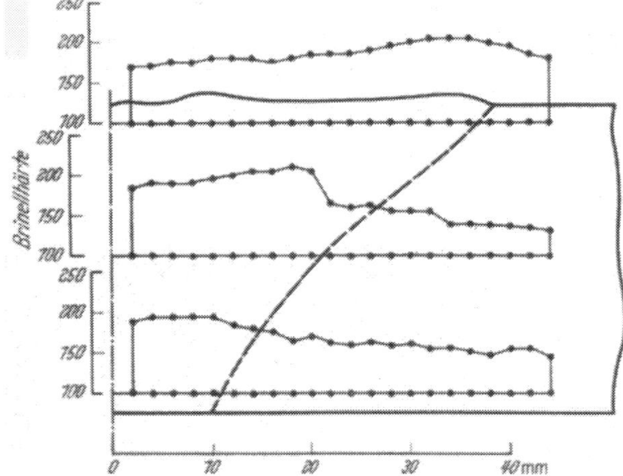

Abb. 14. Gasschmelzwarmschweißung. Härtekurven

3. Güte und Eigenschaften einer Gasschmelzwarmschweißung

Abb. 13 zeigt das Grobgefüge einer Gaswarmschweißung.

An den Punkten *a*, *b* und *c* wurde die Brinellhärte mit 189, 180 und 169 kg/mm² ermittelt. Abb. 14 zeigt den Härteverlauf graphisch dargestellt über die Hälfte des Querschnittes der Gaswarmschweißung. Die Härtewerte überschreiten nur an wenigen Stellen, hauptsächlich an der äußersten Oberfläche, die Grenze von 200 kg/mm².

Das Mikrogefüge der reinen Schweißung ist in Abb. 15 zu sehen, des der Schweiße benachbarten Baustoffes in Abb. 16.

In beiden Fällen ist deutlich das ferritisch-perlitische Gefüge zu sehen, entsprechend der verhältnismäßig geringen Härte der Schweißnaht.

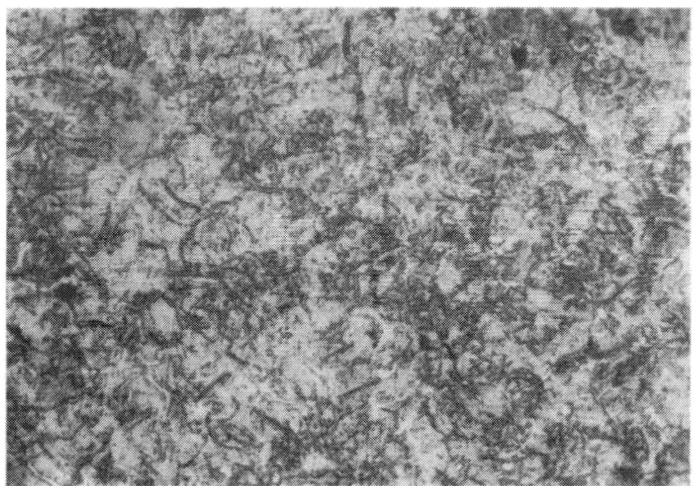

×100

Abb. 15. Kleingefügeaufnahme einer Gasschmelzwarmschweißung. Reine Schweiße

B. Lichtbogenschweißung

Für Werkstücke mit größeren Wandstärken sowie für solche von größeren Abmessungen eignet sich besser die Lichtbogenschweißung als die Azetylen-Sauerstoff-Schweißung. Ein typisches Beispiel zeigt Abb. 17, einen Pressenständer darstellend, welcher nur noch mit Hilfe der Lichtbogen-Schweißung wiederhergestellt werden konnte.

Die Lichtbogenschweißung kennt nach oben keine Grenzen. Es sind schon Stücke mit 20 und mehr Tonnen damit geschweißt worden. Wenn die nötigen Einrichtungen, wie Gruben und Kräne vorhanden sind, so lassen sich die größten und schwersten Werkstücke damit wieder instandsetzen.

Für die Lichtbogenschweißung sind folgende Geräte und Einrichtungen notwendig: Ebenso wie für die Azetylen-Sauerstoff-Schweißung eine Schweißgrube, Schweißofen oder andere Einrichtungen zum langsamen Anwärmen und Abkühlen des Werkstückes vor und nach dem Schweißen.

Eine Schweißstromquelle, in der Regel dazu Schweißkohleplatten sowie Schweißstäbe.

Was im Abschnitt Azetylen-Sauerstoff-Schweißung über Glühöfen usw. gesagt ist, gilt auch für die Lichtbogenschweißung. Im allgemeinen wird man jedoch hier größere Gruben entsprechend der Art der Stücke verwenden, wie eine solche in Abb. 18 dargestellt ist.

Vor allem muß jedoch eine Schweißstromquelle vorhanden sein, die besonders für das Lichtbogenwarmschweißen von Gußeisen geeignet ist.

×100

Abb. 16. Kleingefügeaufnahme einer Gasschmelzwarmschweißung. Baustoff in der Nähe der Naht

a

b

c

Abb. 17a—c. Elektrische Warmschweißung eines Pressenständers aus Gußeisen

a) gebrochenes Werkstuck
b) geschweißtes Werkstück
c) geschweißtes Werkstück

Die dazu notwendigen Schweißumformer müssen bei etwa 50 V Spannung 500 bis 1000 A Strom erzeugen. Da bei größeren Stücken ununterbrochen geschweißt wird, muß diese Stromstärke von der Schweißmaschine, darauf ist besonders zu achten, im Dauerbetrieb (DB) abgegeben werden.

Die üblichen, für die Lichtbogenschweißung von Stahl geeigneten Umformer, sind für die Warmschweißung von Grauguß nur in den seltensten Fällen geeignet. Unter Umständen ist jedoch möglich, mehrere Schweißumformer normaler Bauart parallel zu schalten und so die für die Warmschweißung von Grauguß nötige Stromstärke zu erzeugen.

Abb. 18.
Schweißgrube mit darin eingesetztem Lokomotivzylinder

Zum Schweißen selbst werden die gleichen Schweißstäbe verwendet, wie sie auch für die Azetylen-Sauerstoff-Schweißung gebraucht werden, jedoch werden bei der Lichtbogenschweißung im allgemeinen die größeren Durchmesser bevorzugt. Ebensowenig wie bei der Azetylen-Sauerstoff-Schweißung ist mit einem erheblichen Abbrand von Legierungsbestandteilen zu rechnen.

Für die einzelnen Schweißstabdurchmesser kommen folgende Stromstärken in Frage:

Für 4 mm ∅ 180—200 A,
6 mm ∅ 250—300 A,
8 mm ∅ 300—400 A,
10 mm ∅ 400—500 A,
12 mm ∅ 500—600 A,
14 mm ∅ 550—650 A usw.

Handelt es sich um sehr große Werkstücke mit großen Schadstellen, so ist es zweckmäßig, sofern die Schweißung in einer Gießerei ausgeführt wird, nach einiger Zeit, d. h. wenn ein genügend großes Schmelzbad vorhanden ist, aus dem Kupolofen flüssiges Gußeisen hinzuzugießen, um so die Schweißarbeit schneller fertig zu bringen.

Bei der Lichtbogenschweißung werden stets Formkohleplatten verwendet, wie dieses im Absatz Azetylen-Sauerstoff-Schweißung erwähnt ist. Noch weniger als bei der Azetylen-Sauerstoff-Schweißung kommen für die Oberfläche

a

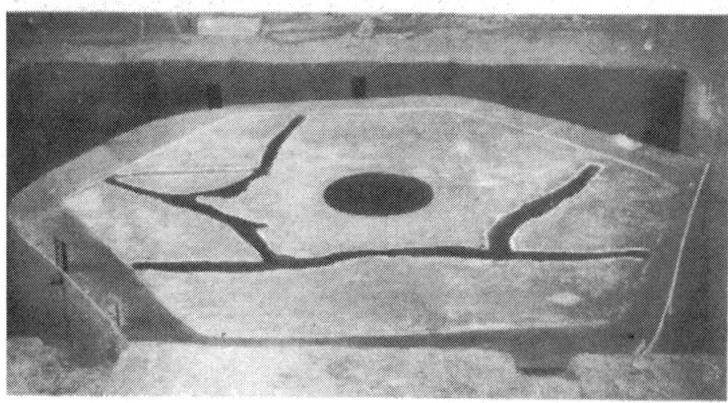

b

Abb. 19 a u. b.
Elektrowarmschweißung des Königstuhls einer Drehscheibe
a) gebrochenes Werkstück, b) zum Schweißen vorbereitet, Fugen ausgeschmolzen

der Form andere Formstoffe in Frage, da der Lichtbogen mit seiner außerordentlich hohen Temperatur von 6000 bis 7000 °C diese sofort aufschmelzen würde. Diese Platten sind mit der Stromquelle leitend zu verbinden, damit von jeder Stelle der Form aus der Lichtbogen gezogen werden kann.

1. Werkstückvorbereitung

Im Gegensatz zur Azetylen-Sauerstoff-Schweißung, bei welcher die Kanten mit dem Preßluftmeißel V-förmig abgearbeitet werden, stellt man bei der Lichtbogenschweißung Nähte mit etwa parallelen Kanten her, die man in vielen Fällen durch Ausschmoren mit dem Kohlelichtbogen erzeugt (Abb. 19 und 20). Da bei der Lichtbogenschweißung in der Regel große Flächen an- bzw. aufgeschweißt werden, so muß die Schweiße besonders gut eingeformt werden.

Mit Hilfe von Formkohleplatten lassen sich die schwierigsten Formen ohne weiteres durch Schleifen, Feilen u. dgl. herstellen.

Abb. 19c. Elektrowarmschweißung des Königstuhls einer Drehscheibe geschweißt

Abb. 20a. Gerissener Königsstuhl einer Drehscheibe. Risse durch Ausbrennen erweitert

Abb. 21. Zum Schweißen eingeformter Lokomotivzylinder

Abb. 20b. Königstuhl einer Drehscheibe mit zugeschweißten Rissen (elektrische Warmschweißung)

Die Abb. 21, 22, 23, 24 und 25 zeigen Beispiele, in welcher Art derartige Formen aufgebaut werden. Die Formkohleplatten selbst sind durch hinterstampften Formsand zu halten, wobei dem Formsand selbst wieder der nötige Rückhalt durch die auf den Abbildungen dargestellten Blechplatten gegeben wird.

Genauso wie bei der Azetylen-Sauerstoff-Schweißung müssen die Werkstücke vor dem Schweißen in einen Glühofen, Glühgrube u. dgl. gebracht werden und auf 400 bis 600 °C erwärmt werden.

Abb. 22. Zum Schweißen eingeformter Lokomotivzylinder

Abb. 23. Zum Schweißen eingeformter Lokomotivzylinder. Man beachte die Unterteilung der Schweißstelle durch die quergestellten Formkohleplatten

a

b

Abb. 24 a u. b. Getriebegehäuse
a) zum Schweißen eingeformt; b) geschweißt

2. *Schweißen*

Das Schweißen selbst ist, nach Erreichung der Schweißtemperatur, mit möglichst großer Beschleunigung durchzuführen. Auch bei der Lichtbogenschweißung werden die oben genannten Gußeisen-Schweißpulver oder kalzinierte Soda verwendet, wobei man bestrebt sein muß, mit möglichst geringen Mengen an diesen Mitteln auszukommen.

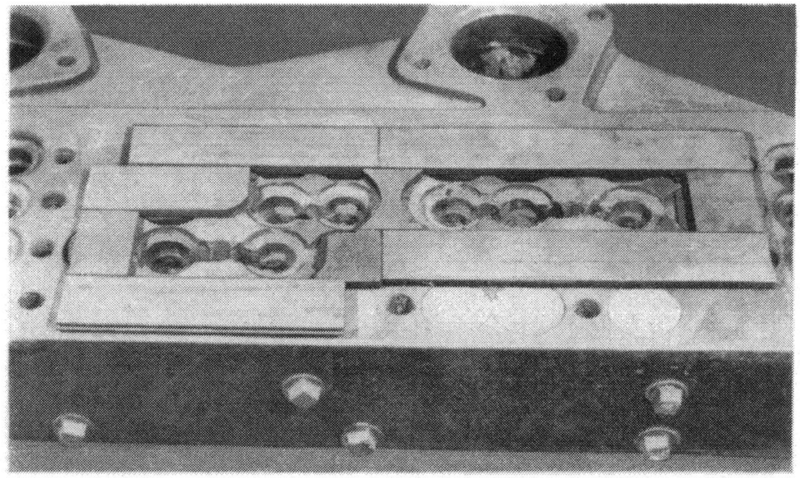

a

a

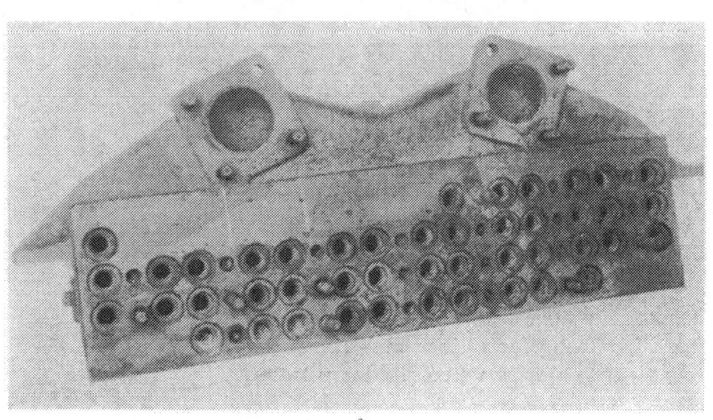

b

Abb. 25a u. b. Dampfsammelkasten

a) zum Schweißen eingeformt; b) geschweißt und bearbeitet

b

c

Abb. 26a—c. Getriebegehäuse

a) zum Schweißen vorbereitet (Azetylen-Sauerstoff-Schweißung); b) eingeformt fur die Lichtbogen-Schweißung; c) geschweißt

Schon im Interesse der durch die Hitze stark belästigten Schweißer ist möglichst nur die eigentliche Schweißstelle von den Abdeckplatten während des Schweißens zu befreien. Handelt es sich um verhältnismäßig weit ausgedehnte Stellen oder große Bruchflächen, so muß vor allem verhindert werden, daß das von den Elektroden abfließende Schmelzgut auf Stellen fließt, deren Oberfläche durch den Lichtbogen noch nicht aufgeschmolzen ist. Dies wird dadurch erreicht, daß, wie in Abb. 23 gezeigt, die Schweißstelle selber durch die zwischengelegten Kohleplatten derart unterteilt wird, daß jeweils nur eine so große Stelle von der flüssigen Schweiße erreicht werden kann, als es möglich ist, mit dem Lichtbogen die Grundfläche aufzuschmelzen und flüssig zu erhalten.

Während bei der Azetylen-Sauerstoff-Schweißung das Schweißen auch in senkrechter Lage, unter Umständen in Überkopflage möglich ist, kann bei der Lichtbogenschweißung nur in waagerechter Lage geschweißt werden.

Wenn daher im Extremfall alle 6 Seitenflächen des Gußstückes durch die Lichtbogenschweißung instandzusetzen sind, so muß das Stück 6mal eingeformt, angewärmt, geschweißt und wieder abgekühlt werden, wodurch ein großer Zeitverlust entsteht. Wenn auch diese Zeit nicht durch Arbeit ausgefüllt ist, sondern es sich dabei um Liegezeiten handelt, so werden doch die Schweißgruben oft über Gebühr belegt, und die Fertigstellung der Arbeiten verzögert sich sehr lange.

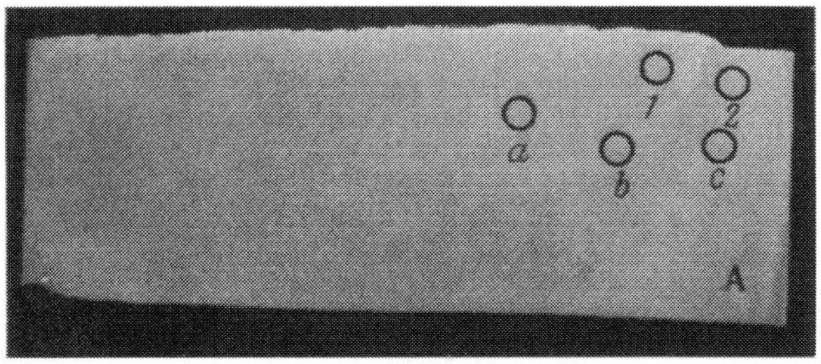

Abb. 27. Grobgefüge einer elektrischen Warmschweißung von Zylinderguß

1 Stelle der Kleingefügeaufnahme 29
2 Stelle der Kleingefügeaufnahme 30
a Brinellhärte 252, *b* Brinellhärte 229, *c* Brinellhärte 215

Da im allgemeinen bei einer größeren Schweißung für die Vorbereitung, für das Anwärmen, das Schweißen und insbesondere durch das Abkühlen ein Zeitaufwand von etwa 6 Tagen, d. h. einer Arbeitswoche, entsteht, so muß äußerstenfalls mit einer Zeitdauer von 6 Wochen für eine sehr große Schweißung gerechnet werden.

Um diese Zeitdauer abzukürzen, ist es unter Umständen vorteilhaft, kleinere Schäden an einem Stück mit Hilfe der Gasflamme auszubessern, und nur die größeren Schadstellen elektrisch zu schweißen. Die Abb. 26 zeigt diese Möglichkeit.

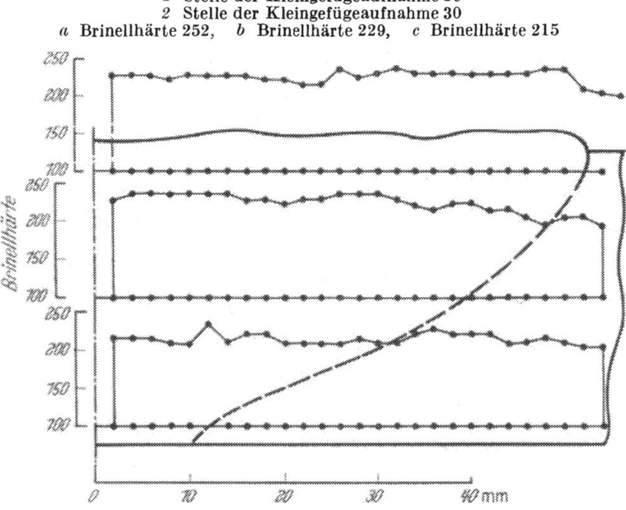

Abb. 28. Elektrowarmschweißung, Härtekurven

3. Güte und Eigenschaften einer Lichtbogenschweißung

In Abb. 27 ist das Grobgefüge einer Lichtbogenschweißung an Zylinderguß dargestellt. Wie bei der Azetylen-Sauerstoff-Schweißung ist kein Unterschied zwischen dem Baustoff und der Schweiße zu erkennen. Die an den Punkten *a*, *b* und *c* ermittelte Brinellhärte betrug 252, 229 und 215 kg/mm^2. Den Härteverlauf auf dem Querschnitt zeigen die Kurven der Abb. 28. Deutlich ist erkennbar, daß die Härtekurven gleichmäßig ohne eigentliche Sprünge verlaufen, und daß daher das Werkstück gut bearbeitbar geblieben ist.

Infolge der starken Schmelzüberhitzung durch den Lichtbogen ist das Gefüge außerordentlich feinkörnig geworden, wie dieses aus den Abb. 29 (Schweiße) und 30 (Baustoff) zu sehen ist. Das Gefüge ist ferritisch-perlitisch mit feinen Graphitlamellen.

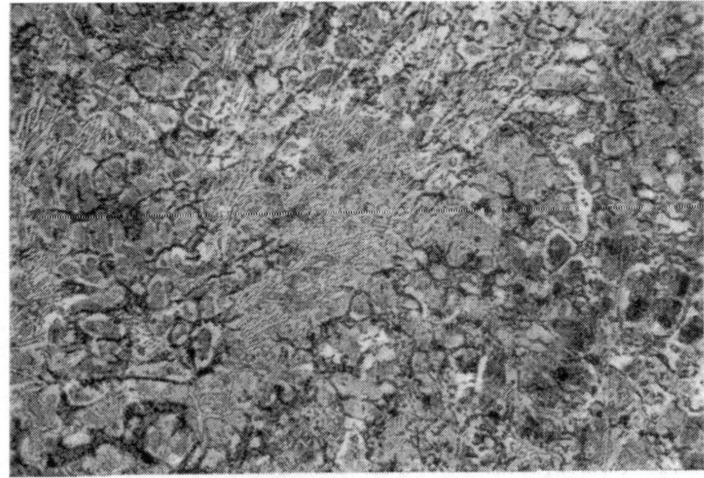

Abb. 29. Kleingefüge einer elektrischen Warmschweißung von Zylinderguß. Reine Schweiße ×100

Ebenso wie der Azetylen-Sauerstoff-Schweißung, kann auch einer Lichtbogenschweißung das größte Zutrauen in bezug auf statische wie dynamische Festigkeit geschenkt werden. Der in Abb. 31 dargestellte, geschweißte Lokomotivzylinder ist ein anschauliches Beispiel dafür.

Eine einwandfreie Warmschweißung mit dem elektrischen Lichtbogen ist in der Regel so gut, daß das geschweißte Stück nicht weniger haltbar ist als ein ungeschweißtes Stück.

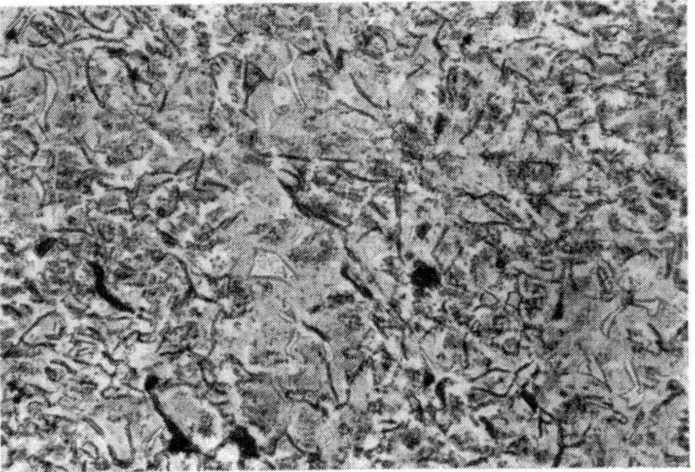

Abb. 30. Kleingefüge einer elektrischen Warmschweißung von Zylinderguß. Baustoff in der Nähe der Naht ×100

VI. Halbwarmschweißung

Kleinere Stücke, deren Bauart so ist, daß mit größeren Spannungen durch das Schweißen nicht zu rechnen ist, können auch mit Hilfe der Halbwarmschweißung geschweißt werden. Zum Unterschied von der Warmschweißung wird dabei das Gußstück nur an der zu schweißenden Stelle angewärmt, bei manchen Körpern jedoch auch zusätzlich an einer gegenüberliegenden Stelle, wie dies in Abb. 32 dargestellt ist.

Abb. 31. Fertiggeschweißter Lokomotivzylinder

Die Anwärmung kann dabei durch ein Holzkohlefeuer erfolgen, häufig jedoch reicht auch die Verwendung eines Azetylen-Sauerstoff-Schweißbrenners dafür aus. An sich käme zwar auch die Lichtbogenschweißung in Frage, jedoch, da es sich fast ausschließlich um kleine Stücke handelt, ist der Azetylen-Sauerstoff-Schweißung der Vorzug zu geben.

Die Ausführung einer derartigen Schweißung ist in Abb. 33 wiedergegeben. Grundsätzlich unterscheidet sich die Halbwarmschweißung von der Warmschweißung im Gefüge überhaupt nicht, jedoch erfordert sie bei der Durchführung größere Vorsicht, damit nicht etwa doch noch Restspannungen zurückbleiben.

VII. Beurteilung der Güte von Warmschweißungen und Halbwarmschweißungen

Bei der Warmschweißung ebenso wie bei der Halbwarmschweißung entsteht, ganz unabhängig von den verschiedenen Schweißverfahren, das gleiche Gefüge wie im ungeschweißten Baustoff. Bei der Azetylen-Sauerstoff-Schweißung ist jedoch mit einer

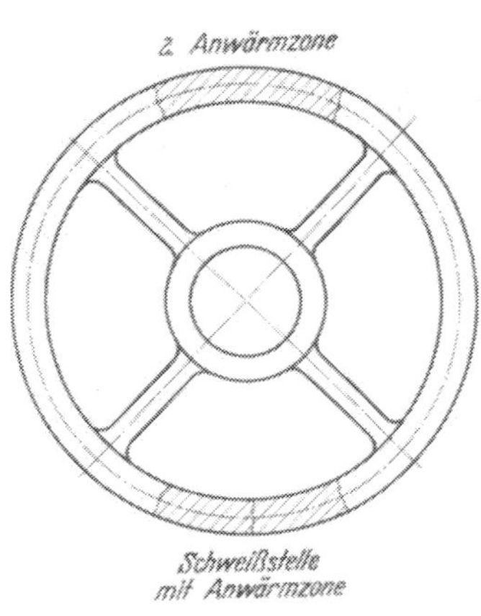

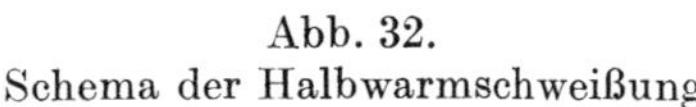

Abb. 32.
Schema der Halbwarmschweißung

Abb. 33. Halbwarmschweißung eines gußeisernen Zahnrades mit der Azetylen-Sauerstoff-Flamme

feineren Ausbildung des Graphits zu rechnen, da die hohe Temperatur der Schweißflamme im Sinne der HANEMANNschen Graphit-Verfeinerungstheorie wirkt. Die noch höhere Hitze des Lichtbogens verursacht deshalb häufig noch feinkörnigeres Gefüge.

Die Festigkeit der Schweißnaht liegt deshalb in der Regel wesentlich höher als die ungeschweißter Baustoffe, womit jedoch nicht eine ungebührliche Härtesteigerung verbunden ist. Wird sorgfältig gearbeitet, so ist mit Spannungen in den Gußstücken nicht zu rechnen und das geschweißte Stück ist bezüglich seiner Haltbarkeit nicht in irgendeiner Art minderwertiger als das ungeschweißte Stück. Auch bei Korrosionsversuchen unterscheidet sich die Schweißnaht höchstens durch eine größere Widerstandsfähigkeit gegenüber dem ungeschweißten Baustoff.

VIII. Kaltschweißung

Während die Warmschweißverfahren, wie eben geschildert, eine in jeder Beziehung einwandfreie Ausbesserung von Gußstücken ermöglichen, ist dies bei der Kaltschweißung, die, im Gegensatz zur Warmschweißung in der Regel nur mit dem elektrischen Lichtbogen, nicht mit der Azetylen-Sauerstoff-Flamme durchführbar ist, nicht der Fall. Bei diesem Verfahren würde, da grundsätzlich, auch bei Stahl, zuerst der Baustoff zum Schmelzen gebracht werden muß, kein Unterschied zur Halbwarmschweißung möglich sein. Es kommt daher nur für sehr kleine Ausbesserungen in Frage.

Kaltschweißungen unterscheiden sich bezüglich des Gefüges ganz wesentlich vom Grauguß, da sie nicht mit Graugußstäben durchführbar sind, sondern nur mit Elektroden, die aus Stahl (in der Regel umhüllte), aus austenitischem Stahl oder aus Monelmetall (30% Cu und 70% Ni) bestehen. Gußeisenstäbe würden zu schnell abfließen und auf dem noch nicht aufgeschmolzenen Baustoff keine Bindung ergeben.

Bei der Kaltschweißung wird also im Gegensatz zur Warmschweißung ein fremder Werkstoff in das Gußeisen eingetragen.

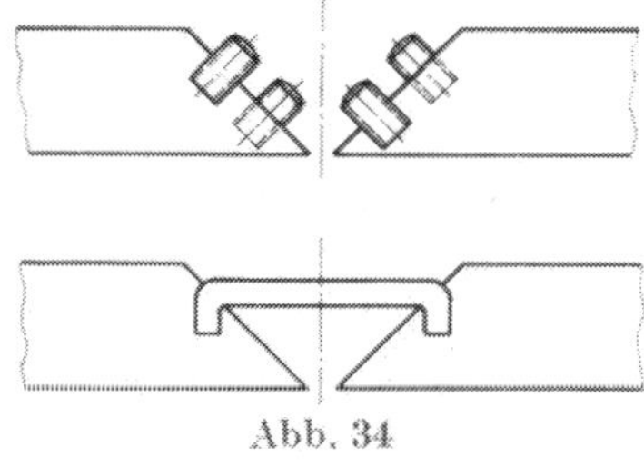

Abb. 34

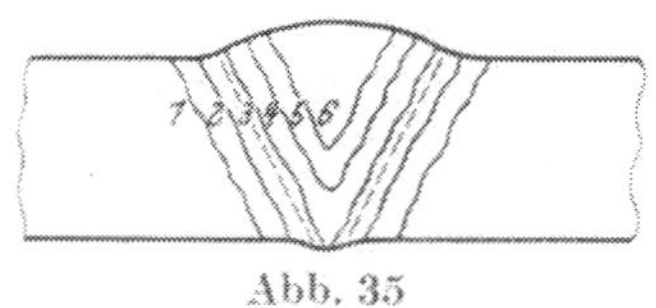

Abb. 35

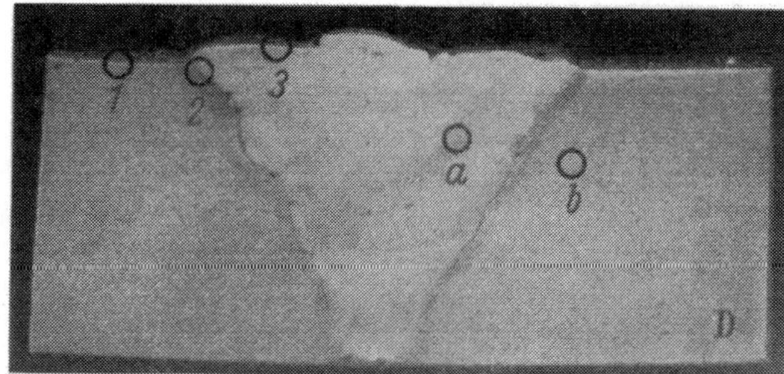

Abb. 36

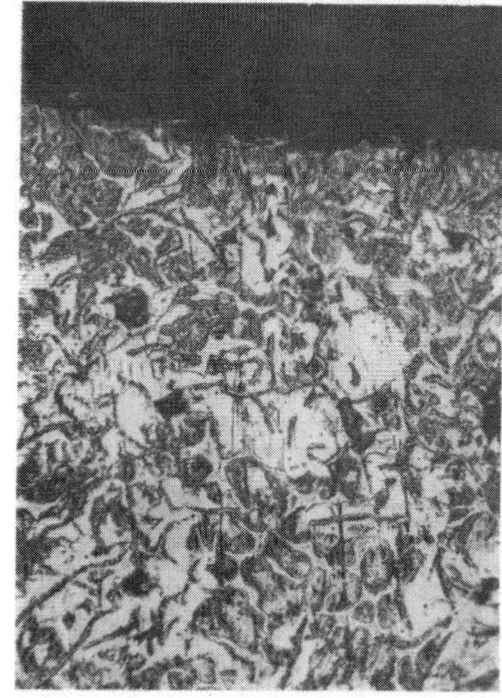

Abb. 37 ×100

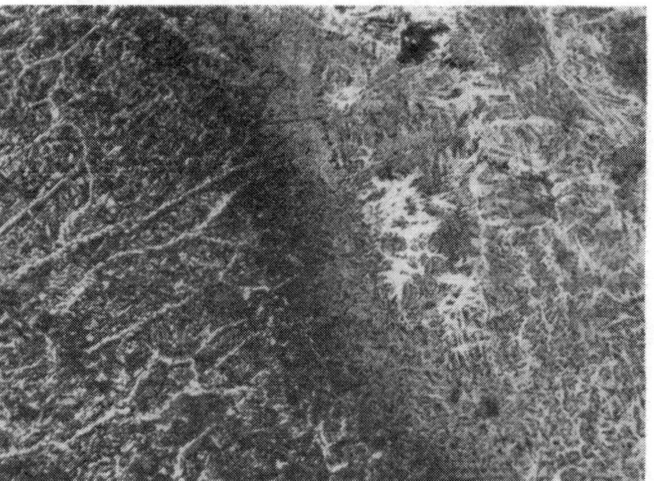

Abb. 38 ×100

Abb. 34. Vorbereitung der Naht für das elektrische Kaltschweißen von Gußeisen

Abb. 35. Schema der Zonen einer elektrischen Kaltschweißung von Grauguß

1 Unveränderter Grauguß
2 Überhitzter Grauguß
3 Übergangszone bestehend aus weißem Gußeisen, dem der Graphit durch die Stahlschweiße teilweise entzogen wurde
4 Schweiße (Stahl), die sich aus dem Gußeisen mit Kohlenstoff stark angereichert hat
5 Stahlschweiße mit geringer Kohlenstoffanreicherung
6 Unveränderte Stahlschweiße (weich)

Abb. 36. Grobgefüge einer elektrisch kalt geschweißten Naht von Grauguß (Stahlelektroden)

1 Stelle der Kleingefügeaufnahme Abb. 37
2 Stelle der Kleingefügeaufnahme Abb. 38
3 Stelle der Kleingefügeaufnahme Abb. 39
a Brinellhärte 270
b Brinellhärte 295

Abb. 37. Kleingefüge einer elektrischen Kaltschweißung von Grauguß. Hartes Gefüge des oberen Randes in der Nähe der Naht

Abb. 38. Kleingefüge einer elektrischen Kaltschweißung von Grauguß. Übergang vom entkohlten Baustoff zur aufgekohlten Schweiße

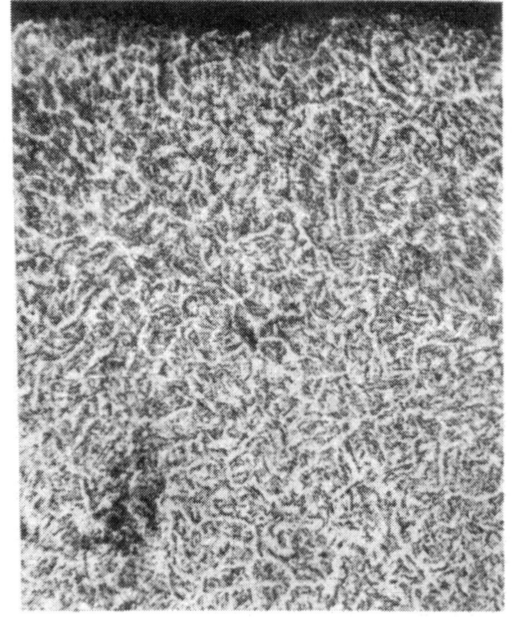

Abb. 39 ×100

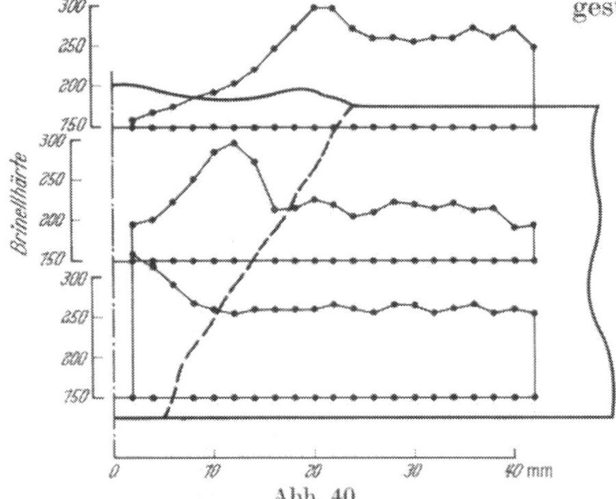

Abb. 40

Kaltschweißungen sind dazu noch in bezug auf die Bindung, d. h. die Festigkeit, nie ganz zuverlässig, da sich die geschilderten Elektrodenarten nie ganz einwandfrei mit dem Baustoff verbinden. Weiter ist zu beachten, daß bei Schweißungen mit Stahlelektroden das Gefüge der Naht wesentlich härter sein muß, als das Gefüge des ungeschweißten Baustoffes, und deshalb in der Regel nicht bearbeitbar ist.

Demgegenüber aber hat die Kaltschweißung den Vorteil, daß sie in verhältnismäßig kurzer Zeit durchführbar ist, nicht an bestimmte Orte und Einrichtungen gebunden ist, daß für das Verschweißen der dazu üblichen Elektroden Schweißumformer gewöhnlicher Bauart ausreichen und die ganze Warmbehandlung wegfällt. Die elektrische Kaltschweißung läßt sich also bei beliebigen Werkstücken durchführen, sofern nur an die Güte der Schweißung keine besonderen Anforderungen gestellt werden.

A. Elektrische Kaltschweißung mit Stahlelektroden

Um die Festigkeit der Schweißverbindung zu erhöhen, werden die vorher mit dem Preßluftmeißel abgeschrägten Kanten in der Regel mit den in Abb. 34 dargestellten Gewindepfropfen oder Klammern versehen, die sich mit dem aus Stahl bestehenden Schweißgut gut verbinden.

Das Schweißgut selbst besteht, wie Abb. 35 zeigt, aus den verschiedensten

Abb. 41 a—d

Abb. 39. Kleingefüge einer elektrischen Kaltschweißung von Grauguß. Mittlere Randzone der Schweiße (unveränderter weicher Stahl)

Abb. 40. Härtekurven einer elektrischen Kaltschweißung mit Stahlelektroden

Abb. 41 a—d. Kaltschweißung eines Gehäuses mit Stahlelektroden (Aufnahme AEG)

a) gebrochen
b) Riß ausgearbeitet
c) Riß verstiftet
d) geschweißt

Zonen. Ausgehend vom unveränderten Grauguß, kommt zunächst eine Zone, in welcher der Grauguß durch die Temperatur des Lichtbogens überhitzt wurde, dann folgt eine Zone weißes Gußeisen, die dadurch entsteht, daß ihr der Graphit durch die eigentliche Stahlschweiße teilweise entzogen wurde, es folgt die eigentliche Schweiße mit einer Zone, die sich aus dem Gußeisen mit Kohlenstoff stark angereichert hat, dann kommt eine Zone, die etwas weniger Kohlenstoff enthält, und schließlich liegt in der Mitte reiner, weicher Stahl. In Abb. 36 ist die Grobgefügeaufnahme einer solchen Naht zu sehen. Die Bindung an sich ist so gut, wie man sie von einer Schweißung mit Stahlelektroden verlangen kann.

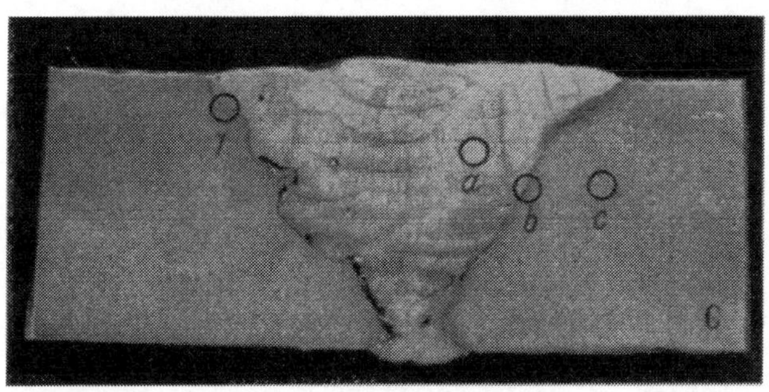

Abb. 42. Grobgefüge einer elektrischen Kaltschweißung mit Monelelektroden

1 = Stelle der Kleingefügeaufnahme Abb. 43
a = Brinellhärte 101, *b* = Brinellhärte 131, *c* = Brinellhärte 156

Das Gefüge an den Punkten 1, 2 und 3 ist in den Abb. 37, 38 und 39 dargestellt. Das 1. Bild zeigt die Gußeisenoberkante mit Ledeburit, das 2. den Übergang vom entkohlten Baustoff zur aufgekohlten Schweiße, während das 3. Bild aus der mittleren Zone der Schweißnaht entnommen ist und das Gefüge des unveränderten weichen Stahles zeigt.

Die Härtekurven der Abb. 40 veranschaulichen, wie hoch die Härte eines auf diese Art geschweißten Stückes wird.

Es sind jedoch mit diesem Verfahren schon recht gute Schweißungen auch an stärker beanspruchten Stükken hergestellt worden, wie z. B. die Abb. 41 zeigt.

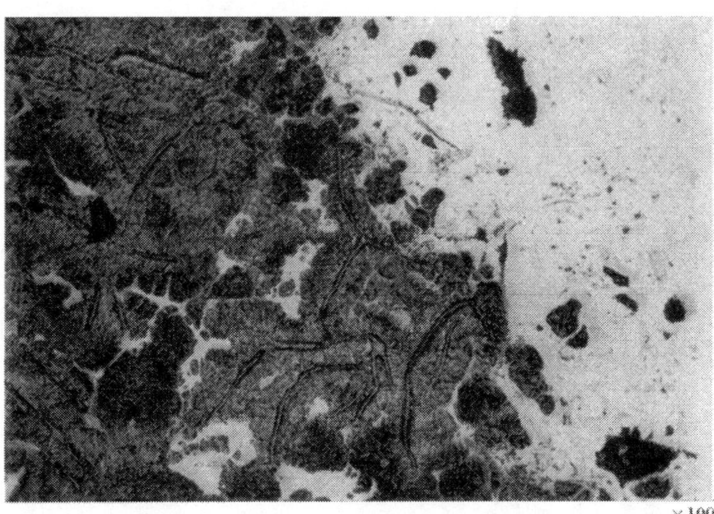

Abb. 43. Kleingefüge einer elektrischen Kaltschweißung mit Monelelektroden. Übergang Baustoff B/Schweiße S

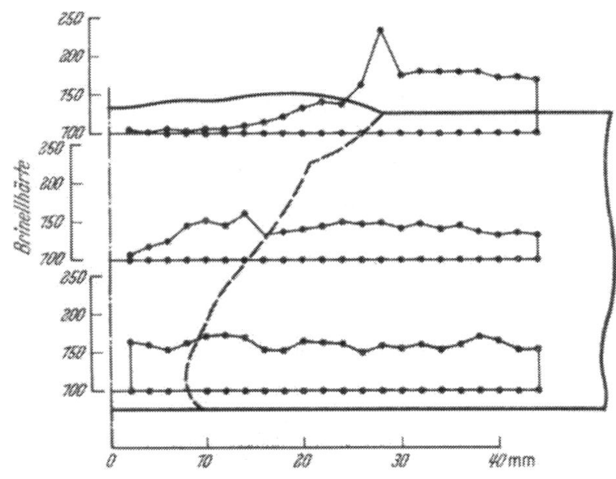

Abb. 44. Härtekurven einer elektrischen Kaltschweißung an Gußeisen mit Monelelektroden

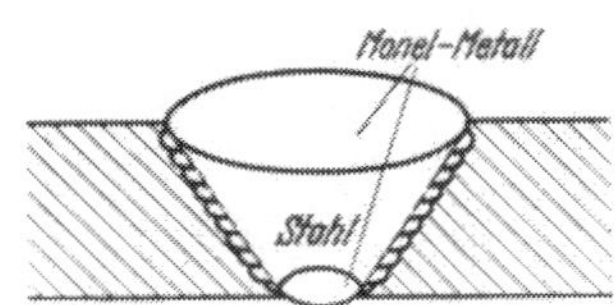

Abb. 45. Schema einer elektrischen Kaltschweißung an Gußeisen. Mitte: Stahlelektroden. Oben und unten: Monelelektroden

Tabelle 1. *Schweißen von Grauguß und Hartguß*[1] (VDG-Merkblattentwurf, Oktober 1950)

Art des Schweißens	Anwendung in der Gießerei	Anwendung beim Verbraucher	Beispiele	Wanddicke	Festigkeit	Bearbeitbarkeit	Dichte der Naht	Zusatzwerkstoff bzw. Elektrode	Gefüge der Naht	Schweißpulver	Einrichtungen
Gießschmelzschweißen	bei großen Bruchquerschnitten	Aufgießen abgebrochener Teile	Walzen	große Wanddicke	entspricht ungeschweißtem Werkstoff	gut	einwandfrei	artgleich	Ferrit Perlit Graphit	nein	Schmelzofen für Gußeisen
Thermitschweißen	nur bis: C 3% Si 1,8% P 0,3% S 0,035%			große Wanddicke	wie ungeschweißter Werkstoff	im Übergang u. U. schlecht	einwandfrei	Stahl	Ferrit Perlit Martensit Ledeburit	nein	gewöhnliche Thermit-Schweißanlage
Gasschmelzschweißen kalt	kl. Schäden an wenig spannungsgefährdeten Stellen	kl. Arbeiten; Hartlöten mit Bronze u. Messing vorziehen		möglichst unter 20 mm	wie ungeschweißter Werkstoff; zusammenklammern oder heften	gut	einwandfrei	artgleich	Ferrit Perlit Graphit	ja	gebräuchliche Gasschweißanlage
Gasschmelzschweißen warm	gr. Schäden auch an spannungsgefährdeten Stellen	Warmschw. u. U. gewöhnliche Werkstatt		unter 30 mm	wie ungeschweißter Werkstoff	gut	einwandfrei	artgleich	Ferrit Perlit Graphit	ja	gebräuchliche Gasschweißanlage, Schweißgruben oder Öfen
Lichtbogenschweißen kalt	Schäden an nicht beanspruchten Stellen, die nicht unbedingt dicht sein müssen	Werkstücke, die nicht ausgebaut werden			geringe Schweißnaht zusätzl. sich. (Klammer, Bolzen) dann vollwertig	Überg. meist schlecht, bei Monel- u. Al-Bronze-Elektroden gut	gering zusätzlich dichten	dünne Stahl-, austenitische. oder dicke Monelelektroden	Ferrit Perlit Martensit Ledeburit NE-Metall u. d. Mischkr.	nein	gebräuchliche Lichtbogen-schweißanlage
Lichtbogenschweißen warm	Schäden aller Art	Warmschweißerei			wie ungeschweißter Werkstoff	gut	einwandfrei	artgleich	Ferrit Perlit Graphit	ja	großer Schweißumformer, Schweißgruben oder Öfen
Punktschweißen	nicht üblich										
Stumpfschweißen	nicht möglich										

[1] Für Hartguß sind die Kaltschweißverfahren vorzuziehen.

B. Elektrische Kaltschweißung mit legierten Elektroden

Beim Kaltschweißen mit Monelmetall kann die Schweiße nachher mit spanabhebenden Werkzeugen bearbeitet werden. Es lassen sich jedoch auch austenitische Stahlelektroden verwenden, so daß mit diesen Elektroden sowie mit Monelelektroden ein Zusatzstoff gegeben ist, der die Bearbeitung erleichtert.

Die besten Schweißungen werden mit Monelelektroden erzielt, da durch die Nickelabgabe an das benachbarte Gußeisen der gebundene Kohlenstoff verdrängt wird und auf diese Weise wirksam die Entstehung von Ledeburit und Zementit verhindert wird. Die Schweiße kann selbstverständlich keinen Kohlenstoff aus dem Gußeisen aufnehmen.

In Abb. 42 ist das Grobgefüge einer solchen Monelschweiße zu sehen.

Abb. 43 stellt das Mikrogefüge im Übergang dar, irgendwelche Bildung von Ledeburit und Zementit hat nicht stattgefunden. Es ist auch, wie Abb. 44 zeigt, die Härte an keiner Stelle übermäßig groß. Die ganze Schweiße läßt sich verhältnismäßig leicht bearbeiten, wenn natürlich auch die Spanbildung in dem Monelmetall eine andere ist als beim Gußeisen.

Da das Monelmetall verhältnismäßig teuer ist, kann man auch derart arbeiten, daß man die eigentliche Naht mit Stahlelektroden schweißt und nur die oberste und unterste Lage in Monelmetall ausführt. Soweit nun der Span nicht die Stahlschweiße trifft, ist eine derartige Verbindung genauso leicht bearbeitbar, wie eine Verbindung aus reinem Monelmetall (Abb. 45).

Ebenso wie bei der Kaltschweißung mit Stahlelektroden muß bei der Schweißung mit Monelelektroden in kurzen Abschnitten geschweißt werden, die sogar, da Monel sehr stark schwindet, möglichst mit dem Preßlufthammer gestreckt werden müssen, um der Schrumpfung entgegenzuarbeiten.

Bei der Schweißung mit austenitischen Elektroden wird die Schweiße besser bearbeitbar als mit gewöhnlichen Stahlelektroden, jedoch kann nicht eine Weichheit der Schweiße erzielt werden, wie bei der Verwendung von Monelelektroden.

Das Schweißen von Stahlguß

Von **W. Trommer**, Eschweiler

Mit 8 Abbildungen

I. Einleitung

Das Schweißen von Stahlguß zählt nach SCHMIDT [*1*] zum Fertigputzen der Gußstücke, ist also ein Teil der Fertigung. Infolge der hohen Schwindung und schlechten Vergießbarkeit von Stahlguß sowie bedingt durch den starken Angriff auf den Formstoff werden Ausbesserungsarbeiten durch Schweißen erforderlich.

Grundsätzlich treten beim Schweißen von Stahlguß die gleichen Probleme auf wie beim Schweißen von Walz- oder Schmiedestahl entsprechender Zusammensetzung. BRIGGS [*2*] berichtet zwar, daß dazu Besonderheiten kommen, weil Stahlguß schwieriger zu schweißen sei als beispielsweise Walzstahl. Das gilt aber nicht allgemein, sondern hauptsächlich beim Reparaturschweißen bestimmter legierter und verwickelter Stahlgußstücke. Andererseits teilen nämlich WILLIAMS u. Mitarb. [*3*] sowie VOLDRICH-HARDER [*4*] mit, daß der perlitische Manganstahlguß weniger schweißempfindlich ist als Walzstahl ähnlicher Zusammensetzung.

In der Praxis gibt es kaum einen Stahl, der nicht schweißbar wäre. Dies beinhaltet naturgemäß, daß bestimmte Stähle leichter zu schweißen sind als andere. Daher schließt der Begriff *schweißbarer Stahlguß* die Tatsache ein, daß je nach chemischer Zusammensetzung, Größe, Form, Gestalt und Querschnittübergängen Sonderverfahren zu wählen sind. Sie können sich auf das Schweißverfahren selbst oder auf die benötigten Vorsichtsmaßnahmen beziehen. Hier ist nicht der gegebene Rahmen, diese Punkte eingehend zu beleuchten. Daher sei auf das zusammenfassende Schrifttum [*5*] verwiesen.

Beim Schweißen handelt es sich um das Verbinden von zwei Metallteilen. Dies ist möglich durch das Preßschweißen, also Zusammenpressen im teigigen Zustand, oder durch das Schmelzschweißen. Hierbei handelt es sich nach RAPATZ [*6*] um die Verbindung im flüssigen Zustand. Von den genannten Methoden ist das Preßschweißen das ältere Verfahren. Es wird bewerkstelligt durch Hämmern, Walzen oder Pressen in der Weise, daß sich beide Teile verformen. Als eine moderne Weiterentwicklung kann man die elektrische Widerstandsschweißung ansehen und davon besonders die Stumpfschweißung.

Die Schmelzschweißung ist weitaus mehr verbreitet als die Widerstandsschweißung und vor allem mit ihren verschiedenen Sonderentwicklungen in Stahlgießereien üblich. Dabei wird zwischen den zu verbindenden Stücken entweder ein Schweißzusatzwerkstoff oder ein Teil eines der zu schweißenden Stücke abgeschmolzen. Als Wärmequelle benutzt man die Sauerstoff-Azetylenflamme oder den Lichtbogen. Man unterscheidet danach Autogen- oder Elektroschweißung. Als Sonderverfahren sind das Arcatom- bzw. das Argonarc-Verfahren bekannt. Beim Arcatomschweißen zieht man den Lichtbogen zwischen zwei Wolframelektroden unter Wasserstoffschutzgas. Die Argonarcschweißung verwendet eine Wolframelektrode, von welcher der Lichtbogen nach BRILLIÉ [*7*] unter Argongas zum Werkstück geht.

II. Schweißfehler

Um die beim Schweißen zu erwartenden Schwierigkeiten erkennen und geeignete Maßnahmen für ihre Abstellung treffen zu können, seien diese nachstehend kurz zusammengefaßt. Es handelt sich hierbei um Fehler, die überwiegend durch den Werkstoff bedingt sind bzw. um solche, deren Ausgangspunkt in der handwerklichen Durchführung liegt.

A. Werkstoffbedingte Schweißfehler

Die Schweißrissigkeit ist nach BARDENHEUER-BOTTENBERG [*8*], WERNER [*9*] und ANTONIOLI [*10*] gekennzeichnet durch das Auftreten von Rissen im Grundwerkstoff neben der Schweißnaht. Es handelt sich um kennzeichnende Warmrisse, die hauptsächlich beim Autogenschweißen auftreten. Die Neigung eines Stahles zur Schweißrissigkeit steigt nach BOLLENRATH-CORNELIUS [*11*] und MÜLLER [*12*] mit zunehmenden Gehalten an Kohlenstoff, Aluminium, Phosphor, Sauerstoff und besonders Schwefel.

Als Schweißnahtrissigkeit bezeichnet man das Auftreten von Längs- und Querrissen im Schweißgut. Sie können sich bis in den Grundwerkstoff fortsetzen. Ihre Entstehungstemperatur liegt nach BUCHHOLTZ-BETTZIECHE [*13*] unter 500 °C. Als Hauptursachen nennt STIELER [*14*] hohe Phosphor- und Schwefelgehalte im Schweißgut. Daher ist auf die Gehalte der Umhüllung an diesen schädlichen Elementen sehr zu achten. Die Schweißnahtrissigkeit tritt dann vermehrt auf, wenn stark umhüllte Elektroden für Kehlnahtschweißen an Stählen hoher Festigkeit Benutzung finden, worauf ARCHER u. Mitarb. [*15*] hinweisen.

Unter der Schweißempfindlichkeit versteht man Schweißhärtungs- oder Aufhärtungsrisse. Sie verlaufen transkristallin und entstehen bei niedriger Temperatur in der gehärteten Zone neben der Schweißnaht. Man beobachtet sie meist bei Lichtbogenschweißen. Für ihr Entstehen ist nach ARCHER u. Mitarb. [*15*] das Zusammenwirken von Wasserstoffgehalt, Erhitzungs- und Abkühlungsgeschwindigkeit, chemischer Zusammensetzung sowie Gefüge und Spannungen verantwortlich zu machen. Man kann wohl annehmen, daß der Rißbeginn zusammenhängt mit einer Versprödung des harten Martensit, die unter dem Einwirken einer Wasserstoffaufnahme aus der Umhüllung der Schweißelektrode in der wärmebeeinflußten Zone auftritt.

B. Durch die Schweißtechnik bedingte Fehler

Der hauptsächliche handwerkliche Fehler beim Reparaturschweißen von Stahlguß ist das unzureichende Entfernen der Fehlstellen am Gußstück. Hierzu zählen neben Sand- und Schlackennestern u. a. eingeschlossene Oxyde sowie Gasblasen. BRIGGS [*2*] empfiehlt für wertvolle Abgüsse die Zuhilfenahme einer Ätzung, Röntgenprüfung oder des Fluxens, um so einwandfrei feststellen zu können, daß die Schadensstellen richtig sauber sind.

Natürlich ist zu fordern, daß auch in der Schweiße selbst keine derartigen Fehler auftreten, wozu insbesondere zählen:

Eingeschlossene Gase, die glatte rundliche Hohlräume bilden. Hierbei konnte das Gas infolge Zeitmangels oder zu geringer Dünnflüssigkeit der Schmelze nicht an die Oberfläche steigen und entweichen.

Schlackeneinschlüsse in der Schweiße beruhen auf der gleichen Ursache wie eingeschlossene Gase. Die Schlacke wird am Koagulieren gehindert und bleibt so in feiner Verteilung in der Schweiße enthalten.

Wurmstiche lassen sich dann in der Schweiße beobachten, wenn die Gasentwicklung beim Erkalten infolge ungeeigneter Umhüllungsmasse anhält. Sie sind am besten daran zu erkennen, daß sie Kanäle in Richtung des Kristallwachstums bilden.

Einbrandfehler liegen vor, wenn die Schweiße nicht bis zum Grund der Fehlstelle gelangt. In diesem Fall ist meist bei unzureichendem Fluß zu schnell geschweißt worden.

Krater entstehen bei Lichtbogenschweißen durch das Abreißen des Bogens. Oft stellen sie den Ausgangspunkt von Oberflächenrissen dar. Diese Krater kühlen nämlich schneller ab als die umgebende Schweiße. Die dabei entstehenden Kontraktionsspannungen lösen den Riß aus.

Stickstoff ist in Schweißen mit nackten Stäben im allgemeinen bis zu etwa 0,1% enthalten. Wahrscheinlich wird er auch aus der Luft absorbiert, weil Schweißen mit umhüllten Elektroden keine derartige Absorption zeigen. Dabei steigt der Stickstoffgehalt mit wachsender Bogenlänge. Durch Stickstoff bilden sich Nitride, die eine Versprödung hervorrufen und als sogenannte *Fischaugen* die Ursache von Brüchen [*16*] sein können.

Sauerstoff wird nach SPRARAGEN-CLAUSSEN [*17*] bei blanken Elektroden und langem Bogen ebenfalls von der Schweiße aufgenommen. Die gemessenen Werte liegen zwischen 0,18 und 0,95%, während für umhüllte Elektroden üblicherweise 0,035% O_2 gefunden werden. Sauerstoff, genauer gesagt FeO, vermindert die Zähigkeit, ist also mitverantwortlich für die Brüchigkeit. Das gilt besonders für Kerbschlagzähigkeit und Warmrissigkeit.

III. Durchführung des Schweißens, Vorbereitungen und Schweißzusatzwerkstoffe

Über den Unterschied beim Schweißen mit blanken sowie umhüllten Elektroden teilt LARSON [*18*] mit, daß der Mechanismus des Metalltransportes verschieden ist. Bei blanken Elektroden bildet sich am Stabende eine Kugel. Sie wird durch Schwerkraft bzw. Oberflächenspannung auf den Grundwerkstoff aufgebracht. Bei umhüllten Elektroden gelangt aber die größere Metallmenge in Form feinster Tropfen auf den Grundwerkstoff. In gewissen Zeitabständen laufen naturgemäß auch hierbei größere Metall- und Schlackenkugeln ab. Die Überlegenheit der umhüllten Elektrode läßt sich am besten durch einen Vergleich der mechanischen Eigenschaften erkennen, wie HIEMKE [*19*] ausführt. Der Grund ist das Fehlen von Einschlüssen und Nitridnadeln, wozu Einzelheiten aus der Tab. 1 hervorgehen. Die höhere Schlagzähigkeit ist vor allem beim Schweißen verwickelter Abgüsse vorteilhaft.

Tabelle 1. *Vergleich der mechanischen Eigenschaften beim Schweißen mit blanken sowie umhüllten Elektroden unter sonst gleichen Bedingungen nach* [*18*]

	Blank	Umhüllt
Zugfestigkeit kg/mm²	35—42	42—45
Streckgrenze kg/mm²	25—28	35—38
Dehnung (50 mm) %	6—12	18—35
Einschnürung %	8—20	30—60
Schlagzähigkeit mkg	0,3	3—5,5
HBr	100—110	120—130

BRIGGS [*2*] weist darauf hin, daß viele Hersteller von Schweißzusatzwerkstoffen der Ansicht sind, es sei besser, die mechanischen Eigenschaften des Grundwerkstoffes zu erreichen, statt der chemischen Zusammensetzung. Daher fordert man ein stärkeres Herausstellen der zu erwartenden mechanischen Eigenschaften der verfügbaren Elektroden. Nach BRIGGS sprechen aber zwei bedeutsame Gründe dafür, daß Schweiß- und Grundwerkstoff außerdem wenigstens angenähert gleiche Zusammensetzung haben sollen.

Dabei handelt es sich um das Verhüten einer elektrolytischen Korrosion sowie um das Vermeiden von Wärmespannungen. Derartige Wärmespannungen können sich bei erhöhter Temperatur nicht nur aus der unterschiedlichen Wärmeausdehnung von Grund- und Schweißwerkstoff ergeben, sondern auch aus der Tatsache, daß beim Erreichen des Umwandlungsgebietes der so gepriesene Vorteil bezüglich der Festigkeit der Schweißwerkstoffe verlorengehen kann. Der richtige Weg ist wohl der, daß einerseits die Zusammensetzung von Grund- und Schweißwerkstoff übereinstimmen und andererseits die mechanischen Eigenschaften möglichst gleich sein sollen. Hierdurch ist die Entwicklung der Schweißzusatzwerkstoffe stark vorangetrieben worden. Eine Übersicht vermittelt Tab. 2 nach der

Tabelle 2. *Schweißzusatzwerkstoffe nach* [*20*]

	Chemische Zusammensetzung in %											
	C	Si	Mn	P	S	Al	Cr	Mo	Ni	V	W	Sonst.	
1. MK5	< 0,08	< 0,10	0,40 0,60	< 0,030	< 0,030								hochfeste Verbindungsschweißung
2. MK8	0,06 0,10	0,08 0,15	0,40 0,50	< 0,035	< 0,035								nackter Schweißdraht G 37/D 1913
3. MKr8	0,07 0,10	0,08 0,15	0,40 0,50	< 0,030	< 0,030								Seelenschweißdraht
4. MK10	0,08 0,12	Sp.	0,30 0,50	< 0,035	< 0,035								umhüllter Schweißdraht E34z, E37/42(z)/D1913
5. MK_v 13	0,10 0,16	< 0,07	0,50 0,70	< 0,035	< 0,035								E34z, E37/42, E37/42z, E52, E52z/D1913,
6. 13Mn 6	0,10 0,15	0,03 0,10	1,4 1,6	< 0,030	< 0,030								E34z, E37/42z, E52z, G37/D 1913
7. 17Mn 5	0,15 0,20	0,15 0,35	1,0 1,4	< 0,030	< 0,030								Ellira Schweißdraht
8. 8MnNi 4	0,06 0,10	0,08 0,15	1,0 1,2	< 0,030	< 0,030				0,40 0,60				G34, G37/D1913
9. 115Mn 56	1,05 1,25	< 0,25	13,5 14,5	< 0,100	< 0,040								Schweißdraht MnH
10. 20Cr 52	0,17 0,22	0,30 0,50	0,20 0,40				12,5 13,5						Auftragsschweißungen
11. 5CrNi 72 36	< 0,07	0,30 0,50	0,20 0,40				17,5 18,5		8,5 9,5				
12. 15CrNiMn 96 78	0,10 0,20	0,90 1,20	2,0 2,3				23,0 25,0		19,0 20,0				
13. 5CrNiMo 72 40	< 0,07	0,30 0,50	0,20 0,40				17,5 18,5	1,8 2,2	9,5 10,5				
14. 8Cr 36	< 0,10	0,60 0,80	0,20 0,40	< 0,030	< 0,030		8,5 9,5						
15. 10CrSi 52	< 0,12	2,3 2,8	0,20 0,40	< 0,030	< 0,030		12,5 13,5						
16. 12Cr 116	< 0,15	1,0 1,5	0,20 0,40	< 0,030	< 0,030		28,0 30,0						

Tabelle 2. *Schweißzusatzwerkstoffe nach* [20] (Fortsetzung)

	Chemische Zusammensetzung in %												
	C	Si	Mn	P	S	Al	Cr	Mo	Ni	V	W	Sonst.	
17. 15 CrNiSi 78 38	0,10 0,20	1,8 2,3	0,20 0,40	$<$ 0,030	$<$ 0,030		19,0 20,0		9,0 10,0				
18. 15 CrNi 100	$<$ 0,20	1,0 1,3	0,50 0,80				24,0 26,0		3,75 4,25				
19. 8 CrNi 100 72	$<$ 0,10	0,80 1,2	2,2 2,5				24,0 26,0		17,5 18,5				
20. 16 CrNiMn 78 32	$<$ 0,22	0,50 1,0	5,5 6,5				17,0 19,0		7,5 8,5				Autenitischer Schweißzusatzwerkstoff
21. 8 CrNiMoNb 76 38	$<$ 0,10	1,0 1,5	0,30 0,50				18,5 19,5	1,8 2,2	9,0 10,0			Nb 1,2 1,5	
22. 16 MnTi 7	0,13 0,20	0,15 0,25	1,5 1,7	$<$ 0,030	$<$ 0,030	0,10 0,20						Ti 0,20 0,35	Seelenschweißdraht
23. 16 MnTi 4	0,13 0,20	0,50 0,70	1,0 1,2	$<$ 0,030	$<$ 0,030	0,08 0,15						Ti 0,40 0,50	Schweißdraht E 37/42(z) E 52/D 1913. Seelenschweißdraht Unterwasserschweißungen
24. 55 NiCrMoV 6	0,50 0,60	0,15 0,35	0,50 0,70				0,60 0,80	0,10 0,15	1,5 1,8	0,10 0,18			Gesenkauftragsschweißung
25. 30 WCrV 17 9	0,25 0,35	0,15 0,30	0,20 0,40				2,2 2,5			0,5 0,7	4,0 4,5		Schweißzusatzwerkstoff f. Warmarbeitswerkzeuge
26. 82 WV 34 19	0,78 0,85	$\sim$ 0,25	$\sim$ 0,25				3,8 4,3	0,70 1,0		1,5 1,7	8,3 9,0		Schweißzusatzwerkstoff f. Schnellarbeitsstahl ABC II
27. 91 WCoV 38 11	0,87 0,95	$\sim$ 0,25	$\sim$ 0,25			Co 2,5 3,0	3,5 4,0			1,9 2,2	9,3 10,0		Zusatzwerkstoff f. Schnellstahl ECo 3
28. M 50	0,45 0,55	0,08 0,15	0,25 0,40	$<$ 0,060	$<$ 0,060								Auftragsschweißdraht EA 150/ Ga 150/D 1913
29. M 97	0,90 1,05	0,15 0,25	0,40 0,60	$<$ 0,060	$<$ 0,060								Auftragsschweißdraht EA 250, Ga 250/D 1913
30. 30 MnCrTi 4	0,25 0,35	0,15 0,25	0,90 1,1	$<$ 0,020	$<$ 0,020	$\sim$ 0,10	0,80 1,0					Ti 0,20 0,30	Auftragsschweißdraht Ea 250, Ga 250/D 1913
31. 70 MnCrTi 8	0,65 0,75	0,15 0,25	1,8 2,2	$<$ 0,020	$<$ 0,020	$\sim$ 0,10	0,90 1,2					Ti 0,20 0,30	Auftragsschweißdraht Ea 350, Ga 350/D 1913
32. 110 MnCrTi 8	1,00 1,15	0,25 0,40	1,8 2,0	$<$ 0,020	$<$ 0,020	$\sim$ 0,10	1,7 1,9					Ti 0,20 0,30	Auftragsschweißdraht EA 500, Ga 500/D 1913

Tabelle 2. *Schweißzusatzwerkstoffe nach* [20] (Fortsetzung)

	Chemische Zusammensetzung in %												
	C	Si	Mn	P	S	Al	Cr	Mo	Ni	V	W	Sonst.	
						Gegossene Hartlegierungen							
33. G200 Cr9	1,8	1,0	0,70				2,2						Auftragsschweißen an Verschleißteilen
	2,1	1,2	0,90				2,5						
34. G250 Cr17	2,3	1,0	0,70				4,2						Auftragsschweißen an Kaltdruckwerkzeugen
	2,6	1,2	0,90				4,5						
35. G200 Cr 56	1,8	0,20	0,40				13,5						Auftragsschweißen an Kaltdruckwerkzeugen
	2,2	0,40	0,60				14,5						
36. G260 Cr108	2,5	1,5	0,60				26,0						Panzerung für Teile mit Kalt-Warmbeanspruchung
	2,7	2,0	0,80				28,0						
37. G350 Cr124	3,3	0,80	1,1				30,0						Panzerung für Teile mit Kalt-Warmbeanspruchung
	3,6	1,0	1,3				32,0						
38. G170 CoCrW135	1,6	2,0	0,40			Co 32,0	24,0				5,5		Panzerung von Schnitten, Stanzen u. Warmarb. Werkzeug.
	1,8	2,9	0,60			35,0	26,0				6,5		
39. G250 CoCrW190	2,3	1,0	0,20			Co 46,0	32,0				14,0		Korrosions- u. verschleißfest auch bei hoher Temperatur
	2,7	1,5	0,40			50,0	34,0				15,0		
40. G275 CoCrW215	2,6	0,20	0,20			Co 52,0	24,0				18,0		Auftragsschweißung höchster Härte, Zähigkeit gering
	2,9	0,60	0,40			55,0	26,0				20,0		
41. G220 CoCrW220	2,0	0,20	0,20			Co 53,0	26,0				13,0		Auftragsschweißung guter Härte und Zähigkeit auch in der Wärme
	2,4	0,60	0,40			57,0	28,0				15,0		
42. G125 CoCrW260	1,1	1,8	0,20			Co 63,0	26,0				4,0		Auftragsschweißung höchster Zähigkeit bei mittlerer Härte
	1,4	2,2	0,40			67,0	28,0				5,0		

Tabelle 3. *In den USA gebräuchliche Schweißzusatzwerkstoffe mit niedrigem Wasserstoff-Gehalt in der Umhüllung nach* [24]

Zusammensetzung des Schweißgutes							Festigkeitseigenschaften: im geschweißten Zustand				nach Spannungsfreiglühen bei 620 °C			
% C	% Si	% Mn	% Cr	% Mo	% Ni	% V	Streckgrenze km/mm²	Zugfestigkeit kg/mm²	Bruchdehnung ($L = 4\,d$) %	Einschnürung %	Streckgrenze kg/mm²	Zugfestigkeit kg/mm²	Bruchdehnung ($L = 4\,d$) %	Einschnürung %
0,10	0,41	0,80	0,42	0,40	—	—	46,5	52,5	28	60	43,0	51,5	31	63
0,08	0,37	0,85	1,00	0,50	—	—	54,0	60,5	24	41	47,0	57,5	27	47
0,08	0,38	0,88	2,00	1,00	—	—	67,0	73,0	19	37	52,5	64,5	25	45
0,12	0,35	1,75	—	0,35	—	—	58,5	67,0	23	41	56,0	64,5	26	47
0,23	0,28	0,54	0,45	0,22	0,53	—	55,5	74,5	15	29	51,5[1]	71,5[1]	18[1]	40[1]
0,08	0,37	1,32	—	0,45	1,50	—	63,5	68,5	27	52	49,0	67,0	26	63
0,06	0,35	0,69	—	0,30	1,75	**0,15**	67,0	71,0	24	64	62,0	69,0	28	65
0,06	0,36	0,65	0,62	0,73	1,72	0,18	77,5	84,5	21	57	76,0	82,0	25	60
0,14	0,48	0,75	0,95	0,80	1,75	0,18	88,0	100,0	9	—	54,0[1]	88,0[1]	21[1]	52[1]

[1] Normalgeglüht von 900 °C.

Stahleisenliste [20]. Allein aus der Vielzahl der genormten Möglichkeiten ergibt sich die Bedeutung dieses Gebietes.

Unter besonderer Beachtung des Vermeidens von Schweißhärtungsrissen haben sich ferritische Elektroden mit geringem Wasserstoffgehalt in der Umhüllung gut bewährt. Sie sind nach Bischof [21] und Zeyen [22] beinahe ebenso brauchbar wie die seit langem bekannten austenitischen Elektroden. Dabei besitzen legierte ferritische Elektroden höhere Festigkeiten als austenitische, was insbesondere für den warmbehandelten Zustand gilt. Eine Übersicht über verschiedene in den Ver. St. gebräuchliche Schweißzusatzwerkstoffe mit geringem Wasserstoffgehalt vermittelt Tab. 3 [23].

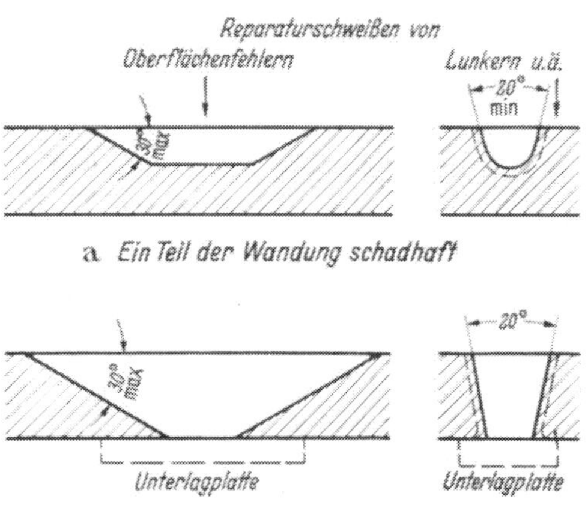

Abb. 1a u. b. Vorbereiten von Stahlguß zum Reparaturschweißen nach [21]

Das richtige Entfernen von Fehlstellen zum Erzielen bester Bindung zwischen Grundmetall und Schweiße gibt Abb. 1 in Form einiger Skizzen nach Hiemke [24] wieder. Skizze a zeigt links das Auskreuzen und Schleifen eines Gußstückes, bei dem ein Teil der Wandstärke schadhaft ist. Handelt es sich um das Zuschweißen von Lunkern oder größeren Hohlräumen, arbeitet man nach Hiemke zweckmäßig mit einer U-Form wie rechts daneben gezeigt. Dabei ist den kleinen Oberflächenfehlern besondere Sorgfalt zu widmen. Gerade wegen ihrer Kleinheit sind sie sorgsam zu entfernen und dürfen keinesfalls ohne Säuberung zugeschweißt werden. Das vielfach übliche Abstrahlen genügt in diesem Fall nicht. Die Oberfläche ist nämlich sehr ungleichmäßig und es würde keine gute Bindung entstehen. Dazu kommt, daß die Tiefe der meisten Oberflächenfehler größer ist als ihre Fläche. Das steht zwar leider im Widerspruch zu den beim Schweißen zu beobachtenden günstigsten Bedingungen, ist aber eine Tatsache.

In der Skizze b der Abb. 1 ist das Entfernen eines Fehlers dargestellt, der sich durch den ganzen Querschnitt erstreckt. Man benutzt zum Legen der ersten Schweißraupe eine Unterlagplatte, die nach beendetem Schweißen durch Abschleifen entfernt wird.

IV. Metallurgie des Schweißens

Zum Vermeiden von Legierungsverlusten setzt man nach Rapatz [6] der Umhüllung von sauren Elektroden insbesondere FeMn zu. Dagegen besitzen basisch umhüllte Elektroden den Vorteil eines kleineren Legierungsverlustes. Er ist verknüpft mit dem gütemäßigen Vorteil der größeren Zähigkeit der Schweiße. Bedingt ist das durch den geringeren Sauerstoff- und Stickstoffgehalt. Meist überwiegt dieser Vorzug, obwohl basisch umhüllte Schweißdrähte langsamer schmelzen als saure Elektroden. Höher legierte Zusatzwerkstoffe, beispielsweise bei rostfreien oder Schnellstählen, setzen sogar eine basische Umhüllung voraus. Sonst wäre die Zusammensetzung der Schweiße infolge der großen Legierungsverluste unkontrollierbar.

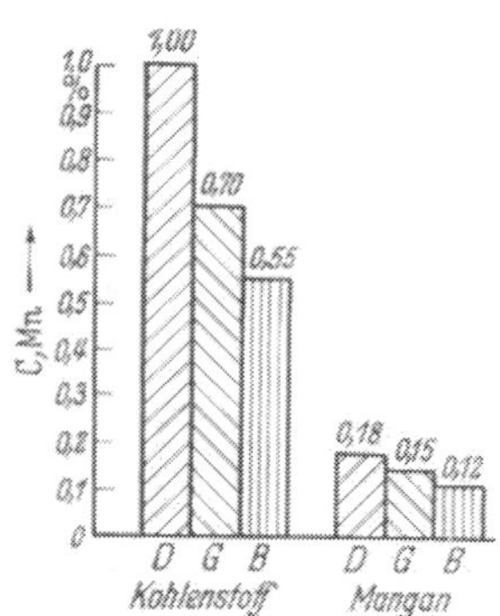

Abb. 2. Durch Abschmelzen hervorgerufene Veränderungen nach [25]

Die Zusammensetzung des Schweißzusatzwerkstoffes ändert sich nämlich nicht nur beim Abschmelzen, sondern auch durch Mischen mit dem Grundwerkstoff, wobei es sich um den sogenannten Einbrand handelt. So sind in Abb. 2 nach Rapatz u. Mitarb. [25] die durch das Abschmelzen allein hervorgerufenen Veränderungen wiedergegeben. Es handelt sich um unlegierten Stahl, und man sieht, daß im Lichtbogen der Verlust beim

Schweißen mit blankem Draht größer ist als beim Arbeiten mit einer richtig eingestellten Flamme. Gleichzeitig sei bemerkt, daß sich die Elemente Kohlenstoff und Mangan gegenseitig schützen. In Ergänzung hierzu bringt Tab. 4 nach RAPATZ [*6*] Beispiele für den Abbrand einiger Legierungselemente im Lichtbogen. Hierbei wurde das Schweißgut zum Ausschalten des Einbrandes auf eine Kupferplatte niedergeschmolzen. Verwendung fanden blanke Drähte, weil bei Manteldrähten der Einfluß der Umhüllung überwiegt.

Tabelle 4. *Beispiele für den Abbrand einiger Legierungselemente im Lichtbogen nach* [*6*]

Untersuchte Stelle	Chemische Zusammensetzung in %				
	C	Si	Mn	Cr	W
Elektrode	0,08	0,01	0,34	—	—
Schweiße	0,04	0,01	0,08	—	—
Elektrode	0,08	0,13	0,73	—	—
Schweiße	0,05	0,02	0,24	—	—
Elektrode	0,55	0,13	0,59	—	—
Schweiße	0,29	0,08	0,48	—	—
Elektrode	1,05	0,19	0,25	—	—
Schweiße	0,68	0,14	0,19	—	—
Elektrode	1,19	0,18	0,40	0,95	1,57
Schweiße	0,97	0,15	0,34	0,95	1,52
Elektrode	1,11	0,25	14,90	—	—
Schweiße	0,86	0,11	13,10	—	—

Die üblichen Stahlbegleiter und Legierungselemente verhalten sich beim Schweißen naturgemäß ähnlich wie beim Schmelzen. Von größter Bedeutung ist der Kohlenstoffgehalt, dessen Wirkung sich nach FRENCH-ARMSTRONG [*26*] aus Abb. 3 ergibt. Man erkennt beim unlegierten Stahlguß bis 0,25% C keine merkliche Aufhärtung. Oberhalb dieser

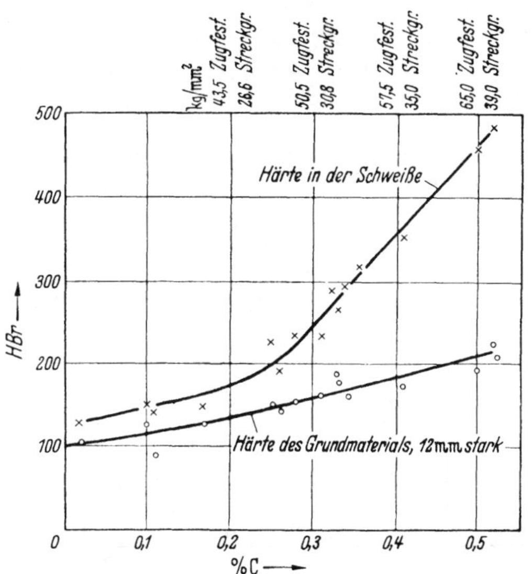

Abb. 3. Wirkung steigenden Kohlenstoffgehaltes auf die Schweißhärte in unlegierten Stählen nach [*26*]

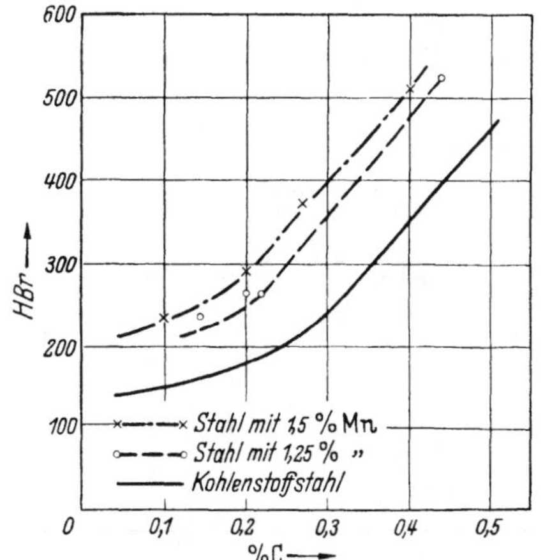

Abb. 4. Wirkung verschiedener Manganzusätze auf die Schweißhärte nach [*26*] (Grundmaterial 12 mm stark)

Grenze steigt aber die Grundhärte stark an. Über den Einfluß eines erhöhten Mangangehaltes auf die Härteannahme beim Schweißen gibt Abb. 4 Auskunft. Hierbei dient der Kohlenstoffstahl zum Vergleich. Danach ist Mangan nächst dem Kohlenstoff das Legierungselement, welches eine Schweißhärte hervorruft. In Abb. 5 ist die größte Schweißhärte für die Elemente Mn, Cr, Mo und Ni bei verschiedenen Kohlenstoffgehalten wiedergegeben. Daraus ist ersichtlich, daß die Neigung der Kurvenscharen für alle Kohlenstoffgehalte zwischen 0,1 und 0,4% bei Mangan und Molybdän größer ist als bei Chrom, und diese übertrifft das Nickel. In Dreistoffsystemen ist also der für Kohlenstoff zulässige Bereich beim Legieren mit Mangan und Molybdän am kleinsten. Er kann für Gehalte bis etwa 1% Cr geringfügig größer sein und sich bis rund 2% Ni noch etwas ausdehnen.

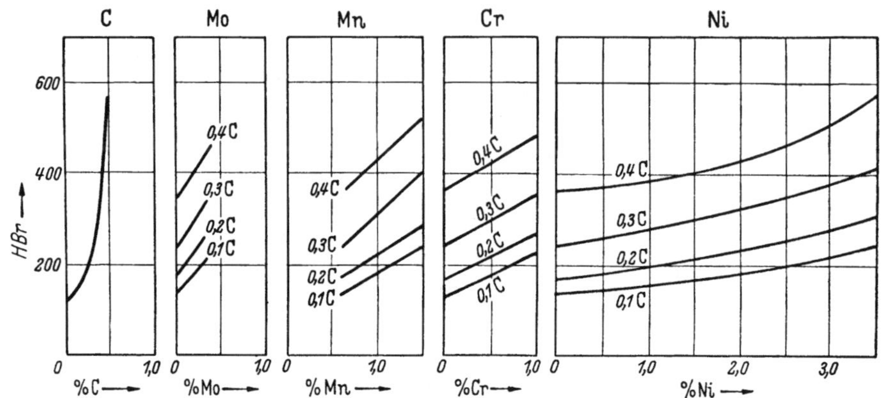

Abb. 5. Vergleich der Wirkung von Kohlenstoff, Molybdän, Mangan, Chrom und Nickel auf die Schweißhärte in Abhängigkeit vom C-Gehalt nach [26]

Untersuchungen des Battelle Memorial Institutes [27] ergaben, daß sich perlitischer Manganstahlguß bei einem Vergleich zwischen Formguß und Walzstahl etwa so verhält wie Walzstahl. Darüber hinaus erreicht der Stahlguß allgemein eine höhere mittlere Schweißhärte als der Walzstahl. Das ist begründet durch den höheren Si-Gehalt des Stahlgusses.

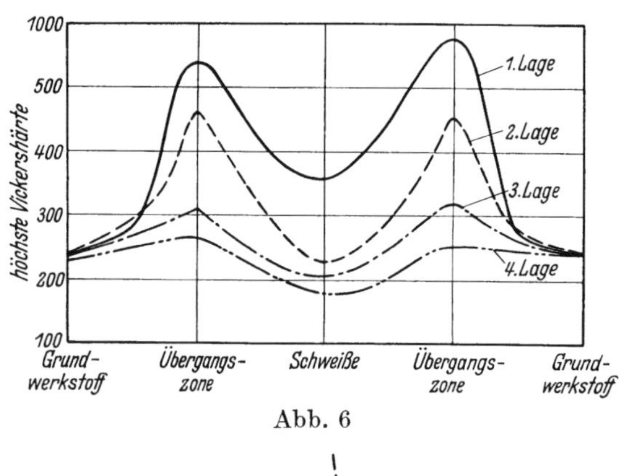

Abb. 6

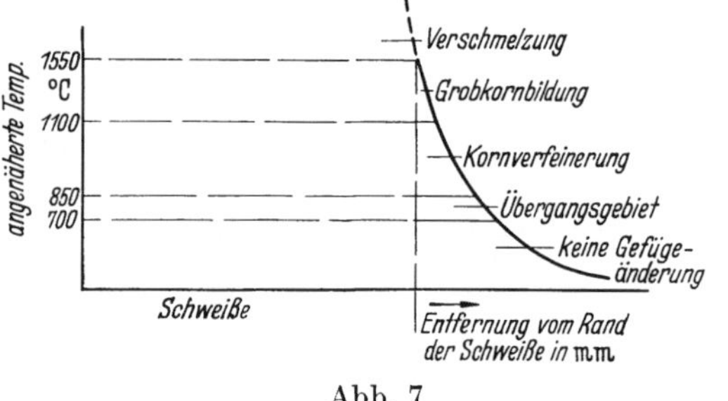

Abb. 7

Abb. 6. Einfluß mehrerer Schweißlagen auf die Schweißhärte von niedriglegiertem Stahlguß bei Raumtemperatur nach [28]

Abb. 7. Temperaturverlauf und Gefügeausbildung beim Schweißen eines weichen Stahles nach [29]

Abb. 8. Wirkung eines Vorwärmens auf die Härte von geschweißtem CrNiMo-Stahlguß mit 0,26% C, 0,50% Cr, 0,87% Ni und 0,37% Mo nach [28]

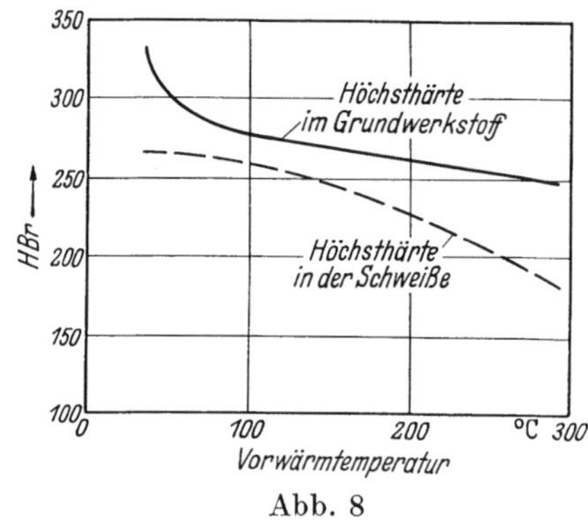

Abb. 8

Das Vorwärmen beim Schweißen dient dem Verhüten bzw. Vermindern einer Aufhärtung in der Übergangszone. Besonders deutlich wird diese Aufhärtung an Hand von Härtemessungen bei Ein- und Mehrlagenschweißungen, worauf Bolton-Smith [28] hinweisen. Ihren Mitteilungen ist Abb. 6 entnommen. Man erkennt, daß die erste Schweißlage vor allem in der Zone des Überganges einer beachtlichen Aufhärtung unterliegt. Dabei verringert die zweite Schweißraupe die Höchsthärte der ersten Lage. Noch klarer wird das beim Legen einer dritten und vierten Raupe, wie die Abbildung zeigt.

Manche Fehlschweißen sind daher nicht durch Fehler in der Schweiße selbst, sondern durch solche in der Übergangszone bedingt. Erklärlich wird das durch die Tatsache, daß diese Zone beim Schweißen kurzzeitig von Raum- auf Schmelztemperatur erhitzt wird. In ihr treten also mit zunehmendem Abstand von der Schweißstelle sämtliche zwischenliegenden Temperaturen auf. Hierdurch sind Strukturwandlungen bedingt, die sowohl von der Temperatur wie auch der Dauer ihrer Einwirkung abhängen. Dazu kommt die Abkühlungsgeschwindigkeit nach dem Erhitzen, also nach beendetem Schweißen. Ist sie zu hoch, muß man eine Bildung von Martensit befürchten, womit Risse in der Übergangszone unvermeidbar werden. Graphisch ist der Temperaturverlauf und die dadurch bedingte Gefügeausbildung beim Schweißen eines weichen Stahles nach ABORN *[29]* in Abb. 7 wiedergegeben. Hiernach ist der durch das Schweißen und die Abkühlungsgeschwindigkeit gegebene Temperaturgradient sehr bedeutsam. Bei Einlagenschweißungen ohne Vorwärmen ist die Abkühlungsgeschwindigkeit hoch und somit die Rißneigung groß. Mehrlagenschweißen bringen automatisch ein Vorwärmen mit sich und vermindern die Abkühlungsgeschwindigkeit.

Ergänzend hierzu zeigt Abb. 8 nach BOLTON-SMITH *[28]* die Auswirkung verschiedener Vorwärmtemperaturen auf die Härte einer Einlagenschweißung. Dabei darf die erforderliche Mindesttemperatur beim Schweißen nicht unterschritten werden. So vermindert das Vorwärmen nicht nur die Härte des Grundwerkstoffes, sondern auch die der Schweiße selbst. Hieraus ergibt sich die berechtigte Schlußfolgerung, daß die Furcht der Hersteller und Verbraucher von Stahlguß hinsichtlich der Schweißbarkeit bei den üblichen Kohlenstoffgehalten im allgemeinen unbegründet ist. Für die richtige Durchführung stellt das Vorwärmen ein wesentliches Hilfsmittel dar und natürlich ist die handwerklich einwandfreie Handhabung unabdingbar. Die bereits genannten Untersuchungen des Battelle Memorial Institutes *[27]* kommen zu dem Schluß, daß Stähle unter 0,25% C sowie 0,50% Mn in der Schweißnaht keine Zähigkeitseinbuße aufweisen. Bei mehr als 0,25% C und wenig über 0,50% Mn gilt das unter der Bedingung ebenfalls noch, daß nach dem Schweißen entspannt wird. Ohne dies Entspannen fällt die Zähigkeit manchmal ab. Maßgebend hierfür sind die Querschnittverhältnisse. Dagegen sollten Stähle mit mehr als 0,30% C sowie über 1% Mn nicht ohne Vorwärmen sowie Entspannen geschweißt werden. Hiermit finden die Schlußfolgerungen des Naval Research Laboratory *[30]* ihre Bestätigung.

V. Schweißvorschriften

Aus den bisherigen Darlegungen ergeben sich die bei Reparatur- und sonstigen Schweißen von Stahlguß zu beachtenden Werkstattvorschriften sowie Forderungen auf Vorwärmen und Entspannen. Für unlegierten und niedriglegierten Stahlguß fanden sie erstmals ihren Niederschlag durch JACKSON-ROMINSKI *[30]*. Dabei ist als Ausgangspunkt die mittlere Brinellhärte gewählt. Eine Weiterentwicklung stellt die Schweißbarkeitsvorschrift nach ABORN *[29]* dar. Beim Zusammenfassen in Gruppen lehnte sich ABORN an die übliche Schweißpraxis an und berücksichtigte die Abkühlungsverhältnisse. Beide Vorschriften sind in Tab. 5 mitgeteilt. Der Übergang von einer zur anderen Gruppe ist dabei nicht scharf abgetrennt, sondern verläuft fließend. Legierungselemente bewirken oft nach BARNETT *[31]* das Einstufen in der nächsthöheren Gruppe. Dazu kommen je nach Legierung Sonderverfahren, wie für Cr- bzw. CrMo-legierten Stahlguß *[32]*. Mit den möglichen Verfahren zum Beseitigen von Eigenspannungen geschweißter Bauteile beschäftigen sich McLEAN-STEWART *[33]* eingehend. Sie nennen Hämmern, Glühen, Wechsel- und Überbeanspruchung. Daran erkennt man, daß nicht ausschließlich ein Glühen zum Beseitigen von Schweißspannungen verwendbar ist, wenn es auch das gebräuchlichste Verfahren darstellt.

Tabelle 5. *Schweißbarkeit von Baustahlguß*

a) nach JACKSON-ROMINSKI [30]

Gruppe	Mittlere Brinellhärte	Vorwärmen	Entspannen
1	unter 200	nein	nein
2	200—250	große Querschnitte gering	große Querschnitte, ja, kleine manchmal
3	250—325	150°C	alle Querschnitte
4	über 325	200°C	alle Querschnitte ohne vorheriges Abkühlen

b) nach ABORN [29]

Gruppe	Chemische Zusammensetzung	Schweißbarkeit allgemein	Vorwärmen	Entspannen
1	Unlegiert unter 0,3% C Niedriglegiert unter 0,15%	leicht	nein	nein
2	Unlegiert 0,35—0,50% C Niedriglegiert 0,15—0,30%	mit Sorgfalt	empfehlenswert	empfehlenswert
3	Unlegiert über 0,50% C Niedriglegiert mit über 0,3% C oder legiert mit mehr als 3%	schwierig	nötig	nötig

Stähle mit etwa 2,5% Cr und 1% Mo müssen nach FERGUSSON [34] auf 300°C vorgewärmt und nach dem Schweißen möglichst schnell bei 620°C entspannt werden. Über das Ausbessern von Gußfehlern an Siliziumguß mit sowie ohne Molybdän teilt SOBKO [35] mit, daß die Porenfreiheit der Schweiße ausschließlich von der richtigen Führung des Schweißvorganges abhängt. Durch die geringe Wärmeleitfähigkeit sowie die 1,5%ige Volumenverringerung und andererseits die hohe Lichtbogentemperatur sind große Spannungen in der Schweiße zu beobachten. Sie führen zu Rissen, wenn das Metall nicht lange genug flüssig gehalten wird. Beste Eigenschaft der Schweiße erzielt man nach einem Erwärmen auf Temperaturen zwischen 650 und 750°C. Bei oder über 950°C zeigt sich eine deutliche Verschlechterung. Über das Schweißen hochlegierten Gusses berichtet THOMAS [36]. Danach scheint das Schweißen bei 35/15 NiCr-Guß in einer um 45° geneigten Rille erfolgversprechender zu sein als das kontinuierliche Senkrechtschweißen. Man kann damit weitgehend Spannungen verkleinern sowie Schweißbad- und Kraterrisse beim Abwärtsschweißen vermeiden.

Manganhartstahl durchläuft nach RAPATZ [6] und HUMMITZSCH-SCHMIDT [37] beim Schmelzschweißen immer das gefährliche Gebiet um 600°C. Daher ist hier die Elektroschweißung vorteilhaft. Durch sie wird der temperaturbeeinflußte Bereich stark begrenzt und die Dauer so klein gehalten, daß die geringsten Schädigungen eintreten. Schweißt man Manganhartstahl auf nicht- oder niedriglegierte Unterlagen, entsteht immer eine Übergangsschicht, die Martensit enthält. Das kann zu einem Ausbrechen oder Aufreißen führen. Außerdem ergibt sich durch den großen Ausdehnungsbeiwert des MnH der Zwang zum Schweißen mit Unterbrechungen. Daher legiert man Manganhartstahl-Auftragsschweißdrähten oft bis zu 5% Ni bei, um insbesondere zähere Übergänge zu bekommen. Zum Einsparen des Ni kann man in manchen Fällen den Mn-Gehalt bis auf 15% erhöhen.

Vor allem beim Schweißen von Werkzeugstählen hat sich neuerdings das Stufenschweißen nach NOREN [38] bewährt. Es baut sich auf den Grundsätzen der Stufenhärtung auf und läßt sich sowohl als Stufenhärtungsschweißen wie auch als einfaches Stufenschweißen durchführen. Vorteilhaft ist dabei, daß sich auch hochwertige Werkzeugstähle mit schwieriger Härtebehandlung ohne Rißgefahr schweißen lassen. Weiterhin gelingt es, den Grundwerkstoff und die Schweiße ohne Beeinflussung durch den Schweißvorgang im gleichen Gefügezustand zu erhalten. Voraussetzung ist natürlich die genaue Kenntnis des Verhaltens der einzelnen Stähle beim Abkühlen aus dem austenitischen Bereich.

Das Vorwärmen beim Schweißen soll die Martensitbildung in Schweiße und Übergangszone unterdrücken. Daraus ergeben sich die erforderlichen Temperaturen, die beim

Schweißen nicht unterschritten werden dürfen. Sie richten sich nach der Zusammensetzung und liegen im allgemeinen zwischen 150 und 400 °C. Dabei weist der unlegierte Stahlguß nach SMITH-BOLTON [*39*] die stärkste Neigung zum Kornvergröbern auf, verhält sich aber immer noch besser als einer der vergleichbaren Walzstähle. Das Entspannen nach dem Schweißen ist notwendig, weil das Erstarren von einer Volumenkontraktion begleitet ist. Sie hat nach HIEMKE [*40*] so hohe Spannungen im Gefolge, daß theoretisch die Fließgrenze von Übergangszone und Schweiße erreicht wird. Der übliche Temperaturbereich für das Entspannen nach dem Schweißen liegt daher zwischen 550 und 850 °C.

Literatur

[*1*] SCHMIDT, H.: Das Gießereiwesen in gemeinfaßlicher Darstellung. Düsseldorf 1953.

[*2*] BRIGGS, CH. W.: The metallurgy of steel castings. Kap. 15. New York 1946.

[*3*] WILLIAMS, R. D., D. B. ROACH, D. C. MARTIN u. C. B. VOLDRICH: Weld. Res. Suppl. Journ. Amer. Weld. Soc. Bd. 28 (1949) S. 311 s.

[*4*] VOLDRICH, C. B., u. O. E. HARDER: Weld. Res. Suppl. Journ. Amer. Weld. Soc. Bd. 28 (1949) S. 326 s.

[*5*] SCHIMPKE, P., u. A. HORN: Prakt. Handbuch der gesamten Schweißtechnik, Bd. I/II Berlin: Springer 1945/48.
DURIETZ, D., u. H. KOCH: Prakt. Handbuch d. Lichtbogenschweißung. Braunschweig 1948.
ZEYEN, K. L., u. W. LOHMANN: Schweißen der Eisenwerkstoffe. Düsseldorf 1948.
ZEYEN, K. L.: Neue Erkenntnisse und Entwicklungen beim Schweißen von Eisenwerkstoffen. München 1949.
HENRY, O. H., G. E. CLAUSSEN u. G. E. LINNERT: Welding metallurgy. Iron & Steel 3. Aufl. New York 1949.
Welding Handbook. New York 1950.

[*6*] RAPATZ, FR.: Die Edelstähle. Berlin/Göttingen/Heidelberg: Springer 1951.

[*7*] BRILLIÈ, M.: Berg- u. Hüttenm. Mh. Bd. 95 (1950) S. 348.

[*8*] BARDENHEUER, P., u. W. BOTTENBERG: Mitt. K.-Wilh.-Inst. Eisenforschg. Bd. 20 (1938) S. 77.

[*9*] WERNER, O.: Arch. Eisenhüttenw. Bd. 12 (1939) S. 449.

[*10*] ANTONIOLI, A.: Stahl u. Eisen Bd. 62 (1942) S. 540.

[*11*] BOLLENRATH, F., u. H. CORNELIUS: Arch. Eisenhüttenw. Bd. 10 (1937) S. 563.

[*12*] MÜLLER, J.: Luftfahrtforschg. Bd. 17 (1940) S. 97.

[*13*] BUCHHOLTZ, H., u. P. BETTZIECHE: Stahl u. Eisen Bd. 60 (1940) S. 1145.

[*14*] STIELER, C.: Stahl u. Eisen Bd. 58 (1938) S. 346 u. 430.

[*15*] ARCHER, R. S., J. Z. BRIGGS u. C. M. LOEB jr.: Molybdän. New York 1951.

[*16*] BENNEK, H., u. F. H. MÜLLER: Arch. Eisenhüttenw. Bd. 14 (1940/41) S. 605.
ZAPFFE, C. A., u. C. E. SIMS: Weld. Journ. Bd. 19 (1940) S. 377.

[*17*] SPRARAGEN, W., u. G. CLAUSSEN: Weld. Res. Suppl. Journ. Amer. Weld. Soc. Bd. 20 (Jan. 1939) S. 1.

[*18*] LARSON, L. J.: Weld. Journ. Bd. 17 (1936) S. 14.

[*19*] HIEMKE, H. W.: Journ. Amer. Soc. Nav. Engrs. Bd. 51 (1939) S. 311.

[*20*] Stahleisenliste. Düsseldorf 1948.

[*21*] BISCHOF, F.: Schweißen u. Schneiden Bd. 1 (1949) S. 26.

[*22*] ZEYEN, K. L.: Schweißen u. Schneiden Bd. 1 (1949) S. 17 u. 45.

[*23*] Low Hydrogen Electrodes Sheet No. 788,09. Milwaukee 1950.

[*24*] HIEMKE, H. W.: Steel Foundry Facts. März 1940 S. 8.

[*25*] RAPATZ, FR., W. HUMMITZSCH u. F. SCHÜTZ: Autogen Metallbearb. Bd. 33 (1940) H. 16/17.

[*26*] FRENCH, H. J., u. T. N. ARMSTRONG: Weld. Res. Suppl. Journ. Amer. Weld. Soc. Bd. 20 (Okt. 1939) S. 339.

[*27*] BISSELL, A.: Weld. Res. Suppl. Journ. Amer. Weld. Soc. Bd. 23 (März 1942) S. 132.
HARDER, O., u. C. VOLDRICH: Weld Res. Suppl. Journ. Amer. Weld. Soc. Bd. 23 (Okt. 1942) S. 450.
JACKSON, C., u. G. LUTHER: Weld. Res. Suppl. Journ. Amer. Weld. Soc. Bd. 23 (Okt. 1942) S. 523.

[*28*] BOLTON, J. W., u. A. J. SMITH: Weld. Res. Suppl. Journ. Amer. Weld. Soc. Bd. 20 (Nov. 1939) S. 398.

[*29*] ABORN, R. H.: Weld. Res. Suppl. Journ. Amer. Weld. Soc. Bd. 21 (Okt. 1940) S. 414.

[*30*] JACKSON, C., u. E. ROMINSKI: Weld. Res. Suppl. Journ. Amer. Weld. Soc. Bd. 18 (Sept. 1937) S. 312.

[*31*] BARNETT, O. T.: Foundry, Cleveland Bd. 75 (1947) Nr. 1, S. 75/76, 202/03, 206, 208 u. 210.

[*32*] SCHUMACHER, W.: Gießerei Bd. 27 (1940) S. 515. SCHMIDT, H.: Elektroschwßg. Bd. 13 (1942) S. 131. CORNELIUS, H.: Luftfahrtforschg. Bd. 20 (1943) S. 255. Steel Castings Founders Soc.: Weld. Journ. Bd. 31 (1952) S. 315.

[*33*] MCLEAN, J. T., u. WM. C. STEWART: Metal Progr. Bd. 58 (1950) S. 79/80, 116, 118.

[*34*] FERGUSSON, H. B.: Engineering Bd. 169 (1950) S. 149.

[*35*] SOBKO, N. A.: Westnik Ing. Techn. (russ.) Bd. 16 (1940) S. 623.

[*36*] THOMAS, R. D.: Weld. Journ. Bd. 31 (Jan. 1952) Suppl. S. 27—32.

[*37*] HUMMITZSCH, W., u. A. SCHMIDT: Schweißtechn. Bd. 4. Wien 1950.

[*38*] NORÈN, T.: Stahl u. Eisen Bd. 72 (1952) S. 347.

[*39*] SMITH, A. J., u. J. W. BOLTON: Trans. Amer. Foundrym. Ass. Bd. 48 (1940) S. 31.

[*40*] HIEMKE, H. W.: Journ. Amer. Soc. Nav. Engrs. Bd. 48 (Nov. 1936) S. 484.

Schweißen von Temperguß

Von **F. Roll**, Duisburg

Mit 4 Abbildungen

Das Schweißen von Temperguß kann nur aus seinen Beziehungen zum Werkstoff und seinen daraus entstehenden Eigenschaften erkannt werden (s. Kap. Temperguß). Aus dem auf S. 876 u. 877 dargestellten Merkblatt können die wesentlichsten Hinweise entnommen werden (s. a. Schweißen von Gußeisen)[1].

Damit ist auch das Feld der Anwendung gekennzeichnet.

Unter den Möglichkeiten des Schweißens ist die Anwendung des konstruktiven Schweißens am wertvollsten. Es kommen hierbei nur hochwertiger GTW 40 s und Sondersorten in Betracht. Die Wanddicken sind mit etwa max. 9 bis 10 mm beschränkt. Zwar können auch noch dickere Gußstücke geschweißt werden, aber durch zu lange Temperzeit wird der Werkstoff unwirtschaftlich. Zudem gibt es konstruktive Ausweichmöglichkeiten, indem die zu schweißende Wanddicke der Gußstücke in den vorgegebenen Bereichen gehalten werden. So ist es möglich, GTW 40 s mit dem gleichen Werkstoff zu schweißen. Dieser Weg beugt komplizierten und damit unwirtschaftlichen Gußstücken vor. Am häufigsten wird das Schweißen bei GTW 40 s mit Stahl angewendet.

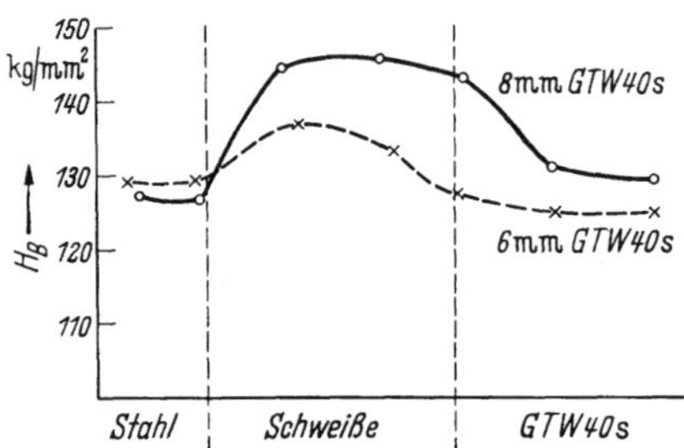

Abb. 1. Härteverlauf von Temperguß GTW 40s mit Stahl verschweißt

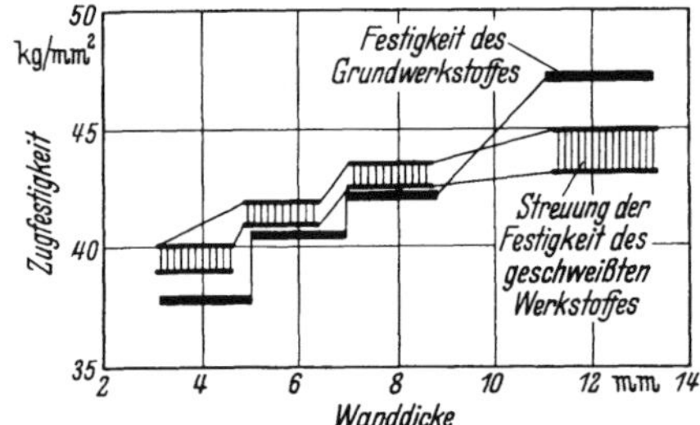

Abb. 2. Schweißverhalten eines geeigneten Tempergusses GTW 40 s (nach Roll und Eger)

Da Temperguß infolge seiner günstigen Formmethode auch komplizierte und verwickelte Gußstücke zuläßt, ist das Feld der Anwendung gegenüber anderen Verfahren technisch und wirtschaftlich überaus erfolgversprechend.

Dabei lassen sich sowohl die autogene als auch elektrische und neuerdings auch die Stumpfschweißung anwenden.

In dünnen Wandteilen bleiben die Festigkeits- und Härteeigenschaften etwa gleich. Abb. 1 zeigt den Verlauf der Härte in einigen Wanddicken. Die Festigkeit der Schweißung läßt sich am geschweißten Zerreißstab oder am geschweißten Werkstück ermitteln, Abb. 2. Eindrucksvoll sind auch Schlagversuche, Abb. 3.

[1] F. Roll-W. Eger, Schweißen von Gußeisen, VDI-Verlag, 1943 und Neuauflage F. Roll, Deutscher Verband Schweißtechnik, 1958.

Die autogene Schweißung wirkt bei Temperguß infolge der geringeren Flammentemperatur milder ein. Ein weiterer Vorteil liegt in der Wärmevor- und -nachbehandlung mit dem Brenner. In Fällen, in denen infolge verwickelter Formgebung ein Reißen des Gußstückes leichter auftritt, wird die autogene Schweißung vorgezogen. Dazu ist bei dieser Schweißbehandlung das Verhalten des Zusatzwerkstoffes leichter zu beurteilen. Die Anwendung von Schweißpulver ist empfehlenswert.

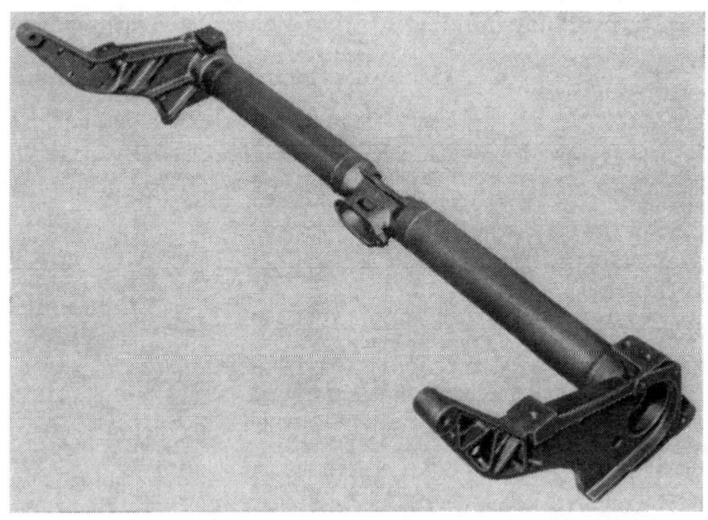

Abb. 3. Federachse für Volkswagen-PKW, schweißbarer Temperguß „Sius" mit Stahlrohren verschweißt

Die elektrische Schweißung findet in der Praxis häufig Anwendung. Allerdings wirken sich die hohen Wärmestöße bei größeren Schweißbehandlungen nachteilig aus. Bei dünnwandigem Guß hat sich die elektrische Schweißung gut bewährt. Über 8 mm nehmen die Schwierigkeiten zu. Es treten Härtesteigerungen im Übergangsgefüge auf und die Rißneigung nimmt zu. Nachteilig ist die meist notwendige Vorbereitung der Schweißstelle, z. B. durch Anschärfen der Werkstoffränder. Von erheblicher Bedeutung für eine erfolgreiche elektrische Schweißung ist die Wahl der Elektroden. Bei 2,5-mm-Elektroden wird mit einer Stromdichte von etwa 18 A/mm² gearbeitet, bei 4-mm-Elektroden mit einer Stromdichte von etwa 12 A/mm². Ein wesentlicher Unterschied zwischen Wechsel- und Gleichstrom ist bei der Tempergußschweißung nicht zu beobachten. Bei Gleichstrom empfiehlt es sich, die Elektroden am Pluspol anzuschließen. Der Lichtbogen ist möglichst kurz zu halten. Durch die Blaswirkung des Lichtbogens kann im Schmelzbad durch kreisende Bewegung der Elektrode ein Rühren hervorgerufen werden. Auch die Anwendung einer Art Pilgerschrittbewegung hat sich gut bewährt. Bei konstruktiven Arbeiten ist für eine langsame Abkühlung der Schweißverbindung Sorge zu tragen. Die Brennergröße sowie der Durchmesser des Schweißdrahtes können ähnlich wie bei der Stahlschweißung angesetzt werden.

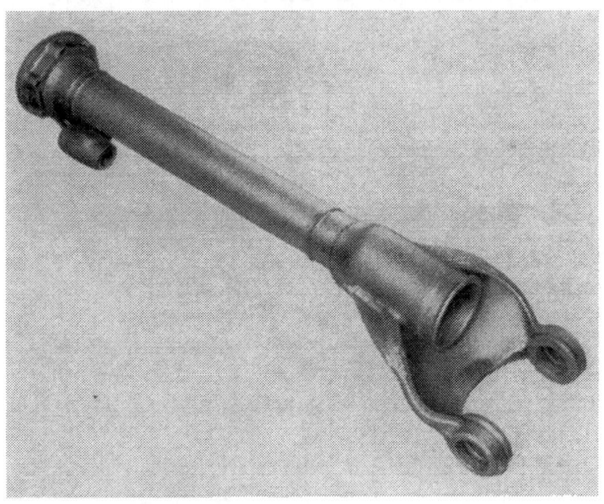

Abb. 4. Hinterachse eines PKW mit zwei Gußstücken aus GTW 40 s (Marke Sius)

Die autogene Schweißung läßt sich mit St 37 · 11 als Zusatzdraht gut ausführen. Das elektrische Schweißen ist am besten mit Ti VII m/433/12 zu bewerkstelligen.

Die Anwendung läßt bei Beachtung der Merkmale, die im Merkblatt vorgestellt wurden, ein großes Feld erkennen. Es sind nur einige wenige Beispiele hier angeführt. So haben sich im Kraftwagenbau und im Hochdruckarmaturenbau statisch und besonders dynamisch hochbeanspruchte Teile seit Jahren bewährt, Abb. 4.

Führungsstücke, Befestigungsteile, Drosselklappen, Federböcke, Gabelböcke, Bremslager für Motorräder gehören hierher. Motorlager, Radträger und andere Teile sind zu nennen.

Auch im Landmaschinenbau sind geschweißte Tempergußstücke vielfach im Einsatz. Vielseitig beanspruchte Kontakthebel, Federträger, kombinierte Zahnsegmente u. a. sind überaus wertvolle Gußstücke dieser Art.

In der Pumpenindustrie gibt es viele Anwendungsbeispiele: Laufräder, Leitstücke u. a.

Schweißen von Temperguß

(VDG Merkblatt, Entwurf, Oktober 1950)[1]

1. Sachgemäßes Schweißen von Temperguß (Kurzzeichen: GT) setzt eine gute Kenntnis der Werkstoffgüte, insbesondere der Zusammensetzung und des Gefüges bei gegebener Wanddicke voraus.

2. Werkstoffeinteilung. Man unterscheidet nach DIN 1692:

Weißen Temperguß: GTW 35 und GTW 40; GTW 40 s ist besonders gut schweißbar.

Schwarzen Temperguß: GTS 35 und GTS 38.

In der Praxis kommt noch der Schwarzkernguß vor, der einen schwarzbrüchigen Kern und einen hellen Rand aufweist.

Sondertemperguß für konstruktives Schweißen.

3. Werkstoffvoraussetzungen

	GTW	GTS
Temperguß ist eine untereutektische FeC-Legierung, deren Gehalte in folgenden Grenzen liegen:		
C	2,9 bis 3,2 3,1 bis 3,4	2,2 bis 2,5 2,4 bis 2,6 (0,8)
Si	0,6 bis 0,7 0,5 bis 0,65	1,1 bis 1,2 0,9 bis 1,0
Mn	0,1 0,3 bis 0,4	0,3 0,5
P	max. 0,12	max. 0,12
S	0,1 0,15 bis 0,25	0,08 0,1 bis 0,12
Gut schweißbarer GTWs soll möglichts wenig Schwefel enthalten.		

Im übrigen muß die chemische Zusammensetzung so eingestellt sein, daß kein *Faulbruch*, also keine Ausscheidung von Graphit auftritt. Die vorstehenden Analysenwerte entsprechen der Zusammensetzung des Rohgusses. Der Kohlenstoff erfährt beim Tempern eine Veränderung, und zwar:

GTW	GTS
durch Tempern in sauerstoffabgebenden Mitteln	durch neutrales Tempern:
a) Zerfall des Eisenkarbids, b) Entkohlung. Bei geringen Wanddicken führt diese Entkohlung bis fast zu null Kohlenstoff. Es können folgende Anhaltszahlen angegeben werden.	a) Zerfall des Eisenkarbids, b) praktisch keine Entkohlung

	Rand % C	Mitte % C
4 mm Wandd. fast	0	0,4
10 mm Wandd. fast	0	1,3
20 mm Wandd. fast	0	1,8
30 mm Wandd. fast	0	2,2

Gefüge: unter etwa 9 mm Rand: Ferrit. Mitte: Ferrit + etwas Perlit (+ Temperkohle) über etwa 9 mm Rand: Ferrit. Mitte: Perlit (ev. Ferrit) + Temperkohle.	Er besteht über alle Wanddicken aus: Ferrit und Temperkohle (ev. etwas Perlit)

Beim Aufschmelzen während des Schweißvorganges bildet sich:

unter etwa 9 mm kein freies Eisenkarbid zurück über etwa 9 mm ev. Eisenkarbid zurück und ergibt sodann *harte Stellen.*	freies Eisenkarbid zurück

4. Möglichkeiten des Schweißens. a) Beseitigung von Schönheitsfehlern mit der Maßgabe, daß keine Bearbeitung nötig ist und keine konstruktiven Beanspruchungen vorliegen.

GTW	GTS
alle Wanddicken schweißbar	

b) Haftschweißung mit der Maßgabe dafür, daß keine Bearbeitung nötig ist und keine konstruktiven Beanspruchungen vorliegen.

GTW	GTS
alle Wanddicken schweißbar	

c) Reparaturschweißung mit der Maßgabe, daß keine Bearbeitung nötig ist und keine konstruktiven Beanspruchungen vorliegen.

GTW	GTS
alle Wanddicken schweißbar	

d) Reparaturschweißung mit der Maßgabe, daß die Bearbeitung gesichert sein muß und konstruktive Beanspruchungen vorliegen.

GTW 40 s	GTS
kleiner als 9 mm	entfällt

e) Konstruktive Schweißung mit der Maßgabe gesicherter Bearbeitung und mechanischer Festigkeit.

GTW 40 s	GTS
kleiner als 9 mm In diesem Falle ist laut DIN 1692 die Forderung schon auf der Bestellung, Zeichnung usw. zu vermerken.	entfällt

[1] Neudruck des Merkblattes in Kürze zu erwarten.

5. Weitere allgem. Hinweise. Autogene Schweißung	Elektrische Schweißung
Wärmewirkung: Langzeitlicher, jedoch milder	kurzzeitlicher, aber heißer
Zementitbildung: bei Anwesenheit von Temperkohle geringer	größer
Verziehen: größer, aber durch Vor- und Nachwärmung ausgleichbar	gering, neigt zum Reißen
Vorbereitung d. Schweißstelle: wenig erforderlich	Anschärfen der Ränder nötig

Elektroden. Ummantelte Elektroden sind geeigneter. Folgende chemische Zusammensetzungen werden vorgeschlagen:

	I.	II.	III.	IV.	V.
C	0,04 bis 0,08	sonst wie I	sonst wie I	Monel	Bronze
Si	Spuren bis 0,20	2 bis 3%			
Mn	0,4 bis 0,8				
P	0,03				
S	0,03				
N_2	0,05				
Ni			2%		

Bei der autogenen Schweißung arbeitet man mit Gasüberschuß. (Sonst wie Stahlschweißung.) Schweißpulver ist zu empfehlen.	Man arbeitet mit 2,5- bis 4-mm-Elektroden unter Anwendung von Wechsel- oder Gleichstrom. Bei letzterem empfiehlt sich, den +-Pol an der Elektrode anzuschließen. Die Stromdichte soll zwischen 12 bis 18 Amp/mm² liegen.

6. Arten der Schweißung

I. Gießschmelzschweißung: nicht üblich.

II. Thermitschweißung: nicht üblich.

III. Schmelz-Gas-Schweißung: kalt für 4, a, b, c, d, e.

IV. Schmelz-Gas-Schweißung: warm für 4, a, b, c, d, e.

V. Lichtbogenschweißung: kalt für 4, a, b, c, d, e.

VI. Punktschweißung: für 4, a, b, c, d, e.

VII. Stumpfschweißung: für d, e.

Sachverzeichnis

Die Kennzeichnung geschützter Namen ® ist nach sorgfältiger Prüfung vorgenommen worden. Wenn in Einzelfällen Warenzeichen versehentlich nicht gekennzeichnet sein sollten, so berechtigt dies nicht zu der Annahme, daß es sich um einen freien Handelsnamen (Freizeichen, Trivialnamen usw.) handelt. Herausgeber und Verlag verwahren sich dagegen, daß das vorliegende Werk hierfür als Beweis herangezogen wird.

Abbau, Formsande 382
— innerer Spannungen 101
Abbinden, Zement 446
Abbinde-beschleunigung, Zement 447
— -fähigkeit, Kernbinder 463
Abdruckversuche, allg. 735
Abhängigkeit Si/geb. C im Roheisen 262
Abkühlungsgeschwindigkeit, GS 87
—, kritische, GS 106
Ablöschen, GS 93
— von Stahlguß in strömenden Gasen, GS 97
Ablöschmittel, GS 101
Abrieb von Koks 330
Abschreck-härtbarkeit, GS 77
— -vermögen verschiedener Härtemittel, GS 101
Abstimmung feuerfester Baustoffe 362
Abtragung, Metallfläche, Korrosion 216
Aktivierte Bentonite 415, 417
Aktivierungsenergie, allg. 10, 32
Alitieren, GS 79, 115
Alkali-Phosphatierung 821
Alkalien, Prüfung ff. Stoffe 622
Alluviale Sande 378
Alcasid 56 ®
Alnico-Dreierstahlguß 63 ®
Alsikal 302 ®
Alsimin 302 ®
Alte Herdorfer-Hütte-Roheisen 273
Altern, chemische Beanspr. 252
Altern (Schmiermittel) 252
Alumetierung 788
Aluminium im GS 56
— -bestimmung 588
— —, quantitative, photometrisch 591
— —, qualitativ 588
— — von Tonerde 591
—, Hütten 301
— im Roheisen 267
— -Umschmelzlegierungen 302
Analysen von ausländischem Roheisen 276
— von Normal- u. Spezialroheisen 273
— -automaten, Spektralanalyse 657
— -beispiele von Braunkohlen 314
— -kontrolle, chem. 537
Änderung der Wichte, Quarz 343
Anhaltszahlen für Wärmewirtschaft 311
Anlagen, Oberflächenbehandlung 808
Anlaßbeständigkeit 105
—, GS 73, 75, 64, 71
Anlassen im GS 93, 104
Anlaßspröder GS 114
Anlaßsprödigkeit 104
—, Behebung der 104
—, GS 65, 72, 73, 80, 94, 95, 102
—, Wesen der 105
Anlaßtroostit, GS 68
Anlauf-farben-Überzüge 818
— -zeit 30
Anmachwasser/Bentonit 441
Anodische Oxydation 819
Anorganische Oberflächenbezüge 817
Anormales eutektisches Gefüge 37
Anregungsbedingungen, spektroskopisch 674
Anrostverfahren 819
Anschwemmfiltergerät, metall. Überzüge 809
Anspritzmittel, Kerne 484
Anstriche von Gußoberflächen 822
— von Modellplatten 367
Antimon im GS 53
Antimonbestimmung 594
—, gewichtsanalytisch 595
—, maßanalytisch 594
—, photometrisch 595
—, qualitativ 594
Anwendungsgebiete für Temperguß 194
Apatit, Formsand 406
Apparate, Oberflächenbehandlung 808
Arcatonschweißen 862 ®
Argonarcschweißen 862 ®
Arsen im GS 51
— im Roheisen 266
Arsenbestimmung 591
—, Destillationsverfahren 591
—, Fällungsverfahren 593
—, qualitativ 591
Aschegehalt, Kernbinder 457
— im Koks 327
— — —, Bestimmung 616
— verschiedener Brennstoffe 309
— von Gießereikoks 325
Asche- u. Wassergehalt (mittl.) der Ruhrbrennstoffe 320
Ascheverhalten von Koks 326
Asphaltlacke 824
Atomare Lösungen 2
Atramentieren von Kunstguß 212
Ätzverfahren, Metallographie 757
Aufdampfanlage, Oberflächenverh. 788, 794
Aufkohlung durch Koks, GG 330
Aufkohlungsmittel 303
Auflösungsvermögen/Spektrograph 641
Aufmetallisierung 793
Auftragsschweißen, Oberflächen 791
Ausdehnung, Quarz-Modifikationen 344
Ausgleich von Restspannungen, GS 83
Ausgüsse 360
aushärtbare Legierungen, GS 80
Ausscheidung, GS 73
Ausscheidungs-förderung, GS 43, 65, 77
— -härtbare Co-Legierungen, GS 64
— -härtung, GS 44
Austenit, GS 42
—, Umwandlungsgeschwindigkeit des A. 95
austenitische Stahlelektroden, GG 861
Austenitumwandlung, Zeitdauer der 95

Austrocknungsneigung, Kernbinder 463
Auswahl Linienpaare, Spektroskopie 655
Autogenes Schweißen, GT 875
Azetylen-Sauerstoff-Flamme, GG 841, 844

Backenbrecher, Analysen 541
Bainit 96, 764
Basenaustausch, Bentonit 413, 420
Basische Steine 338
Baumann-Abdruck 758
Baustahl zur Verwendung bei tiefen Temperaturen, GS 62
Baustahlguß 117
Baustahlgußgüten, mechanische Eigenschaften 119
—, Zusammensetzung von 118
BDS-Inchromverfahren 790 ®
Bearbeitbarkeit, GT 194
Bearbeitbarkeit, Prüfung; (siehe auch Werkstoffe) 739
BECKMANN Spektrometer 670
Beheben der Anlaßsprödigkeit, GS 104
Belüftung, Korrosion 221
Bentonit, aktiviert 415, 417
—, Anforderungen 433
—, Anmachwasser 441
—, Druckfestigkeit 440
—, Heißdruckfestigkeit 442
— -Lagerstätten 414
— -Stärkebinder 441
—, technologische Prüfungen 432
—, Zusammensetzung 416
Bentonite, Gasgehalt 465
Benvenuto Cellini (1500—1570) 197, 205
Benzidinreaktion, Tonmineralien 429
Benzollösliches in Kernbindern 457
beruhigter Stahl 21
Beryllium, GS 80, 81
Beschickungsvorrichtung, Emaillieren 835
Beschleunigungsarbeit 14
Besonderheiten beim Warmbehandeln, GS 102
Beständigkeit des ganzen Bauteiles, GS 142
Bestimmung von Legierungsbestandteilen siehe jeweils das betreffende Element
Beta (β) Cristobalit 343
— — Quarz 343
Betriebsprobenahme von Roheisen 269/538
Bestimmung chem. Elemente s. unter diesen
Betriebsüberwachung, Prüfplan-Formsande 495
Beugungsgitter 640
Bezugsstoffe 673
Biege-faktor 715
Biege-festigkeit/Kerne 525
— —, Metalle 708
— -pfeil, GG 708
— -spannung 708
— -versuch, GG 707
— -wechselfestigkeit, GS 121
Bildungsgeschwindigkeit des Gefüges 33
Bindereigenschaften 455
Birleč-Öfen, GT 183 ®
Birlenbacher-Hütte-Roheisen 273
Bitumenstaub 476
Blasen-bildung von Emaille 832
— -druckmethode 12
Bläser 673
Blattgraphit-Richtreihe 769, 772, 773, 774
Blauhitze, Versprödungsbereich der 103
Blei, GS 52
— im Roheisen 266
— -folien/Röntgenanalyse 744
— -staubanstriche 824
— -überzüge 799
Blindwerden von Emaille 835
Blockseigerung 25
Bodenkorrosion 225, 226
Bohrguß 196
Bondieren, Kunstguß 212
Bor, GT 175
— im GS 80
— im Roheisen 266
— -Bestimmung, spektroskopisch 670
Brackelsberg-Ofen 171
— — -nässe 354
Branntkalk 306
Braunkohle 314
—, Analysenbeispiele 314
—, Heizwerte deutscher Roh- 315
Braunkohlenbrikett 315
— -staub 315
—, Anforderungen 315
Brennholz, Sorten 312
Bremsklötze, Verschleiß 244
Bremsklotzprüfung 738
Brennstoffe 308
—, Aschegehalt 616
—, Aschegehalt deutscher Rohbraunkohle 309
—, Bestimmungen 614
—, genormte Bestimmungen 615
— -Probenahme 541
Brennverhalten der Quarzite 343
BRIGGS, Entschwefelung 303
Brinellhärte von Roheisen 272
Brinell-Härteprüfung 698
Bronzenüberzüge 803
Bruchdehnung, allg. 683
— -durchbiegung, allg. 709
— -einschnürung, allg. 683
— -gefüge von Roheisen 270
— -probe, GT 165
— -wahrscheinlichkeit, Prüfung 691
Brücken im Roheisen 271
Brünierung 817
— sauer 819
Buntsandsteinsande 379

Ca-Bentonit 416
Calzium-Silizium 291
— -bestimmung s. Magnesiumbestimmung 598/99
CELLINI, Benvenuto (1500—1570) 197/205
Cer, GS 54
chemisch beständiger GS 142
chemische Beanspruchung 216
— Bestimmung des Elementes x siehe jeweils bei den betreffenden Elementen
— Oberflächenüberzüge 821
— Prüfung, Formstoffe 507
— Prüfung, Tonmineralien 419
— Zusammensetzung der Ruhrbrennstoffe 320
Chloridverfahren, Oberflächenbh. 787
Chlorkautschuklacke 823
Chrom, GS 67
—, Korrosion 229
— im Roheisen 56, 266
— -badewanne, Oberflächenbehandlung 808
— -bestimmung 578
—, gewichtsanalytisch 579
—, maßanalytisch 579
—, qualitativ 578
—, photometrisch 580
—, potentiometrisch 580
— -erzsteine 359
— -guß, Zundern 239
— -haltige Legierungen 296
— -magnesitsteine 358
— -stahlguß, Einfluß von Mangan 70
— —, — von Nickel 70
— —, halbferritischer 69
— -überzüge 800
Cristobalit 443

Dachschichtenbildung 221
DAL-Verfahren 789 ®
Dalič-Verfahren 812
Dämpfung, Werkstoff- 727
Dämpfungswerte, GG 729
Dauer-bruch, GS 136
— -festigkeit, allg. 722
— —, GG 727
— — von GG mit Kugelgraphit 728
— —, GS 121, 726
— —, GT 727
— -festigkeitsschaubild, allg. 724
— -formen 450
— -magnete, GS 155, 75, 64, 77
— -magnet-legierungen 152, 65
— — -werkstoffe 79
— -schlagversuche, allg. 730

Dauer-schwingfestigkeit, allg. 722
— -standfestigkeit GS; allg. 53, 73, 77; 694
— -versuch, allg. 722
Deckemail 829
Deformationsfähigkeit, Kerne 529
Dehngrenze, allg. 683
Dehngrenzlinie, allg. 696
Dehnung, allg. 683
Dekapieren 833, 797, 799
denitrieren 79
Denitrierungsmittel 56
Dentriten 17, 34
Desorientierungsdruck p_D 6
Desoxydationsmittel 55, 56, 74, 78, 301
desoxydieren 75, 79
desoxydierter GS 48
DEVARANNE, Simon Pierre 213
Dextrin, Probenahme 456
Diamantschleifmittel, Schliffe 756
Dichtigkeit von Roheisen 271
Dichtungsmittel 368
Didym, GS 54
Differential-Thermo-Analyse, Tonmineralien 430
Diffusionsglühen, GS 92
— -verfahren, Oberflächenbeh. 788
Diluviale Sande 378
Dip-Test, Kerne (USA) 530
Dispergierungsmittel, Formsand 498
Dispersion, Spektrograph 640
DKC-Roheisen 275 ®
Dolomit 357
— -Bestimmung 606
— -Probenahme 542
—, stabilisierter 358
—, Stampfmassen 357
— -futter, Haltbarkeit 358
— -stein, stabilisierter 358
Dörentrup, Quarzsande 391
Dorsten, Quarzsande 391
Drehschlagversuch 721
Dreiecksdiagramm, Formstoffe 517
Dreilinienverfahren 671
Druckerweichung 354
— von feuerfesten Materialien 349, 357, 359
Druckfestigkeit, Bentonit 440
—, Formsande 513
—, Kerne 524
—, Metalle 705
—, Zementsand 448
Duisburger Kupferhütte-Roheisen 275
Duplexverfahren, GT 171, 172
DURANTsche Patente 449
Durchbiegung, allg. 708
Durchbiegungsziffer, allg. 710
Durchhärtung, GS 60, 63, 68, 71
— von legiertem GS 106, 108
Durchmesser, kritischer GS 110
Durchschnittsanalysen, Formsand 418
Durchvergütung, GS 105
Durit 317
DVM-Kriechgrenze, allg. 694
DVM-Probe 719
Dynamische Festigkeit, GT 193

Eichkurven für verschiedene Elemente/Spektroskopie 660
Eichproben/Spektroskopie 655
Eigenspannungen GS 110
Einbettverfahren, Schliffe 750
Einfluß des Chroms, Korrosion 229
Einfluß der Elemente, GT 173
— des Kupfers, Korrosion 227
— der Legierungsbestandteile, GS 45
— von Mangan auf Chromstahlguß 70
— von Nickel auf Chromstahlguß 70
— des Nickels, Korrosion 228
— des Siliciums, Korrosion 230
— der Temperatur, Tonmineralien 438
Einhärtungstiefe, GS 73, 76
Einkaufsregeln, Quarzsande 384
—, Sande 383
Einsatz-härtung, GS 112
— -mittel, GS 112
Einteilung der Kohlen 318
— der Roheisen 261
Eisenbestimmung 565
— in Fe Mn 614
— in Ferrolegierungen 614
— in Fe Si 614
—, jodometrisch 568
—, Kaliumpermanganat-Verfahren 566
—, kolorimetrisch 568
—, photometrisch 568
—, Titantrichloridverfahren 567
Eisefelder-Hütte-Roheisen 273
eisenhaltige Anteile, Formsand 406
Eisen-karbide 41
— -kohlenstoffdiagramm 2, 40
— -kunstguß 197
— -sulfid 775
Elastizitäts-gesetz, allg. 691
— -grenze, allg. 683
— -modul, allg. 684, 712, 737
— —, GS 75
— — nach COLLAUD 690, 713
— —, GG 689, 841
elektrischer Widerstand an ff. Stoffen 348
Elektrochemische Gesetze, Korrosion 217
Elektrochemisches Verfahren, Oberflächenbehandlung 796
Elektroden 334
— -eigenschaften 335
— —, chemische 335
— —, physikalische 335
—, elektrischer Widerstand 335
—, Graphit- 334, 335
Elektroden, Kohle- 334, 335
— -prüfung 336
—, Schweißen von GG 845, 861
—, — — GS 864, 865, 866
—, — — GT 877
—, Söderberg- 334
— -verbrauch in kg/t flüssigen Stahls 335
Elektrolytische Verfahren, GS 115
Elektrolytisches Polieren 756
Elektronen-Bild, Tonmineralien 426
— -vervielfacher 666
—, freie 1
Elektroöfen zum Emailieren 838
Elementaranalyse von Koks 329
— der Steinkohle 321
Elinvar/GS 64 ®
Email 829
—, Ausdehnungskoeffizient 833
—, Blasenbildung 832
—, Blindwerden 835
—, Deckemail 829
—, Dekapieren 833
—, Grund 829
—, Herstellung 830
—, Kastenrost 832
—, Körnung 831
—, Majolika 829
—, Naßauftrag 833
—, Prüfung 840
—, Pudern 834
—, Zusammensetzung 829
Emaillieren 829
Emaillieröfen 834
Emaillierung, Beschickungsvorrichtungen 838
—, Elektroofen 839
—, Leistungsvergleich 838
Empfänger, photographisch 646
—, Spektroskopie 646
—, visuell 646
Empfindlichkeitsmaximum, Spektroskopie 647
Emulgator, Oberflächenbeh. 798
Emulsionsbinder-Richtreihe 463
Energieträger 260, 308
—, gasförmige 332
—, Lagerung der 312
Energieverbrauch, GTW 186
—, Temperprozeß 186
Englische Roheisen 279
Enkenbach, Formsand 388, 389
Enslinzahl, Tonmineralien 426
Entfettungsverfahren, alkalisch 798
—, elektrolytisch 799
—, Oberfläche 798
Entgasung, allg. 22
Entlunkerungsmittel 302, 304
Entschwefelungsmittel 302
Entspannungsglühen, GS 89
Entwässerung, Tonmineralien 442
entzinnter Schrott, GS 52
Erbschädigungsdosis 746

Erhärtungsvermögen, Kernbinder 463
Ermüdung 722
Erschmelzung des Temperrohgusses 165
Erz für Frischvorgänge 307
Erzbestimmung, spektroskopisch 672
Erzeugung u. Verbrauch von Gießerei-Roheisen 281
Euronorm 281
eutektische Gefüge, Veredlung 38
— Kristallisation 36
eutektischer Stahl, GS 42
eutektisches Gefüge, anormal 37
— —, normal 36
Exzenter, GS 76
exothermischer Si-Zusatz 291
Expansion, Kerne 530

Fabrikation des handelsüblichen Schamottesteines 338
Fallhärteprüfung, allg. 705
— -versuch, allg. 738
— -werke, allg. 721
Faltbiegeversuch, allg. 715
Farbe, Koks 323
—, Tonmineralien 424
Färbeverfahren, Kunstguß 212
Fehler-erkennbarkeit, Durchleuchtung 744
— -erscheinungen, GT 188, 189
Fein-dehnungsmessung, allg. 685
— -heitsnummer, Formsand 504
— -struktur-Analyse, Tonmineralien 430
Feldspat 405
fer de berlin 214
Feralsit 56 ®
Ferrit 42, 760
Ferrochrom, chem. Bestimmung 611
—, — —, photometrisches Schnellverfahren 612
—, — —, säurelösliches Fe-Cr 612
—, — —, sonstige Begleitelemente wie C, Al, Ni, As 613
—, — —, sonstige Begleitelemente wie Mn, P, S 612
FeCr, Legierungen 295
Ferrolegierungen 287
—, chem. Bestimmung 609
—, Aufgabe 288
—, Glüheinfluß 297
—, Probenahme 540
—, Probenahme 288
—, siliziumhaltige 288
—, Zusatz 288
Fe Mn, Legierungen 292
— 30—50 carburé 293
— 80 affiné 294
— 80 carburé 293
— suraffiné 294
Fe Mo, chem. Bestimmung 613
— Legierungen 299
Fe Ni — 300
Fe P — 300
Fe Si 10, 290
— 15—25, 290
— 45, 290
— 75, 290
— 90, Si-Metall 291
— 98, Si-Metall 291
Ferrosilicium, chem. Bestimmung von Al und Cu 610
—, — — As 610
—, — — C 610
—, — — Ca 610
Ferrosilicium, chem. Bestimmung von Mn 610
—, — — Ni 610
—, — — P 610
—, — — S 610
—, — — Si 609
— — — v. sonstigen Begleitelementen 610
—, — —, Ti 611
Fe Si-Legierungen 288
—, Löslichkeit von Wasserstoff 290
—, Phosphorwasserstoffgase 290
—, Wichte 289
FeTa-Nb-Legierungen 300
FeTi-Legierungen 299
FeV 613
— -Legierungen 299
—, Phosphor im 614
FeW-Legierungen 299
Festigkeit von Koks 330
Festigkeiten von Stahlformmassen 452
Festigkeitseigenschaften, GT 191, 193, 175
Festigkeitswerte, GG 689
Fettbrünierung 818
Feuchtigkeit, Formsande 382, 506
Feuchtigkeitsaufnahme, Formstoffe 525
—, Kerne 466, 526
Feueraluminierung 783
feuerfeste Baustoffe 336
— —, Abstimmung 362
— —, Druckerweichung 349
— —, Eigenschaften 340
— —, Einteilung 336
— —, el. Widerstand 348
— —, Haltbarkeit 350
— —, Kaltdruckfestigkeit 348
— —, Porengröße 350
— —, Reaktion 361
— —, Rohstoffe 336
— —, Verbrauch 351
feuerfeste Steine, Bestimmung, spektroskopisch 672
— —, Gasdurchlässigkeitszahlen 348
feuerfeste Stoffe, chem. Best., Alkalien 622
— —, Hauptbestandteile 621
— — u. Richtverfahren 621
—, Probenahme 542
Feuerfestigkeit, Formstoffe 526
— von Klebsanden 352
Feuer-metallisierung 782
— -verbleiung 783
— -verzinkung 784
— -verzinnung 785
Feussner-Funkenerzeuger 645 ®
Filigranguß 214
Findlingsquarzite 341, 343
Flächenkeimbildung 28
Flammenspektrometer 644, 670
Flammen-härten, GS 109
Flammen-ofen 169
— -spritzen 795
— -spritzverfahren, Kunststoffe 827
Flaschenhalskokille, allg. 22
Fleckenbildung im Roheisen 271
Flickmassen 355
Fließ-barkeit, Formstoffe 516
— -geschwindigkeit 14
— -grenze, allg. 705
flüssiger Zustand 2
Fluß-mittel, Oberflächenbehandlung 785
— — -verteilung, Silikasteine 346
Flußspat 306
—, chem. Bestimmung 625
—, Betriebsverfahren, chem. Bestimmung 625
—, chem. Bestimmung nach FEIGL-SCHAEFER 625
—, Fluorbestimmung 625
— —, Mischsäurebestimmung 626
— —, Phosphorsäure 626, 627
— —, Überchlorsäure 625
— -Probenahme 542
— Bestimmung von F und S 625, 626
—, ohne Bestimmung nach SISCO 625
Fonderie Royale 204
Formfüllungs-eigenschaften, Kernbinder 463
— -vermögen 14
formgerechter Wassergehalt 507
Form-grube, Kunstguß 205, 206
— -härte 514
— -puder 471
— — -Prüfung 472
Formsand-abbau 382
— -Bestimmung des Wassergehaltes 506
—, Dreiecksdiagramm 517
—, Dispergierungsmittel 498
—, Durchschnittsanalysen 418
— -entstehung 376
—, Feinheitsnummer 504
—, Gleichmäßigkeitsgrad 504
— -grube, Enkenbach 388/389
— —, Grefrath 386
— —, Ratingen 389/390
— —, Rosenthal 385
— -gruben 381
—, Kornform 505

Formsand, Kornoberfläche 505
—, Kornverteilung 503
—, Mittelkorn 504
—, Probenvorbereitung 495
—, Prüfkörper 523
— -prüfmethoden 493
—, Prüfsiebe 502
— -prüfung 493
—, Schlämmstoffuntersuchungen 495
—, Sedimentationsanalyse 497
—, Siebanalyse 501
—, spez. Oberfläche 506
—, Summenkurve 503
—, Tabellen, Eigenschaften 392, 393
—, Trockenfestigkeit 521
— -verbrauch 486/487
—, Wärmeleitfähigkeit 397
Formsande, Allgemeines 392
—, chem. Bestimmung 623
—, Probenahme 419, 495, 542
Formsicherheit, Kernbinder 464
Formstoffe 260
—, chem. Prüfung 507, 623
—, Porenraum 518
—, Raumgewicht 396, 511
—, Zugfestigkeit 524
Formstoffwirtschaft 485
Formverfahren von Kunstguß 201
Formziffer, allg. 725
Formzusatzstoffe 260
fraktionierte Gasanalyse im Roheisen 267
französische Roheisen 279
Frechen, Quarzsande 386
freie Elektronen, allg. 1
Frischerz 307
—, Verbrauch 308
Funkenanalyse 602
Fusit 317

Galvanische Kontraktverfahren 813
— Oberflächen-Verfahren, Stromquelle 797
— Ströme, allg. Korrosion 225, 226
— Sudverfahren 813
— Tauchverfahren 813
— Verfahren, Entfettung 797
— —, ohne Strom 812
Gamma (γ)-Tridymit 343
Gammastrahlung 743
Garschaumgraphit im Roheisen 262, 271
Garung von Koks 330
Gas im Roheisen 267
— -bestimmung, chem. 605
— -druckmessung, Kerne 531
— -durchlässigkeit 511
— —, Formmassen 450
— —, Kerne 524
— —, Korngröße, Bentonit 441
Gasdurchlässigkeit, Verdichtung, Sande 435, 527
— —, Zementsand 448
— —, Prüfgerät 512
Gasdurchlässigkeitszahlen von ff. Steinen 348
Gase in Metallen 20
gasförmige Energieträger 24, 332
Gasgehalt, Bentonite 465
—, Kernbinder u. Kerne 464, 468
—, Koks 325
Gasgehaltsmessung, Formstoffe 464, 527
Gasuntersuchung 632
—, CO_2, O_2, CO 633, 634
—, H_2, CH_4 634
—, Heizwert 635
—, schwere Kohlenwasserst. 635
Gaswerkskoks 322
Gattierung für GT 167
gebrochene Stufenhärtung, GS 99
gebundener Kohlenstoff, chem. Bestimmung 550
— —, Differenz-Methode 550
— —, kolorimetrisch/alkalisch 551
— —, kolorimetrisch, sauer 550
— —, photometrisch/alkalisch 551
— —, photometrisch, sauer 550
— —, Roheisen 262
— — u. Silizium, Roheisen 263
Gefahrenklassen Heizöle 334
Gefüge, siehe jeweils unter Gefügenamen
Gefügeentwicklung 757
gegossene Karbidhartmetalle, GS 75
— Kurbelwellen, GS 65
— Werkzeuge, GS 150
Geko 418 ®
Genauigkeit, Spektroanalyse 659
Genauigkeitsgrenzen, chem. Best. 537
Geologie, Form-Quarz-Sande 377
Gesamtschwefelgehalt nach ECHKA 616
geschmolzene Metalle gegen GS 148
gesinterte Hartmetalle, GS 75
Gewicht, Roheisen, Massel 269
Gießanlage, Vakuum, allg. 22
Gießerei-koks nach ASTM 332
— -Laboratorien 533
— —, Aufgaben 533
Gießerei-Roheisen 261, 273
— — I 273
— — III 273
— — IV A 273
— — IV B 273
— — neue Preisregelung 283
Gießerei-Rohstoffe 259
Gieß-haus, Kunstguß 205
— -maschinen Masseln 269
— -schmelzschweißen 842
Gips 365
—, Abbinden von 366
—, Eigenschaften 367
—, Modifikationen 365
—, Wassergipsfaktor 366
— -kernteilform, Kunstguß 206
— -produkte, Einteilung 366
— -schaumverfahren 366
—, Versteifungszeiten 366
Gitterspektrograph 640
Glasphase, Quarz 343
Glaukonit 405, 460
Gleich-gewichtskeim 31
— -mäßigkeit der Analyse, Rohstoffe 261
— -mäßigkeitsgrad, Formsand 504
Gleitmodul, allg. 733
Gleitsysteme, Reibung 242
Gleiwitz, Kunstguß 215
Glimmer 405
— -artige Tonmineralien 410, 412
Glockenapparat, Oberflächenbehandlung 810
Glühdauer 87
Glüheinfluß auf Ferrolegierungen 297
Glühen, GS 82, 88, 93
—, diffusions-, GS 92
—, normal-, GS. 86
—, spannungsfrei, GS 83
—, Sturz-, GS 86
—, tot-, GS 89
—, weich-, GS 83
—, Weichglühen von austenitischem Manganhartstahl, GS 86
—, Weichglühen normal, GS 84
—, Weichglühen mit unterbrochener Abkühlung, GS 84
—, Weichglühen mit vorangegangenem Härten, GS 84
—, Weichglühverfahren bei Nachlegierten GS 84
— -frischen von GTW 182
— -öfen mit Herdwagen, GT 177
— — für Tempern mit Erz 181
Glühtemperatur von GS 89
Graphische Darstellungen, Siebanalysen 503
Graphit, Gefügebestandteil 764
— für Gießereizwecke 469
— für Gießereizwecke Anforderungen 472
— -Richtreihe, Schliffe 767
— -bestimmung/ff. Stoffe 627
— —, Veraschung 549
— -bildung im GS 137
— -haltige Steine 360
Graphitisierungsstufen, GT 172
Grauguß, Brinellhärte 699
Grefrath, Formsandgrube 386
Großguß, Kunstguß 214

Grudekoks 315
Grund-eichkurve, Spektroskopie 658
— -email 829
— -lackierung, Aufdampfen 794
Grünebacher Hütte, Roheisen 274
Grünfestigkeit 515
Gruppeneinteilung der binären Schmelzen 8
Gußbruch, Anforderungen 285
—, Einteilung 284
—, Probenahme 540
Gußeisen, Probenahme 539
—, Schweißen 841
—, „Steine" 362
Gußgefüge 32, 33
—, Ziseleur, Kunstguß 211

Haftfestigkeit metallischer Überzüge 787
Haftschweißung GT 876
Haftung, Oberflächenbehandlung 816
Halbedelsteine, Sande 407
— -ferritischer Chromstahlguß 69
— -glanznickelbäder 805
— -hydrat 367
— -saure Steine 338
— -stahllegierungen, GS 65
— -warmschweißen, GG 855
Haltbarkeit feuerfester Baustoffe 350
Haltern, Quarzsande 390
Hämatit, Roheisen 273
—, Spurenelemente 266
Hardenit, GS 43
Härtbarkeit, GG, Verschleiß 250
—, GS 73
—, Verschleiß, GG 250
Härtbarkeits-bänder, GS 107
— -kurven, GS 106
Härte der Schleifscheiben 363
—, sekundär, GS 105
Härtebestimmung 697
—, Fallhärte 705
— nach Brinell 698
— nach Rockwell 701
— nach Shore 704
— nach Vickers 700
—, Kontrollplatten 702
—, Rücksprunghärte 703
—, Schlaghärte 705
Härtecharakteristik nach DUBI, GG 700
Härtemittel, Abschreckvermögen verschiedener H. 101
Härten, Einsatz, GS 112
—, Flammen, GS 109
—, Induktions-, GS 110
—, Tauch-, GS 111
Härteschaubildlinien, GS 97
— -Streubereich, GG 699
— -vergleichstafeln 703
— -verlauf, Schweißen, GG 848
— —, Schweißen, GS 870
Härteschaubildlinien, Schweißen, GT 874
Hartguß, Probenahme 540
— -sand 370
Hartmetalle, gegossene Karbid- 75
—, gesinterte 75
Härtung, Ausscheidungs-, GS 43, 65, 77
—, Durch, GS 63, 68
—, flüssige Flammen-GS 111
—, gebrochene Stufen- 99
—, Umwandlungs-, GS 43
Hartverchromung 801
Hartverchromungsanlage 30, 808
Hartzink, Oberflächenverfahren 785
Haubenöfen, GT 179
H-C-Koks 332 ®
Heiß-druckfestigkeit, Bentonit 442, 527
— -verbleiung 783
— -verzinkung 784
— -verzinnung 785
Heizgase, Kennwerte 333
Heizleiter-Legierungen, GS 64
Heizöle 333, 334
— -Gefahrenklassen 334
—, physikalische, chemische, Kennwerte 334
Heizwert 617
— von Heizölen 334
Heizwerte deutscher Braunkohlen 315
—, Ruhrbrennstoffe 321
— untere von Holz 313
— verschiedener Brennstoffe 310
— von Koks 326
Herd-guß von Kunstguß 198
— -verfahren, Kunstguß 201
Hermannsdenkmal 210
Herstellungsverfahren, Kunstguß- 201
HEYNsche Ätzung 757
Hilfsstoffbedarf, Rohstoffe 372
Hilfsstoffe, Rohstoffe 259
Hinterhohlung, Kunstguß 202
Hirschau, Quarzsande 390
Hirzenhain, Kunstguß 214, 215
HISSINK-Wert 413
HK-Roheisen 274 ®
Hochglanznickelbäder 805
Hochlage, Kerbschlagzähigkeit, allg. 718
Hochleistungs-Silikasteine 350
Hochtemperatur-gasdurchlässigkeit, Kerne 527
— -prüfungs-Sande 527
Hochvakuum-Aufdampfung 793
Hohlguß, Kunstguß 203
Holz 312
—, unterer Heizwert 313
— -kohle 313
— -kohlenstaub 313, 476
— -mehl 443
Holzmodel 198
Homogenisieren, GS 86
Honda-Legierungen, GS 63
HOOKEsches Gesetz 684
Hornblende 405, 406
Hütten-aluminium 301
— -zement 445
Hydrodynamik 15
Hydrolyse, Korrosion 220
Hygroskopizität, Kernbinder 466, 468

Impfwirkung 32
Inchromierung 115, 788, 789
Induktionshärten 110
Innendruckversuch, Hohlkörper 735
Inoxydation 818
Invar-Stahl 64 ®
Inzucht 168
Isoflexen-Diagramm, MEYERSBERG, GG 711
Isoliersteine 361
Isoperme, GS 67
Isotherme Umwandlungsvorgänge, GS 96
IsothermischeRückwandlung, GS 84
Isotopen, radioaktive 744
Izod, Kerbschlagbiegeversuch, allg. 719
Ionenaustauschvermögen, Tonmineralien 420

JAKOBI, SIMON 204
JUNKERS Verfahren, zerstörungsfrei 740
Jura-Sande 380

Kadmiumüberzüge 801
Kalk, Brannt- 306
Kalk-gehalt, Formstoffe 406, 507
— -milchprüfung 740
— -stein 304, 305
— —, Bestimmung 606
— —, GT-schmelzen 168
— —, Probenahme 542
Kalorisieren 79, 788
Kalt-arbeitswerkzeuge, GS 74
— -druckfestigkeit, ff. Stoffe 347, 348, 359
— -druckfestigkeit, Magnesitsteine 357
— —, Chrommagnesitsteine 359
— -schweißen, GG 856
— —, GT 874
Kaltverfestigung, GS 61
kaltzäher GS 131
Kalziumkarbid 302
Kammeröfen, GT 176
Kammwalzen, GS 76
Kanalisationsguß, Prüfung 738
Kantenfestigkeit, SS Steine 350
Kaolinit 410, 411
Kaolinton, Lagerung 414

Kapillar-aktiver Stoff 13
— -inaktiver Stoff 13
Karbid-bildner 59 68, 71
— -bildung, GS 74
— -erhaltende Elemente im Roheisen 266
— -zerlegende Elemente im Roheisen 266
Karbon-Sande 381
Kartoffelstärke, Probenahme 456
Kastenrost 832
Katalytische Reduktionsverfahren 813
Kautschuküberzüge 827
kavitationsbeständiger GS 199
Keim, Gleichgewichts- 31
— -bildungskraft 32
— -bildungsvorgang 28, 29, 32
Kerbempfindlichkeit, allg. 725
Kerbschlag-biegeversuch, allg. 717
— -zähigkeit, höhere Temperatur, allg. 718, 719
— —, kalte Temperatur, allg. 718
— —, Raumtemperatur, allg. 718
— —, Temperaturabhängigkeit GS 131
— —, -Temperaturkurve, allg. 718
Kerbwirkungszahl, allg. 725
Kerbzugprobe, allg. 697
Kernarten 454
Kernbinder, Aschegehalt 457
—, Eigenarten 468
—, Festigkeit 468, 521, 525
—, Gasdurchlässigkeit 468, 522
—, Gasgehalt 464, 468, 527
—, Konsistenz 468
—, Probenahme 456
—, Prüfung, allg. 456, 523
—, Trocknung 464
—, Viskosität 458
—, Warmfestigkeit 467, 527
—, Wassergehalt 456, 506
— -verbrauch 488
Kern-bindemittel 454
— -eisen, Kunstguß 203
— -härte 525
— -nägel 482
— -öle, Probenahme 456
— -sande 383
— -sandverbrauch 486
— -stückformverfahren, Kunstguß 204
— -stücknähte, Kunstguß 204
— -stützen 479
— -überzüge 477
— -zerfall 531
Kienruß-Färben, Kunstguß 212
Kitte 368
Kittkugel, Kunstguß 211
Klebemittel 484
Klebrigkeit, Kernbinder 463
Klebsande 352
—, chem. Bestimmung 623
Klebsande, Feuerfestigkeit 352
—, Rationelle Analysen 352
—, saure 352
—, Siebanalyse 353
Kleinguß, Kleinstguß- 213
Kobalt, GS 64
— -bestimmung 583
— —, gewichtsanalytisch 584
— —, maßanalytisch/potentiometrisch/elektrolytisch 584
— -Legierungen, ausscheidungshärtbare GS 27, 64
Kobalt-Legierungen, photometrisch 585
— —, qualitativ 584
Koerzitivkraft, GS 64, 75, 77
Kohlearten, Benennung von 317
Kohlen, Einteilung 318
— -staub, flüchtige Bestandteile 617
— — -brenner, GT 171
Kohlenstoff, geb. K. (C geb.), Roheisen 262
—, geb. K. u. Silizium, Roheisen 263
— -Gleichwert 689
—, GS 58
— im Roheisen 262
—, Spektralanalyse 664
— -bestimmung, elektrolytisch 548
— —, gasvolumetrisch 547
— —, gewichtsanalytisch 545
— —, maßanalytisch 548
— —, potentiometrisch 548
Kohlenstoffsteine 360
Kokille, Spiral- 16
Kokillen 482
— -roheisen 269
— -überzüge 479
Koks, 322
—, Abrieb — 330
—, Aschegehalt 327
—, Ascheverhalten 326
—, Aufkohlung — 330
—, Eigenschaften von Schmelz- — 322
—, Elementaranalysen von — 329
—, Farbe 323
—, Festigkeit 330
—, Garung 330
—, Gasgehalt 329
—, Gaswerks- 322
—, Heizwert 326
—, Körnungen 311
—, Phosphor 328
—, Physikal. Eigenschaften 323
—, Porengehalt 324
—, Poren- u. Mikrostruktur 324
—, Probenahme 322, 541
—, Reaktionsfähigkeit 328
—, Rissigkeit 323
—, Schwefel 327
—, Schüttgewicht 329
—, Stückgröße 323
Koks, Transport 330
—, Wassergehalt 326
—, Zechen- 322
—, Zündpunkt 328
— -kohlenreserven 316
Kolbenringe, Prüfung 737
—, Zusammensetzung/Verschleiß 256, 257
Kolbenwerkstoff, GS 65
Kolene-Verfahren 784, 786
Koloß von Rhodos 197
Kompaßgehäuse, GS 63
Kondensierter Funken, Spektralanalyse 645
Königl. Eisengießerei Berlin, Kunstguß 215
Konstruktives Schweißen bei GT 874
Kontrolle der Analysen 537
Konversionsüberzüge 817
Korn-form, Formsande 505
— -fraktionen, Kupolofen-Stampfmassen 353
— -glanz von Roheisen 271
— -größe — Gasdurchlässigkeit, Sand 441
— -größenbestimmung, Bindetone 500
— —, Schlämmstoffe 500
Körniger Perlit, GS 44
Kornoberfläche, Sande 505
Körnung, Putzsande 370
—, Schleifscheiben 363
—, Stahlformmassen 451, 452
—, Email 831
—, Zementsand 446
Körnungen verschied. Kohlen- u. Kokssorten 311
Körnungsmessung, Tonmineralien 424
Kornverteilung, Formsande 503
Korrosion, Boden 225
—, Einfluß des Chroms 229
—, Einfluß des Kupfers 227
—, Einfluß des Nickels 228
—, Einfluß des Siliziums 230
—, galvan. Ströme 225, 226
—, Lochfraß 223
—, Spannungs-, GS 65
—, vagabundierende Ströme 224
Korrosionsbeständigkeit, GS 70
— durch Oberflächenschutz, GS 145
Korrosionsfester GS 141
Korrosions- u. verschleißfester GS 145
— -schutz, GT 189
— -versuche, Labor 222
— -vorgänge 216
— -widerstand, GS 142
Korundsteine 360
Kreidesande 379
Kriech-festigkeit 149, 694
— -geschwindigkeit, GS 136, 694
kristalliner Quarzit 343

Kristallisation, eutektische 36
—, Primär-, GS 82
—, Sekundär-, GS 82
—, Stengel 32
Kristallisations-front, 18, 33
— -geschwindigkeit 26, 27, 29
— -grenze 28
— -kraft 25
Kristallquarzite 341, 343
Kristallwachstum 28
kritische Abkühlgeschwindigkeit, GS 106
— Durchmesser, GS 110
— Wandstärke, GS 88
Krümelung, Tonmineralien 413
Kugelgraphit 38, 770
— -Richtreihe 770, 771
Kugeliger Zementit, GS 44
Kühleisen 483
Kunst-former 199
— -gießer 198, 199
Kunstguß 197
—, Eisen— 197
—, Herstellungsverfahren 201
— -formverfahren 200
— u. Industrie 215
—, Werkstoffe 199
Kunst-harzlacke 823
— -stoffe für Modelle 367
— -stoffröhrchen, Kerne 485
— -stoffüberzüge, Oberfläche 826
Kupfer, Korrosion 227
— im Roheisen 267
—, GS 65
Kupferbestimmung 568
—, Fällung als Cu-Sulfid 569
—, photometrisch 570
—, qualitativ 568
Kupfertreibarbeit 210
— -überzüge, Oberflächen 802
Kupolofenschlacken, chem. Bestimmung 618
—, — — FeO u. Al_2O_3 619
—, — — Mn, CaO, MgO, P, Ti, V, S 620
—, — — Kieselsäure (SiO_2) 618
Kupolofen-Stampfmassen, Herstellung saurer 352
Kurbelwellen, GS 65, 80

Laboratoriumsmischer 509
Lackierverfahren, Oberfläche 825
Lacküberzüge 822
Lagekarte der Ruhr-Zechen 323
Lagerfähigkeit, Kernbinder 468
Lagerstätten, Bentonit 414
—, Magnesit 355, 356
—, Kaolinton 414
Lagerung der Energieträger 312
— d. Rohstoffe, allg. 259
—, Sande 384
—, Stampfmassen 355
Laminare Strömung 14, 15
Langalloy-Legierungen, GS 63 ®
Lanthan, GS 54
Lauchhammer, Kunstguß 215
Ledeburit, GS, GT 41, 42, 164
Legierungen, aushärtbare 80
—, Dauermagnet-, GS 65, 152
—, magnetisch hart, GS 152, 154
—, magnetisch weich, GS 152, 153
Legierungsbestandteile, GS 45
—, γ-abschnürend 79
Legierungsbestandteile, γ-erweiternd 45, 58
—, γ-verengend 45, 67
Lehme 395, 443
Leistungsvergleich, Emaillieren 838
LENNARD-JONES-Theorie 4
Leuzit 303
Leuchtgaszementieren, GS 113
Licht-anregungsspektroskopie 694
— -berechnungswerte, Mineralien 399
— -bogenschweißen, GG 848
— -bogenspektrometer 644
— -elektrische Empfänger 647
Linien-auswahl 675
— -paare-Auswahl 655
— -spektrum 644
LITIROW, Spektrograph 670, 671
Loch-fraß, Korrosion 223
— -stanzversuch, allg. 730
Lokalelemente/Korrosion 221, 222
Lösungen, atomare 2
Lunker, Mikro- 18
— -kurve 18
Lunkern u. Schrumpfen 17

Magerungszusätze 367
Magnesit 355
—, Lagerstätten 355, 356
—, Roh- 356
Magnesitsteine 355, 357
—, Druckerweichung 357
—, handelsübliche 357
—, Kaltdruckfestigkeit 357
—, Porenwert 357
—, Raumgewicht 357
—, Spezial- 357
—, Verbrauch 356
Magnesium im Roheisen 266
—, Bestimmung 598
— chem. Bestimmung, Komplexon-Verf. 599
—, — —, maßanalytisch 599
—, — —, Oxychinolinfällung 599
—, — —, Phosphatfällung 599
—, — —, photometrisch 599
—, — —, spektroskopisch 667
Magnet, GS 75, 152
magnetisch harte Legierungen, GS 152, 154
— weiche Legierungen, GS 152, 153
Magnetpulver-Prüfverfahren 741
Makrorisse 20
Makroseigerung 24
Mangan, Einfluß auf Cr-Stähle 70
Mn-Pakete 295
Mn-Pfannenzusätze 295
Mangan im Roheisen 264
Mn-Schlacken 295
Mn-Zusatzeisen, Hüttenwerke Phoenix 275
Mangan-Bestimmung 554
Mangan, chem. Bestimmung, gewichtsanalytisch 555
—, — —, maßanalytisch
—, — —, photometrisch 557
—, — —, qualitativ 555
—, — —, Silbernitratverfahren 555
Mangan-haltige Legierungen 292
— -metall 295
— -stahlguß, perlitisch u. austenitisch 58, 59, 60, 61, 86, 130
— -sulfid 775
Martens-Spiegelgerät 685
Martensit, GS 43
— im Roheisen 272
martensitisch-sorbitisches Gefüge, GS 69
Martensitstufe, GS 95, 96
Maßanalyse v. Normalroheisen 273
Masseln, Roheisen 269, 538
Masselgewicht 269
Maßverchromung 801
Mattnickelbäder 804
Mechan. Prüfung, metall. Werkstoffe 678
Medaillen 213
Mehrprismenspektrograph 642
Messingüberzüge 803
Metalle, geschmolzene gegen GS 148
Metallfärbungen, Oberfläche 821
Metallische Überzüge 782
Metallischer Zustand 1
Metall-spritzen 795
— -staubanstriche 824
Migra-Eisen 275 ®
Mikro-Ätzverfahren 759
— -härteprüfung 701
— -lunker 18, 19
— -seigerung 23
Mikroskop. Prüfung, metallische 750
— Untersuchung, Kernbinder 458
— —, Werkstoffe 750
Mineralgehalt von Silikasteinen 349
Mischung, Kernbinder 461
Mischungs-volumen 8
— -wärme 7, 8
Mischzeit, Mischbarkeit, Kernbinder 463
Mishima-Legierungen, GS 63 ®
Mittelkorn, Formsand 540
MKG-Eisen 275 ®

Model 198, 201
Modellpuder 471
Molybdän im GS 71
—, Bestimmung 585
—, chem. Bestimmung, gewichtsanalytisch 586
—, — —, maßanalytisch 586
—, — —, photometrisch 587
—, — —, potentiometrisch 586
—, — —, qualitativ 585
Molybdänhaltige Legierungen 298
Monelmetall-Elektroden, Gußeisen 861
Montmorillonit 410, 411
Mörtel, Silika-, neutral, basisch 351
MÜLLER-Zählrohr 666
Mullit 339
Multisource 645, 671 ®
Mumetalle, GS 62 ®
Muttermassel 269

Nachgiebigkeit, allg. 713
nachwachsen, ff. Stoffe 347
Nahordnung 4
— in der Schmelze 11
Naßauftrag von Email 833
— -binder, Probenahme 456
— -knetverfahren, ff. Stoffe 338
— -schleifgerät n. Lunn 753
Na-Bentonit 416
Nichteisenmetalle, Bestimmung 607
—, Probenahme 541
Nichtmetall, Oberflächenüberzüge 817
Nichtmetallische Einschlüsse, Bestimmung 605
nichtstabile Gefügebestandteile, GS 43
Nickel 300
— -Chrom-Automat, Oberflächenverf. 811
—, GS 62
—, Korrosion 228
— im Roheisen 267
— -badewanne 810
— -Bestimmung 581
—, chem. Bestimmung, elektrolytisch 583
—, — —, gewichtsanalytisch 582
—, — —, maßanalytisch 582
—, — —, photometrisch 583
—, — —, qualitativ 582
— -haltige Legierungen 300
— -überzüge 804
Niederdreisbacher Hütte, Roheisen 273
Niederspannungsfunken 645
Niob im GS 53
Nitratschmelzverfahren 786
Nitrier GS 79, 114
nitrieren, GS 113, 51, 74, 79
Nitrocelluloselacke 823
Nitrolacke 823

Normalanalysen von Roheisen 273
Normales eutektisches Gefüge 37
Normalglühen 86
Normalisier-Kurzverfahren 91
Normalisieren 86, 88
Normal-potential 219
— -proben, chem. Best. 537
— -spektrum 658
Normen-Formstoffprüfung 495

Oberflächen-behandlung, Änderung der chem. Zusammensetzung, GS 112
—, —, GS u. allg. 108, 772
— -härtung, GT 188
— -schutz, Korrosionsbeständigkeit durch 145
— -spannung 9, 12, 17
— -verfahren, Hilfsmittel 808
— —, mechanisch 795
OBERHOFFERsche Ätzung 758
O-Ce-Verfahren, GS 112 ®
Ochsenaugen, GT 190
Ofen, Brackelsberg- 171
—, Flammen- 169
— -atmosphäre beim Temperprozeß 182
— -platten 198
Olivinsande 395, 408
Ölkochprobe 740
Öllacke 823
Organische Oberflächenüberzüge 822
Österreichische Roheisen 276
Oxydüberzüge 817

Panther Creek Bentonit 416 ®
passivierende Deckschicht 806
Patina 213
Paulinenhütte (Kunstguß) 215
Pechkörner/Formsand 477
Penetration 530
Perlit, GS, GT 42, 187
—, körniger GS 44
perlitischer Manganstahlguß 59
— Temperguß 187
Perlitrand, Temperguß 190
Perlitstufe, GS 95
Permalog 63 ®
Pfannen-futter 361
— -zusätze 301
PFEILSTRICKERS Abreißbogen 645 ®
Phosphatüberzüge 116, 820, 821
Phosphideutektikum 775
—, GS 46
Phosphor im Koks 328
— im Roheisen 264
—, GT 168
—, im GS 46
— -bestimmung 558
—, chem. Bestimmung, gewichtsanalytisch 560
—, — —, maßanalytisch 561

Phosphor, chem. Bestimmung, Molybdatfällung 558
—, — —, Molybdatfällung salpetersauer 558
—, — —, Molybdatfällung salpeter-citronensauer 559
—, — —, photometrisch 561
—, — —, spektrometrisch 649, 667, 665
Phosphorhaltige Legierungen 300
Photographische Platte 653
Physikalisch-chemische Kennwerte von Heizöl 334
Physikalische Eigenschaften von Koks 323
p_H-Zahl, Tonmineralien 423
Pinselgalvanisierung 812
Plastizität, Formstoffe 516
Platinit 64
Plattenkalibrierung 666
Plattieren 116
Polarisation 220
Polieren mit Diamantplastikum 756
—, elektrolytisch 756
—, Schliffe 753
Polierfehler 754
Polnische Roheisen 280
Poren und Mikrostruktur im Koks 424
— -gehalt im Koks 324
— -raum Formstoffe 518
— -wert bei Magnesitsteinen 352
Porigkeit ff. Stoffe 347, 348, 350
Poröse Silikatsteine 351
Porosität, Oberfläche 816
Porösverchromung 801
Portlandzement 445
Potential von Metallen 222
— -differenzen 222
Preise von Spezialroheisen 284
Preisentwicklung von Roheisen 281, 283
Preß-luftmörser 544
— -schweißen 862
— -stampfverfahren ff. Stoffe 338
Primärätzung 757
— -kristallisation, GS 82
Prismenspektralapparate 638
Probenahme von, siehe jeweils die Stoffe bzw. die Bestimmungsmethode
—, Brennstoffe 541
—, Dolomit 542
—, Ferrolegierungen 288, 540
—, feuerfeste Stoffe 542
—, Flußspat 542
—, Formsand 495/542
—, Gußbruch 540
—, Gußeisen 539
—, Kalkstein 542
—, Kartoffelstärke 456
—, Kernbinder 456
—, Kernöle 456

Probenahme von, Koks 322, 541
—, mechanische Prüfung 678
—, Naßbinder 456
—, Nichteisenmetalle 541
—, nichtmetallische Werkstoffe 541
—, Roheisen 269, 538
—, Schliffe 750
—, Schrott 540
—, Spektralanalyse 651
—, GS 120
—, Steinkohlenteer 456
—, GT 540
Probenahme, Tonmineralien 419
—, Trockenbinder 456
—, Werkzeuge 542
Probenvorbewertung, Formstoffprüfung 495
Probestäbe 679, 680
—, GG 687
—, GS 686
—, GT 692
Prüf-körper, Formstoffe 523
— -plan Formstoffe 496
— -siebe, Formstoffe, Kontrolle 502
— —, Toleranzen, Formstoffe 502
Prüfung von Email 840
— galvanischer Überzüge 815
—, Schlämmstoffe 418
—, Ultraschall 747
Pudern von Email 834
Pulverinchromieren 789
Punzen 211

Quantometer 636, 647
Quarz, Wasser 436
Quarz-korn, Einteilung 395, 396
— - Erkennung 397
— -körner, Modifikation 395
— -modifikationen, Ausdehnung 344
Quarz-sande 383
—, allgemein 383
—, Dörentrup 391
—, Dorsten 391
—, Frechen 386
—, Haltern 390
—, Hirschau, Schnaittenbach 392
—, verschiedene 393, 394
Quarz-sandoberfläche 443
Quarzit, Findlingsquarzit 341, 343
—, Kristallquarzit 341, 343
—, Vorkommen 342
— -grube 342
Quarzite 354, 341
—, Brennverhalten 343
Quellfähigkeit 409, 413, 426
Quetschgrenze 705

Radioaktive Isotopen Untersuchung 744
Rammapparat 510

Randporosität im Roheisen 270
Ratingen, Formsand 389, 390
Rationelle Analyse Formsande 623
— — von Klebsand 352, 623
Raumgewicht, Formstoffe 511
— von Magnesitsteinen 357
— von Silikasteinen 347
Reaktion feuerfester Baustoffe 1500° usw. 361
Reaktionsfähigkeit von Koks 328, 617
Reflexionsgitter 640
Reiboxydation 239, 236, 235
Reibung 234
— (trocken) 235
Reibungsarbeit, Gießen 14
— -körper 238
Reibwert, Lagerwerkstoffe 246
Reichsröntgenverordnung 746
Reinigung, Oberflächenverfahren 797
Reinigungsmittel, GG flüssig 301, 302
Remanenz, GS 75
Reparaturschweißen, GT 876
Respektra, Rechenbrett 658 ®
Restspannung, Ausgleich, GS 83
Restzementit, GT 190
Reversible Ausdehnung von Silikasteinen 350
REYNOLDSche Zahl 14
Richtlinien für Sandroheisenmasseln 269
Richtreihe, Blattgraphit 767, 768, 772, 773, 774
—, Kugelgraphit 770, 771, 776, 777
—, Temperkohle 781, 778, 779, 780
Ringfestigkeit 738, 737
— -probe/Rohre 736
Rissigkeit von Koks 322
Rockwellhärtebestimmung 701
Roheisen, Abhängigkeit Si/geb. C im Roheisen 262
—, Aluminium 267
—, Analysen von Spezial (Sonder)- 273
—, Arsen 266
—, Betriebsprobenahme 269
—, Blei 266
—, Bor 266
—, Brinellhärte 272
—, Bruchgefüge 270
—, Brücken im 271
—, Chrom 266
— von Deutschland 273, 274, 275, 276
— -einsatz in Gießereien 281
— von England 279
— -erzeugung der Bundesrepublik 281
—, Erzeugung und Verbrauch von Gießerei 281

Roheisen, Feinspuren 264
—, Feinstspuren 264
—, Fleckenbildung 271
— von Frankreich 279, 280
—, Garschaum-Graphit 262, 271
—, Gase 267
—, Gießerei- 261
—, Grobspuren 264
—, karbiderhaltende Elemente 266
—, karbidzerlegende Elemente 266
—, Kohlenstoff 262
—, Kornglanz 271
—, Kupfer 267
—, Magnesium 266
—, Mangan 264
—, Martensit 272
— -Masseln 269, 538
—, Molybdän 266
—, Nickel 267
—, Normalanalysen 273
— von Österreich 276, 277
—, Phosphor 264
— von Polen 280
—, Preisentwicklung 281, 283
—, Probenahme 269, 538
—, Probenvorbereitung 539
—, Randporosität 271
—, Rückstandsanalyse 268
—, Sauerstoff 267
—, Schiedsanalyse 269
— von Schweden 277, 278
—, Schwefel 264, 266
—, Silizium 263
—, SiO_2: Si 268
—, Spurenelemente 264
—, Stickstoff 267
—, Tellur 266
—, Temper- 273
— von UdSSR 280
— aus USA 280
—, Vanadium 266
—, Wasserstoff 267
—, Zink 266
—, Zinn 266
Rohmagnesit 356
Rohrprüfung 734
Rohstoffe 259
— der feuerfesten Baustoffe 336
—, Schmelz- 261
—, Verbrauchswerte 372
Rohstoffgrundlage 260
Röntgenuntersuchung 743
Röntgenuntersuchungen an flüssigen Metallen 5
Rosenthaler Sand 385
Rostschutzanstriche 824
Rosten des Eisens 223
Rotaplat-Apparat 810 ®
Rotbruch 47
Roteisenstein 365
Rotliegende Sande 381
Ruhrbrennstoffe, chem. Zusammensetzung 320

Ruhrbrennstoffe, Heizwerte 321
—, mittlere Asche und Wassergehalt 320
—, Schüttgewichte 321
Rück-sprunghärte 703
— -standsanalyse im Roheisen 268
— -umwandlung, isothermische Umwandlung, GS 84

Salz-bäder für GS 97
— -folien 744
Salz-säurebeizen 785
— -säureverfahren nach KEPPLER 623
Sandanhang Roheisen 269
Sandmasselroheisen 269
Sättigungsgrad 688
Sauerstoff, GS 47
— im Roheisen 267
Säure, Stahlformmassen 453
säurebeständiger GS (Si) 76
Säurebeständigkeit, Chromguß 233
—, Siliciumguß 231
Sayner-Hütte, Kunstguß 215
Schachtofen, zum Brennen von Schamotte 337
Schadenslinie 29, 723
SCHADOW 209
Schalenbildung, GT 190
Schamotte-mehl 479
— -steine 337
— —, Fabrikation der handelsüblichen 337
Scherfestigkeit 735
—, Formsande 513
—, FRÉMONT 733
Scherversuch, Metall 730
Schichtdickenmessung 815
Schiedsanalysen von Roheisen 269
Schlacken-sande 395, 409
— -untersuchung, spektroskopisch 672
Schlag-biegeversuch ohne Kerb. 720
— -härteprüfung 705
— -standversuch 721
— -versuch 716
— -zerreißversuch 721
Schlämm-stoffe 409/417
— -stoffuntersuchung 497
— -substanz, Temperatur 438
Schleifen, Schliffe 752
Schleifendiagramm 724
Schleif-mittel 363
— -rohstoffe 363
— -scheibe 362
— —, Art der Bindung 363,
— —, Bindungen 363
— —, Härte 363
— —, Härtegrade 363
— —, Körnung 363
— —, Verwendungszwecke 363
— —, Werkstückgeschwindigkeiten 364
Schleifwerkzeuge 363
Schlichten, Formüberzüge 477
Schliffvorbereitung 752
Schmelz-Zusatzstoffe 287
Schmelze, Vakuum- 22
Schmelzen von Tonmineralien 430
Schmelz-punkt 10
— -rohstoffe 261
Schmetterlingsbrosche, Kunstguß 213
Schmier-Gleitsysteme > 20° C 250
Schmier-Wälzsysteme 20° C 245
— -normen 635
— -stoffe 247, 251, 635
Schmucksachen, Kunstguß 213
Schnell-arbeits-GS 65, 75
— -bestimmung, Kalk/Tonerde, Klebsand 624
Schnurkeramik 198
Schocktest, Kerne 529
Schrott, entzinnt 52
—, Stahlschrott 285
— -sortierung, spektroskopisch 643
Schrumpfen und Lunkern 17
Schubspannung 733
Schüttgewichte, siehe jeweils Rohstoff
Schutz-anstriche 367
— -lackierung, Aufdampfen 795
— -schichten, Korrosion 220
Schwarzbrennen 818
—, Fette 818
—, Salzschmelzen 818
Schwärzen 477
Schwarzer Temperguß 162, 169, 176
Schwärzung, Spektroskopie 647
schwedische Elektroroheisen 278
— Holzkohlenroheisen 278
— Koksroheisen 277
Schwefel in Brennstoffen 333
—, GS 47
— im Koks 327
— im Roheisen 264, 266
—, GT 168
— -abdruckverfahren, BAUMANN 758
— -bestimmung 561
—, chem. Bestimmung, acidimetrisch 564
—, — —, elektrometrisch 564
—, — —, Entwicklungsverfahren 562
—, — —, gewichtsanalytisch 565, 562
—, — —, jodometrisch 565
—, — —, maßanalytisch 562
—, — —, potentiometrisch 564
—, — —, Verbrennungsverfahren 563
— -gehalt in Koks, Bestimmung 615
— -modellmassen 368
Schwefel-säure — Anschlußverfahren DVEh 624
— -säurebeizen 785
Schweißbarer GS 862
— GT 876
Schweißdurchführung, GS 864
Schweißen, GG 841
—, GT 198, 874
Schweiß-empfindlichkeit, GS 863
— -fehler, GS 863
— -härte, GS 869, 870
— -merkblatt, GT 876
— -puder 849, 852
Schweiß-rißanfälligkeit, GS 53
— -rissigkeit, GS 863
— -spannungen, GS 871
— -stäbe 845
— -technik, GS 863
— -umformer, GG 850
— -verfahren, GG, allgemein 842
— -zusatzwerkstoffe, GS 865
Schwellfestigkeit 722
Schwereseigerung 24
Schwindung von Formstoffen 453
Sebaldus-Grabmal, Kunstguß 200
Sechstufenfilter, Spektralanalyse 658
Sedimentationsanalysen, Formsand 497
Segerkegel von Silikatsteinen 347
—, Temperatur-Tabelle 339
Seidel Transformation, Spektralanalyse 647
Seigern 23
Seigerung, Block- 25
—, Makro- 24
—, Mikro- 23
—, schwere 24
Seigerungsätzung 757
— -neigung, GS 72
Sekundär-elektronenvervielfacher (SEV) 647 ®
— -härte, GS 105
— -kristallisation, GS 82
Selen, GS 53
Seltene Erden, GS 54
Seuth-S-Bestimmung 616
Sheradisieren 788, 790
S-Hissink-Wert 413
Shore-Härtebestimmung 704
Sialcal 56 ®
Sicromale 79 ®
Siebanalyse, Formsand 501
— der Klebsande 353
Siegerländer Spezialroheisen 273
SIEVERTsche Beziehung 21
Silber, GS 52
— -eisen 275
Silical 56 ®
Silicomangan 56, 295
Siliconlacke 894
Silikamehl
Silika-Massen, neutral, basisch 351

Silika-fabrik, Stammbaum einer 344, 345
—-mehl Formsand 479
—-mörtel 355
—-steine 341
Silikastein, Anforderungen 350
—, deutsche 347
—, Druckerweichung 349
—, geforderte Prüfwerte 351
—, Hochleistungs- 350
—, Kornaufbau 347, 348
—, Zonung 346
—, Mineralgehalt 349
—, poröse 351
—, Prüfwerte 350
—, Raumgewicht 347
—, reversible Ausdehnung 350
—, Segerkegel 347
—, ta-Werte 347, 350
Silimanit 339
Silizieren 115
Si-Aufpreise für Hämatit 284
Silizium, GS 75
— und geb/C, Roheisen 263
—, Korrosin 230
— im Roheisen 263
—, chem. Bestimmung 552
—, — — in FeSi 609
—, — —, Gelatineverfahren 553
—, — —, gewichtsanalytisch 552
—, — —, photometrisch 554
—, — —, Salzsäureverfahren 552
—, — —, Schwefel-Salpeters.-Verf. 553
—, — —, Überchlorverfahren 553
—-guß, Korrosion 231
—-haltige Ferrolegierungen 288
—-Karbid 302
— —-steine 360
—-metall 90%, 98% 291
SiO_2: Si in Roheisen 268
Si-Pakete 291
Simanal 56, 302 ®
Sintern, Formsand, Bentonit 430, 433
Sius 875 ®
Sonderbehandlungen, Temperguß 188
Sorbit, GS 43, 68
Sorting Coeffizient 504
Sowjetisches Roheisen 280
Spannung, wahre 683
Spannungskorrosion 65
—-reihe, Korrosion 219
Spektral-analyse 636
—-apparate 638
—-aufnahmen, Roheisen 265
—-ionenphotometer 657
Spektren-anregung 653
—-auswertung 656
Spektro-Lecteur 648
Spektroanalyse, Anwendungsbereich 651
—, Genauigkeit 659
—, GG 661
Spektroanalyse, GS 660
—, Kohlenstoff 664
—, Niresist u. a. 663
—, Roheisen 661
Spektroskop (BAM) 2, 643
Spezifisches Gewicht, Kernbinder 458
— Oberfläche, Formsand 505
Spiegeleisen, chem. Bestimmung C, Mn (gewichtsanalytisch) 611
—, — von C 611
Spiral, -länge, -kokille 17, 16,
Spirituslacke 823
Spritz-alitierung 796
—-alumetierung 796
—-lacke 823
—-massen 355
—-pistole 796
—-schweißen, Oberflächenverfahren 791
—-verfahren, GS 116
Spuren-analyse, chem. Bestimmung 600
—-elemente, Roheisen 264
stabile Gefügebestandteile, GS 41
stabilisierte Steine und Massen, Dolomit 357
Stahl, beruhigter 21
—, eutektoider 42
—, übereutektoider 42
—, untereutektoider 42
—-begleiter, GS 46
—-eisen 276
—-elektroden, GG 858
—-formmassen 451
Stahlguß, Alnico-Dreier- 63 ®
—, anlaßspröder 114
—, Bau- 117
—, chemisch beständiger 142
—, Dauermagnete 155
—, dauerstandfest 135
—, desoxydierter 48
—, Edel- 39
—, genormt, USA 124 usw.
—, genormt, warmfest, USA 140
—, Glühen 93
—, halbferritischer Chrom- 69
—, Härte 132, 133
—, hochwarmfest, Eigenschaften 139
—, Invar 64
—, kaltzäher 131
—, kavitationsbeständig 149
—, korrosionsbeständig 143, 144
—, korrosionsbeständiger und verschleißfester 145
—, korrosionsfester 141
—, ledeburitisch/Cr 145, 146
—, Magnet- 64, 75, 77, 152
—, magnetisch harter 154
—, magnetisch weicher 153
— bei tiefen Temperaturen 134
—, Überhitzungsempfindlichkeit 62
Stahlguß, unmagnetischer 39, 154, 156
—, verschleißbeständiger 129, 145
—, verschleißfester 122
—, Verwendungsgebiete 117
—, Warmbehandlung 81
—, Wärmeverbrauch, Tempern, GTS 180
—, warmfester 135
—, warmfest, Eigenschaften 135, 138
—, Warmschweißen 844
—-Werkzeuge, gegossene 150
—, Zähigkeit 133, 132
—, Zeitstandfestigkeit 121
—, Zunderbeständig 146, 147
—-güten, warmfester, druckwasserstoffbeständiger und korrosionsfester 140
—-probestäbe 686
—-putzsand 369, 370
Stahl-schrott 285
—-schrott für Kupolofen 285
—-werksteer 362, 629
Stampfmassen, Dolomit 357
—, Lagerung 355
—, Kupolofen- 353
—, Verbrauch je Tonne Ware 354
Standardabweichung 660
Stanzfestigkeit 731
Stärke 455, 456, 468
—-binder, Bentonit 441
Steifigkeit, allg. 710, 713
Steighöhenmethode, Oberflächenspannung 12
Steilabfall, Kerbschlagzähigkeit, allg. 718
Steinkohle, Heizwerte 321
—, Zusammensetzung 320
—, Prüfung 316, 615
—-staub, Prüfung 472, 475
—-teer, Probenahme, Prüfung 456, 629
—, Weltvorräte 316
Steinmodellmassen 367
Stengel-kristallisation 32
—-kristallzone 33
Stickstoff, GS 50
—, austenit stabilisierend, GS 50
— im Roheisen 267
—, GS 50, 51
Stoffpaarung, Reibsystem 241
Stopfen 360
Störelemente, GG 265
Stoßanlassen 104
Strahlenschutz 745
Strahlenmittel 368
Strangprozeßmatrize 64
Streckgrenze, allg. 682
Strömungswiderstand, laminarer, turbulenter 15
Stürzelberger Roheisen 275
Sturz-glühen 86
—-güsse 198

Subkeime 31
Summenkurve, Formsand 503

Talbotstreifenprobe 736
Tampongalvanisierung 812 ®
Tantal, GS 53
—, Niobhaltige Legierungen 300
ta-Werte von Silikasteinen 347, 350
Tauch-aluminierung 783
— -brunieren 819
— -härten 111
— -probe nach CAINE 530
— -schmelzverfahren 782
Teer, Asphaltgehalt 629
—, Asphaltuntersuchung 629
—, Destillationsverfahren 629
—, freier Kohlenstoff 629
—, Phenolabgabe, Bestimmung 630
—, Wasser, Wichte 629
— -öl, Schwefel 333, 630, 635
— -öle, Heizwerte, -zwecke 333, 630
— -untersuchung 629
Teilchenform, Tonmineralien 413
Tellur, GS 53
Temperatur-abhängigkeit der Kerbschlagzähigkeit 131
— -überwachung, Tempern 180
— -verlauf, Formoberfläche 405
— -wechselbeständigkeit, ff. Stoffe 349
Tempererz 180, 365
—, Töpfe und Verbrauch 181, 182
—, Verbrauch 181
Temperguß 162
—, Abbrandverhältnisse 168
—, Anteil Stahlschrott 166, 167
—, Anwendbarkeit 194
—, Bearbeitbarkeit 194
—, Bor 175
—, Chrom 175
—, dynamische Festigkeit 193
—, Fehlererscheinungen 189
—, Festigkeit 195
—, Festigkeitseigenschaften, dynamisch 193
—, —, statisch 191
—, GTS 162
—, GTW 162
—, Gußanordnung, Probestäbe 192
—, Heißwindkupolofenschlacke 168
—, Korrosionsschutz 189
—, Kupolofen 166, 167
—, Oberflächenhärten 188
—, Ochsenaugen 190
—, perlitischer 187
—, Perlitrand 190
—, Probenahme 540
—, Putzsand 370
—, Restzementit 190
—, Roheisen 167, 168, 273
Temperguß, Schalenbildung 190
—, Schweißen 188, 874
—, Schweißen 874
—, Umkörnungsglühen 188
—, Vergütung 188
Temper-kohle u. Abbrand 169
— —, Form 162, 175, 775
— -kurve, GTW, GTS 173
— -mittel 365
Tempern in Elevatoröfen, 178
— — Elevatorofen, GTW 183
—, Energieverbrauch, GTW 186
—, Glühfrischen 182
— im Glühofen mit Herdwagen, GTS 177
— in Haubenöfen 179
— in Kammer u. Tiefofen 176
—, physikal. chem. Vorgänge beim 180, 182, 183
—, Temperaturüberwachung 180
— in Tunnelöfen, GTS 176, 177
— — —, GTW 180, 185
—, Wärmeverbrauch, 180
—, Wirtschaftlichkeit, GTW 186
Temperofen für Erz 181
Temperprozeß 172
—, Aluminium 174
—, Einfluß der Elemente auf den 173
—, Elemente 173
—, Ofenatmosphäre 182
—, Schwefel, Mangan 174
—, Silizium 173
Temperrohguß 165
—, Erschmelzung 165
—, Gattierung 167
—, Zusammensetzung 164
Tertiärquarzite 342
— -sande 378
Tetralinprobe 398
Theorie des flüssigen Zustandes
— von J. E. LENNARD-JONES 4
Thermische Verfahren, metallische Überzüge 782
Thermitschmelzschweißen, GG 843
Tief-lage, Kerbschlagzähigkeit, allg. 718
— -öfen, GT 177
TTT, feine Temperaturtransformation, GS 97
Titan, GS 77
— -Roheisen 275
— -bestimmung 570
—, chem. Best., Chromotrop-Verfahren 573
—, — —, gewichtsanalytisch 574
—, — —, maßanalytisch 573
—, — —, photometrisch 571
—, — —, potentiometrisch 574
—, — —, Wasserstoffsuperoxyd-Verfahren 571
— -haltige Legierungen 299
— -karbid, Gefüge, GG 775
— -nitrid, Gefüge, GG 775
Tocco-Verfahren, GS 110 ®
Torfkoksstaub 476
Toleranzen, Prüfsiebe 502
— -dosis, Röntgenuntersuchung 746
Tonerde, chem. Bestimmung, GS u. a. 591
— -Zement 445
— -reiche ff. Stoffe, -Steine 339
Tonmineralien 409
—, Benzidinreaktion 429
—, Differential-Thermoanalyse 430
—, Dispersion 429
—, Elektronenbild 426
—, ENSLINzahl 426
—, Entwässerung 442
—, Feinstrukturanalyse 430
—, Gasgehalt 456
—, Körnung 424
—, Mikrobild 425
—, Probenahme 419
—, Prüfung 418
—, Quelleigenschaften 426
—, Schmelzen 430
—, Sintern 430
—, technologische Prüfung 432
—, Temperatur 438
—, Thixotropie 429
—, Trocknung 439
—, Wassereinfluß 437
—, Wasserquellwert 428
Torf 313
—, Güteklassen 314
— -koks 314
Torsionsversuche, allg. 734
Tostglühen, GS 89
Tränkung, ff. Stoffe 348
Transport v. Koks 330
Treibarbeit, Kunstguß 209
Trennungsbruch, GS 101/102/104
Trichterzusätze 301
Tridymit, γ-T. 343
— -sande 407
Trockenbinder 456
Trocken-festigkeit 521
— -preßverfahren ff. Stoffe 338
— -verzinkung 784
Trocknung, Kernbinder 464
—, Stahlformmassen 452
Trommel-apparate, Oberflächenbehandlung 810
— -festigkeit, Koks 330, 614
Troostit, GS 43
—, Anlaß-, GS 68
Tunnelofen, GT 177, 185
Tüpfelanalyse 601

Übereutektoider Stahl 42
Überhangfestigkeit 468
Überhitzungsempfindlichkeit, GS 62
Überzüge auf Formen, Kernen 477
— — Kokillen 479

Überzüge aus Kupferlegierungen 803
— — Zinnlegierungen 807
Ultra-schallprüfung 746
— -violett-Untersuchung, Kernbinder 460
Umkehrautomat, Oberflächenbeh. 811
Umkörnungsglühung, GTW 188
Umlaufbiegeversuch, allg. 725
Umrechnungsfaktor, Härte, Festigkeit 699
Umwandlungen der Quarzite 343
Umwandlungs-geschwindigkeit des Austenit, GS 95
— -härtung, GS 43
— -kurven, Gestalt u. Lage der 99
— -schaubild, theoretisch isothermer und legierter Stähle 98, 99
— -vorgänge, isotherme 96
— -formen, ff. Stoffe 347
unmagnetisierbarer GS 152
untereutektoider Stahl 42
Untergrundkorrektur, Spektralanalyse 658
USA-Roheisen 280

Vagabundierende Ströme, Korrosion 224
Vakuum-gießanlage 22
— -photozellen, Spektralanalyse 647
— -schmelze 22
— -spektrograph 667
Vanadium, GS 73
— im Roheisen 266
— -bestimmung 575
—, chem. Bestimmung, gewichtsanalytisch 578
—, — —, maßanalytisch 575
—, — —, photometrisch 577
—, — —, potentiometrisch 576
—, — —, qualitativ 575
— -haltige Legierungen 299
Vantit-Roheisen 279
Verarbeitung von Rohstoffen 260
Verbleiung, Oberflächenverf. 799
Verbrauch ff. Stoffe 351
— von Magnesitsteinen 356
— — Ofenflickstoffen, Dolomit 358
— der Putzsande 368
Verbrauchswerte, Rohstoffe 371
Verbrennungswärme der Steinkohle 321
Verbundanalyse, GG 596
—, Manganbestimmung 597
—, Phosphorbestimmung 597
—, Siliziumbestimmung 597
—, Titanbestimmung 597
Verbundguß, GS 116
Verchromung, Oberflächenverf. 800
Verdichtungsgrad, Sande 517
Verdrehungsversuch 733
Veredlung, eutektischer Gefüge 38
Verformungsbruch, GS 101, 104
Vergüten, GS 93
Vergütung, Durch-, GS 105
—, GT 188
Vergütungs-gefüge, Mikrountersuchung 764
— -schaubild, GS 94
Verkadmung, Oberflächenverfahren 801
Verkupferung, Oberflächenverfahren 802
Vermessingung, Oberflächenverfahren 803
Vernickelung, Oberflächenverfahren 804
Verschlacken, ff. Stoffe 348
Verschleiß, allg. 234
—, Brennstoffe 253
—, Schmierstoffe 252
— -beständiger GS 129
— -festigkeit durch Oberflächenschutz, GS 130
— u. korrosionsfester GS 145
— -eigenschaften 238
— -fester GG, chem. Zusammensetzung 240
— — GS 122
— -prüfung 237, 738
Versprödung, Zink, Oberflächenverfahren 806
Versprödungs-bereich der Blauhitze, GS 103
— -temperatur, GS 131
Verstaubungsgefahr, Sande 401, 404
Versteifungszeiten, Formengips 366
Verzinkung, Oberflächenverfahren 805
Verzinnung, Oberflächenverfahren 806
Vickershärtebestimmung 700
VISCHER, Peter 200
Viskosität, allg. Metalle 9, 17, 10, 45
—, Kernbinder 458
Viskositäts-koeffizient, allg. Metalle 9
— -methoden, allg. Metalle 12
Vitrit 317
Volclay-Bentonit 416 ®
Volumen von flüssigen Metallen 7, 8
Volumenänderung, Lunkern allg. 8, 17
Vorbiegungszahl, GG 711
Vorherde ff. Stoffe 362

WAALsche, van der, Zustandsgleichung 3
Wachsausschmelzverfahren, Kunstguß 197, 204
Wachsen, GG, Zundern 234
Wachsen, Kerne 530
—, Sande 400, 530
Wachsschnur, Formstoffe 484
Wachstumskurven verschiedener Quarzite 343
Wahre Spannung 683
Wälzschlitten, Verschleiß 249
Walzstopfen, GS 64
Wälzsystem, Reibung 242
Wanddickeneinfluß, allg. 680, 688
Wandstärke, kritische, GS 88
Warmarbeits-GS 74, 75, 152
— -werkzeuge, GS 74, 75, 152
Warmbehandlung, GS 81
Warmbehandeln, Besonderheiten GS 102
Wärme-ausdehnung, Sande 530
— -inhalt flüssiger Metalle 7
— -leitfähigkeit, Sande 397
— -konvektion 17
— -spannungen, Schweißen GS 864
— -wirtschaft, Anhaltszahlen 311
Warm-fester GS 135
— -festigkeit 71, 72, 692
— —, Formstoffe 467, 528
— -risse, allg. 19
— -streckgrenze 692
— -zugversuch 692
Wasser- u. Aschegehalt (mittlerer) der Ruhrbrennstoffe 320
Wasser-Gips-Faktor 366
—, Tonmineralien 436
— -alfingen, Kunstguß 215
— -anziehung, Kernbinder 466, 525
— -gehalt verschiedener Brennstoffe 309
— —, Kernbinder, Bestimmung 456
— — im Koks 326
— -lösliches, Kernbinder, Bestimmung 457
— -quellwert, Tonmineralien 428
— -stoff, GS 48, 49, 50
— — im Roheisen 267
Wasseruntersuchung 631
—, gelöster Sauerstoff nach WINKLER, kalorimetrisch sowie nach SEITHE 632
—, Gesamthärte 631
—, Karbonathärte, Nichtkarbonathärte 631
—, Ölgehalt 632
—, p_H-Wert 631
—, Phenolgehalt 632
—, Vollanalyse 631
Wechselfestigkeit 722
Wechselstromabreißbogen 671
Weichglühen, GS 83
— von austenitischem Manganhartstahl 86
—, normal, GS 84
—, mit unterbrochener Abkühlung, GS 84

Weichglühen, mit vorangehendem Härten, GS 84
Weichglühverfahren bei hochlegiertem GS 84
Weißer Temperguß 162 usw.
Werkstoff-dämpfung 727
— -paarung, Reibung 236
Werkzeuge, gegossene, GS 150
—, Kaltarbeits-, GS 74
—, Warmarbeits, GS 74, 152
Wichte von Mineralien 405
WIDMANNSTÄTTENsche Struktur 82, 763
Wirbel-schichtverfahren, Oberflächenbehandlung 2, 826
— -sinterverfahren, Oberflächenbehandlung 2, 826
Wismut, GS 53
Wolfram, GS 74
Wolframhaltige Legierung 299
Wyoming, Bentonit 415

Zähigkeitsbegriff, COLLAUD 713
Zechenkoks 322
Zeit-Druck-Wechselfestigkeit, allg. 727, 728
ZTU-Kurven (Zeit, Temperatur, Umwandlung) 97
Zeit-drucklinie, allg. 696
— -dauer der Austenitumwandlung, GS 95
— -dehngrenzen, allg. 696
— -kriechgrenze, allg. 696
— -schwingfestigkeit, allg. 723
— -standfestigkeit, allg. 696
— -standversuch, allg. 695
Zement 444
—, Prüfung 444, 450
— -sand 448
Zementation, Oberflächenverfahren 788
Zementit, kugeliger Fe-C Leg. 44
—, Fe-C Leg. 41
Zerspringungsneigung, Sande 401
Zerstörungsfreie Prüfung, allg. 740
Zink, GS 67
— -staubanstriche 825
— -überzüge 805
— -versprödung 806
Zinn, GS 51
— -bestimmung 595
Zînn, chem. Bestimmung, qualitativ 595
—, — —, quantitativ 595
— -überzüge 806
Zirkonsande 395, 407
Ziselierhammer, Kunstguß 211
Zugfestigkeit, Metalle 685
—, Formstoffe 524
—, Probendurchmesser 689
—, Sättigungsgrad 689
Zug-spannung 683
— -versuch bei 20° C 681
— — bei höheren Temperaturen 692
Zunderbeständigkeit, allg. Chromguß 233
—, GS 76, 79, 146
Zundern 232
Zündpunkt von Koks 328
Zündpunkte, Brennstoffe 310
Zustandsgleichung, van der WAALsche 3
Zwischenstufen-gefüge 43, 71, 764
— -umwandlung 58
— -vergütung, GS 9. 99, 100
Zyansalzbad für GS 113

Zeitfracht Medien GmbH
Ferdinand-Jühlke-Straße 7
99095 Erfurt, Deutschland
produktsicherheit@kolibri360.de